LAROUSSE

ENCYCLOPÉDIE DES SCIENCES DE LA NATURE

LAROUSSE

ENCYCLOPÉDIE DES SCIENCES DE LA NATURE

LA PLANÈTE BLEUE

LES MILIEUX NATURELS

LA GESTION DE LA NATURE

L'ÉTUDE DE LA VIE

L'ÉVOLUTION

LES MICRO-ORGANISMES

LES VÉGÉTAUX

LES ANIMAUX

LAROUSSE

17 RUE DU MONTPARNASSE 75298 PARIS CEDEX 06

Patrice Maubourguet
Directeur de la publication

François Demay
Directeur du département Encyclopédies

Conception et réalisation
Jacques Florent, Yves Garnier, Éric Mathivet

Direction éditoriale
Jacques Florent, Éric Mathivet

Direction scientifique
Éric Mathivet, assisté de Jean-François Timmel

Secrétariat de rédaction
Jean-François Timmel

Index
Isabelle Malique, Françoise Foucher
Frédérique Naudin, Luc Charbin

Secrétariat central d'édition
Anne-Marie Diény, assistée de Nelida Fortunato

Secrétariat de production et suivi de la réalisation
Brigitte Laurent, assistée de Sophie Godeau

Secrétariat de la direction du département
Marie-Thérèse Sobusiak

Direction de l'informatique éditoriale
Jocelyne Rebena, Gabino Alonso, Marion Pépin
assistés de Monique Roux

Composition-photogravure
Michel Vizet, Martine Penin

Correction-révision
Bernard Dauphin et Annick Valade
Monique Bagaïni, Isabelle Dupré
Françoise Mousnier, Madeleine Soize

Fabrication
Martine Toudert

Direction des services artistiques
Frédérique Longuépée, assistée de Blandine Serret

Conception graphique et direction artistique
Frédérique Longuépée, Jean-Pierre Fressinet
assistés de Blandine Serret

Maquette
Guy Calka, Antoine Capelle, Frédérique Cartalade-Delfaut,
Véronique Kempf, Henri-François Serres-Cousiné, Yves Taniou
Secrétariat : Marie Vorobieff

Iconographie
Mise au point : Anne-Marie Moyse-Jaubert
Direction de la recherche : Viviane Seroussi
assistée de Nicole Laguigné,
Marie-France Naslednikov et Étienne Collomb
Secrétariat : Monique Gouix et Danielle Jacquemain

Dessin
Préparation et suivi de l'illustration : Lucien Lallemand,
Jacqueline Pajoues et Geneviève Kristy
Laurent Blondel/Corédoc, Pierre Bon, André Boos, Vincent Boulanger,
Frank Bouttevin, Isaïe Correia, Béatrice Couderc,
Paul Creps/Graffito, Jacques Cuisin, Fabrice Dadoun,
Marina Fulchiron, Philippe Guinot, François Guiol,
Éliane Guyart/Trinics, Héliadore, Christian Kocher, Marc Legrand,
Gilbert Macé, Claudine Maerten, Emmanuel Mercier,
Patrick Morin, Marc Mosnier, Behzad Nahed,
Dominique Peyrucq, Claude Poppé, François Poulain,
Bernard Rocamora, Dominique Roussel, Michel Saemann,
Léonie Schlosser, Étienne Souppart, Patrick Taëron, Tom Sam You,
Amélie Veaux, Wu Duan duan
Archives Larousse
Éric Alibert, Base Line, Chantal Beaumont, Francis Bérille,
Paul Bontemps, Jacques Cartier, Isabelle Chenu, Michel Cornu,
François Crozat, Jos Fichet, Christian Godard, Yves Larvor,
Jocelyne Ortéga, Jean-Marc Pariselle, Alain Rolland,
Dominique Sablons, Jean-Claude Sénée, Masako Taëron,
François Vitalis, Denise Wéber, Claire Witt-Deguillaume

Cartographie
Gilles Alkan (infographie), Brigitte Allopé, Léonie Schlosser

Distributeur exclusif au Canada : les Éditions Françaises Inc.

ISBN : 2-03-152113-6

ISBN : 2-03-152115-0

AVANT-PROPOS

La nature, c'est d'abord notre Terre, tournant autour du Soleil au sein d'un Univers dont les scientifiques s'efforcent de percer les mystères. L'*Encyclopédie Larousse des sciences de la nature* débute ainsi par une présentation de la Terre en tant que planète de l'Univers, avec sa structure et la variété de ses reliefs et de ses climats.

Mais la nature, c'est également une histoire, celle de la vie sur Terre. Notre planète s'est formée il y a 4,6 milliards d'années. C'était alors un véritable enfer, instable et stérile. Après pratiquement un milliard d'années, les conditions étaient devenues favorables à l'apparition de la vie : dans la chaleur de l'océan primordial, des entités chimiques s'associaient alors, pour former les premiers êtres vivants, microscopiques. Depuis, une multitude de formes de vie se sont succédé, colonisant les mers, puis les terres et les airs.

L'*Encyclopédie Larousse des sciences de la nature* retrace les étapes de cette évolution. Puis elle dresse un panorama complet des plantes et des animaux peuplant aujourd'hui la planète. Elle présente aussi le monde invisible des « micro-organismes », comme les bactéries ou les virus.

La nature, c'est aussi les mers, les montagnes, les forêts, les savanes, les déserts... autant de milieux naturels avec leurs conditions écologiques, avec leur flore et leur faune. Or, ces milieux sont menacés par les sociétés humaines. La dégradation de l'environnement, la surexploitation des ressources naturelles, la disparition d'espèces vivantes, la multiplication des risques, écologiques font craindre à l'homme que son emprise sur la nature ne le mène en réalité à sa propre perte.

L'*Encyclopédie Larousse des sciences de la nature* montre à quel point il devient urgent de préserver notre patrimoine naturel tout en poursuivant les innovations technologiques, à la base de progrès indéniables. Le mouvement des connaissances, notamment en biologie, en écologie, en agronomie et dans les autres disciplines des sciences de la nature, pourrait permettre de concilier ces deux impératifs et l'encyclopédie rassemble les informations permettant à chacun de fonder son opinion. De la description de l'environnement à l'étude des mécanismes de la vie, en passant par l'analyse des interventions - salutaires ou néfastes - de l'homme sur la nature, rien n'a été laissé de côté.

L'ORGANISATION DE L'OUVRAGE

Le plan de l'encyclopédie, en huit sections, est clairement structuré et balisé. Des articles courts facilitent la lecture et permettent la recherche de renseignements précis. Des encadrés soulignent certains points caractéristiques ou surprenants. Photographies et dessins, cartes, tableaux et graphiques permettent de faire bénéficier chaque sujet du support visuel le plus approprié.

En outre, 22 dossiers répartis tout au long de l'ouvrage sont consacrés à la diversité des relations entre l'homme et la nature, à travers l'art, la religion, l'histoire, la philosophie, la politique, le sport, la littérature, le cinéma... Enfin, chacune des sections de l'ouvrage débute avec deux doubles pages photographiques et se termine par des *références* qui permettent d'en savoir plus sur les scientifiques et leurs disciplines.

Conçue pour répondre aux questions de manière fiable et expressive, l'*Encyclopédie Larousse des sciences de la nature* a également pour rôle de stimuler ses lecteurs dans leur désir d'approfondir leur savoir. Par son contenu dense et varié, elle représente, dans sa catégorie, la plus vaste somme de connaissances sur la nature et sur la vie.

LAROUSSE

MODE D'EMPLOI DE LA PAGE

Titres de sous-section.
Placés sur un fond de la couleur-type de la section, ils indiquent dans quelle partie de celle-ci on se trouve.

Titres de thème.
Ils annoncent (en gras) ou rappellent (en maigre) le sujet traité. Les thèmes sont développés sur un nombre entier de pages (1, 2, 3 ou même plus).

Titres d'articles.
Ils indiquent les différents aspects du sujet traité dans la page.

Articles.
L'article est l'unité de base de la page, qui peut en contenir un (page très illustrée) ou plusieurs (page moins illustrée).

Tableaux.
Ils présentent des données chiffrées ou des séries d'informations ponctuelles ordonnées.

Illustrations.
La photo pour montrer, le dessin ou le schéma pour expliquer, les cartes pour localiser. Chaque illustration possède sa lettrine d'identification que l'on retrouve en début de légende correspondante.

Terre et système solaire

LA TERRE DANS L'UNIVERS

LES OBSERVATEURS DU CIEL, pour repérer et désigner plus commodément les étoiles brillantes, ont imaginé de les réunir d'après les figures qu'elles permettent de dessiner dans le ciel nocturne. Ainsi sont nées les *constellations*, identifiées, selon les civilisations, à des héros, à des animaux ou à des objets mythologiques.

DU CIEL À L'UNIVERS

DES MILLIONS DE GALAXIES

■ DE NOS JOURS, les astronomes divisent le ciel en 88 constellations. Chacune comprend non seulement le groupement d'étoiles brillantes d'où elle tire son nom (emprunté souvent à la mythologie grecque), mais aussi une région céleste délimitée par des arcs de parallèles et de méridiens permettant de désigner de façon précise la position des astres observés grâce à un système de coordonnées approprié.

Certains astres, ayant l'apparence d'étoiles brillantes, se déplacent au fil des mois parmi les constellations. Ce sont les *planètes* (d'un mot grec signifiant « vagabond ») qui gravitent autour du Soleil. Leur mouvement est particulièrement visible la nuit, sur le fond du ciel, car elles sont beaucoup plus proches de nous que les autres astres.

Le système solaire. De tous les astres, le Soleil est celui qui s'impose le plus à notre attention. C'est en effet l'étoile la plus proche et donc la plus visible. Le Soleil et les astres qui tournent autour de lui, sous l'effet de son attraction, forment le système solaire. Celui-ci comprend neuf planètes principales, de quelques milliers de kilomètres de diamètre (dont la Terre), des milliers de petites planètes (ou astéroïdes), des comètes et des poussières interplanétaires. Les grosses planètes possèdent des satellites.

Les galaxies. Le système solaire est inclus dans une vaste agglomération de plus de 100 milliards d'étoiles : la Galaxie. Celle-ci est isolée dans l'espace et tourne sur elle-même. Des millions de galaxies plus ou moins analogues peuplent ainsi l'Univers. Elles apparaissent souvent groupées en amas, et même en amas d'amas, ou superamas, séparés par de grands vides. Plus on s'éloigne du système solaire, moins l'Univers est dense.

LES DISTANCES ASTRONOMIQUES

L'ÉTALON LUMIÈRE

■ LES DISTANCES QUI SÉPARENT les astres sont trop considérables pour être exprimées aisément en kilomètres. À l'intérieur du système solaire, l'étalon de distance utilisé par les astronomes est la distance moyenne de la Terre au Soleil : l'*unité astronomique* (symbole : ua), qui vaut à peu près 149,6 millions de kilomètres.

Années de lumière et parsecs. Les distances des astres plus lointains sont souvent indiquées en temps de lumière. On sait que la lumière ne se propage pas instantanément. Dans l'espace, sa vitesse est très voisine de 300 000 km/s. En un an, on calcule qu'elle parcourt un peu moins de 10 000 milliards de kilomètres. C'est ce qu'on appelle l'*année de lumière*, ou *année-lumière* (symbole : al). L'étoile la plus proche du système solaire, Proxima du Centaure, se trouve à 4,22 al, soit 270 000 fois plus loin de nous que le Soleil ne l'est de la Terre.

Les astronomes emploient aussi, comme unités de distance, le *parsec* (symbole : pc), qui vaut 3,26 al, et ses multiples, le kiloparsec (1 kpc = 1 000 pc) et le mégaparsec (1 Mpc = 10^6 pc). La galaxie la plus proche, le Grand Nuage de Magellan, visible dans l'hémisphère Sud, se situe à 50 kpc, soit environ 170 000 al. Plus un astre est éloigné, plus sa lumière met de temps pour nous parvenir. Voir loin dans l'espace, c'est donc aussi voir loin dans le passé : les grands télescopes modernes sont de fabuleuses machines à remonter le temps. Ils nous montrent, par exemple, l'étoile Polaire telle qu'elle était au XIVe siècle. Pour les astres les plus lointains que l'on connaisse, les *quasars*, l'image que l'on observe a été émise avant la formation de la Terre, il y a plusieurs milliards d'années.

A. LES DISTANCES ASTRONOMIQUES
Lune : 400 000 km = 1,3 seconde de lumière
Soleil : 150 millions de kilomètres = 8 minutes de lumière
Proxima du Centaure : 4,22 années de lumière (al)
Sirius : 8,6 années de lumière
Pléiades : 400 années de lumière
Nébuleuse d'Orion : 1 600 années de lumière
Centre de la Galaxie : 28 000 années de lumière
Grand Nuage de Magellan : 170 000 années de lumière
Galaxie M 31 d'Andromède : 2 200 000 années de lumière
Amas de galaxies de la Vierge : 50 millions d'années de lumière
Quasar le plus lointain : 12 à 16 milliards d'années de lumière

A. **UNITÉS DE DISTANCE**
Dans son mouvement autour du Soleil, la Terre décrit une ellipse dont le demi-grand axe mesure près de 150 millions de km. Cette valeur constitue l'unité astronomique de distance (ua) qui vaut environ 16 millionièmes d'année de lumière (al). L'année de lumière correspond à la distance que peut parcourir la lumière en une année.

B

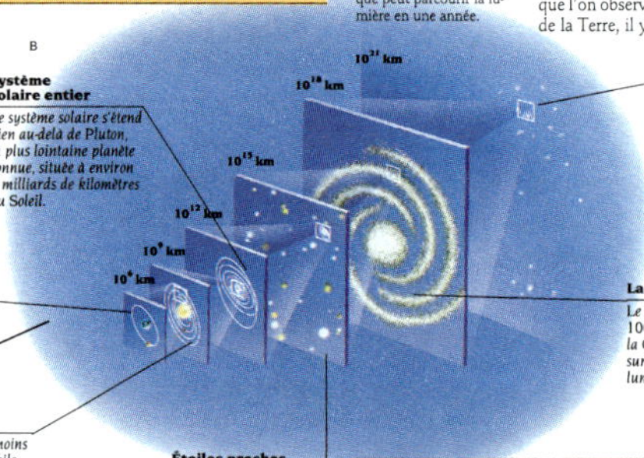

B. **ÉCHELLE DES DISTANCES DE L'UNIVERS**
Chaque dessin représente une portion de l'espace de plus en plus grande. D'un dessin à l'autre, les dimensions du carré sont multipliées par 1 000 et permettent de situer la Terre dans l'Univers.

Système Terre-Lune
La Lune (3 500 km de diamètre) tourne autour de notre planète à une distance voisine de 400 000 km.

Système solaire interne
Dans un rayon de moins de 500 millions de kilomètres autour du Soleil se concentrent les quatre planètes telluriques (Mercure, Vénus, la Terre et Mars) et des milliers de petites planètes, les astéroïdes.

Système solaire entier
Le système solaire s'étend bien au-delà de Pluton, la plus lointaine planète connue, située à environ 6 milliards de kilomètres du Soleil.

Étoiles proches
Les étoiles les plus proches du système solaire se trouvent à plus de 40 000 milliards de kilomètres du Soleil.

La Galaxie
Le Soleil est l'une des 100 milliards d'étoiles de la Galaxie, qui s'étend sur 100 000 années de lumière de diamètre.

Amas de galaxies
L'Univers entier est peuplé de galaxies, plus ou moins analogues à la nôtre, souvent rassemblées en amas. Les astres les plus lointains sont les quasars. L'Univers observé s'étend jusqu'à plus de 10 milliards d'années de lumière.

C

C. **LE SAC À CHARBON**
Cette vaste nébuleuse s'étend dans l'hémisphère céleste austral de notre galaxie, à la frontière des constellations de la Croix du Sud et du Centaure. C'est un nuage de poussières qui absorbe la lumière des étoiles situées derrière. De ce fait, si on observe le ciel, le Sac à charbon apparaît comme un trou sombre sur le fond brillant de la Voie lactée. Sa distance à la Terre est de 550 années de lumière.

D

D. **GALAXIE M31 D'ANDROMÈDE**
Visible à l'œil nu comme une petite tache floue et connue depuis mille ans, cette grande constellation de l'hémisphère boréal est une galaxie spirale très semblable à la nôtre. Elle se trouve à un peu plus de 2 millions d'années de lumière.

2

CONSEILS D'UTILISATION DE L'ENCYCLOPÉDIE

Aujourd'hui, près de un million et demi d'espèces d'animaux, de plantes et de micro-organismes ont été répertoriées. La présentation exhaustive, en un volume, de toutes ces espèces ne donnerait qu'une longue liste de noms, et il est bien plus pertinent de les répartir en groupes, dont on décrit les principaux représentants (ce qui correspond déjà à un nombre considérable d'espèces).
C'est le parti choisi dans cette encyclopédie, conformément à la classification scientifique du monde vivant. Si ce regroupement des espèces peut parfois sembler étrange, c'est qu'il ne se fonde pas sur de simples ressemblances superficielles. De plus, les noms scientifiques n'ont pas souvent de synonymes dans le langage courant. Chez les végétaux, par exemple, le groupe des « zingibérales » (pp. 451-452) possède des représentants bien connus, la banane et le gingembre, réunis sous ce nom malgré des apparences différentes.
Le choix d'un bon niveau scientifique de même que la réunion d'une grande quantité d'informations n'interdisent pourtant pas une consultation efficace et rapide de l'ouvrage : il est en effet conçu pour faciliter l'accès aux informations, selon différentes voies, adaptées aux motivations du lecteur.

LA DÉCOUVERTE : AU FIL DES PAGES.

Chaque page étant consacrée à un thème particulier, facilement identifiable, l'encyclopédie se prête, bien sûr, à un « parcours libre » et à une collecte d'informations directement assimilables. Ce parcours est facilité par le balisage en couleurs des sections et par tout un éventail de titres et d'intertitres (voir ci-dessus). Les termes scientifiques (mots utilisés en biologie ou en géologie, noms des ères et des périodes dans la section sur l'évolution, noms des groupes de végétaux et d'animaux, etc.) sont expliqués par le texte et par l'image.

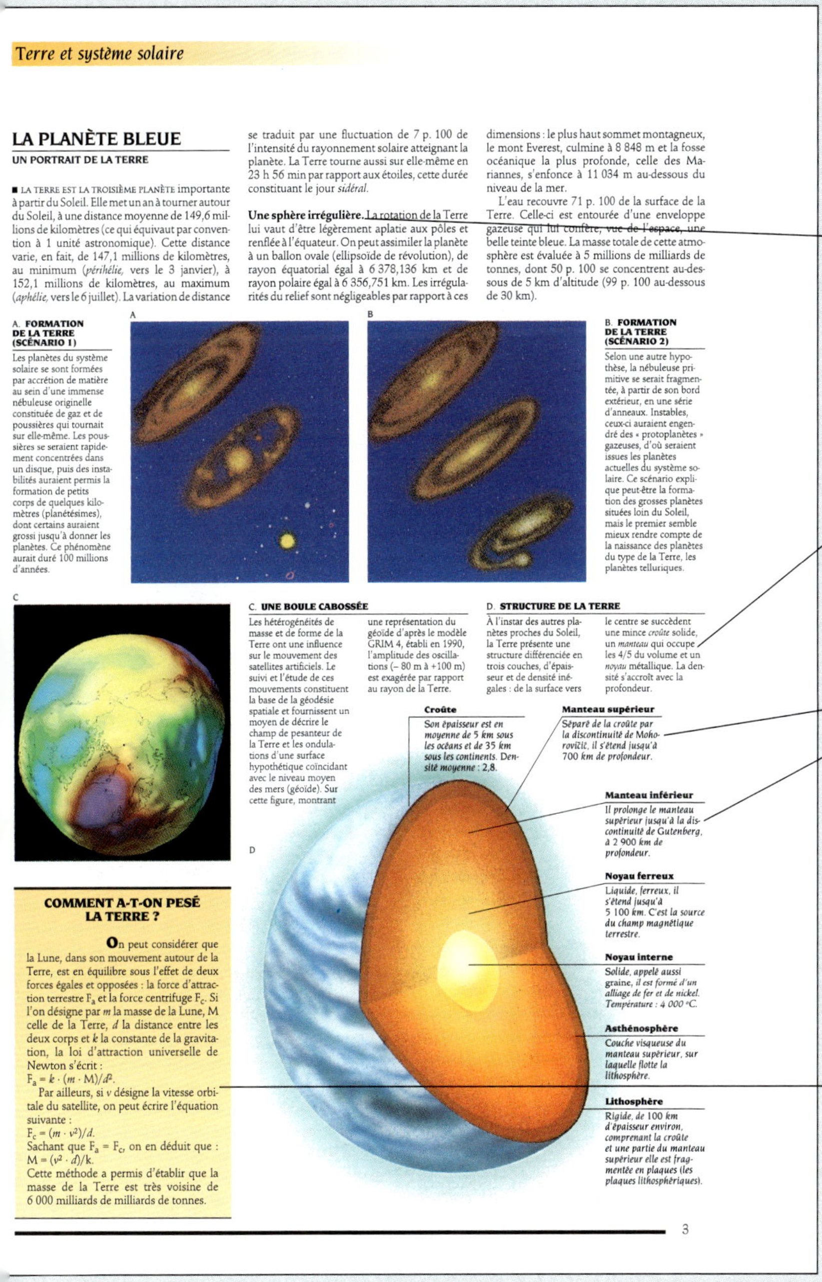
Terre et système solaire

LA PLANÈTE BLEUE

UN PORTRAIT DE LA TERRE

■ LA TERRE EST LA TROISIÈME PLANÈTE importante à partir du Soleil. Elle met un an à tourner autour du Soleil, à une distance moyenne de 149,6 millions de kilomètres (ce qui équivaut par convention à 1 unité astronomique). Cette distance varie, en fait, de 147,1 millions de kilomètres, au minimum (*périhélie,* vers le 3 janvier), à 152,1 millions de kilomètres, au maximum (*aphélie,* vers le 6 juillet). La variation de distance se traduit par une fluctuation de 7 p. 100 de l'intensité du rayonnement solaire atteignant la planète. La Terre tourne aussi sur elle-même en 23 h 56 min par rapport aux étoiles, cette durée constituant le jour *sidéral.*

Une sphère irrégulière. La rotation de la Terre lui vaut d'être légèrement aplatie aux pôles et renflée à l'équateur. On peut assimiler la planète à un ballon ovale (ellipsoïde de révolution), de rayon équatorial égal à 6 378,136 km et de rayon polaire égal à 6 356,751 km. Les irrégularités du relief sont négligeables par rapport à ces dimensions : le plus haut sommet montagneux, le mont Everest, culmine à 8 848 m et la fosse océanique la plus profonde, celle des Mariannes, s'enfonce à 11 034 m au-dessous du niveau de la mer.

L'eau recouvre 71 p. 100 de la surface de la Terre. Celle-ci est entourée d'une enveloppe gazeuse qui lui confère, vue de l'espace, une belle teinte bleue. La masse totale de cette atmosphère est évaluée à 5 millions de milliards de tonnes, dont 50 p. 100 se concentrent au-dessous de 5 km d'altitude (99 p. 100 au-dessous de 30 km).

A. **FORMATION DE LA TERRE (SCÉNARIO 1)**
Les planètes du système solaire se sont formées par accrétion de matière au sein d'une immense nébuleuse originelle constituée de gaz et de poussières qui tournait sur elle-même. Les poussières se seraient rapidement concentrées dans un disque, puis des instabilités auraient permis la formation de petits corps de quelques kilomètres (planétésimes), dont certains auraient grossi jusqu'à donner les planètes. Ce phénomène aurait duré 100 millions d'années.

A

B

B. **FORMATION DE LA TERRE (SCÉNARIO 2)**
Selon une autre hypothèse, la nébuleuse primitive se serait fragmentée, à partir de son bord extérieur, en une série d'anneaux. Instables, ceux-ci auraient engendré des « protoplanètes » gazeuses, d'où seraient issues les planètes actuelles du système solaire. Ce scénario explique peut-être la formation des grosses planètes situées loin du Soleil, mais le premier semble mieux rendre compte de la naissance des planètes du type de la Terre, les planètes telluriques.

C

C. **UNE BOULE CABOSSÉE**
Les hétérogénéités de masse et de forme de la Terre ont une influence sur le mouvement des satellites artificiels. Le suivi et l'étude de ces mouvements constituent la base de la géodésie spatiale et fournissent un moyen de décrire le champ de pesanteur de la Terre et les ondulations d'une surface hypothétique coïncidant avec le niveau moyen des mers (géoïde). Sur cette figure, montrant une représentation du géoïde d'après le modèle GRIM 4, établi en 1990, l'amplitude des oscillations (– 80 m à +100 m) est exagérée par rapport au rayon de la Terre.

D. **STRUCTURE DE LA TERRE**
À l'instar des autres planètes proches du Soleil, la Terre présente une structure différenciée en trois couches, d'épaisseur et de densité inégales : de la surface vers le centre se succèdent une mince *croûte* solide, un *manteau* qui occupe les 4/5 du volume et un *noyau* métallique. La densité s'accroît avec la profondeur.

D

Croûte
Son épaisseur est en moyenne de 5 km sous les océans et de 35 km sous les continents. Densité moyenne : 2,8.

Manteau supérieur
Séparé de la croûte par la discontinuité de Mohorovičić, il s'étend jusqu'à 700 km de profondeur.

Manteau inférieur
Il prolonge le manteau supérieur jusqu'à la discontinuité de Gutenberg, à 2 900 km de profondeur.

Noyau ferreux
Liquide, ferreux, il s'étend jusqu'à 5 100 km. C'est la source du champ magnétique terrestre.

Noyau interne
Solide, appelé aussi graine, *il est formé d'un alliage de fer et de nickel. Température : 4 000 °C.*

Asthénosphère
Couche visqueuse du manteau supérieur, sur laquelle flotte la lithosphère.

Lithosphère
Rigide, de 100 km d'épaisseur environ, comprenant la croûte et une partie du manteau supérieur elle est fragmentée en plaques (les plaques lithosphériques).

COMMENT A-T-ON PESÉ LA TERRE ?

On peut considérer que la Lune, dans son mouvement autour de la Terre, est en équilibre sous l'effet de deux forces égales et opposées : la force d'attraction terrestre F_a et la force centrifuge F_c. Si l'on désigne par m la masse de la Lune, M celle de la Terre, d la distance entre les deux corps et k la constante de la gravitation, la loi d'attraction universelle de Newton s'écrit :
$F_a = k \cdot (m \cdot M)/d^2$.

Par ailleurs, si v désigne la vitesse orbitale du satellite, on peut écrire l'équation suivante :
$F_c = (m \cdot v^2)/d$.
Sachant que $F_a = F_c$, on en déduit que :
$M = (v^2 \cdot d)/k$.
Cette méthode a permis d'établir que la masse de la Terre est très voisine de 6 000 milliards de milliards de tonnes.

3

Intertitres.
Ils structurent les articles en unités de lecture simples.

Légendes globales.
Au-delà de leur fonction d'identification de l'image ou du tableau, les légendes expliquent et commentent. Elles complètent l'information contenue dans l'article, l'éclairent et permettent de tirer le meilleur profit du document.

Légendes de détail.
Elles sont composées en italique et pointent par une flèche sur un détail du document pour préciser sa lecture.

Encadrés.
Placés sur un fond dégradé de la couleur-type de la section, ils sont réservés à l'inattendu, au drôle et/ou au phénoménal. Ils sont aussi l'occasion de faire le point sur un aspect particulier du sujet.

LA RECHERCHE : TABLE D'ORIENTATION ET INDEX.

En tête d'ouvrage, la *Table d'orientation* présente et commente la succession des sections, sous-sections et thèmes, jusqu'aux articles, intertitres, encadrés ou tableaux. Pour permettre au lecteur d'en savoir plus ou de mieux comprendre, des renvois à d'autres pages *(Voir aussi...)* sont indiqués.
Si l'on recherche un renseignement précis ou un sujet que l'on ne repère pas directement dans la Table d'orientation, un *Index général,* situé en fin d'ouvrage, met à la disposition du lecteur plus de 16 000 références.

UN PARCOURS JALONNÉ : LES PAGES DE PRÉSENTATION.

Au début de chacune des huit sections de l'ouvrage, des pages d'introduction font le point sur les connaissances, théoriques et pratiques, qui expliquent la classification et le vocabulaire adoptés. À l'intérieur des sections, on retrouve régulièrement des pages de présentation, chaque fois qu'un groupe important est abordé (ou, dans la première section, à chaque grande période de l'évolution). En se reportant à ces pages, on pourra mieux comprendre le contexte dans lequel s'inscrivent les caractères particuliers de chaque espèce. On retrouvera également le sens de certains termes et la signification de certains modes de présentation.
Par exemple, la page d'introduction des micro-organismes (p. 366) explique qu'il s'agit là d'un rassemblement hétérogène d'êtres vivants microscopiques, alors que la présentation des plantes à fleurs, ou « angiospermes » (p. 438), montre un groupe homogène, bien distinct des autres végétaux, et indique les différentes manières de décrire une fleur, mises en pratique dans les pages suivantes, consacrées aux différentes familles de plantes à fleurs.

LISTE DES COLLABORATEURS

ONT COLLABORÉ À CET OUVRAGE :

AMAR, *Nathalie,* diplômée du Centre de formation des journalistes, journaliste à Radio France Internationale. DOSSIER pp. 90-91.

ARNOULD, *Paul,* maître de conférences de géographie à l'École normale supérieure de Fontenay-Saint-Cloud, pp. 22 et 23, 53 et 54, 73, 79 à 93, 97 à 100.

BABIN, *Claude,* docteur ès sciences, professeur à l'université de Lyon-I, pp. 322 à 327.

BADAL-GARCIA, *Ernestina,* docteur ès sciences, assistante à l'université de Valence (Espagne), pp. 340-341.

BATTAIL, *Bernard,* docteur ès sciences, maître de conférences au Muséum national d'histoire naturelle, pp. 334 à 339.

BAUCHOT, *Roland,* professeur à l'université Paris-VII, agrégé ès sciences naturelles, directeur du Laboratoire d'anatomie comparée de l'université Paris-VII, pp. 273 à 276, 278, 562 à 571, 606 à 613, 631 à 633, 640 à 647.

BELTRANDO, *Gérard,* chercheur au Laboratoire de météorologie dynamique au C.N.R.S., pp. 44 à 52, 119 et 120.

BERLAND, *Sophie,* docteur ès sciences, ingénieur de recherche au Laboratoire de physiologie du Muséum national d'histoire naturelle, pp. 74 et 75, 197 à 202, DOSSIER pp. 198-199, pp. 270 à 272, 572 à 587.

BLANC, *Marcel,* écrivain scientifique. Dossier pp. 342-343.

BOISSIÈRE, *Jean-Claude,* docteur ès sciences, maître de conférences à l'université de Paris-VI, pp. 415 à 422.

BORY, *Gérard,* docteur ès sciences, maître de conférences à l'université de Paris-VII, directeur du groupe *Physiologie de l'arbre,* pp. 462 à 465.

BOURELY, *Françoise,* docteur en pharmacie, *Master of Science* (Berkeley), secrétaire de rédaction de la revue *Commentaire.* Dossiers pp. 428-429, 472-473, 498-499.

de BUFRENIL, *Vivian,* docteur ès sciences, maître de conférences au Muséum national d'histoire naturelle, pp. 588, 629-630.

CERCEAU, *Florence,* docteur en astronomie et en techniques spatiales, maître de conférences en muséologie au Muséum national d'histoire naturelle, pp. 220, 317 à 321.

CHEMERY, *Laure,* titulaire d'un D.E.A. de géographie physique, pp. 135 à 140, 165 à 168.

CHESNOY, *Liliane,* professeur agrégée en sciences naturelles, docteur ès sciences, maître de conférences à l'université de Paris-VII, pp. 329 à 337.

CLÉMENT, *Jean-Michel,* président du Centre de recherches, innovation, transfert, technologie de l'agroalimentaire, p. 175.

COHEN, *Laurence,* maître ès sciences, journaliste scientifique. Dossier pp. 370-371.

COHEN, *Yves,* docteur ès sciences, chargé de recherches au laboratoire de géomagnétisme de l'Institut de physique du Globe de Paris, pp. 24 et 25.

CORBARA, *Bruno,* docteur ès sciences, pp. 304 et 305.

COSANDEY, *Claude,* chargée de recherche au C.N.R.S., pp. 38 à 43.

CROCE, *Maria-Sole,* docteur de l'université de Turin (Italie). Dossier pp. 600-601.

DAJOZ, *Roger,* agrégé de l'université, docteur ès sciences, sous-directeur au Muséum national d'histoire naturelle, pp. 58 à 72, 76 à 78, 101 à 104, 510 à 517, 524-525, 533 à 553, 556.

DEVILLERS, *Charles,* docteur ès sciences, professeur honoraire à l'université de Paris-VII, pp. 310 à 313, 350 à 361, 506 à 509.

DIBIE, *Pascal,* docteur en ethnologie, maître de conférences à l'université Paris-VII. DOSSIER pp. 90-91.

DOUMENC, *Dominique,* docteur ès sciences, professeur au Muséum national d'histoire naturelle, directeur du Laboratoire de biologie des Invertébrés marins et malacologie, pp. 204 et 205.

ÉRARD, *Christian,* docteur ès sciences, professeur au Muséum national d'histoire naturelle, pp. 589 à 605.

GASC, *Jean-Pierre,* docteur ès sciences, sous-directeur au Muséum national d'histoire naturelle, p. 280.

GHEUSI, *Gilles,* docteur ès sciences, chercheur au laboratoire d'éthologie à l'université Paris-XIII. DOSSIER pp. 286-287, pp. 297 à 303.

GODINEAU, *Jean-Claude,* maître de conférences à l'université de Paris-VII, pp. 394 à 400, 438 à 445.

GOUX, *Jean-Michel,* ingénieur agronome, docteur ès sciences, professeur honoraire à l'université Paris-VII, pp. 265 à 269.

GUERVIN, *Claude,* maître de conférences à l'université de Paris-VI, pp. 423 à 428.

GUYOT, *François,* agrégé de sciences physiques, docteur ès sciences, chargé de recherche au C.N.R.S. – Laboratoire de géomatériaux de l'Institut de physique du Globe de Paris, pp. 17 et 18.

HEINZ, *Christine,* docteur ès sciences, maître de conférences à l'université de Montpellier-II, pp. 340-341.

LABAT, *Jean-Noël,* docteur ès sciences, maître de conférences au Muséum national d'histoire naturelle, pp. 457-458, 461, 467 à 469, 490, 493.

LABRID, *Michel,* docteur ès sciences, formateur en audiovisuel et en informatique, pp. 634 à 639.

LA COTARDIÈRE, *Philippe de,* président de la Société astronomique de France, secrétaire général de la Rédaction (Larousse), pp. 2 à 16.

LAMARCHE, *Michel,* neurophysiologiste, professeur à l'université Paris-VII, directeur de l'unité de recherches sur l'épilepsie, pp. 277, 279.

LAMETA, *Agnès,* docteur ès sciences, maître de conférences à l'université Paris-VI, pp. 241 et 242, 283 et 284.

LAPOIX, *François,* ingénieur géopédologue, professeur à l'École d'architecture de Paris-Conflans, pp. 94 à 96, 105 à 109, DOSSIER pp. 162-163.

LARPIN, *Denis,* docteur ès sciences, pp. 466, 470 à 472, 474 à 477, 487, 491, 495 à 497.

LE COQ, *Claude,* docteur ès sciences, maître de conférences à l'université de Paris-VI, pp. 423 à 428.

LEROY, *Claude,* ancien directeur de recherche à l'Institut Marcel Rivière, médecin spécialiste en psychiatrie et biologie médicale, pp. 157-158.

LEVACHER, *Philippe,* maître de conférences à l'université de Paris-VII, pp. 492, 500-501.

MAIGRET, *Jacques,* conservateur du Muséum national d'histoire naturelle, pp. 221 à 223.

MARTINEZ, *Laurence,* chargée d'études à l'A.P.I.E.U. de Besançon, pp. 141 à 148.

MATHIVET, *André,* professeur de lettres classiques. Dossier pp. 542-543.

MERLIN, *Sylvie,* ingénieur agronome, pp. 211 à 213, 447-448.

METZ-SACHS, *Michèle,* chargée d'études pour la compagnie « Recherche Développement International », pp. 117 et 118.

MEURGUES, *Geneviève,* sous-directeur au Muséum national d'histoire naturelle, p. 219.

NGUYEN, *Daniel Van,* cinéaste, décorateur. Dossiers pp. 258-259, 588-589.

OLIVAUX, *Thierry,* docteur ès sciences, pp. 121, 304 à 306, 328 à 333.

OLLIER, *Annick,* docteur vétérinaire, titulaire d'un D.E.A. en sciences, enseignante en zoologie, pp. 214 à 217, 237 et 238, 293 à 296, 383 à 390, 526 à 532, 519 à 517.

PASQUES, *Patrick,* écrivain scientifique, titulaire d'un D.E.A. en sciences. DOSSIER pp. 246-247, pp. 249 à 252, 281 et 282, 287 à 289, 366 à 370, dossier pp. 328-329.

PATOU-MATHIS, *Marylène,* docteur ès sciences, chargée de recherche au C.N.R.S. (Institut de paléontologie humaine), pp. 342 à 349.

PENVEN, *Marie-José,* docteur ès lettres, professeur de géographie physique à l'université Paris-VIII, pp. 26 à 37.

PINCHEMEL, *Philippe,* professeur de géographie à l'université Paris-I, directeur du Centre de géohistoire à l'université Paris-I. DOSSIER pp. 34-35.

PLATEL, *Roland,* docteur ès sciences, maître de conférences à l'université de Paris-VII, pp. 514 à 523, 557 à 561.

PONCY, *Odile,* docteur ès sciences, ingénieur d'études au C.N.R.S., pp. 479 à 485, 488-489, 494, 498.

PORTHA, *Bernard,* docteur ès sciences, professeur de physiologie à l'université Paris-VII, pp. 243 à 246, 255 à 258, 285 et 286.

PROFIZI, *Jean-Pierre,* docteur ès sciences, maître de conférences à l'université de Brazzaville (Congo), pp. 446, 449 à 454.

RAFFIN, *Jean-Pierre,* docteur ès sciences, maître de conférences à l'université Paris-VII. DOSSIER pp. 118-119, pp. 127, 133 et 134, 149 à 156, 185 à 190.

RAMADE, *François,* docteur ès sciences, professeur d'écologie à l'université Paris-Sud Orsay, pp. 114 à 116, 122 à 126, 128 à 132, 159 à 164.

RIBIER, *Jacques,* docteur ès sciences, maître de conférences à l'université de Paris-VII, pp. 371 à 382, 401 à 405.

ROUBAUD, *Pierre,* docteur en histologie et cytologie, maître de conférences à l'université Paris-VII, pp. 226 et 227, 239 et 240, 259 à 264, 290 à 292.

ROUX, *Bernard,* docteur ès sciences, ingénieur agronome, chargé de recherche à l'I.N.R.A. DOSSIER pp. 174-175, pp. 178 à 180.

SALLES, *Catherine,* docteur ès lettres, agrégée de lettres classiques, maître de conférences à l'université Paris-X. DOSSIER pp. 6-7.

SARI, *Akhéla,* journaliste scientifique, titulaire d'un master de biologie de l'université de Londres, pp. 203, 206 à 210.

SARTHOU, *Corinne,* docteur ès sciences, attachée d'enseignement et de recherche à l'université de Paris-VII, pp. 455-456, 459-460, 473, 478, 486.

SCHEPS, *Ruth,* docteur ès sciences, productrice à Radio-France (France Culture). Dossier pp. 330-331.

SEMET, *Michel,* docteur en géologie, physicien de l'Institut de physique du Globe de Paris, directeur du Laboratoire de géochimie comparée et systématique à l'université Paris-VI, pp. 19 et 21.

SLEZEC, *Anne-Marie,* docteur ès sciences, muséologue, ingénieur au Muséum national d'histoire naturelle, pp. 406 à 412.

TAMISIER, *Jean-Christophe,* ancien élève de l'École normale supérieure, secrétaire de rédaction (Larousse). Dossiers pp. 78-79, 414-415.

TIMMEL, *Jean-François,* docteur ès sciences, enseignant en biologie, secrétaire de rédaction (Larousse), pp. 74 et 75, 197 à 202, DOSSIER pp. 198-199, pp. 270 à 272, 572 à 587.

UNTERMAIER, *Jean,* président de France Nature Environnement, professeur de droit de l'environnement à l'université Lyon-III, pp. 181 à 184.

VIEL, *Jeanne-Marie,* ingénieur agronome, docteur ès sciences économiques, maître-assistant à la chaire d'agriculture comparée de l'Institut national agronomique Paris-Grignon, pp. 169 à 174, 176 et 177.

VOLLE, *Guy,* docteur ès sciences, assistant au Laboratoire d'endocrinologie cellulaire et de l'évolution à l'université Paris-XI, pp. 228 à 236.

ZUILY, *Yasmine,* docteur ès sciences, maître de conférences à l'université Paris-VII, pp. 247 et 248, 253 et 254.

CRÉDITS PHOTOGRAPHIQUES DE LA TABLE D'ORIENTATION :

XI, Cosmos – NASA/Science Photo Library. **XIII**, Cosmos – NOAA, Colored by Wells J./Science Photo Library. **XIV**, Rapho – Antoine L. **XV**, Cosmos – Seitz S./Woodfin Camp. **XVI**, Rapho – Gerster G. **XVII**, Rado C. – L.G.G.E. **XVIII**, Jerrican – Gauvreau. **XIX**, Explorer – Francillon J.M. **XX**, Bulloz. **XXI**, Jacana – Carre C. **XII**, C.N.R.I. – Phototake. **XXIII**, C.N.R.I. **XXIV**, (h) Bios – Ausloos H. **XXIV**, (b) Colibri – Lavergne J.-Y. **XXV**, Muséum national d'histoire naturelle – Serrette D. **XXVI (bas)**, Rapho – Desazo. **XXVII**, Rapho – Aden. **XXVIII**, C.N.R.I. **XXIX (bas)**, Nuridsany Cl. **XXXII (bas)**, Jacana – Gohier F. **XXXIV (haut)**, Charmet J.-L. **(bas)**, Planet Earth Pictures – Atkinson P. **XXXV (haut)**, Pitch – Couderc C. **XXXVI (haut)**, © Walt Disney Production. **XXXIX (haut)**, NHPA – Polunin I. **XXXX**, Bruce Coleman Inc. – Savoie Ph. A.

TABLE D'ORIENTATION

LA PLANÈTE BLEUE

Les astronomes divisent le ciel en constellations regroupant les étoiles qui brillent au firmament. Celles-ci sont situées à des distances considérables. Notre planète tourne autour de l'une d'entre elles, le Soleil. Dans sa ronde autour du Soleil, la planète de la vie n'est pas seule puisque huit autres planètes et une multitude de petits corps célestes constituent le système solaire. Les mouvements de la Terre sur elle-même et autour du Soleil expliquent l'alternance du jour et de la nuit et la succession des saisons qui rythme bon nombre de phénomènes vitaux.

TERRE ET SYSTÈME SOLAIRE

ENC. = Encadré ; TAB. = Tableau.

Le système solaire n'est qu'un point infime inclus dans un ensemble gigantesque : la Galaxie. L'Univers contient lui-même une multitude de ces systèmes stellaires. La situation privilégiée de notre planète a permis à la vie d'y apparaître. Cette vie existe-t-elle ailleurs dans l'Univers ?

GALAXIE D'ANDROMÈDE

La sphère terrestre, de son noyau à sa croûte extérieure, n'est pas homogène. Son sous-sol est ainsi constitué de roches variées. Les sols qui couvrent sa partie superficielle ont une influence sur la répartition de sa flore, de sa faune, et, au-delà, sur l'occupation humaine. Le champ magnétique naturel du globe terrestre nous protège du vent solaire. Inscrite dans les roches, son orientation est un témoin de l'histoire de la Terre.

TABLE D'ORIENTATION

STRUCTURE DE LA TERRE

Les roches du manteau sont en fusion. En liaison avec la dynamique des plaques, qui cause aussi les séismes, ce magma remonte à la surface sous forme de volcans.

La surface du globe terrestre n'est pas plane, mais présente quantité d'aspérités : des profondeurs abyssales des océans au toit du monde qu'est l'Himālaya. Plaines, plateaux, montagnes. Les formes que prennent ces reliefs constituent une grande variété de paysages. Les reliefs ne sont pas immuables, mais évoluent, subissent le constant travail de l'érosion, de l'eau, du vent et des agents météoriques. Les matériaux arrachés sont transportés et se déposent dans les plaines alluvionnaires et le long des littoraux.

L'eau est un élément très présent sur la planète. La forme qu'elle prend obéit à un cycle perpétuel qui comprend trois stades : les précipitations, l'écoulement et l'évapotranspiration. On distingue l'eau retenue dans le sol (infime partie de l'hydrosphère) de l'eau de surface.

ICEBERG

Source de vie, l'énergie solaire arrive sous la forme de radiations lumineuses jusqu'à notre planète, qui émet en retour un rayonnement dans l'espace. Sous l'effet des masses d'air chaudes et froides, l'atmosphère se trouve en mouvement permanent. Les perturbations cycloniques en sont tributaires et l'eau contenue dans l'air prend la forme de nuages et de précipitations. Dans le cadre de la circulation générale de l'atmosphère, la planète offre une grande variété de situations climatiques.

PERTURBATION SUR LA MER DE BÉRING

LES MILIEUX NATURELS

Dans chaque milieu naturel, les caractéristiques physiques (climatiques, géologiques, géographiques) et biologiques (liées aux êtres vivants) constituent autant de contraintes écologiques. Ces contraintes se traduisent dans les adaptations des individus et dans la dynamique des populations. Les biocénoses, communautés interagissantes d'espèces vivant dans un même milieu, sont le reflet de l'action des facteurs écologiques.

Le milieu marin est étagé des zones littorales aux profondeurs abyssales. On distingue les organismes marins selon qu'ils ont une mobilité faible ou nulle (plancton), qu'ils vivent sur les fonds (benthos) ou qu'ils sont capables de se déplacer dans les trois dimensions du milieu marin (necton).

TABLE D'ORIENTATION

Les littoraux sont des milieux qui varient selon la typologie des côtes et selon la manière avec laquelle ils subissent le phénomène des marées. L'insularité se traduit par l'existence d'espèces « endémiques », moins nombreuses mais plus diversifiées que celles du continent.

Étangs et lacs forment des milieux aquatiques très dépendants des milieux terrestres dans lesquels ils sont inclus. Les cours d'eau se distinguent des étangs et des lacs par le courant. La différence d'altitude qui en est la cause induit d'amont en aval des variations de température et d'oxygénation. Les marécages et les tourbières sont des zones de transition (écotones), entre les milieux terrestres et aquatiques.

LE RADEAU DES CIMES

Dans les régions chaudes, lorsque le couvert végétal devient plus herbeux que forestier, on parle de savane. Steppes et prairies sont les noms donnés aux milieux herbeux dépourvus de végétation arborescente. On appelle toundras les zones de végétation rase de pelouses que l'on trouve au nord de l'hémisphère Nord, au sud de l'hémisphère Sud ou dans certains étages montagnards.

Les zones montagnardes, dont le climat est conditionné par l'altitude, présentent des végétations étagées.

Froids ou chauds, les déserts sont des milieux hostiles. Brûlants le jour et froids la nuit, les déserts chauds se définissent avant tout par leur aridité. Cependant, leur étude révèle l'existence d'une flore et d'une faune aux adaptations surprenantes. Totalement dépourvus de vie végétale, les déserts froids se rencontrent autour des pôles. Les eaux saumâtres, comme les eaux chaudes et les eaux souterraines, sont des milieux extrêmes où l'on observe des formes d'adaptation exceptionnelles chez les êtres vivants qui les peuplent.

CENTRAL PARK

LA GESTION DE L'ENVIRONNEMENT

L'homme, dans sa volonté de maîtriser la nature, a profondément modifié l'environnement, puisant dans ses ressources et l'agençant à son profit. À l'ère industrielle, il a provoqué des déséquilibres profonds dans les écosystèmes, mettant en danger les espèces vivantes.

TABLE D'ORIENTATION

POLLUTION DANS LES GLACES

L'EAU

Les eaux sont des milieux particulièrement exposés. Les pollutions des eaux ont été les premières grandes catastrophes écologiques rapportées par les médias. L'agriculture intensive a sa part de responsabilité dans cette dégradation d'une ressource vitale.

LES ESPÈCES MENACÉES

Phénomène naturel à l'échelle des temps géologiques, la disparition des espèces vivantes est dangereusement accélérée par les activités humaines. La nécessité de veiller à la protection des espèces s'est peu à peu imposée. Les actions de sauvegarde des espèces revêtent différentes formes : protection, restauration des milieux, réintroduction.

SIX MILLIARDS D'HOMMES

L'homme est lui-même victime de la destruction de l'environnement naturel. La situation est encore aggravée du fait de l'augmentation des populations et de leur concentration sur des zones particulièrement menacées.

L'ÉPUISEMENT DES RESSOURCES

Qu'il s'agisse de l'eau, des ressources minières ou de l'énergie, l'humanité doit apprendre à mieux gérer son patrimoine naturel et trouver des solutions nouvelles.

TABLE D'ORIENTATION

ÉNERGIE ÉOLIENNE

Poursuivre le développement agricole sans aggraver la situation écologique : c'est un des défis majeurs à relever. Depuis le néolithique, l'homme est passé de l'état de chasseur-cueilleur à celui d'éleveur-cultivateur. Pour améliorer les rendements, il a fallu aménager, amender les sols, drainer les terrains et canaliser l'eau pour qu'elle se trouve dans une relation optimale avec la plante. Avec l'industrialisation, une nouvelle agriculture a vu le jour, fondée sur les progrès scientifiques et techniques (mécanisation, chimisation, sélection génétique). Un secteur économique nouveau est apparu : l'agroalimentaire. Jugé trop rapide, le développement agricole provoque des réactions hostiles chez ceux qui souhaiteraient une agriculture plus respectueuse des milieux naturels. L'agriculture du tiers-monde se caractérise par une faible productivité dans un contexte de sous-développement économique. La révolution verte mettra-t-elle un terme à la dépendance alimentaire ?

Comment concilier la nécessaire poursuite du progrès avec la préservation du patrimoine naturel ? Des mesures de protection, des actions juridiques et économiques, des choix politiques doivent le permettre.

La nécessité de ménager des zones vierges où la nature puisse se développer sans subir d'agressions a amené à définir une variété d'aires protégées, des parcs régionaux ou nationaux aux réserves de la biosphère.

Tirer profit au maximum des promenades dans la nature, tout en la respectant, c'est suivre quelques règles : utiliser un matériel adapté, connaître les mœurs et habitudes des êtres vivants observés. Mais l'admiration qu'ils suscitent ne doit pas conduire à les extraire inconsidérément de leur milieu, car ce serait mettre en danger les espèces.

DELTAPLANE

L'étude scientifique de la nature associe les sciences de la Terre et les sciences de la vie. Parfois dénommée « histoire naturelle », cette science très ancienne a changé de définition au cours du temps. Depuis la fin du XVIIIe siècle, on désigne par « biologie » la science qui étudie le vivant. La zoologie et la

TABLE D'ORIENTATION

botanique sont deux disciplines fondamentales de la biologie. Au XXe siècle, cette science s'est diversifiée et de nouvelles disciplines ont vu le jour. La démarche scientifique passe par l'expérience. Et l'expérience utilise souvent l'animal, ce qui nourrit de nombreuses polémiques.

En sélectionnant les variétés et en les cultivant, l'homme a créé un vaste éventail de plantes qu'il peut utiliser pour son alimentation ou son agrément. Procédant de la même façon pour les espèces animales, il a mis au point des races à haut rendement qu'il utilise aussi pour leur force de travail. Dans toutes les sociétés, certaines espèces animales occupent auprès de l'homme une place de compagnon familier, insolite ou simplement décoratif, voire même d'assistant.

Conserver, découvrir et éduquer sont les trois grands principes des musées. Depuis les premiers « mouseion », ils ont connu diverses formes d'organisation. Parfois aussi la nature est mise en scène (cirque, zoo).

JARDIN BOTANIQUE

L'ÉTUDE DE LA VIE

Entre la bactérie et la biosphère, le vivant est caractérisé à la fois par son unité et sa diversité. Mais aucune des propriétés universelles des êtres vivants n'est à elle seule spécifique de la vie.

Pour assurer ses fonctions, la cellule effectue en permanence des échanges avec le milieu environnant. Elle tire son énergie de substances organiques qu'elle a elle-même fabriquées ou qui proviennent de son alimentation. Les cellules peuvent édifier leurs propres constituants et leurs enzymes par un ensemble de réactions de « biosynthèse ».

Quatre grandes fonctions interviennent dans le développement et le maintien de l'équilibre des structures vivantes : l'auto-organisation, le métabolisme, l'homéostasie et la sexualité.

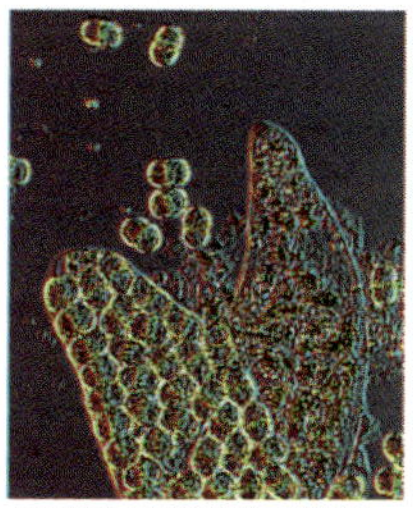
ALGUES UNICELLULAIRES

Les végétaux renouvellent leurs propres constituants à partir de molécules simples (gaz carbonique, eau et sels minéraux). Les animaux, eux, assurent leurs besoins vitaux en consommant d'autres êtres vivants. Au terme de la simplification moléculaire que constitue la digestion, les aliments sont absorbés (nutriments) ou rejetés (résidus non digestibles). Les cellules des animaux baignent dans un milieu qui leur assure des conditions de vie stables grâce à des mécanismes de régulation. Ce milieu intérieur se divise en « compartiments liquidiens » qui communiquent les uns avec les autres. Le système circulatoire est l'un de ces

Partant d'une observation, même succincte, on pourrait à loisir énumérer une longue liste d'œuvres humaines que l'on retrouve sous une forme ou sous une autre dans le monde naturel. L'être humain serait-il donc si peu inspiré qu'il doive imiter ce qui existe déjà ? Ou bien ferait-il preuve d'une grande sagesse en reproduisant à son usage les inventions du monde vivant ?

TABLE D'ORIENTATION

compartiments. Les fonctions de la vie sont fondées sur le couplage des réactions biochimiques productrices et consommatrices d'énergie. La production d'énergie nécessite le prélèvement d'oxygène dans le milieu extérieur.

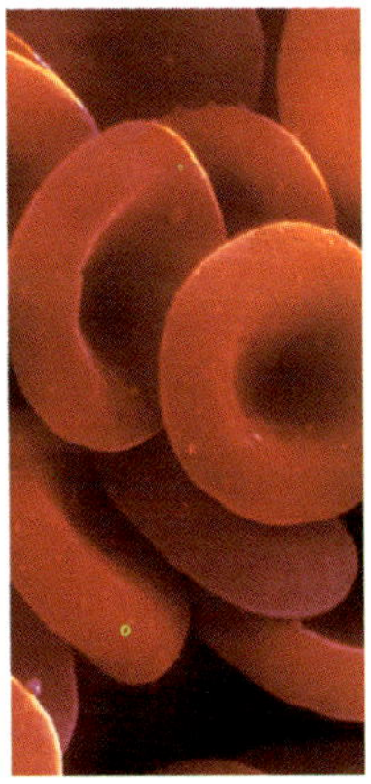

GLOBULES ROUGES

BIOLOGIE DE LA REPRODUCTION 259

La reproduction permet aux êtres vivants de se multiplier, mais aussi de se renouveler, grâce à la sexualité. Au niveau des cellules, comme à celui des organismes, on distingue ainsi deux modes de reproduction : asexuée (mitose et multiplication « végétative ») et sexuée (méiose et fécondation).

LA GÉNÉTIQUE 265

Voir aussi p. 207.

À l'intérieur des cellules, les chromosomes sont porteurs des déterminants héréditaires de chaque organisme : les gènes. Ces gènes et leur expression (les caractères) diffèrent selon les individus et les générations. Leur variation est source d'évolution.

LES DÉFENSES DE L'ORGANISME 270

En présence d'éléments étrangers, l'organisme met en place des moyens (cellules tueuses, anticorps, etc.) pour lutter contre eux.

Par les organes sensoriels, les animaux explorent le milieu pour y trouver nourriture, abri ou partenaire sexuel. Ces organes renferment des récepteurs spécialisés en fonction de chaque stimulus (visuel, auditif, thermique, etc.).

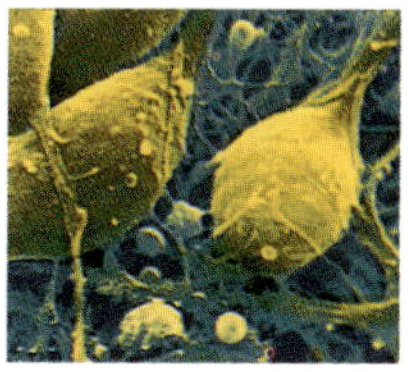

NEURONES

Chez les vertébrés, les centres nerveux se regroupent dans l'encéphale et la moelle épinière. Les mouvements sont déclenchés par une commande nerveuse dont l'automatisme est modulé par les informations captées par des récepteurs sensoriels internes.

De nombreuses fonctions vitales s'expriment selon un rythme caractéristique.

Processus par lequel un organisme animal ou végétal atteint les dimensions propres à son espèce ou à sa variété, la croissance résulte de deux phénomènes élémentaires : la multiplication des cellules et leur grandissement. Elle s'accompagne d'une différenciation des lignées cellulaires et, chez certains animaux, d'une métamorphose.

La mesure du vivant est une activité dont les biologistes tirent grand profit pour classer, codifier et énoncer des principes. Ces données doivent pourtant être maniées avec prudence compte tenu des incertitudes liées à toute mesure.

TABLE D'ORIENTATION

Chaque population d'êtres vivants possède un ensemble de caractères permettant aux individus de répondre aux contraintes particulières du milieu dans lequel ils vivent.

Les espèces vivantes sont unies par de multiples interactions telles que la prédation, la symbiose et le parasitisme.

PÊCHE AU SAUMON

L'éthologie, science du comportement des animaux et de l'homme, s'est développée à l'intersection de la biologie et de la psychologie. Elle étudie le déterminisme, le développement, le rôle de l'évolution des comportements.

On parle de « phénomène social » quand les relations d'un animal avec ses congénères s'accomplissent au-delà des seules nécessités de la reproduction. La division du travail, très poussée chez les insectes sociaux, est un des aspects majeurs de la vie dans les sociétés les plus évoluées.

VOL DE FLAMANTS ROSES

Si de nombreuses théories se sont opposées pour expliquer la diversité du monde vivant, l'idée d'une évolution selon laquelle les espèces animales et végétales sont issues d'autres espèces est aujourd'hui largement admise.

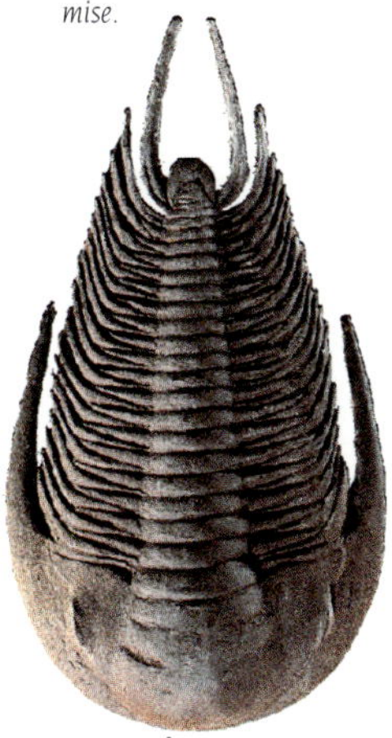

UN FOSSILE (TRILOBITE)

À partir d'éléments issus d'étoiles, la Terre s'est lentement modelée en une sphère brûlante. Lors de son refroidissement, cette jeune planète a expulsé des gaz qui ont donné naissance à l'atmosphère. En se condensant, la vapeur d'eau contenue dans cette atmosphère primitive a formé des étendues propices à l'apparition des premières cellules vivantes, il y a environ 3,5 milliards d'années.

L'ère primaire, ou paléozoïque, qui débute il y a 540 millions d'années, est marquée par la diversification de la vie, tout d'abord dans les mers. La conquête du milieu terrestre par les végétaux est suivie de l'apparition d'arthropodes terrestres (insectes, acariens...) et des premiers « vertébrés à quatre pattes », ou tétrapodes (amphibiens, puis reptiles).

TABLE D'ORIENTATION

L'ère secondaire, ou mésozoïque, est incontestablement celle de l'apogée des « reptiles rois », les dinosaures. Après plus de 100 millions d'années de règne, la plupart disparaîtront à la fin de l'ère secondaire. Entre-temps, ils auront donné naissance aux premiers mammifères et aux oiseaux.

Partout dans le monde, l'homme a cherché à pallier l'impossible mémoire de ses origines. Tourmenté par le mystère de sa naissance, la raison de son existence et l'angoisse de sa fin, il a forgé des mythes et des légendes qui lui offrent la consolation du sens.

ALLOSAURE (LONGUEUR 10 M)

Durant l'ère tertiaire, les plantes à fleurs connaissent une grande expansion. Les reptiles du tertiaire appartiennent presque tous à des groupes existant encore de nos jours ; les oiseaux de type moderne apparaissent ; les mammifères, encore petits et discrets à l'ère secondaire, se développent et se diversifient.

Débutant il y a environ 1,8 million d'années, l'ère quaternaire s'étend jusqu'à la période actuelle.

ART PRÉHISTORIQUE

Les races animales et végétales résultent de l'expression différente de certains caractères biologiques dans des populations distinctes d'une espèce donnée. Or, dans l'espèce humaine, l'étude scientifique des races a sans doute été la discipline où les a-priori et les préjugés se sont manifestés avec le plus de vigueur. La théorie de l'évolution n'a fait que favoriser, jusqu'au milieu du XXe siècle, l'édification de classifications erronées où les « Blancs » occupaient le sommet de la hiérarchie.

L'origine de la famille humaine remonte à la fin de l'ère tertiaire, il y a quelque 6 millions d'années. Notre espèce, Homo sapiens, *vieille de plus de* 300 000 *ans, en est l'ultime représentante.*

L'ESPÈCE (ZÈBRES) ET SON MILIEU (SAVANE)

Tout au long de l'histoire de l'évolution, des espèces sont apparues, se sont répandues, ont décliné et ont disparu. Les événements évolutifs ne sont pas tous bien connus, et de nombreuses énigmes persistent, mais l'apparition d'espèces nouvelles, ou spéciation, est à la base du phénomène d'évolution.

Des regroupements de plus en plus fins conduisent à une classification hiérarchisée de toutes les formes vivantes connues. Les méthodes ont considérablement évolué depuis Linné, notamment avec la théorie « darwinienne » de l'évolution.

LES MICRO-ORGANISMES

Parmi les êtres microscopiques, les virus sont les plus petits et les plus simples. Parasites des cellules vivantes, ils ne sauraient se multiplier sans la collaboration forcée de leurs hôtes.

TABLE D'ORIENTATION

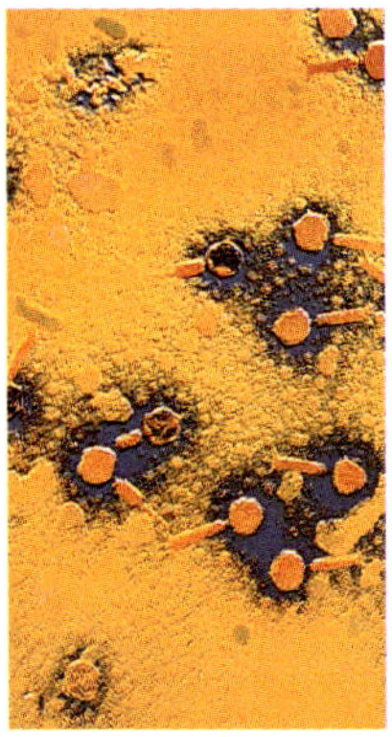

VIRUS BACTÉRIOPHAGES

La vision joue un rôle prépondérant dans notre perception et notre compréhension du monde. Parmi les inventions humaines, il existe des outils rendant perceptibles des phénomènes invisibles à l'œil nu, à cause de leur petite taille, de leur éloignement, ou parce qu'ils sont cachés dans les profondeurs de la matière. Ces outils ont bouleversé notre rapport à l'Univers.
Parmi ces outils, les microscopes, dont l'utilisation met à profit tout un ensemble de techniques de préparation des échantillons et de traitement des images, rendent accessibles les différents niveaux d'organisation du vivant à l'échelle microscopique : micro-organismes, cellules, organites cellulaires, molécules biologiques, jusqu'aux atomes eux-mêmes.

Les bactéries sont généralement formées d'une seule cellule, dite « procaryote ». Cette cellule se caractérise par l'absence de noyau (et de tout autre système clos de membranes internes). Les bactéries sont indispensables au bon déroulement des cycles écologiques de la matière.

La classification actuelle réunit dans le règne des protistes les êtres microscopiques dont la cellule unique, dite « eucaryote », comporte un noyau et d'autres membranes internes. Ces unicellulaires sont des « cellules-individus » polyvalentes, qui doivent assurer, à elles seules, l'ensemble des fonctions vitales. Ils appartiennent à différents groupes, comme les protozoaires, les algues et les champignons. Ces deux derniers ensembles comportent aussi des formes pluricellulaires. Les protozoaires sont d'affinités animales.

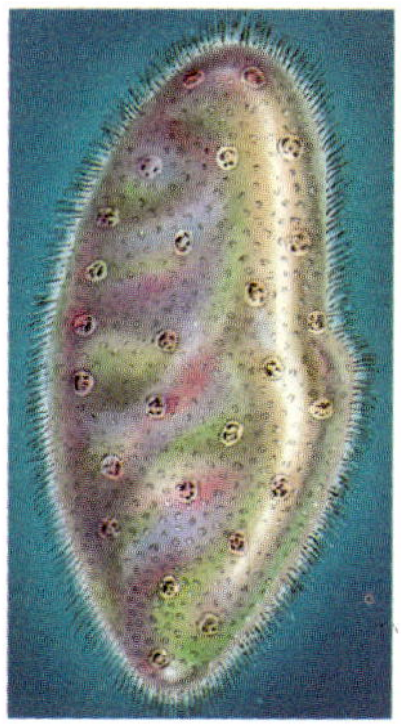

OPALINE (PROTOZOAIRE)

LES VÉGÉTAUX

Les représentants du règne végétal, les « végétaux pluricellulaires », se caractérisent notamment par la paroi rigide qui entoure leurs cellules et par leur capacité à élaborer eux-mêmes la matière qui les compose, grâce à la photosynthèse (à l'exception toutefois des champignons). L'anatomie, le cycle de vie et les modalités de la reproduction permettent de distinguer les grands groupes végétaux.

SPYROGYRES (ALGUES VERTES)

TABLE D'ORIENTATION

Les champignons forment un règne différent du règne végétal (même si nous avons choisi de les présenter ici avec les végétaux), notamment parce que, comme les animaux, ils ne pratiquent pas la photosynthèse.

CHANTERELLES COMMUNES

Les lichens résultent de l'association entre un champignon supérieur et une algue (ou une cyanobactérie). Cette association est stable, spécifique, et les partenaires s'y développent de façon équilibrée : il s'agit d'une symbiose.

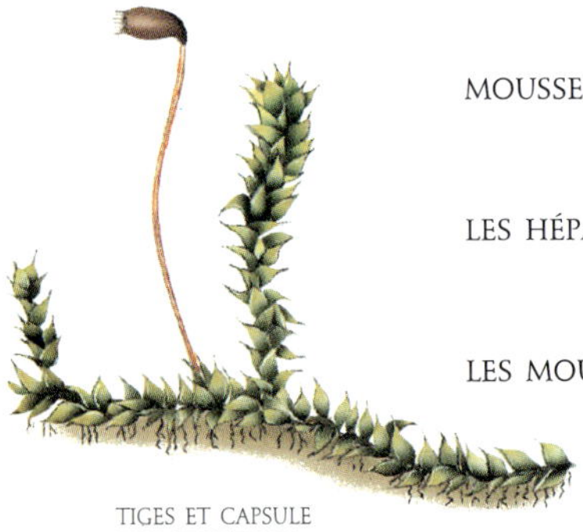

TIGES ET CAPSULE REPRODUCTRICE D'UNE MOUSSE

Les fougères et les plantes proches, que l'on rassemble dans le groupe des ptéridophytes, sont majoritairement représentées dans les régions tropicales, où température, humidité et couvert végétal sont les plus favorables à leur développement.

SAPIN : RAMEAUX ET CÔNE

SAPIN (*Abies alba*)

Avec plus de 250 000 espèces, les plantes à fleurs, ou angiospermes, dominent actuellement le règne végétal. Ce sont des plantes à graines, comme les gymnospermes, mais chez elles l'ovule est protégé par un ovaire. Leurs organes reproducteurs sont condensés en une fleur.

On distingue deux groupes de plantes à fleurs, les monocotylédones et les dicotylédones, selon le nombre de cotylédons (feuilles primordiales de la plantule) contenus dans la graine. Plusieurs autres caractères séparent ces deux groupes.

TABLE D'ORIENTATION

ANANAS

Le premier groupe de plantes à fleurs (les monocotylédones) comprend notamment les graminées, les palmiers et les orchidées. Le second groupe (les dicotylédones), avec ses quelque 190 000 espèces, comporte une grande variété d'arbres et de plantes herbacées.

CACTUS CANDÉLABRES

COUPES DE FLEURS DE ROSACÉES (SPIRÉE, FRAISIER, ROSIER, PRUNIER, POIRIER)

TABLE D'ORIENTATION

VUE SYMBOLIQUE DE LA MANDRAGORE

LES ANIMAUX

Dans la classification du monde vivant en 5 règnes, qui prévaut de nos jours, le règne animal rassemble tous les animaux formés de plusieurs cellules, des éponges aux insectes et aux mammifères. Chaque groupe possède son plan (ou type) d'organisation propre. La reconnaissance de ces plans est donc un problème fondamental pour les classificateurs.

Animaux fixés essentiellement marins, les éponges sont les formes les plus simples du règne animal. Parcourues par un courant d'eau, elles en retirent l'oxygène et des particules alimentaires.

CHRYSAORE (MÉDUSE)

Plats, ronds ou annelés, les vers forment un vaste groupe hétérogène.

BRANCHIES DE SPIROGRAPHE (VER ANNELÉ)

Les lophophoriens sont des invertébrés sédentaires. Quant aux rotifères, ils sont ainsi nommés car les cils qui entourent leur bouche évoquent de petites roues en rotation.

Comme leur nom le suggère, les mollusques ont un corps mou. Ce corps est enveloppé d'un « manteau » souple, qui sécrète une coquille calcaire. Quand elle est externe, cette coquille soutient et protège le corps (escargots) ou entoure l'animal tout entier (moules) ; mais elle peut être interne et réduite (pieuvres), voire absente (limace rouge). Les mollusques mènent une vie aquatique, à l'exception de certains gastéropodes.

Le corps des arthropodes est entièrement recouvert d'une carapace rigide, véritable squelette externe articulé, notamment au niveau des pattes (arthropode signifie « pied articulé »). Avec plus d'un million d'espèces, le groupe des arthropodes est de loin le plus vaste de tout le règne animal.

SCORPION *(Buthus)*

TABLE D'ORIENTATION

DRAGON (*la Belle au bois dormant,* W. Disney Production)

Les insectes sont les plus nombreux des arthropodes. Formant des populations considérables, ils s'organisent parfois en sociétés (fourmis, termites...).

PAON DE JOUR

Tous marins, les échinodermes se constituent selon un plan de symétrie « rayonnée », bien visible dans les cinq bras d'une étoile de mer. Leur squelette interne sépare les échinodermes des arthropodes, alors que leur développement embryonnaire les rapproche des cordés. Ces derniers ont en commun une « corde dorsale », axe squelettique transitoire (urocordés, vertébrés) ou persistant (amphioxus).

Champions de la vie aquatique, les poissons se montrent adaptés à presque toutes les eaux de la planète. Les plus primitifs sont les lamproies et les myxines, les seuls à posséder une bouche circulaire dépourvue de mâchoires. Les autres poissons ont, pour la plupart, un squelette interne plus ou moins osseux, mais certains, comme les re-

quins, possèdent un squelette entièrement cartilagineux. En revanche, l'ossification est complète chez les téléostéens (morue, anguille, sole, carpe, etc.). Avec plus de 20 000 espèces, ils représentent l'essentiel des poissons actuels.

LES AMPHIBIENS 572

Voir aussi pp. 322, 327, 328 et 334.

À *l'image du têtard de grenouille, la larve des amphibiens mène le plus souvent une existence aquatique, avant la métamorphose qui donnera un adulte terrestre, aquatique ou amphibie.*

HYDROMANTES (URODÈLE)

LES REPTILES 579

Voir aussi pp. 322, 327, 328 et 334.

À *la différence des amphibiens, les reptiles ont une peau sèche et recouverte d'écailles. Du point de vue de l'évolution, ce sont les premiers vertébrés à s'être totalement affranchis du milieu aquatique, mais tous ne sont pas strictement terrestres (crocodiles, tortues marines, serpents marins...).*

« Il ne connaît ni les hommes ni les pays, sa seule compagnie est l'animal. Avec les gazelles, il broute l'herbe, avec les hardes, il s'abreuve aux points d'eau. Auprès des sources, en compagnie des bêtes sauvages, son cœur se réjouit. » (Extrait de l'*Épopée de Gilgamesh*.) Placé au centre de l'expression artistique de la préhistoire, être divin ou compagnon des dieux des civilisations anciennes, l'animal est présent dans toutes les mythologies. Aujourd'hui, les mythes interviennent encore parfois dans l'explication de ce qui est : le milieu naturel, la voûte céleste, les plantes... et puis l'homme et l'animal, que rien ne distinguait autrefois, à l'image de Xaora, le premier homme-lion des Bochimans.

COBRA À LUNETTES

TABLE D'ORIENTATION

Le groupe des oiseaux est facile à définir : tout animal porteur de plumes est un oiseau. Ces plumes résultent probablement de la transformation, au cours de l'évolution, des écailles des dinosaures dont seraient issus les oiseaux. Malgré ce caractère commun, clé de la domination des airs, tous les oiseaux ne volent pas ; de plus, ils présentent, du colibri à l'autruche, une grande diversité de formes et surtout de tailles. Leur classification connaît actuellement des bouleversements dus à l'application des méthodes de la biologie moléculaire.

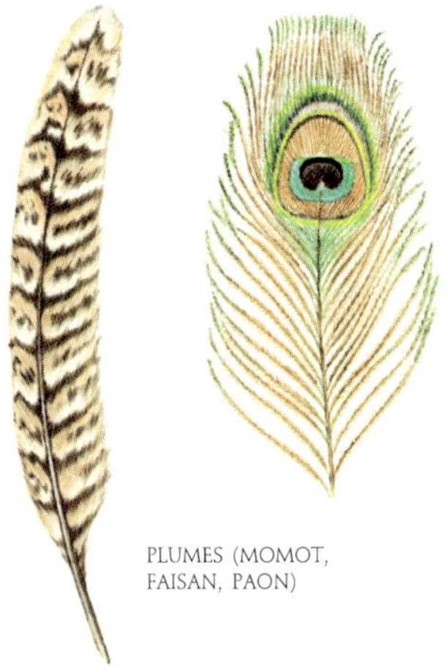

PLUMES (MOMOT, FAISAN, PAON)

Les mammifères, comme les oiseaux, maintiennent leur température interne à un niveau constant. La présence de poils et de mamelles sont deux caractéristiques fondamentales des mammifères. Hormis les plus primitifs, comme l'ornithorynque (groupe des monotrèmes), les mammifères ne pondent pas d'œufs : durant la gestation, la nutrition de l'embryon s'effectue à travers un placenta, sauf chez les marsupiaux.

GALÉOPITHÈQUE

Parmi les insectivores (taupes, hérissons), on trouve le plus petit mammifère : une musaraigne de deux grammes ! Avec ses 1 700 espèces, le groupe des rongeurs a conquis tous les milieux terrestres.

Dans le groupe des ongulés, qui comporte les plus grands mammifères terrestres (éléphants, chameaux, hippopotames, girafes...), les ruminants fournissent de nombreuses espèces domestiques (bœufs, moutons, chevaux...).

GIRAFE

Le milieu marin, colonisé par des mammifères retournés à la vie aquatique au cours de l'évolution (lamantins, phoques, dauphins...), abrite les 150 tonnes de la baleine bleue, probablement le plus gros animal de tous les temps.

TABLE D'ORIENTATION

Les carnivores sont pour la plupart des animaux chasseurs (belette, loup, lion), mais leur grande capacité d'adaptation s'exprime dans le régime omnivore, voire végétarien, adopté par nombre d'entre eux (ours, blaireau...).

NASIQUES

1

LA PLANÈTE BLEUE

Dossiers

Forte houle sur l'Atlantique

La Terre, vue du module lunaire d'Apollo 8

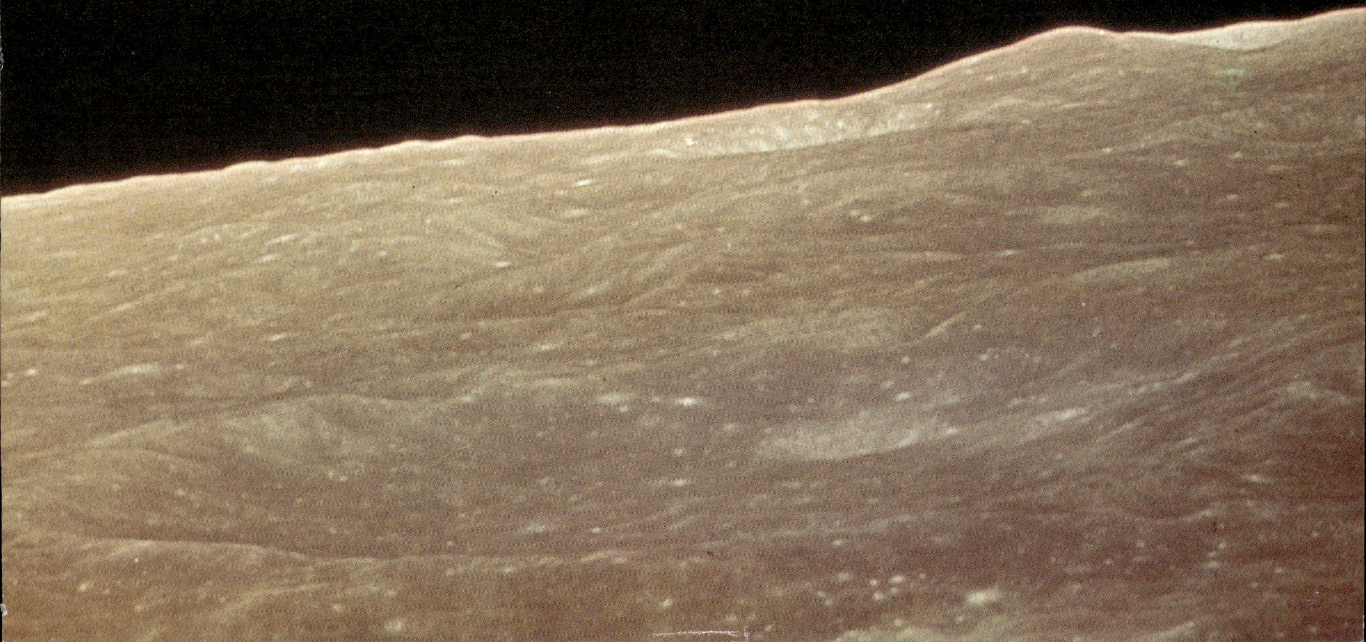

Éruption volcanique en Islande

LA TERRE DANS L'UNIVERS

Les observateurs du ciel, pour repérer et désigner plus commodément les étoiles brillantes, ont imaginé de les réunir d'après les figures qu'elles permettent de dessiner dans le ciel nocturne. Ainsi sont nées les *constellations*, identifiées, selon les civilisations, à des héros, à des animaux ou à des objets mythologiques.

DU CIEL À L'UNIVERS

DES MILLIONS DE GALAXIES

■ De nos jours, les astronomes divisent le ciel en 88 constellations. Chacune comprend non seulement le groupement d'étoiles brillantes d'où elle tire son nom (emprunté souvent à la mythologie grecque), mais aussi une région céleste délimitée par des arcs de parallèles et de méridiens permettant de désigner de façon précise la position des astres observés grâce à un système de coordonnées approprié.

Certains astres, ayant l'apparence d'étoiles brillantes, se déplacent au fil des mois parmi les constellations. Ce sont les *planètes* (d'un mot grec signifiant « vagabond ») qui gravitent autour du Soleil. Leur mouvement est particulièrement visible la nuit, sur le fond du ciel, car elles sont beaucoup plus proches de nous que les autres astres.

Le système solaire. De tous les astres, le Soleil est celui qui s'impose le plus à notre attention. C'est en effet l'étoile la plus proche et donc la plus visible. Le Soleil et les astres qui tournent autour de lui, sous l'effet de son attraction, forment le système solaire. Celui-ci comprend neuf planètes principales, de quelques milliers de kilomètres de diamètre (dont la Terre), des milliers de petites planètes (ou astéroïdes), des comètes et des poussières interplanétaires. Les grosses planètes possèdent des satellites.

Les galaxies. Le système solaire est inclus dans une vaste agglomération de plus de 100 milliards d'étoiles : la Galaxie. Celle-ci est isolée dans l'espace et tourne sur elle-même. Des millions de galaxies plus ou moins analogues peuplent ainsi l'Univers. Elles apparaissent souvent groupées en amas, et même en amas d'amas, ou superamas, séparés par de grands vides. Plus on s'éloigne du système solaire, moins l'Univers est dense.

LES DISTANCES ASTRONOMIQUES

L'ÉTALON LUMIÈRE

■ Les distances qui séparent les astres sont trop considérables pour être exprimées aisément en kilomètres. À l'intérieur du système solaire, l'étalon de distance utilisé par les astronomes est la distance moyenne de la Terre au Soleil : l'*unité astronomique* (symbole : ua), qui vaut à peu près 149,6 millions de kilomètres.

Années de lumière et parsecs. Les distances des astres plus lointains sont souvent indiquées en temps de lumière. On sait que la lumière ne se propage pas instantanément. Dans l'espace, sa vitesse est très voisine de 300 000 km/s. En un an, on calcule qu'elle parcourt un peu moins de 10 000 milliards de kilomètres. C'est ce qu'on appelle l'*année de lumière*, ou *année-lumière* (symbole : al). L'étoile la plus proche du système solaire, Proxima du Centaure, se trouve à 4,22 al, soit 270 000 fois plus loin de nous que le Soleil ne l'est de la Terre.

Les astronomes emploient aussi, comme unités de distance, le *parsec* (symbole : pc), qui vaut 3,26 al, et ses multiples, le kiloparsec (1 kpc = 1 000 pc) et le mégaparsec (1 Mpc = 10^6 pc). La galaxie la plus proche, le Grand Nuage de Magellan, visible dans l'hémisphère Sud, se situe à 50 kpc, soit environ 170 000 al. Plus un astre est éloigné, plus sa lumière met de temps pour nous parvenir. Voir loin dans l'espace, c'est donc aussi voir loin dans le passé : les grands télescopes modernes sont de fabuleuses machines à remonter le temps. Ils nous montrent, par exemple, l'étoile Polaire telle qu'elle était au XIVe siècle. Pour les astres les plus lointains que l'on connaisse, les *quasars*, l'image que l'on observe a été émise avant la formation de la Terre, il y a plusieurs milliards d'années.

A. **LES DISTANCES ASTRONOMIQUES**
Lune : 400 000 km = 1,3 seconde de lumière
Soleil : 150 millions de kilomètres = 8 minutes de lumière
Proxima du Centaure : 4,22 années de lumière (al)
Sirius : 8,6 années de lumière
Pléiades : 400 années de lumière
Nébuleuse d'Orion : 1 600 années de lumière
Centre de la Galaxie : 28 000 années de lumière
Grand Nuage de Magellan : 170 000 années de lumière
Galaxie M 31 d'Andromède : 2 200 000 années de lumière
Amas de galaxies de la Vierge : 50 millions d'années de lumière
Quasar le plus lointain : 12 à 16 milliards d'années de lumière

A. **UNITÉS DE DISTANCE**

Dans son mouvement autour du Soleil, la Terre décrit une ellipse dont le demi-grand axe mesure près de 150 millions de km. Cette valeur constitue l'unité astronomique de distance (ua) qui vaut environ 16 millionièmes d'année de lumière (al). L'année de lumière correspond à la distance que peut parcourir la lumière en une année.

B. **ÉCHELLE DES DISTANCES DE L'UNIVERS**

Chaque dessin représente une portion de l'espace de plus en plus grande. D'un dessin à l'autre, les dimensions du carré sont multipliées par 1 000 et permettent de situer la Terre dans l'Univers.

B

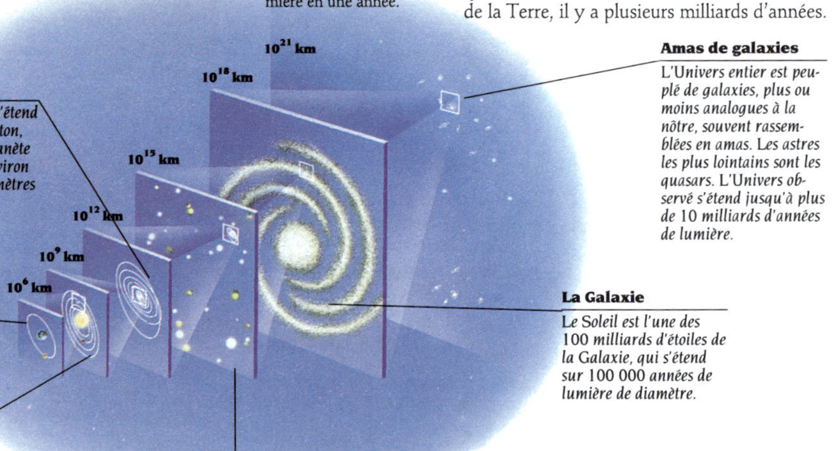

Système solaire entier
Le système solaire s'étend bien au-delà de Pluton, la plus lointaine planète connue, située à environ 6 milliards de kilomètres du Soleil.

Amas de galaxies
L'Univers entier est peuplé de galaxies, plus ou moins analogues à la nôtre, souvent rassemblées en amas. Les astres les plus lointains sont les quasars. L'Univers observé s'étend jusqu'à plus de 10 milliards d'années de lumière.

Système Terre-Lune
La Lune (3 500 km de diamètre) tourne autour de notre planète à une distance voisine de 400 000 km.

La Galaxie
Le Soleil est l'une des 100 milliards d'étoiles de la Galaxie, qui s'étend sur 100 000 années de lumière de diamètre.

Système solaire interne
Dans un rayon de moins de 500 millions de kilomètres autour du Soleil se concentrent les quatre planètes telluriques (Mercure, Vénus, la Terre et Mars) et des milliers de petites planètes, les astéroïdes.

Étoiles proches
Les étoiles les plus proches du système solaire se trouvent à plus de 40 000 milliards de kilomètres du Soleil.

C

C. **LE SAC À CHARBON**

Cette vaste nébuleuse s'étend dans l'hémisphère céleste austral de notre galaxie, à la frontière des constellations de la Croix du Sud et du Centaure. C'est un nuage de poussières qui absorbe la lumière des étoiles situées derrière. De ce fait, si on observe le ciel, le Sac à charbon apparaît comme un trou sombre sur le fond brillant de la Voie lactée. Sa distance à la Terre est de 550 années de lumière.

D

D. **GALAXIE M31 D'ANDROMÈDE**

Visible à l'œil nu comme une petite tache floue et connue depuis mille ans, cette grande agglomération d'étoiles boréale est une galaxie spirale très semblable à la nôtre. Elle se trouve à un peu plus de 2 millions d'années de lumière.

LA PLANÈTE BLEUE

UN PORTRAIT DE LA TERRE

■ LA TERRE EST LA TROISIÈME PLANÈTE importante à partir du Soleil. Elle met un an à tourner autour du Soleil, à une distance moyenne de 149,6 millions de kilomètres (ce qui équivaut par convention à 1 unité astronomique). Cette distance varie, en fait, de 147,1 millions de kilomètres, au minimum (*périhélie,* vers le 3 janvier), à 152,1 millions de kilomètres, au maximum (*aphélie,* vers le 6 juillet). La variation de distance se traduit par une fluctuation de 7 p. 100 de l'intensité du rayonnement solaire atteignant la planète. La Terre tourne aussi sur elle-même en 23 h 56 min par rapport aux étoiles, cette durée constituant le jour *sidéral*.

Une sphère irrégulière. La rotation de la Terre lui vaut d'être légèrement aplatie aux pôles et renflée à l'équateur. On peut assimiler la planète à un ballon ovale (ellipsoïde de révolution), de rayon équatorial égal à 6 378,136 km et de rayon polaire égal à 6 356,751 km. Les irrégularités du relief sont négligeables par rapport à ces dimensions : le plus haut sommet montagneux, le mont Everest, culmine à 8 848 m et la fosse océanique la plus profonde, celle des Mariannes, s'enfonce à 11 034 m au-dessous du niveau de la mer.

L'eau recouvre 71 p. 100 de la surface de la Terre. Celle-ci est entourée d'une enveloppe gazeuse qui lui confère, vue de l'espace, une belle teinte bleue. La masse totale de cette atmosphère est évaluée à 5 millions de milliards de tonnes, dont 50 p. 100 se concentrent au-dessous de 5 km d'altitude (99 p. 100 au-dessous de 30 km).

A

A. **FORMATION DE LA TERRE (SCÉNARIO 1)**

Les planètes du système solaire se sont formées par accrétion de matière au sein d'une immense nébuleuse originelle constituée de gaz et de poussières qui tournait sur elle-même. Les poussières se seraient rapidement concentrées dans un disque, puis des instabilités auraient permis la formation de petits corps de quelques kilomètres (planétésimes), dont certains auraient grossi jusqu'à donner les planètes. Ce phénomène aurait duré 100 millions d'années.

B

B. **FORMATION DE LA TERRE (SCÉNARIO 2)**

Selon une autre hypothèse, la nébuleuse primitive se serait fragmentée, à partir de son bord extérieur, en une série d'anneaux. Instables, ceux-ci auraient engendré des « protoplanètes » gazeuses, d'où seraient issues les planètes actuelles du système solaire. Ce scénario explique peut-être la formation des grosses planètes situées loin du Soleil, mais le premier semble mieux rendre compte de la naissance des planètes du type de la Terre, les planètes telluriques.

C

C. **UNE BOULE CABOSSÉE**

Les hétérogénéités de masse et de forme de la Terre ont une influence sur le mouvement des satellites artificiels. Le suivi et l'étude de ces mouvements constituent la base de la géodésie spatiale et fournissent un moyen de décrire le champ de pesanteur de la Terre et les ondulations d'une surface hypothétique coïncidant avec le niveau moyen des mers (géoïde). Sur cette figure, montrant une représentation du géoïde d'après le modèle GRIM 4, établi en 1990, l'amplitude des oscillations (– 80 m à +100 m) est exagérée par rapport au rayon de la Terre.

D. **STRUCTURE DE LA TERRE**

À l'instar des autres planètes proches du Soleil, la Terre présente une structure différenciée en trois couches, d'épaisseur et de densité inégales : de la surface vers le centre se succèdent une mince *croûte* solide, un *manteau* qui occupe les 4/5 du volume et un *noyau* métallique. La densité s'accroît avec la profondeur.

D

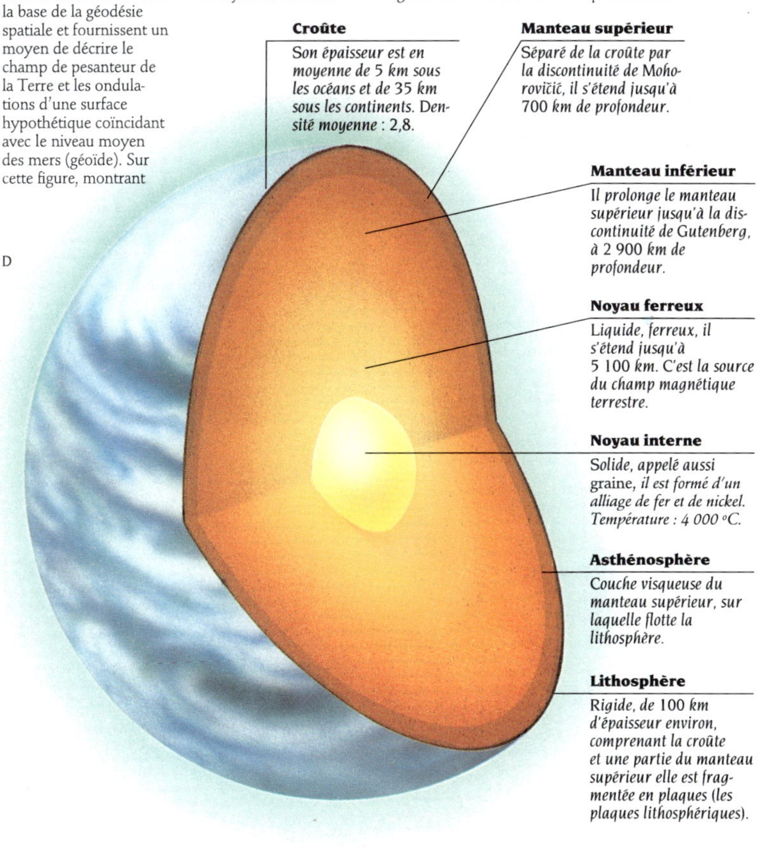

COMMENT A-T-ON PESÉ LA TERRE ?

On peut considérer que la Lune, dans son mouvement autour de la Terre, est en équilibre sous l'effet de deux forces égales et opposées : la force d'attraction terrestre F_a et la force centrifuge F_c. Si l'on désigne par *m* la masse de la Lune, M celle de la Terre, *d* la distance entre les deux corps et *k* la constante de la gravitation, la loi d'attraction universelle de Newton s'écrit :

$F_a = k \cdot (m \cdot M)/d^2$.

Par ailleurs, si *v* désigne la vitesse orbitale du satellite, on peut écrire l'équation suivante :

$F_c = (m \cdot v^2)/d$.

Sachant que $F_a = F_c$, on en déduit que : $M = (v^2 \cdot d)/k$.

Cette méthode a permis d'établir que la masse de la Terre est très voisine de 6 000 milliards de milliards de tonnes.

LE SOLEIL

Comme les autres étoiles, le Soleil est une sphère gazeuse en équilibre, siège de réactions nucléaires qui en font une puissante source d'énergie. Son diamètre atteint 1 390 000 km (109 fois celui de la Terre) et sa masse est voisine de 2 milliards de milliards de milliards de tonnes (soit 330 000 fois la masse de la Terre).

NOTRE ÉTOILE

UNE FABULEUSE SOURCE D'ÉNERGIE

■ Le Soleil renferme en masse environ 71 p. 100 d'hydrogène, 27 p. 100 d'hélium et 2 p. 100 d'éléments divers plus lourds. La quasi-totalité de la lumière solaire visible provient d'une mince couche de 200 km d'épaisseur seulement, la *photosphère,* dont la température est de 6 000 °C. Au-dessus de la photosphère s'étendent la *chromosphère* (épaisseur : 5 000 km ; température : jusqu'à 20 000 °C.) puis la *couronne* (pas de limite précise ; température : jusqu'à 2 millions de degrés), qui forment l'atmosphère solaire. Extrêmement ténues, ces couches n'apparaissent qu'à l'occasion des éclipses totales de Soleil, quand la photosphère est masquée par la Lune. Chacune d'elles est le siège de phénomènes localisés, variables dans le temps et contrôlés par des champs magnétiques puissants : ces phénomènes constituent l'*activité solaire.* Celle-ci, qui obéit à un cycle de 11 ans, se manifeste sur la photosphère par des *taches* (sombres) et des *facules* (brillantes) ; dans la chromosphère, par des *éruptions* et des *protubérances* ; et, dans la couronne, par des *jets*.

L'énergie solaire. Elle provient des réactions nucléaires qui se déroulent en son centre, où la température atteint 15 millions de degrés. Chaque seconde, plus de 500 millions de tonnes d'hydrogène se transforment en hélium en libérant de l'énergie. Ces réactions de fusion valent au Soleil de briller depuis 5 milliards d'années. Par suite des nombreuses interactions qu'ils subissent avec les atomes du gaz solaire, il faut aux photons émis au centre 2 millions d'années pour atteindre la surface.

LES RELATIONS SOLEIL-TERRE

VENTS SOLAIRES ET AURORES POLAIRES

■ Un flux de particules chargées, le *vent solaire,* s'échappe en permanence du Soleil dans l'espace interplanétaire. Ce flux se renforce en période d'activité solaire maximale et à la suite des éruptions qui affectent la chromosphère. En parvenant au voisinage de la Terre (à des vitesses de 400 à 700 km/s), il y provoque des variations brutales de l'intensité du champ magnétique *(orages magnétiques),* des perturbations des couches ionisées de l'atmosphère et des phénomènes lumineux dans les plus hautes couches de l'atmosphère *(aurores polaires).*

D'une façon générale, le vent solaire confine le champ magnétique terrestre dans un domaine, la *magnétosphère,* ayant la forme d'une gigantesque goutte coulant dans la direction opposée à celle du Soleil. La limite de ce domaine, en direction du Soleil, se situe habituellement à quelque 65 000 km du centre de la Terre. Elle se rapproche de la planète en période d'activité solaire maximale et s'en écarte en période d'activité minimale. Dans la direction opposée, la magnétosphère s'étire en une longue queue qui s'étend sur plus de 6 millions de kilomètres. Il existe un rapport, délicat à établir, entre les variations de l'activité solaire et les fluctuations climatiques de la Terre.

A. **COUPE DU SOLEIL**

Notre connaissance de la structure interne du Soleil provient surtout de modèles théoriques.

A

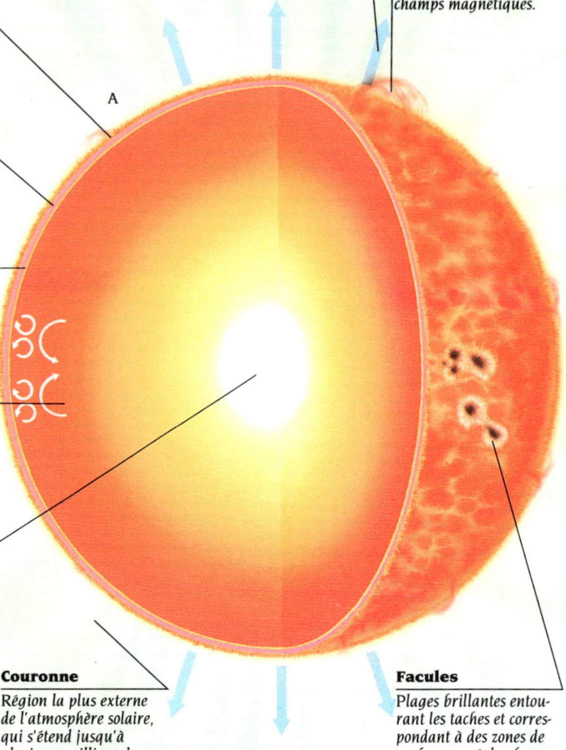

Spicules
Structures chromosphériques en forme d'épis (hauteur : 10 000 km ; durée de vie : quelques minutes).

Chromosphère
Couche rose vif, épaisse d'environ 5 000 km, qui enveloppe la photosphère et d'où s'échappent des protubérances.

Photosphère
Surface du Soleil habituellement visible. C'est une couche de 200 km d'épaisseur, à l'aspect granulaire.

Zone de convection
Couche turbulente, située sous la photosphère, où l'énergie est transportée par convection. Elle serait épaisse de 200 000 km environ.

Noyau
Région la plus chaude du Soleil (environ 15 millions de degrés), elle est le siège des réactions thermonucléaires qui alimentent le Soleil en énergie.

Vent solaire
Flux de particules chargées, principalement protons et électrons, qui s'échappe en permanence de la couronne solaire dans le milieu interplanétaire. Chaque seconde, le Soleil libère ainsi dans l'espace l'équivalent de 500 millions de tonnes d'hydrogène.

Protubérances solaires
Immenses jets de gaz, associés aux éruptions, qui s'élèvent dans la chromosphère et la couronne, pilotés par de puissants champs magnétiques.

Couronne
Région la plus externe de l'atmosphère solaire, qui s'étend jusqu'à plusieurs millions de kilomètres dans le milieu interplanétaire.

Facules
Plages brillantes entourant les taches et correspondant à des zones de renforcement du champ magnétique, dans la chromosphère.

B. **ÉCLIPSE DE SOLEIL**

Cette éclipse de Soleil permet d'observer la couronne solaire.

B

C

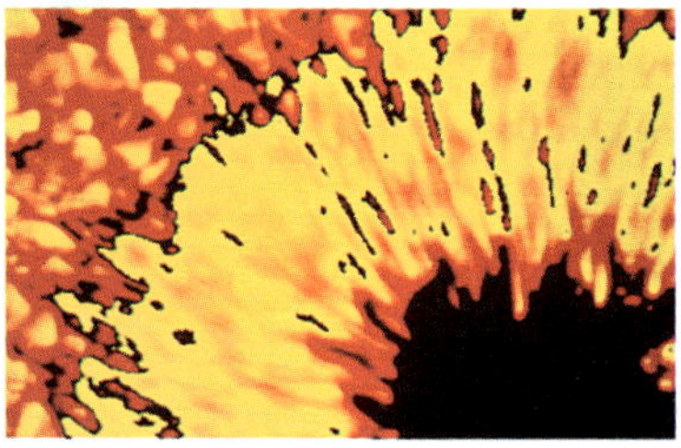

C. **TACHE SOLAIRE**

Les taches sont des structures temporaires de la photosphère, par où émergent les tubes de force du champ magnétique sous-jacent. Ces manifestations de l'activité solaire, parfois si étendues qu'on peut les voir à l'œil nu, paraissent sombres parce que la température y est plus basse (d'environ 1 000 degrés).

QUAND LE SOLEIL S'ÉTEINDRA…

Dans 5 milliards d'années environ, quand ses réserves centrales d'hydrogène s'épuiseront, le Soleil commencera à changer. En quelques millions d'années, tout en se contractant dans son centre, il augmentera de plus en plus de volume. Son diamètre deviendra 100 fois plus grand qu'aujourd'hui et sa couleur virera au rouge : il formera une *géante rouge.* Vu de la Terre, il occupera alors presque tout le ciel. Sur notre planète, la température s'élèvera à plus de 2 000 °C, détruisant toute vie. L'eau des océans s'évaporera et l'atmosphère se vaporisera dans l'espace. Au cœur du Soleil, de nouvelles réactions thermonucléaires se déclencheront, transformant l'hélium en carbone. Le Soleil deviendra instable et ses couches externes seront finalement projetées dans l'espace où elles se dilueront peu à peu. Seul subsistera le cœur du Soleil : une boule extrêmement dense (1 tonne de sa matière tiendra dans une boîte d'allumettes).

Cette boule, de quelque 10 000 km de diamètre, aura une température de surface voisine de 10 000 degrés et, donc, une teinte blanchâtre : le Soleil sera devenu une *naine blanche.*

Lentement, mais inexorablement, ce résidu se refroidira et finira par s'éteindre.

LE SYSTÈME SOLAIRE

LE SYSTÈME SOLAIRE comprend une multitude de petits corps (astéroïdes et comètes), des poussières interplanétaires et neuf planètes principales qui se concentrent autour du Soleil dans un disque d'environ 6 milliards de kilomètres de rayon, mais l'on présume qu'il existe beaucoup plus loin, à des distances de l'ordre de 1 à 1,5 année de lumière, une vaste concentration de noyaux cométaires (nuage de Oort).

LES PLANÈTES

DEUX FAMILLES... ET PLUTON

■ EN PARTANT DU SOLEIL, on distingue les quatre premières planètes, qui forment les *planètes telluriques,* et les quatre suivantes, les *planètes géantes.* Ces deux familles sont séparées par un anneau d'astéroïdes. La neuvième planète, Pluton, est inclassable : elle s'apparente aux planètes telluriques par sa taille et aux planètes géantes par sa densité. Certains astronomes postulent l'existence d'une dixième planète importante, située très au-delà de Pluton, qui permettrait d'expliquer les perturbations que l'on observe dans le mouvement orbital d'Uranus, ainsi que dans celui de Neptune.

Les planètes telluriques. Peu volumineuses mais denses, ces planètes possèdent une structure différenciée en une croûte solide, un manteau et un noyau en fusion. Elles ont beaucoup évolué depuis leur formation. En effet, elles ne possèdent plus leurs éléments légers primitifs, et leur atmosphère actuelle est une atmosphère secondaire, qui s'est constituée par dégazage et évolution chimique. Mercure est la planète tellurique la plus proche du Soleil et la plus petite ; Vénus, celle dont l'atmosphère est la plus dense (pression au sol : 90 fois celle qui règne sur la Terre) ; la Terre est la planète tellurique la plus grosse et la plus dense ; à sa surface, l'eau peut subsister à l'état liquide ; Mars, la moins dense et la plus éloignée du Soleil. À ces quatre planètes, on ajoute souvent la Lune : ses dimensions (3 476 km de diamètre) et sa masse (1/81 de celle de la Terre) sont, en effet, suffisantes par rapport à celles de la Terre pour que les deux astres soient regardés, du point de vue mécanique, comme un système double.

Les planètes géantes. Plus massives et plus volumineuses, mais peu denses, ces planètes ont une atmosphère à base d'hydrogène et d'hélium d'une composition très proche de celle de la nébuleuse solaire primitive. Elles n'ont pas de sol. Leur surface visible est une atmosphère dense, constituée de nuages provenant de la condensation de certains composés gazeux qui rassemblent plus de 99 p. 100 de la matière planétaire. Une autre de leurs caractéristiques est qu'elles tournent très rapidement sur elles-mêmes, avec une période de 10 à 16 h, ce qui leur vaut d'être très aplaties aux pôles.

Avec un diamètre représentant plus de 11 fois celui de la Terre et une masse dépassant 300 fois celle de notre planète, Jupiter est la plus imposante des planètes géantes. Vient ensuite Saturne (9,4 fois le diamètre de la Terre, 95 fois sa masse), qui offre la particularité d'avoir une densité inférieure à celle de l'eau : plongée dans un océan assez grand pour la contenir, elle flotterait ! Jupiter et Saturne sont composées presque entièrement d'hydrogène et d'hélium, avec probablement un noyau central rocheux. Plus loin du Soleil tournent Uranus et Neptune, de diamètre (4 fois celui de la Terre) et de masse (environ 15 fois celle de la Terre) plus modestes. Leur composition est sans doute un peu différente : plus denses, elles renfermeraient un noyau rocheux enveloppé d'un mélange de glaces et de gaz. Une importante particularité des planètes géantes est d'être entourées d'anneaux de matière. Ceux de Saturne, très larges et observables de la Terre, sont connus depuis plus de 300 ans, mais l'exploration spatiale a permis d'en découvrir aussi autour de Jupiter, Uranus et Neptune. Ils sont toutefois beaucoup plus fins et nettement plus sombres. Ces anneaux sont soit des résidus de la formation des planètes, soit des débris de satellites qui se sont fragmentés parce qu'ils tournaient trop près de leur planète.

LES PLANÈTES EN CHIFFRES

Nom	Distance moyenne au Soleil (en millions de km)	(en ua)	Période de révolution autour du Soleil (en années)	Diamètre (en km)	équatorial (Terre = 1)	Période de rotation à l'équateur	Densité moyenne (H_2O = 1)	Masse (Terre = 1)
Mercure	57,9	0,39	0,24	4 878	0,38	58,6 jours	5,44	0,06
Vénus	108,2	0,72	0,62	12 104	0,95	243,0 jours	5,26	0,82
Terre	149,6	1,00	1,00	12 756	1,00	23,9 heures	5,52	1,00
Mars	227,9	1,52	1,88	6 796	0,53	24,6 heures	3,93	0,11
Jupiter	778,3	5,20	11,86	142 796	11,27	9,9 heures	1,31	317,89
Saturne	1429,4	9,55	29,46	120 660	9,44	10,7 heures	0,69	95,15
Uranus	2875,0	19,22	84,01	50 800	4,10	17,3 heures	1,21	14,54
Neptune	4504,3	30,11	164,79	48 600	3,88	18 heures	1,64	17,23
Pluton	5900,0	39,45	248,5	2 400	0,19	6,4 jours	~ 0,9	0,002

LE SYSTÈME SOLAIRE

Parmi les différents corps célestes du système solaire, on distingue, en plus du Soleil lui-même et des planètes telluriques ou géantes, des *satellites*, un grand nombre d'*astéroïdes* et des *comètes*.

LES SATELLITES

ILS TOURNENT AUTOUR DES PLANÈTES

■ On connaît aujourd'hui 60 satellites planétaires naturels dans le système solaire. Les plus gros ont plusieurs milliers de kilomètres de diamètre : la Lune gravite autour de la Terre ; Io, Europe, Ganymède (le plus volumineux, avec 5 276 km de diamètre) et Callisto autour de Jupiter ; Titan autour de Saturne et Triton autour de Neptune. Viennent ensuite des corps de 400 à 1 500 km de diamètre, probablement constitués de roches et de glace. On les rencontre autour de Saturne, d'Uranus, de Neptune et de Pluton. Enfin, il existe une famille de petits satellites (moins de 100 km de diamètre), observés autour de Mars, de Jupiter, de Saturne, d'Uranus et de Neptune, probablement d'anciens astéroïdes capturés par le champ d'attraction de ces planètes.

LES ASTÉROÏDES

ILS TOURNENT AUTOUR DU SOLEIL

■ Le 1er janvier 1801, à Palerme, l'astronome italien Giuseppe Piazzi découvrit dans la constellation du Taureau un astre qui ne figurait sur aucune carte : c'était une petite planète tournant autour du Soleil en 1 680 j, entre Mars et Jupiter, à une distance moyenne de 414 millions de kilomètres. On la nomma Cérès. Depuis, près de 5 000 petites planètes (ou *astéroïdes*) ont été répertoriées. La plupart se concentrent entre l'orbite de Mars et celle de Jupiter, à des distances moyennes du Soleil comprises entre 2,17 et 3,3 unités astronomiques, formant la *ceinture* (ou l'*anneau*) *d'astéroïdes*.

La masse totale de la ceinture d'astéroïdes représente environ 1/1 000 de la masse de la Terre. L'astéroïde le plus gros, Cérès, a 1 205 km de diamètre ; les plus petits sont des blocs de quelques dizaines de mètres.

Certains de ces petits corps décrivent des orbites très excentriques et s'approchent périodiquement de la Terre, de Vénus, voire de Mercure. Ceux qui peuvent frôler la Terre sont appelés *earth-grazing asteroids (EGA)*. C'est ainsi, par exemple, qu'en mars 1989 un objet de quelques dizaines de mètres de diamètre, désigné sous le matricule 1989 FC, est passé à 690 000 km seulement de notre planète.

Il existe aussi une soixantaine d'astéroïdes répartis en deux groupes formant chacun un triangle équilatéral avec le Soleil et Jupiter : ce sont les *Troyens*. La plupart des astéroïdes seraient les résidus de la nébuleuse à l'origine du système solaire qui n'auraient pas réussi à s'agglomérer en un astre unique par suite des perturbations introduites par l'attraction de Jupiter.

LES COMÈTES

DES CONFINS DU SYSTÈME SOLAIRE

■ Les noyaux cométaires sont restés longtemps insoupçonnés. On ne connaissait que leurs manifestations spectaculaires, les comètes. C'est en mars 1986, grâce à des sondes spatiales, que l'on a pu observer pour la première fois un noyau cométaire : celui de la comète de Halley.

Loin du Soleil, une comète se réduit à son noyau : un conglomérat de graviers, de poussières et de glaces de quelques kilomètres. Quand la comète s'approche du Soleil, les glaces se vaporisent ; des gaz s'échappent, entraînant des graviers et des poussières. C'est alors que le noyau s'entoure d'une nébulosité diffuse, la *chevelure*, qui engendre, dans la direction opposée à celle du Soleil, une queue de plasma et une queue de poussières pouvant se déployer sur des dizaines de millions de kilomètres. La chevelure de la comète de Halley, par exemple, avait un diamètre de 400 000 km lors de son passage en 1986. Quant à la queue de poussières de la grande comète de 1843, elle avait une longueur de 320 millions de kilomètres. À chacun de leurs retours près du Soleil, les comètes sèment ainsi sur leur orbite une multitude de débris. Ceux-ci forment des essaims de météorites qui, lorsqu'ils croisent la Terre, provoquent des pluies d'étoiles filantes dans l'atmosphère.

Les caractéristiques des orbites d'un grand nombre de comètes suggèrent que ces astres proviennent d'une zone située aux confins du système solaire. Il y aurait là une vaste concentration de noyaux cométaires (nuage de Oort), vestiges de la nébuleuse à l'origine du système solaire. Il est probable aussi que certains astéroïdes aux orbites proches du Soleil sont des noyaux cométaires dont toutes les glaces ont été vaporisées. On dit qu'ils sont devenus inertes.

A

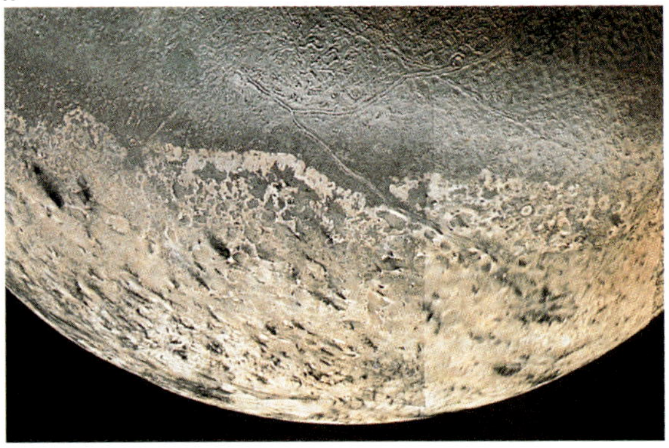

A. **TRITON**

La sonde spatiale *Voyager 2*, en 1989, a révélé la surface très étonnante de Triton, le principal satellite de Neptune (diamètre : 2 705 km). Sa calotte polaire sud est brillante, recouverte de glaces d'azote et de méthane. On y a décelé des geysers d'azote. Plus au nord, des terrains sombres, recouverts d'un matériau carboné, ont été ridés par des mouvements de la croûte conjugués à des phénomènes d'érosion.

B

B. **METEOR CRATER**

C'est le plus grand cratère météoritique connu sur la Terre. Découvert en 1891, dans l'Arizona, il mesure 1 200 m de diamètre et 180 m de profondeur. Il aurait été creusé il y a quelque 50 000 ans par une météorite d'environ 25 m de diamètre et pesant 65 000 t.

LES MÉTÉORITES

On estime qu'il tombe chaque année sur la Terre près de 200 000 fragments rocheux ou métalliques, les météorites, représentant au sol environ 10 000 t de matière cosmique. En théorie, l'atmosphère terrestre recevrait de l'espace, en moyenne, chaque jour, un corps de 100 t, chaque mois un corps de 1 000 t, chaque année un corps de 15 000 t, tous les dix ans un corps de 100 000 t, une ou deux fois par siècle un corps de 1 million de tonnes. Mais les grosses météorites se fragmentent avant d'arriver au sol. Depuis 500 millions d'années, la masse de la Terre aurait augmenté de 1/100 000 (soit près de 6 millions de milliards de tonnes) grâce à l'apport de matière météoritique.

C

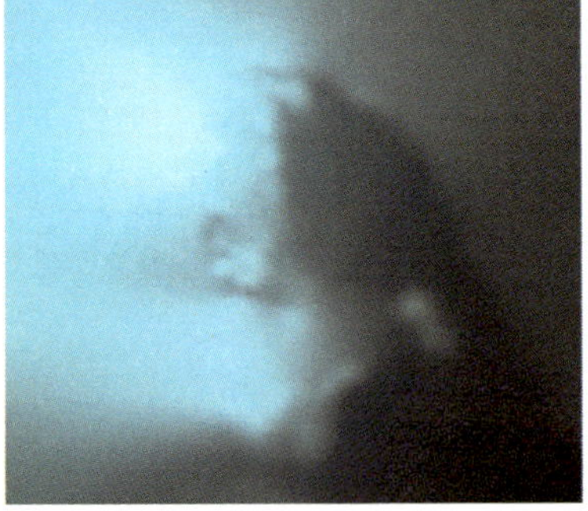

C. **NOYAU DE COMÈTE**

Photographié le 13 mars 1986 par la sonde européenne *Giotto*, le noyau de la comète de Halley est un corps oblong d'environ 16 × 8 × 7,5 km, à la surface accidentée. Gaz et poussières s'échappent de deux zones actives.

D

D. **ÉRUPTION SUR IO**

Io, l'un des principaux satellites de Jupiter, est le siège d'un volcanisme actif, comme l'atteste cette éruption photographiée par *Voyager 1* en mars 1979. Ce volcanisme engendre d'abondants dépôts sulfureux à la surface de l'astre.

DIEUX DU CIEL ET DE LA TERRE

QUAND L'HOMME VEUT DONNER SENS et cohérence aux forces imprévisibles de la nature, l'Univers devient pour lui, selon le mot de Bergson, *une machine à faire des dieux.* Alors, au gré des civilisations, ciel et terre, eaux et vents revêtent les apparences familières ou insolites de l'expérience que les peuples ont du sacré dans le cosmos.

■ Introduire un ordre rassurant dans le monde mystérieux des éléments naturels en leur donnant une forme intelligible, déterminer les domaines respectifs de leur action dans le cosmos, telles sont les ambitions des mythes par lesquels les hommes veulent expliquer et par là même apprivoiser les forces dont dépend leur vie. C'est en fonction de leur environnement naturel, de leurs structures sociales, de leurs schémas intellectuels conscients ou inconscients qu'ils ont visualisé les dieux régnant sur le monde.

La sacralisation de la nature a emprunté de multiples représentations parfois non figuratives, comme les pierres noires levées (bétyles) qui, en Asie Mineure, symbolisent la déesse mère Cybèle ; parfois figuratives, à l'image de l'homme ou de l'animal, voire hybrides tels les dieux égyptiens, dont le corps humain est surmonté d'une tête animale. On ne peut d'ailleurs trouver dans les divers modes de figuration un ordre logique qui verrait le passage de l'abstraction à la représentation concrète, de l'inconnu à l'humain. De plus, des peuples voisins peuvent avoir des conceptions opposées sur la même divinité. Ainsi, pour le peuple sibérien des Toungouses orientaux, le dieu du ciel Buga est trop éloigné pour pouvoir revêtir une forme précise alors que, pour les Toungouses occidentaux, Buga est un esprit à apparence humaine qui se mêle à leur vie.

Avec leurs attributions spécifiques et leurs domaines d'action respectifs, les dieux des forces naturelles représentent la victoire de l'ordre sur le désordre, la mise en état logique du chaos originel. Chaque société, selon son environnement, privilégie telle ou telle de ces divinités et, ne pouvant généralement déterminer si leur puissance est vivifiante ou destructrice, leur donne une forme qui exprime cette dualité. Le Ciel, symbole universel de force créatrice, prend parfois l'apparence d'un tyran tout-puissant aux colères redoutables et déroutantes qui se traduisent par les orages, les vents et les cataclysmes. La Terre, image de la fécondité au sein nourricier, recèle en ses flancs la demeure des morts et des puissances infernales. L'Eau, source de vie et de purification, se révèle terrifiante quand elle se transforme en inondations et déluges. Les mythes, dans leur multiplicité, tentent de traduire ces contradictions. L'organisation rationnelle du cosmos passe également par l'attribution d'un sexe aux forces de la nature, ce qui leur permet ainsi de s'unir pour créer les différents éléments vivants. L'appartenance des dieux au genre masculin ou féminin permet leur accouplement, nécessaire à l'organisation du monde. C'est ainsi que, pour les Grecs, à l'origine de l'Univers se trouve l'union d'Ouranos-Ciel et de Gaia-Terre, union fort comparable à celle du Père-Ciel (Rangi) et de la Mère-Terre (Papa) chez les Maoris de Nouvelle-Zélande.

L'Univers mouvant du ciel et des astres. Les hommes ont toujours éprouvé des difficultés à conférer au ciel une image spécifique. On le trouve représenté

A. La Terre mère et le Soleil père des Indiens Navahos.

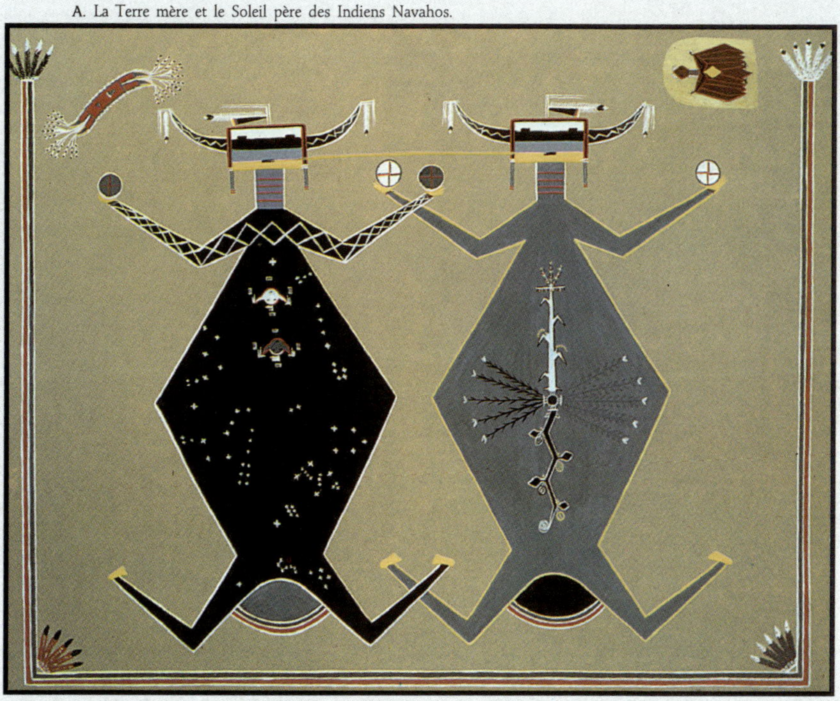

Les dieux primordiaux des Navahos

La Terre mère et le Soleil père (A) sont ainsi représentés par les Indiens Navahos d'Amérique du Nord. Chez ces tribus vivant dans les déserts du sud-ouest des États-Unis, les divinités des puissances naturelles prennent des formes diverses, mais les principales restent la Terre et le Soleil, indispensables à la fécondité des activités agricoles. Sur cette peinture d'un tapis, le Soleil père (à droite) porte, dessinés sur son corps, le Soleil, la Lune et les constellations célestes. Sur la représentation de la Terre mère (à gauche), on peut voir l'eau fertilisante et les plantes qui poussent. Un lien unit la Terre au Soleil, symbole de leur action réciproque dans les phénomènes de germination et de maturation des plantes. Le maïs a d'ailleurs donné naissance à de nombreux mythes et cérémonies magiques et dont les deux divinités portent un épi à la main.

souvent comme une bande horizontale colorée, un toit ou encore une voûte. Ce n'est qu'à travers le mythe que des représentations plus complexes prennent forme, comme en Égypte, où la divinité céleste Nout devient une jeune femme courbée au-dessus de la Terre ou la déessse Hathor une vache au corps parsemé d'étoiles et portant le disque solaire entre ses cornes.

Presque partout le Ciel s'accouple avec la Terre dans une étreinte symbolisée souvent par un œuf, la forme la plus parfaite de l'union primordiale et dont la coquille, cassée en deux, engendre le monde céleste et terrestre. En revanche, dans certains mythes chinois, le Ciel, principe pur et léger du *yang,* devient un dais rond soutenu par des colonnes et protégeant le char carré de la Terre, principe pesant du *yin.*

Autant il a été hasardeux de trouver pour la voûte céleste une figuration satisfaisante, autant il a été aisé d'assimiler les astres à des éléments familiers. Le Soleil, dieu principal de nombreuses religions, revêt de multiples apparences animales qui ont pour point commun d'évoquer la vigueur et le mouvement : d'Horus, dieu-faucon du système égyptien d'Héliopolis, au jaguar des Mayas, en passant par An, le taureau sumérien. Toutes ces représentations sont le symbole de la course puissante de l'astre solaire, souvent monté sur un char tiré par des dragons (Chine) ou par des chevaux étincelants (Grèce).

Reine mystérieuse et redoutée de la nuit, et par là même régissant le passage de la vie à la mort, la Lune prend des figures plus effrayantes, telle celle d'Ixchel, déesse lunaire de la mythologie maya au visage de vieille femme et couronnée de serpents, ou celle de la déesse chinoise Heng-O, qui vit dans la Lune sous la forme d'un crapaud.

La Terre aux larges flancs. S'opposant, à quelques exceptions près, au Ciel, principe actif et masculin, la Terre, principe passif et féminin, renferme toutes les ambiguïtés que lui donne sa qualité de Grande Mère, matrice humide contenant les germes de la vie fécondée par le Ciel ou la Pluie, mais avide d'engloutir les hommes dans ses demeures souterraines. Cette divinité possède souvent une forte connotation érotique, ainsi chez les Dogons du Mali, qui aiment la représenter comme une femme étendue sur le dos et dont le sexe est une fourmilière. Proche des préoccupations humaines, la Terre est une calebasse ronde en Afrique. Pour les Esquimaux, c'est une tente reposant sur des piquets, et pour les Chinois, un grand carré ayant pour centre la capitale royale. Les différents animaux censés

A. Le dieu aztèque, Tlaloc.

Tlaloc, dieu aztèque de la Pluie

À la fois indispensable aux cultivateurs en fécondant leurs terres et redoutable par les tempêtes qu'il peut provoquer, Tlaloc (A) est reconnaissable par son visage noir aux longues dents et aux yeux globuleux. Sa demeure, le Tlalocan, située au milieu du Ciel, était une sorte de paradis où les morts devaient passer quatre ans avant de renaître. Dans la capitale aztèque Tenochtitlán, on sacrifiait de jeunes enfants à Tlaloc. Les larmes des victimes et de leurs mères étaient considérées comme présageant la pluie fertilisante (Templo Mayr, Mexico).

Création du monde

La mythologie égyptienne est particulièrement riche dans la représentation des éléments de la nature et les légendes ont varié selon les centres religieux du pays. Selon la tradition héliopolitaine, le dieu originel Atoum, donna naissance au couple formé par Chou (dieu de l'Air) et Tefnout (déesse de l'Humidité). Ceux-ci mirent au monde la déesse du Ciel Nout et le dieu de la Terre Geb. Sur ce papyrus (B), Nout a été représentée sous la forme d'une femme courbée au-dessus de Geb, portant la barbe ; leur père, Chou, sur sa barque, sépare ce couple pour permettre au Soleil (représenté au-dessus de sa tête) de mener sa course quotidienne. (Papyrus du prêtre Nespakachout, XXIe dynastie.)

B. Le dieu Atoum donne naissance à Chou et à Tefnout.

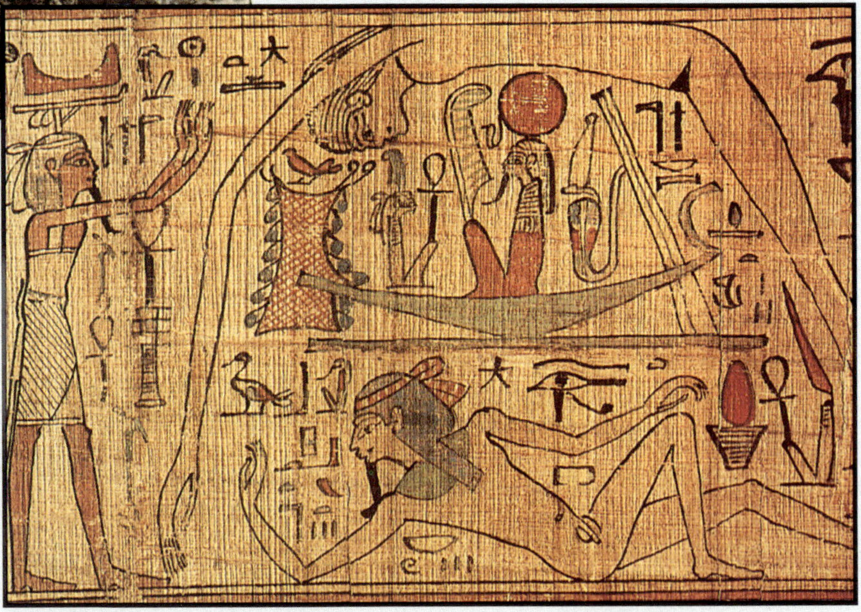

supporter la masse de la Terre offrent une image plus symbolique et plus évocatrice de la réalité visuelle, comme la tortue dans l'hindouisme, le scarabée en Égypte, le serpent chez les Amérindiens ou encore l'éléphant en Asie du Sud-Est.

L'anthropomorphisation inévitable de la Terre se traduit dans les variations infinies sur les différentes parties du corps humain assimilées aux multiples éléments de la nature terrestre : le cadavre du géant Ymir, dans la mythologie scandinave, sert au dieu Odin à façonner l'Univers, la chair devenant sol ; les os, montagnes ; les dents, pierres, les cheveux, arbres et le sang, mer. De façon à peu près comparable, les Chinois imaginent, de leur côté, que vents, nuages, Soleil, Lune, végétation et rivières sont les morceaux du corps du nain originel Pangu après qu'il a séparé les deux parties de l'œuf cosmique.

Vents et pluies, mers et tempêtes. L'imagination humaine s'est donné libre cours dans sa représentation des forces associées aux merveilles ou aux désastres naturels et a essayé de canaliser à son profit leurs manifestations. Insaisissables dans leurs multiples métamorphoses, les eaux ont été essentiellement perçues, aux origines, comme les facteurs de la destruction. Le déluge dévastateur n'est jamais bien loin lorsque la légende transforme les vagues de la mer ou l'étendue immobile des étangs en serpents cornus, en panthères à cornes de bisons (Amérique du Nord) ou en chimères mi-hommes mi-poissons (Mésopotamie). Lorsqu'on se hasarde à donner forme humaine à l'Eau, on accentue souvent son aspect terrifiant au détriment de son énergie vivifiante : Sedna, gardienne de la mer chez les Esquimaux, est une horrible géante borgne, au visage couvert de poils noirs, qui œuvre à la destruction des humains. Pour les Samoyèdes (Sibérie), les eaux dormantes des lacs et des marécages renferment des créatures démoniaques, estropiées, velues et griffues.

Souvent associées à l'Eau, les divinités des orages revêtent l'apparence d'êtres pittoresques exprimant les notions de rapidité et de bruit. On a souvent attribué le vacarme du tonnerre aux battements d'ailes d'oiseaux fantastiques. Deux civilisations ont particulièrement privilégié la divinité de la Tempête en lui donnant des attributs spécifiques révélateurs de son comportement : les Vikings l'ont personnifiée dans le géant à barbe rousse Thor, qui traverse le ciel dans un chariot tiré par deux boucs, orné de chaudrons tintinnabulants, et qui brandit un marteau magique, signe de son pouvoir. Thor a son équivalent chez les Aztèques, où

Le banquet de Mithra et du Soleil

À l'origine, le dieu perse Mithra (C) est une divinité secondaire de la Lumière accompagnant le Soleil. Il se transforme peu à peu en un dieu justicier et militaire, caractères empruntés à Ahura-Mazdâ (Dieu suprême de l'ancienne religion perse). Son culte à mystères connaît un développement considérable pendant l'Empire romain. Ce bas-relief du IIe-IIIe siècle de notre ère le montre coiffé du bonnet phrygien et partageant le repas du Soleil à la tête radiée. De part et d'autre, les deux bergers portant, l'un, une torche levée, l'autre, une torche renversée, symbolisent probablement les aspects complémentaires du Soleil. Plus souvent, Mithra est représenté chevauchant un taureau.

C. Mithra et le Soleil.

D. Fugin, dieu du Vent et de l'Orage.

Fugin, dieu japonais du Vent

Dans la tradition shintoïste, Fugin (D) est le dieu du Vent et de l'Orage. Portant sur son dos le sac contenant les vents, ce dieu au visage terrifiant parcourt le ciel et provoque cyclones et cataclysmes. Les divinités des Vents et des Orages sont très nombreuses dans les légendes japonaises, où elles jouent un rôle essentiel dans la création du monde en occupant le vide existant entre le ciel et la terre, devenant ainsi les auxiliaires du couple créateur, Izanagi et Izanami (peinture de Korin Ogata [Kyoto, 1658-id 1716]).

Tlaloc, grand maître de la foudre et des pluies d'orage, agite une crécelle pour faire résonner le tonnerre. Enfin, pour représenter les vents, l'image la plus fréquente est celle d'oiseaux ou de génies ailés qui libèrent à leur gré différents vents contenus dans un sac ou dans une outre.

De l'unicité à la multiplicité. Les divinités primordiales du cosmos ont reçu des formes différentes selon les civilisations mais qui se réduisent souvent à des schémas fort simples. Au cours des siècles, les hommes ont éprouvé le besoin de diversifier les fonctions attribuées aux dieux originels, de les fragmenter pour les répartir entre des « auxiliaires », dont la multiplication entraîne l'affaiblissement des puissances anciennes. On a défini avec plus de précision les attributions des esprits du ciel, des eaux, de la lumière, des montagnes et de la végétation afin de mieux cerner les domaines où ils sont susceptibles d'agir et où il devient nécessaire de se les concilier. C'est ainsi que se constituent des panthéons multiformes nés de tous les aspects de la nature. Tlaloc, dieu de l'Orage et de la Végétation des Aztèques qui préside le *Tlalocan,* royaume des morts noyés, foudroyés ou victimes d'hydropisie, est accompagné des Tlaloques, sortes de réductions de sa personne armées de haches de pierre et transportant l'eau de pluie dans des cruches. En Grèce, le souverain de la mer, Poséidon, entraîne dans son cortège les Néréides, nymphes de la mer au nombre de 50, personnifications des vagues ondoyantes qui habitent dans des palais sous-marins et parmi lesquelles on trouve Amphitrite, reine de la mer, épouse de Poséidon et mère de Triton, et Protée, chargé de mener les troupeaux des animaux marins. Glaucos, à la queue de poisson et d'autres créatures fabuleuses traduisent les multiples facettes de la mer. En Grèce, aussi, Océanos, personnification divine de l'eau est accompagné de son épouse Téthys et des Océanides, nymphes des fonds marins. Poséidon réside au fond des eaux, en sortant parfois sur un char attelé de chevaux aux couleurs d'algues et d'écume, pour diriger les mouvements des flots, apaiser ou susciter les tempêtes. Les Chinois se représentent l'Univers divin comme une réplique de leur empire et voient le Ciel comme le séjour des seigneurs d'en haut, possédant leur cour et leur administration, gérées par des divinités siégeant dans les étoiles.

C'est enfin la constitution de cycles complexes de mythes et de légendes qui, en établissant chez les nombreuses puissances de la nature une hiérarchie et des rapports de filiation, abolit peu à peu le fossé entre l'immortel et le mortel, l'inconnu et le connu.

Ainsi, en instaurant des relations soit conflictuelles soit harmonieuses avec le monde des hommes, les dieux du cosmos perdent un peu de leur mystère et gagnent en humanité ce qu'ils abandonnent en divinité. □

A. B. Masques de l'Opéra de Pékin.

B.

Les seigneurs du Ciel

Ces acteurs de l'Opéra de Pékin (A, B) portent les masques de deux des quatre rois du Ciel des mythes chinois. Le monde divin, à l'image de la société humaine, est réglé par une bureaucratie où des « esprits fonctionnaires »exécutent les ordres de leurs maîtres. Aux rois du Ciel correspondent quatre rois de l'Enfer et quatre rois des Dragons.

C. Neptune et Amphitrite.

Triomphe de Neptune et d'Amphitrite

Cette mosaïque romaine de Constantine (C), datée du III e s. après J.-C., est caractéristique de l'évolution qu'ont connue les grands dieux du panthéon gréco-romain.

Le dieu grec de la Mer, Poséidon, a trouvé son correspondant à Rome dans une divinité secondaire, Neptune, qui devient pour les écrivains et les artistes la personnification des flots marins. De son modèle Poséidon, le Neptune de cette mosaïque a gardé quelques attributs spécifiques comme le trident et les coursiers de son char, qui rappellent que Poséidon créa le premier cheval. Cependant, le dieu débonnaire de la mosaïque est bien différent du redoutable Poséidon, dont les colères faisaient trembler les matelots. Quant aux créatures marines qui entourent le char, ce ne sont plus les monstres terrifiants des origines, Néréides, Protée, Glaucos et toutes les autres créatures fabuleuses responsables de la tempête, mais des enfants aux activités pacifiques, comparables à de petits amours.

L'affaiblissement du contenu mythique au profit de la recherche esthétique est devenu de règle dans l'Empire romain, où les forces de la nature sont expliquées scientifiquement et n'ont plus une origine légendaire.

JOURS, SAISONS ET ANNÉES

L'ALTERNANCE DU JOUR ET DE LA NUIT et le mouvement apparent du Soleil dans le ciel pendant la journée sont provoqués par la *rotation* de la Terre. Quant à la *révolution* de notre planète autour du Soleil, elle détermine la durée de l'année.

LA RÉVOLUTION TERRESTRE

ANNÉE SIDÉRALE ET ANNÉE TROPIQUE

■ LA TERRE DÉCRIT DANS L'ESPACE une ellipse dont le Soleil occupe l'un des foyers. On nomme *écliptique* cette orbite parce que les éclipses de Lune et de Soleil ne sont possibles que lorsque la Lune en traverse le plan. Le temps que met la Terre pour accomplir une révolution complète autour du Soleil constitue ce qu'on appelle l'« année ».

La Terre se retrouve dans la même position par rapport aux étoiles au bout de 365 jours 6 heures 9 minutes et 9,5 secondes : c'est l'*année sidérale.* On peut aussi évaluer sa période de révolution non plus par rapport aux étoiles, mais par rapport à un point déterminé de son orbite, tel celui que la planète franchit à l'équinoxe de printemps : plus courte d'environ 20 minutes que l'année sidérale, cette période, ou *année tropique,* représente 365 jours 5 heures 48 minutes et 45,975 secondes. La différence entre les deux périodes tient au phénomène de la *précession des équinoxes* : la Terre n'étant pas une sphère homogène, les forces exercées par le Soleil et la Lune entraînent une avance continue de l'équinoxe de printemps.

La vitesse moyenne avec laquelle la Terre tourne autour du Soleil est de 29,8 km/s, soit environ 108 000 km/h, mais elle augmente lorsque la Terre s'approche du Soleil (périhélie vers le 3 janvier) et diminue en s'en éloignant (aphélie autour du 6 juillet).

LA ROTATION TERRESTRE

JOUR SIDÉRAL ET JOUR SOLAIRE

■ LA TERRE TOURNE SUR ELLE-MÊME, en un jour, d'ouest en est, autour d'un axe (l'*axe des pôles*) incliné de 66° 34' environ sur le plan de son orbite (ou, si l'on préfère, de 23° 26' par rapport à la perpendiculaire à ce plan). Mesurée par rapport aux étoiles, cette rotation s'effectue en 23 heures 56 minutes 4,091 secondes : telle est la durée du *jour sidéral.* Mesurée par rapport au Soleil – par l'intervalle de temps qui sépare deux passages consécutifs du Soleil au méridien d'un même lieu –, elle a une durée légèrement différente, le *jour solaire,* qui varie au cours de l'année à cause de la non-circularité de l'orbite terrestre et de l'inclinaison de l'axe des pôles par rapport à cette orbite. Mais, en moyenne, le jour solaire est plus long que le jour sidéral de 4 minutes environ. Dans une année, il y a exactement 1 jour sidéral de moins que de jours solaires. Pour les besoins de la vie courante, on a défini le *jour civil,* d'une durée de 24 heures et, tous les quatre ans, l'année bisextile, en ajoutant 1 jour à l'année civile, permet de « rattraper le retard ».

LES SAISONS

ÉQUINOXES ET SOLSTICES

■ L'INCLINAISON DE L'AXE DES PÔLES, par rapport à la perpendiculaire au plan de l'orbite terrestre, fait passer la Terre par quatre positions remarquables, opposées deux à deux, les *équinoxes* et les *solstices,* qui divisent l'année en quatre saisons. Aux équinoxes, le Soleil se trouve exactement dans le plan de l'équateur. Aux solstices, au contraire, le Soleil passe au zénith des tropiques. Dans l'hémisphère Nord, le printemps débute le 20 ou le 21 mars (équinoxe de printemps) ; l'été, le 21 ou le 22 juin (solstice d'été) ; l'automne, le 22 ou le 23 septembre (équinoxe d'automne) ; l'hiver, le 22 ou le 23 décembre (solstice d'hiver). Au solstice de juin, le Soleil passe au zénith du tropique du Cancer et de l'hémisphère Nord connaît les jours les plus longs ; au solstice de décembre, il passe au zénith du tropique du Capricorne et c'est l'hémisphère Sud qui connaît les jours les plus longs. Comme l'orbite terrestre n'est pas circulaire, mais elliptique, et que la ligne des solstices diffère de 10° du grand axe de cette ellipse, les quatre saisons n'ont pas exactement la même durée.

DES JOURS DE PLUS EN PLUS LONGS

Le frottement des marées sur les fonds marins, plus particulièrement dans certains sites comme la mer d'Irlande, la mer Rouge, la Manche et surtout le détroit de Béring, a pour effet de ralentir la rotation de la Terre et donc d'augmenter la durée du jour. L'étude de coquillages fossiles (coraux, bivalves) présentant non seulement des stries de croissance annuelles, analogues aux anneaux des arbres, mais aussi de fines stries intermédiaires, attribuées à une croissance diurne, a révélé que l'année comptait environ 400 jours il y a 400 millions d'années. Si l'on suppose, comme cela paraît logique, que la durée de l'année est restée immuable, il faut admettre que les jours ne duraient alors que 22 heures environ. L'énergie cinétique ainsi perdue par la Terre est transférée à la Lune, qui, par voie de conséquence, s'éloigne à raison de 4 cm par an.

A

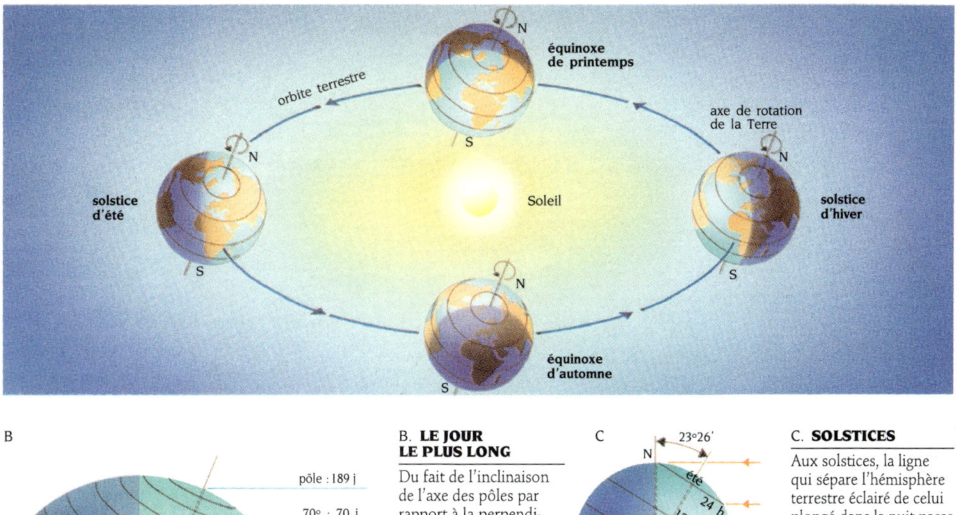

A. **LE MÉCANISME DES SAISONS**

La division de l'année en saisons résulte de l'inclinaison (23° 26') de l'axe de rotation de la Terre par rapport à son plan de translation autour du Soleil. Comme l'axe des pôles garde au cours de l'année une direction fixe dans l'espace, c'est tantôt le pôle Nord, tantôt le pôle Sud qui est éclairé par le Soleil, et la durée du jour aux différentes latitudes varie. Au solstice (du latin *sol stat,* « le Soleil s'arrête ») de juin, le Soleil passe au zénith du tropique du Cancer, au nord de l'équateur, et l'hémisphère Nord connaît les jours les plus longs ; au solstice de décembre, il passe au zénith du tropique du Capricorne, au sud de l'équateur, et c'est l'hémisphère Sud qui connaît les jours les plus longs (été), l'hémisphère Nord connaissant ses jours les plus courts (hiver). Aux équinoxes (mars et septembre) [du latin *aequus,* « égal », et *nox,* « nuit »], le Soleil se trouve exactement dans le plan de l'équateur, jours et nuits ont la même durée, quelle que soit la latitude.

B

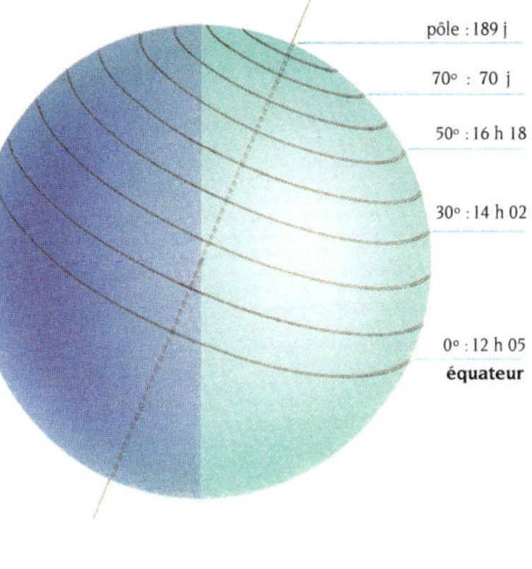

B. **LE JOUR LE PLUS LONG**

Du fait de l'inclinaison de l'axe des pôles par rapport à la perpendiculaire au plan de l'orbite terrestre, les durées du jour et de la nuit varient selon la latitude et selon l'époque de l'année. Seuls les points situés le long de l'équateur bénéficient constamment de 12 heures de jour et de 12 de nuit (en fait, 12 h 05 et 11 h 55, par suite de la réfraction atmosphérique). La longueur du jour est maximale au solstice de juin (hémisphère Nord).

C

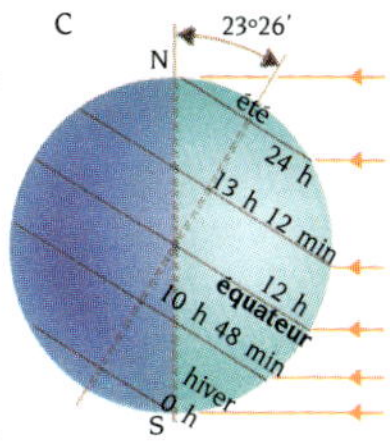

C. **SOLSTICES**

Aux solstices, la ligne qui sépare l'hémisphère terrestre éclairé de celui plongé dans la nuit passe par le cercle polaire (66° 34' de latitude nord ou sud). L'écart de durée entre jour et nuit est alors maximal.

D

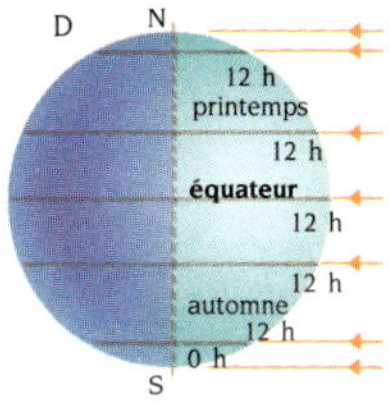

D. **ÉQUINOXES**

Aux équinoxes, à toutes les latitudes, les conditions d'éclairement par le Soleil sont identiques : le jour et la nuit ont partout la même durée.

JOURS, SAISONS ET ANNÉES

DES MOUVEMENTS IRRÉGULIERS

LA GRAVITATION À L'ŒUVRE

■ LES MOUVEMENTS DE LA TERRE dans l'espace sont déterminés par l'attraction combinée du Soleil, de la Lune et des autres planètes. Ainsi, l'orbite de la Terre se déforme peu à peu. D'une part, elle pivote lentement par rapport aux étoiles lointaines, effectuant un tour complet sur elle-même en 21 000 ans ; d'autre part, elle s'aplatit plus ou moins sur une période de l'ordre de 100 000 ans : son degré d'aplatissement, mesuré par un paramètre qu'on nomme l'*excentricité* (rapport de la distance des foyers de l'écliptique à la longueur de son grand axe), passe, dans l'intervalle, d'une valeur proche de 0 (cercle parfait) à une valeur de 0,053. De nos jours, l'excentricité de l'orbite terrestre est de 0,0167, mais elle diminue et, dans 24 000 ans, elle atteindra son minimum : l'orbite sera alors presque circulaire.

La précession. L'inclinaison de l'axe des pôles n'est elle-même pas absolument constante. Elle se modifie lentement sous l'effet d'une combinaison de différents mouvements d'ampleur et de périodes inégales ; le plus important d'entre eux est la *précession*. Il résulte du fait que la Terre n'est pas sphérique, mais aplatie aux pôles et renflée à l'équateur. Cette dissymétrie introduit des inégalités dans l'attraction qu'exercent le Soleil et la Lune sur notre planète. Leur action sur le «bourrelet» équatorial terrestre tend à ramener le plan de l'équateur sur celui de l'écliptique. Mais la Terre, se comportant comme une gigantesque toupie, transforme cet effet en un mouvement de rotation de son axe. En 25 800 ans, l'axe des pôles décrit donc un cône ayant le centre de la Terre pour sommet et une ouverture de 23° 26′ de part et d'autre du pôle de l'écliptique (point d'intersection de la sphère céleste et de la perpendiculaire au plan orbital de la Terre). Par suite, la ligne d'intersection de l'équateur céleste et de l'écliptique n'est pas fixe et le point γ (point vernal), correspondant à la position du Soleil à l'équinoxe de printemps, rétrograde chaque année de 50,3″ sur l'écliptique.

A

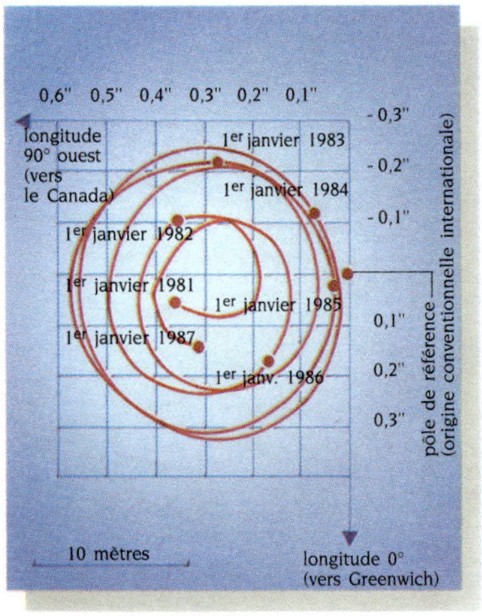

A. **OSCILLATIONS DE LA TERRE**

La direction de l'axe de rotation de la Terre (axe des pôles) n'est pas fixe à l'intérieur du globe, ce qui provoque ces déplacements du pôle Nord sur un repère donné par le globe terrestre lui-même. Le mouvement de l'axe comporte deux composantes principales : l'une – de période voisine de 430 j et d'amplitude égale à 0,15″ (ce qui représente 4,5 m à la surface du globe), appelée période de Chandler – représente une oscillation libre de la Terre ; l'autre – de période égale à 365 j et d'amplitude voisine de 0,1″ – correspond à une oscillation forcée du globe, associée à la redistribution saisonnière des masses d'air et d'eau. Ainsi, le pôle Nord décrit par rapport au globe la trajectoire complexe présentée ici et appelée *polhodie*, que détermine chaque année le Service international d'étude de la rotation terrestre.

Un décalage dans le zodiaque. Une autre conséquence de la précession est un lent déplacement des pôles célestes parmi les constellations. Ce déplacement fait que l'étoile polaire n'est pas la même au fil des siècles et il provoque un décalage de la position apparente des constellations (en fonction du point γ). Depuis le IIe siècle avant J.-C., ce décalage a pris à peu près la valeur d'un signe du zodiaque, c'est-à-dire qu'il y a eu décalage d'une unité entre les constellations zodiacales et les signes correspondants.

La nutation. D'autres irrégularités viennent encore compliquer les mouvements de la Terre. La principale est la *nutation,* une oscillation de l'axe des pôles, d'une période de 18,6 ans, qui vaut à chaque pôle de décrire une trajectoire sinueuse (sinusoïdale) le long du cercle résultant de la précession.

LA MESURE DU TEMPS

SOLAIRE ET ATOMIQUE

■ POUR MESURER LE TEMPS, il faut choisir un phénomène uniforme et périodique. Autrefois, les deux passages consécutifs du Soleil au zénith et, aujourd'hui, les étalons atomiques ont fait du temps la grandeur la mieux assurée.

La référence astronomique. L'activité humaine est liée au mouvement apparent du Soleil et, pendant longtemps, le jour solaire, décomposé en heures, minutes et secondes, a fourni le moyen de mesurer le temps. Mais la vitesse orbitale de la Terre n'est pas constante et il en résulte que les jours solaires n'ont pas tous la même durée. On a donc imaginé un soleil fictif produisant des jours égaux entre eux tout au long de l'année. Ces jours de 24 heures sont les *jours solaires moyens ;* divisés en 86 400 parties, ils fournissent la seconde de temps solaire moyen. La différence entre le temps solaire vrai, découlant du jour solaire, et le temps solaire moyen, découlant du jour solaire moyen, varie de + 15 minutes à –15 minutes environ au cours de l'année. Le temps solaire moyen est compté à partir de midi. On appelle *temps civil* d'un lieu le temps solaire moyen de ce lieu augmenté de 12 heures. Depuis l'adoption du système de fuseaux horaires et le choix du méridien de Greenwich comme méridien origine international, le temps civil de Greenwich est appelé *temps universel.* Cependant, on a constaté que la rotation de la Terre n'est pas un phénomène suffisamment régulier pour que le temps universel, qui en découle, constitue une échelle de temps uniforme.

La référence atomique. Abandonnant les références astronomiques, on a défini le *temps atomique international* (T.A.I.), établi sur la base d'indications fournies par des horloges atomiques : les vibrations de certains atomes (césium, rubidium, par exemple) associent précision et stabilité. Les signaux horaires et les horloges parlantes diffusent à présent le *temps universel coordonné,* défini depuis 1972, qui comporte une succession de secondes de temps atomique mais coïncide toujours à moins de 0,9 seconde près avec le temps universel grâce à l'adjonction d'une seconde intercalaire dès que la divergence entre le temps atomique international et le temps universel le justifie.

B. **CHANGEMENTS D'ÉTOILE POLAIRE**

Par suite de la précession des équinoxes, l'axe des pôles terrestres ne perce pas toujours la sphère céleste aux mêmes points : les pôles célestes décrivent, en 25 800 ans, un petit cercle parmi les étoiles.
Il en résulte que l'étoile polaire n'est pas la même au fil des siècles. Aujourd'hui, c'est l'étoile α de la Petite Ourse (située en fait à 1° environ du pôle céleste Nord) ; 2 600 ans avant notre ère, c'était l'étoile α du Dragon ; vers 7600, ce sera Alderamin, de la constellation de Céphée et, vers l'an 13800, ce sera Véga, de la constellation de la Lyre et l'une des plus brillantes étoiles du ciel.

B

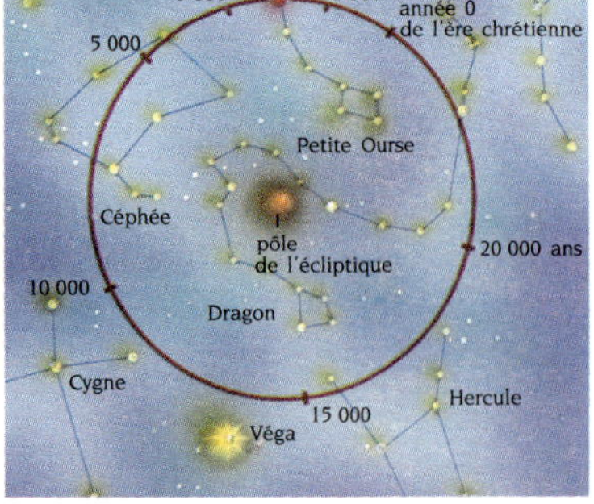

C

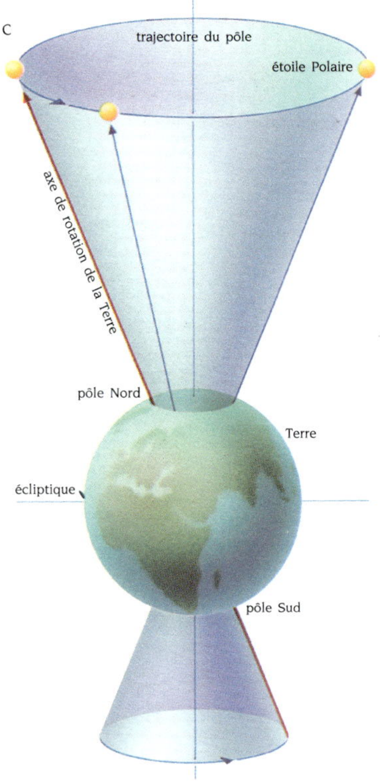

C. **LA PRÉCESSION DES ÉQUINOXES**

L'attraction du Soleil et de la Lune sur le bourrelet équatorial de la Terre vaut à la planète de se comporter comme une toupie dont l'axe des pôles décrit un cône dans l'espace en 25 800 ans. Ce mouvement se traduit par une avance annuelle de l'équinoxe du printemps. C'est Hipparque, au IIe siècle av. J.-C., qui découvrit la précession des équinoxes. Ces mesures furent reprises par Bradley, La Caille et, enfin, Newton qui trouva l'explication du phénomène dans l'action du Soleil et de la Lune sur le renflement équatorial de la Terre.

NOTRE GALAXIE

CENT MILLIARDS D'ÉTOILES

UNE GALAXIE SPIRALE

■ LE SYSTÈME SOLAIRE est inclus dans une vaste agglomération d'étoiles et de matière interstellaire diffuse, isolée dans l'espace, la Galaxie, qui forme dans le ciel nocturne la *Voie lactée* et dont la cohésion est assurée par la gravitation. Les trois composantes morphologiques essentielles de la Galaxie sont le disque, le bulbe et le halo.

Le disque. À lui seul, il renferme environ 70 p. 100 de la masse de la Galaxie, concentrés principalement le long de quatre *bras* spiraux. Ces derniers caractérisent le type morphologique de notre galaxie (galaxie spirale). Ce sont en fait des ondes de compression de la matière, le long desquelles se forment de nouvelles étoiles (au rythme d'une dizaine d'étoiles de la masse du Soleil par an). Le Soleil se trouve en bordure d'un bras spiral, à 28 000 années de lumière (al) du centre galactique.

Le bulbe. Grosse protubérance ellipsoïdale située au centre du disque, le bulbe a un diamètre de 15 000 al environ pour une épaisseur de 5 000 al. C'est la région la plus dense de la Galaxie. Il est peuplé de vieilles étoiles, peu massives, et, à la différence du disque, ne renferme qu'une faible proportion de gaz interstellaire. Sa région centrale abrite cependant un grand nombre de nuages moléculaires (nébuleuses denses et froides constituées d'hydrogène et d'autres gaz).

Le halo. Il représente une sphère englobant le disque sans le déborder significativement, dans laquelle se répartissent quelques centaines d'amas globulaires, rassemblant les plus vieilles étoiles de la Galaxie.

L'ÉNIGME DU CENTRE GALACTIQUE

Le centre de notre galaxie abrite-t-il une gigantesque concentration d'étoiles ou bien un trou noir géant ? On l'ignore encore, faute de pouvoir observer directement cette région de la Galaxie cachée par d'épais nuages de poussière dense. Les informations dont nous disposons proviennent de l'analyse de rayonnements (gamma, X, radio et infrarouge) dont l'interprétation est difficile.

Le centre galactique coïncide avec une «radiosource» compacte, *Sagittarius A**, d'un diamètre inférieur à celui de l'orbite de Jupiter. À proximité, on a détecté, par des moyens spatiaux, une source de rayonnement de haute énergie. On a alors pensé que celle-ci pouvait être le lieu d'accrétion où s'accumule la matière avant de s'engouffrer dans un trou noir (dont la masse, dans le cas présent, représenterait jusqu'à 1 million de fois celle du Soleil, c'est-à-dire $2 \cdot 10^{36}$ kg).

Pourtant, en 1990, le télescope spatial français *Sigma* a remis en cause cette interprétation en fournissant les premières images en rayonnement gamma du centre de la Voie lactée. Celles-ci confirment la présence d'une puissante source de rayonnement à haute énergie, vraisemblablement associée à un trou noir, mais établissent qu'elle ne coïncide pas avec le centre galactique, dont elle est distante d'au moins 300 années de lumière.

LES MOUVEMENTS

UNE ROTATION GLOBALE ET INÉGALE

■ LA MATIÈRE DU DISQUE galactique tourne autour du centre suivant un axe perpendiculaire au disque. Cette rotation d'ensemble ne s'effectue pas comme celle d'un corps solide, c'est une rotation *différentielle* : la vitesse de rotation varie en fonction de la distance au centre. À moins de 2 000 al du centre, cette vitesse reste proportionnelle à la distance au centre, ce qui traduit une rotation semblable à celle d'un corps solide ; plus loin du centre, la vitesse augmente, passe par un maximum (voisin de 250 km/s) puis diminue. Cependant, des observations récentes ont montré qu'à de grandes distances du centre la vitesse augmente encore et l'on en déduit la présence d'importantes quantités de matière au-delà du bord du disque, bien que celle-ci ne soit pas visible.

Le Soleil dans la Galaxie. Le Soleil (avec son cortège de planètes) se déplace autour du centre galactique à une vitesse de 250 km/s environ. On calcule ainsi qu'il fait le tour complet de la Galaxie en 240 millions d'années et que, depuis sa naissance, il a dû effectuer une vingtaine de rotations. Ce mouvement pourrait être à l'origine des grandes périodes de glaciation. En abordant un bras spiral, le Soleil rencontre une zone plus riche en poussières interstellaires. Une légère fraction de son rayonnement doit alors être interceptée par ces poussières, ce qui serait suffisant pour provoquer finalement un refroidissement de la Terre et induire une période de glaciation. Tout en participant au mouvement général de rotation de la Galaxie, le Soleil a, par rapport aux étoiles de son voisinage, un mouvement particulier qui s'effectue à la vitesse de 19,6 km/s en direction d'un point de la constellation d'Hercule qu'on appelle l'*apex*.

A

A. **VOIE LACTÉE VUE DANS L'INFRAROUGE**

Obtenue en 1990 par le satellite COBE, dans l'infrarouge, cette vue montre le disque et le bulbe de notre galaxie. On note, en particulier, la nappe de nuages rougeâtres de poussières interstellaires qui partage le disque en deux longitudinalement. On remarque aussi que l'épaisseur du disque décroît vers la périphérie. Les points brillants dispersés autour du disque sont des étoiles proches.

B

B. **COUPE DE LA GALAXIE**

Les trois composantes morphologiques de la Galaxie sont le disque, le bulbe et le halo. La lumière met environ 100 000 ans pour traverser diamétralement le disque. Le Soleil se trouve à 28 000 années de lumière du centre, en bordure d'un bras spiral, légèrement au nord du plan médian du disque (plan galactique). Il lui faut 240 millions d'années pour effectuer une rotation complète autour du centre de la Galaxie.

ÉTOILES ET NÉBULEUSES

L'UNIVERS CONTIENT DES GAZ et des poussières dispersés entre les étoiles, formant ainsi la *matière interstellaire.*

LA MATIÈRE INTERSTELLAIRE

NUAGES DE GAZ ET DE POUSSIÈRES

■ L'ESPACE INTERSTELLAIRE renferme de la matière diluée : gaz (dont 90 p. 100 d'hydrogène) et poussières. La plus grande partie du gaz est condensée en nuages, les nuages froids : nuages d'hydrogène neutre, où l'hydrogène est sous forme d'atomes (H), et nuages moléculaires, où il est converti en molécules (H_2). Les *nuages d'hydrogène neutre* ont une masse allant de 0,1 à 1 000 fois celle du Soleil, une température d'environ 100 K (–170 °C) et renferment une cinquantaine d'atomes par centimètre cube (ce qui représente une densité extrêmement faible). Les *nuages moléculaires* se rassemblent en vastes complexes de quelques centaines de milliers de masses solaires s'étendant sur plusieurs centaines d'années de lumière. Ils abritent des régions plus froides et plus denses (plus de 100 millions de molécules par centimètre cube) où se forment de nouvelles étoiles et qui sont riches en poussières.

Les nébuleuses. Les nuages interstellaires se manifestent sous la forme de *nébuleuses.* Les nuages moléculaires forment des *nébuleuses obscures,* riches en poussières. Les techniques de la radioastronomie ont permis d'y découvrir une centaine d'espèces de molécules, dont plusieurs n'existent pas sur la Terre. Outre ces nébuleuses obscures, on trouve une autre manifestation spectaculaire du gaz interstellaire sous la forme de nébuleuses, qui résultent de son interaction avec les étoiles environnantes. En particulier, les étoiles jeunes et très chaudes sont de puissantes sources de rayonnement ultraviolet qui ionise le gaz présent sur leur lieu de naissance pour engendrer des *nébuleuses brillantes,* ou *régions H II* (hydrogène ionisé), dont la température est de quelques milliers de degrés. Les étoiles moins chaudes se contentent d'éclairer les grains de poussière interstellaire, créant ainsi des *nébuleuses par réflexion.*

LES ÉTOILES

DE LA NAISSANCE À LA MATURITÉ

■ LES ÉTOILES SE FORMENT à partir de nuages interstellaires qui se contractent sur eux-mêmes. Cet « effondrement », sous l'effet de la gravitation, engendre d'abord un disque pourvu d'une condensation centrale. Tout en captant de la matière environnante, le disque s'aplatit, et sa matière, ralentie par friction, s'écoule en spirale vers le centre, dont la masse s'accroît peu à peu. C'est lui qui va engendrer une étoile tandis que le reste du disque donnera éventuellement naissance à des planètes. Ensuite, cette « protoétoile » poursuit sa contraction, et sa température centrale augmente. Lorsqu'elle atteint 10 millions de degrés environ, des réactions thermonucléaires peuvent s'amorcer : des noyaux d'hydrogène fusionnent pour donner des noyaux d'hélium en libérant de l'énergie. L'étoile atteint sa maturité.

Une question de masse. Plus l'étoile est massive, plus la combustion de l'hydrogène s'effectue rapidement : si elle dure 10 milliards d'années pour une étoile de la masse du Soleil, elle ne dépasse pas 6 millions d'années pour une étoile 30 fois plus massive. Il existe aussi des étoiles trop petites pour parvenir à s'allumer. Elles n'atteignent jamais la température qui autoriserait la fusion de leur hydrogène. On leur donne le nom de *naines brunes.*

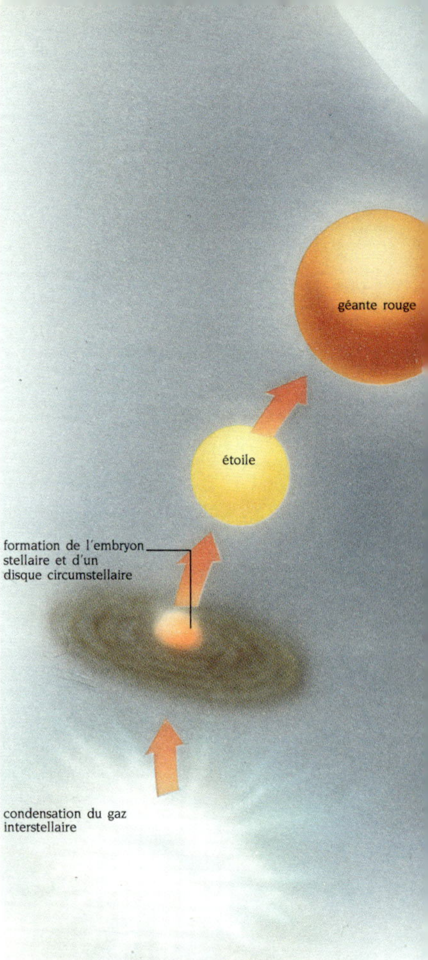

A

A. **ÉTOILES AU BERCEAU**

Âgé d'environ 2 millions d'années seulement, l'amas stellaire NGC 2264 est l'un des plus jeunes que l'on connaisse. Il renferme un grand nombre d'étoiles du type *T Tauri* (en cours d'« allumage »).

B

B. **LES PLÉIADES**

Les étoiles de cet amas célèbre de la constellation du Taureau, situé à 400 al, apparaissent enveloppées de nébulosités qui attestent leur jeunesse (60 millions d'années environ).

C

C. **MATERNITÉ STELLAIRE**

Plus d'une soixantaine de très jeunes étoiles ont été identifiées dans le nuage moléculaire *Rho Ophiuchi,* situé à 800 al environ. Les régions les plus denses de cette nébuleuse contiennent plus de 10 000 molécules d'hydrogène par centimètre cube et ont une température de 10 K (–263 °C) environ. Ces noyaux de condensation gravitationnelle intéressent moins de 10 p. 100 de la masse totale de la nébuleuse. Ce sont vraisemblablement des embryons de nouvelles étoiles.

LE BESTIAIRE DES CONSTELLATIONS

Héritée de l'Antiquité, la division du ciel en constellations permet de localiser plus rapidement les astres ou les phénomènes célestes. On distingue de nos jours 88 constellations parmi lesquelles 40 portent un nom d'animal.

La carte de l'hémisphère céleste Nord est fondée sur celle établie au IIe siècle par le Grec Claude Ptolémée, qui répertoria 48 constellations : celles-ci empruntent leur nom à des héros, à des animaux ou à des objets de la mythologie grecque. L'observation astronomique des constellations de l'hémisphère Sud a débuté beaucoup plus tardivement. Baptisées principalement par les astronomes allemands Bayer et Hevelius, au XVIIe siècle, puis par les Français Lalande et La Caille, au XVIIIe siècle, elles portent, pour la plupart, des noms d'oiseaux ou d'instruments scientifiques.

La constellation la plus étendue est l'Hydre femelle, qui couvre 1 303 degrés carrés ; la plus petite, la Croix du Sud, avec 68 degrés carrés. Dans chaque constellation, on désigne, en principe, l'étoile la plus brillante par α, celle d'éclat immédiatement inférieur par β, puis γ et ainsi de suite. Lorsque l'alphabet grec est épuisé, on utilise l'alphabet latin puis des nombres. Encore ne parvient-on ainsi à désigner que les étoiles les plus brillantes, tant leur nombre est élevé.

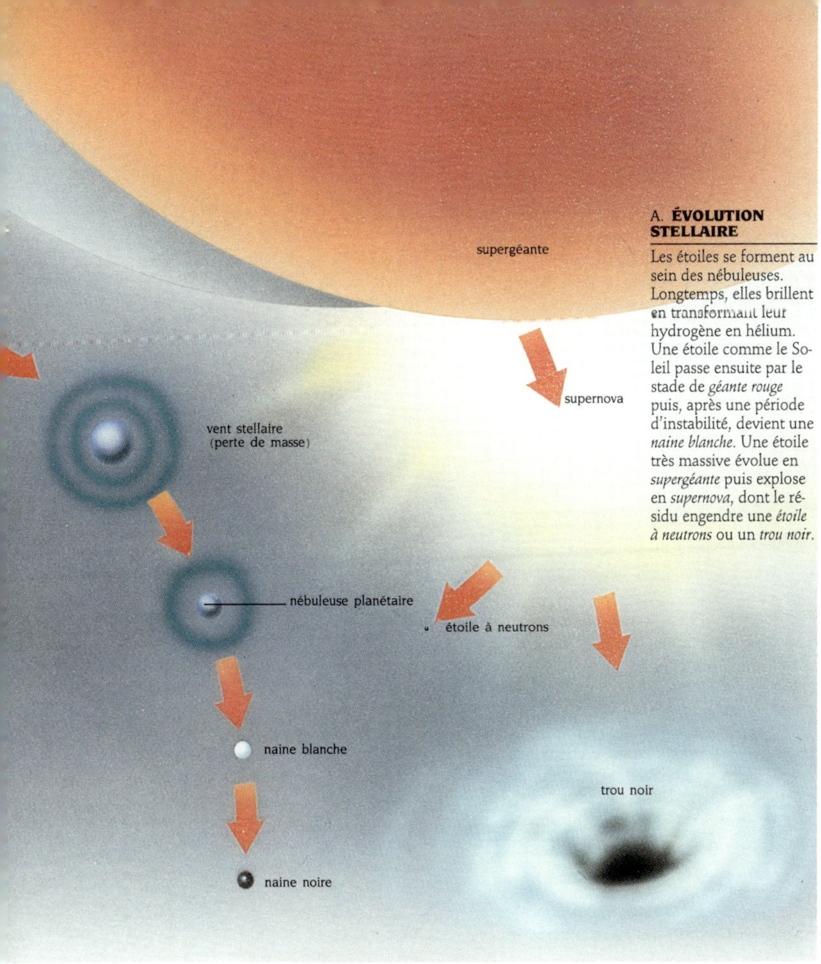

A. **ÉVOLUTION STELLAIRE**

Les étoiles se forment au sein des nébuleuses. Longtemps, elles brillent en transformant leur hydrogène en hélium. Une étoile comme le Soleil passe ensuite par le stade de *géante rouge* puis, après une période d'instabilité, devient une *naine blanche*. Une étoile très massive évolue en *supergéante* puis explose en *supernova*, dont le résidu engendre une *étoile à neutrons* ou un *trou noir*.

LES SUPERNOVAE HISTORIQUES

L'examen des Annales chinoises a permis de trouver mention de 8 supernovae observées au cours de l'histoire : en 185, 386, 393, 1006, 1054, 1181, 1572 et 1604 apr. J.-C. Celle de 1006, dans la constellation du Loup, a été observée aussi par les Arabes et les Européens. Elle était « aussi brillante qu'un quart de Lune ». La plus célèbre est celle qui apparut le 4 juillet 1054 dans la constellation du Taureau. On put l'observer en plein jour pendant 23 jours et elle resta perceptible à l'œil nu pendant plus de un an. C'est elle qui a engendré la nébuleuse du Crabe (présentée ci-dessous), dont l'expansion se poursuit dans l'espace et au centre de laquelle a été retrouvé, sous l'aspect d'un pulsar, le vestige de l'étoile ayant explosé. La supernova de 1572, dans la constellation de Cassiopée, fut observée en Europe par l'astronome danois Tycho Brahe pendant 485 jours et celle de 1604, dans Ophiucus, par son disciple allemand Johannes Kepler pendant un an.

B. C. **EXPLOSION D'UNE ÉTOILE**

Le 24 février 1987, le Canadien I. Shelton découvrait une supernova de type II dans le Grand Nuage de Magellan, une petite galaxie satellite de la nôtre, située à 170 000 al. C'était la première supernova visible à l'œil nu depuis celle observée par J. Kepler en 1604. La photo de gauche a été prise la veille de l'explosion et celle de droite le lendemain.

B

C

L'AGONIE DES ÉTOILES

NAINE BLANCHE OU SUPERNOVA ?

■ LORSQUE L'HYDROGÈNE S'ÉPUISE dans les régions centrales de l'étoile, son noyau se contracte, permettant à l'hydrogène de poursuivre sa combustion sur des couches moins profondes, tandis que l'enveloppe se dilate : l'étoile se transforme en *géante rouge*. L'accroissement de la température permet alors le déclenchement de la fusion de l'hélium, d'abord au cœur de l'étoile puis dans des couches moins profondes. Finalement, l'étoile se retrouve avec un cœur de carbone.

Les naines blanches. Pour les étoiles de masse inférieure à 1,4 fois celle du Soleil, la partie centrale atteint un seuil d'incompressibilité avant que la température ne parvienne aux 800 millions de degrés nécessaires pour déclencher la fusion du carbone. Après une longue période d'instabilité, l'étoile atteint son stade ultime d'évolution : celui de *naine blanche*. Elle achève sa vie sous les traits d'un objet de dimension planétaire, très dense (1 t/cm^3), assez chaud (10 000 degrés en surface) mais peu lumineux (mille fois moins que le Soleil).

Les supernovae. Les étoiles massives parviennent à synthétiser des éléments plus lourds avant d'exploser en *supernovae*. Plus elles sont massives, plus leur cœur peut atteindre de hautes températures. Celles dont la masse ne dépasse pas 7 à 8 fois celle du Soleil explosent en restituant toute leur matière à l'espace interstellaire sous forme d'une vaste coquille de gaz chaud. Ce sont des *supernovae de type I*. Dans les étoiles les plus massives, la synthèse des éléments se poursuit jusqu'à celle du fer. Elle s'accompagne d'un accroissement considérable du rayon (jusqu'à 1 000 fois celui du Soleil) et de la luminosité de l'étoile, qui devient une *supergéante rouge*. Puis le cœur de l'étoile implose et son enveloppe explose en donnant une *supernova de type II*.

PULSARS ET TROUS NOIRS

DES DENSITÉS FANTASTIQUES

■ LES ÉTOILES À NEUTRONS sont petites (10 à 15 km de rayon), extrêmement denses (10^9 t/cm^3) et constituées pour l'essentiel de matière dégénérée réduite à un gaz de neutrons. Les *pulsars* sont considérés comme des étoiles à neutrons en rotation rapide, dotées d'un champ magnétique intense. Ils se caractérisent par des rayonnements radio dont les émissions très brèves se reproduisent à un rythme régulier (période de 0,0015 à 4,5 s).

La théorie du trou noir. Après l'explosion d'une supernova, si le cœur de l'étoile qui subsiste et s'effondre sous l'effet de la gravité possède une masse supérieure à 3 fois celle du Soleil, la théorie prévoit que rien ne peut arrêter la contraction gravitationnelle : il se forme un *trou noir,* ainsi nommé car rien, pas même la lumière, ne peut en sortir, tant son champ de gravitation est intense. Bien qu'il ne soit pas décelable par son rayonnement, un trou noir peut être détecté indirectement par les effets gravitationnels et électromagnétiques qu'il exerce sur son environnement. Ainsi, plusieurs sources de rayonnement X identifiables à des étoiles doubles s'interprètent en supposant que l'une des composantes (invisible) du système est un trou noir absorbant l'enveloppe de l'autre composante (visible). Le cas le plus convaincant est celui de *Cygnus X-1,* dont la composante visible est une supergéante bleue et dont le compagnon invisible, un trou noir, aurait une masse égale à 10 fois celle du Soleil.

LES AUTRES GALAXIES

CLASSIFICATION

SELON LA FORME, LA COMPOSITION ET L'ACTIVITÉ

■ ON CLASSE LES GALAXIES en 4 catégories selon leur forme : les *spirales* (60 p. 100 du total), les *lenticulaires* (20 p. 100), les *elliptiques* (15 p. 100) et les *irrégulières* (3 p. 100). Seules 2 p. 100 des galaxies, dites *particulières,* échappent à cette classification.

Les galaxies spirales. Elles présentent un noyau sphéroïdal au centre d'un disque peuplé d'étoiles et de matière interstellaire diffuse, qui se concentrent le long de bras spiraux. Ces galaxies qui représentent le type majoritaire, se subdivisent en spirales normales (S) et spirales barrées (SB), selon que les bras partent directement du noyau ou des extrémités d'une barre diamétrale. Trois classes, notées *a, b, c,* caractérisent l'importance relative du noyau et des bras ainsi que le degré d'enroulement des bras. Notre galaxie est une spirale normale de type *b* (galaxie Sb).

La forme de la galaxie a une signification physique liée à la proportion d'étoiles jeunes et de gaz interstellaire. Les galaxies elliptiques ne possèdent ni étoiles jeunes ni poussières et n'ont que très peu de gaz. Les spirales *Sa* ont peu d'étoiles jeunes et de gaz, mais cette proportion augmente régulièrement quand on parcourt la séquence vers les irrégulières.

Les galaxies actives. Certaines galaxies (moins de 5 p. 100) sont dites *actives* ou *à noyau actif.* Par rapport aux autres, leur noyau présente les caractéristiques suivantes : il diffuse environ 1 000 fois plus d'énergie, dont une fraction importante se trouve sous forme de rayonnements gamma, X et ultraviolet ; la matière environnante est chauffée et ionisée par ce rayonnement ; elle est animée de mouvements violents pouvant atteindre des vitesses de 10 000 km/s ; on observe l'émission extrêmement directive d'électrons, voyageant à une vitesse proche de celle de la lumière, et d'ondes radio ; l'intensité des émissions énergétiques varie de manière irrégulière au cours du temps.

Les radiogalaxies. Les galaxies actives comprennent notamment les *galaxies de Seyfert,* spirales à noyau très lumineux, qui sont de puissantes sources de rayonnement infrarouge, et les *radiogalaxies,* le plus souvent elliptiques et géantes, qui émettent l'essentiel de leur rayonnement sous forme d'ondes radio (leur rayonnement radioélectrique est environ 1 million de fois supérieur à celui d'une galaxie ordinaire).

Les quasars. À la famille des galaxies actives se rattachent aussi les *quasars* (abréviation de *quasi stellar astronomical radiosources*) qui ont, optiquement, l'apparence d'étoiles. Ces objets sont souvent des sources intenses de rayonnement radio et leur spectre est toujours fortement décalé vers le rouge. Ils formeraient la partie visible du noyau de galaxies actives très lointaines.

RÉPARTITION

AMAS, SUPERAMAS ET VIDES

■ LES GALAXIES APPARAISSENT RAREMENT ISOLÉES et leur distribution dans l'Univers, à petite ou moyenne échelle, n'est pas uniforme. La plupart sont associées en paires, triplets, groupes (jusqu'à quelques dizaines de membres) ou *amas* (jusqu'à plusieurs milliers de membres), dont la cohésion est assurée par la gravitation.

L'amas local. Notre galaxie, par exemple, appartient à un petit amas d'une trentaine de membres, le *Groupe local* (ou *Amas local*), contenu dans un volume ellipsoïdal d'environ 7 millions d'années de lumière d'extension maximale et dont la masse totale est estimée à 650 milliards de fois celle du Soleil. Ce groupe renferme notamment les deux galaxies les plus proches, le Grand Nuage de Magellan (à 170 000 al) et le Petit Nuage de Magellan (à 200 000 al), qui sont de petites galaxies irrégulières satellites de la nôtre, ainsi que la galaxie M 31 d'Andromède, une spirale analogue à la nôtre, qui, à 2 200 000 al de distance, est l'objet céleste le plus lointain que l'on peut distinguer à l'œil nu.

Des amas d'amas. On connaît aujourd'hui plusieurs milliers d'amas de galaxies. On y distingue les amas riches, ou réguliers, à concentration centrale et symétrie sphérique, et les amas pauvres, ou irréguliers, sans concentration centrale ni symétrie sphérique. Ces amas de galaxies eux-mêmes se concentrent souvent au sein d'immenses superamas, qui s'étendent sur environ 100 millions d'années de lumière. L'Amas local et l'ensemble des galaxies proches sont inclus dans le *Superamas local,* un système aplati (50 millions d'années de lumière de rayon) centré sur l'amas de la Vierge. On a également mis en évidence des *amas de superamas,* que l'on qualifie d'*hyperamas* et qui s'étendent sur des distances fantastiques de plusieurs centaines de millions d'années de lumière.

Une structure en mousse. L'étude de la distribution à grande échelle des galaxies indique qu'elles se disposent préférentiellement sur les parois de gigantesques cellules dont l'intérieur est pratiquement vide. La distribution de la matière dans l'Univers, à grande échelle, s'apparenterait ainsi à celle que l'on observe dans la mousse de savon ou la mousse de bière ! Ces hétérogénéités observables contredisent en partie les conceptions actuelles sur l'homogénéité générale de l'Univers primordial.

A. **L'EFFET DOPPLER-FIZEAU**

Lorsque la source d'un phénomène vibratoire (son, lumière) s'approche de l'observateur, la fréquence augmente (autrement dit, la longueur d'onde diminue) ; si la source s'éloigne, la fréquence diminue (la longueur d'onde augmente). Appliqué à une source lumineuse, cet effet se traduit par un décalage de l'ensemble des raies spectrales de la source, vers le bleu dans le premier cas, vers le rouge dans le second. Ceci permet d'affirmer que les galaxies s'éloignent (décalage spectral vers le rouge) et, donc, que l'Univers est actuellement dans une phase d'expansion.

A

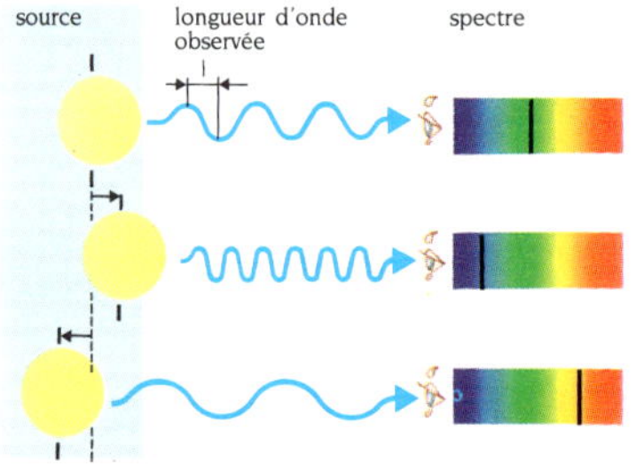

B

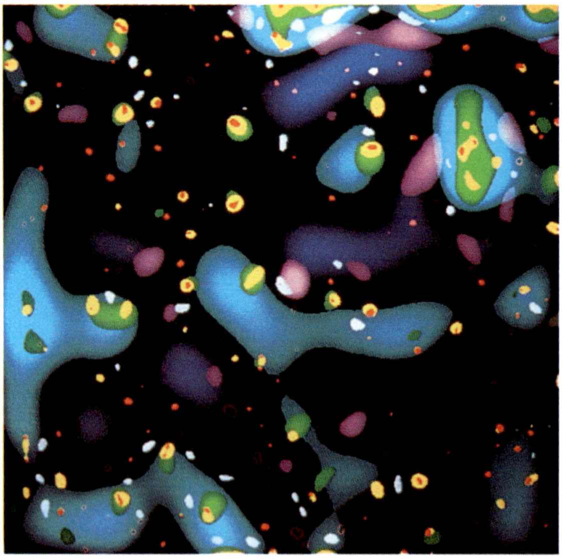

B. **AMAS DE GALAXIES**

Cette image en fausses couleurs a été établie à partir de l'analyse automatique d'un cliché photographique obtenu sur le télescope de Schmidt du mont Palomar montrant un amas constitué par 7 600 galaxies plus brillantes que la magnitude 21 (dans un champ de 6° × 6°), dans la constellation de la Chevelure de Bérénice. Les structures associées à un excès d'objets par rapport à une distribution uniforme sont représentées, des plus petites aux plus grandes, par les couleurs rouge, jaune, vert et cyan. Les zones correspondant à un déficit de galaxies sont représentées de même par les couleurs blanc, magenta et bleu.

LA GRANDE MURAILLE ET LE GRAND ATTRACTEUR

Depuis le milieu des années 1970, les astronomes ont entrepris d'étudier la distribution des galaxies dans l'Univers, à très grande échelle. Cette distribution se révèle inégale. Les astronomes ont ainsi mis en évidence de vastes régions de l'Univers pratiquement dépourvues de galaxies. Le plus spectaculaire de ces grands « vides » a été découvert en 1981 dans la constellation du Bouvier : il s'étend sur 300 millions d'années de lumière de diamètre ! À l'inverse, on a découvert de gigantesques concentrations de matière. La plus spectaculaire, détectée en 1989, est désignée sous l'appellation de « Grande Muraille ». C'est une véritable barrière de galaxies qui s'étend sur 500 millions d'années de lumière de long, 200 de large et 15 d'épaisseur.

D'autres travaux récents suggèrent que le groupe local (et donc notre galaxie qui en fait partie), l'amas de la Vierge et le superamas Hydre-Centaure sont eux-mêmes sous l'emprise gravitationnelle d'une énorme concentration de matière qui perturbe leurs mouvements. Ce « Grand Attracteur » s'étend sur environ 250 millions d'années de lumière dans la direction des constellations de l'Hydre et du Centaure. Centré à quelque 150 millions d'années de lumière de notre galaxie, il aurait une masse équivalant à 30 millions de milliards de fois celle du Soleil.

LA VIE DANS L'UNIVERS

QU'EST-CE QUE LA VIE ?

L'EAU ET LE CARBONE, COMPOSANTS INDISPENSABLES ?

■ TOUS LES ORGANISMES VIVANT sur la Terre sont constitués de cellules plus ou moins différenciées. Deux types de molécules biologiques constituent le point commun à toutes ces cellules et sont, pour cette raison, considérés comme les « briques » du vivant : les acides nucléiques et les protéines. Ces « macromolécules » sont construites à partir de l'enchaînement de composés simples (acides aminés dans les protéines, nucléotides dans les acides nucléiques), provenant eux-mêmes de la transformation de petites molécules. Grâce à ces molécules, les êtres vivants peuvent réaliser des transformations d'énergie et se reproduire.

L'importance du carbone. Les molécules biologiques sont des molécules *organiques*, c'est-à-dire des combinaisons du carbone avec d'autres éléments. Malgré leur diversité, toutes les formes de vie présentes sur la Terre procèdent de la chimie du carbone. On ne peut a priori exclure l'existence dans l'Univers d'organismes vivants fondés sur la chimie d'autres éléments. Cependant, le carbone, de par ses valences chimiques, est l'élément le plus à même de former des molécules complexes. De plus, la présence de molécules organiques tant dans les étoiles que dans le milieu interstellaire prouve l'universalité de la chimie du carbone. Il y a donc des présomptions assez fortes pour que la vie, si elle existe ailleurs dans l'Univers, soit fondée comme sur la Terre sur la chimie du carbone (ce qui ne signifie pas que ces éventuels êtres vivants aient les mêmes caractéristiques morphologiques que ceux présents sur notre planète).

L'importance de l'eau. Toutes les grosses molécules qui participent aux processus biologiques sont fragiles : elles se dissocient à haute température, et le froid les rend inactives. Elles requièrent de plus un milieu favorable aux échanges chimiques et protégé des radiations cosmiques ionisantes. Ainsi, on considère généralement que l'apparition de la vie est liée à la présence d'eau. Celle-ci constitue, en effet, un solvant remarquable, doté d'une haute capacité calorifique, qui reste liquide dans un large éventail de températures et a donc des propriétés propices au déroulement d'une grande variété de réactions chimiques. Enfin, quand elle est dissociée par le rayonnement ultraviolet, l'eau fournit de l'oxygène, qui devient disponible pour la formation des molécules du vivant.

LES SITES POSSIBLES

DANS NOTRE GALAXIE, PEUT-ÊTRE...

■ L'EXOBIOLOGIE est la science qui étudie les possibilités d'existence de la vie dans l'Univers.

Dans le système solaire, il semble bien que la vie n'existe pas ailleurs que sur la Terre. L'espoir de découvrir la vie sur Vénus a totalement disparu depuis que des sondes spatiales ont révélé que cette planète est un véritable enfer. L'espoir de la trouver sur Mars s'est réduit depuis que les analyses chimiques du sol effectuées, à partir de 1976, par les sondes américaines Viking ont révélé l'absence de composés organiques. Cependant, les clichés du sol martien attestent que la planète a connu jadis des conditions plus favorables et que de l'eau a ruisselé en abondance à sa surface. Il n'est donc pas exclu que la vie y soit apparue et que l'on puisse y trouver des organismes élémentaires fossiles ou subsistant en quelques oasis.

D'autres corps du système solaire n'abritent pas la vie mais offrent un grand intérêt pour l'exobiologie : certaines météorites carbonées, qui renferment des acides aminés ; les noyaux cométaires, qui contiennent des molécules organiques, toutes bâties à partir de carbone, d'hydrogène, d'oxygène et d'azote ; et des astres comme Titan, le plus gros satellite de Saturne, riche en matériaux organiques.

D'autres systèmes planétaires. À l'extérieur du système solaire, les sites potentiellement les plus favorables à la présence de vie seraient des planètes gravitant autour d'étoiles du type du Soleil. Mais, jusqu'à présent, on n'a pas détecté d'autres systèmes planétaires que le nôtre, car l'entreprise est extrêmement délicate, ceux-ci étant pratiquement hors de portée des télescopes actuels. Cependant, il semble que les planètes constituent un sous-produit naturel de la formation des étoiles. Il doit donc en exister des milliards dans notre galaxie et l'on peut raisonnablement penser qu'un certain nombre d'entre elles ressemblent à la Terre.

Des suppositions encore invérifiables. Pour qu'une vie comparable à celle que nous connaissons puisse naître et se développer sur une planète, il faut qu'elle ne se trouve ni trop près ni trop loin de son étoile (pour n'être ni trop chaude ni trop froide) ; qu'il y ait de l'eau liquide à sa surface ; enfin, qu'elle soit enveloppée d'une atmosphère protectrice. Même à ce prix, les planètes habitables doivent encore se compter par millions dans notre seule galaxie ! La grande inconnue reste de savoir si la vie est un phénomène inéluctable, apparaissant chaque fois que les conditions favorables à son émergence sont réunies (dans ce cas, une multitude de planètes pourraient abriter la vie), ou bien si elle constitue un phénomène exceptionnel.

A

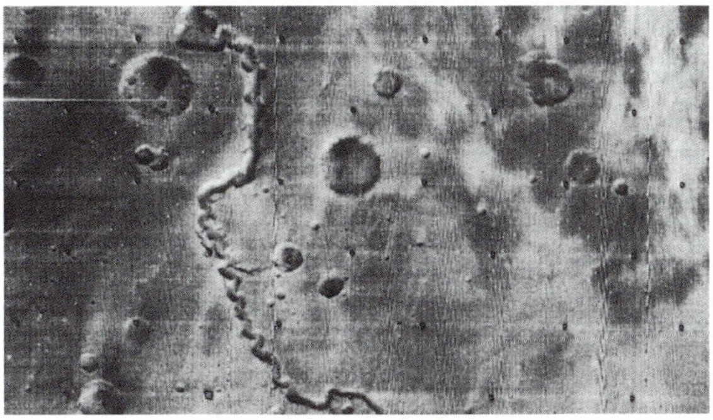

A. **L'EAU SUR MARS**

Essentielle à la vie sur Terre, l'eau a jadis coulé sur Mars comme le prouve ce fleuve asséché. Au XIXe siècle, l'observation, à la surface de la planète, d'étroites formations rectilignes conduisit à l'idée qu'il s'agissait de canaux. En 1882, l'Italien Schiaparelli en dressa même la carte. On sait maintenant qu'il s'agissait d'illusions d'optique.

B

B. **TITAN, MONDE FASCINANT**

Principal satellite de Saturne, Titan est le seul satellite planétaire doté d'une atmosphère dense d'azote. Sa surface (pression 1,5 bar ; température –179 °C) serait recouverte d'un océan de méthane et d'éthane, dans lequel viendraient s'accumuler les composés organiques atmosphériques. Les processus chimiques à l'œuvre sur Titan peuvent présenter des similitudes avec ceux qu'a connus la Terre avant la vie.

C

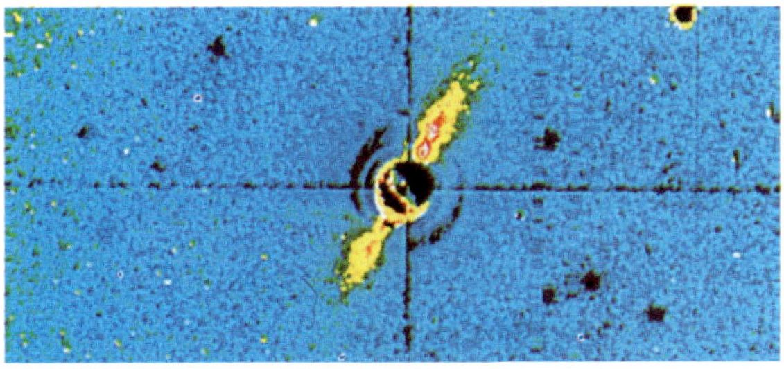

C. **DES PLANÈTES EN FORMATION ?**

L'étoile β Pictoris, distante de 50 al, est entourée d'un disque de poussières de plus de 60 milliards de kilomètres de rayon (10 fois celui de l'orbite de Pluton, la planète la plus éloignée dans le système solaire), considéré comme un système planétaire en formation.

D

Cratères d'impact

Ils ont été creusés par des météorites qui se sont abattues sur le sol de la planète.

Chenaux d'écoulement

L'eau, aujourd'hui disparue, en s'écoulant a modelé le relief de Mars en y creusant des chenaux.

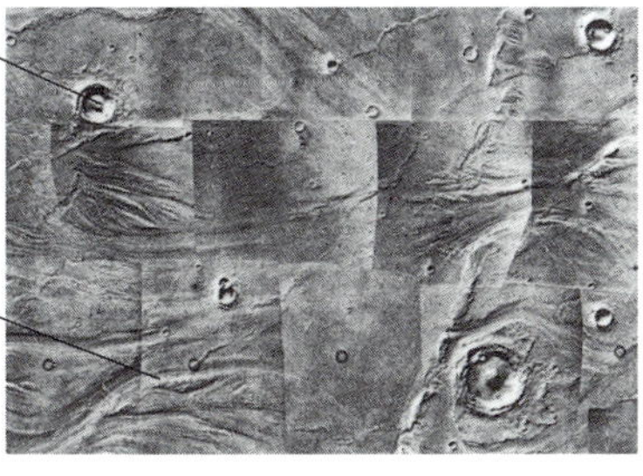

D. **ÉROSION FLUVIALE SUR MARS**

En certaines régions, comme celle-ci, photographiée par la sonde américaine Viking 1, la surface de Mars présente des terrains chaotiques qui semblent avoir été jadis le siège d'écoulements d'eau torrentiels, associés à des phénomènes d'érosion et d'effondrement.

L'ÉVOLUTION DE L'UNIVERS

L'ÉTUDE DE LA STRUCTURE, de l'origine et de l'évolution de l'Univers (cosmologie) repose sur cinq hypothèses fondamentales que l'on nomme les cinq lois de l'Univers.

Le *principe d'uniformité* stipule que les lois de la physique établies sur la Terre s'appliquent à l'ensemble de l'Univers observable.

Le *principe cosmologique* suppose l'Univers homogène et isotrope, à l'exception d'irrégularités locales.

Le *principe d'équivalence* admet qu'à tout corps on ne peut affecter qu'une masse positive ou nulle qui rend compte de l'ensemble de ses propriétés dynamiques.

Le *principe de Mach* énonce que l'inertie de tout corps est déterminée par la distribution de l'ensemble des masses présentes dans l'Univers. La géométrie de l'Univers est donc déterminée par la répartition des masses qui s'y trouvent incluses.

Enfin, selon le *principe anthropique,* qui n'est admis que par certains cosmologues, l'existence même de l'homme impose a posteriori des conditions nécessaires à la structure de l'Univers. Autrement dit, nous voyons l'Univers tel qu'il est parce que, s'il était différent, nous ne serions pas là pour l'observer.

LES MODÈLES COSMOLOGIQUES

L'INÉLUCTABLE ÉVOLUTION

■ LE CADRE THÉORIQUE dans lequel s'inscrivent les modèles cosmologiques est celui de la relativité générale. Le mathématicien russe A. Friedmann a établi, en 1922, des modèles mathématiques pour expliquer l'Univers.

Les solutions les plus simples des équations qui régissent ces modèles sont incompatibles avec un Univers statique : elles conduisent inexorablement à la conclusion que l'Univers est en évolution, soit qu'il s'étende, soit qu'il se contracte au cours du temps. Sa géométrie et son évolution sont entièrement déterminées par les valeurs instantanées de deux paramètres : l'un qui exprime la vitesse avec laquelle varie une dimension caractéristique de l'Univers ; l'autre qui traduit les variations de cette vitesse au cours du temps. Un facteur clef est la densité moyenne de l'Univers. Si elle excède une certaine valeur, ou densité critique, l'Univers a une courbure positive : on dit qu'il est sphérique, ou fermé. Son histoire est marquée par une phase d'expansion irrémédiablement suivie d'une phase de contraction. Au contraire, si sa densité est inférieure à la densité critique, il a une courbure négative : on dit qu'il est hyperbolique, ou ouvert. Son expansion est perpétuelle, toujours accélérée. Dans le cas limite où sa densité est égale à la densité critique, l'Univers est plat, ou euclidien. Son expansion est perpétuelle, comme dans le cas précédent, mais son rythme ne cesse de se ralentir au cours du temps pour tendre vers la stabilité.

LES FAITS D'OBSERVATION

UN UNIVERS EN EXPANSION

■ LES HYPOTHÈSES COSMOLOGIQUES actuelles se fondent, par ailleurs, sur trois données expérimentales essentielles.

La première, confirmée par toutes les observations effectuées, montre que les galaxies s'éloignent du système solaire. Ce phénomène est regardé comme la preuve que l'Univers est en expansion, qu'il se dilate, entraînant les galaxies dans son mouvement. Cette conclusion est fondée sur le décalage spectral systématique vers le rouge des galaxies observées (excepté les plus proches). Il existe en effet une relation de proportionnalité entre ce décalage, interprété comme un effet Doppler-Fizeau (variation de la longueur d'onde d'un rayonnement lorsque sa source se déplace par rapport au point d'où on l'observe), et la distance des galaxies considérées.

La deuxième donnée expérimentale fondamentale est la présence d'un flux radioélectrique baignant tout le ciel, présentant les mêmes propriétés dans toutes les directions (isotrope) et analogue à l'émission thermique d'un corps noir dont la température serait de 2,7 K (soit environ –270 °C). En 1990, le satellite américain COBE a fourni les mesures les plus précises jamais obtenues des caractéristiques de ce rayonnement : elles montrent sa parfaite similitude avec un rayonnement de corps noir à 2,735 K et confirment que ses fluctuations éventuelles selon la direction d'observation sont extrêmement faibles puisque inférieures au cent millième. L'existence de ce rayonnement s'interprète comme l'indice d'une phase primordiale très chaude d'expansion brutale de l'Univers, suivie d'une phase de refroidissement et de poursuite de son expansion (théorie du big bang).

La troisième donnée expérimentale essentielle est l'abondance cosmique observée des éléments chimiques les plus légers : hydrogène, deutérium, hélium 3 et 4 et lithium 7. Comme la précédente, cette donnée implique que l'Univers a connu une phase primordiale très chaude (températures supérieures à 1 000 milliards de degrés) et très dense (densités supérieures à 100 kg/cm^3). Elle fixe, par ailleurs, une limite supérieure très stricte à la densité de matière nucléaire contenue dans l'Univers : cette limite est égale à 10 p. 100 de la densité critique qui détermine l'évolution dynamique à grande échelle de l'Univers.

POURQUOI LE CIEL EST-IL NOIR LA NUIT ?

Si l'on admet, comme ce fut longtemps le cas, que l'Univers est infini, statique, uniformément peuplé d'étoiles et régi par la mécanique de Newton, on démontre que, quelle que soit la direction d'observation, le regard doit, à plus ou moins grande distance, rencontrer des étoiles dont l'éclat s'accumule : le ciel devrait donc être aussi brillant la nuit que le jour !

Ce paradoxe a été soulevé dès le début du XVIIe siècle par J. Kepler avant d'être discuté par E. Halley et J.-Ph. Loïs de Chéseaux puis par W. Olbers, qui émirent l'hypothèse d'un gaz interstellaire absorbant la lumière.

Si l'on considère, comme c'est généralement le cas aujourd'hui, que l'Univers est en expansion, régi par la mécanique relativiste et qu'il a eu un commencement, alors, la vitesse finie de la lumière impose un horizon au domaine observable, d'où l'obscurité du ciel nocturne.

Ce paradoxe peut également être levé si l'on fait l'hypothèse que l'Univers est infini et organisé selon une structure hiérarchisée d'éléments (étoiles, amas stellaires, galaxies, amas de galaxies, superamas...) dont la masse volumique tend vers zéro lorsque le rayon exploré augmente.

Le « paradoxe du ciel noir » montre qu'un fait d'observation aussi banal que l'obscurité du ciel nocturne impose des contraintes aux modèles d'Univers qu'on peut envisager.

A. MODÈLES D'ÉVOLUTION DYNAMIQUE DE L'UNIVERS

Dans les modèles cosmologiques les plus simples (constante cosmologique nulle) établis en 1922 par le mathématicien russe A. Friedmann sur la base de la théorie de la relativité générale. L'Univers est supposé initialement dense et chaud (ce qui a conduit à l'idée du big bang), et son rayon varie au cours du temps. Son évolution est liée à sa densité moyenne, c'est-à-dire à la distribution de l'énergie et de la matière qu'il renferme, laquelle détermine sa géométrie. Si la densité de l'Univers excède une certaine valeur, ou densité critique, sa courbure est positive : l'Univers est sphérique (ou fermé). Après une phase d'expansion, il se contracte. Si sa densité, au contraire, est inférieure à la densité critique, sa courbure est négative : l'Univers est hyperbolique (ou ouvert), en expansion perpétuelle. Si sa densité est égale à la densité critique, l'Univers est plat (ou euclidien), en expansion perpétuelle mais de plus en plus lente.

A

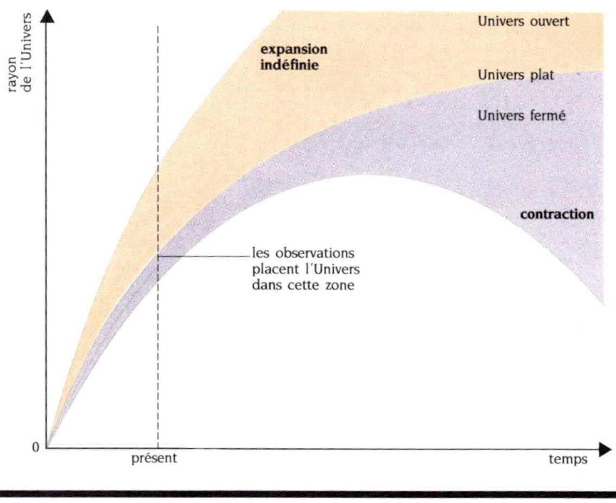

B

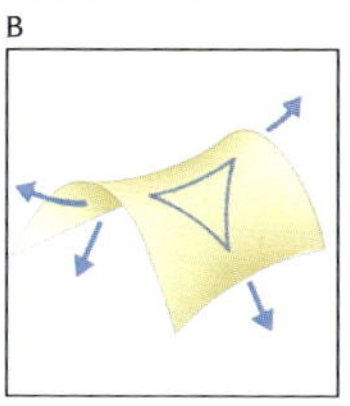

B. UNIVERS OUVERT

Un modèle à deux dimensions d'Univers ouvert est fourni par la surface d'une selle de cheval : la somme des angles d'un triangle y est inférieure à 180°.

C

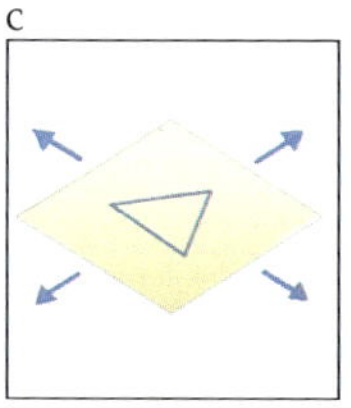

C. UNIVERS PLAT

La surface d'un plan illustre un modèle à deux dimensions d'Univers plat (ou euclidien) : la somme des angles d'un triangle y est égale à 180°.

D

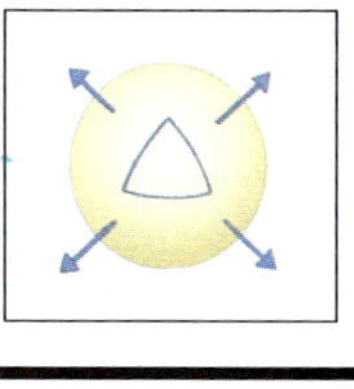

D. UNIVERS FERMÉ

Sur ce schéma, le modèle à deux dimensions d'Univers fermé est représenté par la surface d'une sphère : la somme des angles d'un triangle y est supérieure à 180°.

DU BIG BANG À NOS JOURS

QUINZE À VINGT MILLIARDS D'ANNÉES

■ UNE ERREUR FRÉQUENTE consiste à concevoir le big bang comme l'explosion d'une sorte d'atome primitif dans un espace préexistant. Il faut admettre, en fait, que le Big Bang a engendré à la fois l'espace, le temps et la matière.

Les quinze premières minutes. L'Univers primordial était une « soupe » de particules et d'antiparticules animées de mouvements désordonnés à des vitesses proches de celle de la lumière. Au gré d'incessantes collisions, certaines particules s'annihilèrent tandis que d'autres apparurent. Cette population fut d'abord dominée par des objets quantiques (ni corpusculaires ni ondulatoires) : les quarks et les antiquarks.

Un millionième de seconde après le big bang, la température étant descendue à 10^{13} degrés, apparurent, grâce à l'association de triplets de quarks, les premières particules lourdes, protons et neutrons. Puis des particules légères, les leptons (électrons, neutrinos), proliférèrent et occupèrent le devant de la scène.

Une seconde après le big bang, la température s'étant abaissée à 10 milliards de degrés, protons et neutrons commencèrent à se combiner. Dans les minutes suivantes, l'Univers connut une intense activité nucléaire, conduisant à la formation de noyaux atomiques légers : hydrogène et hélium en particulier. Cette étape dura moins d'un quart d'heure : c'est à elle, notamment, que l'Univers doit de renfermer près de 25 p. 100 d'hélium (en masse), quelles que soient les régions du cosmos. En effet, sa production au sein des étoiles ne permet pas de rendre compte d'une telle abondance ni de sa quasi-uniformité.

La période tranquille. À ces premières minutes exceptionnellement mouvementées succéda une longue période tranquille. Continuant à se dilater et à se refroidir, l'Univers changea lentement de rayonnement. Sa couleur passa progressivement du violet au jaune avant de virer à l'orangé et au rouge. Mais, à ce stade, il était encore opaque. Ce n'est que 300 000 à 400 000 ans après le big bang, lorsque la température s'abaissa au-dessous de 3 000 degrés, que la matière se découpla du rayonnement et que celui-ci put enfin se propager librement. Le rayonnement thermique à 2,7 K du fond du ciel ne serait autre que ce rayonnement fossile, vestige de la fournaise primordiale, qui nous parvient considérablement refroidi par 15 à 20 milliards d'années d'expansion de l'Univers. Quelques centaines de millions d'années plus tard, les premières galaxies commencèrent à se former, à partir de variations locales de la matière (fluctuations de densité), sous l'effet combiné de l'expansion cosmique et de la gravitation. Mais le mécanisme exact de cette formation reste encore mystérieux.

L'ÉVOLUTION FUTURE

EXPANSION INFINIE OU BIG CRUNCH ?

■ SI SON EXPANSION ACTUELLE se poursuit indéfiniment, l'Univers, à force de se dilater, deviendra progressivement de plus en plus vide, car toutes les galaxies continueront sans trêve à s'éloigner les unes des autres. Simultanément, l'espace deviendra de plus en plus froid. Avec le temps, les étoiles finiront par s'éteindre et leurs cadavres s'accumuleront dans le cosmos. L'Univers s'enfoncera peu à peu dans une profonde léthargie. Si, au contraire, l'Univers cesse un jour de se dilater pour se contracter, en s'effondrant progressivement sur lui-même, il se réchauffera jusqu'à atteindre des températures colossales qui détruiront tout, jusqu'aux noyaux des atomes : ce sera le *Big Crunch.*

De toute façon, la catastrophe n'est pas pour demain : au pis, peut-être, dans 100 milliards d'années. Ce destin est scellé par la densité moyenne de l'Univers. Les observations effectuées jusqu'à présent indiquent que cette densité est comprise entre 0,1 et 2 fois la densité critique. L'étude de la distribution de masse des amas de galaxies jusqu'à 300 millions d'années de lumière suggère cependant que la densité moyenne de l'Univers est très proche de la densité critique.

L'ÉNIGME DE LA MATIÈRE NOIRE

La partie lumineuse des galaxies ne représente guère que le dixième de leur masse totale. En effet, seule la présence de matière obscure peut expliquer le mouvement particulier des étoiles tel qu'on l'observe dans de nombreuses galaxies. De même, les arcs géants observés dans certains amas de galaxies s'interprètent comme le résultat de la déviation de la lumière d'une galaxie ou d'un quasar par la concentration de masse de l'amas. Mais la masse théorique requise pour ce phénomène de mirage gravitationnel est une dizaine de fois plus grande que la masse totale des galaxies observables dans l'amas. Il existe donc de la matière obscure non visible.

Cette matière noire pourrait être constituée d'avortons d'étoiles, les naines brunes, trop légères pour que des réactions thermonucléaires aient pu s'amorcer ; de grosses planètes, plus volumineuses que Jupiter, qui ont failli devenir des étoiles ; ou encore de cadavres stellaires subsistant sous forme de trous noirs.

Une autre possibilité serait l'existence d'une particule stable non encore découverte, quelques dizaines de fois plus massive que le proton et interagissant faiblement avec la matière : le WIMP *(Weakly Interacting Massive Particle).*

On a suggéré également que la matière sombre se concentre dans des *cordes cosmiques,* qui se présenteraient sous la forme de longs tubes extrêmement minces (10^{-30} cm) mais colossalement denses (10^{22} g/cm^3) se déployant dans l'Univers.

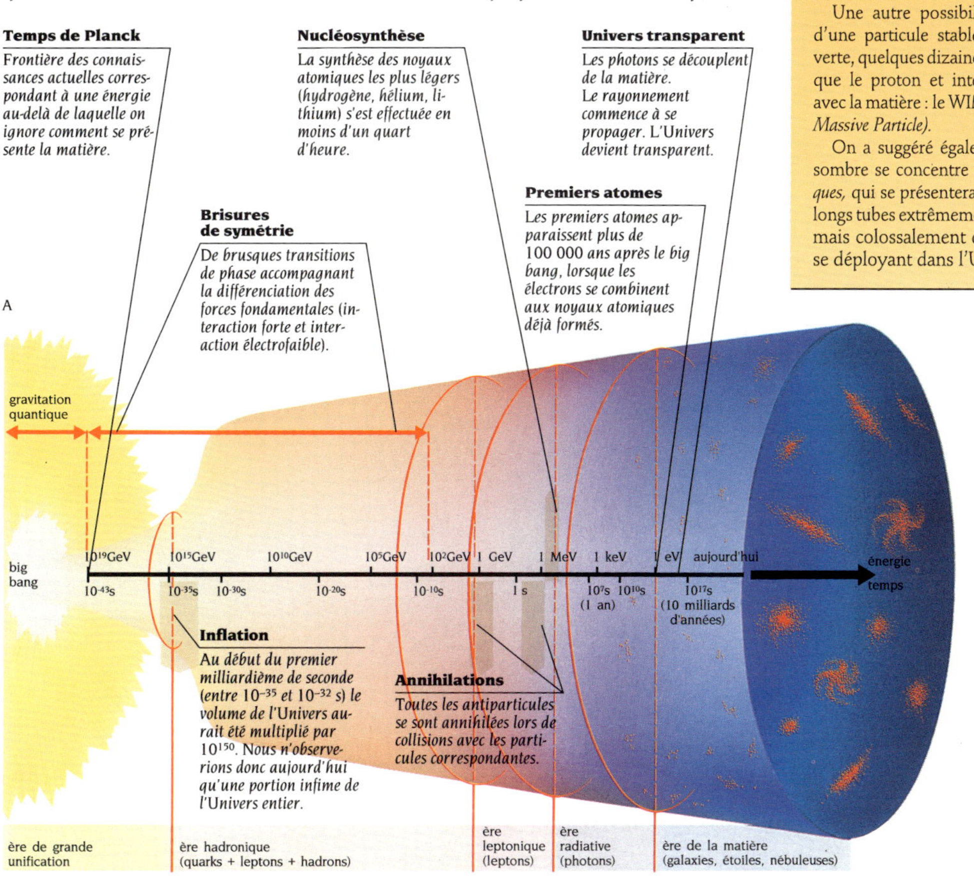

A. **HISTOIRE DE L'UNIVERS**

L'Univers a commencé avec le big bang, il y a 15 à 20 milliards d'années. Ses premiers instants ont été jalonnés par de brusques transitions de phase. Il aurait, en particulier, connu une phase d'inflation puis des ères successivement dominées par des particules différentes (ère hadronique, ère leptonique), qui s'annihilèrent pour donner des photons (ère radiative). Quelques minutes suffirent à produire les premiers noyaux atomiques, 100 000 ans furent nécessaires pour les premiers atomes. Le rayonnement ne commença à se propager qu'après son découplage d'avec la matière, 300 000 à 400 000 ans après le big bang.

LES MATÉRIAUX TERRESTRES

S'IL EXISTE DANS L'UNIVERS 92 éléments chimiques, seuls quelques-uns entrent en quantité notable dans la constitution de la Terre. L'hydrogène, par exemple, constituant majoritaire de l'Univers en général et du Soleil en particulier, intervient en quantité extrêmement négligeable dans la Terre solide.

LES ÉLÉMENTS CHIMIQUES

L'OXYGÈNE, LE FER ET LES AUTRES...

■ L'ÉLÉMENT LE PLUS ABONDANT de la Terre est l'oxygène, qui est présent dans toutes les roches, sous forme d'ions oxydes (O^{2-}). L'atome d'oxygène, O, est très rare car très réactif. Il gagne facilement deux électrons (pouvoir oxydant). Ainsi, s'il est mis en présence d'atomes susceptibles d'en céder, tels que le silicium, le magnésium, le fer..., il se combine avec eux.

Le fer, Fe, est le deuxième élément par ordre d'importance dans notre globe. Il est présent sous plusieurs formes : des atomes de fer constituent l'essentiel du noyau de la Terre ; dans le manteau et la croûte, ces atomes ont réagi avec l'oxygène et ont perdu deux ou trois électrons pour former les ions ferreux (Fe^{2+}) et les ions ferriques (Fe^{3+}).

Le magnésium et le silicium sont tous deux représentés dans les roches sous forme ionisée par suite de leur réaction avec l'oxygène. Le silicium, présent dans toutes les roches, qu'elles viennent de la croûte ou du manteau, est toujours associé à l'oxygène. L'aluminium, le calcium, le sodium et le potassium sont aussi présents sous forme d'ions (Al^{3+}, Ca^{2+}, Na^{+}, K^{+}). Les autres éléments (parfois à l'état de traces, comme l'or) existent en quantités très faibles et, ensemble, ils représentent moins de 2 p. 100 du total.

Il peut paraître surprenant que, dans ce bilan des éléments chimiques de la Terre, ne figurent ni le carbone, ni l'hydrogène, ni l'azote ; bien qu'essentiels en tant que composants de la matière vivante (avec l'oxygène), ils sont en quantité si faible par rapport à l'ensemble de la Terre qu'on les classe avec les éléments dits « mineurs ».

Les composés. Tous ces éléments chimiques participent à la formation de composés. Les ions positifs (par exemple Si^{4+} ou Mg^{2+}) attirent les ions négatifs (O^{2-}) et ces atomes se disposent dans l'espace pour former des réseaux cristallins (ou des liquides, à haute température). Ces cristaux forment les minéraux ; chaque minéral est associé à un domaine de stabilité en pression et en température. Par conséquent, pour une composition chimique et une gamme de pression et de température données, on trouve des minéraux bien déterminés dans telle ou telle zone de la Terre. Ces minéraux s'associent pour former les roches, un peu comme des arbres s'associent pour former un type de forêt. L'étude de la composition de la Terre se ramène à celle de la structure et de la composition des minéraux qui la constituent.

LES MÉTHODES D'ÉTUDE

ÉTUDE DIRECTE ET SISMOLOGIE

■ L'ÉTUDE DIRECTE des roches ne vaut évidemment que pour les parties les plus superficielles de la planète, pour lesquelles des échantillons sont directement accessibles. Il suffit alors d'analyser les roches qui nous entourent par les méthodes de la chimie minérale. De plus, la nature se charge parfois de ramener en surface des matériaux provenant des profondeurs. Par exemple, le diamant, forme prise par le carbone à haute pression, est fabriqué à grande profondeur et parvient en surface très rapidement par l'intermédiaire de remontées volcaniques explosives. Il est accompagné de roches provenant de la croûte profonde ou des parties supérieures du manteau.

La sismologie. Les remontées volcaniques permettent d'évaluer la composition de la Terre jusqu'à environ 300 km de profondeur. Au-delà, il faut avoir recours à des méthodes indirectes telles que l'étude des tremblements de Terre, ou sismologie, qui a permis de déterminer la structure en couches concentriques de notre planète. En effet, la vitesse de propagation des ondes sismiques dépendant de la densité du matériau qu'elles traversent, on mesure les temps mis par les différentes ondes pour aller du foyer du séisme à la station sismique afin de reconstituer la densité des matériaux traversés et avoir ainsi une idée de leur nature.

Température et pression. Une fois connue la densité des matériaux en profondeur, on peut déterminer les pressions qui règnent au sein de notre planète. Si, à la surface du globe, la pression vaut 1 atmosphère, elle est 3,4 millions de fois plus élevée au centre de la Terre. La température, moins précisément connue, augmente continûment depuis la surface jusqu'au centre du globe (peut-être 5 000 à 6 000 °C). Pour comprendre la structure des matériaux en profondeur, il faut tenir compte de ces conditions extrêmes de température et de pression.

A. **COMPOSITION DE LA TERRE**

Lorsqu'un séisme se produit en profondeur, des ondes sismiques sont émises dans toutes les directions. Ces ondes, qui sont réfléchies ou réfractées par les obstacles rencontrés, sont recueillies pour analyse dans les stations sismologiques. L'étude des données montre que notre planète est formée de trois grandes unités concentriques : la croûte, le manteau et le noyau.

A

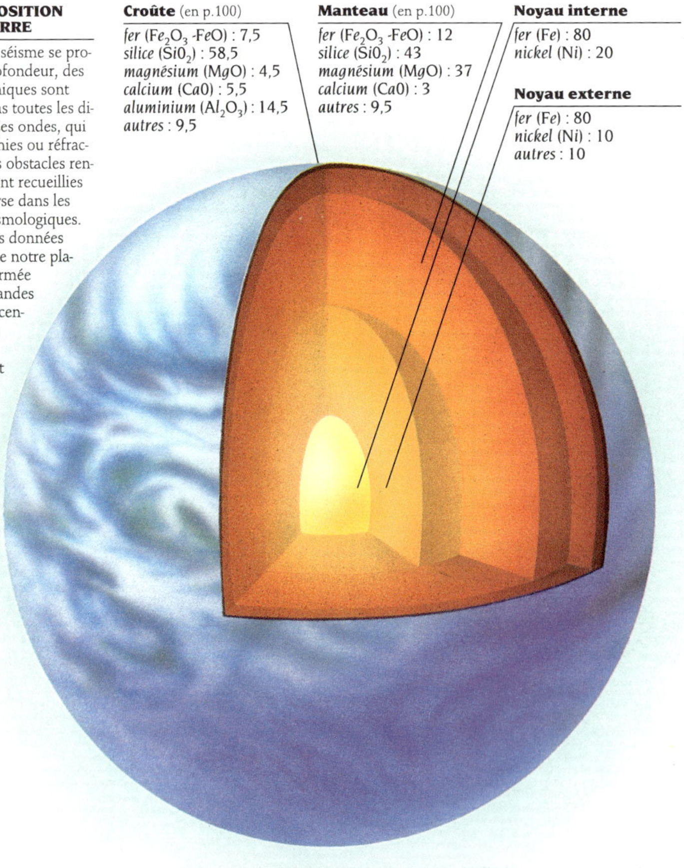

LE POIDS DES PLANÈTES

Si l'hydrogène et, à un degré moindre, l'hélium, l'oxygène et le carbone sont les éléments les plus abondants de l'Univers, ils sont, à l'exception de l'oxygène, peu présents dans notre planète, qui est considérablement appauvrie en éléments légers par rapport au reste de l'Univers. Lorsque la Terre s'est formée dans la nébuleuse solaire, tous les éléments étaient présents en proportions « cosmiques », mais le tout jeune Soleil a alors connu une phase d'activité intense, manifestée par l'émission d'un vent ionisé extrêmement puissant qui a balayé une bonne partie de la matière des corps célestes situés trop près de lui (c'est le cas de la Terre, mais aussi de Vénus ou Mars). Ces planètes, déjà appauvries en éléments légers par ce balayage, furent trop petites pour retenir par gravité ceux qu'elles avaient éventuellement conservés.

Jupiter (ci-dessous), située suffisamment loin du Soleil, est en revanche une planète géante de composition « cosmique », c'est-à-dire légère.

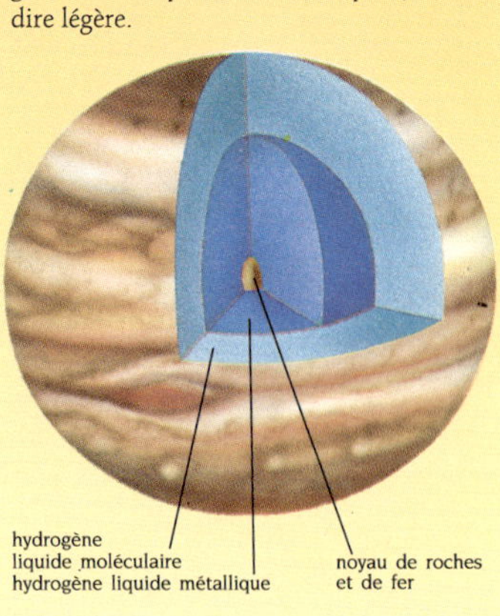

LA CROÛTE TERRESTRE

UNE FINE COUCHE EXTERNE

■ SI ELLE NE REPRÉSENTE que 0,7 p. 100 du volume de notre globe et 0,4 p. 100 de sa masse, la croûte terrestre porte les montagnes, les océans et les fleuves (hydrosphère) et les êtres vivants (biosphère). Cette fine pellicule, à l'échelle de la planète, sépare le manteau rocheux de l'atmosphère. Cette enveloppe externe du globe terrestre est limitée à sa base par la *discontinuité de Mohorovičić*, ou *moho*, qui fait la limite avec le manteau supérieur. Sous les océans, la croûte, d'une épaisseur d'une dizaine de kilomètres, est très homogène ; sous les continents, elle peut atteindre 70 km d'épaisseur mais présente une structure plus hétérogène.

Formation En certains points du manteau, une fusion partielle se produit et les liquides engendrés (en général moins denses que les solides environnants) remontent en surface, se solidifient et forment la croûte.

Composition. Comme la croûte est le résultat de la fusion partielle du manteau sous-jacent, elle est, à ce titre, enrichie en éléments chimiques ayant une forte affinité pour les liquides. Elle contient donc moins de magnésium, plus de silicium et surtout plus d'aluminium que le manteau. Les processus de fusion étant variés, on distingue : la croûte océanique, essentiellement formée d'une roche contenant des *feldspaths* [(Na, K, Ca) (Si, Al)$_4$ O$_8$] et des *pyroxènes* [(Mg, Fe, Ca) Si O$_3$], et la croûte continentale, surtout formée de *granite*, roche dont les minéraux principaux sont le quartz (SiO_2) et les feldspaths. De nombreux autres minéraux existent dans la croûte, mais ils sont en quantité infiniment plus négligeable.

LE MANTEAU

UNE ZONE DE 2 900 KM D'ÉPAISSEUR

■ JUSQU'À 400 KM de profondeur, les éléments présents s'associent pour former l'*olivine* [$(Mg,Fe)_2$ SiO_4], les *pyroxènes* [(Mg,Fe,Ca) SiO_3] et les *grenats* [$(Mg,Fe,Ca)_3$ Al_2 Si_3O_{12}]. Entre 400 et 670 km de profondeur, dans la zone dite « de transition », des transformations se produisent. L'olivine, sans changer de composition, subit un réarrangement de ses atomes et prend une structure appelée « spinelle ». À la limite entre manteau supérieur et manteau inférieur, à 670 km de profondeur, un changement radical de minéralogie se produit. Le spinelle se décompose en un minéral de structure dite *pérovskite* [(Mg,Fe,Ca) SiO_3] et un minéral [(Mg,Fe) O] appelé *magnésiowustite*. Le grenat se transforme également, sans changer de composition, en pérovskite (le silicium pouvant être remplacé par de l'aluminium). Cette structure pérovskite constitue ainsi plus de 70 p. 100 du manteau inférieur de la Terre.

LE NOYAU

UNE BOULE DE FER ET DE NICKEL

■ TRÈS DENSE, le noyau comporte une partie externe, liquide, et une partie interne, solide.

Le noyau externe. Formé essentiellement de fer, il contient, pense-t-on par analogie avec la composition des météorites, une proportion relativement importante de nickel (peut-être 10 p. 100) en alliage avec le fer. La sismologie montre qu'il est plus léger qu'un alliage de fer-nickel pur ; un ou plusieurs éléments légers (environ 10 p. 100) sont donc nécessairement présents au sein de l'alliage liquide. Ces éléments ont probablement été incorporés dans le fer lors de la formation de la Terre, lorsque le métal était en contact avec les minéraux du manteau. Il pourrait s'agir de soufre et d'oxygène, mais aussi de silicium et d'hydrogène et peut-être également de magnésium ou de carbone.

Le noyau interne. Appelé aussi *graine*, à cause de son état solide, il est vraisemblablement constitué de fer-nickel pur, produit de la cristallisation du noyau liquide. Cette cristallisation, qui libère une énergie non négligeable, se produit aujourd'hui encore. La graine possède donc une croissance continue.

LES MÉTÉORITES POUR EXPLIQUER LA TERRE

Il existe principalement deux types de météorites : les météorites de fer, ou *sidérites*, et les météorites pierreuses qui se divisent en *chondrites* et en *achondrites*, selon qu'elles contiennent ou non des *chondres*, petites occlusions sphériques de silicates, inconnues dans les roches terrestres. Les météorites pierreuses contiennent à la fois du métal et des roches et possèdent donc tous les ingrédients qui constituent la Terre ; on pense qu'elles sont des restes de la matière première dont l'accrétion forma notre planète. Ces météorites fournissent ainsi une précieuse référence pour donner la composition d'ensemble de notre planète. Par ailleurs, les météorites métalliques correspondraient à des débris d'un corps déjà différencié (comme la Terre) et qui se serait fragmenté. C'est grâce à leur analyse qu'on a pensé que la Terre était constituée d'un noyau métallique de fer-nickel entouré d'un manteau rocheux.

A

A. B. **SILICIUM ET OXYGÈNE : UNE FORME PARFAITE**

La forme géométrique de ce cristal de quartz (A) reflète l'ordonnancement parfait de ce minéral à l'échelle atomique, où chaque atome de silicium s'entoure de quatre atomes d'oxygène pour former un tétraèdre, SiO_4 (B). Les tétraèdres s'accrochent par leurs sommets pour donner la structure quartz. Les minéraux majeurs de la croûte et du manteau supérieur (quartz, feldspaths, olivine, pyroxènes, grenats) ont tous une structure construite à partir de tétraèdres SiO_4 (les autres ions, magnésium, fer, sodium..., se plaçant dans des interstices du réseau).

Lorsque la pression augmente avec la profondeur, des atomes d'oxygène s'ajoutent à ce tétraèdre. La configuration spatiale de cette nouvelle molécule est alors un *octaèdre* (SiO_6). Cette structure géométrique devient la brique fondamentale des minéraux comme la pérovskite, que l'on rencontre dans les couches profondes de la Terre.

B

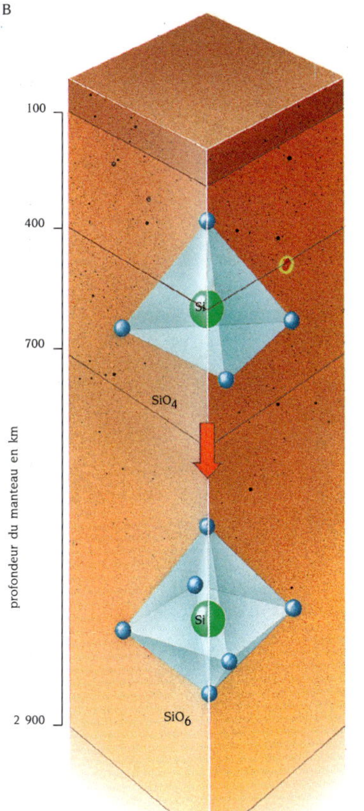

LES ROCHES

LA FORMATION

SÉDIMENTATION, MAGMATISME ET MÉTAMORPHISME

■ LES ROCHES SONT les constituants du sous-sol de notre planète ; elles affleurent lorsque le sol est inexistant. À l'exception de liquides tels que le pétrole, les roches sont des agrégats, consolidés ou non, de minéraux et de substances non cristallisées, ou « amorphes » (verres, gels, matières organiques). La plupart des roches se trouvent enfouies à de grandes profondeurs. Trois processus fondamentaux sont à l'origine de la formation de toutes les roches.

La sédimentation. Les *roches sédimentaires* sont le produit du dépôt de matériaux de surface. Elles résultent de l'action de l'eau (H_2O), de l'atmosphère (O_2, CO_2), des variations de températures et des organismes vivants sur les roches et les sols préexistants, qu'ils transforment en nouveaux minéraux, stables dans des conditions données.

Le magmatisme. Les *roches magmatiques* se forment à partir des matériaux du manteau et des zones profondes de la croûte terrestre. La fusion partielle de ces matériaux, appelés « magmas », est provoquée par les hautes températures régnant en profondeur. La densité de ces magmas, plus faible que celle des roches environnantes, provoque leur remontée vers la surface, où ils font éventuellement éruption (volcanisme) et se solidifient.

Le métamorphisme. Dans les profondeurs de l'écorce terrestre, la transformation de roches déjà formées (magmatiques ou sédimentaires), sous l'effet de la température et de la pression, produit des roches nouvelles (« recristallisation ») dites *métamorphiques*.

LES ROCHES SÉDIMENTAIRES

DES EMPILEMENTS DE STRATES

■ FORMÉES À LA SURFACE de la Terre ou dans les eaux par l'accumulation de matériaux d'origines diverses, les roches sédimentaires se présentent le plus souvent sous forme d'empilements de strates (couches de matériaux) grossièrement horizontales. Les déformations tectoniques (tremblements de terre, volcanisme) peuvent cependant basculer ou plisser ces ensembles.

Trois critères sont utilisés pour classer les roches sédimentaires : l'origine des matériaux qui les composent (détritique, chimique et biologique), les modalités de leur transport (eau ou vent) et celles de leur dépôt (avec le transport, il se produit un classement progressif des particules selon leur taille et leur poids spécifique).

ÉCHELLE DE DURETÉ DE MOHS

Cette échelle de dureté classe les minéraux en les comparant à des espèces communes. Elle porte le nom du minéralogiste allemand Friedrich Mohs (1773-1839).

1	talc	sont rayés par l'ongle
2	gypse	
3	calcite	
4	fluorine	
5	apatite	
6	orthose	
7	quartz	rayent le verre
8	topaze	
9	corindon	
10	diamant	

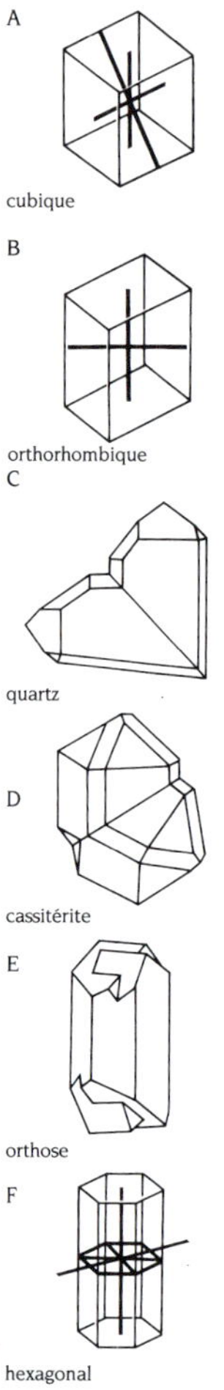

A. **FLUORITES**
La structure cristalline simple de ces roches est dite *cubique.*

B. **TOPAZES**
Ces pierres possèdent une structure de type parallélépipède rectangle ou prisme droit à base de losange dite *orthorhombique.*

C. **QUARTZ**
L'association de plusieurs cristaux de même espèce, mais orientés différemment, avec interpénétration partielle constitue une *macle.* Ici, il y a imbrication de cristaux hexagonaux de silice pure.

D. **CASSITÉRITE**
Système quadratique (oxyde d'étain naturel) organisé en *macle.*

E. **ORTHOSE**
Cette organisation en macle rectangulaire monoclinique est appelée *macle de Karlsbad* (aluminosilicate de potassium).

F. **ÉMERAUDE**
La maille élémentaire est ici un prisme hexagonal.

G. **RECONNAÎTRE LES ROCHES**
La reconnaissance des roches repose sur plusieurs critères qui utilisent la structure, la texture, l'organisation et la nature des composants de la roche ainsi que l'agencement des roches les unes par rapport aux autres. Cet algorithme constitue une base de classification des principaux types de roche suivant un nombre restreint de critères, comme l'illustrent ces deux exemples de détermination.
1. Une roche recoupant des structures sédimentaires est formée de cristaux millimétriques de quartz et de feldspaths jointifs. À son contact, les roches sédimentaires ont subi un métamorphisme. La roche affleure sur plusieurs kilomètres carrés. Il s'agit donc d'une roche magmatique du type plutonique. Suivant sa composition précise, il s'agit d'un granite, d'une granodiorite ou d'une diorite.
2. Une roche faisant partie d'un ensemble disposé en couches est formée de grains millimétriques arrondis de quartz, cimentés par du carbonate de calcium : c'est un grès.

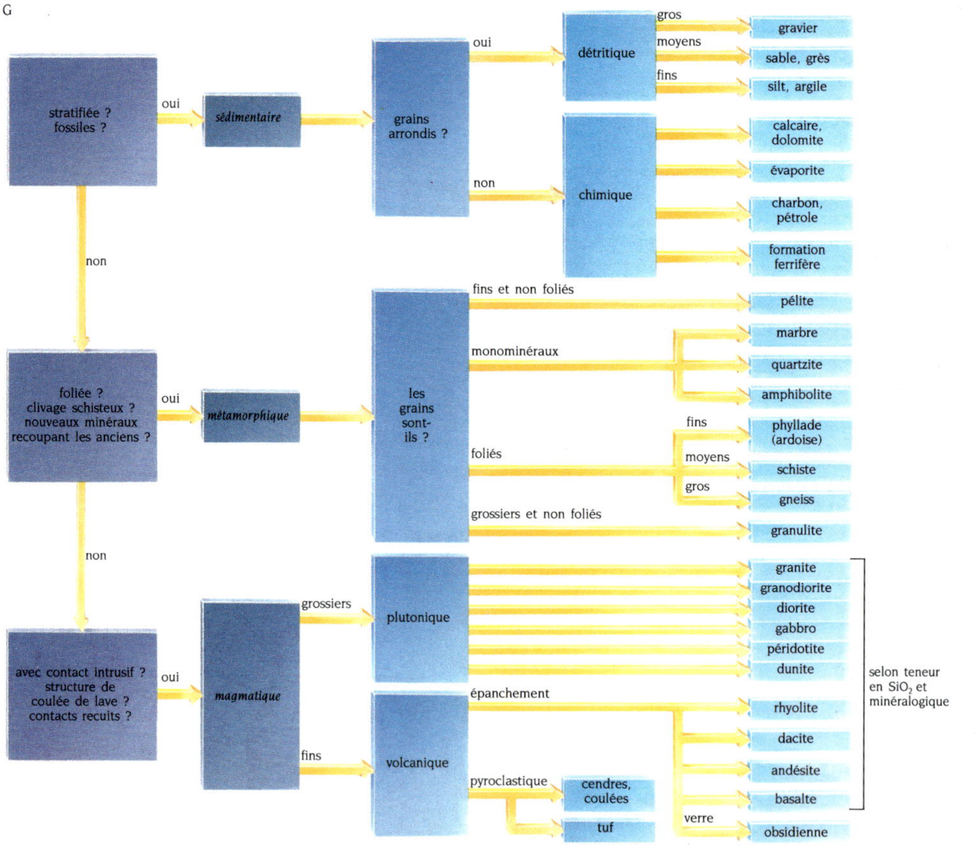

Les roches sédimentaires d'origine détritique. Elles proviennent de l'altération et de l'érosion de roches et de sols préexistants par les agents atmosphériques (pluie, vent, neige et glace, variations de température), suivies du transport jusqu'à un lieu de dépôt de fragments, de particules et de sels dissous. La mesure de la taille des fragments ou des « grains » (granulométrie) est alors riche d'enseignements. En général, plus la source des matériaux est proche, plus le sédiment est grossier.

Les *brèches* et les *poudingues* sont deux types de conglomérats constitués de fragments grossiers respectivement anguleux et arrondis. Ils se forment non loin des matériaux sources. Les *sables* (meubles) et les *grès* (consolidés) sont formés de particules plus fines, de l'ordre du millimètre, plus résistantes à l'altération. Les *silts* (meubles) et les *pélites* (consolidées) sont formés de particules, de taille inférieure à 0,5 mm, qui peuvent être transportées, notamment par les fleuves, très loin de leur lieu d'origine. Les *argiles* (plastiques) et les *schistes* (consolidés) sont formés de très fines particules argileuses provenant de l'altération intense des roches sources.

Les roches sédimentaires d'origine chimique et biologique. La formation de ces roches provient de la précipitation de sels dissous à partir d'eaux de sources, de lagunes ou de mer. Induite par une concentration excessive de ce sel (saturation) dans les eaux, la précipitation est parfois aidée par l'activité biologique. Ainsi, la décomposition des minéraux à la surface est sous l'influence des racines des végétaux, mais aussi de l'accumulation et de la décomposition des restes animaux ou végétaux avec production de phosphates, de tourbe, etc. La craie et les calcaires sont ainsi formés de carbonates de calcium (parfois de calcium et magnésium), où les coquilles d'organismes sont souvent très abondantes. Le sel gemme, exploité en mines, s'est formé dans des lagunes d'eau de mer soumises à une très forte évaporation. Le pétrole et le charbon sont des roches qui se forment par fossilisation de matière organique.

LES ROCHES MÉTAMORPHIQUES

UNE RECRISTALLISATION EN PROFONDEUR

■ ENFOUIES À DE GRANDES PROFONDEURS, ces roches ont subi une transformation dans leur structure cristalline (recristallisation) à des températures et des pressions élevées. Elles sont ramenées à la surface par les mouvements des plaques et l'érosion.

Le métamorphisme de contact. Il se produit quand les roches originelles ont été portées localement à haute température. Leur structure n'est que peu modifiée. La zone de métamorphisme de contact apparaît comme une auréole de quelques mètres à un millier de mètres autour du corps magmatique.

Le métamorphisme régional. Il est provoqué par l'enfouissement et les déformations tectoniques, en particulier dans les stades précoces de la formation des chaînes de montagnes. Dans ce cas, la recristallisation a lieu pendant que les roches se déforment.

Les premières transformations métamorphiques notables ont lieu à partir de températures de 300 °C environ (10 km de profondeur). Les roches métamorphiques ayant subi les conditions les plus extrêmes de température et de pression connues ont été portées à près de 1 000 °C à une profondeur de l'ordre de 30 km.

A

A. **GRÈS**

Les grès sont des roches sédimentaires très courantes. On les trouve en bancs plus ou moins réguliers ou en lentilles. Leur couleur est généralement claire, blanc jaunâtre à grisâtre, mais le ciment situé entre les grains peut être coloré par des oxydes de fer en jaune, rouge ou vert. Leur degré de cimentation est variable et conditionne leur possibilité d'utilisation industrielle. Les principaux composants des grès sont la magnétite, l'ilménite, le rutile, le quartz, le pyroxène et les carbonates.

B

B. **CALCAIRE**

Les calcaires sont essentiellement formés de carbonate de calcium soit amorphe, soit cristallisé. Le calcaire, ci-contre, résulte de l'accumulation d'organismes morts, ultérieurement cimentés, en l'occurrence des nummulites du tertiaire (protozoaires à coquille).

C

C. **GRANITE**

C'est une roche magmatique de type plutonique formée essentiellement de quartz et de feldspaths, et accessoirement d'autres minéraux comme les micas, les amphiboles et les pyroxènes. Les granites sont les roches les plus abondantes de la croûte.

D
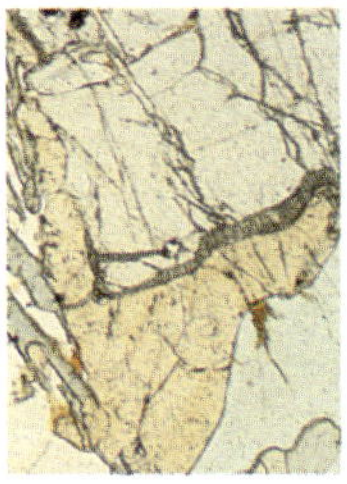

D. **GRANULITE**

Les granulites sont des roches métamorphiques, de teinte claire et à grain fin. Ces roches sont issues d'une transformation opérée sous haute température et haute pression. Les principaux composants des granulites sont le quartz, le grenat et le silicium.

E

E. **CALCITE**

Le carbonate de calcium (ou de magnésium [dolomie]) qui forme les calcaires et les marbres est la variété cristalline naturelle prépondérante de la calcite. Elle est caractérisée par son dégagement effervescent de gaz carbonique au contact de l'acide.

F

F. **OLIVINE**

Silicates de magnésium et de fer (Mg, Fe) Si_2O_4, les olivines, appelées également péridotes, sont généralement peu abondantes dans les roches de surface, mais prépondérantes dans les roches du manteau supérieur. Ce sont des pierres tendres. Elles abondent dans certaines roches « basiques », c'est-à-dire contenant moins de 55 p. 100 de silice. On les rencontre dans les basaltes sous forme de cristaux isolés (verts ou bruns) ou de nodules. Des massifs de roches plutoniques en contiennent parfois en grande quantité (péridotites et dunites). La chrysolite est une variété d'olivine d'une couleur jaune-vert translucide.

G

G. **MICA**

Ce sont des minéraux qui se débitent en feuilles minces (feuillets de clivage). Les micas noirs (silicoaluminates de potassium, magnésium et fer) ou blancs (silicoaluminates de potassium) sont abondants dans les micaschistes, les granites et certaines roches magmatiques. Tschermak a divisé les micas en quatre genres, qui sont : la *biotite* (dureté 3, couleur brun à noir), la *phlogopite* (dureté 2, couleur jaune à brun-rouge), la *muscovite* (dureté 2,5, couleur blanc argenté) et la *margarite* (dureté 4, couleur blanc-gris à rose). Le mica offre une grande résistance à la chaleur et s'utilise comme isolant.

H
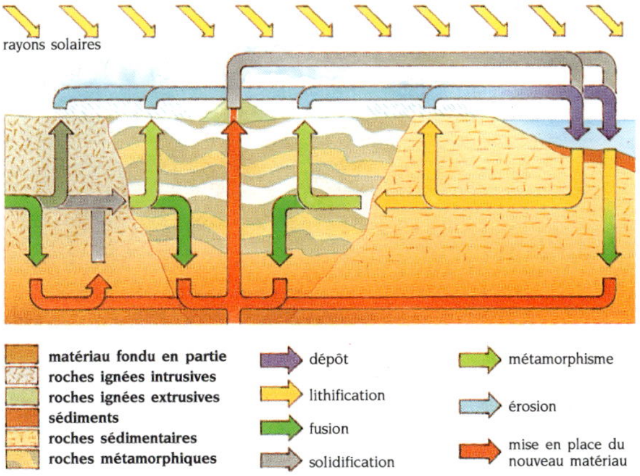

H. **ÉVOLUTION DES ROCHES ; LE CYCLE MÉTAMORPHIQUE**

Ce cycle évolutif constitue un lent passage d'un type de roche à un autre. L'érosion conduit à la formation de sédiments qui se consolident en roches sédimentaires. Celles-ci, profondément enfouies, se transforment, sous l'action de la température et de la pression, en roches métamorphiques. Dans les zones très profondes, il y a fusion des roches et remontée de celles-ci, qui donnent, en refroidissant, des roches ignées (magmatiques).

LES ROCHES

LES ROCHES MAGMATIQUES

UNE CRISTALLISATION DU MAGMA

■ ON REGROUPE SOUS CE NOM ou sous celui de « roches ignées » toutes les roches qui se sont solidifiées par refroidissement à partir des matériaux silicatés (très rarement, carbonatés), fondus à haute température, qui constituent le *magma*.

Le magma. Il se forme par la fusion partielle de roches du manteau ou de la croûte terrestre, à des températures de l'ordre de 1 000 °C et sous des pressions correspondant à des profondeurs de quelques dizaines à des centaines de kilomètres. Il contient une quantité notable de gaz dissous, notamment de la vapeur d'eau et du gaz carbonique. La fusion partielle se produit par apport graduel de chaleur, dont une part importante provient de la désintégration des petites quantités d'éléments naturellement radioactifs (potassium, uranium et thorium) contenus dans les roches et le reste, de la conduction de la chaleur profonde ou, dans de rares cas, des déformations tectoniques intenses.

Plus léger et plus fluide que la roche dont il est issu, le magma se rassemble et remonte vers la surface. Cette ascension s'accompagne d'une perte de chaleur, d'autant plus importante que la remontée est longue, provoquant la cristallisation progressive de minéraux. Les minéraux ayant, en général, une composition chimique différente de celle du liquide magmatique, il se produit une différenciation chimique du liquide résiduel. Un même magma peut donner naissance à toute une gamme de roches de compositions différentes, les *séries magmatiques*. Très souvent, cette différenciation se produit alors que le magma s'est rassemblé dans la croûte sous forme de réservoir, ou chambre magmatique. L'*assimilation* par le magma d'une partie des roches dans lesquelles il s'injecte participe éventuellement à sa différenciation.

Roches plutoniques et roches volcaniques. Les roches plutoniques, ou intrusives, proviennent de la cristallisation lente et totale de magma en profondeur. Elles sont formées de minéraux généralement visibles à l'œil nu. Les roches volcaniques, ou effusives, se forment par l'éruption, en surface, de magma « frais » ne contenant encore que peu de cristaux ou n'en contenant pas du tout. Le refroidissement rapide de ce magma produit des roches riches en verre ou en un très fin amalgame de microcristaux.

Les différentes variétés chimiques de roches magmatiques peuvent se présenter sous forme de roches plutoniques ou volcaniques, suivant les aléas de leur formation. On distingue trois groupes de roches magmatiques : les *basaltes*, les *andésites* et les *granites*.

Les basaltes. Avec leurs dérivées, ces roches volcaniques relativement pauvres en silicium mais riches en magnésium, en fer et en calcium, recouvrent une grande partie des fonds océaniques et donc de la surface solide de la Terre. Les basaltes se sont épanchés, au cours des âges géologiques, à la perpendiculaire des rides océaniques continuellement reformées par la dérive des continents. D'autres variétés de basaltes forment de vastes plateaux sur les continents comme au Deccan, en Inde, ou des ensembles volcaniques plus modestes comme la chaîne des Puys, en France.

Les andésites. Les roches volcaniques les plus caractéristiques des zones d'enfoncement des plaques (subduction) sont les *andésites*, riches en cristaux de feldspath et de pyroxène. Elles sont les plus abondantes dans les arcs insulaires et dans les bordures continentales montagneuses. Elles contiennent généralement une forte proportion de plagioclases zonés *(andésines-labradors)*, des orthopyroxènes, des amphiboles et/ou des biotites. Le quartz y est souvent en faible proportion. La production d'andésites et de roches plutoniques correspondantes serait l'un des processus essentiels de formation et de croissance de la croûte continentale.

Les granites. Ils forment les plus grandes superficies de roches plutoniques exposées à la surface des continents. Une part importante de ces roches est formée par la fusion partielle de cette même croûte continentale, en profondeur. Elles sont constituées de cristaux de quartz, de feldspaths calcosodiques ou potassiques, de mica et d'une petite proportion de minéraux contenant du fer et du magnésium.

A

A. **PIERRE PONCE**

La ponce est une roche volcanique vitreuse. Sa grande porosité est due à la richesse en gaz du magma dont elle est issue. Légère et très dure, elle est surtout utilisée pour le polissage.

C

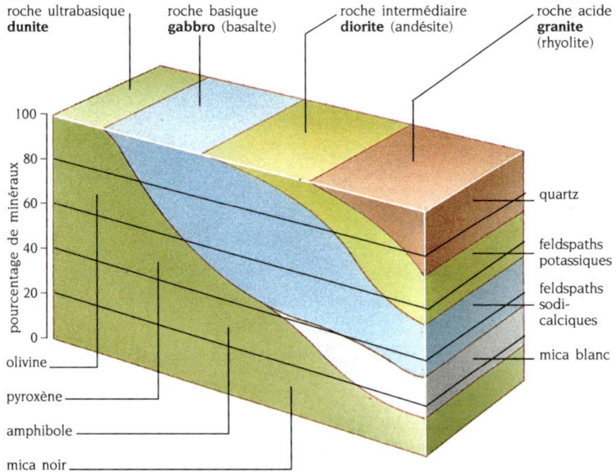

C. **COMPOSITION MINÉRALOGIQUE**

La classification des roches magmatiques est fondée sur le pourcentage des espèces minérales les plus abondantes contenues dans ces roches : quartz, feldspath, pyroxène, olivine, amphibole et mica noir. En gras, on précise le nom de la roche plutonique et, entre parenthèses, celui de la roche volcanique de composition équivalente. La différence entre les deux réside dans la texture, c'est-à-dire la taille du grain et l'agencement des minéraux entre eux.

B

B. **BASALTE**

La fusion partielle du manteau supérieur conduit à des basaltes (laves à grains fins). Ces roches volcaniques de couleur foncée et de densité voisine de 3 sont composées essentiellement de plagioclase, de pyroxène et de verre d'olivine. Les basaltes riches en silice (tholéiitiques) forment le plancher océanique et sont également présents sur certaines aires continentales (Deccan, Inde). Les basaltes alcalins constituent la plus grande masse des îles océaniques et des édifices volcaniques continentaux.Les basaltes sont essentiellement composés d'orthose, de quartz, d'apatite, de titanite et d'ilménite.

LES SOLS

Les sols représentent la partie superficielle, meuble, de la croûte terrestre résultant de la transformation de la roche mère nue préexistante, enrichie par des apports organiques (humus).

L'ÉTUDE DES SOLS

UNE PRÉOCCUPATION ANCIENNE

■ Le sol, n'est pas un simple support inerte, hérité de la roche sous-jacente, mais un milieu vivant, en équilibre. C'est le siège d'interactions entre le climat, les êtres vivants (micro-organismes, végétaux, animaux) et le matériau minéral de la roche mère.

Grecs et Latins consacrèrent au sol des chapitres de leurs traités sur la nature ou sur l'agriculture, et les agronomes andalous du haut Moyen Âge prêtèrent une grande attention à la qualité des terres. Au XVIe siècle, Bernard Palissy et Olivier de Serres firent partie des précurseurs de la science des sols par leurs apports théoriques et pratiques. Puis, au milieu du XVIIIe siècle, l'étude des sols connut un grand développement sous l'impulsion de la pensée physiocrate, qui tenait la terre et l'agriculture pour des sources essentielles de richesse. Pourtant, c'est surtout au XIXe siècle que le sol devient un objet d'étude privilégié. Les travaux du Russe Vassili Dokoutchaïev (1846-1903) sur le chernozem russe et sur la zonalité des différents sols représentent deux moments fondamentaux de cette nouvelle science en voie de constitution.

La science des sols. Aujourd'hui, la discipline qui étudie les sols est encore à la recherche d'un nom qui fasse l'unanimité : *pédologie, édaphologie, agrologie, science du sol* sont des mots utilisés concurremment pour dénommer un courant de recherche de plus en plus structuré. Cette multitude de termes traduit les diverses origines qui ont contribué à forger le corps des connaissances sur les sols. Agronomes, chimistes, géologues, géographes, biologistes, sylviculteurs, spécialistes de l'aménagement du territoire ont contribué, chacun dans son domaine, à faire progresser la science des sols.

SOL ET TERRE ARABLE

À CHACUN SON SOL

■ Les responsables de l'aménagement du territoire distinguent les sols agricoles, les sols boisés, les sols bâtis et les autres sols. Les agronomes appellent « sol » la *terre arable*, mince pellicule de 20 à 50 cm d'épaisseur, homogénéisée par les pratiques culturales et souvent limitée en profondeur par un niveau plus tassé, appelé *semelle de labour*. Pour les pédologues, en revanche, la terre arable n'est que la partie superficielle du sol.

On doit une des définitions les plus complètes du mot « sol » au grand pédologue français Albert Demolon (1881-1954) : « Le sol est la formation naturelle de surface, à structure meuble et d'épaisseur variable, résultant de la transformation de la roche mère sous-jacente sous l'influence de divers processus, physiques, chimiques et biologiques, au contact de l'atmosphère et des êtres vivants. »

L'épaisseur du sol est, en effet, très variable : de quelques centimètres pour des sols jeunes en formation, les *néosols*, jusqu'à plusieurs mètres pour les sols très évolués.

A. **GÉOLOGIE DES SOLS**

De nombreuses formations superficielles proviennent de la simple désagrégation mécanique des roches par l'eau, le gel ou le vent. Les sols résultent de la transformation de ces matériaux, notamment sous l'action des êtres vivants.

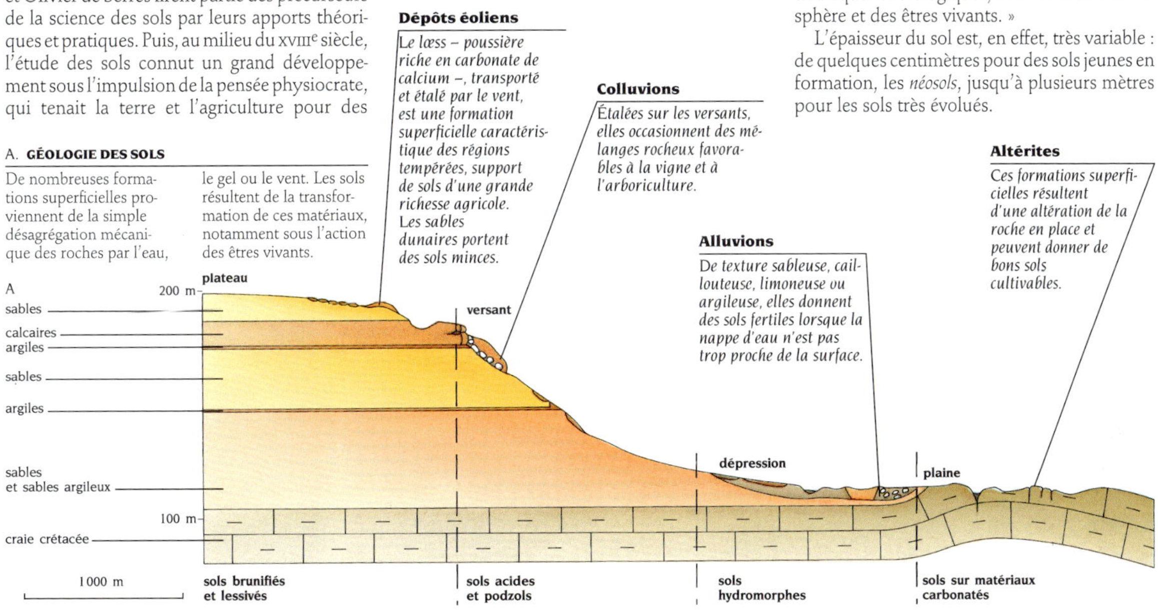

B. **TABLEAU COMPARATIF DES PRINCIPAUX TYPES D'HUMUS**

Types	pH	Eau de saturation en %	Conditions de formation	Faune (éléments dominants)	Microflore (éléments dominants)	Décomposition des matières organiques	Humidification et caractères biochimiques	Minéralisation de l'humus formé
Mull calcique	> 7	Saturé	Présence de calcaire actif (ou complexe saturé) Roche mère calcaire tendre.	Faune variée. Lombrics.	Bactéries, actinomycètes.	Rapide : pas d'accumulation en surface.	Forte synthèse biologique d'acides humiques.	Lente : L'argile et le calcaire freinent la minéralisation.
Mull forestier (humus doux)	5,5	20-60	Forêt feuillue, sur roche mère non calcaire.	Lombrics.	Champignons.	Rapide : pas d'accumulation en surface.	Synthèse biologique variable d'acides humiques.	Rapide : l'humus disparaît.
Moder	4 à 5	10-20	Forêt feuillue clairiérée. Forêt résineuse de montagne. Roche mère siliceuse.	Arthropodes variés.	Champignons acidiphiles.	Moyenne.	Synthèse variable de substances humiques non liées à l'argile.	Assez lente.
Mor (humus brut)	3,5 à 4,5	⩽ 10	Forêt résineuse dégradée (pin sylvestre, épicéa). Landes atlantiques. Roche mère siliceuse.	Faune réduite. Acariens. Collemboles.	Champignons acidiphiles.	Lente : forte accumulation en surface.	Formation de composés solubles, durables, dispersés qui se polymérisent en profondeur.	Très difficile : L'humus brut, soluble et dispersé migre en profondeur.
Anmoor	Variable	Variable	Milieu temporairement saturé d'eau.	Faune aquatique saisonnière.	Bactéries anaérobies.	Lente : forte accumulation dans le profil.	Mélange important avec l'argile : moins de 30 % de matière organique, bien humifiée.	Lente.
Tourbe acide	3,5 à 4	⩽ 10	Milieu saturé d'eau acide.	Absence de faune.	Champignons (rares).	Très lente.	Plus de 30 % de matière organique, peu humifiée, pauvre en cendres et en azote.	Très difficile.
Tourbe calcique	7 à 7,5	Presque saturé	Milieu saturé d'eau calcaire.	Absence de faune.	Bactéries anaérobies.	Très lente.	Plus de 30 % de matière riche en cendres.	Très difficile.

(D'après P. Duchaufour – Précis de Pédologie – Masson – 1970)

LES SOLS

LE PROFIL

UNE SUCCESSION D'HORIZONS

■ POUR DÉCRIRE UN SOL, il est nécessaire de l'observer en tranche verticale. La fosse pédologique permet de repérer les différents niveaux de couleur, de texture et de structure différenciés que l'on appelle des *horizons* (notés A, B, C, à partir de la surface). L'ensemble de la coupe du sol constitue le *profil*.

Une des caractéristiques d'un sol est la taille des éléments minéraux qui le composent. Dans la terre fine (particules de moins de 2 mm de diamètre), on distingue les sables, les limons et les argiles, que l'on regroupe en classes de *texture*. Plus le sol contient d'éléments sableux ou plus grossiers (cailloux, blocs), plus il forme une terre « filtrante » et « légère ». Les limons et les sables fins rendent le sol « battant » (il a tendance à se croûter en surface après la pluie) et « asphyxiant » (il s'oppose à la pénétration de l'eau). L'excès d'argile donne des terres « lourdes » et « collantes », difficiles à travailler pour l'agriculteur.

Dans un sol, les éléments minéraux sont souvent enrobés d'une sorte de pâte formée par l'argile et l'humus. Ces éléments colloïdaux peuvent être soit dispersés, soit agglutinés en petits flocons (floculés). Ces phénomènes de floculation et de dispersion sont fortement liés à l'action des acides et des bases du sol et donc influent sur le pH de celui-ci.

Une grande attention est portée aux horizons de surface, les plus faciles à observer, qui juxtaposent la *litière*, composée de débris végétaux et animaux, la *couche de fermentation*, de structure fibreuse, et la *couche humifiée*, de teinte noirâtre et d'aspect collant. La couleur des horizons, souvent due aux oxydes de fer, est importante à préciser. Des chartes de couleur (code Munsell) permettent, à l'état sec, des codifications précises. L'estimation de la porosité, de la forme et des dimensions des vides du sol doit être combinée avec l'évaluation de l'état d'humidité ou de sécheresse de chaque horizon, dont les limites constituent de précieux indicateurs de sa dynamique.

L' A.B.C. DES HORIZONS

Le sol est constitué par une succession de couches, appelées horizons, de composition et de structure différentes. On distingue généralement 5 types d'horizons.

A : C'est un horizon de surface, contenant de la matière organique ; souvent appauvri en éléments fins ou en fer par « lessivage ».

B : C'est un horizon enrichi par illuviation en éléments fins ou amorphes : argile, oxydes de fer et d'aluminium, humus. Cet horizon est appelé horizon « structural » ou d'altération. Il diffère, d'une part, de la roche mère par son degré d'altération plus fort (présence de Fe_2O_3 libre), d'autre part, de l'horizon de surface A par sa structure.

C : Matériau originel aux dépens duquel sont formés A et (B) ou B.

G : Horizon de couleur gris verdâtre, riche en fer ferreux, à taches rouille se formant au sein ou à la limite supérieure d'une nappe permanente.

R : Roche dure sous-jacente.

A. PROFILS ET TYPES DE SOLS

Les huit profils suivants permettent de visualiser les caractères de quelques types de sols ; certains sont très originaux, d'autres sont parmi les plus répandus à la surface de la planète.

Sols salins

Ce sont des sols d'extension réduite, développés dans les régions sèches avec un élément dominant qui les individualise (roche mère riche en sodium) pouvant provenir d'une nappe d'eau d'origine continentale et temporaire ou d'une nappe marine.

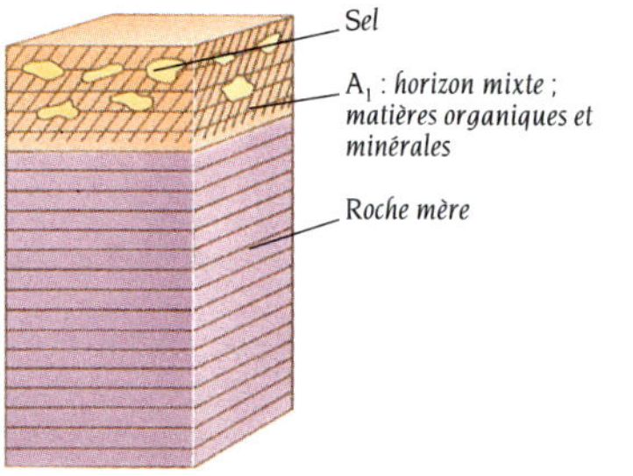

Sols bruns

Plusieurs variétés, généralement postérieures à la dernière glaciation, se sont développées sous couvert forestier. Elles ont fourni fréquemment de bonnes terres agricoles, mais souvent appauvries par l'homme, dont l'activité provoque un lessivage qui accroît l'acidité du sol.

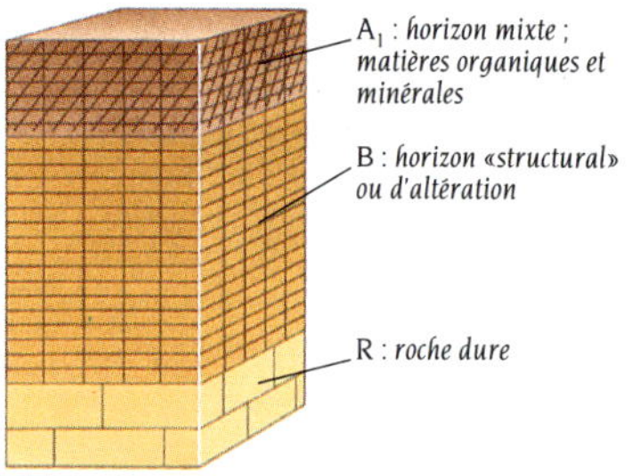

Podzol

C'est le sol de la taïga. Son développement est lié à l'action d'une matière organique acide de l'humus, appelée « mor ». Il y a élimination (par lessivage intense) de tous les éléments basiques. Du milieu minéral il ne subsiste en surface qu'une couche cendreuse de quartz.

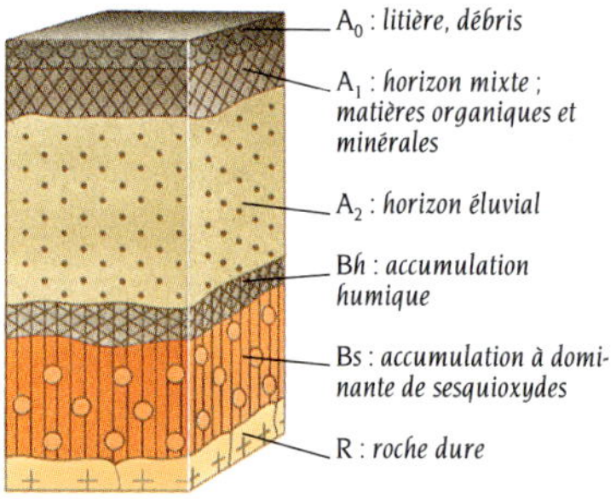

Sols isohumiques

C'est le groupe des chernozems (ou tchernozioms), sols noirs, épais, riches en matières organiques, formés sous climat tempéré relativement sec (moins de 500 mm de pluies annuelles). Ce sont des sols très fertiles, sous végétation de steppe à graminées ou épineux, plus rarement de forêt claire.

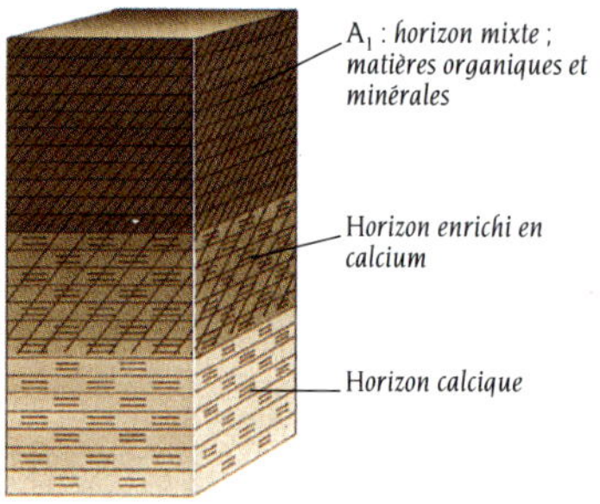

Sols hydromorphes

Ces sols, d'extension réduite, se développent dans les régions très humides avec, comme caractéristique, la présence, au moins temporaire, d'une nappe d'eau. Cette « hydromorphie » confère aux sols des propriétés réductrices et asphyxiantes.

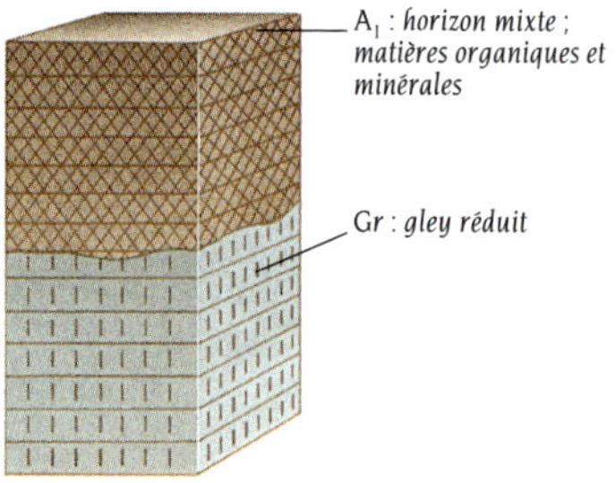

Sols ferrallitiques

Ces sols rouges, très riches en oxyde de fer et en alumine, se forment sous climat tropical. Leur altération, causée par la destruction de la forêt tropicale humide, provoque leur transformation en cuirasses stériles (latéritisation). Leur superficie totale, en 1990, était déjà de plus de 20 millions de km².

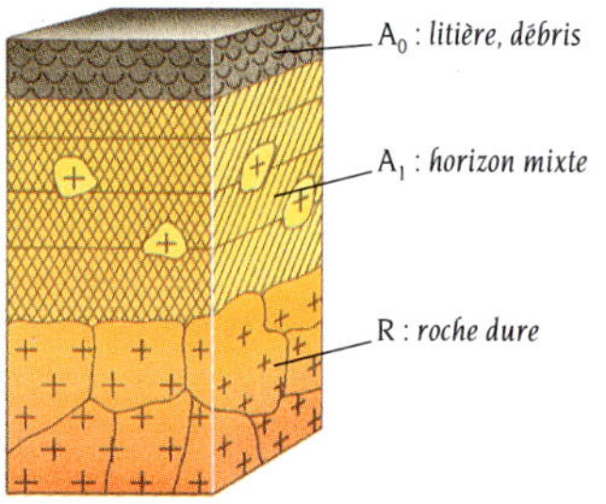

Sols rouges

Dits aussi fersiallitiques (en raison d'une association des oxydes de fer aux argiles de type montmorillonite), ils ont, au moins initialement, une bonne fertilité minérale. Mais, souvent sévèrement dégradés par l'érosion, ils sont alors réduits à des sols squelettiques ou à des croûtes calcaires.

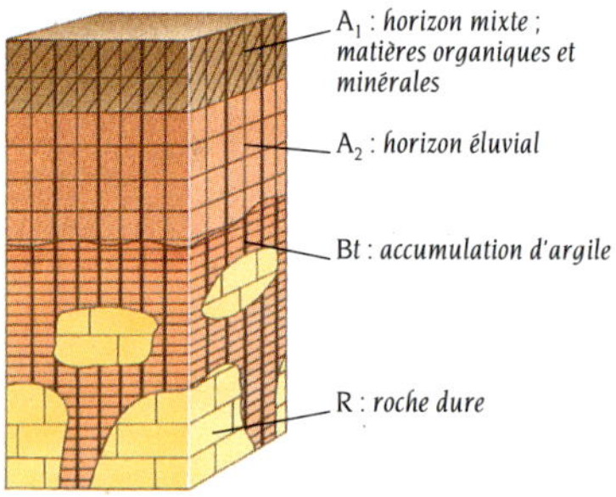

Sols ferrugineux

Riches en fer et en kaolinite mais dépourvus d'alumine libre (à la différence des sols ferrallitiques), on les trouve notamment en Afrique tropicale, mais aussi en Amérique centrale et dans l'Asie méridionale (climats à longue saison sèche), fréquemment sous des savanes à graminées.

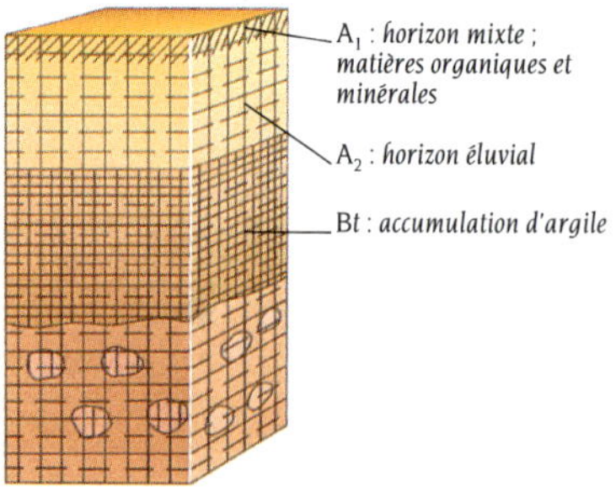

CLASSER LES SOLS

LES TROIS GRANDES ÉCOLES

■ PARMI LES SYSTÈMES de références permettant de classer les sols, on peut schématiquement distinguer trois grandes familles correspondant à des « écoles » pédologiques différentes.

La plus ancienne classification est d'origine russe. Elle privilégie, comme coupure de premier ordre, les facteurs climatiques définissant des groupes de sols, dits *zonaux*, en équilibre avec le climat et la végétation correspondante. Les sols qui n'entrent pas dans ce cadre sont qualifiés d'*azonaux* ou d'*intrazonaux*.

La classification américaine a été adoptée, sous une forme simplifiée, par la FAO (1973 puis 1986). Elle s'appuie, pour la définition des unités systématiques, sur la notion d'*horizons diagnostiques*, définis très précisément par leurs caractères chimiques, physiques et morphologiques. Ici, le concept de profil, coupe verticale d'un sol, est remplacé par celui de *pédon* (volume de sol). Deux horizons diagnostiques jouent un rôle majeur : celui de surface (horizon A), généralement humifère, l'*épipédon*, et celui de profondeur (horizons B et C).

Le troisième grand système de classification a été proposé par le Service de la carte des sols de France en 1967. Il accorde une grande importance aux processus de formation des sols. En 1987, une nouvelle classification a été publiée dans le *Référentiel pédologique français*.

AGIR SUR LES SOLS

UN CONTRÔLE RIGOUREUX NÉCESSAIRE

■ DE PLUS EN PLUS, depuis la « révolution néolithique», l'homme constitue un facteur important d'évolution des sols en modifiant des couverts végétaux et en intervenant dans la dynamique des sols. Un premier type d'action concerne le contrôle de la teneur en eau des sols.

L'excès d'eau est combattu par les techniques d'assainissement, visant à abaisser le niveau du plan d'eau et à favoriser l'écoulement. Différents procédés sont utilisés à cet effet : modelé ou profilage des champs en portions étroites appelées planches (plates ou bombées) ; établissement d'un réseau de drains à la profondeur et à l'écartement soigneusement calculés pour « rabattre » le niveau de la nappe.

À l'inverse, le déficit en eau, lié aux pertes conjuguées du sol et de sa couverture végétale *(évapotranspiration)*, peut être compensé grâce à l'irrigation. Ces modifications du bilan hydrique passent par des pratiques améliorant l'infiltration de l'eau et limitant le ruissellement, par une limitation de l'évaporation, par les désherbages, les binages et les techniques du *mulching* (couverture du sol par de la paille ou d'autres produits). Les brise-vent et les rideaux d'abri permettent également de réduire l'évaporation. Enfin, une riche gamme de systèmes d'irrigation par déversement, par submersion, par sillons ou par aspersion, corrigent les anomalies du bilan de l'eau.

Les actions de fertilisation. Elles portent plus spécifiquement sur le sol (amendements par des substances incorporées au sol pour le rendre plus fertile) ou sur les plantes (engrais). En fait, ces deux types d'actions sont étroitement liés. Les engrais composés apportent les trois éléments principaux N,P,K (azote, phosphate, potasse), et les autres fertilisants (calcium, magnésium, soufre, sodium et oligo-éléments) améliorent certes les rendements mais constituent aussi, souvent, une menace sérieuse pour l'environnement.

LE SEL DE LA TERRE

Certains sols sont marqués par des contraintes particulières : le sel, notamment, conditionne de façon spectaculaire l'évolution des sols. Les milieux où le sel devient un facteur tyrannique sont situés sur le littoral (marais d'estuaires, mangroves, polders, prés salés, schorres) ou dans les régions arides (sebkhas, playas, takyrs), là où les dépressions concentrent les sels apportés par les eaux de ruissellement ou par le vent. Les noms donnés à ces grands types de sols salés (dits *halomorphes*) sont empruntés à la langue russe : solontchak, solonetz, soloths. Ces sols salés présentent souvent en surface des efflorescences blanchâtres ou aux couleurs vives.

La végétation dite « halophile » est adaptée à la forte teneur en sel : certaines plantes ont des tissus charnus riches en eau (ce qui augmente la dilution du sel), d'autres excrètent le sel par les feuilles ou le stockent dans leurs racines.

A. **GRANULOMÉTRIE**

La fraction solide du sol comporte de 95 à 99 % de fragments minéraux associés avec les fragments organiques en grains de terre, ou agrégats, que l'on peut effriter entre les doigts. L'analyse granulométrique sépare toutes les particules minérales élémentaires qui sont classées selon une échelle internationale.

A. **CLASSEMENT GRANULOMÉTRIQUE**

Types de particules	Diamètre des particules
Argile	< 2 µm
Limons fins	2 µm – 20 µm
Limons grossiers	20 µm – 50 µm
Sables fins	50 µm – 200 µm
Sables grossiers	200 µm – 2 mm
Graviers	2 mm – 20 mm
Cailloux	> 20 mm

B. **RÉPARTITION MONDIALE DES SOLS**

Ce planisphère montre une prépondérance des *sols zonaux*, c'est-à-dire sous l'influence du climat et de la végétation, eux-mêmes déterminés en priorité par la latitude. Les sols zonaux sont dits climaciques car ils sont en équilibre avec le climat et la végétation correspondante. Ils existe des *sols intrazonaux* correspondant à des conditions locales ou régionales particulières. Dans la zone froide dominent les sols gelés en permanence (pergélisol ou permafrost) et des sols dégelés saisonnièrement (mollisol). Les formes géométriques trouvées à la surface de tels sols (cercles de pierre) sont liées au déplacement des particules du sol sous l'effet des alternances de gel et de dégel (cryoturbation). Dans la zone tempérée, la partie septentrionale est le domaine des podzols, ou sols boréaux, relayés plus au sud par les sols bruns. Les sols forestiers intertropicaux (sols ferrugineux et sols ferrallitiques) sont caractérisés par la dynamique du fer et de l'aluminium, et les formes de cuirassement (sols latéritisés, par exemple) sont courantes.

Sols bruts et tourbes
Les sols bruts résultent de la dégradation grossière de la roche mère ; les tourbes, de la décomposition des plantes dans un milieu saturé en eau.

Sols bruns
Sols des régions tempérées dans lesquels le fer, l'argile et l'humus forment des complexes relativement stables.

Sols boréaux, ou podzol
Sol acide (pH inférieur à 5) de la taïga, souvent gorgé d'eau, mais desséché en été.

Sols ferrugineux
Ces sols caractérisent les régions tropicales à longue saison sèche.

Sols ferrallitiques
Privés de leur végétation tropicale humide, ces sols forment une croûte stérile, la latérite.

Sols isohumiques
C'est le groupe des tchernozems. Sols noirs, épais, riches en matières organiques, ce sont des sols très fertiles.

Sols des régions montagneuses
Ce sont des sols azonaux (indifférents à la latitude mais liés à l'altitude).

Sols désertiques
Sols minéraux peu évolués, leur couvert végétal est absent ou ponctuel.

Sols salins et hydromorphes
Sols azonaux, développés dans les régions sèches (sols salins) ou au contraire très humides (sols hydromorphes).

Sols fersialitiques
Sols des forêts méditerranéennes et subtropicales, souvent dégradés par la déforestation et l'érosion.

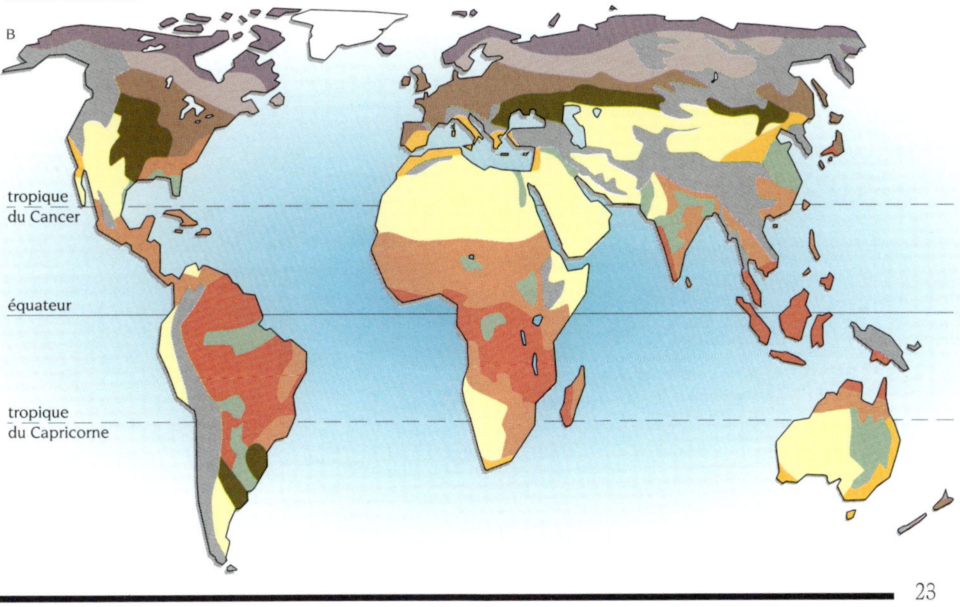

LE GÉOMAGNÉTISME

LE CHAMP MAGNÉTIQUE TERRESTRE

IL ORIENTE L'AIGUILLE DES BOUSSOLES

■ IL EXISTE, À LA SURFACE DU GLOBE, un champ magnétique naturel. Orienté selon la direction nord-sud, il possède des lignes de force correspondant à celles d'un dipôle incliné de 11° par rapport à l'axe de rotation de la Terre. Ces lignes sortent du pôle Sud magnétique et rejoignent le pôle Nord. À la surface de la Terre, une aiguille aimantée libre de s'orienter se place selon une de ces lignes. Ainsi, grâce à ce champ magnétique, une boussole indique toujours la direction nord-sud.

Pour faciliter la navigation, des savants se sont très tôt attachés à étudier le champ géomagnétique et nombre de ses propriétés étaient déjà connues au XVIIe siècle. L'étude du géomagnétisme est la plus ancienne des disciplines de la géophysique. On peut caractériser le vecteur champ magnétique par son intensité, sa déclinaison (angle entre la direction du champ et celle du nord géographique) et son inclinaison (angle avec l'horizontale). On a ainsi découvert que le champ variait à la fois dans l'espace et dans le temps. Il a donc fallu dresser des cartes de ce champ et, au XVIIIe siècle, une carte de la déclinaison fut établie pour la totalité de l'océan Atlantique.

L'origine du géomagnétisme. Sous le manteau rocheux, à partir de 2 900 km de profondeur, le centre de la Terre est occupé par un noyau de fer. Alors que le centre de ce noyau est solide, son enveloppe externe est en fusion à très haute pression. Sous l'effet de l'énorme quantité de chaleur accumulée dans le noyau lors de la formation de la Terre, la partie fluide est animée de mouvements de convection. Ces mouvements agitant le fer en fusion sont assimilables à des courants électriques qui créent et entretiennent le champ magnétique terrestre. Ils constituent la « dynamo terrestre ». La réorganisation permanente de ces courants est responsable des lentes variations temporelles du champ magnétique ainsi que de brusques changements de son sens (inversion).

UN BOUCLIER MAGNÉTIQUE

IL PROTÈGE DU VENT SOLAIRE

■ LE SOLEIL PROJETTE dans l'espace un flux de particules hautement énergétiques, le *vent solaire*, qui transporte avec lui le champ magnétique de l'étoile. Lorsque ces particules rencontrent le champ magnétique terrestre, à une distance égale à 10 à 15 fois le rayon de la Terre, elles sont déviées par ce champ et tendent à contourner la Terre. Le vent solaire comprime ainsi le champ terrestre à l'intérieur d'une cavité, la *magnétosphère*.

Ce bouclier magnétique nous protège du bombardement de particules ionisées en provenance du Soleil, qui serait fatal pour les êtres vivants. Néanmoins, au-dessus des pôles, la forme du champ autorise ces particules à descendre jusque dans l'atmosphère, y provoquant des aurores polaires, qui sont des phénomènes lumineux essentiellement visibles à haute latitude.

Les orages magnétiques. Lorsque le vent solaire présente un sursaut d'activité, la magnétosphère est comprimée et le champ magnétique varie notablement pendant un temps allant de quelques minutes à quelques heures. On appelle ces événements des orages magnétiques. Ils peuvent perturber gravement tous les appareils électroniques qui nous entourent et il faut s'en prémunir.

A. **MAGNÉTOSPHÈRE TERRESTRE**
C'est la région de l'espace où domine le champ magnétique terrestre. Elle est bordée par une frontière, la magnétopause. Sous l'effet du vent solaire, la magnétosphère est comprimée par une onde de choc qui se trouve du côté exposé, à une distance de 10 à 15 rayons terrestres. Dans la direction opposée, la magnétosphère s'étire comme la queue d'une comète, jusqu'à une distance de 100 rayons terrestres.

A

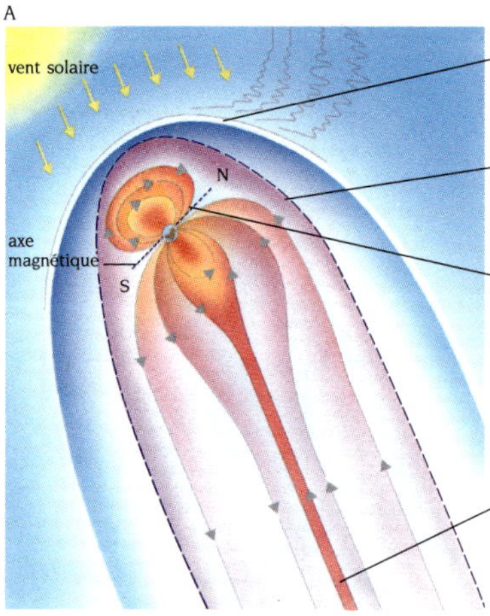

Onde de choc
Elle résulte de l'action du vent solaire.

Magnétopause
Frontière de la magnétosphère.

Cornet polaire
À chaque pôle, un cornet permet au vent solaire de pénétrer dans l'atmosphère, déclenchant les aurores polaires et les orages magnétiques.

Queue
Étirement latéral de la magnétosphère.

B. **DIPÔLE MAGNÉTIQUE**
La Terre crée un champ magnétique dont la géométrie est celle d'un dipôle (représenté par les boucles). Ce champ montre une symétrie de révolution autour d'un axe passant par les deux pôles magnétiques, incliné de 11° par rapport à l'axe de rotation de la Terre. Les lignes de force du vecteur champ magnétique sortent du pôle Sud et rejoignent le pôle Nord. À la surface de la Terre, une aiguille aimantée se place toujours selon une de ces lignes et indique le nord. C'est d'ailleurs ce principe qui est utilisé pour faire fonctionner les boussoles. Le champ magnétique est créé par des mouvements qui agitent la partie fluide du noyau terrestre, constituée de fer en fusion. Si on sait depuis peu calculer la géométrie de ces mouvements, qui se révèle assez simple à la surface du noyau, on n'a pas encore trouvé les principes qui régissent ces phénomènes en profondeur.

Lignes de champ
Elles sont verticales au pôle et horizontales à l'équateur.

Pôle magnétique nord
Il est situé à l'intersection nord de l'axe magnétique de la Terre et de sa surface et se distingue du pôle géographique, situé à l'intersection de l'axe de rotation de la Terre et de sa surface.

Manteau rocheux
Partie intermédiaire entre la croûte et le noyau.

Graine
Partie interne solide du noyau de fer.

Noyau externe liquide
Sous l'effet de la chaleur, le fer en fusion est animé de mouvements qui engendrent le champ magnétique terrestre.

Pôle magnétique sud
Il est situé à l'intersection sud de l'axe magnétique de la Terre et de sa surface.

B

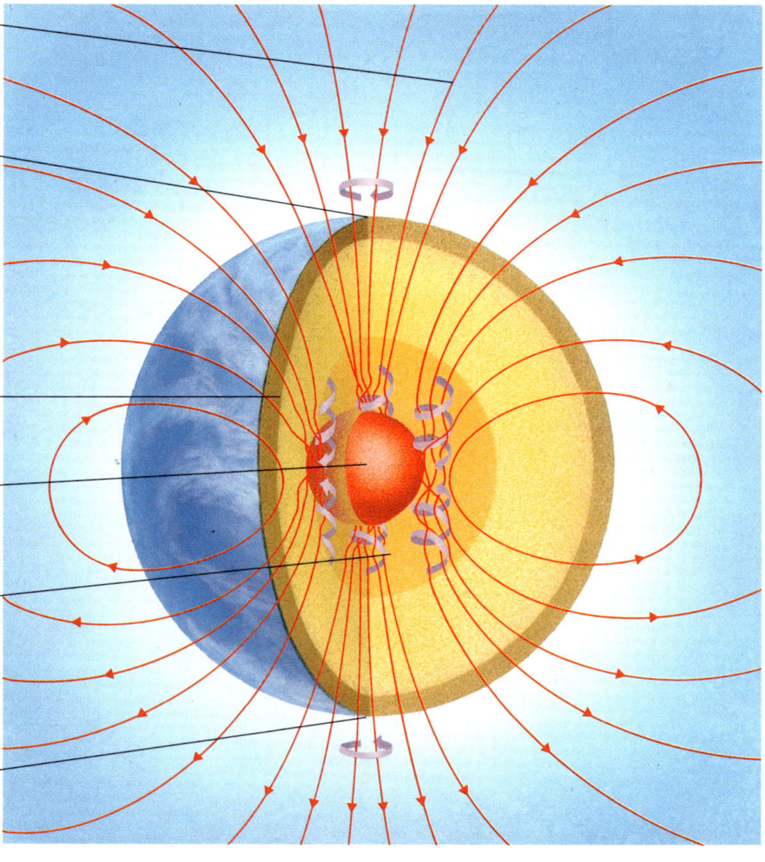

L'AIMANTATION DES ROCHES

DES INDICATIONS PRÉCIEUSES

■ LES ROCHES DE LA CROÛTE terrestre contiennent toutes des minéraux riches en oxydes de fer, en des proportions très variables. Lorsque cette proportion est significative, ces minéraux confèrent aux roches des propriétés magnétiques. Elles peuvent alors porter une certaine aimantation, qui dépend beaucoup des conditions qui régnaient lors de leur formation, ainsi que du champ magnétique ambiant.

Au-dessus d'une température variant, selon les minéraux, entre 300 et 700 °C et appelée « température de Curie », cette aimantation disparaît. La température élevée de l'écorce profonde et du manteau terrestre explique pourquoi on ne trouve pas de roche aimantée à des profondeurs supérieures à 30 km.

LA CLÉ DES CHAMPS

Un champ est une propriété de l'espace due à la présence d'une source. Sur la Terre, coexistent trois champs différents : champ de gravité, champ électrique, champ magnétique.

Le champ de gravité terrestre a pour source la Terre elle-même : tout objet est attiré et tend à tomber sur sa surface. Le champ électrique a, lui, pour source des charges électriques, comme celles qui apparaissent sur un morceau de plastique frotté énergiquement. À la différence du champ de gravité, le champ électrique peut avoir des effets répulsifs ou attractifs selon que les charges en présence sont de même signe ou de signes opposés. Il existe en effet deux charges électriques élémentaires : les protons (positifs) et les électrons (négatifs).

En revanche, le champ magnétique n'est pas dû à la simple présence de charges. Il n'existe que si une charge électrique se déplace par rapport au milieu ambiant, donc lorsque circule un courant. Ce sont les courants eux-mêmes qui s'attirent ou se repoussent, selon leurs sens de circulation. Toute matière contient des courants créés par les électrons en rotation. Lorsque ces courants s'additionnent, ils confèrent au matériau une aimantation.

Les structures profondes. Les roches aimantées présentes à la surface de la Terre contribuent au champ magnétique terrestre dans une proportion de 5 à 10 p. 100.

Pour étudier leur aimantation, on peut, bien sûr, prélever des échantillons et les analyser au laboratoire. On peut aussi, en réalisant de nombreuses mesures du champ magnétique sur une région donnée, isoler le champ dû à l'aimantation des roches de celui du noyau. On obtient alors une image des variations d'aimantation liées aux roches présentes en profondeur. Cette technique, qui s'apparente à la télédétection, constitue une puissante méthode d'investigation des structures profondes.

En réalisant des profils de mesures du champ magnétique à bord de bateaux, on a pu aussi étudier l'aimantation portée par les basaltes des fonds océaniques et fonder le concept récent de « tectonique des plaques ».

En utilisant des avions pour réaliser des grilles serrées de mesures, on peut dresser des cartes (dites « cartes d'anomalies aéromagnétiques ») de plus de un millier de kilomètres de côté. Ces cartes permettent, entre autres, de suivre en profondeur la trace de failles invisibles en surface, ou encore d'identifier la présence d'hétérogénéités profondes, par exemple de grandes quantités de laves volcaniques enfouies, généralement très aimantées.

Plus récemment, on a pu établir des cartes d'anomalies aéromagnétiques à partir des mesures faites par les satellites. Ces cartes sont moins précises que les précédentes, mais elles présentent l'avantage de couvrir la totalité de la surface du globe. Elles permettent d'étudier des variations de température ou de minéralogie affectant la base de la croûte terrestres et intéressant des continents entiers.

LE PALÉOMAGNÉTISME

LA MÉMOIRE DES CONTINENTS

■ CERTAINES ROCHES ACQUIÈRENT une aimantation au moment de leur formation et peuvent la conserver intacte pendant des millions d'années. En effet, les laves, lors d'une éruption, se trouvent à une température supérieure au point de Curie et ne s'aimantent que lors de leur refroidissement. Elles conservent une *aimantation thermorémanente* (A.T.R.), caractéristique du champ existant à ce moment. En étudiant celle-ci, et si l'on est capable de dater indépendamment ces roches, on peut retracer les caractéristiques du champ terrestre à un instant donné de l'histoire de la Terre. Cette mémoire naturelle a permis de montrer que le champ magnétique s'était inversé des centaines de fois pendant les derniers 300 millions d'années. Lors d'une inversion, le pôle Nord magnétique se trouve au pôle Sud géographique et vice versa, mais la forme globale est conservée. Ces inversions sont dues à une réorganisation des mouvements animant la partie fluide du noyau terrestre. Les époques où le champ est dirigé dans le sens actuel sont dites « normales », les autres sont dites « inverses ».

A

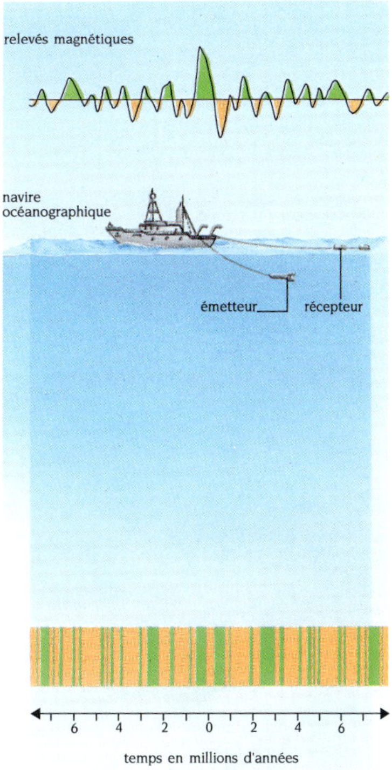

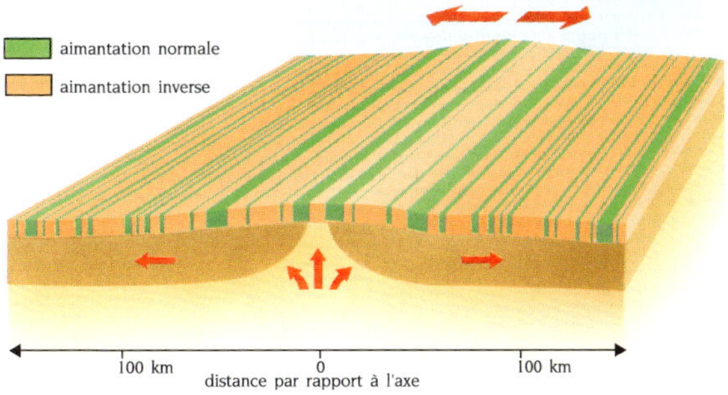

A. **LIRE DANS LE FOND DES OCÉANS**

Un profil de mesures du champ magnétique terrestre réalisé à travers une dorsale médio-océanique présente une allure caractéristique parfaitement symétrique de part et d'autre de l'axe de la dorsale. Le signal enregistré est créé par des blocs de croûte aimantés verticalement et dont l'aimantation pointe alternativement vers le haut et vers le bas. En interprétant ce profil que l'on retrouve, perpendiculairement à toute dorsale, on a pu démontrer l'hypothèse de l'expansion des fonds océaniques. Lorsque le plancher océanique se forme par remontée de basalte le long de la dorsale, le champ magnétique est dans une position donnée, normale ou inverse. En refroidissant, ces basaltes s'aimantent dans le sens du champ ambiant, puis s'écartent symétriquement de part et d'autre de la dorsale, créant des bandes allongées et aimantées uniformément. Lorsque le champ s'inverse et alors que l'expansion se poursuit, une autre bande de plancher océanique aimantée dans le sens contraire à la précédente se met en place. Ce mécanisme se reproduit à l'identique durant des millions d'années. En connaissant l'âge des inversions, on peut estimer la vitesse à laquelle s'est créée cette véritable bande magnétique que constitue le fond des océans et qui témoigne de l'écartement des plaques de lithosphère entraînées par les mouvements de l'asthénosphère.

B

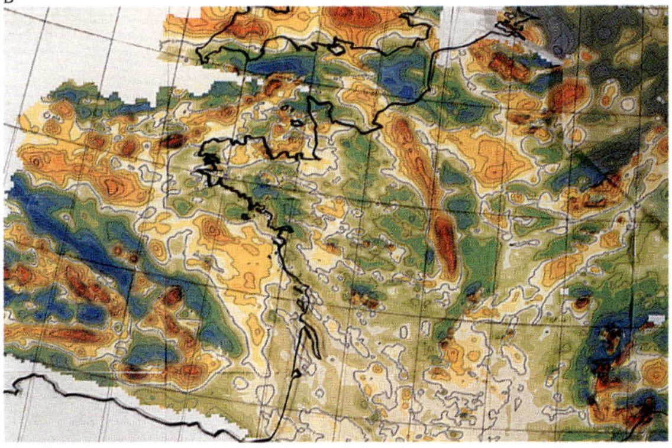

B. **CARTE AÉROMAGNÉTIQUE DE LA FRANCE**

Cette carte présente des types d'anomalies magnétiques caractéristiques de régions géologiques très différentes : fortes anomalies liées à la formation des Alpes, anomalies allongées caractéristiques du socle armoricain, fortes anomalies disposées en éventail traduisant l'ouverture du golfe de Gascogne. L'origine de l'anomalie la plus intense, qui traverse tout le Bassin parisien, reste inconnue. Sur cette carte, les couleurs chaudes correspondent à des anomalies positives (excès d'aimantation) et les froides à des anomalies négatives (déficit d'aimantation).

LE MOUVEMENT DES PLAQUES

LES PLAQUES LITHOSPHÉRIQUES

RIGIDES ET FLOTTANTES

■ LES PLAQUES LITHOSPHÉRIQUES constituent des portions de la lithosphère (c'est-à-dire de la croûte et de la partie superficielle du manteau) considérées comme indéformables, de forme trapue et de plusieurs milliers de kilomètres de long comme de large. Ces plaques sont de nature continentale ou océanique : ainsi, la plaque pacifique est entièrement océanique tandis que la plaque eurasiatique est essentiellement émergée, donc continentale.

Au nombre de huit principales, ces plaques flottent sur l'*asthénosphère,* partie plastique du manteau supérieur, animée de mouvements latéraux. Ces mouvements convectifs affectant l'asthénosphère sont une des causes principales du déplacement des plaques lithosphériques à la surface du géoïde.

LE RAPPROCHEMENT

LA SUBDUCTION

■ LORSQUE LES PLAQUES LITHOSPHÉRIQUES glissent en se rapprochant, plusieurs cas peuvent se présenter. Un des plus fréquents est celui du rapprochement de deux plaques sous les océans.

Une des deux plaques, constituée d'une croûte océanique, plonge sous sa voisine et s'enfonce dans le manteau supérieur. Ce phénomène est appelé la *subduction.* Dans ce cas, la plaque s'enfonçant dans le manteau est soumise à de fortes pressions et à de hautes températures. Son devenir dans le manteau est variable : elle peut s'enfoncer jusqu'à 700 km, mais elle peut également se briser à quelque 200 km de profondeur ou plus.

Deux phénomènes se développent au niveau de la plaque plongeante : la fusion partielle sur sa bordure supérieure (appelée plan de Bénioff) et à son extrémité, ainsi que de fortes tensions engendrant des séismes. De plus, cette subduction perturbe les mouvements de l'asthénosphère pincée entre le plan de Bénioff et la plaque voisine. Deux conséquences majeures sont à noter : la formation d'une *fosse océanique* au contact des deux plaques, pouvant atteindre plus de 10 000 m de profondeur et de forme arquée ; et la formation des *arcs insulaires.* Situés à quelques centaines de kilomètres du continent, ces arcs sont constitués d'îles volcaniques (résultat du morcellement de la plaque supérieure et de la fusion partielle de la plaque plongeante).

Ces mouvements s'effectuent aussi en zone continentale (dans la région himalayenne ou sur la côte ouest des États-Unis). La conséquence immédiate de ce phénomène est l'existence de très nombreux séismes.

A

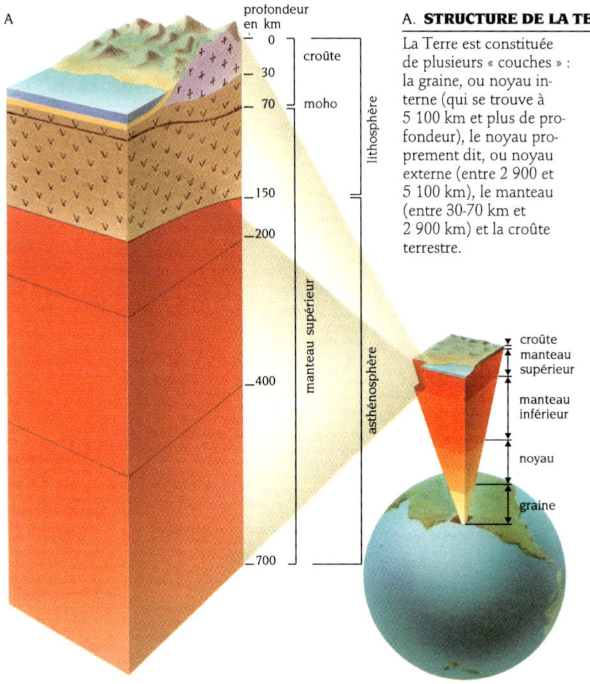

A. **STRUCTURE DE LA TERRE**

La Terre est constituée de plusieurs « couches » : la graine, ou noyau interne (qui se trouve à 5 100 km et plus de profondeur), le noyau proprement dit, ou noyau externe (entre 2 900 et 5 100 km), le manteau (entre 30-70 km et 2 900 km) et la croûte terrestre.

Le manteau se subdivise en un manteau inférieur (de 2 900 à 700 km) et un manteau supérieur situé entre 700 et 70 à 30 km de profondeur. L'essentiel du manteau supérieur constitue l'asthénosphère, d'une densité croissante vers la base et dont les 60 à 100 km supérieurs ne sont pas rigides, mais plastiques et animés de mouvements latéraux. La limite avec la lithosphère (constituée du sommet du manteau et de la croûte) se fait selon une discontinuité (moho) se traduisant par un changement dans la vitesse de propagation des ondes sismiques.

B

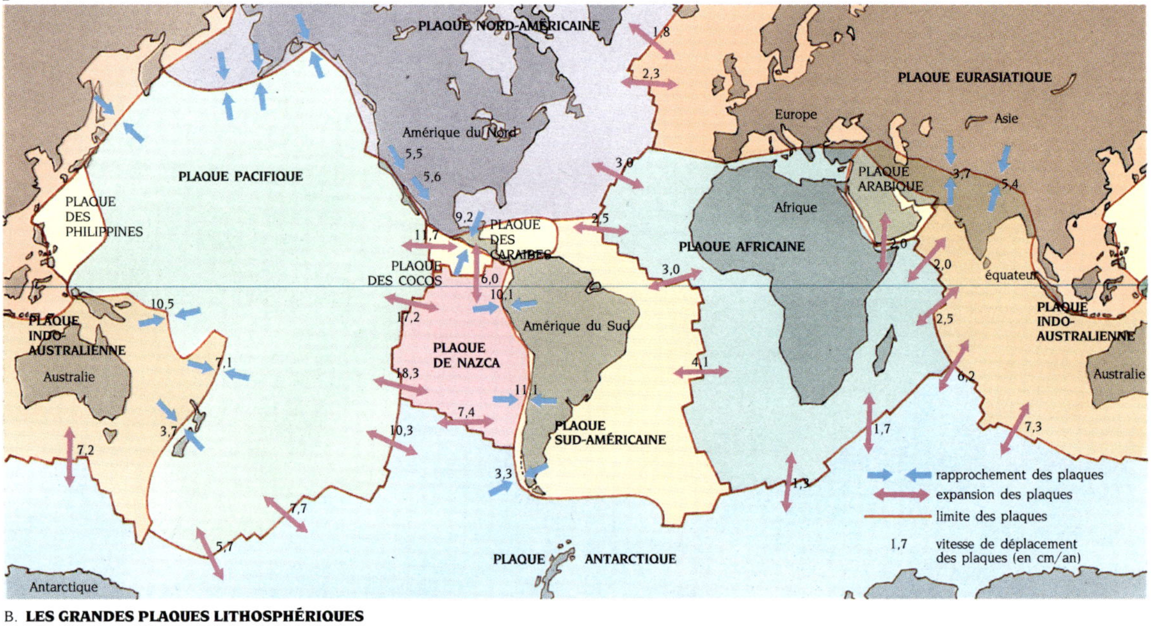

B. **LES GRANDES PLAQUES LITHOSPHÉRIQUES**

À la surface du globe, on compte 8 plaques lithosphériques principales (eurasiatique, africaine, indo-australienne, pacifique, de Nazca, antarctique, sud-américaine, nord-américaine), auxquelles s'associent des plaques de plus petites dimensions comme celle des Caraïbes. Ces plaques se déplacent à des vitesses variables, selon une trajectoire courbe, ce qui entraîne des vitesses relatives différentes le long de la frontière entre deux plaques. Les vitesses d'éloignement les plus élevées se trouvent sous l'océan Pacifique, où l'on observe un écartement de 17,2 à 18,2 cm/an entre la plaque pacifique et la plaque de Nazca. Les vitesses de rapprochement peuvent également être importantes : dans la même région, on constate un rapprochement de 10,1 à 11,1 cm/an de la plaque de Nazca et de la plaque sud-américaine, ou encore de 10,5 cm/an de la plaque pacifique et de la plaque indo-australienne. Si la collision entre deux plaques se fait généralement sous les océans, on constate l'existence d'un rapprochement encore actif entre la plaque eurasiatique et la plaque indo-australienne (de 3,7 à 5,4 cm/an) sous la chaîne himalayenne. Cela explique les nombreux tremblements de terre de cette région. Enfin, sous la Californie, les mouvements sont coulissants (la plaque nord-américaine se dirige vers le S.-S.-E., la plaque pacifique vers le N.-N.-O.) à une vitesse d'environ 5 cm/an. Si rien ne change, San Francisco et Los Angeles, un jour, ne formeront plus qu'une ville, chacune se trouvant sur une plaque différente.

L'ÉCARTEMENT DES PLAQUES

LE PHÉNOMÈNE D'ACCRÉTION

■ LES PLAQUES PEUVENT S'ÉCARTER à des vitesses variables dépassant parfois 10 cm par an. Si l'on compare les limites des plaques sur un planisphère (comportant la topographie des fonds océaniques), on constate que les zones d'écartement (ou d'accrétion) correspondent non à des dépressions des fonds océaniques, mais à des reliefs sous-marins importants, allongés, appelés *dorsales* ou *rides médio-océaniques*. Une analyse des matériaux constituant ces chaînes montagneuses révèle une composition où abondent les basaltes alcalins (en surface), puis des roches grenues comme les *gabbros* et, plus en profondeur, des roches magmatiques très rares à la surface de la Terre, regroupées sous le nom de *péridotites* (silicate de fer et magnésium).

Des remontées magmatiques. L'origine des dorsales médio-océaniques est aujourd'hui clairement expliquée. Les mouvements convectifs de l'asthénosphère (entraînant l'écartement des plaques qui flottent sur elle) produisent une remontée de magma issu de la fusion partielle du manteau. Cette remontée se fait à une vitesse faible à l'échelle humaine : de 2 à 8 cm par an. Le magma se concentre dans une chambre magmatique et s'échappe en partie par les fissures béantes engendrées par l'écartement des plaques. Il s'épand en surface, formant au contact de l'eau de mer une chape figée et froide. Cette chape constitue les basaltes qui prennent une forme particulière : ce sont les laves en coussinet, ou *pillow-lavas*. Sous cette chape protectrice, une partie du magma est piégée et cristallise lentement. Ainsi se forment les *gabbros*. Une ride s'édifie donc progressivement ; de part et d'autre de cette ride, la stratigraphie est le reflet de l'expansion océanique.

ET POURTANT, ILS DÉRIVENT...

Spécialiste de météorologie en son temps, l'Allemand Alfred Wegener est le fondateur d'une théorie audacieuse. Dans les années 1900, il était admis que les reliefs de la Terre étaient immuables et provenaient du refroidissement d'une boule en fusion, dont la surface s'était contractée. En 1912, Wegener fait une communication où il présente son hypothèse de la dérive des continents : il envisage l'existence d'un continent unique à l'origine qui s'est brisé et dont les morceaux (les continents) dérivent à la surface de la Terre. Cette hypothèse, acceptée par tous les scientifiques aujourd'hui, fut alors violemment rejetée par les géologues.

A. **GENÈSE DE L'ATLANTIQUE**

Jusqu'au début de l'ère secondaire, les continents eurasiatique, africain et américain étaient joints. L'ouverture de l'Atlantique nord a d'abord individualisé la plaque nord-américaine, puis l'Atlantique sud a séparé l'Afrique de l'Amérique du Sud.

début du secondaire (235 millions d'années) — **crétacé inférieur** (135 millions d'années) — **crétacé supérieur** (80 millions d'années)

A

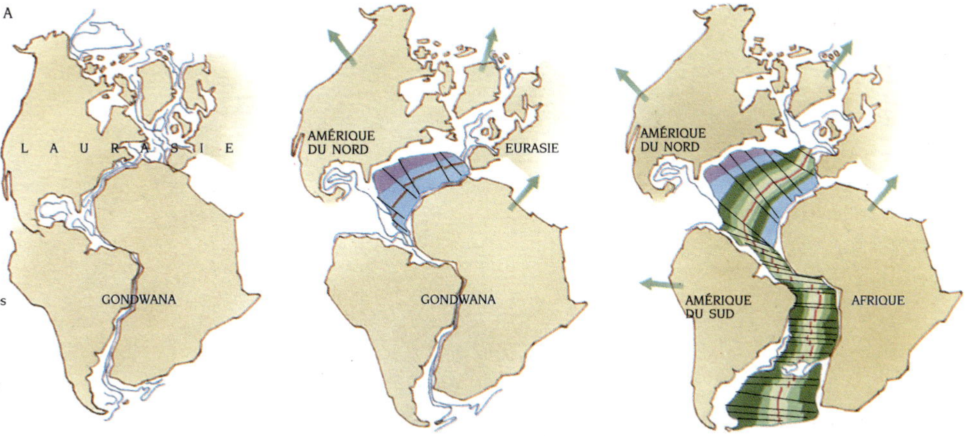

fond océanique formé entre 165 et 125 millions d'années

fond océanique formé entre 125 et 80 millions d'années

B

B. **FAILLES D'ISLANDE**

Île volcanique, l'Islande constitue le plus haut sommet de la dorsale médio-atlantique, longue de plusieurs kilomètres, qui émerge ici. Les fissures s'écartent tous les ans de quelques millimètres, traduisant l'écartement de deux plaques.

C. **DYNAMIQUE DES PLAQUES**

Unités structurales à comportement mécanique rigide, les plaques lithosphériques présentent des frontières de trois types : des frontières en divergence au niveau des rifts océaniques ; des frontières en convergence au niveau des fosses océaniques (zone de subduction) ; des frontières en coulissage au niveau des failles transformantes.

L'ensemble des mouvements indiqués sur ce bloc-diagramme constitue un tout présentant l'activité responsable du mouvement des continents les uns par rapport aux autres.

C

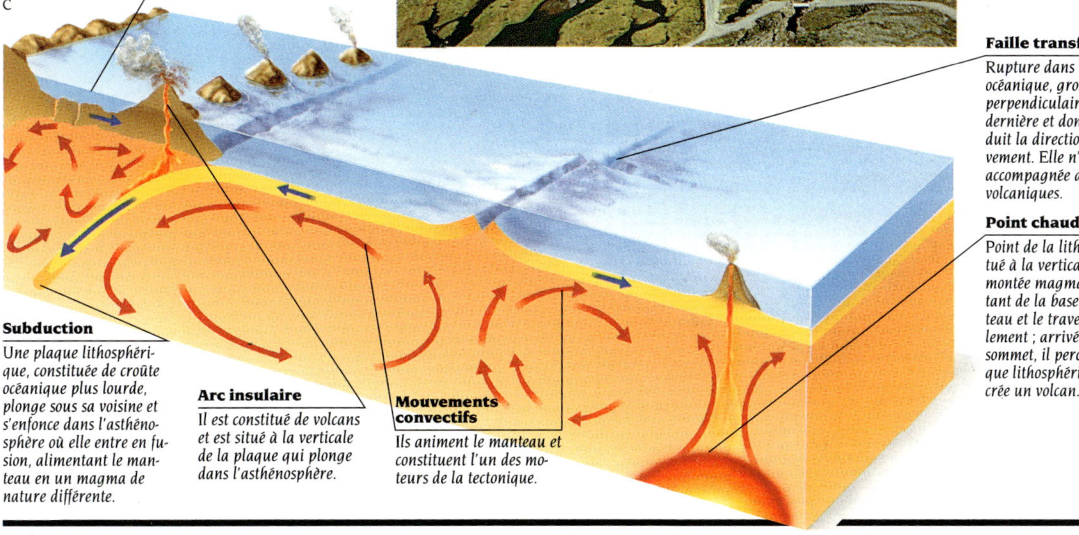

Bassin marginal
Espace parcouru de failles, compris entre le continent et l'arc insulaire.

Faille transformante
Rupture dans la dorsale océanique, grossièrement perpendiculaire à cette dernière et dont l'axe traduit la direction du mouvement. Elle n'est jamais accompagnée d'émissions volcaniques.

Point chaud
Point de la lithosphère situé à la verticale d'une montée magmatique partant de la base du manteau et le traversant totalement ; arrivé au sommet, il perce la plaque lithosphérique et crée un volcan.

Subduction
Une plaque lithosphérique, constituée de croûte océanique plus lourde, plonge sous sa voisine et s'enfonce dans l'asthénosphère où elle entre en fusion, alimentant le manteau en un magma de nature différente.

Arc insulaire
Il est constitué de volcans et est situé à la verticale de la plaque qui plonge dans l'asthénosphère.

Mouvements convectifs
Ils animent le manteau et constituent l'un des moteurs de la tectonique.

VOLCANS ET SÉISMES

LE MAGMA

PRODUIT D'UNE FUSION PARTIELLE DU MANTEAU TERRESTRE

■ L'ORIGINE DU MAGMA se situe à une très grande profondeur (plusieurs dizaines, voire des centaines de kilomètres) et sa température y est supérieure à 1 000 °C. Dans sa composition chimique, on retrouve les éléments majeurs de la lithosphère (Si, Al, Fe, Mg, Ca, Na, K). Mais cette composition varie : le dioxyde de silicium (SiO_2), par exemple, est présent dans une proportion allant de 45 à 70 p. 100. De plus, les gaz dissous sont représentés de façon très hétérogène. Cette composition variable se traduit dans la fluidité du magma et dans sa tendance plus ou moins grande à l'explosion (richesse en gaz). La composition change selon l'origine des magmas. La fusion du manteau donne des *magmas basaltiques* tandis que la fusion de la croûte fournit des *magmas granitiques*.

Dans les zones de subduction, le magma est largement issu de la fusion de la plaque plongeante et de la base de la lithosphère en position sus-jacente. Ce phénomène a lieu au droit des arcs insulaires ou encore sous les plaques continentales.

Sous les grands rifts continentaux (ou fossés d'effondrement), comme le rift africain, il y a également fusion de la base de la lithosphère, qui s'est enfoncée dans l'asthénosphère. Le magma est alors riche en silice et très fréquemment en gaz dissous ; on a affaire à un magma dit « acide » et visqueux ou à un magma susceptible d'exploser par dégazage lorsque la pression diminue, au moment de sa remontée vers les couches supérieures.

À la verticale des points chauds et des zones d'écartement de plaques, c'est un liquide en provenance du manteau qui arrive en surface, avec une composition chimique sensiblement moins riche en silice.

LES MATÉRIAUX ÉMIS

LAVES, GAZ ET AUTRES ÉMISSIONS

■ PLUS OU MOINS VISQUEUSES, les laves s'écoulent du cratère ou de la fissure en nappes (sur les plateaux) ou en langues (dans des chenaux, sur des terrains accidentés). Dans le premier cas, elles constituent des empilements de coulées *(trapp)* sur des centaines de kilomètres carrés ; dans le second cas, elles fossilisent d'anciennes vallées ou les comblent partiellement (vallée des Mille Fumées en Alaska).

Les coulées peuvent parcourir plusieurs dizaines de kilomètres. La vitesse d'écoulement des laves varie d'une centaine de mètres à plus de 40 km par heure. Elle dépend de leur composition chimique, de leur teneur en gaz, de la pente d'écoulement et également de la vitesse de refroidissement.

A. **STRUCTURE D'UN VOLCAN**

Le volcan est un relief résultant de l'émission en surface de produits à haute température issus de l'intérieur de la Terre.

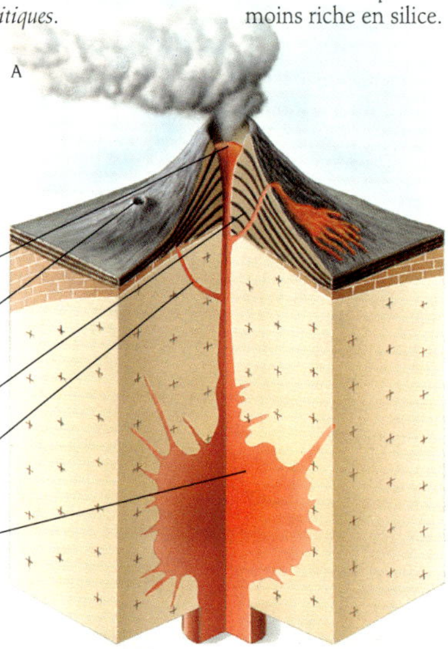

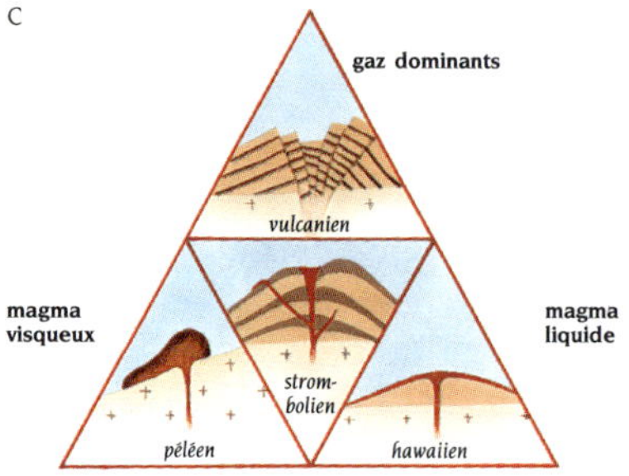

C. **DIFFÉRENTS TYPES DE VOLCANS**

Les formations volcaniques dépendent de la composition du magma. Un magma riche en gaz engendre un volcan dit *vulcanien*. À un magma visqueux, riche en silice, correspond le type *péléen* ; à un magma liquide, pauvre en silice, le type *hawaiien*. Il existe un type mixte dit *strombolien*.

B. **ÉRUPTION D'UN VOLCAN EXPLOSIF**

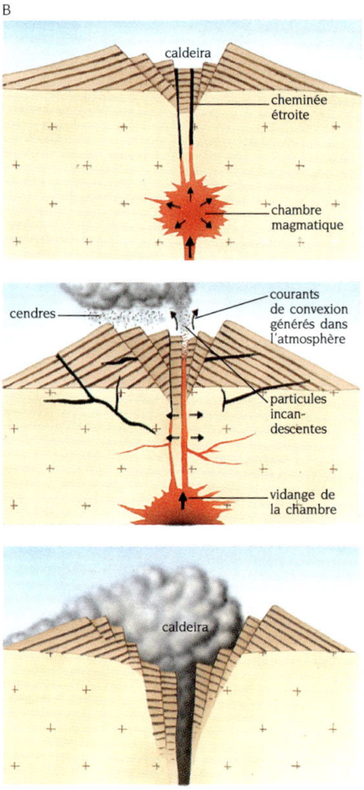

Phase de préparation

En profondeur, un magma riche en gaz dissous a rempli la chambre magmatique. En surface, ces modifications profondes se traduisent par de nombreuses secousses telluriques de plus en plus rapprochées et par un gonflement du volcan.

Explosion

Le dégazage du magma provoque sa remontée brutale dans la cheminée. Des particules incandescentes sont projetées et retombent en pluies de cendres sur la région. Les pressions exercées sur les parois de la cheminée entraînent son élargissement.

Fin de l'éruption

La chambre magmatique est vide ; l'édifice volcanique, fragilisé par les pressions et les secousses de la phase explosive, s'effondre localement et il se forme un vaste cratère appelé caldeira.

Type hawaiien

Volcan très plat, constitué de coulées basaltiques. La fluidité des laves permet leur écoulement sur de grandes distances à des vitesses de 4-5 km/h, mais pouvant atteindre 60-80 km/h, comme à Mauna, à Hawaii.

Type vulcanien

Volcan dont la partie centrale, en liaison avec son caractère explosif, est effondrée et forme une caldeira. Ses flancs sont constitués de pyroclastites (cendres), consolidées ou non, présentant une stratification très complexe.

Type strombolien

Le fonctionnement de ce volcan est lié à un magma où les gaz et la silice sont en quantité moyenne. Ce volcan a une activité qui alterne des projections de particules de laves incandescentes (cendres) et des épanchements de laves.

Type péléen

Ce type de volcan, du nom de la montagne Pelée (Martinique), est constitué de laves siliceuses, donc visqueuses, dont l'épanchement très lent permet leur refroidissement au fur et à mesure de leur émission et presque sur place.

Le refroidissement de la lave. Sortant à une température de l'ordre de 1 000 °C, la lave se refroidit plus vite dans sa partie supérieure, où elle forme une croûte immédiatement rigide (vitrification de la surface) ou visqueuse. La lave se débite perpendiculairement aux surfaces de refroidissement (débit en lauzes, en prismes). La lave fluide solidifiée donne des roches de la famille des basaltes, plus ou moins riches en vacuoles.

Les gaz. Les sources chaudes et les geysers sont une manifestation des émissions gazeuses. Plus ou moins riches en gaz carbonique (CO_2), chlore et soufre, les premières sont permanentes, tandis que les seconds sont intermittents. Les *mofettes* sont des émissions gazeuses riches en CO_2, à l'origine des *travertins* calcaires ; quant aux *solfatares*, riches en CO_2 et en sulfure d'hydrogène, elles engendrent des dépôts de soufre jaunes.

Les émissions clastiques. Il s'agit de débris arrachés à la cheminée du volcan ou de magma projeté et plus ou moins refroidi avant son dépôt. Classés en fonction de leur granulométrie (cendres, lapilli, blocs) et de leur degré de durcissement *(induration)*, ces matériaux indurés comprennent les *brèches pyroclastiques* (débris grossiers, consolidés), les *tufs* (constitués de débris de 2 à 3 mm consolidés) et les *cinérites*, à base de cendres.

L'impact sur le milieu. Par leurs émissions, les volcans détruisent la végétation en l'enfouissant sous les dépôts ou en la soufflant. La vitesse de repousse dépend de la nature des produits émis : elle est rapide sur les cendres, mais très lente sur des roches solidifiées.

Lors des éruptions, des particules fines et des gaz peuvent être émis dans l'atmosphère. Parmi les gaz, on trouve le CO_2, qui a joué un rôle fondamental dans le développement de la vie sur la planète à l'échelle géologique. À plus court terme, les aérosols et les poussières peuvent avoir un effet néfaste sur l'environnement et le climat en formant un écran entre la Terre et le rayonnement solaire.

LES SÉISMES

QUAND LA TERRE TREMBLE...

■ LES TREMBLEMENTS DE TERRE, ou séismes, se manifestent par une série de secousses plus ou moins violentes à la surface de la Terre. La répartition des zones sismiques à la surface du globe correspond à celle des zones de contact entre les plaques lithosphériques. Le foyer, ou *hypocentre* (c'est-à-dire le lieu où se produit le premier ébranlement), se situe à des profondeurs variant de quelques kilomètres à 700 kilomètres. À partir de zones dites « de contraintes », un glissement se propage le long des plans de rupture (ou plans de faille). Les vibrations de surface sont maximales à la verticale du foyer *(épicentre)*. Ces vibrations, mesurées sur l'échelle de Richter, sont perceptibles par l'homme à partir des intensités de l'ordre de 4. L'intensité maximale enregistrée est de 8,6.

A

A. **LAVE CORDÉE**

Ces microformes superficielles d'une coulée de lave, qui portent une fleur d'ohia *(Syzygium malaccense)*, correspondent à un écoulement très liquide dont la surface se fige rapidement, formant une pellicule visqueuse et déformable.

B

B. **EFFETS D'UN SÉISME**

Hokkaido a connu en 1977 un tremblement de terre en liaison avec l'éruption volcanique de l'Usu. Ce séisme provoqua de nombreux dégâts matériels. Cet immeuble a été coupé en deux par une faille créant une dénivellation *(rejet)* égale à la hauteur de deux étages. Parmi les séismes qui ont laissé les traces les plus profondes, il faut citer : la Sicile (1692), Lisbonne (1755), la Californie (1906), le Japon (1923), l'Algérie (1954, 1980), Agadir (Maroc, 1960) et la Chine (1976).

C. **DIFFÉRENTS TYPES DE FAILLES**

Les failles sont des plans de rupture dans l'écorce terrestre. Leur conséquence principale est de séparer deux compartiments ayant subi un déplacement l'un par rapport à l'autre.
Elles recoupent la surface de la Terre suivant une ligne longue de plusieurs mètres à plusieurs dizaines, voire à plusieurs centaines de kilomètres, comme la célèbre faille de San Andreas (Californie), parallèle à la côte pacifique. Souvent, l'un des compartiments est soulevé et l'autre affaissé. La dénivellation des compartiments entre deux couches-repères constitue le *rejet*. Le *regard* est le côté vers lequel est tourné le plan de faille du bloc soulevé. Les mouvements relatifs peuvent être verticaux, obliques ou latéraux. Les failles peuvent être *normales* et correspondre à un écartement des blocs (1), *inverses* ou *chevauchantes* et provoquer un rapprochement des blocs (2) ou *décrochantes* et produire un coulissage horizontal (3).

C

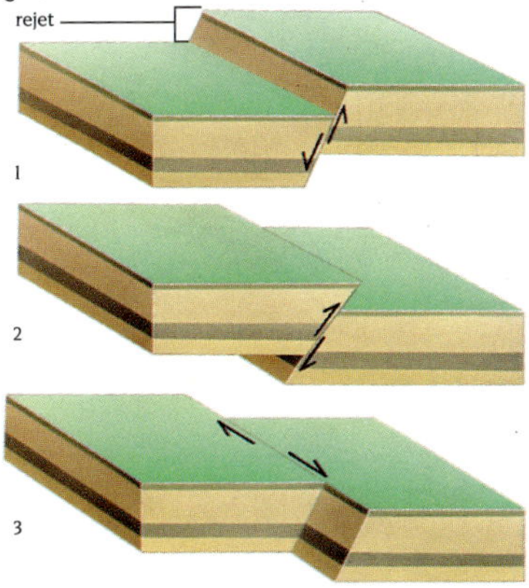

D

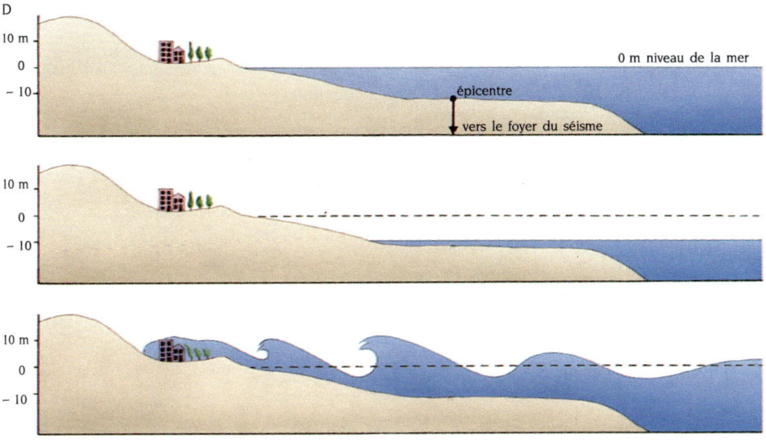

D. **FORMATION D'UN TSUNAMI**

Dans la mer, l'onde de choc d'un séisme provoque la formation de ces énormes vagues.
Temps 1 : Un séisme se produit, son épicentre se trouve à quelques kilomètres au large des côtes.
Temps 2 : Les ondes sismiques provoquent une perturbation du niveau de la masse liquide que constitue la mer et se traduisent, sur le littoral, par un abaissement du niveau marin.
Temps 3 : Cette perturbation engendre une forte houle au large. Par son mouvement de balancier habituel, la mer revient vers les côtes. En arrivant sur les hauts-fonds littoraux, la houle est perturbée, elle se creuse pour former des vagues très hautes (plus de 10 m), qui déferlent sur le rivage. La vitesse de propagation en mer d'un tsunami (on dit parfois improprement *raz de marée*) est d'environ 800 km/h, mais, en pleine mer, la distance entre crêtes est de l'ordre de 100 km et l'amplitude ne dépasse guère 1 m de haut : il peut donc ne pas être ressenti par les bateaux.

LES PRINCIPAUX RELIEFS

TERRES ET OCÉANS

DES SUPERFICIES INÉGALES

■ LA PLANÈTE TERRE, d'une superficie de 510 millions de km², possède 149 millions de km² de terres émergées et 361 millions de km² d'océans et de mers salés, soit deux fois et demie la surface des continents. Les eaux salées représentent 97,4 p. 100 des eaux du globe, le reste étant constitué par les eaux dites « douces »(fleuves, rivières, marais, marécages, étangs et lacs). Cette répartition est inégale à la surface de la Terre : dans l'hémisphère Nord, océans et mers occupent 60 p. 100 de la surface (soit 40 p. 100 laissés aux terres émergées), tandis que, dans l'hémisphère Sud, les océans occupent plus de 80 p. 100 de la surface. L'océan Pacifique (180 millions de km²) en occupe près de la moitié, l'océan Atlantique (106 millions de km²) plus du quart et l'océan Indien (75 millions de km²) le reste.

A. **FONDS OCÉANIQUES**

Sur ce planisphère, on peut constater que la topographie sous-marine est riche et diversifiée. ; les plaines abyssales occupent les plus vastes surfaces (elles sont comprises entre les marges continentales et les dorsales et souvent individualisées par des seuils) ; on observe la représentation modeste des plates-formes et talus continentaux. En revanche, un relief retient l'attention : ce sont les dorsales océaniques très larges, accidentées, au tracé sinueux, constituant de véritables barrières entre deux plaines abyssales. Au contraire, les fosses océaniques sont peu représentées et ne forment que des zones étroites.

LES FONDS SOUS-MARINS

DEUX GRANDS TYPES D'ORGANISATION

■ LES FONDS SOUS-MARINS sont très irréguliers, la profondeur moyenne des océans est de 3 800 m, mais les valeurs maximales dépassent 10 000 m. Les reliefs sous-marins comprennent des zones planes (les plaines abyssales et les plateaux continentaux) et des zones accidentées (les talus continentaux, les dorsales et les fosses océaniques). Ces différents types se répartissent en fonction de la proximité des continents des plaques lithosphériques qui forment le plancher des océans (selon qu'elles se rapprochent ou s'écartent les unes des autres).

À proximité des continents. Le *plateau* continental, limité vers le large par la forte pente du *talus* continental, se situe en bordure des terres émergées et possède un développement très variable (de quelques kilomètres à quelques centaines de kilomètres). Le plateau continental ne dépasse pas des profondeurs de l'ordre de 200 m ; son étude topographique révèle des accidents de détail. Le plateau peut être interrompu dans son extension par de grandes et profondes vallées sous-marines, ou *canyons,* situées dans le prolongement de certains cours d'eau terrestres. Ces profonds sillons interrompent également le tracé du talus continental qui marque une zone d'inclinaison brusque des fonds, de 200 à 2 000 m.

Au-delà du talus continental. Rompant la monotomie des vastes plaines abyssales (de 2 000 à 6 000 m), les rides (ou dorsales) médio-océaniques et les fosses sont deux reliefs sous-marins qui ont en commun le tracé arqué, l'extension longitudinale sur des milliers de kilomètres et l'étroitesse. Cette organisation dépend de la dynamique des fonds océaniques.

Les *dorsales* dominent les plaines abyssales par des altitudes de plusieurs milliers de mètres. Leurs sommets se situent à des profondeurs très variables (quelques dizaines de mètres à plus de 1 000 m) et peuvent même affleurer localement : l'Islande en est un exemple.

Les profondes *fosses océaniques* se caractérisent par leurs pentes très fortes et sont dominées d'un côté par des chapelets d'îlots volcaniques formant des *arcs insulaires.*

LES GRANDS FONDS MARINS	
Fosse des Mariannes	11 034 m
Fosse des Tonga	10 822 m
Fosse du Japon	10 554 m
Fosse des Kouriles	10 542 m
Fosse de Mindanao	10 497 m
Fosse des Kermadec	10 047 m
Fosse de Milwaukee	9 200 m
Fosse de Bougainville	9 140 m
Fosse des Sandwich du Sud	8 428 m
Fosse de Porto Rico	8 209 m
Fosse d'Atacama	7 974 m
Fosse des Aléoutiennes	7 822 m
Fosse du Mexique	6 662 m

A

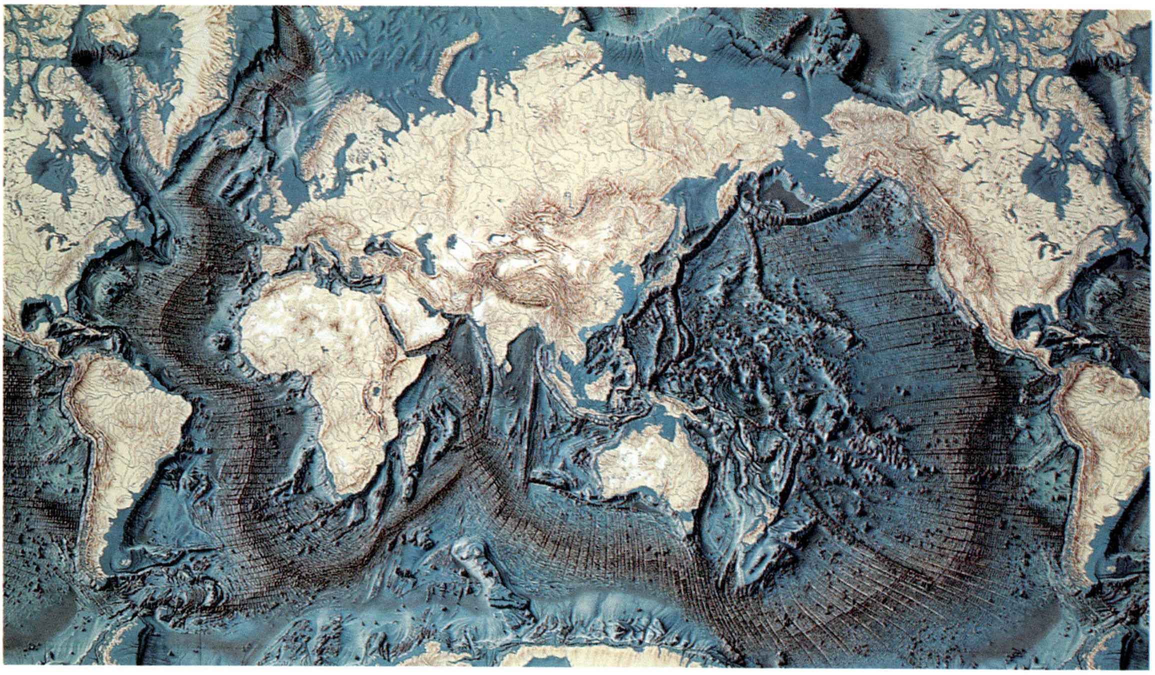

B. **RELIEFS SOUS-MARINS**

Cette coupe illustre la disposition des différentes unités topographiques des fonds sous-marins ainsi que leurs relations dans l'espace.

B

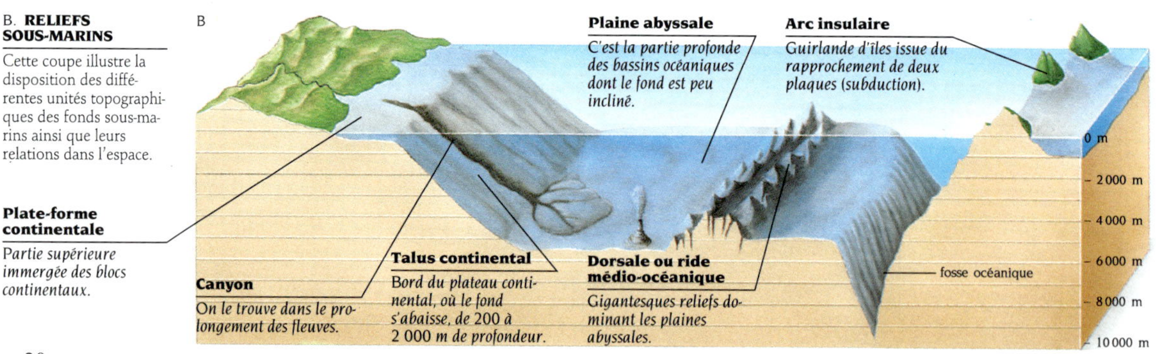

LES RELIEFS CONTINENTAUX

MONTAGNES, PLAINES ET PLATEAUX

Les chaînes de hautes montagnes. Elles sont au nombre de deux : la chaîne circumpacifique et la cordillère alpine. La première est largement développée sur la bordure ouest des continents américains, où les altitudes supérieures à 4 000 m sont particulièrement nombreuses. Dans la cordillère des Andes, par exemple, on note quatre sommets supérieurs à 6 000 m (dont l'Aconcagua à 6 960 m). La cordillère alpine dans sa partie ouest, borde le sud de l'Europe et le nord de l'Afrique occidentale, où elle ne dépasse qu'exceptionnellement les 4 000 m (les Alpes) ; elle s'élève progressivement vers l'est avec 5 000 m et plus dans le Caucase (le mont Elbrouz, 5 633 m), pour atteindre des altitudes de 7 000 à 8 000 m et plus dans l'Himālaya et au Tibet. Ces chaînes se caractérisent par des formes escarpées, des sommets neigeux et rocheux, très découpés, et par des vallées très encaissées aux versants raides.

Les moyennes montagnes. Elles forment souvent des massifs de dimension médiocre à l'échelle continentale, mais non négligeable à l'échelle régionale (mont des Appalaches aux États-Unis, le massif du Hoggar en Afrique). Les altitudes modérées comprises entre 500 et 2 500 m ne sauraient cependant masquer des paysages aux formes souvent vigoureuses.

Les plaines. Le terme de plaine s'applique à un large éventail de formes d'échelles variables. Les plaines aux horizons lointains se caractérisent par des pentes et des dénivellations faibles. Les formes très douces dominent ; les cours d'eau s'écoulent dans des vallées à peine marquées dans la topographie. Elles occupent de vastes surfaces sur le continent américain (plaine du Mississippi, plaine amazonienne), la Russie d'Europe ou encore la Sibérie occidentale. L'Europe de l'Ouest avec son relief plus compartimenté, n'offre, en revanche, que des plaines d'extension limitée.

Les plateaux. Limités par des talus, ils ne sont pas parfaitement plats : leurs altitudes, comprises entre 100 et 1 500 m, présentent une opposition entre des sommets aux formes peu marquées, souvent lourdes, aux faibles pentes et dénivellations, et des vallées profondément encaissées, constituant parfois de véritables gorges (exemple : les gorges du Colorado). En effet, à la différence des plaines, les plateaux peuvent être fortement découpés par des cours d'eau qui les traversent. Généralement d'extension limitée, les plateaux sont des formes de relief fréquentes en Afrique.

QU'EST-CE QUE LA TOPOGRAPHIE ?

Technique de la représentation sur un plan des formes du terrain, avec les détails des éléments naturels et artificiels qu'il porte, la topographie nécessite un levé cartographique (établissement d'un plan) et par extension permet la description détaillée d'un lieu. La carte est la représentation plane d'une portion de la Terre ; elle possède une échelle qui est le rapport entre la longueur mesurée sur la carte et la longueur réelle sur le terrain. Il existe des cartes à petite échelle (1/500 000, 1/1 000 000, etc.) et des cartes à grande échelle (1/1 000 ou 1/5 000).

Le levé topographique utilise trois disciplines scientifiques : la planimétrie (mesure des aires planes), l'hydrographie et l'orographie (étude du relief). Le relief est représenté par des points cotés et des courbes de niveau. Les mesures se font sur le terrain et à partir de photographies aériennes *(photorestitution)*. L'analyse topographique concerne les formes de relief et leur agencement à diverses échelles d'observation, indépendamment de toute explication relative à leur formation. La forme élémentaire est le *versant* qui est défini comme une facette caractérisée par sa pente, son extension et son exposition.

Un relief est un agencement de plusieurs versants. L'analyse d'un relief fait donc intervenir uniquement les notions d'altitude, de valeur de pentes, de succession et de disposition des versants dans l'espace.

A. **COUPE NORD-SUD À TRAVERS LE SAHARA**

Du pied de l'Atlas saharien au nord, à l'Assekrem au sud, on passe par une succession de plateaux et de dépressions, créant dans le détail des reliefs très accidentés, comme les profondes gorges des plateaux des Tademaït ou bien comme les talus qui limitent ces mêmes plateaux avec un dénivelé de l'ordre de 800 à 1 000 mètres.

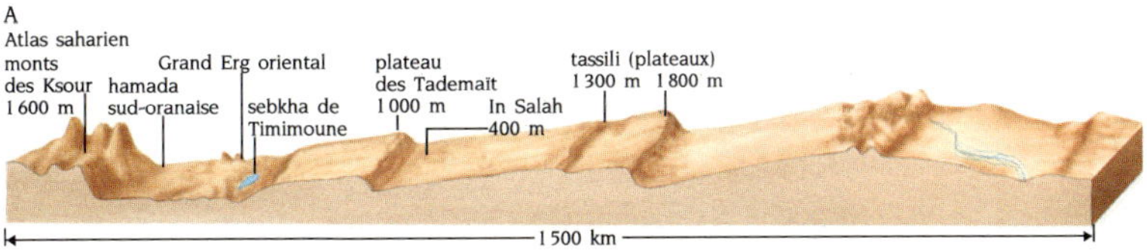

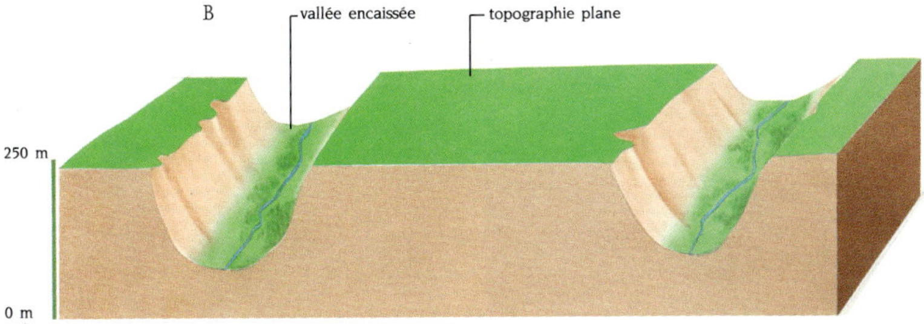

B. **RELIEF DE PLATEAU**

Cette coupe schématique d'un plateau illustre les caractères de ce type de relief : la topographie générale est dominée par des lignes horizontales, fuyantes vers l'horizon. Ces lignes peuvent être brutalement interrompues par des lignes à dominante verticale (vallées fluviales encaissées), qui ne sont néanmoins perceptibles que lorsque l'observateur se trouve à proximité de ces topographies.
Dans ce relief, on trouve donc des surfaces planes ou doucement ondulées qui se développent sur de vastes étendues, brutalement interrompues par des vallées encaissées.

C. **RELIEF DE MONTAGNES ANCIENNES**

La topographie de ce relief est caractérisée par des lignes courbes qui dessinent des sommets à formes rondes (croupes), des collines, allongées ou non, aux dénivellations et aux pentes modérées, aux versants convexes. Localement, cette régularité des lignes peut être interrompue soit par des alignements de crêtes rocheuses, soit par des vallées ou des bassins plus encaissés, traduisant une évolution complexe ou témoignant d'un rajeunissement ultérieur. La seule étude précise de l'ensemble des éléments de ce relief en permet la compréhension globale.

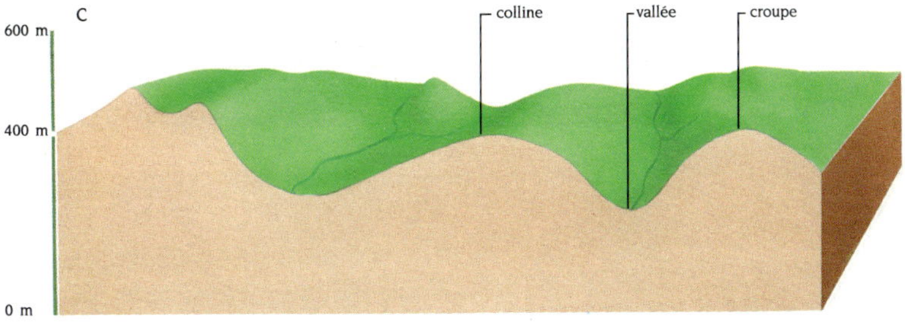

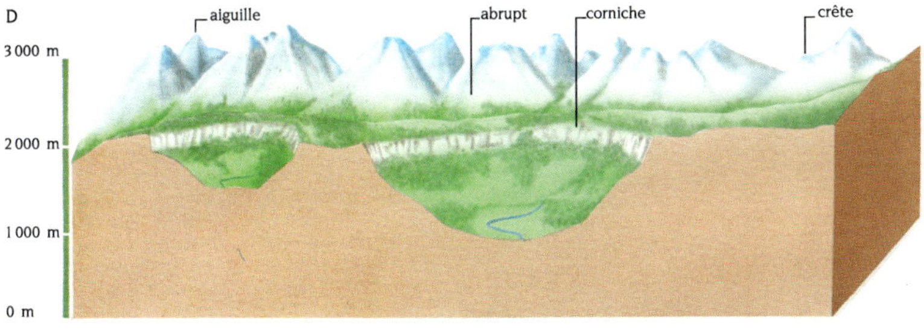

D. **RELIEF DE MONTAGNES JEUNES**

Lignes verticales, sommets acérés et très forts dénivelés caractérisent ces paysages marqués par la présence constante de la roche dans leurs sommets, sous forme d'aiguilles, de crêtes, d'abrupts et de corniches. Le réseau hydrographique, très fortement encaissé, est extrêmement dense et en partie constitué de nombreux torrents. Ces montagnes jeunes s'organisent selon deux grands systèmes : la chaîne alpine, qui va des Alpes (Europe) à l'Himālaya (Asie), et la ceinture circumpacifique (Andes, Rocheuses, Japon, Philippines).

LES PAYSAGES

RELIEFS ET ÉROSION

LES FORMES DU PAYSAGE

■ LES FORMES DE RELIEF dépendent de facteurs internes et externes qui se conjuguent. Les premiers, géologiques et géophysiques, sont liés à la nature des roches (granite, calcaire, marnes..., plus ou moins résistants à l'érosion), à leur disposition (horizontale, plissée, etc.) et aux mouvements des plaques lithosphériques qui participent à la genèse des volumes. Les facteurs externes façonnent les formes de relief dès leur émersion et leur donne un *modelé*. Il s'agit des agents de l'*érosion* : le gel, le vent et l'eau (sous forme liquide ou solide).

Le climat, très varié à la surface du globe, conditionne la répartition et la vigueur de ces agents érosifs. Mais son action est aussi indirecte selon qu'il permet ou non l'existence d'une couverture végétale et de sols. Si cette couverture existe, elle constitue une protection de la roche vis-à-vis des agents de l'érosion. Si, par sa rigueur, le climat interdit toute couverture végétale suffisamment dense, les agents érosifs peuvent agir directement sur la roche.

Le temps est un élément fondamental, car l'efficacité des agents (dits « morphogénétiques ») qui façonnent le paysage est renforcée par la durée. De plus, sur une même région, le climat varie dans le temps et engendre nombre de successions de systèmes morphogénétiques (ou héritages), dont il faut tenir compte pour comprendre le relief.

L'action combinée de l'ensemble de ces facteurs internes (géologiques et géophysiques) et externes (agents d'érosion) détermine complètement le domaine d'étude de la *géomorphologie*.

A

A. **PLAINE**

Cette petite plaine du Péloponnèse (Grèce) est caractéristique des régions méditerranéennes. Elle est couverte d'une végétation buissonnante, discontinue, encadrée de reliefs calcaires. Le contact de la plaine et du relief se fait par glacis ou par cônes de déjection, dans l'axe d'un vallon appartenant au relief.

L'ARMATURE DU DÉCOR

Les paysages sont très variés à la surface de la planète ; ils sont issus d'une combinaison entre les éléments naturels (géologiques, géophysiques, climatiques et biologiques [végétation]) et l'action de l'homme. Si l'homme est capable d'agir sur le paysage végétal, il lui est beaucoup plus difficile de modifier les reliefs : son action se limite aux formes de détail (versants couverts de banquettes de culture). Par contre, il n'a aucune prise sur les lignes majeures de relief. Celles-ci constituent l'aspect constant d'un paysage et par conséquent en forment *l'armature.*

C'est la prédominance de telle ou telle direction de lignes qui est un des premiers aspects caractérisant un paysage. Ces directions peuvent être à dominante verticale (cas des montagnes) ; horizontales (cas des plaines) ou associer les deux (cas des plateaux). Le recoupement de ces lignes peut aussi être caractéristique du paysage : par exemple, angle aigu (montagne récente) ou arrondi (montagne ancienne).

B

B. **MOYENNE MONTAGNE TEMPÉRÉE**

L'évolution géomorphologique de la montagne cristalline vosgienne (France) s'est déroulée sur plusieurs centaines de millions d'années. Il en résulte un relief aux formes sommitales très douces, mais dont les versants de vallées présentent des pentes fortes.

C

C. **MONTAGNE DÉSERTIQUE**

Le Hoggar est un massif au cœur du Sahara. Il est qualifié de plateau (à cause de ses sommets très larges et de ses vallées très profondément encaissées) ou encore de montagne ancienne. Venant perturber la régularité des formes des sommets de ce massif, des intrusions volcaniques dressent leurs aiguilles, leurs colonnes et constituent les points culminants.

D

D. **MONTAGNE TROPICALE**

La Serra da Mantiqueira (Brésil) est une chaîne montagneuse constituée de roches cristallines très anciennes. Si sa retombée orientale est très brutale (vallée du Paraíba), son autre façade s'abaisse par paliers vers l'ouest, passant de formes vigoureuses sur les sommets à des interfluves d'altitudes constantes, en forme de croupe, séparés par de profondes vallées aux versants couverts de forêts et dont la roche est souvent profondément altérée.

E

E. **MONTAGNE RÉCENTE**

Dans ce paysage dominent les lignes verticales. Elles caractérisent les montagnes jeunes. À des altitudes supérieures à 2 500-3 000 m en zone tempérée, les paysages rocheux se présentent sous forme de parois et d'accumulations de débris. Le glacier marque la présence du froid dans cette région (Hautes-Alpes, France).

RELIEFS ET GÉOLOGIE

PLAINES ET PLATEAUX

DES BASSINS SÉDIMENTAIRES

■ CES UNITÉS TOPOGRAPHIQUES de faible altitude s'organisent de façon grossièrement concentrique et présentent, du centre du bassin vers la périphérie, une succession relativement régulière de surfaces, de talus à forte pente et de zones déprimées.

Les bassins sont constitués de couches sédimentaires, empilées les unes sur les autres sur une épaisseur de plusieurs centaines voire plusieurs milliers de mètres. Selon leur composition, les couches peuvent présenter une résistance forte (grès, calcaire) ou faible (marnes, argiles, sables) à l'érosion hydrique. Généralement horizontales dans la partie centrale du bassin, ces couches se soulèvent légèrement de quelques degrés vers la bordure. La déformation de la périphérie est due à des mouvements de redressement des reliefs environnants. Ce redressement entraîne une première phase d'érosion qui tronque en biseau l'ensemble des couches. La surface d'érosion, très légèrement inclinée, laisse affleurer des alternances de roches résistantes et de roches peu résistantes réparties en vastes auréoles.

La formation des plaines et des plateaux. La réorganisation du réseau hydrographique, son enfoncement (à la suite de modifications climatiques ou d'un mouvement de redressement de l'écorce terrestre) provoquent un évidement des zones peu résistantes et la mise en évidence des roches résistantes comme le calcaire ou le grès. Il en résulte une alternance de plateaux calcaires ou gréseux, de talus (constitués au sommet par ces mêmes roches et à la base de marnes et d'argiles) et de plaines souvent étroites étirées parallèlement au talus. Ce type de relief porte le nom de *cuesta*. Plus l'épaisseur de la couche résistante au sommet du front de cuesta est grande, plus le talus est vigoureux et plus son recul est lent.

Les accidents du relief. La régularité de l'inclinaison des couches peut être perturbée par des ondulations parallèles ou obliques. En général, les ondulations, de faible amplitude, ne font que modifier localement la vitesse de recul du front de cuesta. Cependant, elles peuvent atteindre une amplitude modérée de 100 à 200 m, comme dans l'Artois, au nord du Bassin parisien. Attaquées par l'érosion, les ondulations sont évidées dans leur partie centrale, formant alors des *boutonnières* (boutonnière du pays de Bray, en Normandie). Les plateaux constitués d'épais calcaires peuvent être soumis à un processus de dissolution sous l'action des eaux chargées de gaz carbonique et former un *relief karstique* qui se développe sur deux niveaux (en surface et en profondeur).

A

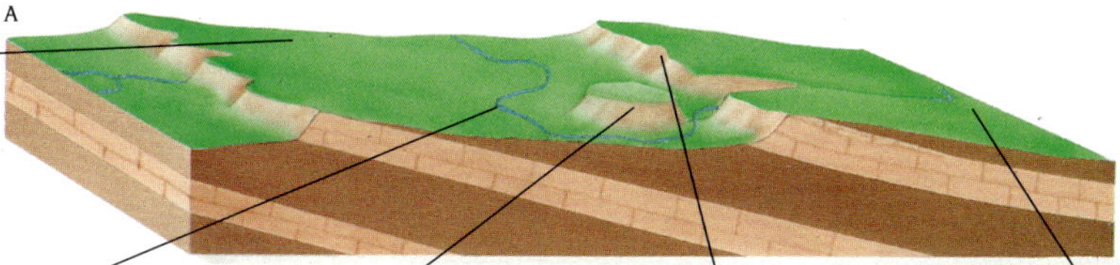

Dépression orthoclinale
Dépression au pied du front de cuesta, façonnée dans une couche peu résistante, imperméable, elle est allongée perpendiculairement à la pente des couches géologiques.

Rivière cataclinale
Rivière s'écoulant dans le sens de la pente des couches géologiques et pénétrant le plateau perpendiculairement au talus.

Butte témoin
Colline isolée constituée des mêmes couches géologiques que le front de cuesta voisin et témoignant d'une extension ancienne plus importante du plateau dont le front a reculé sous l'action de l'érosion.

Front de cuesta
Talus constitué par l'affleurement de la couche géologique résistante avec, à sa base, la couche peu résistante. Les deux couches sont concordantes (sans discontinuité stratigraphique entre elles) et présentent une faible pente. Le talus dépend de l'épaisseur de la couche résistante.

Revers
Plateau souvent recouvert de sols minces et de forêts. Si la topographie du plateau correspond au sommet d'une couche résistante, le revers est dit structural *; si elle correspond à des couches géologiques tronquées en biseau, on parle de* surface d'érosion.

A. **CUESTA**
Ce mot espagnol d'origine texane, popularisé par le géologue américain William M. Davis en 1896, désigne un relief de plateau, dissymétrique, dégagé dans une structure superposant une couche résistante (en clair) à une couche peu résistante (en foncé). Quand un abrupt lié à la superposition, couche dure sur couche tendre, est modelé dans une structure discordante, on parle de fausse cuesta, tandis qu'une pseudo-cuesta associe une couche dure sédimentaire et un soubassement cristallin jouant le rôle de couche tendre.

B

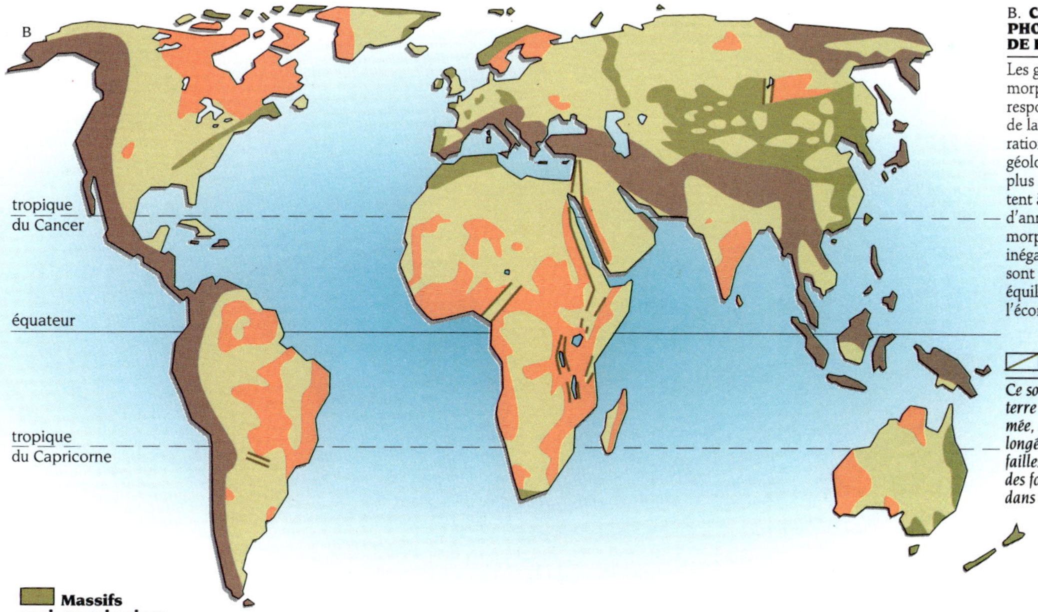

B. **CARTE « MORPHOSTRUCTURALE » DE LA PLANÈTE**
Les grandes unités morphostructurales correspondent, à l'échelle de la planète, à des générations de formations géologiques dont les plus anciennes remontent à plus de 4 milliards d'années. Ces paysages morphologiques sont inégalement répartis. Ils sont l'expression d'un équilibre dynamique de l'écorce terrestre.

Rifts
Ce sont des bandes de terre en position déprimée, étroites mais très allongées, limitées par des failles. On les assimile à des fossés d'effondrement dans la lithosphère.

Massifs anciens primaires
Situés généralement en bordure des plates-formes antécambriennes, datant de 280 à 500 millions d'années, ce sont d'anciennes chaînes de montagnes fortement érodées.

Bassins sédimentaires
Plates-formes anciennes (antécambriennes et primaires) ayant été recouvertes par des mers qui ont laissé, sur ces vieilles roches, de grandes épaisseurs de sédiments.

Chaînes alpines de plissement
Elles forment deux grands alignements, l'un nord-sud, l'autre ouest-est. Elles sont issues du rapprochement entre plaques lithosphériques et constituent les reliefs les plus vigoureux de la planète.

Plates-formes antécambriennes
Appelées aussi boucliers, *ce sont les racines de vieilles chaînes de montagnes, entièrement arasées. Formées de roches cristallines, elles constituent de vastes plaines et plateaux, localement soulevés en bourrelets.*

RELIEFS ET GÉOLOGIE

LES CHAÎNES RÉCENTES

MOINS DE 60 MILLIONS D'ANNÉES D'ÂGE

■ LES MOUVEMENTS DE RAPPROCHEMENT des plaques qui soulèvent les chaînes montagneuses ont provoqué des déformations simples et complexes.

Les déformations simples produisent des plis assez réguliers avec anticlinaux (convexité du pli tourné vers le haut) et synclinaux (convexité vers le bas) dans des empilements sédimentaires. Ce type de relief est dit *jurassien*.

Liées à la mise en place de *nappes de charriage* (structures ayant subi un déplacement important) comme dans les Alpes, les Andes ou les Rocheuses, les déformations complexes peuvent engendrer des reliefs spectaculaires comme les arêtes montagneuses appelées *crêts de chevauchement* dits aussi « surface de chevauchement ».

LES MASSIFS ANCIENS

PARFOIS, DE FAUX AIRS DE JEUNESSE

■ CORRESPONDANT AUX RACINES de vieilles chaînes de montagnes, les massifs anciens sont formés de roches magmatiques et de roches métamorphiques. Tous les massifs anciens sont nivelés par une ou plusieurs surfaces d'érosion tronquant les structures géologiques. Ces massifs anciens sont bien souvent dits « rajeunis ». À une époque récente (généralement le cénozoïque), en effet, ils ont été faillés ou soulevés. À partir des sommets, une reprise d'érosion s'est alors effectuée qui a engendré des vallées profondes donnant à ces massifs une allure vigoureuse. Cette reprise d'érosion, à partir d'une surface nivelée, crée un relief d'érosion différentielle en affouillant les roches les moins résistantes comme les schistes ou les micaschistes et en mettant en évidence des roches plus résistantes comme les gneiss et les granites. Par ailleurs, de vieilles structures sédimentaires plissées peuvent être rajeunies en donnant des reliefs dits « appalachiens » où dominent des crêtes formées par les roches les plus dures.

L'érosion des granites. Dans les granites se développe un modelé typique avec, sur les surfaces, des *alvéoles* (cuvettes presque fermées, grossièrement circulaires, à fond plat) et sur les sommets des versants de vallée, des *tors*, ou empilements de boules de granite in situ, dégagés par l'érosion. Sur les versants et à leur pied, on trouve des chaos ou des accumulations de boules ayant roulé sur le versant. Dans les régions ayant subi une érosion importante, les altérites emballant initialement les boules ont été évacuées, laissant ainsi la place à un modelé de déchaussement.

LES RELIEFS VOLCANIQUES

DES RELIEFS POSTICHES

■ CES RELIEFS SONT CONSIDÉRÉS COMME des postiches, car ils reposent sur des reliefs préexistants. Le cône volcanique et son cratère, ou sa caldeira, les trapps et les coulées sont les formes primitives, de même que les orgues et les colonnades (laves basaltiques refroidies).

Les formes dérivées sont des reliefs d'inversion : les formes initialement en creux sont actuellement en relief. Parmi celles-ci, on note des *planèzes* et les plateaux de basaltes de vallée en position dominante. Les *necks* sont des culots de laves bouchant une cheminée dont le matériel encaissant a été dégagé. Les *dykes* constituent, eux, de véritables murs de laves, très allongés : cette lave a été figée dans une fissure, puis dégagée par l'érosion.

A. **RELIEF PLISSÉ**

Les structures géologiques plissées engendrent des reliefs dits « structuraux », soit primitifs (ils sont alors strictement conformes aux structures géologiques), soit dérivés (ce sont des formes issues de l'érosion des structures superficielles qui ne laissent plus apparaître la véritable structure géologique).

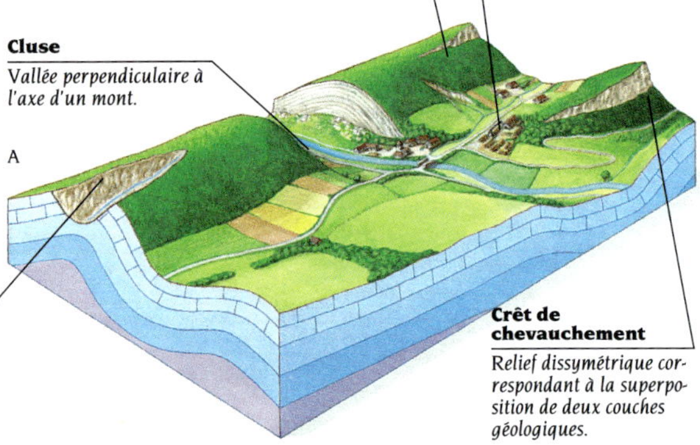

Mont
Relief correspondant à un anticlinal (« bosse »).

Val
Vallée ou dépression allongée correspondant à un synclinal (« creux »).

Cluse
Vallée perpendiculaire à l'axe d'un mont.

Combe
Dépression située dans l'axe d'un mont, dérivant de l'érosion des matériaux moins résistants du sommet.

Crêt de chevauchement
Relief dissymétrique correspondant à la superposition de deux couches géologiques.

B. **RELIEF KARSTIQUE**

Le calcaire au contact de l'eau chargée en gaz carbonique se transforme en bicarbonate de calcium soluble. Ce relief aux formes variées est donc modelé par dissolution.

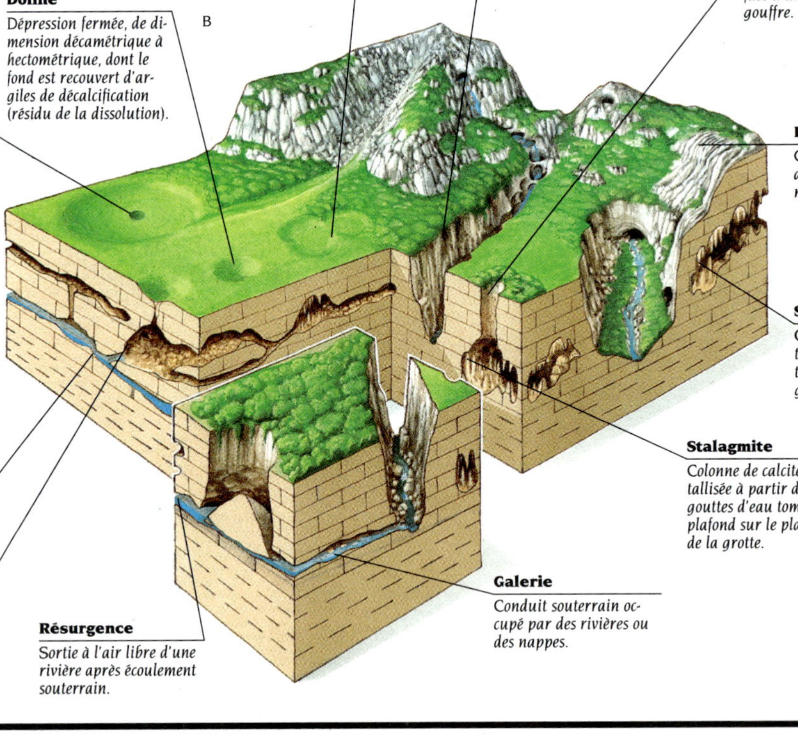

Ouwala
Dépression fermée issue de la jonction entre plusieurs dolines.

Canyon
Vallée aux parois verticales occupée par une rivière.

Aven
Entonnoir reliant la surface d'un plateau à un gouffre.

Doline
Dépression fermée, de dimension décamétrique à hectométrique, dont le fond est recouvert d'argiles de décalcification (résidu de la dissolution).

Poljé
Dépression fermée allongée, de dimension kilométrique, dont le fond est plat, couvert d'argiles de décalcification, et possède un ponor, entonnoir permettant l'évacuation des eaux. En période humide, par saturation de la nappe souterraine, un lac temporaire peut se former dans le fond du poljé. Certains d'entre eux sont parsemés de reliefs résiduels calcaires aux parois verticales : les hums.

Lapiez
Ciselures de dissolution, de taille centimétrique à métrique.

Stalactite
Colonne de calcite, cristallisée à partir d'infiltrations du plafond du gouffre.

Siphon, ou voûte mouillante
Rétrécissement de la galerie toujours emplie d'eau.

Stalagmite
Colonne de calcite, cristallisée à partir de gouttes d'eau tombées du plafond sur le plancher de la grotte.

Gouffre
Cavité de dissolution de grandes dimensions.

Galerie
Conduit souterrain occupé par des rivières ou des nappes.

Résurgence
Sortie à l'air libre d'une rivière après écoulement souterrain.

LA NATURE HUMANISÉE

Nous ne vivons pas au milieu d'une nature originelle. La nature n'existe que placée sous le regard des hommes et modifiée par leurs actions.

C'est une seconde nature, une nature humanisée que nous observons, dans laquelle nous vivons. Comment pourrait-il en être autrement quand on sait que plus de 80 milliards d'êtres humains ont vu le jour et ont vécu à la surface de la Terre depuis l'apparition des hommes ?

■ Ces milliards d'hommes, qui ont peuplé toute la Terre, se sont en grande partie libérés des conditions naturelles, contraignantes et déterminantes pour les autres espèces animales. Toute action humaine est par essence une action géographique, c'est-à-dire une action qui transforme les données naturelles et qui s'écrit dans le sol. Les défrichements, les canalisations, les dérivations, les barrages, les captages des sources, les sentiers et les routes, les plantations, les villages et les villes sont autant d'exemples d'interventions géographiques des hommes.

Ces actions représentent toutes, d'une certaine façon, une artificialisation des conditions naturelles, elles traduisent toutes l'introduction dans le jeu des mécanismes naturels d'une volonté humaine de contrôle, de régulation, d'infléchissement des processus d'affranchissement du temps et des rythmes de la nature. Tous les composants des milieux naturels ont été touchés : les espèces végétales et animales (sélection artificielle), les écosystèmes remplacés par des espaces agricoles, les sols, les eaux (avec les galeries drainantes, les machines élévatrices), la topographie (avec l'aménagement des pentes transformées en gigantesques escaliers de terrasses), les climats (avec les ombrages naturels, les haies brise-vent, les serres, les labours superficiels).

Ainsi, le pouvoir des hommes sur la nature n'a cessé de s'amplifier à la mesure des progrès et des révolutions techniques. Les hommes n'ont cessé de chercher les moyens de répondre à ce qu'ils percevaient comme des « défis » de la nature. La création de terres nouvelles prises sur les eaux douces ou marines est un des modes les

A. Autoroute californienne.

B. Polder aux Pays-Bas.

Mise en relation, mise en espace

Cet échangeur autoroutier californien (A) illustre une des manifestations majeures de l'action des hommes : leur faculté de se déplacer rapidement, mais aussi de transporter, de mettre en relation, d'associer, de rapprocher ce qui, à l'état naturel, était enraciné et isolé.

L'image satellitaire *Spot* (B) montre, quant à elle, l'extraordinaire capacité des hommes à modifier leur environnement naturel, ici en créant artificiellement des terres. À l'est du lac d'IJssel, aux Pays-Bas, le polder du Nord-Est, édifié entre 1937 et 1942, couvre 48 000 hectares. Le sol du polder, situé à 4 mètres sous le niveau de la mer, impose un double système de drainage. On observe une organisation scientifique très volontariste de l'espace : géométrie rigoureuse des parcelles fermes régulièrement espacées le long des routes-digues et dix villages disposés en couronne autour du centre urbain d'Emmeloord, vers lequel convergent les routes. Ce schéma est inspiré d'un modèle élaboré dans les années 1930 par un géographe allemand, Walter Christaller.

plus achevés de ces entreprises d'artificialisation : les polders, les endiguements et assèchements, les remblaiements et comblements qui transforment les contours des littoraux, créant des îles artificielles, expriment cette volonté puissante et permanente de l'action géographique des hommes.

La mise en espace de la nature. Les hommes sont d'abord des êtres sociaux et les problèmes fondamentaux qui se posent à eux sont d'ordre social avant d'être d'ordre naturel. Une organisation sociale ne se conçoit pas sans une organisation spatiale traduisant les valeurs, les principes, les idées qui régissent tel ou tel type de société. Les relations des sociétés avec leur environnement naturel se font à travers une mise en espace, une « spatialisation ».

La première propriété de l'espace social est d'être dimensionnée par les hommes. Les étendues de nature sont ordonnées aux pas humains, aux vitesses de déplacement des hommes, aux capacités de travail dans une journée ; avant l'établissement du système métrique et sa généralisation, toutes les mesures procédaient du corps humain (le pouce, le pied...) et de ses possibilités. Les distances, les espacements, les portées, les aires d'attraction (attraction des marchés, bassins de main-d'œuvre) expriment cette spatialisation. Une parcelle, un champ, une prairie ont des formes géométriques, des surfaces, des rapports entre longueurs et largeurs qui répondent aux finalités, aux techniques du moment.

Cet espace social est complexe, à l'image de la complexité de la société qu'il reproduit ; il est commode de l'analyser à travers cinq composantes.

L'organisation du peuplement. Chaque niveau de peuplement (ferme, hameau, village, ville, lieu de production ou de service) constitue un pôle, un centre autour duquel s'organisent la vie économique et sociale, les échanges et les déplacements. Les distances entre pôles rythment les densités de peuplement ; chaque centre génère des zones d'attraction et de rayonnement que l'on peut assimiler à des champs de gravité. Toute étendue naturelle se trouve ainsi incorporée dans des aires polarisées, théoriquement de formes circulaires, qui déterminent une géométrie rigoureuse.

L'appropriation du sol. Il n'est guère d'étendues terrestres qui ne soient la propriété d'un État, d'une compagnie ou société, de collectivités territoriales ou de particuliers (familles royales ou simples petits propriétaires).

La surface terrestre présente une très grande variété de systèmes et de régimes fonciers, de dimensions de propriétés : grandes propriétés latifundiaires de plusieurs milliers d'hectares, fazendas (Brésil), haciendas (Amérique hispanophone), ranchs (Amérique, Afrique), sur lesquels l'autorité des propriétaires s'exerce souverainement ; grandes propriétés collectives ; petites propriétés coutumières (Afrique) ou individuelles (paysanneries traditionnelles d'Europe). La division du sol en parcelles foncières exprime cette appropriation, créant des trames parcellaires aux tailles et aux structures contrastées. C'est la propriété du sol qui confère le droit d'usage, le droit de faire ce que l'on veut de son bien, d'en changer l'affectation, de le louer. Les pouvoirs publics interviennent fréquemment en matière foncière, soit pour favoriser l'accès à la terre des petits paysans (réformes agraires), soit pour orienter ou réglementer l'utilisation du sol, qu'il s'agisse de cultures ou de constructions.

L'utilisation du sol. Les localisations des cultures, des vignobles, des prairies, des forêts sont souvent expliquées par des conditions « naturelles » favorables ; celles-ci peuvent effectivement jouer un rôle dans des circonstances particulières : économie fermée sans aucun échange, faible capacité technique des populations. Cependant, en économie de marché, les échanges prévalent et les localisations sont largement déterminées par les distances aux centres de consommation et par les possibilités de transport.

Les soi-disant « vocations naturelles » des régions ne se comprennent qu'au travers de logiques spatiales, régies par des stratégies économiques ; on en trouve la vérification dans la disposition des zones de cultures en cercles concentriques autour des villages, des villes, des grands foyers de population (ceintures maraîchères, bassins laitiers...) dont l'organisation montre clairement le but : concentrer habitations et cultures.

Organisation circulaire

La savane arborée du Kenya (A) apparaît griffée par les traces entrecroisées des pistes et des cheminements des troupeaux. Dans ces vastes étendues, l'organisation socio-spatiale du « village » tranche par son ordonnance où la circularité s'impose : le vaste cercle du *kraal* (enclos où est rassemblé le bétail), richesse économique et symbolique du groupe, est entouré, protégé par le deuxième cercle des cases, séparées les unes des autres par des clôtures. Les formes circulaires sont les plus compactes et donc les plus avantageuses pour enclore. Ainsi, on ne repère aucune trace de champs chez ce peuple qui est resté exclusivement pasteur.

A. Village kenyan.

Les réseaux de communications. La piste, la route, la voie sont les signes et les moyens directement tangibles de cette spatialisation. Par ces voies, par les réseaux progressivement constitués, les sociétés sont en mesure de rapprocher ce qui était naturellement séparé, de faire circuler les hommes, les biens, les informations ou même les idées.

La densité des voies, leur capacité et leur qualité technique, leur entretien déterminent le degré de maîtrise de l'espace social.

Les divisions politiques et administratives. Ces éléments de la mise en espace s'inscrivent dans des trames de gestion : trames administratives des communes et des régions, trames de souveraineté politique des États. Les politiques, les législations et réglementations s'exercent dans le cadre de ces trames.

Ces cinq composantes de tout espace social sont en étroite relation ; leur mise en place aboutit à la création de systèmes spatiaux intégrés dont on a de bons exemples avec les polders, les plans de colonisation et les réformes agraires.

Les cartes, les photos aériennes, les images satellitaires permettent de visualiser ces systèmes spatiaux. Suivant les contrées, on décèle des degrés variés de géométrisation. Le gigantesque damier de l'Amérique du Nord est exemplaire ; mais il se situe dans la lignée des centuriations romaines (terrains attribués aux divisions militaires), du système jori japonais (distribution des terres cultivées aux paysans du VIIe au Xe siècle) et de nombreuses expériences de colonisation agraire.

À travers un nombre limité de formes (le cercle, le carré, le rectangle, le triangle), les sociétés humaines ont produit des écritures géographiques d'une surprenante variété. Ces écritures géographiques sont révélatrices des idées, des croyances, des finalités et, plus souvent qu'on ne le croit, des utopies qui commandent l'action humaine dans sa relation avec l'interface terrestre. Elles sont autant de signatures et d'empreintes des civilisations, autant de traces de la succession d'espaces sur un même territoire : espaces des sociétés autochtones, espace des colonisateurs, espace des nomades, espace des sédentaires. Car les espaces produits par les

C. Île d'Orléans (Québec, Canada).

B. Ferme à Wauneta (Nebraska, États-Unis).

D. Village d'Ommeray (Lorraine, France).

Organisation parcellaire

Dans une grande partie de l'Europe orientale et dans la France du Nord-Est (D) prévaut un paysage caractéristique, issu des défrichements de la forêt primitive, dont il subsiste encore de vastes étendues. La prédominance des champs sur les prairies, la répartition des terres selon l'assolement triennal, les partages successoraux répétés ont produit des parcelles extrêmement longues et souvent très étroites, dites « en rubans ».

À l'est de Montréal, dans la plaine alluviale du Saint-Laurent (C), le paysage porte encore les marques de la colonisation de la Nouvelle-France aux XVIIe et XVIIIe siècles. Les colons venus de France se sont installés en peuplements linéaires dispersés sur les rives du fleuve et de ses affluents. Dans le cadre de concessions seigneuriales, chaque exploitant recevait un lot de terre étroit et allongé dont la limite ne s'est imposée qu'avec la création d'un second « rang » de peuplement, cette fois installé le long d'une route derrière le rang du bord de l'eau.

Au Nebraska s'affrontent la « naturalité » et la « spatialité » (B). À gauche de l'image, les ravinements en patte d'oie des « bad lands » sont consécutifs à l'extension de cultures qui ne protégeaient pas suffisamment le sol pendant tout ou partie de l'année, à la différence des hautes herbes des prairies. Sur le reste de l'image, dans les mailles orthogonales de la division foncière des « sections » s'inscrit le dessin plus souple et curviligne des parcelles aux courbes de niveau du relief et freine le ruissellement érosif.

sociétés ont une grande importance historique du fait de leur très forte inertie. Les nouveaux espaces aménagés par l'homme incorporent en effet fréquemment des éléments des espaces antérieurs plutôt que de tout effacer et de repartir sur des bases complètement mises à nu. En fait, les espaces sont rarement homogènes ; chacun de leurs composants a sa dynamique propre et une inégale capacité de permanence ou d'adaptation, d'incorporation dans le nouvel espace.

Les paysages. Les sociétés humaines n'écrivent pas leurs espaces sur une feuille blanche, sur une interface terrestre plane et uniforme ; bien au contraire, à chaque étape de la mise en espace, elles ont été confrontées à des conditions naturelles, favorables, neutres ou contraignantes.

Ces conditions naturelles se présentaient sous des aspects divers : la géologie, les sols, les pentes et les formes de relief, les eaux stagnantes, les eaux courantes, la couverture végétale, les conditions climatiques (températures, précipitations, vents). Les sociétés ont dû choisir entre une adaptation, un ajustement de leurs modèles spatiaux à ces conditions ou une négation, un rejet de ces mêmes conditions. Chaque société a réagi d'ailleurs moins en fonction de données naturelles objectives que des perceptions, des représentations, souvent superficielles, qu'elle en avait. La philosophie des relations du groupe avec la « nature » et sa conception de l'environnement ont été également déterminantes.

À ce titre, deux types fondamentaux de sociétés peuvent être distingués : d'une part, les sociétés respectueuses, se considérant comme faisant partie de la nature et qui, à ce titre, modifient le moins possible leur environnement naturel ; d'autre part, les sociétés se situant au contraire hors de la nature, se donnant pour mission de la transformer afin de l'adapter totalement à leurs propres besoins. Néanmoins, une telle dichotomie est probablement devenue plus difficile à pratiquer de nos jours, et c'est bien souvent un aspect mélangé des deux orientations qui nous apparaît.

En tout lieu de la Terre, on peut lire le résultat de cette relation dialectique entre une *naturalité* plus ou moins fortement humanisée et une *spatialité* plus ou moins prégnante. L'une et l'autre portent les marques combinées de l'histoire, du temps et de la diversité des civilisations. C'est ainsi que les résultats de cette combinatoire s'imposent à l'observation à travers les paysages, modelés par l'expression de ces deux tendances. □

Paysages ruraux

Dans le paysage de bocage en Bretagne (A), on note la très forte dispersion de l'habitat agricole (fermes à plusieurs corps de bâtiments) et la grande diversité des formes de parcelles, souvent massives. La quasi-totalité de ces parcelles est entourée de haies touffues qui transforment les voies en autant de chemins creux. Si la fonction des haies autour des prairies est compréhensible, leur présence autour des champs signale leur valeur symbolique foncière sans exclure également une fonction microclimatique. Çà et là, des constructions non agricoles, résidentielles signalent la diversification des fonctions de certaines zones des campagnes bretonnes (périurbanisation pour retraités, résidences secondaires). **Dans l'île de Kyushu, au Japon** (B), le milieu topographique (vallées fortement incisées, versants raides, interfluves tabulaires) est totalement humanisé. Une trame parcellaire très dense et très fine couvre l'ensemble. Elle associe dans les fonds un maillage très technique de rizières inondables disposées en escaliers de terrasses et, sur les hauts des champs, de cultures sèches, elles aussi disposées parfois en terrasses et souvent entourées de haies. Les toits clairs en tuile signalent un habitat dispersé. Un lac de barrage artificiel complète ce tableau d'un milieu totalement transformé et exploité par des adaptations humaines très fines, exemple d'une osmose entre la nature et les hommes.

A. Bocage breton (Saint-Renan, Bretagne, France).

B. Rizières entre Fukuoka et Nagasaki (Japon).

L'ÉVOLUTION DES RELIEFS

L'ALTÉRATION DES ROCHES

ACTION DE LA TEMPÉRATURE ET DE L'EAU

■ TOUT MÉCANISME DE MODIFICATION de la surface de l'écorce terrestre commence par « une préparation du matériel », c'est-à-dire son ameublissement, ou *météorisation* (car ce sont des agents « météoriques », c'est-à-dire atmosphériques, qui interviennent).

La météorisation mécanique. Le gel est un des agents efficaces de cette désagrégation qui libère des particules pures ou grossières. En effet, dans les fissures et pores des roches proches de la surface, de l'eau s'introduit, peut geler et, par conséquent, se dilater, exerçant des pressions latérales sur les parois de la fissure ou du pore. Ensuite, l'eau dégèle puis regèle, soumettant la roche à des pressions répétées : celle-ci finit par se fractionner. On parle de *gélifraction* ou de *cryoclastisme*.

De même, dans certaines régions continentales, sous l'effet de fortes variations thermiques diurnes, on observe un éclatement des roches. On parle alors de *thermoclastisme*.

La météorisation physico-chimique. Les eaux de pluie, plus ou moins chargées de gaz carbonique, qui s'infiltrent dans le sol, se chargent en acides divers et, en entrant en contact avec la roche, attaquent les minéraux qui la constituent. La transformation des minéraux sous l'action des eaux s'appelle l'*hydrolyse*. Ceux-ci libèrent des éléments chimiques qui sont évacués par les eaux d'infiltration (percolation) ou qui se recombinent entre eux pour donner de très fins minéraux de la famille des argiles.

On distingue la *bisialisation* (édification d'argile du type vermiculite ou smectite) et la *monolisation* (ou kaolinisation), qui donnent toutes deux des silicates argileux, de l'*allitisation* (ou altération latéritique), qui se caractérise par l'apparition d'hydroxydes d'aluminium ou de fer. Les minéraux de la roche appauvris en éléments chimiques changent de nature et se fragilisent. Ils forment une « chape d'altération » dont les caractères géologiques varient progressivement de la base au sommet. Plus les températures des eaux sont élevées, plus ce processus d'hydrolyse est efficace. Ainsi, les régions équatoriales, humides et chaudes, se caractérisent par des chapes d'altération épaisses.

L'ABLATION DES MATÉRIAUX

ACTION DU VENT ET DE L'EAU

■ LE VENT EST SUSCEPTIBLE D'ARRACHER des particules meubles d'une surface quelconque, s'il est animé d'une certaine vitesse et s'il est turbulent. Les particules arrachées sont de la dimension des sables fins et moyens, des limons et des argiles. Exceptionnellement, un vent très violent peut entraîner des particules plus grosses.

Sur des surfaces dénudées, l'eau de ruissellement diffus ne transporte que des particules de taille réduite, mais déchausse des particules plus grosses en creusant les éléments fins qui les entourent. L'eau en écoulement concentré peut, en revanche, acquérir une forte puissance, capable d'arracher des particules de plusieurs centimètres de taille. C'est le cas des torrents de montagne aux pentes très fortes : leurs eaux très rapides ont une capacité de transport (*compétence*) élevée. C'est ce qui explique l'incision par les cours d'eau des fonds de vallée et leur approfondissement. De même, la glace des glaciers est un agent d'ablation important par les fortes pressions qu'elle exerce sur les parois.

A

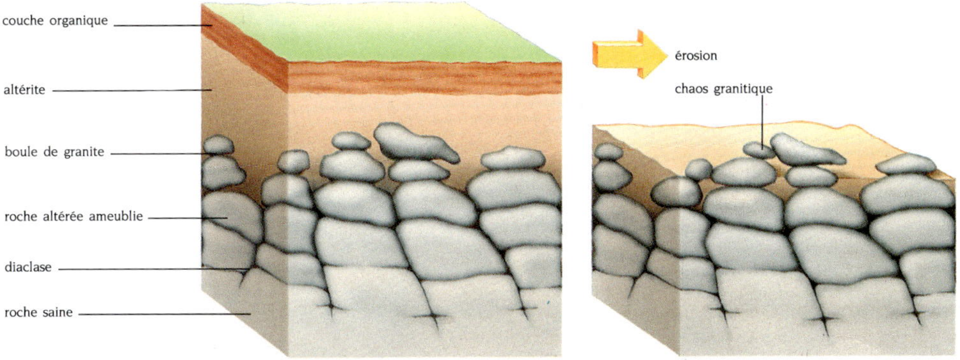

A. **PROFIL D'ALTÉRATION**

Les profils d'altération présentent de multiples variantes en fonction d'un type de roche et du climat sous lequel s'effectue le processus. Il en résulte notamment des épaisseurs pouvant aller de quelques décimètres à quelques mètres. Ici est représenté un profil moyen de granité altéré. La destruction des édifices cristallins est plus ou moins intense selon le climat.

B

B. **TABLIERS D'ÉBOULIS**

Au nord du Queyras, dans les Alpes françaises, sur le versant sud du col d'Izoard, à plus de 2 000 m d'altitude, on observe des versants tapissés d'éboulis. À cette altitude, en zone tempérée, le rôle du froid est très important et les parois rocheuses – des *cargneules* très poreuses – subissent des alternances de gel et de dégel qui fournissent des débris, tombant de la paroi vers le pied du versant. Dans le façonnement d'un versant par éboulis, on distingue deux zones : la *zone de départ*, dégagée, dont la pente moyenne est supérieure à 45°, permettant aux fragments qui s'en détachent de rouler, et la *zone d'accumulation* où s'arrêtent les fragments.

C. **L'ÉROSION : UN SYSTÈME DE RELAIS DES AGENTS MÉTÉORIQUES**

L'érosion est un phénomène qui combine les processus d'ameublissement, d'ablation, de transport et de dépôt. Ces quatre étapes se succèdent dans l'espace et dans le temps.Elles sont la conséquence des facteurs externes. L'ameublissement est réalisé par l'eau (gel/dégel) ; l'ablation par le vent ou les précipitations ; le transport et le dépôt sont le résultat de l'action de l'eau, du vent et de la gravité.

C

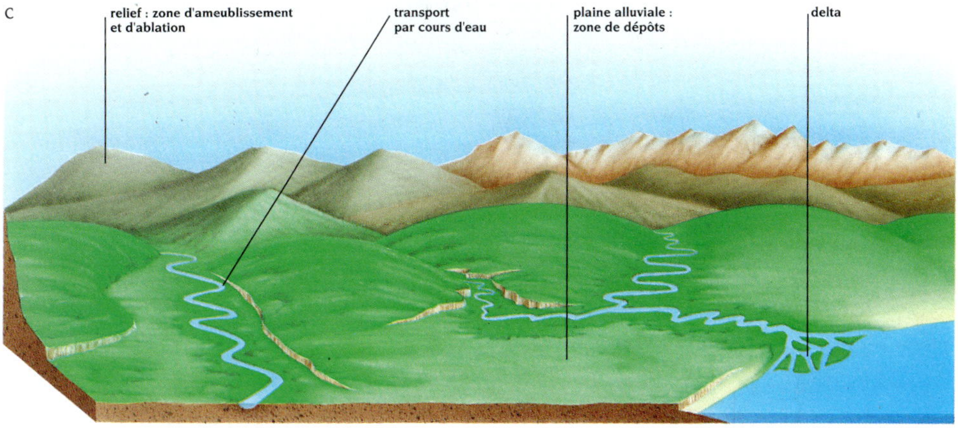

L'ÉVOLUTION DES RELIEFS

TRANSPORTS ET DÉPÔTS DE MATIÈRE

DEUX PROCESSUS INTIMEMENT LIÉS

■ TOUT FLUIDE EN MOUVEMENT possède une capacité de transport de matériaux, ou *compétence.* Lorsque sa charge en matières solides est trop élevée ou que sa vitesse diminue, le fluide atteint sa limite de compétence et le processus de *sédimentation* commence.

Le vent est un agent de transport efficace des particules. Les plus grosses sont roulées sur le sol ou évoluent par sauts *(saltation)* comme les sables de taille moyenne et grossière. Les plus fines sont mises en suspension, c'est le cas des sables fins, qui peuvent former les vents de sable s'accumulant sur le premier obstacle, et des limons et des particules argileuses qui forment des vents de poussières capables de franchir des milliers de kilomètres. Ces poussières se déposent lorsque le vent faiblit et que l'air se charge d'humidité, augmentant ainsi leur densité.

Les eaux courantes charrient des matériaux en suspension, qui se déplacent par petits sauts ou par roulement sur le fond du lit. Quand la compétence d'un cours d'eau baisse, il dépose les matériaux les plus grossiers qu'il transporte. Libéré de ce surcroît de charge, le cours d'eau retrouve une capacité de transport accrue. Il y a alors reprise en charge des particules.

Quant aux glaciers, ils poussent et tractent au sein de la glace ou sur le fond du lit toute sorte de matériaux (moraines).

Les dépôts. L'eau et le vent engendrent des *dépôts stratifiés.* On distingue l'origine de ces dépôts par leur disposition en « lits » caractéristiques et par l'état de surface des grains de quartz qui généralement les constituent (mats pour le vent, luisants pour les eaux courantes). Les eaux courantes donnent naissance à des *terrasses,* comblant les fonds de vallées et se caractérisant par leur horizontalité ; ces terrasses sont souvent étagées et témoignent des différentes étapes de façonnement de la vallée. Les vents engendrent des *systèmes dunaires* quand il s'agit de sables ou des dépôts parfois épais quand il s'agit de limons fossilisant des reliefs.

À l'aval d'un glacier, on trouve, barrant la vallée glaciaire (ou *auge*), des *moraines frontales* et, sur les bords de cette vallée, des *moraines latérales.*

L'INFLUENCE DU COUVERT VÉGÉTAL

En 1956, Henri Erhart a fourni une théorie expliquant pourquoi, dans certaines séries stratigraphiques, les matériaux fins sont à la base et non au sommet. L'originalité de son travail est de mettre en relation les caractéristiques du milieu continental d'où sont issus les matériaux et la nature des dépôts. Pour Erhart, la *biostasie* est un état dans lequel le continent est totalement protégé par un couvert végétal dense. Les seules pertes du sol sont alors d'ordre chimique (altération sous couvert végétal).

Si la couverture végétale se dégrade, on passe à l'état de *rhexistasie* avec activité dominante des processus mécaniques entraînant des départs importants de matériaux : les sols sont les premiers érodés (dépôts de sédiments fins), puis les manteaux d'altération et enfin la roche (donnant des dépôts de plus en plus grossiers qui s'accumulent sur les sédiments fins).

A. **VALLÉE GLACIAIRE**

Vallée au modelé particulier dont les parois et le fond ont été façonnés par un glacier. On note à l'amont le *cirque glaciaire,* puis une série de verrous (roches barrant la vallée) et d'ombilics (élargissement de la vallée). Les vallées glaciaires sont dites « en auge » ; leurs parois sont verticales lorsqu'elles ne sont pas tapissées de formations superficielles. Des dépôts (matériaux morainiques) tapissent le fond et les pieds des versants.

A

Cirque glaciaire
Amphithéâtre aux parois verticales, rocheuses, où s'accumule la neige. Celle-ci se transforme en glace, qui ensuite s'écoule dans la vallée.

Moraines latérales
Formes de transport, d'accumulation et de dépôt constituées de matériaux de toutes dimensions. Elles forment des bourrelets irréguliers.

Verrou glaciaire
Rétrécissement transversal de la vallée, avec affleurement rocheux sur les parois et dans le fond. Cette barre rocheuse obstrue la vallée glaciaire et la cloisonne en ombilics.

Ombilic
Zone d'élargissement avec un fond très plat, comblé par des matériaux morainiques. L'ombilic est limité vers l'aval par un verrou.

B. **LES GRANDES RÉGIONS MORPHOCLIMATIQUES**

Les reliefs sont marqués par les caractéristiques géologiques, mais leur façonnement est lié aux agents climatiques. En effet, les écarts de température, la fréquence et la violence des pluies, l'abondance de la neige rendent l'érosion plus ou moins agressive. Ces facteurs déterminent également la densité et la continuité du couvert végétal dont le rôle protecteur est essentiel.

B

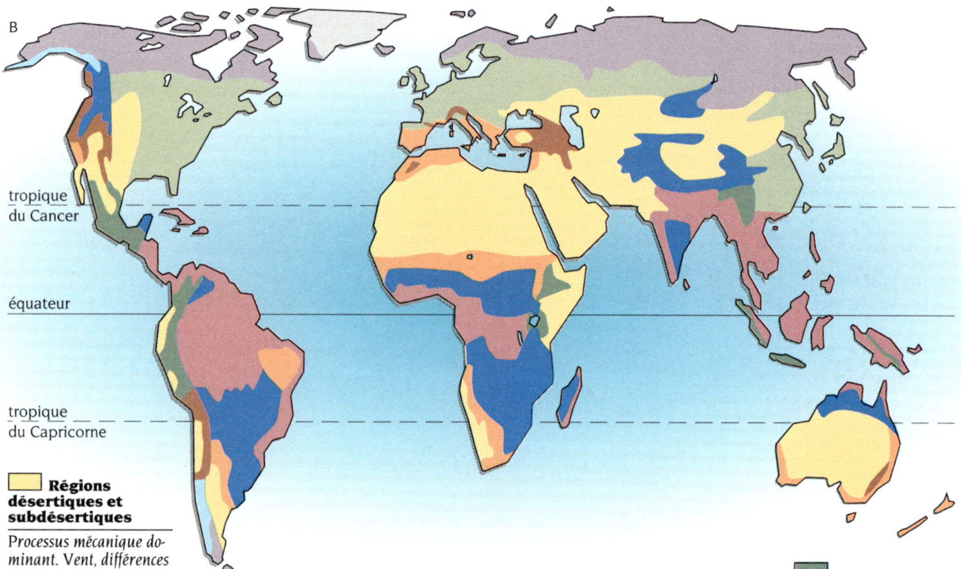

Région de processus glaciaires
Processus mécanique dominant (alternance gel/dégel notamment).

Région de processus périglaciaires
Processus mécanique dominant. Ici, c'est l'action du gel qui est essentielle.

Régions à fortes altérations
Processus physico-chimiques dominants (chaleur et pluies).

Régions désertiques et subdésertiques
Processus mécanique dominant. Vent, différences de température et écoulements hydriques rares et désorganisés.

Région à évolution discrète
Façonnement lent par des processus mécaniques et physico-chimiques.

Région à régime pluviométrique contrasté
On observe une évolution accélérée sous l'action d'écoulements irréguliers et, parfois, de précipitations chimiques en surface.

Région de morphogenèse contrastée
L'érosion active est liée à l'eau, mais les processus physico-chimiques et mécaniques sont en concurrence.

Montagnes de hautes latitudes
Processus mécanique dominant. À haute latitude ou en position continentale, les processus d'érosion de type glaciaire et périglaciaire peuvent coexister.

Montagnes tropicales
Processus physico-chimiques dominants.

Montagnes des régions tempérées
L'évolution du relief dépend des facteurs chimiques et mécaniques.

LES LITTORAUX

UNE ÉVOLUTION SOUVENT RAPIDE

■ ON DISTINGUE LES CÔTES ROCHEUSES et les côtes dites d'accumulation, de sable ou de galets. Contrairement aux régions continentales dont l'évolution est très lente, souvent non perceptible, le trait de côte est une ligne provisoire, sans cesse en mouvement.

Les côtes rocheuses. Elles sont stables si la roche est résistante à l'érosion (par exemple le granite) ; en revanche, si elles sont formées de roches moins résistantes comme la craie, elles sont érodées et peuvent reculer très vite, parallèlement à leur tracé, à une vitesse supérieure à un mètre par an. Le tracé de la côte est fonction des structures géologiques (plis, failles) ou des héritages géomorphologiques (côtes à rias ou côtes à fjords).

Les côtes d'accumulation. Elles sont très instables et bordent généralement des plaines littorales. Le trait de côte est constitué par une plage très longue. Du côté continent, celle-ci est suivie par un système dunaire plus ou moins développé puis par une plaine où les zones marécageuses peuvent être fréquentes. Du côté marin, cette plage est précédée par un *estran*, qui est la zone de balancement des marées (zone intertidale) dont la pente est d'autant plus faible que cette zone est vaste.

Suivant la violence de la houle (donc suivant les saisons), les plages démaigrissent (elles sont érodées par les courants de manière d'autant plus efficace que la mer charrie des galets et que la roche est fragilisée) ou engraissent (les sables et galets s'y accumulent). Il y a redistribution des matériaux depuis leurs zones d'arrachement (sur des plages ou des falaises) jusqu'aux zones d'accumulation.

L'ÉVOLUTION RÉCENTE

CHAUDS ET FROIDS DU QUATERNAIRE

■ LES PÉRIODES DE REFROIDISSEMENT (glaciation) des deux derniers millions d'années, au nombre de six, se sont traduites par une expansion des glaciers à partir des hautes latitudes et des montagnes des zones tempérées. Autour des régions englacées régnait un climat froid favorisant un couvert végétal discontinu, un permafrost (sol gelé en permanence) et des vents turbulents assurant la prise en charge de poussières et leur dépôt sous forme de lœss. La zone tempérée était alors repoussée vers le sud. La rétention d'eau sous forme de glace provoquait un abaissement du niveau marin.

Entre chacune de ces périodes s'est produite une phase de réchauffement (interglaciaire) où les glaciers ont reculé. Le niveau marin a alors monté ; la végétation et les sols se sont développés et le régime des eaux courantes a changé, tout cela entraînant des modifications du relief. De ces successions, il reste ce qu'on appelle les *héritages* (formes et dépôts).

A

A. **ÉTAGEMENT DES SYSTÈMES MORPHOGÉNÉTIQUES**

L'existence de reliefs importants influe sur la répartition des agents de modification du relief (dits morphogénétiques). Au sommet du Kilimandjaro (5 895 m), le froid domine, alors qu'à la base (1 500 m) prévalent les processus physico-chimiques d'un système de région chaude à saisons pluviométriques contrastées.

B

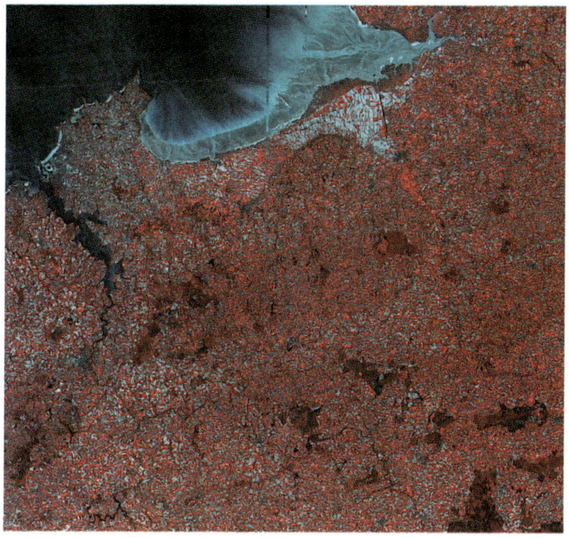

B. **BAIE DU MONT-SAINT-MICHEL**

L'image satellite est une technique d'approche et d'analyse du milieu naturel de plus en plus utilisée. Cependant, la haute technicité du document initial et la nécessité d'un équipement informatique sophistiqué en limitent l'utilisation. Sur cette image, on observe dans la baie des teintes différentes, laissant envisager différents types de dépôts, de végétation et d'écoulements sur l'estran. Sur le continent, on distingue deux zones : l'une de remblaiement occupée par des polders (dominante bleue), l'autre de socle à évolution lente où se trouve le bocage (dominante rouge).

C. **ÉLÉMENTS DU LITTORAL**

Les littoraux constituent dans l'espace une succession de côtes à falaises rocheuses et de côtes d'accumulation. Le rythme de cette alternance se fait à des échelles très variées, de l'ordre d'une centaine de mètres à plusieurs kilomètres. Excepté les côtes à mangroves ou à barrières coralliennes des régions tropicales qui représentent des faciès tout à fait exceptionnels, on retrouve sur les littoraux de tout le globe les mêmes points communs, quelles que soient les régions.

C

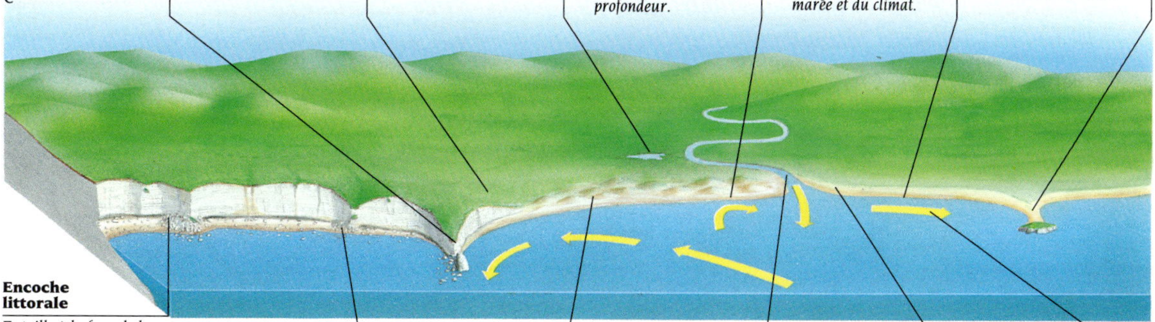

LE CYCLE DE L'EAU

LA MESURE DU CYCLE

LES BILANS HYDROLOGIQUES

■ L'ESTIMATION DES CARACTÉRISTIQUES du cycle de l'eau peut se faire à des échelles de temps et d'espace extrêmement variables. Par exemple, pour prévoir la variation du niveau de la mer résultant de la fonte des glaciers polaires, il faut se placer à l'échelle du globe et considérer une période très longue.

Mais, pour calculer le dimensionnement d'un égout urbain, l'aire considérée est la surface de concentration des eaux, et le temps dépasse de peu celui d'un orage...

Le principe du bilan hydrologique. Il est fondé sur le fait que l'eau qui parvient à la surface de la Terre s'écoule ou s'évapore. Les calculs se font dans le cadre de l'unité hydrologique qu'est le *bassin-versant* (portion d'espace dans laquelle est concentrée la totalité de l'alimentation d'un cours d'eau, et qui n'est drainée que par lui). Dans ce cadre, l'équation du bilan s'écrit : *précipitation = écoulement + évapotranspiration*. Si toutefois on se place dans une période trop courte, il faut en outre tenir compte des mises en réserve ou, au contraire, de l'utilisation des réserves en eau du sol ou du sous-sol.

Les applications en gestion de l'environnement. Les calculs de bilans hydrologiques permettent, dans certaines limites, de prévoir l'évolution des ressources en eau, lors de modifications du cycle hydrologique. Ils sont à ce titre indispensables dans tout projet d'aménagement hydraulique. En climat semi-aride par exemple, un reboisement massif augmente l'évapotranspiration et réduit d'autant l'écoulement, et donc l'eau disponible pour d'autres usages ; en contrepartie, la coupe de la forêt et son remplacement par des cultures peuvent, dans certaines conditions, augmenter sensiblement les écoulements en début de saison humide. Par ailleurs, des prélèvements massifs d'eau pour l'irrigation augmentent l'évapotranspiration au détriment des écoulements.

LES TERMES DU BILAN

DES MESURES DIRECTES ET INDIRECTES

■ ON PEUT MESURER ou déterminer par le calcul chacun des trois termes du bilan hydrologique.

Les précipitations. Elles sont mesurées ponctuellement avec des pluviomètres (ou des pluviographes) qui sont des entonnoirs gradués. Étant donné la variabilité de la pluie dans l'espace, il faut souvent un grand nombre de points de mesures pour avoir une estimation convenable de la quantité d'eau réellement tombée sur un bassin-versant. La mesure des précipitations neigeuses est encore plus difficile.

L'écoulement. Il est connu, pour l'ensemble du bassin-versant, à partir des mesures de débit du cours d'eau. Ces mesures se font en continu par l'enregistrement des hauteurs d'eau en un endroit donné du cours d'eau qu'on nomme « station de jaugeage ».

L'évapotranspiration. Elle peut être calculée à partir de bilans d'énergie pour les plantes et de mesures ponctuelles à l'aide de bacs à évaporation. L'évapotranspiration est le plus souvent déduite des autres termes du bilan hydrologique, en considérant le bassin-versant comme un simple réservoir, qui se remplit grâce aux précipitations et se vide par le cours d'eau (écoulement) ; la différence entre les deux paramètres donne une estimation de l'évapotranspiration. C'est d'ailleurs ce même principe qu'utilise le lysimètre, seul appareil de mesure directe de l'évapotranspiration : il s'agit d'une cuve enterrée dont on mesure les entrées (précipitations) et les sorties, par un orifice pratiqué dans le fond de la cuve.

C

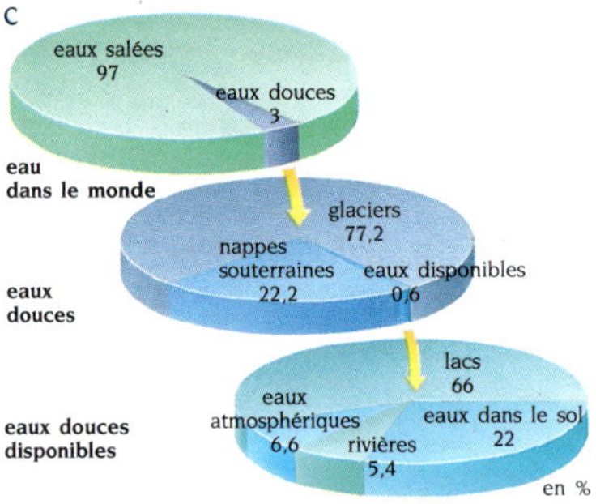

C. L'EAU DANS LE MONDE

L'eau de la Terre est essentiellement composée d'eau salée (environ 1 200 000 000 de km³). L'eau douce ne représente que 2,6 p.100 de toute l'eau de la planète. Et, comme la plus grande partie de cette eau douce est stockée sous forme de glace dans l'Antarctique, qu'une autre part importante est retenue dans le sol sous des formes difficilement utilisables, seulement une infime partie, 1 p.100 (soit environ 0,03 p.100 de toute l'eau du monde), constitue la ressource en eau disponible pour les activités humaines, tant dans les économies traditionnelles que dans tous les pays industrialisés, dont la consommation en eau ne cesse de croître.

A. CYCLE DE L'EAU DANS LA NATURE

L'eau qui tombe à la surface du globe est pour une faible part immédiatement évaporée ; elle peut être stockée sous forme de neige ou de glace ; elle s'infiltre ou ruisselle. Elle retourne ensuite à l'atmosphère sous la forme unique de vapeur d'eau par des voies très différentes : évaporation, éventuellement après utilisation et rejet par les activités humaines, transpiration des êtres vivants et notamment de la végétation.

A

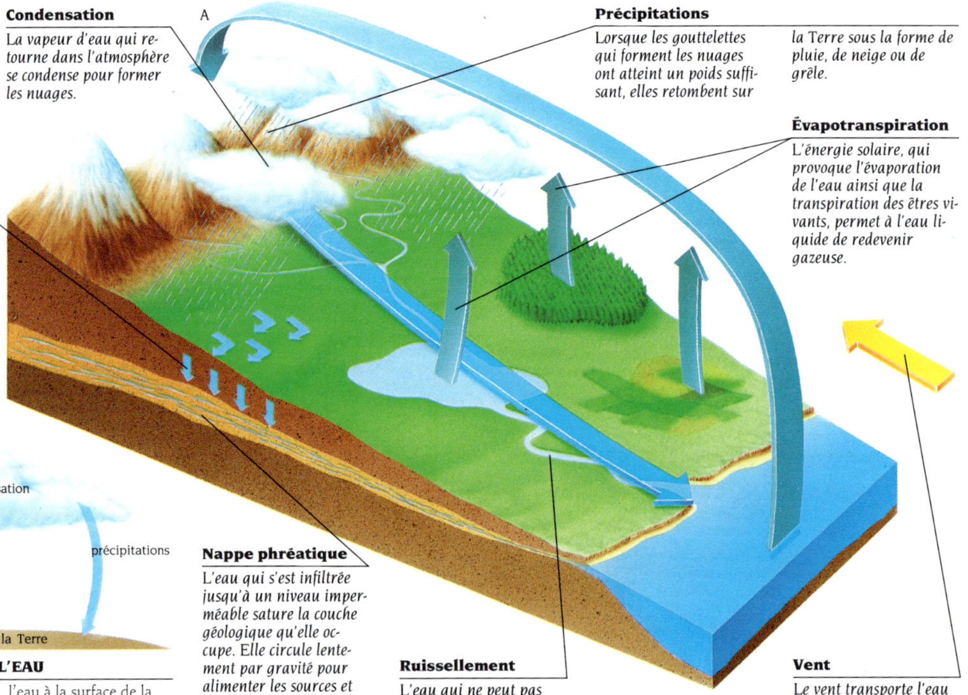

Condensation
La vapeur d'eau qui retourne dans l'atmosphère se condense pour former les nuages.

Précipitations
Lorsque les gouttelettes qui forment les nuages ont atteint un poids suffisant, elles retombent sur la Terre sous la forme de pluie, de neige ou de grêle.

Évapotranspiration
L'énergie solaire, qui provoque l'évaporation de l'eau ainsi que la transpiration des êtres vivants, permet à l'eau liquide de redevenir gazeuse.

Infiltration
Une partie de l'eau des précipitations reste piégée dans le sol et sert à la végétation ; une autre partie s'infiltre plus profondément jusqu'à un niveau imperméable.

Nappe phréatique
L'eau qui s'est infiltrée jusqu'à un niveau imperméable sature la couche géologique qu'elle occupe. Elle circule lentement par gravité pour alimenter les sources et les cours d'eau.

Ruissellement
L'eau qui ne peut pas s'infiltrer circule à la surface du sol, se concentre en filet d'eau et rejoint uniquement par voie de surface fleuves et rivières.

Vent
Le vent transporte l'eau sous forme de vapeur (invisible) ou sous forme de nuages. C'est son intervention qui explique que les précipitations et l'évaporation n'ont généralement pas la même valeur en un point donné.

B

B. CYCLE SIMPLIFIÉ DE L'EAU

L'expression « cycle de l'eau » évoque le simple fait que l'eau qui tombe à la surface de la Terre finit toujours par s'évaporer, se condenser pour former les nuages puis tomber de nouveau. La durée de la rétention de l'eau à la surface de la Terre peut être extrêmement variable suivant les conditions dans lesquelles elle se produit : cette durée est très longue dans les glaces de l'Antarctique, quasi nulle dans les déserts chauds.

L'EAU DE SURFACE

MERS ET OCÉANS

DES LIMITES QUI ÉVOLUENT

■ LA TERRE EST la planète de l'eau. Nulle part ailleurs dans le système solaire il n'y a d'eau sous forme liquide, même s'il en existe des traces, en particulier sur Mars, où elle subsiste sous forme de glace dans le sol.

Mers et océans occupent 71 p. 100 de la surface du globe. S'il n'existe aucune confusion possible sur la définition des océans, le terme de « mer » doit être réservé aux appendices de l'océan mondial, qui doivent leurs caractères particuliers – notamment quant à la teneur en éléments dissous – au fait qu'ils sont relativement à l'abri de la circulation générale des eaux dans les océans, que ce soit pour des raisons de configuration géographique ou pour des raisons de profondeur : ainsi la mer Rouge ou la mer Baltique. C'est abusivement que certains lacs salés, comme la mer Morte ou la mer d'Aral portent le nom de « mer », car ils sont complètement coupés de l'océan mondial et n'en subissent pas l'influence.

À l'échelle humaine, et également à celle des temps historiques, la surface occupée par les mers et les océans est tout à fait stable. Pourtant, les limites des océans ont fluctué considérablement au cours des temps géologiques.

L'océan mondial forme une continuité d'eau salée qu'on appelle « hydrosphère océanique », dont le comportement est une des composantes essentielles des climats terrestres. L'interdépendance des différentes parties, largement entretenue par les courants qui brassent les eaux à l'échelle mondiale, est telle que toute altération, même limitée, aurait des répercussions à l'échelle de la planète.

L'eau salée. Si la teneur en sels (salinité) est remarquablement constante dans la plus grande partie des eaux océaniques, il existe localement des variations importantes. Ainsi, alors que la valeur moyenne est de 34,7 grammes par litre, certains golfes de la mer Baltique, à cause d'une faible évaporation et d'un apport important d'eau douce, ne contiennent que 4 grammes par litre ; en contrepartie, dans la mer Rouge, qui reçoit des apports en eaux douces dérisoires mais dont l'évaporation, très forte, concentre l'eau de mer, les teneurs peuvent aller jusqu'à 42 grammes par litre.

L'OCÉAN MONDIAL

	superficie millions de km²	profondeur maximale en m	température moyenne annuelle en °C zone chaude	zone tempérée	zone froide	salinité moyenne g/l
Atlantique	92	9 225	21	13	3	36,5
Pacifique	180	11 022	27	12 à 17	2 à 4	35
Indien	75	7 450	28	22		36,5
Antarctique	19,9	8 428		8	– 1 à 3	34,7
Arctique	14	5 449			4	33
Méditerranée	2,5	5 093		18		38,5

La superficie de l'Atlantique inclut les mers bordières.

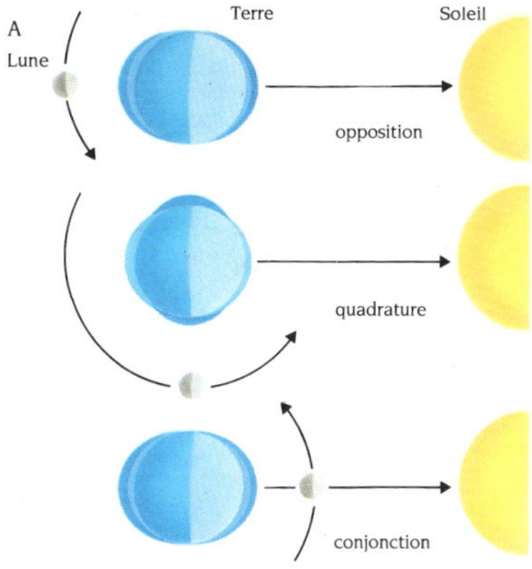

A. **MARÉES ET ATTRACTIONS LUNAIRE ET SOLAIRE**

Les marées sont dues à l'attraction combinée de la Lune et du Soleil sur la masse d'eau de l'océan. Ce sont donc des phénomènes d'origine cosmique. La Lune, bien que plus petite, exerce une attraction plus forte du fait de sa proximité. Sa rotation autour de la Terre en 25 heures environ explique le décalage journalier des heures de marées. Par ailleurs, le cycle lunaire de 28 jours explique, lui, l'alternance des « vives-eaux » (grandes marées) et des « mortes-eaux ». Lorsque Lune et Soleil sont en conjonction (à la nouvelle lune) ou en opposition (pleine lune), leurs attractions se cumulent. En contrepartie, lors des situations de quadrature, soit aux premier et dernier quartiers, les forces d'attraction se contrarient, et les marnages sont faibles. En fait, la hauteur et le rythme des marées sont souvent modifiés par des phénomènes de résonance liés à des configurations géographiques locales.

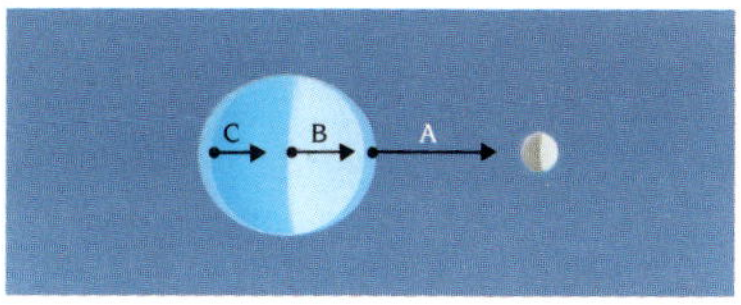

B. **POURQUOI DEUX MARÉES PAR JOUR ?**

L'attraction due à la Lune, fonction inverse de la distance, est moins forte en C qu'en B, et en B qu'en A : l'hydrosphère océanique se déforme, C s'éloigne de B et A s'éloigne de B. Comme B est fixe, il se forme en A, du côté de la Lune, mais aussi en C, du côté opposé, un gonflement qui correspond à la marée haute.

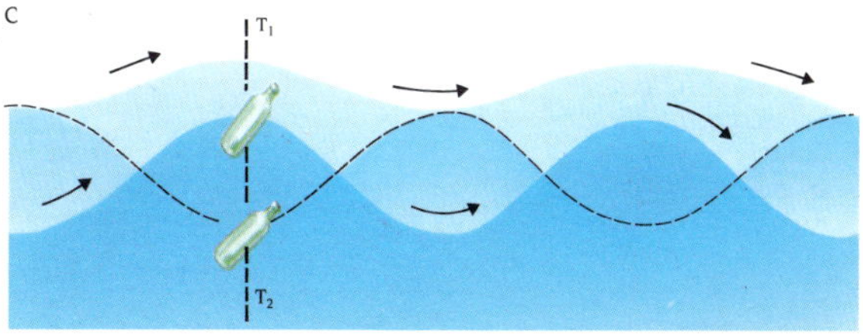

C. **VAGUES**

Sauf quand elles déferlent sur le rivage, les vagues ne se déplacent pas en surface (à la différence de l'onde qui les provoque) : la bouteille qui, au temps t_1, est sur une crête se retrouve sur la même verticale, au creux de la vague, au temps t_2.

CHARYBDE ET SCYLLA

Un courant très violent dans le détroit de Messine (Italie) est lié au décalage des heures de marée entre la mer Tyrrhénienne et la mer Ionienne. Ce courant crée au contact des contre-courants latéraux des tourbillons connus sous le nom de Charybde, qui rendaient impossibles à diriger les bateaux des Grecs anciens, dont le tirant d'eau était faible et le gouvernail un simple aviron. Si, par chance, les marins n'étaient pas ainsi engloutis par les tourbillons Charybde, le bateau, désorienté, allait souvent s'écraser sur le rocher Scylla...

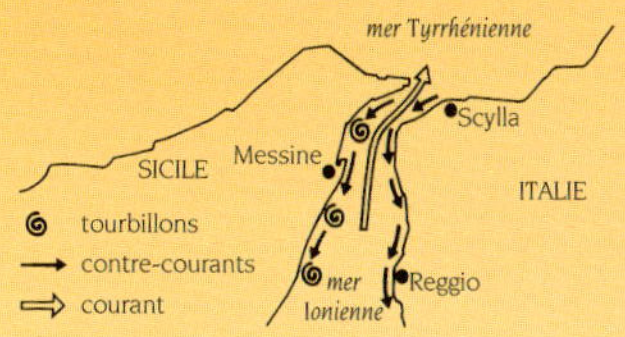

D. **COURANTS MARINS**

Les eaux des mers et des océans sont animées de courants d'origines, d'ampleurs et de vitesses très diverses. À l'échelle locale, les courants de marée résultent de l'inégale vitesse de propagation de l'onde en fonction de la topographie. À l'échelle régionale, des courants assurent les rééquilibrages hydrostatiques entre les mers et l'océan mondial : par exemple, la Méditerranée gagne de l'eau par le détroit de Gibraltar ; en contrepartie, comme ses eaux sont plus salées, donc plus lourdes, elles s'écoulent sous les eaux océaniques, créant un contre-courant en profondeur. À l'échelle mondiale, de vastes « fleuves » marins mettent en mouvement de gigantesques masses d'eau (le débit du Gulf Stream est estimé à 50 millions de m³/s, soit 25 fois celui de l'Amazone). Grossièrement calqués sur les grands mouvements de la circulation atmosphérique, ces courants assurent un brassage considérable des eaux océaniques.

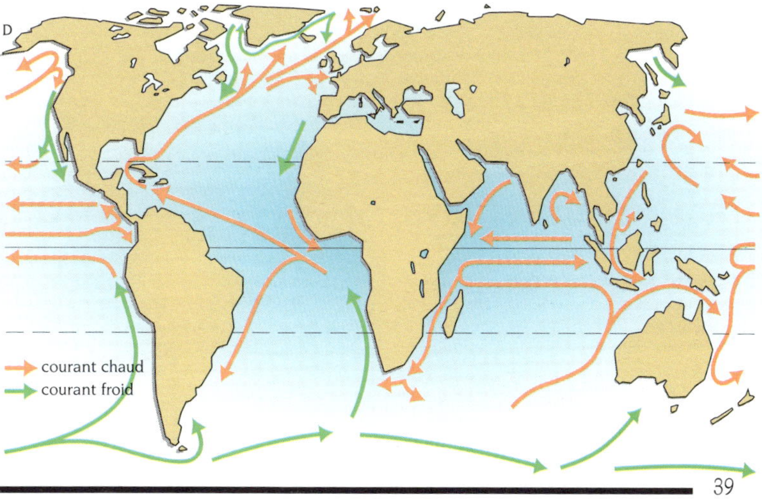

L'EAU DE SURFACE

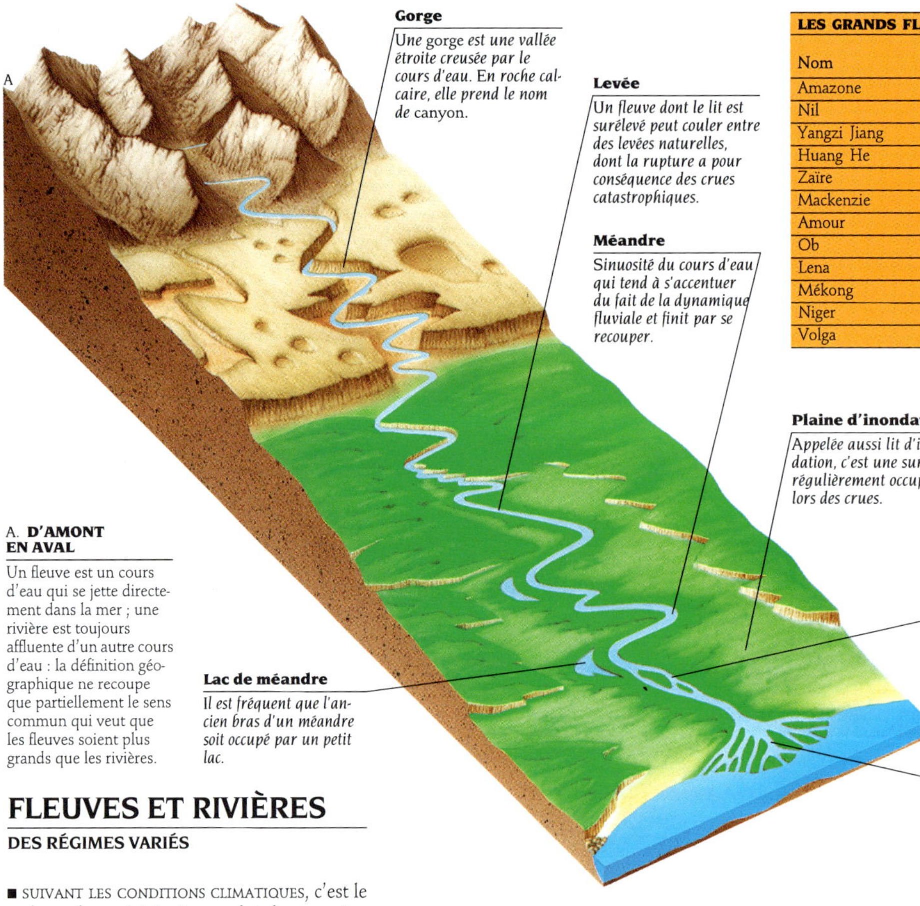

A. D'AMONT EN AVAL

Un fleuve est un cours d'eau qui se jette directement dans la mer ; une rivière est toujours affluente d'un autre cours d'eau : la définition géographique ne recoupe que partiellement le sens commun qui veut que les fleuves soient plus grands que les rivières.

LES GRANDS FLEUVES DU MONDE

Nom	Bassin en km²	Longueur en km
Amazone	7 000 000	7 000
Nil	3 000 000	6 700
Yangzi Jiang	3 222 000	5 980
Huang He	745 000	4 845
Zaïre	3 800 000	4 700
Mackenzie	1 760 000	4 600
Amour	1 845 000	4 440
Ob	2 999 000	4 345
Lena	2 490 000	4 270
Mékong	800 000	4 200
Niger	1 100 000	4 200
Volga	1 360 000	3 690

FLEUVES ET RIVIÈRES

DES RÉGIMES VARIÉS

■ SUIVANT LES CONDITIONS CLIMATIQUES, c'est le rythme des précipitations, celui des températures ou, le plus souvent, la combinaison des deux qui déterminent ce qu'on appelle le *régime* d'un fleuve, c'est-à-dire les variations moyennes de son débit au cours de l'année.

En climat océanique, où les pluies sont à peu près régulières toute l'année, ce sont les différences des températures, donc de l'évaporation, qui conditionnent la répartition annuelle de l'écoulement. À l'inverse, les cours d'eau des régions marquées par de faibles variations de températures d'une année sur l'autre connaissent des débits essentiellement rythmés par les pluies. Ainsi, en région équatoriale, où les pluies sont régulières, il n'existe généralement pas de basses eaux marquées (c'est le cas du Zaïre), alors que celles-ci apparaissent et s'accentuent jusqu'au tarissement dans les régions à saison sèche. L'exemple extrême est celui des écoulements en climat désertique (*oueds* sahariens, par exemple) sous la dépendance immédiate et quasi exclusive des précipitations.

D'autre part, dans les régions où il existe une longue période de gel, ce sont les conditions de stockage sous forme de neige ou de glace, puis de déstockage par fonte qui déterminent essentiellement le rythme des écoulements.

B. CHACUN SON LIT

« Mare dolce », la mer d'eau douce : c'est ainsi que les premiers navigateurs qualifièrent l'embouchure de l'Amazone. Il est vrai que la puissance de ce fleuve n'est comparable à aucune autre, comme le montre son profil (coupe en travers) au niveau de l'embouchure, comparé à celui du Mississippi, qui tient pourtant le second rang quant à l'importance des débits. Le débit moyen, à l'embouchure de l'Amazone, est en effet de 200 000 m^3/s (300 m^3/s pour la Seine).

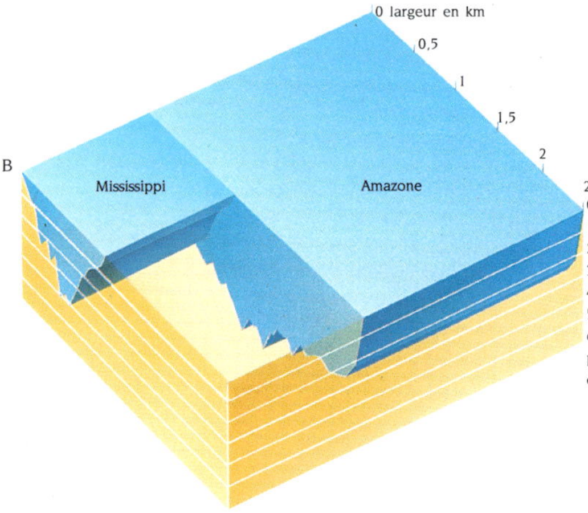

L'HOMME ET LE FLEUVE

CRUES ET AMÉNAGEMENT

■ HAUTES ET BASSES EAUX désignent les valeurs extrêmes des débits annuels moyens. Les *crues* désignent des événements inhabituels, de courte durée, imprévisibles à long terme : c'est cet aspect exceptionnel, parfois catastrophique, qui caractérise les crues. Les facteurs qui les favorisent sont nombreux, et c'est de leur combinaison que dépend leur ampleur, ce qui rend leur prévision particulièrement délicate.

Mécanisme des crues. À l'origine d'une crue, il y a toujours une arrivée rapide d'eau jusqu'au lit du cours d'eau, que ce soit par ruissellement en surface ou par transfert de pression dans la nappe. L'origine de cette abondance d'eau est variée : pluies exceptionnelles ou fonte rapide des neiges ; trajet particulier d'une dépression pluvieuse qui suit, d'amont vers l'aval, le lit d'un cours d'eau (l'onde de crue locale se combine alors avec celle venant d'amont) ; ou, encore, conjugaison des crues de deux rivières confluentes. Par ailleurs, une crue (et c'est souvent le cas des plus dramatiques) peut être la conséquence d'un accident, comme la rupture d'un barrage artificiel ou « naturel » (glissement de terrain barrant temporairement le lit du cours d'eau) ; c'est le cas des crues par rupture des bourrelets latéraux des fleuves d'Asie, comme celles du Huang He (fleuve Jaune).

Les interventions humaines. Certains aménagements ou constructions ont pour finalité de modifier les régimes ou les trajets des eaux afin de mieux les utiliser. Ces interventions entraînent des bouleversements dont les conséquences extrêmement complexes, sont impossibles à prévoir dans leur totalité. Ainsi, pour la réalisation du barrage d'Assouan, sur le Nil, si la baisse de fertilité naturelle des sols privés des apports de limon avait bien été prévue, ce ne fut pas le cas de l'érosion du delta, sapé par la houle qui ne peut plus dissiper son énergie en évacuant les sédiments apportés par le fleuve.

Les aménagements agricoles sont également souvent perturbateurs : drainage, irrigation, etc. Quant au remplacement des prairies par des cultures, il laisse le sol à nu toute une partie de l'année. L'infiltration s'en trouve limitée et le ruissellement et l'érosion des sols, augmentés.

LES LACS

DES RETENUES D'EAU DOUCE OU SALÉE

■ UN LAC EST UNE ÉTENDUE d'eau plus ou moins profonde qui doit son existence à la présence d'une contre-pente permettant la rétention des eaux et qui ne subit pas l'influence de l'océan mondial. C'est ce dernier point, et non pas la teneur en sels, qui distingue les lacs des mers. La mer Morte et la mer Caspienne sont en fait des lacs salés.

Fonctionnement. Si les apports en eau sont supérieurs aux pertes par évaporation, le lac présente un excédent d'alimentation, qu'il évacue par un cours d'eau appelé *émissaire*. Dans ce cas, le fonctionnement du lac est dit « exoréique » (qui s'écoule ver la mer). Dans le cas contraire, lorsque les apports sont inférieurs à l'évaporation, le niveau du lac peut être plus bas que le niveau de la mer et son fonctionnement est dit « endoréique ». Ces conditions d'alimentation et d'écoulement déterminent la teneur en éléments dissous. Les lacs possédant un émissaire ont tendance à garder leurs eaux douces. Par contre, les lacs sans exutoire reçoivent de leur bassin-versant des eaux de ruissellement ayant une certaine charge en sels dissous, alors qu'ils n'évacuent, par évaporation, que de l'eau chimiquement pure ; ils ont, par conséquent, tendance à concentrer les sels.

Composition chimique de l'eau. Elle détermine les conditions de la vie végétale et animale. Une teneur en chlorures trop forte rend la vie impossible : c'est le cas de la mer Morte, qui en contient en moyenne 300 grammes par litre (g/l), soit 9 fois plus que l'océan. D'autres éléments chimiques jouent également un rôle important : si, par exemple, les teneurs en nitrates ou en phosphates deviennent trop élevées, la végétation aquatique se développe de façon considérable, consomme l'oxygène dissous et empêche ainsi toute vie animale ; on parle alors d'« eutrophisation ».

Température. La variation, au cours de l'année, de la température des lacs conditionne la circulation verticale de l'eau et donc le renouvellement des eaux profondes, leur oxygénation et les possibilités de vie. En régions tempérées, les lacs ont le plus souvent un double brassage annuel, à l'automne et au printemps (lacs « dimictiques »). À l'opposé, les lacs qui se mélangent peu (lacs « oligomictiques »), dont la température de l'eau est partout supérieure à 4 °C, entraînant une faible circulation verticale, se rencontrent en zone intertropicale.

LES TYPES DE LACS

UN CLASSEMENT SELON LES ORIGINES

Lacs d'origine tectonique. Ils sont liés à la formation même du relief terrestre. Les plus profonds occupent des fossés tectoniques (lac Baïkal, profond de 1 620 m ; grands lacs centrafricains) ; d'autres, de simples dépressions de faible profondeur (lac Tchad ; grands chotts d'Afrique du Nord). Mais il se peut que la tectonique engendre seulement des conditions favorables : les Grands Lacs du nord de l'Amérique, dus à la dynamique glaciaire, occupent la dépression au contact du socle ancien et de sa couverture sédimentaire.

Lacs d'origine glaciaire. Résultant des glaciations quaternaires, ils ont pour cause un surcreusement glaciaire ou le barrage d'une vallée par des dépôts morainiques. Ces lacs se localisent dans les régions anciennement englacées comme les boucliers canadien (Grand Lac des Esclaves en Amérique du Nord) ou sibérien (lacs finlandais), ou encore (mais ils sont alors de taille moindre) sur le pourtour des anciennes calottes glaciaires (lacs italiens notamment).

Lacs d'origine volcanique. Ils occupent d'anciens cratères (lac Pavin situé en Auvergne, France) ou parfois des vallées qui ont été barrées par des coulées volcaniques (comme le lac Chambon situé lui aussi en Auvergne, France).

Lacs d'origine karstique. Ils sont localisés dans des dolines ou des poljés résultant de la dissolution de la roche calcaire sous-jacente.

Lacs artificiels. Leur finalité est variable : production d'électricité, irrigation, mais aussi régularisation des débits fluviaux par écrêtement des crues ou soutien des niveaux moyens les plus bas (étiages).

Des réalisations très vastes, à l'échelle des problèmes à résoudre, ont été effectuées dans les pays en voie de développement (notamment en Afrique et en Amérique latine).

A. **VARIATIONS DE SURFACE DU LAC TCHAD**

Dans certaines conditions topographiques (faible profondeur ; pentes des rives très douces) et climatiques (forte évaporation ; alimentation irrégulière), les lacs peuvent présenter une extension variable. C'est le cas du lac Tchad, dont la surface a considérablement varié à travers les âges.

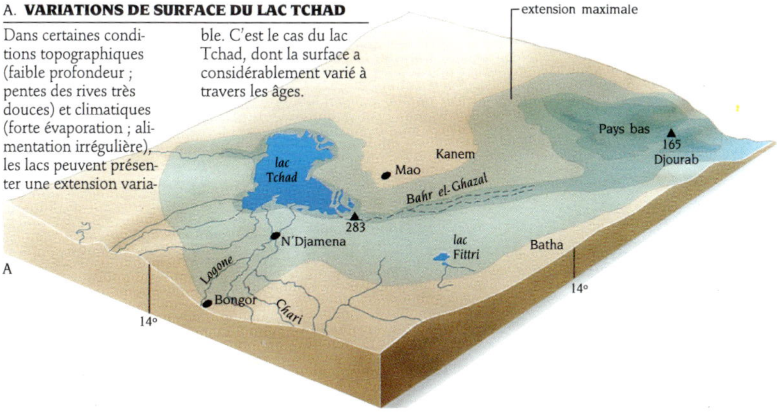

LES GRANDS LACS DU MONDE	
Nom	Superficie
Mer Caspienne (Caucase, Asie centr.)	360 000 km²
Lac Supérieur (Amér. du N.)	82 700 km²
Lac Victoria (Afrique)	68 100 km²
Lac Huron (Amér. du N.)	59 800 km²
Lac Michigan (É.-U)	58 140 km²
Mer d'Aral (Kazakhstan)	39 000 km²
Lac Tanganyika (Afrique)	31 900 km²
Lac Baïkal (Sibérie)	31 500 km²
Grand lac de l'Ours (Canada)	30 000 km²
Grand Lac de l'Esclave (Canada)	28 930 km²
Lac Malawi (Afrique)	26 000 km²
Lac Ladoga (Russie)	17 700 km²

LES LACS LES PLUS PROFONDS	
Nom	Profondeur en mètres
Lac Baïkal (Sibérie)	1 620 m
Lac Tanganyika (Afrique)	1 470 m
Mer Caspienne (Caucase, Asie centr.)	1 025 m
Lac Malawi (Afrique)	706 m
Lac Issyk-koul (Kirghizistan)	702 m
Grand Lac de l'Esclave (Canada)	614 m
Lac Hornindalsvatm (Norvège)	514 m
Lac Kivu (Afrique)	430 m
Lac Supérieur (É.-U.)	406 m
Lac Titicaca (Bolivie)	370 m
Lac Garde (Italie)	346 m
Lac Léman (Suisse)	310 m

B

B. **LAC DE CRATÈRE**

Après une éruption volcanique, il se peut que le cône du cratère ne soit pas éventré et qu'un bouchon de lave refroidie en obstrue l'orifice. Si les roches sont suffisamment imperméables, les conditions géomorphologiques sont réunies pour qu'un lac de cratère puisse s'installer pourvu que le climat soit favorable. Ce lac de cratère a été photographié dans une région volcanique de l'Oregon (É.-U.).

C

C. **LAC DE RETENUE**

Du simple lac de retenue collinaire de dimension très réduite, à l'échelle de la communauté villageoise qui le gère, l'entretient et l'utilise (irrigation agricole), aux énormes ouvrages de retenue pour l'aménagement intégré de toute une région, avec notamment la production d'hydroélectricité, la panoplie des lacs artificiels est très large. Ce barrage d'Inga, au Zaïre, en est un exemple.

L'EAU DE SURFACE

A

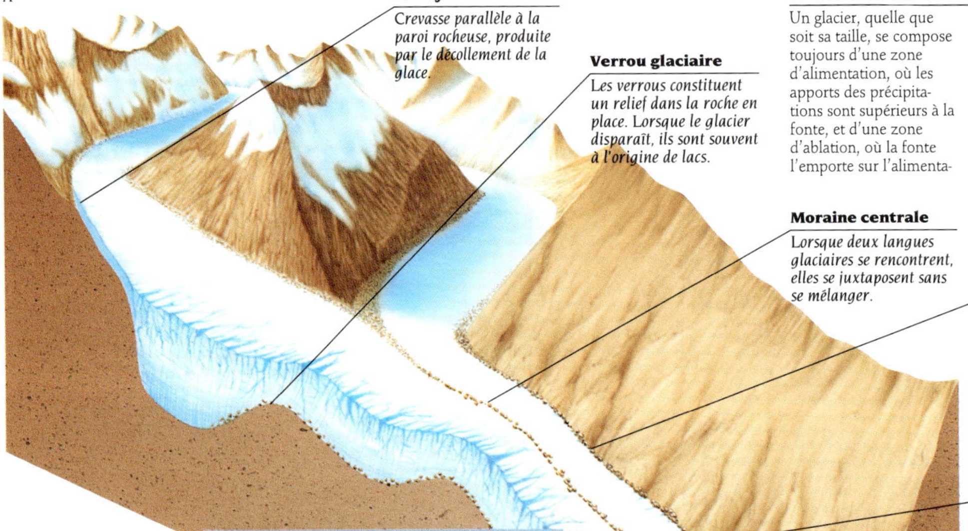

A. PROFIL D'UN GLACIER

Un glacier, quelle que soit sa taille, se compose toujours d'une zone d'alimentation, où les apports des précipitations sont supérieurs à la fonte, et d'une zone d'ablation, où la fonte l'emporte sur l'alimentation. Suivant l'équilibre relatif de ces deux parties, qui dépendent de tendances climatiques pluriannuelles, voire séculaires, les fronts des glaciers avancent (on parle alors de *crue glaciaire*) ou reculent.

Rimaye
Crevasse parallèle à la paroi rocheuse, produite par le décollement de la glace.

Verrou glaciaire
Les verrous constituent un relief dans la roche en place. Lorsque le glacier disparaît, ils sont souvent à l'origine de lacs.

Moraine centrale
Lorsque deux langues glaciaires se rencontrent, elles se juxtaposent sans se mélanger.

Moraine latérale
Elle résulte de l'érosion latérale due au frottement de la glace, mais aussi des apports des versants sus-jacents.

Crevasses et séracs
La langue glaciaire se rompt sous l'action de l'accélération de la pente, formant des crevasses séparées par des séracs aux surfaces chaotiques.

Moraine frontale
Les énormes quantités de matériaux charriés se trouvent déposées sur place à l'endroit où le glacier fond.

Moraine de fond
L'érosion par usure du fond de la vallée glaciaire produit une très grande quantité de matériaux.

B

B. CREVASSE

Les crevasses se forment dans l'épaisseur de la langue glaciaire, ici dans le massif des Écrins (France). Elles peuvent atteindre de grandes profondeurs et sont d'autant plus dangereuses qu'elles sont étroites, car, dans ce cas, l'orifice peut en être masqué par une mince couche de neige susceptible de céder sous le poids d'un randonneur.

C

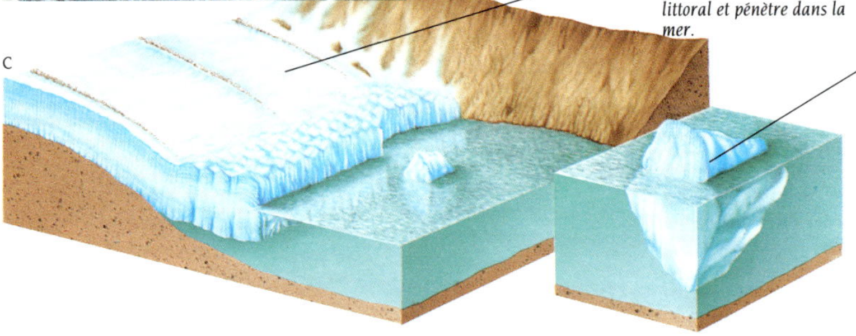

C. VÊLAGE D'UN ICEBERG

Leur densité étant plus faible que celle de l'eau de mer (0,8), les langues de glace qui arrivent à la mer ont tendance à flotter et se cassent alors, formant les *icebergs* (montagnes de glace) : c'est ce que l'on nomme le vêlage.

Langue glaciaire
Issue des inlandsis, elle glisse lentement vers le littoral et pénètre dans la mer.

Iceberg
Les icebergs de l'Antarctique peuvent atteindre la taille de la Corse, et dérivent au gré des courants, constituant de très gros dangers pour les navires. Chargés de moraines, les icebergs sont des agents actifs de l'érosion opérée par les glaciers.

LES GLACIERS

DE GRANDES MASSES DE GLACE PERMANENTE

■ L'ESSENTIEL DE L'EAU DOUCE du globe se trouve immobilisé sous forme de glaces, presque exclusivement localisées dans les régions polaires : 29,5 millions de km^3, dont 97 p. 100 pour les seules étendues glaciaires *(inlandsis)* de l'Antarctique et du Groenland, avec des épaisseurs extrêmement variables pouvant atteindre 4 000 m et avec un poids tel qu'il provoque l'enfoncement des terres sous-jacentes au-dessous du niveau de la mer (dans l'Antarctique). Énorme, cette réserve ne joue guère de rôle dans la vie économique et son utilisation par l'homme est actuellement quasiment nulle. Les projets de remorquage d'icebergs pour alimenter en eaux les régions du golfe arabo-persique sont hélas apparus comme étant du domaine de l'utopie...

Un glacier, c'est, selon Louis Lliboutry, « *toute grande masse de glace provenant de la neige, permanente à l'échelle humaine* ». C'est en effet l'origine neigeuse (eau « météorite ») et la permanence qui caractérisent le glacier, en opposition avec, par exemple, la *banquise,* faite d'eau salée gelée. Cette permanence n'est plus vraie à l'échelle des temps géologiques ; les fluctuations du volume des glaciers, en relation avec des fluctuations climatiques et probablement en les amplifiant (la neige contribue au refroidissement de la Terre en renvoyant dans l'atmosphère l'essentiel de l'énergie solaire incidente), ont été considérables, notamment à l'ère quaternaire.

Ces fluctuations ont entraîné des variations importantes du niveau de la mer, et donc de la géographie des terres émergées. Elles permettent d'expliquer le peuplement le plus ancien des Amériques à partir de l'Asie par la prise par les glaces du détroit de Béring.

Si la chronologie récente des périodes glaciaires commence à être bien connue, les observations actuelles, qui permettent de suivre la progression ou la régression de langues glaciaires sur des périodes de plusieurs années, ne permettent pas de déceler de tendance précise à l'échelle humaine.

L'érosion glaciaire. Les glaciers, quelle que soit leur taille, « s'écoulent », tel un fleuve très lent, de la zone d'alimentation vers la zone d'ablation ; ils exercent une érosion considérable due au poids énorme de la glace. Or, lors des glaciations quaternaires, les glaces ont couvert, au moment de leur extension maximale, le tiers des terres émergées, marquant fortement le relief des régions occupées et, dans une proportion à peine moindre, celui de leurs pourtours modelés « périglaciaires ». Les langues glaciaires ont profondément érodé le fond et les versants des lits, créant des formes caractéristiques (vallées en auge, verrous glaciaires), détachant et transportant d'énormes quantités de sédiments, ou *moraines.* Les plus grossiers de ces sédiments ont été laissés sur place aux emplacements de fonte, mais les plus fins *(farine glaciaire),* triés et redistribués par des vents très violents qui sévissaient à cette époque, ont été transportés sur des distances considérables, constituant d'énormes dépôts de *lœss,* qui forment des terres agricoles particulièrement riches (c'est le cas en Europe du Nord-Ouest, par exemple).

L'EAU DU SOL

L'EAU DU SOL représente moins de 0,1 p. 100 de l'eau douce. Pourtant, elle est essentielle à la vie sur Terre et permet, par exemple, le développement de l'agriculture. Dans le sol, l'eau peut se présenter sous deux formes. Il y a, d'une part, l'eau libre, qui est soumise à la pesanteur. Cette eau circule et peut être utilisée directement par l'homme ; elle forme les *nappes phréatiques,* que l'on retrouve au fond des puits, et apparaît en surface sous forme de sources. Il y a, d'autre part, l'humidité retenue dans le sol, qui n'est pas directement utilisable par l'homme, mais qui permet l'alimentation hydrique des plantes en l'absence de précipitations.

LES RELATIONS ENTRE L'EAU ET LE SOL

EAU LIBRE, EAU PRISONNIÈRE

■ DIFFÉRENTS TYPES de liaisons avec le substrat expliquent la difficulté qu'il peut y avoir à extraire l'eau du sol.

L'eau de composition. Elle entre dans la composition chimique des roches. Sa mobilité est extrêmement faible et elle ne participe pas au cycle de l'eau tant que la roche n'est pas dénaturée. Elle n'est utilisable ni par les plantes ni par l'homme.

L'eau liée. Fortement absorbée par le sol, elle possède une mobilité faible. L'eau liée peut retourner dans le cycle de l'eau par évaporation directe, mais elle ne peut pas être extraite du sol par la succion des racines. Elle est donc inutilisable par la végétation et constitue la teneur minimale en eau des zones du sol protégées de l'évaporation directe.

L'eau de rétention capillaire. Cette eau est retenue dans les petits pores du sol (on parle de *microporosité*). Elle n'est pas soumise à la gravité, parce que le sol la retient avec une force supérieure à celle de la pesanteur ; elle ne peut donc pas s'infiltrer et demeure « suspendue » à l'intérieur du sol. Elle peut être extraite par les racines pour l'alimentation en eau de la végétation. C'est cette eau qui constitue ce que l'on appelle la *réserve hydrique* du sol.

L'eau gravitaire. Elle circule dans la macroporosité du sol et s'infiltre jusqu'à rencontrer un niveau imperméable, saturant ainsi les roches sus-jacentes. Au-dessus de ce niveau imperméable, l'eau s'écoule latéralement par gravité (dans le sens de la pente) jusqu'à apparaître en surface sous forme de source ou, directement, dans le lit d'un cours d'eau. L'eau gravitaire représente la *réserve hydrologique* (qui alimente les écoulements de surface) et constitue la nappe phréatique dans laquelle sont creusés les puits et effectués les pompages. Le trajet de l'eau dans le sol, très variable suivant les conditions géologiques, peut être très long ; il explique la pureté des eaux souterraines, par le filtrage opéré à travers le sol. Malheureusement, ce filtrage, processus physique, n'a pas d'action sur les éléments dissous dans l'eau et ne résout pas les problèmes de pollution chimique de l'eau potable (notamment par les nitrates utilisés comme engrais).

Zone soumise à l'évaporation
La couche superficielle du sol, qui est exploitée par les racines des végétaux, emmagasine pendant la saison pluvieuse de l'eau qui sera utilisée par la végétation pendant la saison déficitaire.

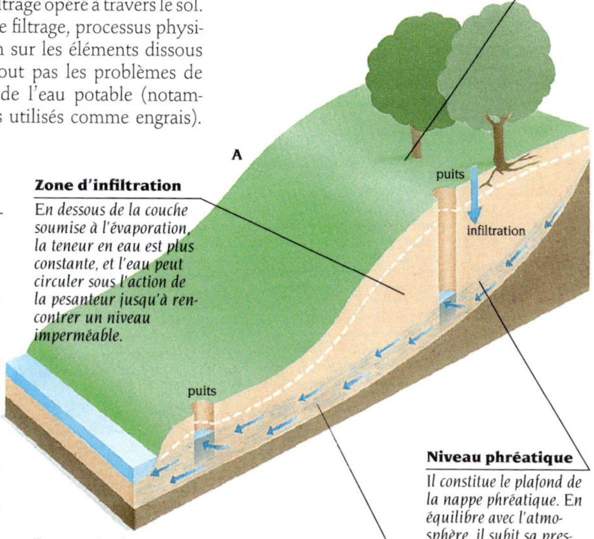

A. L'EAU DANS LE SOL
Le sol présente des teneurs en eau très variables selon les profondeurs et selon les saisons. En surface, dans la zone racinaire, les teneurs en eau varient selon les conditions (pluie, évaporation...) entre les valeurs extrêmes de la capacité de rétention (lorsque toute la microporosité du sol est occupée) et du point de flétrissement (il ne reste dans le sol que l'eau liée, inutilisable par les plantes).

Zone d'infiltration
En dessous de la couche soumise à l'évaporation, la teneur en eau est plus constante, et l'eau peut circuler sous l'action de la pesanteur jusqu'à rencontrer un niveau imperméable.

Niveau phréatique
Il constitue le plafond de la nappe phréatique. En équilibre avec l'atmosphère, il subit sa pression à travers le sol.

Zone saturée
Lorsqu'elle rencontre un niveau imperméable, l'eau ne peut plus s'infiltrer et occupe tous les pores du sol, qui devient saturé. L'eau s'écoule alors lentement par gravité à travers le sol et alimente les sources et les cours d'eau.

B. C. CIRCULATION VERTICALE DE L'EAU DANS LE SOL

B. EN ÉTÉ
Pendant l'*été hydrologique,* la quantité d'eau qui retourne à l'atmosphère par évaporation et par transpiration des végétaux (évapotranspiration) est supérieure aux précipitations. La végétation puise alors dans la réserve hydrique. L'infiltration en profondeur n'est plus possible ; la réserve hydrologique n'est donc plus reconstituée et se vidange en alimentant les cours d'eau, qui entrent en basses eaux.

P = précipitation
ET = évapotranspiration

hiver ET < P
été ET > P

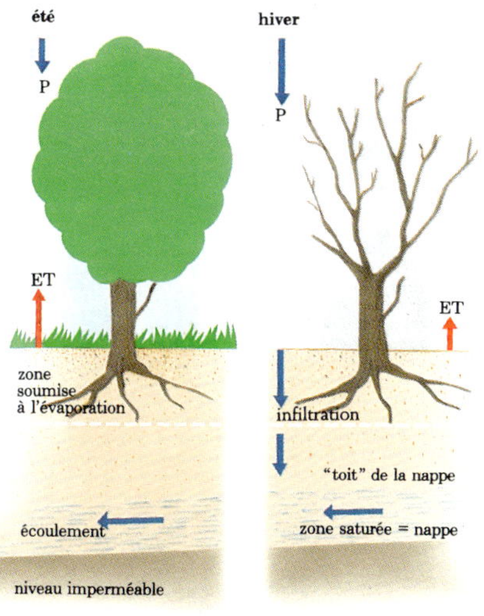

C. EN HIVER
Dans les climats à saisons marquées, à la fin de la saison sèche ou de la saison chaude, lorsque les pluies deviennent supérieures à l'évapotranspiration, commence ce qu'on peut appeler l'*hiver hydrologique.* La fraction de la pluie qui n'est plus évaporée ou transpirée par les plantes peut pénétrer durablement dans le sol ; une partie de cette eau est d'abord retenue dans la microporosité pour recharger la *réserve hydrique* ; lorsque celle-ci est reconstituée, l'eau peut s'infiltrer plus profondément et alimente la *réserve hydrologique.*

D. PUITS ARTÉSIENS
Ils doivent leur nom au fait que les premiers ont été creusés en Artois (France). Ce sont des puits dont l'eau sort en jaillissant sous pression d'une nappe *captive* contenue entre deux couches imperméables. Lorsqu'un puits est creusé, sa durée de vie est limitée puisqu'on perce la couche encaissante et que la nappe n'est donc plus complètement captive : le puits de Grenelle, à Paris, dont les eaux jaillirent avec violence en 1841, se tarit en 1910.

Puits non jaillissant
La surface du sol à l'endroit du puits est plus haute que le niveau piézométrique : l'eau ne jaillit pas.

Couche imperméable
La couche imperméable supérieure empêche le toit de la nappe de se mettre partout en équilibre avec la pression atmosphérique.

Niveau piézométrique
Il correspond à la surface libre de la nappe et commande la profondeur de l'eau dans les puits ou la hauteur de jaillissement d'un puits artésien.

Nappe captive
La pression de la nappe contenue entre deux couches imperméables dépend de la différence d'altitude avec la surface.

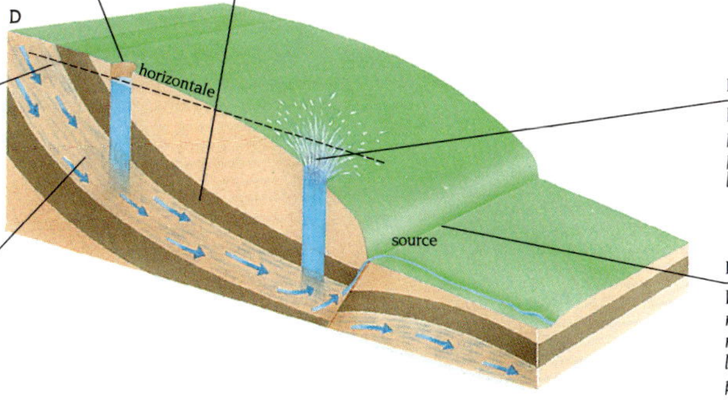

Puits artésien
La surface du sol est bien plus basse que le niveau piézométrique. L'eau jaillit alors sous pression.

Fracture
Le niveau supérieur de la nappe captive peut affleurer et donner lieu à une ligne de sources sous pression.

L'ÉNERGIE SOLAIRE ET LA TERRE

Le système terre/atmosphère reçoit les rayons solaires, en réfléchit et en diffuse une partie et absorbe la partie restante ; il émet d'autre part un rayonnement infrarouge vers l'espace.

LES RAYONNEMENTS SOLAIRE ET TERRESTRE

ÉMISSION, ABSORPTION ET RÉFLEXION

■ Le Soleil émet un rayonnement de radiations de courtes longueurs d'ondes (de 0,15 à 2 μm environ) qui fournit la quasi-totalité de la chaleur reçue par la planète.

Le rayonnement solaire incident. La quantité d'énergie solaire qui entre dans l'atmosphère est d'environ 1 370 watts par mètre carré (W/m^2). Répartie sur la surface de la sphère terrestre, l'énergie incidente se réduit à 342 W/m^2. Une moyenne de 70 p. 100 de cette énergie est absorbée par la planète (atmosphère, océans, continents), le reste repart vers l'espace. Le flux d'énergie solaire absorbé par la planète est donc finalement d'environ 240 W/m^2 (70 p. 100 de 342).

L'intensité du rayonnement au sol dépend de la durée du jour et de l'angle d'incidence du Soleil au-dessus de l'horizon, mais aussi de divers facteurs climatiques (nébulosité, humidité et poussières de l'air, etc.). Elle est en général plus élevée dans les régions intertropicales que dans les régions tempérées et polaires. Ces variations d'intensité créent des déséquilibres entre les régions excédentaires et déficitaires ; mais les mouvements de l'atmosphère (vents) et des océans (courants marins) tendent à rétablir l'équilibre.

Le rayonnement solaire réfléchi. Une partie du rayonnement solaire incident est réfléchi vers l'espace par les nuages et la surface terrestre. On appelle *albédo* (A) le rapport de l'énergie réfléchie (R) à l'énergie incidente (S), soit A = R/S. L'albédo dépend de la nature du sol et des nuages (une surface claire réfléchit plus qu'une surface sombre) et de l'angle des rayons solaires par rapport au sol (plus cet angle est faible, plus la réflexion est importante). La réflexion est très forte sur la neige et les glaces, particulièrement dans les régions polaires où l'angle d'incidence des rayons est faible.

La rayonnement terrestre. En moyenne, à l'échelle annuelle, la planète se réchauffe en absorbant 240 W/m^2, mais se refroidit en partie en émettant un rayonnement infrarouge vers l'espace. Le bilan annuel entre l'énergie absorbée par la planète et l'énergie émise vers l'espace est nul. Sans cela, la température sur la Terre n'aurait cessé de croître depuis sa formation.

Cependant, une partie de cette énergie est stockée pendant la saison chaude dans les régions tempérées, puis elle est restituée à l'atmosphère et à l'espace pendant la saison froide. Les océans accumulent aussi une partie de l'énergie solaire. Cette énergie est soit transportée par les courants marins vers les mers plus froides, soit utilisée pour l'évaporation de l'eau. Le rayonnement terrestre est situé dans les grandes longueurs d'ondes (de 4 à 100 μm), ce qui correspond à l'*infrarouge* (IR), avec un maximum de puissance émise vers 10-12 μm (infrarouge dit « thermique » car correspondant au rayonnement d'un corps à température ordinaire). Le rayonnement IR émis par la Terre et les océans est fortement absorbé par la vapeur d'eau, le gaz carbonique et l'ozone de l'atmosphère. Les nuages en absorbent une grande partie alors qu'ils laissent passer vers la Terre une plus grande quantité d'énergie solaire. La couverture nuageuse joue donc un rôle comparable à celui d'une serre en piégeant le rayonnement IR terrestre. Les aérosols ainsi que les poussières rejetées par les activités industrielles et domestiques forment un voile polluant qui stagne, lorsque les vents sont faibles, au-dessus des grandes villes. Ce voile piège aussi le rayonnement IR terrestre ; c'est pourquoi les nuits sont plus chaudes en ville que dans les campagnes avoisinantes, où l'air est moins pollué.

LE RÔLE DE L'ATMOSPHÈRE

UNE PROTECTION CONTRE LES U.V.

■ Pendant sa traversée de l'atmosphère, l'énergie électromagnétique du Soleil est en partie transformée en chaleur (énergie thermique). L'ozone absorbe une partie des rayons ultraviolets (de 0,15 à 0,36 μm), d'où la présence d'une couche chaude dans la stratosphère (20-50 km d'altitude).

Dans la troposphère (couche la plus basse de l'atmosphère), le gaz carbonique et surtout la vapeur d'eau absorbent aussi une partie du rayonnement solaire (environ 20 p. 100). Les molécules des gaz, les aérosols et les nuages présents dans l'atmosphère transforment une partie du rayonnement solaire en un rayonnement diffusé dans toutes les directions. Cette diffusion renvoie 5 p. 100 du rayonnement solaire incident vers l'espace. Les molécules d'air diffusent les radiations de courtes longueurs d'ondes (partie bleue du spectre visible), d'où la couleur bleue du ciel.

A. **BILAN DES RAYONNEMENTS**

Le Soleil rayonne de l'énergie qui n'est pas seulement de la lumière visible mais couvre l'ensemble du spectre électromagnétique. Le rayonnement global absorbé par la surface terrestre est égal à 50 p. 100 du rayonnement solaire arrivant au sommet de l'atmosphère, 30 p. 100 sont renvoyés vers l'espace par réflexion et diffusion ; le reste (20 p. 100) est absorbé par l'atmosphère et les nuages. La Terre émet un rayonnement infrarouge en grande partie retenu par l'atmosphère, qui l'absorbe puis le renvoie vers le sol et vers l'espace. 5 p. 100 de ce rayonnement partent directement dans l'espace et 65 p. 100 sont émis vers l'espace par les nuages et l'atmosphère. 35 p. 100 de l'énergie disponible au sol sont transférés à l'atmosphère par l'évaporation de l'eau et le réchauffement de l'air.
Ce bilan moyen du rayonnement établi dans les années 1950 par l'équipe de Budyko (U.R.S.S.), à partir de nombreuses mesures faites au sol, est dans son ensemble confirmé par celles effectuées ultérieurement par les satellites météorologiques. Ces valeurs varient d'une région à l'autre ; en particulier, le rapport des énergies réfléchies et incidentes (*albédo*) augmente quand on se rapproche des pôles car l'angle d'incidence des rayons solaires diminue. L'énergie solaire absorbée par une surface est ainsi bien plus importante à l'équateur qu'aux pôles. De plus, la neige et la glace des régions polaires réfléchissent une grande partie du rayonnement solaire.

A

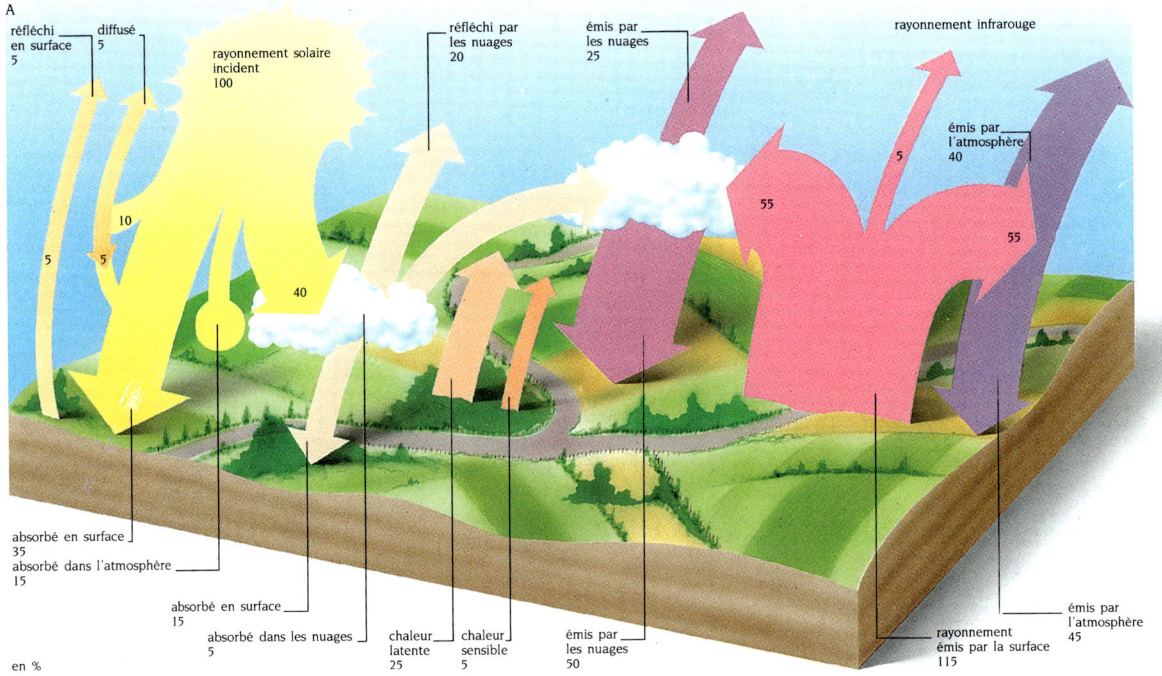

L'ATMOSPHÈRE

STRUCTURE ET COMPOSITION

QUATRE COUCHES SUPERPOSÉES

■ EN SE FONDANT sur les variations de la température en fonction de l'altitude, on distingue quatre grandes couches dans l'atmosphère.

La troposphère. Son épaisseur varie de 17 km dans les régions équatoriales à 7-8 km dans les régions polaires. Cette pellicule mince, en proportion du rayon de la Terre (6 400 km), peut être comparée à une feuille de papier entourant une orange. La troposphère concentre près des 4/5 de la masse atmosphérique entourant notre planète (soit environ 4×10^{15} tonnes). Ses deux principaux constituants sont l'azote (78 p. 100) et l'oxygène (21 p. 100). La température moyenne y décroît avec l'altitude, d'environ 6 degrés tous les kilomètres, pour atteindre –80 °C au-dessus des régions équatoriales et –50 ° C au-dessus des pôles. Cette limite supérieure de la troposphère au-delà de laquelle la température ne diminue plus en fonction de l'altitude est appelée *tropopause*. La pression diminue également, elle passe d'une valeur moyenne d'environ 1 013 hectopascals (hPa) au niveau 0 (surface des océans) à une valeur comprise entre 400 hPa (aux pôles) et 100 hPa (à l'équateur) au niveau de la tropopause. Quant à la quantité de vapeur d'eau, elle varie de 0 à 4 p. 100 du volume de l'air. Dans la troposphère, où se produisent les phénomènes météorologiques, des mouvements brassent l'air et déterminent les différences de pression.

La stratosphère. Située au-dessus de la troposphère, elle atteint une altitude moyenne de 50 km. Sa température reste constante sous les latitudes tempérées (environ –55 ° C), sauf à son niveau supérieur (la *stratopause*), où elle augmente jusqu'à atteindre 0 °C environ.

La mésosphère et la thermosphère. Au-dessus de la stratosphère, la température décroît rapidement dans une première couche d'environ 35 km d'épaisseur, la mésosphère, jusqu'à atteindre des valeurs de l'ordre de –90 °C à sa limite supérieure : la *mésopause*. Au-delà, dans une dernière couche, la thermosphère (appelée également *ionosphère*), les molécules de gaz encore présentes sont dissociées et la température augmente rapidement avec l'altitude.

A. **COUPE DE L'ATMOSPHÈRE**

L'étude des températures à l'aide des ballons-sondes puis des satellites a permis de délimiter plusieurs couches dans l'atmosphère. Cette classification est recommandée par l'Union géodésique et géophysique internationale et par l'Organisation météorologique mondiale. La concentration des molécules d'air est plus grande près du sol du fait de l'attraction terrestre. Du fait de la raréfaction de l'air et de la diminution de l'action de la gravitation avec l'altitude, la pression atmosphérique diminue elle-même de plus en plus. Au niveau de la mer, elle varie entre 870 hPa au cœur des cyclones tropicaux et 1 050 hPa au centre des hautes pressions (moyenne : 1 013 hPa). Elle diminue rapidement dans les premiers kilomètres de la *troposphère* : 750 hPa à 2,5 km, 500 hPa à 5,6 km et plus lentement au-delà. Dans les basses couches de l'atmosphère, la raréfaction de l'air est liée à la diminution des températures d'environ 0,6 °C tous les 100 m. Dans les couches atmosphériques supérieures, c'est la présence ou l'absence des gaz qui explique la répartition des températures. La zone chaude entre 25 et 50 km est due à la présence de la couche d'ozone, qui transforme une partie de l'énergie électromagnétique du Soleil en énergie thermique.

A

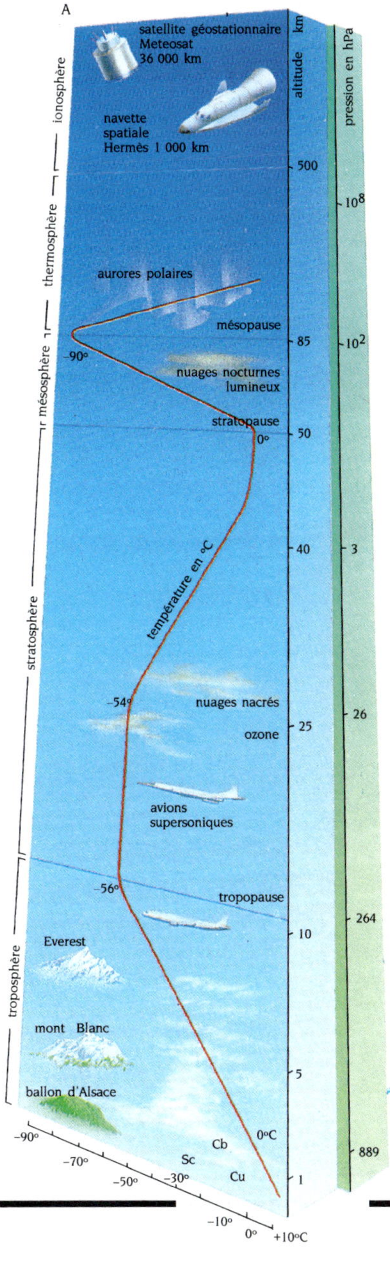

LES FORCES EN ACTION

VENT ET PRESSION ATMOSPHÉRIQUE

La force verticale. Il existe une force dirigée globablement vers le centre de la Terre : c'est la pesanteur. Cette force varie avec la masse de l'objet considéré (la quantité de matière) et avec l'altitude où il se trouve (son éloignement par rapport au centre de la Terre).

La *pression atmosphérique* en un lieu est produite, pour une unité de surface considérée, par le poids de la colonne d'air se trouvant au-dessus. Sa valeur moyenne au niveau de la mer est d'environ 1 013 hPa (hectopascals), mais elle varie d'une région à l'autre en relation avec l'altitude et la température de l'air. L'air chaud est plus léger que l'air froid ; il s'élève et la pression diminue. L'air froid, plus lourd, se comprime et la pression augmente.

Les forces horizontales. Ces forces expliquent les mouvements de l'atmosphère, on les divise en trois types principaux :
– les différences d'échauffement produisent des zones de hautes pressions (anticyclones) et de basses pressions. Entre ces zones s'établissent des forces horizontales dirigées des anticyclones vers les dépressions ;
– une autre force horizontale, la *force de Coriolis*, est due à la rotation de la Terre. Cette force dévie les masses d'air vers la droite dans l'hémisphère Nord et vers la gauche dans l'hémisphère Sud. Elle est nulle à l'équateur et maximale aux pôles ;
– enfin, le frottement de l'air sur la surface terrestre et entre les couches d'air freine les mouvements. Le vent horizontal est la résultante de ces trois forces. La vitesse (ou force) du vent dépend surtout des différences de pression : plus elles varient dans l'espace, plus le vent est fort.

B, C. **CIRCULATION DES VENTS**

On appelle *isobare* la ligne qui joint les points de même pression atmosphérique (B). Une *dorsale* est une zone de haute pression définie par des isobares non fermées, et un *talweg* (ou vallée) représente une zone de basse pression non fermée. Dans l'hémisphère Nord, les vents près du sol tournent autour d'un anticyclone (hautes pressions) dans le sens des aiguilles d'une montre et en sens inverse autour des dépressions. La rotation des vents est inversée dans l'hémisphère Sud. Quand un anticyclone est positionné sur l'ouest de la France (C) et qu'une dépression est centrée sur le golfe de Gênes, les vents qui circulent entre les deux sont canalisés par la vallée du Rhône et accélérés. Ce vent, le mistral, peut dépasser les 100 km/h dans le sud-est de la France.

B

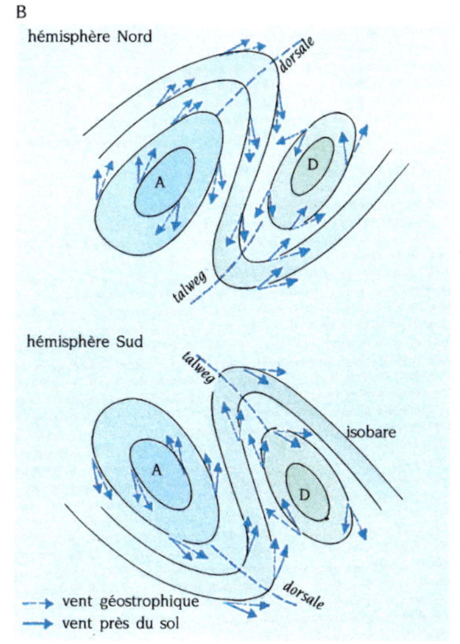

C

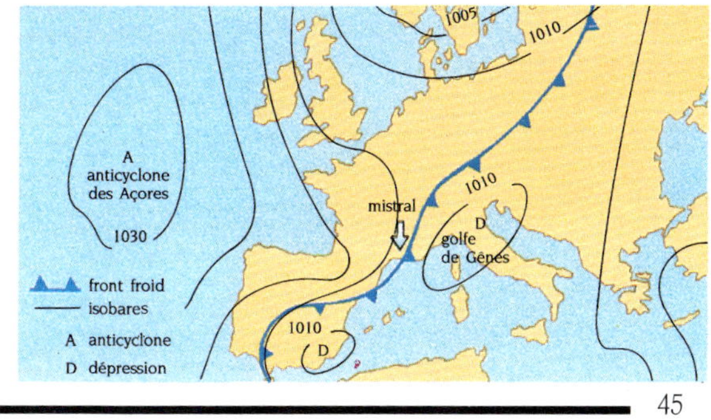

LES MOUVEMENTS ATMOSPHÉRIQUES

LES PRINCIPAUX VENTS

ALIZÉS, VENTS D'OUEST ET VENTS D'EST POLAIRES

■ LA PRESSION ET LES VENTS qui lui sont associés sont liés au bilan radiatif. Ils dépendent à la fois du cycle des saisons et de la répartition des terres et des océans, dont les propriétés thermiques sont différentes.

La zone intertropicale. Dans cette zone soufflent les alizés – vents orientés vers l'ouest (N.-E.–S.-O. dans l'hémisphère Nord et S.-E. –N.-O., dans l'hémisphère Sud) assez réguliers –, qui circulent sur le flanc équatorial des hautes pressions (ou *anticyclones*) subtropicales. Leur vitesse moyenne est de l'ordre de 20 km/h. Ce sont des vents secs sur les continents (harmattan d'Afrique occidentale) et au début de leur trajectoire sur l'est des océans. Lors de leur passage sur l'océan, ils se chargent progressivement d'immenses quantités de vapeur d'eau. Au passage de l'équateur, ils changent de direction sous l'action de la force de Coriolis, déterminant la mousson.

C'est au-dessus des océans chauds, dans le courant des alizés, que se forment les *cyclones*, dont les vents rotationnels très forts ravagent tout sur leur passage. La *zone de convergence intertropicale* constitue la limite entre la circulation des deux hémisphères. La pression y est en général faible et les masses d'air de chacun des hémisphères y convergent souvent, entraînant l'ascendance de l'air (origine dynamique). L'énergie solaire excédentaire dans la région explique aussi l'ascendance de l'air chaud et léger (origine thermique). À cette *ascendance* équatoriale est associée une descente (ou *subsidence*) au-dessus des tropiques : c'est la *cellule de Hadley*. La zone de subsidence correspond aux anticyclones quasi permanents s'étirant le long des tropiques.

Les zones tempérées et froides. La répartition moyenne des centres de pressions y est plus irrégulière que dans la zone intertropicale. Les *vents d'ouest* (ou *westerlies*) des latitudes tempérées soufflent environ la moitié de l'année dans l'hémisphère Nord, où leur trajectoire est souvent modifiée par les chaînes montagneuses orientées nord-sud (Rocheuses, Alpes françaises, chaîne scandinave, Oural, etc.). Ils sont plus réguliers (75 p. 100 du temps) dans l'hémisphère Sud, plus océanique. Les dépressions des zones tempérées se déplacent de l'ouest vers l'est, elles apportent la pluie et la neige dans les régions tempérées.

Enfin, il se forme en surface un anticyclone froid (d'origine thermique) au-dessus de chaque pôle. Tout autour de ces pôles circulent des *vents d'est* froids et secs.

LA CIRCULATION GÉNÉRALE

DES TRANSFERTS D'ÉNERGIE

■ LE BILAN RADIATIF du système Terre/atmosphère montre régionalement une zone excédentaire d'énergie entre 30° de latitude N. et le 30° de latitude S. et deux zones déficitaires au-delà. Des transferts d'énergie tendent à rétablir l'équilibre, d'une part, entre la surface terrestre excédentaire et l'atmosphère déficitaire (transferts verticaux) et, d'autre part, entre la zone intertropicale excédentaire et les zones déficitaires des latitudes moyennes et polaires (transferts essentiellement méridiens). L'essentiel de ce transfert entre basses et hautes latitudes (environ les 2/3) est véhiculé par l'atmosphère, le reste est transféré par les courants marins. La pression comporte un minimum vers l'équateur. Dans chaque hémisphère, on observe des maximums de pression vers les tropiques et des minimums vers 60° de latitude.

A

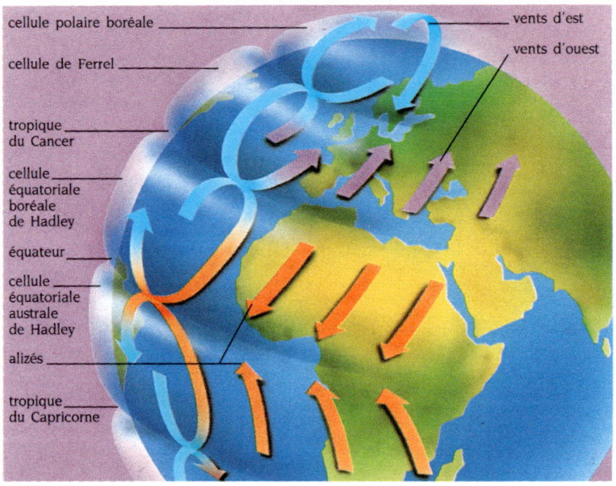

A. **CIRCULATION À L'ÉCHELLE PLANÉTAIRE**

Dans la zone intertropicale existe une *circulation atmosphérique cellulaire,* dite « de Hadley », avec déplacement de l'air vers le haut à l'équateur et vers le bas sous les tropiques. Dans la zone tempérée de chaque hémisphère apparaît une autre cellule, appelée *cellule de Ferrel,* avec ascendance de l'air vers 60° de latitude. Enfin, deux cellules apparaissent dans les régions polaires avec une branche descendante sur les pôles.

B

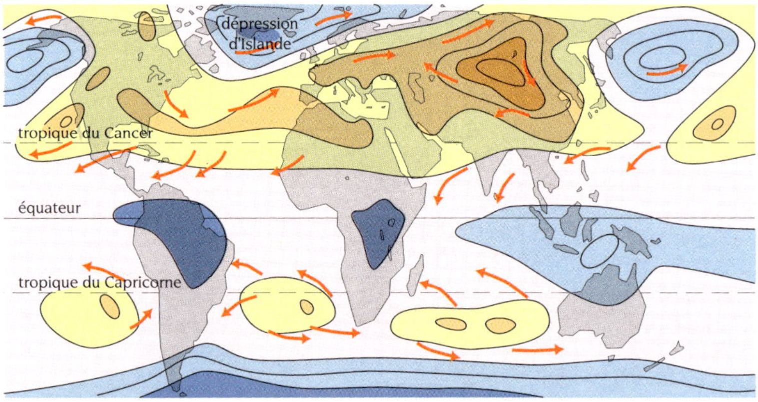

B. **CIRCULATIONS ATMOSPHÉRIQUES EN JANVIER**

En hiver, dans l'hémisphère Nord, apparaissent des hautes pressions d'origine thermique sur les masses continentales froides (Sibérie, nord du Canada). Lorsqu'elles se déplacent vers l'ouest, ces hautes pressions sont à l'origine des vents d'est glaciaux qui envahissent quelquefois les régions tempérées océaniques. D'autres centres de hautes pressions, mais d'origine dynamique, sont situés vers 30° de latitude N. Ils sont à l'origine des *alizés* qui soufflent vers l'équateur. La *zone de convergence intertropicale* est située près de l'équateur, sauf sur l'océan Indien, où elle est généralement plus au sud. Cette zone se déplace annuellement du sud (été austral) vers le nord (été boréal). Son déplacement en latitude est variable d'une région à l'autre. Il est très important sur l'océan Indien et sur l'Inde qui, en hiver, est une zone de hautes pressions.

C

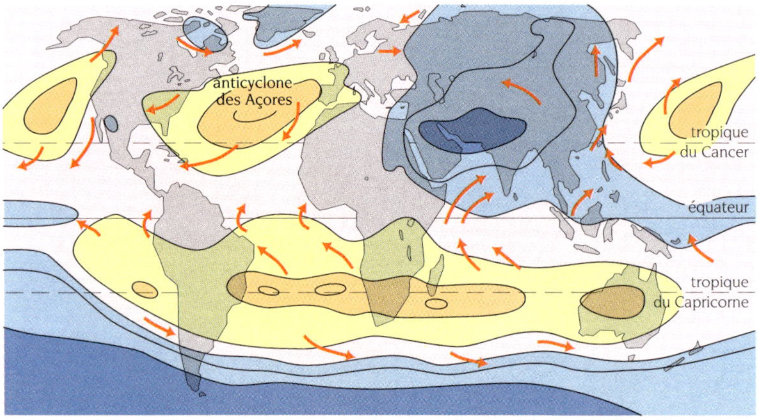

C. **CIRCULATIONS ATMOSPHÉRIQUES EN JUILLET**

En été, dans l'hémisphère Nord, les hautes pressions thermiques sont remplacées par des zones de basses pressions thermiques sur les continents surchauffés par le soleil. Les hautes pressions subtropicales d'origine dynamique se sont déplacées vers le nord. Elles diminuent alors l'intensité et la fréquence d'apparition des vents d'ouest des latitudes tempérées. La dépression thermique centrée sur l'Arabie et le Pakistan crée une circulation cyclonique qui dirige sur l'Inde de l'air chaud et humide venant de l'océan. Les vents changent de direction lorsqu'ils traversent l'équateur : c'est la *mousson.* La différence d'échauffement et de refroidissement entre le continent et l'océan voisin est la cause essentielle du renversement saisonnier des vents.

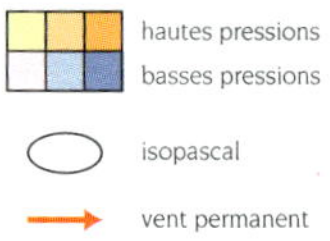

LES NUAGES ET LA PLUIE

A. **PERTURBATIONS CYCLONIQUES ET NUAGES ASSOCIÉS**

Les perturbations cycloniques des zones tempérées sont des phénomènes qui naissent entre les masses d'air polaire froides et les masses d'air tropical chaudes. Elles se déplacent de l'ouest vers l'est (image centrale). À l'approche du front chaud (coupe AB, en haut), on observe successivement : des nuages élevés (cirrus), des nuages de l'étage moyen (altostratus), enfin des nuages bas (nimbo-stratus) donnant des pluies. À l'arrivée de l'air froid postérieur (front froid), l'air chaud se soulève rapidement et apparaissent des nuages à développement vertical, du type cumulus, suivis d'autres nuages auxquels sont associées des pluies ou de la neige. Lorsque l'air froid postérieur rattrape l'air froid antérieur (coupe CD, en bas), l'air chaud intermédiaire est rejeté en altitude (coupe CD). On appelle ce phénomène une *occlusion*.

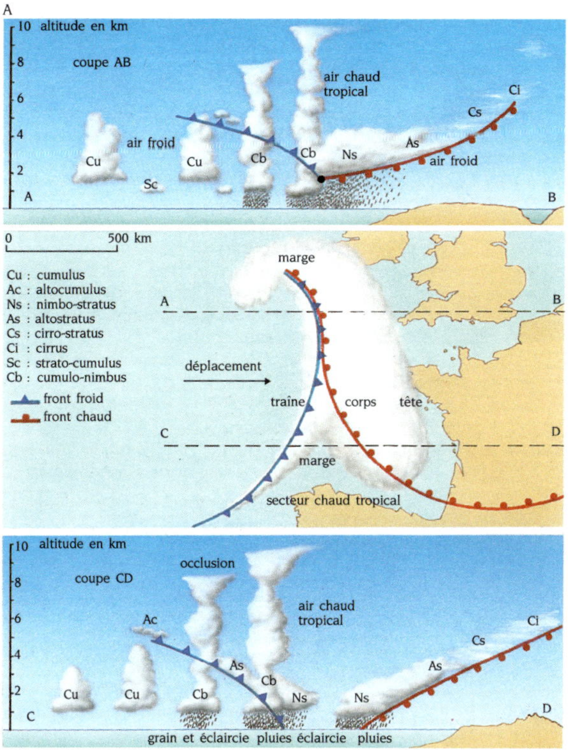

LA FORMATION DES NUAGES

QUAND L'EAU SE CONDENSE

■ L'AIR NE PEUT CONTENIR qu'une quantité limitée de vapeur d'eau. Cette quantité augmente avec la température (1 m^3 d'air peut au maximum contenir 1 g d'eau à −20 °C et 30 g à 20 °C). Si la température baisse, la vapeur se transforme en gouttelettes d'eau ou en cristaux de glace : c'est la *condensation*, passage de l'état gazeux (vapeur) à l'état liquide (eau) ou solide (glace), qui donne naissance aux nuages et aux brouillards. La condensation se produit par refroidissement de l'air lorsqu'une masse d'air marin arrive sur un continent froid en hiver (brouillards littoraux) ou sous l'effet de températures froides de nuit (rosée, brumes, brouillards givrants) ou encore par *ascendance* de l'air (nuages).

Les ascendances. Trois mécanismes peuvent intervenir :
– *ascendance orographique* : une masse d'air humide s'élève pour franchir un relief, se refroidit alors et ne peut plus contenir la même quantité de vapeur d'eau, qui se condense ;
– *ascendance dynamique* ou *convective* : l'air humide, réchauffé par la base (par exemple sur un sol chaud), devient instable et s'anime de multiples mouvements verticaux ; ainsi on appelle *ascendances thermiques* ou *thermiques* (au masculin) ces mouvements utilisés notamment en planeur pour monter jusqu'à 1 000 m et qu'une simple différence de quelques degrés, entre un champ de blé et un marécage par exemple, suffit à déclencher ;
– *ascendance frontale* : une masse d'air froide (lourde) rencontre une masse d'air chaude (légère) ; entre les deux se crée un front favorable à la condensation.

B.C.D.E.F.G. **TYPES DE NUAGES**

Les nuages à développement vertical trahissent une instabilité de l'air. Les *cumulus* (Cu) peuvent donner des pluies, les *cumulo-nimbus* (Cb) donnent des pluies fortes (grains) ou de la grêle.

Les nuages à développement horizontal sont classés en fonction de leur altitude : – au-delà de 6 km, les *cirrus* (Ci), les *cirro-stratus* (Cs) et les *cirro-cumulus* (Cc), qui ne donnent pas de pluie ; – entre 2,5 et 6 km, les *altocumulus* (Ac), qui donnent très peu de pluies, les *altostratus* (As), qui apportent des pluies fines ; – près du sol, les nuages à développement horizontal sont sombres et chargés d'eau : les *strato-cumulus* (Sc) donnent des pluies occasionnelles, les *nimbo-stratus* (Ns) et les *stratus* (St) forment du brouillard lorsque leur base touche le sol.

B

B. **Cumulus**

Nuage en forme de chou-fleur à base nette se formant dans les couches instables de l'atmosphère. Les particules s'élèvent tout en se refroidissant, la vapeur d'eau de l'air se condense en minuscules gouttes.

E

E. **Cumulo-nimbus**

Lorsque l'atmosphère est très instable et les courants ascendants très importants, des nuages d'orage se forment. Leur base est sombre et leur sommet brillant. Ils atteignent 10 km d'altitude aux latitudes tempérées et 15-16 km sous les tropiques.

C

C. **Altocumulus**

Nommés communément moutons, plus ou moins denses et bourgeonnants, ils sont principalement constitués de gouttes d'eau liquides formant des rouleaux et des bandes plus ou moins effilochés. Ils annoncent souvent un changement de temps.

F

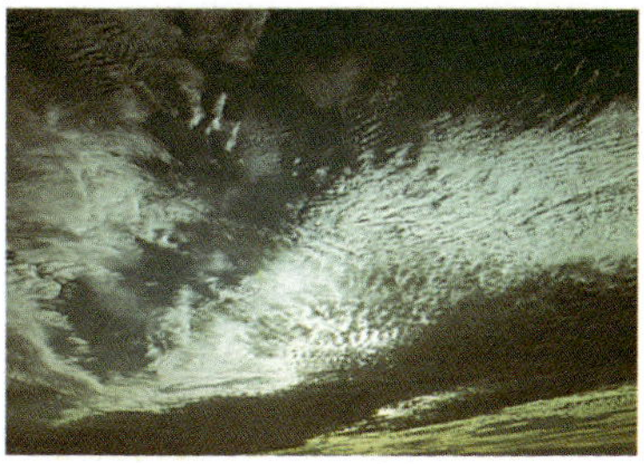

F. **Cirro-cumulus**

Nuages blancs pommelés, se suivant régulièrement, ils apparaissent à partir de 6 km d'altitude et sont donc, comme tous les cirrus, des nuages supérieurs avec une température à −30 °C.

D

D. **Nimbo-stratus**

Ils forment, entre 2 000 et 6 000 m d'altitude, une couche épaisse amorphe, pluvieuse et presque uniformément gris sombre, qui masque les rayons solaires. Ils donnent des précipitations continues de pluie ou de neige.

G

G. **Cirro-stratus**

Nuages de cristaux de glace, en voile, traduisant une stabilité de l'air en altitude, ils peuvent signaler un front chaud à l'avant d'une perturbation. Ils sont blanchâtres et dessinent un halo autour de la Lune et du Soleil.

LES NUAGES ET LA PLUIE

Les mouvements verticaux de l'air qui contient de la vapeur d'eau provoquent la formation de masses nuageuses plus ou moins importantes, responsables des précipitations.

L'INSTABILITÉ DE L'AIR

LA CAUSE DES PRÉCIPITATIONS

■ Lorsque l'air s'élève dans l'atmosphère, sa température varie selon son humidité :
– la température de l'air non saturé en vapeur d'eau diminue de 1 °C par 100 m d'élévation *(courbe adiabatique sèche)* ;
– pour un air saturé, la variation de température est de –0,5 °C par 100 m, car, au fur et à mesure de son élévation, il y a condensation et libération de chaleur, ce qui réduit le refroidissement *(courbe pseudo-adiabatique)*.

Si la variation verticale de température est inférieure à –0,5 °C par 100 m, une particule d'air, en s'élevant, va se trouver à une température inférieure à celle de l'air ambiant. Elle sera donc plus lourde et aura tendance à redescendre. Inversement, en descendant, la particule aura une température trop élevée et elle reprendra sa position initiale. Dans les deux cas, il y a *stabilité*, les nuages à développement vertical ne peuvent pas se former et il n'y a pas de précipitations.

Si, au contraire, le gradient vertical de température de l'air est fort (ex. : –1,2 °C par 100 m), en s'élevant, une particule se retrouvera toujours plus chaude et donc plus légère que l'air ambiant et elle continuera à s'élever. À l'inverse, si la particule subit une impulsion vers le bas, elle sera plus froide que l'air ambiant et s'affaissera encore *(instabilité)*.

Dans les régions équatoriales, l'air étant réchauffé par la base, le gradient de température est fort et l'instabilité peut se développer sur plusieurs kilomètres de haut ; on a alors des nuages à développement vertical du type cumulo-nimbus. Dans les régions tempérées, c'est l'arrivée d'air froid en altitude ou le réchauffement par la base de l'air sur un sol chaud en été qui créent l'instabilité.

LA MÉTÉOROLOGIE

La météorologie moderne a pris forme dans les années 1950-1960 avec l'apparition des nouvelles techniques de mesures et d'observation (satellite, radar, etc.), des moyens de communications rapides et de l'informatique.

Les techniques de mesure. Plus de 8 000 stations dans le monde (7 000 sur les continents et 1 000 sur les océans) enregistrent, automatiquement ou par l'intermédiaire d'un opérateur, la température, les précipitations, la pression atmosphérique, la direction et la force du vent ainsi que le taux d'humidité de l'air. Quelques centaines de stations disposent aussi de ballons-sondes enregistrant également ces paramètres jusqu'à 30 km d'altitude. Les satellites artificiels d'observation de la Terre donnent des images globales et répétitives de la couverture nuageuse et du taux d'humidité de l'air sur les continents et les océans. Dans quelques pays, les météorologistes disposent aussi de radars permettant de préciser la nature des nuages et la localisation des zones de précipitation dans un rayon de 150 kilomètres.

Le traitement des données d'observation. Les données sont rapidement transférées vers les centres de prévision, où elles sont enregistrées dans un ordinateur qui les utilise pour déduire le temps qu'il fera dans les jours à venir (de 1 à 5 jours en général). Pour simuler l'évolution du temps, on considère l'atmosphère comme un fluide régi par les lois de la mécanique et de la thermodynamique. La résolution des nombreuses équations mathématiques nécessite l'emploi des plus puissants ordinateurs. Pour une prévision de 24 heures, dans un pays de l'Europe de l'Ouest, il faut environ 4 000 observations de surface (terre et mer), 500 radiosondages et 100 mesures d'altitude, dans la totalité de l'hémisphère Nord, ce qui représente près de 15 millions d'opérations élémentaires. Les résultats sont cartographiés par ordinateur puis affinés à l'aide des images satellitaires.

L'ORAGE

UN TRANSFERT DE CHARGES ÉLECTRIQUES

■ Un orage est une perturbation atmosphérique donnant lieu à des manifestations électriques (éclairs) accompagnées de tonnerre et de précipitations (pluie, neige ou grêle), provoquée par d'importants transferts verticaux d'humidité et de chaleur.

La répartition des charges électriques provoque l'éclair. Celui-ci se produit entre les charges négatives se formant préférentiellement dans la zone où l'eau passe de la phase liquide à la phase solide (10 à 0 °C) et les charges positives existant dans le même nuage, dans un nuage voisin ou à la surface terrestre.

Le tonnerre, caractérisé par un bruit sec ou un roulement sourd, résulte de l'onde de choc de l'éclair, qui donne naissance à une onde acoustique audible.

A

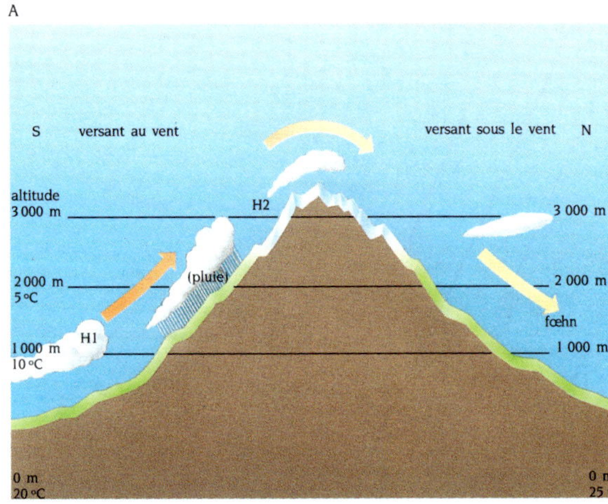

A. FŒHN

L'ascendance de l'air sur le versant au vent entraîne la condensation de la vapeur d'eau (H1), la formation des nuages et des précipitations. La température de l'air diminue jusqu'au sommet (H2). L'air qui redescend de l'autre côté contient moins de vapeur d'eau, il est non nuageux et sa température augmente. Les montagnes engendrent des effets de fœhn et sont responsables de la grande différence de climat et de végétation dans les régions où les vents soufflent souvent dans la même direction.

B

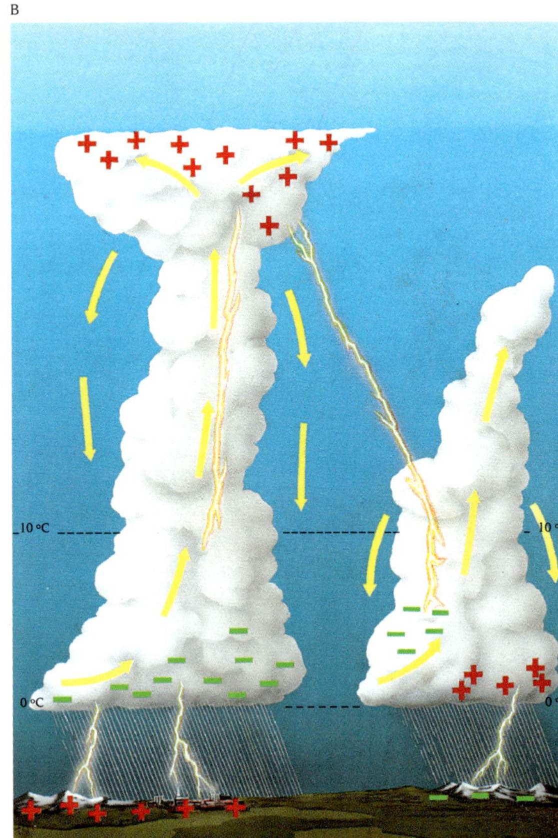

B. MÉCANISME DE L'ORAGE

Les mouvements verticaux rapides (ascendants et descendants) sont à l'origine des nuages cumuliformes dont la hauteur peut atteindre 10 km dans les régions tempérées et 16-17 km dans les régions intertropicales. La partie inférieure du nuage contient des charges électriques négatives, concentrées dans la zone où la température de l'eau est proche de 0 °C. Il existe aussi, dans de nombreux cas, une charge positive, localisée au cœur de ces charges négatives, comme dans le nuage de droite. La partie supérieure, plus froide, ne contient, elle, que des charges positives. L'éclair, phénomène électrique accompagné d'un phénomène optique, se produit entre ces charges électriques opposées, soit à l'intérieur du même nuage, soit entre deux cellules voisines ou encore entre le nuage et le sol. La décharge peut aussi, mais plus rarement, jaillir d'édifices élevés ou de montagnes vers le nuage.

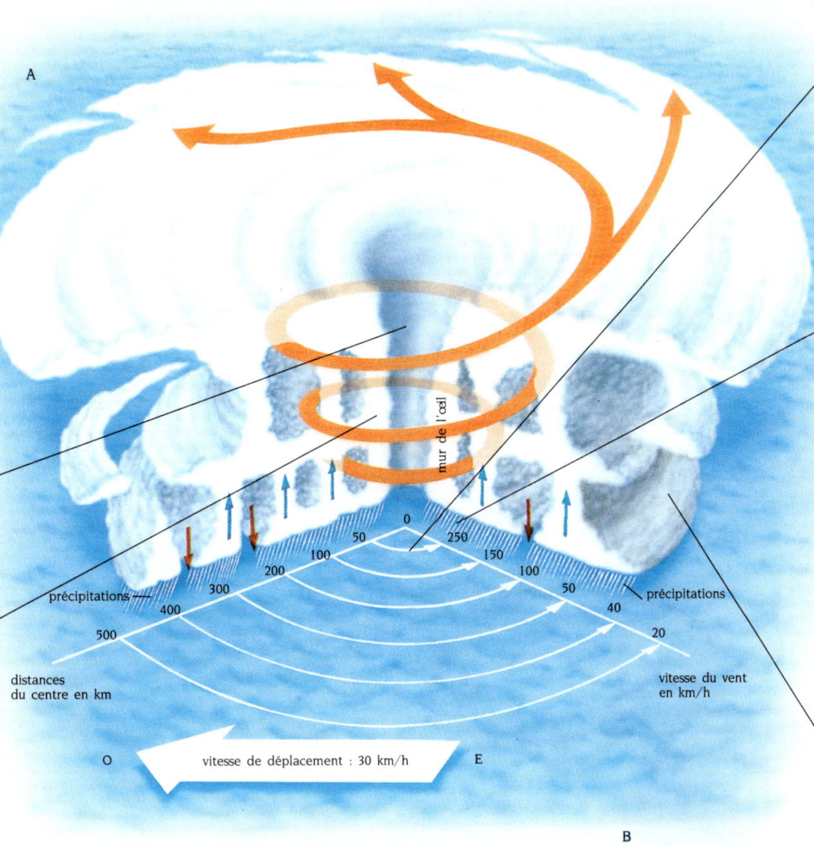

A. **COUPE SCHÉMATIQUE D'UN CYCLONE**

Le terme « cyclone » désigne les centres de basse pression, mais il est utilisé plus particulièrement pour désigner les perturbations tropicales accompagnées de vents supérieurs à 120 km/h. Un cyclone se déplace de l'est vers l'ouest avec une vitesse moyenne sur la mer d'environ 30 km/h ; lors de son passage sur l'océan, le niveau de la mer peut s'élever de 3 à 8 mètres.

Œil du cyclone

C'est une zone de subsidence de l'air où le vent est faible et le ciel clair. Son rayon varie de 5 à 20 kilomètres.

Couronne principale

Son importance varie en fonction de l'intensité et de l'état d'évolution du cyclone. Large de quelques dizaines de kilomètres à l'origine, la couronne principale peut atteindre 200 km pour les cyclones les plus importants lorsqu'ils atteignent leur maturité.

Vents

Les vitesses maximales sont observées à proximité de l'œil, dans une zone où les vents peuvent dépasser 300 km/h et où les nuages cumuliformes forment un mur quasi continu pouvant atteindre 15 km de haut.

Pluies

Près de l'œil du cyclone, l'ascendance tourbillonnaire de l'air est brutale, la pression est basse et les pluies abondantes (50 cm/jour). À la rencontre d'un relief, les pluies augmentent considérablement. Le passage du cyclone Hyacinthe, en 1980, a apporté plus de 6 m d'eau en 7 jours sur l'île de la Réunion.

Couronne extérieure

De 100 à 200 km de largeur, elle correspond à la zone d'accélération des alizés alimentant le cyclone par la base.

LES CYCLONES TROPICAUX

DES VENTS SUPÉRIEURS À 120 KM/H

■ LES CYCLONES TROPICAUX appartiennent à la famille des perturbations tropicales et portent des noms différents selon les régions : *typhon* en Extrême-Orient, *hurricane* ou ouragan dans l'Atlantique nord, la mer des Caraïbes et le nord-ouest de l'océan Pacifique, *Willy-Willy* en Australie, *baggio* aux Philippines et *cyclone* dans le sud-ouest des océans Indien et Pacifique.

La première condition pour qu'un cyclone tropical se forme est l'établissement de mouvements d'ascendance. Cela suppose la présence d'une grande quantité d'eau à une température supérieure à 26 °C sur une profondeur océanique de plusieurs dizaines de mètres. Cette condition limite la formation des cyclones à la zone intertropicale (30° N.-25° S.). De plus, à l'intérieur de cette zone, ils sont inexistants là où les hautes pressions subtropicales sont quasi stationnaires (l'est de l'océan Atlantique, par exemple).

Les cyclones sont également absents à l'équateur, car la force de Coriolis est très faible et des remontées d'eau de mer froide (phénomène nommé *upwelling*) empêchent leur formation. D'autres conditions sont nécessaires :
– convergence de l'air dans les basses couches de l'atmosphère pour alimenter le phénomène ;
– divergence en altitude pour évacuer les flux des basses couches ;
– absence de vents forts dont la présence « cisaillerait » le cyclone.

Classification des perturbations tropicales. Les perturbations tropicales ont toutes en commun la présence de vents tournants, les vents rotationnels. Ces perturbations sont classées par les météorologistes d'après la *vitesse du vent soutenu*. Cette mesure correspond à la vitesse maximale moyenne des vents rotationnels pour une minute. Trois catégories ont été définies :
– les dépressions tropicales, quand cette vitesse reste inférieure à 1 km/min ;
– les tempêtes tropicales, quand elle est comprise entre 1 et 2 km/min ;
– les cyclones tropicaux, quand elle est supérieure à 2 km/min.

La prévision des cyclones. L'observation des océans, et en particulier des facteurs propices à la formation des cyclones, ainsi que les études statistiques établies à partir des documents historiques donnent une première information permettant de prendre des mesures préventives à long terme. Les modèles numériques mis au point dans les pays développés permettent aujourd'hui d'estimer l'évolution des cyclones dont la trajectoire peut être suivie par les satellites météorologiques. Le Centre européen de prévision avait estimé, près de six jours à l'avance et avec une bonne précision, la trajectoire du cyclone Hugo, qui a dévasté la Guadeloupe dans la nuit du 16 au 17 septembre 1989. Les mesures préventives ont ainsi permis de limiter les dégâts matériels et surtout les pertes en vies humaines, qui, dans le passé, étaient considérables.

B

B. **TORNADES ET TROMBES**

Ces phénomènes sont caractérisés par de forts tourbillons sporadiques matérialisés par une colonne nuageuse en forme d'entonnoir (le *tuba*) dont le diamètre varie de quelques mètres à quelques centaines de mètres. Leur durée de vie est de quelques heures.

C

C. **PERTURBATIONS SUR LA MER DE BÉRING**

Les vents et les nuages des perturbations cycloniques de la zone tempérée tournent dans le sens des aiguilles d'une montre dans l'hémisphère Sud et en sens inverse dans l'hémisphère Nord. À la différence des perturbations cycloniques des régions tropicales, les perturbations cycloniques de la zone tempérée se déplacent de l'ouest vers l'est entre les masses d'air tropicales et polaires. Cette photo a été prise à 900 km d'altitude par le satellite NOAA.

LES CLIMATS DU MONDE

La climatologie a pour objectif de décrire, d'analyser et d'expliquer les climats dans leur répartition spatiale. Le climat est donc ainsi défini comme l'état moyen de l'atmosphère (température, pluviométrie, humidité) en un lieu donné, considéré dans sa succession habituelle.

LA MOSAÏQUE CLIMATIQUE

ZONES ET ZONATION

■ Les facteurs cosmiques et planétaires déterminent un découpage en grandes zones (« zonation ») : zones *thermiques* (hautes latitudes froides, basses latitudes chaudes, etc.), zones *dynamiques* (anticyclones subtropicaux, etc.), zones *d'affrontement* (front polaire, convergence intertropicale) et, enfin, les zones d'*humidité* (tendances pluviométriques à l'emplacement des affrontements, d'où pluies aux latitudes moyennes et aux basses latitudes).

Des facteurs géographiques introduisent des altérations dans ce schéma zonal suscité par les facteurs cosmiques et planétaires. Il s'ensuit des anomalies thermiques et pluviométriques. La finesse de la compréhension augmente au fur et à mesure que l'espace décrit se réduit. On peut citer quatre grands niveaux de zonation climatique : climat zonal, climat régional, climat local et microclimat.

Les climats zonaux. À cette échelle, on distingue le climat des régions tempérées et froides, où le bilan radiatif annuel est déficitaire, et le climat des régions intertropicales, où il est excédentaire.

Les climats régionaux. Ils concernent une échelle spatiale de quelques centaines de milliers à quelques millions de kilomètres carrés. Leur extension est liée aux grands mouvements de l'atmosphère, tels les anticyclones. À cette échelle, l'influence des grands massifs montagneux est prise en compte. Pour la compréhension des traits climatiques majeurs du globe, cette échelle est cohérente.

Les climats locaux. Ils dépendent du climat régional mais aussi de la topographie ou du bilan radiatif local. Une forêt, une agglomération ou un littoral peuvent connaître un climat spécifique. À cette échelle, les reliefs ont un rôle important, car ils canalisent les masses d'air et favorisent la formation des brises.

Les microclimats. Leur extension varie de quelques mètres à quelques centimètres. Ils sont étroitement dépendants de l'énergie solaire et des mouvements de l'air de faible ampleur. Ainsi, dans une forêt, le sous-bois sera plus frais que le sommet des arbres.

A. **BRISE DE MONTAGNE**

Après le coucher du soleil, par temps calme, l'air se refroidit plus à proximité des cimes que dans la vallée. Il devient donc plus lourd et descend vers le fond de la vallée. On ressent d'ailleurs particulièrement sa fraîcheur en fin de nuit et au début du jour.

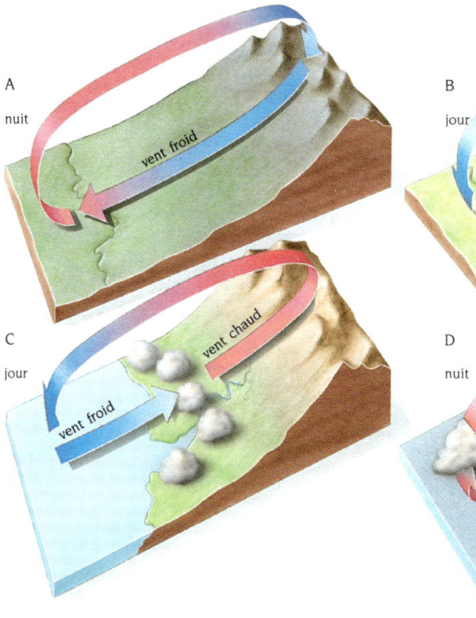

B. **BRISE DE VALLÉE**

Dans la journée, l'air s'élève car il est plus chaud dans le fond que sur les hauteurs. En se refroidissant lors de son ascension, la vapeur d'eau contenue dans l'air se condense et il peut se former de petits cumulus éphémères.

C. **BRISE DE MER**

Le jour, l'air situé au-dessus de la terre se réchauffe plus qu'au-dessus de la mer et il s'élève, provoquant une dépression. L'air marin, plus frais, vient prendre sa place. En s'élevant, l'air se refroidit et de petits cumulus se forment le long des côtes.

D. **BRISE DE TERRE**

La brise de mer faiblit progressivement en fin d'après-midi. La nuit, l'air devient plus froid sur la terre que sur la mer et il se déplace vers le littoral. On ressent tout particulièrement la fraîcheur de la brise de terre au lever du jour.

Climat montagnard
Même rythme pluviométrique que dans les plaines voisines, mais diminution des températures d'environ 0,6 °C tous les 100 mètres.

Climat polaire
Été frais ou froid, hiver très froid, précipitations rares.

Climat continental
Été chaud et orageux, hiver très froid.

Climat océanique
Hiver doux, été frais, alternance de précipitations et d'éclaircies.

Climat méditerranéen
Été chaud et sec, hiver assez doux, pluies orageuses au printemps et en automne.

E. **CLIMATS DU MONDE**

Les climats régionaux s'expliquent par :
– des différences de latitude (les régions polaires reçoivent trois fois moins d'énergie solaire que les régions équatoriales) ;
– l'inégale répartition des terres et des mers (différence d'échauffement entre terre et mer, courants marins) ;
– l'influence de la circulation atmosphérique et des massifs montagneux.
La classification présentée ici tient compte des températures (sont considérés comme chauds les climats à température minimale de 15 °C chaque mois) et d'un indice pluviométrique.

E

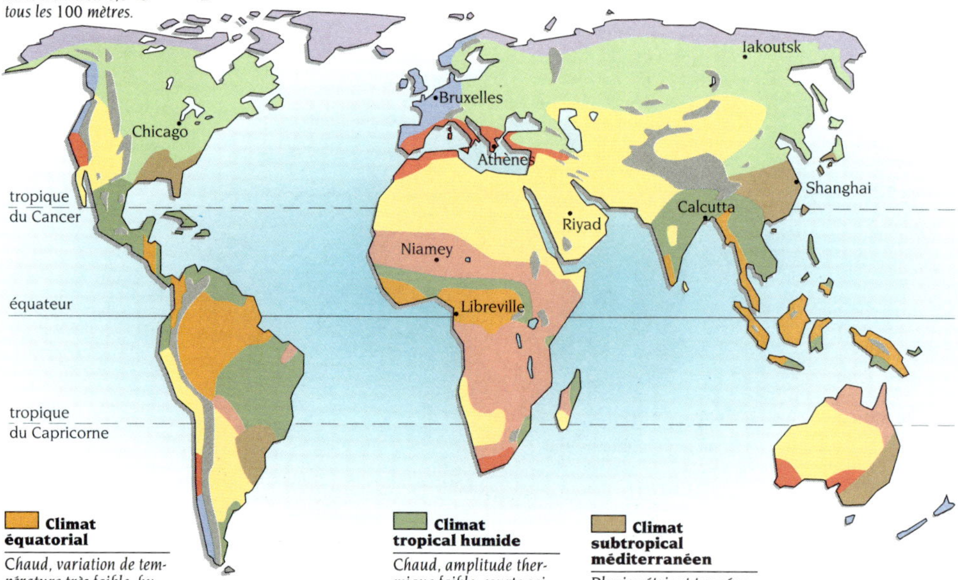

Climat tropical sec
Chaud, grande amplitude thermique diurne, longue sécheresse d'été.

Climat équatorial
Chaud, variation de température très faible, humide toute l'année.

Climat tropical humide
Chaud, amplitude thermique faible, courte saison sèche.

Climat subtropical méditerranéen
Pluviométrie et températures peu contrastées.

Climat aride
Chaud sous les tropiques, frais dans les zones tempérées, pluies faibles et irrégulières.

LE CLIMAT ÉQUATORIAL

CHALEUR ET HUMIDITÉ RÉGULIÈRES

■ CE CLIMAT CONCERNE une grande partie de l'Amazonie et de la cuvette du Congo ; on le rencontre aussi en Guyane, en Indonésie, en Nouvelle-Guinée et dans les îles du Pacifique central. Les températures y sont régulièrement chaudes (environ de 25 à 28 °C en plaine), mais ce ne sont pas les plus élevées que l'on observe sur la planète. Il y a peu de différence entre les températures du jour et de la nuit, car le ciel est très souvent nuageux, ce qui empêche la chaleur terrestre d'être réfléchie vers l'espace. Les quantités de pluies annuelles sont supérieures à 1,5 m et elles peuvent atteindre 10 m au pied des montagnes. Les précipitations se produisent, sous forme d'averses, surtout en fin d'après-midi, car le réchauffement du sol provoque l'ascendance de l'air, qui engendre des pluies convectives. L'évaporation de l'eau est inférieure à l'apport pluvial et l'air est très humide toute l'année.

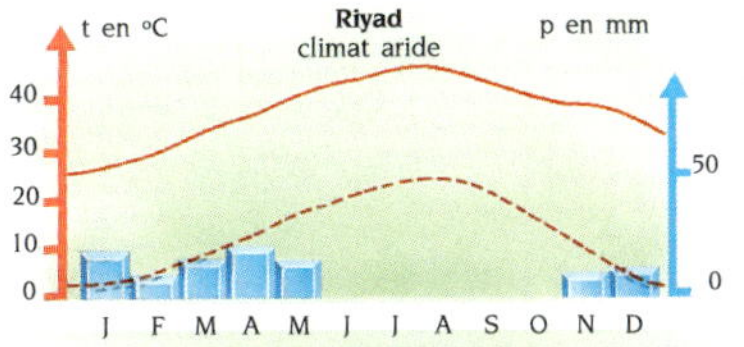

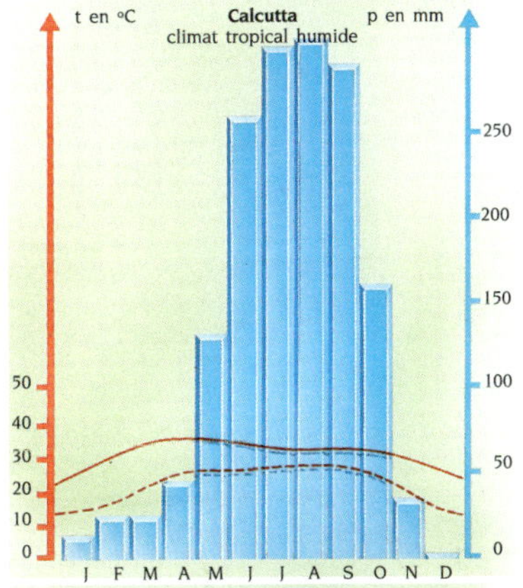

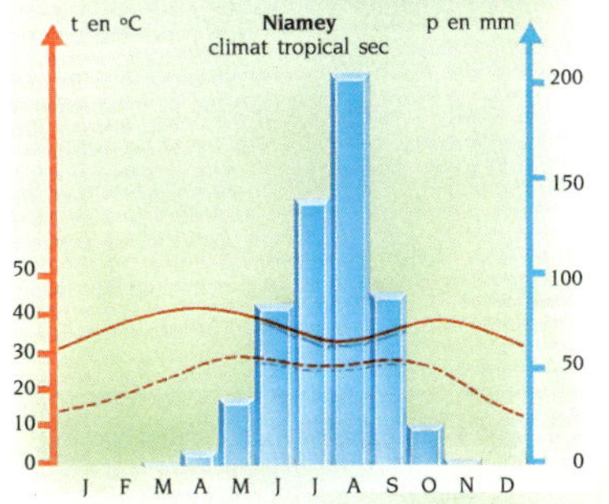

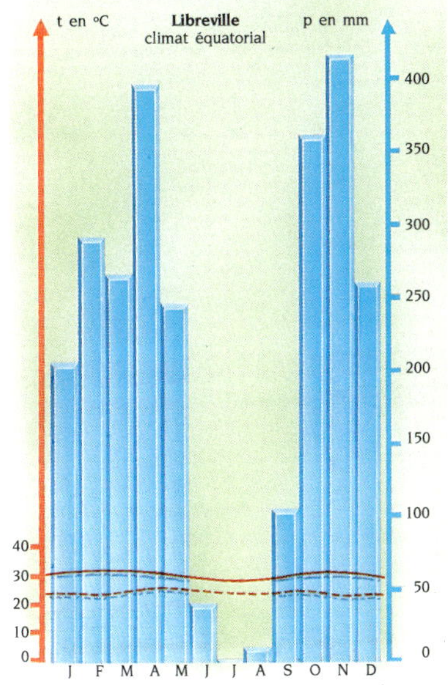

t = température p = précipitations

LES CLIMATS TROPICAUX

HUMIDITÉ OU SÉCHERESSE

■ CES CLIMATS COUVRENT de vastes étendues de part et d'autre de la zone équatoriale et sont caractérisés par l'absence de période de refroidissement marqué. La température moyenne du mois le plus froid est toujours supérieure à 15 °C. Les écarts diurnes et annuels de température y sont toutefois plus importants que sous le climat équatorial.

Sous ces climats, les pluies sont provoquées par le passage de la zone de convergence intertropicale vers le nord en été boréal et vers le sud en été austral. Le volume total des pluies ainsi que la durée de la saison sèche varient avec la latitude : globalement, plus on s'éloigne de l'équateur, plus la saison sèche augmente et plus les pluies diminuent. La saison des pluies a lieu en été, mais l'Afrique orientale (Kenya-Tanzanie) et la côte du Liberia connaissent deux saisons des pluies, l'une au printemps, l'autre en automne. Ailleurs, les pluies durent de 7 à 9 mois dans les régions proches du domaine équatorial, où les hauteurs d'eau sont d'environ 1,5 m. Elles durent de 2 à 6 mois près des déserts, où les pluies sont plus faibles. Cela permet de distinguer :

– le climat tropical humide avec un hiver sec et frais et un été très arrosé ; cela correspond au climat de mousson ;

– le climat tropical sec qui subit une longue saison sans pluie de 7 à 10 mois ; durant la courte saison des pluies estivales, les températures se situent autour de 30 °C.

Sous les climats tropicaux, les variations pluviométriques d'une année sur l'autre sont à l'origine de profonds bouleversements socio-économiques. Les sécheresses prolongées, par leurs rigueurs et leurs extensions, entraînent l'exode et parfois la disparition des populations.

LES CLIMATS ARIDES

DE GRANDS ÉCARTS JOURNALIERS DE TEMPÉRATURE

■ SOUS LES CLIMATS arides chauds, les journées sont très chaudes et les nuits fraîches (le gel peut apparaître). Les pluies sont très faibles et irrégulières. On distingue :

– les grands déserts chauds, saharien et arabique, la température peut y dépasser les 50 °C ;

– les déserts côtiers (Sud-Ouest africain, nord du Pérou), aussi chauds que les précédents mais où l'air est humide et la rosée matinale parfois abondante, bien que la grande stabilité de l'air y empêche toute précipitation ;

– les marges désertiques, moins sèches pendant 2 à 3 mois, car les pluies du domaine tempéré (Maghreb) ou du domaine tropical (nord du Sahel) peuvent les atteindre.

Les déserts continentaux sous climat tempéré ont un hiver sec et froid. Ils ne sont pas atteints par la circulation d'ouest des autres régions tempérées parce que plusieurs milliers de kilomètres les séparent des sources d'humidité (Asie) ou parce que de hauts massifs empêchent l'arrivée de l'air humide (Amérique).

A. MÉCANISME DE LA MOUSSON INDIENNE

La mousson est un phénomène réduit à la basse et à la moyenne troposphère (jusqu'à environ 5 km d'altitude). Son « moteur » est donc influencé par des facteurs géographiques.
Au printemps et en été, le soleil réchauffe les masses continentales et océaniques de l'hémisphère Nord qui transmettent une partie de la chaleur à l'air sus-jacent. Mais, sur mer, l'air se réchauffe moins que sur la terre, car une grande partie de l'énergie solaire est utilisée pour évaporer l'eau. Sur terre, l'air plus chaud s'élève davantage et il est remplacé par un air humide venant de l'océan : le flux de mousson. Lorsque ce flux parvient au-dessus du continent, il se réchauffe et s'élève à son tour pour passer sur les reliefs. La vapeur d'eau se condense, les nuages convectifs se forment et il pleut sur les régions littorales de l'Inde.
La chaleur latente, libérée par la condensation de la vapeur d'eau, réchauffe l'air, ce qui renforce l'ascendance et intensifie le flux de mousson. Puis les températures du sol et de l'air sus-jacent diminuent, car les nuages limitent l'ensoleillement et une plus grande quantité d'énergie est utilisée pour évaporer l'eau sur les sols humides. La zone de réchauffement pénètre plus à l'intérieur du continent et est suivie par la zone de précipitations. Les grands mécanismes de la mousson indienne sont indépendants de ceux qui règnent plus à l'est (Malaisie, Chine et Japon).

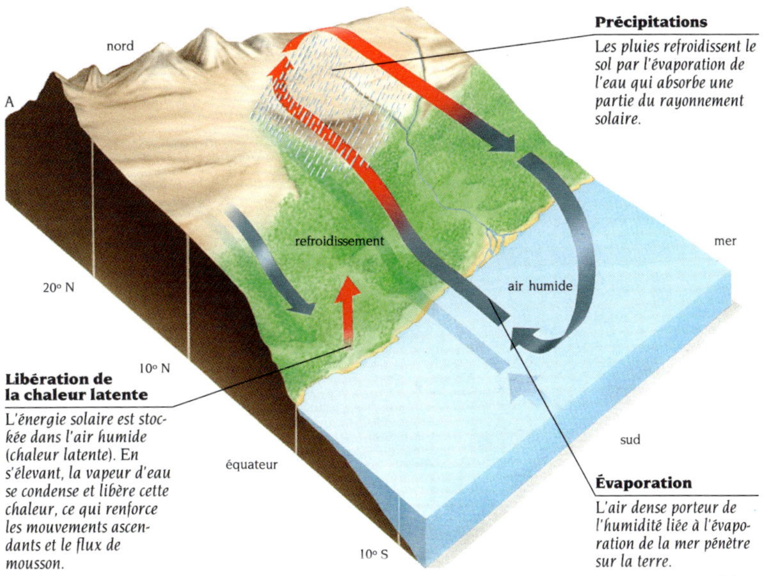

LES CLIMATS DU MONDE

CLIMATS CHINOIS ET MÉDITERRANÉEN

ÉTÉ CHAUD, HIVER COURT

■ CES CLIMATS FORMENT la transition entre le domaine tropical et le domaine tempéré des moyennes latitudes.

Le climat méditerranéen s'étale autour de la mer Méditerranée mais apparaît aussi, plus ponctuellement, en Californie, au Chili, à l'extrémité de l'Afrique du Sud et au sud de l'Australie. En saison froide, la circulation d'ouest domine ; les perturbations tempérées apportent des précipitations (de 300 à 1 000 mm) parfois brutales et orageuses. Les hivers sont assez doux, mais des vents forts et froids peuvent souffler sur le nord du bassin méditerranéen (mistral, bora). En saison chaude, les hautes pressions subtropicales s'installent et empêchent les vents humides d'ouest de souffler ; le beau temps sec et chaud domine (Athènes, par exemple). Le monde méditerranéen connaît des années très sèches, où domine la circulation tropicale, et des années plus arrosées, où la circulation tempérée l'emporte.

Le climat chinois (Chine orientale, Corée, sud du Japon et du Brésil) est caractérisé par un été également chaud mais pluvieux et un court hiver, froid et sec (c'est le cas de Shanghai).

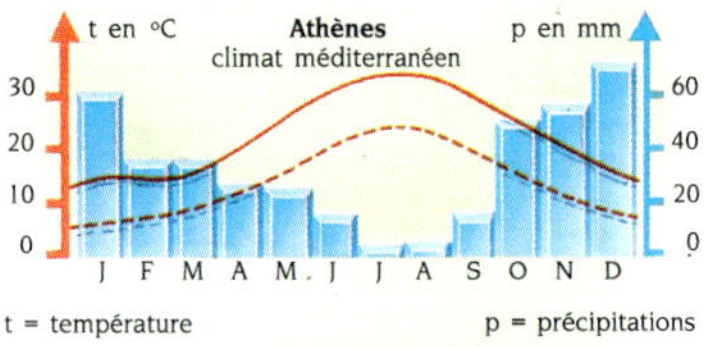

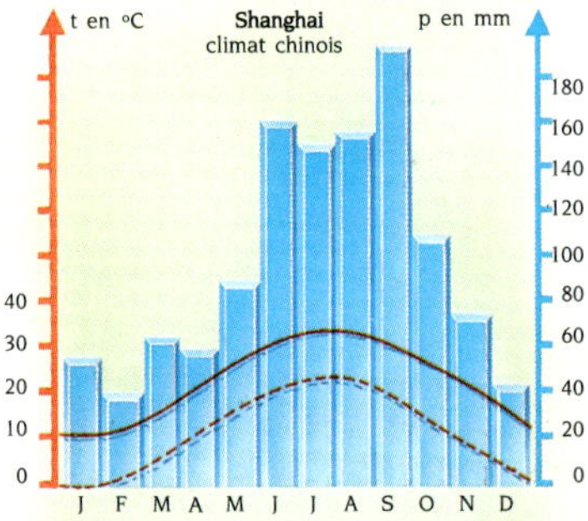

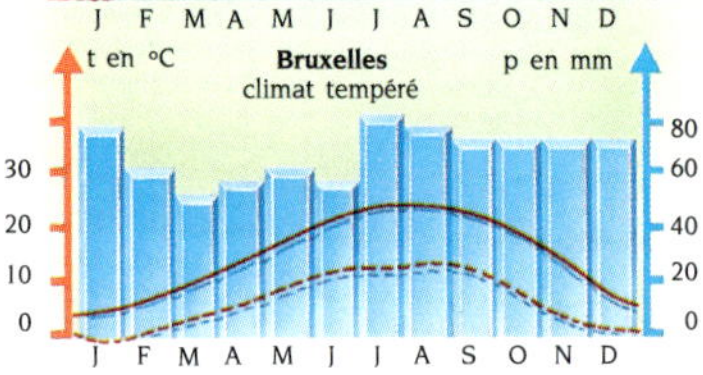

LE CLIMAT OCÉANIQUE

HUMIDE ET TEMPÉRÉ

■ EN RAISON DE LA PROXIMITÉ des courants marins chauds, l'hiver est peu marqué et l'été est doux. L'amplitude annuelle des températures est faible (5 °C sur le littoral). Les pluies sont abondantes avec un minimum estival au sud du domaine (nord de la péninsule Ibérique, Bassin aquitain, Californie). Les autres régions tempérées sont plus arrosées et plus fraîches (nord-ouest de l'Europe et des États-Unis, sud du Chili, Nouvelle-Zélande). Vers l'intérieur de l'Europe, le climat se dégrade progressivement : l'hiver devient plus froid et l'été plus chaud, les amplitudes annuelles dépassent 15 °C.

Sous climat océanique, le vent d'ouest souffle fréquemment : pluies, éclaircies et vents alternent rapidement.

Plus rarement, un anticyclone recouvre ces régions, le beau temps s'installe alors : froid en hiver, chaud et sec en été. La persistance d'un temps anticyclonique est responsable des saisons exceptionnelles : hiver 1956 très froid, été 1976 chaud et très sec en Europe.

LES CLIMATS CONTINENTAUX

UN HIVER FROID ET LONG

■ CES CLIMATS S'ÉTENDENT dans l'hémisphère Nord entre 45° et 65° de latitude, à l'intérieur et dans l'est des continents. L'hiver y est froid (–6 °C en janvier à Moscou) et il dure longtemps. L'intensité du froid augmente et la quantité de neige diminue à mesure que l'on pénètre à l'intérieur des continents. Le ciel est souvent clair et le froid vif est renforcé par le couvert neigeux qui se met en place dès l'automne. Le printemps est court, mars est souvent froid ; les températures augmentent rapidement en avril et en mai. L'été est chaud et relativement pluvieux avec de courtes nuits tièdes (20 °C à Chicago). L'air est humide à cause de l'évaporation sur les immenses superficies de lacs et de marais créés par la fonte des neiges. L'automne, ainsi que le printemps, sont très brefs.Le cœur de l'Amérique du Nord et de l'Eurasie échappent à l'influence océanique : c'est le climat hypercontinental (comme à Iakoutsk). Le climat de l'est des continents est aussi très rude à cause de la proximité des courants marins froids : courant du Labrador en Amérique du Nord, Oyashio en Asie.

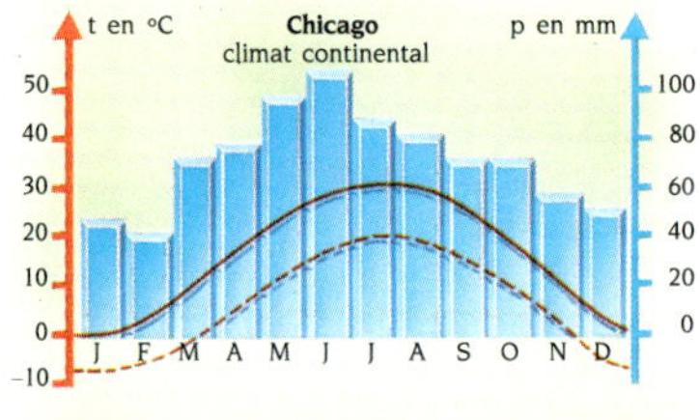

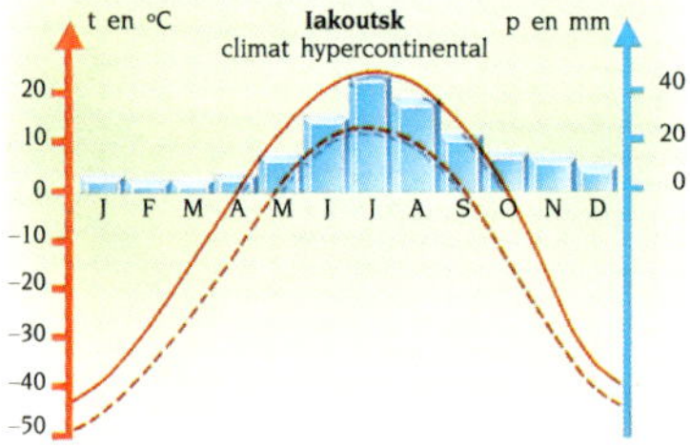

A. **CLIMAT ET ALTITUDE**

Les versants qui regardent vers le nord dans l'hémisphère Nord (appelés *ubac, ombrée* ou *envers*) reçoivent beaucoup moins d'énergie solaire que les versants opposés, plus directement ensoleillés *(adret, endroit, soulane)*. Les hommes préfèrent ces derniers pour y installer villages et cultures, alors que les versants à l'ubac, ombragés et humides demeurent le domaine des forêts.

A

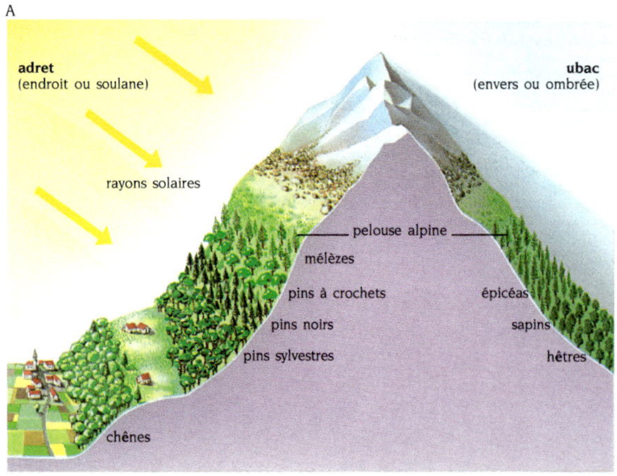

LES CLIMATS POLAIRES

UN FROID PERMANENT

■ À L'EXCEPTION DE LA SCANDINAVIE, les régions situées au-delà du cercle polaire (67e parallèle) subissent un climat froid en permanence.

L'hiver, les températures moyennes sont inférieures à –20 °C ; l'été reste très frais et aucune journée n'est à l'abri des gelées. La rigueur du froid est plus intense dans les régions continentales que dans les régions littorales. La station de Vostok, au cœur de l'Antarctique oriental, détient le record mondial de la température la plus basse avec –89,2 °C, enregistrée le 21 juillet 1983.

Les précipitations, essentiellement sous forme neigeuse, se produisent surtout en été, elles sont rares sous le climat perpétuellement glacial du Groenland et de l'Antarctique et faibles au nord de la Sibérie (neige et pluie). Les régions polaires océaniques (côte ouest du Groenland, nord de l'Alaska, de la Finlande et de la Russie d'Europe) connaissent un climat moins rude et des précipitations plus abondantes : de 300 à 500 mm par an. Enfin, les îles et les archipels bénéficient de températures plus clémentes, mais la neige y est abondante : ce climat, géographiquement polaire mais climatologiquement « clément », est le climat subpolaire.

LES CLIMATS DE MONTAGNE

La température de l'air, en montagne, diminue d'environ 0,6 °C tous les 100 m. Mais la forme du relief modifie localement la répartition des températures. Par temps calme, l'air froid, plus dense que l'air chaud, s'accumule dans le fond des vallées encaissées. La température de l'air à quelques centaines de mètres au-dessus de la vallée est alors supérieure à celle du fond.

L'ascendance de l'air entraîne la formation de nuages. Les montagnes des régions arides, plus fraîches et plus arrosées que les déserts proches, sont favorables à l'occupation humaine (Yémen, Andes colombiennes, Tadjikistan...). Les chaînes montagneuses constituent de véritables barrières à la circulation atmosphérique et opposent un versant arrosé exposé aux masses d'air humides *(versant au vent)* à un versant sec abrité de ces masses *(versant sous le vent)*. Au-delà d'une certaine hauteur, l'*optimum pluviométrique*, l'air a condensé l'essentiel de sa vapeur d'eau et les précipitations diminuent progressivement.

LES FORMATIONS VÉGÉTALES

L'ÉTUDE DE LA RÉPARTITION des êtres vivants à la surface du globe et l'analyse les causes qui déterminent cette répartition sont nettement plus developpées dans le domaine végétal que dans le domaine animal. De même, le milieu terrestre est mieux connu que le milieu marin.

LA BIOGÉOGRAPHIE

DES CLIMATS, DES RÉGIONS ET DES ÊTRES VIVANTS

■ SCIENCE CHARNIÈRE, la biogéographie vise à établir des rapports entre la distribution géographique des animaux et des végétaux et les facteurs physiques liés au climat, au relief, aux sols et, de plus en plus, aux activités humaines. Cette science est parfois subdivisée en une biogéographie végétale, ou *phytogéographie,* et une biogéographie animale, ou *zoogéographie.* La biogéographie couvre donc un vaste domaine et doit s'appuyer sur des sciences aussi diverses que la géographie, la taxinomie, la botanique, la zoologie, la paléontologie et l'écologie.

Biomes et formations végétales. L'étude des aires de répartition des *groupes systématiques* (familles, genres, espèces), et des modifications de ces aires au cours du temps, fait l'objet d'une branche de la biogéographie, la *chorologie.* Cependant, la biogéographie étudie également les *communautés* d'organismes appartenant à des groupes différents. Entre les immenses communautés correspondant aux grands milieux (terrestre, marin et des eaux douces) et celles des éléments du paysage (un lac, un bois, par exemple), le niveau étudié est celui des *biomes,* vastes communautés du milieu terrestre, dont la physionomie est en fait celle des principales *formations végétales* du paysage (prairies, savanes, forêts...).

UN ARISTOTE MODERNE

Le baron prussien Alexander von Humboldt (1769-1859) peut être considéré comme le fondateur de la biogéographie. Esprit ouvert et curieux, grand voyageur, sans soucis financiers, imprégné des cultures germanique et française, il part en compagnie du naturaliste français Aimé Bonpland en Amérique latine et visite les *llanos* (plaines couvertes de savanes du Venezuela central), la Colombie, le Pérou, où il étudie le grand courant marin auquel il a donné son nom ; il a été surnommé « l'Aristote moderne » en raison de son énorme production écrite et de son savoir encyclopédique. Berthollet, un contemporain, disait de lui : « Cet homme réunit toutes les académies en lui », et Goethe le comparait « à une fontaine aux bouches nombreuses ». Sa *Géographie des plantes,* publiée en 1805, constitue un des textes créateurs de la biogéographie, bien que le terme n'y soit pas utilisé. Les treize volumes des *Voyages aux régions équinoxiales* et les cinq volumes du *Cosmos, essai d'une description physique du monde* fourmillent d'idées nouvelles. Outre la biogéographie, Humboldt a contribué à faire émerger de nombreuses disciplines scientifiques modernes : la climatologie, l'océanographie, la glaciologie, l'anthropologie et l'ethnologie.

A. FORMATIONS VÉGÉTALES

Cette carte montre la répartition des formations végétales, qui correspondent à de vastes unités écologiques de physionomie homogène, les *biomes,* dont l'extension et la répartition sont influencées par le climat.

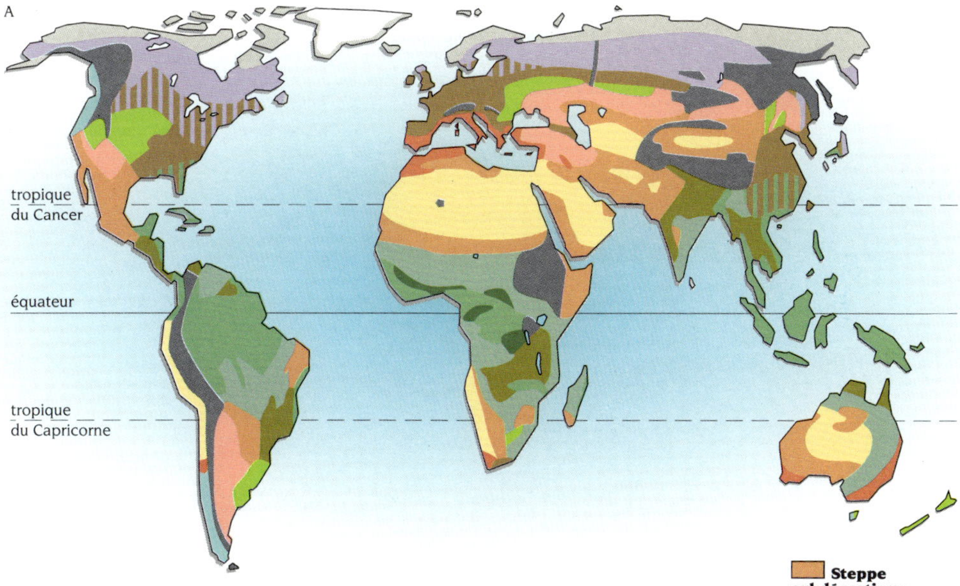

Forêt boréale ou taïga

C'est la plus vaste étendue forestière du globe (près de 30 p. 100 de la forêt mondiale). Cette forêt de conifères s'étend de l'Atlantique au Pacifique en Amérique du Nord, de la Scandinavie à la Sibérie orientale en Eurasie. Vers le nord, le mélèze se mêle souvent aux sapins.

Forêt sclérophylle méditerranéenne

Elle est dite « sclérophylle »parce que les arbres portent des feuilles bien adaptées à la sécheresse. Elle montre des formes dégradées, qu'il s'agisse de la garrigue, du chaparral californien et mexicain, du matorral chilien ou du mallee-scrub australien.

Forêt pacifique nord-américaine

Elle s'étend presque exclusivement du sud de l'Alaska à la Californie et elle est formée de grands conifères. Son extension nord-sud, exceptionnelle pour une formation végétale de cette ampleur, résulte de l'exposition aux influences océaniques.

Forêt mixte boréale

Mêlant les conifères et les feuillus, elle borde le sud de la forêt boréale de conifères et se développe essentiellement au nord de la prairie canadienne et autour des Grands Lacs.

Forêt dense de l'hémisphère Sud

Elle occupe les versants occidentaux des reliefs, abondamment arrosés, toujours humides, frais sans être froids et fréquemment enveloppés de brouillards. Elle est développée surtout dans le sud du Chili et en Nouvelle-Zélande.

Forêt mixte des zones tempérées

Elle borde le nord de la forêt tropicale et est surtout présente en Asie, occupant la majeure partie de la Chine orientale et du centre du Japon. Sa surface est plus restreinte en Louisiane.

Forêt caducifoliée tempérée

Formée essentiellement d'arbres à feuilles caduques, elle occupait (avant l'intervention de l'homme) la majeure partie de l'Europe. Elle est largement présente aux États-Unis (la forêt appalachienne est la plus grande forêt caducifoliée du monde).

Forêt tropicale à rythme saisonnier

La proportion d'arbres à feuilles caduques s'accroît en même temps que la longueur de la saison sèche (Afrique australe, nord-est de l'Inde et intérieur de la péninsule indochinoise).

Forêt ombrophile tropicale

Elle est caractéristique des zones constamment chaudes et humides. Elle constitue la forêt dite équatoriale, appelée également forêt dense.

Savane

On peut distinguer : la savane herbeuse (avec davantage d'arbres que la prairie, mais confinés au bord des rivières où ils forment les forêts-galeries), présente notamment dans l'est de l'Australie, et la savane arborée, développée en Afrique mais aussi au Brésil (campo cerrado et limpo) et au Venezuela (llanos).

Parc tropical

C'est une dégradation de la forêt dense, là où la sécheresse saisonnière apparaît, et qui s'en distingue par un plus grand espacement entre les arbres, qui ont toutefois des couronnes jointives, contrairement à ceux de la savane arborée.

Prairie

C'est une formation herbacée dépourvue d'arbres. On la trouve surtout dans le nord de l'Amérique mais aussi dans le sud de la Russie (parfois sous le nom impropre de steppe) et en Amérique du Sud.

Toundra

L'aggravation des conditions thermiques entraîne la disparition de la forêt boréale au profit de la toundra, qui est une formation basse, herbacée, buissonnante.

Steppe continentale tempérée

Formation ouverte herbacée, très fragile, souvent dégradée en bad-lands, notamment par les troupeaux, bordant la prairie (Russie) ou occupant les bassins des Rocheuses (Amérique du Nord).

Steppe subdésertique

Elle comprend des plantes ligneuses aux feuilles petites mais aux racines développées et des plantes grasses aux formes et dimensions très variées. Elle borde souvent les déserts ou, en Amérique du Nord, le chaparral mexicain.

Végétations d'altitude

La forêt est développée dans le Nord-Ouest américain humide, la steppe occupe la majeure partie de l'Asie centrale et des hauts plateaux andins, la prairie est présente sur les hauts plateaux d'Afrique orientale.

LES FORMATIONS VÉGÉTALES

QU'EST-CE QU'UNE FORMATION VÉGÉTALE ?

UN ENSEMBLE HOMOGÈNE

■ L'ALLEMAND GRISEBACH a proposé dès 1838 la première définition d'une formation végétale. Il s'agit d'un «... groupe de plantes présentant un caractère physionomique défini, comme une prairie, une forêt, etc. »

La notion de formation végétale permet de décrire de façon commode les grands traits de la végétation d'un territoire étendu. Étroitement liées aux conditions climatiques et géographiques, les formations végétales caractérisent les grands milieux terrestres et représentent les premiers éléments de l'étude écologique de ces milieux. Sans citer de nom particulier de plante, il est possible de donner une fiche signalétique extrêmement fouillée d'un ensemble végétal en utilisant les critères de taille (haute et basse), de stratification (monostrate ou pluristrate), de densité (ouverte ou fermée), d'étendue spatiale, d'aspect (uniforme ou en mosaïque), de quantité de matière vivante par unité de surface (biomasse) ou de renouvellement de la matière (productivité), ainsi qu'en précisant les rythmes saisonniers (feuilles persistantes ou feuilles caduques).

Aux noms usuels des formations végétales : forêts, landes, prairies..., il a été nécessaire d'ajouter des qualificatifs, soit géographiques (boréal, équatorial, tropical...), soit écologiques (océanique, hygrophile, halophile...), soit biologiques (sempervirent, caducifolié...), soit taxonomiques (steppe à alfa, lande à bruyère, garrigue à thym, forêt de chênes...), pour permettre une meilleure description des grandes formations végétales du globe appelées aussi *biomes*.

A

A. **PRAIRIE**

Les prairies naturelles couvrent de très grandes surfaces sur le globe : savanes, pelouses, alpages. La prairie est par excellence la formation végétale de l'Ouest américain et canadien.
Aux États-Unis, elle est limitée par les Rocheuses et le Mississippi. Les auteurs américains distinguent la *tall grass,* ou prairie à grandes herbes, et la *short grass,* prairie à herbes rases (armoises notamment). L'exemple de prairie pris ici dans le parc national de Yellowstone, dans le Wyoming, est situé légèrement en dehors de l'espace géographique classique de la prairie, mais c'est un des seuls endroits où sont représentés les reliquats protégés des grands troupeaux de bisons qui rassemblaient des centaines de milliers de têtes avant leur extermination au XIXe siècle.

B

B. **TOUNDRA**

La toundra est la formation végétale la plus septentrionale de l'hémisphère Nord, avant les étendues glacées. La photographie prise dans le Nord canadien montre une végétation basse, rase, représentant une faible masse dans un milieu amphibie au drainage indécis. L'énorme pustule, au centre de la photo, correspond à une structure qualifiée par les géomorphologues d'*hydrolaccolite* ou de *pingo* par les Inuit. Il s'agit d'une grosse lentille de glace, sorte d'œuf gigantesque d'eau gelée qui boursoufle le sol. La fusion de la glace substituera une cuvette à la colline actuelle. En dehors des Barren Grounds canadiens, la toundra couvre la façade maritime septentrionale de la Russie, le nord de la Scandinavie et la Terre de Feu.

C

C. **STEPPE**

Formation végétale constituée d'herbes adaptées à la sécheresse (xérophytes), de petite taille, en tapis discontinus. Les steppes sont parfois les formes de dégradation de la forêt, dites « pseudo-steppes ».
La steppe à arganiers, que l'on voit sur cette photo, est strictement localisée dans le Sud marocain, sur le piémont du Haut Atlas et dans la plaine du Sous, dans l'arrière-pays d'Agadir. Elle se forme dans un contexte climatique semi-aride. L'arganier est une plante à l'aire de répartition originale, dite « macaronésienne »(Canaries et Madère). Le pâturage de la végétation herbacée par les chèvres, qui n'hésitent pas parfois à grimper dans les arbustes pour brouter leur feuillage, contribue à entretenir la physionomie originale de cet écosystème.

D

D. **FORÊT**

La forêt du parc national d'Iguazu, au Brésil, présente un exemple caractéristique de forêt dense, à proximité du tropique du Capricorne. Dite aussi « pluviale » *(« rainforest »)*, cette forêt est caractérisée par la variété et la dispersion des espèces d'arbres. Les méandres de l'Iguazu, affluent du Paraná, sont bien soulignés par le manteau forestier homogène qui s'étend jusque sur ses berges. De rares clairières trouent la forêt. Sur le fond de ciel bleu, le système nuageux, avec au centre un gros cumulus en enclume, évoque l'ambiance humide de cette forêt *ombrophile* (qui aime la pluie). Dans le moutonnement relativement régulier des cimes, quelques arbres plus élevés se distinguent : ce sont les arbres *émergents*.

RÉFÉRENCES

Airy (sir George Biddell), astronome britannique (Alnwick, Northumberland, 1801 – Londres 1892). Il donna, le premier, la théorie complète de la formation de l'arc-en-ciel.

Argelander (Friedrich), astronome allemand (Memel 1799 – Bonn 1875). On lui doit le premier grand catalogue d'étoiles, le Bonner Durchmusterung (BD), donnant la position et l'éclat de plus de 324 000 étoiles.

Aristarque de Samos, astronome grec (Samos 310 – v. 230 av. J.-C.). Il fut le premier à émettre l'hypothèse de la rotation de la Terre sur elle-même et autour du Soleil et à tenter une mesure des distances de la Terre à la Lune et au Soleil.

astrométrie, partie de l'astronomie ayant pour objet la mesure de la position des astres et la détermination de leurs mouvements.

astronomie, science qui étudie la position, les mouvements, la structure et l'évolution des corps célestes.

astrophysique, partie de l'astronomie qui étudie la constitution, les propriétés physiques et l'évolution des astres.

Battānī (al-), astronome arabe (Ḥarrān, Mésopotamie, auj. Turquie, v. 858 – Qasr al-Djiṣṣ, près de Sāmarrā, 929). Ses observations permirent une meilleure connaissance des mouvements apparents du Soleil et des planètes. Il a laissé un grand traité d'astronomie, le *Zīdj*.

Bayer (Johann), astronome allemand (Rain, Bavière, 1572 – Augsbourg 1625). Auteur du premier atlas céleste imprimé (1603), il a introduit 12 constellations nouvelles ainsi que l'usage de désigner les étoiles de chaque constellation par des lettres grecques, d'après leur éclat apparent.

Bertrand (Marcel), géologue français (Paris 1847 – *id.* 1907). Fondateur de la tectonique moderne, il a étudié les charriages.

biogéographie, science qui étudie la répartition des espèces vivantes et les causes de cette répartition. Elle se divise en deux branches : la géographie botanique, ou phytogéographie, et la géographie zoologique, ou zoogéographie.

Brahe (Tycho), astronome danois (Knudstrup 1546 – Prague 1601). À partir de 1576, il fit édifier dans l'île de Hveen, dans le Sund, un observatoire astronomique qu'il équipa de grands instruments grâce auxquels il effectua les observations astronomiques les plus précises avant l'invention de la lunette. Celles de la planète Mars permirent à Kepler d'énoncer les lois du mouvement des planètes. Brahe établit un catalogue d'étoiles, montra que les comètes ne sont pas des phénomènes atmosphériques et découvrit certaines inégalités du mouvement de la Lune ainsi que la variation de l'obliquité de l'écliptique.

Buys-Ballot (Christophorus Henricus Diderícus), météorologiste néerlandais (Kloetinge 1817 – Utrecht 1890). Il a établi la règle déterminant la localisation du centre d'une dépression d'après l'observation de la direction des vents.

Chandrasekhar (Subrahmanyan), astronome américain d'origine indienne (Lahore 1910). Auteur de travaux d'astrophysique stellaire, il a établi que les naines blanches ne peuvent avoir une masse supérieure à 1,4 fois celle du Soleil. (Prix Nobel 1983.)

climatologie, étude scientifique des climats.

Copernic (Nicolas), astronome polonais (Toruń 1473 – Frauenburg, auj. Frombork, 1543). Au terme de longues années d'études et de réflexion, il fit l'hypothèse du mouvement de la Terre et des autres planètes autour du Soleil. Publiée en 1543 dans un traité intitulé *De revolutionibus orbium coelestium libri VI*, cette conception rendait compte des principaux phénomènes astronomiques connus à l'époque bien plus simplement que le système de Ptolémée admis jusque-là. Mais, déniant à la Terre tout rôle privilégié dans l'Univers, elle souleva de nombreuses critiques, notamment dans l'Église. Ce n'est qu'après l'invention de la lunette, au XVIIe siècle, que sa validité fut définitivement reconnue. En rompant avec la conception géocentrique du monde, l'œuvre de Copernic a marqué un tournant dans l'histoire de la pensée et du progrès scientifique.

cosmologie, branche de l'astronomie qui étudie la structure et l'évolution de l'Univers considéré dans son ensemble.

cristallographie, étude scientifique des cristaux et des lois qui président à leur formation.

Demolon (Albert), agronome et biologiste français (Lille 1811 – Paris 1954), auteur de recherches en pédologie et en physiologie végétale.

De Sitter (Willem), astronome et mathématicien néerlandais (Sneek 1872 – Leyde 1934). Il a été l'un des premiers à appliquer la théorie de la relativité à la cosmologie.

Draper (Henry), astronome américain (Prince Edward County, Virginie, 1837 – New York 1882). Il fut le premier à photographier des spectres d'étoiles (1872 – 1873). Son nom reste attaché au catalogue fondamental des spectres stellaires.

Dreyer (Johan), astronome danois (Copenhague 1852 – Oxford 1926). On lui doit le catalogue, connu par les initiales NGC (1888), donnant la position de plus de 10 000 nébuleuses et galaxies observées visuellement.

Eddington (sir Arthur Stanley), astronome et physicien britannique (Kendal 1882 – Cambridge 1944). Sa théorie de l'équilibre radiatif des étoiles (1916-1924) lui a permis de déterminer la masse, la température et la constitution interne de nombreuses étoiles.

Einstein (Albert), physicien américain d'origine allemande (Ulm 1879 – Princeton 1955). Il étudia le mouvement brownien des particules et expliqua l'effet photoélectrique. Ses théories de la relativité restreinte (1905) et de la relativité générale (1916) ont révolutionné la physique. (Prix Nobel 1921.)

Ératosthène, mathématicien, astronome et philosophe grec de l'école d'Alexandrie (Cyrène v. 284 – Alexandrie v. 192). Grâce à la mesure ingénieuse d'un arc de méridien, il fut le premier à évaluer correctement la circonférence de la Terre.

Eudoxe de Cnide, astronome et mathématicien grec (Cnide v. 406 – 355 av. J.-C.). Il imagina un ingénieux système cosmologique (sphères homocentriques) pour rendre compte des mouvements célestes observés, au moyen d'une combinaison de mouvements circulaires uniformes, conformément aux idées de Platon.

Flammarion (Camille), astronome français (Montigny-le-Roi, Haute-Marne, 1842 – Juvisy-sur-Orge 1925). Auteur de nombreux ouvrages de vulgarisation, parmi lesquels une célèbre *Astronomie populaire* (1879), et fondateur de la Société astronomique de France (1887).

Galilée (Galileo Galilei, dit), physicien, astronome et écrivain italien (Pise 1564 – Arcetri 1642). Au terme de nombreuses expériences, il a découvert la loi de la chute des corps dans le vide. En introduisant l'emploi de la lunette astronomique (1609), il a également été à l'origine d'une révolution dans l'observation de l'Univers. Il découvrit notamment les reliefs de la Lune, les principaux satellites de Jupiter, les phases de Vénus et la présence d'étoiles dans la Voie lactée. Il a soutenu les conceptions de Copernic sur les mouvements de la Terre et des autres planètes autour du Soleil (« ... et pourtant, elle tourne !.. »).

Galle (Johann), astronome allemand (Pabsthaus 1812 – Potsdam 1910). En 1846, il découvrit la planète Neptune, sur les indications de Le Verrier qui en avait prévu l'existence par le calcul.

géochimie, étude de la répartition des éléments chimiques dans les roches, de leur origine, de leur nature et de leur comportement au cours des phénomènes géologiques.

géologie, science qui a pour objet la description des matériaux qui constituent le globe terrestre (composition, forme...) et l'étude des transformations actuelles et passées subies par la Terre.

géomorphologie, discipline qui a pour objet la description et l'explication des formes du relief terrestre.

géophysique, étude, par les moyens de la physique, de la structure d'ensemble du globe terrestre et des mouvements qui l'affectent.

Halley (Edmond), astronome britannique (Haggerston, près de Londres, 1656 – Greenwich 1742). Auteur de nombreuses recherches concernant la géophysique, la météorologie et l'astronomie, il reste surtout connu pour son étude du mouvement des comètes (1705) et pour avoir le premier prédit par le calcul le retour de l'une d'entre elles près du Soleil.

Haüy (abbé René Just), cristallographe français (Saint-Just-en-Chaussée, Oise, 1743 – Paris 1822), l'un des créateurs de la cristallographie.

Herschel (sir William), astronome britannique d'origine allemande (Hanovre 1738 – Slough 1822). Il réalisa, en amateur, de nombreux télescopes qui lui permirent, entre autres, de découvrir la planète Uranus (1781) ainsi que deux de ses satellites (1787), puis deux satellites de Saturne (1789).

→

Tycho Brahe

Nicolas Copernic

Camille Flammarion

Edmond Halley

René Just Haüy

RÉFÉRENCES

Fondateur de l'astronomie stellaire, il fut le premier à étudier systématiquement les étoiles doubles. Vers 1800, il découvrit les effets thermiques du rayonnement infrarouge.

Hipparque, astronome grec du IIe s. av. J.-C. Il peut être considéré comme le fondateur de l'astronomie de position. Il découvrit la précession des équinoxes et réalisa le premier catalogue d'étoiles. Il jeta aussi les bases de la trigonométrie.

Hubble (Edwin Powell), astrophysicien américain (Marshfield, Missouri, 1889 – San Marino, Californie, 1953). Il établit l'existence de galaxies extérieures à celle qui abrite le système solaire (1923-1924). Puis, se fondant sur le rougissement systématique du spectre des galaxies interprété comme un effet Doppler-Fizeau, il formula une loi empirique selon laquelle les galaxies s'éloignent les unes des autres à une vitesse proportionnelle à leur distance (1929) et conforta ainsi la théorie de l'expansion de l'Univers.

Humboldt (Alexander von), scientifique allemand (Berlin 1769 – Potsdam 1859), il explora l'Amérique tropicale et l'Asie centrale. Ses travaux contribuèrent au développement de la climatologie, de la biogéographie et de la volcanologie.

hydrologie, science qui traite des propriétés mécaniques, physiques et chimiques des eaux marines et continentales.

Kepler (Johannes), astronome allemand (Weil der Stadt, Wurtemberg, 1571 – Ratisbonne 1630). Partisan convaincu du système héliocentrique de Copernic, il découvrit, grâce aux observations précises de Tycho Brahe, dont il fut l'assistant puis le successeur, les lois du mouvement des planètes (lois de Kepler) : 1° les orbites des planètes sont des ellipses dont le Soleil occupe l'un des foyers (1609) ; 2° les aires balayées par le rayon vecteur joignant le centre du Soleil au centre d'une planète sont proportionnelles aux temps mis à les décrire (1609) ; 3° les carrés des périodes de révolution sidérale des planètes sont proportionnels aux cubes des grands axes de leurs orbites (1619).

La Caille (abbé Nicolas Louis de), astronome et géodésien français (Rumigny 1713 – Paris 1762). Il participa à la vérification de la méridienne de France (1739) et se livra à une étude approfondie du ciel austral, au cap de Bonne-Espérance (1750-1754), relevant les positions de plus de 10 000 étoiles et créant 14 constellations nouvelles.

Lalande (Joseph Jérôme Lefrançois de), astronome français (Bourg-en-Bresse 1732 – Paris 1807). On lui doit l'une des premières mesures précises de la parallaxe de la Lune (1751), des travaux de mécanique céleste et un catalogue d'étoiles (1801).

Laplace (Pierre Simon, marquis de), astronome, mathématicien et physicien français (Beaumont-en-Auge 1749 – Paris 1827). Auteur de travaux se rapportant à la mécanique céleste et au calcul des probabilités, il est surtout célèbre par son hypothèse cosmogonique (1796) selon laquelle le système solaire serait issu d'une nébuleuse en rotation.

Leavitt (Henrietta), astronome américaine (Lancaster, Massachusetts, 1868 – Cambridge, Massachusetts, 1921). La relation qu'elle découvrit, en 1912, entre la luminosité des céphéides (étoiles de luminosité variable) et leur période de variation d'éclat est à la base d'une méthode d'évaluation des distances des amas stellaires et des galaxies.

Lemaître (Mgr Georges), astrophysicien et mathématicien belge (Charleroi 1894 – Louvain 1966). Auteur d'un modèle relativiste d'Univers en expansion (1927), il formula ensuite la première théorie cosmologique selon laquelle l'Univers, primitivement très dense, serait entré en expansion à la suite d'une explosion (1931).

Le Verrier (Urbain), astronome français (Saint-Lô 1811 – Paris 1877). Spécialiste de mécanique céleste, il fut, par ses calculs, à l'origine de la découverte (par l'Allemand Galle) de la planète Neptune (1846). Directeur de l'Observatoire de Paris (1854-1870 et 1873-1877), il élabora une théorie du mouvement de la Lune et il organisa la centralisation et la diffusion des informations météorologiques en France et en Europe.

Lockyer (sir Joseph Norman), astronome britannique (Rugby, Warwickshire, 1836 – Salcombe Regis, Devon, 1920). Spécialiste de la spectroscopie solaire, il découvrit la chromosphère du Soleil et, en 1868, dans le spectre des protubérances, en même temps que Janssen, la présence d'un nouvel élément, alors inconnu sur la Terre, l'hélium. Il a fondé la revue scientifique *Nature* (1869).

Messier (Charles), astronome français (Badonviller 1730 – Paris 1817). Il découvrit 16 comètes et en observa 41, mais il reste surtout célèbre pour son catalogue de 103 nébulosités galactiques ou extragalactiques (1784).

météorologie, branche de la géophysique qui se consacre à l'observation des éléments du temps (températures, précipitations, vents, pressions, etc.) et à la recherche des lois des mouvements de l'atmosphère, notamment en vue de la prévision du temps.

minéralogie, branche de la géologie qui traite des minéraux ainsi que de leurs propriétés physiques et chimiques et de leur formation.

Mohorovičić (Andrija), géophysicien yougoslave (Volosko 1857 – Zagreb 1936). Il a découvert la discontinuité, qui marque un changement dans les propriétés des roches entre 30 et 70 km sous les continents et environ 5 km sous les océans.

Newton (sir Isaac), physicien, mathématicien et astronome anglais (Woolsthorpe, Lincolnshire 1642 – 1727). Il donna en 1669 une théorie de la composition de la lumière blanche. Sa mécanique, exposée en 1687, restera la base de tous les développements ultérieurs de cette science ; elle est fondée sur le principe de l'inertie, la proportionnalité de la force à l'accélération et l'égalité de l'action et de la réaction. Il découvrit la loi de l'attraction universelle, en identifiant pesanteur terrestre et attraction entre les corps célestes.

océanographie, étude physique, chimique et biologique des eaux et des fonds marins.

Oort (Jan Hendrik), astronome néerlandais (Franeker 1900). Il a mis en évidence la rotation (1927) et la structure spirale (1952) de la Galaxie. On lui doit la théorie selon laquelle il existerait, aux confins du système solaire, une vaste concentration de comètes (nuage de Oort).

orographie, description du relief terrestre.

pédologie, étude des sols, de leurs caractères chimiques, physiques et biologiques, de leur évolution.

Penzias (Arno), radioastronome américain (Munich 1933). En 1965, il découvrit fortuitement, avec R. Wilson, le rayonnement thermique du fond du ciel à 3 kelvins, confortant ainsi la théorie cosmologique du big-bang. (Prix Nobel 1978.)

pétrographie, branche de la géologie qui a pour objets la description et la classification des roches.

planétologie, science qui a pour objet l'étude des planètes, et plus généralement de tous les corps du système solaire, à l'exception du Soleil.

Ptolémée (Claude), astronome, géographe et mathématicien grec (Ptolemaïs de Thébaïde v. 100 – Canope v. 170), auteur d'une *Grande Syntaxe mathématique* (ou *Almageste*), vaste compilation des connaissances astronomiques des Anciens, et d'une *Géographie* qui ont fait autorité jusqu'à la fin du Moyen Âge et à la Renaissance. Il imaginait la Terre fixe au centre de l'Univers et développa un système cosmologique ingénieux, apte à rendre compte des mouvements astronomiques observés à son époque par une combinaison de mouvements circulaires.

Romé de l'Isle (Jean-Baptiste), minéralogiste français (Gray 1736 – Paris 1790), l'un des créateurs de la cristallographie.

Römer (Olaus), astronome danois (Århus 1644 – Copenhague 1710). Grâce à ses observations des satellites de Jupiter, il établit, en 1676, à l'Observatoire de Paris, que la lumière se propage à une vitesse finie et fournit la première évaluation de cette vitesse.

Sandage (Allan Rex), astrophysicien américain (Iowa City 1926). Il a découvert le premier quasar (1960).

Scheiner (Christoph), jésuite et astronome allemand (Wald, Souabe, 1575 – Neisse, Silésie, 1650). Il fut l'un des premiers à observer les taches solaires à la lunette et étudia ainsi la rotation du Soleil.

Schiaparelli (Giovanni), astronome italien (Savigliano 1835 – Milan 1910). Il est resté célèbre pour la découverte qu'il crut faire de canaux sur Mars (1877). Il a montré que les essaims de météorites sont formés de débris cométaires (1886).

Secchi (Angelo), jésuite et astronome italien (Reggio Emilia 1818 – Rome 1878). Pionnier de la spectrographie stellaire, il eut le premier l'idée de classer les étoiles d'après l'aspect de leur spectre (1868).

sismologie, science des tremblements de terre.

stratigraphie, partie de la géologie qui étudie les couches de l'écorce terrestre en vue d'en établir l'ordre normal de superposition et l'âge relatif.

Tazieff (Haroun), géologue français (Varsovie 1914). Il s'est spécialisé dans la vulcanologie et a réalisé de nombreux films documentaires sur des éruptions.

tectonique, partie de la géologie qui étudie les déformations des terrains, sous l'effet des forces internes, postérieurement à leur mise en place.

vulcanologie ou **volcanologie,** étude des volcans et des phénomènes volcaniques.

Wegener (Alfred), géophysicien et météorologue allemand (Berlin 1880 – au Groenland 1930), théoricien de la dérive des continents.

Werner (Abraham Gottlob), géologue allemand (Wehrau, Saxe, 1749 – Dresde 1817). Un des créateurs de la minéralogie, il affirma l'origine marine des roches.

Zwicky (Fritz), astrophysicien suisse d'origine bulgare (Varna 1898 – Pasadena 1974). Il a étudié les supernovae, prédit l'existence des étoiles à neutrons (1935), étudié la répartition de toutes les galaxies dans l'Univers et dressé le premier catalogue photographique de galaxies.

Johannes Kepler

Giovanni Schiaparelli

Pierre Simon Laplace

2

LES MILIEUX NATURELS

Dossiers

Brume sur la forêt équatoriale en Guyane française

La Grande Barrière de corail, en Australie

Dunes de sable dans la Vallée de la Mort en Californie (É.-U.)

L'ÉCOLOGIE DES INDIVIDUS

QU'ÉTUDIE L'ÉCOLOGIE ?

LES ÊTRES VIVANTS DANS LEUR MILIEU

■ L'ÉCOLOGIE EST LA SCIENCE qui étudie les conditions d'existence des êtres vivants et les interactions de toutes sortes qui existent entre ces êtres vivants d'une part, entre ces êtres vivants et le milieu d'autre part.

Le terme milieu *(biotope)* englobe toutes les composantes extérieures aux êtres étudiés (climat, sol, couvert végétal...). Le mot « écologie » a été créé en 1866 par le biologiste allemand Ernst Haeckel.

Il existe en biologie divers niveaux d'organisation (molécules, cellules, tissus, organes, etc.). Le domaine de l'écologie en comprend quatre principaux : le niveau de l'*organisme,* c'est-à-dire de l'individu pris dans sa totalité ; celui de la *population,* qui représente l'ensemble des individus de la même espèce groupés dans un milieu ; celui de la *communauté* (ou *biocénose*), qui est l'ensemble des espèces qui vivent dans le même milieu ; enfin, le niveau de la *biosphère,* qui correspond à la totalité des milieux occupés par des êtres vivants.

A

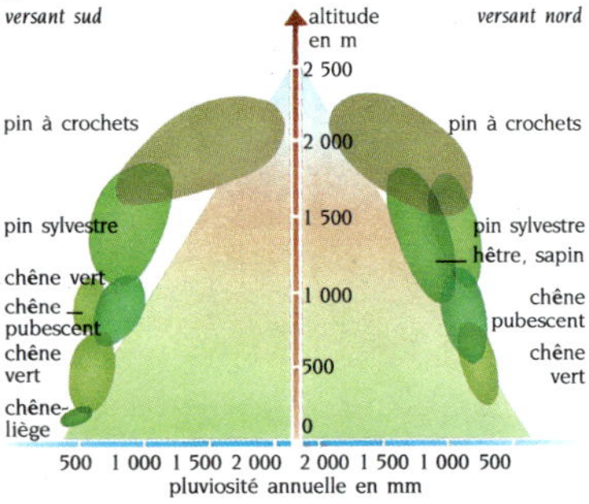

LES DIVERSES ACTIONS DU MILIEU

DES FACTEURS LIMITANTS

■ L'ÉTUDE DE L'ACTION du milieu sur les êtres vivants constitue l'*autoécologie.* Parmi les facteurs du milieu, ou facteurs écologiques, qui agissent sur les êtres vivants, on distingue les facteurs *abiotiques,* qui sont de nature physicochimique, et les facteurs *biotiques,* qui correspondent aux actions exercées par les êtres vivants de la même espèce ou des autres espèces. Dans le milieu terrestre, les facteurs abiotiques sont principalement climatiques (température, humidité, éclairement) ou concernent la nature chimique du sol. Dans le milieu aquatique, il peut s'agir de la température, de la salinité, de la vitesse du courant, de la nature du fond.

Pour tout organisme, il existe une limite supérieure et une limite inférieure de tolérance vis-à-vis de l'intensité des facteurs écologiques. On appelle *facteur limitant* tout facteur du milieu qui, lorsqu'il dépasse un certain seuil, exerce sur une espèce une action qui tend à la raréfier ou à l'éliminer. Ainsi, le papillon *Colias palaeno* (famille des piéridés) exige pour survivre des températures de l'ordre de –1 °C au mois de janvier. C'est ce qui explique sa localisation limitée aux plaines de l'Europe du Nord et à divers massifs montagneux de l'Europe centrale. Ce type de répartition contrôlé par la température est qualifié de « boréo-montagnard ».

A. **PRÉFÉRENCES CLIMATIQUES**

La répartition des arbres dans les Pyrénées-Orientales est fonction de la pluviosité et de l'altitude (la température diminuant quand cette dernière augmente). Le chêne vert est représenté à plus haute altitude sur le versant sud, plus chaud et plus sec, qui est occupé entre 1 000 et 1 800 m par des pins sylvestres.

B. **SENSIBILITÉ AU FROID**

Ce pin à crochets *(Pinus uncinata),* qui s'est développé près du sommet du mont Ventoux (France), a une forme en « drapeau », toutes ses branches étant dirigées dans le sens opposé au vent dominant. Cette forme particulière est appelée *anémomorphose.* Elle est provoquée par la neige que le vent transporte et qui provoque la mort des bourgeons et des rameaux situés du côté du vent.

B

C. **LIMITES DE TOLÉRANCE**

Ces limites, à l'extérieur desquelles une espèce ne peut survivre, peuvent être rapprochées (*espèce sténoèce,* dépendante du milieu) ou éloignées (*espèce euryèce,* peu dépendante). Ce schéma présente l'évolution théorique de l'abondance d'une espèce entre ses limites de tolérance. La loi du minimum précise que la présence d'une espèce est sous le contrôle du facteur écologique dont l'intensité est la plus proche des limites de tolérance.

C

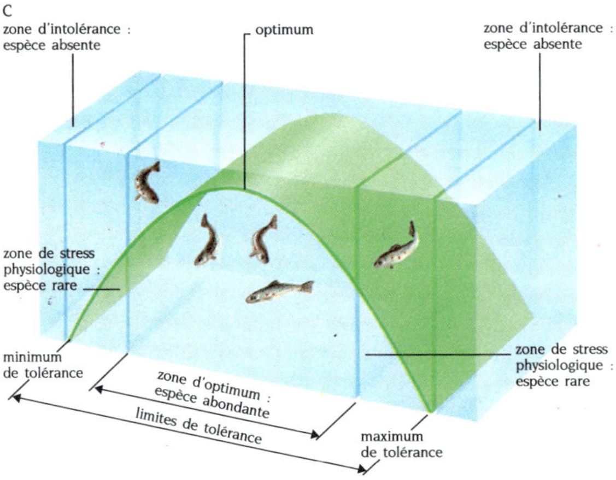

LES ADAPTATIONS DES ÊTRES VIVANTS

LES RÈGLES ÉCOLOGIQUES

■ CERTAINES ADAPTATIONS permettent d'établir des règles écologiques. Ainsi, la *règle de Bergmann* précise que, chez les mammifères et les oiseaux, dans une espèce ou un groupe d'espèces voisines, les individus les plus grands habitent les régions les plus froides (les pertes de chaleur sont réduites, le rapport de la surface du corps à sa masse étant moins élevé) ; selon la *règle d'Allen,* la longueur des appendices tels que les oreilles est supérieure chez les animaux de climat chaud (leur grande surface servant à dissiper la chaleur) ; enfin, d'après la *règle de Gloger,* les animaux des régions arides sont généralement de teinte plus claire, et ceux des régions froides et humides plus foncés.

Les variations saisonnières du climat sont la cause d'adaptations diverses. Par exemple, la *diapause* est une adaptation marquée par un arrêt du développement chez les insectes, au moment où les conditions climatiques deviennent défavorables. Elle est déclenchée par un facteur à évolution saisonnière, la *photopériode,* c'est-à-dire la longueur relative du jour par rapport à celle de la nuit. Les adaptations morphologiques les plus remarquables des végétaux correspondent aux divers *types biologiques,* qui se traduisent dans la forme et les dimensions des différentes espèces et représentent des « stratégies » variées vis-à-vis du froid hivernal.

IMPORTANCE DU MICROCLIMAT

Le microclimat correspond aux conditions particulières qui sont créées par la végétation ou par de faibles variations de la topographie. Pour cette raison, beaucoup d'organismes de petite taille sont soumis à des conditions climatiques très différentes de celles du climat général de la région. Ainsi, la température sous l'écorce d'un arbre exposé au soleil peut atteindre 37 °C alors que l'air est à 25 °C. Le coléoptère *Ips typographus,* de la famille des scolytes, est un ravageur des pins. La femelle pond sous l'écorce des arbres abattus et elle choisit les zones dont la température et l'humidité seront favorables à la survie des larves. *Zone 1 :* très exposée au soleil, la température y atteint 50 °C et les scolytes n'y pondent pas. *Zone 2 :* encore trop chaude ; les œufs pondus éclosent, mais les larves meurent. *Zone 3 :* température et humidité favorables au développement des scolytes. *Zone 4 :* trop humide, la mortalité des larves atteint 92 p. 100. Seule la zone 3 offre un microclimat favorable au développement du scolyte.

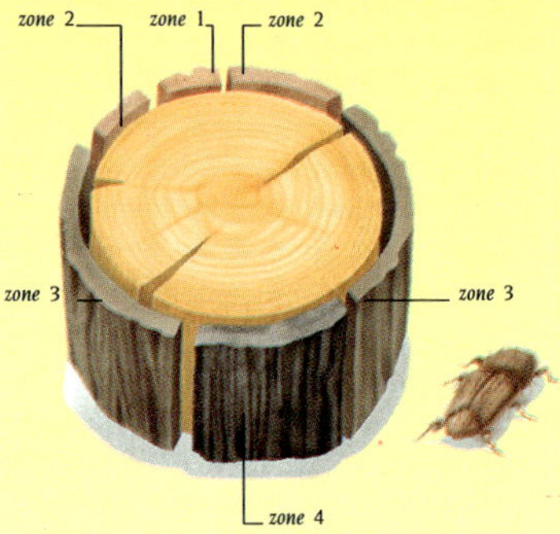

L'ÉCOLOGIE DES POPULATIONS

On appelle population l'ensemble des individus qui occupent simultanément le même milieu et qui se reproduisent entre eux. Une espèce est généralement formée par un ensemble de populations plus ou moins isolées les unes des autres et qui, parfois, n'ont plus d'échanges entre elles. Elles peuvent alors se différencier en races géographiques. Ainsi, le chamois a une race dans les Alpes, une dans les Pyrénées, l'« isard », et une dans les Abruzzes (Italie).

LA DYNAMIQUE DES POPULATIONS

LES VARIATIONS D'EFFECTIFS

■ Une population est principalement caractérisée par son effectif, par l'âge des divers individus (que l'on peut représenter sous la forme d'une pyramide des âges, comme dans l'espèce humaine) et par le rapport numérique des sexes à la naissance (qui diffère souvent de l'unité) que l'on nomme la *sex ratio*.

Croissance et régulation. Les effectifs des populations varient en général autour d'une valeur moyenne qui représente la *charge biotique maximale* du milieu. Les populations dont les effectifs se stabilisent ainsi sont soumises à une régulation qui est due à l'action des divers facteurs du milieu. Darwin avait déjà calculé que, sans cette limitation, la descendance d'un couple d'éléphants, par exemple, serait de 19 millions d'individus au bout de 750 ans ! Lorsqu'une espèce colonise un nouveau milieu dans lequel les facteurs de régulation n'interviennent pas encore, sa population peut s'accroître rapidement puis subir un effondrement brutal. Lorsque des phénomènes de régulation interviennent, la croissance est plus lente et elle se stabilise pour atteindre la valeur de la charge biotique maximale du milieu. Parfois, des variations d'abondance régulières se manifestent. Celles qui affectent le lynx et le lièvre variable dans le nord du Canada sont connues depuis plus d'un siècle et leur période est de l'ordre de dix ans. L'abondance des lièvres en période de pullulation est plusieurs milliers de fois plus grande qu'en période de rareté.

Les facteurs de régulation. Le climat régule les populations. Ainsi, la sécheresse au Sahel, dans les années 1970, a entraîné la disparition de plusieurs espèces d'oiseaux et l'effondrement des effectifs des autres espèces.

La qualité et la quantité de la nourriture jouent également un rôle régulateur. En effet, la végétation disponible manque parfois des éléments nutritifs indispensables. Le cerf de Californie doit, pour assurer sa croissance et sa reproduction, trouver une végétation renfermant au moins 13 p. 100 de protéines, ce qui n'arrive qu'une partie de l'année. La composition chimique de la végétation joue ainsi un rôle qui limite l'abondance du cerf.

Les maladies sont un autre facteur de régulation. La myxomatose a réduit les effectifs des lapins de façon drastique durant de nombreuses années. Les prédateurs contrôlent également les populations. Enfin, celles-ci peuvent être soumises à la *compétition*.

La compétition entre espèces. Cette forme de compétition dite *interspécifique* peut être définie comme la recherche par deux espèces de la même ressource du milieu. Deux espèces qui ont les mêmes besoins possèdent la même *niche écologique*. Il existe un principe d'exclusion compétitive *(loi de Gause)* : deux espèces ayant la même niche écologique ne peuvent coexister. Les mécanismes de la compétition sont encore mal connus. Il semble que l'espèce la plus active et la plus efficace accapare presque tout ce qui est disponible. Ainsi, l'écureuil gris américain introduit en Grande-Bretagne élimine peu à peu l'écureuil roux indigène. La graminée *Spartina townsendi*, qui pousse sur les vases littorales de la Manche, a presque partout supplanté *Spartina stricta*, qui peuplait jadis les mêmes milieux.

La compétition au sein d'une espèce. La compétition pour les ressources du milieu peut se manifester entre membres d'une même espèce (compétition *intraspécifique*). Elle représente alors un mécanisme d'autorégulation qui apparaît lorsque la densité atteint un certain seuil. Ainsi, l'augmentation de la densité entraîne une baisse de la natalité et une augmentation de la mortalité chez des espèces aussi diverses que les drosophiles, les souris, les lemmings, les mésanges ou chez les végétaux.

A

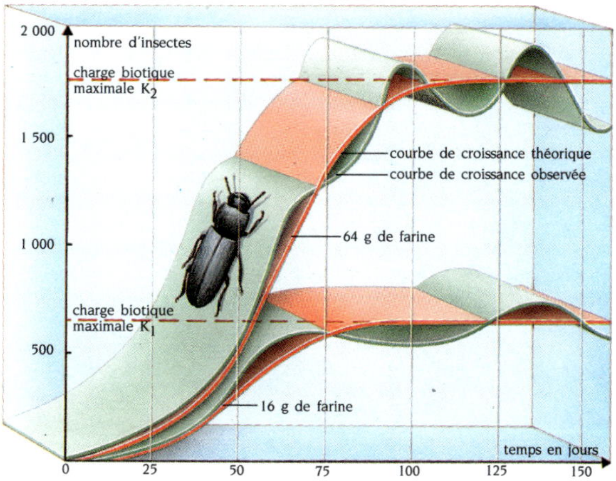

A. **CHARGE BIOTIQUE MAXIMALE**

Le coléoptère *Tribolium confusum*, qui se nourrit de farine, forme une population de 650 individus dans un milieu renfermant 16 g de farine et de 1 750 individus pour 64 g. Ces valeurs correspondent à la « charge biotique maximale » du milieu. Ici la population est multipliée seulement par 3 lorsque la quantité de nourriture est multipliée par 4. Ceci est dû à la compétition entre les insectes, d'autant plus intense que l'effectif de la population est plus grand.

B

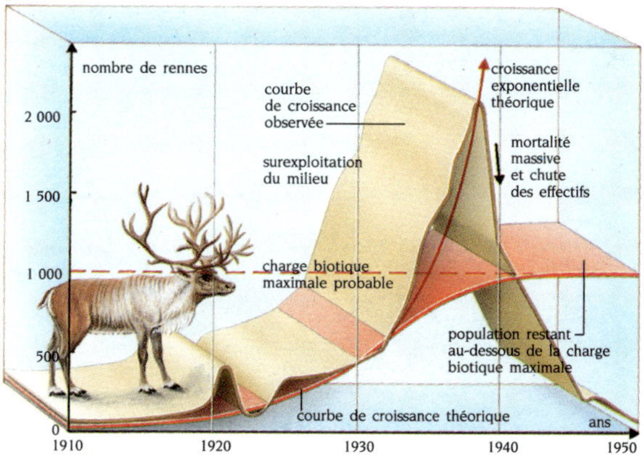

B. **SUREXPLOITATION D'UN MILIEU**

Les 25 rennes introduits en 1910 dans l'île Saint-Paul (au large de l'Alaska) étaient devenus plus de 2 000 en 1938. Le surpâturage a détruit la végétation et les animaux sont morts de faim. Il n'en restait plus que 8 en 1950. Si des facteurs de régulation étaient intervenus, la population aurait été maintenue en dessous de la charge biotique du milieu, selon une évolution représentée par la courbe de croissance théorique.

C

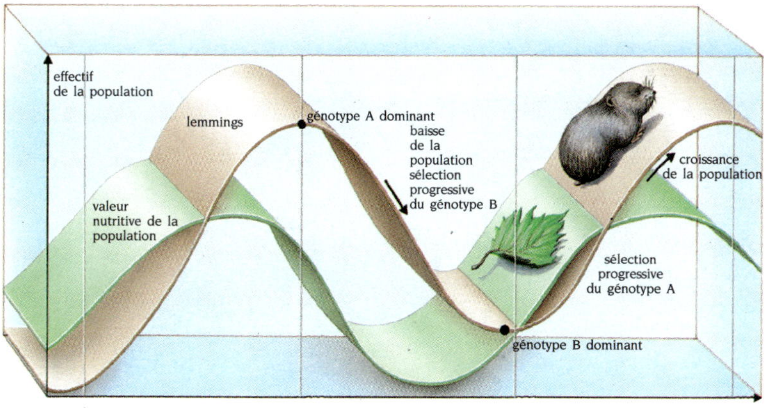

C. **FLUCTUATIONS DES POPULATIONS DE LEMMINGS**

Ces rongeurs scandinaves sont connus pour leurs variations d'abondance, de l'ordre de 1 à 1 000 sur des périodes de 4 ans. Lors des pullulations, les individus ayant un génotype A dominent ; ils sont agressifs et leurs fréquentes rencontres entraînent des effets de stress qui diminuent leur fécondité. La population décline tandis que les individus peu agressifs et féconds, de génotype B, deviennent plus fréquents en période de faible abondance. Une sélection inverse rendra peu à peu les individus de génotype A prédominants. À ces variations génétiques s'ajoutent des variations de la fertilité du sol.
Après une année de pullulation des rongeurs, la végétation est rare et le sol est pauvre.
Au fur et à mesure que la végétation se reconstitue, sa teneur en phosphore augmente, ainsi que sa valeur nutritive, ce qui permet à la population de lemmings de se multiplier.

PEUPLEMENTS ET BIOCÉNOSES

L'ENSEMBLE DES ESPÈCES animales et végétales qui peuplent un milieu constitue une *biocénose*. On désigne sous le nom de *peuplement* une partie de la biocénose limitée aux espèces appartenant à un même groupe systématique (les rongeurs ou les lézards, par exemple). En raison du nombre plus réduit d'espèces en présence, l'étude des peuplements est plus simple que celle des biocénoses et beaucoup de recherches actuelles s'y limitent.

LA DIVERSITÉ DES BIOCÉNOSES

DIVERSITÉ DES INDIVIDUS ET DES ESPÈCES

■ IL N'Y A JAMAIS, dans une espèce, deux individus identiques au point de vue génétique (hormis les vrais jumeaux). Ce phénomène, appelé *polymorphisme génétique*, permet aux organismes les mieux adaptés aux conditions toujours changeantes du milieu, dans l'espace et dans le temps, de survivre et de transmettre leurs gènes à leur descendance.

Le phénomène du *mélanisme industriel* en est un exemple : un papillon, la phalène du bouleau *(Biston betulariae)*, s'installe, au repos, sur les troncs d'arbres clairs où il est presque invisible en raison de sa couleur sable. Cette couleur de camouflage lui permet de passer inaperçu aux yeux de ses prédateurs, qui sont des oiseaux, comme les mésanges, chassant à vue. En 1848 se développe en Grande-Bretagne une forme foncée du papillon, qui remplace peu à peu la forme claire dans les régions industrielles, là où les arbres sont recouverts de suie noire. Cette forme foncée, qui était très rare mais déjà présente du fait du polymorphisme génétique, a été favorisée par la sélection naturelle aux dépens de la forme claire trop visible. Le polymorphisme génétique de la population de ce papillon a permis l'adaptation et la survie de l'espèce.

La richesse en espèces. La diversité des biocénoses se manifeste aussi par la richesse en espèces. On a constaté que, dans une île, le nombre d'espèces augmente avec la surface et diminue en fonction de la distance au continent le plus proche. Mais, à surface égale, les îles ont moins d'espèces que le continent proche. Ainsi, il existe dans les forêts de Corse trois espèces de mésanges du genre *Parus* et cinq dans les forêts voisines de Provence. Il y a aussi une relation entre l'hétérogénéité du milieu et sa richesse en espèces. Un milieu hétérogène permet la coexistence d'espèces qui se partagent l'espace, ce qui évite la compétition.

La présence de prédateurs qui réduisent l'abondance numérique des espèces dont elles se nourrissent représente aussi un facteur de diversification, puisqu'elle permet à des espèces plus nombreuses d'exploiter le milieu sans dépasser la charge biotique maximale. Si, sur un littoral rocheux, on enlève les étoiles de mer qui sont les prédateurs principaux, on observe une diminution du nombre total d'espèces au profit d'une seule, la moule. Le climat joue également un grand rôle dans la diversité des biocénoses. Le trait le plus remarquable est l'augmentation de cette diversité quand on se déplace vers les basses latitudes. Ainsi, il existe une dizaine d'espèces d'arbres dans une forêt tempérée et une centaine dans une forêt équatoriale de même surface.

LA STRUCTURE DES BIOCÉNOSES

L'ACTION DES FACTEURS ÉCOLOGIQUES

■ DANS UNE BIOCÉNOSE, il existe une structure qui est révélée par des caractéristiques telles que l'abondance relative des diverses espèces ou leurs particularités morphologiques. Cette structure est le reflet de l'action de divers facteurs écologiques, parmi lesquels des relations entre espèces, comme la *compétition* ou la *symbiose*, jouent un grand rôle.

La compétition. Elle peut avoir comme conséquence une évolution divergente d'espèces voisines qui se localisent alors dans des niches écologiques différentes.

La symbiose. Elle peut être considérée comme opposée à la compétition, puisqu'elle correspond à un ensemble de deux ou de plusieurs espèces qui dépendent les unes des autres pour leur existence.

Les facteurs chimiques. Leur intervention dans la structuration des biocénoses est fréquente. Dans la garrigue provençale, les plantes vivaces comme le romarin sécrètent des substances toxiques qui gênent la germination des plantes annuelles. Ces dernières sont donc rares. Par ailleurs, beaucoup d'insectes n'attaquent qu'une seule espèce de plante ou quelques espèces voisines. Ce choix est dû à des substances végétales, qui jouent un rôle attractif. Ainsi, la piéride du chou est attirée par une substance soufrée qui non seulement n'attire pas les autres insectes, mais les repousse.

A. B. **NICHES ÉCOLOGIQUES ET COEXISTENCE**

On désigne par *niche écologique* non seulement l'habitat, mais aussi le régime alimentaire et les mœurs propres à une espèce déterminée. Ici, l'avocette, l'aigrette garzette et le héron pourpre fréquentent les mêmes étangs de Camargue ; pourtant ils ont des niches écologiques différentes. L'avocette chasse les petits insectes dans les eaux peu profondes ; l'aigrette se nourrit dans les eaux occupées par une végétation submergée et le héron recherche le centre des étangs. Dans le désert de Sonora, en Amérique du Nord, les rongeurs diffèrent par la taille. Chaque espèce consomme des graines en rapport avec son poids corporel. Pour les échassiers comme pour les rongeurs, cette diversification des modes de vie et des régimes alimentaires permet la coexistence de plusieurs espèces dans un même milieu.

C. **UNE MÊME PROIE POUR TOUS !**

Dans les savanes africaines, les cadavres des mammifères sont exploités par de grands prédateurs, comme le lion. Les restes sont consommés par des animaux moins puissants, comme les hyènes et les vautours que l'on voit ici. On remarque que certains vautours dominants se nourrissent sur la carcasse, tandis que les individus dominés attendent leur tour au loin. Les vautours possèdent un long cou déplumé, ce qui leur permet d'enfoncer la tête loin à l'intérieur de la carcasse.

C

LES ÉCOSYSTÈMES

UN ÉCOSYSTÈME est constitué par deux éléments réagissant l'un sur l'autre : le milieu, ou *biotope,* et l'ensemble des êtres vivants, ou *biocénose.* La notion d'écosystème peut s'appliquer à des portions de dimensions variables : un étang, un champ, mais aussi un tronc d'arbre mort.

LES CHAÎNES ALIMENTAIRES

PRODUCTEURS ET CONSOMMATEURS

■ IL EXISTE dans un écosystème des végétaux qui sont capables, grâce à la photosynthèse, de fabriquer de la matière organique à partir du gaz carbonique de l'air. Ce sont des *producteurs.* Tous les autres organismes sont des *consommateurs.* Les animaux herbivores sont des consommateurs de végétaux ; les animaux carnivores de « premier ordre » consomment des herbivores, et les carnivores de « deuxième ordre » consomment ceux de premier ordre.

La succession suivante : végétal, herbivore, carnivore de premier ordre, carnivore de deuxième ordre, constitue une *chaîne alimentaire* à quatre maillons, chaque maillon formant ce qu'on appelle un *niveau trophique.* Étant donné que beaucoup d'animaux sont omnivores, il est difficile de les rattacher à un seul niveau trophique. Il est préférable de considérer des réseaux alimentaires *(réseaux trophiques)* formés par les liaisons multiples qui s'établissent entre les diverses chaînes. La structure d'un écosystème peut se représenter en déterminant pour chaque niveau trophique la masse vivante, ou *biomasse,* de l'ensemble des organismes (producteurs et consommateurs) qui s'y trouvent. La représentation obtenue est une *pyramide écologique.*

Biomasse et productivité. La biomasse de chaque niveau du réseau trophique représente donc une énergie potentielle accumulée sous forme biochimique, dont une fraction seulement sera assimilée par le niveau trophique supérieur. Au bout de quatre à cinq niveaux trophiques, la biomasse devient très faible. Cela explique pourquoi les chaînes alimentaires n'ont pas plus de cinq à six maillons. La biomasse s'exprime en masse de matière sèche, ou en équivalent énergétique, par unité de surface (ou de volume pour les eaux). La vitesse d'accroissement de la biomasse représente la *productivité,* exprimée en quantités de matière sèche ou d'énergie par unité de surface (ou de volume) et de temps.

Les rendements écologiques. On définit à l'intérieur de chaque maillon un rendement écologique de *croissance,* qui rend compte de la matière vivante formée par rapport à la nourriture ingérée ; un rendement de *production,* qui rapporte cette matière vivante à l'énergie assimilée, et un rendement d'*assimilation,* qui caractérise l'aptitude des individus à utiliser l'énergie contenue dans leurs aliments.

A. MATIÈRE ET ÉNERGIE DANS UN ÉCOSYSTÈME

L'énergie entre constamment dans les écosystèmes, sous la forme d'énergie lumineuse. Elle sert aux végétaux pour la synthèse de la matière organique, forme sous laquelle elle passe ensuite dans les autres maillons des chaînes alimentaires. La respiration des êtres vivants dégrade une partie de l'énergie sous la forme de chaleur évacuée de l'écosystème. Les décomposeurs transforment la matière organique morte en éléments minéraux qui peuvent être réutilisés par les végétaux. Ainsi, contrairement à l'énergie qui est dégradée et dispersée, la matière est constamment recyclée dans un écosystème.

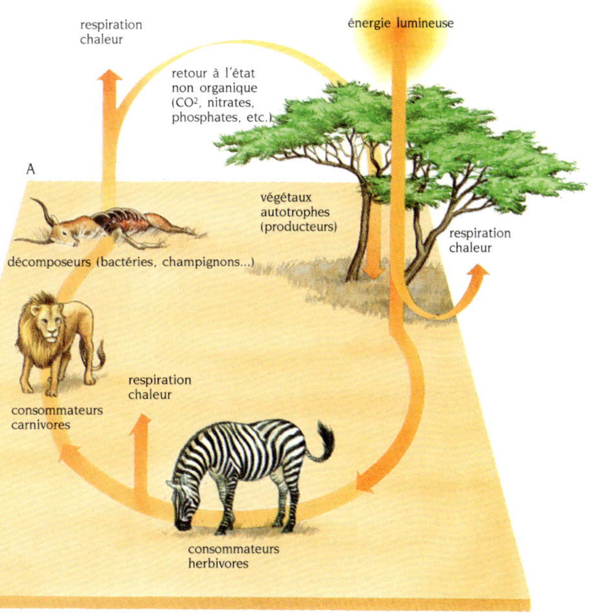

LE FONCTIONNEMENT

UNE PERTE D'ÉNERGIE À CHAQUE NIVEAU

■ CONFORMÉMENT AUX LOIS de la thermodynamique, auxquelles obéissent les écosystèmes, toute l'énergie absorbée par les végétaux producteurs sous forme de rayonnement est finalement dissipée sous forme de chaleur.

L'entrée d'énergie dans l'écosystème a lieu presque toujours sous forme d'énergie solaire. Une fraction seulement de cette lumière totale reçue est utilisée par les plantes, le reste est perdu par réflexion, diffusion, transmission. Quant à la fraction utilisée, elle intervient surtout dans les phénomènes de transpiration (pratiquement 50 p. 100) ; seule une petite partie du reste sert, par photosynthèse, à la fabrication des substances organiques. Cette faible part de l'énergie solaire entrant dans l'écosystème correspond à la *production primaire brute* (de 1 à 5 p. 100 environ). La *production primaire nette* (inférieure à 1 p. 100) constituant la partie visible et récoltable des végétaux représente la différence entre la production primaire brute et la quantité de matière perdue par les phénomènes de respiration, qui constituent une dépense de « fonctionnement ». Une partie de la production primaire nette sert d'aliment aux herbivores, qui absorbent ainsi une certaine quantité d'énergie, et le reste devient de la matière organique morte livrée aux décomposeurs. De ce qui est ingéré par les herbivores, une partie est rejetée sous forme de déchets, ou d'excréments ; la fraction assimilée correspond à la *production secondaire* des herbivores et à leur dépense respiratoire. De façon analogue, les carnivores obtiennent leur énergie à partir des herbivores (ou d'autres carnivores).

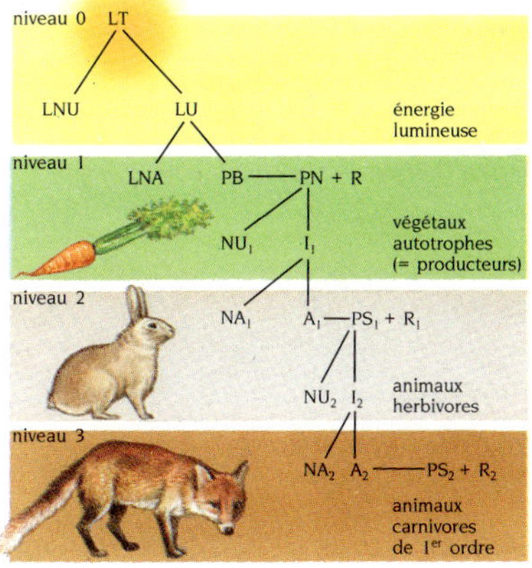

B. TRANSFERTS D'ÉNERGIE

Sur la portion de lumière totale (LT) utilisée par les végétaux (LU), moins de 1 p. 100 est absorbée pour servir à la production de matière organique végétale grâce à la photosynthèse. Le reste constitue l'énergie non absorbée (LNA). La quantité de matière végétale formée caractérise la productivité brute (PB), dont une partie est perdue par la respiration (R). Ce qui reste est la productivité nette (PN) de la végétation. De la quantité qu'ils ingèrent (I_1), les animaux n'assimilent qu'une partie (A_1) et le reste (NA_1) n'est pas assimilé. Une partie de la matière végétale assimilée par les herbivores se retrouve dans la productivité secondaire (PS_1) ; le reste correspond à l'activité métabolique des herbivores, qui se traduit par leurs dépenses respiratoires (R_1). On peut répéter le même raisonnement pour le niveau des carnivores, dont la productivité est PS_2 et la perte respiratoire R_2.

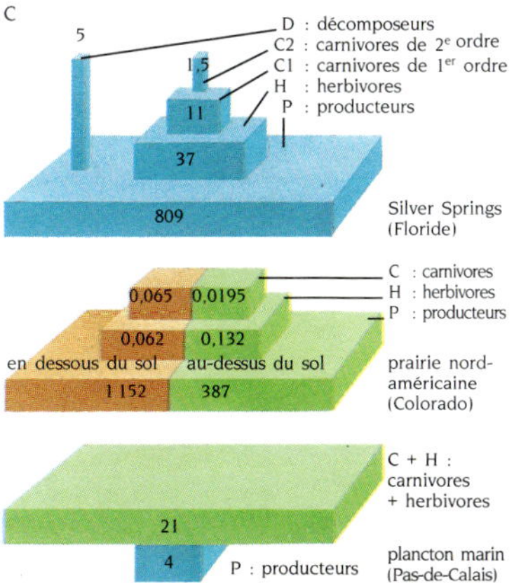

C. PYRAMIDES ÉCOLOGIQUES

Chaque niveau de la pyramide est représenté par des rectangles dont la largeur correspond à la *biomasse* (en grammes de matière sèche par mètre carré) des organismes de chaque niveau trophique. Dans les sources Silver Springs de Floride, on note une décroissance de la biomasse depuis les producteurs jusqu'aux carnivores secondaires. Les décomposeurs sont placés à côté des consommateurs, car il est possible de les considérer comme appartenant à tous les niveaux trophiques. Dans la Prairie nord-américaine, la biomasse des organismes du sol est supérieure à la biomasse aérienne (c'est le contraire en forêt) et celle des herbivores est faible en raison de la destruction des grands troupeaux de bisons herbivores. Dans le cas du plancton marin, la pyramide est renversée, car le plancton végétal compense sa faible biomasse par un taux de renouvellement bien plus rapide que celui de ses consommateurs.

LES ÉCOSYSTÈMES

LA PRODUCTIVITÉ PRIMAIRE

L'ACCROISSEMENT DE LA BIOMASSE VÉGÉTALE

■ CHAQUE ANNÉE, LA QUANTITÉ de matière élaborée par la végétation est estimée à 117,5 milliards de tonnes de matière sèche pour le milieu terrestre et à 55 milliards de tonnes pour les océans. Ces chiffres, qui paraissent énormes, correspondent pourtant à un rendement très faible de la photosynthèse : de l'ordre de 0,12 p. 100 à l'échelle de la planète (soit 0,25 p. 100 pour le milieu terrestre et 0,06 p. 100 pour les océans). Dans le milieu terrestre, la productivité primaire dépend de deux facteurs limitants principaux : la température et la pluviosité. Les régions chaudes et humides ont une productivité primaire élevée, le maximum se trouvant dans les forêts équatoriales. Les régions froides ou sèches ont une productivité faible. La productivité des cultures varie de 2 à 20 tonnes par hectare et par an ; elle n'est pas supérieure à celle de la plupart des écosystèmes naturels.

ORGANISMES DU SOL

Organismes	Biomasse ou nombre d'individus par m²	Respiration
Champignons	454 kg/ha	1 734 kcal/m²
Bactéries	2 kg/ha	77 kcal/m²
Vers de terre	600 kg/ha	54 kcal/m²
Enchytréidés	220 kg/ha	167 kcal/m²
Nématodes	2 300 000/m²	85 kcal/m²
Acariens	32 000/m²	5 kcal/m²
Diptères	1 200/m²	9 kcal/m²
Mollusques	moins de 1 g/ha	3 kcal/m²
Collemboles	8 000/m²	2 kcal/m²
Autres arthropodes	?	24 kcal/m²
Protozoaires	1 000 à 3 000 par g	12 kcal/m²

Établi à partir d'une chênaie de Grande-Bretagne, ce tableau montre que les organismes de petite taille ont, à biomasse égale, une activité métabolique supérieure à celle des organismes de grande taille.

PRODUCTIVITÉ NETTE (MATIÈRE SÈCHE)

Éco-systèmes	Surface (millions de km²)	Productivité (g/m²/an)	Total (milliards de t/an)
Forêt équat.	17,0	2 200	37,4
Forêt tropicale caducifoliée	7,5	1 600	12,0
Forêt tempérée de conifères	5,0	1 300	6,5
Forêt tempérée de feuillus	7,0	1 200	8,4
Forêt boréale	12,0	800	9,6
Maquis	8,5	700	9,6
Savanes	15,0	900	13,5
Prairies tempérées	9,0	600	5,4
Toundras et zones alpines	8,0	140	1,1
Steppes désertiques	18,0	90	1,6
Déserts	24,0	3	0,07
Cultures	14,0	650	9,1
Marécages	2,0	3 000	6,0
Lacs et cours d'eau	2,0	400	0,8
Total continents	149	782	117,5
Plein océan	332,0	125	41,5
Zones d'upwelling	0,4	500	0,2
Plateau continental	26,6	360	9,6
Herbiers et récifs	0,6	2 500	1,6
Estuaires	1,4	1 500	2,1
Total océans	361	155	55,0

A. **HÔTES DU CHÊNE**

Une foule de petits animaux vivent sur un seul chêne, et le sol jonché de feuilles mortes constitue un milieu très riche pour les vers et les décomposeurs (champignons, bactéries). Cet ensemble, où les échanges d'énergie et le recyclage de la matière permettent la vie de chacun des participants, forme un écosystème.

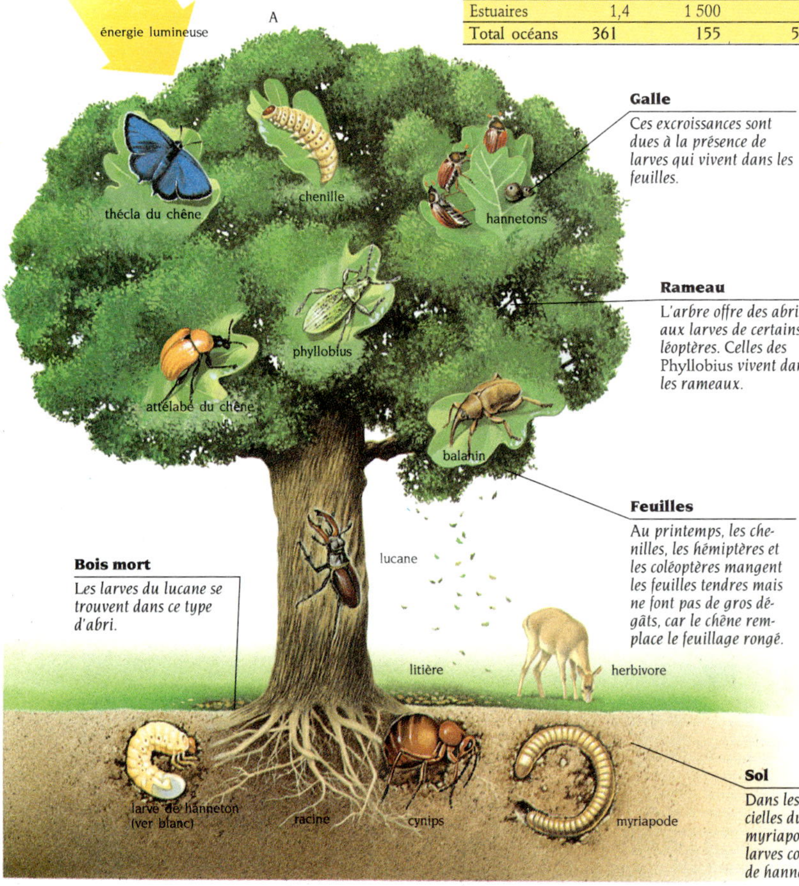

Galle
Ces excroissances sont dues à la présence de larves qui vivent dans les feuilles.

Rameau
L'arbre offre des abris aux larves de certains coléoptères. Celles des Phyllobius vivent dans les rameaux.

Feuilles
Au printemps, les chenilles, les hémiptères et les coléoptères mangent les feuilles tendres mais ne font pas de gros dégâts, car le chêne remplace le feuillage rongé.

Bois mort
Les larves du lucane se trouvent dans ce type d'abri.

Sol
Dans les couches superficielles du sol, les vers, les myriapodes et diverses larves comme les larves de hanneton décomposent les feuilles mortes ainsi que les débris de racines, les feuilles tombées à terre et les autres plantes mortes.

LA PRODUCTIVITÉ SECONDAIRE

L'ACCROISSEMENT DE LA BIOMASSE ANIMALE

■ DANS LE MILIEU terrestre, la biomasse animale est en général au plus égale à 1 p. 100 de la biomasse végétale (en quantité, pour une même surface, les végétaux représentent 100 fois plus de masse que les animaux). Les invertébrés forment à eux seuls de 90 à 95 p. 100 de la biomasse animale. La matière végétale convertie en matière animale par unités de temps et de surface (productivité secondaire) est élevée dans les formations herbacées des régions tropicales et plus faible dans les régions tempérées et les forêts.

La biomasse des prédateurs est le plus souvent inférieure à 1 p. 100 de celle des herbivores qui leur servent de proies. Dans le parc de Serengeti au Kenya, la biomasse des grands prédateurs (lion, léopard, guépard, hyène et lycaon) est de 14 à 16 kg par kilomètre carré, tandis que celle de leurs proies atteint 4 tonnes, soit 300 fois plus.

LE FONCTIONNEMENT D'UN ÉCOSYSTÈME

UN EXEMPLE : LA CHÊNAIE

■ DANS UNE CHÊNAIE de Grande-Bretagne dont la biomasse des parties aériennes est de 140 tonnes par hectare (dont 136 tonnes pour le bois), la productivité primaire est de 13 tonnes par hectare. Elle correspond à l'augmentation de la biomasse des troncs et des branches et à la formation des feuilles.

La biomasse des animaux herbivores n'est que de 3 kg/ha (dont 2 kg pour les insectes et 1 kg seulement pour les vertébrés) ; ces herbivores ne consomment que 14 kg de matière végétale vivante par hectare.

Il arrive au sol chaque année, sous la forme de débris végétaux, 40 p. 100 de la productivité primaire, soit 1 930 kg, dont une partie se transforme en humus et le reste est ramené à l'état minéral par les organismes du sol, en particulier les bactéries et les champignons, qui décomposent 83 p. 100 de cette litière.

Les animaux du sol, comme les vers ou certains insectes, interviennent surtout en fragmentant les débris végétaux et en facilitant ainsi l'action des bactéries.

LES UNITÉS DE MESURE

Les valeurs de la biomasse et de la productivité peuvent être exprimées soit par le *poids sec* des organismes (poids de l'organisme –poids de l'eau qu'il renferme), soit par la quantité de carbone qu'ils contiennent, soit par l'équivalent énergétique de leur poids (kilocalories, kcal, ou kilojoules, kJ).

Ces unités sont rapportées à la surface (biomasse) ou à la surface et au temps (productivité). En moyenne, 5 kcal sont équivalentes à 1 g de matière sèche, soit à 0,5 g de carbone. Donc, 1 t de matière sèche par hectare correspond à 0,5 t de carbone par hectare et à 0,5 kcal par mètre carré.

LES SUCCESSIONS ÉCOLOGIQUES

L'ÉVOLUTION DES ÉCOSYSTÈMES

■ L'OBSERVATION d'un champ abandonné en milieu tempéré montre que, en quelques années, la végétation change et que le terrain se couvre de plantes vivaces, puis d'arbustes. Si cette évolution peut se poursuivre assez longtemps, un peuplement d'arbres finira par s'installer.

Ce phénomène, qualifié de *succession écologique,* était connu depuis longtemps. Mais c'est l'Américain Clements, au début du XXe siècle, qui a donné les premiers concepts théoriques sur ce sujet.

Le climax. Les organismes qui s'installent les premiers sur un milieu neuf tel qu'un sol nu sont qualifiés de *pionniers.* La fin de l'évolution est marquée par l'installation d'une biocénose qui reste stable durant de nombreuses années et qui est qualifiée de *climax.* Ainsi, dans les plaines de l'Europe occidentale à climat doux et humide, cet état d'équilibre idéal (à biomasse maximale) correspond à une forêt de chênes qualifiée de *chênaie atlantique.* Il faut bien noter que, contrairement à l'idée originale du fondateur de la notion de climax, il n'y a pas, dans une région donnée, un seul climax possible. Il existe un climax contrôlé par le climat régional et des climax contrôlés par la nature du sol. Ainsi, sur certains sols calcaires, le climax est une pelouse à graminées, car la sécheresse ne permet pas l'installation des arbres.

Un exemple de succession s'observe en France dans la région de Fontainebleau. Sur des sols sableux légèrement enrichis en calcaire s'installe un groupement végétal pionnier caractérisé par deux petites plantes herbacées, *Silene otites* et *Artemisia campestris.* Si les conditions sont favorables, cette végétation, qui ressemble à une maigre pelouse, est peu à peu envahie par des plantes vivaces comme le genêt à balai. Puis viennent des chênes pubescents accompagnés de tout un cortège de plantes caractéristiques. Cette forêt très claire pourvue d'un sous-bois herbacé assez dense est appelée pour cette raison *pré-bois* de chêne pubescent.

Toutes les successions écologiques ne se terminent pas par un état d'équilibre, ou climax. Dans le cas des *successions destructrices,* le milieu est progressivement modifié et finalement détruit par les organismes. Un exemple de succession destructrice est donné par un tronc d'arbre mort dans lequel se succèdent des vagues d'insectes et de champignons transformant peu à peu le bois en humus, qui sera finalement incorporé au sol.

Des bouleversements climatiques comme ceux qui ont eu lieu en Europe à l'ère quaternaire ont profondément modifié la nature des écosystèmes dans ce continent, ce qui montre la stabilité (quelques siècles à quelques milliers d'années) à l'échelle des temps géologiques.

Les causes des successions. La plus fréquente réside dans les modifications du milieu sous l'influence d'une ou de quelques espèces. Ainsi, dans une région récemment incendiée, le bouleau, exigeant en lumière et dont les graines légères sont aisément transportées par le vent, est le premier arbre colonisateur. Au bout de quelques années, le pin sylvestre, qui exige moins de lumière, s'installe sous le couvert du bouleau. Une vingtaine d'années plus tard, les pins, qui ont une croissance rapide, dominent les bouleaux, qui manquent de lumière et disparaissent. Les chênes peuvent alors se développer sous l'ombre des pins. Enfin, le hêtre, qui est une essence d'ombre, profitera du couvert des chênes et éliminera tous les arbres.

Les caractéristiques. Dans une succession écologique, la biomasse et la diversité des espèces augmentent quand on s'éloigne du stade pionnier, passent par un maximum puis diminuent légèrement à l'approche du climax. La taille des espèces et leur durée de vie tendent à s'accroître, et leur fécondité diminue. Leur spécialisation augmente et elles occupent des milieux nouveaux qui n'existaient pas au stade pionnier. C'est ainsi que les vieux arbres d'une futaie hébergent de nombreux animaux (des oiseaux comme les pics ou des insectes mangeurs de bois mort) absents des forêts plus jeunes. Comme la biomasse, la productivité augmente au cours d'une succession, passe par un maximum puis devient nulle, ou presque, au stade climax. Dans une forêt âgée, la production de bois est de fait nulle. Pour cette raison, les arbres d'un massif forestier sont exploités à un âge (variable selon les espèces) qui correspond à leur maximum de productivité.

Les champs cultivés renferment des végétaux annuels à croissance rapide et à productivité élevée. Ils peuvent être considérés comme des écosystèmes jeunes, proches du stade pionnier. L'homme a tendance à éliminer les formations végétales voisines du climax et à les remplacer par des formations voisines du stade pionnier, à productivité plus grande. Mais il faut insister sur l'intérêt de la conservation des formations climaciques (comme les marais ou les vieilles forêts) qui renferment des espèces végétales et animales liées à des milieux très particuliers et souvent menacées de disparition.

A. PEUPLEMENTS D'OISEAUX FORESTIERS

En Bourgogne, dans les parcelles de forêts de chênes âgées de 0 à 200 ans, les peuplements d'oiseaux se modifient au cours de la succession écologique. Le schéma représente l'évolution de la biomasse des diverses familles de passereaux. Les fauvettes (famille des sylvidés) sont communes dans les forêts jeunes ; les pics, sittelles et grimpereaux, qui ont besoin de vieux arbres pour nidifier, se localisent dans les forêts âgées.

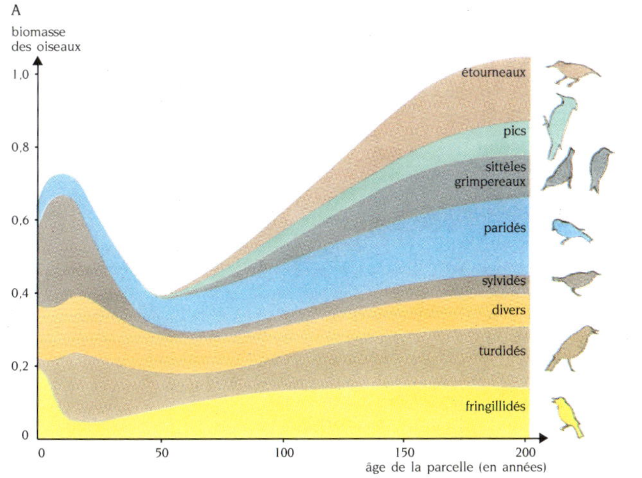

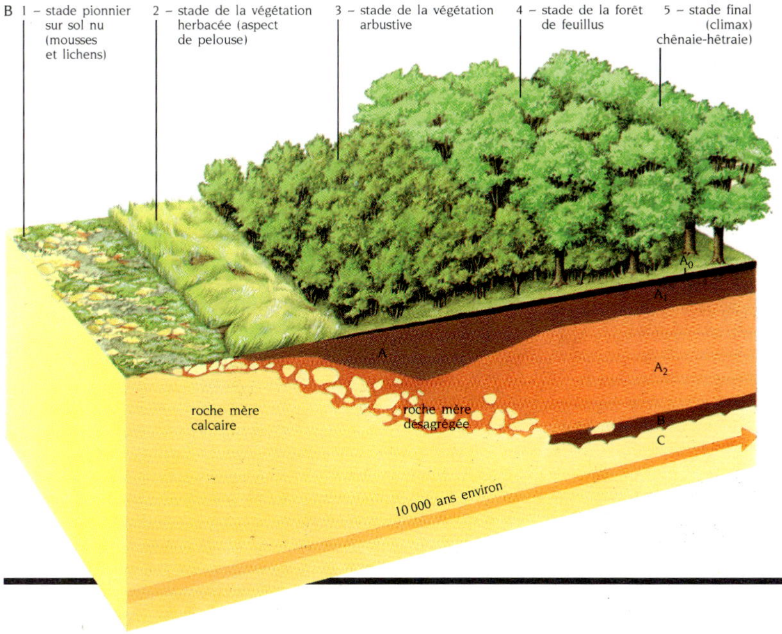

B. SUCCESSION ÉCOLOGIQUE

Dans les plaines de l'Europe occidentale, la végétation qui s'installe sur une roche calcaire ne portant pas encore de sol est formée par des mousses et des lichens. Puis une végétation herbacée à aspect de pelouse colonise le sol, appelé « rendzine », qui commence alors à se former.
Ce sol comprend un horizon superficiel (A) formé d'humus riche en calcaire, reposant directement sur la roche (C) qui commence à se désagréger. L'horizon (A) s'épaissit et s'appauvrit en calcaire sous l'action du lessivage par les eaux de pluie. En même temps, des arbustes s'installent.
Le stade suivant est une forêt de feuillus reposant sur un *sol brun calcaire* pourvu d'un horizon superficiel (A) appauvri en calcaire, d'un horizon intermédiaire (B) enrichi en calcaire et en oxyde de fer, qui lui donne une couleur brune. La roche (C) est de plus en plus désagrégée.
Le stade final (ou *climax*) est une forêt appelée « chênaie-hêtraie atlantique », composée de végétaux indifférents à la nature du sol. Ce dernier est un *sol brun forestier* avec un niveau de feuilles mortes décomposées (A_0), un niveau d'humus de type *mull* (A_1), un niveau appauvri en matière organique (A_2). L'horizon (B) est de couleur brune et épais de 25 cm à 1,5 m. Toute cette évolution s'est faite en 10 000 ans.

LES ÉCOSYSTÈMES

La biosphère est la partie de notre planète où la vie est possible et où se rencontrent les êtres vivants. C'est une couche superficielle très mince dont l'origine remonte à trois milliards d'années et qui comprend trois régions : une partie liquide, l'océan ; une partie gazeuse, l'atmosphère ; une partie solide, la lithosphère, formée par les couches les plus superficielles de l'écorce terrestre.

LES CYCLES BIOGÉOCHIMIQUES

VA-ET-VIENT ENTRE MINÉRAL ET ORGANIQUE

■ La biosphère renferme des quantités importantes d'éléments rares ou absents en dehors d'elle, comme le carbone, l'azote, l'oxygène. L'eau est aussi un constituant fondamental de la biosphère, et d'autres éléments, tels le phosphore, le calcium, le potassium (bien que plus rares), sont indispensables à la vie.

Au niveau des écosystèmes et de la biosphère, il y a un recyclage permanent de ces éléments, qui alternent l'état minéral et l'état organique. Ces cycles confèrent à la biosphère une stabilité durable, tout au moins en dehors des interventions humaines.

Le cycle du carbone. Le carbone est présent dans la biosphère sous la forme de gaz carbonique atmosphérique et de carbonates dans les roches calcaires. Il existe aussi à l'état de carbonates et de bicarbonates dans les océans et sous forme d'hydrocarbures dans les combustibles fossiles. Le moteur essentiel du cycle du carbone réside dans la photosynthèse. Grâce à elle, les végétaux fixent le gaz carbonique atmosphérique et le transforment en carbone organique. Un autre agent est la respiration, qui transforme ces composés organiques en gaz carbonique. La régulation du cycle est assurée principalement par les bicarbonates des océans. Si la teneur de l'air en gaz carbonique augmente, une partie passe dans l'eau de mer sous la forme de bicarbonates. Si elle diminue, les bicarbonates de l'eau de mer se décomposent et libèrent du gaz carbonique.

Le cycle de l'azote. Le principal réservoir d'azote est l'atmosphère ; mais, à l'état de gaz, l'azote atmosphérique ne peut être utilisé que par de rares organismes tels que des bactéries ou des plantes de la famille des légumineuses qui peuvent en fixer (grâce à des bactéries symbiotiques) jusqu'à 400 kg/ha/an. La partie principale du cycle de l'azote se réalise au niveau de la matière organique morte dont les protéines sont minéralisées sous l'action de diverses bactéries et transformées en nitrates et en composés ammoniacaux. Ces derniers sont repris par les végétaux qui fabriquent de nouvelles protéines. Le cycle de l'azote, par sa complexité, assure une remarquable stabilité de cet élément dans la biosphère. Cependant, il est perturbé par les activités humaines et, en particulier, par l'usage d'engrais (nitrates), en quantités dépassant les besoins des végétaux.

Le cycle du phosphore. Le phosphore est en grande partie immobilisé sous la forme de roches phosphatées et de sédiments déposés sur le fond des mers. Il entre dans les chaînes alimentaires (terrestres et aquatiques) sous la forme de phosphate, par l'intermédiaire des végétaux. Le passage du phosphore de l'état organique à l'état minéral est assuré par des bactéries et des champignons.

A

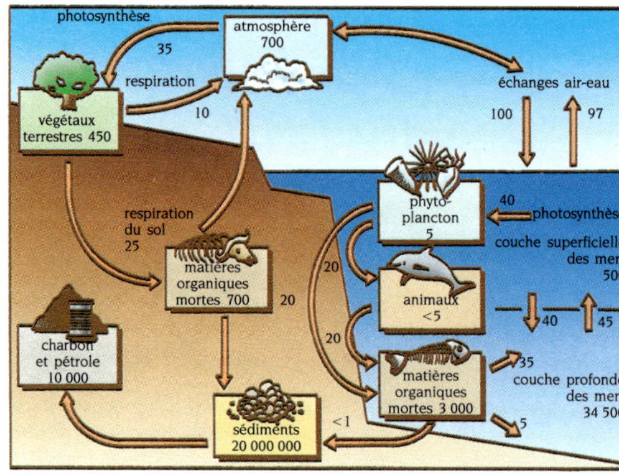

A. CYCLE DU CARBONE

Les valeurs des stocks dans les divers compartiments et celles des flux sont données en milliards de tonnes de carbone. Les réserves de carbone sous la forme de combustibles fossiles sont énormes par rapport à celles de l'atmosphère. Le cycle du carbone, qui est normalement équilibré, est perturbé par l'introduction annuelle de cinq milliards de tonnes dues à la combustion des réserves fossiles comme le pétrole.

B

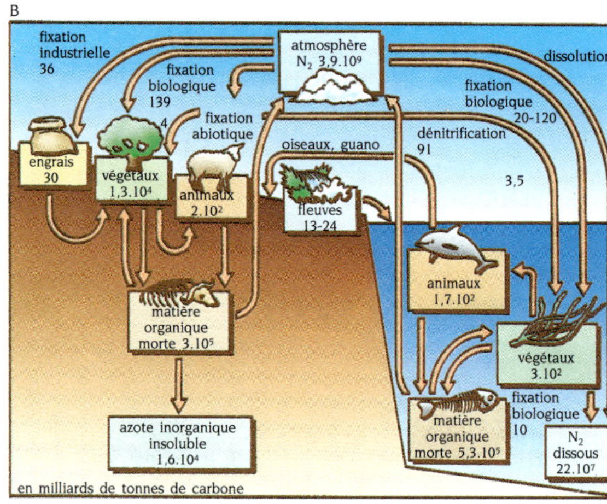

B. CYCLE DE L'AZOTE

Bien que plus abondant que le carbone, l'azote ne joue qu'un faible rôle sous sa forme gazeuse. L'importance de la fixation industrielle d'azote pour la fabrication d'engrais azotés est la cause de la pollution des sols et des eaux qui peuvent rendre l'eau impropre à la consommation et provoquer leur dystrophisation. Les relations entre les continents et les océans se font par les rivières et par quelques animaux comme les oiseaux, dont les déjections forment des dépôts de *guano.* (Valeurs exprimées en millions de tonnes.)

C

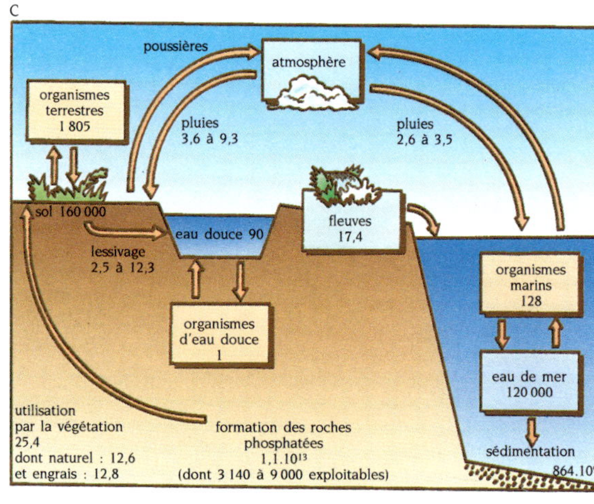

C. CYCLE DU PHOSPHORE

Contrairement au carbone et à l'azote, le phosphore n'existe pas à l'état gazeux et n'a pas de réservoir dans l'atmosphère. Étant en grande partie immobilisé dans les sédiments marins, il est rare dans les eaux superficielles, où il joue le rôle de facteur limitant de la productivité primaire planctonique. La production d'engrais (et d'autres produits contenant du phosphore) est cause d'une eutrophisation des eaux qui s'ajoute à celle causée par les nitrates. (Valeurs en millions de tonnes.)

D

D. PRODUCTEURS DE GUANO

Les côtes du Pérou sont parmi les plus poissonneuses du monde. Cette richesse a entraîné l'installation de très importantes colonies d'oiseaux « à guano » dont les effectifs étaient estimés à plus de 25 millions d'individus en 1956. Ces oiseaux sont en particulier le cormoran de Bougainville (que l'on voit sur cette photo) et des pélicans. Leur nourriture comprend de 80 à 95 p. 100 d'anchois. Le guano est riche en nitrates et il est utilisé comme engrais.

L'EAU DE MER

Le milieu marin couvre 71 p. 100 de la surface de la Terre. Le relief sous-marin, plus accentué que le relief terrestre, comporte quatre régions principales : le *plateau continental* (de 0 à 200 m de profondeur), 7,6 p. 100 de la surface totale du milieu marin ; le *talus continental* (de 200 à 2 000 m), 6,5 p. 100 ; la *plaine abyssale* (de 2 000 à 6 000 m), 82,2 p. 100 ; la *zone hadale* (fosses, au-delà de 6 000 m), 2,1 p. 100.

COMPOSITION ET TEMPÉRATURE

UNE FORTE CONCENTRATION EN SEL

■ On trouve dans l'eau de mer de nombreux éléments, dont 13 non-métaux et 40 métaux, certains étant présents en quantité infime (il faudrait 1 000 m³ d'eau de mer pour extraire 6 g d'or). L'eau de mer renferme environ 35 g de sels dissous par litre dans des proportions constantes, qui sont les suivantes pour les six principaux : chlorure de sodium, 77,8 p. 100 ; chlorure de magnésium, 9,7 p. 100 ; sulfate de magnésium, 5,7 p. 100 ; sulfate de calcium, 3,7 p. 100 ; chlorure de potassium, 1,7 p. 100 ; carbonate de calcium, 0,3 p. 100. La composition de l'eau de mer est voisine de celle du milieu intérieur de la plupart des animaux invertébrés exclusivement marins.

Des contraintes physiologiques. Les poissons marins ont un milieu intérieur dont la concentration en sels est inférieure à celle de l'eau de mer. Selon les lois de l'osmose, ils ont donc tendance à perdre de l'eau en éliminant une urine moins concentrée que l'eau de mer. Pour compenser ces pertes, ils boivent de l'eau de mer dont ils rejettent les éléments comme le chlorure de sodium. Ce phénomène physiologique est appelé *régulation osmotique*. À l'opposé, les poissons d'eau douce, dont le milieu intérieur est plus concentré que l'eau dans laquelle ils vivent, se débarrassent de l'eau excédentaire.

La température. Elle diminue de la surface vers le fond. À partir de 4 000 m, les eaux froides et denses ont une température uniforme de l'ordre de 0 à 3 °C. La mer Méditerranée, qui ne communique avec l'océan Atlantique que par le détroit de Gibraltar, a des eaux dont la température est de 13,7 °C à partir de la profondeur de 1 000 m.

LES COURANTS

LES EFFETS DU VENT ET DE LA TEMPÉRATURE

■ Les courants marins sont provoqués par les actions combinées des vents à la surface de l'eau et des différences de température entre la surface et la profondeur. La direction des courants est influencée par la rotation de la Terre et par la forme des bassins océaniques. Les eaux froides des régions polaires, plus denses, descendent lentement sur le fond où elles maintiennent des températures basses et assurent un très lent renouvellement. Les datations au carbone 14 ont montré que l'eau séjourne 1 400 ans dans le milieu abyssal, où la vitesse des courants est de 8 cm/s.

Les courants déterminent souvent la répartition de certains animaux. Les jeunes anguilles nées dans la mer des Sargasses se laissent dériver vers l'Europe grâce au courant du Gulf Stream. Dans le Pacifique nord, une population de thons est maintenue dans une vaste zone, limitée par le courant nord-équatorial et par les courants qui le prolongent vers le sud.

A

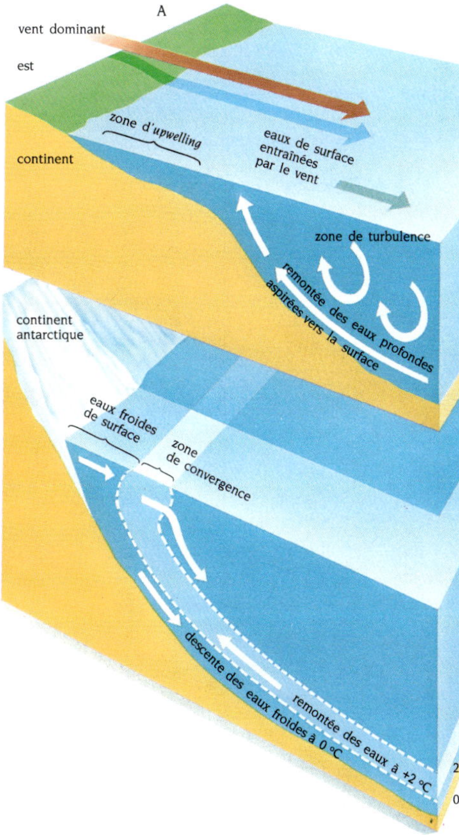

A. **REMONTÉES DES EAUX PROFONDES**

On appelle *upwelling* la remontée des eaux profondes qui s'observe sur les côtes ouest de l'Afrique (Angola et Mauritanie) et de l'Amérique (Californie et Pérou), comme le montre le schéma supérieur. Celle-ci est due à des vents dominants qui soufflent de l'est vers l'ouest et qui provoquent une aspiration des eaux profondes vers la surface. Par ailleurs, aux alentours du continent antarctique, les eaux de surface, froides et denses (à température voisine de 0 °C), coulent sur le fond et provoquent la remontée d'eaux dont la température est de l'ordre de + 2 °C. La région où ces eaux arrivent en surface est appelée *convergence antarctique*. Ce phénomène est représenté par le schéma du dessous. Dans les zones d'upwelling et dans la zone de convergence antarctique, l'arrivée en surface d'eaux riches en éléments nutritifs permet une productivité bien supérieure à celle des autres régions océaniques.

B. **PRINCIPALES SUBDIVISIONS DU MILIEU MARIN**

La *zone néritique* recouvre les eaux peu profondes du plateau continental. La *zone océanique* recouvre les fonds dont la profondeur est supérieure à 200 m.

B

Talus continental

Région à forte pente qui va de 200 à 2 000 m de profondeur.

Zone euphotique

Partie superficielle, de 20 m à 200 m d'épaisseur, dans laquelle la lumière pénètre en quantité suffisante pour permettre le développement du plancton végétal (phytoplancton).

Zone mésopélagique

Comprise entre 200 et 2 000 m, cette zone renferme des eaux dont la température varie selon, la profondeur de 10 °C à 4 °C, mais ne subit plus de variations saisonnières, contrairement à celle de la zone euphotique.

Plateau continental

Région en pente douce qui s'étend depuis le rivage jusqu'à une profondeur de l'ordre de 200 m.

Zone bathypélagique

Zone située au-delà de 2 000 m. La température y est constante et voisine de 4 °C. C'est la zone abyssale vraie.

Plaine abyssale

Vaste « plaine » qui descend en pente douce de 2 000 à 6 000 m de profondeur et qui occupe la majeure partie des océans. Elle est couverte en grande partie de sédiments fins appelés boues à radiolaires et boues à globigérines.

Zone hadale

Encore appelée ultra-abyssale, elle est formée de fosses étroites et allongées qui atteignent 11 000 m et qui sont surtout nombreuses dans l'océan Pacifique. La faune y est particulière.

LES ORGANISMES MARINS

LE MILIEU MARIN est peuplé par une prodigieuse variété d'organismes qui ont des modes de vie très différents. On en distingue trois catégories principales : le *plancton*, le *benthos* et le *necton*.

LE PLANCTON

AU GRÉ DES COURANTS

■ LE PLANCTON correspond à l'ensemble des êtres vivants de mobilité faible ou nulle qui se laissent passivement transporter par les courants auxquels ils sont incapables de résister de manière efficace et qui peuvent tout au plus réaliser des migrations verticales.

Le phytoplancton. On appelle ainsi le plancton végétal constitué par les algues microscopiques, dont les plus abondantes sont les diatomées, les dinophycées et les coccolithophoridés. C'est le principal producteur des chaînes alimentaires aquatiques et aussi une importante source d'oxygène pour notre planète. Ce phytoplancton, qui doit recevoir la lumière nécessaire à la photosynthèse, est localisé à la zone superficielle *(zone euphotique)* et disparaît totalement au-delà de 200 m de profondeur. Il fuit également les eaux de surface, trop éclairées, et son maximum d'abondance se trouve entre 10 et 100 m. Sa biomasse est faible, de l'ordre de quelques grammes par mètre carré de surface, mais sa vitesse de multiplication est grande.

Le zooplancton. Le plancton animal est plus diversifié que le phytoplancton. Certaines espèces font partie du zooplancton à tous les stades de leur vie. Ce sont des protozoaires (c'est-à-dire des êtres vivants d'affinités animales, donc dépourvus de chlorophylle, constitués d'une seule cellule, à noyau distinct), comme les foraminifères (à squelette calcaire) et les radiolaires (à squelette siliceux), des cœlentérés, comme les siphonophores et les méduses, des rotifères, des vers du groupe des annélides ou des chétognathes, de nombreux crustacés, parmi lesquels dominent les copépodes. D'autres organismes n'appartiennent au zooplancton que d'une façon temporaire, soit à l'état d'œuf, soit à l'état de larve. Ce sont des poissons, des échinodermes, des mollusques ou des crustacés. Les stades adultes de ces hôtes temporaires du plancton vivent sur le fond avec les organismes du benthos.

Dimensions et adaptations. La majorité des espèces du zooplancton a des dimensions de l'ordre du millimètre ou du centimètre, avec de rares exceptions, comme certaines méduses qui atteignent un mètre de diamètre ou des pyrosomes longs de plusieurs mètres. Beaucoup d'organismes du zooplancton présentent des adaptations qui leur permettent de flotter plus facilement dans l'eau. Les siphonophores ont des flotteurs remplis de gaz ; les mollusques ptéropodes et nudibranches ont des coquilles réduites ou nulles, ce qui diminue leur densité. Ces adaptations rendent transparents beaucoup d'animaux planctoniques. Certains crustacés copépodes portent de longs appendices plumeux offrant une grande surface de contact avec le milieu liquide.

Les migrations verticales. Beaucoup d'organismes du plancton réalisent des migrations verticales quotidiennes. Le copépode *Calanus finmarchicus* se localise la nuit au-dessus de 40 m et descend la journée vers 120 m. Des crustacés de la famille des mysidacés montent la nuit pour se nourrir entre 200 et 500 m et ils descendent le jour jusqu'à 7 500 m. Les sondages effectués à l'aide de sondeurs à ultrasons ont mis en évidence l'existence de « couches diffusantes » situées à des profondeurs variables selon l'heure. Ces couches diffusantes (qui avaient été attribuées à la présence de sous-marins) sont en fait des couches de plancton suffisamment denses pour réfléchir les ondes ultrasonores.

Le plancton présente des variations verticales d'abondance et de composition. Son abondance diminue avec la profondeur et il disparaît presque en dessous de 6 000 m.

Les interactions. Certaines espèces du zooplancton se nourrissent aux dépens du phytoplancton qu'elles prennent dans l'eau par filtration. D'autres espèces sont des prédateurs qui capturent du zooplancton soit par filtration (c'est le cas de divers copépodes), soit par prédation directe, comme les méduses, qui injectent à leurs proies un venin paralysant avant de les ingérer.

A

A. **ÉLÉMENTS DU ZOOPLANCTON**

La *globigérine* (1), qui mesure environ 0,4 mm, possède un test calcaire grillagé et de longs pseudopodes.
Deux méduses : *Rhizostoma* (3), de 15 cm de long, sans tentacules autour de l'ombrelle, et *Aurelia* (2), de même taille avec des tentacules.
Pleurobrachia (4), cténaire de 1,5 cm.
Tomopteris (5), annélide (7 mm) qui nage en ondulant comme un serpent.
Clio (6), mollusque ptéropode (3 cm) dont le pied élargi forme deux ailes.
Sagitta (7), chétognathe (3 cm) en forme de flèche.
Sergestes (8), crustacé pénéide (6 cm) entièrement rouge, comme beaucoup de crustacés des profondeurs.
Calocalanus (9), copépode (2 mm) dont les expansions en forme de plumes facilitent la flottaison.
Larve phyllosome de langouste (10) qui mesure 1 cm.

PRINCIPAUX ÉLÉMENTS DU ZOOPLANCTON

Groupes zoologiques principaux	Exemples
Protistes dinophycées Foraminifères Radiolaires Ciliés	 Noctiluque Globigérine *Aulacantha* *Tintinnopsis*
Cnidaires	Méduses, siphonophores
Cténaires	Beroe
Annélides polychètes	Larves trochophores
Mollusques	Larves véligères, hétéropodes, ptéropodes, nudibranches
Crustacés	Copépodes, mysidacés, amphipodes, euphausiacés. Larves zoé, mysis, phyllosome, nauplius.
Chétognathes	*Sagitta*
Échinodermes	Larves pluteus
Tuniciers	Appendiculaires, pyrosomes
Poissons	Œufs et larves de nombreuses espèces.

B. **VARIATIONS SAISONNIÈRES**

Le rayonnement solaire montre des variations saisonnières qui atteignent leur maximum en été. La concentration en sels nutritifs des eaux superficielles, élevée en hiver, décroît en été. Ces deux facteurs règlent le cycle de développement du phytoplancton. Les diatomées se multiplient et ont un maximum à la fin du printemps ; les dinophycées, ou péridiniens, ont un maximum en été. C'est le développement de ces algues microscopiques qui provoque la disparition des sels nutritifs en été. Le zooplancton, qui se nourrit de phytoplancton, a un cycle décalé avec un maximum d'abondance au début de l'été. Ces variations d'abondance annuelles se retrouvent chez d'autres organismes marins que ceux du plancton.

B

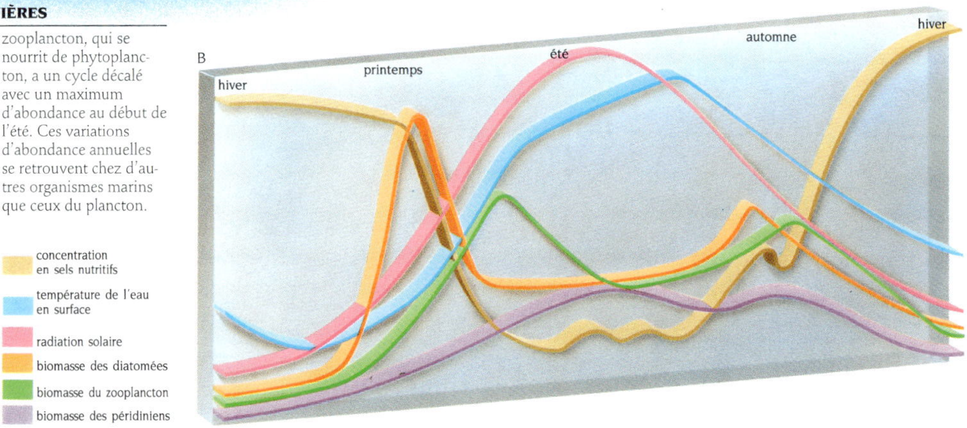

LE BENTHOS

LA VIE SUR LES FONDS MARINS

■ LA BIOMASSE DU BENTHOS, comme celle du plancton, diminue avec la profondeur pour atteindre des valeurs très faibles, de l'ordre de 0,1 g/m^2 de substrat, à partir de 4 000 m. Cette biomasse est plus faible dans les régions équatoriales que sous les latitudes élevées.

L'étage infralittoral. Au-dessous de la zone littorale, le milieu benthique commence par l'*étage infralittoral,* qui reçoit un éclairement suffisant pour permettre à des algues brunes de grande taille, les laminaires, de s'installer sur les fonds rocheux, tandis que les fonds sableux sont occupés par des plantes à fleurs, comme les zostères et les posidonies. La limite inférieure de cet étage est de 30 à 40 m en Méditerranée ; elle atteint 80 mètres en milieu tropical. La vie animale est très riche dans cet étage, caractérisé, dans les régions tropicales, par le développement des récifs de coraux.

L'étage circalittoral. Il s'étend jusqu'à 200 m environ et reçoit un éclairement beaucoup plus faible qui ne permet plus que le développement d'algues peu exigeantes en lumière (dites *sciaphiles*), parmi lesquelles de nombreuses algues rouges. Celles-ci, grâce à leur pigment rouge qui s'ajoute à la chlorophylle, sont capables d'utiliser pour la photosynthèse les radiations vertes qui pénètrent le plus profondément dans l'eau. En Méditerranée, les algues rouges imprégnées de calcaire constituent une formation dite *coralligène,* dont la masse calcaire provient à 80 p. 100 des algues et dont la surface et les cavités sont peuplées d'une riche faune d'éponges, de cœlentérés, d'annélides et de bryozoaires. L'abondance du corail rouge *(Corallium rubrum)* dans cette formation est à l'origine du nom de coralligène (d'où les « coraux » constructeurs de récifs sont absents). En France, sur les côtes bretonnes, d'autres algues rouges calcaires ont formé le *maerl,* qui est récolté pour servir d'amendement aux sols trop acides.

L'étage bathyal. Il occupe le *talus continental,* jusqu'à 2 000 ou 3 000 m, et se caractérise, dans les fonds rocheux de l'Atlantique nord, par de grands « coraux blancs » qui sont en réalité des madréporaires vivant en colonies et auxquels sont associés des animaux très variés, fixés ou peu mobiles : échinodermes, annélides, polychètes, crustacés, poissons. Les fonds vaseux sont le domaine des lamellibranches fouisseurs, de crustacés et d'holothuries.

L'étage abyssal et l'étage hadal. Le passage à l'*étage abyssal* est marqué par un changement important : la grande plaine abyssale (jusqu'à 6 000 ou 7 000 m), qui ne comprend presque plus de fonds rocheux, est recouverte par les boues à globigérines et à radiolaires. La faune benthique y devient peu abondante. Tous les groupes d'invertébrés sont encore représentés, mais les holothuries, les lamellibranches et les polychètes commencent à dominer.

Au-delà de 6 000 m, l'*étage hadal* correspond aux grandes fosses océaniques (jusqu'à 11 000 m). Sa faune, encore plus pauvre, est dominée par les holothuries et certains vers annelés (les annélides polychètes).

Le benthos des profondeurs. La rareté des espèces s'explique par celle des sources de nourriture (il ne s'agit, le plus souvent, que des bactéries de la vase et de la matière organique morte qui tombe des zones supérieures).

Beaucoup d'espèces ont une taille plus importante que celle de leurs proches parents de la surface. On pense que les basses températures des abysses allongent la durée de vie des animaux, donc leur période de croissance. Mais, vers 10 000 m, la taille décroît à nouveau. Est-ce par manque de nourriture ? Le benthos abyssal renferme de véritables « fossiles vivants », comme le mollusque *Neopilina,* des éponges à squelette siliceux, des crustacés et des crinoïdes. Les abysses forment un milieu stable, inchangé depuis longtemps. Dans ce milieu où la faune est peu abondante, la sélection naturelle est faible. Ainsi, de nombreux organismes qui auraient été éliminés des eaux superficielles, où la sélection est forte, ont pu survivre.

A

A. **PHYSALIE (plancton)**

Les siphonophores, comme cette physalie, sont des cnidaires qui vivent en colonies et dont le corps renferme plus de 95 p. 100 d'eau, ce qui leur donne une consistance gélatineuse. La physalie est formée par un flotteur, qui émerge au-dessus de l'eau, et en dessous duquel pendent des filaments qui correspondent à des individus nourriciers, défensifs ou reproducteurs. Grâce aux cellules urticantes de ses filaments, la physalie peut paralyser des poissons avant de les ingérer. La couleur bleue est due à un pigment dérivé du carotène.

LE NECTON

LA NAGE EN PLEINE EAU

■ LE NECTON COMPREND des poissons, des céphalopodes, quelques crustacés et des mammifères. À la différence de ceux du plancton, ces animaux sont capables de se déplacer activement contre les courants.

Certains poissons vivent dans les eaux superficielles. Ce sont de bons nageurs, au corps profilé pour la nage rapide. Souvent, leur ventre est blanc et seuls les flancs sont colorés. Au-dessous de 1 000 m, les poissons ont souvent une teinte sombre uniforme, nuancée de pourpre ou de violet. Dans les eaux calmes des abysses, les formes n'ont plus besoin d'être hydrodynamiques. Le corps est souvent hérissé de nageoires et d'appendices qui gênent les déplacements. Les poissons, de petite taille, ont une ouverture buccale et une capacité gastrique qui leur permettent d'avaler d'un seul coup une proie volumineuse. Le squelette est peu ossifié. Les espèces ont souvent des organes lumineux. Le nombre d'espèces de poissons diminue avec la profondeur. Au-dessous de 3 500 m, on n'en connaît guère plus d'une centaine.

B

B. **POISSON-HACHE DES ABYSSES**

Le petit poisson-hache *Argyropelecus* a une forme peu hydrodynamique, adaptée au calme des eaux profondes. Il possède des organes lumineux situés sur des écailles argentées qui servent de réflecteurs. Ces organes sont innervés et il semble bien que le poisson puisse les allumer ou les éteindre à volonté. Les yeux sont bien développés, avec une large pupille, adaptés à un milieu où la lumière est rare et produite seulement par quelques animaux.

C

C. **POISSON-PÊCHEUR DES ABYSSES (linophrynidé)**

Linophryne polypogon se tient en pleine eau avec la bouche ouverte, prêt à absorber les proies qui passent à proximité. C'est une espèce de grande profondeur que l'on peut rencontrer jusqu'à 4 000 m. Le filament lumineux, qui orne la bouche des femelles, attire les proies. La « barbe » filamenteuse, lumineuse elle aussi, peut atteindre plusieurs centimètres. La lumière produite par ses organes est due à la présence de bactéries, qui vivent en symbiose avec le poisson.

LA PRODUCTIVITÉ DU MILIEU MARIN

La productivité marine de matière organique est, en moyenne, plus faible que dans le milieu terrestre. Sur terre, les végétaux (producteurs primaires) sont situés au contact du sol dans lequel se trouvent les organismes décomposeurs (bactéries essentiellement) qui assurent le retour de la matière organique à l'état minéral. Les éléments nutritifs (dont les principaux sont les nitrates et les phosphates) sont généralement disponibles en quantité suffisante. Les facteurs limitants en milieu terrestre sont plutôt la température et la disponibilité en eau. Dans le milieu marin, les producteurs primaires sont surtout les algues du phytoplancton, localisées dans les eaux superficielles éclairées. Les bactéries qui décomposent la matière organique sont, elles, situées dans les sédiments du fond ; ainsi, les sels minéraux qu'elles restituent se trouvent, dans les mers profondes, plusieurs milliers de mètres plus bas que les algues. La teneur en sel minéraux, nitrates et phosphates (et accessoirement en d'autres éléments indispensables, comme la silice pour les diatomées), représente donc le facteur limitant en milieu marin.

A

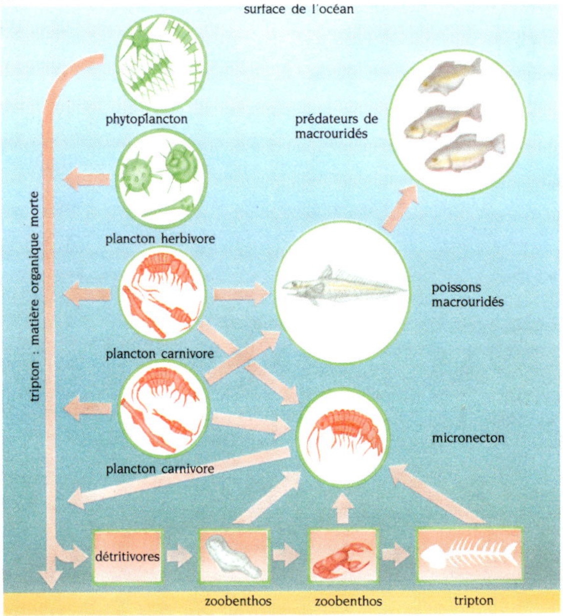

A. **RÉSEAU ALIMENTAIRE DU BENTHOS PROFOND**

Une chaîne alimentaire d'herbivores commence avec le phytoplancton. Elle se poursuit jusqu'au *micronecton,* c'est-à-dire à un ensemble de petits crustacés, céphalopodes et poissons (comme le poisson-lanterne *Myctophum*). Les poissons « queue-de-rat » de la famille des macrouridés sont fréquents dans ce milieu. Avec les poissons carnivores, prédateurs de ces macrouridés, il peut y avoir jusqu'à 7 niveaux trophiques. La matière organique morte (ou *tripton*) qui tombe sur le fond est le point de départ d'une chaîne alimentaire de détritivores, qui se poursuit dans le zoobenthos. Cette nouvelle chaîne alimentaire comporte jusqu'à 4 niveaux trophiques.

LA PLEINE MER

UNE FAIBLE PRODUCTIVITÉ

■ Avec les zones de remontée d'eau profonde *(upwelling)* et le milieu littoral, la pleine mer, ou milieu océanique, constitue l'une des trois régions principales de productivité dans le milieu marin. Cette région située au-dessus de la zone abyssale, en dehors du plateau continental, couvre 326 millions de kilomètres carrés.

Les eaux tropicales chaudes et légères qui stagnent en surface sans être brassées par des courants verticaux forment une grande partie du milieu océanique. Elles représentent un véritable « désert biologique », surtout si on les compare aux forêts équatoriales humides situées aux mêmes latitudes.

La productivité primaire dans le milieu océanique est en moyenne de 50 g/m²/an de carbone (avec des valeurs extrêmes comprises entre 0 et 100 g). Les chaînes alimentaires y ont en général 5 niveaux trophiques (parfois plus). Le plancton végétal (phytoplancton) représente le premier de ces niveaux. Le deuxième niveau trophique est constitué par du zooplancton microscopique formé de radiolaires et de foraminifères. Le troisième niveau est celui du zooplancton carnivore, formé surtout de crustacés copépodes de 1 à 2 mm, d'autres crustacés et de chétognathes. Le quatrième niveau est celui des carnivores nageurs tels que les poissons mangeurs de plancton (sardines, harengs). Le dernier niveau est constitué de superprédateurs : poissons (comme les thons), céphalopodes, mammifères (comme les dauphins).

Le nombre élevé de niveaux trophiques et la faible productivité primaire du milieu océanique (comparée au milieu terrestre) expliquent sa faible productivité secondaire, sous la forme de poissons exploitables par l'homme (1,6 million de tonnes par an).

B

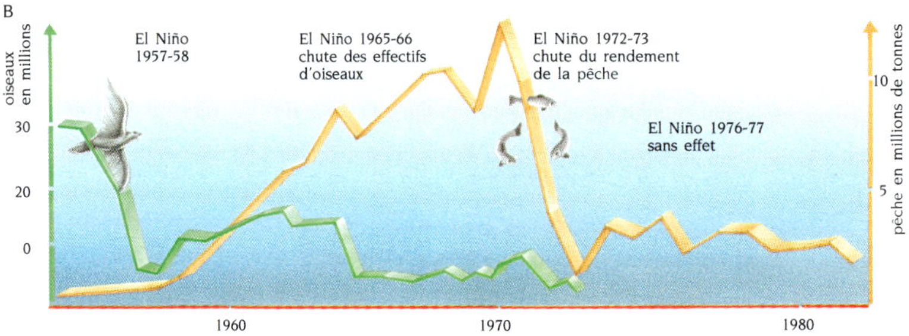

B. **ÉVOLUTION DE LA PÊCHE**

Sur les côtes du Pérou, le rendement de la pêche aux anchois, depuis 1972, est passé de 12 millions de tonnes à moins de 2 millions de tonnes. Cette baisse est due à la fois à l'apparition périodique du courant chaud, appelé *El Niño,* qui empêche la remontée des eaux profondes riches en sels nutritifs, et à la surexploitation des stocks qui ne peuvent plus se reconstituer.

Les oiseaux qui se nourrissent d'anchois et qui sont à l'origine des dépôts de guano ont commencé à décliner dès 1958, date du premier El Niño.

C

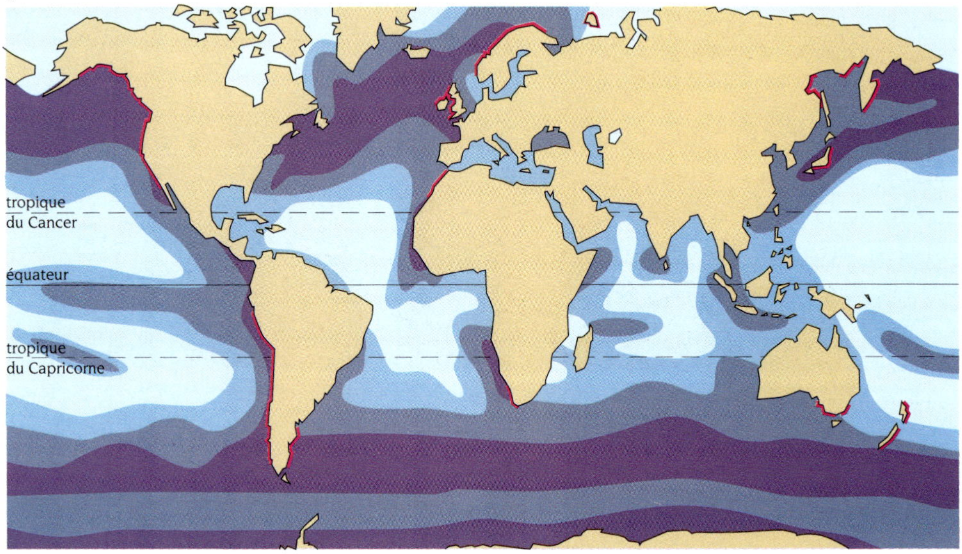

C. **PRODUCTIVITÉ ET MILIEUX MARINS**

La productivité primaire des océans est représentée sur cette carte en grammes de carbone par mètre carré et par an (100 g de carbone/m² équivalent à 2 tonnes de matière sèche/ha). On remarque la faible productivité des eaux équatoriales et la productivité élevée de la région qui entoure le continent antarctique et des zones d'upwelling. En rouge sont figurées les zones littorales d'exploitation des grandes algues brunes.

en grammes de carbone/m²/an
- < 50
- de 50 à 100
- de 100 à 200
- > 200

ZONES LITTORALES ET PLATEAU CONTINENTAL

DES ZONES DE PÊCHE INTENSE

■ CES MILIEUX N'OCCUPENT que 36 millions de km^2. La productivité primaire y est en moyenne de 100 g/m^2/an de carbone, soit le double de celle du milieu océanique, car la teneur en sels nutritifs y est plus élevée. Les chaînes alimentaires y sont plus courtes avec de 3 à 4 niveaux trophiques (au lieu de 5 ou plus en mer).

Le phytoplancton, en général plus gros qu'en pleine mer, est consommé par du zooplancton également plus gros, comme les euphausiacés. La productivité en poissons y est estimée à 120 millions de tonnes par an. Le plateau continental constitue donc une zone de pêche intense, par exemple en mer du Nord, dont la profondeur ne dépasse pas 200 mètres.

Le milieu littoral est peuplé par des herbiers d'algues et de quelques plantes à fleurs. Les grandes algues brunes d'intérêt économique sont surtout des laminaires sur les côtes de l'Atlantique nord et des *Macrocystis* sur les côtes de l'océan Pacifique. La productivité de ces algues a été estimée à 400 millions de tonnes par an. Elles ont longtemps servi comme source d'iode et de potassium et comme engrais. Elles servent aujourd'hui à fabriquer des acides alginiques qui entrent dans la composition de peintures, de plastiques et de produits pharmaceutiques ou alimentaires.

ZONES D'UPWELLING ET DE CONVERGENCE

DES REMONTÉES D'EAUX PROFONDES

■ DANS LES RÉGIONS DITES d'upwelling, où les eaux profondes, riches en sels nutritifs, remontent en surface, la productivité primaire, très élevée, atteint 300 g de carbone/m^2/an. Bien que peu étendues (360 000 km^2), ces régions assurent une partie importante des pêches mondiales. Leur productivité en poissons, estimée à 120 millions de tonnes de carbone/m^2/an, est la plus élevée du globe. Elle s'explique par l'abondance du phytoplancton et la brièveté des chaînes alimentaires (moins il y a de maillons, moins il y a de pertes), avec souvent deux niveaux trophiques, celui du phytoplancton et celui des poissons qui le consomment (comme l'anchois du Pérou).

La zone de convergence antarctique. Située autour du continent antarctique, cette zone possède aussi des eaux superficielles riches en sels nutritifs et à productivité élevée. Le phytoplancton est consommé par divers invertébrés, dont une crevette *(Euphausia superba)* qui forme le *krill*. La productivité secondaire est élevée dans ce milieu, mais la surexploitation des cétacés a entraîné une raréfaction de leurs effectifs. Une grande partie du krill (estimée à plus de 100 millions de tonnes) n'est plus consommée par les cétacés.

Outre les cétacés, les principaux consommateurs du krill antarctique sont les oiseaux, représentés par plus de 40 espèces ayant un effectif de 350 millions d'individus et une biomasse de 800 000 tonnes. Ces oiseaux prélèvent chaque année 4,7 millions de tonnes de plancton et de necton, dont 67 p. 100 de crustacés, 19 p. 100 de céphalopodes et 14 p. 100 de poissons.

L'EXPLOITATION PAR L'HOMME

UN RENDEMENT FAIBLE

■ LE MILIEU MARIN est exploité d'une façon différente du milieu terrestre. Dans ce dernier, les végétaux représentent 94 p. 100 de la totalité des produits récoltés et les animaux herbivores seulement 6 p. 100. Dans le milieu marin, les végétaux exploités ne forment que 1 à 2 p. 100 de la récolte, les animaux herbivores 19 p. 100 et les animaux carnivores 80 p. 100. Ces prélèvements d'animaux appartenant à des niveaux trophiques élevés expliquent que l'exploitation des océans n'atteigne qu'un rendement de 0,03 p. 100 alors qu'il est de plus de 1 p. 100 en milieu terrestre.

Les produits récoltés. Les statistiques suivantes donnent une idée des quantités de produits extraits de la mer (en milliers de tonnes, année 1985) : algues : 2 300 ; crustacés : 3 519 (dont 190 pour le krill) ; poissons migrateurs (comme le saumon) : 2 393 ; poissons marins : 64 390 ; mammifères : 600 ; tortues : 7. Soit un total de 73 209 millions de tonnes. Par comparaison, les eaux douces fournissent 10,7 millions de tonnes de poissons.

La pêche est inégalement répartie entre les divers océans. Ainsi, le rendement était, en 1976, de 257 kg/km^2 dans l'Atlantique, contre 181 kg dans le Pacifique et seulement 44 kg dans l'océan Indien, qui est sous-exploité. En revanche, la mer du Nord et l'Atlantique nord sont largement surexploités pour de nombreuses espèces, comme le hareng, la morue, le haddock (églefin) ou la plie. La pêche en mer fournit aujourd'hui une quantité de poissons égale au tiers de la productivité estimée. Une augmentation du rendement de la pêche à 100 millions de tonnes est donc théoriquement possible, sans compter les ressources de l'aquaculture marine.

Malgré cela, l'exploitation des océans ne représente certainement pas le remède miracle contre la faim dans le monde.

A

A. **JUBARTES**

La baleine à bosse, ou jubarte, se reconnaît aux petites formations arrondies (nodosités) qui couvrent sa tête. Sa pêche est strictement interdite depuis 1972. Elle mesure de 11 à 16 m (dont le tiers pour la tête), et pèse 45 t. Elle passe l'été dans l'Antarctique et l'hiver sur les côtes d'Afrique et d'Australie. Il en existe aussi des populations dans l'hémisphère Nord (Atlantique et Pacifique). La baleine à bosse mange du krill, des petits poissons et même des oiseaux de mer.

B

B. **VIVRE EN BANCS**

Le maquereau passe toute sa vie en pleine eau : c'est un poisson pélagique. Nageur rapide, il a un corps profilé, avec le ventre blanc (ainsi, vu de dessous, il se distingue mal de la surface). Ses flancs et son dos sont colorés, ce qui le dissimule, comme beaucoup d'autres poissons pélagiques, aux yeux des prédateurs de surface comme les oiseaux. Les maquereaux vivent en bancs immenses et recherchent des eaux à température bien déterminée, ce qui les amène à se déplacer constamment au cours des saisons. La connaissance des lieux recherchés par ce poisson a déterminé les méthodes et les périodes de pêche.

LE LITTORAL

LE MILIEU LITTORAL comprend la partie peu étendue du continent soumise à l'influence de la mer et la région marine située dans la zone de balancement des marées.

La marée est un phénomène dont la période est de 24 h 50 min. Cela explique le décalage régulier des heures des hautes mers et des basses mers. Au cours du mois lunaire, les marées ont des variations d'amplitude qui sont les plus faibles lors du premier quartier et du dernier (marées de mortes-eaux) et les plus fortes à la pleine lune ou à la nouvelle lune (marées de vives-eaux). Au moment des équinoxes, les marées prennent une importance exceptionnelle. Il existe trois types principaux de milieux littoraux : les côtes rocheuses, les côtes vaseuses et les côtes sableuses.

LES CÔTES ROCHEUSES

DE LA VIE À TOUS LES ÉTAGES

■ L'ESTRAN, OU ÉTAGE MÉDIOLITTORAL, est la région comprise dans la zone de balancement des marées. Au-dessus, l'*étage supralittoral* n'est atteint que par les embruns lors des forts coups de vent. Au-dessous, l'*étage infralittoral* est immergé en permanence, même lors des marées d'équinoxe. Au cours d'un cycle de marée, les divers niveaux de l'estran sont découverts d'autant plus longtemps qu'ils sont situés plus haut. Cela explique l'existence sur les côtes rocheuses d'une zonation biologique verticale, car la résistance à l'émersion et à la dessiccation des végétaux et des animaux varie beaucoup selon les espèces. De plus, les organismes qui vivent sur les rochers sont différents selon que le site est abrité ou exposé et battu par des vagues plus ou moins fortes. Dans ce dernier cas, les seuls organismes qui subsistent sont ceux qui résistent à l'arrachement, tels que les balanes, les moules ou les patelles ; les algues y sont rares. Si la côte est abritée, les algues se multiplient et cette végétation chasse les balanes tandis que toute une faune d'éponges, d'hydraires et de bryozoaires se fixe sur les rochers ou même directement sur les algues.

Le milieu terrestre. Au-dessus de l'étage supralittoral, les éléments les plus caractéristiques des côtes rocheuses sont des végétaux adaptés aux rudes conditions du milieu. Beaucoup de plantes littorales sont étroitement localisées et leur survie est compromise par les aménagements de toutes sortes. Parmi ces plantes, on peut citer le chou maritime, ancêtre du chou cultivé.

L'étage supralittoral. Il fait la transition avec le milieu terrestre et il est marqué par des lichens de couleur jaune ou noire. Parmi les animaux caractéristiques, les crustacés du genre *Orchestia,* ou puces de mer, doivent leur nom à leur faculté de sauter. Les grandes marées apportent des débris végétaux qui ont reçu le nom de *laisses de mer* et qui souvent grouillent de larves de mouches.

L'étage médiolittoral. Ce niveau est peuplé par une grande variété d'algues, en particulier d'algues brunes disposées en ceintures superposées, bien visibles sur les rochers isolés à marée basse. Quatre ceintures se rencontrent par exemple sur les côtes de la Manche. La ceinture à *Pelvetia canaliculata* marque la limite supérieure. Sa faune est pauvre. La ceinture à *Fucus spiralis* possède une faune un peu plus riche avec, en particulier, les « bigorneaux » *Littorina saxatilis* et *Littorina obtusata,* qui broutent les algues. La ceinture à *Fucus vesiculosus* a une extension verticale plus grande que les deux précédentes ; sa faune est plus diversifiée, avec une autre espèce de bigorneau, *Littorina littorea,* et beaucoup d'espèces détritivores, crustacés en particulier. Les moules peuvent abonder et c'est à ce niveau que des gisements exploitables (appelés moulières) se forment quand le rocher n'est pas trop couvert d'algues. Parmi les poissons, la blennie a la propriété de résister à l'émersion à marée basse. La ceinture à *Fucus serratus* est la plus basse ; on y rencontre déjà des algues rouges. La faune est très riche, avec des espèces qui ne supportent pas des séjours prolongés hors de l'eau : éponges, bryozoaires, hydraires, ascidies.

L'étage infralittoral. Il débute sous l'étage médiolittoral avec l'apparition de grandes algues laminaires, qui dépassent un mètre de longueur totale. Ce peuplement n'est accessible à pied que lors des plus basses mers, sinon, il est couvert en permanence.

A. **MARAIS LITTORAL**

Dans un marais littoral, la *slikke* est une étendue de vase sans végétation. Le *schorre,* ou *pré salé,* séparé de la slikke par une petite falaise, porte une végétation caractéristique. Sur les côtes de la Manche, à mesure qu'on s'approche de la mer, on rencontre des salicornes ; puis une graminée, la spartine ; des obiones, des suaeda (ou soudes) ; une autre graminée, la glycérie maritime, qui forme un tapis herbacé, et la lavande de mer à fleurs pourpres. Le chiendent de mer et l'armoise font la transition avec le milieu terrestre.

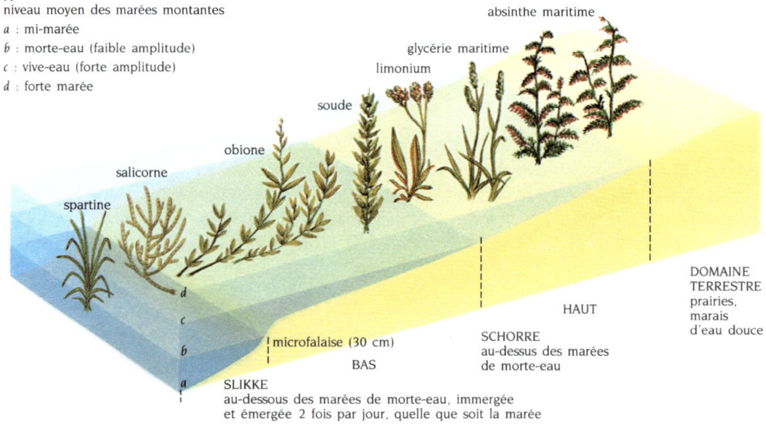

B. **CÔTE ROCHEUSE À MARÉE BASSE**

La plupart des êtres vivants du littoral ont une répartition en zones. Les algues vertes croissent au niveau le plus élevé et les algues brunes vivent en général dans la zone médiolittorale. Les algues rouges sont propres à la zone infralittorale. Les animaux qui résistent aux modifications de température et d'hydratation vivent en haut, et ceux qui ont besoin d'un milieu plus stable se tiennent près de l'eau.

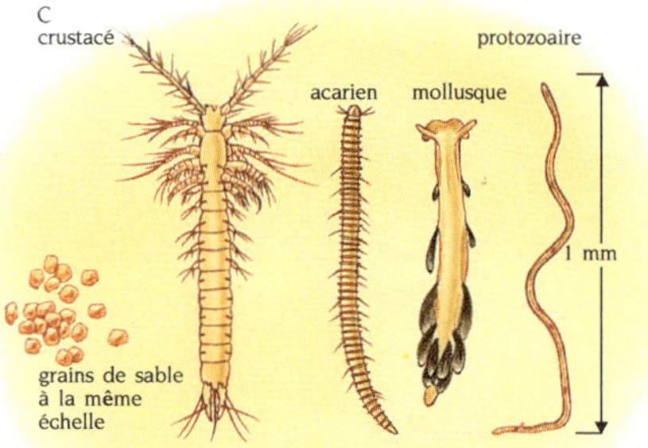

C. **DANS LES GRAINS DE SABLE**

Tous les animaux qui vivent entre les grains de sable possèdent un corps de forme allongée et une dimension de l'ordre du millimètre, ce qui est une taille géante pour des protozoaires, mais naine pour des crustacés. L'espèce de gauche est un crustacé mystacocaride, *Derocheilocaris remanei.* La deuxième espèce est un acarien du genre *Tricoma,* dont l'aspect annelé est inhabituel. La troisième espèce est un mollusque gastéropode nudibranche, *Embletonia faurei,* qui a perdu sa coquille et qui porte des appendices en forme de feuille. La quatrième espèce est un protozoaire cilié de forme très étirée.

LES CÔTES VASEUSES

ESTUAIRES ET MARAIS LITTORAUX

■ CETTE PARTIE DU LITTORAL est occupée par des sédiments très fins, ou vases, dans lesquels seules quelques espèces peuvent subsister. Les arrivées fréquentes d'eau douce provoquent des variations de salinité, ce qui explique la présence de nombreuses espèces qui tolèrent ces variations *(euryhalines)*. La vase compacte gêne la circulation de l'eau et de l'oxygène.

Ce milieu a cependant une forte productivité (20 à 30 t/ha/an), car les espèces qui le tolèrent prolifèrent librement. L'élevage des coquillages, comme les huîtres, y est fréquent. En outre, les côtes vaseuses servent de relais aux oiseaux migrateurs qui viennent en hiver des régions nordiques. Un marais salé littoral comprend deux parties auxquelles on a donné des noms flamands : la *slikke* (« boue » en néerlandais) et le *schorre* (« pré salé » en néerlandais).

La faune. Malgré une apparence désertique, la vie animale est intense, mais les animaux vivent plus ou moins enfoncés dans la vase. Les espèces dominantes sont des vers annelés, comme l'arénicole et la néréis ; des lamellibranches, comme la coque, les couteaux et les palourdes ; des crustacés, comme la crevette grise.

En France, la baie du Mont-Saint-Michel héberge, en hiver, 20 000 huîtriers pies, des oiseaux qui mangent plusieurs centaines de millions de coques. Les marais littoraux servent également de nursery à des poissons comme la sole, le turbot, la plie, qui y commencent leur développement avant de gagner le large.

La flore. Les plantes qui poussent dans les marais littoraux ont un comportement variable vis-à-vis du sel qui imprègne la vase. Certaines, comme la salicorne, sont des *halophytes* (espèces vivant sur un sol salé) strictes, qui ont besoin de sel pour se développer. D'autres, comme les atriplex, sont des halophytes tolérantes, qui supportent le sel mais peuvent s'en passer. La plupart des plantes terrestres ne supportent pas le sel. Une graminée, *Spartina anglica,* est apparue brusquement, il y a un siècle, dans un marais littoral du sud de l'Angleterre, d'où elle s'est répandue. Sa productivité étant élevée, son exploitation comme source d'énergie a été envisagée dans des pays comme la Suède, où une moissonneuse spéciale a été mise au point.

LES CÔTES SABLEUSES

PLAGES ET DUNES

■ LORSQUE LE LITTORAL est sableux, la vie animale change complètement et les algues, qui ne peuvent plus se fixer sur un support, disparaissent. La plupart des animaux sont des fouisseurs, qui se cachent dans le sable, plus ou moins profondément. Ce sont des crustacés, comme les talitres, des annélides, comme l'arénicole et la néréis (qui vivent aussi dans la vase), des lamellibranches, comme les couteaux. La faune la plus curieuse est représentée par des espèces de petite taille, qui vivent dans le *milieu interstitiel* situé entre les grains de sable. Les côtes sableuses offrent aux organismes terrestres des conditions de vie très particulières, surtout lorsque des dunes littorales se forment. Leur végétation est assez uniforme d'une région à l'autre. Une espèce est présente presque partout, l'oyat *(Ammophila arenaria),* graminée pourvue de longs rhizomes traçants qui fixent le sable. Pour cette raison, l'oyat a été utilisé pour fixer les dunes mobiles qui menaçaient les terrains de l'arrière-pays.

Près de la mer, il existe une plage plus ou moins étendue et dépourvue de végétation. Vers la terre, le sable qui fait suite à cette plage est généralement enrichi en calcaire par les débris de coquilles de mollusques rejetés par la mer. On y rencontre une végétation rare avec des roquettes de mer *(Cakile maritima),* crucifères appelées également caquilliers et des euphorbes *(Euphorbia paralias).* Plus vers l'intérieur, la dune dont le sable est fixé porte une végétation caractérisée par la luzerne maritime *(Medicago marina),* le chardon bleu *(Eryngium maritimum)* et l'immortelle *(Helichrysum stoechas).* La dune se couvre ensuite d'une mince pellicule d'humus, où de nouvelles plantes peuvent croître, comme le lis des sables *(Pancratium maritimum),* et le liseron *(Convolvulus soldanella).*

A

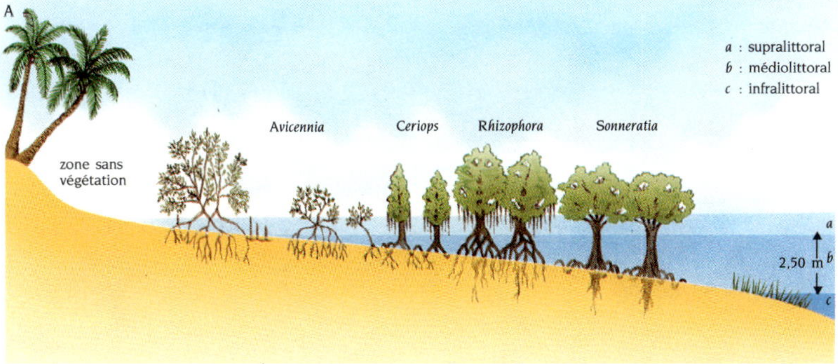

A. **DISPOSITION DES PALÉTUVIERS**

Sur la côte orientale d'Afrique, la mangrove comprend plusieurs espèces de palétuviers. Les *Rhizophora* et les *Ceriops* ont des racines en échasses qui servent d'arcs-boutants et les maintiennent dans la vase agitée par les courants marins. Les graines des *Rhizophora* germent sur l'arbre et forment une plantule atteignant 40 cm, en forme de flèche, qui tombe et se plante dans la vase où elle se maintient sans être emportée vers le large. Les *Avicennia* ont des racines aériennes, ou *pneumatophores,* qui sont protégées par du liège percé de petits trous permettant la respiration. Tous les palétuviers résistent au sel ; les plus résistants sont ceux du genre *Avicennia,* qui poussent dans la partie le plus longtemps émergée de la mangrove.

B

C

B. **CORDON DUNAIRE DU LITTORAL LANDAIS (FRANCE)**

La mer est à l'ouest (à gauche, sur la photo) ; à l'est, dans l'intérieur des terres, on voit le début de la vaste forêt landaise de pins maritimes, qui a été plantée à partir du XIXe siècle. La rivière qui traverse la dune est le courant d'Huchet, sur les rives duquel on a établi, près de la source, une réserve biologique destinée à protéger une très riche végétation. On distingue, vers la mer, la *dune blanche,* au sable mobile et à la pente faible, et, vers l'intérieur, la *dune grise,* dont le sable est fixé. Cette différence d'aspect est provoquée par la végétation, plus abondante sur la dune grise, où se trouvent en particulier des plaques de lichens qui lui donnent sa couleur. La plante la plus caractéristique de ce milieu est une graminée très résistante au manque d'eau douce, l'oyat.

C. **MANGROVE AUSTRALIENNE**

La mangrove est constituée par la végétation des vases littorales des régions intertropicales. Elle occupe une grande partie du littoral de l'Australie, au nord du tropique du Capricorne. Cette photographie montre au premier plan, des palétuviers du genre *Avicennia.*

LES ÎLES

FORMATION ET PEUPLEMENTS

DES CONDITIONS PARTICULIÈRES D'ÉVOLUTION

■ IL EXISTE DEUX SORTES D'ÎLES. Les *îles continentales* (comme la Corse) sont des fragments de croûte terrestre qui ont été séparés du continent, dont elles ne sont pas très éloignées. Elles sont peuplées par des organismes qui se sont dispersés activement par la voie terrestre. Après la séparation du continent, le peuplement s'est poursuivi passivement. Les *îles océaniques* (comme les îles Hawaii), issues du fond des océans, sont d'origine volcanique ou corallienne. Elles ont été peuplées grâce à un transport passif d'organismes par la voie des airs ou par des radeaux de végétation apportés par les courants marins. Dans une île continentale, le peuplement est en général plus riche, car il reste une partie des espèces du continent.

La richesse d'une île en espèces animales et végétales augmente avec la surface et diminue avec la distance au continent le plus proche. Le nombre d'espèces *endémiques,* c'est-à-dire propres au lieu considéré, est élevé, surtout dans les régions tropicales. À Madagascar, 65 p. 100 des végétaux sont endémiques (99 p. 100 en Nouvelle-Guinée). L'éloignement de certaines îles explique l'absence de groupes d'animaux, qui n'ont pu y arriver. Aux îles Hawaii, il n'existait (avant les introductions humaines) ni poissons, ni amphibiens, ni reptiles, ni mammifères terrestres. Par contre, on y trouve 700 espèces de mouches drosophiles, toutes endémiques, soit les deux tiers des espèces du monde entier.

Quand une espèce colonise une île, c'est à partir de quelques individus, parfois même d'une seule femelle fécondée. La population à effectifs réduits qui se forme est constituée par des individus qui évoluent rapidement et donnent autant d'espèces nouvelles qu'il y a de niches écologiques vides dans l'île. Ce phénomène, appelé *radiation adaptative,* est connu, par exemple, chez les pinsons de Darwin des îles Galápagos ou chez les drosophiles et les oiseaux drépanidés des îles Hawaii.

Des oiseaux incapables de voler existent (ou ont existé) dans les îles. Le dronte de la Réunion et le dodo de l'île Maurice étaient de gros pigeons pesant jusqu'à 10 kg, qui furent une proie facile pour les premiers explorateurs. Cette particularité semble due à l'absence de mammifères prédateurs dans ces îles ; cela a permis à des oiseaux peu aptes à s'enfuir de survivre et de se développer.

Nanisme et gigantisme. La Sicile, Chypre et Malte ont hébergé des éléphants de moins de 1 m de hauteur et des rongeurs géants, ainsi qu'une musaraigne *(Deinogalerix)* qui mesurait plus de 50 cm (les espèces continentales ne dépassent pas quelques centimètres). L'absence de grands prédateurs a permis de survivre et de se développer aux individus nains des espèces de grande taille (qui n'avaient pas lieu de se défendre), et aux individus géants des espèces de petite taille (qui n'avaient pas besoin de se dissimuler).

Diversité et fragilité. Si les espèces sont moins nombreuses dans les îles, elles occupent en général des milieux plus diversifiés et leur fécondité est plus faible que sur les continents. La végétation originale de l'île Sainte-Hélène a été presque anéantie par l'introduction des chèvres. Beaucoup d'espèces insulaires ont des effectifs très faibles. Ainsi, dans l'île Stephen, au large de la Nouvelle-Zélande, vivait un oiseau incapable de voler, le xénique, dont on connaissait à peine une vingtaine d'individus, et qui a été exterminé en 1894 par le chat du gardien du phare.

A. **COURSE PAR ÉLIMINATION**

La colonisation des îles du Pacifique par des charançons originaires de Nouvelle-Guinée s'est faite à la façon d'une course par élimination. Le nombre de genres qui témoigne de la diversité des charançons dans chaque île, diminue très vite avec la distance à la Nouvelle-Guinée. Alors qu'on compte 48 genres en Nouvelle-Guinée, le nombre chute à 16 en Nouvelle-Calédonie, pour atteindre 1 genre sur l'île Henderson, la plus éloignée.

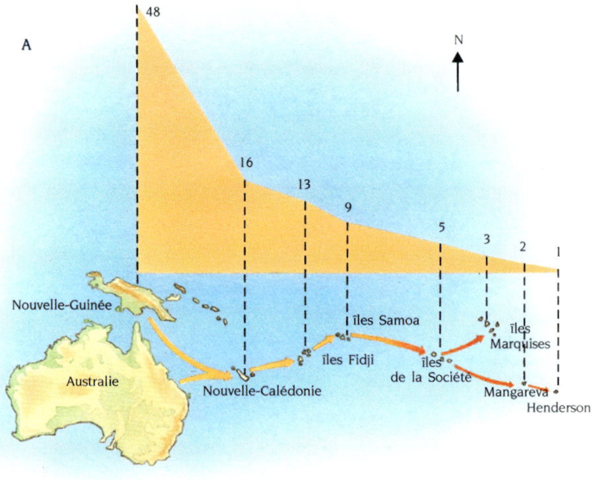

B. **ÉVOLUTION INSULAIRE**

Les oiseaux des îles Hawaii (fringillidés de l'ancienne famille des drépanidés) se sont différenciés à partir d'un ancêtre unique qui mangeait des graines. Les espèces actuelles ont des régimes variés. Celles à bec allongé et à langue longue recherchent le nectar des fleurs ; d'autres, à bec gros et court, mangent des fruits et des graines ; *Pseudonestor* à bec de perroquet se nourrit d'insectes du bois, à la manière des pics.

C. **ESPÈCE MENACÉE**

L'iguane marin *(Amblyrhynchus cristatus)* des îles Galápagos est le seul saurien entièrement lié à la mer. Cet animal herbivore vit en colonies sur les rochers du littoral et va se nourrir en mer où il mange des algues. Les porcs et les chiens, introduits par l'homme, détruisent les œufs et les jeunes de l'iguane, compromettant la survie de l'espèce.

LES RÉCIFS CORALLIENS

LE RÉCIF CORALLIEN est une construction biologique des eaux marines chaudes, formée d'un empilement de squelettes calcaires sécrétés par des organismes vivant en colonies et où dominent les coraux. C'est tout à la fois un cimetière et une pouponnière.

LA FORMATION

DES RÉCIFS FRANGEANTS AUX ATOLLS

■ LES FORMES DE RÉCIFS sont nombreuses depuis les *platures,* édifices embryonnaires, peu épais, immergés, jusqu'aux *atolls,* minces anneaux, enserrant un lagon et communiquant avec l'océan par des passes. Des petits atolls, ou *faros,* dessinent parfois des figures complexes, alignements ou couronnes concentriques. Deux autres types de récifs bordent des terres non coralliennes. Les *récifs frangeants* sont des formes linéaires, souvent discontinues, accolées à un rivage (Grandes Antilles, Seychelles, Yucatán). Construits à de grandes distances des rivages, les *récifs-barrières* forment, loin des littoraux, une série d'îles basses et allongées (Grande Barrière australienne, 1 500 km de long, ceinture de Nouvelle-Calédonie).

Charles Darwin a proposé le premier, au retour de son tour du monde sur le navire *Beagle,* une explication cohérente permettant de rendre compte de la diversité des formes coralliennes. La clé de son explication réside dans une accumulation progressive qui détermine le passage du récif frangeant au récif-barrière puis à l'atoll. Il faut cependant tenir compte de nombreuses données, actuelles ou passées, qui compliquent ce schéma : la nature du support, les positions en bordure de continent ou en haute mer, la concurrence biologique entre espèces, la direction des grandes houles, des vents, des courants marins, chauds ou froids. Les mouvements tectoniques de soulèvement et les variations du niveau marin (montée rapide lors des transgressions et descente au cours des régressions), peuvent bloquer l'évolution des récifs et provoquer, du même coup, la mort des colonies de coraux.

LA VIE DANS LES RÉCIFS

DES EXIGENCES STRICTES

■ LE RÉCIF CORALLIEN forme un écosystème caractérisé par une symbiose entre des organismes autotrophes (algues du groupe des zooxanthelles) et des animaux (polypiers) appartenant au grand embranchement des cnidaires (classe des anthozoaires). Ceux-ci présentent la même structure fondamentale comportant un orifice, ou bouche, entouré de tentacules. Les espèces sédentaires, ou polypes, sécrètent un squelette calcaire rigide et vivent en colonies. Les zooxanthelles, algues marines jaune-brun, ont une activité photosynthétique et se multiplient à l'intérieur des cellules du coralliaire qui leur sert d'hôte. Elles recyclent les déchets des coraux en matière organique.

Le *biotope* corallien satisfait à un certain nombre d'exigences : température des eaux supérieure à 18 °C et variant peu au cours de l'année, bon éclairement, forte agitation des eaux, salinité de 27 à 40 p. 100. La *biocénose* comprend, outre les cnidaires, des algues, des vers, des bryozoaires, des gastéropodes, des crustacés, des échinodermes et des poissons. Un récif peut rassembler plus de 200 espèces différentes. Les étoiles de mer constituent de redoutables prédateurs pour les coraux : la couronne d'épine (étoile de mer de 60 cm de diamètre) ravage la Grande Barrière australienne (40 cm³ de corail englouti par individu et par 24 h).

Édifice jeune, réinstallé depuis quelques millénaires, l'écosystème corallien, avec 50 t/ha/an est un des plus productifs du globe.

A. **DISPOSITIF ORDONNÉ**

Les édifices coralliens les plus complets comportent une succession rythmée d'éléments, de la haute mer au lagon, soulignés par les couleurs vives des roches et de la végétation.

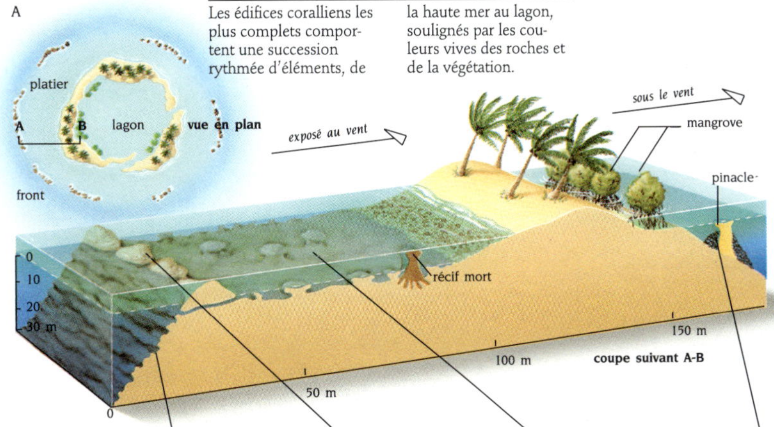

Front
Face au déferlement des houles venues du large, le front est un talus raide (pente de 45° et plus), présentant des surplombs et des parois caverneuses. Partie vivante du récif, il est constitué de polypiers, de blocs de coraux effondrés et recimentés, formant des marches d'escaliers tapissées de sable fin.

Crête corallienne
Partie affleurante au sommet du front, résultant surtout de l'activité des algues rouges (lithothamniées), c'est un espace battu par les vagues, entre hautes et basses mers. La crête est trouée de vasques, de cavités, de tunnels, qui permettent la pénétration, la stagnation et l'évacuation des eaux marines.

Platier
C'est un large espace de plusieurs centaines de mètres, encombré de coraux morts et de leurs débris, remaniés par les vagues et le vent. Rochers champignons, cordons de galets, plages de sable et de cocotiers composent la riche gamme des éléments du platier.

Revers
Il termine le platier du côté sous le vent. Sa pente, tapissée de fins débris coralliens, est moins forte que celle du front. Son bourrelet d'algues est peu développé. Seules quelques colonies de polypes en pinacles, succédant à la mangrove, forment l'ourlet bordant le lagon.

DES MARQUEURS DU PASSÉ

La reconnaissance de nombreuses structures récifales fossiles émergées à l'intérieur des continents fournit de précieuses indications sur la répartition ancienne des mers chaudes, sur les positions successives, à différentes époques géologiques, de l'équateur thermique, sur l'évolution des espèces (à l'exemple de la disparition après le paléozoïque du groupe des tétracoralliaires). Les plus anciens récifs semblent dater du précambrien (il y a plus de 540 millions d'années) et sont présents sous forme de stromatolites (précipitations concentriques autour de cyanobactéries). Les récifs fossiles appartiennent à deux grands types : les *biohermes,* édifices massifs, non stratifiés (c'est le cas des rochers du Saussois du jurassique supérieur de Bourgogne), ou les *biostromes,* stratifiés (barre à rudistes du crétacé supérieur en Provence, par exemple).

B

Alcyonaires
Ces animaux nus (polypes) vivent en colonies arborescentes.

Madréporaires
L'association de polypes à squelette calcaire (polypiers ou madréporaires) forme une colonie.

Formes massives
Elles sont constituées d'alcyonaires (à huit tentacules) et de madréporaires en colonies.

B. **RÉCIF**

Dans une eau bleue, claire, chaude et oxygénée, les colonies de polypes (essentiellement des cnidaires du groupe des madréporaires) forment les récifs coralliens. Ces récifs se forment dans les eaux marines intertropicales (température comprise entre 25 et 30 °C), à partir des squelettes calcaires des polypes. Les formes de vie marine sont très diversifiées dans un récif. Là les animaux pullulent et les jardins de corails, juxtaposant formes branchues et formes massives, créent une féerie de couleurs vives.

ÉTANGS ET LACS

En limnologie, science des plans d'eau, le lac est une cuvette naturelle, alors que l'étang est une retenue d'eau artificielle, régulée par l'activité humaine. Étangs et lacs subissent les contraintes du milieu terrestre dans lequel ils s'inscrivent, c'est pourquoi ces écosystèmes aquatiques (dits limniques) se définissent en association avec le milieu environnant. Une pièce d'eau naît à la faveur d'une contre-pente, d'un méandre qui se ferme, de l'émergence d'une nappe phréatique ou d'une concentration d'eau de ruissellement.

LES VÉGÉTAUX

UNE RÉPARTITION PAR ZONES

■ Le degré de pénétration dans l'eau des rayons lumineux nécessaires à la photosynthèse limite la ceinture végétale, dépendante de la lumière, à de faibles profondeurs. Le phytoplancton est constitué de micro-organismes qui, malgré leur petite taille (de 1 à 100 micromètres), sont à la base de la chaîne alimentaire. Ils assurent, grâce à la photosynthèse, la transformation des éléments dissous, sels minéraux et gaz carbonique, en matières organiques assimilables par les consommateurs qui constituent les autres maillons de la chaîne alimentaire.

Les rives des lacs des régions tempérées portent souvent des saules blancs, des aulnes glutineux et des joncs. Les pieds dans l'eau, on trouve fréquemment, près des rives, l'iris des marais, le plantain d'eau, la massette et le roseau. Plus éloignés du bord vivent la renoncule flottante, le nénuphar (jaune ou blanc) et la sagittaire. Cette dernière montre une adaptation morphologique particulière : ses feuilles aériennes ou flottantes ont une forme de fer de lance, alors que, sous la surface, la tige porte de longues feuilles rubanées ; les stomates permettant les échanges gazeux, habituellement placés sur la face inférieure des feuilles, sont ici disposés sur la face supérieure des feuilles flottantes et absents des feuilles immergées. Les racines des plantes flottantes, comme la lentille d'eau, ne sont plus que des structures absorbantes.

A

A. **VIE ET MORT D'UNE PIÈCE D'EAU**

Température, oxygène, acidité, lumière sont autant de paramètres qui déterminent la santé de l'étang et du lac. L'évolution naturelle d'un bassin tend vers son comblement. Les joncs assèchent les rives, les feuilles et les résidus de la décomposition naturelle se déposent sur le fond et réduisent peu à peu la profondeur.

B

B. **PEUPLEMENT DE L'ÉTANG : UN RÉSEAU ALIMENTAIRE**

Les producteurs, algues planctoniques et autres végétaux, sont consommés par des micro-animaux du plancton (daphnies), des mollusques (limnées), des poissons (carassins), des insectes (sauterelles) ou des oiseaux filtreurs. Les carnassiers, insectes (dytique), poissons (carpe), oiseaux (martin-pêcheur), amphibiens (tritons), couleuvres (couleuvre vipérine), tortues et mammifères (rat musqué) participent aux pyramides alimentaires. Les décomposeurs ferment la boucle, en dégradant la matière organique morte en éléments minéraux utilisables par les végétaux producteurs.

Animaux :

1. *Héron pourpré (85 cm)*
2. *Balbuzard pêcheur (envergure 160 cm)*
3. *Aeschne bleue (envergure 10 cm)*
4. *Martin-pêcheur (17 cm)*
5. *Canard souchet (51 cm)*
6. *Putois (40 cm)*
7. *Daphnie (0,4 cm)*
8. *Bouvière (9 cm)*
9. *Brochet (60 cm)*
10. *Dytique bordé (3 cm) mangeant un têtard de grenouille (1,5 cm)*
11. *Sangsue (7 cm)*
12. *Grande limnée (5 cm)*
13. *Triton crêté (10 cm)*
14. *Cistude d'Europe (20 cm)*

Végétaux :

15. *Diatomée (0,1 mm)*
16. *Rubanier dressé (1,5 cm)*
17. *Saule blanc (20 cm)*
18. *Massette à larges feuilles (2,5 cm)*
19. *Iris jaune (1 m)*
20. *Phragmite commun (tige de 2,5 m, plumet de 30 cm)*
21. *Nénuphar blanc (fleur de 20 cm)*
22. *Renoncule aquatique (fleurs de 1 à 2 cm)*
23. *Élodée (plante de 20 à 100 cm avec des feuilles ne dépassant pas 2 cm)*
24. *Myriophylle (50 cm)*
25. *Cératophylle (30 cm)*
26. *Potamot crêpu (30 cm)*

LES MICRO-ORGANISMES

DES INDICATEURS DE POLLUTION

■ GRÂCE À LA PHOTOSYNTHÈSE, les végétaux microscopiques du phytoplancton, qui constituent la base des chaînes alimentaires, produisent de la matière organique assimilable par les consommateurs. Le phytoplancton est particulièrement sensible aux modifications du milieu et réagit le premier aux apports polluants. Si ce peuplement diminue, les consommateurs souffrent de malnutrition et à terme disparaissent. S'il se multiplie trop, il provoque une *eutrophisation* : un voile d'algues microscopiques (« fleurs d'eau ») se forme, recouvre le lac et freine le passage de la lumière. Les végétaux immergés dépérissent alors et la putréfaction qui s'ensuit amplifie le phénomène, pouvant anéantir totalement la vie animale.

LES ANIMAUX

HÔTES PERMANENTS OU TEMPORAIRES

■ SUR LE SITE DU LAC OU DE L'ÉTANG (écosystème *limnique,* ou *lentique*) vit une communauté dont les variations en nombre d'espèces ou d'individus (liées aux saisons par exemple) affectent parfois profondément l'image de ce site.

Dans les régions tempérées, la faune des écosystèmes limniques se modifie au cours de l'année. Le plancton (végétal ou animal) manifeste une activité printanière intense par une brusque augmentation des effectifs dont dépend le bon développement de toute la faune environnante. Le fond vaseux est peuplé d'une faune d'invertébrés : mollusques (limnées, planorbes, moules), vers annelés (tubifex, sangsues) et larves d'insectes (éphémères, nèpes, dytiques), qui subsistent à la mauvaise saison.

Les poissons d'eau douce constituent la véritable faune permanente des lacs, très peu altérée par le rythme saisonnier : l'éclosion printanière des alevins mangeurs de plancton ne la modifie que pour un temps.

Amphibiens (grenouilles ou tritons) et tortues (cistudes) vivent dans l'eau ou sur les rives. Le fond vaseux est pour eux une protection et l'eau représente un milieu nécessaire à la reproduction des amphibiens. En hiver, ces animaux désertent l'étang pour hiverner dans des abris humides. Le couvert végétal du bord de l'étang ou du lac abrite une foule d'animaux : oiseaux limnicoles (grèbes, foulques), petits rongeurs (campagnols, rats musqués) et couleuvres.

À côté de ces hôtes permanents, il existe une faune passagère qui modifie temporairement les chaînes alimentaires. Les animaux de l'écosystème terrestre alentour trouvent ici un point d'eau pour s'abreuver (renard, cerf) et pour chasser (putois, cigogne). Le point d'eau est aussi un lieu stratégique qui intervient dans le cycle reproductif de nombreux animaux. Le crapaud commun, amphibien à mode de vie terrestre, migre pour retrouver la pièce d'eau qui l'a vu naître. Le point d'eau permet une halte saisonnière aux oiseaux migrateurs.

A

B

A. B. HÔTES TEMPORAIRES

Pour de nombreux insectes, comme le moustique, les pièces d'eau interviennent dans les cycles reproductifs. Les larves (A) y constituent, jusqu'à la métamorphose, un élément de la population. Les adultes (B) mènent ensuite une vie aérienne.

C. ADAPTATION À LA VIE AMPHIBIE

Les animaux à respiration pulmonée vivant dans l'eau, comme la grenouille, montrent des adaptations morphologiques. Les yeux globuleux et les narines affleurent à la surface lorsque l'animal est presque immergé.

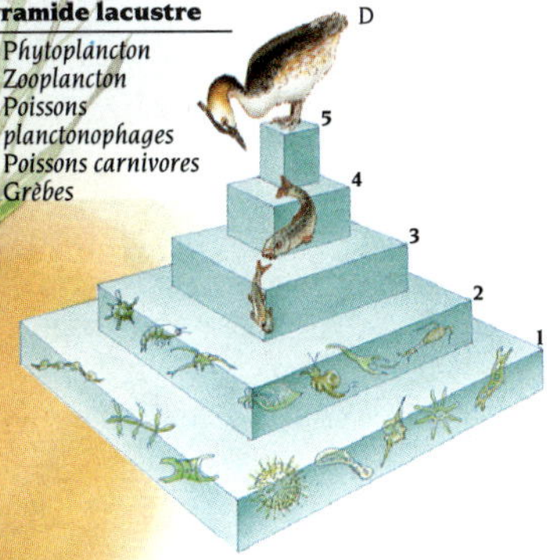

D

Pyramide lacustre

1. *Phytoplancton*
2. *Zooplancton*
3. *Poissons planctonophages*
4. *Poissons carnivores*
5. *Grèbes*

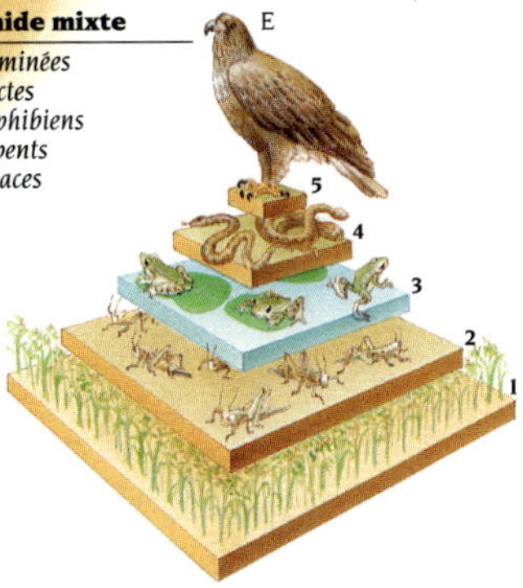

E

Pyramide mixte

1. *Graminées*
2. *Insectes*
3. *Amphibiens*
4. *Serpents*
5. *Rapaces*

D. E. PYRAMIDES ALIMENTAIRES

Dans la représentation schématique du « qui mange qui ? », chaque niveau trophique peut être symbolisé par une seule espèce. Les étangs et les lacs forment des ensembles hautement interactifs avec les paysages alentour. Cela se traduit par la représentation de pyramides alimentaires mixtes (aquatique/terrestre). Ainsi, les grenouilles des lacs d'Europe (E) peuvent se nourrir d'insectes terrestres et constituer la proie d'individus n'appartenant pas au lac. En revanche, certains réseaux trophiques sont strictement lacustres. Ainsi, dans un lac californien (D), la productivité du plancton alimente deux niveaux successifs de consommateurs : poissons mangeurs de plancton et carnivores. Chaque étape correspond à une réserve énergétique dont une partie seulement est utilisée par le niveau supérieur.

C

BULLE DE SOIE

L'argyronète est une araignée. Pourvue de poumons, elle ne peut exploiter l'oxygène dissous, mais les poils qui recouvrent son abdomen lui permettent de retenir l'air atmosphérique jusqu'à sa toile. Elle tisse un dôme en soie qui retient l'air qu'elle va régulièrement puiser à la surface. L'argyronète vit, s'accouple et pond dans sa bulle, où elle hiverne. Le gaz carbonique qu'elle émet diffuse à travers la soie et se dissout dans l'eau.

F

F. ÉVOLUTION DE LA TEMPÉRATURE DES LACS EN RÉGION TEMPÉRÉE

En été, les lacs possèdent trois couches d'eau de températures distinctes. La couche supérieure (épilimnion) est réchauffée par le soleil, les couches inférieures (thermocline et hypolimnion) sont plus froides. Ces différences empêchent le brassage des eaux qui, bien que facilité par le vent, est possible en automne lors du refroidissement de la couche supérieure ou au printemps lors du réchauffement. Ce brassage consécutif à l'inversion de température redistribue gaz respiratoires et nutriments et homogénéise la température.

LES COURS D'EAU

Parmi les eaux douces, les eaux courantes constituent le milieu *lotique ;* elles s'opposent aux eaux stagnantes – étangs et lacs – qui forment le milieu *lentique* (ou limnique).

LE MILIEU

LES CARACTÉRISTIQUES DES COURS D'EAU

■ La vitesse de l'eau peut varier de moins de 10 cm/s, dans une rivière très lente, à plus de 100 cm/s, dans un torrent rapide. Cette vitesse est inégalement répartie. Rapide à la naissance du cours d'eau, elle diminue au fur et à mesure de l'élargissemnent du lit. De plus, elle est très faible au voisinage du fond, sur quelques millimètres d'épaisseur, où elle définit une région appelée *couche limite.*

Le débit des cours d'eau est fonction de la pente, de la pluviosité, mais aussi de la nature du *bassin versant,* région qui recueille les eaux de ruissellement à destination du cours d'eau. Le remembrement, avec arasement des talus, peut être la cause d'un ruissellement intense dans le bassin versant, provoquant des crues soudaines de la rivière qui le draine.

Le courant. Lorsque sa vitesse est supérieure à 50 cm/s, la plupart des animaux aquatiques sont entraînés et éliminés. Il ne subsiste que des espèces spécialisées, comme les larves d'éphémères ou les planaires, qui se réfugient dans la couche limite. Les larves de certains diptères, les blépharocérides, ont des ventouses qui leur permettent de se fixer solidement aux rochers ; celles des simulies ont des dispositifs d'accrochage. Les poissons des eaux rapides ont tendance à nager face au courant, leur profil hydrodynamique leur évite d'être entraînés. Cependant, une partie de la faune est entraînée vers l'aval, phénomène que l'on qualifie de *dérive.* Il est possible que le repeuplement des zones en amont se fasse lorsque les insectes adultes remontent au vol les cours d'eau pour venir pondre.

Le courant joue un autre rôle, en façonnant les berges des cours d'eau, en provoquant la formation de méandres et en diversifiant le profil longitudinal. Cette variété topographique offre des abris et des lieux de ponte et favorise la diversité du peuplement. C'est pourquoi les cours d'eau rectifiés, transformés en canaux rectilignes et bétonnés sont si peu compatibles avec le maintien de la vie aquatique.

La température de l'eau. Elle varie beaucoup avec l'altitude, la saison et même l'heure de la journée. Certains animaux, comme les saumons, recherchent des eaux froides ; d'autres, comme la carpe, s'accommodent d'eaux plus chaudes, pouvant atteindre de 31 à 34 °C. La pollution thermique, causée par le rejet d'eaux chaudes, peut provoquer des modifications importantes dans le peuplement d'une rivière, en éliminant des espèces d'eau froide.

L'oxygène. La teneur de l'eau en oxygène dissous augmente quand la température diminue ; à l'inverse, elle diminue quand la température s'élève. Ce phénomène peut aggraver les effets nocifs de la pollution thermique en provoquant des phénomènes d'asphyxie. Les torrents de montagne au cours rapide ont des eaux agitées, saturées en oxygène. Les eaux des rivières de plaine peuvent être saturées la journée, en raison de la production d'oxygène par les végétaux, et appauvries la nuit, surtout en été. La présence d'arbres le long des rives, qui diminue l'éclairement des eaux, n'est pas favorable à la photosynthèse, mais assure la stabilité des berges et permet la formation de caches où les poissons se réfugient.

A

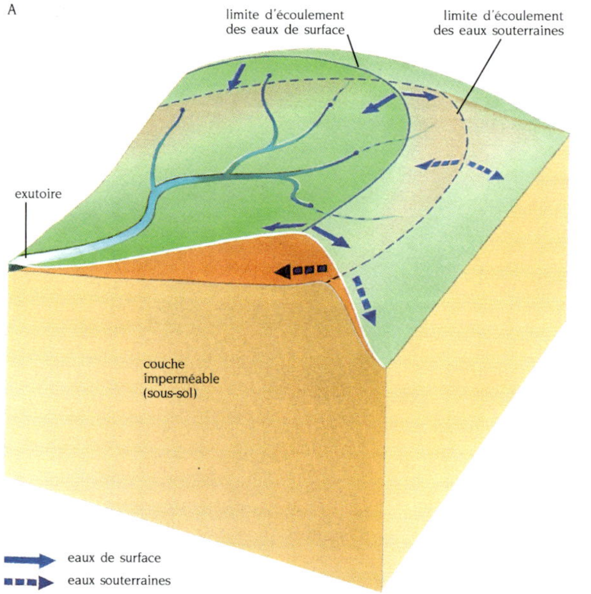

A. **BASSIN VERSANT**

S'il ne correspond pas toujours exactement au bassin géologique ou géographique, le *bassin versant,* ou *bassin hydrographique,* est la *zone de ruissellement* des eaux qui vont se réunir dans le lit du cours d'eau. Le relief et la disposition des couches imperméables du sous-sol font que les limites du bassin versant pour les eaux souterraines et pour les eaux de surface ne coïncident pas toujours. La région où les eaux de surface quittent le bassin versant est l'*exutoire.* Le cours d'eau reçoit de son bassin versant de l'eau, des sels minéraux, des matières organiques (les feuilles mortes issues des arbres avoisinants par exemple) et les produits de l'activité humaine, agricole en particulier (engrais et pesticides).

B

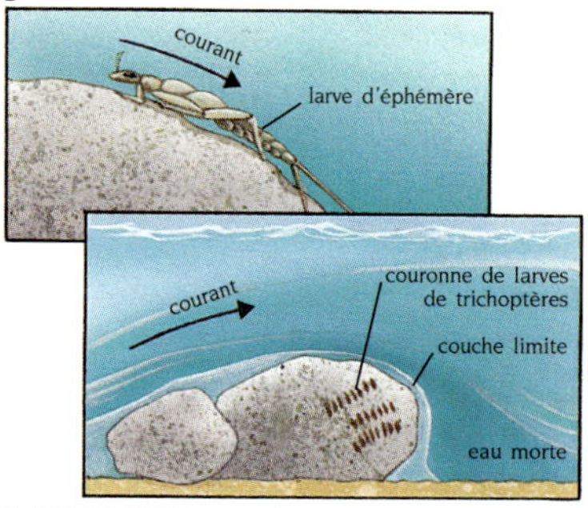

B. **ABRIS CONTRE LE COURANT**

Certains organismes évitent d'être emportés par la dérive en vivant au contact du fond, en se tenant dans la *couche limite,* épaisse de quelques millimètres, où la vitesse du courant est très ralentie. Ainsi, cette larve d'éphémère *Ecdyurus,* grâce à son corps aplati, se plaque contre les rochers (en haut), ce qui lui permet de résister à des courants de plus de 20 cm/s. Quant aux larves de certains trichoptères (qui fournissent les vers laineux utilisés en pêche), elles se groupent dans la partie des blocs rocheux opposée au courant (en bas), au voisinage d'une zone de calme appelée *eau morte.*

C

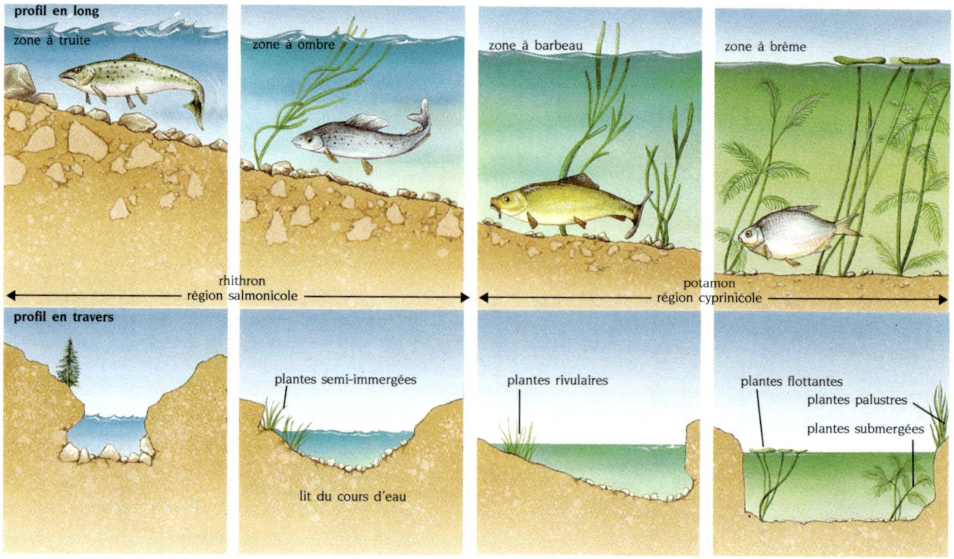

C. **PROFILS D'UN COURS D'EAU**

Dans la partie supérieure du cours d'eau, que l'on nomme *rhithron* (image de gauche), la température est basse et la teneur en oxygène élevée. En milieu tempéré, on divise cette zone en *zone à truite* (le lit est encaissé, rempli de blocs rocheux et sans végétation) et en *zone à ombre* (le lit s'élargit et des plantes immergées apparaissent). Plus bas dans le cours d'eau, le *potamon* (images de droite) comprend la *zone à barbeau* (le courant se ralentit et des fonds de sable apparaissent) et la *zone à brème* (le lit est généralement très large, ensablé ou vaseux, avec des plantes flottantes et submergées).

LES VÉGÉTAUX

ALGUES, MOUSSES ET PLANTES À FLEURS

■ LES EAUX COURANTES sont colonisées par trois groupes principaux de végétaux.

Les algues se localisent dans les eaux rapides. Ce sont souvent des algues rouges, comme les *Batrachospermum.* Certaines, comme les *Cladophora* et les *Draparnaldia,* s'installent de préférence dans les zones de cascades. Des algues unicellulaires (diatomées et algues vertes) forment le phytoplancton des grandes rivières au cours lent. Sur les blocs rocheux du fond, il existe une pellicule d'algues microscopiques qui constituent le *périphyton.* De curieux végétaux (que l'on considère parfois comme des algues), les *Chara,* forment des tapis sur le fond de certaines rivières.

De nombreuses mousses sont caractéristiques des eaux courantes. Les plus communes, du genre *Fontinalis,* vivent immergées et constituent de bons indicateurs de la pollution (en particulier la pollution radioactive).

Les plantes à fleurs sont différentes selon que le courant est lent ou rapide. Les espèces submergées, comme les nénuphars ou les potamots, sont appelées *hydrophytes ;* celle dont les feuilles dépassent hors de l'eau, comme les *Phragmites,* les *Typha,* les *Sparganium,* sont des *hélophytes.* Toutes ces plantes sont sensibles à la pollution, qui les fait disparaître.

LA VIE ANIMALE

DE LA SOURCE AU FLEUVE

■ LES EXIGENCES DES POISSONS et de certaines espèces d'invertébrés définissent diverses zones le long du cours d'eau, selon ses caractéristiques physiques et chimiques.

Crénon et rhithron. La zone des sources est appelée « crénon ». C'est un milieu peu étendu, dont la température varie faiblement, peuplé par des espèces ne tolérant pas les grands écarts de température et d'où les poissons sont absents. Le « rhithron » fait suite au crénon ; c'est, par exemple, la partie montagnarde torrentielle d'une rivière. Les espèces y sont adaptées aux eaux froides et ont des besoins élevés en oxygène. Ce sont des larves d'insectes : éphémères (de la famille des ecdyonurides), plécoptères (de la famille des némurides), trichoptères, diptères (blépharocérides et simulies) et coléoptères (elmides). Ce sont aussi des planaires et des crustacés, comme les gammares. Le rhithron correspond à la région salmonicole (appelée aussi « rivière de première catégorie ») des pêcheurs. On le divise en une zone à truite (où se rencontrent aussi le chabot, le vairon et la loche) et une zone à ombre (avec le chevaine et le goujon où le lit s'élargit).

Le potamon. Cette partie inférieure du cours d'eau renferme des espèces qui supportent des températures plus élevées et un déficit en oxygène. Les invertébrés appartiennent à des familles différentes de celles qui peuplent le rhithron. On y trouve en particulier chez les diptères des chironomes (ou vers de vase), chez les coléoptères des dytiscides, ainsi que des punaises, comme les notonectes et les corises. Le potamon, qui correspond aux rivières et aux fleuves de plaines, constitue une région privilégiée pour les pêcheurs. On le qualifie de cyprinicole (ou rivière de seconde catégorie). Il comprend une zone à barbeau (cette espèce étant accompagnée du rotengle, de la vandoise, de la perche et du brochet) et une zone à brème (avec la tanche, la carpe, le gardon et la perche).

Modes de vie. Certains insectes utilisent la tension superficielle de l'eau pour marcher à la surface. Ce sont les gerris et les vélies (ou punaises d'eau), les gyrins (ou tourniquets) et quelques collemboles. D'autres vivent en pleine eau, comme les punaises aquatiques (notonectes et corises), de même que des coléoptères aquatiques (dytiques).

Sur les fonds rocheux, la faune est plus riche et plus diversifiée que sur les fonds vaseux. Parmi les invertébrés, on trouve des écrevisses, des gammares, des limnées et des larves de libellules. Des poissons, comme la truite et le chabot, sont liés aux fonds pierreux sur lesquels ils déposent leurs œufs. Sur les fonds vaseux, les poissons sont représentés par de rares espèces, comme l'épinoche ; les invertébrés sont des aselles, des mollusques bivalves, comme l'anodonte, et des larves de chironomes. La communauté des fonds vaseux est moins exigeante en oxygène que celle des fonds rocheux et bien moins sensible à la pollution.

A

B

A. B. **CRUSTACÉS D'EAU COURANTE**

Les gammares (A), dont le corps est comprimé latéralement, vivent dans les eaux douces non ou peu polluées, dans la partie supérieure des cours d'eau, ou rhithron. Certaines espèces sont marines. Les aselles (B), au corps aplati dorso-ventralement, portent à leur extrémité postérieure une plaque appelée « bouclier caudal ». *Asellus aquaticus,* représenté ici, est une espèce végétarienne qui vit dans les eaux douces, même polluées, de la partie inférieure des cours d'eau, ou potamon.

C

C. **FLORE DES RIVIÈRES LENTES**

Sur les rives d'une rivière lente poussent des carex (1), des saules osiers (2). Dans les eaux peu profondes, on rencontre l'iris d'eau (3), la prêle des marais (4), le jonc sylvatique (5), la reine-des-prés (6), le myosotis des marais (7), la patience d'eau (8). Flottant sur l'eau, trois espèces de lentilles d'eau (9) et le mille-feuille (10). Dans les eaux profondes, fixés au fond, le myriophylle (11), des potamots (12), la sagittaire (13) et l'utriculaire (14).

D

D. **FLORE DES RIVIÈRES RAPIDES**

Sur le fond sont enracinés la renoncule flottante (15) aux longues feuilles en lanière, des potamots (16), l'élodée du Canada (17), une mousse du genre *Fontinalis* (18), le nénuphar jaune (19), le myriophylle, la littorelle, l'isoètes (20). On ne trouve pas de plantes flottantes. Salicaire (21). Rubanier (22).

LES COURS D'EAU

LES MODES DE NUTRITION

RÉGIMES ALIMENTAIRES ET PRODUCTIVITÉ

■ LES ANIMAUX BROYEURS découpent leurs aliments en petits fragments. Certains, peu nombreux, s'attaquent aux végétaux vivants ; plus nombreux sont les mangeurs de débris végétaux, comme les aselles et diverses larves d'éphémères. Les gammares et les écrevisses sont des omnivores, qui consomment aussi bien des matières animales que des matières végétales. Les carnivores (larves de libellules) attaquent des proies vivantes.

Les animaux *brouteurs* consomment le *périphyton,* c'est-à-dire la couche vivante, formée surtout d'algues microscopiques, qui recouvre les végétaux aquatiques. Ils arrachent en même temps une partie de la plante qu'ils broutent. Des éphémères, comme les *Baetis,* et surtout des mollusques gastéropodes, les limnées, ont ce mode d'alimentation.

Les animaux *limivores* (c'est-à-dire mangeurs de vase), qui sont liés aux fonds vaseux dans lesquels ils vivent, avalent les sédiments fins dans lesquels se trouvent toujours des débris organiques et des micro-organismes ayant une valeur alimentaire. Les vers annélides *Tubifex,* qui peuvent grouiller dans la vase, sont des exemples de limivores.

Les animaux *filtreurs* capturent les fins débris organiques et les êtres microscopiques entraînés par le courant. Les larves de simulies réalisent cette filtration à l'aide d'appendices modifiés ; les trichoptères, du genre *Hydropsyche,* construisent des filets en soie dans lesquels ces débris sont collectés. Les rares éponges d'eau douce sont aussi des filtreurs.

Les animaux *suceurs* ont la possibilité d'absorber une nourriture rendue liquide par l'action de leurs enzymes. Ce sont surtout des prédateurs comme les sangsues et les vers plats (planaires).

Cours lent et cours rapide. Dans un fleuve comme la Tamise, au cours lent et modifié par de nombreux barrages, l'arrivée de matériaux extérieurs en provenance du bassin versant se révèle indispensable pour assurer la productivité secondaire, de poissons en particulier.

Dans les torrents, la productivité primaire des algues unicellulaires (en particulier celles du périphyton) est importante et l'apport de débris d'origine extérieure faible ou nulle.

La production piscicole. La productivité en poissons est évaluée pour les salmonidés de petits cours d'eau non pollués à environ 10 g/m²/an. Elle s'abaisse à 3-5 g/m²/an si l'eau est polluée. Lorsqu'un aménagement rationnel a été réalisé, la productivité en poissons peut atteindre 50 g/m²/an.

A

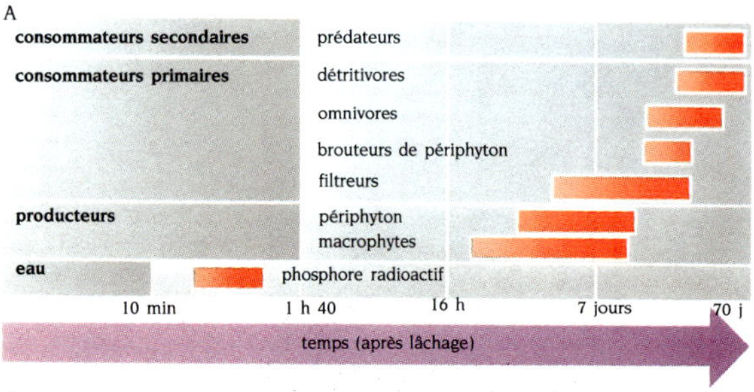

A. **RÉSEAU ALIMENTAIRE D'UNE RIVIÈRE**

L'emploi d'éléments radioactifs permet de connaître les divers maillons des chaînes alimentaires, depuis les producteurs (végétaux) jusqu'aux consommateurs secondaires (prédateurs). Du phosphore radioactif (^{32}P), introduit dans l'eau d'une rivière, est ensuite recherché dans les divers organismes. Il se retrouve d'abord chez les végétaux du périphyton (algues microscopiques) et chez les grandes plantes fixées sur le fond *(macrophytes).* Le périphyton est consommé par les larves d'insectes filtreurs ou brouteurs qui contiennent du ^{32}P à leur tour au bout de 3 à 7 jours. Quant aux animaux omnivores et détritivores, qui consomment les végétaux morts ou vivants, ils deviennent radioactifs vers le 35ᵉ jour. Enfin, les prédateurs montrent des traces de radioactivité peu de jours après.

B

B. **TORRENT**

Une pente forte, des eaux fraîches et bien oxygénées, un lit étroit plus ou moins encaissé, garni de blocs rocheux, et un fond pierreux caractérisent les torrents de montagne (ici dans la vallée de l'Arve, dans le massif du Mont-Blanc, France). C'est le domaine des salmonidés, comme la truite, et des invertébrés capables de résister à des courants rapides, comme les trichoptères.

C

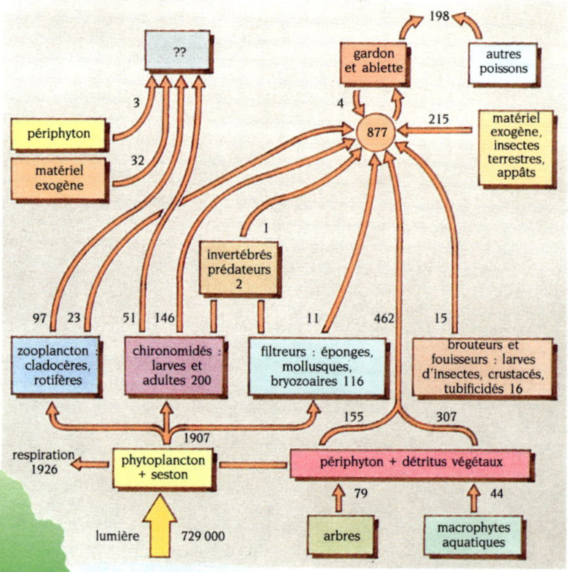

C. **FONCTIONNEMENT ÉCOLOGIQUE D'UN FLEUVE**

Ce schéma résume ce que l'on sait des réseaux alimentaires et des transferts d'énergie dans la Tamise, en amont de Londres. Il montre le rôle important des débris organiques d'origine terrestre (arbres, insectes, etc.) et aquatiques (grandes plantes, ou macrophytes). Le phytoplancton, qui capte l'énergie lumineuse, représente une autre voie d'entrée dans les chaînes alimentaires. Les chiffres correspondent à l'énergie produite ou consommée, en kcal/m²/an.

D

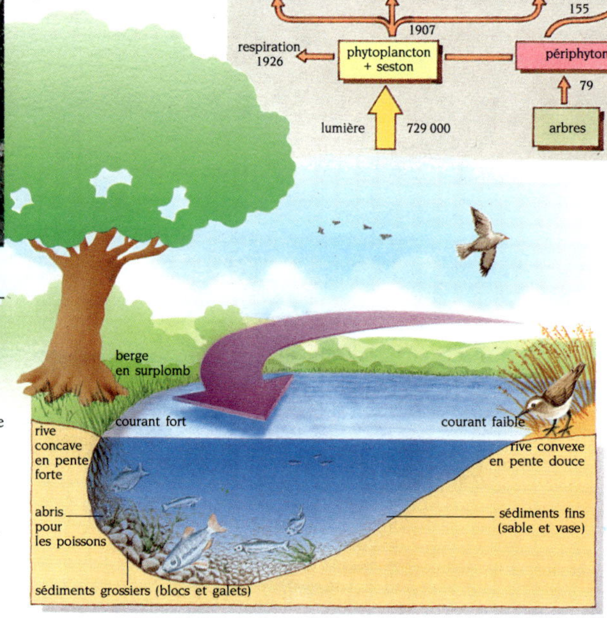

D. **LIT D'UN MÉANDRE**

La coupe d'une rivière au niveau d'un méandre montre que le lit est dissymétrique. La rive concave est en pente forte et la berge parfois en surplomb. Le courant est fort, ce qui élimine du fond les sédiments fins (vase et sable) et ne laisse que des blocs et des galets. Les poissons trouvent des abris sous la berge, parmi le *chevelu* des racines. En face, la rive convexe est en pente douce et le courant, faible, laisse se déposer le sable et la vase. Cette diversité topographique assure la diversité biologique. Si un élargissement du lit est nécessaire pour faciliter l'écoulement des eaux, il doit être fait du côté de la rive convexe. Le curage régulier et l'enlèvement de la vase sont souhaitables pour maintenir les fonds pierreux nécessaires à divers animaux.

L'IDÉE DE NATURE

L'HOMME NE PENSE LA NATURE que pour s'en être séparé. Destin tragique d'un animal dépravé, ou lente marche vers une nouvelle alliance entre l'être intelligent et une nature connue, comprise et respectée ?

■ Quelle que soit notre conception des premiers temps de l'humanité, qu'on se représente, avec Aristote, l'homme comme un animal spontanément sociable ou qu'on suive l'hypothèse rousseauiste d'un être quasiment autiste, traversant en solitaire le premier état de nature, une chose est certaine : cet homme des origines, qui sans doute vivait avec la nature dans une complicité inconsciente que nous avons oubliée, ne disposait d'aucune *idée* de la nature. Trop lié à elle de toutes parts, trop profondément immergé en son sein, il était accaparé par l'environnement immédiat et les impératifs de sa survie.

L'évidence est à souligner : qui dit idée de la nature dit *séparation* d'avec la nature et dans une large mesure *dénaturation* du porteur de cette idée. L'homme n'a pu penser la nature et s'en forger un concept autonome qu'à partir du moment où il s'en est suffisamment éloigné et différencié pour la considérer à la bonne distance, celle de l'observation et de l'expérimentation.

L'idée qu'on pouvait avoir de la nature s'est alors précisée au fil des progrès du savoir scientifique. Se dépouillant peu à peu de ses éléments non « objectifs » (magiques, religieux, philosophiques), elle semblait jusqu'aux temps récents destinée à devenir de plus en plus neutre, donc inconciliable avec d'autres attentes, nourries par une irréductible nostalgie ou par l'anxiété ressentie devant le mauvais sort fait à la planète, et confiées au seul *sentiment* de la nature.

Or, cette situation, prévalant encore il y a peu et dont la prétention à l'autonomie totale de l'humain était un des aspects, devrait changer radicalement. Les sciences, qui depuis la Renaissance ne voulaient voir dans la nature que l'objet du savoir et de l'agir humain, nous convient à présent à lui reconnaître le statut d'un *sujet,* qu'il importe de comprendre et de respecter. Et l'idée de nature, déclassée tant qu'on n'a vu dans le monde que la chose de Dieu ou de l'homme, réoccupe le devant de la scène, élargit son contenu et se réimprègne de valeur, dans un contexte où chaque pas en avant met en évidence le caractère à la fois essentiel et à peine encore exploré du lien qui unit l'homme à la vie.

Les principales voies de cheminement de la pensée occidentale concernant la nature ont été ouvertes et explorées par la philosophie grecque. À l'origine, les « physiciens » de l'école de Milet accomplissent la rupture avec le passé archaïque en rendant compte de l'existence du monde, tel qu'il nous apparaît, par le seul

A. Dessin de Hildebrand pour *Vingt Mille Lieues sous les mers* de J. Verne.

Observer pour se faire une idée...

On ne saurait concevoir une *idée* de la nature sans que l'observation de *faits* naturels nourrisse la réflexion ; cette idée est donc tributaire de l'aptitude à expérimenter dont l'homme fait preuve et des moyens d'investigation dont il dispose. À l'inverse, il fallait déjà avoir une certaine idée de la nature et du rapport que l'homme doit entretenir avec elle pour juger nécessaire de collecter ces informations, et de construire des appareils, tel ce microscope (B), permettant d'en multiplier le nombre et d'offrir à l'interprétation la base à la fois la plus large et la plus précise possible.

Ce n'est qu'à partir de la Renaissance que la revalorisation de l'*idée de l'homme* ouvre la voie à une exploration scientifique *complète* de la nature. Revendiquant un statut *analogue* à celui du Créateur, l'*homme pensant* creuse la distance entre soi et le reste de la création ; celle-ci, désormais, plutôt que le tout dont il fait partie, lui apparaît comme le champ proposé à sa domination. Les vivants, la matière, son propre corps deviennent pour lui autant d'objets à connaître et sur lesquels agir à sa convenance.

Mais l'histoire ultérieure et le progrès même du savoir ont amplement montré que nous ne saurions sans illusion et sans dommage nous sentir à l'abri, face à la nature, dans une bulle protectrice (A), comme autant de capitaines Nemo dans leur salon du *Nautilus :* cette pieuvre, finalement, est un peu de la famille...

B. Microscope du XVIIIe siècle.

A. Jardin zen à Kyoto.

La nature sous le regard de l'homme

Rien qui porte la marque de l'homme comme ce jardin zen (A) : dans le dessin des formes, dans le choix des matériaux, dans la soumission imposée au végétal, dans l'élimination de tout élément qui n'ait pas été voulu. Et rien qui dise autant la nécessité de faire abstraction de nous-mêmes, de nos désirs, de notre corps et de tout ce qui, dans l'environnement, pourrait servir de repère à notre individualité. Pour communier avec le monde, nous ne devons être qu'un regard qui se perd en lui. Un art extrême veille à éviter que nous ne fassions que nous retrouver en prétendant contempler la nature.

Un tel dépouillement est des plus étrangers à la tradition occidentale, incapable de concevoir la nature autrement que comme la maison de l'homme : chaque détail du paysage, chaque attitude animale est immédiatement traduisible en langue humaine et en commentaire personnel du spectateur. Pour *voir* la nature, il faudrait sans doute se faire moins d'idées à son propos, ne pas simplement l'aimer lorsque nous lui supposons de la connivence avec nous et qu'elle nous console de la dureté de nos semblables, pour lui en vouloir quand nous prenons la mesure de sa réelle indifférence…

B. *Le Paradis terrestre* de Jan Bruegel dit Bruegel de Velours.

jeu des éléments naturels (eau, terre, air, feu) et non plus par les faits et gestes supposés d'êtres surnaturels.

Plus tard, Platon, réintégrant le divin dans le discours de la raison, conçoit le monde que nous voyons et où nous vivons comme la copie (livrée au devenir et à la corruption) d'un monde vrai, peuplé d'êtres immatériels, les idées. Il fonde la perspective idéaliste, pour laquelle seule une démarche du pur esprit, dont les expériences ne sont qu'un soutien, peut dégager l'*architecture mathématique* et les lois nécessaires à l'œuvre sous les apparences de la nature.

Son disciple Aristote récuse la coupure entre les deux mondes, sensible et intelligible, et préfère voir en chaque être ou objet, vivant ou inerte, l'union de la *matière* et d'une *forme.* D'où, à la fois, une grande attention portée au concret, à l'individuel, l'établissement d'une *classification* regroupant les individus participant d'une même forme, et la définition d'une *hiérarchie* qui descend de l'être le plus « formel » au plus « matériel ». Cette diversité d'aspects explique qu'Aristote ait inspiré des courants de pensée par ailleurs fort opposés.

Les stoïciens abolissent toute distinction de nature entre esprit et matière : pour eux, tout est corps, à commencer par la raison universelle – dont notre âme individuelle n'est qu'une parcelle, qui assure l'unité d'un monde où tout est lié et solidaire. Les seuls êtres de la nature sont donc les corps. Du fait que la force de cohésion du monde est inséparable des corps, il s'ensuit qu'elle est corporelle ; elle pénètre la matière et remplit avec elle l'espace. Cette force crée le mouvement et l'harmonie. Elle est l'âme du monde, elle est Dieu. La vertu des stoïciens consiste à vivre conformément à cette nature, c'est-à-dire conformément à la raison. Créer en soi l'harmonie, c'est vivre en harmonie avec ses semblables, car les hommes sont frères ; c'est vivre en harmonie avec la nature tout entière.

À ces trois approches correspondent trois degrés d'éloignement de l'homme par rapport à la nature. Or, il est clair que c'est l'idéalisme mathématique, qui implique la distance la plus grande, qui a présidé à la renaissance des sciences au XVIIe siècle, tendant à faire de la nature rien de plus que l'objet du savoir et de l'agir humains. Ce modèle, tout en subissant bien des altérations de sa simplicité initiale, est resté dominant, même si, dès le XVIIIe siècle, les pensées empiriste et sensualiste ont tenté de restaurer dans la connaissance même un lien plus organique de l'homme et de la nature, et si la philosophie politique a suivi une inspiration stoïcienne en cherchant dans des lois naturelles les bases du droit et de la politique modernes. □

La nature est-elle bonne ?

Le mythe l'affirme : création divine, la nature, dans son état premier, ne peut être que bonne. Dans ce *Paradis terrestre* (B) peint par Jan Bruegel, en un jardin riant, paisible et généreux, hommes et bêtes communient dans le bonheur d'exister ; la mort ne hante pas leur conscience, toute au moment présent. À l'abri de tout besoin, ils n'ont pas à s'entre-dévorer : l'agressivité mutuelle et nécessaire n'est pas encore le grand principe d'équilibre...

Mais l'homme pèche ; il est chassé de l'Éden. Sa faute et l'emprise du démon attentent aussi à la nature, qui devient cruelle, hostile, et même corrompue : les variantes les plus rigoristes du christianisme prêcheront le retrait du monde, la haine du naturel livré aux instincts coupables des créatures. Il n'y aura de salut que dans l'ordre de la Grâce. À l'opposé, bien d'autres, tel J.-J. Rousseau, substituant au thème du péché originel celui d'une lente corruption due au processus de *civilisation,* joueront la nature restée bonne contre l'homme devenu mauvais. Le véritable objet d'une durable nostalgie sera non la nature vierge, mais l'alliance d'une nature et d'un homme déjà humanisés sans être encore dénaturés. Ce dont la toile de Bruegel, à sa manière, donne une idée.

C. Pièce de monnaie de 5 FF.

Économie et respect de la nature

La « Semeuse » qui orne cette classique pièce de 5 francs français (C), et dont le dessin remonte à 1903, continue de proclamer dans l'ordre symbolique, en un siècle où la prospérité des nations repose surtout sur l'industrie et les services, l'ancienne et intime conviction d'un vieux pays rural : toute richesse vient de la terre, et se gagne dans le respect des rythmes et des cycles de la nature.

Aujourd'hui, si l'on ne croit plus guère à une économie « naturelle » respectueuse d'un ordre général voulu par le Créateur, et encore moins à la morale et à la politique qui iraient avec, exigences écologiques et évolution des sciences plaident pour que les activités humaines s'inscrivent dans le prolongement du naturel : porter atteinte à la nature pour un profit immédiat, comme l'ont fait les générations précédentes, apparaît de nouveau et de plus en plus comme un non-sens.

Amour. C'est le grand principe, la clef de la nature, pour Lucrèce, poète latin disciple d'Épicure, dans l'invocation à Vénus de son *De natura rerum* (De la nature des choses). Superstitions et « civilisation » ne font que masquer cette vérité première somme toute encourageante. Mais il existe une version noire du rôle de l'amour, celle de Sade, au XVIIIe siècle : une nature cruelle livrée au désir effréné de possession, jouissance et destruction de l'autre.

Bon sauvage. Bon car proche de la nature. Un des thèmes favoris du siècle des Lumières... Rousseau plus que tout autre dénonce le caractère corrupteur de la civilisation. C'est dans la nature que s'enracine notre liberté et que le promeneur solitaire se console de la perfidie de ses contemporains.

État de nature. Conception d'un état antérieur à l'organisation des hommes en sociétés régies par un droit positif. La pensée politique des XVIIe et XVIIIe siècles tendra à considérer qu'il ne peut y avoir de société juste que fondée sur un *contrat* entre les hommes tels qu'ils devaient être à l'état de nature (pourvus de droits naturels et ayant entre eux tel ou tel type de relations).

« Maîtres et possesseurs de la nature ». C'est le programme que Descartes, à la fin du *Discours de la méthode,* conçoit pour une humanité délivrée des préjugés et des erreurs du savoir médiéval. La nature est alors une gigantesque *mécanique,* dont il nous appartient de comprendre le fonctionnement pour assurer notre bien-être.

Nature/culture. Opposition cruciale... Qui dit homme dit culture, et l'on peut douter qu'il ait à proprement parler une nature. Cette opposition, le refus d'expliquer l'humain par le jeu de déterminismes qui s'enracineraient dans la nature, fonde l'autonomie des sciences humaines et leur séparation nette d'avec les sciences de la nature.

Nature/culture (bis). De Darwin aux plus récentes découvertes de la génétique, tout montre que la frontière entre le naturel et le culturel est loin d'être aussi claire et tranchée qu'on a voulu s'en persuader. Le risque d'extrapolations douteuses n'en est que plus grand, et les avancées de la biologie multiplient les dangers. Seule une renaissance de l'éthique peut assurer les sauvegardes nécessaires.

Panthéisme. Doctrine selon laquelle Dieu et le monde se confondent : Dieu n'est pas l'Être transcendant, extérieur à sa création, des grandes religions monothéistes ; il est le Tout (l'âme du monde pour les stoïciens) et il est en chaque parcelle de la nature. L'homme, partie intégrante de ce tout, lui est rivé par les chaînes du déterminisme le plus strict, mais est libre pour autant qu'il assume une condition qui lui permet d'être pleinement chez soi dans la nature, partout et en toute circonstance.

« Vivez, froide nature... ». « Plus que tout votre règne et que ses splendeurs vaines/J'aime la majesté des souffrances humaines. »À la différence des autres romantiques, Vigny désespère de trouver dans la nature la grande consolatrice, ou la complice des tourments de l'homme. La nature se renouvelle, l'homme meurt : il n'y a rien de plus à dire.

Vivre là où la nature aurait repris ses droits...

Les ermites des premiers temps du christianisme se retiraient au désert, parmi les sables, à la rencontre de Dieu... Au siècle des Lumières, la « philosophie » porte des ermites mondains à s'aménager de bien plus aimables « déserts », comme cette « maison du désert » (A), où vivre dans la complicité soigneusement préparée avec une nature dont on a réuni les plus belles espèces. Loger, comme le propriétaire de Retz, dans la fausse ruine d'une vraie civilisation peut s'interpréter comme l'expression d'un idéal naturaliste et panthéiste, la manifestation d'un art de vivre raffiné ou la prémonition de la fin prochaine d'une époque. Il semble surtout régner l'étrange conviction qu'il y a plus de bonheur à attendre et à partager avec ses proches là où les hommes sont déjà passés que là où ils sont ou seront...

A. La maison du désert de Retz (France).

LES MILIEUX HUMIDES

Définir les milieux humides n'est pas chose aisée. L'Unesco propose de les caractériser comme « toute zone de transition entre les systèmes terrestres et aquatiques où la nappe phréatique est proche de la surface du sol, ou dans laquelle cette surface est recouverte d'eau peu profonde de façon permanente ou temporaire ». Les biologistes parlent à propos de ces milieux de marges de contact, ou *écotones,* plus que d'écosystèmes. Les plus vastes milieux humides du monde se situent en Sibérie occidentale, sur le pourtour de la baie d'Hudson, au Canada, et dans les cuvettes amazoniennes et congolaises.

ENTRE TERRE ET EAU

UN DOMAINE DE TRANSITION

■ Une grande diversité de sites sert de pièges aux eaux courantes et provoque la rétention de l'eau, créant nappes d'eau, puis marécages. Les lacs montagnards, de surcreusement glaciaire ou de barrage morainique, les dépressions de toutes tailles (vasques, avens, dolines, poljés) des régions calcaires, les méandres abandonnés ou les chenaux anastomosés, mal drainés, des systèmes fluviatiles, les ensembles plans, à faible pente et substrat imperméable, constituent les lieux privilégiés de formation des milieux humides.

Deux grands types de tourbières. Une opposition classique distingue les tourbières dites *basses,* plates, alcalines, avec des mousses hypnacées, et les tourbières *hautes,* bombées, acides, à sphaignes. Ces deux catégories, pour lesquelles les matières organiques constituent au moins 20 p. 100 à 30 p. 100 du dépôt marécageux, forment deux pôles particulièrement représentatifs des milieux humides. Mais de multiples formes de transition existent entre ces deux groupes, d'une part, et entre la nappe d'eau libre et la terre ferme, d'autre part.

La formation des tourbières. Le destin de tout plan d'eau continental est d'être colmaté, en partie par des apports minéraux et en partie par des édifications biologiques. Ce comblement est plus ou moins rapide suivant les régions bioclimatiques du globe et suivant les caractéristiques des sites. Le comblement se fait par des dispositifs végétaux aux structures souvent concentriques, progressant des bords vers le centre, où les biocénoses forment des auréoles se calquant sur les rives de l'aire humide.

La flore des tourbières. Les plantes pionnières sont souvent des mousses (hypnacées ou sphaignes), adaptées à la vie dans un milieu gorgé d'eau. Les roseaux, les scirpes et les carex composent des paysages apparemment uniformes, mais servent d'abri à une riche faune aquatique et à quelques joyaux floristiques. Les carex ou la molinie forment parfois de grosses touffes, sorte de donjon végétal en miniature : les *touradons.*

Les arbres des lieux humides sont principalement les saules, les aulnes et les peupliers. Les résineux et les bouleaux s'accommodent également de ces milieux aux rudes contraintes écologiques. En milieu à climat tempéré, les tourbières peuvent ainsi représenter des zones où les contraintes climatiques locales permettent le maintien d'espèces végétales relictes de climat glaciaire, comme le bouleau nain (*Betula nana*), adapté au milieu arctique.

La productivité des écosystèmes humides est souvent forte ; elle est parfois de l'ordre de 20 t/ha/an.

UN PIÈGE À POLLEN

La tourbe constitue un excellent piège à matières organiques : pollens, spores, débris végétaux et animaux, corps humains parfois (tourbières du Danemark et d'Irlande) sont conservés quasi intacts, depuis des millénaires, dans ces milieux chimiquement réducteurs.

Les pollens, à l'enveloppe externe extraordinairement résistante, sont les éléments reproducteurs mâles des plantes à fleurs et des conifères. Ils ont des formes et une ornementation différentes pour chaque espèce. Leur détermination après prélèvement et traitement permet ainsi de distinguer les espèces végétales (arbres ou plantes herbacées) ayant été à proximité ou au contact d'une tourbière.

La *palynologie,* science de l'étude des spores et des pollens, utilise ces archives d'avant l'écriture, sous forme de diagrammes polliniques. Elle permet, en association avec d'autres disciplines de l'écologie du passé, de reconstituer les paysages végétaux anciens et de repérer les grandes interventions humaines (défrichements).

LE DESSÈCHEMENT

LE RECUL DES MILIEUX HUMIDES

■ De par le monde, une grande partie des gains de terres arables par l'homme s'est faite au détriment de la forêt mais aussi des lieux humides.

La « conquête » de ces terres cultivables suppose le dessèchement par drainage ou par pompage, œuvre souvent délicate à réaliser, à cause de la faiblesse des pentes et de la lourdeur des sols argileux et organiques.

Les tentatives de cultures ou les plantations d'arbres (notamment de peupliers) dans ces écosystèmes particuliers ont souvent abouti à des échecs.

Milieux longtemps dits répulsifs ou malsains et connotés, à tort ou à raison, négativement (notamment à cause des maladies parasitaires transmises par certaines espèces des marais), les aires humides sont désormais perçues comme des ensembles à conserver pour leur étonnante richesse biologique.

Les entreprises de dessèchement ont été et sont de plus en plus la source de conflits entre groupes sociaux ayant des conceptions contradictoires des lieux humides : agriculteurs, chasseurs, sylviculteurs, pêcheurs, horticulteurs, touristes réagissent de façon souvent passionnelle à l'égard de ces lieux en marge qui constituent grâce à leur importante productivité biologique autant de milieux de prédilection pour une riche faune aquatique.

B

B. NAISSANCE D'UNE TOURBIÈRE

La tourbe résulte de la lente minéralisation de la base des tiges feuillées des mousses, base qui meurt tandis que ces tiges s'accroissent par le sommet. Trois éléments essentiels caractérisent les milieux humides : le roc, l'eau et la végétation. Les roches présentent des fentes permettant l'action du gel et de l'érosion glaciaire, qui a jadis délogé de gros blocs, occasionnant de multiples formes en creux. Ces cavités naturelles sont d'abord occupées par de l'eau, puis progressivement colmatées à partir de leur bord par la végétation. Ces micromilieux servent, ici au premier plan, de berceau à une tourbière en miniature.

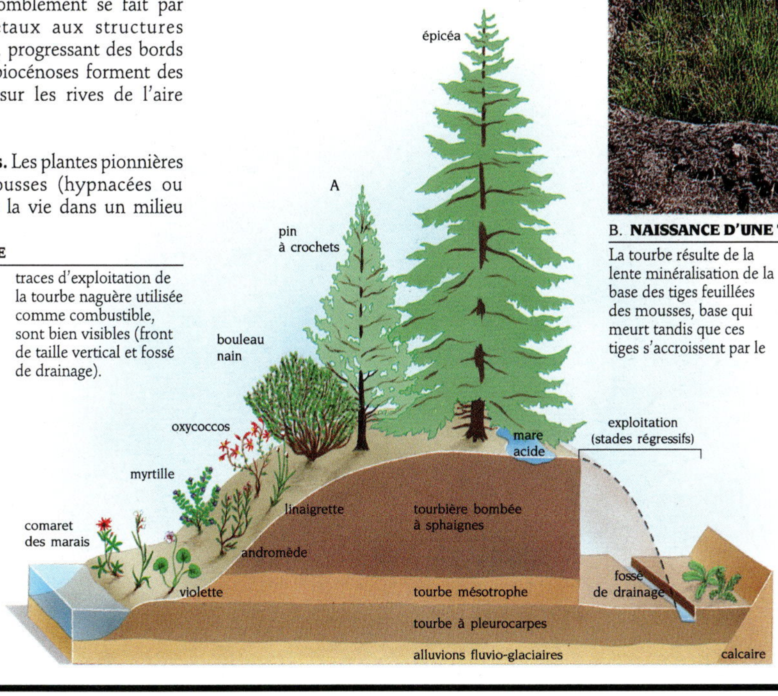

A. TOURBIÈRE BOMBÉE

La tourbière de Mouthe, dans le Doubs, vers 1 000 m d'altitude, est un des « pôles du froid » de la France, célèbre par la rigueur de ses gelées hivernales. Superposition de types de tourbes différents, richesse floristique et dynamisme de la végétation en font un lieu d'intérêt écologique majeur. À la base, une tourbière plate, où fleurissent le comaret et la violette des marais. Au-dessus, une tourbière bombée à sphaignes, acide. Les traces d'exploitation de la tourbe naguère utilisée comme combustible, sont bien visibles (front de taille vertical et fossé de drainage).

LES FORÊTS TROPICALES

SOUS L'ÉQUATEUR ET ENTRE LES TROPIQUES

UN FOISONNEMENT DE VIE

■ DANS LE MONDE INTERTROPICAL s'étend un des plus grands ensembles forestiers mondiaux, qui représente à peu près le tiers de la surface des forêts du globe. De nombreux qualificatifs sont utilisés dans différentes langues pour le nommer. Le premier groupe de termes insiste sur l'originalité de sa localisation et évoque son appartenance à la zone chaude et humide : *forêt équatoriale, forêt tropicale* ou *forêt intertropicale.*

Ce vaste domaine coïncide grossièrement avec les climats à forte pluviosité (plus de 1,5 m de précipitations par an). Nombre d'auteurs insistent sur cet aspect écologique majeur et parlent de *forêt pluvieuse,* de *forêt ombrophile* ou *hygrophile,* de *rain forest* ou de *Regenwald.* D'autres qualificatifs caractérisent un aspect physionomique : *forêt dense* ou *forêt toujours verte (sempervirente), evergreen, immergrün.*

La forêt tropicale est caractérisée d'abord par la puissance de certains arbres (dits « émergents »), dont les cimes isolées, qui atteignent 50 m de hauteur, dominent la frondaison continue des arbres de l'étage inférieur (20-25 m) formant la voûte forestière, ou *canopée,* grouillante de vie. À la différence de celui de la forêt boréale, ou taïga, qui s'étend d'un continent à l'autre, le domaine de la forêt dense équatoriale est scindé en trois grandes masses en Amérique, en Afrique et en Indonésie.

En Amazonie. La sylve amazonienne forme l'ensemble le plus vaste, calqué en partie sur le bassin de l'Amazone. Elle est interrompue au nord par le plateau guyanais, butant à l'ouest sur les chaînes andines, ses limites étant plus complexes vers le sud et l'est, où elle descend jusqu'à Buenos Aires (Argentine), mais disparaît dans le nord-est brésilien. En Amérique centrale, la façade de la mer des Caraïbes est couverte de forêt dense, tout comme les versants « au vent » des Antilles.

En Afrique. Moins étendue, la forêt africaine comprend deux massifs distincts : une bande occidentale assez étroite, au Sierra Leone, au Liberia, en Côte-d'Ivoire et au Ghana, le long du golfe de Guinée, et un grand massif centré sur le bassin du Congo (Nigeria, Cameroun, Gabon et région des grands lacs de l'Est africain). Des éléments isolés sont représentés sur le versant oriental de Madagascar et sur les flancs du Drakensberg, en Afrique du Sud.

En Asie. C'est en Asie du Sud-Est que le domaine de la forêt équatoriale est le plus morcelé et le plus décalé vers le nord, sous l'effet de la mousson. Les principaux massifs se trouvent sur les Ghats occidentaux en Inde, au sud-est du Sri Lanka, dans la chaîne himalayenne, sur la côte orientale et occidentale de la péninsule indochinoise, dans l'archipel malais à Bornéo, aux Célèbes, en Nouvelle-Guinée, ainsi qu'aux Philippines et jusque sur la côte nord-orientale du continent australien.

A. FAUNE DE LA FORÊT DENSE AFRICAINE

La vie animale en forêt dense est caractérisée par son abondance et sa variété liées à la diversité des microclimats et des ressources alimentaires, ainsi qu'à l'ancienneté de l'évolution. Au sol, une riche faune de *terricoles* (vers souvent aquatiques, fourmis, termites...) vit parmi les débris végétaux en décomposition. Des mammifères de petite taille (jaguar, opossum, ocelot...) sont souvent de redoutables chasseurs. Dans les étages supérieurs vivent les *arboricoles :* oiseaux au vol lourd et singes en bandes bruyantes. Partout, les insectes abondent.

B

B. LES ARBRES MEURENT DEBOUT

La forêt tropicale dense présente de nombreux aspects dynamiques. Les arbres morts continuent à servir de support à des lianes et à des plantes *épiphytes,* comme les orchidées ou les fougères cornes de cerf. La mort des grands arbres a lieu debout, avant l'effondrement au sol. Les racines des jeunes arbres pénètrent directement dans le tronc des arbres morts, dressés ou couchés, qui, sous l'action des décomposeurs, se transforment progressivement en litière.

Calao à casque jaune
(*Ceratogymna elata*)
Oiseau aux couleurs contrastées (jabot taché de noir et queue blanc et noir), il porte sur son bec robuste un appendice en forme de casque. Bon voilier, il escorte souvent les singes en déplacement.

Caméléon commun
(*Chamaeleo dilepis*)
Sa langue, étirable en 1/25 de seconde, égale, en extension, la longueur totale de l'animal. Ses changements de couleur, liés à la luminosité, sont dus à des cellules pigmentées (les mélanophores).

Mante religieuse
(*Mantis sp.*)
Elle peut capturer des lézards avec ses pattes antérieures garnies d'épines. Son mimétisme avec les végétaux lui permet de se camoufler. Elle fixe aux branches son sac à œufs, ou oothèque.

Mamba de Jameson
(*Dendroaspis jamesoni*)
Il est noir sur le dos, jaune sur le ventre, très venimeux, et se déplace avec rapidité (plus de 11 km/h) sur les branches de la strate intermédiaire.

Achatine
(*Achatina sp.*)
Escargot géant de la forêt pluviale dont la coquille peut atteindre 20 cm dans son grand axe. L'achatine vit sur le sol et dans les basses strates de la forêt.

LA VÉGÉTATION

UN ÉCOSYSTÈME PUISSANT... MAIS FRAGILE

■ LUXURIANCE, EXUBÉRANCE, fouillis sont des termes souvent utilisés pour caractériser la forêt dense. C'est pourtant un système structuré, une forêt haute, fermée, à la lisière souvent tranchée, brutale, à la *stratification* complexe.

Les arbres. Véritables colonnes, ils sont ramifiés à une très grande hauteur. Ces houppiers (ensembles des rameaux) haut perchés, ces cimes larges et aplaties sont formés de feuilles plus épaisses, plus variées, plus coriaces que celles du sous-bois, aux formes plus homogènes, aux contours réguliers, de couleur vert sombre, souvent terminées en une pointe amincie, l'*acumen,* servant d'égouttoir. La base des troncs est renforcée par des *contreforts,* sortes d'accotements ailés, parfois prolongés par des racines-palettes, qui serpentent à la surface du sol jusqu'à plusieurs mètres de la base du fût.

Plusieurs familles d'arbres contiennent des latex. Les enracinements sont superficiels et de nombreux arbres possèdent même des racines aériennes. Les arbres sont envahis de lianes (vanille, philodendron, bambous...), généralement ligneuses (formées de bois), qui pendent des voûtes comme d'énormes cordages aux longueurs considérables (200 à 300 m chez les palmiers rotangs). De nombreux *épiphytes,* végétaux qui se développent sur d'autres plantes, utilisent de multiples endroits sur les fourches, les branches et même les feuilles pour créer d'extraordinaires « jardins suspendus ». La richesse floristique de la forêt dense est impressionnante : 40 arbres à l'hectare est un chiffre courant. L'Amazonie abrite plus de 2 500 espèces de grands arbres, contre 50 en France. L'absence de rythmes saisonniers se marque dans l'absence de cernes de croissance du bois et dans la persistance du feuillage (dit « sempervirent ») : les processus vitaux peuvent s'accomplir à n'importe quel moment de l'année.

Le sol. Dans ce microclimat forestier particulièrement typé (haute humidité, luminosité réduite et écarts thermiques faibles), on trouve les sols les plus épais du monde (10 à 100 m parfois). Ce sont essentiellement des sols ferrallitiques à l'intense évolution chimique liée au *pansement humide* qui couvre les roches mères (perte de silice par lessivage, libération d'oxydes de fer et d'alumine, formation d'argiles de type kaolinite). Ces sols sont fragiles.

La productivité. L'écosystème de la forêt dense est un des plus actifs du globe : les flux d'énergie et le cycle des bioéléments y sont très rapides, des biomasses de plus de 500 tonnes par hectare y sont fréquentes ainsi que des productivités supérieures à 20 t/ha/an. Après destruction, la régénération de la forêt dense équatoriale est délicate et problématique.

A. B. C. **TEMPÉRATURES ET PRÉCIPITATIONS**

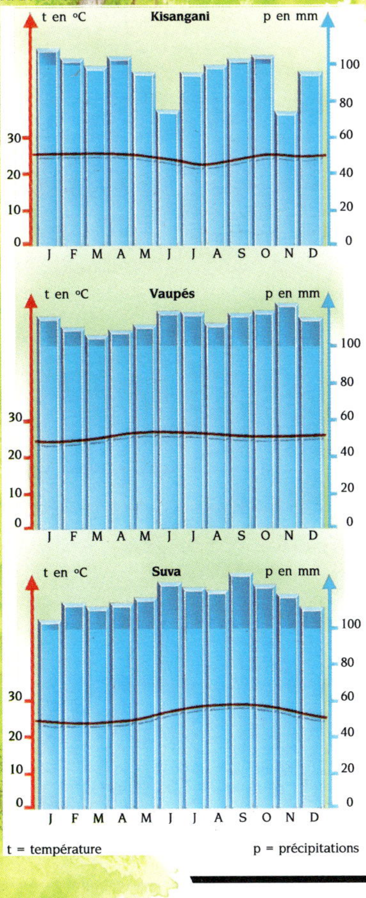

A. **CONGO**

Kisangani, au cœur de la cuvette congolaise, sur les rives du fleuve Zaïre, à 415 m d'altitude, a un climat chaud et très pluvieux toute l'année. Seuls les mois de juin et de novembre sont un peu moins arrosés.

B. **BRÉSIL**

Vaupés (São Gabriel), situé sur l'équateur, au nord de l'Amazone, sur le río Negro, dans la région des Llanos, reçoit chaque mois plus de 100 mm de précipitations.

C. **NOUVELLE-GUINÉE**

Suva, en Nouvelle-Guinée, presque au niveau de la mer, est la station la plus arrosée (près de 3 m d'eau par an). Le gel y est inconnu. La température moyenne annuelle est d'une remarquable stabilité, aux alentours de 25 °C.

RADEAU DES CIMES

Le radeau des cimes est une vaste structure en treillis, transportée par une montgolfière, déposée au sommet de la *canopée* (étage supérieur formé par la cime des arbres) et utilisée surtout en Guyane. Le radeau permet des études fines de ce milieu ensoleillé, sec et chaud, qui abrite la majorité des espèces de la forêt dense. Mesures bioclimatiques, observations sur les floraisons, les fructifications et la croissance des grands arbres, étude de la faune, notamment des insectes, constituent quelques-uns des programmes de recherches. La photo fait apparaître nettement la diversité d'aspects du toit de la forêt dense, les trouées, ou puits de lumière, les différences de couleurs et de tailles, reflets des contrastes de composition floristique.

LES FORÊTS TROPICALES

DANS LE MONDE intertropical, les forêts denses présentent des faciès différents lorsque l'eau se trouve en excès ou lorsqu'elle vient à manquer de façon saisonnière ou sur de plus longues périodes.

LES FORÊTS INONDÉES

FLEUVES ET MARÉCAGES

■ EN AMAZONIE, les forêts inondées, ou *varzeas,* accompagnent les cours d'eau. Larges parfois de 200 km en bordure du lit principal de l'Amazone après son confluent avec le Madeira, elles ne représentent que 2 p. 100 de la superficie totale de l'Amazonie. Très riches floristiquement, elles poussent sur les alluvions des rios *blancos* (blancs) ou *negros* (noirs). Dans ce milieu asphyxiant abondent les arbres à caoutchouc *(Hevea brasiliensis),* les palmiers et les lianes.

Les forêts d'*igapo* correspondent à des marécages où la sédimentation organique est prépondérante. En Guyane, un des faciès les plus spectaculaires de forêt marécageuse est appelé *pinotière.* Les palmiers pinots *(Euterpe oleracea),* dont les cœurs sont mis en boîte et commercialisés, forment de grandes touffes, de 20 à 25 m de haut, de peuplements presque purs.

On trouve, dans les forêts inondées, des arbres aux racines aériennes surnommées les « jambes-chiens », ainsi que des fromagers *(Ceiba pentandra),* encore appelés « kapokiers malais » qui sont de grands arbres au tronc étayé à la base de puissants contreforts, et dont le bois blanc et tendre comme le fromage leur a fait donner ce nom. En Côte-d'Ivoire, ce type de milieu caractéristique porte le nom de *poto-poto.* Les Anglais le qualifient de *swamp-forest.*

En Asie du Sud-Est, la civette des palmiers *(Paradoxurus hermaphroditus),* membre d'une ancienne famille de mammifères de l'Ancien Monde, boit le jus des palmiers.

A

A. **DANS LA FORÊT HUMIDE**

Cette superbe guirlande d'aras à la tête rouge et au corps bleu *(Ara chloroptera),* perchés sur une liane, traduit le comportement grégaire de ce représentant sud-américain de la famille des psittacidés. Ces aras consomment des argiles saumâtres pour pallier les carences en éléments minéraux de leur régime alimentaire. Les aras vivent en bandes criardes, se nourissant de grains et de fruits et accessoirement d'insectes. Leur ennemi principal, après l'homme qui les chasse activement pour leur plumage, est la harpie, grand aigle au bec fort et aux serres puissantes.

LES FORÊTS SÈCHES

DES FORMATIONS MOINS DENSES

■ SUR LES MARGES de la forêt pluvieuse équatoriale se développent, selon les continents, de nombreux types de forêts, dites « sèches », lorsque l'on veut insister sur le rôle écologique de l'eau. On les appelle aussi forêts *claires,* car le couvert végétal des grands arbres est discontinu, ou encore forêts *mixtes,* car elles comprennent un mélange d'espèces à feuilles persistantes et d'arbres à feuillage caduc, souvent dans le sous-bois. Ces forêts sèches sont spectaculaires, car elles comportent de grands arbres aux formes parfois étranges, tels les baobabs.

Faune et flore. La *caatinga* brésilienne, comme les forêts soudaniennes, en Afrique, et les forêts de mousson à teck *(Tectona grandis)* et à sal *(Shorea robusta),* en Inde et en Asie, appartient au type qualifié de « forêt sèche ». Elle est en effet constituée de forêts basses à épineux et de savanes arborées qui, pendant la saison sèche, ne montrent plus que des arbres sans feuillage. La strate inférieure comprend de nombreuses plantes épineuses comme les cactus, les broméliacées ou les euphorbes et des herbes dures servant de pâture pour les bovins et les chèvres.

Les forêts sèches de l'Inde abritent encore le cerf sambar, l'ours lippu, le chien sauvage, l'écureuil géant, qui annoncent déjà la faune des régions tempérées.

B

B. **TRONCS GORGÉS D'EAU**

Les baobabs figurent parmi les arbres les plus spectaculaires des forêts sèches africaines. Ici, à Madagascar, *Adansonia grandidieri,* proche parent d'*Adansonia digitata* du Sénégal, présente un tronc spongieux, gorgé d'eau, qui lui permet d'accumuler des réserves pour passer la mauvaise saison. Ces baobabs dominent une strate arbustive assez dense. Au premier plan s'étend un champ cultivé, exemple de ces paysages caractéristiques du monde intertropical.

C

C. **FORÊT MARÉCAGEUSE**

En Guyane, le long des fleuves et des criques, dans les secteurs d'accumulation alluviale des rives convexes des méandres, la forêt présente une succession de milieux contrastés. De la forêt dense de terre ferme, sur les interfluves, aux forêts de rives, ou *forêts ripicoles,* le contraste est marqué entre des arbres élancés et une végétation plus basse, touffue, enchevêtrée, d'individus morts et de lianes. Ces marécages, qualifiés parfois de *forêts-galeries,* sont appelés localement *pri-pri.* Ce type d'écosystème se retrouve le long des grands fleuves du monde équatorial (Amazone et Zaïre entre autres).

LA FORÊT BORÉALE

LE DOMAINE DU NORD

L'IMMENSE FORÊT DE CONIFÈRES

■ LA FORÊT DE CONIFÈRES NORDIQUE, également appelée *taïga*, est, avec la forêt dense équatoriale, la forêt la plus étendue. Représentant environ le tiers de la surface des forêts du globe, c'est surtout la première forêt du monde pour la production de bois. De toutes les formations végétales du globe, c'est celle qui a l'extension la plus parfaite dans sa zone climatique formant un vaste anneau autour du pôle Nord. C'est une forêt immense s'étendant sur 6 000 km en Eurasie, de la mer de Norvège à la mer de Béring, et sur 3 500 km en Amérique du Nord, où elle est appelée la forêt *transcontinentale*.

Flore et faune. Les arbres sont de grande taille (15 à 30 m) et donnent une impression de puissance. La dominance de résineux à feuillage persistant (sempervirents) rend le paysage monochrome. Dans ce domaine, les conifères sont rois : épicéas *(Picea)*, sapins *(Abies)*, pins *(Pinus)* et mélèzes *(Larix)* représentent les quatre principaux genres. Quelques feuillus y trouvent leur place : bouleaux *(Betula)*, saules *(Salix)*, aulnes *(Alnus)* et trembles *(Populus)*.

La forêt boréale canadienne, ou forêt hudsonienne, est un monde d'une grande homogénéité, caractérisé par les épinettes (*Picea nigra* et *P. canadensis*), le pin de Banks, ou *Jack Pine*, et le sapin baumier *(Abies balsamea)*, dominant un riche sous-bois de plantes à baies (myrtilles, canneberges, groseilliers, framboisiers).

Vers le nord, le lichen des rennes *(Cladonia rangifera)* forme un étonnant tapis gris-blanc. Des animaux à la fourrure recherchée (renard argenté, martre, vison, belette) voisinent avec l'orignal, ou élan du Canada, le lynx et le lièvre. Les insectes pullulent dans les secteurs les plus humides. Ils sont consommés par de nombreux oiseaux (comme le durbec des sapins et les « becs croisés ») qui se nourrissent également d'aiguilles, de bourgeons et de graines cachées dans les cônes des résineux.

LES CONTRAINTES ÉCOLOGIQUES

LES HIVERS LES PLUS FROIDS

■ LE MONDE DE LA FORÊT BORÉALE comporte des montagnes, des plateaux et des plaines marécageuses parmi les plus vastes du monde. Il s'agit du pourtour de la baie d'Hudson et de la Sibérie occidentale.

L'ambiance climatique. C'est celle des climats continentaux aux hivers d'une extrême rigueur avec des minima absolus les plus bas du globe : – 70 °C à Oïmekon et à Verkhoïansk. L'été est bref et chaud, et la saison végétative dépasse rarement les 120 jours. Les précipitations sont faibles, entre 100 et 500 mm/an, surtout sous forme de neige. La durée de couverture au sol du manteau neigeux atteint 7 à 8 mois en Iakoutie et 5 à 6 mois dans le nord du Québec. La neige joue un rôle écologique majeur et sa fusion, au printemps, engorge les sols. Forêt souvent constituée d'une seule espèce d'arbres, la taïga est en proie à de graves problèmes biologiques liés à des insectes défoliateurs, comme la tordeuse des bourgeons de l'épinette, au Canada *(Choristoneura fumiferana)*, ou à de gigantesques incendies estivaux.

Le sol. Le sol caractéristique est le podzol à l'horizon gris cendreux (*zola* en russe), dominé par des horizons de surface épais, à humus acide de type *mor*. En profondeur, les horizons d'accumulation du fer et de matière organique gênent l'infiltration des eaux (percolation) et l'enracinement des arbres. La forêt boréale est également le domaine des sols hydromorphes : sol à gley et tourbières acides.

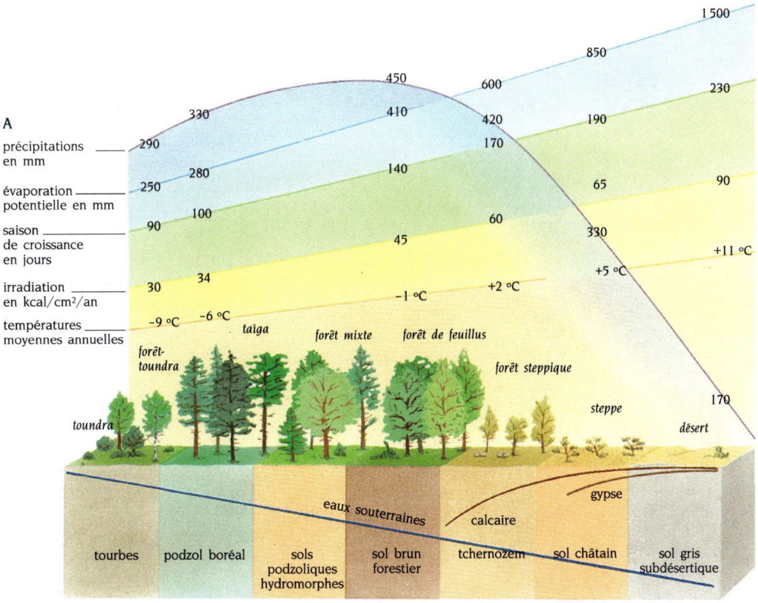

A. **LES TYPES DE FORÊTS**

Ce diagramme synthétique combine les principales données écologiques qui permettent de saisir les transitions de la toundra au désert, suivant une ligne idéale nord-sud, à l'ouest de l'Oural.
La *taïga* est limitée au nord par la *forêt-toundra*, où les bouleaux nains *(Betula nana)* sont bien représentés. Vers le sud, une *forêt mixte de feuillus* (chênes) et de conifères annonce la *forêt tempérée*.
Les faciès les plus caractéristiques de la forêt boréale correspondent à des températures moyennes annuelles de – 6 °C à – 1 °C, une saison de croissance végétative de 100 à 140 jours par an, une évaporation potentielle de 280 à 410 mm/an et une radiation solaire comprise entre 34 et 45 kcal/cm²/an. Le *permafrost* (sol gelé en permanence) disparaît et, lorsque la nappe aquifère est profonde, les sols de la forêt boréale sont des *podzols*. Ailleurs règnent des sols podzoliques marécageux.

B. **TAÏGA SOUS LA NEIGE**

Les monts Severo Muiski, en pays bouriate, à proximité du lac Baïkal, offrent le faciès hivernal classique de la forêt sous la neige, la *snow forest*. Les résineux possèdent des troncs élancés, le sous-bois est encombré de branches et de nombreux arbres morts.

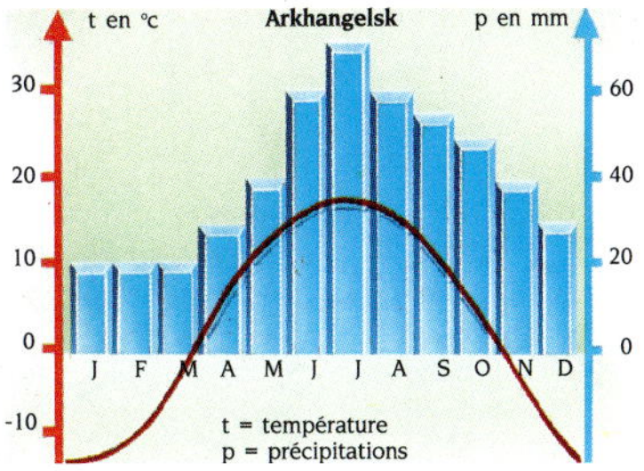

C. **NEUF MOIS DE GEL**

La station d'Arkhangelsk, à 10 m d'altitude, sur la Dvina du Nord, en bordure de la mer Blanche, présente un bilan climatique rigoureux : température moyenne annuelle proche de 0 °C, faibles précipitations, période sans gel de trois mois et minimum absolu de – 44,6 °C.

LES FORÊTS TEMPÉRÉES

EN FAÇADE OCCIDENTALE du continent nord-américain, sur plus de 3 600 km le long de l'océan Pacifique, de l'Alaska à la Californie, s'étend la plus extraordinaire forêt azonale (très étendue en latitude) du globe. C'est l'influence océanique qui donne à cette forêt son caractère « tempéré ». Cependant, les forêts tempérées considérées comme typiques se situent plus à l'est du continent américain (forêt appalachienne), ainsi qu'en Europe et en Chine.

AMÉRIQUE DU NORD

LA FORÊT DES RECORDS

■ C'EST UNE FORÊT apparentée au monde boréal par la domination des conifères et à la forêt tropicale par son exubérance et son gigantisme. Sa composition est relativement simple : sapin de Douglas *(Pseudotsuga menziesii),* tsuga de l'Ouest *(Tsuga heterophylla),* thuya géant *(Thuya plicata)* et épicéa de Sitka *(Picea sitchensis)* forment l'essentiel des peuplements avec cinq sapins de grande taille, évoquée par les noms latins de l'espèce à laquelle ils appartiennent *(Abies grandis, magnifica, nobilis...).*

Vers le sud apparaissent les séquoias, géants du règne végétal, qui font de cette forêt la forêt des records : les plus grands (plus de 100 m), les plus gros (5 à 7 m de diamètre) et les plus vieux arbres du monde (plusieurs milliers d'années d'âge). Un seul arbre, comme le séquoia Général Sherman *(Sequoia sempervirens)*, peut peser environ 1 500 tonnes, soit l'équivalent de la biomasse de plusieurs hectares de forêts tempérées. Le sous-bois est souvent encombré de bois mort, de fourrés et d'arbustes. Les feuillus (chênes, aulnes, saules et le curieux érable vigne serpentin, *Acer circinatum*) ne représentent que 6 p. 100 des espèces et seulement le millième du volume de bois sur pied.

En altitude, la forêt disparaît vers 600 à 1 000 m en Alaska, mais elle couvre les versants de la sierra Nevada jusqu'à 2 800 à 3 000 m. Un grand nombre de mammifères arboricoles, tels les écureuils roux et gris, le tamia doré et l'opossum, y vivent, se nourrissant des graines de résineux et accumulant des provisions de cônes pour l'hiver.

A. **HIVER DOUX, ÉTÉ FRAIS**

À proximité de la frontière américano-canadienne, au débouché du Fraser, dans le détroit de Georgie, Vancouver (8 m d'altitude) rassemble les traits majeurs du climat océanique de l'Ouest américain : une température moyenne annuelle modérée (10 °C), des hivers doux malgré un minimum absolu de – 17,8 °C, des étés frais, des amplitudes annuelles faibles et une évolution des précipitations qui montre une sécheresse marquée de l'été (à peine plus de 30 mm en juillet).

A

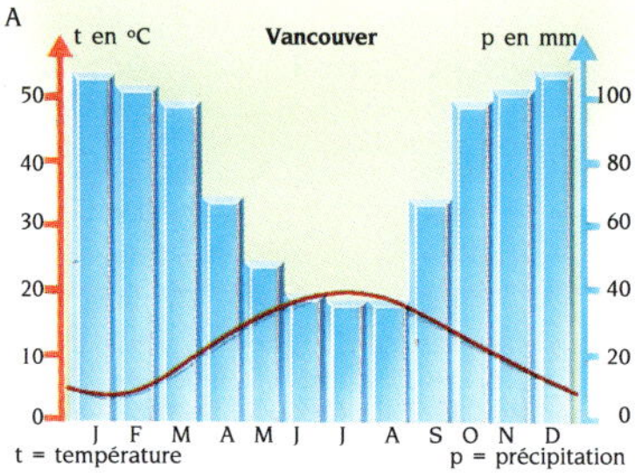

B. **SÉQUOIAS**

Localisés sur les chaînes côtières des Rocheuses, entre la baie de Monterey et le sud-ouest de l'Oregon, ces arbres gigantesques forment des forêts au peuplement compact. Les séquoias *(Sequoia sempervirens)* sont les géants du monde végétal, avec plus de 100 m de haut. Leur diamètre atteint couramment 6 m (les enfants, au pied, donnent l'échelle). Beaucoup sont âgés de plus de 2 000 ans. Leur écorce rougeâtre, profondément crevassée, épaisse de plus de 30 cm, leur permet de résister aux incendies. Les entailles profondes de l'écorce évoquent des structures en voûte élancée. Le sous-bois est très sombre. L'autre espèce de séquoia, *Sequoiadendron giganteum,* pousse, à l'état isolé, dans la sierra Nevada californienne. Ces arbres aussi sont énormes : leur première branche, à plusieurs dizaines de mètres du sol, est souvent plus grosse que le tronc des plus gros arbres des forêts de feuillus européennes. Ce sont des espèces reliques qui ont eu jadis une aire de répartition très vaste en Amérique du Nord et en Eurasie.

B

CLIMATS ET SOLS

L'INFLUENCE OCÉANIQUE

■ L'IMPRESSIONNANTE PUISSANCE et la domination des résineux sur les feuillus sont dues à un climat océanique très particulier, lié à la présence de l'océan Pacifique et à l'écran de la chaîne des Rocheuses. Sur plus de 27° de latitude, les caractères thermiques présentent une uniformité remarquable, traduite par les cartes des isothermes de janvier ou de juillet qui ont un tracé nord-sud, parallèle à la côte.

L'influence écrasante des masses d'air maritime se traduit par l'humidité marquée du climat. Les quantités de précipitations sont fort diverses mais caractérisées, de l'Alaska à la Californie, par un remarquable équilibre des pluies de printemps, qui représentent 1/5 des apports annuels. Sur tout le littoral règne une forte nébulosité favorisée par la présence d'eaux marines relativement froides. Les chaînes côtières sont également des milieux où la neige joue un rôle écologique majeur.

Les sols les plus fréquents sont des sols bruns ou bruns lessivés à humus acide et des sols podzoliques. Dans le Nord, la forêt est installée sur des sols peu évolués développés sur des matériaux morainiques.

La forêt pacifique nord-américaine est le domaine des premiers et des plus célèbres parcs nationaux américains : le *Yosemite National Park,* avec sa forêt mixte de pins et ses 1 300 espèces de plantes ; le *Redwood N.P.,* dont la forêt vierge de *Sequoia sempervirens* présente des sujets primitifs dépassant les 100 m de hauteur ; ou le *Parc national des Séquoias* et le *Kings Canyon N.P.* dont les *Sequoia gigantea* ont parfois plus de 3 500 ans et où vivent de nombreux aigles royaux.

DOUGLAS ET DOUGLAS

Le Britannique David Douglas est un des plus célèbres botanistes explorateurs. Il a parcouru, en trois campagnes successives, de 1825 à 1834, les forêts et les montagnes de l'Ouest américain (monts Olympic, chaîne des cascades, Californie et bassin de la rivière Columbia). Voyageur infatigable et intrépide, il traversa, en 1827, le continent d'ouest en est, de Vancouver à la baie d'Hudson, à pied et en canot, transportant un énorme chargement d'échantillons.

C'est lui qui contribua à introduire en Europe le sapin de Douglas, appelé aussi tout simplement « douglas », ainsi que l'épicéa de Sitka, le sapin noble, l'érable de l'Oregon et diverses espèces de pins. Le douglas, qui peut atteindre l'impressionnante taille de 100 m, est très utilisé, dans sa variété « douglas vert », pour le reboisement. Paradoxalement, le sapin de Douglas *Pseudotsuga menziesii* n'appartient pas au genre « sapin » *(Abies)* et son nom latin d'espèce provient de celui d'un autre botaniste, Archibald Menzies, qui, le premier, le décrivit, vers 1790, lors de l'expédition du capitaine Vancouver.

Les différences de richesse de la flore entre les trois grandes forêts tempérées (Europe, Chine, Appalaches) tiennent en grande partie à leur passé.Les migrations de flore, au quaternaire, ont pu s'effectuer, sans problème majeur, sur la façade orientale asiatique, alors qu'en Europe l'obstacle de la Méditerranée et des déserts a perturbé les replis et les reconquêtes.

L'EUROPE

UNE DIVERSITÉ MODÉRÉE

■ La forêt tempérée doit son unité à un climat sous influence océanique, au régime thermique plutôt frais, aux hivers ni très rudes ni très longs, aux étés assez courts et point trop chauds. Les saisons intermédiaires, printemps et automne, caractérisées par les coups de froid, jouent un rôle capital. Ces milieux ne connaissent pas de saison sèche marquée et les précipitations sont abondantes et bien réparties dans l'année. Tempéré ne signifie pourtant pas égal, régulier, mais médian, entre des extrêmes de température et de pluviosité qui peuvent être fort contrastés. Les sols sont du type brun forestier, plus ou moins lessivés. Ils correspondent, selon leur degré d'acidité et d'humidité, à des types de forêts bien différents.

Les chênaies-charmaies (forêts dont les essences principales sont le chêne et le charme) constituent les groupements les plus riches et les plus productifs en termes de rendement. L'homme est intervenu, depuis la « révolution néolithique », pour défricher cette forêt, trier parmi les espèces, en privilégier certaines, en éliminer d'autres. Depuis quelques siècles, la sylviculture tente de modeler la forêt afin de régler au mieux la production de bois.

Les forêts tempérées européennes ont des peuplements souvent monospécifiques (une seule espèce), de feuillus (hêtraie, chênaie, ormaie...) ou de résineux (pineraie, sapinière...). Dans le sous-bois, les lianes sont discrètes (lierre, chèvrefeuille, clématite...) et les arbustes nombreux (sureau, noisetier, cornouiller...).

La faune, d'une grande diversité, est caractérisée par une organisation fonctionnelle précise. Les mammifères sont répartis entre mammifères aux mœurs arboricoles (écureuils, chat sauvage...), terrestres (cervidés, sanglier, renard, putois...) et fouisseurs (souris, mulot, taupe...). Les oiseaux occupent également les différentes strates du milieu forestier. La faune, tout comme la flore, présente des signes d'appauvrissement (les ours, les loups, les bisons d'Europe ont quasiment disparu).

A

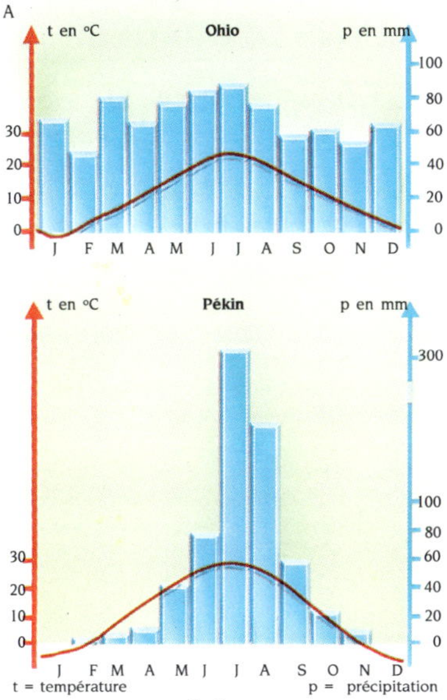

A. MOYENNE TEMPÉRÉE

Vers le 40e parallèle nord, Columbus (Ohio, É.-U.) et Pékin (Chine) : la moyenne annuelle des températures est proche de 12 °C ; les précipitations, supérieures à 600 mm/an, sont bien réparties à Columbus, mais montrent une pointe estivale marquée à Pékin.

LES APPALACHES

UNE GRANDE FORÊT AMÉRICAINE

■ La forêt appalachienne couvre les grands ensembles de relief, à disposition méridienne, qui se succèdent des rivages de l'Atlantique aux plaines du Mississippi (Piedmont, Blue Ridge, Grande Vallée, plateau du Cumberland). Elle partage de nombreux traits avec la forêt européenne, en particulier le mode de vie saisonnier. Sa composition floristique est voisine et elle subit des dégradations intenses depuis quelques siècles. Mais elle est beaucoup plus riche (28 espèces de chênes contre 7 en Europe) et présente des genres inconnus dans les forêts d'Europe (hickory, liquidambar, tulipier, magnolia...). Vers le nord-est, elle devient mixte et les érables composent, à l'automne, une symphonie de teintes sang et or, rehaussées par le vert sombre des résineux.

B

B. ÉRABLIÈRE DES APPALACHES

Dans cette vallée glaciaire en auge, occupée par un chapelet de lacs, la forêt mixte d'érables, aux teintes automnales jaunes, et de conifères, au port élancé et aux coloris vert bronze, est caractéristique de la forêt tempérée appalachienne. Cette photographie prise au Canada montre clairement l'alternance des deux teintes caractéristiques des feuillus et des conifères.

LA CHINE

UN FOISONNEMENT D'ESPÈCES

■ La forêt à feuillage caduc de Chine orientale est la plus exubérante, la plus riche, la plus luxuriante des forêts tempérées (50 espèces d'érables). Elle abrite des genres particuliers : *Celtis, Catalpa, Gleditschia, Diospyros...,* ainsi qu'une profusion de bambous, dominant un sous-bois d'orchidées, d'azalées et de lis... C'est aussi la forêt le plus anciennement détruite par les civilisations paysannes.

C. FAUNE DE L'ÉCOSYSTÈME FORESTIER

Dans la zone tempérée, entre le 30e et le 55e parallèle nord, les domaines forestiers connaissent une chute saisonnière de leur feuillage. Les animaux présentés ici font partie de la faune européenne de ces forêts à feuillage caduc.

C

Rossignol philomèle (Erithacus megarynchos)
Petit passereau voisin des fauvettes, renommé pour son chant crépusculaire. Ce rossignol philomèle hiverne en Afrique équatoriale. Il niche au sol et se nourrit d'insectes, de vers et de baies.

Écureuil (Sciurus vulgaris)
Ce rongeur arboricole se nourrit de feuilles, de fruits, de bourgeons, d'écorce, mais ajoute à ce régime des insectes, des œufs et des oisillons.

Hulotte (Strix aluco)
Cette chouette chasse le soir des rongeurs, des musaraignes, des escargots et des insectes. Elle niche dans un arbre creux, un nid abandonné ou un terrier de lapin.

Tordeuse du chêne (Tortrix viridana)
Petit papillon dont la chenille roule les feuilles en cornet en les liant avec des fil de soie, pour y vivre et s'y nourrir.

Lucane cerf-volant (Lucanus cervus)
C'est un gros coléoptère crépusculaire d'environ 5 cm d'envergure. La larve habite le tronc des vieux chênes.

Carabe (Carabus)
Qu'ils soient à l'état de larves ou d'adultes, les carabes se nourrissent d'escargots, de chenilles et de hannetons.

Charançon (Phyllobius pyri)
Les larves de ce coléoptère rongent les grains, les fruits et les écorces.

Iule (Cylindroiulus punctatus)
Myriapode (mille-pattes) diplopode, vivant sous les pierres et dans les souches.

Lombric (Lumbricus terrestris)
Il creuse son chemin en avalant la terre dont il extrait ses aliments.

Renard (Vulpes vulpes)
C'est un chasseur nocturne, grand destructeur de rongeurs, mais aussi d'oiseaux.

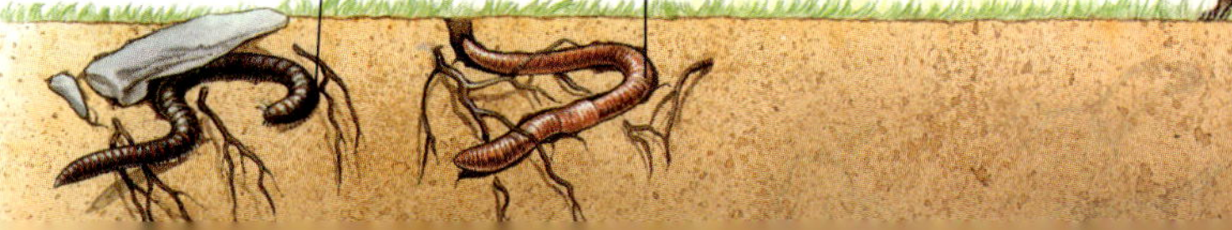

LES FORÊTS MÉDITERRANÉENNES

Les forêts dites « méditerranéennes » ne sont pas exclusivement localisées en bordure de la Méditerranée, mais se retrouvent sur tous les continents.

En Amérique du Nord, elles ourlent le littoral californien de San Diego, au sud de Los Angeles, jusqu'à Eureka, au nord. La Grande Vallée de Californie et les contreforts de la sierra Nevada présentent également des formations méditerranéennes. Au Chili, elles s'étendent sur 500 km, de Valparaiso, au nord, à Concepción, au sud. L'Afrique du Sud comporte un tout petit triangle méditerranéen dans la région du Cap, coincé entre le désert du Namib, les marges du Karoo et la côte orientale humide. Dans le sud de l'Australie, deux domaines méritent le qualificatif « méditerranéen » : la région de Perth et celle d'Adélaïde.

Les qualificatifs utilisés pour ces forêts (*sclérophylle, durisylve* ou encore *xérophile*) insistent sur des caractères majeurs (feuilles petites, coriaces et écologie marquée par la sécheresse plus ou moins sévère de l'été).

FEUILLUS ET RÉSINEUX

CHÊNES, PINS ET SAPINS

■ Décrire les forêts méditerranéennes n'est pas chose aisée car il s'agit de mosaïques à la composition floristique très différente d'un continent à l'autre et d'un hémisphère à l'autre. Généralement, les arbres y sont d'assez petite taille (moins de 20 m). Les troncs noueux, tourmentés sont courants. Des feuillus à feuillage caduc poussent sur les marges septentrionales du domaine, ainsi qu'en altitude. C'est le cas du chêne pubescent *(Quercus pubescens)* et du chêne chevelu *(Q. cerris)*, au nord de la Méditerranée, ou du chêne zéen *(Q. mirbeckii)* au Maghreb. Outre les chênes, d'autres feuillus originaux peuplent ces forêts : les charmes *Ostrya carpinifolia* et *Carpinus orientalis*, le frêne à fleurs *Fraxinus ornus*, ainsi que des hêtres.

Mais les feuillus « sclérophylles », adaptés à la sécheresse, à feuilles dures et persistantes, sont les plus représentatifs : chêne vert *(Quercus ilex)*, chêne liège *(Quercus suber)* ou le petit chêne kermès *(Quercus coccifera)* aux feuilles les plus coriaces et les plus épineuses.

En sous-bois des chênaies à chêne vert, ou *yeusaies*, prospèrent laurier-tin, lentisque, filaire, genévrier cade, alaterne et térébinthe. Des lianes contribuent à rendre parfois ces sous-bois difficilement pénétrables : salsepareille, garance, clématite.

Sous la forêt de chênes-lièges, ou *subéraie*, dans des milieux souvent plus humides et plus acides que les chênaies vertes, poussent des espèces de grande taille : arbousier, bruyère arborescente, divers cistes, aux floraisons souvent brillamment colorées.

Ces mosaïques de forêts sempervirentes (feuilles persistantes) et décidues (feuilles caduques) se retrouvent en Californie. Le Chili possède des *woodlands* à bois de Panama *(Quillaia saponaria* et *Pneumus buldus)*, associés à un palmier *(Jubaea spectabilis)*. En Afrique australe, sur les versants de la montagne de la Table, subsistent des forêts à *Leucadendron argenteum*. Dans le sud de l'Australie, un eucalyptus, le jarrah *(Eucalyptus marginata)*, à sous-bois de *Banksia* et de *Casuarina*, forme la trame forestière méditerranéenne.

Sur le pourtour de la Méditerranée, le pin d'Alep *(Pinus halepensis)* constitue les boisements les plus répandus, de l'Espagne à la Grèce et du Maroc à la Cyrénaïque. Le pin maritime *(Pinus pinaster)*, plus acidophile que le pin d'Alep et à la répartition plus occidentale, forme des futaies claires aux troncs élancés, aux sous-bois bien développés à fougères ou ajoncs.

En montagne, les pins noirs, les cèdres et les sapins, arbres de haute taille, montrent un grand nombre d'espèces et de sous-espèces.

Les productions de biomasse végétale des plus belles de ces forêts sont respectables, de l'ordre de 250 à 350 t/ha et les productivités, de 7 à 10 t/ha/an.

A

A. **CHÊNES-LIÈGES**

Le chêne-liège est un des chênes méditerranéens les plus répandus, avec le chêne vert et le chêne kermès. Son aire est restreinte au bassin occidental de la Méditerranée. Il couvre plus de 2 millions d'hectares (Portugal, Espagne, Maroc, Algérie, France, Tunisie, Italie), dont les deux tiers en façade atlantique. Les forêts sont exploitées par démasclage, donnant d'abord un liège « mâle » crevassé, puis des récoltes de liège « femelle », utilisées en bouchonnerie.

B

B. **MAQUIS EN FLEURS**

La caractéristique du maquis est de présenter une formation végétale dégradée, mais assez élevée (1 à 2 m au minimum), très dense, impénétrable, composée ici de genêts épineux *(Ulex europaens)*, fabacées aux fleurs en taches jaunes sur fond vert roussâtre, de romarins *(Rosmarinus officinalis)*, de bruyères *(Erica sp.)* et de filaires *(Phyllirea latifolia)*. Le maquis est formé d'arbustes et de buissons à feuilles persistantes auxquels se mêlent des arbres peu développés. Si la dégradation végétale se poursuit, les cistes constituent un peuplement homogène très serré : la *cistaie*.

FORMES DÉGRADÉES

MAQUIS, GARRIGUE, ETC. : LES DIFFÉRENTS ASPECTS DU MATORRAL

■ Dans un contexte climatique marqué par de fortes contraintes (sécheresse de l'été, intempéries de l'hiver [pluies violentes, vents forts, coups de gel parfois fatals pour les plantes], brièveté de la saison de croissance végétative), les milieux forestiers sont particulièrement fragiles. Les défrichements, l'importance des incendies, le pâturage des chèvres et des moutons dans les écosystèmes méditerranéens expliquent l'importance des formations dites « dégradées » ou « secondaires ».

En France, le *maquis*, fourré dense, impénétrable, souvent épineux, sur sol siliceux, est opposé à la *garrigue*, végétation basse, clairsemée, ouverte, sur substrats calcaires. Sur le pourtour méditerranéen, les *tomillares* en Espagne, la *phrygana* en Grèce, le *batha* en Palestine désignent également des faciès non forestiers. En Californie, le *chaparral*, stade non forestier, appartient également à cette famille de formations « méditerranéennes » dégradées.

Pour nommer et désigner de façon synthétique ces paysages dégradés, le terme espagnol de *matorral* a été proposé, auquel on adjoindrait des qualificatifs de densité (fermé, troué, clair) ou de taille (bas, moyen, haut).

C

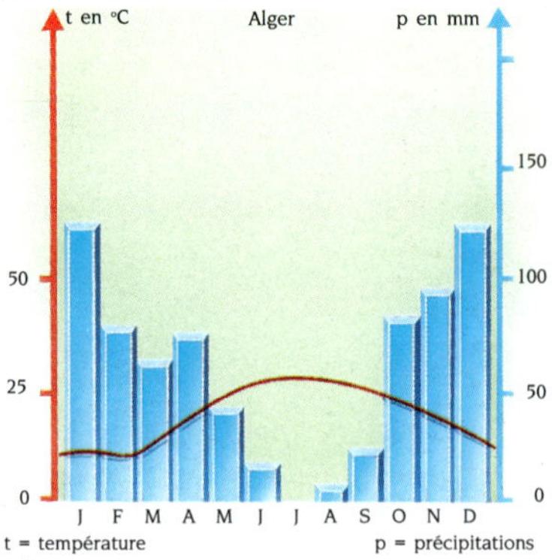

C. **CLIMAT MÉDITERRANÉEN**

Ce diagramme ombrothermique d'Alger est caractéristique du climat auquel sont soumises les forêts méditerranéennes : les hivers sont généralement froids et humides, les étés chauds et secs. On estime que la sécheresse prolongée en période estivale est la plus dure à supporter pour les plantes et les animaux.

LES SAVANES

LES DIVERS TYPES

DES HERBES ET DES ARBRES

■ LE TERME DE « SAVANE » est originaire des Caraïbes et vient du mot *sabanas,* qui désigne tout ce qui n'est pas forêt. Les savanes sont des formations végétales intertropicales couvrant des superficies beaucoup plus étendues que celles des forêts tropicales.

Les savanes herbeuses. Ces savanes *(grass savanna)* ont une végétation haute de 80 cm à plusieurs mètres. Les herbes dures sont dominées par des graminées à rhizome des genres *Aristida, Imperata, Pennisetum,* formant souvent un couvert très dense, pratiquement impénétrable. Ces savanes nues, sans arbres, « horizons à ciel et herbe », selon l'expression de l'explorateur allemand A. von Humboldt, sont bien représentées en Afrique et en Amérique du Sud (*campo limpo, chapadas* du Mato Grosso et du Minas Gerais, *llanos* vénézuéliens sur les marges nord du bassin amazonien). Les faciès des savanes herbeuses sont très différenciés : des ensembles à herbes basses *(Loudetia* ou *Imperata)* jusqu'aux savanes d'herbes à éléphant *(Pennisetum purpureum),* hautes de près de 5 m, en passant par les savanes marécageuses à vétiver et à cypéracées.

Les études détaillées montrent l'existence d'une stratification aérienne complexe et de dispositifs d'enracinement puissants. Les graminées poussent soit en grosses touffes, très denses, mais qui ne couvrent pas totalement le sol, soit avec une tige unique (les densités peuvent alors atteindre, dans le cas de *Loudetia togoensis,* 1 200 tiges au m^2). L'aspect d'ensemble est monotone, pauvre en couleurs vives, paysage triste et grandiose à la fois. Les productivités, énormes, se situent entre 20 et 35 t/ha/an, permettant la nourriture de vastes troupeaux de grands mammifères.

Les savanes composites. L'autre grande catégorie de savanes correspond à un groupe composite caractérisé par la présence, parmi les herbes, de ligneux (arbres ou arbustes). C'est un des éléments importants des paysages africains et vénézuéliens. La terminologie a néanmoins du mal à cerner la multiplicité des combinaisons existantes.

On trouve des savanes arbustives *(shrub savanna, campo cerrado)* arborées, avec moins de 25 p. 100 de couverture au sol (*tree savanna, savoka* à Madagascar), buissonnantes (*toafa* de la Polynésie française), boisées, ou forestières, avec 50 p. 100 de taux de recouvrement (*savanna woodland, cerradão* sud-américain). Il faudrait ajouter les savanes-parcs, les savanes-vergers, les savanes à boqueteaux. Ces différents types forment souvent des mosaïques à l'échelon local ou régional, qui rendent toute généralisation impossible.

La végétation arborescente. Les arbres et arbustes des savanes appartiennent à des familles variées : légumineuses *(Pterocarpus, Dalbergia, Albizia, Brachystegia, Berlinia),* combrétacées *(Terminalia, Anogeissus, Combretum)* et sapotacées *(Vitellaria).*

Ces arbres présentent souvent des aspects morphologiques communs : taille généralement inférieure à 15 m ; importance des lignes tortueuses des troncs, branchus dès la base ; écorces grossières, épaisses et rugueuses, avec une forte proportion de liège (écorce subérifiée) ; feuilles souvent coriaces ; importance du drageonnement et des rejets de souche ; puissance et profondeur de l'enracinement (15 à 20 m chez *Faidherbia albida* d'Afrique).

Bien souvent, les arbres et arbustes se groupent en bouquets, particulièrement dans les endroits humides.

Une grande partie du nord de l'Australie, du district de Kimberley au sud du Queensland, correspond à une savane forestière *(woodland),* dont les herbes sont des graminées géantes de plus de 3 mètres de hauteur (comme le sorgho) et dont les arbres appartiennent à différentes espèces d'eucalyptus.

A

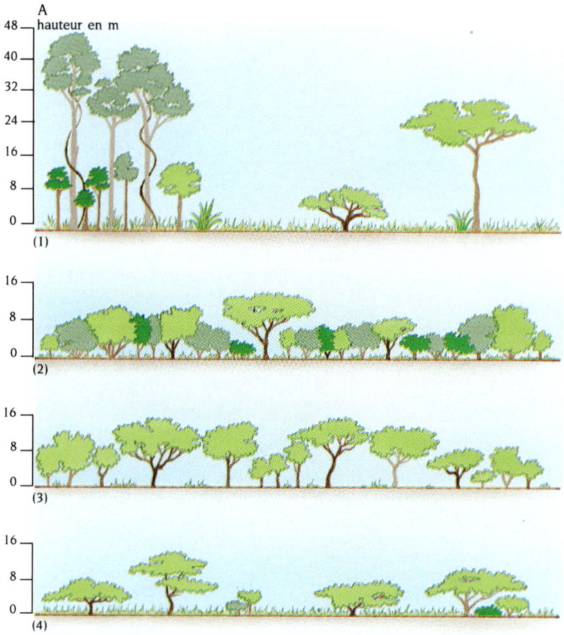

A. **DIFFÉRENTS TYPES DE SAVANES**

En Ouganda, dans la région des grands lacs de l'Est africain, sur de hauts plateaux (1 000 à 2 000 m), on trouve une riche gamme de savanes : de la forêt dense sèche (1) à la savane herbeuse à palmiers (5) ou à fourrés d'arbres de petite taille (6), en passant par la savane boisée (2), la forêt claire (3) ou la savane arborée (4).
Les proportions d'arbres à feuillages persistants (vert foncé), semi-caducs (vert moyen) et caducs (vert clair) ainsi que la composition floristique contrastée (graminées, telles que herbe à paillote, ou *Imperata cylindrica ;* palmiers du genre *Borassus ;* et les arbres comme les *Combretum sp.* ou les *Terminalia glaucescens*) contribuent à diversifier ces paysages en mosaïques. (D'après *Elhaï.*)

B

B. **TROUPEAU**

Ce troupeau de plusieurs milliers de gnous *(Connochaetes taurinus)* effectue, comme tous les ans, un déplacement à travers une savane herbeuse. Ici, les animaux doivent traverser un cours d'eau. Le gnou est une proie de choix pour les prédateurs chasseurs comme les lions, les léopards ou les guépards. Sa carcasse est ensuite « nettoyée » par les hyènes, les chacals, les vautours, les marabouts et les insectes nécrophages.

C

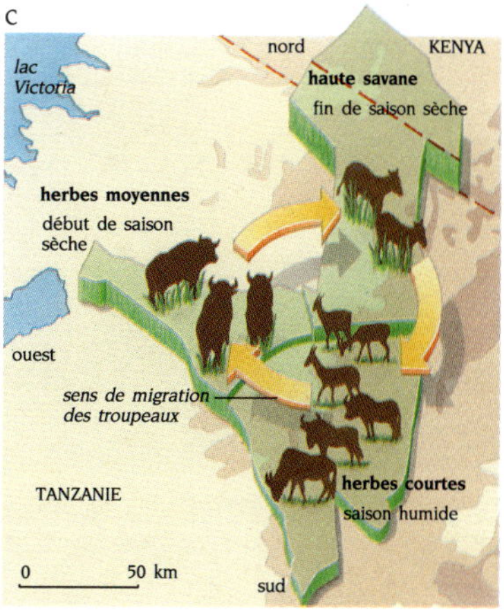

C. **MIGRATIONS D'HERBIVORES**

En Tanzanie, dans le parc national de Serengeti (23 000 km^2), vivent de nombreux ongulés herbivores :
42 000 buffles,
22 000 zèbres de Burchell, 330 000 gnous et 150 000 gazelles de Thomson. Au début de la saison sèche, les animaux quittent les plaines du centre qu'ils occupent en saison humide pour les territoires de l'Ouest. Les buffles et les zèbres migrent les premiers.
Vers la fin de la saison sèche, ils gagnent les zones du Nord, plus fraîches et à l'herbe plus drue.

LES SAVANES

LA FORMATION DES SAVANES

LE CLIMAT, LE SOL ET L'HOMME

■ LA QUESTION DE L'ORIGINE des savanes a été l'objet de débats passionnés entre chercheurs. Aux partisans de l'hypothèse climatique s'opposaient ceux qui considéraient la formation des savanes comme liée aux interventions humaines, essentiellement par l'intermédiaire des feux et des cultures sur brûlis. À ces simplifications outrancières ont succédé des explications plus nuancées. Les savanes n'ont pas une origine unique, mais sont la résultante de multiples facteurs. Ainsi, le climat actuel à saisons contrastées, mais aussi les climats passés, les actions de l'homme et la nature des sols (squelettiques sableux, cuirassés ou encore engorgés) sont ensemble les causes de la formation des savanes.

La structure des sols. Les savanes présentent des sols *ferrallitiques* désaturés, des sols *bruns*, des *vertisols*, ou sols noirs, et, enfin, des sols *ferrugineux*.

Le modèle le plus classique du sol de savane est le sol ferrugineux tropical, aux traits fondamentaux bien marqués. Les horizons de surface (A_1 et A_2) ont une texture sableuse fine et une structure d'ensemble massive en saison sèche ; ils sont relativement poreux.

Vers 1,50 m de profondeur, dans les horizons B, des concrétions se forment : les gravillons ferrugineux sont enrobés dans une matrice argileuse rouge, à porosité réduite. En profondeur, la perméabilité diminue donc et le degré d'humidité augmente. Très souvent, ces horizons B passent à des formes de cimentation continues appelées *carapaces* ou encore *cuirasses*. L'érosion des horizons de surface contribue à faire affleurer ces cuirasses en surface.

C

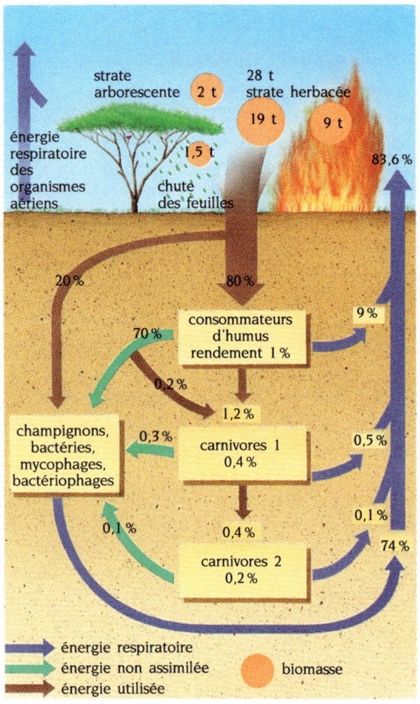

C. **TRANSFERT D'ÉNERGIE DANS LE SOL D'UNE SOURCE**

À Lamto (Côte-d'Ivoire), dans les savanes guinéennes, en pleine zone tropicale humide, de vastes étendues de graminées du genre *Hyparrhenia* sont parsemées d'arbustes comme *Annona senegalensis* et *Bridelia ferruginea.* De multiples études ont porté sur la productivité aérienne (méthode des coupes successives) et souterraine (par prélèvements). La productivité primaire nette est d'environ 28 t/ha/an, dont 9 t sont consommées par le feu. Dans le sol, les vers et les termites champignonnistes consomment une partie des litières. Le reste est décomposé par des micro-organismes (champignons, bactéries).

A. **CLIMAT DE SAVANE AFRICAINE**

Le régime climatique typique associé aux savanes, à Kano, dans le nord du Nigeria, correspond à un monde ensoleillé, torride et sec une grande partie de l'année. Les températures moyennes annuelles sont élevées (plus de 26 °C, avec des amplitudes de moins de 10 °C) et la saison sèche est longue.

A

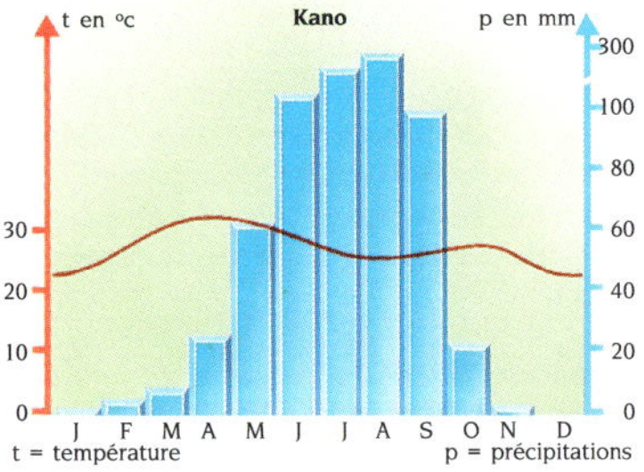

B. **CLIMAT DE SAVANE SUD-AMÉRICAINE**

Les savanes sud-américaines (ici à Asunción, au Paraguay) se trouvent dans un climat qui conviendrait parfaitement à la forêt (moyenne annuelle de plus de 22 °C, amplitudes faibles, précipitations hivernales abondantes) ; ces seules données ne permettent pas de comprendre la présence des savanes.

B

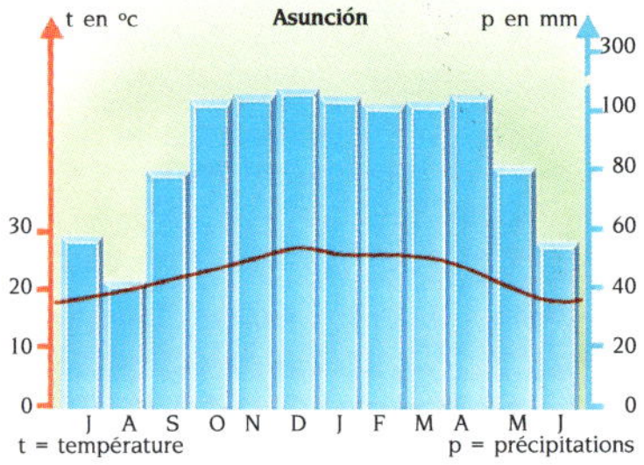

D. **POINT D'EAU**

Avec une physionomie de parc herbeux et arbustif, la savane africaine présente des acacias à la cime aplatie, des baobabs et des euphorbes candélabres. L'abondance des oiseaux révèle la présence des mares où viennent boire les herbivores.

D

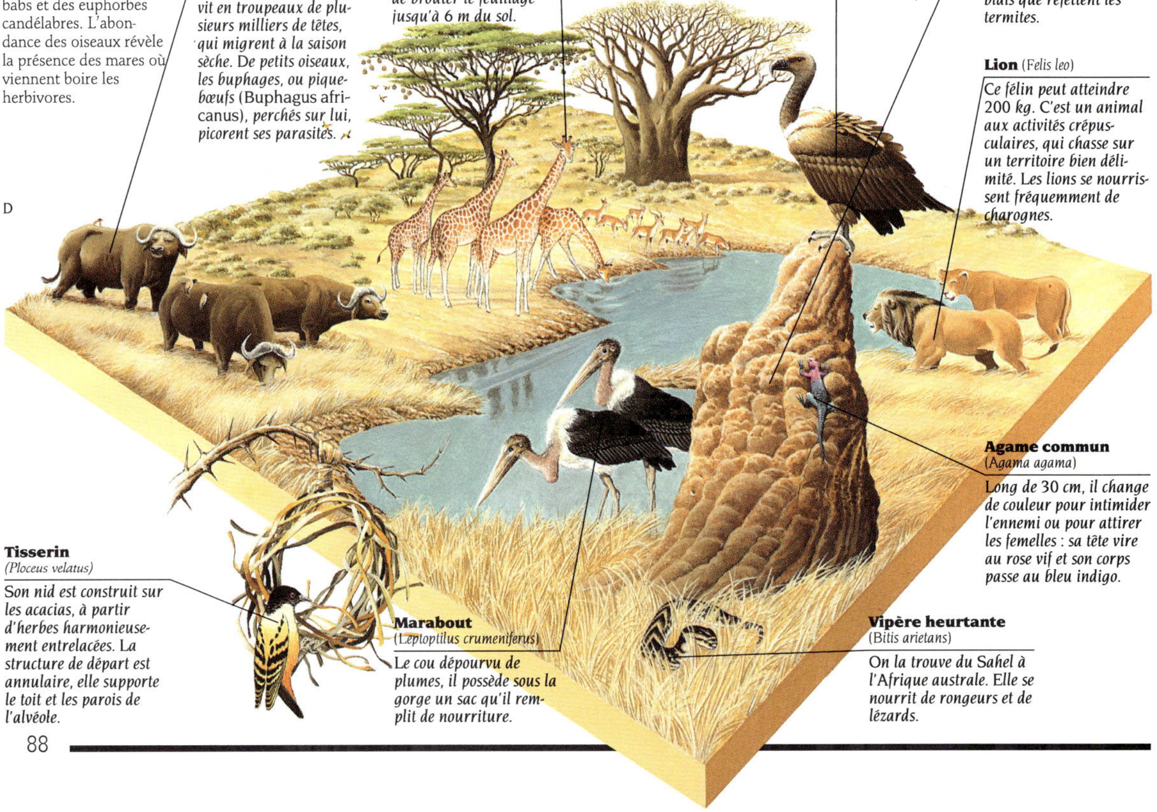

Buffle d'Afrique
(Syncerus caffer)
Cet herbivore, d'un poids moyen de 500 à 800 kg, vit en troupeaux de plusieurs milliers de têtes, qui migrent à la saison sèche. De petits oiseaux, les buphages, ou pique-bœufs (Buphagus africanus)*, perchés sur lui, picorent ses parasites.*

Girafe
(Giraffa camelopardalis)
Son cou, sa lèvre supérieure de grande taille et préhensile et sa langue extensible lui permettent de brouter le feuillage jusqu'à 6 m du sol.

Charognard
Le vautour de Rüppell (Gyps rueppellii)*, charognard comme le marabout consomme les carcasses d'herbivores.*

Termitière
Dure comme le ciment, elle atteint souvent 2,50 m de haut, pouvant parfois dépasser les 5 m. Elle est formée par les déblais que rejettent les termites.

Lion *(Felis leo)*
Ce félin peut atteindre 200 kg. C'est un animal aux activités crépusculaires, qui chasse sur un territoire bien délimité. Les lions se nourrissent fréquemment de charognes.

Agame commun
(Agama agama)
Long de 30 cm, il change de couleur pour intimider l'ennemi ou pour attirer les femelles : sa tête vire au rose vif et son corps passe au bleu indigo.

Tisserin
(Ploceus velatus)
Son nid est construit sur les acacias, à partir d'herbes harmonieusement entrelacées. La structure de départ est annulaire, elle supporte le toit et les parois de l'alvéole.

Marabout
(Leptoptilus crumeniferus)
Le cou dépourvu de plumes, il possède sous la gorge un sac qu'il remplit de nourriture.

Vipère heurtante
(Bitis arietans)
On la trouve du Sahel à l'Afrique australe. Elle se nourrit de rongeurs et de lézards.

STEPPES ET PRAIRIES

STEPPES OU PRAIRIES ?

UNE QUESTION DE CONTINENT

■ LE TERME « PRAIRIE », originaire d'Europe, vient du latin *pratum,* le pré, et a servi à qualifier, en Amérique du Nord, un immense domaine, décrit par le romancier américain James Fenimore Cooper, entre le Mississippi et les Rocheuses. Le même type de paysage de formations herbeuses, à base de graminées adaptées à la sécheresse et situé à des latitudes tempérées, porte, en Eurasie, le nom de *steppe,* venant du russe.

À la même famille de formation végétale appartiennent aussi la *Pampa* argentine, le *haut-veld* sud-africain, entre le fleuve Orange et le sud du Transvaal, et les prairies de l'île sud de la Nouvelle-Zélande.

Steppe et prairie sont donc deux termes équivalents. Cependant, à côté de la prairie typique existent des steppes *subdésertiques,* caractérisées par une faible densité de plantes et par l'existence d'une couche basse de graminées annuelles (steppes à alfa), et des *pseudo-steppes,* dans les régions semi-arides, sans graminées mais à arbustes bas comme l'armoise ou à plantes succulentes (euphorbes, arthrophytes...), qui font la transition entre les steppes et les déserts.

LA VÉGÉTATION

LE DOMAINE DE L'HERBE

■ LA PHYSIONOMIE DE LA PRAIRIE tire ses traits majeurs de l'omniprésence des herbes. Les graminées en sont les constituants principaux. Les plantes herbacées d'autres familles, composées, légumineuses, liliacées..., que les Anglais rassemblent sous le terme de *forbs,* forment l'autre catégorie de végétaux, vivaces ou annuels, qui imposent leur marque à la prairie. Aux États-Unis et au Canada, les auteurs opposent les prairies à hautes herbes de l'Est *(tall grass-land)* aux prairies à herbes courtes de l'Ouest *(short grass-land).* Les herbes hautes peuvent atteindre 2 mètres et leur système racinaire est particulièrement dense et touffu, plongeant jusqu'à 2,50 m de profondeur pour y puiser l'eau disponible. Les graminées les plus célèbres de la Prairie nord-américaine sont le *blue grama (Bouteloua gracilis),* l'herbe à bison *(Buchloe dactyloides)* et le *big bluestem (Andropogon gerardi).*

Outre les parties vertes, une importante masse de feuilles mortes et de chaumes desséchés, donnant la couleur jaune à la savane, forme un tapis uniforme appelé *mulch,* qui se transformera en litière.

La quantité de végétaux sur les prairies hautes du Missouri a été évaluée à environ 25 t/ha. La productivité de cette biomasse est environ de 15 t/ha/an. Des chiffres identiques ont été observés et obtenus pour les steppes russes et ukrainiennes.

A

A. **NANDOU DANS LA PAMPA ARGENTINE**

La Pampa argentine ainsi que l'extrême sud du Brésil et l'Uruguay forment un vaste pays d'herbe (environ 500 000 km²), riche en graminées (près de 300 espèces). Ces paysages bas, marqués par de rares galeries forestières, correspondent à des sols provenant de la chaîne andine, comme le prouve leur richesse en verre volcanique et en cendres.
Dans l'habitat ouvert de la Pampa, les grands mammifères sont rares, mis à part le lama sauvage guanaco *(Lama guanicoe)* et le cerf des pampas *(Odocoileus bezoarticus),* qui, victime de la chasse, est en voie de disparition. Les nandous américains *(Rhea americana),* grands oiseaux coureurs pouvant atteindre une taille de 1,30 m pour un poids de 20 kg, se déplaçaient jadis en grandes bandes du Brésil à l'Argentine ; ils sont aujourd'hui menacés de disparition.

B

B. **PRAIRIE DU TURKESTAN**

Dans l'hémisphère Nord, en Eurasie, on trouve de vastes prairies. La flore est essentiellement composée de graminées dont la dominance s'explique notamment par deux raisons : d'une part, le vent, qui ne rencontre aucun obstacle, transporte efficacement leur pollen ; d'autre part, ces plantes continuent à pousser presque sans interruption, même lorsque les feuilles sont coupées par les herbivores, qui peuvent donc manger l'herbe en permanence sans la faire disparaître. Dans ces prairies, on compte de nombreux reptiles parmi les prédateurs. Ils se nourrissent d'œufs, de jeunes oiseaux ou de petits mammifères. Les insectes constituent un élément important de la faune et l'on retrouve chez eux les mêmes catégories que chez les vertébrés (herbivores, prédateurs et charognards). Ils contribuent à engraisser le sol et à empêcher son érosion.

C

C. **STEPPE NORD-AFRICAINE À ALFA**

La steppe à alfa, formation ouverte de graminées xérophiles (adaptées à la sécheresse), laissant apparaître de vastes plages de sol nu, couvre les hautes plaines algéro-marocaines, le centre et le sud de la Tunisie, en marge du Sahara, dans un contexte subdésertique. Appartenant à la famille des graminées, l'alfa (*Stipa tenacissima*) est une plante vivace, donnant une touffe circulaire, à partir d'une tige souterraine, à entre-nœuds courts. Ses feuilles, qui vivent deux à trois ans, peuvent dépasser le mètre de hauteur. Elles finissent par dépérir, s'accumulent dans la partie centrale de la touffe, alors que les nouvelles feuilles poussent à la périphérie : c'est le processus de *circination.* Les alfas sont exploités et utilisés pour leurs fibres, et certaines formations sont menacées par le surpâturage.

STEPPES ET PRAIRIES

LE CLIMAT

DE FORTS ÉCARTS SAISONNIERS

■ LES PRAIRIES CORRESPONDENT, dans le monde tempéré, aux climats continentaux, à hivers rudes et à étés chauds marqués par la sécheresse. Froid, chaleur, sécheresse forment une gamme de facteurs écologiques limitants qui expliquent l'absence des arbres.

Les précipitations annuelles sont échelonnées de 300 mm à 1 m, avec une situation type de l'ordre de 500 mm. Ces précipitations ont lieu surtout en été (entre 40 et 70 p. 100 du total annuel), ce qui constitue, en raison de la forte évaporation, un handicap. Durant plus de la moitié de l'année, en hiver et pendant une partie du printemps et de l'automne, les prairies reçoivent moins du quart des chutes d'eau annuelles, souvent sous forme de neige.

Les hivers sont souvent longs et froids, caractérisés par des températures glaciales (de 4 à 5 mois à température moyenne inférieure à 0 °C). La chaleur des étés est prononcée, avec des moyennes mensuelles souvent supérieures à 20 °C. Certaines prairies sont balayées par des vents desséchants (*chinook* en Amérique du Nord et *pampero* en Argentine).

Les rythmes de végétation. Ces contraintes climatiques provoquent deux périodes de repos, plus ou moins nettes, pour la végétation, l'une due aux basses températures hivernales, l'autre à la chaleur et à la sécheresse des étés. Les rythmes de vie dans la prairie présentent donc des aspects saisonniers contrastés, qui rompent sa monotonie apparente. Le printemps est la période des floraisons des *hémicryptophytes* (plantes dont seules les parties en contact avec le sol survivent en hiver) et des *géophytes* (dont seules les parties enfouies dans le sol survivent en hiver), bouton d'or, anémone, phlox, menthe, violette, tulipe, jacinthe, iris... L'été, la prairie prend souvent un aspect desséché dite « en paillasson », avant la recrudescence de la végétation et des floraisons automnales.

LES SOLS

DES SOLS NOIRS AUX SOLS À CROÛTES

■ ÉTENDUES des forêts tempérées aux déserts, les prairies sont installées sur des sols de plus en plus minces en direction des régions arides (de 2,50 m d'épaisseur à moins de 50 cm) et de plus en plus clairs.

Les zones riches. Le sol typique de la prairie est le *chernozem*, ou *tchernoziom* (de la racine russe *tchern*, noir). C'est un sol très souvent développé sur une couverture de *lœss,* matériaux fins, riches en carbonates, transportés par les vents. La caractéristique la plus spectaculaire du sol est sa couleur noire, sur une grande hauteur (près de 1 m parfois), due à l'énorme épaisseur de l'humus. On parle souvent, pour classer les sols des prairies, de *sols isohumiques*. Ce terme évoque l'extraordinaire incorporation de la matière organique (humus) dans toute la partie supérieure de ces sols.

Par sa texture limoneuse, sa structure grumeleuse, son taux d'argile constant, sans grandes traces de lessivage, et sa porosité élevée, cette partie supérieure constitue une réserve minérale d'une grande qualité. Cette qualité provient des alternances humidité-sécheresse, qui équilibrent le lessivage et l'évaporation, ainsi que de la quantité de matière organique restituée par la végétation. La faune du sol joue également un rôle décisif par le brassage énergique des éléments minéraux et organiques qu'elle réalise. Des plaines russes aux pampas d'Amérique du Sud et aux grandes étendues herbeuses de l'Amérique du Nord, les prairies ont été intensément colonisées et exploitées par l'homme. Devenues greniers à céréales ou immenses pâtures, elles ont perdu leur aspect originel.

Les zones arides. Vers les déserts, la diminution des précipitations, l'augmentation de l'évaporation et la baisse des températures entraînent des phénomènes de lessivage des argiles et de migration des carbonates en profondeur. Ces dépôts de carbonates de calcium prennent d'abord la forme de filaments, puis de concrétions, ensuite d'encroûtements friables qui annoncent les croûtes dures et continues des régions semi-arides tempérées telles que la *caliche* d'Amérique du Nord ou la *tosca* de la pampa.

A. **FOUISSEURS**

De nombreux petits mammifères sont des fouisseurs, car la végétation n'offre qu'un maigre abri. Cette population d'herbivores, de granivores et d'insectivores remue d'énormes quantités de terre. Les fouisseurs sont chassés par des rapaces et par de petits carnivores, mais l'homme, qui essaie de protéger ses cultures, est leur plus grand ennemi.

A

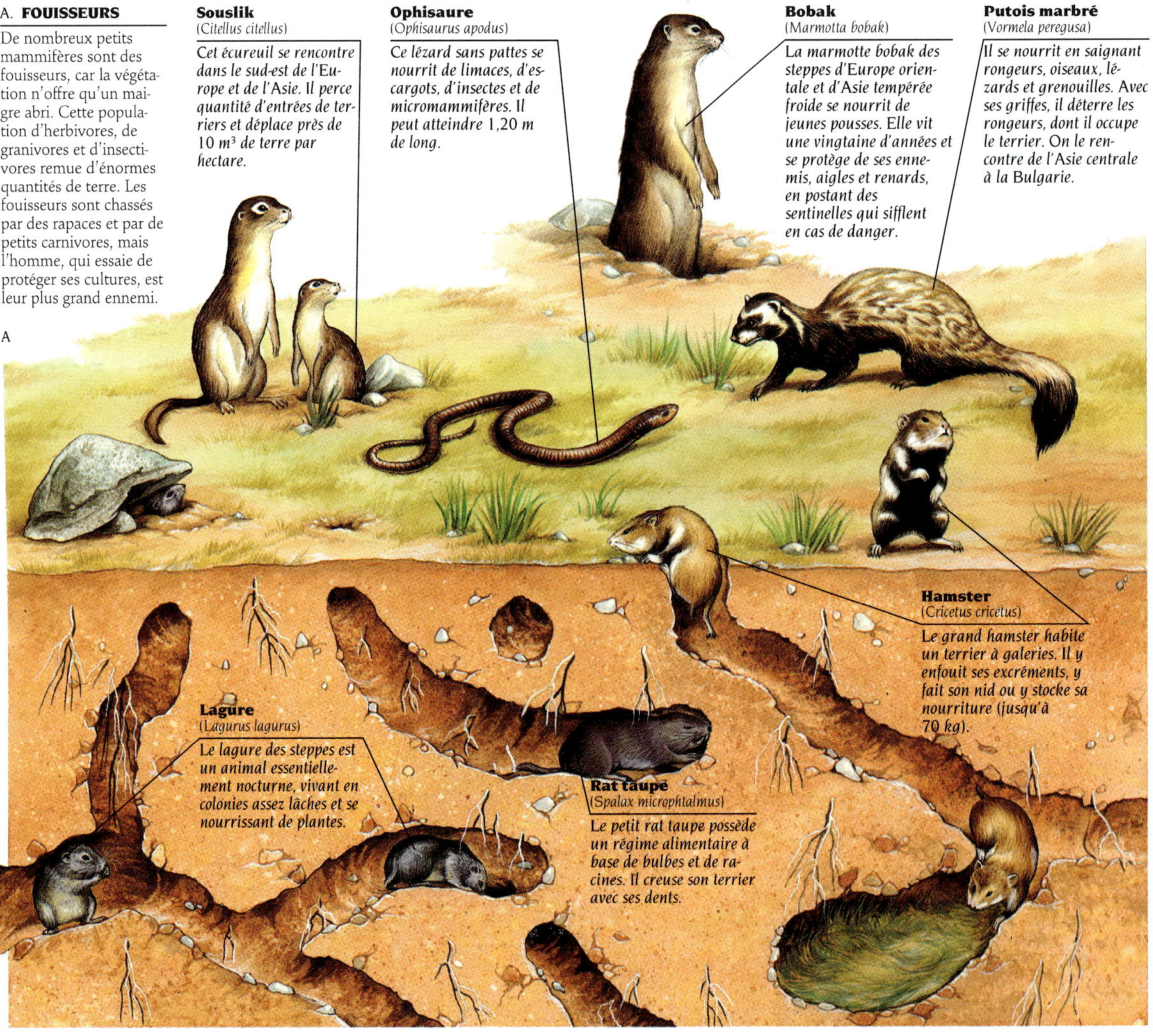

DES PEUPLES DANS LA NATURE

SOUS LE SOLEIL DU DÉSERT, sur les glaces du Grand Nord, dans les moiteurs étouffantes de la forêt tropicale, ou dans l'atmosphère appauvrie des hauts plateaux, des hommes vivent. Les contraintes de leur organisation sociale nous paraissent étranges, pourtant elles ont leur logique.

■ Le mode de vie original des Indiens du nord de l'Amérique est certes incompatible avec celui qu'impose l'économie industrielle occidentale ; toutefois, il correspond à une forme particulière d'échange, dans laquelle le prestige et le rang social de l'individu se mesurent à l'ampleur des dons qu'il est capable de faire.

De même, l'habitat des Yukunas de la forêt amazonienne est bien plus qu'un simple abri : véritable maison commune, son agencement favorise l'harmonie de la vie sociale. En revanche, l'exemple d'un peuple africain, les Iks, nous montre comment le déracinement et le rejet total ou partiel par les autres peuples finissent par dégrader l'organisation sociale d'un peuple et réduire son mode de vie initial à la survie individuelle.

Le paradis perdu des Indiens d'Amérique. La côte de l'Amérique du Nord (Colombie-Britannique) est une région dominée par de très hautes montagnes couvertes de forêts de conifères et tombant à pic dans l'océan, un pays de fjords découpés en îles et en îlots par des torrents glacés. Malgré la rigueur du climat, les Indiens Tlingits, Haïdas, Kwakiutls et Nootkas y disposaient autrefois de moyens de subsistance abondants. Les cours d'eau regorgeaient de saumons et la

Se nourrir

Le peuple esquimau (B) occupe depuis quatre mille ans les côtes et les terres sans arbres d'un territoire boréal aux hivers longs, sombres et froids. La difficulté de survivre dans ces immensités glacées a conduit les Esquimaux à former de petits groupes qui changent d'habitat au gré des saisons. À la chasse aux mammifères marins, réservée aux hommes, les femmes Inuit (c'est le nom que se donnent certains Esquimaux, et notamment ceux du Canada) peuvent ajouter le produit de leur pêche. À partir d'un trou effectué dans la glace, le poisson était autrefois attiré par un *nakkartoun,* un leurre en ivoire ou en bois agité régulièrement, avant que se répande l'usage de la ligne et de l'hameçon (terre de Baffin).

La majorité des Papous de Nouvelle-Guinée (A), pays au climat équatorial très arrosé, vit dans les montagnes, là où ne sévit pas la malaria. Principale monnaie d'échange et nourriture essentielle, le porc, dont les morceaux sont préalablement attribués en fonction de la position des membres du clan, a des vertus magiques : sa graisse cuite sert à enduire les colliers de fibre que portent les hommes, pour rendre ceux-ci invulnérables au combat.

A. Cérémonie de remise de présents en Papouasie-Nouvelle-Guinée.

B. Femme et enfant inuit (terre de Baffin, Canada).

mer offrait toutes sortes de nourritures : mammifères, mollusques. Cette abondance permettait de s'établir sur un petit bout de côte. À la saison du frai, la communauté remontait les cours d'eau pour suivre les saumons. D'autre part, le régime de pluie obligeait les Indiens à construire des abris résistants et étanches pour lesquels ils faisaient appel à la réserve inépuisable de bois, le cèdre rouge en particulier. Ces communautés indiennes pratiquaient le célèbre *potlatch,* cérémonie au cours de laquelle un chef offre ostensiblement toutes ses richesses à un autre pour prouver sa générosité. En réponse, le bénéficiaire doit relever le défi. Il organisera donc un nouveau potlatch, où il se montrera plus généreux que son donateur. Sous une autre forme, le potlatch consiste parfois en une destruction spectaculaire de richesses. Cette forme primitive de l'échange, ce moyen de concurrence, où chacun rivalise de générosité, favorise en fait la circulation des richesses.

La maloca : un habitat au cœur de la forêt équatoriale. Sous un climat radicalement différent, celui de la forêt dense, les Indiens Yukunas témoignent aussi de leur intelligence de l'environnement. Établis sur les bords du río Miriti-Paraná, un affluent du Caqueta (Amazonie colombienne), ils construisent et habitent de grandes maisons appelées *malocas.* Faites pour durer de sept à dix ans, leur pérennité

A. Village chipaya (Altiplano, Bolivie).

B. Femmes et enfant chipayas.

C. Chipayas au travail.

D. Cuisson du pain chez les Chipayas.

Les Urus et les Chipayas

Deux groupes humains coexistent sur le haut plateau andin (entre 3 800 et 4 100 m d'altitude) : les Aymaras (les « hommes secs ») et les Chipayas (les « hommes d'eau »), qui vivent au bord des lacs d'altitude boliviens (A). Les Chipayas (que nous montrent les photographies de ces deux pages) se considèrent comme les représentants des Urus, les « hommes du lac », qui formaient encore au XVIe siècle (avant d'être soumis par les Aymaras) le quart de la population du haut plateau andin.

Les Urus vivaient sur des sortes de plates-formes flottantes en balsa, cachées au milieu des joncs. Ils se servaient de ces mêmes joncs lacustres, les *totoras,* pour parfaire l'étanchéité et construire les cabanes ou les huttes dans lesquelles ils dormaient serrés les uns contre les autres. Vivant sur le lac par groupes distants d'une soixantaine de mètres, ils se déplaçaient avec leurs embarcations au gré des besoins de la chasse et de la pêche, préférant par-dessus tout capturer des canards ou des flamants qu'ils faisaient griller, comme les œufs ou les poissons. Certains lacs s'asséchant, ils furent contraints de quitter la vie d'« hommes du lac » et de rejoindre la terre ferme (B, E).

Les Chipayas, héritiers ou gardiens de la culture uru, vivaient et subsistaient presque entièrement grâce aux produits des lacs et se procuraient par troc les autres denrées nécessaires, comme la laine, la coca ou la farine (D). Ils ont dû s'intégrer dans l'économie du marché andin, dominée par les Aymaras (C). Ceux-ci suscitèrent ou développèrent chez les Chipayas des besoins... Les Chipayas durent alors, pour obtenir de l'argent, vendre leur poisson aux marchands des bords du lac Poopó. Vendre, c'est-à-dire changer leur technique de pêche traditionnelle au harpon, *p'iri,* pour adopter le filet en Nylon. Ne pouvant plus fabriquer leurs propres instruments, ils durent également les acheter, abandonner leurs embarcations de balsa pour des barques en bois, pêcher de plus en plus de poisson, c'est-à-dire dérégler l'équilibre de la faune lacustre.

dépend du « maître de la maloca », homme choisi dès son jeune âge et qui a suivi un apprentissage particulier. En sa qualité de guide, il sort en forêt pour examiner les lieux propices à l'érection de la future maison. Il repère par exemple un emplacement sablonneux, légèrement surélevé, à proximité d'une voie navigable et de terrains qui, une fois défrichés, seront cultivables dans un rayon d'une heure de marche au maximum. Il invite alors sa famille et les voisins proches à une *minga,* un défrichage collectif, qui permettra de planter une *chagra,* ou jardin, nécessaire à l'alimentation des habitants de la maloca.

À première vue, la maloca est sombre, sale et inorganisée. En fait, chacun est à sa place : le centre, délimité par les quatre poteaux qui soutiennent le grand toit de palmes tressées, est réservé au « maître ». Autour, une zone collective et une zone domestique sont délimitées par douze poteaux secondaires. Dans la partie est de la maloca, les hommes rangent leurs armes et leurs outils, suspendent leurs hamacs et le soir s'installent pour mâcher de la coca fraîche et se raconter des histoires.

Dans la partie ouest, les femmes, accompagnées des enfants, font cuire la nourriture dans les foyers propres à chaque famille de la maloca. De plus, les attitudes et les postures, ainsi que la manière dont sont suspendus les hamacs, indiquent la disposition de chacun des individus à l'égard des autres membres du groupe

E. Femme et enfant chipayas.

vivant dans la maloca. Si, par exemple, un homme s'assoit vers le carré central, il exprime sa disponibilité, en revanche, s'il est tourné vers son foyer (chaque famille possédant son propre foyer dans la maloca), il signale qu'il est absorbé par ses pensées ou par ses tâches familiales. Ainsi s'organise la vie dans la discrétion de la pénombre bénéfique de ces grandes maisons.

Les Iks : objectif survie. Parmi les quelque 12 000 ethnies que l'on compte aujourd'hui dans le monde, certaines sont issues de sociétés « dégradées » à force d'être repoussées sur des terrains incultes ou d'être déplacées. C'est le cas des Iks.

Ce peuple fut étudié par l'anthropologue John Turnbull. Ses travaux servirent de base à un metteur en scène britannique, Peter Brook, né à Londres en 1925, qui réalisa en 1975 un film : *les Iks.* Confinés dans les montagnes de l'Ouganda, du Soudan et du Kenya, les Iks, qui ont sans doute entièrement disparu aujourd'hui, étaient arrivés à un point extrême d'indifférence, conséquence de leur acculturation. On dit qu'ils n'éprouvaient jamais de chagrin, que les enfants ne pleuraient pas, que les vieillards ne protestaient pas lorsque les jeunes, affamés, leur faisaient ouvrir la bouche de force pour en retirer la nourriture. Condamnés à être individualistes au risque de mourir de faim, ils avaient en fait adopté un comportement nécessaire à la survie, défini par le terme *marangik,* que l'on peut traduire par « possession individuelle de nourriture ». Subsistaient cependant certains éléments d'organisation sociale, comme le village, et quelques notions définissant encore les rapports familiaux ou amicaux malgré la quasi-disparition du sens de la famille et de celui de l'amour.

Toute cette société était devenue une véritable « machine à survivre » ; les Iks étaient incapables de se reconvertir en agriculteurs sur des terres soumises à une sécheresse particulièrement redoutable. □

Le désert déserté

Contrairement aux plaines pierreuses ou rocheuses du Sahara, les ergs (régions occupées par des dunes) constituent un milieu naturel relativement riche en espèces végétales. En dehors des lits d'oued se développent des plantes herbacées formant les meilleurs « pâturages » du désert lorsque se produit une pluie. Cela implique la pratique d'une forme de pastoralisme nomade. C'est ainsi que, berger sans bergerie (B), à l'écart des champs, des vergers, des terres irriguées, le nomade du désert vit au large, fréquentant des zones qui paraissent inanimées (ici le Grand Erg, au Maroc). Pourtant, c'est là que, poussant son troupeau, il vit en faisant mieux que survivre, profitant de son errance, recherchant les terrains bénéficiaires des pluies d'été, et son rendement et son niveau de vie sont largement supérieurs à ceux des populations agricoles sédentaires. De plus, la dissémination des nomades (qui, entre autres, leur épargnait les grandes épidémies meurtrières) leur a longtemps assuré une supériorité manifeste sur leurs voisins sédentaires. Mais, aujourd'hui, le nomadisme est en régression. Aristocrates du désert, fondamentalement attachés à un mode de vie et de travail itinérant, ces nomades sont devenus les prolétaires du désert « moderne », et beaucoup se sont sédentarisés.

A. Indiens sur un gratte-ciel (New York, É.-U.).

Entre ciel et terre

Frappés par l'aisance des Mohawks à se déplacer au-dessus du vide (A), les entrepreneurs firent de plus en plus appel à eux pour la construction de gratte-ciel (ici à New York). Une explication biologico-raciale voudrait que les Mohawks aient l'oreille interne, centre de l'équilibre, conformée d'une façon particulière, les rendant insensibles au vertige. En fait, on a montré que, dans la mythologie des Mohawks comme dans leur lexique, le concept même de vertige n'existait pas : les Mohawks ne connaissent pas le mot « chute », ni celui d'« abîme »... L'Empire State Building (381 m) doit ainsi beaucoup à la mythologie mohawk.

B. Nomades dans le Grand Erg marocain.

LES TOUNDRAS

La toundra tire son nom du finlandais *tunturi,* qui désigne, dans le nord du pays, des bosses granitiques, couvertes d'une végétation rase de pelouse, piquetée parfois d'arbrisseaux insignifiants. C'est une formation végétale basse, sans arbres, souvent discontinue, composée principalement de mousses et de lichens, d'herbacées et de buissons. Elle couvre l'extrême nord de l'hémisphère Nord, avant le sol nu et les glaces, entre 55 et 80° de latitude. Bordant les marges du Groenland, qui lui doit son nom (pays vert), elle est omniprésente en Islande, dans le nord de la Scandinavie et sur toute la façade sibérienne de l'océan Arctique.

Le milieu occupé par la toundra représente, autour du pôle, un gigantesque anneau de plus de 8 millions de km², soit presque 6 p. 100 des terres émergées.

FAUNE ET FLORE

MONOTONIE D'ENSEMBLE ET MARQUETERIE DE DÉTAIL

■ La toundra présente une physionomie caractéristique : végétation rase, naine, prostrée, plaquée au sol. C'est aussi une végétation discontinue, trouée, clairsemée et lâche, avec de nombreuses plages de sol nu. L'impression d'ensemble est souvent monotone dans ces régions mortes et grises pendant les trois quarts de l'année. Pourtant, vue d'avion, la toundra montre de multiples motifs géométriques, en bandes, en lanières, circulaires ou polygonaux, qui composent des mosaïques répétitives ou les figures d'un étrange puzzle. Ces dispositifs rythmés sont liés à l'engorgement des sols et aux successions altitudinales sur des pentes faibles qui font alterner mousses, lichens (essentiellement du genre *Cladonia*), plantes herbacées (graminées et cypéracées principalement) et ligneux bas comme la myrtille *(Vaccinium myrtillus)* ou le bouleau nain *(Betula nana).*

La flore. La flore du Groenland ne comprend que 184 espèces de plantes à graines, et celle de la Nouvelle-Zemble, 218 (à titre de comparaison, la France en compte 4 200). Les lichens, plantes pionnières, constituent des organismes remarquablement adaptés à ces milieux contraignants.

La biomasse des toundras est très faible : 5 t/ha, pour une toundra du domaine haut-arctique (le plus septentrional), avec une productivité de 1 t/ha/an. Les trois quarts de la biomasse se trouvent sous terre, avec des systèmes racinaires très développés. Les croissances des végétaux sont d'une extrême lenteur : le tronc d'un genévrier de la péninsule de Kola, de plus de 500 ans d'âge, n'a que 83 mm de diamètre. Le cycle végétatif de nombreuses plantes est étalé sur plusieurs saisons. L'été correspond à une extraordinaire explosion de vie. À la place d'une terre à l'aspect désolé surgit un épais tapis de fleurs pourpres, bleues et or, donnant à la toundra une allure de jardin.

La faune. Le peuplement animal est également pauvre en espèces. Les fourrures ont tendance à être épaisses, longues et laineuses (bœuf musqué, par exemple). Les densités sont faibles, car les grands herbivores ont besoin d'énormes territoires pour assurer leur alimentation. Les gros mammifères et oiseaux sédentaires sont rares (hibou des neiges). La plupart des oiseaux effectuent de longues migrations (oies, grues), tout comme les rennes, qui montent chaque été vers les toundras du Grand Nord. À la belle saison, dans la toundra, les insectes (surtout du genre *Aedes*) pullulent.

A

A. **CARIBOUS**

Ces deux caribous *(Rangifer tarandus)*, équivalents nord-américains des rennes eurasiatiques, se reposent dans cette toundra dense. Sous l'action de l'homme, des 2 millions de caribous présents au Canada au début du XXe siècle, il ne reste plus que 200 000 individus. Les caribous pâturent dans la toundra jusqu'à la fin de septembre, puis migrent sur des centaines de kilomètres vers les régions d'hivernage, au sud, dans la taïga.
Gros mangeurs de lichens, les caribous doivent nager, marcher dans la vase, la neige molle ou sur la glace : leurs sabots servent tour à tour de rames, de crampons, de raquettes et de pelles.

B

B. **TOUNDRA EN FLEURS**

Cette toundra du Groenland, dans le domaine haut-arctique, présente son aspect estival. À l'arrière-plan, on voit les montagnes couvertes de glace et le piémont aux surfaces planes raclées par les glaciers. La plaine, au premier plan, montre également un modelé glaciaire, moutonné, où de multiples dépressions sont occupées par des nappes d'eau. Les interfluves (régions entre deux vallées) portent une toundra basse à tapis de lichens en fleurs. Les secteurs dénudés forment le paysage qualifié de *barren grounds* (sols nus) au Canada.

C

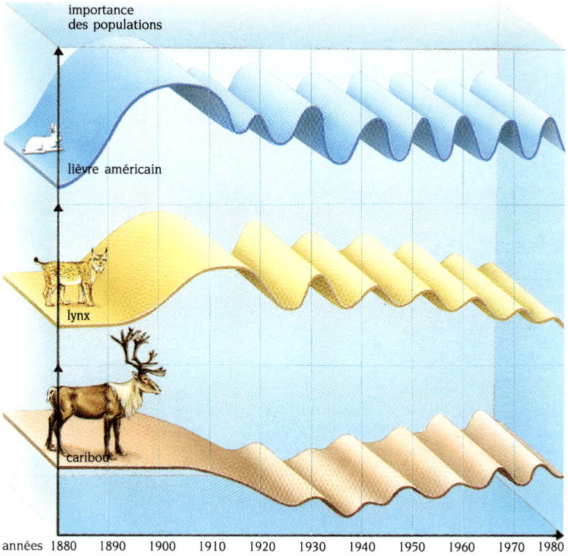

C. **VARIATIONS DE PROIE DU LYNX**

Sur l'île de Terre-Neuve, les rapports entre les populations de lynx *(Lynx lynx)*, de lièvres *(Lepus americanus)* et de caribous *(Rangifer tarandus)* montrent, depuis un siècle, des courbes sinusoïdales, indiquant des périodes décalées de prolifération, puis de raréfaction des espèces.
Le lièvre américain a été introduit en 1864, à Terre-Neuve, par les habitants de l'île, pour s'assurer un complément de nourriture. La population de lièvres culmina vers 1900. Les lynx, qui se nourrissaient de lièvres, se multiplièrent rapidement.
À partir de 1915, la population de lièvres diminua. Les lynx changèrent de proie, chassant les jeunes caribous, dont le troupeau passa de 40 000 têtes en 1900 à moins de 1 000 en 1925. Depuis cette époque, on constate un cycle décennal de variation de la population de lièvres. Le lynx connaît une périodicité semblable et chasse alternativement le lièvre et le caribou. De plus, il semble que les caribous aient modifié leur comportement, avec une dispersion des mères et des petits contrairement aux rassemblements anciens dans des zones dégagées, ainsi que par un renforcement des liens mère-jeune. Cette stratégie permet de mieux affronter le lynx à l'affût.

LES TOUNDRAS

LES CLIMATS

RUDESSE ET SÉVÉRITÉ

■ LE MILIEU DES TOUNDRAS est caractérisé par des hivers longs et redoutables et des étés brefs. Les moyennes des mois les plus froids peuvent être très variables : de –5,2 °C à l'île Jan Mayen à –30 °C à Coppermine, au Canada. Les périodes sans gel sont généralement inférieures à 120 jours. La saison de croissance de la végétation est donc d'une grande brièveté. La chaleur estivale n'est jamais très prononcée, en raison de l'obliquité des rayons solaires et du fort albédo (fraction de la lumière qui est réfléchie ou diffusée), qui occasionnent des déperditions thermiques importantes.

Les précipitations. Les apports en eau sont souvent déficients : à peine plus de 60 mm par an à Thulé, 250 mm à Coppermine. Une partie importante de ces précipitations tombe sous forme de neige. Si la couverture de neige est trop mince, les risques de gel sont accrus pour la végétation ; si elle est trop épaisse, la fonte estivale dure longtemps, ce qui raccourcit d'autant la période végétative.

Les régimes climatiques à tapis de neige épais (1 à 1,50 m) mais à durée relativement courte (3 à 7 mois) concernent les régions subpolaires océaniques (Alaska, est du Labrador, Islande, Norvège du Nord-Ouest). Les tapis neigeux durables (8 à 10 mois) mais minces (moins de 50 cm) recouvrent la Sibérie du Nord, l'archipel nord-canadien, le nord du Groenland.

Les vents. Partout, dans les toundras, les vents sont d'une rare violence (blizzards, poudreries au Canada). Leur action sur les plantes se traduit par des ports prostrés, en drapeau ou en coussinet. De plus, ils stimulent la transpiration des végétaux, qui, ayant peu d'eau à leur disposition, résistent grâce à des feuilles petites, coriaces, vernissées...

LES SOLS

DISCONTINUS, MINCES ET GELÉS

■ AUX TEMPS PRÉHISTORIQUES (ère quaternaire), les glaces ont buriné, raclé, poli et raboté les matériaux rocheux granitiques et déblayé les roches sédimentaires les plus tendres. Aussi les sols sont-ils fondamentalement discontinus : absents des parties dénudées, ils se développent sur les roches mères meubles (moraines, alluvions marines et fluviales, lœss et sables éoliens). Ce sont des sols jeunes et minces, car la décomposition des roches a débuté il y a moins de 10 000 ans, en règle générale, après le retrait des glaciers. La plupart de ces sols sont gelés sur toute leur épaisseur une grande partie de l'année. Le dégel donne une véritable bouillie en été : le *mollisol*. Ces maigres sols sont constamment remaniés par les alternances gel/dégel.

Une mosaïque de milieux. L'action du froid explique l'originalité des formes de surface dites « périglaciaires » : sols fractionnés (« polygonaux »), en gradins, pavages de cailloux, buttes gazonnées, appelées *thufur* en Islande, et grosses lentilles de glace *(hydrolaccolites*, ou *pingos)*, qui créent autant de terrains différenciés. Le mauvais drainage et les immenses marécages estivaux permettent le développement des tourbes et des sols « à gley ». Ces derniers sont des sols à engorgement prolongé par une nappe phréatique privée d'oxygène, qui provoque des phénomènes d'anaérobiose et de réduction du fer. Ces sols sont souvent très défavorables aux végétaux et ont des carences nombreuses. L'une des principales concerne le manque d'azote, en raison de la rareté de la matière organique et de la lenteur de sa décomposition. Souvent, la litière au sol est balayée par le vent et s'accumule dans des sites d'abri, contribuant à y créer des milieux plus riches, avec plus de végétaux, caractéristiques des toundras.

A

A. **SOLS POLYGONAUX**

Dans les îles Orkneys (Orcades du Sud), dans le prolongement de la péninsule antarctique, au sud du 60e parallèle, un versant porte ce type de sols dits « polygonaux », façonnés par les alternances de gel et de dégel. Le déplacement de matière engendré par ces alternances est nommé *géliturbation,* ou *cryoturbation*. Ce sont ces lents brassages des matériaux, à l'intérieur du sol dégelé, liés à des différences de température et à des migrations de l'eau, qui trient les fractions fines et caillouteuses, dessinant en surface des figures variées, souvent rehaussées (ce qui n'est pas le cas ici) par la végétation. Le matériel le plus fin se trouve au centre et les pierres en bordure.

B

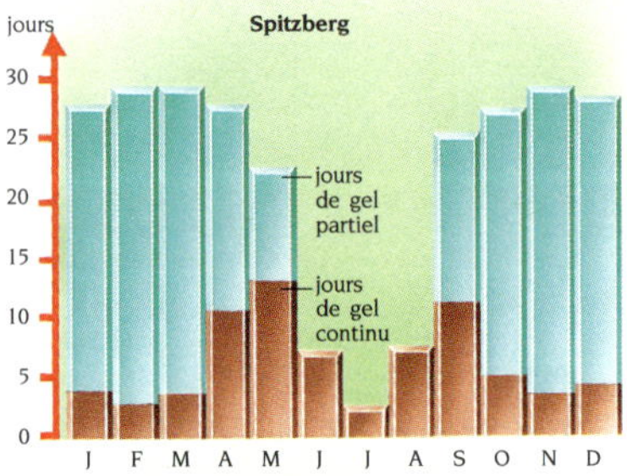

B. **TOUNDRA DE L'HÉMISPHÈRE NORD**

Au Spitzberg, à la station de Isfjord Radio, bien au-delà du cercle Nord, par 78° de latitude, le gel est un facteur limitant omniprésent. Dans ce type de climat de toundra, appelé « polaire océanique » ou « arctique » ou encore « de banquise », le contexte est particulièrement sévère, humide, froid et venteux. Durant 9 mois de l'année, le gel est continuellement présent, le plus souvent sans dégel. Au printemps et en automne, les cycles gel/dégel connaissent deux maximums. Même au cœur du bref été, en juin-juillet, des journées de gel continu maintiennent la tyrannie du froid.

C

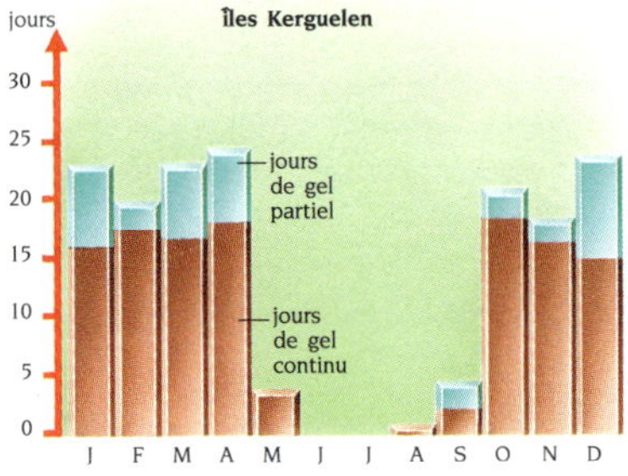

C. **TOUNDRA DE L'HÉMISPHÈRE SUD**

Dans l'hémisphère Sud, à Port-aux-Français, par 49° de latitude sud, les îles Kerguelen présentent des rythmes de gel bien différents de ceux du Spitzberg. Dans une ambiance climatique humide, ventée et peu ensoleillée, le gel sévère est plus rare, mais les cycles gel/dégel surviennent plus d'un jour sur deux durant une période de plus de 6 mois. Dans ce climat qualifié de « subpolaire océanique », « islandien » ou « hyperocéanique froid », l'été représente un bref répit, soit 2 mois environ, sans gel. L'amplitude thermique entre l'hiver (relativement doux) et l'été (frais) est très faible.

D

E

D. **L'ÉTÉ, LA BOUE**

Durant le bref été de la toundra, les sols dégèlent en surface, formant une couche boueuse (le *mollisol*) imbibée d'eau, qui ne peut s'infiltrer en profondeur du fait de la présence, entre 50 cm et 1 m, de la couche imperméable, non dégelée, du *pergélisol.* Les topographies planes et les multiples contre-pentes, liées à l'érosion et à l'accumulation glaciaire, renforcent le caractère amphibie des milieux de toundra.

E. **L'HIVER, LA GLACE**

L'eau du sol est prise en glace, formant une couche dure, imperméable, figée, appelée de noms locaux : *tjäle* en Scandinavie, *merzlota* en russe. De petits animaux hibernant parviennent parfois à s'installer dans des terriers, isolés thermiquement, sur des pentes bien drainées, comme l'écureuil terrestre de l'Arctique *(Citellus undulatus).* Sous la neige, lemmings et campagnols peuvent conserver une certaine activité.

L'HÉMISPHÈRE SUD

LA TOUNDRA SUR LES ÎLES

■ SI LA TOUNDRA forme un gigantesque milieu autour du pôle dans l'hémisphère Nord, elle n'a pas d'équivalent dans l'hémisphère Sud, sauf dans de petites îles perdues au milieu de l'océan Austral : Kerguelen, Marion, Falkland, Macquarie, Campbell, Antipodes, Bouvet et Géorgie, Sandwich, Shetland, Orcades du Sud... Dans cet hémisphère à dominante océanique, le climat, plus maritime que dans l'Arctique, est marqué par la violence des vents et le faible réchauffement de l'été. L'éloignement de ces îles et leur isolement rendent compte de la présence d'un grand nombre d'espèces qui leur sont propres (endémiques). Les mousses et les lichens tiennent une place essentielle dans les mosaïques végétales. Les flores sont d'une extrême pauvreté : 3 espèces de plantes à fleurs dans les Shetland du Sud et seulement 2 sur le continent antarctique (une graminée du genre *Deschampsia* et une caryophillée). Dans les Falkland (155 espèces de plantes à fleurs) coexistent prairies à boutons d'or du genre *Acaena,* tourbières et landes à *Empetrum rubrum* et *Bolax glaberia,* qui forment des buissons en boules. Parmi les animaux, manchots et phoques tirent essentiellement leur nourriture de la mer.

LA TOUNDRA ALPINE

L'INFLUENCE DE L'ALTITUDE

■ EN HAUTE MONTAGNE, l'étage précédant les neiges persistantes ne porte pas d'arbres, mais une formation parfois nommée « toundra d'altitude », ou « toundra alpine ». La limite supérieure de cet étage est très variable : à 4 500 m dans le Tibet, elle va naturellement en s'abaissant vers les pôles, 2 500 à 3 200 m dans les Alpes, 1 500 m dans le Jura, 250 m dans le nord de la Norvège.

La physionomie de cet étage évoque celle de la toundra arctique : pelouses et landes basses et rases rythment les paysages. L'aulne vert *(Alnus viridis),* le rhododendron ferrugineux *(Rhododendron ferrugineum),* la renoncule des glaciers *(Ranunculus glacialis)* et la dryade à huit pétales *(Dryas octopetala)* ont des aires de répartition que l'on qualifie d'*arctico-alpines.*

Les toundras d'altitude ne peuvent être identifiées totalement aux toundras polaires. En effet, même si pour l'une comme pour l'autre le climat est généralement froid, en montagne, la pression atmosphérique est beaucoup plus faible, le cycle annuel de durée du jour et de la nuit *(photopériode)* très différent, l'intensité du rayonnement solaire beaucoup plus forte, les températures estivales plus élevées et le rôle de l'exposition capital.

LES LIMITES DE LA TOUNDRA

L'APPARITION DES ARBRES

■ LE CONTACT ENTRE TOUNDRA et taïga (ou forêt boréale) s'effectue suivant une large bande de transition, aux limites d'ensemble sinueuses et marquées dans le détail par des avancées et des reculs, liés aux montagnes et aux grands fleuves. Dans l'Arctique, le passage de la toundra à la forêt boréale est caractérisé par un enrichissement progressif en espèces arborescentes. Les arbres qui s'aventurent dans la toundra sont tantôt des résineux, épicéas ou mélèzes, tantôt des bouleaux. Ils parviennent à s'installer lorsque la période végétative dépasse les 60 jours sans gel et que la température moyenne du mois le plus chaud dépasse 10 °C.

La limite de la toundra présente un grand décalage de part et d'autre de l'Atlantique : située sur le 50e parallèle à Terre-Neuve, elle n'apparaît que sur le 60e en Écosse. Cette opposition est liée à l'effet des eaux chaudes de la dérive nord-atlantique sur les côtes d'Europe, alors que la façade canadienne subit l'effet refroidissant du courant du Labrador.

Localement, les conditions d'abri offertes le long des grands fleuves (Ob, Ienisseï, Lena, Mackenzie) permettent des avancées de grandes langues forestières dans la toundra. À l'inverse, les systèmes montagneux de l'Oural, de l'Alaska et de la Scandinavie favorisent l'extension méridionale de la toundra.

A

A. **TOUNDRA DES KERGUELEN**

Dans les îles Kerguelen, au sud de l'océan Indien, les vents soufflent en permanence, l'hiver n'est pas extrêmement froid, mais l'été est inexistant du fait de la position océanique. Le nombre de plantes à fleurs est très faible (une trentaine). Aucun arbre ne pousse. Les paysages sont plats, bas, à graminées naines. Les rares cailloux abritent une végétation en boules dissymétriques à *Azorella selago* ou *Pringlea antiscorbutica,* l'étrange chou des Kerguelen. Cette végétation, à l'aspect xérophile, exclusivement herbacée, a été partiellement détruite par des lapins introduits en 1874. Les îles abritent des colonies nombreuses d'oiseaux de mer, de manchots. Les otaries ont été décimées, mais les phoques, protégés, sont nombreux.

B

B. **ROSE DE LA TOUNDRA**

La dryade à huit pétales, *Dryas octopetala,* est une des plantes les plus célèbres de la toundra. Rosacée rampante, aux grands pétales blancs, aux nombreuses étamines jaune d'or et aux feuilles crénelées, vert brillant, elle colonise les anfractuosités rocheuses et les éboulis. Encore appelée « thé de Suisse », on la trouve en montagne au-delà de 1 300 m et dans les régions arctiques.

C

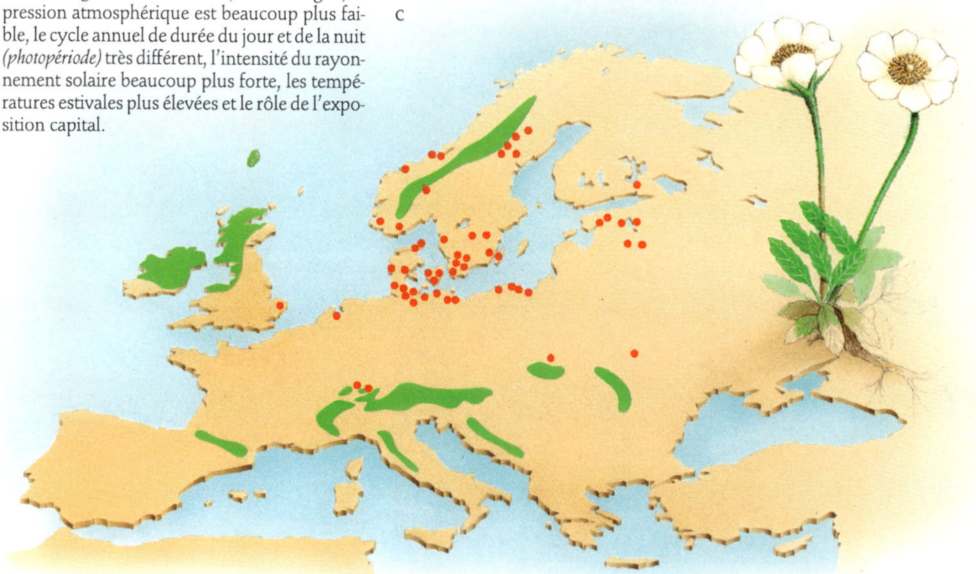

C. **RÉPARTITION DE LA DRYADE**

Dryas octopetala fait partie des espèces à aire de répartition disjointe, dites *arctico-alpines.* Un ensemble subarctique occupe actuellement le nord des îles Britanniques et la dorsale scandinave. L'autre partie de l'aire comprend Pyrénées, Alpes, Jura, Apennin, Carpates et Dinarides. La dryade est connue à l'état fossile (points rouges sur la carte) dans de nombreuses stations de plaine. Occupant une aire vaste et continue dans toute l'Europe aux temps glaciaires, l'espèce a ensuite reculé dans la toundra et les massifs montagneux.

répartition actuelle

LA MONTAGNE

LES ZONES MONTAGNARDES

DES DIFFÉRENCES STRUCTURELLES

■ POUR DÉFINIR LES MONTAGNES, on ne doit pas s'arrêter à la notion d'altitude, mais considérer aussi la vigueur de leur pente et la diversité de formes et de climats qu'elles présentent, ces paramètres influant sur la végétation.

On distingue ainsi : les structures *plissées,* comme l'Atlas saharien, le Jura et les montagnes du Mexique ; les structures *massives,* liées aux diverses cassures qui ont affecté la Terre et dont le Massif central (France), les montagnes de l'est de Madagascar, les *Ranges* du Nevada et le Tianshan en Asie centrale sont des exemples ; les structures *volcaniques,* comme les montagnes d'Éthiopie, du Hoggar, du Cantal (France) ou du Popocatépetl (Mexique).

La diversité des formes montagnardes s'exprime aussi à travers la vigueur des phénomènes d'érosion qu'elles ont subis : le type subalpin du Diois et de la Chartreuse en France, de l'Atlas marocain (où la présence de roches tendres intercalées entre des affleurements durs a provoqué des inversions de relief et des grands « défoncements ») ; les systèmes à zones axiales, caucasien ou pyrénéen, des hauts massifs formés au paléozoïque (ère primaire), encadrés par des plissements d'âges différents (ce phénomène atteint son paroxysme dans les Alpes et l'Himālaya) ; ainsi que les plateaux des montagnes de l'Ouest américain, du Mexique, du Maghreb, de la Turquie ou des Andes, caractérisés par deux rameaux, l'un de plissement ancien et l'autre plus récent.

Quelquefois, un volcanisme naît ultérieurement, recouvrant de lave l'ensemble du système montagneux, comme ce fut le cas dans la *Snake River,* aux États-Unis.

A. **ADRET ET UBAC**

L'opposition qui existe entre le versant nord, ou ubac, et le versant sud, ou adret, s'explique par l'écart d'ensoleillement et de température. Le versant sud, chaud, est cultivé, habité et boisé de larges zones d'essences de lumière, tels les pins sylvestres, les pins noirs, les pins à crochets et les mélèzes, alors que le versant nord, plus frais, voit l'installation d'équipements de loisirs parsemant les grandes forêts de conifères ou de hêtres.

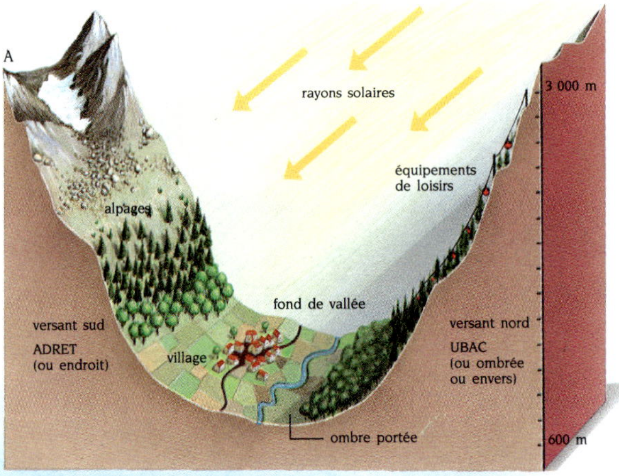

B. **ÉTAGEMENT DE LA VÉGÉTATION AU MONT KENYA**

Les ceintures de végétation constituent autant d'habitats occupés différemment.

Vers 3 200 m

L'étage subalpin est dominé par une lande à bruyères arborescentes envahie par les lichens et les mousses. La faune de l'étage supérieur s'y maintient avec des prédateurs (lycaon, léopard...).

Vers 2 100 m

À cette altitude prend place la savane arborée, riche de grands arbres et refuge d'espèces non adaptées à l'altitude (daman, rhinocéros...).

Étage supérieur, entre 3 500 et 4 500 m

Façonnée par l'altitude, la flore de petits végétaux alpins, de mousses et d'immortelles est dominée par les lobélies et les séneçons géants. La faune comprend le rat à dents cannelées, ou Otomys, le daman des rochers, le lycaon, la panthère et des céphalophes.

Vers 3 000 m

Ici s'étend l'étage de la bambuseraie et de la forêt alpine. Il est occupé par un nombre plus important d'espèces animales, (rats-taupes, singes, porcs sauvages et herbivores).

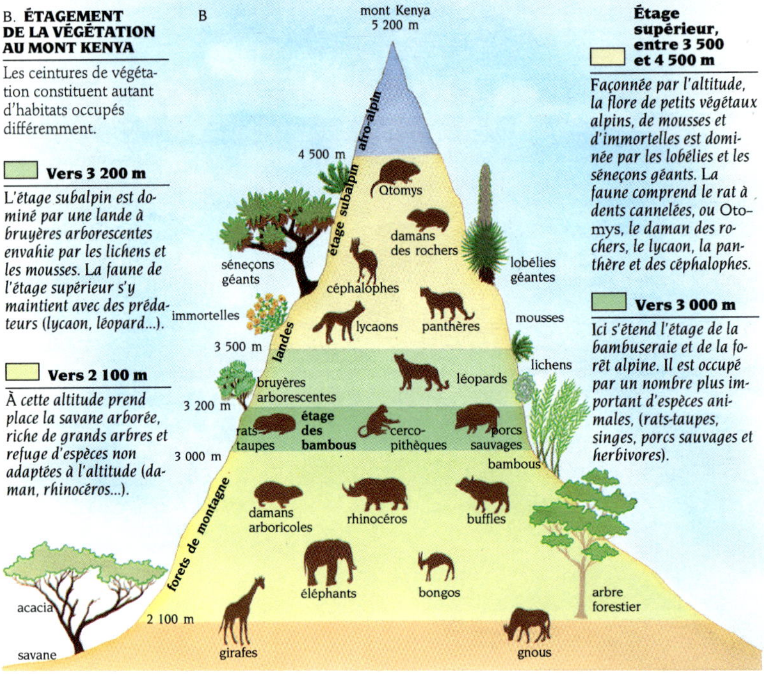

C. **MONTAGNE VOLCANIQUE**

Sur les flancs de l'Etna, un peuplement de pins laricio se développe, surtout sur les pentes de laves situées à l'abri du vent. Dans certaines zones (ici sur le flanc sud-ouest du volcan), des bois de hêtres et de bouleaux endémiques *(Betula aetnensis)* se sont installés.

L'ÉCOLOGIE

LES CONTRAINTES DE L'ALTITUDE

■ LA DIMINUTION de la pression atmosphérique et la réduction de la teneur de l'air en oxygène avec l'altitude influent grandement sur les facteurs écologiques.

Le froid. Il agit à raison d'une diminution de 1 °C tous les 100 m en moyenne. Le gel impose sa loi en altitude. En France, à 3 100 m, on enregistre 313 jours de gel par an. Les plantes alpines transpirent de jour et ne peuvent récupérer leur eau gelée la nuit. Elles souffrent donc de dessiccation et les montagnes adoptent un faciès de régions arides. Quant aux animaux (les chamois, par exemple), ils craignent plus l'été que l'hiver, contre lequel ils sont bien protégés. Les espèces montagnardes sont souvent plus sensibles au froid des nuits d'été qu'à la rigueur de l'hiver. Certaines passent la saison froide en hibernant (marmotte).

Le vent. Sa force s'accroît avec l'altitude, provoquant au sommet de formidables rafales. Canalisé par les reliefs, il s'engage dans les vallées, contribuant à donner aux arbres un port particulier, dit « en drapeau », tourné vers l'amont et créant des accumulations de neige. Il provoque dans la végétation de haute altitude des blessures, des cassures et des disséminations précoces de graines. Par son action, le vent aggrave également la sécheresse de l'air.

Les précipitations. Selon les saisons, la nébulosité varie : elle trouve son maximum entre 1 000 et 2 000 m en hiver et vers 3 000 m au printemps. En été, les étages subalpins et alpins sont baignés de soleil, alors qu'une mer de nuages s'accroche à la forêt. De même, au printemps, de fortes chutes de neige ont lieu en altitude. Le régime des pluies est en général contrasté ; à des périodes bien arrosées succèdent souvent des périodes de sécheresse. Les brouillards fréquents et la rosée du matin amènent néanmoins un surplus d'eau, qui est profitable aux végétaux. L'humidité du sol est influencée par l'exposition des versants.

Le grésil et la grêle sont fréquents, l'été, à l'étage alpin ; ils n'apportent guère d'eau et provoquent des dégâts.

La distribution de la neige varie avec l'altitude : au pied des Alpes, les chutes se produisent en janvier et février ; plus haut, le froid devient plus vif et l'humidité de l'air règle les chutes de mars et d'avril ; en été, la neige tombe en haute altitude. Ce manteau neigeux cache la nourriture, réduit les possibilités de déplacement des animaux. En revanche, il les préserve, ainsi que les plantes, des importantes baisses de température. En effet, dès que le manteau neigeux dépasse plus de 30 cm d'épaisseur, il devient un excellent isolant ; de plus, il assure au sol une alimentation en azote gazeux.

LES VÉGÉTAUX

À TOUS LES ÉTAGES

■ LES COMMUNAUTÉS VÉGÉTALES varient avec l'altitude, mais aussi en fonction des conditions écologiques locales. Dans le cas des Alpes, on distingue les étages suivants :
- *l'étage collinéen,* jusqu'à 1 300 m, avec 9 mois de période végétative, dont la température moyenne est de 15 °C et où la forêt est remplacée par des cultures ; dans la région méditerranéenne, cet étage est caractérisé par la présence de chênes-lièges, de pins d'Alep et, au-dessus, par des peuplements de chênes verts ;
- *l'étage montagnard,* de 1 300 à 1 800 m, qui possède 7 mois de végétation. La température moyenne est comprise entre 8 et 15 °C. Il est caractérisé par la forêt de hêtres, de sapins et d'épicéas et par quelques pâtures ; le sous-bois de la hêtraie est peuplé de myrtilles, de luzules et d'aspérules ;
- *l'étage subalpin,* de 1 800 à 2 400 m, avec 5 mois de végétation et une température moyenne de 8 °C. Il est occupé par la forêt d'épicéas puis de pins à crochets, de mélèzes et de pins cembro, ou encore par la pelouse pseudo-alpine dans les zones surpâturées ou asséchées ; on y trouve aussi des arbustes (rhododendrons, myrtilles) ;
- *l'étage de combat,* de 2 400 à 2 600 m, où l'on compte 200 nuits de gelée par an. Les conditions y varient sur quelques mètres et sa température moyenne annuelle est de 4 °C ; c'est la zone de transition où s'arrête la forêt et où commencent les prés-bois puis les landes ;
- *l'étage alpin,* jusqu'à 3 000 m. Il se caractérise par moins de 3 mois de végétation et une température moyenne de 3 °C. Il peut y neiger toute l'année. Le froid limite la prolifération des arbres et permet le développement de formations herbeuses évoquant la toundra arctique (on parle de *toundra alpine*) ;
- *l'étage nival,* aire des neiges persistantes, qui est le domaine du minéral. Il est ponctué d'une maigre végétation de mousses et de lichens.

Les adaptations. La vie des plantes en altitude fait apparaître de multiples types d'adaptations souvent remarquables. La végétation montagnarde est caractérisée par une forte réduction des tiges et des fleurs et un développement important des organes souterrains. Le nanisme est lié à l'action conjuguée d'une intense luminosité bloquant la croissance et de l'important écart existant entre les températures nocturnes et diurnes. Les ultraviolets renforcent ce phénomène, car ils ralentissent la croissance verticale des végétaux et favorisent celle des tiges et des stolons horizontaux.

Les tissus des arbustes, comme ceux des plantes succulentes, possèdent de minuscules cellules à parois épaisses, résistant aux déformations dues à l'alternance du gel et du dégel. Ces tissus sont pauvres en eau et riches en sels dissous, ce qui abaisse leur température de congélation. Enfin, leurs feuilles sombres captent mieux la chaleur. Si leur appareil aérien est souvent peu développé, leur système racinaire est, lui, important.

Les couleurs vives, bleu éclatant des gentianes ou jaune des anémones soufrées, liées à l'intensité de l'éclairement, accentuent leur attraction pour les insectes, ce qui permet une meilleure pollinisation. De plus, les plantes montagnardes ont un feuillage réduit et coriace et elles s'accrochent littéralement au sol. Ces adaptations sont avantageuses aussi pour résister au vent, surtout sur les sommets. Les végétaux connaissent une courte période de croissance et doivent s'adapter à l'enneigement, qui n'est pas propice aux plantes annuelles. Ces dernières ne représentent d'ailleurs que 5 p. 100 de l'ensemble de la flore. Ce sont les plantes vivaces qui dominent.

B

B. **RESPIRER À 4 000 MÈTRES**

Au pied du glacier du mont Ausengate, au Pérou, dans la chaîne des Andes, les lamas qui broutent ce pâturage ras ne souffrent pas du manque d'oxygène. Pourtant, à 4 000 m, la pression d'oxygène équivaut à 60 p. 100 de celle existant au niveau de la mer. Mais l'hémoglobine du lama présente pour l'oxygène une plus grande affinité que celle des espèces de basse altitude et le nombre de ses globules rouges est particulièrement élevé.

C

C. **PÂTURAGES D'ALTITUDE**

La pelouse haute en couleur et riche de multiples espèces végétales (ici dans les Alpes françaises) se maintient grâce à un entretien constant.
Ce travail s'appuie sur un fauchage en juillet, qui permet aux seuls végétaux pouvant se multiplier facilement de subsister (plantes à bulbe, à rhizome ou celles qui forment des bourgeons sous le sol). Ensuite a lieu l'épandage du fumier et l'irrigation.

A. **FLORE DE MONTAGNE**

Les espèces se distribuent selon l'altitude (on parle d'étagement). Les plantes sont diversement adaptées pour résister au froid et au vent. L'edelweiss et le génépi, par exemple, sont recouverts d'une épaisse couche de poils blancs isolants ; la gentiane de Koch, aux grandes feuilles plates, absorbe beaucoup d'énergie solaire.

LA MONTAGNE

LES ANIMAUX

SUPPORTER LES CONTRAINTES

■ À 2 000 m, les animaux subissent six mois d'hiver. Le froid constitue donc leur premier ennemi. Face à cette rigueur climatique, de nombreuses adaptationss sont observées. La blancheur de la neige rendant les animaux plus repérables, certaines espèces, comme le lièvre variable, le lagopède et l'hermine, adoptent une livrée blanche, véritable camouflage d'hiver. Ce processus, appelé *homochromie,* dissimule, en effet, les animaux aux yeux de leurs prédateurs. Le froid influence aussi la croissance et les modes de reproduction. D'une manière générale, avec l'altitude, la taille des animaux (escargots, truites, rongeurs...) se réduit, ce qui diminue leurs pertes thermiques.

Au-dessus de 1 200 m, la plupart des reptiles deviennent vivipares et ils traversent l'hiver dans une profonde léthargie.

Partir ou rester. Face aux variations de températures, les animaux possèdent plusieurs stratégies adaptatives. À la saison froide, certains oiseaux et des petits mammifères de haute montagne migrent vers le fond des vallées. Il en est de même des cerfs et des chevreuils, qui ont tendance à se rapprocher des zones habitées par l'homme. La perdrix bartavelle descend à 1 500 m. Un autre oiseau, le cincle plongeur, rejoint les ruisseaux et les rivières de plaine.

Des mammifères, comme la marmotte, ont recours à l'hibernation, qui leur permet de rester en altitude. Les campagnols des neiges s'abritent des trop grosses variations de température sous le manteau neigeux. De même, le lièvre variable se cache dans un véritable terrier creusé entre le sol et la neige, qui constitue un parfait isolant. L'ours des Pyrénées demeure en léthargie, dans un état proche de l'hibernation.

Trouver sa nourriture. Les mammifères qui hibernent disposent de réserves internes d'énergie sous la forme de graisses. La neige contraint les animaux qui n'hibernent pas à rechercher leur nourriture enfouie. À très haute altitude, par exemple, les vertébrés qui subsistent sont en majorité des oiseaux, car la rareté de la nourriture impose des déplacements sur de grandes surfaces.

Plus bas, la végétation herbacée est broutée par les ruminants.

Se déplacer. Les déplacements dans la neige posent souvent aux animaux des problèmes difficiles à résoudre et les adaptations que l'on peut observer sont multiples. Les petits rongeurs et les marmottes sont dotés de mains dont ils peuvent écarter les doigts ; les pattes postérieures du lièvre variable sont larges et garnies de poils constituant de véritables raquettes. Les sabots des chamois possèdent une membrane qui en augmente la surface dès qu'ils écartent leurs doigts.

Le lagopède arbore des plumes aux pattes et sur ses doigts jusqu'à ses ongles, ce qui agrandit sa surface portante.

Se protéger du vent. Beaucoup d'insectes montagnards sont sans ailes (aptères), ce qui les rend moins vulnérables face à la violence des vents. Les espèces volantes rasent en général le sol, comme la cicindèle ou certains apollons. Le pelage feutré des mammifères (chamois, bouquetin, marmotte) et le plumage épais des oiseaux (tétras-lyre, bartavelle, chocard, niverolle) ont pour fonction essentielle de les protéger des rafales de vent. Les rapaces (aigle royal, faucon, crécerelle) sont massifs et résistent ainsi aux vents des sommets. Alors que les oiseaux se tiennent toujours face au vent, les yacks tibétains, eux, lui présentent leur dos, leur queue touffue, leurs longs poils, tandis qu'ils abritent la tête en la maintenant près du sol, entre leurs membres antérieurs.

LA FAUNE GLACIAIRE

Les animaux des glaciers sont généralement de petite taille, voire microscopiques, mais leurs performances demeurent souvent très étonnantes. La « puce » des glaciers *(Isostoma saltans)* est un petit insecte primitif du groupe des collemboles adapté à des températures comprises entre -5 et +5 °C. Cet animal très grégaire peut faire des sauts de 10 cm.

Un autre collembole alpin, *Pseudanurophus,* très résistant, se reproduit normalement en hiver à l'air libre et doit gagner, l'été, une véritable « chambre froide » sous un éboulis. Le borée hiémal ressemble à une jeune sauterelle faisant des bonds de 20 cm ; il n'entre en torpeur qu'à –13 °C.

Les larves de mouches de glacier vivent dans les sources très froides de haute montagne ou dans les torrents. Un papillon, l'énéis des glaciers, divers coléoptères tels que *Nebries* ou *Trechus,* un mille-pattes, la lithobie lucifuge, et de nombreuses araignées vivent près des glaciers dans les mousses et sous les pierres.

A

A. **CHAÎNE ALIMENTAIRE**

En milieu montagnard, les chaînes alimentaires ont souvent un nombre de maillons supérieur à quatre. Les végétaux, producteurs primaires, sont butinés ou consommés par des insectes, eux-mêmes mangés par des oiseaux. Ces derniers constituent la proie favorite des mammifères carnivores, telle l'hermine. Au sommet de la pyramide alimentaire montagnarde, le superprédateur est généralement un rapace comme l'aigle.

B. **RECORDS D'ALTITUDE (ALPES) (en m.)**	
Chocard (en vol)	6 200
Gypaète (en vol)	6 000
Lichen	4 700
Campagnol	4 700
Collembole	4 500
Renoncule	4 275
Gentiane	4 200
Lièvre variable	3 700
Coléoptère	3 600
Chamois	3 000
Salamandre	3 000
Escargot	3 000
Vipère aspic	2 800
Truite	2 600
Grenouille rousse	2 600
Lézard vivipare	2 500

B. **VIVRE EN HAUTE ALTITUDE**

La montagne, milieu diversifié à l'extrême, abrite des animaux et des végétaux qui peuvent vivre à des altitudes très élevées. Ainsi, la panthère des neiges vit à plus de 6 000 m dans l'Himalaya. Le yack du Tibet, les vigognes et les guanacos (lamas péruviens) sont présents entre 4 000 et 6 000 m, tout comme le chirou, une antilope himalayenne que l'on trouve encore à 6 000 m. Un crapaud de l'Himalaya a même été retrouvé à 8 000 m d'altitude. Ces altitudes sont exceptionnelles pour des vertébrés. En revanche, la faune des invertébrés (arthropodes), remarquablement bien adaptée, se rencontre plus communément à haute altitude. Mais les oiseaux euxmêmes y sont bien représentés : on trouve, entre autres, la niverolle jusqu'à 4 500 m, la bartavelle et le lagopède alpin autour de 3 000 m.

C

C. **INSECTE DU FROID**

Cet animal *(Grilloblatta campodeiformis),* appartient au petit groupe des notoptères (3 espèces). Il vit dans les montagnes rocheuses canadiennes. Il ne supporte pas des températures supérieures à + 16 °C, mais résiste à des froids de l'ordre de -10 °C. Les larves vivent cachées et meurent rapidement si on les expose aux rayons du soleil.

LES DÉSERTS

ÉTYMOLOGIQUEMENT, le terme « désert » vient du latin *deserta,* qui fait référence à un lieu sans hommes. Aujourd'hui, il est difficile d'en donner une définition précise. Climatiquement, c'est un espace qui manque d'eau. Les milieux tropicaux, méditerranéens, tempérés et continentaux peuvent ainsi tendre vers l'état d'aridité.

Biologiquement, le désert est un monde à couverture végétale réduite, « diffuse », contractée dans les lits d'oueds (cours d'eau intermittents) ou à proximité des points d'eau. Dans les cas extrêmes, la végétation peut être totalement absente. Les cours d'eau sont absents ou forment des oueds qui ne rejoignent pas la mer mais se perdent dans des lacs (Tchad, Rodolphe, Eyre...).

LES RÉGIONS ARIDES

QUANTIFIER L'ARIDITÉ

■ DES GÉNÉRATIONS de chercheurs ont tenté de quantifier l'aridité à l'aide d'indices et de formules combinant précipitations (P), température (T), évaporation et transpiration des végétaux (évapotranspiration). Une des tentatives pionnières est celle du Français E. de Martonne, qui, dès 1926, définit un indice d'aridité (I) d'une grande simplicité :

$$I = P / (T + 10).$$

Cet indice permit de dresser les premières cartes de la répartition mondiale des régions arides. Au-dessous de 5, l'aridité est absolue ; de 5 à 10, c'est le désert ; entre 10 et 20, on parle de « marges semi-arides ».

L'Afrique est de loin le continent le plus aride avec 46 p. 100 de la superficie ayant un indice inférieur à 10, alors que la proportion n'est que de 4 p. 100 en Amérique. Par la suite, un autre Français, H. Gaussen, proposa le calcul d'un indice permettant une estimation précise du nombre de jours biologiquement secs, fondé sur la quantité de pluie ainsi que sur l'humidité de l'air et la condensation.

En 1979, un document cartographique pour l'Unesco au 1/25 000 000, fondé sur le rapport précipitations/évapotranspiration, calculé pour 1 600 stations du globe, permit de définir quatre classes (hyperaride, aride, semi-aride, subhumide), complétées par les modalités du régime thermique de l'hiver : chaud, tempéré, frais, froid, et par la durée des périodes de sécheresse et le régime des précipitations. C'est le document cartographique le plus complet pour visualiser l'extension des déserts. En fait, quelle que soit la latitude, le désert est avant tout caractérisé par la faiblesse des précipitations : 100 mm par an pour le désert de Gobi et jusqu'à 0,8 mm à Arica, dans le nord du Chili.

A

A. **DU SABLE ET DU VENT**

Sur un système dunaire, les détails révèlent de petites rides ondulées, les ripple-marks. Au second plan, le champ de dunes constitue un ensemble aux formes dissymétriques. Le versant en pente douce est face au vent, il est séparé de l'abrupt d'éboulement (raide et sous le vent) par une crête dunaire aiguë le sif (Erg d'Amguid, Sahara algérien.)

EXTENSION DES DÉSERTS SELON LES CONTINENTS

continent	millions de km²	zones		
		hyperaride	aride	semi-aride
Afrique et Madagascar	17 300	4 600	7 300	5 400
Asie	15 600	1 200	8 000	6 400
Amérique du Sud	3 400	400	1 400	1 600
Australie	6 200	100	3 900	2 200
Amérique du Nord et du Centre	4 300	400	1 500	2 300
Europe	900	—	200	700

B

B. **QUAND LE DÉSERT VERDOYAIT...**

Au tassili des Ajjer, au cœur du Sahara, les nombreuses peintures rupestres sont attribuées à des pasteurs-chasseurs du néolithique. Les figurations de bovidés et d'une riche faune (antilopes, autruches, éléphants) sont un des indices de l'existence de périodes plus humides.

C. **RÉGIONS DÉSERTIQUES DU MONDE**

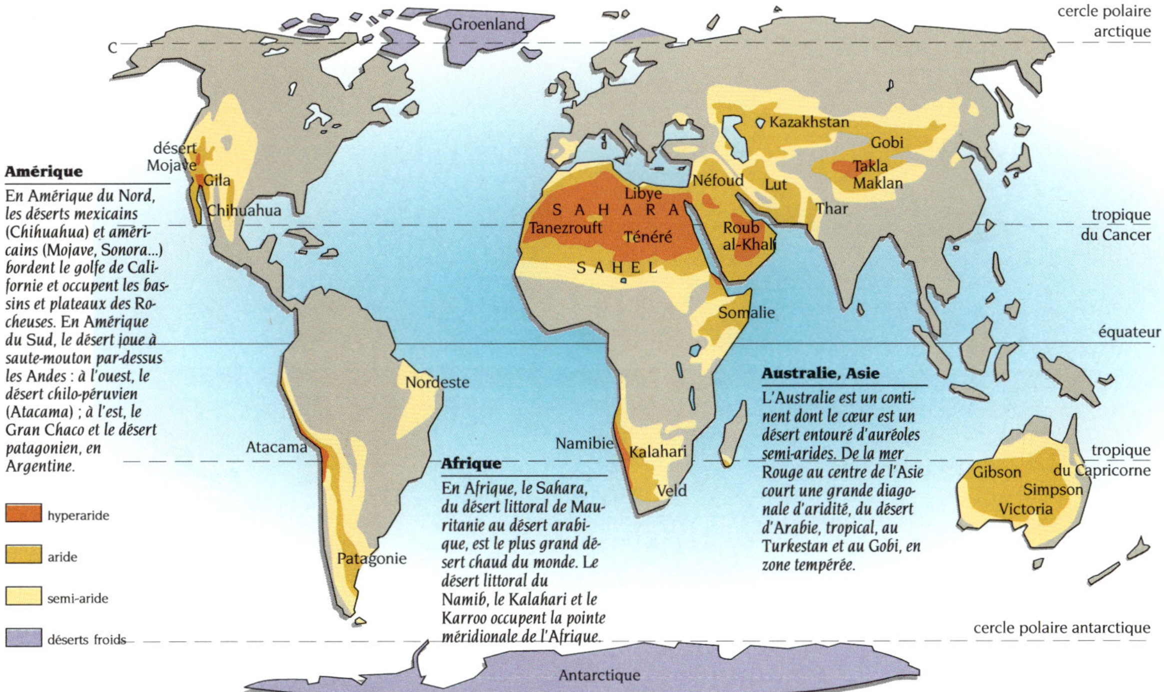

Amérique

En Amérique du Nord, les déserts mexicains (Chihuahua) et américains (Mojave, Sonora...) bordent le golfe de Californie et occupent les bassins et plateaux des Rocheuses. En Amérique du Sud, le désert joue à saute-mouton par-dessus les Andes : à l'ouest, le désert chilo-péruvien (Atacama) ; à l'est, le Gran Chaco et le désert patagonien, en Argentine.

Afrique

En Afrique, le Sahara, du désert littoral de Mauritanie au désert arabique, est le plus grand désert chaud du monde. Le désert littoral du Namib, le Kalahari et le Karroo occupent la pointe méridionale de l'Afrique.

Australie, Asie

L'Australie est un continent dont le cœur est un désert entouré d'auréoles semi-arides. De la mer Rouge au centre de l'Asie court une grande diagonale d'aridité, du désert d'Arabie, tropical, au Turkestan et au Gobi, en zone tempérée.

LES DÉSERTS CHAUDS

LE SAHARA

UN MODÈLE DE DÉSERT CHAUD

■ LE PLUS GRAND DÉSERT chaud du monde (environ 8 millions de km²) ne s'est pas toujours appelé « Sahara ». C'est l'adjectif arabe « sahara », qualifiant un sol de couleur fauve, sans végétation, qui a servi progressivement à désigner tout l'énorme désert continental, axé sur le tropique du Cancer. Le Sahara représente le modèle des déserts chauds, caractérisé par des étés longs et torrides, des contrastes thermiques (annuels et journaliers) accentués, une sécheresse extrême de l'air, la grande irrégularité et la rareté des pluies. Pourtant, ses frontières connaissent la pluie : en automne, au nord ; en été, au sud.

Les paysages. Ils sont immenses et monotones. Le Ténéré et le Tanezrouft ont une topographie quasi plane. Les plateaux, parfois appelés « tassilis » (en particulier ceux qui entourent le Hoggar), sont soit de mornes dalles rocheuses pavées d'éclats pierreux, les *hamadas*, soit de vastes étendues, souvent graveleuses, les *regs*.

Les montagnes forment un solide bastion dans le Sahara central : Hoggar, Aïr et Tibesti, où se dresse le point culminant du désert, le volcan Emi Koussi (3 415 m).

Les cuvettes immenses sont couvertes de dunes sableuses, souvent groupées en massifs, les *ergs*, qui ne couvrent que le cinquième de la superficie du désert saharien.

Flore et faune. Quand elle existe, la végétation est confinée dans les lits d'oueds ou diffuse en touffes espacées de graminées, de légumineuses ou de composées. Des arbustes isolés, comme les cyprès du Tassili ou les oliviers du Hoggar, subsistent dans des refuges particuliers. Les animaux sont économes en eau, comme le dromadaire, rapides, comme le fennec, la gerboise, l'antilope addax, ou encore enterrés dans le sol durant le jour, comme la vipère à cornes.

Le Sahara n'est pas un désert immuable. Divers indices témoignent de périodes plus humides durant lesquelles la zone aride a changé d'emplacement, se rétractant ou se déplaçant vers le sud ou vers le nord.

Ce grand désert a probablement connu plusieurs périodes humides pendant le quaternaire, comme en témoigne l'organisation en réseau hydrographique d'innombrables vallées sèches et d'îlots de végétation.

A. **LOMA PÉRUVIEN**

Ce profil de la chaîne des Andes, de la côte au sommet de la Puna, montre un désert littoral, frais et brumeux, allongé sur 2 700 km. L'hyperaridité est compensée par les condensations sur les pentes côtières, les « *lomas* ». Ces condensations sont liées à la présence du courant froid de Humboldt (eau à 15 °C).

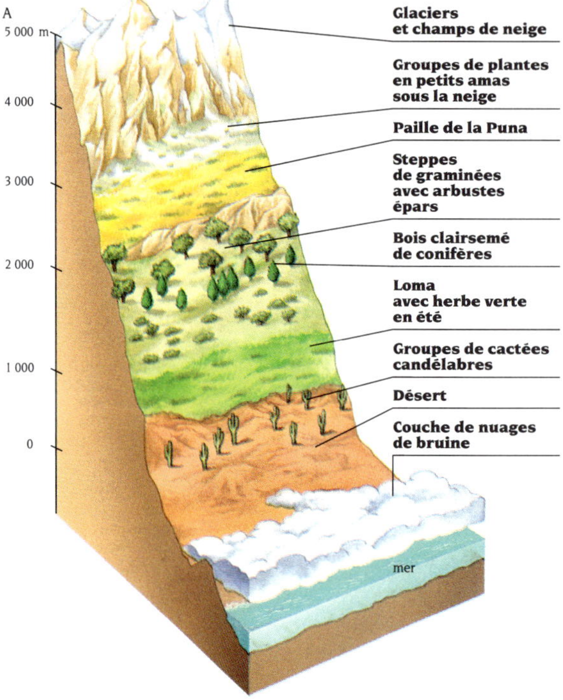

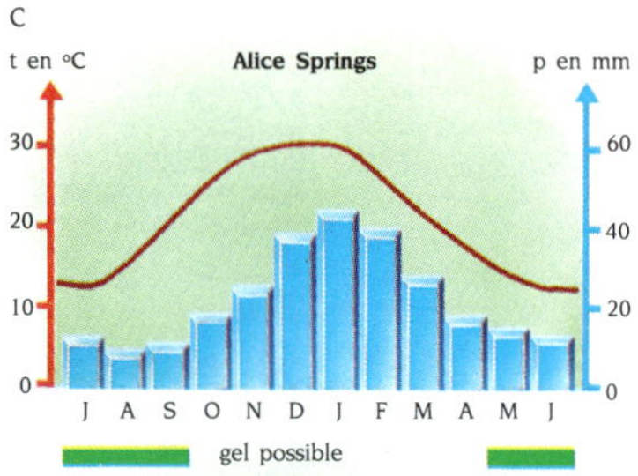

C. **AUSTRALIE**

Alice Springs, à 621 m d'altitude, au cœur du désert australien, possède un climat chaud (moyenne annuelle de 21 °C) mais légèrement arrosé (275 mm). Cinq mois de l'année connaissent des jours de gel.

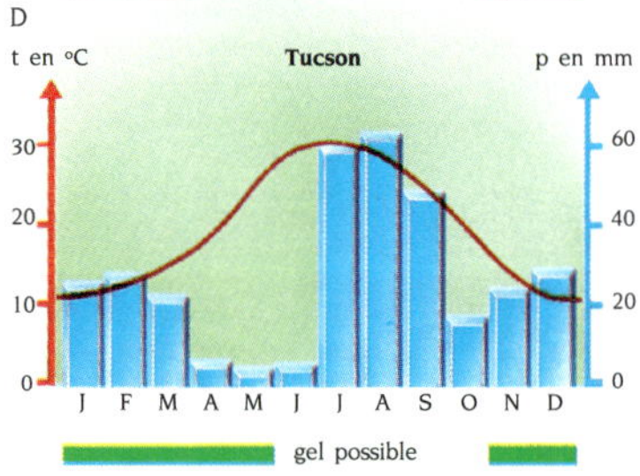

D. **AMÉRIQUE**

Tucson, dans le désert de l'Arizona, à 739 m d'altitude, connaît une pointe de chaleur estivale et jusqu'à 7 mois de gel. Deux périodes de précipitations, neigeuses en hiver et pluvieuses en été, séparent deux saisons sèches.

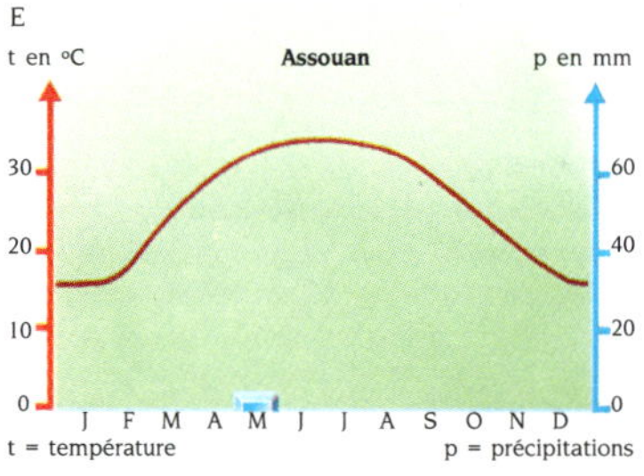

E. **AFRIQUE**

À Assouan, sur le Nil, à 111 m d'altitude, à la hauteur de la première cataracte et du lac Nasser, règne un climat désertique rigoureux : précipitations infimes (3 mm par an) et fortes chaleurs. Le gel y est inconnu.

B. **JOUR ET NUIT EN ZONE ARIDE, AU MEXIQUE**

Dans la réserve de Mapimi, la végétation à cactées et euphorbes est peuplée d'animaux qui exploitent les mêmes ressources, le jour (à gauche) ou la nuit (à droite).

1. Buse *(Buteo jamaicensis)*
2. Lièvre « Jack-rabbit » *(Lepus capensis)*
3. Yucca *(Yucca elata)*
4. Ocotillo *(Fouquieria splendens)*
5. Coucou coureur « road-runner » *(Geococcyx californianus)*
6. Cactus candélabre *(Saguaro)*
7. Lézard cornu *(Phrynosoma cornatum)*
8. Tortue du désert *(Gopherus flavomarginatus)*
9. Crotale *(Crotalus atrox)*
10. Moufette *(Mephilis mephilis)*
11. Mygale (espèce indéterminée)
12. Raquette épineuse *(Opuntia imbricata)*
13. Coyote *(Canis latrans)*
14. Rat-kangourou *(Dipodomys)*
15. Grand duc *(Bubo virginianus)*.

LES RELIEFS

NÉS DE L'EAU ET DU VENT

■ OASIS (avec leurs ingénieux systèmes de maîtrise et de répartition de l'eau), crues violentes des oueds, taches vertes des pâturages de plantes éphémères (l'acheb), après les pluies : autant d'images du désert associées à l'eau.

L'action de l'eau. Dans le désert, le cycle de l'eau est fondamentalement perturbé. Les précipitations sont faibles en quantité et souvent irrégulières dans leur rythme. La neige dans les déserts froids et les condensations « occultes », brouillard et rosée, dans les déserts littoraux peuvent jouer un rôle majeur. Les grands fleuves venus d'ailleurs, comme le Nil, les circulations d'eau souterraine à faible profondeur *(inféroflux)* ou les affleurements des nappes d'eau profondes créent des milieux vivants originaux. L'action de l'eau sur le relief, même si elle semble souvent subordonnée à celle du vent, est décisive. Les humectations et les dessiccations favorisent les efflorescences salines, les patines et les vernis à la surface des roches. Les ruissellements diffus, en se perdant au pied des reliefs, façonnent des formes en glacis.

Les reliefs se dressent brusquement au-dessus de ces glacis à la manière d'îles émergeant de l'océan, d'où le nom d'*«inselberg»* que l'on donne à ces formes. Les dépressions fermées (lac Tchad, lac Eyre) collectent les eaux de vastes bassins-versants.

L'action du vent. Le vent de sable est une des images les plus spectaculaires de la violence naturelle dans les déserts. Les champs de dunes et les rochers champignons ou en nids d'abeille témoignent des actions d'accumulation ou d'érosion éoliennes. Un riche vocabulaire qualifie les vents des déserts : *sirocco* au Maghreb ; *harmattan* au sud du Sahara ; *khamsin* en Égypte ; *chamal* en Mésopotamie ; *zonda* en Argentine ; *chinook* dans les hautes plaines américano-canadiennes.

Le vent est un facteur difficile à mesurer, à représenter et à évaluer. Considéré comme l'agent essentiel du modelé désertique au XIXe siècle, son rôle a ensuite été minimisé et son étude négligée. En fait, le vent est bien un facteur majeur dans les différents déserts, mais non isolé et à l'efficacité plus ou moins forte en fonction de l'exposition des zones (« au vent » ou « sous le vent »), du contexte thermique (chaud ou froid), de la topographie (plane ou montagneuse), de la nature des matériaux rocheux (cohérente ou meuble) et des degrés d'aridité climatique.

Le vent sculpte des formes mineures : ciselures, *taffonis, yardangs, nebkhas,* et des formes majeures : *ergs, regs,* versants aspergés. Il érode par vannage, déflation ou mitraillage. Il transporte par roulage, en saltation ou en suspension pour les particules les plus fines. Il dépose, créant ainsi de multiples formes d'accumulation.

LE MYTHE DES BARRAGES VERTS

La désertification se traduit par une avancée du désert dans les régions limitrophes. Des pays ont tenté d'apporter des remèdes à cette progression du désert en édifiant de gigantesques écrans végétaux : « Grande Muraille verte » en Chine ou « Barrage vert » en Algérie, prévoyant un reboisement en pins d'Alep, cyprès et tamaris de 1 500 km de long sur 20 km de large, dans les montagnes et piémonts de l'Atlas saharien.

Ces opérations participent plus du mythe des grands travaux salvateurs que d'une analyse sérieuse des réalités écologiques. En effet, la désertification ne progresse pas de façon linéaire et ses causes sont à la fois climatiques et internes aux marges semi-arides : surpâturage, arrachage des espèces ligneuses, pratique de techniques agricoles lourdes pour les sols.

A

A. **DUNES TRANSVERSALES**

Ces formations dunaires constituent de longues rides perpendiculaires au vent dominant, modéré et à direction constante. Elles peuvent s'étendre sur des kilomètres de long et dépasser les 100 m de haut. Elles proviennent d'autres formations dunaires, les barkhanes, soudées par leurs cornes.

B

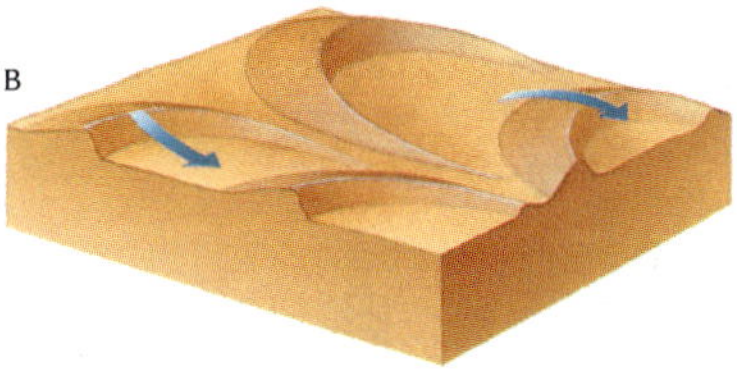

B. **BARKHANE**

Le terme turco-mongol « barkhane » s'applique à des dunes mobiles (parcourant des dizaines de mètres par an) de plusieurs dizaines de mètres de haut, parfois groupées en « essaims ». Celles-ci ont une forme de croissant, à la convexité face au vent dominant. Leur profil est dissymétrique : en pente douce, face au vent, et plus raide sur le versant sous le vent.

C

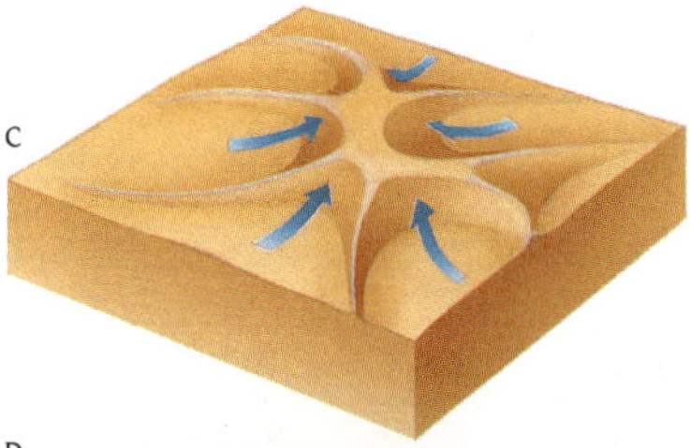

C. **DUNES EN ÉTOILE**

Dans les régions où soufflent des vents de direction variable, les dunes en étoile, pyramidales, ou *ghourds*, forment de vastes amas massifs et stables de plus de 200 m de haut, d'où partent des arêtes rayonnantes acérées (les « siouf »), entourant des cavités circulaires appelées « chaudrons ». Elles sont souvent disposées en alignements réguliers.

D

D. **DANS LA VALLÉE DE LA MORT**

À 82 m sous le niveau de la mer, c'est la région la plus chaude de l'Amérique du Nord. Il y tombe moins de 50 mm d'eau par an. Les yuccas qui s'y dressent abritent une riche faune d'oiseaux, de petits mammifères et la « mite du yucca », qui en assure la pollinisation.

E

E. **WELWITSCHIA**

Cette plante étrange, coriace et volumineuse (une gymnosperme) du désert du Namib peut vivre 2 000 ans.

LES DÉSERTS FROIDS

BANQUISE ET INLANDSIS

GLACE FLOTTANTE ET TERRE GELÉE

■ LES MILIEUX POLAIRES sont de véritables déserts où la présence humaine est tout à fait exceptionnelle. Les climats qui règnent à proximité des pôles Nord et Sud sont caractérisés par les plus grands froids du globe (–90 °C dans l'Antarctique) et par une extrême sécheresse, l'air très froid ne pouvant contenir que très peu d'eau (1 g/m³ à –20 °C contre 17 g/m³ à +20 °C). Les précipitations, essentiellement neigeuses, sont très souvent inférieures à 100 mm par an. Le sous-sol est gelé en permanence depuis des milliers d'années. Les phases de jour et de nuit, aux pôles, font alterner 5 mois de nuit, 1 mois d'aurore, 5 mois de jour et un crépuscule de 1 mois. Le rayonnement solaire, très oblique, n'apporte que 40 p. 100 de la quantité de chaleur reçue à l'équateur.

Le milieu arctique. Ce milieu est fondamentalement océanique, et la dynamique des glaces flottantes y joue un rôle essentiel. Au centre de l'océan Arctique, quasi fermé, sauf sur l'Atlantique, flotte, en permanence, un gigantesque radeau d'eau de mer gelée, la *banquise*. De plusieurs milliers de kilomètres de diamètre, son épaisseur varie de quelques centimètres à près d'une centaine de mètres.

La banquise a une configuration variable sur ses marges en fonction des changements climatiques saisonniers, des courants marins et de la rotation de la Terre. Le *pack* (« corps » de la banquise) se forme au rythme des saisons. Le gel en hiver provoque d'abord une bouillie de cristaux qui se transforme ensuite en galettes de glace arrondies, puis de gros blocs (les *floes*) séparés par des chenaux ou des trous d'eau libre, les *polynias*. Les différents secteurs où les vents et les courants provoquent des collisions et des chevauchements de blocs sont appelés « hummocks ».

En avant du pack se détachent des blocs de glace, de formes et de tailles variées. Outre la banquise, les glaciers des terres arctiques, du Groenland, de l'Islande, du Spitzberg, du Canada et de l'Alaska produisent d'énormes blocs de glace, les *icebergs*, formés, à la différence de la banquise, d'eau douce continentale. Les rivages de l'océan Arctique sont très découpés. Le Groenland (2 millions de km²) est le deuxième *inlandsis* (terre gelée) du globe.

Les chaînes alimentaires vont du plancton au grand rorqual et aux phoques et oiseaux de mer : fous, guillemots, macareux, cormorans. Le rapide ours blanc (30 km/h), roi de la banquise, est un grand chasseur de phoques.

Le milieu antarctique. Le plus grand inlandsis du monde est formé par l'Antarctique, couvrant près de 13 millions de km², représentant 85 p. 100 des terres couvertes de glace et 90 p. 100 du volume des glaces du globe. Énorme coupole aux altitudes considérables (plus de 3 000 m), sa masse a provoqué l'enfoncement du continent. La masse de glace qui atteint la mer forme par endroits de véritables plates-formes (de Ross, de Filchner, d'Amery...) bordées par des falaises de près de 100 m de haut. Il s'en détache par « vêlage » des icebergs, beaucoup plus importants (en nombre et en taille) que dans l'Arctique. La richesse de l'océan en plancton végétal et en *« krill »* sert de base à des chaînes alimentaires comportant phoques, manchots, léopards de mer et orques. La flore est constituée principalement de lichens, d'algues et de mousses.

A

A. **REGROUPÉS CONTRE LE FROID**

Dans l'hémisphère austral, le manchot empereur *(Aptenodytes forsteri)*, protégé du froid par son duvet et sa forte couche de graisse, présente aussi une adaptation comportementale à la rigueur du climat : la colonie s'organise en cercle, les membres situés à la circonférence présentant leur dos noir au soleil. Régulièrement, les individus du centre relayent ceux placés à la périphérie. Les petits, qui naissent avec un épais duvet, sont regroupés en « crèche » et passent ainsi tout l'hiver austral sur la banquise.

LA GLACE POLAIRE, MÉMOIRE DES CLIMATS

La glace du Groenland, comme celle du pôle Sud (Antarctique), s'est formée par l'accumulation de couches de neige au cours du temps. Ainsi, plus on creuse en profondeur, plus la neige que l'on atteint est ancienne. Depuis quelques années, le prélèvement de longues carottes de glace au Groenland et dans l'Antarctique permet d'y mesurer les variations du rapport de deux formes (isotopes) de l'atome d'oxygène, ^{16}O et ^{18}O. La première est abondante, la deuxième, radioactive, en quantité infime. Ce rapport témoigne de la température qui régnait au moment où la neige s'est déposée, avant d'être enfouie sous d'autres couches de neige et de se transformer en glace.

Un prélèvement opéré sur 900 m, à l'endroit appelé « Dôme C », par 75° de latitude sud, dans l'Antarctique, a delivré dans ses 500 premiers mètres l'enregistrement de 25 000 ans de l'histoire des climats.

B

B. **L'ORQUE, UN SUPERPRÉDATEUR**

L'orque épaulard, ou gladiateur *(Orcinus orca)*, que l'on voit ici menaçant une bande de phoques, est un superprédateur. Ce cétacé mesure de 6 à 9 m de long. Il possède d'énormes nageoires pectorales qui lui permettent d'atteindre des vitesses de 45 km/h. Il chasse, souvent en bandes, tous les autres vertébrés marins, y compris les baleines, dont il dévore la langue en priorité. Dans son énorme estomac de plus de 2 m³, on a retrouvé parfois les restes de plus de 30 phoques adultes. Le nouveau-né mesure près de 2 mètres. L'accouchement a lieu de novembre à janvier. La gestation de ce mammifère dure environ 12 mois.

LES EAUX SAUMÂTRES

La vie n'est possible que dans des limites assez étroites de température, d'humidité, d'acidité (pH), de salinité, etc. Pour la température, les limites de tolérance sont en général comprises entre 0 et 40 °C avec une valeur optimale vers 20 °C. Les milieux dits « normaux » offrent des conditions de vie moyennes et relativement stables. À l'opposé, les milieux « extrêmes » présentent des caractéristiques qui sont souvent proches des limites de tolérance définies pour les autres milieux, ou même qui sont en dehors de ces limites. D'autres milieux sont dits « extrêmes », car ils présentent une grande variabilité de leurs caractéristiques physico-chimiques.

Les milieux extrêmes aquatiques se définissent soit par une température élevée, soit par un pH anormal, soit encore par une composition chimique de l'eau très variable. L'étude de ces écosystèmes particuliers est intéressante, car elle montre comment certains êtres vivants réussissent à s'adapter à des conditions de vie souvent difficiles. Des découvertes faites récemment dans ces milieux ont en outre fait connaître nombre d'êtres vivants originaux.

LAGUNES, LACS SALÉS, MERS SAUMÂTRES

DES MILIEUX INSTABLES

■ Les eaux saumâtres sont des milieux extrêmes, caractérisés par leur variabilité. Elles ont une grande extension à la surface de la Terre, sous la forme de lagunes, de mers ou de lacs salés ou de marais salants.

L'*eau douce* renferme moins de 0,5 g de sels dissous par litre. L'*eau de mer* normale renferme 35 g de sels, avec de faibles variations (de 35 à 42 g). À toutes les autres concentrations en sels dissous correspondent des eaux saumâtres.

Les *eaux hypohalines* ont entre 0,5 et 35 g de sels et les *eaux hyperhalines*, plus de 42 g ; ces dernières peuvent atteindre des concentrations très élevées : 222 g dans le Grand Lac Salé de l'Utah, 230 g dans la mer Morte, 285 g dans le lac Bulack, en Asie centrale.

Classification. Les eaux saumâtres sont par définition très diversifiées.

Il peut s'agir de *lagunes littorales,* c'est-à-dire d'étangs ayant une communication plus ou moins large avec la mer et recevant à la fois de l'eau douce et de l'eau salée (comme les étangs du littoral languedocien). Ces lagunes littorales occupent 13 p. 100 de la longueur des côtes à l'échelle mondiale.

On trouve aussi des *mers saumâtres,* qui sont soit reliées à l'océan par une communication étroite (comme la mer Baltique), soit complètement fermées (mer Caspienne). Elles reçoivent de l'eau douce et leur eau est moins chargée en sels que l'eau de mer normale.

On rencontre par ailleurs les *lacs salés,* qui sont soit les restes d'anciennes mers, soit de grandes étendues d'eau installées sur des sols salés. La mer Morte, le Grand Lac Salé, les *chotts* du Sud tunisien, qui renferment des eaux dont la salinité est supérieure à celle de l'eau de mer, en sont des exemples.

Enfin, les *marais salants* sont des milieux artificiels à salinité variable et élevée, où du sel est recueilli par évaporation de l'eau.

Une instabilité constante. Contrairement à l'eau de mer, les eaux saumâtres montrent une forte instabilité de leur salinité totale et des rapports entre les divers éléments présents.

Les eaux des lagunes littorales sont peu profondes. Elles se réchauffent vite et subissent de grandes variations de température au cours de l'année. En outre, elles ont souvent une faible teneur en oxygène dissous. Leurs fonds vaseux doivent leur existence au calme des eaux et à l'abondance des animaux et des algues. Les nombreuses bactéries sont capables de réduire les composés du soufre présents dans les cadavres et de les transformer en hydrogène sulfuré toxique. De plus, l'arrivée fréquente d'eaux polluées entraîne la multiplication des algues microscopiques, ce qui accélère le dépôt de matière organique morte sur le fond.

L'absence d'oxygène et la présence d'hydrogène sulfuré sont la cause, en été, de « crises de dystrophie », phénomènes périodiques entraînant une mortalité massive des organismes, aussi bien animaux (comme les lamellibranches) que végétaux. Ces catastrophes périodiques ont été observées, par exemple, en France, dans l'étang de Leucate, près de Narbonne.

Une pauvreté en espèces. La mer Méditerranée renferme environ 7 000 espèces, tandis que la mer Noire (salinité moyenne 19 p. 1 000) n'en a que 1 200 et la mer d'Azov (d'une salinité moyenne de 12 p. 1 000) seulement une centaine. Le nombre d'espèces diminue aussi lorsque la salinité augmente et les eaux sursalées n'hébergent plus que quelques rares organismes spécialisés. La moule, la coque, le crabe enragé, le protozoaire *Dunaliella* sont des hôtes typiques des eaux saumâtres. Les algues sont des algues vertes comme les *Enteromorpha* ; les cyanophycées y sont fréquentes. En revanche, les grandes algues brunes sont absentes. Il en est de même pour des animaux comme les échinodermes et les céphalopodes.

A

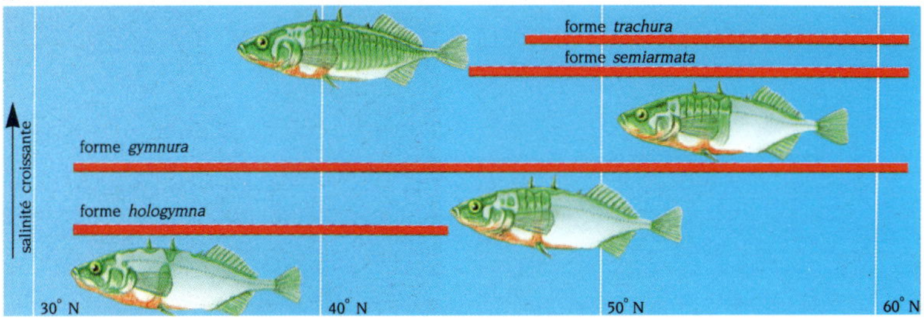

A. **SE CUIRASSER POUR RÉSISTER À LA SALINITÉ**

L'épinoche *(Gasterosteus)* est un poisson téléostéen de petite taille, à peau dépourvue d'écailles mais souvent armée de plaques osseuses. L'épinoche peut vivre dans l'eau douce et dans les eaux saumâtres. Elle présente quatre formes définies d'après la disposition de plaques osseuses situées sur les côtés du corps. La forme *trachura* a une cuirasse complète depuis l'avant jusqu'à l'arrière du corps ; la forme *semiarmata* possède une cuirasse interrompue ; la forme *gymnura* est recouverte d'une cuirasse localisée à la partie antérieure, et la forme *hologymna* n'a plus de carapace. Le nombre de plaques osseuses diminue avec la salinité et est aussi fonction de la latitude, donc de la température. Ces caractéristiques ne sont pas de nature génétique.
On les qualifie d'« accommodats » pour montrer que ce sont de simples réactions aux facteurs du milieu (salinité et température) et non des caractères héréditaires.

C

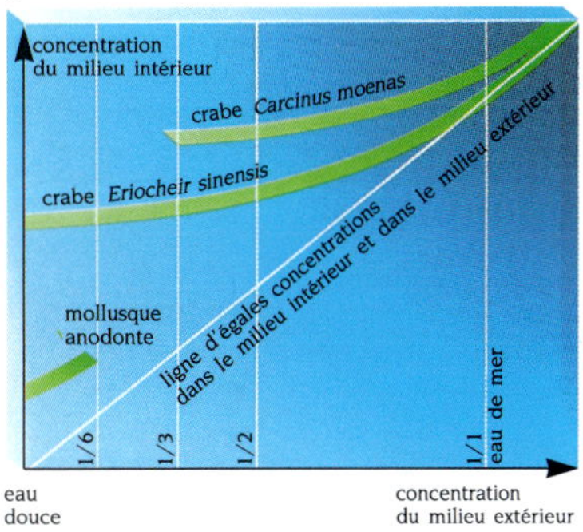

C. **VARIATION DE SALINITÉ ET SURVIE**

Le mécanisme physiologique de « régulation osmotique » permet aux animaux qui tolèrent des variations de salinité *(euryhalins)* de maintenir à peu près constant leur milieu intérieur.
Une espèce d'eau douce comme le lamellibranche *Anodonta* résiste à une concentration en sels dissous égale à 1/6 de celle de l'eau de mer. Elle meurt dans une concentration supérieure. Une espèce marine comme le crabe *Carcinus* peut vivre dans l'eau saumâtre, car elle supporte une concentration en sels dissous égale au tiers de celle de l'eau de mer, mais elle meurt pour une concentration inférieure.
Le crabe chinois *Eriocheir* supporte l'eau de mer et l'eau douce sans que son milieu intérieur change beaucoup.

B

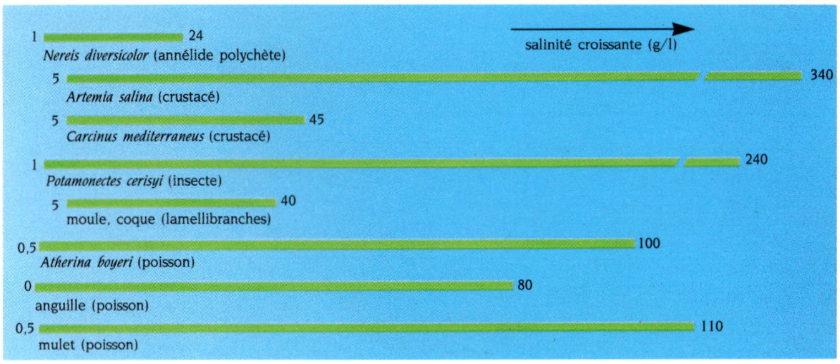

B. **CHAMPIONS DE LA SALINITÉ**

Les animaux des eaux saumâtres sont capables de résister aux variations de salinité, caractéristiques du milieu où ils vivent. Les valeurs extrêmes supportées sont indiquées sur ce schéma (en grammes par litre). Le crustacé *Artemia* est capable de supporter 340 g de sels par litre ; le coléoptère *Potamonectes* résiste à des concentrations de 240 g. Les poissons migrateurs (anguille, mulet, athérine) sont aussi capables de résister à de grandes variations de salinité.
En revanche, la coque, la moule et le néréis ont une amplitude de résistance plus faible, bien que non négligeable.

LES EAUX SAUMÂTRES

LES ORGANISMES

UN PROBLÈME DE RÉSISTANCE

■ BEAUCOUP D'ORGANISMES ont leur forme modifiée par la vie dans les eaux saumâtres. Les moules et les coques, par exemple, sont plus petites et leur coquille, plus mince et plus fragile. En revanche, on rencontre dans les eaux saumâtres de l'étang de Berre des algues vertes du genre *Ulva* qui atteignent un mètre de long.

L'exemple d'Artémia. Les animaux dits « euryhalins » résistent aux variations de salinité. L'espèce la plus remarquable est le petit crustacé *Artemia.* Son tégument, presque imperméable, empêche la fuite de l'eau du corps vers le milieu extérieur. De plus, *Artemia* absorbe de l'eau saumâtre et en rejette les sels minéraux inutiles grâce à un organe excréteur spécialisé situé au niveau des branchies. Lorsque les conditions de vie deviennent trop défavorables, les femelles pondent des œufs particuliers, appelés « œufs de durée », qui peuvent subir une déshydratation presque totale, subsister à l'air libre durant des années en état de vie ralentie et résister à des températures variant de –273 °C à +103 °C. Lorsque les conditions de vie redeviennent favorables, les œufs de durée éclosent.

Les variations locales. Certaines espèces ont formé, dans les lagunes où elles vivent, des populations particulières, adaptées aux variations locales de salinité. C'est le cas de la crevette *Leander serratus,* qui peuple les lagunes bordant la mer Noire et la Méditerranée depuis la région d'Odessa jusqu'à Naples. Elle résiste à des variations de salinité comprises entre 0 et 40 p. 1 000. Mais il existe en réalité plusieurs races locales, appelées *« écotypes »,* dont chacune peut résister à une gamme de salinités plus limitée.

PASSÉ ET PRÉSENT

ARCHAÏSME ET PRODUCTIVITÉ

■ L'ÉTUDE DES EAUX SAUMÂTRES ACTUELLES a un intérêt pour le géologue et le paléoécologiste, car elle fournit des indications sur les milieux du passé. La lingule, par exemple, est un animal du groupe des brachiopodes qui vit de nos jours dans des eaux saumâtres soumises à des variations importantes de salinité. Comme elle n'a pratiquement pas évolué depuis l'ère primaire, sa présence dans des roches anciennes permet de conclure que celles-ci se sont formées dans des eaux saumâtres proches d'un littoral. L'existence dans des grès du trias de l'est de la France de lamellibranches plus petits que la normale et à coquille fragile, de même que l'absence de céphalopodes et d'échinodermes, permet encore de conclure à la formation de ces grès dans des eaux littorales saumâtres. Les curieuses formations appelées *stromatolites* résultent de la précipitation de sédiments sous l'action de cyanobactéries, fréquentes dans les eaux saumâtres et chaudes. Ces stromatolites se forment encore de nos jours, par exemple sur les côtes d'Australie. On en connaît des fossiles de plus de 3 millards d'années, qui comptent parmi les premières traces de vie.

Des milieux riches. Les lagunes littorales ont une productivité supérieure à celle du milieu marin environnant ou à celle des eaux douces. Alors que dans la zone côtière la productivité varie de 1 à 10 t/ha/an (en matière sèche), celle des lagunes est estimée à 15-20 t/ha/an. Leurs eaux riches en éléments nutritifs sont fréquemment utilisées (quand elles ne sont pas polluées !) pour l'élevage des moules et des huîtres. C'est aussi dans ce milieu que divers poissons migrateurs de grande importance économique viennent achever leur croissance.

COMMENT FONCTIONNE UN MARAIS SALANT

En France, le marais salant de Salin-de-Giraud (au sud de la Camargue) couvre 10 500 ha. L'eau prélevée en mer passe dans les *surfaces préparatoires,* où le sulfate de calcium (ou gypse) précipite lorsque sa concentration atteint 150 p. 1 000. L'eau passe ensuite dans les *tables salantes* (surface 770 ha), où la température atteint jusqu'à 37 °C et la salinité, 240 p. 1 000 ; le sel (chlorure de sodium, ou halite) y précipite. Les « eaux mères » qui restent passent dans les *bassins terminaux,* où se déposent les sels de potassium, de magnésium et des bromures.

Dans les eaux de salinité inférieure à 55 p. 1 000, la végétation est formée par l'algue *Enteromorpha* et la plante à fleurs *Ruppia maritima.* Jusqu'à 150 p. 1 000, il n'existe plus que des bactéries microscopiques, comme les cyanophycées, qui forment un tapis continu. Au-delà, l'algue *Dunaliella* persiste seule. Dans les surfaces préparatoires vivent quelques vers (annélides polychètes), des mollusques (lamellibranches et gastéropodes), le crabe *Carcinus* et des larves de diptères.

Au-delà de la concentration de 55 p. 1 000, l'artémia (*Artemia salina*) représente la seule forme animale.

A

A. **POISSON À PATTES**

Le périophthalme est un poisson qui fréquente les mangroves et les eaux saumâtres tropicales. Il possède une réserve d'eau dans le fond de la cavité buccale, ce qui lui permet de vivre à l'air libre et de mener une vie amphibie, ses nageoires fonctionnant comme des pattes.

B

B. **ACCOUPLEMENT D'ARTÉMIA**

Artemia salina est un crustacé du groupe des phyllopodes, sans carapace, qui mesure environ 1 cm. Il nage sur le dos, et les appendices de son thorax lui servent de nageoires et de branchies. Le mâle a des antennes très développées et des antennules saillantes.

C

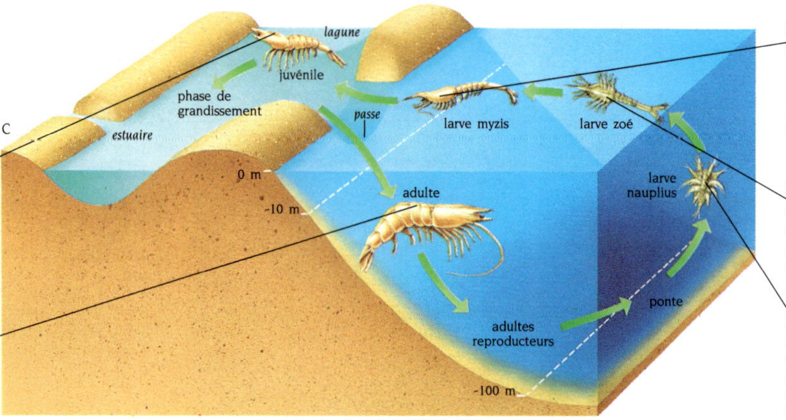

C. **CYCLE DE LA CREVETTE JAPONAISE**

Dans le Sud-Est asiatique, la crevette japonaise *(Penaeus japonicus)* migre à l'état juvénile dans les lagunes littorales dont les eaux sont chaudes et à forte productivité. Ces juvéniles deviennent alors adultes, stade auquel ils sont pêchés.

Juvénile

Au bout de trois mois, les larves mysis *se transforment en individus juvéniles, qui pénètrent dans les lagunes littorales au niveau des passes de faible profondeur.*

Adulte

Les crevettes non pêchées retournent en mer, où elles se reproduisent vers 100 m de profondeur.

Mysis

Cette forme intermédiaire est directement issue des larves zoé. Elle acquiert peu à peu les appendices et la forme des adultes.

Zoé

Cette forme larvaire est souvent pourvue de longues épines paraissant servir à la flottaison.

Nauplius

Les œufs éclosent et donnent des larves nauplius *qui ne vivent que quelques jours, muent et se transforment en larves* zoé.

LES EAUX CHAUDES

LA PRÉSENCE DE SOURCES chaudes est souvent la manifestation du volcanisme à son stade final, bien après que les éruptions et les coulées de lave ont cessé. Il peut aussi s'agir d'eaux superficielles qui s'infiltrent et descendent en profondeur, où elles se réchauffent avant de resurgir en surface à la faveur de failles.

FAUNE ET FLORE

LES ORGANISMES DES EAUX CHAUDES

■ IL EXISTE DES EAUX à température dépassant 40 °C qui hébergent une vie animale et végétale remarquable. Les eaux thermales comme celles du parc de Yellowstone aux États-Unis surgissent à une température voisine de 100 °C. Dans la mer, des eaux à plus de 100 °C existent çà et là. Ces milieux extrêmes sont peuplés par des organismes d'autant plus primitifs que la température y est plus élevée. Des bactéries, les *archéobactéries,* détiennent le record. *Pyrodictium occultum,* découvert en 1981, supporte une température de 110 °C.

Certaines *eubactéries* (en particulier les cyanobactéries) résistent à 85 °C, les algues à 56 °C. Les plantes à fleurs les plus résistantes ne supportent que 45 °C. Des protozoaires vivent jusqu'à 55 °C, des insectes jusqu'à 50 °C et certains poissons jusqu'à 44 °C.

Les poissons du désert. Dans le désert Mojave, à la limite de la Californie et du Nevada, des sources chaudes et des rivières temporaires abritent des poissons qui habitent dans des biotopes souvent très limités (quelques dizaines de mètres carrés). *Cyprinodon diabolis* est localisé dans un bassin de quelques mètres carrés et ses effectifs varient de 150 à 400 individus. L'isolement qui a permis la formation de cette espèce dure depuis 10 000 ans. Les poissons de l'espèce *Cyprinodon nevadensis* s'aventurent jusqu'à l'endroit où l'eau atteint 42 °C. Ils recherchent là leur nourriture, une cyanobactérie qui supporte quant à elle des températures nettement supérieures à 42 °C.

Beaucoup de poissons du désert supportent des variations de température considérables. Certains vivent dans des eaux qui gèlent presque en hiver et atteignent 44 °C en été. Ils résistent aussi aux variations de salinité. Ainsi, *Cyprinodon milleri* vit dans des eaux à 88 p. 1 000 de sels dissous et il peut, en élevage, supporter des concentrations de 160 p. 1 000.

LES ADAPTATIONS

DES MODIFICATIONS BIOCHIMIQUES

■ LES TEMPÉRATURES ÉLEVÉES tuent les êtres vivants non résistants en dénaturant leurs protéines, leurs acides nucléiques et les lipides des membranes cellulaires. Les archéobactéries des abysses océaniques sont capables de se multiplier activement à une température de l'ordre de 100 °C et sous une pression de plus de 250 atmosphères. Une bactérie thermorésistante comme *Thermus aquaticus* possède des enzymes qui ne sont pas détruites par la chaleur. Elle a aussi un A. R. N. stable, ce qui lui permet de synthétiser ses protéines à une température optimale de l'ordre de 70 °C.

La stabilité des molécules est obtenue grâce à des modifications assez simples de la nature des liaisons chimiques. La bactérie *Thermoplasma acidophilum* vit dans des eaux dont la température atteint 65 °C et dont le pH est voisin de 1. Au laboratoire, elle résiste à l'ébullition. Sa membrane est formée par des lipides spéciaux disposés en une seule couche, alors que, chez les organismes sensibles à la température, les lipides de la membrane sont différents et disposés en deux couches.

Des modèles pour demain. On envisage, en imitant les processus biologiques des bactéries thermophiles, la fabrication de produits difficiles à obtenir à faible température. De plus, des enzymes stables à la température de 80 °C permettraient d'améliorer la fabrication de l'alcool à partir de la cellulose. Enfin, l'emploi de bactéries thermophiles accélère la décomposition des ordures ménagères et des déchets industriels. Cette technique est déjà répandue. L'utilisation de ces bactéries permet aussi de produire un « biogaz » qui sert de source d'énergie.

A

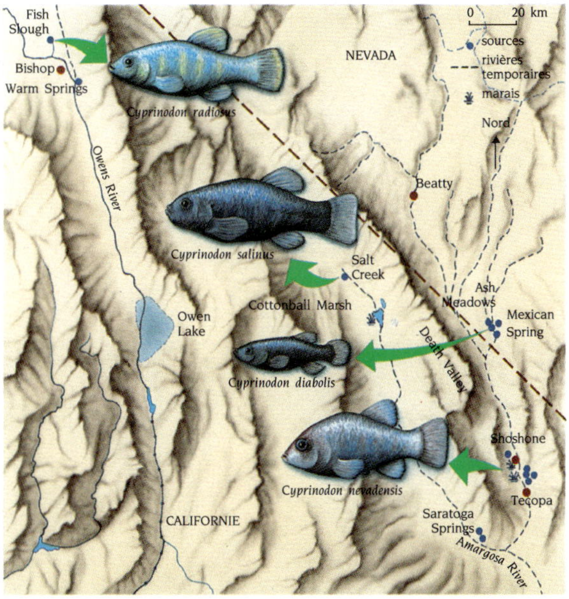

A. **DANS LES EAUX CHAUDES DU DÉSERT MOJAVE**

Dix-huit espèces et sous-espèces de poissons sont propres aux divers points d'eau du désert Mojave (É.-U.). À l'ère quaternaire, le climat humide avait permis la formation d'un vaste réseau de rivières et de lacs. La période aride actuelle en a fait disparaître la plupart et il n'en reste que des lambeaux minuscules et isolés. La source où vit *Cyprinodon diabolis* a été isolée en premier, il y a plus de 10 000 ans ; c'est la raison pour laquelle cette espèce est la plus différenciée, en particulier par sa petite taille (2,7 cm). Les autres espèces mesurent 4 cm ou plus. Cinq d'entre elles ont déjà été détruites à la suite du captage des eaux où elles vivaient.

B. **AUTOUR DES SOURCES CHAUDES DES ABYSSES**

À plus de 2 000 m de profondeur, on a découvert récemment des sources hydrothermales qui sortent à la faveur de failles au voisinage des dorsales océaniques. Autour de ces sources, la biomasse est 1 000 à 10 000 fois plus élevée au mètre carré que la biomasse des abysses. Leur eau très chaude (300 à 400 °C à sa sortie) est chargée de sulfures métalliques ; elle jaillit par des cheminées de plusieurs mètres de hauteur appelées « fumeurs ». Les sulfures d'hydrogène, de zinc, de cuivre ou encore de fer rejetés par ces fumeurs sont oxydés par une population bactérienne très dense (100 000 à un million de bactéries par centimètre cube). Ces bactéries utilisent les composés soufrés (comme le sulfure d'hydrogène rejeté par les sources hydrothermales) pour fabriquer de la matière organique. Dans ce milieu particulier, les bactéries sont donc les producteurs et remplacent les végétaux. La chimiosynthèse remplace ainsi la photosynthèse. Cette oxydation est rendue possible par l'énorme pression et par la température clémente du milieu.
Les sources chaudes abyssales donnent une idée des conditions qui pourraient avoir conduit à l'apparition de la vie dans l'océan primitif.

B

Poisson

Prédateurs, comme les crustacés, de la communauté tubicole, les poissons appartiennent à la famille des zoarcidés.

Pogonophore

Des vers « tubicoles » du genre Riftia *vivent dans des tubes atteignant 2 m. Ils abritent et « cultivent » des bactéries chimiosynthétiques, dont ils se nourrissent.*

Crustacé

Des décapodes de la famille des galathéidés se nourrissent de pogonophores et d'annélides polychètes (Alvinella, serpulidés)*, qui vivent aussi dans des tubes.*

LES EAUX SOUTERRAINES

LES EAUX ET LE SOL

UNE QUESTION DE PERMÉABILITÉ

■ LES EAUX DOUCES SOUTERRAINES sont estimées quatre fois plus abondantes que les eaux de surface. On distingue les terrains selon leur degré de perméabilité.

Les terrains fortement perméables. Ils caractérisent les milieux *karstiques* que l'on trouve dans certaines régions calcaires. On les divise en trois zones. La zone supérieure (ou zone de percolation) est pourvue de galeries horizontales sèches qui sont occupées par la faune terrestre des cavernes. La zone moyenne (ou de circulation permanente) est celle des rivières souterraines, dans lesquelles vivent des animaux cavernicoles aquatiques. Les sédiments du fond de ces rivières sont peuplés par la faune interstitielle souterraine. La zone profonde (ou noyée) repose sur une couche imperméable et elle renferme des réserves en eau considérables (plusieurs dizaines de millions de mètres cubes pour un seul massif karstique). Sa faune est originale et souvent abondante.

Les terrains faiblement perméables. Argiles ou sables, ils sont occupés par les eaux *phréatiques*. Du continent vers le littoral, trois zones s'y rencontrent. D'abord les nappes alluviales (situées à faible profondeur de part et d'autre des cours d'eau de surface) et le *sous-écoulement* (véritable rivière, qui double par-dessous les rivières aériennes), qui renferment des espèces souvent voisines ou identiques à celles du milieu karstique. Ensuite, à l'approche du littoral, les eaux souterraines rejoignent les eaux marines et le milieu interstitiel des plages (eau d'infiltration) rejoint les eaux douces. Enfin, au bord de la mer existent des grottes sous-marines creusées dans le calcaire ou dans des coulées de lave et remplies d'eau à faible salinité.

A. **MILIEU SOUTERRAIN**

Dans le milieu souterrain, l'absence de lumière empêche le développement des végétaux chlorophylliens producteurs de matière organique. Cette dernière doit donc provenir du milieu extérieur. Dans une grotte, elle peut être apportée par les eaux d'infiltration qui circulent à travers les fissures du plafond. Elle peut aussi arriver directement par les rivières qui, après un parcours à l'air libre, entrent dans le milieu souterrain et y transportent une partie de leur flore et de leur faune. Ces débris servent de nourriture aux animaux qui vivent en permanence dans les eaux souterraines.

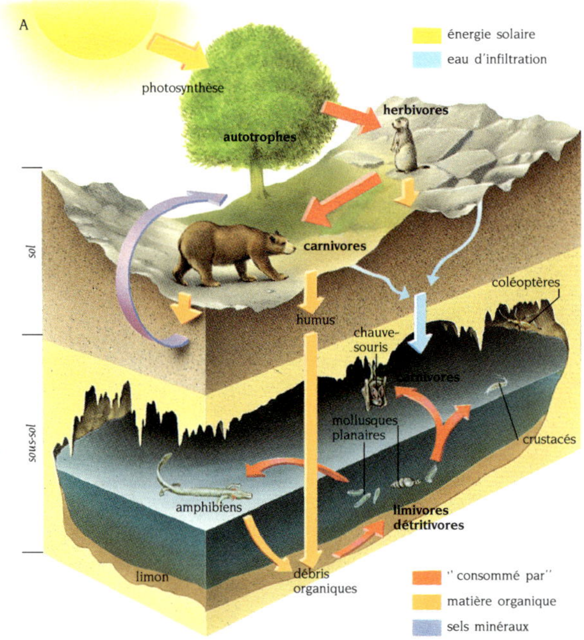

B. **PROTÉE CAVERNICOLE**

Proteus anguineus est un amphibien aquatique qui a conservé à l'état adulte des branchies. Sa couleur très claire et ses yeux atrophiés sont des conséquences de la vie souterraine. Il vit uniquement dans quelques grottes de Yougoslavie, à l'est de Trieste.

LA FAUNE

DES CURIOSITÉS ZOOLOGIQUES

■ LES EAUX SOUTERRAINES sont peuplées par des animaux souvent étranges. Les plus nombreux sont les crustacés. La zone profonde des milieux karstiques renferme (parfois par millions) des copépodes, des *Niphargus* (voisins des gammares mais aveugles et décolorés) et divers amphipodes d'aspect filiforme, comme les *Ingolfiella*. Les grottes de Slovénie abritent ainsi un curieux amphibien, le protée.

Dans le milieu interstitiel continental, les crustacés sont minuscules et allongés ; ce sont, par exemple, des syncarides. Dans les rivières souterraines vivent des animaux de plus grande taille, souvent aveugles et décolorés : écrevisses en Amérique du Nord et une quarantaine d'espèces de poissons dans les régions tropicales. Les grottes marines des Bermudes et des Canaries ont fait connaître deux classes nouvelles de crustacés, les *Remipedia* et les *Mictacea*, au corps allongé, sans carapace, dépigmentés et à nombreux appendices tous semblables.

Une origine marine. Les animaux des eaux souterraines seraient d'origine marine. Ce seraient des reliques du passé, qui auraient jadis colonisé les eaux littorales souterraines. La faune des grottes proches de la mer a ses représentants localisés de chaque côté de l'Atlantique (aux Bermudes et aux Canaries). À l'ère secondaire, lorsque l'Atlantique n'était qu'une mince fissure, les grottes littorales auraient été peuplées par des animaux que l'écartement des deux plaques aurait transportés passivement sur les deux rives de l'Atlantique.

C. **CIRCULATION DES EAUX SOUTERRAINES**

Les deux grands types d'eaux souterraines continentales, celles du milieu phréatique (nappes formées par l'infiltration des précipitations) et celles du milieu karstique, sont en continuité avec le milieu marin, dans lequel se déversent également les eaux de surface.

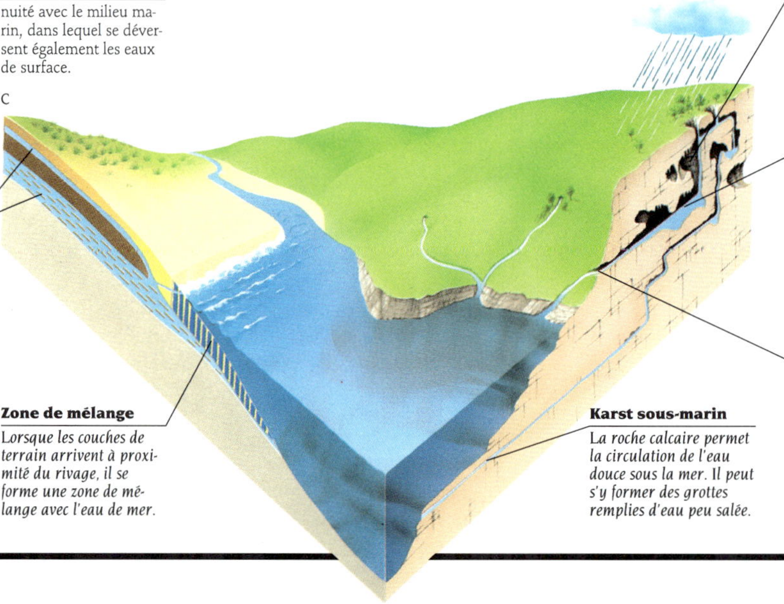

Eaux phréatiques
Le sous-sol, plus ou moins imperméable, permet l'installation d'une nappe phréatique moyenne ainsi que celle d'une nappe superficielle moins importante.

Zone de mélange
Lorsque les couches de terrain arrivent à proximité du rivage, il se forme une zone de mélange avec l'eau de mer.

Karst sous-marin
La roche calcaire permet la circulation de l'eau douce sous la mer. Il peut s'y former des grottes remplies d'eau peu salée.

Grotte
Véritable « gruyère », le relief karstique présente de nombreuses grottes, qui facilitent la formation de lacs souterrains.

Rivière souterraine
Il se forme un réseau souterrain dans lequel l'eau s'enfonce jusqu'à une zone imperméable, sur laquelle elle coule sous forme de rivière souterraine.

Exsurgence
Les eaux souterraines sortent à l'air libre au niveau d'une exsurgence, que l'on nomme également résurgence.

LES FORÊTS GÉRÉES PAR L'HOMME

A. **RECUL DE LA FORÊT**

La carte de l'abbé Delagrive de 1740 représente une zone forestière, au nord-est de Paris, qui fait maintenant partie du département de Seine-Saint-Denis. Les localités rurales sont devenues des centres industriels ou d'habitation. Villepinte compte 30 000 habitants et Clichy (devenu Clichy-sous-Bois), 28 000. De la forêt de Bondy, il ne reste pratiquement qu'un parc forestier. Le « Bois de Saint Denis » a été remplacé par l'agglomération de Tremblay-en-France (30 000 hab.) et au « Vert Galant » se dressent aujourd'hui des immeubles. Seule une partie du « Bois » est préservée dans le petit parc forestier de Sevran, séparé de la ville par des murs.

A

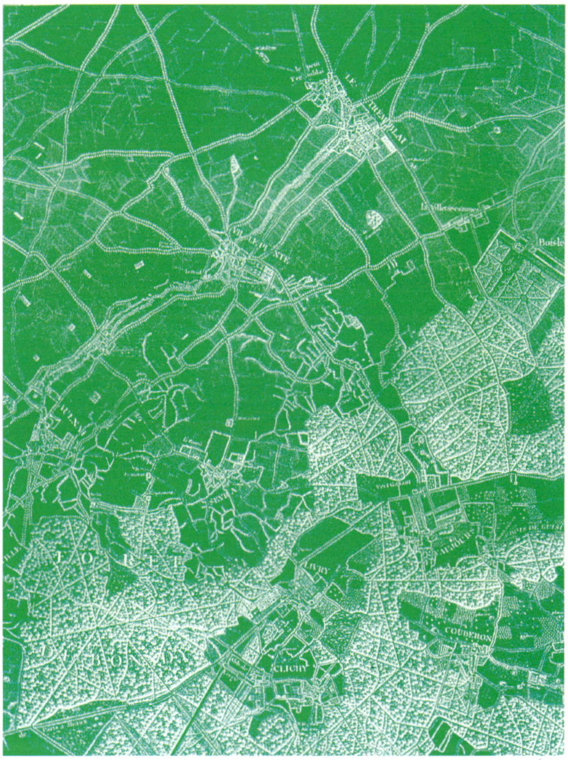

FORÊTS PRIMAIRES ET FORÊTS CULTIVÉES

DES GESTIONS DIFFÉRENTES

■ LA GESTION DU MILIEU FORESTIER passe par la prise en compte de trois contraintes :
1) le respect des règles minimales visant à conserver les conditions écologiques du site tout en permettant à l'homme de prélever une part du patrimoine ;
2) la réhabilitation des espaces dégradés (carrières ou espaces agricoles à l'abandon) ;
3) la sauvegarde des espaces forestiers dignes d'intérêt sur le plan écologique.

Les forêts *primaires,* où la nature évolue sans l'aide de l'homme, méritent une protection particulière. Elles constituent un patrimoine à préserver pour lutter contre les pollutions et les nuisances, un laboratoire de recherches et un conservatoire de plantes et d'animaux.

Productivité et loisirs. Des forêts sont implantées par l'homme pour produire du bois et pour accueillir les promeneurs. Ici, il est indispensable de « cultiver la forêt ». On met donc en place des techniques sylvicoles visant à maintenir une futaie, un taillis sous futaie ou une futaie jardinée donnant naissance à des arbres exploitables et en même temps à des paysages appréciés du public qui s'y promène. Le forestier doit intervenir avec modération pour éliminer les individus chétifs en privilégiant les plus robustes. Il tient également compte de la lumière. Il s'agit là de tout un art, qui demande une présence constante sur le terrain et une vision de l'évolution à long terme du peuplement. L'expérience prouve qu'il est difficile de concilier les diverses fonctions attribuées à la forêt. C'est dans ce sens que le travail des équipes pluridisciplinaires rassemblant écologistes, forestiers et aménageurs est fort utile.

B

B. **HAIE BUISSONNANTE MONOSPÉCIFIQUE**

C'est une petite haie plantée d'une seule espèce (« monospécifique ») de buisson indigène (charmille, aubépine), en bordure de voies de communication ou de jardins. Les espèces dominantes chez les oiseaux sont le merle (1), la fauvette grisette (2) et le bruant jaune (3).

C

C. **HAIE BUISSONNANTE DIVERSIFIÉE**

Cette haie basse présente une grande densité de buissons de diverses espèces, en particulier des épineux. Disposée souvent en court tronçon, elle abrite le bruant jaune (3), la fauvette grisette (2), la fauvette des jardins (4) et la pie grièche (5).

D

D. **HAIE ARBUSTIVE À ESPÈCE DOMINANTE**

Haie à forte dominance de noisetiers, mais d'autres espèces de forme analogue (aulnes, saules...) peuvent dominer. On y trouve des merles (1), des fauvettes à tête noire (6) et des rouges-gorges (7).

E

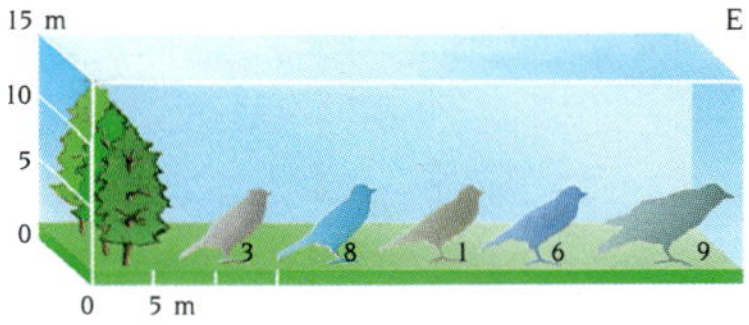

E. **RANGÉE D'ARBRES D'UNE MÊME ESPÈCE**

Les arbres appartiennent à la même espèce (aulnes glutineux, par exemple) et comportent des branches le long du tronc. Le bruant jaune (3), le pinson (8), le merle (1), la fauvette à tête noire (6) et la corneille (9) sont les oiseaux caractéristiques de ce type de milieu.

F

F. **HAIE INTERMÉDIAIRE**

Elle comporte en général deux couches, la supérieure (arbustes ou arbres) étant discontinue, l'inférieure (buissons) devant être continue. Elle accueille la fauvette des jardins (4), le bruant jaune (3), la mésange charbonnière (10) et le pinson (8).

G

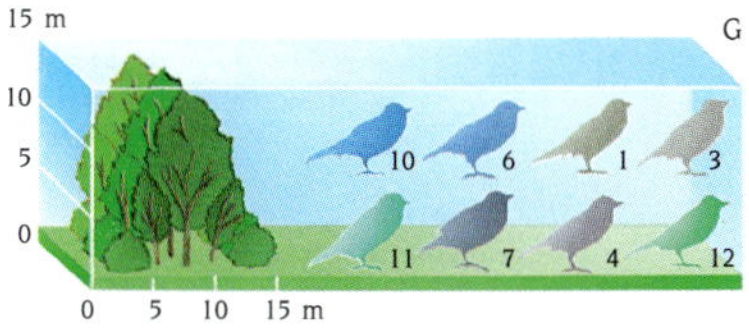

G. **HAIE ARBORESCENTE**

Cette grande haie comporte en général trois couches (strates) ligneuses diversifiées. On y trouve une grande diversité d'oiseaux : mésange charbonnière (10), fauvette à tête noire (6), merle (1), bruant jaune (3), pinson des arbres (11), rouge-gorge (7), fauvette des jardins (4) et mésange bleue (12).

CRÉÉE PAR L'HOMME : LA HAIE

Lieu de refuge pour de nombreuses espèces animales et végétales, la haie constitue aussi un réservoir où se fabrique l'humus utile à la régénération des sols de culture. Brise-vent reconnu tant au bord de la mer qu'en vallée de montagne, la haie joue aussi un rôle considérable dans le cycle de l'eau. Son humus et sa structure permettent une meilleure rétention des eaux de pluie, diminuant, avec les fossés qui les bordent, les risques d'inondation en aval. Elle assure un refuge pour les animaux des troupeaux et augmente sensiblement la productivité de certaines cultures, comme par exemple celle des pommes de terre.

La haie représente également un paysage agréable au promeneur et pour les habitants du bocage. En outre, par ses caractéristiques, elle abrite de nombreuses espèces animales. De la fauvette au troglodyte, les populations d'oiseaux diffèrent suivant le type de haie (buissonnante, arbustive ou arborescente). Pour les invertébrés, la haie constitue un lieu privilégié, où se rencontrent les espèces du pré et celles des milieux forestiers. On parle alors d'*écotone,* lieu transitoire entre deux écosystèmes voisins car, en fait, peu d'espèces dénombrées appartiennent en propre à la haie, excepté l'escargot des haies *(Cepea nemoralis),* extrêmement sensible à la diminution de l'humidité ambiante.

LES ZONES CULTIVÉES

LES ÉCOSYSTÈMES AGRICOLES

PRODUCTIFS MAIS EXIGEANTS

■ ON APPELLE « AGROÉCOSYSTÈMES » les écosystèmes terrestres cultivés par l'homme. Implantés de manière continue depuis que l'homme est devenu cultivateur, ils sont actuellement tellement artificialisés qu'ils perturbent quelquefois l'équilibre du milieu.

Les *agroécosystèmes* sont alimentés non seulement par l'énergie solaire, mais aussi indirectement par des énergies fossiles, tel le pétrole utilisé dans les machines de l'agriculture mécanisée (tracteurs, moissonneuses-batteuses...).

Cependant, l'homme a réussi à maintenir des rendements élevés en augmentant les apports d'énergie, parfois de manière irresponsable. On peut citer à cet égard le suréquipement en engins agricoles de forte capacité souvent inadaptés à la taille des exploitations, ou encore l'irrigation abusive, l'abus de fertilisation, les excès des sélections génétiques inadaptées et le mauvais contrôle des animaux sauvages prédateurs dans leur phase de nuisibilité.

A

A. **RIZIÈRES**

La rizière est un champ inondé horizontal. L'eau y est maintenue par des digues de très petites dimensions. Le riz est la plus exigeante des céréales en chaleur, en eau et en travail humain. On peut distinguer le travail familial sur de petites surfaces, proche de la nature, et l'agriculture intensive telle qu'elle est pratiquée en basse Birmanie, à Java et à Bali (photo ci-contre) qui utilise l'irrigation intensive en saison sèche et permet deux récoltes par an, avec un fort rendement.

B

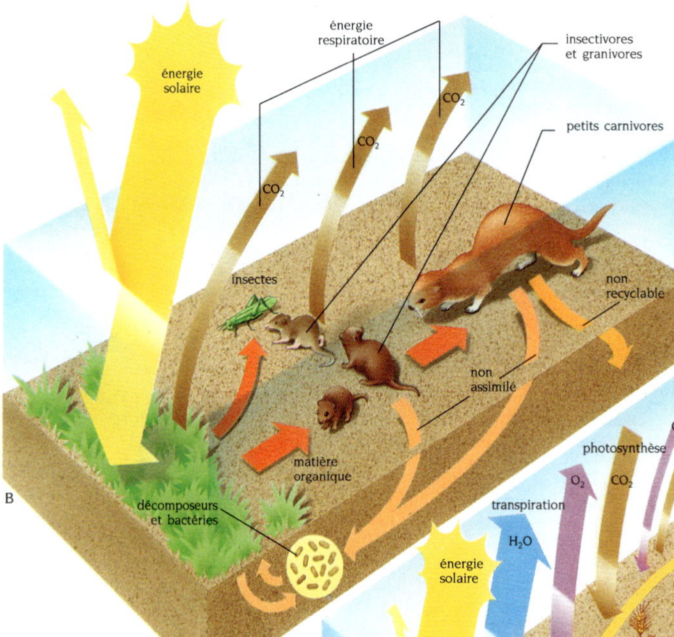

B. **PRAIRIE**

Fortement artificialisés et caractérisés par la prédominance des graminées, les écosystèmes « prairie » ont été gagnés sur la forêt, qui d'ailleurs s'y reconstituerait en cas de retour à une évolution naturelle.
La prairie doit, pour donner un rendement maximum, associer des plantes croissant lors des périodes de fraîcheur (printemps et automne) et d'autres croissant durant l'été. La prairie produit un type de sol caractérisé par un important enrichissement superficiel en matière organique (jusqu'à 10 fois plus d'humus qu'en forêt).
La prairie entretient aussi un microclimat caractérisé au sol par la réduction de la vitesse du vent, de grandes variations de température, une humidité élevée et une lumière riche en rayonnements infrarouges et pauvre en radiations vertes et bleues.

C

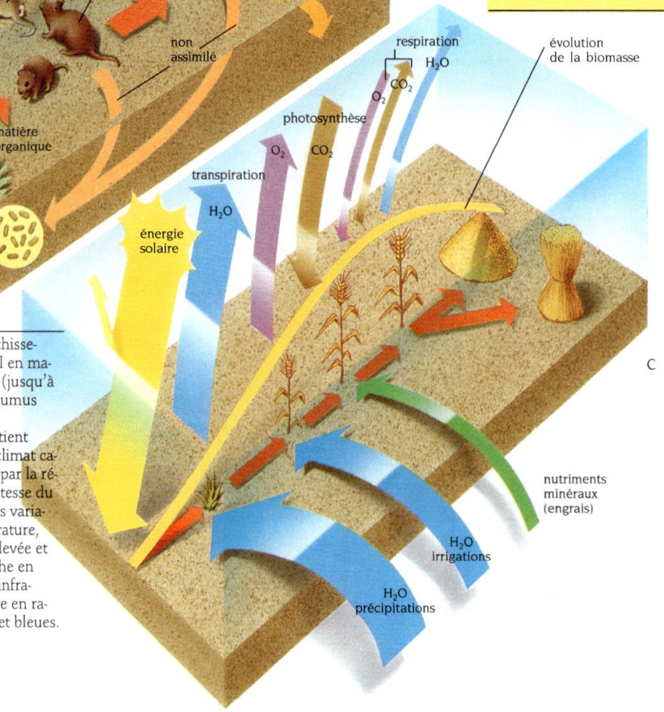

C. **BLÉ**

Le blé est la plus cultivée des céréales, sauf dans les régions équatoriales, car il s'adapte à tous les climats connaissant moins de 50 cm de précipitations annuelles. Il supporte remarquablement bien la neige et le froid prolongé. Il a conquis les milieux humides, comme celui des Pays-Bas. Entre l'écosystème blé « naturel » et le blé dit « de pointe », il y a tout un monde, marqué souvent par une artificialisation poussée des cultures, avec emploi massif d'engrais chimiques et de pesticides. En effet, plus on sélectionne de manière pointue une variété végétale pour sa productivité, plus on risque de produire des individus fragiles. C'est cette fragilité qu'il faut compenser par des traitements chimiques.

LES ÉCOSYSTÈMES ARTIFICIELS

Une zone cultivée constitue un écosystème agricole, ou agroécosystème, et est caractérisée par la prédominance quasi exclusive d'une espèce. Son caractère artificiel est donc très marqué. En outre, bien que la formation de matière organique se fasse à partir du processus photosynthétique et de l'énergie solaire, des apports considérables sont indispensables au fonctionnement de l'agroécosystème. Ils s'effectuent sous forme directe (travail effectué par les machines agricoles) ou sous forme indirecte (fabrication du matériel, engrais, pesticides). Le végétal cultivé est le produit d'une forte sélection. Le « riz miracle », par exemple, correspond en réalité à des plantes naines, très éloignées des variétés sauvages. Depuis que les produits chimiques ont été introduits dans les écosystèmes culturaux, ce sont eux qui effectuent le travail de protection que les plantes « sauvages » devaient accomplir avec leurs propres ressources énergétiques. Une telle « économie » d'énergie permet une meilleure productivité.

Ces procédures, dans leur ensemble, ont marqué favorablement l'évolution des pays industrialisés et permis de lutter contre la faim dans certaines régions défavorisées. Cependant, à l'usage, il semble que l'agroécosystème entraîne des coûts supplémentaires en matière économique et écologique. De plus, la haute sélection génétique entraîne une plus grande sensibilité aux maladies et sacrifie la qualité à la quantité en donnant des produits sans goût et peu favorables, par leur absence de vitamines ou d'oligoéléments, à l'alimentation humaine. Enfin, il faut souligner que la productivité « vraie » de ces agroécosystèmes hautement sophistiqués semble, à quelques points près, la même que celle des agroécosystèmes plus « sauvages ». À long terme, le fonctionnement continu d'un système végétal photosynthétique dépasse rarement, quelle que soit sa nature, 50 000 kcal/m²/an.

LES ÉCOSYSTÈMES URBAINS

LA VILLE

UN ÉCOSYSTÈME ARTIFICIEL

■ LA VILLE CONSTITUE un « îlot de chaleur » où les températures moyennes sont augmentées de 0,5 à 4 °C, rendant le climat plus sec et brumeux. L'éclairage artificiel allonge la période de luminosité, ce qui provoque des modifications dans la flore et la faune (par exemple en jouant sur l'apparition et la chute des feuilles ou la nidification des oiseaux). On a pu constater que l'affinité des animaux pour les villes s'accroît à mesure que l'on va vers le nord et que le climat devient plus rude. Ainsi, les coléoptères de la famille des carabidés sont forestiers dans le sud de l'Europe et strictement limités au milieu urbain dans le Nord. Il en va de même pour les espèces qui exploitent les dépôts d'ordures : elles peuvent survivre dans le Nord, car la température au sein des déchets est de 10 °C plus élevée qu'à l'extérieur.

Les zones urbaines. Selon la richesse de la faune et de la flore, on distingue schématiquement quatre zones urbaines différentes, de densité variable :
- la *ceinture de maisons individuelles avec jardins,* où la faune sauvage relique est la plus riche : on y trouve crapauds, lézards et escargots ;
- la *zone d'îlots résidentiels avec parcs et avenues.* Ici, les animaux reliques s'isolent en « colonies », sur les murs par exemple. On y trouve ainsi certains hyménoptères comme la coupeuse de feuilles ou l'osmie ;
- la *zone de constructions avec cour intérieure,* quelquefois plantée d'arbres plus ou moins exotiques. Des associations végétales liées aux fissures subsistent avec une végétation le lichens et de mousses habités de fourmis, de tardigrades, de vers, de protozoaires, etc. La faune y est déjà très appauvrie ;
- la *zone d'urbanisation dense,* où un arbre est planté de temps en temps et où les plantes de balcons et d'appartements constituent les refuges de pucerons, cochenilles, fourmis.

La maison. La faune de la maison affectionne trois catégories de locaux :
- les *caves,* les *buanderies,* les *cuisines* et les *salles de bains,* où l'on rencontre une faune des jardins, des araignées, des coléoptères, des collemboles au régime alimentaire de moisissures, de débris végétaux en décomposition ou de substances comme le bouchon, pour les teignes par exemple. On y trouve aussi des animaux liés à l'obscurité et à la chaleur, comme les blattes (cafards) et les lépismes ;
- les *locaux d'habitation,* avec les ravageurs de produits alimentaires (acariens), de textiles, de livres (lépidoptères et coléoptères), du bois (arthropodes), ou encore divers commensaux (araignées, collemboles) ;
- les *greniers,* où la faune est liée au bois et aux divers matériaux entreposés. On y trouve les guêpes et les frelons, les papillons ainsi que des vertébrés tels que les pigeons, les rats, les mulots, voire des fouines et des loirs.

A

A. **CENTRAL PARK**

Ce parc de New York constitue un îlot de verdure coincé dans un milieu urbain dense. Les gazons doivent résister et sont plantés de graminées rustiques. De place en place, d'énormes masses d'arbres, d'arbustes et de plates-bandes où trouvent place de nombreuses variétés de fleurs colorées et changées fréquemment cachent l'ensemble des structures artificielles. L'eau est aussi présente sous la forme de ruisseaux canalisés, de cascades et, surtout, d'un grand lac.

B

B. **PARC GORKI**

L'artificialisation est, dans ce parc moscovite, relativement importante, et les espaces sont, comme en Allemagne ou en Suède, réunis entre eux par un système de « coulées vertes », qui assure une certaine continuité, source d'équilibre écologique. La taille minimale d'un espace vert joue un rôle capital car, en dessous d'un certain seuil, qui varie entre 2 et 4 hectares, les conditions écologiques ne permettent pas de lutter efficacement contre les nuisances et les pollutions.

LES LICHENS

Les lichens constituent des végétaux pionniers partout où la roche est à nu, en particulier à la suite de la dégradation par l'homme d'un milieu naturel. Ils colonisent donc les murs, mais aussi les arbres. Un lichen grandit de manière centrifuge, d'environ 4 mm par an au début et plus lentement après. Sa longévité peut être très grande.

Bien que supportant des conditions de vie très dures, les lichens se raréfient ou disparaissent dans le centre des villes, car ils sont particulièrement sensibles aux composés du soufre, SO_2 notamment. Ils constituent de ce fait d'utiles indicateurs biologiques de la pollution des villes, où l'on observe, en les cartographiant, une relation étroite entre leur répartition et les degrés de pollution atmosphérique. On retrouve trois zones concentriques : le centre, ou « désert lichénique » ; la zone de colonisation, avec quelques espèces ; la « zone à lichens ».

Les principaux lichens rencontrés appartiennent au genre *Lecanora,* au thalle encroûtant, ou au genre *Parmelia,* à thalle foliacé. Les lichens ont la propriété de concentrer la radioactivité. Cette faculté a été illustrée de façon dramatique à la suite de l'accident de Tchernobyl (26 avril 1986). En effet, les Lapons ont été contraints de détruire des troupeaux de rennes contaminés par la consommation de grandes quantités de lichens radioactifs.

C. **VIEUX MUR**

Le mur constitue un milieu dit « saxicole », ou « lapidicole ». Les facteurs physiques qui caractérisent ce milieu sont sa situation et son état, la nature des matériaux (le grès est acide alors que le calcaire est basique), le mode et l'âge de la construction (déterminant le degré de colonisation), enfin, le type de sol au pied du mur, qui joue sur la réflexion de la chaleur ou sur l'humidité. La colonisation débute par les algues microscopiques, puis arrivent les lichens, les mousses, les fougères et les plantes à fleurs. Hormis quelques vertébrés, comme le lézard des murailles, la faune comprend surtout des invertébrés.

C

Mousse

Les mousses ont une large palette d'adaptation : des milieux secs (en résistant à la déshydratation) aux milieux humides (certaines emmagasinent 400 p. 100 de leur poids en eau).

Plantes à fleurs

Elles s'installent dans les fentes : orpin, chélidoine, agrostis, saponaire, géranium, etc.

Lézard des murailles (*Podarcis muralis*)

C'est l'un des rares vertébrés de ce milieu avec le hérisson et, plus rarement, le crapaud accoucheur.

Araignée

Elle tisse sa toile sur le mur et capture des insectes.

LES ÉCOSYSTÈMES URBAINS

LA MUTATION DE LA VILLE

L'EXTENSION DE L'ESPACE URBAIN

■ POUR LE DÉMOGRAPHE, la ville est une commune qui comprend une agglomération d'au moins 2 000 habitants.

Jusqu'au XVIIIe s., elle se définissait par la muraille qui l'isolait. Avec la disparition des murs, la ville s'est étalée : au lieu de quelques faubourgs, ce sont des banlieues qui s'allongent autour des noyaux centraux. Durant tout le XIXe s., le grand problème a été de rendre ce centre accessible à des populations de plus en plus nombreuses : les transports en commun acheminaient la population de zones résidentielles de plus en plus étendues jusque dans les quartiers centraux dont les immeubles en hauteur accroissaient les capacités. La ville ainsi structurée était économiquement efficace, mais, malgré son étalement, les conditions de logement et d'hygiène restaient médiocres.

La géographie des villes a été bouleversée par l'automobile et par le progrès des télécommunications. L'espace urbain apparaît désormais comme une nappe peu différenciée et progresse par plaques disjointes à la périphérie, puisqu'il est possible de s'installer au loin sans allonger par trop les temps de parcours. Mais les télécommunications ont des effets plus profonds encore que l'automobile : pour une gamme croissante d'activités, elles permettent de s'éloigner des centres. On voit donc se créer des tissus de peuplement qui sont sociologiquement et économiquement urbains, mais dont les paysages ne diffèrent plus guère de ceux des campagnes : la ville concentrée, puis étalée, fait place à la ville dispersée, puis à la zone urbaine.

Le coût croissant de l'énergie freine l'étalement à partir des centres, mais les progrès de l'informatique le favorisent. À terme, la seconde tendance devrait l'emporter.

Dans les pays en voie de développement, l'urbanisation a créé des agglomérations aussi importantes que celles des pays industrialisés, mais qui en diffèrent par la faiblesse des équipements : transports et télécommunications n'ont pas suivi la poussée démographique. En conséquence, la vie d'échanges que le centre accueille n'est accessible qu'à la minorité des privilégiés. Les démunis que la ville attire n'ont pas les moyens de s'installer près du centre, où se trouvent la plupart des activités, d'où la prolifération des bidonvilles partout où existent des failles dans la trame foncière, et les mouvements de squattérisation de vieux quartiers bourgeois. Dans ces zones pauvres, la ville sous-développée n'est qu'à peine urbaine.

L'ÉTUDE DE LA VILLE

UN TRAVAIL MULTIDISCIPLINAIRE

■ LE MILIEU URBAIN CONSTITUE un écosystème complexe, et son étude rassemble un personnel très diversifié, de l'architecte urbaniste à l'aménageur et au chercheur en géographie.

Une des premières écoles fut celle de Chicago. Elle cherchait à résoudre le problème des quartiers en révolte par des mesures d'ordre architectural et urbanistique. Cette étude, menée uniquement avec des architectes et des sociologues, n'a pas envisagé tous les aspects du problème. Puis d'autres écoles américaines, comme celle de Bryan Berry, tentèrent une analyse plus dynamique et plus fonctionnelle.

Le second souffle de l'écologie urbaine. Vers 1950, le livre *Théorie d'une structure de la communauté urbaine,* de Amos Hawley, révolutionna l'écologie urbaine. Il proposait l'étude du milieu à l'aide de la « théorie des systèmes », sous quatre angles différents : milieu, population, organisation sociale et technologie.

En 1964, l'écologie des systèmes urbains issue de l'écologie « naturaliste » traditionnelle fait son apparition. On peut citer comme fondateurs Wolman (métabolisme urbain), Paul Duvigneaud (l'écosystème « urbs ») et Eugène Odum (énergétique urbaine). Leurs études constituent une véritable évaluation écologique et économique de la ville, mettant en évidence tous les facteurs (plus de 150 variables) et leurs différentes interactions. Le projet MAB (Man and Biosphere) / Unesco n° 11 de Stephan Boyden étudie Hongkong selon cette méthode.

A

A. **AU JARDIN SAINT-VINCENT**

Ce petit enclos, véritable jardin sauvage, volontairement laissé à son évolution naturelle, est situé en plein cœur de Paris. Il présente, entre autres éléments, un mur et ses divers stades de conquête par les végétaux. On y rencontre aussi des terrains nus en voie de colonisation par des plantes annuelles et des terrains déjà colonisés. Des nichoirs à oiseaux abritent des mésanges charbonnières, des troglodytes mignons et des geais de chênes. Au bord de la mare artificielle, on trouve un véritable cortège végétal, tandis que dans l'eau, parmi les lentilles et les algues, s'agitent des crustacés (gammares), des grenouilles vertes et des tritons communs.

B. **« MÉTABOLISME » D'UN PORT DU MAROC**

Ce schéma présente globalement l'écologie d'un milieu urbain (Kenitra, Maroc). D'une manière générale, on remarque l'énorme besoin en énergie du système urbain, besoin dix fois plus élevé que celui des systèmes naturels, et cela sur de petits territoires. L'ensemble du flux énergétique alimentant la ville constitue les « inputs », ou « entrants ». On y distingue les *importations directes* de matières ou d'énergies comme le gaz, l'électricité, le pétrole, la nourriture, les matériaux de construction, les *importations subsidiaires* sous forme dérivée de ces produits et l'*énergie naturelle* de 10^6 MJ/an liée au Soleil. On peut également évaluer les sorties énergétiques (« outputs »), qui proviennent de modifications énergétiques des entrants et qui sont constituées par la majorité des *déchets* de toute nature. L'énergie importée alimente en très grande partie, à la place de l'énergie solaire, le système urbano-industriel. Les villes sont actuellement conçues de telle manière que l'énergie solaire y est quasiment inutilisée. La nourriture, produite par des systèmes alimentés par le Soleil, est en effet considérée comme un élément extérieur, puisqu'elle provient de la campagne environnante. L'énergie solaire utilisée dans la ville est, de fait, environ cinq fois plus faible que l'énergie subsidiaire importée (électricité et bois) et jusqu'à 90 fois plus faible que l'énergie directe importée (gaz, pétrole...).

B

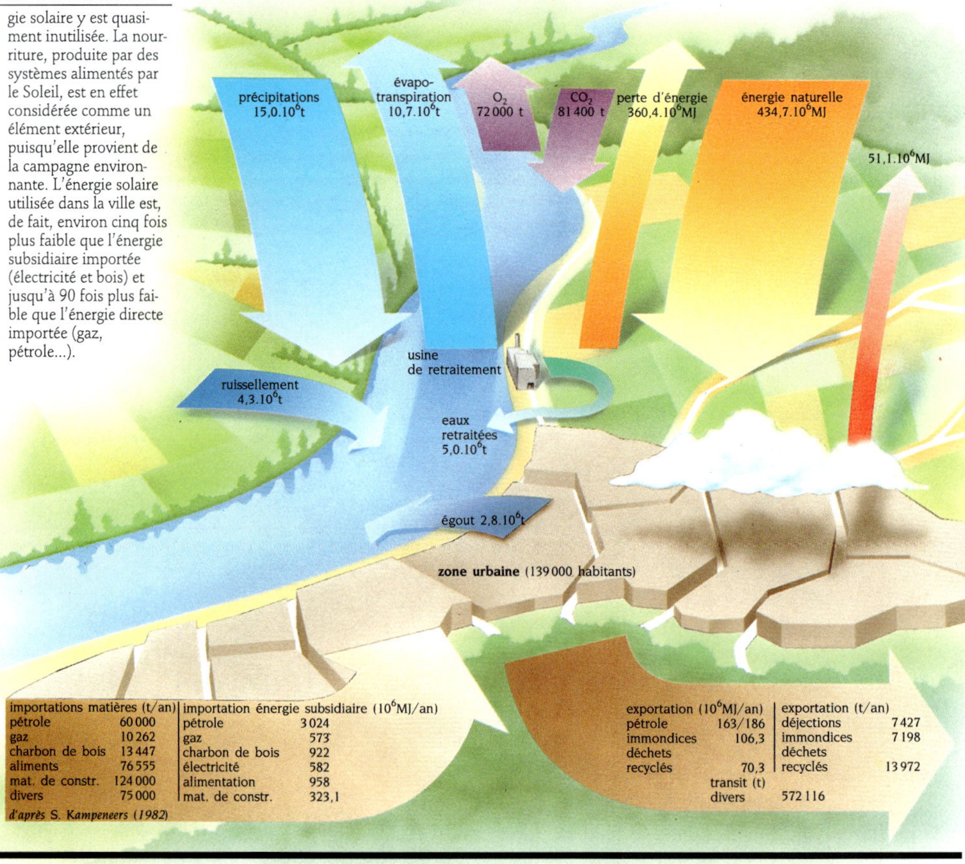

LA QUALITÉ DE LA VIE

AMÉNAGEMENT, SAUVEGARDE ET RÉHABILITATION

■ LA QUALITÉ DE LA VIE URBAINE repose sur une gestion écologique intégrée.

L'aménagement de l'espace doit fournir à l'homme ce qui lui revient du patrimoine tout en préservant l'équilibre de l'environnement. À tous les niveaux de la vie urbaine, des moyens mettant à profit les cycles écologiques naturels rendent possible ce type d'aménagement. Il s'agit par exemple de dépolluer l'eau, de produire de l'humus à partir du compostage des ordures ménagères et de créer des espaces écologiquement adaptés, comme des pelouses piétinables du type « prairie retournée ».

L'amélioration de la qualité de vie urbaine passe aussi par la réhabilitation des espaces gravement dégradés par les pratiques humaines. Ainsi, les carrières, les espaces situés entre les voies de circulation ou les jardins et les friches abandonnés peuvent être modifiés. Ces réhabilitations ont de plus l'avantage de rendre agréables des zones dégradées, tout en économisant l'espace rural.

Le génie écologique. Il s'agit d'un ensemble de connaissances et de techniques concernant la conception et la mise en œuvre des mécanismes les plus naturels de lutte contre les pollutions et les nuisances. Le génie écologique s'appuie sur les notions de diversité, de recyclage et de récupération, d'économie d'énergie, de sauvegarde, d'autorégulation. Il vise à faciliter la vie quotidienne des habitants et leur participation à la création et à la gestion de leur ville. Cela concerne aussi bien l'esthétique des habitats, la régulation des feux rouges, l'existence de crèches ou de dispensaires que la régularité des trains et du ramassage des ordures ménagères, la présence de petits commerçants de proximité ou celle de terrains de sports, de pistes cyclables, de rues piétonnes, de places ou de squares, ou de lieux de fêtes.

Cette politique, pour porter ses fruits, demande la mise en œuvre d'une série de moyens techniques et humains, d'une législation, d'administrations coordonnées et diversifiées et de modes de communication sophistiqués rapprochant les différents acteurs humains. La vie urbaine est faite aussi de « petits riens » dont l'absence pèse cruellement sur les habitants.

A

A. **VILLE SOUS LA MER**

Cette maquette rend compte de l'étude de l'architecte Jacques Rougerie. À travers la structure et l'agencement des maisons sont explorées les possibilités matérielles et sociales de s'intégrer au milieu marin, en y créant un nouvel espace habitable.

B. C. D. E. F. **OISEAUX DES VILLES** (Europe)

B

B. **CENTRE-VILLE**

Peu d'espèces commensales de l'homme, s'y adaptent, comme le moineau domestique *(Passer domesticus)* [2], le pigeon biset *(Columba livia)* [1] et plus rarement l'étourneau. L'éclairage public, qui allonge la durée du jour, facilite leur reproduction.

C

C. **EXTENSIONS URBAINES DE LA PÉRIPHÉRIE**

L'amélioration des espaces verts d'accompagnement situés dans les quartiers neufs et la multiplication des ressources alimentaires offertes par l'utilisation des arbres à baies permettent à une grande variété d'espèces de vivre dans cette zone. Le pigeon ramier *(Columba palumbus)* en est l'hôte caractéristique.

E

E. **ZONE PAVILLONNAIRE**

Dans la couronne pavillonnaire, le verdier d'Europe *(Carduelis chloris)* [3], qui doit son nom à sa coloration vert et jaune, est un hôte caractéristique mais on y trouve également le moineau friquet *(Passer montanus)* [4], plus petit et plus champêtre que le moineau domestique, et le merle noir *(Turdus merula)* [5], ainsi que la mésange charbonnière, l'étourneau et la sittelle.

D

D. **ZONE RÉSIDENTIELLE**

Les maisons individuelles avec jardin dominent dans cette zone éloignée du centre. Le nombre d'espèces s'y accroît, renforcé par la pénétration d'individus provenant de la campagne voisine. Les fauvettes à tête noire *(Sylvia atricapilla)* [6], les pics et les sittelles en sont les hôtes principaux, mais on trouve également le moineau, le merle noir, la mésange bleue *(Parus cæruleus)* [7], l'étourneau (8) et le martinet noir *(Apus apus)* [9].

F

F. **ZONE INDUSTRIELLE**

La présence de déchets en quantité importante favorise la présence de mouettes et goélands *(Larus argentatus)* [10] et d'étourneaux *(Sturnus vulgaris)* [8], qui fréquentent aussi les émissaires d'eaux usées en quête de nourriture. La boue des chantiers sert à la confection des nids des hirondelles. Dans ces zones, le rougequeue noir *(Phœnicurus ochruros)* [11] s'accommode bien des murs creux pour nicher.

RÉFÉRENCES

abiotique, se dit d'un milieu impropre à la vie, d'un facteur écologique non lié aux êtres vivants. (Voir BIOTIQUE.)

abondance (coefficient d'), nombre d'individus de chaque espèce rapporté à la population végétale de l'aire étudiée. Cinq classes d'abondance sont ordinairement définies.

acclimatement, phénomène permettant à certains êtres vivants de vivre, de se développer et de se reproduire dans un milieu différent de leur milieu d'origine.

accommodat, modification morphologique, physiologique ou fonctionnelle, non héréditaire et réversible, qui peut se produire chez un être vivant quand il est déplacé de son milieu d'origine. De nombreuses plantes originaires de plaines ont une taille réduite quand elles sont semées en montagne. Le nombre de ses accommodats traduit la plasticité écologique d'une espèce. (Syn. MORPHOSE.)

adaptation, ensemble des modifications héréditaires, tant morphologiques que physiologiques ou éthologiques, qui permet à une espèce de s'ajuster aux conditions de son milieu.

allochtone, se dit d'une espèce animale ou végétale d'apparition récente dans la région considérée. (Contr. AUTOCHTONE.)

amplitude écologique, écart entre la valeur minimale et la valeur maximale de chacun des facteurs mesurables du milieu entre lesquelles une espèce peut croître et se reproduire. Une forte amplitude écologique traduit la facilité d'une espèce à s'accommoder de conditions variées et lui permet de coloniser des territoires plus grands que ceux des espèces plus fragiles. Pour les plantes, le langage courant qualifie de « rustiques » les espèces de grande amplitude écologique. Chez les animaux, on parle d'espèces euryèces, eurythermes, euryhalines, etc.

anémophile ou **anémochore,** se dit des semences qui sont principalement transportées par le vent et des espèces qui les produisent.

aphotique, se dit des zones aquatiques profondes où la lumière ne peut pénétrer et dans lesquelles subsistent des organismes hétérotrophes, se nourrissant de débris organiques tombés de la zone supérieure éclairée dite « euphotique ».

autochtone, originaire de la région qu'il habite. (Contr. ALLOCHTONE.)

autoécologie, grande subdivision de l'écologie ayant pour objet l'étude des relations d'une espèce avec son milieu. Elle détermine les préférences écologiques et les limites de tolérance des espèces vis-à-vis des facteurs du milieu et essaie d'expliquer leur mode d'action. L'autoécologie, qui s'oppose à la synécologie, est, de ce point de vue, très proche de la physiologie, dont elle utilise souvent les méthodes.

autoépuration, ensemble des processus biologiques aboutissant à la minéralisation des polluants organiques dans les milieux aquatiques.

azoïque, se dit d'un milieu qui est privé de vie, d'un terrain où l'on ne trouve ni fossile ni trace de vie.

barrière, phénomène qui limite l'expansion géographique d'une espèce vivante. On connaît entre autres des barrières géographiques (isthmes, chaînes de montagnes, îles isolées...), des barrières climatiques et des barrières génétiques limitant la possibilité d'hybridation.

biocénose, ensemble des êtres qui vivent dans un même biotope.

bioclimatologie, branche de la biologie qui étudie les échanges de masse et d'énergie entre les êtres vivants et leur environnement climatique.

bio-indicateur, organisme vivant utilisé pour déceler l'importance d'une pollution de l'air ou de l'eau. (Syn. INDICATEUR BIOLOGIQUE.)

biome, vaste unité écologique de physionomie homogène, s'étendant sur des surfaces importantes où dominent les mêmes conditions climatiques. La savane, la forêt boréale, la toundra, le désert constituent des biomes, qui correspondent chacun à une formation végétale particulière.

biométéorologie, science qui étudie les relations entre les divers phénomènes météorologiques et les processus biologiques intéressant l'ensemble des organismes vivants.

bionomie, syn. ancien de ÉCOLOGIE.

biospéléologie, science étudiant les êtres vivants qui peuplent les grottes et les cavernes. (Syn. BIOSPÉOLOGIE.)

biotique, 1. *facteur biotique,* facteur lié à l'action d'un ou de plusieurs êtres vivants. Les facteurs biotiques s'opposent aux facteurs abiotiques : climat, sol, etc. On donne cependant parfois, par généralisation, le nom de *facteur biotique* à tout facteur qui conditionne le développement des espèces vivantes, en incluant les facteurs abiotiques.
2. *Indice biotique,* notation permettant d'apprécier la qualité d'une eau courante à partir du recensement de certains organismes vivants. Mis au point par les hydrobiologistes français G. Tufféry et J. Verneaux, cet indice se calcule à partir de l'échantillonnage et de l'identification d'invertébrés aquatiques qui subissent et intègrent l'ensemble des variations des paramètres physico-chimiques de leur milieu.

biotope, milieu physique relativement bien délimité dans l'espace et de composition définie, servant de support aux espèces constituant la biocénose.

Braun-Blanquet (Josias), botaniste et écologiste suisse (Coire 1884 - Montpellier 1980). Utilisant la notion d'association végétale (fondée sur celle d'espèces caractéristiques), il a été le premier à montrer de façon indiscutable la correspondance entre les associations végétales et la nature du sol.

cavernicole, se dit des organismes qui vivent de façon permanente dans les cavernes et les grottes.

chaîne alimentaire ou **chaîne trophique,** séquence représentative d'une série d'espèces vivantes, dans laquelle les organismes cités en premier lieu sont mangés par ceux qui les suivent, qui seront à leur tour mangés par les suivants.

climax, état idéal d'équilibre atteint par l'ensemble sol-végétation et caractéristique d'un milieu naturel donné.

concurrence vitale, concurrence que se livrent les espèces animales ou végétales entre elles. Dans la nature, les espèces tendent à augmenter le nombre de leurs représentants. L'espace et la nourriture disponibles étant limités, il est inévitable qu'un certain nombre d'œufs, de jeunes et d'adultes disparaissent. Les situations de concurrence ne se prolongent pas longtemps et on ne les observe pas dans un milieu en équilibre biologique (climax).

confinement, situation d'une population, d'une biocénose ou d'une espèce animale ou végétale enfermée dans un biotope limité (île, lac, grotte, etc.) dont elle ne peut pas sortir.

corticicole ou **corticole,** se dit d'une espèce qui vit sous les écorces.

cosmopolite, se dit d'une espèce présente dans toute les parties du monde.

crénobiologie, étude scientifique des organismes vivant dans les sources.

cryophile, se dit d'un micro-organisme qui peut se développer au-dessous de 0 °C. (Contr. THERMOPHILE.)

cycle biogéochimique ou **cycle naturel,** suite de passages, subis par un élément (carbone, azote, oxygène, soufre, phosphore) ou un composé simple (eau), d'un être vivant à un autre ou à un milieu (eau, sol, atmosphère) jusqu'au retour de cet élément ou de ce composé à son milieu initial.

D. B. O., abrév. de DEMANDE* BIOLOGIQUE EN OXYGÈNE.

D. C. O., abrév. de DEMANDE* CHIMIQUE EN OXYGÈNE.

décomposeur, organisme (principalement micro-organisme) situé en fin de chaîne alimentaire et qui assure la minéralisation ou la transformation en humus de la matière organique contenue dans les cadavres, les excréments et les débris végétaux dont il se nourrit.

demande. 1. *Demande biologique en oxygène (D. B. O.),* paramètre utilisé pour caractériser la qualité d'une eau, qui mesure la quantité d'oxygène nécessaire à la dégradation biologique des matières organiques qu'elle contient. (C'est un indicateur du degré de pollution organique de l'eau.)
2. *Demande chimique en oxygène (D. C. O.),* paramètre utilisé pour caractériser la pollution organique de l'eau, qui se mesure à partir de la quantité d'oxygène dissous nécessaire à la dégradation chimique des polluants organiques qu'elle contient.

déserticole, se dit des espèces animales et végétales vivant dans les déserts.

désertus, ensemble des zones sans végétation (déserts, hautes montagnes, continents glacés, villes, routes, etc.). Le désertus couvre 45 p. 100 des terres émergées. L'Antarctique forme près du cinquième du désertus.

détriticole, se dit des animaux (insectes, acariens, etc.) qui vivent sur les détritus. La plupart s'en nourrissent (détritivores).

disclimax ou **dysclimax,** formation végétale se substituant au vrai climax, en conséquence de l'action de l'homme ou des animaux domestiques.

Dorst (Jean), zoologiste et écologiste français (Mulhouse 1924). Outre d'importants travaux scientifiques sur les oiseaux, les migrations animales, la vie en haute altitude, la faune des Andes, des Galápagos, d'Afrique, de l'Inde et d'Australie, on lui doit un ouvrage fondamental d'écologie : *Avant que nature meure* (1965).

dulcicole ou **dulçaquicole,** se dit des espèces animales et végétales qui vivent exclusivement ou principalement en eau douce, par opposition aux espèces marines.

dystrophie, état des lacs dont les eaux, chargées en acides humiques provenant des terres environnantes, empêchent la prolifération des micro-organismes (principalement bactéries) qui assurent ordinairement la décomposition de la matière organique. L'acide humique communique à ces lacs une teinte brune (lacs dits « bruns », à pH acide, tel le lac de Gérardmer et les lacs de tourbières).

écobiocénose, écosystème très homogène et de petite dimension, occupant par exemple l'espace d'une prairie, dont on considère non seulement la flore, mais la faune, les caractères liés au sol, au climat, etc.

écoclimatologie, étude de l'adaptation des êtres vivants au climat et de leur répartition en fonction de celui-ci.

écologie, ensemble des sciences qui étudient les relations des êtres vivants entre eux et avec le milieu où ils se trouvent. Le terme a été créé par Ernst Haeckel en 1866.

écologique, *facteur écologique,* élément du milieu agissant sur la répartition des êtres vivants, leur comportement, leur métabolisme. On distingue les facteurs abiotiques, tels que la température, la lumière, la composition chimique de l'eau ou l'acidité d'un sol, et les facteurs biotiques, tels que la présence d'autres espèces, la prédation, l'action de l'homme, etc.

écophase, phase du développement d'un animal, caractérisée par sa « niche écologique » originale.

écophysiologie, partie de l'écologie traitant du fonctionnement des processus physiologiques des êtres vivants sous l'action de facteurs écologiques tels que la lumière, la pression ou la température.

écotone, zone de transition et de contact entre deux écosystèmes ou deux communautés écologiques voisins. (Syn. LISIÈRE.)

écotype, race locale adaptée aux conditions particulières d'un habitat délimité.

édaphique, *facteur édaphique,* facteur externe lié au sol et qui a une influence profonde sur la répartition des êtres vivants, de concert avec les facteurs climatiques et biotiques.

édaphon, groupement d'organismes, et particulièrement d'insectes, qui effectuent leur évolution complète dans le sol.

Elton (Charles), écologiste britannique (Liverpool 1900). Dans son ouvrage théorique *Animal Ecology,* publié en 1927, il développe notamment les notions de chaîne alimentaire et de pyramide écologique. Il est considéré comme l'un des fondateurs de l'écologie animale.

endogé, e, se dit de ce qui se trouve à l'intérieur du sol. Les vers de terre sont les principaux représentants de la faune endogée.

éplimnion, couche d'eau supérieure d'un lac, où la température varie rapidement en fonction des conditions climatiques.

équilibre naturel, état d'un écosystème dont la biocénose reste longtemps sans changement notable, du fait que les influences climatiques, édaphiques et biotiques, très stables, y sont limitées les unes par les autres. La plupart des équilibres naturels, même séculaires, sont très fragiles ; les interventions humaines peuvent les rompre de façon brutale et irréversible. (Voir CLIMAX.)

érémologie, étude scientifique des déserts.

euphotique, se dit de la zone superficielle des océans ou des lacs, qui est atteinte par la lumière solaire et est le siège d'une production végétale appréciable (algues, posidonies, etc.). [Syn. PHYTAL ; contr. APHOTIQUE.]

euryèce, se dit d'une espèce qui est capable de supporter des variations importantes de certains facteurs écologiques tels que la pression, la température, l'humidité. Cela lui parmet de peupler des milieux différents. (Contr. STÉNOÈCE.)

euryhalin, e, se dit d'un organisme qui supporte des variations de salinité importantes du milieu aquatique où il vit. Certains organismes euryhalins possèdent des dispositifs régulateurs, urinaires notamment, qui permettent à leur sang et à leurs tissus de conserver une concentration moléculaire relativement constante, alors même que la salinité extérieure varie beaucoup. Les estuaires et les lagunes n'hébergent que des espèces euryhalines. (Contr. STÉNOHALIN.)

euryionique, se dit d'un organisme qui supporte d'importantes variations du pH du milieu où il vit.

eurytherme, se dit d'un organisme qui supporte de fortes variations de température de son milieu. Parmi les eurythermes, les uns, notamment les espèces aquatiques, supportent de grandes variations thermiques de leur sang et de leurs tissus, les autres (homéothermes terrestres) possèdent des dispositifs qui conservent à leur milieu intérieur une température constante tandis que celle du milieu extérieur varie largement. (Contr. STÉNOTHERME.)

eutrophe, se dit d'un plan d'eau (étang, lac, mer fermée, etc.) dont les eaux enrichies en matières organiques et en substances nutritives (matières azotées et phosphates) sont le siège d'une prolifération végétale et bactérienne. Il en résulte une mauvaise pénétration de la lumière, une désoxygénation prononcée de l'eau, principalement dans les couches inférieures, et l'accumulation de vases organiques (phénomène d'*eutrophisation*).

Falconer (Hugh), naturaliste britannique (Forres, Écosse, 1808 - Londres 1865). Directeur, en Inde, du jardin botanique de Sahranpur (1832) puis de celui de Calcutta (1847), il a étudié la faune, la flore et la paléontologie de tout le sous-continent indien.

film de surface, interface de l'eau avec l'air. Divers insectes peuvent marcher sur ce film sans le rompre, grâce à leurs poils hydrofuges.

Gaimard (Joseph Paul), naturaliste français (Saint-Zacharie, Var, 1793 - Paris 1858). Il prit part à l'expédition de l'*Astrolabe* (1826-1829) et dirigea les travaux de la commission scientifique du Nord dans les régions boréales de l'Europe à bord de la *Recherche* (1833-1840). Il effectua alors des observations au Svalbard depuis un ballon captif.

habitat, partie de l'environnement définie par un ensemble de facteurs physiques et dans laquelle vit un individu, une population, une espèce ou un groupe d'espèces.

Haeckel (Ernst), naturaliste allemand (Potsdam 1834 - Iéna 1919). En 1866, il rendit visite à Darwin et devint l'un des partisans les plus fougueux de sa théorie. Ses nombreux voyages lui permirent de se familiariser avec toutes les faunes marines du globe. Il a notamment publié *Morphologie générale des organismes* (1866), *Histoire de la création des êtres organisés d'après les lois naturelles* (1868 ; trad. fr., 1874). Haeckel est considéré comme l'un des fondateurs de l'écologie.

halobenthos, ensemble des organismes marins qui vivent en contact avec le fond des mers.

halobios, ensemble des êtres vivants du milieu marin.

halophyte, végétal (plante supérieure, algue ou champignon) vivant dans une eau sursalée ou sur un sol salé.

héliofuge ou **héliophobe,** se dit des animaux et des plantes qui craignent la lumière solaire. (Contr. HÉLIOPHILE ; syn. PHOTOPHOBE, SCIAPHILE.)

héliophile, se dit des animaux et des plantes qui recherchent la lumière du Soleil. (Contr. HÉLIOFUGE, PHOTOPHOBE, SCIAPHILE.)

hétéroxène, se dit d'un parasite animal qui partage obligatoirement son cycle reproductif entre plusieurs hôtes successifs, comme la douve du foie du mouton. (Contr. MONOXÈNE.)

homéostasie, caractéristique d'un écosystème qui résiste aux changements (perturbations) et conserve un état d'équilibre.

humicole, se dit des organismes qui vivent dans l'humus ou les feuilles mortes.

hydrobiologie, science étudiant les organismes vivant dans l'eau. L'hydrobiologie se préoccupe non seulement de la physiologie des individus, de leur métabolisme, mais aussi de leur comportement et de leur écologie.

hypolimnion, couche profonde de l'eau des lacs qui, en été, dans les régions tempérées, se trouve à une température plus basse que l'eau de surface. (Contr. ÉPILIMNION.)

indicateur biologique, organisme vivant ou partie d'organisme utilisé pour détecter ou mesurer une pollution. (Syn. BIO-INDICATEUR.)

inquilin, e, se dit d'une espèce animale ou végétale qui est hébergée par un autre être vivant sur lequel elle ne prélève pas d'aliment (algues marines fixées sur d'autres, crustacés abrités dans la cavité palléale d'un lamellibranche, etc.).

intertidal, e, aux, se dit de l'espace côtier compris entre les limites extrêmes atteintes par les marées. La flore et la faune ont une répartition étagée, liée aux différences de durée d'émersion.

isolat, petit écosystème limité de toutes parts par des barrières infranchissables et qui abrite une biocénose isolée, n'ayant aucun échange génétique avec les populations des mêmes espèces vivant dans le reste du monde. Une île, un lac, un massif montagneux, une oasis peuvent constituer des isolats.

isolement, état d'une population qui ne peut pas rencontrer les autres populations de la même espèce ou d'une espèce très voisine.

Joubin (Louis), naturaliste français (Épinal 1861 - Avrillé, Maine-et-Loire, 1935). Professeur de biologie marine à l'Institut océanographique de Monaco à partir de 1904, membre de l'Académie des sciences (1921), il a participé à de nombreuses expéditions océanographiques et a publié *la Vie dans les océans* (1912), *le Fond de la mer* (1920), *les Métamorphoses des animaux marins,* etc. Ses travaux sur les céphalopodes font autorité.

limicole, se dit d'un organisme qui vit dans ou sur la vase imprégnée d'eau. (Syn. VASICOLE.)

limitant, *facteur limitant,* facteur qui, par sa valeur trop faible ou trop élevée, empêche ou restreint à lui seul l'accomplissement d'une fonction physiologique ou l'implantation d'une espèce dans un milieu, alors que tous les autres facteurs sont favorables.

limite d'une aire, ligne idéale d'un territoire, au-delà de laquelle on ne trouve plus, ou presque plus, de représentants d'une espèce animale ou végétale donnée. Pour les espèces des rivages océaniques, on observe souvent une limite très précise de niveau en rapport avec les marées et la durée quotidienne d'émersion ; en montagne, la limite supérieure d'altitude, les limites imposées par la durée de l'ensoleillement dans les vallées étroites sont aussi d'une grande netteté pour la végétation.

limivore ou **limnivore,** se dit des animaux qui se nourrissent des divers éléments organiques contenus dans la vase (micro-organismes, débris végétaux, etc.), ce qui les oblige à ingérer de grandes quantités de vase, qu'ils rejettent ensuite.

limnologie, science qui étudie les lacs et les étangs, qui traite des eaux stagnantes dans leurs aspects hydrologiques, chimiques, biologiques ou géomorphologiques. Les techniques et les problèmes de la limnologie sont très comparables à ceux de l'océanographie.

lisière, syn. de ÉCOTONE.

Macarthur (Robert Helmer), écologiste américain d'origine canadienne (Toronto 1930 - Princeton 1972). Naturaliste de terrain et théoricien, il a modernisé les concepts et les méthodes de l'écologie, en particulier dans l'étude de la niche écologique, de la diversité spécifique et de la génétique des populations. Il a aussi contribué à introduire en écologie les techniques mathématiques et la méthode d'analyse hypothético-déductive. Son influence a été considérable. Il est l'auteur (avec E. O. Wilson) d'une étude du peuplement des îles par les êtres vivants.

Marie-Victorin (Conrad Kirouac, en religion frère), naturaliste canadien (Kingsey Falls, Québec, 1885 - près de Sainte-Hyacinthe, 1944). Fondateur du jardin botanique de Montréal (1931), il est l'auteur, notamment de *Croquis laurentiens* (1920) et d'une *Flore laurentienne* (1935).

milieu, ensemble des facteurs qui agissent de façon permanente ou durable sur un animal, une plante, une biocénose et auxquels les organismes doivent être adaptés pour survivre et se perpétuer.

Möbius (Karl August), zoologiste et écologiste allemand (Eilenburg 1825 - Berlin 1908). Il a introduit la notion de biocénose (1877) et distingué entre les espèces aquatiques sténothermes et eurythermes.

Monod (Théodore), naturaliste français (Rouen 1902). Directeur de l'Institut français d'Afrique noire (1938-1965), membre de l'Académie des sciences (1963), il a décrit la géologie et la botanique de la partie la plus désertique du Sahara. Il a établi le record de trajet sans point d'eau (1 300 km) en 1955. On lui doit *Méharées, Bathyfolages, l'Hippopotame et le Philosophe,* etc.

monoxène, se dit d'un parasite animal à hôte unique. (Contr. HÉTÉROXÈNE.)

morphose, syn. de ACCOMMODAT.

myrmécophile, se dit des espèces animales qui vivent en permanence dans les fourmilières ou au contact des fourmis ainsi que des plantes qui hébergent habituellement des fourmis.

neuston, ensemble des organismes vivants, généralement très petits, qui vivent habituellement au-dessus ou au-dessous du film de surface des eaux calmes.

niche écologique, mode de vie d'une espèce dans son environnement physique, caractérisé par ses relations avec les autres espèces et ses habitudes alimentaires. La niche écologique d'un organisme, d'une population ou d'une espèce ne dépend pas seulement de son habitat, mais aussi de son activité dans l'écosystème. Par analogie, on peut dire que l'habitat représente l'« adresse » d'un organisme et que sa niche écologique est sa « profession ». Celle-ci est très difficile à définir du fait des multiples paramètres biotiques et abiotiques qui la caractérisent. Selon le principe d'exclusion compétitive, ou principe de Gauss, deux ou plusieurs espèces ne peuvent occuper, sur le même territoire géographique, la même niche écologique, une espèce finissant toujours par dominer les autres et par les exclure de la niche.

Odum (Eugene), écologiste américain (New-Port, New Hampshire, 1913). Il a réalisé, en collaboration avec son frère Howard, la première étude globale des écosystèmes (*Fundamentals of Ecology,* 1953), faisant appel à des concepts empruntés à la thermodynamique, contribuant ainsi fortement au développement de l'écologie moderne.

oligotrophe, se dit d'un milieu pauvre en substances nutritives, en particulier de certains lacs profonds et limpides, pauvres en éléments organiques mais riches en oxygène. (Contr. EUTROPHE.)

optimum écologique, situation dans laquelle se trouve un être vivant quand les divers facteurs écologiques (biotiques et abiotiques) de son milieu atteignent chacun la valeur pour laquelle l'organisme présente un développement et une reproduction maximaux.

paludicole, qui vit dans les marais.

palustre, se dit des organismes qui vivent et croissent dans les marais.

paraclimax, formation végétale relativement stable, constituée après destruction du climax par l'homme et comprenant des espèces d'origine étrangère au pays (cactus, agaves de la région méditerranéenne, par exemple). La biomasse du paraclimax est en général très inférieure à celle du climax, sa résistance aux causes de destruction et sa richesse floristique sont moins grandes.

pédoclimax, profil d'équilibre avec la végétation, atteint par un sol quand celle-ci est stable et caractéristique d'un milieu donné, non perturbé par l'homme. C'est le climax du sol.

pélagique, se dit d'un organisme du milieu marin qui nage (necton) ou qui se laisse porter passivement par les courants latéraux (plancton). Ce terme s'emploie également pour les roches sédimentaires qui contiennent de tels organismes.

pelagos, ensemble des êtres vivants en haute mer, loin du fond et des rivages, les uns nageant (necton), les autres flottant passivement ou effectuant de faibles déplacements (plancton).

RÉFÉRENCES

périphyton, ensemble des organismes aquatiques vivant fixés sur les plantes aquatiques supérieures ou à leur contact permanent.

phénogénétique, science qui étudie l'influence des facteurs du milieu sur l'expression visible des caractères génétiques des êtres vivants.

photophobe, syn. de HÉLIOFUGE.

phytal, e, aux, syn. de EUPHOTIQUE.

pionnier, ère, se dit des espèces végétales, des groupements végétaux qui colonisent les « places vides ». Il s'agit particulièrement de végétaux inférieurs (lichens, mousses). Chez les plantes à fleurs, les légumineuses, pourvues sur leurs racines de nodosités fixatrices d'azote, sont souvent des espèces pionnières.

potamobiologie, étude scientifique de la faune, de la flore et de l'écologie des cours d'eau, en particulier des grands fleuves.

productivité, masse de substance vivante produite par unité de temps (généralement année) sur une surface terrestre ou dans un volume d'eau marine ou lacustre donnés. Sur terre, la productivité dépend du type de formation végétale (forêt, prairie, etc.), des conditions climatiques et édaphiques.

pyramide alimentaire ou **pyramide écologique,** représentation graphique exprimant les rapports numériques entre les divers constituants d'une chaîne alimentaire du point de vue du nombre des individus (pyramide des nombres), de la masse (pyramide des masses) ou du rendement énergétique (pyramide des énergies).

Racovita (Emil), biologiste roumain (Iasi 1868 - Bucarest 1947). Sous-directeur du laboratoire Arago à Banyuls-sur-Mer, il étudie, dès 1904, les animaux cavernicoles. En 1907, il publie *Essais sur les problèmes biospéléologiques,* ouvrage qui établit les fondements de la biospéléologie. Racovita a été le premier à analyser les conditions d'existence des cavernicoles, les modalités de l'évolution des troglobies, leur reproduction, leur distribution géographique et leur systématique zoologique.

réadaptation, adaptation d'une espèce vivante à un milieu nouveau, d'où provenaient toutefois ses ancêtres.

réhabilitation, restauration d'un milieu dégradé, par exemple d'un lac menacé d'eutrophisation.

relicte, communauté d'individus, groupe de plantes ou espèce restés en place après réduction de leur aire et installation dans leur voisinage immédiat d'une nouvelle communauté biologique.

rhéophile, se dit des espèces animales et végétales vivant dans les torrents et adaptées aux courants violents. (Syn. TORRENTICOLE.)

rhizoménon, ensemble des plantes qui vivent fixées au fond des eaux.

rhizosphère, zone de concentration des micro-organismes du sol au voisinage des racines des végétaux, et, par extension, zone de contact entre le milieu minéral (lithosphère) et le milieu vivant (biosphère), enrichie en organismes vivants (racines, microflore, microfaune). La forme de la rhizosphère varie suivant les espèces végétales : elle peut être étalée ou atteindre une grande profondeur, jusqu'à 20 m pour la luzerne.

ripicole, se dit des animaux et des végétaux qui vivent en bordure des eaux courantes.

saprobionte, animal ou végétal vivant dans les matières organiques en décomposition, les vases riches en déchets, etc.

sciaphile, syn. de HÉLIOFUGE.

seston, ensemble des organismes et des particules qui se laissent porter passivement dans l'eau. On subdivise le seston en plancton, pleuston (organismes vivants de surface soumis à la force du vent) et tripton.

Steller (Georg Wilhelm), naturaliste russe d'origine allemande (Windsheim, Franconie, 1709 - Tioumen 1746). Chargé d'étudier le littoral du Kamtchatka (1740), il accompagne Béring en Alaska (1741) et décrit un mammifère marin aujourd'hui disparu, la rhytine. Outre ses études d'histoire naturelle, il a décrit l'ethnocide des populations du Kamtchatka par les cosaques.

sténobiote, organisme spécialisé, ne vivant que dans les conditions particulières et pratiquement invariantes du milieu extérieur. (Contr. EURYBIOTE.)

sténoèce, se dit des organismes qui ne peuvent vivre que dans des conditions étroites de milieu. (Contr. EURYÈCE.)

sténohalin, e, se dit des organismes qui ne vivent que dans des milieux de salinité constante. (Contr. EURYHALIN.)

sténo-ionique, se dit des espèces animales et végétales qui ne peuvent vivre que dans un milieu (sol, eau...) présentant un pH bien déterminé, alcalin, neutre ou acide selon l'espèce.

sténomère, se dit d'un insecte ou autre prédateur qui ne se nourrit que d'un organe déterminé d'une plante (fruit, feuille, racine, etc.).

sténotherme, se dit d'un organisme qui ne peut vivre et se développer que sous une température présentant de faibles oscillations. (Contr. EURYTHERME.)

surpeuplement, situation d'un milieu, ouvert ou fermé, dont la population animale dépasse, toutes espèces confondues, la masse que ce milieu peut nourrir et pourvoir en oxygène. Si le milieu surpeuplé est ouvert, une partie des animaux émigrent ; s'il est fermé, on observe les effets néfastes du confinement.

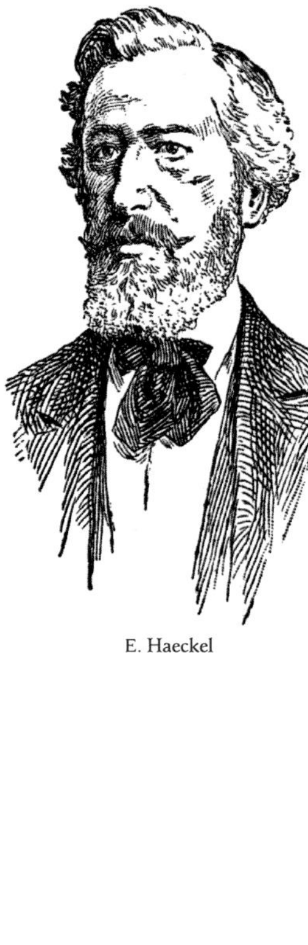

E. Haeckel

symbiose, association constante, obligatoire et spécifique entre deux organismes ne pouvant vivre l'un sans l'autre, chacun d'eux tirant un bénéfice de cette association. La symbiose est fréquente entre les micro-organismes et des plantes ou des animaux.

synécie, stade de l'évolution d'un paysage végétal caractérisé par sa physionomie (forêt, lande, garrigue, etc.).

synécologie, partie de l'écologie étudiant les relations des espèces vivantes entre elles. (Voir AUTOÉCOLOGIE.)

synusie, microécosystème, occupant un espace réduit. Par exemple, un arbre mort, avec l'ensemble des organismes qui l'occupent est une synusie.

thermophile, se dit des micro-organismes capables de vivre et de se développer à une température élevée (50-100 °C). [S'oppose à CRYOPHILE.]

torrenticole, syn. de RHÉOPHILE.

tripton, ensemble des détritus d'origine organique en suspension dans l'eau ou flottant à la surface et qui peut servir de nourriture aux détritivores et aux saprophages.

troglophile, se dit d'un animal qui vit et se reproduit dans les milieux souterrains (cavernes, grottes, réseau karstique), mais qui peut aussi se rencontrer, occasionnellement, à l'extérieur.

trogloxène, se dit des animaux de surface qui se trouvent occasionnellement dans les grottes et les cavernes où ils ont été entraînés passivement, mais qui ne se reproduisent pas dans le milieu souterrain.

trophobiose, association de deux organismes liés par l'échange de nourriture.

turnover, taux de renouvellement de la matière vivante dans un milieu donné, rapporté à sa biomasse.

ubiquiste, se dit des espèces animales et végétales que l'on rencontre dans des milieux écologiques très différents.

valence écologique, possibilité, pour une espèce animale ou végétale, de coloniser des milieux différents. Une espèce à valence écologique élevée est dite « euryèce », car elle peut supporter de fortes variations des facteurs écologiques. Par opposition, une espèce « sténoèce » a une faible valence écologique.

vasicole, syn. de LIMICOLE.

vicariant, e, se dit d'une espèce animale ou, plus souvent, végétale qui, en certains lieux du globe, remplace une espèce voisine en occupant la même niche écologique.

Viré (Armand), biologiste français (Lorrez-le-Bocage 1869 - Moissac 1951). Il se voua aux recherches sur la faune aquatique souterraine, ce qui lui permit la découverte de plusieurs espèces de crustacés nouveaux, tant au gouffre de Padirac que dans le Jura.

Zenkevitch (Lev Aleksandrovitch), océanographe soviétique (Tsarev, auj. Leninsk, 1889 - Moscou 1970), spécialiste de la zoologie marine des mers bordant l'ex-Union soviétique.

3

LA GESTION DE L'ENVIRONNEMENT

Dossiers

Monoculture intensive de céréales

Savane à acacias au crépuscule. Parc national (Tanzanie)

Plate-forme pétrolière dans le golfe du Mexique

LES DANGERS POUR L'ENVIRONNEMENT

LE DÉVELOPPEMENT TECHNOLOGIQUE

CONSOMMATION D'ÉNERGIE ET POLLUTION

■ VOICI ENVIRON 10 000 ANS, au début du néolithique, la première révolution technologique que constitua la création de l'agriculture a profondément modifié les rapports entre l'homme et la nature. En effet, en passant du statut de simple cueilleur à celui de cultivateur, l'homme pouvait désormais faire croître une seule espèce végétale sélectionnée pour son alimentation, s'appropriant ainsi une plus grande partie de la production de matière par les plantes, à partir de l'énergie solaire.

La consommation d'énergie. Jusqu'au développement de la civilisation industrielle au milieu du XIXᵉ siècle, les perturbations des écosystèmes naturels restèrent peu importantes, les hommes n'influant que très peu sur le milieu. L'industrialisation s'est traduite par le recours sans cesse accru à une source d'*énergie fossile* (pétrole, gaz et charbon) et, plus récemment, à la fission du noyau de l'atome.

Il en est résulté une profonde perturbation du flux de l'énergie dans l'environnement : au flux solaire, source naturelle majeure d'énergie dans la biosphère, se surajoute l'énergie qui provient des stocks de dérivés du carbone (combustibles fossiles) et de matières fissiles (matériaux radioactifs de l'industrie nucléaire), accumulés au cours des époques géologiques.

Entre 1860 et 1990, la quantité d'énergie fossile consommée par l'humanité est passée de 150 millions de tonnes d'équivalent charbon à 11 milliards, soit une multiplication par environ 80 si l'on y ajoute l'électricité primaire (hydraulique et nucléaire). Une donnée rend compte de cette fantastique augmentation de la consommation d'énergie : de quelque 3 500 kcal par personne et par jour au tout début du néolithique, selon les estimations, l'énergie utilisée est passée à plus de 250 000 kcal par personne et par jour chez les citadins des pays industrialisés.

Les pollutions. La production intense d'énergie s'est accompagnée du dégagement sans cesse accru de gaz et de particules polluantes dans l'atmosphère. Les quelque 22 milliards de tonnes de gaz carbonique, ou dioxyde de carbone (CO_2), rejetées annuellement augmentent la teneur de ce gaz dans l'air et en conséquence l'*effet de serre.* De plus, le soufre contenu dans les combustibles fossiles se dégage dans l'atmosphère sous forme de dioxyde de soufre (SO_2), qui est une des causes d'apparition des *pluies acides.*

L'industrie moderne introduit également dans la biosphère un nombre considérable de polluants souvent très toxiques et non biodégradables : *métaux lourds* (mercure, cadmium, plomb), *pesticides* (polychlorobiphényle [PCB], molécules voisines du D. D. T., qui ont été très utilisées, notamment dans l'industrie électrique et en métallurgie), *matières plastiques,* etc. En 1990, étaient commercialisées au total plus de 70 000 molécules organiques de synthèse différentes par l'industrie chimique mondiale. Les micro-organismes décomposeurs ne pouvant plus recycler les déchets organiques, le flux de l'énergie et celui de la matière dans les écosystèmes sont bouleversés.

A

A. **GASPILLAGE D'ÉNERGIE : LES TRANSPORTS ROUTIERS**
L'augmentation du parc automobile mondial, en corrélation avec une utilisation non rationnelle des transports individuels, constitue un facteur essentiel de pollution atmosphérique. De plus, l'accroissement des transports routiers de marchandises au détriment de celui effectué par le rail représente un exemple frappant du gaspillage d'énergie propre à notre civilisation, lorsque l'on sait que le transport ferroviaire consomme sept fois moins d'énergie que le transport routier (en t/km).

B

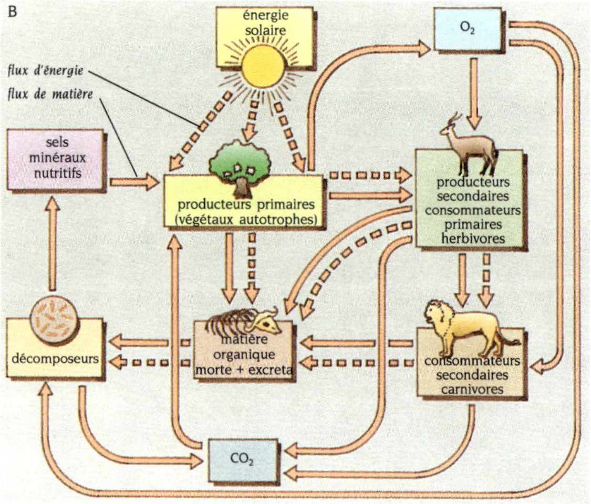

B. **CYCLES NATURELS NON PERTURBÉS**
Le flux de l'énergie et le flux de la matière dans l'écosystème humain de la préhistoire (au néolithique) subissent des perturbations écologiques qui sont encore faibles, car la seule source d'énergie entrant dans l'écosystème, celle du Soleil, est naturelle.
Par ailleurs, les pollutions – à l'exception de celles d'origine microbienne – sont quasi inexistantes dans ce type de civilisation, où la majorité des matériaux utilisés est de nature végétale ou animale et où le bois représente le seul combustible.

C

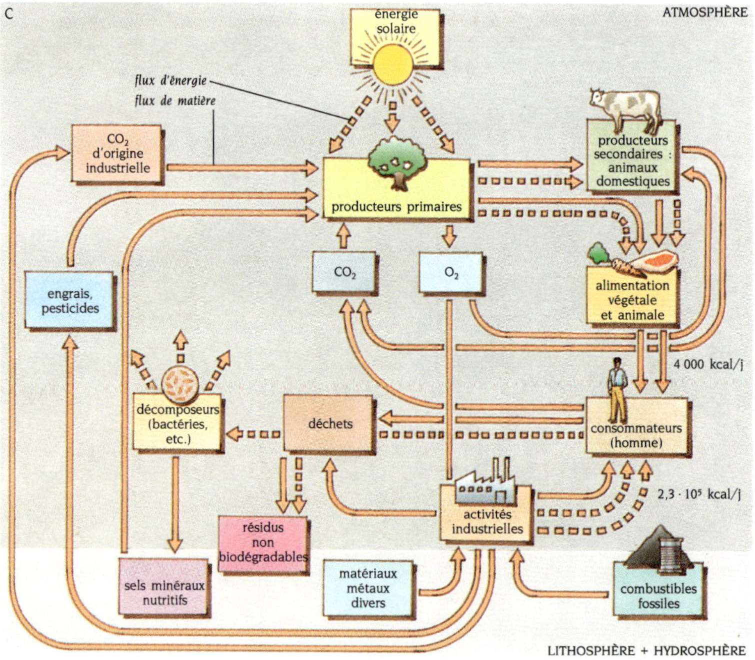

C. **BOULEVERSEMENT DES CYCLES**
L'industrialisation a provoqué une forte perturbation des grands cycles des éléments naturels (carbone, azote, soufre, phosphore, etc.) à l'échelle de la biosphère. De plus, le flux de la matière dans la plupart des écosystèmes est ralenti ou rompu, les micro-organismes décomposeurs ne pouvant plus recycler les déchets organiques par suite de la présence de polluants toxiques dans les divers milieux naturels terrestres et marins.
On remarque également le profond bouleversement du flux de l'énergie – dont une part considérable utilisée par l'homme est tirée des combustibles fossiles.

LES POLLUTIONS

TERRE, MER ET ATMOSPHÈRE SONT CONTAMINÉES

■ EN SUS DES NOMBREUX REJETS dans l'atmosphère liés à l'usage des combustibles fossiles, il convient de prendre en considération les innombrables rejets polluants d'origine industrielle dans l'air, dans les eaux continentales et l'océan. De nombreux produits chimiques potentiellement dangereux pour l'environnement (par exemple les chlorofluorocarbones [C. F. C.] utilisés jusqu'à une date récente dans la plupart des bombes aérosols) sont mis à la disposition des consommateurs.

Par ailleurs, l'agriculture moderne, intensive et industrialisée, répand sur d'énormes surfaces des quantités considérables d'engrais chimiques et de pesticides toxiques pour l'homme. En conséquence, l'ensemble de l'atmosphère terrestre est contaminé par d'innombrables polluants.

Pluies acides et trou d'ozone. Toute l'atmosphère de l'hémisphère Nord est exposée à une pollution particulaire et gazeuse due en particulier aux oxydes de soufre et d'azote, responsables des *pluies acides* et du *brouillard arctique,* qui recouvre toute la zone polaire boréale pendant la mauvaise saison. Ce transport des polluants à grande distance par la circulation atmosphérique explique par exemple la mise en évidence d'insecticides organo-chlorés persistants (D. D. T. ou PCB) dans l'organisme d'animaux vivant en des lieux reculés, tels les manchots. Il en est de même pour les C. F. C. découverts dans la stratosphère du pôle Sud et dont le rôle est déterminant dans la genèse du trop fameux « trou d'ozone ».

Le pétrole sur la mer. L'océan mondial est pollué en permanence par des rejets d'hydrocarbures, estimés en moyenne à près de 4 millions de tonnes par an, qui proviennent de l'extraction en mer et du transport maritime du pétrole. Comme une tonne de pétrole couvre en s'étalant quelque 12 km² d'océan, celui-ci est en permanence contaminé sur une partie importante de sa surface.

LA DÉMOGRAPHIE

SURPOPULATION ET SUREXPLOITATION DU MILIEU

■ EN 1990, L'HUMANITÉ comptait déjà 5,35 milliards d'habitants. Il lui a fallu plus de 2 millions d'années – depuis ses origines – pour atteindre cet effectif, mais, à cette date, il suffirait de 38 ans pour que cette valeur soit doublée, si le rythme actuel d'accroissement (1,8 p. 100 par an) se maintenait inchangé.

Cette formidable explosion démographique résulte essentiellement du fait que l'amélioration de l'hygiène publique dans les pays peu développés ne s'y est pas accompagnée d'une baisse significative de la natalité.

Les effectifs atteints dans de nombreuses régions posent dès à présent l'angoissant problème de l'adéquation entre le nombre d'hommes et la disponibilité des ressources naturelles indispensables à leur survie. De nos jours, l'eau nécessaire à l'irrigation des cultures fait déjà défaut dans plusieurs pays.

De plus, les besoins en terre de culture et en bois de chauffe de ces populations en expansion les contraignent à pratiquer une déforestation aux conséquences désastreuses.

Dans les régions à climat aride comme le Sahel, l'explosion démographique a conduit les populations pastorales à exercer un surpâturage extrême, cause d'une aridification et d'une désertification croissantes.

Enfin, la prolifération démographique, au travers des dommages qu'elle induit par cette surexploitation de la nature et de ses ressources, provoque une perte accélérée de la diversité génétique dans le monde animal et végétal : au rythme actuel de destruction des forêts pluvieuses tropicales, plus de 2 millions d'espèces vivantes pourraient disparaître au cours des deux prochaines décennies.

A

A. **POPULATION ET RESSOURCES**

Entre 1980 et 2020, les effectifs de l'humanité auront doublé, tandis que la forêt et les terres cultivables auront décru. Cette évolution inverse souligne la gravité du problème de la régulation des naissances dans les pays en voie de développement.

B

B. **AGRICULTURE INTENSIVE**

Cette vue aérienne des grandes plaines du Middle West aux États-Unis illustre parfaitement le type d'agriculture industrialisée et intensive des pays occidentaux, grande dévoreuse d'énergie et cause d'une forte pollution diffuse à cause des engrais chimiques et des pesticides. Cette intensification incessante de l'agriculture conduit lentement à une contamination irréversible des sols cultivés et risque de compromettre de façon inéluctable leur fertilité.

C. **POLLUTION DANS L'HÉMISPHÈRE NORD**

La distribution de la pollution atmosphérique sur l'hémisphère Nord est représentée en pointillés de densité variable selon son intensité (par exemple, on voit que les zones océaniques sont les plus exposées à la pollution par les hydrocarbures). On remarque une extension maximale de la pollution de l'air au-dessus de certaines zones particulièrement industrialisées.

C

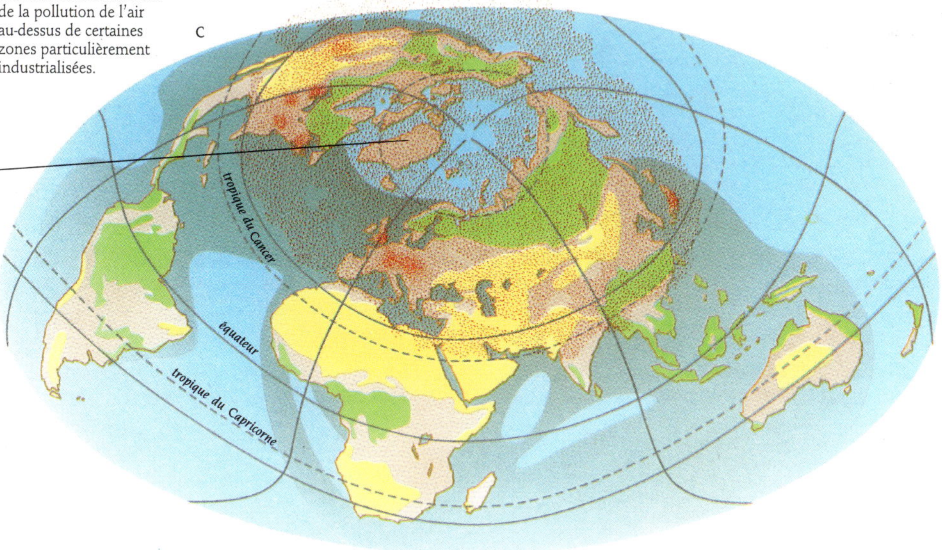

« Brouillard arctique »

Les zones polaires boréales sont elles-mêmes affectées par un voile de pollution permanent découvert au début des années 1980.

zones désertiques
zones de forets
pollution atmosphérique
pollution des océans

LA DESTRUCTION DES MILIEUX NATURELS

La destruction des écosystèmes terrestres et aquatiques va en s'amplifiant. En milieu continental, la première cause de cette destruction provient du défrichement des milieux naturels pour leur mise en culture. À cela s'ajoutent l'incendie accidentel ou délibéré de la végétation et l'assèchement des zones humides (marécages et lagunes côtières). Par ailleurs, les exploitations minières, l'industrialisation et l'urbanisation, la construction de voies de communication contribuent aussi à l'anéantissement de nombreux habitats situés initialement en zones reculées.

LES POINTS SENSIBLES

DES ÉCOSYSTÈMES VULNÉRABLES

■ La déforestation constitue de nos jours la plus préoccupante cause de destruction d'écosystèmes naturels ou peu modifiés par l'homme. Les forêts pluvieuses tropicales sont les plus menacées, mais les forêts tempérées et boréales tant en Amérique qu'en Asie sont aussi souvent en danger par suite de leur surexploitation. Le rythme actuel de déforestation excède 200 000 km² par an. Comme les forêts tropicales couvrent environ 10 millions de km², elles risquent de disparaître en totalité au cours du prochain demi-siècle si ce rythme se maintient.

Les zones humides constituent également un type d'habitat particulièrement vulnérable. Pendant des siècles, l'homme a entrepris de les assécher pour les mettre en culture, en omettant le rôle fondamental qu'elles jouent dans la régulation du cycle de l'eau. Les tourbières sont menacées car transformées systématiquement en plantations de conifères dans de nombreux pays d'Europe atlantique.

Les écosystèmes côtiers, en particulier les dunes en milieu terrestre et les grands herbiers de phanérogames marines, sont aussi très menacés par l'urbanisation littorale. Il en est de même, dans les zones tropicales, pour les récifs coralliens, mis en danger par les aménagements touristiques et la pollution des eaux côtières.

LE GÉNOCIDE DES ESPÈCES VIVANTES

DE L'AUROCHS AU GRAND PINGOUIN

■ Les effets conjugués des prélèvements excessifs effectués dans les populations de certaines espèces végétales et animales (chasse en particulier) et de la destruction des écosystèmes conduisent à un véritable génocide des espèces vivantes. Si l'extinction des espèces est un processus naturel de l'évolution (on estime que 99 p. 100 des espèces qui ont peuplé la Terre ont aujourd'hui disparu), l'homme a grandement accéléré son rythme. Depuis les débuts des temps modernes, plusieurs dizaines d'espèces d'oiseaux et de mammifères ont disparu du fait de l'homme et d'autres ont été conduites aux frontières de l'extinction. Citons, entre autres, l'aurochs, la rhytine de Steller, le zèbre couagga, le thylacine, ou loup de Tasmanie, et le dodo de l'île Maurice.

Le cas des bisons mérite d'être souligné. Alors qu'il en existait sans doute 100 millions d'individus dans les grandes plaines américaines avant l'arrivée des Européens, il n'en subsistait plus que quelques milliers, dont 360 individus dans le parc de Yellowstone lorsqu'il fut créé en 1872 pour les protéger.

LE RYTHME D'EXTINCTION DES ESPÈCES

L'extinction des espèces, compensée par l'apparition d'espèces nouvelles, fait certes partie des processus naturels de l'évolution. L'action de l'homme s'est cependant traduite par une accélération impressionnante du rythme d'extinction.

Ainsi, alors que les paléontologues comptent la disparition d'une espèce tous les 50 à 100 ans depuis le début de l'ère primaire, l'homme a fait disparaître 151 espèces de vertébrés supérieurs en 400 ans, soit une espèce tous les 2,7 ans.

En réalité, les vitesses d'extinction actuelles et à venir sont bien supérieures à ces valeurs et se traduisent déjà par un fort appauvrissement de la faune et de la flore. L'Union internationale pour la Conservation de la nature et de ses ressouces (U.I.C.N.) estime que quelque 25 000 espèces de plantes supérieures auront disparu entre 1980 et 2010. On a pu estimer que les destructions prévisibles dans les forêts pluvieuses tropicales au cours des 20 prochaines années provoqueraient la disparition d'au moins 500 000 espèces vivantes. Pour l'ensemble de la communauté vivante de la planète, certains spécialistes suggèrent que 30 p. 100 du nombre total des espèces pourraient disparaître au cours du prochain demi-siècle.

A

A. **MENACES SUR LA FORÊT TROPICALE**
Dans ce sous-bois de la réserve de Marenco (Costa Rica), on remarque la complexité de la stratification végétale, liée au grand nombre d'espèces de tailles fort diverses qui y croissent. Cet écosystème fragile renferme de nombreuses espèces rendues particulièrement sensibles par leur localisation géographique réduite.

B

B. **MILIEUX CÔTIERS**
L'urbanisation du littoral à des fins touristiques constitue, avec d'autres aménagements, une cause majeure de dégradation, voire d'anéantissement absolu des milieux côtiers particulièrement fragiles, tels les habitats dunaires de la côte du Languedoc, qui ont été en grande partie détruits par les constructions de stations balnéaires (Cap-d'Agde), quand ils ne l'étaient pas par les pollutions (marées noires et proliférations d'algues).

C

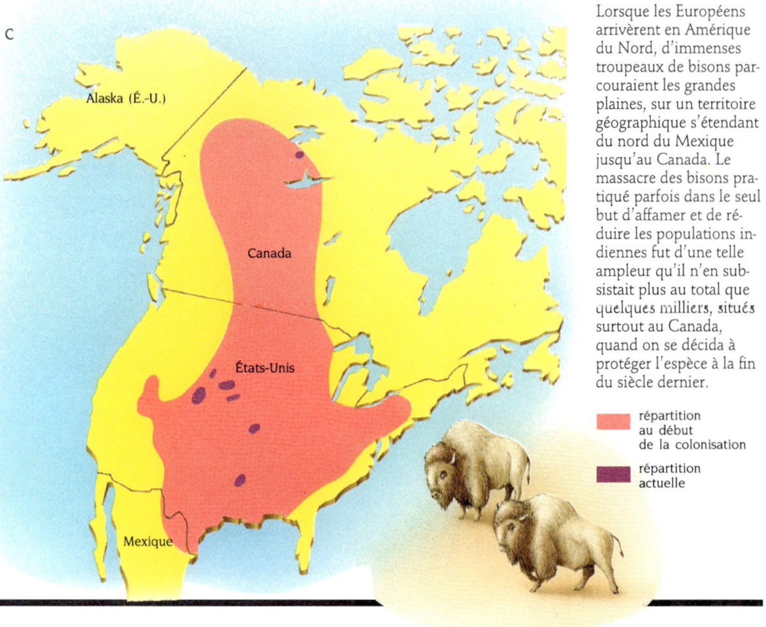

C. **RÉGRESSION DES BISONS AUX ÉTATS-UNIS**
Lorsque les Européens arrivèrent en Amérique du Nord, d'immenses troupeaux de bisons parcouraient les grandes plaines, sur un territoire géographique s'étendant du nord du Mexique jusqu'au Canada. Le massacre des bisons pratiqué parfois dans le seul but d'affamer et de réduire les populations indiennes fut d'une telle ampleur qu'il n'en subsistait plus au total que quelques milliers, situés surtout au Canada, quand on se décida à protéger l'espèce à la fin du siècle dernier.

LES DÉCHETS

LES ORDURES MÉNAGÈRES

LES DÉCHETS QUOTIDIENS

■ LA COMPOSITION des ordures ménagères peut varier largement dans le temps et dans l'espace : un individu jette en moyenne 350 kg d'ordures par an dans les pays industrialisés et 100 kg dans les pays en voie de développement. On a assisté à une augmentation considérable de la quantité des ordures au fil des ans : 265 kg par personne et par an à Paris en 1958 et plus de 470 kg dans les années 1980.

Le traitement des déchets est de la responsabilité des municipalités et le premier stade est celui de leur ramassage, ou collecte ; celui-ci est devenu, dans les dix dernières années, de plus en plus technique, avec pour objectifs majeurs l'hygiène, la discrétion et la sécurité du personnel.

La mise en décharges contrôlées. Ces décharges sont classées en fonction de leur perméabilité. Elles doivent avoir un fond totalement étanche, naturel comme l'argile ou artificiel comme le film de polyuréthanne, pour éviter le lessivage des détritus par les eaux de pluie et la pénétration du « jus de décharge » dans la nappe phréatique. Malgré ces normes, tous les pays possèdent leurs lots de décharges sauvages et le fameux syndrome NIMBY (*Not In My Back Yard* : « Pas dans mon jardin ») de l'opinion publique rend toujours plus difficile la tâche de trouver un nouveau site de décharge d'ordures ménagères.

L'incinération. C'est une technique assez ancienne (le premier four ayant été installé en 1865). L'incinération est une source de pollution atmosphérique par la libération d'une quantité de métaux lourds (plomb, mercure, zinc) et de gaz chlorhydrique. Les normes législatives réclament aujourd'hui des mesures de dépoussiérage et de déchloruration. Reste enfin le problème de l'élimination des cendres de combustion, « déchets des déchets » hautement toxiques car concentrés.

Le compostage. Cette technique récente consiste à séparer les matériaux inertes des parties putrescibles pour une réutilisation en agriculture. Le compostage est facilité par un tri sélectif et un recyclage préalables de certains matériaux (verre, plastique).

POISON À LOVE CANAL

En s'installant dans leurs maisons nouvellement construites, les résidents de la zone pavillonnaire de Love Canal dans l'État de New York, près de Niagara Falls, ne se doutaient pas que sous leurs pieds se décomposaient 21 000 tonnes de déchets toxiques entreposés par la compagnie Hooker Chemical and Plastics Corp. plusieurs années auparavant (entre 1942 et 1953) et recouverts par de la terre arable.

En 1978, les odeurs inquiétèrent les résidents. Ce n'est qu'en 1980 que l'on conseilla aux femmes enceintes et aux enfants de moins de 2 ans de quitter le secteur contaminé. À la fin de 1984, l'État de New York accordait à l'ensemble des résidents 20 millions de dollars de dommages et intérêts. Une étude a montré que 25 p. 100 des enfants nés sur le site de Love Canal souffraient d'anomalies.

L'AGRICULTURE ET L'INDUSTRIE

UNE PRODUCTION SANS CESSE ACCRUE

■ LES DÉCHETS AGRICOLES ORGANIQUES représentent une forte proportion de la masse totale de déchets : plus de 70 p. 100 dans certains pays européens, 80 p. 100 aux États-Unis. Sous-produits des récoltes ou déjections animales, ils proviennent aussi des industries agroalimentaires et des boues de stations d'épuration. Dans les régions d'élevage intensif hors sol, les déjections animales peuvent atteindre des centaines de milliers de tonnes par jour et avoir des conséquences catastrophiques sur les sols : les eaux de ruissellement emportent avec elles le trop-plein des fosses, surchargeant ainsi les nappes phréatiques en matières azotées et augmentant la teneur en nitrate des eaux locales au-delà des normes de santé autorisées.

Les déchets industriels. Environ 400 millions de tonnes de déchets industriels sont produites dans le monde, dont près de 60 p. 100 par les seuls États-Unis. Ces déchets sont généralement classifiés en trois catégories.

Les *déchets « inertes »*, les plus importants en volume par rapport à la production totale, sont représentés par les terrils miniers, les déchets de carrières, les déblais et les gravats. Encombrants mais ne posant pas de problèmes de toxicité, ils sont incinérés ou mis en décharge contrôlée.

Les *déchets « banals »*, assimilables aux ordures ménagères, mais à l'échelle industrielle, peuvent être traités comme tels dans des décharges contrôlées ou être incinérés.

Les *déchets spéciaux* de l'industrie sont caractérisés par la présence d'éléments nocifs en concentration variée.

Parmi ces déchets spéciaux, certains sont qualifiés de déchets dangereux. Ils contiennent des éléments non-biodégradables ainsi que des matières explosives, inflammables, corrosives, infectieuses ou toxiques pour l'environnement (on parle de produits écotoxiques).

Souvent traités à l'intérieur même de leur lieu de production, ils peuvent l'être aussi dans des installations collectives : confinement dans des décharges contrôlées particulières, incinération dans des fours à ciment (pour les hydrocarbures, les goudrons, les solvants...), détoxication dans des centres de traitement physico-chimique.

Enfin, pour les déchets les plus toxiques, seule demeure la solution d'entreposage souterrain dans un site étanche et géologiquement sûr. En Europe, les anciennes mines de sel de Herfa-Neurode (Hesse, Allemagne) constituent un site de ce type.

A

Pays	Production en kg par habitant	Production nationale en million de t
États-Unis	744	178
Australie	681	10
Canada	635	16
Norvège	474	2
Pays-Bas	449	6,5
Danemark	423	2
Suisse	383	2,5
Grande-Bretagne	355	18
Japon	344	41
France	327	18
Allemagne	318	19
Suède	317	2,5
Espagne	275	10,5
Italie	263	15
Autriche	228	1,7
Portugal	211	2,5

A. **PRODUCTION D'ORDURES MÉNAGÈRES**

Ces chiffres, établis par l'O.C.D.E. (sauf pour la France : chiffres A.N.R.E.D.) montrent que les Américains sont les plus grands producteurs de déchets. Les disparités importantes qui apparaissent au niveau national (entre États-Unis et Australie, p. ex.) sont le résultat des écarts démographiques entre les pays.

B

Déchets	France	Indonésie (Jakarta)
Matières organiques	24 %	79,8 %
Papiers, cartons	32 %	8,0 %
Métal	4 %	1,4 %
Bois, caoutchouc	3 %	4,2 %
Textiles	3 %	2,4 %
Plastiques	7 %	3,7 %
Verre	10 %	0,5 %
Éléments fins	11 %	–
Autres	6 %	–

B. **TROUVÉ DANS LES POUBELLES...**

Une étude de la Banque mondiale a montré que le degré de développement des pays était inversement proportionnel au pourcentage de matières organiques trouvées dans les poubelles de leurs habitants. La part des papiers et des cartons (emballages) est aussi le signe du niveau d'industrialisation du pays.

C

C. **DÉCHARGE**

C'est dans les décharges que sont déposés les décombres et les immondices. Peuplées d'oiseaux et de petits mammifères, elles constituent un véritable écosystème artificiel. Là, les animaux trouvent la nourriture nécessaire à leur subsistance, comme dans cette décharge près de Marseille (France). Ces décharges d'ordures brutes, qui sont de simples mises en dépôt sans précaution particulière, sont maintenant interdites. Dans les décharges contrôlées, les déchets sont disposés en couches de 2 m d'épaisseur puis revêtus d'un matériau poreux (sable) qui laisse passer l'air. Dans les décharges compactées, les couches sont de l'ordre de 12 mètres.

LES DÉCHETS

L'ÉLIMINATION DES DÉCHETS

LE PROBLÈME DE L'AVENIR

■ LE COÛT DU TRAITEMENT EST LOURD : en Europe, 8 milliards de francs par an sont consacrés à l'élimination des déchets toxiques. Pour traiter une tonne de déchets contenant du PCB (composé chimique toxique), il faut compter 7 000 FF. Ainsi, ce traitement pose de graves problèmes qui retiennent l'attention depuis 1980. Nombreux aussi sont les pays sous-équipés, même parmi les pays développés : 20 000 décharges potentiellement dangereuses aux États-Unis, 35 000 sites contaminés en Allemagne (ex-R. F. A.), 4 300 aux Pays-Bas.

Les déchets voyageurs. Faute de pouvoir les traiter chez soi, pourquoi ne pas les exporter chez les autres ? La Suisse, par exemple, exporte entre 60 000 et 100 000 tonnes sur les 300 000 tonnes de déchets industriels qu'elle produit annuellement. En 1988, l'Italie essayait d'exporter ses déchets vers le Venezuela et l'Afrique : les fameux cargos-poubelles *Zanoobia* et *Karen-B* déclenchèrent un tel scandale que leur contenu fut réexpédié à leur destination d'origine et que le Parlement italien interdit toute exportation de déchets vers les autres pays de l'O. C. D. E. Il est facile d'imaginer que de telles pratiques d'exportation peuvent engendrer des abus et provoquer des accidents. Aussi, à l'invitation du Programme des Nations unies pour l'environnement (P. N. U. E.), 34 pays ont signé, en mars 1989, à Bâle, la Convention sur les mouvements transfrontières des déchets dangereux. Cette convention n'interdit pas ces transferts, mais réglemente les conditions d'emballage, d'étiquetage et de transport des déchets. Elle ne concerne pas les déchets radioactifs qui bénéficient d'un statut à part.

Les déchets radioactifs. Dans tous les pays, ils font l'objet d'une procédure particulière, gérée par une Agence nationale créée à cet effet. La gestion de ces déchets doit répondre à des normes de radioprotection des populations et des générations futures.

Issus de l'industrie nucléaire, des centres de recherche ou des hôpitaux, les déchets radioactifs peuvent se présenter sous forme gazeuse, liquide (lubrifiants, eaux de décontamination) ou solide (équipements, vêtements de protection contaminés).

Les effluents gazeux sont rejetés, après traitement physico-chimique, dans l'atmosphère par des méthodes de dispersion par de hautes cheminées à tirage forcé.

La dispersion des effluents liquides, préalablement traités, est plus difficile dans la mer que dans les rivières, où le courant est plus important. Si les taux de radioactivité des déchets, trop élevés, rendent cette dispersion impossible, on a recours à d'autres méthodes, comme la compression par des presses hydrauliques et le stockage dans des conteneurs en béton, ou, plus rarement, à l'incinération.

Le problème le plus aigu posé par les déchets nucléaires solides est celui de leur confinement, ou stockage. La « durée de vie », ou *période d'activité,* de ces déchets conditionne le type d'entreposage (vie courte : inférieure à 100 ans ; vie longue : supérieure à 1 000 ans). Les déchets de faible activité confinés dans des fûts de béton ou de métal sont stockés en surface (par exemple, en France, à l'usine de traitement de la Hague, qui couvre une superficie de 70 ha et qui est entrée en service en 1967). La pratique de l'immersion en pleine mer des déchets nucléaires à vie longue, très employée dans les années 1970, l'est de moins en moins, du fait de l'instabilité des milieux marins et de la pression qui y règne.

QUE FAIRE DES PILES BOUTONS ?

Quand il se trouve au contact de l'eau, le mercure se transforme en un poison toxique, le méthylmercure, qui n'est pas biodégradable. En 1957, les déversements de mercure dans la baie de Minamata au Japon avaient provoqué chez les riverains qui avaient consommé le poisson contaminé des cas de cécité, de surdité, de paralysie et avaient entraîné une centaine de malformations congénitales. Alors, que faire de ce poison potentiel, présent dans les piles boutons (entre 1 et 30 p. 100 de mercure par pile), qui alimentent les objets les plus courants, comme les calculettes, les montres, les appareils photo, les appareils médicaux pour malentendants, et qui est également présent dans les amalgames dentaires ?

Jusqu'à une période récente, ces piles boutons n'étaient pas récupérées : elles étaient jetées à la poubelle avec le reste des ordures ménagères. En France, un programme de récupération et de collecte des piles boutons chez les horlogers et les photographes a été lancé au milieu des années 1980. L'Agence nationale pour la récupération et l'élimination des déchets (« Les Transformeurs ») est à l'origine de cette initiative. Malheureusement, ce programme s'est heurté à des problèmes de débouchés dus à une très faible valeur marchande du métal. En effet, entre 1980 et 1983, le prix du mercure est passé de 65 à 39 Francs.

Dans l'attente d'un accord avec des industriels et d'une meilleure maîtrise des procédés de traitement, les piles boutons sont stockées.

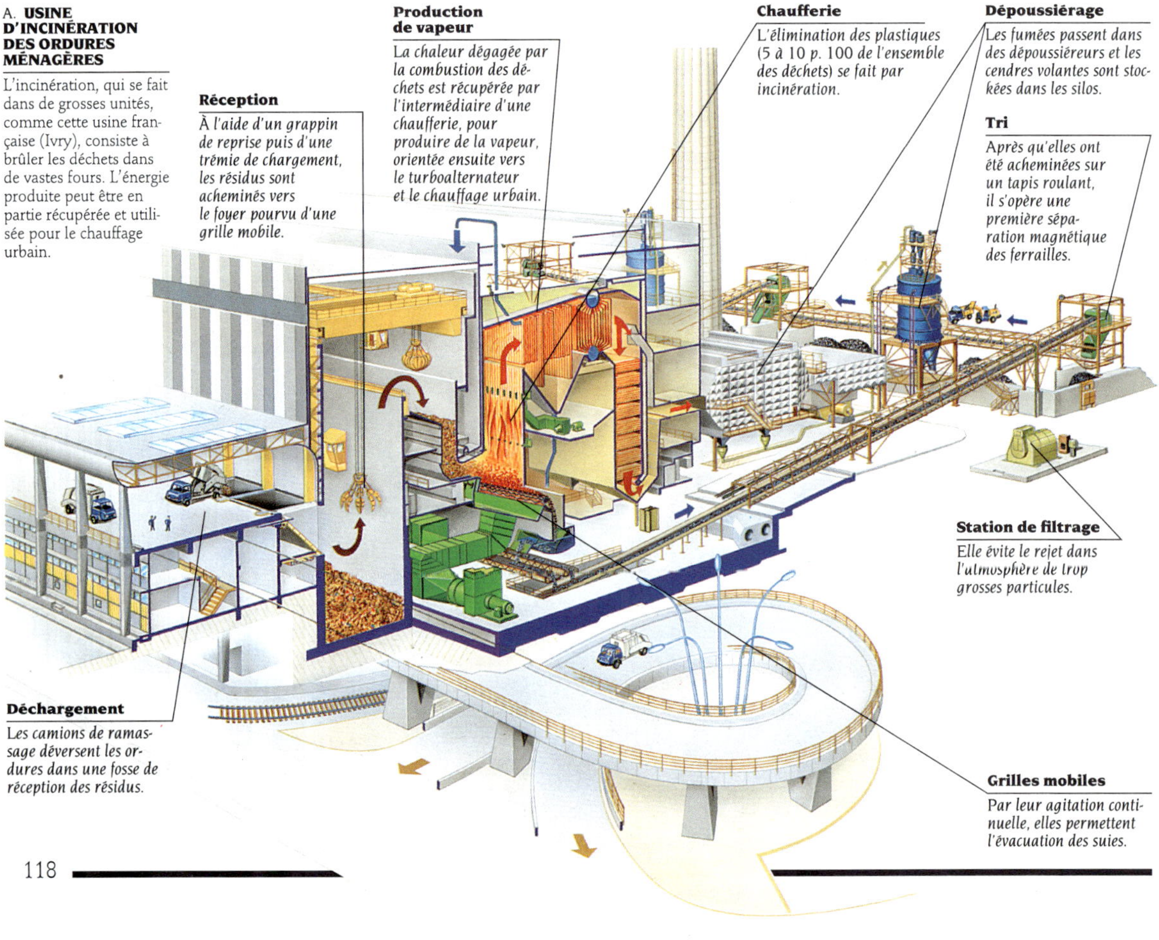

A. **USINE D'INCINÉRATION DES ORDURES MÉNAGÈRES**

L'incinération, qui se fait dans de grosses unités, comme cette usine française (Ivry), consiste à brûler les déchets dans de vastes fours. L'énergie produite peut être en partie récupérée et utilisée pour le chauffage urbain.

LES MOUVEMENTS ÉCOLOGISTES

APPARUS AU XIXe SIÈCLE, sous la forme d'associations de protection des animaux et des espaces naturels, les mouvements écologistes ont aujourd'hui accru leur ampleur, diversifié et amplifié leurs moyens d'action, pour jouer un rôle appréciable sur la scène sociale et politique.

■ Certaines civilisations ont voulu asservir la nature, la dominer, d'autres n'ont pu ou voulu que s'y adapter. Les propos d'un Buffon (1784) comparés à ceux prêtés à Seattle (1854) illustrent bien ces différences de conception et de comportement. Pour le premier, la nature n'est faite que de « tristes contrées où l'homme n'a jamais résidé, servant de repaires aux animaux immondes.[...] La nature brute est hideuse et mourante ». Elle n'est belle que « cultivée par les soins de l'homme ». Il en va différemment pour le second, chef des Dwamish, confronté à l'avidité des colons européens : « Nous faisons partie de la Terre et elle fait partie de nous. Les fleurs qui sentent si bon sont nos sœurs, les cerfs, les chevaux, les grands aigles sont nos frères.[...] L'homme blanc ne comprend pas notre façon de voir.[...] La Terre n'est pas sa sœur, mais son ennemie.[...] Il traite sa mère, la Terre, et son père, le Soleil, comme des choses qu'on peut acheter, piller et vendre comme des moutons.[...] Son appétit va dévorer la Terre et ne laisser qu'un désert. » Rousseau (1712-1778) ou von Humboldt (1769-1859), chantres de la nature sauvage, permettent à des idées nouvelles de s'affirmer. L'explosion, au XIXe siècle, d'un progrès technique censé pouvoir apporter réponse à tout ne fait plus de la nature une mère nourricière qu'il faut respecter. Seuls quelques naturalistes s'inquiètent. Il faudra attendre les lendemains de la Seconde Guerre mondiale pour que l'on se rende compte que la destruction de la nature est un phénomène qui touche peu à peu l'ensemble de la planète et dont les causes sont l'explosion démographique et les modèles de développement de la société industrielle occidentale. Comme l'écriront, en 1987, Gro Harlem Brundtland et Mansour Khalid, responsables de la Commission mondiale sur l'environnement et le développement des Nations unies : « Nous empruntons un capital écologique aux générations à venir, en sachant pertinemment que nous ne pourrons jamais le leur rembourser. Nous agissons de la sorte parce que nous n'avons pas de comptes à rendre : les générations futures ne votent pas, elles n'ont aucun pouvoir politique ou financier, elles ne peuvent s'élever contre nos décisions. »

L'écologie et l'environnement sont maintenant présents dans le discours de bien des responsables politiques, mais les actes ne suivent pas. C'est la raison pour laquelle, prolongeant l'action des mouvements de protection de la nature, un courant politique se développe, celui des Verts. Il s'inscrit dans la lignée des scientifiques et penseurs comme René Dubos ou Michel Serres qui prônent le retour à la nature et l'adjonction au contrat exclusivement social d'un contrat naturel de symbiose et de réciprocité.

A. Saint François d'Assise.

B. Manifestation contre des aménagements en terre Adélie.

De François d'Assise à Greenpeace

François d'Assise (A) [1182-1226] prêchant aux oiseaux (fresque de Giotto) est en quelque sorte un précurseur qui développa durant sa vie une éthique de la nature. François d'Assise se voulait au sein d'un monde où vivraient en harmonie l'homme et la nature, en louange au Créateur. Cela impliquait que les créatures « frères » ou « sœurs » de l'homme soient traitées avec respect même si l'on en usait comme des bienfaits. Le pape Jean-Paul II a fait de François d'Assise le saint patron des écologistes en 1979, répondant à une proposition émise en 1966 par un historien américain. Protéger la nature, c'est aussi s'opposer à des aménagements destructeurs. Ici (B), en 1984, plusieurs associations (France-Nature-Environnement, Ligue pour la protection des oiseaux et Greenpeace) manifestent contre la construction par la France d'une piste aérienne en terre Adélie.

Au fur et à mesure qu'évoluaient les idées sur la nature, un mouvement protectionniste s'est constitué au XIXe siècle. Ses origines sont diverses : lutte contre la cruauté envers les animaux domestiques puis sauvages, prise de conscience de la dégradation de la nature, etc. L'intérêt pour les oiseaux a été l'un des moteurs de ce mouvement. En Angleterre, tout d'abord, où des citoyens indignés par les massacres de milliers d'oiseaux marins perpétrés par des chasseurs fondèrent dans les années 1850 un groupe qui sera plus tard l'une des racines de la puissante Royal Society for the Protection of Birds (RSPB), créée en 1889. Des massacres identiques en Bretagne provoqueront, en France, la création de la Ligue pour la protection des oiseaux (1912).

Le début des associations. En Californie, le Sierra Club, l'une des plus anciennes associations d'Amérique du Nord, est fondé en 1892 pour défendre des espaces naturels. Cette association engagera une lutte acharnée, en 1912-1913, contre le projet de barrage de Hetch Hetchy Valley, dans le nouveau parc national du Yosemite (1890), qui se situe sur le versant occidental de la sierra Nevada, dans la haute vallée du Merced. Le Sierra Club montrera la voie aux Français mobilisés, de 1969 à 1971, par la Fédération française des sociétés de protection de la nature (FFSPN, maintenant France-Nature-Environnement), pour combattre une amputation du parc national de la Vanoise, dans les Alpes.

Si l'objectif des associations est simple, maintenir ou restaurer un patrimoine naturel pour le transmettre aux générations futures, leurs modalités d'action sont multiples. Cette diversité tient autant à la nature de ce patrimoine qu'au fonctionnement des sociétés des pays concernés. Préserver un patrimoine naturel et son avenir en Europe occidentale, c'est bien souvent sauvegarder des ensembles hérités autant d'évolutions naturelles que d'activités humaines. Il peut être alors nécessaire de gérer, d'entretenir des liens subtils tissés entre la nature et l'homme depuis des siècles. Sauvegarder une forêt originelle de Tasmanie, du Brésil ou du Grand Nord canadien, ce sera surtout ne pas intervenir.

La phase législative. L'action des associations s'articule autour de deux axes : le contrôle des prélèvements sur les espèces et le maintien de la qualité des milieux. Pour cela, elles visent à obtenir des lois. On leur doit par exemple, dès 1869 en Grande-Bretagne, une loi sur la protection des oiseaux de mer et, en France, la loi sur la protection de la nature votée en 1976. Leur action peut dépasser le cadre national, telles les conventions internationales sur le trafic et le commerce des espèces sauvages menacées (1973), ou sur la conservation de la vie sauvage et du milieu naturel en Europe (1979).

Cette première phase législative étant acquise, il reste à faire appliquer les textes. C'est un travail de longue haleine car, bien souvent, la protection de la nature, œuvre d'intérêt général, heurte des intérêts privés ou corporatistes. Elle suppose que le long terme ne soit pas sacrifié au court terme. Les associations sont amenées à intervenir devant les tribunaux, voire à monter des réseaux pour pallier les insuffisances des pouvoirs publics. C'est le cas du réseau Traffic Interpol pour la protection de la nature, mis en place par le World Wildlife Fund ou Fonds mondial pour la nature (WWF) et par des associations nationales.

Action associative et éducation

Avec l'opération « 1 000 communes pour l'environnement » (B), lancée en 1987 par France-Nature-Environnement lors de l'année européenne de l'environnement, c'est une coopération entre associations de protection de la nature et municipalités qui est développée au niveau européen. En France, les associations membres de France-Nature-Environnement établissent des chartes avec les communes pour mener à bien des projets communs de protection et de gestion du patrimoine naturel (animation pédagogique sur la faune et la flore, aménagement de sentiers naturalistes...). La sensibilisation aux problèmes de l'environnement passe par l'éducation. C'est le but notamment de ces revues (A) qui, si elles s'adressent surtout aux jeunes, n'en font pas moins les délices des plus âgés...

Manifester pour sauvegarder (C). Cette manifestation fut organisée en 1990 par le comité Loire vivante, pour garder au dernier grand fleuve sauvage d'Europe sa beauté et ses multiples richesses biologiques.

A. Revues écologistes.

B. Logo de l'opération « 1 000 communes pour l'environnement ».

C. Une chaîne vivante pour la Loire.

Les associations se sont rendu compte que la protection réglementaire des espèces ne suffisait pas et qu'il fallait y joindre une maîtrise foncière pour maintenir les milieux. Celle-ci peut être obtenue en incitant les pouvoirs publics à créer des espaces protégés (réserves naturelles, parcs nationaux, etc.), comme l'ont fait « Natuurmonumenten » aux Pays-Bas (1905), Bund Naturschultz en Allemagne (1913) ou les Réserves naturelles et ornithologiques de Belgique (1951). Les associations, constatant l'inefficacité ou la lenteur de l'action de l'État, ont souvent lancé leur propre stratégie foncière grâce à des legs ou à des dons. Certaines mettent en place des formules transfrontalières comme, en France, le Conservatoire des sites lorrains (C.S.L.), qui, depuis 1985, achète et gère des terrains à l'aide de fonds récoltés en Allemagne, en Belgique et en France. Acquérir des terrains pour protéger la flore et la faune sauvages suppose d'en bien connaître la biologie et les causes de régression, ce qui conduit les associations à entreprendre des études sur l'évolution des populations sauvages et des milieux. L'un des moyens à leur disposition pour gagner des adhérents et sensibiliser l'opinion publique est l'édition d'ouvrages et de revues.

Les actions locales. Même si la prévention est leur principal souci, il faut aussi que les associations interviennent, localement ou dans le cadre de campagnes internationales, pour contrer des projets pouvant porter atteinte au patrimoine naturel ou pour infléchir des politiques aux effets négatifs pour l'avenir de l'humanité. Ce sont, par exemple, les campagnes engagées pour la défense de la Loire, la sauvegarde de l'éléphant d'Afrique, l'arrêt de la chasse aux cétacés et la préservation de l'Antarctique.

Lorsque la prévention n'est plus possible, il faut alors restaurer. Les associations s'attachent à reconstituer des milieux, à y réintroduire des espèces végétales ou animales qui en avaient disparu. Depuis quelques années, ces opérations se sont multipliées, surtout dans l'hémisphère Nord. Pour la restauration des milieux, plusieurs associations françaises conduisent avec succès des expériences de gestion utilisant des races anciennes de bétail rustique (bovins, équins, ovins). Ces opérations ont le double avantage de réhabiliter des milieux aptes à héberger une flore et une faune sauvages diversifiées et de préserver des races rustiques dédaignées par la production agricole moderne.

Pour mener à bien leurs projets, les associations ont besoin de moyens financiers. La part des fonds propres (cotisations des adhérents, dons et legs) par rapport aux fonds publics (lorsqu'il y en a) est très variable d'un pays à l'autre. C'est pourquoi le WWF, créé en 1961, outre les capitaux qu'il récolte grâce à un réseau de 28 sections nationales, bénéficie également du concours des associations avec lesquelles il travaille étroitement.

E. Nettoyage d'oiseau mazouté (Alaska, 1989.)

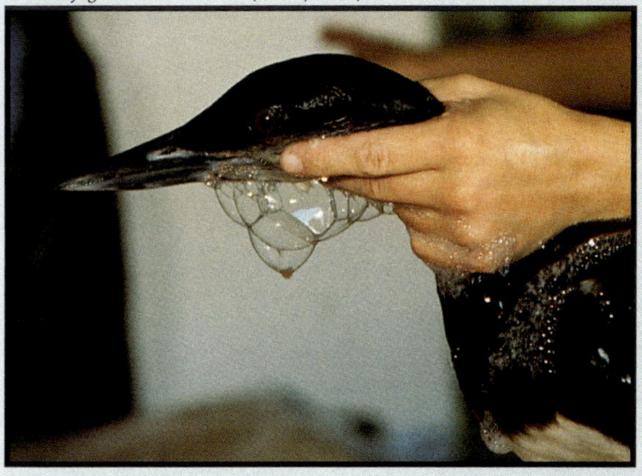

D. Réintroduction du lynx dans les Vosges.

Agir sur le terrain

Nettoyer et soigner les oiseaux mazoutés (E), trouvés en grand nombre après les marées noires comme celles de l'*Amoco Cadiz* (1978) en Bretagne et de l'*Exxon Valdez* (1988) en Alaska, sont des opérations délicates qu'accomplissent souvent des bénévoles.

Réintroduire les espèces dans leur milieu naturel (D). Chassé à l'excès, le lynx boréal avait disparu de l'est de la France. Au vu du succès d'une réintroduction effectuée en Suisse, le groupe *Lynx Alsace* a été le promoteur d'une opération identique dans les Vosges, qui a débuté, en 1983, grâce au soutien du WWF (F). Les animaux importés de Tchécoslovaquie sont identifiés et munis de colliers radioémetteurs avant d'être relâchés.

F. Logo du WWF.

Les Verts. « Je m'associe, quand je le peux, aux manifestations et aux activités des Verts et des écologistes. Dans l'arène politique, ils sont ceux qui voient loin. Ils se préoccupent de conserver à notre planète son habitabilité et sa beauté. » Ces propos de l'astrophysicien Hubert Reeves (*Malicorne : réflexions d'un observateur de la nature,* 1990) expliquent d'une certaine manière l'émergence des Verts. Depuis qu'en 1972 s'est créé en Nouvelle-Zélande le premier parti écologiste, des partis Verts sont nés en Europe, en Amérique du Sud, en Australie, etc. Recueillant des parts notables des voix à certaines élections (20 p. 100 en Tasmanie en 1989, 15 p. 100 en Grande-Bretagne, 14,4 p. 100 en Belgique, 10,6 p. 100 en France lors des élections européennes de 1989), ils peuvent peser sur la vie politique. Selon les pays, la sensibilité de l'électorat aux thèmes d'environnement et les modes de scrutin, cette naissance s'est faite plus ou moins précocement (R.F.A., *Die Grünen,* 1980 ; Belgique, *Ecolo* et *Agalev,* 1980 et 1982 ; Suède, *Miljöpartiet de Grona,* 1981 ; Danemark, *De Gronne,* 1983 ; France, *les Verts,* 1984 ; Suisse, *Parti écologiste suisse,* 1986, etc.). L'apparition des Verts est souvent liée à des luttes pour une meilleure qualité de vie, une gestion raisonnable des ressources naturelles, une politique du long terme. En Europe de l'Est, ces luttes et la création de groupes écologistes ont joué dans plusieurs cas (Arménie, Bulgarie, Pologne, pays Baltes) un rôle moteur dans les renversements de régimes totalitaires en place depuis des décennies.

Au-delà de motivations environnementales strictes s'expriment le désir d'une démocratie réelle, surtout au niveau local, le besoin d'autogestion, la remise en cause du productivisme, de la société de consommation, la lutte pour le maintien de la diversité et donc le soutien aux minorités, le pacifisme, le partage du travail, le refus du clivage traditionnel droite-gauche et la volonté de remplacer la concurrence sauvage par la solidarité, ce qui implique que les « riches » acceptent de diminuer, au profit des plus démunis, un train de vie qui fait régner l'inégalité entre individus et entre nations ; enfin, la lutte contre le gaspillage et l'égoïsme fait également partie des thèmes favoris des Verts.

Leur originalité est de proposer une vision globale du fonctionnement de la planète, où l'homme et la nature puissent garder leur place. Ils ont été les premiers, comme mouvement politique, à montrer l'incohérence d'un système qui n'intégrait pas ces réalités : la Terre est un espace fini, ses ressources sont épuisables, une technologie performante n'est pas automatiquement signe de progrès humain.

Dans ce contexte, le credo productiviste (croissance non seulement des consommateurs mais de la consommation individuelle) ne peut que conduire à un échec écologique, économique et social. Les Verts constatent que les formations politiques en place, quelles qu'elles soient, ne sont pas prêtes à abandonner ce credo. Ayant pour la plupart une longue expérience associative (en France, 73 p. 100 des adhérents et des sympathisants des Verts sont membres d'associations, dont 48 p. 100 s'occupent de protection de la nature), ils mesurent le fossé entre le verdissement récent du discours politique et la réalité de terrain. L'intérêt des élus pour « l'environnement et l'écologie » n'est trop souvent que badigeon préélectoral. C'est pourquoi les écologistes voulant une autre société se sont constitués en mouvement. Antoine Waechter, l'un des porte-parole des Verts français, illustre bien ce cheminement. D'origine rurale, très tôt confronté en Alsace à la destruction du patrimoine naturel, animateur d'associations locales puis régionales, doté d'une solide formation scientifique (doctorat en biologie animale), il comprend vite que les projets ou les gaspillages contre lesquels il lutte et le refus de solutions alternatives sont liés à des politiques du court terme. Élu au conseil régional d'Alsace, fréquentant le monde politique, il voit les effets d'un cumul des mandats qui conduit les élus de tous bords à vivre l'œil fixé sur des échéances électorales multiples, à ne pas s'intéresser au long terme et à s'en remettre aux choix d'une technocratie envahissante.

La seule issue pour l'avenir restait alors d'édifier un mouvement autonome « ni de droite-ni de gauche ». □

A. Logo des députés « verts ».

B. Parlement européen à Strasbourg (France.)

Des Verts dans le Parlement européen

Depuis les élections européennes de 1989, un groupe « Vert » s'est constitué au Parlement européen (B). Il comporte 29 députés (sur les 518 que compte le Parlement). Sept pays y sont représentés (Allemagne, 7 ; Belgique, 3 ; Espagne, 1 ; France, 8 ; Italie, 7 ; Pays-Bas, 2 ; Portugal, 1).

La fleur de tournesol, symbole des Verts, vient sur leur «logo» se superposer aux douze étoiles de la Communauté économique européenne (A).

LES CATASTROPHES CLIMATIQUES

Qu'elles soient brèves ou prolongées, les catastrophes climatiques sont des phénomènes à caractère irrégulier ou accidentel. Il ne faut pas les confondre avec les extrêmes climatiques, qui sont des phénomènes habituels. Dans la région de Verkhoïansk (Sibérie orientale), par exemple, les températures inférieures à – 60 °C sont fréquentes en hiver. Dans la région du Cherrapunji (Bengale), il tombe généralement plus de 10 m d'eau par an. Les espèces vivant dans ces zones se sont adaptées à ces situations extrêmes. En revanche, les anomalies climatiques créent des situations exceptionnelles, qui déclenchent des catastrophes entraînant, dans les régions peuplées, de profonds bouleversements socio-économiques.

LA PLUIE

DÉFICIT OU EXCÈS

■ Les déficits pluviométriques prolongés surviennent de façon irrégulière, causant des catastrophes importantes. La sécheresse des années 1968-1988 en Afrique sahélienne, par sa rigueur et sa persistance, a profondément affecté l'agriculture et l'élevage. 100 000 personnes en sont mortes entre 1973 et 1974 dans le Sahel (du Tchad au Sénégal) et 60 000 entre 1982 et 1983 en Éthiopie. Cette sécheresse a contraint des millions de personnes à migrer vers des régions méridionales plus humides. D'autres régions situées entre les tropiques sont aussi touchées irrégulièrement par les sécheresses (Australie, Inde, Indonésie, sud de l'Afrique tropicale, etc.). En région tempérée, le déficit pluviométrique prolongé perturbe l'économie agricole et impose parfois un strict rationnement de l'eau (France, 1976). La sécheresse multiplie aussi les risques d'incendie de forêts et de landes.

Les fortes précipitations accidentelles sont à l'origine des inondations, qui entraînent souvent la mort de milliers de personnes. Elles peuvent toucher de nombreuses régions du monde, mais celles qui ravagent les régions peuplées de l'Inde et de la Chine sont les plus meurtrières. Durant l'été 1959, les inondations du nord de la Chine ont tué deux millions de personnes et celles du fleuve Yangzi Jiang (Yang-tseu-kiang), en 1931, ont fait un million de morts. Les régions tempérées ne sont pas épargnées, mais les pertes humaines sont rarement aussi lourdes (457 victimes à Lisbonne en novembre 1967). Dans les régions tempérées, les chutes de neige excessives provoquent des avalanches en montagne (5 000 morts dans la région de Huars au Pérou en 1941), et peuvent paralyser le trafic routier en plaine.

LE VENT

TEMPÊTES, TORNADES ET CYCLONES

■ Les tempêtes des régions tempérées, c'est-à-dire situées entre 35 et 70° de latitude, constituent un grand danger pour la navigation. La vitesse du vent en hiver peut atteindre 200 km/h. Dans les régions tropicales désertiques, les tempêtes transportent des milliers de tonnes de sable et sont responsables d'ensevelissements désastreux.

Les cyclones tropicaux, par la violence de leurs vents tourbillonnaires soufflant à plus de 200 km/h, sont à l'origine des plus importants dégâts et pertes humaines.

Les tornades et les trombes ont un caractère beaucoup plus local (diamètre : 100 à 1 000 m ; trajectoire : quelques kilomètres), mais les vents tourbillonnaires y sont aussi forts que dans les cyclones. C'est aux États-Unis qu'on en a observé le plus grand nombre (environ 1 000 par an), particulièrement dans le Middle West. Cependant, les tornades ne sont pas limitées au seul continent américain. Elles peuvent aussi se produire en Europe, en Inde, au Japon, en Afrique du Sud et en Australie.

LA TEMPÉRATURE

L'ACTION DU FROID EXCESSIF

■ L'arrivée d'air polaire, en hiver, sur les régions tempérées (vague de froid de janvier 1971 en Espagne, par exemple), néfaste pour la vie animale et végétale, perturbe la vie des populations humaines et entraîne une augmentation de la facture pétrolière. Les coups de froid tardifs au printemps sont préjudiciables à l'agriculture. Le froid excessif entraîne l'extension de la banquise et le gel des cours d'eau, bloquant ainsi des voies navigables.

A

Dates	Pays	Nombre de victimes
1739 (oct.)	Bangladesh	300 000
1876 (31.10)	Inde	215 000
1881 (08.10)	Indochine	300 000
1882 (06.06)	Inde	100 000
1942 (16.10)	Inde	40 000
1959 (27.10)	Mexique	15 500
1963 (29.05)	Pakistan	12 000
1965 (02.05)	Pakistan	30 000
1962 (05.10)	Inde	70 000
1970 (12.11)	Pakistan oriental	380 000
1981 (05.10)	Indochine	300 000

A. **CYCLONES MEURTRIERS**

Survenant le plus souvent à la fin de l'été ou au début de l'automne, ils se déplacent assez lentement, de l'est vers l'ouest, sur les océans, mais les vents tourbillonnaires soufflent souvent à plus de 200 km/h au voisinage du centre du cyclone (la vitesse-record du vent mesurée au sol est de 370 km/h). La prévision de leur trajectoire permet aujourd'hui de réduire les pertes en vies humaines, qui étaient très importantes dans le passé (plusieurs centaines de milliers de victimes) ; cependant, les dégâts matériels restent souvent inévitables et considérables.

B

B. **EFFETS D'UN CYCLONE**

Baptisé « Allen », ce cyclone dévasta le Texas en 1980, causant la mort de plus de 270 personnes. Les littoraux et les îles sont les plus menacés par les cyclones tropicaux, car les dommages causés par les raz de marée qui les accompagnent viennent s'ajouter aux effets directs du vent. Vers l'intérieur des terres, l'intensité du cyclone diminue rapidement, mais les énormes quantités de pluies déversées provoquent de graves inondations.

C

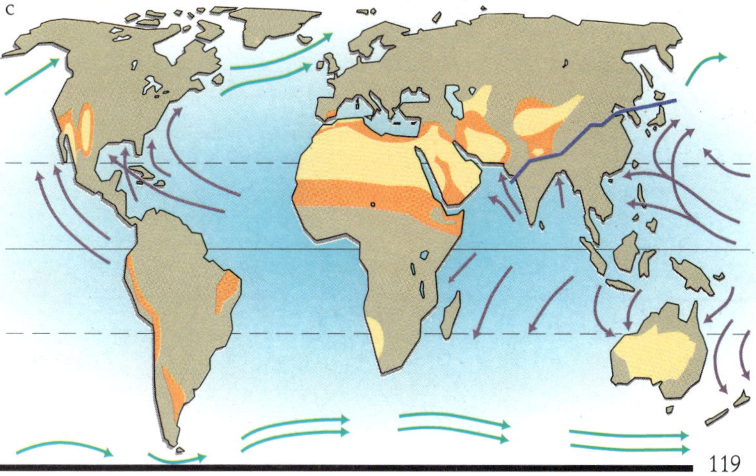

C. **RÉPARTITION MONDIALE DES CATASTROPHES CLIMATIQUES**

Les catastrophes climatiques sont plus importantes et plus spectaculaires dans les régions tropicales.
Les inondations les plus dramatiques se produisent dans les plaines densément peuplées de l'Asie.
À la périphérie des déserts s'étendent des zones où les précipitations sont faibles et très variables d'une année à l'autre. Ces régions, particulièrement en Afrique sahélienne, sont aujourd'hui gravement menacées par la désertification. Les tempêtes soufflent préférentiellement de l'ouest vers l'est sous les latitudes tempérées (35-70°), dans la zone où l'air polaire se heurte à l'air tropical.
Les cyclones tropicaux se déplacent de l'est vers l'ouest.

- régions désertiques
- régions menacées par la désertification
- trajectoire des tempetes des zones tempérées
- trajectoire des cyclones tropicaux
- région fréquemment exposée à de graves inondations

LES CATASTROPHES CLIMATIQUES

EL NIÑO

UN DÉRÈGLEMENT CLIMATIQUE AUX CONSÉQUENCES CATASTROPHIQUES

■ CE PHÉNOMÈNE APPARAÎT environ tous les 5 ou 6 ans (à la différence des autres anomalies climatiques, plus irrégulières), vers Noël - d'où son nom espagnol de « Corriente del Niño » (courant de l'Enfant-Jésus). Il s'agit d'un réchauffement du sud-est de l'océan Pacifique, bien connu des pêcheurs péruviens car il fait fuir les anchois, ruinant la pêche et induisant une mortalité élevée des oiseaux. Il s'accompagne de pluies torrentielles sur les régions côtières habituellement très sèches et de nombreux dérèglements climatiques. Un archéologue du Chicago's Field Museum, Michael Moscley, attribue même la chute d'un ancien royaume péruvien au terrible El Niño de l'an 1100, qui détruisit tout le système d'irrigation du peuple Chimu.

La circulation atmosphérique perturbée. En temps normal apparaissent des remontées d'eau froide venant des fonds de l'océan *(upwellings)*, et les vents d'est *(alizés)* soufflent vers l'ouest du Pacifique, se chargeant progressivement de vapeur d'eau. En arrivant sur l'Indonésie, ces vents libèrent leur humidité et il pleut beaucoup sur cette région. Cette circulation de l'atmosphère est connue sous le nom de *cellule de Walker,* en hommage à sir G. T. Walker, qui a démontré son existence en 1923. D'autres cellules, partiellement liées à celle du Pacifique, existent sur les autres régions intertropicales.

Lors d'un événement « El Niño » (encore appelé ENSO, *El Niño Southern Oscillation*), l'eau est plus chaude au large du Pérou, et la cellule de Walker est moins marquée. Elle peut même fonctionner en sens inverse, comme ce fut le cas en 1982-1983. Un vent d'ouest s'établit alors sur le Pacifique, les pluies sont abondantes sur l'ouest de l'Amérique du Sud et faibles sur l'Indonésie. Cette anomalie dure plusieurs mois ; elle entraîne une perturbation majeure de la circulation atmosphérique méridienne et un dérèglement climatique dont les conséquences sont dramatiques. Les origines de « El Niño » font encore l'objet de polémiques, car les relations entre l'océan et l'atmosphère ne sont pas suffisamment élucidées. Il est vraisemblable que tous ces phénomènes sont connectés.

SÉRIE NOIRE EN 1982-83

La fin de l'année 1982 et le début de l'année 1983 ont été marqués par de nombreuses catastrophes climatiques liées à « El Niño » : **Philippines,** sécheresse dans le sud du pays ; **Indonésie,** sévère sécheresse ; **Polynésie,** cyclones ; **Pérou (nord du pays),** 3 m d'eau en six mois et la ville de Chosica détruite par un torrent de boue ; **Salvador,** cyclone sur le littoral ; **Brésil,** pluies diluviennes ; **Argentine,** 20 000 km² de terres inondées ; **États-Unis,** tempête et fortes précipitations dans l'Utah, 500 tornades dans l'est du Texas. Le Mississippi déborde et inonde 240 000 ha de terres ; **France,** tempête. Inondations dans le Sud-Ouest et dans la vallée de la Saône ; **Espagne,** inondation dans le Pays basque ; **Afrique,** très grande sécheresse dans toute la région du Sahel et en Éthiopie ; **Inde,** sécheresse sur une zone où vivent 260 millions de personnes ; **Australie,** sécheresse et tempêtes de sable ; **Japon,** cyclone ; **Chine,** inondations dans le Sud.

A

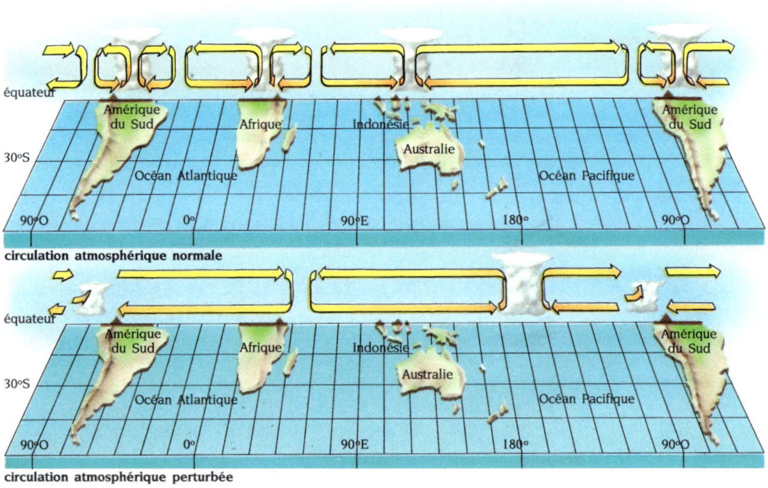

A. **EL NIÑO : PERTURBATION DE LA CIRCULATION ATMOSPHÉRIQUE**

Les zones d'ascendance de l'air se matérialisent par des nuages du genre cumulo-nimbus, donnant d'importantes précipitations. À l'opposé, les zones de descente de l'air sont associées à de faibles précipitations. Le mouvement horizontal de l'air se fait de la zone de descente à la zone d'ascendance en basse atmosphère et en sens inverse à haute altitude. On appelle ce phénomène l'« oscillation australe ».La circulation atmosphérique au niveau de l'équateur s'organise donc en zones (dites « cellules de Walker »). Environ tous les 5 ans, ce cycle est perturbé. La cellule de Walker du Pacifique se déplace, entraînant une modification des autres cellules et du climat de nombreuses régions, comme ce fut le cas en 1982-1983, où chacun des continents fut touché. Les effets climatiques liés à l'oscillation australe s'observent donc bien en dehors de l'océan Pacifique.

B

B. **SÉCHERESSE AU KENYA**

Les méandres asséchés du fleuve Tana au Kenya offrent une image spectaculaire de la sécheresse, une catastrophe naturelle qui correspond au maintien prolongé des ressources en eau au-dessous d'un seuil critique. Cette définition varie néanmoins selon les disciplines :
- pour le climatologue, la sécheresse est définie à partir de la quantité de précipitations et de la température de l'air, car l'évaporation issue des nappes d'eau et du couvert végétal augmente avec la température ;
- l'agronome, en plus des facteurs précédents, évalue les réserves hydriques superficielles, qui dépendent des propriétés physiques du sol ;
- l'hydrologue, lui, tient compte des facteurs précédents ainsi que de l'état des nappes phréatiques et du ruissellement superficiel.

LES CATASTROPHES EXTRATERRESTRES

A

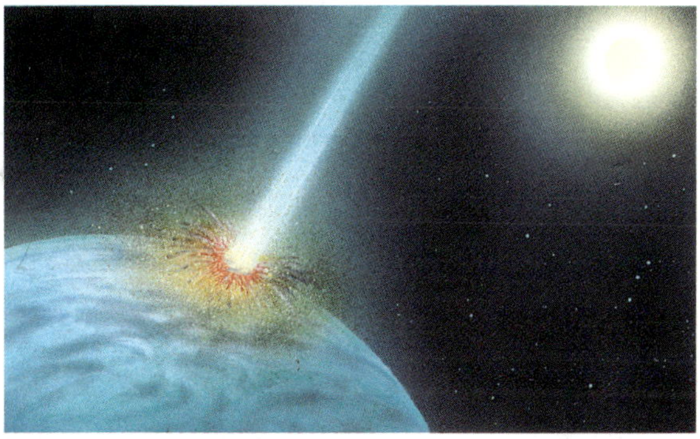

C

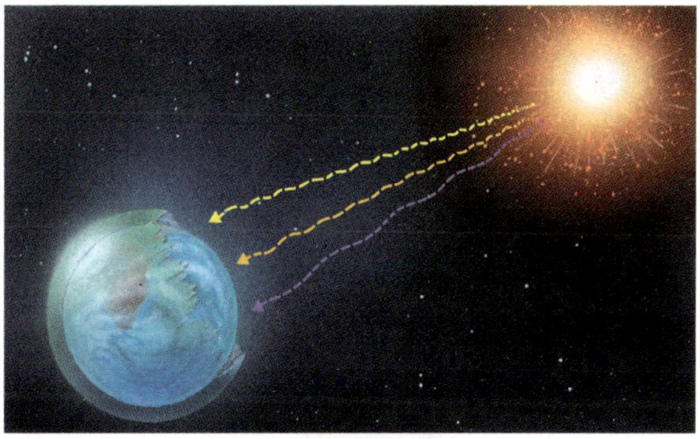

B

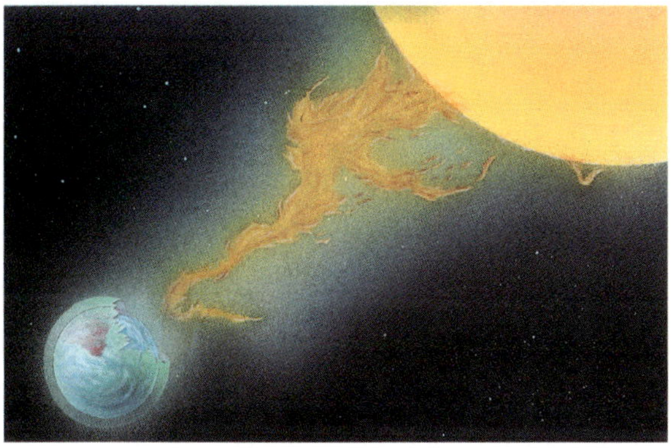

D

A. B. C. D. **QUATRE MENACES EXTRATERRESTRES**

Si un astre errant (comète, astéroïde ou grosse météorite) percutait la Terre, le choc serait comparable à une très forte explosion nucléaire (A).
Une protubérance solaire géante (B) ou l'explosion d'une supernova (C) pourraient s'accompagner d'un rayonnement intense, qui détruirait la couche d'ozone. L'irradiation des êtres vivants serait mutagène ou même mortelle. Un quatrième type de catastrophe (D) peut être envisagé si le système solaire entre dans un nuage de poussières cosmiques. Pendant la « traversée » (500 000 ans), l'absorption du rayonnement solaire provoquerait une baisse de la température équivalant à une nouvelle période de glaciation.

LES CATACLYSMES VENUS D'AILLEURS

EXPLOSIONS ET BOMBARDEMENTS

■ EN MOYENNE tous les cinquante millions d'années, un astéroïde de 10 km frappe la surface de la Terre, libérant une énergie égale à 3 milliards de fois la bombe d'Hiroshima, formant un cratère de 200 km et projetant 15 km^3 de poussières dans l'atmosphère ! Aux effets locaux immédiats (séismes, tsunamis, incendies gigantesques) succède, alors, en moins d'un an, la formation d'un nuage enveloppant la Terre entière et arrêtant 99 p. 100 des rayons solaires : la photosynthèse est bloquée, les chaînes alimentaires s'effondrent. Ce scénario a été proposé pour expliquer l'extinction (entre autres) des dinosaures à la fin du crétacé. Pour un astéroïde de 1 km (cratère de 20 km), la probabilité s'élève : 1 par million d'années en moyenne. En 1937, l'un d'eux passa à une distance égale au double seulement de la distance Terre-Lune...

Éruptions solaires et supernovae (durée : de 100 à 10 000 ans). Lors d'une phase paroxystique de son activité, le Soleil peut émettre des protubérances atteignant plusieurs millions de km. L'accroissement du rayonnement ultraviolet (U.V.) agit sur l'atmosphère (destruction de la couche d'ozone), les climats (réchauffement, élévation du niveau des mers) et les êtres vivants (mutations et cancers). L'explosion d'une étoile (supernova) à moins de 50 années-lumière (se produisant 1 ou 2 fois tous les 100 millions d'années) produit un intense flux de rayons X, alpha et gamma.

Nuage de poussières cosmiques (durée : de 10 000 ans à 1 million d'années ou plus). Lors de sa révolution autour du centre de la Galaxie, le système solaire traverse des nuages de matière interstellaire. Très ténus (de 1 000 à 10 000 atomes/cm^3), ces nuages font néanmoins écran aux rayons du Soleil, et la Terre se refroidit peu à peu. Le Soleil, en absorbant les poussières, augmente sa masse : les réactions thermonucléaires y sont amplifiées et les climats terrestres sont d'autant plus perturbés.

Des catastrophes périodiques ? Volcanisme, géomagnétisme, niveau des mers, climats, impacts d'astéroïdes, extinctions biologiques... Beaucoup de ces phénomènes suivent la même double périodicité : un cycle « court » (28-35 millions d'années), qui coïncide avec les oscillations du système solaire par rapport au plan galactique, et un cycle long (250 millions d'années), qui correspond à la durée d'une révolution complète du système solaire autour du centre de la Galaxie.

GRANDS ASTROBLÈMES (témoins d'impacts météoritiques majeurs)

Site	Région	Diamètre	Âge présumé
Wolf creek	Australie occ.	950 m	100 000 ans
Meteor crater	Arizona, États-Unis	1 200 m	49 000 ans
Nordlinger Ries	Allemagne	2,4 km	14,8 millions d'années
Cratère du Nouveau-Québec	Québec, Canada	3 km	Moins de 200 millions d'années
Steinheim	Allemagne	3,4 km	14,7 millions d'années
Flynn creek	États-Unis	3,8 km	360 millions d'années
Crooked creek	États-Unis	5,6 km	320 millions d'années
Kelouga	Russie	15 km	360 millions d'années
Elgygytgyn	Sibérie orient.	16 km	Moins de 200 millions d'années
Lac Krasnoïe	Sibérie orient.	18 km (Profondeur 180 m)	1 million d'années
Rochechouart	Haute-Vienne, France	20 km	160 millions d'années
Lac à l'eau claire	Québec, Canada	30 et 20 km (Cratères jumeaux)	Plus de 200 millions d'années
Manson	Iowa, États-Unis	32 km (masqué par des dépôts glaciaires)	De 60 à 70 millions d'années (?)
Charlevoix	Canada	46 km	360 millions d'années
Siljan	Suède	52 km	365 millions d'années
Montagnais	Océan Atlantique (Nouvelle-Écosse, Canada)	60 km	50 millions d'années
Popigaï	Sibérie septentr.	70 km	39 millions d'années
Lac Manicouagan	Québec, Canada	75 km	210 millions d'années
Sudbury	Ontario, Canada	100 à 150 km	Plus d'un milliard d'années (?)
Vredefort	Afrique du Sud	200 km	De 1,8 à 2,1 milliards d'années
Région du lac Tengiz	Kazakhstan	650 km (?)	425 millions d'années

LES CATASTROPHES TELLURIQUES

LE VOLCANISME

DES IMPACTS SUR LE CLIMAT

■ AU COURS DES QUATRE derniers siècles, quelque 500 éruptions volcaniques ont été dénombrées, qui ont provoqué la mort de plus de 300 000 personnes. Si ce nombre paraît relativement faible, l'importance du phénomène est considérable par suite de son impact écologique, en particulier climatique.

Parmi les 440 volcans actifs que l'on dénombre à l'heure actuelle, certains sont situés en des zones très peuplées et présentent un danger permanent pour les populations voisines. C'est le cas de l'Indonésie et d'autres pays du tiers-monde au volcanisme important et où l'explosion démographique conduit les ruraux sans terre à défricher les flancs même de volcans actifs ! Les volcans les plus dangereux sont ceux de type « péléen », susceptibles de produire des éruptions explosives accompagnées de l'émission de nuées ardentes, constituées par des gaz portés à très haute température.

Parmi les grandes éruptions historiques, celle du Tambora (Indonésie) en 1815 et celle du Perbuatan à Krakatoa (Indonésie) en 1883 eurent un impact planétaire. Ces éruptions provoquèrent des émissions de cendres et de roches volcaniques colossales ; plusieurs centaines de millions de tonnes de poussières furent introduites dans la stratosphère, induisant une baisse de 0,8 °C (Tambora) et 0,5 °C (Perbuatan) de la température moyenne terrestre.

LES SÉISMES

D'IMMENSES CATASTROPHES

■ LES TREMBLEMENTS DE TERRE représentent les plus redoutables catastrophes telluriques, compte tenu de leur impact sur les populations humaines qui les subissent. Pour mémoire, citons le séisme de Tangshan, en Chine populaire, dont on estime qu'il fit, en 1976, quelque 665 000 victimes.

Les tremblements de terre s'observent essentiellement dans les zones de rencontre entre les plaques continentales et les plaques océaniques de l'écorce terrestre. On observe des séismes de tous les degrés d'intensité, dont seuls les plus importants ont des conséquences dramatiques. Les effets d'un séisme d'une intensité donnée peuvent varier considérablement en fonction de circonstances définies (nature et résistance du sous-sol, type de construction, densité de population) ou fortuites (heure locale à laquelle s'est produit le séisme, habitudes de la population...). Compte tenu de la relative imprévisibilité des séismes avec les données techniques actuelles, la meilleure prévention consisterait à ne pas construire d'agglomérations urbaines dans les zones de failles actives, là où les risques sont maximaux. Malheureusement, cette règle est loin d'être respectée. Ainsi, la majorité de la population californienne se concentre dans la zone de la grande faille de San Andreas, à l'origine du séisme qui détruisit San Francisco en 1906, faisant 3 000 victimes.

AVALANCHES ET GLISSEMENTS DE TERRAIN

L'HOMME MIS EN CAUSE

■ DANS LES RÉGIONS montagneuses, l'instabilité des sols en pente ou des couches neigeuses peut déclencher des glissements de terrain ou des avalanches désastreuses, comme celle qui détruisit en 1962 la ville de Yungay au Pérou, provoquant la mort de plus de 20 000 personnes. Parmi les avalanches les plus meurtrières, il faut citer celles qu'ont connues le Tyrol (1916, plus de 10 000 victimes), Plurs, en Italie (en 1618, 1 500 victimes), ou encore Saint-Gervais (France, 1892, 200 victimes). Cependant, qu'il s'agisse d'avalanches ou de glissements de terrain, dans la majorité des cas, la cause initiale de ces catastrophes n'est pas naturelle, mais elle provient de l'action de l'homme, responsable du déboisement ou du surpâturage des zones d'altitude.

A

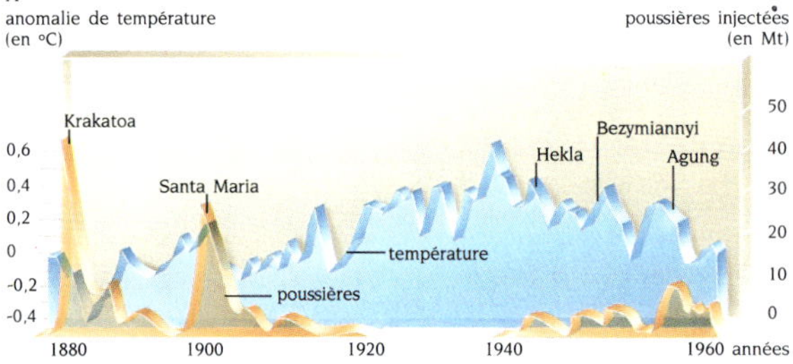

A. **VOLCANISME ET CLIMAT**

Il existe une corrélation entre les importantes éruptions volcaniques (mesurées en millions de tonnes de poussières envoyées dans la stratosphère) et la baisse de température moyenne terrestre, car les poussières constituent un écran pour le rayonnement solaire.

B

B. **GLISSEMENT DE TERRAIN DANS LES ALPES**

Les glissements de terrain résultent le plus souvent de la lubrification d'une couche argileuse par l'eau, ce qui provoque le cisaillement des couches situées au-dessus. Ce type de catastrophe constitue une conséquence spectaculaire de la dégradation du couvert végétal dans les zones montagneuses où existent des boisements ou des alpages installés sur de fortes pentes.

C

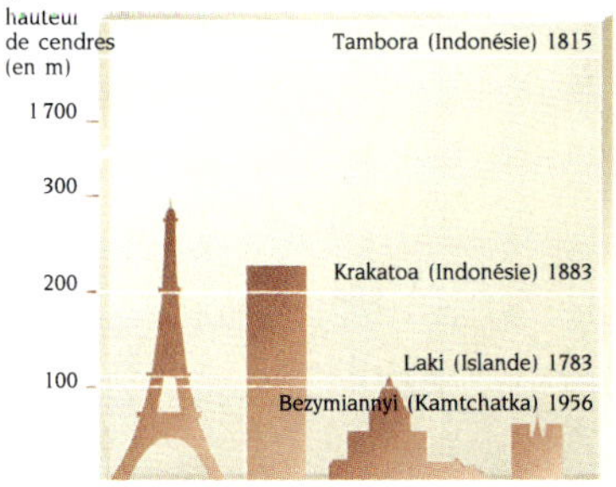

C. **IMPORTANCE DES ÉRUPTIONS**

Ce schéma donne une idée de l'importance des dépôts de roches éruptives laissés par quelques grandes éruptions volcaniques. Ces derniers sont supposés, ici, avoir été déposés sur la surface de Paris.

D

Nature	Localisation	Année	Nbre de victimes
Séismes	Tangshan (Chine)	1976	665 000
	Gansu (province de) (Chine)	1920	180 000
	Spitak (Arménie)	1988	> 100 000
	Messine (Sicile)	1908	160 000
Éruptions volcaniques	Tambora (Indonésie)	1815	88 000
	Krakatoa (Indonésie)	1883	40 000
	Nevado del Ruiz (Colombie)	1985	25 000
Avalanches	Sonjay (Pérou)	1962	20 000
Raz de marée	auj. Bangladesh	1970	300 000
Tsunami	auj. Bangladesh	1876	200 000

D. **LES CATASTROPHES GÉOPHYSIQUES**

Les séismes et les tsunamis, gigantesques vagues provoquées par un tremblement de terre sous-marin et dont plus des trois quarts sont recensés dans le Pacifique (un cinquième dans la Méditerranée et l'Atlantique), figurent au premier rang des catastrophes telluriques. Cependant, d'autres catastrophes géophysiques peuvent être à leur origine. Les raz de marée engendrés par des cyclones sont également susceptibles de provoquer un très grand nombre de victimes.

E

E. **AVALANCHE**

La coupe de la forêt dans la combe du second plan a provoqué la formation de ce couloir d'avalanches. Dans le massif des Aravis (Haute-Savoie, France), les arbres, détruits, ne peuvent plus jouer leur rôle de barrière naturelle. Par suite, les avalanches deviennent inévitables.

LES CATASTROPHES BIOLOGIQUES

PULLULATIONS ET MALADIES

L'ÉQUILIBRE ÉCOLOGIQUE DÉRÉGLÉ

■ IL EXISTE DE NOMBREUX exemples d'introduction d'espèces végétales ou animales ayant provoqué de véritables explosions de populations ; des pullulations aux conséquences désastreuses à l'échelle de continents tout entiers.

Citons en particulier l'introduction du phylloxéra de la vigne en Europe au siècle dernier, qui ruina la viticulture européenne. Ce minuscule puceron *(Phylloxera vastatrix)* est originaire d'Amérique du Nord, où il se développait sur des vignes sauvages. Son attaque est suivie de l'installation d'infections secondaires, dues à des micro-organismes, qui amènent la pourriture des racines. Mais les équilibres écologiques ne se dérèglent pas seulement sous l'action des introductions d'espèces animales. L'ajonc d'Europe par exemple, introduit en Nouvelle-Zélande, a envahi la plupart des pâturages.

Les pullulations d'espèces « nuisibles » sont toutes imputables à l'homme. Elles résultent de deux causes essentielles : l'explosion de populations autochtones, due à des perturbations écologiques, ou l'introduction d'une ou de plusieurs espèces dans des habitats éloignés de leurs régions d'origine, d'où sont absents les prédateurs et les parasites qui limitent normalement leurs effectifs. Ainsi, l'introduction à la fin du XIXe siècle de la cochenille australienne en Californie et dans le bassin méditerranéen provoqua des ravages dans les vergers d'agrumes.

Épizooties et épiphyties. L'importation de maladies épidémiques des végétaux cultivés (épiphyties) ou des animaux d'élevage (épizooties) représente un autre type de catastrophes biologiques aux conséquences redoutables. Ainsi, l'introduction du mildiou de la pomme de terre en Irlande, vers 1830, provoqua une famine qui fit périr 2 millions de personnes. Il en fut de même pour la peste bovine en Afrique, qui décima le cheptel domestique et les antilopes. Enfin, le cas de la myxomatose (maladie due à un virus), introduite intentionnellement en Australie, puis en Europe, pour limiter la prolifération des lapins, se traduisit initialement par une hécatombe dans les populations contaminées. Cependant, au fil du temps, des virus moins pathogènes apparurent, de sorte que le taux de mortalité baissa à chaque nouvelle apparition de l'épidémie.

INVASIONS EN AUSTRALIE

L'Australie est le continent qui a subi le plus grand nombre de catastrophes biologiques par suite d'introductions d'espèces. Celle du lapin fut particulièrement spectaculaire. En effet, cette espèce rencontra des conditions écologiques très favorables dans ce continent où n'existait aucun de ses ennemis naturels. Les douze couples de lapins de garenne introduits volontairement en 1862 avaient déjà donné une population de près de 1 milliard d'individus à la fin du siècle dernier. La dégradation du couvert végétal qui s'ensuivit fut irréversible. Elle provoqua une érosion considérable des sols mis à nu.

Une autre introduction aux conséquences désastreuses fut celle de deux espèces de cactus dans le Queensland : elles avaient envahi, au début des années 1920, une surface de 24 millions d'hectares, y interdisant tout usage agricole.

LA MORT DES LACS

LE PHÉNOMÈNE DE DYSTROPHISATION

■ LE REJET D'EAUX POLLUÉES ou d'eaux provenant du lessivage des engrais chimiques épandus dans les terres de cultures avoisinantes peut provoquer une perturbation de l'équilibre écologique des milieux aquatiques, en particulier des eaux stagnantes –étangs, lacs, lagunes.

Il en résulte une pullulation des algues planctoniques et des autres végétaux aquatiques. Leur accumulation, après leur mort, dans le fond du lac, provoque, par suite de leur dégradation bactérienne, une désoxygénation de l'eau. Il en résulte une élimination progressive des poissons, à l'exception de quelques espèces frustes qui arrivent à se maintenir dans les couches les plus superficielles. Quant aux poissons de la famille des salmonidés (truites, ombles, corégones), ils disparaissent peu à peu. Ainsi, dans le lac Léman, exposé à une dystrophisation insidieuse depuis le début de ce siècle, les prises de salmonidés ont décru, entre 1900 et 1980, de quelque 120 tonnes par an à moins de 1 tonne par an.

A

A. **JACINTHE D'EAU**

Originaire d'Amérique du Sud, cette plante aquatique *(Eichornia crassipes)* a été introduite, au début du XXe siècle, dans de nombreux cours d'eau et lacs des régions chaudes de l'Ancien Monde. Sa vigueur et son développement ultrarapide avaient attiré l'attention, car on y voyait une arme contre la pollution des eaux et une nouvelle source d'énergie (biomasse). En fait, elle s'avère un dangereux fléau qui obstrue les lacs, les canaux et les plans d'eau. En effet, elle recouvre entièrement la surface et constitue une gêne considérable pour la navigation, mais aussi pour l'équilibre écologique des communautés aquatiques perturbées par l'absence de lumière et d'eaux libres.

B

B. **COCHENILLE AUSTRALIENNE**

Les cochenilles sont des insectes de la famille des coccidés, appelés aussi « poux collants ». L'espèce *Pericerya purchasi* a envahi toutes les régions du monde qui lui sont climatiquement favorables. Aujourd'hui, elle se rencontre sur les végétaux uniquement quand son ennemi naturel, une coccinelle *(Rodalia cardinalis),* est absent. Cette coccinelle prédatrice a d'ailleurs été introduite en Australie et utilisée avec succès dans la lutte biologique contre la cochenille, ravageuse des agrumes.

C

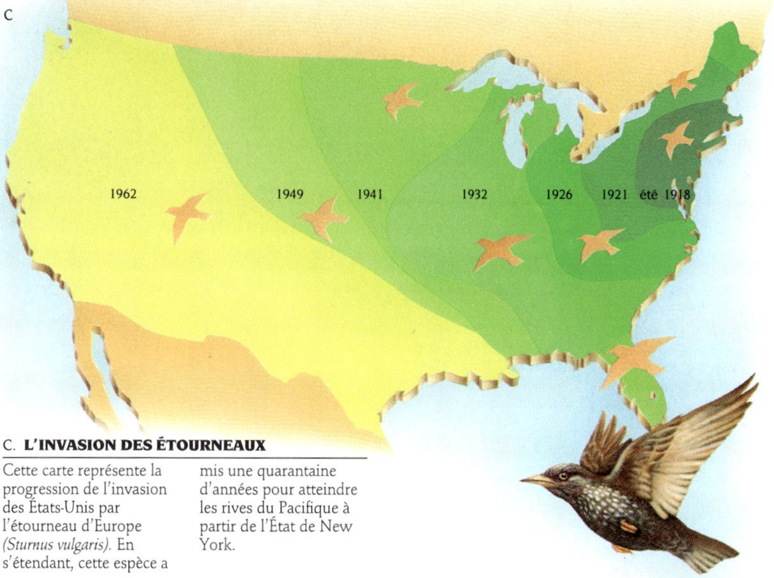

C. **L'INVASION DES ÉTOURNEAUX**

Cette carte représente la progression de l'invasion des États-Unis par l'étourneau d'Europe *(Sturnus vulgaris).* En s'étendant, cette espèce a mis une quarantaine d'années pour atteindre les rives du Pacifique à partir de l'État de New York.

L'HOMME FACE AUX CATASTROPHES

Il existe cinq principaux types de catastrophes : *géophysique* (séismes, volcanisme, glissements de terrains, avalanches, raz de marée), *climatique* (cyclones, froids exceptionnels, inondations, sécheresses), *anthropique* (action de l'homme sur le paysage, telle la déforestation), *démographique* (surpopulation) et enfin *technologique* (pollutions chimiques, désastres nucléaires). Or ces catastrophes, dont l'incidence va croissant, et même celles qui semblent entièrement « naturelles », incombent partiellement ou totalement à l'action de notre espèce.

LES RESPONSABILITÉS DE L'HOMME

CATASTROPHES NATURELLES OU PROVOQUÉES ?

■ Les produits chimiques fabriqués par l'industrie croissent en variété et en quantité, tandis que se développent des techniques aussi potentiellement redoutables pour l'environnement que celles du nucléaire. En outre, un examen attentif des causes d'augmentation du nombre de victimes de catastrophes réputées entièrement naturelles (séismes, volcanisme, raz de marée) ou de la fréquence de certaines d'entre elles (sécheresses, inondations) montre que l'homme y a sa part de responsabilité.

L'inégalité devant la catastrophe. Malgré leur caractère très aléatoire, les explosions volcaniques ou les séismes par exemple ne sont pas plus fréquents aujourd'hui qu'ils ne l'étaient autrefois. Simplement, le nombre d'hommes vivant dans des zones à risque géophysique s'accroît de façon exponentielle.

Comment s'étonner qu'un raz de marée fasse au Bangladesh 200 000 morts quand on sait que la partie inférieure du delta du Gange (à moins de 3 m d'altitude), inhabitée voici à peine un siècle, est aujourd'hui peuplée de millions de personnes ? Il n'est en définitive pas fortuit que l'accroissement de la fréquence apparente et du nombre de victimes des catastrophes réputées « naturelles » concerne essentiellement les pays sous-développés, ceux où sévit la funeste trilogie : explosion démographique, misère des populations et dégradation de l'environnement.

Ainsi, lorsque, dans les pays les plus développés, on compte une victime de catastrophe naturelle, on en dénombre, dans le même temps, 31 dans les pays à développement moyen, et 104 dans le groupe des pays les plus pauvres. Si en Europe les séismes font en moyenne 250 victimes, ce nombre est de 2 900 au Pérou, un des pays les plus pauvres d'Amérique latine.

Déforestation = inondations. La destruction du couvert végétal dans les pays réputés développés et dans les autres nations constitue la cause essentielle de l'augmentation du nombre d'inondations ou de sécheresses.

En Inde, par exemple, du fait qu'il n'existe pratiquement plus aucune forêt dans l'Himalaya au-dessous de 3 000 m d'altitude (alors qu'au début des années 1950 la forêt s'étendait dès le piémont, c'est-à-dire dès le secteur de plaines et de collines au pied de cette chaîne de montagnes), la fréquence des inondations a augmenté considérablement, affectant une surface qui est passée de 20 millions d'hectares en 1970 à 40 millions en 1980.

De même, on peut expliquer l'accroissement de la fréquence des sécheresses par la dégradation de la végétation, causée par le surpâturage et la coupe des arbres dans les régions à saison sèche prolongée.

A

B

A. B. **DE PLUS EN PLUS DE VICTIMES**

Conséquence de la déforestation irréfléchie qu'ont subie les flancs de l'Himalaya au cours des trois dernières décennies, la fréquence et l'étendue des inondations ont crû de façon spectaculaire pendant la même période. Celle de septembre 1989 a recouvert d'eau tout le delta du Gange jusqu'à la capitale du Bangladesh, Dacca (A). Dans le monde, sécheresses, inondations, séismes, comme ici à San Francisco (B) et tempêtes (cyclones, tornades) constituent dans l'ordre les principaux types de catastrophes par le nombre de personnes affectées. Ce nombre a atteint des proportions alarmantes au cours de la période 1960-1990. Ainsi, la mortalité, qui s'élevait au total à 22 300 personnes pour les années 1960 et à 114 080 dans les années 1970, approcherait le million pour la décennie 1980-1990. Ces chiffres sont à mettre en corrélation avec deux phénomènes : l'explosion démographique du tiers-monde et le fait que la plupart de ces pays sont situés dans des zones à risque.

C

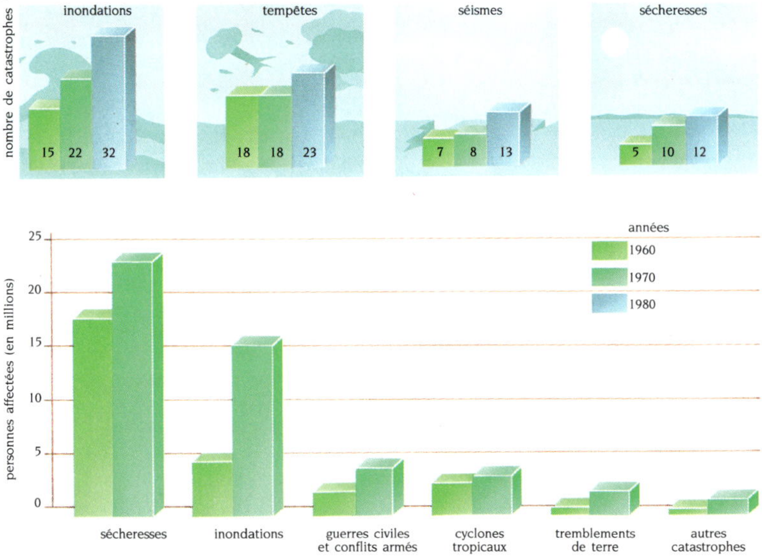

C. **L'ACCROISSEMENT APPARENT DES CATASTROPHES**

Si l'importance relative des diverses causes de catastrophes naturelles est restée inchangée au cours des années 80, leur nombre s'est sensiblement accru. Les inondations restent de loin les plus fréquentes. Viennent ensuite les tempêtes, les séismes puis les sécheresses (C). Ces chiffres s'entendent bien évidemment si l'on exclut les conflits armés, catastrophes délibérément provoquées par l'homme, qui passeraient en tête pour la décennie 1980-1990. On peut également remarquer que le nombre de victimes de la sécheresse a plus que doublé dans les années 1980 par rapport à la décennie précédente, quelque 24 États d'Afrique ayant été atteints, aussi bien au nord qu'au sud de ce continent. Mais l'accroissement du nombre de catastrophes n'est qu'apparent. Ce sont en fait les conséquences des catastrophes qui gagnent en importance : autrefois, si une catastrophe avait lieu dans une région inhabitée, elle passait inaperçue ; mais l'explosion démographique contraint les populations des pays en voie de développement à peupler les zones à risques. Une catastrophe dans ces régions provoque alors un nombre de victimes considérable.

L'EFFET DE SERRE

LES GAZ DE SERRE

UN EFFET ACCRU PAR L'HOMME

■ LA TEMPÉRATURE moyenne de la surface terrestre est actuellement de 15 °C. Si l'atmosphère était parfaitement transparente aux radiations infrarouges, cette valeur serait nettement inférieure, soit de −18 °C. La différence provient de l'existence dans l'air de traces de divers gaz dits « de serre », qui absorbent les radiations infrarouges calorifiques, à l'image des parois d'une serre, opaques aux infrarouges, et qui piègent la chaleur à l'intérieur de la serre.

Cependant, l'homme accroît la teneur de certains de ces gaz de serre, en particulier celle du gaz carbonique (CO_2). La concentration de celui-ci dans l'air, estimée à 270 parties par million (ppm) au début du XIXe siècle, s'élevait à 354 ppm en 1990, croissant de façon continue à raison de 1,5 ppm par an ! Ce phénomène résulte de la perturbation globale du cycle du carbone induite par la civilisation industrielle. En effet, l'homme brûle des quantités croissantes de charbon, de pétrole et de gaz naturel. Chaque année, les activités industrielles projettent dans l'atmosphère une quantité de CO_2 équivalente à 6 milliards de tonnes de carbone, à laquelle s'ajoutent au moins 3 milliards de tonnes qui proviennent de la destruction des forêts (directement par le feu ou pour l'exploitation du bois de chauffe).

Il existe deux autres gaz de serre, le méthane (CH_4) et le protoxyde d'azote (N_2O), dont les quantités atmosphériques augmentent de façon impressionnante, car ces gaz sont produits par l'agriculture dont le rythme de croissance est égal à celui des populations humaines. À côté de ces constituants naturels, l'homme rejette des composés de synthèse eux-mêmes doués d'un effet de serre, comme les fameux C.F.C., également destructeurs d'ozone.

LE RÉCHAUFFEMENT

DES BOULEVERSEMENTS CLIMATIQUES EN PERSPECTIVE

■ ON A PU CALCULER qu'un doublement de la teneur en CO_2 pris isolément provoquerait une augmentation de 2,8 °C de la température moyenne terrestre. Selon ces modèles, l'effet de réchauffement imputable à l'augmentation des autres gaz de serre serait deux fois moins important que l'effet lié au dioxyde de carbone.

Compte tenu de l'accroissement présumé d'ici 2040 de la teneur générale en gaz de serre de l'atmosphère, on peut prévoir que, si rien n'était fait pour limiter une telle pollution, la température moyenne terrestre augmenterait d'environ 4 °C d'ici au milieu du XXIe siècle. Le climat serait alors le même qu'à l'éocène, époque chaude de l'ère tertiaire, où les bananiers poussaient en Alaska !

Les peuplements végétaux des écosystèmes ne pourraient s'adapter à des perturbations si rapides. Par ailleurs, ce réchauffement bouleverserait le régime des précipitations, causant en particulier une aridification des latitudes moyennes de l'hémisphère Nord, les plus favorables à la croissance des céréales.

Enfin, le réchauffement provoquerait une hausse du niveau de la mer par fusion partielle des calottes glaciaires, inondant toutes les plaines côtières, où vivent actuellement plus d'un milliard d'hommes.

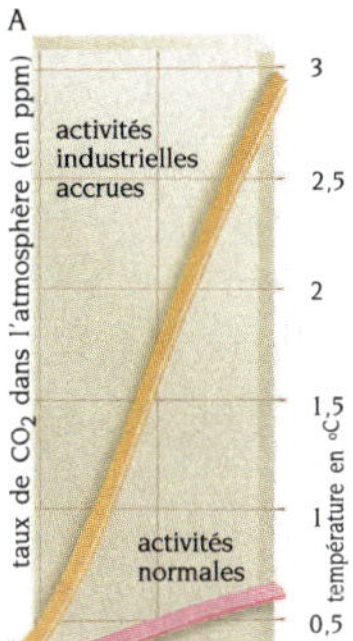
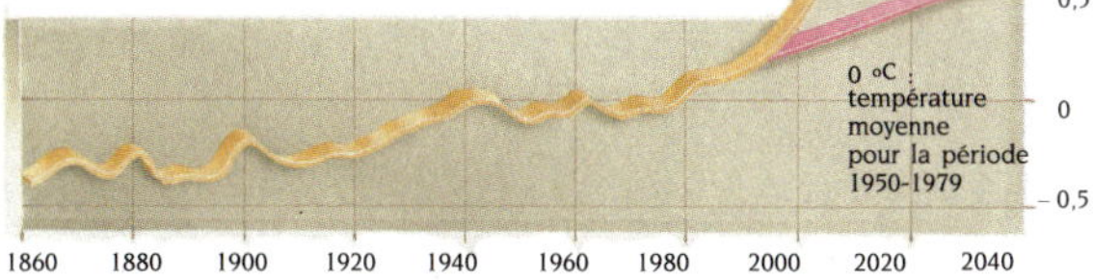

A. RÉCHAUFFEMENT DE LA PLANÈTE

Ce schéma montre la tendance au réchauffement observée au cours du dernier siècle. Si la quantité de gaz de serre augmente dans l'atmosphère, on pourrait assister à une élévation de la température de plusieurs degrés au cours des prochaines décennies. On peut envisager deux possibilités. Si les activités industrielles continuaient à augmenter, le réchauffement pourrait avoir atteint 3 °C en 2040 ; si elles se stabilisaient, il se limiterait à 0,5 °C.

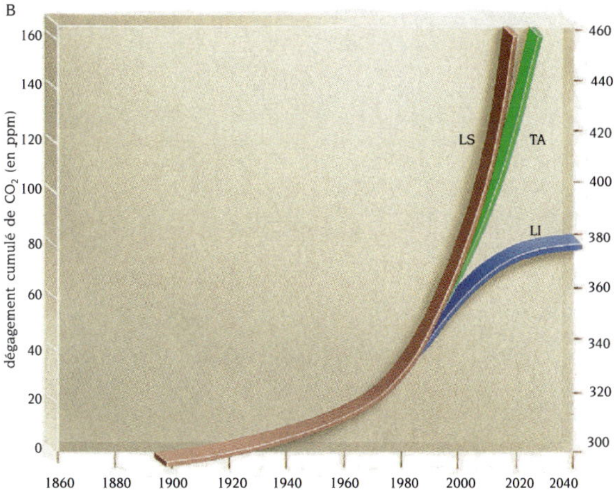

B. TROIS SCÉNARIOS POUR L'AVENIR

La croissance du taux de CO_2 jusqu'en 2040 dépendra de la consommation d'énergie au cours du prochain demi-siècle. La courbe LI représente le cas où l'usage des combustibles fossiles serait plafonné. La courbe TA indique la tendance actuelle. Enfin, la courbe LS représente le scénario de consommation maximale. Selon le scénario favorable (courbe LI), le taux de gaz carbonique dans l'atmosphère n'augmenterait que de 10 p. 100 d'ici à 2020, tandis que le maintien de la tendance actuelle (courbe TA) entraînerait une augmentation de 30 p. 100.

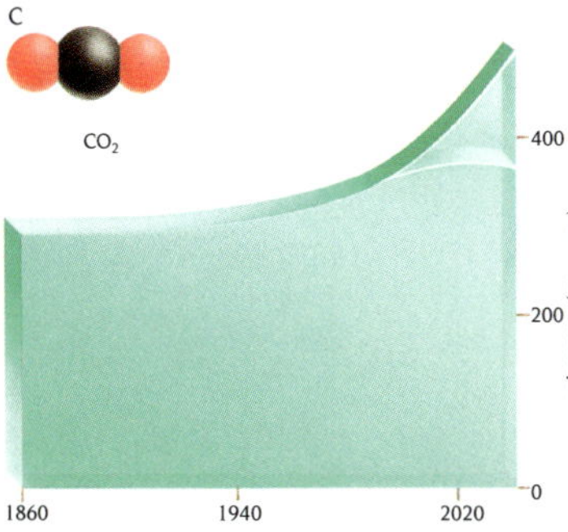

C. GAZ CARBONIQUE

La croissance du gaz carbonique est imputable à l'usage des combustibles fossiles, à la déforestation et à la fabrication de ciment. C'est le gaz à effet de serre le plus abondant après la vapeur d'eau. Il est au cœur du problème de réchauffement de l'atmosphère.

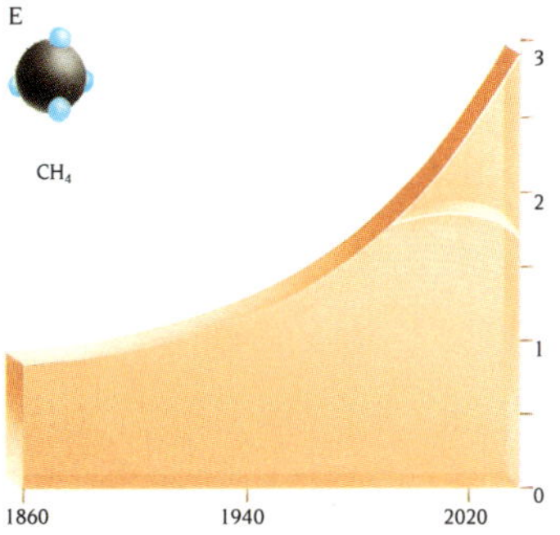

E. MÉTHANE

Ce gaz s'accroît à cause de l'intensification de certaines cultures et l'augmentation du nombre d'animaux domestiques. Or, les bactéries du sol (particulièrement dans les rizières inondées) ou de la panse des ruminants, par la fermentation, sont de grandes productrices de ce gaz, qui absorbe de 20 à 30 fois plus de chaleur que le CO_2.

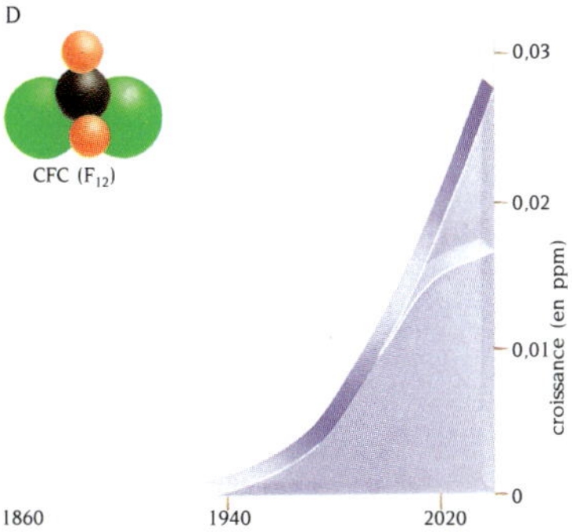

D. CHLOROFLUOROCARBONES

Les C.F.C. tel le Fréon 12 présenté ici, sont des composés de synthèse utilisés dans les réfrigérateurs, dans l'industrie des matières plastiques et comme gaz propulseurs inertes (bombes aérosols). Ils possèdent une durée de vie d'environ 400 ans et sont 16 000 fois plus efficaces dans l'absorption de la chaleur que le CO_2 !

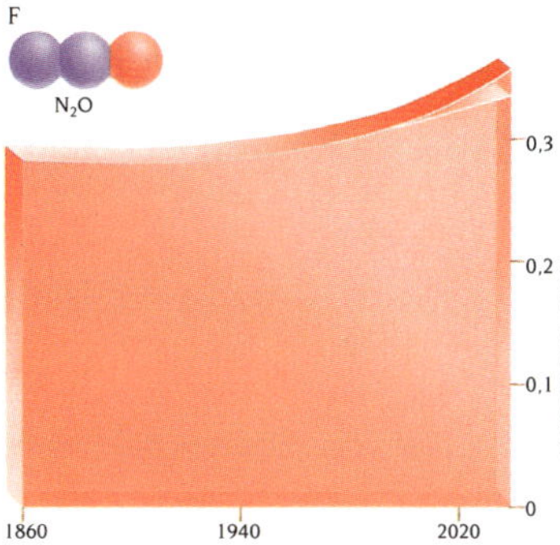

F. PROTOXYDE D'AZOTE

Ce gaz est également lié à l'augmentation des rendements agricoles, donc à l'usage des fertilisants minéraux. Il est produit par la dégradation microbienne des engrais nitrés dans les sols, et aussi par les combustions de la végétation et des combustibles fossiles. Ce gaz de serre reste actif dans l'atmosphère pendant environ 180 ans.

LES PLUIES ACIDES

L'INDUSTRIE MODERNE rejette dans l'air de nombreux polluants gazeux toxiques, hydrocarbures, oxydes d'azote, oxyde de soufre, ozone, ainsi que des poussières polluantes, particules provenant de divers matériaux, métaux et non-métaux.

L'augmentation incessante des quantités de combustibles fossiles brûlées au cours des quatre dernières décennies est la cause du phénomène des *pluies acides,* dont les conséquences écologiques sont dramatiques : dégénérescence des forêts, acidification des eaux continentales, dégradation des monuments dans le centre historique des villes.

L'ATMOSPHÈRE POLLUÉE

D'IMMENSES EFFETS DESTRUCTEURS

■ LE CHARBON ET LE PÉTROLE renferment des concentrations assez importantes de soufre (de 1 à 5 p. 100, parfois plus). Leur combustion produit un gaz, l'anhydride sulfureux (SO_2), qui se transforme spontanément dans l'atmosphère en acide sulfurique (H_2SO_4). En outre, lors des combustions, l'azote de l'air est oxydé en oxyde d'azote, qui se convertit dans l'atmosphère en acide nitrique (HNO_3).

Il en résulte une spectaculaire acidification des pluies dans de vastes régions. Ainsi, en Europe centrale et en Scandinavie, l'acidité des pluies a augmenté depuis les années 1950, passant d'un pH de 6 (peu acide) à un pH de 4 (très acide). En valeur absolue, cela correspond à une pluie 100 fois plus acide. Il en a été de même dans l'est des États-Unis et du Canada et plus récemment dans des pays du Sud, en voie de développement.

Effets sur les milieux forestiers. La dégénérescence des forêts est un phénomène qui résulte en fait des effets conjugués des pluies acides et de certains polluants gazeux nocifs pour les plantes (oxydes d'azote, ozone et autres composés dits « photo-oxydants »). Cette acidité a aussi pour effets indirects d'une part la mise en solution dans l'eau de l'aluminium, très toxique pour les plantes, et d'autre part une perturbation du cycle du soufre.

En conséquence, de vastes surfaces forestières, en Europe centrale mais aussi en Amérique du Nord-Est, sont atteintes de dégénérescence. Globalement, on constate que la productivité des forêts a décru au cours des dernières décennies dans les régions du monde les plus exposées aux pluies acides, mais qu'elle est restée stable dans les zones reculées, à l'écart des sources de pollution.

Effets sur les écosystèmes aquatiques. L'acidification des eaux continentales se traduit par une stérilisation des lacs affectés, dont toute vie peut disparaître, à l'exception de quelques bactéries et algues filamenteuses. Dans un premier temps, le plancton nécessaire à l'alimentation des poissons régresse, tant en nombre d'espèces qu'en abondance. Ultérieurement, ces derniers sont éliminés par la concentration croissante en aluminium dissous, très toxique.

Ainsi, au milieu de la décennie 1980-1990, on recensait, par exemple, en Ontario (Canada), plus de 50 p. 100 des lacs dépourvus de tout poisson. Pour la Suède, dans la même période, ce taux atteignait 20 p. 100.

LA CHINE AUSSI

Les pluies acides se manifestent également en Extrême-Orient et dans quelques zones de l'hémisphère austral, mais c'est en Chine que le phénomène a pris les dimensions les plus désastreuses. Ce pays a fondé son développement économique sur l'usage du charbon, qui est la principale source d'énergie et dont la consommation annuelle représente près de un milliard de tonnes. En conséquence, l'acidité des pluies a augmenté de façon spectaculaire. On y relève sur de vastes zones des pH moyens de l'ordre de 4 (le vinaigre possède un pH égal à 3), non seulement sur la façade Pacifique, riche en villes industrielles, mais aussi à l'intérieur, dans le Sichuan, province d'une superficie comparable à celle de la France, située au pied des flancs orientaux de l'Himālaya.

Il existe d'autres zones de précipitations acides, au Brésil, dans l'État de São Paulo, et en Afrique australe, en particulier en Zambie. Les forêts tropicales de ces régions (Amazone, Afrique équatoriale, Madagascar, Indonésie, sud de l'Inde, Sri Lanka, Nouvelle-Guinée) constituent autant de zones sensibles particulièrement menacées par ces pollutions acides.

A

A. **UN LAC ACIDE**

Ce lac acidifié par les pluies acides dans les Adirondacks (État de New York, É.-U.) possède un pH de l'ordre de 4. La couleur bleue de ses eaux, qui donne une fausse apparence de « pureté », provient de leur grande transparence, due à l'absence de plancton et de façon plus générale à la rareté des organismes vivants. Ce lac n'abrite plus aucun poisson et les petits animaux aquatiques sont devenus très rares. De même, de nombreuses rivières à saumons, en Scandinavie et au Canada, ont été dépeuplées par suite de l'acidification de leurs eaux.

B

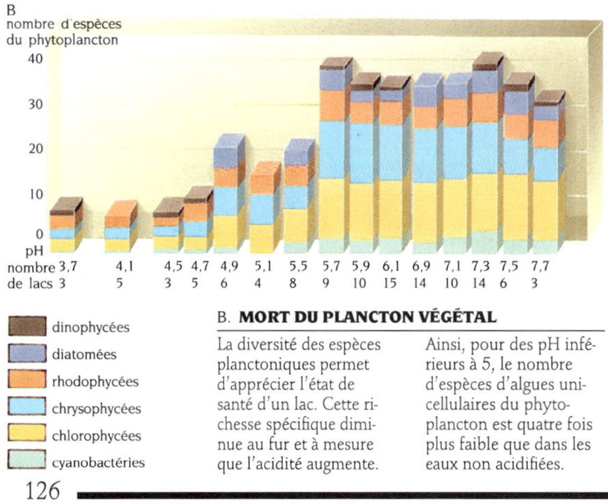

B. **MORT DU PLANCTON VÉGÉTAL**

La diversité des espèces planctoniques permet d'apprécier l'état de santé d'un lac. Cette richesse spécifique diminue au fur et à mesure que l'acidité augmente. Ainsi, pour des pH inférieurs à 5, le nombre d'espèces d'algues unicellulaires du phytoplancton est quatre fois plus faible que dans les eaux non acidifiées.

C

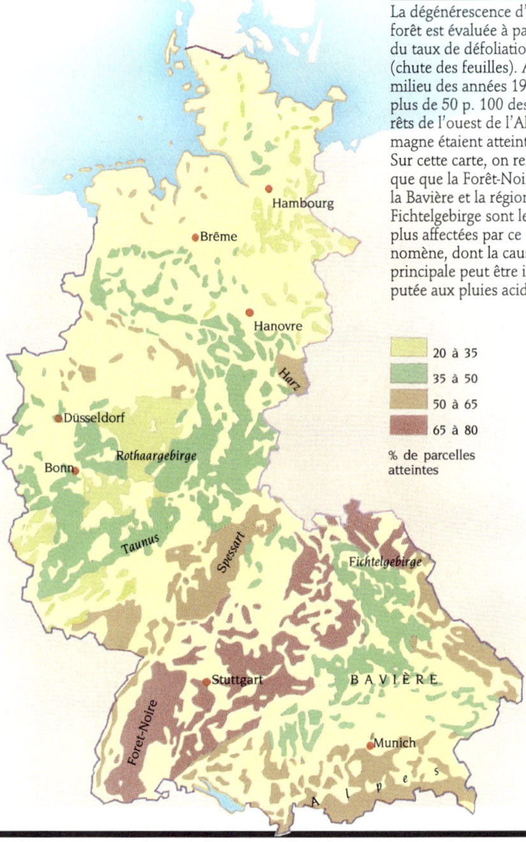

C. **DÉSASTRE EN ALLEMAGNE**

La dégénérescence d'une forêt est évaluée à partir du taux de défoliation (chute des feuilles). Au milieu des années 1980, plus de 50 p. 100 des forêts de l'ouest de l'Allemagne étaient atteintes. Sur cette carte, on remarque que la Forêt-Noire, la Bavière et la région du Fichtelgebirge sont les plus affectées par ce phénomène, dont la cause principale peut être imputée aux pluies acides.

LE 16 MARS 1978 : L'AMOCO CADIZ

UNE MARÉE NOIRE

DES MOYENS DE LUTTE INEFFICACES

■ ONZE ANS APRÈS LA CATASTROPHE du *Torrey Canyon* (pétrolier échoué en 1967 au large des îles Scilly), qui avait vu 250 km de côtes britanniques et 100 km de côtes françaises polluées par environ 40 000 tonnes de pétrole brut (ce qui constituait la première «marée noire»), quarante jours après que le préfet maritime de Brest eut déclaré qu'un tel naufrage était pratiquement impossible en Bretagne et que les services concernés étaient prêts à affronter cette improbable éventualité, les Bretons pataugeaient de nouveau dans le pétrole, celui de l'*Amoco Cadiz*, échoué le 16 mars 1978.

Le plan Polmar (lutte contre les pollutions marines), déclenché près de deux heures après l'échouement, se révèle vite inefficace. Faute de moyens de prévention contre l'arrivée des nappes de pétrole et de ramassage lorsque le littoral est touché, sans réelle coordination des différents services, les opérations de lutte s'engagent dans la confusion, comme lors de la marée noire du *Torrey Canyon*. Il faut improviser avec des pompes et des tonnes à lisier, des outils tels que crocs, fourches et pelles que prêtent les agriculteurs et qui constituent malgré tout des moyens de nettoyage plus performants que les quelques matériels spécialisés disponibles. Le nettoyage prendra plusieurs mois et il reste encore, en certains secteurs, du pétrole piégé par le sable où il s'est infiltré en ce mois de mars 1978...

Conséquences économiques. Après la catastrophe, les activités de la côte nord de la Bretagne (pêche, élevage des coquillages, récolte du goémon) sont durement atteintes. La saison touristique s'annonce naturellement fort compromise. L'économie de toute une région est sinistrée.

Il s'agit d'établir les responsabilités dans l'incurie qui a présidé aux opérations de prévention et de nettoyage, mais aussi d'obtenir réparation. Il s'ensuivra un gigantesque et long procès. En juillet 1990, la firme américaine Amoco est condamnée à verser aux plaignants 693 millions de francs (État français, 569 millions de francs ; communes et associations de protection de la nature, 124 millions de francs). Cependant, les communes à elles seules avaient déjà engagé près de 100 millions de francs pour les frais de procédure ! Or, la société Amoco ayant fait appel de la décision, un nouveau jugement la condamne, en janvier 1992, à verser 1 milliard de francs, dont 250 millions pour les communes sinistrées. En Bretagne, on espère obtenir le versement des premières indemnités avant l'an 2000...

Conséquences biologiques. Lors d'une marée noire massive et brutale comme celle de l'*Amoco Cadiz*, la faune marine en contact avec le pétrole subit une mortalité instantanée par intoxication et/ou par asphyxie dont le taux est très variable selon les espèces et les sites (bigorneaux 54 p. 100, patelles 30 p. 100, coques 95 p. 100, couteaux 90 p. 100, tourteaux 55 p. 100, crabes verts 50 p. 100 sur certaines parties du littoral). Les poissons sont en général peu touchés ; cependant, le pétrole de l'*Amoco Cadiz* a provoqué une mortalité singulière chez les équilles et chez des poissons de roche comme les vieilles et les gobies. De par leur mode de vie, les oiseaux plongeurs sont particulièrement sensibles à la pollution pétrolière. Ainsi, on a estimé que de 20 à 40 p. 100 des alcidés de Bretagne (petit pingouin, guillemot et macareux moine) avaient disparu après le naufrage de l' *Amoco Cadiz*. Déjà, certaines de ces espèces avaient payé un lourd tribut au pétrole (4 800 macareux moines sur les 5 400 que comptait la colonie des Sept-Îles ont péri lors de la marée noire du *Torrey Canyon* en 1967). La flore marine n'est pas épargnée ; pourtant, en comparant les effets à court terme des marées noires du *Torrey Canyon* et de l'*Amoco Cadiz*, il semble que sa dégradation résulte plus des moyens de nettoyage employés que du pétrole lui-même. Après l'*Amoco Cadiz*, la mortalité de la flore a été estimée globalement inférieure à 5 p. 100 en Bretagne.

Conséquences sur les milieux terrestres. Les milieux littoraux ont été aussi atteints par la marée noire : par le biais des embruns chargés de pétrole chassés vers l'intérieur, par l'installation de zones de stockage du pétrole pompé sur la côte et de résidus variés (mélange d'algues et de sable mouillés) et par la circulation d'engins lourds ou par le piétinement. Des dunes et des marais fragiles ont ainsi été dévastés alors qu'ils n'avaient été que peu ou pas touchés par le pétrole lui-même. Si un inventaire des sites de stockage possibles avait été établi à temps, ces dégradations auraient été évitées.

A

Année	Nom	Lieu	Tonnage
1967	Torrey Canyon	Angleterre	120 000 t
1968	World Glory	Afrique du Sud	45 000 t
1970	Othello	mer Baltique	60 000 t
1970	Polycommander	Espagne	13 000 t
1971	Texaco Oklahoma	États-Unis	30 000 t
1972	Sea Star	golfe d'Oman	115 000 t
1972	Texanitol Oswego Guardian	Afrique du Sud	100 000 t
1972	Trader	Grèce	35 000 t
1974	Metula	Chili	50 000 t
1975	Jakob Maersk	Portugal	84 000 t
1976	Urquiola	Espagne	100 000 t
1979	Gino/Team Castor	France	32 000 t
1979	Ixtoc-1	Mexique	500 à 1 000 000 t
1983	Puits off shore	Iran	500 000 t (?)
1983	Castillo-de-Bellver	Afrique du Sud	255 000 t
1989	Exxon-Valdez	États-Unis	35 à 45 000 t
1990	Kharg-S	Espagne (Canaries)	40 à 70 000 t
1991	Koweit	Koweit	125 à 500 000 t

A. **CATASTROPHES PÉTROLIÈRES**

Outre les accidents pétroliers, l'augmentation du trafic, du dégazage, des exploitations « off shore » (en mer) et des rejets continentaux est source d'une pollution annuelle estimée à 3,6 millions de tonnes. Les seuls dégazages (évacuation des hydrocarbures gazeux des citernes des pétroliers après déchargement), qu'ils soient autorisés ou clandestins, rejetteraient plus de un million de tonnes chaque année.

B

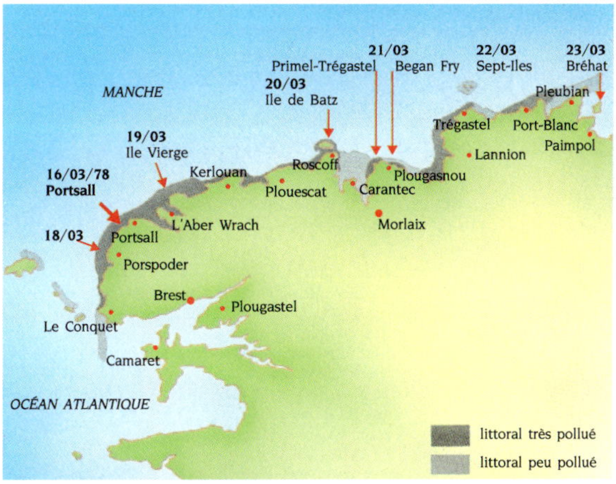

B. **LES CÔTES BRETONNES POLLUÉES**

Au gré des vents et des courants, le pétrole de l'*Amoco Cadiz* s'étend rapidement le long du littoral breton. 400 kilomètres seront touchés en continu. Des nappes atteindront les baies de Saint-Brieuc, à l'est, et de Douarnenez, au sud-ouest. Déjà touchée par le pétrole du *Torrey Canyon* (1967), du *Gironde* (1969), de l'*Olympic Bravery* et du *Boehlen* (1976), la Bretagne sera à nouveau victime du *Gino* (1979) et du *Tanio* (1980).

C

C. **LE PÉTROLIER S'EST ÉCHOUÉ, LES SAUVETAGES ONT ÉCHOUÉ...**

Propriété de la firme américaine Amoco, l'*Amoco Cadiz*, battant pavillon de complaisance libérien, transportait 223 000 tonnes de brut léger pour le compte de la compagnie Shell lorsqu'il s'est échoué devant Portsall le 16 mars 1978, après avoir subi une avarie de gouvernail devant Ouessant. Il s'est écoulé 12 heures entre cet incident et l'échouement. Malgré l'arrivée rapide de remorqueurs, les opérations de sauvetage ont tardé à s'engager, par suite de la longueur des tractations pour établir un contrat de remorquage...

LE 26 AVRIL 1986 : TCHERNOBYL

UNE CATASTROPHE NUCLÉAIRE

DES DÉFAILLANCES HUMAINES

■ MÊME S'IL EST RESTÉ, dans ses conséquences humaines, en deçà des premières estimations, l'accident de Tchernobyl a démontré les risques catastrophiques que présente, en cas de sinistre, un réacteur électronucléaire en fonctionnement. Il a aussi mis en évidence l'importance des défaillances humaines dans le déclenchement de telles catastrophes.

Les causes. Situé en Ukraine, à 130 km au nord de Kiev, le réacteur électronucléaire n° 4 de Tchernobyl (1 000 millions de watts), de type uranium enrichi, refroidi à l'eau ordinaire, fait l'objet d'essais en ce soir du 25 avril 1986. Le désastre commence lorsque les ingénieurs perdent le contrôle de ce réacteur à la suite d'une série de grossières erreurs de manipulation. Peu après, le 26 avril, à 1 h 23 min heure locale, au moment de l'introduction des barres de contrôle dans le réacteur pour effectuer l'essai, se produit une violente explosion, due à ce que les experts appellent une *excursion de réactivité.* La puissance du réacteur s'accroît de plus de 100 fois en quelques fractions de seconde ; une très forte déflagration arrache la dalle en béton qui protège le réacteur, projetant des débris à des centaines de mètres.

L'explosion ayant gravement endommagé son système de refroidissement, le réacteur prend feu, rejetant dans l'atmosphère, en quelques jours, une quantité de radioactivité équivalente au total à celle de trois bombes de type Hiroshima. Le nuage s'étend en se diluant vers l'ouest-nord-ouest et fait en quelques mois le tour de l'hémisphère Nord. Les retombées sont très importantes en Ukraine, en Biélorussie et dans les pays scandinaves. L'Allemagne et la France sont aussi atteintes.

Si la cause principale de l'accident doit être recherchée dans l'insuffisance de la formation des équipes de conduite, il faut souligner que ce type de réacteur, instable à faible puissance, est d'exploitation délicate.

Les conséquences. Selon les chiffres officiels, l'accident provoqua la mort de 31 personnes, alors que 240 étaient gravement irradiées et que 18 000 furent hospitalisées dans les jours qui suivirent le sinistre. On estime qu'au total 100 000 reçurent une dose d'irradiation excessive dont les conséquences dramatiques justifient un suivi médical à vie.

Les retombées radioactives contaminèrent les végétaux cultivés et les pâturages. La consommation de légumes verts et de lait frais dut être interdite pendant plusieurs semaines en Europe centrale, surtout en Pologne et en Allemagne, ainsi qu'en Suède. Il fallut abattre dans ce pays plusieurs milliers de rennes dont la viande était inconsommable, contaminée par les retombées de radiocésium sur les végétaux de la toundra broutés par ces animaux.

Dans le sud de la Biélorussie, la ville de Pripiat (45 000 habitants), proche du réacteur, a dû être évacuée. Dans la région, ainsi qu'en Ukraine, on a défini un périmètre d'interdiction de résider de 30 km de diamètre autour du réacteur. À l'intérieur de ce périmètre, toute activité agricole ou sylvicole est interdite sur une surface de quelque 300 000 ha par suite de la pollution radioactive des sols, et cela pour une durée indéfinie. Ironie du sort, les deux tiers de cette zone interdite ont été incorporés à une réserve naturelle voisine.

À la suite de nouveaux incidents (1991), une fermeture anticipée de l'ensemble de la centrale a été décidée. Dans la zone interdite, on envisage d'enfouir en profondeur la couche superficielle de terre irradiée.

A

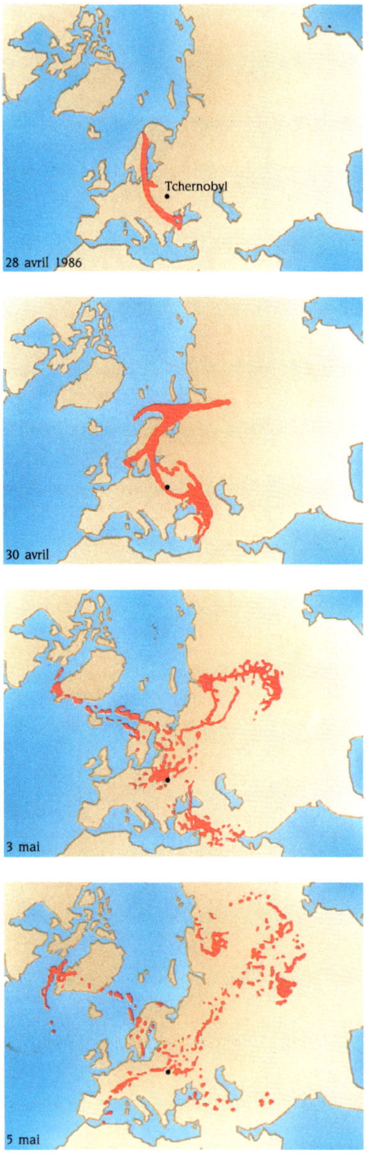

A. **UN NUAGE SUR L'HÉMISPHÈRE NORD**

Le nuage de radioactivité consécutif à l'explosion du réacteur nucléaire de Tchernobyl a effectué le tour du globe en quelques mois. Les retombées radioactives en Ukraine, en Biélorussie et dans les pays scandinaves ont rendu la plupart des cultures inutilisables.

B

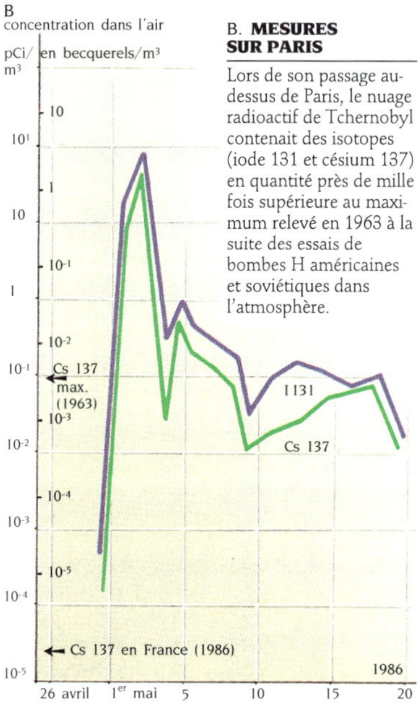

B. **MESURES SUR PARIS**

Lors de son passage au-dessus de Paris, le nuage radioactif de Tchernobyl contenait des isotopes (iode 131 et césium 137) en quantité près de mille fois supérieure au maximum relevé en 1963 à la suite des essais de bombes H américaines et soviétiques dans l'atmosphère.

C. **UN NUAGE RADIOACTIF SUR LA FRANCE**

En France, le territoire national, malgré son éloignement du site de la catastrophe, fut significativement exposé au nuage radioactif. Ces trois cartes montrent le passage du nuage porteur d'iode et de césium radioactifs. Toutefois, à l'exception d'échantillons de lait de chèvre et de thym prélevés dans la partie sud-est du pays, les concentrations maximales admissibles furent rarement dépassées.

C

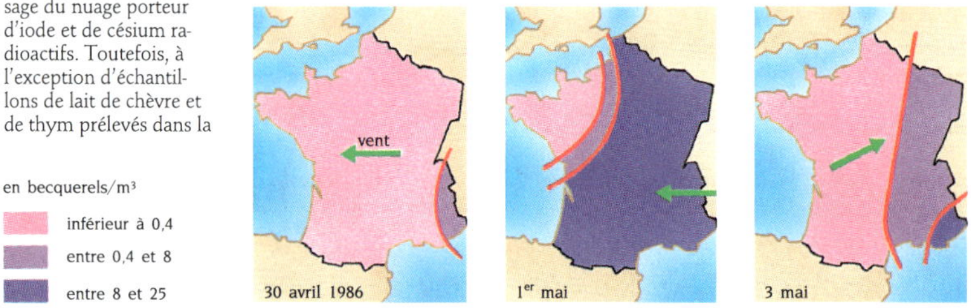

D

D. **APRÈS L'ACCIDENT**

Cette photo du réacteur de Tchernobyl (premier plan au centre), prise quelques jours après l'accident, montre les traces des assemblages de graphite contenus dans le cœur du réacteur. L'explosion de celui-ci provoqua un incendie qui n'a été entièrement maîtrisé que plusieurs semaines après l'accident. Cette catastrophe a fait la preuve que le risque de contamination concerne toute la planète.

LA POLLUTION DES SOLS

LES PROBLÈMES D'ORIGINE AGRICOLE

PESTICIDES ET ENGRAIS

■ LES PESTICIDES comportent un très grand nombre de composés organiques de synthèse destinés à lutter contre les parasites animaux et végétaux nuisibles aux cultures : insecticides, herbicides, fongicides, etc. Parmi les *insecticides*, les composés organochlorés (D.D.T., lindane, dieldrine, etc.) constituent de redoutables polluants car, peu ou pas biodégradables, ils s'accumulent dans les écosystèmes. Citons aussi les insecticides organophosphorés (qui sont de la même famille chimique que certains gaz de combat) et, parmi les *herbicides*, les défoliants (2, 4, 5 T), famille dont certains dérivés sont très employés en céréaliculture.

La contamination. Les sols cultivés sont contaminés de façon directe au moment des applications de pesticides. Cependant, la dispersion des pesticides s'accompagne de leur passage dans l'atmosphère. Ils peuvent ainsi contaminer, par le jeu des courants atmosphériques, des sols situés à des milliers de kilomètres.

Les insecticides sont cause d'une importante mortalité directe ou indirecte (absorption de proies contaminées) dans les populations animales. Les composés organophosphorés peuvent provoquer des hécatombes chez les peuplements d'oiseaux forestiers, comme cela s'est observé en Amérique du Nord.

Des effets toxiques indirects sont liés au passage de certains pesticides dans les plantes et à leur concentration dans les chaînes alimentaires. Ainsi, en provoquant la stérilité des adultes reproducteurs qui se trouvent en fin de chaîne, les insecticides organochlorés ont été la cause d'une dramatique réduction des populations de diverses espèces de rapaces.

Situé au sommet de la pyramide écologique, l'homme est bien entendu exposé à l'ingestion de résidus de pesticides qui passent des sols dans les végétaux cultivés et aussi dans les productions animales qu'il consomme. Ainsi, la contamination de la chaîne alimentaire peut aboutir à de fortes concentrations du D.D.T. dans les lipides du lait maternel. Cet insecticide excède, dans de nombreux pays, les concentrations maximales admissibles dans l'alimentation humaine telles qu'elles ont été définies par les experts de l'Organisation mondiale de la santé (O.M.S.).

Les engrais chimiques. Outre les pesticides, l'autre cause majeure d'origine agricole de pollution, voire de dégradation des sols, provient de l'usage important des engrais chimiques. L'agriculture mondiale utilise en effet environ 150 millions de tonnes de fertilisants par an, essentiellement des nitrates, des phosphates et des sels de potasse.

Les *phosphates* constituent une source de pollution importante par suite des impuretés toxiques qu'ils renferment (arsenic, cadmium, mercure...). Certains de ces éléments toxiques peuvent passer des sols dans les parties aériennes des végétaux cultivés et les rendre inconsommables (c'est le cas de l'arsenic, par exemple).

De même l'abus de *nitrates*, en plus d'une préoccupante contamination des eaux potables, provoque leur accumulation dans le feuillage des plantes consommées par l'homme.

DES PESTICIDES AUX ARMES CHIMIQUES

Certains pesticides, de même que certaines matières actives nécessaires à leur synthèse, présentent une très forte toxicité pour l'homme. Ainsi, lors de la catastrophe de Bhopal (1984), la libération accidentelle dans l'atmosphère de cette ville de l'Inde d'une quinzaine de tonnes de méthyl-isocyanate servant à fabriquer des insecticides a fait périr 3 000 personnes et en a intoxiqué gravement 170 000 autres. Les insecticides organophosphorés ont été découverts au début des années 1940 dans les laboratoires nazis de fabrication de l'arme chimique, lors de travaux destinés à mettre au point des gaz de combat. Le Dimefox, insecticide très utilisé sur les cultures tropicales, présente une structure moléculaire très voisine de celle du Sarin, un gaz de combat. En dépit des accords internationaux, l'industrie des pesticides est aujourd'hui une cause de prolifération des armes chimiques. En effet, un même intermédiaire de synthèse situé à l'avant-dernière étape de fabrication peut donner soit un insecticide, soit un gaz de combat redoutable, chimiquement très voisin, selon la façon dont on oriente la réaction. Ainsi, sous le couvert officiel d'usines à pesticides, de nombreux pays fabriquent des armes chimiques.

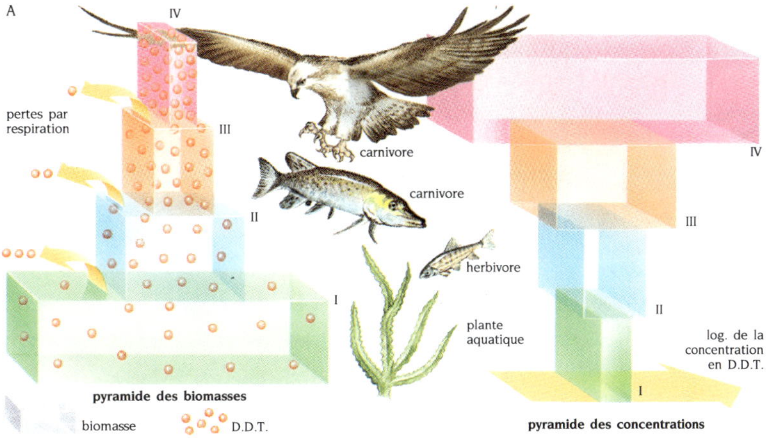

A. **D.D.T. ET CHAÎNE ALIMENTAIRE**

Ces deux schémas illustrent le processus de concentration du D.D.T dans une chaîne alimentaire. La pollution des sols par le D.D.T. entraîne le passage de cet insecticide dans les plantes, puis dans les herbivores (ici poissons), enfin dans les carnivores. Alors que la pyramide des biomasses se caractérise par une diminution de la biomasse quand le niveau s'élève, la teneur en D.D.T. des organismes (à droite) augmente. Les pyramides des biomasses et des concentrations présentent par conséquent une image inversée.

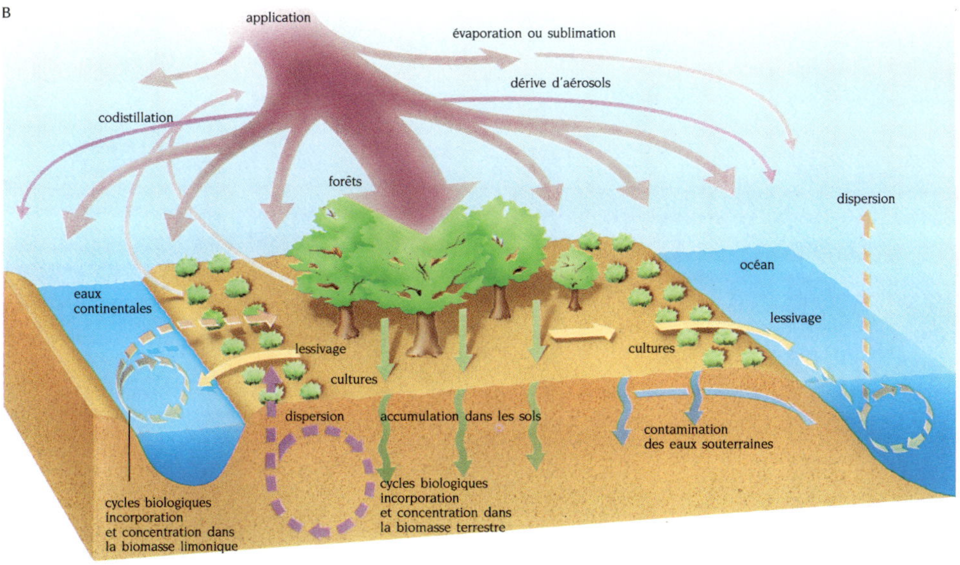

B. **PESTICIDES ET BIOSPHÈRE**

Les pollutions des sols et des eaux sont liées à l'usage des pesticides et à la façon dont ils circulent dans les écosystèmes continentaux et aquatiques. Lors du traitement d'une culture par des pesticides, une proportion importante du produit n'atteint pas les zones traitées et se dépose dans des écosystèmes plus ou moins éloignés. Une fraction se sublime dans l'air, dont les mouvements l'emportent jusqu'aux zones océaniques les plus reculées. En milieu continental, il se produit une incorporation à la biomasse terrestre ou aquatique.

POLLUTION ET DÉGRADATION DES SOLS

LA POLLUTION RADIOACTIVE

UNE QUESTION DE CONCENTRATION D'ÉLÉMENTS INSTABLES

■ LA POLLUTION RADIOACTIVE des sols pourrait poser quelques problèmes à long terme. Ceux-ci résulteraient de l'irrigation des cultures avec des eaux contaminées par les rejets d'effluents radioactifs de l'industrie nucléaire.

Ainsi, en France, l'irrigation de terres horticoles par les eaux du Rhône, qui reçoivent des résidus de l'usine de retraitement des combustibles irradiés de la centrale nucléaire de Marcoule, s'est déjà traduite en aval de cette usine par la présence de résidus de césium 137 et de strontium 90 dans les productions fruitières et légumières. Ces résidus radioactifs restent à des concentrations heureusement faibles.

CUIRASSES ET SOLS SALÉS

LES EFFETS DE LA DÉFORESTATION ET DE LA MAUVAISE IRRIGATION

■ LA LATÉRITISATION DES SOLS, parfois appelée *« ferrallitisation »,* se traduit par une dégradation de la structure des sols des régions tropicales. Elle résulte des effets conjugués des fortes températures et d'une abondante pluviométrie.

Les latérites (sols rouges impropres à la culture) se forment par altération des sols rouges tropicaux (sols ferrallitiques), à la suite de la destruction des forêts pluvieuses. Elles se caractérisent par une forte teneur en fer, en alumine, et par une réaction acide. Une coupe verticale du sol met en évidence des couches supérieures ferrugineuses, très pauvres en matière organique et en silice, dont les sels minéraux nutritifs ont été lessivés.

L'exposition au soleil et le décapage par érosion provoquent la formation de cuirasses latéritiques très dures, dont la couleur et la consistance rappellent la brique. La régénération de sols forestiers y est virtuellement impossible, car elle prendrait des siècles, voire des millénaires.

La distribution des zones à risque de latéritisation est quasi identique à celle des forêts pluvieuses tropicales, la plupart de celles-ci croissant sur des sols ferrallitiques.

La salinisation. Le mauvais usage de l'eau a conduit en bien des régions à la destruction par le sel de vastes surfaces de terres irriguées. En effet, dans les pays à climat aride, le mauvais drainage des cultures, associé à une forte évaporation, provoque une accumulation des sels dans les couches superficielles des sols, qui deviennent impropres à toute culture.

Dans un premier temps, l'affleurement de l'eau dans les terres mal drainées conduit à la formation d'un sol à efflorescences blanches, dénommé *solontchak*. Il se produit parfois un ralentissement de la formation de l'humus *(soloth)*, mais souvent advient une altération irréversible de la structure du sol. Le calcium est remplacé par le sodium, qui remonte en surface sous l'effet de l'évaporation et entraîne la formation de carbonate de sodium. Ce dernier disperse les argiles et dissout l'humus (le pH excède alors 10), provoquant l'apparition d'efflorescences noires. Les sols ainsi altérés sont dénommés *solonetz*. Leur couleur noire est le signe de la destruction de leur complexe argilo-humique, ce qui les rend totalement impropres à la culture.

À l'heure actuelle, la dégradation par le sel des sols irrigués concerne des proportions considérables de leur surface : 15 p. 100 en Chine, 25 p. 100 aux États-Unis, 40 p. 100 en Égypte et jusqu'à 50 p. 100 en Iraq.

A. **SOLONTCHAK**

Dans les pays à climat aride, le mauvais drainage des cultures ou la proximité de la nappe phréatique joints à la forte évaporation ont conduit à une accumulation de sels dans les couches superficielles des sols, qui deviennent incultivables. L'affleurement de la frange capillaire provoque la formation de ce *solontchak,* dont les efflorescences blanches sont des plaques salines.

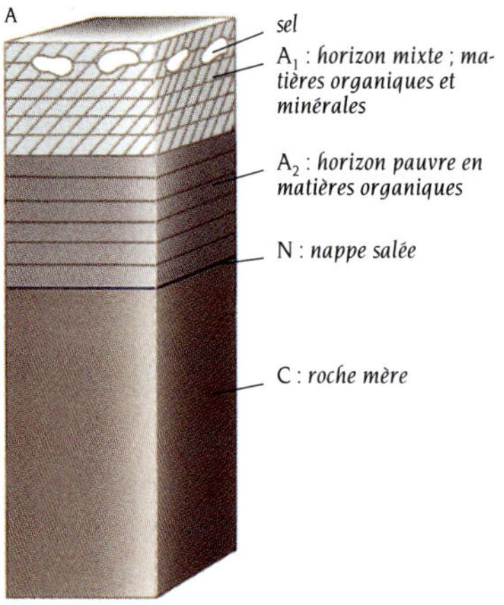

B. **SOLONETZ**

Le lessivage dû à l'irrigation peut provoquer une altération irréversible de la structure du sol. Le sodium migre vers les horizons supérieurs. Il se forme alors du carbonate de sodium, composé très basique. Les argiles se dispersent et les matières organiques se dissolvent. Peu à peu apparaissent des efflorescences noires. De tels sols, dénommés *solonetz,* ont perdu toute fertilité et sont irrécupérables.

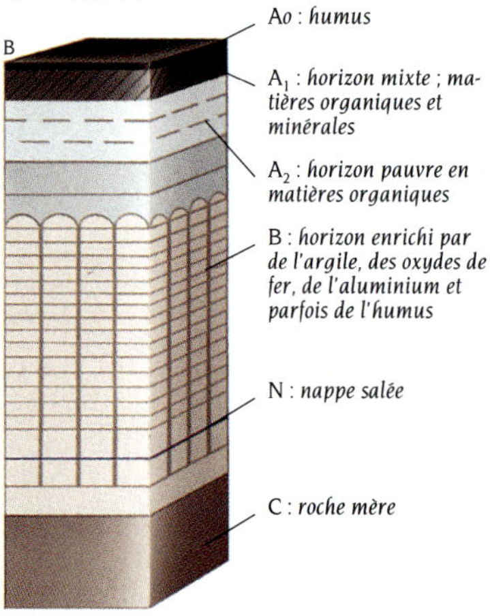

C. **SOLOTH**

Ce type de sol salé est issu de la dégradation acide et du lessivage total du sodium des solontchaks. On assiste alors à un ralentissement de la formation de l'humus. Cette évolution rappelle, dans d'autres milieux, la dégradation des sols bruns en sols podzoliques, où l'on voit des composés organiques provoquer une altération intense du milieu minéral. Les soloths peuvent évoluer, de manière irréversible, en solonetz.

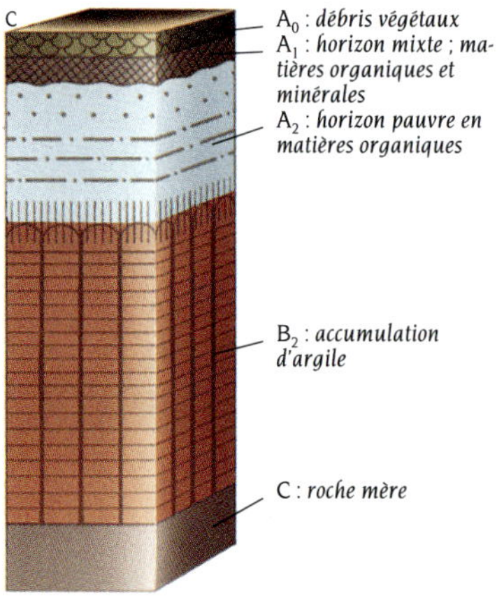

D. **ENGRAIS CHIMIQUES**

La nécessité d'intensifier les rendements des cultures par suite de la croissance démographique a multiplié par 16 la consommation mondiale d'engrais chimiques entre 1946 et 1986. Pour des raisons de prix de revient, ces substances ne sont pas purifiées. Aussi renferment-elles à l'état de traces de nombreux métaux et non-métaux toxiques, tels l'arsenic, le cadmium, le chrome, le zinc, le vanadium, le cuivre, le plomb, le nickel, le cobalt ou le sélénium, présents dans les « superphosphates ».

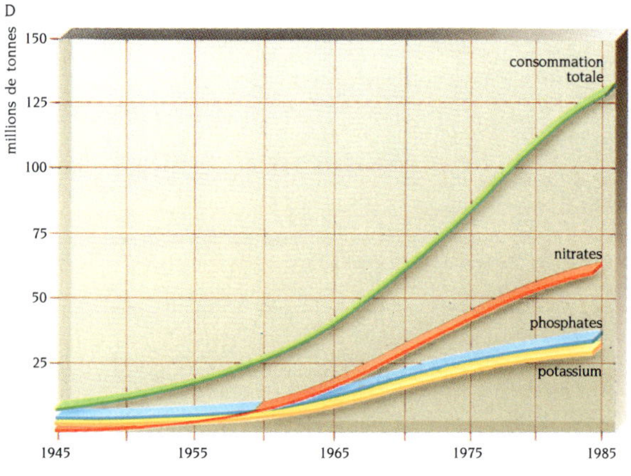

E. **LATÉRITE**

Les latérites recouvrent plus de 20 millions de km² dans le monde. La couleur rouge brique de cette cuirasse latéritique atteste de sa richesse en oxydes ferriques et en aluminium. Dans cette partie du Viêt-nam, l'ancienne forêt dense fut détruite pendant la guerre par des défoliants utilisés par l'armée américaine pour mettre à découvert les troupes adverses. La chaleur et des fortes pluies ont ensuite provoqué la latéritisation du sol.

LA DÉFORESTATION

Au début des années 1980, on estimait les surfaces de forêts détruites annuellement à 157 000 km². De nos jours, selon des données recueillies par satellites, celles-ci dépassent 200 000 km²/an.

Les forêts pluvieuses tropicales sont les plus menacées. Toutefois, la déforestation affecte aussi les forêts méditerranéennes et les forêts boréales de conifères (taïga), dont l'exploitation, tant en Amérique du Nord qu'en Sibérie, excède la productivité.

LA COUPE DU BOIS

BOIS DE CHAUFFE ET BOIS D'ŒUVRE

■ La coupe des forêts pour la production de combustible ou de bois d'œuvre (construction, objets divers...) représente historiquement une des premières causes de déforestation.

De nos jours, l'usage du bois de chauffe, seule source d'énergie pour de nombreux habitants des pays pauvres, croît dans ces mêmes pays au rythme de leur explosion démographique. La consommation s'élève aujourd'hui à 1,5 milliard de m³ par an, soit 60 p. 100 de la consommation mondiale de bois. Elle représente le motif principal de coupe, en particulier dans les zones à saison sèche marquée, où croissent des forêts de mousson.

En revanche, l'exploitation du bois d'œuvre ne joue plus qu'un rôle secondaire dans la destruction des forêts pluvieuses tropicales. À titre d'exemple, malgré la demande de bois tropicaux « exotiques », susceptible de passer de 2,5 à 4 milliards de m³ par an entre 1980 et l'an 2000, l'exploitation industrielle du bois ne représente plus actuellement qu'environ 15 p. 100 de la coupe annuelle des forêts tropicales.

LA MISE EN CULTURE

DES BRÛLIS À L'AGRICULTURE INDUSTRIELLE

■ La principale cause actuelle de destruction des forêts tropicales est liée à leur défrichement pour la mise en culture ou pour la transformation en pâturages destinés à l'élevage extensif.

La culture itinérante. Cette pratique, encore dénommée *culture sur brûlis,* fait vivre à l'heure actuelle plus de 600 millions de personnes habitant les forêts tropicales. Elle consiste à créer une clairière par abattage des grands arbres, à brûler la végétation et ensuite à ensemencer la parcelle ainsi défrichée. Après trois années de culture, les sols sont pratiquement épuisés et on recommence ailleurs.

Si ces méthodes s'avéraient écologiquement fondées lorsque au minimum trente à quarante ans séparaient deux défriches successives, ce qui permettait à la forêt de se régénérer, il n'en est plus de même aujourd'hui. En effet, par suite de l'explosion démographique des populations concernées, la même parcelle peut être redéfrichée après seulement une dizaine d'années, ce qui interdit la régénération de la forêt et dégrade définitivement les sols.

L'agriculture industrielle et l'élevage. Ces deux types d'exploitation des sols constituent de nos jours la principale cause de déforestation. Ainsi, plus de 100 000 km² de forêt amazonienne sont détruits chaque année au Brésil pour une « mise en valeur » éphémère.

En Afrique de l'Ouest, de vastes surfaces de forêts vierges ont aussi été détruites entre 1945 et 1975 pour être converties en plantations industrielles (cacaoyer...).

A

A. **DESTRUCTION DE LA FORÊT**

Ce gigantesque « train » de bois flotté au Canada (Québec, lac St-Jean) donne une idée de l'intensité actuelle de l'exploitation des massifs forestiers mondiaux. L'Amazonie offre le triste spectacle d'une destruction pure et simple de sa forêt, puisque les arbres sont souvent éliminés par le feu, sans être exploités pour leur bois. Les routes, construites pour la « mise en valeur » de la forêt, rendent accessibles les terres qui sont exploitées après incendie de celle-ci. Le Brésil a perdu ainsi 50 p. 100 de ses forêts depuis les débuts de sa colonisation.

B

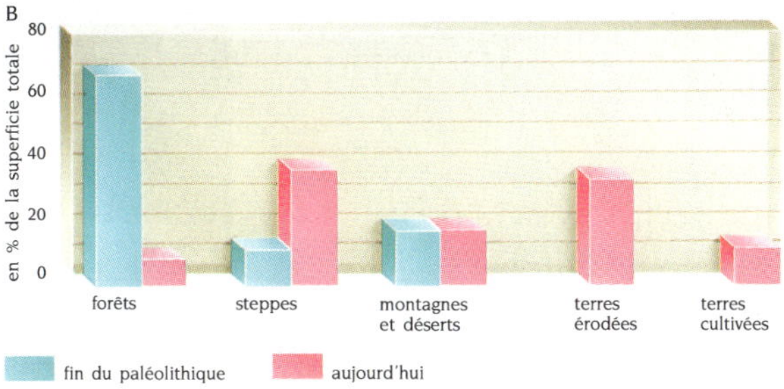

B. **DÉFORESTATION EN CHINE**

Steppes et forêts représentaient plus de 80 p. 100 de la superficie de la Chine au néolithique. La déforestation a eu pour but de favoriser la constitution de steppes à graminées supportant une plus forte densité de bétail.

C

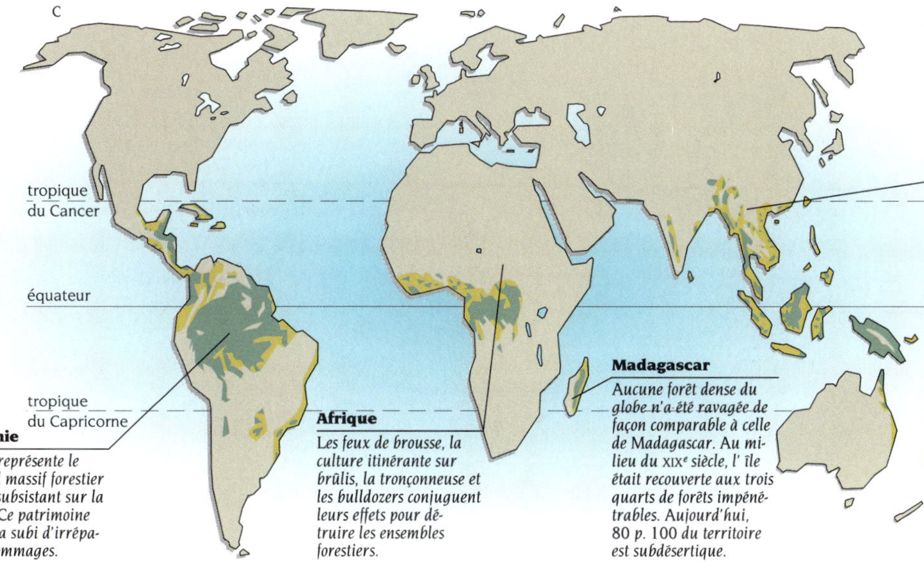

Amazonie

Sa forêt représente le principal massif forestier tropical subsistant sur la planète. Ce patrimoine forestier a subi d'irréparables dommages.

Afrique

Les feux de brousse, la culture itinérante sur brûlis, la tronçonneuse et les bulldozers conjuguent leurs effets pour détruire les ensembles forestiers.

Madagascar

Aucune forêt dense du globe n'a été ravagée de façon comparable à celle de Madagascar. Au milieu du XIXe siècle, l'île était recouverte aux trois quarts de forêts impénétrables. Aujourd'hui, 80 p. 100 du territoire est subdésertique.

Asie

42 p. 100 de la forêt tropicale humide asiatique ont déjà disparu. Elle est devenue totalement absente du Sri Lanka et du Bangladesh et aura disparu en Malaisie d'ici à l'an 2000. Entre 1960 et 1985, elle a été réduite de moitié aux Philippines et en Chine et de 45 p. 100 en Thaïlande.

Extension maximale de la forêt

Forêt détruite ou dégradée aujourd'hui

C. **RECUL DES FORÊTS TROPICALES**

Sur tous les continents, les pratiques humaines restreignent chaque année la superficie forestière.

LA DÉFORESTATION

L'ACTION DU FEU

DES INCENDIES PROVOQUÉS

■ DEPUIS LES FORÊTS équatoriales jusqu'aux franges les plus septentrionales de la taïga boréale, le feu représente un acteur majeur dans la déforestation. Toutefois, ce sont les forêts sèches tropicales et les forêts méditerranéennes qui en ont le plus souffert au cours de l'histoire. Ainsi, si la pratique de l'incendie automnal des forêts pour favoriser la repousse des herbages est aujourd'hui interdite, sa répétition a ruiné par le passé le couvert végétal spontané. À l'heure actuelle, le feu (accidentel ou provoqué) ravage plus de 200 000 ha de forêts par an sur le pourtour du bassin méditerranéen.

Le feu constitue aussi aujourd'hui le principal facteur de destruction des forêts pluvieuses tropicales, parce qu'il est utilisé à vaste échelle pour détruire la forêt afin de récupérer des terres à défricher. Ainsi, le plus grand incendie de forêt jamais observé, celui de l'est de Bornéo (Indonésie), qui détruisit entre novembre 1982 et mars 1983 quelque 3 700 000 ha de forêts tropicales d'un seul tenant, a été provoqué par des agriculteurs itinérants.

LES CONSÉQUENCES

DES EFFETS ÉCOLOGIQUES DÉSASTREUX

■ LA DESTRUCTION des forêts a des conséquences sur le cycle de l'eau, sur le climat et sur les sols.

La perturbation du cycle de l'eau. La déforestation a un impact considérable sur le régime des pluies et la régulation du cycle de l'eau, car elle augmente considérablement le ruissellement au détriment de l'évaporation et de l'infiltration. Dans les forêts tropicales et même tempérées, une proportion significative des pluies ne provient pas des dépressions océaniques mais de l'eau évaporée et transpirée par la végétation (essentiellement les arbres). On a pu, par exemple, estimer que les 2/3 des pluies en Amazonie et les 3/4 dans le bassin du Congo ont pour origine directe cette évapotranspiration des arbres.

Par ailleurs, la litière et la couche de végétation forestière dite *muscinale* (mousses et lichens) jouent un rôle essentiel dans la régulation du cycle de l'eau, car elles rendent négligeable le ruissellement, même en forte pente, et favorisent l'infiltration.

Érosion par l'eau et altération des sols. L'érosion hydrique représente une des conséquences les plus désastreuses de la déforestation. Après disparition de la forêt, les sols en pente sont exposés à une sévère érosion et décapés peu à peu jusqu'à la roche mère. Les incendies allumés au cœur de la saison sèche détruisent totalement la matière organique des sols. Ceux-ci sont ensuite lessivés par les pluies d'automne, perdent de la sorte leurs sels minéraux nutritifs et deviennent squelettiques et quasi stériles. Dans les régions tropicales, la déforestation provoque la formation de cuirasses (latéritisation) sur les sols dénudés.

Les catastrophes naturelles. La perturbation du cycle de l'eau due à la déforestation engendre également une augmentation considérable de l'importance et de la fréquence des *inondations.* Les cours d'eau dont le bassin-versant a été fortement déboisé (tels le Gange et d'autres fleuves himalayens, par exemple) présentent aujourd'hui une alternance de périodes d'inondations catastrophiques et de basses eaux. Enfin, le déboisement en montagne constitue une cause majeure d'apparition des *glissements de terrain.*

A

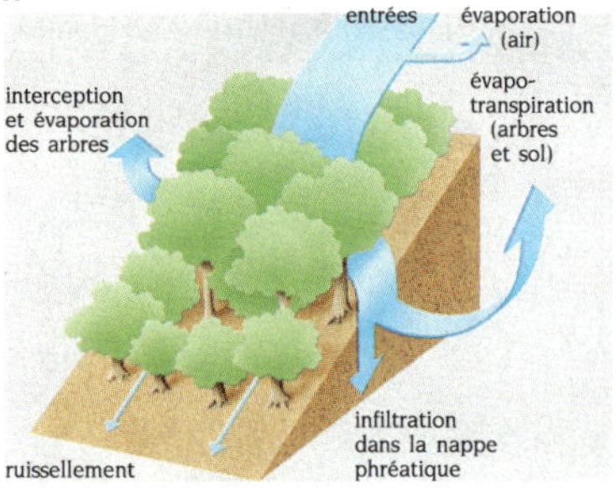

A. TERRAIN EN PENTE AVEC COUVERT VÉGÉTAL

Sur les sols en pente, la végétation forestière réduit le ruissellement et assure l'approvisionnement des nappes phréatiques par infiltration, redistribuant l'eau lentement et régulièrement : 1 kg de mousse déshydratée, par exemple, peut retenir 5 litres d'eau.

B

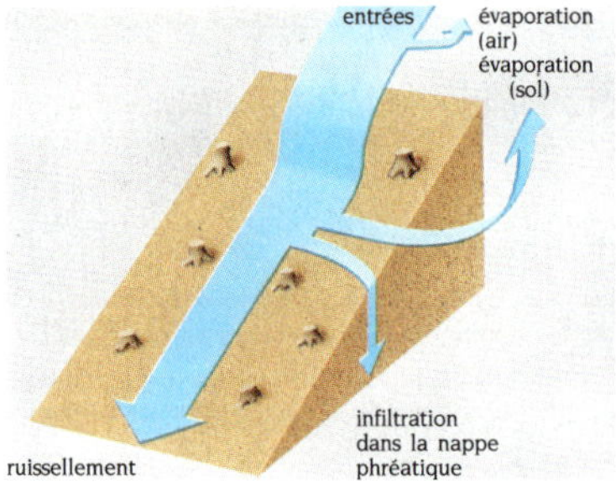

B. TERRAIN EN PENTE SANS COUVERT VÉGÉTAL

Si le sol est dénudé, le ruissellement devient prépondérant et l'on assiste à des périodes d'inondation et à des périodes où l'eau manque de manière drastique. C'est le cas à Madagascar, où la végétation qui assurait la redistribution de l'eau a été totalement supprimée.

D

D. FORÊT BRÛLÉE

Après le passage du feu (ici dans le Var en août 1990), la forêt incendiée présente un sol dénudé, qui facilite le lessivage des sels minéraux contenus dans les cendres. Aux premiers orages, le sol initialement riche se trouve appauvri. La repousse est extrêmement difficile.

C

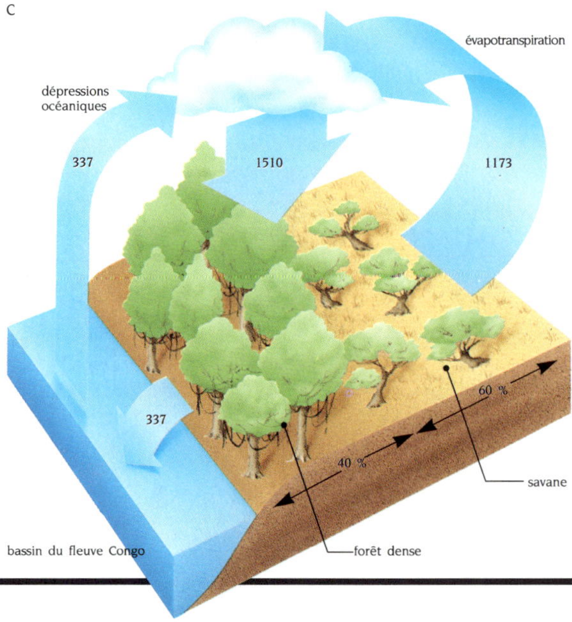

C. CYCLE DE L'EAU EN FORÊT DENSE

Les forêts denses tropicales, dites aussi « pluvieuses », jouent un rôle majeur dans l'importance des précipitations qu'elles reçoivent. Il existe un véritable recyclage sur place de l'eau. On constate par exemple dans le bassin du Congo que, sur un apport annuel de 1 milliard 510 millions de m^3 de pluies, 1 milliard 173 millions de m^3 viennent de l'évapotranspiration liée principalement aux arbres, soit 77 p. 100 du total. Les 23 p. 100 restants proviennent des dépressions océaniques. Détruire la forêt revient ainsi à transformer une région humide en région aride.

DE LA FORÊT VERTE AUX CUIRASSES ROUGES

L'Amazonie représente le cas le plus spectaculaire de la conjonction des diverses causes de destruction des forêts denses tropicales. La destruction de la forêt s'effectue souvent en répandant des défoliants par avion puis en mettant le feu aux boisements morts sur pied. Les terres ainsi récupérées sont ensuite mises en culture ou transformées en pâturages extensifs. De la sorte, le feu a détruit, en 1988, quelque 120 000 km² de forêt en Amazonie brésilienne. On a calculé que la coupe totale de la forêt amazonienne se traduirait par une baisse des pluies jusqu'à une valeur de 600 mm/an, soit celle du sud du Sahel !

Dans les régions déboisées, les sols dénudés se transforment rapidement en cuirasses latéritiques, stériles, à la couleur rouge caractéristique.

LA DÉSERTIFICATION

HIER, POUR L'HABITANT DE L'EUROPE tempérée, avant d'être des zones sèches, arides et inhabitées (sens commun du terme aujourd'hui), les déserts étaient simplement des lieux écartés, sans villes ou villages. À l'époque de Buffon (XVIIIe siècle), les étendues couvertes de forêts et de marécages du Nouveau Monde étaient perçues comme des « déserts affreux ». L'homme devait y porter le fer et le feu, les assécher, y tracer des routes pour y créer des « cités habitées par un peuple immense » ou de « riantes prairies ». Aussi l'abandon d'une exploitation agricole ou forestière est-il perçu comme une désertification (l'emploi du terme « désertion » serait plus judicieux).

Le Sahara, le Kalahari ou le Gobi donnent des images typiques de déserts tels que nous les concevons aujourd'hui, c'est-à-dire des régions à pluviométrie faible et à densité de population très restreinte en raison des conditions climatiques. Mais on ne doit pas oublier qu'au cours de l'histoire l'homme a su y tirer parti d'une flore et d'une faune adaptées à la chaleur et à la pauvreté en eau. Seules quelques zones de ces vastes régions arides étaient réellement inhabitées, l'homme ne faisant que les traverser. Comme celle de désertification, la notion de désert reste donc imprécise.

LES PROCESSUS

LE CLIMAT ET LES HOMMES

■ ON DISTINGUE DEUX PROCESSUS fondamentaux de formation des déserts.

Le premier est naturel, climatique, et peut s'appeler également « désertisation ». Selon la définition de l'Américain D.N. Stiles, il s'agit de « l'appauvrissement régulier de la flore et de la faune sauvages consécutif à la diminution des précipitations et à l'apparition de longues périodes de sécheresse ».

Le second processus résulte de l'activité humaine. F. Di Castri le définit comme « un processus dynamique de dégradation des écosystèmes et des sols, lesquels acquièrent par paliers successifs une physionomie désertique et un mode de fonctionnement rappelant les vrais déserts ». Les deux processus peuvent se conjuguer, comme au Sahel.

La latéritisation, processus de dégradation de certains sols, peut être rapprochée de la désertification, bien qu'elle ne soit pas liée à la sécheresse, puisqu'elle touche des sols de milieux tropicaux humides.

La désertification, phénomène d'actualité, n'est pourtant pas un phénomène récent ; on l'observe dès l'époque de Sumer en Mésopotamie (il y a 6 000 ans). Une irrigation trop intensive pratiquée alors s'y est à l'origine d'une salinisation des sols et d'un abandon des cultures.

DANGEREUX DÉSÉQUILIBRE

Les processus de désertification concernent des zones de la planète où l'accroissement démographique est le plus important. La surexploitation des ressources naturelles provoquée par la nécessité de nourrir les populations hypothèque gravement l'avenir. Il s'y joint les effets négatifs d'exploitations inadaptées, implantées par les pays industrialisés, et d'un certain pillage des ressources naturelles par ces mêmes pays (cultures spéculatives destinées à fournir des matières premières à bas prix, développées aux dépens des cultures vivrières). Le déséquilibre grandissant entre le niveau de vie des peuples du Nord et de ceux du Sud ne manquera pas d'avoir des effets géopolitiques.

A

A. **LA GRANDE MURAILLE DE SABLE...**

Cette photo du désert égyptien, prise entre les oasis de Dakhla et de Kharguèh, offre une illustration saisissante de la progression du désert. Dans ce processus, l'homme a sa part de responsabilité. La sédentarisation conduit en effet souvent à un surpâturage qui, en entraînant la raréfaction de la végétation, accélère très largement l'avancée du désert. Celui-ci envahit alors des régions non désertiques. Avec le surpâturage, l'utilisation excessive du bois comme combustible et comme matériau de construction peut être considérée comme une des raisons majeures de la disparition des arbres, qui jouent un rôle particulier dans la conservation de l'écosystème.
Quand, à l'action de l'homme, viennent s'ajouter les effets d'une saison sèche longue et d'une variation extrême des pluies au fil des ans, la sécheresse chronique s'aggrave. Il n'existe pas de remèdes simples à la désertification, car il faut agir sur de nombreux facteurs à la fois.

B

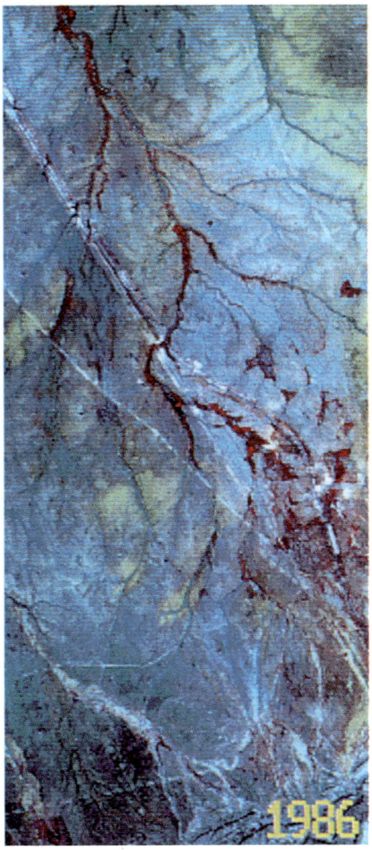

C

B. C. **AVANCÉE DU DÉSERT EN ALGÉRIE**

Ces images fournies par le satellite européen SPOT montrent une zone du Sud algérois (région Ain Oussera).
La végétation fortement chlorophyllienne apparaît en rouge, les sables vifs et les dunes en blanc, l'eau en bleu foncé.
Au cours de la saison sèche de 1986 (B), le recouvrement végétal avoisine 25 à 45 p. 100 et il est constitué par une dizaine de groupements végétaux qui colonisent le milieu, parmi lesquels on trouve notamment des alfas, graminées qui croissent en touffes buissonnantes. Cette couverture végétale, qui associe des herbes annuelles et des arbres parfaitement adaptés à la sécheresse, fournit l'essentiel de l'alimentation du bétail et assure le fragile équilibre des sols. La productivité de la végétation dépend de l'abondance et surtout de la distribution temporelle des pluies.
Au cours de la saison sèche de 1989 (C), le recouvrement de la végétation est, sur la quasi-totalité du territoire, inférieur à 5 p. 100. L'ensemble des glacis est occupé par un seul groupement végétal (avec majoritairement une espèce de chardon non consommée par les troupeaux). À côté d'une augmentation très nette du sable et des sols nus recouverts par un voile sableux mobile, on notera néanmoins, en rouge près du Djebel, certaines zones préservées des coupes abusives et du surpâturage, qui montrent que la désertification n'est pas un drame inéluctable trouvant son origine dans le seul climat.

LA DÉSERTIFICATION

L'ACTION DE L'HOMME

DES EFFETS DÉPENDANT DU CLIMAT ET DE LA NATURE DES SOLS

■ EN ZONE ARIDE ou en zone sèche temporaire, le surpâturage, le déboisement, les méthodes de culture inappropriées accroissent les effets d'un déficit des pluies. L'augmentation du bétail domestique (surtout moutons et chèvres), liée à la croissance démographique des populations qui en vivent, mais aussi quelquefois la simple sédentarisation de ce bétail provoquent un excès de pâturage par rapport aux possibilités de renouvellement du couvert végétal ou bien, par suite d'un broutage sélectif de certaines plantes, il ne subsiste plus que des espèces inutilisables, voire toxiques. À cela s'ajoutent fréquemment une déforestation pour la conquête de nouvelles terres de culture et une récolte excessive de bois de chauffe.

La mise en culture de vastes surfaces semi-arides (grande prairie nord-américaine, steppes de l'Asie centrale) a conduit aussi à un processus de désertification, tout comme le fait une irrigation accompagnée d'un mauvais drainage, en des zones où une forte évaporation entraîne une salinisation des sols (par remontée d'eau contenant des sels dissous). En Inde, 7 millions d'hectares, soit 13 p. 100 de la surface irriguée, ont ainsi dû être abandonnés. Enfin, une irrigation qui ne tient pas compte des impératifs de gestion des ressources en eau peut être à l'origine de la désertification. C'est, par exemple, le cas de l'assèchement dramatique de la mer d'Aral (Kazakhstan et Ouzbékistan).

Ces processus, dont on observe les effets en Europe même (bassin méditerranéen), peuvent affecter toutes les régions sèches du monde, soit un tiers de la surface terrestre émergée (environ 50 millions de km^2). Vingt millions de km^2 sont déjà en voie de désertification et l'avenir de plus d'un demi-milliard d'hommes est compromis.

Organiser la lutte. De nombreuses expériences ont été menées, avec succès, depuis une vingtaine d'années (gestion rationnelle de l'eau, des pâturages, des troupeaux ; diminution de la récolte de bois de feu par développement de l'usage de foyers domestiques économes en combustible ou utilisant l'énergie solaire, reboisement, etc.). Leur application est cependant freinée par le manque de moyens disponibles et par des blocages administratifs (parcellisation des compétences et des décisions) au niveau international et local. Comme les autres problèmes écologiques de premier plan, la désertification nécessite la mise en œuvre de programmes interdisciplinaires et internationaux.

L'ACTION DU VENT

L'ÉROSION ÉOLIENNE AUX ÉTATS-UNIS

■ LA GRANDE PRAIRIE nord-américaine pourrait résulter en partie des pratiques de chasse des Amérindiens du néolithique, rabattant le gibier au moyen d'incendies de forêts. Quoi qu'il en soit, avant l'arrivée des Européens, cette grande prairie était une association de végétaux herbacés (graminées) et buissonnants (armoises), ressemblant à une steppe semi-aride. De grands herbivores (bisons, cervidés) s'y déplaçaient.

Les causes. La transformation de cette prairie en cultures (maïs, surtout) mais aussi en pâturages intensifs a provoqué une désertification sévère de certaines zones de l'ouest des États-Unis (Montana, Colorado, Kansas, Oklahoma, Texas). Là où existait une végétation adaptée à la sécheresse, des plantes plus fragiles ont été cultivées. Les plantes adventices (plantes non cultivées qui poussent dans les champs) ont été éliminées pour augmenter la productivité. Lors des récoltes, la majeure partie du couvert végétal est donc enlevée : la terre reste à nu, fragilisée.

Le processus. Qu'adviennent des périodes de sécheresse prolongée et sévère (comme dans les années 1930, 1950 et 1980), qui font périr les cultures, et le sol devient la proie de l'érosion éolienne. En effet, aucune végétation ne peut le maintenir (disparition de la partie aérienne des plantes, mais aussi de leur appareil racinaire et des micro-organismes associés qui assurent la cohésion des éléments du sol). Les particules du sol, arrachées par le vent en de gigantesques tourbillons de poussière, forment de véritables dunes et peuvent aussi être transportées à longue distance et s'abattre loin des zones d'érosion. La distance parcourue par de telles particules peut être considérable. Ainsi, pendant la Seconde Guerre mondiale, une partie de la poussière soulevée lors des combats de blindés du désert de Libye est-elle retombée dans les Caraïbes quelques mois après. La quantité de poussière qui gagne les hautes couches de l'atmosphère y accroît les risques de réchauffement par effet de serre.

La lutte. On peut combattre l'érosion éolienne par la plantation de haies brise-vent, l'allongement des périodes de jachère (arrêt des cultures), l'abandon volontaire de végétaux sur le sol après les récoltes et la reconstitution de pâturages extensifs. Ces méthodes, mises en œuvre au Kazakhstan et en Ouzbékistan, ont ralenti une érosion qui touchait près de 3 millions d'hectares.

LES RAISINS DE LA COLÈRE

« C'est alors que le vent se fit dur et violent et qu'il attaqua la croûte formée par la pluie dans les champs de maïs. Peu à peu, le ciel s'assombrit derrière le mélange de poussière et le vent frôla la terre, fit lever la poussière et l'emporta[...]. Le vent augmenta, glissa sous les pierres, emporta les brins de paille et des feuilles mortes et même de petites mottes de terre[...]. Une nuit, le vent accéléra sa course à travers la campagne, creusa sournoisement autour des petites racines de maïs et le maïs résista au vent avec ses feuilles affaiblies jusqu'au moment où, libérées par le vent coulis, les racines lâchèrent prise[...]. Le lendemain matin, la poussière restait suspendue en l'air comme de la brume et le soleil était rouge comme du sang frais caillé. »

Ces lignes extraites du début du roman de John Steinbeck, *les Raisins de la colère*, décrivent les premières phases d'un processus d'érosion éolienne tel qu'il s'est produit en Oklahoma dans les années 1930. Ce fut une grande catastrophe écologique et économique. *(Traduction de Maurice-Edgar Coindreau, © Éditions GALLIMARD.)*

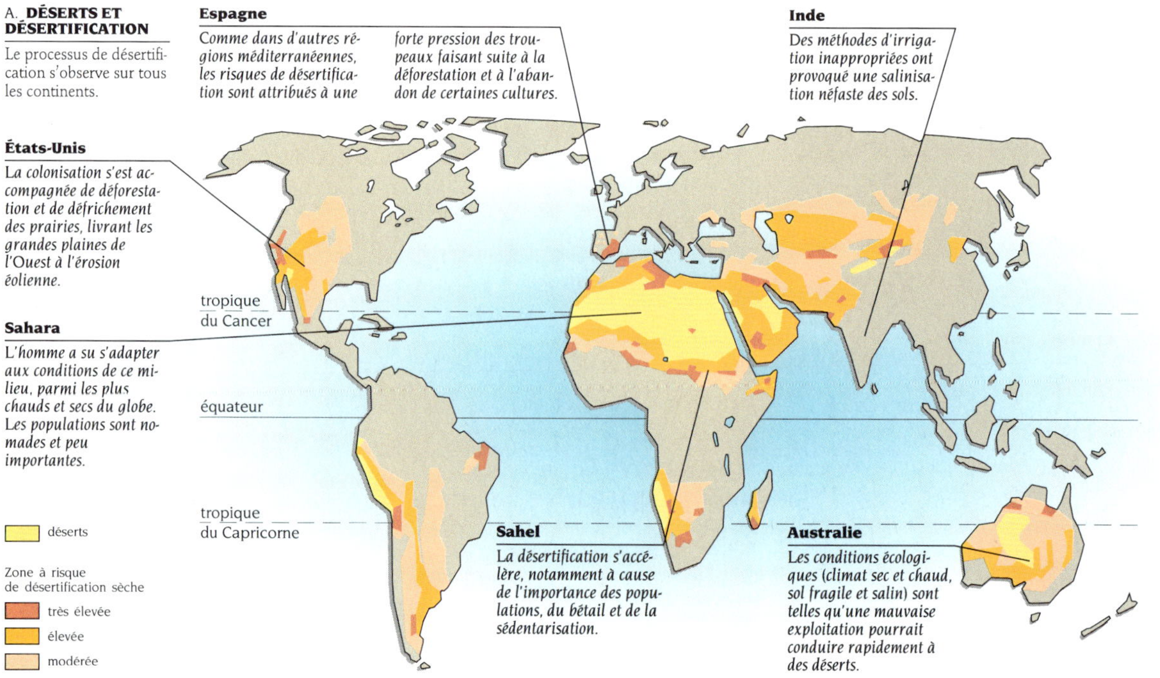

A. **DÉSERTS ET DÉSERTIFICATION**
Le processus de désertification s'observe sur tous les continents.

L'ATMOSPHÈRE AGRESSÉE

CAUSES NATURELLES...

POUSSIÈRES ET GAZ

■ SI LA FINE PELLICULE D'AIR qui entoure notre planète a une composition bien connue (99 p. 100 d'azote et d'oxygène) et très stable, elle renferme quelques constituants gazeux ou solides dont la proportion, quoique infinitésimale, est beaucoup plus variable dans le temps et dans l'espace. Ainsi, la teneur en gaz carbonique, en oxydes de soufre ou d'azote, en poussières ou encore en ozone n'est pas, loin s'en faut, toujours la même. La variation de leur concentration dans le temps et dans l'espace a souvent pour origine des phénomènes naturels, bien que l'activité humaine puisse y prendre une part non négligeable.

Les éruptions volcaniques ou les incendies de forêt provoquent des rejets soufrés ou des émissions de poussière ; l'océan et les mers diffusent, lorsqu'ils sont agités, des embruns salés ; l'activité biologique conditionne la teneur en gaz carbonique... Ces mécanismes peuvent avoir de grandes conséquences sur la biosphère planétaire : ainsi, en 1815, l'explosion du Tambora, un volcan indonésien, projeta dans la haute atmosphère des tonnes de poussières et de gaz sulfureux. Il s'ensuivit un affaiblissement du rayonnement solaire perceptible jusqu'en Europe et aux États-Unis. Toutefois, après quelques années, les émissions volcaniques retombèrent au sol et la machine atmosphérique reprit ses caractéristiques antérieures.

A

A. **POLLUTION DANS LES GLACES**

Les cristaux de glace d'origine neigeuse renferment de petites quantités d'air, qui sont des témoins de la composition de l'atmosphère au moment de leur formation. Accumulé depuis plusieurs millénaires dans les calottes glaciaires, cet air reste prisonnier et donne des indications sur l'état de l'atmosphère à une époque d'autant plus ancienne qu'on le prélève profondément dans la glace. À Vostok, dans l'Antarctique, un forage de 2 000 m de profondeur a permis d'obtenir une carotte de glace formée depuis 160 000 ans. L'analyse de l'air contenu dans la carotte permet d'observer les changements de fond ou ponctuels comme les grandes éruptions volcaniques, les dépôts liés aux explosions atomiques... Cette méthode d'étude de l'évolution de la pollution atmosphérique que permet aussi de recueillir des indications sur les températures, et donc sur les climats du passé.

... OU HUMAINES

UN PHÉNOMÈNE ANCIEN QUI S'AMPLIFIE

■ SUITE À DES modifications climatiques mais aussi à l'action de l'homme, la composition de l'atmosphère change.

Les cycles naturels. La teneur en gaz carbonique aurait dépassé les 1 000 ppm (parties par million ou millionième) vers la fin de l'ère secondaire (–100 millions d'années), pour décroître ensuite en quelques millions d'années à 300 ppm (la teneur actuelle). Au cours d'un cycle glaciaire, ce taux évolue de 0,05 p. 100 entre la période la plus chaude et celle qui est la plus froide. Cette histoire compliquée et ancienne, les paléoclimatologues tentent de la reconstituer de diverses façons. L'étude des isotopes du carbone ou de l'oxygène permet de déterminer les conditions biologiques ou atmosphériques régnant au moment de leur formation. Celle des pollens stockés dans les sédiments et celle des charbons de bois préhistoriques indiquent la composition de la végétation et donc des conditions climatiques. Celle des cernes de croissance des arbres fournit des indications sur la longueur des étés au cours de la vie de l'arbre. Plus proches dans le temps, les documents historiques témoignent de l'évolution des saisons à partir des dates de vendanges, de l'intensité et de la durée du gel, des orages, des grêles ou des sécheresses destructrices. Il ne s'agit plus de composition atmosphérique à proprement parler mais bien de ce qu'elle conditionne : les vies végétale, animale et humaine.

L'action de l'homme. Depuis quelques siècles, l'atmosphère subit significativement l'impact des activités humaines. Dans les dernières décennies, le principal changement est une augmentation de la concentration des gaz liés à l'utilisation des combustibles fossiles (pétrole, charbon, gaz naturel) ou à la combustion de la biomasse végétale (déforestation par le feu, bois de chauffe).

Ces mécanismes, ainsi que les nuisances qu'ils induisent, se produisent et perdurent sur des échelles de temps sensiblement différentes. En effet, les polluants de l'atmosphère se distinguent entre eux par leur temps de résidence atmosphérique : ainsi, une poussière volcanique est ramenée au sol, par gravité, après quelques mois de circulation dans l'atmosphère. En revanche, une molécule de gaz carbonique ne sera « digérée » par les cycles naturels qu'après une cinquantaine d'années de présence. Enfin, une molécule de C. F. C. (chlorofluorocarbone, présent notamment dans les aérosols) peut continuer à agir dans l'atmosphère pendant plus d'un siècle.

RESTEZ CHEZ VOUS... NE CONDUISEZ PAS LES ENFANTS À L'ÉCOLE.

« Hier encore, dans presque toutes les villes de plus d'un million d'habitants, par suite de l'inversion thermique de l'hiver, les taux d'oxyde de carbone et de dioxyde de soufre ont dépassé la cote d'alerte. À Londres, à Paris, à Bruxelles, à Hambourg, mais aussi à Milan, à Athènes, à Nice, à Barcelone. À nouveau, l'alerte a été donnée. Les sirènes ont recommencé leur lent mugissement dans la nuit, et la radio, la télévision, les journaux ont répandu le même message qu'au premier jour de l'année : « Restez chez vous. Ne prenez votre voiture qu'en cas d'urgence. Ne conduisez pas les enfants à l'école. » La contamination microbienne a été cette fois plus importante : pluie de poussières chargées de bacilles fécaux, infections... Autrefois (il y a deux ans seulement), je crois qu'on n'aurait pas su ce qui se passait. Chacun gardait jalousement sa fumée, ses brouillards,... Le public n'en savait rien... Le mugissement des sirènes d'alarme me rappelle le bruit des balises, autrefois, sur les côtes de Bretagne... »

Si on rapproche certaines catastrophes réelles de ce texte d'écologie-fiction de l'écrivain français J.-M. G. Le Clézio, il apparaît que la réalité n'est plus loin d'avoir dépassé la fiction. Extrait de « France. Journal de l'an 1 », paru dans « le Roman de l'Europe », *Libération*, mai 1989. *© Libération.*

B

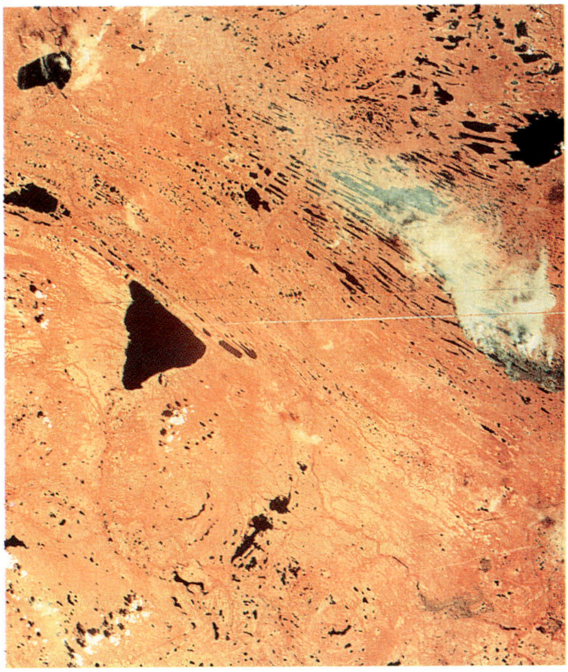

B. **VUE SATELLITE D'UN INCENDIE DE FORÊT**

La pollution atmosphérique est comme le furet : elle est passée par ici, elle repassera par là. La forêt brûle à un endroit, le ciel est obscurci à plusieurs dizaines de kilomètres. Une centrale nucléaire explose en Ukraine, mais l'alarme vient de Suède. Les pluies acides ignorent les frontières et ne se contentent pas de tomber sur le territoire du pays dont l'activité industrielle a généré la pollution. La machine atmosphérique fonctionne donc à l'échelle planétaire : les molécules de gaz et les poussières, rejetées localement dans l'atmosphère, y circulent et agissent globalement. En terme de pollution atmosphérique, on ne saurait raisonner à l'échelle nationale, et une politique mondiale est de rigueur.

LES POLLUTIONS LOCALES

L'AIR EN VILLE

DES POLLUANTS TOXIQUES ET CORROSIFS

■ LES EFFETS CONJUGUÉS des activités industrielles, du chauffage des immeubles de logements et des véhicules en déplacement permettent d'expliquer les fortes concentrations de polluants divers enregistrées dans l'air des villes. Les plus remarquables d'entre ces polluants sont les oxydes de carbone, de soufre et d'azote ; ces derniers donnent, par réaction avec le rayonnement solaire, de l'ozone (dont la concentration augmente ainsi dans l'air des villes, alors qu'elle diminue dangereusement dans la haute atmosphère). Mais il faut également compter avec le plomb, les hydrocarbures mal brûlés, les poussières (suies), les minéraux lourds...

L'effet toxique de ces différents gaz se fait surtout sentir sur les systèmes respiratoires, cardio-vasculaires et muqueux (l'ozone provoque des irritations des yeux).

Les gaz polluants des villes sont nocifs par eux-mêmes lorsqu'ils atteignent des concentrations élevées mais, le plus souvent, ils aggravent une situation déjà présente, affectant surtout les personnes qui présentent un terrain favorable. Il faut ajouter des effets sur les plantes et sur les constructions (corrosion des parties métalliques notamment, dégradation des monuments et des statues sous l'effet de l'eau de pluie polluée).

LES MOYENS DE LUTTE

LIMITER LES SOURCES DE POLLUTION

■ LA POLLUTION DES VILLES peut être renforcée dans certaines situations : l'absence de vent et les inversions thermiques favorisent la stagnation des gaz, et l'ensoleillement leur formation, par le biais de processus photochimiques. Inversement, la pollution peut induire des modifications climatiques locales : diminution de l'insolation, augmentation des pluies.

Il existe de nombreuses possibilités de limiter la pollution en ville : le recours aux pots catalytiques, par exemple, qui exige une essence sans plomb et permet de diminuer les rejets d'oxydes et de gaz imbrûlés. On peut aussi recourir à la désulfuration des pétroles et charbons et au filtrage des fumées d'usine. Par ailleurs, certaines villes cherchent à gérer et à réglementer la circulation automobile, les systèmes de chauffage ou les implantations des zones industrielles. C'est ainsi que, dans la plupart des pays.

A. **TAUX DE SO_2 DANS L'AIR**

	Base 1975 µg/m³	Index 1975 = 100 1980	1985	1990
Montréal	40,3	101	50	40
New York	43,1	87	85	75
Tokyo	60,0	80	42	33
Bruxelles	99,0	63	34	32
Paris	115,0	77	47	38
Berlin (Ouest)	95,0	95	71	64
Milan	244,0	82	36	23
Lisbonne	36,2	122	86	119
Londres	116,0	60	36	34

A. **OÙ RESPIRER ?**

Les villes présentent l'inconvénient de freiner la dispersion des polluants. Les rues encaissées empêchent l'air de circuler librement. Ce tableau traduit une diminution de la pollution de l'air par le dioxyde de soufre dans la plupart des grandes villes. Ces comparaisons entre villes doivent être faites avec prudence car les systèmes de mesure ne sont pas toujours identiques.

LONDRES, DÉCEMBRE 1952

À partir du 5 décembre 1952, la région du Grand Londres est couverte d'un brouillard tenace. Cet épisode se poursuit jusqu'au 9 décembre. La visibilité est si mauvaise que les trafics routiers, ferroviaires et aériens sont interrompus. Plus grave, en une semaine, la mortalité frappe 4 000 personnes : les décès pour cause de bronchite sont dix fois supérieurs à la normale ; ceux par grippe, sept fois ; ceux par pneumonie, cinq fois. Les décès d'origine cardio-vasculaire triplent... Il est vrai que toutes les conditions sont réunies : un anticyclone bloque la circulation atmosphérique locale ; la région est très industrialisée ; la plupart des habitations sont chauffées au bois ou au charbon. Bref, les teneurs en dioxyde de soufre et en suies quadruplent et frôlent les 2,5 mg/m³ : cette hausse s'ajuste parfaitement à celle de la mortalité. À la suite de cet épisode, une loi spéciale, effective à partir d'octobre 1955, vise à limiter les émissions de fumées : les combustibles les plus nocifs sont interdits et les installations de combustion sont régulièrement inspectées (une mauvaise combustion provoque des émanations supplémentaires). Les résultats sont là : trente ans après, Londres est certainement une des grandes villes les moins polluées d'Europe...

B. **« MALADIE DE LA PIERRE »**

Cet oiseau, qui orne la cathédrale Notre-Dame de Paris, montre (notamment sur le bec et les doigts) les premières atteintes du mal : des composés chimiques apportés par l'air et l'eau pollués (sulfates, nitrates, carbonates) endommagent les monuments de pierre (comme le Parthénon d'Athènes) et peuvent ronger les statues jusqu'à les rendre méconnaissables. À côté des tentatives de protection (injection de résines dans les fissures) et de reconstitution, une méthode de lutte « biologique » est à l'étude : des bactéries (genres *Pseudomonas* et *Bacillus*), se nourrissant de calcium qu'elles transforment en un cristal très dur, la calcite, pourraient, à leur tour, nourrir et protéger la pierre abîmée.

B

C. **UNE AUTO POUR CHACUN LA POLLUTION POUR TOUS**

À l'ère de l'automobile, la qualité de l'air est sérieusement menacée. Qu'on en juge un peu : émanations d'oxydes de soufre, d'azote et de carbone, rejets d'hydrocarbures mal brûlés et de plomb, poussières de caoutchouc... Le traitement de cette pollution est d'autant plus difficile que les sources sont multiples, mobiles, changeantes... La lutte contre ce fléau de la civilisation passe, notamment, par l'utilisation du pot catalytique et de l'essence sans plomb.

C

LES POLLUTIONS ACIDES

L'utilisation des combustibles fossiles s'accompagne d'émissions d'oxydes de soufre et d'azote. Lorsque ces molécules se combinent isolément ou entre elles avec l'eau atmosphérique, des acides se forment : acide sulfurique, acide nitrique... Ceux-ci sont à l'origine des brouillards ou des pluies acides. L'acidification s'étend alors à l'ensemble du milieu : après quelques années, les sols, les eaux continentales (lacs, rivières et nappes phréatiques), la végétation, le monde animal mais aussi les constructions sont affectés.

LA SITUATION ACTUELLE

POLLUTION SANS FRONTIÈRES

■ Des lacs entiers de la Scandinavie ou du Canada sont devenus impropres à toute vie : les poissons, les algues n'ont pas survécu à l'acidification. En Allemagne, en Chine, des massifs forestiers sont profondément marqués : espèces décimées, individus malades. Les surfaces de forêts atteintes sont par exemple estimées à au moins 4 millions d'hectares en Allemagne, 3 millions d'hectares en Pologne, 70 000 hectares en France.

L'action des pollutions acides. Bien sûr, l'ampleur des dégâts n'est pas uniforme. Elle varie en fonction du milieu récepteur : une augmentation de l'acidité dans un écosystème déjà acide (sols granitiques, schisteux...) sera plus spectaculaire que lorsqu'elle se produit dans un milieu basique. Si le milieu est fermé, comme un lac, les évolutions possibles (introduction d'espèces plus adaptées aux nouvelles conditions du milieu) sont restreintes, voire impossibles.

L'action des autres facteurs. Enfin, de nombreux autres facteurs accentuent ou modèrent les effets des pluies acides : intensité et quantité de précipitations, état sanitaire antérieur de la végétation, type de gestion forestière, autres pressions (climatiques ou humaines) auxquelles est soumis le milieu, topographie... Les pluies acides constituent néanmoins un facteur prépondérant de la destruction du milieu.

Des pollutions en mouvement. Leur formation étant liée à des situations météorologiques peu mobiles, les brouillards acides se manifestent surtout à promixité du lieu d'émission. Ce n'est pas le cas des pluies, dont la formation dépend principalement de la circulation atmosphérique générale. C'est pourquoi l'acidification des pluies est souvent observée à plusieurs centaines de kilomètres des lieux de rejets polluants et ignore les frontières administratives.

Certains pays deviennent alors, par leurs caractéristiques industrielles et leur situation géographique vis-à-vis du mouvement des masses d'air, « exportateurs » de pollutions acides, tandis que d'autres en sont les « importateurs ». Ainsi, les émissions de la zone des Grands Lacs aux États-Unis participent à la disparition des érablières canadiennes ; la Scandinavie « importe », pour sa part, les pollutions provenant des grandes zones industrielles d'Allemagne, de Grande-Bretagne, de Tchécoslovaquie ou de Pologne... Quoi qu'il existe un certain nombre de possibilités de lutte (en Scandinavie, par exemple, on chaule les lacs, c'est-à-dire qu'on y déverse de la chaux afin de réduire leur acidité), les vraies solutions résident d'abord dans une limitation des émissions de gaz sulfureux et d'oxyde d'azote dans l'atmosphère.

Les solutions aux problèmes. Dans les années 1970, la prise de conscience de la difficulté de revenir sur l'acidification d'un certain nombre de milieux a permis une mobilisation internationale. Dans le cadre de la Communauté européenne, en particulier, un certain nombre de mesures ont été prises (et continuent d'être prises) pour limiter les rejets responsables de pollutions acides : désulfuration des combustibles ou des fumées, mise en place de pots catalytiques sur les automobiles. Ces solutions sont coûteuses et la part des incertitudes (importance des facteurs liés au milieu, incertitude quant à la provenance des polluants acides) est souvent exploitée au bénéfice du doute, donc de l'attentisme.

A

A. **VICTIME DES POLLUTIONS ACIDES**

Les conifères sont les premiers à présenter des lésions : cela est probablement dû au fait que leurs aiguilles sont exposées à longueur d'année aux intempéries.
La croissance des arbres diminue au fur et à mesure que la pollution atmosphérique augmente. Cela peut se traduire par la disparition totale des forêts, comme dans la région de Sudbury, au Canada. En un siècle, à la suite de l'implantation d'un complexe métallurgique, de plus de 200 000 hectares de forêts de pins ont été détruits et leurs sols acidifiés.
Les champignons et les lichens sont également très sensibles aux émanations toxiques. Les lichens sont d'ailleurs utilisés par les scientifiques comme indicateurs du taux de pollution atmosphérique. En revanche, le maïs, les vignes, les roses sont peu sensibles à l'acidification de l'air.

B

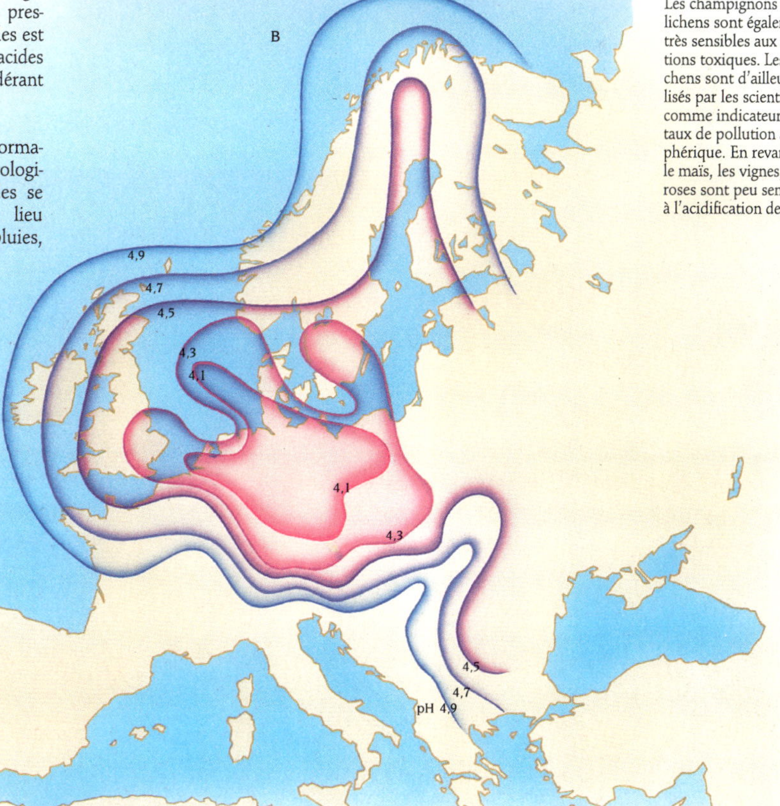

d'après doc. Norwegian Institute for Air Research

B. **L'ACIDITÉ DES PLUIES EN EUROPE**

Au cours de la période antérieure à 1800, les précipitations avaient un pH compris entre 6 et 7,6. Dans les zones habitées, les pluies avaient généralement un pH de l'ordre de 5,6 (plus le pH est faible, plus l'acidité est élevée ; une solution neutre a un pH de 7). Cette carte donne le pH moyen des pluies étudiées sur la période 1978-1982 dans une cinquantaine de stations européennes. L'acidité est particulièrement élevée à proximité des zones d'émission du dioxyde de soufre (l'influence des industries de la Ruhr, caractérisées par l'utilisation massive de charbon, est ici nettement perceptible) et elle se diffuse parfois loin.

LES POLLUTIONS RADIOACTIVES

La radioactivité caractérise certains atomes, dont les noyaux (nucléides), instables, ont la propriété de perdre spontanément de leur masse pour donner d'autres noyaux. Cette transformation s'accompagne de l'émission de particules ou de rayonnements électromagnétiques (photons), capables de pénétrer les organismes vivants à des profondeurs variables. Les roches, l'espace cosmique, les sols, l'eau renferment de l'uranium, du thorium, du radium, du carbone 14, du potassium 40, qui possèdent une radioactivité naturelle. Cependant, à la cinquantaine d'éléments radioactifs déjà présents dans le milieu, l'homme a ajouté environ 200 nucléides artificiels utilisés dans le cadre d'activités militaires, médicales ou industrielles.

LA RADIOACTIVITÉ

DES RAYONNEMENTS AUX EFFETS BIOLOGIQUES ET GÉNÉTIQUES

■ Les éléments radioactifs diffèrent par la quantité, l'énergie et la nature du rayonnement émis (certains sont arrêtés par les couches superficielles de la peau, tandis que d'autres peuvent traverser plusieurs mètres de plomb) et par leur *période* (le temps au bout duquel la moitié des noyaux radioactifs s'est désintégrée). Celle-ci peut aller de 2 heures pour l'argon 41 à près de 5 milliards d'années pour l'uranium 238. En général, la quantité de rayonnement émise par unité de temps est inversement proportionnelle à la période et rien ne peut être fait pour accélérer le processus de désintégration.

Les éléments les plus redoutables sont, en premier lieu, ceux de période moyenne, car ils ont le temps de s'accumuler dans les organismes et de se concentrer dans les chaînes alimentaires et, en second lieu, ceux dont le corps simple correspondant est un des constituants fondamentaux de la matière vivante, ou son analogue (par exemple, le strontium 90, analogue du calcium, est fixé par les os, tandis que le césium 137, analogue du potassium, est fixé dans les muscles). Les effets biologiques interviennent à plus ou moins long terme, sous la forme d'atteintes physiologiques (à des doses élevées, celles-ci peuvent entraîner la mort) et génétiques, en provoquant l'apparition de mutations.

Sources de contamination de l'atmosphère. Les principales sont les explosions nucléaires dans l'atmosphère (interdites par des accords internationaux depuis 1963) et la filière de production énergétique.

Au cours d'une explosion nucléaire, 30 p. 100 des résidus radioactifs retombent dans le voisinage immédiat du lieu d'émission. Le reste passe dans la basse et dans la haute atmosphère. Les précipitations ramènent ces résidus à la surface terrestre, parfois fort loin du lieu d'explosion (il en existe des traces dans les glaces polaires), où ils contaminent, directement ou de proche en proche, l'eau, les minéraux et les êtres vivants.

En revanche, dans l'industrie nucléaire, qui comprend l'extraction, le conditionnement, l'utilisation proprement dite des éléments radioactifs et le retraitement des déchets ou des installations, c'est surtout à l'occasion d'accidents (pour la partie productive) ou à cause d'une mauvaise gestion (pour le stockage des déchets) qu'une contamination atmosphérique peut se produire. Tous ces risques sont en principe circonscrits. Toutefois, un accident, comme celui de Tchernobyl en avril 1986, peut entraîner la contamination de zones très éloignées du lieu d'émission.

TABOU OU TRANSPARENCE ?

« À Tchernobyl, on observerait des mutations génétiques que réfutait (jusqu'alors) l'Académie des sciences soviétique... Dans le Cotentin, la production laitière serait rachetée pour être éliminée à cause de son taux de radioactivité (selon les antinucléaires) ou pour être analysée (selon les autorités). »

L'information sur le nucléaire oscille entre les propos alarmistes et les démentis fracassants, qui laissent le public dans l'embarras : qui et que croire ? Il est vrai que l'épisode de l'accident de Tchernobyl a laissé, en France, une très mauvaise impression : après que les différentes institutions ont affirmé que la masse d'air polluée avait épargné le territoire, il s'est révélé que des régions entières accusaient des teneurs en radioactivité anormales. Dans ce pays, la filière nucléaire cumule, il est vrai, quelques handicaps : la gestion de type monopolistique (l'État contrôle tout, de l'extraction à l'exploitation et à la maintenance) ; les liens entretenus avec le nucléaire militaire, qui font du nucléaire civil un domaine peu sujet à la transparence ; enfin, la complexité des connaissances scientifiques et techniques, qui ne rend pas forcément facile, ni souhaité, un grand débat public. D'où l'émergence d'une opposition très radicale. Entre le « Secret Défense » et le radicalisme, y a-t-il une place pour l'information ?

A

A. **UNE SOURCE ÉNERGÉTIQUE IMPORTANTE**

L'industrie électronucléaire (ici, l'usine française d'enrichissement de l'uranium de Pierrelatte) permet de satisfaire 4 p. 100 de la consommation énergétique mondiale. Avec 57 réacteurs lui fournissant 70 p. 100 de son électricité, la France est le pays le plus nucléarisé, en puissance installée, après les États-Unis.

B

B. **ESSAI NUCLÉAIRE À MURUROA**

Depuis 1963, le traité de Moscou interdit les essais nucléaires dans l'atmosphère, l'espace extra-atmosphérique et sous l'eau. Seuls les essais souterrains restent autorisés. Cette décision a été suivie d'effets et on a pu mesurer, par exemple, une baisse de la concentration en strontium 90 dans les eaux de l'Atlantique nord depuis cette date. Toutefois, certains pays ont poursuivi leurs essais bien après cette date : la France jusqu'en 1974 (4 à Reggane, dans le Sahara, puis 13 dans le massif du Hoggar et 42 dans le Pacifique) et la Chine jusqu'en 1980. Depuis 1945, il y a eu 551 explosions nucléaires en atmosphère (sur un total de 1 300). La plus importante développait une puissance équivalente à 3 000 fois la bombe d'Hiroshima.

L'ATMOSPHÈRE ET LE CLIMAT PLANÉTAIRE

Le mécanisme de l'effet de serre permet à la Terre d'avoir une température de surface clémente. Ce mécanisme est simple : l'atmosphère, de par sa composition, ne laisse pas passer la plus grande partie des rayons infrarouges émis par la Terre. La chaleur se trouve ainsi prisonnière, comme à l'intérieur d'une serre.

LE RÉCHAUFFEMENT

UN PHÉNOMÈNE QU'IL FAUT CONTENIR

■ La couverture gazeuse, qui réfléchit le rayonnement infrarouge et provoque l'effet de serre, est essentiellement formée par la vapeur d'eau, le gaz carbonique, le méthane, l'oxyde nitreux, les gaz halogénés (C. F. C., halons...). Depuis quelques décennies, la teneur de ces gaz est en augmentation constante. En 100 ans, le dioxyde de carbone a augmenté de 30 p. 100, le méthane de 100 p. 100, l'oxyde nitreux de 25 p. 100... Les concentrations actuelles dépassent le maximum que l'atmosphère a pu connaître depuis 160 000 ans, comme le prouvent les prélèvements glaciaires. On doit donc s'attendre à une élévation de la température de surface : les modèles qui reconstituent, par l'informatique, le fonctionnement de l'atmosphère, de l'océan, de la biosphère, des glaces... permettent de l'évaluer à environ 3,5 °C (avec une imprécision de plus ou moins 1,5 °C) pour un doublement de la teneur atmosphérique en gaz carbonique. Si le rythme actuel des émanations se maintenait, ce doublement devrait être atteint vers 2050 (par rapport aux valeurs de 1860).

Les conséquences climatiques. Une des caractéristiques importantes de cette augmentation de température est son rythme beaucoup plus élevé que pour les échanges gazeux d'origine naturelle, ce qui crée une grande inquiétude sur les possibilités d'adaptation du milieu naturel. Outre une possible élévation du niveau marin (évaluée à 1,20 m mais à des échelles de temps beaucoup plus longues, puisque cette valeur ne devrait être atteinte qu'au XXIIe siècle), cette augmentation de température risque de modifier la circulation atmosphérique. Bien que les principes généraux ne soient pas censés être perturbés, les échanges thermiques entre les pôles et l'équateur, entre les basses et les hautes couches de l'atmosphère ne se feraient plus dans les mêmes conditions.

On assisterait ainsi à un changement dans la répartition géographique et saisonnière de la pluviométrie, des vents, de l'ennuagement, donc de l'ensoleillement. La production agricole, le débit des cours d'eau, la biogéographie (répartition végétale et animale) étant modifiés, les conséquences socio-économiques pourraient être considérables. Il est impérieux d'envisager dès maintenant la limitation du phénomène, car l'atmosphère et l'océan ont une grande inertie vis-à-vis des évolutions auxquelles ils sont soumis. De plus, les gaz en question restent très longtemps présents dans l'atmosphère.

A. **EFFET DE SERRE**

En ce qui concerne l'effet de serre, les chercheurs ont deux certitudes : d'abord, la teneur en gaz provoquant cet effet (tel le CO_2) augmente et, ensuite, plus cette teneur sera élevée, plus le rayonnement infrarouge réfléchi sera important. En revanche, personne n'est capable de se prononcer sur les conséquences. Depuis 160 000 ans, la température (comme le taux de CO_2) a beaucoup varié (courbes de droite) et, au cours du dernier siècle, elle s'est élevée de 0,5 °C, sans que l'on sache s'il s'agit de la variabilité normale du climat ou des prémices d'un réchauffement de plus grande ampleur. Il faudra probablement attendre quelques décennies pour avoir des certitudes.

A

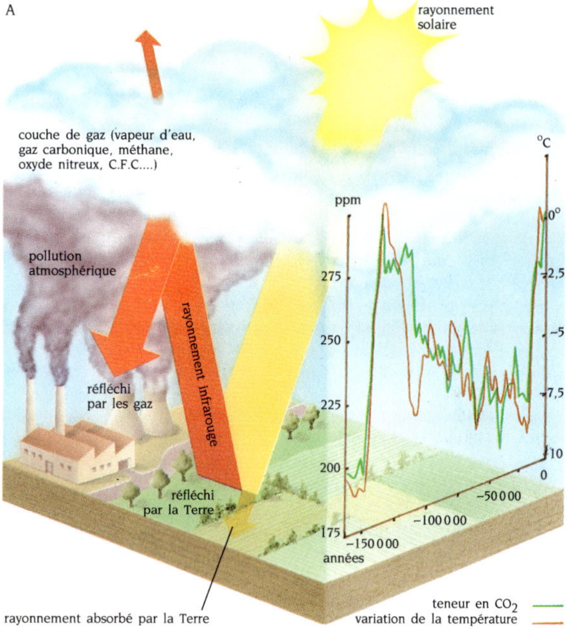

B

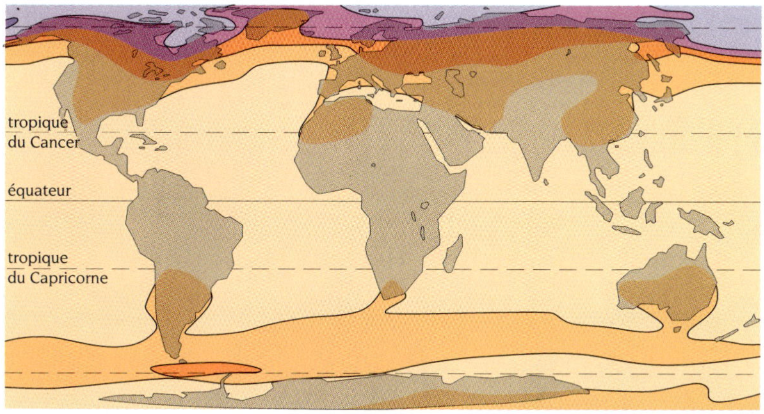

B. **RÉCHAUFFEMENT MODÉLISÉ (HIVER)**

Cette carte, obtenue par une compilation de cinq grands modèles climatiques mondiaux (les quatre modèles américains GFDL, GISS, NCAR, OSU et le modèle britannique UKMO), a été réalisée par l'Institut Max Planck de Hambourg. Ce modèle tente de reproduire par informatique le fonctionnement de l'atmosphère, de l'océan, de la végétation, des zones englacées, pour prévoir ce que pourrait être le réchauffement de l'atmosphère dans le cas d'un doublement de la teneur en gaz carbonique. Malgré quelques nuances, tous les modèles convergent pour montrer qu'il s'ensuivrait un réchauffement de 2 à 6 °C sur de larges parties du globe, qui serait plus accentué encore dans les régions froides en hiver, où il pourrait dépasser 10 °C, ce qui laisse craindre une fonte des glaces polaires.

C

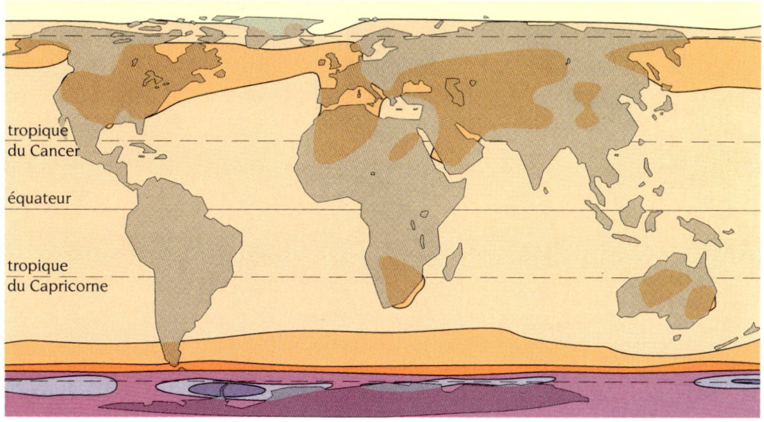

C. **RÉCHAUFFEMENT MODÉLISÉ (ÉTÉ)**

Comme la carte du dessus, ce modèle a été obtenu par compilation de cinq grands modèles climatiques (GFDL, GISS, NCAR, OSU et UKMO) et réalisé par l'Institut Max Planck de Hambourg. Comme pour le modèle hivernal, les pôles semblent plus particulièrement exposés au réchauffement de la température. Ainsi, le continent antarctique et ses abords seraient les plus touchés, avec des augmentations pouvant atteindre de 8 à 10 °C.

Toutefois, la fiabilité de tous ces modèles a ses limites.

Réchauffement par rapport aux normes saisonnières.

- 0 C
- 2 C
- 4 C
- 6 C
- 8 C
- 10 C
- 12 C

d'après Max Planck Institut (Hambourg), Sciences et Avenir

L'ATMOSPHÈRE ET LE CLIMAT PLANÉTAIRE

LUTTER CONTRE LE RÉCHAUFFEMENT

PRÉVENIR ET PRÉVOIR

■ LA LUTTE CONTRE L'EFFET DE SERRE consiste d'abord à tenter de réduire les émissions gazeuses incriminées. Bien que la capacité d'absorption des différents gaz soit très variable (une molécule de C. F. C. absorbe 2 000 fois plus d'infrarouge qu'une molécule de gaz carbonique), il semble d'ores et déjà que deux axes seront privilégiés : celui de la consommation énergétique et celui de la gestion des forêts du monde.

L'énergie. Il s'agit avant tout de brûler moins de combustibles fossiles. Cela peut se faire par amélioration et diffusion des techniques les plus performantes (ce qui pose la question des transferts de technologie Nord-Sud) : la production d'un kilowattheure nécessite un tiers d'énergie primaire de moins qu'au début du siècle. La substitution des sources d'énergie peut également être envisagée : les énergies solaire, hydraulique, nucléaire n'accroissent pas l'effet de serre (cependant, certaines d'entre elles peuvent générer d'autres nuisances environnementales). Enfin, il est possible de réaliser des économies, surtout dans les pays industrialisés, les plus énergivores.

La gestion forestière. Il s'agit d'éviter la déforestation massive, de mener de véritables politiques de gestion forestière et de favoriser le reboisement. En effet, la combustion de biomasse végétale ne provoque pas d'augmentation de la teneur en gaz à effet de serre si elle est exactement compensée par la croissance de nouveaux végétaux.

Mais le mécanisme du réchauffement est sans doute tellement avancé que la lutte consistera aussi à trouver des solutions palliatives.

Envisager le pire pour s'en prémunir. Si le niveau des océans doit monter, il faudra s'en protéger. Les Pays-Bas, particulièrement exposés, ont déjà élaboré un plan de surélèvement des digues de leurs polders. D'autres pays, plus démunis, comme le Bangladesh, sont particulièrement menacés et il faut souhaiter qu'une coopération internationale réelle leur permette de procéder à des aménagements du même type. D'une façon plus générale, si les apports d'eau douce doivent changer, les nappes d'eaux souterraines et les grands fleuves internationaux devront être gérés d'une façon plus rationnelle. On devra réexaminer les politiques agricoles (quelles espèces seraient les mieux adaptées aux nouvelles conditions climatiques ?) et les mesures sanitaires.

LA COUCHE D'OZONE

UN PARASOL À 25 KM D'ALTITUDE

■ SI CERTAINS GAZ ont la capacité de « retenir » le rayonnement, d'autres ont la capacité de le filtrer. C'est le cas de l'ozone stratosphérique, qui bloque la partie ultraviolette du rayonnement solaire. Ce gaz est situé à très haute altitude : les plus fortes concentrations s'observent entre 12 et 45 km, avec un pic aux alentours de 25 km. Il ne représente toutefois qu'une quantité infinitésimale des gaz atmosphériques : on compte en moyenne une molécule d'ozone pour 2 millions de molécules d'oxygène ; autrement dit, rapportée à l'altitude 0, la « couche d'ozone » ne dépasserait pas 3 mm d'épaisseur. Faible en quantité mais important par ses effets, l'ozone agit comme un véritable parasol à l'égard du rayonnement ultraviolet.

La couche d'ozone menacée. Particulièrement nocif pour la biosphère, le rayonnement ultraviolet peut provoquer des cancers de la peau, des cataractes, perturber le système immunitaire, réduire la croissance végétale... Or, les observations menées dans l'Antarctique montrent que, depuis 1979, l'épaisseur de la « couche » d'ozone est en diminution.

Chaque année en septembre-octobre, la concentration d'ozone accuse un creux marqué, qui s'accentue d'année en année : son épaisseur intégrée (épaisseur moyenne de la couche à l'échelle du globe) n'atteint plus que 1 mm alors que, sur la période 1957-1979, elle oscillait entre 2,8 et 3,5 mm. Dans le même temps, les teneurs en gaz halogénés augmentent. Ces gaz sont caractérisés par la présence d'atomes de chlore, libérés dans la haute atmosphère (stratosphère) sous l'effet du rayonnement solaire. Une fois libérés, les atomes de chlore se combinent aux molécules d'ozone et les dissocient.

D'autres gaz interviennent dans la destruction de l'ozone, mais ils font partie du cycle naturel, tandis que les halogénés sont exclusivement d'origine humaine. De plus, ces derniers sont particulièrement stables : ils demeurent dans l'atmosphère entre 70 et 110 ans ; pendant cette période, un atome de chlore peut détruire plusieurs milliers de molécules d'ozone. De son côté, l'ozone stratosphérique ne se reconstitue que très lentement, à des échelles de temps géologiques...

Les moyens d'action. Les gaz halogénés deviennent donc l'ennemi public n° 1 : l'action internationale se donne pour but de réduire et d'éliminer leur production. La plupart sont connus sous le nom de C. F. C. (chlorofluorocarbones) et sont utilisés dans les bombes aérosols, dans l'industrie du froid, dans la fabrication des mousses et comme solvants.

En 2010, leurs émissions devraient être totalement interrompues, mais ce n'est que quelques décennies plus tard que la couche d'ozone pourra commencer à retrouver une concentration plus normale...

MOBILISATION GÉNÉRALE

« Les conséquences (du réchauffement de l'atmosphère et de la détérioration de la couche d'ozone) paraissent, en l'état actuel des connaissances scientifiques, susceptibles de porter atteinte aux systèmes écologiques et aux intérêts les plus vitaux de l'humanité tout entière. Comme le problème est planétaire, sa solution ne peut être conçue qu'au niveau mondial. Compte tenu de la nature des dangers, les remèdes à y apporter relèvent non seulement du devoir fondamental de protéger l'écosystème terrestre, mais aussi du droit de l'homme à jouir dans la dignité d'un environnement mondial viable et, par conséquent, du devoir de la communauté des nations à l'égard des générations présentes et futures de tout mettre en œuvre pour préserver la qualité de l'atmosphère. »

Cet extrait de la déclaration de La Haye, « Notre pays, c'est la planète », signée par les chefs d'État ou de gouvernement de 24 pays en avril 1989, montre le caractère planétaire de ce problème écologique et la prise de conscience globale qui doit absolument en résulter.

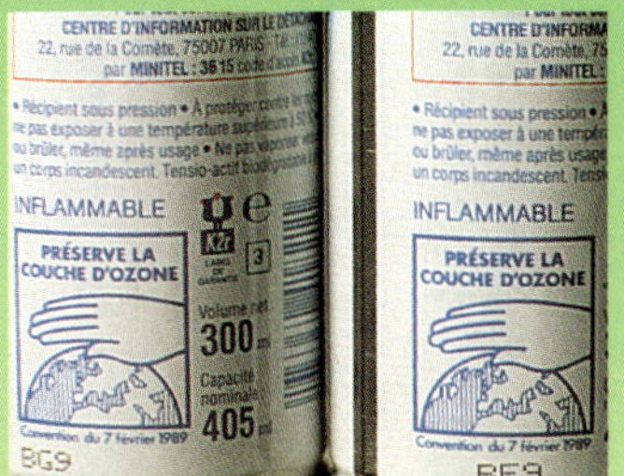

A

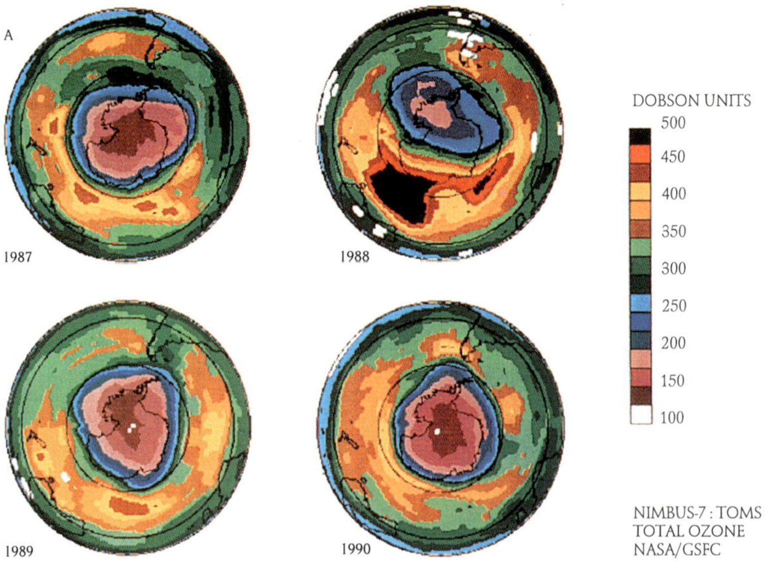

A. **CHAQUE ANNÉE, EN SEPTEMBRE...**

Sous l'effet du rayonnement solaire, les C. F. C., gaz halogénés libérés par les activités humaines qui ont atteint la stratosphère, se dissocient et libèrent des atomes de chlore ou de brome, qui induisent un cycle de destruction de l'ozone sans disparaître eux-mêmes. C'est ainsi que, depuis 1975, chaque année, la couche d'ozone située au-dessus de l'Antarctique montre une diminution sensible, qui s'accentue chaque fois un peu plus, à la fin de l'hiver austral. Alors que son épaisseur, rapportée au sol, devrait être de l'ordre de 3 mm, elle n'est plus que de 1 mm. Le « trou » se comble à partir du mois de novembre, la circulation atmosphérique permettant alors à cette zone d'être à nouveau en relation avec d'autres masses atmosphériques, dont la teneur en ozone est plus normale. Jusqu'à présent, aucun phénomène de cette ampleur n'a été observé au-dessus du pôle Nord.

LA POLLUTION DES EAUX

UNE RESSOURCE VITALE MENACÉE

DES POLLUTIONS D'ORIGINE ET DE NATURE VARIÉES

■ LES POLLUTIONS DES EAUX proviennent de huit sources différentes : les *effluents domestiques ;* les *effluents urbains* (collectivités, commerces, lavage des rues, ruissellement des eaux de pluies) ; le *ruissellement* en dehors des zones urbaines (routes de campagne, autoroutes) ; les *activités industrielles ;* les *activités agricoles* (érosion des sols, engrais chimiques, pesticides et autres produits phytosanitaires, élevages intensifs) ; les *accidents* (circulation routière ou maritime, usines, stations d'épuration...) ; les *effets induits* (boues résiduaires des traitements eux-mêmes, décharges...) ; enfin l'*industrie nucléaire* (les rejets des centrales nucléaires sont réglementés par une législation particulière). La pollution d'un fleuve ou d'une rivière, qui dépend de son débit, est intimement liée à la densité de population dans le bassin hydrographique qu'elle draine, ainsi qu'à l'activité industrielle.

Réserves et consommation. Le volume d'eau douce disponible est constitué par les eaux superficielles (fleuves, lacs, marais) et par les eaux souterraines situées dans les nappes phréatiques. Il représente 0,01 p. 100 des réserves d'eau de la Terre. Les ressources, comme les consommateurs, sont inégalement réparties dans l'espace. On estime le volume moyen d'eau utilisé par jour et par habitant à quelques dizaines de litres dans les pays en voie de développement et à 600 litres aux États-Unis. L'essentiel de cette eau sert à des usages domestiques, agricoles et industriels.

Les types de pollution. Les principaux contaminants des eaux sont : les *polluants organiques* (micro-organismes et matières organiques fermentescibles) ; les *polluants chimiques ;* les *polluants thermiques et radioactifs.* La pollution des nappes souterraines est plus grave que celle des eaux superficielles, car, l'oxygène n'y parvenant pas, il n'y a pas d'autoépuration. La contamination s'y fait par infiltration.

Pour la pratique, on distingue trois formes de pollutions : les pollutions qui présentent des dangers immédiats et graves ; celles qui présentent des dangers à long terme par effets cumulatifs ; et celles qui entraînent des désagréments (bruit, odeur, goût...).

Effets directs et indirects. La pollution induit des changements du pH de l'eau (acidité) et provoque le dépôt de substances toxiques et la *dystrophisation* (c'est-à-dire la pullulation des végétaux, en particulier microscopiques, suivie de la disparition par asphyxie de la vie animale et végétale).

L'ensemble de ces modifications provoque de profonds changements dans la répartition des espèces. Les effets sur la santé de l'homme sont essentiellement dus aux pollutions bactériennes et chimiques. Enfin, les conséquences économiques du traitement et de l'épuration des eaux sont liées aux exigences de qualité de l'eau.

L'ampleur de la pollution à l'échelle mondiale est difficile à appréhender, faute de sources comparatives. Dans les pays en voie de développement, les contrôles de qualité des eaux sont rares. En Inde et en Chine, la pollution, très élevée, est à l'origine de nombreuses maladies (typhoïde, choléra, dysenterie). Dans les pays industrialisés occidentaux, la situation est sensiblement différente. Les États-Unis, depuis l'élaboration du Clear Water Act de 1972, ont contribué à la réduction de bon nombre de polluants. L'Europe occidentale reste victime de l'acidification des eaux (pluies acides dues aux rejets industriels) et de la dystrophisation. Ce dernier phénomène n'affecte plus seulement les plans d'eau (étangs, lacs, mers...). Il s'étend également aux fleuves (Loire, Rhin, Tamise). On note également une hausse de la salinité de certains fleuves, due aux rejets miniers (Rhin, Elbe, Vistule). Heureusement, des commissions internationales se créent (Rhin, lac Léman), qui permettent de mieux connaître les impacts des effluents sur le milieu.

QUE VA DEVENIR LA MER D'ARAL ?

Situé au Kazakhstan et en Ouzbékistan, ce lac salé était considéré comme le quatrième lac du monde par sa surface de 68 000 km². Au début des années 1960, pour irriguer des productions de coton, les autorités soviétiques détournèrent une grande partie des eaux des fleuves Amou-Daria et Syr-Daria, qui alimentaient le lac. Conséquence de cette initiative : alors que 50 km³ d'eaux fluviales se déversaient dans la mer d'Aral en 1959, celle-ci n'en recevait plus que 35 km³ en 1970, 10 km³ en 1980 et, enfin, plus rien en 1985 ! Le niveau de la mer a baissé de 13 m, sa superficie s'est réduite de 40 p. 100, son volume de 66 p. 100, son taux de salinité a triplé, et l'équilibre écologique de toute la région a été perturbé. À la suite de l'usage massif de pesticides et de défoliants sur les plantations, la faune aquatique ne se résume plus qu'à deux espèces (crevettes et raies) et la faune terrestre à 38 espèces (alors qu'on en dénombrait 178 en 1960). La disparition de cette masse d'eau a amplifié des phénomènes de désertification de la région. Les températures moyennes, qui oscillaient entre –25 °C en hiver et +35 °C en été, sont passées de –50 à +50 °C. La partie desséchée de la mer, soit 26 000 km², est couverte de bancs de sable et de sel. Les pêcheurs, qui produisaient 45 000 t de poissons par an et 10 p. 100 du caviar d'U. R. S. S. en 1960, ont cessé toute activité.

Cette situation catastrophique a conduit, en octobre 1990, à la réunion de 200 experts en un Congrès international. Mais, devant l'ampleur de ce désastre écologique, les moyens à mettre en œuvre pour la sauvegarde de la mer d'Aral risquent fort de s'avérer hors de portée...

A

A. **LA MÉDITERRANÉE EN SURSIS**

Depuis quelques années, ce sont plus de 300 km de côtes, de la ville d'Ancône au littoral yougoslave, qui sont atteintes par la pollution. Celle-ci se manifeste notamment par une prolifération d'algues sur plusieurs kilomètres de large, et jusqu'à 17 m de profondeur. Cette pullulation est due en grande partie aux rejets polluants (nitrates notamment) déversés massivement par le Pô dans la mer. Ce fleuve est soupçonné d'apporter 80 p. 100 de la pollution organique de la mer. À celle-ci s'ajoutent des quantités de produits chimiques, qui intoxiquent la faune marine. Les eaux du littoral méditerranéen constituent un milieu très sensible, soumis à un grand nombre de perturbations et de contaminations. Ces dernières proviennent des zones côtières urbanisées et industrialisées, des fleuves qui drainent la pollution continentale et des apports atmosphériques. Aujourd'hui, la protection de l'environnement côtier méditerranéen est devenue une priorité des pays industrialisés. Il faut en effet réagir, car les experts ont prévu une explosion démographique dans cette région du monde (170 millions d'habitants en l'an 2025, dont 60 p. 100 sur la rive sud, la plus pauvre du pourtour méditerranéen).

LES POLLUTIONS DES EAUX

LES NITRATES

LE DANGER DES COMPOSÉS AZOTÉS

■ ESSENTIEL À LA VIE, l'azote est absorbé par les végétaux et influence très fortement la croissance des plantes. C'est pourquoi l'agriculture utilise des *engrais azotés,* sous forme d'ions nitrate, ou d'autres ions transformés en nitrates par les bactéries du sol. Leur grande solubilité et leur assimilation rapide les font apprécier en période de sécheresse, lorsque les engrais ammoniacaux ne peuvent agir convenablement.

En France, chaque année, 2,5 millions de tonnes d'engrais azotés sont répandues sur les cultures. Ce sont les cultures céréalières qui en consomment le plus. Cet apport en masse ne peut être absorbé en totalité par les plantes. Le surplus reste sur les sols et est lessivé par les pluies. Si le taux d'infiltration peut varier selon la nature du sol et des sous-sols, de la pluviométrie, du relief, etc., on retrouve de toute façon ces engrais dans les eaux superficielles ou dans les eaux souterraines.

À ces engrais azotés, il convient d'ajouter l'azote d'origine animale. Un porc de moins de six mois et qui pèse 100 kg évacue une quantité de lisier (mélange d'urine et de matières fécales) correspondant à 1 m^3/an, soit 5,5 kg d'azote. Mal stockées ou placées dans des fosses non étanches, les déjections animales s'infiltrent dans le sol et les composés azotés polluent en priorité les eaux de surface.

La troisième source de pollution de l'eau par les nitrates est industrielle et domestique. L'azote des eaux d'égouts est rejeté dans le milieu naturel et s'y oxyde en nitrates. Les rejets industriels et urbains ne sont qu'en partie épurés, avant d'être évacués dans le réseau hydrologique de surface.

La pénétration des nitrates dans le sol varie de quelques dizaines de centimètres à quelques mètres par an. Les nitrates s'accumulent ainsi dans les nappes phréatiques. Celles-ci intègrent les apports des six à quinze dernières années. Ainsi, même si on stoppait dès aujourd'hui tout apport de nitrates dans les sols, on en trouverait encore dans quinze ans dans les nappes phréatiques.

Toxicité et réglementation. L'augmentation du taux de nitrates dans l'eau n'est désirable ni pour l'environnement, ni pour l'homme. Pour cette raison, la Communauté économique européenne a, dans sa directive du 15 juillet 1980, établi un seuil de 50 mg/l, au-dessus duquel une eau n'est pas potable (les États-Unis et l'Organisation mondiale de la santé ont, de leur côté, fixé la limite à 45 mg/l). De plus, la limite est de 25 mg/l pour les femmes enceintes et les nourrissons. En effet, la plus faible acidité de l'estomac de ces derniers les rend sensibles aux bactéries qui transforment les nitrates en nitrites. Dans le sang, ces nitrites réagissent avec l'hémoglobine, qu'ils oxydent en méthémoglobine. Ce dérivé oxydé ne fixe pas l'oxygène et peut provoquer la mort par asphyxie. On a en outre constaté en laboratoire, chez certaines espèces animales, l'effet cancérigène des nitrites lorsqu'ils se combinent à des dérivés azotés organiques issus de l'alimentation.

En ce qui concerne l'environnement, les eaux de surface, riches en nitrates et en phosphates, engendrent le phénomène de dystrophisation, qui aboutit à la mort des poissons et des autres organismes par asphyxie.

Traitements. La lutte contre ce type de pollution est un problème nouveau et les stations d'épuration ne sont pas conçues pour éliminer l'azote. Aussi agit-on en aval, au moment du traitement de l'eau de consommation, par dénitrification biologique (transformation de l'ion nitrate en azote gazeux) ou physico-chimique (injection de résines pour transformer les nitrates en ions non toxiques).

LES DIFFÉRENTS TYPES DE POLLUANTS

Type de pollution	Nature	Source
pollutions thermiques	rejets d'eau chaude	centrales électriques
pollutions radioactives	radio-isotopes	installations nucléaires
micro-biologique	bactéries, virus entériques, champignons	effluents urbains, élevages, secteur agroalimentaire
organiques fermentescibles	glucides, protides, lipides	effluents domestiques, agricoles, industries agroalimentaires et du bois
fertilisants	nitrates phosphates	agriculture lessives
métaux et métalloïdes toxiques	mercure, calcium, plomb, aluminium, arsenic	industrie, agriculture, combustion, pluies acides
pesticides	insecticides, fongicides, herbicides	agriculture, industrie
détersifs	agents tensioactifs	effluents domestiques
hydrocarbures	pétrole brut et dérivés	industries pétrolières, transports
composés organochlorés	P.C.B., insecticides, solvants chlorés	industrie
autres composés organiques de synthèse	nombreuses molécules	industrie

A

A. **DÉCHARGE SAUVAGE**

Ce qui est envoyé dans une décharge ne disparaît pas de la nature. Au contraire, on concentre et accumule en un même lieu des matières parfois toxiques (ici, les déchets d'une usine chimique en Tchécoslovaquie). Le ruissellement et le lessivage par les pluies entraînent ces matières dans le sol et peuvent contaminer la nappe phréatique.

B. **POLLUTION DES EAUX DE SURFACE**

Outre les rejets, certains aménagements, comme les barrages ou le remblaiement du lit des fleuves, ont des effets nuisibles indirects.

Construction de barrages
Elle nuit à l'écoulement naturel de l'eau. De plus, les eaux retenues se fragilisent et deviennent sensibles aux pollutions atmosphériques et à l'eutrophisation.

Agriculture industrielle
Par l'apport important de pesticides et d'engrais, elle participe à la pollution des nappes et des eaux de surface.

Rejets atmosphériques
Émanant de l'industrie, des grands centres urbains et des transports, ils sont à l'origine des pluies acides.

Dégradation des sols et du relief
Elle est due à l'action humaine et conduit souvent à une accélération ou à une modification du phénomène naturel d'écoulement des eaux.

Agriculture traditionnelle
Avec l'assainissement individuel, aux effluents diffus, elle a des conséquences limitées sur la qualité de l'eau.

Industries minières
Dans un paysage minier, les rejets d'eaux usées et le lessivage des terrils sont à l'origine des pollutions métalliques et acides que l'on retrouve des dizaines d'années plus tard dans des endroits parfois très éloignés.

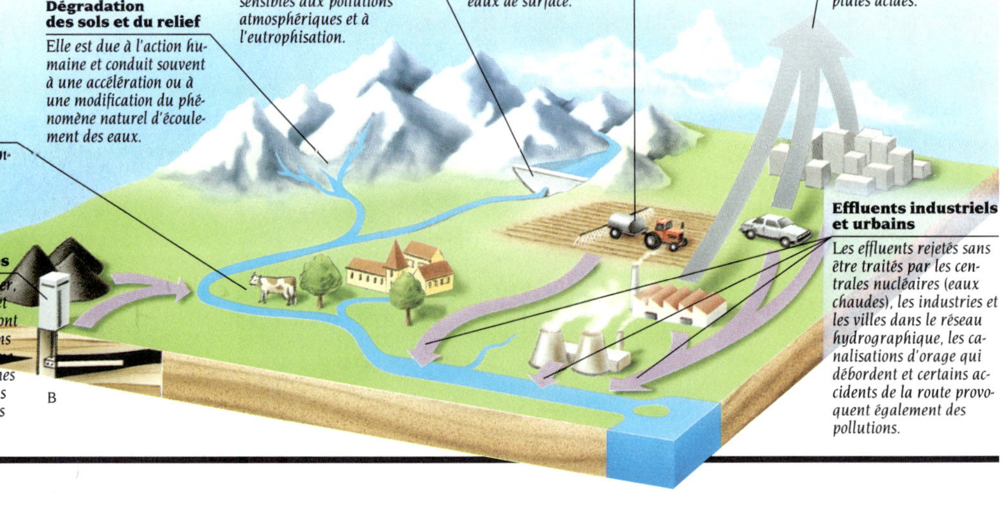

B

Effluents industriels et urbains
Les effluents rejetés sans être traités par les centrales nucléaires (eaux chaudes), les industries et les villes dans le réseau hydrographique, les canalisations d'orage qui débordent et certains accidents de la route provoquent également des pollutions.

LES PHOSPHATES

DES LESSIVES AUX ENGRAIS

■ LES PHOSPHATES, comme les nitrates, représentent une cause grave de contamination de l'eau dans les pays industrialisés. Ils ont essentiellement trois origines : les activités agricoles, qui en font usage comme engrais (en France, 110 000 t par an) ; les effluents domestiques, qui en renferment également une grande quantité, puisqu'on en trouve notamment dans les lessives synthétiques (20 000 t par an) et dans les rejets physiologiques humains (20 000 t par an) ; enfin les activités industrielles, qui en rejettent 40 000 t par an sous la forme de conservateurs d'aliments et d'agents lavants (acide phosphorique). Dans un milieu fermé, comme les lacs, les marais ou les étangs, les phosphates provoquent, avec les nitrates, une *dystrophisation* mortelle pour la faune et la flore.

LES HYDROCARBURES

EXTRACTION ET TRANSPORT MARITIMES, REJETS CONTINENTAUX

■ LA POLLUTION DES EAUX par les hydrocarbures est liée à l'extraction, au transport et à l'utilisation (lubrifiants et carburants) du pétrole. Les plus grands dangers sont liés au transport maritime et aux accidents de forages sous-marins. À cela s'ajoutent les nettoyages de citernes (dégazage) effectués en pleine mer, souvent au mépris des conventions internationales.

Depuis la fin des années 1960, les marées noires dues à des accidents se sont multipliées : accident du *Torrey Canyon* en 1967 et échouage de l'*Amoco Cadiz* en 1978, au large de la Bretagne ; catastrophe de l'*Estoc one*, en 1981, qui a déversé quelque 700 000 t de pétrole dans le golfe du Mexique ; etc. Pourtant, ces accidents ne représentent qu'une partie de la quantité totale des hydrocarbures déversés en mer, dont une forte proportion provient des rejets continentaux apportés à la mer par les fleuves. Les cours d'eau et les nappes phréatiques recueillent ces polluants, qui viennent de l'industrie (raffineries de pétrole) ou encore des vidanges automobiles. Les conséquences écologiques de la pollution par les hydrocarbures sont difficiles à évaluer, mais il est clair qu'elles compromettent l'équilibre des mers fermées. Lorsqu'ils sont déversés massivement, les hydrocarbures sont très nocifs pour la faune et la flore et provoquent des dégâts physiques et chimiques importants et durables.

LE MERCURE DE SANDOZ

Le Rhin et ses affluents alimentent en eau potable 28 millions d'Européens. Dans la nuit du 31 octobre 1986, un incendie ravage une partie de la firme chimique Sandoz, à Bâle (Suisse), qui produit, entre autres, des colorants et des produits pharmaceutiques. Cette nuit-là, la pollution atmosphérique est, grâce à des conditions climatiques favorables, rapidement écartée. En revanche, les tonnes d'eau qui ont servi à éteindre l'incendie se déversent dans le fleuve en entraînant 1 200 t de mercure ainsi que 15 t de bleu de Berlin et de rhodamine B. La vague toxique de boue rougeâtre ainsi formée progresse ensuite lentement, déclenchant sur son passage une véritable catastrophe écologique, illustrée par l'empoisonnement des anguilles, dont on ramassera 150 000 cadavres ; la microfaune et la microflore seront détruites et les habitants privés d'eau potable. Cet accident a été l'occasion de remédier aux lacunes de la législation en matière de protection des eaux du Rhin.

LES AUTRES POLLUANTS

PESTICIDES, MÉTAUX, PLASTIQUES...

■ LES SUBSTANCES ORGANIQUES de synthèse sont employées en agriculture sous la forme de *pesticides*. Dénommés aussi « produits antiparasitaires à usage agricole », ces produits sont utilisés pour lutter contre les champignons *(fongicides)*, les insectes *(insecticides)* et les herbes adventices *(herbicides)*. Le rejet de leurs résidus toxiques dans les eaux continentales ou marines représente une importante source de contamination de l'eau. Certains traitements insecticides massifs sont effectués par voie aérienne sur de grandes surfaces terrestres, y compris sur les plans d'eau.

La grande résistance de ces molécules, leur manque de sélectivité, ainsi que leur capacité à s'accumuler le long des chaînes alimentaires ont entraîné dans certaines zones la disparition d'espèces utiles, un déséquilibre des écosystèmes et l'apparition de souches de ravageurs résistant à ces produits.

La prolifération d'adventices (« mauvaises herbes ») de plus en plus résistantes aux herbicides est notée dans les cultures où ces substances sont utilisées depuis longtemps.

La contamination des aliments et des nappes phréatiques présente un danger pour la santé humaine qui ne peut être négligé, surtout depuis que les effets tératogènes et carcinogènes de certains pesticides, tels les *organochlorés*, ont été mis en évidence.

L'industrie utilise également des substances organiques de synthèse : les polychlorobiphényles (P. C. B.) sont des plastifiants dont la structure moléculaire est proche de celle du D. D. T. La pollution provoquée par les P. C. B. est aussi importante que celle due aux insecticides organochlorés. La dégradation des P. C. B. fournit, entre autres, la *dioxine*, très toxique, qui a causé des dégâts considérables à Seveso, en Italie, en 1976.

Les métaux toxiques comme le cadmium, le nickel, le zinc, le chrome sont très dangereux pour les milieux lacustres ou marins. On suspecte la trop forte concentration d'aluminium dissous dans l'eau d'être une des causes de la maladie d'Alzheimer.

Le *plomb* est utilisé comme adjuvant dans les essences pour automobiles. On en retrouve la trace dans les eaux de l'Atlantique nord. Ce métal lourd, particulièrement toxique, est éliminé à 90 p. 100 par un adulte (75 p. 100 par un enfant), mais le reste, en se fixant sur les reins, les os, le cerveau et le sang, crée des troubles nerveux, manifestations du *saturnisme*.

Les composés organiques du *mercure* sont utilisés comme fongicides en agronomie et comme médicaments antisyphilitiques. Le mercure est aussi utilisé dans l'électrochimie (piles-boutons) et l'électronique. L'ensemble des industries rejette dans les océans plus de 10 000 t/an de mercure métallique ou ionisé.

Des sels de l'acide cyanhydrique (« cyanures ») et des composés de l'arsenic font partie des contaminants dangereux.

A

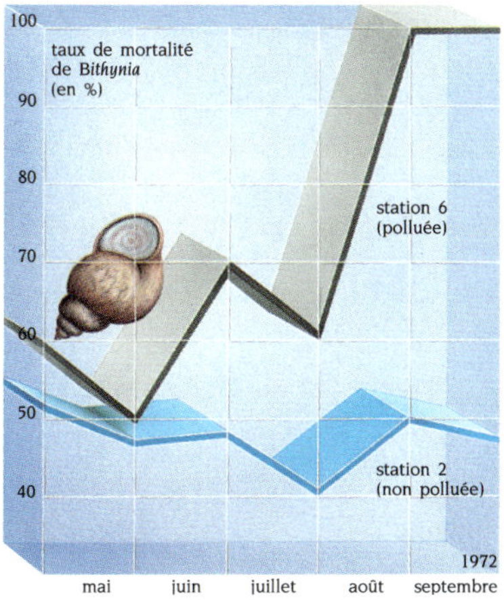

A. **REJETS D'EAU CHAUDE**

On utilise les eaux continentales pour refroidir les centrales thermiques et nucléaires. Or, la température du milieu est un facteur écologique primordial et le rejet d'eau chaude constitue une forme de pollution capable de provoquer de grands bouleversements. Ces deux courbes figurent l'évolution du taux de mortalité du mollusque gastéropode *Bithynia tentaculata*, en zones non polluée (station 2) et polluée (station 6) par les rejets d'eau chaude d'une centrale nucléaire du fleuve Saint-Laurent, en 1972.

B

B. **POLLUTION DES EAUX DOUCES**

Ce sont les pollutions accidentelles, comme celles occasionnées par l'incendie des usines Sandoz ou Rhône-Poulenc ou comme celle-ci, provoquée en mai 1990 près de Bitterfeld (Allemagne) par une usine de fabrication de films (société Orwo), qui mobilisent l'opinion publique. Les dégâts sont d'une telle ampleur qu'on ne peut rester indifférent. Mais qu'en est-il des pollutions chroniques, plus sournoises, et qui ne sont pas forcément visibles ? Pour les professionnels de l'eau, une bonne gestion passe par une bonne connaissance. Or, les moyens pour bien connaître les milieux ne sont pas toujours acquis.

LES POLLUTIONS DES EAUX

LES EAUX DE SURFACE

EUTROPHISATION NATURELLE ET DYSTROPHISATION PROVOQUÉE

■ PAR UN PHÉNOMÈNE naturel, les eaux des lacs, des marais, des étangs, comme celles de tout milieu aquatique fermé, se renouvellent et s'oxygènent de façon très lente. De plus, l'érosion du bassin-versant apporte des matériaux qui se déposent dans le fond. À l'échelle des temps géologiques, les plans d'eau finissent ainsi par se combler et par disparaître. L'enrichissement de l'eau par un apport important d'éléments nutritifs peut se produire dans les conditions naturelles : c'est l'*eutrophisation,* qui se caractérise par la prolifération de plantes aquatiques.

L'homme accélère considérablement ce phénomène naturel, par des déversements dans le milieu aquatique d'effluents riches en phosphates et en nitrates. Tous les plus grands lacs sont menacés par cette eutrophisation accélérée, appelée « *dystrophisation* » pour la distinguer du phénomène naturel.

Les eaux se chargent d'algues microscopiques et filamenteuses qui leur donnent une couleur verte. Cette masse végétale crée un écran qui empêche la lumière de passer. L'activité photosynthétique productrice d'oxygène se trouve réduite à quelques mètres de la surface. De plus, les végétaux morts s'accumulent sur le fond et leur décomposition accentue l'appauvrissement en oxygène, qui se traduit par la disparition progressive des êtres vivants.

LES EAUX SOUTERRAINES

L'EMPOISONNEMENT DES NAPPES PHRÉATIQUES

■ ON DISTINGUE EN SOUS-SOL deux sortes de réservoirs d'eau. Les premiers sont des nappes libres. Elles sont surmontées de terrains perméables et leur niveau varie librement. Elles interviennent dans le cycle de l'eau. Les deuxièmes sont des nappes captives. Recouvertes de terrains imperméables, elles ont un volume quasiment invariable. Ce sont des stocks.

Si le renouvellement de grands réservoirs à nappe captive (ou à nappe libre, mais mal connectés à la circulation des eaux) prend plusieurs millénaires, la durée de renouvellement de réservoirs moins importants à nappe libre est de l'ordre de quelques années. Pour des raisons de gestion économique, on n'exploite, dans les pays à climat humide, que ce dernier type de réservoirs. En revanche, dans les pays arides, on tend à exploiter les ressources non renouvelables. En France, les nappes fournissent, grâce à des forages, 55 p. 100 de l'eau potable, soit 6 milliards de mètres cubes.

Les nitrates, qui polluent les nappes par infiltration, représentent le principal poison. D'après l'agence du bassin Rhin-Meuse, la moitié de la nappe d'Alsace, qui est la plus grande réserve d'eau potable en Europe, pourrait ne plus être exploitable d'ici à 2030, en raison de sa trop forte teneur en nitrates, due essentiellement à la surfertilisation des cultures de maïs.

SENSIBILITÉS DE DIFFÉRENTS POISSONS

Indices de pollution	Espèces
I.P. < 3	ombre commun
3 < I.P. < 5	barbeau bouvière hotu perche
5 < I.P. < 6	truite commune
6 < I.P. < 7	loche franche chevesne brême bordelière ablette gardon
I.P. > 7	producteurs décomposeurs

A

A. **RIVIÈRE VERTE, MAIS POLLUÉE**

La pollution thermique, ici à l'aval de la centrale nucléaire de Cattenom (France), provoque un appauvrissement des espèces d'algues. Vers 25 °C, les diatomées disparaissent et sont remplacées par les algues vertes (chlorophycées). À partir de 33-35 °C, les « algues bleues » (cyanobactéries) leur succèdent.

B

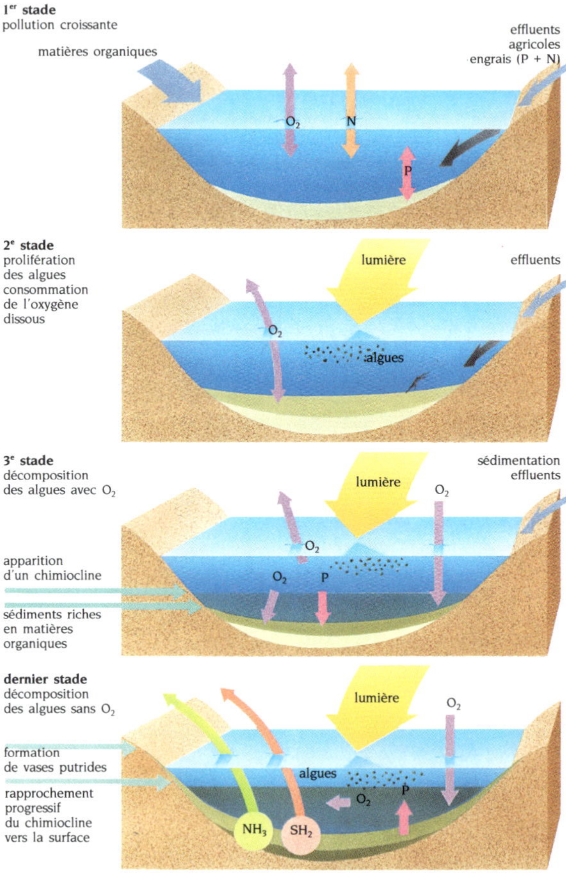

B. **ÉTAPES D'UNE DYSTROPHISATION**

Au premier stade, les effluents urbains composés de matières organiques vont s'ajouter aux eaux de ruissellement, qui entraînent avec elles le surplus d'engrais agricoles (phosphates, nitrates).
Au deuxième stade, la décomposition aérobie des matières organiques déposées au fond provoque la consommation d'oxygène dissous. Les sels minéraux entraînent la prolifération des algues près de la surface. Il apparaît ainsi une zone de discontinuité chimique (chimiocline), l'oxygène étant peu concentré au fond, mais abondant vers la surface.
Au troisième stade, l'oxygène des eaux profondes est consommé au cours du processus de décomposition aérobie des algues. Les poissons d'eaux froides, propres et bien oxygénées, tels les truites et les saumons, sont progressivement remplacés par des carpes, des tanches ou des vairons.
Au dernier stade, les fermentations anaérobies (en l'absence d'oxygène) dégagent de l'ammoniac (NH_3) et de l'hydrogène sulfuré (SH_2).

C

C. **COMME UN POISON DANS L'EAU...**

Souvent, dans certains pays, au problème de la quantité d'eau potable disponible s'ajoute la quasi-inexistence de structures de prévention et de protection contre la pollution. L'eau superficielle est contaminée par des déchets organiques, tels que les excréments d'origines humaine et animale. Elle sert également d'exutoire aux rejets industriels. Ici, à Ahmedabad, en Inde, une pollution d'origine accidentelle en donne une image spectaculaire.

LA GESTION DE L'EAU

QUI PROTÈGE L'EAU ?

LÉGISLATION FRANÇAISE ET CONVENTIONS INTERNATIONALES

■ D'UNE FAÇON GÉNÉRALE, le droit de l'eau est lié à celui de la terre. Ainsi, la propriété d'un champ confère aussi un droit sur l'eau qui s'y trouve (source, étang, ruisseau, eau souterraine ou canaux). Un contrôle de la profondeur des puits est effectué par l'administration. L'eau cesse néanmoins d'appartenir à son propriétaire si elle est indispensable à l'alimentation en eau potable d'une agglomération.

Les bassins hydrographiques. Dans le cadre de la loi du 16 décembre 1964, la France a été découpée en six bassins hydrographiques, en suivant la ligne de partage des eaux. Chaque bassin (Seine-Normandie, Artois-Picardie, Rhin-Meuse, Rhône-Méditerranée-Corse, Adour-Garonne et Loire-Bretagne) est administré par deux organismes :
– le *comité de bassin,* qui est une sorte de parlement composé de représentants des usagers, des Régions et des collectivités locales et qui fixe le taux de l'impôt à prélever dans chaque bassin hydrographique ;
– l'*agence de bassin,* établissement public à caractère administratif, sorte de mutuelle, qui prélève les fonds sur les pollueurs (usagers, collectivités, industriels) et qui les redistribue à toute entreprise de lutte contre la pollution.

Le ministère de l'Environnement coordonne les problèmes relatifs à l'eau dans tous les autres ministères concernés. Trois organismes l'assistent dans son action :
– la *Mission interministérielle de l'eau,* composée de directeurs des ministères ayant des attributions en matière d'eau ;
– le *Service de l'eau,* organisme d'action qui prépare les délibérations de la Mission interministérielle, procède aux recherches scientifiques et entretient des relations sur le thème de l'eau avec les pays étrangers ;
– le *Comité national de l'eau,* qui exerce un rôle consultatif et délibérant.

Organisations régionales et départementales. Au niveau régional, les mesures de réglementation des différents usages de l'eau sont contrôlées par les Services de la navigation, les Directions régionales de l'architecture et de l'environnement, et les Directions régionales de l'industrie et de la recherche.

Au niveau départemental, les mesures de réglementation sont contrôlées par les Directions départementales de l'agriculture (D. D. A.), de l'équipement (D. D. E.), des affaires sanitaires et sociales (D. D. A. S. S.). Le préfet de département assure, avec les services sanitaires de la D. D. A. S. S., le contrôle de l'État sur la qualité des eaux distribuées. La police et le contrôle des cours d'eau et des nappes souterraines sont assurés par la D. D. A. et par la D. D. E.

Les textes. Plusieurs textes ont complété le droit de l'eau : la loi du 15 juillet 1981 sur les économies d'énergie ; la loi du 29 juin 1984 sur la pêche en eau douce ; la loi du 9 janvier sur l'aménagement du littoral. La loi de 1964 a également défini deux grandes catégories concernant les cours d'eau : les *cours d'eaux domaniaux* (16 500 km en France), qui font partie du domaine public et appartiennent en conséquence à l'État ; les *cours d'eau non domaniaux* (260 000 km en France), dont le lit et les berges appartiennent aux riverains, qui en ont ainsi le droit d'usage.

La gestion internationale. Les fleuves sont souvent des biens communs exploités par de nombreux pays. Une approche concertée impose une coopération internationale plus étroite. L'Organisation des Nations unies instaure des programmes de contrôle des pollutions dans certains pays en voie de développement. Son objectif est que chacun dispose d'eau potable et d'une hygiène correcte. Elle a, par exemple, défini un plan de gestion concertée du Zambèze, en Afrique. En Europe, la Suisse, l'Allemagne, la France et les Pays-Bas coopèrent dans le cadre d'un plan d'action pour le Rhin.

Des conventions internationales protègent les océans. L'Unesco, dans le cadre du Programme hydrologique international, l'Organisation des Nations unies, l'Organisation mondiale de la santé et le Conseil international des syndicats scientifiques lancent des programmes internationaux de recherche sur la relation entre le climat et le cycle de l'eau.

Il n'y a pas de régime juridique unique de l'eau. Les réponses données sont souvent complexes et confuses. Il appartient au droit d'imposer des priorités aux usages de façon équitable et de manière à protéger la santé des hommes et la nature.

LES ORGANISATIONS INTERNATIONALES

Organisme	Fonction
P.N.U.D.	assistance multilatérale et financement des investissements
Unicef	aide technique et financière pour l'eau
Banque mondiale	financement de programmes
FAO	assistance technique pour l'eau et l'assainissement
O.M.S.	analyse des qualités d'eau
Unesco	formation de scientifiques
C.E.E.	normes européennes sur la qualité des eaux
O.C.D.E.	coordination de projets

A

A. **LE COÛT DE L'EAU**
Comme l'air, l'eau n'appartient à personne, mais, indispensable à tous, elle doit être mise à la disposition de chacun. En France, l'I. N. S. E. E. estime que le prix de l'eau représente 0,7 p. 100 du total des dépenses du budget d'un ménage. Pour permettre l'amélioration de la qualité de l'eau potable et la création de nouvelles installations d'épuration, le prix est amené à augmenter et, par là même, à atteindre sa vraie valeur. (Fontaine à Tourtour dans le Var, France.)

B

B. **LIMITER LES DÉGÂTS**
Il est parfois trop tard pour prévenir et il ne reste plus qu'à guérir. Il est alors capital de posséder des moyens d'intervention rapides et adaptés. Après une catastrophe pétrolière en mer, par exemple, on répand des dispersants sur la nappe, que l'on retient avec les barrages flottants appelés « boudins antihydrocarbures » (ici au large de Livourne, Italie). Les dispersants cassent les nappes en multiples gouttelettes et les répartissent dans la colonne d'eau. Pour être efficaces, ils doivent être utilisés dès la sortie du pétrole des soutes. Ils ont longtemps été critiqués, car ils constituent une menace toxique pour le milieu et suppriment la biodégradabilité naturelle du pétrole. Aujourd'hui, les dispersants sont moins toxiques, mais les risques demeurent. Quand la viscosité du pétrole est trop forte, il faut avoir recours à la récupération mécanique. Pour cela, on dispose des boudins antihydrocarbures et on pompe le mélange pétrole-eau depuis des navires spécialement équipés. Tous ces systèmes ont leurs limites, en fonction de la nature du pétrole déversé, de l'état de la mer et de la localisation de la nappe. Ainsi, les barrages flottants ne sont pas très efficaces sur un littoral exposé au vent, mais ils sont une bonne solution pour protéger les parcs à huîtres.

LA GESTION DE L'EAU

TRAITEMENT ET ÉPURATION

LA QUALITÉ DE L'EAU

■ EN EUROPE, la qualité de l'eau est définie par les paramètres fixés par la directive de la Communauté européenne du 30 août 1980. Ces paramètres sont regroupés en 5 types faisant l'objet d'analyses : les paramètres *organoleptiques* (couleur, turbidité, odeur, saveur) ; les paramètres *physico-chimiques* (température, pH, dureté, oxygène dissous) ; les *substances indésirables* (nitrates, hydrocarbures, composés organochlorés) ; les *substances toxiques* (arsenic, métaux lourds, pesticides) et les paramètres *microbiologiques* (virus, bactéries).

Le traitement. Il s'effectue dans des usines et débute par un pompage en nappe ou en rivière. Après avoir été captée, l'eau est stockée dans des bassins ou des réservoirs. Pour respecter les normes, les eaux de surface sont en premier lieu soumises à un dégrillage-tamisage qui les débarrasse des déchets les plus importants. Ensuite, le schéma classique de traitement comprend cinq étapes : la destruction des matières organiques par désinfection et préoxydation ; la concentration et l'agglomération des particules en suspension par coagulation-floculation et décantation ; le filtrage des dernières particules ; la transformation des matières organiques encore présentes par ozonation (addition d'ozone) ; enfin la chloration (addition de chlore). À ce déroulement classique peuvent s'ajouter d'autres étapes, d'autres traitements plus poussés (pour dénitrifier, par exemple). Après traitement, l'eau est finalement acheminée dans des canalisations vers les utilisateurs.

L'épuration. Si les eaux extraites du milieu naturel nécessitent un traitement préalable à leur utilisation, les eaux usées, quant à elles, doivent être épurées avant leur rejet dans la nature.

Il existe de nombreuses formes de pollution des eaux usées pouvant contaminer les eaux du milieu naturel et, aujourd'hui, seulement un tiers de la pollution transportée par les égouts est éliminée. Les canalisations collectent les eaux usées et les eaux pluviales qu'elles conduisent dans les stations d'épuration. Les réseaux et les stations d'épuration sont situés à la sortie des établissements industriels et en aval des communes. Comme pour le traitement des eaux, le schéma d'épuration commence par un dégrillage-tamisage pour retenir les déchets les plus importants. Ensuite, pour réduire les matières en suspension, on procède au dessablage, au déshuilage et à la décantation. On introduit alors dans l'eau des bactéries qui se nourrissent des matières organiques. À la sortie d'une station d'épuration, on obtient de l'eau (qui peut être rejetée dans le milieu naturel) et des boues (environ 500 g de boue sont obtenus lors d'un traitement de 1 000 litres d'eaux usées). Ces boues sont séchées et stockées en décharge ou bien utilisées comme engrais en épandage sur des terres agricoles.

Si les professionnels œuvrent constamment en vue d'améliorer la qualité de l'eau pour le consommateur et pour l'environnement, c'est aussi à chacun de nous qu'il appartient d'adapter notre comportement pour lutter contre le gaspillage et la pollution.

A. **NORMES DE QUALITÉ**

Ces normes ont énormément évolué depuis plus de 100 ans. En 1885, la potabilité de l'eau était définie à l'aide de six paramètres. En 1980, la directive de la C. E. E. du 30 août en impose soixante-quatre. L'eau est devenue le produit alimentaire le plus surveillé et ses normes de qualité sont très sévères. Elles doivent être en mesure d'éviter trois sortes de dangers : les risques de maladie infectieuse, les risques de toxicité chronique ou aiguë, la présence de produits cancérigènes ou suspectés de l'être. L'industrie de l'eau peut donc être considérée comme une industrie de pointe au service des consommateurs et de l'environnement.

A. **NORMES D'EAU POTABLE EN EUROPE**

Paramètres	Valeurs-limites
Paramètres organoleptiques	
Couleur	15 mg/Ipt
Turbidité	2 UI
Odeur et saveur	2 à 12 degrés – 3 à 25 degrés
Paramètres physico-chimiques	
Température	25 °C
pH	6,5 à 9
Chlorure	200 g/m³
Sulfates	250 g/m³
Magnésium	50 g/m³
Sodium	150 g/m³
Potassium	12 g/m³
Aluminium total	0,2 g/m³
Résidu sec	1 500 g/m³
Substances indésirables	
Nitrates	50 g/m³
Nitrites	0,1 g/m³
Ammonium	0,5 g/m³
Azote organique	1 g/m³
Oxydabilité au $KMnO_4$	5 g/m³
Hydrocarbures dissous	10 mg/m³
Phénols	0,5 mg/m³
Détergents anioniques et fer	200 mg/m³
Manganèse	50 mg/m³
Cuivre	1 g/m³
Zinc et phosphore	5 g/m³

Paramètres	Valeurs-limites
Substances toxiques	
Arsenic	50 mg/m³
Cadmium	5 mg/m³
Cyanure	50 mg/m³
Chrome	50 mg/m³
Mercure	1 mg/m³
Nickel	50 mg/m³
Plomb	50 mg/m³
Antimoine	50 mg/m³
HAP (6 substances)	0,2 mg/m³
dont Benzo, 3, 4 pyrène	0,01 mg/m³
Paramètres microbiologiques	
Coliformes totaux	0 pour 95 % des analyses
Coliformes thermotolérants	0/100 ml
Streptocoques fécaux	0/100 ml
Clostridium	⩽ 5/100 ml
Staphylocoques pathogènes	0/100 ml
Salmonelles	0/5 l
Entérovirus	0/10 l
Pesticides	
Total	0,50 mg/m³
Par substance	0,10 mg/m³
Sauf aldrine et dieldrine	0,03 mg/m³
Hexachlorobenzène	0,01 mg/m³
P.C.B. et P.C.T.	0,50 mg/m³

B. **USINE DE TRAITEMENT DES EAUX**

Les stations de traitement de l'eau fournissent l'eau potable (en France, 4,5 milliards de m³ sont produits annuellement). Cette eau est destinée aux particuliers, aux collectivités et aux industriels.

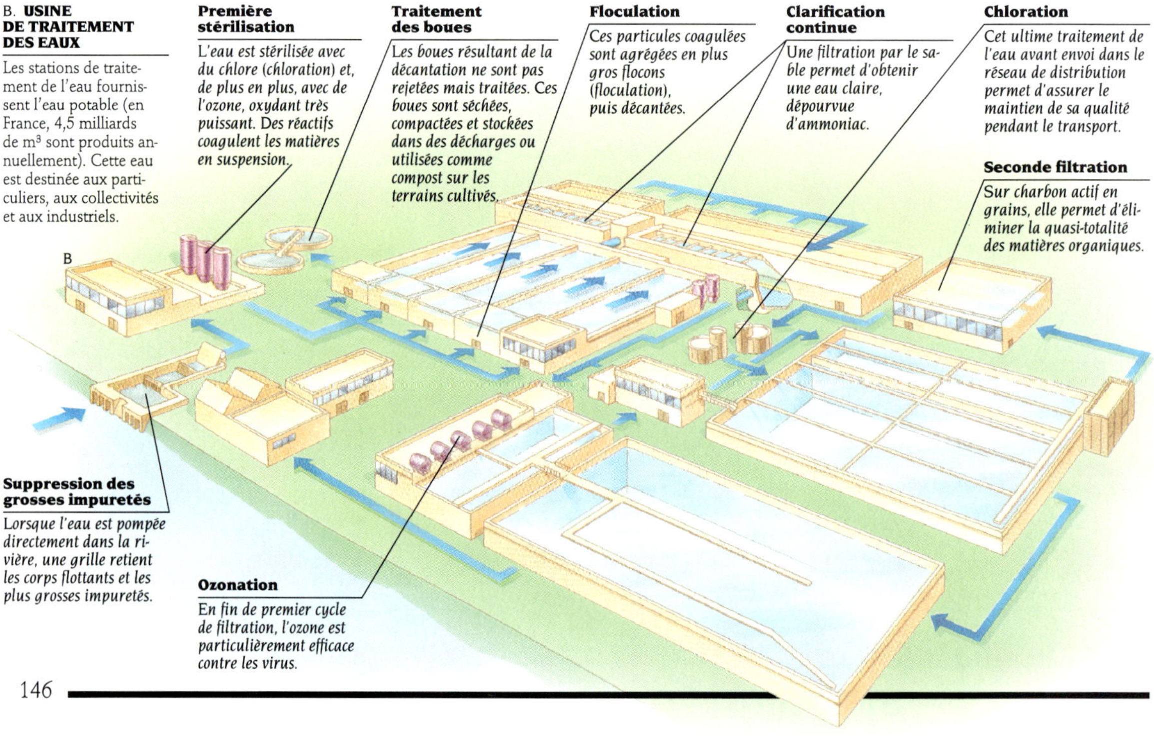

L'AMÉLIORATION DES TECHNIQUES

LA NÉCESSITÉ D'INNOVER

■ LE TRAITEMENT DES EAUX DESTINÉES à la consommation, l'épuration des eaux usées, ainsi que la nécessité d'économiser l'eau posent des problèmes techniques et financiers.

Les limites des procédés classiques. Le processus naturel d'autoépuration par les bactéries pose des problèmes de manipulation et de confinement. La chloration et l'ozonation, qui stérilisent l'eau, ont un effet oxydant et provoquent des ruptures des liaisons chimiques, et l'emploi de réactifs de floculation des particules en suspension provoque l'apparition de produits parfois toxiques.

Les techniques nouvelles. Dans l'environnement, en amont des stations d'épuration, on travaille sur la détection par capteur des polluants incidents. Grâce à des systèmes experts informatiques, chaque type de contaminant déclenchera un traitement adéquat.

Actuellement, les phosphates et les nitrates, par leur abondance, posent des problèmes nouveaux. Une technique récente de déphosphatation consiste à employer des bactéries consommatrices d'oxygène, mais pouvant s'adapter à un milieu dépourvu d'oxygène (ces bactéries sont dites « anaérobies facultatives »). Si on les place dans un milieu contenant du phosphore, mais rationné en oxygène, elles adoptent un mode de respiration anaérobie (fermentation en l'absence d'oxygène) et font une surconsommation de phosphore. Les bactéries meurent alors et leur accumulation fournit une boue facilement séparable.

La pollution azotée (nitrates) produit des nitrites, très toxiques. Or, la dénitrification est difficile, les stations d'épuration n'ayant été conçues que pour éliminer la matière organique à base de carbone. Ce traitement demande une alternance de transformations par les bactéries, et donc un séjour des eaux usées plus long dans les stations, des bassins plus grands, ce qui entraîne un surcoût d'investissement d'environ 25 p. 100.

Les recherches en matière de traitement de l'eau font appel à de nombreux procédés. Dans certains pays où les ressources en eau douce sont limitées, on a recours à des membranes de filtration pour dessaler l'eau de mer. Ce système performant est également employé aujourd'hui pour le traitement des eaux douces continentales. Les membranes synthétiques sont composées de pores minuscules qui retiennent les matières en suspension, les grosses molécules organiques, voire les virus. L'inconvénient de ce système est son coût énergétique. En effet, il faut, dans ce procédé, pulser l'eau à grande vitesse.

Le gaspillage. La principale source de gaspillage est constituée par les fuites dans les réseaux. Celles-ci vont jusqu'à réduire de moitié le débit de l'ensemble du circuit ! Actuellement, grâce à des tables d'écoute électroniques, les fuites sont repérées très précisément et traduites visuellement sur écran. Les réseaux d'eaux usées sont « visités » régulièrement par des caméras vidéo, qui permettent de déceler et de visualiser fuites, encombrements ou débordements.

Les techniques alternatives. En site urbain, le cycle de l'eau est perturbé : il connaît une très forte accélération, si bien que l'épuration naturelle de l'eau ne peut s'effectuer. Le principe des techniques dites « alternatives » est de retarder l'écoulement des eaux de pluie ou d'infiltrer celles-ci dans le sol. Les techniques utilisées sont celles des bassins (secs ou plans d'eau), qui retiennent l'eau qui ruisselle, la restituent progressivement vers l'aval et de plus assurent une première décantation. Une autre solution alternative est celle des structures-réservoirs. Le principe est la rétention d'eau par des matériaux poreux installés dans les structures urbaines (parkings, trottoirs, cours d'écoles, chaussées).

A

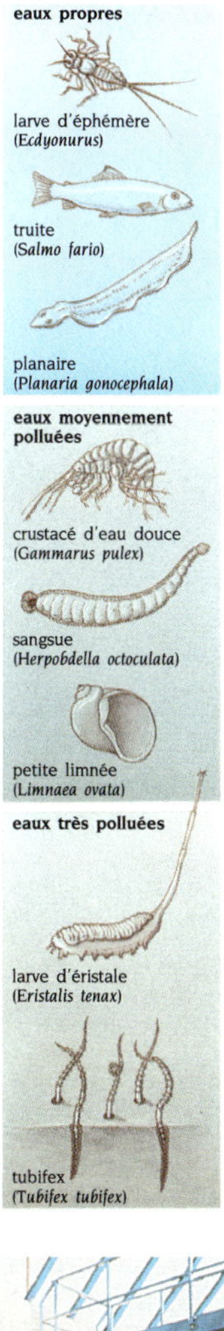

A. **INDICATEURS BIOLOGIQUES**

Pour se développer, certains organismes aquatiques exigent une eau très propre, d'autres supportent des degrés divers de pollution. La faune et la flore d'un lieu aquatique sont donc des indicateurs précieux de l'état de santé de l'eau. Dès le début du XXe siècle, les chercheurs ont étudié les perturbations du milieu aquatique afin d'améliorer la détection des pollutions et leur qualification, selon deux principes : la recherche d'espèces indicatrices d'une qualité d'eau et l'étude des changements de structures du milieu.
La méthode la plus ancienne (1908) est celle dite « des saprobies ». Elle consiste en un classement des associations (ou saprobies) des principaux organismes aquatiques selon le taux de pollution de l'eau, ici la faune d'une rivière. Les organismes ont des exigences très variables vis-à-vis des polluants physico-chimiques. Cependant, certaines espèces sont plus indicatrices de la qualité du fond que de celle des eaux, ce qui rend parfois délicate l'application de cette méthode.

LES PREMIERS TECHNICIENS DE L'EAU

Les Anciens ont fixé les premières règles du droit qui font la distinction entre les choses communes (l'air, l'eau, la mer) et les biens affectés à l'usage du public (les berges des fleuves et des rivières, les rivages de la mer). Précurseurs sur le plan législatif, ils furent aussi de grands techniciens de l'eau.

Les aqueducs assyriens (VIIe s. av. J.-C.) étaient construits à ciel ouvert. L'un d'entre eux, long de 80 km, traversait une vallée sur un pont à arcades. Le premier aqueduc romain fut construit en 312 av. J.-C., sur le modèle des constructions grecques et siciliennes, pour satisfaire les nouveaux besoins qui s'imposaient à la ville de Rome : accroissement de la population, assèchement de certains sites, autant de problèmes pratiques à résoudre dans une période de paix. La longueur de cet aqueduc, essentiellement souterrain, était de 16,5 km, avec 88 m sur arcades. Jusqu'au IIe siècle de notre ère, la technique romaine en matière d'aqueduc se perfectionna. À cette période, l'eau alimentait les fontaines publiques, les thermes, irriguait les jardins et parvenait dans les maisons privées. Les bassins construits sur la voie publique de la ville de Rome étaient au nombre de 500 sous le règne d'Auguste. Circulaires et entourés de gradins, ils faisaient partie du décor urbain. On leur conférait un caractère sacré. La première entreprise moderne à la mesure de l'Antiquité sera, entre 1663 et 1685, celle de Versailles, avec 60 km d'aqueducs et 40 km de tuyaux de fonte. En France subsistent quelques vestiges d'ouvrages d'art romains, comme le pont du Gard, qui témoignent du souci des hommes, dès qu'ils vivent en société, d'établir un réseau d'approvisionnement en eau.

B

B. **CENTRE D'OZONATION D'EAU**

Il existe quatre types de techniques pour réduire et éliminer la pollution de l'eau : l'*épuration mécanique,* fondée sur le principe du décantage ; l'*épuration biologique,* qui repose sur l'utilisation de bactéries assimilant les impuretés organiques et formant des boues, qui sont éliminées ; l'*épuration physico-chimique,* qui utilise, par exemple, des agents coagulants concentrant les matières en suspension ; et la *détoxication* dans des installations très spécialisées. Ce dernier procédé, avec l'oxydation et la neutralisation, est surtout employé par les industries, pour traiter leurs rejets. Outre les stations qui traitent les effluents industriels et urbains classiques, il existe des stations individuelles qui épurent les eaux de maisons isolées et des stations à pointe saisonnière. Dans ce centre d'ozonation (addition d'ozone à l'eau) se pratique une phase importante de l'épuration physico-chimique. Cette opération a en effet pour but premier la stérilisation de l'eau.

LA GESTION DE L'EAU

L'AVENIR DE L'EAU

PROSPECTIVE ET ÉDUCATION, LES CLÉS D'UNE DÉMARCHE

■ ACTUELLEMENT, il est difficile et coûteux de remédier aux atteintes faites aux systèmes aquatiques. Certaines situations sont même irréversibles. Il a fallu la menace de pénurie d'eau et d'empoisonnement des nappes phréatiques pour que l'on se préoccupe sérieusement de ce problème. Malgré tout, il est permis de se montrer optimiste et de tirer des enseignements. La protection des ressources en eau, comme celle de tout écosystème, repose sur la notion de *globalité,* dont la prise en compte passe par un changement d'échelle et par une mise en commun des recherches dans différentes disciplines scientifiques.

L'eau, problème global. L'eau, qui semblait être, dans certains pays, une ressource pure et inépuisable, devient, du fait de l'homme, rare et dangereuse pour la santé. Cela est vrai dans les pays industrialisés, mais encore plus dans les pays en voie de développement. Le manque d'eau, l'insuffisance des installations sanitaires et les maladies hydriques font chaque année, dans les pays les plus pauvres, de 9 à 22 millions de morts chez les enfants de moins de 5 ans.

Or, l'eau, comme l'air, n'a pas de frontières. La prévention des risques dans les eaux marines est un problème de dimension internationale. Internationale également doit être l'aide à l'éducation, à la protection, à l'équipement des pays en voie de développement.

Le fleuve est un continuum dont il est nécessaire d'étudier la dynamique amont/aval ainsi que les interactions avec l'environnement, latéral (plaine inondable) ou souterrain (sous-écoulement). La richesse d'un milieu aquatique provient aussi des milieux semi-aquatiques et terrestres du voisinage, des nappes et de leurs échanges.

De plus, l'eau est liée aux phénomènes sociaux. L'exemple le plus remarquable en est le destin de la mer d'Aral. Celle-ci était à l'origine de l'opulence de la région. L'utilisation intensive (pour l'irrigation) de l'eau des fleuves tributaires, aux conséquences écologiques dramatiques (augmentation de la salinité, disparition des espèces, désertification, changement de climat), a également de lourdes implications sociales (chute de l'économie, accroissement du chômage, hémorragie démographique).

Que faire ? Le problème de l'eau n'est pas limité dans le temps. Il se posera dans l'avenir de manière de plus en plus aiguë. Il est donc nécessaire de penser à long terme, de faire de la prospective. À l'échelle internationale, des structures de protection, d'alerte se mettent timidement en place pour les eaux marines et pour les eaux fluviales.

La technique fait certes de grands progrès, mais, pour assurer la quantité et une qualité irréprochable, il faudra payer le juste prix. Aujourd'hui, par exemple, le prix moyen de l'eau en France est de 8 francs le m^3, contre 24 francs en Allemagne. D'ici à l'an 2000, le prix de l'eau devrait probablement doubler.

On connaît encore trop peu le fonctionnement de chaque système hydrographique. Et cela par manque de moyens financiers et humains. Or, une bonne gestion de l'eau repose sur une bonne connaissance du milieu. C'est elle qui permet d'intervenir dès l'amont et de prévenir les risques. Il est en outre nécessaire d'éduquer, d'informer les usagers, les industriels, les agriculteurs, les représentants des collectivités territoriales, les associations et les enfants à l'école.

L'action individuelle. Même si elle contribue modestement à l'effort d'économie et de protection de l'eau, témoigne d'une prise de conscience. Préférer la douche au bain, ne pas laisser l'eau couler inutilement, employer des lessives sans phosphates (bien que les effets dans l'eau des substituts de phosphates ne soient pas encore connus), faire vérifier sa plomberie, éviter de jeter des produits toxiques dans les canalisations : la qualité de notre vie dépendra de la façon dont nous traitons les ressources de l'environnement.

ON S'OCCUPE DE L'EAU

Les métiers de l'eau regroupent leurs compétences pour mieux connaître le domaine de l'eau et mieux gérer cette ressource. D'une façon générale, les météorologues, écologues et hydrologues s'intéressent au cycle de l'eau. Cependant, en matière de qualité de l'eau, de nouveaux métiers apparaissent avec les nouvelles exigences dont l'objectif principal est la santé :
– le préleveur d'eau collecte des échantillons d'eau sur le réseau pour les faire analyser ;
– les plongeurs spéléos donnent des informations sur l'état des captages, des fuites ;
– les biologistes et les chimistes analysent l'eau en fonction des critères fixés par les normes européennes ;
– le gestionnaire de réseau reçoit les indications données par les stations et prend les décisions qui garantissent un approvisionnement régulier ;
– les goûteurs (ci-dessous) testent le goût et l'odeur de l'eau avant sa distribution ;
– enfin, à l'aval, le conducteur de station d'épuration veille au bon déroulement de toutes les phases de dépollution.

A

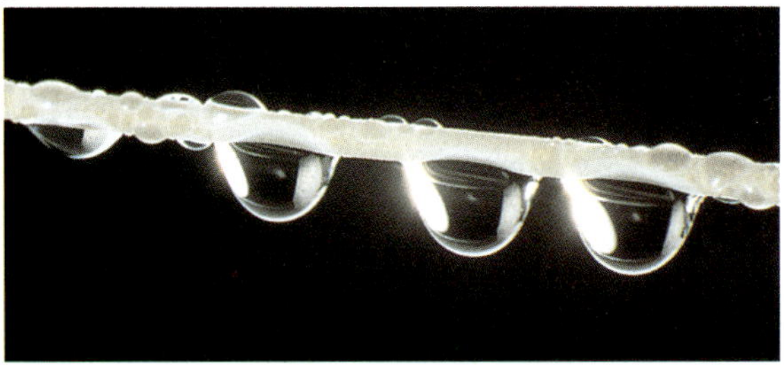

A. **NOUVELLES TECHNOLOGIES**

Le traitement de l'eau est en perpétuelle mutation. Actuellement, la technique la plus performante est la pulsation de l'eau à haute pression, à travers des tubes comme celui-ci, percés de pores microscopiques. Ce système, appelé l'ultrafiltration membranaire, débarrasse l'eau, pendant son court séjour dans ces tubes, des micro-organismes et des impuretés qui s'y trouvent. À la sortie de ce filtre, l'eau est potable.
L'épuration des eaux bénéficie des technologies les plus performantes et des imaginations les plus poussées. L'agriculture, qui consomme beaucoup d'eau, notamment pour l'irrigation, a, grâce à de nouvelles technologies, l'occasion de faire des économies d'eau et d'améliorer son efficacité. La micro-irrigation semble notamment promise à un bel avenir. En effet, elle délivre l'eau directement au pied des végétaux par un système de goutte-à-goutte, par des microdiffuseurs, des rampes perforées ou des dispositifs souterrains.

B

B. **LAVAGE À L'EAU POTABLE**

Le gaspillage est, avec la pollution, ce qui porte le plus atteinte à nos ressources. Une grande partie des eaux potables se perd dans la nature pendant leur acheminement. Des canalisations déficientes en sont responsables.
Quand elle parvient à son but, après avoir été traitée pour correspondre à des normes de potabilité draconiennes, l'eau est, dans la majorité des cas, affectée à d'autres usages que l'alimentation (comme ici aux États-Unis). La solution de deux réseaux séparés a été envisagée puis abandonnée, pour cause de coût trop élevé et de multiplication des risques de contamination et d'intoxication.

LA DISPARITION DES ESPÈCES

ÉVOLUTION ET DISPARITION

UN PROCESSUS QUI SE MONDIALISE

■ L'ÉTUDE DES CŒLACANTHES pêchés, depuis 1938, au large des Comores montre que ce poisson primitif a peu évolué et que les spécimens actuels sont semblables à leurs lointains ancêtres du dévonien (il y a 400 millions d'années). Chez les végétaux, le métaséquoia, arbre découvert il y a quelques années en Chine, ressemble aux métaséquoias fossiles des gisements européens du tertiaire (70 millions d'années). Pourtant, ces exemples constituent des exceptions. La paléontologie montre que la plupart des espèces ne se maintiennent pas telles quelles sur d'aussi longues périodes : la vie a connu, au contraire, un enchaînement de formes dont on peut suivre l'évolution.

Malgré des fluctuations importantes, la tendance générale de l'évolution conduit à une augmentation de la diversité des formes et à leur complexité croissante. Bien du chemin a été parcouru entre les premières formes de vie, comme les bactéries et les fossiles d'algues du précambrien (2,7 milliards d'années), et les plus évolués des oiseaux ou les mammifères.

Émerveillés par la prodigieuse diversité végétale et animale qu'ils observaient en parcourant le monde, les explorateurs occidentaux des siècles passés crurent longtemps qu'elle était sans limites. Même si çà et là des espèces disparaissent, comme le dodo de l'île Maurice *(Raphus cucullatus),* la rhytine de Steller *(Hydrodamalis gigas)* du littoral du détroit de Béring, à la fin du XVIIIe siècle, ou encore la tortue terrestre de l'île Ródrigues *(Cylindraspis vosmaeri)* et l'émeu de l'île de King *(Dromaius ater)*, au début du XIXe siècle, de nouvelles espèces étaient sans cesse découvertes par les grands voyageurs naturalistes qui sillonnaient la planète.

Cependant, nombre d'espèces disparaissaient, à peine découvertes et décrites. Le troglodyte de l'île Stephen *(Xenicus lyalli),* découvert en 1894, a succombé un an après, anéanti par le chat du gardien de phare de l'île. Le râle modeste *(Galirallus modestus),* trouvé en 1871 sur l'île Mangere, s'est éteint en 1896. Ce processus se déroule encore de nos jours. Une sauterelle californienne *(Neduba extincta),* récoltée en 1937 et décrite d'après du matériel de collection, a été portée disparue 40 ans plus tard.

Les lieux d'extinction. L'Amérique, l'Afrique et l'Australie sont les continents les plus touchés. La raison en est simple. L'expansion humaine s'y est faite rapidement, grâce à la technologie des colons européens. Peu peuplés, ces continents semblaient offrir de vastes espaces où tout était possible. Directement (chasse, déforestation, mise en culture), ou indirectement (introduction incontrôlée d'espèces), l'homme a anéanti bien des flores et des faunes indigènes. En Asie et en Europe, les transformations dues à l'homme se sont échelonnées ; la faune et la flore ont pu s'adapter ou se réfugier dans des zones moins perturbées.

A. **RÉPARTITION DES ESPÈCES MARINES MENACÉES EN FRANCE**

Catégorie	Espèces présentes en France	Espèces menacées	Espèces disparues	Total en p. 100
Espèces marines	11 497	57	2	0,5
Vertébrés	393	33	2	9
Poissons	350	17	–	5
Tortues	5	5	–	100
Oiseaux	20	8	–	40
Cétacés	15	1	1	8
Pinnipèdes	3	2	1	100
Invertébrés	10 000	15	–	0,1
Végétaux (total)	1 104	9	–	1
Algues	1 100	7	–	1
Angiospermes herbiers	4	2	–	50
Espèces végétales liées au milieu marin	455	87	–	19
Lichens	33	23	–	70
Phanérogames	422	64	8	17

A. **ESPÈCES MARINES MENACÉES**

La France n'est pas épargnée par la régression et la disparition des espèces. Les causes, multiples, peuvent agir séparément ou se conjuguer : prélèvements excessifs (chasse, pêche, cueillette), introduction d'espèces étrangères, pollution marine, atmosphérique ou continentale avec transfert en milieu marin (rejets d'eaux douces polluées), altération ou destruction des milieux par l'urbanisation du littoral, les aménagements portuaires ou la fréquentation touristique.

B

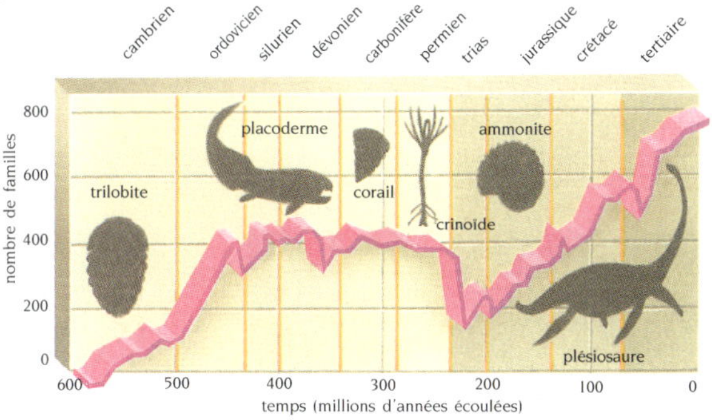

B. **DIVERSITÉ BIOLOGIQUE**

La courbe de Wilson illustre l'évolution de la diversité biologique chez les organismes marins au cours des grandes périodes géologiques. On constate que l'évolution a toujours été ponctuée de disparitions massives (à la fin de l'ordovicien, du dévonien, du permien, du trias et du crétacé), mais les activités humaines augmentent le rythme des disparitions.

E

E. **MASSACRES SUR LES ÎLES**

Les voyageurs, du XVIe au XVIIIe siècle, témoignent eux-même, par leurs récits, de leur rôle dans la disparition des espèces vivant sur les îles. Ici, des navigateurs s'amusent à massacrer des oiseaux, tandis que d'autres (à gauche) festoient dans la carapace d'une tortue. Les tortues terrestres géantes, capturées par centaines, étaient accumulées à fond de cale où elles survivaient sans nourriture, fournissant de la viande fraîche.
(D'après Th. de Bry, *Icones insularum ab Hollandis*, 1601.)

C

D

C. D. **OISEAUX DISPARUS**

Les dinornis (*Dinornis giganteus*) [C] et les moas de Nouvelle-Zélande, connus depuis la fin du tertiaire, survécurent jusqu'à la fin du XVIIe siècle. La taille (3 m) et le poids (250 kg) des plus grands en ont fait une proie de choix pour les Maoris arrivés dans ces îles aux alentours de l'an mille. Le dodo (D), ou dronte de l'île Maurice *(Raphus cucullatus),* le dronte de la Réunion *(Raphus solitarius)* et le solitaire de l'île Ródrigues *(Pezophaps solitaria),* proches des pigeons, n'ont pas résisté à la colonisation européenne. Incapables de voler, pourchassés pour leur chair par les colons et les marins, décimés par les porcs, chats et chiens introduits, qui s'attaquaient aux œufs et aux jeunes, ils se sont éteints aux XVIIe et XVIIIe siècles.

LA DISPARITION DES ESPÈCES

LA PRISE DE CONSCIENCE

LA NATURE N'EST PAS INÉPUISABLE

■ MÊME SI L'ON PEUT y rattacher des démarches plus anciennes, comme la protection accordée (trop tardivement) à l'aurochs *(Bos primigenius)*, en Pologne, au XVIe siècle, par des seigneurs locaux et le roi Sigismond III Vasa, la prise de conscience de la disparition d'espèces végétales et animales et la mise en œuvre de mesures de protection datent surtout des XIXe et XXe siècles. Jusqu'alors, la nature semblait inépuisable. Comme le croyait Jean Hugues de Linschot en visitant l'île de Sainte-Hélène en 1589, 87 ans après sa découverte par les Portugais, il existait une profusion d'animaux « desquels la chasse est libre à chacun sans qu'il faille craindre que l'île en devienne vide ». Les faits montreront que cet optimisme était exagéré. Chassée à l'excès et détruite par les animaux domestiques introduits, la faune locale s'éteindra rapidement.

Dès le début du XIXe siècle, l'infatigable « voyageur au long cours », Alexander von Humboldt (1769-1859), parle des « monuments naturels » qu'il convient de respecter et de protéger afin qu'ils ne disparaissent pas. Le naturaliste Étienne Arago (le frère du grand physicien) s'alarme en 1823 de la destruction dans le Pacifique des « arbres géants que la nature mit tant de siècles à élever ».

Wladimir de Schoenfeld, à propos de la forêt de Fontainebleau, s'écrie, en 1855 : « On dessèche nos marais, on déboise nos collines, on exploite nos rochers de grès... Que deviendra notre flore au milieu de cette guerre impie que l'homme livre sans cesse à la nature ? »

George Perkins Marsh (1801-1882), ambassadeur des États-Unis en Italie, attribue la disparition de l'Empire romain au pillage des ressources naturelles (déforestation et érosion conséquente). Il prolonge ce constat par une réflexion sur l'avenir de l'humanité dans un ouvrage prophétique à bien des égards, *l'Homme et la nature : la géographie physique modifiée par l'activité humaine* (1864).

LES CRIS D'ALARME

AU DÉBUT DU XXe SIÈCLE

■ C'EST AU XXe SIÈCLE que les mouvements et les organisations de protection vont prendre corps. De plus en plus nombreux, les cris d'alarme s'élèvent pour demander que cesse le pillage de la flore et de la faune dans les pays occidentaux mais aussi dans les territoires coloniaux.

Henri Perrier de La Bathie, en 1913, écrit, à propos de Madagascar : « L'homme reviendra sur ces errements passés. Il améliorera les prairies, reboisera les pentes et les cimes dénudées... mais la flore autochtone malgache aura vécu. »

Une dimension internationale. Des hommes comme le Suisse Paul Sarasin, l'Américain William T. Hornaday ou le Néerlandais P.G. Van Tienhoven marquent le début de notre siècle par la vigueur de leurs propos dans leurs pays. Paul Sarasin va donner une dimension internationale à la dénonciation de la menace qui pèse sur le patrimoine naturel mondial. En 1910, au Congrès international de zoologie de Graz (Autriche), il fait adopter la proposition d'une Commission internationale permanente de protection de la nature, puis adresse au Conseil fédéral suisse une pétition l'invitant à réunir cette commission. Le projet est accepté.

En 1913 se réunit, à Berne, une Conférence internationale pour la protection de la nature, où vingt États sont représentés. Les membres de la Commission permanente sont élus et la première réunion est convoquée pour novembre 1914. Mais la guerre éclate...

A

A. **RÉGRESSION DE L'OURS BRUN**

Présent dans toute la France il y a 4 000 ans, l'ours brun *(Ursus arctos)*, pourchassé pour sa chair et sa fourrure, détruit à cause de sa consommation pourtant occasionnelle de bétail domestique, s'est réfugié dans les forêts de montagne. Strictement protégé dans plusieurs pays d'Europe, objet d'une chasse contrôlée lorsque ses effectifs le permettent, l'ours brun se maintient et sa population augmente même, sauf en France et en Grèce. En France, les milieux nécessaires à sa survie ne sont pas protégés. L'exploitation forestière, la chasse, les aménagements divers dans les rares vallées pyrénéennes où il subsiste rendent sa survie très problématique. Dès 1916, des demandes de protection ont été formulées. L'inertie des pouvoirs publics et la mauvaise volonté des chasseurs conduisent à une extinction inéluctable. Il ne restait dans les Pyrénées qu'une quinzaine d'ours en 1991. Leur nombre était estimé entre 150 et 200 en 1937.

B

B. **VICTIME DE SA RÉPUTATION**

L'un des plus grands rapaces diurnes, le gypaète barbu *(Gypaetus barbatus)*, est inoffensif et se nourrit à 80 ou 90 p. 100 d'os. Habitant les montagnes (Pyrénées, arc alpin, Balkans, etc.), il a disparu des Alpes au début du siècle, victime du plomb et du poison. Son aspect terrifiant, sa fausse réputation de féroce prédateur d'agneaux, voire d'enfants, ses habitudes de charognard en faisaient un animal à abattre.

C

C. **VICTIME DE LA CHASSE**

La grande outarde *(Otis tarda)*, ou outarde barbue, a peu à peu disparu d'Europe occidentale (Angleterre, Danemark, France au milieu du XIXe siècle, Allemagne occidentale en 1910-1929, Suède en 1962). Elle se maintient en Espagne, au Portugal, en Allemagne orientale, en Pologne, en Hongrie, en Ukraine, etc. La chasse et la modification des pratiques agricoles expliquent sa sévère régression.

D

D. **IL EN RESTE 300 !**

Jadis répandu dans toute la Méditerranée, le phoque moine *(Monachus monachus)* est maintenant l'une des douze espèces animales les plus menacées du monde (il reste de 200 à 300 individus). Les petites colonies éparses de la mer Noire, de la Méditerranée et de Mauritanie semblent condamnées, faute d'une réelle protection.

LES PREMIERS GRANDS CONGRÈS

NATURALISTES DE TOUS LES PAYS…

■ APRÈS la Première Guerre mondiale, P. Sarasin tente de relancer le projet de Commission de protection de la nature, mais le Conseil fédéral suisse lui répond : « Dans le temps où nous sommes, quand tant de questions plus importantes réclament l'attention du pays et du monde, on ne saurait attendre de la Commission consultative pour la protection de la nature une activité couronnée de succès et aboutissant à des résultats tangibles… »

Alors les naturalistes se passeront des États et organiseront en 1923 et en 1931, à Paris, les premier et deuxième congrès internationaux pour la protection de la nature, qui dresseront des bilans de plus en plus alarmistes. Ils constateront, en particulier, que les écosystèmes insulaires sont particulièrement touchés : isolés, souvent dépourvus de prédateurs, ces milieux ont vu se développer des flores et des faunes très particulières, incapables de résister à l'arrivée brutale d'animaux domestiques (chats, chiens, chèvres, moutons, porcs), à la chasse puis à la déforestation et à la mise en culture.

Paul Sarasin s'exclamera en 1923 : « La Terre semble devoir rester habitable pour l'homme pendant des millions d'années encore, mais ces millénaires ne verront plus une seule des espèces que nous aurons, au XIXe et au XXe siècle, jetées[…] dans l'abîme du néant[…]. C'est en vain que la postérité portera un jugement sévère sur nous : ses plaintes, ses reproches ne rendront la vie à aucun de ces mammifères imposants ni de ces délicieux oiseaux, immolés à la vanité de notre génération… »

En effet, une espèce qui disparaît, c'est un monument vivant rayé de la planète, une population locale, c'est une ou quelques pierres de ce monument qui sont anéanties. Le monument peut encore subsister, être restauré. Mais, si les pierres qui disparaissent sont trop nombreuses, sa pérennité ne sera-t-elle pas à son tour en jeu ?

COMMISSIONS ET ORGANISATIONS

LA LUTTE AUJOURD'HUI

■ CONSTATANT L'INERTIE des pouvoirs publics, des scientifiques et des représentants d'associations de protection de la nature reprennent en 1947 l'idée de la Commission permanente lancée près de quarante ans auparavant par P. Sarasin. En 1948, année où l'Américain Fairfield Osborn publie *la Planète au pillage,* est fondée en France, à Fontainebleau, l'Union internationale pour la conservation de la nature et de ses ressources (U. I. C. N.), organisme dont le siège est à Genève, et qui comporte des représentants aussi bien d'associations non gouvernementales que d'États, dont la vocation est la mise en place des mesures de protection de la faune et de la flore. L'U. I. C. N. lancera, en 1980, la stratégie mondiale de la *conservation* (celle des ressources vivantes, au service d'un développement durable). En 1988, l'U. I. C. N. deviendra l'Alliance mondiale pour la nature et s'attachera au fil du temps à promouvoir des modèles de développement intégrant le maintien à long terme des ressources naturelles. Certains pays en voie de développement s'en inspireront ; d'autres, comme la France (paradoxalement), l'ignoreront totalement.

Le rapport de la Commission mondiale pour le développement des Nations unies, en 1987, reprendra bien des conclusions de l'U. I. C. N. Reste à obtenir que les pays dominant l'économie mondiale les mettent en application.

A

A. **À PEINE TROUVÉ DÉJÀ PERDU**

Le crapaud « discoglosse à ventre noir » de Palestine *(Discoglossus nigriventer)* s'est éteint moins de dix ans après sa découverte (1940) dans le lac Hula aux confins israélo-syriens. Cette disparition est consécutive aux modifications du milieu, dont l'homme est ici le seul responsable.

B

B. **DISPARU LE GRAND PINGOUIN…**

Pourchassé aux siècles passés dans l'Atlantique nord par les pêcheurs et les habitants proches de ses colonies, le grand pingouin *(Alca impennis)* s'est éteint au milieu du XIXe siècle.

C

C. **VICTIME DES CHIENS ET DES FUSILS**

Le dernier spécimen observé de thylacine *(Thylacinus cynocephalus),* ou loup de Tasmanie, fut-il abattu en 1961 ? Éliminé d'Australie par les dingos (chiens introduits par l'homme et retournés à l'état sauvage), il survivait encore en Tasmanie jusqu'à cette date. Il n'a jamais plus été observé depuis.

D

D. **UNE PENSÉE QUI N'A PAS FAIT CARRIÈRE**

La pensée de Cry *(Viola cryana),* plante découverte en France au milieu du XIXe siècle, avait une répartition bien limitée (plante endémique) : elle poussait sur des coteaux calcaires de l'Yonne. L'extension des carrières dans les années 1920-1930 lui a été fatale.

E

E. **POUR SON CUIR ET SA CHAIR**

Ce zèbre *(Equus burchelli),* ainsi que le couagga *(Equus quagga),* deux équidés d'Afrique du Sud, ont disparu à la fin du XIXe siècle et au début du XXe siècle, massacrés par les Boers pour leur cuir et leur chair.

LES CAUSES DES DISPARITIONS

LES GRANDS FACTEURS

L'EXTERMINATION OU LA MODIFICATION DU MILIEU

■ VICTIME D'UN PRÉLÈVEMENT EXCESSIF, le grand pingouin *(Alca impennis),* voisin de l'actuel petit pingouin *(Alca torda),* n'est plus connu que par quelques spécimens naturalisés. Il était cependant prospère dans l'Atlantique nord, depuis le Canada jusqu'à la Scandinavie. Incapable de voler, sans défense, il a été massacré du XVIe au XVIIe siècle par les pêcheurs, pour sa chair et ses plumes. Les habitants de l'île Saint-Kilda (Écosse) utilisaient sa graisse comme analgésique. Le dernier couple vu vivant a été abattu, en 1844, au large de l'Islande. Cette espèce a donc disparu bien avant que n'interviennent les pollutions pétrolières qui toucheront plus tard d'autres oiseaux marins.

Altération ou destruction du milieu. De nombreuses espèces végétales et animales sont liées à des milieux particuliers : marais, prairies humides, dunes ou pelouses sèches, par exemple. Une modification et, a fortiori, une destruction de ces milieux entraînent la régression ou la disparition des espèces qui y vivent. C'est le cas, entre autres, d'orchidées (malaxis des marais *[Hammarbya paludosa],* liparis de Loisel *[Liparis loeselii],* orchis à fleurs lâches *[Orchis laxiflora],* orchis punaise *[Orchis coriophora],* spiranthe d'été *[Piranthes aestivalis]*), de papillons (azuré des palus *[Maculinea nausithous],* azuré de la sanguisorbe *[Maculinea teleius],* azuré des mouillères, protée *[Maculinea alcon]*) et d'oiseaux (râle des genêts *[Crex crex],* courlis cendré *[Numenius arquata]*) vivant dans les prés marécageux d'Europe occidentale.

Des modifications comme l'arasement des talus et des haies vives, la fumure de prés maigres et l'usage de phytocides et d'insecticides ont aussi provoqué, dans certains cantons suisses, la raréfaction massive, voire la disparition de plusieurs douzaines d'espèces de papillons diurnes (depuis 150 ans, diminution du nombre d'espèces de 49 p. 100 dans la région de Berne, de 28 p. 100 dans le canton de Thurgovie, de 11 p. 100 dans la région de Seeland-Chasseral et de 7 p. 100 dans les environs de Genève), puis celle d'oiseaux jadis communs, comme la huppe fasciée *(Upupa epops),* la pie-grièche écorcheur *(Lanius collurio)* ou le traquet pâtre *(Saxicola torquata).* Les pollutions de tous ordres peuvent selon les cas affecter les espèces végétales et animales ou leurs milieux. Ainsi, telle ou telle espèce de lichen sera plus ou moins sensible aux retombées atmosphériques soufrées d'installations industrielles. L'acidification des lacs de Scandinavie, due aux pollutions atmosphériques venues pour l'essentiel des pays d'Europe (et d'Amérique du Nord), a provoqué la disparition progressive d'espèces aquatiques (des mollusques, des insectes, des crustacés, des poissons et des amphibiens).

À VOULOIR BIEN FAIRE...

Ce papillon, l'argus bleu à bandes brunes du serpolet, ou arion *(Maculinea arion),* a un cycle biologique complexe. La jeune chenille vit d'abord de fleurs de thym, puis se laisse tomber à terre. Elle y est capturée par une fourmi qui l'emporte dans sa fourmilière. La chenille sécrète, en effet, par une glande abdominale, un produit sucré dont raffolent les fourmis. Dans la fourmilière, la chenille se nourrit de larves de son hôte avant de se métamorphoser en papillon. Les Anglais, voulant protéger ce papillon, mirent en réserve (suppression du bétail) les landes qui l'hébergeaient. Mais, faute d'être broutée, la végétation crût en hauteur, provoquant une chute de l'ensoleillement et de la chaleur au sol, nécessaires à l'établissement des fourmilières et, privé de sa source de nourriture, l'arion continua à régresser.

A

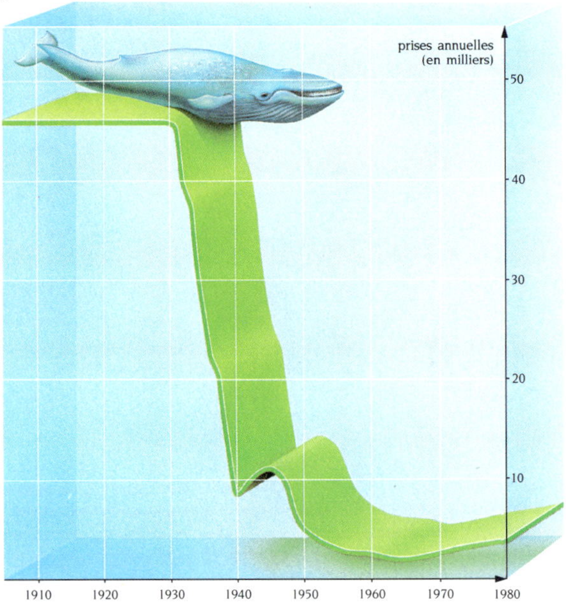

A. **DISPARITION DU GÉANT**

Le rorqual bleu *(Balaenoptera musculus),* le plus grand des animaux qui aient existé sur la Terre (20 à 30 m de long, poids jusqu'à 150 t), était abondant dans l'océan Antarctique (environ 200 000 individus au milieu du siècle dernier). Il a été pourchassé à la fin du XIXe siècle et au début du XXe pour sa chair et l'huile que l'on tire de sa graisse. Ses effectifs se sont alors effondrés. Il ne resterait plus que quelque 11 000 rorquals dans l'hémisphère Sud et quelques centaines dans l'Atlantique nord.
La protection de l'espèce, intervenue tardivement en 1964, n'a pu empêcher sa chasse dans certaines régions du globe (450 individus ont été tués par le Chili et le Pérou en 1965 et 1966) et son braconnage par des bateaux battant (ou non) pavillon de complaisance. La raréfaction de cette espèce a entraîné une pression de chasse accrue sur d'autres espèces, comme le rorqual commun *(Balaenoptera physalus),* le rorqual de Rudolphi *(Balaenoptera borealis)* ou la jubarte *(Megaptera novaeangliae),* dont les effectifs s'effondrent à leur tour.
En revanche, une espèce comme la baleine de Mink, qui est trop petite pour être exploitée commercialement, a bénéficié de la diminution de la concurrence entre les espèces, due à la raréfaction des autres espèces, et a augmenté ses effectifs.

B

B. **TORTUE D'HERMANN**

Les militaires installés en 1811 par Napoléon à Port-Cros et Porquerolles seraient responsables de la disparition de la tortue d'Hermann *(Testudo hermanni)* des îles d'Hyères. Présente au début de ce siècle dans les Pyrénées-Orientales, en Corse, dans les Maures et l'Esterel, cette tortue y a vu ses effectifs régresser pour deux raisons : les captures excessives (comme animal de compagnie ou même pour sa chair lors de la Première Guerre mondiale) et la destruction de son milieu par l'agriculture, l'urbanisation et les incendies de forêts.

DES EFFETS CONJUGUÉS

UNE ACCUMULATION DE FACTEURS NÉGATIFS

■ LA RÉGRESSION DU SAUMON de l'Atlantique *(Salmo salar)* en France illustre les effets du cumul de facteurs négatifs. Nés d'œufs pondus en tête de rivières, les alevins du saumon passent de 1 à 2 ans en eau douce, puis descendent vers les estuaires, par où ils gagnent la mer puis le sud du Groenland. Après une période de 1 à 6 ans en mer, le saumon, qui a pris du poids (de 2 à 20 kg), regagne la frayère où il est né. Jusqu'aux années 1960, le déclin du saumon s'expliquait par le nombre croissant d'obstacles à sa remontée (barrages non équipés de passes à poisson, pollutions thermiques ou chimiques), par les destructions des frayères (par l'extraction de granulats ou l'accumulation de vase en amont de barrages) et par le maintien d'une pêche incontrôlée en rivière ou sur le littoral. Des captures excessives dans les zones d'engraissement de l'Atlantique nord sont venues s'ajouter à ces facteurs de régression. Les résultats sont là. En 1955, on pêchait en France environ 35 000 saumons. On n'en a pêché que 2 000 en 1989.

Une pression de chasse excessive. Les régressions massives concernent également des espèces de gibier dans des pays comme la France et l'Italie, où la pression de chasse excède les possibilités d'une faune déjà fragilisée par l'altération ou la destruction des milieux qui lui sont nécessaires (pollutions, urbanisation, multiplication des voies de communication, des lignes électriques, etc.). C'est le cas par exemple de la perdrix rouge *(Alectoris rufa)*, des grands et petits coqs de bruyère *(Tetrao urogallus* et *Tetrao tetrix)*.

La monoculture. La perdrix rouge a vu se modifier profondément le paysage agricole qui lui était favorable (transformation de la polyculture en monoculture, abandon de cultures pour les herbages, etc.), pendant que sa chasse se maintenait. Elle ne pouvait résister aux effets conjugués de ces deux phénomènes.

Le tourisme. Après avoir disparu du Massif central à la fin du XIXe siècle, le grand coq de bruyère, ou grand tétras, s'était maintenu en France dans les Vosges, le Jura, les Alpes du Nord et les Pyrénées, où il était un hôte des forêts de conifères. Il est maintenant en déclin, hormis dans les Pyrénées. Les causes principales de cette régression sont une chasse demeurée trop intense jusqu'à une période récente (tir interdit dans les Vosges et les Alpes depuis les années 1970), des modes d'exploitation forestière inadaptés et une fréquentation touristique croissante (ski de fond, randonnée motorisée, chasse photographique) des zones de tranquillité où l'animal cherche refuge.

Le petit coq de bruyère, ou tétras-lyre, encore appelé tétras des bouleaux, était au XIXe siècle présent dans la Campine et les Ardennes belges, les Vosges et les Alpes. Quelques couples se maintiennent à grand-peine dans les Ardennes françaises. Les populations alpines déclinent en densité, du fait des aménagements touristiques qui, pour la plupart, ont été implantés dans les secteurs favorables à l'espèce. Le tracé de pistes de sports d'hiver dans les forêts fréquentées par le tétras, les câbles aériens divers installés dans son domaine vital, la fréquentation hivernale (ski hors piste) ou estivale des zones refuges de cet animal plutôt sédentaire viennent s'ajouter à la pression de chasse.

A

A. **PIÉTINÉES PAR LES TOURISTES**

Le nombril-de-Vénus *(Omphalodes littoralis)* est une plante limitée au littoral atlantique français, jadis répandue de la baie d'Audierne à l'île d'Oléron. En quelques dizaines d'années, elle a disparu des trois quarts des zones où elle poussait. On ne la trouve plus que sur quelques îles. Poussant sur les pelouses en arrière des dunes, elle est détruite par le piétinement, la circulation des voitures, le camping et l'implantation de lotissements divers.

B

B. **L'ORCHIDÉE TROP CUEILLIE**

Le sabot-de-Vénus, ou pantoufle de dame pour les Anglo-Saxons *(Cypripedium calceolus)*, est l'une des plus belles orchidées d'Europe et doit son nom à une légende : Vénus, surprise par un orage, perdit l'un de ses souliers brodés d'or et de pourpre. Une bergère le trouva, voulut s'en saisir, mais l'objet s'évanouit. Seule restait une fleur. Elle pousse dans des bois ombragés, principalement sur sol calcaire. La cueillette, l'arrachage de souches fleuries et certains modes d'exploitation forestière ont fait régresser cette espèce, devenue rare en France et en Angleterre et disparue de Belgique.

C

C. **SA SURVIE TIENT À UN PIED**

Plante rare de la région méditerranéenne, l'orchis à filtre *(Orchis saccata* ou *Orchis collina)* pousse sur des pelouses sèches, dans le maquis ou les bois clairs sur sol calcaire. En France, il ne resterait plus qu'un seul pied dans le Var. L'urbanisation, les modifications des pratiques culturales (déclin de l'agriculture ou intensification de cultures florales) et les récoltes de collectionneurs sans scrupules expliquent cette situation catastrophique.

D

D. **POURTANT SI INOFFENSIVE ET SI DISCRÈTE**

La vipère d'Orsini *(Vipera ursinii)*, décrite en 1835, est, en France, un serpent typique des zones steppiques chaudes en été, froides en hiver. Elle subsiste dans les Alpes méridionales et en haute Provence. Bien qu'elle soit protégée, la chasse de collection, les destructions dues à la confusion avec d'autres vipères, la dégradation de ses habitats (aménagements touristiques) menacent fortement cette espèce discrète et inoffensive pour l'homme.

LES EFFETS DES DISPARITIONS

LES CONSÉQUENCES

DES PHÉNOMÈNES QUI S'ENCHAÎNENT

■ LES LIENS TISSÉS entre les espèces sont plus ou moins forts, leur rôle dans la pérennité des écosystèmes également. C'est ce que montre, par exemple, l'étude réalisée au Pérou dans la vallée de Canete. Pour lutter contre les parasites, les planteurs avaient traité massivement les plantations de coton dans les années 1950. Après une augmentation spectaculaire de la production, on assista à un effondrement tout aussi spectaculaire : les parasites avaient développé une résistance aux insecticides et le nombre d'espèces parasites augmentait, les prédateurs ayant été les victimes indirectes des insecticides utilisés. Il s'était instauré un déséquilibre complet des communautés animales existant avant les traitements.

Le partenaire absent. Dans la nature, nombreuses sont les espèces végétales dont la reproduction ne peut se faire sans l'intervention d'une espèce animale : transport du pollen (pollinisation) par les insectes ; transport et maturation de graines dans le tube digestif d'animaux, etc. Aujourd'hui, le bois de fer de l'île Maurice *(Calvaria major)* ne présente plus que des spécimens de plus de 300 ans : pour germer, les graines de cet arbre devaient avoir transité par le tube digestif du fameux dodo, oiseau dont le dernier individu s'est éteint en... 1681.

La diversité biologique menacée. La diversité biologique est d'une certaine façon l'assurance-vie des hommes. Dans l'agriculture, cette diversité (sous la forme de variétés ou races différentes) est indispensable pour assurer la conservation du patrimoine génétique des espèces cultivées et domestiquées. Ce patrimoine représente un potentiel qui peut s'avérer primordial pour les générations à venir. Les plantes cultivées actuelles sont en effet d'autant plus vulnérables (à la prolifération des parasites, aux épidémies, aux changements climatiques) que leur diversité génétique est faible (75 p. 100 des récoltes de blé canadiennes proviennent de quatre variétés seulement). D'ores et déjà, plusieurs variétés d'espèces sauvages ou cultivées ont disparu (blé, riz, haricot, igname, etc.).

De même, des espèces sauvages maintenant inexploitées peuvent demain devenir précieuses : le palmier à pêches *(Bactris gasipaes)* d'Amérique du Sud, utilisé traditionnellement par les Amérindiens, fournit plus de protéines à l'hectare que le maïs. Dans le domaine de la santé, les plantes ou les animaux sauvages recèlent souvent des principes pharmaceutiques utilisables comme éléments de base de la fabrication de médicaments ou comme modèles de synthèse : la pénicilline, ainsi que la cyclosporine, substance qui a permis la réussite des greffes humaines, proviennent de champignons ; la pédérine, puissant stimulateur de la croissance tissulaire, est issue d'un insecte ; des recherches sur une grenouille australienne *(Rheobatrachus silus)* qui abrite dans son estomac ses œufs, puis ses jeunes, protégés de l'acidité gastrique, permettront peut-être de trouver une parade aux ulcères gastriques.

Disposer demain de ces ressources biologiques suppose bien entendu qu'elles n'aient pas disparu avant que n'en soient connues les potentialités. Et, d'un point de vue plus éthique, pourquoi l'homme s'arrogerait-il le droit de disposer, par négligence ou par mépris, du destin d'autres êtres vivants ?

« Toutes les formes de vie doivent être considérées comme un patrimoine essentiel de l'humanité. » (Élie Wiesel, 1988.)

LA LUTTE BIOLOGIQUE

Cette méthode vise non pas à éradiquer une population végétale ou animale « nuisible » mais à la contrôler en utilisant d'autres espèces sauvages.

Les opérations de lutte biologique sont fondées sur deux grands principes : augmenter la mortalité ou diminuer la natalité de la population de l'espèce que l'on veut combattre. C'est ainsi que l'on a pu lutter en Australie contre l'invasion du cactus à raquettes *(Opuntia inemis)* en utilisant un papillon *(Cactoblastis cactorum)* dont la chenille fore dans les cactus des galeries colonisées ensuite par des bactéries et des champignons provoquant la mort de la plante. Pour combattre la lucilie bouchère *(Cachliomya hominivorax)*, mouche introduite accidentellement en Libye et dont les larves se développent dans les plaies des mammifères, des mâles stérilisés ont été lâchés, provoquant peu à peu la diminution de la population. Mais la lutte biologique peut présenter aussi des risques. Ainsi, l'introduction, à la fin du XIXe siècle, de la mangouste des Indes *(Herpestes auropunctatus)* dans les Antilles pour lutter contre les rats (eux-mêmes introduits accidentellement) ravageant les plantations de canne à sucre a abouti à la destruction simultanée de nombre d'autres petits mammifères et d'oiseaux autochtones.

Compte tenu de ces aléas, on a de plus en plus recours à une forme de lutte dite « intégrée », qui allie aux méthodes de la lutte biologique un usage raisonné et modéré de substances chimiques toxiques (insecticides, herbicides, fongicides...).

A

A. **DE PRÉCIEUSES VERTUS MÉDICINALES À PROTÉGER**

La feuille de cette pervenche rose de Madagascar *(Catharantus roseus)* produit deux alcaloïdes très efficaces pour combattre certains lymphomes et leucémies. Isolées et mises en culture, des cellules de feuille continuent de synthétiser les alcaloïdes et, propriété fort intéressante, les relarguent dans le milieu de culture, ce qui permet d'éviter de coûteuses extractions. Cette espèce, menacée d'extinction à l'état sauvage, doit être préservée.

B

B. **KOUPREY**

Découvert en 1937, le kouprey *(Bos sauveli)* est un hybride de banteng *(Bibos)* et de zébu *(Bos)*. On ne sait pas encore s'il s'agit d'une véritable espèce sauvage ou bien d'un descendant de bovins domestiques revenus à l'état sauvage. La répartition très limitée de cette espèce (Cambodge, Laos, Viêt-nam) et ses effectifs restreints (500 têtes) font craindre une extinction.

C

C. **SAUVEUR SAUVAGE POUR LE MAÏS**

En 1970, une maladie ravagea le maïs cultivé (photo de gauche) aux États-Unis, révélant la fragilité de cultures à la base génétique trop étroite (les variétés, sélectionnées essentiellement sur des critères de productivité et de croissance, présentaient trop peu de potentialités de résistance aux maladies). La recherche de variété de maïs sauvages permit de retrouver, au Mexique, une forme rustique, le téosinte (au centre et à droite), et de reconstituer un maïs aux formes variées *(Zea perennis* et *Zea diploperennis)*, résistant à plusieurs virus.

LES ACTIONS DE SAUVEGARDE

LA PROTECTION

PROTÉGER LES ESPÈCES ET LEUR MILIEU

■ CONSERVER LA DIVERSITÉ biologique de la planète, c'est d'abord agir pour limiter les prélèvements sur les espèces afin qu'ils n'excèdent pas les possibilités de maintien ou de restauration des effectifs ; c'est aussi préserver la qualité des milieux naturels.

Limiter les prélèvements. Historiquement, les premières tentatives de préservation de la flore et de la faune sauvages ont consisté à interdire ou à limiter les prélèvements (chasse, cueillette, captures). Lorsque ces derniers sont le facteur principal de la régression, ces mesures suffisent pour que se reconstituent des populations des espèces menacées. C'est le cas pour bien des espèces décimées un temps par les chasseurs ou les pêcheurs : le bouquetin *(Capra ibex)* et le chamois *(Rupicapra rupicapra)* en France ; le flétan, ou halibut *(Hippoglossus hippoglossus),* et l'otarie à fourrure des Pribiloff *(Callorhinus ursinus)* du Pacifique nord ; le merlu *(Merluchus merluchus)* de l'Atlantique ; etc.

GESTION DE LA NATURE ORDINAIRE

Une espèce, banale aujourd'hui, peut être menacée, voire disparaître demain, si l'on ne tient pas compte de son existence dans la gestion quotidienne de l'environnement : on ne pourra faire une réserve naturelle pour protéger chacune d'entre elles. D'une certaine manière, même la création d'espaces protégés est un constat d'échec, dans la mesure où elle traduit l'incapacité de certaines sociétés humaines à cohabiter avec d'autres communautés d'êtres vivants, qui sont alors « parqués » dans des territoires spéciaux.

C'est pour éviter cette situation qu'en Europe des associations de protection de la nature et les parcs nationaux développent des expériences de protection et de gestion de la nature ordinaire, aux espèces animales et végétales banales, où les hommes apprennent à vivre en harmonie avec leur environnement naturel.

On sait que les populations isolées s'appauvrissent du point de vue génétique. Des îlots de sauvegarde perdus dans un océan de négligence ou de destruction peuvent faire illusion, mais ne résolvent pas à long terme les problèmes du maintien de la diversité biologique.

Protéger le milieu. Lorsque le facteur principal est l'altération ou la destruction du milieu où vivent les espèces menacées, il faut maîtriser l'espace et y laisser évoluer la nature à son propre rythme. Dans certains cas, il est cependant nécessaire d'assurer une gestion partielle ou totale de zones qu'il faut protéger des influences négatives possibles de territoires voisins : protéger une lande pour sa flore et sa faune caractéristiques sans plus intervenir peut être illusoire si des espèces venant de plantations voisines s'y installent et transforment peu à peu le milieu ; de même, protéger une zone humide sans contrôler la qualité du réseau hydrographique qui l'alimente peut conduire à des mécomptes.

Cela est particulièrement vrai dans des pays où la « nature » a été façonnée et profondément aménagée par l'homme et où un certain équilibre s'est établi entre les activités humaines et la flore et la faune sauvages.

Restaurer le milieu. Parfois le pire est arrivé et il faut reconstituer le milieu. Restaurer un milieu, ce peut être organiser des chantiers de nettoyage, faire appel à des herbivores sauvages ou domestiques rustiques qui pourront, à moindre frais, maintenir en l'état un milieu redevenu propice aux plantes, insectes ou oiseaux qui en avaient disparu. Les opérations de gestion de marais engagées par des associations de protection de la nature en France en sont des exemples. Dans les milieux dont les conditions sont satisfaisantes, il est possible d'apporter des spécimens pour renforcer une espèce dont les effectifs sont tombés si bas qu'il y a peu de chance de la voir se reconstituer naturellement. Dans d'autres cas, il faut réintroduire plusieurs individus pour reconstituer *ex nihilo* une population viable, en veillant à ce que les causes de la régression de la population antérieure aient été éliminées.

A

A. **LES VAUTOURS FAUVES SONT DE RETOUR...**

Hôte des montagnes du sud de la France, du Pays basque aux Alpes-Maritimes au XIXe siècle, le vautour fauve *(Gyps fulvus)* a été massacré par les chasseurs. Il ne subsistait plus que dans les Pyrénées jusqu'à ce qu'une association de protection de la nature, le Fonds d'intervention pour les rapaces (F. I. R.), lance un programme de réintroduction dans les Cévennes. Il a réussi, et une centaine de vautours y vivent libres.

B

B. **RÉINTRODUIRE LE BOUQUETIN**

Le bouquetin *(Capra ibex)* avait disparu de la plupart des massifs alpins. Menées avec succès en Suisse et en Autriche au début du siècle, des réintroductions ont été tentées en France : dans les Alpes du Nord puis dans les parcs nationaux du Mercantour (1987), des Écrins (1989) et dans le parc régional du Vercors (1989). Le suivi et l'étude des animaux lâchés après avoir été marqués (à l'oreille) y sont assurés avec soin.

C

C. **PARADIS PERDU DES LÉMURIENS**

L'île de Madagascar s'est séparée du continent africain il y a environ 60 millions d'années et a constitué pour les lémuriens un paradis où leur nombre s'est mis à croître. Il y a 2 000 ans, on en trouvait 33 espèces différentes. Depuis l'arrivée de l'homme sur l'île, ce nombre n'a cessé de chuter et, en 1990, il ne restait plus que 19 espèces de lémuriens. Aussi, plusieurs organismes qui possèdent des lémuriens en captivité (comme le zoo de Vincennes, près de Paris) suivent actuellement un programme de repopulation de l'île. Les lémuriens qui se reproduisent en captivité sont, après une période d'acclimatation, relâchés dans leur milieu naturel. Cette technique, déjà employée pour d'autres espèces, semble porter ses fruits, les animaux relâchés s'adaptant parfaitement à leur nouveau milieu et étant par la suite capables de s'y reproduire.

LES ACTIONS DE SAUVEGARDE

LA RÉINTRODUCTION

REPEUPLER LE MILIEU

■ REPEUPLER LE MILIEU amène souvent à réintroduire une espèce ou une variété. Cela s'effectue de différentes façons. On peut capturer ailleurs des individus sauvages et les lâcher : lynx boréal *(Lynx lynx)*, bouquetin *(Capra ibex)* et castor *(Castor fiber)* en France et en Suisse ; bison *(Bison bison)* au Canada ; grand tétras *(Tetrao urogallus)* en Écosse ; etc. Il est parfois nécessaire de maintenir un temps en élevage, sur place ou non, les animaux avant de les lâcher pour augmenter leur nombre ou constituer des groupes sociaux plus aptes à s'implanter : vautour fauve *(Gyps fulvus)* et tortue d'Hermann *(Testudo hermanni)* en France ; grand duc *(Bubo bubo)* en Suède ; loutre *(Lutra lutra)* en Angleterre ; apollon *(Parnassius apollo)* et machaon *(Papilio machaon)* en Pologne...

Sauver pour réintroduire. Les effectifs trop restreints d'une espèce peuvent rendre aléatoire une reconstitution naturelle. Les étapes préalables à une réinsertion dans la nature sont alors complexes : recherches des spécimens détenus en jardins botaniques ou parcs zoologiques ou capture dans leur milieu d'origine des derniers spécimens sauvages ; rassemblement en élevage ou en culture pour accroître le nombre de descendants ; expérimentation de leurs capacités à retourner à l'état sauvage.

Toutes ces opérations supposent souvent la mise sur pied de programmes internationaux, comme ceux conçus pour l'antilope oryx *(Oryx leucoryx)* en Arabie, le gypaète barbu *(Gypaetus barbatus)* dans les Alpes, les lémuriens à Madagascar, le cheval de Przewalski *(Equus przewalski)* en divers pays, l'arion *(Maculinea arion)* en Angleterre, le bois de senteur blanc *(Ruizia cordata)* à la Réunion, l'ébène de Sainte-Hélène *(Commidendrum rotundifolium)*, ou encore la lysimaque de Minorque *(Lysimachia minorencis)*, plante vivant uniquement dans cette île des Baléares, qui avait disparu et dont des spécimens furent retrouvés au jardin botanique de Berlin, multipliés au conservatoire de Brest et réinstallés dans le milieu d'origine en 1989 avec la collaboration du jardin botanique de Cordoue.

Ces méthodes de conservation ne sont pas exemptes de risques et d'échecs. Le maintien en captivité (ou en culture) pendant de longues années peut avoir modifié certains caractères anatomiques, physiologiques ou comportementaux et rendre difficile une réintroduction dans un milieu naturel sauvage, soumis à de multiples aléas, comme ce fut le cas pour l'oie néné *(Branta sandvicensis)* des îles Hawaii, le mouton bighorn *(Ovis canadensis)* en Arizona et la loutre de mer *(Enhydra lutris)* sur la côte ouest des États-Unis.

La peur des autres. Bien des espèces ont disparu parce qu'elles étaient perçues comme dangereuses, ou comme de redoutables compétiteurs par les chasseurs qui, pour se réserver l'essentiel du gibier, les ont impitoyablement massacrées. Une réintroduction devra donc parfois passer le cap de l'hostilité de certains chasseurs et de la réserve de nombreux aménageurs. Les phases préliminaires pourront être fort longues avant que n'arrivent les premiers spécimens réintroduits.

Le projet en cours de réintroduction de l'ours brun *(Ursus arctos)* dans les Alpes françaises, financé par l'association Artus, a impliqué tout d'abord une étude historique des conditions exactes de la disparition de l'animal, puis une autre sur la faisabilité technique de sa réintroduction avant que l'on procède à l'analyse de l'opportunité sociale du projet.

Le coût et la durée d'une opération complète de réintroduction sont très variables selon les espèces concernées.

A

A. **DE BREST À LA RÉUNION**

Dans les années 1970-1980, le bois de senteur blanc *(Ruizia cordata)* n'était plus connu à la Réunion, son île d'origine, que par quelque cinq pieds. Déforestation et surpâturage conduisaient l'espèce à l'extinction. À partir de boutures rapportées en 1977 au Conservatoire botanique de Brest, la plante a été multipliée. En décembre 1988 et en mai 1989, un millier de pousses ont été réimplantées sur des falaises inaccessibles aux chèvres.

B

B. **ÉTUDIER POUR SAUVER**

Ce papillon de nuit, isabelle de France *(Graellsia isabellae)*, est actuellement protégé en France. Pour mieux comprendre l'état de ses populations, des chercheurs conduisent des élevages de ce magnifique papillon afin d'étudier sa biologie, son comportement et sa répartition. Le but ultime de ces travaux est de favoriser le développement des populations naturelles en réduisant l'impact de l'homme sur leur milieu d'origine.

C

C. **RÉINTRODUIRE LA LOUTRE**

La loutre *(Lutra lutra)* a fait l'objet de réintroductions en Grande-Bretagne. Élevés puis hébergés sur les sites de lâchers, en groupe ou en couple, les animaux ont été libérés avec succès. En France, des projets similaires sont à l'étude. L'espèce, commune autrefois, est devenue rare à cause de la chasse (de 3 000 à 4 000 loutres tuées par an entre 1880 et 1930), de la destruction de ses habitats et de la pollution des eaux.

CONSERVER À L'ABRI

La Conférence sur l'utilisation rationnelle et la conservation des ressources de la biosphère, réunie à Paris en 1968 sous l'égide de l'Unesco, préconisait la préservation de la diversité des ressources vivantes tant sauvages que cultivées et domestiquées. À côté de la conservation dans les milieux d'origine (in situ), différentes façons de conserver dites « ex situ » sont utilisées. Les collections de semences ou d'organes de plantes, les jardins botaniques et zoos, les banques de sperme ou d' embryons congelés en sont des exemples.

Certains pays se sont préoccupés depuis plusieurs années de la disparition de variétés cultivées. En 1958, les États-Unis ont construit le National Seed Storage, qui possède la plus importante collection de semences (185 000 échantillons de 5 000 à 10 000 graines chacun). Mais cette méthode a des inconvénients. Quels seront, par exemple, les effets à long terme du stockage (séchage et conservation au froid) ? On peut aussi réaliser des collections vivantes (conservatoires botaniques, zoos, élevages), qui n'ont pas non plus que des avantages, car le maintien en culture, ou en élevage, modifie aussi les caractères des espèces.

Toutes les méthodes de préservation ont leurs avantages et leurs inconvénients et l'idéal est sans doute de mener de front la protection des espèces dans leurs milieux et leur conservation « ex situ ».

ENVIRONNEMENT ET SANTÉ

PRÉCURSEUR DE L'ÉTHOLOGIE (la science du comportement) et de l'éco-éthologie, le psychophysiologiste allemand Jakob von Uexküll a démontré, en partant du modèle de la liaison neuromusculaire (liaison nerf-muscle) que le milieu extérieur exerçait une influence dans le déroulement des comportements fondamentaux. La nature n'est ni bonne ni mauvaise et les relations qui lient tous les êtres vivants portent en elles des contraintes limitantes qui déterminent le comportement optimal de ceux-ci. La nature trouve son fondement dans l'équilibre dynamique fragile qui existe entre les naissances et les destructions. Dès lors, le concept de santé reste relatif et difficile à définir.

LE RÉFÉRENTIEL HUMAIN

DE L'ENVIRONNEMENT NATUREL À LA SOCIÉTÉ

■ THÉORIQUEMENT, tous les facteurs, liés à l'environnement physique ou aux autres êtres vivants, qui limitent l'alimentation, la croissance, la reproduction et l'intégrité d'un individu doivent être considérés comme « pathogènes », car portant atteinte à sa « santé ». En ce sens, si protéger les plantes alimentaires ou ornementales dans un jardin par divers procédés (pesticides, fongicides) ou arracher les « mauvaises herbes » revient, certes, à déplacer l'équilibre naturel au profit de l'homme et au bénéfice de sa santé, on peut aussi considérer que cela se fait au détriment de la santé des herbes arrachées et de celle des champignons et des insectes qui se nourrissent de la plante cultivée. Ce sont des modifications volontaires de ce type qui, à l'échelle de la planète, ont contribué à profondément modifier la nature.

Finalement, bien-sûr, la notion de santé se définit par rapport à l'homme, et l'optimisation de la santé par le contrôle de l'environnement ne s'entend plus qu'en prenant un référentiel anthropologique pour celui-ci.

Contraintes et limites. Tous les milieux ne sont pas favorables à l'homme, qui est dépendant de nombreuses contraintes, telles que la nécessité d'un environnement sensoriel stimulant et celle de contacts sociaux : les isolements sensoriels et sociaux constituent pour lui des limites. Ils provoquent de graves troubles de la personnalité (ces isolements sont d'ailleurs utilisés comme punition : la prison). La surpopulation constitue une autre limite, elle perturbe la vie de groupe et favorise la violence. Chez de nombreux animaux comme chez l'homme, le territoire de chacun ne peut empiéter sur celui d'un voisin identique. Par ailleurs, un écosystème ne saurait être simple : la complexité des interactions qui y prennent place est un signe de sa « bonne santé ». De ce point de vue, la diminution du nombre d'espèces vivantes provoquée par l'homme, qui perturbe le fonctionnement des écosystèmes, représente également un risque pour l'humanité.

Évolution et autonomie. Les espèces évoluant, leur asservissement aux contraintes du milieu diminue : ainsi, avec les oiseaux, on voit apparaître la température constante du corps et, avec les mammifères, les soins aux jeunes sont renforcés par l'allaitement. Cette émancipation par rapport au milieu naturel a souvent pour corrélat une plus grande interdépendance entre individus : les hommes sont dépendants des hommes.

40 MILLIONS DE VICTIMES PAR AN

Selon un rapport de l'Organisation mondiale de la santé (O.M.S.) [1992], les maladies liées à l'environnement et au mode de vie sont responsables de 75 p. 100 des décès recensés sur la Terre, et près de 2 milliards de personnes sont atteintes d'affections liées à la pollution de l'eau et au manque d'hygiène. Ainsi, 5 millions d'enfants meurent chaque année de maladies diarrhéiques dues à la contamination de l'eau, 2 millions d'individus périssent du paludisme, maladie parasitaire tropicale, et des centaines de millions sont atteints de maladies respiratoires causées ou aggravées par le tabagisme et la présence dans l'air d'agents biologiques et chimiques (en particulier dans certaines mégalopoles, comme Mexico ou Athènes).

A

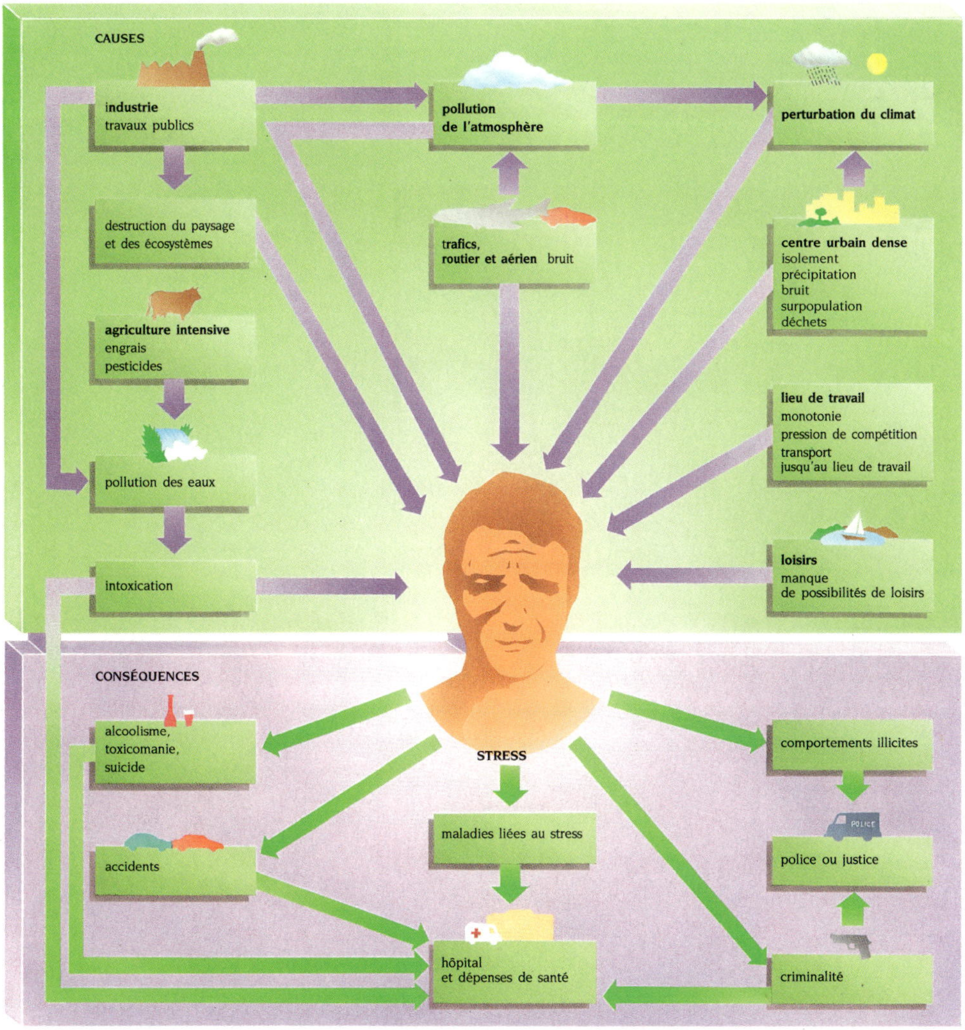

A. **STRESS EN MILIEU URBAIN**

Ce schéma simplifié donne une idée de la complexité des interactions dans la cité et des contraintes qu'elles entraînent pour ses habitants. Tous les facteurs (physiques, biologiques, psychologiques, sociaux ou culturels) interviennent, directement ou indirectement, pour perturber l'équilibre de l'individu. Ce déséquilibre déclenche, chez l'organisme qui le subit, un ensemble de réactions physiologiques, avec leurs corrélats psychologiques et comportementaux, que l'on regroupe sous le nom de *stress*. Ces réactions permettent normalement à l'individu de résister aux agressions en augmentant ses potentialités physiques, ainsi que ses capacités d'apprentissage. Cependant, en milieu urbain dense, de telles réactions d'adaptation se trouvent souvent détournées ou inhibées : les effets physiologiques du stress ont alors, à moyen ou long terme, des conséquences néfastes sur la santé. Le stress peut également favoriser des comportements dangereux pour les autres individus et coûteux pour la société. *(D'après F. Vester et A. von Hesler.)*

ENVIRONNEMENT ET SANTÉ

LA SANTÉ DANS LES SOCIÉTÉS

MALADIE, CULTURE ET STYLE DE VIE

■ POUR CHAQUE CIVILISATION, il existe un ensemble de maladies spécifiques. Dans les temps préhistoriques, le passage à la sédentarisation a modifié la pathologie. Au XIVe siècle, les navires qui transportaient les hommes ont également véhiculé des rats, qui furent la cause d'épidémies comme la peste noire...

La compréhension et l'interprétation des maladies dépendent aussi des civilisations et de la vision que l'on y a du monde. Ainsi, en Chine, la notion d'une interpénétration entre l'homme et le cosmos fait dire d'un fou qu'il a « les orifices bouchés ». En Afrique du Nord, l'épilepsie est classiquement associée à une manifestation sacrée.

Science et croyances. La perception des maladies évolue avec le contexte culturel. Ainsi, le scorbut (provoqué par une carence en vitamine C) était connu des Sumériens, qui le traitaient par le raisin vert. En 1671, Nicolas Venette de La Rochelle redécouvre cette carence et la prévient par du jus de citron, mais il faudra attendre 1775 pour que cette mesure préventive se répande. En effet, le concept même de carence était incompatible avec les idées de l'époque. On pensait que des « miasmes », ou tout simplement le péché, étaient responsables de l'apparition de cette maladie.

Aujourd'hui, la pensée magique attribue encore des nuisances ou des bienfaits à l'environnement purement par analogie entre l'élément considéré et son action supposée (une plante souple est ainsi censée donner de la souplesse à qui en consomme). Ces analogies ont d'ailleurs permis certaines découvertes. Le saule, qui supporte bien les sols humides, était autrefois utilisé pour traiter les rhumatismes : il renferme un principe actif voisin de l'aspirine.

La recherche traditionnelle de médicaments naturels (comme la phytothérapie, ou médecine par les plantes) s'accompagne aujourd'hui de la synthèse de principes actifs artificiels, pouvant être fabriqués à grande échelle.

Les religions et les cultures ont toujours prôné, d'une certaine manière, l'hygiène alimentaire, que l'on redécouvre actuellement. Par exemple, l'interdiction de manger du porc évite les maladies parasitaires transmises par cet animal, ainsi que l'aggravation des troubles circulatoires par excès de la consommation de graisses animales. Le niveau d'éducation agit lui aussi sur la santé, souvent de manière subtile. Ainsi, lorsque le niveau d'éducation est bas, toute nouveauté, même potentiellement bénéfique, peut sembler plus redoutable que des nuisances habituelles.

Des sociétés à risques. Nous vivons dans des sociétés dont chacune comporte ses propres risques pour notre existence. Les sociétés archaïques pâtissent des pollutions biologiques liées au manque de traitement des eaux usées et aux parasites qui, pour des raisons climatiques, s'y développent. Les sociétés développées, quant à elles, souffrent de pollutions surtout chimiques, liées aux technologies modernes et particulièrement aux rejets industriels.

A. **FACTEURS PATHOGÈNES ET EFFETS**

Facteurs physico-chimiques	Effets
radiations U.V.	cancers de la peau
radiations nucléaires	leucémies
métaux lourds	intoxications
SO_2 et pluies acides	atteintes des végétaux
nitrates, nitrites	troubles circulatoires
pesticides	atteintes nerveuses
antibiotiques	apparition de souches bactériennes résistantes
bruits	surdité
Facteurs biologiques	
venins	œdèmes, troubles circulatoires et/ou neurologiques
plantes urticantes	irritation de la peau
pollens	allergies
parasites	paludisme, bilharziose...
champignons vénéneux	intoxications
virus, bactéries	maladies infectieuses

A. **RISQUES DE LA VIE**

Les Chinois rappellent justement que la vie est une affaire dont on ne sort pas vivant. Le risque est inhérent à la vie. L'homme, loin d'accepter cela, recherche, à juste titre, la santé, mais aussi, en quelque sorte, l'immortalité, considérant souvent le risque et la mort comme scandaleux. Et, de manière paradoxale, notre civilisation augmente les facteurs de risque (pollutions, nuisances...), tout en cherchant à améliorer encore l'espérance de vie.

LA MALADIE DE L'ABANDON

Dans les populations sous-alimentées, il existe une affection liée à la malnutrition, mais directement dépendante des conditions psychologiques : on la rencontre surtout dans les bidonvilles des grandes cités africaines où des mères de famille ne sont plus soutenues par la tribu ou le village d'origine.

Environ un mois après le sevrage, la taille et le poids de l'enfant ne progressent plus. Sa peau se couvre de petites taches blanches et il devient sujet aux atteintes viscérales (pancréas, foie, intestin). Ces troubles caractérisent le *« kwashiorkor »*, déficit en protéines qui peut aboutir à la mort. Dans un dialecte du Ghana, ce mot signifie « maladie d'un enfant négligé lorsqu'un autre enfant vient de naître ». Les troubles apparaissent en effet généralement lorsque l'enfant (souffrant déjà de la malnutrition) se sent abandonné, montrant à quel point l'environnement affectif peut être déterminant sur la santé.

B

B. **SANTÉ ET IDENTITÉ**

En milieu urbain, on ne peut séparer les niveaux, biologiques, psychologiques, sociaux et économiques de la cité et de son environnement. De la sorte, l'urbanisme constitue la projection au sol de l'organisation sociale. Ainsi, une société morcelée produira-t-elle une cité « en grumeaux », avec des risques d'explosions de violence, à l'image de toutes les grandes villes du monde (comme ici à Vaux-en-Velin, France).

C

C. **QU'EST-CE QUE LE BRUIT ?**

Cette maison de l'architecte américain F. L. Wright a été faite « sur mesure » pour ses habitants, malgré le bruit de la cascade, ou plutôt « en accord » avec ce bruit naturel. Cette architecture est dite organique parce que liée à la nature comme si elle émanait d'elle.
Le « bruit » est défini comme un signal qui brouille le signal qui nous intéresse ou, tout simplement, comme un signal désagréable : à ce titre le bruit n'est pas seulement auditif, il peut être visuel ou olfactif. C'est l'individu qui détermine ce qui, pour lui, a valeur de bruit. En effet, les bruits de la nature, comme le chant des oiseaux, le vent dans les feuilles, le bruit des vagues, sont mieux acceptés, même à intensité élevée, que les bruits mécaniques ou humains traduisant la promiscuité. Mais, dans tous les cas, il n'y a pas d'habituation au bruit, surtout nocturne. Dans les villes, à l'insonorisation parfois indispensable, il faut préférer la diminution du bruit à la source.

L'EXPLOSION DÉMOGRAPHIQUE

L'ACCROISSEMENT sans cesse accéléré de la population mondiale, étant donné son impact écologique sur l'ensemble de la biosphère, représente un fait d'une extrême importance, spécifique de notre époque.

HISTORIQUE

UNE PROGRESSION ALARMANTE

■ IL Y A 2 MILLIONS d'années, les premiers représentants du genre *Homo (Homo habilis)* apparurent en Afrique orientale. Au paléolithique inférieur, il y a environ 1 million d'années, nos ancêtres *(Homo erectus)* avaient déjà peuplé tout l'Ancien Monde. Un fait remarquable illustre mieux que tout autre les dimensions de l'explosion démographique contemporaine : depuis *Homo habilis*, le genre *Homo* (dont notre espèce est le dernier représentant) a mis 2 millions d'années pour atteindre – au début du XIXe siècle – un effectif de un milliard d'individus. À peine 130 années supplémentaires ont suffi à l'homme pour arriver au deuxième milliard, mais seulement 11 ans seront nécessaires pour passer du cinquième (atteint en 1987) au sixième milliard, durée infime en comparaison de celle qui fut nécessaire pour arriver au premier milliard d'êtres humains.

La population mondiale a augmenté de façon irrégulière, certes, mais continue tout au long de l'histoire de l'humanité ; le temps de doublement de ses effectifs s'est donc réduit. Cette augmentation s'est spectaculairement accélérée dans la période 192-1975, le déclin des taux d'accroissement des pays développés étant plus que largement compensé par la croissance de ces mêmes taux dans le tiers-monde. Ce n'est qu'à une date récente que, globalement, le taux de croissance a cessé d'augmenter.

AUJOURD'HUI

UN ASPECT DU DÉSÉQUILIBRE NORD-SUD

■ LA SITUATION DÉMOGRAPHIQUE MONDIALE se caractérise à l'heure actuelle par une extrême hétérogénéité. Dans les pays industrialisés de l'hémisphère Nord, la transition démographique, processus au cours duquel une population passe à une phase de stabilisation, est achevée ou en passe de l'être. À l'opposé, les pays pauvres du Sud connaissent une explosion démographique redoutable, voire « suicidaire » lorsque l'on prend en considération les densités de population déjà atteintes dans certaines zones et les gigantesques problèmes de pénurie en aliments et en autres ressources naturelles auxquels ils sont déjà confrontés.

Certains pays possèdent de très forts taux d'accroissement de leurs effectifs. Le record absolu, avec 4,1 p. 100 par an, est détenu par le Kenya. Cela implique un temps de doublement de sa population tous les dix-sept ans ! À ce rythme, le Kenya verrait sa population croître de 55,6 fois en un siècle. Ainsi, ce pays compterait 1,12 milliard d'hommes en 2089. De telles extrapolations démontrent par l'absurde la nécessité d'une régulation rapide de telles croissances, aux conséquences catastrophiques pour tout pays qui en est affecté.

Plus que par la densité, le surpeuplement d'un pays s'évalue en fonction de son développement économique et de ses ressources disponibles. Ainsi, des pays industrialisés à forte densité de population, comme les Pays-Bas, ne sont pas « surpeuplés ». Les ressources naturelles dont ces pays ne disposent pas sur leur territoire sont fournies par les importations.

En revanche, dans les pays peu développés économiquement, dont les densités démographiques sont parfois très inférieures à celles des pays industrialisés, les populations humaines, contraintes à fournir des matières premières aux pays du Nord, surexploitent les ressources naturelles renouvelables, sans pouvoir recourir à l'importation. Une pression exagérée s'exerce sur l'espace disponible pour l'agriculture (elle-même souvent tournée vers l'exportation en direction des pays industrialisés) ; elle est cause d'une érosion des sols croissante. Il y a alors déséquilibre entre la population et l'état des ressources : c'est le surpeuplement.

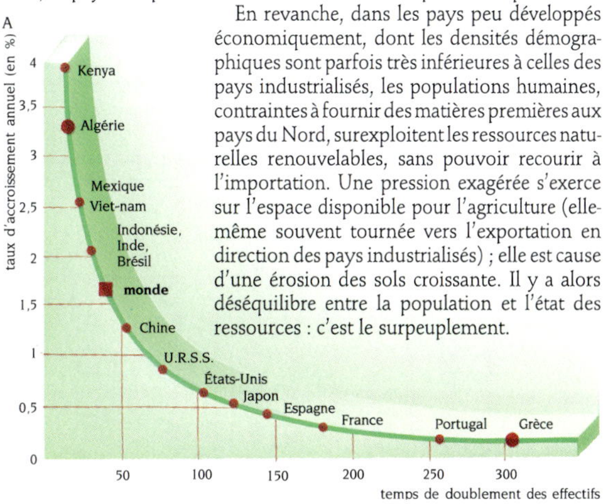

A. **DOUBLER SA POPULATION**

Cette courbe met en relation le temps de doublement des effectifs d'une population avec son taux d'accroissement annuel. L'allure hyperbolique de la courbe montre que ces deux paramètres varient en sens inverse. Un pays comme l'Algérie possède un taux d'accroissement annuel de 3,3 p. 100 et il lui suffit d'une vingtaine d'années pour doubler sa population. La Grèce, dont le taux d'accroissement est faible, requiert 300 ans pour parvenir au même résultat.

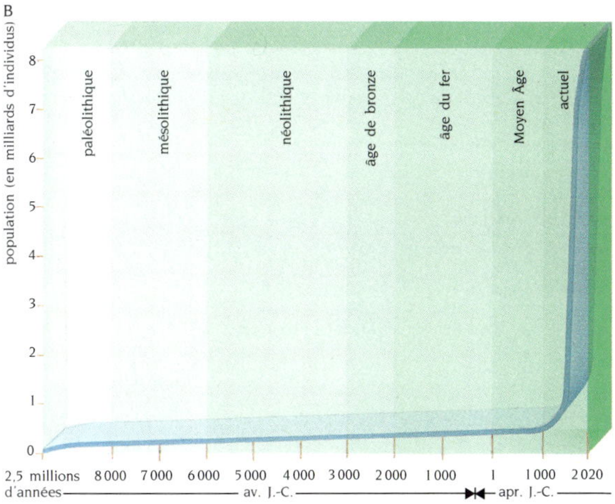

B. **HUIT MILLIARDS EN 2015**

L'augmentation des effectifs de la population humaine est plus qu'exponentielle. Il y a cent mille ans, au paléolithique moyen, le premier million d'hommes fut atteint. Au début du néolithique, on est passé à 25 millions d'habitants puis à 133 millions à l'époque romaine.
Le premier milliard fut dépassé vers 1810, le second en 1930, le quatrième en 1975. Selon toute vraisemblance, l'humanité comptera 8 milliards d'individus en 2015.

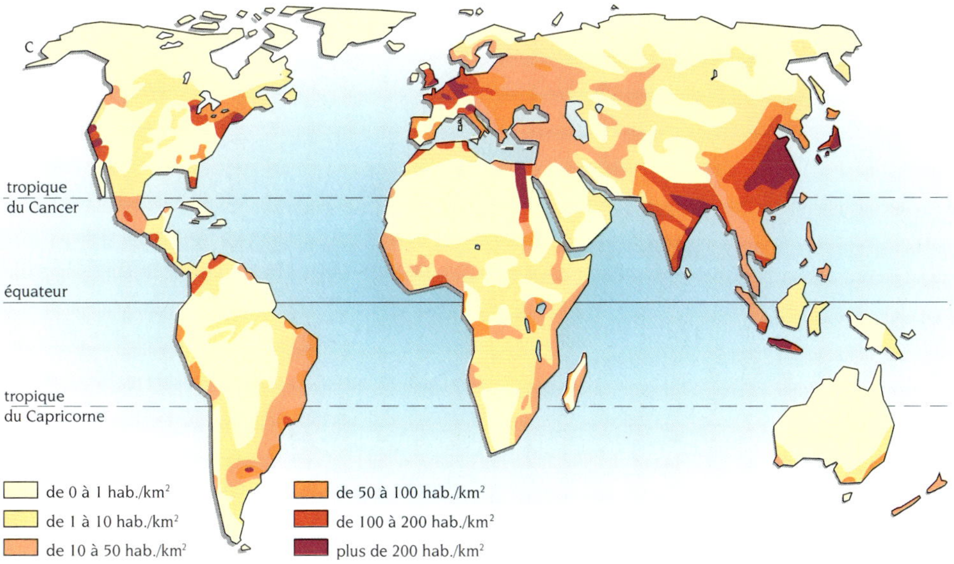

C. **DENSITÉ DE POPULATION**

On constate qu'il n'existe plus, à l'exception des déserts, de régions peu peuplées, contrairement à une opinion aujourd'hui encore trop répandue chez bien des économistes.
Les quelque 5,35 milliards d'hommes qui peuplent la Terre au début des années 1990 sont néanmoins répartis de façon fort irrégulière à la surface des continents. De la même façon, le taux moyen de croissance démographique de l'humanité, soit 1,8 p. 100 par an (en 1990), recouvre des écarts considérables lorsque l'on examine la réalité propre à chaque continent et a fortiori, au niveau régional, celle de tel ou tel pays.

L'EXPLOSION DÉMOGRAPHIQUE

LES CAUSES

UNE NATALITÉ ÉLEVÉE POUR UNE MORTALITÉ EN BAISSE

■ L'ÉTUDE DE L'ÉVOLUTION des populations des pays développés montre que la baisse du taux de mortalité due à l'amélioration des conditions de vie s'est accompagnée d'une diminution du taux de natalité : le taux d'accroissement naturel de la population n'y a pas crû, mais il y a au contraire diminué. Ce taux de croissance s'est même tellement réduit qu'il a des valeurs nulles, voire négatives, dans de nombreux pays industrialisés, par suite d'un large recours à la contraception. À l'opposé, dans les pays sous-développés, la baisse de la mortalité, qui s'y est également produite, n'a pas été compensée par une diminution simultanée de la fécondité. À l'exception de la Chine populaire, on constate même que les taux de natalité n'ont pratiquement pas décru dans la majorité des régions en voie de développement entre 1965 et 1985.

En conséquence, les pyramides démographiques des pays en voie de développement présentent une structure aplatie caractéristique, plus de 50 p. 100 de la population ayant moins de 20 ans dans toute l'Afrique et dans certains pays d'Asie et d'Amérique latine.

LES PRÉVISIONS

LES EFFECTIFS FUTURS DE L'HUMANITÉ

■ ON PEUT DISTINGUER trois phases successives dans l'histoire démographique des populations humaines. La première, dite *malthusienne,* propre aux sociétés traditionnelles, se caractérise par des taux de natalité et de mortalité élevés, les épidémies, les guerres et les famines y ajustant (ainsi que le constatait Malthus) les effectifs « aux possibilités qu'offre la Terre de nourrir les hommes ». La seconde, dite *de transition démographique,* est marquée par une croissance des populations due à une amélioration de l'hygiène publique non compensée par une baisse de natalité, ce qui est le cas aujourd'hui de la grande majorité des pays du tiers-monde. La troisième, dite *néomalthusienne,* propre aux pays développés, est marquée par une stabilisation des effectifs due à la pratique de la limitation volontaire des naissances.

Bien que les écologistes des populations considèrent tous que l'humanité est entrée dans une phase de transition démographique, les avis divergent sur l'effectif final au niveau duquel elle se stabilisera. En effet, à cause de l'aspect très particulier de la pyramide démographique des pays en voie de développement, le *moment d'inertie* de leur population est tel que leurs effectifs continueront à croître plusieurs décennies après qu'ils auront commencé à limiter leur fécondité.

En effet, s'il y a deux fois plus de filles que de femmes en âge de procréer, quand les premières seront devenues à leur tour adultes, même si elles ont deux fois moins d'enfants que leurs mères, les effectifs de la population continueront à augmenter de la même valeur. La stabilisation définitive ne sera atteinte qu'à la génération suivante, lorsque le nombre moyen de filles engendrées par chaque femme au cours de sa vie, dit *taux net de reproduction* (T. N. R.), sera égal à 1. Les prévisions démographiques sont donc fondées sur l'hypothèse que, à partir d'une certaine date – comprise entre 1990 et 2075 selon la région du monde considérée –, le T. N. R. sera égal à 1.

Les différentes hypothèses. Selon une hypothèse moyenne, les experts des Nations unies ont prévu que l'humanité se stabiliserait aux alentours de 10,5 milliards d'habitants au XXIe siècle. Cette valeur est cependant considérée comme un minimum par d'autres organisations concernées par l'étude des populations. Par ailleurs, on constate des disparités régionales : ainsi, alors que les pays développés verront leurs effectifs plafonner bien avant cette date, ceux du tiers-monde continueront à croître considérablement, pour atteindre 2,5 fois leur valeur actuelle. De sorte qu'à la fin du XXIe siècle 90 p. 100 de la population mondiale vivront dans des pays du tiers-monde. Le cas extrême est celui de l'Afrique, qui multiplierait ainsi par cinq sa population d'ici à cette date, en atteignant plus de 2,5 milliards d'hommes (l'équivalent de la population mondiale au milieu des années 1950).

Ces prévisions sont alarmantes quand on connaît la fragilité de ses sols et la situation alimentaire déjà désastreuse en de nombreuses régions du continent africain. L'Inde, quant à elle, comptera plus de 1,5 milliard d'hommes, c'est-à-dire autant que toute l'humanité au début de ce siècle.

Il ne s'agit là que de prévisions moyennes car, dans une hypothèse haute (où le T. N. R. de 1 serait atteint une génération plus tard), c'est à plus de 14 milliards d'individus que se stabiliserait l'effectif total de l'humanité.

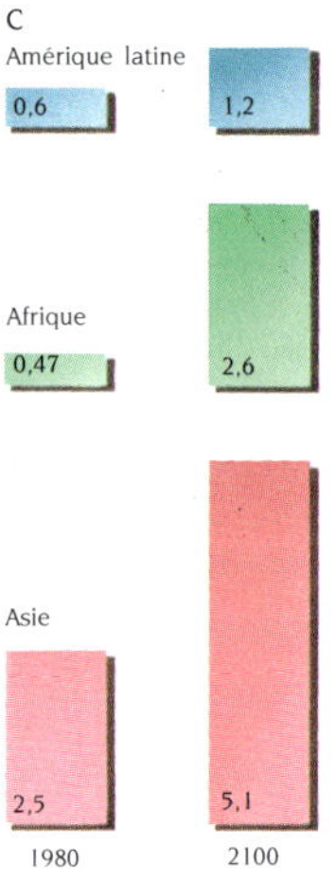

C. **AVANT L'AN 2100**

Chaque continent comportant des pays en voie de développement va subir une considérable croissance démographique : selon une hypothèse moyenne représentée ici, les effectifs seraient doublés en Amérique latine et en Asie, et multipliés par 5,5 en Afrique. Selon une hypothèse haute, laquelle ne peut être écartée a priori, l'Afrique compterait 4,4 milliards d'habitants en 2100, soit autant que l'ensemble du monde en 1980, l'Amérique latine plus de 2 milliards et l'Asie plus de 5 milliards.

A. **QUAND LE TAUX DE MORTALITÉ DIMINUE**

La variation des taux de natalité et de mortalité au cours du XIXe et du XXe siècle montre qu'une baisse progressive et simultanée de ces taux a eu lieu dans les pays développés, d'où la diminution du taux de croissance et la stabilisation des effectifs. À l'opposé, les taux de natalité sont restés inchangés dans les pays en voie de développement, malgré une forte diminution de la mortalité (due aux progrès de la médecine), provoquant l'explosion démographique.

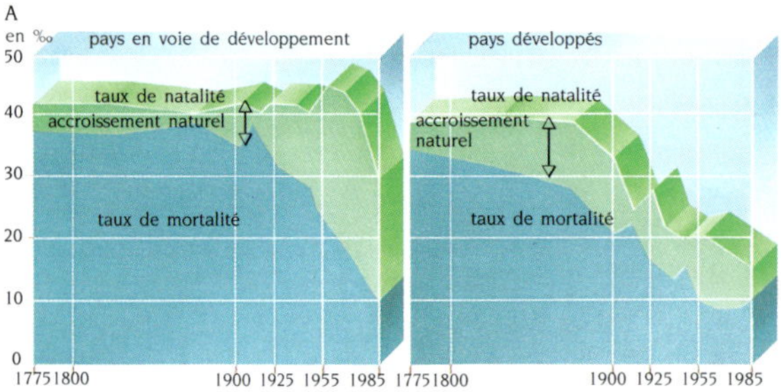

B. **UNE CROISSANCE À DEUX VITESSES**

L'écart démographique entre les pays industrialisés et les pays du tiers-monde est de plus en plus important. Si, en 1980, on comptait 1,13 milliard d'habitants dans les premiers et 3,3 milliards dans les seconds, on en prévoit 1,4 milliard et 8,7 milliards pour l'année 2100.

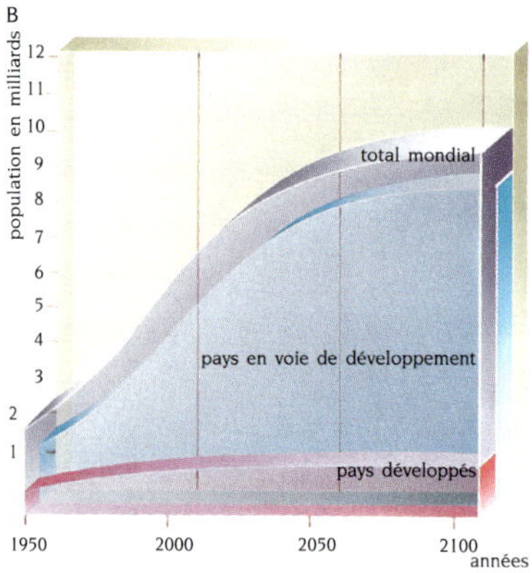

D. **STRUCTURE D'ÂGE DES POPULATIONS**

Un des intérêts de ces pyramides est de montrer la proportion d'individus pouvant être économiquement actifs. Si l'on considère que la classe d'âge capable de travailler est comprise entre 15 et 64 ans, le nombre d'individus actifs paraît plus faible dans les pays du tiers-monde, par suite de la prédominance écrasante des enfants et des adolescents.

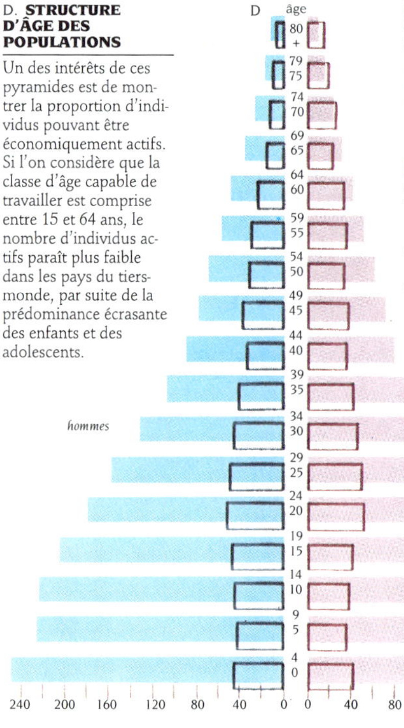

H F Pays développés

Toutes les classes d'âges (jusqu'à 60 ans) comportent un nombre comparable d'individus : la population est stabilisée.

H F Pays en voie de développement

Le nombre de jeunes (47 p. 100 ne sont pas en âge d'être productifs) est très fort : la population est en pleine expansion.

LES RESSOURCES EN SOLS

LA FAIM DANS LE MONDE

UN DÉFI QUASIMENT INSURMONTABLE

■ AU RYTHME ACTUEL de croissance de sa population, soit 1,8 p. 100 par an, l'humanité doublerait ses effectifs entre 1990 et 2030. Un tel accroissement soulève par son ampleur des problèmes agricoles pratiquement impossibles à résoudre : il faudrait que la production agricole double dans le même laps de temps. Elle devrait faire autant de progrès en quantités produites au cours des quatre prochaines décennies qu'elle en a faits en 10 000 ans, depuis ses origines au début du néolithique ! Il s'agit là d'un fantastique défi, si l'on songe qu'un tel progrès de la production agricole permettrait au mieux de maintenir une situation déjà désastreuse ! En effet, les experts estiment que plus de 1,5 milliard d'hommes souffrent déjà de malnutrition, caractérisée en particulier par une carence en protéines animales et, dans certains cas même, par un déficit calorique général. Pis encore : la famine sévit toujours à la surface de la Terre. Ainsi, au cours des années 1980, celle-ci a concerné, en Afrique, jusqu'à 24 États et 150 millions de personnes.

L'ÉTAT DES SOLS

LE PROBLÈME DES TERRES CULTIVABLES

■ À L'HEURE ACTUELLE, toutes les terres fertiles ont déjà été défrichées et, sur les 14,7 millions d'hectares de terres cultivées, une fraction devrait même être abandonnée parce que beaucoup trop sensible à l'érosion. Dans les pays tropicaux, la principale limitation à la culture est due à la sensibilité des sols à la *latéritisation,* qui les rend rapidement incultivables lorsqu'on élimine leur couvert forestier. Ce processus d'altération extrême donne naissance par décomposition totale de toutes les roches alumino-silicatées et ferrifères, à des sols souvent très épais, essentiellement constitués d'oxyhydroxydes d'aluminium et de fer, d'argiles de type kaolin et de quartz résiduel. Ainsi, par suite de la nature de la plupart de ses sols, seulement 3 p. 100 de la surface totale de l'Amazonie pourraient être mis en culture en permanence. Ailleurs, le manque d'eau ou, au contraire, son excès, le relief accidenté ou encore la sensibilité à l'érosion éolienne (par le vent) interdisent tout défrichement. Au total, selon les continents, la surface de terres cultivables sans risques pédologiques varie de 10 p. 100 pour l'Asie centrale et septentrionale à un maximum de 30 p. 100 pour l'Europe.

LES PERTES DE SOLS

LES DIVERSES CAUSES

■ LES CAUSES DE DÉGRADATION des sols sont liées à l'altération de leur structure ou à leur érosion.

La dégradation de structure des sols. Les altérations de nature pédologique, comme la latéritisation, constituent une cause non négligeable de pertes de terres cultivables. La stagnation de l'eau dans les sols mal drainés, leur dégradation par le sel (salinisation) dans les périmètres irrigués en constituent d'autres causes importantes. Au total, la somme des deux phénomènes ferait perdre chaque année 300 000 ha de terres irriguées d'excellente qualité dans le monde. Dans les pays tempérés à climat humide, certaines pratiques sylvicoles conduisent à la *podzolisation* des sols.

L'érosion des sols. On distingue l'*érosion hydrique,* causée par le ruissellement de l'eau sur les sols en pente, et l'*érosion éolienne,* due à l'action du vent sur les terres fragiles mises en culture dans les zones semi-arides.

L'entraînement de la terre par les eaux de ruissellement dépend de l'importance et du rythme des précipitations, de la structure du sol, de sa pente et de sa couverture végétale. Seules les précipitations violentes sont responsables de l'érosion, d'abord parce que la grosseur et la vitesse des gouttes d'eau provoquent un rebondissement de la terre lors de l'impact sur le sol, ensuite parce que le sol est saturé, car la vitesse d'infiltration de l'eau est insuffisante. Des eaux de ruissellement sont ainsi formées et s'écoulent sur le sol avec une vitesse proportionnelle à la pente. À leur passage, elles entraînent la terre vers les parties basses.

L'érosion hydrique est souvent provoquée par de mauvaises pratiques culturales, mais aussi par le défrichement de terres sur de vastes surfaces à pente accentuée. Aux États-Unis, dans l'Iowa, on estime à quelque 40 t/ha/an, dans les cultures de maïs, les pertes de sol par l'érosion hydrique. En France, on observe actuellement des pertes annuelles de sol du même ordre, à la suite de la constitution par *remembrement agricole* de vastes parcelles dans lesquelles les traitements herbicides dénudent entièrement la terre après la récolte de la plante cultivée ! D'autre part, les quantités de terre fine déplacées varient de 10 à 615 t par km^2 et par an.

L'érosion éolienne affecte de vastes surfaces dans les régions steppiques à climat semi-aride. Responsable des fameux *dust bowl* dans les grandes plaines de l'Ouest américain au cours de la période de sécheresse des années 1930, elle s'est manifestée à nouveau au cours de la dernière décennie, à une échelle néanmoins plus limitée. Au Kazakhstan, les steppes défrichées dans les années 1960 sont également en proie à ce phénomène. Alors que 9,5 milliards de tonnes de sol sont emportées chaque année par les phénomènes naturels, l'érosion due à l'homme en détruisait déjà 23 milliards au début de la dernière décennie, soit 2,5 fois plus !

A

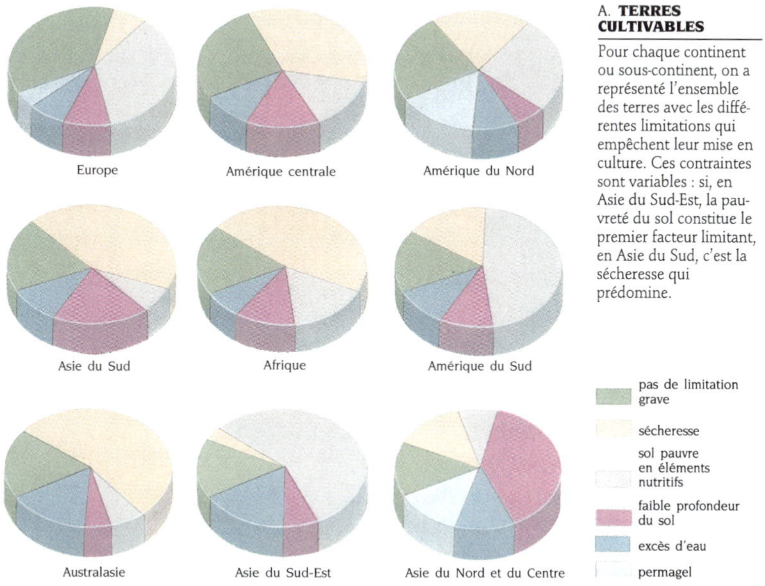

A. **TERRES CULTIVABLES**

Pour chaque continent ou sous-continent, on a représenté l'ensemble des terres avec les différentes limitations qui empêchent leur mise en culture. Ces contraintes sont variables : si, en Asie du Sud-Est, la pauvreté du sol constitue le premier facteur limitant, en Asie du Sud, c'est la sécheresse qui prédomine.

B

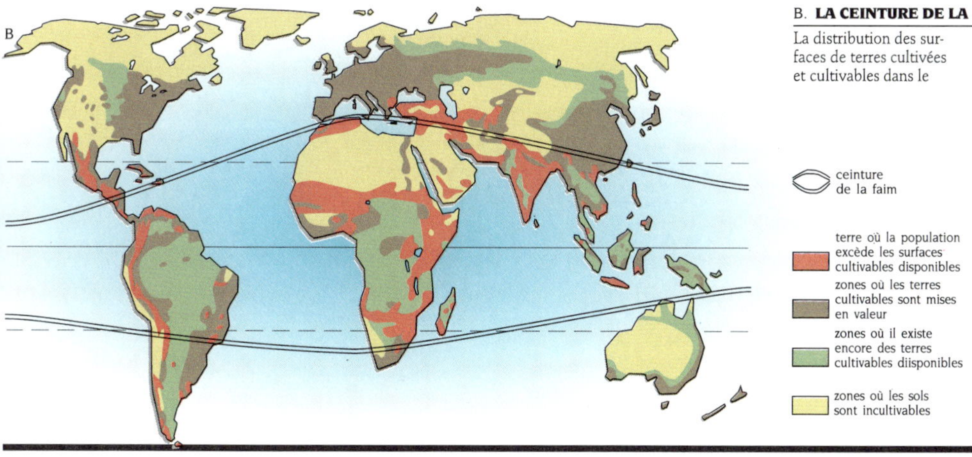

B. **LA CEINTURE DE LA FAIM**

La distribution des surfaces de terres cultivées et cultivables dans le monde fait clairement apparaître une large « ceinture de la faim ». Même dans les zones où il existe encore des terres cultivables disponibles, celles-ci sont en faible quantité. À l'intérieur de cette ceinture de la faim, toutes les régions du monde ne sont pourtant pas logées à la même enseigne : c'est ainsi que, si la production alimentaire par habitant a augmenté en Asie et en Amérique latine depuis le début des années 1960, elle n'a cessé de décroître en Afrique subsaharienne.

LES RESSOURCES EN EAU

LES DISPONIBILITÉS

L'EAU DOUCE DANS LE MONDE

■ L'EAU REPRÉSENTE une des ressources naturelles les plus mal réparties. Elle n'est pas disponible sur la moitié environ des 150 millions de km² de terres émergées, par suite des conditions climatiques extrêmes qui y sévissent (déserts, zones polaires). Dans de nombreuses régions intertropicales, voire tempérées, au climat aride, l'eau manque même en permanence. Les habitants de ces contrées ne disposent que de quantités dérisoires pour leurs besoins domestiques et agricoles. Même là où l'eau existe en abondance, d'autres limitations interviennent, liées à l'inégale répartition des populations. Sur un apport moyen par précipitations sur les continents, évalué à 14 000 km³/an, une fraction importante, de l'ordre de 5 000 km³/an, est indisponible, tout simplement parce que localisée dans des zones inhabitées.

LES UTILISATIONS

L'EAU QUI RESTE DANS LA RÉGION ET L'EAU QUI S'ÉVAPORE

■ IL EST POSSIBLE DE DISTINGUER deux grands types d'usage des eaux continentales. Les premiers, non dissipatifs, sont représentés par la navigation fluviale, ainsi que par les emplois domestiques (consommation courante) et industriels, qui aboutissent au rejet des eaux usées dans le réseau hydrographique régional sous forme d'effluents, plus ou moins pollués. Les seconds se traduisent par une perte partielle des volumes d'eau utilisés, par suite de l'évaporation. Tel est le cas des eaux servant pour le refroidissement des centrales électriques par aéroréfrigérant : une centrale électronucléaire de 1 000 MW peut évaporer jusqu'à 6 m³ d'eau par seconde. Il en est de même de l'irrigation des cultures dans les zones à climat sec, où les déperditions d'eau d'irrigation par évaporation sont aussi très importantes.

LES PROBLÈMES

LA CONSOMMATION AUGMENTE... LES POLLUTIONS AUSSI

■ LES POLLUTIONS CONSTITUENT un facteur primordial de la diminution des quantités d'eau disponibles. En Amérique du Nord, on estimait déjà dans les années 1970 que 90 p. 100 des eaux des fleuves servaient à transporter des déchets solides ou dissous vers la mer...

Dans les pays industrialisés, l'importance de la consommation individuelle fait que l'on ne peut plus toujours répondre simultanément aux besoins des activités domestiques, industrielles et (ou) agricoles. L'exemple des sécheresses de 1989 et 1990, pourtant limitées dans l'espace et dans le temps, montre combien la situation peut devenir sensible, même en Europe occidentale.

Le déficit s'est aggravé du fait que la disponibilité diminuait par suite des pollutions, en même temps que la consommation s'accroissait. Aux États-Unis, la consommation atteignait déjà 6 300 l/j/hab en 1985, non compris les usages hydroélectriques. Si la consommation de la France s'alignait sur ce chiffre, 128 milliards de m³/an lui seraient nécessaires, soit 80 p. 100 du débit de ses fleuves, ce qui serait d'ailleurs impossible à assurer dans l'état de pollution des principaux bassins fluviaux français. Certaines industries consomment des quantités considérables d'eau : 300 tonnes sont nécessaires pour fabriquer une tonne de papier, 600 pour produire une tonne d'engrais ; aux États-Unis, la culture d'un kilogramme de fibre de coton nécessite plus de 17 m³ d'eau.

L'eau souterraine contaminée. L'utilisation croissante de produits chimiques (engrais et pesticides) en agriculture, par les pollutions qu'elle entraîne, équivaut à un gaspillage des ressources en eau. Ces pollutions concernent de plus en plus les nappes phréatiques, qui se trouvent souvent contaminées de façon irréversible à l'échelle d'une vie humaine.

A. **L'AMÉRIQUE MANQUE D'EAU**

Le formidable volume d'eau débité par les chutes du Niagara, à la frontière Canada-États-Unis, donne hélas une fausse impression d'abondance des ressources hydriques sur le continent américain. En réalité, même dans cette région du monde, l'importance des pollutions compromet la disponibilité de la ressource en eau.

A

C. **LE PARTAGE DES EAUX DOUCES SUR LA TERRE**

La comparaison entre les disponibilités en eau douce à la surface du globe et la demande mondiale d'ici à la fin du siècle montre que, sur un apport annuel de 40 000 km³ (14 000 sous forme de précipitations, le reste provenant du débit de crues des fleuves), seulement une dizaine de milliers correspondent à un débit d'équilibre dans des zones habitées. Une fraction importante des ressources est localisée dans des zones inhabitées.

C

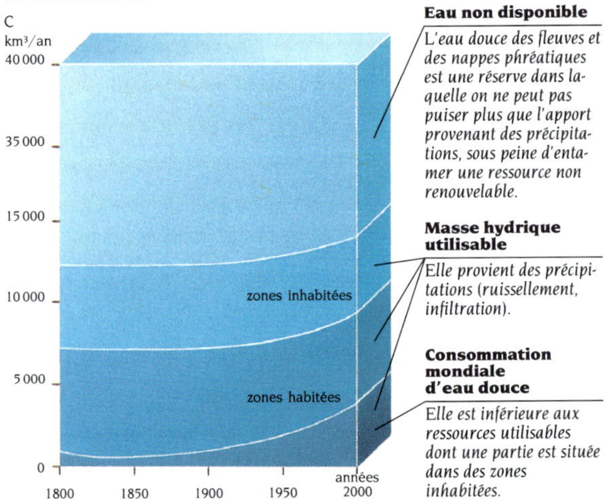

B. **DISTRIBUTION DES APPORTS EN EAU DOUCE**

Seule une petite fraction de l'eau douce du globe (évaluée à 1/4 ou à 1/6 selon les auteurs) est accessible à l'homme. La disponibilité de l'eau en une région donnée dépend des quantités apportées en valeur absolue par les précipitations, mais aussi de celles perdues par évaporation et par évapotranspiration. On constate que la différence entre ces deux valeurs, qui permet d'évaluer la vraie disponibilité de l'eau, en particulier pour l'agriculture, met en évidence un déficit hydrique sur la moitié environ de la surface totale des continents, c'est-à-dire 77 milliards de kilomètres carrés.

B

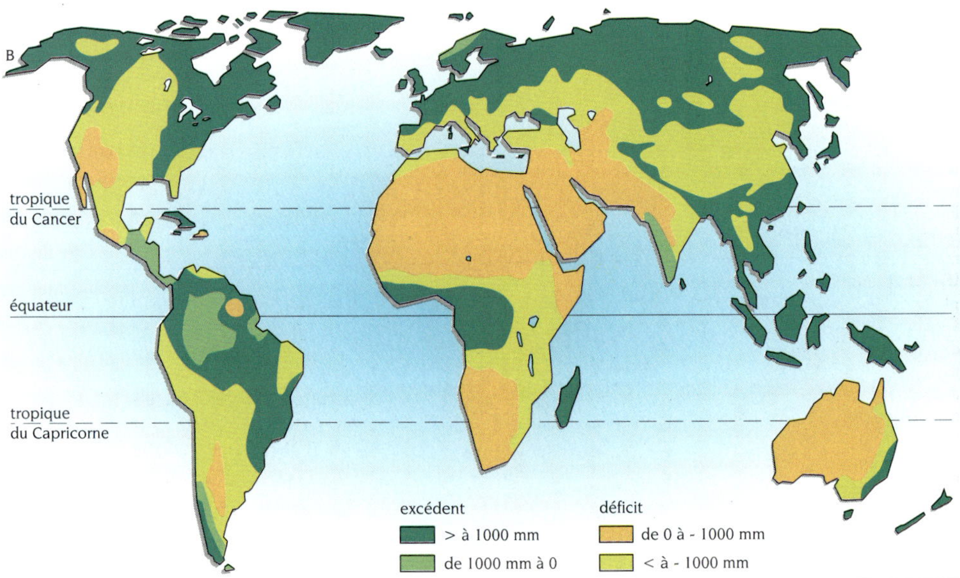

L'ÈRE DE LA RÉCUPÉRATION

Les déchets constituent des indicateurs du fonctionnement de notre société : excreta, surplus de notre consommation, éléments non dégradables, ne servant à rien, encombrants, laids, sales, malsains, malodorants et dangereux quelquefois, ils prolifèrent de manière préoccupante.

A. Chiffonnier dans les années 1930 (Saint-Ouen, France.)

Des déchets en tout genre. Un Français produit en moyenne, par an, 460 kg de déchets dont 360 kg d'ordures ménagères. Pendant la même période, un Américain en produit le double et un Asiatique, en revanche, moins de la moitié.

Les ordures ménagères sont constituées pour 30 p. 100 de papiers, 25 p. 100 de matières organiques, 13 p. 100 de plastiques, 10 p. 100 de verre, 5 p. 100 de métaux, 2 p. 100 de textiles et 15 p. 100 de « divers » (valeurs moyennes pour la France). Le pourcentage des produits recyclables avoisine 30 p. 100 en poids. Cette composition moyenne varie bien évidemment au cours de l'année et même au cours de la semaine, le week-end voyant les matières organiques augmenter, avec un important recul des boîtes de conserve et des emballages plastiques.

En France, les déchets industriels représentent annuellement 150 millions de tonnes, dont 100 millions de déchets inertes tels que gravats et déblais, 32 millions de déchets assimilés aux ordures ménagères et 18 millions de « spéciaux ».

Les déchets hospitaliers forment une classe particulière. On trouve enfin les déchets agricoles, 400 millions de tonnes par an, rassemblant les déjections d'élevage telles que le lisier pour 280 millions, les résidus des cultures et des forêts pour 65 millions et ceux de l'agroalimentaire pour 55 millions.

Les métiers de la récupération

Ces chiffonniers (A), photographiés dans les années 1930, en banlieue parisienne, étaient des artisans de la récupération et des pionniers du recyclage. On appelait chiffonniers tout un ensemble d'individus, depuis celui qui ramassait les chiffons et autres objets dans les rues, le *piqueur* (équipé d'un crochet pour fouiller les poubelles), appelé aussi *coureur* car il allait à pied, jusqu'au *chineur*, qui achetait et revendait, en passant par le *placier* qui, contrairement au piqueur, se voyait attribuer un secteur particulier, qu'il visitait avec une charrette à cheval. À Paris, le nombre des chiffonniers était évalué à 35 000 en 1889. Aujourd'hui, la récupération crée encore des métiers spécialisés.

Un plongeur équipé d'un scaphandre autonome (B) s'apprête à inspecter le bassin de traitement d'une station d'épuration d'eaux usées. De même, on fait descendre des chercheurs, équipés de combinaisons, dans le fond de certains gros dépôts d'ordures ménagères afin de suivre l'évolution de la production de méthane.

B. Plongeur d'une station d'épuration.

Le traitement des déchets. L'ensemble de ces déchets constitue une masse considérable, qui ne fait qu'augmenter d'année en année, avec l'accroissement de la population, le développement du tout-jetable, des emballages et de nouveaux modes alimentaires (comme le surgelé). On peut chiffrer cette augmentation à 18 p. 100 par an, depuis 1973, principalement dans les zones très peuplées. Leur collecte et leur traitement, de plus en plus contraignants, reviennent d'ailleurs très cher aux communes.

Les divers modes de traitement commencent tous par le *ramassage,* qui s'appuie de plus en plus sur le tri sélectif. Le ramassage doit, lui-même, être sélectif. Dans le domaine du traitement proprement dit, la *réception,* la *sélection* et le *prétraitement* des déchets sont soumis à des normes sévères liées en particulier à l'existence, pour chaque installation, d'une grande gamme de produits à traiter, des ordures ménagères aux déchets des industries agricoles.

Le *prétraitement* permet d'obtenir une séparation fine entre les métaux, les verres, les plastiques, les papiers et les produits fermentescibles. Le tout est assorti d'un contrôle d'évaluation des tonnages traités et de la destination finale de ces produits.

L'*incinération* doit répondre à des normes strictes de dépollution des fumées et permettre une bonne récupération énergétique de la part combustible des déchets. Cela réclame des installations d'une certaine puissance avec des fours « polycombustibles », capables d'absorber l'ensemble des déchets ménagers industriels et agricoles à fort pouvoir calorifique. L'énergie ainsi dégagée par l'incinération peut faire l'objet d'une utilisation immédiate ou différée.

Le *compostage* se présente sous deux modes : aérobie (en présence d'oxygène) et anaérobie (sans oxygène). Le premier demande une grande surface de stockage, 25 à 70 jours de traitement avec un apport d'oxygène soit par retournement, soit par insufflation. Des biotechnologies nouvelles permettent de contrôler, d'accélérer ou de retarder la fermentation des produits, de manière à obtenir des composts de qualité. Quant à la « digestion » anaérobie, elle nécessite le mélange de la fraction putrescible avec d'autres substances organiques biodégradables telles que les lisiers ou les matières de vidange. On obtient ainsi un complexe permettant le bon développement de la flore bactérienne anaérobie (ne nécessitant pas d'oxygène). Le « biogaz » produit peut être excédentaire et fournir une source de combustible.

La *mise en décharge* est indispensable pour accueillir les rebuts (stériles ou non) ou la totalité des déchets lorsqu'il n'existe pas d'usine de traitement ou si celle-ci est arrêtée, pour une raison ou pour une autre. Elle se fait dans des centres « de classe II », après une compression ou un broyage. Cette opération nécessite une enquête géologique et écologique préalable, visant à s'assurer l'innocuité de la décharge vis-à-vis de l'environnement, grâce à la présence en sous-sol de couches d'argiles imperméables et à l'absence de périmètre de protection d'eaux potables. Cette mise en décharge concerne actuellement 58 p. 100 des déchets français.

Que faire des déchets ?

De nombreux efforts sont réalisés pour utiliser les déchets, plutôt que de les laisser s'entasser dans les décharges, comme celle-ci (A), qui fait le bonheur des mouettes !

Dans les régions à vignoble (B) [ici en Champagne], les ordures ménagères peuvent être hachées et répandues entre les rangs de vignes : les déchets biodégradables servent d'engrais. Cependant, les ordures non triées contiennent des produits néfastes pour l'environnement (et tout à fait inesthétiques). La nécessité d'un tri et les problèmes liés au volume important des ordures ménagères (et donc aussi à leur coût de transport) ont motivé la politique dite « du tri-sélect », adoptée par la ville de Dunkerque depuis novembre 1990. Le tri est effectué à la source par les habitants qui ont à leur disposition deux poubelles de couleurs différentes. À côté de celle réservée aux matières organiques, verte en général, se trouve la poubelle bleue qui permet le stockage des matériaux recyclables secs (verres, plastiques, etc.) et des autres déchets.

Ces poubelles sont, chacune, vidées séparément dans des bacs de même couleur, collectées séparément et dirigées vers diverses filières dites « de valorisation » (produits recyclables) ou acheminées par camions vers les centres habituels de traitement, dont les capacités ont été soigneusement calculées en fonction des besoins et des normes européennes de dépollution de 1993 (produits non recyclables). Ces opérations se traduisent par une économie substantielle à l'échelle de l'agglomération dunkerquoise. En outre, l'expérience « tri-sélect » diminue la pollution de manière significative (réduction de 1,5, voire 2 fois, de la teneur en chlore dans l'atmosphère et de 50 p. 100 des mâchefers à déposer en décharge). Elle économise l'énergie et permet la récupération des produits triés directement traitables.

A. Vol de mouettes sur une décharge.

B. Déchets répandus dans des vignes (Champagne, France).

Recyclage et récupération. Le recyclage (ou valorisation) remonte très loin dans le temps. La récupération des matières fécales animales pour en faire de l'engrais est une pratique vieille comme le monde agricole. Il y a peu d'années encore, les vidangeurs parisiens allaient à Grenelle ou dans les champs d'épandage d'Achères (rendus célèbres par Alfred Jarry) remiser leurs produits nauséabonds. Toutes sortes de ramasseurs de peaux de lapin, de chineurs ou de récupérateurs de chiffons gras et de porcelaine, de métaux et de verres, de ferrailleurs, de compagnons d'Emmaüs et d'associations caritatives ou écologiques spécialisées peuplaient et peuplent encore les villes et les campagnes. Marginalement s'y ajoutent des artistes, depuis le facteur Cheval jusqu'à César en passant par Jean Dubuffet, Marcel Duchamp et ses *Ready Mades,* la « junk culture » de Bruce Conner et Georges Cohen, les « machines folles » de Heinrich Anton Müller et les milliers d'Américains enfants ou adultes qui installent le long des autoroutes, pour la « Journée de la Terre », des sculptures en boîtes de conserve.

La valorisation des déchets peut prendre la forme d'une production d'objets nouveaux, d'une réutilisation, après traitement, d'objets anciens ou d'un retour aux éléments de base comme pour le verre ou la pâte à papier. Ce recyclage reste synonyme d'économie de matières premières, de défense de l'environnement, de prévention en matière de pollutions, de réduction des consommations et de création d'emplois. Il signifie aussi économie tout court, l'aluminium recyclé requérant deux fois moins d'énergie que celui provenant de la première fusion.

La récupération qui est actuellement organisée pour un grand nombre de matériaux porte sur 30 à 35 p. 100 environ des approvisionnements en matières premières non énergétiques. Elle permet de réaliser des économies de devises. Évidemment, suivant les années et même les mois, les quantités récupérées varient en tonnage et en type de produits. Cela a été le cas, il y a quelque temps, pour le papier, qui a enregistré une baisse de demande de la part des récupérateurs. On peut dire que, bon an mal an, 45,7 p. 100 du papier, 28 p. 100 du verre, 1 p. 100 des plastiques, 38 p. 100 des ferrailles, 24,5 p. 100 du zinc, 28 p. 100 du cuivre, 61 p. 100 du plomb et 30 p. 100 de l'aluminium sont récupérés en France.

Pour être efficace, cette récupération demande, de la part du citoyen, un minimum d'attention (ne pas mélanger, par exemple, le papier et le carton, les verres verts et les verres bruns) et, de la part de l'industrie, une volonté et la mise au point de procédés techniques performants et adaptés.

La récupération est très sensible aux fluctuations des cours mondiaux des matières premières. Par ailleurs, de nombreux freins techniques, économiques et psychologiques subsistent encore, les méthodes de recyclage sont à améliorer et les produits qui en sont issus ne jouissent pas toujours d'une bonne « image de marque » auprès des consommateurs.

Les déchets et la loi. La loi agit en modifiant les procédés de fabrication et les modes de consommation afin de réduire, à la source, la production des déchets. Elle favorise la valorisation des déchets et l'élimination, dans des conditions satisfaisantes pour l'environnement, des produits non récupérables. Elle rend enfin chaque producteur de déchets, citoyen ou industriel, responsable, en instituant, comme dans le cas d'eau, le principe du pollueur-payeur. Elle attribue aux

D. Récupération du verre.

Surproduction et récupération

Les excédents agricoles (C) finissent souvent, comme ces pommes, dans des décharges à ciel ouvert, faute d'être recyclés ou redistribués.

À l'opposé, la récupération d'un matériau industriel, comme le verre (D), est plus simple, car il s'agit d'un produit inerte, facile à stériliser, réutilisable, résistant, idéal pour les liquides et dont le seul défaut est d'être indestructible lorsqu'il est jeté ou mélangé à d'autres déchets. En France, on récupère par an 530 000 tonnes de verre dont 380 000 tonnes de verre ménager. On réutilise pendant le même temps 100 millions de bouteilles et 498 000 tonnes de calcin, verre brisé (photo ci-contre) revendu aux verriers pour être refondu dans les fours, soit un taux de 15 p. 100, ce qui est relativement intéressant. Une tonne de verre recyclé en calcin permet d'économiser 80 kg de pétrole et une tonne de verre réemployé (bouteilles), près de 300 kg ! Cette dernière solution a un grand avenir devant elle.

C. Décharge de pommes.

communes la charge de l'élimination des déchets ménagers. Enfin, elle permet, par la mise en place d'accords contractuels adaptés à chaque branche industrielle, l'élaboration de moyens modernes de recyclage et d'élimination. Au niveau européen, les législations sont coordonnées et vont dans le sens d'une meilleure défense de l'environnement.

Les déchets en prospective. La quantité de déchets est appelée à augmenter. Les moyens techniques tendant à se perfectionner, on pourrait croire que tout est gagné. Or, il n'en est rien. On néglige par trop une des solutions aux problèmes : la mise sur le marché d'« écoproduits », matériaux prêts au recyclage ou ne produisant pas ou peu de déchets. Dans l'Europe du Nord et au Canada, il en existe déjà sur le marché qui sont d'ailleurs très populaires. On peut aussi songer à l'utilisation de produits biodégradables comme certains plastiques. Mais cela demande une discipline extrêmement stricte de rangement et de surveillance des dates de péremption de la part des consommateurs qui n'est hélas pas encore entrée dans les mœurs de beaucoup de nos contemporains.

Une autre solution serait de moins consommer, surtout de limiter les produits inutiles et les emballages excessifs. La mode du tout-jetable, du rasoir à l'appareil photo (et pourquoi pas la voiture ?) ne va pas, on peut le déplorer, dans ce sens.

A. Sculptures de boîtes de conserve (Washington DC, États-Unis.)

Le recyclage – à condition d'être bien conduit tant dans le domaine scientifique, technique que sociologique, avec une formation adéquate à la clé – doit aussi constituer un des objectifs d'une politique des déchets. C'est là tout un domaine dont beaucoup de secteurs demeurent encore inexplorés tant en matière de recherche que de technologie de pointe. Cependant, des efforts sont faits pour améliorer les performances industrielles en matière de papiers, de verre, de métaux, et même de plastiques.

On peut citer à cet égard l'utilisation, pour maintenir le compost de vigne, de rognures de bouteilles plastiques dégradables au soleil ou le recours à ces mêmes plastiques incorporés à du béton dans le revêtement de certaines pistes d'atterrissage d'aéroports internationaux.

On invente maintenant de nouveaux procédés de destruction, comme les fours à pyrolyse, qui dégradent les ordures hospitalières tout en assurant une destruction des virus et des bactéries. Le tri à la source fait aussi partie de ces progrès technologiques riches en promesses car il diminue le volume des ordures et augmente les possibilités de recyclage. La mise en place de bennes spécifiques permet aux habitants d'un quartier de déposer les produits à recycler, depuis le papier et le verre jusqu'aux huiles usagées et aux piles au mercure. Ainsi, le traitement des déchets devrait progresser à grands pas. L'inconvénient de ces bennes spécifiques est que, par manque de civisme des usagers, elles ont tendance à devenir des dépôts clandestins d'ordures ménagères.

Le développement de la recherche, tant fondamentale qu'appliquée, représente aussi l'un des volets de cette action prospective, qui intéresse le cycle des matériaux et des produits de consommation, ainsi que les méthodes de recyclage et de traitement. On peut citer, parmi les nombreux projets, l'étude du processus de méthanisation, en particulier dans les dépôts d'ordures, la réduction des emballages et leur biodégradabilité, la pyrolyse, l'élimination des métaux lourds et l'étude de nouveaux types de « géomembranes » pour l'étanchéité des dépôts toxiques. □

Une nécessité vitale

Dans les pays occidentaux, les ordures ménagères peuvent constituer un moyen insolite d'expression artistique, ici une sculpture faite de boîtes de conserve à Washington (A).
En revanche, la récupération, quand elle devient une nécessité vitale, fait l'objet de pratiques sauvages dans certaines régions moins favorisées, comme ici à Manille (B). Ces populations sont réduites à un système social particulier dit « de la ville de l'ordure », un véritable régime féodal. La vie se passe intégralement sur la décharge, où les individus recréent, dans le plus grand méli-mélo, l'église, les cafés, la supérette. Endettés et menacés par la mort à quarante ans, ils sont chargés d'alimenter des filières artisanales de recyclage. Quelquefois, ils sont directement soumis à l'exploitation de filières internationales.

B. Décharge à Manille (Philippines.)

LES RESSOURCES MINIÈRES

L'EXPLOITATION DES RÉSERVES

LES MATIÈRES PREMIÈRES MINÉRALES

La civilisation industrielle utilise des quantités croissantes de minéraux ainsi que de divers métaux et autres corps simples. Parmi ces deux dernières catégories, la consommation s'est particulièrement accrue en métaux inoxydables (chrome, molybdène, vanadium, par exemple), non ferreux (cuivre, aluminium, titane), précieux (or, argent, palladium, platine), mais aussi en bien d'autres ressources minières dont les applications sont diversifiées.

D'autres éléments, curiosités de laboratoire il y a à peine quarante ans, ont connu des applications importantes, en électronique par exemple. Tel est le cas du silicium, extrêmement abondant dans la lithosphère, mais aussi du gallium et de divers métaux des terres rares (europium, yttrium ou encore néodyme), aux gisements peu répandus. Il en est de même pour divers minéraux tels les phosphates, voire la potasse, indispensables en tant qu'engrais pour l'agriculture industrielle.

Par suite de la demande croissante en métaux et autres ressources minérales, il a fallu exploiter des minerais à teneur de plus en plus faible. À titre d'exemple, pour un métal d'usage aussi courant que le cuivre, la teneur moyenne des minerais exploités est actuellement inférieure à 0,5 p. 100. Cela conduit les compagnies minières à prospecter les régions les plus reculées de la planète. Certains envisagent même de mettre en valeur des gisements antarctiques, pourtant protégés par un traité international.

LE GASPILLAGE

DES UTILISATIONS QUI NE PERMETTENT PAS LA RÉCUPÉRATION

■ Dans de nombreuses applications, des métaux parfois peu abondants dans la lithosphère sont employés sans possibilité de recupération. Ce fait est d'autant plus préoccupant que ces usages sont bien souvent responsables d'une pollution diffuse de l'environnement par des éléments très toxiques. À ce titre, la pollution des milieux naturels est bien souvent le résultat du rejet dans l'air, dans les sols et dans les eaux de ressources minérales irremplaçables.

L'abandon dans l'environnement d'emballages métalliques, souvent en aluminium, représente en outre un gaspillage de matière première et d'énergie (nécessaire à l'obtention du métal). Ces pertes s'accompagnent en outre de pertes en fluor, dont les réserves mondiales s'amenuisent fortement. (Le fluor est utilisé dans la métallurgie de l'aluminium, à raison d'environ 10 kg par tonne d'aluminium.)

Les prospectives mondiales indiquent que, pour toute une série d'éléments indispensables à l'industrie moderne, les réserves actuellement exploitées ne permettront de couvrir les besoins que pendant deux à trois décennies. Tel est le cas du fluor, de l'étain, du zinc, du nickel et de quelques autres métaux non ferreux. Ainsi, en 1976, selon l'US Bureau of Mines, le rapport entre les réserves récupérables et la demande cumulée estimée du dernier quart du XXe s., était de 17 pour le niobium, de 9,5 pour le chrome, de 5,8 pour l'aluminium, de 5,1 pour le fer, mais seulement de 1,6 pour le cuivre et de 0,8 pour le zinc. Toutefois, les réserves disponibles sont heureusement plus importantes. Mais leur exploitation exige des quantités d'autant plus grandes d'énergie qu'elles correspondent à des gisements moins concentrés.

En fait, la durée utile des réserves disponibles serait considérablement prolongée par l'interdiction des usages uniques, c'est-à-dire sans récupération (comme cela a été fait pour l'emploi du plomb dans les essences), et par la systématisation du recyclage, ce qui économiserait du même coup de l'énergie.

LES FLEUVES ONT DES REFLETS D'ARGENT

Le cas de l'argent illustre parfaitement le problème de l'épuisement des ressources minérales. Le risque d'épuisement est lié au gaspillage de ces ressources, qui sont dispersées après usage, au lieu d'être récupérées. L'argent, métal rare et donc cher, est principalement utilisé par les industries photographique (50 p. 100 des usages) et électrotechnique.

Depuis plusieurs années, la consommation mondiale excède la production (qui est d'environ 12 000 t/an). La quantité d'argent manquante provient de la démonétarisation des stocks des pays dont les pièces de monnaie sont en ce métal (cela représente plus de 100 000 t pour l'Inde, par exemple).

Une partie significative de l'argent consommé est perdue dans les eaux d'évacuation, par les usages industriels (photographie, par exemple). Cet argent, gaspillé en tant que ressource, se retrouve dans les fleuves, où il pose de sérieux problèmes de pollution : extrêmement toxiques, les sels d'argent inhibent l'activité des bactéries des stations d'épuration. Ces pratiques sont d'autant plus déplorables que l'argent est en fait recyclable à l'infini.

A

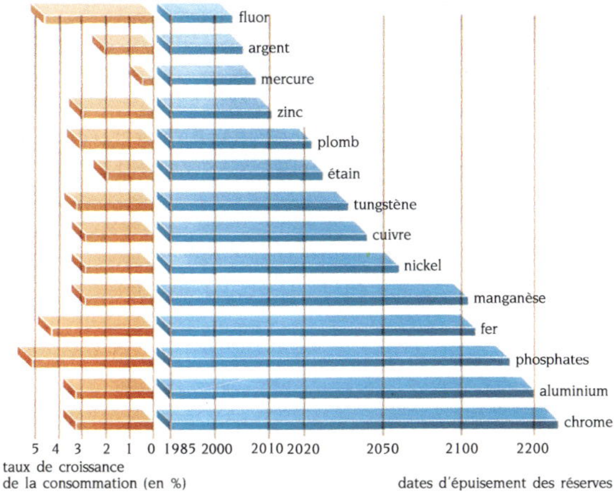

A. **L'ÉPUISEMENT DES RÉSERVES**

Les réserves correspondent à des ressources connues économiquement exploitables. Ce diagramme représente les principaux métaux et minéraux d'usage essentiel dans la civilisation moderne. Pour chacun est figuré, à gauche, le taux de croissance de la consommation au début de la dernière décennie et, à droite, la date d'épuisement des réserves sur la base de la consommation actuelle.

B

B. **TOUJOURS PLUS...**

L'épuisement des gisements riches contraint à se tourner vers des minerais de moins en moins concentrés, ce qui implique en contrepartie l'extraction de masses de minerai de plus en plus considérables. En conséquence, l'exploitation de galeries de mine, concevable pour des gisements riches, n'est plus rentable quand les concentrations deviennent trop faibles, d'où le développement privilégié, au cours des dernières décennies, des exploitations à ciel ouvert, comme cette mine de cuivre au Zaïre. Ces mines permettent d'utiliser des moyens lourds (bulldozers...) pour dégager de grandes quantités de minerai.

L'ÉNERGIE

Au cours de l'histoire de l'humanité, les progrès technologiques ont marqué la maîtrise de sources d'énergie de plus en plus concentrées. L'accroissement incessant de la consommation d'énergie a commencé à poser, dans les années 1970, le problème des limites de l'expansion industrielle lié à l'épuisement des ressources.

En effet, la civilisation industrielle a fondé son développement sur l'utilisation des combustibles fossiles, non renouvelables, donc épuisables, et particulièrement sur la ressource énergétique à la fois la plus rare et la plus mal répartie géographiquement : le pétrole.

LES COMBUSTIBLES FOSSILES

CHARBON, PÉTROLE ET GAZ NATUREL

■ Le pétrole demeure toujours la première source d'énergie. Sa consommation est passée de 400 millions de tonnes en 1945 à 2,8 milliards de tonnes en 1973, date du premier « choc » pétrolier et à 3,14 milliards de tonnes en 1991. L'épuisement progressif des gisements conduit à rechercher le pétrole « offshore » (en mer) et situé à des profondeurs de plus en plus grandes. Les limites économiques d'une exploitation (coût d'extraction trop important par rapport au rendement) apparaissent en réalité bien avant les limites physiques (début de l'épuisement de la nappe de pétrole).

Le cycle de production. La théorie du cycle de production d'un combustible permet de prévoir les dates d'épuisement (au sens économique du terme) d'une ressource. On appelle Q infini (Q∞) la quantité totale d'un combustible fossile présente dans l'écorce terrestre. Elle est égale à la surface d'une courbe en cloche (courbe de Gauss) représentant le cycle de production en fonction du temps. L'*ère utile* de ce combustible (ou d'un seul gisement de ce dernier) commence quand 10 p. 100 des réserves ont été extraites et finit quand il n'en reste plus que 10 p. 100 dans l'écorce terrestre. Comme la courbe de l'extraction des réserves dans le temps est exactement superposable à celle des découvertes qui la précèdent, décalée d'un intervalle de temps constant, il est possible de prévoir – connaissant l'évolution de la courbe des découvertes – la courbe de l'épuisement de la ressource considérée.

A

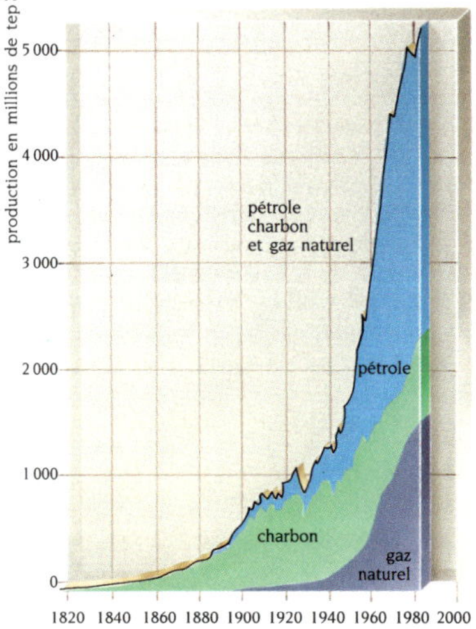

A. **UNE CONSOMMATION EFFRÉNÉE**

La consommation mondiale d'énergie depuis le début du XIXe siècle s'est accrue d'une manière plus qu'exponentielle jusqu'à la fin des années 1970. Sont figurées ici les consommations de gaz naturel, de charbon et de pétrole. La courbe noire représente la somme de la consommation par an de ces divers combustibles fossiles. À ce rythme, les ressources pétrolières auront disparu d'ici à 2050.

B

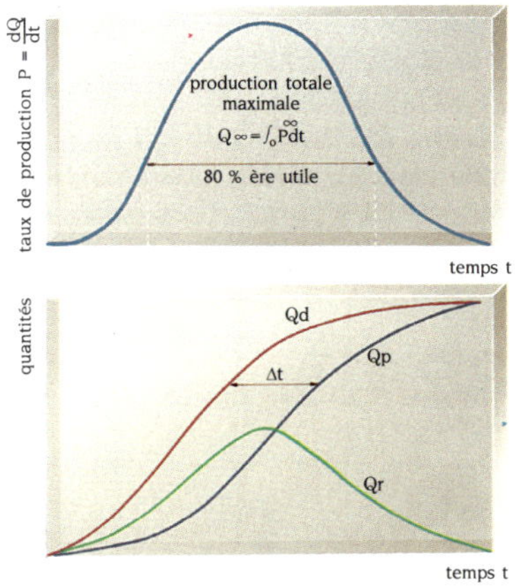

B. **CYCLE DE PRODUCTION D'UN COMBUSTIBLE FOSSILE**

Sont figurées ici la variation des quantités produites du début à la fin de l'extraction des réserves ainsi que la production et la quantité totale de réserves existantes. Sur le graphe du haut, la surface entre la courbe et l'axe des abscisses permet de mesurer le Q∞, quantité totale des réserves du combustible existant dans la lithosphère. L'ère utile du combustible s'écoule entre 10 p. 100 et 90 p. 100 de la production, elle correspond ainsi aux 80 p. 100 de la courbe. Les courbes du bas représentent les fluctuations dans le temps des quantités totales découvertes (Qd), extraites (Qp), ainsi que de celles en réserve (Qr). On remarque un décalage de temps (Dt) entre les courbes Qd et Qp. À partir du moment où l'on connaît l'aspect des courbes jusqu'à leur point d'inflexion et l'intervalle de temps les séparant, on peut calculer l'ère utile.

C

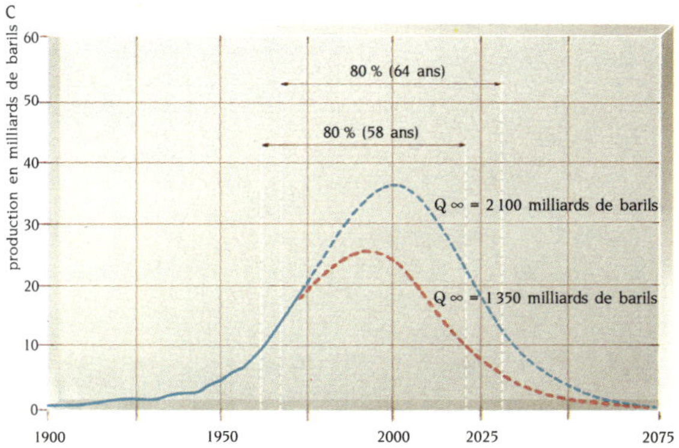

C. **CYCLE DE PRODUCTION DU PÉTROLE MONDIAL**

Cette figure comporte deux courbes, fondées sur les estimations minimales et maximales du Q∞. On constate sur ce diagramme que, même dans le cas le plus favorable (400 milliards de tonnes de pétrole « conventionnel »), la durée de l'ère utile serait de l'ordre de 65 ans, s'étendant à peine entre 1970 et 2035.

L'épuisement des combustibles. On a pu estimer le Q∞ du pétrole, du charbon et du gaz naturel. Il s'agit là non pas des seules *réserves connues* de ces combustibles, mais des *réserves totales* réellement existantes dont une fraction importante reste encore à découvrir. En outre, en se fondant sur diverses prévisions des taux de consommation futurs, on a pu établir une estimation des dates d'épuisement des principaux combustibles fossiles.

Dans le cas du pétrole, les réserves actuelles prouvées sont de l'ordre de 130 milliards de tonnes, alors que les réserves totales réelles avoisineraient les 400 milliards de tonnes. Il apparaît ainsi que l'*ère utile* du pétrole durerait moins de un siècle sur les bases de sa consommation passée ; la fin du pétrole comme combustible majeur se situerait probablement entre 2025 et 2050, selon l'évolution de sa consommation au cours des prochaines décennies.

Les réserves prouvées de gaz naturel sont aujourd'hui estimées à 100 milliards de tonnes d'équivalent pétrole. Les réserves de charbon seraient de 12 600 milliards de tonnes d'équivalent pétrole.

Quel avenir ? L'*ère utile* du charbon durera beaucoup plus longtemps que celle des autres combustibles fossiles. On estime que, avec une croissance de la consommation de 2,8 p. 100 par an, celle-ci s'étendrait sur 500 ans entre 2000 et 2500 de notre ère.

Ces diverses prévisions montrent, en définitive, que la crise énergétique n'est pas pour demain. Le charbon et l'énergie nucléaire viendront prendre le relais du pétrole et du gaz naturel.

Il est cependant fortement à craindre, si l'on ne développe pas l'usage d'énergies « propres », que la pollution de l'air provoquée par l'utilisation de la houille conduise à une catastrophe écologique planétaire avant l'épuisement de cette ressource !

RÉSERVES DE GAZ NATUREL EN MILLIARDS DE M³

1970		1988	
U.R.S.S.	9 118	U.R.S.S.	41 060
États-Unis	7 790	Iran	13 858
Algérie	4 106	États-Unis	5 287
Iran	3 030	Abū Ẓabī	5 196
Pays-Bas	2 422	Qaṭar	4 437
Canada	1 471	Arabie Saoudite	4 136
Arabie Saoudite	1 294	Norvège	3 000
Koweït	1 133	Algérie	2 999
Venezuela	750	Canada	2 775
Mexique	340	Venezuela	2 690
Abū Ẓabī	248	Nigeria	2 379
Qaṭar	205	Mexique	2 167
Nigeria	142	Indonésie	2 067
Indonésie	78	Pays-Bas	1 815
Total mondial	37 125	Total mondial	107 661

RÉSERVES DE PÉTROLE EN MILLIONS DE TONNES

1970		1988	
Arabie Saoudite	19 987	Arabie Saoudite	23 136
Koweït	10 164	Iraq	13 643
Iran	7 500	Koweït	12 895
U.R.S.S.	6 139	Iran	12 667
États-Unis	5 280	Abū Ẓabī	12 579
Libye	4 775	U.R.S.S.	8 049
Iraq	3 756	Venezuela	7 913
Abū Ẓabī	2 182	Mexique	6 532
Chine	2 045	États-Unis	3 447
Venezuela	2 012	Libye	3 111
Indonésie	1 228	Chine	2 510
Algérie	1 091	Nigeria	2 180
Mexique	829	Norvège	2 019
Nigeria	682	Algérie	1 160
Total mondial	73 638	Total mondial	121 546

D'UNE MANIÈRE discrète ou sensationnelle, la production énergétique fait régulièrement la manchette des journaux, que ce soit pour évoquer les menaces d'épuisement des stocks des combustibles fossiles ou pour stigmatiser les conséquences néfastes que leur exploitation fait planer sur l'environnement. Le risque de pénurie existe-t-il vraiment ? Comment gérer l'énergie et les nuisances liées à sa consommation ?

L'ORIGINE DES ÉNERGIES FOSSILES

DE LA MATIÈRE ORGANIQUE TRANSFORMÉE

■ LE CHARBON, le pétrole, le gaz naturel se sont constitués il y a plusieurs centaines de millions d'années, à partir de l'ère primaire. Leur formation est liée à l'abondance, à cette époque, de matière organique animale ou végétale, à la présence de sites et d'eau nécessaires au piégeage, à l'accumulation et à la décomposition de la matière organique et à une durée de temps suffisant à cette transformation...

Les gisements de pétrole et de gaz naturel (hydrocarbures) ont une origine essentiellement marine (plancton de l'océan, des lagunes et des deltas). Le charbon provient de végétaux terrestres ou d'eau douce.

Sous l'effet des sédiments qui s'accumulaient, les gisements se sont enfouis dans le sous-sol en se compactant. L'action de la pression, de la température et des micro-organismes a provoqué la transformation des grosses molécules organiques en molécules plus petites et dépourvues d'oxygène (hydrocarbures). Les charbons se sont également appauvris en hydrogène (la houille comporte de 60 à 90 p. 100 de charbon pur, l'anthracite de 90 à 95 p. 100).

Les conditions particulières de leur formation font à la fois la faiblesse et la grandeur des combustibles fossiles. Faiblesse, car il est exclu que ces conditions soient un jour de nouveau réunies. Grandeur, car cette énergie stockée est transportable, fractionnable, utilisable en permanence et avec souplesse.

Les combustibles fossiles sont extraits sur des sites localisés : en mine souterraine ou à ciel ouvert (pour moitié) pour le charbon, par des forages pour le pétrole ou le gaz. Les puits de mines, les terrils, les découvertes, les derricks, les plates-formes offshore font partie des installations d'extraction.

Le charbon, le gaz et le pétrole subissent des traitements qui dépendent de leurs qualités respectives, distinguées le plus souvent par leur pouvoir calorifique. Après nettoyage des impuretés, calibrage (charbons), raffinage (pétrole)..., les matériaux sont transportés sur les lieux de consommation par minéraliers, pétroliers ou méthaniers, ou amenés par oléoducs ou gazoducs, voire carboducs...

L'état des stocks. Au début des années 1990, la consommation énergétique mondiale repose encore, à plus de 80 p. 100, sur les combustibles fossiles : le charbon, le pétrole et le gaz naturel.

Les gisements actuellement connus constituent les réserves « prouvées », d'environ 130 milliards de tonnes pour le pétrole ; pour le gaz, de 107 000 milliards de m^3 ; pour le charbon, de 625 milliards de tonnes. Les ressources réelles sont, quant à elles, probablement largement supérieures : certains gisements sont actuellement jugés non rentables, mais pourraient le devenir en cas de raréfaction de l'énergie. Enfin, d'autres gisements sont mal inventoriés, rendant les estimations difficiles.

Cependant, la découverte de nouveaux gisements, le développement de nouvelles techniques d'extraction n'évacuent pas cette réalité : l'exploitation toujours plus importante des combustibles fossiles. Depuis le début de l'ère industrielle, 83 milliards de tonnes de pétrole ont été exploitées, dont 45 milliards depuis 1973.

NUCLÉAIRE ET GÉOTHERMIE

Comme les combustibles fossiles, les énergies nucléaire et géothermique (« basse énergie ») ne sont pas renouvelables. La première repose sur l'uranium, dont les réserves sont de l'ordre de 3 880 000 tonnes, tandis que les besoins mondiaux sont de l'ordre de 40 000 tonnes par an. L'énergie nucléaire permet de produire de l'électricité, actuellement à concurrence de 4 p. 100 de la consommation énergétique mondiale.

Au fur et à mesure qu'on s'enfonce sous terre, la température s'élève d'environ 3 °C tous les 100 mètres. La géothermie « basse énergie » recueille une eau « tiède » (jusqu'à 80 °C), qui ne permet pas de produire d'électricité, mais sert pour chauffer des logements. Cette eau, après avoir cédé sa chaleur, ne se réchauffe que très lentement. Dans ce cas, si l'exploitation est intensive, la température de la nappe s'abaisse au fur et à mesure que lui est restituée l'eau refroidie. En revanche, dans les régions volcaniques, la chaleur (« haute énergie ») est à la fois plus importante et renouvelable (à partir d'aquifères d'une température comprise entre 150 et 400 °C, on recueille de la vapeur d'eau, qui permet, par des turbines, la production d'électricité).

A

A. **PLATE-FORME DE FORAGE EN MER DU NORD**

Mise en valeur de gisements sous-marins ou en zones polaires difficilement accessibles, extraction et traitement de combustibles moins rentables, comme les schistes bitumineux ou les sables asphaltiques..., le développement de nouvelles techniques et des investissements importants permettent à l'ère des énergies fossiles de se prolonger durablement.

B

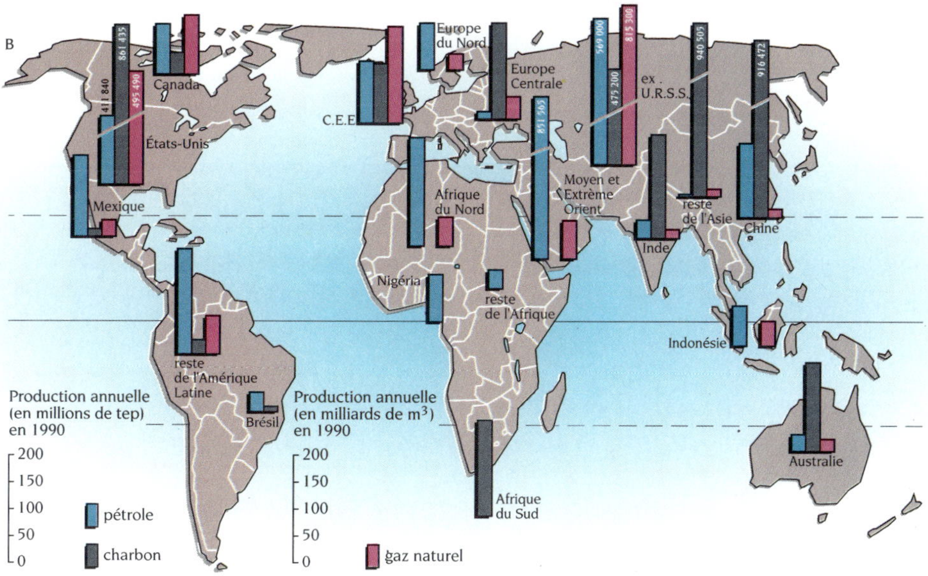

B. **RESSOURCES INÉGALEMENT RÉPARTIES**

Liés à des conditions géologiques particulières, les gisements d'énergies fossiles ne sont pas également répartis dans le monde... Par ailleurs, les pays les plus énergivores ne sont pas détenteurs des gisements les plus importants, ce qui est l'occasion de tensions géostratégiques toujours renouvelées. Dans les conflits du monde contemporain, l'accès aux ressources énergétiques est omniprésent : en 1920, déjà, le traité de Versailles stipulait que, pendant 15 ans, le charbon de la Sarre devenait propriété française.

L'ÉNERGIE

LA CONSOMMATION D'ÉNERGIE

PRÉVOIR POUR OPTIMISER

■ QUELS SERONT nos besoins en énergie en 2020, 2100 ? Quelles seront les disponibilités ? Répondre à ces questions est l'exercice, difficile, auquel se livrent les spécialistes de prospective énergétique. Leurs travaux reposent surtout sur des hypothèses d'évolution de la démographie et de la croissance économique.

La croissance économique est elle-même dépendante de la disponibilité en énergie : l'état des réserves accessibles ou potentielles, les difficultés de l'extraction, l'éventualité de tensions internationales, la politique tarifaire des pays producteurs ou importateurs doivent être précisément évalués et suivis.

Plus en aval, les restructurations industrielles, les innovations technologiques susceptibles d'apporter une amélioration du rendement énergétique, les habitudes des consommateurs individuels font également l'objet de pronostics.

Pour éviter les pénuries comme les phases de surproduction, les investisseurs ont besoin de l'ensemble de ces données, car le lancement d'une tranche de programme nucléaire, par exemple, ou encore le développement de technologies mettent plusieurs décennies à produire des effets. Les prévisions ont une grande utilité, en dépit du fait qu'un événement imprévu (une guerre dans une zone de production stratégique, un grave accident nucléaire) peut suffire à les remettre en cause.

Le coût énergétique. La société industrialisée est vorace en énergie. Toutes les activités économiques sont profondément conditionnées par sa disponibilité : les activités industrielles (la production d'une tonne d'aluminium nécessite 2,8 tonnes d'équivalent pétrole, ou tep), les besoins domestiques (un ménage consomme annuellement 2,2 tep pour son chauffage, son eau chaude, son éclairage, le fonctionnement des appareils ménagers), les transports (la consommation d'une personne sur 1 000 km est de 0,02 tep pour le train, de 0,045 tep pour l'automobile, de 0,09 tep pour l'avion). L'agriculture moderne connaît la même dépendance : pour chaque hectare cultivé, près de 1 tep est dépensée pour les combustibles, les tracteurs et autres machines, la production d'adjuvants, le pompage d'eau pour l'irrigation...

La croissance de la consommation. À l'époque préindustrielle, la consommation énergétique annuelle mondiale était de l'ordre de 30 millions de tep, elle était de 520 millions en 1900 et de 1 800 millions au début des années 1950. Le taux annuel de croissance des besoins énergétiques était de 2 p. 100 par an en 1850 et de 7,5 p. 100 au début des années 1970. Cette augmentation a toutefois tendance à s'accélérer au fur et à mesure qu'un plus grand nombre d'individus accède au développement. Car il existe de profondes disparités entre les continents, les pays, voire les régions. Si la consommation moyenne mondiale par habitant est de 1,6 tep par an, les Européens ou les Japonais en consomment 6 et les Nord-Américains 8. Cet écart a des manifestations sensibles : pour chaque hectare cultivé, on estime qu'un agriculteur européen consomme 25 fois plus d'énergie qu'un Africain (pour des rendements quatre fois supérieurs).

Face à ces besoins énergétiques toujours croissants, les énergies les plus communément utilisées (combustibles fossiles) ne se révèlent disponibles qu'en quantité limitée et provoquent des dommages écologiques appréciables (pollutions, accroissement de l'effet de serre).

A

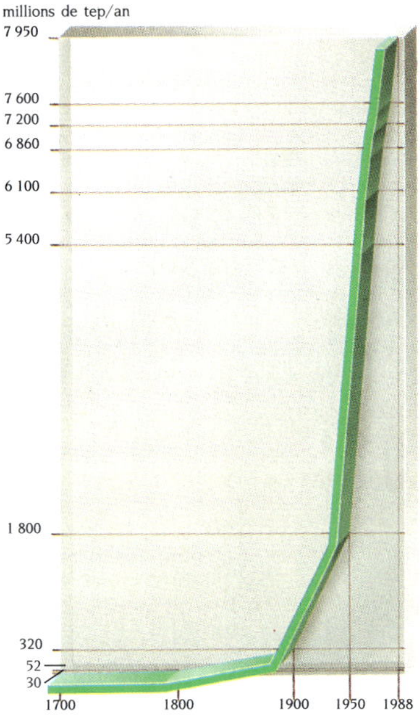

A. **UNE CROISSANCE INFLATIONNISTE...**

Cette courbe indique l'évolution de la consommation mondiale d'énergie, toutes ressources confondues, depuis le XVIIIe siècle. Si cette consommation s'est faite pendant plusieurs millénaires à partir de sources renouvelables (végétaux, animaux, énergie hydraulique), l'ère industrielle a pu démarrer grâce aux stocks d'énergies fossiles non renouvelables.

B. **RESSOURCES ET MODES D'UTILISATION**

Sur ce schéma des flux mondiaux d'énergie, l'énergie nucléaire est très marginale et les énergies fossiles, non renouvelables, sont largement prépondérantes devant l'énergie hydraulique et les « autres » énergies (solaire, éolienne, animale et végétale), renouvelables.

B

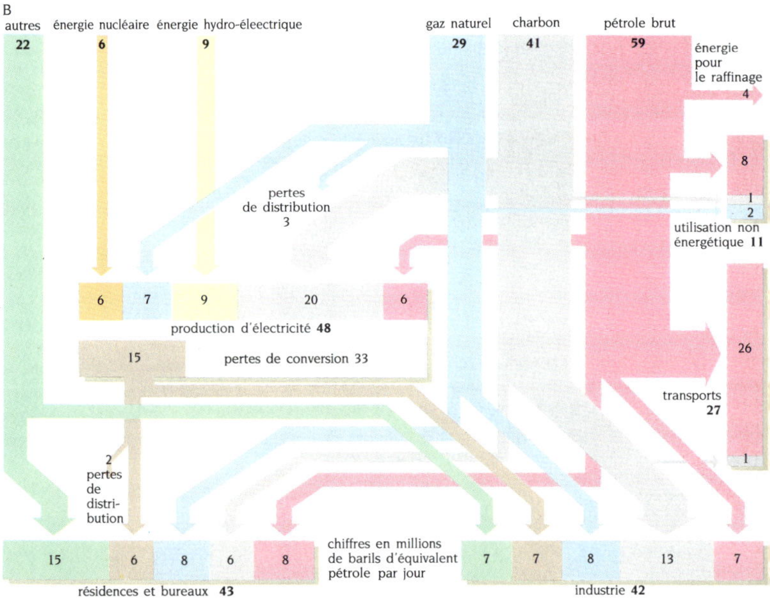

C

C. **TORONTO, LA NUIT**

Les Canadiens consomment en moyenne plus de 8 tep par habitant et par an, soit cinq fois plus que la moyenne mondiale. L'habitat et l'organisation des villes, le niveau de confort, les modes de transport, les distances domicile-travail, domicile-services... expliquent cette situation. La planification urbaine n'est pas un simple problème d'harmonisation des espaces verts avec l'espace construit, mais se trouve au cœur des débats sur la gestion de l'énergie.

LES ÉNERGIES RENOUVELABLES

INÉPUISABLES à une échelle de temps humaine, se renouvelant à très court terme, ces énergies dites renouvelables n'en posent pas moins certains problèmes. Elles sont dispersées et leur disponibilité ne coïncide pas toujours avec les besoins locaux. Elles ne sont pas stockées : à part l'énergie hydraulique et le bois, qui autorisent un emploi différé, il faut utiliser le flux au fur et à mesure qu'il se présente. Elles sont soumises à un aléa de production : la pluie, le vent, l'ensoleillement... ne se produisent pas forcément lorsque les besoins se font sentir.

LES PRINCIPAUX TYPES

DES RESSOURCES INÉPUISABLES MAIS DIFFICILES À STOCKER

■ LA PREMIÈRE SOURCE d'énergie, disponible en quantité illimitée, est le rayonnement solaire. Celui-ci permet la fabrication de matière organique par les végétaux (photosynthèse) et actionne la machine atmosphérique.

L'énergie solaire directe. Elle est récupérée sous forme thermodynamique (le rayonnement concentré par des miroirs échauffe un fluide qui, après vaporisation, actionne des alternateurs) ou photovoltaïque (des cellules transforment le rayonnement en électricité). La modestie des surfaces nécessaires (dans les zones bien ensoleillées, 40 m² de panneaux peuvent satisfaire les besoins en électricité d'un foyer), les capacités de conversion, en progrès constants (elles atteignent 10 p. 100 en exploitation et 35 p. 100 au stade expérimental), font de l'énergie solaire une ressource à fort potentiel : elle permettrait en effet de produire, au niveau mondial, de l'ordre de 670 milliards de kWh.

L'énergie éolienne. L'énergie du vent est récupérée par des aérogénérateurs (des éoliennes couplées à une dynamo et à un alternateur). La baisse des coûts de production des éoliennes a incité des opérateurs privés des États-Unis à s'équiper de gigantesques « fermes à vent » : 7 500 aérogénérateurs tournent pour produire jusqu'à 1,33 million de kWh. Comme l'énergie solaire, l'énergie éolienne bénéficie d'un atout : sa mise en œuvre rapide. Au niveau mondial, le potentiel de l'énergie éolienne serait de 300 milliards de kWh.

L'énergie hydraulique. L'énergie générée par l'eau en mouvement est exploitée, le plus souvent, grâce à des barrages et à des conduites forcées actionnant des turbines et des alternateurs qui, placés en contrebas, produisent de l'électricité.

Les sites les plus favorables de production d'énergie hydroélectrique sont en montagne (là où les dénivelés sont importants) ou sur les fleuves à fort débit. La production actuelle d'hydroélectricité représente environ 2 060 milliards de kWh et pourrait atteindre 10 000 milliards de kWh.

Le bois. Le plus ancien des combustibles utilisés par l'homme est toujours la source énergétique la plus répandue dans le monde : en Afrique, en Asie, les estimations montrent que le bois représente toujours 50 p. 100 ou plus de la consommation totale. Quoique son exploitation en soit souvent restée au stade de la cueillette (ce qui rend les évaluations difficiles), le bois peut faire l'objet d'une gestion plus rigoureuse : culture d'espèces végétales à croissance rapide et à forte capacité calorifique, combustion dans des fours à haut rendement, traitements (fermentation ou hydrolyse) permettant de produire du biogaz ou du biocarburant.

L'énergie des déchets. Cette forme d'énergie semble également appelée à des développements prometteurs : la production des déchets va en effet toujours croissant, mais leur gestion devient plus problématique. Les déchets font l'objet des mêmes types d'exploitation que la biomasse : combustion, fermentation ou hydrolyse.

L'énergie géothermique. Dans le cas de la *géothermie haute énergie,* la chaleur du magma, provenant des profondeurs (3 à 10 km), est exploitée là où la température de l'eau est suffisante (150 à 400 °C) pour produire de la vapeur qui, envoyée sur des turbines, permet de fournir de l'électricité.

Dans le cas de la *géothermie moyenne énergie,* les fluides des aquifères sont à une température moins élevée (70 à 150 °C). La conversion vapeur/énergie se fait à un rendement moindre et nécessite un fluide volatil comme intermédiaire. Les *géothermies basse énergie* (60 à 80 °C) et *très basse énergie* (20 à 60 °C) sont utilisées seulement pour des besoins urbains, domestiques (chauffage des logements) ou agricoles (chauffage de serres).

A

A. **« VOILÀ LE BON VENT... »**

L'énergie éolienne est une des plus anciennes ressources énergétiques exploitées par l'homme (mise en mouvement des bateaux, moulin à vent pour le moulage des grains, drainage de l'eau) ; le vent pourrait pourtant satisfaire une part importante de nos besoins : ici, au Danemark, l'énergie éolienne couvre 2 p. 100 des besoins. Elle représente une capacité installée de 250 MW et devrait atteindre 1 000 MW en l'an 2000. L'objectif est d'atteindre 10 p. 100 des besoins en électricité. D'autre part, ces installations présentent l'avantage d'occuper peu de surface au sol.

B

B. **UNE VOITURE À FORT TAUX D'ALCOOLÉMIE**

Les alcools obtenus à partir des végétaux et de certains produits organiques peuvent servir de carburant aux moteurs thermiques. Le Brésil s'est lancé au cours des années 1970 dans une ambitieuse politique de production d'éthanol à partir de canne à sucre. Ce programme, baptisé Proalcool, s'est accompagné d'une promotion tous azimuts. Résultat : en 1987, 80 p. 100 des véhicules vendus fonctionnaient à l'alcool.

C

C. **ARROSÉ PAR LE SOLEIL**

Le Mali est équipé de 2 000 pompes solaires de ce type, réparties dans 40 villages. En puisant 10 000 m³ d'eau par jour, les pompes permettent de satisfaire les besoins domestiques, l'irrigation, l'abreuvement du bétail. Les avantages essentiels de ces équipements sont leur fiabilité, qui limite les pannes et les opérations de maintenance, et l'absence de réseaux coûteux de distribution. Ils offrent un espoir aux pays sous-développés, pour lesquels le Soleil est une des principales richesses naturelles.

LES SOLUTIONS ÉNERGÉTIQUES

Le choix d'une politique énergétique n'est jamais simple : problèmes de stocks, de tensions internationales, de niveaux de technicité, de répartition spatiale ou temporelle... De l'effet de serre aux pollutions nucléaires, en passant par l'altération des paysages, l'inondation de terres cultivables..., on peut considérer que toutes les énergies ont un impact environnemental.

Cependant, l'importance de cet impact est proportionnelle à la taille des installations et au potentiel de production. Ainsi, une microcentrale hydraulique provoque certes des modifications du régime hydrologique (crues, érosion des berges...) ou du système écologique (migration des poissons, perturbations de la vie végétale...) du cours d'eau sur lequel elle est implantée, mais cela est sans commune mesure avec l'impact de projets comme ceux de la baie James au Canada (dont la puissance est supérieure à 10 millions de kW).

LES POLITIQUES ÉNERGÉTIQUES

VERS UNE GESTION OPTIMALE DE L'ÉNERGIE

■ Comment concilier le recours aux énergies d'importation avec la recherche d'une indépendance énergétique nationale et d'une diversification des fournisseurs, des types de production, des sources énergétiques ? Faut-il que la zone de production d'énergie soit située le plus près possible du consommateur (afin de limiter les pertes, les investissements, les nuisances et les risques écologiques liés au transport) et accepter en retour tous les inconvénients de la « microproduction » ? On ne peut en effet ignorer qu'il est plus facile de contrôler les émissions gazeuses d'une seule grosse centrale thermique que celles d'une multitude de foyers individuels, par exemple.

Choix et économies énergétiques. Tous les choix énergétiques sont dépendants des structures administratives, des niveaux de consommation, des aspirations des sociétés, du modèle économique qu'elles visent, du niveau de vie et de confort qu'elles souhaitent, des moyens de transport qu'elles privilégient. Mais, quoi qu'il en soit, comme le dit le slogan, « la seule énergie qui ne pose pas de problème est celle que l'on ne consomme pas ».

Pour limiter à la fois les pertes d'énergie et les nuisances écologiques, les États disposent de moyens incitatifs : développement de solutions alternatives (comme les réseaux de chaleur qui permettent d'exploiter une seconde fois la chaleur qui a déjà servi pour une production industrielle), financement de programmes de recherches technologiques (sur l'automobile, les ampoules électriques...), politiques de taxation des entreprises polluantes. Ils peuvent aussi user de moyens plus coercitifs : établissement de normes juridiques (sur l'habitat...), rationnement... L'efficacité de ces moyens n'est pas négligeable puisque, en France par exemple, depuis 1973, la mise en place d'une grande politique de maîtrise de l'énergie a permis d'économiser 30 millions de tep/an.

La gestion de l'énergie passe avant tout par les économies sur la consommation mais également par la diversification des sources d'énergie, le rapprochement des structures de production et de consommation, la réduction des transformations énergétiques (une grande quantité de charbon sert à produire de l'électricité, par exemple, et nécessite la conversion successive d'une énergie thermique en énergie mécanique et en énergie électrique), la mise en œuvre de nouvelles technologies, comme celles permettant la production simultanée de chaleur et d'énergie mécanique ou électrique à partir d'un seul combustible, ou encore comme les pompes à chaleur pour le chauffage de locaux.

A

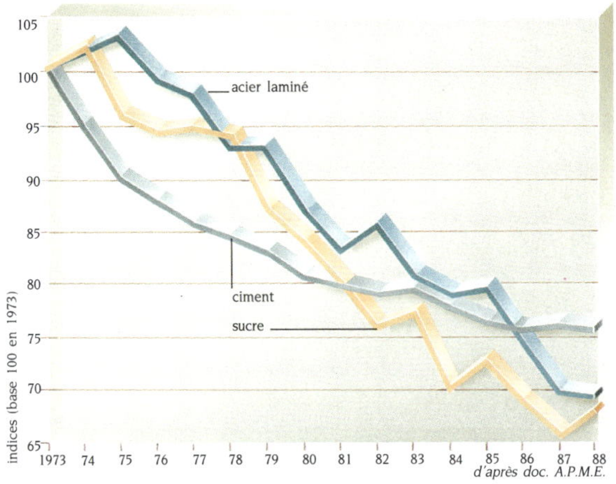

A. **L'EFFICACITÉ ÉNERGÉTIQUE**

Comment produire plus en dépensant moins ? Comment améliorer les rendements ? C'est la problématique de l'amélioration de l'efficacité énergétique. En 15 ans (entre 1973 et 1988), la quantité d'énergie nécessaire à la production d'une tonne d'acier, de ciment ou de sucre a décru d'un tiers grâce à l'amélioration du rendement des machines, à la diminution des pertes de production ou de transport et au recyclage de la chaleur.

B

B. **THERMOGRAPHIE D'IMMEUBLES**

Sur ce document, les couleurs chaudes révèlent les zones où la perte de chaleur est le plus importante. Le secteur de l'habitat et des immeubles de bureau représente une part importante de la consommation énergétique et fait l'objet de réglementations et d'améliorations techniques. La réflexion sur les économies d'énergie réalisables dans les habitations doit être menée selon deux axes : utilisation de sources d'énergie moins coûteuses et limitation des déperditions par l'amélioration des procédés d'isolation.

C

C. **L'ÉNERGIE DANS LES TRANSPORTS**

Contrairement à ce que suggère cette photographie prise en Chine, les déplacements en automobile prennent une place de plus en plus importante dans le budget transport des pays développés. De l'incitation à utiliser la bicyclette aux Pays-Bas à l'interdiction d'utiliser son véhicule certains jours à Mexico, les villes et les États cherchent les moyens d'inverser cette tendance, qui se traduit en outre par des problèmes de pollution et de congestion urbaines. Les recherches menées sur les moteurs électriques ou fonctionnant avec l'énergie solaire vont dans ce sens.

LA TRANSFORMATION DU MILIEU NATUREL

L'EXPLOITATION DES RESSOURCES

DU PRÉLÈVEMENT À L'AGRICULTURE

LA SURVIE des chasseurs-cueilleurs repose uniquement sur l'exploitation des ressources naturelles du milieu.

Chasse et cueillette. En l'absence de pratiques agricoles, la cueillette porte essentiellement sur les graminées, les légumineuses, les racines, les oléagineux et les fruits. La chasse et la pêche complètent l'alimentation. Les chasseurs-cueilleurs ont un accès quasi direct aux richesses naturelles, qu'ils consomment sur place ; leur outillage est simple et le stockage n'existe pas.

Lorsque les ressources d'une région se raréfient, les chasseurs-cueilleurs quittent l'endroit pour un autre, où ils trouveront de quoi se nourrir en suffisance. En effet, la chasse et la cueillette exigent l'existence de grands espaces libres où les individus peuvent revenir périodiquement. Cette forme d'exploitation des ressources est devenue presque partout marginale avec le développement de l'agriculture.

Culture et élevage. L'agriculture se traduit par la concentration artificielle et topographiquement délimitée de plantes et d'animaux. La culture et l'élevage supposent la domestication de certaines espèces utiles à l'homme, c'est-à-dire l'appropriation de ces espèces puis la modification de leur capital génétique par sélection de caractères jugés favorables. L'agriculture suppose aussi le développement d'outils performants pour la préparation du semis (défrichage et travail du sol), ainsi que pour la récolte et la transformation des produits agricoles. Les aliments sont stockés en prévision d'une éventuelle pénurie.

Les agriculteurs sont sédentaires, capables de détourner à leur profit une plus grande partie des facultés productives du milieu, ils peuvent demeurer là où les chasseurs-cueilleurs auraient dû se contenter de passer. L'entretien des sols ensemencés et les soins qu'il faut prodiguer aux animaux domestiques leur imposent cette sédentarisation dont l'une des principales conséquences est une organisation sociale forte. Gérant des lignages d'espèces, les agriculteurs doivent également transmettre à leur propre descendance le fruit de leur travail, et les sociétés agricoles adoptent donc peu à peu une structure familiale et lignagère.

INTENSIF OU EXTENSIF ?

On a tendance à distinguer l'agriculture intensive, à fort rendement par unité de surface, de l'agriculture extensive, pratiquée sur de vastes superficies, à rendement en général faible. Les économistes, eux, classent les systèmes de production agricole selon leur niveau d'intensification, c'est-à-dire en fonction de la quantité de travail et de capital qu'ils mettent en œuvre. À ce titre, l'agriculture intensive se caractérise par un haut niveau d'intensification. Or, bien que ces notions soient souvent liées, il ne faut pas confondre intensité et productivité : un système de production extensif, même si son rendement est faible, peut dégager une excellente valeur ajoutée à l'unité de capital ou de travail investi (par exemple, si chaque ouvrier agricole contrôle une vaste surface de terrain) et donc avoir une productivité tout à fait satisfaisante.

LES SITUATIONS AGRICOLES

AGRICULTURES ET MILIEUX

■ AU COURS DE L'HISTOIRE, les sociétés agricoles ont dû adapter leurs techniques et leur organisation à une grande diversité de milieux. Au néolithique (il y a environ 10 000 ans), les premiers foyers agricoles sont apparus dans des écosystèmes plutôt arides et ouverts, présentant une variété importante d'espèces animales et végétales. Contraints de nourrir une population en expansion, les agriculteurs ont dû coloniser d'autres milieux ; et tout d'abord ceux qu'occupaient les immenses forêts qui couvraient les continents, auxquelles ils se sont attaqués par la hache et le feu afin d'y implanter des cultures.

Une déforestation trop poussée a conduit, en zone subtropicale, à un milieu steppique, parcouru par un élevage pastoral nomade, voire même à un milieu désertique et donc pratiquement inexploité, excepté dans les zones fluviales. En milieu tempéré, après destruction des forêts, le labour des friches herbeuses permet l'implantation d'une culture céréalière rapidement associée à un élevage. Dans les pays de mousson, au climat tropical humide, la déforestation des collines s'accompagne d'une violente érosion rendant impossible toute agriculture de pente. Les hommes exploitent alors les bas-fonds alluviaux des lits des fleuves, en protégeant par drains et diguettes les cultures de l'excès d'eau, ou bien cultivent le riz inondable.

A

A. **TRAVAIL AGRICOLE ET SÉDENTARISATION**

La transformation du milieu par l'homme se fait au prix d'un travail d'autant plus important que la pression démographique est forte et les conditions naturelles difficiles. Plusieurs siècles d'exploitation d'un même terroir ont façonné les paysages agraires, que les contraintes récentes de la motorisation de l'agriculture ont largement contribué à désorganiser (par le remembrement, par exemple) et dont on ne trouve plus aujourd'hui que quelques traces. (*Encyclopédie*, l'Agriculture, 1762).

B

B. **LE LIGNAGE**

Dans une société lignagère, le statut de chacun se définit en fonction de sa position relative dans l'ordre des naissances. L'organisation du travail (ici, un père et son fils au labour), l'attribution des champs cultivés, la circulation des produits se font en relation étroite avec la hiérarchie lignagère et les liens de parenté. C'est dans le travail que se nouent effectivement les rapports d'autorité. De génération en génération se transmet un patrimoine.

C

C. **CHASSEURS-CUEILLEURS**

Aujourd'hui, il subsiste quelques peuples de chasseurs-cueilleurs, comme ces Pygmées au Zaïre, ou encore les Bochiman, les Aborigènes australiens et les Inuit. Ils sont le plus souvent relégués dans des régions présentant des conditions écologiques nettement moins favorables que celles que connaissaient, il y a plus de 10 000 ans, les chasseurs-cueilleurs du paléolithique tardif, avant l'apparition de l'agriculture.

L'AGRICULTURE EN FORÊT TROPICALE

La forêt tropicale est une formation arborée dense, au sol riche en matière organique non décomposée (racines, débris, végétaux, etc.), où la lumière du jour pénètre difficilement. La culture n'y est possible qu'après destruction au moins partielle des arbres. De plus, il est nécessaire de débarrasser le sol de l'enchevêtrement des racines, qui fait obstacle à la germination des semences et à l'enracinement des plantules.

LA CULTURE SUR BRÛLIS

UNE TRADITION RENDUE NÉFASTE PAR LA PRESSION DÉMOGRAPHIQUE

■ Disposant d'outils de défrichement peu performants, les agriculteurs adaptent leurs techniques aux différents types d'écosystèmes forestiers rencontrés. En zone tropicale, ils abattent les arbres sans les dessoucher puis y mettent le feu. Les végétaux sont cultivés sur les cendres ainsi obtenues. Cette technique, aujourd'hui surtout pratiquée en zone tropicale, était autrefois largement étendue aux régions forestières tempérées (Europe occidentale, par exemple).

Des cultures temporaires. En Afrique, les cendres sont rassemblées en buttes, sur lesquelles les cultures se trouvent hors de portée des racines d'arbres. Les tubercules comme l'igname, plantés la première année, sont remplacés par des légumineuses, des légumes ou des plantes à sauces riches en vitamines l'année suivante.

Ces cultures associées épuisent en deux ou trois ans la fertilité des buttes, que l'on plante alors en bananiers, manioc ou ananas avant de les abandonner au recrû forestier. Il s'agit donc nécessairement de cultures temporaires. Ce défrichement périodique est appelé *essartage*, ou encore *culture itinérante*.

L'organisation sociale. Le plus souvent, les hommes défrichent et les femmes mettent en culture. Le village est situé au centre de la zone de défrichement, sur un terrain plat, nettoyé de toute trace de végétation afin d'éloigner les insectes et d'éviter l'humidité. Un village peut regrouper de 500 à 800 habitants. Lorsque les besoins de la population d'un village dépassent ses ressources agricoles, il y a essaimage : un « segment de lignage » quitte le terroir pour fonder un nouveau village dans une région voisine encore inhabitée. Une telle agriculture suppose donc une réserve forestière importante.

La reproduction de la fertilité. Par ses cendres riches en matières minérales, le défrichement par brûlis mobilise momentanément, au profit de l'homme, une partie de l'immense biomasse forestière. Tant que la période de recrû forestier est assez longue (au moins quarante ans) pour assurer la reconstitution de la biomasse détruite, cette pratique culturale peut se reproduire indéfiniment.

Une politique de la terre brûlée ? Ce système atteint ses limites quand la surface forestière ne suffit plus à accueillir une population en croissance. Obligés de revenir plus fréquemment sur les mêmes parcelles, les agriculteurs réduisent le volume de la repousse forestière et donc la fertilité des cendres recueillies après défrichement. Les rendements diminuent, accélérant d'autant le rythme des défrichements.

A. **CULTURE TRADITIONNELLE SUR BRÛLIS**

La technique du brûlis impose un système de cultures itinérantes avec défrichement par le feu de parcelles de la forêt. Après quelques années de culture d'une parcelle, on laisse la forêt s'y reconstituer.

A

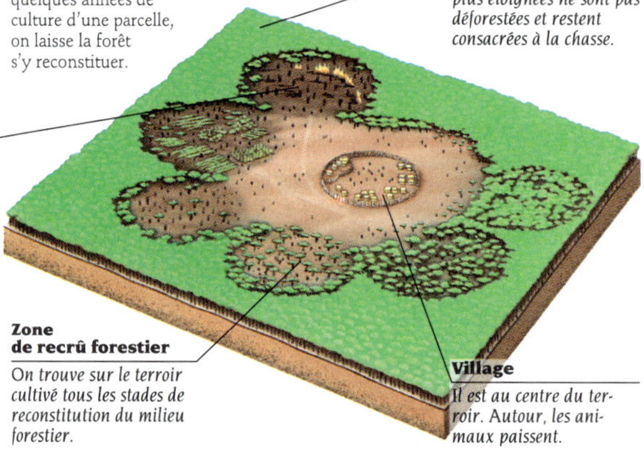

Forêt non défrichée
Les parties du terroir les plus éloignées ne sont pas déforestées et restent consacrées à la chasse.

Brûlis
Chaque année, pendant la saison sèche, une fraction de forêt est défrichée (environ 1 ha pour 50 habitants). Elle correspond à la capacité de travail du groupe d'agriculteurs.

Zone de recrû forestier
On trouve sur le terroir cultivé tous les stades de reconstitution du milieu forestier.

Village
Il est au centre du terroir. Autour, les animaux paissent.

B

C

B. C. **PARTAGE DES TÂCHES**

Dans la culture sur brûlis, le défrichement est l'affaire des hommes, armés de haches de fer et de sabres d'abattis. Le sol est nettoyé et les arbres sont coupés à environ 1,5 m du sol. Les troncs sont ensuite brûlés. Le buttage (mise en butte des cendres) est souvent le fait des hommes (ici au Sénégal [B]). Les semailles et la plantation sont le travail des femmes (ici au Burkina [C]), qui bineront également le sol avant d'en récolter les produits.

L'ÉLEVAGE QUI DÉTRUIT LA FORÊT

Pour répondre à une demande croissante de viande de bœuf à bon marché émanant des pays développés, la forêt tropicale est parfois transformée en pâturages, le plus souvent par des entreprises commerciales.

Globalement, l'installation de pâturages vient en troisième position parmi les causes de déforestation, après l'exploitation du bois et la culture sur brûlis. Jusqu'en 1980, l'élevage de bovins a été la cause de 72 p. 100 du déboisement du Brésil et c'est actuellement la principale cause de déforestation en Amazonie. Généralement, le bois n'est pas exploité, mais brûlé. Les pluies lessivent rapidement les sols tropicaux mis à nu. La terre surpâturée est durcie par le piétinement du bétail.

La fertilité du sol baisse de façon pratiquement irréversible au bout de trois à cinq années, et de nouvelles zones de forêts doivent constamment être dégagées.

L'IRRIGATION

L'EAU ET LA PLANTE

LA NÉCESSAIRE MAÎTRISE DE L'EAU

■ L'EAU EST UN CONSTITUANT ESSENTIEL des êtres vivants et est nécessaire à leur croissance : pour élaborer 1 g de matière sèche, une plante doit absorber 300 à 800 g d'eau. Chaque plante a des besoins spécifiques en eau, dont la quantité nécessaire doit de surcroît être bien répartie dans le temps. L'eau est ainsi l'un des principaux facteurs de fluctuation des rendements, et les agriculteurs ont très tôt cherché à maîtriser son apport aux cultures.

L'excès d'eau. Un sol trop humide est froid, difficile à travailler ; il asphyxie les racines des végétaux et favorise le développement des parasites. L'excès d'eau peut être réduit par assainissement superficiel : l'eau est évacuée par un réseau de rigoles ou de fossés à très faible pente vers un fossé collecteur, puis vers un émissaire (cours d'eau par exemple). Dans le cas d'un drainage souterrain, l'eau superficielle en excès est recueillie, après percolation (pénétration dans le sol), dans un réseau de galeries ou de canalisations souterraines qui en assure l'évacuation vers un émissaire naturel ou aménagé.

Le manque d'eau. Les zones arides sont bien entendu caractérisées par une extrême faiblesse des précipitations et les plantes cultivées ne peuvent y pousser que si on leur apporte de l'eau en quantité suffisante.

En zone humide, la plante peut croître sans irrigation, mais les rendements fluctuent en fonction de la pluviométrie de l'année : une irrigation de complément permet de combler les déficits de pluies saisonniers.

LES MÉTHODES

RUISSELLEMENT, SUBMERSION, ASPERSION...

■ GÉNÉRALEMENT, LES EAUX SUPERFICIELLES constituent la majeure partie des ressources en eau d'irrigation. Toutefois, dans les zones arides, en l'absence de cours d'eau provenant de régions plus arrosées, il faut avoir recours à des eaux souterraines remontées à la surface par des puits à balancier ou par des motopompes.

L'irrigation se fait par *ruissellement* : des rigoles répartissent l'eau sur le terrain, laquelle s'infiltre au fur et à mesure dans le sol. En zone très humide, une agriculture de bas fonds alluviaux inondés la moitié de l'année s'est mise en place après la disparition de la forêt originelle. On pratique ainsi une méthode d'irrigation par *submersion* : une couche d'eau plus ou moins épaisse recouvre le sol et s'y infiltre ; le terrain est compartimenté par des bourrelets de terre délimitant des bassins ou des cuvettes.

En zone tempérée, il peut être nécessaire, en cas de déficit hydrique, d'irriguer les cultures à certaines phases de croissance des plantes : cette irrigation de complément est généralement apportée par *aspersion,* c'est-à-dire sous la forme de pluie artificielle, mais, pour certaines cultures intensives très fragiles, le *goutte-à-goutte* (ou micro-irrigation) assure une alimentation hydrique plus régulière et plus adaptée.

Les contraintes de l'irrigation. L'irrigation exige une importante adaptation des techniques culturales et un travail accru à l'unité de surface. Néanmoins ces contraintes conduisent à une forte augmentation des rendements, qui permet parfois plusieurs récoltes annuelles sur la même parcelle. L'agriculture irriguée peut donc constituer la base alimentaire d'une population très dense.

On observe toutefois fréquemment que, lorsque la conception, la réalisation et la maintenance du réseau d'irrigation dépassent la compétence des unités productives, une partie du surplus dégagé sert en fait uniquement à entretenir l'administration chargée d'organiser ces travaux.

A

A. **RUISSELLEMENT**

L'irrigation par ruissellement (ici au Mali) suppose des terrains à faible pente (2 p. 100 au maximum pour les cultures). Le ruissellement permet un arrosage à l'eau courante. Des rigoles d'amenée alimentent des rigoles de distribution, qui répartissent l'eau sur le terrain. Cette eau ruisselle et une partie s'infiltre au fur et à mesure que le terrain est couvert ; une rigole de colature permet de recueillir l'excès d'eau. L'eau doit arriver partout et ne séjourner nulle part. Quand le sol ne présente pas une pente régulière, l'irrigation par planches ou par rigoles de niveau permet à l'eau de se répartir.

B

B. **CAPTAGE DE L'EAU PAR UNE NORIA**

Pour irriguer un terrain à partir d'un cours d'eau, il peut être nécessaire d'élever l'eau : la noria est alors, comme ici (au Maroc), une simple roue à godets, actionnée par le courant de la rivière dans laquelle elle plonge. Mais la noria sert aussi à élever l'eau d'un puits, si les eaux de surface sont insuffisantes pour l'irrigation. Elle est, dans ce cas, formée d'une chaîne sans fin qu'entraîne une roue, actionnée par des animaux ou des moteurs. Les godets, attachés sur la chaîne, plongent renversés, se remplissent et remontent pleins. Ils se déversent dans un réservoir en passant sur la roue.

C

C. **SUBMERSION**

Le procédé d'irrigation par submersion est simple et relativement économique. Mais il suppose que l'on dispose d'une importante quantité d'eau et ne convient qu'aux terrains plats ou à très faible pente, suffisamment perméables pour que l'eau ne séjourne pas trop longtemps mais ne s'infiltre pas trop vite non plus. Cette technique implique d'autre part la construction de digues. Toutes les cultures ne supportent pas la submersion. Celle-ci s'utilise pour la culture du riz (ici au Cachemire, Inde) et parfois pour la vigne pendant le repos végétatif, où elle sert essentiellement à la lutte contre le phylloxéra.

L'ASSOCIATION CULTURE-ÉLEVAGE

L'INDÉPENDANCE

AGRICULTURE ET PASTORALISME

■ QUAND, AU NÉOLITHIQUE, le chasseur-cueilleur laisse la place à l'agriculteur, qui domestique les espèces végétales et animales, culture et élevage sont deux activités indépendantes. En effet, à côté des cultures se développe un mode d'élevage fondé sur l'exploitation de la végétation naturelle, le *pastoralisme.* Dans le cas du nomadisme notamment, les sociétés pastorale et agricole restent d'ailleurs nettement distinctes, et les rapports entre les éleveurs et les cultivateurs se cantonnent à des relations d'échange des fruits de leur travail.

L'écobuage. Dans les régions tempérées, la dégradation de la forêt originelle a abouti à l'extension d'un tapis herbacé continu plus ou moins dense. L'écobuage est une méthode évoluée de défrichement pour la mise en place des cultures. Les agriculteurs commencent par nettoyer la couche superficielle de la terre en la retournant à l'aide d'outils ferrés (bêche, houe), puis les herbes sont séchées et brûlées. Les agriculteurs préparent ensuite le *lit de semence* en grattant superficiellement le sol à l'araire. Les graines sont semées à la volée ; le sol est biné jusqu'à la récolte afin d'éliminer les mauvaises herbes, qui concurrencent les cultures. La moisson se fait à la faucille ; une grande partie du chaume est laissée sur le champ. Après avoir porté une ou deux céréales, la terre retourne en friche pendant quelques années (jachère). La mise en place de l'écobuage et la rotation régulière des cultures voient un même agriculteur revenir périodiquement sur la même terre ; l'état du sol, sa bonification sont les fruits du travail qu'il y a investi et favorisent l'émergence de la notion de propriété individuelle des terres.

L'élevage. L'élevage est pastoral et ses liens techniques avec la culture restent ténus ; néanmoins, le troupeau participe au défrichement du terroir en pâturant les sols incultes et les friches en rotation, qu'il engraisse de ses excréments. Jusqu'au Moyen Âge, les bovins tirent l'araire, mais, à cette époque, aucune culture n'est encore destinée à l'alimentation des animaux eux-mêmes (plantes fourragères).

LA COMPLÉMENTARITÉ

L'ÈRE DE L'ÉLEVEUR-CULTIVATEUR

■ L'ANIMAL PREND PEU À PEU PLACE dans le système agricole pour sa force de travail jusqu'à ce que la traction mécanique et les engrais modernes l'excluent de la ferme.

Traction et engrais animaux. Les bêtes de trait coopèrent aux travaux de culture en tirant de lourdes charges et, en particulier, la charrue. Ce labour est d'ailleurs pratiqué à plusieurs reprises sur la friche, ou jachère, pour préparer les semailles. L'herbe des terrains non cultivés est fauchée (la faux remplace la faucille, multipliant par trois la rapidité du travail), puis transportée par chariot ou charrette attelée vers les étables pour être distribuée aux animaux. L'herbe peut être séchée (ou fanée) et stockée en prévision de la mauvaise saison. Les animaux fournissent le fumier qui fertilisera les champs.

Ce mode d'exploitation implique une répartition en portions de terre labourable, ou soles ; c'est l'*assolement :* le terroir est divisé en autant de soles que de cultures en rotation (jachère-céréale dans le cas d'un assolement biennal). Les agriculteurs se voient attribuer une parcelle à cultiver sur chacune des soles. Un tel système de production suppose le développement d'un artisanat capable de fabriquer les nouveaux outils, et donc le dégagement d'un surplus alimentaire capable de nourrir ces artisans.

Les cultures fourragères. La mise en culture fourragère des jachères représente un pas supplémentaire dans la complémentarité entre agriculture et élevage, qui s'accompagne d'un accroissement de la taille du cheptel et donc du fumier produit. Les rendements des cultures s'améliorent d'autant plus que les instruments de labour s'alourdissent, permettant un meilleur travail du sol. La lutte contre les concurrents des végétaux cultivés est assurée par la rotation des cultures, qui ne laisse pas aux parasites le temps de s'installer.

Vers la spécialisation. Les progrès de l'agriculture amènent les paysans à se libérer des contraintes de l'assolement ; mais il faut une industrie capable de fournir aux agriculteurs le matériel et les fertilisants dont ils ont besoin. Les exploitants sont d'autant plus enclins à acheter ces nouveaux moyens de production qu'ils doivent réduire leurs prix de revient pour faire face à la concurrence.

Chaque agriculteur abandonne alors ses spéculations les moins rentables pour se consacrer aux productions plus avantageuses, et on voit se dessiner l'ébauche d'une spécialisation régionale. Tous les agriculteurs n'ont pas les possibilités d'accéder à ces moyens de production industriels ; ils doivent alors quitter l'agriculture. C'est l'« exode rural ».

A

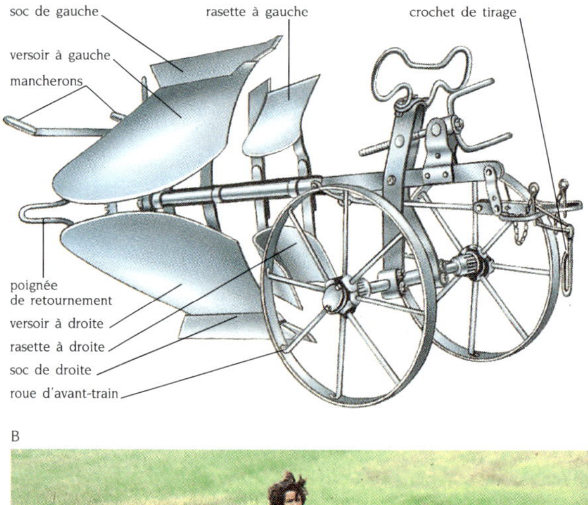

A. **TRAVAIL DU SOL**

La charrue dérive de l'araire mais ne fait son apparition que 3 000 ans après lui. Contrairement à l'araire, caractérisé par la symétrie de son soc, sa relative légèreté et qui gratte superficiellement la terre, la charrue est pourvue d'un soc lourd, qui pénètre la terre, et surtout d'un versoir, qui la retourne. Le brabant représenté ici est une charrue à soc réversible : après retournement, le laboureur peut revenir sur le même sillon en versant la terre du même côté.

B

B. **TRACTION ANIMALE**

Depuis l'apparition du joug et du collier d'épaule, au xe siècle, les exploitations françaises pouvaient être classées en fonction de leur attelage : certaines n'en possédaient pas, d'autres attelaient leurs vaches, assez lentes mais précieuses par leur production laitière, d'autres enfin utilisaient les chevaux de trait, rapides et résistants. Celui-ci tire un rateau, qui permet de rassembler le fourrage coupé.

C

C. **FERTILISATION**

Ce fumier, où des poules cherchent de la nourriture, est un mélange de déjections animales et d'une litière, soumis à l'action de micro-organismes qui amorcent sa décomposition. Une fois mis en terre, il achève de se décomposer (en environ trois années) et se transforme en humus.

L'AGRICULTURE INDUSTRIALISÉE

Dans la plupart des pays industrialisés, la croissance économique de l'après-guerre s'accompagne d'une transformation sans précédent de l'agriculture.

Soumis à une concurrence internationale de plus en plus vive, les exploitants agricoles sont, en effet, contraints à améliorer la productivité de leur travail et ont recours aux produits de l'industrie (engrais, pesticides) et à la mécanisation des modes de production.

LES TECHNIQUES

LES NOUVEAUX MOYENS DE PRODUCTION

■ La transformation la plus visible de l'agriculture dans la seconde moitié du XXe siècle a sans doute été la *mécanisation,* illustrée par le passage généralisé de la traction animale au tracteur. La puissance du moteur à explosion permet de tirer plus rapidement des instruments plus lourds et plus performants.

La chimisation. Forts des découvertes sur l'efficacité d'une alimentation minérale des végétaux, les agriculteurs délaissent le fumier, dont l'utilisation était coûteuse en travail, pour se tourner vers les engrais solubles industriels ; la fertilisation contemporaine des cultures repose sur la formule « N (azote), P (phosphore), K (potassium) ».

Les exploitants agricoles ont également recours aux produits chimiques industriels (pesticides) pour lutter non seulement contre les parasites (animaux et végétaux) et les concurrents des végétaux cultivés mais aussi contre ceux des animaux d'élevage.

La sélection génétique. Les bouleversements techniques sont difficilement compatibles avec le maintien d'un matériel biologique ancien, dont le potentiel génétique ne permet pas de traduire en termes de rendement une amélioration des techniques de production et dont les caractères morphologiques ou qualitatifs restent peu adaptés aux nouvelles conditions de récolte ou de transformation. En production végétale, la sélection de nouvelles variétés est généralement effectuée par des organismes spécialisés ; pour la sélection animale, l'exploitant agricole intervient souvent plus directement sur son troupeau.

La spécialisation. La généralisation de ces nouveaux moyens de production rend moins nécessaire l'étroite association entre culture et élevage. En effet, d'une part, l'industrie propose aux cultivateurs des produits de remplacement de la force de traction et de la fertilisation animales ; d'autre part, les éleveurs trouvent sur le marché des aliments industriels correspondant aux besoins du bétail. De la sorte, le mouvement de spécialisation des exploitations agricoles ne cesse de s'accélérer.

L'accroissement de la production. L'amélioration des techniques agricoles s'accompagne d'une forte augmentation des rendements à l'hectare. De plus, l'exode rural renforce le durcissement de la concurrence.

Cependant, malgré l'importante diminution du nombre d'actifs due à cet exode, la production agricole totale ne cesse d'augmenter dans les pays développés.

LA CULTURE HYDROPONIQUE

La culture hydroponique, ou culture sans sol, représente, avec les cultures sous serre, la phase ultime d'artificialisation du milieu cultural, puisqu'elle s'affranchit du sol, de son activité biologique ainsi que de la fertilisation organique. En effet, le sol est remplacé par un milieu de culture inerte laissant une aération suffisante pour permettre l'installation des racines. On utilise à cet effet des matériaux de diamètre important (sables grossiers, argile expansée, laine de roche). Les végétaux sont cultivés à l'aide d'une solution nutritive minérale qu'on peut apporter à chaque plante en tenant compte des exigences de l'espèce et dont les caractéristiques sont régulièrement surveillées. Ce milieu nutritif artificiel, obtenu par mise en solution d'engrais, permet de couvrir la totalité des besoins d'une culture, de la germination à la récolte.

Dans certains cas, l'ensemble de la culture est alimenté par un film liquide qui circule dans de petites rigoles. Cette technique est surtout employée dans la culture en pots ou en régions semi-arides. Le fait de pouvoir maîtriser la culture et surtout d'avoir un milieu stérile est intéressant pour la culture de plants de grande valeur et pour la multiplication par bouturage.

A

A. **MÉCANISATION**

Cette vendangeuse mécanique récolte le raisin et le charge directement dans une benne qui lui est associée. C'est une image de la motorisation de l'agriculture. En 1950, avec un cheval, deux hommes pouvaient cultiver environ 7 hectares de vigne de consommation courante, à condition de recourir à une main-d'œuvre extérieure pour faire face aux deux pointes de travail de la taille et de la vendange. Actuellement, un seul homme, possédant un tracteur, peut mettre en valeur une dizaine d'hectares de cette même vigne. Cela représente un triplement de la productivité apparente du travail agricole. La nécessité de tailler la vigne reste alors le principal facteur limitant des exploitations viticoles.

B

B. **CHIMISATION**

Dans cette exploitation de floriculture, l'épandage de pesticides est réalisé en U. L. M. L'afflux des produits industriels incite l'agriculteur à rendre le milieu naturel le plus neutre possible en cherchant à contrôler ses réactions (fertilisation par l'utilisation d'engrais chimiques ou incorporation de substances destinés à améliorer la composition physico-chimique des sols) et à détruire ce qu'il a de gênant (mauvaises herbes, parasites).

C

C. **ASSOLEMENT ET ROTATION**

La culture répétée d'une même plante, comme ce blé, sur une même parcelle entraîne souvent une diminution de rendement, du fait surtout du développement des mauvaises herbes, appelées plantes adventices (vulpin sur céréales ; ronce, liseron sur maïs...) et des parasites (piétin sur céréales, nématodes...). Le seul fait d'interrompre momentanément une monoculture de blé par une culture de betterave permet d'obtenir de nouveau des rendements normaux. Les progrès techniques, et en particulier ceux de la chimisation, atténuent ces difficultés. L'assolement et la rotation restent toutefois deux composantes essentielles du système de production agricole. L'assolement est la répartition, sur l'exploitation, des surfaces consacrées aux différentes productions végétales. La rotation est l'ordre de succession des cultures sur une même parcelle. Pour éviter la fatigue du sol, la rotation est organisée selon une succession de plantes qui ont des besoins différents.

L'AGRICULTURE INDUSTRIALISÉE

L'ÈRE DE LA RATIONALISATION

ACCROÎTRE LA PRODUCTIVITÉ

■ DANS LE MOUVEMENT GÉNÉRAL de spécialisation qui caractérise l'évolution récente de l'agriculture, certaines exploitations ont opté pour l'élevage. La plupart d'entre elles ont recours à des aliments fournis par l'industrie pour nourrir leur troupeau.

L'élevage avec cultures fourragères. Les anciennes exploitations de polyculture-élevage choisissent souvent d'améliorer leur base fourragère en intensifiant l'exploitation de leurs prairies, qui deviennent de véritables zones cultivées : on voit apparaître les prairies semées, ou artificielles, qui sont retournées à intervalles réguliers.

De nouvelles plantes, plus riches en matière sèche, sont sélectionnées ; on élargit la zone d'implantation du maïs en créant de nouvelles variétés peu exigeantes en soleil. Les fourrages ne sont plus systématiquement séchés pour être stockés. En effet, on pratique de plus en plus souvent l'ensilage (transformation dans les silos par fermentation lactique).

La sélection animale. La ration alimentaire du cheptel est généralement complétée par des produits industriels concentrés en énergie, comme les tourteaux de soja. Parallèlement, on sélectionne des animaux capables de valoriser ces nouveaux produits alimentaires en termes de croissance pondérale ou de production laitière. Les éleveurs participent à ce processus en éliminant systématiquement les animaux les moins productifs. On réalise l'insémination artificielle des femelles par du sperme de reproducteurs dont les performances de la descendance sont confirmées.

Les troupeaux sont désormais logés dans de grandes étables fonctionnelles : à la stabulation (séjour en étable) entravée, qui exige un travail important de distribution des rations aux animaux attachés, les éleveurs préfèrent généralement la stabulation libre, avec accès direct du cheptel au silo d'aliments.

Pour l'élevage laitier, la traite s'automatise grâce à l'emploi de pots trayeurs (qui recueillent le lait) et à l'installation de salles de traite permettant de traire simultanément un nombre croissant de vaches.

L'élevage hors sol. Disposant de trop peu de terres pour vivre, certains exploitants complètent leur revenu par un élevage hors sol, c'est-à-dire un élevage d'animaux nourris par des aliments provenant de l'extérieur de l'exploitation. Il s'agit le plus souvent d'un atelier d'engraissement de bovins, de porcs ou de volailles ; mais on trouve d'autres élevages hors sol : poules pondeuses, lapins ou chèvres, etc. Les aliments sont fournis par les industries d'amont de l'agriculture. Les bâtiments d'élevage sont conçus de façon à rationaliser l'occupation du sol, à réduire le travail de distribution d'aliments et de nettoyage des excréments, généralement recueillis sous forme de lisier ; les aménagements intérieurs sont adaptés aux différents stades physiologiques ; pour limiter les besoins caloriques des animaux, on peut également réduire leur consommation énergétique en leur interdisant tout mouvement dans les *élevages en batterie.* Impliquant une forte concentration d'animaux vivant dans des conditions peu naturelles, ces élevages sont sujets aux épidémies et coûteux en frais vétérinaires.

LES HORMONES

Une hormone est une substance chimique sécrétée par une glande endocrine ou élaborée par un groupe de cellules ou par un organe et exerçant par voie sanguine une action physiologique spécifique sur d'autres cellules ou sur un autre organe. Les hormones jouent notamment un rôle fondamental dans la croissance et dans la reproduction.

Dans les élevages, parmi les hormones sexuelles, les *progestagènes artificiels* sont utilisés dans la synchronisation des périodes de fécondité chez les femelles domestiques : en programmant les chaleurs (et donc les mises bas), on peut adapter la période de production aux capacités fourragères de l'exploitation ou à la demande du marché. Les *androgènes artificiels* sont employés comme anabolisants (ils favorisent la formation de viande) et pour la détection des chaleurs. L'emploi d'*œstrogènes artificiels* comme anabolisants est interdit (en France depuis 1976) chez les animaux destinés à l'alimentation humaine.

Indépendamment de leur usage thérapeutique (rôle dans le métabolisme), on emploie aussi dans les troupeaux des *corticostéroïdes artificiels* pour favoriser l'induction de la mise bas et le groupage des naissances.

Tous ces composés ont une réglementation d'emploi stricte en raison du risque que comporte leur consommation. Ils peuvent en effet provoquer chez l'homme des troubles de la fonction de reproduction, des modifications des caractères sexuels secondaires ou favoriser le développement de certains cancers.

A

A. **ÉLEVAGE DE POULES EN BATTERIE**

Ces cages de taille réduite, limitant les pertes d'énergie dues aux mouvements des animaux, sont caractéristiques de l'élevage des poules pondeuses et des lapins. Autrefois, la basse-cour était une production secondaire de l'exploitation agricole ; les volailles étaient nourries des grains produits par l'exploitation ; l'élevage comprenait toutes les étapes de la production (reproduction, incubation, élevage des jeunes, production d'œufs). Aujourd'hui, les élevages de volailles sont généralement hors sol (la nourriture ne provient pas de l'exploitation) et les diverses phases de l'élevage sont séparées et prises en charge par des producteurs différents (sélectionneurs, multiplicateurs, accouveurs, éleveurs de poulets de chair et éleveurs de poules pondeuses). Dans ces batteries, comme dans les poulaillers contenant jusqu'à 10 000 poulets de chair, les volailles sont loin d'avoir le rythme de vie naturel qu'offrait la basse-cour.

B

B. **FEED-LOT**

Le *feed-lot,* caractéristique des méthodes américaines de production de viande, est une station d'engraissement en plein air, qui regroupe de très nombreux bovins à viande. Après une période d'élevage réalisée dans des conditions extensives et donc peu coûteuses, les animaux sont engraissés de façon accélérée pendant 120 à 150 jours, durant lesquels ils séjournent dans des parcs. Regroupés en lots de 100 à 200 têtes *(feed-lots),* ils sont alimentés de façon très intensive à l'aide de rations concentrées en énergie. La plus grande installation de feed-lots du monde se trouve à Greeley (Colorado).

UNE DIVERSITÉ À PRÉSERVER

Issue de la variété des adaptations aux milieux naturels et de pratiques agricoles ancestrales, la diversité des plantes cultivées et des animaux d'élevage s'est récemment fortement réduite avec l'évolution technique et économique de l'agriculture, rendant nécessaires des actions de préservation.

■ Pendant des millénaires, les paysans ont durement travaillé pour transformer la nature. Par leur patience, leur détermination et leur savoir-faire, ils ont, de par le monde, domestiqué, sélectionné, « amélioré » des centaines d'espèces végétales et un nombre plus modeste d'espèces animales, modelant et diversifiant ainsi pour notre seul profit un patrimoine génétique naturel considérable. La nature revêt des formes très diverses et les conditions de milieu varient en fonction du climat, des sols, du relief. La nature à cultiver et à domestiquer n'est donc pas partout la même et ce n'est évidemment pas une seule forme d'agriculture qui pouvait se développer. Bien au contraire, c'est une infinité de systèmes agraires qui a vu le jour, chacun d'entre eux

B. Planteur de bananes en Amérique centrale.

A. Variétés de poires.

Conserver la diversité végétale

Dans les années 1920, on estimait à 3 000 le nombre de variétés de poires (A). Il s'agissait d'une gamme de fruits adaptés à des conditions de milieu spécifiques, à des usages variés et à des périodes de maturité déterminées, à une époque où la conservation des produits frais était difficile. On est maintenant convaincu qu'il est nécessaire de conserver cette diversité, qui peut se révéler très utile. Ainsi, des variétés d'amandiers à floraison très tardive ont été obtenues récemment en associant des gènes de tardivité d'une variété provençale et d'une variété des Pouilles, en Italie. Cet exemple, comme bien d'autres, montre tout l'intérêt de la conservation du matériel végétal ancien dans ses lieux d'origine.

D'autres méthodes existent pour créer des variétés, en particulier à partir de manipulations génétiques. On les utilise notamment lorsqu'on recherche des plantes résistantes à certaines maladies, comme dans le cas des travaux effectués sur les **bananiers en Amérique centrale** (B) pour trouver la variété qui résistera au champignon parasite *black sigatoka*.

étant un fruit spécifique de l'effort de l'homme sur un milieu particulier, progressivement humanisé. C'est pourquoi, dans chaque région, le paysan disposait des variétés de plantes cultivées et des races d'animaux domestiques adaptées aux contraintes particulières du milieu.

L'affaiblissement de la diversité. Cette situation put se maintenir tant que l'agriculture demeura fondée sur une combinaison de moyens obtenus d'abord localement, en fait tant que le progrès technique ne mit pas à sa disposition, massivement, des instruments produits en dehors d'elle-même.

Les choses commencèrent à changer profondément lorsque le développement des techniques et de l'économie provoqua une nouvelle forme d'articulation de l'agriculture avec les autres secteurs économiques. En effet, l'industrie se mit à produire en masse tracteurs, machines, matières fertilisantes complexes, aliments équilibrés pour le bétail, produits de traitements phytosanitaires, c'est-à-dire tout un ensemble de moyens (les « intrants ») qui pouvait rendre le travail agricole beaucoup plus productif, l'agriculture plus intensive. Du coup, le bétail de trait devenait inutile, la préoccupation pour obtenir du fumier moins contraignante, la sélection de variétés capables de résister à l'adversité du milieu moins nécessaire puisque les produits de la chimie permettaient une lutte efficace contre leurs ennemis (parasites, maladies...).

Il en résulta, pour l'ensemble des exploitations, une immense lame de fond qui conduisit les agriculteurs occidentaux à s'orienter, par nécessité, vers des systèmes de production de plus en plus proches d'un modèle unique. Placés en position de concurrence les uns par rapport aux autres pour approvisionner le marché agroalimentaire, ils ne pouvaient, en effet, pratiquement plus s'éloigner de la combinaison la plus productive. C'est pourquoi on assista à la diminution massive des systèmes fondés sur les ressources locales, entraînant un appauvrissement considérable de cette diversité de caractères et de variétés (races animales, cultivars végétaux) de l'agriculture traditionnelle.

À quoi a abouti cette évolution agricole ? À première vue, à des résultats bénéfiques. En effet, les rendements des cultures ont augmenté considérablement : en France, par exemple, il est désormais possible d'obtenir plus de 100 quintaux de blé à l'hectare dans les riches plaines du Bassin parisien, soit le triple des rendements d'il y a quarante ans ; on peut faire produire couram-

Le landlord sélectionneur

C'est en Angleterre que prit naissance, au XVIIIe siècle, la sélection animale moderne, chez les grands propriétaires fonciers, les *landlords* (A). Élevant de grands troupeaux sur des herbages très étendus, ils pouvaient choisir, parmi de nombreux animaux, ceux qu'ils considéraient comme les meilleurs (ici, *Thomas Ellman avec ses deux taureaux rouges.* Tableau de l'école anglaise du XIXe s., Rona Gallery). C'est à partir de cette pratique empirique que furent créées des races fameuses comme le mouton *Leicester* par Robert Bakewell (1725-1795), pionnier génial de l'amélioration rationnelle du bétail. On doit aussi à Charles Colling, son disciple, la race bovine *Shorthorn,* qui a été diffusée dans tout le monde anglo-saxon et dont il fixa les caractères à partir d'un célèbre taureau du nom de Hubback.

A. Thomas Ellman et ses deux taureaux.

B. Montbéliarde.

C. Simmenthal.

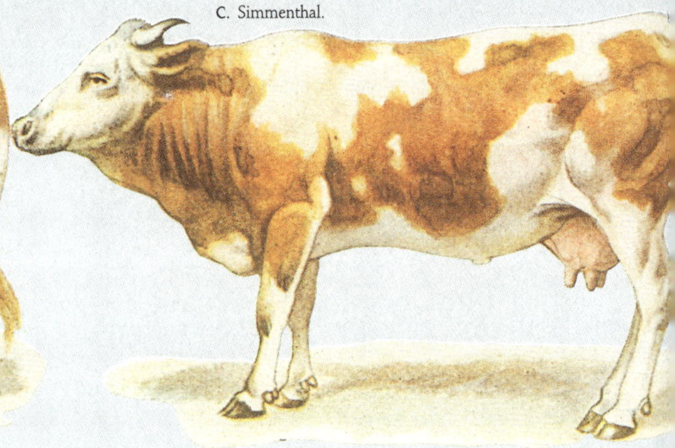

ment 10 000 litres de lait par an aux vaches laitières, soit environ deux fois plus qu'il y a deux décennies.

Bien entendu, ce progrès quantitatif s'explique par l'emploi des « intrants » industriels mais il est aussi largement dû à la standardisation d'un petit nombre de variétés et de races adaptées, par la sélection génétique, à l'intensification agricole et qui ont été substituées à l'éventail très ouvert des variétés et races locales d'autrefois. Quelques exemples feront mieux comprendre la situation. Les variétés de pommes comme la *Cox's orange Pippin* en Grande-Bretagne et la *Golden delicious* en France ou la variété de quetsches yougoslave *Pozegaska* sont devenues dominantes au point de représenter jusqu'à 90 p. 100 du marché. L'essentiel de la volaille élevée dans le monde entier, selon les principes de la zootechnie moderne, provient de souches sélectionnées à partir d'un tout petit nombre de races : *Leghorn* pour les œufs blancs et *Rhodes* pour les œufs roux ; *Cornish* et *Plymouth Rock* pour le poulet de chair. On estime qu'un noyau originel de 16 000 mères aurait suffi pour la production mondiale annuelle de 20 millions de tonnes de poulets et que le cheptel de poules pondeuses, évalué à 1,2 milliard, pourrait être issu de 1 500 mères. On ne s'étonnera plus, alors, d'apprendre que la plupart des races de poules d'autrefois ont aujourd'hui disparu en tant qu'animaux d'élevage. Les vestiges qui en restent sont passés au rang d'éléments de collection.

Une situation préoccupante. Faut-il s'inquiéter de cette diminution du nombre de races animales et de celui des variétés de plantes, ainsi que de la standardisation des individus appartenant à une même race ou à une même variété ? Il faut rappeler tout d'abord que l'amélioration génétique consiste à tirer parti de la variabilité qui existe au sein d'une espèce, soit entre variétés, soit au sein d'une même variété. Or, chez les animaux domestiques, par exemple, la diversité des races a été l'un des moyens utilisés systématiquement pour orienter les systèmes de production dans les directions le mieux adaptées au milieu et aux conditions économiques du moment. Donc, la diminution de la diversité et de son corollaire, la variabilité génétique, réduit considérablement, à long

G. Vache Holstein au Salon de l'agriculture 1991 (Paris).

La diversité menacée des races bovines françaises

Il existe en France un grand nombre de races bovines mais beaucoup sont menacées de disparition. À la sortie de la Seconde Guerre mondiale, on recensait 33 races, dont une seule, la race normande, représentait plus de 10 p. 100 du cheptel total et 12 comptaient pour des proportions situées entre 5 et 10 p. 100.
C'est le cheptel laitier qui a subi le premier les effets de la standardisation. Les races dites « allaitantes », qu'on élève pour la production de viande à partir de veaux allaités sous la mère pendant plusieurs mois, ont mieux résisté car elles sont adaptées à des conditions d'élevage souvent difficiles et ne sont donc pas remplaçables sans risque économique. Sur les 32 races françaises actuelles, 3 races représentent les trois quarts du cheptel : l'une est laitière (française-frisonne/Holstein, [G], 45 p. 100), la deuxième est mixte (normande, 15 p. 100), la dernière est une race à viande (charolaise, 15 p. 100). Seules deux autres races dépassent le taux de 5 p. 100 : 9 p. 100 pour la montbéliarde (B), race laitière dont la production a été améliorée après croisement avec la Simmenthal (C), et 5,5 p. 100 pour la limousine, race à viande. En dehors de ces 5 races, qui représentent 93 p. 100 du cheptel national, 3 races à viande dépassent le taux de 1 p. 100 : la blonde d'Aquitaine (2,5 p. 100), la salers (1,5 p. 100) et la Maine-Anjou (4,2 p. 100). Quinze autres races comptent en tout pour moins de 3 p. 100 du cheptel national, avec des effectifs compris entre 2 000 et 80 000 vaches. Il s'agit de 8 races laitières, dont la rouge flamande (D), et la jersiaise (F), et de 7 races à viande (Aubrac, gasconne, bleue, parthenaise, corse, bazadaise et Camargue). Enfin, il existe encore 9 races bovines dont les effectifs sont inférieurs à 1 000 vaches (comme la vache de Schwitz [E]).

F. Jersiaise.

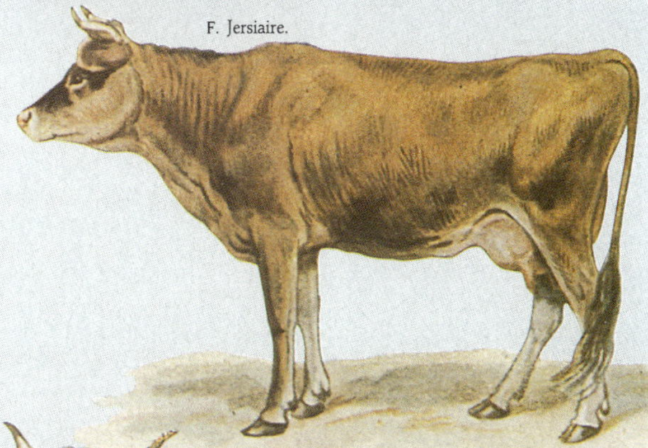

D. Flamande.

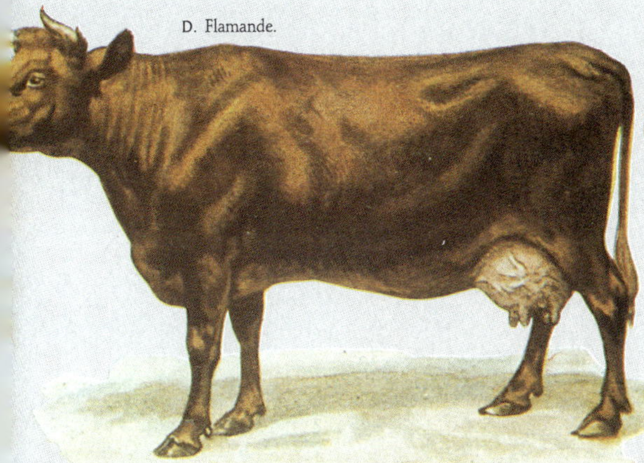

E. Schwitz.

terme, les possibilités d'adaptation des systèmes de production. Laisser s'installer la domination écrasante d'une variété pour une culture déterminée est par ailleurs extrêmement dangereux car, outre l'appauvrissement génétique, apparaissent des risques d'épidémies incontrôlables comme les rouilles du blé ou du caféier. La sélection et la standardisation devraient donc s'accompagner d'une préservation de la variabilité génétique.

La préservation de la biodiversité. Des mesures sont en cours d'application pour sauvegarder les variétés en voie d'extinction afin que leur patrimoine génétique demeure disponible pour l'avenir. Une manière simple consiste à conserver des collections de variétés végétales ou des troupeaux de races animales rustiques dans leur milieu d'origine. C'est le cas, par exemple, de la race bovine de Villard-de-Lans (du nom d'un canton de l'Isère, son lieu d'origine) dont on a dénombré en tout et pour tout 300 individus en 1975, alors que son effectif atteignait 15 000 têtes au début des années 1930. Un programme de conservation a permis d'en stabiliser les effectifs et de préserver son avenir.

Un peu partout dans le monde existent de tels programmes. En Suisse, c'est une fondation financée par des parrainages et des dons qui les met en place ; en Grande-Bretagne, l'organisme public qui gère la politique laitière *(Milk Marketing Board)* a créé une banque de sperme animal et fondé une association d'amis des animaux *(Rare Breeds Survival Trust)* qui possède des troupeaux conservatoires. La FAO a créé trois banques de sperme et d'embryons pour les pays en voie de développement en Asie, en Amérique latine et en Afrique. Le Brésil possède un programme national de conservation des ressources animales. Pour les grandes plantes alimentaires, il existe des programmes internationaux : ainsi, pour le riz, l'IRRI *(International Rice Research Institute),* situé aux Philippines. La richesse et la diversité du patrimoine génétique, forgées par des générations de paysans et de sélectionneurs, font donc un peu partout l'objet d'un regain d'attention.

Pour certains, cependant, la conservation de ce stock diversifié de gènes ne représente pas la seule solution. Leur opinion est fondée sur les progrès de la génétique moléculaire, qui devrait offrir des possibilités de création de variabilité génétique pratiquement illimitées. À la conservation du sperme et des ovocytes des vieilles races animales et des graines de plantes s'ajoute la constitution de banques d'A. D. N., pour des manipulations (encore largement expérimentales) pouvant aboutir à une variabilité génétique nouvelle. Ainsi, aux motivations multiples d'ordre culturel, génétique ou économique pour sauvegarder la diversité biologique parmi les espèces domestiquées, s'ajoutent maintenant les possibilités offertes par les techniques de la biologie non seulement pour conserver la variabilité génétique, mais encore pour l'augmenter, avec des moyens plus performants que les anciennes méthodes des généticiens.

A. Épis de seigle.

B. Triticale (*TRiticum sp.*).

C. Épis de blé.

D. Variétés de tomates.

Les généticiens créateurs de diversité

Par leurs travaux de longue haleine, les généticiens obtiennent des variétés de plantes possédant de nouvelles propriétés : meilleure productivité, résistance aux maladies, raccourcissement du cycle végétatif, etc. Ils accroissent ainsi la variabilité génétique que produit la nature : on n'imagine pas, par exemple, trouver dans les forêts d'Europe, parmi les arbres spontanés du genre *Malus,* le pommier sauvage, les variétés de pommes créées par les sélectionneurs : api, reinette, golden, etc. De même, qui pourrait attendre d'une mutation qu'elle fasse apparaître une variété de colza sans acide érucique, acide gras qu'on soupçonne avoir certaines influences néfastes sur la santé et qu'on retrouve dans l'huile extraite des graines de cet oléagineux ? C'est le travail des généticiens qui a permis l'obtention d'une telle variété. Et ce sont encore les généticiens qui ont créé le triticale (C), hybride entre le blé (B) et le seigle (A), céréale riche en protéines, avant tout destinée à l'alimentation des animaux et qui est aussi panifiable. De même, c'est par sélection que l'on a obtenu ces tomates (D) aux formes et aux tailles variées, de l'olivette à la cerise.

LE SECTEUR AGROALIMENTAIRE

LES INDUSTRIES ALIMENTAIRES

LES PRODUITS ET LES TECHNIQUES

■ AVEC LA CROISSANCE DES CONCENTRATIONS de populations urbaines et l'évolution des modes de vie et des mentalités, les produits de la terre sont de moins en moins proposés en leur état naturel : ils sont collectés puis traités dans des usines, conditionnés, stockés, enfin distribués pour les trois quarts dans les grandes surfaces. Comme le souhaitait Nicolas Appert (1749-1841), l'inventeur génial de la conserve, la nature est maîtrisée, les contraintes des saisons sont supprimées.

Des produits toujours nouveaux. Pour augmenter leurs parts de marché, les industries alimentaires ne cessent d'offrir des produits nouveaux : parfois, il ne s'agit que de produits traditionnels dont la présentation seule a été modifiée pour faciliter la conservation ou l'emploi ; d'autres fois, il s'agit de produits traditionnels de pays lointains, comme des jus, conserves ou confitures de fruits tropicaux (mangues, litchis, fruits de la passion...) ou comme les algues et le surimi (bâtonnet de poisson aromatisé au crabe) consommés au Japon depuis des siècles.

Cependant, de plus en plus, les industries préparent de véritables produits nouveaux, par leurs qualités nutritionnelles ou gustatives. Le phénomène le plus marquant étant celui de l'*allègement,* qui porte souvent sur la partie caractéristique de l'aliment : fromage avec moins de graisse, bière avec moins d'alcool, confiserie avec moins de sucre. Cet allègement impose souvent une complémentarisation, par exemple pour le lait écrémé, qui perd, avec sa graisse, une partie des vitamines liposolubles. Ainsi, plus de 100 000 produits différents, dont environ 10 000 nouveaux chaque année, sont élaborés dans le monde par l'industrie alimentaire.

Les techniques physiques. L'industrie alimentaire utilise un grand nombre de techniques : certaines relèvent d'actions physiques simples, comme le broyage du grain de blé en meunerie ou comme le séchage, qu'il se fasse au soleil (morue) ou dans des enceintes chauffées (céréales, pruneaux, abricots ou figues). L'utilisation du froid, autour de 0 °C pour la congélation, ou du grand froid, de –10 à –20 °C, pour la surgélation, a entraîné de nombreux investissements tout au long de la *chaîne du froid,* ininterrompue depuis l'usine jusqu'au bac du commerçant. Le chauffage est aussi une opération importante, qui permet de stabiliser par *pasteurisation* (de 80 à 90 °C) ou par *stérilisation* (110 °C) des produits conditionnés en boîte métallique, en bocal de verre ou en carton plastifié.

Les techniques chimiques. À côté des techniques physiques, l'industrie alimentaire fait également appel à des *techniques d'ordre chimique :* chaque pays dispose d'une législation, plus ou moins sévère, pour les quelques centaines de molécules ou additifs susceptibles d'être utilisés comme agents de conservation ou de texture, comme arômes ou comme colorants.

Les techniques biologiques. La fermentation est la technique biologique la plus ancienne. Elle permet, grâce à des champignons unicellulaires microscopiques, les levures, d'obtenir des produits aussi variés que le vin, la bière, le pain, le fromage ou le saucisson. D'autres techniques modernes contribuent aux progrès de l'industrie alimentaire, regroupées sous l'appellation de *biotechnologies.*

En outre, l'informatique facilite l'automatisation des chaînes de production.

Le système agroalimentaire. Le système agroalimentaire est de plus en plus considéré comme un système de transformation de l'énergie solaire en énergie alimentaire selon deux sous-systèmes : le *système de production agricole,* ou *agrosystème,* et le *système de transformation-distribution.* Les agrosystèmes transforment l'énergie solaire en énergie alimentaire végétale grâce aux végétaux chlorophylliens cultivés ainsi qu'en énergie alimentaire agricole finale par l'organisation de chaînes biologiques (fourrage, herbivores domestiques). Le système de transformation-distribution change l'énergie alimentaire agricole en énergie alimentaire finale, qu'il distribue aux consommateurs. Le passage de l'énergie solaire à l'énergie alimentaire finale nécessite des injections d'énergie (consommations intermédiaires, travail, capital).

LE CHOCOLAT

Découvert dans les forêts tropicales de l'Amérique centrale, le cacaoyer, arbre de 10 m de haut, est aujourd'hui cultivé principalement au Brésil, en Côte-d'Ivoire, au Ghana, en Malaysia et au Nigeria. Il porte des fruits, ou cabosses, contenant des fèves qui subissent sur place une fermentation naturelle et un séchage avant d'être envoyées vers les pays industrialisés, où elles sont transformées en beurre et poudre de cacao.

Consommé jusqu'au XIXe siècle comme un médicament, le chocolat est aujourd'hui une matière première industrielle largement utilisée. La fabrication et le commerce du chocolat sont dominés par quelques grandes sociétés multinationales : Jacob Suchard, Nestlé, Cadbury, Rowntree Mackintosh, Mars.

Surproduction, spéculation ou concurrence d'arômes de substitution, les cours du cacao s'effondrent périodiquement, provoquant de graves difficultés pour les planteurs des pays d'origine.

LES ADDITIFS ALIMENTAIRES

Les colorants E 100 à E 199	caroténoïdes (E 160) jaune carmin cochenille (E 120) rouge chlorophylle (E 140) vert caramel (E 150) brun
Les conservateurs E 200 à E 299	acide sorbique (E 200) anhydride sulfureux (E 220) nitrate de potassium (E 252)
Les antioxygènes E 300 à E 399	acide ascorbique ou vitamine C (E 300) acide citrique (E 330) acide tartrique (E 334)
Les agents de texture E 400 à E 499	acide alginique (E 400) gomme xanthanne (E 415)

A. B. C. **TROIS GRANDS SECTEURS QUI S'AFFICHENT**

L'industrie laitière, aujourd'hui centenaire, a bénéficié d'un développement considérable dans le monde entier. Les entreprises françaises sont réputées pour la variété des fromages et pour la qualité hygiénique, nutritionnelle et gustative des yaourts, dont ceux à base de « Bifidus » (B) constituent une nouvelle gamme. L'Europe, à elle seule, fournit plus des deux tiers de la production mondiale de lait (assurée à 90 p. 100 par les vaches, 5 à 6 p. 100 par les bufflonnes et le reste par les chèvres et les brebis). Les plus grands consommateurs de lait sont les Scandinaves (près de 200 kg/habitant en Islande et 150 en Suède contre environ 125 en Grande-Bretagne, 100 aux États-Unis et seulement 80 en Italie ou en France).

En ce qui concerne les eaux minérales (A), bien que d'autres pays européens, comme l'Italie et l'Allemagne, aient aussi une industrie puissante dans ce domaine, la France détient un triple record du monde pour la production totale, pour l'exportation et pour la consommation, avec en moyenne 78 litres par Français et par an, notammant grâce à B.S.N. et au groupe suisse Nestlé, qui contrôle d'ailleurs Perrier.

L'industrie des légumes (C) connaît une forte diversification. La traditionnelle conserve est concurrencée par les surgelés et les produits crus sous emballage plastique.

À plus long terme, le marché va s'ouvrir aux produits « ionisés », rendus stériles sans être soumis à l'action dénaturante de la chaleur.

A

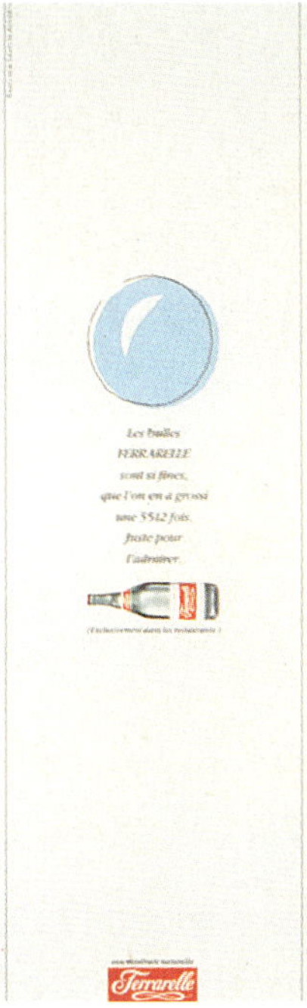

B

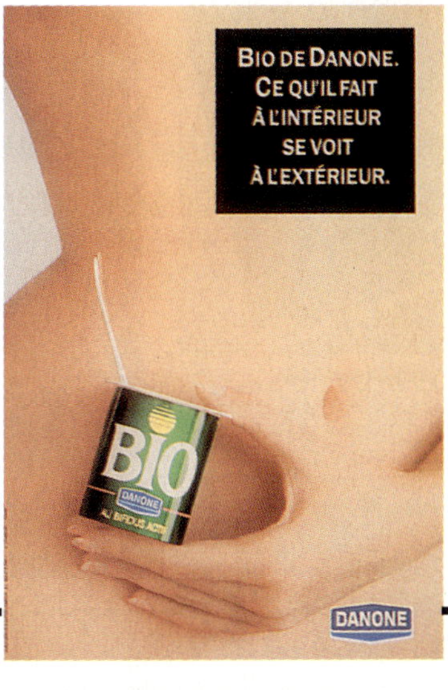

C

L'AGRICULTURE BIOLOGIQUE

LE RESPECT DE LA TERRE

UNE RÉACTION CONTRE LA SOCIÉTÉ INDUSTRIELLE

■ L'IDÉE D'UNE AGRICULTURE BIOLOGIQUE est née au XXe siècle dans plusieurs pays occidentaux. Il semble qu'un passage trop rapide à une agriculture industrielle en ait été la cause majeure. Le foyer de création de cette nouvelle forme d'agriculture peut être situé dans l'Allemagne détruite de 1920, où l'Allemand Rudolf Steiner crée l'*agriculture biodynamique.* Son œuvre se répand ensuite aux États-Unis au moment de la crise des années 1930.

En Grande-Bretagne, après la Seconde Guerre mondiale, on parle d'*agriculture organique,* mais c'est en 1960 que le Suisse H. Müller et l'Allemand H. P. Rusch introduisent le terme d'*agriculture biologique,* lorsque se posent avec acuité les problèmes écologiques engendrés par la société de consommation.

Vers une société paysanne. Face à la nouvelle organisation agricole, les théoriciens de l'agriculture biologique proposent un retour à un âge d'or qui serait celui de l'agriculture et de la société paysanne des siècles passés.

Cette nostalgie apparaît très clairement dans les références que l'agriculture biologique puise dans l'agriculture préindustrielle du XIXe siècle, juxtaposition d'unité de production agricole autonomes, cimentée par de solides valeurs paysannes traditionnelles. Si certains de ses théoriciens s'y réfèrent explicitement et continuellement, d'autres, en revanche, tiennent à présenter l'agriculture biologique comme une agriculture nouvelle, issue de découvertes scientifiques récentes, dont les liens avec le passé ne seraient qu'apparents.

En tout cas, l'acquisition de l'indépendance vis-à-vis de l'industrie constitue, pour les uns et pour les autres, le passage obligé vers une nouvelle société paysanne.

Les méthodes proposées. Pour les tenants de l'agriculture biologique, la terre doit être traitée avec respect et prudence. Le travail du sol doit également respecter la vie microbienne souterraine, intermédiaire indispensable qui permet la fertilisation (minéralisation) et donc la croissance de la plante.

L'intervention doit donc rester superficielle : au labour est généralement préféré le hersage, voire le « sous-solage ». Le fumier composté, riche en micro-organismes, occupe, dans l'agriculture biologique, un rôle central. Il permet la croissance harmonieuse des végétaux cultivés.

A

A. **RETOUR AUX TRADITIONS**

L'agriculture biologique accorde une grande importance au blé, dont on tire le pain, nourriture considérée comme la base d'une alimentation humaine saine. L'épi présenté ici est celui du blé sauvage *(Triticum boeticum).* La recherche de produits présentant des qualités organoleptiques (saveur) et de conservation naturelles et une digestibilité supérieure est un des objectifs majeurs de l'agriculture biologique. À ce titre, les variétés archaïques ou sauvages sont réutilisées. On les cultive et on les transforme en aliments selon des méthodes traditionnelles.

En conséquence, comme dans l'agriculture traditionnelle, l'élevage se révèle le complément indispensable de la culture. Les engrais minéraux sont employés avec parcimonie et discernement, uniquement en cas de carence constatée. Les agriculteurs biologiques considèrent que ce n'est pas tant la quantité de fertilisant épandue qui est importante, mais l'« énergie vitale » que celui-ci apporte aux plantes. L'agriculture « biodynamique » va même jusqu'à préconiser l'emploi d'un certain nombre de préparations, « concentrés de forces cosmiques », pour dynamiser le sol selon une logique proche de celle de l'homéopathie. Les pesticides sont proscrits et la rotation diversifiée des cultures favorise la lutte contre les parasites et les concurrents des végétaux cultivés. De même, on évite les produits vétérinaires en donnant aux animaux une alimentation variée, réputée riche en énergie vitale et en exigeant d'eux de faibles performances.

LA CHARRUE D'ANTAN

« *C'est Gaubert qui faisait les meilleures charrues. Il avait un sort. Il avait creusé un trou sous un cyprès et le trou s'était rempli d'eau, et cette eau était amère comme du fiel de mouton, probablement parce qu'elle suintait d'entre les racines du cyprès. Quand il voulait faire une charrue, il prenait une grande pièce de frêne et la mettait à tremper dans le trou.[...] Il la tournait, il la palpait, il la remettait dans l'eau, il la laissait bien s'imbiber, il la lavait avec ses mains.[...] Un beau jour, c'était fait ; il sortait sa poutre et il la rapportait sur l'épaule toute dégouttante d'eau comme s'il était venu de la pêcher dans la mer ; puis, il s'asseyait devant sa forge, il mettait la pièce de bois sur sa cuisse[...] et le bois prenait la forme de la cuisse.[...] C'était les meilleures charrues du monde des laboureurs.* »

Regain, Jean Giono. (c) Robert Grasset.

B

B. **MALADIES À L'ÈRE INDUSTRIELLE**

L'épidémie de « vaches folles » en Grande-Bretagne a contraint ce pays à une importation massive de viande bovine, comme le garantit ce panneau. Ainsi, la standardisation des conditions d'élevage n'élimine pas totalement l'apparition de graves maladies. Certains affirment même que des pathologies liées aux méthodes contemporaines d'élevage seraient apparues.

C

C. **L'ORDRE ÉTERNEL DES CHAMPS**

Pour ses fondateurs, l'agriculture biologique n'est pas seulement une technique se proposant d'améliorer la qualité nutritive des aliments, de diminuer la consommation d'énergie et la pollution des sols et de l'eau et d'élever les animaux conformément à des principes humanitaires ; c'est aussi l'instrument privilégié d'un retour à une société paysanne garante de stabilité dans une civilisation industrielle en pleine mutation et en crise. Mais l'ordre éternel des champs qu'évoquent avec nostalgie les théoriciens a-t-il jamais été une réalité ? L'histoire de l'agriculture semble plutôt être une perpétuelle adaptation d'une population au milieu dont elle doit tirer sa subsistance. Cette histoire est jalonnée d'immenses progrès productifs, mais également d'incessantes crises économiques et sociales, dont l'agriculture biologique voudrait s'affranchir par son autonomie. (*la Fenaison,* P. Bruegel l'Ancien.)

FINALITÉ ET CONTRAINTES

UNE AGRICULTURE CONTEMPORAINE

■ LES EXPLOITANTS AGROBIOLOGIQUES accordent une grande importance à la fertilisation organique par épandage de fumier composté et achètent donc peu d'engrais. N'utilisant pas d'herbicides, ils doivent multiplier les façons culturales superficielles (hersage, binage, etc.) pour lutter contre les adventices (« mauvaises herbes »). Les pesticides comme la poudre de pyrèthre, la roténone ou la bouillie bordelaise peuvent être employés dans certains cas pour l'arboriculture fruitière et la viticulture. Les éleveurs produisent eux-mêmes une grande partie de l'alimentation de leur bétail en semant des prairies à plusieurs variétés, la diversité de la ration garantissant la santé de leurs animaux. S'ils sont réservés vis-à-vis de la sélection génétique contemporaine, qu'ils jugent appauvrissante, les agrobiologistes emploient pourtant le plus souvent le même matériel génétique que les agriculteurs classiques. Ils restent toutefois méfiants à l'égard de l'insémination artificielle.

Les contraintes économiques. En accordant plus de place au savoir et au travail paysans, l'agriculture biologique permet, à structures productives comparables, une économie de coûts intermédiaires de l'ordre de 40 p. 100 pour un rendement de 20 à 30 p. 100 inférieur à celui de l'agriculture classique.

Si elle s'inspire indiscutablement de l'agriculture du XIXe siècle, l'agriculture biologique est pratiquée aujourd'hui sur des exploitations modernes. Plus qu'une agriculture du passé, il s'agit d'une ramification de l'agriculture contemporaine, à peine moins intensive en capital et plus exigeante en travail que l'agriculture classique. Ainsi, les agrobiologistes utilisent un matériel tout à fait comparable à celui des autres exploitants et, contrairement aux principes initiaux qu'ils s'étaient donnés, les agriculteurs biologiques labourent leurs terres.

Les charges de structure pèsent très lourd dans leur budget. Du fait de moindres rendements, ils doivent vendre leurs produits à un prix supérieur au prix des produits classiques.

À LA RECHERCHE DE NOUVEAUX MARCHÉS

L'AGRICULTURE DE L'AVENIR ?

■ DANS LEUR QUÊTE DE NOUVEAUX DÉBOUCHÉS, les agrobiologistes ont trouvé de solides appuis auprès de quelques intellectuels, médecins et ingénieurs agronomes, qui ont largement participé à la promotion des produits biologiques dans le grand public.

Ainsi, des citadins, soucieux de leur santé et cherchant des agriculteurs capables de produire une alimentation non polluée, se sont regroupés en coopératives ou en associations, proposant un label de qualité biologique et assurant la commercialisation des produits obtenus conformément à leur cahier des charges. Des entreprises privées s'intéressent également au marché des produits biologiques. Certaines d'entre elles jouent un rôle actif dans la propagation de l'agriculture biologique en proposant aux exploitants qui s'y convertiront le conseil et les moyens de production nécessaires à leur nouvelle pratique ; elles s'engagent de plus à commercialiser les produits ainsi obtenus.

D'autres sociétés se contentent d'une entente contractuelle avec leurs fournisseurs, avec contrôle de qualité à la livraison. Généralement, ces entreprises couvrent le marché des céréales, qui sont faciles à stocker sans conservateurs (du fait de leur faible teneur en eau) et rentables à transporter car peu volumineuses (du fait de leur forte masse volumique). Ces sociétés écoulent également quelques fruits et légumes ainsi que des produits laitiers.

Mais ce sont généralement les agrobiologistes eux-mêmes, parfois regroupés en coopératives, qui assurent la transformation et la vente directe de leurs produits frais. En s'appropriant ainsi une part importante de la valeur ajoutée commerciale, ils obtiennent finalement une rentabilité pécuniaire dépassant de 50 à 100 p. 100 celle des produits classiques. Dans ces conditions, l'agriculture biologique apparaît donc bien comme une solution économique aux problèmes multiples que l'intensification a posés à certaines exploitations agricoles moyennes, qui n'avaient pas toujours les moyens d'accroître leur productivité aussi rapidement que la concurrence l'exigeait.

A

A. **CULTURE ASSOCIÉE MAÏS-SOJA**

La pratique des cultures associées est très ancienne et universelle (ici, au Cameroun). Elle a été progressivement abandonnée, sauf en culture fourragère et en agriculture biologique.
Les agrobiologistes cultivent souvent ensemble, sur une même parcelle, deux ou plusieurs espèces végétales différentes, en particulier des légumineuses sous couvert de céréales (par exemple, blé avec gesse, vesce ou petits pois). Ils assurent ainsi une couverture continue du sol, le protégeant contre l'érosion, améliorant sa structure physique et favorisant sa vie microbienne en maintenant aux alentours du sol une certaine inertie thermique et hydrique. La masse végétative des cultures étouffe les plantes adventices (« mauvaises herbes »). En utilisant plus complètement les facultés productives du milieu, les cultures associées permettent de plus d'accroître sensiblement les rendements en matière sèche à l'hectare. Cette association semble particulièrement intéressante pour la production de grains en vue de l'alimentation du bétail.

B

B. **MARCHÉ DE PRODUITS BIOLOGIQUES**

La rentabilité des exploitations agrobiologiques dépend, dans une large mesure, des possibilités de commercialisation dans les circuits spécialisés. Les exploitations à dominante d'élevage peuvent commercialiser dans les mêmes circuits que les exploitations classiques, mais les exploitations maraîchères doivent plutôt vendre dans des circuits biologiques. Par ailleurs, il faut tenir compte du fait que le transport des produits biologiques sur une longue distance est coûteux : d'abord parce que, sans conservateurs, il nécessite des installations frigorifiques continues ; ensuite parce qu'il concerne de faibles quantités de produits, interdisant les économies d'échelle. On a donc vu se multiplier localement des marchés de produits biologiques où les exploitants proposent fruits et légumes fraîchement cueillis ainsi que produits agricoles transformés par leurs soins (jus de fruits, confitures mais aussi fromages, charcuterie, etc.). Leur clientèle se recrute plutôt dans la classe moyenne : il s'agit d'enseignants, d'infirmières et, plus généralement, de personnes ayant des convictions écologistes ou veillant simplement sur la qualité de leur alimentation après avoir été confrontées à des problèmes de santé.

LES DÉSÉQUILIBRES LIÉS À L'AGRICULTURE

Si le développement de l'agriculture a apporté d'énormes bienfaits, il a aussi entraîné des déséquilibres écologiques, territoriaux et économiques : des ressources fondamentales comme l'eau et les sols sont affectées, des espaces que l'homme avait aménagés sont abandonnés, des millions de paysans des pays sous-développés restent dans le dénuement.

LA POLLUTION DES EAUX SOUTERRAINES

DUE À UNE CONSOMMATION D'ENGRAIS EN CONSTANT ACCROISSEMENT

■ Il existe des causes domestiques et industrielles de la pollution des eaux souterraines (décharges mal conçues, fuites dans les canalisations d'eaux usées, rejets industriels, etc.), mais c'est l'agriculture qui est la principale responsable (engrais azotés, stocks d'excréments de l'élevage industriel).

Facteur essentiel de l'intensification agricole, la consommation d'engrais azotés a augmenté de manière vertigineuse depuis quarante ans : on épand maintenant 200 kg d'unités fertilisantes d'azote par hectare sur les cultures intensives, voire plus, dont une partie n'est ni absorbée par les plantes ni retenue dans le sol. C'est elle qui est entraînée dans les couches profondes et qui s'infiltre, sous forme de nitrates, dans les nappes phréatiques. La période hivernale est la plus critique en raison des fortes précipitations, qui accentuent le lessivage de l'azote, de l'absence de couvert végétal et des températures basses, qui limitent l'activité microbienne et, par voie de conséquence, la transformation de l'azote minéral en azote organique. En 1980, la Communauté économique européenne a adopté une réglementation fixant à 50 mg/l la concentration maximale en nitrates dans les réseaux d'adduction d'eau, ce qui a permis de mettre en évidence la gravité de la situation. En France, par exemple, 1,7 million de personnes avaient été desservies par une eau ayant dépassé au moins une fois dans l'année le seuil critique.

Réduire la pollution. La lutte contre cette pollution diffuse, provoquée par l'agriculture et qui touche plus ou moins toutes les régions d'agriculture intensive, demande d'abord une révision des pratiques de la fertilisation azotée, c'est-à-dire une adaptation des apports d'engrais aux besoins des plantes.

L'irrigation aussi doit être mieux raisonnée, car elle augmente les risques de lessivage des nitrates dans le sol. Des *cultures pièges* peuvent être pratiquées dans les périodes entre les cultures pour fixer les nitrates excédentaires. La pollution par les nitrates est devenue une préoccupation majeure dans les pays industrialisés et chacun s'efforce de la réduire, mais, quelles que soient les méthodes de lutte, il s'agira d'un travail de longue haleine car la pollution observée aujourd'hui peut être la conséquence d'actions qui remontent à dix ou vingt ans.

L'ÉROSION DES TERRES AGRICOLES

LES CONSÉQUENCES DE L'APPAUVRISSEMENT EN HUMUS

■ L'érosion n'est pas seulement le fait des régions arides et semi-arides, où les conditions climatiques lui sont particulièrement favorables. Elle est aussi présente, et beaucoup plus qu'on ne le pense souvent, dans les régions tempérées d'agriculture intensive. On estime, par exemple, à 25 millions d'hectares (l'équivalent de la moitié de la superficie de la France) la surface des terrains agricoles touchés ou très menacés par l'érosion dans la C. E. E.

Les sols les plus fragiles sont ceux qui contiennent peu d'humus (moins de 2 p. 100) et une forte proportion de sables fins. L'humus dépend des apports de matières organiques : fumier, résidus de récolte et engrais verts (plantes cultivées pour être enfouies dans le sol). Or ces apports ont beaucoup diminué avec les systèmes agricoles actuels, qui privilégient la fertilisation minérale et qui séparent l'élevage des cultures. La teneur en humus tend donc à diminuer dans les zones de culture intensive. Par ailleurs, le tassement du sol par des engins de plus en plus lourds favorise le ruissellement des eaux de pluies, agent principal de l'érosion. Beaucoup de cultures, comme les céréales, protègent mal le sol et favorisent le ruissellement. L'élimination de haies, de talus et de fossés a également causé une accélération de l'érosion.

Les méthodes de lutte. Elles consistent à améliorer la structure du sol par des apports d'amendements minéraux (calcaire broyé, chaux) ou organiques (fumiers, composts). On peut également enfouir des résidus végétaux. On s'oriente aussi, sur certains sols, vers le semis direct, qui consiste à supprimer tout travail du sol et à semer les graines avec un semoir spécial.

La lutte contre l'érosion éolienne est fondée sur deux principes : le ralentissement de la force du vent par l'établissement de brise-vent et la fixation du sol par la plantation de végétaux aux systèmes racinaires solides. En Europe, les sols des régions méditerranéennes sont particulièrement affectés : 20 p. 100 des terres agricoles y présentent un risque élevé, et environ 35 p. 100 un risque moyen, mais la dégradation organique des sols concerne toute l'Europe et pourrait devenir irréversible si rien de sérieux n'était fait pour la contrecarrer.

A

A. **DÉSÉQUILIBRES DANS LA FAUNE**

L'agriculture intensive conduit à la généralisation de certaines cultures. C'est le cas du maïs-fourrage dans les zones d'élevage. Cette culture et les formes sous lesquelles les récoltes sont stockées – des ensilages en silos de plein air – favorisent, par la source alimentaire qu'elles constituent, la pullulation d'animaux comme ces étourneaux *(Sturnus vulgaris)* et certains rongeurs, provoquant des déséquilibres faunistiques contre lesquels il est très difficile de lutter.

B

B. **REMEMBREMENT ET SUPPRESSION DES HAIES**

Dans les régions de bocage comme celle-ci, près de Laval (France), l'exiguïté des parcelles et le réseau des haies qui les entoure ont rendu difficile la mécanisation des travaux agricoles. C'est pourquoi le remembrement, c'est-à-dire la recomposition et l'agrandissement des parcelles ainsi que l'établissement de chemins d'accès, a accompagné la modernisation de l'agriculture. Il s'est traduit notamment par l'arasement des haies, malheureusement sans considération pour leurs rôles biologique, hydrologique, climatique et pédologique. Avec le fossé et le talus qui l'accompagnent, la haie contribue, en effet, à la régulation du régime des eaux et à la conservation des sols ; la haie et le talus hébergent toute une faune d'oiseaux, de reptiles, d'insectes et de petits mammifères, ils servent d'abri et apportent de la nourriture au gibier ; la haie est indispensable au confort climatique des animaux et de l'homme dans le bocage ; elle fournit du bois de chauffage, du bois à piquets et même du bois d'œuvre (bâtiment), ainsi que les fruits de ses noisetiers, noyers et autres châtaigniers. Pour ces raisons, une étude d'impact est nécessaire dans le déroulement des opérations de remembrement.

LA « DÉPRISE AGRICOLE »

ESPACES MARGINALISÉS ET TERRES ABANDONNÉES

■ AUX DÉSÉQUILIBRES ÉCOLOGIQUES dus à l'incidence des pratiques de l'agriculture intensive sur des ressources aussi fondamentales que les eaux souterraines ou les sols cultivés, il faut ajouter, dans les pays développés, les effets de l'économie de marché sur la répartition géographique de l'activité agricole. Cette fois, il ne s'agit plus de la surexploitation du milieu mais, au contraire, de la mise à l'écart de certaines des richesses créées par des générations de paysans.

L'exode rural. On a toujours cherché à conquérir de nouvelles terres dans des espaces souvent très ingrats pour l'agriculture : terres pauvres, zones de montagne, régions éloignées des centres urbains. Les systèmes agraires ont permis de peupler ces espaces au prix d'un travail considérable et de dures conditions de vie.

Tant que l'économie agricole était essentiellement fondée sur l'autosubsistance et dépendait peu des échanges marchands, cette agriculture en régions difficiles a pu se maintenir. Mais, lorsque les agriculteurs ont été contraints, progressivement, de s'insérer dans des mécanismes de marché touchant toutes leurs activités, ceux qui travaillaient dans ces régions subirent le handicap d'une plus faible productivité que leurs homologues des plaines fertiles. D'où une propension à abandonner ces régions et le métier d'agriculteur. C'est par ce mécanisme économique qu'ont été – et continuent d'être – progressivement marginalisées des régions entières : les villages se vident, les terres sont abandonnées.

Ce phénomène, qualifié de *déprise agricole,* signifie la dégradation, voire la destruction d'un patrimoine riche et varié, accumulé par les agriculteurs au fil des siècles (aménagements agricoles, infrastructures rurales, bâtiments d'exploitation et d'habitation...). Il occasionne en conséquence une atteinte aux paysages ruraux, partie d'un environnement que la société tout entière se doit de protéger.

RICHES ET PAUVRES

LE DÉSÉQUILIBRE NORD-SUD

■ LES PRÉOCCUPATIONS LIÉES aux questions écologiques et à l'usage de l'espace ne doivent pas faire oublier le plus dramatique des déséquilibres auxquels l'agriculture est confrontée. Celui-ci résulte de l'existence parallèle de l'agriculture pléthorique des pays industrialisés et des agricultures pauvres et déficitaires des pays sous-développés.

Une faible productivité dans un contexte de sous-développement économique. Alors qu'un seul agriculteur du Bassin parisien produit avec son tracteur, ses machines et ses engrais 1 000 tonnes de blé par an, le paysan africain, avec ses outils manuels, obtient des denrées alimentaires dont l'équivalent en blé est de 100 à 200 fois inférieur à cette quantité.

Cette faible productivité accompagne le sous-développement économique général et se traduit par une pauvreté qui atteint quelquefois l'extrême misère. Écartés du progrès technique par l'absence de connaissance et de formation, mais surtout par le manque d'argent pour financer l'amélioration de leurs exploitations, tous ces agriculteurs parviennent tout juste à produire suffisamment pour assurer leur propre survie. Leurs maigres excédents, lorsqu'ils existent, sont le plus souvent gaspillés par de mauvaises conditions de stockage et de commercialisation. Enfin, dans les villes gigantesques où une bonne partie d'entre eux va finalement s'entasser, les produits manufacturés locaux entrent en concurrence avec des produits venant des pays développés.

La révolution verte mettra-t-elle un terme à la dépendance alimentaire ? Certains pays sous-développés ont réussi cependant à améliorer la productivité de leur agriculture et à se libérer de la dépendance alimentaire à l'égard des pays riches.

C'est le cas, par exemple, de l'Inde, où subsistent certes d'extraordinaires inégalités dans la répartition des richesses à la campagne et où les paysans pauvres occupent le bas de l'échelle sociale, mais où, globalement, les effets de la *révolution verte* (l'adoption d'une technologie plus productive : variétés nouvelles de céréales, emploi d'engrais, de pesticides et de machines) ont nettement amélioré la situation alimentaire de la population.

Pourtant, dans beaucoup de pays, notamment en Afrique, où un fort accroissement démographique augmente considérablement les besoins, les agriculteurs, très nombreux mais très pauvres, ne peuvent subvenir aux besoins alimentaires de la population. La dépendance alimentaire de la plupart des pays du « Sud » est donc loin d'être un problème résolu. Le déséquilibre entre les pays pauvres et les pays riches, où opèrent les grandes entreprises multinationales qui contrôlent de plus en plus l'accès au progrès technique, ne fait en réalité que s'accroître.

A

A. **ABANDON D'ESPACES CULTIVÉS**

Dans les zones de collines et de montagnes méditerranéennes, les agriculteurs ont conquis et aménagé les espaces cultivés au prix d'un travail considérable et souvent spectaculaire, comme l'attestent ces paysages de terrasses dans la vallée de la Tinée (Alpes-Maritimes, France). Marginalisée par l'économie de marché des pays industrialisés, l'agriculture de ces régions laisse ces terrasses à l'abandon, les livrant à la friche et à l'érosion.

B

B. **PAYSANNE AU BRÉSIL**

Parmi les pays sous-développés, si ceux qui disposent de quelques ressources financières obtenues de l'exportation peuvent combler leurs déficits agricoles par les importations, les plus démunis ont comme seul recours l'aide internationale ou des crédits qui augmentent leur endettement. N'ayant pas les moyens matériels d'accéder à la technologie, ne bénéficiant pas d'un niveau d'éducation suffisant, les paysans en restent à une agriculture très faiblement productive, soumise aux aléas climatiques et à la concurrence des produits importés. Ne dégageant que de faibles excédents commercialisables après consommation de ce qui est nécessaire à la survie de leurs familles, ils ne peuvent ni améliorer significativement leur niveau de vie et leur patrimoine ni approvisionner suffisamment les populations urbaines. Souvent poussés par la misère à abandonner leurs champs, ils migrent vers les énormes bidonvilles des mégalopoles.

L'AGRICULTURE DE DEMAIN

Longtemps, les chercheurs et les agriculteurs ont concentré leurs efforts sur un objectif simple : améliorer le rendement des cultures et augmenter la production des animaux d'élevage dans des conditions économiques acceptables. Autour de cette orientation se sont développées des formes d'agriculture de pointe, intensives et très productives, qui sont l'apanage des pays industrialisés. Pour l'avenir, des questions se posent. Va-t-on poursuivre la course à la productivité et sous quelles formes ? Quels rapports l'agriculture va-t-elle entretenir avec son environnement scientifique et technique ? Comment va-t-elle prendre en compte les problèmes écologiques qu'elle engendre ?

LA PRODUCTIVITÉ

DES MACHINES QUI REMPLACENT LES HOMMES

■ L'agriculture obéit aux règles de notre système économique. La rémunération des ressources mobilisées (travail par exemple) dépend de la production obtenue par chaque travailleur. En économie, le rapport production/ressources mobilisées est appelé *productivité.* Par le passé, celle-ci a augmenté régulièrement (en France, plus de 6 p. 100 par an en moyenne au cours des trois dernières années) et il faut s'attendre au maintien de cette tendance grâce à l'amélioration des machines.

L'arrivée de l'informatique et des automatismes constitue un nouveau stade de la mécanisation agricole. Sur des tracteurs de plus en plus puissants, l'informatique permet de programmer avec précision des opérations de travail du sol et de manutention, ce qui augmente les performances des travailleurs.

Dans les élevages, l'ordinateur est déjà en train de transformer les méthodes d'alimentation des animaux, réalisant les opérations de gestion à la place de l'éleveur.

Dans le domaine de la récolte des fruits, activité qui exige beaucoup de main-d'œuvre, des robots cueilleurs, en phase d'expérimentation très avancée, vont bientôt remplacer de nombreux travailleurs, comme cela a été le cas au cours des dernières années dans les vignobles avec les machines à vendanger.

L'agriculture de demain demandera donc de moins en moins de bras, faisant appel à des machines de plus en plus perfectionnées, performantes et autonomes.

CHIMIE ET BIOLOGIE

VERS UNE AGRICULTURE INTÉGRÉE

■ Avec la mécanisation, la chimie a été le fondement des progrès quantitatifs obtenus par l'agriculture, d'abord avec les engrais puis, ensuite, surtout dans les années 1980, avec les *biocides* (fongicides, insecticides, herbicides). L'utilisation de ces produits chimiques ne va pas disparaître dans l'avenir, mais les critiques faites à leur emploi massif (atteintes au milieu naturel, doutes sur la qualité des aliments) favorisent l'émergence d'une agriculture dite « biologique », qui refuse l'emploi de ces produits.

Pour l'avenir, le retour aux équilibres biologiques pourrait prendre une place plus considérable grâce à l'émergence du concept d'*agriculture intégrée.* Celle-ci consiste en la mise en place de systèmes de production utilisant harmonieusement les acquis de la chimie agricole, les progrès de la biologie et la récupération des vieux principes mis au point au XIXe siècle et concernant la combinaison des cultures et le maintien de la fertilité des sols. Elle permettrait la diminution notable de l'emploi d'engrais et de pesticides et n'occasionnerait qu'une chute modeste des rendements, compensée par la diminution des coûts de production. Il existe des programmes ambitieux d'extension de l'agriculture intégrée : les Pays-Bas, par exemple, espèrent parvenir à l'adoption de ce système par 30 p. 100 environ des exploitations agricoles d'ici au milieu des années 1990.

Les outils de la biologie contemporaine. La biologie va accentuer son importance pour l'agriculture grâce aux moyens mis en œuvre par la biologie moléculaire. Les *manipulations génétiques*, en particulier, contribueront de plus en plus à la création de variétés végétales et à l'amélioration de races animales. Des caractères comme la résistance aux maladies des plantes cultivées pourront être introduits dans les génomes de variétés déjà appréciées des agriculteurs. La reproduction à l'identique de plants indemnes de maladies virales par les techniques de la multiplication *in vitro* (microbouturage) se développera.

Le recours à la *lutte biologique,* c'est-à-dire à l'emploi d'espèces sans danger pour une culture mais capables de détruire les ennemis de celle-ci, prendra plus d'importance au détriment de l'emploi des pesticides.

A

A. **ISOLÉS DU SOL**

L'artificialisation des milieux de culture peut être poussée très loin pour certaines cultures, notamment maraîchères. Dans des enceintes fermées, des équipements pour le chauffage, l'aération, l'arrosage, les traitements phytosanitaires, l'éclairage permettent de maîtriser la croissance des jeunes plants grâce à l'application de programmes informatiques. Chaque plant (ici des laitues), traité individuellement, est placé sur un substrat isolé du sol, alimenté en eau et en sels minéraux par des gouttières.
La production de fraises et de certains légumes comme les tomates ou les concombres a assuré le succès de ces cultures « sans sol ».

B

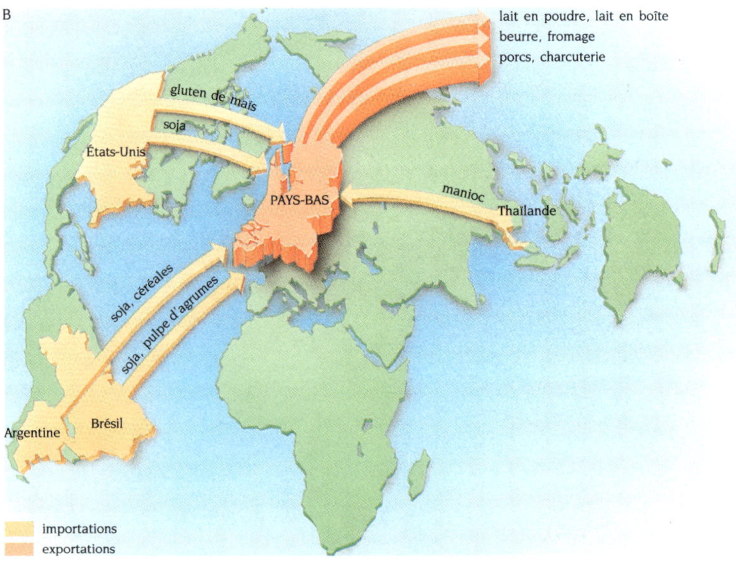

B. **MONDIALISATION DES ÉCHANGES : L'EXEMPLE DES PAYS-BAS**

Les excédents des pays industrialisés, la pénurie extrême qui règne dans beaucoup de pays sous-développés, les spécialisations productives géographiques et saisonnières, tout cela explique la croissance des échanges internationaux. Situés à la pointe des progrès techniques, et parmi les premiers à avoir su tirer profit des avantages du commerce international, les Pays-Bas ont édifié une agriculture insérée dans un réseau d'échanges à la fois actif, diversifié et étendu.
Pour produire intensivement lait, viandes de bovin, de porc et de volaille, œufs, les élevages hollandais ne peuvent fonctionner sans importer manioc, soja, sous-produits de l'industrie de traitement du maïs (corn gluten feed) et céréales. Les matières premières sont traitées et mélangées par des usines fabriquant des aliments pour le bétail, que viennent compléter les fourrages obtenus dans le pays.
L'industrie agroalimentaire transforme les productions animales en lait en poudre, beurre, fromage, viandes congelées ou traitées pour être mises en conserve.
Tous ces produits sont ensuite en grande partie exportés dans le monde entier, y compris dans les pays sous-développés, d'où a pu venir la matière première utilisée pour les obtenir.

PROTÉGER LA NATURE

POLITIQUES ET MÉTHODES

UNE LÉGISLATION DEVENUE INDISPENSABLE

■ CHACUN ADMET que la conservation de la nature constitue une préoccupation majeure des sociétés contemporaines. Pourtant, l'attitude originelle du droit face à l'environnement n'est en rien protectrice. Au contraire, il s'agit plutôt de maîtriser la nature et d'en tirer parti.

Aujourd'hui encore, des pans entiers de la législation encouragent des activités lourdes de conséquences négatives pour les écosystèmes et les paysages (remembrement rural, urbanisation, destruction des animaux dits « nuisibles »...). De sorte que la préservation de l'environnement passe par la neutralisation de certaines dispositions qui concourent, directement ou non, à sa dégradation.

LES DATES IMPORTANTES DE LA PROTECTION	
802	Capitulaire de Charlemagne ordonnant aux officiers gestionnaires des domaines de défricher.
1669	Ordonnance de Colbert sur les eaux et forêts (France).
1810	Décret relatif aux manufactures et ateliers insalubres ou dangereux (France).
1970	Programme sur l'homme et la biosphère (MAB) lancé par l'Unesco.
1971	Naissance du ministère de l'Environnement en France.
1972	Conférence des Nations unies sur l'environnement (Stockholm) qui aboutit à la création du programme des Nations unies pour l'environnement (P.N.U.E.). Convention de l'Unesco sur le patrimoine mondial culturel et naturel.
1973	Convention de Washington sur le commerce international des espèces de faune et de flore menacées d'extinction.
1980	Convention de Canberra (suivie en 1988 de la convention de Wellington) relative à l'Antarctique.
1987	Acte unique européen instituant une véritable politique communautaire de l'environnement, entré en vigueur en juillet et suivi du protocole de Montréal.
1989	Convention de Bâle sur les mouvements de déchets dangereux.
1990	Programme de sauvegarde de la forêt en Europe.
1992	Conférence des Nations unies sur l'environnement et le développement à Rio de Janeiro.

La protection par nécessité. Ce sont d'abord des considérations d'ordre économique qui ont motivé les mesures les plus anciennes, édictées dans le but de ménager les ressources naturelles dont on a pris conscience qu'elles n'étaient pas inépuisables. Pareillement, une législation s'ébauche dès l'époque féodale afin de préserver le gibier, la chasse devenant un objet de plaisir pour les seigneurs.

Mais, d'une manière générale, la protection de l'environnement repose en grande partie sur des lois qui répondent prioritairement à d'autres préoccupations. Parmi celles-ci, l'hygiène et la santé publique, la sécurité, la protection du voisinage et le souci d'assurer la pérennité des multiples usages de l'eau, du sol, de l'air constituent en effet le fondement essentiel des mesures dont bénéficient les divers éléments de l'environnement.

La protection du patrimoine. Pour des raisons découlant à la fois de la conjoncture financière difficile et de son idéologie ultralibérale, la Révolution française a laissé se perpétrer de graves atteintes aux monuments et aux forêts, lesquelles furent donc, à grande échelle, vendues comme biens nationaux, puis morcelées et défrichées. Ces excès ont engendré bientôt une réaction de la part des artistes et des gens de lettres fortement influencés par le romantisme. L'élite cultivée prend alors fait et cause pour les témoignages du passé et les paysages naturels et finit par emporter l'adoption de mesures tendant à sauvegarder les monuments historiques et les beautés naturelles. Ainsi, la législation sur les sites et les paysages (loi du 21 avril 1906, remplacée par la loi du 2 mai 1930) et, outre-Atlantique, la création dès 1872 du parc national de Yellowstone procèdent de cette inspiration.

La protection des milieux naturels. Il faudra cependant attendre plusieurs dizaines d'années pour que la nature, déjà protégée à la manière des monuments pour des raisons éthiques et culturelles, le soit en tant que telle. Au lendemain de la Seconde Guerre mondiale, l'expansion économique inflige des dégradations d'une ampleur sans précédent aux espèces animales et végétales, ainsi qu'à leurs habitats. La faute en revient à différents facteurs : aménagement du territoire, intensification agricole, croissance industrielle et urbaine. Cette fois, les scientifiques prennent le relais, évaluent les dégâts et s'alarment publiquement du saccage. On doit à leur détermination les avancées spectaculaires de la protection de la nature dans les pays industrialisés au cours des décennies 1960 et 1970.

L'environnement, donnée de l'économie. Il apparaît nécessaire d'intégrer les actions de protection dans le cadre des plans d'aménagement du territoire, de façon que l'économie dans son ensemble prenne en compte les exigences de l'écologie et que la nature ne se réduise pas à quelques espèces et réserves sauvegardées pour leur intérêt exceptionnel.

À cet égard, l'institution des parcs naturels régionaux (1967) en France innove, dans la mesure où ces parcs, qui ne sont pas seulement « naturels », se voient également assigner pour mission la réanimation de régions dites « déshéritées ». Par ailleurs, ils remplissent à l'égard du public une fonction d'accueil et de loisir.

LA LOI « MONTAGNE » DU 9 JANVIER 1985

Comme l'indique son intitulé complet, la loi relative « au développement et à la protection de la montagne » ne se contente pas de définir une politique d'aménagement ainsi que les moyens institutionnels et financiers permettant de mobiliser les ressources économiques locales des zones montagnardes. Elle contient également des dispositions protectrices de l'environnement, parmi lesquelles figurent les interdictions de construire à moins de 300 mètres des parties naturelles des rives des lacs de moins de 1 000 hectares ; de créer des routes nouvelles de vision panoramique, de corniche ou de bouclage au-dessus de la limite forestière ; de procéder à des déposes de personnes en hélicoptère.

La « loi montagne » prévoit et organise par ailleurs une procédure spécifique qui concerne l'implantation des unités touristiques nouvelles.

Néanmoins, sur ce projet, de même qu'en ce qui concerne l'installation de microcentrales (centrales hydroélectriques exploitant de petites chutes d'eau), les règles qu'elle impose sont sensiblement moins contraignantes que par le passé.

A

A. **YELLOWSTONE**
En Amérique du Nord, l'aventure des pionniers provoqua une destruction massive des milieux naturels (prairies) et des disparitions d'espèces. Heureusement, les réactions protectrices furent efficaces, comme en témoigne le parc de Yellowstone. Depuis 1872, ce parc national, le premier créé dans le monde, demeure une référence. Il s'étend sur une superficie de 888 000 ha et comprend le plus grand lac de montagne nord-américain. C'est aussi le plus grand champ de geysers au monde. À côté de nombreux oiseaux rares, on peut y rencontrer le plus grand troupeau de cerfs wapitis d'Amérique.

LES MESURES DE PROTECTION

LE DROIT

RÉGLEMENTATIONS ET INTERDICTIONS

■ AUX ESPACES PRÉSERVÉS par la loi, que signalent habituellement des panneaux appropriés, s'ajoutent les innombrables mesures, invisibles celles-là, dont dépend la qualité de l'air, de l'eau et, d'une manière générale, de la vie. La législation oblige par exemple les industriels à se doter, le cas échéant, d'une station d'épuration ou d'un filtre à poussières.

Le droit de l'environnement se présente comme un édifice volumineux et baroque, car non seulement il n'est pas codifié, mais ses dispositions sont applicables aux multiples usages de la nature et de ses ressources, du droit de l'urbanisme au droit forestier, du droit rural au Code minier.

Les méthodes. Le droit de l'environnement est constitué, pour l'essentiel, de règles d'ordre public, voire d'interdictions des activités préjudiciables à la nature ou au cadre de vie.

Mais il existe des procédés moins contraignants. Ainsi, les parcs naturels régionaux reposent sur une charte énonçant des engagements librement consentis par les communes concernées. En divers domaines, les objectifs et les moyens sont déterminés par voie conventionnelle – contrats de rivière, contrats de branche (pour la réduction des pollutions industrielles), conventions de gestion – ou dans le cadre de textes non obligatoires (c'est le cas des « cartes d'objet de qualité » [des eaux, etc.] ou des « schémas de vocation piscicole »).

L'efficacité. En plusieurs secteurs, celle-ci n'est pas très bonne, pour des raisons sociopolitiques (dans le cas des activités de chasse dites « traditionnelles », pratiquées fréquemment dans des conditions illégales... et néanmoins tolérées, ou encore des pollutions industrielles, pour lesquelles on n'inflige presque jamais de peines d'emprisonnement) mais aussi juridiques (ne serait-ce que dans la mesure où la procédure ne donne pas toujours au juge, notamment vis-à-vis de l'Administration, les pouvoirs nécessaires).

A. **AMÉNAGER EN PRENANT EN COMPTE LES EXIGENCES NATURELLES**

À l'instar du saumon, de l'alose ou de l'esturgeon, plusieurs espèces de poissons passent du milieu marin à l'eau douce pour s'y reproduire. Évidemment, les barrages hydroélectriques ou autres constituent des obstacles infranchissables mettant en péril les migrateurs. Les pouvoirs publics et les aménageurs se doivent de prévoir et d'équiper en conséquence les ouvrages de dispositifs de franchissement, comme cette échelle à saumons, installée au Sörvagen Lofoten (Norvège). Dans le même ordre d'idées, les axes routiers peuvent bénéficier d'équipements comme les « crapauducs », permettant aux crapauds de migrer vers leurs étangs d'origine pour s'y reproduire ou encore comme les ponts enjambant la chaussée et permettant aux animaux sauvages le franchissement de la route, notamment lorsque celle-ci traverse un massif forestier.

A

L'ÉCONOMIE

FINANCER LA PROTECTION

■ LE DROIT DE L'ENVIRONNEMENT se trouve renforcé par les méthodes économiques, notamment les redevances écologiques, et, en ce qui concerne l'espace, par les politiques foncières.

Les redevances écologiques. Appliquant par transposition le principe « pollueur-payeur », elles consistent en des perceptions acquittées par des personnes dont l'activité se trouve, directement ou non, à l'origine d'un problème écologique. Si l'on fait abstraction de la taxe d'enlèvement des ordures ménagères, les redevances écologiques n'apparaissent en France qu'avec la loi du 16 décembre 1964, qui les institue au profit des agences de l'eau. Plusieurs pays de l'O. C. D. E. disposent de taxes applicables dans la lutte contre le bruit, la pollution atmosphérique, l'élimination et la récupération des déchets.

Les redevances écologiques s'exposent à diverses objections tenant à leur caractère souvent peu incitatif, à la faiblesse de leur montant et de leur taux. On leur reproche encore de légitimer des comportements qu'il conviendrait plutôt d'interdire, le principe « pollueur-payeur » ayant tendance à se lire « Je paie, donc je pollue.» Pourtant, dans un contexte où les exigences environnementales ne cessent de croître, les redevances écologiques paraissent non seulement conformes à l'équité, mais indispensables pour faire face à l'augmentation des dépenses de protection.

Les politiques foncières. Elles reposent sur un principe simple : acheter pour protéger. En France, l'État et les collectivités territoriales appliquent ces politiques dans le cadre départemental, avec l'institution des espaces naturels sensibles ainsi que par l'intermédiaire du Conservatoire de l'espace littoral et des rivages lacustres. Au 31 décembre 1988, ses acquisitions portaient sur 32 791 ha de dunes, zones humides et boisées, pinèdes, caps rocheux et falaises assez régulièrement répartis entre tous les rivages de la France. Dans cette action, l'État français a été précédé par des associations de protection de la nature, inspirées de leurs homologues britanniques, qui utilisent d'ailleurs la technique à grande échelle.

B. **ÉTUDES D'IMPACT**

Depuis 1970, aux États-Unis, 1975 en Allemagne et 1976 en France, des équipements tels que ce viaduc (Via Anchieta, traversant la Sierra do Mar, au Brésil) exigent la réalisation préalable d'une *étude d'impact.* Celle-ci présente les incidences écologiques et paysagères de l'opération et les mesures susceptibles de réduire ou de compenser leurs effets négatifs. L'étude crée les conditions d'un débat auquel participent l'Administration, le maître d'ouvrage, les associations et les habitants. Dans plusieurs pays anglo-saxons, cette *audition publique* – en France facultative et rarement organisée – s'apparente à un véritable procès, dirigé par un magistrat.

B

UN LABEL POUR LES ÉCOPRODUITS

En France, la norme « N. F. environnement » constitue, depuis 1991, un label de qualité pour les *écoproduits,* produits « écologiques ».

Il s'agit d'un certificat attribué à l'issue d'une analyse réalisée à partir de multiples critères et permettant de déterminer si, « du berceau à la tombe », le produit a un impact significatif sur l'environnement. Le label apporte ainsi au consommateur un moyen d'apprécier les avantages et le prix réel du produit en y intégrant son coût écologique particulier.

L'institution de ce label « écoproduit » pose divers problèmes, pour le moment non résolus, notamment celui du contrôle des déclarations du producteur sur les conditions de fabrication. Il conviendra également, d'une part, d'étendre le label aux produits – médicaments, produits agricoles, services et automobiles – qui en sont encore exclus et, d'autre part, de réaliser une harmonisation européenne et d'envisager une harmonisation mondiale.

En dépit de ses imperfections actuelles, le label imposera sans doute une attitude plus responsable, plus respectueuse de l'environnement. Il pourra devenir un véritable facteur de sélection des entreprises, de façon que les lois de la concurrence sanctionnent désormais les industriels qui n'auraient pas su devenir des « écoproducteurs ».

DÉFIS ET PERSPECTIVES

LA LUTTE ANTIPOLLUTION

LES DIFFÉRENTS TYPES D'ACTION

■ LA POLLUTION affecte l'ordre public, au sens très étendu que les juristes donnent à cette notion et qui recouvre la sécurité, la salubrité (donc la santé et l'hygiène) et la tranquillité.

Les odeurs et le bruit portent atteinte à la qualité de la vie, les fumées noircissent les monuments. La vulnérabilité du monde vivant est illustrée par les images désolantes des poissons flottant le ventre en l'air, des sols rendus stériles, des conifères malades des pluies acides, par le déclin plus discret de certaines espèces de chauves-souris ou de lichens, par l'extinction, enfin, totalement ignorée ou presque, de milliers d'invertébrés terrestres et marins, dont un bon nombre d'espèces auront disparu avant même d'avoir été décrites.

LES RISQUES TECHNOLOGIQUES MAJEURS

Jusqu'à présent moins lourdes de conséquences, en vies humaines notamment, que les tremblements de terre ou les éruptions volcaniques, les catastrophes industrielles représentent cependant un autre défi que nous ne sommes toujours pas parvenus à relever.

Les événements de Seveso (1976), Three Mile Island (1979), Mexico (1984), Bhopal (1984), ou Tchernobyl (1986) ont démontré tragiquement la réalité des risques technologiques majeurs qui pèsent sur l'avenir de l'humanité. Particulièrement évidente dans le cas du risque nucléaire ou chimique, l'angoisse s'accroît encore avec la perspective des « catastrophes lentes » qui pourraient survenir à la suite, par exemple, d'un changement du climat mondial. Il est frappant de constater que, pour le moment, les réponses à ces risques ne diffèrent pas fondamentalement des méthodes employées à l'égard des pollutions et des nuisances « ordinaires ». Cependant, le droit de l'urbanisme édicte des règles portant interdiction de construire des immeubles d'habitation à proximité des installations dangereuses, et réciproquement.

Les catastrophes technologiques ont au moins permis d'accomplir des progrès significatifs dans le domaine de la gestion des crises, au triple niveau de l'établissement (plan particulier d'intervention), de la circonscription administrative (plan d'urgence) et de l'État.

Ce tableau plutôt sombre incrimine l'industrie, en dépit des efforts accomplis – parfois considérables. Il faut cependant reconnaître que *nous sommes tous pollueurs*, au moins de façon indirecte, et qu'il n'est pas d'activité complètement innocente.

De fait, nul ne conteste maintenant la responsabilité de l'agriculture, présentée traditionnellement comme le modèle d'une utilisation raisonnable de la nature mais qui, depuis la Seconde Guerre mondiale, perturbe les écosystèmes avec des doses massives de pesticides et déverse dans les milieux aquatiques les nitrates excédentaires des engrais.

Les actions préventives. En face de ces problèmes, la société s'organise et tente d'abord de prévenir. L'industrie, tous les établissements ou activités sources de nuisances ou de dangers sont placés sous le contrôle des pouvoirs publics. Le système de l'autorisation permet à l'Administration d'imposer à l'exploitant des perceptions de nature à supprimer ou à réduire les risques ou les émissions polluantes. Des normes de construction et de fonctionnement aux dispositifs d'épuration et aux mesures à prendre en cas d'accident, les établissements « dangereux, insalubres ou incommodes », selon la terminologie ancienne, doivent respecter les conditions déterminées, pour chacun d'entre eux, par l'acte d'autorisation. Quant aux installations qui présentent de moindres inconvénients, elles sont astreintes à déclaration et soumises à une réglementation générale, élaborée par catégories d'activités.

Les remèdes. À cette démarche essentiellement préventive s'ajoute la panoplie des actions qui tendent à réduire les impacts ou à réparer les dommages causés. Il s'agit d'abord de limiter collectivement l'exposition aux nuisances à travers les choix d'aménagement du territoire et les règles d'urbanisme. On impose ainsi, face aux nuisances sonores, des normes d'isolation phonique aux constructeurs et des écrans antibruit le long des autoroutes urbaines.

Souvent, l'intervention administrative s'inscrit dans le contexte d'urgence créé par un accident ou par des risques résultant d'une pollution atmosphérique qu'aggravent des circonstances météorologiques défavorables. Pour y faire face, les pays industrialisés ont institué dans les zones à forte concentration urbaine et/ou industrielle des réseaux d'alerte et mis à la disposition des autorités des prérogatives énergiques afin, par exemple, de suspendre rapidement le fonctionnement d'installations thermiques ou d'interrompre la circulation automobile.

Pourtant, la lutte achoppe sur des problèmes d'application. Les pollueurs – qui, indépendamment de leur responsabilité civile, encourent des sanctions pénales comportant des amendes et en principe des peines d'emprisonnement – disposent en réalité de multiples échappatoires. Ainsi, certaines entreprises n'hésitent pas à se livrer au chantage à l'emploi, menaçant de fermer leur usine si on prétend leur imposer le respect de la légalité.

A

A. **LE BRUIT, UNE POLLUTION SONORE**

En matière de lutte contre le bruit, il ne peut être question de supprimer totalement les nuisances. Seule une réglementation rigoureuse de la construction interdisant l'implantation d'habitations dans les zones très exposées, en particulier aux abords des aérodromes, permet de limiter la pollution sonore. En revanche, la protection collective ou individuelle (de l'insonorisation des locaux aux boules auriculaires) n'apporte qu'une solution imparfaite aux situations résultant d'un urbanisme imprévoyant.

B

B. **MAÎTRISER LE RÉGIME DES FLEUVES**

L'énergie hydroélectrique constitue, avec la biomasse, la plus exploitée des énergies renouvelables et est en principe non polluante. À ce titre, la volonté de dompter le régime d'un fleuve (comme ici à Itaipú, sur le Paraná, au Brésil) est parfaitement légitime. Cependant, elle devrait impérativement concilier les données macroéconomiques et les données environnementales. Pour ne pas en avoir tenu compte, la construction du barrage d'Assouan en Égypte, dont l'objectif principal était d'assagir le Nil, s'apparente elle aussi à une catastrophe. Car, en bloquant l'essentiel des apports sédimentaires du grand fleuve, l'ouvrage a considérablement amoindri la productivité biologique des eaux littorales et, partant, celle des pêcheries.
Les grands barrages des pays tropicaux sont souvent des désastres pour la faune et la flore. Ils s'envasent très vite, privant les terres agricoles situées en aval du précieux limon des fleuves, et deviennent des réservoirs de parasites.

L'ACTION LOCALE

LES COLLECTIVITÉS

POUVOIRS LOCAUX ET ASSOCIATIONS

■ LES EXEMPLES qui suivent se limitent à la France, État unitaire par opposition aux États fédéraux comme les États-Unis ou la Suisse.

Communes et départements. Les *communes* assurent d'abord l'alimentation en eau et l'élimination des déchets ménagers. En matière d'assainissement, elles sont progressivement amenées à se doter de stations d'épuration et doivent de toute façon réaliser l'évacuation des eaux usées. Le système du tout-à-l'égout implique un traitement approprié des effluents, faute de quoi les problèmes de pollution se trouvent simplement déplacés en aval et par conséquent aggravés. Le coût et les difficultés de fonctionnement des stations d'épuration conduisent parfois à préférer, en milieu rural, l'assainissement individuel.

Les communes interviennent à bien d'autres titres. Ainsi, le maire est chargé, en tant qu'autorité de police, de réprimer les atteintes à la tranquillité publique.

Les autorités communales déterminent généralement elles-mêmes les règles d'utilisation de l'espace et délivrent les permis de construire. Les responsabilités afférentes à ces procédures se révèlent lourdes de conséquences. Aujourd'hui, la physionomie de la ville et la qualité des paysages dépendent directement des élus municipaux, de leur aptitude à comprendre les enjeux environnementaux autant que de leur volonté de ne pas céder à la pression de certains intérêts particuliers.

Un nombre croissant de responsabilités sont transférées aux collectivités intermédiaires. Au point de vue de l'environnement, les *départements* disposent, juridiquement parlant, de compétences limitées à l'acquisition d'espaces naturels sensibles. Toutefois, l'importance de leurs moyens financiers, les aides qu'ils distribuent, sous des formes et pour des objets variés, aux communes et aux associations leur permettent de définir et de mettre en œuvre une véritable politique de protection. Ce constat s'applique également aux Régions.

Les associations. La contestation de l'énergie nucléaire, les vastes débats sur l'aménagement du territoire, le développement et les thèmes connexes tels que le tiers-monde, les minorités culturelles ou la décentralisation ont grandement élargi les objectifs des associations. En France, quelque 25 000 associations de protection accomplissent des missions variées, dont la première consiste à donner l'alerte quand surgit une menace, à œuvrer pour la sauvegarde d'un site particulier ou d'intérêts plus ou moins généraux.

Par de multiples aspects de leur action, ensuite, les associations assurent une véritable mission d'intérêt général ou y collaborent. Sur le plan administratif, leurs représentants siègent, en tant que tels ou à titre de personnalités qualifiées, au sein de plusieurs dizaines d'organismes nationaux à caractère consultatif et, en fait, à tous les niveaux de la hiérarchie de l'État et des collectivités territoriales.

L'avenir des associations. En définitive, la transformation spectaculaire des méthodes et les succès remportés invitent à s'interroger sur l'avenir des associations. La logique conduirait à penser que, si leur raison d'être réside dans l'incapacité de l'État à répondre de manière pleinement satisfaisante aux défis de l'écologie, elles pourraient s'effacer dès lors que les politiques publiques de protection auraient accompli des avancées significatives. Cependant, étant donné la quantité des problèmes qui se posent au niveau régional et local, il paraît vraisemblable que, pour organiser la défense de la nature face aux agressions, pour mobiliser les énergies et stimuler l'imagination, elles soient appelées à conserver leur importance.

FRANCE NATURE ENVIRONNEMENT

Créée en 1968 à l'initiative de François Hué, la Fédération française des sociétés de protection de la nature s'est dotée, vingt ans après, d'une raison sociale plus « médiatique » : France Nature Environnement. Elle n'en a pas moins conservé sa fonction première à l'égard des associations adhérentes (qui représentent 850 000 personnes), leur apportant des informations, une assistance juridique et une aide technique (stages de formation).

Sa mission essentielle repose sur les moyens habituels du militantisme. La sensibilisation du public par ses prises de positions vis-à-vis de l'actualité, sa participation à des manifestations ou encore la préparation de dossiers sur des thèmes majeurs (énergie, transports, déchets...) demeurent ainsi une priorité. France Nature Environnement s'implique directement dans les causes d'importance nationale, de l'ours des Pyrénées à la contestation de la liaison fluviale Rhin-Rhône. Cependant, sa stratégie s'enrichit désormais d'une démarche partenariale dont elle escompte des progrès par la voie de conventions passées avec les collectivités territoriales et les industriels.

QUELQUES TUYAUX POUR DES ÉCONOMIES D'EAU

L'eau potable représente moins de 1 p. 100 de l'eau mondiale. Même dans les pays occidentaux où son économie n'est pas encore une exigence de premier plan, des gestes simples permettent à chacun de modérer sa consommation et de limiter les actions qui ont un effet polluant :
– bien remplir les lave-linge et les lave-vaisselle ; chaque utilisation de ces machines consomme plus de 100 litres d'eau ;
– prendre des douches plutôt que des bains ; un bain nécessite environ 150 litres contre 60 pour une douche ;
– éviter de laisser le robinet ouvert lorsque l'on se brosse les dents ou lorsque l'on se rase ;
– utiliser de préférence des lessives concentrées en poudre qui contiennent actuellement moins de produits non biodégradables que les lessives liquides ;
– éviter de jeter des produits chimiques tels que les peintures, les détachants et les diluants.

De nombreux guides de la protection individuelle de l'environnement sont publiés qui se proposent d'éduquer le consommateur et de lui apprendre à avoir de bons réflexes. Ces initiatives qui contribuent à faire évoluer les mentalités face aux problèmes de l'environnement sont l'accompagnement indispensable des actions menées aux échelons nationaux et internationaux. De plus, l'action individuelle trouve un prolongement efficace au sein des associations de protection.

A

A. **COLLECTE POUR RECYCLAGE**

Pour l'avenir, la solution des problèmes que pose l'élimination des déchets ménagers passe par le développement des filières de recyclage, de récupération et de valorisation, ce qui implique une collecte sélective (comme ici, en Californie), qui s'effectue à domicile ou auprès des administrations (papier) et des commerces (emballages). Quant aux déchetteries, ce sont des centres d'apports volontaires où les particuliers opèrent eux-mêmes le tri en déposant dans des récipients ou des emplacements appropriés le verre, les papiers, les cartons et les plastiques ainsi que les déchets récupérables repris par des professionnels.

DES BOIS SACRÉS AUX RÉSERVES

Les racines de la protection se trouvent dans une Grèce antique déjà ravagée par la déforestation et le surpâturage. Platon comparait le paysage de l'Attique aux « os d'un corps dévasté [...], les parties les plus riches et les plus tendres du sol ayant peu à peu disparu pour laisser le seul squelette ». Les bois, asiles de nymphes, de dryades, de Grâces ou de Muses, revêtaient un caractère sacré par le mystère de leurs hôtes divins ; mais aussi, par la fraîcheur des sources qu'ils entouraient souvent, par le chant des oiseaux qui y demeuraient, l'ombre paisible qu'ils dispensaient, ils en faisaient des oasis merveilleuses au milieu du paysage avoisinant. Il convenait donc d'en assurer la pérennité.

LES PREMIÈRES RÉSERVES

ESPACES RÉSERVÉS, FORÊTS PROTÉGÉES

■ En Afrique, les arbres ou les bosquets en zone sahélienne et les marigots (bras morts de cours d'eau ou mares) entourés de fourrés, lieux sacrés d'hommage aux forces invisibles qui animent la Terre, bénéficient d'une protection localisée. Au-delà de ces motivations à caractère mystique, certaines coutumes sont souvent dictées par la volonté de protéger l'environnement naturel. Ainsi, les communautés vivant dans une montagne soumise au climat méditerranéen, avec ses précipitations torrentielles, ont vite compris que la protection de certains boisements permettait de lutter contre les avalanches, les glissements de terrain, l'érosion et les inondations tout en préservant des ressources (bois de chauffage et de construction, par exemple).

Pour le plaisir des rois. Des espaces réservés, boisés ou non, se sont aussi constitués sous la forme des domaines de chasse que les puissants voulaient se ménager pour y trouver un gibier menacé par la déforestation et la mise en culture. Guillaume le Conquérant crée ainsi en Angleterre, au XIe siècle, la *New Forest,* par laquelle il s'approprie « les animaux sauvages et autres êtres de la forêt pour qu'ils y restent et y résident dans la sûre protection du Roi, pour son délice et son plaisir princier ». De telles mesures de protection, qui se multiplient en Angleterre, assureront une sauvegarde pour les paysages forestiers, sérieusement entamés depuis la conquête romaine. De cette époque daterait d'ailleurs le terme de *forêt,* qui vient du mot latin *forestis,* « mise en dehors », qu'on retrouve dans la locution *silva forestis :* forêt mise en dehors, sortie du domaine public.

Pour le plaisir des yeux. La création au XIXe siècle des *séries artistiques* (devenues *réserves biologiques domaniales*) de la forêt de Fontainebleau (France) dépendra aussi du bon vouloir d'un prince. En 1836, le peintre Théodore Rousseau s'installe à Barbizon. Il y attire Díaz, Millet et Corot. Ceux-ci protestent contre la politique des Eaux et Forêts de coupes à blanc et de remplacement des feuillus par des résineux (enrésinement) qui ruinent le paysage d'une forêt où alternent chênes et hêtres séculaires aux formes tourmentées, landes et chaos rocheux. Le roi des Français, Louis-Philippe Ier, interrompt immédiatement les coupes de régénération. Invité plus tard à la cour impériale, Rousseau convainc l'empereur Napoléon III de sauvegarder les plus beaux sites de la forêt. En 1861, par décret impérial, 1 097 ha sont érigés en *séries artistiques.* Les artistes poursuivent néanmoins leur lutte contre l'enrésinement.

ARTISTIQUES, PUIS BIOLOGIQUES

Les actuelles réserves biologiques de la forêt de Fontainebleau, comme celle qui est illustrée ci-dessous, sont héritées de protections instaurées au XIXe siècle. Après leur mise hors exploitation, puis leur transformation en séries artistiques, les parcelles concernées n'en ont pas moins subi des coupes lors de la dernière guerre, ce qui provoque l'émoi des naturalistes. En 1953, au sein de ces séries, des réserves biologiques (intégrales ou dirigées) sont donc créées sur 522 ha. En 1967, les séries artistiques sont supprimées. Il ne restera alors plus que 416 ha de réserves biologiques.

Ces dernières sont pourtant peu appréciées de certains forestiers pour lesquels un arbre mort ou une forêt à la flore et à la faune diversifiées sont des fantaisies improductives (ce qui explique qu'il y en ait peu en France : 15 130 ha pour 1 750 000 ha de forêts domaniales). Elles constituent pourtant des milieux précieux pour le maintien de la diversité biologique.

A

A. **BOIS SACRÉ**

L'homme a toujours vénéré les lieux qui lui paraissaient être le théâtre privilégié de l'expression des forces mystérieuses de la nature : source, grotte, sommet, arbre particulier, etc. La pression exercée par l'homme alentour (chasse, agriculture) a renforcé leur caractère de lieux exceptionnels où la nature restait vierge. Ce bois sacré au Nigeria demeurera ainsi hors du temps et de l'empreinte humaine. Sa taille mise à part, il est donc peu différent de certains parcs nationaux.

B

B. **YOSEMITE NATIONAL PARK**

C'est au milieu du XIXe siècle que les Californiens blancs découvrent les splendeurs de la Yosemite Valley et de ses alentours lors d'une expédition montée contre les Indiens de la vallée. Les futaies de séquoias de Mariposa forcent l'émerveillement. Des dessins, des photos et des articles en décrivent les beautés et popularisent le site. Quelques Californiens font pression sur leurs représentants au Congrès pour que cet ensemble prestigieux soit préservé de l'installation d'immigrants et de la destruction des forêts. C'est chose faite en 1864. Frederick Law Olmsted, concepteur du Central Park de New York, devient président du conseil chargé de gérer la Yosemite Valley, parc dont les vallées, modelées par les glaciers quaternaires, possèdent de nombreux lacs et sont dominées par des escarpements grandioses.
Il élabore en 1865 un rapport où sont définies les grandes lignes de ce que seront les parcs nationaux américains.

PARCS NATIONAUX ET RÉGIONAUX

LES PARCS NATIONAUX

« POUR L'AGRÉMENT DU PUBLIC »

■ LA PRÉOCCUPATION des promoteurs de l'idée de parc national ou de réserve naturelle a été dès l'origine de demander l'intervention des pouvoirs publics pour protéger des espaces, ou des espèces, jugés précieux.

Le premier parc national. Aux États-Unis, en 1833, George Catlin, le célèbre peintre des tribus indiennes, demande au gouvernement « une vaste politique protectrice » pour créer, le long du Missouri, « un parc magnifique, où le monde pourrait voir, dans les âges à venir, l'Indien indigène [...] galopant sur son cheval sauvage parmi les hordes mouvantes de wapitis et de bisons », un parc national « contenant homme et bête, dans toute la fraîcheur sauvage de leur naturelle beauté » !

Le congrès des États-Unis, en instituant le parc national de Yellowstone, près de cinquante ans plus tard (1872), reprendra cette idée sous la formule du « parc public et zone de loisirs, au bénéfice et pour l'agrément du public ». À dire vrai, à l'époque, c'est plus la grandeur des paysages spectaculaires qui attire et motive les promoteurs des parcs, qui vont se multiplier en Amérique du Nord. De plus, certaines entreprises comme la Northern Pacific Railroad Company voient dans ces parcs, dont elles soutiennent aussi la création, un moyen de développer leurs activités.

Une idée qui se répand. Pourtant, cet effort de protection aux États-Unis se développe au moment même où les Indiens sont déportés ou massacrés et les bisons, anéantis. Ce n'est pas l'un des moindres paradoxes d'une société qui va ensuite diffuser la notion de protection de la nature et de parc national dans le monde anglo-saxon. Des parcs vont ainsi se créer au Canada (1885), en Australie (1886), en Nouvelle-Zélande (1894), en Afrique du Sud (1898), aux Indes (1908), etc.

En Europe, un double mouvement conduit à l'institution des premiers parcs nationaux : des initiatives privées (Suisse, 1914, par exemple) et des initiatives publiques (Suède, 1909, Italie, 1922, etc.).

Le cas de la France. En 1923, le premier Congrès international pour la protection de la nature réuni à Paris préconise bien la création de parcs, mais ceux-ci ne verront le jour qu'outre-mer (en Algérie à partir de 1923 ; en Antarctique en 1924 ; en Afrique-Occidentale française en 1925, etc.). Le professeur Mangin, directeur du Muséum national d'histoire naturelle, demande, en 1927, au président de la République la création de parcs nationaux en France, sans plus de succès que le deuxième Congrès de la protection de la nature réuni de nouveau à Paris en 1934. Un député, en 1937, propose que la France organise sur son territoire des réserves naturelles. En 1961, la France se dote enfin d'une législation permettant de créer des parcs nationaux.

A

A. **CAMARGUE : RÉSERVE ET PARC RÉGIONAL**

En 1927, dans le delta du Rhône, une réserve est créée par la Société zoologique d'acclimatation (maintenant Société nationale de protection de la nature, S. N. P. N.) pour protéger, sur 18 000 ha, une flore et une faune menacées par divers aménagements. La S. N. P. N. gère aujourd'hui cette réserve qui est un fleuron du patrimoine naturel français. Le développement du tourisme et la réduction des espaces naturels (qui couvraient 67 p. 100 du delta du Rhône en 1942 et ne représentent plus que 39 p. 100) ont amené la création, en 1970, du parc naturel régional de Camargue, sur plus de 80 000 hectares.

LES CARACTÉRISTIQUES

DES ZONES OUVERTES AU PUBLIC ET PROTÉGÉES PAR L'AUTORITÉ NATIONALE

■ L'UNION INTERNATIONALE pour la conservation de la nature et de ses ressources (U.I.C.N.), lors d'une assemblée générale réunie à New Delhi en 1969, a jugé utile de formuler les caractéristiques d'un parc national.

C'est d'abord un territoire assez étendu, qui présente un ou plusieurs écosystèmes, généralement peu ou pas transformés par l'exploitation et l'occupation humaine, où les espèces végétales et animales, les sites géomorphologiques et les habitats offrent un intérêt spécial d'un point de vue scientifique, éducatif et récréatif, ou dans lesquels existent des paysages naturels de grande valeur esthétique.

Dans ce territoire, la plus haute autorité compétente du pays a pris des mesures pour empêcher ou éliminer dès que possible, sur toute sa surface, l'exploitation ou l'occupation, et pour y faire effectivement respecter les entités écologiques, géomorphologiques ou esthétiques ayant justifié sa création. Enfin, la visite y est autorisée, sous certaines conditions, à des fins récréatives, éducatives et culturelles.

La constitution d'un parc national varie d'un pays à l'autre tant en ce qui concerne le statut foncier que par la nature de l'organisme chargé d'en assurer la gestion. Le plus souvent, les parcs nationaux sont la propriété de l'État, au niveau national (en Pologne, en Suède et en Roumanie, par exemple), ou au niveau confédéral et provincial comme au Canada. En Espagne, en France ou en Italie, le terrain appartient, selon des proportions variables, à des collectivités locales, à des personnes privées et à l'État.

Les autres territoires protégés. À la demande des Nations unies, l'U. I. C. N. établit une liste des parcs nationaux et réserves analogues « des Nations unies », dont la première version est parue en 1961-1962. Régulièrement mise à jour, cette liste classe les régions protégées en fonction de leur statut, de leur surface, de leur mode de gestion et selon différents critères comme leur finalité.

On distingue ainsi différentes catégories : des réserves scientifiques, des réserves naturelles intégrales, des parcs nationaux et des parcs régionaux, des réserves de conservation de la nature, des réserves naturelles dirigées, des sanctuaires de faune, des réserves ornithologiques, des régions biologiques naturelles, des réserves de biosphère et des sites naturels du Patrimoine mondial.

Dans le monde, les zones protégées (qui sont plus de 2 000) couvrent environ 400 millions d'hectares actuellement.

B

B. **DOVREFJELL, UN PARC NATIONAL**

Créé en 1974, le parc national de Dovrefjell s'étend, sur 26 500 ha, dans une zone montagneuse qui, longtemps, sépara le nord et le sud de la Norvège.
Ce parc présente des aspects géologiques variés et une flore dont la richesse, connue depuis le XVIIIe siècle, attirait de nombreux collectionneurs qui mirent en péril certaines espèces rares jusqu'à ce que la création du parc en assure la protection. Le parc héberge, notamment, deux mammifères particuliers : le siciste des bouleaux *(Sicista betulina)*, rongeur à l'allure de souris vivant dans les marais et dans les bois de bouleaux, et le bœuf musqué *(Ovibos moschatus)*. Cette dernière espèce, caractéristique des toundras du Canada et du Groenland, avait disparu de Norvège à l'époque des Vikings à cause de la chasse. Des spécimens du Groenland, réintroduits au parc national de Dovrefjell, y ont reconstitué un troupeau dont l'effectif atteint aujourd'hui une quarantaine de têtes.

CRÉATION ET FONCTIONNEMENT

LES CAS DE DEUX PARCS NATIONAUX

■ PROTÉGER DE VASTES ESPACES quasiment vierges des excès d'une colonisation européenne qui ne les avait pas encore atteints était relativement aisé en Amérique, en Australie ou en Afrique du Sud au XIXe siècle. L'autorité pouvait s'exercer sans rencontrer beaucoup d'opposition de la part des indigènes, peu nombreux, à qui l'on ne demandait d'ailleurs pas leur avis. Ils étaient même parfois considérés comme faisant partie des « objets » à protéger… quand ils n'avaient pas été tout simplement éliminés.

La démarche s'est révélée toute différente lorsqu'il s'est agi d'instituer de tels parcs dans des pays où les citoyens pouvaient s'opposer à des décisions étatiques qui étaient alors jugées trop autoritaires et contraignantes.

Le parc Forillon. Ce parc national a été créé en 1970 au Québec, à l'embouchure du Saint-Laurent. La volonté du gouvernement fédéral de protéger, à l'extrémité de la Gaspésie, un ensemble remarquable tant par les spectacles naturels qu'il offre que par la richesse de sa géologie, de sa flore et de sa faune s'est traduite par l'achat ou l'expropriation des terrains nécessaires à l'installation d'un parc où chasse, pêche et cueillette sont strictement contrôlées.

L'éviction des exploitants installés dans le périmètre du parc ne s'est pas faite sans mal et a laissé des traces dans l'esprit des Gaspésiens, qui vivent maintenant à la périphérie du parc. Il n'y a donc plus d'activités humaines permanentes dans le parc. L'accueil touristique est pour la plus grande part organisé et assuré par le parc lui-même. La circulation se fait le long d'itinéraires balisés dont quelques-uns peuvent être fermés à certaines périodes de l'année pour ne pas gêner la faune (pendant la saison des amours, par exemple). La fermeture de ces itinéraires peut intervenir pendant des périodes plus longues si les autorités du parc, assistées de scientifiques, jugent nécessaire que tel ou tel secteur du parc doit bénéficier d'une tranquillité absolue pendant plusieurs années.

Dans le cas du parc Forillon, l'État, maître chez lui et disposant d'une opinion publique qu'il s'est donné les moyens de convaincre du bien-fondé de cette opération de protection du patrimoine naturel, a pu faire acte d'autorité au profit des générations à venir.

Le parc des Pyrénées occidentales. Le troisième parc national créé en France (1967) s'est mis en place après de laborieuses négociations. Des demandes de protection d'espaces pyrénéens, pour la richesse de leur flore et de leur faune, avaient été émises depuis le début du siècle sans donner de suites notables, si ce n'est une initiative privée de la Société zoologique d'acclimatation (création de la réserve du Néouvielle en 1935). En 1954, pour assurer, en France, la pérennité d'une espèce prestigieuse, l'ours brun *(Ursus arctos),* le docteur Couturier, grand chasseur et naturaliste averti, avait tenté sans succès d'obtenir la mise en réserve de zones à ours dans les vallées d'Aspe et d'Ossau.

Lors de la création du parc, les pouvoirs publics se trouvent confrontés à des intérêts contradictoires de groupes divers avec lesquels il leur faut composer : les communes, auxquelles appartiennent l'essentiel des forêts où vivent des espèces remarquables (ours brun, grand tétras, pic à dos blanc, etc.) ; les chasseurs, qui n'acceptent pas de limitations ni de contraintes ; certains services des ministères de l'Équipement et de l'Agriculture, qui souhaitent aménager l'espace et y implanter davantage d'infrastructures (routes, pistes forestières, aménagements touristiques) ; enfin, l'Office national des forêts, établissement public gestionnaire des forêts communales et publiques, qui cherche avant tout à extraire le maximum de bois de ces zones.

Résultat de ces points de vue antagonistes : un parc en feston longeant la frontière espagnole et réduit à une bande de quelques centaines de mètres en sa portion la plus étroite. De plus, près de 90 p. 100 des territoires nécessaires à la survie de l'ours brun sont situés en dehors de la zone protégée.

Vouloir imposer des contraintes, au demeurant indispensables, sans se donner la maîtrise foncière, sans proposer de contreparties substantielles, sans éduquer l'opinion publique est une gageure qui débouche sur des conflits. La résolution de ces conflits absorbe alors une part trop importante des moyens alloués aux parcs. L'État peut avoir été précurseur en matière de protection du patrimoine naturel mais avoir ensuite laissé des administrations corporatistes ou des élus à courte vue saboter une politique insuffisamment accompagnée.

A

A. **PARC SOUS-MARIN**

Des parcs nationaux ont également été créés sur des espaces marins. C'est ainsi que le site de Port-Cros, dans le sud de la France, protège une flore marine tout à fait exceptionnelle. Ce parc, créé en 1963, couvre 1 800 ha sous la mer mais également 770 ha sur terre, qui abritent des vestiges de la forêt méditerranéenne originale comme des fougères arborescentes ou encore un petit crapaud très menacé *(Discoglossus sardus).*

B

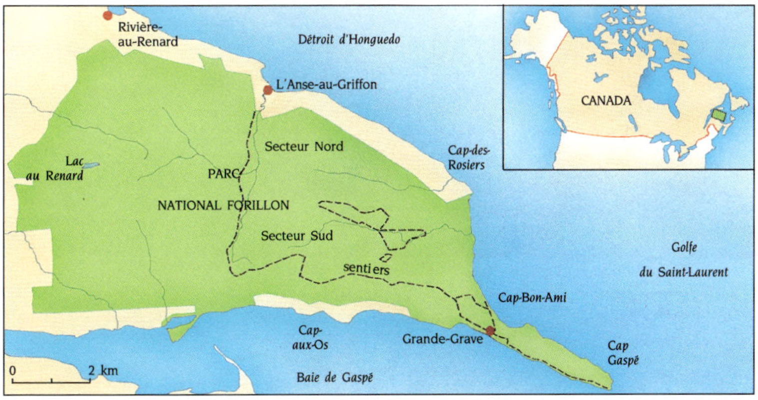

C

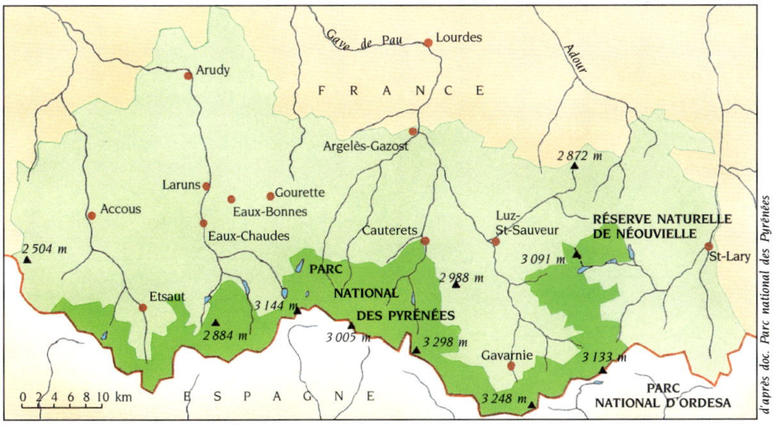

B. C. **RESPECTER LES MILIEUX**

L'étrange aspect « en dentelle » du parc national français des Pyrénées occidentales (48 000 ha) est un handicap. Sa géographie respecte mal la répartition des milieux naturels (par exemple, la majeure partie des habitats de l'ours brun est hors du parc, et le parc a d'ailleurs perdu son label européen pour la protection insuffisante qu'il assurait à cet animal).
En revanche, le parc national Forillon (25 035 ha) au Canada a pu être créé avec une forme bien mieux adaptée à sa vocation de protection. Il abrite une flore et une faune riches et diversifiées dans des paysages spectaculaires. Les rorquals bleus et les baleines à bosse sont fréquents dans ses eaux côtières.

PARCS NATIONAUX ET RÉGIONAUX

Si, dans beaucoup de pays européens, les parcs naturels régionaux voisinent avec les parcs nationaux (France, Espagne, Italie, Portugal), d'autres pays ne possèdent que des parcs nationaux et des réserves naturelles (Finlande, Norvège, Pays-Bas, Suède, Suisse ou Yougoslavie). Dans le reste du monde, ce sont surtout les parcs nationaux qui prédominent. En Indonésie, par exemple, le parc national de Dumoga Bone protège des espèces remarquables (90 p. 100 des mammifères et 40 p. 100 des oiseaux ne se rencontrent nulle part ailleurs) ; en Tanzanie, le parc national du Serengeti abrite la plus grande communauté du monde de mammifères herbivores ; le parc national des Virunga, au Zaïre, possède les derniers représentants des gorilles des montagnes...

A

A. **UNE PENSÉE DES CANARIES**

La pensée de Teide *(Viola cheiranthifolia)* est une des nombreuses plantes endémiques du parc national Canadas del Teide, créé en 1954 dans l'île de Tenerife (Canaries). Culminant à 3 718 m, ce parc s'inscrit dans une gigantesque caldeira désertique de lave et de cendres volcaniques.

STRUCTURE ET RÉGLEMENTATION

DES INSTITUTIONS PERFECTIBLES

■ LES PARCS NATIONAUX font l'objet d'une législation précise ; en revanche, les parcs régionaux ne possèdent ni structure bien définie ni réglementation propre.

Les parcs nationaux. Un parc national est constitué d'une zone centrale protégée, le *parc*, qui peut comprendre des *réserves intégrales* (toute pénétration humaine y est alors proscrite). Ce parc peut lui-même être entouré d'une zone périphérique, ou *préparc*, censée faire tampon avec le reste du pays. Cette structure, adoptée en France par une loi de 1961, est partagée avec quelques pays d'Europe. Cependant, au Canada et, d'une manière générale, dans les pays où il y a plus d'espace disponible, la notion de pré-parc est inexistante parce qu'inutile.

Dans les pays comme la France, faute d'une maîtrise foncière de l'État, le tracé d'un parc résulte plus de négociations politiques que de l'analyse des besoins de protection. Ainsi, séparer en deux le domaine vital d'une espèce qui, en été, fréquente le parc où elle est protégée mais le quitte en hiver pour descendre en zone périphérique et se trouve confrontée aux chasseurs et aux aménagements perturbateurs, ne peut provoquer que des mécomptes. C'est le cas pour les derniers ours bruns des Pyrénées. Pour une protection efficace, il faut une gestion commune des parcs et des préparcs, l'application de cette prescription devant compenser les bizarreries du découpage des parcs.

Si les parcs nationaux connaissent des difficultés, ils ont toutefois le mérite d'exister et d'utiliser au mieux les moyens reçus grâce à la compétence et au dévouement de leurs personnels, qui accomplissent des tâches multiples, du développement économique à la recherche scientifique. Les parcs restent des institutions perfectibles et on peut espérer qu'ils seront dotés, dans l'avenir, de ressources leur permettant de pleinement remplir leurs missions de préservation.

Les parcs régionaux. En France, ces parcs sont créés par des collectivités régionales ou locales lorsqu'un territoire présente un intérêt particulier, par la qualité de son patrimoine naturel et culturel, pour la détente, le repos des hommes et le tourisme. Ces parcs doivent être gérés et organisés, mais ils ne présentent pas de structures bien définies ni de réglementations particulières et communes à l'ensemble de la catégorie. Les résultats obtenus sont donc variables selon la volonté des élus et la personnalité des équipes de direction.

En France, les parcs naturels régionaux sont nés en 1967. En 1991, on dénombrait 26 parcs naturels régionaux. Le parc corse, qui a su mettre en place, grâce à une politique à long terme, la réalisation d'un exceptionnel inventaire et une protection efficace des richesses naturelles de l'île, est l'un des plus remarquables parcs naturels régionaux.

B

B. **GORILLES DE MONTAGNE**

En 1925, le roi Albert Ier de Belgique créa au Congo belge (auj. Zaïre) le parc national Albert, couvrant 809 000 ha le long de la frontière du Rwanda. Dénommé maintenant parc des Virunga, il protège tant bien que mal les derniers (moins de 400) gorilles de montagne *(Gorilla gorilla berengei)* subsistant dans la zone Ruwenzori-Virunga. Le braconnage et les conflits récents dans ces confins troublés du Zaïre, du Rwanda et de l'Ouganda rendent très précaire leur survie.

C

C. **LAKE DISTRICT NATIONAL PARK**

Habités et exploités, les parcs « nationaux » britanniques comme celui de Lake District, fameux pour la beauté farouche et l'immensité de ses paysages prisés depuis le XVIIIe siècle, ne sont pas reconnus comme tels sur la liste des Nations unies. Ils incluent de nombreuses réserves naturelles et des réserves privées, ce qui en fait des instruments de protection importants pour la pérennité de la vie sauvage dans un pays aussi peuplé que la Grande-Bretagne.
Avec ses 228 000 ha de superficie, le « parc national » de Lake District constitue la zone protégée la plus étendue du Royaume-Uni.

PARCS INTERNATIONAUX : UNE UTOPIE ?

L'institution de parcs internationaux associant plusieurs pays est une vieille idée qui a du mal à se concrétiser tant sont forts les égoïsmes politiques nationaux. Des collaborations se développent cependant par-delà les frontières des États. Ainsi, le Kenya et la Tanzanie d'une part, la Pologne et la Tchécoslovaquie d'autre part possèdent un parc en commun. De plus, l'Argentine et le Brésil (parc national de l'Iguaçu) et l'Italie et la France (parcs nationaux de la Vanoise et du Gran Paradiso) ont également des réalisations communes.

Lancée en 1986-1987 par l'*Antarctic and Southern Coalition*, l'idée d'un parc mondial destiné à protéger le continent antarctique apparaissait bien utopique. La gestion de ce continent dépend des pays signataires du traité de l'Antarctique (1959), dont certains ont des prétentions territoriales et veulent y exploiter les ressources minières. D'autres, comme la France, sont partisans de sa protection. Mais les uns et les autres n'ont déjà pas tenu leurs engagements en implantant des bases scientifiques. C'est d'ailleurs le cas de la France, qui a construit une piste aérienne en terre Adélie aux dépens d'un site exceptionnel pour la richesse de son peuplement d'oiseaux. Réalité ou utopie, les intérêts à court terme guidés par les contraintes économiques semblent encore diriger les choix.

LES RÉSERVES NATURELLES

En comparaison des parcs nationaux ou régionaux, les réserves naturelles sont souvent de taille inférieure et leurs objectifs peuvent être plus circonscrits (réserves botanique, zoologique, ornithologique, géologique, etc.) mais, dans chaque pays, on trouve des exceptions à cette idée générale.

En Grande-Bretagne, par exemple, la plus grande réserve couvre 25 000 ha (dans les Cairngorms, en Écosse) et la plus petite seulement 2 ha (à Cothill, dans l'Oxfordshire).

RÉSERVES D'EUROPE

DES INITIATIVES PUBLIQUES ET PRIVÉES

■ L'origine des réserves naturelles est fort lointaine. La mise en place d'un réseau de réserves s'est faite selon des modalités très variables d'un pays à l'autre. Elle fut la conséquence d'initiatives publiques ou privées ou bien des deux à la fois.

La première réserve. Il semble que la plus ancienne réserve soit une réserve ornithologique, celle de l'île d'Inner Farne, instaurée au VIIe siècle par saint Cuthbert, au large du Northumberland (Grande-Bretagne). Alors qu'il vivait en ermite sur cette île, avant de devenir évêque de Lindisfarne, saint Cuthbert interdisait sévèrement de déranger les eiders *(Somateria mollissima)* qui y nichaient. L'île et l'archipel dont elle fait partie, maintenant propriété du National Trust, sont protégés pour le plus grand bénéfice des oiseaux, mais aussi des phoques gris *(Halichœrus grypus).*

Les réserves de quelques pays européens. Dès le début du XXe siècle, la Grande-Bretagne et la Suède se sont dotées de réserves naturelles. La Grande-Bretagne joint à un ensemble national d'environ 170 réserves naturelles d'État et 3 500 sites d'intérêt scientifique spécial un réseau exceptionnel de réserves privées. Ce dernier représente plus de 1 300 réserves gérées par le Country Naturalist's Trusts Movement, près de 80 réserves ornithologiques de la Royal Society of Protection of Birds ainsi que 187 000 ha et 160 km de réserves crées sur le littoral appartenant au National Trust.

La Suède possède surtout des réalisations publiques d'administrations locales financées pour moitié au niveau national. Cela représente plus de 1 000 réserves naturelles, près de 500 sanctuaires de la vie sauvage et 1 400 monuments naturels quelquefois limités à un sommet ou même tout simplement à un arbre remarquable. Il faut y joindre environ 800 propriétés de la Couronne, en majorité forestières.

La situation des Pays-Bas est originale. Dans une contrée aussi peuplée et exploitée, il n'est pas aisé de conserver des milieux sauvages significatifs. Pour y parvenir, les Néerlandais ont entrepris l'acquisition foncière de différentes associations comme *Natuurmonumenten*, fondée en 1909, qui gère actuellement 40 000 ha de réserves naturelles.

En Belgique comme en France, les pouvoirs publics ont beaucoup tardé à s'intéresser à la protection du patrimoine naturel. Dans l'un et l'autre pays, ce sont des associations qui ont fondé les premières réserves naturelles. Il a fallu, en effet, attendre la fin des années 1950 pour que soient élaborées les premières dispositions publiques. Par ailleurs, les procédures prévues par ces textes sont lourdes et les politiques nationales de protection se développent lentement. En Belgique, on compte actuellement près d'une vingtaine de réserves d'État, pour une cinquantaine de réserves privées.

En France, la centième réserve naturelle a été créée en 1990, dix ans après la date initialement prévue. La lenteur des procédures officielles conduit les associations de protection de la nature à développer des politiques propres de maîtrise foncière et à créer et gérer elles-mêmes des réserves naturelles privées.

CRÉER UNE RÉSERVE

PARTENARIAT ET BÉNÉVOLAT

■ Les formules utilisées pour créer une réserve privée sont l'acquisition (la meilleure mais la plus coûteuse) ou la location des sites qui sont alors soumis à des conventions de gestion de terrains appartenant, en France, par exemple, à des personnes privées, des collectivités locales (c'est le cas de sites gérés par la Société d'étude et de protection de la nature en Bretagne, S. E. P. N. B.) ou des conservatoires. À l'initiative de ces conservatoires, regroupés en fédération, se développent des opérations de partenariat associant les collectivités locales et les associations nationales et régionales pour l'achat et la gestion de terrains.

En France, une convention cadre signée en 1985 par France Nature Environnement et la Fédération nationale des S. A. F. E. R. (sociétés d'aménagement foncier et d'établissement rural) et une loi votée en 1990 permettent aux S. A. F. E. R. d'acheter directement ou par préemption des terrains et de les rétrocéder au bénéfice de la protection de la nature. La pérennité de ces entreprises repose sur le bénévolat. Cela est un point faible, car, à la différence de ce qui se passe aux Pays-Bas ou en Grande-Bretagne, le nombre d'adhérents (donc le volume de cotisations et les moyens) à des associations de protection de la nature, qui bénéficient pourtant d'une bonne image de marque, est encore insuffisant.

A

A. RÉSERVE GÉOLOGIQUE

La réserve de Digne (Alpes-de-Haute-Provence, France), réserve d'État, a été instituée pour protéger de riches gisements de fossiles (comme ces ammonites) que certains n'hésitaient pas à extraire au marteau-piqueur des dalles rocheuses. Des grottes ou des sites minéralogiques sont aussi protégés par de telles réserves. Il faudrait également en prévoir pour protéger les gisements d'œufs de dinosaures mis à nu par les incendies de Provence.

B

B. CONVENTION DE GESTION POUR DES PELOUSES À ORCHIDÉES

Les pelouses sont des prairies basses constituées de graminées. Les pelouses calcaires d'Arnaville (Meurthe-et-Moselle, France) constituent un faciès fort ancien. Après les grands défrichages du néolithique et l'installation d'une économie pastorale, le milieu avait peu évolué jusqu'à maintenant, ce qui a permis l'installation et le maintien d'une flore particulière (marguerite de Saint-Michel, *Aster amellus ;* lin de Léon, *Linum leonii ;* nombreuses orchidées) et d'une faune originale (insectes méridionaux comme la mante religieuse, *Mantis religiosa*). L'abandon du pâturage et l'embroussaillement consécutif, conjugués aux plantations malencontreuses de pins noirs par l'Office national des forêts, risquaient de faire disparaître l'intérêt biologique de ces pelouses, qui, parmi la centaine de celles qui subsistent en Lorraine, sont au rang des plus remarquables. C'est pourquoi le Conservatoire des sites lorrains a établi, avec la commune d'Arnaville et l'Office national des forêts, une convention de gestion permettant le maintien des pelouses par des opérations de débroussaillage, un pâturage contrôlé et l'arrêt des plantations.

LES RÉSERVES NATURELLES

LES RÉSERVES DE LA BIOSPHÈRE

UNE STRUCTURE EN TROIS ZONES

■ LES RÉSERVES DE LA BIOSPHÈRE ont été créées dans le cadre du programme scientifique MAB *(Man and Biosphere),* lancé par l'Unesco après la réunion internationale sur l'utilisation rationnelle et la conservation des ressources de la biosphère organisée à Paris en 1968. Ce programme a, parmi ses objectifs, celui d'un réseau mondial coordonné d'aires protégées.

Le concept de réserve de la biosphère repose sur un zonage du territoire en trois parties : une aire centrale, strictement délimitée et protégée, dont l'évolution est suivie de manière continue ; une zone tampon délimitée, généralement peu peuplée et peu exploitée ; enfin, une zone de transition, siège d'activités humaines menées dans le respect des équilibres naturels.

L'exemple des Cévennes. Nombre de réserves de la biosphère sont situées sur des zones déjà protégées qui en constituent les aires centrales en totalité ou pour partie.

C'est le cas en France de la réserve de la biosphère du parc national des Cévennes. La répartition des différentes zones (aire centrale, zone tampon, zone de transition) n'y épouse pas les limites administratives du parc et du préparc. Seuls quelques territoires du parc national correspondent à l'aire centrale de la réserve de la biosphère.

Ce sont des considérations biogéographiques (faune et flore) et la répartition des différentes fonctions de la réserve qui ont conduit à la délimitation adoptée.

Son jumelage avec la réserve de la biosphère de Montseny (Catalogne), centrée sur un parc naturel régional, met en valeur l'aspect de réseau voulu par le programme MAB dans le système des réserves de la biosphère.

Diversité des réserves de la biosphère. Les premières ont été instituées en 1976. Elles sont actuellement plus de 270, réparties dans 70 pays. Pour tenir compte des réalités locales, les réserves sont très différentes dans leur fonctionnement et seul le concept leur reste commun. Par exemple, il y a peu de similitude entre la réserve de la biosphère du mont Kulal, au nord du Kenya, où les problèmes de pastoralisme en zone aride sont majeurs, et la réserve de la biosphère de la mer d'Iroise (côtes de Bretagne), où l'exploitation raisonnée des ressources marines est au premier plan.

A

A. **LE ZWIN, RÉSERVE PRIVÉE**

Le Zwin est une réserve ornithologique de Belgique située dans une zone de marais et de dunes proche du littoral. Le comte Lippens, protecteur de la nature renommé, en fut le fondateur avec l'Association des réserves naturelles et ornithologiques de Belgique. Le Zwin présente des espaces naturels hébergeant des oiseaux sédentaires et migrateurs, des enclos de semi-liberté et des volières.
La stratégie choisie pour améliorer la fréquentation par les oiseaux consiste à creuser des mares et à récupérer des oiseaux blessés ne pouvant plus voler, qui, une fois soignés et lâchés, servent d'*appelants*. Le parc du Marquenterre, situé en France, en baie de Somme, a une vocation semblable.

B

B. **NARCISSE EN RÉSERVE**

Découvert en 1803, le narcisse des Glénan *(Narcissus triandrus)* est une espèce propre à la Bretagne. Piétinement, cueillette et arrachage des bulbes ont failli le faire disparaître jusqu'à ce que la Société d'étude et de protection de la nature en Bretagne (S. E. P. N. B.) obtienne, en 1974, le classement en réserve naturelle publique de sa principale station, l'îlot de Saint-Nicolas-des-Glénan (Finistère). La clôture du site pour prévenir le vandalisme n'a pas freiné la régression par suite de l'embroussaillement.
La S. E. P. N. B., à qui a été alors confiée la gestion de la réserve, a entrepris un programme de coupe des buissons et de pâturage contrôlé qui a permis la reconstitution d'une population abondante de narcisses.

C

C. **RÉSERVE DE LA BIOSPHÈRE DU LAC BAÏKAL**

Contenant 20 p. 100 des eaux douces mondiales, abri d'une flore et d'une faune uniques (c'est le plus riche des lacs de la planète), le Baïkal (Sibérie) a failli périr. Des exploitations forestières sur ses rives et les rejets industriels (de cellulose et de pâte à papier) le polluaient de plus en plus gravement. Grâce à la mobilisation de scientifiques et d'écrivains soviétiques et japonais, ces pollutions ont été peu à peu jugulées.
Déclaré réserve de la biosphère depuis cet épisode, le lac va être doté prochainement d'un centre international d'étude écologique destiné à en suivre la restauration ainsi qu'à prévenir de nouvelles altérations.
Le lac Baïkal constituera ainsi l'un des maillons du réseau du programme MAB.

LES AIRES PROTÉGÉES DANS LE MONDE

La liste, non exhaustive, des 5 pages suivantes a été établie à partir de celle réalisée par l'*Union internationale pour la conservation de la nature et de ses ressources* (U. I. C. N.), ou *Alliance mondiale pour la nature*, pour le compte des Nations unies.

Cette liste donne pour différents pays la surface totale protégée (S. T.), le nombre d'aires et de parcs protégés selon les catégories (I à VIII) et éventuellement la présentation succincte de quelques parcs (date de création, superficie, altitude), faune et flore protégés.

Les catégories de gestion.
Catégorie I : réserves scientifiques.
Catégorie II : parcs nationaux.
Catégorie III : sites naturels exceptionnels.
Catégorie IV : réserves naturelles (habitats, faune, flore).
Catégorie V : paysages terrestres ou marins protégés (contrôle des aménagements).
Catégorie VI : réserves de ressources naturelles (contrôle de l'exploitation).
Catégorie VII : régions biologiques naturelles et réserves anthropologiques (sociétés traditionnelles).
Catégorie VIII : régions naturelles aménagées à des fins d'utilisation multiple (occupation, exploitation, tourisme, loisirs).

A

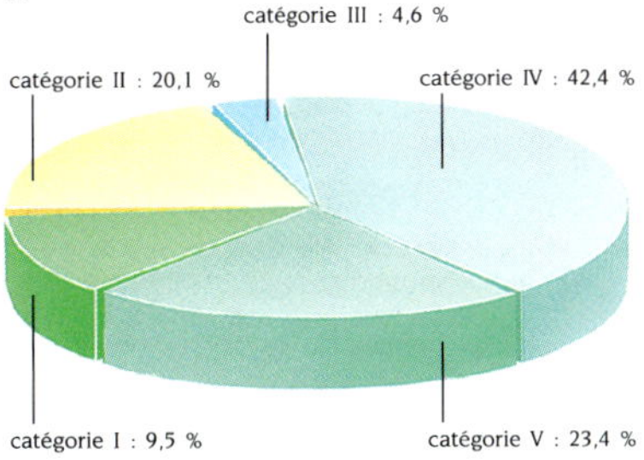

A. **TYPOLOGIE DES AIRES PROTÉGÉES**

À la surface du globe, il y a 6 940 aires protégées représentant une superficie de 651 467 597 ha. Dans la catégorie I, on trouve 658 aires (superficie de 50 790 801 ha). Pour la catégorie II, (parcs nationaux) on dénombre 1 392 aires (superficie de 309 227 406 ha). La catégorie III regroupe 316 aires (superficie de 18 684 639 ha). La catégorie IV (réserves naturelles) réunit 2 944 aires (superficie de 195 110 966 ha). Enfin, la catégorie V renferme 1 630 aires (superficie de 77 653 785 ha).

C. **BIENS DU PATRIMOINE MONDIAL**

La convention concernant la protection du patrimoine mondial, culturel et naturel a été adoptée à Paris en 1972. Elle est entrée en vigueur en décembre 1975. Cette convention prévoit des régions de « valeur universelle exceptionnelle ». Ces sites sont désignés par les États signataires, qui figurent en vert sur cette carte.

B

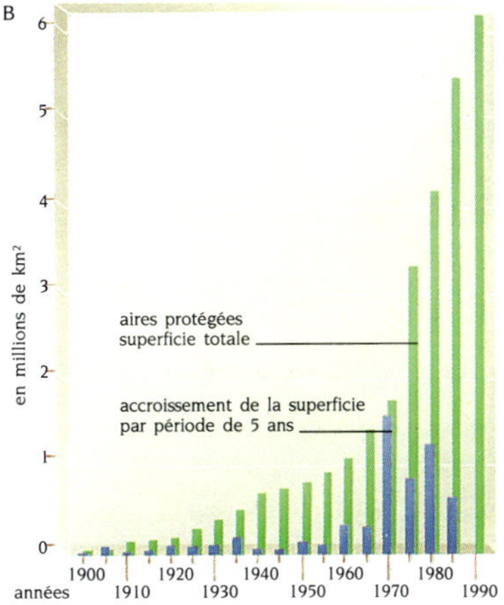

C

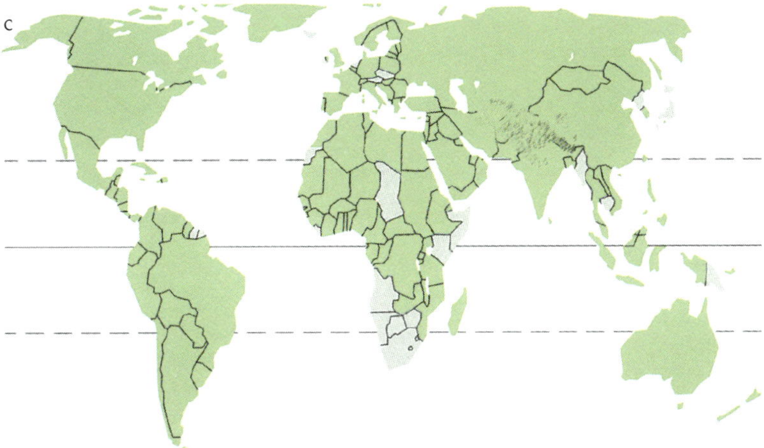

B. **EXPANSION DE LA SUPERFICIE MONDIALE DES AIRES PROTÉGÉES**

Les deux graphiques illustrent l'augmentation du nombre et de la superficie des aires protégées dans le temps (E) et l'augmentation du nombre et de la superficie par période de cinq ans (F). On peut remarquer que la création du parc national du nord-est du Groenland, en 1974, avec ses 70 millions d'hectares, a eu un effet très marqué car l'ordre de grandeur du site est supérieur à celui de n'importe quelle autre aire protégée. Les informations relatives aux aires protégées dans le monde sont stockées dans une base de données par l'U. I. C. N., qui détient aussi des informations sur d'autres sites non inclus dans la *Liste des Nations unies*. Sur un total de 650 millions d'hectares d'aires protégées, la toundra représente 20 p. 100 de cette superficie. Viennent ensuite les déserts chauds (13 p. 100), les forêts tropicales sèches et les systèmes montagnards (11,5 p. 100).

D

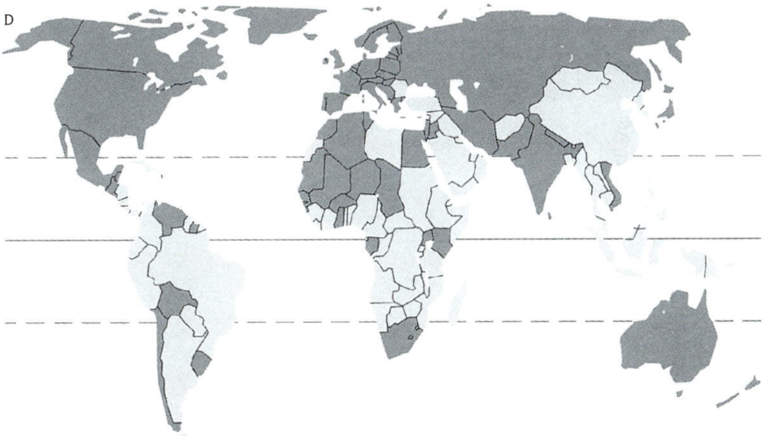

E. **RÉSERVES DE LA BIOSPHÈRE**

La création de réserves de la biosphère ne relève d'aucune convention mais entre dans le cadre d'un programme scientifique international, le programme de l'Unesco sur l'homme et la biosphère (MAB). Un des objectifs fixés consiste à mettre sur pied un réseau de réserves de la biosphère représentatif des écosystèmes de la planète. Sur cette carte, les pays ayant créé des réserves figurent en rose.

E

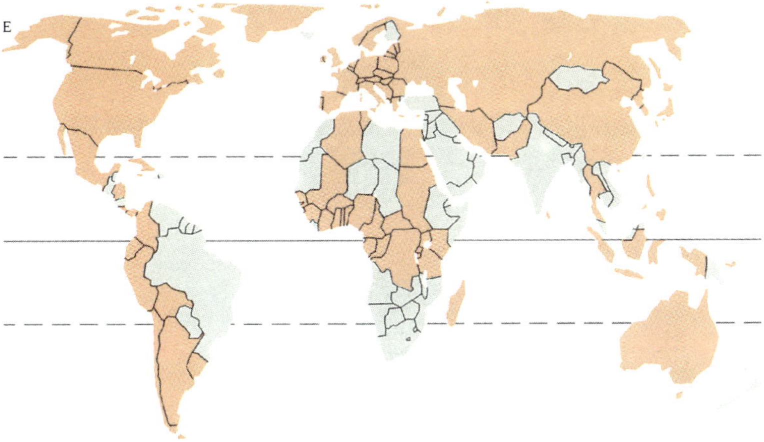

D. **ZONES HUMIDES D'IMPORTANCE INTERNATIONALE**

La convention relative aux zones humides d'importance internationale, particulièrement comme habitat des oiseaux d'eau, a été signée à Ramsar (Iran) en 1971. Elle est entrée en vigueur en décembre 1975. Les parties contractantes ont l'obligation générale de conserver les zones humides se trouvant sur leur territoire. Sur cette carte figurent en gris les pays qui ont signé cette convention.

LES AIRES PROTÉGÉES DANS LE MONDE

AFRIQUE

L'ÉTENDUE ET LA VARIÉTÉ

Afrique du Sud (S. T. 6 309 779 ha, catégorie I : 1 parc/ catégorie II : 13 parcs).
– *Kalahari Gemsbok* (1931, 959 103 ha, 1 200 m alt.), biotopes désertiques et subdésertiques, steppes arides à graminées, acacias et buissons, antilopes, reptiles, oiseaux, chamois du Cap, springbok, gemsbok, outarde géante ;
– *Royal Natal* (1916, 8 856 ha, 1 440-3 360 m alt.), savane, forêts, éricacées arborescentes, antilopes, daman, babouin chacma ;
– *Krüger* (1926, 1 948 529 ha, 210-800 m alt.), forêts tropicales caducifoliées xérophiles, savanes arborées et arbustives, acacias, rhinocéros blanc.

Algérie (S. T. 11 761 150 ha, catégorie I : 4 parcs/ catégorie II : 8 parcs/ catégorie IV : 16 parcs/ catégorie V : 1 parc).

Angola (S. T. 2 692 170 ha, catégorie II : 1 parc/ catégorie IV : 1 parc/ catégorie V : 1 parc).

Bénin (S. T. 843 500 ha, catégorie II : 2 parcs).
– *Parc du Bénin* (1954, 568 000 ha, 260 m alt.), plateau latéritique, savane boisée, éléphant, antilope rouanne *(Hippotragus equinus)*, bubale.

Botswana (S. T. 10 025 000 ha, catégorie II : 4 parcs/ catégorie IV : 5 parcs).

Burkina Faso (S.T. 788 000 ha, catégorie II : 3 parcs/ catégorie IV : 4 parcs).

Burundi (S. T. 37 870 ha, catégorie V : 1 parc).

Cameroun (S. T. 2 099 ha, catégorie I : 2 parcs/ catégorie II : 6 parcs).
– *Waza* (1936, 170 000 ha, 320 m alt.), savanes graminéennes, flore soudano-sahélienne, girafe, hippotrague, nombreux oiseaux.

Centrafricaine (République) [S. T. 3 904 000 ha, catégorie I : 1 parc/ catégorie II : 2 parcs/ catégorie IV : 4 parcs].

Congo (S. T. 1 333 100 ha, catégorie II : 1 parc/ catégorie IV : 9 parcs).

Côte-d'Ivoire (S. T. 2 049 850 ha, catégorie I : 2 parcs/ catégorie II : 8 parcs/ catégorie IV : 2 parcs).

Djibouti (S. T. 10 000 ha, catégorie II : 1 parc).

Égypte (S. T. 685 000 ha, catégorie I : 2 parcs/ catégorie II : 1 parc/ catégorie IV : 6 parcs).

Éthiopie (S. T. 6 222 600 ha, catégorie II : 13 parcs/ catégorie IV : 11 parcs).

Gabon (S. T. 1 790 000 ha, catégorie I : 1 parc/ catégorie IV : 4 parcs).

Gambie (S. T. 12 000 ha, catégorie II : 2 parcs).

Ghana (S. T. 1 074 637 ha, catégorie I : 1 parc/ catégorie II : 5 parcs/ catégorie IV : 2 parcs).

Guinée (S. T. 130 000 ha, catégorie I : 2 parcs).
– *Mont-Nimba* (1944, 15 000 ha, 500-1 750 m alt.), forêt pluvieuse tropicale, savanes, chimpanzé, buffle nain, crapauds vivipares.

Kenya (S. T. 3 350 000 ha, catégorie II : 30 parcs/ catégorie IV : 6 parcs).
– *Lac Nakuru* (1968, 18 800 ha, 1 750 m alt.), lac salé, 400 espèces d'oiseaux ;
– *Aberdare* et *mont Kenya* (1950 et 1949, 76 619 ha et 71 500 ha, 2 000-4 000 m et 3 300-5 200 m alt.), forêt pluvieuse tropicale, forêt de bambous, forêt d'éricacées arborescentes, savane d'altitude à *senecio* et *lobelia* géants, antilopes dont le rare bongo ;
– *Tsavo* (1948, 2 080 000 ha, 600-2 600 m alt.), savanes de type arbustif et arboré, baobabs, euphorbes arborescentes, éléphant, rhinocéros noir, antilopes, mangouste, nombreux oiseaux ;
– *Amboseli-Masai* (1950, 76 500 ha, 1 500-1 650 m alt.), ongulés, rhinocéros, éléphant.

Lesotho (S. T. 6 805 ha, catégorie IV : 1 parc).

Liberia (S. T. 130 747 ha, catégorie II : 1 parc).

Libye (S. T. 155 000 ha, catégorie II : 1 parc/ catégorie IV : 2 parcs).

Madagascar (S. T. 1 077 732 ha, catégorie I : 10 parcs/ catégorie II : 5 parcs/ catégorie IV : 21 parcs).

Malawi (S. T. 1 066 900 ha, catégorie II : 5 parcs/ catégorie IV : 9 parcs).

Mali (S. T. 889 160 ha, catégorie II : 1 parc/ catégorie IV : 6 parcs).

Maroc (S. T. 368 359 ha, catégorie I : 6 parcs/ catégorie IV : 4 parcs/ catégorie V : 1 parc).

Maurice (S. T. 4 023 ha, catégorie IV : 3 parcs).

Mauritanie S. T. 1 733 000 ha, catégorie I : 1 parc/ catégorie II : 1 parc/ catégorie IV : 1 parc).

Namibie (S. T. 10 346 302 ha, catégorie II : 4 parcs).
– *Etosha* (1958, 2 270 000 ha), *Welwitschia bainesii, Zygophyllum stopfi,* acacias, antilopes, zèbres, flamants.

Niger (S. T. 1 654 240 ha, catégorie I : 1 parc/ catégorie II : 1 parc/ catégorie IV : 2 parcs).

Nigeria (S. T. 1 546 591 ha, catégorie II : 1 parc/ catégorie IV : 14 parcs).

Ouganda (S. T. 1 755 629 ha, catégorie II : 4 parcs/ catégorie IV : 14 parcs).
– *Murchison Falls* (1952, 384 000 ha, 500-1 300 m alt.), savanes herbeuses et arbustives, marais de papyrus, acacias, *Terminalia glaucescens,* rhinocéros blanc, oiseaux ;
– *Reine-Élisabeth* (1952, 198 000 ha, 910-1 350 m alt.), forêts tropicales, savanes, marais, euphorbes, hippopotame, buffle, éléphant, antilopes, carnivores, singes.

Rwanda (S. T. 327 000 ha, catégorie II : 2 parcs).
– *Kagera (la)* (1934, 382 000 ha, 1 250-1 825 m alt.), savanes, marais, forêt sèche d'euphorbes arborescentes, zèbres, antilopes, hippopotame, buffle, singes, rhinocéros noir.

Sénégal (S. T. 2 180 709 ha, catégorie II : 6 parcs).
– *Niokolo-Koba* (1954, 913 000 ha, 500 m alt.), savanes herbeuses, arbustives et arborées, buffle, antilopes, oiseaux, hippopotame, singes, carnivores.

Sierra Leone (S. T., 100 700 ha, catégorie IV : 3 parcs).

Soudan (S. T. 7 731 500 ha, catégorie II : 7 parcs/ catégorie IV : 5 parcs/ catégorie V : 1 parc).

Swaziland (S. T. 39 545 ha, catégorie IV : 3 parcs).

Tanzanie (S. T. 11 913 075 ha, catégorie II : 11 parcs/ catégorie IV : 14 parcs).
– *Lac Manyara* (1960, 32 000 ha, 960-1 828 m alt.), grande faune africaine, flamants ;

– *Serengeti* (1951, 14 763 000 ha, 1 100-2 200 m alt.), steppes et savanes arbustives, forêts-galeries, grande faune africaine, topis, gnous, zèbres, gazelles de Thomson et de Grant.

Tchad (S. T. 114 000 ha, catégorie II : 1 parc).

Togo (S. T. 646 900 ha, catégorie II : 3 parcs/ catégorie IV : 8 parcs).

Zaïre (S. T. 8 827 000 ha, catégorie I : 1 parc/ catégorie II : 7 parcs/ catégorie IV : 1 parc).
– *Garamba* (1938, 492 000 ha, 710-1 060 m alt.), savanes herbacées, arbustives et arborées, graminées, rhinocéros blanc ;
– *Virunga* (1925, 780 000 ha, 900-5 120 m alt.), écosystème des régions tropicales, gorilles ;
– *Upamba* (1939, 1 173 000 ha, 500-1 860 m alt.), antilopes, éléphant, hippopotame, buffles, carnivores, singes, crocodiles.

Zambie (S. T. 6 360 900 ha, catégorie II : 19 parcs/ catégorie III : 1 parc).

Zimbabwe (S. T. 2 830 707 ha, catégorie I : 1 parc/ catégorie II : 12 parcs/ catégorie IV : 5 parcs/ catégorie V : 3 parcs).
– *Hwange* (1930, 1 465 100 ha, 900 m alt.), savane semi-aride à acacias, grande faune africaine.

AMÉRIQUE

LES PLUS ANCIENNES AIRES PROTÉGÉES

Antigua et Barbuda (S. T. 4 128 ha, catégorie II : 1 parc).

Argentine (S. T. 12 638 733 ha, catégorie I : 15 parcs/ catégorie II : 17 parcs/ catégorie III : 2 parcs/ catégorie IV : 48 parcs/ catégorie V : 31 parcs).
– *Los Alerces* (1937, 263 000 ha), forêts des Andes de Patagonie, mélèzes, cerfs, puma, singes ;
– *Lanin* et *Nahuel Huapi* (1937 et 1903, 200 000 ha et 475 000 ha, 600-3 775 m alt.), araucarias, nothofagus, maytenus, cactées, cygne noir, guanacos, viscache des Andes, tatous, condors, flamants, nandous ;
– *Los Glaciares* (1937, 450 000 ha, 300-3 440 m alt.), végétation des toundras antarctiques, nothofagus, chinchilla de Patagonie, guanacos, nandou, condor, cygne à cou noir.

Bahamas (S. T. 123 390 ha, catégorie II : 4 parcs/ catégorie IV : 1 parc).

Belize (S. T. 74 314 ha, catégorie II : 1 parc/ catégorie IV : 7 parcs).

Bolivie (S. T. 6 774 165 ha, catégorie I : 2 parcs/ catégorie II : 6 parcs/ catégorie IV : 13 parcs/ catégorie V : 2 parcs).
– *Mont Sajama* (1939, 30 000 ha, 4 000-6 780 m alt.), végétation de *Polylepis tarapacana,* nandou de Darwin.

Brésil (S. T. 20 525 324 ha, catégorie I : 27 parcs/ catégorie II : 63 parcs/ catégorie IV : 40 parcs/ catégorie V : 32 parcs).
– *Iguaçu* (1939, 170 000 ha + 45 000 ha en Argentine, 120-730 m alt.), flore subtropicale (broméliacées, épiphytes, orchidées), faune de mammifères très riche (tapir, tamanoir géant, jaguar, singes), plus de 400 espèces d'oiseaux (toucans, trogon, etc...) ;
– *Itatiaia* (1937, 30 000 ha, 750-2 780 m alt.), bégonias, orchidées, tamandua, singes, vautour pape, tinamou, tangara, toucans, perruches et perroquets.

Canada (S. T. 7 000 000 ha, catégorie I : 57 parcs/ catégorie II : 80 parcs).
– *Banff* et *Jasper* (1887 et 1907, 1 730 000 ha, 1 050-3 750 m alt.), forêts de conifères (épicéas blancs, sapins), cervidés, ours brun (grizzli), ours noir américain, chèvres de montagne, couguars, lynx, mouton bighorn, porcs-épics *(Oreamnos americanus)* ;
– *Prince-Albert* (1927, 383 000 ha), flore subarctique, 43 espèces de mammifères (loup), tétras, pélican blanc ;
– *Wood Buffalo* (1922, 4 400 000 ha, 210-270 m alt.), taïga et toundra, flore des tourbières, bison de forêt, grue blanche américaine.

Chili (S. T. 13 649 718 ha, II : 30 parcs/ catégorie III : 2 parcs/ catégorie IV : 33 parcs).

Colombie (S. T. 9 301 650 ha, catégorie I : 2 parcs/ catégorie II : 34 parcs/ catégorie IV : 6 parcs).

Costa Rica (S. T. 606 000 ha, catégorie I : 6 parcs/ catégorie II : 11 parcs/ catégorie IV : 8 parcs/ catégorie V : 3 parcs).

Cuba (S. T. 714 224 ha, catégorie I : 7 parcs/ catégorie II : 11 parcs/ catégorie IV : 6 parcs/ catégorie V : 5 parcs).

Dominique (S. T. 6 840 ha, catégorie II : 1 parc).

Dominicaine (République) [S. T. 551 509 ha, catégorie II : 9 parcs/ catégorie IV : 5 parcs].

Équateur (S. T. 10 685 664 ha, catégorie I : 3 parcs/ catégorie II : 6 parcs/ catégorie IV : 2 parcs/ catégorie V : 3 parcs).

États-Unis (S. T. 93 349 176 ha, catégorie I : 14 parcs/ catégorie II : 60 parcs/ catégorie III : 232 parcs/ catégorie IV : 336 parcs/ catégorie V : 328 parcs).
– *Crater Lake,* en Oregon (1902, 74 150 ha, 1 340-2 720 m alt.), *Pinus, Picea,* tsuga ;
– *Grand Canyon,* en Arizona (1919, 284 070 ha, 600-2 740 m alt.), taïga, reptiles, 4 espèces de colibris ;
– *Olympic* (1938, 358 600 ha, 0-2 420 m alt.), arbres géants (sapin de Douglas, tsuga), cerf de Roosevelt, couguar, rapaces, oiseaux des rivages, colibris ;
– *Redwood,* en Californie (1968, 42 400 ha, 0-100 m alt.), *Sequoia sempervirens ;*
– *Rocky Mountain,* dans le Colorado (1915, 105 000 ha, 2 330-4 345 m alt.), flore subalpine et alpine, 226 espèces d'oiseaux ;
– *Yellowstone* et *Grand Teton* (1872 et 1929, 899 140 ha et 124 000 ha, 1 600-3 460 m et 2 000-4 195 m alt.), flores subalpine et alpine, cerf wapiti, cygne trompette ;
– *Yosemite,* en Californie (1890, 310 000 ha, 600-3 997 m alt.), séquoia géant ;
– *Everglades,* en Floride (1947, 580 000 ha), marécages littoraux, mangroves, palmiers, échassiers, pélicans, frégates, alligators, tortues marines.

Guatemala (S. T. 88 272 ha, catégorie II : 2 parcs/ catégorie III : 1 parc/ catégorie IV : 4 parcs/ catégorie V : 2 parcs).

Guyana (S. T. 11 655 ha, catégorie I : 1 parc).

Haïti (S. T. 7 700 ha, catégorie II : 2 parcs).

Honduras (S. T. 709 369 ha, catégorie II : 14 parcs/ catégorie IV : 20 parcs).

Mexique (S. T. 9 419 669 ha, catégorie I : 13 parcs/ catégorie II : 33 parcs/ catégorie III : 1 parc/ catégorie IV : 8 parcs/ catégorie V : 6 parcs)

Nicaragua (S. T. 43 300 ha, catégorie II : 3 parcs/ catégorie IV : 3 parcs).

Panamá (S. T. 1 326 140 ha, catégorie I : 2 parcs/ catégorie II : 11 parcs/ catégorie IV : 2 parcs/ catégorie V : 1 parc).

Paraguay (S. T. 1 185 731 ha, catégorie II : 8 parcs/ catégorie V : 4 parcs).

Pérou (S. T. 5 517 835 ha, catégorie II : 7 parcs/ catégorie III : 6 parcs/ catégorie IV : 9 parcs/ catégorie V : 2 parcs).

Salvador (S. T. 26 152 ha, catégorie II : 5 parcs/ catégorie III : 1 parc/ catégorie IV : 3 parcs).

Surinam (S. T. 762 970 ha, catégorie I : 4 parcs/ catégorie II : 2 parcs/ catégorie IV : 8 parcs).

Trinité-et-Tobago (S. T. 15 278 ha, catégorie IV : 6 parcs).

Uruguay (S. T. 31 726 ha, catégorie III : 2 parcs/ catégorie IV : 1 parc/ catégorie V : 5 parcs).

Venezuela (S. T. 20 265 362 ha, catégorie II : 33 parcs/ III : 8 parcs/ catégorie IV : 3 parcs/ catégorie V : 30 parcs).
– *Henri Pittier* (1937, 90 000 ha, 0-2 435 m alt.), forêt pluvieuse tropicale, mangrove, orchidées, broméliacées, 530 espèces d'oiseaux dont 30 de colibris et 50 de gobe-mouches.

LES AIRES PROTÉGÉES DANS LE MONDE

ASIE

LES PLUS GRANDES SUPERFICIES

Afghanistan (S. T. 142 438 ha, catégorie IV : 4 parcs).

Arabie Saoudite (S. T. 5 619 400 ha, catégorie I : 2 parcs/ catégorie IV : 4 parcs/ catégorie V : 1 parc).

Bangladesh (S. T. 96 790 ha, catégorie IV : 6 parcs/ catégorie V : 2 parcs).

Bhoutan (S. T. 924 314 ha, catégorie II : 2 parcs/ catégorie IV : 5 parcs).

Brunei (S. T. 122 367 ha, catégorie IV : 4 parcs).

Chine (S. T. 21 947 104 ha, catégorie I : 4 parcs/ catégorie IV : 285 parcs).

Corée du Nord (S. T. 57 890 ha, catégorie II : 1 parc/ catégorie IV : 1 parc).

Corée du Sud (S. T. 577 766 ha, catégorie V : 17 parcs).

Inde (S. T. 13 481 148 ha, catégorie I : 2 parcs/ catégorie II : 57 parcs/ catégorie IV : 299 parcs/ catégorie V : 1 parc).
– *Bandipur Wildlife Sanctuary* (1968, 44 884 ha), forêt tropicale à feuilles caduques, marais, éléphant, tigre, panthère, cerfs, bison indien *(Bos gaurus),* nombreux oiseaux ;
– *Corbett* (1936, 52 082 ha, 460-920 m alt.) forêts tropicales caducifoliées, marais, arbres *(Dalberzia, Butea, Salmalina),* orchidées, cerf axis, goral, ours noir ;
– *Kaziranga* (1974, 43 000 ha), graminées géantes, forêt-galerie d'acacias, éléphant, buffle, tigre, sambar, muntjac, gaur, rhinocéros unicorne, oiseaux d'eau, aigle pêcheur de Pallas ;
– *Gir Wildlife Sanctuary* (1965, 115 340 ha), forêt tropicale à feuilles caduques, savane épineuse, lion, hyène, léopard, ours, antilopes nilgail et cervicapre, sambar, lion ;
– *Mundumalai Wildlife Sanctuary* (1940, 32 155 ha), forêt tropicale à feuilles caduques, éléphant, tigre, panthère, cerfs, bison indien.

Indonésie (S. T. 17 800 000 ha, catégorie I : 79 parcs/ catégorie II : 19 parcs/ catégorie IV : 59 parcs/ catégorie V : 12 parcs).
– *Ujung Kulon Nature* (1972, 58 000 ha, 0-480 m alt.), forêt primitive à *Ficus, Barringtonbia, Intsia bijuga, Vatica bantamensis,* rhinocéros de Java, tigre, banteg *(Bos sandaicus) ;*
– *Baluran Animal Sanctuary* (1980, 25 000 ha), mangrove littorale, savane arborée, forêt de tecks, *Psodocarpus, Ficus,* panthère noire, cervidés, buffle, singes.

Iran (S. T. 7 528 976 ha, catégorie I : 18 parcs/ catégorie II : 7 parcs/ catégorie III : 2 parcs/ catégorie IV : 4 parcs/ catégorie V : 29 parcs).

Israël (S. T. 225 886 ha, catégorie II : 1 parc/ catégorie IV : 16 parcs/ catégorie V : 1 parc).

Japon (S. T. 2 402 418 ha, catégorie I : 6 parcs/ catégorie II : 15 parcs/ catégorie IV : 31 parcs/ catégorie V : 13 parcs).
– *Bandai-Asahi* (1950, 187 041 ha), forêt vierge de hêtres, ours, singes ;
– *Daisetsu Zan* (1934, 230 000 ha), forêt vierge de conifères, tourbières, flore alpine, ours brun, cerf sika, oiseaux de la taïga ;
– *Towada-Achimantai* (1936, 85 400 ha), forêt de hêtres, bouleaux, chênes, conifères.

Jordanie (S. T. 92 900 ha, catégorie I : 1 parc/ catégorie IV : 5 parcs/ catégorie V : 1 parc).

Liban (S. T. 3 500 ha, catégorie II : 1 parc).

Malaysia (S. T. 1 162 204 ha, catégorie I : 25 parcs/ catégorie II : 14 parcs/ catégorie IV : 5 parcs/ catégorie V : 1 parc).
– *Taman Negara* (1939, 434 350 ha, 120-2 150 m alt.), forêt ombrophile tropicale, gaur, bison indien, cervidés, tapir, rhinocéros de Sumatra, éléphant, tigre.

Mongolie (S. T. 5 617 840 ha, catégorie I : 12 parcs/ catégorie II : 2 parcs).

Népal (S. T. 958 500 ha, catégorie II : 7 parcs/ catégorie IV : 4 parcs).

Oman (S. T. 54 000 ha, catégorie IV : 2 parcs).

Pakistan (S. T. 3 654 969 ha, catégorie II : 6 parcs/ catégorie IV : 43 parcs/ catégorie V : 4 parcs).

Philippines (S. T. 583 999 ha, catégorie II : 9 parcs/ catégorie III : 6 parcs/ catégorie IV : 9 parcs/ catégorie V : 4 parcs).

Singapour (S. T. 2 715 ha, catégorie IV : 1 parc).

Sri Lanka (S. T. 783 708 ha, catégorie I : 3 parcs/ catégorie II : 22 parcs/ catégorie IV : 8 parcs).
– *Wilpattu* (1938, 131 700 ha, 0-180 m alt.), plaine sablonneuse avec lacs, forêt sèche, daim chital, buffle sauvage d'Asie, singes, oiseaux d'eau, échassiers, calaos, rapaces ;
– *Gal Oya* (1954, 25 900 ha, 78-720 m alt.), lacs, savane arborée, jungle de conifères, éléphant, léopard, carnivores, chevrotain, muntjac, calaos, rapaces ;
– *Ruhuna* (1986, 37 762 ha), plaine côtière, dunes, forêt sèche, lagons, éléphant de Ceylan, buffles, singes, léopard, nombreux oiseaux.

Thaïlande (S. T. 5 105 750 ha, catégorie II : 55 parcs/ catégorie IV : 25 parcs/ catégorie V : 3 parcs).
– *Khao Yai* (1962, 217 000 ha, 800-1 320 m alt.), forêt de montagne, *Dipterocarpus, Calamus, Dacrydium,* bambous, orchidées épiphytes, éléphant, ours malais, gaur, tigre, singes, nombreux oiseaux ;
– *Thung Salaeng Luang* (1972, 126 250 ha), forêt tropicale de conifères avec *Dipterocarpus,* forêt pluvieuse à *Vatica,* rhododendrons, orchidées, tigre, léopard, gaur, singes, calaos, pics, tourterelle émeraude.

Viêt-nam (S. T. 891 998 ha, catégorie II : 7 parcs/ catégorie IV : 51 parcs).

Muntjac

Tapir

Éléphant d'Asie

Rhinocéros

EUROPE

AIRES MÉDITERRANÉENNES, TEMPÉRÉES ET NORDIQUES

Albanie (S. T. 54 500 ha, catégorie I : 6 parcs/ catégorie IV : 7 parcs).

Allemagne 1) ex-R. F. A. (S. T. 2 955 880 ha, catégorie II : 1 parc/ catégorie IV : 28 parcs/ catégorie V : 25 parcs).
– *Bayerischer Wald* (1969, 13 100 ha, 1 200-3 500 m alt.), flore et faune de montagne ;
– *Lüneburger Heide* (1920, 20 000 ha, 70-170 m alt.), landes à bruyères, 40 espèces de mammifères, oiseaux européens.
2) ex-R. D. A. (S. T. 1 998 168 ha, catégorie IV : 26 parcs/ catégorie V : 199 parcs).

Autriche (S. T. 1 593 894 ha, catégorie IV : 32 parcs/ catégorie V : 97 parcs).

Belgique (S. T. 71 829 ha, catégorie IV : 1 parc/ catégorie V : 1 parc).
– *Hautes-Fagnes-Eifel* (1985, 67 854 ha).

Bulgarie (S. T. 129 125 ha, catégorie I : 23 parcs/ catégorie II : 4 parcs/ catégorie III : 2 parcs/ catégorie IV : 10 parcs).
– *Vitocha* (1934, 26 547 ha, 700-2 200 m alt.), forêt montagnarde et tourbières alpines.

Croatie*
– *Lacs de Plitvice,* en Croatie (1949, 19 000 ha, 440-1 280 m alt.), forêt mixte de hêtres et de sapins, ours, chat sauvage, martre, vautours, aigles.

Danemark (S. T. 71 472 518 ha [avec le Groenland], catégorie I : 5 parcs/ catégorie II : 1 parc/ catégorie III : 2 parcs/ catégorie IV : 17 parcs/ catégorie V : 42 parcs).
– *Tipperne* (1936, 3 520 ha), dunes et marais littoraux, cygnes et oies.

Espagne (S. T. 3 511 090 ha, catégorie II : 9 parcs/ catégorie IV : 513 parcs/ catégorie V : 101 parcs).
– *Montaña de Covadonga* (1918, 16 925 ha, 140-2 600 m alt.), forme ibérique du bouquetin ;
– *Coto Doñana* (1969, 50 720 ha), dunes littorales, maquis à halimium et chênes-lièges, lynx pardelle, aigle impérial, spatules.

Finlande (S. T. 807 250 ha, catégorie I : 16 parcs/ catégorie II : 17 parcs/ catégorie V : 2 parcs).
– *Lemmenjoki* (1956, 280 000 ha, 120-600 m alt.), forêt subarctique d'épicéas et de pins sylvestres, faune et flore de Laponie ;
– *Pallas-Ounastunturi* (1938, 50 000 ha, 270-800 m alt.), forêt subarctique, toundra, faune et flore de Laponie, pluvier doré, courlis.

France (S. T. 4 987 791 ha, catégorie I : 6 parcs/ catégorie II : 7 parcs/ catégorie IV : 57 parcs/ catégorie V : 33 parcs).
– *Camargue* (1928, 13 120 ha, 0-2 m alt.), étangs, flamant rose ;
– *les Écrins* (1973, 91 800 ha, 1 350-4 100 m alt.) ;
– *Pyrénées* (1967, 45 700 ha, 1 500-3 300 m alt.), forêt d'étage subalpin, ours brun, gypaète barbu ;
– *Port-Cros* (1 263-2 500 ha, 0-1 965 m alt.), récif-barrière de posidonies, euphorbes et bruyère arborescente, pétrels, puffins, faucon pèlerin, insectes endémiques ;
– *la Vanoise* (1963, 52 800 ha, 1 250-3 850 m alt.), faune et flore alpines, bouquetin.

Grande-Bretagne (S. T. 4 713 450 ha, catégorie I : 3 parcs/ catégorie II : 1 parc/ catégorie IV : 45 parcs).
– *Caerlaverock* (1957, 5 585 ha), marais salants, zone d'estuaire, végétation du shore et du slikke, bernache nonette, oie à front blanc ;
– *Cairngorms* (1954, 26 000 ha, 300-1 310 m alt.), végétation subarctique, bruant des neiges, grouse, pluvier guignard.

Grèce (S. T. 103 703 ha, catégorie II : 8 parcs/ catégorie III : 2 parcs/ catégorie IV : 5 parcs/ catégorie V : 5 parcs).

Hongrie (S. T. 511 149 ha, catégorie IV : 5 parcs/ catégorie V : 41 parcs).

Irlande (S. T. 26 810 ha, catégorie II : 3 parcs/ catégorie IV : 3 parcs).

Islande (S. T. 915 924 ha, catégorie I : 1 parc/ catégorie II : 3 parcs/ catégorie III : 5 parcs/ catégorie IV : 5 parcs/ catégorie V : 8 parcs).

Italie (S. T. 1 300 565 ha, catégorie II : 3 parcs/ catégorie IV : 54 parcs/ catégorie V : 51 parcs).
– *Abruzzo* (1921, 29 000 ha, 600-2 247 m alt.), hêtre, chêne chevelu – *(Quercus cerris),* loup, ours brun ;
– *Gran Paradiso* (1922, 62 000 ha, 800-4 060 m alt.), végétation subalpine, bouquetin ;
– *Stelvio* (1935, 95 350 ha, 650-3 900 m alt.), daim, chamois, ours brun.

Norvège (S. T. 4 762 438 ha, catégorie I : 24 parcs/ catégorie II : 17 parcs/ catégorie IV : 5 parcs/ catégorie V : 21 parcs) ;
– *Borgefiell* (1963, 108 700 ha, 300-1 700 m alt.), lemming, glouton, élan ;
– *Rondane* (58 400 ha, 100-2 000 m alt.), nombreux oiseaux, renne, chouette de Tengmolm, faucon gerfaut.

Pays-Bas (S. T. 369 827 ha, catégorie I : 3 parcs/ catégorie II : 5 parcs/ catégorie III : 22 parcs/ catégorie IV : 42 parcs).
– *Hoge Veluwe* (1935, 5 450 ha, 0-10 m alt.), bois, landes, dunes, sanglier, spatule blanche, balbuzard.

Pologne (S. T. 2 230 100 ha, catégorie II : 13 parcs/ catégorie IV : 19 parcs/ catégorie V : 46 parcs).
– *Bialowieza* (1932, 5 320 ha, 170-200 m alt.), forêt mixte de feuillus et de conifères, marécages, lynx, castor, chevreuil, bison d'Europe *(Bos bonassus),* loup ;
– *Pieniny* (1932, 2 330 ha, 200-982 m alt.), montagnes calcaires, végétation médio-européenne et alpine, lynx, cigogne noire, balbuzard, grand duc.

Portugal (S. T. 453 642 ha, catégorie II : 2 parcs/ catégorie III : 2 parcs/ catégorie IV : 9 parcs/ catégorie V : 8 parcs).

Roumanie (S. T. 561 574 ha, catégorie I : 1 parc/ catégorie II : 1 parc/ catégorie IV : 20 parcs/ catégorie V : 14 parcs).

Russie* D
– *Astrakhan* (1919, 44 000 ha), phragmitaies, flore aquatique, ibis, pélican, tadornes, casarca, spatules ;
– *Caucase* (1924, 265 000 ha, 0-5 683 m alt.), bison du Caucase, ours, lynx, chien viverrin, vautour moine ;
– *Petchora-Ilych* dans l'Oural (1930, 715 000 ha), ours brun, élan, zibeline ;
– *Péninsule de Taïmyr* en Sibérie (1974, 1 300 000 ha), flore de la toundra, loup, glouton, ours, élan ;
– *Tsentralno Tchenioszemy* (1930, 4 200 ha), végétation des steppes, demoiselle de Numidie, martin roselin.

Suède (S. T. 1 758 408 ha, catégorie II : 15 parcs/ catégorie IV : 73 parcs).
– *Padjelanta, Sarek* et *Storasjöfallet* (1909, 490 000 ha) ;
– *Muddus* (1941, 49 200 ha), épicéas, saules nains, grues cendrées, cygnes sauvages ;
– *Sanctuaire d'oiseaux de Sjaunja* (1937, 285 000 ha).

Suisse (S. T. 72 000 ha, catégorie II : 1 parc/ catégorie IV : 14 parcs).
– *Parc national suisse* (1914, 16 900 ha, 1 500-3 170 m alt.), alpages, végétation xérique de pins, bouquetin, grand duc.

Tchécoslovaquie (S. T. 1 963 689 ha, catégorie I : 5 parcs/ catégorie II : 5 parcs/ catégorie III : 1 parc/ catégorie IV : 13 parcs/ catégorie V : 35 parcs).
– *Tatras* (1948, 74 000 ha, 700-2 655 m alt.), lynx, chouette de l'Oural, grue, cigogne noire ;
– *Krkonose* (1963, 38 500 ha, 400-1 600 m alt.), mouflon (introduit).

Ukraine*
– *Askaniya Nova* (1919, 10 000 ha), steppes méridionales, souslik, marmotte bobak, grande outarde, martin roselin.

Yougoslavie*
– *Mavrovo* en Macédoine (1949, 64 000 ha, 600-2 750 m alt.), ours, lynx, chamois, chevreuil ;
– *Fruskagora* en Serbie (1958, 25 400 ha), forêt de hêtres et de chênes, 50 espèces d'oiseaux, ours, chat sauvage.

*Avant l'éclatement de l'U. R. S. S. et de la Yougoslavie (1991) :
Ex-U. R. S. S. (S. T. 23 371 872 ha, catégorie I : 139 parcs/ catégorie II : 16 parcs).
Ex-Yougoslavie (S. T. 791 250 ha, catégorie I : 7 parcs/ catégorie II : 17 parcs/ catégorie III : 9 parcs/ catégorie IV : 11 parcs/ catégorie V : 24 parcs).

Bison d'Europe

Lemming

Grouse

Fou de bassan

LES AIRES PROTÉGÉES DANS LE MONDE

OCÉANIE

L'AUSTRALIE CHAMPIONNE DU MONDE

Australie (S. T. 46 654 000 ha, catégorie I : 16 parcs/ catégorie II : 339 parcs/ catégorie IV : 309 parcs/ catégorie V : 64 parcs).
– *Kosciusko* (1944, 647 000 ha), forêt d'eucalyptus et acacias, kangourous, opossums, *Platypus,* wombat, oiseau-lyre ;
– *Blue Mountains* (1959, 245 700 ha), forêts d'eucalyptus, prairies, nombreuses plantes à fleurs, souris marsupiale, kangourous, wombat, émeu, cacatoès, rapaces, échidnés ;
– *Royal* (1879, 15 000 ha, 0-220 m alt.), dunes, *Banksia,* bruyères, eucalyptus, acacias, kangourous, oiseau-lyre, perroquets, ornithorynque ;
– *Carnarvon National Park,* dans le Queensland (1938, 26 900 ha),forêts d'eucalyptus, fougères arborescentes pouvant atteindre 12 mètres de hauteur, nombreuses variétés d'orchidées, kangourous, nombreuses espèces de wallabys, *Platypus,* phalanger commun, koala, dasyure, de nombeuses espèces d'oiseaux et de lézards ;
– *Cradle Mountain-Lake Saint Clair National Park,* en Tasmanie (1940, 131 900 ha), eucalyptus, kangourous, wallaby, *Platypus,* diable de Tasmanie, opossum, wombat, bandicoot, oiseaux et plusieurs espèces de serpents ; – *Uluru* (1974, 132 500 ha), semi-désert, *Acacia spinbifex,* marsupiaux, émeu ;
– *Stirling Range National Park* (1948, 115 700 ha), kangourou, wallaby, wombat, émeu, grenouille *Metacrinia nicholisi.*
– *Wilson's Promontory* (1898, 49 000 ha), eucalyptus, acacias, fougères, arbre à thé, marsupiaux, échidnés, perroquets ;
– *Wyperfeld* (1909, 100 000 ha), eucalyptus, échidnés, opossums, kangourous, émeu.

Belau (S. T. 1 200 ha, catégorie III : 1 parc).

Fidji(S. T. 5 342 ha, catégorie I : 2 parcs).

Kiribati (S. T. 26 630 ha, catégorie I : 2 parcs/ catégorie IV : 1 parc).

Mariannes du Nord (S. T. 1 129 ha, catégorie I : 3 parcs).

Nouvelle-Zélande (S. T. 2 839 135 ha, catégorie I : 36 parcs/ catégorie II : 11 parcs/ catégorie III : 5 parcs/ catégorie IV : 100 parcs).
– *Fiordland* (1904, 1 023 190 ha, 0-2 460 m alt.), forêt tempérée à feuilles caduques, forêt subalpine, hêtre argenté antarctique, fougères arborescentes, kiwi, perroquet kéa ;
– *Mount Cook et Westland* (1964 et 1960, 187 000 ha, 700-3 700 m alt.), plantes à fleurs endémiques, oiseaux aquatiques ;
– *Urewera* (1954, 207 460 ha, 570-1 300 m alt.), forêt d'altitude, forêt de hêtres antarctique, fougères arborescentes, pigeons, canard tadorne.Aucun mammifère n'existait en Nouvelle-Zélande. Les introductions faites dans l'île menacent des espèces d'oiseaux rarissimes ;
– *Mount Aspiring National park,* contigu au Fiordland (1964, 287 300 ha), nombreuses variétés d'oiseaux parmi lesquels des pigeons et des rouges-gorges, daims et opossums introduits.

Papouasie-Nouvelle-Guinée (S. T. 29 016 ha, catégorie II : 3 parcs/ catégorie IV : 2 parcs).

Wombat

Phalanger commun

Menyre-lyre

Emeu

Kangourou

S'ORIENTER DANS LA NATURE

DÉTERMINER SON PARCOURS

DISTANCE, DÉNIVELÉE ET DURÉE

■ UNE SIMPLE PROMENADE DANS LA NATURE demande souvent peu de planification. Mais, dès que l'on veut sortir des sentiers battus, une préparation minutieuse devient nécessaire.

Calculer les distances. Sur les cartes, les distances se mesurent à l'aide d'un curvimètre ou bien, de façon plus générale, en utilisant un fil (ou un brin d'herbe) que l'on adapte, en le pliant, le long du parcours envisagé. On multiplie alors la longueur mesurée en centimètres par l'inverse du nombre qui exprime l'échelle de la carte (sur une carte au 1/25 000, deux points distants de 1,3 cm sont, en réalité, éloignés sur le terrain de 1,3 cm × 25 000 = 32 500 cm, soit 325 m).

Les difficultés de terrain. Pour déterminer son parcours, il est nécessaire de prendre en compte la dénivelée (montées et descentes), ainsi que les obstacles que l'on pourrait rencontrer. Même si la distance est plus longue, il est souvent plus rapide (car plus facile) de contourner un relief que de l'escalader.

Calculer le temps de parcours. Les distances parcourues s'apprécient par le temps de marche. Inversement, pour prévoir son temps de parcours, on convertira les distances en temps sachant qu'un randonneur non entraîné couvre en moyenne 5 km/h sur terrain plat. En terrain accidenté (pente moyenne supérieure ou égale à 10 p. 100), c'est la dénivelée qui est prise en considération : en 1 heure, on peut parcourir de 300 à 400 m de dénivelée à la montée et de 700 à 800 m à la descente.

NE PERDEZ PAS LE NORD

L'axe de la Terre passe par les pôles géographiques (nord et sud). C'est cet axe nord-sud qui est important pour s'orienter. Or, la boussole indique le pôle nord magnétique. La différence d'angle entre le nord magnétique et le nord géographique se nomme *déclinaison* (D). Ainsi, pour déterminer précisément un angle de marche, il est préférable d'apporter la correction D (figurée sur les cartes) à la valeur lue sur la boussole. Toutefois, ceci n'est pas nécessaire lors de petits déplacements, le taux d'erreur qui est engendré par ce manque de précision reste très négligeable.

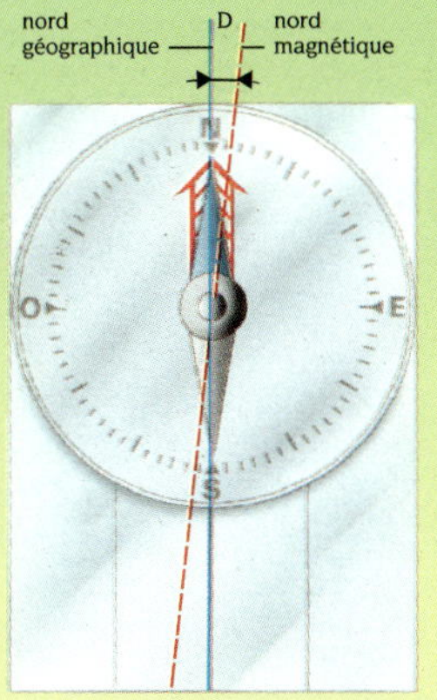

SUR LE TERRAIN

GARDER LE CAP !

■ QU'IL S'AGISSE DE SUIVRE UN PARCOURS préalablement établi ou d'identifier sa position, la carte et la boussole deviennent vite les deux partenaires indispensables de l'aventure...

Orienter sa carte. Pour utiliser une carte sur le terrain, il faut l'orienter dans une direction nord-sud, afin que les détails du terrain et leur représentation sur la carte soient dans le même alignement. Ils permettent alors de se situer et de se diriger. Si le randonneur se dirige vers le sud, la carte sera donc tenue à l'envers, même si cela ne facilite pas la lecture du texte figurant sur la carte.

Les détails naturels. La connaissance de l'itinéraire choisi sur la carte permet de reconnaître les détails du terrain (croupes, mamelons, talwegs) pour se situer et vérifier sa direction (quand l'orientation de la carte ne peut se faire avec les détails du terrain, on utilise la boussole).

Le nord sans la boussole. Les points cardinaux se répartissent tous les 90° sur une circonférence de 360° selon deux axes orthogonaux (si le nord est situé en face, l'est se trouvera sur la droite, le sud sera derrière et l'ouest par conséquent à gauche).

Dans la nature, le jour, on peut retrouver le sud avec sa montre. La montre étant à l'heure solaire, on dirige la petite aiguille (des heures) vers le soleil. La bissectrice de l'angle formé par cette aiguille et le chiffre 12 indique le sud.

La nuit, on peut utiliser la Lune. À minuit, la Lune indique le sud quand elle est pleine, l'ouest au premier quartier, l'est au dernier quartier. À 6 heures du matin, la pleine lune indique l'ouest, le premier quartier indique le nord et le dernier quartier le sud. Enfin, la nuit, à tout moment, l'étoile Polaire donne la direction approximative du nord.

A. **BOUSSOLE ET VISÉE**

La boussole est constituée d'une aiguille aimantée, pivotant sur un axe, et indique le nord magnétique. Pour s'orienter, on place la boussole sur la carte. On tourne jusqu'à ce que le nord indiqué en légende s'aligne avec le nord marqué par l'aiguille rouge de la boussole (les détails figurés sur la carte sont alors dans le même alignement que ceux observables sur le terrain). Le nord du cadran mobile de la boussole est ensuite aligné avec l'aiguille. On détermine alors la direction à suivre (en degrés) pour rejoindre son lieu de destination (visible sur la carte).
Faire une visée. Dans un premier temps, on indique sur la boussole la direction à prendre (nord-est = 45°) en faisant pivoter le cadran mobile et en alignant cette direction (45°) sur le repère porté en haut de la partie fixe de la boussole. Il suffit alors de tourner sur soi-même pour aligner l'aiguille rouge face à la lettre N du boîtier. On recherche un détail du paysage orienté dans la direction choisie (nord-est = 45°) et on se dirige vers lui.

A

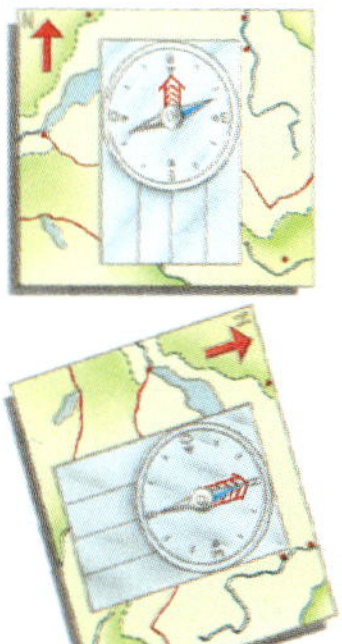

B. **LIRE UNE CARTE**

La carte est une représentation géométrique plane, simplifiée, de tout ou partie d'une surface terrestre. Bien choisir sa carte est une condition essentielle du bon déroulement de la randonnée que l'on entreprend. Généralement, les randonneurs pédestres ont besoin de cartes au 1/25 000, 1/50 000, voire 1/100 000. Pour les expéditions à cheval ou en 4 × 4, on peut utiliser des cartes identiques ou au 1/250 000. L'automobiliste peut, lui, se contenter d'échelles moins grandes. Le numérateur des fractions indicatives de l'échelle (le 1) représente toujours une unité de longueur sur la carte et le dénominateur, la distance correspondante sur le terrain dans cette même unité de longueur. 1/100 000 signifie qu'une longueur de 4 cm sur la carte représente 100 000 x 4 cm sur le terrain, soit 4 km. Les cartes à grande échelle (1/25 000) sont très détaillées, les cartes à petite échelle (1/1 000 000) le sont peu.
Les cartes portent en marge l'indication du nord géographique, la valeur de la déclinaison magnétique (valable pour le centre de la carte) et sa variation annuelle.

B

Les symboles

Tous les renseignements qui figurent sur une carte sont appelés des détails. Quand, du fait de l'échelle, certains détails ne peuvent être représentés, on les remplace par des symboles évocateurs (une croix pour une église...). Cette représentation restreinte est appelée « généralisation ». L'identification des symboles figure en marge de la carte.

Les courbes de niveau

La représentation des formes du relief, ou altimétrie, s'effectue à l'aide de lignes d'altitude constante appelées courbes de niveau. *Deux courbes de niveau successives déterminent toujours la même dénivellation : plus elles sont proches, plus le relief est escarpé. Jusqu'à 45°, une pente s'exprime en pourcentage. Une pente de 20 p. 100 signifie que l'on s'élève de 20 m pour une distance de 100 m. Au-delà de 45° (pente de 100 p. 100), les pentes s'expriment en degrés, car le pourcentage prend des valeurs peu significatives (85° = 1 143 p. 100).*

LES ANIMAUX SAUVAGES

L'EXPRESSION « animaux sauvages » nous fait surtout penser aux lions, aux girafes, aux gazelles et à ces oiseaux aux mille couleurs de la savane africaine... mais les animaux sauvages, ce sont aussi les petites bêtes comme l'araignée qui tisse sa toile, le moucheron posé sur les pétales d'un rosier ou encore la faune des récifs coralliens.

En effet, on désigne ainsi toutes les espèces animales non domestiques, c'est-à-dire les espèces qui n'ont pas subi de modifications par sélection de la part de l'homme.

Il ne faut donc pas confondre « animal sauvage » et « animal domestique retourné à l'état sauvage ». C'est ainsi que l'on distingue le chat sauvage du chat haret, chat domestique redevenu sauvage et vivant dans les forêts.

PROMENADE ET OBSERVATION

DÉCOUVRIR SANS DÉTRUIRE

■ DE L'ABEILLE QUE L'ON POURRA OBSERVER, en été, dans tous les jardins fleuris au rare tamarin empereur, ce singe qu'il faut chercher au cœur de la forêt amazonienne, les animaux sauvages sont partout. Point n'est besoin de grandes expéditions pour en voir. On peut partir à leur recherche avec la panoplie standard suivante : cape de pluie, sac à dos léger, jumelles, crayons et bloc-notes.

Choisir son moment. Certains animaux sont diurnes (marmotte, cerf, libellule...), d'autres sont nocturnes (genette, hulotte...). Chacun possède sa période d'activité journalière. En Europe, par exemple, les vipères sortent généralement le matin puis se cachent jusqu'à la fin de l'après-midi, moment où elles retournent se chauffer aux derniers rayons du soleil. En hiver, les animaux sont plus difficiles à observer, mais on peut relever sur le terrain de nombreux signes qui trahissent leur présence (empreintes, traces d'activité, restes d'aliments, excréments...).

Choisir son lieu. Pour débuter l'observation d'animaux sauvages, on ne choisira pas des lieux trop particuliers qui risquent de n'abriter que quelques espèces. On ira de préférence près d'un point d'eau (étang, marais, lac, bord de plage) ou en pleine forêt. On restera immobile, attentif, à l'écoute... Plus tard, habitué à observer les animaux sans les déranger, on pourra envisager d'aller chercher un animal particulier dans son milieu et, même s'il n'est pas au rendez-vous, on aura toujours la possibilité d'effectuer d'autres observations sur le comportement d'espèces plus communes se trouvant à proximité.

Attention dangers ! L'homme représente un danger pour les animaux sauvages par le déséquilibre qu'il peut provoquer dans leur milieu. Mais les animaux peuvent également être dangereux pour l'homme (on ne se promène pas de la même manière dans la savane africaine et dans un bois de la région parisienne). Aussi, on évitera toujours de toucher un animal sauvage (et notamment lorsqu'il se laisse facilement approcher) : il peut être malade et agressif.

Les collections. On résistera à la tentation de vouloir tout cueillir ou tout attraper et à la manie des collections vivantes. Les insectes sont plus beaux dans la nature qu'en vitrine ! Il existe mille et une manières d'archiver les découvertes et les observations que l'on peut faire sur les animaux sauvages.

La première règle, celle que devrait appliquer tout observateur de la nature, est de ne jamais tuer. Il vaut mieux consigner dans un carnet les dates, heures, lieux, conditions météo et identifications des observations. On pourra ainsi, au fil des saisons et des ans, voir les modifications dans l'époque d'observation des espèces, dans leur densité, etc.

La collection photographique est probablement celle qui apporte le plus de plaisir. Elle permet de disposer de nombreuses espèces de toutes les tailles et de toutes les régions dans des situations réelles (en train de manger, de dormir, de se reproduire...) sans avoir aucunement troublé l'équilibre de la nature. Pour certains animaux (oiseaux, mammifères...), on peut également conserver leurs traces sous forme de moulages. Pour d'autres (mollusques notamment), il est facile d'archiver les coquilles des animaux morts. On pourra naturaliser un animal mort après avoir vérifié que cette espèce ne figure pas sur la liste rouge de la convention de Washington et que sa naturalisation est bien autorisée.

QUAND LA BEAUTÉ DEVIENT UN HANDICAP...

Ce superbe papillon posé sur une fleur d'ail sauvage est un apollon *(Parnassius apollo)*. Il vit dans les montagnes de l'hémisphère Nord. Le genre apollon compte près de 600 espèces, qui sont toutes gravement menacées, car ce papillon a été sévèrement chassé pour sa beauté. Les plus belles espèces, mais aussi les plus rares, vivent dans les hautes montagnes de l'Asie dans des stations très limitées. En Europe, les trois espèces principales *(Parnassius phoebus, Parnassius apollo* et *Parnassius mnemosyne)* sont toutes protégées.

Chez les animaux sauvages, les plus belles espèces sont victimes de leur beauté. Elles sont en passe de finir dans des collections ou sur le dos des gens ! En effet, trop de personnes trouvent encore chic de se parer de la peau des félins tachetés, plus par snobisme, semble-t-il, que par un réel attrait pour ces peaux.

A

A. **BALLET AQUATIQUE**

Flottant entre deux eaux, les méduses sont, elles aussi, des animaux sauvages ! On peut les observer, par exemple, au mois de juillet sur les côtes méditerranéennes. L'ombrelle étalée de cette aurélie *(Aurelia aurita)*, bordée de fins tentacules, porte des amas de cellules sexuelles et, en son centre, une bouche bordée de quatre bras. Les méduses paralysent leurs proies grâce à des cellules urticantes qu'elles portent sur les tentacules.

B

B. **SAUVAGE ET FRAGILE**

Vers le mois de mai, au cours d'une promenade en forêt, vous pourrez rencontrer un faon de cerf comme celui-ci. Il est tentant de caresser ce « bambi » tellement attendrissant. Il vaut pourtant mieux ne pas le toucher, même si, contrairement à certaines idées, sa mère ne l'abandonnera pas (elle se contentera de le lécher abondamment pour faire disparaître l'odeur étrangère). En revanche, le stress causé par ce contact peut lui être néfaste. De même, ne vous empressez pas de recueillir un oiseau (passereau, rapace nocturne, etc.) apparemment tombé du nid : il n'est pas forcément abandonné. Si vous retournez une pierre pour observer la faune qui grouille dessous, remettez-la dans sa position initiale, sinon l'existence des hôtes de ces abris sera compromise. La vie sauvage est fragile. Sachez la respecter.

NATURE D'AVENTURE

PARLER D'AVENTURE, c'est évoquer l'imprévu, le danger, l'exaltation de la découverte, le dépassement de soi, la connaissance, voire le profit. Proche ou lointaine, la nature est le terrain de l'aventure par excellence.

■ Vécue comme une expression du besoin d'expansion de l'être humain, comme le moyen d'étancher sa soif de connaissance, l'aventure passe tour à tour du service des conquérants et des guerriers à celui des scientifiques, du géographe au biologiste.

Autrefois, les explorateurs de la nature ouvraient des voies, amenaient à la connaissance et à la portée d'autrui des contrées nouvelles, accueillantes ou hostiles, des civilisations et des cultures différentes, des espèces animales et végétales originales.

Aujourd'hui, la découverte aventureuse de la nature présente diverses facettes, certaines bariolées de logos et de slogans publicitaires, imposés par le parrainage industriel, lorsqu'elle est le support d'exploits sportifs. L'aventure est devenue un enjeu économique important dans le domaine des loisirs. Pourtant, elle conserve ses lettres de noblesse dans les expéditions à but humanitaire ou scientifique. Tournée vers la nature, l'aventure constitue, dans une société de plus en plus automatisée, une fenêtre ouverte sur l'exotisme, un appel d'air frais vers un autre mode de vie.

L'ère des aventuriers explorateurs. Au début du XXe siècle, les cartes des atlas géographiques montrent encore des zones vides, à la place du Sahara, en Amérique du Sud ou dans la région des pôles, par exemple. Ces lacunes sur les cartes excitent l'imagination d'explorateurs, tels que Roald Amundsen ou Paul-Émile Victor. Avant eux, d'autres ont été les découvreurs des contours des continents et de la continuité des mers sur le globe terrestre. Le vaste océan a constitué une voie prometteuse de découvertes, attirant explorateurs et aventuriers. À leur suite se sont ouvertes les routes commerciales et les chemins de l'expansionnisme colonial.

En 325 av. J.-C., le Grec Pythéas, qui a inventé un instrument de mesure lui permettant, grâce au Soleil, de définir sa position avec précision, part de Marseille pour une expédition vers l'Atlantique, longe les côtes espagnoles, puis celles de la Gaule, de la Grande-Bretagne et atteint, après six jours de navigation depuis les côtes britanniques, l'extrémité du monde (aux dires des pêcheurs qu'il rencontre). Là, il découvre que le Soleil ne se couche pas et que la mer se recouvre d'une masse blanche floconneuse, apparemment infranchissable, même à pied. Beaucoup plus tard, tandis que les savants s'accordent à penser que la Terre est ronde, d'autres marins aventuriers le prouvent. Aux XVIIIe et XIXe siècles, la civilisation européenne envoie de nombreux explorateurs à la découverte des terres océaniennes et de leurs peuples ; les fruits des découvertes font naître un

La découverte, piment de l'aventure

L'Occident doit aux grands navigateurs européens des XVe et XVIe siècles la découverte et les premiers tracés des contours des continents. Le Portugais Bartolomeu Dias passe au sud de la pointe africaine par le cap de Bonne-Espérance en 1487-1488 et ouvre la route des Indes à Vasco de Gama (1497-1499). Christophe Colomb, en 1492, et Amerigo Vespucci, en 1499, atteignent les côtes d'un nouveau continent qui portera le nom du second : l'Amérique. Vasco Nuñez de Balboa, en 1513, révèle l'existence de l'océan Pacifique au-delà de l'isthme de Panamá. Le navigateur portugais Fernand de Magellan contourne le continent américain par le sud, découvre le détroit qui porte maintenant son nom et traverse l'océan Pacifique jusqu'aux Philippines. Pourtant, ils ne furent pas les premiers à effectuer les exploits qui ont permis de tracer les cartes du monde. Déjà, Ptolémée (env. 90-168) rapportait qu'il devait exister un continent austral. Si leurs motivations diffèrent, Christophe Colomb, en montrant la terre espérée à ses marins sur ce tableau français du XVIIe siècle (B), et Roald Amundsen photographié lors d'une expédition, en atteignant le point du globe où la boussole s'affole (A), avaient vraisemblablement le même goût sur les lèvres : celui de l'aventure menée à bien.

A. Roald Amundsen.

B. Christophe Colomb.

mouvement de « retour à la nature ». En 1768, le navigateur anglais James Cook, accompagné du botaniste Samuel Banks, marque le point de départ de ce nouveau mode de découverte aventureuse en explorant Tahiti. En 1860, les Australiens Robert O'Hara et William Wills effectuent la première traversée de leur continent. La forêt amazonienne attire le Français Charles de La Condamine puis l'Allemand Alexander von Humboldt assisté du botaniste français Aimé Bonpland. Le Suédois Sven Hedin explore la Russie méridionale, du désert de Gobi jusqu'au Tibet, en 1893.

Aventuriers des pôles et des sommets. Dès le XIXe siècle, les aventuriers s'attaquent aux régions glacées du globe. L'aventure est alors guidée par la soif de la gloire, parfois personnelle mais surtout nationale. Le pôle Nord attire les explorateurs dès 1845, avec l'expédition malheureuse de sir John Franklin. En 1909, la banquise arctique est affrontée avec succès par l'Américain Robert Peary. Dans l'Antarctique, l'expédition emmenée par Ernest Shackelton parvient la même année à quelque 200 km du pôle. En 1911, le Norvégien Roald Amundsen ouvre enfin la route du pôle Sud, tandis que l'Anglais Robert Scott et son équipe laissent leur vie dans cette quête.

La conquête du toit du monde, l'Everest, offre une épopée supplémentaire au roman de la découverte de notre planète. Après les échecs de nombreuses expéditions, c'est en 1953 que le Néo-Zélandais E. Hillary et le sherpa Tenzing Norgay atteignent ce sommet, le plus haut de l'Himalaya, qui culmine à 8 848 mètres.

L'aventure à tous les degrés. Partir à l'aventure n'est cependant pas réservé à quelques baroudeurs qui jouent leur vie sur un voyage. L'aventure est à la portée de celui qui se lance à la poursuite de la réalisation d'un projet qui lui est cher. Chacun à son niveau, avec ses moyens, peut effectuer un périple qui revêt les caractères d'une aventure du fait même des émotions et de la découverte personnelle qu'il engendre. Pénétrer une forêt, scruter ses frondaisons et observer les formes de vie qui la peuplent constituent déjà une expédition aventureuse, qui peut même se révéler dangereuse. Dès que l'on s'écarte des sentiers battus, en forêt, en rase campagne ou en montagne, en terrain de connaissance ou en terrain inconnu, on ne peut compter que sur soi-même.

Il faut alors mesurer l'importance de ses actes et être conscient de ses capacités. Toutes les précautions doivent être prises et la préparation de l'expédition et du matériel nécessaire à sa réalisation doit être minutieuse et éviter tout superflu ; sinon, l'aventure tourne rapidement au cauchemar. La condition physique des participants à une équipée est un élément essentiel à ne pas négliger avant toute décision. Ensuite, les conditions de température et d'humidité de l'air (diurnes et nocturnes) ainsi que la pluviométrie doivent être prises en compte afin de choisir les chaussures, vêtements et équipements appropriés. La durée de l'excursion et celle des étapes en autonomie complète doivent être appréciées et l'intendance être prévue en conséquence. Enfin, la route doit pouvoir être vérifiée à tout moment sur une carte (si elle existe) ou à la boussole. Les expériences d'Albert Mahuzier, d'Évelyne Coquet ou de Christian des Pallières montrent tout le profit qu'on tire des découvertes personnelles : en voyageant à travers le monde, en famille, ils assurent à leurs enfants une éducation qui présente concrètement les données de la géographie et des sciences de la nature.

A. Expédition spéléologique.

B. Grand prix de France de rafting (Isère, 1990).

C. Plongée sous-marine.

L'aventure, but ou moyen ? Pour certains, l'aventure est devenue un but, une motivation égocentrique : l'aventure pour l'aventure, une qualification très en vogue à ajouter sur sa carte de visite. Elle devient ainsi le moyen pour certaines entreprises de laisser s'exprimer sur un terrain difficile les qualités de compétition de leurs membres. Dans le même esprit, qui peut paraître douteux, elles engagent leur personnel d'encadrement à suivre des stages de sport extrême tel que le saut à l'élastique, le but avoué n'étant pas la sélection sur l'audace mais la recherche d'une introspection et le dépassement de soi-même. Dans un autre type d'expériences, l'aventure naturelle est aussi utilisée pour ses vertus curatives. Ainsi le *Bel-Espoir,* un trois-mâts commandé par le père jésuite Michel Jaouen, emmène-t-il en équipage des toxicomanes cherchant leur équilibre au bout du voyage...

Certains sont principalement motivés par la recherche de l'exploit sportif, le record de vitesse ou d'endurance, si possible dans un registre original. Leur image devient une valeur que les sponsors s'empressent d'utiliser. Ces aventuriers se doivent d'alimenter régulièrement leur palmarès et de livrer des exploits toujours plus retentissants et spectaculaires à un public dont la satisfaction est guettée par les entreprises qui sponsorisent. Relayés par les médias, les aventuriers du sport doivent découvrir, à défaut de contrées nouvelles, un élément, l'air, l'eau (et la glace), le feu ou la terre (montagnes ou gouffres), sous des aspects toujours nouveaux.

Un billet aller et retour : l'aventure organisée. L'aventurier entretient le rêve. Il donne un espoir de réalisation aux scénarios imaginaires de chacun. Depuis les années 1980, de nombreuses firmes ont voulu offrir une passerelle entre cet imaginaire et la réalité. Cette tentative a reçu un accueil plus que favorable et très vite le phénomène s'est développé, accéléré et amplifié. L'« aventure » est devenue un produit de consommation dans le domaine des loisirs.

Le tourisme est fortement modifié par cette évolution des mentalités. Un besoin est né : celui des « loisirs aventureux ». Mouvementés, sportifs ou dépaysants, ils constituent une échappatoire à la vie urbaine et permettent une certaine identification aux pionniers explorateurs. Du moins donnent-ils la possibilité de goûter, ne serait-ce qu'en échantillon, à la saveur de la découverte. Cependant, l'aventure se fait en temps limité : on prend un billet aller et retour. Un paramètre essentiel de l'aventure fait ainsi défaut : l'incertitude qui accompagne l'aventurier, dont chaque pas fait reculer l'inconnu. La prospection, facteur de découverte pour l'humanité, est détournée vers un profit personnel. L'aventure recherchée au travers des loisirs permet la découverte « égoïste » du monde alentour. L'aventure n'est plus utilisée comme un miroir et la

E. Vol en delta plane.

D. Varappe.

Envie d'émotions fortes ?

Expéditions spéléologiques (A : la Pierre-Saint-Martin dans les Pyrénées-Atlantiques), **rafting** (B : lors du grand prix de France en 1990), **plongée** (C : nourrissage d'un requin), **varappe** (D : escalade de paroi rocheuse) ou **delta plane** (E : au-dessus des dunes du Grand Erg oriental), l'aventure vécue à travers le sport correspond souvent à une quête : celle d'un rapprochement avec la nature. Souvent, l'activité sportive se déroule au sein d'un élément naturel : l'eau libre, parfois déchaînée, des cours d'eau et des mers, l'air, cet immense volume capricieux qui constitue l'atmosphère, ou la terre et ses profondeurs. L'impossibilité pour l'homme de maîtriser les éléments le pousse à tenter de jouer avec, de les utiliser, le temps d'un exploit sportif. La rencontre ne se fait pas dans l'harmonie mais à travers une confrontation.

Outre le plaisir de l'action spectaculaire, cette approche particulière de la nature est aussi un test de résistance physique et psychologique, un moyen de connaissance de soi-même. Les sensations fortes qui naissent en plongée profonde, sur une paroi verticale ou sur un esquif baladé par des eaux bouillonnantes sont provoquées tant par les situations vécues que par la satisfaction d'avoir pu y parvenir. L'imagination qui fait naître de nouveaux sports se développe en réaction aux lois de la pesanteur qui tendent à maintenir l'être humain sous leur coupe, à ras de terre. Sports de glisse en tout genre, sur l'eau ou dans les airs et évolutions dans l'espace sont autant de pieds de nez à l'attraction terrestre.

plongée dans l'inconnu devient une quête initiatique. Le danger de la vulgarisation de ces aventures programmées est leur glissement progressif vers une organisation « à la chaîne » qui, pour attirer une clientèle toujours plus large, sacrifie parfois le naturel des sites au confort des visiteurs citadins, sans prendre les précautions nécessaires à sa préservation. Mais l'éventail des choix est large et certains organismes gardent pour objectif de proposer des expéditions riches en émotions qui restent très proches de la nature.

Les grandes expéditions actuelles. Quelles contrées naturelles sont encore aujourd'hui assez mystérieuses pour exciter la curiosité des aventuriers ? Les profondeurs des mers gardent encore des secrets. Elles recèlent des formes de vie extraordinaires, fonctionnant pour certaines sans lumière et sans oxygène ! Le fond des océans révélera-t-il la clef de la formation de la Terre, lui qui dissimule déjà la mobilité et le renouvellement des plaques de l'écorce terrestre ? L'aventure sous-marine ne relève plus de la science-fiction, depuis que le scaphandre autonome a été inventé en 1943 par J.-Y. Cousteau. Cependant, le monde sous-marin reste très difficile d'accès. La pression, qui augmente rapidement avec la profondeur, est l'ennemi du plongeur, elle se révèle par des douleurs au niveau des tympans et des sinus, par la narcose, l'ivresse des profondeurs, qui lui fait perdre la raison, ou par les accidents vasculaires dangereux, parfois mortels, de décompression, lorsque le réajustement des gaz respiratoires à la pression atmosphérique n'est pas parfait. Ces dangers, alliés à l'obscurité qui devient totale au-delà de 1 500 m de profondeur, illustrent toute l'hostilité de cet immense « monde du silence ». L'homme ne peut encore s'aventurer que dans les eaux superficielles, et les abysses font l'objet de prospections où l'aventurier explorateur est encore relayé par le robot.

Aux antipodes du fond des océans, la canopée, cet espace superficiel des frondaisons, couvre, dans le cas de la forêt amazonienne, une surface aux dimensions encore gigantesques malgré les attaques que subit cette forêt primaire. La cime des arbres forme un tapis de verdure luxuriante qui s'étale à la lumière du soleil et recouvre d'ombre le sol de la forêt. Son exploration par le côté du ciel, finalement le plus accessible, est en cours depuis 1985 par le biais d'un immense « plancher mobile » déposé sur le faîte des arbres. Léger, fait de poutres gonflables entre lesquelles est tendu un filet, ce « radeau des cimes » se déplace sans trop endommager le milieu naturel, manipulé par un ballon dirigeable à air chaud. Les hommes qu'il emporte peuvent marcher, à 40 m du sol, sur le toit, baigné de lumière et grouillant de vie, de la plus grande forêt du monde.

Depuis les années 1950, la communauté scientifique relève le défi de s'attaquer à l'inconnu par excellence. Là, point de place pour les voyages organisés. L'échelle de la découverte devient extraterrestre : le ciel et son prolongement sur l'infini. Si l'aventure humaine dans l'espace a été précautionneuse, si elle est passée par des explorations préliminaires effectuées par des appareils et des équipages animaux, le premier voyage d'un homme dans l'espace a pourtant constitué un saut dans l'inconnu : le Soviétique Iouri Gagarine, qui fut le premier homme à effectuer un vol orbital en 1961, et, après lui, les Américains Neil Armstrong et Edwin Aldrin, qui ont foulé en 1969 le sol lunaire, se sont inscrits dans la lignée des grands aventuriers explorateurs.

Rite initiatique, quête moderne du Graal, recherche de l'absolu, retrouvailles de l'enfant prodigue avec sa Terre mère ou soif de connaissance, les motivations humaines trouvent dans la nature un terrain privilégié pour s'exprimer. □

Une tache blanche sur les atlas

La Patagonie, bande de désert glacé et montagneux sur la côte ouest de l'Amérique du Sud (A), est balayée presque continuellement par de violentes tempêtes de vent et de pluie. En 1982, R. Hémon, M. Roquefere, J. L. Hourcadette et B. Doligez partent avec un projet insensé : traverser le Hielo Patagonico Sur, le plus grand glacier continental du monde (13 500 km^2), photographié ici par jour de beau temps. L'aventure durera 80 jours. Chaque membre de l'équipée tire un traîneau en fibres de verre, une pulka chargée de 80 kg de matériel. Le tribut à payer à la découverte de cet enfer blanc est élevé et se compte en journées de mauvais temps, en nuits passées en bivouacs ménagés dans des tranchées creusées dans les congères avec l'humidité glaciale pour compagne.

Il n'existe plus vraiment de « terres vierges », excepté le fond des océans. Néanmoins, cette planète que nous sillonnons nous est souvent méconnue, et le champ de la découverte reste immense.

A. Expédition sur le Hielo Patagonico Sur (Argentine).

OBSERVER LES OISEAUX

MATÉRIEL ET MÉTHODES

LES PROMENADES ORNITHOLOGIQUES

■ LES OISEAUX SONT RÉPARTIS sur tous les continents et fréquentent tous les milieux. Dans la nature, on peut les observer tout au long de l'année. Pour cela, il vaut mieux porter des vêtements aux coloris neutres, mais surtout contrôler ses mouvements, auxquels les oiseaux sont très sensibles.

Le confort, élément essentiel. L'observation requiert souvent de longues attentes immobiles. Mieux vaut porter plusieurs épaisseurs de vêtement, ce qui permet d'ajuster l'isolation thermique lors de la marche d'approche ou de l'affût ou bien si le temps change. Les textiles naturels, coton ou laine, moins bruyants et meilleurs isolants, sont à préférer aux matières synthétiques. La cape de pluie et le sac à dos sont, bien sûr, indispensables. Toute surcharge est à proscrire, mais seules l'habitude et la connaissance des différents buts de promenade permettent d'établir au plus juste la liste des effets, du matériel et des provisions.

Les jumelles, une aide à l'observation. Plus leur pouvoir grossissant est fort, plus le champ d'observation est restreint. Cela rend difficile le repérage de l'oiseau, a fortiori si celui-ci est en mouvement ! Un bon compromis doit être recherché entre grossissement, champ de vision et maniabilité ; il peut être réalisé avec des jumelles du type 8 × 20.

Des aide-mémoire. Un guide de terrain aide pour la détermination des oiseaux et des traces observées. Des pinces souples sont utiles pour prélever des fragments délicats de coquille d'œufs ou d'os. Enfin, un carnet permet de consigner toutes ces informations.

Des comportements typiques. Les cris, le chant, les attitudes ainsi que le milieu dans lequel on rencontre l'animal sont autant de critères de reconnaissance d'un oiseau : dans les forêts de feuillus européennes, le rythme du martèlement du bec du pic contre l'écorce est caractéristique de l'espèce.

Observer sans se laisser abuser. L'observation visuelle est souvent source d'erreur : la distance, l'intensité et l'incidence de la lumière, la sensibilité de chacun aux couleurs (surtout aux couleurs physiques, irisées) rendront l'identification difficile. Certaines espèces montrent une gamme de robes très différentes selon le sexe ou la saison, ou des anomalies de pigmentation (albinisme) rendant leur reconnaissance délicate.

Outre la livrée, la forme et les proportions du corps, des ailes et de la queue sont des indices précieux, notamment lors de l'observation de l'oiseau en vol, lorsque les couleurs sont éteintes par le contre-jour.

Oiseau siffleur, qui es-tu ? C'est par l'ouïe que s'établit souvent le contact entre le promeneur et l'oiseau, surtout en forêt ou lors de randonnées nocturnes. Le chant est un moyen de détermination très sûr, car il est caractéristique, même si certains oiseaux sont capables d'imiter leurs congénères.

A

A. **PRÉSENCE RÉVÉLÉE**

Reconnaître un oiseau par ses traces, alors même qu'il est absent, est un exercice passionnant mais difficile. Néanmoins, les indices dont on peut éventuellement disposer sont nombreux et permettent l'identification par recoupement.

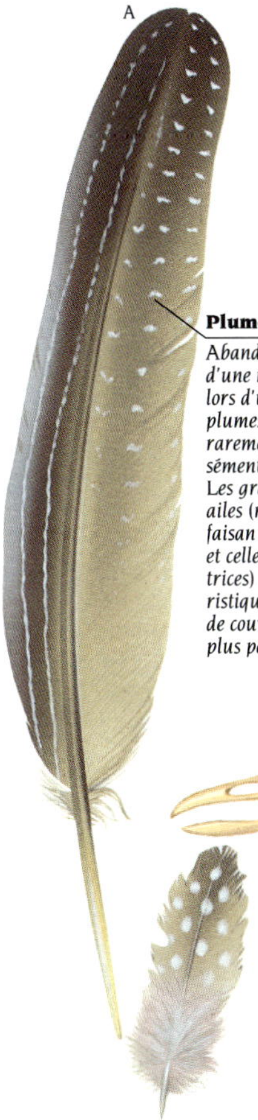

Plumes

Abandonnées à l'occasion d'une mue ou arrachées lors d'un combat, les plumes isolées permettent rarement d'identifier aisément leur propriétaire. Les grandes plumes des ailes (rémiges, ici d'un faisan et d'une pintade) et celles de la queue (rectrices) sont plus caractéristiques que les plumes de couverture (tectrices), plus petites.

Geai des chênes
(Garrulus glandarius)

Essentiellement forestier, le geai des chênes est très vif et très prudent, ce qui le rend difficile à observer. De plus, il est capable d'imiter le cri d'autres animaux.

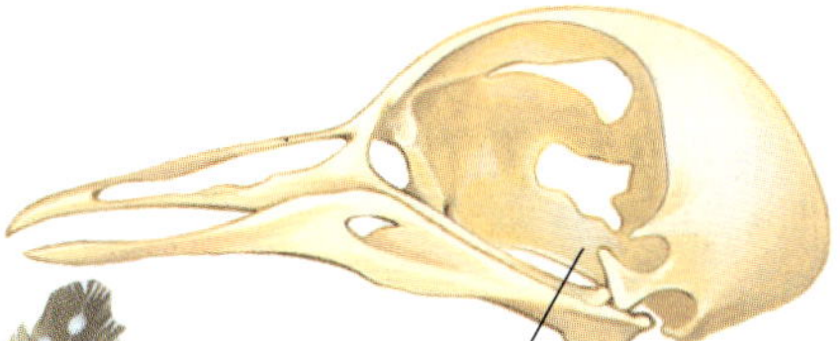

Os

Le bec et la boîte crânienne (ici d'un pigeon biset), plus que toute autre partie du corps, sont hautement caractéristiques de l'espèce.

Œufs

Ils se reconnaissent d'après leur taille, leur couleur et leur forme. La forme pointue de l'œuf de guillemot (en haut) l'empêche de rouler. Le petit œuf est celui du petit gravelot.

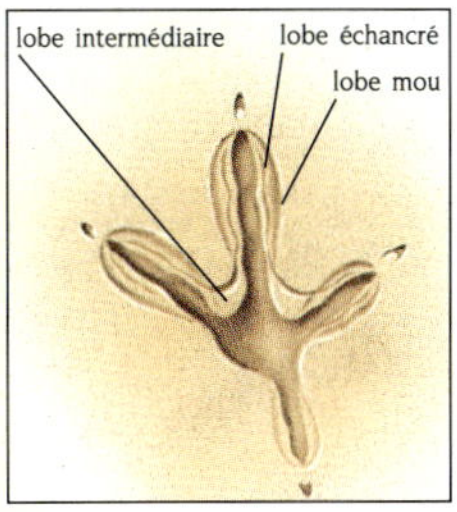

Empreintes

Tous les paramètres doivent être enregistrés : angle entre les doigts, présence de coussinets, taille des griffes (ici, des empreintes de pouillot fitis).

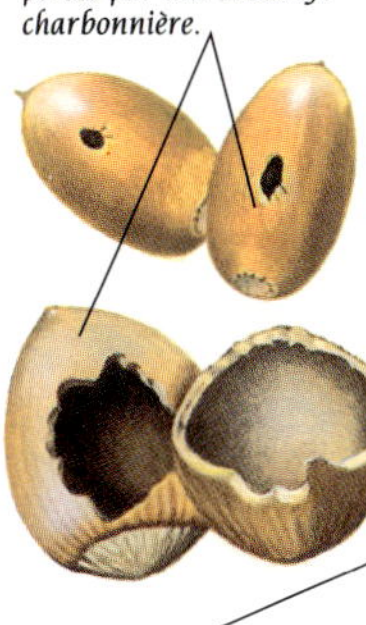

Traces de repas

Elles désignent parfois le responsable du festin : une noisette coincée dans une anfractuosité d'écorce révèle la présence d'une sittelle, et ces deux glands ont été percés par une mésange charbonnière.

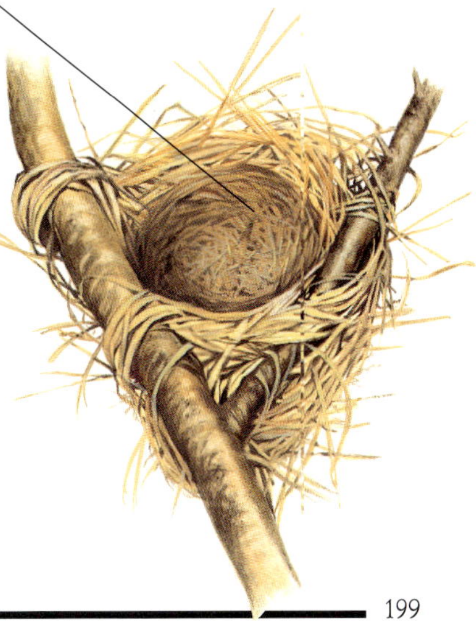

Nid

Les nids ne doivent jamais être dérangés ni mis à découvert sous prétexte d'observation. La forme et le matériel de construction du nid (ici un nid en nacelle du loriot d'Europe), son emplacement et les œufs qu'il peut contenir sont caractéristiques.

Pelotes de réjection

Elles renferment les parties indigestes que certains oiseaux recrachent après le repas. Leur reconnaissance et leur étude permettent de cerner l'habitude alimentaire de l'oiseau. Celle-ci provient d'un hibou des marais.

OBSERVER LES ARBRES

LES INDICES

CE QU'IL FAUT REGARDER

■ POUR RECONNAÎTRE UN ARBRE, il faut déterminer s'il s'agit d'un résineux ou d'un feuillu. Les résineux possèdent des aiguilles qu'ils gardent en hiver (excepté le mélèze) et leurs fruits sont des cônes (d'où le nom de conifères donné au groupe des résineux). Les feuillus possèdent souvent des feuilles caduques (qui tombent en hiver), au limbe plus ou moins large. Si vous êtes face à une souche qui porte des rejets, il s'agit d'une souche de feuillus, les souches de conifères n'en émettant jamais.

Le port. L'aspect général de l'arbre *(port,* ou *habitus)* peut varier en fonction de son âge et de son milieu (présence d'autres arbres, nature du sol...). Aussi convient-il de prendre en compte ces facteurs avant d'interpréter trop hâtivement le port et la taille de l'arbre. On distingue généralement 8 types de ports : *pleureur* (les rameaux sont tombants) ; *pyramidal* ; *en tire-bouchon* ; *globulaire* (la cime de l'arbre est sphérique) ; *nain* ; *rampant* ; *fastigié* (en forme de flèche) et *colonnaire* (cylindrique).

Les feuilles. Elles constituent le critère d'identification le plus simple. Tout, dans la feuille, doit être observé : la couleur, la taille, la base, la pointe, le bord, le limbe et l'insertion sur la tige. Pour les feuillus, on vérifiera s'il s'agit d'une feuille *simple* ou d'une feuille *composée,* si elle est *entière, dentée* ou *palmée,* enfin si elle est *longue, ronde* ou *triangulaire.* Pour les résineux, c'est *l'implantation des aiguilles* (par 1, 2, 5 ou plus) qui permet l'identification.

L'écorce. La forme et la couleur de l'écorce sont caractéristiques de l'arbre. L'écorce du bouleau, extrêmement fine, se détache en lambeaux et donne un aspect parcheminé au tronc ; celle du platane se détache par plaques comme des écailles ; celle du hêtre est lisse tout le long du tronc, celle du pin sylvestre est rugueuse et de couleur rouge-orangé ; celle du chêne-liège est crevassée, légère et d'une épaisseur exceptionnelle.

Les fleurs. L'aulne, le bouleau, le noyer, le balsa ou le charme possèdent des fleurs groupées en *chatons* dont la couleur et la taille sont différentes suivant le sexe. Le merisier, l'érable, le robinier, le baobab ou le teck possèdent des fleurs dont la couleur et la forme permettent la détermination de l'espèce. Les résineux portent également des fleurs, mais celles-ci sont difficiles à examiner car souvent très réduites.

Si un arbre porte des fleurs à la fois mâles et femelles, il est dit *« monoïque »* (noisetier, noyer, sapin). S'il porte soit des fleurs mâles, soit des fleurs femelles, il est dit *« dioïque »* (if, saule, palmier-dattier). Le moment d'apparition des fleurs (avant ou après les feuilles) permet également d'identifier l'arbre.

Les fruits. Les fruits sont caractéristiques de l'arbre qui les porte (cocotier, pommier, noyer, chêne, pin...). Leur détermination (fondée sur le nombre de graines, par exemple) est parfois délicate. De plus, ils passent souvent inaperçus (connaissez-vous le fruit du bouleau, du séquoia ou de l'érable ?).

Les bourgeons. Ce sont de petits axes compacts, qui portent de très jeunes feuilles (bourgeons foliaires), ou des pièces florales (bourgeons floraux), ou les deux types de pièces (bourgeons mixtes). Dans la détermination de l'arbre, on tient compte de la disposition des bourgeons *(alterne* ou *opposée),* de leur forme *(élancée* ou *globuleuse),* de leur aspect *(luisant, sec* ou *duveteux),* de leur couleur ainsi que de leur répartition *(isolés* ou *en groupes).*

LES MESURES DE L'ARBRE

Pour déterminer l'âge d'un arbre, s'il est sectionné, on compte les cernes concentriques à raison d'un anneau foncé par an. On peut également mesurer la circonférence du tronc en centimètres et diviser le chiffre obtenu par 2,5. Cette méthode reste approximative, car la croissance ralentit avec l'âge et varie selon les espèces.

Pour estimer la hauteur d'un arbre, reculez-vous de 27 pas à partir du tronc et plantez un bâton dans le sol. Reculez encore de trois pas, allongez-vous au sol et repérez sur le bâton l'endroit où arrive le sommet de l'arbre. La hauteur de ce dernier peut s'évaluer à dix fois la hauteur mesurée sur le bâton.

A. **QU'EST-CE QU'UN ARBRE ?**

L'arbre est un végétal d'au moins 7 mètres de hauteur (plus petit, on parle d'arbrisseau ou d'arbuste), dont les vaisseaux conducteurs de sève ont des parois durcies par imprégnation de lignine (qui est le constituant fondamental du bois). L'ensemble des branches forme le houppier. Les branches portent elles-mêmes des rameaux, sur lesquels on trouve les feuilles et les bourgeons.

Ce peuplier d'Italie *(Populus nigra italica)* au port élancé (fastigié) peut atteindre 30 m de hauteur.

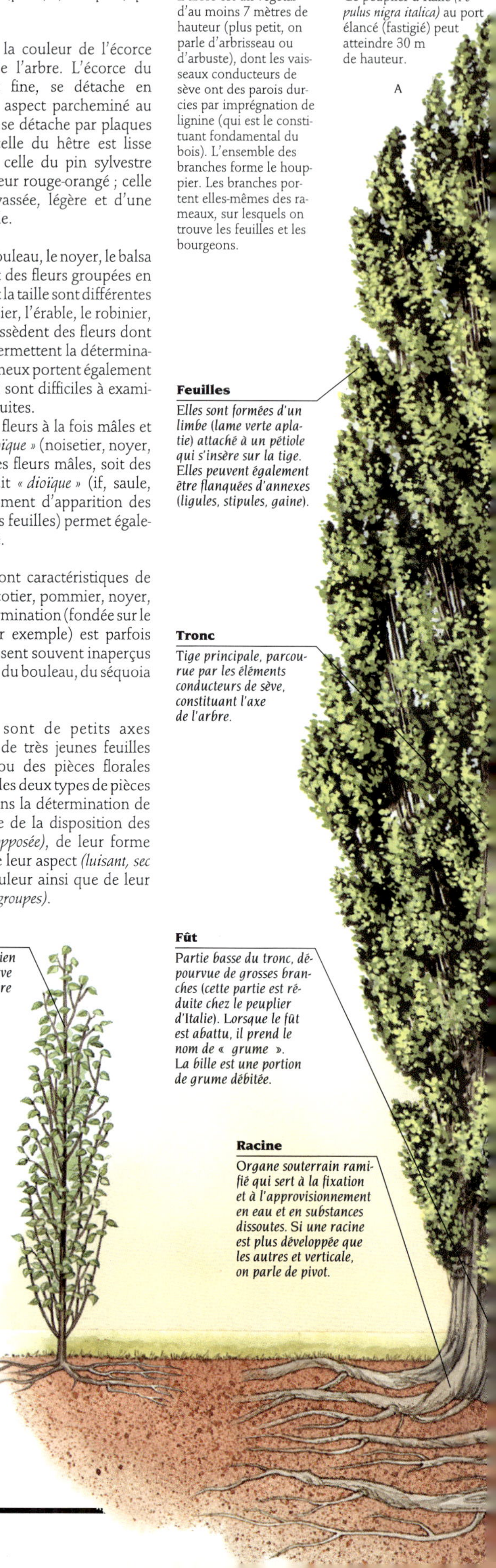

B. **COUPE D'ARBRE**

Sur la section d'un arbre abattu (ici, un conifère), on observe les couches concentriques du bois. En fonction de leur dureté (due à la présence de lignine), on distingue quatre parties.

SUR LE TERRAIN

UN EXERCICE DÉLICAT

■ LA RECONNAISSANCE DES ARBRES peut s'effectuer en n'importe quelle saison. Pour cela, il est essentiel de se munir d'un *guide floristique* de la région visitée. Ce guide devra comprendre tout ce qui est nécessaire, quelle que soit la saison, pour identifier un arbre.

Écologie de l'arbre. La forme du *houppier* (ensemble des branches au-dessus du tronc) dépend de la lumière. S'il est épais, l'arbre supporte bien l'ombre (hêtre, sapin, épicéa) ; clairsemé, il témoigne au contraire d'un grand besoin de lumière (mélèze, bouleau, acacia...). Attention ! Le port de l'arbre peut ne pas correspondre à celui qui est représenté dans le guide, alors même que l'identification est incontestable. Dans ce cas, on cherchera les causes de la différence : l'arbre est-il adulte ou encore jeune ? Ses voisins gênent-ils sa croissance ? S'est-il particulièrement étiré pour aller chercher la lumière ?

La région environnante. La présence d'un arbre peut donner de précieux renseignements sur la nature du terrain. Ainsi, le châtaignier et le pin parasol se rencontrent sur les sols sableux parce qu'ils ne supportent pas le calcaire. Les pins et les épicéas, qui étalent leurs racines en surface, se contentent de sols dont la couche nutritive est relativement peu épaisse.

ÉCHANTILLONNAGE ET COLLECTION

CONSERVER SES DONNÉES

■ SI LES FLEURS, COMME LES FEUILLES, peuvent être prélevées puis mises à sécher, entourées de papier absorbant (buvard ou journal), dans une presse, leur présentation dans un album ne donnera qu'une idée approximative de l'arbre. Pour constituer la fiche complète d'un arbre, il faut donner les mesures de la hauteur et de la surface du houppier et, si possible, faire un croquis de l'arbre en pied (ou bien prendre une photo quand les conditions s'y prêtent).

L'écorce. Pour présenter l'écorce, on peut poser sur l'arbre une feuille de papier et frotter doucement sa surface avec un gros pastel gras. L'image de l'écorce s'imprime alors sur la feuille. Il est également possible de faire un moulage en plâtre. Pour cela, on utilise de la terre glaise ou de la pâte à modeler que l'on applique sur l'écorce, puis on verse dans la plaque ainsi obtenue du plâtre pour obtenir un moulage en relief que l'on peut teinter.

Graines, fruits et feuilles. Les graines et les fruits de l'arbre doivent être conservés au sec, car, dans un milieu humide, ils commenceraient à germer. Pour assurer un bon séchage, on recouvre le fruit ou la graine de sable chaud (chauffé au four) pendant 24 heures. Les feuilles doivent faire l'objet d'une récolte modérée. Ramassez de préférence les feuilles caduques (qui tombent en automne ou en hiver), quand l'arbre n'en a plus besoin.

Présentation générale. Elle n'a de limites que celles de votre imagination. Cependant, il est intéressant de toujours replacer l'arbre dans son contexte. N'oubliez pas de faire figurer sur votre page de présentation la date et le lieu d'observation ainsi que de mentionner, à l'aide d'un dessin commenté (ou d'une photo), les espèces végétales et animales que vous avez pu observer à proximité de cet arbre. La présentation d'un arbre peut s'étaler sur plusieurs pages, au fil desquelles, par exemple, vous pouvez le représenter aux différentes saisons.

L'ARBRE ET LES SAISONS

Au fil des saisons, l'identification d'un arbre est subordonnée aux indices dont on peut disposer.

En hiver, l'écorce et les bourgeons sont visibles, mais on peut également trouver des feuilles qui demeurent au pied de l'arbre et parfois même des fruits, si le vent ou les animaux ne les ont pas disséminés.

Au printemps, ce sont les fleurs qui permettent la détermination.

En été et en automne, les feuilles et les fruits deviennent les indices les plus précieux et les plus clairs.

C

C. **RAMEAU**

C'est une formation ligneuse issue d'un bourgeon au niveau d'un nœud, ayant la structure d'une tige. Le rameau porte des feuilles et s'accroît avec le temps en longueur et en diamètre. Il peut, à son tour, devenir une tige secondaire qui portera de nouveaux rameaux.

Anneau

Marque de croissance annuelle.

D

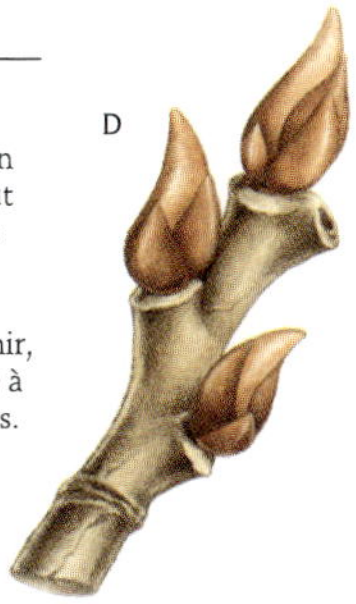

D. **BOURGEON**

Ensemble de jeunes pièces foliaires ou florales regroupées sur un axe très court. On peut en distinguer 4 types : terminal, latéral, dormant et anticipé. En fonction de leur devenir, ce sont des bourgeons à bois, à fleurs ou mixtes.

E. **DU BOIS QUI NE FLOTTE PAS**

La couleur (du noir de l'ébène au blanc du charme), l'odeur (le pin et l'acajou, par exemple, possèdent des essences très volatiles) et la dureté sont autant de facteurs qui permettent d'identifier le bois d'un arbre. Le palissandre et l'ébène sont durs, ils possèdent des fibres lourdes et très serrées, et leur densité est supérieure à celle de l'eau.

E.

Nom	Dureté	Densité	Couleur
Balsa	très tendre	0,10	blanc
Épicéa	tendre	0,40	blanc-orangé
Okoumé	tendre	0,40	rose
Acajou d'Afrique	tendre	0,50	rouge clair
Pin sylvestre	tendre	0,50	orange pâle
Bouleau	mi-dur	0,70	blanc crème
Chêne	mi-dur	0,70	brun
Charme	dur	0,80	blanc
Noyer	dur	0,80	brun-roux
Poirier	dur	0,80	rouge
Palissandre	dur	1,05	brun-violet
Ébène	très dur	1,20	noir

F

F. **FEUILLE**

La feuille du peuplier d'Italie est simple, luisante et finement dentelée.

Souche

C'est la formation qui demeure en place lorsque l'arbre est abattu. La souche, dans le cas d'un feuillu, peut émettre des rejets et reconstituer un appareil aérien.

Rejets

Appelées également « rejetons », ces jeunes pousses proviennent d'une souche, d'un tronc ou d'une branche. Elles restent dépendantes de l'individu qui leur a donné naissance.

Drageon

Formation souterraine issue des racines de l'arbre pouvant générer un nouvel individu au devenir indépendant.

G

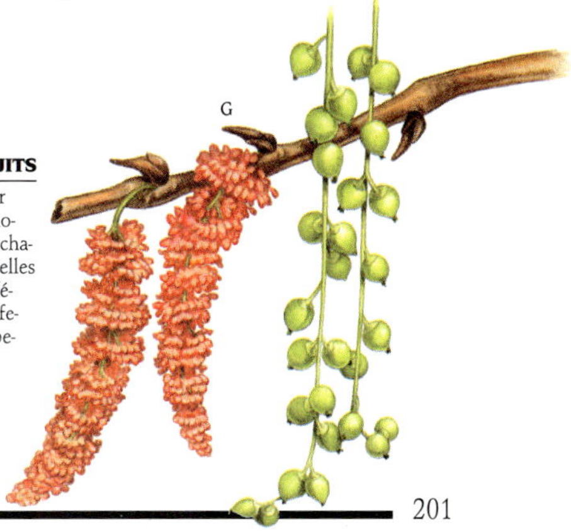

G. **FLEURS ET FRUITS**

Les fleurs du peuplier sont groupées en inflorescences appelées « chatons », mâles ou femelles selon l'arbre. Après fécondation, les fleurs femelles donnent ces petits fruits verts.

PROMENADES FLORISTIQUES

RECONNAÎTRE ET CONSERVER

APPRENDRE SANS DÉTRUIRE

■ UN ANIMAL PEUT FUIR. Une fleur, fragile, précieuse, est impuissante face aux agressions, tout au plus peut-elle, dans certains cas, refermer sa corolle. Aussi toute promenade floristique doit-elle être l'occasion d'observations et non de destructions.

Les guides. De nombreux guides sont aujourd'hui à la disposition du public. Les plus simples permettent l'identification de la fleur d'après sa couleur, sa forme et le lieu où elle se trouve. Ce type de guide est pratique car il permet au promeneur botaniste débutant une détermination rapide de la plupart des espèces courantes. Des guides d'un autre type, les flores, demandent une bonne connaissance des différentes parties de la fleur pour arriver à une identification certaine. Ces ouvrages fonctionnent selon un principe de « clefs » permettant d'identifier la plante par critères successifs (couleur, nombre de pièces florales...).

Ce qu'il faut voir. Les caractères morphologiques de la partie végétative (feuilles, tiges, racines) sont parfois les seuls observables (selon la saison). Mais c'est souvent l'observation minutieuse de la partie florale qui permet l'identification rigoureuse.

La fleur est composée de pièces protectrices stériles : les *sépales* formant le *calice* et les *pétales* constituant la *corolle*. Le calice peut être inexistant, comme chez les ombellifères, ou simulé par quelques soies, comme chez les composées. A l'intérieur de la corolle se trouvent les parties fertiles (étamines et/ou ovaires). Chaque étamine est constituée d'un *filet* portant à son extrémité des sacs à pollen (les *anthères*). Le nombre d'étamines est très important pour la classification. Les ovaires sont regroupés dans un sac à une ou à plusieurs poches, surmonté par une cheminée (le *style*) qui se termine par une massue ou des languettes *stigmates*. L'ensemble de ces parties femelles (ovaires, style, stigmates) est appelé *pistil*.

Fleurs et inflorescences. Si les fleurs de tulipe ou de pervenche, par exemple, sont isolées et bien individualisées à l'extrémité de leur pédoncule floral, il arrive parfois que l'axe principal se ramifie pour former une inflorescence, parfois très dense. Ainsi la marguerite n'est pas une fleur mais est constituée de centaines de fleurs minuscules dont le rassemblement simule une fleur simple. Ce que l'on prend pour des « pétales » sont en réalité des fleurs stériles et le « cœur » est formé des fleurs fertiles.

Archiver ses découvertes. On peut tirer un grand profit de ses découvertes sans pour autant les arracher de leur milieu dans le but de les collectionner. En effet, de nombreuses espèces sont protégées, car elles sont en voie de disparition. Grâce aux appareils photo, on peut collectionner sans déranger la nature. On peut également le faire en observant la fleur avec une loupe, puis en réalisant un croquis. Pour chaque plante, une fiche-type permet de rassembler un maximum de renseignements. On prendra bien soin de photographier ou de dessiner toute la plante et pas simplement la fleur. Après avoir identifié la plante à l'aide d'un guide, on notera sur la fiche-type : le groupe systématique (gymnospermes, dicotylédones, monocotylédones) ; le cycle de la plante ; la forme de croissance ; le port de la tige ; le type de sexualité (fleur hermaphrodite, plant monoïque ou dioïque) ; l'inflorescence ; la forme des fleurs ; la disposition des feuilles ; la forme des feuilles ; l'exigence en lumière ; l'exigence en humidité ; l'habitat (prairies, moraines...) ; la pédologie (sol calcaire, neutre, acide) ; le mois de floraison ; la taille de la plante ; l'altitude et tout autre indice utile (par exemple les arbres à proximité).

RARES SANS AVOIR L'AIR

Localement, certaines plantes peuvent paraître abondantes, mais avoir en fait une aire de répartition très restreinte, ce qui en fait des espèces d'une grande rareté.

Aussi ne répétera-t-on jamais assez aux collectionneurs, aux cueilleurs de bouquets ou à certains « spécialistes » de se montrer raisonnables et de ne pas sacrifier des trésors floristiques à la satisfaction de leur passion. En général, la cueillette de toute plante sauvage devrait se borner à la quantité qu'on peut tenir dans la main. Pour certaines espèces, l'arrachage est interdit et la cueillette limitée à dix exemplaires. Enfin, il existe de nombreuses espèces totalement protégées dont l'arrachage, la cueillette et la récolte des graines sont interdits. Aussi, ne cueillez jamais une fleur sans connaître son statut !

A

A. **CHOISIR SON MOMENT**

Certaines fleurs, comme celles des baobabs par exemple, s'épanouissent la nuit en moins de 3 minutes et disparaissent la journée suivante. Cette fleur de *Cactus senita* n'est visible que quelques jours. Il existe également des végétaux qui ne fleurissent qu'une seule fois. Les plantes annuelles bien sûr, mais aussi les palmiers et les agaves pour lesquels il faut attendre 7 ans ! La floraison des bambous est très irrégulière et se produit à intervalles de plusieurs dizaines d'années. Observer les fleurs nécessite donc, pour chaque espèce, de choisir son moment avec précision.

B

C

B. C. **CES FLEURS QUI N'EN SONT PAS**

La fleur de cet arum *(Arum maculatum)* n'est pas celle que l'on croit. La spathe verdâtre qui apparaît en haut de la tige principale (B) est en réalité une feuille qui renferme un spadice (pédoncule en forme de massue). C'est ce dernier qui possède à sa base les fleurs bien cachées. Si l'on fait une coupe de la partie inférieure de la spathe (C), on y distingue des fleurs fertiles femelles, à l'aspect poilu, séparées des fleurs mâles (en bas) par de petites fleurs stériles (au centre). Dans cette plante, les fleurs mâles et les fleurs femelles ne sont pas matures en même temps, ce qui évite l'auto-fécondation.

LES GRANDES DISCIPLINES

LES SCIENCES DE LA VIE

L'UNITÉ ET LA DIVERSITÉ DU VIVANT

■ SCIENCE DE LA VIE PAR DÉFINITION, la *biologie* est d'abord l'étude du cycle reproductif des êtres vivants. Mais, prise au sens large, c'est aussi tout l'ensemble des disciplines, classiques et récentes, qui étudie les structures, les fonctions et les niveaux d'organisation (molécules, cellules, organismes et milieux). C'est encore l'étude de l'évolution des êtres vivants, de leurs relations et de leurs caractéristiques utiles à l'homme (avec des applications médicales, pharmacologiques, agricoles et agroalimentaires).

Les disciplines classiques. La *systématique* compare les êtres vivants qu'elle classe d'après leurs caractères communs. L'*anatomie* étudie la forme et la structure des êtres vivants. D'abord appliquée à l'homme, elle a été étendue aux animaux et aux végétaux. L'*anatomie comparée* établit les homologies et les différences de structure entre espèces. La *biologie cellulaire* a pour objet l'étude de la cellule vivante et de ses constituants. L'*histologie* s'intéresse à la façon dont les cellules animales et végétales sont organisées en tissus de façon à assurer une fonction précise. La constitution des molécules organiques, et particulièrement celle des macromolécules, ainsi que leurs interactions sont l'objet de la *biochimie*. La *physiologie* s'intéresse au fonctionnement et aux propriétés des organes et des tissus, au métabolisme des cellules *(physiologie cellulaire)*, aux régulations hormonales *(endocrinologie)*, aux phénomènes biochimiques et électriques du système nerveux *(neurophysiologie...)*. La *génétique* est la science de l'hérédité. La *paléontologie* étudie les organismes fossiles et cherche à en retracer l'histoire évolutive. Quant à l'*écologie*, c'est l'étude des interactions des êtres vivants entre eux et avec leur milieu. Les grandes questions d'environnement relèvent directement de cette science qu'on assimile souvent, dans le langage courant, à l'écologisme, courant de pensée partagé par des scientifiques et des non-scientifiques qui dénonce le pillage des ressources naturelles et les atteintes portées par l'homme à l'environnement.

LA MÉDECINE

En rassemblant la masse des connaissances et des moyens mis en œuvre pour la prévention, la guérison ou le soulagement des maladies, blessures ou infirmités, la médecine vise à atteindre la plus grande rigueur scientifique. Elle est fondée sur l'observation et l'interprétation des signes cliniques du malade ; mais, pour établir un bon diagnostic, le médecin doit parfois prescrire des examens plus poussés (analyses biologiques, radiologie, scanner, échographie, etc.). Même si la médecine a énormément progressé (vaccination, antibiotiques, greffes d'organes, diagnostic prénatal, etc.), elle a encore à résoudre des problèmes difficiles (cancer, sida, maladies d'Alzheimer ou de Parkinson, etc.).

La recherche biomédicale couvre trois grands domaines : le domaine fondamental (application à la biologie de découvertes faites en chimie, physique, etc.), le domaine clinique (cancérologie, immunologie, etc.) et le domaine médico-social (propagation des épidémies, vieillissement de la population, etc.). C'est l'affaire des médecins, bien sûr, mais aussi celle des biologistes, des épidémiologistes, des physiciens, des informaticiens, etc., qui, dans le domaine public, travaillent sous l'égide d'agences gouvernementales comme le National Institute of Health (NIH) aux États-Unis ou l'Institut national de la santé et de la recherche médicale (I. N. S. E. R. M.) en France.

LES SCIENCES DE LA TERRE

TERRE, ATMOSPHÈRE, OCÉANS

■ ÉPINE DORSALE DES SCIENCES de la Terre, la *géologie* explore notre planète, depuis la surface de sa croûte jusqu'aux profondeurs de son noyau et aux mystères de son histoire. La *volcanologie* analyse et tente de prévoir les phénomènes volcaniques. Les théories modernes de la *tectonique des plaques* ont permis de mieux comprendre le mouvement des plaques lithosphériques qui recouvrent la Terre sur une épaisseur de 100 à 200 km et ont apporté une explication à la répartition des volcans liée à celle des séismes. La *sismologie* étudie les tremblements de terre (séismes) et les ondes sismiques, renseignant ainsi sur la structure interne de la Terre jusqu'à 700 km de profondeur.

La *climatologie* décrit, explique et classe les climats. L'étude de l'atmosphère nécessite la puissance des plus gros ordinateurs, et vise en particulier à améliorer les prévisions météorologiques. L'exploration des abysses exige d'embarquer, à bord de navires et de sous-marins, d'importants moyens d'investigation.

L'AGRONOMIE

Bien que de vocation très ancienne la recherche agronomique ne s'est développée qu'à partir du XIXe siècle. Initialement liée à l'amélioration des techniques de culture et d'élevage, la recherche agronomique s'est étendue à l'ensemble du secteur agroalimentaire.

Parmi ses objectifs, citons l'amélioration des fertilisants et des pesticides, la sélection génétique, les biotechnologies, les techniques de culture de tissus, de fécondation in vitro et de culture sans sol, la conservation alimentaire, ou encore l'économie rurale.

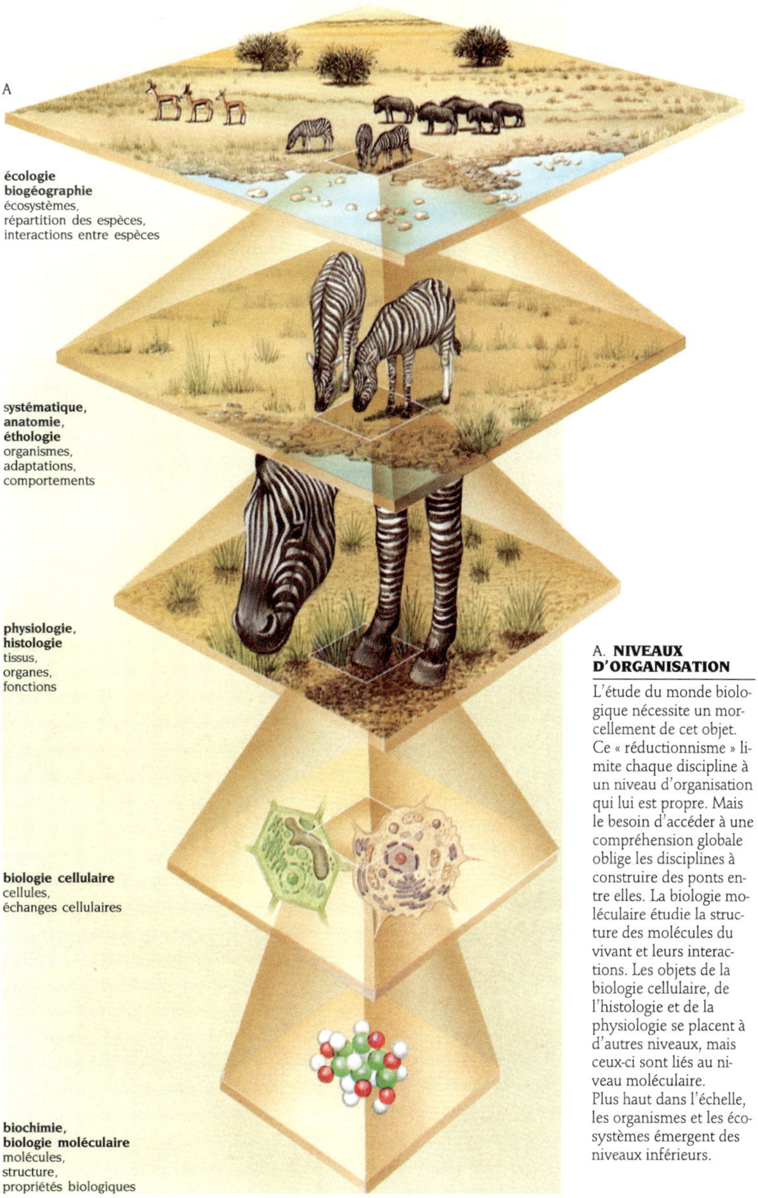

A. **NIVEAUX D'ORGANISATION**
L'étude du monde biologique nécessite un morcellement de cet objet. Ce « réductionnisme » limite chaque discipline à un niveau d'organisation qui lui est propre. Mais le besoin d'accéder à une compréhension globale oblige les disciplines à construire des ponts entre elles. La biologie moléculaire étudie la structure des molécules du vivant et leurs interactions. Les objets de la biologie cellulaire, de l'histologie et de la physiologie se placent à d'autres niveaux, mais ceux-ci sont liés au niveau moléculaire.
Plus haut dans l'échelle, les organismes et les écosystèmes émergent des niveaux inférieurs.

L'HISTOIRE NATURELLE

LES AVATARS D'UNE DÉFINITION

AU CARREFOUR DE NOMBREUSES DISCIPLINES

■ DANS SON APPARENTE SIMPLICITÉ, l'histoire naturelle est, dès l'origine, une science à part entière et fondée. D'abord science de la description, puis de la classification et de la compréhension du monde, son objet a varié au cours des siècles. Durant l'Antiquité, elle a plutôt été un langage sur les minéraux, les animaux et les plantes ; humaine et religieuse depuis Aristote, elle l'est restée jusqu'à la fin du Moyen Âge. Devenue méthodique au XVIIIe siècle avec le botaniste français Michel Adanson et science de système avec Carl von Linné, elle retrouve avec Buffon sa vocation descriptive. Au XIXe siècle, l'histoire naturelle se diversifie en sciences spécialisées et devient un carrefour de disciplines.

À notre époque où science et spécialisation sont étroitement liées, l'histoire naturelle reste la seule discipline intellectuelle qui permette l'appréhension de l'Univers avec le recul suffisant pour intégrer des notions aussi diverses que le minéral, le vivant et l'homme.

Le point de vue du naturaliste. La distinction traditionnellement faite entre le naturaliste et le biologiste d'après la part plus importante prise, chez le premier, par l'observation et l'étude sur le terrain par rapport à l'expérimentation et à la recherche en laboratoire devient assez vaine : de la cosmographie à la biologie moléculaire, de l'infiniment grand à l'infiniment petit, les composants de l'Univers ne peuvent être étudiés que les uns par rapport aux autres, même si chaque étude se fait dans un contexte bien déterminé.

Par exemple, des mécanismes aussi fondamentaux que ceux qui régissent l'évolution des espèces vivantes ne peuvent être réduits à une interprétation, même complexe, du code génétique. Pour appréhender ce phénomène, l'histoire naturelle intègre aux études du génome celles des organites cellulaires, des cellules, des organes, des individus, des groupes d'individus, des écosystèmes, de la Terre et, dans la mesure du possible, de l'Univers.

Dans cette acception, l'histoire naturelle ne se réduit pas à la biologie et dépasse largement les préoccupations descriptives et classificatrices de ses origines et s'élève aujourd'hui à l'un des niveaux les plus élevés de la connaissance.

A. **OBSERVATION ET EXPÉRIMENTATION : LA DÉCOUVERTE DE LA CIRCULATION DU SANG**

Le décalage entre la pratique chirurgicale d'Ambroise Paré (1509-1590) et l'obscurantisme du contexte scientifique de son époque est exemplaire. Il a fallu presque un siècle pour que William Harvey (1578-1657) découvre la circulation sanguine. Il appuie sa théorie sur l'expérimentation : le flux sanguin dans les veines est mis en évidence par une série d'expériences à l'aide d'un garrot et de pressions digitales, comme le montre cette gravure publiée en 1648. Si Harvey a conclu au passage du sang du système artériel au système veineux, il n'a pas pu le constater *de visu*. Il faut attendre Malpighi (1628-1694) pour arrêter la polémique violente entre les *anciens* et les *circulatores*, polémique dont parle encore Molière dans *le Malade imaginaire* (1673).

A

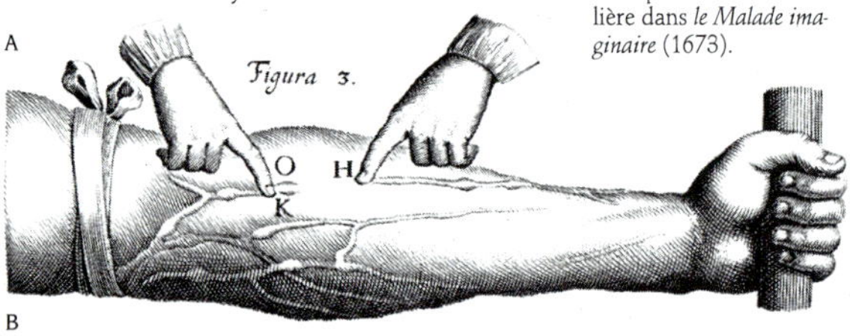

B

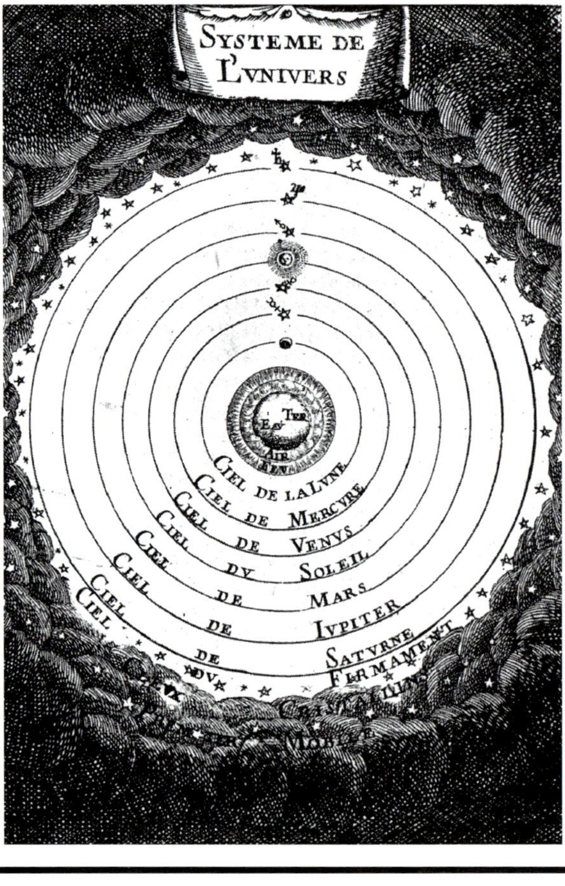

B. **REPRÉSENTATION DE L'UNIVERS SELON PTOLÉMÉE**

Si, de nos jours, les astronomes ne se considèrent pas vraiment comme des « naturalistes », autrefois leur discipline faisait pourtant clairement partie de l'histoire naturelle. Ainsi, l'astronome grec Claude Ptolémée (100-170) règnait-il en maître absolu dans les concepts de représentation du monde jusqu'à la révolution copernicienne de 1543. Sa *Grande Syntaxe*, composée de 13 livres et plus connue sous le nom d'*Almageste*, est en effet restée l'ouvrage de référence pendant près de 14 siècles. La Terre est, selon lui, au centre du monde. Le Soleil et les planètes se déplacent dans la sphère céleste selon des orbites circulaires dont les centres sont proches de celui de la Terre (ils parcourent, en fait, un petit cercle, l'épicycle, dont le centre parcourt un grand cercle, le déférent). La Terre, elle-même, décrit un petit cercle dont le centre est mobile.
(Gravure anonyme, fin du XVIIe s.)

LES CONCEPTS ANCIENS

UN SYSTÈME EMPREINT DE PHILOSOPHIE

■ L'HISTOIRE NATURELLE cherche à situer l'homme dans l'Univers en mélangeant les concepts naturalistes, cosmographiques ou mythologiques. La description biblique de la Création dans la Genèse en est l'exemple particulièrement significatif.

Parmi les grands fondateurs, on peut citer Hippocrate (460-377 av. J.-C.), qui se réfère à l'humain, ainsi qu'Aristote (384-322 av. J.-C.) et Théophraste (372-287 av. J.-C.), qui affirment que la nature est un immense effort de la matière pour s'élever jusqu'à la pensée. On doit à Pline l'Ancien (23-79) l'initiation des sciences naturelles descriptives.

Un peu plus tard, Galien (131-201) fonde une histoire naturelle tournée vers l'homme, qui servira de modèle à des générations de médecins. Ses dissections d'animaux lui permettent de faire d'importantes découvertes en anatomie (en particulier sur les systèmes nerveux et musculaire, et sur le cœur).

Huit siècles s'écoulent alors dans la respectueuse soumission des « savants » aux « grands maîtres de l'Antiquité ». Reprise et développée par les Arabes, la science des anciens parvient en Europe à partir du Xe siècle, grâce à Avicenne (980-1037), Averroès (1126-1198) et Albert le Grand (v. 1200-1280).

L'histoire naturelle devient alors médico-religieuse et la philosophie est nettement privilégiée par rapport à la description : dans son *Canon de la médecine*, Avicenne décrit avec précision des maladies qu'il observe (méningite, pleurésie, apoplexie) ; dans sa métaphysique, il déduit l'univers à partir d'un principe premier par un processus d'émanation. Des formes élémentaires, il passe ainsi aux minéraux, aux végétaux, puis aux animaux et enfin à l'homme.

BUFFON ET LINNÉ

L'un des buts de l'histoire naturelle est de classer les êtres vivants, c'est-à-dire les ranger en ensembles hiérarchisés inclus les uns dans les autres. Trois siècles avant Jésus-Christ, le Grec Théophraste avait déjà eu ce souci de classification dans son *Histoire des Plantes*.

C'est dans cet état d'esprit que le botaniste suédois Carl von Linné (1707-1778) a conçu un système général de classification naturelle. L'opposition de Buffon (1707-1788) à ce système s'est exprimée dès les premiers volumes de son *Histoire naturelle*. Il reproche à Linné de donner à la classification un rôle purement utilitaire. La rivalité entre Linné et Buffon est la conséquence de leur gloire respective. Si Linné, dont un des mérites aura été d'avoir attribué à chaque plante décrite un double nom latin, générique et spécifique, demeurera le père de la systématique actuelle, Buffon sera le premier naturaliste moderne. Pour chaque animal, il ne se contentera pas de données morphologiques, mais il indiquera les comportements, les relations des espèces animales avec le milieu, les modes de reproduction. Dans ses descriptions, il recherchera toujours les relations de parenté avec les espèces proches. Contrairement à Linné qui n'a jamais pu sortir d'une conception fixiste de la création, Buffon jettera les bases d'une sorte de génétique introductive des concepts évolutifs du siècle suivant.

L'ÉMERGENCE D'UN NOUVEAU REGARD

OBSERVATIONS, EXPÉRIMENTATIONS ET DÉCOUVERTES FONDAMENTALES

■ LA RENAISSANCE APPORTE TOUT UN ENSEMBLE de discussions philosophiques et religieuses où l'homme et sa place dans la nature sont l'élément dominant, bien que le concept religieux l'emporte toujours sur le concept matériel.

L'apport d'une méthode. Descartes (1596-1650), dans sa théorie des « animaux-machines », apporte à l'histoire naturelle les prémices d'une dimension moderne. Son principal mérite est de donner une méthodologie qui permet de raisonner avec une logique fondée sur la déduction. Au XVIIe siècle, les données et les méthodes se précisent et prennent en compte de nouveaux moyens d'observation, notamment avec la découverte du microscope. La méthodologie expérimentale apparaît avec Réaumur (1683-1757), et ses *Mémoires pour servir à l'histoire des insectes* en font également l'un des fondateurs de l'histoire naturelle moderne.

Le regard des Lumières et la genèse de la biologie. Au milieu du XVIIIe siècle, l'esprit de l'*Encyclopédie* de Diderot (1713-1784) marque l'époque. Buffon (1707-1788) rédige avec l'aide de Daubenton (1716-1800) une monumentale *Histoire naturelle,* qui, malgré des imperfections de détail, a le mérite d'établir des lois générales et de larges hypothèses sur la nature. Les animaux, par exemple, y sont étudiés dans leurs rapports avec le milieu naturel. Cette vision de la création, qu'on peut donc qualifier d'« écologique », contraste avec l'œuvre fondamentalement classificatrice de Linné (1707-1778). Lavoisier (1743-1794), avec ses découvertes sur le rôle de l'oxygène dans la respiration animale et végétale, introduit une science du fonctionnement de l'organisme, « la physiologie ».

Lamarck (1744-1829) jette la base des théories de l'évolution et crée une science dérivée de l'histoire naturelle, qu'il nomme *biologie.* Cuvier (1769-1832), malgré son attachement à la tradition biblique, fait de l'anatomie des animaux et de la corrélation des formes la base de la classification. Il crée ainsi l'*anatomie comparée,* discipline encore vivante aujourd'hui.

DU XIXe SIÈCLE À AUJOURD'HUI

DE GRANDES SYNTHÈSES

■ IL EST INTÉRESSANT DE NOTER que, durant cette période, l'élaboration des grandes théories naturalistes s'est faite parallèlement aux grandes expéditions maritimes lointaines. Darwin (1809-1882) conçoit ainsi sa théorie de l'évolution. Parallèlement, la théorie cellulaire prend forme, et la découverte de la nature de l'œuf, des spermatozoïdes et de la fécondation clôt les controverses et permet la naissance d'une véritable biologie de la reproduction.

Méthode expérimentale et accélération des découvertes. La notion de génération spontanée trouve avec la découverte des microbes par Pasteur (1822-1895) un démenti total qui met un terme à un débat de plusieurs siècles. Les règles pratiques de la méthode expérimentale sont formulées nettement par Claude Bernard (1813-1878). L'accélération des découvertes au XXe siècle permet l'émergence de sciences nouvelles et complémentaires comme la génétique, l'endocrinologie, l'immunologie et la biologie moléculaire.

LES CENTRES DE RECHERCHE

Les musées d'histoire naturelle ont conservé leur vocation première, celle de collections nationales, tout en s'adaptant aux impératifs de la recherche actuelle. Les collections nationales, riches de millions d'animaux, de végétaux, de roches et de minéraux, véritables archives de la vie et de la Terre, forment un stock de données considérable, qui peut servir d'outil aussi bien de référence que de recherche. Cette dernière se pratique de plus en plus sur le terrain ; les réserves de biosphère (des aires protégées), par exemple, sont pourvues d'installations destinées à la recherche et à l'éducation.

Parmi les grands établissements de recherche en histoire naturelle, on peut mentionner : le Muséum national d'histoire naturelle en France, *« Jardin du roi »* à qui Buffon, devenu son intendant en 1739, a donné ses lettres de noblesse en tant qu'établissement scientifique consacré à la nature, le dotant d'un chef de culture, de démonstrateurs de collections et d'un corps professoral ; le British Museum (Natural History) en Grande-Bretagne ; la Smithonian Institution de Washington aux États-Unis ; l'Australian Museum de Sydney en Australie.

A. **ZOOTHÈQUE**

Les muséums restent les conservatoires des collections nationales d'histoire naturelle. La zoothèque du Muséum de Paris comprend des millions d'animaux, qui représentent des archives du monde vivant. Sa richesse doit beaucoup à Buffon qui, devenu intendant du Jardin du roi, adjoint des galeries d'histoire naturelle au droguier de Gui de La Brosse et sait y attirer les dons et visites des savants naturalistes de toutes les parties du monde. Prestigieux outil de travail et de référence, cette collection sert de base à des travaux scientifiques qui font appel aux techniques les plus modernes.
Les laboratoires associés aux collections en sont le complément indispensable. L'enseignement et la recherche constituent en effet le prolongement logique des activités de collecte et d'exposition.

A

C

B

B. C. **VOYAGEURS ET NATURALISTES**

Durant les XVIIIe et XIXe siècles, les voyageurs naturalistes ont collecté, rassemblé, conservé et enrichi des collections considérables. Ces collections font partie du patrimoine des musées d'histoire naturelle, qui sont les descendants institutionnalisés des cabinets de curiosités du siècle des Lumières. Aujourd'hui, cette tradition des voyages scientifiques a été réactualisée, aussi bien sur mer et sur terre que dans l'espace (échantillons de roches lunaires). Les missions océanographiques, comme celle du *Glomar Challenger* (B) à la fin des années 1960, sont aujourd'hui effectuées sur des navires ou des sous-marins de recherche plus adaptés aux prélèvements biologiques (le *Nautile,* Ifremer, France) [C]. Si l'aspect quantitatif et prospectif est actuellement plus développé (recherche de pétrole ou de nodules polymétalliques), des découvertes qualitatives fondamentales ont été récemment effectuées (par exemple la faune des sources chaudes abyssales).

ZOOLOGIE ET BOTANIQUE

LA ZOOLOGIE

DÉCRIRE ET CLASSER LES ANIMAUX

■ ÉTYMOLOGIQUEMENT, la *zoologie* est la science qui étudie les animaux. Elle décrit la faune analytiquement, en faisant appel à plusieurs disciplines (morphologie, anatomie, cytologie, histologie, physiologie, embryologie, écologie, éthologie, zoogéographie, systématique).

L'origine de la zoologie remonte à Aristote (IVe s. av. J.-C.), qui dénombre alors 495 espèces, classées en fonction de la présence ou de l'absence de sang rouge. Au siècle des Lumières, le naturaliste suédois Carl von Linné (1707-1778) fonde la zoologie moderne : il recense plusieurs milliers d'espèces, édifie une classification prenant en compte l'anatomie interne de l'animal et propose une nomenclature binominale (noms latinisés de genre et d'espèce). La zoologie s'enrichit ensuite de nombreux travaux, dont ceux de Darwin sur l'évolution. Actuellement, on se réfère à un arbre généalogique du règne animal qui reflète la différenciation des espèces au cours de l'évolution (arbre phylétique) et témoigne de la spécialisation progressive du système nerveux des espèces issues d'une même souche.

Les recherches actuelles. Elles se poursuivent dans plusieurs directions : l'enrichissement de l'inventaire animal (1,5 million d'espèces recensées en 1990) et l'exploration de nouveaux milieux tels que les fosses abyssales ; l'étude des tissus et des structures cellulaires grâce aux nouveaux moyens d'investigation (microscopes, techniques de micromanipulation, méthodes histophysiques ou histochimiques...) ; le développement de l'embryologie et, surtout, de la génétique moléculaire ; l'étude de l'animal dans son milieu (terrestre, souterrain ou maritime) par la création de stations spécialisées. Les résultats de ces recherches aident à comprendre les équilibres écologiques et fournissent des modèles à la médecine et à l'étude du comportement humain.

LA BOTANIQUE

ÉTUDIER LE RÈGNE VÉGÉTAL

■ LONGTEMPS, LA BOTANIQUE est restée une science de l'utilisation du végétal (liée à l'agronomie, à la pharmacie, voire à la magie). La botanique générale décrit la morphologie des plantes (anatomie, histologie, cytologie et embryologie végétales...), leur physiologie (nutrition, respiration et photosynthèse) ainsi que leur pathologie. Plusieurs domaines exploitent les données de la botanique générale et étudient les plantes de manière individuelle. Ces domaines comprennent la systématique (description, appellation et classification), subdivisée en spécialités telles que : l'algologie (étude des algues) ou la mycologie (étude des champignons) ; la paléobotanique, qui étudie l'évolution des plantes et des milieux naturels ; la géobotanique, qui s'intéresse à la répartition géographique des espèces en fonction du paysage, du climat ou de l'écologie ; enfin, la botanique appliquée, qui valorise les applications des connaissances théoriques à l'horticulture, l'agriculture, la sylviculture, l'industrie, la médecine ou la pharmacie.

Des découvertes fondamentales. Historiquement, la botanique a largement contribué à l'essor des sciences biologiques. On lui doit la découverte de la cellule (R. Hooke, 1665) et celle du noyau cellulaire (R. Brown, 1831). C'est aussi l'observation de matériel végétal qui a permis de découvrir les premières enzymes, les premières substances de type hormonal ou encore les lois fondamentales de la génétique (expériences de Mendel sur les pois de senteur en 1865). En utilisant le champignon *Neurospora,* la biologie moléculaire a fait ses premiers pas et le premier virus isolé et cristallisé fut celui de la mosaïque du tabac.

A

B

A. B. **L'IF, REMÈDE CONTRE LE CANCER**

Connu comme un arbre d'ornement, l'if, *Taxus baccata* (B), est un conifère originaire des régions montagneuses dont les feuilles sont toxiques. Mais c'est une substance anticancéreuse nichée dans les troncs d'if, le *taxol,* qui a fait sa notoriété auprès des chercheurs. La molécule de taxol (ici une étape de sa purification [A]) a été identifiée par une équipe américaine en 1971, et ses propriétés antitumorales ont rapidement été mises en évidence. L'administration de taxol donne des résultats sur des tumeurs ovariennes, des cancers de la peau ou du côlon. Malheureusement, sa production nécessite des abattages massifs (des milliers de troncs pour un ou deux kilogrammes de produit) et revient donc très cher. Les recherches actuelles portent donc sur la synthèse chimique du taxol, exclusivement extrait du tronc d'if jusqu'à présent, et sur une molécule proche du taxol, le taxotère, qu'on a découverte dans les feuilles d'if. La récolte des feuilles permet de sauvegarder l'arbre et d'avoir une source renouvelable de taxotère, qui pourrait s'avérer plus efficace que le taxol.

C

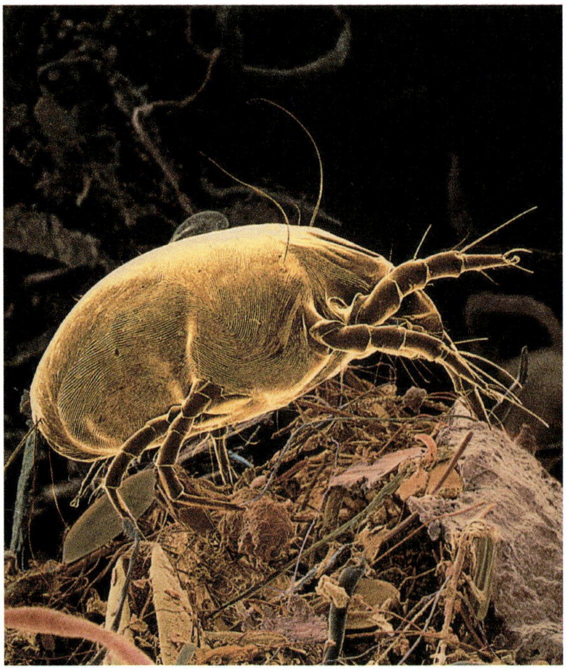

C. **HÔTE DE LA POUSSIÈRE**

La microscopie électronique permet certes d'atteindre de forts grossissements, mais elle permet aussi d'obtenir des images de la surface extérieure des objets avec un réalisme tridimensionnel spectaculaire par la technique du « balayage ». Elle constitue un puissant outil d'investigation pour les zoologistes. Ainsi, les acariens – ces petits arachnides, dont les représentants colonisent par millions la poussière des maisons (jusqu'à 2 millions dans un lit double), comme ce *Dermatophagoïdes,* et provoquent des allergies – prennent une proportion gigantesque sous le microscope électronique à balayage, dont l'image a été ici « colorisée ».

D

D. **UNE ESPÈCE NOUVELLE**

L'hapalémur doré *(Hapalemur aureus)* est la dernière espèce de lémuriens découverte. Ce singe a été repéré pour la première fois à Madagascar en 1985 et répertorié comme une nouvelle espèce fin 1987, après étude morphologique, observations de terrain et établissement de sa carte chromosomique. Vivant dans les bambous, ces lémuriens sont crépusculaires et herbivores et font partie du sous-ordre des prosimiens (des « singes primitifs » évincés par les simiens au cours de l'évolution). À Madagascar, ils ont évolué en champ clos. Une trentaine d'espèces se sont spécialisées, occupant des niches écologiques différentes.

LES NOUVELLES SCIENCES

LA GÉNÉTIQUE MOLÉCULAIRE

LE PRINCIPE DES BIOTECHNOLOGIES

■ DANS LES LABORATOIRES de biologie moléculaire, grâce au génie génétique, micro-organismes, plantes et animaux subissent un remodelage de leur patrimoine héréditaire. De nouvelles variétés pourront ainsi être façonnées au gré de nos besoins.

Opérer sur l'A. D. N. La découverte en 1953 de la molécule d'A. D. N., support biochimique de l'hérédité, puis le décryptage en 1966 du code génétique et la mise au point dans les années 1970, principalement aux États-Unis, des techniques de génie génétique sont à l'origine de cette révolution. Schématiquement, la technologie de l'A. D. N. « recombinant » s'appuie sur trois outils essentiels : les enzymes de restriction, véritables « ciseaux moléculaires » qui coupent l'A. D. N. en fragments de diverses longueurs ; le clonage moléculaire, qui permet d'isoler un gène particulier à l'intérieur de ces séquences ; enfin, les sondes moléculaires, qui servent à décrypter ces séquences. Grâce à l'universalité du code génétique, il est possible de faire produire par un micro-organisme ou une cellule animale ou végétale d'importantes quantités d'une susbtance que, normalement, ils ne synthétisent pas. Il suffit d'insérer le gène codant pour le produit désiré dans son patrimoine génétique. On peut ainsi faire produire à des bactéries des enzymes plus performantes, des molécules d'intérêt thérapeutique comme l'*insuline* ; ou encore réaliser des plantes résistantes à certains parasites...

Ces technologies de modification des systèmes vivants, qu'on appelle désormais les *biotechnologies,* ont envahi de nombreux secteurs industriels : la pharmacie, l'agriculture, l'agroalimentaire, l'environnement... La naissance en 1975 de la première société de biotechnologie à vocation commerciale, en Californie, a donné naissance à une nouvelle branche industrielle en pleine expansion, surtout aux États-Unis. La génétique moléculaire trouve également de multiples applications en médecine et dans la recherche fondamentale. Mais la puissance de cette technologie fondée sur le vivant soulève d'importantes questions éthiques et juridiques.

A. **MAUVAIS CODAGE**

Les protéines sont fabriquées dans l'organisme à partir des informations génétiques. Celles-ci contrôlent l'ordre dans lequel s'enchaînent les acides aminés, unités chimiques de base, des protéines. Le changement d'un seul des 574 acides aminés de la molécule d'hémoglobine aboutit à une redoutable maladie : la drépanocytose (une déformation des hématies qui les amène à obstruer les vaisseaux et à éclater). La modélisation sur ordinateur permet de localiser l'infime changement (en position 6, une valine remplace la molécule d'acide glutamique qui s'y trouve normalement). Un diagnostic prénatal combiné à une greffe de gènes pourrait permettre de vaincre cette maladie.

A

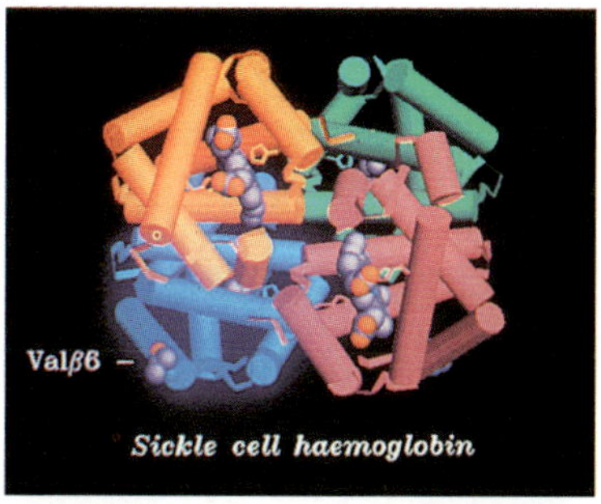

LE « PROJET APOLLO » DE LA BIOLOGIE

La cartographie du génome humain constitue le grand projet de la fin du XXe siècle. L'enjeu : dresser la carte intégrale du patrimoine héréditaire humain ; autrement dit, déchiffrer sur nos 23 paires de chromosomes, les 3 milliards de caractères qui définissent le code génétique de notre espèce.

Les objectifs sont de dépister et, à terme, de prévenir des milliers de maladies et, plus généralement, de mieux comprendre les mécanismes de la vie. Il s'agit d'une gigantesque entreprise. Les spécialistes considèrent que le décryptage de tous les caractères contenus dans le génome de l'homme permettrait de remplir un livre de un million de pages ; néanmoins, seulement 5 p. 100 de ces pages contiendraient des informations génétiques pertinentes !

Avec les techniques existantes, il faudrait plus de 500 ans pour compléter l'analyse du génome humain. Les efforts s'orientent donc vers la localisation de gènes particuliers responsables de maladies héréditaires, dans l'attente de progrès qui accéléreront les recherches. Des laboratoires du monde entier se sont engagés dans cette fabuleuse aventure, notamment aux États-Unis. Le projet américain de cartographie du génome humain doit bénéficier, dès 1995, de 3 milliards de dollars sur 15 ans, ce qui représente autant que pour la conquête de la Lune.

B

LA RECHERCHE AGRICOLE

AMÉLIORER SANS NUIRE

■ SCIENCE EN PLEIN DÉVELOPPEMENT, l'agronomie se situe au carrefour de la recherche en laboratoire et du travail aux champs. Il s'agit d'une science complexe, qui vise en particulier à déterminer les relations entre, d'une part, la croissance des plantes et leur rendement et, d'autre part, la nature des sols et leur évolution en fonction des variations climatiques.

Répondre aux défis écologiques. Pollution des nappes d'eaux souterraines, gel ou sécheresse, optimisation des rendements agricoles..., autant de sujets pour lesquels les agriculteurs peuvent trouver de l'aide auprès des agronomes. Les objectifs de l'agronomie mobilisent donc, en plus des méthodes d'analyse traditionnelle, les outils les plus performants de la recherche scientifique, notamment l'informatique. Ainsi, des logiciels servent à calculer les doses d'engrais les mieux adaptées.

Mais, à l'horizon du XXIe siècle, la menace de bouleversements climatiques par effet de serre a conduit les agronomes à s'interroger sur le paysage de l'agriculture et du couvert végétal de demain. La simulation sur ordinateur s'avère indispensable à la prévision des conséquences de tels bouleversements sur la nature et la répartition des cultures mondiales.

C

B. **ÉPANDAGE DE BACTÉRIES**

Les premières disséminations volontaires d'organismes modifiés génétiquement datent de 1987 : des bactéries « antigel » avaient été répandues sur des champs de fraisiers californiens avec l'accord du Recombinant DNA Advisory Committee. En effet, l'espèce *Pseudomonas syringae* sécrète des protéines responsables du gel de l'eau à la surface des feuilles, dès que la température descend à –2 ou –3 °C. On a donc fabriqué des souches mutantes ne produisant plus ces substances, pour lutter contre les « gelées blanches ». L'expérience a provoqué une vive réaction de scientifiques craignant des effets secondaires.

C. **SOURIS TRANSGÉNIQUE**

Les manipulations génétiques permettent d'identifier et d'introduire des séquences de gènes d'un individu dans le génome d'un autre. De telles expériences ont déjà conféré des propriétés intéressantes à des végétaux. La plus grosse de ces souris est un animal transgénique : on a greffé dans son génome un gène étranger, celui de l'hormone de croissance humaine. En conséquence, elle fait figure de géante comparée à une souris normale. Des essais du même type réalisés sur des animaux domestiques sont restés négatifs ; néanmoins, on pense pouvoir faire produire des substances utiles par ces derniers, comme on a su le faire avec des bactéries.

LES NOUVELLES SCIENCES

LES NEUROSCIENCES

L'ÉTUDE DU SYSTÈME NERVEUX

■ L'EXPLORATION DU CERVEAU, commencée dans la seconde moitié du XIXe siècle, a suivi l'essor prodigieux de l'ensemble des disciplines biologiques et des techniques.

La découverte de facteurs chimiques de croissance et de différenciation, la mise en évidence de neurotransmetteurs, ou neuromédiateurs (substances permettant notamment aux cellules nerveuses de communiquer entre elles), la visualisation d'aires cérébrales « au travail », etc., laissent entrevoir d'importantes applications, en particulier pour le traitement de certains troubles du système nerveux, la perspective de greffes de tissu nerveux constituant le versant le plus spectaculaire.

Les neurosciences cognitives. Un autre domaine des neurosciences s'intègre dans le vaste champ de recherche des sciences cognitives : étudier les facultés supérieures de l'homme, comme le langage, la mémoire, la perception, l'action, l'attention... L'enjeu est de taille tout comme les perspectives industrielles concernant la fabrication de machines-robots « intelligentes ».

Parmi les pays les plus avancés, citons le Japon, avec son programme national de recherche, baptisé « Human Frontiers », qui a retenu pour thèmes principaux le langage et la pensée, le mouvement, la perception et la mémoire. Les neurosciences cognitives ont pour ambition de repérer quelles sont les bases nerveuses des processus cognitifs (c'est-à-dire les processus de la *cognition*, la faculté de connaître), d'établir tous les rapports entre les structures nerveuses et les fonctions mentales, voire d'expliquer comment une organisation aussi complexe que le cerveau (30 milliards de neurones et 10^{15} contacts, ou synapses !) se construit à partir des capacités de codage génétique (environ 100 000 gènes différents).

L'IMMUNOLOGIE

UNE DISCIPLINE CENTRALE

■ L'IMMUNOLOGIE EST LONGTEMPS restée isolée et méconnue. Les greffes d'organes, puis la progression du sida, au début des années 1980, ont énormément contribué à placer cette discipline sur le devant de la scène.

L'immunologie étudie le système immunitaire, c'est-à-dire l'ensemble des défenses de l'organisme. Il s'agit de connaître les mécanismes de défense vis-à-vis des agressions extérieures parfois mortelles (virus, bactéries et autres parasites) et les processus de destruction de certaines cellules qui, pour des raisons encore inconnues, se mettent à proliférer de manière anormale (cancers) ; ou encore de cellules que l'organisme ne reconnaît plus, provoquant ainsi des maladies dites « auto-immunes » (certaines formes de diabète ou de maladies neurologiques comme la sclérose en plaques, etc.).

Enfin, l'immunologie se propose d'étudier les mécanismes qui permettent de tolérer des organismes étrangers, comme le fœtus dans le ventre de sa mère, ou, inversement, de rejeter des organes greffés.

Le système immunitaire ne peut cependant pas être étudié isolément. Il apparaît de plus en plus clair que son langage s'intègre dans un ensemble de communications faisant intervenir le cerveau et le système neuro-endocrinien (hormones et neuromédiateurs).

Parmi les applications de la recherche, on peut citer la fabrication d'hybridomes, issus de la fusion entre une cellule tumorale (myélome) et un lymphocyte sain. Ces hydridomes produisent en culture des *anticorps monoclonaux*, dirigés contre une cible précise (cellule cancéreuse, virus...).

LA MÉDECINE PRÉDICTIVE

La médecine est restée pendant des siècles *curative* et donc limitée à l'administration de soins et au soulagement des douleurs. Avec la vaccination, elle est devenue *préventive* vis-à-vis des infections. Aujourd'hui, les puissants outils de la biologie moléculaire ont ouvert la voie à la médecine *« prédictive »*. Cette nouvelle approche est fondée sur l'évaluation des risques encourus par chacun de développer telle ou telle maladie selon son profil génétique. L'enjeu est formidable : à terme, il s'agit de doter chaque individu des moyens de connaître ses faiblesses génétiques assez tôt pour agir en conséquence et réduire si possible les risques de maladies graves. Mais, si on peut utiliser le profil génétique pour le meilleur, on peut aussi l'utiliser pour le pire, avec la tentation de l'eugénisme.

A

A. **ROBOT-ABEILLE**
Si l'ordinateur est aujourd'hui l'outil quotidien des médecins, il est également devenu indispensable aux éthologues. Ainsi, ce « robot-abeille », piloté par ordinateur, reproduit parfaitement la danse et les signaux acoustiques des abeilles. Ceux-ci sont alors interprétés par la colonie comme s'ils provenaient d'une véritable abeille. Cette modélisation permet de tester « sur le vivant » les différentes hypothèses formulées sur le langage de ces insectes et, notamment, sur la danse de la butineuse indiquant la direction et la distance de la source de nourriture.

B

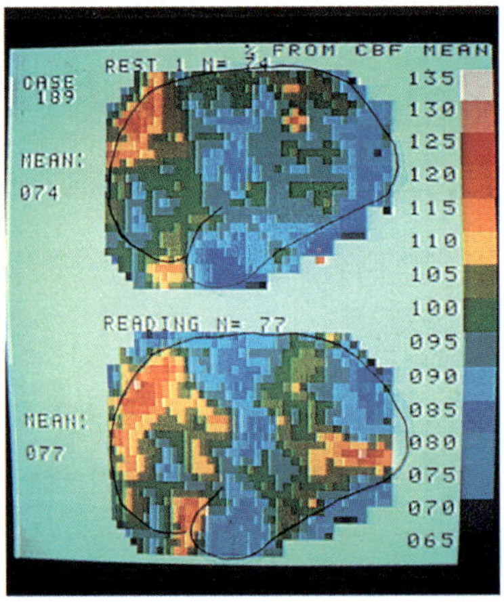

B. **IMAGES DE L'ACTIVITÉ CÉRÉBRALE**
L'activité du cortex cérébral peut être mise en évidence grâce à la scintigraphie. Les variations sont visualisées après injection d'une substance radioactive (xénon 133). La radioactivité est traduite sur écran sous forme de carrés affectés d'une couleur d'autant plus chaude que le débit sanguin est élevé. Le sujet au repos (photo du haut) témoigne d'une activité des aires frontales, qui augmente lors de la lecture silencieuse et qui gagne les aires oculomotrices (à droite) et l'aire de Wernicke (compréhension des mots écrits), visible au centre et dans la partie inférieure de la photo du bas.

C

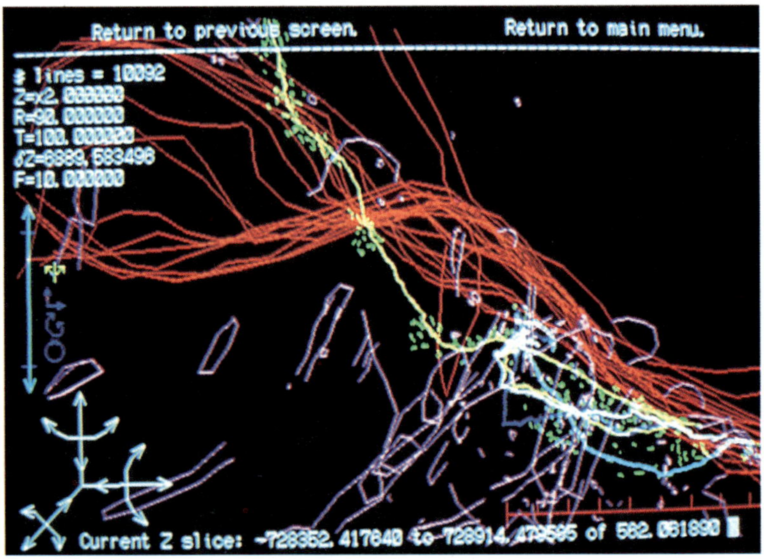

C. **MODÉLISATION**
Grâce à l'informatique, les fibres nerveuses ainsi que leurs interconnections peuvent être représentées par des images de synthèse, témoignant de l'extrême complexité de ces systèmes.
Pour les neurochirurgiens, l'ordinateur est un outil fantastique d'aide au diagnostic et, pour les chercheurs, un puissant moyen d'investigation. Les données expérimentales recueillies au laboratoire peuvent être traduites en modèles tridimensionnels, qui servent à tester « en direct », sur un écran, des hypothèses de fonctionnement physiologique ou l'effet de nouveaux médicaments.

L'EXPÉRIMENTATION ANIMALE

Au nom de la recherche, 800 millions d'animaux sont sacrifiés chaque année dans les laboratoires du monde industrialisé. Ils servent à la recherche biomédicale et pharmaceutique, à la cosmétologie et à diverses industries, dont celle de l'armement. Les essais sur l'animal ne peuvent cependant pas être considérés d'un bloc. En effet, l'enjeu diffère selon qu'on teste un produit de beauté ou un vaccin contre le sida.

LES MODÈLES ANIMAUX

UN MAL NÉCESSAIRE

■ Les produits de consommation courante, du rouge à lèvres au déboucheur de lavabo, ne peuvent être commercialisés sans avoir prouvé leur innocuité pour la santé humaine. Les tests toxicologiques sont obligatoires pour repérer les effets indésirables sur l'organisme de nouvelles substances chimiques selon qu'elles seront ingérées, inhalées ou encore mises directement au contact de la peau.

Les tests. La capacité d'un produit à déclencher des irruptions sera évaluée par des applications quotidiennes pendant 3 mois sur la peau rasée d'un animal. L'activation d'un produit par le soleil sera observée en exposant l'animal à une lampe à ultraviolet. La D.L. 50 (dose létale, ou mortelle) est un test de toxicité aiguë consistant à administrer une substance à des animaux jusqu'à ce que 50 p. 100 d'entre eux meurent.

LA DÉCLARATION UNIVERSELLE DES DROITS DE L'ANIMAL

Proclamée le 15 octobre 1978 à la Maison de l'Unesco à Paris, cette déclaration a vu son texte adopté par la Ligue internationale des droits de l'animal à Genève, le 21 octobre 1989.

Elle constitue de la part de tous les pays signataires une prise de position philosophique qui s'appuie sur des connaissances scientifiques rigoureuses, exprime l'égalité des espèces face à la vie et définit un cadre éthique à l'intérieur duquel l'homme peut utiliser l'animal à son profit sans porter atteinte à sa dignité. :

« Toute vie animale a droit au respect » (article 2).

« Aucun animal ne doit être soumis à des mauvais traitements ou à des actes cruels. Si la mise à mort d'un animal est nécessaire, elle doit être instantanée, indolore et non génératrice d'angoisse. L'animal mort doit être traité avec décence » (article 3).

« L'animal que l'homme tient sous sa dépendance a droit à un entretien et à des soins attentifs [...]. Toutes les formes d'élevage et d'utilisation de l'animal doivent respecter la physiologie et le comportement propres à l'espèce » (article 5).

« L'expérimentation sur l'animal impliquant une souffrance physique ou psychique viole les droits de l'animal. Les méthodes de remplacement doivent être développées et systématiquement mises en œuvre » (article 6).

« Tout acte impliquant sans nécessité la mort d'un animal [...] constitue un crime contre la vie » (article 7).

« L'éducation et l'instruction publique doivent conduire l'homme, dès son enfance, à comprendre et à respecter les animaux » (article 10).

Aucun test toxicologique n'est parfait ; les professionnels eux-mêmes le reconnaissent. Les allergies, par exemple, font appel à des réactions immunitaires propres à l'homme et varient d'une personne à l'autre. Il est donc extrêmement aléatoire d'extrapoler de l'animal à l'espèce humaine. Mais comment éviter ces tests, surtout s'il s'agit d'essais de toxicité aiguë ? Le fabricant y est légalement contraint. Le consommateur peut porter plainte contre lui si le produit qu'il a acheté a provoqué sur lui une éruption de boutons ou pire... Dans ce cas, le fabricant peut être condamné s'il n'a pas fait d'essais sur l'animal. Pour se protéger, les industriels ont donc tendance à multiplier des expérimentations qui, pour certaines, ne sont pas toujours nécessaires...

La recherche médicale. Grande consommatrice d'animaux, l'industrie pharmaceutique doit tester la toxicité, l'efficacité ainsi que les modalités d'administration de ses « candidats-médicaments » sur l'animal avant de passer aux premiers essais sur l'homme. De même, la recherche biomédicale peut difficilement se passer de l'animal. Les expériences dont il est l'objet et qui portent sur le cerveau, le stress et la douleur sont celles qui soulèvent le plus de questions morales. La société a le droit de demander des comptes aux chercheurs, mais on ne peut ignorer les découvertes faites grâce à l'expérimentation animale. L'Association médicale américaine (JAMA) a rappelé les progrès réalisés grâce aux animaux (dont 90 p. 100 de rats et de souris, 1 p. 100 de chats et de chiens et moins de 1 p. 100 de singes) : premières chimiothérapies contre le cancer, chirurgie cardiaque, rôle de l'insuline dans le diabète, transplantations d'organes grâce au rat, rôle du stress dans certaines maladies cardiaques grâce au lapin, traitement de l'hémophilie et de la cataracte grâce au chien...Un million et demi de singes rhésus *(Macacus rhesus)* ont été sacrifiés pour mettre au point le vaccin contre la polio.

A

A. **RESPIRER DANS UN LIQUIDE**

Les souris sont les grandes favorites de la recherche fondamentale. Mais l'expérience ci-contre ne consiste pas heureusement à noyer le petit rongeur. Bien au contraire, on le fait baigner dans un liquide auquel est ajouté du sang artificiel testé au Kobe Hospital d'Osaka, au Japon. Ce sang artificiel (de couleur blanche) pourrait servir pour des transfusions sans risque de transmettre une maladie comme le sida. Loin de mourir noyée, la souris s'habitue en quelques minutes à cet environnement, car le sang artificiel contient 20 fois plus d'oxygène que le sang humain.

B

B. **VAINCRE LE SIDA**

Les chercheurs ont besoin des singes dans la recherche sur le sida car ce sont les animaux dont les réactions immunologiques sont les plus proches de celles de l'homme. Des macaques, comme celui-ci, sont ainsi contaminés avec du SIV, proche du VIH (virus du sida). Si les tests sont positifs, on passe au chimpanzé, qu'on infecte avec du VIH ; bien que cela ne le rende pas malade, on peut étudier les différentes réactions immunitaires et ainsi déterminer ce qui est susceptible de déclencher une réaction chez l'homme.

C

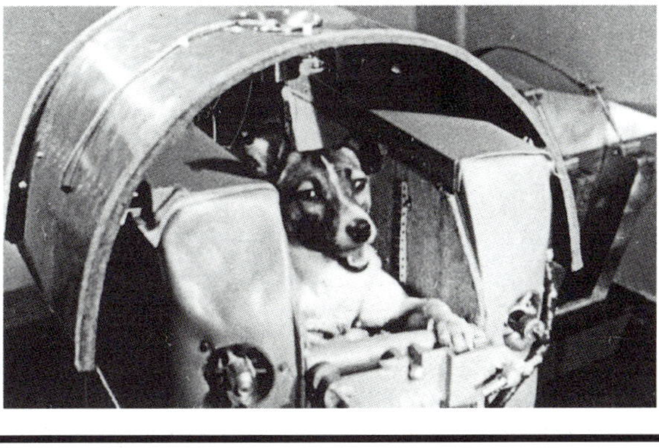

C. **POUR LA CONQUÊTE DE L'ESPACE**

Les animaux ont précédé les hommes dans l'espace. Cette chienne, Laïka, a été embarquée à bord de la cabine du deuxième satellite artificiel envoyé par l'Union soviétique en 1957. Les enregistrements effectués sur Laïka ont fourni de précieuses informations sur les modifications physiologiques induites par le vol dans l'espace et par l'accélération.

L'EXPÉRIMENTATION ANIMALE

LES MÉTHODES DE SUBSTITUTION

SIMPLIFICATION, MODÉLISATION, ARTIFICIALISATION

■ L'ANIMAL DE LABORATOIRE subit toutes sortes d'atteintes : la capture, les conditions de vie (alimentation, éclairement, concentration des effectifs), les appareils de contention, et surtout le fait que lui sont infligées des lésions de manière artificielle.

Les limites de l'expérimentation. Pour simuler l'arthrose, on pratique une luxation de la hanche d'un lapin par un coup de marteau. Pour tester des lentilles de contact, on utilise l'œil du lapin ; or le lapin possède un œil sec et une « troisième paupière » (membrane nictitante), qu'il faut couper pour poser la lentille. De plus, les conditions de détention (c'est vrai aussi pour l'homme) dérèglent les interactions entre le cerveau et les systèmes endocriniens et immunitaires. Des maladies somatiques apparaissent : des rats soumis à des décharges électriques et qui ne peuvent pas fuir présentent des ulcères à l'estomac. À cela, il faut ajouter les *zoonoses* (maladies des animaux transmissibles à l'homme), qui se développent fréquemment dans les animaleries. Par ailleurs, l'extrapolation à l'homme des résultats de tests pratiqués sur l'animal n'est pas toujours fiable.

Tout cela a conduit à chercher des méthodes de substitution à l'expérimentation sur l'animal. En outre, les raisons d'ordre économique sont loin d'être négligeables.

Les contraintes financières. Les essais sur l'animal vivant coûtent cher. Tester une nouvelle molécule *in vivo* dure de deux à trois ans et le prix de revient est estimé, à l'heure actuelle, entre dix et vingt millions de francs.

Pour obtenir des conclusions statistiquement significatives, il faut sacrifier beaucoup d'animaux. Si un rat vaut une cinquantaine de francs, un chimpanzé coûte près de dix mille francs – par la voie officielle – et son entretien est estimé à environ cinq cents francs par semaine. Par manque de moyens, certains laboratoires n'hésitent pas à modifier les protocoles de tests – cet abus faussant encore les résultats...

Ces raisons économiques ont largement contribué à rapprocher les chercheurs et les pouvoirs publics des défenseurs des animaux. Leur objectif : développer des méthodes qui puissent remplacer – au moins partiellement – l'expérimentation animale. Initiés dans les pays anglo-saxons (d'abord aux États-Unis puis en Grande-Bretagne), deux axes de recherche sont poursuivis : la *voie biochimique* et la *voie mathématique.*

Les méthodes biochimiques. Elles ont bénéficié des progrès de la biologie moléculaire et de techniques qui permettent par exemple de mesurer les changements physiologiques s'opérant au sein d'une cellule vivante isolée.

Ces méthodes visent à tester des réactifs sur des cultures de cellules ou des cultures de tissus animaux ou humains. Certaines commencent à être validées, comme la méthode qui consiste à utiliser la membrane chorio-allantoïdienne de l'œuf de poule pour tester le pouvoir irritant des cosmétiques, expérimentation traditionnellement effectuée sur l'œil de lapin.

La modélisation. En théorie, pratiquement tous les phénomènes ou systèmes biologiques pour lesquels existent des données expérimentales peuvent être « modélisés » à l'aide d'équations mathématiques. Par exemple, à l'aide de la C. A. O. (conception assistée par ordinateur), on peut visualiser sur un écran une molécule en trois dimensions. Cette représentation spatiale permet de mieux comprendre ses potentialités chimiques et de guider l'expérimentation.

Toutes ces méthodes ne sont cependant pas encore près de remplacer totalement l'expérimentation animale. Elles sont encore imparfaites, car elles ne rendent pas totalement compte de la complexité biologique de l'organisme. Mais l'enthousiasme a gagné les industriels, notamment ceux de la cosmétique, et certaines firmes ont fait du slogan «sans torture animale» un argument publicitaire.

A

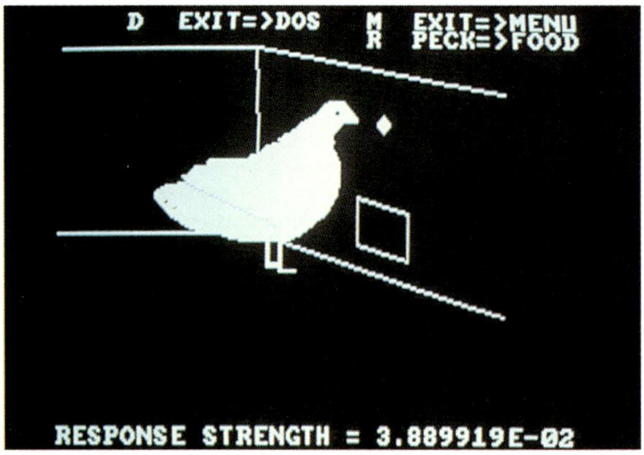

A. **ALTERNATIVE INFORMATIQUE**

L'informatique est appelée à jouer un rôle décisif dans la recherche de méthodes alternatives à l'expérimentation animale. Il s'agit ici d'un programme de simulation du conditionnement chez le pigeon : l'animal ne reçoit de la nourriture que s'il réalise le comportement que l'expérimentateur veut renforcer (conditionnement « skinnerien »).

B

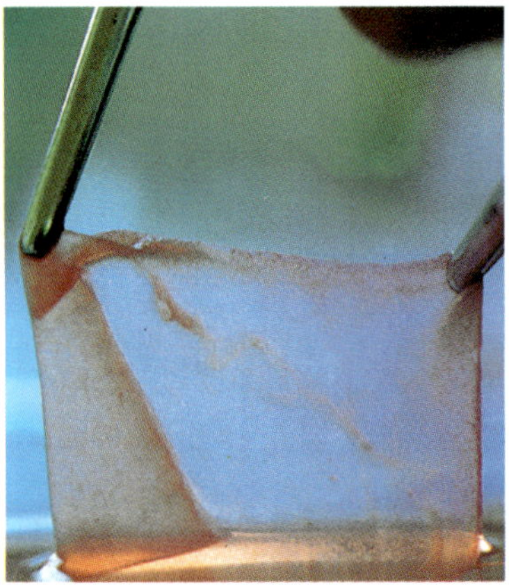

B. **FABRIQUER LA PEAU**

Les cultures de tissus font partie de l'arsenal susceptible de remplacer les essais sur l'animal vivant. Les tissus sont des ensembles de cellules ayant la même structure et la même fonction. Ils doivent être conservés dans des conditions physico-chimiques extrêmement précises. Ici, l'expérimentateur tient avec ses pinces un morceau de derme (le tissu qui constitue la couche profonde de la peau) cultivé selon des techniques de régénération mises au point pour les grands brûlés.
On espère ainsi développer des tests pour évaluer l'effet toxique potentiel (allergie, etc.) d'une nouvelle substance, sans recourir à l'animal. Mais des problèmes techniques se posent encore (perte des propriétés physiologiques du tissu, contamination, etc.). Ce type de test n'est donc pas encore totalement fiable. (Centre de recherches de l'hôpital Percy de Clamart, France.)

L'ANTIVIVISECTION

Les images chocs d'animaux tassés au fond de leur cage ou encore le crâne rasé hérissé d'électrodes n'en finissent pas d'embraser l'opinion publique. De ce fait, les intellectuels et les stars du show-business se mobilisent auprès des associations protectrices d'animaux.

Tous les antivivisectionnistes n'ont cependant pas les mêmes positions. Des défenseurs modérés, qui encouragent les méthodes alternatives et luttent pour inculquer la notion de respect de l'animal (notamment auprès de ceux des chercheurs qui utilisent du « matériel vivant » sans aucune restriction d'ordre éthique), aux abolitionnistes, qui organisent des opérations commandos pour enlever des animaux de laboratoires, il y a, en effet, une certaine marge.

Ce genre d'opérations est d'ailleurs très mal vécu par les chercheurs, qui voient ainsi leurs travaux retardés. Aussi, certains d'entre eux luttent contre cette idée de « sale boulot » distillée par certains mouvements de défense en essayant de sensibiliser le public à leurs recherches. Toutefois, alors que les scientifiques et les pouvoirs publics s'interrogent sur les limites à imposer à l'expérimentation animale, tout en condamnant les actions « extrémistes », ils admettent que les militants antivivisectionnistes ont, dans une certaine mesure, fait évoluer les choses.

LES PLANTES CULTIVÉES

CÉRÉALES, FRUITS, LÉGUMES

LA BASE DE L'ALIMENTATION HUMAINE

■ LA CULTURE DES CÉRÉALES est pratiquée dès l'apparition de l'agriculture. Ainsi, le blé, originaire des steppes du Moyen-Orient, faisait partie de l'agriculture néolithique. La culture des céréales s'est ensuite répandue sur tous les continents.

Aujourd'hui, on trouve des plantes peu exigeantes, comme le sorgho, le mil, le millet, en Afrique sèche et en Inde intérieure. L'Amérique se spécialise plutôt dans le maïs ; dans le bassin méditérranéen, on retrouve le blé et le seigle ; sur les terres les plus pauvres de l'Europe, on cultive l'avoine et le sarrasin. Le riz reste la céréale unique et mythique de l'Asie des moussons.

Les fruits. Les fruits occidentaux sont surtout des rosacées, les fruits tropicaux sont plus variés et regroupent de nombreuses familles (solanacées, anonacées, sapotacées, palmacées...). On distingue les fruits à noyaux (pêches, prunes, cerises, etc.), cultivés dans les pays tempérés ; les fruits à pépins tels que le raisin, les poires et les pommes, qui sont les fruits les plus cultivés dans le monde ; les fruits rouges, qui poussent généralement sur des arbustes et qui regroupent toutes les baies (fraises, framboises, myrtilles, etc.). On distingue, encore, les fruits méditerranéens comme les agrumes, les fruits tropicaux comme les bananes, les mangues, etc., et les fruits à coques (noix, amandes, etc.).

Les légumes. Les légumes, au sens culinaire, correspondent à toutes les parties des plantes (racines, tubercules, tiges, bulbes, feuilles, fleurs ou fruits) et sont consommés soit secs, soit verts, ou frais, peu après la récolte ou après une conservation les maintenant dans un état proche de celui de la cueillette.

On distingue les légumes-racines, dont on consomme la racine charnue (betterave, carotte) ou les tubercules (pomme de terre, topinambours), les légumes-fruits (tomate, aubergine), les plantes potagères du groupe des légumineuses (haricots, pois, fèves), les légumes à bulbe (oignon, ail), les légumes vivaces (asperge, consommée pour sa tige, artichaut, consommé pour sa fleur) et les légumes consommés pour leurs feuilles (chicorée, pissenlit, chou, salade).

A. B. C. D. E. F. G. H. **CULTURES CÉRÉALIÈRES**

Les céréales cultivées sont presque toujours des graminées : blé, riz, maïs, sorgho, millet, orge, seigle, avoine..., mis à part le sarrasin, qui est une polygonacée. Les caractères botaniques des céréales se situent dans la structure très particulière des épillets, qui regroupent plusieurs fleurs et dont l'ensemble forme l'*inflorescence*.

Les tiges aériennes sont des *chaumes*. Ces derniers sont utilisés après la récolte des épis, à des fins qui ne sont pas nourricières (litière, toiture, vannerie). La pollinisation des céréales s'effectue par le vent. Le fruit est sec et farineux ; sa valeur nutritive est largement exploitée.

A. **Orge**
(Hordeum vulgare)
Graminée « barbue », donnée en fourrage vert au bétail. Germée, l'orge forme la base de la bière. L'unité fourragère (U.F.) *correspond à la valeur énergétique d'un kilo d'orge.*

B. **Sorgho**
(Sorghum vulgare)
Cette graminée est parfois appelée « millet à balais ». C'est une herbe de grande taille d'origine africaine qui sert de fourrage vert. Certaines espèces (Sorghum doura) *fournissent un type de bière.*

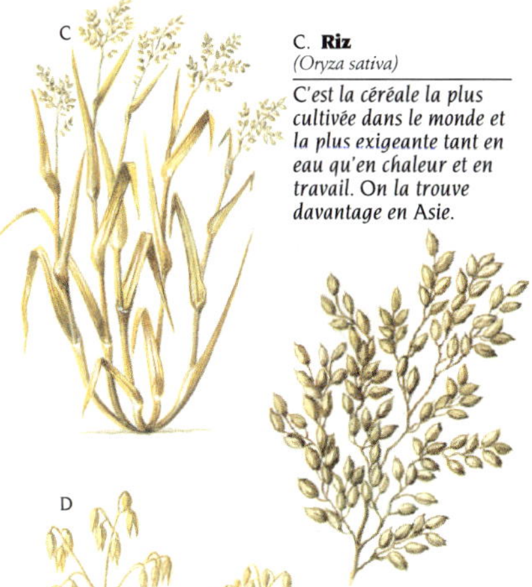

C. **Riz**
(Oryza sativa)
C'est la céréale la plus cultivée dans le monde et la plus exigeante tant en eau qu'en chaleur et en travail. On la trouve davantage en Asie.

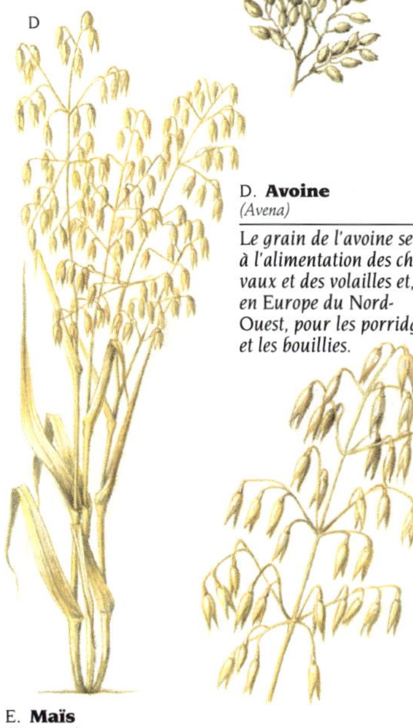

D. **Avoine**
(Avena)
Le grain de l'avoine sert à l'alimentation des chevaux et des volailles et, en Europe du Nord-Ouest, pour les porridges et les bouillies.

E. **Maïs**
(Zea mays)
Originaire d'Amérique du Sud, maintenant cultivé partout. Les grains sont à usage alimentaire et fourrager, les tiges à usage fourrager et à nombreux usages industriels grâce à l'amidon.

F. **Seigle**
(Secale cereale)
Céréale très rustique cultivée pour ses grains (pain, nourriture d'animaux, eau-de-vie...). La paille est parfois utilisée pour faire des paillassons, des liens, etc.

G. **Blé**
(Triticum)
Graminée d'origine européenne et asiatique, son grain sert à l'alimentation humaine : le blé tendre à la boulangerie, le blé dur à la réalisation de semoules.

H. **Millet**
(Panicum milaceum)
D'origine africaine, cette céréale produit de la farine. Le terme « millet » désigne également plusieurs autres espèces des genres Milium, Phalaris, Setaria...

LES PLANTES CULTIVÉES

LES AUTRES CULTURES ALIMENTAIRES

PLANTES SUCRIÈRES, OLÉAGINEUX, AROMATES...

■ LES GLUCIDES, à forte teneur énergétique, ne sont pas apportés à l'organisme uniquement par les fruits et les légumes. La canne à sucre (utilisée plusieurs siècles avant notre ère) et la betterave sucrière sont, par exemple, cultivées pour leur forte teneur en sucre.

Les apports en lipides (45 p. 100 des besoins énergétiques) sont fournis par les oléagineux. L'huile est extraite par pression à froid des fruits verts (olives, arachide, sésame, soja). D'autres plantes permettent également d'obtenir de l'huile, comme le colza, le tournesol, le cocotier, le palmier à huile. Quelques fruits, comme le raisin, les noix ou les noisettes, peuvent aussi être utilisés pour leur teneur en huile.

Parmi les autres plantes de l'alimentation humaine, on distingue les plantes stimulantes comme le caféier, le théier ou le cacaoyer ainsi que les plantes fournissant les épices et les aromates (thym, coriandre, piment, origan, safran, muscade, etc.).

LES CULTURES NON ALIMENTAIRES

LES FIBRES TEXTILES ET LES PARFUMS

■ DE NOMBREUSES PLANTES sont cultivées pour un usage non alimentaire. Leur transformation fournit par exemple les textiles (coton, chanvre, jute, lin). Le cotonnier *(Gossypium herbaceum)* donne des graines entourées de fils longs et embrouillés. Le lin *(Linum usitatissimum)* comme le chanvre *(Cannabis sativa)* sont utilisés pour les fibres de leurs tiges. D'autres plantes (rotin, roseau, bambou...) fournissent également des fibres, utilisées dans de nombreuses activités (vannerie, par exemple).

On cultive aussi les plantes afin d'en extraire les parfums : *Andopogon muricatus* pour le vétiver, *Canarga odorata* pour l'ylang-ylang, *Citrus aurantium* (oranger amer) pour l'eau de fleur d'oranger et la variété *bergamia* (bergamote) dont l'essence est une des bases des eaux de Cologne, *Jasminum officinale* pour le jasmin, *Lippia citriodora* pour l'essence de verveine citronnelle, *Santalum album* pour l'essence de santal, *Viola odorata* pour le parfum de violette, *Pogostemon patchouli* pour l'essence de patchouli...

RÉCOLTE D'ALGUES ET ALGOCULTURE

Les algues utilisées pour l'alimentation sont actuellement plutôt récoltées que cultivées, mais l'algoculture connaît un net développement.

La spiruline, connue des Aztèques depuis le XVe siècle, est consommée aujourd'hui sur la rive nord du lac Tchad. Comme toutes les algues, elle contient des protéines, des oligoéléments et des vitamines.

Les algues rouges du genre *Porphyra* sont récoltées par les Japonais (qui ont mis au point une méthode de culture). Elles entrent aujourd'hui pour une part importante dans leur alimentation.

En France, sur l'île de Sein (Finistère), l'algoculture se diversifie (wakamé, dulsé, laitue et haricot de mer représentent les algues les plus cultivées). En plus de la consommation directe des algues, leurs produits sont utilisés dans l'industrie alimentaire (pour gélifier les desserts lactés, par exemple) et dans l'industrie pharmaceutique.

A. **PRODUCTION MONDIALE DE PLANTES CULTIVÉES**

Production (Mt)	Afrique	Amérique centrale et du Nord	Amérique du Sud	Asie	Europe	Océanie	ex-U.R.S.S.	Total
Avoine	0,2	6,1	0,9	1	12,1	2	18 (est.)	40,4
Blé	12,4	68,4	17	187	124,5	14	88 (est.)	511,3
Maïs	29,3	136	40,1	106,9	66,6	0,4	15 (est.)	394,4
Millet	10,5	–	0,1	15,4	0,03	0,04	3,9 (est.)	30
Orge	6	16,6	0,9	21,5	73,9	4	49 (est.)	171,9
Riz	9,9	9,4	17,1	434,9	2,3	0,8	2,7 (est.)	477
Seigle	0,005	0,6	0,1	1,4	12,5	0,03	16 (est.)	30,7
Pommes de terre	7,1	18,3	11,4	60,8	106,3	1,4	82	287,2
Sorgho	13,1	20	5,4	18,4	0,5	1,8	0,1 (est.)	59,4

C

C. **EXPLOITATION DE L'HÉVÉA**

Le latex de cet arbre fournit le caoutchouc. À son sommet, à environ 30 m de hauteur, on trouve un bouquet de feuilles d'un vert intense à trois folioles. L'hévéa pousse sous un climat tropical. On le multiplie par semis en pépinière ou par greffe. L'exploitation commence lorsque l'arbre a 6 ans. On pratique alors sur le tronc des incisions obliques. Le latex qui s'écoule est recueilli dans des godets (est de l'île de Java).

B

B. **CHAMPIGNONNIÈRE**

La culture des champignons de couche se pratique depuis plus de deux cents ans. Elle est maintenant contrôlée à tous les stades. Ces champignons de couche, ou champignons de Paris (psalliotes), poussent dans des anciennes carrières calcaires, sur du compost. Le strophaire, cultivé en Allemagne et en Europe de l'Est, se développe sur de la paille humidifiée, comme le volvaire (Extrême-Orient) et les pleurotes (très répandus).

D

D. **LUZERNE**

Le fourrage est cultivé ou récolté pour l'alimentation du bétail. Les plantes fourragères sont principalement des graminées ou des légumineuses que l'on fait consommer vert (pâturage ou affouragement) ou sous la forme de produit sec (foin). La luzerne, très répandue, peut occuper le sol exploité pendant 12 ans. On en sème environ 30 kg par hectare et l'on peut faire jusqu'à 6 coupes par an.

LES PLANTES D'ORNEMENT

Le nombre de plantes d'ornement et surtout de variétés horticoles obtenues par sélection ou encore par hybridation ne cesse de croître. Toutes ces plantes servent à la décoration des maisons, des jardins et à l'amélioration de de l'environnement urbain.

LES PLANTES D'INTÉRIEUR

ÉLÉMENTS VIVANTS DU DÉCOR

■ ORIGINAIRES DE PAYS exotiques pour la plupart, les plantes d'intérieur sont élevées, selon leur origine, en serre chaude, tempérée ou froide, ce qui rend difficile leur adaptation aux conditions de vie des appartements.

Les *plantes à feuillages* sont les plus recherchées. Très diverses par leur port et par la forme de leurs feuilles, ce sont des espèces très résistantes. Les plus courantes sont les philodendrons *(Philodendron binnatifidum)* et autres aracées, comme *Monstera deliciosa,* aux énormes feuilles, les ficus (le populaire « caoutchouc », *Ficus elastica* et *Ficus benjamina*) ou les aspidistras. Les *plantes à fleurs,* comme les clivias et les épiphyllums, peuvent vivre de longues années en appartement et refleurir, tandis que d'autres connaissent une floraison saisonnière brève mais importante, comme les azalées, les hibiscus *(Hibiscus rosa sinensis)* ou les euphorbiacées *(Codiaeum variegatum pictum).*

Les plantes d'intérieur comprennent également les *plantes succulentes,* comme les cactées et les plantes grasses, qui possèdent une résistance proverbiale. Autre hôte désormais classique, *Yucca aloifolia,* au tronc ligneux et aux feuilles en rosettes de fers de lance. La réussite du jardinage d'intérieur passe par la prise en compte des exigences de chaque plante en termes d'éclairement, de température et d'humidité. Certains mélanges ne sont donc pas viables.

LES PLANTES D'EXTÉRIEUR

HABILLER SON JARDIN

■ LA DÉCORATION DES JARDINS fait appel à de nombreuses plantes appartenant à tous les grands types (annuelles ou vivaces, arborescentes ou buissonnantes, fleuries ou vertes...). Les pépinières permettent à chacun d'obtenir des *végétaux ligneux* (arbres, arbustes). On y trouve les essences les plus courantes de la flore du pays, des variétés horticoles plus sophistiquées obtenues par greffage ou par bouturage et enfin certains arbres exotiques qui supporte tous les climats.

Les plantes fleuries. Mises dans les jardins ou sur les balcons, elles sont vivaces, bisannuelles ou annuelles. Certaines régions se sont spécialisées dans la production florale : le Benelux se consacre à la culture des plantes à bulbes (jacinthes, tulipes, narcisses), le Japon à celle des chrysanthèmes. Hormis la couleur, les plantes à fleurs d'extérieur peuvent également être utilisées pour le parfum qu'elles sont capables de diffuser, ce qui ajoute un charme au jardin.

Reproduire les plantes. Pour reproduire les végétaux d'ornement, on utilise de préférence la multiplication végétative de préférence à la reproduction sexuée. Par ce moyen, on peut en effet multiplier plus facilement les produits d'hybridations réussies ou de mutations obtenues fortuitement. On distingue le *bouturage* (enracinement d'une fraction de la plante), la *division* de touffe et le *marcottage* (émission de racines sur une branche).

La *greffe* est un procédé particulier qui consiste en l'insertion sur une plante d'une partie d'une autre, le greffon.

LA MULTIPLICATION VÉGÉTATIVE

Alors que, pour le *greffage* et le *marcottage,* la plante mère et la partie à multiplier restent en contact, dans le cas du *bouturage* et de la *division,* la portion de la plante à propager est totalement séparée et individualisée de la plante mère.

La division, qui consiste à séparer les souches en plusieurs parties, est la méthode de multiplication la plus facile. Toutes les espèces à souches vivaces peuvent être multipliées de cette façon, mais également les plantes bulbeuses ou tubéreuses. Chaque partie donnera une autre plante en tout point semblable à la plante mère.

Les boutures correspondent à des tronçons de végétaux (extrémité d'une tige, par exemple) que l'on met en terre en vue de faire des racines et d'obtenir une plante entière. L'enracinement peut être favorisé par l'application de substances de croissance directement sur la bouture.

Le marcottage consiste à faire enraciner certaines branches sans avoir à les séparer de la plante mère. Le nombre d'espèces auxquelles il peut s'appliquer est restreint. Le greffage est le sommet de l'art horticole. Très délicates, les greffes permettent de faire démarrer, sur un végétal enraciné, un tronçon d'un autre végétal.

A

A. **BONZAÏ**

Procédant d'une tradition artistique et mystique, les bonzaïs sont apparus au XIIe siècle au Japon. Ce sont des arbres décoratifs rendus nains par des techniques spéciales de culture en pots. Par des tailles systématiques des racines et des branches, par des contraintes exercées sur la croissance et le rempotage dans une terre raréfiée, on arrive à reconstituer le port de l'arbre dans la nature. Le bonzaï ci-contre est un *Ficus retusa* de 31 ans.

B

B. **CULTURE D'ORCHIDÉES**

Afin d'obtenir une production qui corresponde à la demande du public, on multiplie de plus en plus les orchidées par la méthode in vitro.La récolte du pollen de ce *Phalaenopsis* permettra de féconder artificiellement des ovules. Les embryons obtenus se développeront dans un tube à essai. Quand les plantules auront atteint un développement convenable, elles seront mises en serre avant d'être commercialisées.

C

C. **PARC DE KEUKENHOF AUX PAYS-BAS**

Les parcs comme celui-ci sont l'occasion pour le public et plus particulièrement pour les citadins d'aller admirer des mises en scène florales judicieusement étudiées. En effet, pour les habitants des villes, les fleurs coupées représentent souvent, dans les maisons, la plus grande part des plantes d'ornement. Les fleurs cultivées dans ce but sont souvent coupées, alors qu'elles ne sont pas encore épanouies. Elle sont conservées dans des emballages en carton à une température de 4 °C et transportées sur de grandes distances pour être distribuées aux fleuristes.

LES ANIMAUX D'ÉLEVAGE

LE GROS BÉTAIL

BOVINS, OVINS, CAPRINS, PORCINS

■ DOMESTIQUÉS depuis 6500 av. J.-C., les bovins ont été sélectionnés selon deux critères majeurs : races à viande (charolaise, Angus, par exemple), races laitières (frisonne, montbéliarde). Chez les premières, on distingue les veaux (jusqu'à 250 kg et 5 mois), les taurillons et les génisses (580 kg et 20 mois), puis les bœufs, dont la force peut être encore utilisée dans les pays peu mécanisés pour le labour ou le transport de marchandises.

Beaucoup moins exigeants que les bovins, les petits ruminants permettent d'exploiter les terres plus pauvres. Le mouton fournit de la laine (10 kg/an, en moyenne) alors que pour la production de viande (race d'Oxford-Down, berrichon du Cher) c'est l'agneau qui est le plus apprécié. Les brebis sont utilisées pour leur lait, tout comme les chèvres, dont la production laitière est relativement importante (4,4 kg/jour pour 70 kg de poids).

Comme les éleveurs de bovins, les éleveurs de porcs se répartissent en *naisseurs* (qui fournissent les porcelets) et en *engraisseurs* (qui produisent les porcs pour la charcuterie).

LA BASSE-COUR

LAPIN ET VOLAILLE

■ EXTRÊMEMENT PROLIFIQUE (puberté à 4 mois et demi, 6 à 8 portées de 7 à 9 lapereaux par an), le lapin est élevé pour sa viande. Le lièvre, qui peut être élevé en clapier, sert généralement au repeuplement des chasses.

La poule est l'animal de basse-cour le plus facile à élever. À 10 semaines, les poussins sont séparés entre futures pondeuses et poulets de chair. La délicate opération du *chaponnage* (castration du coquelet) fournit le *chapon,* dont la viande est des plus fines. Le dindon deviendra dindonneau à rôtir ou sera traité industriellement en rôtis, gigots, escalopes... Hormis quelques souches d'ornement, le faisan est destiné au peuplement des réserves de chasse et au marché alimentaire.

L'oie, très résistante, est élevée pour sa chair, son foie, sa graisse et son duvet que l'on collecte pour remplir les couettes. Le canard est de plus en plus remplacé par son « cousin », le canard de Barbarie, dont la viande est moins grasse. Enfin, le pigeon est élevé pour sa chair et pour la colombophilie (pigeon voyageur mais également pigeon d'ornement).

B. **DIVERSIFIER L'ALIMENTATION**

L'alimentation des animaux d'élevage, toujours plus performante, a beaucoup évolué : les résidus de l'industrie agroalimentaire sont, par exemple, récupérés, et les qualités des cultures fourragères ont été améliorées.

A. **VISON**

L'élevage du vison remonte à 1870 et propose aujourd'hui plus de 200 teintes de peaux. Cette photo provient d'un élevage espagnol, mais les plus grands centres de production se trouvent dans l'ex-U. R. S. S. et en Scandinavie. L'abattage se pratique par injection mortelle ou par gazage. Le *pelting,* ou découpe de la peau, a lieu immédiatement après.

A

B. **RATION ALIMENTAIRE DE QUELQUES ANIMAUX**

	Vache laitière	Porc charcutier	Agneau en sevrage
Céréales brutes	Orge	Orge	Orge
	Sorgho	Maïs	Maïs
	Germes de blé	Blé	Avoine
Glucides	Mélasse	Mélasse	Sucre
Résidus industriels	Son fin	Son + issues de céréales	Issues de céréales
	Tourteau d'arachide	Tourteau de tournesol	Tourteau d'arachide
	Tourteau de lin	Tourteau de soja	Tourteau de soja
	Tourteau de coprah	Farine de luzerne déshydratée	
	Drèches	Pulpe de betterave	
Supplémentation	Minéraux et Vitamines	Minéraux et Vitamines	Minéraux et Vitamines
Antibiotique	–	–	Terramycine

G

C D E F

G. **MÉRINOS**

Certaines espèces sont élevées en priorité pour leurs parties non consommables, ou *issues* (peau, cornes, etc.). Leur peau est traitée en industrie du vêtement et en tannerie (veau, chinchilla, astrakan, etc.) ou leur toison régulièrement récoltée (mouton, chèvre angora, alpaga). Le mouton mérinos est le meilleur lainier.

C. D. E. F. **OIES ET PINTADES**

Les oies grises, de Toulouse (F) ou de Guinée (E), sont élevées pour produire le foie gras selon la technique du gavage : l'aliment, à base de maïs, est introduit au moyen d'un entonnoir jusqu'au fond du gosier. Des gaveuses mécaniques permettent de doser la nourriture. Les oies blanches (D), plus petites, deviendront « oies à rôtir ». La pintade (C), ou poule d'Afrique, est de plus en plus recherchée pour sa viande. Durant sa croissance, le pintadeau peut prendre un tiers de son poids par semaine.

H

H. **ÉLEVAGE DU BISON**

Issu d'une espèce sauvage, tout animal domestique (du latin *domus,* la maison) a été sélectionné de génération en génération et transformé pour fournir à l'homme des produits ou des services. À ce titre, le bison (ici dans un élevage du Dakota, É.-U.) est en cours de domestication, comme le crocodile et l'autruche...

LE CHEVAL ET L'ÂNE

LES ÉQUIDÉS ET LEURS HYBRIDES

■ DOMESTIQUÉ pour sa force et sa capacité à offrir des services, le cheval a engendré de multiples races en fonction de ses utilisations. Les races lourdes (shire, percheron) servent d'animaux de trait et de labour ; les races légères (pur-sang anglais, arabe, lipizzan) sont des chevaux de selle (équitation, courses, cavalerie, chasse à courre, polo, etc.). Les races naines, les poneys, sont consacrées aux loisirs, mais ce sont aussi des animaux très robustes, utilisables à des fins laborieuses comme le trait en pays montagneux (haflinger autrichien, fjoring norvégien) ou dans les mines (shetland).

Sobre, courageux et facile d'entretien, l'âne joue un rôle socio-économique important dans maints pays en voie de développement, alors qu'il est en voie d'extinction en Europe (on ne compte plus guère qu'une centaine d'ânes du Poitou, par exemple).

Encore plus rustiques et résistants que leurs parents, les hybrides n'ont pour défaut que leur stérilité, conséquence de l'hybridation. Le mulet provient du croisement entre une jument et un âne (cas le plus fréquent), tandis que le bardot est issu d'une ânesse et d'un étalon.

L'AQUACULTURE

L'ÉLEVAGE D'ANIMAUX AQUATIQUES

■ L'IDÉE D'ÉLEVER dans l'eau des espèces comestibles est relativement récente. Le plus ancien élevage aquatique est celui de la moule, ou *mytiliculture* (XIIIe s.). La *moulière* est compartimentée en *bacs*, ou *bouchots :* dans le premier bouchot, le plus éloigné du rivage, on dépose le *naissain,* les larves. Les moules sont ensuite transférées vers le rivage dans les bouchots suivants. La taille marchande est généralement atteinte en 10 à 12 mois.

L'élevage des huîtres, ou *ostréiculture,* exige un matériel spécial, car l'huître se fixe sur son support en y collant une de ses deux valves : on utilise, pour ce faire, des tuiles chaulées empilées entre des montants de bois. Quand elles ont atteint la taille de 1 cm, les huîtres sont décollées et disposées dans de grandes caisses plates et grillagées ; puis, à 2,5 cm, elles sont installées dans des parcs. Au bout de 3 ans, l'engraissement se termine dans un bassin peu profond et ensoleillé, riche en micro-organismes.

En eau douce, la *pisciculture* vise à repeupler les lieux de pêche et à produire des poissons pour la vente (truites, carpes...). Elle repose sur la récolte d'œufs par ponte artificielle (on recueille les ovules d'une femelle « pleine » en lui appuyant doucement sur le ventre, et on les arrose de la laitance du mâle, obtenue pareillement). Les œufs reposent dans des bacs où l'eau est renouvelée en permanence. Les alevins éclosent à 28 jours et sont nourris d'abats ou de poissons. L'esturgeon, lui, n'est élevé que pour la production de ses œufs (caviar).

On élève de plus en plus d'espèces nouvelles : grenouilles, écrevisses en eau douce ; daurades, saumons, turbots, crevettes, homards en eau de mer. C'est une ressource alimentaire potentielle considérable, encore modestement exploitée.

LA LOMBRICULTURE

Les vers de terre, ou lombrics *(Lumbricus terristris)*, sont des vers annelés (groupe des annélides) et constituent la première biomasse animale des sols (de 0,5 à 2 t/ha). Ils ont une action considérable sur ceux-ci : aération et drainage, réserves d'eau ménagées dans les galeries, augmentation de la porosité, enfouissement de débris et d'humus.

Leur élevage est fondé sur l'utilisation de multiples détritus, qu'ils assainissent en consommant toute la portion biodégradable. Ils valorisent ainsi les fumiers et les lisiers des élevages, les ordures ménagères, les boues d'épuration des eaux usées des villes, des résidus de distilleries et fournissent un fertilisant organique des sols. Ils peuvent être vendus comme appâts pour la pêche, comme aliments pour les volailles et les poissons ou, après lyophilisation, sous forme de farine. Ils constituent alors un aliment d'élevage.

D. **ELEVAGES PRINCIPAUX**

Nom de l'élevage	Animal produit	Nom de genre ou de groupe
Apiculture	Abeille	*Apis,* insecte
Astaciculture	Écrevisse	*Astacus,* crustacé
Aviculture	Oiseaux de basse-cour	*Avis,* oiseau
Bombyciculture	Ver à soie	*Bombyx,* insecte
Colombiculture	Pigeon de chair	*Columba,* oiseau
Cuniculiculture	Lapin	*Cuniculus,* mammifère
Cypriniculture	Carpe, tanche	Cyprinidés, poissons
Héliciculture	Escargot	*Helix,* mollusque
Lombriculture	Ver de terre	*Lumbricus,* annélide
Mytiliculture	Moule	*Mytilus,* mollusque
Ostréiculture	Huître	*Ostrea,* mollusque
Pisciculture	Poissons d'eau douce	*Pisces,* poisson
Salmoniculture	Saumon, truite	Salmonidés, poissons

D. **« VOUS AVEZ DIT CULTURE ? »**

Abstraction faite du gros bétail, le terme technique utilisé pour désigner l'élevage d'une espèce ou d'un groupe d'espèces s'obtient toujours en ajoutant le suffixe « culture » au nom de genre (latin) de cette espèce ou au nom plus général qui représente le groupe animal considéré.

A

A. **RÉCOLTE DU MIEL**

La ruche fournit quatre produits : la gelée royale (sécrétée par les glandes salivaires frontales de l'ouvrière) ; le pain d'abeille (pollen brut tassé dans les alvéoles par les magasinières) ; le miel ; et la propolis (pâte malaxée enduite de salive).Tous ces produits possèdent des qualités nutritives, tonifiantes et stimulantes des défenses naturelles, que la diététique redécouvre.

B

B. **PETIT GÉANT**

Les lapins dits « géants » (comme celui-ci, le géant des Flandres) atteignent 6 à 8 kg à l'âge adulte. Les critères de sélection de l'élevage sont la qualité de la viande, la précocité, la prolificité et la vitesse de croissance. Les croisements permettent d'exploiter les aptitudes de chaque race.

C

C. **COLOSSE TRANQUILLE**

Un cheval de race lourde, comme ce percheron, peut tracter jusqu'à 5 t et travailler sur des terrains bourbeux ou des coteaux escarpés, là où les engins agricoles mécaniques sont souvent inutilisables.

LES ANIMAUX FAMILIERS

CHIENS ET CHATS

LES CARNIVORES DOMESTIQUÉS

■ DANS PRESQUE TOUS LES PAYS du monde, les populations canine et féline augmentent, avec des différences bien marquées entre pays (en 1990, 35 à 40 p. 100 des foyers australiens, français ou irlandais possédaient un chien, contre 10 à 15 p. 100 en Espagne, en Allemagne, en Grèce et au Japon).

Le chien représente l'espèce la plus diversifiée (328 races reconnues dans le monde) avec une disparité énorme entre les races extrêmes : 1,3 kg pour le chihuahua, 80 kg pour le saint-bernard. Animal social, conservant des traits de caractères infantiles, il se soumet facilement à la domination de l'homme.

Après une gestation de 59 à 64 jours, le chiot naît unique (pour les races naines) ou dans une portée de 5 à 16 petits selon les races. Sevré vers 6 semaines et pubère entre 6 et 8 mois, il atteint sa taille adulte entre 12 et 18 mois. Sa longévité oscille entre 10 et 16 ans. À côté des chiens de pure race, deux tiers du cheptel canin sont constitués de *bâtards,* issus de deux races, et de *corniauds,* eux-mêmes issus de bâtards.

Objet de sélection et de création de races nouvelles depuis seulement deux siècles, le chat forme une espèce très homogène. Les 35 races actuelles et les innombrables « chats de gouttière » possèdent un gabarit constant. Le cerveau des chats est bien développé par rapport à la taille de l'animal. L'animal possède une forte personnalité, un caractère indépendant et de nombreuses aptitudes : sens de l'équilibre, instinct de chasse, comportement ludique, moyens d'expression nombreux (attitudes, gestes, sons). Le ronronnement serait l'expression du lien social et affectif du chaton avec sa mère qu'il reportera, devenu adulte, sur son maître. Le chat peut vivre jusqu'à 20 ans.

LAPINS ET RONGEURS

LES PETITS COMPAGNONS

■ ISSU DU LAPIN de garenne, dont il diffère par les oreilles (très courtes) et bien sûr par le gabarit (de 1 à 1,25 kg), le lapin nain, qui vit environ 8 ans, est sujet aux mêmes maladies (myxomatose) et réclame la même alimentation.

Tous les hamsters dorés domestiques (des centaines de milliers) descendent d'une même famille capturée en Syrie en 1930. Tout rond (20-28 cm pour 50-200 g), l'animal est très vorace. Granivore dans la nature, il apprécie aussi, en captivité, de petits morceaux de viande ou de fromage. La gestation dure 17 jours et donne lieu à des portées de 6 à 12 petits, qui vivront en moyenne 2 ans.

Le cochon d'Inde (ou cobaye), plus grand (de 200 à 300 g), doit aussi être rationné : 200 g de nourriture (foin, céréales, fruits et légumes) lui suffisent quotidiennement. Il boit beaucoup et doit toujours pouvoir disposer d'eau fraîche. Il offre des particularités originales pour un petit rongeur : gestation longue (9 semaines), portée réduite (2 ou 3), autonomie très précoce des jeunes, capables de courir à quelques heures et de manger de l'herbe à 2 jours.

Bien d'autres rongeurs sont adoptés : la souris blanche, l'écureuil de Corée, le rat blanc ou la gerbille (petit rongeur d'Afrique aux pattes postérieures allongées), par exemple.

UTILE ET PAS BÊTE

L'utilisation du chien est vitale dans certaines régions : les chiens de traîneau, qui assurent le transport dans le Grand Nord, inaccessible aux ongulés de trait, les chiens de berger, destinés à surveiller, rassembler et protéger le troupeau, et les chiens de chasse (terriers, chiens courants, chiens d'arrêt...). Après une éducation appropriée, les chiens peuvent rendre de multiples autres services. La photographie ci-dessous montre l'apprentissage d'un chien pour sourds. Le flair et le courage (chien policier, chien détecteur de drogue ou d'explosifs, chien d'avalanche, le plus souvent des bergers allemands), la fidélité, l'intelligence et le dévouement (chien guide d'aveugle, chien pour sourds, chien pour handicapés moteurs) sont les principales qualités mises à profit par l'homme.

C

A

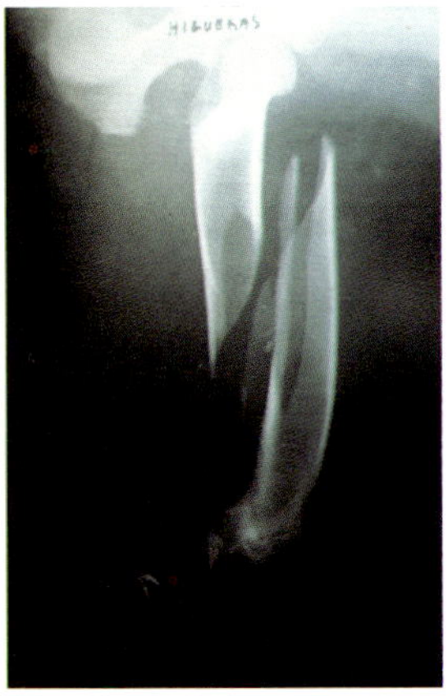

B

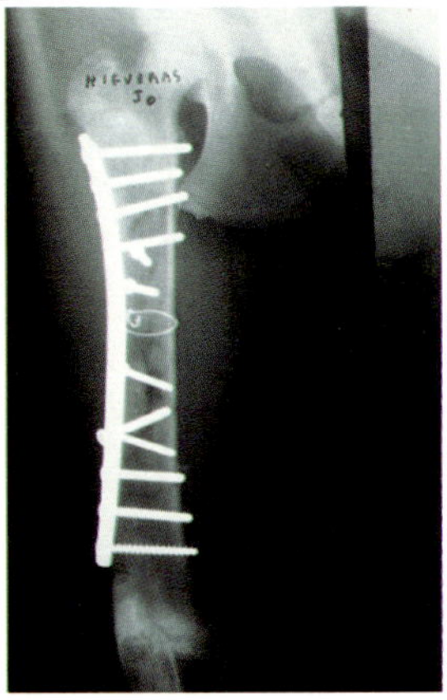

A. B. **MÉDECINE DE POINTE**

Ces deux radiographies montrent la réduction d'une fracture du fémur chez un chien de berger âgé de 9 mois, par la pose d'une plaque, de vis de traction et d'un cerclage métallique.
La médecine vétérinaire a largement exploité les possibilités techniques de la médecine humaine : examens de laboratoire et radiologie sont courants (en pratique urbaine), et des examens plus rares se banalisent (électrocardiographie, échographie). Les traitements se perfectionnent : radiothérapie, scanner (le premier centre scanner animalier d'Europe a été inauguré à l'École vétérinaire de Maisons-Alfort [France] en 1990), anesthésie gazeuse, chirurgie oculaire et orthopédie (pose de broches, plaques, vis et prothèses).
La médecine vétérinaire développe également des techniques propres à l'animal (comme celle de la pose de fixateurs externes pour la réduction des fractures multiples, qui diminue considérablement la durée opératoire et le coût de l'intervention).

C. **BÊTES À CONCOURS**

La première exposition canine remonte à 1859, en Grande-Bretagne. Outre leur aspect esthétique, les candidats sont aussi jugés sur leurs aptitudes (épreuves sur gibier pour les chasseurs, par exemple, ou avec troupeau pour les chiens de berger). Dans chaque pays, les chiens sont inscrits dans un livre des origines, et la Fédération cynologique internationale, fondée en 1911, harmonise les règlements et organise des expositions internationales.

LES OISEAUX

LE PLUMAGE ET LE RAMAGE

■ DE NOMBREUSES ESPÈCES vivent avec l'homme : petits passereaux (canaris ou serins, diamants, bengalis, capucins aux vives couleurs, etc.), colibris, psittacidés (vaste famille d'oiseaux parleurs, parmi lesquels les inséparables, les aras, les loris, les perruches, les perroquets et les cacatoès), sans oublier le mainate (un sturnidé), parleur et imitateur hors pair.

La cage doit toujours permettre à l'oiseau de voler sans se heurter contre les parois ni abîmer ses plumes, et contenir des perchoirs en bois. L'alimentation varie selon le régime de l'espèce : le serin est omnivore et accepte fruits, graines, légumes verts, pâtée à base d'œufs, tandis que les loris, nectarivores, réclament des baies et un sirop vitaminé à base de miel, lait condensé et farine lactée. L'eau ne doit jamais manquer.

AUTRES COMPAGNONS

POISSONS, REPTILES ET AMPHIBIENS

■ UN MÊME BAC, à parois solides et à arêtes étanches, permet de constituer un *aquarium* aussi bien qu'un *terrarium.* Il convient de n'y introduire que des animaux de mœurs compatibles et en bonne santé.

Les poissons. Par ordre de complexité croissante, on distingue l'*aquarium simple,* non climatisé ni éclairé, pour les poissons des régions tempérées et le classique poisson rouge *Carassius auratus,* très résistant et facile à nourrir ; l'*aquarium tempéré,* à eau douce, chauffé entre 18 et 22 °C, aéré, filtré, éclairé dix heures par jour, où évoluent des spécimens exotiques résistants : guppy, danio, poisson deverre, scalaire...

UNE TORTUE VORACE ET ENVAHISSANTE

Vert et jaune, avec une tache rouge derrière l'œil, *Chrysemys scripta elegans,* la tortue de Floride, est souvent achetée à tort comme « tortue naine », de 3 à 4 cm et 10 g. C'est en réalité un bébé de 1 jour à 1 mois au maximum.

Passé la première année de captivité, la tortue « naine », si elle a survécu, se met à grandir, et se montre toujours plus vorace (carnivore au début, elle devient peu à peu omnivore : à 5 ou 6 ans, elle atteint de 20 à 25 cm et de 1,5 à 2 kg... Souvent, le propriétaire cherche alors à s'en débarrasser, soit dans un zoo, soit en la relâchant dans la nature, ce qui peut conduire à des catastrophes écologiques. C'est ainsi que la cistude, une tortue d'Europe qui vit dans les eaux calmes à fond vaseux, déjà très menacée par la disparition de son habitat, se trouve peu à peu supplantée par la tortue de Floride et risque de disparaître complètement.

L'*aquarium tropical à eau salée* exige un contrôle strict de l'acidité (pH.) et de la salinité de l'eau ; il doit pouvoir accueillir baliste, chétodon, platax, poisson-globe... Dans tous les cas, il faut prévoir des « poissons-nettoyeurs », qui se nourrissent des déchets.

Amphibiens et reptiles. Les espèces aquatiques (triton, xénope) ont besoin d'un aquarium. Les espèces amphibies (grenouilles, tortues d'eau) vivent en *aquaterrarium,* avec un bassin dont l'eau doit être renouvelée. Les espèces terrestres de forêt tropicale requièrent un terrarium humide (petits iguanes, serpents arboricoles), dont le sol est drainé par l'empilement de gros galets au fond, de petits cailloux, puis de sable mélangé à du terreau, ou un terrarium sec. Un minimum de végétation est toujours souhaitable. Les espèces venimeuses sont déconseillées. Le terrarium sera toujours muni d'une lampe à ultraviolets.

LA CONTAMINATION

Une zoonose est une maladie ou une infection transmise naturellement des animaux vertébrés à l'homme ou de l'homme à ceux-ci. L'importance des zoonoses tient à leur nombre élevé et à leur gravité (elles sont toujours sévères).

Elles peuvent être sévères, comme la tularémie ou la listériose, voire mortelles, comme la rage, et imposer des mesures de lutte coûteuses à mettre en œuvre. Dans la catégorie des zoonoses majeures se rangent aussi la tuberculose, la fièvre jaune et la peste. Il existe en outre des zoonoses dites « professionnelles » : leptospirose (transmise par l'urine de rat) pour les riziculteurs ou les égoutiers, « charbon » pour ceux qui manipulent cuirs et peaux.

A

A. **AQUATERRARIUM**

L'espace ménagé devra toujours comporter un point chauffé par une lampe et un point plus frais pour que les animaux puissent choisir, en fonction de leurs cycles, la meilleure température. On leur installera également des abris.

B

B. **VOLIÈRE DE PLEIN AIR**

Cette grande volière rassemble des grues, des spatules et des ibis. Les volières de plein air sont idéales, car l'oiseau y dispose d'air pur, de lumière naturelle et de pluie, ce qui lui donne un plumage éclatant. Elles permettent de détenir des espèces de grande taille ou exigeantes en espace (un seul couple d'inséparables demande 100 cm × 240 cm sur 180 cm de hauteur !). Il faut y ménager deux parties : l'une couverte et fermée, l'abri ; l'autre ouverte, seulement délimitée par un grillage tendu sur une armature. L'abri doit comporter de nombreux perchoirs et être éclairé, par un toit en Plexiglas par exemple, afin de mettre les oiseaux en confiance. Le sol peut rester en herbe, et l'espace peut accueillir des arbustes résistants (lauriers, aubépine, sureau), sauf pour les perruches et les perroquets, qui détruisent la végétation. Enfin, pour éviter l'entrée d'insectes ou de rongeurs, il faut prévoir des fondations.

C

C. **ADOPTIONS INCONGRUES**

Quand il est capturé et apprivoisé pour la chasse dans les pays où il existe à l'état sauvage (Maroc, Éthiopie, Arabie, Inde), le guépard reste proche de son milieu naturel. Il n'en va pas de même pour celui que l'on promène en laisse comme un petit chien d'appartement. Beaucoup d'espèces sont les victimes d'un engouement aussi intempestif que passager et vivent un véritable calvaire en captivité pour finir misérablement. L'acquéreur réalise, par exemple, souvent trop tard, qu'un crocodile devenu grand est dangereux, qu'un singe ne peut être éduqué à la propreté et devient agressif à la puberté.

LA CHASSE ET LA PÊCHE

SPORTS ET LOISIRS

DES ACTIVITÉS RÉGLEMENTÉES

■ PENDANT TRÈS LONGTEMPS, la pêche et la chasse ont compté parmi les moyens essentiels de subsistance de l'homme. Même après le développement de l'agriculture et de l'élevage, elles ont constitué une source alimentaire d'appoint non négligeable. Jusqu'en l'an 800 environ, ces activités étaient pratiquées par tout le monde, mais elles sont devenues ensuite le privilège des seigneurs. Elles ont été longtemps interdites au peuple avant de revenir au premier plan des traditions populaires avec une situation entre les sports et les loisirs.

La chasse. Pour l'essentiel, la chasse telle qu'on la pratique dans les sociétés industrialisées se fait à l'arme à feu. Les chiens sont fréquemment utilisés pour pister et débusquer le gibier. Des chasses en battue, dans lesquelles un groupe de rabatteurs ramène le gibier vers des tireurs postés, sont également pratiquées. Enfin, le grand gibier peut être chassé à l'affût. Une parfaite connaissance du terrain et des mœurs des animaux est nécessaire.

La pêche. Si elle se pratique toujours avec une canne, munie d'un fil de Nylon et d'un hameçon, elle connaît un grand nombre de variantes. On peut pêcher en restant des heures au même endroit ou en se promenant le long des rives. L'appât peut tout aussi bien être une mouche, vraie ou fausse, un ver de terre ou une cuillère, leurre généralement métallique, évoquant un petit poisson.

La chasse sous-marine. Elle se pratique généralement en plongée libre avec masque, tuba et palmes. Dans la technique dite « à vue », le plongeur se déplace en surface et surveille les bancs de poissons pour tirer lorsqu'ils passent à proximité. Mais le chasseur peut préférer la chasse au fond et, dans ce cas, il inspecte trous et anfractuosités. Si cette activité peut se pratiquer sans permis, la connaissance et l'observation de règles de sécurité sont indispensables.

A. POPULATION DE CHASSEURS ET PÊCHEURS		
Pays	Chasse	Pêche
France	3,3 %	7,7 %
Belgique	0,2 %	1,6 %
Italie	2,6 %	0,5 %
Suède	2,3 %	25 %
Finlande	2,8 %	16 %

A. **DIFFÉRENCES ENTRE LES PAYS**

La pêche et la chasse de loisir sont diversement pratiquées selon les pays, pour des raisons qui tiennent essentiellement à la survivance des traditions, à la nature de l'environnement et à la variété des espèces animales. Le nombre assez important des organismes responsables de la gestion de ces pratiques ainsi que les différentes législations sur les permis rendent difficile le recensement exact du nombre de pratiquants, qui se limite ici à quelques pays européens.

La réglementation. Une importante législation tend à préserver l'environnement d'une activité de pêche ou de chasse trop importante. Par exemple, nul ne peut chasser ou pêcher toute l'année : des dates d'ouverture et de fermeture sont à respecter. En France, la chasse est généralement ouverte de septembre à mars et la pêche de mars à octobre. Mais ces dates sont différentes entre pays, voire entre régions, et dépendent du type de gibiers ou de poissons vivant dans l'aire géographique. Les périodes de fermeture permettent aux animaux de se reproduire en toute tranquilité.

B

B. **PÊCHE AU « TOUT GROS »**

Cet espadon hissé à bord représente une capture convenable pour les amateurs fortunés, arc-boutés sur leur siège, les mains crispées sur la canne et le moulinet, qui bataillent parfois pendant plusieurs heures avant de ramener leur « tout gros » près du bateau. L'effort est à la mesure des prise : petit requin-renard de trois cent kilogrammes, barracuda de 50 livres faisant des bonds de 5 m en dehors de l'eau, ou thon rouge de 200 kg sont des trophées possibles.

Les matériels utilisés par les pratiquants sont aussi strictement contrôlés en vue de limiter le nombre des animaux tués : pour la chasse, par exemple, les armes à feu de plus de trois coups, certaines munitions ainsi que les pièges sont interdits, sauf autorisation spéciale. Pour la pêche, le nombre de lignes et d'hameçons ou le type d'appât utilisé sont réglementés. En chasse sous-marine, l'arme, généralement un fusil sous-marin, doit être rechargée après chaque tir par la seule force du plongeur (du moins en France) ; de plus, l'utilisation de bouteilles d'oxygène est interdite (néanmoins, en mer Rouge, par exemple, aucune de ces règles n'est en vigueur). Enfin, de nombreuses espèces sont protégées et leur pêche ou leur chasse sont formellement interdites.

Dans les zones de chasse et de pêche, on introduit régulièrement poissons et gibiers provenant d'élevages ou de régions dans lesquelles ils se développent fortement. Cet entretien de l'environnement est en grande partie financé par les taxes perçues pour la pratique de ces sports-loisirs (permis de chasse ou de pêche délivré pour des régions et des périodes bien délimitées).

LA LÉGISLATION

La chasse et la pêche sont soumises à une législation assez stricte. Lois et décrets existent dans de nombreux pays. Ces textes ont pour but de protéger aussi bien l'environnement que les pratiquants qui pourraient être éventuellement victimes d'accident.

Ainsi, l'obtention d'un permis de chasse est obligatoire pour avoir le droit de tuer du gibier. Le permis de chasse est sanctionné par un examen permettant de tester les connaissances du candidat sur la législation en vigueur et les différentes consignes de sécurité ou sur les mœurs et la sauvegarde du gibier. Cependant, le futur chasseur doit, dans la plupart des cas, acquérir un droit de chasse sur une zone géographique déterminée.

Il n'existe aucun examen de ce type pour les pêcheurs ; or, si l'activité est de toute évidence moins dangereuse, de bonnes connaissances écologiques n'en sont pas moins nécessaires afin d'éviter une destruction aveugle de certaines espèces. Les pêcheurs doivent toutefois s'acquitter d'une taxe pour obtenir un droit de pêche, dont le montant est fonction du type de matériel utilisé. En bord de mer, la pêche est libre, sous réserve de respecter certaines règles concernant le matériel et de ne pas vendre les animaux ainsi capturés.

C

C. **CHASSE AU SANGLIER**

Le sanglier est un des grands gibiers les plus prisés d'Europe, et cet engouement remonte fort loin dans le temps, comme le montre cette mosaïque romaine. Râblé, au pelage de grosses soies noires, le sanglier donne une impression de puissance que ne démentent pas les deux cents kilogrammes des plus gros spécimens vivant dans les forêts d'Europe centrale. Cet omnivore, qui se nourrit principalement de fruits et de racines, mais qui ne dédaigne pas à l'occasion quelques chairs animales, se reproduit très bien en captivité, ce qui permet un repeuplement aisé. Au Moyen Âge, il était chassé par le seigneur et ses chiens, guidés par un veneur qui portait l'estocade finale. Les pièges pouvaient également être utilisés, mais les seigneurs les dédaignaient. À présent, s'il peut encore l'être à courre, le sanglier est le plus souvent chassé en battue (et tiré au fusil).

LES MUSÉES D'HISTOIRE NATURELLE

UN MUSÉUM est un musée particulier, destiné aux collections d'histoire naturelle, que celles-ci soient botaniques, zoologiques, géologiques ou même paléontologiques.

L'ORIGINE

DU MOUSEÎON AU MUSÉE

■ LE MOT MUSÉE vient du grec *mouseîon,* utilisé pour qualifier un temple bâti à Athènes et dédié aux *Muses.* Dans le monde hellénistique, les souverains attachaient volontiers à leur cour des collèges de philosophes, qui se réunissaient en des lieux d'études et de débats appelés aussi *mouseîons.* Le plus célèbre fut fondé au IIIe siècle par le roi Ptolémée Ier, à Alexandrie. Dans cet ensemble, tenant du temple, de l'université et de l'académie, figuraient des sections de médecine, de zoologie, un observatoire astronomique et des jardins botaniques. On peut également considérer comme des ébauches de musées d'histoire naturelle les jardins hispano-arabes de plantes médicinales, ainsi que les collections de trophées de chasse que les empereurs de Chine, les pharaons d'Égypte, les rois de Perse ou les rajas d'Inde ont constituées.

Il faut attendre la Renaissance pour que se créent les premiers musées. L'un des plus anciens est celui fondé en 1593, à Montpellier, par Richet de Belleval.

En 1636, Gui de La Brosse, médecin de Louis XIII, fonde le Jardin des plantes officinales et le Cabinet du Roi à Paris. Au XVIIIe siècle, Buffon agrandira le premier et enrichira le second au point d'en faire le premier véritable musée d'histoire naturelle du monde et le centre de rayonnement de la pensée scientifique.

LES FONCTIONS

CONSERVER, DÉCOUVRIR, ÉDUQUER

■ LE CONCEPT DE MUSÉE en tant qu'instrument voué à la connaissance est né en Europe, facilité par l'action des Encyclopédistes et par la Révolution française, qui ouvrit au peuple les collections royales et privées, propageant l'idée d'égalité des droits à la culture (la Convention édicta les premières règles de l'activité muséologique).

Conserver. Le matériel recueilli par les voyageurs naturalistes au cours des expéditions du Moyen Âge et surtout au XIXe siècle, fait des muséums de véritables archives de la nature, où chaque espèce est identifiée.

Découvrir. L'étude des collections permet de découvrir les principes et les lois fondamentales de la biologie. Le muséum est aussi un lieu de recherches, comme autrefois celles de Lamarck, Cuvier, Haeckel, Darwin ou Linné. Dans un muséum moderne, les recherches portent sur l'évolution de la Terre, de ses milieux et de la vie, ainsi que sur d'autres sujets des sciences naturelles, de la biologie à la paléontologie.

Éduquer. En diffusant les résultats des recherches à tous les publics, par des ouvrages savants ou de vulgarisation, des émissions audiovisuelles ou radiodiffusées, des expositions permanentes, temporaires ou itinérantes, les muséums répondent à une mission socioculturelle de plus en plus pressante.

L'avenir des muséums. En présentant et en conservant les espèces animales ou végétales à travers les âges, les collections vont rapidement devenir indispensables à la compréhension et à l'explication des changements que l'homme fait subir à son environnement. Le musée de demain devra tendre vers une large interdisciplinarité, intégrant aussi les sciences de l'espace et les sciences de l'homme. Expression originale et diversifiée des rapports de l'homme et de la nature, les *écomusées* sont donc inéluctablement appelés à se développer.

LES EXPOSITIONS

Tout musée doit périodiquement renouveler une partie de ses présentations, sous peine de sombrer dans l'immobilisme.

Si la galerie muséale assure une présentation permanente, l'exposition temporaire doit apporter la nouveauté et l'élément dynamique, qui invitent le public à venir périodiquement au musée. L'exposition temporaire peut permettre au public de découvrir la richesse des collections scientifiques et d'accéder de façon simple aux résultats de recherches récentes.

La muséologie moderne distingue deux types de collections : la collection scientifique, pour laquelle prime la rigueur de l'information, et la collection, destinée à des fins culturelles et pédagogiques. Dans ce cas, la conservation de l'aspect naturel des spécimens fait appel aux techniques les plus modernes comme la lyophilisation, par exemple.

A

A. **DIORAMA**

Cette représentation en trois dimensions d'un léopard des neiges (Zoologisk Museum de Copenhague, Danemark) est un *diorama.* Le musée du duc d'Orléans à Paris fut le premier à en réaliser (1934). Ceux-ci ont servi de modèles aux grands musées d'Amérique du Nord. Cette orientation résolument écologique est encore en vogue aujourd'hui.

B

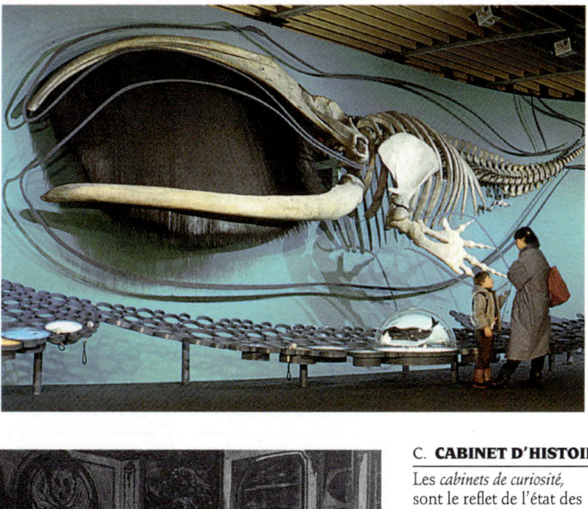

B. **MUSÉE GALERIE**

Dès la fin du XIXe siècle, les collections sont présentées sur la base des idées évolutionnistes, et la muséologie s'adapte aux progrès de la science. En France, la création en 1946 du Conseil international des musées (ICOM), situé à Paris, a donné un grand essor à la muséologie moderne, dont l'Ocean Hall du Zoologisk Museum de Copenhague (Danemark) est un bon exemple (ici, un squelette de baleine franche).

C

C. **CABINET D'HISTOIRE NATURELLE**

Les *cabinets de curiosité,* sont le reflet de l'état des connaissances humaines. À l'époque de la Renaissance, on y regroupe les objets collectés au cours de fouilles archéologiques. Plus tard, ils deviennent les *cabinets d'histoire naturelle.* Ce tableau d'Eugène Fichel représente une réunion de naturalistes dans le Cabinet du Roi, vers 1780. Buffon, au milieu, de face, montre à ses visiteurs les collections zoologiques du Cabinet. On y accumule roches, minéraux, pierres précieuses rapportés des pays lointains par les explorateurs, à côté de spécimens variés de coquilles, squelettes et animaux empaillés. Le souci de présenter les objets au public d'une façon attrayante et intelligente existe déjà et amène à concevoir un type de mobilier caractéristique de ces cabinets : vitrines-bibliothèques et vitrines-tables, qui deviennent des éléments indissociables de la muséologie. Les fonctions du musée sont donc déjà bien en place.

LES JARDINS DES PLANTES

RÔLE ET ÉVOLUTION

DES JARDINS DES SIMPLES AUX JARDINS DES PLANTES

■ SI LA PLUS ANCIENNE REPRÉSENTATION connue d'une collection de plantes cultivées est celle du Jardin royal de Thoutmosis III, vers l'an 1000 av. J.-C., il faut remonter au IIIe millénaire pour trouver les précurseurs du concept de jardin botanique. Dès cette époque, les Chinois pratiquent collectes et cultures de plantes pour des raisons économiques ou médicinales : l'empereur Shen Nong, au XXVIIIe s. av. J.-C., aurait découvert certaines propriétés curatives des plantes. L'empereur Wudi (140-86 av. J.-C.) aurait introduit, dans ses jardins, plantes et arbres rares rapportés des régions extrêmes de la Chine. Outre-Atlantique, les Aztèques auraient identifié de nombreuses espèces de plantes médicinales. Cependant, les plantations régulières des monastères du temps de Charlemagne seraient les véritables précurseurs des jardins des plantes. Les jardins *« hortus »* et *« herbularis »,* tels ceux du monastère de Saint-Gall en Suisse, apparaissent au IXe siècle. Les connaissances des moines de cette époque en horticulture et en botanique ont contribué, par le biais des jardins, à mettre en relation le monastère avec la profession médicale. Au XVe siècle, universités et monastères établissent une culture méticuleuse d'herbes médicinales, appelées *simplicia,* ou encore « simples ». Peu à peu, les « jardins des simples » se transforment en jardins botaniques.

Des collections scientifiques. Avec le XIXe siècle apparaissent les dispositions méthodiques des jardins botaniques, en dehors de tout but médical. L'adoption théorique de telle ou telle classification conduit à des conceptions plus rationnelles des plantations, fondées sur les découvertes relatives à l'enchaînement ou à la diversification des espèces végétales. Les jardins botaniques, détenteurs de collections scientifiques, sont généralement rattachés à des institutions ou à des laboratoires poursuivant des recherches variées en botanique. Ces collections vivantes ont pour but de conserver, en vue de l'étude ou de la présentation publique, des espèces végétales intéressantes d'un point de vue scientifique ou ornemental.

Quelques exemples. Décidée par un édit du roi Louis XIII à la demande de son médecin Hérouard, la création à Paris du Jardin royal des plantes médicinales fut rendue effective en 1635 grâce à Gui de La Brosse et permit, dès 1636, la culture de près de 1 800 espèces végétales. Aujourd'hui, 12 000 espèces, dont certaines n'existent plus à l'état sauvage, peuplent les serres tropicales et subtropicales ; le jardin alpin abrite, quant à lui, 2 000 espèces, et l'école de botanique environ 3 600.

Un autre exemple célèbre est celui du jardin botanique d'Uppsala, ville universitaire de Suède, dans lequel Carl von Linné (1707-1778) avait arrangé les plantes d'après son propre système de classification, et qui comporte aujourd'hui plus de 10 000 espèces.

Les fonctions. Si le jardin botanique ne s'étend guère aux variétés horticoles, il peut constituer une riche source : arbres fruitiers, céréales, fleurs, plantes des serres chaudes ou alpines, graines d'espèces introuvables dans le commerce forment des collections d'un intérêt capital pour l'horticulteur.

Actuellement, la plupart des grands jardins botaniques voient leurs collections distribuées dans des écoles de botanique, des arboretums, des serres et des orangeries, des jardins alpins ou exotiques. Les créations s'orientent vers des parcs restituant les milieux naturels. Un exemple ultramoderne de ce type nouveau de jardin des plantes est celui du « Climatron » : situé dans le Missouri Botanical Garden (Saint Louis, Missouri). Ce jardin présente 1 500 espèces de plantes vivantes, afin de faire prendre conscience de la fragilité des forêts tropicales et de la nécessité d'en maintenir la riche diversité biologique.

Une vocation multiple. En plus de son rôle pédagogique, le jardin des plantes moderne permet l'identification et l'expérimentation scientifique, l'amélioration des plantes dans les domaines horticole, agricole et forestier. De plus, il a pour mission la sauvegarde d'espèces en danger et la réintroduction d'espèces disparues dans leur milieu naturel. Ainsi, la banque de graines du Muséum de Paris renferme des graines provenant d'environ 1 600 espèces du monde entier récoltées dans la nature et de 2 000 espèces issues des cultures.

A

A. **UN JARDIN BOTANIQUE**

Les plus anciens jardins botaniques sont ceux de Pise (fondé en 1544) et de Padoue (fondé en 1545). L'exemple de Pise et de Padoue fit éclore de nombreux autres jardins botaniques en Europe : Florence en 1545, Bologne en 1547, Zurich en 1560, Leyden en 1577, Leipzig en 1579, Montpellier en 1598, Paris en 1597 (qui deviendra le Jardin des Plantes en 1635)... Sans oublier les jardins d'Oxford en 1621, d'Uppsala en 1657, de Berlin en 1679, d'Amsterdam en 1682 ou les collections d'arbres de l'Arnold Arboretum de Harvard (É.-U.).

B

B. **FLORE TROPICALE**

Pittoresquement accroché à la falaise, au-dessus du rocher de Monaco, le jardin botanique de la principauté a une vocation essentiellement touristique. De nombreuses espèces méditerranéennes, et même tropicales, y sont cultivées, dans le but de présenter la richesse floristique liée à ce type de climat. On y trouve notament des euphorbes candélabres et de nombreuses espèces de cactus, comme les raquettes *(opuntia)* ou les très célèbres « coussins de belle-mère ».

C

C. **PALMIERS DE LA GRANDE SERRE DE KEW**

Les débuts « officiels » du jardin botanique de Kew, en Grande-Bretagne, datent de la première moitié du XIXe siècle. Si les jardins sont connus pour leur extraordinaire diversité d'arbres, d'arbustes et de plantes (hormis les variétés horticoles, plus de 50 000 espèces sont cultivées à Kew), les serres présentent, d'un point de vue historique et fonctionnel, un intérêt unique au monde. Achevé en 1848, le palmarium est une des plus anciennes serres de Kew. Il est remarquable par ses proportions architecturales et ses lignes harmonieuses.

LES PARCS ZOOLOGIQUES

LE DÉSIR D'INFORMER, d'éduquer et de distraire le public a été à l'origine de la création des parcs zoologiques au XIXᵉ et au XXᵉ siècle. Ils ont connu un grand succès et sont devenus des lieux de promenades familiales où les enfants s'émerveillent. Cet intérêt a été exploité au maximum et l'on a vu proliférer des zoos qui, trahissant leur vocation éducative originelle, exhibaient des « animaux-objets », dans des cages minuscules. Aujourd'hui, la faune sauvage est menacée et les parcs zoologiques se transforment en conservatoires.

LES ZOOS ACTUELS

LA DÉCOUVERTE, L'ÉTUDE, LA PROTECTION

■ LE PARC ZOOLOGIQUE MODERNE remplit de nouvelles fonctions et s'ouvre sur l'école ou l'université. La collection d'animaux devient scientifique et sert à la recherche. Cette évolution a commencé aux États-Unis, en Grande-Bretagne et en Allemagne.

Les parcs zoologiques ne se contentent plus de conserver, les scientifiques y étudient les comportements, la pathologie et la reproduction afin de sauver les espèces menacées. Ils participent à des programmes internationaux de reproduction en captivité et de réintroduction dans la nature et constituent des *« banques de gènes »* pour toutes les espèces qu'elles soient sauvages ou domestiques.

Les actions. Certes, les zoos ne sauveront pas, à eux seuls, les espèces menacées, mais, pour certaines d'entre elles, ils sont l'unique chance de survie. Grâce aux élevages, les effectifs de ces animaux sont souvent plus importants en captivité que dans la nature. Dans les zoos du monde se reproduisent ainsi, régulièrement, 159 espèces de poissons, 280 de reptiles, 871 d'oiseaux et 762 de mammifères, dont 225 sont menacées. En 1970, 30 p. 100 des animaux des zoos étaient nés en captivité, aujourd'hui ce chiffre atteint 70 p. 100. Ces actions demandent une gestion scientifique rigoureuse.

La « collection objet » est devenue « collection pédagogique ». Spécialisés et diversifiés (parcs ornithologiques, vivariums, volières à papillons, conservatoires des races domestiques et sauvages), les zoos deviennent parfois des lieux de spectacle d'animaux (voleries de rapaces, marinelands, etc.). En dépit des attaques dont certains sont encore l'objet de la part d'organisations écologiques, les zoos restent très prisés du public et sont des établissements très visités. On y vient pour se distraire, mais aussi pour apprendre et s'informer. À une époque où le citadin a perdu le sens de la nature, devenue spectacle télévisuel, le contact direct avec les animaux permet d'en prendre mieux la mesure, tout en éprouvant un certain dépaysement. Le contact physique avec les animaux est aussi développé dans des fermes pour enfants, où les jeunes et les moins jeunes peuvent approcher les bêtes d'élevage et être ainsi en contact direct avec la nature.

Outil pédagogique, le zoo devient une banque d'informations. Le public, en effet, ne sait pas toujours observer. Il voit mais, souvent, ne regarde pas. La première fonction du zoo est donc de le lui apprendre, afin qu'il connaisse l'animal, sa place dans la nature et l'enjeu de sa protection pour le maintien de l'équilibre de l'ensemble des écosystèmes.

LES PRINCIPAUX PARCS ZOOLOGIQUES

Un parc zoologique actuel diffère du zoo traditionnel par le plus grand espace dont disposent les animaux. Au lieu d'être confinés à un espace réduit, les animaux sont placés dans un milieu qui est le plus proche possible de celui de leur environnement naturel. Ainsi, en France, le parc zoologique de Sigean est une véritable réserve africaine, dans laquelle les animaux, bénéficiant du climat méditerranéen et de réalisations reproduisant fidèlement leur biotope, se sont parfaitement adaptés.

Parmi les principaux parc zoologiques, on peut citer : **Afrique du Sud** : Pretoria. **Algérie** : Alger. **Allemagne** : Berlin, Francfort, Munich, Cologne, Hambourg, Stuttgart. **Australie** : Sydney. **Autriche** : Vienne, Innsbruck. **Belgique** : Anvers. **Canada** : Québec, Toronto. **Chine** : Pékin. **Danemark** : Copenhague. **Égypte** : Le Caire, Alexandrie. **Espagne** : Madrid, Barcelone. **États-Unis** : New York, Chicago, Detroit, Washington, Cincinnati, San Diego. **France** : Paris, Thoiry, Sigean, La Palmyre, Mulhouse, Chizé. **Finlande** : Helsinki. **Grande-Bretagne** : Londres, Édimbourg, Jersey. **Hongrie** : Budapest. **Italie** : Rome, Naples. **Mexique** : Mexico. **Pays-Bas** : Amsterdam, Emmen. **Pologne** : Varsovie. **Portugal** : Lisbonne. **Sri Lanka** : Colombo. **Suède** : Stockholm. **Suisse** : Bâle, Berne, Zurich. **Tchécoslovaquie** : Prague. **Russie** : Moscou.

A

A. **DE LA COLLECTION AU SAUVETAGE**

Nous trouvons le premier récit d'une collection d'animaux dans la Bible, lorsque Noé rassemble des couples de chaque espèce. Le goût de la collection vivante va de pair avec un certain désir de domination et d'asservissement de la nature et des animaux. Le roi Salomon entretenait des animaux sauvages, tandis que les Romains possédaient des fauves et des oiseaux. Au XVIIIᵉ siècle, la ménagerie royale, transférée de Versailles à Paris, sera à l'origine du Jardin des Plantes, le premier parc zoologique (figuré ici sur un couvercle de boîte de jeu). Jusqu'en 1960, les zoos devaient être encyclopédiques et présenter tous les animaux de la création. À partir des années 1970 se développe leur vocation d'« arches modernes » contribuant à la sauvegarde des espèces. Les zoos deviennent plus spécifiques et s'attachent parfois à présenter des milieux bien déterminés.

B

B. **UNE GIRAFE EN AUSTRALIE**

Carl Hagenbeck conçoit, à la fin du XIXᵉ siècle, les présentations modernes d'animaux sauvages : plus de grilles ni de cages mais des espaces ouverts (comme ici à Sydney), séparés du public par des fosses, où l'animal trouve une sorte de semi-liberté. Actuellement, on essaie de reconstituer le plus fidèlement possible les milieux dans des enclos paysagés, comme la « vallée des tigres » au San Diego Zoo.

C

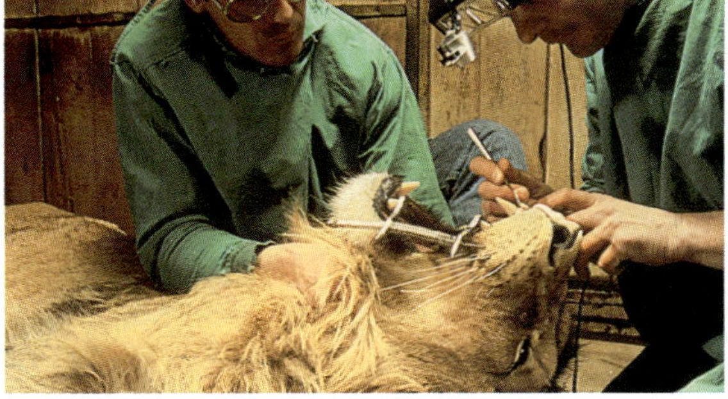

C. **DENTISTE POUR CARNIVORE**

Les vétérinaires attachés aux parcs zoologiques disposent de véritables salles d'opération et emploient un matériel moderne pour soigner les animaux. Les techniques de pointe, comme celles de la fécondation artificielle et de la transplantation d'embryons, deviennent également fréquentes. De façon plus générale, les opérations de soins dentaires, comme ici sur un lion, sont très fréquentes sur les gros mammifères.

AQUARIUMS ET EXPOSITIONS MARINES

LES AQUARIUMS PUBLICS

LE MILIEU AQUATIQUE RECONSTITUÉ

■ PAR AQUARIUM PUBLIC, on désigne, d'une part, l'établissement présentant au public une faune aquatique, d'autre part, les bassins où cette faune est captive.

Les aquariums mettent à la disposition des visiteurs le spectacle d'une vie aquatique que ces derniers ne pourraient voir autrement. Ce sont de formidables outils éducatifs qui parviennent à faire vivre ensemble, dans un milieu confiné, des plantes et des animaux auxquels ils donnent des conditions de vie proches de celles que ceux-ci connaissent dans la nature : qualité de l'eau, environnement, lumière, substrat, nourriture, oxygénation.

Autour des années 1980 apparaissent aux États-Unis des établissements d'un nouveau type : conçus pour transmettre un message scientifique et éducatif, ces centres présentent les écosystèmes marins reconstitués dans de grands bassins (Boston, Baltimore et Monterey). Véritables lieux de culture écologique, ils ne donnent plus seulement à voir, mais veulent faire comprendre la nature à un public qui se presse pour visiter leurs expositions. En France, Océanopolis, inauguré en 1989 à Brest, et Nausicaa, ouvert à Boulogne en 1991, se rattachent à cette nouvelle conception.

Technique et filtration. La reconstitution des milieux nécessite une excellente connaissance de leur fonctionnement et de la biologie des espèces qui les peuplent. Cela constitue également la première démarche éducative du concepteur vers le public. Historiquement, on a d'abord présenté les poissons de la faune locale dans des bassins en circuit ouvert, diverticules du milieu extérieur souvent proche, puis les travaux des scientifiques ont permis de repousser toujours plus loin les limites de l'acclimatation de nouvelles espèces.

Pour faire vivre des poissons tropicaux, il a fallu chauffer l'eau et mettre au point des filtres permettant de la débarrasser des impuretés produites par les pensionnaires du bassin. Cela a d'abord été des filtres mécaniques pour éliminer les déchets et les grosses particules, puis de véritables « réacteurs biologiques », dans lesquels les matières organiques azotées sont décomposées, par des bactéries aérobies, en ammoniaque, en nitrites et enfin en nitrates. Ammoniaque et nitrites sont extrêmement toxiques (seuil létal : 0,1 mg/l) pour les poissons, mais les nitrates, peu toxiques (seuil létal : entre 100 et 600 mg/l), s'accumulent et sont absorbés par la végétation ou éliminés par des changements d'eau. Néanmoins, les invertébrés et, en particulier, les coraux ne supportent pas une concentration en nitrates supérieure à 10 mg/litre.

Les nouveaux filtres. Dans la nature, des bactéries vivant sans oxygène utilisent les nitrates comme source énergétique pour fabriquer de la matière organique. Ces bactéries sont utilisées dans des filtres travaillant en l'absence d'oxygène. Ceux-ci manquent encore d'efficacité et ne sont capables de traiter que de très petites quantités d'eau. Aussi travaille-t-on, dans les laboratoires, à la réalisation de systèmes écologiques équilibrés reproduisant les mécanismes biochimiques des écosystèmes marins : les *biocosmes*. Ces nouvelles techniques constituent de véritables « morceaux de nature » qui fonctionnent sans installation de filtrage et sans entretien, les organismes vivants assurant eux-mêmes la dégradation et le recyclage de la matière organique.

A

A. **AQUARIUMS OU PARCS DE LOISIRS ?**

Les aquariums se sont développés partout sur le même modèle : des galeries de bassins de tailles variables, conçues comme des fenêtres ouvertes sur le monde aquatique. L'apparition des « sea worlds », ou « marinelands », aux États-Unis a été une révolution dans la présentation du monde marin. Le public peut y admirer, outre les poissons, toutes sortes de grands mammifères marins : dauphins, orques, phoques, dans des bassins gigantesques (ici, un orque au Sea World de San Diego). Les bassins sont environnés d'un jardin luxuriant, de restaurants, de boutiques, formant un véritable parc de loisirs où le public peut s'informer et se distraire en assistant aux spectacles d'animaux dressés. Outre ces aspects commerciaux, les activités scientifiques et pédagogiques sont développées et valorisées à l'intérieur du parc et contribuent à la prise de conscience par le public de la fragilité des milieux naturels.

DU POISON POUR LES POISSONS

Les poissons d'eau douce des aquariums proviennent pour plus de 80 p. 100 de fermes d'élevage situées dans le Sud-Est asiatique. Les prélèvements dans la nature des espèces les plus rares n'ont cependant pas cessé dans l'Amazone et dans les grands lacs africains. À la différence des poissons d'eau douce, les poissons marins des récifs de coraux proviennent tous du milieu naturel. Plus de 600 millions de poissons, représentant 500 millions de dollars, sont vendus chaque année aux États-Unis. L'approvisionnement des aquariums publics ne représente qu'environ 1 p. 100 de ce marché extrêmement lucratif. La demande augmente sans cesse et les pêcheurs n'hésitent pas à employer des techniques agressives qui détruisent le récif, notamment en utilisant des poisons : pour quelques spécimens capturés encore vivants, qui mourront dans les 6 semaines qui suivent leur intoxication par le cyanure, des milliers de poissons et d'invertébrés meurent sur place. Certaines populations de poissons tropicaux sont déjà localement surexploitées de façon dangereuse et la survie de leur espèce est grandement menacée.

B

B. **AQUARIUM GÉANT DE MONTEREY**

Le premier aquarium public a été créé à Londres en 1856, mais c'est celui de l'Institut océanographique de Monaco, ouvert en 1910, que l'on peut considérer comme le premier véritable aquarium scientifique moderne, offrant au public la beauté des fonds de la Méditerranée.
En Europe, l'Allemagne est, sans conteste, le pays qui compte les plus prestigieux aquariums, comme ceux de Berlin, Stuttgart ou encore Düsseldorf.
Mais c'est au Japon et aux États-Unis que l'on rencontre les grands aquariums spectaculaires, comme cette spectaculaire « forêt de kelp », grande algue brune dont l'écosystème a été reconstitué au Monterey Bay Aquarium, en Californie.

LE CIRQUE

LE SPECTACLE

UNE LONGUE TRADITION

■ LE CIRQUE MODERNE est né en 1770 à Londres, quand l'écuyer anglais Philip Astley eut l'idée de présenter les exercices équestres de haute école en les agrémentant de prouesses acrobatiques. En France, après l'Empire, de nombreux cavaliers démobilisés trouvent dans les spectacles équestres un moyen de vivre de leur art. L'Italien Antonio Franconi (1737-1836) ouvre le Cirque olympique. Jusqu'au début de la Première Guerre mondiale, le cirque français domine l'Europe, tandis que d'autres se développent en Angleterre et dans les possessions britanniques. Aux États-Unis, où le premier cirque est installé en 1778 à Philadelphie, il connaît son apogée avec les chapiteaux de Barnum, qui emmènera la chevauchée de Buffalo Bill à travers le monde.

À Paris, le cirque Napoléon (l'actuel cirque d'Hiver), construit en 1852 par Dejean, accueille des numéros d'animaux variés pour relancer la clientèle rebutée par les exercices équestres. Les premières ménageries apparaissent en Angleterre en 1870. Après 1914, les ménageries de « bêtes sauvages » contribuent au renom des cirques, tels Amar, Pinder, Bouglione. Dès 1960, la concurrence d'autres loisirs provoque la crise du cirque, tandis que les ménageries sont, souvent à juste titre, la cible des associations de défense des animaux. La réglementation sur le commerce des animaux sauvages rend plus difficiles leur renouvellement et leur transport. Actuellement, les ménageries disparaissent des cirques, qui ne gardent plus que les animaux travaillant dans les spectacles.

LES GRANDES FAMILLES DE DRESSEURS

En 1831, Martin présente, dans le troisième Cirque olympique de Paris, un lion et un tigre dans une pantomime, « le Lion de Mysose ». Cela fait de lui le premier dompteur moderne. En 1890, l'Allemand Carl Hagenbeck crée le travail en arène et le dressage en douceur. Vers 1930, Ali Amar et Alfred Court présentent un numéro, « la Paix dans la jungle », où ils mêlent les animaux les plus divers. C'est l'époque des groupes de 15 à 20 fauves réunis sur une piste !

Après la guerre, la méthode douce de G. Houke domine le dressage et fait de nombreux adeptes, dont l'Autrichien Louis Knie. D'excellents dresseurs, tels que Firmin Bouglione et son élève J. Rex, présentent des groupes mixtes.

En Europe, il faut retenir O. Orfy, F. Myer, les Chipperfield, les Togni et les Bauer. Pendant ce temps, les dresseurs des pays de l'Est font des présentations remarquées, avec A. Parluko.

LE DRESSAGE

UNE RELATION DOMINANT-DOMINÉ

■ DEUX MÉTHODES sont employées pour apprendre aux animaux à accepter l'homme puis à effectuer des exercices en réponse à un ordre : la *force* et la *douceur*.

La force. La méthode forte, privation de nourriture et sévices douloureux, est utilisée par certains dompteurs qui cherchent ainsi à obtenir des réactions violentes susceptibles d'impressionner le public. Ce style, en faveur au XIXe siècle, a suscité une vive réprobation de la part des défenseurs des animaux.

La douceur. Employée par les dresseurs (qui préfèrent cette appellation à celle de « dompteurs »), cette méthode consiste à gagner la confiance de l'animal par la connaissance de son comportement naturel et des relations sociales dominant-dominé qui règlent toute sa vie. Ni bâton ni privations ne forcent l'animal à obéir. Le dresseur est perçu en position dominante, comme celui qui nourrit et soigne. Cela est inculqué par le regard, les attitudes, un cri, un signe, jamais un coup. Chaque animal possède ses propres aptitudes et comprend plus ou moins bien ce qu'on lui demande. Des antipathies ou des complicités se créent ainsi entre l'homme et l'animal, qui doit perdre la peur qui l'habite ; les exercices naissent alors spontanément de ses attitudes. Mais, si le dresseur perd sa position dominante, il risque l'attaque, comme le ferait l'animal dans la nature.

Un équilibre permanent Le dressage est en réalité un facteur d'équilibre et de récréation pour les animaux captifs qui éprouvent ainsi de l'intérêt à effectuer leur travail et à en être récompensés. Ils sont psychologiquement mieux équilibrés et moins stressés que les animaux inactifs des zoos. Néanmoins, trop d'excès sont encore commis, notamment lorsque, par goût du sensationnel, on oblige l'animal à effectuer des prouesses incompatibles avec ses capacités ou lorsqu'on le « ridiculise ».

C

A

A. **SPECTACLE ÉQUESTRE**

« Plus nobles conquêtes de l'homme », les chevaux ont été les rois du cirque moderne pendant plus de 100 ans. D'abord exercices de haute école, les présentations équestres évoluent ensuite vers des numéros acrobatiques, mais les grands écuyers, tels les Gruss, attachés à la tradition équestre, rivalisent pour la rigueur avec les écoles d'équitation. Dociles, intelligents, les chevaux de cirque doivent aussi faire preuve d'une grande tolérance lorsqu'on les contraint à des exercices difficiles (tigre pour cavalier, par exemple).

B

B. C. **STARS DU CIRQUE**

Tous les fauves ont la faveur du public et peuvent être dressés. Le cirque nous présente surtout des lions (B), des tigres et des ours, car ils sont plus faciles à se procurer et se reproduisent bien en captivité. Les tigres et les ours sont plus gourmands, les lions plus capricieux, mais tous sont dangereux et les réactions d'attaque restent naturelles. Les éléphants (C), ici au cirque Gruss, domestiqués depuis longtemps en Asie, restent imprévisibles malgré leur apparence placide et ne connaissent qu'un seul dresseur. Leur masse et leur remarquable agilité impressionnent toujours le public.

RÉFÉRENCES

Alliance mondiale pour la nature, autre dénomination de l'U. I. C. N.

Appert (Nicolas), inventeur français (Châlons-sur-Marne 1749 - Massy 1841). Il formule l'hypothèse que le chauffage en vase clos peut arrêter définitivement la fermentation des aliments. À partir de 1790, ses expériences lui permettent un nouveau commerce, celui des aliments conservés, d'abord en bouteilles puis dans des boîtes en fer-blanc. Cette technique suscite la création d'industries de la conserve dans plusieurs pays.

Arloing (Saturnin), vétérinaire français (Cusset 1846 - Lyon 1911). Professeur à la faculté de médecine de Lyon, il est à l'origine du premier vaccin antituberculeux efficace chez les bovins.

Béthune (Armand Joseph de, duc de Charost), agronome et philanthrope français (Versailles 1738 - Paris 1800). Il encourage par ses dons l'ouverture de nombreuses routes, le dessèchement des marais, la culture des plantes fourragères et de la garance, la lutte contre les épizooties, la substitution de la charrue à l'araire.

Borlaug (Norman Ernest), agronome américain (Cresco, Iowa, 1914). Envoyé au Mexique en 1944, il crée une variété de blé résistant à une maladie, la rouille noire. Puis il croise cette variété avec d'autres variétés, ce qui permet d'accroître les taux de rendement dans de très fortes proportions. (Prix Nobel de la paix 1970.)

Bourdelle (Édouard Sicaire), vétérinaire français (Périgueux 1876 - Paris 1960). Titulaire de la chaire de zoologie des mammifères et oiseaux au Muséum d'histoire naturelle, il a été le principal créateur (1931) du parc zoologique du bois de Vincennes.

Bourgelat (Claude), écuyer du roi et vétérinaire français (Lyon 1712 - *id.* 1779). Chef de l'Académie d'équitation de Lyon, il fonde en 1761, dans cette ville, une école vétérinaire, la première du monde. Il a étudié l'anatomie des animaux domestiques et donné une base scientifique à l'art vétérinaire.

Boyd Orr (John, 1er baron), savant britannique (Kilmaurs, Strathclyde, 1880 - Edzell, Tayside, 1971). Il a dénoncé les insuffisances de l'alimentation humaine et préconisé la lutte contre l'érosion du sol ainsi que le développement de méthodes agricoles modernes. (Prix Nobel de la paix 1949.)

Carré (Henri), vétérinaire français (Avize, Marne, 1870 - Maisons-Alfort 1938). Également bactériologiste, il découvrit avec H. Vallée la nature virale de l'anémie infectieuse des équidés. Il demeure célèbre pour sa découverte du virus de la maladie dite « des jeunes chiens », à laquelle est attaché son nom.

Coke (Thomas William, comte de Leicester), agronome et homme politique britannique (1754 - Longford Hall, Derbyshire, 1842). Il améliora ses terres du Norfolk par de savants assolements et réalisa d'importants progrès dans la sélection des animaux domestiques.

Cousteau (Jacques-Yves), océanographe français (Saint-André-de-Cubzac 1910). On lui doit la mise au point du scaphandre de plongée autonome et de la soucoupe plongeante. Directeur du Musée océanographique de Monaco de 1957 à 1988, il a pris part à des campagnes de défense de l'environnement.

Cretté de Palluel (François), agronome français (Drancy 1741 - Dugny, Seine-Saint-Denis, 1798). Il combattit l'usage de la jachère, propagea la culture de la pomme de terre et inventa des instruments et des machines agricoles.

Dadant (Charles), pionnier de l'apiculture moderne (Vaux-sous-Aubigny, Haute-Marne, 1817 - Hamilton, Illinois, 1902). Il créa le modèle de ruche « Dadant », encore utilisé de nos jours, et installa la plus importante usine mondiale de matériel apicole.

Deere (John), constructeur mécanicien américain (Rutland, Vermont, 1804 - Moline, Illinois, 1886). Il réalise en 1838 sa charrue à soc et versoir d'acier d'une seule pièce. L'existence des charrues de Deere a facilité la pénétration des États-Unis vers l'ouest.

Dumont (René), agronome français (Cambrai 1904). Il fonde les bases d'une véritable école de pensée sur la question du développement des pays du tiers-monde. Dans ses travaux sur ces pays, il insiste sur les responsabilités des groupes qui y détiennent le pouvoir et surtout sur celles des pays développés pour expliquer la stagnation ou le recul des agricultures. En 1974, il est le candidat du courant écologiste aux élections présidentielles.

environnement, *Protection internationale de l'environnement.* Dans diverses circonstances (Sommet de l'Arche des sept pays les plus industrialisés en juill. 1989, Déclaration de La Haye signée par 24 chefs d'État et de gouvernement en mars 1989...) a été proclamée la volonté d'apporter une solution mondiale au problème planétaire de l'environnement. C'est dans cette perspective (renforcement général des normes de protection, soutien des pays développés aux autres pays pour les aider à réorienter leurs efforts vers un développement respectueux de l'environnement) qu'a été convoquée la Conférence des Nations unies sur l'environnement et le développement, ou « Sommet de la Terre », à Rio de Janeiro (Brésil, juin 1992).

FAO (sigle de *Food and Agriculture Organization*, en fr. O. A. A., Organisation pour l'alimentation et l'agriculture), institution spécialisée de l'O. N. U. (depuis 1946), créée en 1945. Elle comprend pratiquement tous les États membres des Nations unies plus des micro-États. Elle a une action diversifiée en matière de lutte contre la faim et joue notamment un rôle de conseil en matière technique pour le développement des ressources naturelles, le stockage des céréales, le reboisement, etc.

Greenpeace, organisation écologiste et pacifiste internationale. Créé à l'origine afin de s'opposer aux essais nucléaires américains dans l'île d'Anchitka (Alaska), le mouvement mène une action déterminée mais pacifique en faveur de l'environnement. En s'opposant de façon spectaculaire aux chasseurs de phoques ou de baleines, en étant présent sur les sites de pollution, Greenpeace entend porter témoignage des dommages ainsi causés.

Guinier (Philibert), forestier et botaniste français (Grenoble 1876 - Paris 1962). On lui doit d'importants travaux sur l'écologie, la phytosociologie, l'anatomie du bois, les altérations du bois et la culture du peuplier. En France, il a joué un rôle fondamental dans l'évolution de l'enseignement forestier.

Langstroth (Lorenzo Lorrain), apiculteur américain (Philadelphie 1810 - Dayton, Ohio, 1895). Il créa le type de ruche « Langstroth », le plus répandu dans le monde avec la ruche « Dadant », et écrivit des ouvrages qui restent la base de l'apiculture moderne.

La Quintinie (Jean de), agronome français (Chabanais, Charente, 1626 - Versailles 1688). Ses expériences lui permirent de poser des règles empiriques pour la transplantation et la taille des arbres fruitiers. Il perfectionna les outils de jardinage et fit connaître la culture en espalier.

Livre rouge (Red Data Book), ouvrage publié par l'U. I. C. N., qui recense les espèces végétales et animales menacées dans le monde.

MAB (sigle des mots anglais Man And Biosphere, l'homme et la biosphère), projet lancé par l'Unesco en 1971, qui s'est traduit par diverses recherches interdisciplinaires sur la structure et le fonctionnement de la biosphère dans sa totalité et sur les changements qui sont provoqués par l'homme pour en évaluer les conséquences.

McCormick (Cyrus Hall), inventeur et industriel américain (dans le comté de Rockbridge, Virginie, 1809 - Chicago 1884). Reprenant les idées de l'Américain Obed Hussey, il met au point et fabrique en série la première faucheuse économique.

P. A. N. (sigle de *peroxy-acyl-nitrates*), composés formés par la réaction photochimique des oxydes d'azote sur les hydrocarbures non brûlés issus des moteurs à explosion. Ces composés, connus aussi sous le nom de *smogs oxydants,* apparaissent dans les villes au climat de type méditerranéen comme Los Angeles. Ils provoquent chez l'homme de nombreuses irritations, surtout des yeux, et causent des dommages à la végétation.

P. B. I. (sigle de *Programme biologique international*), programme de recherche concernant 80 pays, lancé en 1963 dans le but d'étudier la productivité des écosystèmes et l'utilisation par l'homme des ressources naturelles, ainsi que ses possibilités d'adaptation à diverses conditions écologiques. Achevé en 1973, le P. B. I. a surtout contribué à développer, dans les pays concernés, une recherche écologique moderne. Ses objectifs ont été poursuivis au sein du projet MAB.

P. N. U. E. (sigle de *Programme des Nations unies pour l'environnement*), programme qui assume, en coopération avec l'Unesco, l'O. M. S., la FAO, l'O. M. M., la Banque mondiale, les gouvernements et des organisations non gouvernementales, une fonction de centre d'échange d'informations et met en œuvre le « Plan Vigie », lequel, par l'intermédiaire de multiples réseaux scientifiques internationaux, a abouti à la création d'un système de surveillance permanent de l'environnement.

Remy (Joseph), pisciculteur français (Le Bresse, près de Remiremont, 1804 - 1855). Il a découvert les moyens de fécondation artificielle des poissons qui devaient fonder les techniques de la pisciculture.

SCOPE (sigle de *Special Committee On Problems of the Environment),* comité scientifique international créé en 1969 et siégeant à Paris. Il réunit divers spécialistes en écologie et en sciences de l'environnement de 36 pays. Les experts du SCOPE s'occupent plus particulièrement de l'étude des cycles biogéochimiques, de l'écotoxicologie, de la protection des ressources naturelles, des conséquences et des dangers des changements climatiques.

Serres (Olivier de), agronome français (Villeneuve-de-Berg 1539 - Le Pradel, près de Villeneuve-de-Berg, 1619). C'est lui qui, le premier, pratiqua méthodiquement l'assolement des cultures en remplaçant l'ancien système des jachères par celui des prairies artificielles.

U. I. C. N. (sigle de *Union internationale pour la conservation de la nature et de ses ressources,* appelée aussi *Alliance mondiale pour la nature),* organisation internationale fondée en 1948 à Fontainebleau (France) et dont le siège social est en Suisse, à Gland. L'U. I. C. N. suit la mise en application de mesures de protection et d'utilisation rationnelle des ressources naturelles en coopération avec les Nations unies.

Vavilov (Nikolaï Ivanovitch), biologiste russe (Moscou 1887 - Magadan, Sibérie, 1943). Il est l'auteur d'importants travaux sur l'origine géographique, la sélection naturelle et l'acclimatation des plantes cultivées, en particulier des céréales.

Verts (les), nom de partis écologistes de l'Europe occidentale, qui se développent grâce à la prise de conscience de la gravité des atteintes à l'environnement engendrées par la société industrielle.

WWF (sigle de *World Wildlife Fund*), fonds mondial pour la nature, dont l'emblème est le grand panda. C'est la plus importante organisation internationale privée pour la protection de la nature (28 organisations nationales et près de 4 millions d'adhérents). Fondé pour étudier et faire connaître les menaces qui pèsent sur les espèces vivantes, le WWF collecte des capitaux et finance des projets de sauvegarde de la nature. Depuis sa création, en 1961, il a contribué à la création de plus de 260 parcs nationaux et réserves naturelles.

Claude Bourgelat — Jean de La Quintinie — Olivier de Serres

4

L'ÉTUDE DE LA VIE

Dossiers

Spermatozoïde fécondant un ovule (homme)

Œil de hibou grand duc de Virginie

Cœur d'une fleur de pavot

QU'EST-CE QUE LA VIE ?

PENSER LA VIE, c'est tout d'abord penser la vie humaine. C'est, par exemple, penser l'*individu,* dans ses relations de parenté (filiation, paternité...) ; l'individu qui agit et réagit, qui se déplace, qui grandit jusqu'à l'âge adulte, puis vieillit et meurt. C'est aussi penser l'individu qui se fond dans le groupe social et dont l'existence se prolonge dans ses œuvres et dans la mémoire des vivants. Ainsi, dans le modèle humain, sont déjà mises en évidence quelques-unes des propriétés fondamentales de la vie : reproduction, sensibilité, mouvement, croissance, cycles irréversibles de la naissance à la mort, appartenance à des populations.

La vie et la société humaines servent donc de modèles pour penser les processus et les objets naturels. Par exemple, la cellule est souvent identifiée à une usine, l'expression des gènes à un langage, le génome à un chapelet d'individualités autonomes, la spécialisation fonctionnelle des organes à la division sociale des tâches, l'évolution des espèces au modèle de la concurrence économique, l'enchaînement répétitif des phases du développement des organismes, ainsi que leur mode de vie, à une activité dirigée suivant un projet réfléchi, finalisé.

FABRIQUER LA MATIÈRE DE LA VIE

Qu'entre le vivant et le non-vivant il y ait un fossé infranchissable, beaucoup en ont défendu l'idée.

Au début du XIXe siècle, les constituants de la matière vivante ont été retrouvés dans la matière non-vivante. Pourtant, pendant un temps, les molécules *organiques* qui forment la matière vivante ne semblaient pas pouvoir être produites hors des êtres vivants.

La synthèse de l'urée par le chimiste allemand Friedrich Wöhler en 1818 (première synthèse de la chimie organique) démontra la possibilité d'un passage, au niveau moléculaire, du non-vivant au vivant. Par la suite, l'activité optique des molécules biologiques, liée à leur structure asymétrique, fut longtemps considérée comme inaccessible à une synthèse artificielle directe. Cette difficulté fut progressivement levée. Depuis, les premières analyses de séquences biologiques (celles de Singer sur l'insuline), les capacités d'auto-organisation des protéines de structure, l'action biochimique des enzymes et des acides nucléiques permettent d'envisager les principes des premières synthèses de cellules vivantes.

DÉFINIR LA VIE

DESCENDRE AU NIVEAU MOLÉCULAIRE ET CELLULAIRE

■ LA DISTINCTION n'a jamais été évidente entre les caractéristiques du vivant et celles du non-vivant. Même la distinction entre l'humain et le non-humain, qui peut paraître simple, fait pourtant encore l'objet de controverses et d'approfondissements dans différentes disciplines (anthropologie, neurologie, éthologie, etc.). Les mythologies anciennes et modernes expriment et projettent dans la nature la continuité et les analogies entre l'humain, le vivant et le non-vivant.

Nombre de philosophes de l'Antiquité considéraient la vie comme une propriété permanente et universelle dans l'Univers. Pour saint Augustin, des germes cachés de vie emplissent le monde et engendrent les êtres vivants, de la terre, de l'air et de l'eau. Le philosophe hollandais B. Spinoza affirme que la nature est indivisible, chaque « échelon » allant en se complexifiant. Au XVIIIe siècle, le Français Jean-Baptiste Robinet croit que les astres sont des corps vivants. Aujourd'hui encore, aucune des propriétés fonctionnelles fondamentales de la vie ne paraît, si on la considère isolément, être spécifique des objets vivants.

Principe vital ou matière organisée ? « Donner la vie », « ôter la vie », « sauver la vie », « rester sans vie » lorsqu'on est évanoui, « retrouver la vie » lorsqu'on sort de cet état, « perdre la vie » lorsqu'on est victime d'un accident : la vie semble être une propriété, un principe qui s'ajoute ou se retranche à l'organisation matérielle (le corps) des êtres vivants. Peut-on dès lors réduire la vie à une propriété des atomes ou des molécules *(réductionnisme)* ou, au contraire, la vie suppose-t-elle une impulsion dissociable de l'organisme et de ses constituants, un principe vital irréductible aux lois de la physico-chimie *(vitalisme)* ?

Échappant à ce dilemme, la biologie moderne tend à considérer la vie comme la propriété intrinsèque, mais spécifique, de l'organisation et des interactions des « macromolécules », notamment protéines et acides nucléiques. Selon nos connaissances actuelles, la cellule, et plus précisément celle des bactéries (qui ne possède pas de noyau différencié et que l'on désigne pour cela par le terme de « procaryote »), constitue le plus fondamental des niveaux d'organisation du vivant et, faute d'avoir jusqu'ici démontré l'existence de la vie ailleurs dans l'Univers, c'est la biosphère, à savoir la totalité du phénomène de la vie sur Terre (animaux, végétaux, bactéries... et leurs interactions), qui en représente le niveau le plus complexe.

A

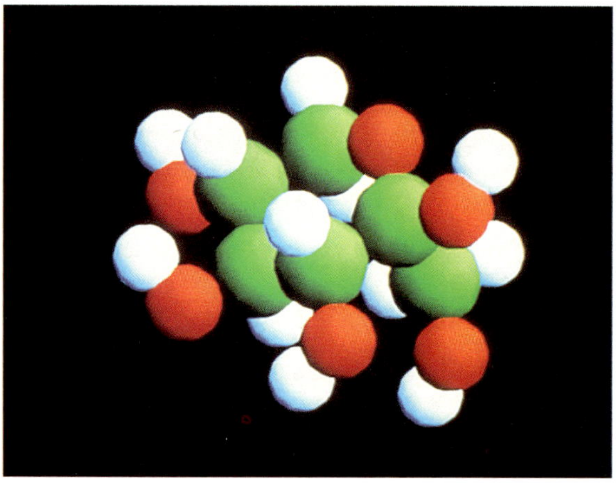

A. **LA CHIMIE DE LA VIE**

Si la chimie organique étudie uniquement les composés du carbone (comme le pétrole, dont la composition trahit cependant son origine vivante), la chimie des êtres vivants, ou biochimie, repose sur quatre atomes principaux, le carbone, l'oxygène, l'hydrogène et l'azote. Les molécules simples (comme cette molécule de glucose représentée par ordinateur) ou complexes (protéines, acides nucléiques) offrent un vaste champ d'étude au biochimiste.

B

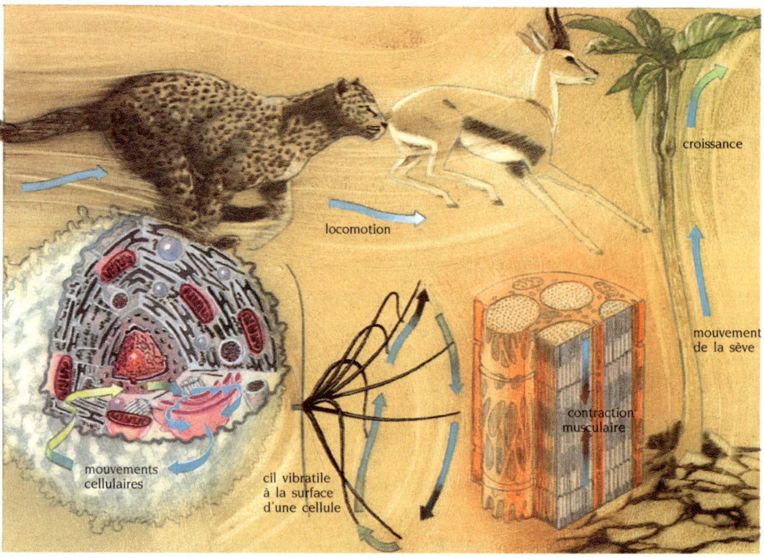

B. **LA VIE, C'EST LE MOUVEMENT !**

Depuis les origines de la connaissance, dans l'histoire comme chez l'enfant, le mouvement est perçu comme l'une des premières caractéristiques des êtres vivants. La plupart des animaux se déplacent activement (locomotion). Ceux d'entre eux qui sont fixés possèdent des organes mobiles. Pour les végétaux, outre les mouvements de croissance, on observe, comme pour les animaux (sang et lymphe), le mouvement actif des liquides intérieurs, qui véhiculent des substances minérales ou organiques (sève). Le mouvement apparaît vraiment comme un phénomène vital universel à l'échelle de la cellule. Celle-ci est le siège de mouvements internes permanents (membranes, organites, vacuoles, microtubules, microfilaments, vésicules de phagocytose...). Il existe aussi une grande variété de mouvements cellulaires externes (cils, flagelles, pseudopodes...) et de mouvements de l'ensemble de la cellule (« nage » des spermatozoïdes, « diapédèse » des globules blancs, migration des neurones embryonnaires...). Chez les micro-organismes, la locomotion est rendue possible par le mouvement de cils, de flagelles, ou par des déformations du cytoplasme. Enfin, chez l'animal pluricellulaire, tous les mouvements qui permettent la locomotion proviennent de la contraction des cellules musculaires.

UNITÉ ET DIVERSITÉ

LES CARACTÉRISTIQUES DE LA VIE

■ LES ÊTRES VIVANTS sont d'une diversité extrême. Le nombre de leurs *espèces*, sans compter les espèces fossiles, peut être évalué à plus de dix millions. Dans chacune de ces espèces se forment à chaque génération jusqu'à des milliards d'*individus* génétiquement originaux. À la diversité des individus s'ajoutent la diversité des *cellules* différenciées dans les organismes pluricellulaires (environ 200 types différents de cellules chez l'homme) et celle des *stades de développement d'un même individu*. Pourtant, la matière vivante manifeste une profonde unité de fonctionnement.

L'unité de fonctionnement du vivant. Tous les êtres vivants se multiplient *(reproduction)* ; leurs constituants se renouvellent en permanence *(métabolisme)* ; ils passent par des phases successives de *naissance, croissance, vieillissement* et *mort*, dans lesquelles ils *s'auto-organisent* et *s'autodétruisent* constamment. De plus, les êtres vivants sont en contact avec l'extérieur par des *structures d'échange* qui leur permettent de se maintenir dans un état relativement constant malgré les changements de milieu *(homéostasie)*.

Les analogues du vivant. Aucune des propriétés universelles des êtres vivants n'est à elle seule spécifique de la vie.

Par exemple, dans une solution, un cristal s'auto-organise par la croissance de germes cristallins. La structure ordonnée des cristaux rappelle la structure ordonnée des êtres vivants : cellules dans un tissu, colonie animale, telle la ruche. Les cristaux liquides manifestent la plasticité des structures répétitives dynamiques qui caractérisent la vie.

L'*autocatalyse* est une fonction chimique analogue à la reproduction. Un autocatalyseur accélère une réaction dont il est lui-même le produit : plus la réaction se développe, plus elle produit de catalyseur, et plus le catalyseur accélère la réaction. Aussi, comme pour les êtres vivants, la population moléculaire admet une croissance exponentielle, dans un milieu favorable. Autre analogie, deux espèces différentes d'autocatalyseurs agissant sur la même réaction entrent en compétition suivant le modèle de la sélection naturelle de Darwin.

Les flammes, les tourbillons résultent d'un renouvellement permanent de la matière qui les constitue (ce sont des *structures dissipatives*). Cette analogie avec le métabolisme se retrouve pour un grand nombre des objets définis par la physique : la plupart des forces qui les caractérisent sont des forces d'échange.

Les limites de la vie. Le niveau d'organisation le plus bas actuellement connu à partir duquel les propriétés de reproduction, de métabolisme, d'auto-organisation et d'homéostasie se trouvent réunies est celui des bactéries *(cellules procaryotes)*. Les virus et les composants cellulaires (organites) simples ne manifestent jamais seuls l'ensemble des propriétés fonctionnelles de la vie. Un virus, par exemple, n'a pas de métabolisme et ne se reproduit que par l'intermédiaire de la cellule qu'il parasite.

Les limites de la vie sont également déterminées par les caractéristiques physico-chimiques du milieu. Par exemple, la température la plus élevée connue pour être compatible avec certaines formes de vie (bactéries) est de l'ordre de 110 °C. Aux températures trop élevées, les êtres vivants sont détruits. Au contraire, avec le froid, les processus vitaux de certains organismes peuvent être seulement réversiblement suspendus (vie latente).

LA BIOSPHÈRE, UN OBJET COSMIQUE UNIQUE ?

Par leurs fonctions vitales, les êtres vivants entretiennent avec leur milieu et avec les autres êtres vivants des relations permanentes (prédation, compétition, symbiose, parasitisme, commensalisme...). Ces relations, étendues à toute la planète, font de la vie une totalité : la *biosphère*.

Avec la prise de conscience des dimensions planétaires de l'activité humaine, l'étude de la biosphère connaît un essor rapide. En raison de l'unicité de son objet et de la position interne (et aujourd'hui déterminante) qu'y occupe l'espèce humaine, cette étude, où domine l'irréversibilité, est surtout historique : origine et évolution passées de la vie, mais aussi prévisions pour son avenir, ce qui oblige à prendre en compte les intérêts humains qui se révèlent souvent totalement contradictoires.

La conquête du proche cosmos, la perspective d'implantation de colonies sur d'autres planètes et de création de vaisseaux cosmiques pour de longs trajets repoussent les limites actuelles de la biosphère et avivent les questions séculaires quant à la présence d'autres vies, d'autres biosphères, dans l'Univers.

A

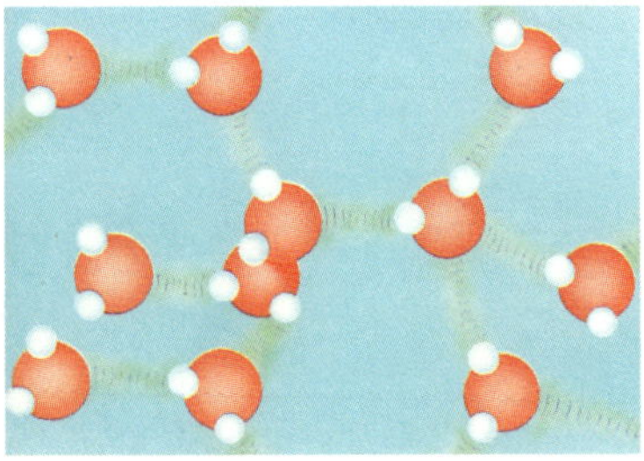

A. **L'EAU, UN SOLVANT POUR LA VIE**

L'unité de la matière vivante se vérifie dans l'universalité des éléments qui la composent : les atomes et les molécules (molécules simples et « macromolécules »), dans les principes identiques de construction des A. D. N., des A. R. N., des protéines et des membranes biologiques ; et surtout dans la présence universelle de la molécule d'*eau*.
C'est une molécule *polaire* : l'atome d'oxygène attire les électrons de sa liaison avec l'hydrogène, ce qui lui donne une légère charge négative, alors que les atomes d'hydrogène possèdent une légère charge positive. Cette propriété, qui donne à l'eau un grand pouvoir de cohésion (par formation de liaisons « hydrogène » entre les molécules), en fait un solvant universel, avec une grande inertie thermique, qui intervient dans toutes les structures et les fonctions de la vie, notamment dans la respiration, la photosynthèse ou encore dans les réactions de synthèse-dégradation de toutes les macromolécules.

B

C

B. C. **STRUCTURES DISSIPATIVES**

La flamme (C) est une « structure dissipative » qui, comme l'être vivant, est dynamique, déformable et sensible aux variations du milieu où elle « se nourrit ». Siège d'un transfert permanent de matière, elle meurt sitôt que celui-ci s'interrompt. De même, les mouvements de ce liquide chauffé (B) s'organisent en structures dissipatives. Leur forme globale reste constante, alors que les molécules qui les constituent changent en permanence.
Ces propriétés thermodynamiques sont partagées par les êtres vivants.

LES MATÉRIAUX DU VIVANT

LA MATIÈRE VIVANTE

LES MOLÉCULES ORGANIQUES

■ LES ORGANISMES sont formés à partir d'un nombre limité d'éléments atomiques. Parmi les 92 éléments naturels, 27 seulement sont présents dans les matériaux du vivant.

Les principaux atomes. Le carbone (C), l'hydrogène (H), l'oxygène (O), l'azote (N), le phosphore (P) et le soufre (S) représentent 99 p. 100 de la masse des organismes. L'hydrogène est l'élément le plus abondant en nombre total d'atomes.

À ces éléments fondamentaux s'ajoutent des éléments fonctionnels intervenant, sous forme d'ions, dans la physiologie de la cellule : sodium (Na), potassium (K), magnésium (Mg), calcium (Ca) et chlore (Cl). Les quatre *cations* Na^+, K^+, Mg^{2+} et Ca^{2+}, liés aux *anions* : chlorure (Cl^-), bicarbonate (CO_3H^-), carbonate ($CO_3{}^{2-}$), sulfate ($SO_4{}^{2-}$) et phosphate ($PO_4{}^{3-}$), constituent, sous forme de sels, les substances minérales de la matière vivante.

Les 16 éléments restants ne se trouvent que sous forme de traces (ce sont des oligo-éléments) ; fer (Fe), cuivre (Cu), zinc (Zn), manganèse (Mn), cobalt (Co), iode (I) représentent les plus fréquents.

L'eau. C'est le composé le plus abondant de la matière vivante (environ 70 p. 100 de la masse). Elle constitue à la fois le milieu dans lequel se déroulent la plupart des réactions chimiques intracellulaires et extracellulaires et l'élément primordial des réactions de synthèse et de dégradation (le *métabolisme*). Elle est aussi l'agent de transport de toutes les substances dissoutes ou en suspension.

Les molécules organiques. En dehors de l'eau et des sels minéraux, les molécules du vivant sont des composés carbonés. L'atome de carbone, du fait de sa petite taille et de ses quatre électrons libres, peut établir des *liaisons covalentes* (réalisées par la mise en commun d'électrons) avec d'autres atomes, formant ainsi un nombre considérable de molécules carbonées, dites *organiques*. Les liaisons covalentes, fortes, permettent l'édification de chaînes (linéaires, cycliques ou ramifiées), véritables squelettes carbonés à l'origine de nombreuses grosses molécules. On distingue quatre grands types moléculaires organiques : glucides, lipides, protides et composés azotés non protidiques :

– les *glucides*. Ils constituent les principales sources (glucose) ou réserves (glycogène, amidon) d'énergie des cellules et participent à leur structure (sous forme de cellulose) chez les végétaux ;

– les *protides*. Formés d'acides aminés, dont l'enchaînement est codé par les gènes, ils représentent les composés de structure essentiels des organismes vivants (50 p. 100 du *poids sec* d'une cellule) et remplissent de multiples fonctions (enzymes, anticorps, hormones et autres messagers chimiques) ;

– les *lipides*. Pouvant former des réserves énergétiques (triglycérides), ils représentent surtout les constituants fondamentaux des membranes biologiques (phospholipides) ;

– les *composés azotés non protidiques*. Les acides nucléiques A. D. N. et A. R. N. s'édifient à partir de molécules fondamentales, les nucléotides ; ils portent l'information génétique.

Chaque nucléotide est en réalité composé par un sucre (ribose pour l'A. R. N., désoxyribose pour l'A. D. N.), un groupement phosphate et une base azotée.

A. **PRINCIPAUX ACIDES AMINÉS**

Acide aminé	Abréviation en trois lettres	Symbole en une lettre
Alanine	Ala	A
Arginine	Arg	R
Asparagine	Asn	N
Acide aspartique	Asp	D
Asparagine ou acide aspartique	Asx	B
Cystéine	Cys	C
Glutamine	Gln	Q
Acide glutamique	Glu	E
Glutamine ou acide glutamique	Glx	Z
Glycine	Gly	G
Histidine	His	H
Isoleucine	Ile	I
Leucine	Leu	L
Lysine	Lys	K
Méthionine	Met	M
Phénylalanine	Phe	F
Proline	Pro	P
Sérine	Ser	S
Thréonine	Thr	T
Tryptophane	Trp	W
Tyrosine	Tyr	Y
Valine	Val	V

A. **ACIDES AMINÉS**

Les acides aminés, ou aminoacides, sont des composés de structure fondamentale :

R
NH_2–CH–COOH

avec la présence d'un groupement amine (NH_2), d'un groupement acide (COOH) et d'une chaîne latérale (R), qui confère à chaque acide aminé ses propriétés spécifiques.
En fonction du caractère de la chaîne latérale, en particulier de sa polarité, c'est-à-dire de sa tendance à interagir avec l'eau à pH 7, on distingue quatre classes d'acides aminés. Chaque acide aminé est désigné par son nom, par une abréviation ou par une lettre symbole (exemple : Alanine = Ala = A). Toutes les protéines sont synthétisées à partir de ces 20 acides aminés.

B

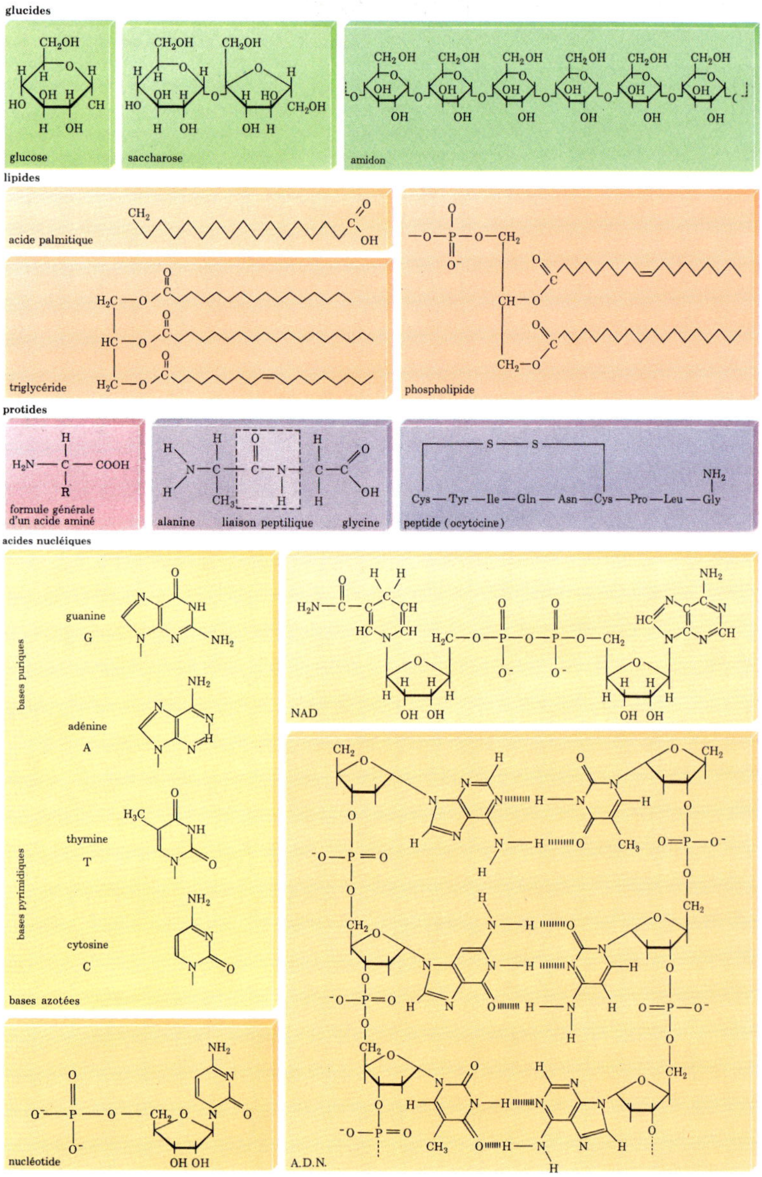

B. **LES BRIQUES DU VIVANT**

Les glucides, les lipides, les protides et les acides nucléiques constituent avec l'eau les molécules fondamentales à partir desquelles s'édifie tout le vivant. Chaque molécule fondamentale, en s'associant à des molécules semblables, constitue des super-molécules de plus en plus complexes. Ainsi, un sucre simple comme le glucose, en s'associant à un autre sucre, forme un diholoside (ex. : saccharose). L'assemblage de nombreux sucres simples forme un polyholoside (ex. : amidon).

LES ENZYMES

FACILITER LES RÉACTIONS CHIMIQUES

■ LES ENZYMES sont des *catalyseurs* biologiques de nature protéique : elles accélèrent, souvent de façon très importante, des réactions chimiques dans les cellules ou dans les organes. Leur pouvoir est tel que, sans elles, certaines réactions ne pourraient avoir lieu dans les conditions de température et de pH compatibles avec la vie. Elles sont donc indispensables aux êtres vivants.

Les enzymes sont classées en fonction des réactions qu'elles catalysent. Il s'agit souvent de réactions de transfert : d'électrons (oxydoréductases) ou de groupements chimiques (transférases, hydrolases, isomérases).

Les cofacteurs. De nombreuses enzymes ont besoin, pour agir, d'éléments complémentaires (cofacteurs). Ce sont soit des *coenzymes,* qui jouent, en général, le rôle de transporteurs intermédiaires dans les réactions, soit des oligo-éléments, ions métalliques (fer, cuivre, zinc ou manganèse) solidement liés à l'enzyme et constituant un *groupement prosthétique* indispensable à son activité catalytique.

Beaucoup de coenzymes essentielles sont de nature nucléotidique, comme la *flavine-adénine-dinucléotide* (F.A.D.) ou la *nicotinamide adénine dinucléotide* (N. A. D.), transporteurs d'électrons dans les réactions de la respiration cellulaire. Les principales coenzymes (au nombre de 8) sont synthétisées à partir de vitamines, composés nécessaires, en quantité infime, au métabolisme cellulaire, mais ne pouvant être fabriquées par l'organisme. Ainsi, la riboflavine (vitamine B2) est un précurseur de la F.A.D.

A.D.N. ET A.R.N.

LA BASE DE L'INFORMATION GÉNÉTIQUE

■ IL EXISTE DEUX SORTES d'acides nucléiques : les acides ribonucléiques (A. R. N.) et les acides désoxyribonucléiques (A. D. N.). Dans les deux cas, il s'agit de longues chaînes de nucléotides. Un nucléotide comprend trois parties : un *sucre* simple à 5 atomes de carbone, ribose pour l'A. R. N., désoxyribose pour l'A. D. N. ; une *base azotée,* qui peut être, en fonction de la structure de son noyau chimique, une purine (adénine [A] ou guanine [G]) ou une pyrimidine (cytosine [C], thymine [T] ou uracile [U]) ; enfin, un groupement phosphate (PO_4).

La molécule d'A. R. N. est une succession de plusieurs ribonucléotides dont la base azotée est A, G, C ou U. La chaîne d'A. R. N. est unique : sa structure est dite *monocaténaire* ou encore *simple brin.*

La molécule d'A. D. N. est une *double hélice* constituée par deux très longues chaînes de plusieurs milliers ou millions de désoxyribonucléotides dont la base azotée est A, G, C ou T. Une adénine (A) d'une chaîne est toujours appariée à une thymine (T) de l'autre chaîne et une guanine (G) à une cytosine (C).

LES OLIGO-ÉLÉMENTS

Ces substances non organiques apportées par l'alimentation sont nécessaires à très faible dose. Les oligo-éléments jouent souvent un rôle essentiel de cofacteurs dans l'activité de nombreuses enzymes. Chez les animaux, 15 oligo-éléments sont ainsi nécessaires au métabolisme.

Le plus connu, le fer, intervient dans l'activité d'enzymes (comme la cytochrome-oxydase ou les peroxydases). Il fait aussi partie du « noyau », ou *hème,* des protéines transportant l'oxygène (hémoglobines et myoglobines) et des cytochromes, transporteurs d'électrons dans la respiration cellulaire et dans la photosynthèse.

Cuivre, manganèse, molybdène, nickel, zinc... sont des cofacteurs d'enzymes, le zinc en particulier, pour de nombreuses enzymes déshydrogénases et pour les A. D. N. et A. R. N. polymérases. L'iode est nécessaire aux hormones thyroïdiennes, le cobalt à la vitamine B12, l'étain, le fluor et le silicium à la formation des os.

A. **LES VITAMINES**

Les vitamines sont des substances organiques non protéiques, apportées par l'alimentation et nécessaires à l'homme et aux animaux en très faibles quantités (quelques microgrammes par jour). Quinze sont indispensables à l'homme et à de nombreuses espèces animales. Elles peuvent être regroupées en deux catégories selon leur solubilité. Les vitamines hydrosolubles appartiennent aux groupes B et C. Elles sont souvent précurseurs de coenzymes importantes comme l'acide nicotinique, élément constitutif d'un transporteur d'électrons dans la respiration (N. A. D.). Les vitamines liposolubles (A, D, E, F, K), moins bien connues, ont une activité coenzymatique réduite.

A. **LES PRINCIPALES VITAMINES**

Vitamine	Solubilité	Appellations usuelles	Sources
A	liposoluble	rétinol	foie de poissons, produits laitiers, légumes (carotte)
B1	hydrosoluble	thiamine	levure, germe de blé
B2	hydrosoluble	riboflavine	levure, légumes, viandes
B5	hydrosoluble	acide pantothénique	levure, foie, œufs
B6	hydrosoluble	pyridoxine	levure, germe de blé
B12	hydrosoluble	cyanocobalamine	foie, œuf, poisson, produits laitiers
C	hydrosoluble	acide ascorbique	légumes et fruits frais
D	liposoluble	D2 : ergocalciférol D3 : cholocalciférol	huile de foie de poissons et jaune d'œuf
E	liposoluble	tocophérol	huile de germe de blé
F	liposoluble	acides gras essentiels (linoléique, arachidonique)	graisses animales et végétales
H (B8)	hydrosoluble	biotine	levure, jaune d'œuf, rein, foie
K	liposoluble	phylloquinone	légumes verts
P	hydrosoluble	citrine, flavonoïdes	fruits (citron, cassis)
PP (B3)	hydrosoluble	nicotinamide triacinamide ou niacine	viande, levure de son de riz

B. **VITAMINE B12**

Elle se distingue des autres vitamines par sa complexité et par la présence d'un oligo-élément, le cobalt, lié par covalence et portant un groupe cyanhydrique. Elle n'est synthétisée que par certaines bactéries, dont celles de l'intestin humain, qui suffisent à couvrir les faibles besoins quotidiens (3 µg). Elle permet de combattre l'anémie pernicieuse, maladie liée à un déficit de synthèse de l'hémoglobine et de formation des globules rouges.

B

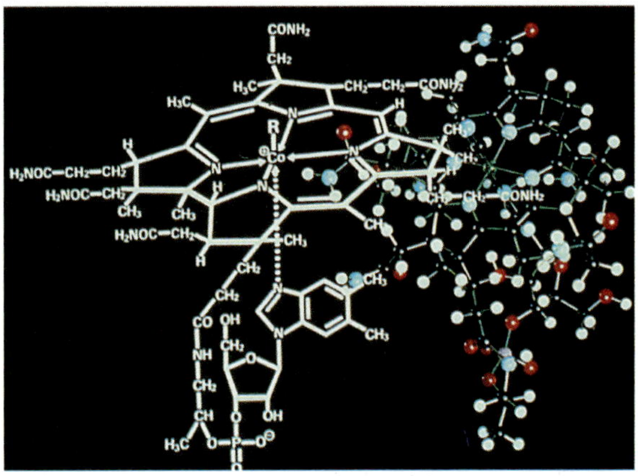

C

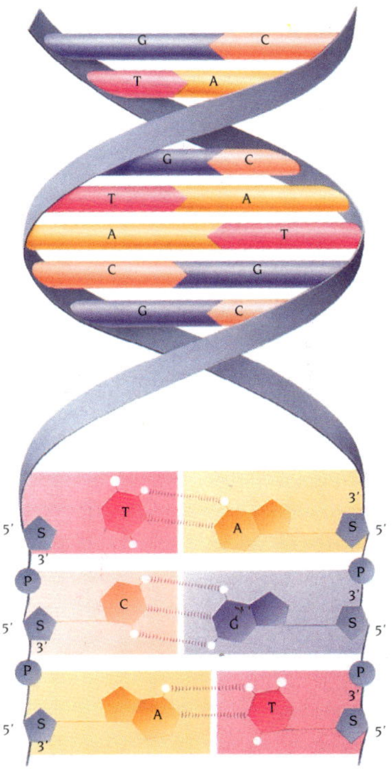

C. **STRUCTURE DE LA MOLÉCULE D'A.D. N.**

La structure de l'A.D.N. a été précisée en 1953 par Francis H. C. Crick et James D. Watson. C'est une très longue molécule (sa longueur est théoriquement infinie), formée de deux chaînes de nucléotides, les « désoxyribonucléotides ». Ces deux chaînes sont enroulées et constituent une double hélice. Les trois éléments fondamentaux de chaque nucléotide sont un sucre, une base azotée et un groupement phosphate. Le sucre, un pentose (le désoxyribose [S]) et une base azotée (adénine [A], guanine [G], cytosine [C] ou thymine [T]) s'associent pour former un nucléoside. Le groupement phosphate [P] se lie au carbone 5' du nucléoside pour former un nucléotide. Dans chaque chaîne, les nucléotides sont liés entre les carbones 3' et 5' de deux pentoses voisins par un groupement phosphate, réalisant une liaison covalente « phosphodiester ». Les deux hélices sont réunies par des liaisons hydrogène au niveau des bases complémentaires (A avec T, C avec G).

L'ORGANISATION DE LA CELLULE

Tout être vivant est formé de une ou de plusieurs cellules. Chez les animaux et les plantes, le nombre de cellules peut atteindre plusieurs milliards (10^{14} chez l'homme). Pourtant, elles proviennent toutes de la division d'une seule *cellule-œuf.* Dans un organisme, les cellules s'assemblent pour former des tissus qui constituent les organes. Les cellules se mesurent en micromètres (1 μm = 10^{-3} mm).

On distingue deux types de cellules : les cellules *procaryotes* (1 à 10 μm) [archéobactéries et eubactéries, dont les cyanobactéries] simples, dépourvues de noyau et d'organites cellulaires, et les cellules *eucaryotes* (de 10 à 100 μm) [tous les autres organismes], qui possèdent un noyau et des organites.

MEMBRANE ET PAROI

COMPARTIMENTER LES CELLULES

■ Unité structurale et fonctionnelle des organismes vivants, la cellule est un espace clos séparé du milieu environnant par une membrane périphérique : la *membrane plasmique,* ou plasmalemme. Une enveloppe protectrice, de structure variable, la *paroi* cellulaire, entoure la membrane plasmique des cellules végétales et de la plupart des cellules procaryotes.

Toutes les membranes biologiques ont une composition moléculaire et une organisation semblables. Évaluée en poids sec moyen, la membrane plasmique est composée de 40 p. 100 de lipides, 50 p. 100 de protéines et 8 p. 100 de glucides.

Les lipides. Ils confèrent à la membrane sa structure. Ils sont constitués de *phospholipides,* de loin les plus abondants, de *glycolipides,* dans la couche externe, et, chez les eucaryotes, de stérols, comme le cholestérol, surtout présent dans les cellules animales. Les molécules lipidiques possèdent une « tête » hydrophile (ayant des affinités pour l'eau) et une « queue » hydrophobe, constituée en général (sauf les stérols) de deux chaînes, correspondant chacune à un acide gras. Ces molécules s'organisent spontanément, en milieu aqueux, en une double couche de 7,5 à 10 nanomètres d'épaisseur (1 nm = 10^{-6} mm), où les « queues », hydrophobes, sont prises en sandwich entre les « têtes », hydrophiles. C'est la structure de base de la membrane biologique.

Les protéines. Les protéines sont responsables de la plupart des fonctions de la membrane : protéines de transport transmembranaire (canaux ou pompes), récepteurs spécifiques ou enzymes assurant les réactions du métabolisme cellulaire. On les divise en protéines intrinsèques implantées dans la double couche lipidique, et protéines périphériques, fixées à la surface de la membrane.

Les glucides. La plupart des protéines exposées à la surface (protéines périphériques et pôles hydrophiles des protéines intégrées) et certaines molécules lipidiques portent des chaînes de glucides (oligosaccharides). Surtout impliqués dans la reconnaissance entre cellules, ces glucides membranaires constituent un feutrage périphérique, le *glycocalyx.*

La membrane plasmique, comme les autres membranes biologiques, possède une structure définie par le modèle de *mosaïque fluide.* Dans chaque couche, les molécules lipidiques peuvent diffuser rapidement, comme dans un film liquide, le passage d'une couche à l'autre étant très rare. Les protéines se déplacent aussi latéralement. Ces déplacements caractérisent la grande plasticité de la membrane. Celle-ci possède enfin une structure asymétrique entre ses deux feuillets, qui détermine, en particulier, les échanges de substances avec le milieu extérieur.

A. **MEMBRANE PLASMIQUE**

Des protéines intervenant dans les échanges cellulaires (canaux, récepteurs) sont encastrées dans un double feuillet de molécules lipidiques beaucoup plus nombreuses car de très petite taille par rapport aux protéines (le rapport étant de 50 molécules lipidiques pour 1 molécule protéique). En surface, les chaînes glucidiques (oligosaccharides) des glycolipides et des glycoprotéines constituent le glycocalyx, qui intervient dans la reconnaissance entre cellules.

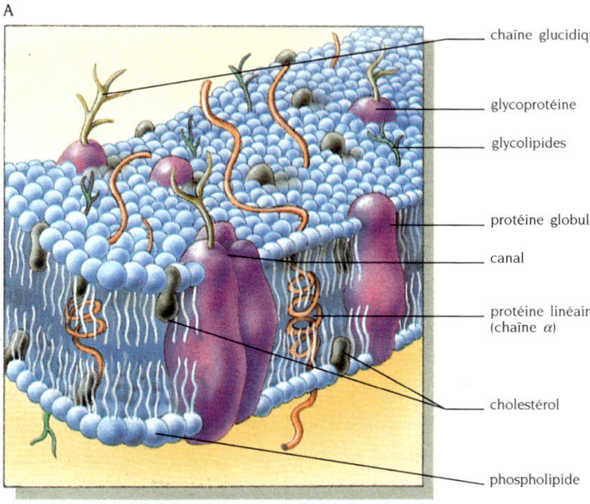

B. **STRUCTURE ET COMPOSANTS CELLULAIRES**

Cette représentation montre les homologies et les différences entre les deux types de cellules eucaryotes, animale (à gauche) et végétale (à droite).

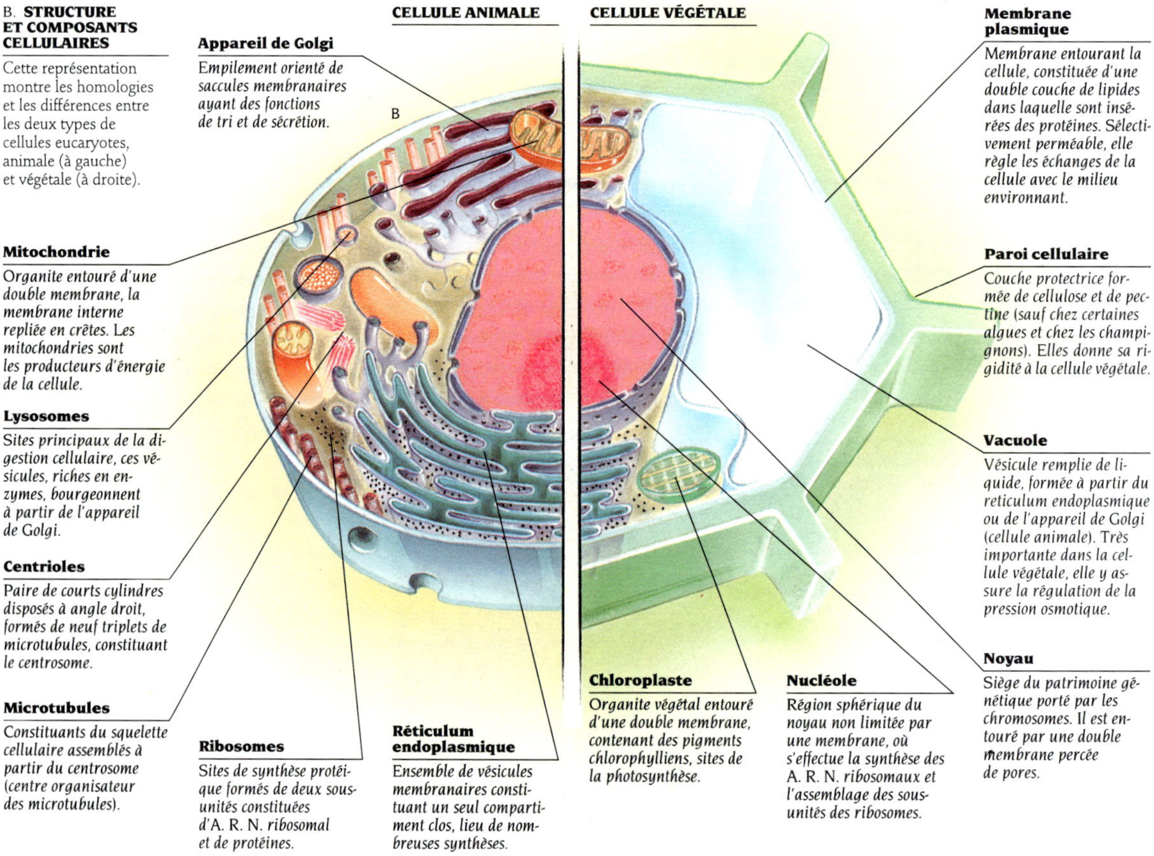

LE CYTOPLASME

CYTOSOL, CYTOSQUELETTE ET ORGANITES

■ CONTRAIREMENT aux cellules procaryotes formées d'un seul compartiment, les cellules eucaryotes sont subdivisées en une multitude de compartiments clos, distincts, par un ensemble de membranes intracellulaires de même structure que la membrane plasmique. Ces compartiments, où des activités enzymatiques différentes peuvent se dérouler simultanément, constituent les *organites* cellulaires. Ces organites sont en suspension dans une gelée, le *cytosol.*

Le cytosol. Cette masse gélatineuse représente environ 50 p. 100 du volume cellulaire. Elle renferme en général de nombreux ribosomes libres (lieux de synthèses protéiques) et des milliers de protéines, des enzymes impliquées dans la dégradation et dans la synthèse de petites molécules (sucres, nucléotides, acides gras, acides aminés) utilisées par la cellule (c'est le métabolisme « intermédiaire »).

Le cytosquelette. Le cytosol contient aussi un réseau tridimensionnel complexe de filaments protéiques formant le cytosquelette, qui est à la fois l'ossature de la cellule et l'élément moteur de ses mouvements. Ces filaments appartiennent à trois grands types de structures : les *microfilaments d'actine* (diamètre de 7 à 9 nm) et les *microtubules* (diamètre 30 nm), qui sont des éléments labiles d'une grande plasticité ; les *filaments intermédiaires* (diamètre de 8 à 14 nm), qui sont plus stables. Reliés par des fibres protéiques, ils réalisent une véritable charpente à l'intérieur de la cellule : le réseau microtrabéculaire.

Les microtubules, à disposition radiaire à partir du centrosome, assurent aussi, grâce à une protéine de liaison, la *dynéine,* le transport des vésicules et des organites cytoplasmiques, et, en constituant un fuseau, le déplacement des chromosomes lors de la division cellulaire, la mitose. Ils sont également à l'origine des mouvements des cils et des flagelles dont ils forment l'axe squelettique.

Les microfilaments d'actine, en liaison avec une autre protéine, la *myosine,* constituent la « machinerie contractile » de la cellule, à l'origine aussi bien des mouvements amiboïdes et des flux internes du cytoplasme que de la contraction musculaire.

Les organites. En dehors du noyau, organite cellulaire particulier, entouré d'une membrane, siège de la synthèse d'A. D. N. et d'A. R. N. et lieu de stockage de l'information génétique portée par l'A. D. N., les organites cytoplasmiques d'une cellule eucaryote peuvent être regroupés en trois catégories :
– *organites énergétiques,* comme les *mitochondries* et les *chloroplastes,* qui produisent la majorité des molécules d'adénosine-triphosphate (A. T. P.) utilisées pour fournir de l'énergie aux réactions biochimiques de la cellule. Entourés par une double membrane, ils renferment dans leur compartiment interne *(matrice,* ou *stroma)* des ribosomes et une molécule circulaire d'A. D. N. Ces caractères ont conduit à l'hypothèse selon laquelle ils auraient évolué à partir de bactéries ou de cyanobactéries vivant en symbiose ;
– *organites de synthèse,* parmi lesquels on trouve le *réticulum endoplasmique* (R. E.), qui présente deux régions fonctionnelles, le R. E. rugueux (R. E. R.), ou *ergastoplasme,* très développé dans les cellules où la synthèse protéique est intense, et le R. E. lisse (R. E. L.), prépondérant dans les cellules spécialisées dans la dégradation ou la synthèse des lipides. Autre organite de synthèse, l'*appareil de Golgi* reçoit lipides et protéines du réticulum endoplasmique et les réexpédie, après transformation et tri, vers un certain nombre de destinations internes ou externes à la cellule. Les chloroplastes (producteurs de glucides) font également partie des organites de synthèse ;
– *organites de la digestion,* parmi lesquels on trouve les *lysosomes,* vésicules enfermant des enzymes digestives destinées à dégrader les déchets, les *endosomes* ; autres organites de digestion, les *péroxysomes* sont de petites vésicules contenant des enzymes qui favorisent l'oxydation. Enfin, les vacuoles des cellules végétales se forment par fusion progressive de vésicules provenant de l'appareil de Golgi et peuvent stocker des nutriments et des déchets.

À côté de ces organites, la cellule renferme de nombreuses petites *vésicules* qui interviennent comme transporteurs entre les organites ou établissent des relations avec la membrane plasmique au cours de la sécrétion (exocytose) ou au contraire de l'intériorisation (endocytose) de substances diverses.

A
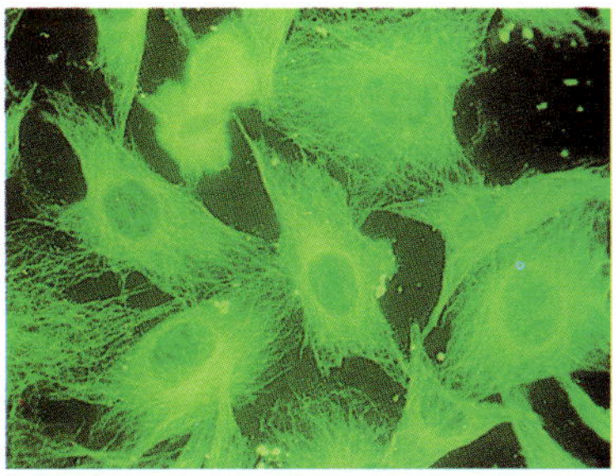

A. **CYTOSQUELETTE**

La technique d'immunofluorescence employée ici permet la mise en évidence du cytosquelette de cellules en culture. C'est un réseau complexe de filaments protéiques qui s'étend à tout le cytoplasme. Les filaments sont visualisés par marquage avec un anticorps fluorescent spécifiquement dirigé contre eux. Parmi eux, les microfilaments d'actine et les microtubules possèdent une grande plasticité, alors que les filaments intermédiaires, plus stables, confèrent sa rigidité au cytosquelette. À côté de son rôle de charpente de la cellule, le cytosquelette est le moteur des mouvements cellulaires.

B
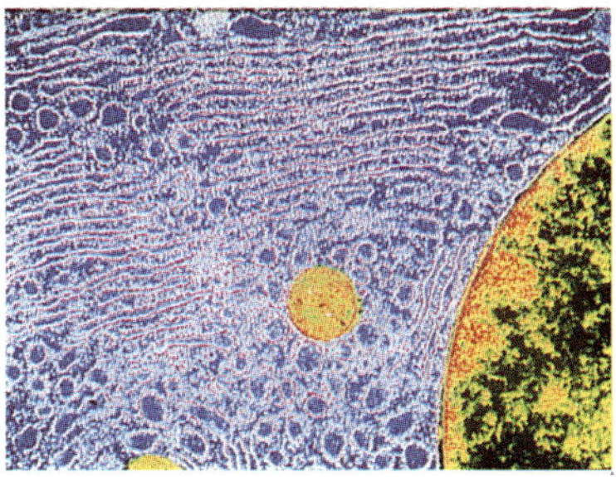

B. **RÉTICULUM ENDOPLASMIQUE**

Ce système membranaire, constituant un réseau de feuillets aplatis et de canaux, s'étend dans tout le cytoplasme. Il correspondrait à un seul et vaste compartiment interne aux multiples circonvolutions. La membrane du réticulum est en continuité avec la membrane externe du noyau (à droite). Dans la même cellule, il peut prendre deux aspects : le réticulum endoplasmique rugueux, constitué de feuillets liés sur leur face externe à de nombreux ribosomes (représentés ici), et le réticulum endoplasmique lisse, formé de tubules dépourvus de ribosomes, spécialisés dans la synthèse des lipides.

C
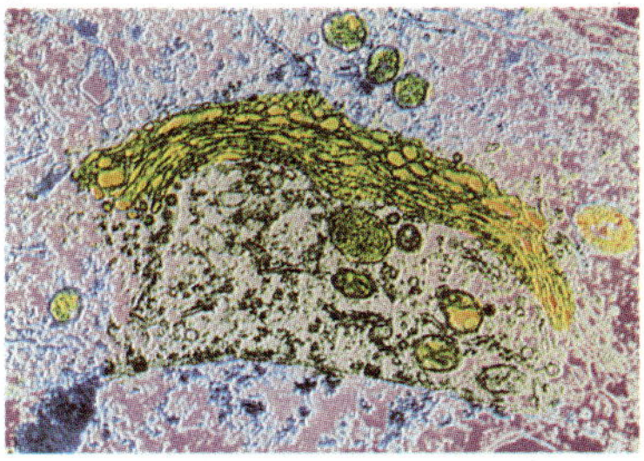

C. **APPAREIL DE GOLGI**

Localisé près du noyau, il se constitue d'un ou de plusieurs empilements de saccules (dictyosomes), entourés de nombreuses petites vésicules. C'est à son niveau que se font les dernières transformations, le tri et l'orientation de la majorité des protéines synthétisées dans le réticulum endoplasmique. Les saccules de l'appareil de Golgi sont organisés en une série de compartiments de transformation : compartiment *cis* au voisinage du réticulum, compartiment médian et compartiment *trans,* zone de tri et de bourgeonnement.

D
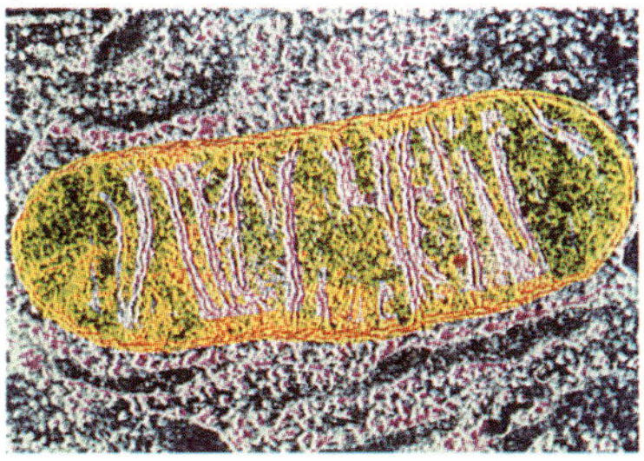

D. **MITOCHONDRIE**

Mesurant de 5 à 10 μm de long, la mitochondrie apparaît entourée d'une double membrane. La membrane interne s'invagine pour former des crêtes souvent transversales et délimite un espace intérieur, ou matrice, riche en molécules impliquées dans les réactions de la respiration cellulaire. Les mitochondries produisent l'énergie nécessaire aux activités de la cellule. Elles se concentrent parfois là où la demande en énergie est forte, par exemple la base du flagelle des spermatozoïdes. Elles renferment un matériel génétique (A. D. N.) qui leur est propre.

E
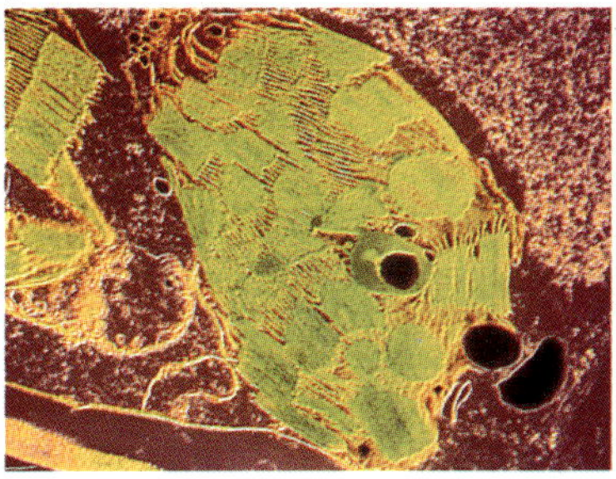

E. **CHLOROPLASTE**

Cet organite contient les molécules de chlorophylle et assure la photosynthèse. D'aspect lenticulaire, le chloroplaste (de 2 à 3 μm sur 5 μm) est entouré d'une double membrane (comme la mitochondrie). La membrane interne délimite un compartiment, le *stroma,* dans lequel de nombreux replis forment un ensemble de sacs aplatis : les thylakoïdes. Ceux-ci sont interconnectés et tendent à s'empiler pour former ces agrégats (colorés ici en jaune uni) appelés *grana.* Il semblerait donc que, dans chaque chloroplaste, les thylakoïdes soient réunis en une seule membrane où se situent les molécules impliquées dans les réactions de photosynthèse.

L'ORGANISATION DE LA CELLULE

LE NOYAU

ENVELOPPE, NUCLÉOLES ET CHROMATINE

■ LA CELLULE EUCARYOTE possède un noyau bien individualisé, entouré par une double membrane, l'*enveloppe nucléaire,* qui le sépare du cytosol. La membrane externe est en continuité avec le réticulum endoplasmique. La membrane interne est tapissée sur sa face nucléaire par la *lamina,* formée par condensation de protéines, qui stabilise l'enveloppe nucléaire et contribue à l'adhérence de la chromatine, composant interne du noyau. Les deux membranes de l'enveloppe nucléaire se rejoignent au niveau des *pores nucléaires* de 100 nm de diamètre et 9 nm d'ouverture. Ceux-ci permettent un trafic moléculaire intense entre le cytoplasme et le noyau.

Les *nucléoles* sont des régions fibreuses constituées en réalité par de grandes boucles d'A. D. N., que l'on nomme l'organisateur nucléolaire. Cet A. D. N. nucléolaire sera transcrit en A. R. N. ribosomique (A. R. N.r) grâce à une enzyme, l'A. R. N. polymérase. L'A. R. N.r nouvellement synthétisé est immédiatement condensé avec les protéines ribosomales pour former les ribosomes. Le site d'assemblage des ribosomes forme une région granulaire qui entoure l'organisateur nucléolaire.

La *chromatine* est formée d'A. D. N., lié à des protéines basiques, les histones. Dans le noyau de chaque cellule, il existe environ 60 millions de protéines histones, leur masse totale avoisinant celle de l'A. D. N. cellulaire. Lorsque la condensation est faible, on parle d'*euchromatine ;* une condensation plus poussée caractérise l'*hétérochromatine.* Lors de la division cellulaire, la chromatine se condense fortement pour constituer les chromosomes.

LA DIFFÉRENCIATION

Chez les êtres vivants pluricellulaires (animaux ou végétaux), les cellules subissent une différenciation, c'est-à-dire une suite de processus biochimiques programmés génétiquement, qui confère à chacune d'elles des caractéristiques structurales et moléculaires lui permettant de remplir une fonction précise.

Ainsi, bien que les cellules d'un organisme possèdent toutes le même patrimoine génétique, elles diffèrent d'un tissu à l'autre à cause de variations dans l'expression des gènes qui forment ce patrimoine.

A

A. **PORES NUCLÉAIRES EN VUE EXTERNE**

Ce cliché en microscopie électronique à balayage de l'enveloppe du noyau d'une cellule (spermatide de souris), observée après congélation et fracture de la cellule, met en évidence l'abondance des pores nucléaires et leur structure granulaire. Ces pores permettent l'échange d'A. R. N. et de protéines entre le noyau et le cytosol.

QUAND L'A. D. N. SE REPRODUIT

La réplication de l'A. D. N. conduit à la synthèse de deux molécules filles d'A. D. N. identiques à la molécule mère. Elle s'effectue par déroulement de la double hélice parentale, chaque simple brin ainsi obtenu servant ensuite de matrice pour la synthèse d'un brin complémentaire, grâce à une enzyme, l'A. D. N. polymérase. On dit que la réplication est semi-conservative car, dans la nouvelle molécule, un seul brin est d'origine parentale. La séquence de l'autre brin est déterminée par la spécificité d'appariement entre les bases : adénine (A) avec thymine (T), guanine (G) avec cytosine (C).

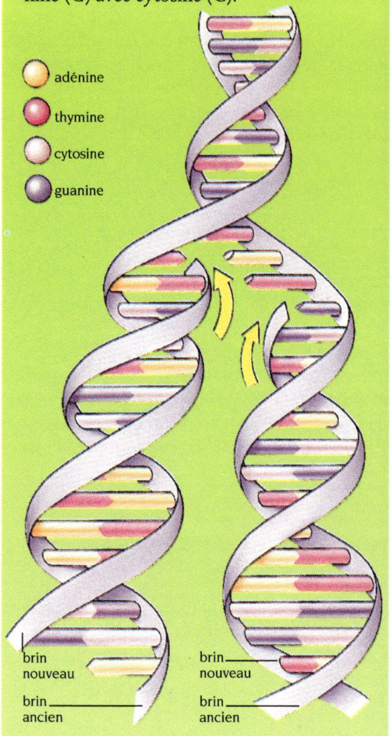

B. **STRUCTURE D'UN CHROMOSOME**

Les chromosomes, visibles durant la division cellulaire (mitose ou méiose), se forment par condensation de la chromatine.

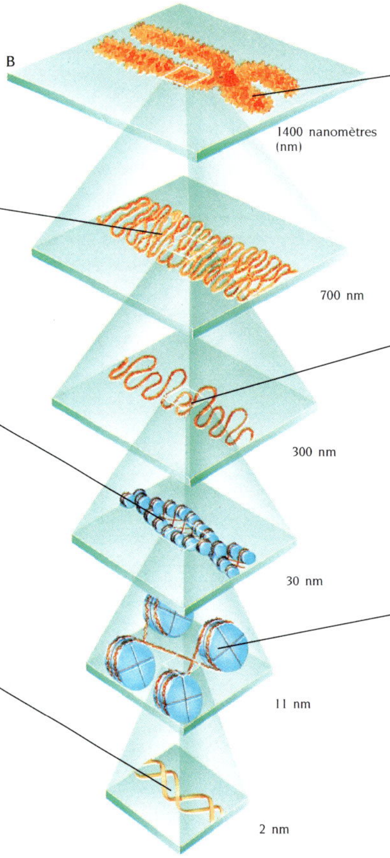

Chromosome

Au cours de la mitose (métaphase), le chromosome apparaît formé de deux chromatides sœurs, issues de la réplication d'une même molécule d'A. D. N., liées entre elles par un centromère et associées aux microtubules du fuseau mitotique par deux kinétochores.

Chromatide

Au moment de la mitose, les boucles se condensent en domaines dont l'empilement forme une chromatide. Chez l'homme, la longueur d'une chromatide est d'environ 5 µm.

Filament

Les fibres sont repliées en boucles dont l'arrangement joue un rôle dans la régulation de l'expression du génome et formant des filaments de 300 nm de diamètre et une longueur d'environ 100 µm chez l'homme.

Fibre de chromatine

Les nucléosomes sont associés en paquets liés par de l'A. D. N. uni à des protéines et formant une fibre ayant 30 nm de diamètre et une longueur d'environ 1 cm chez l'homme.

Nucléofilament

Les hélices d'A. D. N. forment une structure en collier par enroulement de segments de 146 paires de nucléotides autour de groupes de 4 paires de protéines histones, ce qui forme des nucléosomes.

Structure de base

C'est une unique molécule géante d'A. D. N., constituée d'une double chaîne en hélice de nucléotides associés par complémentarité. Chez l'homme, la longueur moyenne d'une molécule d'A. D. N. est d'environ 5 cm.

C

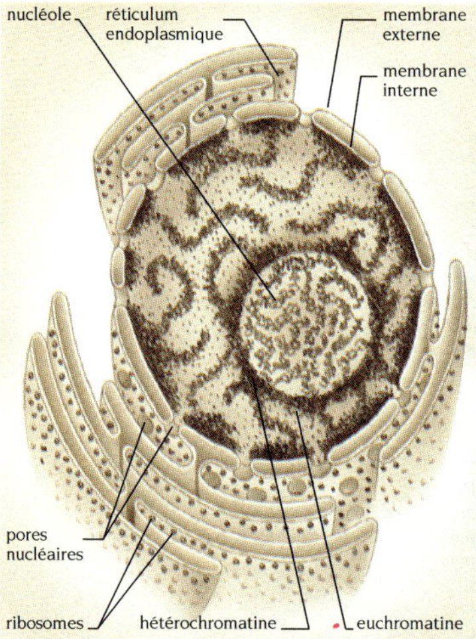

C. **NOYAU**

Cet organite majeur est délimité par l'enveloppe nucléaire, formée d'une double membrane percée de nombreux pores, qui disparaît lors de la division cellulaire. Ici, le nucléoplasme, partie interne du noyau, montre un seul nucléole, mais il peut y en avoir plusieurs. L'hétérochromatine, forme condensée de la chromatine, adhère à l'enveloppe (au niveau de la lamina).

LES ÉCHANGES CELLULAIRES

Pour survivre et assurer ses fonctions, la cellule effectue des échanges permanents avec le milieu qui l'environne. Mais le caractère hydrophobe de la région centrale de la double couche lipidique constituant la membrane plasmique en fait une barrière pour la plupart des molécules solubles dans l'eau. Les solutions adoptées varient avec la taille des molécules échangées avec l'extérieur.

LES PETITES MOLÉCULES

DIFFUSION ET TRANSPORT ACTIF

■ L'eau et quelques molécules de petite taille traversent la membrane par diffusion simple, selon leurs gradients (variations) de concentration de part et d'autre de la membrane.

Cependant, à part les gaz dissous (O_2, CO_2), rares sont les molécules dont la vitesse de diffusion est suffisante pour satisfaire les besoins cellulaires. La plupart des substances traversent la membrane grâce à des systèmes de transport spécifiques qui augmentent considérablement leur vitesse de transit. Ces systèmes sont constitués par des protéines transmembranaires de deux types : d'une part, des transporteurs (ou protéines porteuses) qui subissent un changement de conformation pour faire passer la molécule d'un côté à l'autre ; d'autre part, des canaux (canaux ioniques) constituant un pore hydrophile à travers la double couche lipidique. Il existe deux types de transports.

Le *transport passif,* ou diffusion facilitée, se fait toujours dans le sens d'un gradient (de concentration par exemple, c'est-à-dire du plus concentré vers le moins concentré, les molécules tendant à s'équilibrer de chaque côté de la membrane). Il n'y a pas de dépense énergétique.

Le *transport actif* permet le passage de substance en sens contraire à un gradient, mais consomme de l'énergie, fournie en général par l'A. T. P. La pompe à sodium/potassium (exportation des ions Na^+, importation des ions K^+) constitue un exemple de transport actif.

LES MACROMOLÉCULES

ENDOCYTOSE ET EXOCYTOSE

■ La plupart des cellules ingèrent, par *endocytose,* ou sécrètent, par *exocytose,* des macromolécules (protéines, polysaccharides).

Dans l'*endocytose,* les produits sont ingérés par invagination de la membrane plasmique et englobés dans des vésicules d'endocytose. Celles-ci fusionnent souvent avec des lysosomes où le matériel ingéré est dégradé par des enzymes. On distingue l'endocytose de grosses particules *(phagocytose),* de petites molécules *(pinocytose)* et de substances spécifiques liées à la membrane plasmique par des récepteurs *(endocytose par récepteurs).*

Dans l'*exocytose,* le contenu de vésicules de transport ou de grains de sécrétion est déversé dans l'espace extracellulaire après fusion de leur membrane avec la membrane plasmique.

L'OSMOSE

Si l'on place, de part et d'autre d'une membrane perméable à l'eau, mais pas aux solutés (membrane dite « hémi-perméable »), deux solutions de concentration différente, il apparaît une force entraînant un flux d'eau du milieu le moins concentré vers le milieu le plus concentré. C'est le phénomène d'osmose.

La pression osmotique d'une solution aqueuse dépend de sa molarité, c'est-à-dire du nombre de particules de soluté, ions ou molécules, par litre de solution. Lorsque deux solutions sont de même molarité, elles sont dites *isotoniques.* Lorsque les molarités diffèrent, la solution à molarité la plus élevée est dite *hypertonique* et celle à molarité la plus faible, *hypotonique.*

L'osmose s'exerce sur les cellules vivantes. Lorsqu'une cellule, végétale par exemple, est placée dans un milieu hypertonique, de l'eau passe de la vacuole vers le milieu ; la vacuole rétrécit et son contenu devient plus concentré : c'est la plasmolyse. Inversement, lorsque la cellule est placée dans un milieu hypotonique, de l'eau entre dans la vacuole, qui grossit et exerce une pression sur la membrane plasmique ; la cellule est alors *turgescente.* L'état physiologique de *turgescence* est nécessaire au bon fonctionnement de la cellule.

A. B. C. **ÉCHANGES CELLULAIRES**

Transport des petites molécules

Cette représentation montre les différents modes de transport membranaire de petites molécules : simple diffusion, transport passif (ou diffusion facilitée) à travers un canal ionique à ouverture contrôlée ou par l'intermédiaire d'une protéine porteuse (transport actif) nécessitant un apport d'énergie (adénosine-triphosphate, ou A. T. P.).

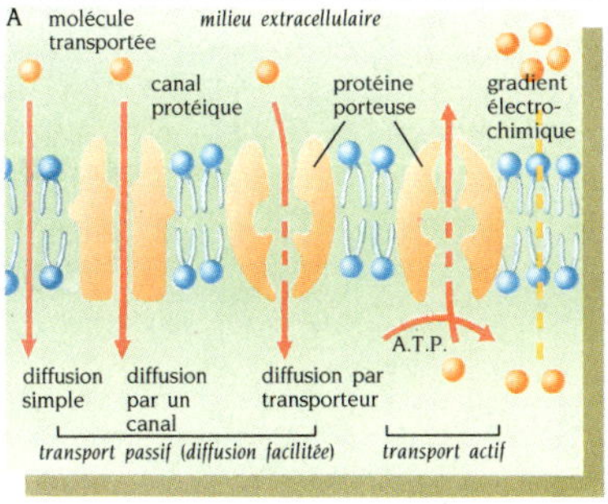

Fonctionnement des protéines porteuses

Certaines protéines porteuses véhiculent un seul soluté (corps dissous) d'un côté à l'autre de la membrane (transport uniport), d'autres réalisent le transport obligatoirement simultané de deux solutés soit dans le même sens (transport couplé symport), soit en direction opposée (transport couplé antiport).

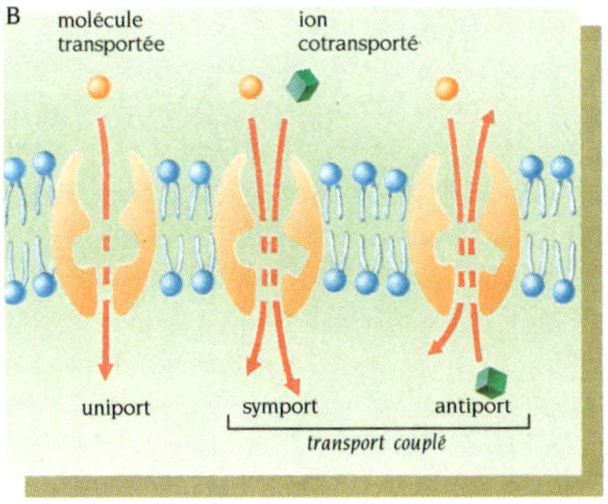

Diffusion facilitée

Représentation schématique du mode de transport par une protéine porteuse dans la diffusion facilitée d'un soluté A. La protéine subit un changement de conformation (1 en 2) pour faire passer le soluté d'un côté à l'autre de la membrane dans le sens de son gradient électrochimique (lié à sa concentration et à sa charge électrique s'il s'agit d'un ion).

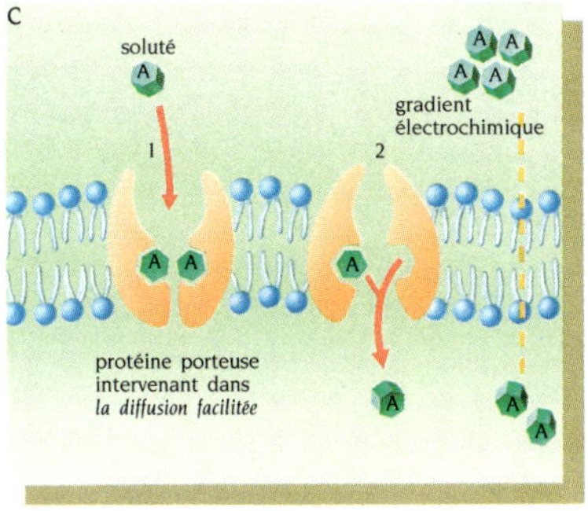

D. **JONCTIONS ET ÉCHANGES DANS UN ÉPITHÉLIUM**

La présence de jonctions serrées *(tight junctions)* entre les cellules épithéliales délimite, dans la membrane plasmique, deux régions de composition différente : une région apicale et une région basolatérale. D'autres jonctions, les *desmosomes,* accrochent solidement entre elles les cellules adjacentes, tandis que les jonctions à trous *(gap junctions)* permettent aux petites molécules de passer d'une cellule à l'autre. Une substance ingérée en région apicale de la cellule épithéliale par endocytose peut suivre à partir des endosomes la voie constitutive vers les lysosomes ou traverser le cytosol pour être déversée par exocytose dans le milieu extracellulaire *(transcytose).*

D

jonctions et échanges cellulaires

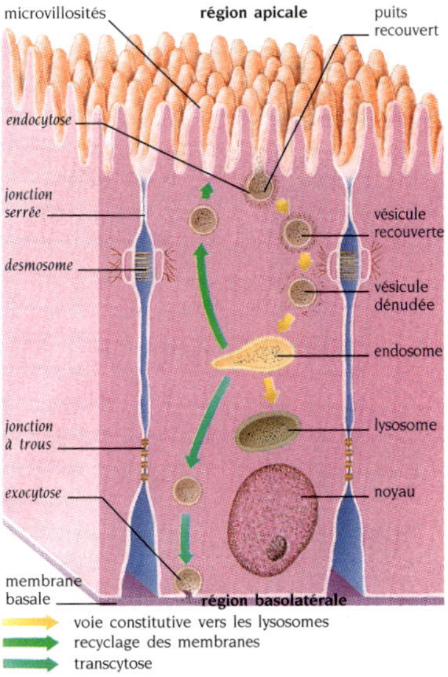

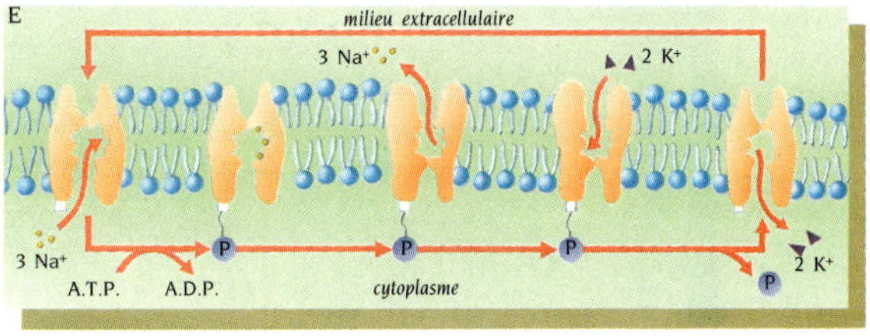

E. **POMPE SODIUM-POTASSIUM : UN TRANSPORT ACTIF**

La protéine porteuse est une enzyme, l'A. T. P. ase transmembranaire. En une seconde, une molécule d'A. T. P. ase peut exporter 300 ions Na^+ et importer 200 ions K^+. La fixation de 3 ions Na^+ cytoplasmiques sur cette protéine induit son activité enzymatique d'hydro-lyse de l'A. T. P. La fixation du groupement phosphate libéré modifie alors sa structure, provoquant la libération des 3 ions Na^+ dans le milieu extracellulaire. Dans cette configuration, la protéine fixe 2 ions K^+ extracellulaires, ce qui provoque le retour à sonaspect originel et la libération des 2 ions K^+ dans le milieu intracellulaire.

L'ÉNERGIE DANS LA CELLULE

L'UTILISATION DU GLUCOSE

PRODUIRE DE L'ÉNERGIE

■ LES CELLULES TIRENT LEUR ÉNERGIE et leur matière de substances organiques qu'elles ont synthétisées *(autotrophes)* ou qui proviennent de l'alimentation *(hétérotrophes)*. Elles doivent transférer l'énergie chimique potentielle de ces molécules dans une molécule énergétique utilisable par toutes les cellules : l'*adénosine-triphosphate* (A. T. P.). Une cellule possède très peu d'A. T. P. Comme elle en consomme en permanence, elle doit constamment en fabriquer. Le « carburant » préférentiel des cellules est le glucose, même si beaucoup peuvent « exploiter » d'autres substances comme les acides gras, le glycérol ou les acides aminés.

La glycolyse. Le début de la conversion de l'énergie potentielle du glucose en A. T. P. a lieu dans le cytosol, sans faire intervenir d'oxygène, c'est la *glycolyse anaérobie*.

Par une série de réactions successives, chacune nécessitant une enzyme spécifique, le glucose ($C_6H_{12}O_6$) est scindé, par oxydoréduction, en molécules d'acide pyruvique, de formule $CH_3–CO–COOH$. Le bilan de cette glycolyse est l'obtention, à partir d'une molécule de glucose, de deux molécules d'acide pyruvique, deux molécules d'A. T. P. et deux molécules capables d'accepter des électrons (e^-) et des protons (H^+), qui passent ainsi de l'état oxydé à l'état réduit.

Respiration et fermentation. Il y a peu de transporteurs dans le cytosol, d'où la nécessité d'une réoxydation constante des transporteurs réduits pour que la glycolyse se poursuive. Cette réoxydation s'effectue le plus souvent dans les mitochondries avec intervention d'oxygène : c'est la *respiration cellulaire*. Certaines cellules, grâce à des enzymes particulières, peuvent réoxyder les transporteurs sans oxygène. Elles réalisent des processus de *fermentation* comme les fermentations lactique ou alcoolique. Ce sont des dégradations partielles du glucose qui aboutissent à des composés (acide lactique, éthanol) possédant encore de l'énergie potentielle.

Le cycle de Krebs et la formation d'A. T. P. Dans la matrice des mitochondries, la décarboxylation et la déshydrogénation de l'acide pyruvique, grâce, entre autres, à la coenzyme A, aboutissent à la formation d'acétyl-CoA, de gaz carbonique (CO_2) et d'un transporteur réduit. L'acétyl-CoA, pris en charge par un composé à 4 atomes de carbone (C_4), donne un composé à 6 carbones (C_6) avec régénération de la coenzyme A. Le composé en C_6 entre dans le *cycle de Krebs*, qui aboutit à la régénération du composé en C_4 avec formation de CO_2, d'un A. T. P. et de transporteurs réduits.

Au niveau de la membrane interne des mitochondries, tous les transporteurs réduits formés, de la glycolyse au cycle de Krebs, sont réoxydés. Les électrons cédés sont pris en charge par une série d'autres transporteurs situés dans cette membrane.

Ces réactions, grâce à l'énergie qu'elles libèrent, entraînent un transfert actif de protons de la matrice vers l'espace situé entre les deux membranes. La membrane interne étant imperméable aux protons, il y a création, de part et d'autre de cette membrane, d'un gradient de protons qui représente une énergie potentielle. La membrane interne possède des complexes enzymatiques (les A. T. P. ases ou A. T. P. synthétases) qui forment chacun un canal à protons. Le flux passif des protons à travers ces canaux fournit l'énergie nécessaire à la phosphorylation de l'A. D. P. en A. T. P. Au bout de la chaîne respiratoire, l'oxygène, dans la matrice, constitue l'accepteur final des protons (H^+), ce qui aboutit à la formation d'eau.

Les oxydoréductions des chaînes respiratoires de la membrane interne des mitochondries, libératrices d'énergie, sont couplées, par l'intermédiaire d'un gradient de protons, à la synthèse d'A. T. P.

On appelle *phosphorylation oxydative* l'ensemble de ces réactions de dégradation des molécules organiques.

A

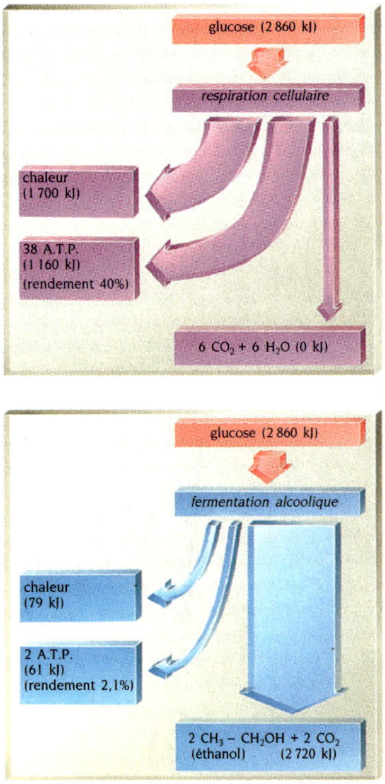

A. **UTILISATION DE L'ÉNERGIE**

La respiration cellulaire (en haut) est une dégradation complète du glucose permettant une libération totale de son énergie chimique potentielle. La fermentation alcoolique (schéma du bas) est une dégradation partielle du glucose qui aboutit à une faible libération d'énergie. Dans les deux cas une partie de l'énergie libérée est utilisée pour reconstituer le stock d'A. T. P. de la cellule, l'autre partie est dissipée sous forme de chaleur.

B

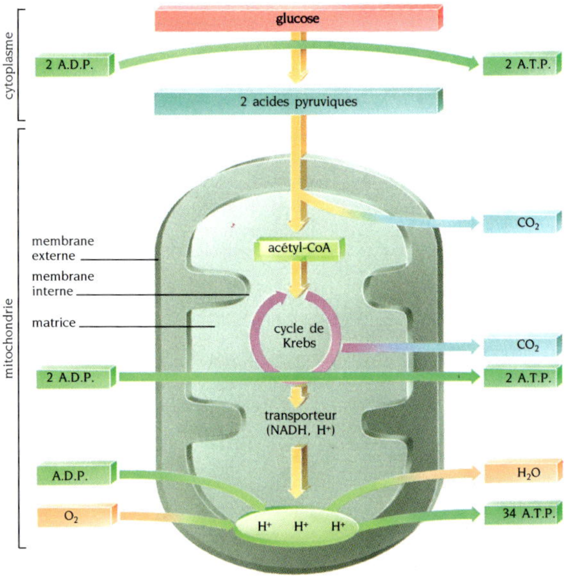

B. **RESPIRATION CELLULAIRE**

La dégradation du glucose s'effectue selon les étapes suivantes : glycolyse dans le cytosol et formation d'acide pyruvique ; passage dans la matrice mitochondriale ; formation d'acétyl-CoA incorporé dans le *cycle de Krebs* ; transfert d'électrons par transporteurs réduits à la chaîne respiratoire située dans la membrane interne de la mitochondrie ; création d'un gradient de protons entre l'espace intermembranaire et la matrice. Ce gradient active une enzyme qui catalyse la phosphorylation de l'A. D. P. en A. T. P., molécule hautement énergétique, directement utilisée par la cellule.

C

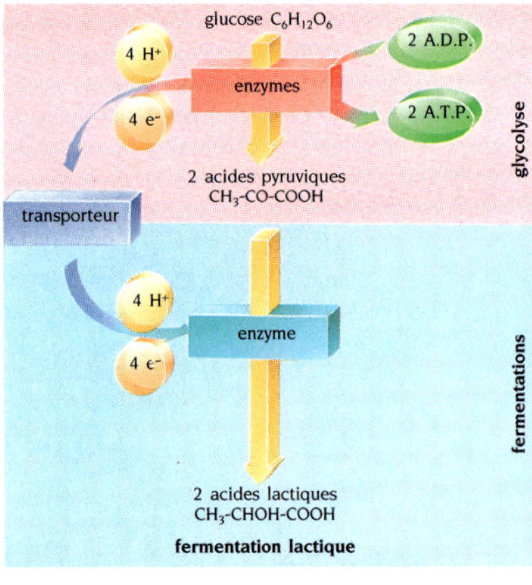

D

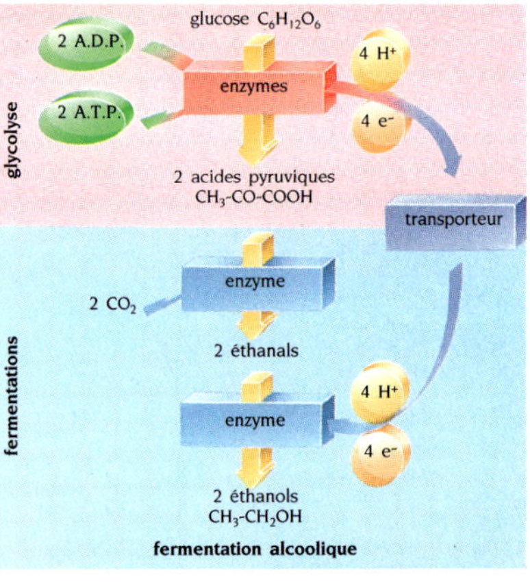

C. D. **FERMENTATIONS**

Elles ont lieu en l'absence d'oxygène. Au cours de la fermentation lactique (dans une cellule musculaire privée d'oxygène, par exemple), l'acide pyruvique est réduit en acide lactique. Lors de la fermentation alcoolique (dans des cellules de levure de bière, par exemple), une décarboxylation de l'acide pyruvique aboutit à la formation d'éthanal, réduit ensuite en éthanol. Dans les deux cas, les seuls A. T. P. obtenus proviennent de la glycolyse. Le rendement énergétique est donc faible.

LES BIOSYNTHÈSES CELLULAIRES

Les cellules peuvent édifier leurs propres constituants (éléments structuraux) et leurs enzymes (éléments fonctionnels), certaines élaborent des produits qu'elles sécrètent dans le milieu extracellulaire : ces activités, qui nécessitent des molécules simples, appelées *métabolites,* sont les *biosynthèses* cellulaires.

LES LIPIDES

À PARTIR D'ACIDES GRAS ET D'ALCOOLS

■ Les lipides sont pratiquement tous synthétisés au niveau des membranes du *réticulum endoplasmique lisse* (R. E. L.) à partir de métabolites présents dans le cytosol (acides gras et glycérol, par exemple) grâce à des enzymes membranaires (transférases, phosphatases).

Les nouvelles molécules, surtout des phospholipides, sont incorporées, au cours de leur élaboration, à la membrane du R. E. L. Par l'intermédiaire de vésicules qui migrent à l'intérieur du cytoplasme, ces nouvelles structures membranaires iront s'ajouter aux membranes des organites cellulaires et à la membrane plasmique.

LES PROTÉINES

UN ASSEMBLAGE D'ACIDES AMINÉS

■ La synthèse des protéines s'effectue dans le cytoplasme, au niveau des ribosomes libres dans le cytosol ou fixés au *réticulum endoplasmique rugueux* (R. E. R.). La structure de chaque protéine est codée par un gène porté par l'A. D. N. La séquence des nucléotides de ce gène est copiée, dans le noyau, en un brin complémentaire d'A. R. N. *(transcription).* Cet A. R. N. subit une série de modifications (épissage) au cours desquelles les parties non-codantes (introns) et certaines parties codantes (exons) sont éliminées. Ces transformations aboutissent à la formation d'un A. R. N. messager (A. R. N. m) qui quitte le noyau et rejoint, dans le cytoplasme, un ribosome. Là, la séquence de l'A. R. N. m est traduite en acides aminés qui sont assemblés en une protéine. La *traduction* de l'A. R. N. m fait intervenir deux autres types d'A. R. N. : les A. R. N. de transfert (A. R. N. t), qui apportent les acides aminés, et les A. R. N. ribosomaux (A. R. N. r), constitutifs des ribosomes.

La traduction d'un A. R. N. m conduit à la formation d'une chaîne d'acides aminés, dite « polypeptidique ». Le ribosome joue un rôle moteur par ses sites de liaison de l'A. R. N. m et des A. R. N. t et par son enzyme (peptidyltransférase) participant à la création des liaisons peptidiques entre acides aminés.

Souvent, plusieurs ribosomes s'associent au même A. R. N. m, formant une chaîne, ou polysome, pour la synthèse simultanée de plusieurs exemplaires du même polypeptide.

A

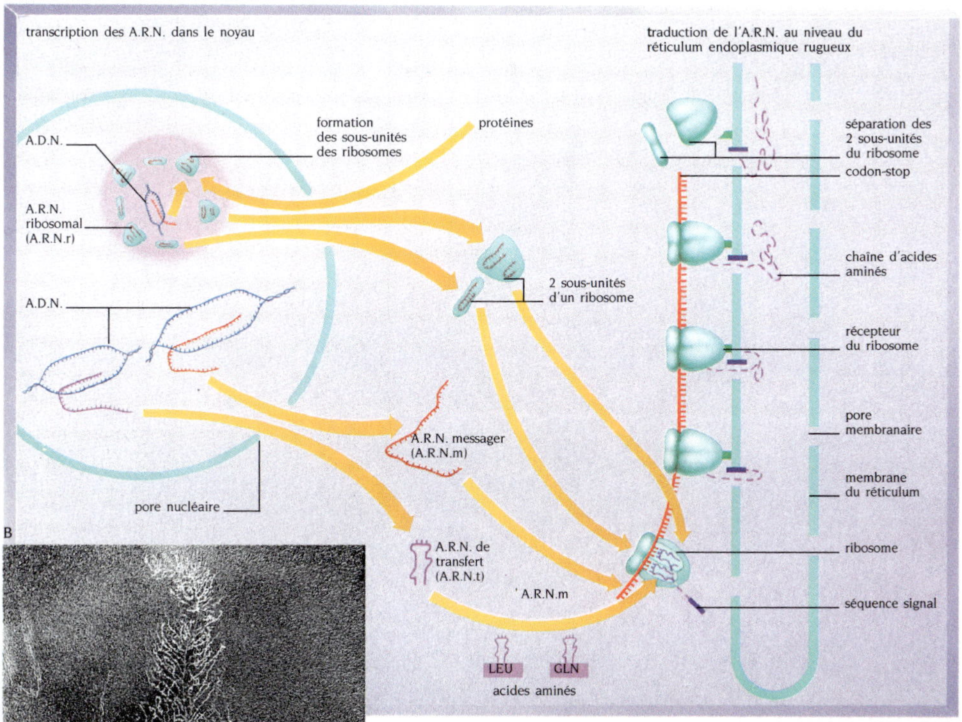

A. BIOSYNTHÈSE D'UNE PROTÉINE

L'information génétique est transcrite en un A. R. N. messager (A. R. N. m) dans le noyau. La transcription dépend d'une enzyme : l'A. R. N.–polymérase. Celle-ci se lie à l'A. D. N. dont elle transcrit un brin en une molécule d'A. R. N. formée d'un simple brin. Dans la molécule d'A. R. N. m, chaque triplet de nucléotides, ou *codon,* est spécifique d'un acide aminé. Dans le cytoplasme, chaque A. R. N. de transfert (A. R. N. t) possède un site fixant un acide aminé spécifique et, à l'opposé, un site se fixant sur l'A. R. N. m.Le ribosome se déplace le long de l'A. R. N. m et assemble les acides aminés véhiculés par l'A. R. N. t. En fin de traduction, quand le ribosome arrive au niveau d'un codon-stop, la chaîne polypeptidique se détache et prend sa configuration spatiale spécifique.

B

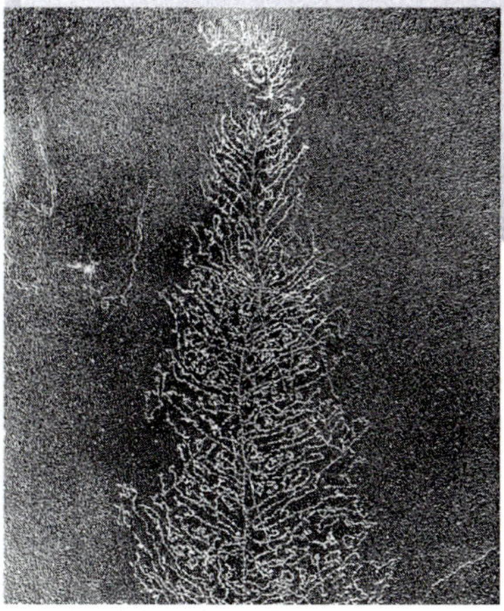

B. COUPLAGE TRANSCRIPTION-TRADUCTION CHEZ UNE BACTÉRIE

Chez les bactéries, il n'existe pas de noyau pour isoler la molécule d'A. D. N. des ribosomes du cytoplasme. Les molécules d'A. R. N. messager (A. R. N. m.) peuvent donc commencer à être traduites avant même d'être totalement transcrites. Cette photographie (microscopie électronique × 70 000) montre le cytoplasme d'une bactérie où s'opère la traduction des A. R. N. m en protéines, alors que la formation de ces A. R. N. à partir de l'A. D. N. (transcription) n'est pas encore terminée. Les chapelets de particules sombres sont des ribosomes sur de l'A. R. N. m. encore partiellement transcrit. La molécule d'A. D. N. forme l'axe vertical de cet « arbre ».

C. TABLEAU DU CODE GÉNÉTIQUE

	U		C		A		G		
U	UUU	phénylanine (F)	UCU	sérine (S)	UAU	tyrosine (Y)	UGU	cystéine (C)	U
	UUC		UCC		UAC		UGC		C
	UUA	leucine (L)	UCA		*UAA*	codons-stop	*UGA*	codon-stop	A
	UUG		UCG		*UAG*		UGG	tryptophane	G
C	CUU	leucine (L)	CCU	proline (P)	CAU	histidine (H)	CGU	arginine (R)	U
	CUC		CCC		CAC		CGC		C
	CUA		CCA		CAA	glutamine (Q)	CGA		A
	CUG		CCG		CAG		CGG		G
A	AUU	isoleucine (I)	ACU	thréonine (T)	AAU	asparagine (N)	AGU	sérine (S)	U
	AUC		ACC		AAC		AGC		C
	AUA		ACA		AAA	lysine (K)	AGA	arginine (R)	A
	AUG	méthionine (M)	ACG		AAG		AGG		G
G	GUU	valine (V)	GCU	alanine (A)	GAU	acide aspartique (D)	GGU	glycine (G)	U
	GUC		GCC		GAC		GGC		C
	GUA		GCA		GAA	acide glutamique (E)	GGA		A
	GUG		GCG		GAG		GGG		G

C. CODE GÉNÉTIQUE

Dans une molécule d'A. R. N. messager (A. R. N. m), chaque suite de trois nucléotides *(triplet,* ou *codon)* est spécifique d'un acide aminé. Le tableau du code génétique indique pour chacun des 64 triplets possibles l'acide aminé spécifique qui lui correspond. 61 seulement désignent un acide aminé défini, les 3 autres commandent l'arrêt de la synthèse d'une protéine et sont appelés pour cela « codons-stop ». Étant donné que 20 acides aminés entrent dans la constitution des protéines, la plupart sont codés par plusieurs codons (il y a redondance du code).

Pour déterminer l'acide aminé codé par un triplet de base, on cherche la première base composant le triplet dans la colonne de gauche du tableau, la seconde dans la ligne du haut et la troisième dans la colonne de droite. À l'intersection on lit l'acide aminé codé.

LES BIOSYNTHÈSES CELLULAIRES

LES PRODUITS SYNTHÉTISÉS

UN RÔLE FONCTIONNEL OU STRUCTURAL

■ LES SUBSTANCES ORGANIQUES que les cellules élaborent sont des protéines (constituées d'acides aminés), des lipides (phospholipides et triglycérides) et des glucides (sous forme de polysaccharides). Ces derniers se trouvent souvent combinés à des protéines (glycoprotéines) ou à des lipides (glycolipides).

Les polysaccharides. Ils représentent des réserves énergétiques importantes sous forme de polymères du glucose : amidon chez les végétaux, glycogène chez les animaux. Ce sont aussi des matériaux de construction, tels que la cellulose de la paroi des cellules végétales.

Les lipides. En termes alimentaires, lipide est synonyme de matière grasse. Les lipides sont insolubles dans l'eau et participent avant tout à l'édification et au renouvellement des membranes (phospholipides). Ils constituent également, sous forme de triglycérides (graisses), les principales réserves d'énergie.

Les protéines. Les protéines élaborées sur les ribosomes libres du cytoplasme restent sur place ou migrent à destination des organites (noyau, mitochondries...).

Cependant, un grand nombre de protéines sont synthétisées sur des ribosomes du réticulum endoplasmique rugueux (R. E. R.), pour devenir des protéines membranaires, lysosomales ou pour être sécrétées par la cellule. Leur synthèse commence sur un ribosome libre par l'élaboration d'un peptide signal auquel se fixera une molécule appelée « particule de reconnaissance du signal ». Cette particule sert de guide vers une protéine d'ancrage localisée dans la membrane du R. E. R. Le ribosome se trouve ainsi fixé à cette membrane et son polypeptide en formation est transféré (« transloqué ») à travers elle dans le réticulum, où il est combiné à un polysaccharide (glycosylation, qui donne des glycoprotéines).

Les glycoprotéines ainsi formées passent dans l'appareil de Golgi, dont elles parcourent successivement les compartiments (cis, médian et trans) formés de saccules possédant un équipement enzymatique et un pH interne différents. Les mouvements des glycoprotéines vers l'appareil de Golgi et entre les saccules de celui-ci se font par l'intermédiaire de petites vésicules périphériques de transport. Les glycoprotéines subissent une maturation qui consiste, par exemple, en l'adjonction d'éléments pouvant servir de marqueur de tri (tel que le mannose-6-phosphate pour les enzymes lysosomales). Elles migrent ensuite à travers un réseau tubulaire (le réseau trans de l'appareil de Golgi) où s'effectue leur tri sélectif et leur expédition à l'intérieur de vésicules vers leur destination finale.

En fonction des protéines qu'elles transportent, les vésicules fusionnent avec les lysosomes ou avec la membrane plasmique. Un troisième type, les vésicules de sécrétion, évolue en grains de sécrétion qui, sous l'action d'un stimulus (hormonal ou nerveux), déchargent leur contenu dans le milieu extérieur à la cellule. Certaines de ces vésicules (vésicules de sécrétion et vésicules lysosomales) possèdent, du côté interne de leur membrane, des récepteurs des marqueurs de tri des protéines qu'elles véhiculent et, du côté externe de leur membrane, des récepteurs des sites membranaires auxquels elles sont destinées. La destination de la protéine est assurée par un système de reconnaissance moléculaire.

A. **TRANSPORT DES PROTÉINES FORMÉES DANS LA CELLULE**

Ce schéma montre (pour une cellule hypothétique) le devenir des protéines nouvellement formées dans la cellule, selon le rôle qu'elles auront à jouer (protéines de structure, protéines sécrétées ou enzymes). Elles sont synthétisées principalement au niveau du réticulum endoplasmique rugueux (figuré en bas du schéma). Au terme de leur synthèse, elles migrent, à l'intérieur de vésicules de transport, jusqu'à l'appareil de Golgi, où elles subissent une maturation qui les prépare en particulier à être triées, selon leur destination finale. Au cours de cette maturation, les protéines parcourent successivement les compartiments (cis, médian et trans) de l'appareil de Golgi. Leur passage entre les saccules aplatis qui constituent les compartiments golgiens se fait aussi par l'intermédiaire de vésicules de transport. À leur sortie de l'appareil de Golgi, les protéines peuvent emprunter trois voies : la *voie constitutive* (1), commune à toutes les cellules, où des substances non concentrées sont produites en permanence, en particulier les protéines membranaires ; la *voie contrôlée* (2), propre aux cellules sécrétrices où, sous l'action d'un stimulus extérieur, hormonal ou nerveux, des grains de sécrétion déchargent par exocytose leur contenu dans le milieu extracellulaire ; la *voie des lysosomes* (3), vésicules où les protéines à rôle enzymatique participeront à la digestion de macromolécules (protéines, polysaccharides), dont les produits de dégradation serviront au métabolisme cellulaire.

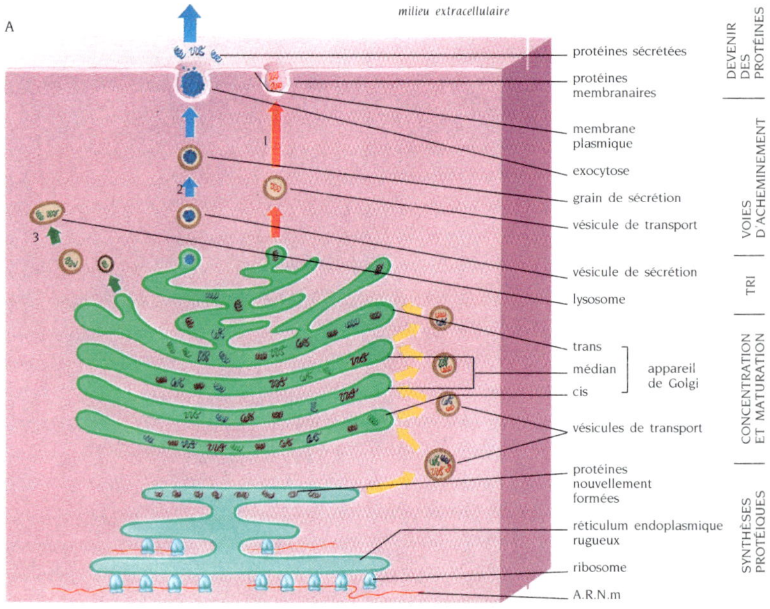

B. **RÉSERVES**

Ces cellules végétales de ficaire (petite plante à fleurs jaunes de la famille des renonculacées), observées au microscope en lumière polarisée, renferment de nombreux grains, appelés *amyloplastes,* qui ont accumulé de l'amidon, réserve énergétique importante pour la plante. Un grain d'amidon croît par adjonction de couches concentriques autour d'un point central, ou *hile,* première ébauche du grain. L'observation en lumière polarisée met en évidence la biréfringence des grains (milieu anisotrope). L'image d'une croix noire dont les branches divergent à partir du hile indique la structure hétérogène microcristalline des grains.

B

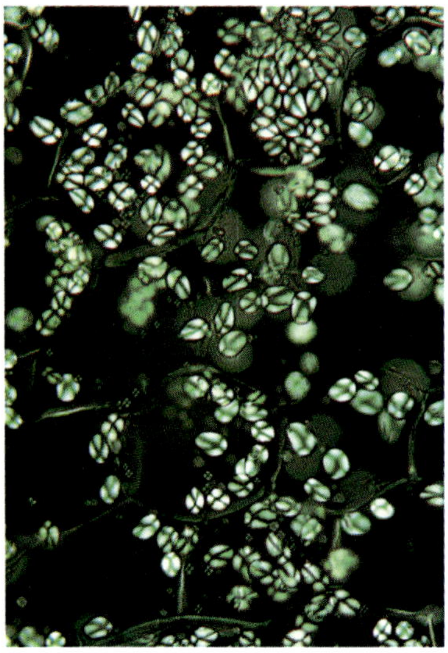

C

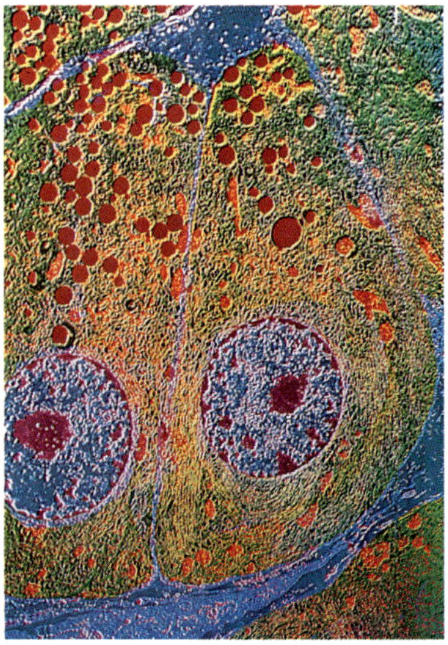

C. **CELLULES SÉCRÉTRICES**

Ces cellules du pancréas de l'homme ont un rôle sécréteur. Les produits qu'elles élaborent, des enzymes digestives, sont contenus dans des vésicules de sécrétion bourgeonnant à partir de l'appareil de Golgi. Leur contenu se concentre vers l'apex de la cellule (partie supérieure sur cette image de microscopie électronique), où elles forment des grains de sécrétion. Ceux-ci libèrent leurs produits par exocytose, en réponse à un signal extérieur à la cellule sécrétrice émis au moment de la digestion. Il s'agit donc d'une sécrétion contrôlée, à distinguer d'une sécrétion constitutive, qui se produit en permanence.

UNICELLULAIRES ET PLURICELLULAIRES

UNE SEULE CELLULE

DIVERSITÉ DES ÊTRES UNICELLULAIRES

■ LES PREMIERS ÊTRES VIVANTS étaient vraisemblablement des *procaryotes,* constitués d'une seule cellule dépourvue de noyau, comme les bactéries actuelles. La cellule *eucaryote,* possédant un noyau et d'autres organites, est apparue il y a 1,4 milliard d'années, probablement par symbiose entre cellules procaryotes. Les unicellulaires eucaryotes sont appelés *protistes.*

Les protistes. Outre les fonctions qu'effectue toute cellule, avec les organites « classiques » (noyau, réticulum, appareil de Golgi...), la cellule du protiste doit assurer seule les fonctions qu'un être vivant réalise (se nourrir, respirer, se déplacer et se reproduire), à moins de vivre aux dépens d'un autre organisme. On observe ainsi tous les degrés de complexité cellulaire entre les *sporozoaires,* parasites dont la cellule se réduit pratiquement à la membrane entourant un noyau et un peu de cytoplasme, et les *ciliés,* considérés comme les protistes les plus évolués, qui possèdent une multitude d'organites spécialisés. Même la séparation *soma/germen* (cellules de l'organisme/cellules reproductrices) des pluricellulaires est préfigurée chez les ciliés par leurs deux noyaux, l'un à rôle métabolique, l'autre à rôle uniquement reproducteur.

Le groupe des *flagellés,* dont les représentants sont pourvus de un ou de plusieurs flagelles, comme celui des *rhizopodes* (amibes, foraminifères), présente des caractères considérés comme archaïques. Chez ces protistes, la limite est floue et mouvante entre végétaux et animaux d'une part (dinophycées et euglènes), unicellulaires et pluricellulaires d'autre part (les *flagellés coloniaux* montrent une division du travail entre individus assurant la seule nutrition et individus reproducteurs).

PLUSIEURS CELLULES

LA NAISSANCE DES PLURICELLULAIRES

■ UNE CELLULE MUSCULAIRE, si puissante soit-elle, n'est rien face à un muscle, composé de milliers de cellules musculaires. De même, un être unicellulaire, de nature animale ou végétale, est rapidement limité, ne serait-ce que par la taille. Il ne vit qu'en milieu liquide, ou au moins humide, et l'obligation d'assurer toutes les fonctions l'empêche de se spécialiser.

Les modalités d'apparition. Divers états inhabituels des protistes actuels suggèrent plusieurs hypothèses pour le scénario de l'apparition des pluricellulaires.

Dans le cas du *plasmode* (ou *syncytium*) le noyau s'est multiplié sans que le cytoplasme se partage et la cellule contient donc plusieurs noyaux contrôlant chacun un territoire de cytoplasme (« énergide »). Cela existe chez les protozoaires (opalines), les algues *(Vaucheria)* et les champignons *(Penicillium).*

Dans d'autres cas, plusieurs cellules se regroupent en une masse unique, avec des régions bien définies pour chaque fonction, digestion, mise en réserve, excrétion (exemple, le myxomycète *Dictyostelium*).

Enfin, dans le cas de la *colonie,* les cellules restent agglutinées après division, maintenues par la membrane de la cellule mère, qui a formé une enveloppe gélatineuse. Les colonies les plus élaborées sont celles des volvocales *(Volvox),* algues d'eau douce, dont chaque cellule est munie de deux flagelles nageurs.

La spécialisation tissulaire. On peut reconstituer les étapes de l'apparition des différents types de tissus en récapitulant la classification animale. Les éponges (spongiaires) sont dites « atissulaires », car leurs cellules diversifiées (protectrices, digestives, amiboïdes...) ne s'agencent pas en ensembles cohérents, ou *tissus,* même si elles s'organisent en deux couches (feuillets primordiaux). Les *cœlentérés* (hydres, coraux, méduses) ont atteint l'état tissulaire, avec leurs cellules nerveuses reliées en réseau, les fibres de leurs cellules contractiles orientées pareillement et même avec la différenciation d'organes sensoriels. Puis, au cours de l'évolution, entre les deux feuillets primordiaux, s'est insinuée une troisième couche de cellules, le mésoderme, à l'origine de tissus nouveaux, qui s'organisent en *organes,* rassemblés en *appareils.*

A

A. **COMMUNAUTÉS CELLULAIRES**

Un volvox se présente comme une sphère gélatineuse creuse, composée d'environ 20 000 cellules à 2 flagelles, cimentées entre elles par des filaments cytoplasmiques qui permettent la synchronisation du battement des flagelles. Seules les cellules d'un pôle de ces colonies (ici *Volvox aureus*) sont capables d'assurer la reproduction en formant des colonies filles, visibles à l'intérieur des colonies mères. Les volvox peuvent aussi produire des cellules reproductrices.

B

B. **VÉGÉTAL MINIATURE**

Les dinophycées (1 000 espèces environ) se caractérisent par leurs deux longs flagelles et une « carapace » de cellulose. Leur « œil » est un énorme organite photosensible (stigma), qui permet à la cellule de s'orienter vers la lumière. Ces protistes possèdent des pigments jaune-vert ou brun doré et c'est l'un d'eux, *Noctiluca,* qui provoque des phosphorescences sur la mer, au bord des côtes, sous la lueur de la Lune.

C

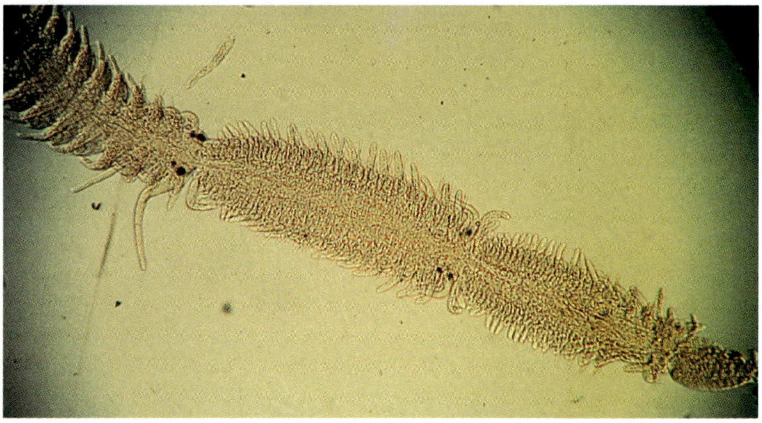

C. **POUVOIR RÉGÉNÉRATEUR**

Chez l'animal, on appelle « néoblastes » ou « cellules totipotentes » des cellules qui conservent toutes les potentialités d'une cellule embryonnaire et qui sont donc capables de se spécialiser en n'importe laquelle des cellules de l'organisme auquel elles appartiennent. Leur persistance chez l'adulte et leur abondance expliquent les capacités de régénération et de reproduction asexuée, étendues chez les animaux « primitifs ». À partir d'un certain degré de spécialisation des cellules de l'organisme, la reproduction asexuée devient impossible et seul l'embryon conserve cette faculté. Ce pouvoir régénérateur est encore présent chez l'adulte des annélides polychètes, pourtant assez « évolués », qui utilisent encore les modes de reproduction asexuée : bourgeonnement latéral ou fragmentation du ver en une chaîne d'individus comme ici. Certains amphibiens (triton) et reptiles (lézards) ont conservé un pouvoir de régénération étonnant de certaines parties de leur corps.

LES ANIMAUX PLURICELLULAIRES

L'ANATOMIE

AGENCEMENT DES TISSUS CHEZ LES ANIMAUX PLURICELLULAIRES

■ À PART LES SPONGIAIRES, qui n'ont pas de véritables tissus, et les cœlentérés, dont les tissus s'agencent en deux feuillets *(diblastiques)*, les autres animaux pluricellulaires s'organisent à partir de trois feuillets d'origine embryonnaire, ils sont dits *triblastiques*. On distingue les *acœlomates*, chez qui le troisième feuillet reste compact et qui ne possèdent pas d'appareil circulatoire (vers plats et vers ronds), et les *cœlomates* (tous les autres animaux), pour qui le feuillet intermédiaire se creuse d'une cavité, le *cœlome*. Selon le devenir d'un orifice embryonnaire, le *blastopore*, on divise également les triblastiques en *protostomiens* et *deutérostomiens*.

Les protostomiens. Pour ces animaux, le blastopore deviendra la bouche. Ce groupe comprend les vers plats (plathelminthes), les vers ronds (némathelminthes), les bryozoaires et les brachiopodes (qui portent une couronne de tentacules ciliés autour de la bouche), les mollusques, les annélides (ou « vers annelés ») et les arthropodes.

Les annélides représentent le premier groupe d'animaux chez qui le troisième feuillet se fragmente tout le long du corps en unités identiques : les *métamères*. Cet agencement est modifié dans les groupes apparentés aux annélides : disparition quasi totale des métamères chez les mollusques, regroupement de ces métamères en deux ou trois unités fonctionnelles, ou *tagmes*, chez les arthropodes.

Tous les protostomiens ont un système nerveux ganglionnaire, disposé ventralement : ce sont des *hyponeuriens*.

Les deutérostomiens. Chez eux, le blastopore devient l'anus. Cette « construction » de l'animal en sens inverse s'accompagne d'une mise en place du système nerveux effectuée en un seul bloc, qui se traduit par l'apparition d'une phase nouvelle dans le développement embryonnaire : la *neurulation*.

La neurulation est imparfaite chez les échinodermes, dits *épithélioneuriens* (système nerveux mal détaché du plan superficiel).

Chez les autres deutérostomiens, la neurulation donne naissance à un tube nerveux longitudinal (la future moelle épinière), dont l'extrémité antérieure se renfle en cinq vésicules céphaliques à l'origine des différentes régions de l'encéphale, centre de commande et d'intégration de tout le système nerveux de l'organisme. Ces animaux, au tube nerveux dorsal *(épineuriens)*, sont les chordés (groupe formé principalement par les vertébrés).

B. **DÉVELOPPEMENT EMBRYONNAIRE DE LA GRENOUILLE**

Les étapes du développement de l'individu, de l'œuf fécondé à l'adulte (ou ontogenèse) semblent retracer l'évolution (ou phylogenèse) du groupe zoologique auquel appartient l'animal. C'est la célèbre « loi de Haeckel », ou loi de la récapitulation. Cette loi mérite pourtant d'être nuancée en donnant naissance à de nouveaux individus, l'ontogenèse exprime les tendances évolutives (résultats de contraintes adaptatives) et *crée* ainsi la phylogenèse... On a représenté ici les premières étapes du développement d'une grenouille. Le dernier stade figuré (bourgeon caudal) précède le stade têtard.

UN SUPERORGANISME ?

Les insectes sociaux (fourmis, termites, certaines espèces d'abeilles et de guêpes) vivent en groupes nombreux, socialement organisés et hiérarchisés, avec une répartition des tâches rigoureuse pouvant même affecter la morphologie des animaux, qui constituent alors différentes « castes ». Tous les membres de la société sont tributaires les uns des autres et ne peuvent survivre isolément. Si l'on remplace « animal » ou « insecte » par « cellule » et « société » par « organisme », on retrouve la définition d'un être pluricellulaire, avec la spécialisation des cellules en tissus et la cohésion de l'organisme. On peut alors comparer ces sociétés à des « superêtres ».

On trace ainsi un parallèle entre les fonctions des abeilles d'une ruche et celles des organes d'un animal pluricellulaire, la reine représentant l'appareil génital femelle, les faux-bourdons l'appareil génital mâle, les ventileuses l'appareil respiratoire, les gardiennes le système immunitaire... Les différences morphologiques, moins marquées chez les abeilles (ici *Apis mellifica*) que chez les fourmis, sont quand même sensibles entre la reine (longue d'environ 2 cm) et les ouvrières (1,5 cm). Les mâles sont trapus et velus.

B

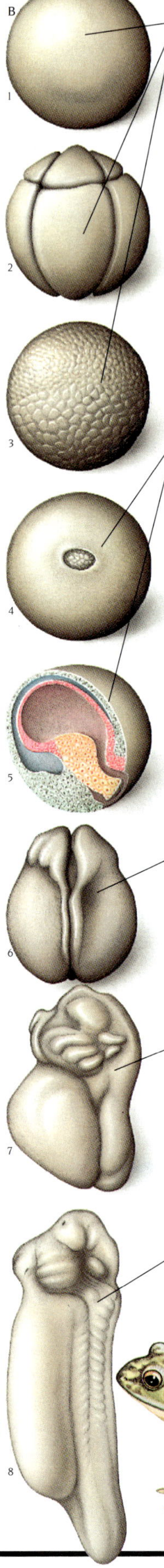

Segmentation

L'œuf, cellule unique (1), se divise en plusieurs cellules appelées blastomères. À partir de 8 blastomères (2), la segmentation devient inégale. Les divisions donnent des cellules plus petites à un pôle de l'embryon (pôle « animal ») qu'à l'autre (pôle « végétatif »). La segmentation fournit en grand nombre des petites et des grandes cellules, qui se disposent en une sphère pleine, la morula. Cette dernière se creuse pour former la blastula (3).

Gastrulation

Les cellules migrent pour se disposer en couches ou feuillets embryonnaires. *Les uns se replient vers l'intérieur en un tube, l'*endoderme, *futur tube digestif, ouvert par un orifice, le blastopore, tandis que les autres recouvrent toute la surface de l'embryon, formant l'*ectoderme. *Entre ectoderme et endoderme s'insinue le* mésoderme, *achevant de combler le creux central, ou blastocœle.*

Ectoderme

Mésoderme

Endoderme

Lèvre blastoporale

Bouchon vitellin

Blastocèle

Neurulation

L'embryon s'allonge. La face dorsale de l'ectoderme se boursoufle en 2 bourrelets longeant une gouttière : le futur tube nerveux. Ce stade, caractéristique des animaux deutérostomiens, est appelé neurula.

Organogenèse

Chacun des trois feuillets donne naissance aux futurs organes et appareils, notamment l'épiderme et le système nerveux pour l'ectoderme, les muscles, l'appareil circulatoire et les reins pour le mésoderme, le tube digestif pour l'endoderme.

Bourgeon caudal

L'embryon s'allonge et sa courbure s'atténue : la zone anale grandit moins vite que le dos. C'est le stade bourgeon caudal.

A. **TISSUS ET CAVITÉS**

Cette coupe transversale de *Nereis* (vers annélide marin) montre, de part et d'autre du tube digestif, les vésicules cœlomiques, qui constituent la cavité interne (cœlome). Cette cavité délimite un *milieu intérieur*, qui baigne les tissus et dont la composition est maintenue constante (filtration du sang à travers la paroi des vaisseaux, évacuation des déchets par les métanéphridies).

A

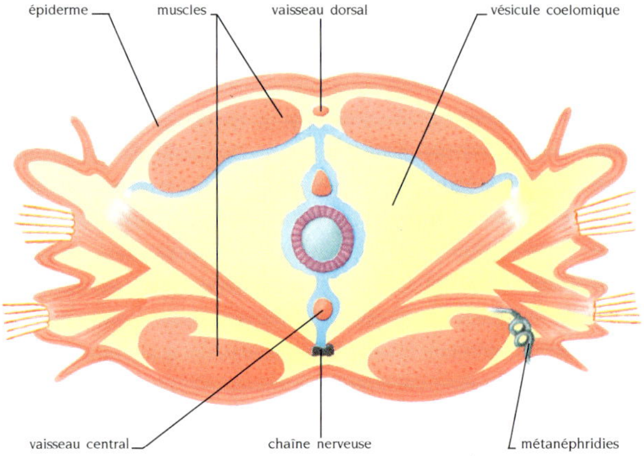

LES NIVEAUX D'ORGANISATION

ATOMES, MOLÉCULES, CELLULES, organismes, populations, écosystèmes : les systèmes biologiques s'organisent en niveaux successifs et emboîtés : à l'échelle de la planète, le monde vivant forme la *biosphère*.

LES MOYENS D'ÉTUDE

LA DÉCOUVERTE LIÉE À L'ÉVOLUTION TECHNIQUE

■ LA PLUPART DES TECHNIQUES d'observation ont été des applications de la physique et de la chimie. Plus récemment, des techniques dérivées de la biologie ont vu le jour : sondes moléculaires, marquages biologiques et génétiques...

Les niveaux anatomiques. L'étude des organes, rendue possible grâce aux procédés de conservation des échantillons, se fait à l'aide d'instruments de dissection. Les tissus, les cellules et les macromolécules biologiques s'étudient grâce aux différents instruments de la microscopie et aux méthodes de coloration et de marquages spécifiques (radioactifs et immunologiques).

Les niveaux physico-chimiques. Ces niveaux, qui englobent les atomes, les molécules simples et les macromolécules, nécessitent une approche par analyse élémentaire, spectrographie, centrifugation, chromatographie, électrophorèse, etc.

Les niveaux écologiques. Les populations et les écosystèmes sont étudiés par des moyens d'exploration géographique ou des marquages physiques et biologiques. Grâce à la stratigraphie, la minéralogie, la sismographie, ainsi qu'aux techniques astrophysiques, on peut envisager aujourd'hui une approche globale de l'ensemble des milieux naturels : la biosphère.

RÉDUCTIONNISME ET SYNTHÉTISME

L'échelle des niveaux d'organisation de la vie procède d'une succession de passages entre *éléments* et *ensembles*. Ainsi, la cellule-œuf se transforme en organisme alors que chaque cellule créée devient dépendante de l'organisme nouvellement formé.

En biologie, le *réductionnisme* tente d'expliquer la totalité d'un organisme ou d'un phénomène par les propriétés des éléments constitutifs. Le *synthétisme* démontre la spécificité de chaque niveau d'organisation et sa dépendance vis-à-vis des niveaux plus complexes. Ces deux approches sont complémentaires et ne doivent pas se développer de façon exclusive.

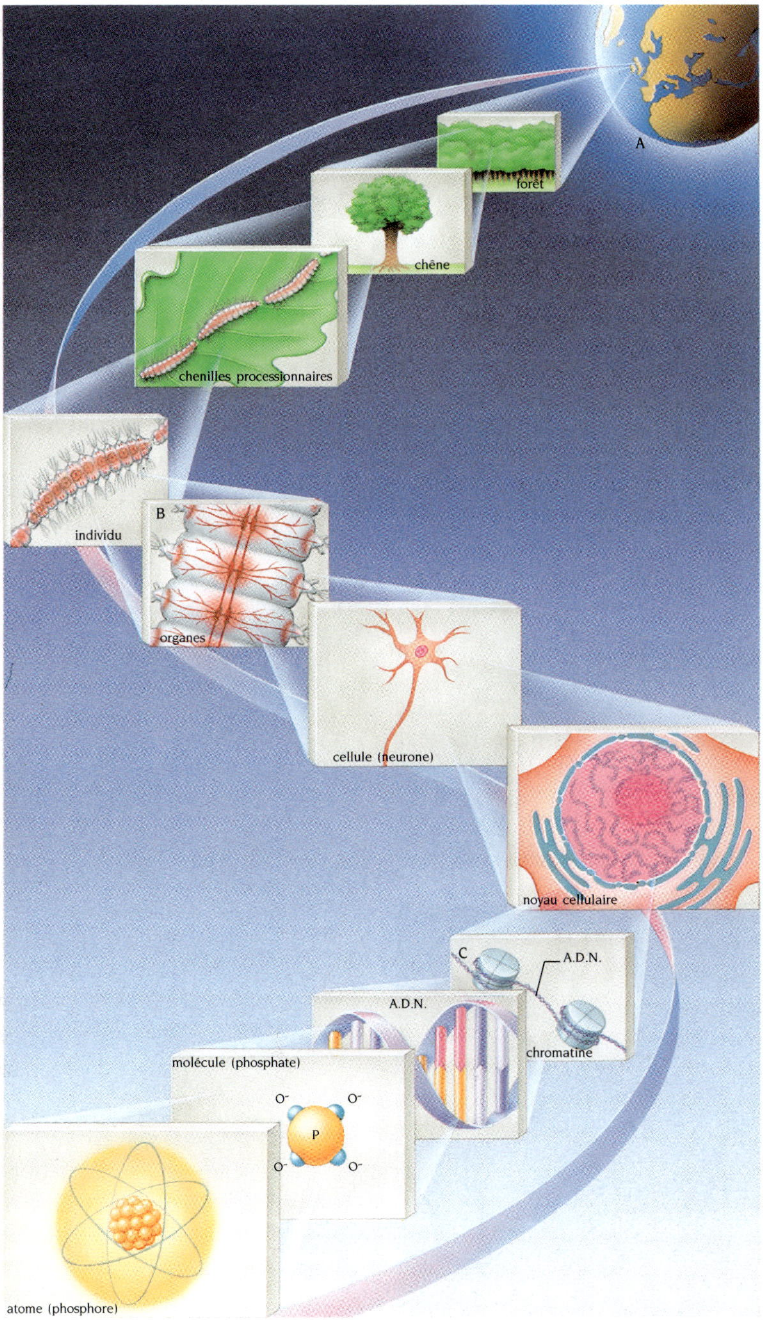

A. DE L'INDIVIDU AU COSMOS : LES NIVEAUX ÉCOLOGIQUES

Les êtres vivants ne sont jamais seuls. Ils entretiennent entre eux des relations (compétition, organisation hiérarchique...) qui structurent des populations (même dans le cas d'une simple procession de chenilles). À leur tour, les populations de chaque espèce ne sont jamais isolées : elles sont associées à d'autres espèces (avec lesquelles elles entretiennent des relations), organisées elles-mêmes en populations, et forment des biocénoses (un arbre et les espèces animales et végétales qui vivent à son contact constituent une biocénose). À une échelle plus vaste, ces populations sont en relation avec l'environnement physique et constituent des écosystèmes (une forêt ou un lac, par exemple). Les frontières des écosystèmes sont relatives : leur ensemble forme la *biosphère,* qui évolue avec les processus géologiques et même cosmiques. Ainsi, la biosphère elle-même ne représente pas un univers clos, et des germes vivants circulent peut-être dans le cosmos.

B. DE L'ORGANISME À L'ORGANITE : LES NIVEAUX ANATOMIQUES

La structure d'un organisme complexe est hiérarchisée en *organes, tissus* et *cellules.* Les cellules eucaryotes contiennent des *organites complexes* (mitochondrie, noyau et plastes végétaux) et des *organites simples* (appareil cinétique, système membranaire...).
Les cellules procaryotes (bactéries) appartiennent au niveau des organites complexes. Il existe des organismes autonomes qui n'ont pas dépassé le niveau d'organisation cellulaire (protistes), voire tissulaire (algues filamenteuses ou éponges, par exemple). L'*appareil fonctionnel* ne constitue pas un niveau d'organisation autonome. Il est généralement constitué par un ensemble d'organes concourant à une même fonction. La structure répétitive des larves d'arthropodes (ici, une chenille processionnaire) montre l'existence d'un niveau intermédiaire entre organe et organisme : le *segment,* ou *métamère.*

C. DE LA MACRO-MOLÉCULE À LA PARTICULE ÉLÉMENTAIRE : LES NIVEAUX PHYSICO-CHIMIQUES

Les organites simples sont des associations de *macromolécules* (protéines, acides nucléiques, glucides, lipides), elles-mêmes formées d'un grand nombre de *molécules simples* (respectivement acides aminés, nucléotides, sucres, acides gras et alcools). Les macromolécules présentent sans doute plusieurs niveaux de complexité intermédiaires.
La principale des molécules simples biologiques est l'eau. Les quatre principaux *atomes* pour la biologie sont le carbone, l'oxygène, l'azote et l'hydrogène. Tous les atomes sont constitués de *particules élémentaires :* la biologie s'intéresse au proton (pour définir l'acidité), à l'électron (propriétés de la membrane plasmique, du système nerveux, métabolisme des cellules) et au photon (photosynthèse, vision). La connaissance des *infraparticules* (par exemple, les quarks) n'a pas encore reçu d'applications en biologie.

LES GRANDES FONCTIONS

STRUCTURES ET FONCTIONS

LA CONSTRUCTION, L'ENTRETIEN ET LA REPRODUCTION DES ORGANISMES

■ LES STRUCTURES VIVANTES sont dans un état continuel de déséquilibre, mais les grandes fonctions physiologiques compensent en permanence ce déséquilibre. C'est pourquoi les aspects structurels, morphologiques, des êtres vivants sont indissociables de leurs aspects fonctionnels, physiologiques, selon deux grands principes : « pas de structure sans fonctions ; pas de fonctions sans structures ». *Métabolisme, homéostasie, reproduction* et *auto-organisation* : ces quatre mots résument les grandes fonctions de la vie.

Se construire : l'auto-organisation. Contrairement aux produits de l'activité humaine, dont la construction résulte d'une intervention extérieure, les êtres vivants se structurent de façon autonome. Cette auto-organisation progressive se réalise par association spontanée d'objets biologiques élémentaires. Des macromolécules aux écosystèmes, l'auto-organisation de la vie repose sur des capacités de reconnaissance spécifique. À un niveau fondamental, c'est la diversité des séquences des protéines, expression de la diversité génétique, qui leur confère des conformations spatiales et des niveaux de réactivité permettant leur *auto-assemblage* spécifique avec d'autres molécules, ainsi que la *programmation* dans le temps de l'auto-construction des autres structures de la vie.

Se renouveler : le métabolisme. Les êtres vivants *se renouvellent* dans toutes leurs parties constitutives : molécules dans les organites, organites dans les cellules, cellules dans les tissus et les organismes, individus dans les populations et les communautés...

Par ses aspects moléculaires, le renouvellement constitue le *métabolisme,* que l'on peut décomposer en deux fonctions opposées et complémentaires : la synthèse, ou *anabolisme,* la dégradation, ou *catabolisme.* Le métabolisme est synonyme d'*échange* permanent avec le milieu. Cette propriété permet de distinguer les êtres vivants des objets non-vivants pour lesquels les échanges avec le milieu, si lents puissent-ils être, ont pour résultat final la destruction du corps. Les échanges qui caractérisent le métabolisme sont, en revanche, pour les êtres organiques synonymes de vie.

Un être vivant disparaît lorsqu'on l'isole de son milieu. En effet, il y puise sa nourriture et de l'énergie *(nutrition, respiration, photosynthèse).* Il rejette les produits de dégradation *(respiration, excrétion).* Par le remaniement de toutes ses structures, l'être vivant forme un système dynamique et ouvert. Il assure ses échanges avec son milieu, grâce à des fonctions de *relation* et de *communication,* notamment à l'aide de signaux et de récepteurs qui fonctionnent à tous les niveaux d'organisation, des organites aux organisme et jusqu'aux écosystèmes.

Se préserver : l'homéostasie. Les êtres vivants se maintiennent dans un état relativement constant face aux variations du milieu. Cette *homéostasie* est d'abord une homéostasie génétique : les organismes rejettent les molécules marquées par une information génétique étrangère : c'est la *fonction immunitaire.* De même, par la digestion, ceux qui se nourrissent d'autres organismes détruisent les informations génétiques de ces derniers.

L'homéostasie suppose la définition d'un *milieu intérieur,* l'existence de systèmes de relation avec le milieu extérieur et une capacité de réponse aux variations de ce milieu. Par les fonctions de *régulation,* l'homéostasie est une forme d'adaptation à l'environnement.

Se reproduire : la sexualité, source d'évolution. En raison des recombinaisons génétiques inhérentes à la reproduction sexuée (méiose et fécondation), aucun individu n'est identique à ses parents. La sélection naturelle, en jouant sur cette *variation* génétique, est en partie responsable de l'*évolution* des espèces.

L'universalité de la sexualité oblige à considérer les êtres vivants dans leurs *relations de lignage,* ou *parenté,* qui favorisent ou rendent nécessaire une *interdépendance* plus ou moins poussée. La reproduction sexuée implique des fonctions de *reconnaissance* et de rapprochement (et donc de *communication*) entre organismes de sexes opposés ; elle favorise aussi l'établissement de relations de dépendance entre générations, par exemple les soins donnés aux jeunes.

L'interdépendance reproductive conduit aussi à la formation des *populations,* qui regroupent des individus de la même espèce. Dans un milieu favorable, les populations admettent une croissance exponentielle qui, rencontrant nécessairement ses limites, instaure alors des processus de *concurrence.* Celle-ci s'exerce au sein d'une même espèce ou entre espèces différentes.

A

A. **FONCTIONS VÉGÉTALES**

À la différence des animaux, capables, pour la plupart, de déplacement actif, la dispersion des végétaux pluricellulaires est passive. Cette algue *(Fucus vesiculosus),* fixée aux rochers, reste ainsi découverte à marée basse. L'*immobilité* est déterminée, dès le niveau cellulaire, par l'existence d'une *paroi cellulosique* rigide. Les principales fonctions des végétaux autotrophes sont la *photosynthèse,* l'*absorption* des substances minérales et de l'eau et le *transport* des substances synthétisées et absorbées. Chez les algues (thallophytes), ces fonctions n'impliquent pas d'organes spécialisés. Chez les végétaux supérieurs, elles sont liées à la différenciation des feuilles, des racines et des tiges.

LA MORT : UNE FONCTION VITALE

Tous les organismes pluricellulaires vieillissent et meurent. Ainsi la mort des individus participe-t-elle au renouvellement des populations et, donc, à leur adaptation. La mort peut être accidentelle, mais la *mort naturelle* est un aboutissement inéluctable.

Les unicellulaires semblent pouvoir échapper à la mort naturelle, car, pour eux, elle coïncide avec le moment où ils se divisent. Mais la capacité de multiplication cellulaire tend à s'épuiser si n'intervient pas une phase de reproduction sexuée.

L'accumulation des mutations, qui affectent les lignées cellulaires des individus pluricellulaires, est l'une des causes de leur vieillissement. Au cours d'une vie individuelle, le nombre des divisions cellulaires successives admet un maximum, qui varie suivant les espèces et qui est corrélé avec les taux de mutation que subissent ces cellules. Ainsi, les *progeria,* maladies du vieillissement accéléré, qui peuvent s'observer chez l'homme, sont liées à des taux de mutation élevés. Au contraire, la protection contre les agents mutagènes a déjà permis, en laboratoire, d'augmenter largement la longévité de populations animales.

B

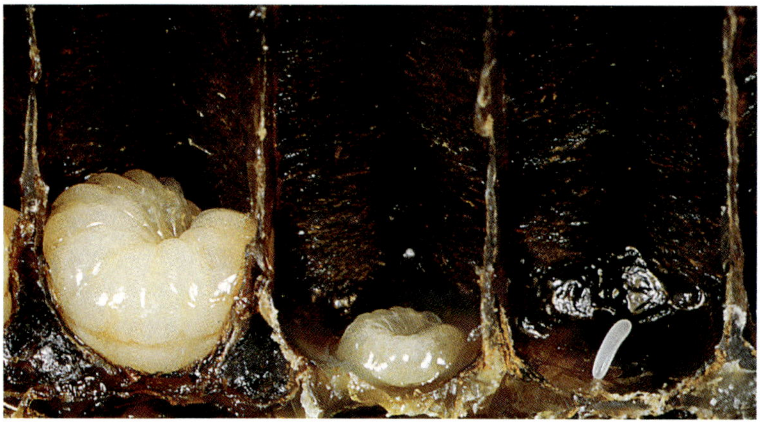

B. **AUTO-ORGANISATION : LES ABEILLES**

Les différentes étapes du développement de larves d'abeilles révélées ici sont un exemple de la structuration progressive par « auto-assemblage ».

LA NUTRITION DES VÉGÉTAUX

La majorité des végétaux fabriquent leurs propres constituants en partant de molécules simples : gaz carbonique (CO_2), eau (H_2O) et azote minéral, grâce à la photosynthèse qui utilise l'énergie solaire. Ils sont dits *autotrophes*. En revanche, les végétaux *hétérotrophes* (essentiellement les champignons) nécessitent une source de carbone organique pour élaborer leurs constituants.

Si le gaz carbonique et l'oxygène de l'air arrivent facilement au niveau des feuilles des végétaux autotrophes, les autres sources d'alimentation sont puisées dans le sol. La plante y développe un système racinaire important dont la croissance continue permet d'explorer de nouvelles régions et d'atteindre l'eau et les éléments minéraux qui s'y trouvent. La forme des racines renseigne sur la nature et la profondeur de la source en eau. Une racine pivotante indique une source profondément enfouie, des racines chevelues, de l'eau superficielle.

A. **LENTILLES D'EAU**

Les plantes aquatiques comme ces petites lentilles d'eau *(Spirodela polyrhiza)* n'ont pas de problème d'alimentation en eau. L'anatomie de leurs feuilles est donc plus rudimentaire que celle des feuilles des plantes aériennes.

A

L'EAU

L'ABSORPTION DE L'EAU DU SOL

■ Les plantes sont composées d'eau en quantité variable, de 10 à 15 p. 100 pour les organes de réserve et jusqu'à 90 p. 100 pour certaines parties en croissance. De plus, elles transpirent énormément : la transpiration s'estime à 500 l d'eau par jour pour un arbre isolé pendant la période de végétation !

L'eau est retenue dans le sol par des *forces osmotiques* de la solution du sol, par des *forces d'imbibition* dues aux charges électrostatiques (particulièrement importantes si le sol est riche en argile ou en humus) et par des *forces capillaires* dues à la présence de fins interstices entre les particules du sol. La résultante de ces forces conduit à définir, pour chaque sol, un potentiel hydrique et un point de flétrissement, taux d'humidité au-dessous duquel une plante se fane irréversiblement.

Mise dans le sol, la plante développe une force de *succion* où interviennent la pression osmotique des cellules des poils absorbants des racines, l'aspiration due à la transpiration de l'appareil aérien et transmise le long de la tige et enfin une activité physiologique, qui demande de l'énergie. La résultante de ces forces détermine l'absorption puis la montée de l'eau dans la plante. Dans les climats semi-arides, l'eau atmosphérique, aussi faiblement représentée soit-elle (brouillard ou rosé matinale), peut être absorbée par les feuilles et servir d'appoint.

LE GAZ CARBONIQUE

AUTOTROPHES ET HÉTÉROTROPHES

■ Chez les plantes autotrophes, le CO_2 de l'air pénètre dans la feuille par des orifices (les *ostioles*), entourés de cellules (formant les stomates). Selon leurs exigences, on classe les végétaux en plantes de lumière et en plantes d'ombre. La quantité mondiale de CO_2 fixée annuellement par les plantes est estimée à 10^{11} tonnes, avec un dégagement équivalent d'oxygène.

Parmi les végétaux hétérotrophes, certains parasitent d'autres plantes (gui, orobranche ou striga). Quant aux champignons, certains sont dits *saprophytes*, c'est-à-dire qu'ils utilisent de la matière organique morte. Ceux qui se nourrissent à partir d'êtres vivants sont *symbiotiques*, s'ils apportent un avantage aux hôtes qu'ils colonisent (mycorhizes de certains végétaux), ou *parasites*, dans le cas contraire.

D. **VAISSEAUX CONDUCTEURS**

Ces schémas de l'organisation générale d'une plante supérieure montrent les principaux tissus conducteurs (xylène et phloème) servant à véhiculer la sève sous ses deux formes : brute et élaborée.

B. **VIVRE DE L'EAU ATMOSPHÉRIQUE**

Ces orchidées *(Cattleya violacea)* sont des *épiphytes* : elles vivent fixées sur une plante support sans se nourrir à ses dépens (les épiphytes ne sont pas des parasites). L'orchidée puise l'eau dans l'atmosphère. Ses racines aériennes ont développé une structure particulière appelée *voile*, ou *velamen*. Ce tissu est fait de cellules mortes, remplies d'air, qui se gorgent de l'eau des brouillards et des pluies.

B

C. **CACTUS**

Les plantes qui, comme ces cactus *(Carnegia gigantea)*, ne trouvent pratiquement pas d'eau dans leur environnement montrent des adaptations à la sécheresse : feuilles réduites à des épines, épiderme à cuticule épaisse évitant la transpiration, présence de substances visqueuses (mucilages) qui retiennent l'eau. De plus, des systèmes biochimiques particuliers (« CAM », *Crassulean Acid Metabolism*) permettent la fixation du CO_2 pendant la nuit, par ouverture des stomates, qui sont fermés le jour pour limiter la transpiration. Le CO_2 relâché dans les cellules chlorophylliennes durant la journée permet la photosynthèse.

C

D

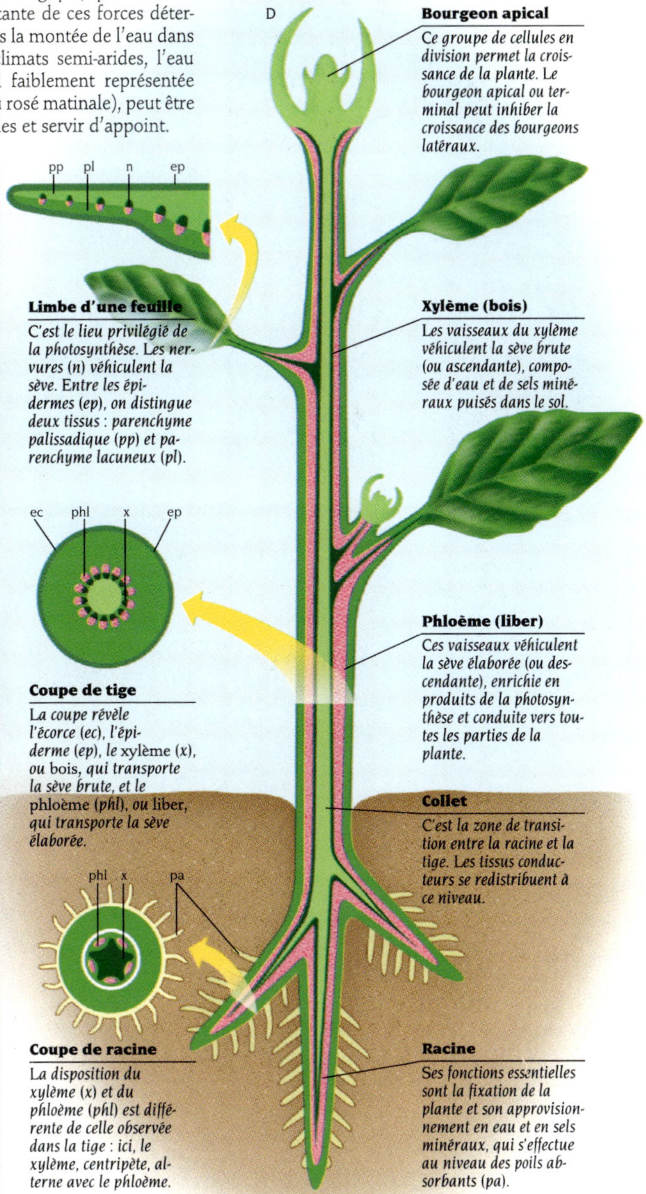

Bourgeon apical

Ce groupe de cellules en division permet la croissance de la plante. Le bourgeon apical ou terminal peut inhiber la croissance des bourgeons latéraux.

Limbe d'une feuille

C'est le lieu privilégié de la photosynthèse. Les nervures (n) véhiculent la sève. Entre les épidermes (ep), on distingue deux tissus : parenchyme palissadique (pp) et parenchyme lacuneux (pl).

Xylème (bois)

Les vaisseaux du xylème véhiculent la sève brute (ou ascendante), composée d'eau et de sels minéraux puisés dans le sol.

Coupe de tige

La coupe révèle l'écorce (ec), l'épiderme (ep), le xylème (x), ou bois, qui transporte la sève brute, et le phloème (phl), ou liber, qui transporte la sève élaborée.

Phloème (liber)

Ces vaisseaux véhiculent la sève élaborée (ou descendante), enrichie en produits de la photosynthèse et conduite vers toutes les parties de la plante.

Collet

C'est la zone de transition entre la racine et la tige. Les tissus conducteurs se redistribuent à ce niveau.

Coupe de racine

La disposition du xylème (x) et du phloème (phl) est différente de celle observée dans la tige : ici, le xylème, centripète, alterne avec le phloème.

Racine

Ses fonctions essentielles sont la fixation de la plante et son approvisionnement en eau et en sels minéraux, qui s'effectue au niveau des poils absorbants (pa).

LA NUTRITION DES VÉGÉTAUX

L'AZOTE MINÉRAL

RÔLE ET UTILISATION

■ LES PLANTES UTILISENT généralement l'azote sous une forme minérale (ammonium ou nitrate). Certaines se nourrissent directement d'azote organique : champignons, plantes parasites ou plantes carnivores. D'autres, par symbiose avec des micro-organismes, utilisent indirectement l'azote de l'air.

Les racines puisent l'azote du sol. En climat tempéré, la teneur en azote est de l'ordre de 5 000 kg par hectare, dont 1 à 2 p. 100 sont sous forme minérale, le reste étant sous forme organique (humus entre autres). Les micro-organismes du sol provoquent la décomposition de l'azote organique en azote minéral, qui devient disponible pour les végétaux.

L'absorption de l'ion nitrate est active ; elle nécessite de l'énergie et augmente le pH du sol ; à l'inverse, celle de l'ion ammonium est passive et abaisse le pH du sol. Si, une fois absorbé, l'ammonium est directement fixé sur des molécules organiques (acides α-cétoniques) afin de former les acides aminés, le nitrate doit être d'abord transformé en ammonium.

A

LES AUTRES MINÉRAUX

PHOSPHORE, POTASSIUM, CALCIUM...

■ L'ANALYSE DE LA COMPOSITION des plantes et le développement des cultures sans sol ont permis de déterminer précisément les besoins en éléments minéraux. Certains sont indispensables en quantité appréciable (phosphore, potassium, soufre, magnésium, calcium), d'autres ne sont nécessaires qu'à l'état de traces (bore, manganèse, aluminium, fer).

Ces éléments se trouvent en faible quantité dans le sol, sous la forme d'ions, et leur pénétration dans les racines varie selon l'âge de la plante, son état physiologique, la nature des ions, leur mélange et l'existence d'antagonismes ou de synergies. L'entrée des ions se fait suivant trois modalités, soit passivement avec l'eau, soit activement avec dépense d'énergie, soit par transport facilité combinant ces deux phénomènes. Le pH du sol a une importance fondamentale ; sa valeur optimale se situe entre 5 et 8 selon les espèces.

La déficience, ou l'excès, d'un élément minéral se traduit par une croissance réduite. Les vraies carences, visibles à l'œil nu, se manifestent par des symptômes précis appelés *chloroses*. Par exemple, la carence en phosphore se traduit par des feuilles jaunies et desséchées à leurs extrémité, la base étant plus foncée. Certains ions peuvent être toxiques s'ils sont abondants : le calcium est un véritable poison pour les plantes *calcifuges* (digitale, bruyère...) alors que, pour les *calcicoles*, il sera toléré ou indispensable. Quant au sodium, il est toléré par les *halophytes* (betterave), capables de vivre sur des terrains salés, à l'inverse des *glycophytes*.

COMMENT CIRCULE LA SÈVE

Pour s'alimenter, la plante possède un double système de circulation. Le bois, ou *xylème*, constitué de vaisseaux continus, permet la montée de la sève brute contenant de l'eau et des sels minéraux pompés par les racines. Dans les feuilles, la sève se charge des produits de la photosynthèse et circule sous forme de sève élaborée dans un système de cellules vivantes, le liber, ou *phloème*, qui la conduisent vers les organes en croissance.

La montée de la sève brute se réalise grâce à la *poussée racinaire*, due à l'activité métabolique de la racine, et grâce à l'*aspiration foliaire*, due à la sortie d'eau au niveau des parties aériennes, phénomène passif (évaporation) ou actif (transpiration).

LES BACTÉRIES AU SECOURS DES PLANTES

Une symbiose est une coopération entre deux organismes avec bénéfice réciproque. Ainsi, deux sortes de bactéries peuvent pénétrer dans les racines de certaines plantes pour y vivre en symbiose avec leur hôte : les *Rhizobium* chez les légumineuses (pois, soja, robinier...), les *Frankia* (des actinomycètes) chez des arbres comme les aulnes ou les filaos. Des nodosités se forment (ci-dessous celles d'une racine d'aulne) où les bactéries, nourries par la plante, fixent l'azote de l'air et le transforment en azote organique (ammonium), qui alimente leur hôte. Ces associations sont très profitables pour les plantes. Les rendements de fixation sont importants (entre 50 et 100 kg d'azote atmosphérique fixé par hectare et par an). Cela explique l'intérêt porté aux légumineuses comme « engrais vert » sur les sols pauvres en azote minéral.

A. SORCIÈRES DU SAHEL

Certaines plantes parasitent d'autres plantes ; vivant à leurs dépens, elles les affaiblissent parfois jusqu'à la mort. Ainsi, les strigas (ici *Striga hermontica*), qui donnent ces fleurs roses, sont de véritables vampires des cultures vivrières tropicales (mil, sorgho, maïs, riz...). Dès leur germination, les plantules de ces « sorcières du Sahel » installent sur les racines de l'hôte des suçoirs, par l'intermédiaire desquels elles prélèvent l'eau, les sels minéraux et les substances organiques dont elles ont besoin. L'affaiblissement, ou la mort, de la plante parasitée, survient peu à peu. Les dégâts dus à ces parasites ont été estimés pour la seule Afrique à 40 milliards de francs par an. Il y a peu de moyens de lutte efficace contre ce fléau.

B

B. PLANTE CARNIVORE

Les plantes carnivores, comme ce drosera qui a piégé une mouche syrphe, sont un exemple d'adaptation à un milieu très pauvre en azote (mare ou tourbière). Les plantes développent des organes préhenseurs permettant de capturer des insectes ou d'autres petits animaux. Ces proies animales fournissent de l'azote aux plantes. Les organes de capture peuvent être passifs comme chez les népenthès (urnes d'où les insectes attirés par un nectar ne peuvent pas sortir) ou actifs comme les poils gluants des droseras ou les pièges mécaniques des dionées « attrape-mouches ». La digestion par des enzymes qui dégradent les protéines libère des acides aminés qui permettent à la plante d'obtenir un supplément d'azote appréciable.

LA NUTRITION DES ANIMAUX

LES ALIMENTS

SOURCE DE VIE ANIMALE

■ LES ANIMAUX SONT HÉTÉROTROPHES : ils couvrent leurs besoins vitaux en consommant d'autres êtres vivants (micro-organismes, végétaux, animaux) ou leurs déchets (végétaux morts, cadavres d'animaux, déjections...). S'alimenter constitue une grande partie de l'activité de nombreux animaux et leurs comportements alimentaires sont variés.

Les aliments ont une double fonction. D'une part, ils sont source d'énergie ; d'autre part, ils fournissent les matériaux nécessaires à la construction de l'organisme (croissance) et à son fonctionnement.

Les aliments, source d'énergie. Dans l'organisme, cette énergie est libérée au cours des réactions d'oxydation qui constituent la respiration cellulaire. Tous les aliments n'ont pas la même valeur énergétique. Les molécules de lipides ont une valeur énergétique supérieure à celle des protides et des glucides.

Les aliments, source de matière. Les matériaux nécessaires à la croissance et au renouvellement des structures de l'organisme proviennent également de la digestion des aliments. Ce sont des molécules simples, appelées *nutriments* (glucose, acides aminés, acides gras...). Ces nutriments sont aussi nécessaires à la synthèse de substances fonctionnelles (hormones, enzymes...).

LES CONSOMMATEURS

DEUX GRANDES CATÉGORIES

■ MALGRÉ LA GRANDE VARIÉTÉ des régimes alimentaires, on peut classer les animaux selon l'origine animale ou végétale de leurs aliments. Cependant, si certains consommateurs sont très spécialisés dans leurs choix alimentaires, beaucoup se montrent plutôt opportunistes, voire omnivores (sanglier, homme).

Consommer des végétaux : les phytophages. Ils s'alimentent tous les jours et leurs repas occupent au moins la moitié de leur temps. Si le terme *herbivore* est employé comme synonyme de phytophage, il désigne plus spécifiquement les consommateurs d'herbe, comme la vache. D'autres consomment des fruits (régime *frugivore* : merle), des graines (régime *granivore* : pigeon), du nectar (régime *nectarivore* : colibri), de la sève (puceron), des feuilles (régime *phyllophage* : koala) ou du bois (régime *xylophage* : termite).

Un caractère assez constant des phytophages est la grande longueur du tube digestif : elle s'explique par la difficulté et la lenteur de la digestion de la cellulose, constituant important des végétaux.

Consommer des animaux : les zoophages. Ils ont souvent des repas espacés, en fonction des aléas de la chasse. Les zoophages doivent donc parfois jeûner.

Certains capturent des proies vivantes pour les consommer (régime *carnivore*) ou se contentent d'exploiter les dépouilles d'animaux morts (régime *nécrophage*). Les *insectivores* se nourrissent plus spécifiquement d'insectes (hirondelle) ; les *piscivores* de poissons (aigle pêcheur). Les animaux *hématophages* absorbent du sang (moustique, taon). Les zoophages ont un tube digestif assez court.

ALIMENTS ESSENTIELS

Il ne suffit pas de satisfaire les besoins énergétiques de l'organisme, il faut aussi lui fournir des substances indispensables : vitamines, acides aminés, sels minéraux.

Les vitamines sont des substances organiques que les animaux ne peuvent, normalement, effectuer la synthèse. Elles sont nécessaires au fonctionnement et à la croissance de l'organisme, efficaces à très faible dose, dépourvues de valeur énergétique et présentes en très faible quantité dans les aliments. L'absence totale de vitamines, ou leur présence en quantité insuffisante dans l'alimentation, est responsable de maladies par carence, ou *avitaminoses.*

Sur les vingt acides aminés qui constituent les protéines, huit ne peuvent être synthétisés par l'organisme (comme le *tryptophane* et la *lysine*) et doivent se trouver impérativement dans l'alimentation.

Certains éléments minéraux (tels que le fluor et l'iode) sont eux aussi indispensables, leur carence provoque des troubles.

A

A. **BUTINEUR INFATIGABLE**

Ce minuscule colibri aux vives couleurs pèse de 3 à 5 g, d'où son nom d'oiseau-mouche. Pour se nourrir, il butine les fleurs (ici, une inflorescence de *Lobelia*) à l'aide de son bec recourbé et de sa langue. Chaque jour, il lui faut 180 repas. Ce type de comportement alimentaire, qui exige un vol sur place, à reculons ou sur le côté, est très exigeant sur le plan énergétique : un colibri de 4,8 g dépense l'équivalent de 240 kJ/kg/heure, soit 30 fois plus qu'un homme.

B

B. **CHASSEUR IMPITOYABLE**

Les mantes religieuses sont des prédateurs redoutables pour de nombreux insectes. Ici, une mante dévore un criquet qu'elle a capturé à l'aide de ses pattes antérieures ravisseuses, dont la détente est très rapide. La mante chasse à l'affût, dissimulée dans les feuilles avec lesquelles elle se confond grâce à sa couleur verte. Il arrive que la femelle dévore le mâle après l'accouplement.

C

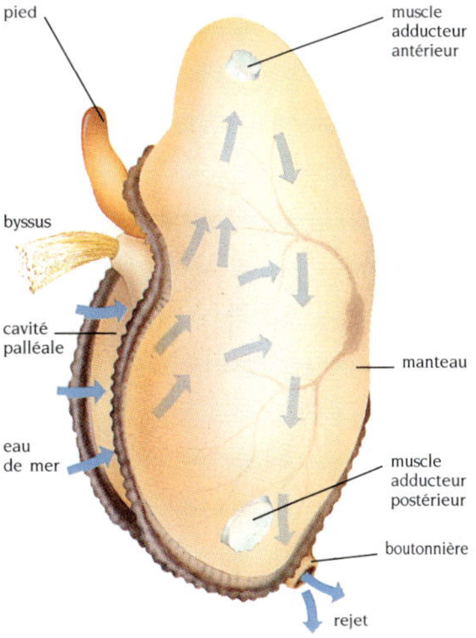

C. **FLUX ALIMENTAIRE CHEZ LA MOULE**

Les moules vivent dans la zone de balancement des marées. Une coquille calcaire fixée au rocher protège le corps mou enveloppé dans les deux lobes du manteau. Dans la cavité du manteau flottent des branchies couvertes de cils vibratiles qui créent un courant d'eau. Le plancton et des particules alimentaires en suspension dans l'eau de mer sont entraînés vers la bouche. Seuls les éléments digestibles de moins de 1 mm sont ingérés. Ce mode alimentaire s'appelle *microphagie.* Le dessin montre le trajet de l'eau de mer filtrée par l'animal (sorti de sa coquille).

D. **SE NOURRIR EN CREUSANT**

Ce lombric *(Lumbricus terristris),* appelé communément ver de terre, aime l'obscurité et l'humidité. Les lombrics vivent dans des galeries qu'ils creusent en avalant la terre. Ils se nourrissent ainsi d'une partie des débris organiques du sol et rejettent le reste par leur anus, créant à la surface les tortillons de terre qui témoignent de leur présence.

D

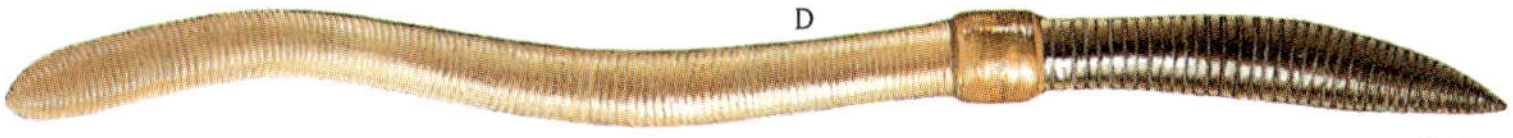

LA NUTRITION DES ANIMAUX

L'APPAREIL DIGESTIF

L'EXEMPLE DES MAMMIFÈRES

■ L'ANATOMIE DE L'APPAREIL DIGESTIF diffère selon les groupes d'animaux, mais on retrouve toujours un tube, associé à des glandes digestives, dans lequel circulent les aliments.

Chez les mammifères, le tube digestif débute par la cavité buccale ; il comprend ensuite l'œsophage, l'estomac, l'intestin grêle et le gros intestin. Les glandes digestives sont de deux sortes : les premières, microscopiques, sont contenues dans la paroi même du tube digestif (et de l'estomac, au niveau de l'intestin grêle) ; les secondes, plus volumineuses et situées à proximité du tube, y déversent leurs produits de sécrétion par de fins conduits (glandes salivaires, pancréas, foie).

Dans la bouche, les aliments sont broyés, triturés, mélangés à la salive qui les humidifie et qui amorce la dégradation de l'amidon.

L'estomac. Il prépare les aliments à la digestion intestinale. L'acide chlorhydrique qui y est sécrété dénature les protéines, ce qui favorise l'action des enzymes du suc gastrique comme la *pepsine,* qui assure leur dégradation partielle en peptides plus simples.

Néanmoins, le rôle de l'estomac dans la transformation chimique des aliments reste mineur. Son action est essentiellement mécanique.

Le pancréas. Il joue un rôle fondamental dans les phénomènes chimiques de la digestion grâce à la sécrétion du suc pancréatique dont l'équipement enzymatique complet permet de dégrader tous les types d'aliments : les sucres (amylase), les graisses (lipases), ainsi que les protéines et les peptides (trypsine, chymotrypsine et carboxypeptidase).

La sécrétion pancréatique est continue mais s'accroît après l'ingestion d'un repas (chez l'homme, le maximum est atteint de 2 à 3 heures après le repas et se prolonge pendant 5 à 7 heures). La composition en enzymes du suc pancréatique varie avec l'âge du sujet : un très jeune mammifère ne possède pas l'équipement lui permettant de digérer des aliments complexes ; cette composition évolue aussi en fonction du régime alimentaire : par exemple, la teneur en chymotrypsine (enzyme qui dégrade les protides) croît lorsque augmente la teneur du régime en protéines.

L'intestin grêle. Grâce aux enzymes libérées par les cellules de son épithélium, l'intestin grêle complète les transformations réalisées par le suc pancréatique. Grâce à ses sucrases (maltase, saccharase et lactase), il achève en effet la digestion des sucres complexes comme l'amidon, commencée par les enzymes salivaires et pancréatiques. Il possède également des enzymes (phosphatases, nucléotidase et nucléosidase) capables de dégrader les acides nucléiques. Certaines enzymes (aminopeptidase et dipeptidase) ont une action sur les peptides.

Le gros intestin. Il ne sécrète aucune enzyme. Au contraire, il inactive les enzymes de l'intestin grêle qui pourraient subsister parmi les résidus des aliments. Cependant, le gros intestin renferme une importante flore microbienne qui dégrade une partie des glucides, produisant, d'une part, des gaz inutilisables évacués et, d'autre part, des acides gras à courte chaîne qui, absorbés par la paroi intestinale, peuvent être assimilés.

Les résidus protéiques sont également dégradés par la flore bactérienne. Toutefois, la fonction principale du gros intestin est la réabsorption d'eau.

A

C

B

D

A. B. C. D. **PIÈCES BUCCALES D'INSECTES**

Pour récolter le nectar de certaines fleurs, l'abeille (A) se sert de sa langue poilue entourée de lames, qui forme une sorte de chalumeau (type lécheur-suceur). Le moustique femelle (B) se nourrit de sang. Il dispose de stylets logés dans un tube. Son appareil buccal est de type piqueur-suceur. Le criquet (C) est un herbivore très vorace. Il possède des pièces buccales broyeuses dont les puissantes mandibules fonctionnent comme des cisailles. Le papillon (D) possède un appareil de type suceur : un long tube qui se déroule pour puiser le nectar.

E

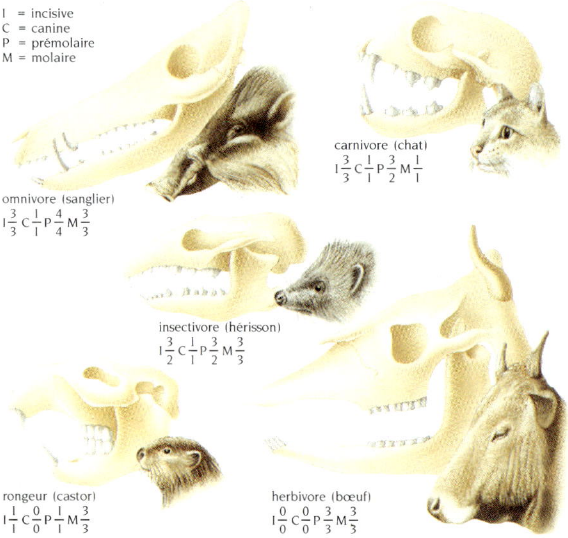

E. **DENTURES DES MAMMIFÈRES**

Les divers groupes de mammifères ont une denture en rapport avec leur régime alimentaire et avec leur façon d'utiliser les aliments. On distingue de ce point de vue les omnivores, les carnivores, les insectivores, les rongeurs et les herbivores. Dans les trois premiers groupes, la denture est complète, c'est-à-dire pourvue à la fois d'incisives, de canines et de molaires. Les canines ont un développement important chez les carnivores (chat). Chez les rongeurs et les herbivores, la denture est au contraire incomplète et discontinue, par suite du manque de canines, et ce sont les incisives qui peuvent être surdéveloppées (castor).

LES ENZYMES DIGESTIVES

La digestion est une dégradation progressive des molécules organiques de nos aliments par des enzymes. L'essentiel de la digestion se réalise dans l'intestin grêle. Le suc pancréatique, déversé dans l'intestin, contient diverses enzymes qui en accomplissent une grande part. Une enzyme, la lipase, hydrolyse les lipides en libérant les molécules qui les constituent : des acides gras, des monoglycérides et du glycérol. Diverses enzymes dites « protéolytiques » poursuivent la digestion des protéines déjà commencée dans l'estomac. Une amylase hydrolyse l'amidon et le glycogène en produisant du maltose, des dextrines et du glucose.

L'intestin grêle, à l'issue de la digestion, contient des molécules assez simples (oses, acides aminés, acides gras, eau...), que l'on appelle *nutriments.*

LE DEVENIR DES ALIMENTS

UNE ABSORPTION PROGRESSIVE

■ AU TERME DE LA SIMPLIFICATION moléculaire que constitue la digestion, l'intestin grêle renferme un liquide comportant des molécules simples, les nutriments, et des substances non digestibles (fibres). Alors que les résidus de la digestion vont former les matières fécales, colorées par la bile, les nutriments sont absorbés à travers la paroi intestinale.

La paroi de l'intestin grêle présente de nombreux replis circulaires recouverts de millions de petites saillies, les *villosités.* Chaque villosité est limitée par une couche de cellules dont la membrane, située du côté interne de l'intestin, présente de nombreuses digitations, les microvillosités (le jéjunum humain en compte 200 000 par mm^2). L'ensemble constitue une surface absorbante dont l'aire est considérable (estimée à 200 m^2 chez l'homme).

Les types d'absorption. L'absorption peut être passive, c'est-à-dire ne résulter que d'une simple diffusion à travers la paroi intestinale sous l'effet d'une différence de concentration de part et d'autre de celle-ci. Cependant, elle est le plus souvent active. Elle nécessite alors une dépense d'énergie de la part des cellules de l'épithélium intestinal, qui possèdent de véritables transporteurs capables de prendre en charge les molécules de nutriments pour les acheminer vers le sang ou la lymphe. Ces cellules se renouvellent constamment.

Les lieux d'absorption. Une grande partie de l'absorption a lieu au niveau du duodénum, portion initiale de l'intestin grêle où sont absorbés 60 p. 100 des sucres, 40 p. 100 des lipides et de 60 à 90 p. 100 des produits issus de la dégradation des protéines. Le gros intestin joue un rôle non négligeable dans l'absorption de l'eau : ainsi, les résidus de la digestion perdent de leur fluidité au fur et à mesure du transit intestinal. C'est aussi à travers la paroi du gros intestin que sont absorbés les acides gras provenant de la dégradation des glucides par la flore bactérienne.

Les voies d'absorption. Après avoir traversé l'épithélium intestinal, les nutriments absorbés empruntent deux voies :
– l'eau, les sels minéraux, les glucides simples, les acides aminés et le glycérol (seule graisse à emprunter la voie sanguine) passent directement dans le sang ; par la veine porte, ils gagnent le foie, où certains d'entre eux peuvent être temporairement mis en réserve ;
– les constituants des lipides (acides gras et monoglycérides) se retrouvent dans les vaisseaux lymphatiques. Ceux-ci aboutissent dans la circulation sanguine ; ainsi, la plus grande partie des substances absorbées au niveau de l'intestin se retrouve en définitive dans le sang. Les cellules de la paroi intestinale consomment toutefois elles-mêmes une petite partie des nutriments.

À QUOI SERVENT LES ALIMENTS ?

Les aliments que nous ingérons servent à fournir l'énergie nécessaire aux travaux internes de l'organisme au repos (activation des molécules, synthèses, reconstruction des membranes cellulaires...). Cette dépense énergétique obligatoire varie entre 8 000 kJ/jour pour un homme de 70 kg et 6 500 kJ/jour pour une femme (une ampoule de 100 watts consomme 8 600 kJ/jour). Les dépenses supplémentaires (essentiellement musculaires) dépendent de l'activité physique de l'individu (entre 1 700 kJ et 10 000 kJ/jour). Ainsi on estime qu'avec 1 kJ on peut :
– se reposer pendant 11,2 secondes (322 kJ/h) ;
– s'habiller pendant 5,7 secondes (627 kJ/h) ;
– marcher sur 5 mètres (836 kJ/h) ;
– faire du vélo sur 7 mètres (1 270 kJ/h) ;
– faire du jogging sur 3,5 mètres (2 400 kJ/h).

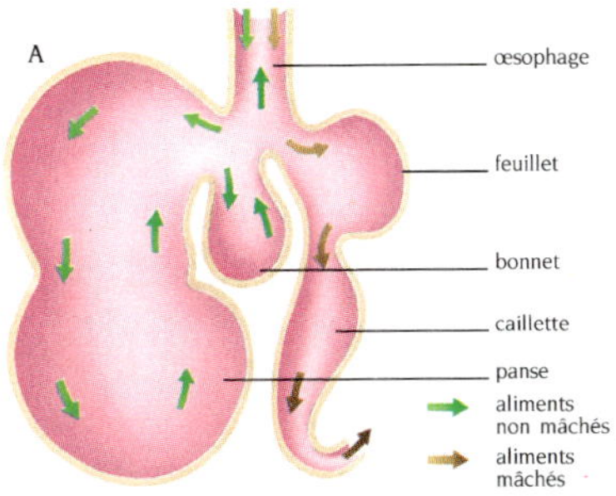

A. **RUMINATION**

Chez les herbivores ruminants, l'estomac est formé de quatre poches : le *rumen,* ou *panse,* le *réseau,* ou *bonnet,* le *feuillet* et la *caillette.* Chaque millilitre du contenu du rumen renferme 10^{10} bactéries et 10^6 protozoaires capables de digérer la cellulose. Après un séjour dans la panse, la nourriture est renvoyée dans la bouche, où elle est de nouveau mâchée. Les particules alimentaires passent ensuite par le feuillet, où elles sont triées, puis par la caillette (analogue à l'estomac).

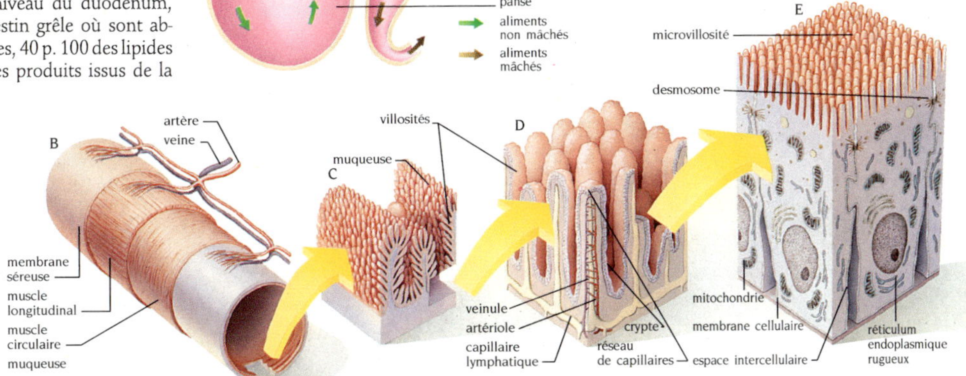

B. C. D. E. **INTESTIN GRÊLE DE L'HOMME**

L'anatomie de l'intestin grêle est analogue chez tous les mammifères. La paroi intestinale comporte quatre couches concentriques : trois tuniques externes entourent la muqueuse, dont l'épithélium absorbe les nutriments issus de la décomposition des aliments. Plusieurs types de plissements augmentent considérablement la surface d'absorption. L'épithélium présente des replis, eux-mêmes hérissés de villosités (B, C). À l'intérieur de chaque villosité (D) s'étend un réseau dense de vaisseaux sanguins et lymphatiques vers lesquels sont transportés les nutriments. Les cellules de l'épithélium (E) sont également couvertes de microvillosités.

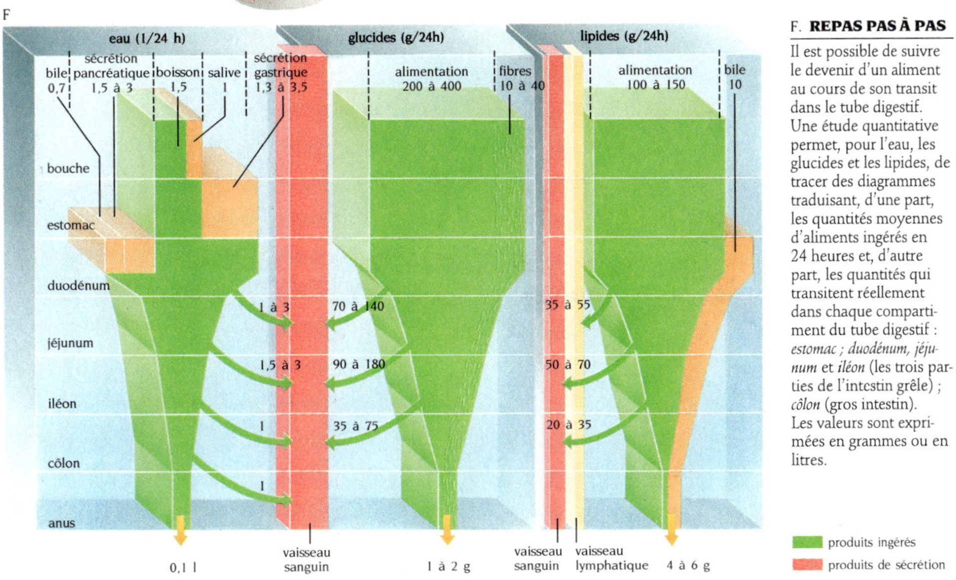

F. **REPAS PAS À PAS**

Il est possible de suivre le devenir d'un aliment au cours de son transit dans le tube digestif. Une étude quantitative permet, pour l'eau, les glucides et les lipides, de tracer des diagrammes traduisant, d'une part, les quantités moyennes d'aliments ingérés en 24 heures et, d'autre part, les quantités qui transitent réellement dans chaque compartiment du tube digestif : *estomac ; duodénum, jéjunum* et *iléon* (les trois parties de l'intestin grêle) ; *côlon* (gros intestin). Les valeurs sont exprimées en grammes ou en litres.

LA NUTRITION DES ANIMAUX

LES CARENCES

SOUS-NUTRITION OU MALNUTRITION

■ ON A D'ABORD limité les maladies par carence aux troubles déterminés par la privation des vitamines (avitaminoses). Le scorbut, par exemple, est consécutif à un manque prolongé de vitamine C. Tous les aliments sont, dans une mesure variable, nécessaires, et la privation de certains d'entre eux détermine des troubles de carence, même si la ration totale est suffisante en nombre de calories. À ces carences peuvent s'ajouter des déséquilibres, par excès d'alimentation carnée ou excès de graisses (huile, beurre...), par exemple. Les carences alimentaires présentent deux aspects différents : l'alimentation peut être soit quantitativement insuffisante (sous-nutrition), soit qualitativement inadaptée (malnutrition).

Chez l'homme, à côté des carences volontaires (régime végétarien, régime amaigrissant déséquilibré) ou dues à des facteurs psychiques (anorexie mentale), on observe des carences liées à l'environnement (pauvreté dans les pays développés et surtout famines dans certaines régions sous-développées).

LES ANIMAUX D'ÉLEVAGE

UNE ALIMENTATION CONTRÔLÉE POUR UNE PRODUCTION OPTIMALE

■ L'ALIMENTATION de l'homme comporte de nombreux produits d'origine animale. L'élevage est devenu une industrie utilisant des moyens technologiques développés, où l'alimentation des animaux est rigoureusement contrôlée au cours des différentes phases de la production.

L'exemple des poules. Une caractéristique importante des élevages industriels est leur spécialisation. La production des œufs de consommation en est un exemple typique. Avant d'obtenir des poules pondeuses, il est nécessaire de réaliser quatre élevages successifs fournissant les reproducteurs, les poussins, les poulettes et finalement les poules pondeuses. Chacun d'eux a ses exigences propres, du point de vue tant des conditions d'élevage que de l'alimentation. Ainsi, l'alimentation des poulettes est limitée afin d'éviter l'engraissement, mais elle doit cependant couvrir les besoins de croissance et d'entretien et permettre d'obtenir en 20 semaines des poules à maturité. Chez les pondeuses, la croissance étant terminée, les acides aminés indispensables sont désormais fournis dans la ration en quantités différentes. En revanche, l'alimentation des pondeuses doit permettre de produire des œufs riches en protéines, lipides et sels minéraux. Un œuf de 55 g contient 7 g de protéines, 6,3 g de lipides, 0,9 g de glucides ainsi que du calcium qui minéralise sa coquille. Grâce à un « tableau de bord » fourni par un institut de sélection, l'éleveur contrôle l'évolution « normale » de sa production.

LES VACHES NE MANGENT PAS D'HERBE

Les sucs digestifs des ruminants ne comportent pas d'enzyme permettant la digestion de la cellulose. Les fourrages et autres aliments riches en cellulose servent, en fait, à nourrir les micro-organismes contenus dans leur panse. Ces derniers y synthétisent des protéines de bonne qualité, à partir de l'ammoniaque provenant de la fermentation des protéines et des matières azotées non protéiques ingérées. Les micro-organismes et les différents produits de leur activité sont ensuite utilisés par le ruminant : ainsi, chez la vache laitière, les acides gras provenant de la fermentation de la cellulose couvrent 70 p. 100 des besoins énergétiques et les protéines microbiennes satisfont aux besoins d'entretien de l'organisme ainsi qu'à la production quotidienne de 5 à 15 kg de lait.

En zootechnie, deux voies de recherche sont explorées pour améliorer le rendement de ces micro-organismes : équilibrer leur « alimentation » et éviter qu'ils ne dégradent les matières protéiques que les ruminants d'élevage (bovins, moutons...) peuvent eux-mêmes digérer avec leurs propres enzymes digestives.

A

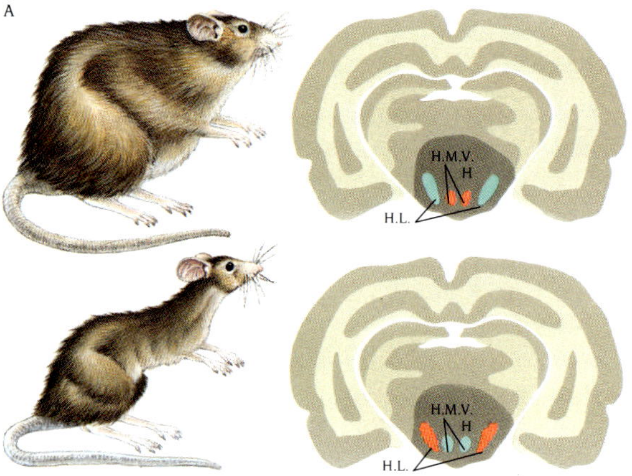

A. **CONTRÔLE DE LA FAIM**

C'est dans l'hypothalamus (H), situé à la base du cerveau, que sont situés les centres nerveux régulateurs de la prise alimentaire. Le centre de l'appétit est localisé dans les parties latérales (H. L.), le centre de la satiété se trouve dans la région médioventrale (H. M. V.).
La destruction expérimentale, dans l'encéphale d'un rat, du centre de la satiété entraîne l'hyperphagie et l'obésité, celle du centre de l'appétit, l'aphagie et l'amaigrissement.

B

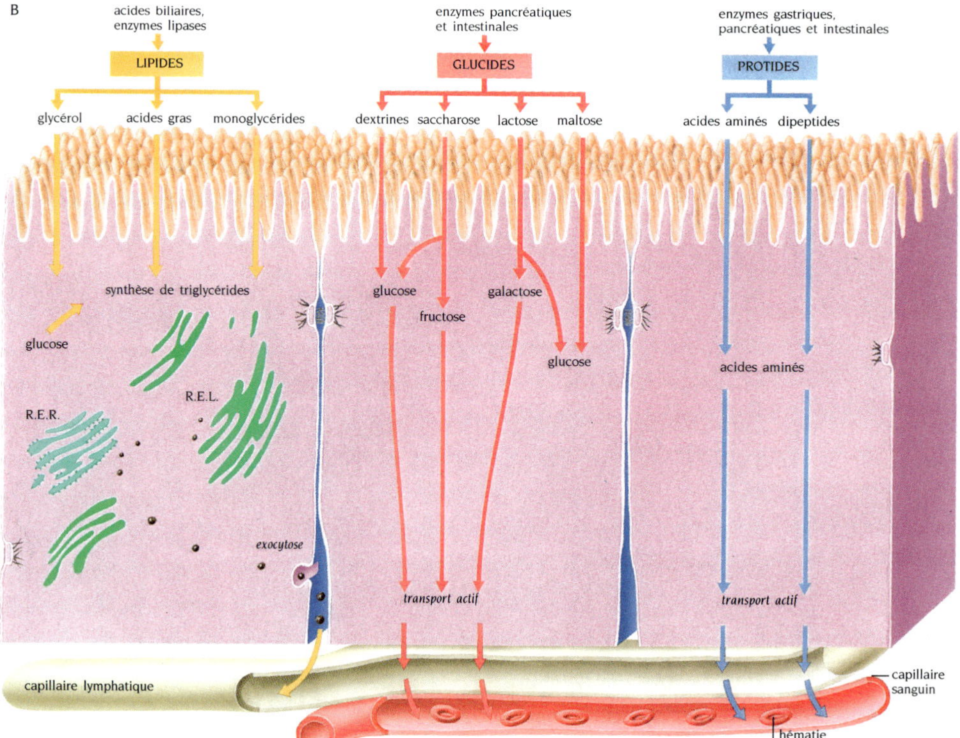

B. **CELLULES ABSORBANTES**

Sur ce schéma de cellules absorbantes de l'épithélium intestinal, l'absorption de chacune des catégories de molécules organiques (glucides, lipides, protides) a été représentée dans trois cellules différentes, mais il n'existe pas en réalité de spécialisation de ce type.
Au niveau du réticulum endoplasmique lisse (R. E. L.), les *triglycérides* sont « resynthétisés » à partir des nutriments lipidiques et inclus dans une macromolécule appelée *chylomicron* (une catégorie de lipoprotéine), qui est libérée dans la lymphe.
Les sucres (glucides) comme les dextrines ou le *saccharose* sont assimilés sous forme d'oses par les villosités de la cellule intestinale, puis déversés dans la circulation sanguine.
Quant aux protides, le fonctionnement des transporteurs d'acides aminés dépend directement de la concentration en sodium dans l'intestin.

LA NATURE POUR MODÈLE

PARTANT D'UNE OBSERVATION, même succincte, on pourrait à loisir énumérer une longue liste d'œuvres humaines que l'on retrouve sous une forme ou sous une autre dans le monde naturel.

■ L'être humain serait-il donc si peu inspiré qu'il doive imiter ce qui existe déjà ? Ou bien ferait-il preuve d'une grande sagesse en reproduisant à son usage les inventions du monde vivant ?

Copier la nature lui demande d'affiner ses dons d'observation pour cerner un phénomène, et d'exercer ses capacités de réflexion pour comprendre les lois qui le régissent. Cette activité est devenue une telle source d'innovations techniques et scientifiques qu'elle a pris la dimension d'une science et porte désormais un nom : la *bionique*. Ce mot a été proposé en 1960 par le major Jack E. Steel de l'US Air Force. La bionique est la science des objets dont la structure ou la fonction sont inspirées de celles des systèmes naturels.

Entre copie et convergence. En Australie vit une petite taupe marsupiale *(Notoryctes typhlops)* qui ressemble beaucoup à la taupe commune, placentaire, bien connue de nos jardiniers. Ces deux petits mammifères ont évolué indépendamment l'un de l'autre et, pourtant, ils possèdent des caractères anatomiques semblables : oreilles sans pavillon, yeux atrophiés et membres courts adaptés au fouissage. Un mode de vie comparable, les mêmes contraintes de l'environnement peuvent donc conduire à une similitude des solutions mises en œuvre. C'est ce qu'on nomme *convergence adaptative.*

Ce phénomène permet de comprendre pourquoi certaines inventions humaines sont si proches de celles de la nature. On ne peut manquer d'être frappé par la ressemblance entre un mammifère marin ou un poisson et un sous-marin, entre l'ossature de certaines constructions et celle du squelette. Cette convergence n'est guère étonnante si l'on considère que les principes de l'aérodynamique, de la résistance des matériaux ou de la gravitation sont les mêmes pour tous, machines ou animaux, édifices ou organes biologiques. Les lois physiques exercent un contrôle puissant sur la solution retenue par l'homme ou la nature.

Entre copie (consciente ou inconsciente) et convergence, il n'est donc pas toujours simple de déterminer ce qui motive les inventeurs. Dans certains cas, la similitude ne s'est révélée que tardivement. À titre d'exemple, on peut citer le radar. Les premiers usages de cette technique remontent à la Première Guerre mondiale et ils sont antérieurs à la mise en évidence de l'existence des systèmes naturels de détection des

A. L'*Éole* de Clément Ader.

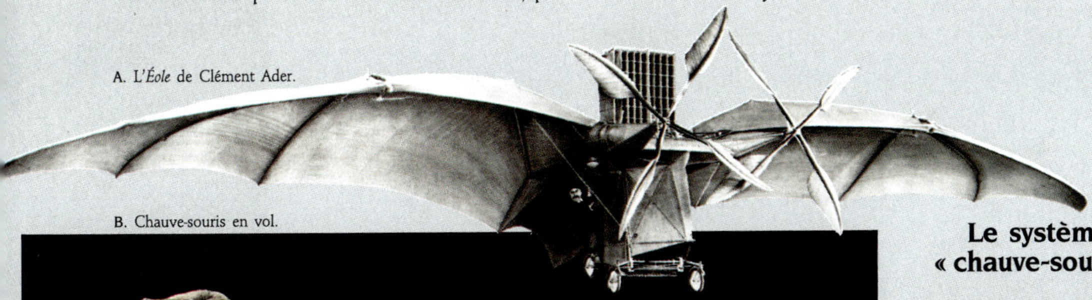

B. Chauve-souris en vol.

Le système « chauve-souris »

Voler a sans aucun doute été un des plus vieux rêves de l'homme. Après les ailes mythiques d'Icare, les machines de Léonard de Vinci et l'aventure des montgolfières, c'est au milieu du XIXe siècle qu'a réellement commencé la frénétique quête technologique.

Les oiseaux et leurs ailes merveilleuses ont fait l'objet de toutes les attentions. Pourtant la préférence de Clément Ader (A) allait aux chauves-souris (B). La forme de ses machines, appelées *Éole*, ne laisse planer aucun doute. En 1890, sa chauve-souris mécanique lui permit d'effectuer le premier décollage d'un homme grâce à une machine motorisée. Près de 15 m d'envergure pour un saut de 50 m à l'altitude modeste, mais concrète, de quelques centimètres au-dessus du sol. La gravité était vaincue !

chauves-souris ou des dauphins, qui furent découverts plus tardivement, respectivement en 1930 et en 1945. L'ensemble de ces systèmes repose pourtant sur un même principe : une onde (sonore ou électromagnétique) est produite par l'émetteur, puis réfléchie par un objet, et l'analyse du signal réfléchi (écho) donne des indications sur la taille et la localisation de cet objet (écholocalisation).

Les modèles animaux. Il existe des cas où le « délit d'imitation » est flagrant et où la bionique a permis des progrès techniques remarquables.

Les talents d'architecte des abeilles ont toujours laissé rêveur. Avec leurs réseaux d'hexagones parfaitement emboîtés et alignés, elles ont optimisé l'utilisation de l'espace disponible. Bien plus, cette structure hexagonale s'est révélée si solide pour une telle légèreté qu'elle a inspiré la fabrication de matériaux aussi divers que des emballages, des carrosseries, des revêtements d'avions ou encore des dômes de haut-parleurs...

La moule est un invertébré réputé pour la solidité de son système de fixation aux rochers. Le *byssus,* le faisceau de filaments qu'elle sécrète pour se fixer, a été étudié par des ingénieurs d'une firme américaine et a permis de mettre au point une colle révolutionnaire qui prend dans l'eau.

Les scientifiques avaient remarqué que le profil hydrodynamique quasi idéal du dauphin ne pouvait expliquer à lui seul les performances de l'animal. La solution se trouvait dans la structure intime de sa peau. Son derme est constitué d'un tissu spongieux dans lequel circule un liquide permettant d'absorber les variations de pression dues aux turbulences. Un revêtement synthétique antiturbulent fondé sur ce principe est à l'étude et pourrait considérablement améliorer les performances de divers engins sous-marins. On pourrait ainsi réduire de plus de deux fois le freinage de ces engins par l'eau.

La peau des requins a également beaucoup retenu l'attention, car sa surface, composée de stries en chevrons, facilite l'écoulement des fluides. Un modèle en version plastique de ce revêtement va être testé sur des avions Airbus.

Enfin, les serpents, dont la peau, par la disposition et la structure des écailles, facilite le glissement dans un sens et le freine en sens inverse, disposent d'un système antirecul efficace. Un revêtement très directement inspiré de cette peau reptilienne a été conçu pour remplacer avantageusement les traditionnelles peaux de phoque (elles-mêmes déjà des imitations !) sur la semelle des skis de fond.

Si l'on remonte dans le temps, nombre d'inventeurs ont été bioniciens, à l'image de Marc Brunel. Ce Britannique de l'époque victorienne s'est inspiré de la forme des organes de forage de vers marins capables de dévorer les bois les plus durs pour dessiner une excavatrice. Il permit ainsi à ses compatriotes de creuser le premier tunnel sous la Tamise.

Les modèles végétaux. Outre l'aile d'oiseau ou de chauve-souris, dont se sont inspirés les premiers aviateurs pour dessiner leurs engins plus lourds que l'air, il faut rendre hommage à la graine de zazonie, une liane des îles du Pacifique. En 1904, Ignaz Etrich et son fils construisirent un planeur sans queue de 6 m d'envergure, copie quasi conforme de cette graine pouvant elle-même mesurer la taille respectable de plus de 15 cm.

D'une autre graine, la samare d'érable, ont germé des idées fondamentales. Cette graine, lorsqu'elle se détache de sa branche nourricière, se met à tourbillonner, à entrer en « autorotation ». Sa descente vers le sol est alors considérablement ralentie, et, par vent favorable, elle peut être transportée à plusieurs centaines de mètres. Toutes les hélices créées par l'homme, celles de l'avion ou du bateau en passant par celles du ventilateur ou de l'hélicoptère, sont filles de la modeste petite samare.

À mi-chemin entre l'art et la technique, l'architecture est parfois inspirée des formes végétales. Sir Joseph Paxton, architecte autodidacte, était un jardinier observateur. Fasciné par la solidité de la feuille du nénuphar géant, *Victoria regia,* il construisit, en 1849, une serre dont la structure porteuse s'inspire du système de nervure radial du végétal. Après avoir déposé le brevet, il développe cette idée et dessine le Crystal Palace pour la première Exposition universelle à Londres, en 1851.

Les architectes se sont également inspirés des arbres pour

A. Fémur (coupe schématique).

B. Pont sur la Firth of Forth (Écosse).

C. Bardane (× 500).

soutenir la toiture de certains de leurs édifices, comme en témoignent magistralement les piliers de la cathédrale *Sagrada Familia* d'Antonio Gaudí à Barcelone ou ceux du *Palazzo del Lavoro* de Pier Luigi Nervi à Turin.

Saviez-vous que la très commune salière à couvercle perforée est, elle aussi, dérivée d'une invention naturelle ? On la doit, au début de ce siècle, à un autre ingénieur amoureux de la nature, R. H. Francé. Cet homme avait remarqué quel simple et judicieux procédé le fruit du coquelicot utilise pour semer ses graines à tout vent : une série d'ouvertures à la partie supérieure de l'organe de forme conique où sont enfermées les graines. À chaque souffle de vent, quelques graines s'échappent, jusqu'à épuisement du stock, et ce système inspira donc un brevet d'invention bionicien.

L'homme est aussi une source d'inspiration pour l'homme, mais il s'agit là d'un impératif, d'une nécessité médicale...

E. Robot.

D. Velcro (× 20).

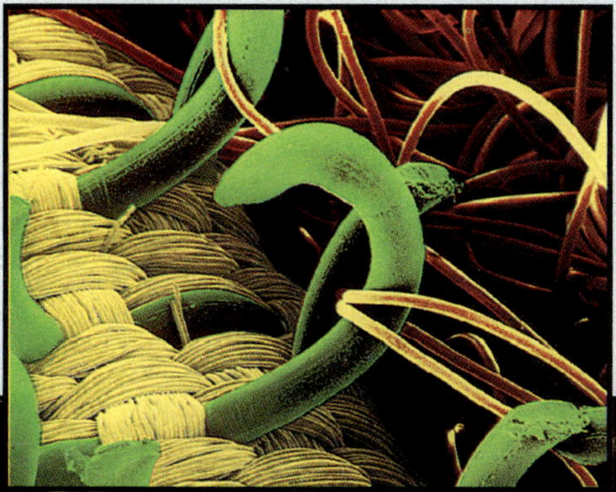

Des ressemblances édifiantes

Architectures convergentes. L'architecture interne de l'extrémité d'un os long (A) [ici, le fémur] montre un ensemble de cloisons diversement orientées, délimitant un grand nombre de petites cavités. Leur agencement, schématisé ici, assure la meilleure solution pour contrer les forces gravitationnelles et celles qui sont liées aux mouvements. Depuis longtemps, les architectes savent qu'ils doivent travailler en fonction de la gravitation. Entre l'architecture osseuse et celle de ce pont métallique de type *cantilever* (B) sur un fleuve écossais, des contraintes semblables ont conduit à une surprenante convergence de formes.

Copie conforme. La bardane (C), plante vivace ressemblant à un chardon, montre à la surface de ses fruits des piquants recourbés par lesquels ceux-ci s'accrochent au pelage des animaux et aux vêtements des promeneurs. La plante utilise ces transporteurs involontaires pour disséminer ses graines. C'est en observant ce petit manège que l'ingénieur Georges de Mestral conçut, en 1951, un système de fermeture révolutionnaire : le Velcro (D). D'un côté de fines boucles ouvertes comparables à des crochets, de l'autre une forêt de petites boucles fermées, et voilà deux surfaces qui peuvent se mêler l'une à l'autre dans une cohésion forte, mais qui demeure réversible. La microscopie électronique à balayage révèle la similitude entre ce crochet de bardane au contact d'un poil de mouton (photo du bas) et le Velcro (photo du haut), dont les crochets sont environ huit fois plus gros que ceux du modèle naturel.

Comme une bête. Permettre le déplacement intelligent d'un engin dans un espace pourvu d'obstacles est une des préoccupations actuelles de la robotique. Les spécialistes ont abondamment recours à la bionique pour modéliser la démarche d'un homme ou d'un animal afin que les robots puissent faire leurs premiers pas. Ce scintillant quadrupède (E), apparemment sans queue ni tête, mis au monde par la société Hitachi, est capable de marcher en évitant les obstacles.

L'homme de synthèse. À la suite d'un accident ou d'une affection, un organe du corps peut devenir incapable de remplir son rôle et mettre en jeu la vie du malade. Les médecins n'ont alors d'autre solution que de le remplacer, soit par un organe provenant d'un autre individu, c'est la transplantation, soit par un organe artificiel. Quand on sait la difficulté de trouver, en un temps très limité, un organe sain et adapté, et qu'on connaît les éventuels problèmes de rejet de l'organe greffé, on comprend tout l'intérêt de la recherche en bionique humaine.

Si le premier témoignage de la fabrication d'un organe artificiel, une prothèse de pied, est égyptien et remonte à 2 300 ans avant J.-C., la technique était encore largement expérimentale il y a seulement trente ans. Mais, depuis, les progrès ont été fulgurants et, de la tête aux pieds, les médecins disposent à présent de nombreux organes de rechange. Pourtant, avec les organes vitaux (cœur, rein...), apparaît l'extrême faiblesse du modèle synthétique par rapport au modèle biologique : l'organe de rechange est particulièrement encombrant, ce qui est un facteur d'inconfort pour le malade, et, de surcroît, il n'a ni la fiabilité ni la flexibilité de l'original.

Il n'en va pas tout à fait de même pour les autres organes artificiels. Les cristallins synthétiques, même s'ils interdisent tout processus d'accommodation, permettent de retrouver une vue correcte. La chirurgie osseuse utilise depuis quelque temps des prothèses taillées dans de l'authentique corail marin. Ce matériau naturel, sélectionné pour ses qualités minérales et pour sa très bonne tolérance par l'organisme, sert à combler des kystes osseux ou même à assurer la continuité entre les deux parties d'un os brisé (le corail se résorbe au fur et à mesure que le tissu osseux se reconstitue). Enfin, d'autres organes artificiels sont promis à un grand avenir, comme l'oreille interne artificielle, par exemple.

Robots et intelligence artificielle. Si les premiers automates ont parfois été considérés comme des œuvres diaboliques en raison de leur ressemblance avec l'homme, leurs modernes successeurs, les robots, sont parfaitement intégrés à notre société. Ils sont de plus en plus présents dans notre monde industriel comme dans notre univers ludique. Infatigables, ils travaillent à la place de l'homme et amusent les enfants (et quantité de grandes personnes). Ils sont conçus pour des tâches bien précises et ne peuvent rien faire d'autre (ils ne prennent aucune initiative).

À mesure que leur place dans la société se précise, à la forme idéalement humaine des robots se substituent des configurations plus spécialisées et plus efficientes. Un robot est à présent conçu en fonction de la tâche qu'il devra réaliser. Dans une usine de construction automobile, c'est un simple bras articulé terminé par un pistolet à peinture qui étale la couleur. Dans un hangar de stockage, le robot utilitaire devient chariot à roulettes...

Toutefois, il arrive que ces individus mécaniques soient pourvus, par nécessité, d'appendices dont la filiation humaine ou animale est évidente. Certains sont munis d'une main mécanique sensible à la pression pour saisir des objets fragiles (cueillette de fruits), tandis que d'autres possèdent des « yeux » pour identifier les objets à déplacer.

La robotique est au corps des machines ce que l'informatique est à leur « esprit ». Pourtant, aussi efficace soit-il, l'ordinateur n'a pas la plasticité du cerveau humain. C'est pourquoi les informaticiens ont inventé le neuro-ordinateur : le fonctionnement de sa mémoire est copié sur celui de nos cellules grises. Grâce à cette architecture, les ordinateurs neuronaux pourront résoudre des problèmes complexes tels que la reconnaissance des formes ou des sons. Pour cela, ces machines devront, tout comme l'homme, passer par une période d'apprentissage. □

Aérodynamisme : le bon profil

Le domaine de l'aérodynamisme illustre de façon indéniable la dictature des lois physiques et on ne peut plus s'étonner de la convergence des formes animales, non seulement entre elles (poissons, mammifères marins ou oiseaux), mais également avec celles des réalisations humaines (fusées, avions, sous-marins, bateaux, torpilles...).

Pour se déplacer vite et avec le moindre coût énergétique, il est impératif que la forme de l'animal ou de l'objet offre le moins de résistance possible au fluide (eau ou air) s'écoulant le long de ses parois. De merveilleux nageurs comme le thon ou le dauphin ont un profil particulièrement adapté : la partie de plus grand diamètre de leur corps se situe très en arrière pour réduire au maximum la formation de turbulences. Le requin est également un excellent modèle (A), puisqu'il inspire au professeur Tournesol une de ses plus belles inventions, à bord de laquelle Tintin partira à la recherche du trésor de Rackham le Rouge...

A. Vignette du *Trésor de Rackham le Rouge* de Hergé.

LA PHOTOSYNTHÈSE

LA PHOTOSYNTHÈSE est le processus par lequel les végétaux verts et certaines bactéries élaborent des molécules organiques à partir du gaz carbonique (CO_2) atmosphérique, de sels minéraux et d'eau, en utilisant les radiations solaires comme source d'énergie. La photosynthèse aboutit à la formation de molécules simples (sucres), qui sont à l'origine de la synthèse de molécules plus complexes (glucides, lipides, protides).

LES ORGANES DE LA PHOTOSYNTHÈSE

DE LA FEUILLE AUX CHLOROPLASTES

■ CHEZ LES VÉGÉTAUX SUPÉRIEURS, les feuilles sont le siège principal de la photosynthèse. Leur morphologie (forme, taille) est bien adaptée à cette fonction : maximum de surface exposée à la lumière, épaisseur réduite pour permettre les échanges gazeux nécessaires à la photosynthèse (absorption du CO_2 et rejet de l'oxygène [O_2]). Les feuilles sont généralement fixées à la tige par un pétiole, qui leur permet de s'orienter vers la lumière ou de s'en détourner si celle-ci est trop vive *(phototropisme)*. Les éléments minéraux et gazeux nécessaires à la photosynthèse parviennent aux feuilles par différentes voies : l'eau et les sels minéraux du sol y sont conduits à partir des racines ; le dioxyde de carbone (CO_2) atmosphérique y pénètre par des structures d'échange, les *stomates*.

Les chloroplastes. Les cellules des feuilles contiennent des organites, les *chloroplastes,* où a lieu la photosynthèse. Celle-ci s'effectue en deux étapes. La première, qui requiert de la lumière *(phase lumineuse),* se déroule dans des membranes situées à l'intérieur des chloroplastes : les *thylakoïdes*. L'énergie lumineuse est absorbée et transformée en énergie chimique utilisable par la cellule. Une partie seulement du rayonnement solaire est utilisée, entre autres les radiations bleues, jaunes et rouges, d'où la couleur verte des feuilles.

La deuxième étape de la photosynthèse ne nécessite pas de lumière *(phase obscure)* et s'effectue dans les chloroplastes mais hors des thykaloïdes. Elle aboutit à la formation de sucres simples (oses) permettant la synthèse de molécules plus complexes (glucides, lipides, protides), qui pourront être utilisées par la plante soit pour des reconstructions internes, soit pour stocker de l'énergie.

ET LES ALGUES ?

Les algues vertes, brunes ou rouges contiennent des pigments « photosynthétiques » qui leur permettent d'utiliser la lumière comme source d'énergie.

Les algues vertes (chlorophycées) contiennent de la chlorophylle, pigment majeur de la photosynthèse chez les végétaux terrestres. Les algues vertes vivent près de la surface de l'eau (laitue de mer). Les algues brunes (phéophycées) contiennent, en plus de la chlorophylle, un pigment brun, la *fucoxanthine,* ayant la propriété de capter la lumière qui arrive en eau plus profonde (fucus, laminaires). Les algues rouges (rhodophycées) contiennent de la *phycoérythrine* et de la *phycocyanine,* pigments capables de capter les radiations solaires qui parviennent à plusieurs mètres de profondeur. Ainsi, la possession de tel ou tel pigment photosynthétique détermine la répartition en profondeur des principaux groupes d'algues.

A. **PRINCIPE GÉNÉRAL**

La lumière est captée par les pigments des chloroplastes. Elle fournit l'énergie nécessaire à la dissociation de l'eau *(photolyse).* L'oxygène de l'eau est libéré, tandis que l'hydrogène est dissocié en protons et en électrons. Ces derniers sont déplacés par des molécules (les transporteurs) qui génèrent ainsi de l'énergie chimique. Celle-ci sert à la synthèse de molécules hautement énergétiques (N. A. D. P. H. et A. T. P.), permettant la synthèse de molécules organiques à partir du CO_2 de l'air.

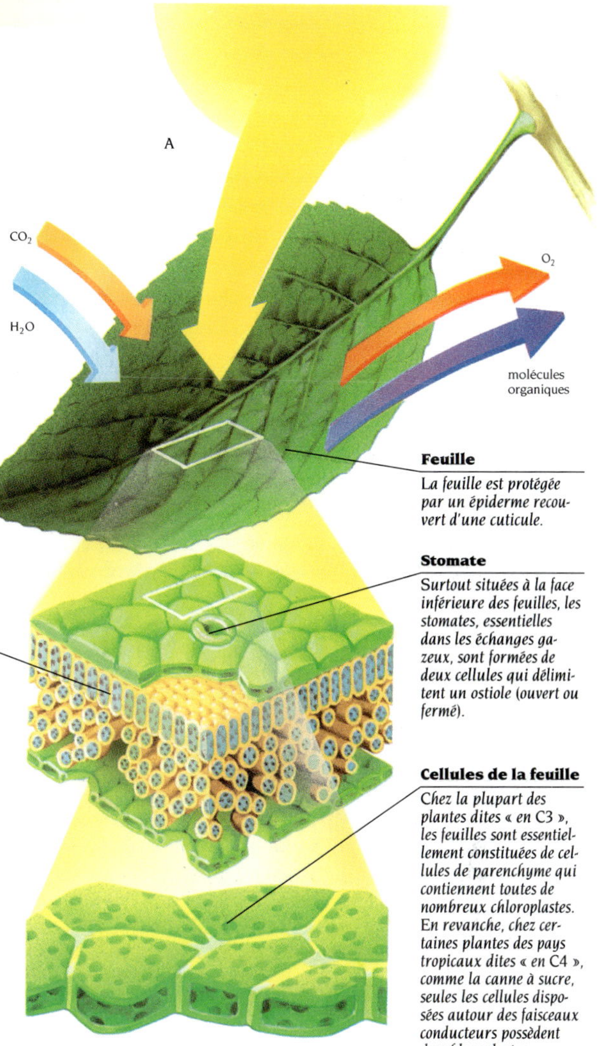

Feuille

La feuille est protégée par un épiderme recouvert d'une cuticule.

Stomate

Surtout situées à la face inférieure des feuilles, les stomates, essentielles dans les échanges gazeux, sont formées de deux cellules qui délimitent un ostiole (ouvert ou fermé).

Coupe de la feuille

La face supérieure, exposée au soleil, présente un tissu (parenchyme palissadique) riche en chloroplastes. La face inférieure contient un tissu lacuneux et de nombreux stomates qui permettent les échanges gazeux. Les feuilles possèdent des faisceaux vasculaires (nervures) qui transportent les produits élaborés lors de la photosynthèse vers les autres tissus.

Cellules de la feuille

Chez la plupart des plantes dites « en C3 », les feuilles sont essentiellement constituées de cellules de parenchyme qui contiennent toutes de nombreux chloroplastes. En revanche, chez certaines plantes des pays tropicaux dites « en C4 », comme la canne à sucre, seules les cellules disposées autour des faisceaux conducteurs possèdent des chloroplastes.

B. **CHLOROPLASTE**

Chaque cellule végétale peut en contenir jusqu'à 40. Les chloroplastes ont une forme ovoïde de 3 à 10 µm de diamètre et de 1 à 2 µm d'épaisseur. Cette photo réalisée au microscope électronique révèle la structure intime d'un chloroplaste.

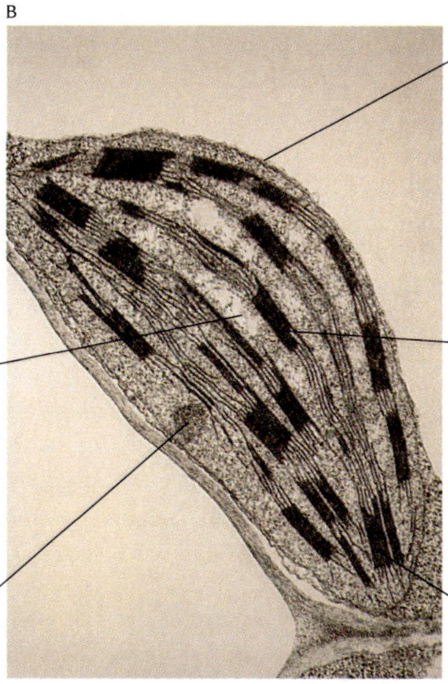

Enveloppe

Deux membranes (externe et interne) délimitent un espace intermembranaire. L'enveloppe isole le stroma du cytosol et régule les échanges entre ces deux compartiments.

Stroma

Gel dans lequel baignent les thylakoïdes. Il contient de l'A. D. N. et des ribosomes (« plastoribosomes ») assurant la synthèse de certaines protéines chloroplastiques.

Thylakoïdes

Ces structures membranaires contenant la chlorophylle sont le siège de la première étape (phase lumineuse) de la photosynthèse.

Plastoglobules

Ils sont principalement constitués de lipides ou d'amidon.

Granum

Les grana sont formés par l'empilement localisé de thylakoïdes.

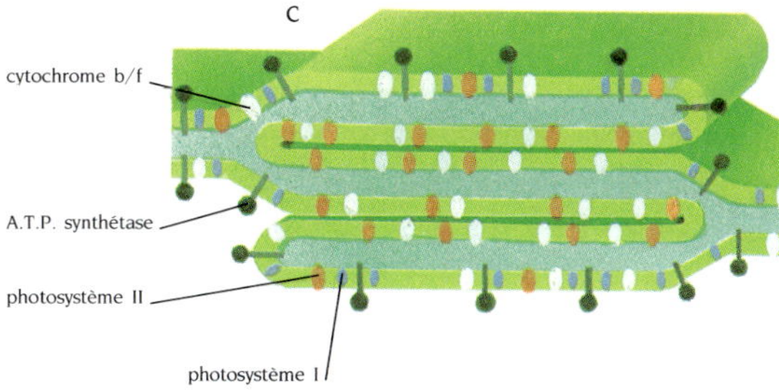

C. **MEMBRANE DES THYLAKOÏDES**

Ces membranes comportent, incluses dans leur double couche, les protéines photosynthétiques. Ces dernières s'organisent en complexes : photosystèmes I (P.S.1) et II (P.S.2), cytochrome b/f et enzyme A.T.P. synthétase.

LA PHOTOSYNTHÈSE

LE MÉCANISME

LES DEUX PHASES DE LA PHOTOSYNTHÈSE

■ LA PHASE LUMINEUSE a lieu dans les thylakoïdes ; la phase obscure se déroule dans le stroma des chloroplastes.

La phase lumineuse (réactions claires). L'énergie lumineuse est captée par les pigments (chlorophylles et carotènes) associés aux protéines des photosystèmes I et II. Le photosystème II (P. S. 2) intervient d'abord, suivi par le photosystème I (P. S. 1). Dans le P. S. 2, l'énergie des photons de longueur d'onde inférieure à 680 nm est absorbée et provoque le départ d'électrons de la chlorophylle, qui est oxydée. Le retour de la chlorophylle à son état initial (réduction) est provoqué par des électrons qui proviennent de la photolyse de l'eau : $2H_2O \rightarrow O_2 + 4H^+$ (protons) + 4 e^- (électrons).

Les protons restent à l'intérieur des saccules formés par les thylakoïdes. Les électrons libérés lors de l'oxydation de la chlorophylle se combinent à des protons venant du stroma du chloroplaste et sont captés par une molécule transporteur, la plastoquinone (P. Q.), qui est réduite en hydroquinone (P. Q. H_2). Cette molécule libère les protons à l'intérieur des thylakoïdes.

Quant aux électrons, ils sont captés successivement par le complexe « cytochrome b/f » puis par la plastocyanine (P. C.) mobile, qui les prend en charge et les transporte jusqu'au photosystème I (P. S. 1). Ces électrons provoquent le retour à l'état initial (réduction) de la chlorophylle du P. S. 1. qui perd des électrons lors de l'excitation par des photons de longueur d'onde inférieure à 700 nm. Les électrons libérés sont captés par un accepteur protéique contenant du fer et du soufre, la *ferrédoxine*.

Selon les circonstances, ces électrons peuvent être pris en charge par un transporteur, le F.A.D. (flavine-adénine-dinucléotide), qui les transfère avec des protons au N. A. D. (nicotinamide adénine dinucléotide) pour donner du N. A. D. P. H. ou bien, lorsque la cellule n'a pas besoin de synthétiser du N. A. D. P. H., les électrons retournent au photosystème I. L'énergie associée aux flux de protons entre le stroma et l'intérieur des thylakoïdes induit l'activité de l'enzyme A. T. P.-synthétase qui catalyse la formation d'A. T. P. (adénosine triphosphate).

La phase obscure (réactions sombres). L'A. T. P. et le N. A. D. P. H. produits au cours de la phase lumineuse sont utilisés au cours de la phase obscure pour permettre la fixation du CO_2 et sa conversion en composés organiques, directement utilisables par la cellule, dans le cadre du cycle de *Calvin-Benson*.

A

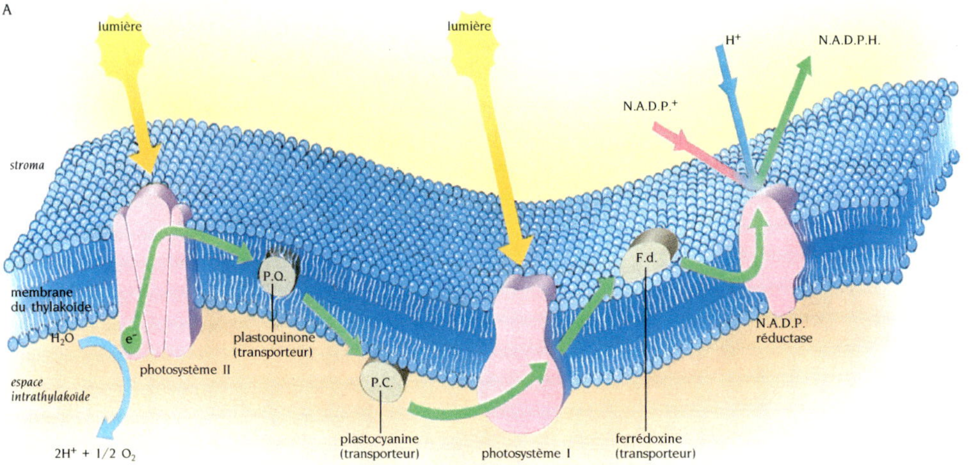

A. **ORGANISATION DES COMPOSANTS DES THYLAKOÏDES**

L'organisation des protéines membranaires en complexes permettant le transport des électrons dépend étroitement de leur succession rigoureuse et de leur haute spécificité. L'efficacité de la phase lumineuse de la photosynthèse découle du maintien de cette organisation sans laquelle aucune conversion énergétique n'est possible.

B. **CYCLE DE CALVIN-BENSON**

Au cours de ce cycle, qui caractérise la phase obscure de la photosynthèse, le CO_2 atmosphérique se fixe sur le ribulose biphosphate, molécule à 5 carbones, abondante dans le stroma des chloroplastes. La réaction est catalysée par l'enzyme *ribulose bisphosphate carboxylase oxygénase,* ou RUBISCO. Cette enzyme représente de 15 à 50 p. 100 des protéines des feuilles, ce qui en fait certainement la protéine la plus abondante de notre planète. Le produit de la réaction, molécule à 6 carbones, se scinde en deux molécules d'acide phosphoglycérique (à 3 carbones). Grâce à l'énergie de l'A. T. P. et à l'hydrogène du N. A. D. P. H. fournis par les réactions de la phase lumineuse, l'acide phosphoglycérique donne naissance à des sucres à 3 carbones (trioses) qui servent, d'une part, à la régénération du ribulose biphosphate et, d'autre part, à la synthèse de glucose, d'amidon, d'acides gras et d'acides aminés.

B

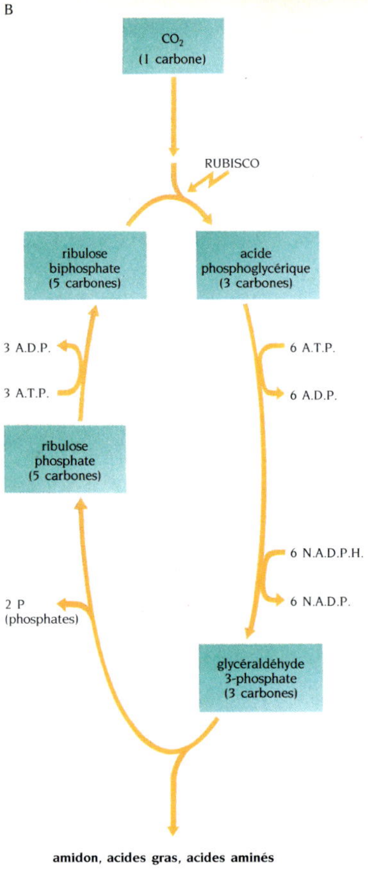

C

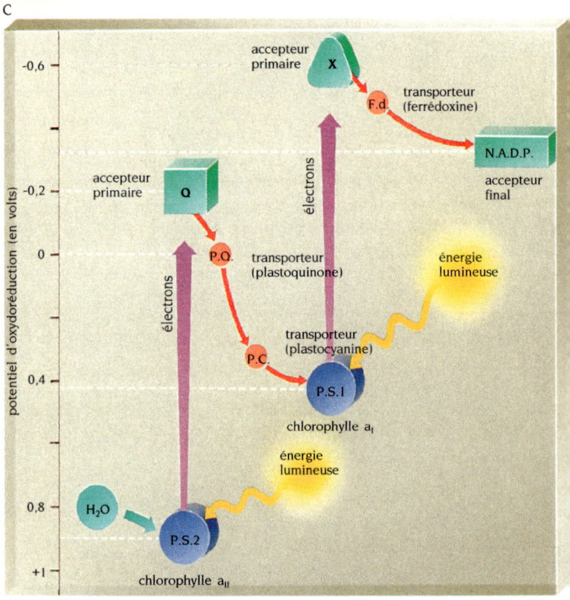

C. **CHAÎNE PHOTOSYNTHÉTIQUE**

Dans une réaction chimique, les transferts d'électrons entre deux composés se font de celui dont le potentiel d'oxydoréduction (exprimé en volts sur ce schéma) est le plus négatif vers celui dont le potentiel est le moins négatif. Au cours des réactions particulières de la photosynthèse qui ont lieu dans la membrane des thylacoïdes, l'énergie lumineuse, captée par les *photosystèmes* (P. S. 2 et P. S. 1) permet un processus inverse : les électrons, « arrachés » à la chlorophylle associée aux photosystèmes, enmagasinent de l'énergie et « remontent » vers des *accepteurs primaires* (Q et X) à potentiel d'oxydoréduction très négatif (flèches roses). L'énergie enmagasinée par les électrons est libérée, au cours de transferts successifs par des *transporteurs* à potentiel moins négatifs, et sert à la synthèse d'A.T.P. (flèches rouges). Il y a donc transformation d'énergie lumineuse en énergie chimique.

LE MILIEU INTÉRIEUR DES ANIMAUX

LES CELLULES des animaux pluricellulaires exigent des conditions de vie stable : le *milieu intérieur* dans lequel elles baignent, ou qui circule dans des vaisseaux, assure cette stabilité. Il maintient autour des cellules des conditions d'environnement favorables (teneurs en oxygène, en gaz carbonique, en substances nutritives, etc.).

Les liquides de l'organisme sont répartis en compartiments qui communiquent, les *compartiments liquidiens*. On y distingue le milieu intracellulaire et le milieu extracellulaire (plasma, liquide interstitiel et lymphe endiguée).

LES COMPARTIMENTS LIQUIDIENS

LES CELLULES ET LE MILIEU INTÉRIEUR

■ LE CONTENU DES CELLULES constitue le *compartiment intracellulaire*. Quantitativement, c'est le plus important de tous les compartiments liquidiens puisqu'il renferme 70 p. 100 de l'eau de l'organisme, mais sa composition exacte est très difficile à établir, car elle varie suivant les cellules considérées. L'eau de ce compartiment a un rôle de solvant des ions minéraux et des molécules organiques du cytoplasme, formant ainsi une gelée, le cytosol (ou hyaloplasme) . Elle intervient également dans de nombreuses réactions chimiques du métabolisme cellulaire.

L'extérieur des cellules. Ce *compartiment extracellulaire* correspond à ce que Claude Bernard a appelé le milieu intérieur et fait office d'intermédiaire entre le milieu extérieur à l'organisme et les cellules. Il peut être divisé en deux parties : le *liquide interstitiel* associé à la *lymphe,* d'une part, et le *plasma* du sang, d'autre part. La lymphe est associée au liquide interstitiel car elle n'est rien d'autre que le liquide baignant les cellules, drainé par les canaux lymphatiques. D'autres liquides, beaucoup moins abondants, comme les liquides d'œdème, cérébrospinal, intraoculaire, pleural, péritonéal, synovial et les sécrétions digestives, sont souvent regroupés avec le liquide interstitiel. Ce dernier peut être considéré comme un « ultrafiltrat » du plasma sanguin, car il est quasiment dépourvu de grosses molécules (protéines).

L'homéostasie. Le maintien de la constance de la composition des liquides de l'organisme *(homéostasie),* entrevue par Claude Bernard et décrite par Walter Cannon, est indispensable à la survie. Plusieurs dispositifs, comme les « systèmes tampons », qui font intervenir des molécules du plasma, ainsi que les poumons et les reins, maintiennent un pH constant. Les échanges entre les différents compartiments et les organes concourent également à l'homéostasie.

A

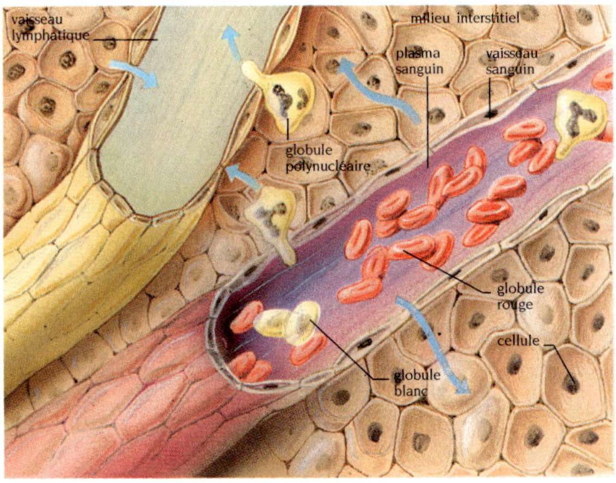

A. **ORGANISATION D'UN TISSU**

Les différents compartiments liquidiens sont représentés dans les tissus de l'organisme. Les vaisseaux sanguins, les vaisseaux lymphatiques et le milieu interstitiel, qui baigne les cellules, constituent le compartiment extracellulaire, tandis que le contenu des cellules représente le compartiment intracellulaire. L'eau et certaines molécules peuvent passer d'un compartiment à l'autre. Des globules blancs (polynucléaires, macrophages) franchissent la paroi des capillaires sanguins et lymphatiques.

B

B. **NÉPHRON DE MAMMIFÈRE**

Le néphron est l'unité structurale fonctionnelle du rein des vertébrés, dont le rôle est d'épurer le milieu intérieur. Le sang qui traverse le glomérule est filtré puis, tout le long du néphron, ont lieu des échanges qui concentrent l'urine en formation.

C

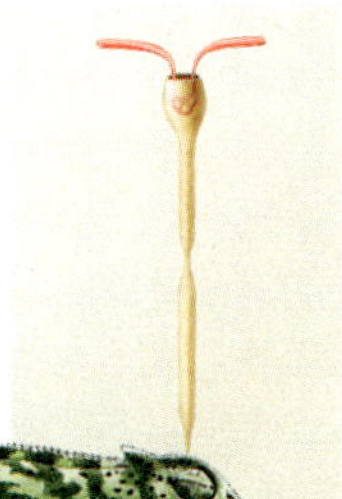

C. **NÉPHRON DE REPTILE**

Le rein de reptile assure une filtration du sang moins importante que celui des mammifères. Les reptiles disposent de systèmes tubulaires sécrétoires qui éliminent les déchets azotés. Crocodiles, serpents et quelques lézards ne possèdent pas de vessie (l'urine se déverse dans le cloaque).

D

D. **NÉPHRON DE POISSON**

Sa forme est extrêmement variable d'une espèce à l'autre car elle est directement liée aux conditions de régulation de la pression osmotique. Chez les poissons d'eau douce, le glomérule est volumineux (réabsorption importante) alors qu'il est fortement réduit, voire absent, chez des espèces marines.

E

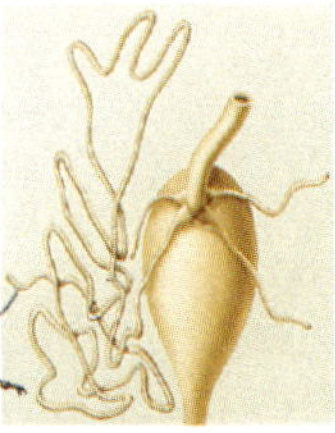

E. **TUBES DE MALPIGHI D'INSECTE**

Ces tubes, disposés dans la cavité générale de l'insecte, baignent dans le sang, dont ils extraient les déchets qu'ils déversent ensuite dans l'intestin.

F

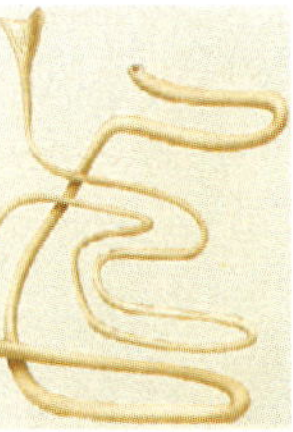

F. **NÉPHRIDIE DE VER (LOMBRIC)**

Les néphridies extraient les déchets du milieu intérieur et les expulsent vers l'extérieur sous forme de grains jaune verdâtre.

G

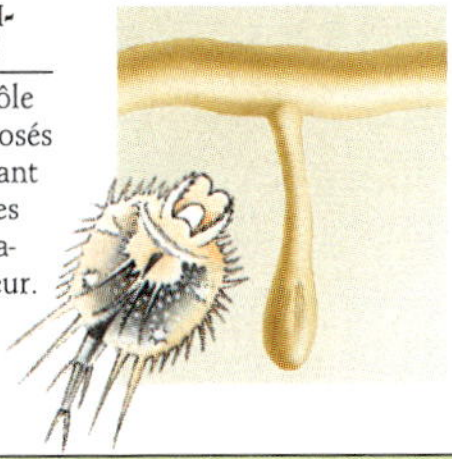

G. **PROTONÉPHRIDIE DE ROTIFÈRE**

Ces organes pairs à rôle épurateur sont composés d'un tubule comportant des éléments vibratiles qui assurent la circulation du milieu intérieur.

MESURE DES COMPARTIMENTS

Pour déterminer le volume des différents compartiments liquidiens d'un organisme, on fait appel à des techniques de dilution.

Une quantité connue de produit appelé « traceur », choisi pour ses propriétés de diffusion, est injectée dans la circulation sanguine générale de l'animal. Après un temps d'homogénéisation, sa concentration est mesurée dans un simple prélèvement et permet de déterminer le volume occupé par le produit. Les substances utilisées ne doivent être ni toxiques ni éliminées rapidement par l'organisme. Elles se répartissent sélectivement dans un (ou plusieurs) compartiments. À titre d'exemple, l'*eau tritiée* (contenant un isotope radioactif de l'hydrogène, le tritium) permet de mesurer le volume total d'eau corporelle. En effet, les molécules d'eau tritiée pénètrent dans tous les compartiments liquidiens de l'organisme. On utilise également comme traceur le *Bleu Evans,* qui se fixe sur les protéines du plasma sanguin : il ne peut donc pas franchir la barrière des vaisseaux. Le Bleu Evans permet ainsi de déterminer le volume du compartiment sanguin

H. **COMPOSITION IONIQUE DU MILIEU INTÉRIEUR** (mmol/l)

	Na^+	Cl^-	K^+	Ca^{2+}	Mg^{2+}	So^{2+}
Langoustine	517	527	8,6	16,2	10,4	27,5
Calmar	419	522	20,6	11,3	51,6	6,9
Myxine	558	576	9,6	6,25	19,4	6,6
Larve d'aeschnes	145	110	9	3,8	3,6	
Blatte	161	144	7,9	4	5,6	
Lombric	90	40	7	8,3		
Truite	144	151	6	5,3		
Grenouille	104	74,3	2,5	2	1,2	1,9
Alligator	141	112	3,8	2,1	1,4	
Poule	154	122	6	5,6	2,3	
Rat	145	116	6,2	3,1	1,6	

H. **LES IONS**

Les concentrations de sodium (Na^+), de chlore (Cl^-), de potassium (K^+), de calcium (Ca^{2+}), de magnésium (Mg^{2+}) et de sulfates (SO_4^{2-}) ont été estimées en millimoles par litre dans les liquides extracellulaires de quelques espèces animales aquatiques et terrestres.

LE MILIEU INTÉRIEUR DES ANIMAUX

LA RÉGULATION

LA CONSTANCE DU MILIEU INTÉRIEUR

■ LES VOLUMES DES LIQUIDES d'un organisme, comme leur composition, sont remarquablement stables. Cette constance est assurée par un ensemble de mécanismes physiologiques (homéostasie) qui équilibre les entrées (apports d'eau, de nutriments et de sels minéraux) et les sorties (eau, sels minéraux et déchets). La concentration de certains ions (H^+) est également contrôlée par les *systèmes tampons.*

L'eau et le sodium sont les facteurs majeurs de la régulation du volume et de la concentration des solutés qui déterminent la pression osmotique *(osmolarité).* Tout gain en eau entraîne rapidement une augmentation de l'élimination urinaire *(diurèse),* tandis qu'une perte provoque la soif et une diminution de la diurèse. Dans le cas du sodium, un gain stimule la soif et la rétention d'eau, tandis qu'une perte entraîne une diurèse importante.

Les volumes. Les mammifères possèdent des récepteurs internes sensibles à la variation des volumes des liquides et à certaines des variables associées, comme la pression ou le débit sanguin. Situés dans la paroi de nombreux vaisseaux, ces récepteurs informent le système nerveux des variations volumétriques. La réponse régulatrice est effectuée par le rein, dont l'unité fonctionnelle est le néphron, sous dépendance nerveuse et hormonale. Ainsi, une hormone libérée par le cortex des glandes surrénales, l'*aldostérone,* stimule la réabsorption du sodium par le rein et, par conséquent, la rétention d'eau.

La pression osmotique. Elle est contrôlée par des récepteurs sensibles aux variations de concentration de substances en solution dans le plasma sanguin. Le système intégrateur contrôle alors la sécrétion d'une hormone hypophysaire, l'*hormone antidiurétique* (A. D. H.), ou *vasopressine,* que l'on retrouve chez de nombreux animaux. Cette protéine (peptide) composée de neuf acides aminés montre des similitudes importantes, même entre des animaux aussi différents que l'homme et les poissons. L'A. D. H. agit au niveau du rein en augmentant la rétention d'eau : l'urine est alors peu abondante, mais très concentrée.

A

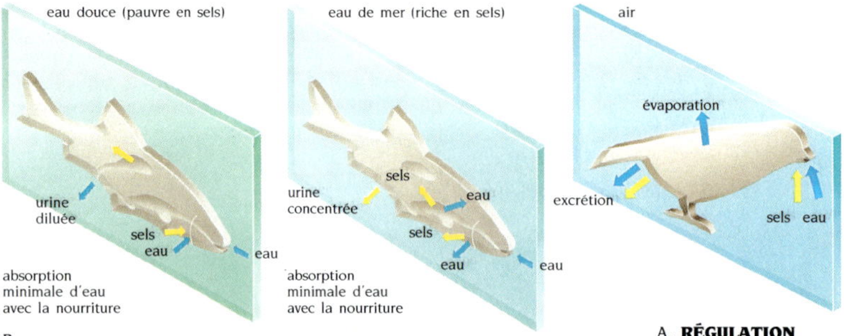

A. **RÉGULATION OSMOTIQUE**

La régulation de la pression osmotique, qui agit sur les concentrations des substances en solution dans le milieu intérieur, dépend des contraintes du milieu extérieur (eau douce, eau salée, air). Ainsi, dans un milieu très concentré (eau de mer), les poissons, pour maintenir leur milieu intérieur constant, devront sans cesse rejeter le sodium qui, par simple phénomène de diffusion, tend à envahir leur corps.

B

B. **ÉCONOMIE D'EAU**

Cette gerboise *(Jaculus jaculus)* est un petit rongeur, de la famille des dipodidés, habitant les zones désertiques chaudes et sèches. Elle dort le jour au fond d'un terrier qu'elle prend soin de refermer par de la terre afin de se protéger contre la chaleur et de limiter ses pertes en eau. Son métabolisme et sa physiologie sont particulièrement bien adaptés à la vie dans le désert : elle peut totalement se passer de boire et se nourrir exclusivement de graines séchées. L'eau de son urine est produite, grâce à un métabolisme particulier, à partir de la dégradation et de l'oxydation de ses aliments. En outre, la capacité de récupération d'eau de ses reins est supérieure à celle de la plupart des animaux.

QUAND LE MILIEU EXTÉRIEUR CHANGE

Pour se reproduire, le saumon migre de la mer vers les cours d'eau douce dans lesquels il est né et dont il a gardé une mémoire olfactive.

Lorsqu'il atteint sa maturité sexuelle, des changements hormonaux modifient la composition de son milieu intérieur ; son sang devient plus acide. Or, cette « acidose » physiologique est compensée naturellement lorsque le saumon se trouve en eau douce, dans un milieu à faible pression en gaz carbonique (qui est un facteur d'acidification du milieu intérieur). Les modifications qui conduisent dans ce cas particulier à l'acidose représentent donc une adaptation physiologique au changement de milieu extérieur pendant la migration du saumon.

C

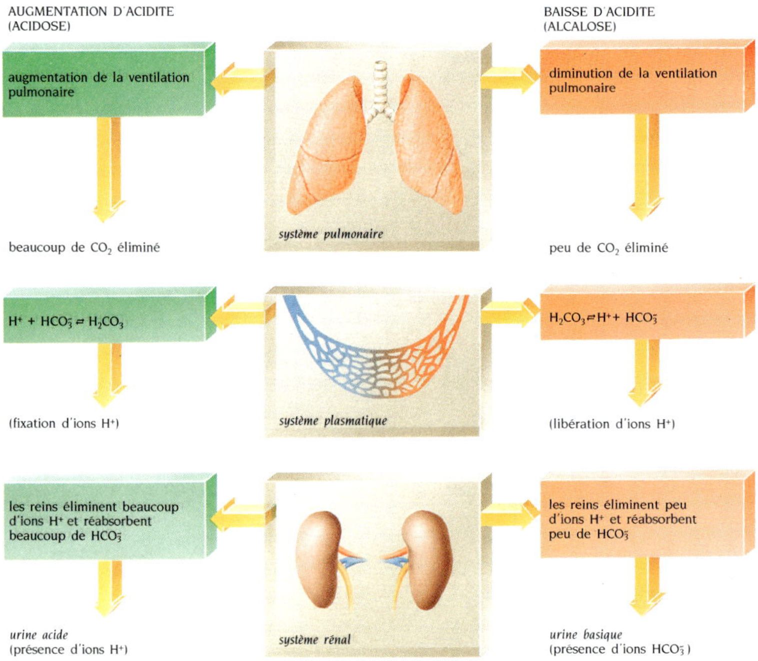

C. **SYSTÈMES TAMPONS**

Ce sont des systèmes chimiques et physiologiques qui ont pour rôle de maintenir stable la concentration et l'acidité du milieu intérieur. Cette stabilité est fondamentale car de nombreuses réactions chimiques sont strictement dépendantes des caractéristiques du milieu dans lequel elles se déroulent. L'organisme possède trois systèmes tampons : le *système plasmatique* est formé de couples acide-base comme l'acide carbonique et l'ion hydrogénocarbonate : ($H_2CO_3 \rightleftharpoons HCO^-_3 + H^+$) ; le *système pulmonaire* permet, en modifiant l'intensité des inspirations, de régler l'excrétion de CO_2 (une respiration accrue diminue le CO_2 et alcalinise le milieu intérieur ; enfin, le *système rénal,* dont l'intervention est plus lente, permet l'élimination des ions H^+.

LA CIRCULATION

LE SYSTÈME CIRCULATOIRE

DES CANALISATIONS ET UNE POMPE

■ CHEZ LES ANIMAUX UNICELLULAIRES et chez les pluricellulaires les plus simples, les besoins en nutriments comme les besoins d'excrétion sont directement réalisés au travers des membranes cellulaires. Mais ce mécanisme de simple diffusion est insuffisant chez les organismes plus complexes : ils possèdent un système circulatoire qui véhicule rapidement les éléments nutritifs nécessaires aux tissus et les débarrasse des déchets. C'est un système de canalisations qui peut être, selon les animaux, complètement fermé (vertébrés) ou en communication avec le milieu péricellulaire (vers). Lorsque ce système est fermé, le liquide circulant passe dans des *artères,* des *capillaires* et des *veines.* Il comporte également une pompe (le *cœur*), dont le rôle est de mettre le liquide circulant en mouvement afin de le renouveler dans tous les tissus.

Le cœur. L'anatomie du cœur est très variable selon les espèces animales. Chez de nombreux invertébrés, il se limite à l'épaississement contractile d'un vaisseau sanguin. Chez les poissons, il est linéaire et possède deux cavités, tandis que, chez les mammifères, il peut être considéré comme une association de deux pompes, la première envoyant le sang vers les poumons, où il est oxygéné, et la seconde envoyant le sang vers les autres tissus de l'organisme. C'est alors un muscle puissant richement vascularisé. La commande nerveuse de contraction du cœur de mammifère est propagée sur le muscle cardiaque par les ramifications du *faisceau de His.* Différentes valvules situées dans le cœur (mitrales et tricuspides) et entre la cavité cardiaque et les vaisseaux (sigmoïdes) assurent la circulation du sang dans le bon sens.

Les vaisseaux. Les *artères* sont les vaisseaux par lesquels le sang sort du cœur. Il en existe de tous les calibres, jusqu'aux plus fines artérioles. Par leur structure élastique, les plus proches du cœur régularisent le flux sanguin rythmé par les contractions, tandis que le diamètre des artères de moyen calibre est adapté aux besoins des tissus périphériques.

Les *capillaires* sont les plus petits vaisseaux de l'organisme. Leur paroi est composée d'une unique couche de cellules. Les échanges entre le sang et les tissus se font généralement à ce niveau par simple diffusion au travers des membranes cellulaires. La perméabilité des capillaires sanguins peut être augmentée par l'existence de pores ou de larges interstices intercellulaires.

Les *veines* ramènent le liquide circulant au cœur. Leur paroi est plus mince que celle des artères et est essentiellement composée de tissu conjonctif plus ou moins riche en fibres de collagène. Certaines veines (dans les membres, par exemple) possèdent sur leur paroi intérieure de petites valvules. Ces dernières empêchent le sang de refluer.

LA POMPE CARDIAQUE

Le cycle des mouvements du cœur (la pompe cardiaque) peut être schématisé en deux séquences d'événements : la *systole* (période de contraction) et la *diastole* (période de décontraction).

Pendant la diastole générale, le sang entre dans le cœur par les veines. La systole des oreillettes évacue ensuite le sang vers les ventricules. Ceux-ci se contractent alors (systole ventriculaire) et expulsent violemment le sang vers les artères. Pendant ce temps, la diastole des oreillettes a permis de nouveau leur remplissage passif.

Le cœur humain se contracte en moyenne 70 fois par minute et éjecte entre 5 et 7 litres de sang à la minute. Il aura donc pulsé l'équivalent de 200 millions de litres de sang en une vie de 75 ans, grâce à 300 millions de battements.

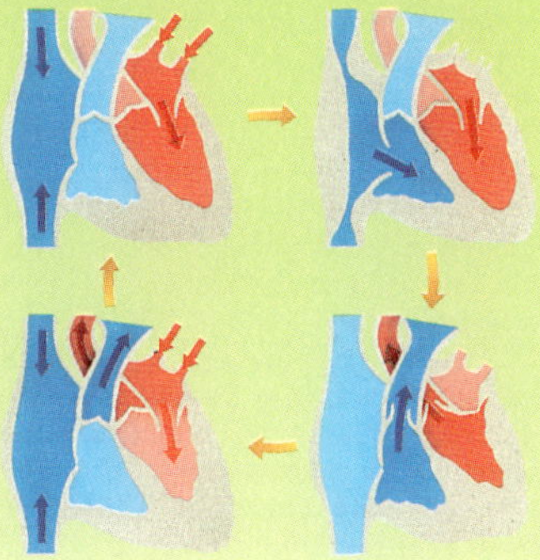

A

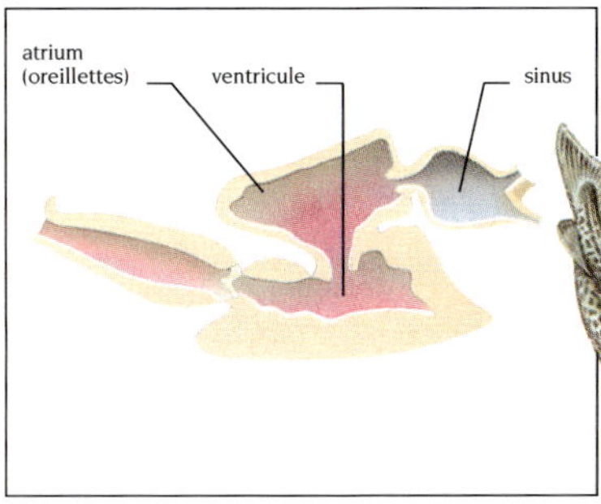

A. **CŒUR DE POISSON**

Les vertébrés inférieurs aquatiques comme les poissons possèdent un cœur tubulaire replié en S. Il est composé d'un sinus collectant le sang venant des veines, d'un atrium (équivalent des oreillettes des vertébrés supérieurs) et d'un ventricule. Le sang est oxygéné au niveau des branchies après son passage par le cœur, qui ne collecte donc que du sang appauvri en oxygène.

B

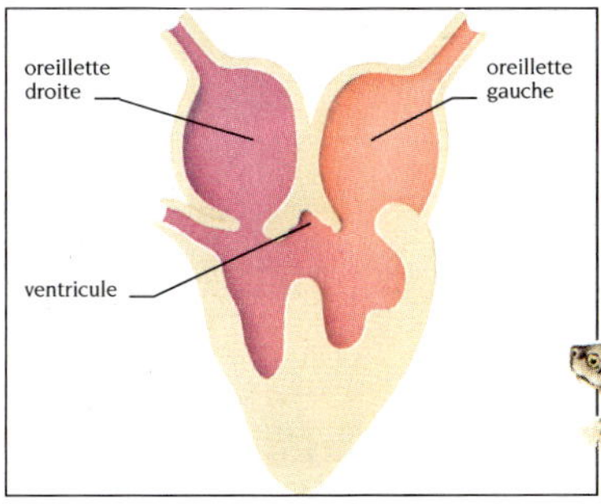

B. **CŒUR DE REPTILE**

Le cœur embryonnaire des reptiles possède les 4 chambres successives caractéristiques des vertébrés : le sinus veineux, l'atrium (oreillette), le ventricule et le bulbe cardiaque. Le cœur des adultes possède deux oreillettes, comme celui des amphibiens, et un seul ventricule, qui est partiellement cloisonné. Seuls les crocodiliens présentent une séparation totale des deux ventricules. Leur circulation n'est cependant pas similaire à celle des mammifères puisque les artères (aorte et pulmonaire) ne sont pas encore complètement individualisées.

C

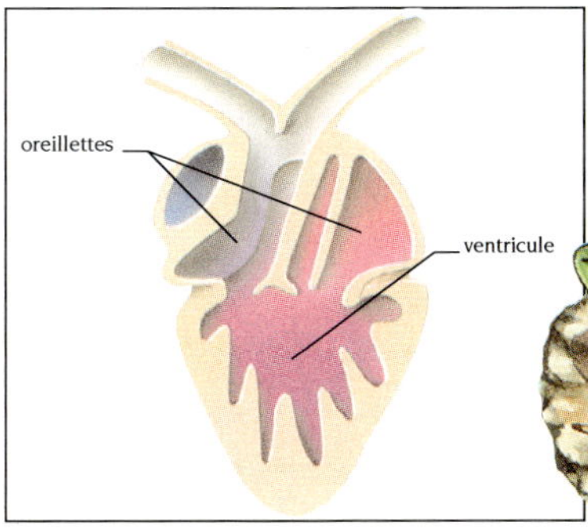

C. **CŒUR D'AMPHIBIEN**

Chez les larves d'amphibiens, le cœur et la circulation de type branchial sont comparables à ceux des poissons. En revanche, chez les adultes, le cœur possède trois cavités (l'atrium étant complètement divisé en deux oreillettes). L'oreillette droite reçoit le sang revenant des diverses parties du corps (grande circulation), tandis que celle de gauche reçoit le sang oxygéné venant des poumons (petite circulation). Ces différents sangs se mélangent au sein de l'unique ventricule bien que le jeu des contractions cardiaques, associé à la présence d'une séparation incomplète du ventricule, assure une certaine séparation des sangs hématosé et réduit. Le ventricule se poursuit par un bulbe. L'aorte ventrale, très courte, qui fait suite au bulbe cardiaque, est subdivisée par une série de cloisons.

D

D. **VUE SUR LE CŒUR**

Le têtard de xénope *(Xenopus lævi),* ou têtard de verre, est nommé ainsi car il possède un épiderme d'une telle transparence qu'il permet de voir ses organes internes et même d'observer les pulsations de son cœur, tout comme l'éjection du sang dans les vaisseaux.

LA CIRCULATION

LE SANG

UN TRANSPORTEUR POLYVALENT

■ LA CIRCULATION SANGUINE apporte tous les éléments nutritifs nécessaires aux différents organes. De nombreux ions (chlore, sodium, potassium...) et solutés (glucose, vitamines...) y sont dissous, mais on y trouve également des lipides et des protéines en proportions variées. Différents éléments cellulaires en font un véritable tissu liquide : les *globules blancs,* dont il faut souligner l'importance dans les mécanismes de défense immunitaire ; les *plaquettes,* essentielles dans la coagulation ; et surtout les *globules rouges,* intervenant, notamment, dans le transport des gaz respiratoires.

L'oxygène. Si l'on fait exception des insectes (avec leurs trachées conduisant l'air aux cellules), un des rôles majeurs du sang est de transporter l'oxygène. Ce gaz est naturellement soluble dans le sang mais la majeure partie est captée par des pigments ayant une forte affinité pour lui. Chez les invertébrés, ces pigments sont simplement en solution dans le sang mais, chez les organismes plus complexes, ils sont inclus dans des cellules, par exemple les globules rouges. Cette disposition permet d'augmenter considérablement la concentration en pigment (et donc la capacité totale de transport d'oxygène) sans accroître la viscosité du sang. Tous les pigments ont en commun une structure protéique à laquelle sont associés des ions métalliques. L'*hémoglobine* des vertébrés contient, dans chacune de ses sous-unités protéiques, un atome de fer, tandis que l'*hémocyanine* des crustacés contient des atomes de cuivre. Certains facteurs (comme le pH), ainsi que la température, peuvent modifier l'affinité des pigments pour l'oxygène. Ces facteurs contribuent à la régulation des échanges gazeux.

Le gaz carbonique. Ce gaz est important dans la physiologie d'un animal en tant que produit final de la dégradation des aliments. Très soluble dans l'eau, il diffuse rapidement vers le sang qui l'entraîne, sous forme dissoute, vers les poumons, les branchies ou tout autre organe d'excrétion. Mais, en réalité, il n'est pas uniquement transporté sous forme dissoute. En effet, la majeure partie du gaz carbonique, se combine avec l'eau pour former des ions « bicarbonate », ou hydrogénocarbonates (HCO_3^-), qui représentent la forme la plus abondante de gaz carbonique véhiculé. Cette association est facilitée à l'intérieur des globules rouges par une enzyme, l'anhydrase carbonique.

LE DÉBIT SANGUIN

AJUSTÉ AUX BESOINS DE L'ORGANISME

■ LE SYSTÈME CIRCULATOIRE est soumis à de nombreux contrôles nerveux et hormonaux. Ainsi, l'organisme peut disposer, quelles que soient les conditions, d'un apport adapté en oxygène ou en divers nutriments.

Cette régulation peut s'exercer sur le cœur aussi bien que sur les vaisseaux, et deux variables essentielles, le débit et la répartition du volume sanguin, peuvent être modulées. Le débit cardiaque peut être augmenté (action de l'adrénaline et des fibres nerveuses orthosympathiques) ou diminué (fibres nerveuses parasympathiques) par une modulation de la fréquence de contraction et du volume de sang éjecté. Le système nerveux végétatif (orthosympathique et parasympathique) a également une influence sur le tonus musculaire des vaisseaux et contribue aussi à ce niveau à réguler le débit sanguin. De même, par l'intermédiaire du système nerveux, les vaisseaux sont très sensibles aux divers métabolites libérés dans le milieu extracellulaire. Il semblerait que, au cours de l'effort, des substances comme l'acide lactique, l'acétylcholine ou la noradrénaline aient un effet sur la régulation du débit sanguin.

Enfin, il existe des récepteurs sensoriels situés au niveau de l'aorte ou des carotides, sensibles à la pression et à des facteurs tels que le pH, la teneur en gaz carbonique ou en oxygène, qui informent les centres nerveux des besoins de l'organisme. Ces centres sont pour l'essentiel situés dans le bulbe rachidien.

LA CIRCULATION ADAPTATIVE

La circulation d'un animal est susceptible de s'adapter à ses besoins. Lorsque sa dépense énergétique augmente, le flux sanguin est également augmenté pour satisfaire à la consommation d'oxygène. Mais il est des adaptations beaucoup plus spécifiques, notamment lorsque les animaux sont de bons plongeurs. Les pinnipèdes (phoques, otaries, etc.) et les cétacés (baleines, dauphins, etc.) ont un certain nombre de dispositifs qui leur permettent d'économiser l'oxygène en plongée.

On observe ainsi une diminution de calibre (vasoconstriction) des vaisseaux irriguant les membres, qui interdit toute circulation dans les nageoires ou les orteils. Des sphincters artériels se contractent pour empêcher le sang de circuler dans certains organes comme le tube digestif. Ces limitations de la répartition du flux sanguin en plongée permettent au cerveau et au cœur de disposer de plus d'oxygène. Autre moyen d'économiser l'oxygène, le rythme cardiaque est réduit de moitié et la consommation énergétique globale de quatre cinquièmes. Chez certains cétacés, il existerait des vaisseaux de stockage du sang qui pourraient le libérer en fonction des besoins.

Grâce à ces adaptations, un phoque peut rester près de vingt minutes en plongée et une baleine plus de deux heures.

A

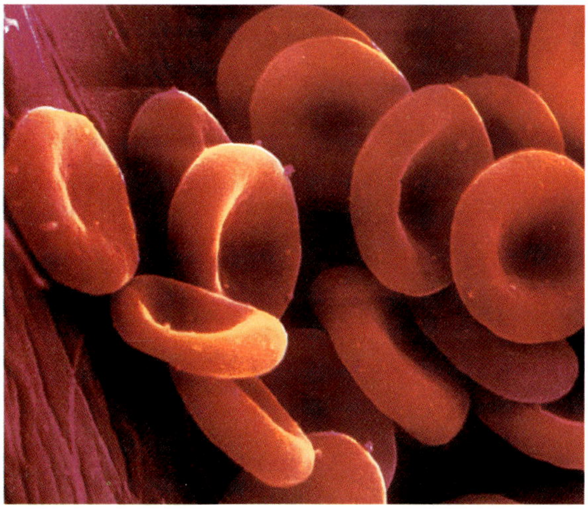

A. **GLOBULES ROUGES**

Dépourvues de noyau, ces cellules contiennent un pigment, l'hémoglobine, capable de fixer l'oxygène. Les globules ont pour rôle principal de transporter cette molécule jusqu'aux tissus et sont capables de se déformer pour passer dans les capillaires les plus étroits. Chez l'homme, les globules rouges, ou hématies, jouent un rôle important dans le contrôle de l'acidité du sang et de l'évacuation du gaz carbonique. Ces cellules vivent 120 jours et près de 150 milliards d'entre elles sont remplacées quotidiennement dans notre organisme.

B. **COMPARAISONS DE LA COMPOSITION DU SANG DANS DIFFÉRENTS GROUPES**

Le nombre de cellules (globules rouges et globules blancs) dans le sang est très variable selon l'état physiologique ou le mode de vie de l'animal, quel que soit l'embranchement auquel il appartient. Les insectes, chez qui l'oxygène est véhiculé indépendamment jusqu'aux organes par un système de trachées, ne possèdent pas de globules rouges.
La glycémie est un paramètre important de la composition du sang. Elle correspond à la concentration sanguine du glucose.

B. **COMPOSITION DES SANGS**

Paramètres	Insecte	Poisson	Reptile	Mammifère
% de sang pour masse corporelle	5 à 6	0,5 à 5	4 à 7,5	7
Globules rouges (Nb/mm^3)	300 à 250 000	600 000 à 3 000 000	150 000 à 2 000 000	5 000 000
Globules blancs (Nb/mm^3)		6 000 à 25 000	5 000 à 20 000	6 000
Glycémie (g/l)	1 à 2	0,7	0,7 à 2,3	1 à 1,2

C. **TRANSPORT D'OXYGÈNE**

Il existe différentes molécules capables de transporter l'oxygène jusqu'aux tissus. Toutes sont des pigments qui apparaissent bleu, vert ou rouge selon leur nature. On les trouve dissoutes soit directement dans le plasma, soit dans les globules rouges (érythrocytes). Chez les vertébrés, par exemple, le pigment est rouge (hémoglobine). Chez les crustacés, il est bleu (hémocyanine).

C. **LES TRANSPORTEURS D'OXYGÈNE**

Transporteur (et masse moléculaire)	Métal	Groupement prosthétique	Forme	Groupes zoologiques
Hémocyanine (9.10^6)	Cuivre	Non	Dissoute	Mollusques Nombreux crustacés Arachnides
Hémérythrine (108 000)	Fer	Non	Dans des érythrocytes	Vers Sipunculides
Chlorocruorine (2 750 000)	Fer	Une porphyrine	Dissoute	Vers
Hémoglobine (3.10^6)	Fer	Une proto-porphyrine	Dissoute ou dans des érythrocytes	Vertébrés Des annélides Des crustacés Mollusques Certains protozoaires

LE MÉTABOLISME DES PLANTES

LES RÉACTIONS ÉNERGÉTIQUES

PHOTOSYNTHÈSE ET RESPIRATION

■ LE FONCTIONNEMENT DES PLANTES, comme celui de tous les êtres vivants, repose sur le couplage entre des réactions biochimiques produisant de l'énergie et des réactions consommant de l'énergie. Celles qui permettent la fabrication (synthèse) des composants cellulaires consomment de l'énergie : elles constituent l'*anabolisme.* Les réactions de dégradation produisent de l'énergie : il s'agit du *catabolisme.* Les réactions de l'anabolisme et du catabolisme sont généralement couplées, leur ensemble constitue le *métabolisme.*

L'anabolisme. Les macromolécules de la matière vivante sont formées par l'association de molécules simples : nucléotides, oses (sucres), acides gras et acides aminés.

Les organismes chlorophylliens (végétaux et bactéries) sont capables de produire, grâce à la photosynthèse, ces molécules essentielles. Les macromolécules (amidon, cellulose, protéines et lipides complexes) sont ensuite élaborées dans les cellules.

Le catabolisme. Dans la cellule, la dégradation des macromolécules est la seule façon de produire de l'énergie.

Cette production d'énergie s'effectue à partir de l'acétylcoenzyme A ou *acétyl CoA :* les réactions, qui requièrent de l'oxygène, représentent la respiration cellulaire. Commune à tous les êtres vivants, elle se produit dans les mitochondries et se caractérise par une absorption d'oxygène (O_2) et un rejet de gaz carbonique (CO_2). Au cours de la respiration, il y a dégradation complète des molécules organiques en CO_2, avec production d'électrons lors d'oxydations successives, l'accepteur final des électrons étant l'oxygène.

Les molécules qui servent de substrats principaux pour la respiration sont les sucres à 6 carbones (hexoses). Cependant, en cas de carence en sucres, les acides aminés, les acides gras (graines d'oléagineux) et les autres acides organiques (fruits), après transformation, représentent des substrats possibles.

L'intensité de la respiration est variable. Elle est très faible dans la graine qui a besoin de peu d'énergie ; elle s'accroît rapidement pendant la germination. Lorsque la plante est mature, l'intensité respiratoire décroît, remonte lors de la floraison, puis lors de la maturation des fruits, périodes de synthèse.

L'apport d'oxygène. La respiration nécessite un apport optimal d'oxygène aux cellules, favorisé par une bonne aération des racines ou des feuilles. À l'intérieur des feuilles, l'oxygène atmosphérique parvient dans les cellules en passant à travers des stomates situés principalement sur leur face inférieure. Au cours de l'évolution, des processus adaptatifs se sont installés afin de permettre l'aération des cellules : chez les plantes aquatiques comme le nénuphar, les stomates sont situés sur la face supérieure des feuilles car leur face inférieure est immergée.

Couplage anabolisme/catabolisme. Chez tous les organismes, et particulièrement chez les végétaux photosynthétiques, l'anabolisme et le catabolisme sont interdépendants : l'énergie de dégradation du catabolisme est nécessaire à l'élaboration des macromolécules produites par l'anabolisme. Ces nouveaux composés peuvent à leur tour entrer dans la chaîne de réactions du catabolisme.

A

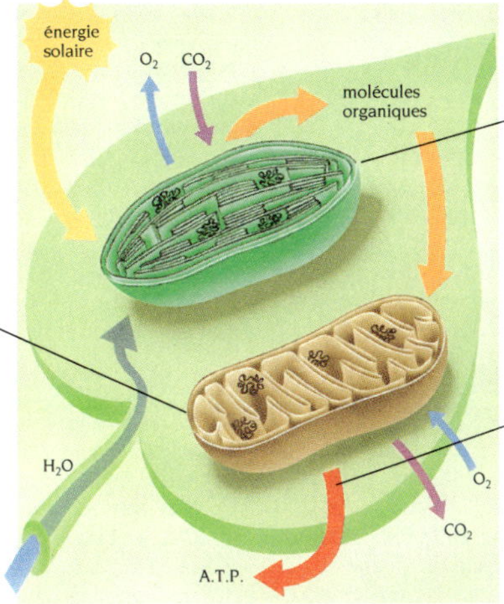

A. **RESPIRATION ET PHOTOSYNTHÈSE**

L'énergie solaire permet la photosynthèse de composés organiques qui peuvent être dégradés par la respiration cellulaire et fournir de l'énergie utilisable par la plante.

Respiration

Elle s'effectue dans les mitochondries. Au cours d'oxydations successives, les substrats cellulaires (sucres, graisses) sont dégradés pour donner de l'énergie. La respiration cellulaire requiert de l'oxygène et dégage du gaz carbonique.

Photosynthèse

Dans les chloroplastes, l'élaboration des molécules organiques est réalisée à partir du gaz carbonique, de sels minéraux et d'eau en utilisant le rayonnement solaire comme source d'énergie. Ce processus dégage de l'oxygène.

Énergie

Principalement « stockée » dans la molécule d'A. T. P., l'énergie est nécessaire aux réactions chimiques de synthèse des molécules (anabolisme) ou de dégradation (catabolisme).

B

B. **RHIZOME DE NYMPHÉA**

Les plantes à respiration aérienne qui vivent dans l'eau doivent concilier leurs besoins en oxygène atmosphérique pour la respiration cellulaire et leur vie aquatique. Les nymphéacées (nénuphar, nymphéa) possèdent des fleurs et des feuilles qui flottent à la surface de l'eau et une tige immergée (rhizome, ici sorti de l'eau) ancrée dans la vase, qui contient des cavités remplies d'air séparées les unes des autres par une couche de cellules (le tissu ainsi constitué est un *aérenchyme*).

C

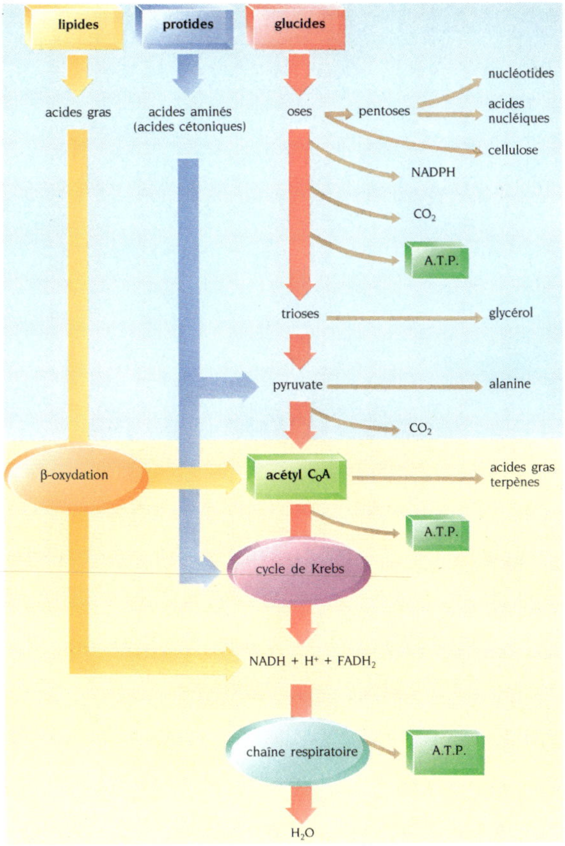

C. **DE LA MATIÈRE À L'ÉNERGIE**

Une partie des macromolécules synthétisées par la cellule au cours des réactions d'anabolisme sont dégradées (catabolisme) en molécules plus petites : oses, acides gras, acides aminés, lesquelles sont transformées en acétyl CoA au cours de réactions faisant intervenir des enzymes. L'acétyl CoA pénètre à l'intérieur des mitochondries (matrice) et entre dans le *cycle de Krebs,* où il est réduit avec une production de gaz carbonique et de molécules hautement énergétiques (A. T. P., NADH + H^+ et $FADH_2$). Les hydrogènes des molécules réductrices NADH + H^+ (nicotinamide adénine dinucléotide) et $FADH_2$ (flavine adénine dinucléotide) fourniront des protons (H^+) et des électrons qui seront à l'origine de la production d'énergie par la mitochondrie. L'énergie piégée sous forme d'une liaison phosphate dans la molécule d'A. T. P. (adénosine triphosphate), produite à partir d'A. D. P. (adénosine diphosphate), est utilisée au fur et à mesure des besoins cellulaires.

LE MÉTABOLISME DES PLANTES

LA PRODUCTION D'ÉNERGIE

À L'INTÉRIEUR DES CELLULES

■ TROIS ÉTAPES SUCCESSIVES, communes aux cellules animales et végétales, conduisent à la production d'énergie. Déjà présentées de façon générale pour la cellule, elles seront rappelées ici, à propos des cellules végétales. Il s'agit de la *glycolyse*, du *cycle de Krebs* et de la *phosphorylation oxydative*. La première étape se produit dans le cytoplasme et les deux autres dans les mitochondries.

La glycolyse. À partir du glucose ou d'un autre glucide à 6 atomes de carbone (hexone), la glycolyse conduit, par une suite de réactions faisant intervenir diverses enzymes, à la formation de fructose biphosphate pour aboutir au phosphoénolpyruvate (point de départ de la fixation du gaz carbonique lors de la photosynthèse) et enfin au pyruvate. Il y a production de 2 molécules d'A. T. P. (adénosine triphosphate) pour chaque molécule de glucose.

Le cycle de Krebs. La membrane externe de la mitochondrie est perméable à la plupart des petites molécules grâce à une protéine, la *porine*, qui forme un canal à travers cette membrane. La membrane interne contient des protéines spécifiques qui permettent le passage de certaines molécules. Le pyruvate est ainsi transporté dans la matrice des mitochondries où il est transformé en acétyl CoA grâce à une enzyme, le pyruvate déshydrogénase. L'acétyl CoA se combine à une molécule d'oxaloacétate pour former de l'acide citrique. L'acétyl CoA entre ainsi dans le cycle de Krebs. Les 9 réactions de ce cycle aboutissent à la régénération de l'oxaloacétate et à la dégradation de l'acétyl CoA en gaz carbonique (CO_2) et en eau (H_2O). L'oxydation d'une molécule de glucose produit ainsi 6 molécules de CO_2, ainsi que des protons (H^+) et des électrons qui seront captés par des transporteurs, NAD et FAD.

Les oxydations et la phosphorylation oxydative. Les transporteurs NADH + H^+ et $FADH_2$ cèdent leurs électrons à d'autres transporteurs, les cytochromes et les quinones. Ceux-ci font partie intégrante de la membrane interne des mitochondries.

Les électrons sont ainsi captés successivement par une série de transporteurs, dont le niveau énergétique est de plus en plus bas, puis par l'oxygène (O_2), représentant le transporteur final. Ces transporteurs sont organisés en complexes formés d'accepteurs d'électrons et de protéines enzymatiques qui leur sont associées. Le premier complexe (NADH-ubiquinol réductase) transfère les électrons du NADH à la quinone ; un autre complexe (ubiquinol-cytochrome c réductase), de la quinone au cytochrome c et un dernier complexe formé des cytochromes a et a_3 transfère les électrons à l'oxygène.

Au cours du transport des électrons, des protons (H^+) passent de la matrice de la mitochondrie à l'espace entre les deux membranes au niveau de sites privilégiés de la chaîne respiratoire. Ce phénomène induit une différence de concentration en protons qui permet l'établissement d'un gradient de pH et d'une différence de potentiel électrique. Une force est alors créée qui oblige les protons à retourner dans la matrice. La membrane interne des mitochondries étant imperméable aux protons, ceux-ci passent par le canal à protons constitué notamment par une enzyme, l'A. T. P. ase et leur énergie y induit la formation d'A. T. P.

PHOTORESPIRATION CONTRE PHOTOSYNTHÈSE

La photorespiration, qui débute dans les chloroplastes, ne se produit qu'à la lumière et son mécanisme est différent de celui de la respiration mitochondriale. Cependant, la photorespiration provoque une baisse du rendement de la photosynthèse. Au premier abord, la photorespiration semblerait donc néfaste pour la plante (moins de matière fabriquée). Cependant, on pense que ce mécanisme permet de réguler la concentration en oxygène (toxique à forte dose) à l'intérieur des cellules. De plus, la photorespiration fournit à la plante des acides aminés utiles pour la synthèse des protéines.

A

A. **THERMOGENÈSE CHEZ L'ARUM**

L'arum est une plante herbacée dont l'odeur nauséabonde est due à une réaction chimique bien particulière. Lors de sa floraison, à l'intérieur des spathes (feuilles modifiées entourant l'inflorescence en forme de massue), la température peut atteindre plus de 40 °C. Ce phénomène provient de l'augmentation de la respiration cellulaire liée à une synthèse limitée d'A. T. P. L'élévation de température permet le dégagement d'odeurs attirant les insectes qui assureront la pollinisation de la plante.

B

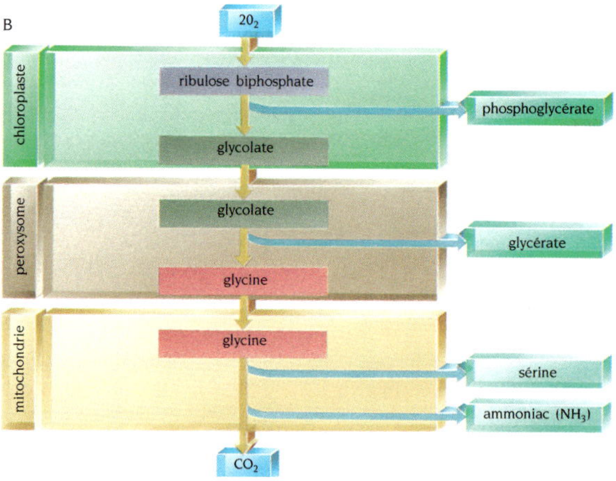

B. **PHOTO-RESPIRATION**

Trois organites y participent : les chloroplastes, les peroxysomes et les mitochondries. Dans les chloroplastes, une enzyme du cycle de Calvin, la *Rubisco,* provoque la formation de glycolate qui passe dans les peroxysomes où il est transformé en glycine. Cet acide aminé pénètre alors dans les mitochondries pour donner de la sérine, du CO_2 et de l'ammoniaque. La sérine peut être réutilisée par le peroxysome et l'ammoniaque sert de source d'azote pour la synthèse d'autres acides aminés.

C

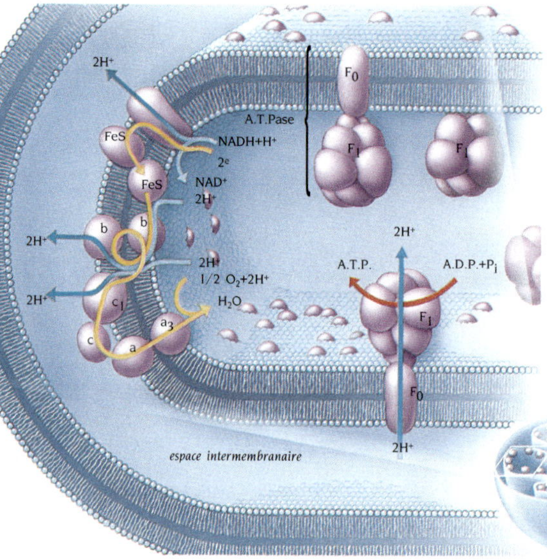

C. **DANS LA MEMBRANE MITOCHONDRIALE**

La membrane interne des mitochondries est constituée d'une double couche de phospholipides dans lesquels sont incluses des protéines enzymatiques qui participent à la production de l'énergie cellulaire. Les électrons (et les protons) provenant du cycle de Krebs sont transportés du NADH + H^+ (haut niveau énergétique) à l'oxygène moléculaire (bas niveau énergétique) en empruntant une chaîne de transporteurs (ferrédoxine [FeS] et cytochromes b, c, a, a_3) dont le niveau énergétique est de plus en plus bas. Au cours du transport des électrons, il se produit un pompage des protons hors de la matrice, vers l'espace compris entre les deux membranes de la mitochondrie. Il en résulte la formation d'un gradient de protons qui est à l'origine de la production d'énergie stockée dans l'A. T. P.

LE MÉTABOLISME DES ANIMAUX

LA PRODUCTION D'ÉNERGIE

LES MÊMES RÉACTIONS D'OXYDATION QUE CHEZ LES VÉGÉTAUX

■ LES GLUCIDES constituent la principale source d'énergie des cellules. Les acides gras jouent aussi un rôle énergétique important, mais leur fonction la plus significative est la constitution des membranes cellulaires. D'un point de vue thermodynamique, la vie n'est possible que grâce à un apport continuel d'énergie, dont une partie est restituée par les cellules à leur environnement sous forme de chaleur.

Les molécules organiques fabriquées par les cellules végétales fournissent à la fois les éléments de construction et le combustible aux animaux qui s'en nourrissent.

L'oxydation de molécules organiques. Comme la cellule végétale, la cellule animale est capable d'exploiter l'énergie de molécules biologiques en permettant à leurs atomes de carbone (C) et d'hydrogène (H) de se lier à l'oxygène pour produire, respectivement, du gaz carbonique (CO_2) et de l'eau (H_2O).

Dans les molécules organiques, les atomes de carbone et d'hydrogène sont dans un état plus ou moins riche en électrons. Dans les molécules de CO_2 et d'H_2O, ces atomes sont oxydés : ils ont cédé des électrons à l'oxygène, ce qui leur permet d'atteindre un état plus stable. Ce transfert d'électrons s'effectue par étapes au cours d'une série de réactions intermédiaires : les réactions d'oxydation.

Au cours de ces réactions d'oxydation, des enzymes (catalyseurs protéiques hautement spécifiques) se combinent avec les molécules biologiques de telle façon qu'elles diminuent l'énergie d'activation des réactions que peuvent subir les molécules liées. En abaissant sélectivement l'énergie d'activation d'une réaction ou d'une autre, les enzymes déterminent quelle sera la voie réactionnelle suivie.

La formation d'A. T. P. Ces réactions enzymatiques de dégradation *(catabolisme)* s'effectuent à partir de molécules simples, généralement des molécules de glucose, mais peuvent également se produire à partir d'autres glucides à 6 atomes de carbone et d'acides aminés ou d'acides gras, utilisés après transformation en glucose. Les grosses molécules qui composent les aliments sont d'abord décomposées : les protéines en acides aminés, les polysaccharides (comme l'amidon) en glucides simples (glucose) et les lipides en acides gras et glycérol. Ces réactions préliminaires, propres aux animaux, se produisent principalement en dehors des cellules par l'action d'enzymes sécrétées lors de la digestion ; puis les petites molécules résultantes continuent d'être dégradées dans les cellules. La plupart des atomes de carbone et d'hydrogène des glucides sont incorporés dans le *pyruvate*, qui entre ensuite dans les mitochondries où il est transformé en groupement acétyle de l'*acétyl CoA*. C'est un composé chimiquement réactif dont l'hydrolyse libère beaucoup d'énergie. De grandes quantités d'acétyl CoA sont également produites par l'oxydation des acides gras.

Enfin, le groupement acétyle de l'acétyl CoA est totalement dégradé en CO_2 et H_2O. C'est au cours de cette dernière étape qu'est produite la majorité de l'adénosine triphosphate (A. T. P.), molécule qui sert de carrefour entre la production et l'utilisation de l'énergie. Le bilan énergétique total pour la dégradation complète d'une molécule de glucose est de 38 molécules d'A. T. P. environ.

Une molécule d'acide gras comme l'acide palmitique fournit environ 130 molécules d'A. T. P. Une série de réactions couplées canalise plus de la moitié de l'énergie pouvant être théoriquement dérivée de la combustion des glucides et des lipides en H_2O et CO_2. Le reste de l'énergie est libéré par la cellule sous forme de chaleur.

UN RADIATEUR INTERNE

Pour les mammifères hibernants, comme cette marmotte, le retour à la vie active nécessite une production considérable de chaleur, pour faire passer la température du corps de 4 ou 5 °C à 37 °C. La *graisse brune* est un tissu énergétique particulier, dont le rôle n'est pas de produire de l'énergie utilisable sous forme d'A. T. P. (production qui s'accompagne toujours d'une perte de chaleur) mais de produire *exclusivement de la chaleur*. Dans les cellules de la graisse brune, les membranes internes des grosses mitochondries contiennent une enzyme particulière qui inhibe la production d'A. T. P. ; l'énergie qui ne peut pas être stockée est alors libérée sous forme de chaleur. La graisse brune se répartit dans le thorax (aisselles, entre les omoplates) à proximité des gros vaisseaux qui véhiculent la chaleur produite. Le nouveau-né humain en possède aussi, pour faire face au traumatisme thermique de la naissance.

A

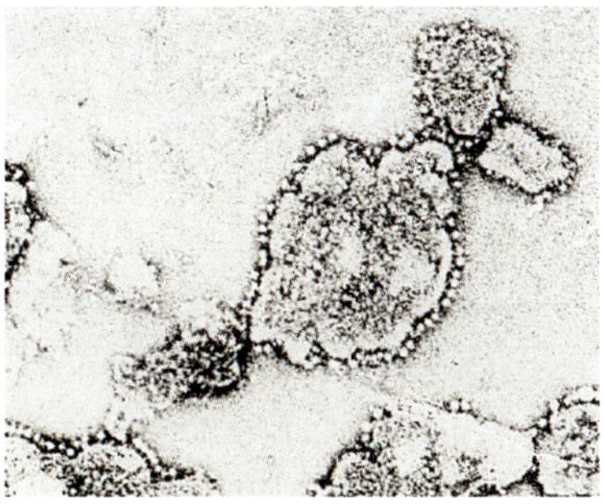

A. **A. T. P. OSOMES**

Ces fragments de membranes internes de mitochondries portent des corpuscules, les A. T. P. osomes, mis en évidence au microscope électronique par la technique de coloration dite « négative ». D'un diamètre de 10 nm environ, chaque A. T. P. osome représente une portion de l'enzyme impliquée dans la fabrication de l'A. T. P. : l'*A. T. P.* synthétase (appellé également A. T. P. ase bien que ce terme soit plutôt réservé aux enzymes dont la fonction est de dégrader l'A. T. P.). L'autre portion de cette enzyme forme un canal à travers la membrane. Les protons qui le traversent, au terme des réactions d'oxydation des molécules organiques, fournissent l'énergie de formation de l'A. T. P.

B

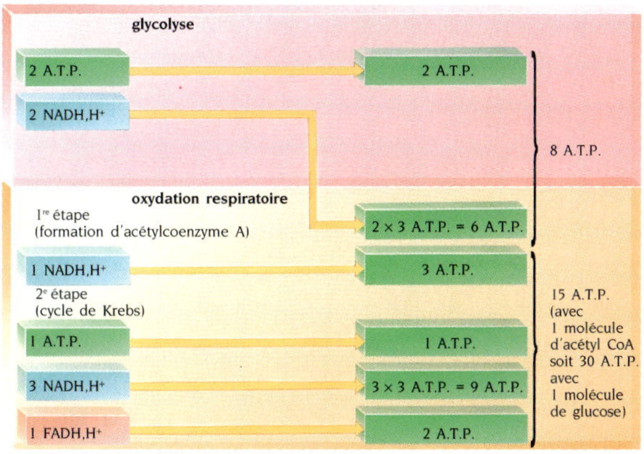

B. **PRODUCTION D'A. T. P.**

Une molécule de glucose produit 2 molécules d'acide pyruvique : les oxydations respiratoires conduisent à 15 × 2 = 30 molécules d'A. T. P. La glycolyse est, directement ou indirectement, à l'origine de 8 molécules d'A. T. P. La glycolyse et les oxydations de la respiration cellulaire conduisent donc finalement à la formation de 8 + 30 = 38 molécules d'A. T. P. à partir d'une molécule de glucose.

C

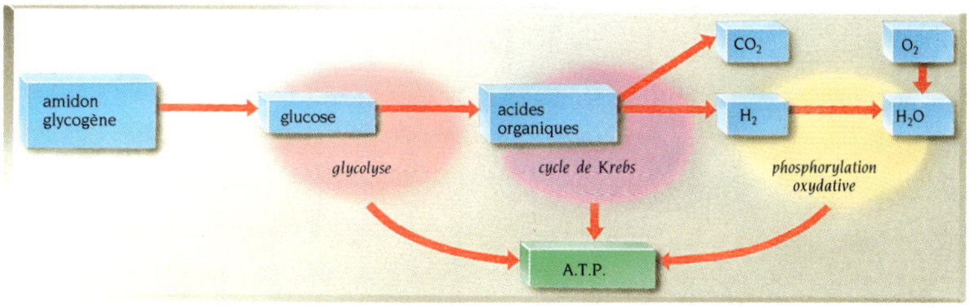

C. **ÉTAPES DE LA RESPIRATION CELLULAIRE**

La cellule est capable de dégrader de nombreux substrats : glucose, acides aminés, acides gras. Deux types de réactions enzymatiques dégradent ces molécules : des décarboxylations, chacune arrachant un carbone, oxydé et éliminé sous forme de CO_2, et des déshydrogénations, qui correspondent à un transfert de protons et d'électrons du substrat à un transporteur spécialisé (ce qui revient à enlever un atome d'hydrogène). Les réactions directement responsables de la production d'A. T. P. se réalisent au niveau d'une chaîne de transporteurs, la chaîne respiratoire, qui assure des transferts d'électrons et de protons finalement éliminés sous forme d'eau après réaction avec l'oxygène (oxydation).

LE MÉTABOLISME DES ANIMAUX

L'ALIMENTATION permet la couverture des besoins en énergie des animaux : la dégradation des molécules organiques qui constituent les aliments fournit l'énergie nécessaire au fonctionnement de l'organisme et au renouvellement de ses cellules.

BESOINS ET DÉPENSES

LE MÉTABOLISME DES ANIMAUX ET DE L'HOMME

■ LES BESOINS peuvent être évalués à partir de la mesure directe de l'énergie perdue par l'organisme sous forme de chaleur. Cependant, ces méthodes étant difficiles à mettre en œuvre, on préfère actuellement réaliser des mesures indirectes.

Lors des phénomènes respiratoires se produisant au niveau cellulaire, à chaque litre d'oxygène consommé pour oxyder les substrats organiques correspond une libération d'énergie. On admet habituellement que, chez l'homme, pour un régime alimentaire mixte comportant glucides, lipides et protides, la consommation d'un litre d'oxygène correspond à la libération de 20 kJ. Ainsi, on peut estimer que la mesure de la consommation d'oxygène d'un sujet en conditions normales permet une évaluation indirecte de sa dépense énergétique.

Le métabolisme basal. Un organisme a besoin d'un minimum d'énergie pour assurer le maintien des fonctions essentielles de la vie (circulation, respiration, entretien des cellules...) en dehors de toute autre activité. Ce minimum énergétique représente le *métabolisme de base,* ou *métabolisme basal.* La dépense énergétique minimale est évaluée chez l'homme en mesurant la consommation d'oxygène d'un sujet à jeun, au repos et allongé, à neutralité thermique (18 à 20 °C pour un sujet habillé). Dans ces conditions, elle est en moyenne de 6 700 kJ (= 1 600 kcal) par 24 heures pour un adulte de 70 kg. La dépense énergétique varie d'un sujet à l'autre et dépend de l'âge, du sexe, de l'activité physique et de la température ambiante. La connaissance de ces variations permet d'adapter la ration calorique de chaque individu à ses besoins (en moyenne 11 000 kJ [2 600 kcal] par 24 heures pour un homme adulte et 8 500 kJ [2 000 Kcal] pour une femme).

La couverture des besoins. Après la digestion, l'absorption intestinale enrichit considérablement le milieu intérieur en nutriments disponibles pour les différentes cellules de l'organisme, selon leurs besoins et leurs aptitudes biochimiques. Chaque cellule ayant l'équipement enzymatique approprié peut mettre en réserve des molécules à valeur énergétique (les cellules adipeuses stockent des lipides et les cellules hépatiques et musculaires surtout du glucose sous forme de glycogène).

Environ 12 heures après le repas (chez l'homme), la situation est différente : la plupart des tissus restent, en effet, demandeurs de substrats énergétiques, alors que le milieu intérieur a tendance à s'appauvrir. Les réserves précédemment accumulées sont alors mobilisées et libérées progressivement, en fonction de la demande.

En cas de jeûne prolongé, d'exercice musculaire intense, d'exposition chronique au froid, de grossesse, de stress, d'autres ajustements du métabolisme énergétique deviennent nécessaires. Par exemple, pour lutter contre le froid la fermeture des vaisseaux sanguins périphériques (vasoconstriction) évite la déperdition de chaleur.

A

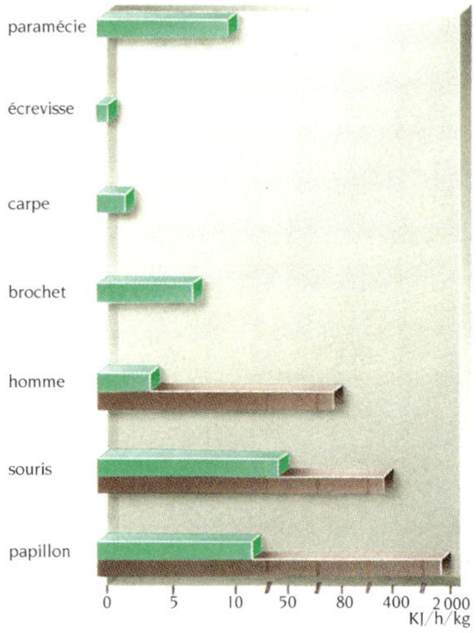

A. **LES PETITS DÉPENSENT PLUS**

Cet histogramme permet de comparer les estimations du métabolisme énergétique (kilojoules par heure et par kg) de quelques organismes. Il a été établi à partir de la consommation d'oxygène au repos (bandes vertes) ou lors d'un exercice musculaire intense (bandes brunes). Pour un même groupe, la dépense est inversement proportionnelle à la taille de l'animal.

B

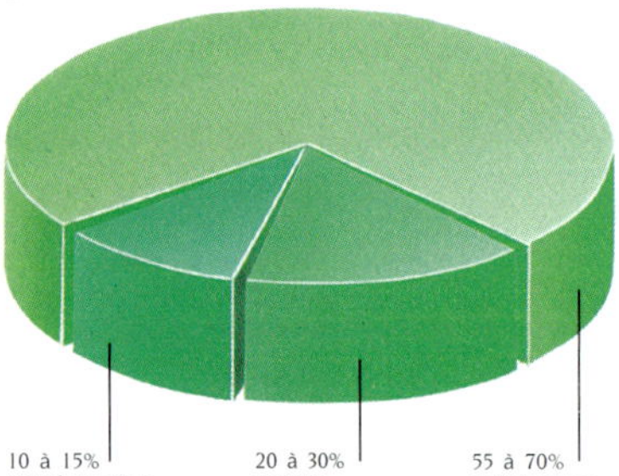

B. **ÉQUILIBRE ÉNERGÉTIQUE**

Les dépenses énergétiques d'un individu sont de trois ordres. Les dépenses au repos couvrant les fonctions vitales constituent le métabolisme basal qui varie selon les sujets et représente la dépense énergétique principale. Les deux autres dépenses sont liées à l'activité physique et à l'effet thermique (ou action dynamique spécifique) des aliments ingérés.

LA GLYCÉMIE

La concentration de glucose libre dans le sang, appelée *glycémie,* résulte de l'équilibre à chaque instant entre l'apport alimentaire, la consommation cellulaire de glucose et sa synthèse à partir de glycogène ou de substrats non glucidiques (acides gras, acides aminés). Le foie, le tissu adipeux et les muscles sont les principaux agents de la régulation de la glycémie. Les caractéristiques de leurs cellules (hépatocytes, adipocytes, fibres musculaires) expliquent leur rôle prépondérant dans le contrôle du métabolisme des glucides :

– équipement enzymatique permettant des réactions de stockage du glucose (glycogénogenèse, lipogenèse), de restitution de glucose à partir de ces réserves (glycogénolyse, lipolyse), de synthèse de glucose à partir de molécules non glucidiques (néoglucogenèse) ;

– présence de récepteurs membranaires spécifiques aux hormones intervenant dans la régulation de la glycémie. À ce titre, certains diabètes correspondent à un mauvais fonctionnement de ces récepteurs membranaires, alors que les hormones régulatrices sont correctement sécrétées.

Leur métabolisme est contrôlé par diverses hormones : l'*insuline* et le *glucagon,* libérés par les cellules β et α du pancréas ; l'*adrénaline,* libérée par la médullosurrénale ; les *glucocorticoïdes,* libérés par la corticosurrénale. Les principaux effets de ces hormones sont de stocker les nutriments sous forme de glycogène et de graisses ; de mobiliser ces réserves pendant une période de jeûne, un travail musculaire ou une situation de stress ; de maintenir la glycémie constante (0,8 à 1 g/l). La sécrétion de ces hormones est, pour l'essentiel, régulée par le taux circulant de glucose :

– une *hypoglycémie* (c'est-à-dire une chute de la glycémie en dessous du taux moyen de 0,8 g/l) entraîne une sécrétion d'hormones « hyperglycémiantes » (glucagon, adrénaline, corticoïdes) ;

– une *hyperglycémie* (c'est-à-dire une augmentation de la glycémie au-dessus du taux de 1,2 g/l environ) est corrigée par une sécrétion d'insuline, la seule hormone « hypoglycémiante ».

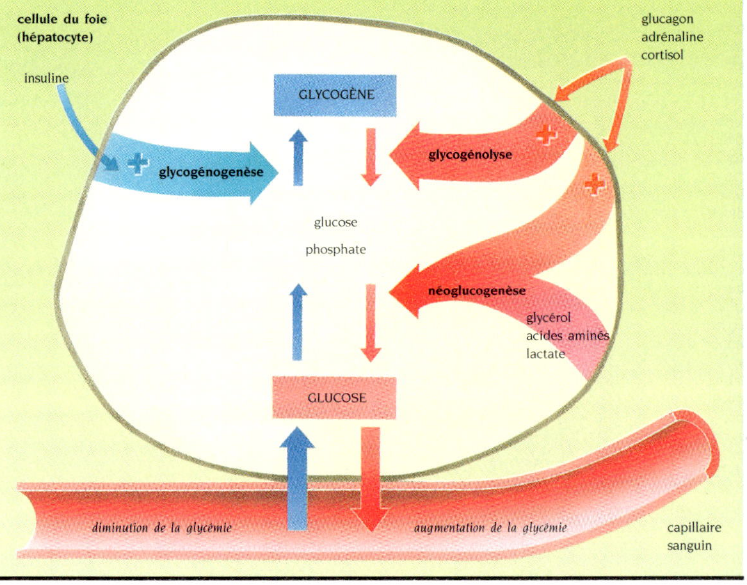

LA RESPIRATION DES ANIMAUX

PRODUCTRICE D'ÉNERGIE à partir des molécules organiques apportées par l'alimentation, la respiration cellulaire consomme de l'oxygène et produit du gaz carbonique. L'oxygène nécessaire aux cellules est prélevé dans le milieu extérieur, alors que le gaz carbonique y est rejeté. Ce processus constitue les *échanges respiratoires.*

Chez les animaux de très petite taille (protozoaires, certains vers), les gaz diffusent directement entre le milieu et chaque cellule de l'animal. Dès que la taille de l'animal devient supérieure à quelques millimètres, il faut un système de transport des gaz entre la surface d'échange avec le milieu extérieur et les cellules profondément enfouies dans l'organisme ; le sang assure le plus souvent ce transport.

LES ÉCHANGES RESPIRATOIRES

L'OXYGÈNE ET LE GAZ CARBONIQUE

■ CHEZ DE NOMBREUSES ESPÈCES, les mouvements respiratoires sont la manifestation la plus visible des échanges gazeux respiratoires. Ces échanges sont eux-mêmes la conséquence, à l'échelle de l'organisme, d'autres échanges qui se produisent au niveau des cellules de chaque organe. En effet, des expériences montrent que des fragments d'organes vivants, même isolés de l'organisme, consomment de l'oxygène et libèrent du gaz carbonique : la respiration est une fonction cellulaire.

La diffusion des gaz. Au niveau de l'organisme, les échanges gazeux respiratoires s'opèrent par diffusion à travers une paroi, qui est l'épithélium respiratoire. Les molécules de gaz bombardent sans arrêt cet épithélium. La poussée qu'elles exercent constitue la pression partielle du gaz considéré (pO_2 ou pCO_2) ; elle est exprimée en kPa (kilopascals). Un gaz se déplace (il diffuse) des zones de pression élevée vers celles de pression plus faible, jusqu'à ce que ces deux pressions deviennent égales. La quantité et la vitesse du gaz qui traverse l'épithélium respiratoire sont proportionnelles à la surface de celui-ci et inversement proportionnelles à son épaisseur.

Les contraintes. Pour fonctionner de manière efficace, un épithélium respiratoire doit présenter les caractéristiques suivantes : grande surface, humidité, faible épaisseur, bonne ventilation et (sauf exception) une irrigation sanguine convenable.

Suivant que l'animal respire dans l'air ou dans l'eau, les contraintes imposées par les lois de la diffusion sont différentes. L'air est un milieu peu dense (qui peut donc être mis en mouvement sans dépenser beaucoup d'énergie) et riche en oxygène (il suffit d'un faible volume pour en apporter une bonne quantité) ; par contre, il est pauvre en eau, ce qui pose le problème de l'hydratation de l'épithélium respiratoire. De plus, la poussée d'Archimède y est faible (ce qui pose le problème de la sustentation de l'organe respiratoire). Le milieu aquatique est plus dense (donc plus difficile à mettre en mouvement) et pauvre en oxygène (ce qui nécessite une ventilation active) ; le problème de l'hydratation de l'épithélium n'y existe évidemment pas, et la forte poussée d'Archimède permet le déploiement d'organes respiratoires fragiles et souples.

L'HÉMOGLOBINE

Dans un litre de sang humain, 98 p. 100 des molécules d'oxygène sont transportés à l'intérieur des globules rouges grâce à l'hémoglobine. Cette molécule représentée ci-dessous dans une modélisation informatique est le résultat de l'association de quatre chaînes protéiques *(globine)* avec quatre molécules d'*hème* qui lui confèrent sa couleur rouge. L'hème est formé par un atome de fer ferreux associé à une protoporphyrine. L'hémoglobine représente un tiers du poids total du globule rouge. Elle a pour propriété de se combiner rapidement et de façon réversible avec la molécule d'oxygène, selon la réaction :

$O_2 + Hb \rightarrow HbO_2$ (oxyhémoglobine).

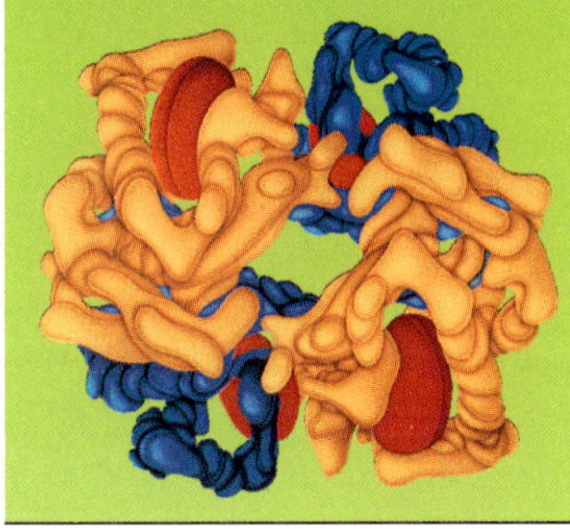

A

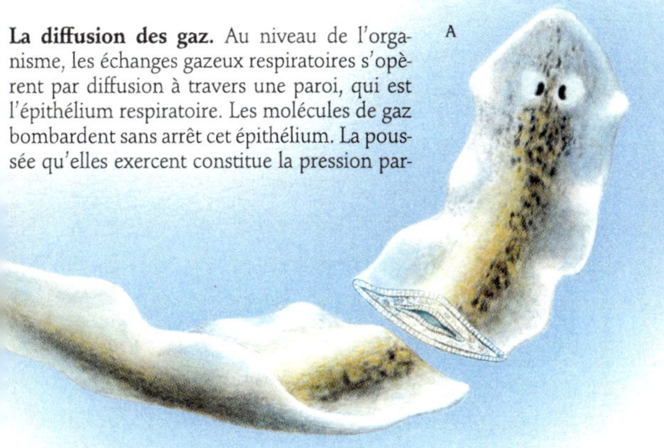

A. SIMPLE DIFFUSION

Certains animaux aquatiques n'ont pas besoin de branchies ni de système circulatoire. Chez la planaire (ici, *Dugeria gonocephala* qui vit en eau douce), le corps est tellement mince et aplati que les gaz peuvent aisément diffuser à travers les tissus et gagner toutes les cellules. Ce système ne suffit que chez les animaux petits et fins.

B

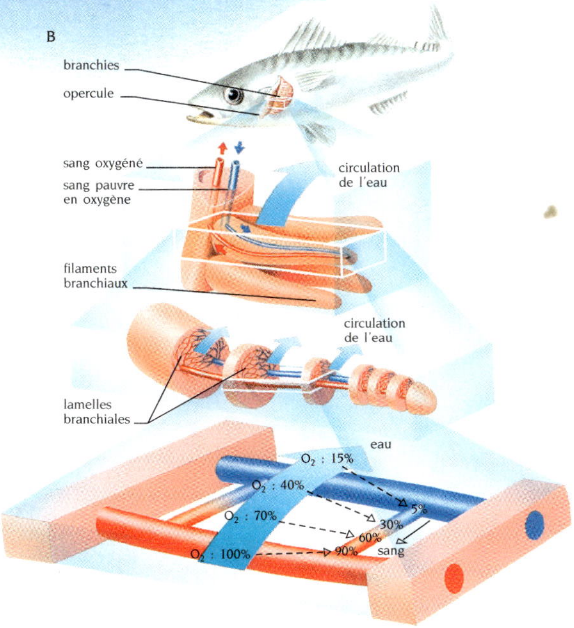

B. BRANCHIES DE POISSON

Les branchies, disposées en couches, sont très fragiles. Aussi, chez la grande majorité des poissons, elles sont protégées par un opercule qui ne laisse qu'une fente postérieure, l'ouïe. Chaque couche comprend deux rangées de filaments branchiaux, eux-mêmes divisés en de nombreuses lamelles. Cette disposition augmente considérablement la surface des branchies et facilite les échanges. Les échanges gazeux respiratoires ont lieu entre les vaisseaux capillaires des lamelles et l'eau. Le sang s'écoule en direction opposée à celle de l'eau : ce système à contre-courant permet une absorption de 90 p. 100 de l'oxygène dissous.

C

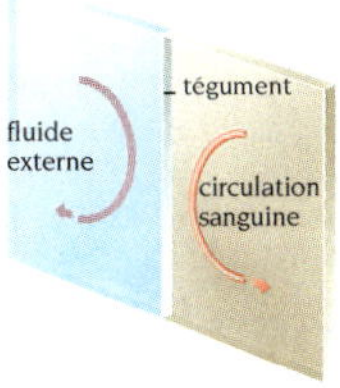

D

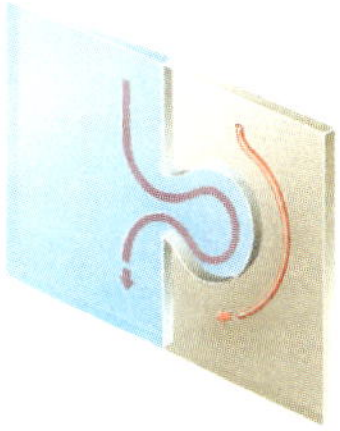

E

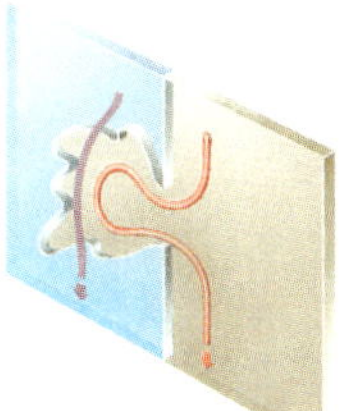

F

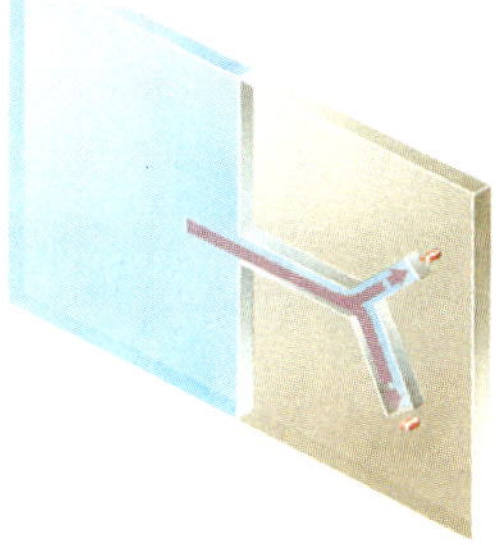

C. D. E. F. CIRCULATION DES FLUIDES

Chez les animaux de très petite taille, la surface du corps de l'animal constitue la seule surface d'échange des gaz respiratoires. Cette respiration tégumentaire (C) est largement utilisée par les animaux à mœurs aquatiques. Mais cette simple diffusion ne suffit pas à apporter l'oxygène nécessaire aux tissus situés en profondeur. D'autres systèmes se mettent en place. Un poumon (D) représente une invagination de la surface du corps de l'animal, alors qu'une branchie (E) en est une expansion dans le milieu extérieur. Dans ces trois cas, il existe deux mouvements de fluides : celui du milieu extérieur (ventilation ou mouvement d'eau) et celui du milieu intérieur (circulation sanguine). La respiration des insectes (F) constitue un cas particulier. Il n'existe pas de surface d'échange spécialisée ; l'air est conduit jusqu'aux cellules par un système de tuyaux, les *trachées.*

LA RESPIRATION DES ANIMAUX

LES ORGANES RESPIRATOIRES

POUMONS, BRANCHIES ET TRACHÉES

■ CHEZ LA PLUPART DES ANIMAUX, la simple diffusion ne permet pas aux gaz respiratoires d'atteindre les cellules. Les organes respiratoires mettent les gaz au contact des cellules soit directement (trachées des insectes), soit par l'intermédiaire du système circulatoire (poumons, branchies).

Les poumons. Organe de la respiration aérienne, le poumon représente une invagination du milieu extérieur dans l'animal. Cette situation le préserve de la déshydratation, le protège contre les agressions et facilite l'humidification de l'épithélium respiratoire.

La surface d'échange à l'intérieur du poumon augmente au cours de l'évolution : les poumons des amphibiens sont de simples sacs transparents dont la surface d'échange n'est pas grande (ce que compense l'importance des échanges respiratoires à travers la peau). Les poumons des reptiles, des oiseaux et des mammifères présentent des replis ou des tubes, qui augmentent ainsi cette surface.

Mis à part les invertébrés à poumon (scorpions, escargots...), chez lesquels le renouvellement de l'air dans le poumon est surtout assuré de manière passive (par diffusion), il existe en général un système de ventilation. Chez la grenouille, l'animal crée une surpression dans la cavité buccale qui chasse l'air dans le poumon (ventilation par pression positive). Chez les mammifères, une dépression créée dans le poumon par la dilatation de la cage thoracique, sous l'action des muscles intercostaux et du diaphragme, provoque l'entrée d'air (ventilation par pression négative). Dans les deux cas, la ventilation consiste en un mouvement d'aller-retour et l'expiration est essentiellement passive.

Chez les oiseaux, la ventilation est réalisée par des sacs aériens contractiles qui mettent l'air en mouvement dans des tubes (poumons de type tubulaire). Le poumon est irrigué par des artérioles qui véhiculent du sang pauvre en oxygène (sang réduit ou sang bleu). Ce sang est oxygéné (sang hématosé ou sang rouge) dans les alvéoles d'où il repartira par des veinules jusqu'au cœur.

Les branchies. À l'inverse du poumon, la branchie représente une expansion de l'animal dans son environnement, l'eau. Cet organe se rencontre chez un grand nombre d'invertébrés (annélides, mollusques, crustacés, etc.) ainsi que chez les poissons et les larves d'amphibiens.

Leurs ramifications confèrent aux branchies une grande surface d'échange, indispensable dans l'eau, milieu pauvre en oxygène. Si les parties principales des branchies possèdent souvent une armature squelettique (arcs brachiaux osseux des poissons téléostéens, par exemple), les parties les plus ramifiées flottent librement dans l'eau grâce à la poussée d'Archimède. Lorsque l'animal sort de l'eau, ces fines divisions s'agglomèrent sous leur propre poids en une masse infonctionnelle. Très fragiles, elles sont souvent protégées des agressions mécaniques par un dispositif anatomique : coquille, manteau chez les mollusques (dont les branchies sont enfermées dans la cavité palléale), carapace des crustacés, opercules des poissons.

Le mouvement de l'eau est réalisé par des mécanismes différents suivant les groupes zoologiques : cils couvrant les branchies de la moule, mouvement du scaphognathite (une partie spécialisée de l'un des appendices) chez l'écrevisse, mouvement du plancher buccal et des opercules chez les poissons. Parfois, cette « ventilation » est assurée par le déplacement de l'animal dans l'eau : beaucoup d'espèces de requins doivent nager constamment bouche ouverte ; immobiles, ils s'asphyxient.

Les trachées. Les insectes, ainsi que d'autres arthropodes terrestres, ont un système respiratoire relativement simple, qu'on appelle *système trachéen*. L'oxygène pénètre par les stigmates, sortes de valvules s'ouvrant de chaque côté du corps, puis se rend directement aux cellules grâce à des tubes, ou trachées, fortement ramifiés. Ces trachées forment des tubes élastiques renforcés par des épaississements spiralés. Chaque trachée se termine par des canaux minuscules, ou trachéoles, qui entrent en contact avec les cellules. Les insectes de grande taille aspirent et rejettent l'air grâce à des contractions de leur corps. Ce système respiratoire est indépendant du système circulatoire.

SOUS L'EAU AVEC DES POUMONS

Ce cachalot en plongée profonde met en jeu plusieurs adaptations physiologiques : les poumons sont en général vides pendant la plongée (pour éviter les risques d'embolie par formation de bulles d'azote dans le sang) ; une mise en réserve d'oxygène est réalisée dans le sang et dans les muscles ; le cœur ralentit nettement en cours de plongée et le flux sanguin est détourné vers les organes qui ne peuvent pas se passer d'oxygène. On retrouve cette adaptation chez la majorité des cétacés (baleines, dauphins,...)

A

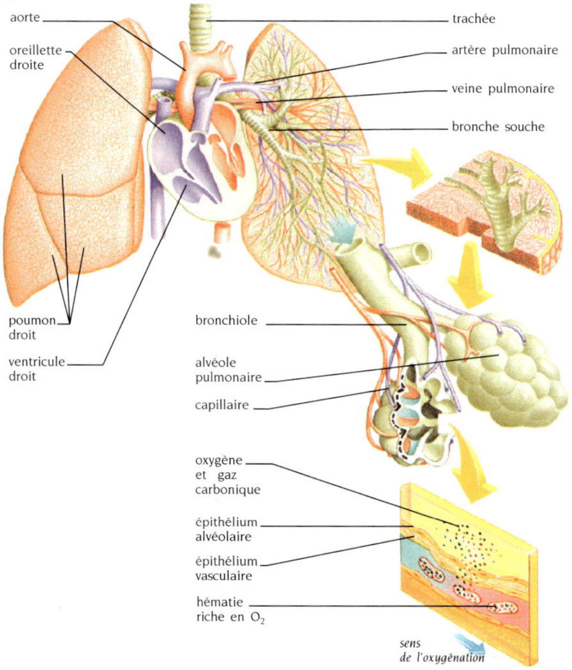

A. **APPAREIL RESPIRATOIRE DE L'HOMME**

Le poumon est divisé en lobes (3 à droite, 2 à gauche), chaque lobe contient des alvéoles (300 millions par poumon) groupées en sacs alvéolaires. Un système très ramifié de bronches et de bronchioles conduit l'air depuis la trachée (tube de 12 cm renforcé par du cartilage) jusqu'au lieu d'échange, l'épithélium respiratoire des alvéoles pulmonaires. Le tissu des poumons, de type parenchymateux, peut être comparé à une éponge : la surface d'échange est considérablement agrandie par la subdivision en alvéoles. La surface totale au contact de l'air représente 70 m².

B

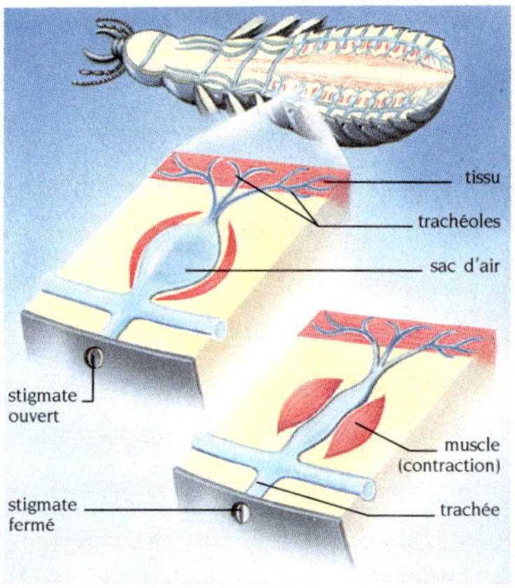

B. **RESPIRATION DES INSECTES**

Le corps d'un insecte est parcouru par un système de tubes creux, les trachées. Elles conduisent l'oxygène de l'air jusqu'aux cellules, dans lesquelles il pénètre par diffusion. Chez les insectes, le sang n'a donc pas le rôle de transporteur d'oxygène qui est le sien chez d'autres animaux. L'air entre par des orifices appelé *stigmates.* Chez de nombreux insectes, les trachées forment par endroits des sacs d'air : leur compression par des mouvements musculaires favorise la diffusion de l'oxygène.

LES BESTIAIRES

À LA FOIS NIMBÉS de surnaturel et de divin, les bestiaires s'écrivent sur l'imaginaire des hommes et nous livrent les clefs de mondes enchantés, où l'animal transfiguré exhibe les contours d'un merveilleux, trahissant symboles et aspirations.

■ « Ma biche, ma poule, mon canard... » Les vocables populaires ne sont pas avares en noms d'oiseaux et autres animalités propres à travestir l'homme sous une parure animale. Un véritable bestiaire se tapit dans le langage quotidien, prompt à surgir d'entre les mots. Proverbes hauts en couleur, sentences ne souffrant pas la réplique, l'animal se joue des sens, avec lui la phrase s'anime en un vaste réseau symbolique zoomorphe, à la fois clair et entouré de mystère. Expressions populaires modelées au fil des siècles, susurrées, hurlées, injurieuses, câlines, assassines ou simplement plus expressives que nature, s'ingéniant à dénaturer l'homme pour mieux le conformer à sa vraie nature animale, elles traversent les siècles de bouche à oreille, à pas de loup. Ce bestiaire familier nous renvoie aux bestiaires imaginés par les Pères de l'Église, qui voient dans l'animal réel ou imaginaire la source de multiples instructions morales et religieuses. Ces manuels si peu vraisemblables, où les natures merveilleuses du lion, du pélican, du pluvier, etc., se disputent avec celles de la licorne et autres curiosités de l'Orient, animent toutes les conceptions « zoologiques » du Moyen Âge et, dans une moindre mesure, celles de la Renaissance.

Si les bestiaires s'inspirent de la moralité populaire des fables et du symbolisme chrétien, la matière qui en constitue le fonds provient de l'Antiquité grecque et latine, et, au plus lointain, de celle des civilisations de l'Orient. Pline l'Ancien synthétise toutes ces connaissances et ces croyances dans une monumentale histoire naturelle, un amalgame de textes les plus divers où le réel côtoie le merveilleux et l'absurde. Les récits pittoresques, les légendes et les fables qui composent l'ouvrage se retrouvent vivants dans la conscience des hommes pendant des siècles, mais transformés, altérés, à peine reconnaissables, sans plus aucune référence d'auteurs, retranscrits et interprétés par des générations successives de clercs et de compilateurs.

Quand les voyageurs découvrent enfin ce que dissimulait l'Orient merveilleux, tout y paraît plus grand, plus somptueux (quelques siècles plus tard, la découverte des Amériques provoquera le même émerveillement). Dans l'émotion de leurs découvertes et les convictions de leur époque, ils voient vraiment le gigantesque oiseau roc ; il leur arrive même de camper sur le dos de baleines

A. Animaux fantastiques. *Les Secrets de l'histoire naturelle.*

Un bestiaire d'Éthiopie

Cette miniature du XVe siècle (A) s'inspire d'une compilation par Solin des textes de Pline l'Ancien : « L'Éthiopie produit des lynx, qui sont répandus partout, des sphinx, animaux aux poils roux avec deux mamelles sur la poitrine, et beaucoup d'autres animaux monstrueux ; des chevaux ailés et armés de cornes qu'on appelle pégases, des crocotes qu'on croirait issues du chien et du loup, brisant tout avec leurs dents et digérant aussitôt ce qu'ils ont dévoré ; des cercopithèques à tête noire, à poil d'âne, et différents des autres singes par la voix, des bœufs indiens à une et à trois cornes ; le leucrocote, bête très rapide, ayant la taille de l'âne sauvage, les cuisses du cerf, le cou, la queue, le poitrail du lion, la tête du blaireau, le sabot fourchu, la gueule fendue jusqu'aux oreilles, à la place des dents un os continu ; on prétend que cet animal imite la voix humaine...L'Éthiopie produit encore, selon Ctésias, un animal qu'il appelle mantichore ; il a une triple rangée de dents qui s'emboîtent à la façon d'un peigne, la face et les oreilles de l'homme, les yeux glauques, la couleur du sang, le corps du lion, une queue qui pique comme celle du scorpion, une voix qui rappelle le concert du chalumeau et de la trompette, une grande rapidité, un appétit particulier pour la chair humaine... »

qu'ils prennent pour des îles. Les légendes, les mythes et la faune, bien réelle mais étrange, imparfaitement décrite ou volontairement grossie, des nouvelles contrées se mêlent alors à ceux de l'Occident. Les bestiaires se multiplient, les livres des merveilles avec leurs récits fantaisistes et leurs riches enluminures sont en grande vogue. Les traités de chasse, d'élevage, de médecine, voire de cuisine regorgent d'images et de description. Il n'est pas jusqu'aux cathédrales que l'animal et ses dérivés monstrueux investissent. Les vitraux et les bas-reliefs ne forment-ils pas d'immenses bestiaires qui se déploient comme des prodiges de la création ? Le XVIIIe siècle met un terme à ces débauches animales d'une déroutante exubérance. Vingt siècles séparent Aristote, qui fut le fondateur de la zoologie, de Linné, qui fut le grand ordonnateur des sciences naturelles. Deux mille ans où le merveilleux inhibe de sa puissante fascination l'esprit des sciences. Les bestiaires contribuent à l'édification de la zoologie, mais ils se lisent avant tout comme une histoire naturelle du légendaire, où l'homme exprime ses conceptions et ses doutes, sa crédulité et son émerveillement devant un monde qu'il découvre et tente de comprendre. Pourtant, si la science reprend peu à peu ses droits sur l'animal, les bestiaires ne disparaissent pas pour autant, ils se conforment à l'imaginaire de nos sociétés.

Divins et profanes. Le premier bestiaire divin fut extrait d'un manuscrit grec longtemps considéré comme un texte sacré, le *Physiologus*. Son auteur, dont le nom s'est perdu, imagina un vaste catalogue des êtres et des choses du monde, révélant ainsi à l'humanité le pouvoir de Dieu. Depuis la nuit des temps, la nature apparaît énigmatique. Elle impose aux hommes, par la diversité de ses formes et de ses forces, le mystère de la création. Balayant les croyances du monde païen, le christianisme donne une nouvelle explication de ce mystère. Les bestiaires, avec leur faune réelle et fantastique, doivent guider les chrétiens sur le chemin d'une foi semé d'embûches, en proie aux tentations du Malin. Au-delà des contours extérieurs de la bête, dans l'empire du signe et du symbole, se profile un message divin destiné aux hommes. Toute création du Tout-Puissant n'a-t-elle pas une signification profonde ? Le lion qui souffle la vie sur ses petits, la panthère dont l'haleine attire tous les animaux, le pélican qui se saigne et ressuscite sa progéniture, etc., sont des signes distincts du divin dont les comportements sont des exemples pour l'homme ! Au contraire, le loup et sa rapacité sans pareil, la baleine au corps monstrueux où Jonas erra, le renard faisant le mort pour attraper les poules, le dragon qui « parcourt l'espace avec tant d'impétuosité que l'air à son passage étincelle comme un feu ardent », etc., symbolisent le diable, « qui du fin fond des enfers se dresse pour abuser des ignorants ».

D'un côté, la bête s'humanise en adoptant les vices et les vertus de l'homme, et, de l'autre, elle se pare des natures divine et satanique. Ce curieux livre de la jungle où le réel a si peu de prise sur l'animal offre au Moyen Âge occidental une histoire naturelle bien peu naturelle, mais qu'importe ! Les bestiaires se veulent avant tout des manuels d'éducation religieuse et morale à l'intention des chrétiens. Une véritable tradition littéraire du bestiaire, en vers ou en prose, richement enluminé, se développe à partir du *Physiologus*. L'œuvre alexandrine, écrite en grec, connaît de multiples traductions latines puis se vulgarise à travers toute l'Europe. Les bestiaires atteignent leur apogée aux XIIe et XIIIe siècles avec les ouvrages de Philippe de Thaon, de Pierre de Beauvais, de Gervaise, de Guillaume Clerc de Normandie... et celui de Richard de Fournival, le plus fameux. Son bestiaire a la saveur de la parodie. Il substitue au symbolisme chrétien l'univers courtois des fables galantes. Ainsi, il compare le loup tant redouté, qui a commerce avec le diable, à sa dulcinée, à laquelle il attribue un caractère cruel. Mais cette dernière se défend, non de la ressemblance, mais de la cruauté : « Le loup, dites-vous, a le corps si raide, qu'il ne peut le fléchir et qu'il se tourne tout d'une pièce ; il en est de même de nous, si nous nous donnons un peu, il faudra donner tout le reste... ». Si l'auteur joue avec les idées reçues et détourne l'enseignement religieux en enseignement amoureux, il conserve malgré tout le sens profond des bestiaires : l'animal est toujours considéré comme un instrument au service de l'homme.

Le merveilleux. L'histoire naturelle plonge ses racines dans le merveilleux, ce monde enchanteur à la géographie incertaine que l'homme bâtit à la mesure de ses désirs et de ses rêves. Elle s'écrit sur l'imaginaire des sociétés, où s'expriment le surnaturel et le divin, puis s'élabore lentement au fil des siècles avec la découverte de la réalité. Pline l'Ancien, au Ier siècle apr. J.-C., transmet à l'Occident chrétien une histoire naturelle du merveilleux. Son œuvre est une compilation gigantesque de textes grecs et latins où l'animal est le héros de

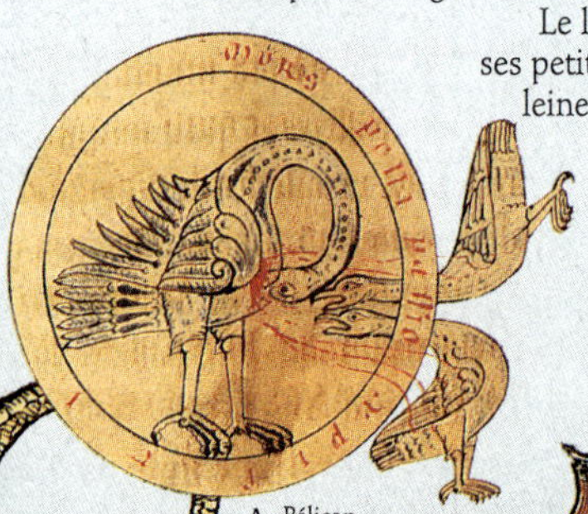

A. Pélican, *Livre des oiseaux.*

B. Dragon. Bibliothèque du Muséum national d'histoire naturelle (Paris).

récits invraisemblables. Au froid savoir scientifique d'Aristote, fondateur de la zoologie (IVe siècle av. J.-C.), « l'homme le plus savant en toute science » qu'il invoque constamment, Pline oppose son goût de l'étrange. Il perpétue les préjugés et les erreurs, les descriptions confuses et les anecdotes croustillantes de ses prédécesseurs. Il se fait le fervent écho des fables à dormir debout et des racontars glanés ici et là, déployant un véritable talent de conteur avec le souci permanent du détail quand il anime ses créatures : « Près de la source du Nil vit la bête appelée catoblépas ; d'une taille du reste médiocre, et paresseuse des membres, toute son activité consiste à porter péniblement sa tête qui est très lourde, et qu'elle tient toujours inclinée vers le sol. Autrement, elle serait le fléau du genre humain, car tout homme qui a vu ses yeux meurt aussitôt. »

Le Moyen Âge visionnaire s'empare de son œuvre. Pendant des siècles, son histoire naturelle et, à travers elle, le savoir des Grecs sont parole d'Évangile, au même titre que le *Physiologus* et son bestiaire. Gautier de Metz, dans son *Image du monde*, écrit simplement : « Dieu a fait en Terre maintes merveilles dont on ne sait enquérir raison... » L'observation directe du monde physique n'apparaît donc pas fondamentale à ses successeurs. Barthélemy l'Anglais, Thomas de Cantimpré, Vincent de Beauvais... et les esprits les plus brillants, Isidore de Séville, Hildegard de Bingen, Albert le Grand et Conrad Gesner à la Renaissance... traquent la bête inlassablement entre les pages folles des manuscrits, où la nature s'est repliée et semble ne plus vouloir sortir. Certains lui inventent une généalogie (« les oies bernaches naissent du bois des épaves de navire »), filiation incertaine de la Providence et du hasard, d'autres la soumettent aux contorsions d'une traduction de noms (« léopard [Leopardus] naît du croisement de

E. Ruche et abeilles. *Grand Herbier.*

Bestiaires et symbolisme

Le pélican (A). Cette enluminure portugaise du XIIe siècle nous montre le pélican dont Guillaume Clerc de Normandie, nous dit, dans son *Bestiaire divin,* qu'il « est un oiseau merveilleux qui habite les bords du Nil. Il en est de deux espèces ; l'une habite près des rivières et ne vit que de poissons, et l'autre mange des vers et vit au désert. Quand les petits du pélican sont devenus grands, ils frappent leur père à coups de bec, et celui-ci dans sa colère les tue. Mais trois jours après, il revient vers eux, se déchire le flanc avec son bec, et son sang répandu sur ses petits les rappelle à la vie. Nous sommes les enfants du dieu qui nous a nourris et nous fait croître, et nous l'avons frappé au visage : nous l'avons renié, et il nous a abandonnés [...], mais malgré nos crimes, Jésus-Christ nous a soustraits au pouvoir de Satan et à la mort, en versant pour nous son sang précieux ».

Le dragon (B). « [...] Le dragon est le plus grand de tous les animaux terrestres.[...] Souvent, arraché aux grottes, il est emporté dans les airs. Il naît en Éthiopie et dans l'Inde en pleine fournaise d'une chaleur torride ininterrompue », nous affirme Isidore de Séville dans ses *Étymologies.*

La baleine (C). Le *Bestiaire* des XIIe-XIIIe siècles de la bibliothèque Bodléienne d'Oxford nous en dit : « En haute mer, la baleine se soulève au-dessus des vagues et demeure si longtemps immobile au même endroit que le vent sur son dos charrie du sable qui forme comme une plaine où poussent des broussailles ; les navigateurs croient que c'est une île et y font aborder leur navire, puis ils allument du feu. Mais dès que la baleine sent la brûlure des flammes, elle plonge brusquement dans l'eau, et entraîne le navire avec elle dans l'abîme. C'est là le sort de ceux qui n'ont pas la foi et ignorent les ruses du diable. Ils mettent en lui leur espoir, s'attachent à ses œuvres, plongent avec lui dans la géhenne du feu. Voici la particularité de ce monstre : quand il a faim, il ouvre la bouche et exhale un agréable parfum ; les poissons, plus petits, en respirent la douceur et se rassemblent dans sa gueule. Et le monstre de la refermer brusquement et de les avaler. C'est ce que souffrent les gens de peu de foi, adonnés aux plaisirs et aux appâts séducteurs, tel un parfum attirant ; et le diable, soudain, de les engloutir. »

Le rhinocéros (D). Ce rhinocéros est extrait de l'*Historia animalium* (Zurich, 1551) du naturaliste suisse Gesner (1516-1565). Dans ses *Étymologies,* Isidore de Séville nous dit de cet animal qu'il possède, au milieu du front, une corne si pointue et si solide qu'il projette ou transperce tout ce qu'il attaque... Comme l'assurent les auteurs d'histoires naturelles des animaux, pour capturer cet animal, on lui présente une vierge qui dévoile son giron quand il arrive ; il y vient poser sa tête, abandonnant toute sauvagerie, et on le capture ainsi calmé ».

Les abeilles (E). « [...]. Elles sont fort vigilantes en leurs affaires et ont l'œil sur celles qui sont fêtardes et ne font rien, et quelquefois les châtient jusqu'à la mort. Les unes bâtissent, les autres polissent, autres apportent vivres. Elles commencent à bâtir en leur ruche, en voûte, d'un artifice merveilleux, depuis le bas jusque en haut du plancher, laissant deux limites, l'une pour l'entrée et l'autre pour la sortie, et vivent toutes ensemble, afin qu'il n'y ait inégalité entre elles ni en viandes ni en travail. Elles tiennent leur manoir fort nettement, jetant toutes ordures dehors... ». Ambroise Paré, *Livre des animaux et de l'excellence de l'homme* (France, XVe s.).

D. Rhinocéros. *Historia animalium* de Gesner.

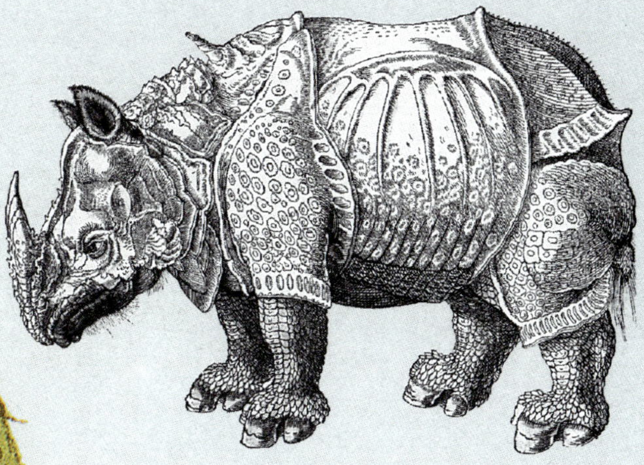

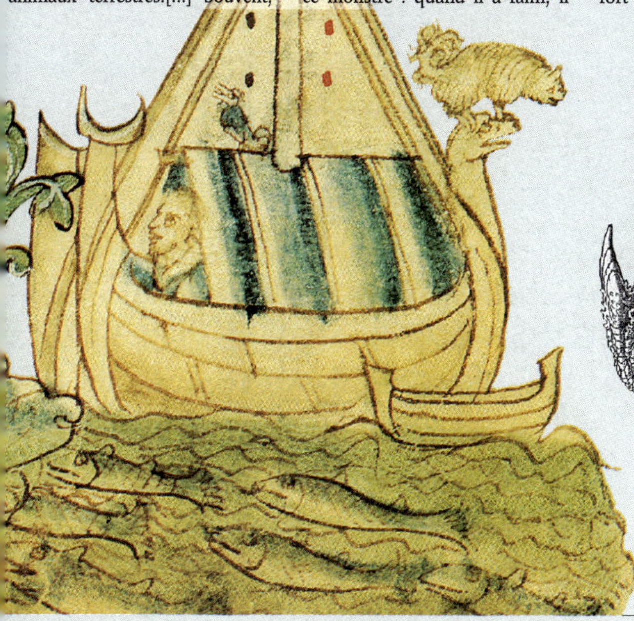

C. Baleine. Manuscrit de Guillaume Clerc.

la lionne et du pard »). Les mots se jouent de l'animal et, quand soudain il surgit vraiment, l'analogie se joue de la réalité : « l'hippopotame est un poisson qui est appelé cheval de fleuve parce qu'il est né dans le Nil. Son dos et ses crins et sa voix sont comme le cheval, ses ongles sont fendus comme le bœuf, les dents comme le sanglier, et la queue en tire-bouchon » (Brunetto Latini). L'animal réel et la bête imaginaire se mêlent à l'envi. Les ours ne paraissent pas moins merveilleux que la licorne ou le phénix lorsqu'on apprend qu'à la naissance ils « sont des masses de chair blanches informes, un peu plus grosses que des rats, sans yeux, sans poil, où seuls les ongles dépassent et qu'en léchant cette masse, les mères lui donnent forme peu à peu… » (ce qui constitue une description très précise des oursons et du comportement de leur mère).

L'Orient. Au prix de voyages périlleux, sur les flots impétueux des océans, royaume de Léviathan et du Kraken, au milieu des déserts où naissent dragons et manticheres, sous les frondaisons inaccessibles de la forêt, hantée de silhouettes inquiétantes, les ambassadeurs des papes et des rois, les marins, les marchands succombent aux charmes de l'Orient millénaire. Ils contemplent le spectacle de la nature indomptée avec une exquise frayeur : « En cette contrée j'ai vu une limace qui était si grande que c'était merveille. Elle était plus grande que le clocher de Saint-Martin de Padoue. » Le franciscain Odoric de Pordenone touche ici du doigt le merveilleux. Il est à l'échelle des rêves les plus fous de l'Occident chrétien.

L'animal est partout. Les êtres hybrides, les animaux composites et l'animal réel plus fantaisiste que jamais franchissent les frontières de l'imaginaire. Ils débordent largement des traités d'histoire naturelle et des récits de voyageurs. Le Moyen Âge croit fermement à ses monstres. Le spectre de l'Apocalypse hante les esprits. Il plonge l'homme dans l'effroi du Jugement dernier. La superposition des bestiaires bouddhiques et arabes au bestiaire de l'Occident chrétien propulse l'animal dans un déchaînement de formes extraordinaires. Dans la pierre des cathédrales, les dragons terrassés se convulsent sous les pieds des saints. Les sirènes-oiseaux, les poissons volants, les chiens tournoient sans fin autour des chapiteaux. Les flancs déchirés, des êtres hybrides grimacent. Une vie fébrile, énigmatique, exhorte le pauvre pécheur à se laisser mener au royaume de Dieu.

L'agitation gagne le bestiaire des peintres de manuscrits, « inventeurs très nobles et admirables de choses fantastiques et bizarres ». Chaque page est le théâtre de jeux subtils entre le texte et le décor peint, où l'animal, souple et léger, se faufile entre les lignes, s'enlace intimement avec la lettre, chahute le texte, s'empare de la marge, en fait s'impose là où rien ne l'appelait vraiment. Les facéties des animaux et des petits monstres font bien sûr penser au monde des fables, aux métamorphoses de l'homme et à des transpositions de caractères avec la bête. Le vol des oiseaux, le venin des serpents, la rapidité de certaines espèces, leur puissance, leur ruse forcent l'admiration et l'envie de l'homme, mais aussi sa répulsion et ses craintes. La littérature orale rejoint ici le pouvoir magique qu'on prête à l'animal et qu'une médecine empirique tente de capter. La riche pharmacopée arrachée de ses entrailles tente de lier le destin de l'homme à l'animal dans une impossible union avec les forces vives de la nature, qu'il incarne. □

A. Grue.

De l'observation à l'imaginaire : les grues

Le bestiaire des XIIe et XIIIe siècles de la bibliothèque Bodléienne d'Oxford (Ashmole 1511) affirme qu' « elles organisent leurs expéditions. Elles suivent, pour ainsi dire, un drapeau militaire et, pour résister à la force du vent et parvenir à destination, elles avalent du sable et se lestent en prenant dans la patte une petite pierre ; puis elles s'envolent vers le ciel aussi haut qu'elles le peuvent, afin de mieux voir le lieu qu'elles désirent atteindre. Dans leur course, elles en suivent une fidèlement, qui mène les troupes. Elle rectifie le vol trop mou et les commande de la voix. Mais, quand elle est enrouée, une autre lui succède. L'esprit de corps les anime, puisque, s'il arrive que quelques-unes d'entre elles soient fatiguées au point de ne pas pouvoir poursuivre leur route avec leurs compagnes, elles se mettent toutes sous elles et les portent sur leur dos, le temps qu'elles reprennent leurs forces. » Initiale D, enluminure extraite du *Sacrementaire de Gellone* (A) ; enluminure d'un manuscrit de Frédéric II sur la fauconnerie (B).

B. Faucons, grues et gibier aquatique.

REPRODUCTION MOLÉCULAIRE ET CELLULAIRE

À LA BASE, L'A. D. N.

LE PATRIMOINE GÉNÉTIQUE

LE FAIT QUE LES ÊTRES VIVANTS les plus complexes se construisent à partir d'une cellule œuf *(auto-organisation)* montre que le support moléculaire de la reproduction, l'A. D. N. (acide désoxyribonucléique), doit contenir l'énorme masse des informations nécessaires à la détermination des caractéristiques de chaque individu. Aussi la biologie a-t-elle dû établir non seulement comment les molécules d'A. D. N. se reproduisent, mais aussi comment elles déterminent l'organisation et le fonctionnement de toute la matière vivante. Les A. D. N. sont des chaînes de milliers (dans les virus), de millions (dans les bactéries) ou de milliards (dans les cellules eucaryotes) de nucléotides dont l'ordre *(séquence)* détermine l'*information génétique.* Généralement, la molécule d'A. D. N. est double, chaque chaîne d'A. D. N. étant associée à une seconde chaîne suivant les règles d'appariement des nucléotides.

La reproduction de l'A. D. N. Elle repose sur la séparation des deux chaînes complémentaires et la reconstitution à leur contact *(réplication* ou *duplication)* de deux nouvelles chaînes, chacune étant complémentaire de l'une des chaînes de la molécule mère. Cette reproduction est dite *semi-conservative,* car chaque molécule fille contient la moitié de la molécule mère. Elle est *conforme,* car les séquences de bases qui la constituent sont conservées.

Organiser les êtres vivants. Le rôle organisateur des A. D. N. se manifeste à travers les différentes étapes de l'expression des gènes. La *transcription* permet la formation d'A. R. N., chaînes simples de nucléotides dont la séquence est une copie d'un segment d'une chaîne d'A. D. N. La *traduction* fait correspondre à certains de ces A. R. N. (les « messagers ») les protéines, séquences d'acides aminés. L'interaction entre protéines détermine la construction et le fonctionnement des cellules et des organismes : les *protéines de structure* s'associent spontanément à d'autres molécules qu'elles reconnaissent de façon spécifique ; les *protéines enzymatiques* catalysent des réactions chimiques de construction ou de production d'énergie. Ainsi, indirectement, les A. D. N. déterminent-ils l'ensemble des caractéristiques des êtres vivants.

B

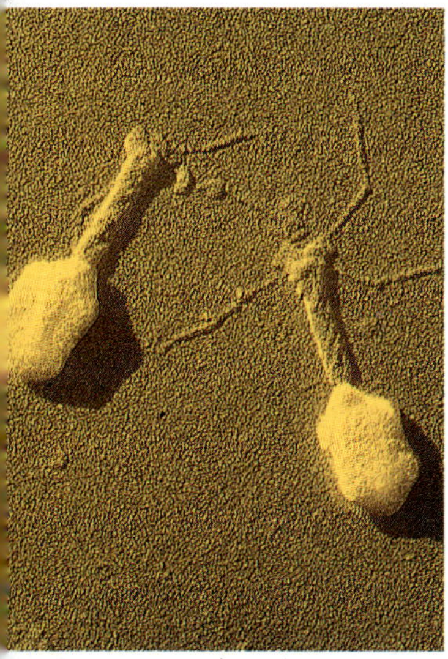

B. **LES VIRUS, DES COUCOUS MOLÉCULAIRES**

Les virus sont des objets biologiques incapables de se reproduire en dehors des cellules qu'ils parasitent un peu comme les coucous qui pondent leurs œufs dans le nid d'autres oiseaux. Constitués d'une simple ou double chaîne, linéaire ou circulaire, d'A. R. N. ou d'A. D. N. associée à des protéines, ils se comportent comme des gènes mobiles et extériorisables. De nombreux virus (ici deux bactériophages T_4) sont susceptibles de s'incorporer aux A. D. N. des cellules hôtes, se multipliant avec elles et subsistant à l'état latent. Dans leur phase infectieuse, les virus peuvent intégrer des fragments du génome de leur cellule hôte et les introduire dans de nouveaux hôtes.

A

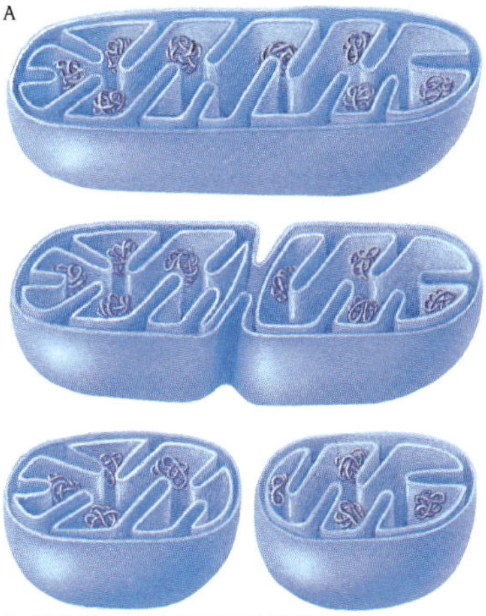

A. **DIVISION D'UNE MITOCHONDRIE**

Les organites cellulaires complexes disposent d'une relative autonomie reproductive. Les noyaux peuvent se multiplier à l'intérieur d'une cellule pour former d'abord une cellule plurinucléée, puis un *syncytium* dans lequel chaque noyau s'entoure d'une aire cytoplasmique. Dans certaines cellules, comme les ovocytes d'oiseau, la prolifération des mitochondries peut être considérable. L'autonomie reproductrice des organites complexes est liée à la possession d'une information génétique propre (A. D. N. mitochondrial, par exemple) et d'un milieu intérieur limité par une enveloppe membranaire double. On pense ainsi que les mitochondries et les chloroplastes pourraient être les descendants modifiés de bactéries et d'algues procaryotes (cyanobactéries) vivant en symbiose avec la cellule eucaryote primordiale.

C

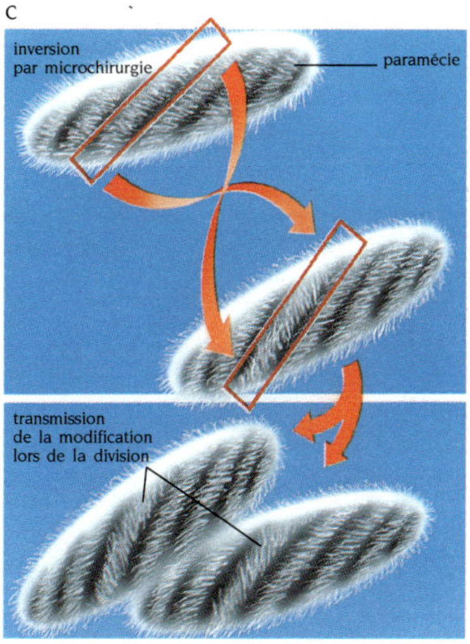

C. **HÉRÉDITÉ GÉNÉTIQUE ET A. D. N.**

Quelquefois, une modification, provoquée sans modification apparente de l'information génétique, a pu se transmettre de génération en génération (on parle alors d'héritage). C'est, par exemple, le cas d'une inversion obtenue par microchirurgie dans l'orientation des rangées de cils chez une paramécie. Cette transmission de caractères relève d'un mécanisme encore inconnu.

RÉPARATION D'A. D. N.

Au cours de la reproduction de l'A. D. N., des erreurs peuvent provoquer des changements aléatoires de la séquence des bases azotées. Avant que ces mutations n'affectent les deux chaînes de l'A. D. N. et qu'elles n'aient des conséquences sur la fabrication des protéines, elles sont, pour la plupart, éliminées. Des *enzymes de réparation* reconnaissent les zones de non-complémentarité. Ces enzymes enlèvent (excisent), dans ces zones, les nucléotides situés sur la chaîne nouvellement formée pour les remplacer par les nucléotides corrects. Cette opération est effectuée grâce à la complémentarité avec la chaîne de la molécule mère, qui sert de modèle.

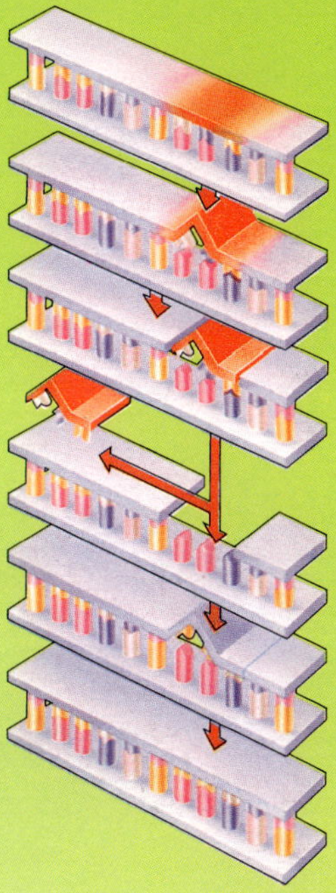

D

D. **FEUILLES PANACHÉES D'ÉRABLE**

Dans la reproduction cellulaire, les chloroplastes, comme les autres organites, sont, en général, également répartis entre cellules filles. Cependant, il arrive que leur abondance varie suivant les lignées cellulaires (ici chez un érable negundo), qui sont alors diversement colorées : du blanc (sans chloroplastes) au vert vif (riches en chloroplastes).

REPRODUCTION MOLÉCULAIRE ET CELLULAIRE

LA MITOSE

UNE DIVISION CELLULAIRE ASEXUÉE

■ LE PRINCIPAL MODE de la multiplication cellulaire est celui de la mitose, appelée aussi *reproduction clonale,* ou *asexuée.* Après une phase de croissance dans laquelle le nombre des divers composants cellulaires est multiplié par deux, la cellule se divise en deux cellules filles. Ainsi, par des cycles successifs de croissance-division-croissance, se forme une population de cellules qui dérivent toutes d'un ancêtre commun unique et constituent un *clone.*

Au cours d'un cycle, la cellule passe successivement par deux phases de croissance (phases G1 et G2) séparées par une phase de réplication des molécules d'A. D. N. (phase S) et suivies par la mitose proprement dite (phase M). Dans les organismes pluricellulaires, toutes les cellules dérivent par mitose de la cellule œuf et constituent donc un clone. Leurs cycles diffèrent largement en durée, essentiellement par allongement inégal de la première phase de croissance (G1). Le *point de restriction* (ou *de départ*), situé en fin de phase G1, constitue un moment d'arrêt possible du cycle, les cellules pouvant alors se maintenir en une phase de repos réversible (G0).

Les facteurs de croissance. Le cycle cellulaire est contrôlé, suivant un mode probabiliste, par la production et la dégradation séquentielles de facteurs de croissance. Le MPF *(Maturation Promoting Factor),* présent universellement dans les cellules possédant un noyau délimité par une membrane (cellules eucaryotes), permet le déclenchement et le déroulement de la mitose. Il contient une *cycline,* facteur cytoplasmique dont la concentration devient nulle pendant la mitose et croît jusqu'au déclenchement de la mitose suivante.

La cycline est associée à une enzyme « kinase », qui intervient notamment dans la rupture de l'enveloppe du noyau (enveloppe nucléaire) et l'assemblage d'un fuseau de protéines permettant la séparation des chromosomes (fuseau mitotique appelé également *fuseau achromatique*).

La multiplication des cellules dépend de leur densité, de leur attachement à leur substrat et de leur positionnement dans un tissu. Dans les cellules cancéreuses, l'activation ou l'inactivation d'*oncogènes* (gènes de cancers) provoque une non-régulation de la multiplication et du positionnement cellulaires. Cette multiplication anarchique des cellules est à l'origine des cancers.

La séquence des événements conduisant à la mitose est déclenchée lorsque la cellule a atteint une taille caractéristique qui dépend de son type et du nombre de ses chromosomes (de la ploïdie, plus précisément). Dans de nombreuses espèces, au début du développement embryonnaire (au moment de la segmentation), le cycle cellulaire n'est pas régulé par la taille : sa durée est alors réduite par suppression totale ou quasi totale des phases G1 et G2 (périodes de l'interphase au cours desquelles il n'y a pas de duplication du matériel génétique).

DIVISIONS INACHEVÉES

La séquence des événements d'une mitose produit, à partir d'une cellule mère, deux cellules filles génétiquement identiques et autonomes. Diverses adaptations ou anomalies peuvent conduire à une non-séparation plus ou moins poussée des deux cellules filles.

Dans certains tissus, la séparation des cytoplasmes n'a pas lieu et les deux cellules filles forment une cellule unique à deux noyaux (binucléée). Après de nombreuses divisions de ce type se forme une cellule géante multinucléée, ou *syncytium.*

Avec l'*endomitose,* il y a doublement du nombre de chromosomes, comme dans une mitose normale, mais il n'y a pas de division cellulaire, ce qui donne naissance à une cellule à nombre double de chromosomes. De pareils événements (on parle de polyploïdie) sont parfois responsables de l'apparition d'espèces nouvelles. Quand le phénomène n'affecte qu'une seule paire de chromosomes, on parle de mutations chromosomiques en nombre : *monosomies* et *trisomies.* Dans certains tissus animaux (comme les glandes salivaires de la drosophile), la réplication des A. D. N. a lieu sans qu'il y ait individualisation des chromosomes fils. La répétition du phénomène forme les chromosomes géants.

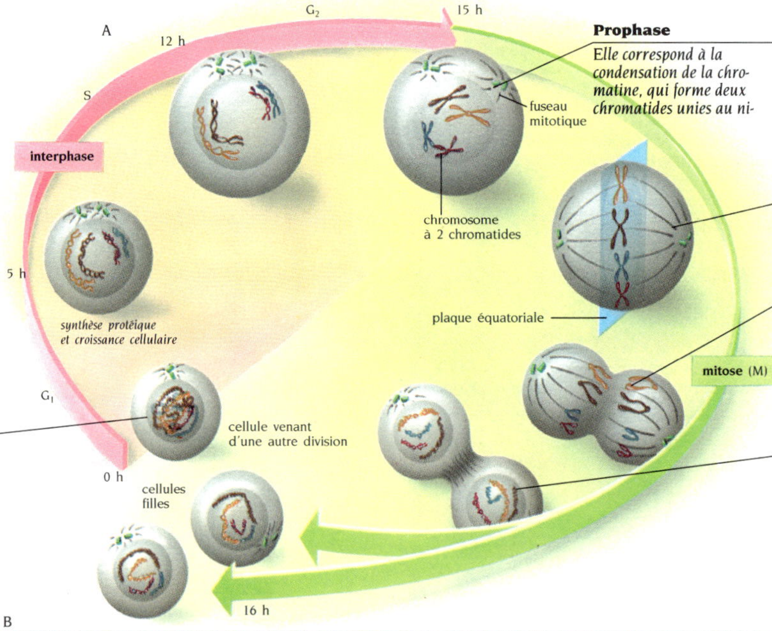

A. CYCLE D'UNE CELLULE EUCARYOTE

Chez les eucaryotes, chaque cellule parcourt un cycle cellulaire où, après une phase de croissance et d'activité métabolique *(interphase),* elle se divise pour donner deux cellules filles identiques à la cellule initiale. Cette division, la mitose (M), commence par le partage égal de l'information génétique. Elle se termine par la division du noyau *(caryocinèse)* puis par celle du cytoplasme.

Interphase

Elle comprend trois périodes distinctes :
– une phase de croissance initiale (G1) ;
– une phase de réplication de l'A. D. N. (S) ;
– une nouvelle phase de croissance (G2) qui précède la mitose.

Prophase

Elle correspond à la condensation de la chromatine, qui forme deux chromatides unies au niveau du centromère. En fin de prophase, l'enveloppe nucléaire disparaît et le fuseau mitotique, formé de microtubules, se met en place.

Métaphase

Les chromosomes dupliqués s'alignent en une « plaque équatoriale ».

Anaphase

L'anaphase se distingue par la séparation des deux chromatides de chaque chromosome, chacune migrant vers l'un des pôles cellulaires.

Télophase

Deux lots chromosomiques identiques se répartissent entre les deux cellules filles qui viennent de se constituer. Un nouveau cycle cellulaire commence alors, chaque cellule entrant en interphase.

B

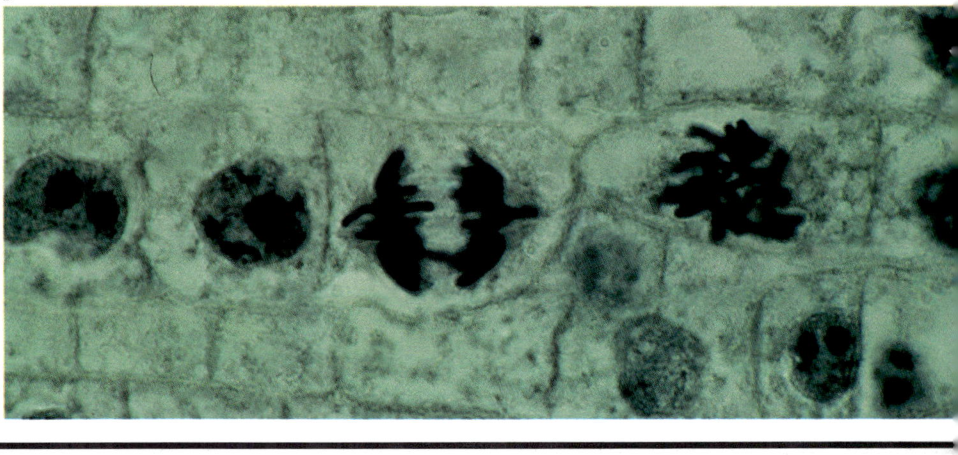

B. MITOSE VÉGÉTALE

La cellule végétale (ici dans un épithélium d'oignon) se divise de façon particulière, liée au fait qu'elle est enfermée dans une paroi rigide. Des vésicules de l'appareil de Golgi associées à des microtubules sécrètent une plaque cellulaire à l'origine de la nouvelle paroi intercellulaire, qui est percée de canaux (les *plasmodesmes*) assurant la continuité cytoplasmique entre les cellules filles. Ce plan de division oriente la formation de microfilaments radiaux d'actine.

MÉIOSE ET FÉCONDATION

LA REPRODUCTION SEXUÉE

■ CHEZ LA PLUPART DES ESPÈCES eucaryotes, la reproduction clonale (par mitoses) est associée à un mode de reproduction dit « gamétique », appelé *reproduction sexuée,* bien qu'il puisse être observé dans quelques espèces ne manifestant aucune différenciation sexuelle apparente.

La reproduction sexuée est caractérisée par la fusion de deux cellules, appelées *gamètes,* contenant chacune un lot unique de chromosomes (cellules haploïdes). Cette fusion, la *fécondation,* produit une cellule œuf contenant un nombre doublé de chromosomes organisés en paires (cellule diploïde). La fécondation est donc complémentaire d'une phase de passage à l'état haploïde permettant la formation des gamètes : la *méiose.* À la différence de la reproduction clonale, la reproduction gamétique instaure une interdépendance des lignées cellulaires pour la reproduction (puisqu'il faut qu'il y ait rencontre et fécondation), ce qui donne un fondement objectif à la notion d'espèce. Dans le cas le plus général, un individu est issu de deux lignées parentales et ne peut, seul, produire une descendance. L'arbre généalogique des individus n'est donc pas linéaire comme dans la reproduction clonale, mais dichotomique.

Le brassage génétique. Au cours de la reproduction gamétique, des recombinaisons du matériel génétique ont lieu, liées au phénomène d'*enjambement* des chromosomes *(crossing-over)* et à la *disjonction* des paires de chromosomes lors de la première division de méiose. La rencontre aléatoire des gamètes à la fécondation représente aussi un important brassage des informations génétiques.

À ce brassage génétique s'ajoute la diversité des mutations qui peuvent modifier le génome des lignées cellulaires. Ainsi, la réserve de diversité est si grande que le matériel génétique de chaque cellule œuf peut être considéré comme historiquement unique.

Avantages de la reproduction sexuée. Au niveau cellulaire, ce sont les mitoses qui assurent l'essentiel de l'effet multiplicateur. Pour cette raison, la quasi-universalité des processus de la reproduction sexuée parmi les eucaryotes (malgré sa complexité et son coût énergétique) demande une interprétation. Actuellement, la plupart des spécialistes considèrent que c'est par la recombinaison génétique, source de diversification, que la reproduction sexuée apporte un avantage sélectif aux espèces qui en bénéficient. En effet, le brassage génétique représente un facteur d'adaptabilité, car il favorise la formation d'individus divers, augmentant la probabilité d'apparition d'individus résistants aux variations du milieu.

L'organisation des gènes par paires. Parce qu'elle est fondée sur une organisation des gènes en paires (puisqu'il y a des paires de chromosomes homologues) dans lesquelles l'un des gènes peut remplir sa fonction dans la cellule tandis que l'autre évolue par mutation, la reproduction sexuée permet de créer de nouvelles fonctions, non pas à la place, mais à côté de celles qui préexistent. De même, le passage régulier par la phase de fécondation évite que, par mutations indépendantes, les chromosomes de chaque paire divergent au point que chacun ne ressemble plus à son homologue.

L'existence de paires de gènes *(diploïdie)* pourrait aussi jouer un rôle dans la réparation des acides désoxyribonucléiques (A. D. N.). En effet, une mutation n'est réparable que si la cellule possède un modèle sans mutation pour guider la réparation. Le passage par un état diploïde, après la fécondation, permet aux cellules de toujours posséder chaque gène en deux exemplaires. L'appariement des chromosomes homologues, au cours de la première division de méiose, réalisé aux moyens de systèmes élaborés (les *complexes synaptonémaux*), pourrait favoriser le travail des enzymes responsables de cette réparation.

A. RECOMBINAISONS

La formation des gamètes au cours de la méiose permet la réduction de moitié du nombre de chromosomes caractéristique de l'espèce. Ainsi, lors de la fécondation (rencontre de deux gamètes), il y a rétablissement de la diploïdie. Au cours de la formation des gamètes, les chromosomes homologues (appartenant à la même paire) s'apparient et peuvent échanger certains de leurs fragments. Cet échange chromosomique, appelé « recombinaison » ou « crossing-over », est à l'origine de cellules sexuelles dites « recombinées » permettant l'apparition, chez les descendants, de nouveaux caractères jusqu'alors « cachés » chez les parents.

A

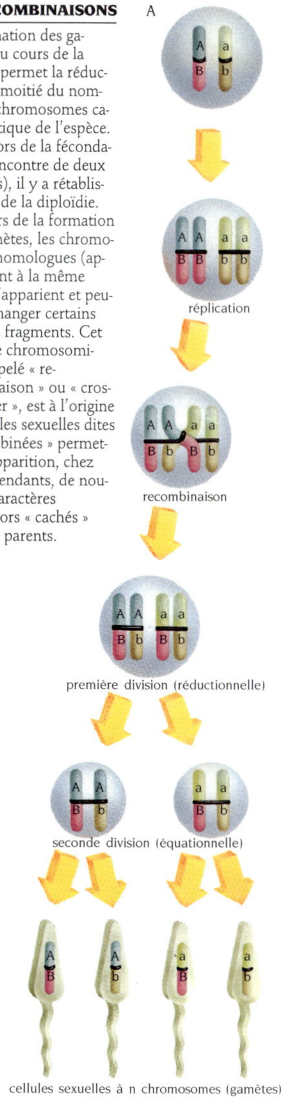

B. C. GAMÈTES MÂLES

Les gamètes sont des cellules sexuelles issues de la méiose. Souvent mobile, le gamète mâle est muni de un ou de plusieurs flagelles, chez les animaux et les végétaux inférieurs (ici, un spermatozoïde humain) [B]. Chez les plantes supérieures, il est protégé par une structure particulière, le grain de pollen (C). Celui-ci, en contact avec l'organe femelle, émet un tube à l'intérieur duquel sont véhiculés le ou les gamètes.

B

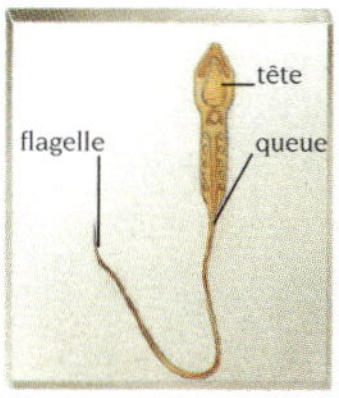

C

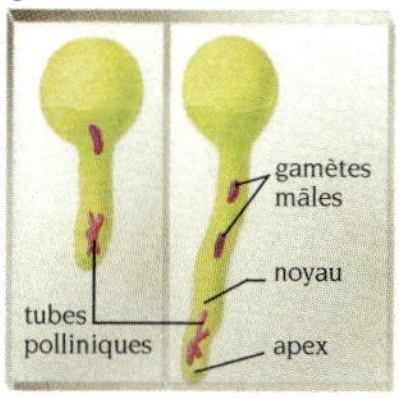

D. MÉIOSE

Soit une cellule diploïde pourvue de *n* paires (ici, *n* = 3) de chromosomes et prête à subir la méiose pour devenir un gamète. La réplication des A. D. N. crée *n* paires de chromosomes doubles, formés chacun de deux chromatides réunies par un centromère. Lors de la méiose, les chromosomes s'apparient, et l'enjambement *(crossing-over)* provoque des échanges de segments de même niveau entre chromosomes. Au cours de la première division de méiose (division réductionnelle), les chromosomes de chaque paire se disjoignent indépendamment. Chaque cellule possède alors *n* chromosomes doubles (ici 3). Elle subit une deuxième division de méiose (division équationnelle) pour donner deux cellules à *n* chromosomes simples, qui sont à l'origine des gamètes.

D

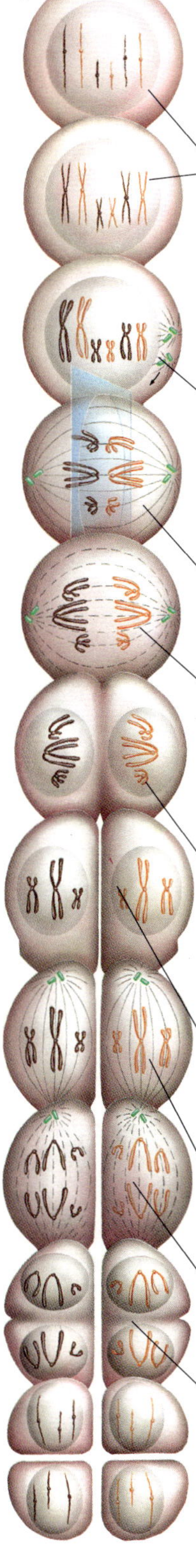

Interphase

Au cours de cette phase, chaque chromosome est dupliqué (doublement de la quantité d'A. D. N.). Les chromosomes doubles s'ordonnent par paire. C'est à ce moment que des échanges (crossing-over) entre chromosomes de la même paire peuvent avoir lieu.

Prophase 1

Chaque chromosome double se spiralise pour atteindre un niveau de condensation maximal. Les centrioles, responsables du fuseau achromatique, migrent à chaque pôle de la cellule.

Métaphase 1

Les chromosomes se répartissent de chaque côté d'une plaque équatoriale imaginaire.

Anaphase 1

Sans qu'il y ait séparation du centromère, chaque chromosome migre vers un pôle, tandis que son homologue migre vers l'autre. Cette étape aboutit à la réduction du nombre de chromosomes.

Télophase 1

Un étranglement de la membrane plasmique permet la formation de deux cellules à n chromosomes (chaque chromosome ayant 2 chromatides). C'est la fin de la division réductionnelle.

Prophase 2

Chaque cellule fille entre directement en prophase sans qu'il y ait doublement du matériel génétique (sans interphase).

Métaphase 2

Les chromosomes à 2 chromatides s'alignent sur la plaque équatoriale.

Anaphase 2

Après séparation des centromères, les chromatides de chaque chromosome migrent vers les pôles.

Télophase 2

Elle correspond à la fin de la division équationnelle et donc à la fin de la méiose. On aboutit alors à quatre cellules (des gamètes) possédant chacune n chromosomes à 1 chromatide.

LA REPRODUCTION DES ORGANISMES

LES CYCLES DE VIE

PHASES HAPLOÏDE ET DIPLOÏDE

■ CHEZ LA PLUPART DES ESPÈCES, l'association des modes de reproduction cellulaire clonal (mitose) et gamétique (méiose-fécondation) se traduit par un cycle de vie comportant une succession de phases haploïdes (chromosomes non organisés en paires) et diploïdes (chromosomes organisés en paires).

Chez de nombreux protistes et algues élémentaires, la phase diploïde est réduite au minimum, car la cellule œuf entre directement en méiose et ce sont les cellules haploïdes qui se multiplient avant que certaines d'entre elles se différencient en gamètes pour redonner l'œuf diploïde par la fécondation.

Chez les animaux pluricellulaires et chez d'autres groupes comme les diatomées, la phase haploïde est réduite au minimum. Les produits de la méiose se différencient directement en gamètes qui fusionnent. La multiplication cellulaire est alors assurée exclusivement à partir de l'œuf dans la phase diploïde.

Chez la plupart des végétaux, la multiplication cellulaire clonale peut avoir lieu aussi bien pendant les phases haploïde que diploïde. Le *gamétophyte,* organisme haploïde, produit les gamètes, et le *sporophyte,* organisme diploïde, produit les spores. Dans l'évolution de ces végétaux, la phase diploïde tend à occuper une place croissante du cycle de vie.

Soma et germen. Chez toutes les espèces pluricellulaires, l'organisme se constitue exclusivement par multiplication mitotique et par différenciation des cellules (spécialisation) soit à partir de l'œuf, soit à partir de la spore.

Lorsque la différenciation des cellules est réversible, l'organisme peut se reproduire par *multiplication végétative.* L'accroissement numérique des cellules contribue alors non seulemen[t] à la croissance des individus pris individuell[e]ment, mais également à l'augmentation d[u] nombre des individus.

Au contraire, lorsque la différenciation de[s] tissus et des organes est irréversible, la plupa[rt] des cellules, les *cellules somatiques* (formant l[e] *soma*), perdent leur capacité à participer direct[e]ment à la reproduction et sont donc condam[n]nées à disparaître (à la mort de l'individu), l[a] perpétuation de l'espèce n'étant assurée que pa[r] les cellules de la lignée *germinale* (formant l[e] *germen*), qui donneront les gamètes.

A. **MULTIPLICATION ASEXUÉE**

Le règne végétal fournit des exemples variés de multiplication dite « végétative ». Dans ce mode de reproduction, il n'y a ni formation de gamètes ni fécondation. De nouveaux individus se créent directement à partir de la plante mère, par fragmentation de celle-ci ou grâce à des organes particuliers. Les caractéristiques génétiques de ce mode de reproduction (conservation à court terme de l'information génétique) expliquent son utilisation à grande échelle en agriculture.

A. **REPRODUCTION VÉGÉTATIVE**

Mode de reproduction	Végétative
Fragmentation simple	*(algues)*
Fragmentation	Boutures de tiges, feuilles, racines *(reproduction artificielle)*
	Marcotte *(ronce)*
Organes de reproduction différenciés	Corbeilles à "propagules" *(amas de quelques cellules chez les hépatiques)*
	Bourgeons racinaires, drageons *(euphorbe, liseron, cerisier, peuplier)*
	Tiges longues – Tiges de surface : stolons *(fraisier)* – Tiges souterraines : tubercules *(pomme de terre)*, rhizomes *(iris)*.
	Tiges courtes – Bulbes *(oignon)* – Bulbilles *(dentaire)*
	Feuille – Bulbilles foliaires *(certaines fougères, bryophylle)* – Pseudoviviparité : formation de pousses à partir de l'inflorescence *(plantes herbacées)*.

B

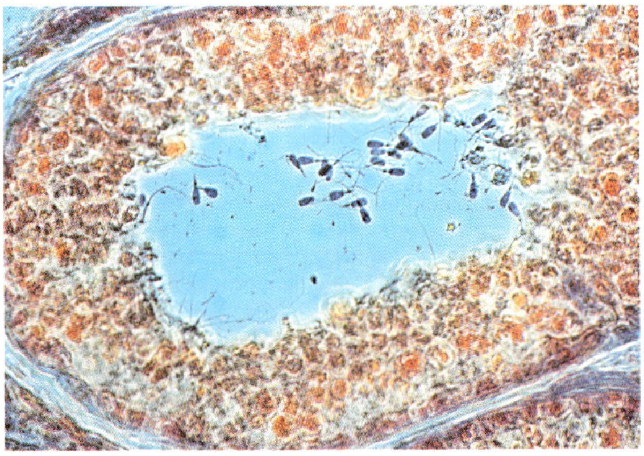

B. **FORMATION DES GAMÈTES**

Cette section d'un tube séminifère d'un mammifère présente, de l'extérieur vers l'intérieur (lumière), toutes les étapes de la méiose et de la différenciation des gamètes mâles : spermatogonies (en multiplication), spermatocytes primaires (en début de méiose) et secondaires (en fin de première division méiotique), spermatides (en fin de méiose) et enfin spermatozoïdes dont le flagelle apparaît dans la lumière du tube.

C

C. **LES ANIMAUX QUI BOURGEONNENT**

Chez les animaux pluricellulaires, la reproduction végétative se rencontre plus souvent en début de développement : polyembryonie, scissiparité (bipartition en deux individus fils) ou bourgeonnement larvaire, notamment chez des parasites comme le ténia. Chez l'adulte, la reproduction végétative existe cependant, parfo[is] liée à des formes de résistance, chez les cnidaires (ici une hydre en train de bourgeonner), les vers, les spongiaires les bryozoaires et les tuniciers.

FABRICATION DE JUMEAUX

Chez un grand nombre d'espèces animales, l'essentiel de la croissance numérique des populations est assuré par la reproduction sexuée. Cependant, la formation des vrais jumeaux montre la persistance des possibilités de reproduction asexuée chez des espèces évoluées. En effet, au tout début du développement embryonnaire, lorsque l'organisme ne contient encore que quelques cellules, ces dernières peuvent se scinder en deux lots. Chaque paquet de cellules donnera naissance à un individu. Ainsi, à partir d'une seule cellule œuf, on peut obtenir plusieurs individus rigoureusement identiques, puisqu'ils partagent le même matériel génétique.

On a cherché à réaliser artificiellement ce mode de reproduction asexuée dans les espèces d'intérêt agricole. Un des procédés utilisés consiste à diviser un embryon par micromanipulation et à réimplanter les embryons ainsi produits dans l'utérus de mères porteuses. Ce procédé est appliqué ici sur un embryon de vache, visible dans la partie inférieure de l'image.

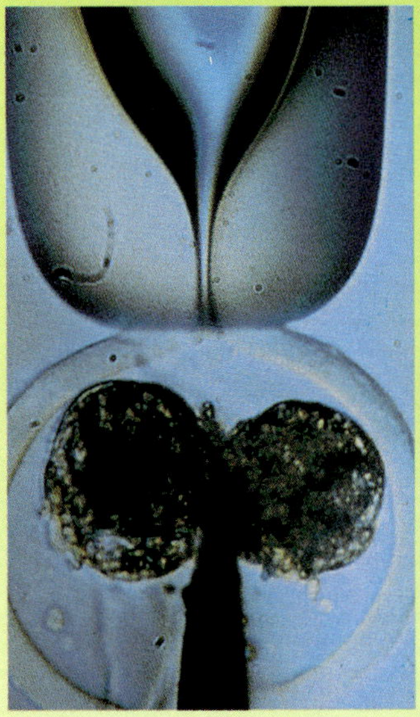

LA SEXUALITÉ

LA FÉCONDATION

LA RENCONTRE DES GAMÈTES

■ LA FÉCONDATION est l'étape cellulaire de la sexualité par laquelle s'effectue le passage de la *phase haploïde* (*n* chromosome) à la *phase diploïde* (2*n* chromosomes) du cycle de vie. Elle intègre les opérations de rapprochement, reconnaissance spécifique et fusion des *gamètes*. Chez les espèces pluricellulaires pour lesquelles la phase diploïde est dominante, comme les animaux, elle représente le point de départ du développement embryonnaire (embryogenèse).

Les modalités de la fécondation. Elles sont très variées suivant les groupes considérés. On distingue la fusion de cellules ne montrant pas de différenciations morphologiques particulières par rapport aux autres cellules (ce type de fusion est appelé *hologamie*), comme chez les algues unicellulaires *(Chlamydomonas)* ou pluricellulaires (spirogyres), et la fusion de cellules spécialisées (on parle alors de *mérogamie*), qui représente la modalité la plus répandue. On observe également la fusion directe de cellules à plusieurs noyaux (gamétangie) ou la formation de cellules binucléées qui ne fusionnent qu'au moment de la méiose (somatogamie). On peut encore citer le processus de *conjugaison* chez les protistes ciliés.

Chez les animaux, la fécondation comprend : l'activation du spermatozoïde, la reconnaissance et l'adhésion des gamètes, l'activation de l'ovule, la fusion des membranes, des cytoplasmes et des noyaux gamétiques et la mise en route du développement embryonnaire.

Chez l'oursin, l'*activation des spermatozoïdes* est directement provoquée par le contact avec l'eau, mais, chez les mammifères, elle suppose un passage obligatoire dans les voies génitales de la femelle où le spermatozoïde finit sa différenciation (ce phénomène est appelé la *capacitation*). La *reconnaissance* spécifique entre les gamètes peut être assurée par l'association d'une protéine spermatique (la bindine) et d'un récepteur de la membrane de l'ovule.

L'*activation ovulaire* comprend souvent des mécanismes qui empêchent la pénétration de plusieurs spermatozoïdes *(polyspermie)*, comme la création d'un espace infranchissable. Après la fusion de la membrane du gamète mâle avec l'ovule, le matériel spermatique pénètre dans le cytoplasme. Le noyau, ou pronucléus mâle, migre au contact du pronucléus femelle. Chez l'oursin, ils fusionnent immédiatement ; chez les mammifères, la réunion des génomes mâle et femelle a lieu au moment de la première division de l'œuf, c'est-à-dire au début de l'embryogenèse.

A

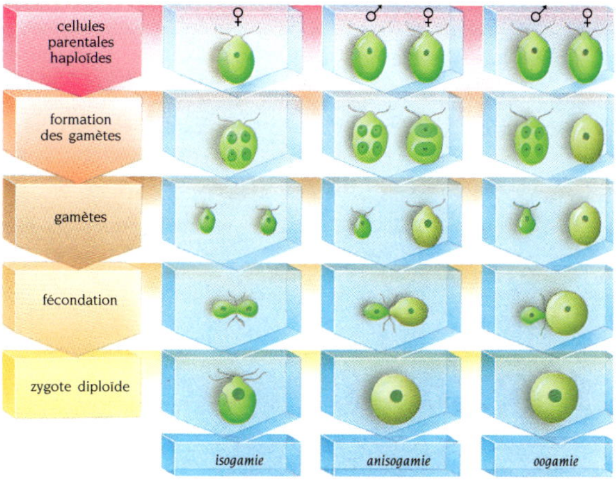

A. **GAMÈTES**

Chez les algues unicellulaires *Chlamydomonas,* tous les degrés de la sexualisation peuvent être observés, depuis l'*isogamie* (gamètes non sexuellement différenciés) jusqu'à l'*oogamie* (spécialisations complémentaires de l'ovule statique, riche en réserves, et du spermatozoïde mobile). D'une manière générale, la sexualisation ne s'arrête pas aux gamètes. En effet, après la formation du nouvel individu, celui-ci pourra être soit mâle, soit femelle ou présenter les deux sexes (cas de nombreuses plantes à fleurs).

B

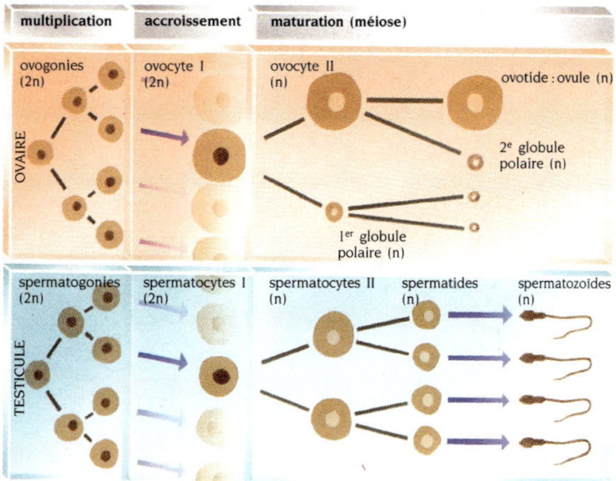

B. **FORMATION DES GAMÈTES (GAMÉTOGENÈSE)**

Chez les animaux pluricellulaires, la gamétogenèse mâle, ou *spermatogenèse,* produit, après une méiose à divisions égales, des *spermatides* se différenciant en *spermatozoïdes* mobiles flagellés. La gamétogenèse femelle, ou *ovogenèse,* caractérisée par une forte croissance due à une accumulation de *réserves,* montre en revanche des divisions de méiose *inégales,* avec formation de globules polaires qui dégénèrent.

C

C. **FÉCONDATION CROISÉE**

La formation de gamètes n'impose pas toujours la rencontre d'individus de sexes opposés : dans la *parthénogenèse,* il y a développement d'œufs non fécondés. Ce type de développement aboutit généralement à des individus haploïdes. On observe cela chez de nombreux insectes (abeilles et pucerons). Dans l'*autofécondation,* les deux gamètes viennent du même individu hermaphrodite (ténia). Ces escargots de Bourgogne sont des hermaphrodites à *fécondation croisée,* car, bien qu'ils produisent des gamètes des deux sexes, il n'y a pas autofécondation, parce que leur maturation n'est pas synchrone.

LE DÉVELOPPEMENT PROTÉGÉ

Chez les animaux, le développement embryonnaire peut être pris en charge plus ou moins longtemps par l'organisme de l'un ou l'autre des parents, généralement dans les voies génitales femelles, mais aussi dans des structures d'accueil variées : sacs ovigères de crustacés, poches dorsales chez la grenouille marsupiale...Ces structures souvent présentes chez les femelles peuvent également se développer chez les mâles. C'est le cas de la poche incubatrice chez l'hippocampe mâle ou encore des pattes arrière du crapaud accoucheur qui porte, pendant tout leur développement, les œufs pondus par la femelle.

Chez les mammifères marsupiaux, le développement commencé dans les voies génitales de la mère se poursuit dans sa poche marsupiale ventrale : le fœtus de kangourou présenté ci-dessous accroché à l'une des quatre tétines de la poche marsupiale est âgé d'environ trois semaines.

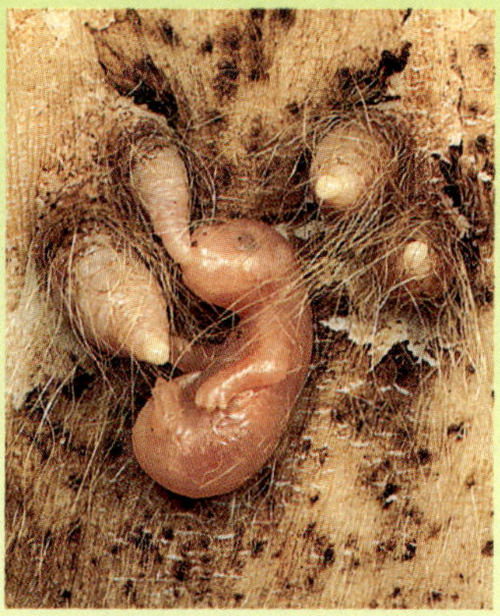

LA SEXUALITÉ

LE SEXE

UN DÉTERMINISME MIXTE

■ LES SEXES MÂLE ET FEMELLE désignent les ensembles de différenciations morphologiques, physiologiques et, éventuellement, comportementales qui concourent à la production de gamètes différenciés et à leur fusion.

Comme toutes les caractéristiques biologiques, le sexe admet, avec des modalités très variables suivant les espèces, un déterminisme mixte, à la fois génétique et épigénétique (non lié aux gènes). Un cas extrême est celui des nombreuses espèces hermaphrodites, chez lesquelles des cellules génétiquement équivalentes peuvent se différencier aussi bien dans le sens femelle que mâle, sous le contrôle de facteurs externes ou internes.

Chez les espèces à sexes séparés, les cellules des deux sexes se distinguent par un seul ou par un petit nombre de gènes qui gouvernent la bifurcation du développement vers le sens femelle ou mâle. Par exemple, chez les mammifères, les déterminants génétiques du sexe sont localisés sur une paire de chromosomes, X et Y : la femelle porte deux chromosomes X, le mâle porte un X et un Y.

Cependant, des facteurs externes peuvent naturellement, et parfois pathologiquement, inverser de façon plus ou moins complète la différenciation commandée par le sexe génétique : par exemple, chez la carpe, une température d'incubation élevée produit presque exclusivement des mâles.

LES COMPORTEMENTS REPRODUCTEURS

DES SIGNAUX DE RECONNAISSANCE

■ LE RAPPROCHEMENT DES GAMÈTES est préparé, chez toutes les espèces pluricellulaires, par des ajustements physiologiques des organismes qui les produisent. Par exemple, chez les plantes, les maturations des fleurs femelles et mâles sont synchronisées. Chez les animaux, l'accouplement est souvent préparé par une *parade,* qui sert à la recherche et à la reconnaissance des partenaires de même espèce et de sexe opposé et à la synchronisation de leurs activités sexuelles : chant des oiseaux, appel infrasonore des éléphants, signaux olfactifs des papillons, signaux lumineux des lucioles, etc.

Plus que d'un signal particulier, l'*accouplement* résulte généralement d'une séquence précise de signaux dont les caractéristiques peuvent être déterminées par des gènes spécifiques. Cependant, certains comportements peuvent dépendre de stimuli extérieurs et d'expériences acquises intervenant à des moments précis du développement individuel (imprégnation).

La fécondation. Elle est *externe* chez la majorité des espèces aquatiques et correspond souvent à un rassemblement dans un même lieu de nombreux géniteurs (la frayère des poissons, par exemple). Elle peut être favorisée par un accouplement, comme chez la grenouille verte, qui ensemence directement les œufs à la sortie du cloaque. La fécondation *interne* suppose un rapprochement étroit souvent réalisé par des organes copulateurs (cas des mammifères). L'œuf est alors directement fécondé dans le corps de la femelle.

DISSÉMINATION DES VÉGÉTAUX

Les végétaux, dépourvus de moyens de déplacement actif, ont développé des adaptations permettant leur dissémination passive dans le milieu.

Les *spores* et les *graines,* qui représentent des formes de survie et de résistance, permettent non seulement de coloniser tous les espaces favorables, mais aussi de franchir les zones hostiles.

La dissémination des *gamètes mâles* (pollen), comme celle des spores et des graines, peut être favorisée par la légèreté et par une augmentation de la portance dans l'air (poils, ailes) ou de la flottabilité, ou par le transport par des animaux.

A

A. **DIMORPHISME SEXUEL**

Il s'agit des différences entre femelles et mâles. À côté d'un *dimorphisme primaire,* directement lié à l'appareil reproducteur, existe un *dimorphisme secondaire* (caractères sexuels secondaires), qui peut se traduire dans la parure, comme ici celle du paon, jouant un rôle dans le choix du partenaire par les femelles.

B. **LA FLEUR : UN APPAREIL REPRODUCTEUR**

Dans la fleur d'une plante évoluée (ici une tulipe), les étamines constituent l'organe mâle où se forme le pollen. Au centre, le pistil, organe femelle, surmonté d'un stigmate sur lequel viennent se fixer les grains de pollen, contient dans son ovaire les ovules. La fécondation par le pollen (qui émet, vers l'ovule, un tube pollinique) produit la graine.

Stigmate

C'est le réceptacle femelle, sur lequel les grains de pollen pourront germer pour féconder les ovules.

Anthère

Partie supérieure d'une étamine, l'anthère est le lieu de formation des grains de pollen.

Pétale

Les vives couleurs sont attractives pour les insectes qui transporteront le pollen de cette fleur jusqu'au stigmate d'une autre fleur de même espèce (fécondation croisée).

B

C. **APPAREIL GÉNITAL DE L'HOMME**

Les testicules (1) ont un double rôle : la production des *spermatozoïdes* et la sécrétion d'*hormones mâles.* Les gamètes sont évacués par l'*épididyme* (2) et le *canal déférent* (3) débouchant dans l'*urètre* (4), qui se termine au niveau du *gland* (5) protégé par le *prépuce* (6) à l'extrémité du *pénis* (7) organe copulateur. La vésicule séminale (8), la *prostate* (9) et la *glande de Cowper* (10) contribuent à la fabrication du sperme.

C

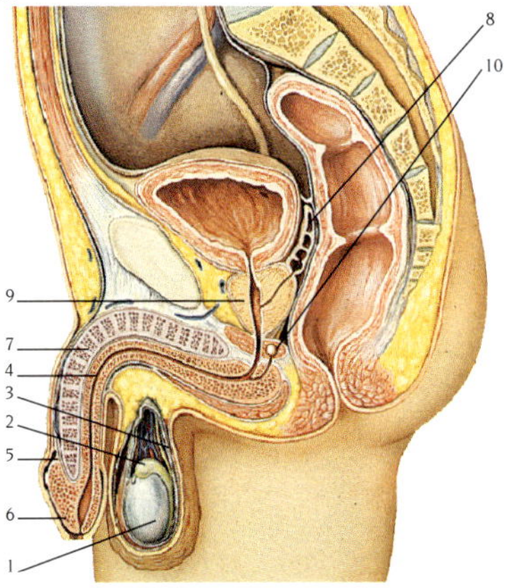

D. **APPAREIL GÉNITAL DE LA FEMME**

L'*ovaire* (1) produit les *hormones* femelles et les ovules qui sont captés dans les *trompes de Fallope* (2) où s'effectue la fécondation. L'œuf passe alors dans l'*utérus* (3), dans la paroi duquel il se développe. Le *col* de l'utérus (4) communique avec le *vagin* (5), ouvert sur l'extérieur sous le méat urinaire (6), au-dessous du *clitoris (7),* entre les *grandes* (8) et les *petites lèvres* (9).

D

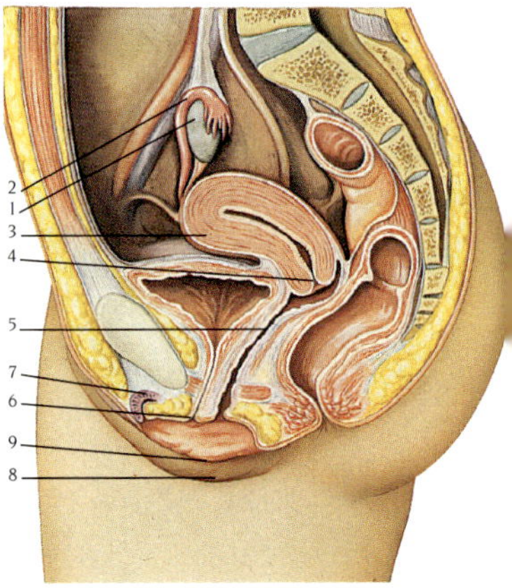

LES CARACTÈRES HÉRÉDITAIRES

GÈNES ET CARACTÈRES

LE GÉNOTYPE ET LE PHÉNOTYPE

■ LA DÉCOUVERTE, dans la cellule, des éléments spécialisés dans l'hérédité est fondamentale dans le développement de la biologie. Ces déterminants héréditaires, ou *gènes,* sont portés par les chromosomes. Leur ensemble constitue le *génotype.* Ils ont une action spécialisée sur des caractères déterminés (couleur, forme, structures morphologique, chimique, etc.) et une action intégrée qui s'exprime dans l'organisme, dont l'ensemble des caractéristiques observables constitue le *phénotype.*

La distinction entre le phénotype (l'expression) et le génotype (le codage) a élevé la génétique au rang de science. Pressentie depuis le XVIIIe siècle par le mathématicien français Pierre Louis Moreau de Maupertuis, elle a trouvé son expression dans les travaux du moine autrichien Gregor Mendel sur le pois cultivé. Cette distinction a permis de comprendre que l'héritage biologique est constitué non de caractères, mais de potentialités, qui s'expriment sous la dépendance de contraintes structurelles et environnementales diverses. Le développement de la génétique s'est effectué par l'analyse toujours plus fine du génotype et des relations entre le génotype et le phénotype.

La variation. Un gène déterminé, contrôlant un caractère donné, peut présenter diverses formes légèrement différentes, ou *allèles,* qui, lorsqu'elles s'expriment, rendent compte de la variation du gène considéré. On sait par exemple qu'une forme de nanisme, dit « achondroplasique », chez l'homme, est la conséquence d'une différence allélique. Il en est de même de la couleur blanche ou rousse des œufs des volailles, de l'enveloppe lisse ou ridée des grains de maïs, etc.

LES ALLÈLES

Deux individus apparemment semblables n'ont pas forcément le même génotype. Chez les espèces diploïdes, le génotype est constitué de deux formes, ou *allèles,* possibles pour chaque gène. Si les deux allèles sont analogues, on dit que l'individu est homozygote pour ce gène. S'ils sont différents, il est hétérozygote. Avec deux formes alléliques A et a, par exemple, il y a trois génotypes possibles : AA, Aa, aa. On rencontre souvent la situation où l'hétérozygote Aa et l'homozygote AA ont le même phénotype : on dit alors que l'allèle A est *dominant* sur l'allèle a, l'homozygote aa étant d'un phénotype différent, qui correspond à l'action de l'allèle a, dit *récessif.*

A. **Nombre de paires de nucléotides par cellules**	
Mammifères	3.10^9
Reptiles	2.10^9
Batraciens	$1{,}5.10^9$
Téléostéens	6.10^8
Sélaciens	$1{,}7.10^9$
Cyclostomes	$1{,}3.10^9$
Échinodermes	6.10^8
Spongiaires	1.10^8
Protozoaires	$1{,}25.10^8$
Algues unicellulaires	5.10^7
Champignons	2.10^7
Bactéries	$4{,}2.10^5$
Virus	7.10^4

A. **A.D.N. ET DEGRÉ D'ORGANISATION**

Il existe une liaison entre la quantité d'A. D. N. (exprimée ici en nombre de paires de nucléotides) et la complexité des organismes (cette quantité reste inconnue pour nombre d'espèces).

B

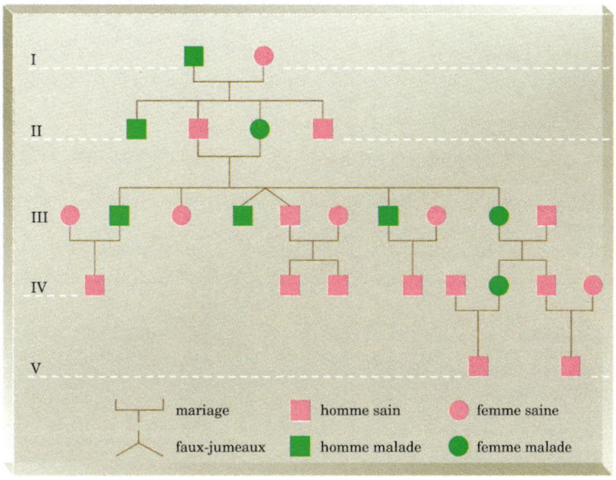

B. **GÉNÉALOGIE HUMAINE**

La source principale d'information sur l'hérédité dans l'espèce humaine, où les croisements ne sont évidemment pas contrôlés, a longtemps été l'analyse des arbres généalogiques. Elle a permis ici d'étudier la transmission d'une maladie héréditaire, la maladie de Rendu-Osler (angiomatose hémorragique). Cette maladie se transmet selon un mode autosomal (non lié aux chromosomes sexuels) dominant (l'allèle qui la détermine s'exprime même à l'état hétérozygote).

C. **TRANSMISSION D'UN CARACTÈRE**

Si l'on croise entre elles deux lignées de souris homozygotes différant par un seul caractère, l'une grise de génotype GG et l'autre blanche de génotype bb, les descendants, ou hybrides, de première génération (appelée F1) sont tous gris (génotype Gb, avec dominance de l'allèle G). En croisant ces souris hybrides entre elles, on a une descendance formée de 1/4 de blanches (homozygotes bb) et de 3/4 de grises (homozygotes GG ou hétérozygotes Gb). Ces résultats s'interprètent facilement par le fait que chaque gamète haploïde (dont les chromosomes ne sont pas représentés par paires, mais par unités) apporte un seul des deux allèles parentaux au descendant, par suite de la séparation des chromosomes homologues lors de la méiose. Il s'agit ici de *monohybridisme* (un seul caractère étudié) *autosomal* (concernant les chromosomes non sexuels, ou autosomes).

C

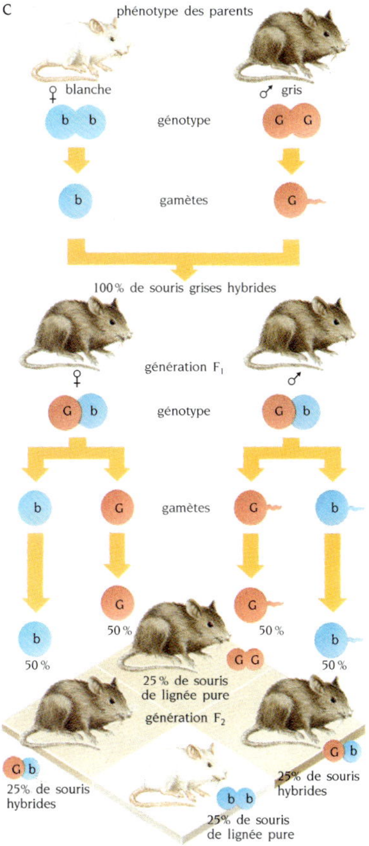

D

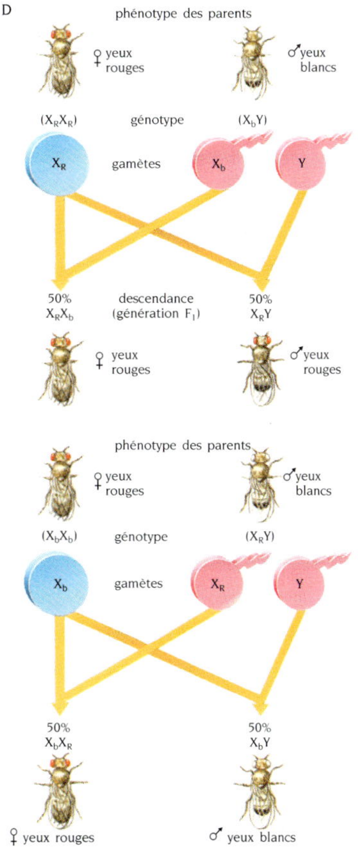

D. **HÉRÉDITÉ LIÉE AU SEXE**

Une paire de chromosomes particuliers, les *gonosomes,* détermine le sexe. Chez la mouche drosophile, les femelles ont deux gonosomes semblables, dits X, et ne produisent qu'un seul type de gamètes, porteurs du gonosome X. Les mâles ont deux gonosomes différents, un X et un Y, et produisent des gamètes à X et des gamètes à Y (déterminant le sexe mâle). Les gènes portés par cette paire de chromosomes sexuels possèdent un mode de transmission particulier. La figure présente la descendance de croisements entre drosophiles aux yeux rouges et drosophiles aux yeux blancs (les gènes de ces caractères sont portés par le chromosome X, l'allèle b qui détermine la couleur blanche est récessif). On voit que dans ce cas de monohybridisme, l'hérédité est liée au sexe des descendants. On parle alors de monohybridisme *gonosomal* (concernant les chromosomes sexuels ou gonosomes).

LES CARACTÈRES HÉRÉDITAIRES

LA TRANSMISSION DE DEUX CARACTÈRES

GÈNES LIÉS ET GÈNES « NON LIÉS »

■ LA COMPRÉHENSION des modes de transmission d'un seul caractère héréditaire *(monohybridisme)* permet l'étude simultanée de la transmission de deux caractères *(dihybridisme).*

Le dihybridisme. Prenons comme caractères la couleur et la taille, présentant respectivement les allèles clair/foncé et grand/petit.

Observés séparément, ces caractères apparaissent en deuxième génération (F2) suivant les proportions du monohybridisme. Si on les étudie l'un par rapport à l'autre, ils se transmettent selon deux possibilités :

1. On retrouve pour le caractère taille, en deuxième génération hybride, les proportions classiques du monohybridisme (par exemple 3/4 grands, 1/4 petits) dans chacune des catégories du premier caractère (clair/foncé). On dit alors qu'il y a *ségrégation indépendante* des deux couples d'allèles (les caractères sont considérés comme *indépendants*) ;

2. On trouve pour le second couple, en deuxième génération hybride, dans chaque catégorie du premier couple, des proportions différentes de celles du monohybridisme (différant de 3/4, 1/4). On dit, dans ce cas, que les deux caractères sont *liés.*

Ces résultats sont la conséquence de la structure discontinue du génome, les gènes étant répartis sur différentes paires de chromosomes.

Il y a *ségrégation indépendante* lorsque les deux gènes sont situés sur des chromosomes différents (ne faisant pas partie de la même paire) : la répartition des chromosomes dans les gamètes lors de la méiose se faisant au hasard, les quatre catégories possibles de gamètes sont dans les mêmes proportions.

Si, au contraire, les deux gènes en jeu sont situés sur le même chromosome (gènes *liés*), ils passent ensemble dans un gamète. Des échanges *(crossing-over)* pouvant se produire pendant la formation du gamète.

LE CROSSING-OVER

Lorsque chacun des deux chromosomes d'une paire portent des allèles différents pour deux gènes, la liaison physique entre chaque allèle est parfois rompue lors de la méiose, par suite de phénomènes d'échange entre chromosomes, connus sous le nom d'*enjambement,* ou *crossing-over.* Ces échanges ont lieu au cours de la première division de la méiose (prophase réductionnelle).

Ces échanges entre chromatides sœurs produisent des combinaisons nouvelles de ces allèles sur les chromosomes. La probabilité de telles recombinaisons augmente avec l'éloignement des gènes sur leur chromosome. La distance entre chaque gène pris deux à deux s'exprime en unités centi-morgan (UCM).

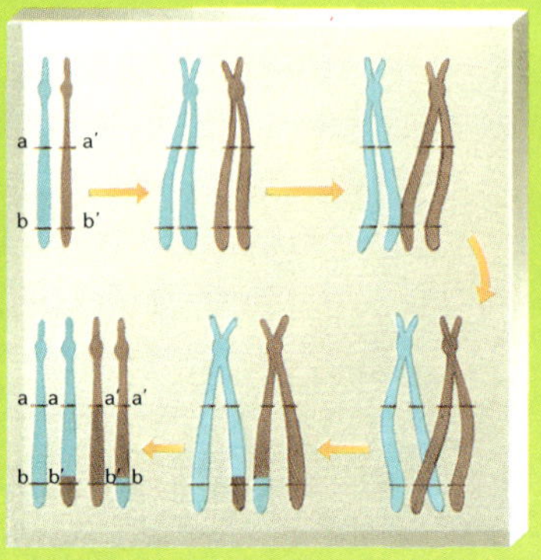

B

A

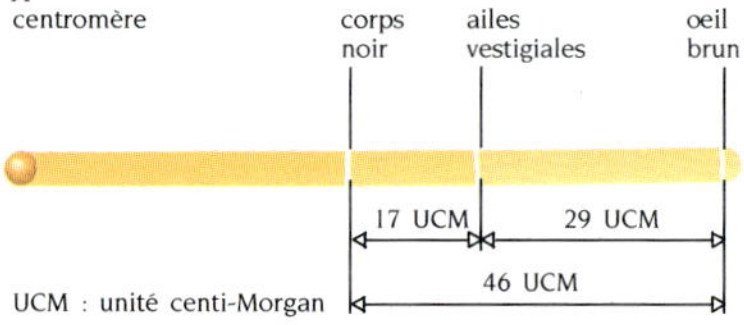

A. **CARTE FACTORIELLE**

Depuis les travaux du généticien américain Thomas Morgan, on sait dresser des cartes factorielles qui indiquent la répartition des gènes sur un chromosome. Plus le pourcentage de recombinaisons est grand, plus les emplacements (locus) des gènes sont éloignés sur le chromosome.

B. **DROSOPHILE**

La mouche du vinaigre, *Drosophila melanogaster,* est un des organismes les plus utilisés pour l'expérimentation génétique, du fait de sa facilité d'élevage en conditions contrôlées et du renouvellement rapide des générations (10 jours à 25 °C).

C

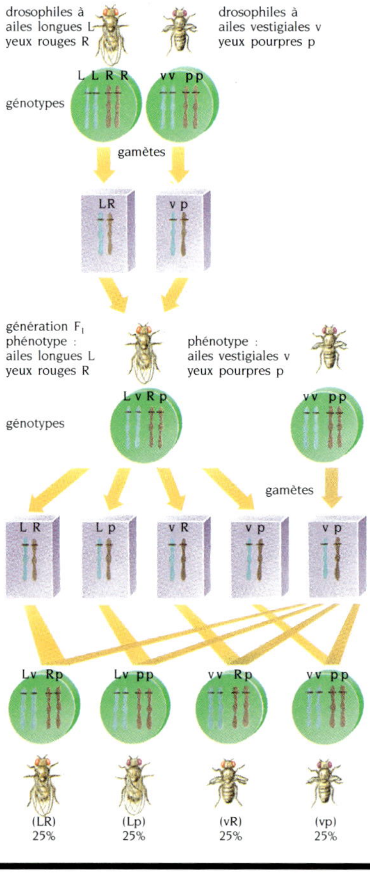

D

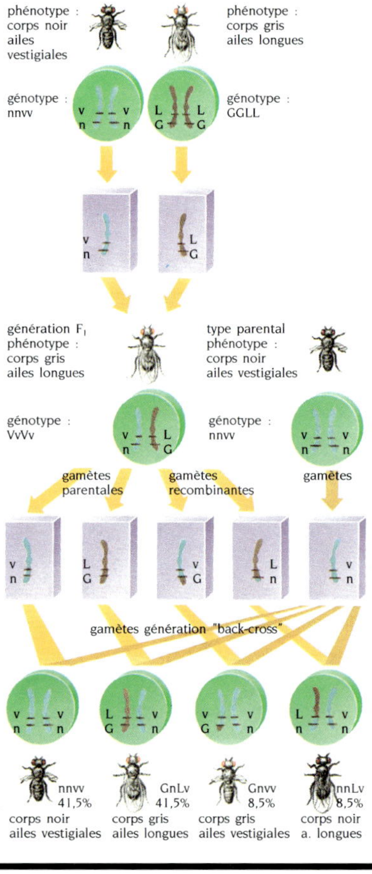

C. D. **DIHYBRIDISME**

L'étude de la transmission de deux caractères permet de détecter certains phénomènes importants qui se produisent lors de la méiose (répartition aléatoire des chromosomes homologues dans les cellules filles, crossing over, anomalies, etc.). Les résultats des croisements permettent de distinguer le cas où les gènes qui déterminent ces caractères sont portés par le même chromosome (gènes liés) de celui où ils sont portés par des chromosomes différents (gènes « non liés »).

Gènes non liés

Dans cet exemple, on s'intéresse à deux caractères héréditaires chez la drosophile : longueur des ailes et couleur des yeux. Si l'on croise deux lignées pures, l'une à ailes longues et yeux rouges (L et R), l'autre à ailes vestigiales et yeux pourpres (v et p) toutes les mouches de première génération (F1) ont des ailes longues et des yeux rouges. En croisant ces hybrides avec un parent récessif (v, p), on obtient quatre phénotypes en proportion égale, résultats typiques d'une ségrégation indépendante des gènes.

Gènes liés

Les deux caractères étudiés ici chez la drosophile sont la couleur du corps et la taille des ailes. On réalise un croisement entre une lignée de drosophiles à corps gris (G) et ailes longues (L) et une lignée à corps noir (n) et ailes atrophiées, « vestigiales » (v). Les hybrides F1 sont gris aux ailes longues. Si on les croise avec la lignée parentale noire aux ailes vestigiales, on obtient en F2 des phénotypes qui correspondent aux types gamétiques produits par les hybrides F1. Les gamètes parentaux sont plus nombreux que les gamètes recombinés, à la différence de ce que l'on observerait si les gènes n'étaient pas liés.

LA VARIATION

LES MODIFICATIONS HÉRÉDITAIRES

■ IL EXISTE une importante *variation génétique* des êtres vivants. Que le milieu ait une influence sur l'expression des caractères *(phénotype)* est une observation au moins aussi vieille que l'agriculture et l'élevage, mais l'existence d'une variation de nature proprement héréditaire ne s'est imposée qu'à partir du XVIIIe siècle. Darwin met cette variation à la base de sa théorie de l'évolution, mais ce n'est que par la suite, avec les découvertes de la génétique et les travaux de De Vries que l'on peut aborder l'étude scientifique de cet aspect de la vie.

Les causes de variation. On en distingue quatre types.

– *Les mutations.* Elles correspondent à l'ensemble des changements qui modifient la structure de l'A. D. N. comme la création de nouveaux allèles par modification de la séquence des bases (les anomalies génétiques telles que l'hémophilie et l'achondroplasie proviennent initialement de mutations ponctuelles), l'augmentation ou la diminution du nombre de copies d'un gène dans le génome ou les modifications des chromosomes. Ainsi, il arrive qu'une partie de chromosome soit absente ou qu'un chromosome soit porteur d'un segment supplémentaire provenant d'un autre chromosome. Enfin, le changement de position des gènes dans le chromosome est source de variation.

– *Les erreurs.* Elles interviennent lors de la transcription ou de la traduction de l'A. D. N. et sont également source de nouveauté.

– *La loterie mendélienne.* Il s'agit de la répartition aléatoire dans les gamètes de combinaisons différentes d'allèles. Un gamète ne contient en effet que la moitié des gènes et des chromosomes du parent, et il existe de nombreuses manières de choisir cette moitié parmi l'ensemble des gènes du parent.

– *La variation de l'expression.* Elle résulte de l'organisation particulière du matériel génétique, qui parfois ne s'exprime qu'en partie. C'est le cas du complexe « shaker », une séquence d'A. D. N. du chromosome X de la drosophile.

L'ensemble de ces processus est constamment à l'œuvre dans les populations, et le génome de chaque individu apparaît comme une structure essentiellement transitoire, décomposée à chaque génération dans le processus de la méiose et reconstituée sous des formes nouvelles par la fécondation. La masse énorme de nouveautés produites par ce constant processus de renouvellement doit cependant subir l'épreuve drastique de la sélection naturelle : toutes les variations sont loin d'être favorables.

LES CAUSES DES MUTATIONS

Certaines mutations sont la conséquence du fonctionnement cellulaire. On parle alors de *mutations spontanées.* Leur production est en interaction forte avec le milieu (par exemple la température). On observe des changements de l'A. D. N., ainsi que des « erreurs » de transcription et de traduction.

Il est toutefois possible d'augmenter le taux de mutations en faisant agir sur la molécule d'A. D. N. des molécules diverses appelées « agents mutagènes ». Certains sites sont d'ailleurs plus sensibles que d'autres (« points chauds »). Les mutations résultant de cette action sont des mutations induites. De nombreux mutagènes agissent directement en modifiant une paire de bases de l'A. D. N. : ainsi, l'acide nitreux provoque la transformation de la cytosine en uracile. D'autres sont des analogues des bases et peuvent être incorporés à leur place dans l'A. D. N. lors de la réplication. Les acridines déforment la double hélice et provoquent la perte ou le gain d'une paire de bases, ce qui modifie la transcription. La radioactivité est une source de mutations. Elle peut provoquer d'importantes modifications dans le génome. Face à cela, il existe des systèmes de réparation, mais leur efficacité n'est pas totale.

Seules les mutations qui affectent les gamètes peuvent être transmises. Cependant elles rendent la cellule ou l'individu inviable (mutations létales).

A

A. **PERSAN VAIRON**

Chez les animaux domestiques, de nombreux mutants ont été isolés, soit dans un but pratique, soit dans un but d'agrément (races de chiens, de chats, de pigeons, etc.). Les chats persans ont des poils longs. Ce caractère est gouverné par un gène qui possède deux allèles (poils longs/poils courts). Le déterminisme de la couleur des yeux est plus complexe. Il se traduit ici par cette curieuse dissemblance (yeux vairons) qui peut résulter d'une anomalie somatique (non transmissible).

B

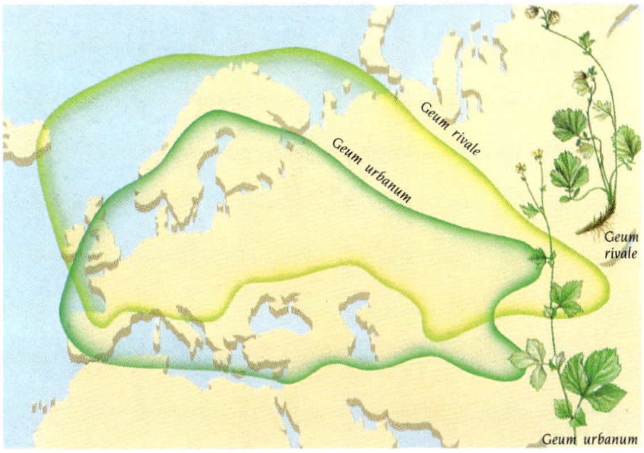

B. **VARIATIONS GÉOGRAPHIQUES**

La variation génétique favorise l'adaptation à des milieux différents. Une des formes de cette variation chez les végétaux est la *polyploïdie*. La répartition d'une espèce souche (*Geum urbanum*), en vert foncé, est limitée. La nouvelle espèce (*Geum rivale*), issue de la précédente par polyploïdie, possède une aire de répartition (en vert clair) plus étendue, étant mieux adaptée aux climats plus rigoureux.

C

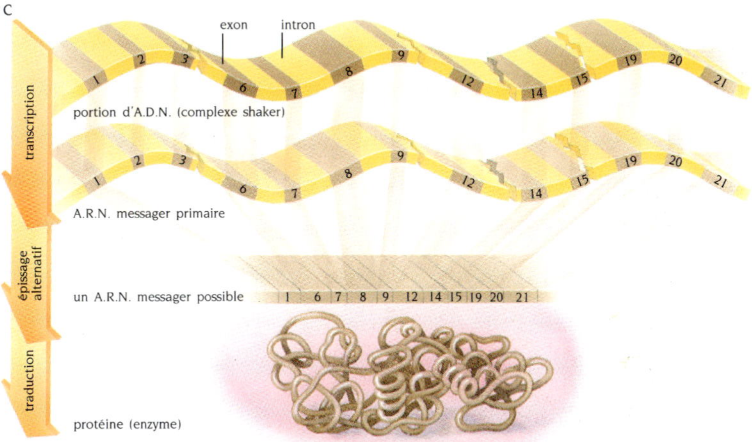

C. **UN GÈNE, PLUSIEURS ENZYMES**

La molécule d'A. D. N. des eucaryotes est constituée d'une alternance de zones codant pour une protéine, appelées *exons,* et de zones non codantes, ou *introns.* L'A. R. N. messager, initialement copie intégrale de l'A. D. N., subit une maturation, au cours de laquelle les introns sont éliminés (cette étape est appelée épissage). L'étude du complexe *shaker,* situé sur le chromosome X de la drosophile, a montré que plusieurs protéines pouvaient être produites par un même gène, les A. R. N. messagers matures ne contenant pas forcément tous les exons (épissage alternatif). Le complexe shaker produit une grande variété d'A. R. N. messagers et jusqu'à dix-huit protéines différentes, chacune caractérisée par une certaine fréquence d'apparition. Le principe « un gène-une enzyme », longtemps admis par les généticiens, se trouve aujourd'hui totalement remis en cause.

GÉNÉTIQUE ET POPULATIONS

L'ESPÈCE

UNE COMMUNAUTÉ DE REPRODUCTION

■ ÉTYMOLOGIQUEMENT, l'espèce (du latin *species,* aspect, apparence) désigne ce que l'on distingue, ce qui est différent. Le concept biologique d'espèce est né des besoins de la classification : les grands voyages d'exploration et la meilleure connaissance des faunes et des flores ont mis botanistes et zoologistes devant un nombre énorme de formes vivantes qu'il fallait distinguer et décrire.

L'évolution de la notion d'espèce. L'espèce a longtemps été considérée comme une unité morphologique, réunissant des individus présentant les mêmes caractères observables. En fait, la pratique consistait à décrire une plante ou un animal donné et à faire de cette description le type de l'espèce (espèce « typologique »). Mais cette définition présentait des aléas, d'une part du fait de la variation entre individus, qui faisait qu'une espèce n'était jamais tout à fait homogène, et d'autre part en raison de la difficulté que l'on éprouve souvent à tracer des limites précises entre les espèces ainsi distinguées. Les progrès de la classification dite *naturelle,* qui reflétaient la découverte de la parenté plus ou moins proche des espèces et qui devaient déboucher sur la notion d'évolution, amenèrent à concevoir l'espèce comme une unité fluctuante, pouvant naître mais aussi disparaître.

Toutefois, seules les découvertes en génétique ont permis de comprendre la nature des différences individuelles et de définir l'espèce comme « la communauté reproductive la plus large d'individus sexués à fécondation croisée ayant en commun un pool de gènes » (T. Dobzhansky). On se rappellera que, compte tenu du caractère transitoire des individus et des génomes, ce qui caractérise une communauté d'individus, ce sont les gènes répartis entre eux et qui se retrouveront dans d'autres combinaisons individuelles chez leurs descendants, grâce à la fécondation croisée (qui fait intervenir deux individus différents) : l'ensemble des gènes constitue le pool génique de la communauté.

LA POPULATION

UN GROUPE AU SEIN D'UNE ESPÈCE

■ UN GROUPE D'INDIVIDUS vivant entre eux ou bien très proches les uns des autres, ayant des ancêtres communs et étant susceptibles de produire ensemble des descendants constituent une population. L'étude génétique des populations met en évidence deux grands types de facteurs d'évolution.

Le système de croisement. Il détermine l'association des gamètes et donc la répartition des gènes dans les différents génomes. En particulier, les croisements entre apparentés proches (unions consanguines) ou entre individus qui se ressemblent (homogamie), ont une grande influence sur la répartition des gènes dans la population et donc sur la fréquence relative des divers génotypes possibles.

La modification des fréquences géniques. La mutation est source de nouveauté génique. Encore faut-il que les nouveautés soient viables. C'est là qu'intervient la sélection, soit directement sur les gamètes, soit sur les individus en empêchant leur développement. On peut cependant montrer que des gènes défavorables se maintiennent à très faible fréquence dans les populations, constituant une réserve de variation permettant des adaptations de celles-ci à des conditions changées. La dimension de la population est également un facteur très important de son évolution : plus l'effectif est limité, plus les phénomènes aléatoires du maintien ou de l'élimination de gènes ont une importance relative.

A

A. **ÉMASCULATION DU MAÏS**

La pratique de la sélection animale et végétale est en fait une gestion contrôlée de populations, destinée à diriger leur évolution dans un sens utile à l'homme. D'une part, la population des géniteurs est un sous-ensemble de la génération vivante, choisi en vue de modifier la génération des descendants ; d'autre part, les croisements peuvent être contrôlés. Dans ce dernier cas, l'intervention humaine est indispensable chez les végétaux. Chez les plantes *autogames* (c'est-à-dire où la fécondation peut se produire entre gamètes issus du même individu), comme le pois cultivé, la fécondation artificielle est nécessaire pour croiser entre elles des lignées différentes. Chez les plantes *allogames* (à fécondation croisée), la castration des épis mâles (ici du maïs) est fréquemment pratiquée pour contrôler les croisements. En supprimant les cellules reproductrices d'un individu, on lui évite de « polluer » en transmettant les caractères que l'on ne désire pas sélectionner.

DES CARACTÈRES QUI NE SONT PAS HÉRÉDITAIRES

La variation non génétique induite par les conditions du milieu aide souvent les organismes à s'ajuster aux contraintes de leur environnement (c'est le cas du bronzage chez l'homme, par exemple). On parle à son sujet de « caractères acquis », pour faire la distinction avec les caractères héréditaires (comme la couleur de la peau). De nombreux évolutionnistes, comme le Français J.-B. Lamarck, ont cru que ces modifications acquises pouvaient être incorporées directement dans l'hérédité. Les tentatives répétées pour démontrer l'hérédité des modifications adaptatives individuelles chez les organismes supérieurs ont toutes échoué.

Cependant, dans la période récente, des hypothèses lamarckiennes ont de nouveau été formulées, par exemple dans le domaine de l'immunologie, ou à propos des bactéries (mécanismes moléculaires).

Quoi qu'il en soit, l'adaptation d'un organisme au milieu où il vit résulte essentiellement des mutations et de la sélection naturelle au niveau des populations. Le génome d'un organisme est un produit historique et résulte de l'interaction passée entre ses ancêtres et leur milieu.

B

B. **GROUPE, POPULATION, ESPÈCE**

Ces girafes photographiées au Kenya forment une population au sein de l'espèce « girafe ». La notion de population n'est pourtant pas toujours facile à circonscrire. C'est une communauté reproductive distincte à l'intérieur de l'espèce. Lorsque les individus vivent en groupes plus ou moins isolés, chaque groupe pourra être considéré comme une population. Mais les limites peuvent en être difficiles à déterminer, surtout si elles sont facilement franchies. Par ailleurs, des populations bien distinctes appartiendront cependant à la même espèce si l'intercroisement reste possible.

L'EXPRESSION DES GÈNES

GÉNÉTIQUE ET ENVIRONNEMENT

LE DOUBLE DÉTERMINISME DES CARACTÈRES

■ POUR ÉTUDIER LA VARIATION héréditaire, les généticiens raisonnent en milieu constant, de même que pour étudier le métabolisme, les physiologistes travaillent sur un matériel vivant homogène. Cette homogénéisation des conditions expérimentales permet d'imputer les variations observées aux seuls facteurs génétiques.

Considérons deux lignées homozygotes de lapins différant par la couleur de leur graisse, celle-ci étant déterminée par un gène possédant deux allèles (Y et y). La graisse des lapins de la lignée (YY) est blanche, alors que celle de la lignée (yy) est jaune. La différence de couleur tient au fait que le foie des lapins YY contient une enzyme capable de détruire certains pigments jaunes (les pigments xanthophylles) qu'ils trouvent dans les plantes vertes dont ils s'alimentent, le gène Y étant responsable de la synthèse de cette enzyme. En revanche, l'allèle y ne produit pas l'enzyme et les lapins yy ne peuvent détruire les pigments jaunes ; ceux-ci s'accumulent alors dans leur graisse. L'analyse d'un point de vue génétique amène à la conclusion que c'est la différence génétique qui détermine la différence des phénotypes.

Cependant, si l'on modifie l'alimentation des lapins en leur fournissant un régime sans xanthophylles, les deux lignées auront alors la graisse blanche. Un physiologiste conclura que la différence de couleur de la graisse des lapins yy dans les deux situations résulte du changement de l'alimentation.

Le généticien et le physiologiste ont tous deux raison ! Un gène donné exprime son activité dans des conditions de milieu données et il n'est pas possible de concevoir l'activité du gène hors de son milieu.

L'hérédité transmet donc des *potentialités* plutôt que des *caractères*. De plus, un caractère donné se réalise au cours du développement : il y a une histoire de l'expression des gènes, qui dépend évidemment de conditions génétiques mais aussi environnementales, conditions qui ne sauraient être négligées à aucun prix.

GÉNÉTIQUE ET INTELLIGENCE

L'intelligence représente un rapport entre le sujet et le monde qui se traduit par la capacité à résoudre des problèmes dans un environnement donné.

Chez l'animal, on peut tester cette capacité en laboratoire, à travers des comportements simples (s'orienter dans un labyrinthe, appuyer sur une manette...). Or, s'il est admis qu'il existe une composante génétique à ces aptitudes comportementales, on sait cependant que des rats ayant reçu de nombreuses stimulations sensorielles dès la naissance ont tendance à se montrer plus « intelligents » que des individus de la même portée peu stimulés.

La détermination de tout caractère est double, génétique et environnementale, et on ne peut séparer les deux influences au niveau individuel. L'intelligence n'échappe pas à cette règle. De plus, le rapprochement est difficile entre le comportement du rat et l'intelligence humaine, de même qu'entre le milieu contrôlé du laboratoire, où le nombre de facteurs agissant reste limité, et les sociétés humaines, où il est quasiment non quantifiable.

LES MANIPULATIONS GÉNÉTIQUES

LA NÉCESSITÉ D'UNE ÉTHIQUE

■ LES PROGRÈS DÉCISIFS réalisés dans la connaissance des gènes ont rendu possible une intervention directe dans le génome. Le *génie génétique* modifie celui des bactéries (production de substances utiles), et celui des plantes et d'animaux (dits *transgéniques*), pour provoquer l'apparition de caractères nouveaux. L'intervention dans le génome humain pose des problèmes.

A

A. **DROITE OU GAUCHE ?**

Les coquilles de certains mollusques s'enroulent dans le sens des aiguilles d'une montre (dextre) ou dans le sens inverse (sénestre). Le sens de l'enroulement dépend du génotype de la mère et non de celui de l'individu. On pense qu'il est déjà déterminé dans l'œuf non fécondé. On a pu démontrer par croisements que ce caractère est sous la dépendance d'un gène possédant deux allèles, l'allèle pour l'enroulement dextre étant dominant. C'est un exemple d'hérédité maternelle.

La thérapie génique. Cette technique n'en est qu'à ses débuts, mais elle ouvre des perspectives remarquables. On commence à introduire des gènes normaux dans l'organisme de malades souffrant d'une déficience génétique, dans l'espoir de les voir remplir les fonctions qui manquent (permettre la synthèse d'une enzyme, par exemple). Il reste cependant des difficultés à faire fonctionner normalement les gènes introduits, ce qui a pour conséquence de nécessiter la répétition du traitement. De plus, celui-ci soignera sans les guérir les sujets qui transmettront le gène déficient à leurs descendants.

La correction héréditaire. Encore expérimentale, cette technique se distingue de la thérapie génique car elle agit sur la lignée germinale (sur les gamètes ou sur l'œuf fécondé). Cette application soulève de graves questions, car l'« amélioration » qu'elle apporterait éventuellement peut ne pas être évidente. Comment juger du « normal » et de l'« anormal » ? Qui décidera de la légitimité de l'intervention ? Le souvenir des interventions « eugéniques » de la dictature nazie hante évidemment les esprits, souvenir réactivé par les dérives auxquelles pourraient conduire certaines théories (sociobiologie). Mais il y a d'autres questions. Ces interventions n'auront-elles pas des conséquences à long terme que nous ne pouvons prévoir ? Ne risque-t-on pas d'introduire, en même temps que le gène curateur, des gènes néfastes (oncogènes) ?

B

B. **APPRENTISSAGE**

Encouragé par sa mère, ce jeune phoque du Groenland commence son apprentissage de la nage. Si la capacité à apprendre dépend de l'expression de certains gènes, l'apprentissage lui-même reste tributaire de l'environnement. Cet exemple montre l'évidence du double déterminisme des caractères (génétique et environnemental).

C. **MALADIES GÉNÉTIQUES UNIFACTORIELLES**

Transmission	Exemples
Maladies autosomiques dominantes Dans ces maladies, il suffit que le gène défectueux soit présent en un seul exemplaire pour que l'anomalie s'exprime. Les enfants d'un sujet atteint risquent dans 50 % des cas d'hériter du gène défectueux et donc d'être eux-mêmes atteints.	Achondroplasie Chorée de Huntington Ictère hémolytique congénital Maladie de Recklinghausen Maladie polykystique des reins Polypose colique
Maladies autosomiques récessives Le gène défectueux doit avoir été transmis en 2 exemplaires pour que ce type de maladie se manifeste. En principe, les deux parents d'un sujet atteint sont porteurs du gène défectueux mais ne présentent pas la maladie. Leurs enfants ont 25 % de risques d'être atteints et 50 % de porter le gène anormal.	Albinisme généralisé Drépanocytose Galactosémie Maladie de Friedreich Maladie de Hurler Maladie de Tay-Sachs Mucoviscidose Phénylcétonurie
Maladies récessives liées au chromosome X Ces affections dues à des anomalies du chromosome X sont en principe où uniquement apparentes chez les hommes, le gène anormal ne peut pas être masqué par un gène normal sur un second chromosome X. Les femmes peuvent porter le gène défectueux, leurs fils ont un risque sur deux d'être affectés.	Carence en une enzyme, la G6PD Cécité aux couleurs Hémophilie Myopathie primitive progressive Syndrome de l'X fragile

C. **MALADIES GÉNÉTIQUES**

On connaît de très nombreuses maladies, malformations ou anomalies pour lesquelles une composante génétique a été mise en évidence. La localisation et l'isolement des gènes impliqués dans ces maladies progressent rapidement. Le tableau ci-contre donne quelques exemples d'affections causées par la déficience d'un seul gène, ou encore de maladies cellulaires s'exprimant dans le métabolisme. Il est important de bien voir que maladie génétique ne signifie en aucune façon maladie incurable. La connaissance du génome humain (séquençage) ouvre la voie à d'importants développements thérapeutiques.

L'IMMUNITÉ

Les êtres vivants sont soumis en permanence à des agressions de nature très variée (physique, chimique, pénétration de corps étrangers...). Face à ces agressions, ils ont développé divers mécanismes de défense, qui caractérisent l'immunité.

Chez les plantes, la pénétration d'un corps étranger peut provoquer la sécrétion de substances toxiques. Ce type de défense est connu sous le nom d'*élicitation.* Chez les invertébrés, l'expression de l'immunité se limite à la *phagocytose* (des cellules spécialisées capturent et digèrent les intrus). Les *anticorps* représentent un moyen extrêmement spécifique, qui apparaît chez les vertébrés. Parmi ces derniers, les mammifères possèdent un système immunitaire qui combine tous ces moyens de défense.

LA PROTECTION

DÉFENSES EXTERNES ET INTERNES

■ Des moyens mécaniques et chimiques empêchent la pénétration de la plupart des agents pathogènes (micro-organismes, toxines, etc.).

La peau et les muqueuses forment une barrière très efficace contre la pénétration de corps étrangers. La coagulation du sang colmate les lésions vasculaires. Les larmes, la sueur et les sucs digestifs sont très acides, ce qui inhibe le développement de certaines bactéries. Dans les bronches, les cils vibratiles et la sécrétion de mucus rejettent beaucoup de micro-organismes vers l'extérieur. Toutes ces barrières peuvent cependant être franchies accidentellement. Les agents pathogènes rencontrent alors les systèmes de défense internes de l'organisme, qui forment le *système immunitaire.* La réponse immunitaire est de deux types : si elle est identique quel que soit l'agent agresseur, on la qualifie de *réponse non spécifique.* Au contraire, si elle est particulière selon le type d'agent agresseur, on parle de *réponse spécifique.*

LES RÉPONSES NON SPÉCIFIQUES

SIMPLES MAIS EFFICACES

■ Les lésions cellulaires consécutives à la pénétration des micro-organismes entraînent la libération d'*histamine* par les cellules lésées. Cette molécule, en provoquant l'augmentation du diamètre des vaisseaux sanguins et l'élargissement des pores, permet à certains globules blancs, les *polynucléaires,* d'en sortir. Ils détruisent les agents infectieux par *phagocytose.* La sortie de ces globules hors des vaisseaux est accompagnée d'une fuite de protéines dans le tissu conjonctif environnant, déclenchant l'arrivée massive d'ions sodium et d'eau, responsable des phénomènes d'inflammation et d'œdème. Si les polynucléaires ne sont pas assez efficaces, ils dégénèrent en se chargeant de graisses, puis éclatent : ainsi se forme le pus. Les monocytes du sang (autre type de globules blancs) prennent alors le relais. Ces éléments se multiplient et se transforment en macrophages, grandes cellules qui, à leur tour, vont attaquer et phagocyter les intrus.

Lors de l'infection, une excitation nerveuse déclenche une réaction générale qui a pour centre l'hypothalamus et qui se traduit par une élévation de la température interne ; c'est la fièvre. Celle-ci permet à elle seule, dans certains cas, de tuer l'agent étranger (90 p. 100 des virus poliomyélitiques sont tués à 38,5 °C, par exemple). La stimulation de l'hypothalamus provoque aussi la sécrétion d'hormones anti-inflammatoires (corticoïdes). Toutes ces réponses sont immédiates et, dès que la reconnaissance du « non-soi » a été réalisée, les systèmes de défenses spécifiques peuvent être sollicités.

COMBATTRE LES VIRUS

Les cellules disposent, pour se défendre de manière non spécifique contre les virus, d'un moyen tout à fait original qui semble exister chez tous les vertébrés. Le virus (ici un rétrovirus), pour se reproduire, doit pénétrer dans une cellule. Si une cellule est infectée par un virus, l'A. D. N. de son noyau libère immédiatement un A.R.N. messager que les ribosomes traduisent en une glycoprotéine, l'*interféron.* Ce dernier sort de la cellule et se fixe sur un récepteur membranaire d'une cellule voisine saine (non encore infectée par le virus). Cette dernière produit alors une protéine antivirale qui lui permettra de résister à une éventuelle attaque du virus en bloquant la synthèse des protéines virales et en détruisant les messagers viraux.

En raison de ses propriétés inhibitrices de la croissance des cellules en général et des cellules tumorales en particulier, l'interféron est employé dans le traitement de certains cancers (leucémies, maladie de Kaposi, mélanomes malins).

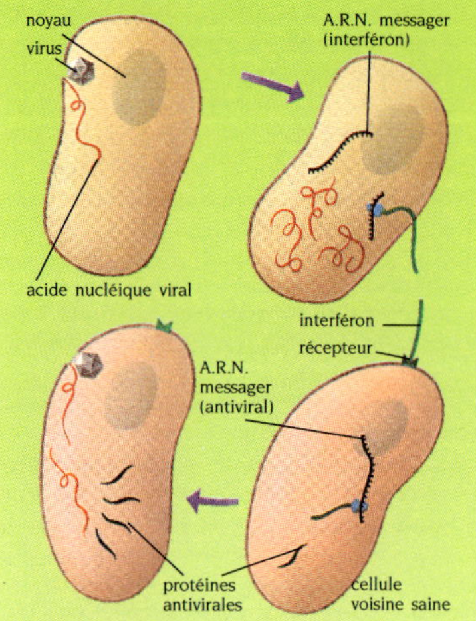

A

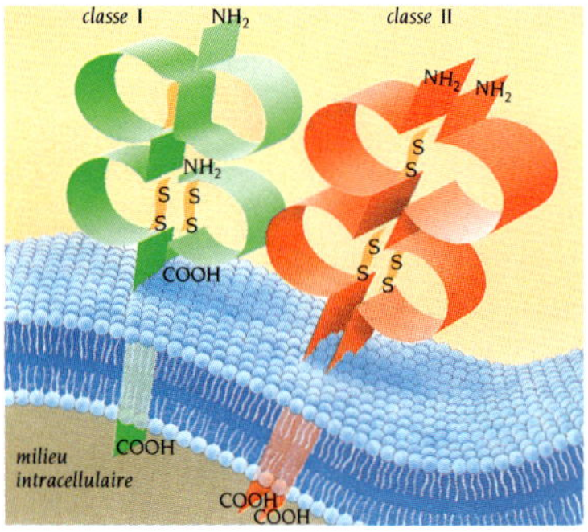

A. **SOI ET NON-SOI**

Toutes les cellules d'un être humain (excepté les globules rouges) possèdent sur leur membrane des protéines, les *antigènes d'histocompatibilité,* qui lui sont propres. Celles-ci permettent au système immunitaire de reconnaître les cellules de l'individu (le soi) et les éléments étrangers (le non-soi). Ces « marques de fabrique » de l'individu sont codées par quatre régions (A, B, C, D) du chromosome 6, appelées *complexe majeur d'histocompatibilité* (C. M. H.). Ce complexe majeur d'histocompatibilité est composé de 30 à 50 gènes chez la souris et chez l'homme. Les régions A, B et C codent pour les protéines de *classe I,* présentes sur toutes les cellules nucléées de l'organisme. La région D code pour les protéines de *classe II,* que l'on trouve sur les cellules du système immunitaire.

B

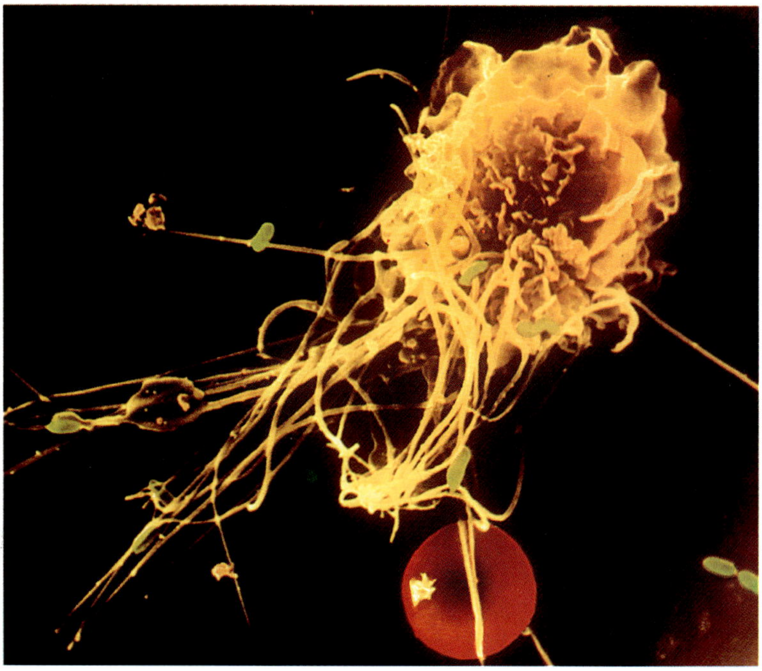

B. **GARDIENS IMPITOYABLES**

Les *globules blancs,* ou *leucocytes,* sont les gardiens de l'organisme. Dès qu'un élément étranger y pénètre, il est impitoyablement traqué, d'abord par les *polynucléaires* puis par les *macrophages.* Ces grosses cellules (jusqu'à 150 micromètres) sont capables de capturer leur « proie », fixée ou non à un anticorps, grâce à des expansions de leur membrane (ici, un macrophage en train de phagocyter des bactéries, qui apparaissent en vert). Les macrophages n'éliminent pas seulement les envahisseurs mais également les cellules mortes de l'organisme (ici un globule rouge est capturé par un *pseudopode* du macrophage) et les débris cellulaires, ce qui permet la formation de nouveaux tissus.

LES ANTICORPS

LA RÉPONSE SPÉCIFIQUE À MÉDIATION HUMORALE

■ TOUT ÉLÉMENT ÉTRANGER qui, pénétrant dans l'organisme, provoque une réponse immunitaire est appelé *antigène*. Les anticorps sont des protéines (immunoglobulines) fabriquées pour lutter contre les antigènes qu'ils reconnaissent par un site spécifique appelé *épitope*. Il se forme alors un complexe immun (antigène-anticorps) qui sera phagocyté par les macrophages. La formation de ce complexe inhibe toute action de l'élément étranger.

Origine des anticorps. Dans un premier temps, des globules blancs particuliers, les lymphocytes B, se groupent autour d'un macrophage qui a phagocyté l'élément étranger. Les lymphocytes B se différencient alors en plasmocytes doués d'une activité importante de synthèse, qui élaborent les anticorps libérés aussitôt dans le plasma. Cette différenciation a lieu sous l'action des *interleukines* sécrétées par les lymphocytes T, indispensables à la réaction à médiation humorale. Certains lymphocytes B ne se transforment pas en plasmocytes mais conservent la mémoire immunologique de l'événement (cellules-mémoire). En cas de réinfection, ils produisent très rapidement les anticorps spécifiques.

Les groupes sanguins. Les anticorps sont à l'origine de la non-compatibilité des sangs. Sur les hématies, des antigènes (agglutinogènes) déterminent les groupes sanguins (A, B, AB, O, par exemple). Une personne du groupe A possède des anticorps (agglutinines) anti-B : elle ne peut pas recevoir du sang du groupe B car elle aurait une violente réaction de défense immunitaire qui pourrait lui être fatale.

A. LES CINQ CLASSES D'ANTICORPS					
Propriétés	IgM	IgD	IgG	IgA	IgB
Chaînes lourdes	μ	δ	γ	α	ϵ
Chaînes légères	κ ou λ	κ ou λ	κ ou λ	κ ou λ	κ ou λ
Nombre d'unités à 4 chaînes	5	1	1	1 ou 2	1
% des Ig du sang	5	< 1	80	15	< 1

A. **VARIÉTÉ DES ANTICORPS**

Les IgG sont présentes dans le plasma et dans la lymphe, les IgM (immunoglobulines macromolécules) se rencontrent à la surface de certains lymphocytes et dans le plasma (elles sont à l'origine du système des groupes sanguins ABO), les IgA sont abondantes dans les sécrétions (larmes) et les IgE interviennent dans l'allergie.
Les IgD constituent des récepteurs aux lymphocytes B.

LES CELLULES « T »

LA RÉPONSE SPÉCIFIQUE À MÉDIATION CELLULAIRE

■ LES DÉFENSES SPÉCIFIQUES de l'organisme ne sont pas toujours effectuées par des anticorps. Les *lymphocytes T*, issus du thymus, se chargent, en sécrétant des substances toxiques par exemple, de l'élimination des micro-organismes et des cellules. Ils jouent un rôle important contre les infections à évolution lente comme la tuberculose, mais également contre les cellules parasitées, les cellules étrangères greffées ou les cellules cancéreuses.

L'élément étranger (antigène) est reconnu si et seulement si il est présenté par un macrophage sous forme de fragments (épitopes) associé à une protéine du complexe majeur d'histocompatibilité du macrophage. On parle de double reconnaissance. Le lymphocyte T stimulé va alors activer d'autres lymphocytes T (médiation cellulaire) ou bien des lymphocytes B (médiation humorale).

Il existe trois grandes catégories de lymphocytes T : les *cellules tueuses* (lymphocytes T8 cytotoxiques, Tc ou T killer), qui reconnaissent les cellules cancéreuses ou infectées par un virus et les tuent directement ; les *régulateurs* (lymphocytes T8 immuno-suppresseurs ou Ts), qui inhibent les activités d'autres lymphocytes T ou B, en masquant généralement les sites de reconnaissance spécifique de ces lymphocytes ; les *auxiliaires* (lymphocytes T4 auxiliaires, helper ou Th), qui reconnaissent les antigènes présentés par les macrophages ou par les lymphocytes B. Par la sécrétion d'interleukines, les auxiliaires facilitent l'action des lymphocytes T et B en permettant à ces derniers par exemple de se transformer en plasmocytes.

C

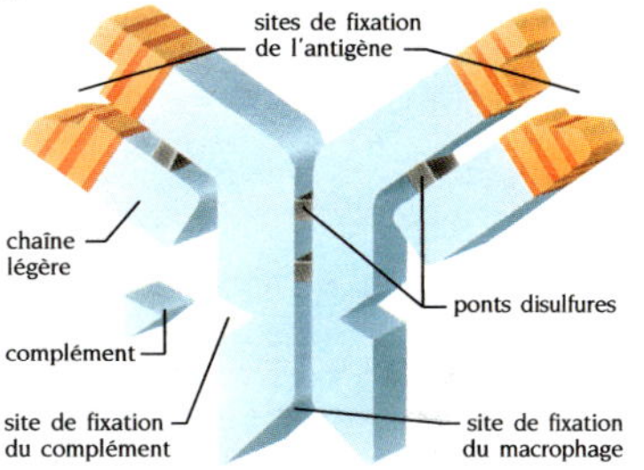

D

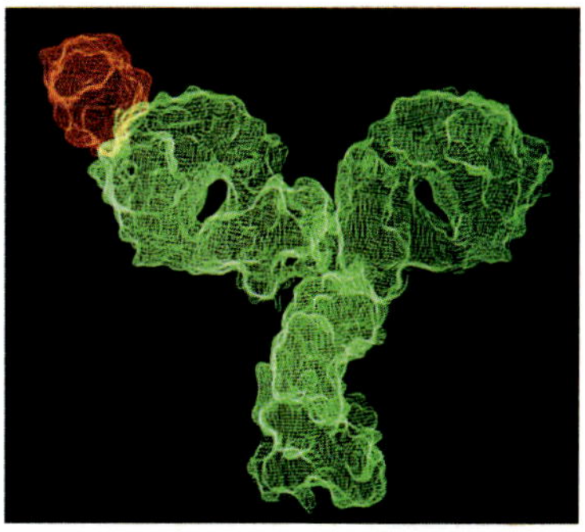

B

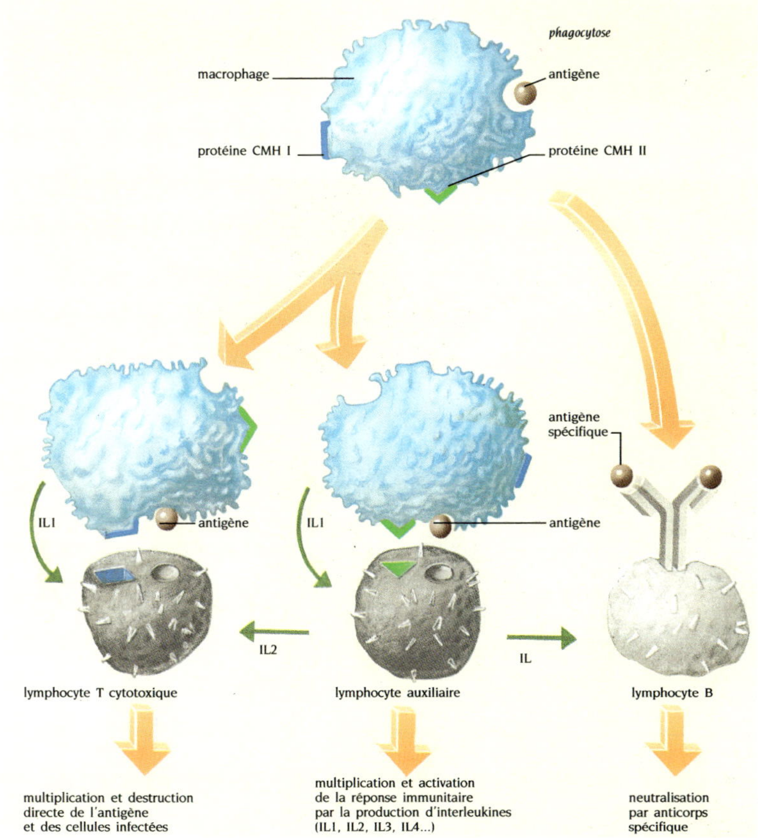

B. **INTERACTIONS IMMUNITAIRES**

Les cellules du système immunitaire naissent dans la moelle osseuse puis, après maturation, circulent dans le système lymphatique (thymus, rate, ganglion, vaisseaux) d'où ils rejoignent la circulation sanguine en cas d'infection. Les macrophages phagocytent l'antigène puis le présentent, associé à une molécule de leur membrane, aux lymphocytes T auxiliaires. Ces derniers peuvent activer les lymphocytes T cytotoxiques qui détruisent directement l'antigène. Ils peuvent également provoquer la sécrétion d'anticorps par les lymphocytes B. L'ensemble des réponses est sous le contrôle des interleukines (IL1, IL2, IL3, IL4) sécrétées par les macrophages et les lymphocytes T. La réponse immunologique s'achève toujours par la phagocytose de l'élément étranger.

C. D. **GAMMA-GLOBULINE (IgG)**

Les anticorps ou immunoglobulines (Ig) sont des protéines plasmatiques dont la structure (D) est parfaitement connue (ici une modélisation informatique d'une gamma-immunoglobuline). Les IgG sont formées de quatre chaînes polypeptidiques (deux lourdes, deux légères) unies par des liaisons fortes (ponts disulfures). Chaque chaîne est formée par une région constante, commune à tous les anticorps de la même classe, et d'une région variable, caractéristique de chaque anticorps. Chaque IgG présente trois régions fonctionnelles : 1) deux sites de fixation à un antigène donné ; 2) un site de fixation à un macrophage ; 3) un site de fixation du complément (système enzymatique).

L'IMMUNITÉ

LES DÉRÈGLEMENTS

LES FAILLES DU SYSTÈME IMMUNITAIRE

■ DE NOMBREUSES MALADIES, telles que les *allergies,* les *cancers,* les *maladies auto-immunes* et le *sida,* sont liées à un mauvais fonctionnement du système immunitaire.

Les allergies. L'allergie est une réaction violente de l'organisme à des substances antigéniques non toxiques que l'on nomme *allergènes.* Lorsque l'allergène (pollen, poussières...) pénètre pour la première fois dans l'organisme, les lymphocytes B, au lieu de produire des anticorps efficaces (IgG), synthétisent des *réagines* (IgE). Ces molécules se fixent alors sur des cellules des tissus conjonctifs, les *mastocytes,* riches en vésicules d'histamine. Si l'allergène se présente à nouveau, il est attiré à la surface des mastocytes (couvert d'IgE) et provoque la libération d'histamine. Cette substance est responsable de l'inflammation locale, de la sécrétion de mucus et de la contraction des muscles lisses des bronches et des bronchioles entraînant des difficultés respiratoires. Le rhume des foins, l'asthme, l'eczéma, l'œdème de Quincke sont des réactions allergiques.

Les cancers. Ils résultent d'un changement brutal d'équilibre cellulaire (les cellules cancéreuses se multiplient de façon anarchique et illimitée). Normalement, ces cellules « folles » portent à leur surface des antigènes particuliers et sont éliminées par plusieurs systèmes de défenses immunitaires. Dans certains cas, elles échappent au contrôle du système immunitaire et un cancer se développe.

Les maladies auto-immunes. Ces maladies sont consécutives à un dérèglement d'une partie du système immunitaire qui, normalement orienté vers la suppression des éléments du « non-soi », se met à fabriquer des anticorps dirigés vers les éléments du « soi ».

Au cours des maladies auto-immunes, l'individu détruit ses propres cellules (sclérose en plaques, myasthénie, polyarthrite rhumatoïde, diabète sucré de type 1, etc.). Certaines maladies auto-immunes pourraient résulter d'une ressemblance entre une molécule étrangère particulière et une molécule du « soi ». Le système immunitaire en contact avec un agent pathogène met en place des défenses qui combattent l'agent étranger mais détruisent également les cellules portant la molécule ressemblante ! Par exemple, le rhumatisme articulaire aigu (inflammation du cœur, des articulations et du système nerveux) suit presque toujours une infection aiguë par un streptocoque. Ce dernier porte en effet des déterminants antigéniques (épitopes) semblables à ceux des tissus touchés.

B

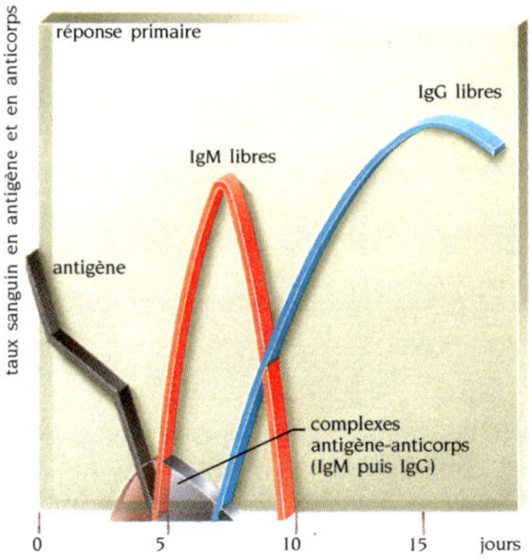

C

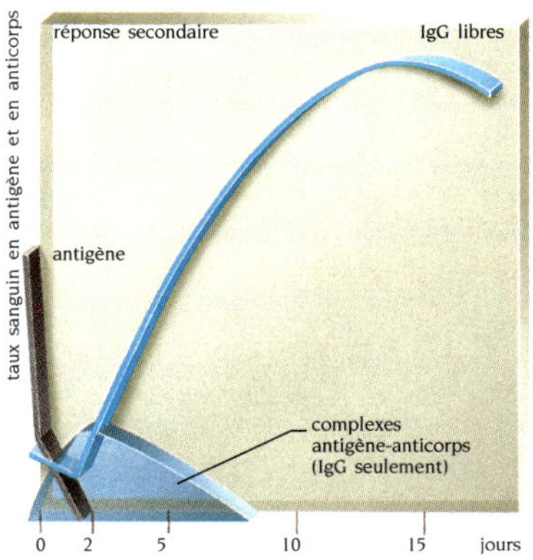

SIDA ET IMMUNOLOGIE

Le sida résulte d'une inactivation de certaines cellules du système immunitaire. Cette maladie est due à un rétro-virus appelé V. I. H. (virus de l'immunodéficience humaine). Le virus porte à sa surface une grosse glyco-protéine (gp120) qui reconnaît le récepteur CD4 porté par les lymphocytes T4 et par les macrophages.

Après pénétration dans la cellule hôte, le virus peut rester « en sommeil » pendant très longtemps. Une infection par d'autres virus peut alors déclencher la réplication du V. I. H. Quand le virus se multiplie, il détruit les lymphocytes T4, « chefs d'orchestre » du système immunitaire. Les malades sont alors sensibles aux infections opportunistes. Normalement rares ou « bénignes », ces infections deviennent gravissimes dans ce contexte de déficience immunitaire (pneumonie à *Pneumocystis carnii,* toxoplasmose, mycoses...). Certains cancers peuvent également se développer.

La difficulté à lutter contre ce virus résulte de sa grande capacité à muter (prendre des apparences différentes). En 1988, on a commencé à tester un vaccin anti-V. I. H. dirigé contre les protéines formant l'enveloppe extérieure du virus (dont la gp120 en particulier).

B. C. **VACCINATION**

Lors du premier contact avec un antigène, celui-ci est éliminé au bout de cinq jours. Ce sont les IgM (peu spécifiques) qui sont responsables de cette réponse primaire (B). Les IgG très spécifiques apparaissent seulement en fin de réponse. Lors d'un second contact avec l'antigène, la réponse (dite secondaire) est immédiate et intense (C). Les IgG, déjà présents, neutralisent en deux jours tous les antigènes. Cette réponse témoigne d'une certaine mémoire immunologique qui est utilisée dans la vaccination : on injecte un antigène inactif (bactérie atténuée, par exemple) pour former des IgG. Si l'individu est ultérieurement infecté par la bactérie, une production immédiate et intense d'IgG est déclenchée. Le vaccin est donc toujours préventif.

A

A. **IMMUNITÉ ACQUISE**

Le fœtus de l'orang-outan, comme celui de l'homme, ne possède pas encore d'autre système de défenses que les antibiotiques naturels et la phagocytose (polynucléaires et macrophages). Ces défenses n'ont pas l'efficacité des anticorps. Au cours de la grossesse, un système de transport actif permet aux petits anticorps de la mère (IgG) de traverser le placenta. À la naissance, c'est par le lait maternel que les gros anticorps (IgM) sont transmis. Ces anticorps maternels confèrent au nouveau-né une immunité acquise qui lui permet d'attendre quelques mois le fonctionnement de son propre système immunitaire. Ce système peut être à l'origine de la maladie hémolytique du nouveau-né si les anticorps de la mère détruisent le sang du fœtus.

D

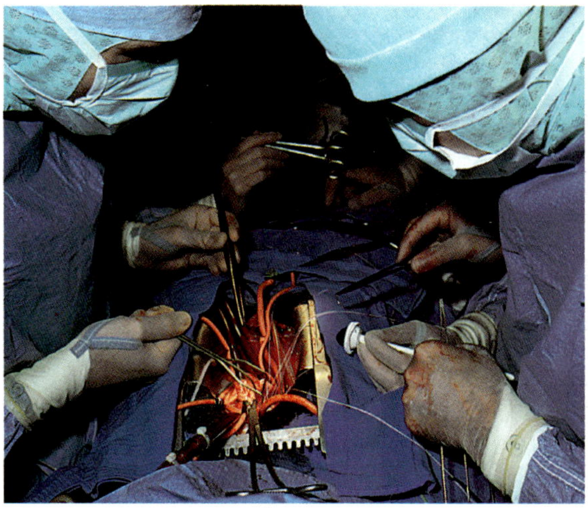

D. **PROTECTION DU MILIEU INTÉRIEUR**

Au cours d'une opération (ici opération à cœur ouvert avec pose de valvule), le milieu intérieur est directement en contact avec le monde extérieur. L'asepsie du bloc opératoire évite la pénétration d'agents infectieux.

Lors d'une greffe, c'est volontairement que l'on introduit un corps étranger dans l'organisme. Pour que celui-ci l'accepte, on a recours à des médicaments immunodépresseurs (cyclosporine, 6-mercaptopurine...) qui permettent au système immunitaire d'accepter l'intrus.

LES ORGANES SENSORIELS

STIMULUS ET SENSATIONS

LES INFORMATIONS SENSORIELLES

■ LE SYSTÈME NERVEUX des animaux relie les organes sensoriels, capables de détecter divers événements (stimulus), à des organes effecteurs, muscles ou glandes, qui leur permettent de réagir en conséquence. Ainsi, les sensations visuelles sont des informations nerveuses en provenance d'*organes* sensoriels (les yeux), au sein desquels des *récepteurs* sensoriels (les photorécepteurs de la rétine, cônes et bâtonnets) convertissent les signaux visuels du milieu extérieur en signaux nerveux. Traitées par le cerveau, les sensations visuelles conduisent à la reconnaissance des formes (perception).

Grâce à leurs organes sensoriels, les animaux explorent leur milieu, trouvant ainsi nourriture, abri ou partenaire sexuel, en évitant obstacles ou prédateurs. Mais il existe également des récepteurs sensoriels internes à l'organisme, qui informent le système nerveux sur l'état du milieu intérieur. Par exemple, des récepteurs à l'étirement de l'estomac informent sur le volume de son contenu.

La transduction. On appelle ainsi le processus qui transforme en message nerveux les diverses stimulations. Prenons comme exemple le corpuscule de Pacini, un récepteur sensoriel de la peau, qui est sensible au contact des objets, aux mouvements articulaires ou aux contractions des viscères. Le site de transduction est la fibre nerveuse située au centre du corpuscule. L'étirement de sa membrane, par le contact d'un objet ou le jeu d'une articulation, ouvre dans cette membrane des canaux ioniques qui modifient son état électrique (dépolarisation), créant ainsi un message nerveux que la fibre conduit au système nerveux central.

L'UNIVERS SENSORIEL

LA DIVERSITÉ DES RÉCEPTEURS

■ LES ÉVÉNEMENTS DU MILIEU où vivent les animaux se manifestent dans les domaines physico-chimiques les plus divers. Face à cette diversité de stimulations, les récepteurs sensoriels montrent des structures et des fonctions hautement spécialisées.

Les mécanorécepteurs. Ils représentent les récepteurs qui, comme le corpuscule de Pacini, détectent des stimulus mécaniques ; ce sont les récepteurs tactiles cutanés ou viscéraux, les récepteurs musculaires ou articulaires, les organes d'équilibration, les détecteurs de mouvement comme les antennes des insectes ou les moustaches (vibrisses) des mammifères, et les récepteurs auditifs, sensibles à toutes les vibrations sonores.

Les photorécepteurs. Ils sont stimulés par des ondes électromagnétiques dans une bande de fréquences qui va des infrarouges (certains serpents) aux ultraviolets proches (certains insectes). Cette stimulation lumineuse provoque la transformation d'une molécule (pigment) qui, libérant de l'énergie, induit la formation d'un message nerveux. Leur fonction va de la détection des intensités lumineuses à la vision des formes et à la perception des mouvements.

Les chémorécepteurs. Ils analysent les substances solubles dans les lipides (olfaction) ou dans l'eau (gustation). Si la gustation ne distingue que quatre qualités (acide, salé, amer et sucré) sous des concentrations importantes, l'olfaction identifie un nombre important de substances en quantités infimes.

Les thermorécepteurs. Sensibles au froid ou à la chaleur, ils sont parmi les moins bien connus des récepteurs de la peau. Chez l'homme, ils sont constitués par les terminaisons libres des fibres de fin diamètre, localisées juste au-dessous de l'épiderme (récepteur au froid), ou dans des régions supérieure et moyenne du derme (récepteurs au chaud).

Autres récepteurs sensoriels. Une autre modalité sensorielle particulière est celle des *nocirécepteurs,* dont les stimulus sont perçus comme douloureux. Les *électrorécepteurs,* présents chez certains vertébrés aquatiques, sont sensibles à des champs électriques. Quant à la magnétoréception, qui permet aux pigeons de s'orienter en fonction du champ magnétique terrestre, on ignore même le site où elle s'effectue.

SENSATIONS POUR LA CHASSE

La petite roussette détecte une proie vivante enfouie dans le sable grâce à ses électrorécepteurs sensibles au champ électrique créé par les muscles respiratoires de la proie (a). Si l'on enferme dans une boîte perméable des morceaux de viande (ne présentant pas de champ électrique), elle les détecte olfactivement (b). En revanche, si l'on place une proie dans une enceinte isolée électriquement et olfactivement, la roussette ne peut la détecter (c). Enfin, mise en présence d'un morceau de viande détectable olfactivement et d'une électrode enfouie dans le sable, la roussette se dirige vers cette dernière (d), montrant ainsi qu'elle privilégie sa sensibilité électrique par rapport à l'olfaction. (D'après Kalmijn, 1971.)

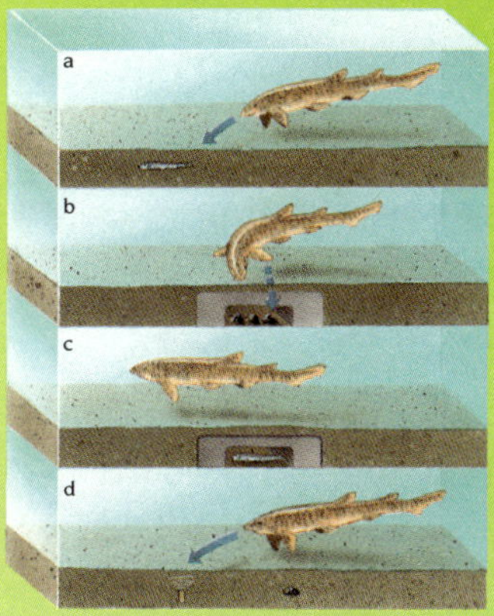

A

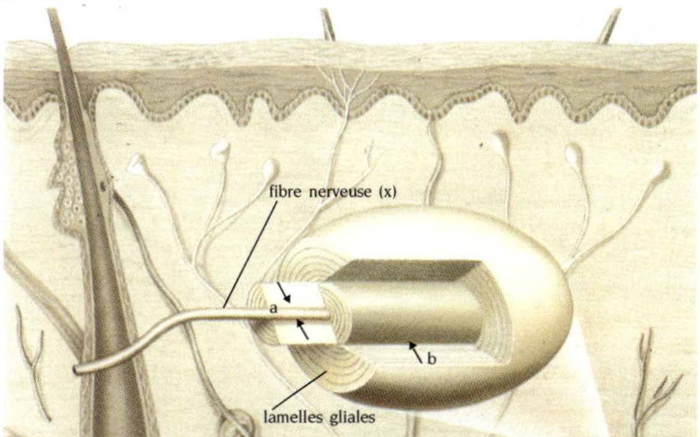

A. **CORPUSCULE DE PACINI**

Récepteur tactile, le corpuscule de Pacini mesure, chez l'homme, 1 mm de long. Il comporte une fibre nerveuse (récepteur proprement dit), que protègent des lamelles gliales disposées en bulbe d'oignon. Une pression mécanique parallèlement à la fibre (a) accentue la polarité électrique de la membrane de la fibre nerveuse, tandis qu'une pression perpendiculaire (b) la dépolarise et engendre un signal électrique. (D'après Loewenstein, 1958.)

B

B. **POISSON ÉLECTRIQUE**

Ce « poisson-éléphant » *(Gnathonemus petersi)* vit dans les eaux douces d'Afrique tropicale. Il possède, sur la tête, sur le tronc et dans la région branchiale, des récepteurs sensoriels qui analysent le champ électrique faible qu'il crée lui-même et que modifient tout obstacle ou être vivant dont la résistivité électrique diffère de celle de l'eau. Grâce à ces électrorécepteurs, il peut détecter et localiser les proies ou les objets proches dans les eaux troubles où il vit.

C

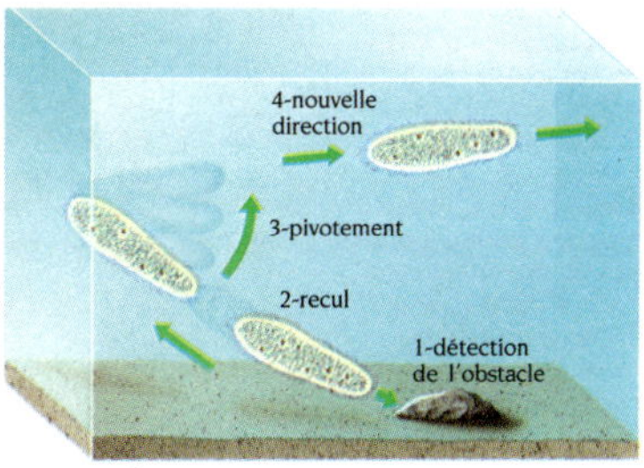

C. **COMPÉTENCES SENSORIELLES DE LA PARAMÉCIE**

La paramécie réagit à tout contact par l'arrêt des battements ciliaires, leur inversion puis la reprise du mouvement dans une direction différente. C'est la *réaction d'évitement.* Le même contact dans la région postérieure provoque l'accélération des mouvements (réaction de fuite).

LA VISION

Les radiations visibles sont situées entre les rayonnements ultraviolets, très énergétiques, et les rayonnements infrarouges, peu énergétiques incapables d'impressionner les cellules visuelles.

LES INVERTÉBRÉS

DE L'OCELLE À L'ŒIL COMPOSÉ

■ Les yeux des invertébrés proviennent d'ébauches embryonnaires épidermiques. De structure simple, les *ocelles* n'enregistrent que les niveaux de luminosité et ne permettent pas au système nerveux d'élaborer une représentation du monde extérieur. Leurs cellules sensorielles renferment des protéines instables que modifie l'arrivée de lumière, altérant ainsi le potentiel électrique de la membrane cellulaire et créant un message nerveux (mécanisme de base de la vision). Avec une forme de cupule ou de vésicule et pourvus d'un organe focalisateur, certains ocelles localisent avec plus ou moins de précision la source lumineuse.

L'*œil composé* des crustacés et des insectes n'est que la juxtaposition d'ocelles appelés *ommatidies*. Chacun ne donne qu'une image ponctuelle, mais l'association de ces images fournit une vision, sinon détaillée, du moins topographiquement exacte du monde extérieur. Chez les céphalopodes, la *rétine* est une juxtaposition de groupes de cellules visuelles qui permettent une vision proche de celle des vertébrés.

A. **OCELLE DE PLANAIRE**

À l'exception des mollusques et des arthropodes aux yeux complexes, les invertébrés ont des organes visuels simples appelés *ocelles*, de forme et d'organisation très variables. L'ocelle de la planaire, un ver plat, est l'un des plus simples. Ses cellules sensorielles portent, à une extrémité, des dendrites photoréceptrices, isolées par des cellules pigmentaires et, à l'autre extrémité, des axones, qui forment un « nerf optique ». De tels ocelles n'assurent en réalité que l'enregistrement des intensités lumineuses et ne permettent pas une réelle vision des formes.

A

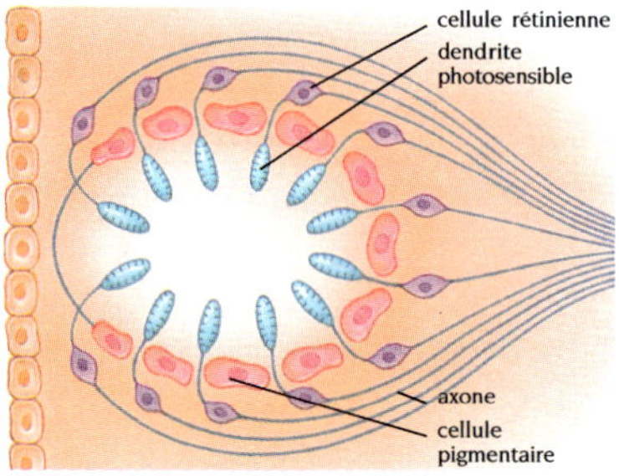

B. **AU BORD DE LA COQUILLE**

Les yeux des invertébrés ont parfois des emplacements surprenants. Chez la coquille Saint-Jacques *(Pecten)*, ils se situent au bord du manteau, entre les deux valves de la coquille. Ils comportent deux rétines superposées sensibles, l'une à l'augmentation de l'intensité lumineuse, l'autre à sa diminution.

B

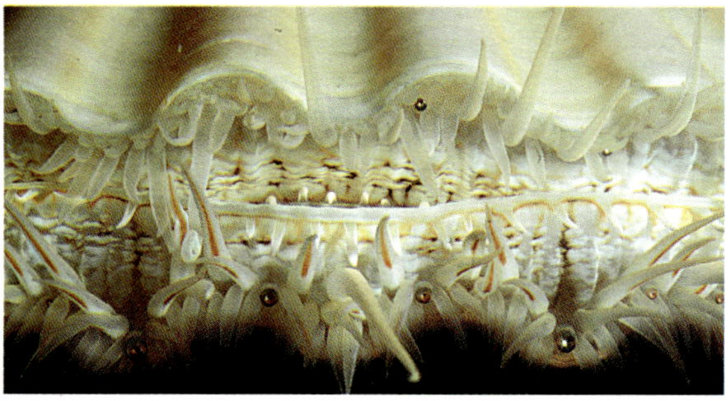

C. **ŒIL COMPOSÉ D'INSECTE**

Crustacés et insectes possèdent des yeux à facettes formés d'unités élémentaires, ou ommatidies, dont trois sont représentées ici. Chacune comporte une cornée, un cristallin, des cellules pigmentaires et des cellules rétiniennes disposées en rosette autour d'une baguette centrale, le *rhabdome*, où a lieu la transduction (transformation du signal visuel en signal nerveux). L'image est d'autant meilleure qu'il y a plus d'ommatidies. Les gros yeux à facettes des insectes en comportent plusieurs milliers.

C

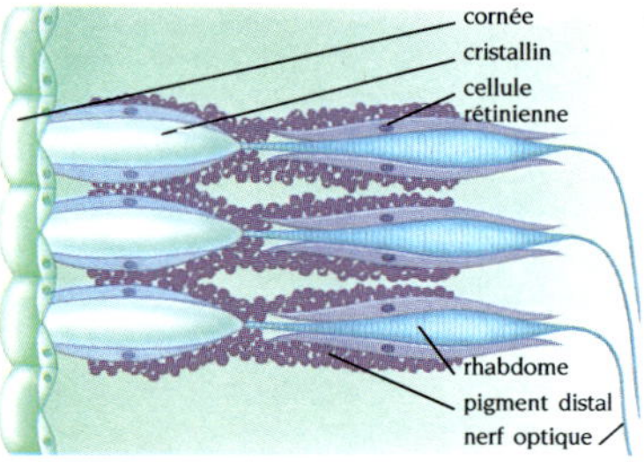

D. **ŒIL DE VERTÉBRÉ**

La *rétine*, d'origine nerveuse chez les vertébrés (ici l'homme), est enveloppée par la membrane *choroïde*, vascularisée et pigmentée, et la *sclérotique* sur laquelle s'insèrent les muscles qui mobilisent l'œil (oculomoteurs).
En avant, l'*iris* entoure la *pupille*, dont l'ouverture varie avec la luminosité. La sclérotique, épaisse et opaque, forme devant l'iris la *cornée* transparente. Le *cristallin* assure l'accommodation. La chambre antérieure, emplie d'*humeur aqueuse*, n'existe que chez les vertébrés terrestres. La *fovéa*, ou tache jaune, est le point où l'acuité visuelle est maximale.

D

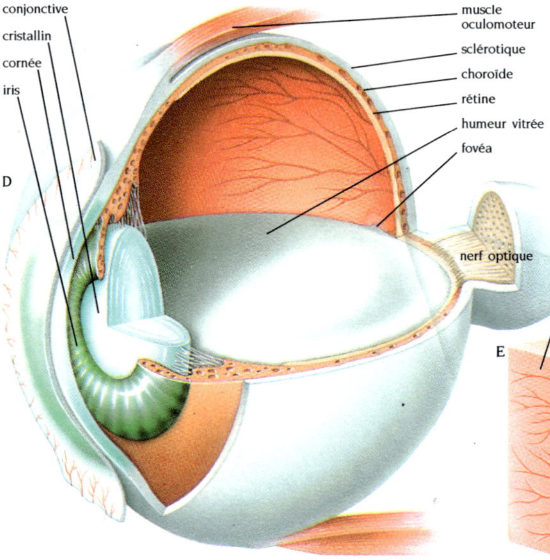

LES VERTÉBRÉS

LA VISION SE PRÉCISE

■ Chez les vertébrés, le traitement de l'information visuelle commence dès la rétine, dont les diverses régions ont des correspondants bien localisés dans le cerveau, sur le « toit optique » (on utilise le terme de rétinotopie pour désigner ce phénomène).

Chez les mammifères s'ajoutent des connexions avec la région postérieure des hémisphères cérébraux, dont les neurones réagissent à divers critères visuels : les uns sont sensibles à des orientations bien précises, d'autres aux mouvements. Il existe également un traitement sélectif de la couleur. L'intégration de ces informations permet une représentation visuelle exacte de l'environnement.

LA PERCEPTION INFRAROUGE CHEZ LES SERPENTS

Les boas, les pythons et les crotales possèdent des fossettes sensibles à la chaleur dégagée sous forme de radiations infrarouges par leurs proies (oiseaux et mammifères). Il ne s'agit pas de vision, mais d'un moyen de détection et de localisation. Boas et pythons portent plusieurs paires de ces fossettes thermosensibles, sur la mâchoire supérieure en arrière de la narine ou sur la mandibule. Chez les crotales, qui n'en portent qu'une paire, la fossette est une invagination de l'épiderme recouverte par une membrane fine fortement innervée. Les fibres nerveuses, après deux relais, se projettent dans le cerveau (sur le « toit optique », formé par la partie supérieure du mésencéphale) dans les mêmes rapports spatiaux que les fibres véhiculant les informations visuelles en provenance des rétines. Certains neurones, qui reçoivent simultanément les deux types d'informations, peuvent les associer.

E. **STRUCTURE DE LA RÉTINE**

La rétine des vertébrés comprend, au contact de la choroïde, une couche de cellules pigmentées dont les prolongements s'intercalent, par forte luminosité, entre les récepteurs visuels. Ces récepteurs sont soit des *bâtonnets* assurant la vision en noir et blanc (même par faible éclairement), soit des *cônes* sensibles aux couleurs mais exigeant de fortes intensités lumineuses. Le *nerf optique* est formé par les axones des cellules ganglionnaires.

E

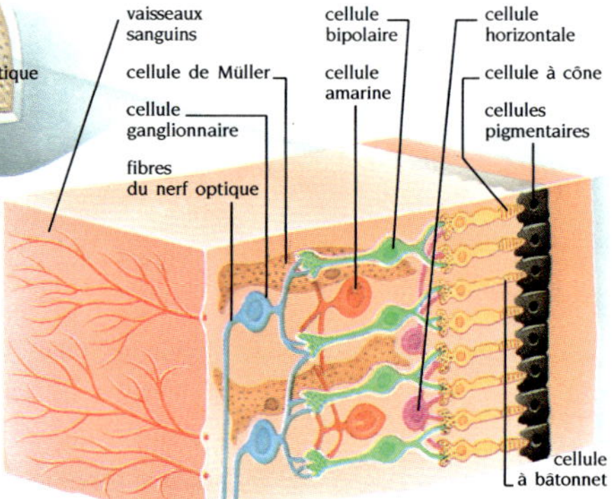

LE TACT ET L'AUDITION

LES SENSATIONS TACTILES et auditives, ainsi que l'équilibration et la sensibilité à tous les types de mouvement, proviennent le stimulations mécaniques et font inter-'enir des récepteurs particuliers que l'on nomme les *mécanorécepteurs*.

RÉCEPTEURS TACTILES

PEAU, POILS, PLUMES ET CILS

LA PEAU DES VERTÉBRÉS SUPÉRIEURS contient des écepteurs de contact, les *corpuscules de Pacini*, et les disques tactiles groupés en coussins ou assu-ant l'innervation de poils sensoriels, ou *vibrisses* « moustaches »). Les vibrisses sont très dévelop-pées chez les rongeurs et les carnivores. Chez les nvertébrés, des cellules ciliées assurent une sen-ibilité tactile et olfactive. Chez les arthropodes ecouverts d'une cuticule rigide, ces cellules sont ncluses dans des organes sensoriels complexes.

La *ligne latérale* des vertébrés aquatiques est omposée d'organes tactiles, sensibles au cou-ant d'eau, qui permettent à l'animal d'estimer a vitesse de nage et détectent les ondes créées par le déplacement d'un objet (tact à distance), ainsi que les vibrations sonores de basse fré-quence. Les *sensilles* des invertébrés aquatiques ouent le même rôle.

AUDITION ET ÉQUILIBRATION

LES VIBRATIONS ET LA PESANTEUR

CHEZ LES ANIMAUX LES PLUS PRIMITIFS, comme es méduses, les organes d'équilibration sont les *tatocystes*. La pesanteur s'exerce sur des grains calcaires et toute posture anormale déclenche 'excitation de cellules sensorielles.

Les vertébrés possèdent, dans l'oreille in-erne, des organes analogues dont les concrétions calcaires sont appelées *otolithes*. La force exercée lors de rotations de la tête stimule les crêtes acoustiques des *canaux semi-circulaires*. Les organes d'équilibration de l'oreille interne sont à l'origine des réflexes qui rétablissent la posture de l'animal ou maintiennent son champ visuel fixe.

L'audition. On qualifie d'auditifs les mécanorécepteurs qui réagissent aux vibrations sonores des milieux aquatique ou aérien. Chez les arthropodes, ces récepteurs associent une cellule sensorielle ciliée et une structure assurant la transmission du stimulus. L'*organe de Johnston* des antennes d'insectes est sensible à la vitesse de vol et aux sons. Des insectes comme les grillons ou les sauterelles possèdent de véritables récepteurs auditifs, comparables aux oreilles, sensibles aux stridulations émises par leurs semblables.

Chez les vertébrés, l'*organe de Corti* (qui s'enroule en *cochlée* chez les mammifères), situé dans l'oreille interne, assure l'audition à partir de la vibration d'une membrane située entre deux liquides, l'un isolé de toute influence externe (endolymphe), l'autre en communication avec le monde extérieur (périlymphe).

VOIR AVEC SES OREILLES : L'ÉCHOLOCATION

Dès la fin du XVIIIe siècle, l'Italien Spallanzani avait remarqué que les chauves-souris volaient en pleine obscurité sans se heurter aux obstacles, et le Suisse Jurine avait montré qu'elles perdaient cette aptitude si l'on modifiait ou supprimait leur audition.

Certains oiseaux et deux groupes de mammifères au moins, les cétacés et les chauves-souris (chiroptères), émettent des ultrasons (entre 30 000 et 70 000 Hz) et en recueillent l'écho. Les caractéristiques de ce dernier leur permettent de localiser des objets ou obstacles, d'identifier leur taille, de mesurer la vitesse avec laquelle ils s'en rapprochent, et, au moins chez les cétacés, d'en connaître la forme et la texture. Après avoir longtemps admis que le système d'écholocation fonctionnait à la manière d'un radar (estimation de l'intervalle séparant l'émission et la réception), on sait maintenant qu'il utilise l'effet Doppler (différence de fréquence entre l'onde d'émission et l'onde de retour).

A

A. **ANTENNES PLUMEUSES DU PAPILLON**

Chez les arthropodes au corps recouvert d'une carapace, des soies reçoivent et transmettent mécaniquement les stimulations. Les antennes des insectes sont pourvues à leur base d'un organe sensible aux vibrations, l'*organe de Johnston*, qui joue à la fois le rôle de récepteur auditif et de contrôleur de vol. Le reste de l'antenne, très développée chez certains papillons (ici un *Attacus atlas*), est un détecteur olfactif.

B

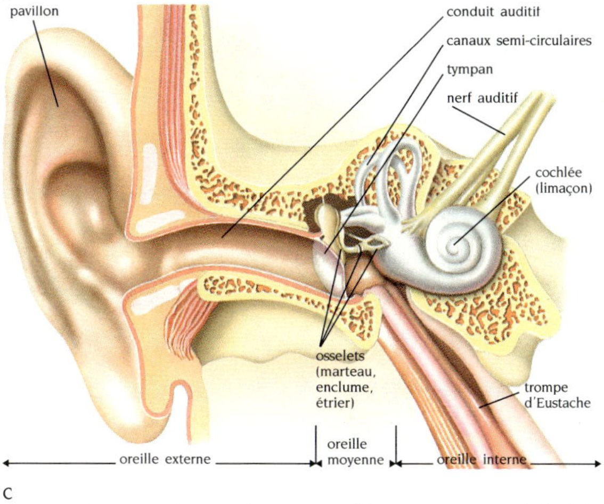

B. **OREILLE HUMAINE**

L'oreille externe comprend le *pavillon* et le conduit auditif externe amenant les vibrations sonores au *tympan*. Les osselets transmettent les vibrations du tympan à l'oreille interne, ou *labyrinthe*, qui renferme les *crêtes acoustiques* des canaux semi-circulaires, sensibles aux rotations de la tête, les « taches acoustiques » du *saccule* et de l'*utricule*, sensibles à la pesanteur (ces deux types d'organes assurent le sens de l'équilibration), et la *cochlée*, dont le rôle est auditif.

C

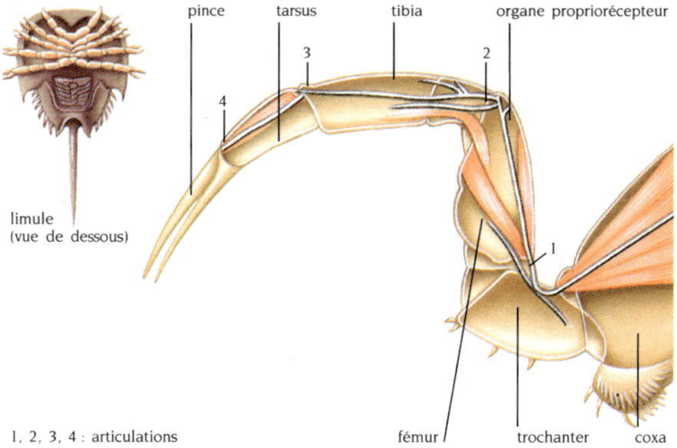

C. **SENSIBILITÉ AUX MOUVEMENTS**

Les récepteurs musculaires internes, ou *propriorécepteurs*, se trouvent chez les arthropodes et les vertébrés terrestres. Dans les deux cas, il s'agit de fibres nerveuses qui réagissent à l'étirement du muscle par une augmentation de fréquence du message transmis au système nerveux central. Chez les arthropodes (ici, la patte de la limule), ces organes innervent des faisceaux musculaires particuliers, plus ou moins tendus par le jeu des articulations. Le système nerveux central est ainsi informé de la contraction des divers muscles.

D

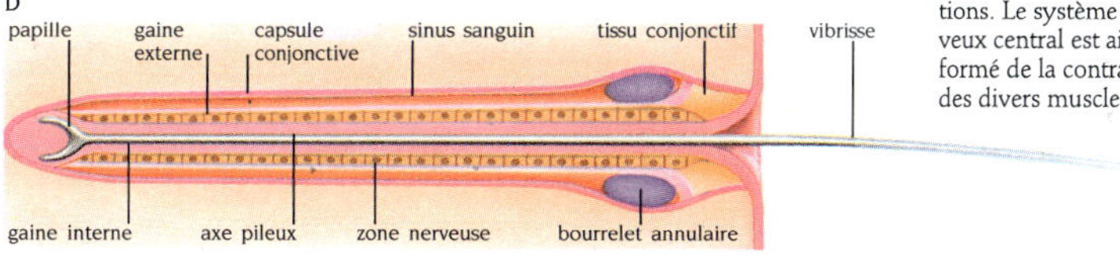

D. **COUPE DE LA BASE D'UNE MOUSTACHE DE CHAT**

De nombreux mammifères sont pourvus de longues « moustaches », ou *vibrisses*. Il s'agit de poils sensoriels richement innervés. Des disques tactiles, contenus dans un bourrelet annulaire entouré d'un sinus sanguin, assurent l'innervation sensorielle de ces vibrisses (ici chez un chat).

LE GOÛT ET L'ODORAT

DES RÉCEPTEURS CHIMIQUES

POUR RECONNAÎTRE LES SAVEURS ET LES ODEURS

■ PARMI LES RÉCEPTEURS CHIMIQUES, ou *chémorécepteurs,* certains sont sensibles à des molécules internes à l'organisme, les autres sont tournés vers l'extérieur. Ce sont les récepteurs du goût (gustation) et de l'odorat (olfaction).

Si la gustation ne distingue que quatre qualités chimiques (acide, salée, amère et sucrée) et exige de fortes concentrations, l'olfaction identifie les molécules une à une, même en quantités infimes. La saveur des aliments est donc un mélange de perceptions gustatives et olfactives.

Les organes. Identifier les organes gustatifs et olfactifs est aisé chez les vertébrés terrestres : la gustation a lieu en milieu liquide (salive), l'olfaction en milieu aérien. Chez les vertébrés aquatiques, le milieu qui transporte les molécules des saveurs et des odeurs est le même dans les deux cas, mais les organes du goût et de l'olfaction sont morphologiquement si différents qu'il n'y a jamais ambiguïté.

Chez les invertébrés, en revanche, il est souvent impossible de connaître la nature d'un chémorécepteur au seul examen de sa morphologie. De plus, seuls les insectes possèdent des organes topographiquement différenciés : les organes gustatifs sont sur les pièces buccales ou sur les tarses (les mouches goûtent avec leurs pattes), les organes olfactifs sur les antennes.

La gustation. Ses récepteurs sensoriels sont les *bourgeons du goût.* Chez les poissons, on trouve des bourgeons du goût à la fois dans les cavités buccale et pharyngienne et sur le reste du corps, notamment sur les nageoires. Chez les espèces qui fouillent les fonds aquatiques à la recherche de nourriture, les bourgeons se concentrent sur des organes comme les « moustaches » des poissons-chats. Le passage à la vie terrestre limite les bourgeons du goût aux muqueuses maintenues humides par la salive : langue, muqueuses buccale et pharyngienne, œsophage.

A

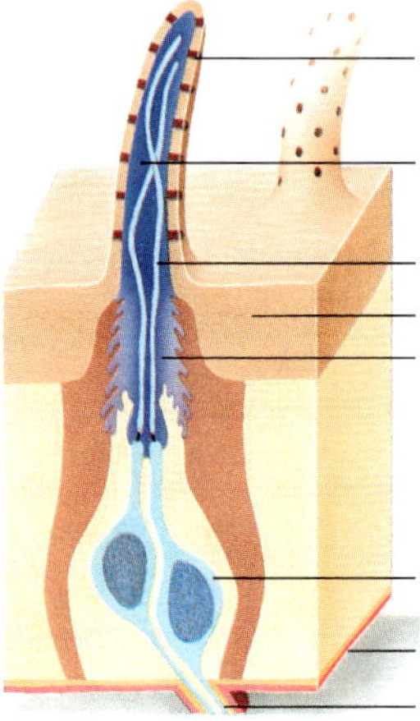

A. **RÉCEPTEUR CHIMIQUE OU MÉCANIQUE ?**

Chez les invertébrés primitifs, il est difficile d'identifier un récepteur tactile d'un récepteur chimique, soit parce que leur structure est la même, soit parce que la même cellule sensorielle est sensible aux deux types de stimulus.
Chez les arthropodes, la structure cellulaire permet en revanche d'identifier les mécanorécepteurs des chémorécepteurs. Par exemple, ce récepteur olfactif de guêpe que l'on nomme une *sensille basiconique* est caractéristique. La cellule sensorielle qui le compose porte un long prolongement dendritique (cil modifié) baignant dans un liquide que des pores mettent en relation avec l'extérieur.

B

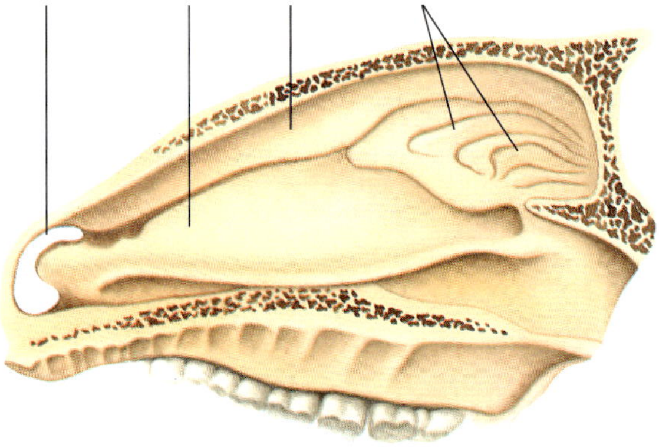

B. **ORGANE OLFACTIF DE MOUTON**

La cavité nasale des vertébrés tétrapodes communique avec la bouche et possède, en plus de son rôle olfactif, un rôle respiratoire. On y trouve des replis osseux, soit dans la zone respiratoire (faux cornets), ralentissant le flux d'air et le réchauffant avant son entrée dans les poumons, soit dans la zone olfactive (vrais cornets), augmentant la surface sensorielle.

C

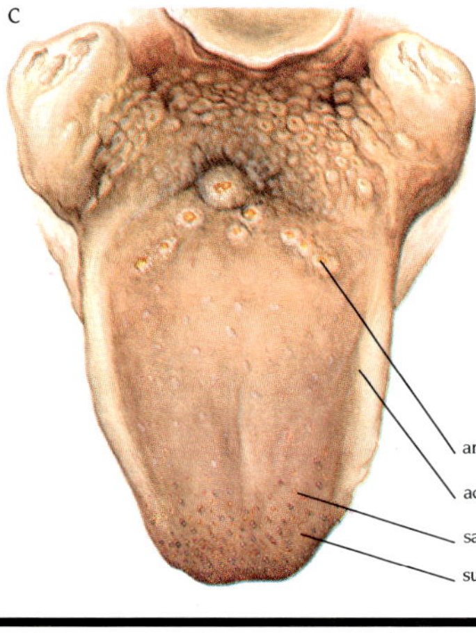

C. **RÉCEPTEURS GUSTATIFS SUR LA LANGUE**

Les bourgeons du goût sont constitués d'un ensemble de cellules sensorielles et de cellules de soutien, disposées comme les tranches d'une orange. Ils sont situés sur toute la surface du corps chez les vertébrés aquatiques. Les bourgeons du goût des vertébrés terrestres, limités aux cavités buccale et pharyngienne, sont très abondants sur la langue. Les bourgeons gustatifs sont situés dans des zones protégées de l'action mécanique néfaste des aliments. Ce dessin montre la localisation, chez l'homme, des régions plus particulièrement sensibles aux quatre sensibilités gustatives : acide, salé, amer et sucré.

L'olfaction. Ses récepteurs appartiennent à un tissu spécialisé, l'*épithélium olfactif.* L'organe olfactif des poissons est en cul-de-sac, mais un repli cutané redécoupe la narine en un orifice antérieur inhalant et un orifice postérieur exhalant. Le courant ainsi créé renouvelle l'eau au contact de l'épithélium olfactif. Chez les vertébrés terrestres, la cavité nasale s'ouvre au plafond de la bouche par un orifice situé à l'aplomb de la narine chez les amphibiens, postérieur chez les crocodiles, les oiseaux et les mammifères, diminuant ainsi le domaine où se côtoient la voie digestive (bouche œsophage) et la voie respiratoire (cavité nasale-glotte).

Chez les vertébrés aquatiques, des replis de l'épithélium olfactif augmentent la surface de l'organe sensoriel. Chez les vertébrés terrestres, des replis ossifiés, les *cornets,* ou *turbinaux,* jouent le même rôle dans la région postérieure des fosses nasales. Un système simple de connexions nerveuses permet la localisation des sources odorantes.

Macrosmie et microsmie. L'olfaction joue un grand rôle dans le comportement des vertébrés, tant dans la recherche de nourriture que dans le rapprochement sexuel. À l'origine, les deux hémisphères du cerveau étaient probablement entièrement dévolus au traitement des informations olfactives. Ultérieurement, seules les structures du « pallium » latéral ont conservé cette fonction. On qualifie de *macrosmatiques* les animaux chez lesquels l'olfaction est essentielle à la survie. Les autres, qui n'utilisent pas l'olfaction en priorité et recourent fortement à d'autres modalités sensorielles, comme la vision, sont dits *microsmatiques.* Ce sont par exemple les poissons des récifs coralliens, les grenouilles arboricoles ou encore les oiseaux dont le régime alimentaire est essentiellement insectivore et chez qui la vue prédomine.

La souche ancestrale des mammifères, proche des insectivores actuels, était macrosmatique. Au cours de l'évolution, deux adaptations écologiques particulières s'accompagnent d'une régression olfactive : la vie arboricole chez les primates, dont les centres visuels sont en revanche très développés, et le retour à la vie aquatique chez les cétacés dont certains (les dauphins) sont pratiquement privés de sensibilité olfactive (ils sont anosmatiques). Dans ce dernier cas, c'est l'audition (notamment l'écholocation) qui est la fonction sensorielle prépondérante.

UN AUTRE ORGANE POUR SENTIR

Chez les vertébrés terrestres, un repli de la cavité nasale isole de l'organe olfactif un diverticule qui communique avec le plafond de la cavité buccale. Ce diverticule, *organe de Jacobson* ou *organe voméronasal,* se forme chez l'embryon mais n'est pas présent chez l'adulte dans toutes les espèces (en particulier, il n'existe pas chez l'homme). La structure de son épithélium sensoriel est proche de celle de l'épithélium olfactif. Chez les amphibiens apodes, cet organe est associé à un tentacule grâce auquel l'animal explore son milieu. Chez les serpents, l'hypothèse suivant laquelle il serait en liaison avec la langue bifide, l'animal testant ainsi son environnement, a été contestée. En revanche, l'organe voméronasal est particulièrement actif dans la recherche du partenaire sexuel grâce à sa sensibilité aux phéromones.

L'ORGANISATION NERVEUSE

L'EXISTENCE D'UN SYSTÈME NERVEUX est caractéristique des animaux pluricellulaires, à l'exception, peut-être, des ormes les plus primitives, les éponges, chez esquelles la présence d'une organisation nerveuse élémentaire n'est pas certaine.

Dans ce système, dont la complexité croît avec l'évolution, on distingue les *centres nerveux* et le *système nerveux périphérique,* constitué par les nerfs. Ces derniers mettent les centres nerveux en relation avec les récepteurs sensoriels (innervation sensitive) et avec les muscles et les glandes (innervation motrice).

LE TISSU NERVEUX

UN RÉSEAU DE NEURONES

■ DES CELLULES SPÉCIALISÉES du tissu nerveux, les *neurones,* possèdent la double propriété d'excitabilité et de conductibilité. Elles sont capables de recueillir les informations en provenance de l'environnement ou d'autres neurones, et de les transmettre sous une forme codée, le *potentiel d'action,* ou signal nerveux. L'analyse de ce signal est également réalisée par des neurones qui programment une réponse, par exemple un acte moteur. Ce schéma dit « sensori-moteur » se complique au cours de l'évolution animale. Dans sa forme la plus simple (réflexe), il met en œuvre un nombre limité de neurones, mais l'évolution du système nerveux se traduit par la constitution de groupements de plus en plus importants de neurones. Ces groupements constituent les centres nerveux, où se réalise l'intégration des informations.

La comparaison d'espèces animales variées semble indiquer que l'apparition de fonctions nerveuses de plus en plus développées va de pair avec une augmentation du nombre des neurones et des autres cellules du tissu nerveux (cellules gliales), mais aussi avec la formation de réseaux complexes d'interconnexions entre les neurones.

LE MESSAGE NERVEUX

LE POTENTIEL D'ACTION

■ L'INFORMATION NERVEUSE est codée à travers des impulsions électriques, de fréquence variable, les *potentiels d'action.* Le potentiel membranaire (différence de potentiel électrique entre les deux faces de la membrane) est lié à la différence de composition ionique de part et d'autre de celle-ci.

A. TRANSMETTRE L'INFLUX NERVEUX

Le potentiel d'action se propage jusqu'à l'extrémité de l'axone où il déclenche l'émission par exocytose du contenu de vésicules dans l'espace synaptique. Il s'agit d'un médiateur chimique (neuromédiateur) qui se fixe transitoirement sur les récepteurs de la membrane post-synaptique qui ouvrent alors les canaux chlore (inhibition) ou des canaux sodium (excitation).

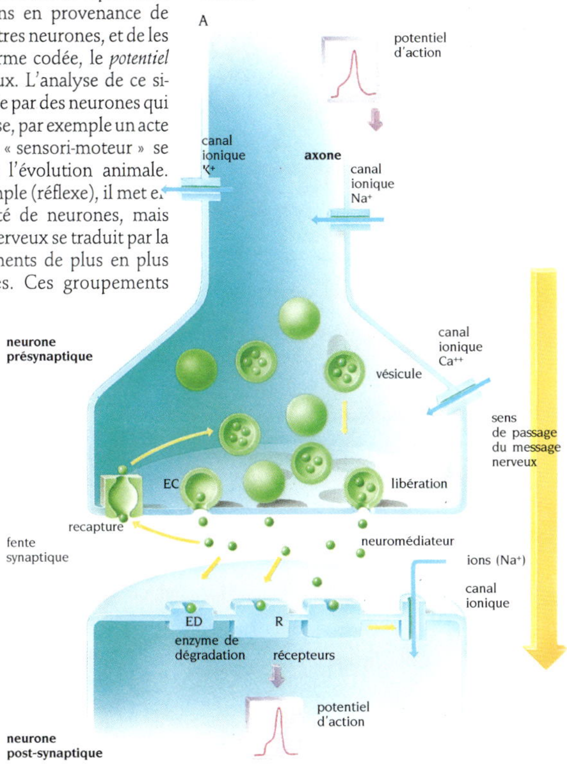

B. NEURONE

La cellule nerveuse, ou *neurone,* est dotée de prolongements appelés *dendrites* et *axones.* Les contacts synaptiques s'effectuent en majorité sur les dendrites et sur le soma (corps cellulaire), tandis que le potentiel d'action parcourt l'axone. Certains axones sont garnis d'une gaine de myéline fabriquée par l'enroulement de cellules gliales. Cette gaine électriquement résistante accélère la conduction de l'influx en contraignant celui-ci à « sauter » d'un nœud de Ranvier au suivant.

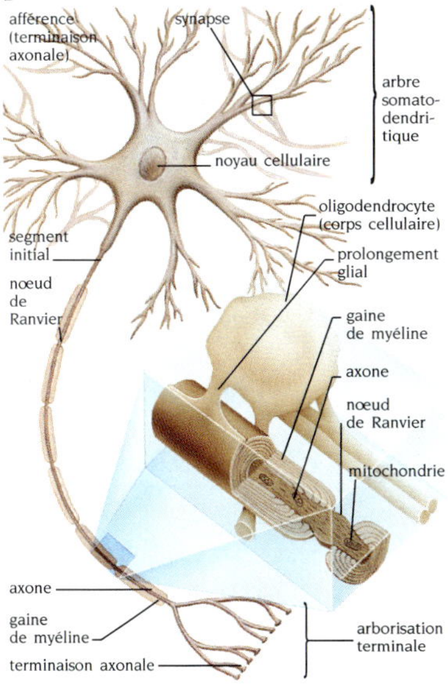

La naissance du potentiel d'action. Elle est due à une brutale augmentation de la perméabilité aux ions sodium : des mouvements de sodium se produisent alors, qui modifient le potentiel membranaire jusqu'à une valeur pour laquelle le sodium est à l'équilibre. Mais cette augmentation est fugace et, très vite après, la membrane retrouve son potentiel initial. Cette modification, qui n'affecte au départ qu'une région limitée de la membrane, est cependant à l'origine de courants locaux qui rendent les régions voisines à leur tour beaucoup plus perméables au sodium ; ainsi le potentiel d'action se propage rapidement dans un prolongement particulier du neurone, l'*axone.* La production d'un nouveau potentiel d'action ne peut survenir qu'après une brève période réfractaire.

La transmission synaptique. L'arrivée du potentiel d'action à l'extrémité de l'axone ouvre des canaux calcium dont l'augmentation de concentration à l'intérieur du bouton synaptique entraîne l'exocytose de substances chimiques, les *neurotransmetteurs,* qui font passer le message au neurone suivant. Les *synapses* (zones de contact entre deux neurones) se trouvent le plus souvent sur les *dendrites* ou sur les corps cellulaires, mais elles peuvent aussi être sur l'axone. Elles peuvent être excitatrices, inhibitrices (s'opposant alors au passage de l'influx d'un neurone au suivant) ou, à une échelle de temps plus lente, modulatrices.

LES AUXILIAIRES DES NEURONES

Les cellules gliales, d'abord décrites comme une sorte de colle (*névroglie* signifie « glu nerveuse »), plus nombreuses que les neurones dans le système nerveux central, comportent plusieurs types cellulaires (astrocytes, oligodendrocytes, cellules de Schwann, etc.) et restent en partie capables de se diviser, contrairement aux neurones. Elles ne présentent ni potentiel d'action ni synapses chimiques. Certaines (les astrocytes) apportent aux neurones leurs nutriments et évacuent leurs déchets, tandis que d'autres (les oligodendrocytes) sont à l'origine de la gaine de myéline qui enveloppe certains axones. Les cellules de la microglie sont affectées à la défense immunitaire du tissu nerveux. Enfin, certaines cellules gliales jouent un rôle de guide pour la mise en place des connexions entre neurones lors du développement du cerveau.

C

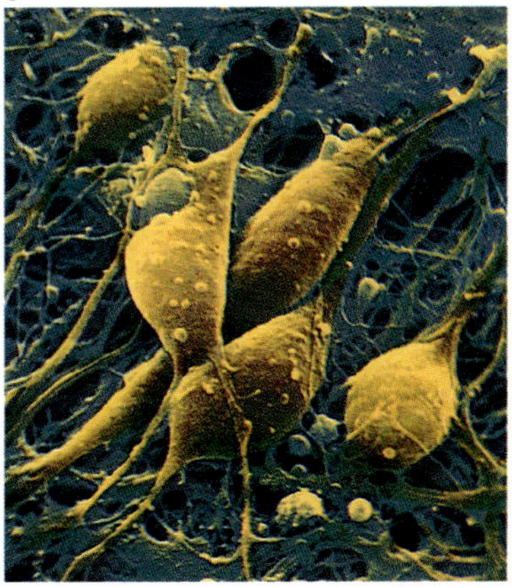

C. RÉSEAU DE NEURONES

Les fins prolongements cellulaires et les entrelacs du réseau neuronal apparaissent clairement sur cette préparation microscopique. Comme le potentiel d'action véhiculé par le neurone est invariable en amplitude (seule peut varier la fréquence d'émission), ce n'est qu'à travers les synapses et l'élaboration d'immenses réseaux que le système nerveux peut jouer son rôle si particulier.

LES CENTRES NERVEUX

Chez les vertébrés, les centres nerveux se regroupent dans l'encéphale, prolongé par la moelle épinière. Les invertébrés présentent d'autres formes d'organisation nerveuse pouvant atteindre un niveau élevé de complexité. Chez eux, les étapes évolutives se caractérisent par une organisation en réseau diffus, puis par la mise en place de cordons, enfin par la constitution de ganglions qui peuvent se regrouper en une masse nerveuse principale (ganglion cérébroïde).

LES INVERTÉBRÉS

UNE COMPLEXITÉ CROISSANTE

■ Le système nerveux n'existe que chez des animaux pluricellulaires. Il apparaît chez les cnidaires sous forme d'un réseau simple. Chez les vers plats (planaires), la concentration des organes des sens dans la tête provoque la formation d'un cerveau primitif que plusieurs cordons relient au reste du réseau nerveux. Chez les annélides et les arthropodes subsiste une seule paire de cordons. Chez les arthropodes les plus évolués apparaissent de gros neurones « multipolaires » à un seul axone, comme chez les vertébrés. Mais, les seuls invertébrés dont le système nerveux soit comparable à celui des vertébrés par sa complexité sont les mollusques céphalopodes (poulpe, seiche, calmar) dont les ganglions forment une masse unique protégée par une enveloppe de cartilage.

LES VERTÉBRÉS

UN MODÈLE UNIFORME

■ À l'inverse de celui des invertébrés, le système nerveux est dorsal chez les vertébrés. Il se forme, au cours du développement embryonnaire, par invagination d'une plaque en un tube nerveux qu'accompagnent deux bandelettes de cellules, les *crêtes neurales.* La vésicule céphalique forme ensuite trois puis cinq vésicules que prolonge, dans le tronc puis la queue, la moelle épinière.

Le nombre de neurones est très important (de 10 à 100 milliards dans le cerveau humain) ; la glie comporte plusieurs types de cellules aux fonctions bien tranchées : astrocytes assurant le métabolisme des neurones, oligodendrocytes entourant les axones pour les isoler électriquement, épendymocytes sécrétant le liquide céphalo-rachidien.

LES ACQUISITIONS DES MAMMIFÈRES

Le système nerveux se modifie peu quand on passe des poissons aux oiseaux. Chez les mammifères, au contraire, apparaît dans les hémisphères cérébraux une zone nouvelle, le *néocortex,* qui s'ajoute au *paléocortex* olfactif et à l'*archicortex* intégrateur, et double la fonction de la plupart des autres centres cérébraux.

Rudimentaire chez les insectivores, important chez les carnivores ou les ongulés, le néocortex devient prépondérant chez les primates. Il recouvre chez l'homme le reste de l'encéphale, cervelet compris. Les informations sensorielles s'y projettent et sont consciemment perçues, tandis qu'une région du lobe frontal, le cortex moteur, agit directement (par le faisceau pyramidal) sur les neurones moteurs de la moelle épinière et assure des mouvements très précis comme ceux de la main. D'autres zones de l'encéphale assurent des facultés intellectuelles comme le langage.

A. ENCÉPHALE DE VERTÉBRÉ NON MAMMALIEN

L'encéphale des vertébrés est formé de cinq vésicules : télencéphale (bulbes olfactifs et hémisphères cérébraux), diencéphale (thalamus et hypothalamus), mésencéphale (toit optique), métencéphale (cervelet) et myélencéphale (moelle allongée). Les hémisphères cérébraux des mammifères renferment des centres néocorticaux (cortex cérébral) et le cervelet des centres néocérébelleux (cortex du cervelet) sans équivalent chez les autres vertébrés. Ces hémisphères recouvrent les régions diencéphalique et mésencéphalique visibles dans les autres groupes.

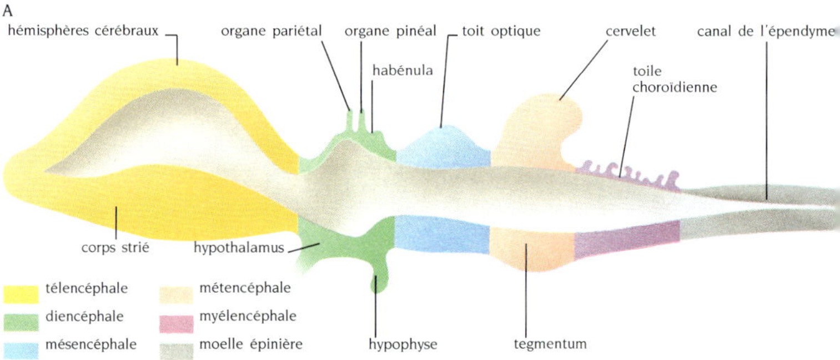

SYSTÈME NERVEUX AUTONOME

Les cnidaires ont deux systèmes nerveux pratiquement indépendants : le premier, situé à la base du feuillet externe (ectoderme) et tourné vers le milieu externe, est l'homologue du système cérébrospinal de l'homme. Le second (système nerveux autonome ou sympathique), à la base du feuillet interne (endoderme), assure l'activité viscérale (appareils digestif et reproducteur). Chez les autres animaux, le second forme des connexions de plus en plus étroites avec le premier et passe sous son contrôle, mais l'indépendance relative de ce système « autonome » se traduit concrètement par le fait que le fonctionnement des viscères, quand il est normal, échappe à la conscience.

L'activité du système nerveux autonome s'opère à travers deux ensembles antagonistes : le système orthosympathique, en relation avec les nerfs de la moelle (nerfs rachidiens), et le système parasympathique, représenté par certains nerfs de l'encéphale (nerfs crâniens) et le nerf « honteux » de la moelle épinière postérieure (innervant le rectum et la vessie). Cette action antagoniste du système nerveux autonome est particulièrement nette dans le cas du cœur ; ses contractions sont accélérées (système orthosympathique) ou ralenties (système parasympathique) par l'action de neurotransmetteurs : la noradrénaline dans le premier cas, l'acéthylcholine dans le second.

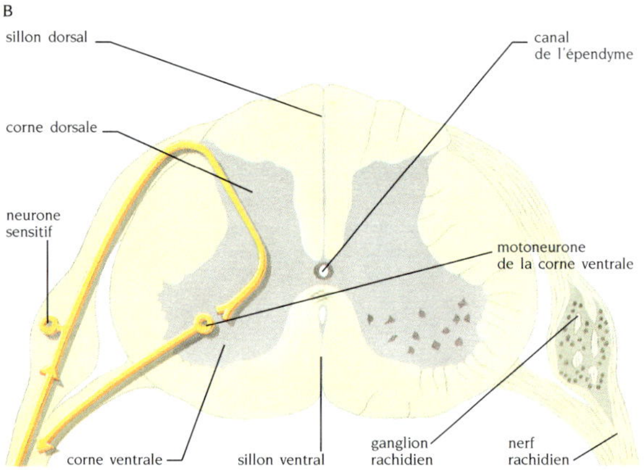

B. MOELLE ÉPINIÈRE DE MAMMIFÈRE

La moelle épinière comprend la substance grise centrale (assurant les réflexes dits médullaires) et la substance blanche périphérique conduisant l'informatio[n] entre moelle et encéphale ou entre différent[s] étages de la moelle. Les afférences (information[s] entrantes) sensorielles empruntent la racine dorsale, les efférences (informations sortantes) motrices la racine ventrale. On a figuré ici un arc réflexe.

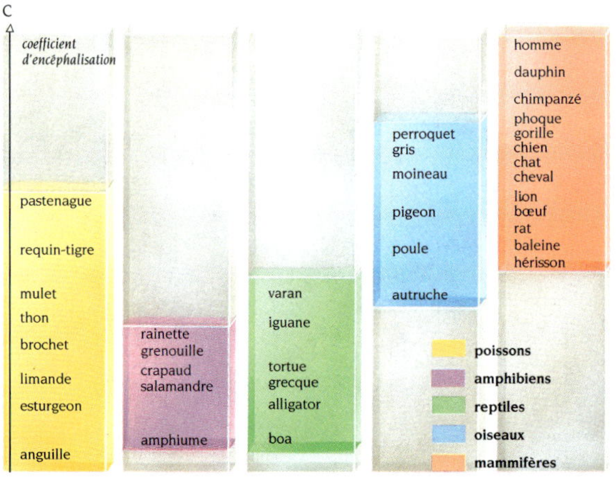

C. ENCÉPHALISATIO[N]

Quand on compare les animaux entre eux, on constate qu'il existe une bonne corrélation entre le volume de leur encéphale et leurs capacités à répondre aux modifications du milieu. Pour éli[-]miner l'influence de la taille, on calcule le rapport volume encéphalique/surface corporelle, ou *coefficient d'encéphalisa[-]tion.* Les vertébrés les plus encéphalisés sont les primates. Il est toutefois bien évident qu'un simple volume ne peut exprimer toute la complexité fonctionnell[e] du système nerveux.

LA COMMANDE MOTRICE

On observe chez la plupart des espèces animales des activités motrices de nature *réflexe,* réponses obligatoires et stéréotypées à un stimulus donné. S'y ajoutent, chez certaines, des activités souvent rythmiques, comme la locomotion, encore très dépendantes des messages sensoriels, relativement automatiques, mais dont le déclenchement requiert des ordres centraux. Enfin, la motricité la plus élaborée repose, chez les vertébrés, sur l'existence de centres cérébraux associés à des voies descendantes, tel le faisceau « pyramidal » des mammifères.

LA MOTRICITÉ

ACTIVITÉS RÉFLEXES ET CONTRÔLE MOTEUR

■ Dans les activités réflexes, qui constituent la forme la plus simple de la motricité, les messages sensoriels *(afférences)* activent les neurones moteurs ou motoneurones *(efférences)* sans analyse préalable. La liaison entre afférences et efférences peut même, comme dans le réflexe d'étirement (myotatique) des vertébrés, ne comporter qu'une synapse : si le message sensoriel est suffisamment intense, l'activation des motoneurones est alors automatique, d'où la brève latence, la nature involontaire et l'aspect stéréotypé de la réponse (telle l'extension de la jambe consécutive à la percussion du tendon d'un muscle de la cuisse). Les réflexes peuvent avoir une fonction protectrice, comme les réflexes de fuite ou de retrait d'un membre lors d'une stimulation douloureuse : la réponse motrice est alors brève (phasique).

Tous les réflexes moteurs ne sont pas liés à des situations d'urgence. Ainsi, des réflexes à point de départ musculaire interviennent chez les vertébrés dans le contrôle de la posture. Ces réflexes peuvent alors être toniques et maintenir durablement, sans fatigue ni adaptation, le tonus musculaire.

Les automatismes. Chez de nombreux vertébrés, la locomotion est une activité rythmique qui implique la répétition de séquences stéréotypées. Chaque séquence correspond en réalité à des événements musculaires complexes.

« ET POURTANT, ILS SE MEUVENT... »

Le système nerveux des invertébrés, lorsqu'il ne se résume pas comme chez les méduses à un simple réseau neuronal lâche, n'est le plus souvent constitué que de chaînes ventrales de ganglions reliés par des commissures. Bien que l'on qualifie de cérébroïdes les ganglions de la région céphalique, il n'existe que rarement une hiérarchie marquée dans l'organisation de ce système. Ainsi, chez les insectes, les ganglions thoraciques sont volumineux, car c'est là que s'effectuent les opérations nerveuses essentielles permettant la locomotion ou le vol.

Le nombre de neurones est toujours relativement restreint chez les invertébrés ; s'il atteint 150 millions chez la pieuvre, il ne dépasse pas quelques dizaines dans les ganglions de l'aplysie. En dépit du caractère souvent rudimentaire de ce système, les comportements, tels ceux des insectes sociaux, sont si remarquablement adaptés que l'on serait tenté de les croire sous-tendus par une organisation nerveuse beaucoup plus riche et centralisée.

Si le déplacement d'un animal en quête de nourriture ou en fuite apparaît, à l'évidence, comme une activité volontaire, il est clair que la mise en jeu de certains muscles, l'inhibition de ceux qui ont un effet antagoniste, l'alternance ou le synchronisme de l'activité des membres ne relèvent pas d'une commande volontaire de tous les instants. En d'autres termes, des « programmes » ou des « précâblages » existent, et l'activité volontaire se limite à leur mise en jeu, éventuellement à leur modulation en fréquence et intensité. Sans minimiser le rôle des structures de l'encéphale (tronc cérébral), on a dû admettre que la moelle elle-même pouvait être le siège de tels programmes.

Voies pyramidale et extrapyramidale. Deux grandes voies d'origine encéphalique sont responsables des comportements moteurs ne relevant ni des réflexe, ni des automatismes.

La voie pyramidale, qui n'existe que chez les mammifères, prend origine dans le cortex cérébral (aire motrice primaire) et s'achève, après croisement (c'est-à-dire que la partie droite du cortex commande le corps gauche et inversement), en respectant une topographie précise, au voisinage des motoneurones qu'elle peut activer directement.

On attribue à cette voie un rôle majeur dans les mouvements « fins », dans la dextérité, mais aussi dans les ajustements de la posture. Elle peut en effet activer parallèlement les motoneurones gamma qui régulent la sensibilité des récepteurs musculaires fusoriaux lors du réflexe myotatique (réflexe d'étirement).

D'autres voies, dites « extrapyramidales », se rencontrent chez tous les vertébrés. Elles représentent l'ensemble des structures nerveuses et des faisceaux assurant un contrôle de la motricité qui s'ajoute à celui exercé par le faisceau pyramidal. Elles sont sous le contrôle de structures essentiellement sous-corticales (ganglions de la base, tectum, formation réticulée, noyau rouge, etc.) qui s'interconnectent dans des boucles complexes incluant le cortex cérébral.

Le cervelet, qui reçoit à la fois une « copie des efférences » et une partie des afférences musculaires, exerce un contrôle permanent et continu sur la motricité.

Enfin, malgré certaines hypothèses impliquant (entre autres choses), une aire motrice dite « supplémentaire », on ne connaît presque rien encore des « centres de décision » où s'élabore la stratégie motrice.

A

voies pyramidale et extrapyramidale :

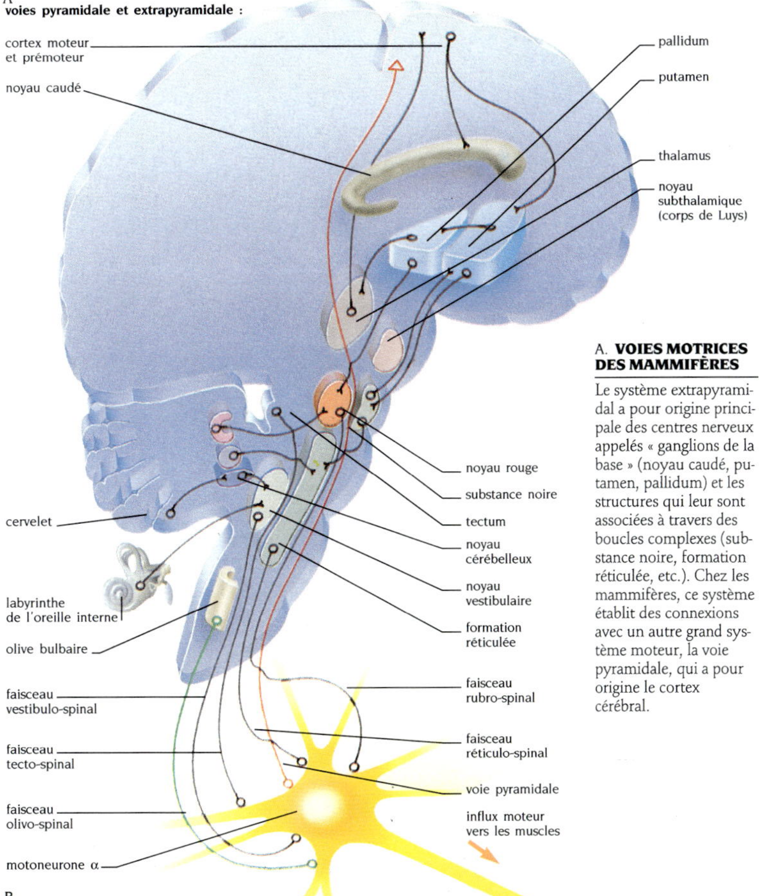

A. VOIES MOTRICES DES MAMMIFÈRES

Le système extrapyramidal a pour origine principale des centres nerveux appelés « ganglions de la base » (noyau caudé, putamen, pallidum) et les structures qui leur sont associées à travers des boucles complexes (substance noire, formation réticulée, etc.). Chez les mammifères, ce système établit des connexions avec un autre grand système moteur, la voie pyramidale, qui a pour origine le cortex cérébral.

B

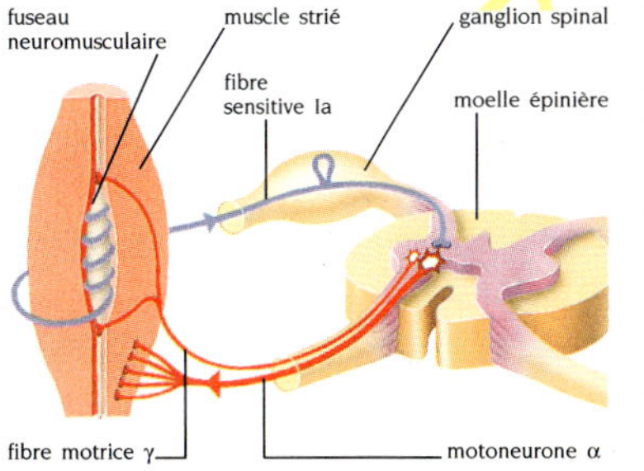

B. RÉFLEXE D'ÉTIREMENT

Les fuseaux neuromusculaires (F. N. M.) sont relâchés lors d'une contraction du muscle mais étirés lors d'une contraction des muscles antagonistes (c'est-à-dire les muscles qui provoquent le mouvement opposé).
L'étirement des F. N. M. (par pression sur le tendon, par exemple) produit une accélération de la décharge sur les fibres sensitives Ia, donc une activation réflexe des motoneurones alpha (α) de ce muscle : c'est le réflexe d'étirement, ou myotatique, qui s'oppose à l'allongement du muscle.
Les fibres gamma (γ), motrices des F.N.M., permettent cependant un ajustement de leur sensibilité.

LES MOUVEMENTS

LA MÉCANIQUE

DES RÉPONSES À UN PROGRAMME MOTEUR

■ CHEZ L'ANIMAL, on distingue deux grands types de mouvements à l'échelle de l'organisme : ceux qui lui permettent de se déplacer, de changer de lieu *(locomotion)* et ceux qui lui permettent de saisir et de fragmenter sa nourriture *(manducation)*.

La locomotion. Ce déplacement actif repose sur la création par l'animal d'une force de réaction du milieu à partir des forces internes qui mettent en mouvement, dans un ordre précis, les leviers articulés que sont les pattes, les ailes, les nageoires. Chacune d'elles passe alternativement : 1° par une *phase d'appui* au cours de laquelle naît la réaction du milieu (surface du sol, masse d'eau ou d'air) qui est soumis à une poussée de l'organe effecteur ; 2° par une *phase de retour*, au cours de laquelle l'effecteur (par exemple la patte) se déplace vers l'avant pour gagner un nouvel appui (cette phase implique une perte de contact avec le sol dans le déplacement terrestre).

Ce sont la direction et la continuité de la réaction qui déterminent le sens et la permanence. On comprend la nécessité d'un programme de commande nerveuse qui assure la coordination des mouvements de flexion et d'extension des segments de chaque patte, ainsi que de l'entrée en action de chacune par rapport aux autres. Les pattes doivent de plus résister à tout moment aux contraintes de compression, flexion et traction qui naissent de ces échanges de forces pour des masses et des accélérations parfois considérables. De plus, le frottement articulaire tend à élever dangereusement la température. Dans ce système de forces, un seul facteur reste constant en direction et en intensité : la gravité, ou accélération de la pesanteur. Les mouvements sont de grands consommateurs d'énergie. Aussi, divers dispositifs structuraux, physiologiques et même neuromoteurs tendent-ils à en optimiser le rendement.

La manducation. Elle englobe tous les mouvements assurant la prise d'aliments, leur fragmentation (mastication) préalable à l'attaque chimique des sucs digestifs et leur transport jusqu'au début du tube digestif (déglutition). Ces mouvements sont répétés cycliquement. Les caractéristiques physiques du milieu et des aliments conditionnent le type de mouvement et les forces qui en résultent. Dans l'eau, l'acquisition de la nourriture s'effectue généralement par succion chez les vertébrés (poissons, tortues aquatiques), l'ouverture rapide de la bouche provoquant un « appel d'eau » qui entraîne avec lui les particules alimentaires. Dans l'air, il y a prise (lèvres du cheval, crocs des carnivores), puis transport actif par la langue jusqu'aux dents. La mastication fait intervenir les mouvements souvent compliqués (rotation, roulement, translation) d'une pièce plus légère (la mandibule) par rapport à un ensemble massif (le crâne) grâce à l'action de muscles ayant des actions opposées (muscles antagonistes). La forme de l'articulation et celle des surfaces d'attaque (qui peuvent être perforantes, abrasives...) déterminent les capacités à traiter les divers types d'aliments.

L'automatisme de la commande nerveuse des mouvements est modulé par les informations reçues par les récepteurs des organes des sens (vue, ouïe,...) et par des récepteurs internes situés dans les muscles, les articulations et la peau.

A. **FIBRE MUSCULAIRE**

Les sarcomères sont les unités fonctionnelles de la contraction musculaire. Disposés bout à bout dans la fibre musculaire *(myofibrille)*, ils constituent le muscle dit strié ou « squelettique » (car il mobilise les éléments du squelette). À l'intérieur des myofibrilles, on trouve des filaments fins formés de molécules d'actine, attachés à la cloison (ou strie) Z, et des filaments épais de myosine reliés par des ponts aux filaments d'actine. La formation de nouveaux ponts transversaux entre les deux types de molécules crée un glissement de l'actine le long de la myosine. Il en résulte un raccourcissement de la myofibrille qui développe des tensions à ses extrémités : c'est la source de la force musculaire.

A

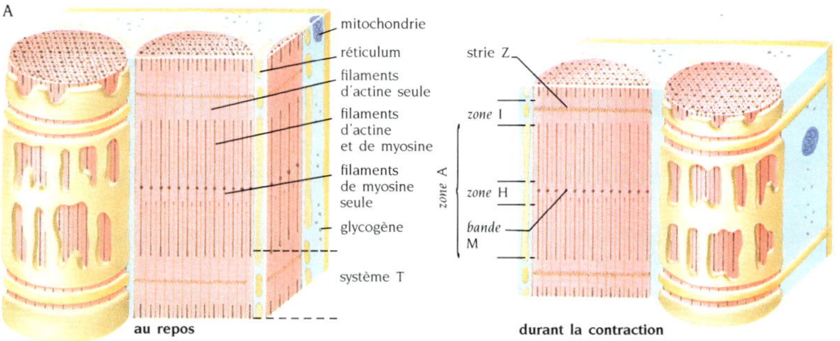

B. **ALLURES**

Les allures des vertébrés terrestres découlent de la variation en durée des appuis (en traits pleins) à l'intérieur du mouvement cyclique de chaque patte, et du décalage dans le temps des cycles des quatre pattes. La durée qui sépare le début d'une même phase entre les antérieurs (AG, AD) et les postérieurs (PG, PD) est identique chez la salamandre (allure symétrique) et différente chez le guépard (allure asymétrique). Les allures rapides s'accompagnent d'une perte de stabilité statique, l'équilibre étant réalisé par le mouvement rapide des masses.

B

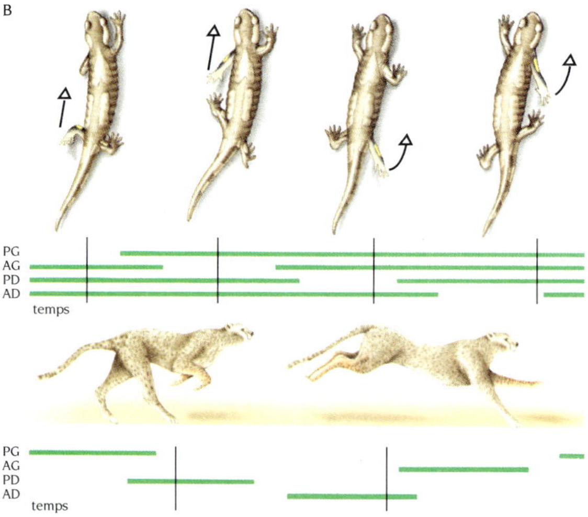

C. **PRISE DE NOURRITURE**

La densité de l'eau et la poussée d'Archimède qui en résulte permettent aux poissons (ici une carpe) de capturer les aliments par succion : un courant d'aspiration créé par une brusque expansion de la cavité buccale transporte la proie jusque dans la bouche du poisson.

C

D'OÙ NAÎT LA FORCE DE PROPULSION ?

Les forces internes développées par les muscles (1, 2, 3) ne serviraient à rien si elles n'étaient pas dirigées jusqu'au point de contact avec le substrat (4). Là, elles font naître une réaction (R) qui se compose d'une force verticale (Fv) [réaction au poids P du corps] et d'une force horizontale (Fh) qui détermine le mouvement résultant. Cette composante essentielle ne peut avoir d'effet que si la cohésion des surfaces du pied et du sol est maintenue par une force de frottement statique (Fs), sinon il y a dérapage (sur la glace, par exemple où Fs est presque nulle).

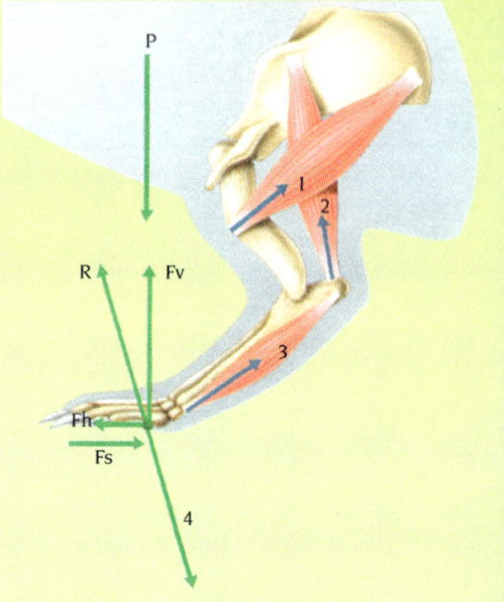

LA CHRONOBIOLOGIE

LE RYTHME est une des manifestations universelles des êtres vivants, qu'ils soient animaux ou végétaux. On le retrouve dans leur physiologie, dans la biologie de leurs cellules et même dans leur comportement chez les espèces animales. Pourtant, malgré cette importance manifeste, les rythmes biologiques n'ont suscité un réel intérêt scientifique que vers le milieu du XXe siècle. Leur étude, la *chronobiologie,* est de ce fait une des disciplines les plus jeunes de la biologie.

LES RYTHMES DE LA VIE

LA DIMENSION TEMPORELLE DES MÉCANISMES BIOLOGIQUES

■ TOUTE VARIATION PÉRIODIQUE d'un phénomène biologique, qu'il s'agisse de l'alternance de la veille et du sommeil ou de l'évolution de la concentration d'une substance dans le sang, est caractéristique d'un rythme biologique. Celui-ci peut être décrit (avec plus ou moins de précision) par une fonction mathématique, elle aussi périodique, de type sinusoïdal.

Ce modèle mathématique permet de déterminer, pour chaque rythme biologique, un certain nombre de valeurs. La *période* est la durée au bout de laquelle le paramètre étudié revient à sa valeur initiale. L'*amplitude* est égale à la moitié de l'écart entre valeur maximale et valeur minimale. Le niveau moyen définit la valeur moyenne du paramètre au cours d'une période. Enfin, l'*acrophase* est le temps écoulé entre un instant de référence et celui où l'on observe la valeur maximale du paramètre. Le choix de la référence est purement arbitraire, et, pour un rythme dont la période est de 24 heures (circadien), par exemple, la vingt-quatrième heure du jour est souvent choisie. Depuis la naissance de la chronobiologie, des rythmes biologiques très nombreux et très divers ont été découverts.

Les différents rythmes. Pour simplifier, une classification, fondée sur la fréquence (ou la période) des rythmes, a été adoptée.

On distingue ainsi les rythmes de basse fréquence, qualifiés d'*infradiens,* dont la période (toujours supérieure à 28 heures) varie de quelques jours à quelques années. Parmi les rythmes infradiens, les plus connus, à la fois des spécialistes et du grand public, sont les rythmes annuels de la reproduction chez l'animal sauvage. Des phénomènes comme la migration, l'hibernation ou des activités purement physiologiques telles que la fabrication d'anticorps ou d'hormones montrent aussi un rythme infradien. Mais il existe également des phénomènes de période plus courte. La reproduction de certaines algues brunes se réalise tous les 14 jours et demi à la fin de l'été, et on connaît aussi des rythmes fort lents, parfois se déroulant sur plusieurs années. Ainsi, le nombre d'individus de deux espèces liées par un rapport de prédation oscille sur une période pluriannuelle.

Les rythmes de moyenne fréquence ont une période de l'ordre de vingt-quatre heures, ils sont dits *circadiens.* Chez les plantes, toutes les manifestations liées à la variation quotidienne de l'éclairement (photopériode) suivent ce genre de rythme. On peut ainsi citer divers mouvements de feuilles ou de fleurs, mais également l'ouverture et la fermeture des stomates, la production de pollen ou de nectar. Chez les animaux, homme compris, la fréquence de la division cellulaire suit globalement un rythme circadien, tout comme la pression artérielle, sans oublier le comportement majeur que représente l'alternance des états de veille et de sommeil. Certaines manifestations ont une période de 24,8 heures et correspondent à des rythmes lunaires.

Enfin, il existe des rythmes de haute fréquence, dits *ultradiens,* dont la période est de l'ordre de quelques millisecondes à quelques heures. On compte parmi eux les différents types d'activité électrique cérébrale et le rythme de contraction cardiaque. Au niveau biochimique, des cycles de synthèse ont également été observés (métabolisme des glucides). Le mouvement des cils d'un protozoaire comme l'amibe ou celui du flagelle d'un spermatozoïde comptent également parmi les phénomènes rythmiques ultradiens.

Bien souvent, la variabilité d'un phénomène biologique est le résultat de l'intrication de plusieurs rythmes de périodes différentes. Ainsi, l'activité cardiaque est déterminée par trois rythmes, dont les périodes sont d'environ 1 seconde, 24 heures et 1 an. De même, à la variation circadienne des niveaux de vigilance se superpose un rythme ultradien, d'environ 90 minutes.

B

B. **BRAME DU CERF**

Le caractère rythmique des amours animales peut être considéré comme une méthode contraceptive naturelle, qui permet aux jeunes de naître à la saison la plus favorable. Le brame du cerf, période de l'accouplement, a lieu en automne. Le déclenchement de ce comportement est sous l'étroite dépendance de trois glandes (les testicules, l'hypophyse et l'hypothalamus) et d'un facteur externe (la durée de l'éclairement journalier). Les naissances ont lieu à la fin du printemps.

A. **CLASSEMENT DES RYTHMES BIOLOGIQUES**

Classe	Exemple	Période
Ultradien (haute fréquence)	Activité électrique du cerveau	10 ms (0,01 s)
	Pression artérielle (homme)	1 s
	Vacuole pulsatile (protozoaire)	15 s
	Mouvement des feuilles de haricot	30 min
	Enroulement d'une tige volubile (liseron)	40 min à 5 h
	Activité des enzymes	12 à 15 h
Circadien (moyenne fréquence)	Alternance veille-sommeil (animal et homme)	
	Position de jour et de nuit des feuilles ou des pièces florales	24 h dans les conditions naturelles
	Divisions cellulaires	
	Température corporelle (homme)	
	Glycogène (synthèse par les cellules du foie)	
	Cortisol (taux sanguin chez l'homme)	
Infradien (basse fréquence)	Cycle ovarien de la souris	4 à 5 j
	Fructification de certains champignons	4 à 5 j
	Reproduction de certaines algues marines *(Dictyota)*	14 j
	Cycle ovarien de la femme	28 j
	Hibernation saisonnière (hérisson)	1 an
	Fructification du pommier	2 ans
	Densité de population du lynx	9 ans

A. **TROIS GRANDES CLASSES DE RYTHMES**

L'alternance du jour et de la nuit selon un cycle de 24 h (rythme « circadien ») est la référence pour le classement des rythmes.

Les rythmes « ultradiens » les plus rapides ont une période de l'ordre de quelques millisecondes et caractérisent des activités cellulaires.

Les rythmes « infradiens » sont surtout liés à la reproduction et à des phénomènes saisonniers (hibernation).

C

C. **TRÈFLE EN POSITION DE NUIT**

Le trèfle est un des nombreux végétaux dont l'orientation change selon un cycle de 24 heures. Ses mouvements sont dus à un petit organe, le *pulvinus,* placé à l'articulation des feuilles, dont un pigment contrôle la perméabilité des cellules. Les variations de rigidité, liées à l'éclairement, conditionnent l'orientation des feuilles.

D

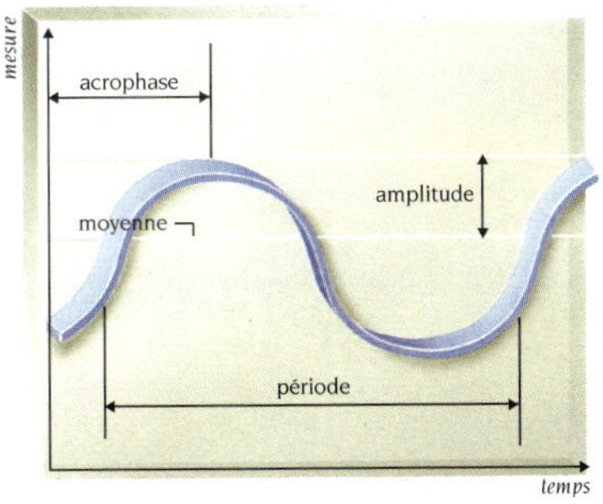

D. **UNE FONCTION PÉRIODIQUE**

Les rythmes biologiques peuvent être traduits sous forme graphique par une fonction sinusoïdale, exprimant les variations au cours du temps du paramètre étudié. Cette représentation met en évidence des valeurs caractéristiques comme la période, l'amplitude et l'acrophase.

LA CHRONOBIOLOGIE

LE MÉCANISME

HORLOGES INTERNES ET SYNCHRONISEURS EXTERNES

■ ÉTANT DONNÉ la grande variété des rythmes biologiques, tant du point de vue de leur nature que du point de vue de leurs caractéristiques, il n'existe pas de système explicatif unique. Les rythmes ont une origine interne à l'organisme (ils sont dits *endogènes*). Cependant, des facteurs externes (dont le principal est l'alternance lumière/obscurité) jouent un rôle régulateur de leur expression.

Un déterminant génétique. Les mécanismes biologiques qui régissent l'ensemble des rythmes biologiques comportent une forte composante génétique.

Chez un champignon *(Neurospora crassa)*, la formation des spores suit un cycle de 21,6 heures, mais les chercheurs ont pu isoler différents types de mutants dont les cycles étaient compris entre 16 et 29 heures.

Des mutants de la mouche du vinaigre montrent une diversité de rythmes comparable.

Enfin, chez l'homme, des comparaisons entre vrais jumeaux ont révélé que ceux-ci avaient des rythmes biologiques plus proches que ceux des faux jumeaux. Pour certaines de ces manifestations rythmiques, notamment chez des insectes ou chez les champignons, un gène responsable de la période du rythme considéré a même pu être isolé.

A

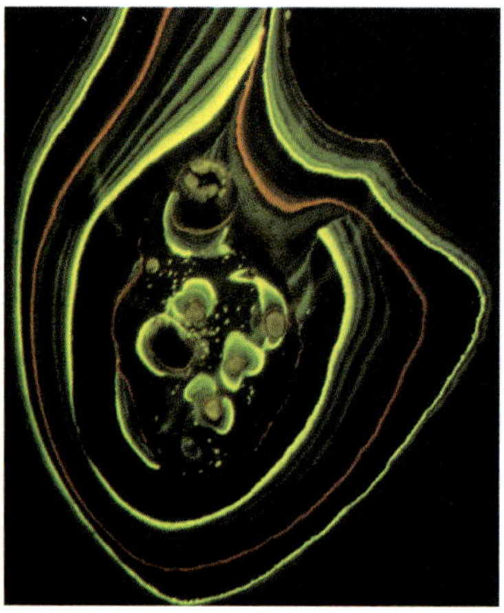

A. **RYTHME DE CROISSANCE**

Des techniques de marquage par fluorescence mettent en évidence la croissance des os (ici, sur une mandibule de vipère de Russell). Cette technique, la squelettochronologie, permet de déterminer, entre autres, le rythme de croissance osseuse.

B. **RYTHMES DU HÉRISSON**

En milieu naturel, le hérisson présente chaque année une phase de vie active (février-mars/fin septembre) et une phase d'hibernation (octobre/février). Au cours de l'hibernation, les phases de torpeur de longue durée (de 1 à 7 jours) alternent avec les phases de reveil spontané de courte durée (de 1 à 2 jours). Chez le mâle, la réactivation de la fonction testiculaire s'effectue avant la fin de l'hibernation, de telle sorte qu'il est apte à se reproduire juste après le réveil printanier.

B

La part de l'environnement. Dans la plupart des cas, leur origine endogène ne suffit pas à expliquer la régularité des rythmes biologiques : des facteurs extérieurs à l'organisme doivent également être pris en compte. On revèle leur importance en isolant totalement l'être vivant de son environnement.

Normalement, chez l'homme, le cycle d'alternance veille/sommeil comme la température corporelle suivent un rythme circadien de 24 heures environ. Chez un sujet complètement isolé du monde extérieur, le cycle de la température ne change pas, tandis que celui de la vigilance glisse progressivement vers une période de 38 heures. La variation de période provoquée par l'isolement peut aller, selon le paramètre physiologique ou comportemental observé, soit dans le sens d'une augmentation, soit dans le sens d'une diminution.

Il existe donc dans l'environnement des facteurs qui présentent des variations cycliques sur lesquelles vont se synchroniser des rythmes biologiques. Ces facteurs, que l'on nomme des *synchroniseurs,* peuvent être de type climatique ou astronomique, et le plus important d'entre eux est sans aucun doute l'alternance du jour et de la nuit. Ainsi, en milieu tempéré, la variation de la durée relative du jour et de la nuit *(photopériode)* au cours de l'année joue un rôle déterminant dans le déclenchement des comportements reproducteurs chez les animaux ou de la floraison chez les végétaux. Chez l'homme, les activités sociales sont également un synchroniseur important, notamment en ce qui concerne le contrôle du cycle veille/sommeil. Ces synchroniseurs particuliers permettent à l'individu d'être en harmonie avec son environnement.

Le rôle du système nerveux. Chez les animaux, le système nerveux est le lieu où prennent leur origine un certain nombre de rythmes endogènes. Chez les vertébrés, des *« horloges biologiques »* ont même été identifiées dans l'encéphale, plus précisément dans les noyaux dits *« suprachiasmatiques »* d'un centre régulateur de la physiologie et des comportements vitaux, l'*hypothalamus.* Ces petits noyaux ne contenant guère plus de 10 000 neurones ont une activité nerveuse cyclique autonome. S'ils sont endommagés ou détruits, divers rythmes biologiques (température, sécrétions hormonales, etc.) peuvent être bouleversés. Les conséquences sont variables d'une espèce à l'autre et montrent que l'implication de ces structures de contrôle ne peut être généralisée.

Toutefois, la persistance de rythmes de différentes fréquences en dehors de toute influence extérieure laisse supposer l'existence de plusieurs horloges biologiques non encore identifiées.

C. **PRINCIPAUX HIBERNANTS**

Hibernants saisonniers profonds

- Monotrèmes
  - Échidné *(Tachyglossus aculeatus).*
- Marsupiaux
  - Opossum *(Cercaertus nanus, Eudromicia lepida).*
- Insectivores
  - Musaraigne *(Suncus etruscus)* ; hérisson *(Ericaneus europaeus)* ; tenrec *(Tenrec ecaudatus, Setifer setosus).*
- Rongeurs
  - Loir *(Glis glis)* ; lérot *(Eliomys quercinus)* ; muscardin *(Muscardinus avellanarius)* ; marmottes *(Marmota marmota, M. monax)* ; hamster d'Europe *(Cricetus cricetus)* ; hamster doré *(Mesocricetus auratus)* ; citelles *(Citellus citellus, C. lateralis, C. richardsonii, C. tridecemlineatus).*

Hibernants non saisonniers

- Chiroptères ou chauves-souris
  - Molosse *(Tadarida medius)* ; rhinopome *(Rhinopoma).*
- Primates
  - Lémuriens : chéirogale *(Cheirogalus medius)* ; microcèbe *(Microcebus murinus).*
- Oiseaux
  - Tourterelle des bois *(Streptopelia turtur)* ; mésange noire *(Parus ater)* ; martinet noir *(Apus apus)* ; engoulevent *(Caprimulgus europaeus, C. fossii)* ; oiseaux-mouches *(Selasphorus platycercus, S. rufus, Stellula calliope).*

Espèces à hypothermies hivernales

- Carnivores
  - Ours brun *(Ursus arctos)* ; ours noir *(Ursus americanus)* ; blaireau européen *(Meles meles)* ; blaireau américain *(Taxidea taxus).*

C. **LES HIBERNANTS**

L'hibernation se caractérise par un ralentissement de toutes les fonctions de l'organisme (torpeur), permettant une économie d'énergie en période défavorable. Pour certains animaux, les hibernants saisonniers profonds, il s'agit d'un phénomène annuel, à déclenchement saisonnier. Des carnivores, comme l'ours brun, montrent aussi un rythme saisonnier d'activité, bien qu'ils ne soient pas considérés comme de véritables hibernants (car leur température interne ne chute pas de manière importante). Cependant, d'autres animaux, comme le martinet noir ou les colibris, montrent de courtes phases de torpeur, liées principalement à une privation de nourriture : leur « hibernation » ne montre pas de rythme saisonnier.

LA CHRONOPHARMACOLOGIE

Cette discipline médicale est directement issue des travaux de la chronobiologie. Ainsi, on a découvert que le métabolisme d'un individu n'était pas constant au cours d'une journée. En conséquence, l'assimilation d'un médicament par l'organisme et le devenir de sa molécule active dépendent de l'heure à laquelle il est pris. En effet, les études pharmacologiques qui mesurent la chronotoxicité (variation des effets toxiques) et la chronesthésie (variation de la sensibilité de l'organe) montrent que le moment de l'administration d'un médicament est un facteur important, au même titre que sa dose. La chronopharmacologie permet de déterminer l'heure optimale de prise de la prescription afin que les effets recherchés soient à leur maximum pour une dose minimale. De plus, un des avantages de cette approche est qu'elle permet de prescrire des doses moins fortes de médicament et de limiter les effets secondaires néfastes (chimiothérapie anticancéreuse par exemple). Actuellement, cette technique est surtout utilisée à l'hôpital, notamment en pédiatrie pour la prescription des antibiotiques.

LA CROISSANCE DES VÉGÉTAUX

LES CROISSANCES

MULTIPLICATION, GRANDISSEMENT ET DIFFÉRENCIATION

■ LA CROISSANCE DES PLANTES à graines (dites aussi « supérieures », incluant les conifères et les plantes à fleurs) comprend l'ensemble des processus qui permettent, à partir d'une graine, d'arriver à une plante capable de se reproduire. Pour cela, il s'établit tout d'abord une prolifération cellulaire due à des divisions (mitoses) qui se réalisent dans des tissus spécialisés, qu'on appelle *méristèmes.*

Les méristèmes primaires se situent à l'apex des racines, à l'extrémité des tiges ou des rameaux, dans les bourgeons apicaux ou dans les bourgeons axillaires à l'aisselle des feuilles. Les méristèmes secondaires se développant dans les organes plus âgés permettent l'épaississement des tissus. Ces tissus durent aussi longtemps que le végétal ; les plantes ont donc une croissance indéfinie.

Après leur division, les cellules augmentent de taille, le plus souvent par élongation ou *grandissement,* la paroi pectocellulosique rigide restant extensible quelque temps après la mitose.

La différenciation. Une fois la croissance réalisée, les différenciations cellulaires portent sur la structure des parois avec dépôts de substances particulières, comme la lignine ou la subérine, caractéristiques des tissus de soutien (bois, écorce...), sur la création de tissus chlorophylliens (feuilles), sécréteurs, de réserve et aussi sur l'acquisition de potentialités physiologiques nouvelles, pour la floraison. La mise à fleur nécessite la formation d'ébauches florales dans certains bourgeons, les faisant passer de l'état végétatif à l'état reproducteur. C'est un phénomène complexe qui dépend de nombreux facteurs externes et internes.

LES SUBSTANCES DE CROISSANCE

DES HORMONES PRODUITES EN FAIBLE QUANTITÉ

■ À CAUSE DE LEUR ACTION à distance du lieu de production, les facteurs de croissance des végétaux sont désignés sous le nom d'hormones (ou phytohormones), par analogie avec les hormones présentes chez les animaux.

Ces hormones peuvent agir soit en synergie, soit en antagonisme les unes avec les autres, et leur équilibre est un facteur décisif du développement végétal. Quant à leur mode d'action au niveau cellulaire, on en connaît encore peu de chose et leur étude constitue un domaine très important dans la recherche actuelle.

L'auxine. La première hormone découverte et la plus connue est l'*auxine* (acide indole-3 acétique), synthétisée principalement par les apex et les méristèmes. L'auxine stimule le grandissement cellulaire et les mitoses, en particulier celles des cambiums, zones génératrices du bois et du liber dont elle favorise la différenciation. Elle joue un rôle important dans le développement des bourgeons, soit en stimulant la croissance des jeunes pousses, soit en intervenant dans le phénomène de dominance apicale où la présence d'un bourgeon apical (à l'extrémité d'une tige) synthétisant l'auxine inhiberait le développement des bourgeons sous-jacents. L'auxine induit également la formation de racines et favorise le bouturage. Cette hormone peut cependant présenter des effets opposés, activateurs ou inhibiteurs selon sa concentration. Or, sa teneur dans un organe évolue au cours de son développement, et ses effets varient donc avec le temps.

Les gibbérellines. Elles comprennent plusieurs composés de la famille des terpènes. On connaît une trentaine de gibbérellines différentes. Quinze d'entre elles ont été trouvées chez *Gibberella fujikuroi,* champignon ascomycète parasite du riz, une vingtaine chez les végétaux supérieurs. Synthétisées dans les lieux de division active, elles migrent avec la sève élaborée (vaisseaux du liber). Elles activent l'allongement des entrenœuds par élongation et prolifération des cellules de la tige, ce qui favorise la floraison quand la présence d'entrenœuds courts est le facteur bloquant. Les gibbérellines peuvent aussi activer la croissance des feuilles, lever la dormance de semences et de bourgeons. Chez les plantes en rosette (bisannuelles), les gibbérellines accélèrent la formation de la tige florale, remplaçant ainsi l'action du froid (vernalisation).

Les cytokinines et les autres hormones. Les *cytokinines* sont des substances dérivées de l'adénine, synthétisées dans l'apex des racines et migrant avec la sève brute (vaisseaux du bois). Leur principal rôle est la stimulation des divisions cellulaires.

Deux autres hormones ont également été étudiées, l'*éthylène,* qui accélère la maturation des fruits et stimule la chute des fleurs, fruits et feuilles, et l'*acide abscissique,* qui serait un antagoniste des gibbérellines et favoriserait la fermeture des stomates en cas de déficit hydrique important.

A. **MÉRISTÈME APICAL**

Cette zone située au sommet (apex) des tiges, protégée par de jeunes feuilles, constitue un bourgeon. L'anneau initial comprend des cellules qui se multiplient de manière intense et donne naissance aux feuilles. Les proméristèmes, ou méristèmes d'attente, ne sont pas fonctionnels habituellement ; ils interviennent dans l'édification de la fleur en cas de « virage » floral. Le méristème médullaire donne la moelle.

A

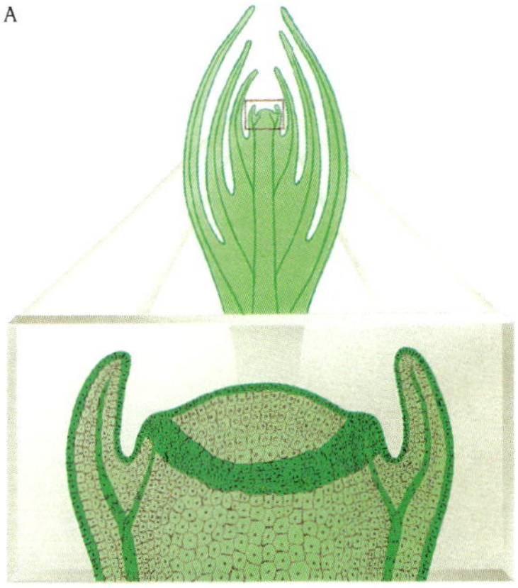

B

B. **FLEURS DE BAMBOU**

Les plantes annuelles parcourent leur cycle de développement en moins d'une année. Les plantes bisannuelles constituent des réserves lors de leur première année, fleurissent et forment des graines la deuxième année. Certaines plantes pluriannuelles fleurissent tous les ans (arbres) ; d'autres, comme ce bambou *(Pseudosasa japonica),* ou les agaves, vivent des années à l'état végétatif et meurent dès qu'elles ont fleuri.

C

C. **DISCERNER L'ÂGE D'UN ARBRE**

Dans les régions tempérées, où existe une alternance très marquée des saisons avec un repos hivernal de plusieurs mois, les arbres présentent des rythmes de croissance caractérisés par une première phase active en avril-mai suivie d'un ralentissement puis d'une légère reprise de la croissance en août.
Cette périodicité se retrouve dans l'anatomie des troncs et des branches. Le bois présente des vaisseaux larges au printemps et plus étroits en été. Chaque année est donc caractérisée par ces deux bois de taille différente, et la succession des années s'observe sur les coupes de façon très nette (cernes). On peut donc, après l'abattage d'un arbre, compter le nombre d'anneaux concentriques (sombres ou foncés). L'analyse des cernes et leur comparaison dans le cas d'arbres de plus en plus vieux, ainsi que sur des troncs d'arbres fossiles permettent la datation précise des sédiments où ces arbres ont été trouvés : cette science est la *dendrochronologie.*

LA CROISSANCE DES VÉGÉTAUX

ADAPTATION AU MILIEU

ORIENTATION ET RYTHMES DE CROISSANCE

■ LES PLANTES NE SONT PAS DOTÉES de la faculté de se déplacer dans l'espace comme les animaux, elles sont donc obligées de s'adapter avec le maximum d'efficacité aux conditions du milieu qui les entoure.

Les tropismes. Les réactions d'orientation de croissance d'organes (tige, racine, feuille, fleur...) à une stimulation du milieu constituent les tropismes. À la différence des *nasties,* qui sont des flexions d'organes (comme le repliement des folioles de la feuille de sensitive *Mimosa pudica*), les tropismes résultent de différences de croissance entre les faces opposées d'un organe jeune.

Le *phototropisme* permet l'orientation de la plante vers la lumière. Le *géotropisme* est dû à l'effet de la pesanteur sur des « statolithes » (grains d'amidon, chloroplastes ou cristaux d'oxalate) situés dans des cellules spéciales, les statocystes, qui abondent à l'apex des racines dans la région de la coiffe ou dans le tissu des tiges situé autour des vaisseaux conducteurs. Après l'action du stimulus sur les statocystes, une synthèse et une migration d'auxine se réalisent, qui provoquent les différences de croissance responsables des courbures.

Les rythmes. Les plantes sont sensibles à la succession des jours et des nuits avec leur alternance de températures. Elles sont également sensibles aux saisons avec périodes froides et chaudes (pays tempérés) ou sèches et humides (pays tropicaux).

Certaines plantes doivent, pour fleurir, subir la *vernalisation,* c'est-à-dire une période de froid correspondant à l'hiver. L'alternance des températures diurnes et nocturnes, ou *thermopériodisme,* peut favoriser la croissance des plantes, mais ce phénomène est difficile à séparer du *photopériodisme.* Ce rythme fondamental est provoqué par la périodicité quotidienne de la lumière (photopériode) et ses variations annuelles : jours longs et jours courts selon les saisons. Ces faits montrent que les plantes sont donc capables de mesurer la longueur relative du jour et de la nuit.

Le photopériodisme a surtout été étudié pour la floraison : certaines plantes ne pourront fleurir que si la longueur des jours est inférieure à une valeur limite (plantes de jours courts : canne à sucre, chrysanthème), d'autres ne fleuriront que si cette longueur est supérieure à une certaine valeur (plantes de jours longs : épinard, fenouil), d'autres encore sont indifférentes à la photopériode (tomate, pois). Un pigment appelé *phytochrome,* sensible à des longueurs d'onde de la partie rouge du spectre (660 et 730 nm), est responsable de ces phénomènes de mise à fleur ainsi que d'autres, comme la germination des semences, certains processus de croissance, le repli des feuilles pendant la nuit (photonastie) et certaines synthèses d'enzymes et de pigments.

LES APPLICATIONS

DE LA CULTURE IN VITRO AUX BIOTECHNOLOGIES

■ LES BIOTECHNOLOGIES VÉGÉTALES sont fondées sur la capacité que détient toute cellule végétale possédant un noyau de régénérer une plante entière : la cellule peut redevenir embryonnaire, elle est dite *totipotente.*

Les applications de ces potentialités n'ont été possibles qu'après la découverte des hormones végétales, qui permettent, selon leur mélange, d'obtenir la formation d'organes particuliers : tiges, racines... Cependant, cette technologie est limitée en raison de la méconnaissance du mélange d'hormones nécessaire à la croissance harmonieuse de nombreuses plantes.

Les applications se situent à plusieurs niveaux. Tout d'abord, les cultures de méristèmes ou de fragments foliaires permettent de réaliser la multiplication in vitro donnant plusieurs milliers de descendants identiques (clones) en peu de temps. De plus, les méristèmes étant indemnes d'infection virale, leur culture a permis d'obtenir des plantes non virosées et de sauver ainsi plusieurs variétés de plantes cultivées (œillets). Les cultures de cellules d'anthère (partie de l'étamine contenant le pollen) ou de grains de pollen permettent d'obtenir des plantes haploïdes, qui, par doublement de leur stock chromosomique, donnent des plantes de lignée pure. Enfin, la possibilité d'obtenir des *protoplastes,* c'est-à-dire des cellules végétales débarrassées de leur membrane pectocellulosique, a ouvert la voie à de nombreuses manipulations de ces cellules : absorption de substances diverses, provocation de mutations, transformation par de l'A. D. N., fusion de cellules, soit de la même espèce soit d'espèces différentes, ouvrant théoriquement la voie à la création d'espèces végétales entièrement nouvelles.

A

A. **VRILLE**

Les vrilles sont des organes spécialisés permettant à certaines plantes, comme cette passiflore, de s'accrocher à des supports. La courbure s'amorce au contact d'un corps solide, la face touchée croissant plus lentement. Ce phénomène est appelé *thigmotropisme.* La « perception » du contact se réalise grâce à des ponctuations ou à des papilles tactiles.

B

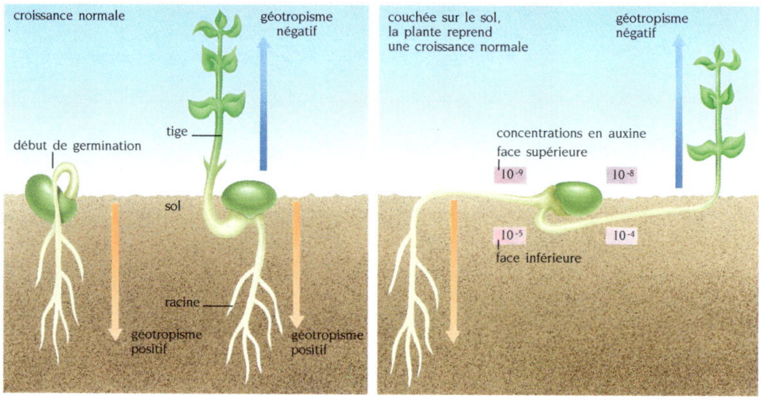

B. **ACTION DE LA PESANTEUR**

Les champs de gravitation (en particulier la pesanteur) imposent aux racines de s'orienter vers le sol (géotropisme positif) et, à l'inverse, à la tige de s'orienter vers le haut (géotropisme négatif). La zone sensible à la pesanteur est limitée à l'extrémité des tiges et des racines. Des différences de concentration en auxine expliqueraient ce phénomène.

D

D. **SÉQUOIA EN TUBE**

À partir d'un séquoia, âgé de plusieurs centaines d'années, on a obtenu, par culture in vitro, de nombreux exemplaires génétiquement identiques.

C

C. **PORT HORIZONTAL**

L'organisation de la croissance des différentes parties aériennes d'un arbre détermine son port. Si tous les bourgeons poussent de manière équivalente, l'arbre prend la forme d'une boule. Dans le cas des conifères, comme ici pour ces cèdres du Liban, le bourgeon apical provoque une inhibition plus ou moins complète des bourgeons sous-jacents et aussi une croissance horizontale des branches et rameaux latéraux appelée *plagiogéotropisme.*

LA CROISSANCE DES ANIMAUX

UN DOUBLE CONTRÔLE

HORMONES ET FACTEURS EXTERNES

■ L'ANIMAL commence par être une cellule unique (œuf fécondé) et, par divisions cellulaires successives, il se trouve, à l'âge adulte, formé d'un grand nombre de cellules (certains en possèdent plusieurs milliards). Au cours de ce processus, les cellules se différencient et se groupent en tissus spécialisés.

Modalités de la croissance. Un simple gain de poids corporel ne signifie pas forcément une croissance réelle, puisqu'il peut être dû à une rétention excessive d'eau ou de graisses. La véritable croissance, au contraire, implique habituellement un grandissement et de nombreuses divisions cellulaires, mais le meilleur critère en est l'augmentation des biosynthèses et l'accumulation de protéines. Les vertébrés présentent généralement deux périodes de croissance rapide, l'une au début du développement, l'autre au moment de la maturité sexuelle. Les « périodes critiques » de la croissance varient d'une espèce à l'autre. Chez l'homme, une période de malnutrition sévère au cours de la petite enfance peut provoquer un arrêt irréversible du développement cérébral (en revanche, les organes de la reproduction seront peu affectés).

Les facteurs externes. Les possibilités de croissance d'un individu sont génétiquement déterminées, mais peuvent varier en fonction du milieu, et il n'est pas assuré que sa taille potentiellement maximale sera atteinte. La nourriture et les maladies sont les deux facteurs externes principaux qui déterminent la croissance. Un déficit en chacun des acides aminés essentiels, en acides gras essentiels, en vitamines ou en sels minéraux contrarie la croissance ; de même, l'apport total (du point de vue quantitatif) en protéines et en calories doit être suffisant.

Les facteurs hormonaux. Les hormones impliquées dans la croissance de l'homme sont l'*hormone de croissance* et la *thyroxine.* D'autres hormones, l'*insuline* et les hormones sexuelles *(androgènes* et *œstrogènes),* ont un retentissement sur la croissance.

L'*hormone de croissance* (GH) est produite par l'hypophyse. Elle agit sur la croissance des os en général (os longs et os plats). Si elle est sécrétée en quantité excessive chez un mammifère adulte, les os longs ayant perdu la faculté de grandir, seuls les os plats vont s'épaissir (provoquant l'*acromégalie*).

L'os est un tissu vivant constitué d'une matrice protéique, fabriquée par des cellules spécialisées, les ostéoblastes, et sur laquelle sont déposés des sels de calcium (en particulier l'*hydroxyapathite*). La croissance d'un os long dépend des couches prolifératives du cartilage de l'extrémité de l'os (cartilage de conjugaison). Sur le bord des lames cartilagineuses, les ostéoblastes transforment le cartilage de conjugaison en os. L'hormone de croissance, par une action indirecte, accélère l'allongement de l'os en stimulant la synthèse protéique dans le centre cartilagineux et dans le bord ossifié des lames cartilagineuses et en augmentant la multiplication des ostéoblastes. Son action sur le foie libère, en effet, une substance, la *somatomédine,* qui agit directement au niveau de l'os.

La *thyroxine* est produite par la thyroïde. Les nourrissons qui présentent une déficience de la fonction thyroïdienne ont une croissance retardée, celle-ci peut redevenir normale par administration de quantités physiologiques de thyroxine. Par contre, l'administration de thyroxine en excès ne provoque pas de croissance excessive, mais une utilisation (catabolisme) prononcée des protéines et des autres éléments nutritifs. En fait, la thyroxine favorise les effets de l'hormone de croissance sur la synthèse protéique.

La thyroxine joue aussi un rôle primordial dans le développement du système nerveux central. Les jeunes enfants hypothyroïdiens courent le risque d'un retard du développement cérébral, trouble qui peut être complètement corrigé par un traitement précoce à base d'hormone thyroïdienne.

A

B

C

D

A. B. C. D. **CONTRÔLE DE LA MÉTAMORPHOSE**

La métamorphose des amphibiens est sous la dépendance d'une hormone, la *thyroxine.* En traitant des larves d'amphibien (têtards) avec la thyroxine, on provoque à la fois l'arrêt de la croissance larvaire et une métamorphose anticipée (modifications de la bouche, apparition et développement des membres, régression de la queue, modifications du système cardiaque et respiratoire). À l'inverse, des larves privées de thyroxine peuvent devenir géantes, car elles continuent indéfiniment leur croissance à l'état larvaire sans jamais subir de métamorphose. Ici, l'expérience a été menée chez la grenouille léopard *(Rana pipiens).* Les quatre animaux présentés ci-contre ont le même âge. Le têtard (A) a été élevé dans des conditions normales sans adjonction de thyroxine. À ce stade, il n'a pas encore commencé sa métamorphose. La petite grenouille (B) a bénéficié d'un milieu riche en thyroxine pendant toute la durée de l'expérience : elle a donc subit une métamorphose extrêmement précoce. Bien que du même âge que le têtard (A), elle présente toutes les caractéristiques d'un individu ayant achevé sa métamorphose mais sa taille est plus réduite. Les deux autres animaux présentent des stades intermédiaires. Le têtard (C) a été retiré précocement du milieu riche en thyroxine, tandis que le têtard (D) l'a été plus tardivement (sa métamorphose est plus avancée).

E

E. **LA CROISSANCE DES ARTHROPODES**

Ces mues de mygales montrent clairement la croissance en escalier que l'on peut observer chez les arthropodes. Chez eux, le contrôle de la croissance est réalisé par l'hormone de la mue : l'*ecdysone.* Contenue dans la glande céphalothoracique, elle est libérée sous l'action cyclique d'une autre hormone l'*hormone prothoracotrope,* produite par certaines cellules du cerveau. L'ecdysone commande directement la prolifération cellulaire et la mue ; de plus, elle stimule l'apparition des caractères adultes. (Élevage de Marie-Louise Célérié.)

FABRIQUER DES GÉANTS

Le transfert de gènes intervenant dans le contrôle de la croissance a été tenté sur l'animal, seulement à titre expérimental pour l'instant. L'un des objectifs est l'amélioration de la vitesse de croissance des animaux d'élevage. Dans une expérience désormais classique, des biologistes ont réussi à introduire dans un œuf de souris le gène de l'hormone de croissance du rat.

Cette expérience consiste, après fécondation réalisée in vitro, à injecter dans le noyau de la cellule-œuf à l'aide d'une micropipette quelques centaines de copies du gène obtenues par clonage. Dans 1 à 3 p. 100 des cas, on obtient des souris géantes, qui fournissent la preuve que le gène de croissance du rat s'est intégré au patrimoine génétique de la souris. Toutefois, cette intégration qui s'effectue dans le génome tout à fait « au hasard » est susceptible d'entraîner certaines anomalies.

LA CROISSANCE DES ANIMAUX

LE MÉCANISME

UNE MULTIPLICATION CONTRÔLÉE DES CELLULES

■ CHEZ LES ANIMAUX, la croissance résulte essentiellement de la multiplication des cellules et en partie de leur allongement. Chez les vertébrés, par exemple, les muscles du squelette ainsi que les centres nerveux croissent par allongement cellulaire, l'individu possédant dès sa naissance la totalité des cellules qui composent ces tissus, à la différence des os, dont la croissance est assurée par la multiplication cellulaire.

Le contrôle de la croissance. L'intégrité des tissus et des organes d'un animal ne peut être maintenue que si la croissance et la division de chaque cellule sont programmées et coordonnées avec celles de ses voisines. En conséquence, les différentes cellules vont se diviser à des vitesses très différentes en fonction de leur localisation précise. La croissance et la division d'une cellule sont régies par un ensemble de mécanismes de contrôle mettant en jeu la taille de l'espace dans lequel une cellule peut s'étaler, ainsi que la sécrétion par les cellules de facteurs spécifiques de stimulation et d'inhibition dans leur environnement immédiat.

Les facteurs de croissance. Ce sont de petites molécules protéiques (polypeptides) contrôlant la division, le grandissement et la différenciation cellulaires. À la différence des hormones, qui agissent à distance de la glande qui les produit, les facteurs de croissance agissent localement au sein d'un tissu sur les cellules voisines des cellules productrices ou sur les cellules productrices elles-mêmes.

Les biologistes cherchent depuis de nombreuses années, à partir de cellules prélevées sur un tissu donné et cultivées à l'extérieur de l'organisme (in vitro), à reconstituer le tissu correspondant. Cependant, étant donné que les facteurs de croissance agissent localement, une cellule normale coupée de son environnement ne reçoit plus les informations fournies par les facteurs de croissance qui lui sont indispensables pour former une lignée cellulaire et un tissu, ainsi que pour maintenir sa propre différenciation. La sénescence précoce de la plupart des cellules normales isolées de l'organisme et mises en culture est l'illustration de ce « sevrage ».

En revanche, des cellules anormales, cancéreuses par exemple, ont la propriété de fabriquer elles-mêmes les facteurs de croissance dont elles ont besoin, indépendamment de leur environnement. Ainsi, la culture in vitro et l'étude de ces cellules tumorales se trouvent grandement facilitées et de nombreux facteurs de croissance ont pu être isolés à partir de telles cellules. Ces facteurs apparaissent aujourd'hui comme primordiaux dans la compréhension de mécanismes physiologiques aussi fondamentaux que le développement embryonnaire, la croissance et le vieillissement.

A

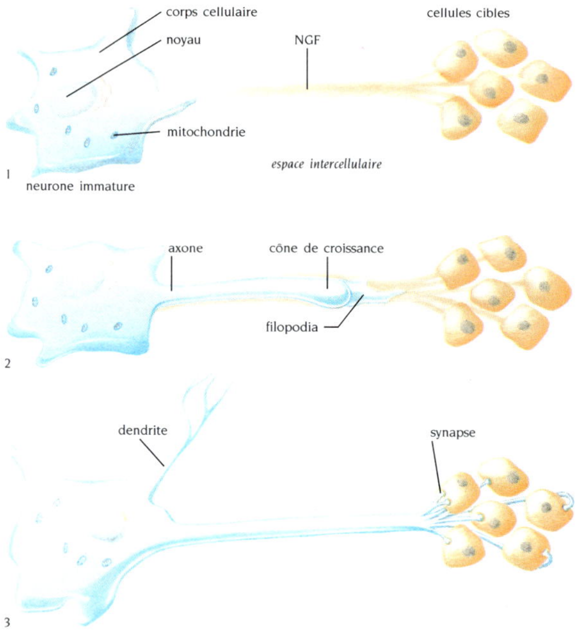

A. **CROISSANCE D'UNE FIBRE NERVEUSE**

L'allongement d'un prolongement, ou axone, pour former une fibre nerveuse à partir d'un neurone immature, est induit et guidé par le facteur de croissance du nerf (NGF). Le facteur de croissance sécrété par les cellules cibles diffuse dans l'espace intercellulaire et se lie à la membrane du neurone immature. L'interaction entre le NGF et son récepteur déclenche l'assemblage, à l'intérieur du neurone, de protéines filamenteuses (microtubules et microfilaments), constituants essentiels du cône de croissance, l'organe d'allongement de l'axone. Lorsque ce dernier a établi des connexions avec ses cellules cibles, le contact se consolide en une liaison fonctionnelle, la synapse.

B

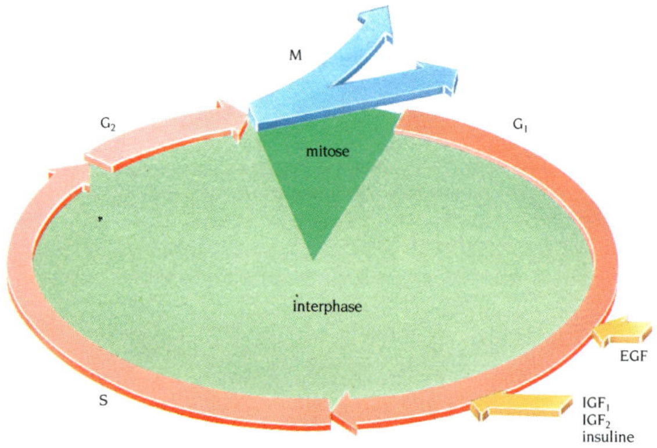

B. **CYCLE CELLULAIRE**

Le cycle cellulaire comporte une période de croissance et une période de division mais, globalement, il se divise en quatre phases (G_1, S, G_2, M). Après la mitose (phase M), les cellules filles commencent l'interphase (g_1, S, G_2) d'un nouveau cycle. L'interphase débute avec la phase dite G_1, qui est la période durant laquelle la cellule répond à des facteurs de croissance tels que EGF, IGF_1, IGF_2 et insuline.

C

C. **RÉGÉNÉRATION**

Chez les vertébrés supérieurs, la croissance est un phénomène défini dans le temps qui ralentit après la maturité sexuelle (stoppée chez les mammifères, elle se poursuit chez les reptiles). Dans certains groupes, comme chez ce triton américain *(Notophtalmus viridescens)*, les animaux ont conservé la possibilité de régénérer certaines parties de leur corps. Il y a régénération des pattes après amputation (des ébauches de doigts sont visibles sur le sujet du haut).

LES NAINS ET LE GÉNIE GÉNÉTIQUE

L'hormone de croissance (GH) est une protéine sécrétée par l'hypophyse. Cette hormone est indispensable à la croissance, et une déficience totale entraîne un nanisme, dit *« hypophysaire »*, ou *« harmonieux »* (que l'on oppose au nanisme « dysharmonieux » dû à un dysfonctionnement thyroïdien).

La GH fut isolée pour la première fois en 1944 à partir d'hypophyse de bœuf, et l'on tenta de l'utiliser en thérapeutique humaine. Hélas, l'hormone bovine n'avait aucun effet sur la croissance des enfants. En 1957, des chercheurs isolèrent la GH humaine. Son analyse chimique a montré qu'elle ne possédait ni le même nombre ni la même séquence d'acides aminés que celle du bœuf. Jusqu'à ces dernières années, l'hormone de croissance humaine était donc exclusivement extraite d'hypophyses de cadavres humains, mais les prélèvements ne pouvaient satisfaire qu'environ la moitié des demandes. De plus, un agent infectieux mortel (causant la maladie de Kreutzfeldt-Jakob) pouvait être transmis. Depuis la mise sur le marché d'une hormone produite par le génie génétique, tous les enfants qui en ont besoin peuvent être traités sans risque. Le gène responsable de la synthèse de la GH humaine a en effet été introduit dans des bactéries qui, mises en culture, produisent l'hormone en quantité industrielle.

LA CULTURE ANIMALE

L'ÉTUDE DES CAPACITÉS des animaux à acquérir et à transmettre localement et de génération en génération certains comportements permet d'attribuer à quelques espèces des facultés de transmission culturelle, considérées jusqu'alors comme strictement humaines.

■ Souvent associées au langage et à l'écriture, les traditions culturelles ne furent, pendant longtemps, jamais envisagées chez d'autres espèces que l'espèce humaine. Or le langage et l'écriture ne constituent pas, même chez l'homme, un préalable indispensable à la forme de culture qui consiste en l'acquisition et la transmission, de génération en génération, de certains comportements. Comme nous le rappelle un proverbe japonais, « les jeunes enfants ne font pas ce que leurs parents leur demandent de faire, mais plutôt ce que leurs parents font ».

Les comportements culturellement acquis. L'apprentissage social représente au sein du règne animal un phénomène largement répandu et nécessaire au développement de nombreux comportements. La reconnaissance spécifique du partenaire sexuel chez les oies, l'apprentissage du chant chez les pinsons, les techniques de chasse chez différentes espèces de félins ou encore le développement du comportement maternel chez les macaques rhésus en sont quelques exemples. Cependant, ces différentes formes d'acquisition sociale ne peuvent être qualifiées de culturelles, dans la mesure où elles sont propres à tous les membres d'une même espèce. L'acquisition d'un comportement est qualifiée de culturelle si le comportement en question peut être observé à l'intérieur d'une même espèce sous des formes différentes suivant la population géographique dans laquelle il est pratiqué, malgré des conditions écologiques comparables.

C'est ainsi que, chez certaines espèces, l'identification et la reconnaissance de ce qui peut représenter un danger paraissent se réaliser suivant un processus de transmission culturelle. Les Douglas-Hamilton rapportent qu'en 1919, dans une région d'Afrique du Sud, un chasseur s'engagea, à la demande des fermiers, à décimer, un par un, les 140 éléphants d'un troupeau. Après les premiers massacres, le reste du troupeau se retira dans la végétation dense, n'en sortant que la nuit et montrant une nette agressivité vis-à-vis des hommes. Au bout d'un an, il ne restait plus qu'entre 16 et 30 éléphants. Devant la difficulté croissante de la tâche, il fut décidé de mettre fin à la chasse et de parquer les survivants. Aujourd'hui, la population composée des descendants des animaux chassés et, de façon incertaine, de quelques survivants, reste encore parmi les troupeaux les plus méfiants et les plus dangereux d'Afrique. Les auteurs supposent que les comportements défensifs des survivants se sont transmis à leur progéniture ainsi qu'aux troisième et quatrième générations vivant actuellement.

Une étude en laboratoire de Menzel, Davenport et Rodgers en 1972 a également permis de suivre, d'un groupe de jeunes chimpanzés à un autre, la transmission d'un comportement non pas défensif mais, au contraire, d'approche et de jeu vis-à-vis d'un objet que ces animaux évitent d'ordinaire.

Chez certains oiseaux chanteurs, les structures du chant montrent, pour une même espèce, des caractéris-

Culture des jeunes

n septembre 1953, dans l'île Koshima, au Japon, on découvrit es nouvelles habitudes alimentaires de la femelle macaque Imo, qui consistaient à laver les patates douces (A). Ces patates furent d'abord plongées dans l'eau fraîhe, mais, plus tard, elles le furent dans l'eau de mer, certainement pour le goût salé. Dix ans après, seulement deux individus (des femelles), parmi les onze membres les plus âgés de la troupe (plus de douze ans), avaient adopté la technique. En revanche, les plus jeunes incorporèrent tout naturellement cette activité dans leur répertoire comportemental en observant leurs mères et en partageant avec elles leurs repas.

A. Singes macaques *(Macaca fuscata)* au Japon.

tiques différentes suivant les localités où réside chaque population, constituant ainsi de véritables dialectes. Les jeunes apprennent en écoutant les adultes le chant de leur localité qu'ils transmettront à leur tour à leur progéniture. Il arrive parfois qu'un dialecte subisse certaines transformations après plusieurs générations. L'ornithologue Jenkins mit en évidence un tel processus chez des corneilles de Nouvelle-Zélande. À l'origine, une jeune corneille apprit, tout en le modifiant, le chant des adultes. Sa diffusion dans le groupe donna naissance à un nouveau dialecte.

Mais c'est surtout dans le domaine des comportements alimentaires qu'ont été le plus fréquemment rapportés des exemples de tradition culturelle chez les animaux. Ainsi on a pu constater que, sur les rives du Pô (Italie), les colonies de rats ne possèdent pas toutes les mêmes habitudes alimentaires. Certaines se nourrissent de mollusques bivalves que les animaux vont pêcher sous l'eau. Ce type d'activité est par contre totalement inconnu parmi d'autres populations voisines et ceci malgré la présence des mêmes bivalves dans leur environnement. De la même façon, en Israël, vivent dans une même forêt de conifères deux populations de rats noirs, dont une seulement se nourrit de graines de pin extraites suivant une technique complexe que les jeunes semblent acquérir auprès des adultes.

Un cas de transmission culturelle célèbre fut rapporté chez des mésanges en Angleterre, dans les années 1940. Les oiseaux découvrirent qu'en perçant la capsule des bouteilles de lait, déposées sur le pas des portes, ils pouvaient en déguster la crème. Ce comportement apparut indépendamment chez plusieurs individus et se répandit rapidement.

Trucs et outils chez les singes. Les aptitudes à acquérir et à diffuser un nouveau type de comportement nous paraissent devoir être fréquentes chez des espèces dont les capacités psychiques sont très développées, et nous pensons tout naturellement aux primates. Il existe en effet plusieurs exemples relatifs à l'acquisition et à la transmission de nouvelles habitudes alimentaires chez les singes, dont certains impliquent également l'utilisation traditionnelle d'outils. Dans une troupe de macaques de l'île Koshima au Japon, Imo, une jeune femelle de deux ans, prit l'habitude de débarrasser du sable les patates déposées par les observateurs en les plongeant dans l'eau. Les premiers individus qui imitèrent la femelle furent ses compagnons de jeu et des animaux apparentés, qui, à l'exception de sa mère, appartenaient à la même classe d'âge. Au bout de cinq ans, 80 p. 100 des singes de deux à sept ans avaient pris l'habitude de laver leurs patates et, dix ans après, 90 p. 100 de la troupe utilisait la même technique. Deux années plus tard, la même Imo apprit à récolter des grains de blé d'une manière tout à fait ingénieuse. Plutôt que de prélever les grains un par un, elle saisit une poignée de sable et jeta le tout dans l'eau. Les grains de blé, plus légers, restèrent en surface et furent plus faciles à recueillir. Cette fois encore, la technique d'Imo se répandit dans la troupe.

D'autres exemples sont offerts par des chimpanzés. Pour venir à bout des épaisses coques de noix, les populations de chimpanzés de Gombe Stream les projettent contre les troncs des arbres et les rochers, alors que celles de la région de Taï ont recours à des *outils*. Ainsi, ils placent les noix entre des racines ou sur le sol et les frappent avec des pierres ou des branches. Ces différences ne peuvent être expliquées par le fait que les chimpanzés de Gombe ne manipulent jamais de pierres, car ils en utilisent pour les lancer sur leurs congénères en signe d'intimidation.

A. Dressage de dauphin.

Comme une bête !

Les grandes facultés d'apprentissage et d'imitation des dauphins (A) permettent de réduire considérablement leur durée de dressage lorsqu'ils sont placés au contact de congénères déjà entraînés à un numéro. On a même déjà pu observer des dauphins imiter les positions de sommeil ou les mouvements natatoires d'otaries à fourrure partageant le même bassin, ou encore utiliser un grattoir pour détacher des algues sur la paroi d'un bassin après avoir vu un plongeur réaliser cette tâche. (Marineland d'Antibes).

B. Huîtrier mangeant des moules.

Apprendre les poisons

L'utilisation prolongée d'un poison destiné à éliminer des rats (C) montre rapidement ses limites. Les survivants, qui en font l'expérience à des doses non mortelles, non seulement évitent par la suite le produit, mais leur état pathologique incite leurs congénères témoins de l'intoxication à ne jamais consommer le poison.

L'huîtrier et les moules

Les huîtriers (B) vivent sur le littoral et se nourrissent de mollusques exposés à marée basse ou recouverts d'une eau peu profonde. Certains individus portent sur la berge les moules qu'ils capturent et frappent avec leur bec la valve ventrale pour les ouvrir. D'autres utilisent une technique différente. Ils recherchent des moules dont les valves sont entrouvertes et y insèrent leur bec pour sectionner le muscle abducteur qui ferme la coquille. Chaque animal est spécialisé dans l'une des deux techniques. Les jeunes apprennent toujours la technique de leurs parents.

C. Rat devant un appât empoisonné.

Les chimpanzés ont d'autres techniques remarquables, comme la « pêche » aux termites et aux fourmis. Pour cela, ils utilisent de fines branches, qu'ils doivent parfois modifier afin de les introduire dans les ouvertures du nid. Les insectes dérangés défendent leur nid en s'agrippant à la baguette avec leurs mandibules. Il suffit alors au chimpanzé de retirer la baguette qu'ils tiennent d'une main et avec l'autre de capturer les insectes agrippés (ou de les saisir avec les lèvres). Les chimpanzés de Gombe Stream présentent, quant à eux, une technique quelque peu différente. Après avoir introduit la baguette, les animaux suivent la progression des insectes le long de la baguette jusqu'au moment où ils retournent rapidement l'instrument et le font glisser dans l'autre main sur toute sa longueur, comme on le ferait d'une grappe de groseilles, pour en récolter les proies.

Enfin, on peut citer l'utilisation de feuilles mâchées dont les chimpanzés de Gombe Stream se servent comme d'éponges pour retirer l'eau des creux des arbres. Cette technique particulière n'a cependant jamais été observée chez les chimpanzés des Mahale Mountains, bien qu'il arrive à ces derniers de plonger leurs doigts dans les creux des arbres puis de lécher l'eau qui s'en écoule.

Innovation et transmission culturelle. Ces différents exemples ont amené les spécialistes à s'interroger sur la façon dont un comportement nouveau pouvait apparaître et se répandre à l'intérieur d'une population.

Comme nous l'avons mentionné, dans le cas des oiseaux chanteurs, l'apparition d'un comportement nouveau peut résulter d'une modification d'un comportement imité par un sujet au cours de son apprentissage. À l'erreur de copiage peut aussi s'ajouter un phénomène d'*improvisation,* événement également fréquent chez les jeunes oiseaux au cours de leurs vocalisations instantanées. Chez les macaques, on peut dire ainsi que la troupe de Koshima modifia ses habitudes alimentaires à partir d'une innovation comportementale de la part d'Imo. Un comportement nouveau peut aussi faire son apparition suivant un processus d'*assimilation.* Dans ce cas, un immigrant peut diffuser dans une population d'accueil de nouveaux comportements acquis dans son groupe d'origine. L'exemple des mésanges « décapsuleuses » des îles Britanniques paraît relever de ce type de phénomène.

Il semble que, dans la plupart des groupes, la diffusion d'un comportement nouveau puisse cheminer plus facilement à travers certains réseaux d'indi-

Ouvrir une bouteille

Les mésanges apprennent-elles à ouvrir les bouteilles de lait (E) en imitant réellement leurs congénères ? Des observations minutieuses semblent montrer que non. La découverte d'une bouteille décapsulée facilite chez ces oiseaux l'acquisition d'un tel comportement, sans même qu'ils aient à observer un congénère à l'œuvre. La seule présence d'une mésange près d'une bouteille suffit à éveiller l'intérêt pour l'objet de congénères naïfs et augmente leurs chances de découvrir la façon de l'ouvrir. De véritables processus d'imitation semblent donc peu probables.

E. Mésanges buvant dans des bouteilles de lait.

D. Jeune chimpanzé « pêchant » des termites.

Utiliser des outils

Une éthologiste britannique, Jane Lawick-Goodall, a décrit pour la première fois les techniques de pêche aux termites chez les chimpanzés (D). Ces techniques constituent un phénomène remarquable, non seulement sur le plan de l'usage de l'outil de la part des animaux, mais aussi sur le plan des facultés qu'une telle activité suppose. En effet, parmi les chimpanzés expérimentés, nombreux sont ceux qui examinent plusieurs branches avant d'en choisir une, puis préparent l'objet en l'effeuillant avec les mains ou les lèvres. D'autres cas furent rapportés où un individu amena sur place plusieurs baguettes qu'il avait préalablement ramassées ou travaillées, et sélectionna, après plusieurs tentatives, l'objet le plus performant. Ces comportements témoignent des remarquables facultés cognitives de ces animaux.

vidus. Les liens de parenté (notamment les liens mère-jeunes) et d'affinité entre les sujets représentent un canal favorable à la transmission d'un nouveau comportement. L'âge apparaît aussi comme un élément déterminant. Les animaux les plus jeunes se montrent, essentiellement à travers leurs jeux, les sujets les plus inventifs et ceux qui assimilent aussi le plus rapidement de nouveaux comportements. Enfin, l'acquisition de nouvelles habitudes alimentaires s'est révélée, dans certains cas, plus précoce chez des sujets de rang élevé, cela en raison sans doute de la priorité à l'accès aux ressources que leur statut leur confère.

De la facilitation à l'imitation. Les mécanismes permettant à un animal d'assimiler un nouveau comportement exprimé par un congénère sont nombreux et se montrent, pour la plupart, beaucoup moins élaborés que de réels processus d'imitation. Les expériences en laboratoire ont permis à ce titre d'évaluer les véritables capacités d'apprentissage par imitation chez différentes espèces.

Dans de nombreux cas, la simple vision par un animal d'un congénère en train d'exprimer un comportement donné suffit à retenir l'attention du premier sur des composantes précises de la situation et à augmenter la vitesse avec laquelle il pourra par la suite apprendre le comportement en question. Ce type d'apprentissage, qu'il est convenu d'appeler un *apprentissage par exposition,* ne représente pas une véritable imitation de l'acte. Récemment, des expériences menées en laboratoire sur des mésanges ont montré que les facultés de ces oiseaux à décapsuler des bouteilles de lait semblaient bien procéder de ce type d'apprentissage et non d'un apprentissage par imitation.

D'autres formes d'apprentissage, tels les processus de *facilitation sociale,* permettent parfois de rendre compte chez un animal de l'acquisition d'un comportement exprimé par des membres de son espèce. L'apprentissage par facilitation sociale doit lui aussi être distingué d'un apprentissage par imitation. Dans ce cas, le comportement, déjà présent dans le répertoire d'un animal, est suscité par l'expression de ce même comportement chez d'autres individus. Ainsi, de jeunes singes pleureurs (patas), préalablement attirés par une boîte, modifièrent un jour radicalement leur comportement, simplement en observant leur mère s'en détourner rapidement après l'avoir ouverte. La réaction de la mère fut provoquée par la présence d'un serpent près de la boîte. Bien que les jeunes n'eussent pas vu le serpent, ils se tinrent cependant, par la suite, éloignés de la boîte.

Les spécialistes définissent chez l'animal les phénomènes d'*imitation vraie* comme les processus d'apprentissage suivant lesquels un sujet adopte rapidement un comportement nouveau ou improbable, pour lequel il ne présente pas de tendances naturelles. Un tel processus suppose de la part de l'animal une compréhension soudaine de la tâche à effectuer.

Par des expériences, on a cherché à évaluer les potentialités d'imitation vraie chez diverses espèces de primates. Les résultats montrent qu'elles paraissent beaucoup plus rares qu'on ne l'avait cru au départ. Ainsi, les singes capucins, qui se révèlent pourtant très habiles et performants dans la résolution de certains problèmes impliquant l'utilisation d'outils, se montrent incapables d'apprendre lorsqu'ils doivent imiter leurs congénères.

À l'heure actuelle, l'attribution de facultés d'imitation vraie chez les animaux semble devoir être réservée aux chimpanzés (et, peut-être, aux dauphins). Il faudra sans doute encore de nombreuses observations sur les animaux au sein de leur milieu naturel et un grand nombre d'expériences contrôlées en laboratoire pour comprendre avec plus de précision l'étendue de leurs capacités à connaître et à se « cultiver ». □

Le conseil des rats

De génération en génération, les rats font preuve d'une remarquable fidélité aux aliments qu'ils consomment. Leur « tradition alimentaire » repose sur divers mécanismes sociaux. Les jeunes apprennent à connaître les aliments que consomme leur mère à partir du goût et de l'odeur de son lait et des restes de ses repas. À leur sevrage, ils prennent leur premier repas solide à proximité des adultes lorsque ceux-ci s'alimentent. Enfin, les rats ont une tendance naturelle à éviter tout aliment avec lequel ils ne sont pas familiarisés, mais le consomment plus facilement s'il porte l'odeur d'un congénère. Lorsqu'un rat fait l'expérience d'un nouvel aliment, ses congénères ont tendance à le suivre pour découvrir où il se trouve et montrent, une fois sur place, une plus grande facilité à le consommer pour la première fois. Les lieux où se rencontrent les rats d'un même groupe constituent de véritables centres d'échange d'informations (à l'image de cette gravure de Gustave Doré (A)) qui se montrent déterminants pour l'exploitation des ressources et les habitudes alimentaires de ces animaux.

A. Illustration de Gustave Doré pour la fable de La Fontaine, *Conseil tenu par les rats.*

LES DIMENSIONS

LES MESURES

DES DONNÉES UTILES

■ MESURER LE VIVANT peut paraître une activité obsessionnelle tant elle suppose d'heures passées, règle ou chronomètre en main, à répertorier tout ce que le monde vivant compte de dimensions. Mais, au fond, elle satisfait pleinement notre besoin de tout classer, de tout codifier. En outre, la mesure n'est pas un but en elle-même. Elle permet aux biologistes de mieux comprendre la physiologie ou les mœurs des êtres vivants. De différentes mesures naissent des corrélations et donc l'élaboration de nouveaux principes.

La mesure possède également une fonction beaucoup plus ludique et superficielle : elle satisfait notre curiosité, surtout lorsque les chiffres énoncés nous étonnent et nous donnent le vertige. Par exemple, une paramécie ne pesant qu'un millionième de milligramme, élevée dans des conditions idéales, donnerait naissance, en se divisant, à une tonne de descendants en 15 jours, et, au bout de 5 semaines de division, toute cette colonie aurait la masse du Soleil !

Fiabilité et précision des mesures. Cependant, il est nécessaire de relativiser la valeur de ces chiffres et de ces records et tenir compte des limitations des mesures. Le monde vivant est un ensemble dynamique et dont les éléments sont en perpétuelles croissance et évolution. Aucune mesure n'y a valeur absolue ou n'y est rigoureusement exacte.

Les conditions de la mesure sont également très importantes. Selon qu'un animal est en captivité ou en liberté, l'estimation de sa longévité donne des résultats singulièrement différents. Certains animaux vivent parfois deux fois plus vieux en captivité grâce aux attentions de leurs vétérinaires ! Il en va de même pour une plante, selon qu'elle est sauvage ou cultivée. D'autre part, à une mesure est toujours associée, implicitement, une erreur de mesure. En effet, comment mesurer exactement le poids d'un rorqual bleu ou d'un séquoia géant ou encore la longueur du saut d'une lionne, le soir, dans la savane ? Comment être présent au moment d'un record de durée de plongée d'un cachalot ?

L'incertitude des mesures. De ces remarques découle que toute mesure comporte une marge d'incertitude. Cela est particulièrement vrai lorsque, n'ayant pu être réalisée directement, elle a dû être estimée à partir d'observations et de calculs, ou lorsqu'elle demeure ponctuelle et exceptionnelle.

RECORDS CHEZ L'ANIMAL

LES PLUS GRANDS NE SONT PAS LES PLUS VORACES

■ SI L'ON CONSIDÈRE LA TAILLE des animaux, on constate rapidement que les plus grands d'entre eux appartiennent au monde aquatique. Cela n'est guère étonnant, car l'eau permet de soutenir des masses corporelles difficilement concevables sur la terre ferme à cause de la force de la pesanteur. Ainsi, le plus grand vertébré est une baleine et le plus grand invertébré est une méduse. Mais cela n'a pas toujours été le cas, et certains reptiles terrestres de l'ère secondaire avaient une taille plus que « raisonnable ». Le diplodocus notamment pouvait atteindre 30 mètres, et on imagine facilement quelle charpente osseuse et quels muscles puissants devaient être nécessaires pour soutenir de tels géants. Le passé a aussi vu planer le plus grand animal volant de tous les temps. Il y a 100 millions d'années, le ptéranodon du crétacé, encore un reptile, devait avoir bien du mal à faire décoller son corps de 30 kilogrammes avec ses 8 mètres d'envergure. Il est très probable qu'il devait nicher en haut des falaises et amorcer son envol en se laissant tomber dans le vide.

Par la dent et la corne. Certains appendices animaux sont susceptibles de susciter notre intérêt. Comment ne pas être admiratif devant une défense d'éléphant de plus de 3,50 mètres et pesant plus de 70 kilogrammes ? Aucun animal ne porte une telle dentition. Seul le mammouth aurait pu le dépasser avec des défenses de plus de 5 mètres. Les dents de l'hippopotame, en revanche, ne dépassent guère les 70 centimètres pour 4 kilogrammes et l'unique dent du narval n'excède pas les 2,80 mètres. Les plus grandes cornes de rhinocéros noir qui aient jamais été mesurées atteignaient la longueur fort respectable de 1 mètre pour la corne antérieure et 50 centimètres pour la corne postérieure.

Les bois peuvent également être de taille respectable. Ainsi, chez le cerf wapiti, ils peuvent mesurer plus de 1,50 mètre et les cornes du mouflon du Pamir près de 1,90 mètre. Les bois de l'élan de l'Alaska détiennent le record du poids avec 45 kilogrammes.

Manger pour vivre. D'une manière générale, plus un animal est petit et plus son métabolisme est actif et rapide. Le rat des moissons, par exemple, ne peut pas rester plus de 3 heures sans manger sous peine de mourir de faim, car il épuise rapidement ses réserves. Il passe ainsi plus de 22 heures par jour à rechercher sa nourriture. Certaines araignées sont également de grandes consommatrices, puisqu'elles absorbent quotidiennement 26 fois leur poids en insectes. Inversement, d'autres animaux détiennent le record absolu de la diète. Un boa en captivité est resté plus d'une année sans manger et un crocodile plus de 100 jours.

A

A. **RAFFLESIA : ÉNORME ET NAUSÉABONDE**

Des records sont enregistrés aussi dans le monde végétal. Cet étonnant *Rafflesia arnoldii,* dont la fleur rougeâtre, la plus grosse du monde, peut atteindre 1 mètre de diamètre et peser plus de 7 kilogrammes, en est la preuve. Les rafflésiacées sont des plantes tropicales des Philippines et de Sumatra. Elles sont parasites des racines d'autres plantes, et leur appareil végétatif est réduit à de simples filaments comparables à ceux d'un mycélium de champignon.

RECORDS DE TAILLE (en mètres)	
méduse cyanee	40
rorqual bleu	33
anaconda	10
ténia	10
crocodile marin	10
éléphant	4,00
morse	3,60
élan	2,75
autruche	2,20
gorille	2,00
guépard	1,35
héron	0,90
babouin	0,80
corbeau	0,60
piranha	0,40
cloporte	0,02

RECORDS DE POIDS (en tonnes)	
rorqual bleu	120
cachalot	50
requin-baleine	43
éléphant	11
requin blanc	5
hippopotame	3
raie manta	3
crocodile	1,5
bison	1,5
ours	0,75
girafe	0,5
gorille	0,35
anaconda	0,23
panthère	0,07
babouin	0,065
fennec	0,001

RECORDS D'ENVERGURE (en mètres)	
albatros hurleur	3,60
marabout	3,30
condor des Andes	3,20
cygne tuberculé	3
vautour fauve	2,80
aigle royal	2,50
cigogne blanche	1,80
héron cendré	1,70
goéland marin	1,70
oie cendrée	1,60
flamant rose	1,50
grand corbeau	1,25
corneille	1
pigeon	0,60
hirondelle	0,35
roitelet	0,15

B

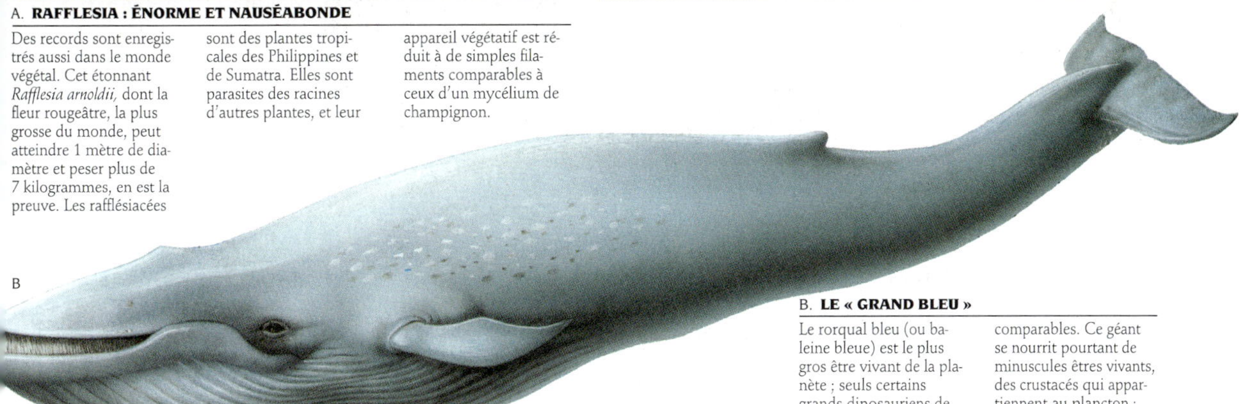

B. **LE « GRAND BLEU »**

Le rorqual bleu (ou baleine bleue) est le plus gros être vivant de la planète ; seuls certains grands dinosauriens de l'ère secondaire ont pu atteindre des dimensions comparables. Ce géant se nourrit pourtant de minuscules êtres vivants, des crustacés qui appartiennent au plancton : le *krill.*

LES DIMENSIONS

LES FORCES DE LA NATURE

Du plus petit au plus imposant, les animaux sont des hercules que l'on ignore souvent. Ainsi, un chimpanzé mâle de 75 kg a réussi une traction de la main droite de 384 kg. Si la force du gorille ne nous surprend guère (il peut porter près de 800 kg et trancher une branche de 5 cm de diamètre d'un seul coup de dent), qui penserait qu'un escargot peut traîner 200 fois son propre poids et que certains coléoptères d'une vingtaine de grammes peuvent déplacer des masses équivalentes à 800 fois leur poids ? À rapport poids/force comparable, un homme pourrait, dans ce dernier cas, déplacer un objet de près de 60 tonnes !

Les oiseaux aussi ont leurs athlètes. Les gros becs *(Coccothraustes coccothraustes)* sont capables de casser avec leur bec des noyaux de cerise et d'olive. La pression exercée par les muscles de la tête de cet oiseau est alors équivalente à celle d'une masse de 70 kg agissant sur 1 cm^2.

Les animaux peuvent également faire preuve d'une très grande rapidité et d'une très grande précision dans leurs mouvements, montrant ainsi une extraordinaire capacité de coordination de leurs muscles. Ainsi, il faut moins de 3 centièmes de seconde à une mante religieuse pour saisir sa proie entre ses pattes, en forme de pince. Une grenouille gobe un insecte en moins de 15 centièmes de seconde et un serpent ne laisse à sa victime qu'une demi-seconde pour éviter sa morsure mortelle. À l'heure du tunnel sous la Manche, la taupe fait figure de terrassier d'exception puisqu'il lui faut à peine plus de dix minutes pour creuser un tunnel de 2 mètres de long (dans du matériau meuble).

B. **CHAMPION DE RÉSISTANCE**

Le dromadaire est un mammifère de la famille des camélidés originaire d'Arabie. C'est un animal domestique (il n'existe plus à l'état sauvage) bien adapté à la vie dans les zones désertiques chaudes. Sa fameuse bosse contient 40 kilogrammes de graisse et non pas d'eau comme on le suppose souvent. Mais une particularité de son métabolisme lui permet, par dégradation de cette graisse, d'extraire une masse équivalente d'eau, soit 40 litres. Parmi ses nombreuses autres adaptations à la vie du désert, il faut souligner que son tube digestif réabsorbe l'eau de façon importante. En effets, ses excréments ne contiennent que 43 p. 100 d'eau contre 70 p. 100 pour la plupart des autres mammifères. Enfin, s'il est capable de se montrer sobre et résistant, sa réputation de grand buveur n'est pas usurpée, car il ne lui faut que quelques minutes pour en absorber 100 litres.

B

DISTANCES DE MIGRATION (en kilomètres)

Sterne arctique *(Antarctique/Arctique)*	20 000
Pluvier doré *(Antarctique/Amérique du Sud)*	10 000
Baleine grise *(Mer de Béring/Basse-Californie)*	9 600
Rorqual bleu *(Alaska/Indonésie)*	8 000
Anguille *(Mer des Sargasses/Europe)*	6 000
Monarque *(Canada/Mexique)*	5 000
Criquet *(Afrique)*	5 000
Thon blanc *(Iles Canaries/Islande)*	5 000
Otarie à fourrure *(Alaska/Californie)*	4 500
Tortue verte *(Ile Ascension/Brésil)*	4 000
Oie des neiges *(Antarctique/Floride)*	4 000
Anaïs *(Baie d'Hudson/Californie)*	3 000
Vanesse du charbon *(Europe/Afrique du Nord)*	2 000
Tortue marine *(Plage/Mer)*	2 000
Éléphant de mer *(Océan Antarctique)*	1 500
Hirondelle *(Europe/Afrique)*	1 000
Cigogne *(Europe/Afrique)*	1 000
Caribou *(Canada)*	1 000
Chauve-souris *(Amérique du Nord/Bermudes)*	1 000
Éléphant *(Afrique)*	650
Bison *(Amérique du Nord)*	600
Coccinelle *(Amérique du Nord)*	150
Crabe chinois *(Eau douce/mer)*	20
Crapaud *(Terrier/Mare)*	1

LONGÉVITÉ ANIMALE (records en années)

Pogonophore	200 000
Tortue terrestre géante	200
Crocodile	100
Tortue grecque	100
Éléphant	70
Grand corbeau	70
Cheval	61
Salamandre géante	55
Orang-outan	50
Lion	49
Carpe	47
Chien	35
Chat	35
Ours	34
Baleine	30
Moineau	23
Dauphin	20
Lapin	15
Pigeon	12
Lombric	10
Abeille	5
Souris	4
Hippocampe	4

LONGÉVITÉ CHEZ LES VÉGÉTAUX (records en années)

Cèdre japonais	7 200
Séquoia géant	6 000
Baobab	5 000
Pinus longaeva	4 900
Pinus anstata	4 600
Chêne	4 000
If	3 000
Olivier	3 000
Cyprès	2 000
Rosier	1 100
Châtaignier commun	1 000
Orme	1 000
Platane	800
Poirier	700
Peuplier noir	500
Tilleul	400
Frêne	250

A. **ESPÈCES ANIMALES CONNUES**

Groupes zoologiques	nombre d'espèces
Mollusques	110 000
Arthropodes	1 000 000
dont/Coléoptères	300 000
Lépidoptères (papillons)	120 000
Hyménoptères (guêpes, fourmis...)	100 000
Poissons	25 000
Amphibiens	3 000
dont/Urodèles	300
Anoures	2 500
Apodes	200
Reptiles	6 300
dont/Ophidiens (serpents)	3 000
Chéloniens (tortues)	250
Sauriens (lézards)	3 000
Crocodiliens	22
Oiseaux	9 000
Mammifères	3 700
dont Primates	170

A. **ESTIMER LA BIODIVERSITÉ**

Le nombre d'espèces animales vivant à la surface du globe est très important et on en découvre sans cesse de nouvelles. En 1935, on en comptait 822 765. En 1952, nos connaissances s'étendaient à plus de 1 million d'espèces. Le règne végétal, avec ses 400 000 espèces recensées, est loin d'atteindre l'importance numérique du règne animal. Les plantes à fleurs (angiospermes) représentent à elles seules environ 250 000 espèces, les champignons 50 000, les algues 30 000 et les « mousses » 25 000. Aujourd'hui, en ce qui concerne le nombre total d'espèces, les estimations vont jusqu'à 10 millions (voire 30 millions !). Ces espèces vivent en majorité dans les forêts tropicales.

VITESSE (en km/h)

Faucon pèlerin	360 (en piqué)
Aigle royal	300 (en piqué)
Martinet	200
Sarcelle	120
Voilier	110
Guépard	110
Huîtrier-pie	100
Chevreuil	98
Antilope	95
Cygne	90
Exocet	90
Espadon	90
Canard	85
Lion	80
Libellule	75
Lièvre	70
Requin bleu	70
Thon	70
Zèbre	65
Dauphin	64
Faisan	60
Lévrier	60
Orque	55
Sphinx	50
Girafe	50
Loup	45
Éléphant	40
Manchot	40
Mouette	40
Saumon	40

SAUT (en mètres)

	Hauteur
Lion	5,00
Chien (bouvier)	5,00
Puma	4,50
Tigre	4,00
Bouquetin	3,70
Saumon	3,00
Impala	3,00
Cheval	2,50
Homme	2,40
Zèbre	2,30
Lièvre	2,10
Kangourou	2,00
Gerboise	0,50
Puce	0,19
	Longueur
Springbok	15,00
Kangourou	12,80
Antilope	12,00
Puma	11,00
Cheval	8,00
Lion	6,50
Tigre	6,00
Grenouille africaine	4,50
Ours blanc	4,00
Mouflon	3,00
Gerboise	2,50
Grenouille	2,00
Fennec	1,20
Sauterelle	1,20
Puce	0,33

DURÉE DE PLONGÉE (en minutes)

Cachalot	90
Baleine franche	80
Mégaptère	75
Rorqual bleu	50
Beluga	45
Phoque de Weddell	40
Narval	30
Éléphant de mer	30
Phoque gris	20
Tortue verte	20
Lamantin de Floride	16
Veau marin	15
Rat musqué	12
Castor	9,5
Lamantin d'Afrique	7
Manchot	7
Ornithorynque	5
Hippopotame	4
Macareux	4
Loutre	3
Ours polaire	1,5
Cormoran	1,2
Musaraigne	0,4

PROFONDEUR DE PLONGÉE (en mètres)

Cachalot	1335
Baleine de Baird	900
Phoque de Weddell	600
Rorqual bleu	500
Globicéphale	350
Dauphin	300
Manchot	265
Phoque du Groenland	275
Éléphant de mer	180
Phoque gris	145
Homme	112
Otarie d'Alaska	110
Morse	90
Marsouin	80
Phoque à capuchon	75
Otarie de Californie	70
Béluga	60
Loutre de mer	50
Eider à lunettes	46
Loutre	19
Cormoran noir	16
Lamantin	10
Hippopotame	10
Harle huppé	3

D

D. **CHAMPION DU TISSAGE**

Les tisserins appartiennent à la sous-famille des *plocéidés*, tout comme les moineaux. Leur nid est un véritable chef-d'œuvre technique et architectural. C'est le mâle qui a la responsabilité de la construction. Il tisse d'abord une boucle verticale fixée à une branche ou entre deux roseaux. Sur l'une des faces, il édifie la chambre d'incubation proprement dite, et sur l'autre un tunnel d'accès plus ou moins long. La demeure terminée, c'est la femelle qui s'affairera pour l'aménagement intérieur et le fera douillet pour les petits.

C

C. **ACUITÉ VISUELLE**

La chouette possède une vision des détails cent fois meilleure que celle de l'homme ; le mouton identifie un prédateur à 500 mètres ; le faucon pèlerin perçoit un pigeon à 1 000 mètres et l'aigle doré repère un lièvre à 2 000 mètres.

LA CROISSANCE

La croissance d'un être vivant correspond à une augmentation de taille et de poids. Au niveau biochimique, elle est caractérisée par une prépondérance des processus de fabrication (anabolisme) par rapport aux destructions (catabolisme). Le nombre de cellules augmente ainsi que leur longueur et leur poids ; de plus, des matériaux s'accumulent à l'extérieur des cellules.

La croissance peut être continue ou marquée par une succession de paliers. Chez les insectes, cette évolution par paliers est mise en évidence par les différentes mues (à 4, 15, 23, 35 et 50 jours chez le notonecte, par exemple) au cours desquelles a lieu la croissance de l'animal. Chez d'autres animaux, comme l'homme, les phases de croissance sont plus étalées (à la naissance, vers 6 ans et vers 13 ans, à la puberté).

La croissance est toujours particulièrement forte chez les nouveau-nés animaux, comme chez les plantules végétales, et ce rythme est caractéristique de l'espèce. Ainsi, le jeune pigeon double son poids en 2 jours, le poulet en 9, la chèvre en 20, le cheval en 60 et l'homme en 180. En général, la vitesse de croissance est inversement proportionnelle à la taille de l'adulte, et les petits d'espèces immatures à la naissance se développent plus rapidement que ceux d'espèces matures.

Le papillon bombyx est un champion de la croissance : de l'éclosion à la nymphose (50 jours), il multiplie son poids par 9 000 !

FÉCONDITÉ (nombre de petits par portée ou par couvée)	
Nandou	20 à 30
Autruche	10 à 20
Opossum	8 à 18
Émeu	8 à 15
Coucou	2 à 12
Chacal	3 à 8
Chinchilla	5 à 6
Chouette	5 à 6
Puma	1 à 6
Paon	3 à 5
Guépard	2 à 5
Panthère	2 à 5
Phacochère	4
Toucan	2 à 4
Fennec	2 à 3
Antilope	1 à 3
Grue cendrée	1 à 3
Jaguar	2
Ancelot	2
Ouistiti	2
Ours blanc	2
Colibri	1 à 2
Éléphant	1
Hippopotame	1
Girafe	1
Chimpanzé	1
Lamantin	1
Paresseux	1
Tapir	1
Kangourou	1
Renne	1

DURÉE DE GESTATION (en jours)	
Éléphant	650
Cachalot	440
Orque	420
Morse	350
Rorqual bleu	330
Loutre	320
Dauphin	300
Homme	280
Gorille	270
Ours brun	230
Chimpanzé	230
Vampire	205
Babouin	180
Paresseux	150
Tigre	100
Hyène	100
Puma	93
Guépard	92
Lynx	70
Chat	65
Loup	64
Chien	60
Microcèbe	60
Fennec	50
Renard	50
Pipistrelle	45
Lièvre	43
Hérisson	40
Écureuil	38
Gerboise	28
Koala	25

DURÉE D'INCUBATION (en jours)	
Tortue luth	90
Crocodile du Nil	85
Cistude d'Europe	80
Albatros	80
Kiwi	77
Tortue grecque	70
Python curtus	70
Python réticulé	68
Condor des Andes	61
Python molure	60
Couleuvre des blés	60
Émeu	56
Vautour fauve	56
Couleuvre à collier	55
Python sebae	50
Aigle royal	45
Couleuvre verte et jaune	45
Autruche	42
Pélican blanc	37
Épervier	34
Grand duc	34
Oie cendrée	28
Goéland	26
Héron cendré	24
Poule	21
Pigeon	18
Roitelet	16
Mésange	13
Coucou	11

POIDS DES ŒUFS (en grammes)	
Autruche	1 500
Émeu	600
Casoar	550
Albatros	470
Kiwi	455
Cygne muet	350
Cygne noir	290
Vautour fauve	240
Grue cendrée	190
Pélican	165
Flamant rose	155
Aigle royal	140
Cigogne	118
Paon	110
Poule	70
Roitelet	0,8
Colibri	0,5

DIAMÈTRE DES YEUX (en millimètres)	
Calmar géant	380
Rorqual bleu	150
Cheval	50
Girafe	47
Éléphant	40
Autruche	35
Lion	35
Homme	24
Lapin	15
Kiwi	8
Souris	3
Rhinolophe	< 1

POIDS DES PETITS (en grammes)	
Baleine grise	1 500 000
Morse	55 000
Girafe	55 000
Dauphin	7 000
Renne	6 000
Homme	3 000
Chimpanzé	1 800
Lion	1 300
Ours polaire	600
Ours brun	300
Guépard	280
Chat	100
Chinchilla	45
Fouine	30
Koala	5,5
Hermine	2
Opossum	0,09

SENSIBILITÉ AUDITIVE (en hertz)	
Dauphin	1,5 à 100 000
Chauve-souris	50 à 100 000
Chien	5 à 50 000
Insecte	10 à 50 000
Rongeur	50 à 50 000
Oiseau	20 à 7 500
Poisson	1 à 4 000
Batracien	20 à 2 000
Serpent	surdité complète

ÂGE D'INDÉPENDANCE DES PETITS (en mois)	
Orang-outan	48
Chimpanzé	36
Éléphant	24
Rhinocéros	24
Ours brun	18
Hippopotame	12
Kangourou	12
Babouin	12
Lycaon	12
Baleine	7
Cerf	6
Cheval	4
Ornithorynque	4
Échidné	4
Élan	3
Zèbre	3
Sanglier	3
Lièvre	3
Lion	3
Chat sauvage	3
Castor	2
Loutre de mer	2
Loup	2
Chien	1,5
Lapin	1

ADAPTATION ET CONVERGENCE

Le concept d'adaptation est l'un des concepts centraux de la biologie : pour la description des organismes et des écosystèmes, pour la compréhension de toutes les fonctions, pour la description de toutes les phases de l'histoire de la vie, le biologiste a recours à ce concept.

Pour chaque population d'êtres vivants, l'adaptation se traduit par l'ensemble des caractères permettant aux individus qui la composent de survivre et de se reproduire, dans un environnement particulier.

Devant la profusion des formes vivantes, l'adaptation exprime l'idée d'une nécessité. Cette nécessité paraît évidente chaque fois que, dans des espèces apparemment sans rapport les unes avec les autres, l'évolution a débouché sur des formes analogues. Cette *convergence* adaptative s'explique par la pression exercée par les mêmes contraintes sur des organismes aussi différents qu'un requin et un dauphin par exemple.

LES CONTRAINTES DU MILIEU

LA SÉLECTION DES FORMES LES PLUS ADAPTÉES

■ Les principaux milieux (air, eau, milieux terrestres, sol) ont leurs caractéristiques propres (on parle de facteurs écologiques), qui imposent des organisations et des modes de vie particuliers aux êtres vivants qui les colonisent. Par exemple, dans les sols riches en résidus organiques, l'oxygène s'épuise rapidement et seuls peuvent se développer des organismes adaptés à l'absence d'oxygène (vie anaérobie). En pleine eau, au-dessus d'une certaine taille corporelle, la résistance au mouvement impose aux animaux nageurs un aspect de poisson (pisciforme), alors que, dans le sable ou la vase, la viscosité devenant la contrainte principale, c'est l'aspect d'un ver (vermiforme) qui s'impose à de nombreuses espèces.

Les exigences de la locomotion sont différentes à la surface du sol, où ce sont les points d'appui et le mode de déplacement qui deviennent déterminants (passage de la reptation à la course), et dans l'air, où le profil d'écoulement et le rapport entre la densité et la surface portante jouent un rôle essentiel.

Pour les végétaux qui pratiquent la photosynthèse, une caractéristique principale du milieu est son éclairement. Ainsi, en milieu aquatique, l'essentiel de la vie végétale doit se maintenir au voisinage de la surface, car la lumière est rapidement absorbée en profondeur.

L'ADAPTATION FONCTIONNELLE

LA RELATION STRUCTURE-FONCTION

■ L'adaptation à l'environnement s'exprime à tous les niveaux d'organisation de la vie, depuis le niveau interne des cellules (niveau intracellulaire), jusqu'à celui des espèces au sein de leurs écosystèmes.

Le niveau intracellulaire. Par leurs fonctions dans les cellules, les macromolécules biologiques (enzymes) et les organites illustrent le concept d'adaptation. Ainsi, le fuseau mis en place dans la cellule lors de la mitose est adapté au transport et à la ségrégation des chromosomes, la membrane plasmique est adaptée aux fonctions de perméabilité sélective et active, la mitochondrie à la fonction de respiration...

L'adaptation cellulaire. Le spermatozoïde est adapté par son flagelle à sa fonction de fertilisation. La fibre nerveuse, par ses prolongements et synapses, est adaptée à la conduction et à la transmission de l'excitation. Les cellules mortes du bois des arbres le sont à la circulation de l'eau et des sels minéraux.

L'adaptation des organes. Elle peut être illustrée par d'innombrables exemples. Ainsi, la patte du cheval est adaptée à la course par sa longueur, sa solidité et la forme de ses articulations. Certaines plumes des oiseaux sont adaptées au vol par leur légèreté, leur rigidité et leur surface d'appui sur l'air, alors que les duvets constituent une adaptation à la régulation thermique.

Les espèces dans l'écosystème. L'adaptation fonctionnelle se manifeste par les spécialisations des espèces : régime alimentaire (herbivore, carnivore, détritivore...), rythme d'activité (diurne, nocturne), stratégie de reproduction (nombre de descendants, soins donnés aux jeunes...), particularités du mode de vie (fixé, sédentaire, migrateur, hibernant...), type d'interaction entre les espèces (prédation, symbiose...), etc.

LA VARIABILITÉ GÉNÉTIQUE, MOTEUR DE L'ADAPTATION

Dans des conditions changeantes de milieu, certaines populations s'adaptent, d'autres disparaissent. Par exemple, des souches bactériennes initialement sensibles à certains antibiotiques ont développé des résistances à ceux-ci. Dans ces évolutions adaptatives, la variabilité génétique est essentielle : elle produit des individus dont certains peuvent avoir des gènes les rendant mieux adaptés à de nouvelles conditions de milieu. Au contraire, les populations à faible taux de mutation, à multiplication exclusivement asexuée ou à reproduction sexuée lente et fortement consanguine (faible effectif, confinement) sont peu adaptables.

A

A. **CECI N'EST PAS UN POISSON**

Ces animaux qui ressemblent à des poissons sont des dauphins. Ces mammifères marins illustrent la notion de *convergence adaptative.* Alors que les mammifères sont lointainement apparentés à des poissons sortis des eaux, certains d'entre eux sont ensuite retournés à la vie aquatique. Ils ont alors retrouvé l'aspect de leurs ancêtres, sans pour autant abandonner les principales caractéristiques des mammifères.

B

B. **CECI N'EST PAS UNE FLEUR**

Cette fleur n'en est pas une. C'est un insecte du genre *Hymenopus,* qui illustre l'existence d'un mode particulier d'adaptation : le *mimétisme.* Diverses fonctions peuvent favoriser l'émergence du mimétisme : camouflage de survie (papillon se cachant sur une écorce) ou de prédation (mante religieuse semblable à une orchidée attirant les insectes), dissuasion (couleuvre ressemblant à une vipère).

LES VOIES ÉVOLUTIVES

DIVERGENCE GÉNÉTIQUE, CONVERGENCE DES CARACTÈRES

■ LA VARIATION GÉNÉTIQUE des populations et des espèces, processus générateur de l'évolution, conduit à la diversification des formes de vie et présente un caractère buissonnant. En effet, les possibilités de variation de l'A. D. N., qui constitue le patrimoine génétique, sont tellement grandes qu'il est pratiquement exclu de voir se former deux fois les mêmes génomes (ensemble des gènes d'un individu) à partir de lignées évolutives distinctes.

L'évolution des espèces est donc essentiellement divergente : chaque espèce s'éloigne nécessairement de ses origines génétiques, et des populations séparées évoluent nécessairement dans des directions différentes.

La diversification des espèces. Dans les espèces à reproduction asexuée exclusive ou à autofécondation obligatoire, la divergence évolutive concerne des lignées indépendantes les unes des autres. Dans les espèces où la reproduction sexuée s'effectue avec fécondation croisée, les brassages génétiques permanents assurent une homogénéité génétique relative. La divergence résulte dans ce cas de l'isolement d'un groupe, qui ne peut plus se reproduire avec les autres représentants de l'espèce. Il y a obstacle à l'homogénéisation par recombinaison génétique : des caractères particuliers peuvent alors s'exprimer dans cette population, la conduisant à diverger petit à petit de la population d'origine. Les barrières géographiques permettent l'isolement de populations potentiellement interfécondes, puis qui cessent de l'être, formant ainsi des espèces distinctes (phénomène de spéciation). Cette formation d'espèces nouvelles à la suite d'un isolement géographique est appelé « spéciation allopatrique ». Dans certains cas, la formation d'espèces nouvelles peut résulter d'un isolement écologique (habitude ou comportement différent faisant que les espèces potentiellement interfécondes ne se rencontrent plus bien que vivant sur le même territoire). Cette spéciation sans barrière géographique est qualifiée de « spéciation sympatrique ».

Quand un même caractère apparaît plusieurs fois. Pourtant, l'évolution divergente des patrimoines génétiques peut s'accompagner de la convergence de certains caractères exprimés par les gènes. Il n'est pas toujours possible de déterminer le caractère adaptatif de telles convergences. Par exemple, la reproduction par parthénogenèse « gamophasique » (les mâles, haploïdes, sont produits par des ovules non fécondés) est apparue indépendamment au moins six fois dans l'évolution animale. On ne sait pas toujours si cette convergence est due à l'influence de contraintes environnementales particulières.

Cependant, en général, les convergences peuvent être rattachées à des mécanismes sélectifs évidents. Par exemple, la conquête d'un milieu par des groupes différents leur impose des adaptations convergentes.

S'ADAPTER POUR SE NOURRIR

Parmi les caractéristiques du milieu qui suscitent des adaptations, les caractéristiques physico-chimiques ne sont pas seules déterminantes : tous les êtres vivants, en effet, sont en relation avec des individus de même espèce, ou avec des populations d'espèces différentes de la leur.

Les relations alimentaires (trophiques), à l'intérieur d'une espèce ou entre espèces différentes, représentent l'une des principales sources d'adaptation. Par exemple, le gui est adapté à un mode de vie semi-parasitaire par des racines transformées en suçoirs qui pénètrent dans les branches des arbres. De nombreux parasites internes sont adaptés à leur mode de vie par leur capacité à supprimer les réactions de rejet immunitaire chez leur hôte.

Les fonctions de *camouflage* correspondent à des adaptations à la relation proie-prédateur : proies et prédateurs tirent un égal avantage de leur dissimulation réciproque dans l'environnement. À l'inverse, certains animaux comme la salamandre jaune et noire sont protégés par leurs vives couleurs, qui avertissent les prédateurs éventuels de leur toxicité.

Comme le fait de se nourrir, toutes les autres fonctions donnent lieu à des adaptations. Par exemple, la parure de noces de certains poissons constitue une adaptation à la reproduction.

SEMBLABLES, MAIS DIFFÉRENTS

La classe des mammifères fournit un spectaculaire exemple de convergence évolutive. La ressemblance entre les deux principaux groupes actuels, les marsupiaux (comme le kangourou) et les placentaires (qui sont largement majoritaires) est si frappante que les zoologistes leur ont parfois attribué des noms identiques. Ainsi ont-ils décrit, chez les marsupiaux, un rat, un chat, un lapin, une taupe, un loup, un tigre, etc. Chacune de ces espèces ressemble de façon étonnante à son « cousin » placentaire.

Cependant, la convergence, manifeste à la fois dans l'aspect général du corps, certains traits anatomiques et dans le mode de vie, n'efface pas les différences fondamentales qui séparent ces deux groupes bien distincts. Chez les marsupiaux, par exemple, le petit est, à la naissance, beaucoup moins développé que chez les placentaires et il poursuit son développement dans une poche cutanée maternelle où se trouvent les mamelles ; cette poche marsupiale abritera les petits pendant plusieurs semaines. Les placentaires, en revanche, doivent leur nom au fait que le développement se poursuit dans l'utérus, l'embryon étant protégé par un placenta.

C

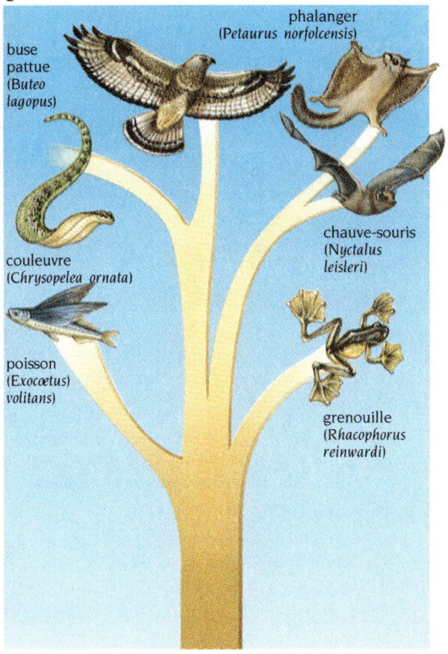

C. **VERTÉBRÉS VOLANTS**

Au sens le plus large, le terme de « vol » peut désigner tout déplacement effectué avec appui sur l'air : vol actif (battement d'ailes), vol plané, ou même saut prolongé, ou encore chute ralentie. Dans l'évolution des espèces, les animaux « volants » sont apparus à de multiples reprises, dans des groupes indépendants. On parle de convergences adaptatives. Ainsi, chez les seuls vertébrés actuels, on trouve des poissons (dactyloptères et exocets), des grenouilles, des lézards, les oiseaux, bien entendu, et de nombreux mammifères : écureuils (sciuridés, anomaluridés), colugos, marsupiaux (phalangers, schoinobates), chauves-souris.

A. B. **CONVERGENCE ADAPTATIVE**

Les contraintes d'un climat sec ont favorisé, dans des familles différentes, l'apparition de plantes qui accumulent l'eau dans leurs tiges. La convergence s'exprime jusque dans les architectures de ce cactus cierge *(Cereus)*[A] et de cette euphorbe *(Euphorbia characias)*[B].

ADAPTATION ET CONVERGENCE

LE SENS DE L'ADAPTATION

L'ADAPTATION PERMET-ELLE D'EXPLIQUER L'ÉVOLUTION ?

■ « POURQUOI LES VACHES, elles ont des cornes, et les chevaux, ils n'en ont pas ? – C'est étudié pour ! » Ce dialogue humoristique de Fernand Raynaud pourrait amener nombre de biologistes à se questionner sur l'usage qu'ils font du concept d'adaptation.

En effet, quelles que soient les formes et les fonctions observées dans l'immense diversité de la matière vivante, tout se passe comme si la biologie cherchait à en rapporter l'existence à une logique unique et à une nécessité immuable. Selon ce point de vue finaliste, l'organisation et la physiologie des êtres vivants tendraient toujours à s'établir pour une survie optimale de l'espèce en fonction des contraintes du monde extérieur.

La sélection du plus apte. La tendance à tout vouloir interpréter à l'aide du concept d'adaptation est étroitement associée à une interprétation de l'évolution héritée de Darwin : toutes les formes vivantes résulteraient d'une sélection de gènes favorables à la reproduction des organismes qui les portent. Sous l'action de la sélection naturelle, l'évolution tendrait toujours à optimiser les caractères pour assurer la meilleure propagation des individus les mieux adaptés de l'espèce.

Dans cette conception, les espèces apparues les dernières seraient nécessairement les plus évoluées, c'est-à-dire les plus adaptées. Et, venant couronner le tout, l'espèce humaine se considère elle-même comme une floraison suprême de l'évolution et comme le sommet de la progression adaptative.

Quant à la disparition parfois soudaine d'espèces, voire de groupes systématiques entiers, elle ne pourrait résulter que de cataclysmes extérieurs ou de la concurrence avec des espèces mieux adaptées. Dans tous les cas, l'évolution irait vers un progrès adaptatif et jamais vers une régression. Pourtant, même si cette conception peut s'appuyer, dans son unilatéralité, sur d'éclatants exemples, comme ceux des convergences évolutives, un certain nombre d'apports théoriques et expérimentaux montrent que l'histoire de la vie ne peut se résumer à une histoire de la sélection adaptative.

La critique du « progrès évolutif ». Une population animale ou végétale présente une telle variabilité génétique liée à une telle diversité de formes de ses individus qu'il lui est impossible d'échapper à une évolution présentant une forte composante aléatoire (classiquement, la variation génétique est seule considérée comme étant aléatoire, l'évolution qui en découle étant, quant à elle, « dirigée » par la sélection naturelle).

On peut citer à ce sujet la théorie dite « neutraliste » du généticien japonais Kimura, selon laquelle nombre de variations génétiques par mutation s'avèrent neutres en regard de la sélection naturelle : elles n'ont pas d'effet (favorable ou défavorable) sur la survie des individus qui les portent. Autrement dit, ces variations génétiques ne représentent pas de changement adaptatif (ni progrès ni régression). Cependant, ignorées par la sélection naturelle, ces modifications génétiques se maintiennent au cours des générations, constituant ainsi un facteur d'évolution.

Des arguments paléontologiques peuvent également conduire à nuancer l'idée d'un progrès évolutif universel. Ainsi, la grande diversification des formes de vie animale au cambrien (comme l'attestent les fossiles de Burgess, au Canada, datés de 540 millions d'années), suivie de disparitions massives inexpliquées de groupes entiers, amène certains paléontologues, comme l'Américain S. J. Gould, à considérer que l'évolution est, en partie, soumise à la *contingence* : la disparition semble être fortuite et imprévisible, touchant certains groupes et en préservant d'autres, sans que l'on puisse évoquer pour les premiers un « défaut » d'adaptation.

Tout ce qui s'observe dans le monde vivant n'est pas nécessairement soumis à la loi de l'efficacité et du progrès : l'histoire de la vie n'est pas écrite d'avance.

A

A. **LE PRIX DE L'ADAPTATION**

Parmi les contraintes sélectives, externes ou internes, s'exerçant sur les organismes, ce sont les plus intenses qui jouent un rôle déterminant dans l'évolution. Mais l'adaptation à un facteur sélectif peut contredire l'adaptation à un autre. Ainsi, un mammifère marin, en s'adaptant au milieu aquatique, a quasiment perdu la faculté de se déplacer sur terre. De même, ce singe atèle *(Ateles geoffroyi)*, avec ses bras adaptés à la vie dans les arbres, est gêné pour se déplacer sur le sol. Tous ces aspects de l'utilisation du concept d'adaptation peuvent également s'illustrer au niveau moléculaire : adaptation au milieu, comme la production d'antibiotiques par des champignons, adaptation structure-fonction, évidente dans la configuration des enzymes, qui leur permet de fixer des molécules spécifiques.

B

B. **L'ORGANISME FORME UN TOUT**

Les différentes parties d'un organisme sont adaptées à la morphologie et à la physiologie de l'ensemble, même si, parfois, comme pour cet ornithorynque, le tout constitué semble hétéroclite. C'est en fait la connaissance des exigences de cohérence qui permet par exemple de reconstituer la structure et la biologie d'espèces disparues à partir de restes fragmentaires. Chaque étape du cycle de vie d'une espèce est adaptée à l'émergence des suivantes.

L'ESPÈCE HUMAINE : DES ADAPTATIONS CULTURELLES

Il aura fallu des millions d'années pour qu'apparaissent, chez les vertébrés, des animaux capables de voler. Pour l'espèce humaine, la conquête du ciel n'aura finalement pris que quelques décennies, avant de s'ouvrir à celle du proche cosmos, milieu jusqu'ici inaccessible à toutes les espèces terrestres.

Ce qui fonde la supériorité adaptative de l'espèce humaine, c'est la fabrication d'outils. Ces véritables prolongements du corps se distinguent toutefois des appendices qui servent à l'action sur le milieu chez toutes les autres espèces vivantes par la grande versatilité de leurs usages.

Ces outils sont transmis de génération en génération, avec l'ensemble des rapports sociaux qui en conditionnent la production, l'utilisation et le renouvellement quantitatif aussi bien que qualitatif.

Ainsi, aux processus biologiques de l'adaptation, se superposent les processus sociaux de transformation du milieu, beaucoup plus efficaces : à l'hérédité génétique se superpose l'héritage culturel.

Sous l'effet des variations génétiques et de la sélection naturelle, les espèces s'adaptent à leur milieu. Par la production et l'usage d'outils, les hommes *adaptent leur milieu.* Mais, en même temps, ils doivent eux-mêmes s'adapter à la puissance des moyens matériels dont ils héritent.

PRÉDATION ET ASSOCIATIONS

AUCUN ORGANISME vivant n'est une entité autonome, isolée de ce qui l'entoure : il est partie intégrante de son milieu, riche n éléments non vivants et en autres organismes e la même espèce ou d'espèces différentes, vec lesquels il est en interaction. Les relations ntre deux espèces peuvent être très variées, llant de la consommation de l'une par l'autre prédation) à l'association avec bénéficie mu- uel (symbiose).

LA PRÉDATION

CAPTURER ET CONSOMMER DES PROIES

D'UN POINT DE VUE ÉCOLOGIQUE, on distingue plusieurs types de consommateurs. Les onsommateurs « primaires » se nourrissent les végétaux qui, par la photosynthèse, produi- ent de la matière vivante à partir de matière ninérale. Les consommateurs secondaires nangent des consommateurs primaires. D'au- res consommateurs se nourrissent de matière organique morte, ce sont des micro-organismes.

Si certains considèrent les consommateurs rimaires comme des prédateurs car ils consom- nent des êtres vivants (les végétaux), nous nous imiterons ici aux consommateurs secondaires, qui capturent des proies animales.

Les prédateurs et leurs proies. L'image d'une ionne poursuivant et égorgeant une antilope llustre parfaitement la conception classique du prédateur, animal capturant une proie vivante pour la déchiqueter et la dévorer. De même, l'étoile de mer se nourrit de moules dont elle écarte les valves ; les serpents avalent généralement leur proie tout entière ; l'araignée aspire le contenu liquéfié des insectes capturés après leur avoir « injecté » ses enzymes digestives ; le caméléon saisit des insectes au vol de sa langue protractile et gluante.

Il existe également des végétaux carnivores identifiés à des prédateurs : plantes qui capturent des insectes (dionée, népenthès, drosera) ou champignons (*Trichothecium cytosporium* capture des vers nématodes).

Spécialisation et compétition. Certains prédateurs ont un régime spécialisé (par exemple l'herpéton, serpent aquatique, ne mange que des poissons ; la vipère d'Ursini *Vipera ursinii*, ne se nourrit que de certains coléoptères), d'autres ont des proies variées mais dans un gabarit donné (la tortue cistude d'Europe consomme tous les petits animaux aquatiques qu'elle trouve : crustacés, mollusques, insectes, têtards, poissons) ou élargissent la gamme de leurs aliments selon la saison (le renard est dit « opportuniste » car il peut ajouter à son régime, composé de petits mammifères et d'oiseaux, des fruits, des insectes, des détritus alimentaires de l'homme, etc.). Si une même proie tente deux prédateurs, on parle de compétition entre ceux-ci : le campagnol est apprécié à la fois par la chouette et par la belette, tandis que le lombric plaît à plus de 180 prédateurs !

DES PLANTES QUI SE PROTÈGENT

Les feuilles du noyer sécrètent une substance de la famille des quinones, la *juglone*, qui, passant dans le sol, empêche la croissance d'autres plantes au pied de l'arbre. Beaucoup de végétaux et de micro-organismes sécrètent de telles substances inhibant la germination ou la croissance d'autres espèces. On appelle *télétoxie* cette production de composés toxiques.

Les substances toxiques sont produites par les racines ou par les feuilles et peuvent aussi constituer une défense vis-à-vis des herbivores : après arrachage de quelques feuilles, le taux de ces produits augmente très rapidement dans les autres feuilles. Leur goût amer dissuade ainsi l'herbivore de continuer à dépouiller la plante. Néanmoins, certains animaux peuvent s'adapter à ces poisons : ainsi la *solanine*, qui est un alcaloïde de la pomme de terre, n'a aucun effet sur le doryphore.

B

B. SAISIR SA PROIE

Cette araignée, l'argiope fasciée (*Argiope bruennichi*), « ficelle » le criquet qu'elle vient de prendre dans sa toile, avant de le malaxer à l'aide de ses appendices (chélicères et pédipalpes) et de l'enduire de sucs digestifs régurgités : la proie est ainsi « prédigérée » puis consommée. Un arsenal impressionnant de griffes (carnivores), pinces (pattes ravisseuses des mantes), crochets (néréides), mâchoires hérissées de dents coupantes (piranha), ventouses (céphalopodes), surfaces gluantes (« poils » des droseras, langue des fourmiliers) permet aux prédateurs de saisir et découper leur proie.

C

LES ASSOCIATIONS

UN BÉNÉFICE RÉSERVÉ OU PARTAGÉ

TOUTE LA GAMME IMAGINABLE des rapports possibles existe : associations à bénéfice unilatéral, lésant et spoliant le partenaire, qu'on regroupe sous le terme de *parasitisme ;* associations à bénéfice unilatéral qui ne présentent pas d'inconvénient pour le partenaire (*commensalisme* ou *inquilinisme,* support, transport ou *phorésie*), mais peuvent aussi redevenir spoliantes à l'occasion (un commensal qui prolifère peut devenir parasite) ; associations à bénéfice réciproque mais laissant une possibilité d'autonomie des partenaires qu'on appelle *mutualisme,* où chacun rend service à l'autre (l'un des associés peut parfois devenir dépendant) ; enfin dans une forme particulière de mutualisme, l'association devient permanente et/ou obligatoire, il s'agit alors d'une véritable *symbiose.*

A. VARIÉTÉ DES RELATIONS

Les interactions entre espèces sont difficiles à classer de façon rigide : le commensalisme est souvent une forme particulière de cohabitation (cloportes dans les fourmilières) et il peut s'associer à une phorésie (le rémora profite des restes de la nourriture du requin, auquel il se fixe).

A. PRINCIPAUX TYPES DE RELATIONS ENTRE ESPÈCES

Type de relation	Exemples
Prédation	coccinelle/puceron
	épervier/moineau
	dionée (plante carnivore)/ mouche
Consommation	geai/glands
	doryphore/pomme de terre
Déprédation	criquet migrateur
	cultures tropicales
Compétition	lion/panthère
	brochet/perche
Phorésie	rémora/requin
Support	orchidées épiphytes
	arbre tropical
Outils	crabes/actinies
Cohabitation	blaireau/mulot
Commensalisme	fourmis/cloportes
	moule/pinnothère
	surmulot/homme
Symbiose	ratel/indicateur
	orchidée/bourdon
	algue/champignons (lichen)
Parasitisme	aspergilus/pigeon
	tique/chien
	ténia/homme
Esclavagisme	fourmis esclavagistes/ autres fourmis
Elevage	fourmis/pucerons
	homme/mouton
Culture	termites/champignons
	homme/blé

C. CHACUN SA MÉTHODE

Il existe deux moyens de capture bien distincts. Le prédateur choisit sa proie et l'attrape lui-même, comme cet ours brun qui vient de capturer un saumon. La chasse peut être active (comme ici), nécessiter un apprentissage particulier ou même requérir la participation de partenaires, comme chez les loups). Mais la chasse peut également se pratiquer « à l'affût » : soit le prédateur se dissimule (il peut même se camoufler, comme l'araignée-crabe de Bornéo semblable à une fiente d'oiseau étalée sur une feuille, ou certaines mantes religieuses qui imitent des fleurs d'orchidées pour capturer des papillons), soit le prédateur tend un piège et toute proie de gabarit adéquat viendra s'y prendre (toiles des araignées comme les épeires ou les argiopes). Il existe même des pièges actifs : l'araignée *Menneus* fait une toile conique qu'elle tient tendue par le sommet et qu'elle jette sur l'insecte qui passe.

SYMBIOSE ET PARASITISME

PROFITER SANS NUIRE

COMMENSALISME ET PHORÉSIE

■ LES ASSOCIATIONS ENTRE ESPÈCES sont si variées que les nuances sont parfois difficiles à faire entre leurs différentes formes. Ainsi, le petit crabe pinnothère *(Pinnotheres pisum)*, que l'on trouve à l'intérieur des coquilles de moules, y est à l'abri ; on dit donc que c'est un *inquilin* (du latin *inquilinus,* locataire). Mais c'est aussi un *commensal* (du latin *mensa,* table), qui profite des particules alimentaires apportées par le courant d'eau créé par son hôte.

La cohabitation. Dans cette association, deux espèces partagent le même abri. Il arrive ainsi que renards et blaireaux vivent dans le même terrier, creusé par l'une ou l'autre des deux espèces.

L'inquilisme. Cette forme de cohabitation profite à l'une des deux espèces, qui est hébergée par l'autre, mais n'implique pas nécessairement de relation alimentaire entre les deux espèces. Ainsi, le moineau friquet, en nichant dans les nids de cigogne, de héron ou d'aigle, bénéficie de l'effet dissuasif exercé par ces grands oiseaux sur ses prédateurs (de plus, les rapaces comme l'aigle ne chassent pas près de leur propre aire).

Le commensalisme. L'animal « commensal » profite des restes de nourriture de son hôte, sans toutefois le gêner. Par exemple, le ver *Nereis fucata* (annélide polychète) vit dans la coquille occupée par un bernard-l'ermite, ou pagure *(Eupagurus prideauxi)*, et prélève les débris des aliments de ce dernier.

Support et phorésie. La surface au sol étant limitée ou trop ombragée, les plantes *épiphytes* (orchidées, mousses, fougères) poussent, sans leur nuire, sur les arbres ou tout autre support végétal. De la même façon, bien des animaux vivent sur d'autres animaux fixés (des anémones de mer, ou actinies, vivent sur des coquilles de lamellibranches).

Quant à la *phorésie,* elle implique le transport d'un animal par un autre. Souvent, la phorésie va de pair avec un autre type de relation : le rémora, qui se fixe sous un requin par sa nageoire dorsale transformée en surface adhésive, est aussi un commensal. Parfois, le transporté gêne son transporteur, le blessant en se fixant ou lui ravissant ses aliments (l'acarien *Antennophorus* s'agrippe fermement à la fourmi *Lasius* pour lui voler sa nourriture).

UN PROFIT MUTUEL

COOPÉRATION ET SYMBIOSE

■ DU MUTUALISME, ou *coopération,* chacun des partenaires tire avantage, bien qu'ils puissent aussi vivre séparément. L'actinie *Adamsia palliata,* par des sécrétions de sa sole adhésive agrandit la coquille abritant l'abdomen du pagure qui la transporte.

Lorsque l'association mutualiste est obligatoire, on parle de *symbiose.* Ici encore, la démarcation entre ces deux associations est parfois malaisée (certains les regroupent toutes deux sous le terme de symbiose). Certaines graines de végétaux ne peuvent germer qu'après avoir séjourné dans le tube digestif d'un animal. Ce dernier, quant à lui, consomme le fruit qui entoure les graines.

Les animaux abritent dans leur tube digestif des micro-organismes (bactéries, levures, protozoaires) qui favorisent leur digestion. Ainsi les termites abritent des protozoaires flagellés contenant eux-mêmes des bactéries, qui digèrent la cellulose du bois. Cette association à plusieurs niveaux se retrouve chez les ruminants (vache, zèbre, renne...), incapables de digérer directement la cellulose qu'ils ingurgitent.

Chez les végétaux, les lichens, composés de l'association obligatoire d'une algue et d'un champignon, offrent un exemple bien connu de symbiose. Le champignon évite à l'algue de se dessécher et l'algue produit la matière organique du lichen par la photosynthèse. Les orchidées vivent en symbiose avec des champignons, les légumineuses avec des bactéries.

A

A. **ÉCHANGE DE BONS OFFICES**

Ce buphage *(Buphagus erythrorynchus),* ou pique-bœuf, trouve sa nourriture en débarrassant les gros ruminants de la savane africaine de leurs parasites. De la même façon, le pluvian d'Égypte ingère sangsues et débris carnés situés sur les gencives et entre les dents du crocodile. Il s'agit d'une symbiose, car le pluvian trouve là une nourriture abondante et peu disputée alors que le saurien a une denture nettoyée et déparasitée. On peut encore citer le poisson *Labeo velifer,* qui fait de même avec l'hippopotame.

B

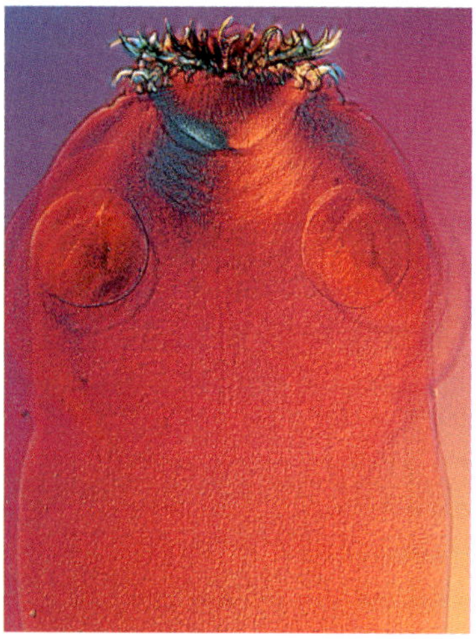

B. **COMMENT S'INCRUSTER**

Par ses réactions de défense, l'hôte tend à éliminer ses parasites. Ceux-ci ont donc développé des organes de fixation, comme les crochets et les ventouses visibles sur ce ténia *(Taenia pisciformis).* D'autres portent des griffes (poux de baleine) ou des rostres rétractiles (acanthocéphales). L'ascaris se maintient dans l'intestin en sécrétant un inhibiteur de la motricité digestive.

C

D

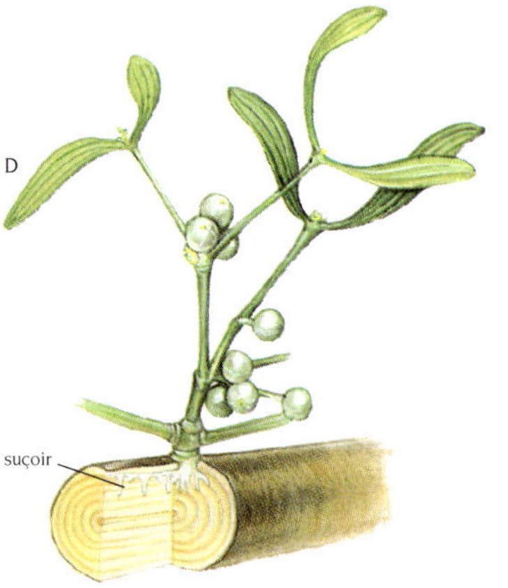

C. D. **GUI SUR UN POMMIER**

Les animaux parasites peuvent se nourrir « normalement » (douve, ectoparasites) ou par diffusion si leur milieu est riche en nutriments : vers intestinaux sans tube digestif (ténia), parasites intracellulaires (le sporozoaire *Plasmodium* responsable du paludisme) ou reliés au sang (les monstrilloïdés, copépodes, insèrent de longs lobes nourriciers dans les vaisseaux sanguins de leur hôte, une annélide). Les végétaux parasites ont des racines raccordées aux vaisseaux de la plante hôte et y aspirant la sève : les suçoirs (haustories intracellulaires des champignons parasites). Certains constituent des sortes de tumeurs où les vaisseaux de la plante parasitée viennent se ramifier *(Rafflesia).* Le gui *(Viscum album)* est un hémiparasite des arbres. Il reste vert en hiver (D) et, par ses suçoirs, fournirait alors de la sève élaborée à son hôte à feuilles caduques (C) : il évoluerait donc vers le mutualisme. La dissémination du gui est réalisée par les oiseaux, qui, se nourrissant des baies, répandent par leur fiente les graines sur les arbres.

LA SYMBIOSE

QUAND L'UNION DEVIENT OBLIGATOIRE

■ CRÉÉ PAR LE BOTANISTE Heinrich A. de Bary en 1879, le mot *symbiose* signifie « vie en commun ». C'est une association régulière, obligatoire, dont tous les participants profitent. L'ensemble peut acquérir des capacités manquant à ses membres isolés : certaines plantes du groupe des légumineuses sont capables d'assimiler l'azote de l'air et donc de se développer sur un sol pauvre en azote organique. Elles renferment, dans des excroissances *(nodosités)* de leurs racines ou de leurs tiges, des bactéries *(Rhizobium)* fixatrices d'azote. Ces dernières tirent profit de l'union en recevant des matières organiques élaborées par la plante.

Entre végétaux. De nombreux champignons se développent en liaison avec les racines de plantes, constituant une mycorhize. Le champignon se dispose soit en manchon autour de la racine (mycorhizes ectotrophes des éricacées), soit dans la couche superficielle (mycorhizes endotrophes des gentianacées et des orchidées, avec un contrôle de la plante qui empêche le champignon de s'enfoncer trop profondément) : le champignon reçoit les sécrétions racinaires, tout en retenant de l'eau et en augmentant beaucoup la surface de contact du végétal avec le sol.

Quelques arbres, comme les aulnes, alliant mycorhizes et nodosités à *Rhizobium,* sont capables de coloniser des sols très pauvres, nouvellement formés (dunes) ou dégradés par l'action de l'homme.

Entre animaux. Les pique-bœufs (*Buphagus erythroryncbus*, parents des étourneaux) et le héron garde-bœufs *(Ardeola ibis)*, qui se nourrissent des parasites affectant les grands mammifères, sont des exemples de ces associations bénéfiques dont le caractère obligatoire et équilibré n'est pas aussi évident que chez les végétaux.

Entre animal et végétal. Le transport du pollen et la dissémination des graines par des animaux qui consomment les produits des plantes à fleurs (nectar, pollen, fruits) représentent une forme de mutualisme. Résultat d'une longue coévolution, cette association est souvent nécessaire à la survie d'au moins l'un des deux partenaires (la plante) ; il s'agit alors d'une symbiose.

UNE SYMBIOSE À TIROIRS POUR MANGER DE L'HERBE

Les ruminants mangent de l'herbe, et pourtant leur système digestif ne possède pas l'enzyme « cellulase » indispensable à la digestion de la cellulose des plantes qu'ils consomment : des micro-organismes symbiotiques pallient ce manque. La panse des ruminants est en vérité une cuve à fermentation contenant un hachis de végétaux, beaucoup de salive (50 litres chez la vache) et des milliards de protozoaires ciliés *(Ophryoscolex, Entodinium)* et de bactéries. Ce sont les bactéries, comprises à l'intérieur des protozoaires dont elles sont aussi les partenaires symbiotiques, qui dégradent la cellulose. Les vaches sont donc des « microvores » : à chaque digestion, elles se nourrissent d'une partie de cette faune microscopique et de leurs produits de transformation de l'herbe.

Une relation symbiotique s'observe entre un acacia d'Amérique centrale *(A. carnigera)* et des fourmis *(Pseudomyrmex)*. Les appendices épineux (stipules) des feuilles de l'acacia sont creux et offrent un abri naturel aux fourmis, qui s'alimentent sur les feuilles et les fleurs de l'arbre. De leur côté, les fourmis attaquent tout animal qui tente de se nourrir aux dépens de l'arbre et éliminent les végétaux qui, poussant à proximité, peuvent entrer en compétition avec lui.

Un grand nombre de protistes et d'invertébrés aquatiques (vers turbellariés, mollusques nudibranches, hydres, éponges) hébergent des algues unicellulaires (xanthelles), l'algue profitant des sels minéraux et de l'abri, l'animal recevant les glucides et les acides aminés photosynthétisés par le végétal.

Entre animal et micro-organismes. Les animaux se nourrissant d'aliments difficiles à décomposer recourent à des micro-organismes symbiotes : bactéries digérant la kératine chez les poux des volailles, qui consomment les plumes ; protistes et bactéries des herbivores et des mangeurs de bois ; levures des coléoptères contenues dans leurs cellules intestinales géantes (mycétocytes).

A

A. **TRAITE DES PUCERONS**

Les fourmis visitent souvent les pucerons, qui transforment les sucs végétaux en un miellat dont elles raffolent et qu'elles savent leur faire excréter. Elles peuvent même vivre parfois avec eux et les défendre contre leurs prédateurs.

C

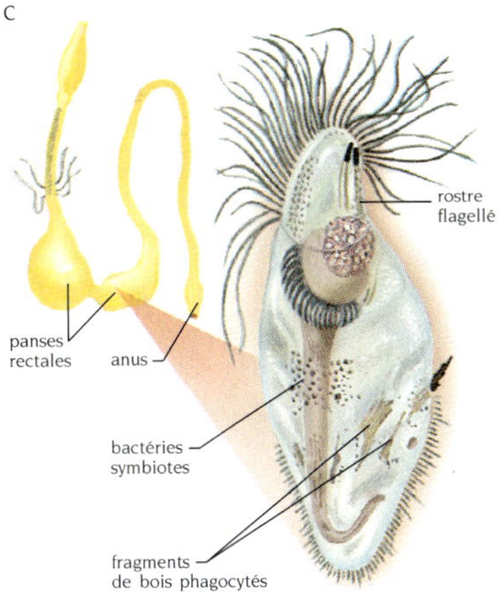

Même les omnivores, dont nous sommes, ont une « microflore » (bactéries) et une « microfaune » (protistes), qui dégrade les glucides non hydrolysés et les cellules desquamées de la paroi intestinale. Enfin, certains des organes lumineux des poissons vivant dans l'obscurité des abysses (comme les leurres des cératioïdés) renferment des bactéries luminescentes.

Élevage et culture. Ces associations peuvent être considérées comme des formes particulières de symbiose – constituant la *trophobiose* – puisqu'une espèce en « soigne » une autre, pour en recueillir de la nourriture.

Les pucerons produisent le « miellat », excrément sirupeux et sucré dont les fourmis savent déclencher l'excrétion. Certaines espèces vivent en permanence avec « leurs » pucerons qu'elles « traient », rapportant le miellat à la fourmilière (20 000 fourmis récoltent 100 g de miellat par jour) en échange d'une protection contre leurs prédateurs : ainsi, la fourmi *Lasius americana* abrite et soigne dans sa fourmilière les œufs du puceron *Aphis maidiradicus* pendant l'hiver.

Les fourmis du genre *Atta* découpent des feuilles, les rapportent à la fourmilière et les malaxent, fabriquant une litière où pousse un champignon, qui produit des filaments renflés que les fourmis consomment. Il existe même des termites champignonnistes cultivant le champignon *Termitomyces,* qui n'existe que dans leurs termitières.

B

B. **DEUX ESPÈCES FUSIONNENT**

Les lichens sont en fait composés de deux espèces végétales intimement liées, une algue (ou une cyanobactérie) et un champignon. Le champignon donne sa forme au lichen, le fixant au substrat et abritant l'algue dans un milieu stable, riche en eau. L'algue donne sa couleur au lichen et le nourrit des produits de sa photosynthèse. Les lichens sécrètent des substances particulières et colonisent tous les substrats, même les plus hostiles (ce qui n'est possible ni pour l'algue ni pour le champignon individuellement). L'algue retire cependant moins de profit que le champignon et certaines espèces peuvent même vivre seules.
Quand elles sont en symbiose, on peut observer des suçoirs du champignon dans les cellules de l'algue, voire des zones de nécrose de celle-ci : cette symbiose pourrait être un parasitisme très ancien dont l'algue aurait fini par tirer avantage.

C. **DANS L'INTESTIN DES TERMITES**

L'intestin des termites présente une dilatation où prolifèrent de nombreux protistes (trichomonadines, flagellés géants) qui phagocytent les particules de bois et les digèrent, aidés des bactéries qu'ils hébergent. Les termites supérieurs n'ont plus que des bactéries, et la digestion du bois est bien plus complète grâce au champignon qu'ils cultivent sur du bois mâché.

SYMBIOSE ET PARASITISME

LE PARASITISME

VIVRE AUX DÉPENS DES AUTRES

■ LE PARASITE SE NOURRIT aux dépens de son hôte, sans toutefois le consommer entièrement, ce qui le distingue du prédateur. Certains parasites sont facultatifs (asticots de mouche se développant dans toute matière organique), mais la plupart sont des parasites obligatoires, qui ont besoin d'un autre être vivant, l'hôte, fût-ce très brièvement à un stade de vie (larves du bivalve *Anodonta*) ou à certains moments précis (parasite temporaire, le temps d'un repas comme la sangsue, ou pour la reproduction comme le coucou qui pond dans le nid d'un passereau). Les parasites *monoxènes* n'ont qu'un seul hôte, (comme l'oxyure), d'autres sont *hétéroxènes* avec un hôte définitif, qui abrite le stade adulte (ou sexué pour les unicellulaires), et un ou plusieurs hôtes intermédiaires.

Les *ectoparasites* sont localisés à la surface ou dans l'épaisseur du tégument (puces, champignons) ; les *endoparasites* se trouvent dans les tissus (dioctophyme dans le rein) ; enfin, les *mésoparasites,* dans le tube digestif (ascaris, ténia). Chez les végétaux, les *hémiparasites* ne prélèvent que la sève brute de leur hôte et les *holoparasites,* à feuilles dégénérées, absorbent sève brute et sève élaborée. Les parasites peuvent devenir la proie de prédateurs, voire être eux-mêmes parasités : c'est l'*hyperparasitisme* (le crustacé *Danalia* infeste la sacculine, qui parasite des crabes).

DE LA SPOLIATION À LA CASTRATION

Un parasite cause de multiples troubles à son hôte. Son action, toujours *spoliatrice* (en se nourrissant à ses dépens), peut être aussi *mécanique* (compression de certains organes) ; *traumatique* par ses déplacements ; *toxique* par ses déchets ; *infectieuse* (c'est le cas des micro-organismes parasites) ; *inflammatoire* quand son hôte tente de l'isoler (barrage de tissu, kyste, voire parfois tumeurs).

Plus spectaculaires sont les modifications du comportement, voire du métabolisme de l'hôte, comme la *castration parasitaire* (ou *stylopisation*, du stylops, insecte qui stérilise les hyménoptères qu'il infeste). C'est le cas de l'ergot du seigle chez les végétaux ou, chez les animaux, de la sacculine, qui « féminise » le crabe mâle qu'elle parasite : gonades atrophiées, abdomen élargi et segmenté, le crabe va jusqu'à défendre son parasite, tout comme une femelle crabe défend ses œufs.

LA BIOLOGIE DES PARASITES

UN CYCLE DE VIE POUVANT INCLURE PLUSIEURS HÔTES

■ UN CONTRASTE FRAPPANT sépare la fonction de reproduction des parasites, toujours très développée, et les autres fonctions (locomotion, sensation, respiration...). Ces dernières sont particulièrement réduites chez les parasites internes. Le corps du parasite peut ainsi devenir une masse informe dont seules les glandes sexuelles sont différenciées (cas de la sacculine, crustacé parasite de crustacés).

Les parasites doivent synchroniser leur biologie avec celle de leur(s) hôte(s), soit pour y rester (*Polystoma integerrimum* se maintient du têtard à la grenouille), soit pour en changer. La dissémination est une phase fondamentale de leur cycle de vie. Les larves de parasites peuvent ainsi adopter une forme de résistance jusqu'au contact avec l'hôte ou se développer dans un hôte intermédiaire, qui sert de « vecteur » jusqu'à l'hôte définitif dans lequel les larves poursuivent leur développement.

Si des relations étroites inféodent le parasite à une seule espèce, il est dit « sténoxène » (*Lernaeenicus sprattae,* un crustacé, ne vit que sur l'œil du sprat) ; les parasites dits « euryxènes » sont moins étroitement adaptés à un hôte particulier (l'hyménoptère *Trichogramma evanescens* peut pondre dans plus de 150 espèces d'insectes).

Les relations hôte-parasite sont donc le fruit d'une évolution commune. Cette coévolution se traduit par des adaptations réciproques, l'hôte supportant mieux son parasite et ce dernier devenant moins gênant. Certains considèrent d'ailleurs qu'un « bon » parasite ne doit pas provoquer la mort de son hôte, puisqu'il menacerait ainsi sa propre survie.

B

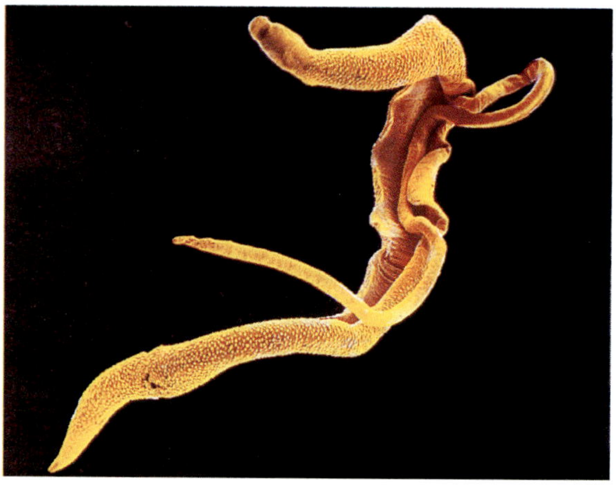

B. **SOLITAIRES OU INSÉPARABLES**

Pour les parasites internes, la rencontre d'un partenaire sexuel est fortement compromise. La plupart s'en affranchissent en pratiquant l'autofécondation (ténia ou « ver solitaire ») ou en restant en couple. Ainsi, les syngames (vers parasites des oiseaux) vivent toujours accouplés. Sur cette photo en microscopie électronique à balayage d'un couple de schistosomes (*Schistosoma mansoni,* agent de la bilharziose), le mâle, qui possède un corps en gouttière, abrite la femelle, plus petite.

C

Mouton

Ce premier hôte s'infeste en avalant des fourmis contaminées lorsqu'il broute l'herbe.

Escargot

C'est le deuxième hôte, il avale les œufs rejetés dans les fèces du mouton.

Fourmi

Ce troisième hôte ingère des larves (cercaires) contenues dans le mucus de l'escargot. Les cercaires perturbent le comportement de la fourmi, qui reste accrochée aux herbes, où elle se fera plus facilement manger...

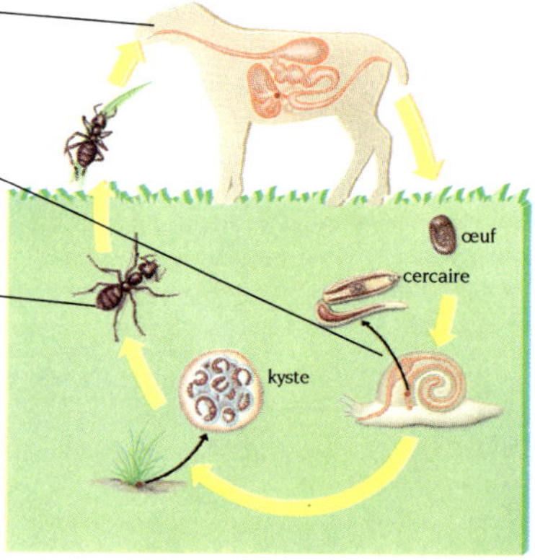

C. **UN CYCLE À TROIS HÔTES**

La petite douve du foie, *Dicrocœlium dendriticum* (ver trématode), vit dans les canaux biliaires du mouton. Ses œufs, rejetés au sol avec les excréments de celui-ci, sont avalés par un petit escargot, où les larves se transforment en « cercaires ». Ces dernières sont rejetées en grappes (kystes) engluées de mucus. La fourmi qui les avale sera par la suite absorbée par un mouton. Le cycle de la petite douve du foie est ainsi bouclé.

A. **UN PHÉNOMÈNE PRESQUE UNIVERSEL**

Le parasitisme existe dans presque tous les groupes (sauf les mousses, les fougères et les monocotylédones chez les végétaux et les échinodermes chez les animaux). Certains groupes ne contiennent que des formes parasites (notamment chez les vers et les protozoaires).

Le parasitisme est rare chez les vertébrés (chauves-souris vampires), où on le distingue mal de la prédation (les myxines, des agnathes, s'attaquent à des poissons, qu'elles finissent par dévorer presque entièrement). Chez les formes de vie les plus simples, il existe quantité de parasites. Les virus, que l'on peut considérer comme des « objets biologiques » sont tous parasites. Parmi les bactéries (procaryotes), les espèces pathogènes sont également parasites.

A. **PRINCIPAUX GROUPES COMPRENANT DES PARASITES (EUCARYOTES)**

Exemple			Hôte (et maladie)	Tissu infesté
Protozoaires	Flagellés	*Leptomonas davidi*	Euphorbe	Canaux laticifères
	Hématozoaires	*Leucocytozoon anatis*	Canard	Cellules sanguines, rate
	Cnidosporidies	*Nosema bombycis*	Vers à soie (Pébrine)	Tous les tissus
Champignons	Hyphomycètes	*Cryptococcus neoformans*	Pigeon (Cryptococcose)	Méninges
	Oomycètes	*Plasmopara viticola*	Vigne (Mildiou)	Feuilles
Vers	Monogènes	*Polystoma integerrimum*	Grenouille	Vessie
	Trématodes	*Paragonimus westermanni*	Homme, chien, chat, porc	Poumons
	Cestodes	*Taenia pisiformis*	Chien (Téniasis) Lapin, lièvre	Intestin, foie, péritoine
	Nématodes	*Brugia malayi*	Homme (Elephantiasis)	Circulation (sang et lymphe)
Mollusques	Gastéropodes	*Entoconcha mirabilis*	Holothuries (Echinodermes)	Cavité générale
Arthropodes	Acariens	*Acarapis woodi*	Abeille	Trachées
	Crustacés copépodes	*Argulus foliaceus*	Carpe	Peau
	Insectes diptères	*Larves d'Œstrus ovis*	Mouton, chèvre (Œstrose)	Fosses nasales et sinus frontaux

LA SCIENCE DU COMPORTEMENT

L'ÉTHOLOGIE

DE L'OBSERVATION À L'EXPÉRIENCE

■ L'HISTOIRE DE L'ÉTHOLOGIE, science du comportement animal, montre des liens indissociables avec celle de la psychologie. L'éthologie trouve ses origines dans la zoologie, largement influencée à partir du XIXe siècle par la théorie de l'évolution de Charles Darwin. Dans l'*Origine des espèces* (1859) et l'*Expression des émotions chez les animaux et l'homme* (1872), le grand naturaliste britannique décrit l'instinct comme un phénomène inné, héréditaire, objet et instrument de l'évolution des espèces.

Par la suite, les naturalistes s'attacheront surtout à décrire, comparer et étudier la signification adaptative des comportements au sein d'une même espèce et dans les relations entre espèces différentes.

L'apport de la psychologie. Dans la seconde moitié du XIXe siècle, la psychologie se montre fortement influencée par les méthodes appliquées en physiologie. Les animaux sont confrontés, dans des conditions très contrôlées, à des problèmes dont la résolution leur permet d'obtenir par exemple une récompense. Leurs comportements sont alors analysés suivant le principe « stimulus-réponse » (seules les relations directes entre les stimulus et les réponses sont prises en compte). Un peu plus tard, les travaux du physiologiste russe Ivan P. Pavlov sur le conditionnement classique renforceront à leur tour ce type d'approche. Ces découvertes conduisent l'Américain J. B. Watson à fonder en 1913 le *béhaviorisme*, ou comportementalisme, « psychologie objective du comportement » qui procède d'une description et d'une analyse rigoureuses généralisant le principe « stimulus-réponse » et soulignant l'importance de l'apprentissage.

Parallèlement, les naturalistes poursuivent, sur le terrain, leurs efforts de description et de comparaison des comportements animaux tout en jugeant le contexte des études en psychologie expérimentale comme trop éloigné du milieu naturel des espèces.

Le développement de l'éthologie. Dans les années 1930 apparaît l'*école objectiviste,* avec pour chef de file l'Autrichien Konrad Lorenz. Il reprend le concept d'instinct, en tant que caractère inné, spontané, et lui attribue une spécificité taxinomique : les comportements instinctifs peuvent être pris en compte pour classer les espèces, au même titre que les caractères anatomiques. Si les objectivistes reconnaissent l'apprentissage chez l'animal, c'est toujours dans des limites imposées par l'histoire évolutive de chaque espèce.

Aux États-Unis, Norman R. F. Maier et Theodore C. Schneirla envisagent dès 1935 une approche moins radicale du déterminisme des comportements, où maturation et expérience se combinent plutôt qu'elles ne s'excluent. Cette éthologie « *constructiviste* » prépare la synthèse entre psychologie et éthologie, qui interviendra dans les années 60 grâce à la contribution d'auteurs tels que Gerardus P. Baerends, Robert A. Hinde, Aubrey Manning ou William Bateson.

L'éthologiste néerlandais Nikolaas Tinbergen rassemblera autour de quatre questions les points fondamentaux de l'éthologie actuelle : déterminisme, fonctions, développement et évolution des comportements.

Les méthodes. Toute démarche en éthologie repose avant tout sur la *description* et la *quantification* des comportements d'un individu ou d'un groupe. Un *répertoire comportemental* (liste de comportements) est alors utilisé pour retranscrire l'activité continue d'un sujet, ou *éthogramme.* Les procédures d'enregistrement varient selon la durée de la période d'étude et le nombre de sujets et consistent à mesurer fréquences d'occurrences, durées, latences, enchaînements etc., des comportements.

La nécessité de différencier les individus implique leur marquage (coloration, bague) ou l'utilisation de marques naturelles. Il est également possible d'étudier à distance les déplacements et les périodes d'activité des animaux munis d'un émetteur radio (technique du *radio-tracking*).

A

A. EN MILIEU NATUREL

Une connaissance approfondie des comportements nécessite toujours une étude dans des conditions naturelles (ici, un couple d'albatros hurleurs [*Diomedea exulans*] réalisant une parade nuptiale). Observation et description dans le cadre écologique permettent de saisir le sens adaptatif des comportements sans en altérer la spontanéité.

B

B. OBSERVER LE COMPORTEMENT

Les peintures de l'art paléolithique (ici, la grotte de Lascaux, France), bien qu'elles ne révèlent pas a priori une profonde connaissance des mœurs des animaux, témoignent d'un sens profond de l'observation de la part de leurs auteurs des temps préhistoriques (15 000 ans avant notre ère). Il faut néanmoins imaginer que les activités de chasse impliquaient à l'époque une connaissance empirique importante sur l'« éthologie » de certains animaux.

C

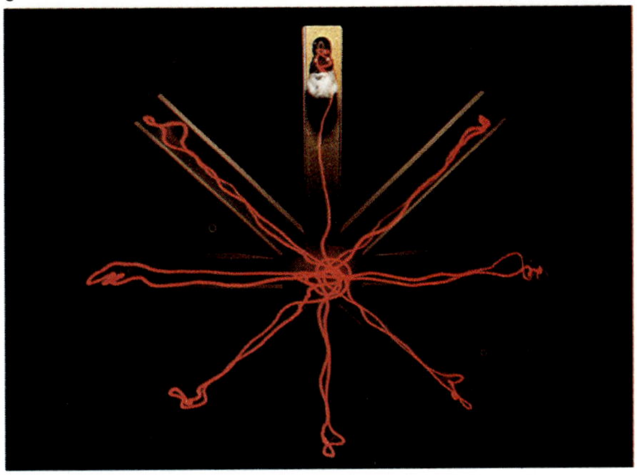

C. EN LABORATOIRE

Les capacités d'exploration de ce rat placé dans un labyrinthe peuvent être quantifiées avec précision. Les expériences en laboratoire sur le comportement animal rassemblent des techniques élaborées. Elles permettent de contrôler de nombreux facteurs et se montrent notamment indispensables pour étudier avec précision le déterminisme et le développement des comportements chez l'animal. Elles complètent remarquablement les études en milieu naturel.

L'ÉTHOLOGIE NOBÉLISÉE

Le prix Nobel couronna, en 1973, les trois éthologistes von Frisch, Lorenz et Tinbergen pour l'ensemble de leurs travaux. Ce fut aussi la reconnaissance officielle de l'éthologie.

Karl von Frisch (1886-1982), né à Vienne, étudia la zoologie à l'université de Munich. Après s'être intéressé à la perception des couleurs chez les poissons et les abeilles, il se livra à des expériences fondamentales sur la fameuse danse des abeilles, qu'il interpréta. Ces expériences, devenues célèbres, ont largement contribué à affiner les méthodes d'étude en éthologie.

Nikolaas Tinbergen (1907-1988), né à La Haye, étudia la biologie à l'université de Leyde puis s'installa à Oxford. Son œuvre frappe par la simplicité et la rigueur des expériences. Ses travaux sur l'orientation des guêpes fouisseuses, la parade nuptiale de l'épinoche ou la quémande alimentaire des goélands sont des classiques de l'éthologie. Plus tard, Tinbergen s'intéressa à l'application des méthodes éthologiques à l'étude des comportements humains.

Konrad Lorenz (1903-1989), né à Vienne, étudia la médecine puis l'anatomie comparée, la psychologie et la philosophie. Une partie de son œuvre est consacrée à l'étude de la parade nuptiale et du phénomène d'empreinte chez les oies. Dans sa théorie sur l'instinct, les comportements sont stéréotypés, innés et déclenchés par des stimulus spécifiques.

LES CAUSES DU COMPORTEMENT

LE DÉCLENCHEMENT

CONDITIONS DE L'EXPRESSION DES COMPORTEMENTS

■ ON CONSIDÈRE QU'UN ANIMAL répond par un comportement à un ensemble d'informations externes (appelées aussi informations « exogènes ») et internes (ou « endogènes »).

Les facteurs externes. La représentation que tout animal se fait de son milieu dépend de ses compétences sensorielles et motrices. Du point de vue strictement sensoriel, certaines espèces perçoivent différentes composantes de l'environnement (ultrasons, U. V., lumière polarisée, champ magnétique, par exemple) qui échappent, en revanche, à d'autres. Compte tenu de telles potentialités spécifiques, il convient alors de considérer les comportements de chaque espèce (et même de chaque individu selon son niveau de maturité) à travers l'univers de perception qui lui est propre.

Parmi les facteurs exogènes, certains constituent des repères nécessaires à l'orientation et aux déplacements de l'animal, d'autres l'informent sur les conditions écologiques, la présence de ressources alimentaires, de congénères, de prédateurs, etc. Au cours d'une situation donnée, des facteurs prennent valeur de *signaux déclencheurs* (ou *stimulus-signaux*) dans le sens où ils apparaissent à l'observateur en relation directe avec le déclenchement de certains comportements chez l'animal (nourriture et prise alimentaire, présence d'une femelle et comportement de cour chez un mâle, présence d'un intrus et comportement agressif/défensif, etc.).

Les facteurs internes. L'expression d'une activité chez un animal suppose également qu'il soit suffisamment motivé pour agir. La *motivation* dont il fait preuve appartient à cette deuxième catégorie de causes immédiates, qualifiées d'internes. Elles traduisent de façon générale l'état physiologique et psychologique (niveau d'attention, processus « cognitifs ») du sujet à l'instant précédant immédiatement l'apparition du comportement.

Maturation et expérience. L'ensemble des informations exogènes et endogènes concourt à la prise de décision d'une activité chez l'animal à travers son niveau de maturité et son expérience antérieure. Ainsi, un animal qui a faim se saisira d'autant plus rapidement d'une nourriture que son degré de maturation nerveuse (sensori-motrice) lui permettra de la détecter et de s'en approcher. Mais, selon son expérience, le comportement alimentaire n'aura tendance à se réaliser que si la nourriture lui paraît familière et n'a jamais été associée auparavant à une situation désagréable (intoxication, par exemple).

Ces différents aspects montrent que la réalisation d'un comportement représente l'intégration de causes diverses et interdépendantes au sein d'un organisme. Le comportement ne peut être expliqué par la simple perception d'un stimulus-signal.

A

A. **ARRIVÉE DU PRINTEMPS**

Au printemps, l'augmentation de la température ambiante stimule chez ce lézard, l'anolis vert *(Anolis carolinensis)*, la formation des spermatozoïdes (spermatogenèse), la sécrétion de testostérone et l'expression de l'activité sexuelle du mâle (développement des caractères sexuels secondaires comme l'apparition de couleurs vives). Parallèlement se développent les ovaires et la réceptivité sexuelle de la femelle. Ainsi, le rapprochement des partenaires sexuels (ici, le mâle est à droite) et la synchronisation de leurs actes sont favorisés par le même facteur externe, la température. Cette parfaite synchronisation permet la perpétuation de l'espèce.

B

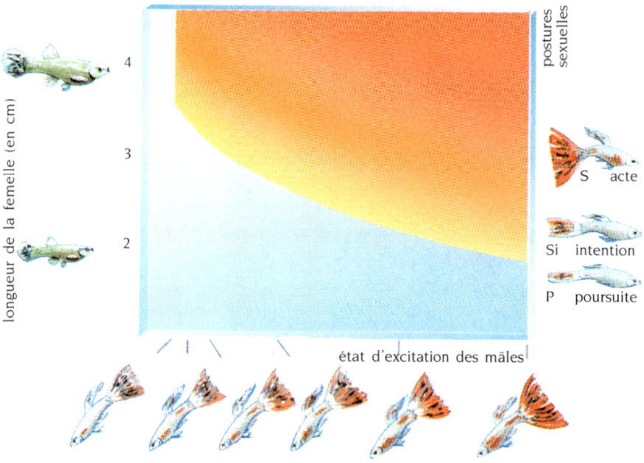

C

B. C. **PARADE CHEZ LE GUPPY**

Chez le mâle guppy *(Poecilia reticulata)*, l'expression des postures sexuelles (C), nageoires déployées, dépend à la fois de facteurs internes et externes. La progression de la séquence sexuelle (B) comprend : la poursuite de la femelle (P), les postures (dites « sigmoïdes ») d'intention (Si) et les postures complètes (S). L'accentuation de la coloration des flancs du mâle constitue un bon indice de l'augmentation de sa motivation sexuelle (état interne). De plus, la femelle doit être d'une certaine taille pour susciter efficacement l'expression de chaque posture chez le mâle.

D. E. **RÉACTIONS EN CASCADE**

Chez la tourterelle domestique la sécrétion de testostérone par le mâle est maximale durant les phases de parade, d'accouplement, de construction du nid (E). Chez la femelle, les sécrétions d'œstradiol et de progestérone provoquent le développement ovarien et permettent le passage de l'accouplement à la ponte, à la nidification puis à l'incubation. Par ailleurs, les facteurs externes (présence et comportement du partenaire, matériaux de construction) sont nécessaires à l'élaboration complète du cycle reproducteur.

D

E

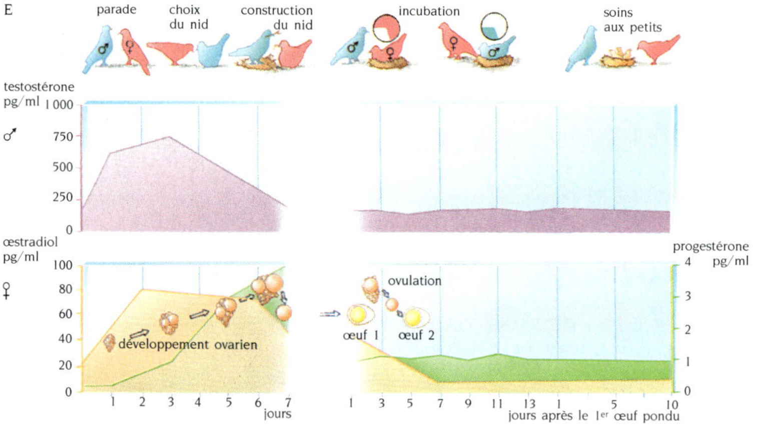

LE DÉVELOPPEMENT DES COMPORTEMENTS

MISE EN PLACE ET MODIFICATION

LES ORIGINES ET LES CONSÉQUENCES

■ LE DÉVELOPPEMENT des comportements, ou *éthogenèse,* repose à la fois sur la maturation et sur l'expérience. La maturation correspond à l'expression, au cours du temps, du patrimoine génétique, ou *génotype,* dont hérite chaque individu (héritage à la fois de l'histoire évolutive de l'espèce et de la combinaison singulière des gènes des parents). Le génotype fixe de façon générale les limites au sein desquelles les structures anatomiques et leur fonctionnement peuvent se développer.

Chaque individu acquiert, au cours de son développement, une certaine expérience. Celle-ci inclut les effets de toutes les stimulations externes, ainsi que les traces du fonctionnement des structures sensori-motrices. L'expérience constitue à son tour un élément déterminant pour stimuler et parachever chaque étape de maturation du sujet. Il est donc important de considérer pour tout développement comportemental le caractère indissociable des influences de la maturation et de l'expérience.

L'exemple du goéland. Les prédispositions sensorielles et motrices des poussins de goélands leur permettent de percevoir la couleur rouge de la tache située à l'extrémité du bec de leurs parents et d'y porter un coup de bec pour obtenir la nourriture que ces derniers régurgitent (comportement de quémande). Au cours des premiers jours, la maturation (notamment celle du système visuel) et l'expérience acquise par la demande répétée des poussins améliorent significativement la coordination de leurs mouvements et la précision de leurs coups de bec sur la tache rouge.

La privation d'expérience. L'importance que revêt l'expérience pour le développement des comportements est classiquement mise en évidence en soustrayant l'animal à certaines stimulations au cours de son jeune âge. Le comportement montre alors très souvent de profondes altérations.

Dans quelques cas, les déficits comportementaux observés ont pu être mis en relation avec des modifications notables de certaines structures nerveuses, reflétant un état de maturation altéré. À ce titre, l'expérience chez l'animal s'avère nécessaire au développement et au maintien des comportements comme aux structures nerveuses et à leur fonctionnement.

L'apprentissage. Il est important aussi de souligner que les conséquences même du comportement représentent autant de facteurs agissant en retour sur son développement.

L'animal apprend à associer ses différentes activités à la valeur (positive ou négative) des conséquences qu'elles entraînent, ce qui lui permet d'ajuster, dans des situations précises, l'organisation de ses comportements et d'en améliorer l'efficacité. L'apprentissage se réalise dans certains cas à la suite d'une succession d'essais et d'erreurs de la part de l'animal. Les tentatives réussies sont récompensées (*renforcement positif :* les coups de bec des poussins de goélands sont suivis de l'obtention de nourriture), les erreurs ne l'étant pas ou entraînant parfois une sanction (on parle alors de *renforcement négatif*). Ces modalités d'apprentissage sont celles du « conditionnement opérant » des psychologues béhavioristes.

Les périodes sensibles. Ces principes d'organisation des comportements sont efficaces soit tout au long de la vie, soit au cours de périodes privilégiées au-delà desquelles la probabilité que se développent certains comportements diminue. Ces « périodes sensibles » correspondent généralement à l'expression d'un état physiologique particulier. Leurs limites temporelles restent plus ou moins définies.

A

A. **ÉTUDE DU DÉVELOPPEMENT DE LA VISION**

Cette « falaise visuelle », recouverte d'une glace, permet de tester l'installation précoce de la perception visuelle chez le chaton. Avec une autre expérience, on peut montrer que, si un chaton dont le champ visuel est limité par une collerette est élevé dans une arène à parois rayées verticalement, par la suite, il ne détectera que les objets animés d'un mouvement vertical. Cette expérience montre que la perception de stimulations appropriées, au cours du développement, est nécessaire au maintien des structures nerveuses sous-jacentes au comportement.

B

C

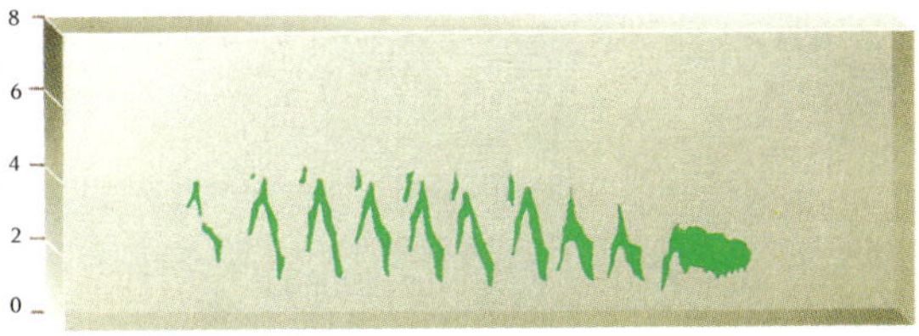

D

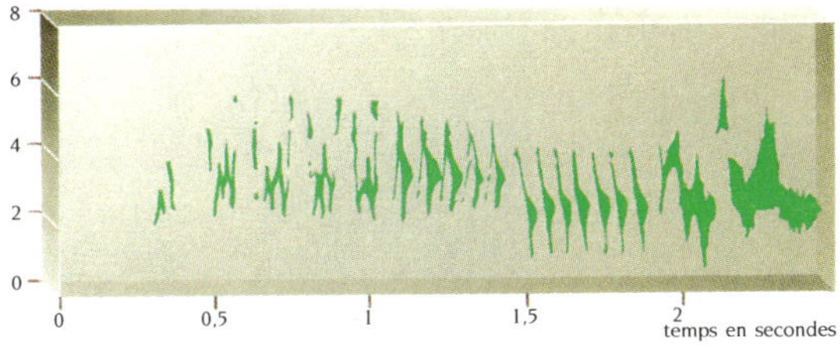

B. C. D. **ÉCOLE DE CHANT CHEZ LES OISEAUX**

Le chant d'un oiseau (B) comprend trois niveaux d'identité : spécifique, régional et individuel. Des oiseaux isolés dès leur naissance dans des pièces insonorisées produisent un chant simple et incomplet (C). Si on leur diffuse le chant des membres de leur espèce, ils développent alors un chant spécifique (D). L'autostimulation est aussi très importante, puisque des oiseaux sourds n'émettent même pas le chant simplifié mais de petits cris. L'apprentissage est facilité par des prédispositions à percevoir et à mémoriser les signaux caractéristiques du chant, en fonction de l'état de maturation du système nerveux. L'expérience auditive du jeune oiseau favorise cette maturation en stabilisant les connexions entre les neurones impliqués dans l'audition et l'émission du chant. Si le chant est appris une fois pour toutes chez la plupart des oiseaux chanteurs, les canaris en changent à chaque saison de reproduction, grâce au renouvellement des cellules nerveuses des régions du cerveau qui contrôlent le chant.

APPRENDRE À BECQUETER

Pour démontrer l'effet de la maturation sur le comportement de picorage, Cruze, en 1935, a élevé des poussins dans l'obscurité en les nourrissant à la main. Cela les empêchait de picorer normalement, donc d'acquérir de l'expérience. En mesurant la précision des coups de bec envers des graines placées au sol, Cruze a constaté malgré tout que, parmi ces poussins privés d'expérience, les plus âgés réussissaient mieux que les plus jeunes. Il l'a expliqué par le rôle de la maturation de leur système nerveux.

L'influence de l'expérience a été étudiée par Hess (1956), qui a mesuré la précision du picorage chez des poussins munis de lunettes à prismes qui décalaient les objets regardés. Au début, les poussins échouaient systématiquement à chaque tentative, mais, avec l'expérience, amélioraient progressivement leurs coups de bec.

COMPORTEMENT ET ADAPTATION

LES FONCTIONS COMPORTEMENTALES

UNE ÉTUDE EN MILIEU NATUREL

■ DANS LE VOCABULAIRE de l'éthologie, le terme de *fonction* fait référence aux avantages qu'un comportement procure à un animal vis-à-vis de la sélection naturelle. Ces avantages s'évaluent par les chances de survie et de succès reproducteur (possibilités d'avoir des descendants) pour l'individu. À ce titre, les comportements peuvent être considérés comme caractéristiques de l'adaptation d'une espèce à son environnement. Dans la pratique, l'étude des fonctions comportementales constitue un domaine expérimental important de l'éthologie.

Protéger les jeunes. On peut ainsi s'interroger, comme l'éthologiste Nikolaas Tinbergen, sur la fonction du comportement des mouettes rieuses qui consiste à transporter à distance du nid des restes des coquilles brisées après l'éclosion des poussins.

Diverses hypothèses peuvent être formulées : éviter que les poussins ne se blessent ; éviter qu'une coquille ne s'emboîte avec un œuf et empêche un jeune d'éclore ; éviter le développement de bactéries et de champignons ; éviter d'attirer l'attention des prédateurs.

L'expérience, qui consiste à tester ces différentes hypothèses, montre que les risques de prédation représentent un facteur essentiel pour expliquer ce comportement chez les adultes. Ainsi, on observe que les nids près desquels sont déposées des coquilles brisées sont significativement plus pillés (par les corneilles et les goélands) que les nids sans coquilles. De plus, le comportement des mouettes s'observe sur d'autres coquilles avant que n'éclosent les œufs. Enfin ce transport de coquilles n'est pas effectué par des espèces proches ayant d'autres moyens de défense. Cette étude plaide donc en faveur de l'hypothèse d'une fonction « anti-prédatrice » du comportement de la mouette rieuse. Par la nécessité de prendre en compte de nombreuses variables du milieu naturel des animaux, l'étude des fonctions comportementales se rapproche de l'écologie.

L'ÉVOLUTION DES COMPORTEMENTS

UNE AFFAIRE DE SÉLECTION

■ IL EST POSSIBLE DE SÉLECTIONNER des animaux selon des traits comportementaux. L'homme a pu ainsi sélectionner différentes variétés de chiens pour leur comportement de berger, de chasseur, de gardien, etc.

Il faut cependant remarquer que les succès remportés en matière de sélection des comportements sont moins prévisibles que ceux obtenus à partir de la sélection traditionnelle (critères anatomiques et/ou physiologiques). Cette différence tient en particulier au rôle plus important tenu par les facteurs non génétiques dans le développement des comportements. Par ailleurs, la sélection porte dans bien des cas sur les potentialités sensorielles et motrices décisives pour l'expression d'un comportement et non sur le comportement lui-même.

Éthologie comparée. Il n'existe pas de fossiles de comportements, sinon des témoignages indirects (nids fossilisés, empreintes...). De tels éléments représentent de maigres indices pour appréhender des aspects aussi complexes que les habitudes alimentaires ou sociales d'espèces ayant vécu il y a plusieurs millions d'années. Les éthologistes ont alors pour recours de comparer les comportements entre les espèces actuelles et d'évaluer leurs similitudes en fonction de la proximité ou de l'éloignement, en termes d'évolution, de ces espèces.

La ritualisation. Les oiseaux présentent des parades nuptiales extrêmement ritualisées, dont certains actes apparaissent dans des contextes différents. Ainsi, chez le canard mandarin *(Aix galericulata),* le mâle pointe-t-il son bec sur la plume colorée de son aile pour attirer l'attention de la femelle. Cet acte est considéré comme dérivé d'un simple comportement de nettoyage des plumes observable chez des espèces parentes du canard mandarin. Le processus suivant lequel un comportement est ainsi amené à changer de fonction au cours de l'évolution est appelé *ritualisation.*

L'EMPREINTE

Les poussins d'espèces nidifuges (qui quittent le nid dès l'éclosion), telles que les oies ou les canards, suivent le premier objet mobile qu'ils rencontrent. En milieu naturel, il s'agit de leur mère mais, au laboratoire, ce peut être une mère d'une autre espèce, voire l'expérimentateur lui-même. Par la suite, la probabilité de voir s'établir un lien entre le jeune et un objet mobile étranger diminue. Le jeune apprend au cours d'une période très précise (période *critique*) les caractéristiques de son objet d'attachement, qui plus tard lui permettront de choisir un partenaire sexuel à l'intérieur de son espèce. Selon Lorenz, l'imprégnation, une fois réalisée, demeure *irréversible.* Des travaux ultérieurs ont cependant largement nuancé les premières conclusions sur la période critique et l'irréversibilité de l'empreinte.

A

A. **ENTRE CHIEN ET LOUP**

Il est facile de constater et d'admettre les fortes similitudes pouvant exister entre, par exemple, les comportements de menace de deux espèces telles que le chien et le loup. Leur parenté génétique conduit à parler de comportements *homologues* (dérivés d'un comportement présent chez un ancêtre commun) pour expliquer la ressemblance. Mais, en matière de comportement, il est toujours important d'observer une certaine prudence avant de parler d'homologie. Il n'est pas rare en effet que deux espèces présentent des comportements similaires non pas en raison de leur parenté génétique, mais parce qu'elles ont été amenées à résoudre des problèmes semblables dans les conditions écologiques où elles ont évolué. Il s'agit alors de convergence adaptative, et ces comportements sont dits *analogues* (offrande de proie avant l'accouplement que l'on retrouve chez des insectes, des araignées ou des oiseaux).

B

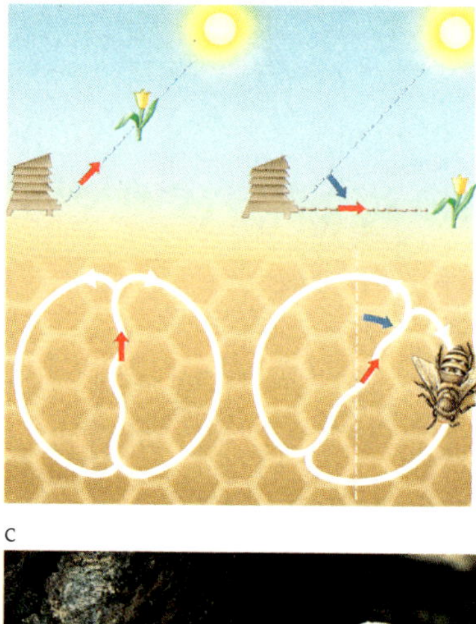

B. **DANSE DES ABEILLES**

Le naturaliste autrichien Karl von Frisch, prix Nobel 1973, a étudié la danse des abeilles butineuses de retour à la ruche. Ses travaux ont permis à von Frisch de déterminer la fonction de cette « danse frétillante ». Elle consiste à communiquer la localisation d'une source de nourriture. La danse a lieu sur les rayons verticaux de la ruche. Pour résumer simplement cette danse, on peut dire que, pour des sources situées à plus de 50 mètres, l'éclaireuse agite son abdomen au centre d'un circuit en 8 (trajet frétillant). L'angle entre ce trajet et la verticale du rayon représente celui entre le soleil et la source. Si le trajet a lieu vers le haut, la nourriture est dans la direction du soleil. S'il est réalisé vers le bas, la direction à suivre est à l'opposé de celle du soleil. Plus la nourriture est éloignée et plus le trajet est effectué lentement. De même, plus la danse dure longtemps et plus la quantité de nourriture est importante.

C

C. **DES RATONS « BIEN LÉCHÉS »**

On pensait que les léchages dispensés par les rates sur la région génitale de leurs nouveau-nés n'avaient pour seule fonction que d'aider ceux-ci à uriner. Pourtant, Celia Moore observa que ces soins étaient plus souvent délivrés aux jeunes mâles en raison de leur urine plus « attractive » et, par la suite, montra que ces léchages étaient nécessaires au bon développement du comportement sexuel de ces derniers.

LE PHÉNOMÈNE SOCIAL

La notion de société s'applique à un groupe d'individus appartenant à la même espèce, organisés de manière coopérative, vivant longtemps dans les mêmes lieux et entre lesquels existent des relations d'interattraction et d'interdépendance qui dépassent les seules nécessités de la reproduction. Les critères fondamentaux des sociétés animales sont : l'organisation des groupements, la coordination des activités, l'échange de stimulations spécifiques, la coopération entre les individus et le partage des tâches.

VIVRE GROUPÉS

LES AVANTAGES DU RASSEMBLEMENT

■ L'association avec des congénères peut augmenter les chances de survie de l'animal et sa capacité à se reproduire. Ce terme d'association recouvre une vaste gamme d'interactions depuis celles intervenant dans de simples rassemblements temporaires jusqu'à celles assurant la cohésion de sociétés véritables.

LES SOCIÉTÉS HUMAINES

La diversité des structures sociales rencontrées pour une seule et même espèce *(Homo sapiens)* distingue les sociétés humaines des autres sociétés animales. En tant que sociétés historiques, possédant une mémoire culturelle, ces sociétés peuvent se décrire comme des systèmes complexes auto-organisés et évolutifs, caractérisés par une hétérogénéité considérable et des contradictions multiples, sources de dynamisme et de progrès. Parallèlement à l'évolution des techniques de l'outillage et du langage, le rôle de la religion et de la morale comme ciments de l'unité sociale, la notion de valeur économique du travail et le contrôle conscient du comportement d'autrui par l'établissement de lois qui limitent son expression à certains standards ont contribué à la constitution de cultures différentes.

Les bénéfices. Ils sont essentiellement de trois types : la réduction des risques de prédation (en réduisant la détection par le prédateur – *effet probabiliste* – et le risque individuel d'être attaqué – *effet de dilution* –, en augmentant les chances de détection du prédateur – *comportement de vigilance* –, en provoquant la confusion chez le prédateur – *stratégie de dispersion*) ; l'augmentation des gains alimentaires (en augmentant le temps consacré à l'alimentation, l'efficacité dans la sélection et l'exploitation des sources de nourriture, en facilitant la découverte de nouvelles aires d'alimentation) ; enfin, la vie en groupe se traduit par l'augmentation des chances de reproduction et de survie de la descendance.

GROUPES ET SOCIÉTÉS

LES DEGRÉS D'INTERACTIONS

■ L'apparition du phénomène social dans des groupes différents (vertébrés, invertébrés) rend difficile toute tentative de classification des différents types de sociétés animales. L'étude comparative du comportement, des modes de communication et de coordination, permet cependant une distinction en six grands types sur la base d'une complexité croissante de la structure et de l'organisation sociale. Ces six types sont regroupés en deux ensembles : les groupements et les sociétés.

Les groupements incoordonnés. Ces rassemblements (saisonniers, de sommeil ou d'hibernation) sont ouverts et se caractérisent par l'existence d'une interattraction *(grégarisme)*, mais sans coordination ni organisation d'aucune sorte. Des relations agressives entre congénères, débouchant sur des structures hiérarchiques, ainsi que des comportements territoriaux peuvent s'y manifester.

Les groupements coordonnés simples. Ces groupements (bancs de poissons, animaux migrateurs), à caractère temporaire, montrent toutefois une coordination des mouvements et des déplacements.

Les sociétés inférieures. Elles présentent une coordination temporaire ou durable des activités permettant, outre les déplacements collectifs, la réalisation de constructions communes (par exemple, chez les chenilles et les araignées sociales). La dépendance de l'individu à l'égard du groupe reste faible.

Les sociétés simples ou coloniales. Il y a coopération des membres d'une même colonie pour certaines activités (alimentation, chasse, pêche), mais cette coopération s'accompagne d'une persistance de territoires individuels.

Les sociétés complexes. À la coordination des déplacements, de la construction, de l'alimentation et de la recherche de nourriture s'ajoutent les soins prodigués aux jeunes par les membres de la société. Interactions et systèmes de communication entre les individus y sont très développés.

Les sociétés supérieures. Elles se caractérisent par un grand développement de la division du travail (pouvant aboutir à des spécialisations morphologiques chez les insectes). Les constructions deviennent élaborées, le groupe se ferme, les relations interindividuelles et le système de communication atteignent leur degré maximal de complexité (termites, fourmis, bourdons, certaines guêpes et abeilles, homme). Dans le groupe des insectes, ce type d'organisation sociale est apparu douze fois indépendamment au cours de l'évolution dont onze fois chez les seuls hyménoptères (fourmis, abeilles, guêpes).

A

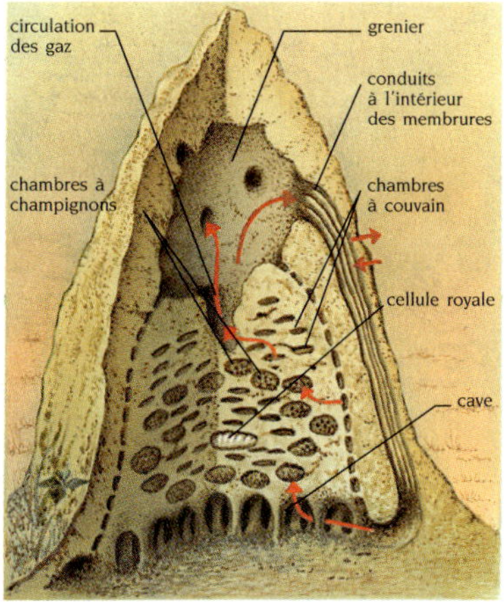

A. **ACTIVITÉ COMMUNE DES BÂTISSEURS**

L'architecture des nids de termites (ici *Macrotermes bellicosus*) permet de réguler température et hygrométrie. La construction repose sur le phénomène de la « stigmergie », c'est-à-dire une stimulation produite par l'accomplissement de certaines activités. Les premiers amoncellements de matériaux exercent ainsi un effet attractif sur les ouvriers constructeurs. Ainsi, la coordination ne dépend pas d'interactions directes, mais de l'activité commune.

B

B. **PRÉDATION COLLECTIVE**

Les araignées sociales (ici *Anelosimus eximius* de Guyane) constituent des sociétés inférieures, quoique déjà complexes et durables. La coordination des activités se traduit par la coopération dans la construction de pièges communs et l'apport de proies aux groupes de jeunes, ainsi que par l'alimentation collective sur la même proie. Cette stratégie de prédation collective permet aussi la capture de proies de grande taille.

C

C. **GUETTEURS À LEUR POSTE**

Les sociétés de chiens de prairie *(Cynomys)* se structurent en groupes familiaux exclusifs composés d'un mâle, de plusieurs femelles, des jeunes de l'année et de ceux de l'année précédente. À l'entrée des terriers, creusés les uns à côté des autres à raison de milliers par « village », la terre de remblai s'amoncelle en terrasses, qui protègent les nids des inondations et servent de postes d'observation aux guetteurs qui lancent l'alarme dès qu'un intrus apparaît.

LES INSECTES SOCIAUX

PARMI LES INVERTÉBRÉS, si certaines espèces d'araignées témoignent d'une forme d'organisation sociale (par l'existence d'une coopération entre individus), les exemples de sociétés véritables, appelées *eusociétés,* sont seulement connus dans la classe des insectes : termites, fourmis, bourdons et certaines espèces d'abeilles et de guêpes.

LES SOCIÉTÉS « VRAIES »

DU STADE SOLITAIRE À L'EUSOCIALITÉ

■ LES INSECTES SOCIAUX sont dits *eusociaux* pour souligner le caractère poussé de leur organisation sociale. Celle-ci présente simultanément trois critères essentiels apparus indépendamment au cours de l'évolution : coopération de tous les membres de la société pour élever le couvain, chevauchement d'au moins deux générations contribuant aux différentes tâches sociales (les derniers-nés aident leurs parents), existence d'une division du travail sur le plan reproducteur (certains individus seulement ont un appareil génital fonctionnel). L'évolution semble avoir suivi deux voies principales.

La voie parasociale ou semi-sociale. Les adultes d'une même génération s'assistent mutuellement (abeilles, bourdons et guêpes). La coopération qui, au premier stade *communautaire,* ne concerne que la construction d'un nid commun, porte au stade *quasi social* sur l'élevage du couvain réalisé par l'ensemble des femelles, qui continuent à pondre. Au stade *semi-social,* la ponte est réservée à quelques femelles ou à une seule, la reine : une caste ouvrière stérile apparaît. Avec l'augmentation de la durée de vie des colonies, qui rend possible le chevauchement des générations, l'eusocialité émerge.

La voie subsociale. Elle repose sur une augmentation progressive de l'association entre la mère et ses enfants (chez les fourmis et les termites). La femelle, qui initialement dépose ses œufs près d'une source de nourriture, se met à chasser des proies vivantes, qu'elle paralyse et offre à sa descendance. La construction du nid évolue parallèlement à l'approvisionnement qui, de « masse », devient « progressif ».

À un stade supérieur, la vie de la femelle s'allonge, d'où le chevauchement des générations et la coopération pour l'élevage du couvain. Enfin, l'apparition d'une alimentation différentielle des larves conduit à la différenciation marquée entre individus reproducteurs (reines et mâles) et individus stériles (ouvrières).

LA VARIABILITÉ INTERINDIVIDUELLE

Dans une société d'insectes, les tâches apparaissent strictement définies pour chaque individu, jusqu'à s'inscrire dans sa morphologie et dans sa physiologie. Dans certaines sociétés (abeilles), ces différentes tâches évoluent au cours de la vie de l'individu.

Pourtant, loin d'être figé, le comportement individuel témoigne d'une réelle flexibilité, qui joue un rôle fondamental dans la mise en place de la structure sociale. Dans les groupes sociaux primitifs cette flexibilité comportementale, ou *idiosyncrasie,* serait même le seul facteur structurant de la division du travail. L'idiosyncrasie apparaît actuellement comme un des facteurs clés dans le maintien de l'équilibre interne des sociétés les plus évoluées et apparemment les plus rigides (fourmis, termites, abeilles).

LA DIVISION DU TRAVAIL

UN TRAIT MAJEUR DE LA SOCIÉTÉ

■ LA SPÉCIALISATION DANS LA RÉALISATION de différentes tâches *(polyéthisme)* pendant une période de temps donnée est à la base de la division du travail, si caractéristique des sociétés d'insectes. Les facteurs qui la déterminent sont essentiellement de trois ordres.

La différence de morphologie en est l'élément le plus évident. La variabilité morphologique *(polymorphisme)* peut porter sur un ou plusieurs caractères. Ainsi, dans la caste des individus stériles, des comportements se différencient, le plus souvent en relation étroite avec les capacités acquises par différenciation morphologique : broyer des graines, découper des feuilles ou assurer la défense de la colonie.

L'âge est également un facteur prépondérant. Chez les abeilles, par exemple, au fur et à mesure qu'elles vieillissent, les ouvrières passent par les différentes spécialisations du travail représentées dans la société. La séquence la plus habituelle consiste en un passage par les soins au couvain durant les premiers jours qui suivent l'émergence, une participation progressive à des travaux domestiques de plus en plus orientés vers l'extérieur et, enfin, une spécialisation dans la recherche de nourriture (butineuses).

Enfin, malgré l'apparente rigidité des sociétés d'insectes, il existe une certaine variabilité du comportement individuel qui vient moduler l'action des deux facteurs précédents.

C

A. PARTAGE DES TÂCHES SELON L'ÂGE

À un âge donné, une abeille ouvrière effectue diverses tâches, s'investissant davantage dans certaines et les réalisant mieux. Dans ce tableau est figuré le pourcentage d'ouvrières occupées à chaque tâche selon leur âge.

A. RÉPARTITION SELON L'ÂGE ET LA TÂCHE

Âge (en jours)	2	4	8	14	20	26
Nettoyage des cellules	36	10	2	0	0	0
Ventilation	0	15	8	3	1	1
Elevage du jeune couvain	1	8	8	2	1	0
Vols d'orientation	0	1	8	5	2	0
Garde	0	0	1	8	5	1
Récolte du pollen	0	0	0	8	7	3

C. ARCHITECTURE SOIGNÉE

Les abeilles construisent des loges hexagonales en cire (appelées « alvéoles » ou « cellules »), qu'elles assemblent en rayons contenus dans un nid (ici un nid sauvage). Les nids d'insectes sociaux servent d'abri, de lieu de stockage de la nourriture, et cela pour des populations importantes. D'une espèce à l'autre, le type de matériaux change (terre, résine, feuilles, brindilles, salive, fèces,...). Ces matériaux sont utilisés seuls ou en combinaison.

B

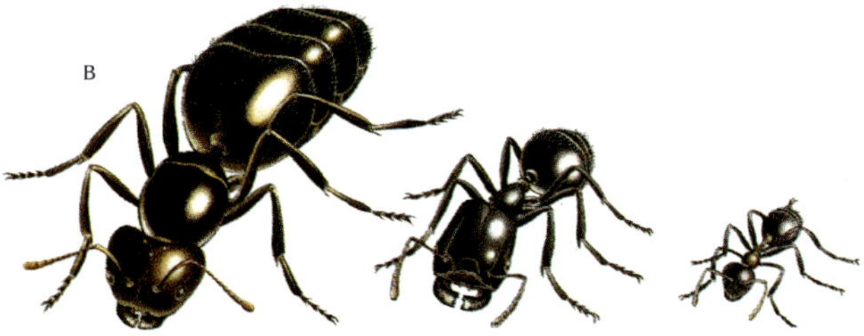

B. DIFFÉRENCES MORPHOLOGIQUES

Ce dessin montre le polymorphisme chez une fourmi méditerranéenne, *Pheidole pallidula.* Les *ouvrières minors* se distinguent des *ouvrières majors (soldats),* dont les puissantes mandibules permettent le découpage des proies et le broyage des graines ainsi que la défense contre les intrus. La reine est l'individu le plus gros.

D

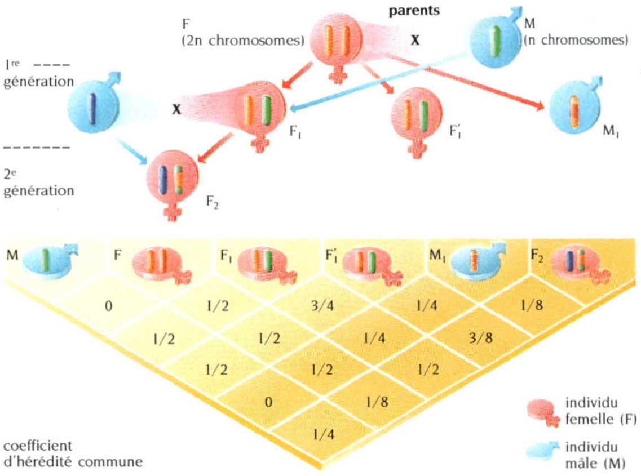

D. LA THÉORIE D'HAMILTON

Dans une société d'insectes comme les fourmis, les femelles portent, dans leurs cellules, des chromosomes groupés par paires (diploïdie), alors que ceux des mâles sont en exemplaires uniques (haploïdie). Cette *haplodiploïdie* (le sexe de l'individu est déterminé par le nombre de ses chromosomes) implique que des sœurs issues des mêmes parents présentent plus d'hérédité commune entre elles (75 p. 100 en moyenne) qu'avec leur propre descendance (50 p. 100). Cette caractéristique des insectes hyménoptères aurait favorisé leur évolution sociale, les femelles ouvrières ayant « renoncé » à la reproduction pour soigner leurs sœurs. (D'après Hamilton, Wilson et Smith.)

LES SOCIÉTÉS DE VERTÉBRÉS

D'UNE ORGANISATION apparemment moins stricte que celle des insectes, les sociétés de vertébrés atteignent cependant un haut niveau de complexité au travers de la diversité des relations entre individus.

Au sein du groupe des vertébrés, le phénomène social s'observe chez certains oiseaux (sa forme la plus avancée est la reproduction communautaire) et, surtout, chez les mammifères.

LES STRUCTURES SOCIALES

COMPOSITIONS ET INTERACTIONS

■ CHEZ LES VERTÉBRÉS, la *structure sociale* est définie par la composition des groupes (nombre, âge, sexe des individus) et les relations entre leurs membres. Ces dernières déterminent l'organisation des groupes.

Chaque structure sociale est organisée autour de quatre fonctions vitales : l'appariement pour la reproduction des individus, l'élevage des jeunes, l'exploitation des ressources et la défense du groupe. Chaque fonction peut être assurée par tous les individus ou par une partie du groupe social.

Les appariements. Ils sont de type *monogame* (la plupart des oiseaux, les castors, les gibbons) ou *polygame* (la plupart des mammifères). Dans ce dernier cas, on parle de *polygynie* lorsqu'un mâle s'accouple avec plusieurs femelles et de *polyandrie* si une femelle a plusieurs partenaires. Limités à la période de reproduction, les liens entre partenaires donnent lieu, chez des espèces polygames, à des *harems temporaires* (éléphants, cerfs). Lorsqu'ils s'étendent au-delà, ils caractérisent des *harems permanents* (hamadryas) ou des *groupes multimâles* hiérarchisés (cynocéphales et babouins de Guinée).

L'élevage des jeunes. Il influence la structure du groupe à travers deux facteurs : la présence ou non du mâle auprès de la femelle ainsi que l'éloignement plus ou moins tardif des jeunes. Les carnivores et les primates, chez qui la période de maturation est longue, montrent des liens mère-jeunes durables. Ils conduisent parfois les jeunes à aider la mère à soigner sa deuxième portée (marmousets).

Alimentation et défense. La structure et l'organisation sociales montrent des relations étroites et complexes avec les facteurs écologiques tels que la densité, la distribution temporelle et spatiale des ressources et les pressions exercées par les prédateurs.

On remarque parmi les antilopes africaines, par exemple, que les espèces sélectives sur le plan alimentaire, généralement de petite taille, dissimulées, et qu'elles vivent en couple ou en petits groupes (ourébi, dik-dik). Les espèces peu sélectives, de taille plus grande, ont pour stratégie l'alarme ou la fuite et vivent au sein de grands troupeaux (bubales, gnous).

La hiérarchie. Au sein du groupe social, les besoins individuels (alimentation, espace, reproduction) génèrent nombre de tensions entre les membres. Le maintien des structures sociales est rendu possible non par la disparition des tendances agressives, mais grâce à des mécanismes qui assurent la résolution des conflits, par exemple les principes de dominance-subordination. Lors d'un conflit, un individu signale qu'il reconnaît la dominance d'un autre par des mimiques (macaques), des vocalisations (chimpanzés) ou des postures (loups) bien spécifiques.

Au cours des conflits au sein du groupe, les affinités entre individus amènent parfois ceux-ci à coopérer. Chez les primates, certaines alliances permettent à des individus de défier un congénère qui leur est à chacun hiérarchiquement supérieur. Parfois, les mâles dominants mettent fin à des conflits entre congénères et semblent ainsi consolider leur statut.

L'apprentissage de la vie sociale. La mère représente une des clés de l'intégration sociale des jeunes. Chez les macaques, les jeunes sont insérés hiérarchiquement immédiatement après leur mère (hiérarchie matrilinéaire). Les femelles de rang élevé autorisent plus aisément leurs jeunes à s'éloigner et à interagir avec d'autres membres. Elles interviennent aussi plus fréquemment que les autres femelles en faveur de leurs enfants au cours des conflits. Enfin, le jeu avec les compagnons de même âge tient un rôle important dans la socialisation.

A

A. **ÉPOUILLAGE**

Les comportements d'épouillage (ci-dessus entre babouins) tiennent une place importante dans la vie sociale des primates. Ils sont souvent échangés entre individus apparentés et surtout entre une mère et ses enfants (macaques, babouins, chimpanzés). Les positions hiérarchiques des individus déterminent une forte dissymétrie dans l'échange de ce type d'interaction : les animaux de rang élevé sont plus souvent l'objet de ces toilettes. Ces animaux de rang élevé sont généralement des femelles réceptives, dans le cas de soins de toilette par des mâles, et des mères avec des petits ou des petits seuls, dans le cas de soins de toilette par des femelles.

B

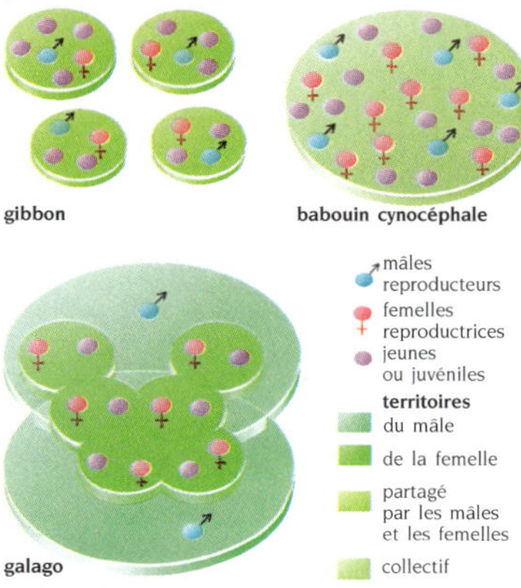

B. **STRUCTURES SOCIALES CHEZ LES PRIMATES**

Ces dessins, qui indiquent les territoires occupés par les différents individus (dans des groupes de galagos de babouins et de gibbons), sont révélateurs de la variété des structures sociales des primates. Les gibbons sont monogames et vivent en groupes isolés. Les galagos sont des prosimiens dont les femelles, avec leur unique jeune, défendent leur territoire. Les mâles possèdent un territoire plus large et peuvent partager certaines femelles. Les babouins cynocéphales forment de grands groupes de plusieurs mâles et de plusieurs femelles.

C

C. **PROTÉGER LES JEUNES**

Tous les éléphants adultes (ici au Kenya) portent une attention particulière aux jeunes, les femelles les allaitent sans discrimination et les jeunes femelles veillent à ce qu'ils ne s'éloignent pas trop. Si l'un d'eux, blessé, est à terre, ses congénères tentent de le remettre debout. Face à un danger, la troupe forme un cercle avec les jeunes au centre.

D

D. **RATS-TAUPES CREUSANT UNE GALERIE**

Ces rats-taupes glabres *(Heterocephalus glaber)* sont des rongeurs d'Afrique de l'Est, seuls vertébrés connus pour leur vie sociale organisée à la manière de celle d'insectes, les termites. Dans le groupe, une seule femelle et un ou deux mâles se reproduisent. Le reste de la colonie est composé de mâles et de femelles stériles de plus faible taille, engagés dans des tâches collectives (ici l'aménagement d'une galerie souterraine). Ces tâches collectives recouvrent également la recherche et le transport de nourriture, l'alimentation des jeunes et la défense.

LES ANIMAUX MIGRATEURS

On peut définir la migration comme un déplacement s'effectuant la plupart du temps sur de longues distances, le plus souvent lié aux saisons, se reproduisant de façon plus ou moins régulière au cours de la vie d'un animal. Les hirondelles, qui quittent l'Europe en automne pour l'Afrique et qui reviennent au printemps suivant, représentent un exemple classique d'animaux migrateurs. Toutefois, il existe des cas où les déplacements sont moins réguliers, voire uniques dans l'existence de l'animal, et d'autres, comme chez les papillons monarques nord-américains, où les allers et les retours entre deux régions sont effectués par des générations successives.

ATTEINDRE UN BUT

LES FACTEURS DE MIGRATION

■ Les déplacements des animaux migrateurs peuvent être passifs : c'est un courant aérien ou marin qui les emmène d'une aire géographique vers une autre. Néanmoins, la plupart des migrations résultent de mouvements actifs entre deux zones distinctes, ces dernières pouvant être très éloignées.

Au cours de ses déplacements, l'animal migrateur fait appel à des mécanismes d'orientation et de migration. On entend par orientation la capacité à suivre une certaine direction, sans que le but soit nécessairement connu. La navigation implique en revanche que l'animal se dirige vers un but précis.

L'orientation. La plupart des animaux explorent leur environnement dans toutes les directions. Néanmoins, certaines espèces peuvent manifester une direction préférentielle au cours de leurs déplacements. C'est le cas, par exemple, des papillons qui maintiennent toujours un même cap dans leurs déplacements. C'est aussi celui d'un grand nombre d'oiseaux.

Cette capacité a souvent une valeur adaptative : ainsi, un oiseau qui a tendance à se diriger vers l'équateur en automne et à s'en éloigner au printemps augmente ses chances de survie. On a même observé chez des oiseaux originaires de l'hémisphère Nord, maintenus en captivité, qu'ils préféraient la partie sud de leur cage en automne et la partie nord au printemps. La préférence pour l'aval chez le jeune poisson de rivière est également un facteur de survie : c'est là qu'il trouvera le plus de nourriture pour assurer son développement. Le poisson plus âgé préférera en revanche l'amont pour frayer, là où les eaux sont moins profondes et les prédateurs plus rares.

La navigation. Pour naviguer, un animal peut procéder de deux façons différentes, soit en mémorisant un itinéraire, soit en repérant la localisation de son point d'arrivée.

Dans le premier cas, il ne lui sera pas possible de prendre une route différente de l'itinéraire mémorisé au cours de son premier voyage. Des repères proches, appartenant à l'environnement immédiat de l'itinéraire, et d'autres plus éloignés, comme le relief (et autres repères géographiques) et les astres (Soleil, Lune), sont utilisés dans ce type de navigation.

Dans le second cas, l'animal n'utilise pas des repères mémorisés au cours d'un premier voyage, mais évalue la position du point à atteindre par rapport à l'endroit où il se trouve. L'animal disposerait alors d'une « carte mentale » dont on ignore tout quant aux modalités de fonctionnement.

Pour étudier la navigation, on observe comment des animaux déplacés artificiellement sont capables de se retrouver.

A

A. **MIGRER SELON LES SAISONS**

Les variations saisonnières et les disponibilités alimentaires qui en découlent apparaissent comme le principal facteur déterminant le rythme migratoire des oiseaux. C'est le cas pour les flamants roses, dont on voit ici une formation de vol en V. Chez de nombreuses espèces, le départ en migration est déterminé par des mécanismes physiologiques, en particulier hormonaux, eux-mêmes liés aux variations de la durée relative du jour et de la nuit (photopériode). Ainsi les oiseaux migrateurs partagent-ils leur existence entre une aire de reproduction et une aire d'hivernage, parfois séparées par de très grandes distances. Le record toutes catégories est détenu par la sterne arctique, qui migre entre les deux zones polaires et qui parcourt donc, en huit mois de voyage annuel, un périple de plus de 40 000 kilomètres.

LE MYSTÈRE DES TORTUES DE L'ÎLE DE L'ASCENSION

Les tortues marines sont, parmi les reptiles, les plus grands migrateurs. Chez les tortues vertes *(Chelonia mydas)*, les femelles choisissent une plage tropicale sur laquelle elles viennent pondre tous les deux ou trois ans. La façon dont elles retrouvent leur lieu de ponte reste totalement mystérieuse.

Des femelles pondeuses capturées, en période de ponte, sur l'île de l'Ascension en plein milieu de l'Atlantique sud ont été marquées. Elles ont été retrouvées, l'année suivante, à plus de 2 500 kilomètres plus à l'ouest, sur les côtes du Brésil. Or ces mêmes tortues savent parfaitement retrouver la minuscule île où elles ont pondu pour la première fois à la période de ponte suivante.

B

B. **UN MIGRATEUR PASSIF : LE MORSE**

L'hiver, dans les régions polaires, les eaux sont souvent prises par les glaces. Il subsiste néanmoins des zones libres sur lesquelles flottent des blocs de glace. Les morses utilisent ces derniers comme des radeaux pour se déplacer entre ces zones libres et leur aire de reproduction estivale. Ce sont les plus gros animaux à migrer de façon passive.

C

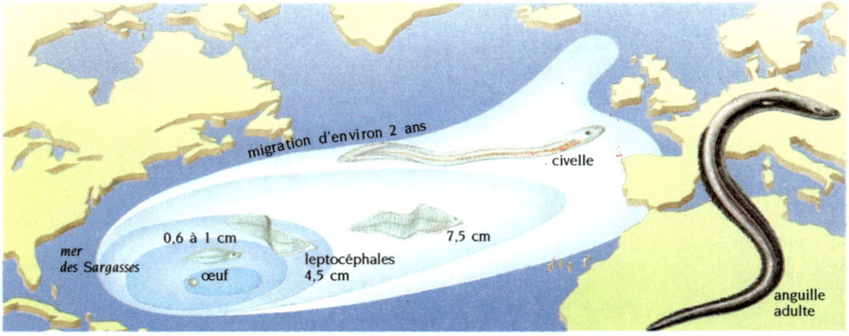

C. **CYCLE DES ANGUILLES**

Les anguilles d'Europe *(Anguilla anguilla)* pondent dans la mer des Sargasses, au sud de la Floride. Les larves, aplaties et transparentes, sont emportées par le Gulf Stream vers les côtes européennes. Là, elles se transforment en civelles au corps allongé. Ces dernières pénètrent dans les fleuves dont elles remontent le cours. Les anguilles adultes, après une dizaine d'années de vie sédentaire en eau douce, cessent de se nourrir et regagnent la mer. Cette seconde migration dure environ 6 mois (pour une distance de l'ordre de 6 000 km). Au cours de leur progression vers les profondeurs de la mer des Sargasses, leurs organes reproducteurs se développent et elles deviennent aptes à pondre.

LES MÉCANISMES D'ORIENTATION

VOIR, SENTIR ET PERCEVOIR

LES SECRETS DE L'ORIENTATION

■ POUR S'ORIENTER et pour naviguer, les animaux utilisent leurs capacités sensorielles. Certaines d'entre elles nous sont familières, comme la vue ou l'odorat. D'autres nous sont totalement inconnues, comme la perception des variations du champ magnétique terrestre.

Au cours de leurs déplacements, les migrateurs utilisent alternativement ces capacités sensorielles, dont certaines sont plus ou moins privilégiées, en fonction, notamment, des conditions météorologiques. Ce phénomène a bien été montré par les travaux concernant le retour au nid du pigeon voyageur, chez qui on a mis en évidence le rôle de la vision (qui repose sur des repères fixes et des repères célestes), de l'odorat et du sens magnétique.

LA BOUSSOLE MAGNÉTIQUE DU PIGEON VOYAGEUR

L'intensité du champ magnétique terrestre est variable : plus on s'éloigne du pôle, plus elle est grande. Beaucoup d'oiseaux migrateurs, comme les pigeons voyageurs *(Ectopistes migratorius)*, semblent être sensibles à ces variations, qu'ils utiliseraient pour s'orienter. On a observé que les pigeons voyageurs étaient perturbés dans leurs déplacements quand les conditions météorologiques modifiaient l'intensité du champ magnétique. De plus, on a découvert dans leur cerveau des cristaux d'aimant naturel, la magnétite, un oxyde de fer ayant la propriété de s'orienter comme une boussole.

L'orientation visuelle. Un grand nombre d'animaux migrateurs prennent pour base des repères visuels pour se déplacer au cours de leurs migrations. Les oiseaux utilisent ainsi des éléments de la topographie, rivières, côtes, chaînes de montagnes, dont ils se servent comme de lignes directrices.

À ces repères fixes, qui ne sont utilisables que le jour, s'ajoutent des repères mobiles célestes, diurnes ou nocturnes : le Soleil, la Lune et les étoiles. De nombreux animaux sont capables de s'orienter sur le Soleil, même si celui-ci est masqué par une épaisse couche de nuages.

Un papillon commun en Europe, la vanesse « petite tortue », maintient un cap fixe au fil des jours dans son mouvement migratoire, sans qu'aucune « horloge interne » ne lui permette de compenser les mouvements apparents du Soleil. Chaque jour, aux heures les plus chaudes, elle effectue un déplacement courbe en suivant la direction de l'azimut du Soleil, point sur l'horizon à la verticale de cet astre. La répétition de ces portions de courbe jour après jour aboutit à un déplacement qui conserve une direction fixe. D'autres espèces de papillons sont capables de corriger les déplacements du Soleil et de maintenir un cap constant. Les papillons nocturnes se fondent généralement sur la Lune mais aussi sur les étoiles : on s'est rendu compte, en recouvrant de peinture la partie supérieure de leurs yeux composés, que les papillons étaient alors incapables de se diriger correctement.

L'orientation olfactive. Les saumons se reproduisent dans le torrent qui les a vus naître après un périple de plusieurs années en pleine mer. Ils retrouvent leur rivière d'origine à l'odeur. On pense que les saumons remontent ainsi leur cours d'eau en reconnaissant, grâce à leur odorat, les zones successives de celui-ci. Selon certains auteurs, l'odeur des jeunes saumons, qui descendent vers la mer et que croisent les adultes dans leur voyage inverse, aiderait également ces derniers à retrouver leur torrent d'origine, dans l'hypothèse où les saumons nés dans une même zone partageraient une odeur commune.

Des expériences menées sur le pigeon voyageur ont montré que l'olfaction avait un rôle important lors de son retour vers le nid. En effet, si on soumet un pigeon à des substances très odorantes, il se trouve totalement désorienté. On pense que ces animaux sauraient, à l'aide des odeurs transportées par les vents dominants, se situer sur une « carte odorante » de la région dans laquelle ils vivent. Cette hypothèse n'est fondée que pour les petites distances, car il semble difficile d'imaginer qu'un repère odorant situé près du nid (une forêt de résineux, par exemple) puisse être identifié à 100 kilomètres de ce dernier.

Autres mécanismes d'orientation. L'orientation fondée sur l'audition est assez exceptionnelle. Un des rares cas connus est celui des grands troupeaux de mammifères herbivores d'Afrique. Dans le Serengeti (Kenya), une des seules régions où subsistent de tels déplacements, le parcours migratoire a une forme de boucle et varie selon la localisation des zones de pluies. Il semble que, pour se diriger, les gnous, les gazelles et les zèbres qui constituent ces troupeaux se repèrent au bruit des orages.

Les variations d'intensité du champ magnétique terrestre sont également utilisées pour l'orientation, comme cela a été mis en évidence chez le pigeon voyageur. D'autres animaux font sans doute aussi appel au sens magnétique : la présence de magnétite chez les abeilles, les papillons monarques, les dauphins et certaines tortues plaide en faveur de cette hypothèse.

A

A. **L'ODEUR DE LA RIVIÈRE**

Nés dans un torrent de montagne, les saumons nagent jusqu'à l'embouchure de leur fleuve puis dans l'océan. Après quelques années de croissance en mer, ils regagnent leur lieu de naissance pour y frayer, en se guidant avec les odeurs caractéristiques des eaux de leur rivière.

B

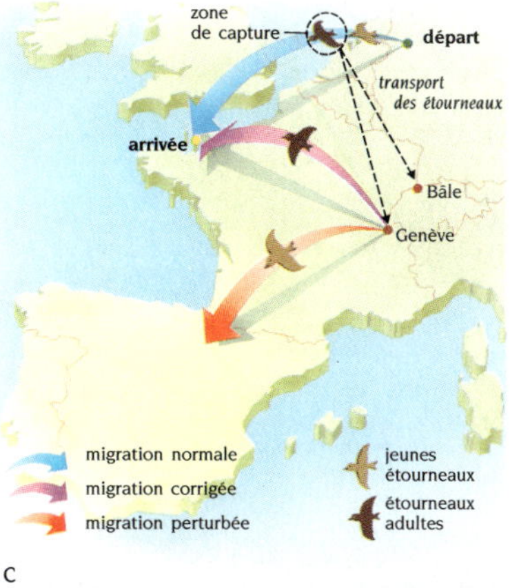

B. **APPRENDRE À NAVIGUER**

Des étourneaux sansonnets (*Sturnus vulgaris*), capturés aux Pays-Bas alors qu'ils effectuaient leur migration d'automne vers une région située au sud-ouest de leur point de départ, ont été transportés sur deux aéroports suisses (à Bâle et à Genève), d'où ils ont été relâchés.
Les jeunes oiseaux sont repartis alors selon leur direction initiale de vol et ont atteint des quartiers d'hiver totalement inhabituels : le sud de la France et l'Espagne. Les adultes, au contraire, se sont dirigés vers le nord, en modifiant la direction de vol qu'ils suivaient initialement. Cette correction de trajectoire, qui révèle la mise en jeu d'un mécanisme de navigation, leur a permis de retrouver leurs zones d'hivernage classiques : le nord-ouest de la France et le sud des îles Britanniques. Chez les étourneaux, l'aptitude à naviguer n'est donc pas innée, mais résulte d'un apprentissage (les jeunes apprenant au contact des adultes).

C

C. **COMMENT S'ORIENTE LA PUCE DE MER ?**

La puce de mer *(Talitrus saltator)* vit sur la bande de sable humidifiée par les vagues. Pour suivre les mouvements de la ligne de vagues, les puces de mer doivent se diriger vers la mer à marée descendante et vers la terre ferme à marée montante. Pour cela, elles se servent de la position du Soleil dans le ciel, qui leur permet de retrouver la mer grâce à une horloge interne. L'aptitude à se diriger en fonction du Soleil est génétique.

RÉFÉRENCES

anatomie, science qui a pour objet l'étude de la forme et de la structure des êtres organisés, et celle des rapports entre eux des organes qui les constituent. L'anatomie est l'une des parties fondamentales de la biologie, l'autre étant la physiologie ; toutefois, l'apparition de l'*anatomie physiologique* (ou anatomie fonctionnelle), qui tend à établir les corrélations entre la forme et la fonction, montre qu'une telle opposition est trop schématique. L'*anatomie descriptive* (ou *analytique*) a pour objet la description d'un organe. L'*anatomie topographique* précise les rapports qu'ont entre eux les organes d'une même région. L'*anatomie comparée* cherche ce qui rassemble ou différencie, ce qui est fondamental ou secondaire dans l'organisation des espèces : cette science apporte des notions essentielles à l'anthropologie, à la zoologie, à la paléontologie... L'*anatomie pathologique* est l'étude des modifications de forme, de structure ou de rapports provoquées par la maladie. L'*histologie,* dont le développement a suivi celui du microscope, a étendu son domaine de l'observation de la cellule à celle de ses structures les plus fines grâce au microscope électronique. L'*anatomie végétale* étudie la forme des divers organes des plantes et de leur structure ; elle sert, en particulier pour les plantes fossiles, à appuyer les données de la morphologie externe en vue de la classification des végétaux. On ne la distingue généralement pas de l'histologie végétale (étude des tissus).

Baer (Karl Ernst von), naturaliste russe d'origine allemande (Gut-Piep, Estonie, 1792-Dorpat 1876). Auteur d'importants travaux d'anatomie comparée, d'anthropologie et surtout d'embryologie, il a découvert l'œuf des mammifères (ovule fécondé) et la corde dorsale (axe squelettique embryonnaire des vertébrés). On le considère comme le fondateur de l'embryologie moderne.

Balbiani (Édouard), zoologiste français (Saint-Domingue 1822 ou 1825-Meudon 1899). Professeur d'embryologie comparée au Collège de France, il a étudié en particulier la sexualité des protistes ciliés, le corps vitellin des jeunes ovules des animaux et le développement des pucerons.

Balfour (Francis Maitland), physiologiste anglais (Édimbourg 1851-mont Blanc 1882). Il fit, à Naples, des recherches embryologiques sur les poissons. C'est le meilleur représentant de l'embryologie évolutionniste.

Banting (sir Frederick Grant), médecin canadien (Allison, Ontario, 1891-Musgrave Harbor 1941). Il a participé à la découverte de l'insuline. Ses recherches lui ont valu, en 1923, le prix Nobel de médecine, avec Macleod.

Bataillon (Eugène), biologiste français (Annoire, Jura, 1864-Castelnau-le-Lez, près de Montpellier, 1953). Il doit sa renommée à ses travaux sur la parthénogenèse expérimentale des amphibiens (possibilité d'induire le développement complet d'individus à partir d'ovules vierges).

Bates (Henry Walter), naturaliste anglais (Leicester 1825-Londres 1892). Surtout connu comme entomologiste, il publia des travaux importants, notamment sur le mimétisme dit « batésien ».

Bateson (William), généticien anglais (Whitby 1861-Londres 1926). Il fit connaître les travaux de Mendel en Angleterre et, parallèlement à Cuénot en France, les appliqua aux animaux.

Bell (sir Charles), physiologiste écossais (Édimbourg 1774-North Hallow, près de Worcester, 1842). Il montra que certaines fibres nerveuses (les racines antérieures de la moelle épinière) ont un rôle moteur, découverte confirmée par Magendie, qui découvrira la fonction sensitive des racines postérieures.

Belozerski ou **Bielozerski** (Andreï Nikolaïevitch), biochimiste russe (Tachkent 1905-Moscou 1972). On lui doit de nombreux travaux sur les levures et les bactéries, mais surtout sur la jonction et la disjonction entre la molécule d'A. D. N. et les protéines des chromosomes.

Benoît (Jacques), histologiste et endocrinologue français (Nancy 1896-Neuilly-sur-Seine 1982). Il a étudié le conditionnement neurohormonal des caractères sexuels chez les oiseaux.

Bernard (Claude), médecin et physiologiste français (Saint-Julien, Rhône, 1813-Paris 1878). Fondateur de la physiologie animale, il aborda par l'expérimentation les grands domaines de cette science. Il démontra notamment le rôle du pancréas dans la digestion des corps gras. En découvrant que le foie, outre sa fonction digestive (sécrétion de la bile), produit également du glucose à partir du glycogène, Claude Bernard montra qu'un même organe pouvait avoir plusieurs fonctions. Il étudia aussi le système nerveux, en particulier son action sur le calibre des vaisseaux sanguins et sur les sécrétions, ainsi que les effets des poisons et des anesthésiques. Dans son *Introduction à l'étude de la médecine expérimentale* (1865), il définit les principes fondamentaux de la recherche scientifique.

Bichat (Marie François Xavier), anatomiste français (Thoirette, Jura, 1771-Paris 1802). Il fut le fondateur de l'anatomie générale, laquelle ne considère pas les organes en particulier, mais les éléments qui entrent dans leur structure, les tissus, un même tissu pouvant participer à la constitution de différents organes. Il a contribué au développement de l'embryologie.

biochimie, science qui étudie la composition et les réactions chimiques de la matière vivante et des substances qui en sont issues.

biologie cellulaire, syn. de CYTOLOGIE.

biologie moléculaire, expression proposée par le cristallographe W. T. Astbury (1940) pour désigner l'étude des structures et des fonctions des macromolécules biologiques (en particulier les protéines et les acides nucléiques, A. D. N. et A. R. N.). Fondée sur les développements de la génétique, de la biochimie et de la cytologie, la biologie moléculaire tend à rendre compte des phénomènes biologiques à partir des principes de la physique et de la chimie.

biométrie, ensemble des techniques de mesure des êtres vivants et des méthodes statistiques de traitement des mensurations.

Bonnet (Charles), philosophe et naturaliste suisse (Genève 1720-Genthod, près de Genève, 1793). Il étudia la régénération des vers d'eau douce et découvrit, en 1740, la parthénogenèse chez le puceron. Il consigna ses observations dans son *Traité d'insectologie* (1745) ; un autre ouvrage, *De l'usage des feuilles* (1754), contient les résultats de ses recherches en botanique.

Brachet (Jean), biochimiste belge (Bruxelles 1909), auteur de travaux sur les acides nucléiques (A. R. N. en particulier) et sur la différenciation cellulaire.

Brown (Robert), botaniste écossais (Montrose, Angus, 1773-Londres 1838). Il étudia la cellule végétale, dont il découvrit le noyau. Il observa le mouvement désordonné de particules microscopiques en suspension dans un liquide, mouvement appelé depuis *mouvement brownien.*

Brown-Séquard (Charles Édouard), physiologiste et médecin français (Port-Louis, île Maurice, 1817-Paris 1894). Il étudia le fonctionnement et les maladies du système nerveux. Il a décrit les conséquences de certaines lésions de la moelle épinière et étudié les modalités et le siège de la transmission des influx nerveux, moteurs et sensitifs, dans la moelle. En définissant le rôle et le mécanisme des glandes à sécrétion interne, il a été à l'origine du développement de l'endocrinologie.

Buvat (Roger), botaniste français (Puteaux 1914). Il est l'auteur de travaux de cytologie et d'histologie végétales portant principalement sur les cultures de tissus et la différenciation cellulaire.

Calvin (Melvin), chimiste américain (Saint Paul, Minnesota, 1911). Grâce à l'emploi de gaz carbonique marqué au carbone 14, il a pu, dans l'étude du mécanisme de la photosynthèse, montrer la formation d'un grand nombre de substances intermédiaires, souvent fugitives, notamment de sucres, et mettre en évidence l'intervention de nombreuses enzymes. (Prix Nobel 1961.)

Carrell (Alexis), physiologiste et chirurgien français (Sainte-Foy-lès-Lyon 1873-Paris 1944). Il a réalisé de nombreux travaux sur la suture des vaisseaux sanguins, la greffe des tissus et des organes, et la survie des cellules, des tissus et des organes en dehors du corps. Il est l'auteur d'un ouvrage spiritualiste à succès, *l'Homme, cet inconnu* (1936). [Prix Nobel de médecine 1912.]

Caullery (Maurice), zoologiste français (Bergues 1868-Paris 1958). Il a effectué des recherches spéciales sur le parasitisme, la sexualité, l'influence des milieux et écrit d'importants ouvrages de synthèse (*Organisme et sexualité, le Parasitisme et la symbiose, etc.*).

Chabry (Laurent Marie), embryologiste français (Roanne 1855-Riorges, Loire, 1894). Ses expériences sur l'œuf d'ascidie (1887) ont fondé la notion d'« œuf mosaïque », dans lequel l'un des deux premiers blastomères, même isolé de l'autre, ne peut produire qu'un demi-embryon.

chronobiologie, science qui a pour objet l'étude quantitative des modifications temporelles des phénomènes biologiques.

Clark (Eliot R.), biologiste américain (Shelburne, Massachusetts, 1881-Philadelphie 1963). On lui doit d'importantes observations sur l'animal vivant équipé d'une « fenêtre » transparente (circulation du sang, croissance, cicatrisation).

Claude (Albert), biologiste américain d'origine belge (Longlier, Belgique, 1898-Bruxelles 1983). Il a reçu le prix Nobel de physiologie et de médecine en 1974, avec Christian de Duve et George Emil Palade, pour des travaux sur l'organisation structurelle et fonctionnelle de la cellule.

cognitivisme, doctrine ou courant de pensée de la psychologie qui met l'accent sur les phénomènes de cognition, c'est-à-dire ceux qui sont liés à la connaissance. Une partie des neurosciences (les neurosciences cognitives) porte ainsi sur l'étude de la cognition. En éthologie, le cognitivisme est une doctrine selon laquelle l'animal est capable de forger des représentations (images, symboles, etc.) et de les lier entre elles.

Colin (abbé Henri), botaniste français (Bains-les-Bains 1880-Paris 1943). Il a étudié d'abord le mécanisme des actions enzymatiques, puis rapidement il a orienté ses travaux vers les glucides et leur synthèse (betterave, topinambour, algues, etc.).

Combes (Raoul), naturaliste français (Castelfranc, Lot, 1883-Paris 1964). Il a étudié le métabolisme de l'azote et du phosphore chez les végétaux. Ses travaux les plus importants concernent l'action du milieu sur la physiologie et la morphologie des végétaux.

Crick (Francis Harry Compton), biologiste anglais (Northampton 1916). Avec James D. Watson et Maurice H. F. Wilkins, il a découvert la structure en double hélice de l'A. D. N. (Prix Nobel de médecine et de physiologie 1962.)

Cuénot (Lucien), biologiste français (Paris 1866-Nancy 1951). Il a été l'un des biologistes qui montra que les lois de Mendel s'appliquaient aux animaux. Il a mis en évidence le caractère létal de certaines mutations.

Claude Bernard

Marie-François Xavier Bichat

Charles Bonnet

cytologie, science qui étudie la cellule, sa forme, sa structure, ses propriétés physiques, chimiques et physiologiques. (Syn. BIOLOGIE CELLULAIRE.)

Dalcq (Albert), biologiste belge (Dampremy 1893-Bruxelles 1973). Ses travaux d'embryologie portent sur les étoiles de mer, les ascidies, les amphibiens et les mammifères.

Delage (Yves), zoologiste et biologiste français (Avignon 1854-Sceaux 1920). Il a étudié notamment la sacculine, l'histologie des planaires, l'embryologie des éponges et la parthénogenèse naturelle et artificielle.

Dutrochet (René Joachim Henri), physiologiste et physicien français (château de Néons, Poitou, 1776-Paris 1847). Il étudia la structure cellulaire des végétaux et leur physiologie. On lui doit la découverte de l'osmose et de son rôle dans la vie des plantes.

Dzierzon (Johann), naturaliste et apiculteur allemand d'origine polonaise (Lowkowitz, Silésie, 1811-*id.* 1906). S'étant mis à élever des abeilles, il émit l'idée que la reine d'une colonie pond des œufs non fécondés, qui donnent naissance à des mâles (parthénogenèse).

écophysiologie, partie de l'écologie traitant des processus physiologiques des êtres vivants, sous l'action de facteurs écologiques (tels que la lumière, la pression ou la température).

embryologie, science qui étudie le développement des organismes à partir de l'œuf fécondé jusqu'à la forme spécifique parfaite.

endocrinologie, science qui étudie, chez l'animal et chez l'homme, les glandes à sécrétion interne (glandes endocrines) et leurs produits, les hormones.

Flemming (Walther), biologiste allemand (Sachesenberg, près de Schwerin, 1843-Kiel 1905). Il a amélioré les techniques de coloration et de conservation des coupes microscopiques, noté la constance du nombre des chromosomes dans une espèce donnée et observé leur division, décrit et nommé la mitose et signalé la similitude de ce phénomène chez les animaux et les plantes.

Gautheret (Roger), botaniste français (Paris 1910). Outre des travaux sur les cancers des plantes, on lui doit la mise au point des techniques de culture des tissus végétaux isolés. Il a également étudié l'application des hormones végétales en agriculture.

génétique, partie de la biologie qui étudie les lois de l'hérédité. La *génétique formelle* étudie la transmission de l'information héréditaire des parents à leurs descendants. La *génétique des populations,* ou génétique mathématique, étudie les transformations, de génération en génération, du patrimoine de gènes possédé par une population. La *génétique moléculaire* s'attache à l'étude de la structure et du mode d'expression des gènes.

Giglio-Tos (Ermanno), biologiste italien (Chiaverano, Turin, 1865-Turin 1926). Il a publié de nombreux mémoires de zoologie, d'histologie, de biologie générale, d'embryologie, et un important ouvrage : *les Problèmes de la vie* (1900-1910).

Griffin (Donald Redfield), biologiste américain (Southampton, État de New York, 1915). Il a démontré expérimentalement que les chauves-souris se dirigent en émettant des ultrasons qui, en se réfléchissant sur les objets environnants, les renseignent sur leur position. Il a donné en 1944 le nom d'« écholocation » à ce mode d'orientation.

Guyénot (Émile), biologiste français (Lons-le-Saunier 1885-Genève 1963). On lui doit les premiers élevages d'animaux aseptiques, des études de génétique, d'endocrinologie et de physiologie, d'importants travaux sur la régénération chez les vertébrés.

Hertwig (Oskar), biologiste allemand (Friedberg, Hesse, 1849-Berlin 1922). Ses travaux ont contribué à établir que, chez les animaux, la fécondation nécessite l'union de deux noyaux, celui du gamète mâle et celui du gamète femelle (amphimixie).

histologie, partie de l'anatomie qui étudie la formation, l'évolution et la composition des tissus des êtres vivants.

Hofmeister (Wilhelm), botaniste allemand (Leipzig 1824-Leipzig-Lindenau 1877). Il s'est occupé d'embryologie et de physiologie végétales. Il a étudié la sève (ascension, tension, écoulement, etc.), et recherché l'action de la pesanteur sur les diverses parties des végétaux.

Hooke (Robert), astronome et mathématicien anglais (Freshwater, île de Wight, 1635-Londres 1703). Il étudia la gravitation, les déformations élastiques des corps et observa la diffraction de la lumière. Il a conçu et perfectionné des télescopes et des microscopes. En examinant la structure du liège sur des coupes minces à l'aide d'un microscope, il discerna les petites loges qui composaient ce matériau et les appela « cellules ».

immunologie, partie de la biologie qui étudie les phénomènes d'immunité, leurs conditions d'apparition, leurs mécanismes, et les déductions thérapeutiques qu'on peut en tirer.

Ingen-Housz (Jan ou Johannes), médecin et botaniste néerlandais (Breda 1730-Bowood, Wiltshire, 1799). Il fut l'un des premiers à pratiquer la variolisation, modalité primitive de la vaccination, avec succès. Il exposa, le premier, les principes de base de la photosynthèse.

Jacob (François), médecin et biologiste français (Nancy 1920). Avec J. Monod, il a conçu, puis démontré, l'existence de l'A. R. N.-messager. Puis, toujours avec J. Monod, il a étudié les mécanismes de régulation génétique chez les bactéries, ce qui conduit ces auteurs à la notion d'opéron. (Prix Nobel de physiologie et de médecine 1965 [avec A. Lwoff et J. Monod].)

Kielmeyer (Karl Friedrich von), naturaliste allemand (Bebenhausen, près de Tübingen, 1765-Stuttgart 1844). Son ouvrage *Sur les rapports des forces organiques entre elles dans la série des êtres organisés* (1793) le fit considérer par Cuvier comme le père de la « philosophie naturelle ».

Kölreuter (Joseph Gottlieb), botaniste allemand (Sulz 1733-Karlsruhe 1806). Auteur de travaux sur l'hybridation des végétaux, il fut un des premiers à élucider la question des sexes chez les plantes.

Kornberg (Arthur), biologiste américain (Brooklyn 1918). Il a partagé en 1959 avec S. Ochoa le prix Nobel de médecine et de physiologie pour leurs travaux sur la synthèse des acides nucléiques. Dès 1956, il a isolé une enzyme, l'A. D. N. polymérase, chez la bactérie *Escherichia coli* et a montré qu'elle a pour fonction d'assembler les nucléotides en prenant pour modèle la molécule d'A. D. N. en voie de duplication.

Krebs (sir Hans Adolf), biochimiste britannique d'origine allemande (Hildesheim 1900-Oxford 1981). Ses travaux fondamentaux sur le métabolisme des glucides l'ont conduit à décrire un ensemble de phénomènes d'oxydation et de réduction connu depuis sous le nom de « cycle de Krebs ». Il a partagé le prix Nobel de médecine en 1953 avec F. A. Lipmann.

Lavoisier (Antoine Laurent de), chimiste français (Paris 1743-*id.* 1794). Véritable créateur de la chimie en tant que science, il identifia l'oxygène, l'azote et le gaz carbonique et réalisa, avec Laplace, les premières mesures calorimétriques. Appliquant la chimie à la biologie, il interpréta correctement le rôle de l'oxygène dans la respiration et montra que la chaleur animale résulte de « combustions » organiques.

Leuckart (Rudolf), naturaliste allemand (Helmstedt 1822-Leipzig 1898). Professeur à Leipzig, il est connu par ses travaux sur la biologie des animaux inférieurs, sur l'œuf des insectes et sur la parthénogenèse.

Loeb (Jacques), physiologiste américain (Mayen, Rhénanie, 1859-Hamilton, Bermudes, 1924). Il a centré toute son œuvre sur l'idée que les phénomènes vitaux relèvent de processus physico-chimiques, qu'il a essayé de découvrir et de reproduire. Il a étudié le mouvement, la régénération, la fécondation. Sa découverte la plus importante a été celle de la parthénogenèse.

Lundegårdh (Henrik), botaniste suédois (Stockholm 1888-Penningby, Suède, 1969). On lui doit de grands perfectionnements dans l'analyse chimique des plantes par spectrophotométrie et des travaux sur la photosynthèse, la respiration des plantes, l'influence des facteurs du sol, etc.

Lwoff (André), biologiste et médecin français (Ainay-le-Château, Allier, 1902). En 1965, il a partagé le prix Nobel de médecine et de physiologie avec J. Monod et F. Jacob pour l'ensemble de leurs travaux sur la génétique microbienne. Dès 1950, il a étudié les virus bactériophages et a inauguré ainsi les recherches qui ont conduit à la génétique moléculaire moderne.

Lyssenko (Trofim Denissovitch), biologiste soviétique (Karlovka, Poltava, 1898-Moscou 1976). Il a étudié la méthode de la vernalisation et l'a essayée dès 1929, à Karlovka. Multipliant les attaques contre la génétique classique, il est devenu, en 1940, directeur de l'Institut de génétique d'Odessa. Délégué au Soviet suprême, il a brisé la carrière de nombreux savants d'opinion opposée. Mais, en 1965, Lyssenko a été écarté de la direction de l'Institut de génétique.

Magendie (François), physiologiste et neurologue français (Bordeaux 1783-Sannois, Val-d'Oise, 1855). Il a donné la première démonstration expérimentale de la distinction entre racines motrices et racines sensitives des nerfs rachidiens, connue sous le nom de loi de Bell et Magendie.

Magrou (Joseph), médecin et botaniste français (Béziers 1883-Paris 1951). Il a été l'un des premiers à s'intéresser à la culture des tissus végétaux. Ses recherches l'ont conduit à des conceptions neuves sur la symbiose et son rôle dans l'évolution des êtres vivants.

Malpighi (Marcello), médecin italien (Crevalcore, près de Bologne, 1628-Rome 1694). Il fut l'un des premiers à appliquer le microscope à l'étude des tissus et découvrit dans le rein les glomérules qui portent son nom. Il étudia l'anatomie des plantes et des animaux. Son ouvrage sur le ver à soie est le premier travail anatomique complet sur tous les stades d'un arthropode, mettant en évidence le cœur, le système nerveux, les trachées interprétées correctement comme organes respiratoires, et les annexes du tube digestif, depuis reconnues comme des organes excréteurs et que l'on nomme « tubes de Malpighi ».

Mayr (Ernst), ornithologiste et biologiste américain (Kempten, Allemagne, 1904). On lui doit notamment une définition de l'espèce fondée exclusivement sur le critère de l'interfécondité, et l'étude de l'apparition d'une espèce nouvelle (spéciation) occasionnée par l'existence temporaire d'une barrière géographique entre deux populations d'une même espèce.

Mendel (Johann, en relig. Gregor), religieux et botaniste autrichien (Heinzendorf, Autriche, 1822-Brünn, auj. Brno, 1884). Dans le jardin du monastère de Brno, il cultiva des pois et effectua ses premières expériences d'hybridation en 1856. Il en publia les résultats dans un mémoire fameux, *Versuche über Pflanzenhybriden* (1866), qui fait de lui le fondateur de la génétique. Son travail ne suscita aucun intérêt ; il fallut attendre jusqu'en 1900, quand son œuvre fut traduite, pour que justice lui fût rendue.

Robert Brown

Antoine Laurent de Lavoisier

Marcello Malpighi

RÉFÉRENCES

Milne-Edwards (Alphonse), naturaliste français (Paris 1835-id. 1900). Il s'est particulièrement occupé des mammifères, des crustacés et des faunes abyssales.

Molliard (Marin), botaniste français (Châtillon-Coligny 1866-Paris 1944). Il a étudié la physiologie végétale et les relations qui existent entre la nutrition des plantes et leur forme.

Monod (Jacques), biologiste français (Paris 1910-Cannes 1976). En 1965, le prix Nobel de médecine, partagé avec A. Lwoff et F. Jacob, consacre son œuvre. Il publie, en 1970, *le Hasard et la Nécessité*. Dès 1951, J. Monod a élucidé, avec F. Jacob, les mécanismes de la régulation génétique au niveau cellulaire. Tous deux ont aussi conçu, puis démontré la réalité de l'A. R. N.-messager.

Morgan (Thomas Hunt), biologiste américain (Lexington, Kentucky, 1866-Pasadena, Californie, 1945). Il a ouvert en génétique une ère nouvelle en choisissant, pour ses chromosomes géants, la drosophile comme matériel d'expérience. Il a édifié la théorie chromosomique de l'hérédité.

naturaliste, spécialiste de zoologie ou de botanique de terrain, ou, plus généralement, amateur de sciences naturelles. Un naturaliste ne se distingue pas d'un biologiste par l'objet de son étude mais plutôt par la part plus importante prise dans son travail par l'observation et l'étude sur le terrain et la moindre importance de l'expérimentation en laboratoire. Le biologiste utilise davantage les mathématiques et les méthodes de la physique et de la chimie. Le naturaliste distingue les espèces et se plaît aux classifications, le biologiste s'intéresse plus aux lois de la vie. Bien entendu, ces deux approches complémentaires du monde vivant sont souvent le fait des mêmes chercheurs, mais certains auteurs (J. Monod) en ont pourtant souligné l'opposition épistémologique.

neurophysiologie, discipline scientifique étudiant le fonctionnement des éléments nerveux et de leurs ensembles. (Les techniques neurophysiologiques reposent principalement sur l'enregistrement de l'activité électrique des éléments nerveux et sur leur reproduction artificielle par stimulation électrique ou chimique.)

neurosciences, ensemble des disciplines scientifiques et médicales étudiant le système nerveux. (Ce sont la neurobiologie, la neurochimie, la neurocytologie, la neurohistologie, la neuroanatomie, la neuropharmacologie, la neuropsychologie et la neurolinguistique, la neuroéthologie, la neuro-immunologie, la neuropathologie, la neurophysiologie, la neurologie, la psychiatrie, la neuroendocrinologie, la neurochirurgie.)

Ochoa (Severo), biologiste américain d'origine espagnole (Luarca 1905). En 1959, il a partagé avec Kornberg le prix Nobel de médecine et de physiologie pour leurs travaux, conduits indépendamment, sur la synthèse des acides nucléiques. Ochoa a démontré l'existence d'une enzyme capable d'assembler des nucléotides en molécules d'A. R. N. Cette enzyme, extraite par Ochoa d'*Acetobacter vinelandii*, est l'équivalent de l'enzyme découverte par Kornberg pour l'A. D. N.

parasitologie, étude des parasites de l'homme, des animaux et des plantes. La parasitologie inclut l'étude de la classification, de la morphologie, de la structure et de la biologie des parasites. La parasitologie médicale étudie les maladies parasitaires, qui sont au premier rang de la mortalité dans le monde.

Pfeffer (Wilhelm), naturaliste allemand (Grebenstein, près de Kassel, 1845-Leipzig 1920). On lui doit de nombreux travaux sur l'embryologie et la physiologie végétales. Il a mesuré les pressions osmotiques des solutions aqueuses, en employant des membranes artificielles disposées chimiquement dans les parois de vases poreux.

Alphonse Milne-Edwards

physiologie, partie de la biologie qui étudie les fonctions et les propriétés des organes et des tissus des êtres vivants. Elle s'applique aussi bien au règne animal (physiologie animale) qu'au règne végétal (physiologie végétale), ainsi qu'à la cellule (physiologie cellulaire).

Pringsheim (Nathanael), botaniste allemand (Wziesko, Silésie, 1823-Berlin 1894). Outre de nombreuses études sur les algues, on lui doit d'importants travaux sur la chlorophylle et ses fonctions.

psychologie, discipline qui vise la connaissance chez l'homme des activités mentales et des comportements en fonction de l'environnement. On parle de *psychologie animale* pour caractériser l'utilisation des méthodes de la psychologie expérimentale dans l'étude du comportement animal.

Redi (Francesco), naturaliste et médecin italien (Arezzo 1626-Pise 1697). Il montra en particulier que les asticots provenaient d'œufs de mouche pondus sur la viande et non d'une « génération spontanée ».

Rostand (Jean), biologiste et écrivain français (Paris 1894-Ville-d'Avray 1977). Ses recherches ont intéressé en particulier la parthénogenèse artificielle, le doublement des chromosomes par le refroidissement de l'œuf, les anomalies héréditaires ou acquises des crapauds et des grenouilles, la conservation des cellules. Il s'est attaché à clarifier et à diffuser les notions fondamentales de la biologie, afin de montrer la valeur culturelle de cette science et sa portée humaine. Il a combattu résolument en faveur du pacifisme et du mondialisme.

Roux (Wilhelm), embryologiste allemand (Iéna 1850-Halle 1924). Jeune anatomiste à Halle, travaillant sur l'œuf de grenouille, il a introduit la méthode expérimentale en embryologie. L'impulsion donnée par W. Roux a été décisive. Il est le fondateur de la mécanique du développement, ou embryologie causale.

Saussure (Nicolas Théodore de), chimiste et naturaliste suisse (Genève 1767-id. 1845). Professeur de minéralogie et de géologie à Genève, il a le premier appliqué la méthode expérimentale à la physiologie.

Schleiden (Matthias), botaniste allemand (Hambourg 1804-Francfort-sur-le-Main 1881). Il étudia la cellule végétale et le rôle du noyau. Il a joué un rôle initiateur dans l'avènement de la théorie cellulaire de Schwann (la cellule est l'unité élémentaire de la vie).

Schmidt (Johannes), biologiste danois (Sjaelland 1877-Copenhague 1933). On lui doit l'élucidation des métamorphoses et des migrations de l'anguille (1920-1922).

Schultze (Max), biologiste allemand (Fribourg-en-Brisgau 1825-Bonn 1874). En 1862, il définit, pour la première fois, la cellule comme une masse de « protoplasme » pourvue d'un noyau. En 1863, il exposa sa conception du protoplasme, matière vivante fondamentale (assimilable aujourd'hui au cytosol des cellules).

Schwann (Theodor), naturaliste allemand (Neuss am Rhein 1810-Cologne 1882). Il montra que les fermentations sont provoquées par des êtres vivants. C'est à lui que remonte la théorie cellulaire, qui définit la cellule comme le constituant fondamental de l'organisme.

Souèges (René), botaniste français (Lamontjoie, Lot-et-Garonne, 1876-Nogent-sur-Marne 1967). Spécialiste de l'embryologie végétale, il en a formulé les lois essentielles.

Spallanzani (Lazzaro), biologiste italien (Scandiano, près de Modène, 1729-Pavie 1799). Il démontra l'action du suc gastrique sur la digestion des viandes et pratiqua des digestions artificielles ; il élucida complètement le mécanisme de la reproduction chez les amphibiens et réalisa les premières fécondations artificielles (1777) ; il s'occupa de la circulation et de la respiration et fut un des partisans de la théorie de Lavoisier. Enfin, il soutint, à l'aide d'expériences irréfutables, que les animalcules des infusions végétales (infusoires) proviennent de germes préexistant dans l'air, et non de la génération spontanée. À ce titre, Spallanzani est un des précurseurs de Pasteur.

Spemann (Hans), biologiste allemand (Stuttgart 1869-Fribourg-en-Brisgau 1941). Ses travaux, qui portent sur l'embryologie (il a réalisé plusieurs expériences de transplantation de cellules), sur les mécanismes de l'évolution et la constance des formes des êtres vivants, lui ont valu le prix Nobel de physiologie et de médecine en 1935.

Sutherland (Earl Wilbur), biochimiste américain (Burlingame, Kansas, 1915-Miami 1974). Il a reçu le prix Nobel en 1971 pour ses recherches de biologie moléculaire sur le mécanisme d'action des hormones. Il a mis en évidence le rôle général de l'A. M. P. cyclique dans l'action cellulaire des hormones.

Swammerdam (Jan), naturaliste hollandais (Amsterdam 1637-*id.* 1680). Il étudia l'anatomie des insectes, leur métamorphose, ainsi que la respiration et la fécondation des œufs de grenouille. Il fut le premier à décrire les globules rouges du sang.

Szent-Györgyi (Albert), biochimiste hongrois (Budapest 1893-Woods Hole, Massachusetts, 1986). Il est l'auteur de travaux sur la contraction musculaire. On lui doit surtout la découverte de la vitamine C, ou acide ascorbique, qui lui a valu le prix Nobel de physiologie et de médecine en 1937.

Tatum (Edward), biologiste américain (Boulder, Colorado, 1909). Il a partagé en 1958 le prix Nobel de médecine avec G. W. Beadle et J. Lederberg, pour ses travaux sur les gènes et leur rôle dans l'hérédité.

Teissier (Georges), zoologiste français (Paris 1900-Roscoff 1972). Il est l'auteur de travaux d'embryologie et de génétique évolutives et surtout de biométrie.

Trécul (Auguste Adolphe Lucien), pharmacien et botaniste français (Mondoubleau, Loir-et-Cher, 1818-Paris 1896). Ses travaux ont porté sur l'histologie des vaisseaux du bois, la formation des feuilles, l'accroissement des arbres, la circulation de la sève. Il a étudié la cellulose, la chlorophylle, le tanin, l'amidon.

Tschermak von Seysenegg (Erich), généticien autrichien (Vienne 1871-*id.* 1962). Il a été de ceux qui ont redécouvert les lois de Mendel avant leur divulgation. On lui doit la création de nombreux hybrides utiles en agriculture et une classification des graminées.

Van Beneden (Édouard), embryologiste et cytologiste belge (Louvain 1846-Liège 1910). Il s'est livré à des recherches sur la morphologie cellulaire, la fécondation, l'embryologie des mammifères. Il a découvert, en 1883, le phénomène de la réduction chromatique (le noyau des cellules reproductrices – spermatozoïdes et ovules – contient deux fois moins de chromosomes que celui des cellules germinales dont elles sont issues).

Wald (George), biologiste américain (New York 1906). Lauréat du prix Nobel de physiologie et de médecine, avec Granit et Hartline, en 1967, pour ses travaux sur la perception visuelle, il a montré notamment le rôle de la vitamine A dans le mécanisme photochimique de la rétine.

Watson (James Dewey), biologiste américain (Chicago 1928). Ensemble, Watson et Crick précisèrent en 1953 la structure de l'A. D. N. En 1962, le prix Nobel de médecine et de physiologie devait consacrer leur œuvre, probablement l'une des plus importantes de la biologie moderne.

Weismann (August), biologiste allemand (Francfort-sur-le-Main 1834-Fribourg-en-Brisgau 1914). Il exposa en 1883 sa célèbre théorie de la continuité du plasma germinatif : il existe, dans chaque organisme, une lignée cellulaire germinale, qui donne naissance aux cellules reproductrices. Cette lignée germinale est indépendante des autres cellules (lignée somatique) : les modifications acquises par l'organisme, concernant les cellules somatiques, ne sont donc pas transmises aux générations suivantes.

Went (Friedrich August), botaniste néerlandais (Amsterdam 1863-Wassenaar 1935). C'est lui qui a isolé l'hormone de croissance végétale, ou auxine. Ses travaux ont été à l'origine de toute une branche nouvelle de la physiologie végétale.

Wilkins (Maurice Hugh Frederick), biophysicien britannique (Pongaroa, Nouvelle-Zélande, 1916). Par des expériences de diffraction des rayons X, il a confirmé les découvertes de Watson et Crick sur la structure en double hélice de l'A. D. N. et partagé avec eux le prix Nobel de physiologie et de médecine en 1962.

Wolff (Étienne), biologiste français (Auxerre 1904). Il est l'auteur d'importants travaux d'embryologie animale expérimentale, de cancérologie et d'études dans le domaine des cultures *in vitro* de tissus animaux.

5

L'ÉVOLUTION

Dossiers

Fragment d'une feuille de fougère fossile

Bœufs musqués, répandus en Europe pendant les glaciations du quaternaire

Banc de poissons fossiles

LES THÉORIES DE L'ÉVOLUTION

L'IDÉE D'UNE ÉVOLUTION des espèces est aujourd'hui largement admise par les scientifiques : les espèces animales et végétales, telles que nous les observons actuellement, sont issues d'autres espèces.

DE LINNÉ À MENDEL

EXPLIQUER LA DIVERSITÉ

■ ANIMAUX ET VÉGÉTAUX, actuels et fossiles, réalisent une prodigieuse variété de formes. Mais, à côté des dissemblances, il y a aussi des ressemblances : hanneton, scarabée et coccinelle sont plus proches entre eux qu'ils ne le sont des papillons. Les ressemblances ne se limitent pas à l'aspect extérieur mais vont jusqu'aux molécules constitutives des êtres et, finalement, jusqu'au code génétique, dont la structure est commune aux plantes et aux animaux. Alors se pose l'interrogation majeure : « Comment expliquer, en même temps, diversité et unité ? »

Le créationnisme. Jusqu'au XIXe siècle, la conception dominante est celle d'une création originelle des espèces. Ainsi pour Carl von Linné, naturaliste suédois (1707-1778), l'Être suprême a créé, dans un geste unique, toutes les espèces, qui sont fixes. Travaillant sur le vivant, Linné ignorait, en effet, les fossiles. Pour Georges Cuvier, naturaliste français (1769-1832), qui étudiait les vertébrés fossiles, des faunes différentes étaient apparues au cours de créations successives.

Cette doctrine antiévolutionniste, qui relève du domaine de la croyance religieuse, n'a pas complètement disparu au XXe siècle. Elle est défendue par les fondamentalistes, particulièrement actifs aux États-Unis, et par de rares biologistes (tels l'Australien M. Denton).

L'évolutionnisme. Appartenant au domaine de l'investigation scientifique, le courant de pensée évolutionniste recherche des explications, qu'il soumet à l'épreuve des observations et des critiques.

Jean-Baptiste Lamarck, naturaliste français (1744-1829), a élaboré la première construction explicative de la diversité, dans sa *théorie de l'évolution,* par *transformation* des espèces les unes dans les autres : pour lui, un individu acquiert au cours de son existence des caractères qu'ils transmettra à sa descendance. L'idée s'est imposée à lui par l'étude de invertébrés fossiles. Cependant, les méc nismes de la transformation qu'il propos n'ont pu être démontrés.

Il faut attendre que Charles Darwin, natur liste anglais (1809-1882), retrouve cette idé d'évolution par transformation et lui appor une contribution décisive : il explique notan ment que les individus d'une même espèc manifestent une variabilité héréditaire, qui e le matériau du changement évolutif ; qu'entr les individus d'une espèce, ou entre les espèce il y a compétition pour les ressources, limitée de l'environnement, cette compétition condu sant à une *sélection naturelle* des individus les plu aptes, qui assurent la reproduction et la cont nuité de l'espèce ; enfin, que des espèces s ressemblent parce qu'elles dérivent probabl ment d'un ancêtre commun.

Toutefois, Darwin ne connaît ni l'origine d la variabilité ni les lois de l'hérédité. C'e le moine autrichien Gregor Mendel (182 1884) qui, le premier, formulera les lois de l transmission héréditaire et suggérera que l matériel héréditaire est constitué de particule indépendantes contenues dans les cellules.

Au début du XXe siècle, les connaissances e matière d'évolution font de considérables pro grès, notamment grâce à Hugo De Vries, natur liste et botaniste néerlandais (1848-1935), qu découvre les mutations, transformations spo tanées et héréditaires.

Les lois de Mendel « redécouvertes » en 190 donnent son essor à la *génétique,* science d l'hérédité. Les gènes, localisés sur les chrom somes du noyau, sont les supports de l'hér dité ; des relations sont reconnues entre gène et caractères ; des cartes de distribution de gènes sur les chromosomes sont établies. Le biologistes disposent alors des éléments pou comprendre, dans ses grandes lignes, la mécan que du changement évolutif.

VOIR LA SÉLECTION À L'ŒUVRE

L'exemple le mieux analysé de sélection naturelle d'un caractère est celui d'un papillon, la phalène du bouleau *(Biston betularia).* La forme noire tachetée de blanc (dite *typica*) était la seule connue des collectionneurs jusqu'en 1849, date à laquelle est capturée, près de Manchester, une forme entièrement noire, « mélanique » *(carbonaria).* Cette forme deviendra dominante dans les comtés industriels alors que dans les comtés ruraux, sans pollution, c'est la forme claire *(typica)* qui persistera.

Les conditions de cette sélection ont donc été créées par un changement de milieu dû à la révolution industrielle et à ses usines, dont la suie noircit les troncs des bouleaux sur lesquels le papillon se pose. Sur un tronc propre, la coloration d'un papillon blanc le fait se confondre (mimétisme) avec son support, ce qui le protège partiellement des attaques des oiseaux (qui chassent à vue et sont les « acteurs » de la sélection) ; sur un tronc noirci, seule la forme mélanique *(carbonaria)* est protégée. Ainsi, en milieu industriel, la forme claire tend à être éliminée au profit de la forme mélanique. Ce *mélanisme industriel* a été aussi observé dans la Ruhr et en Pennsylvanie.

C. LA GIRAFE ET SON COU

Pour expliquer par une image simple le cou apparemment disproportionné de la girafe, Lamarck avance que, voulant allonger son cou pour atteindre les sommets des arbres, celle-ci a provoqué le développement de celui-ci par l'*usage* et qu'elle a transmis ce *caractère acquis* à ses descendants. Darwin, pour sa part, explique que, dans toute population, le cou présente des variations de longueur. Si les feuilles se font rares, les individus aux cous les plus longs peuvent atteindre les feuilles inaccessibles aux autres et ont donc plus de chances de survivre, et ainsi de transmettre leur caractère. Selon De Vries enfin, dans des populations de girafes à petit cou sont apparus spontanément des individus à cou long, indépendamment du milieu. Ceux-ci, bien adaptés, furent à l'origine d'une nouvelle espèce.

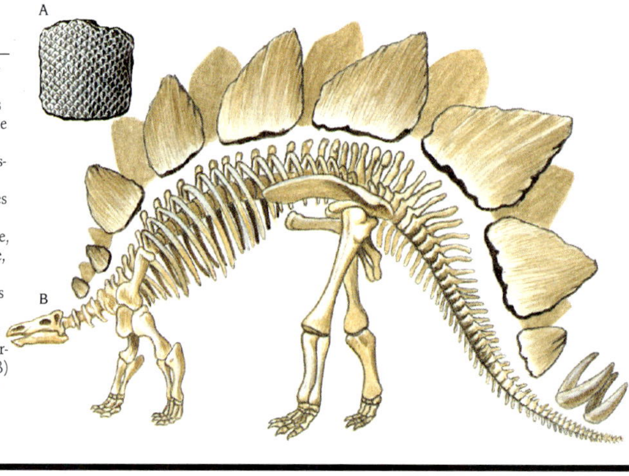

A. B. LE MONDE A CHANGÉ

Au cours des temps historiques, animaux et plantes ne semblent pas changer. En fait, nous ne voyons pas ce changement parce que nos existences sont trop brèves. La découverte de fossiles datant de plusieurs millions d'années démontre, sans discussion possible, le changement, l'*évolution.* Les lépidodendrons (A), arbres des forêts houillères, n'ont que de maigres descendants herbacés. Les dinosaures (B) (comme ce stégosaure) et bien d'autres ont disparu totalement.

D. UNE SÉLECTION ARTIFICIELLE : LE PASSAGE DU LOUP AU CHIEN

Voilà huit à dix mille ans, les hommes du néolithique ont domestiqué le loup, animal sociable, pour la garde des troupeaux et la chasse. Au cours des générations, les jeunes les plus aptes ces tâches ont été sélectio nés. Cette *sélection artificielle* (dirigée par une inte ligence vers un but) a cré par diversification que que 300 races de chien

.ES CONFLITS

•E MENDEL À LA THÉORIE SYNTHÉTIQUE

SI DARWIN AVAIT TROUVÉ une force bien réelle, sélection naturelle, pour diriger le change- ıent évolutif, il s'était heurté à une difficulté, our lui insurmontable : l'explication de l'ori- ine et de la transmission de la variabilité hérédi- aire. Il fallut attendre les premières années du xe siècle et l'impulsion donnée par la diffusion es travaux de Mendel (le « père de la généti- ue ») pour résoudre le problème.

iénéticiens et paléontologues. Les études nenées, surtout aux États-Unis, sur la mouche rosophile, vont montrer qu'en élevage appa- aissent spontanément des transformations hé- éditaires, les *mutations.* La solution semble trou- ée : « Voilà ce que vous cherchez, depuis le iècle dernier ; ces petits monstres que nous roduisons, ce sont les auteurs de tous vos hangements évolutifs. Nul besoin de faire ap- el à des forces évolutives » (G. Tessier). Voilà e que les généticiens semblent dire aux aléontologistes.

Mais ces derniers peuvent difficilement se ontenter d'une semblable affirmation, et on eut leur prêter une repartie de ce type : « Au ours des temps géologiques, nous assistons à es transformations d'une autre ampleur que elle d'un œil marron se transformant en un œil ose ou blanc, ou d'une aile normale devenant chancrée... et puis, vos mutations se font au asard et leurs résultats n'ont rien à voir avec les esoins adaptatifs des organismes. Or nous bservons, sur de longues durées, des chan- ements qui se poursuivent selon des sé- uences, des *lignées évolutives* qui ne peuvent elever du seul hasard. Une force directrice est écessaire ; la sélection naturelle, que vous gnorez, en est une. »

Les deux points de vue, opposés en apparence, seront pourtant conciliés. Dès les années 1920, des biologistes travaillant surtout en Grande-Bretagne, aux États-Unis et en U. R. S. S., sur des modèles théoriques ou sur des populations dans la nature ou en laboratoire, dépassent la contradiction et réalisent la synthèse des vues opposées du mendélisme et du darwinisme avec une nouvelle discipline, la *génétique évolutive.*

La génétique évolutive. Elle se définit en quelques propositions : 1° l'unité évolutive n'est pas l'individu mais la population dans laquelle une même mutation apparaît sur un grand nombre d'individus ; 2° à toute mutation peut être attribuée une valeur sélective, positive si son effet sur l'organisme lui procure un avantage par rapport aux individus non mutants, négative dans le cas contraire ; 3° la mutation ne doit pas provoquer une transformation importante, sinon elle romprait l'adaptation des organismes à leur milieu ; 4° si des mutations favorables se produisent en grand nombre dans une population, et si elles se répètent sur plusieurs générations, alors les mutants favorisés envahiront progressivement la population qui évoluera naturellement vers une autre espèce ; 5° avec le temps, et par répétition-addition de changements minimes (« microévolution »), se produiront les transformations de grande ampleur (« macroévolution »).

À partir de ces propositions, avec la progression des connaissances en paléontologie (méthodes de datation grâce aux éléments radioactifs, découvertes de nouveaux fossiles) qui apportent des informations sur les modalités, en temps réel, du changement évolutif, s'édifiera, à partir des années 1940, la *théorie synthétique de l'évolution.* Les études évolutives vont pouvoir se développer sur les bases solides du calcul, de l'observation et de l'expérimentation. La théorie recevra un large accueil (qui ne sera pourtant pas unanime).

La théorie synthétique n'est pas un dogme immuable ; c'est un instrument de travail qui doit sans cesse prendre en compte les découvertes et les progrès de la connaissance.

A

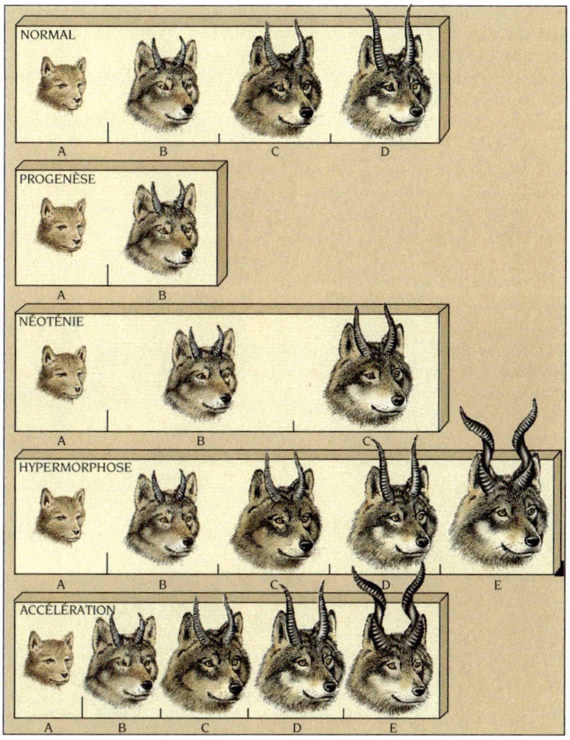

A. **LE « LOUP À CORNES »**

Cet animal imaginaire fut inventé pour expliquer le rôle des *décalages chronologiques du développement* en évolution. Du jeune à l'adulte, notre animal traverse, normalement, les stades A, B, C, D (maturité sexuelle). Quatre grands types de décalage peuvent se produire : 1° la maturité peut se déclencher en B et bloquer la croissance du corps ; l'animal adulte, de petite taille, possède dans ce cas des cornes de jeune *(progenèse)* ; 2° le développement, de durée normale, ne compte plus que trois stades, ce qui entraîne que la taille est celle de l'ancêtre, mais les cornes sont de type jeune *(néoténie)* ; 3° le développement, prolongé, comporte un stade supplémentaire (E), ce qui conduit à un état *hyperadulte,* c'est-à-dire à une taille plus grande avec des cornes plus complexes *(hypermorphose)* ; 4° le développement comprend aussi cinq stades, mais avec une durée normale ; la taille sera celle de l'ancêtre, mais les cornes seront plus compliquées *(accélération).*
Ces altérations du développement donnent des adultes modifiés sans passage par des états évolutifs intermédiaires. Ces phénomènes ont été reconnus dans l'évolution de nombreux groupes.

B. C. D. **ÉVOLUTION À PLUSIEURS VITESSES**

Il y a 100 millions d'années, au crétacé, dans les mers, nageaient des cœlacanthes, tandis que sur terre trottinaient des mammifères primitifs semblables à des musaraignes. Un « démon » visionnaire aurait peut-être pu leur prédire l'avenir ; nous nous contenterons de le « postdire ». Pour le cœlacanthe (C), l'avenir était bouché et l'actuel spécimen qui vit aux Comores est resté identique : un « fossile vivant ». En revanche, l'avenir des « musaraignes » (D) était radieux, car leurs descendants feront du tertiaire l'*âge des mammifères.* Si nos actuelles musaraignes diffèrent peu de celles du crétacé, en ce qui concerne les primates, force est de constater l'ampleur du chemin parcouru jusqu'au gorille (B) et à l'homme !

D

LES THÉORIES DE L'ÉVOLUTION

LA PHYLOGENÈSE

UNE VISION GLOBALE DE L'ÉVOLUTION

■ ON PEUT REPRÉSENTER l'évolution d'un groupe, animal ou végétal, dans les temps géologiques en dessinant un buisson où des espèces apparaissent, se diversifient en espèces filles qui disparaissent sans postérité ou prolifèrent, assurant la continuité, parfois jusqu'à l'époque actuelle. Cette représentation est appelée *arbre phylogénétique*. L'évolution biologique ne se déroule pas de façon linéaire, à vitesse uniforme (on parle d'évolution buissonnante) ; elle est irrégulièrement émaillée d'événements qui ne se répètent jamais à l'identique ; elle est variée dans ses modalités, dans les conditions où elle se réalise et dans ses résultats.

L'évolution biologique. Elle va du simple au complexe. Cependant, il s'agit là d'une constatation globale faite sur l'ensemble de la documentation que les fossiles nous dispensent avec parcimonie. Les premiers êtres apparus, il y a plus de 3,5 milliards d'années, étaient probablement comparables aux bactéries actuelles et pendant plus de 2 milliards d'années il n'exista que des organismes unicellulaires assez simples. Il y a environ 700 millions d'années, avec les méduses et d'autres animaux, se différencient les premiers organismes constitués de nombreuses cellules (pluricellulaires). Puis, 580 millions d'années avant notre ère, c'est l'explosion des formes (trilobites, mollusques, crustacés, échinodermes...), dont certaines disparaîtront tandis que les autres se diversifieront jusque dans la faune et la flore actuelles. 120 millions d'années plus tard apparaissent les premiers vertébrés. Quant aux plantes à fleurs (angiospermes), qui représentent les formes végétales les plus évoluées, elles font leur apparition tardivement il y a seulement 110 millions d'années.

La complexification. Complexité croissante ne signifie pas montée régulière vers la complexité. Il s'est produit un buissonnement d'organismes, dont il est difficile de comparer la complexité des différents embranchements : une méduse est certes plus compliquée qu'une bactérie, mais un mollusque l'est-il plus ou moins qu'un insecte ? Les constructions n'étant pas les mêmes, elles ne peuvent être toujours comparées rigoureusement en termes de degré de complexité.

Cette complexification a eu pour conséquence de permettre aux êtres vivants d'exploiter de façon toujours plus poussée les ressources de la planète. La vie est apparue dans les eaux avec les unicellulaires. Les disponibilités restaient importantes quand apparurent les pluricellulaires qui, aptes à développer des organes adaptés à des fonctions variées, pouvaient exploiter, plus largement que les unicellulaires, les ressources des eaux.

Mais, avec l'occupation des niches écologiques déjà disponibles, ou nouvellement apparues, des concurrences (la « lutte pour la vie » de Darwin) se sont exacerbées, puisque les ressources étaient limitées en étendue et en quantité. Les meilleurs ont supplanté souvent (mais pas toujours) les moins bons ; la compétition n'a pas toujours conduit à l'élimination et une même niche a pu être partagée entre divers organismes, de constructions, de complexités différentes : les micro-organismes unicellulaires n'ont pas disparu devant les pluricellulaires, les méduses devant les poissons ; de même, les fougères et les mousses prospèrent aux côtés des conifères et des plantes à fleurs.

La conquête du milieu terrestre. Elle est devenue possible lorsque la couche d'ozone, résultant de l'activité photosynthétique des végétaux aquatiques, est devenue assez épaisse pour filtrer efficacement les ultraviolets solaires. Des végétaux ont commencé à coloniser les terres émergées au silurien (il y a 435 millions d'années). Il y a 415 millions d'années, les animaux se sont manifestés sur la terre ferme avec des mille-pattes ; les vertébrés attendront encore 150 millions d'années avec *Ichthyostega*, le premier vertébré au mode de vie amphibien. Ils voleront qu'il y a 195 millions d'années pour les reptiles volants et 140 millions d'années pour *Archeopterix*, le premier oiseau. Désormais, tous les milieux sont conquis.

A

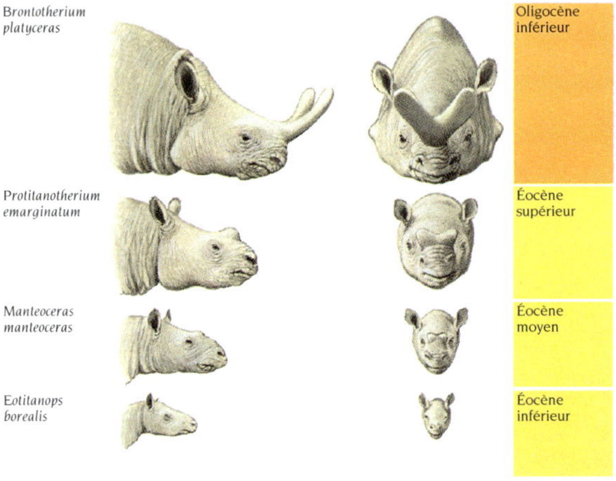

A. **ÉVOLUTION « COURTE »**

Les brontothères, sortes de rhinocéros, ont évolué sur une période de 15 millions d'années seulement au début de l'ère tertiaire. Leur histoire manifeste deux tendances : un accroissement de taille et une poussée de cornes sur le museau. Le plus ancien, le plus petit, *Eotitanops* (taille d'un gros chien), n'avait pas encore de cornes. Celles-ci n'apparaîtront qu'avec l'augmentation de taille de l'adulte, liée à l'allongement de la durée de croissance du jeune. *Brontotherium*, le dernier et le plus gros, mesurait 2,50 m au garrot

B

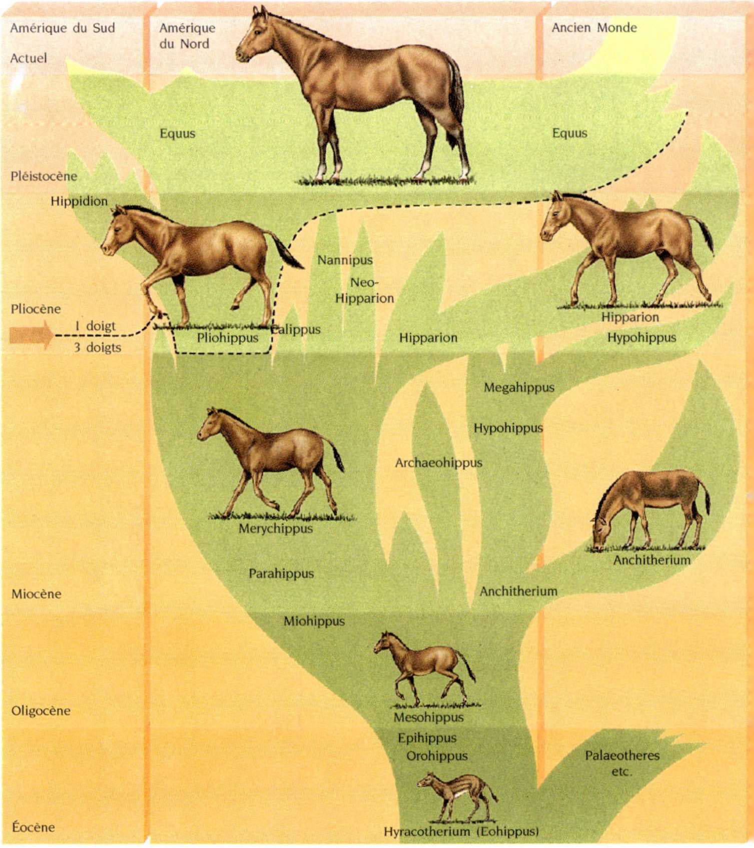

B. **HISTOIRE DES CHEVAUX**

Les données paléontologiques de la lignée du cheval (équidés) s'inscrivent bien dans le modèle d'évolution graduelle de la théorie synthétique. L'« histoire » débute il y a 60 millions d'années dans le tertiaire américain ; *Hyracotherium* (qui avait la taille d'un lévrier) possédait quatre doigts au membre antérieur, et trois au membre postérieur ; il galopait comme un chien. La taille des ancêtres du cheval s'accroît ensuite, puis l'évolution buissonne. Des espèces mangeaient des feuilles, comme leurs ancêtres, mais d'autres broutaient dans les savanes des herbes qui usaient les dents : la croissance de ces dernières s'est prolongée une partie de la vie. Le galop « sauté » (celui du cheval actuel) a remplacé le galop du type chien ; des espèces ont continué à grandir et d'autres sont devenues naines. Vers la fin du tertiaire, le nombre des doigts fonctionnels s'est réduit. Les animaux ne prenaient plus appui que sur un seul doigt, le doigt médian, ou doigt III. Cette lignée est la seule qui subsistera. Le cheval actuel ne représente pas le « but » de cette évolution mais est son seul survivant. Les chevaux disparaîtront d'ailleurs d'Amérique et ne subsisteront que par les branches émises en Asie, en Afrique et en Europe.

LE DÉBAT ACTUEL

LA MÉCANIQUE ÉVOLUTIVE

■ LA MÉCANIQUE DE LA THÉORIE SYNTHÉTIQUE fut élaborée avec la génétique des années 1930. Depuis, cette discipline a fait des progrès spectaculaires qu'il faut intégrer. En effet, cette mécanique évolutive faisait passer directement du gène à l'organisme, ce dernier étant soumis aux contraintes de l'environnement : un gène était retenu, ou éliminé, par la sélection en fonction de sa *valeur adaptative*.

Pourtant, la question restait posée de savoir comment l'information génétique se traduit en un individu présentant tous les caractères propres à son espèce : la théorie ignorait le développement de l'individu, de l'embryon à l'adulte. Cette lacune est aujourd'hui corrigée grâce à la *génétique du développement* qui, associant génétique et embryologie, étudie le rôle des mécanismes de régulation de l'expression des gènes, au cours du développement, dans la genèse des changements évolutifs. Lorsqu'il sera possible de dévier le développement d'une espèce vers celui d'une autre, un grand pas sera accompli dans la compréhension des différents changements évolutifs.

Les mutationnistes. La sélection naturelle est une force qui dirige le changement évolutif. En est-elle pour autant la seule condition ? La question est posée ; sans nier l'intervention prépondérante de la sélection, des auteurs remettent en cause son exclusivité dans l'orientation des lignées évolutives.

Il est d'ores et déjà possible d'affirmer que, par les mécanismes de sa construction, un organisme ne peut présenter qu'un nombre limité de variantes : c'est sur ce « choix » préalable que la sélection exerce ensuite son tri.

Dès le début du XXe siècle, le savant hollandais Hugo De Vries affirmait que des mutations importantes pouvaient provoquer une évolution par sauts brusques, plutôt que par petites modifications graduelles. C'est en travaillant méthodiquement sur des œnothères (plante herbacée à grandes fleurs possédant un taux de mutation important) qu'il mit au point cette conception, contraire à celle qui domine actuellement la théorie synthétique de l'évolution. Dans la ligne de cette vision « mutationniste » de l'évolution se placent deux modèles, apparus au cours des années 1970. Sans être en rupture totale avec le modèle darwinien de la théorie synthétique, ces modèles tendraient à réduire l'importance de la sélection naturelle en tant que phénomène unique régissant l'évolution des espèces.

Il s'agit du modèle *neutraliste* du Japonais Kimura et des *équilibres ponctués* des Américains S. J. Gould et N. Eldredge.

Les équilibres ponctués. On observe, notamment chez les trilobites (arthropodes de l'ère primaire ressemblant à des crustacés dont les nombreux fossiles, bien conservés, permettent de retracer l'évolution du groupe), des espèces nouvelles sans qu'il y ait trace de transformation graduelle d'espèces antérieures (c'est-à-dire sans que l'on puisse observer une série de fossiles montrant avec certitude le passage progressif d'une forme à l'autre). Au lieu de la microévolution permanente postulée par la théorie synthétique, il y aurait plutôt des « équilibres ponctués » caractérisés par de longues périodes de stabilité des espèces (périodes de stase), interrompues par des phases de formation rapide (à l'échelle des temps géologiques bien évidemment) d'espèces nouvelles.

Le modèle neutraliste. Selon la théorie synthétique, tout gène possède une *valeur sélective* responsable de son maintien ou de son rejet par la sélection. Contre ce principe, le modèle neutraliste affirme que, si chaque mutation devait affecter le fonctionnement des membres d'une population, leur adaptation serait modifiée à une allure qu'ils ne pourraient supporter. En effet, si les gènes mutent à faible fréquence, il y en a des milliers dans tout organisme. Dans leur quasi-totalité, les mutations doivent donc être neutres, elles n'ont pas d'effet (favorable ou défavorable) sur la survie des individus qui les portent. À la différence des idées émises par la théorie synthétique, la sélection naturelle ne s'exercerait pas sur chaque gène mais sur les organismes dans toute leur complexité. À ce titre, les mutations ponctuelles seraient insensibles à la sélection naturelle. L'énoncé de ces nouvelles propositions a provoqué de vives discussions parmi les évolutionnistes.

UN « BIG-BANG » ÉVOLUTIF ?

Les animaux fossiles de Burgess, au Canada, qui datent d'environ 540 millions d'années, ont bénéficié de conditions exceptionnelles de conservation et témoignent de l'existence d'une faune déjà très diversifiée. Si diversifiée qu'elle pourrait bien entraîner la révision des conceptions classiques de l'évolution.

D'abord interprétés comme des formes primitives des groupes actuellement connus, les fossiles de Burgess se révèlent comporter des animaux construits selon un plan d'organisation très différent de ceux des grands groupes actuels (comme les vers, les insectes ou les mollusques). Ces formes originales se seraient éteintes sans descendance, et les espèces actuelles descendraient toutes d'une partie seulement des organismes présents à cette époque.

Contrairement au modèle classique d'évolution par diversification lente et progressive, l'étude de ces fossiles suggère une véritable explosion initiale des formes de vie animale. Ce « big-bang » zoologique aurait été suivi de l'élimination, en apparence aléatoire, d'une bonne partie des organismes. Les espèces se seraient ensuite diversifiées au sein des groupes préservés de l'extinction.

Pour le paléontologue américain S. J. Gould, cette explosion initiale serait le fait de processus évolutifs brusques et de grande ampleur, très différents des processus classiquement reconnus (évolution par lente accumulation de petites modifications sous le contrôle de la sélection naturelle). Par ailleurs, l'élimination apparemment arbitraire de certains groupes, alors que d'autres sont préservés (Gould parle de *décimation*), remettrait en question le principe de progression évolutive. Ces interprétations font l'objet de débats parmi les évolutionnistes.

A

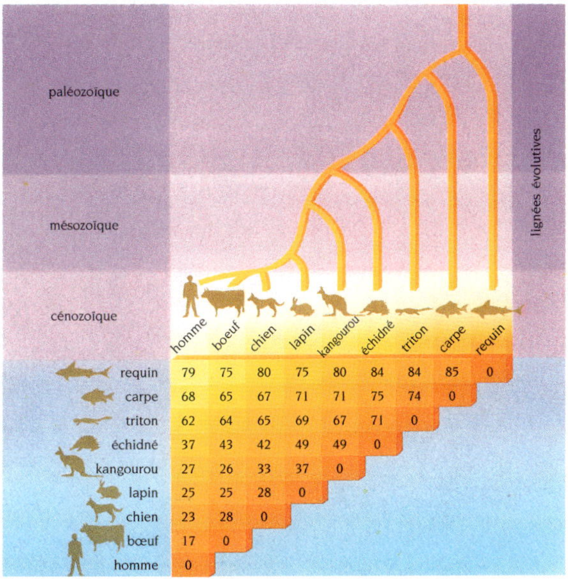

	homme	boeuf	chien	lapin	kangourou	échidné	triton	carpe	requin
requin	79	75	80	75	80	84	84	85	0
carpe	68	65	67	71	71	75	74	0	
triton	62	64	65	69	67	71	0		
échidné	37	43	42	49	49	0			
kangourou	27	26	33	37	0				
lapin	25	25	28	0					
chien	23	28	0						
bœuf	17	0							
homme	0								

A. **ÉVOLUTION MOLÉCULAIRE DE L'HÉMOGLOBINE**

Protéines constituées d'acides aminés liés dans un ordre précis, les hémoglobines des vertébrés présentent entre elles des différences plus ou moins marquées. Ainsi, celles de l'homme et du bœuf diffèrent par 17 acides aminés alors que l'on dénombre 80 acides aminés différents entre celle du chien et celle du requin. Ces différences résultent de mutations intervenues à des intervalles de temps réguliers dans ces lignées évolutives. Plus ancienne est la séparation entre lignées, et plus nombreuses sont les différences. En comparant des hémoglobines, on peut tracer des *arbres phylogénétiques moléculaires*.

B

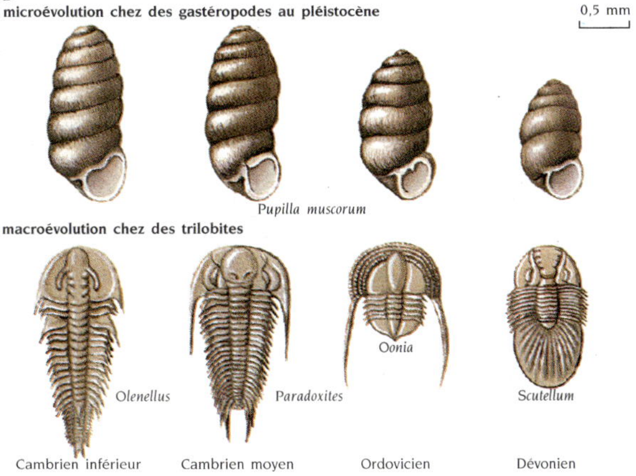

B. **MICRO ET MACROÉVOLUTION**

Pour nombre d'auteurs, le mécanisme, qualifié de « microévolutif », ne rend compte que des variations à l'intérieur de l'espèce. Pour engendrer les transformations de grande ampleur observées durant les temps géologiques, il faut faire appel à des mécanismes dits « macroévolutifs » qui sont liés à d'autres déterminismes génétiques et à des forces organisatrices, dont la sélection naturelle, s'exerçant à un niveau plus élevé que celui de l'individu.

L'INTERPRÉTATION DES FOSSILES

Les fossiles sont les restes d'organismes végétaux ou animaux qui ont laissé une trace visible, imprimée ou pétrifiée, dans les roches. Ayant conservé une certaine forme, parfois une certaine structure, ils donnent des informations concrètes sur les organismes originels. Le terme de fossile s'applique aussi aux traces d'activité de ces organismes (pistes, terriers, déjections, graines ou pollens, pontes, etc.).

L'étude des fossiles, la *paléontologie* (littéralement « discours sur les organismes anciens »), n'a réellement commencé qu'au début du XIXe siècle. Le milieu est déterminante : en milieu acide et peu oxygéné (tourbières par exemple), les parties molles se conservent et les restes calcaires sont dissous, alors que c'est généralement l'inverse partout ailleurs. Le milieu marin est beaucoup plus favorable à la fossilisation que le milieu continental, d'où la rareté des fossiles d'organismes terrestres.

La minéralisation. C'est le mode le plus courant de fossilisation. La destruction de la matière organique laisse des cavités dans la substance minérale, simplement remplies par le sédiment. Le minéral lui-même peut-être modifié ou dissous et remplacé par un autre. Parfois, la substitution de la matière originelle par un minéral s'effectue minutieusement, molécule par molécule, et aboutit à une reproduction parfaite de l'original.

Les restes d'organismes sont fossilisés par le carbonate de calcium (calcite, aragonite), la silice, le phosphate de calcium (vertébrés surtout), la pyrite, les oxydes de fer, parfois l'ambre ou l'asphalte, exceptionnellement le soufre, le talc, etc. Les plantes, contrairement aux animaux, sont très souvent « carbonifiées ».

LA FOSSILISATION

UN PROCESSUS EXCEPTIONNEL

■ À l'origine, le mot « fossile » désignait indifféremment tout ce qui était extrait de la terre : on distinguait les « *fossilia nativa* » (minéraux) des « *fossilia petrificata* » (vrais fossiles).

La fossilisation implique le concours de tant de facteurs qu'une part infime des organismes qui ont vécu s'est conservée. Généralement, les parties molles d'un cadavre se décomposent rapidement tandis que les parties dures, coquilles ou squelettes, persistent quelque temps ou sont transportées, disloquées et dispersées.

En revanche, un ensevelissement rapide du cadavre dans un sédiment fin et peu perméable limite la destruction mécanique, freine la décomposition et conserve parfois l'empreinte des parties molles. La composition chimique du

DIFFÉRENTS PROCESSUS DE FOSSILISATION		
Type	Processus	Exemples
Minéralisation	remplissage	moules internes
	enrobage	moules externes
	dissolution/substitution	bois, coquilles, ammonites
	épigénie	carcasses de dinosaures
Carbonification	enrichissement en carbone	plantes imprimées dans le charbon
Distillation	libération d'éléments volatiles et gain de carbone	graptolites imprimés dans les schistes
Incrustation	précipitation de carbonate ou de silice	insectes et feuilles (fontaines pétrifiantes)
Inclusion	enrobage dans la résine végétale ou le bitume	insectes dans l'ambre
Momification	déshydratation	mammifères subfossiles
	congélation	mammouths, rhinocéros

VRAIS ET FAUX FOSSILES

Les traces d'activité (pistes, tunnels de fouissage, perforations, excréments-coprolites) peuvent être considérées comme de vrais fossiles. Les « fossiles vivants » (cœlacanthe, nautile) n'en sont évidemment pas. Les substances organiques amorphes, issues d'êtres vivants (résine) ou de leur dégradation (charbon, hydrocarbures), et les dépôts minéraux liés à leur activité spécifique (stromatolites) sont qualifiés de « pseudo-fossiles ». Les dendrites d'oxyde de manganèse ressemblent étonnamment à des végétaux mais sont d'origine minérale. Citons enfin les supercheries (la fabrication de « faux fossiles » parsème l'histoire de la paléontologie).

B. **MODES DE FOSSILISATION**

Ce *test* d'oursin, enveloppe dure de l'animal vidée de son contenu organique et enfouie dans le sédiment, peut donner différents fossiles : soit un moulage interne (noyau) minéralisé, formé à l'origine (1) ou secondairement (3) ; soit un moulage externe, rempli par le sédiment (2) ou creux (4) ; soit une réplique solide parfaite (5), mais qui ne fournit aucune indication sur l'épaisseur du test. Ces cinq sortes de fossiles laissent tous des moules dans la roche : ceux de la surface externe de l'oursin original pour les fossiles 1, 2, 4 et 5, le fossile 3 étant le seul qui soit associé à un moule de la surface interne.

B

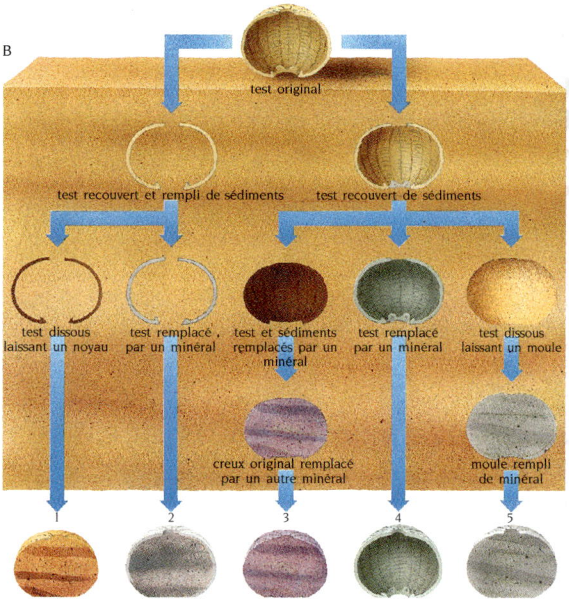

A. **JEUNE MAMMOUTH CONGELÉ**

Découvert en 1977 près de la rivière Kirghilyakh (Sibérie), ce « mammoutheau » baptisé « Dima » et âgé de six ans demeure intact 40 000 ans après sa mort. Ce cas de conservation par le froid n'est pas unique : une vingtaine de carcasses de mammouths, de 10 000 à 50 000 ans d'âge, plus ou moins complètes, ainsi que des bisons, chevaux, rhinocéros laineux, bœufs musqués, une louve et deux écureuils terrestres ont été retrouvés dans les terres gelées de l'Alaska et de la Sibérie. Parmi les autres cas de conservation de tissus, on peut citer un fragment de peau desséché d'un édenté géant de 12 500 ans d'âge, conservé en milieu très froid et très sec (grotte d'Ultima Esperanza, Patagonie), une carcasse de rhinocéros laineux, conservée par imprégnation de sel et de pétrole (Pologne). Enfin, on a même retrouvé un petit gecko complet, dans l'ambre du tertiaire de Saint-Domingue.

A

C. **AGONIE FOSSILISÉE**

Sur ce calcaire lithographique du jurassique de Bavière (Allemagne) se trouvent littéralement « filmés » les derniers instants d'une limule (arthropode primitif existant encore), il y a 135 millions d'années. On a reconstitué le drame : l'animal se déplaçait sur le fond vaseux en quête de nourriture ; il est entré dans une tranche d'eau stagnante et très pauvre en oxygène et a péri asphyxié.

C

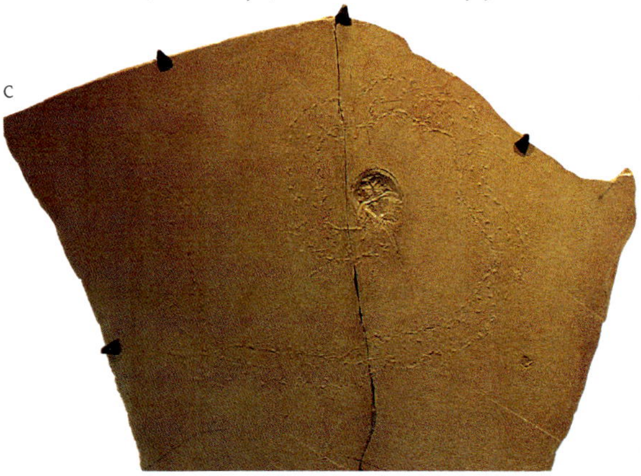

CHRONOLOGIE ET STRATIGRAPHIE

MESURER LE TEMPS AVEC LES FOSSILES

■ LE PASSÉ DE LA TERRE est inscrit dans la succession des couches géologiques qui renferment des fossiles. La *stratigraphie,* qui étudie cette succession, utilise les fossiles comme des « marqueurs » caractéristiques pour dater ces couches et les corréler entre elles. Les meilleurs marqueurs sont les *fossiles chronostratigraphiques,* correspondant à des successions d'espèces rapidement disparues mais à large répartition dans l'espace : les trilobites au paléozoïque (ère primaire), les ammonites au mésozoïque (ère secondaire) et les rongeurs au quaternaire présentent beaucoup d'intérêt à ce point de vue. Avec les ammonites, par exemple, on est parvenu à découper en tranches de 100 000 ans une époque vieille de 150 millions d'années.

La succession des faunes et des flores a permis ainsi de diviser l'histoire de la Terre en unités fondamentales caractéristiques : *éons, ères, périodes, époques* et *étages.* Par exemple, un âge de 200 millions d'années correspond à l'étage sinémurien, à l'époque du lias, appartenant à la période jurassique, de l'ère mésozoïque, elle-même partie de l'éon phanérozoïque. Il existe des divisions inférieures à l'étage (faunizone et biozone).

PALÉOÉCOLOGIE ET PALÉOGÉOGRAPHIE

ASSOCIATIONS ET DISTRIBUTION

■ LA PALÉOÉCOLOGIE suit les règles de l'écologie : tout organisme fossile fut adapté à un environnement et à un mode de vie particuliers, sensibles à un ou plusieurs facteurs écologiques, et en relation étroite (interaction) avec les autres êtres vivants de son milieu.

Ne disposant que d'associations d'organismes morts (thanatocénose), il faut discerner les fossiles autochtones (morts sur place) des allochtones (apportés d'ailleurs par les courants, etc.). Certains organismes exigent un milieu aux caractéristiques constantes : leurs fossiles, dits « fossiles de faciès » (car toujours associés à une sédimentation particulière), sont de bien meilleurs indicateurs que ceux d'organismes plus tolérants aux variations du milieu.

Pour reconstruire un écosystème fossile, il faut analyser la morphologie fonctionnelle des individus, les diverses associations de fossiles, les traces d'activité (pistes, excréments, pontes...). On compare avec leurs équivalents actuels s'ils existent, mais prudemment. Ainsi, les mollusques monoplacophores, qui vivaient sur le littoral au cambrien (il y a 550 millions d'années), vivent actuellement par 5 000 m de fond ! On observe aussi les caractéristiques du sédiment (granulométrie, couleur), car elles reflètent fidèlement les conditions du dépôt, donc du milieu environnant.

Les facteurs géographiques (barrières naturelles telles que : océans, montagnes, déserts, etc.) s'opposent à une distribution planétaire des organismes. Ils fluctuent au cours du temps, car ils dépendent de facteurs géophysiques (dérive des continents, variations du niveau des mers) qui modifient les contours et les relations entre les continents. Les distributions successives de fossiles (paléobiogéographie) permettent donc de retracer ces transformations géographiques (paléogéographie).

« DONNEZ-MOI UNE DENT...

... Et je vous reconstituerai l'animal ! » disait en substance le naturaliste français Georges Cuvier (1769-1832), pionnier de la paléontologie des vertébrés et de l'anatomie comparée. En fait, ce propos mérite d'être nuancé car une reconstitution exacte n'est possible que si l'organisme est complet, en connexion anatomique et s'il existe un proche parent encore vivant. Si on compare ce que l'on sait d'un reptile moderne comme l'iguane, et d'un des dinosaures les mieux connus, l'iguanodon, les limites des reconstitutions paléontologiques apparaissent. Anatomie, physiologie, écologie et comportement du premier sont parfaitement connus. Du second, on ne connaît à fond que le squelette, à partir duquel on peut restituer partiellement sa musculature, son cerveau, son mode de locomotion (grâce à l'étude de pistes de déplacement), son régime alimentaire. On connaît très peu de chose sur sa reproduction, rien sur sa physiologie. Peu de certitudes, beaucoup d'hypothèses...

A

A. REFLET D'UNE VIE

Sur ce tronc d'arbre silicifié, on peut encore discerner les anneaux concentriques de croissance annuelles. Il est donc possible de déterminer approximativement l'âge de la mort d'un arbre disparu depuis des dizaines de millions d'années ! Parfois, la conservation est si parfaite que les tissus (xylème et phloème) sont aisément observables au microscope...

B

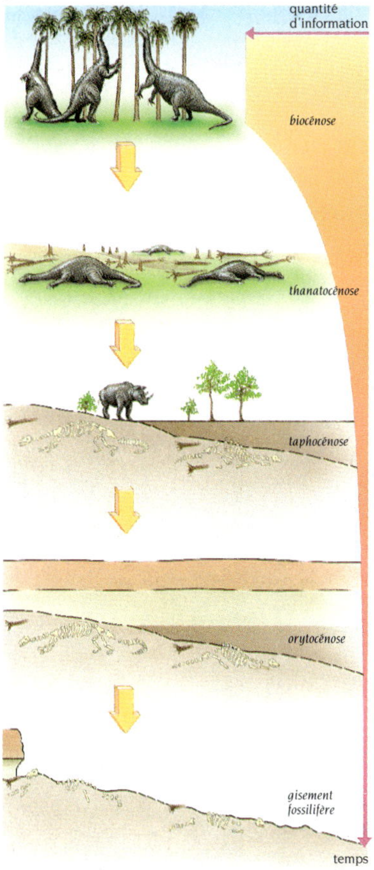

B. LE GISEMENT : UNE INFORMATION FAUSSÉE ET TRONQUÉE

Un gisement de fossiles n'est qu'une très pâle représentation de la communauté d'êtres vivants (biocénose) originelle, car sa formation a nécessité le passage à travers de multiples « tamis » sélectifs. Après accumulation des restes provenant de plusieurs biocénoses *(thanatocénose)* vient l'enfouissement *(taphocénose).* Une succession de « cribles » biochimiques et physicochimiques va détruire progressivement et sélectivement une grande partie des restes au fur et à mesure de la transformation du sédiment en roche. Le reliquat « subfossile » s'incorpore à d'autres taphocénoses plus anciennes pour former l'*oryctocénose.* Le troisième stade, celui de la fossilisation proprement dite, commence alors. L'abondance relative des restes de gros animaux dans les gisements est uniquement liée à leur aptitude à résister à ces « cribles ».

C

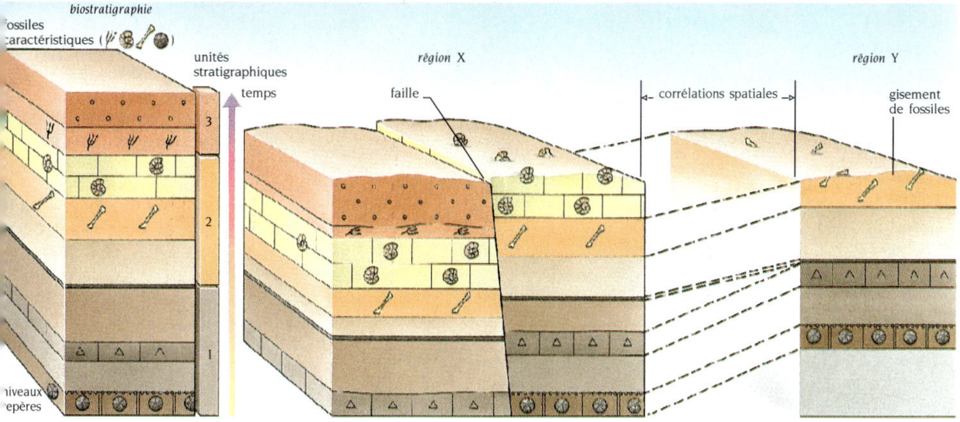

C. UN FOSSILE, UNE STRATE, UN ÂGE

Le principe de l'étude stratigraphique consiste, à partir de l'observation sur le terrain de la succession des strates (ou couches) sédimentaires, identifiables grâce aux fossiles et aux niveaux repères du sédiment, à établir des corrélations d'une région à l'autre. On peut ainsi reconstituer la série complète théorique (à gauche) et la découper en grandes unités stratigraphiques (1, 2 et 3).

LES MÉTHODES DE DATATION

L'UN DES BUTS DE LA RECHERCHE et de l'étude des fossiles est d'établir une chronologie des événements qui ont marqué l'histoire de la Terre : une chronologie relative pour suivre leur déroulement les uns par rapport aux autres et une chronologie absolue pour les dater avec le plus de précision possible.

LA DATATION RELATIVE

LA BIOSTRATIGRAPHIE

■ POUR ÉTABLIR une chronologie relative, on prend simultanément en compte la superposition et la continuité des couches géologiques ainsi que la succession des espèces fossiles en respectant deux principes fondamentaux : 1° la couche la plus profonde est la plus ancienne ; 2° deux niveaux géographiquement éloignés sont contemporains s'ils contiennent les mêmes fossiles.

On a pu ainsi bâtir une double échelle *biostratigraphique* et *chronostratigraphique,* véritable calendrier couvrant les 600 derniers millions d'années. Mais c'est une échelle relative car la chronologie de dépôt des sédiments est difficilement appréciable (une forte épaisseur peut signifier aussi bien un dépôt bref et massif qu'une sédimentation lente et prolongée), de même que les variations de faune et de flore ne sont que des repères chronologiques indirects.

La datation par le paléomagnétisme. Les nombreuses inversions successives du champ magnétique terrestre sont « fossilisées » dans les roches par l'orientation des particules ferromagnétiques qu'elles contiennent. La succession des phases à polarité que l'on désigne arbitrairement comme « normale » (nord, comme actuellement) et « inverse » (sud) a permis de construire une échelle magnétostratigraphique relative qui, recoupée par les méthodes utilisant la radioactivité naturelle, fournit aussi des datations absolues. Efficace pour l'ère tertiaire (56 inversions en 40 millions d'années), la méthode est inutilisable pour une bonne partie de la période du crétacé (40 millions d'années de stabilité magnétique).

LA DATATION ABSOLUE

LA RADIOMÉTRIE

■ LA GRANDE MAJORITÉ DES MÉTHODES de la chronologie absolue repose sur la radioactivité naturelle de certains éléments chimiques : ce sont les méthodes radiométriques.

Le radiocarbone ou *carbone 14* (^{14}C) est l'isotope radioactif du carbone. Avec ^{12}C (forme la plus abondante) et ^{13}C (isotope non radioactif), il entre dans la composition de nombreuses matières fossiles. Les êtres vivants absorbent du carbone sous diverses formes, dont une fraction de ^{14}C, lequel se désintègre au cours du temps. À leur mort, la quantité de ^{14}C n'est plus renouvelée ; elle décroît très régulièrement. La mesure de la teneur résiduelle en ^{14}C, comparée aux quantités (inchangées) des isotopes stables (^{12}C et ^{13}C), permet de déduire l'âge de la mort. Deux inconvénients à cette méthode : sa faible portée pratique (50 000 ans) et le fréquent décalage observé entre l'âge mesuré et l'âge réel (parfois plus de 15 p. 100 d'erreur).

Le *potassium-argon* ne date pas les fossiles eux-mêmes mais le sédiment qui les contient (tufs volcaniques par exemple). La méthode, efficace au-delà de 300 000 ans, a joué un grand rôle dans la datation des premiers hominidés.

Le *rubidium-strontium* a permis de dater la plus ancienne roche connue, au Groenland (3,8 milliards d'années). Les méthodes *uranium/thorium/plomb,* appliquées aussi bien sur les roches que sur les fossiles (ossements, coquilles), peuvent même donner l'âge des météorites (4,6 milliards d'années !).

D'autres méthodes font indirectement appel à la radioactivité : la *thermoluminescence* utilisée surtout en archéologie (datation des poteries), les *traînées de fission* nécessitant un lourd matériel (réacteur nucléaire), et la *résonance de spin électronique,* la plus récente.

Les méthodes non radiométriques. À partir de l'étude des dépôts lacustres saisonniers (les varves) ou des cernes de croissance sur les troncs d'arbres fossiles (dendrochronologie), on a pu dater des sites préhistoriques européens. On utilise également la transformation post mortem des acides aminés, ou racémisation, comme méthode de datation.

A. **DÉSINTÉGRATION DU CARBONE 14**

La désintégration d'un isotope radioactif est un processus invariant : quelle que soit la quantité initiale de l'élément radioactif, le temps nécessaire (période) pour que la moitié de cette quantité soit « transmutée » en un autre élément plus stable, reste toujours le même : pour le carbone 14, la période est de 5 730 ans. Mais cette valeur diffère beaucoup d'un élément à l'autre. Elle est de 55 minutes pour le chlore.

A

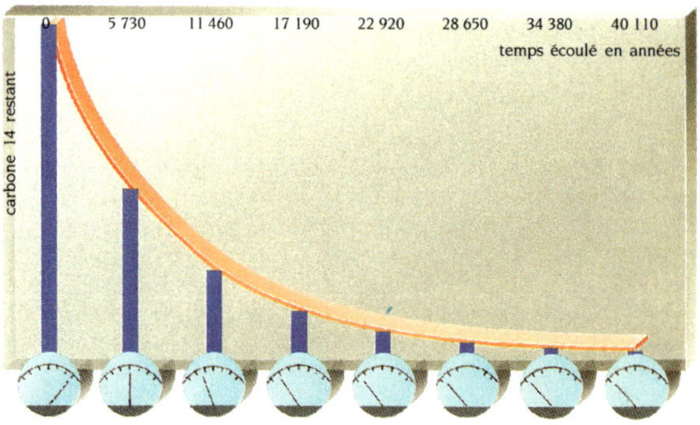

radioactivité indiquée par un compteur Geiger

B. **DOMAINES DE DATATION**

Les chercheurs disposent d'une palette de méthodes utilisant la radioactivité naturelle, qui couvre la totalité des temps géologiques. Les domaines d'application de chaque méthode sont limités par la précision des mesures : utiliser le carbone 14 (^{14}C) pour dater un objet de moins de cinq siècles aboutit souvent à des résultats aberrants ; de même pour un animal mort depuis 60 000 ans, dans les os duquel il ne reste plus que 0,1 p. 100 du ^{14}C initial. Un problème se pose pour la tranche d'âge entre 50 000 et 300 000 ans, au-delà du domaine du ^{14}C et en deçà de celui du potassium-argon. L'unique méthode, l'ionium-radium, est délicate et rarement applicable : de nombreux restes fossiles sont ainsi très difficiles à dater précisément.

B

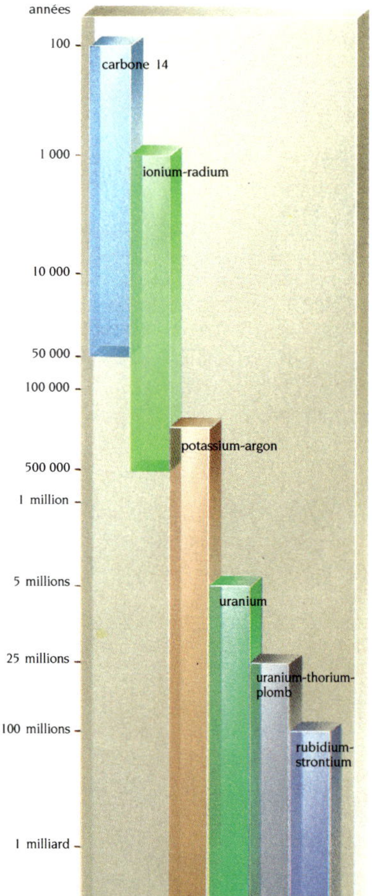

C. **PRINCIPAUX ÉLÉMENTS UTILISÉ EN RADIOCHRONOLOGIE**

Isotope		Produit final		Période : T (années)
Uranium	$^{238}_{12}U$	Plomb	$^{206}_{82}Pb$	
	$^{235}_{92}U$		$^{207}_{82}Pb$	0,713 × 10⁹
Thonium	$^{272}_{90}Th$		$^{208}_{82}Ph$	13,9 × 10⁹
Rhétium	$^{187}_{95}Re$	Osmium	$^{187}_{76}Os$	4,3 × 10¹⁰
Lutétium	$^{176}_{71}Lu$	Hafnium	$^{176}_{72}Hf$	2,17 × 10¹⁰
Rubidium	$^{87}_{27}Rb$	Strontium	$^{37}_{38}Sr$	4,6 × 10¹⁰
Potasium	$^{40}_{17}K$	Calcium	$^{40}_{20}Ca$	1,314 × 10⁹
		Argon	$^{40}_{19}Ar$	
Carbone	$^{14}_{6}C$	Azote	$^{14}_{7}N$	5750 ans

C. **RADIOCHRONOLOGIE**

Pour le potassium radioactif (^{40}K), il existe deux produits de désintégration : l'argon 40 et le calcium 40. Mais ce dernier est un isotope si abondant que l'on préfère doser l'argon. Les avis divergent parfois sur la période de radioactivité du ^{14}C : 5 570, 5 730 ou 5 750 ans.

UN CANULAR RÉVÉLÉ : L'HOMME DE PILTDOWN

La découverte retentissante, en 1912, d'un hominidé fossile à Piltdown, dans le Sussex, fut à l'origine d'une formidable mystification scientifique, déjouée plus tard. L'Homme de Piltdown, baptisé *Eoanthropus dawsoni,* semblait bien être le fameux « chaînon manquant » entre l'homme et les grands singes. La découverte des australopithèques en Afrique fit naître des doutes sur sa validité. Une analyse approfondie, à partir de 1953, révéla la supercherie : les rayons X, la microscopie et les datations absolues par les teneurs en fluor et en carbone 14 montrèrent que la mâchoire était celle d'un orang-outan et les fragments de crâne ceux d'un homme. Ces « fossiles » étaient âgés tous deux de quelques siècles seulement. L'auteur de ce faux très habile est resté anonyme.

LA TERRE AVANT LA VIE

IL Y A PLUS de cinq milliards d'années, un vaste nuage de gaz et de poussières s'aplatissait en un disque mince de quelques dizaines le milliards de kilomètres de large, formant a nébuleuse primitive, ancêtre du système olaire. Des millions d'années passèrent, donnant naissance à une protoétoile, contenant plus de 90 p. 100 du matériau originel de la nébuleuse, et à des embryons planétaires, dont certains, de nature solide, se sont formés essentiellement de l'agglomération, à très hautes températures, de particules poussiéreuses.

LA TERRE PRIMITIVE

UNE SPHÈRE BRÛLANTE

LA FORMATION DES PLANÈTES du système solaire s'est effectuée à partir d'un matériel chimique « évolué ». Il correspond en effet à un mélange d'atomes, issu d'autres générations d'étoiles, dont l'âge est variable. Le Soleil est ainsi probablement une étoile de seconde ou de troisième génération, depuis les débuts de l'Univers. Les planètes sont donc le résultat de l'évolution de a matière, faite d'atomes vieux de plusieurs milliards d'années.

La naissance de la Terre. À partir de ces atomes organisés en poussières puis en agrégats, la Terre va se modeler lentement, se métamorphosant en une sphère vibrante et craquelante. Notre planète est ainsi née il y a 4,6 milliards d'années.

Sous une écorce encore instable, la jeune planète cache une intense activité. Aux silicates et divers métaux qui donnent à la planète son aspect solide, se mêlent, entre autres éléments, des atomes massifs (tels que l'uranium et le thorium) rejetés par des étoiles devenues supernovae. Ces atomes, radioactifs, se désintègrent progressivement dans le noyau terrestre, en dégageant une fantastique énergie qui se transforme en chaleur.

Les collisions incessantes de petits corps, la contraction inachevée du globe terrestre et, surtout, la chaleur fournie par la désintégration radioactive liquéfient les roches situées sous la croûte primitive et en séparent les composants. Le fer et le nickel « tombent » au centre de la Terre et forment le noyau primitif. La Terre commence ainsi sa différenciation. La quantité des différents isotopes du plomb, ainsi que celle de ceux de l'uranium et du thorium permettent de fixer la fin de la différenciation du noyau terrestre à il y a 4,2 milliards d'années.

C'est aussi à cette époque que le flux turbulent de la partie fluide du noyau engendre le champ magnétique. Les silicates, moins denses que le fer et le nickel, et non métalliques, se mélangent en une couche sphérique, appelée manteau, faite de roches à l'état liquide. Sous la pression du magma interne, la croûte terrestre, fine pellicule de quelques milliers de kilomètres, cède par endroits. La Terre entre alors dans une période de volcanisme intense, pendant laquelle volcans et coulées de magma remodèlent sa surface. Cette phase est suivie d'une période de refroidissement progressif de la planète.

Les lignes de force du champ magnétique terrestre font écran aux particules de haute énergie en provenance du Soleil. L'existence de ce champ, véritable ceinture protectrice, est une des conditions qui furent nécessaires au développement de la vie.

POUR QUE LA VIE APPARAISSE

On a défini une zone particulière dans l'espace du système solaire, la zone « biotherme », dans laquelle la vie, à base de chimie carbonée, peut apparaître et se développer. Elle intègre essentiellement les conditions dans lesquelles l'eau peut se rencontrer à l'état liquide. Sa principale caractéristique est d'être située à la « bonne distance » du Soleil. Pour une distance plus faible, la trop grande proximité du Soleil transforme les planètes en véritables enfers, comme c'est le cas pour Vénus. Cette distance idéale serait comprise entre 0,95 et 1,5 unité astronomique (Mars est à 1,52 unité astronomique du Soleil).

A

A. **FORMATION DES PLANÈTES DU SYSTÈME SOLAIRE**

Un nuage de poussières, situé à la périphérie de notre galaxie, commence à se contracter. Par gravitation, ce nuage devient plus dense et plus chaud, et, en tourbillonnant, il s'aplatit en un disque géant. Au centre, l'hélium et surtout l'hydrogène, qui composent pour l'essentiel la matière de la nébuleuse, se condensent, se concentrant en un noyau toujours plus dense et plus chaud. Plus loin, les particules de gaz et de poussières se heurtent. Et, alors que la chaleur du noyau expulse les gaz légers vers la périphérie, la matière minérale s'agglutine. Elle sera à l'origine des planètes rocheuses comme la Terre. À des millions de kilomètres de là, la température plus faible respecte davantage les matériaux initiaux (l'hydrogène et l'hélium), qui formeront l'essentiel des planètes géantes comme Jupiter. La théorie de l'accrétion est bâtie sur l'hypothèse d'un rassemblement et d'une condensation d'éléments à l'origine de la formation de la Terre. Selon cette théorie, les petits corps fusionnent les uns avec les autres, les plus gros absorbant les plus petits. Blocs rocheux, comètes, météorites, qui encombrent l'espace interplanétaire, percutent les jeunes planètes, infiniment plus grosses qu'eux. S'ils creusent de vastes cratères à leurs surfaces, ils apportent aussi vraisemblablement des compléments de nature organique ou de l'eau, comme ce fut peut-être le cas sur la Terre.

B

B. **IL Y A 4,5 MILLIARDS D'ANNÉES**

Sur cette vue d'artiste, la Terre vient de se former. Elle doit sa naissance aux gaz et aux poussières contenues dans la nébuleuse primitive. C'est encore une boule chaude en train de se solidifier. Sa différenciation interne s'achèvera dans quelques millions d'années.

LA TERRE AVANT LA VIE

L'ATMOSPHÈRE

UNE FORMATION PAR ÉMISSIONS DE GAZ

■ LORS DU REFROIDISSEMENT de la jeune planète Terre, en de nombreux endroits du globe, la lave jaillit, les roches et les volcans expulsent les gaz situés dans le manteau et la croûte. L'origine de l'atmosphère a fait l'objet de deux théories. Selon l'une, l'atmosphère provient de ce dégazage de la planète, assez massive, par ailleurs, pour retenir les gaz libérés. L'autre, faisant appel au piégeage sélectif des éléments volatils provenant de la nébuleuse solaire, a été mise en défaut par l'étude des gaz rares. Ces derniers étant inertes, ils ne peuvent se combiner avec d'autres éléments chimiques et sont donc de bons « traceurs » de l'évolution de l'atmosphère. Or, les modèles bâtis sur les rapports isotopiques de l'argon (^{40}Ar, ^{38}Ar et ^{36}Ar) sont en accord total avec le scénario du dégazage. Ils démontrent qu'un dégazage initial rapide et important a eu lieu à la surface de la Terre pendant les premiers millions d'années de son existence. En 600 millions d'années environ, 90 p. 100 des gaz auraient été expulsés. La théorie du piégeage sélectif est donc abandonnée.

Gaz et vapeur d'eau. Renfermée dans les composés siliceux du manteau, l'eau apparaît d'abord sur la Terre sous forme de vapeur, échappée des volcans en effervescence. L'eau prend une importance considérable dans la phase dite « prébiotique » qui suit.

Les volcans devaient également, en plus de l'eau, rejeter de nombreux autres composés chimiques. On pense que le gaz carbonique, l'ammoniac, l'azote, le méthane, l'oxyde de carbone, retenus par l'attraction terrestre, ont dû entrer dans la composition de l'atmosphère primitive. En fait, l'atmosphère ayant été fortement transformée après l'apparition de la vie, peu de données concernant sa composition initiale ont traversé le temps.

L'atmosphère primitive. Selon un premier modèle, fondé sur l'étude comparée des planètes, sur la composition actuelle des émanations volcaniques, et sur la formation des carbonates, notamment ceux de calcium ($CaCO_3$), le gaz carbonique et la vapeur d'eau auraient été les composants principaux de cette atmosphère, un peu du même type que les atmosphères actuelles de Vénus et de Mars. Un deuxième modèle théorique la rapproche de l'atmosphère de Titan, le plus gros satellite de Saturne. Elle aurait alors été composée essentiellement de vapeur d'eau, de méthane et d'azote. Ce modèle prend appui sur le scénario hypothétique établi par le biochimiste soviétique A. I. Oparine dans les années 1920.

Ainsi, en quelques centaines de millions d'années, la Terre s'est constitué une atmosphère qui lui est propre, provenant du dégazage, après que l'allumage du jeune Soleil eut soufflé les gaz de la nébuleuse primitive de l'environnement tellurique. C'est vraisemblablement à partir de cette atmosphère nouvelle que les premières réactions chimiques ayant conduit à l'apparition de la vie ont pu s'effectuer. Des petites molécules réactives atmosphériques vont alors jouer un rôle considérable dans la chimie ayant mené à la vie.

Les premières étendues d'eau. En se condensant après refroidissement de la Terre, l'eau de surface formera les océans dans lesquels la vie apparaîtra. En fait, les hypothèses laissent entrevoir que, selon des cycles de condensation et d'évaporation, seuls des lacs ou des mares auraient en réalité constitué le paysage terrestre, en ces temps primordiaux.

A

A. **L'EAU DES COMÈTES**

Les récentes missions spatiales ont confirmé que les comètes étaient essentiellement composées de glace d'eau à laquelle seraient mêlés divers composés organiques. Il est probable que, au temps où la Terre était continuellement bombardée par des petits corps, un apport substantiel d'eau a pu être fourni par des fragments cométaires.

LA CLÉ DU VIVANT

L'eau est un composé chimique sans lequel la vie telle que nous la connaissons aujourd'hui n'aurait pu apparaître sur la Terre. L'eau à l'état de vapeur, en se condensant lors du refroidissement de la planète, il y a plus de 4 milliards d'années, est devenue le « solvant » du vivant. Indispensable pour l'élaboration des composés « prébiotiques », qui ont préludé à l'apparition de la vie, l'eau liquide permet également le piégeage de grandes quantités de gaz carbonique, sous forme de carbonates, au fond des océans, comme cela s'est passé sur la Terre primitive. Ce facteur a limité l'effet de serre sur la planète et permis l'apparition de conditions climatiques cohérentes avec l'élaboration des molécules d'intérêt biologique.

B

B. **TERRE PRIMITIVE**

Il y a 4 milliards d'années, la Terre n'est en rien celle que nous connaissons aujourd'hui. Animée par un intense volcanisme, de violents orages et de nombreuses chutes de comètes et météorites, elle verra pourtant, en moins d'un milliard d'années, apparaître puis se développer la vie par la complexification progressive de petites molécules organiques.La synthèse de ces molécules organiques a pu se réaliser grâce à l'atmosphère réductrice et à un apport important d'énergie. Celle-ci provenait sans doute des volcans (activité tectonique), de la force des vagues, des ondes de choc atmosphériques, des particules solaires et de la radioactivité. Cependant, l'action la plus significative a dû provenir des décharges électriques de l'atmosphère.

L'APPARITION DES MOLÉCULES BIOLOGIQUES

L'ÉVOLUTION CHIMIQUE

DU CHIMIQUE AU BIOLOGIQUE

EN AYANT FAIT ADMETTRE l'idée d'évolution de la vie et en ayant restreint celle-ci à une origine unique, les travaux de Darwin, puis ceux de Pasteur ont permis de franchir le pas séparant le biologique du non-biologique. Un des prolongements logiques de ces résultats scientifiques fut le développement de recherches sur l'apparition de la vie.

Le scénario d'Oparine. Dans les années 1920, le biochimiste soviétique Oparine est le premier à introduire et développer les bases de la théorie scientifique moderne de l'origine de la vie. En 1924, dans un ouvrage élaboré sur sa conception évolutionniste de l'origine de la vie, Oparine suggère que les premiers systèmes vivants sont apparus à la suite d'une longue évolution chimique.

Selon Oparine, l'atmosphère primitive de la Terre ne ressemblait pas du tout à l'atmosphère actuelle et était vraisemblablement composée de petites molécules réductrices. Il proposa que l'hydrogène, le méthane, l'ammoniac et l'eau à l'état de vapeur en fussent les composants principaux. Son scénario se poursuit par l'intervention d'excitations énergétiques diverses, telles que le rayonnement ultraviolet provenant du Soleil et les décharges électriques dues aux orages. Sous l'effet de ces sources d'énergie, les petites molécules atmosphériques auraient évolué chimiquement en donnant naissance à des molécules organiques de plus en plus complexes. Accumulées dans les océans primitifs, celles-ci se seraient encore complexifiées et auraient abouti à des structures organisées de type biologique.

L'expérience de Miller. Le scénario proposé par Oparine est mis en application, dans les années 1950, par un jeune chercheur américain, Stanley Miller. L'expérience de simulation effectuée par Miller est la première du genre. Elle aboutit à la formation d'acides aminés, dont certains sont les briques fondamentales du vivant. Par la méthode qu'elle met en place (simulation des conditions atmosphériques de la Terre primitive) et par ses résultats (obtention de certaines briques du vivant), cette expérience est le coup d'envoi de toute une série d'expérimentations, dites « de chimie prébiotique », qui viendront compléter les données concernant l'origine de la vie. Cependant, la question de la mise en place des processus fondamentaux du vivant reste alors encore entière.

Les molécules biologiques. Tous les êtres vivants se composent de molécules organiques (molécules dont le squelette est constitué d'atomes de carbone), toujours les mêmes, qui sont essentiellement représentées par la combinaison de quatre atomes, le carbone, C, l'hydrogène, H, l'oxygène, O, et l'azote, N. D'une manière générale, tous les êtres vivants sont composés à plus de 99 p. 100 de ces quatre éléments que l'on peut considérer comme les « briques atomiques » du vivant.

Le fonctionnement de l'unité biologique de base, la cellule, bien que compliqué, repose sur une chimie contrôlée finalement par un petit nombre de molécules, bâties à partir de ces atomes. C'est dans le jeu de ces molécules, leurs combinaisons, leur capacité à trouver les sources énergétiques nécessaires à la survie de la cellule et à sa reproduction que repose l'intimité de la vie.

L'atmosphère « prébiotique ». Des résultats ultérieurs à ceux de l'expérience de Miller ont permis d'obtenir en laboratoire, dans des conditions prébiotiques, tous les acides aminés des protéines du vivant (à l'exception de la lysine, de l'arginine et de l'histidine). Ils ont confirmé que seuls des milieux réducteurs conduisent à des rendements notables en molécules organiques réactives, susceptibles de se complexifier. Dans les années 1980, les Français F. Raulin et D. Mourey ont montré que le mélange gazeux le plus favorable était un mélange de méthane, d'azote et de vapeur d'eau appauvri en oxygène. Ce mélange est proche de la composition atmosphérique de Titan, à l'eau près...

Les expériences ont également confirmé que deux petites molécules gazeuses étaient essentielles à la chimie prébiotique : l'acide cyanhydrique (H-C≡N) et le formaldéhyde ($O{=}CH_2$), molécules déjà identifiées dans l'expérience de Miller.

A

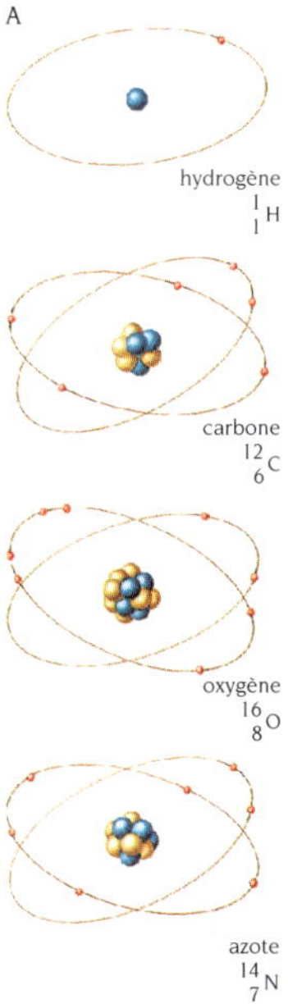

A. LES ATOMES DE LA VIE

Ils sont, pour l'essentiel, au nombre de quatre : l'hydrogène, H, le carbone, C, l'oxygène, O et l'azote, N. Si le premier, vieux de 15 milliards d'années, provient des tout premiers instants de l'Univers, les trois autres sont des « enfants des étoiles » : ils sont les produits de la « nucléosynthèse » stellaire et ont été rejetés par les étoiles devenues supernovae. Chaque atome est caractérisé par un nombre de protons et un nombre de neutrons généralement équivalents. Ces particules constituent le noyau de l'atome autour duquel gravitent les électrons. Pour désigner un atome, on utilise une lettre symbole à laquelle on associe le nombre d'électrons (en bas) et le nombre global de protons et de neutrons (en haut).

C

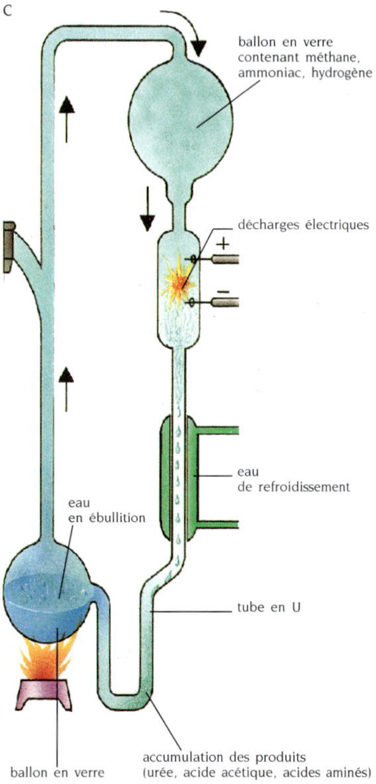

C. LES COMPOSÉS DE LA VIE IN VITRO

En se fondant sur les conditions établies par le biochimiste soviétique A.I. Oparine, qui étaient censées régner originellement sur la Terre, l'Américain Stanley Miller tente, dans les années 1950, sous la direction du chimiste Harold Urey, de simuler en laboratoire l'évolution chimique des composés atmosphériques de la Terre primitive ayant abouti à la formation de molécules biologiques. Un article retentissant, publié dans la revue *Science* en 1953, retrace les étapes de cette expérience. Dans un ballon de verre, Miller introduit les gaz mentionnés par Oparine (méthane, ammoniac, hydrogène), qu'il soumet à des décharges électriques simulant les conditions énergétiques de l'atmosphère primitive. Un ballon en verre contenant de l'eau en ébullition assure la circulation des molécules en véhiculant la vapeur d'eau sur tout le trajet de l'expérience. Un tube en U rempli d'eau, jouant le rôle de l'océan primitif, recueille les produits de l'expérience. Après une semaine d'évolution du système, Miller identifie les composés obtenus. En phase gazeuse, il repère plusieurs composés organiques, en particulier l'acide cyanhydrique et le formaldéhyde. En phase liquide, il découvre des molécules plus complexes, telles que l'urée, l'acide acétique et... des acides aminés.

B

B. LE BERCEAU DE LA VIE

L'eau liquide fut le berceau de la vie. Cet élément est en fait un réactif puissant qui sert de solvant à de nombreuses molécules. La question se pose encore sur la nature des étendues d'eau au moment où la vie est apparue. A-t-elle pris naissance dans des mares, des lacs ou dans de vastes océans ?

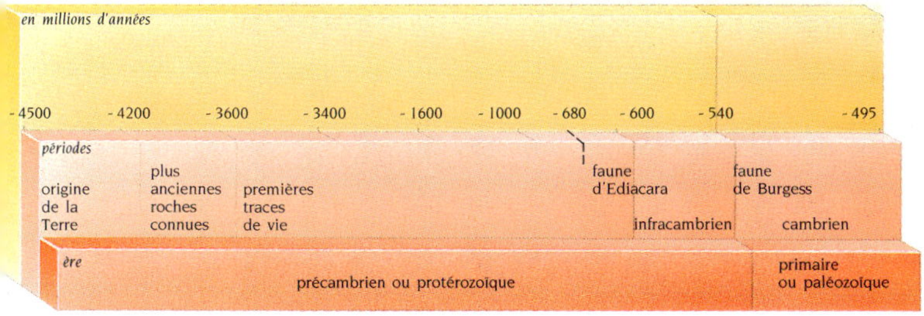

L'APPARITION DES MOLÉCULES BIOLOGIQUES

ACIDES NUCLÉIQUES ET PROTÉINES

LES MOLÉCULES SE COMPLIQUENT

■ EN FAIT, l'organisation et la dynamique de tout le vivant sont fondées sur la combinaison et les différents échanges entre deux groupes de molécules organiques : les *acides aminés* et les *nucléotides*.

Les *acides nucléiques* (A. D. N. et A. R. N.) sont constitués d'une succession de nucléotides caractérisés par leurs *bases azotées :* l'adénine, la thymine, la cytosine et la guanine (dans l'A. R. N., l'uracile remplace la thymine). Un nucléotide est réalisé par l'assemblage d'un sucre simple à 5 atomes de carbone (un ribose [$C_5H_{10}O_5$] pour l'A. R. N. et un désoxyribose [$C_5H_{10}O_4$] pour l'A. D. N.) d'une base azotée et d'un groupement phosphate (PO_3^-). Dans le cas de l'A. D. N., l'association des nucléotides, qui se fait par paires, constitue les « barreaux » d'une « échelle de corde » à deux brins, chaque base azotée d'un brin s'associant à une base azotée complémentaire de l'autre brin. La cytosine s'associe toujours à la guanine et la thymine à l'adénine. L'A. D. N. prend sa conformation habituelle quand les deux brins s'enroulent l'un autour de l'autre, à la manière d'une hélice, attachés l'un à l'autre par leurs « barreaux ». L'A. R. N., quant à lui, ne forme qu'un seul brin.

Ces grosses molécules d'acides nucléiques sont porteuses de l'information génétique, codée dans l'enchaînement des bases azotées, et se traduisent sous la forme de *protéines,* qui sont des enchaînements d'acides aminés choisis parmi vingt différents. Ces protéines interviennent dans toutes les structures et les fonctions biologiques, elles sont indispensables à la vie.

La chimie prébiotique. Cette branche de la chimie recherche les molécules simples et les réactions fondamentales qui ont rendu possible l'apparition des molécules complexes (acides nucléiques) à la base de la vie.

On peut déjà fabriquer, à partir d'ingrédients simples et susceptibles d'avoir été disponibles sur la Terre primitive, la plupart des briques constitutives des molécules de la vie, que ce soient des protéines ou des acides nucléiques. À partir du formol, ou formaldéhyde, la réaction dite de « formose » permet d'obtenir des molécules de sucres, dont les sucres à cinq atomes de carbone, comme le ribose et le désoxyribose qui entrent dans la composition des nucléotides. L'évolution de l'acide cyanhydrique dans l'eau peut conduire (par l'intermédiaire du tétramère de ce composé) à la plupart des acides aminés des protéines du vivant, ainsi qu'aux bases azotées des nucléotides. Signalons que la chimie du cyanoacétylène, en solution aqueuse, conduit également à la production de bases azotées (cytosine et uracile). On peut encore citer le biochimiste américain Cyril Ponnamperuna qui, en irradiant un mélange d'adénine (obtenue à partir de l'acide cyanhydrique et de l'action des ultraviolets) obtint de l'adénosine (adénine avec un sucre). Cette adénosine fut à son tour irradiée et permit d'obtenir de l'adénosine triphosphate (A. T. P.), une des molécules énergétiques les plus importantes que l'on connaisse chez les êtres vivants.

Cependant, toutes ces synthèses nécessitent des conditions physico-chimiques strictes (de pH en particulier) correspondant à un environnement bien déterminé. De plus, il semble, encore aujourd'hui, qu'aucune voie de synthèse expérimentale des sucres biologiques constitutifs des acides nucléiques (ribose et désoxyribose) ne soit réellement satisfaisante. Aussi commence-t-on à rechercher des « ancêtres » possibles des sucres actuels ayant une structure plus simple.

Les plus anciens fossiles Les plus anciennes traces de vie autentifiées sont des microfossiles de bactéries âgés de 3,55 milliards d'années. Ceux-ci ont été découverts en Australie, dans la formation géologique de Warrawoona, associés à des stromatolithes fossiles.

Ces stromatolithes des terrains du précambrien se présentent comme ceux d'aujourd'hui. Ce sont des concrétions mamelonnées ou discoïdales, à feuillets concentriques, formant des petits monticules. Ils représentent le résultat de l'activité chimique des colonies de bactéries qui les habitent.

SOURCES ABYSSALES, SOURCES DE LA VIE ?

Les sources hydrothermales abyssales sont situées à plusieurs milliers de mètres de profondeur, au voisinage de la chaîne dorsale océanique. Une eau riche en sulfure d'hydrogène y jaillit à une température de 350 degrés, à l'extrémité de cheminées appelées « fumeurs ». Ces sources ont pu représenter un milieu chimique particulier (réducteur), susceptible d'offrir tous les ingrédients nécessaires à l'apparition de la vie. La présence dans ces milieux insolites de solides argileux, pouvant servir de support à l'élaboration de molécules complexes, de gaz réducteurs et, bien évidemment, d'eau liquide, à des températures élevées où les réactions chimiques sont rapides, correspond à des conditions favorables à l'ensemble de la chimie prébiotique. Ainsi, pour certains, la vie aurait pu apparaître près des sources hydrothermales, dans les profondeurs des océans plutôt qu'à leur surface.

A. **ACIDE NUCLÉIQUE PRIMITIF**

Certaines hypothèses suggèrent que la vie a débuté grâce à des A. R. N. « primitifs ». Ces derniers auraient fait intervenir, dans leur composition, un sucre à trois atomes de carbone (au lieu de cinq, comme c'est le cas dans les A. R. N. actuels). Ainsi, le glycérol (sucre à 3 carbones) aurait pu remplacer le ribose (à 5 carbones), de construction plus compliquée. Cependant, les récentes expériences menées dans ce domaine, afin de vérifier ces hypothèses, n'ont débouché sur aucun résultat positif.

A

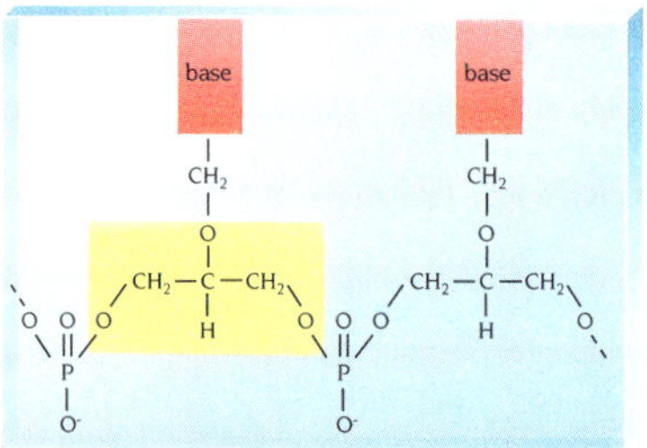

acide nucléique primitif

B. **SPHÉROÏDE**

L'apparition de la cellule a vraisemblablement été précédée par celle de microstructures de forme sphérique, appelées « coacervats », bâties à partir de protéines. Pour le Français Édouard Boureau, les coacervats, encore non vivants, ont donné naissance à une grande diversité de *coccoïdes.*
Trouvé dans une roche précambrienne du Mali (vieille de plus de 1 milliard d'années), ce sphéroïde microscopique, d'un diamètre d'une centaine de micromètres, est formé du regroupement de nombreux coccoïdes. Il a été nommé *Asterosphaeroides darsii.* Certains sphéroïdes, plus anciens, sont datés de 3,5 milliards d'années.

B

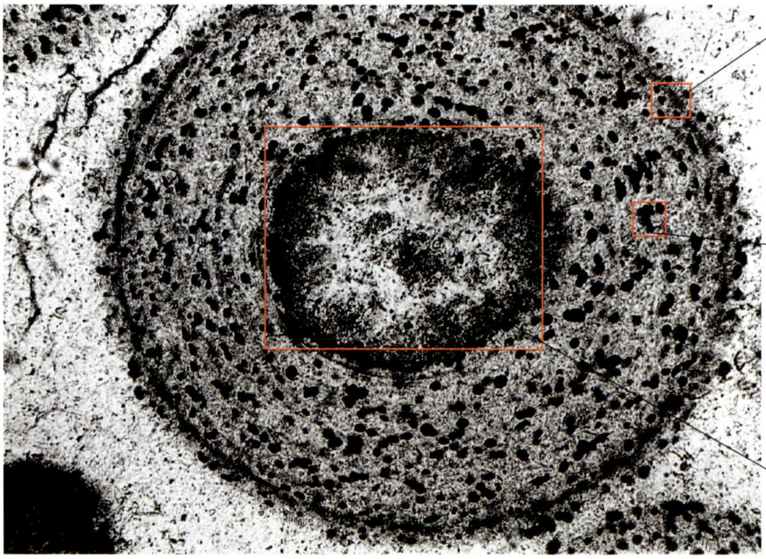

Paroi
De structure lamellée, elle délimite le sphéroïde, évoquant une membrane biologique.

Coccoïdes
Ces petites sphères, capables de se diviser, ne contiendraient pourtant pas de matériel génétique.

Prénoyau
Au centre du sphéroïde, le regroupement de nombreux coccoïdes rappelle un noyau cellulaire.

LES PREMIERS ÊTRES VIVANTS

LA CELLULE PRIMITIVE

L'ACQUISITION D'UNE MEMBRANE ET D'UN CODE GÉNÉTIQUE

TOUTE CELLULE est séparée du milieu dans lequel elle baigne par la membrane qui l'entoure. Cette dernière la protège et contrôle les échanges avec l'extérieur de substances élémentaires indispensables à la vie. En effet, la membrane, constituée de lipides (phospholipides) et de protéines, joue un rôle de filtre sélectif qui assure le passage des sels minéraux et des substances nutritives provenant de l'environnement et évacuant les déchets.

Les *phospholipides* sont de loin les lipides les plus abondants des membranes biologiques. Ils possèdent une queue hydrophobe composée de deux chaînes d'acides gras et un groupement hydrophile où est situé le phosphate. Placés dans l'eau, les phospholipides membranaires s'agrègent spontanément en enfouissant les parties hydrophobes et en exposant les parties hydrophiles pour former des petites sphères ou des doubles couches continues semblables à des membranes biologiques. Ces molécules ont probablement permis aux systèmes vivants primitifs d'enfermer et de protéger les constituants qui leur étaient indispensables, en évitant leur dispersion dans le milieu environnant.

Les coacervats. Il semble que la plupart des phospholipides biologiques puissent être obtenus expérimentalement dans les conditions supposées de la Terre primitive, bien que la synthèse des acides gras pose encore quelques problèmes. J. Oro, de l'université de Houston, au Texas, a ainsi obtenu des lipides, dans des conditions prébiotiques, à l'aide d'un mélange de composés organiques simples, dérivés de l'acide cyanhydrique.

Le pionnier dans l'étude de la formation de la membrane cellulaire est A. Oparine. À partir de polymères biologiques mis en solution aqueuse dans des conditions déterminées, il a obtenu des gouttelettes enrichies en polymères et séparées du milieu aqueux par une « membrane », les *coacervats.*

Il semble relativement aisé de fabriquer des microstructures renfermées sur elles-mêmes, d'allure cellulaire, à partir de constituants qui ne soient pas nécessairement lipidiques, et même non biologiques. En fait, le problème concerne surtout la stabilité de ces structures dans le milieu aqueux.

Les microsphères. Des protéinoïdes, pseudo-protéines non biologiques, ont permis à S. Fox, de l'université de Miami, d'obtenir des microsphères, et à F. Egami, de l'Institut Mitsubishi-Kasei de Tokyo, des « marigranules ». Il s'agit à chaque fois de structures stables, de diamètre moyen de l'ordre du micromètre, pouvant jouer le rôle d'enveloppe de pseudo-cellule. De plus, ces structures peuvent présenter une interface de même fonction que la membrane cellulaire, capable de bourgeonner et même de se diviser...

Le code génétique. Les protéines sont de grosses molécules biologiques essentielles à l'organisation et au fonctionnement de la cellule. Leur synthèse s'effectue selon des correspondances très strictes entre les bases azotées des acides nucléiques (A. D. N. et A. R. N.) et les acides aminés constitutifs des protéines. Ces correspondances sont régies par le *code génétique* (suivant un mécanisme de traduction de l'A. R. N. messager en une séquence d'acides aminés qui formera la protéine). Le code génétique a probablement été établi très tôt dans l'histoire de la vie, puisque tous les organismes vivants fonctionnent avec le même code.

L'œuf ou la poule ? Qui est apparu en premier, l'acide nucléique (sans lequel aucune protéine ne pourrait être fabriquée) ou la protéine (dont l'activité enzymatique est essentielle à toute fonction, et en particulier à sa propre synthèse à partir de l'acide nucléique) ? Depuis les travaux de T. Cech à l'université du Colorado, il apparaît que certains acides nucléiques (des A. R. N. particuliers appelés « *ribozymes* ») sont capables, outre de véhiculer l'information génétique, de présenter une activité enzymatique. Cela pourrait remettre en question le paradoxe de l'œuf et de la poule : les A. R. N. primitifs auraient été capables de remplir à eux seuls les fonctions du vivant.

DROITE OU GAUCHE ? LE CHOIX DU VIVANT

Les molécules sont des objets tridimensionnels : selon l'arrangement dans l'espace des atomes qui les constituent, certaines adoptent différentes formes, ou *isomères.* Ces isomères sont dits « *chiraux* » (du grec *kheir,* la main) quand ils sont symétriques l'un de l'autre, comme la main droite et la main gauche (on parle alors d'énantiomère). Or, si les molécules chirales non biologiques (minérales) présentent des proportions égales d'isomères « droits » et « gauches », les molécules biologiques sont toutes « gauches ». C'est le cas des acides aminés naturels qui composent les protéines (sauf un, qui n'est pas chiral, la glycine). Pour le Français G. Spach, ce « choix » permettrait une plus grande stabilité et simplifierait les mécanismes enzymatiques (les enzymes « droites » ne réagissant pas comme les enzymes « gauches ». Mais comment la vie, qui serait apparue à partir de molécules minérales, a-t-elle ainsi privilégié une forme d'organisation spatiale de ces molécules ? Serait-ce une conséquence de la polarisation de la lumière réfléchie sur la surface des lacs ? La rotation de la Terre aurait-elle eu une influence ? Aucune hypothèse ne semble encore satisfaisante.

A

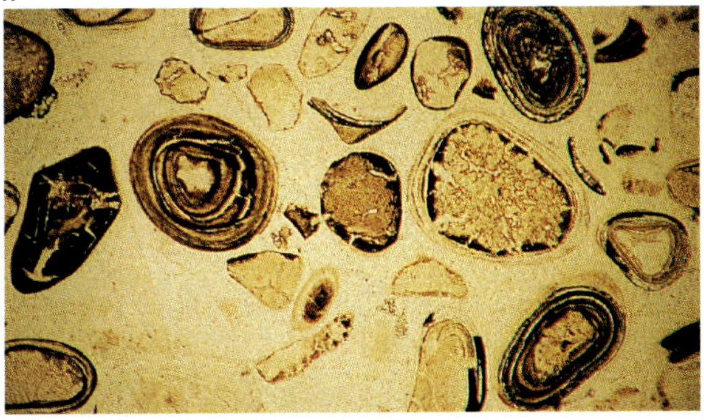

A. **CELLULES DE GUNFLINT**

On trouve dans des sédiments, dont les plus anciens peuvent atteindre l'âge de 3,5 milliards d'années, des microfossiles procaryotes filamenteux analogues aux actuelles cyanobactéries. (Gisement de Gunflint au Canada, 2 milliards d'années.)

B

B. **ANIMAUX D'EDIACARA**

Il y a 800 millions d'années apparaissent les premiers animaux pluricellulaires. Ils sont bien représentés dans la « faune d'Ediacara », âgée de 680 millions d'années (monts Ediacara, en Australie du Sud). Sur 1 400 fossiles, plus de la moitié sont des métazoaires. Cette faune comporte divers types de vers segmentés (en bas) apparentés aux annélides, des méduses (en haut), des coraux mous (représentés en brun et en rouge sur cette reconstitution), un échinoderme et un arthropode primitifs et quelques animaux « énigmatiques » sans rapport avec ceux d'aujourd'hui (en bas à droite). Ce sont tous des invertébrés à corps mou, mais, pour Glaessner, qui a étudié cet ensemble, certains coraux auraient des spicules, et d'autres animaux auraient possédé une coquille flexible, probablement en matière organique. Il faut attendre le cambrien (– 570 millions d'années) pour voir apparaître les premiers animaux à squelette résistant externe.

LA VIE À L'ÈRE PRIMAIRE

LE PALÉOZOÏQUE

DIVERSIFICATION DE LA VIE ET SORTIE DES EAUX

■ L'ÈRE PRIMAIRE, ou *paléozoïque,* qui a duré environ 300 millions d'années (de – 540 à – 245 millions d'années) inaugure ce qu'il est convenu d'appeler les *temps fossilifères* (le « phanérozoïque » des géologues) parce que les fossiles, exceptionnels dans les couches sédimentaires plus anciennes du précambrien, deviennent plus fréquents.

Témoins objectifs de l'évolution de la vie sur la planète Terre, les fossiles constituent également des repères temporels relatifs ou absolus permettant de dater les roches sédimentaires (biostratigraphie).

La rapide diversification de la vie, qui se produit au début de l'ère primaire (cambrien), coïncide avec l'acquisition de coquilles, tests ou carapaces chez de nombreux groupes d'animaux. De par la nature minérale de leur revêtement corporel, ces organismes sont donc éminemment fossilisables.

Le contexte géographique. La géographie se modifie beaucoup au cours de l'ère primaire, ce qui a provoqué des répercussions importantes sur la répartition et sur les adaptations, donc sur l'évolution de la majorité des organismes vivants, animaux ou végétaux.

À la suite de la dislocation d'un immense « supercontinent » appelé « Pangée », constitué à la fin du précambrien, l'extension des plates-formes marines favorise le développement de la vie sur le fond des mers (benthos). Cependant, le mouvement des plaques (tectonique) provoquera l'oblitération, en plusieurs étapes, de certaines aires océaniques au silurien (formation des chaînes calédoniennes) et au permo-carbonifère (chaînes varisques, ou hercyniennes). Ainsi se trouvent créés de nouveaux espaces continentaux qui favorisent grandement la conquête du milieu terrestre tandis que se modifient les communications entre les différentes aires océaniques.

Vie marine et vie continentale. Les premiers organismes pluricellulaires fossilisés sont tous marins. C'est au cours de l'ère primaire que s'effectue la sortie des eaux, probablement au silurien pour les végétaux et au dévonien pour les animaux.

Cette conquête du milieu terrestre suppose tout un ensemble d'innovations adaptatives. De façon générale, les flores et les faunes du paléozoïque offrent un aspect archaïque : cette ère présente pourtant un intérêt particulier pour l'évolution de la vie. Les organismes y sont, en effet, simultanément différents de ceux du précambrien (faune d'Ediacara) et des formes actuelles, mais tous les grands embranchements existant aujourd'hui possèdent leurs premiers représentants, à l'ère primaire et même probablement dès le cambrien.

L'étude des fossiles du début de l'ère primaire montre ainsi que tous les plans fondamentaux d'organisation de la vie animale se sont réalisés en 20 ou 30 millions d'années. Mais chacun d'entre eux semble n'avoir été initialement représenté que par un nombre restreint d'espèces. Par la suite, à partir de l'ordovicien, (il y a 500 millions d'années) d'importantes diversifications interviennent au sein de ces groupes.

Groupes affiliés et groupes énigmatiques. En définitive, durant l'ère primaire apparaissent et se développent les premières plantes terrestres, mousses et fougères (les « cryptogames vasculaires »), ainsi que les plantes à graines, représentées par le groupe des gymnospermes et, chez les animaux, les grands groupes d'invertébrés et plusieurs classes de vertébrés (agnathes, poissons, amphibiens, reptiles). Plusieurs grands groupes effectuent toute leur évolution au cours de l'ère primaire, tels les trilobites parmi les arthropodes.

D'autres ensembles sont néanmoins plus problématiques quant à leurs affinités biologiques : archéocyathes, hyolites, conulaires, graptolites, etc. Cela montre que se sont développés aussi à l'ère primaire des plans originaux d'organisation structurale qui n'ont pas eu de descendance bien qu'ils aient pu se maintenir durant plusieurs millions ou dizaines de millions d'années.

Les crises. L'histoire de la vie à l'ère primaire ne correspond pas à un parcours de constant développement des adaptations. Cette histoire est ponctuée de plusieurs grandes crises, dont les causes restent hypothétiques, mais qui ont éliminé de nombreux groupes. Il en est ainsi, notamment, de la crise de la fin de l'ordovicien et de celle du dévonien supérieur ; la plus grave sera pourtant celle qui, à la fin du permien, amènera les animaux pluricellulaires à la limite de l'extinction.

FAUNE DU CAMBRIEN

A. **TRILOBITE**

Les trilobites constituent le groupe le plus caractéristique de l'ère primaire. Abondants dès le début du cambrien (on voit ici *Paradoxides* du cambrien moyen), ils déclineront progressivement en 300 millions d'années pour devenir rares au permo-carbonifère et disparaîtront définitivement au permien supérieur. Les trilobites, arthropodes primitifs, avaient un corps segmenté et composé de trois parties : le *céphalon* antérieur, le *thorax* constitué de segments articulés et le *pygidium,* terminal, très réduit chez *Paradoxides.* Ils se sont adaptés à divers modes de vie que reflètent leurs variations morphologiques.

A

B

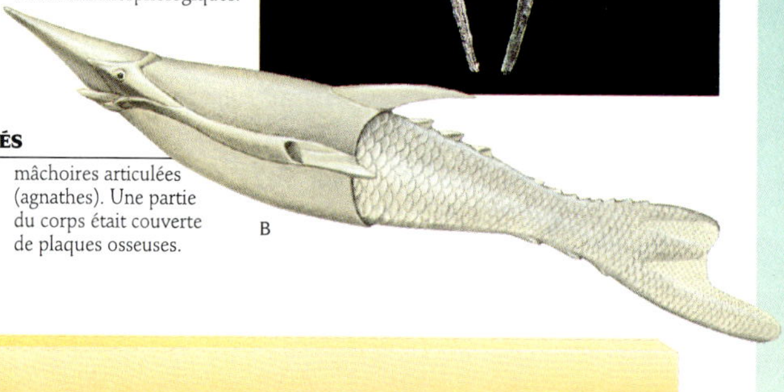

B. **PREMIERS VERTÉBRÉS**

Apparus à l'ordovicien, les premiers vertébrés, comme ce *Pteraspis,* étaient dépourvus de mâchoires articulées (agnathes). Une partie du corps était couverte de plaques osseuses.

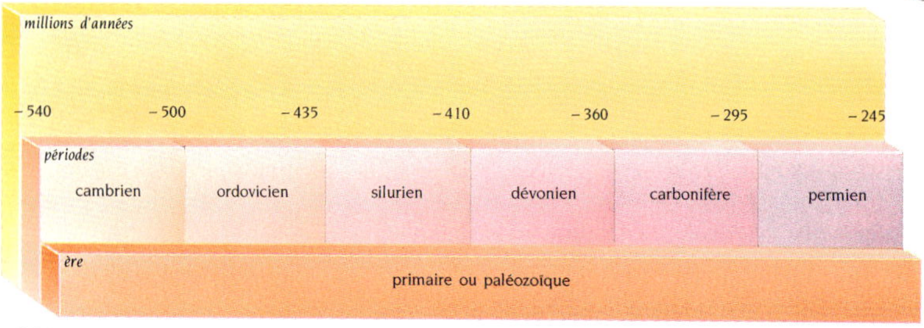

MINIFOSSILES ÉNIGMATIQUES

De nombreux petits fossiles peuvent être extraits des sédiments datant du début de l'ère primaire. Il s'agit d'éléments phosphatés ou calcaires provenant d'organismes qui demeurent énigmatiques quant à une attribution zoologique, mais qui ont eu une vaste répartition géographique sur les plates-formes marines du cambrien inférieur. Ils témoignent de la capacité de ces organismes à sécréter des enveloppes, ou tests, minéralisées. Leurs faibles dimensions (quelques millimètres au plus) et leur morphologie en rendent l'interprétation difficile : *Protohertzina* était-il une minuscule coquille arquée ou une petite épine d'un organisme inconnu ? *Pelagiella,* à coquille enroulée, était-il un mollusque primitif ? Leur variété souligne la diversité de la vie animale dès le début de l'ère primaire. L'intérêt porté à ces petits fossiles est récent ; il a permis de montrer que les premiers métazoaires sécrétèrent des squelettes externes que leur abondance et leur évolution permettent d'utiliser pour dater les couches géologiques où ils se trouvent.

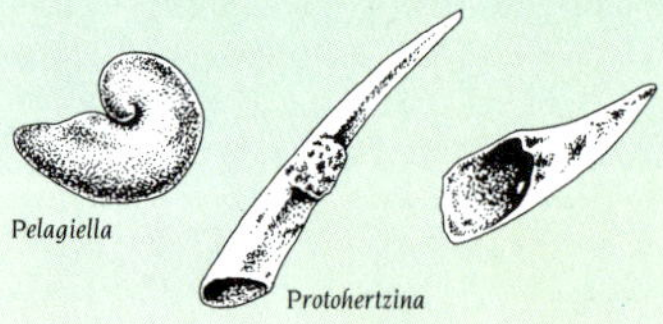

LA VIE AU CAMBRIEN

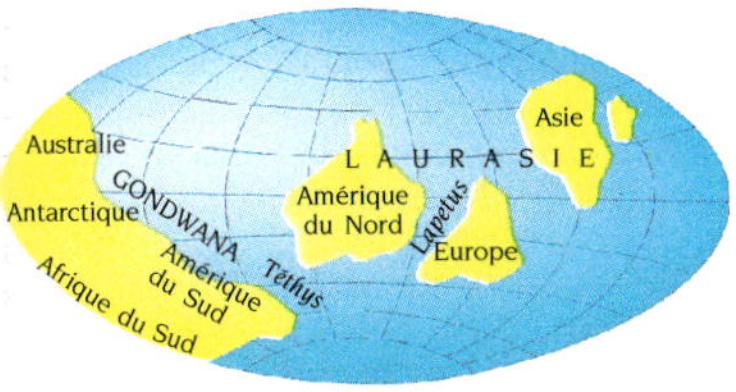

LE CAMBRIEN

L'ÉPANOUISSEMENT DE LA VIE ANIMALE MARINE

■ À L'ISSUE DU PRÉCAMBRIEN, la dislocation des plaques continentales crée de nouveaux espaces favorables au développement des animaux vivant sur le fond des eaux, ou benthiques, avec la constitution de vastes plates-formes peu profondes. De plus, le réchauffement climatique et l'enrichissement de l'atmosphère en oxygène favorisent également le développement de la vie, notamment celle des végétaux terrestres.

La diversification des animaux. Dès le cambrien inférieur, les archives fossiles livrent une grande diversité d'organismes dont beaucoup demeurent problématiques. D'abondants « petits fossiles à coquilles », phosphatées ou calcaires, ont une vaste distribution géographique. Ils sont accompagnés par des animaux mieux connus, comme les archéocyathes, les spongiaires, les brachiopodes, les mollusques (gastéropodes et bivalves), les trilobites, parmi les arthropodes, ou encore les graptolites.

La plupart de ces animaux avaient pour lieu de vie les eaux peu profondes des plates-formes. De nombreuses traces d'activité (pistes et terriers) témoignent aussi de la diversité des organismes fouisseurs dont beaucoup étaient, sans doute, des vers. On trouve les premiers échinodermes dès le cambrien moyen. Au même moment, l'étonnante faune de Burgess (Canada) contient un cordé probable, *Pikaia,* appartenant à la lignée qui donnera les vertébrés. Les céphalopodes (groupe renfermant les pieuvres) sont connus à partir du cambrien supérieur.

L'EXPLOSION DE LA VIE

La rapide diversification des organismes au cambrien inférieur revêt un caractère explosif. On peut néanmoins se demander si l'image que nous avons de ce phénomène ne résulte pas de l'apparition des « squelettes » qui facilite la fossilisation. La question est alors : explosion de la vie ou explosion des fossiles ?

Un certain nombre de causes sont invoquées, les unes environnementales, les autres biologiques, pour expliquer cette apparente diversité.

Parmi les premières, on pense à des changements dans la composition chimique des océans et à l'accroissement du taux d'oxygène dans l'atmosphère (par exemple : la sécrétion d'un squelette calcaire exige en effet une concentration minimale en oxygène ; les organismes qui augmentent leur volume corporel ont besoin d'assurer l'oxygénation de leurs tissus internes...). Parmi les secondes, on invoque une particulière flexibilité génétique qui aurait favorisé la diversité. On suggère aussi des causes écologiques avec la conquête d'espaces vierges.

En définitive, tous les grands plans architecturaux des « métazoaires » (animaux pluricellulaires) sont présents dès le cambrien ; l'évolution biologique consistera, par la suite, en des variations et des complexifications de ces thèmes structuraux dont certains seront d'ailleurs sans descendance.

Les formes de vie animale. Ces organismes aquatiques du cambrien, dont la majorité vit sur le fond, réalisent de nombreuses adaptations aux diverses conditions de milieu. Les archéocyathes, fixés, constituent parfois de véritables colonies évoquant des récifs coralliens dans les eaux probablement claires et chaudes. Certains brachiopodes (animaux à coquille) s'enfouissent (inarticulés), les autres sont fixés sur le fond (articulés).

Pour de nombreux groupes, les premiers représentants sont de petites dimensions, cela est le cas, notamment, pour les mollusques bivalves et gastéropodes. Les mollusques sont représentés, par ailleurs, par un groupe primitif, probablement à l'origine de tous les autres : il s'agit des monoplacophores, représentés aujourd'hui par un « fossile vivant », réfugié à grandes profondeurs, *Neopilina.* Parmi les trilobites, des formes de milieux mal oxygénés, comme *Olenus,* du cambrien supérieur, développent de larges cavités branchiales, donc de grandes branchies. Les mollusques céphalopodes, qui sont des nautiloïdes (animaux ressemblant à des seiches enfermées dans une coquille), représentent l'un des premiers groupes de redoutables prédateurs fréquentant les communautés du fond, en quête de nourriture.

La distribution géographique montre, par ailleurs, un certain « provincialisme ». Les trilobites du cambrien inférieur, par exemple, se répartissent entre deux grandes provinces, l'une dite à *Holmia,* l'autre à *Olenellus.*

A

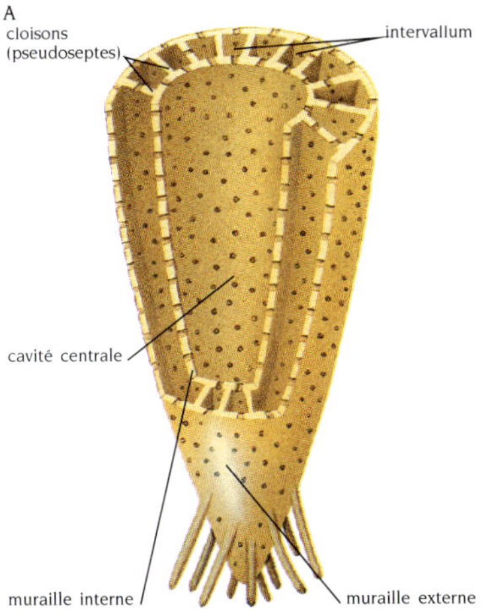

A. **ARCHÉOCYATHE**

Les organismes de ce type sont généralement rapprochés des éponges. Ils possédaient un squelette calcaire, entièrement perforé, constitué de deux murailles et de cloisons. Très diversifiés au cambrien inférieur et moyen, ils ont été les premiers animaux pluricellulaires constructeurs, vivant dans des plates-formes carbonatées, peu profondes et en eaux chaudes.

FAUNE DU CAMBRIEN

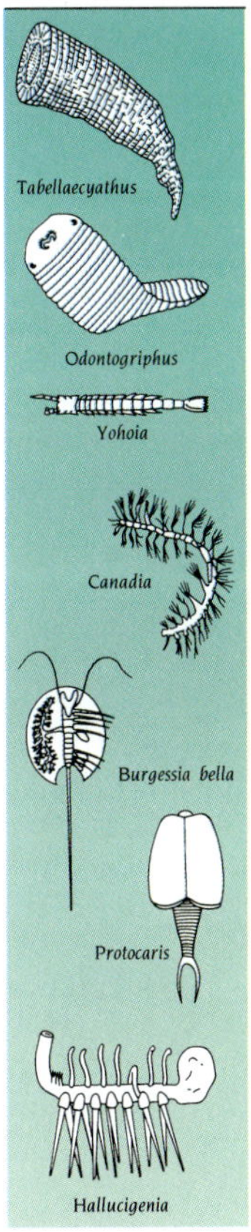

B

B. **AGNOSTUS**

Ce petit trilobite appartient au groupe des miomères, qui ne possédaient que deux ou trois segments thoraciques. Les miomères sont caractéristiques du cambrien. Leur abondance dans les sédiments de mers ouvertes et leur vaste répartition géographique paraissent témoigner d'un mode de vie pélagique (en haute mer). La découverte d'exemplaires remarquablement fossilisés a permis de connaître les détails de leur organisation.

C

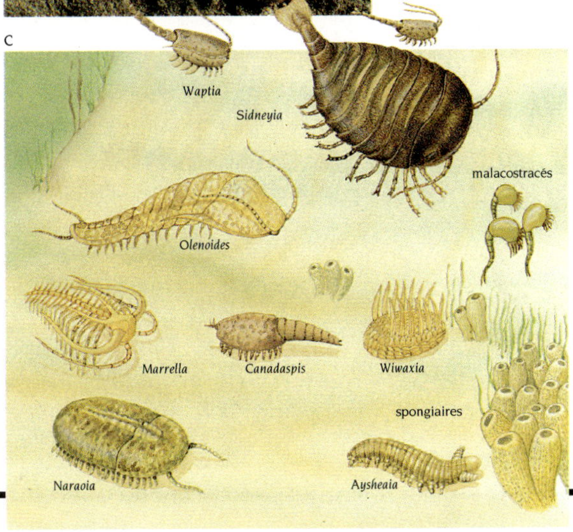

C. **FAUNE DES SCHISTES DE BURGESS**

Ce gisement exceptionnel du cambrien moyen de la Colombie-Britannique (Canada) a livré une abondante faune admirablement conservée. Les arthropodes y sont particulièrement diversifiés : l'élégant *Marrella* a des affinités douteuses ; *Aysheaia* est peut-être un onychophore. Les spongiaires, les polychètes, les crinoïdes et même un cordé primitif ont été décrits dans cette faune qui témoigne du foisonnement des animaux marins dès le cambrien moyen.

LA VIE À L'ORDOVICIEN ET AU SILURIEN

FAISANT SUITE AU CAMBRIEN, les périodes de l'ordovicien et du silurien sont marquées par d'importantes variations du niveau des mers. Après une extension de la couverture marine à l'ordovicien inférieur et moyen, les premières crises d'un soulèvement de chaînes montagneuses et un important refroidissement du climat (une calotte glaciaire occupe alors l'Afrique centrale située au pôle Sud) réduisent la surface des mers à l'ordovicien terminal. La montée du niveau des eaux au silurien favorise de nouveau l'extension des faunes marines, mais des conditions de mauvaise oxygénation des eaux caractérisent de vastes domaines. À la fin du silurien se produisent une régression marine et l'émersion de nouvelles terres.

L'ORDOVICIEN

POURSUITE DE L'ÉVOLUTION DE LA VIE MARINE

■ UN RAPIDE ÉPANOUISSEMENT des embranchements apparus au cambrien induit une diversification parfois explosive,, notamment dans de nombreux groupes d'animaux invertébrés et vertébrés (premiers poissons).

Les brachiopodes articulés deviennent des constituants majeurs de certains fonds (« faciès coquilliers ») tandis que les bryozoaires, apparus pour la première fois, prolifèrent également pour connaître leur apogée au cours de l'ordovicien. Parmi les mollusques, les gastéropodes et surtout les bivalves acquièrent de plus grandes dimensions et offrent une diversité croissante ; ce sont pourtant les céphalopodes nautiloïdes, aux coquilles droites pour la plupart, qui réalisent les structures les plus curieuses avec la sécrétion de dépôts calcaires dans les chambres et dans le siphon de la coquille : cela constitue une adaptation à l'équilibre hydrodynamique de ces redoutables prédateurs, dont certains atteignent alors plusieurs mètres de longueur. Les nautiloïdes restent très abondants au silurien.

Chez les arthropodes, les trilobites, qui demeurent nombreux, réalisent des adaptations à divers modes de vie, benthique, parfois fouisseur, ou pélagique, tandis que les ostracodes connaissent un brutal essor avec des formes souvent très ornementées.

L'histoire des échinodermes se caractérise par l'étonnante variété des structures réalisées, dont beaucoup n'auront plus d'équivalents après l'ère primaire. Cela est le cas pour les carpoïdes, apparus au cambrien et diversifiés à l'ordovicien, les cystoïdes, ou encore les blastoïdes à l'élégant calice, qui étaient des formes fixées. Mais d'autres ensembles qui dureront sont aussi présents, comme les crinoïdes et les astéroïdes, tandis que les échinides n'apparaissent qu'au silurien.

C'est à l'ordovicien supérieur que sont connus les plus anciens vertébrés, comme *Arandaspis* d'Australie ou *Sacabambaspis* de Bolivie.

Une crise majeure. La dégradation climatique, les régressions induites et d'éventuelles autres raisons inconnues ont provoqué une importante crise à la fin de l'ordovicien. Celle-ci entraîne une réduction drastique de la plupart des groupes avant la nouvelle diversification silurienne.

LE SILURIEN

DEUX MILIEUX MARINS

■ DANS LES EAUX CHAUDES et pelliculaires qui s'étalent sur les plates-formes des régions situées alors en zone tropicale (Scandinavie, par exemple) se développent les premiers récifs édifiés par des algues, des stromatopores (cnidaires hydrozoaires) et des tabulés (polypier colonial). Sur de tels fonds, bien aérés, se développent brachiopodes, mollusques et échinodermes.

Au contraire, dans les milieux confinés (dont témoignent les schistes noirs), ce sont des fossiles d'organismes pélagiques qui sont conservés ; parmi eux, les graptolites, déjà très variés à l'ordovicien, deviennent très abondants bien qu'ils ne soient plus représentés que par les monograptides à organisation coloniale plus simple.

C'est au silurien qu'apparaissent les premiers vertébés à mâchoires (gnathostomes). Si les algues sont abondantes et diversifiées, il ne semble pas encore exister de végétaux vasculaires.

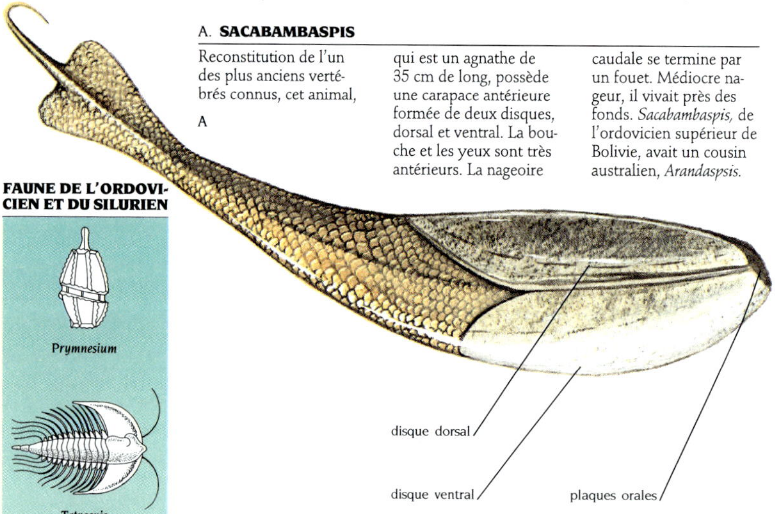

A. **SACABAMBASPIS**

Reconstitution de l'un des plus anciens vertébrés connus, cet animal, qui est un agnathe de 35 cm de long, possède une carapace antérieure formée de deux disques, dorsal et ventral. La bouche et les yeux sont très antérieurs. La nageoire caudale se termine par un fouet. Médiocre nageur, il vivait près des fonds. *Sacabambaspis*, de l'ordovicien supérieur de Bolivie, avait un cousin australien, *Arandaspsis*.

FAUNE DE L'ORDOVICIEN ET DU SILURIEN

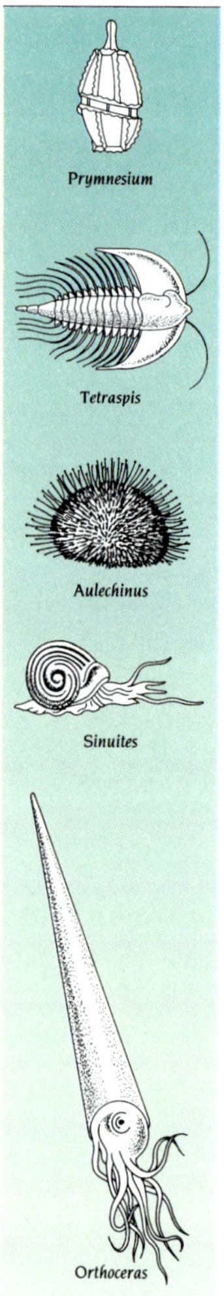

B

B. **GRAPTOLITE**

Les graptolites vrais, qui étaient des organismes marins coloniaux, ont été abondants à l'ordovicien et au silurien. Ils ont disparu au début de la période suivante, le dévonien. Ils sont utiles à la datation des couches sédimentaires grâce à leur vaste répartition géographique et à leur évolution rapide. Les plus anciens ont possédé des colonies formées de deux ou plusieurs branches. L'évolution a abouti, avec les monograptides du silurien comme celui figuré ici, à des colonies qui n'ont qu'un seul axe portant une seule série latérale de thèques, dans chacune desquelles était logé un minuscule zooïde. Les graptolites seraient à rapprocher des ptérobranches actuels.

LA CHAUSSURE DE JEFFERIES

Cothurnocystis est un curieux animal fossile (groupe des « carpoïdes ») dont la thèque, plate, a une forme de chaussure et possède un appendice différemment interprété suivant les auteurs. Pour certains, en effet, ces carpoïdes sont de vrais échinodermes dont l'appendice jouait un rôle dans la nutrition. D'autres auteurs, à la suite de R. Jefferies, considèrent que ces animaux ont représenté un groupe particulier, celui des « calcicordés », dont l'appendice avait un rôle locomoteur. Jefferies a réalisé de remarquables analyses anatomiques afin de réinterpréter l'ensemble des caractères ; il a fourni des reconstitutions des principaux appareils de ces organismes et de leur mode de vie. Dans cette hypothèse, qui reste controversée, les calcicordés représenteraient un groupe-souche à partir duquel les vertébrés auraient pu évoluer.

LA VIE AU DÉVONIEN

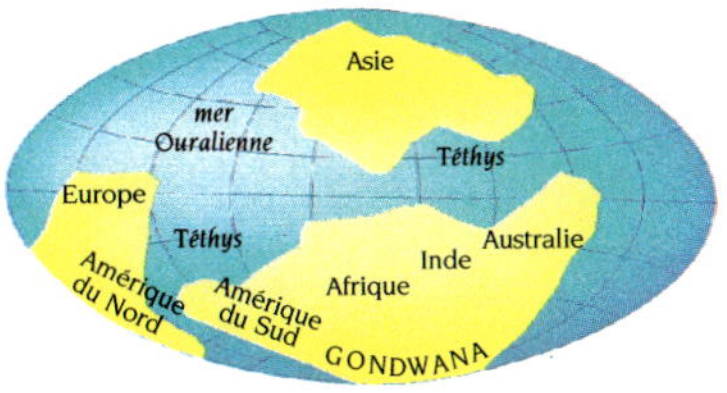

LE DÉVONIEN

DE LA MER À LA TERRE FERME

■ À L'ISSUE de soulèvements montagneux (orogenèse calédonienne), un vaste continent, qui inclut l'Europe septentrionale et l'Amérique du Nord, se trouve réalisé. C'est le continent des Vieux Grès rouges, sur lequel règne un climat chaud et semi-aride mais qui va favoriser la conquête du milieu terrestre.

Plancton et animaux nageurs. La vie marine devient extrêmement florissante dans les mers du dévonien inférieur et moyen. Un abondant microplancton comporte, en particulier, des microfossiles énigmatiques comme les acritarches et les chitinozoaires, probablement éléments reproducteurs de végétaux pour les premiers, d'animaux pour les seconds. D'autres petits animaux énigmatiques, les tentaculites, font aussi partie, pour certains, du plancton.

Parmi les animaux nageurs (necton), les céphalopodes sont nombreux, avec les goniatites, qui marquent l'apparition des ammonoïdes, promis à un bel avenir, tandis que les nautiloïdes demeurent variés. Mais le necton comporte aussi des vertébrés. Parmi eux, les agnathes munis d'une carapace osseuse et les placodermes, poissons primitifs pourvus d'une cuirasse thoraco-céphalique, menaient une vie nectobenthique, se déplaçant près du fond et s'y posant souvent. Hôtes des eaux littorales ou s'adaptant aux eaux saumâtres et douces, ils ne survivront guère au-delà du dévonien. Mais des poissons plus évolués, cartilagineux ou osseux, fréquentent aussi les eaux marines. Enfin, dès le dévonien inférieur sont apparus des poissons (actinistiens, ostéolépiformes, dipneustes) dont les nageoires paires, charnues, ont une structure qui peut évoluer vers celle d'un membre marcheur de vertébré terrestre tétrapode.

La vie sur le fond. Les communautés des fonds marins sont riches en crinoïdes, brachiopodes, bryozoaires, mollusques gastéropodes et bivalves, trilobites. Les euryptérides, grands arthropodes carnivores, sont de redoutables prédateurs pour ces faunes.

Une mention particulière doit être faite à propos de microdenticules restés longtemps énigmatiques, les « conodontes » ; ceux-ci ont été récemment découverts en position d'armature buccale dans les empreintes d'organismes mous, probablement attribuables au groupe des vertébrés (cordés). Les conodontes sont actuellement les fossiles les plus utilisés pour la zonation stratigraphique du dévonien.

Le développement des récifs. Il constitue un autre phénomène caractéristique du dévonien moyen et supérieur. Dans de nombreuses régions (Ardenne, par exemple), dans des eaux peu profondes, chaudes et claires, des organismes coloniaux édifient des récifs de forme souvent lenticulaire. Les constructeurs sont des algues, des stromatopores, sortes de spongiaires hypercalcifiés, et des cœlentérés primitifs (tabulés et tétracoralliaires). À cet environnement récifal s'adapte toute une faune benthique de brachiopodes et de mollusques à coquilles. Les régressions marines et la reprise des sédimentations détritiques réduisent l'extension des récifs avant la fin du dévonien.

Une nouvelle crise biologique intervient d'ailleurs durant le dévonien terminal, provoquée, peut-être, par une pauvreté des eaux en oxygène. Elle a pour conséquence un appauvrissement de nombreux groupes marins.

LA SORTIE DES EAUX

La période dévonienne est marquée par la conquête du milieu terrestre. En réalité, les plus anciens végétaux terrestres connus datent de la période précédente (silurien supérieur, il y a 410 millions d'années). Ce sont des plantes primitives possédant un système conducteur comme *Cooksonia ;* il est même probable que des végétaux plus primitifs avaient commencé cette colonisation auparavant. Mais c'est au dévonien que le tapis végétal va se développer et se diversifier. Cela est propice à l'apparition d'arthropodes terrestres : scorpions, acariens, insectes sans ailes.

La sortie de l'eau la plus spectaculaire reste néanmoins celle des vertébrés, avec des formes amphibiennes comme *Ichthyostega,* qui se produit au dévonien supérieur. Les ancêtres de ces premiers amphibiens ont été probablement des poissons à nageoires charnues dont la modification en pattes à cinq doigts va permettre le déplacement sur la terre ferme. Ce nouveau mode de vie impose beaucoup de contraintes particulières, dont celles liées à la lutte contre la pesanteur, à la respiration, etc.

A

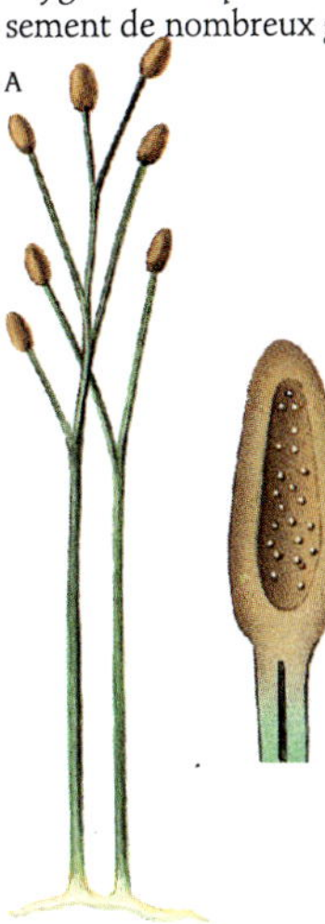

A. RHYNIA : LA SIMPLICITÉ

Élément de la flore silicifiée du dévonien inférieur de Rhynie (Écosse), cette plante terrestre archaïque est une psilophyte. Herbe d'une taille de l'ordre de 10 cm, à ramification dichotome possédant un axe aérien nu, sans feuilles, elle est dépourvue de vraies racines. Elle fournit une image des plantes terrestres les plus simples, mais ce n'est pas la plus ancienne (*Cooksonia,* quant à elle, date du silurien).

B

B. LES SPIRIFERS : MARQUEURS DU DÉVONIEN

Les brachiopodes, animaux marins à coquille bivalve, dominent souvent les communautés benthiques du dévonien, et leur diversité y est très grande. Les spirifers, aux coquilles allongées et à fortes côtes radiales, en sont des éléments caractéristiques.

FAUNE ET FLORE DU DÉVONIEN

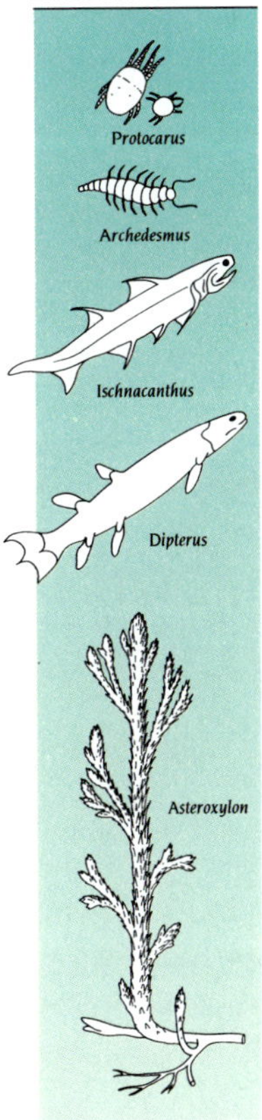

C

C. PLEURODICTYUM

Les tabulés sont des animaux appartenant à l'ensemble des cnidaires, toujours coloniaux et de dimensions réduites. Les individus de la colonie communiquaient entre eux par des perforations des cloisons : des planchers horizontaux marquent les stades de la croissance. Le genre *Pleurodictyum* est toujours associé à un animal « commensal », un ver probablement, qui vivait dans un tube au centre de la colonie mais dont la nature reste hypothétique.

D

D. ICHTHYOSTEGA : LA TERRE FERME !

L'un des premiers tétrapodes connus, *Ichthyostega,* fut découvert dans le dévonien supérieur du Groenland en 1932. C'est un amphibien (du groupe des stégocéphales, tous fossiles) qui a conservé des vestiges de la nageoire caudale de ses ancêtres les poissons ostéolépiformes.

LA VIE AU CARBONIFÈRE

LE CARBONIFÈRE

LA PÉRIODE DES FORÊTS HOUILLÈRES

■ LE CARBONIFÈRE INFÉRIEUR est marqué par une extention relative des mers (transgression) favorable à l'épanouissement de la vie sur le fond de vastes plates-formes calcaires que couvraient des eaux tièdes. Cependant, un nouveau soulèvement montagneux, l'orogenèse varisque ou hercynienne, provoque par la suite l'extension des aires continentales. Un climat chaud et humide facilite le développement d'un important couvert végétal correspondant aux « forêts houillères » qui ont formé le charbon, donnant son nom au carbonifère.

Sur le fond des mers. On assiste à un grand développement des algues calcaires. Chez les protozoaires, les foraminifères présentent une grande diversité de formes benthiques.

Les animaux du groupe des cœlentérés constituent encore de beaux récifs ; il leur est inféodé toute une faune de mollusques et de brachiopodes. Parmi les mollusques, les bivalves pectinidés sont très variés tandis que se multiplient les gastéropodes à coquille ornementée. Parmi les brachiopodes, les productidés, à grosses coquilles ornées d'épines, sont caractéristiques.

Les arthropodes manifestent un important recul par suite du déclin des trilobites. Les échinodermes restent, au contraire, abondants et variés avec les crinoïdes et les blastoïdes, qui forment de vastes prairies sous-marines tandis que paléchinides et astérides sont des éléments plus discrets du benthos.

Parmi les animaux nageurs, les goniatites sont à leur apogée tandis que les poissons cartilagineux (sélaciens) et les poissons osseux (paléoniscides notamment) connaissent une grande diversification.

La vie sur les continents. Le développement des forêts favorise la diversification des arthropodes terrestres : myriapodes, araignées, insectes primitifs (blattes et libellules). Les eaux douces sont colonisées par d'autres arthropodes, les conchostracés (crustacés branchiopodes), et par de nombreux mollusques gastéropodes et surtout bivalves.

Les vertébrés franchissent, pour leur part, d'autres étapes décisives de leur évolution. Les amphibiens se spécialisent avec les phyllospondyles, les anthracosaures, etc., tandis que l'avènement des reptiles marque une nouvelle phase déterminante de l'évolution des tétrapodes. Une panoplie d'innovations adaptatives (respiration pulmonaire, annexes embryonnaires) leur permet de n'être plus tributaires du milieu aquatique. Notons, parmi ces premiers reptiles, la présence des pélycosaures (reptiles syrapsides), parmi lesquels s'enracineront les thérapsidés à caractères de mammifères.

FAUNE ET FLORE DU CARBONIFÈRE

A. **GONIATITE**

Les céphalopodes du groupe des ammonoïdes de l'ère primaire sont les goniatites. Apparues au cours du dévonien inférieur, elles ont connu leur apogée au carbonifère et disparaîtront à la fin de l'ère primaire. Leur coquille, plan-spiralée, porte, sur les moules internes, les traces des insertions des cloisons, ou lignes de suture. Chacune d'elles comporte des parties convexes vers l'avant, ou selles, alternant avec des lobes également concaves vers l'avant.

B. **UNICELLULAIRES GÉANTS**

Les fusulinidés sont des foraminifères benthiques abondants au carbonifère et au permien. Il s'agissait de protozoaires, animaux unicellulaires, de grandes dimensions (jusqu'à 2 cm). Leur test calcaire, fusiforme et robuste, comporte une paroi complexe, des cloisons plissées et divers éléments internes utilisés pour la systématique.

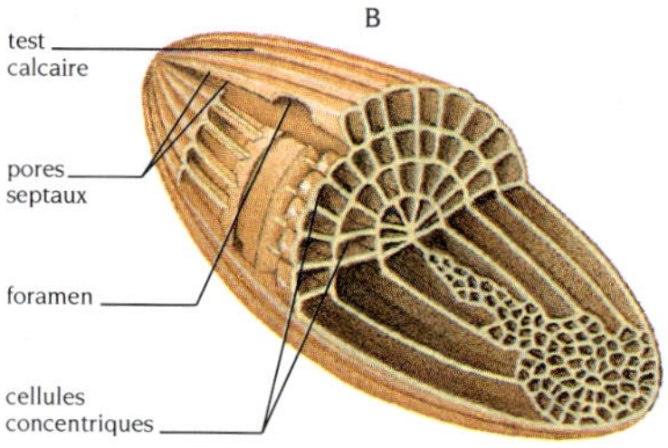

C. **PAYSAGE CARBONIFÈRE**

Dans une ambiance marécageuse, la forêt du carbonifère montre une grande variété de plantes du groupe des ptéridophytes (auquel appartiennent les fougères). On y trouve des sigillaires, des calamites et des lépidodendrons en forme de parasol. Les feuilles à aspect de fougères étaient, souvent, celles de ptéridospermées (« fougères à graines »). Parmi cette végétation volaient des libellules géantes (genre *Meganeura*) dont certaines atteignaient 70 cm d'envergure. Aujourd'hui, les forêts africaines de fougères arborescentes donnent un aperçu de ce monde passé.

LA FORÊT HOUILLÈRE : L'ORIGINE DU CHARBON

La luxuriante flore houillère constitue un élément particulièrement frappant au carbonifère supérieur. Elle se développe dans des plaines côtières (bassins paraliques) et dans des marécages et tourbières de vallées (bassins limniques). L'enfouissement rapide de cette forte production végétale aboutira à la formation de houilles et d'anthracites. Les lycophytes comme *Lepidodendron* (25 à 30 m de haut) aux rameaux couverts de coussinets foliaires losangiques, les arthrophytes (*Calamites,* jusqu'à 30 m) et les fougères y sont représentés par des formes arborescentes. Mais les plantes les plus abondantes, longtemps confondues avec les fougères à cause de leurs feuilles, sont les ptéridospermes, ou « fougères à graines », dont les seuls descendants actuels sont les cycas.

D. **DIMÉTRODON**

Les pélycosauriens sont de curieux reptiles apparus à la fin du carbonifère (ici, *Dimetrodon*) ; ils sont placés dans l'ascendance des thérapsidés, d'où émergeront ultérieurement les mammifères. On suppose que les longues apophyses vertébrales supportaient une membrane assurant, peut-être, un rôle de régulation thermique.

LA VIE AU PERMIEN

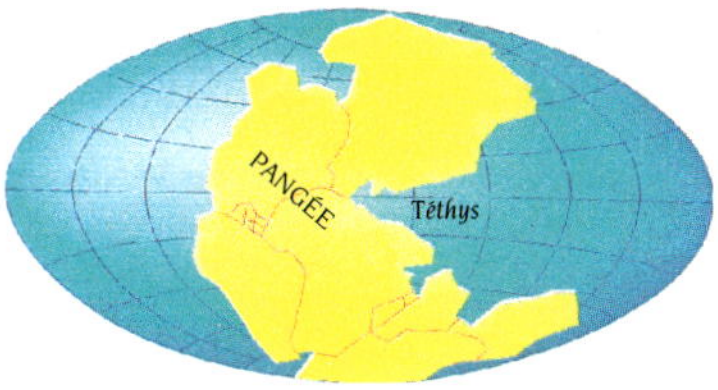

LE PERMIEN

UNE PÉRIODE D'EXTINCTIONS

■ AU COURS DU PERMIEN s'achève l'orogenèse varisque, ou hercynienne, avec, en particulier, le soulèvement de la chaîne de l'Oural qui soude les continents nord-atlantique et nord-asiatique. En définitive, un immense bloc continental sur lequel ne s'étendent que des mers intérieures, fluctuantes, épisodiques caractérise la géographie du permien.

Des conditions climatiques arides s'établissent sur de vastes zones tandis qu'une régression généralisée du milieu marin marque la fin de la période. Le permien terminal offre un spectacle de vastes surfaces continentales aux reliefs en voie d'usure. Le monde vivant subit alors une crise drastique qui fait disparaître pratiquement 90 p. 100 des espèces existantes.

La vie dans les mers. La vie marine subit un important déclin au cours du permien et plusieurs groupes s'acheminent vers leur disparition. La réduction des aires marines, une certaine dégradation climatique et d'importantes variations régionales de la chimie des eaux expliquent probablement ce recul biologique.

Chez les arthropodes, les trilobites disparaissent et il en est de même des blastoïdes pour les échinodermes ou des tabulés pour les cœlentérés. Chez ces derniers, les tétracoralliaires édifient peu de récifs au permien au profit des formes solitaires qui s'éteignent à la fin du permien. Les goniatites (mollusques céphalopodes) subissent une importante régression au permien supérieur.

Dans d'autres groupes, des espèces aux morphologies singulières, voire monstrueuses, se développent dans les conditions particulières d'eaux hypersalines ; il en est ainsi de certains brachiopodes ou de certains crinoïdes avec des représentants à 3 bras, 1 bras ou sans bras.

La crise de la fin du permien frappe, en définitive, tous les groupes marins, mais son impact est moindre sur certains d'entre eux comme les foraminifères, les mollusques bivalves, les ostracodes (crustacés à carapace bivalve) ou les poissons actinoptérygiens.

La vie sur les continents. Parmi les végétaux, les changements des conditions climatiques (aridité ? refroidissement ?) affectent les ptéridophytes tandis que s'installent des flores à cycadales et à coniférales.

Les faunes terrestres semblent avoir moins souffert que les faunes marines. Chez les insectes, des groupes primitifs comme celui des protorthoptères s'éteignent, mais les premiers représentants de certains ordres modernes perdurent. Pour les vertébrés, le permien correspond à une période d'expansion des reptiles et les faunes d'Afrique du Sud, de Russie et des États-Unis sont démonstratives à cet égard. Les cotylosaures primitifs se diversifient, comportant, à côté de grands et lourds herbivores au mode de vie amphibie comme *Pareiasaurus,* de petites formes à l'aspect de lézards comme *Milleretta.* Les premiers représentants des tortues apparaissent tandis que, déjà, certains reptiles, les mésosaures, inaugurent un mode de vie aquatique qui s'épanouira à l'ère secondaire.

Quant aux thérapsidés, aux affinités avec les mammifères, ils adoptent divers modes de vie. La richesse et la diversité des niches écologiques colonisées leur permettront de supporter, sans dommages majeurs, la crise de la fin de l'ère primaire, fatale à de nombreux groupes terrestres ou aquatiques.

LA GRANDE CRISE DU PERMIEN

L'ère primaire s'est terminée par la plus importante crise qu'ait connue la biosphère : cette « extinction en masse » fit disparaître entre 80 et 90 p. 100 des espèces qui vivaient au permien. Les causes de cette crise majeure ne sont pas élucidées bien que diverses hypothèses aient été proposées : importantes variations du niveau marin réduisant les domaines océaniques, dégradation climatique, voire impact d'un objet extraterrestre (météorite ou astéroïde). Ce dernier point de vue est actuellement l'objet de vives controverses parmi les scientifiques.

Quelles qu'en soient les causes, la crise de la fin du permien a eu de profondes répercussions sur l'évolution du monde vivant. En effet, au retour de conditions plus propices, au début de l'ère secondaire, les groupes survivants pourront connaître de nouvelles diversifications en réoccupant des niches écologiques libérées par l'ensemble des groupes éteints.

A

A. **ANIMAUX FLEURS**

Les blastoïdes sont des échinodermes apparus à l'ordovicien mais abondants au carbonifère et au permien. Le « calice », ayant l'aspect d'un bouton de fleur, était porté par un long pédoncule.

B

C

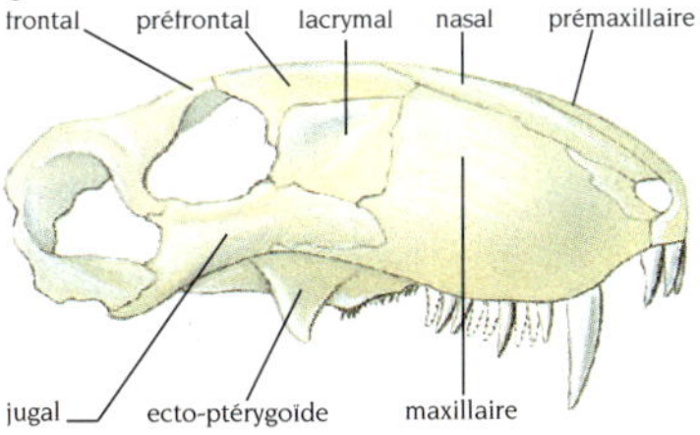

B. C. **AMPHIBIEN ET REPTILE DU PERMIEN**

Cet amphibien anthracosaure du permien inférieur appartient au genre *Seymouria* (B). Il a souvent été considéré comme une forme intermédiaire entre les amphibiens et les amniotes parce qu'il présente une véritable mosaïque des caractères squelettiques avec, par exemple, un toit crânien du type de celui des amphibiens stégocéphales, mais des vertèbres qui évoquent celles des reptiles cotylosaures. L'exemplaire figuré ici est fossilisé dans une attitude de marche sur un fond de vasière ; il était aussi probablement adapté à la nage. Le crâne d'*Eotitanosuchus* (C) provient du permien supérieur de l'Oural. C'est celui d'un reptile carnivore classé parmi les thérapsidés. Cet ensemble est hétérogène et les relations entre les divers groupes de ces importants reptiles primitifs restent discutées. Les thérapsidés développeront de nombreux caractères de mammifères au trias.

FAUNE DU PERMIEN

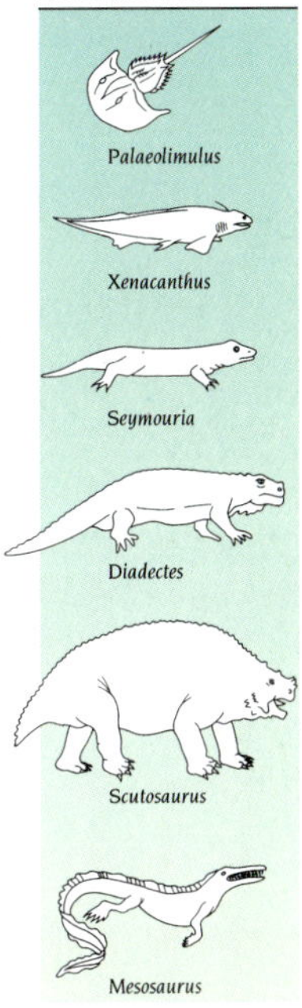

LA VIE À L'ÈRE SECONDAIRE

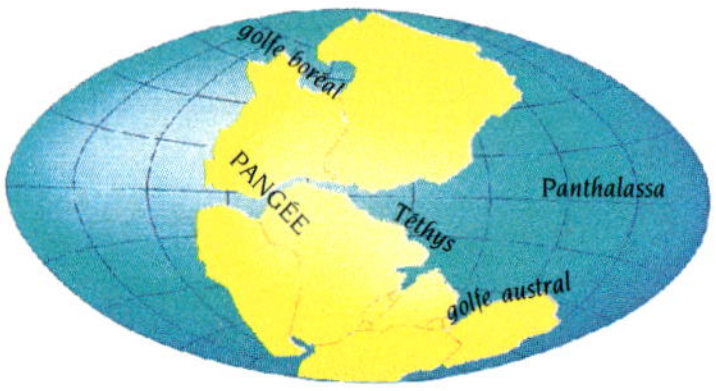

AU DÉBUT de l'ère secondaire, comme le montre le planisphère ci-dessus, les continents sont réunis en un seul supercontinent : la Pangée, permettant aux animaux terrestres de se répartir librement à travers le monde. Au cours du trias, une mer étroite, mais profonde, la Téthys, sépare les terres émergées en deux blocs : la Laurasia, au nord (Eurasie et Amérique du Nord), et le Gondwana au sud (Amérique du Sud, Afrique, Inde, Australie et Antarctique).

LE MONDE AU TRIAS : UN SEUL CONTINENT

Au début du trias, il y a 245 millions d'années, les continents forment une masse unique aux dimensions colossales appelée Pangée (du grec signifiant « toute la Terre »), comme l'atteste l'existence de restes fossiles d'espèces terrestres retrouvés dans le monde entier. L'océan Téthys s'ouvre à l'est sur le Pacifique et commence à séparer la Pangée en deux parties : la Laurasie au nord, le Gondwana au sud. La Méditerranée est le seul vestige qui subsiste de cette vaste étendue marine. Une faille va peu à peu se créer entre l'Europe et l'Amérique du Nord, prémices d'un océan Atlantique.

Jusqu'au milieu du crétacé (c'est-à-dire il y a environ 100 millions d'années), les flores et les faunes évoluent donc dans ces deux régions distinctes. Des mers peu profondes, dans lesquelles la vie marine pullule littéralement, s'étendent sur une partie de l'Eurasie et sur l'est de l'Amérique du Nord. À la fin de l'ère secondaire, l'ouverture de l'Atlantique par le sud achève de morceler les continents.

LE MÉSOZOÏQUE

L'ÂGE D'OR DES REPTILES

■ DIVISÉE EN TROIS PÉRIODES (trias, jurassique, crétacé), l'ère secondaire, ou *mésozoïque,* a duré 180 millions d'années, pendant lesquelles les faunes et les flores subissent d'importantes transformations liées au morcellement des continents et les modifications des climats.

Les climats du mésozoïque. Au climat continental chaud et humide du trias succède un climat subtropical sec à faible amplitude thermique, qui prévaut durant une partie du mésozoïque et qui favorise nettement les reptiles aux dépens des mammifères. À la fin du crétacé, une régression marine généralisée, en augmentant les surfaces émergées, contribue à l'apparition d'un climat plus frais et saisonnier, qui est fatal aux grands reptiles et à la vie marine en bordure des continents, et favorise l'essor des oiseaux, des mammifères et des plantes à fleurs.

La vie au mésozoïque. Parmi les plantes, les gymnospermes (cycas et conifères) se répandent largement, et les fougères à graines (ptéridospermes) restent abondantes. Durant le crétacé, les angiospermes (plantes à fleurs) prendront le relais.

Au sein des invertébrés, les mollusques céphalopodes, particulièrement les ammonites et les bélemnites, occupent une place prépondérante ; leur extraordinaire abondance et leur diversité, leur évolution circonscrite au mésozoïque en font des éléments fondamentaux de cette ère. On observe également une large diversification des oursins, des mollusques bivalves et gastéropodes, des coraux modernes et de quelques groupes d'arthropodes (insectes et crustacés décapodes).

Au cours du mésozoïque, de nombreux groupes de vertébrés vont connaître une formidable expansion : les requins modernes, les poissons osseux, les grenouilles et les salamandres supplantent les groupes primitifs de la période précédente.

Une classe, les reptiles, va dominer la planète : un règne sans partage sur terre, dans les mers et dans les airs, grâce à une extrême diversité d'adaptations et de spécialisations, produisant même les plus grands animaux terrestres de tous les temps. À la fin du crétacé, nombre de ces reptiles (dinosaures, ptérosaures et reptiles marins) s'éteignent brutalement ; seuls persisteront les crocodiles, les tortues et les squamates (lézards, serpents). Les mammifères, longtemps dominés, et les oiseaux, issus des dinosaures, vont alors s'épanouir à leur tour : c'est le début de l'ère tertiaire.

FAUNE ET FLORE DU TRIAS

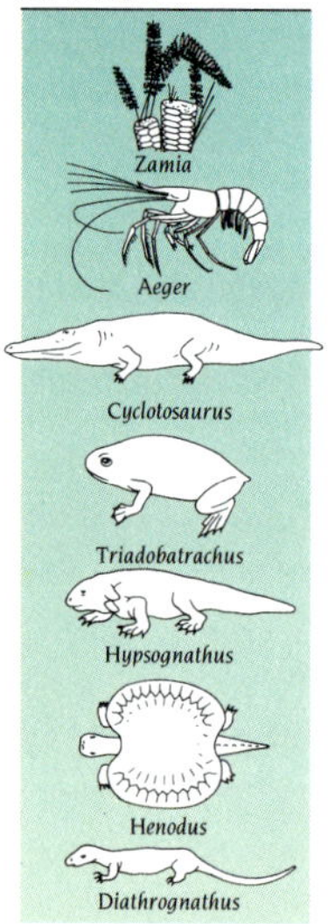

A

A. CYCAS : UN RESCAPÉ DU SECONDAIRE

Les cycas, ces plantes tropicales décoratives à port de palmier, sont les modestes survivants d'un groupe de gymnospermes (comprenant aussi les conifères) qui fut très florissant au mésozoïque : les cycadales. Les bennettitales, qui forment une famille apparentée éteinte à la fin du crétacé, ont livré en grand nombre les restes fossilisés de leurs curieux troncs bas et sphériques, marqués de cicatrices foliaires.

B. BRONTOSAURE : LA DOMINATION DES REPTILES AU SECONDAIRE

À l'image de ce brontosaure *(Apatosaurus),* de 25 m de long pour un poids de 35 tonnes, le mésozoïque marque incontestablement l'apogée des reptiles, à travers l'expansion de quatre lignées distinctes : les anapsides (tortues), les synapsides (reptiles mammaliens), les euryapsides (reptiles marins) et les diapsides. Ces derniers connurent la plus grande réussite écologique, particulièrement le groupe des archosauriens (« reptiles régnants »). Ce brontosaure vivait au jurassique supérieur, aux États-Unis.

B

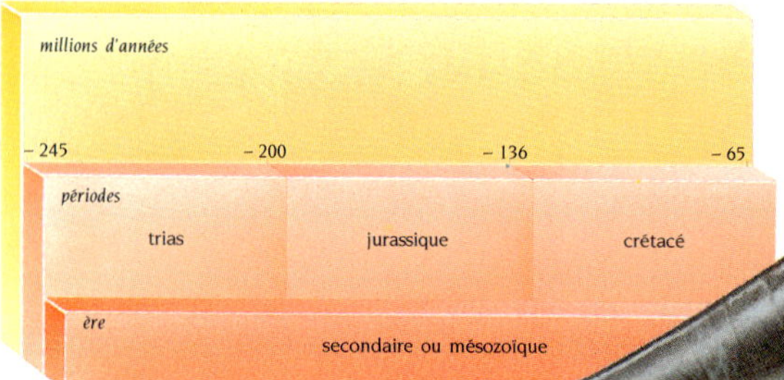

LA VIE AU TRIAS

LE TRIAS

DIVERSIFICATION DES REPTILES

■ DANS LES MERS PEU PROFONDES qui s'étendent au nord de la Téthys s'épanouissent les mollusques bivalves (premières huîtres) et les mollusques céphalopodes (notamment les ammonites, ensemble très diversifié, dont certains groupes comptent plus de 360 genres !), les échinoïdes (crinoïdes [lis de mers] et oursins réguliers) et les coraux hexacoralliaires (formant d'énormes récifs).

LA NAISSANCE DES MAMMIFÈRES

Le passage des reptiles aux mammifères a nécessité un grand nombre de modifications anatomiques, commencées à la fin du paléozoïque, dans différentes lignées de thérapsidés, et plus particulièrement chez les cynodontes : palais secondaire osseux (permettant de manger en respirant), différenciation des dents en incisives, canines et postcanines, redressement des membres, réduction du nombre de phalanges, etc. Mais aucun groupe ne les possède tous à la fois. La véritable frontière entre reptile et mammifère est la transformation de l'articulation des mâchoires, qui ne concerne plus les mêmes os (respectivement carré/articulaire et squamosal/dentaire). Chez les cynodontes évolués, les deux types d'articulation existent chez le même animal.

À la fin du trias, trois groupes de véritables mammifères apparaissent. Les triconodontes, retrouvés en Chine, au pays de Galles *(Morganucodon)* et au Lesotho *(Megazostrodon,* dont une reconstitution est présentée ci-dessous), petits insectivores (10 cm), à l'allure de musaraigne, sont de lointains ancêtres des actuels monotrèmes. *Kuehneotherium,* connu par des dents retrouvées en France et en Grande-Bretagne, d'allure sûrement très semblable aux précédents, est l'ancêtre commun de tous les autres mammifères actuels. Un troisième groupe, les multituberculés, apparaît également à cette époque *(Haramiya).*

Les reptiles marins. Ils colonisent ce milieu ; certains, tel *Tanystropheus,* « pêchaient » à la ligne grâce à un cou démesuré, mais la plupart sont des formes amphibies vivant près des côtes, comme les nothosaures (mangeurs de poissons osseux primitifs [paléoniscides et sémionotides] aux écailles épaisses et rigides) et les placodontes, broyeurs de coquillages. Les ichtyosaures (« reptiles-poissons »), tel *Mixosaurus* (1 m), complètement aquatiques comme l'atteste leur allure de dauphins, commencent également à se diversifier et à prospérer. Une forme américaine *(Shonisaurus)* atteint même 14 mètres.

Vers les mammifères. Issue des pélycosaures du paléozoïque, la lignée des thérapsidés, prédominante pendant la première moitié du trias, se scinde en deux grands groupes : d'une part, des herbivores massifs aux mœurs souvent amphibies, les anomodontes, à l'image de *Lystrosaurus,* extraordinairement abondant au trias inférieur, et *Kannemeyeria* (3 m de long) du trias supérieur ; d'autre part, des carnivores ayant plus ou moins développé des caractères de mammifère : les thériodontes. Parmi ceux-ci, les cynodontes *(Cynognathus thrinaxodon)* sont d'actifs carnassiers mais certaines formes vont acquérir un régime omnivore, voire végétarien *(Diademodon, Tritylodon),* tandis que leur aspect, leur morphologie crânienne et dentaire se rapprochent sensiblement du « modèle-mammifère ».

Les premiers dinosaures. De profonds changements de climat et de végétation vont entraîner le déclin des pseudo-mammifères et l'essor d'un groupe hétérogène d'archosaures : les thécodontes. Ceux-ci produisent des carnivores terrestres quadrupèdes *(Erythrosuchus),* des herbivores cuirassés (aétosaures), des pseudo-crocodiles (phytosaures) et de petits carnivores bipèdes *(Euparkeria, Ornithosuchus),* à l'origine des crocodiles, des dinosaures et des reptiles volants (ptérosaures).

À la fin du trias, ces trois derniers groupes sont déjà bien en place. Le plus ancien dinosaure connu est *Staurikosaurus* (trias moyen du Brésil), un petit carnivore bipède qui atteignait de 2 m de long. Au trias supérieur, les grands types de dinosaures, saurischiens et ornithischiens, herbivores et carnivores, se différencient. L'autre branche des diapsides, les lépidosauriens, est représentée surtout par les rhynchocéphales, très abondants et diversifiés.

D'autres formes coexistent avec les archosaures et les lépidosaures : les rhynchosaures et les trilophosaures sont de curieux herbivores armés d'un bec crochu très puissant. Les éolacertiliens sont de petits reptiles spécialisés dans le vol plané (*Kuehneosaurus*).

A

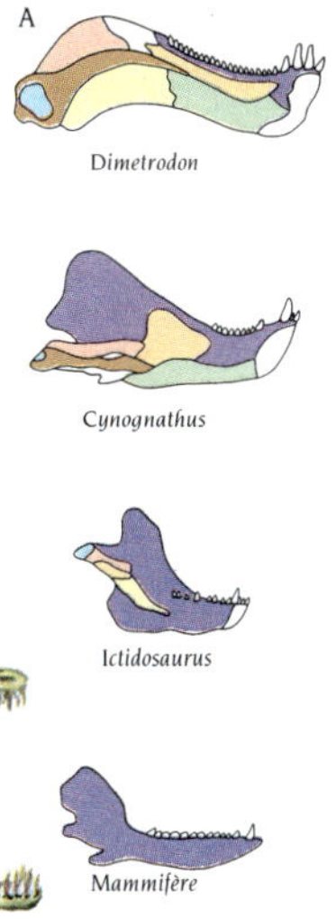

A. **DES REPTILES AUX MAMMIFÈRES**

De profondes transformations sont intervenues au niveau de la mandibule : chez un pélycosaure (dimétrodon), la mâchoire est encore très reptilienne, constituée d'un grand nombre d'os. Peu à peu, l'un de ces os, le dentaire (en noir), va s'agrandir et se redresser, tandis que les autres os régressent ou disparaissent : l'un d'entre eux (articulaire) acquiert un rôle dans l'audition et devient le marteau de l'oreille interne.

B

B. **PHYTOSAURE : CECI N'EST PAS UN CROCODILE**

Malgré les apparences, les phytosaures, du groupe de thécodontes, n'étaient pas des crocodiles. Ils occupaient les eaux douces à une époque où les premiers crocodiliens vrais, comble du paradoxe, n'étaient encore que de petits reptiles bipèdes aux formes graciles.

C

C. **LYSTROSAURE : UN REPTILE MAMMALIEN**

Le dicynodonte *Lystrosaurus* (1 m de long) était probablement le reptile le plus commun sur terre au trias inférieur. Herbivore de mœurs amphibies, rappelant l'hippopotame par son corps trapu et cylindrique, ses narines et ses orbites situées au sommet du crâne, il broutait les prêles, qu'il coupait grâce à un puissant bec corné. Les dents étaient très réduites, à l'exception de deux courtes défenses à la mâchoire supérieure. *Lystrosaurus* constitue une preuve magistrale de la dérive des continents à partir d'un supercontinent unique, car il a été retrouvé en Afrique du Sud, en Antarctique, en Chine, en Inde et en Russie.

LA VIE AU JURASSIQUE

LES REPTILES ROIS

LE DÉBUT DU JURASSIQUE

■ AU COURS DU JURASSIQUE, deuxième période de l'ère secondaire, la Laurasie et le Gondwana, les deux supercontinents, sont séparés par un immense océan, la Thétis. Le climat devient plus humide et plus chaud, favorisant l'apparition de vastes régions marécageuses, en Amérique du Nord, en Afrique du Sud-Est et en Asie. Les conifères, les cycas et les gingkos forment la végétation continentale dominante. Les prêles et les fougères sont abondantes près des cours d'eau. À cette époque, tous les principaux groupes de reptiles qui domineront le monde pendant 100 millions d'années s'établissent solidement, tandis que disparaissent les reptiles et les amphibiens plus primitifs.

À l'exception de l'océan, tous les milieux (terres, fleuves et lacs, airs) sont occupés par les reptiles *archosauriens* (dinosaures, crocodiles et ptérosaures). Sur terre, les dinosaures règnent en maîtres. Les grands carnivores (carnosaures) et les petits carnivores (cœlurosaures) chassent activement les grands dinosaures herbivores (brontosaures, diplodocus... regroupés sous le terme de *sauropodes*).

Les dinosaures sont classés d'après la forme de leur bassin. La plupart possèdent un bassin de reptile *(saurischiens)*. Les dinosaures à bassin d'oiseaux *(ornithischiens)* restent peu nombreux, à l'exception des stégosauriens, lourds quadrupèdes cuirassés, et des précurseurs des grands herbivores bipèdes du crétacé (tels que les camptosaures que l'on trouve en Amérique du Nord et en Europe).

Parmi les autres archosauriens, les crocodiles vrais ont remplacé les phytosaures (reptiles du trias à l'allure crocodilienne) et les reptiles volants (ptérosaures) ont largement conquis l'espace aérien. Le jurassique voit aussi l'apparition du premier oiseau, l'archéoptéryx, et de la plupart des lézards de notre ère, comme les iguanes, les geckos et les orvets.

DES GÉANTS PARMI LES GÉANTS

Tête petite, avec des dents de végétariens, long cou et longue queue pour un corps massif, au cours du jurassique, les dinosaures sauropodes atteignent des dimensions colossales : ce sont les plus grands animaux terrestres de tous les temps. Leur squelette est bâti comme une cathédrale gothique (quatre membres très puissants en colonnes soutenant une charpente osseuse largement allégée au niveau des vertèbres par des cavités). Le brontosaure *(Apatosaurus)*, dont on a retrouvé des ossements en Amérique du Nord, atteignait 24 m de long pour un poids de 30 tonnes. Le diplodocus, son proche parent, était plus long (27 m) mais aussi plus gracile (10 t). Son cou immense (8 m) est dépassé en longueur par celui du *Mamenchisaurus* chinois (10 m, pour 22 m de longueur totale !).

Les brachiosaures battent tous les records de poids : 80 t pour *Brachiosaurus,* soit le poids de 12 éléphants ! Des restes découverts dans le Colorado en 1972 *(« Supersaurus »)* et en 1979 *(« Ultrasaurus »),* notamment un humérus de 2,35 m, suggèrent des masses supérieures à 100 t (pour une longueur de 25 m). Quant aux énormes os de *Seismosaurus* (une omoplate de 2,40 m) découverts en 1986, ils font penser que les 30 m ont été dépassés...

FAUNE DU JURASSIQUE

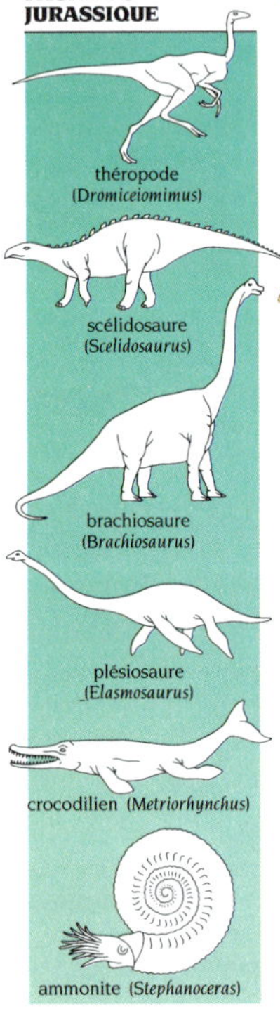

A. **PTÉRODACTYLE**

Très abondants en Europe à la fin du jurassique, ces reptiles volants (ptérosaures) comprenaient d'actifs insectivores de 20 cm d'envergure et de grandes formes pêcheuses de 2 mètres.

B. **STÉGOSAURE**

Les larges plaques osseuses dorsales de *Stegosaurus,* le plus grand des stégosauriens (9 m, 2 t), étaient très riches en vaisseaux sanguins : elles devaient jouer le rôle de « radiateurs » régulant la température corporelle par l'intermédiaire du flux sanguin.

C. **ALLOSAURE**

Avec ses 10 m de long et ses dents de 8 cm, *Allosaurus,* retrouvé aux États-Unis, fut le plus grand dinosaure carnivore du jurassique. Une forme voisine, *Yangchuanosaurus,* vivait en Chine.

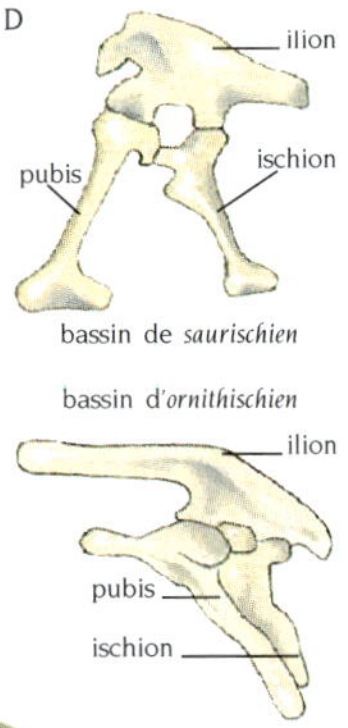

D. **UNE HISTOIRE DE BASSIN**

Sous le terme de dinosaure (créé en 1841 à partir du grec et signifiant « lézard terrible ») sont regroupés deux ordres de grands reptiles terrestres différant fondamentalement par la structure du bassin : les *saurischiens* ont un bassin à trois branches (triradié) construit sur le modèle reptilien classique (brontosaures et dinosaures carnivores). Chez les *ornithischiens* (stégosaures), le pubis est parallèle à l'ischion et développe souvent un os supplémentaire : le prépubis.

E. **DIPLODOCUS**

En grec, son nom signifie « double poutre », en référence aux chevrons osseux qui soutenaient les vertèbres caudales. C'était un animal immense mais de constitution très légère. Deux espèces sont connues par des squelettes complets : *Diplodocus longus* (23 m), exposé au musée de Denver dans le Colorado, et *Diplodocus carnegiei* (27 m), à Pittsburgh (É.-U.) avec huit copies dans de grands musées (Londres, Paris, Francfort, Berlin, Vienne, Bologne, La Plata et Mexico).

LES CRÉATIONS DU MONDE

PARTOUT DANS LE MONDE, l'homme a cherché à pallier l'impossible mémoire de ses origines. Tourmenté par le mystère de sa naissance, la raison de son existence et l'angoisse de sa fin dramatiquement inéluctable, il a forgé des mythes et des légendes qui lui offrent la consolation du sens.

■ Face à l'immensité nocturne de la voûte céleste, les hommes ont toujours été saisis d'une crainte émerveillée. Ce cosmos à la fois inépuisable et ordonné, de quoi est-il né, comment a-t-il surgi et pourquoi existe-t-il ? Ces questions éternelles des origines auxquelles les mythes tentent de répondre, nous continuons à les poser aujourd'hui. La cosmologie scientifique a certes renoncé à s'intéresser au métaphysique *pourquoi,* mais elle traque le *comment* jusqu'aux premiers centièmes de seconde de l'Univers. Et, avant le commencement, qu'y avait-il ? Là-dessus, tous les mythes cosmogoniques s'accordent avec l'astrophysique sur un point essentiel : le temps et le cosmos étant nés simultanément, aucune histoire temporelle n'a pu précéder l'instant zéro de l'Univers. Pourtant, la mentalité mythologique ignore le néant : tous les mythes font précéder le monde que connaissent les hommes d'un monde primordial intemporel, « ténébreux, indistinct, informe, indéfinissable, inconnaissable, entièrement assoupi » (Code des lois de Manu).

Avant l'origine. Abîme, vide, chaos, océan originel : telles sont, avec l'œuf cosmique primordial, les caractérisations les plus fréquentes de cet état premier d'avant le surgissement universel. En Scandinavie, ce sera le vide Ginnungagap (mythes de l'*Edda*) ; en Grèce, la nuit Nux (mythe orphique), le couple divin Okéanos et Téthys *(Iliade)* ou le Chaos (Hésiode) ; à Sumer, les eaux primordiales se nomment Apsou et Tiamat ; en Égypte, Noun ; en Inde, Narayana... Jusqu'à la Genèse biblique qui, elle non plus, n'imagine pas la Création ex nihilo : « La terre était déserte et vide *(Tohu-Bohu),* et les ténèbres à la surface de l'abîme *(Tehom)*... »

Nombreux sont les mythes de création qui font provenir le monde des fragments d'un œuf cosmique brisé, parfois associé au Chaos ou à l'océan primordial. Un mythe chinois rapporte ainsi que le Chaos fut d'abord un œuf de poule. Selon le Kigi japonais, le monde originel était une masse ressemblant à

A. La Genèse.

B. Nébuleuse d'Orion.

Au commencement

mage de la création, Dieu le Père ait naître d'un geste de la main les stres, le Soleil et les planètes (A). est revêtu d'habits royaux et sa osition figée s'accorde à sa créaon, étagée selon un ordre hiérarhique lui aussi figé. Selon le récit iblique, Dieu créa le Soleil, la une et les étoiles le quatrième our. Mais, depuis les découvertes cientifiques du XIXe siècle, les six ours de la création sont interrétés plus souvent en termes de tades évolutifs que de durées déerminées. (Troyes, église Sainte-Madeleine, vitrail de la Genèse, VIe siècle).

'observation astronomique ous donne une autre image de émergence des mondes : ici, la ébuleuse d'Orion (B), centre priordial de création cosmique. Des toiles y naissent, puis se dispernt dans l'espace galactique ; les alaxies elles-mêmes s'éloignent s unes des autres en une expanon universelle dont on ignore la n. Qu'il soit né par émergence pontanée ou par création divine, Univers a une structure hiérarchiuement ordonnée formant des alaxies groupées en amas de gaaxies, eux-mêmes réunis en iperamas.

un œuf. Pour les Phéniciens, les vents qui soufflaient sur le Chaos avaient formé un nœud d'amour matérialisé par Moth, un œuf brillant... Et les cosmogonies tardives de l'Inde attribuent au réchauffement des eaux primordiales (qui désiraient se multiplier) la production de l'œuf d'or d'où sortit le maître des créatures Prajapati, connu plus tard sous le nom de Brahma.

L'émergence. À l'origine donc, dans les mythes comme dans la Bible, un Chaos qui paraît nier le monde... jusqu'à ce que la fulgurance d'un désir y fasse naître le temps, la lumière et la matière. Pour l'astrophysique contemporaine, ce fut le big-bang, « une explosion qui eut lieu partout simultanément, remplissant tout l'espace depuis le début, chaque particule fuyant toutes les autres... Après un centième de seconde environ, [...] la température de l'Univers s'élevait à près de cent milliards de degrés centigrades » (S. Weinberg, *les Trois Premières Minutes de l'Univers*). Pour la plupart des mythes (dont certains résonnent à nos oreilles comme de véritables anticipations scientifiques), le surgissement du monde est lié soit à une division (fragmentation d'un œuf cosmique ou séparation d'eaux primordiales), soit à une formation (façonnages par le geste, la parole ou encore la pensée).

Les œufs cosmiques finissent toujours par éclater, mais de manière différente selon les mythologies : dans les premiers textes hindouistes, la coquille de l'œuf d'or de Brahma se divise en deux ; la partie supérieure donne le Ciel, la partie inférieure la Terre, le jaune le Soleil. L'œuf cosmique chinois, lui, abritait le géant Pan-Kou, qui y grandit pendant dix-huit mille ans, jusqu'à en briser la coquille ; le Ciel (représenté par la moitié supérieure de la coquille) s'éloigna progressivement de la Terre et Pan-Kou fut écartelé : sa tête devint une montagne sacrée, ses cheveux les arbres, ses yeux le Soleil et la Lune.

Les eaux primordiales, elles aussi, sont appelées à se diviser en lumière et ténèbres, en Ciel et Terre : à Babylone, le poème de la création, Enouma Elish, fait d'Apsou et de Tiamat le père et la mère du Ciel et de la Terre ; à Sumer, la mer primordiale Nammou engendre les jumeaux Terre et Ciel, que le dieu du Vent Enlil séparera. Toutes les mythologies sémitiques évoquent cette séparation, jusqu'à la Bible, qui s'en distingue cependant en affirmant l'antériorité du principe divin (Élohim ou Yahvé) : « Lorsque Dieu commença la création du Ciel et de la Terre, [...] le souffle (*ruah* : « souffle », « esprit » ou « vent ») de Dieu planait à la surface des eaux. » Séparé depuis toujours de sa création, le Créateur agit à distance, par le verbe : « Dieu dit », et, à chaque fois, le Chaos s'ordonne un peu plus. Selon certains commentaires du Talmud, le verbe créateur s'incarnerait dans la Torah elle-même, intermédiaire entre Dieu et sa création... Et, dans la tradition kabbalistique, le *Sefer Yetsirah* (« Livre de la

Trois visions de la création

Représentés sur un rouleau de soie ukiyo-e (fin du XIXe siècle), les frère et sœur Izanagi et Izanami, obéissant aux divinités célestes, créèrent la Terre en brassant l'océan primitif avec la lance des dieux (A). Une goutte d'eau tombée de la lance forma en se coagulant la première île du Japon (Onokoro). Izanagi et Izanami y descendirent, s'y installèrent et engendrèrent de nombreuses divinités.

Pour les aborigènes d'Australie, la création est à la fois un événement historique et un processus continu qui se renouvelle : de même que le désert reverdit après la pluie, les générations humaines successives enrichissent la communauté. Ici, les premiers hommes des monts Kimberley sortent du corps de Vanchina (B), l'homme originel étendu sur l'arbre du monde.

Une miniature hindoue (Rajasthan, XVIIe siècle) nous montre le repos du dieu Vishnu (C) à la veille d'une nouvelle création. Il médite sur le serpent des mondes Ananda, symbole de l'énergie cosmique de l'Univers. Son épouse Lakshmi, déesse de la Fécondité et de l'Amour, lui masse les pieds. L'océan d'éternité Narayana, traditionnellement noir, est peuplé de créatures fantastiques. Dans la partie supérieure se trouvent des dieux du panthéon hindouiste.

A. Izanagi et Izanami.

B. Les premiers hommes sortent du corps de Vanchina, l'homme originel.

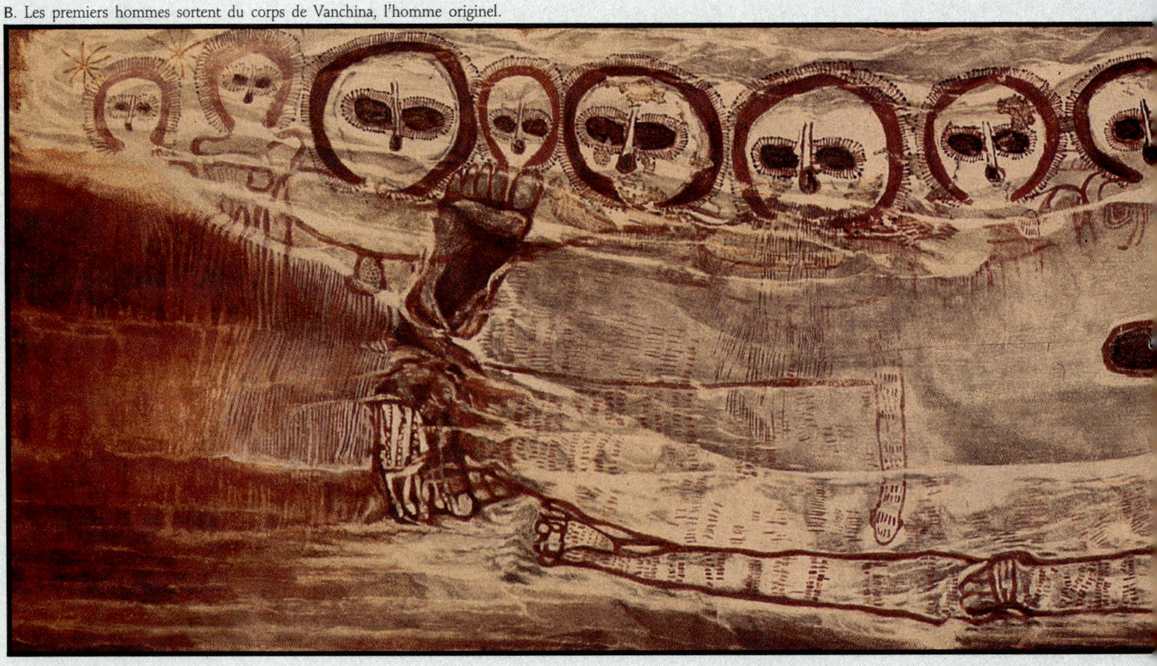

Création ») rapporte que le monde est issu des vingt-deux lettres *(Authioth)* de l'alphabet hébreu et de dix puissances archétypales *(Sefiroth)*. Le verbe divin apparaît aussi dans d'autres univers : selon un mythe hindou, Prajapati créa les mots « terre », « atmosphère » et « ciel », à partir desquels surgirent les choses correspondantes ; dans la cosmogonie égyptienne de Memphis, le dieu suprême Ptah, représenté comme une momie, aurait créé le monde « par la pensée du cœur et par le commandement de la langue », tandis qu'à Héliopolis le dieu créateur Atoum aurait simplement craché Chou, le dieu de l'Air, et vomi Tefnout, la déesse de l'Humidité.

Si les dieux suprêmes ont extrait l'Univers du Chaos, la création du monde n'est pas achevée pour autant et les mythes proposent divers moyens de la parfaire : sacrifices (Scandinavie, Chine, Inde, Afrique), engendrements successifs et combats (Mésopotamie, Égypte, Grèce), création continuée (Australie), créations cycliques, avec ou sans idée de progrès (Méso-Amérique, Chine, Mongolie)... Dans la Genèse biblique, chaque espèce sera créée d'emblée selon sa forme définitive, mais, dans la plupart des récits décrivant la naissance du monde, le monde naît imparfait, dans la violence des combats et la douleur des séparations.

Dans la mythologie scandinave, une guerre opposa les premiers dieux aux géants ; le géant Ymir (issu de la rencontre des régions chaude et froide originelles) fut tué et son corps lâché dans l'espace servit à façonner le monde, sa chair donnant la terre, son sang la mer et les lacs, son crâne le ciel. Cette idée d'un démembrement créateur est très répandue. La mythologie grecque évoque la séparation du Ciel et de la Terre à partir de la castration d'Ouranos. Chez les Lubas de l'Afrique, c'est la décapitation du premier roi arc-en-ciel Nkongolo qui sépare le Ciel de la Terre et garantit le rythme des saisons. Au Tibet, un motif cosmogonique fait surgir le monde du corps d'un tigre dépecé : sa tête devient la montagne sacrée, sa peau la plaine, sa queue les gorges sauvages et ses reins les « dix mille hommes »... En Chine, enfin, le mythe du géant Pan-Kou fait du corps disloqué de celui-ci l'origine des éléments naturels, et des puces qui l'habitaient celle de l'espèce humaine... Très fréquent, lui aussi, le conflit cosmique revêt des formes diverses selon les mythologies : jeunes contre vieux, dieux contre géants ou animaux monstrueux, forces créatrices contre forces destructrices...

La création de l'homme. Plus ou moins stable, plus ou moins évolué, le monde existe enfin, prêt à accueillir la créature humaine et sa mission civilisatrice, car, pour les dieux (ou pour Dieu), la création de l'homme n'est jamais un acte gratuit. Dans la Genèse, par exemple, « Dieu prit l'homme et l'établit dans le jardin d'Éden pour cultiver le sol et le garder ». Mais, pour créer le corps de l'homme (et de la femme lorsqu'elle apparaît simultanément), même les dieux ont besoin d'une matière première. Ce sera souvent l'argile, comme en Égypte avec le dieu potier Khnoum ou en Grèce avec Prométhée ; une variante chinoise du mythe fait provenir les hommes pauvres de boue et les nobles de terre jaune ; même la Genèse reprend ce motif avec Adam, modelé par Dieu à partir de terre (en hébreu : *adamah*). Cependant, les hommes

C. Vishnu se reposant entre deux périodes de l'évolution cosmique.

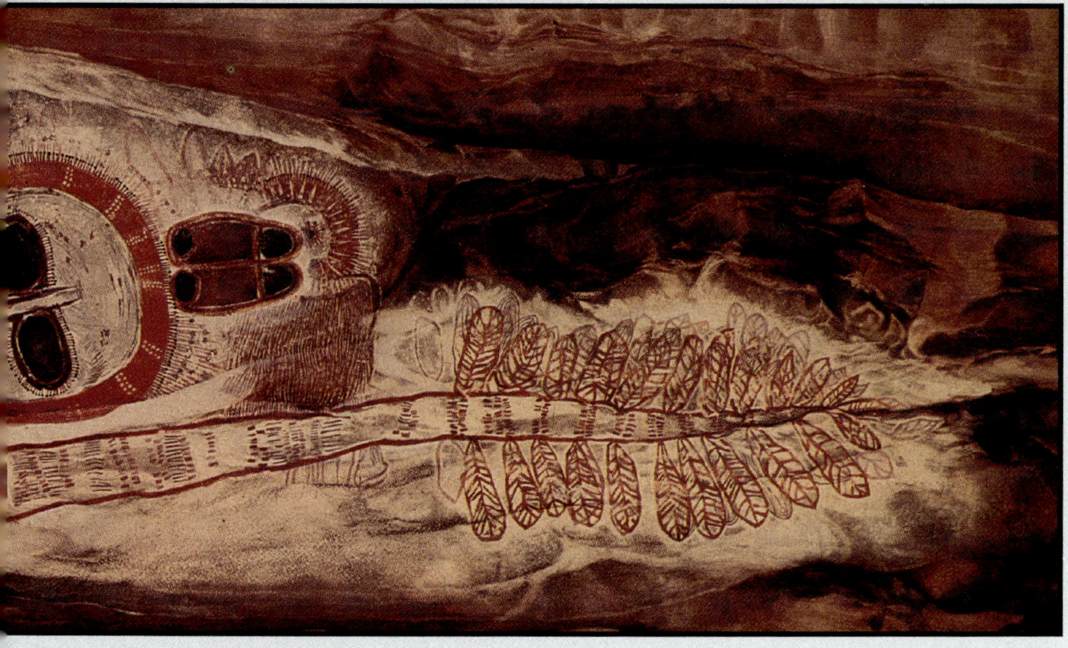

naissent parfois directement des entrailles de la Terre (comme chez les Indiens Navajos et Hopis) ou d'une plante, voire d'une pierre. Chez les Indiens Zuni, Poshai yan Kaya, le premier et le plus sage des hommes, est issu d'une graine placée dans les entrailles de la Terre par Awanawilona, le Dieu créateur. Parfois aussi, le premier homme préexiste aux dieux, comme dans le mythe de Prajapati (éclos de l'œuf d'or de Brahma), qui « déposa en lui-même la force créatrice et de sa bouche créa les dieux ». Mais la première création n'est pas toujours la bonne : pour les Mayas Quichés, la race humaine fut créée trois fois, la première fois à partir de boue, la seconde à partir de bois (pour les hommes) et de roseau (pour les femmes) et la troisième à partir de maïs. Les humains devinrent alors si sages que les dieux en prirent ombrage et réduisirent leur importance...

Dans *les Travaux et les Jours,* Hésiode évoque le déclin de l'humanité à travers les créations successives de cinq races d'hommes : la race d'or (créée par les Titans) ; la race d'argent (créée par les dieux de l'Olympe) ; puis la race de bronze, la race des héros et des demi-dieux, et enfin la race de fer (ces trois dernières créées par Zeus). Seuls les hommes de la race de fer connaîtront le travail, les souffrances et la mort (comme l'humanité issue d'Adam et Ève déchus). Les hommes sont donc appelés à trouver leur place dans un monde certes ordonné, mais dont le mal n'est pas absent : aux antagonismes cosmiques des origines ont succédé sur terre les guerres, les maladies et la mort. Sous des formes diverses, tous les mythes disent cependant l'espérance d'une vie éternelle des âmes, sous la terre (en enfer) ou dans les cieux (au paradis). Mais comment penser la mort du monde lui-même ? Tout en imaginant ses diverses modalités (par les eaux, les incendies ou les séismes), les mythes ont pour la plupart cherché à relativiser cette perspective aussi insoutenable qu'inéluctable. Dans les récits sumérien et biblique du Déluge, la catastrophe (provoquée par l'inconduite des hommes) est reléguée à un lointain passé dont se souvient l'humanité rescapée. Dans la mythologie hindoue, l'inondation est cyclique : chaque ère brahmanique touchant à sa fin voit l'engloutissement d'un monde et la création par Vishnu d'un monde nouveau. C'est finalement hors des mythes que l'idée d'une mort absolue fera son chemin à travers l'imagination humaine : dans les visions terrifiantes issues de la religion (Apocalypse de saint Jean) ou dans les spéculations angoissées des philosophes... Les mythes, eux, continueront à ignorer le néant. □

A. Le Jardin des délices.

B. L'Apocalypse.

De l'Éden à l'Enfer

Sur le panneau du *Jardin des délices* de Jérôme Bosch (A), Dieu présente à Adam la compagne qu'il lui destine et qu'il vient de créer dans le jardin d'Éden. Mais ce paradis d'avant la chute contient déjà les germes de celle-ci : une inquiétante étrangeté émane de la végétation et de certains animaux, des bêtes s'y entredévorent et c'est la chouette, oiseau de Satan, qui veille dans le disque ornant la fontaine de vie. Ève nue est l'image de la femme séductrice et dans le regard d'Adam se lit déjà un désir étonné qui annonce le péché.

L'Apocalypse d'Albrecht Dürer (B) est une gravure illustrant les terreurs de la fin du monde annoncées par saint Jean : « Et voici, un trône se dressait dans le ciel... Et j'entendis la voix d'anges nombreux autour du trône... Il se fit un violent tremblement de terre. Le Soleil devint noir comme une étoffe de crin, et la Lune entière comme du sang. Les étoiles du ciel tombèrent sur la Terre, comme fruits verts d'un figuier battu par la tempête.[...] Tous, esclaves et hommes libres, se cachèrent dans les cavernes et les rochers des montagnes. »

LA VIE AU JURASSIQUE

DES DINOSAURES AUX OISEAUX

IL Y A 150 MILLIONS D'ANNÉES

■ ON A DÉCOUVERT en Allemagne un étrange animal, archéoptéryx, qui présente un mélange de caractères de dinosaure (dents sur la mâchoire et doigts armés de griffes) et d'oiseau (notamment la présence de plumes), et qui est considéré comme le premier oiseau. Cet animal montre en fait de très fortes ressemblances avec les petits dinosaures carnivores (cœlurosaures), au point qu'un spécimen fossilisé sans les plumes attendit 150 ans (1855-1970) avant d'être reconnu comme oiseau !

L'origine du vol : course ou vol plané ? Selon certains, le vol serait apparu chez des petits dinosaures emplumés, coureurs agiles utilisant leurs ailes rudimentaires, ou « proto-ailes », pour bondir et capturer les insectes. Selon d'autres, il s'agirait à l'origine de reptiles arboricoles utilisant le vol plané. Quoi qu'il en soit, l'apparition de la plume a précédé celle du vol. À l'instar du poil chez les mammifères, la première fonction du plumage était probablement de réguler la température du corps en empêchant les pertes de chaleur. On connaît ainsi un petit dinosaure de Mongolie *(Avimimus)*, couvert de plumes, mais qui ne présente aucune adaptation au vol. Les oiseaux actuels peuvent donc être considérés comme les derniers descendants des dinosaures !

AVAIENT-ILS LE SANG CHAUD ?

Pendant très longtemps, on considéra les dinosaures comme des êtres malhabiles, à l'activité réduite, dépendant – comme tous les reptiles actuels – de la température du milieu ambiant. Robert Bakker, de l'université de Colorado, défend depuis 1985 l'idée selon laquelle les dinosaures, comme les oiseaux et les mammifères actuels, maintenaient une chaleur corporelle constante (homéothermie). Les différents arguments proposés (en particulier celui d'une répartition mondiale y compris autour des pôles) sont convaincants mais ne font pas l'unanimité. Pourtant, si l'homéothermie d'un petit dinosaure carnivore nécessitait beaucoup d'énergie, cela n'était pas le cas pour les immenses sauropodes, dont le rapport poids/surface exceptionnellement élevé limitait les pertes de chaleur.

A. **ICHTYOSAURE** *(Ophthalmosaurus)*

C'était certainement le reptile le mieux adapté à la vie en mer. Un corps fuselé, des membres transformés en palettes natatoires et une puissante nageoire caudale en faisaient un nageur rapide. Mangeur de calmars et de poissons, il était vivipare (la femelle portait sa progéniture au lieu de pondre des œufs). La découverte de certains fossiles a d'ailleurs fait croire, pendant un moment, que la mère mangeait ses petits !

A

LA VIE DANS LES MERS

UN MILIEU FAVORABLE À L'ÉVOLUTION

■ PARMI LES INVERTÉBRÉS qui peuplent les océans du jurassique, les céphalopodes occupent une place prédominante : ammonites, nautiles, calmars et belemnites (dont l'« os » interne se terminait par un rostre pointu) sont très abondants. Les poissons osseux *(Lepidotes)*, aux écailles épaisses et rigides, sont à leur apogée, tandis que les poissons modernes (à écailles souples) se diversifient.

Les reptiles marins. Comme sur les continents, les reptiles sont en pleine expansion dans les mers. Les ichtyosaures sont répandus dans le monde entier : certains *(Ichtyosaurus, Ophtalmosaurus)* possèdent des palettes natatoires larges et courtes, formées de 5 à 9 doigts, d'autres ont des nageoires longues et étroites, à 5 doigts pourvus d'un très grand nombre de phalanges. Les plésiosaures, descendants des nothosaures du trias, se différencient en deux groupes : le premier (plésiosaures vrais) comprend des animaux à petite tête et à cou très long et flexible (*Murenosaurus ;* 6,50 m), le second (pliosaures) comprenait des animaux à tête massive et à cou épais, qui devaient être de féroces prédateurs (jusqu'à 12 m de long). Au cours du jurassique apparaissent également les premières tortues marines et un groupe particulier de crocodiles, les métriorhynchidés, qui va s'adapter complètement à la vie marine.

B

C

B. C. **ARCHÉOPTÉRYX, LE PREMIER OISEAU**

Découvert en Bavière (B), l'archéoptéryx (littéralement « vieille plume ») est connu par seulement sept spécimens (dont une plume isolée). Cet oiseau très primitif de la taille d'une pie possédait encore les dents, le bassin et la longue queue osseuse de ses ancêtres reptiliens. Mauvais voilier (l'absence de bréchet empêchant le développement des muscles pectoraux), il pouvait s'accrocher aux branches grâce aux trois doigts griffus de ses membres antérieurs (C).

D

D. **FORÊT**

L'aspect des grandes forêts de conifères du jurassique devait être très comparable à celui que l'on peut voir ici, dans l'actuelle forêt de séquoias géants du Yosemite National Park (Californie, É.-U.).

E

E. **COQUILLE D'AMMONITE**

Ces mollusques céphalopodes apparentés aux nautiles ont eu un essor considérable au cours du jurassique et du crétacé (pas moins de 1 100 genres, correspondant à plusieurs milliers d'espèces, ont été décrits). D'une taille allant de quelques millimètres à près de 2 mètres, les ammonites peuplèrent tous les océans. Leur abondance dans les terrains géologiques en fait l'instrument principal de la stratigraphie (datation) du secondaire.

FLORE DU JURASSIQUE

LA VIE AU CRÉTACÉ

LE CRÉTACÉ

LA DIVERSIFICATION DES DINOSAURES

■ L'ÉCLATEMENT DU GONDWANA et de la Laurasie, causé notamment par l'ouverture de l'océan Atlantique, est à l'origine d'une extraordinaire diversification des dinosaures.

Les carnivores : dents, griffes, becs. Plusieurs lignées de dinosaures carnivores se différencient au crétacé. L'une accentue encore les tendances au gigantisme amorcées au jurassique par l'allosaure et culmine au crétacé terminal avec le tyrannosaure *(Tyrannosaurus)* et son parent d'Asie *(Tarbosaurus),* véritables monstres de 14 m de long. Une autre lignée produit de redoutables chasseurs en meute, prédateurs agiles aux griffes acérées comme *Deinonychus* dont la taille avoisinait les 3 mètres. Une troisième lignée assez exceptionnelle fournit de rapides coureurs à morphologie d'autruche, ayant perdu leurs dents au profit d'un bec corné. *Ornithomimus,* d'une longueur de 4 m, en est un des représentants les plus célèbres.

Les herbivores : cornes, plaques, armures. Même si les sauropodes persistent au crétacé (titanosaures, 15 à 20 m), les grands herbivores sont surtout des dinosaures possédant un bassin de type oiseau (ornithischiens appelés aussi « avipelviens »). Contre les saurischiens carnivores, ils vont développer toute une panoplie défensive. Ainsi, les nodosaures et les ankylosaures, paisibles brouteurs d'herbes, sont de véritables chars d'assaut vivants, protégés totalement par un blindage osseux.

Les cératopsiens, bien qu'issus de petits bipèdes graciles, ont l'allure d'énormes rhinocéros reptiliens, au crâne immense prolongé par une large collerette osseuse et armé d'une ou plusieurs cornes : de puissants arguments contre les prédateurs. Chez les pachycéphalosaures, bipèdes, le crâne est renforcé par un formidable dôme osseux pouvant atteindre une épaisseur de 25 cm...

D'autres dinosaures bipèdes, les ornithopodes (iguanodon, par exemple), sont très abondants au crétacé. Souvent de grande taille, ils sont dotés d'une puissante denture broyeuse et de doigts terminés par un sabot.

Les iguanodontes (littéralement « dent d'iguane ») vivent, surtout durant la première moitié du crétacé, dans l'hémisphère Nord *(Iguanodon),* en Afrique *(Ourandosaurus)* et en Australie *(Muttaburasaurus).* Au crétacé supérieur, ils sont supplantés par leurs descendants, les hadrosaures, au large museau plat prolongé par un bec corné.

Géants des mers et géants des airs. Au crétacé inférieur, des pliosaures de 13 m (dont 3 m pour le crâne) côtoient les derniers ichthyosaures. Au crétacé supérieur, les élasmosaures marquent l'apogée évolutive des plésiosaures : 14 m de long, dont 8 m pour le cou.

Les mosasaures, grands varans marins au corps serpentiforme (*Plotosaurus,* 10 m), ont remplacé les pliosaures. Il existe également des tortues marines géantes (*Archelon,* 4 m et 2 t) et même, parmi les mollusques, de colossales ammonites (2 m de diamètre).

Les cieux du crétacé sont fréquentés par de gigantesques ptérosaures planeurs. *Santanadactylus* (6 m d'envergure), du crétacé inférieur, est dépassé par les géants dépourvus de dents du crétacé terminal : *Pteranodon* (7 m) et *Quetzalcoatlus* (jusqu'à 12 m).

FAUNE ET FLORE DU CRÉTACÉ

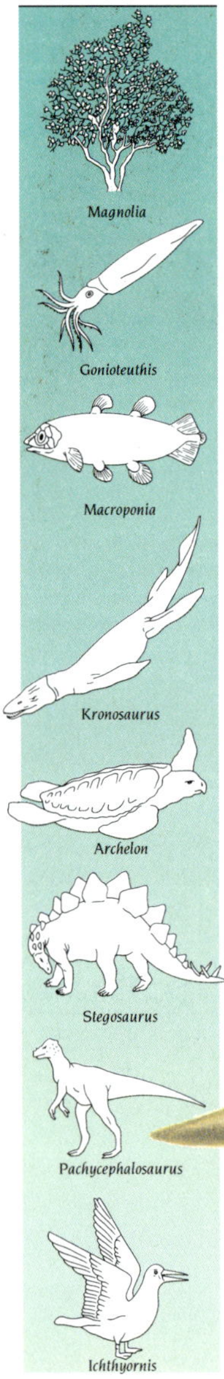

A

A. **COMBAT MARIN**

Une telle scène a fort bien pu se produire dans la mer qui recouvrait le Kansas (É.-U.) au crétacé supérieur. Deux grands reptiles marins s'affrontent ici : *Elasmosaurus* (13 m) marque le degré ultime de l'évolution des plésiosaures ; son immense cou (71 vertèbres cervicales) était d'une extraordinaire souplesse et parfaitement adapté à la « pêche au lancer ». *Tylosaurus* (9 m) était un mosasaure, sorte de varan géant. Survolant les deux protagonistes, les ptérosaures géants (*Pteranodon,* 7 m d'envergure). Ces reptiles volants, apparus au lias, sont parfaitement adaptés au milieu aérien grâce à un patagium soutenu par une aile dont un seul doigt est développé.

C. **AMYLOSAURUS**

Le plus grand des ankylosaures dépassait 10 m de long, 5 m de large et un poids de 5 tonnes. Le renflement osseux de sa queue devait constituer une massue redoutable.

C

B

B. **IGUANODON**

Ce grand ornithopode (Iguanodon mantelli) de 9 m de long est l'un des dinosaures les mieux connus (31 spécimens découverts à Bernissart [Belgique] en 1877). *Ouranosaurus,* un autre iguanodonte, possédait une « voile dorsale » rappelant celle des reptiles du primaire comme *Dimetrodon.*

LA FIN DU SECONDAIRE

LES PRÉMICES D'UNE FAUNE MODERNE

AU COURS DU CRÉTACÉ, dernière des trois périodes du mésozoïque appelé aussi « ère secondaire », la physionomie du monde vivant change de manière radicale. Partout, la faune et la flore commencent à ressembler à celle que nous connaissons aujourd'hui.

Dans les mers, les ancêtres des espadons et des saumons pourchassent les bancs de sardines et de poissons-volants. Les premiers alligators et crocodiles modernes apparaissent dans les rivières de l'hémisphère Nord, aux côtés de formes géantes comme *Phobosuchus* (15 m), alors que d'étranges crocodiles terrestres *(Baurusuchus)* et d'énormes « pseudo-gavials » *(Sarcosuchus)* peuplent l'hémisphère Sud.

De nombreux lézards modernes (iguanes, geckos, orvets) existent déjà. Il y a 130 millions d'années les premiers serpents (genre *Lapparentophis*) apparaissent. À la fin du crétacé, un boa primitif (genre *Madtsoia*) atteint 6 m de long. Parmi les amphibiens, 7 des 8 familles de salamandres et 18 des 22 de grenouilles actuelles existent déjà à cette époque.

Les oiseaux. Du fait de la rareté des fossiles d'oiseaux, il est difficile d'évaluer leur diversité au crétacé. Sur les côtes vivaient deux types d'oiseaux primitifs encore pourvus de dents : des plongeurs inaptes au vol *(Hesperornis)* et de bons voiliers à l'allure de mouettes *(Ichtyornis)*. *Ambiortus* est un oiseau continental du crétacé inférieur, déjà plus évolué. Les premiers oiseaux modernes, ancêtres des pétrels et des mouettes actuels, apparaissent à la fin du crétacé nord-américain.

Les mammifères. Ils se diversifient mais restent assujettis à la domination des grands reptiles : aucun ne dépasse encore la taille d'un castor. Les multituberculés, apparus à la fin du jurassique, représentent les premiers mammifères végétariens.

Les premiers marsupiaux apparaissent au crétacé supérieur (un opossum, *Alphadon*), ainsi que les premiers insectivores placentaires, et un certain nombre de formes intermédiaires *(Aegialodon, Deltatherium)* entre les marsupiaux et les vrais placentaires. Une molaire isolée découverte dans le crétacé terminal américain est attribuée au plus ancien primate connu : *Purgatorius*.

ENQUÊTE SUR UNE DISPARITION

La fin du crétacé coïncide avec la disparition de plus de la moitié des espèces vivantes (voire 60 à 75 p. 100 selon certains scientifiques). La crise touche le plancton marin (90 p. 100 des espèces), les végétaux (c'est la fin du groupe des bennettitales) et les animaux (extinction des ammonites, des bélemnites, des rudistes...). Mais, si cette catastrophe est devenue presque légendaire, c'est surtout parce qu'elle marque la fin du règne des grands reptiles : les dinosaures.

Quantité d'hypothèses ont été avancées pour expliquer cette crise, contradictoires, farfelues, fantastiques, poétiques ou simplement ridicules. Parmi les plus sérieuses, celle d'un bouleversement climatique lié à la dérive des continents n'explique pas le caractère relativement brutal et massif de l'événement.

L'existence, dans les dépôts de la fin du crétacé, de fortes quantités d'un métal, l'iridium, rare sur Terre, mais abondant dans les météorites, suggère une cause extraterrestre. Selon les Américains W. Alvarez et F. Asaro, un astéroïde ou une comète d'un diamètre de l'ordre de 10 kilomètres et se déplaçant à une vitesse de l'ordre de 10 kilomètres par seconde aurait percuté la Terre il y a 65 millions d'années. L'explosion causée par le choc (équivalente à 3 milliards de bombes du type Hiroshima !) aurait provoqué une série de cataclysmes (tempêtes, tsunamis, tremblements de terre...) et projeté dans les airs un nuage de poussière faisant écran au Soleil (d'où la mort des végétaux privés de lumière, un froid intense, puis un réchauffement général par effet de serre).

Pour le Français V. Courtillot, l'iridium témoignerait d'une intense activité volcanique : l'éruption géante ayant eu lieu justement il y a 65 millions d'années en Inde (région du Dekkan) pourrait avoir eu des effets désastreux à l'échelle planétaire.

A

A. **MAGNOLIAS**

Apparus à la fin du crétacé inférieur il y a 110 millions d'années, les magnolias comptent parmi les plus anciennes et les plus primitives des plantes à fleurs (angiospermes). On a découvert de nombreux fossiles de ces plantes dans les gisements du Groenland, d'Amérique et d'Europe.

FAUNE DU CRÉTACÉ

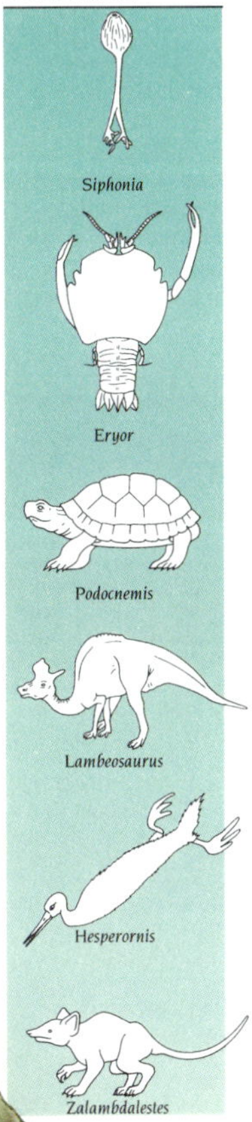

B. C. **DEUX COLOSSES DU CRÉTACÉ**

Ce dinosaure à cornes (C), *Triceratops* (9 m de long, 7 tonnes), pouvait manger les végétaux les plus coriaces grâce à ses robustes dents broyeuses à son puissant bec corné. *Protoceratops* (2 m seulement), un parent dépourvu de cornes, est bien connu par les fossiles d'œufs, de jeunes et de nombreux adultes des deux sexes que l'on a retrouvés. Quant au tyrannosaure (B), *Tyrannosaurus rex* (14 m de long, 6 m de haut, 5 tonnes), avec son énorme crâne armé de dents de 15 cm, ce fut l'un des plus formidables prédateurs de tous les temps.

B

C

LA VIE À L'ÈRE TERTIAIRE

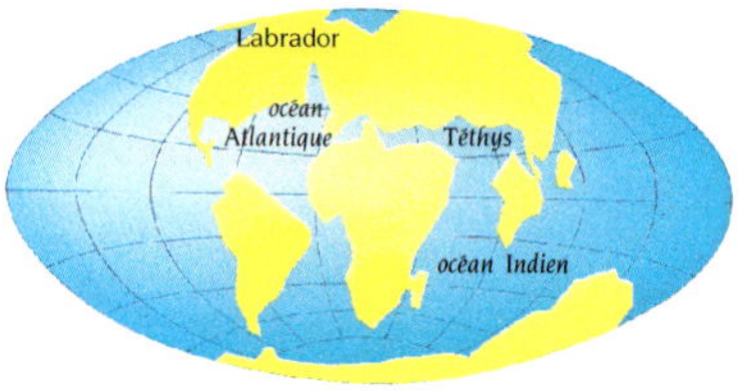

DÈS LE DÉBUT, l'ère tertiaire est remarquable par le cachet presque moderne de ses flores et de ses faunes. Après l'ère secondaire (mésozoïque), l'ère tertiaire représente la majeure partie du *cénozoïque,* qui englobe également l'ère quaternaire. On divise l'ère tertiaire en deux périodes, le paléogène et le néogène, et en cinq époques (3 pour le paléogène, 2 pour le néogène). Le planisphère ci-dessus représente la Terre à la première de ces époques, le *paléocène.*

La flore. L'expansion des plantes à fleurs, appelées aussi « angiospermes », se produit en deux temps : pendant le paléogène, les plantes à fleurs du groupe des dicotylédones sont prédominantes ; pendant le néogène, deuxième période de l'ère tertiaire, on assiste à l'expansion du second grand groupe de plantes à fleurs, les monocotylédones.

Les climats. L'analyse de la nature et de la répartition des flores et des faunes ainsi que la détermination, par des moyens géochimiques, des températures du passé géologique permettent de présenter l'ère tertiaire comme jouissant dans l'ensemble d'un climat chaud pendant le paléocène et l'éocène. Tout indique cependant qu'une première détérioration du climat se produit à la limite entre l'éocène et l'oligocène. Enfin, le pliocène, sensiblement plus froid que le miocène, annonce déjà les glaciations du quaternaire.

Les continents. Tandis que la vie à la surface du globe se rapproche de plus en plus de celle que nous connaissons aujourd'hui, l'aspect physique de la Terre évolue lui aussi vers sa forme actuelle : les océans Atlantique et Indien, qui avaient commencé à s'ouvrir pendant l'ère secondaire, continuent à s'écarter à raison de quelques centimètres par an. Les chaînes alpines surgissent et sont attaquées par l'érosion, ce qui provoque de grandes accumulations de sédiments dans les plaines.

En somme, à la fin de l'ère tertiaire, le monde ressemble à beaucoup d'égards au monde actuel. Cependant, l'homme moderne n'a pas encore fait son apparition.

UN MONDE NOUVEAU

LE DÉBUT DE L'ÈRE TERTIAIRE

■ LE DÉVELOPPEMENT des plantes à fleurs a toutes sortes de conséquences sur la faune ; il permet en particulier l'essor d'un groupe d'insectes à métamorphoses complètes, les hyménoptères, qui comprennent de nombreuses espèces sociales (abeilles, fourmis, guêpes).

Mammifères et oiseaux. Les dinosaures viennent de disparaître, et les reptiles qui subsistent appartiennent presque tous à des groupes encore représentés aujourd'hui : tortues, crocodiles, lézards et serpents. Les mammifères, qui étaient restés tout petits et très discrets pendant l'ère secondaire, tirent profit du champ libre que leur laisse l'extinction des grands reptiles pour s'épanouir et se diversifier rapidement. Au paléocène, ils gardent néanmoins pour la plupart des dimensions modestes.

Les premiers représentants d'un grand nombre d'ordres d'oiseaux de type moderne apparaissent, avec notamment des hiboux, des vautours et des canards.

Dans les mers. Les coccolithes, des disques calcaires microscopiques qui recouvrent des algues unicellulaires, sont presque entièrement renouvelés, témoignant de l'évolution de ce groupe de végétaux.

Parmi les animaux unicellulaires, les foraminifères planctoniques, dont on retrouve en abondance les petits squelettes calcaires (les *tests*), sont eux aussi tout à fait distincts de ceux du crétacé. Parmi les mollusques, les céphalopodes subissent une régression spectaculaire : ils ne sont plus représentés que par quelques nautiles et par des animaux voisins des seiches et des pieuvres actuelles ; à l'inverse, les lamellibranches et plus encore les gastéropodes sont connus par une profusion de formes de toutes dimensions, aux adaptations les plus variées. Le déclin des brachiopodes s'accélère ; en revanche, les échinodermes et les bryozoaires restent nombreux et diversifiés. Quant aux poissons, ils sont dominés par les poissons osseux, adaptés à toutes sortes de milieux et de régimes alimentaires.

A

A. **LE LAURIER, UNE PLANTE À FLEURS**

Ces empreintes fossiles de feuilles de laurier *(Laurus nobilis),* découvertes en France, datent du pliocène, dernière des cinq époques de l'ère tertiaire. Les plantes à fleurs, ou angiospermes, dont le laurier fait partie, constituent l'essentiel de la flore terrestre de l'ère tertiaire, en dépit de la survie de groupes de végétaux plus archaïques, tels que les fougères, les prêles ou les cycadales, et du maintien des conifères. La plupart de ces angiospermes, semblables aux formes actuelles, fournissent de précieuses indications, tant sur les paysages que sur les climats. On sait, par exemple, que les angiospermes adaptées aux climats froids ont, dans leur majorité, des feuilles petites, au bord découpé, tandis que celles des régions chaudes et humides ont plus souvent de grandes feuilles au contour plus simple.

B

B. **GLOBIGÉRINE**

Les globigérines sont des foraminifères planctoniques, c'est-à-dire des animaux marins microscopiques, unicellulaires, pourvus d'un minuscule squelette calcaire (le *test*) formé de plusieurs loges. Elles vivent en pleine eau, transportées par les courants. Leur famille (globigérinidés) est connue depuis l'ère secondaire jusqu'à nos jours, mais les globigérines proprement dites n'apparaissent pas avant le tout début de l'ère tertiaire. Abondantes dans toutes sortes de sédiments marins et représentées par des espèces variées, les globigérines fournissent des microfossiles très caractéristiques des différents moments du tertiaire.

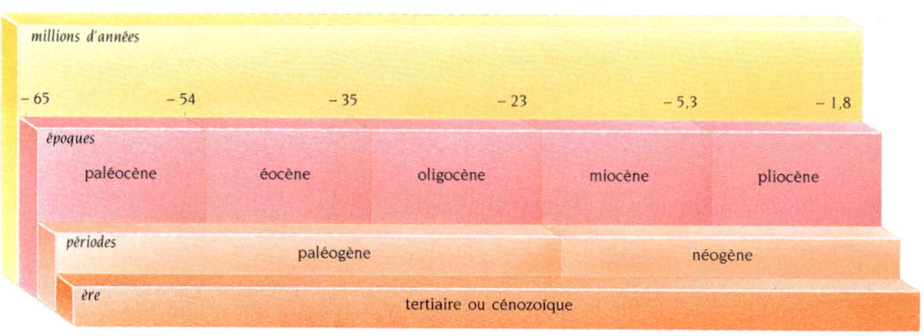

LA VIE AU PALÉOCÈNE

LE PALÉOCÈNE

L'EXPANSION DES MAMMIFÈRES COMMENCE...

■ PREMIÈRE ÉPOQUE de l'ère tertiaire, le paléocène n'a pas toujours été considéré comme une période vraiment distincte : pendant longtemps, beaucoup d'auteurs ont estimé qu'il constituait seulement la partie inférieure de l'époque suivante, l'éocène. Pourtant, l'originalité du paléocène ne semble guère faire de doute : sa faune de mammifères, notamment, présente un caractère bien plus archaïque que la faune de l'éocène.

La faune marine. Dès le tout début du paléocène, elle est en rupture complète avec celle de l'ère secondaire : les céphalopodes cèdent leur place de mollusques dominants aux lamellibranches et aux gastéropodes ; les échinodermes et les foraminifères sont représentés par des formes nouvelles.

La flore terrestre. Les conifères se maintiennent, ainsi que d'autres plantes plus anciennes (mousses, fougères, prêles), mais les plantes à fleurs commencent leur expansion.

L'expansion des mammifères. Si discrets jusqu'alors, les mammifères connaissent un développement remarquable. Certains d'entre eux sont des survivants de groupes déjà bien représentés à la fin du secondaire (crétacé supérieur). Beaucoup d'autres sont des formes tout à fait nouvelles, appartenant pourtant à des ordres qui s'éteindront sans descendance. D'autres enfin se rattachent à des lignées appelées à se développer, et qui se sont prolongées jusqu'à nos jours.

Parmi les mammifères déjà bien connus au crétacé, le groupe des *multituberculés* est encore florissant au paléocène. Ce sont de petits mammifères aux caractères archaïques qui présentent une ressemblance superficielle avec les rongeurs sans en être pour autant de proches parents. Ils seront d'ailleurs victimes de la concurrence que leur feront les rongeurs et s'éteindront au cours de l'éocène, il y a quelque 40 millions d'années.

Les marsupiaux, apparus eux aussi dès le crétacé, sont représentés par de petits animaux déjà assez proches des sarigues que nous connaissons actuellement.

Les mammifères herbivores. Le groupe des *condylarthres* avait déjà fait une très discrète apparition au crétacé supérieur, mais c'est au paléocène qu'il s'épanouit. Il s'agit d'un ensemble de formes assez diverses, de taille généralement moyenne, peu spécialisées, qui constituent le groupe souche à partir duquel se sont différenciés les principaux ordres de mammifères herbivores de type moderne. Les condylarthres se maintiennent encore à l'éocène et s'éteignent à l'oligocène.

D'autres groupes de mammifères herbivores se développent au paléocène et disparaissent sans descendance au cours de l'ère tertiaire. Les *téniodontes,* qui ne sont connus que dans l'ouest de l'Amérique du Nord, montrent toujours des dents très usées qui suggèrent une nourriture abrasive : tubercules et racines que leurs griffes bien développées devaient leur servir à déterrer. Les *pantodontes,* assez diversifiés, ont des dimensions allant de celles d'un rat à celles d'un rhinocéros. Surtout bien représentés en Asie et en Amérique du Nord, ils sont également connus en Europe ; leurs membres à cinq doigts sont courts et trapus ; à en juger par le bon état de leurs dents, les pantodontes devaient manger des végétaux particulièrement tendres.

Les plus étranges des mammifères herbivores apparus au paléocène sont les *dinocérates :* ces animaux lourds, de la taille d'un tapir, ont en effet le crâne garni d'une série de nombreuses protubérances osseuses.

Les mammifères carnivores. Ils restent assez discrets au paléocène. Les *mésonychiens,* connus dès le début de cette période, forment un ensemble tout à fait particulier, étroitement apparenté aux condylarthres. Ils sont par ailleurs à l'origine des cétacés.

Vers le milieu du paléocène apparaissent les premiers mammifères de l'ordre moderne des carnivores, mais ils restent peu nombreux tandis que se développe, à partir du paléocène supérieur, un groupe de carnivores aux caractères archaïques, les *créodontes,* qui survivra jusqu'au miocène.

Insectivores et primates. Les insectivores représentent le plus primitif des ordres de mammifères placentaires. Apparus dès le crétacé, ils évoluent peu et sont représentés dès le paléocène par des formes peu différentes des hérissons et musaraignes actuels.

Enfin, les primates constituent eux aussi un ordre ancien, connu au paléocène par des « plésiadapiformes », de petits animaux encore bien éloignés des singes actuels.

UN CARNASSIER À PLUMES

Du paléocène supérieur à l'éocène moyen vivaient de redoutables oiseaux coureurs, dépourvus d'ailes fonctionnelles, qui atteignaient une taille impressionnante. Le mieux connu de tous est *Diatryma* découvert en Amérique du Nord. Cet oiseau de plus de deux mètres de haut avait un très grand crâne pourvu d'un bec acéré très puissant et des pattes énormes munies de griffes. Son bec et ses griffes en faisaient un prédateur capable de tuer des proies très variées, de toutes dimensions.

L'ordre des diatrymiformes, auquel *Diatryma* a donné son nom, est représenté non seulement en Amérique du Nord, mais aussi en Europe occidentale (et notamment en France), ainsi qu'en Chine. Au paléocène supérieur, les mammifères de régime alimentaire carnivore étaient encore peu nombreux et généralement petits, et ce sont sans doute les diatrymiformes qui, sur les continents du Nord, représentaient le plus grand danger pour l'ensemble des mammifères herbivores.

FAUNE DU PALÉOCÈNE

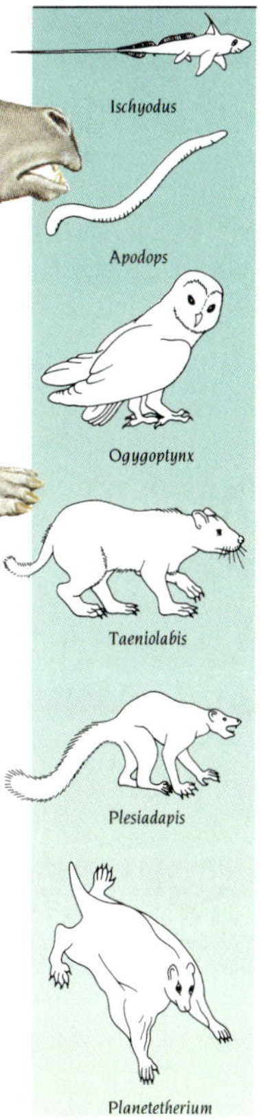

A. **UN PRIMATE ORIGINAL**

Ce sont surtout ses caractères dentaires qui permettent de rattacher, sans équivoque, *Plesiadapis* à l'ordre des primates. Par son allure générale, il annonce déjà les prosimiens plus tardifs, mais bien des détails de son anatomie le placent à part. Commun au paléocène supérieur en Europe, *Plesiadapis tricuspidens,* dont on voit ici une reconstitution du crâne, vivait probablement en troupes. Il avait un mode de vie semblable à celui des rongeurs et ressemblait d'ailleurs superficiellement à un écureuil.

A

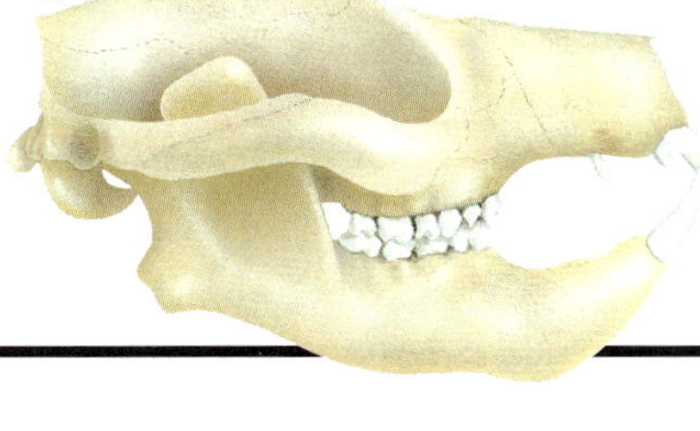

B. **HERBIVORES DU PALÉOCÈNE**

L'un des mieux connus de tous les mammifères condylarthres est sans doute *Phenacodus.* Il mesurait environ 1,50 m de long, possédait une longue queue et présentait des membres plutôt courts. Chacun des cinq doigts du pied se terminait par un petit sabot. Le crâne, plutôt petit, contenait un cerveau de dimensions réduites. La denture comportait des canines développées, mais les molaires broyeuses ne laissent aucun doute sur son régime alimentaire végétarien. *Phenacodus* vivait en Amérique du Nord au paléocène supérieur ; il était étroitement apparenté aux ancêtres des périssodactyles, ongulés représentés actuellement par les chevaux, les tapirs et les rhinocéros.

LA VIE À L'ÉOCÈNE

L'ÉOCÈNE

UNE ÉPOQUE D'ABONDANCE

■ DEUXIÈME ÉPOQUE de l'ère tertiaire, l'éocène semble avoir été aussi la plus chaude. Une luxuriante végétation tropicale indique un climat généralement humide sur l'ensemble de la planète. Cependant, dès l'éocène supérieur, des roches salines – gypse, sel gemme et potasse – se déposent en abondance dans de nombreux bassins : ces dépôts traduisent une intense évaporation, en relation avec des périodes de sécheresse importante.

La faune marine. Dans les mers abondent des animaux unicellulaires à coquille, les *foraminifères.* Les formes planctoniques sont toutes microscopiques, alors que celles qui vivent sur le fond (benthiques), comme les *nummulites,* peuvent être plus grandes (coquilles ayant jusqu'à 10 cm de diamètre). Les nummulites sont d'ailleurs tellement communes à l'éocène et à l'oligocène qu'on nomme parfois le paléogène (période qui couvre ces deux époques) le « nummulitique ». Bien d'autres micro-organismes sont très abondants, en particulier des coccolithes et des discoasters.

Toutes sortes d'invertébrés marins pullulent à faible profondeur, à proximité des rivages : les mollusques lamellibranches et gastéropodes forment l'essentiel de cette faune, qui comporte aussi des crustacés, des échinodermes, des bryozoaires et des hexacoralliaires, ainsi que quelques brachiopodes. Aussi bien par la variété des espèces que par le nombre des individus, les *cérithes* occupent une place majeure parmi les gastéropodes.

Les faunes de poissons évoquent déjà celles des mers chaudes actuelles : elles comportent en effet avant tout des poissons osseux du vaste groupe des actinoptérygiens (qui représente encore la majorité des poissons actuels), ainsi que des poissons cartilagineux (requins et raies).

Certes, on trouve encore des ordres anciens (par exemple les tillodontes, les pantodontes, les dinocérates ou les téniodontes parmi les mammifères végétariens, ou les créodontes parmi les carnivores). Même des mammifères archaïques comme les multituberculés ont encore quelques représentants. Mais l'éocène marque l'origine ou le développement de groupes majeurs qui persisteront jusqu'à la période actuelle.

La lignée d'ongulés qui conduira au cheval connaît de timides débuts, dans l'hémisphère Nord, avec le petit *Hyracotherium.* De même apparaissent les premiers représentants des lignées des rhinocéros et des tapirs. À côté de ces ongulés à nombre impair de doigts, ou *périssodactyles,* se développent aussi les premiers ongulés à nombre pair de doigts, ou *artiodactyles.* Bien d'autres ordres de mammifères modernes se trouvent constitués à l'éocène : les cétacés, les siréniens, les proboscidiens (formes fossiles voisines des éléphants), les chiroptères (chauves-souris)... De plus, les carnivores, les rongeurs et les primates se diversifient. Le premier cétacé, *Pakicetus* (1,80 m), vivait dans des marécages du Pakistan, il y a 54 millions d'années. Possédant une fourrure et des comportements de phoque, il descend d'un ongulé terrestre.

FAUNE DE L'ÉOCÈNE

A. **CAMPANILE**

Trouvé dans le bassin de Paris (France), ce coquillage fossile, *Campanile giganteum,* peut atteindre jusqu'à une soixantaine de centimètres dans sa plus grande dimension : c'est le plus grand des gastéropodes connus à l'éocène. Avec lui vivait, près des rivages des mers chaudes d'Europe, une faune de mollusques extraordinairement diversifiée.

A

Flore et faune terrestres. Sur les continents, l'essor des plantes à fleurs se poursuit. Les dicotylédones dominent, mais certaines monocotylédones, en particulier les palmiers, sont bien représentées.

Les amphibiens et les reptiles se rattachent pour l'essentiel à des familles qui persistent jusqu'à nos jours. En ce qui concerne les oiseaux, des groupes anciens (diatrymiformes) sont encore présents à l'éocène inférieur, tandis que de nombreuses familles d'oiseaux actuels apparaissent à l'éocène supérieur.

Les faunes de mammifères présentent un cachet plus moderne que celles du paléocène.

B. **CALCAIRE À NUMMULITES**

Avec beaucoup d'espèces dépassant un centimètre de diamètre, les nummulites sont parmi les géants des foraminifères. Leur coquille calcaire, appelée aussi « test », a la forme d'un disque contenant un grand nombre de petites loges disposées en spirale. Ils sont caractéristiques des mers chaudes et peu profondes de l'éocène et de l'oligocène. Dans des gisements du bassin de Paris (France), les restes de l'espèce *Nummulites lævigatus* se sont accumulés pour former un calcaire appelé autrefois la « pierre à liards ». Ces fossiles ont été formés il y a 46 millions d'années, pendant l'éocène, à une période que l'on nomme le lutétien inférieur (du nom de la capitale française, autrefois appelée Lutèce).

B

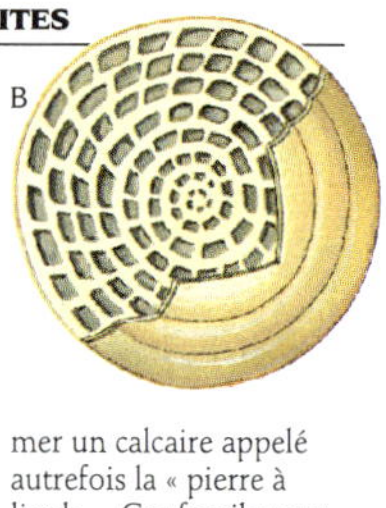

LA SARIGUE DE CUVIER

Venues d'Amérique du Nord avant l'ouverture de l'Atlantique nord, les sarigues sont les seuls mammifères marsupiaux qui aient fait une courte incursion en Europe, où elles ne sont connues qu'à l'éocène supérieur.

Actuellement, ce sont de petits mammifères de la taille d'un chat, appelés également « opossums », qui vivent en Amérique et en Australie. Découverte à Paris même, dans le gypse de la butte Montmartre, la sarigue de Cuvier a joui d'une notoriété toute particulière car elle a permis au célèbre fondateur de la paléontologie des vertébrés de démontrer le principe de corrélation des organes. L'animal, en effet, n'était que très partiellement dégagé de sa gangue quand Cuvier l'a eu pour la première fois entre les mains ; la mandibule, cependant, était apparente et sa forme particulière montrait qu'elle devait appartenir à un marsupial. Cuvier, en conséquence, a fait l'hypothèse que l'animal devait présenter tous les caractères communs à l'ensemble des marsupiaux, et donc qu'il devait posséder un os marsupial, petite baguette osseuse articulée sur le bassin. Le dégagement fin, à l'aide d'une aiguille, de l'ensemble de la région du bassin, devait lui donner raison.

C. **POISSON DU MONTE BOLCA**

Dans les mers chaudes de l'éocène prospéraient toutes sortes de poissons, déjà assez voisins pour la plupart des formes actuelles (ici, *Excellia velifer,* un téléostéen). Au monte Bolca, près de Vérone, en Italie, une série d'éruptions volcaniques a provoqué la mort en masse des poissons d'une lagune littorale. Rapidement enfouis dans une boue calcaire, ils se sont très bien conservés.

C

D. **UN VÉGÉTARIEN À L'AIR CORIACE**

Appartenant à l'ordre des dinocérates, apparu au paléocène mais mieux représenté à l'éocène, *Uintatherium* vivait dans l'ouest des États-Unis à l'éocène moyen. Il avait les dimensions d'un grand rhinocéros. Son crâne portait trois paires de protubérances osseuses et ses canines en forme de sabre, qui pouvaient atteindre 15 cm de long, ajoutaient à son aspect rébarbatif. C'était pourtant un mammifère végétarien, inoffensif, comme l'indiquent ses molaires broyeuses.

D

LA VIE À L'OLIGOCÈNE

L'OLIGOCÈNE

UN REFROIDISSEMENT MONDIAL

BEAUCOUP PLUS COURT que l'éocène, l'oligocène ne dure qu'une douzaine de millions d'années.

Le planisphère ci-dessus montre que l'Europe (Eurasie) et le sous-continent Indien, encore éloignés à l'éocène, entrent alors en contact.

L'oligocène est marqué par un rafraîchissement général du climat, qui se traduit par un certain appauvrissement des faunes marines, sans qu'il n'y ait pour autant de changement majeur dans leur composition. En particulier, les nummulites (foraminifères en forme de lentilles) sont toujours abondantes.

LA GRANDE COUPURE

Le terme de « grande coupure », introduit dès 1910 par le paléontologue suisse Stehlin, désigne la discontinuité tout à fait frappante qui existe, en Europe occidentale, entre les faunes de mammifères retrouvées dans les terrains de l'éocène (il y a environ 40 millions d'années) et celles des terrains de l'oligocène (il y a environ 30 millions d'années) . En effet, dès le début de l'oligocène, les périssodactyles archaïques tels que *Palæotherium* ont disparu, ainsi que toute une série de carnivores peu spécialisés. Il n'y a plus de primates. Mais le plus remarquable reste sans doute l'arrivée d'une faune d'immigrants dont beaucoup évoquent déjà nettement les mammifères actuels : des rongeurs des familles des campagnols et des castors, ainsi que des lapins, des rhinocéros et des ruminants. Un groupe d'animaux ressemblant à des phacochères géants, les entélodontes, fait également une apparition spectaculaire.

Deux événements principaux ont contribué à cette grande coupure : d'une part, un refroidissement du climat a modifié les milieux ; d'autre part, l'Europe occidentale, qui était une vaste île à l'éocène, s'est trouvée mise en relation avec l'Asie à l'oligocène, ce qui a permis l'arrivée de faunes nouvelles.

La flore. Sur les continents, la baisse des températures, bien que relativement modérée, n'est pas sans conséquences sur la flore : la végétation tropicale régresse, elle est remplacée sur de vastes territoires par une végétation mieux adaptée aux climats tempérés, comprenant notamment une proportion plus grande de conifères et beaucoup d'arbres de la famille du bouleau (les bétulacées).

Les mammifères terrestres. Parmi les petites formes, les rongeurs font une percée importante, et les lagomorphes (l'ordre des lapins et des lièvres) se développent. Les primates connaissent une éclipse temporaire : ils disparaissent de tous les continents septentrionaux, probablement victimes de la concurrence des rongeurs arboricoles.

Les mammifères ongulés de l'ordre des périssodactyles se diversifient. Ils comportent des formes encore petites appartenant à la lignée du cheval, ainsi que des tapirs et des rhinocéros adaptés à différents milieux. Au sein de la famille des rhinocéros, on voit apparaître des formes géantes, telles que *Baluchitherium* d'Asie centrale, qui dépassait 8 mètres de long. La famille des brontothériidés, surtout bien représentée en Asie et en Amérique du Nord, est à son apogée, mais elle disparaîtra brutalement à la fin de l'oligocène ; elle comporte alors des animaux tels que *Brontotherium,* qui a la taille d'un rhinocéros actuel et porte sur le crâne des protubérances osseuses. Les chalicothères, de bien étranges périssodactyles aux pattes munies de griffes et non pas de sabots, continuent un développement amorcé dès l'éocène.

Les artiodactyles (ongulés à nombre pair de doigts) concurrencent de plus en plus les périssodactyles. Ils sont encore dominés par des familles n'ayant plus de représentants actuels, comme les anthracothériidés, répandus dans l'Ancien Monde et assez voisins des hippopotames, les cainothériidés, de petites formes très abondantes en Europe, ou les entélodontidés d'Amérique du Nord et d'Europe, qui ressemblent à de très grands phacochères.

Les proboscidiens (aujourd'hui représentés par les éléphants) restent peu nombreux et relativement petits.

D'autres mammifères herbivores de l'oligocène ne se rattachent à aucun grand groupe connu : c'est le cas d'*Arsinoitherium* (ordre des *Embrithopoda*), un gros animal d'Égypte, qui paraît bien curieux avec ses deux énormes cornes osseuses disposées côte à côte sur l'avant du museau et accompagnées par deux petites cornes frontales.

Parmi les mammifères de régime alimentaire carnivore, on compte encore des représentants des ordres des créodontes et des mésonychiens, mais l'ordre moderne des carnivores acquiert désormais la prépondérance sur les autres groupes.

A

A. **UN CHEVAL À TROIS DOIGTS**

Ce mammifère de la famille du cheval *(Mesohippus)* gardait encore des dimensions modestes : il était à peu près de la taille d'un mouton. À chaque patte, il avait trois doigts munis de sabots, le doigt central étant plus développé que les doigts latéraux. Ses restes proviennent de l'oligocène d'Amérique du Nord.

B

B. **PIN**

En raison de l'essor des plantes à fleurs, les conifères passent au second plan dès le début de l'ère tertiaire. Cependant, bien adaptés dans l'ensemble aux climats tempérés ou froids, ils retrouvent une certaine importance à partir de l'oligocène. (Rameau portant deux cônes de *Pinus resurgens.*)

FAUNE DE L'OLIGOCÈNE

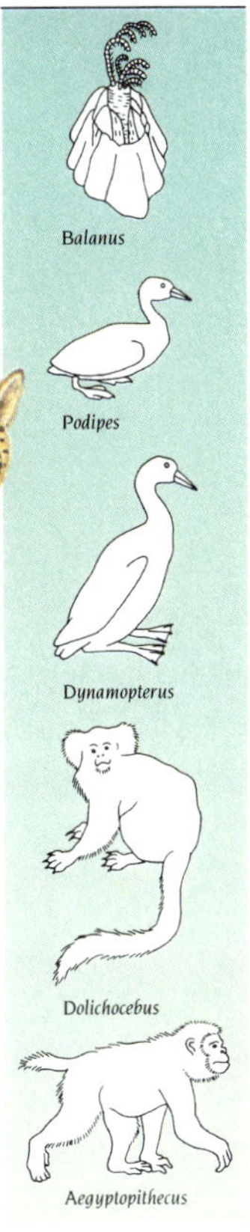

D

C

C. D. **LES « VRAIS » CARNIVORES**

À l'oligocène subsistent encore des mammifères carnassiers archaïques (créodontes). Le déclin de l'ordre des mésonychiens est bien plus marqué : dès le début de l'oligocène, il n'en reste plus que quelques rares formes. En revanche, l'ordre moderne des carnivores est en pleine expansion et comporte déjà de nombreux représentants des familles actuelles, comme ce félidé, *Dinictis* (D), et ce canidé, *Hesperocyon* (C), qui vivaient tous deux en Amérique du Nord.

LA VIE AU MIOCÈNE

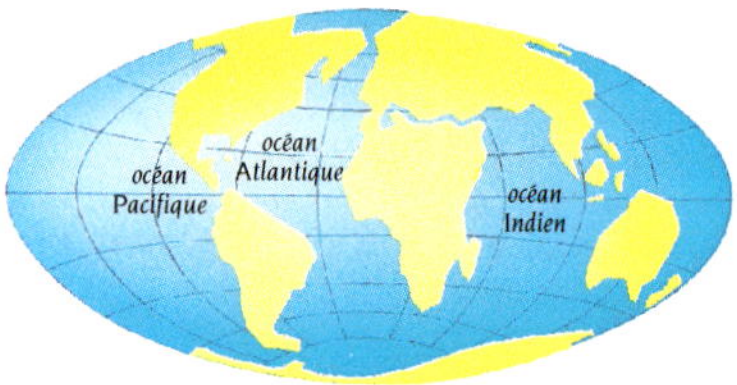

LE MIOCÈNE

LES GRANDES PRAIRIES

■ LE NÉOGÈNE, seconde période de l'ère tertiaire, commence avec le miocène. À cette époque, la géographie du globe se rapproche de celle que nous connaissons actuellement.

La faune marine. Les microfaunes marines du miocène comportent toujours des globigérines, mais les nummulites ont disparu ; d'autres foraminifères apparaissent, des miogypsines en particulier.

Les faunes d'invertébrés des mers chaudes et peu profondes sont très variées ; elles sont composées d'espèces presque toutes nouvelles par rapport à celles que l'on rencontre à l'oligocène. Les mollusques dominent, avec en particulier des huîtres, des pectens et des gastéropodes.

À ces faunes d'invertébrés marins sont associés de nombreux poissons, comme les requins, qui jouent encore un rôle important.

La flore. Sur les continents, les flores terrestres comportent, dans des proportions variables, des espèces d'arbres à feuilles caduques de pays tempérés (peupliers, saules et chênes, par exemple) et des espèces tropicales (lauriers, bananiers et palmiers, notamment). L'analyse de la répartition des flores fait apparaître une grande extension des zones subtropicales. Mais la grande nouveauté du miocène, c'est le développement d'une famille de monocotylédones, les graminées.

La faune continentale. Les amphibiens et les oiseaux sont déjà peu différents des formes actuelles. Parmi les reptiles, les crocodiles et les tortues restent nombreux et gardent une répartition presque mondiale. Pourtant, ce sont surtout les mammifères qui retiennent l'attention.

Les rongeurs continuent leur développement spectaculaire, surtout vers la fin du miocène. Les lagomorphes (lapins) sont moins diversifiés, mais restent abondants. Beaucoup de singes de l'Ancien Monde ont une vaste répartition géographique : les *dryopithèques* sont connus en Afrique et dans les régions méditerranéennes, et les *sivapithèques,* en Europe du Sud, en Asie et en Afrique orientale.

Parmi les mammifères ongulés, les périssodactyles commencent à décliner. Ils sont représentés par des chalicothères, des tapirs, des rhinocéros, et par des animaux de la lignée du cheval, dont *Merychippus,* le premier équidé mangeur de graminées. Au contraire, les artiodactyles sont en pleine expansion : tandis que subsistent des familles apparues à l'oligocène, des formes nouvelles se développent, en particulier des camélidés et des ruminants, qui annoncent déjà les faunes actuelles.

Les proboscidiens s'épanouissent et sont représentés par de grandes formes, des mastodontes à quatre défenses, et des dinothériums qui n'ont que deux défenses inférieures, recourbées vers le bas.

Les mammifères carnassiers comportent encore quelques créodontes, mais appartiennent majoritairement à l'ordre moderne des carnivores, avec cependant des représentants aujourd'hui éteints (amphicyonidés).

LES MASTODONTES

Par leur allure générale, les mastodontes ressemblent à nos éléphants actuels. Cependant, ils en diffèrent par bien des détails de leur anatomie, qui montrent qu'ils constituent une lignée évolutive bien distincte. En particulier, alors que les molaires des éléphants actuels portent d'étroites crêtes d'émail, celles des mastodontes sont constituées de rangées de tubercules arrondis. Les mastodontes sont bien représentés dans l'Ancien Monde au miocène. Le plus répandu d'entre eux, *Gomphotherium* (que l'on peut voir ci-dessous), est connu en France, au Kenya et au Pakistan. À peu près de la taille d'un éléphant d'Asie, il possède quatre défenses peu incurvées, une paire portée par la mâchoire supérieure et l'autre, plus courte, portée par la mâchoire inférieure.

FAUNE DU MIOCÈNE

A. **PAYSAGE DU MIOCÈNE EN AMÉRIQUE DU NORD**

L'un des faits nouveaux les plus remarquables concernant la flore terrestre de l'époque miocène, c'est le développement spectaculaire des graminées, entraînant l'apparition d'immenses zones de prairies. Les mammifères ongulés y trouvent d'abondantes ressources alimentaires, mais ils doivent s'adapter car les graminées contiennent beaucoup de silice et sont donc des plantes très abrasives. Aussi bien chez les artiodactyles que chez les périssodactyles, les prémolaires et les molaires se modifient en conséquence et acquièrent des couronnes élevées (hypsodontes), qui résistent plus longtemps à l'usure. Dans les prairies à graminées du miocène d'Amérique du Nord, les artiodactyles sont déjà plus nombreux que les périssodactyles. L'artiodactyle *Syndyoceras* possède un aspect bien étrange avec ses deux paires de cornes, dont une sur le museau. Des rongeurs tels que le *Palaeocastor* commencent à pulluler.

A

LA VIE AU PLIOCÈNE

.E PLIOCÈNE

E CLIMAT SE REFROIDIT

DERNIÈRE ÉPOQUE de l'ère tertiaire, le pliocène st très bref à l'échelle des temps géologiques moins de 4 millions d'années). Il est marqué ar un refroidissement progressif.

.a flore. Sur les continents, la flore tropicale égresse au profit d'espèces de climats temérés ; les prairies, déjà étendues, gagnent enore sur les forêts. La détérioration des conditons climatiques ne tardera pas à affecter les ertébrés qui sont incapables de résister au roid, en particulier les crocodiles.

.a faune. Les faunes marines comportent de lus en plus d'espèces actuelles.

Les représentants du groupe des mammifères rennent un cachet moderne. Les rongeurs sont rès nombreux et diversifiés. Parmi les primates, es singes de l'Ancien Monde, voisins des actuels ercopithèques, colonisent les savanes, tandis ue des hominidés, les australopithèques, appaaissent en Afrique orientale et australe.

Le déclin des périssodactyles se confirme : s ne sont plus représentés que par quelques halicothères, tapirs et rhinocéros, et par des quidés déjà très proches du cheval actuel. À 'inverse, les artiodactyles prospèrent, en partiulier les ruminants de type moderne (cervidés, iraffidés et bovidés). Géants du monde des nammifères herbivores, les proboscidiens atteinent leur maximum de variété, puisqu'ils omportent de nombreux mastodontes, mais ncore quelques dinothères, et également les remiers véritables éléphants.

Chez les mammifères carnassiers, l'extincion des créodontes à la fin du miocène a laissé e champ libre aux carnivores de type moderne. Dans l'ensemble, ils sont peu différents des ormes actuelles, mais comportent toutefois un roupe particulier de félidés à dents de sabre, lont le plus connu est *Machairodus*.

DEUX CONTINENTS INSULAIRES

L'AMÉRIQUE DU SUD ET L'AUSTRALIE

■ DEUX CONTINENTS étaient, pendant l'ère tertiaire, isolés des autres continents insulaires : les faunes terrestres y ont évolué presque sans échanges avec le reste du monde.

L'Amérique du Sud. Elle a été coupée de l'Amérique du Nord dès le début du paléocène. Au moment où elle s'est trouvée isolée, les rares mammifères qui la peuplaient étaient, d'une part, des marsupiaux primitifs et, d'autre part, des placentaires tous végétariens, appartenant à deux groupes seulement : des ongulés très archaïques, tous éteints aujourd'hui, et un groupe typiquement sud-américain, les édentés. Ces derniers se sont maintenus jusqu'à nos jours, avec les tatous, les fourmiliers et les paresseux. Les marsupiaux, encore représentés actuellement par des sarigues, étaient bien plus variés au cours de l'ère tertiaire. L'Amérique du Sud a été de plus colonisée par un petit nombre d'immigrants probablement venus d'Afrique sur divers types de radeaux naturels (singes platyrhiniens et rongeurs caviomorphes).

L'Australie. Longtemps partie intégrante d'un vaste continent austral, elle est devenue une île au cours de l'éocène (il y a 40 millions d'années) par la perte de ses dernières attaches avec le continent antarctique. Les mammifères terrestres qui la peuplaient ne comportaient alors que des monotrèmes (ornithorynques et échidnés) et des marsupiaux, qui ont ainsi pu se développer et occuper des niches écologiques variées sans pâtir de la concurrence des mammifères placentaires. Ils y vivent encore aujourd'hui.

A

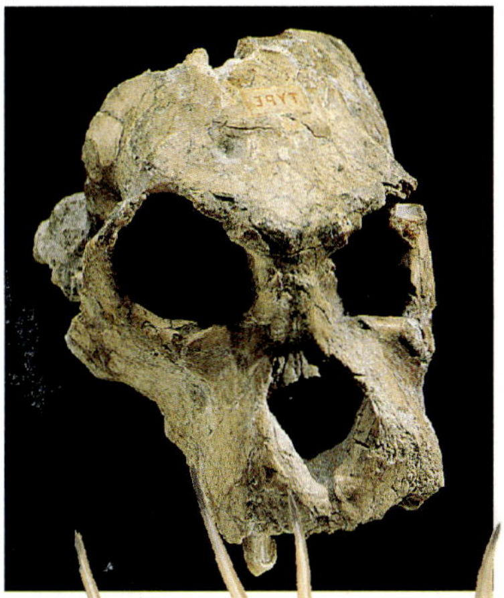

A. **CRÂNE DE PRIMATE**

Les singes de la famille des cercopithécidés, bien adaptés aux milieux de savane, trouvent au pliocène des conditions idéales pour leur expansion : ils sont alors répandus dans tout l'Ancien Monde – Afrique, Asie, mais aussi Europe. Celui-ci, *Dolichopithecus*, est abondamment représenté en Europe, notamment dans les gisements français ; c'est une forme robuste aux mâchoires puissantes.

FAUNE DU PLIOCÈNE

B

B. **« TIGRE » MARSUPIAL**

Cet animal ressemble étrangement aux tigres à dents de sabre d'Europe et d'Amérique du Nord. Malgré les apparences, il ne présente pourtant aucune parenté étroite avec eux. La ressemblance, à dire vrai, reste très superficielle : il s'agit d'une convergence, qui traduit seulement un mode de vie identique. *Thylacosmilus* était en effet un mammifère marsupial carnassier, qui vivait en Amérique du Sud à la fin du miocène et au début du pliocène.

C

C. **CERF DU PLIOCÈNE** (*Eucladocerus*)

Très répandus au pliocène, les cervidés sont surtout communs en Eurasie, mais ils ont pénétré aussi en Afrique du Nord et en Amérique. C'est avant tout par leurs bois qu'on les distingue les uns des autres. Le genre *Eucladocerus*, du pliocène supérieur d'Europe, est l'un de ceux dont les bois avaient la forme la plus complexe.

LA VIE À L'ÈRE QUATERNAIRE

LES PAYSAGES

LA PALÉOÉCOLOGIE : ÉTUDE DES MILIEUX NATURELS DU PASSÉ

■ LE QUATERNAIRE est caractérisé par deux faits majeurs : l'apparition de l'homme et des bouleversements climatiques. La détérioration du climat, initiée dès la fin du tertiaire, prend réellement toute son ampleur à cette époque. Elle a des conséquences sur l'évolution et sur la répartition des faunes et des flores : le paysage végétal subit notamment de profondes modifications.

CHARBONS DE BOIS ET POLLENS

La *palynologie,* ou étude des pollens fossilisés dans les milieux humides (tourbières, lacs) et dans les sédiments archéologiques, permet de déterminer les espèces qui formaient les végétations passées, non seulement au quaternaire mais aussi pour les périodes antérieures. L'*anthracologie* (du grec *anthrax,* « charbon »), ou étude des charbons de bois des foyers préhistoriques, appréhende la dynamique des végétations pour les derniers 400 000 ans, depuis que l'homme, découvrant l'usage du feu, construisit les premiers foyers. Ces deux disciplines sont complémentaires ; pollen et charbon de bois constituent de précieux indices de l'évolution du paysage végétal.

En ce qui concerne l'anthracologie, les charbons sont prélevés dans les gisements archéologiques. L'analyse au microscope des structures anatomiques du bois carbonisé permet une détermination, ou *diagnose,* allant fréquemment à l'espèce (ici, la photo du haut montre un conifère, le pin à crochets, celle du bas un feuillu, le tilleul).

La liste des espèces obtenues et les fluctuations de leurs fréquences, en fonction du temps, permettent de saisir la dynamique des végétations et donc l'évolution du paysage végétal.

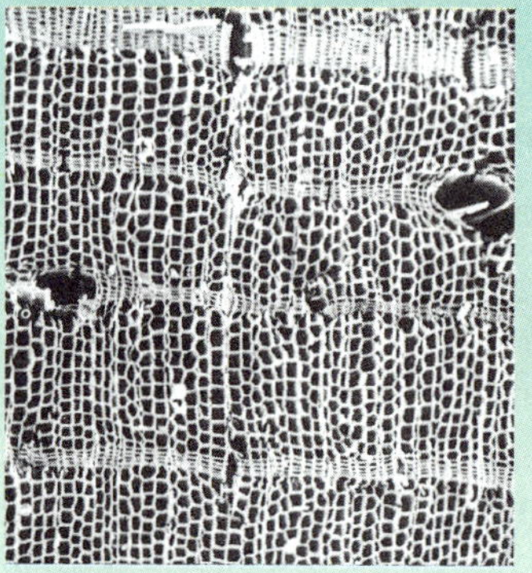

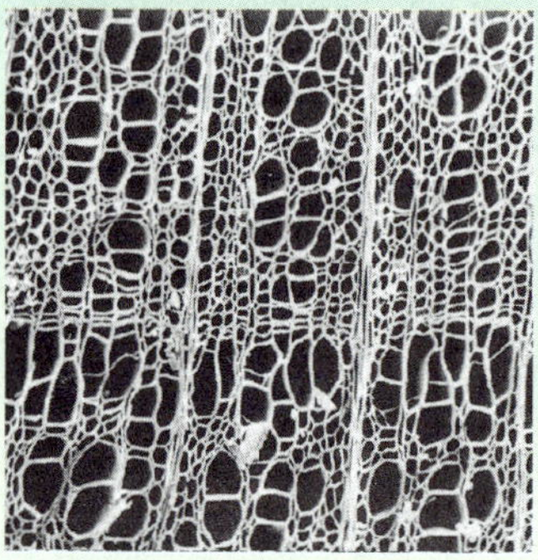

Les deux grands cycles du quaternaire. On distingue deux périodes à l'intérieur du quaternaire : la première correspond à un cycle glaciaire, c'est le *pléistocène ;* la seconde, l'*holocène,* correspond à un cycle postglaciaire. Si le pléistocène est considéré globalement comme un cycle glaciaire, il faut préciser qu'il est composé en fait d'une alternance de phases froides (glaciations) et de phases tempérées (ou interglaciaires). Ces successions climatiques ont eu un impact radical sur le paysage et la répartition des espèces. Lors des glaciations, les calottes glaciaires s'étendent en raison de la baisse des températures et l'on note une aridification du climat à l'échelle mondiale. La répartition géographique des végétations est alors en corrélation avec la latitude et l'altitude.

Pour le début du quaternaire, la connaissance du paysage végétal est encore très fragmentaire ; à partir du pléistocène moyen, on dispose de plus de données grâce aux pollens fossiles et aux restes de charbons de bois trouvés dans les foyers préhistoriques.

Les glaciations. Lors des phases froides du pléistocène, la steppe domine de vastes espaces ouverts. L'aridification générale du climat est telle que la superficie occupée par la forêt équatoriale se contracte, en laissant place à une zone de savane plus vaste. Au Sahara, on enregistre (grâce aux pollens fossiles) une prédominance de plantes steppiques ou désertiques.

Sur le pourtour méditerranéen, la végétation est dominée par des espèces de climat ensoleillé (espèces héliophiles) telles que le pin sylvestr le genévrier et le pin noir ; les espaces ouver sont colonisés par des plantes steppiqu comme l'armoise, les chénopodiacées ou ce taines graminées. La chênaie méditerranéenn est alors très faiblement représentée avec chêne vert et notamment le pistachier.

Aux latitudes moyennes, les impacts des gl ciations sont plus marquants et peu d'arbre sont susceptibles de faire face aux rigueurs d climat : conifères et bouleaux sont alors dom nants, tandis que les arbres à feuillage cadu (chênes notamment) se réfugient dans les zone les plus abritées. Près des fronts glaciaires, le conifères tendent à se raréfier et la toundr s'installe ; lorsque le gel dépasse six mois par a c'est le désert froid qui apparaît.

Les phases interglaciaires. Lors des période tempérées ou interglaciaires du pléistocène, un augmentation des températures et de la pluvi sité favorise l'expansion des formations fore tières. Certaines de ces phases sont même plu douces que le climat actuel. La forêt équatorial dont la composition floristique reste inchangé est en progression. Aux latitudes moyennes, le espèces de climat tempéré se développent chêne à feuillage caduc, noisetier, orme. Ains une forêt dense se met en place. Les steppes sor alors localisées aux zones de montagne et plu généralement aux hautes latitudes. Le pléisto cène s'achève il y a environ 10 000 ans par un amélioration climatique ; la forêt gagne alor sur la steppe.

A. **STEPPE**

Au maximum du froid, la plupart des régions sont colonisées par la steppe, formation végétale dépourvue d'arbres. Des steppes à armoises, graminées, légumineuses définissent alors le paysage. Puis, à la faveur d'une amélioration climatique, ces formations évolueront progressivement vers une forêt dense. Les alternances glaciaires/interglaciaires, individualisées grâce aux successions végétales steppe/forêt, caractérisent le pléistocène.

A

B. **EXTENSION DES GLACIERS**

Toutes les périodes glaciaires n'ont pas eu la même intensité. Aux moments les plus froids, les calottes glaciaires et les glaciers s'étendent fortement, entraînant une baisse du niveau de la mer et modifiant le profil des zones côtières : ainsi, les îles Britanniques étaient rattachées au continent européen. Les glaciers ont occupé la partie septentrionale des continents et les montagnes méridionales. Ils ont modelé le paysage ; leurs dépôts (moraines) sont les témoins précieux des changements climatiques du quaternaire.

B

L'ÉVOLUTION DEPUIS LA DERNIÈRE GLACIATION

LE CAS DE LA MÉDITERRANÉE

LA DERNIÈRE PÉRIODE de grands froids a eu lieu il y a 18 000 ans. En région méditerranénne, des arbres et des arbustes se développant de nos jours à l'étage montagnard (le pin sylvestre, le bouleau verruqueux, l'argousier...) sont alors présents à basse altitude. Le paysage a l'allure d'une steppe et le climat est froid et sec. Au cours des phases de réchauffement, des espèces de climat plus doux se développent à partir de zones refuges où la température est plus clémente. L'écart moyen de température entre ces deux types de végétation est estimé de 6 à 8 °C. Cette évaluation a été réalisée d'après différentes techniques comme les rapports des isotopes de l'oxygène ou l'étude des charbons de bois et des pollens. En Méditerranée, trois phases essentielles synthétisent la dynamique des végétations enregistrée depuis 12 000 ans.

La première phase. Les formations de transition entre la steppe et la forêt, à pins et à genévriers, mises en évidence sur le pourtour méditerranéen, témoignent du climat froid et sec qui régnait il y a 12 000 ans. À basse altitude, le pin noir *(Pinus nigra)* et le pin sylvestre *(Pinus sylvestris)* prédominent ; plus haut, c'est le pin à crochets *(Pinus mugo)*. Cependant, la disparition du bouleau *(Betula sp.)* ainsi qu'une meilleure représentation des espèces feuillues sont de bons indicateurs d'une augmentation graduelle des températures et de l'humidité en regard du dernier maximum du froid il y a 18 000 ans. Ainsi, et grâce à ces modifications de végétation, les chasseurs-cueilleurs de cette époque évoluent dans un milieu ouvert, puis préforestier.

La deuxième phase. Il y a 8 000 ans, le climat correspond à celui de l'optimum climatique postglaciaire et se définit par l'installation de chênaies. Au nord de la Méditerranée, la chênaie à feuillage caduc constituée du chêne pubescent *(Quercus pubescens)* prédomine ; dans les régions méridionales, la chênaie est essentiellement à feuillage persistant (forêt sempervirente) et constituée du chêne-liège *(Quercus suber)*. Cette diversification des espèces est en corrélation avec l'optimum climatique et souligne l'évolution progressive vers un milieu forestier plus dense, dans lequel vivent les derniers chasseurs-cueilleurs.

Dans ce contexte favorable, un ensemble de moyens qui vont amener un changement du mode de vie (processus de « néolithisation ») s'enclenche : dans cet environnement forestier, les premières communautés d'agriculteurs et d'éleveurs s'installent, il y a environ 7 000 ans. Le laps de temps qui sépare l'établissement de la forêt et la néolithisation démontre que les changements écologiques ont précédé les changements culturels. À cette époque, aucune phase nette d'évolution régressive de la forêt, due aux nouvelles activités pastorales et agricoles, ne transparaît encore. La gestion du milieu naturel semble alors équilibrée et l'évolution du paysage, essentiellement déterminée par les facteurs climatiques. Un tel phénomène met en valeur de longues phases d'adaptation entre l'homme et son milieu.

La troisième phase. Il y a 6 000 ans apparaissent les premiers déséquilibres entre l'homme et la nature : à la suite de l'intensification des défrichements, la forêt primaire va progressivement se réduire au profit des formations végétales secondaires telles que les matorrals (formations buissonnantes à petits arbres rabougris et espacés représentant une forme dégradée de la forêt à chêne vert) et les garrigues (formations végétales des sols calcaires constituées de chênes verts mélangés à des buissons et à des plantes herbacées). Dans les régions les plus arides (Maroc, sud de l'Espagne...), le pin d'Alep *(Pinus halepensis)*, le romarin, les légumineuses, l'arbousier *(Arbutus unedo)* sont des espèces indicatrices de l'action humaine. Dans le sud de la France, on note l'établissement de garrigues à chênes verts et à buis *(Buxus sempervirens)*, caractéristiques de beaucoup des paysages méditerranéens. Ces atteintes à la forêt doivent être mises en relation avec le renouveau agricole et pastoral du néolithique moyen. Le processus de dégradation entamé ici ne fera que s'amplifier au cours du temps.

En conclusion, si le climat est considéré comme le moteur de l'évolution des végétations de l'ère quaternaire, la période datant de 6 000 ans marque l'intervention d'un facteur décisif, l'homme. Le paysage méditerranéen actuel est ainsi profondément modelé par des millénaires d'action humaine.

A

A. **PAYSAGE OUVERT**
À la fin de la dernière période glaciaire, les végétations transitoires (« forêts-steppes ») à pins sylvestres et à genévriers sont très étendues aux latitudes moyennes. À la suite d'une augmentation progressive des températures et de la pluviosité, ce paysage ouvert évoluera vers des formations préforestières puis forestières. Tous ces phénomènes, considérés dans leur évolution temporelle, caractérisent la période de – 10 000 à – 6 000 ans.

B

B. **FORÊT**
Il y a 8 000 ans, quand de meilleures conditions climatiques furent réunies (optimum climatique postglaciaire), s'installa une forêt dense, à feuillage caduc, caractérisée par le chêne pubescent et ses espèces compagnes, dans les régions tempérées et les zones les plus humides de la Méditerranée. La mise en place de ce milieu forestier est essentiellement due aux bouleversement des facteurs climatiques.

C

C. **FORÊT DÉGRADÉE**
Il y a 6 000 ans se produisent les premières ruptures entre l'homme et son milieu, sur tout le pourtour méditerranéen. L'homme ne subit plus le milieu, il le modèle. Ces atteintes à la forêt, en relation avec les défrichements, entraînent alors l'installation de formations secondaires, telles que les maquis et les garrigues, significatives du paysage méditerranéen actuel.

LA VIE AU PLÉISTOCÈNE INFÉRIEUR

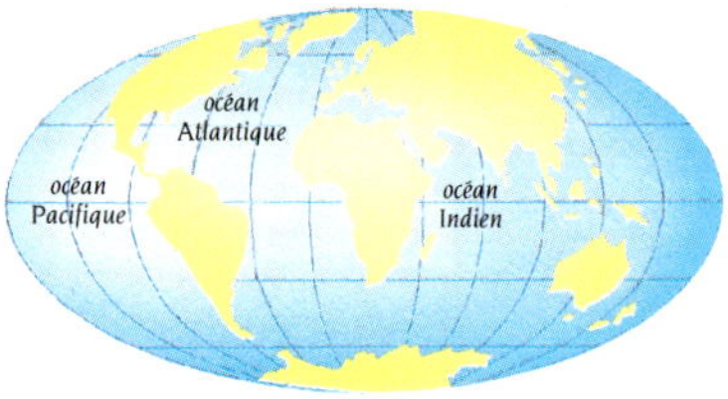

Le tertiaire et le quaternaire, parfois réunis au sein d'une seule grande ère, le *cénozoïque,* n'ont pas une limite commune clairement établie. La présence de l'homme (genre *Homo*) est cependant caractéristique du quaternaire. Les données paléomagnétiques et paléoclimatiques (glaciations) permettent de placer la limite tertiaire-quaternaire à – 1,8 million d'années. C'est cette dernière date que nous retiendrons ici.

LA FAUNE DU DÉBUT DU QUATERNAIRE

LE PLÉISTOCÈNE INFÉRIEUR EN EUROPE

■ Première des deux époques du quaternaire, le pléistocène se divise en 3 parties (« inférieur », « moyen » et « supérieur »).

Le pléistocène inférieur débute par une phase au climat tempéré (– 1,8 à – 1,2 million d'années) et s'achève avec la glaciation alpine nommée « günz », il y a 700 000 ans.

A. B. **RESCAPÉS DU TERTIAIRE**

Le groupe des édentés, mammifères dépourvus de dents ou à denture réduite, a évolué au cours du tertiaire dans le continent américain. Il comprend actuellement les fourmiliers, les paresseux et les tatous. Deux genres éteints étaient encore présents au pléistocène inférieur : *Glyptodon* (A), énorme tatou pouvant atteindre une longueur de 4 m, portait une carapace osseuse formée de petites plaques soudées qui se poursuivaient en bouclier au-dessus du crâne, sa lourde queue était cuirassée d'anneaux osseux garnis d'épines ; *Megatherium* (B), paresseux terrestre de la taille d'un éléphant (longueur : 6 m), devait se dresser sur ses pattes postérieures pour brouter les feuilles des arbres.

A

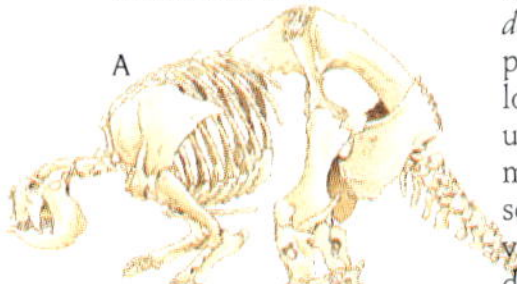

B

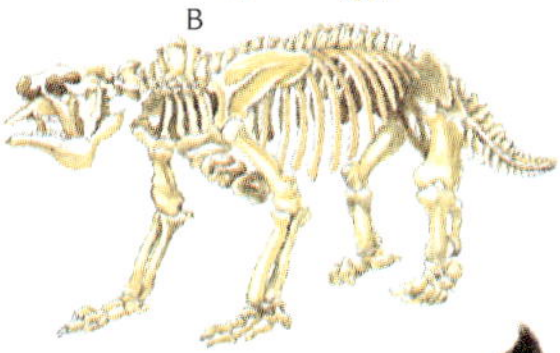

La phase tempérée. Tout d'abord, la faune européenne, dite villafranchienne, conserve quelques espèces « reliques » du tertiaire, comme les tapirs, les mastodontes et les hipparions, chevaux prenant appui sur trois doigts (au lieu d'un chez le cheval actuel). Mais l'arrivée d'un très grand nombre de nouveaux animaux lui donne un cachet bien particulier. Puis on note un assèchement et un refroidissement progressifs du climat, caractéristiques de cette période. La forêt subtropicale est remplacée par la forêt de type méditerranéen et, vers la fin de la phase tempérée, par la steppe. Durant cette longue phase (plus de un million d'années), de nombreux mouvements tectoniques accompagnés d'éruptions volcaniques, de régressions et de transgressions marines ont lieu.

La faune villafranchienne. Au début de la phase tempérée, elle est marquée par l'apparition de grands bovidés du genre *Leptobos* (fossile), de cervidés et de chevaux du genre *Equus* (actuel). De grands rhinocéros aux membres élancés, puis de plus petits au mode de vie moins forestier côtoient des gazelles et des antilopes. Parmi les carnivores, les machairodontes, tigres à dents de sabre, sont abondants, mais les premières hyènes sont discrètes.

L'ensemble des espèces témoigne d'un climat encore relativement chaud et surtout humide, qui se refroidit légèrement par la suite (villafranchien moyen). Une seule espèce de mastodonte persiste, tandis qu'apparaît le mammouth méridional. De même, chez les rhinocéros, seul subsiste encore *Rhinoceros etruscus.* Les hipparions disparaissent ; en revanche, les carnivores s'enrichissent de formes proches des canidés et des lynx. Les cervidés et les gazelles poursuivent leur évolution et sont encore très abondants à cette époque.

À la fin de la phase tempérée, ce sont les bovidés *(Leptobos, Megalovis...)* qui dominent la faune mammalienne terrestre, dénotant un assèchement du climat, qui demeure néanmoins tempéré. Des espèces comme les mastodontes s'éteignent alors que d'autres naissent. C'est le cas des vrais canidés, des macaques, des guépards, des élans. En règle générale, la faune s'appauvrit, ce phénomène s'accentue jusqu'au début de la glaciation alpine günz.

La glaciation günz. Première des 4 grandes glaciations du quaternaire en Europe, günz provoque le remplacement de la faune villafranchienne par de nouveaux venus (comme le lièvre variable et le glouton) et l'apparition d'habitats beaucoup plus « ouverts » (pauvres en arbres), caractérisés par une température plus fraîche. C'est l'arrivée des premières espèces « froides ».

À la fin du pléistocène inférieur, il y a 700 000 ans environ, les derniers tigres à dents de sabre et les gazelles disparaissent de l'Europe, mais presque tous les genres connus actuellement y sont déjà présents.

LE TIGRE À DENTS DE SABRE

Pendant toute la durée du pléistocène inférieur coexistent deux lignées de machairodontes, les tigres à dents de sabre : celle des *Megantereon,* qui disparaît lors de la glaciation günz, et celle des *Homotherium,* qui persiste en Europe jusqu'au début du pléistocène moyen. Ces carnivores étaient très répandus ; on les a découverts en Eurasie et en Afrique, ainsi qu'en Amérique, sous une forme géante, le smilodon, qui ne disparaît qu'à la fin du pléistocène.

Megantereon (ci-dessous) possédait des canines supérieures très longues et tranchantes, des carnassières coupantes, des mâchoires qui s'ouvraient à 90°, ce qui faisait de lui un grand prédateur. En revanche, *Homotherium* présentait des canines supérieures plus courtes, incurvées, aplaties et aux bords dentelés. De taille supérieure à celle de *Megantereon,* lourd et massif, il était, pour son régime alimentaire, plus charognard que tueur de proies.

Le développement impressionnant des canines supérieures de ces félidés a suscité de nombreuses hypothèses relatives à leur mode alimentaire (suceurs de sang, déterreurs de tubercules, superprédateurs ?).

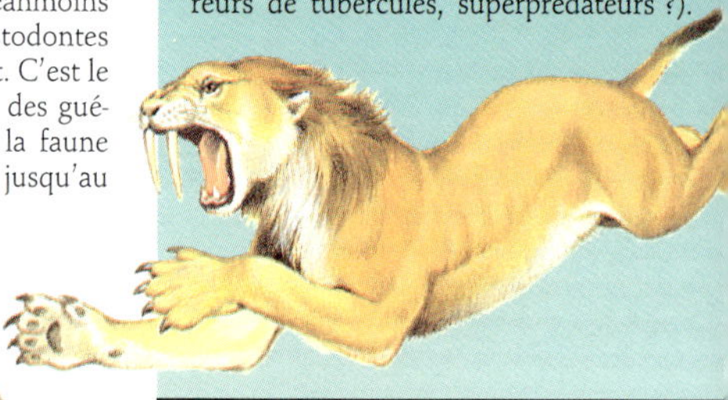

C

C. **MAMMOUTH MÉRIDIONAL**

Cet animal *(Archidiscodon meridionalis)* est apparu il y a environ 2,5 millions d'années. Il vécut en Europe jusqu'au pléistocène moyen, à l'interglaciaire günz-mindel (il y a 600 000 ans) et en Inde, où il est probablement l'ancêtre des éléphants d'Asie actuels. Il atteignait une hauteur au garrot estimée à 3,85 mètres.

Animal de savane, il possédait des molaires hypsodontes, c'est-à-dire à couronne élevée, à nombreuses lames, caractéristiques d'une adaptation à un régime d'herbes plutôt que de feuilles d'arbres, contrairement à celui des mastodontes. Ses défenses, de plus de 1 m de longueur, étaient dirigées obliquement vers le bas, ce qui le distingue des autres mammouths, aux défenses recourbées vers le haut.

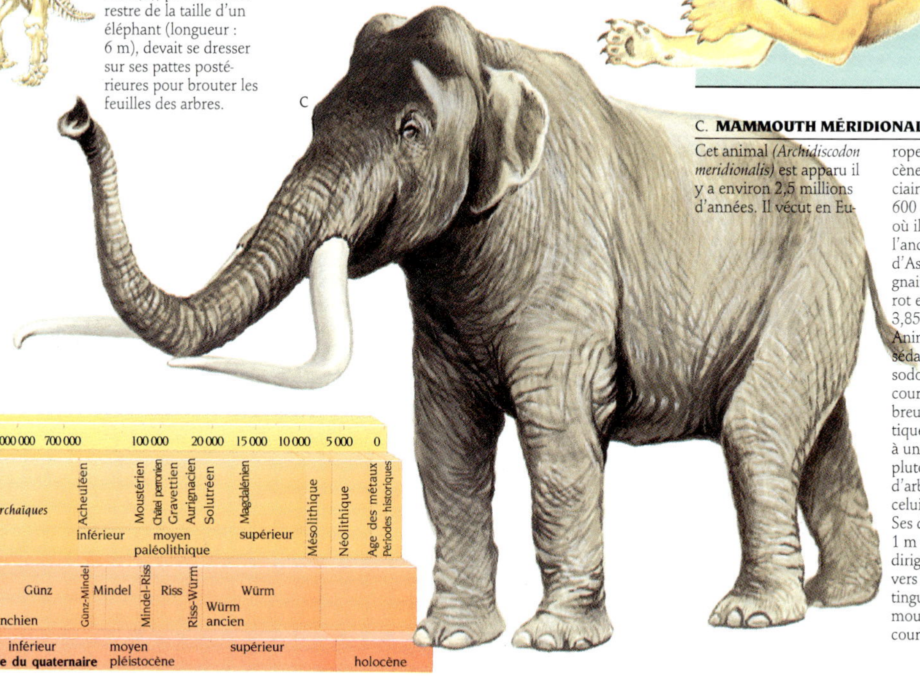

LA FAUSSE SCIENCE DES RACES

LES RACES ANIMALES ET VÉGÉTALES résultent de l'expression différente de certains caractères biologiques (forme, couleur, vitesse de croissance, etc.) dans des populations distinctes d'une espèce donnée. Or, dans l'espèce humaine, l'étude scientifique des races a sans doute été la discipline où les a priori et les préjugés se sont manifestés avec le plus de vigueur. La théorie de l'évolution n'a fait que favoriser, jusqu'au milieu du XXe siècle, l'édification de classifications erronées où les « Blancs » occupaient le sommet de la hiérarchie, les « Jaunes », l'échelon moyen, et les « Noirs », la position inférieure.

■ Avant l'avènement de la théorie de l'évolution, la « race blanche » était considérée comme la première, car correspondant au type originellement créé par Dieu ; après Darwin, elle fut regardée comme supérieure car plus évoluée. Cependant, les recherches modernes en taxinomie et en génétique de l'évolution permettent d'affirmer non pas que les races « blanche », « noire » ou « jaune » sont égales, mais que, d'une certaine façon, elles n'existent pas. Une affirmation sans doute déconcertante pour le sens commun, mais ni plus ni moins troublante que la proposition selon laquelle la Terre tourne autour du Soleil.

La dégradation des races. Avant la publication de *l'Origine des espèces* de Charles Darwin (1859), les scientifiques considéraient que l'homme avait été créé par Dieu. L'existence de races blanche, noire, etc., s'expliquait par un processus de dégradation générale au cours des temps, les « Blancs » s'étant le moins écartés du « type » originel, les « Noirs » s'en étant éloignés au maximum.

Cette doctrine, dite « monogéniste», fut concurrencée dès le XVIIIe siècle par une autre théorie, dite « polygéniste», selon laquelle il y aurait eu plusieurs créations séparées (plusieurs Adam et Ève), chacune ayant donné une race distincte, avec ses qualités propres. Ainsi, selon le grand biologiste américain Louis Agassiz (1807-1873), partisan du polygénisme, les Blancs étaient, du fait de leurs capacités innées, aptes au travail intellectuel et les Noirs au travail manuel. Pour un autre polygéniste américain, Samuel Morton, les races humaines différaient héréditairement par leur intelligence, ce qui pouvait se mesurer « objectivement » par des capacités crâniennes différentes : 1 426 cm^3 pour les Blancs ; 1 360 cm^3 pour les Jaunes ; 1 278 cm^3 pour les Noirs (on sait aujourd'hui que les mesures de Morton étaient erronées : il n'y a aucune corrélation entre race et capacité crânienne, pas plus qu'entre intelligence et capacité crânienne).

Le neurologue français Paul Broca (1824-1880), partisan du polygénisme, allait lui aussi reprendre les travaux de Morton, en s'appuyant fortement sur les différentes mesures de *craniométrie*. Cela devait le conduire à soutenir, « preuves scientifiques » à l'appui, que les Blancs étaient supérieurs aux Noirs (le biologiste américain Stephen J. Gould a bien montré comment Broca « sélectionnait » inconsciemment ses données et aboutissait ainsi à des conclusions erronées).

La préservation des races les mieux douées. La publication de *l'Origine des espèces* provoqua une onde de choc dans la culture occidentale : de vives controverses mirent aux prises les milieux traditionalistes

Trois profils

Dans les grandes classifications traditionnelles des races humaines, les « Blancs » occupaient toujours l'échelon supérieur, et les « Noirs », l'échelon inférieur.
Au XIXe siècle, après l'avènement du darwinisme, on fit valoir que cette hiérarchie devait résulter de la marche de l'évolution : les races supérieures étaient les plus évoluées, et les races inférieures, les moins évoluées. Et ces dernières devaient donc être proches de l'état ancestral, celui du singe. Cette série de trois portraits, datant du XIXe siècle, illustre bien la hiérarchie des races, fondée sur l'évolutionnisme : la race blanche, occupant le sommet évolutif, est dépeinte sous des traits évocateurs de la beauté classique grecque (C) ; la race noire présente une morphologie faciale dont les grandes lignes sont déformées (B) pour lui donner un caractère proche du singe ; inversement, le dessin de l'orang-outan (A) présente un aspect exagérément humain, se rapprochant du « type » noir.

A. B. C. Classification des races humaines, selon J.-J. Virey dans son *Histoire naturelle du genre humain* (1801).

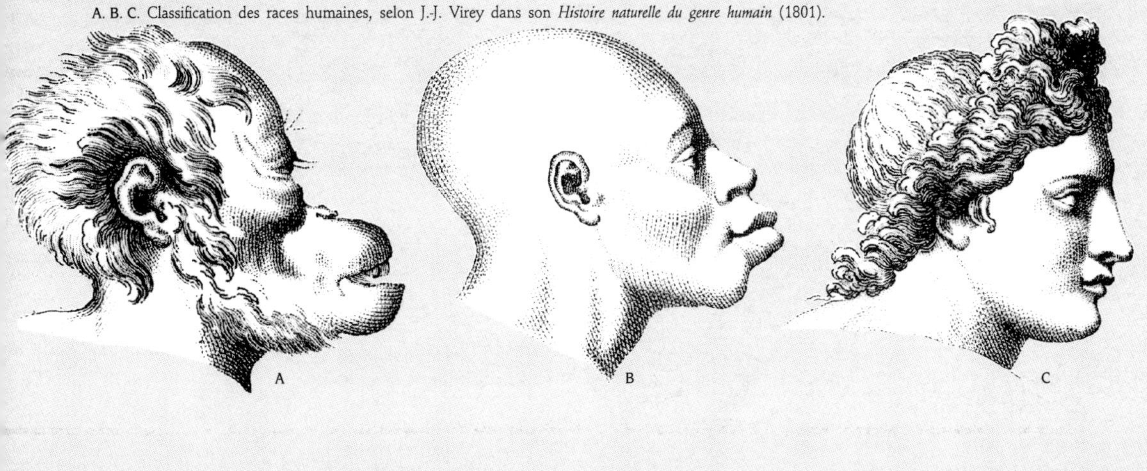

chrétiens et les milieux libéraux favorables à l'esprit scientifique. Pour les premiers, l'idée que « l'homme descendait du singe » et n'avait pas été créé par Dieu était moralement inacceptable. Chez les scientifiques, les arguments présentés par Darwin en faveur de l'évolution des espèces étaient si puissants que la majorité des biologistes s'y rallia en l'espace de quelques mois. Le débat entre « monogénistes » et « polygénistes » devenait caduc : l'espèce humaine tout entière était née d'une espèce ancestrale de primate, et les différentes races humaines n'étaient que des subdivisions de cette espèce unique.

Cependant, la théorie de l'évolution de Darwin offrait de nouvelles raisons « scientifiques » de croire en une hiérarchie des races. Comme l'a remarqué immédiatement Clémence Royer qui, en 1862, traduisit pour la première fois en français *l'Origine des espèces* (publié en 1859), la théorie de Darwin prévoit que, en vertu de la loi du progrès, des races supérieures doivent nécessairement supplanter les races inférieures.

En fait, Darwin avait lui-même donné pour titre complet à son ouvrage : *De l'origine des espèces au moyen de la sélection naturelle, ou la préservation des races les mieux douées dans la lutte pour l'existence.* Et, dans un ouvrage ultérieur, *la Descendance de l'homme* (1871), il affirma ouvertement qu'on pouvait observer une gradation continue dans les facultés intellectuelles et morales quand on passait des grands singes aux races humaines inférieures (qu'il désignait du nom de « sauvages », comprenant les Noirs d'Afrique et d'Océanie ainsi que les Indiens d'Amérique), puis aux races supérieures (que Darwin appelait « civilisées », au premier rang desquelles il plaçait ses compatriotes les Anglais...).

Soit dit en passant, la théorie de Darwin sur l'origine simienne de l'espèce humaine eut une autre conséquence en anthropologie sur la manière d'envisager les races. Elle inspira en 1876 à l'anthropologue et criminologiste italien Cesare Lombroso l'idée que des traits ancestraux simiens (front bas, grosses mâchoires...) pouvaient réapparaître chez certains individus, et notamment chez les criminels : ceux-ci seraient poussés au crime par leur brutalité atavique (bien évidemment, cette théorie de la « mine patibulaire » n'a plus cours aujourd'hui).

Quoi qu'il en soit, à la même époque, le grand biologiste allemand Ernst Haeckel (1834-1919), fervent défenseur et principal propagateur de la théorie de Darwin en Allemagne, proclamait, dans le domaine des races humaines, la supériorité des Indo-Européens, en tant que race s'étant « le plus écartée de l'homme-singe ancestral ».

A. B. Craniomètre utilisé pour mesurer l'angle facial.

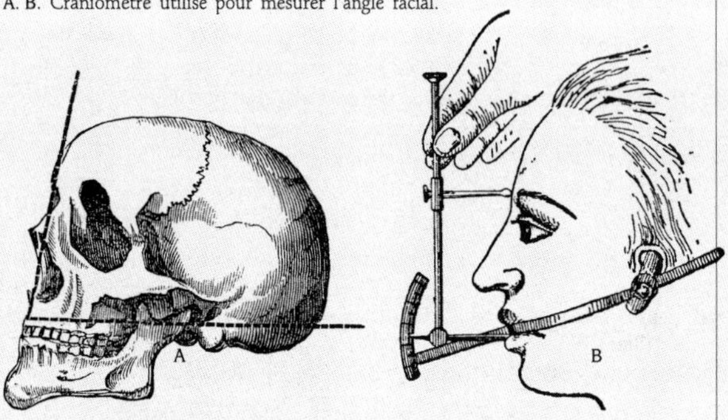

Paul Broca et la craniométrie

Le neurologue français Paul Broca (1824-1880) a laissé son nom à une aire du cortex des hémisphères cérébraux : l'aire de Broca (au pied de la troisième circonvolution frontale) joue un rôle important dans la faculté du langage articulé. Cependant, Broca fut aussi le fondateur, en 1859, de la Société anthropologique de Paris, qui se fixa pour but de définir les « types raciaux », grâce à l'anatomie comparée et à la physiologie. Pour ce faire, le neurologue se fit le champion d'une méthode consistant à mesurer les crânes (A), la craniométrie : par l'utilisation d'une sorte de compas (B), il établissait l'angle facial, révélant le degré de prognathisme (saillie des mâchoires) ; au moyen de grenaille de plomb versée dans la boîte crânienne, il mesurait la capacité cérébrale. Ses conclusions furent sans ambiguïté : « En moyenne, la masse de l'encéphale est plus considérable [...] chez les races supérieures que chez les races inférieures. » Et encore : « Le prognathisme, la couleur plus ou moins noire de la peau, l'état laineux de la chevelure et l'infériorité intellectuelle et sociale sont fréquemment associés, tandis qu'une peau plus ou moins blanche, une chevelure lisse, un visage orthognathe sont l'apanage ordinaire des peuples les plus élevés dans la série humaine. » En fait, on sait aujourd'hui que le volume du cerveau n'est pas du tout corrélé à l'intelligence et que les types raciaux n'existent pas. Les préjugés de Broca l'ont amené à manipuler inconsciemment ses observations scientifiques dans le sens qu'il souhaitait : un phénomène plus fréquent qu'on ne pourrait le penser de la part de la communauté scientifique.

C. Échelle colorimétrique des yeux de Martin-Schultz.

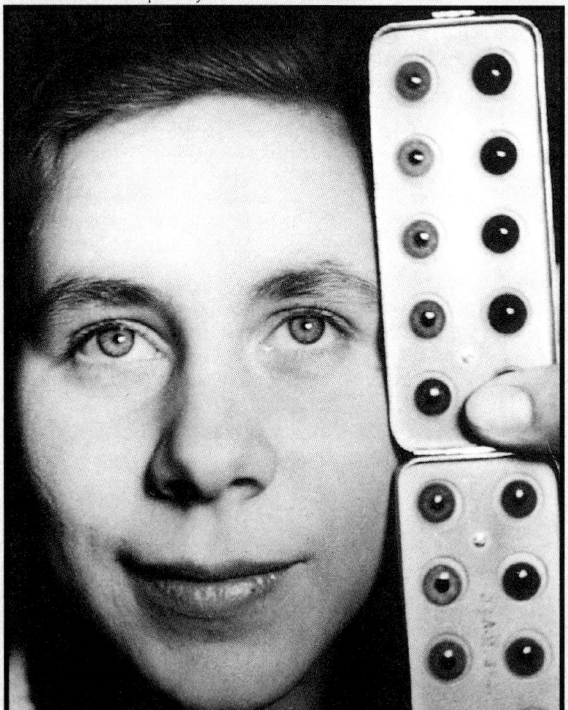

Pour être un bon Aryen

La couleur de la peau a toujours été le caractère primordial pour définir les Blancs, les Noirs et les Jaunes. Les anthropologues nazis accordèrent, en outre, une grande valeur à la couleur des yeux pour discriminer des races supplémentaires au sein de la race blanche. En effet, les individus à la peau blanche sont les seuls chez lesquels l'iris peut ne pas être noir, mais montrer une série de colorations allant du bleu, au vert, au gris et au marron. Les yeux clairs, gris ou bleus, sont plus fréquents dans les populations du nord et de l'est de l'Europe, et les idéologues nazis soutenaient que la race aryenne était caractérisée par les yeux bleus et qu'elle était d'origine nordique. Ce cliché, datant de 1937, montre l'échelle colorimétrique de Martin-Schultz (C), que les anthropologues allemands utilisaient pour déterminer la couleur des yeux.

Les bases biologiques de la supériorité. À la fin du XIXe siècle, en tout cas, la plupart des anthropologues et des biologistes croyaient que la hiérarchie des races humaines existait vraiment et qu'elle s'expliquait par un mécanisme de l'évolution que Ernst Haeckel avait cru mettre en évidence : l'ontogenèse (ou développement de l'individu) récapitule la phylogenèse (ou évolution des groupes biologiques).

Autrement dit, selon cette théorie de la *récapitulation,* les races plus évoluées (les Blancs pour notre biologiste) avaient « ajouté » des stades supplémentaires au programme de développement pré- et postnatal présent chez les races inférieures (les Noirs). Dit d'une autre façon, les Noirs adultes étaient considérés comme des « équivalents » des enfants blancs.

Comme l'a montré Stephen J. Gould, l'inanité de ces observations est bien mise en évidence par le fait que, dans les premières décennies du XXe siècle, une autre théorie évolutionniste de la hiérarchie des races humaines prétendit exactement l'inverse, avec autant de force persuasive. L'anatomiste hollandais Louis Bolk soutint en effet, en 1920, que l'évolution humaine s'était faite par un ralentissement du développement pré- et postnatal : il s'agissait de la théorie dite de la *néoténie,* selon laquelle l'espèce humaine serait née d'une mutation génétique ralentissant le programme de développement du grand singe ancestral. De fait, il est vrai qu'un être humain conserve de nombreux traits anatomiques du bébé chimpanzé : front haut, face plate, tête arrondie, crâne volumineux par rapport à la face, etc. Mais Bolk soutint aussi que la race blanche était la plus évoluée (donc supérieure) puisqu'elle conservait des traits juvéniles à l'âge adulte, tandis que la race noire perdait rapidement ces traits (donc avait un développement plus rapide). Cette affirmation était évidemment de pur parti pris, puisque Bolk se refusait à voir que, selon sa théorie, ce seraient plutôt les Jaunes qui seraient plus évolués, car ils présentent le plus grand nombre de traits juvéniles à l'âge adulte !

Au début du XXe siècle également, une nouvelle interprétation des prétendues différences entre les races fut avancée par des anthropologues allemands (Klaatsch et Hartl) ou anglais (Gates) : les races blanche, jaune et noire ne descendraient pas des mêmes singes (par exemple, le chimpanzé serait l'ancêtre des Blancs ; le gorille, celui des Noirs ; l'orang-outan, celui des Jaunes !). Mais cette théorie, dite *polyphylétique,* de l'origine des races (rappelant le polygénisme) fut bientôt réfutée, notamment par l'anthropologue français Henri Victor Vallois.

La doctrine de la race aryenne. En tout cas, depuis Darwin, le monde scientifique occidental admettait donc que, en raison de l'évolution des espèces, les races pouvaient se classer en race blanche supérieure, race jaune intermédiaire et race noire inférieure. Au sein même de la race blanche, les auteurs donnaient la palme de la supériorité aux Anglais et aux Allemands. C'était le cas de Darwin mais aussi celui de son disciple allemand, Ernst Haeckel.

Un partisan français de Darwin, l'anthropologue Georges Vacher de Lapouge, soutint, en 1899, que le sommet le plus élevé de la hiérarchie des races était, en effet, occupé par la race aryenne, ou nordique (Scandinaves, Allemands...). Il se fondait pour cela sur les mensurations du crâne ainsi que sur des traits morphologiques associés : cheveux blonds, peau claire...

De l'eugénisme aux camps d'extermination. Simultanément, les idées de Darwin sur la sélection naturelle des races les plus « douées » poussèrent deux scientifiques de la fin du XIXe siècle à formuler les bases de l'*eugénisme,* qui vise à « améliorer » l'espèce humaine.

En Angleterre, ce fut le propre cousin de Darwin, Francis Galton, qui proposa, dès 1865, que l'État prenne des mesures pour encourager les mariages et la procréation chez les élites de la nation britannique. En Allemagne, Whillelm Schallmayer prôna, en 1891, une variété d'eugénisme appelée « hygiène de la race » : l'État devrait autoriser ou non les mariages. Selon Schallmayer, on devrait interdire aux individus « biologiquement inférieurs » (faibles d'esprit, alcooliques...) de se reproduire. Au début du XXe siècle, ses collègues eugénistes, Alfred Ploltz et Fritz Lenz, préconisaient cette même mesure pour toutes les races qu'ils ju-

Camps de la mort

L'extermination d'une partie de l'humanité, dans les camps de concentration nazis, montre à quoi peut aboutir le dogme d'une hiérarchie des races, cautionné par la science. Selon les idéologues nazis, la race aryenne, ou race nordique, était *la* race supérieure. Pour favoriser son expansion, la doctrine « scientifique » de l'« hygiène de la race » préconisa la stérilisation des malades et des asociaux, qualifiés de sujets « inférieurs » (loi du 14 juillet 1933 sur « la prophylaxie de la descendance tarée »), puis l'interdiction des mariages avec les membres des races « inférieures », essentiellement les Juifs (lois de Nuremberg du 15 septembre 1935, dites de « protection du sang allemand »), ainsi que la punition du « crime d'homosexualité » (1935), puis l'« euthanasie » des malades mentaux ou supposés tels (1939), et enfin, l'extermination des races « inférieures » (Juifs et Tziganes) dans les chambres à gaz du camp d'extermination d'Auschwitz (E) et autres camps de la mort (D), à partir de 1941.

D. Camp d'extermination nazi de Watlingen.

E. Camp d'extermination nazi d'Auschwitz.

geaient inférieures à la race aryenne. Leurs idées allaient directement inspirer les lois racistes promulguées par Hitler, qui conduisirent au programme d'extermination des Juifs.

Une théorie récente de l'inégalité des races. Après la Seconde Guerre mondiale, il n'y eut plus beaucoup de scientifiques pour oser affirmer la supériorité de la race blanche par rapport aux autres races. Toutefois, l'anthropologue américain S. Coon publia en 1962 une théorie dite « de l'origine polycentrique des races humaines ».

Les races blanche et jaune auraient ainsi évolué depuis des centaines de millénaires dans les régions froides de l'hémisphère Nord, stimulant leur sens de l'innovation technique et leur intelligence. Au contraire, la race noire, vivant en milieu chaud, peu stimulant pour les facultés intellectuelles n'aurait connu qu'un moindre développement de l'intelligence. Dans les années 1970, ces thèses ont été reprises par le généticien sud-africain J. D. Hofmeyer et par des généticiens français d'extrême droite qui publièrent sous un pseudonyme un livre intitulé *Race et Intelligence,* en 1977. Parallèlement, des psychologues américains (R. Jensen) et anglais (H. Eysenck) soutinrent que les Noirs avaient des résultats aux tests de quotient intellectuel moins bons que les Blancs, en raison d'une infériorité héréditaire de l'intelligence.

En fait, ces « preuves scientifiques » ne sont pas plus sérieuses que celles avancées par Broca au siècle précédent. Mais certains préjugés sont tenaces...

L'Ève africaine

Les données de la génétique moléculaire (on parle d'« anthropologie moléculaire »), obtenues depuis les années 1980 par différentes équipes américaines (celles de A. C. Wilson ou L. L. Cavalli-Sforza), sont toutes en faveur d'une origine africaine de l'espèce humaine actuelle. Autrement dit, l'espèce *Homo sapiens sapiens,* à laquelle nous appartenons, serait née en Afrique il y a 150 000 ans, sous la forme d'une petite population issue de l'espèce ancestrale *Homo erectus.* Toutes les populations humaines seraient ultérieurement provenues de cette population initiale, à la suite de son expansion sur le continent africain, puis de migrations dans le monde entier. Comme la population initiale vivait en Afrique, de par les conditions climatiques elle avait probablement la peau sombre, et nous sommes donc tous descendants de Noirs.

Certains résultats, comme ceux de A. C. Wilson, suggèrent que la population fondatrice aurait pu être extrêmement réduite. Cependant, cet aspect de l'origine africaine de *Homo sapiens sapiens* ne fait pas l'unanimité chez les scientifiques. Même si la population fondatrice a certainement été très petite, il est peu vraisemblable qu'elle ait été réduite à un couple. Par ailleurs, si nos ancêtres avaient la peau noire, il est probable qu'ils n'aient pas eu les traits des Africains actuels.

A. Ève d'Afrique centrale. Statue en bois.

Science des races ou science des populations ? Quoi qu'il en soit, la théorie polycentrique de Coon a été battue en brèche en 1987 par les observations d'une équipe de biochimistes américains sur le matériel génétique des mitochondries. Selon cette équipe, dirigée par Allan C. Wilson, toutes les populations actuelles de notre espèce proviennent d'une seule petite population africaine, dont les descendants ont quitté l'Afrique il y a 100 000 ans.

Une autre équipe américaine, dirigée par L. L. Cavalli-Sforza, a précisé en 1988, grâce à la génétique moléculaire, la manière dont s'est faite cette dispersion. À partir de la population souche, une première scission se serait faite entre une population qui aurait occupé l'Afrique et donné les Africains actuels (groupe I) et une population ayant migré hors d'Afrique. Celle-ci se serait scindée à son tour en deux ensembles (A et B).

L'ensemble A aurait d'abord donné, d'une part, un groupe ayant occupé le Moyen-Orient, l'Europe et l'Inde (groupe II des peuples caucasoïdes de langues indo-européennes) ; d'autre part, un groupe ayant occupé le centre de l'Asie, jusqu'à la Mongolie, la Corée et le Japon (groupe III des peuples ouralo-altaïques, auquel se rattachent les Turcs, les Hongrois, les Finnois et les Basques, en tant que peuples ayant migré plus à l'ouest). Du groupe III se serait détachée ultérieurement une population ayant migré par le détroit de Béring et occupé toute l'Amérique (groupe IV, constitué par les Amérindiens).

De son côté, l'ensemble B aurait donné, d'une part, deux groupes occupant respectivement l'Asie du Sud-Est (groupe V des peuples de Chine, Indochine, Malaysia) et les îles du Pacifique (groupe VI des Polynésiens et Mélanésiens) ; d'autre part, un groupe ayant migré en Nouvelle-Guinée et en Australie (groupe VII).

Ces sept groupes de populations humaines sont remarquablement cohérents, car ils correspondent à des groupes linguistiques. Comme le dit S. J. Gould, il semble que, pour la première fois, la science soit arrivée, de manière objective, à reconstituer l'arbre généalogique décrivant les apparentements entre populations à l'intérieur de l'espèce humaine. Il faut noter que les sept groupes définis ci-dessus ne correspondent pas aux trois grandes races traditionnellement reconnues. En effet, certaines populations « blanches » (comme les Hongrois ou les Turcs) appartiennent au groupe III des peuples ouralo-altaïques, qui comprennent des populations « jaunes » comme les Mongols, les Coréens et les Japonais. La race « jaune » n'a d'ailleurs pas de réalité, puisque les peuples d'Asie du Sud-Est et d'Asie du Nord ne sont pas directement apparentés. De même, la race « noire » n'est pas une donnée objective, puisqu'elle réunit des populations à peau noire d'Afrique et d'Océanie (groupes I, VI et VII).

Le non-sens du concept de race. Au demeurant, les recherches récentes en biologie moléculaire et en génétique ont montré que la différenciation génétique entre les groupes de populations humaines est faible (n'ayant affecté que 3 p. 100 du patrimoine génétique) et que ceux-ci ne sont nullement génétiquement homogènes (il existe une variabilité génétique à l'intérieur des populations). Autrement dit, les mêmes variantes de gènes se retrouvent massivement dans toutes les populations humaines, ce qui rend très invraisemblable que des « races » aient pu acquérir des aptitudes génétiques distinctes (intellectuelles, notamment).

La science reconnaît donc aujourd'hui l'existence d'un arbre généalogique des populations au sein de l'espèce humaine (conformément à la théorie de l'évolution), sans qu'il soit possible de parler d'une hiérarchie, comme l'entendait Darwin. □

LA VIE AU PLÉISTOCÈNE MOYEN

LES GLACIATIONS MINDEL ET RISS

LE PLÉISTOCÈNE MOYEN

■ APRÈS LA PREMIÈRE GLACIATION, günz, le pléistocène moyen d'Europe commence avec l'interglaciaire günz-mindel et se poursuit ensuite avec les glaciations alpines mindel et riss, séparées par une phase de réchauffement (l'interglaciaire mindel-riss). La fin de la glaciation rissienne se situe il y a 130 000 ans environ.

LES RONGEURS AU TAMIS

Parmi les micromammifères, les rongeurs sont les plus petits. La récolte de leurs ossements (ci-dessous une mandibule du pléistocène moyen) nécessite un tamisage sous l'eau des sédiments. Les mailles des tamis doivent avoir un diamètre d'environ 0,5 millimètre. Découverts, parfois en grand nombre, dans des sites archéologiques, leur accumulation provient de restes (pelotes de réjection, notamment) laissés par des oiseaux rapaces.

Les rongeurs du pléistocène avaient un rythme évolutif extrêmement rapide (ce qui en fait de très bons marqueurs biostratigraphiques). Ils étaient sensibles aux changements de climat et toute variation importante entraînait leur migration. Les indices de ces migrations permettent donc de reconstituer les fluctuations du climat et de l'environnement. Ayant une vaste répartition géographique, ils facilitent également les corrélations stratigraphiques et paléontologiques à l'échelle de l'hémisphère Nord. À partir de l'évolution des campagnols du genre *Mimomys,* des subdivisions dans le pléistocène inférieur, comprenant le villafranchien, ont pu être réalisées. Celles du pléistocène moyen et supérieur, jusqu'à 100 000 ans, sont fondées sur l'évolution d'autres campagnols, ceux des genres *Microtus, Pitymis, Pliomys* et *Arvicola.*

Durant les phases froides, la végétation se réduit à une steppe herbacée, où quelques îlots plus tempérés conservent un paysage boisé. Ces périodes sont parcourues par des oscillations du climat plus clémentes, pendant lesquelles les espaces arborés s'étendent.

L'interglaciaire günz-mindel. Le climat chaud et humide favorise la forêt : une chênaie mixte s'installe, donnant un aspect arboréen au paysage. Certaines espèces animales déjà présentes à la fin du pléistocène inférieur persistent : c'est le cas des rhinocéros de Merck, du mammouth méridional et du sanglier. D'autres évoluent pour donner de nouvelles espèces : c'est le cas du cheval de Mosbach et du mégacéros (appelé aussi *Megaloceros*). La panthère et le lion des cavernes font leur apparition. Les machairodontes sont remplacés par *Felis gombaszögensis,* grand félin aux canines bien développées, et les *Canis* « étrusques » cèdent progressivement leur place aux véritables loups *(Canis lupus),* qui sont de petite taille. À côté du mammouth méridional, on trouve l'éléphant antique, proche de l'éléphant d'Afrique. Ses défenses sont à peine recourbées et sont fortement divergentes ; sa hauteur au garrot dépasse les 3,50 mètres. Il apprécie tout particulièrement les forêts claires.

Le mindel. Avec l'arrivée du froid, le mammouth méridional disparaît au profit de *Mammuthus trogontherii,* plus grand et mieux adapté. Les premiers *Rhinoceros hemitœchus* côtoient les rhinocéros de Merck. Parmi les herbivores, le jharal, ou thar, grande chèvre proche du jharal actuel de l'Himalaya, le mouflon, le bison des steppes, descendant probablement des *Leptobos,* font leur apparition. Chez les équidés, contemporains des chevaux de Mosbach, une forme de petite taille a pris naissance, l'*Hydruntinus* (âne sauvage).

Chez les carnivores apparaissent une forme archaïque du renard commun, l'ancêtre de l'isatis (renard polaire), l'hyène tachetée et l'ours de Deninger, issu de l'ours étrusque de la période précédente mais plus grand et plus lourd.

L'interglaciaire mindel-riss. Cette phase de réchauffement permet à nouveau l'extension des espèces forestières comme les cervidés, avec les cerfs élaphes et les mégacéros (ou *Megaloceros*). Ces derniers, aux bois hyperdéveloppés (3 m d'envergure) et d'une forte stature (longueur : 2,5 m), étaient les plus puissants des cervidés. Ils vivaient à l'orée des forêts, dans des espaces découverts.

Le riss. Le refroidissement est d'abord important ; le paysage prend le caractère d'une steppe à composées ; puis le climat devient plus doux et humide et la forêt regagne du terrain, pour de nouveau disparaître vers la fin de la période glaciaire (temps froid et sec) au profit d'une steppe largement développée.

La faune témoigne de ces fluctuations, les animaux liés à l'un ou l'autre de ces milieux migrent, et certaines lignées s'éteignent. Le cheval de Mosbach est progressivement remplacé par une autre espèce, plus petite. Le renne fait une première apparition timide au début du riss, puis il revient, plus abondant, à la fin de cette période, en même temps que le renard polaire, le bouquetin, l'antilope saïga et le rhinocéros laineux. Ces animaux caractérisent le retour du froid. C'est à la fin de cette période que l'ours des cavernes succède à l'ours de Deninger.

A. **L'EUROPE AU PLÉISTOCÈNE**

Durant les périodes interglaciaires du pléistocène moyen, le climat est chaud et humide. La forêt de type chênaie mixte se développe et les espaces ouverts correspondent à des prairies riches en plantes herbacées. Dans les régions méridionales de l'Europe, les végétaux exotiques se réinstallent. Près des cours d'eau, très abondants pendant ces phases de réchauffement, de grands herbivores pâturent : l'éléphant antique, ainsi qu'un grand bovidé ressemblant à l'aurochs. Des macaques sautent de branche en branche. De nombreuses espèces de cervidés se côtoient : les cerfs, les daims et les chevreuils archaïques. Dans l'eau s'ébattent les hippopotames, qui disparaîtront définitivement de l'Europe méridionale à l'arrivée de la dernière glaciation, celle de würm. Les tigres à dents de sabre ont déjà cédé la place aux premières panthères, aux lynx, aux grands félins comme *Felis gombaszögensis* et aux canidés, proches du loup et du renard, qui peuplent l'Europe du pléistocène.

A

LA VIE AU PLÉISTOCÈNE SUPÉRIEUR

LE WÜRM, LA DERNIÈRE GLACIATION

LE PLÉISTOCÈNE SUPÉRIEUR

■ DURANT CETTE PÉRIODE, l'homme de Neandertal occupe toute l'Europe et le Proche-Orient. Il disparaît il y a environ 30 000 ans. En Europe, la glaciation alpine würm, qui occupe toute la durée du pléistocène supérieur, comporte des phases froides alternant avec des phases tempérées.

L'interglaciaire riss-würm et le würm ancien. Le début du pléistocène supérieur se caractérise par un réchauffement important : l'inlandsis (continent englacé du nord de l'Europe) et les glaciers fondent en provoquant une grande transgression marine, qui entraîne une remontée importante des niveaux des mers et des océans ; le niveau de la mer Méditerranée s'élève de plus de 10 mètres. La végétation arborée se rétablit, la forêt gagne sur la steppe. La faune est dominée par les espèces tempérées.

L'éléphant antique *(Palaeoloxodon antiquus)* est abondant ; de très grande taille (3,70 m de haut en moyenne), il possède un crâne avec un front court et barré latéralement par un bourrelet épais. Ses défenses sont longues, droites et légèrement recourbées à leur extrémité. Ses molaires hypsodontes (à couronne haute) et étroites ont un contour qui se rapproche de celui des éléphants actuels d'Afrique. Il disparaît d'Europe au début de la glaciation proprement dite. Certains paléontologues voient leurs descendants dans les formes naines des îles méditerranéennes (Chypre, Crète, Malte, Sicile...) qui mesuraient à peine un mètre.

Les cervidés sont fortement représentés, le cerf élaphe en est le chef de file. En revanche, les bovinés, aurochs et surtout bisons amateurs de steppes à graminées, sont plus rares. Le sanglier est fréquent ; on le rencontre principalement dans les milieux boisés et très humides, près des cours d'eau. Les rhinocéros appartiennent à deux espèces : celle de Merck et l'espèce *Rhinoceros hemitoechus*. Dans les régions montagneuses, le bouquetin et surtout le chamois sont relativement fréquents. Parmi les carnivores, l'ours des cavernes, le loup et le lynx sont abondants.

Vers la fin de cette première phase tempérée, le rhinocéros laineux et le mammouth apparaissent ; ils sont annonciateurs du refroidissement correspondant à la glaciation de würm. En Allemagne et dans le Massif central (France) se produisent à cette époque de nombreuses éruptions volcaniques. Le climat devient froid, mais, au début, il demeure humide. C'est durant cette période plus rigoureuse que les industries humaines dites « moustériennes » dues aux néandertaliens se développent en Europe, au Proche-Orient, en Asie et en Afrique du Nord.

A

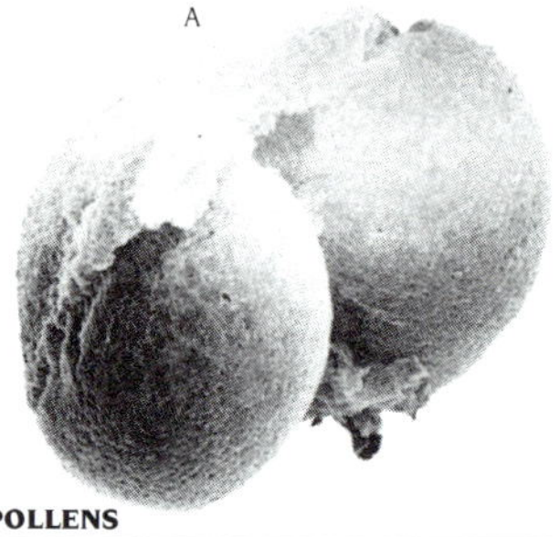

A. **POLLENS**

Les grains de pollen sont les cellules reproductrices mâles produites par les étamines des plantes à fleurs. Comme ils ne dépassent pas quelques micromètres, leur observation se fait à l'aide du microscope. Grâce à leur enveloppe externe très résistante, ils peuvent se conserver longtemps. Ils sont différents pour chaque espèce végétale, ce qui permet une identification de la plante dont ils sont issus. Leur étude est l'objet de la palynologie. Après toute une série de préparations pour les extraire des sédiments qui les contiennent, le palynologue les analyse, les compte et trace un diagramme qui représente, par exemple, le pourcentage des pollens d'arbres par rapport à ceux des plantes herbacées. Cette étude fournit des renseignements sur le climat et sur l'aspect du paysage de l'époque.

Le début de la glaciation. La forêt mixte, composée de chênes, de hêtres et d'autres arbres à caractère tempéré, se raréfie au profit des pinèdes. Les prairies et les steppes à graminées et à composées s'étendent. Les quelques îlots à plantes méditerranéennes qui s'étaient installés jusque dans le sud-ouest de la France disparaissent. Les cervidés, cerf élaphe et *Megaloceros* (ou mégacéros), cèdent la place aux bovinés, aurochs et bisons, aux équidés et, dans les paysages escarpés, aux bouquetins. Les bisons des steppes sont majoritaires parmi les artiodactyles. Ils possèdent une grosse bosse dans la région dorsale et, sur l'encolure, une protubérance plus développée que celle du bison européen actuel. Une épaisse toison les recouvre et se prolonge sous la gueule par une barbiche. Les cornes sont grandes et sinueuses.

Les hommes préhistoriques ont chassé les aurochs et les bisons. Ces animaux leur apportaient beaucoup de viande, 450 kg en moyenne ; leurs os longs (fémur, tibia, humérus) étaient systématiquement fracturés parce qu'ils étaient riches en moelle.

Le climat s'assèche. Cet assèchement caractérise, en Europe, la deuxième partie de cette première phase du würm. Le renne devient plus fréquent avec l'augmentation des espaces découverts créés par le recul des forêts. Les carnivores, tout au long de cette séquence, côtoient ce gibier abondant. Ils sont souvent en concurrence avec l'homme. Ce sont de grands prédateurs : l'hyène des cavernes, le loup, la panthère et le lion des cavernes, en particulier. Ce dernier avait le garrot bien marqué et ne possédait ni crinière ni touffe de poils à l'extrémité de la queue. C'est ainsi que les hommes préhistoriques l'ont peint à Font-de-Gaume, en Dordogne (France). De grande taille, assez massif, il est assez proche du lion d'Afrique. Il disparaît d'Europe occidentale à la fin du pléistocène.

B

B. **HYÈNES DES CAVERNES**

Elles ont occupé les grottes durant la fin du pléistocène moyen et surtout pendant tout le pléistocène supérieur. Charognards à la denture puissante, aux carnassières allongées et tranchantes, elles étaient également de redoutables prédateurs. Bien que nettement plus robustes que l'hyène tachetée d'Afrique australe, elles en restent très proches. Dans les sites archéologiques, principalement au würm, les niveaux d'occupation humaine sont très souvent entrecoupés par ceux de l'hyène des cavernes. Ils sont reconnaissables par la présence de coprolithes (excréments) témoins de leur forte consommation d'os, et de nombreux ossements rongés. Elles disparaissent d'Europe avec la fin de la glaciation würm.

C

C. **OURS DES CAVERNES**

L'ours des cavernes apparaît à la fin de la glaciation alpine riss. Il descend de l'ours de Deninger. Plus grand, plus massif, il possède un crâne avec des bosses frontales fortement surélevées. Il était surtout végétarien. Il est très abondant durant la période d'occupation des néandertaliens, mais n'a presque pas été chassé. Cet ours a laissé de nombreuses marques de son passage dans les grottes : griffades sur les parois, cuvettes creusées dans le sol lors de son hibernation, ossements, empreintes de pas... Les derniers représentants s'éteignent au début du magdalénien, paléolithique supérieur, il y a 15 000 ans.

LA FIN DU PLÉISTOCÈNE

LA SECONDE MOITIÉ DE LA GLACIATION WÜRM

■ L'ARRIVÉE DES HOMMES MODERNES, les hommes de Cro-Magnon, en Europe occidentale a lieu il y a 35 000 ans. C'est la seconde moitié de la glaciation alpine würm, qui s'achèvera à la fin du pléistocène, il y a 10 000 ans. Cette période correspond à plusieurs oscillations climatiques dans un ensemble relativement froid et sec ; des phases plus tempérées et plus humides vont permettre la réinstallation de milieux boisés accompagnés d'une faune de climat chaud : cerfs, chevreuils, sangliers et mégacéros.

Le renne. Ce cervidé domine la faune durant les phases froides. Animaux grégaires vivant en troupeaux de plusieurs dizaines de têtes, les rennes ont été intensément chassés par les hommes préhistoriques. La découverte de milliers d'ossements de rennes dans les sites archéologiques de cette période a conduit les préhistoriens du début du siècle à la dénommer « âge du renne ». L'animal était facile à chasser, notamment au passage d'un gué, à l'arme de jet, la sagaie, qui pouvait être lancée de très loin à l'aide du propulseur.

Apparu en France au début de la glaciation riss, où il est très rare, le renne quitte l'Europe du Sud il y a 10 000 ans, au début de l'holocène (âge postglaciaire du quaternaire, qui se poursuit jusqu'à nos jours) et il est aujourd'hui cantonné aux régions circumpolaires. Le renne représente pour l'homme une matière première idéale ; les bois sont utilisés pour confectionner des outils et des armes ; la peau pour les vêtements et les couvertures de tentes ; la viande pour la consommation ; la graisse pour le bouillon ou les lampes d'éclairage ; les dents pour la parure ; les tendons pour des cordelettes ; quant aux os, ils sont fracturés pour en extraire la moelle, les déchets qui en résultent servant à fabriquer des outils ou des armes. Les rennes représentent plus de 90 p. 100 des ossements retrouvés dans les gisements magdaléniens (il y a de 16 000 à 12 000 ans environ).

Les autres mammifères. Pendant les phases froides, on rencontre également en abondance d'autres herbivores : le bison des steppes et le cheval qui, parfois, a laissé de nombreux os, comme à Solutré (France). De petite taille – 1,40 m au garrot – ce cheval était élancé et vif. Ces animaux des prairies et des steppes mangeaient essentiellement des graminées. À côté d'eux vivaient les mammouths et les rhinocéros laineux. L'avancée des glaciers favorise l'arrivée d'une espèce du nord de l'Europe, au-dessus du 61e parallèle : le bœuf musqué, ou ovibos. Apparu au mindel et au riss, il est plus fréquent dans la seconde moitié du würm.

C'est également durant cette période particulièrement rigoureuse que l'antilope saïga, actuellement hôte des steppes arides d'Asie centrale, devient fréquente en Europe occidentale. Présente épisodiquement au cours du riss et abondante dans la seconde partie du würm, elle quitte définitivement l'Europe il y a 10 500 ans. Durant ces phases froides, les bouquetins et les chamois se trouvent contraints de quitter leurs milieux montagnards englacés pour les plaines.

Les carnivores sont abondants, beaucoup utilisent les grottes comme repaires. L'ours des cavernes disparaît progressivement, remplacé lors des oscillations clémentes par l'ours brun. Le renard polaire, ou isatis, creuse son terrier dans les abris, comme le glouton, gros mustélidé qui a également laissé des ossements dans les gisements archéologiques.

L'holocène. À la fin du würm, il y a environ 10 000 ans, le climat se réchauffe fortement et s'humidifie ; la forêt gagne sur la steppe ; les animaux adaptés au froid remontent vers le nord et l'est, ou bien disparaissent. La faune est alors représentée par les cerfs, les chevreuils et les sangliers. C'est le début de l'holocène ; le recul des glaciers provoque l'élévation du niveau des mers et des océans : c'est la dernière transgression marine importante enregistrée jusqu'à présent.

A

A. **OISEAUX DU QUATERNAIRE**

La chouette harfang *(Nyctea scandiaca)*, ou hibou des neiges, caractérise les phases particulièrement froides des périodes glaciaires. Elle apparaît en Europe occidentale au cours de la première glaciation alpine, günz. Dans les gisements, des ossements d'oiseaux sont souvent recueillis en même temps que ceux des mammifères et des micromammifères. Ils proviennent principalement des repas de petits carnivores comme le renard, mais, surtout au pléistocène supérieur, ils peuvent provenir d'une chasse organisée par les hommes préhistoriques. Contrairement aux mammifères, la plupart des oiseaux quaternaires correspondent à des espèces qui vivent encore actuellement. Liés à un milieu et à un climat précis, les oiseaux sont de bons éléments pour reconstituer les paysages passés.

B

B. **DE L'AUROCHS AU BŒUF DOMESTIQUE**

Il y a 6 000 ans environ apparaissent les premiers bœufs. D'origine asiatique, l'aurochs devient abondant en Europe occidentale pendant la troisième glaciation, riss. À cette époque, les hommes se sédentarisent et élèvent des animaux. L'aurochs perdure à l'état sauvage jusqu'au XVIIe siècle en Pologne. On a découvert également ses traces en Asie extrême-orientale et en Afrique du Nord. De taille supérieure à celle des plus grands taureaux actuels, il a été peint par les hommes préhistoriques.

C

C. **RHINOCÉROS LAINEUX**

Comme le mammouth, le rhinocéros laineux est bien connu grâce aux découvertes d'animaux complets faites dans les sols gelés de Sibérie. Grand ou très grand, avec des membres puissants et lourds, il était recouvert d'un pelage long à poils lisses avec des jarres. Sa tête, portée bas, possédait une paire de grandes cornes ; la corne antérieure pouvait dépasser 1 m chez les mâles. Ses narines étaient cloisonnées et ses molaires, caractéristiques d'un régime herbivore à base de graminées. Animal des steppes froides, il pouvait supporter les oscillations plus tempérées de cette dernière glaciation, où il abondait et à la fin de laquelle il disparaîtra. On le rencontre en Europe (mais pas en Amérique du Nord). Dangereux, il n'a presque pas été chassé. Les artistes magdaléniens l'ont souvent représenté.

D

D. **MAMMOUTH**

Haut de 2,50 à 3 m, il était recouvert d'une épaisse toison laineuse brun-noir parsemée de jarres. Le crâne, en forme de dôme, portait des défenses spiralées d'une longueur pouvant atteindre 5 m et, à l'arrière, une bosse graisseuse. Le mammouth est apparu timidement en Europe occidentale au début de l'interglaciaire riss-würm ; il fut abondant au würm. On le rencontrait également en Asie (surtout en Sibérie) et en Amérique du Nord. Il s'est éteint il y a 10 000 ans.

L'ÉVOLUTION DE L'HOMME

LA FAMILLE DE L'HOMME, c'est-à-dire la famille des *hominidés,* se réduit aujourd'hui à notre seule espèce, *Homo sapiens,* dont les premiers représentants, les néandertaliens, apparaissent il y a plus de 300 000 ans. Pourtant, l'aventure humaine a débuté bien plus tôt, il y a environ 6 millions d'années, avec les premiers hominidés, les préaustralopithèques.

LES AUSTRALOPITHÈQUES

LES PREMIERS HOMINIDÉS

■ C'EST EN AFRIQUE DE L'EST (Éthiopie, Kenya et Tanzanie) qu'ont été découverts les préaustralopithèques, appelés traditionnellement *Australopithecus afarensis.* Ces fossiles sont datés entre 6,5 millions d'années (Lukeino, au Kenya) et 2,8 millions d'années (Omo, en Éthiopie).

Marchant probablement en permanence sur leurs deux pieds (bipédie), ils grimpaient néanmoins encore très fréquemment aux arbres. Leur crâne était petit et massif, avec une capacité n'excédant pas les 400 cm^3 (1 500 cm^3 pour l'homme actuel). Leur face était large, avec une dentition présentant un mélange de caractères archaïques et modernes. Ils étaient de faible corpulence ; leur taille avoisinait le mètre. Ils vivaient dans un milieu humide (savanes boisées, forêts-galeries). Ce sont eux qui donnèrent naissance aux australopithèques, il y a environ 5 millions d'années. On les rencontre dans les gisements d'Afrique de l'Est et d'Afrique du Sud.

Les « vrais » australopithèques. Ce groupe débuta en Afrique de l'Est par une forme gracile. *Australopithecus africanus,* qui probablement migra en Afrique du Sud et se termina, selon certains paléontologues, par une espèce robuste, dénommée *Australopithecus boisei* en Afrique de l'Est, et *Australopithecus robustus* en Afrique du Sud. Pour d'autres, les australopithèques auraient également donné naissance au genre *Homo.*

Leur crâne avait une capacité variant entre 400 et 600 cm^3. La face était très développée par rapport au crâne. La mandibule était massive et robuste.

Les australopithèques robustes, ou *Australopithecus boisei,* montraient quelques spécialisations : la denture antérieure était réduite par rapport aux molaires et le crâne était pourvu de fortes crêtes. Comme les préaustralopithèques, ils avaient une station verticale avec encore quelques caractères qui soulignent leur habileté à grimper aux arbres. Leur taille oscillait entre 1,25 m et 1,50 mètre.

LES HOMO HABILIS

LE GENRE HOMO

■ PROBABLEMENT LES PLUS ANCIENS parmi les premiers représentants du genre *Homo,* ils dériveraient soit des australopithèques graciles, soit d'un *Homo* encore plus ancien. Ils apparaissent en Afrique orientale il y a environ 2 millions d'années, alors que les australopithèques graciles et les australopithèques robustes sont encore présents (ceux-ci le sont encore respectivement il y a 1,2 million d'années et 1 million d'années).

La capacité crânienne des *Homo habilis* variait entre 650 et 800 cm^3 ; leur petite denture d'omnivores était proche de celle des hommes actuels *(Homo sapiens).* Ils fabriquaient des outils en pierre ; leur industrie se caractérise par la taille, sur une ou deux faces, de galets de rivière et par l'utilisation des éclats de cette taille. Les premières traces d'aménagement de l'espace habité avec des zones d'activité distinctes semblent apparaître à cette époque. Les *Homo habilis* étaient opportunistes et consommaient tous les aliments comestibles de leur environnement, mais la chasse collective aux grandes espèces n'est pas prouvée. Il semblerait, si l'on considère ces faits, que l'évolution biologique ait précédé l'évolution culturelle.

A

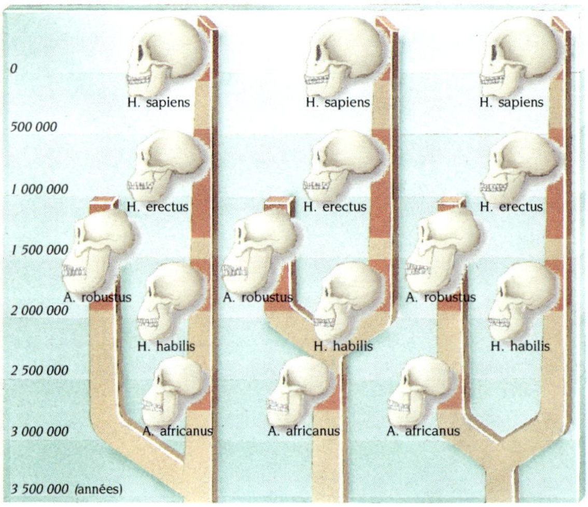

A. **ORIGINE DE L'HOMME**

Tous les paléoanthropologues ne sont pas d'accord sur la filiation entre les différentes espèces d'hominidés. Plusieurs arbres phylétiques sont proposés. Les divergences se situent surtout au niveau de l'origine du genre *Homo,* très avancé dans son processus d'hominisation. Celui-ci dériverait soit d'*Australopithecus africanus,* soit d'un « ancien » *Homo* non encore découvert.

TENIR SUR SES JAMBES

La bipédie, c'est-à-dire la station verticale permanente qui caractérise les hominidés, a entraîné des modifications anatomiques.

Au niveau du crâne, la position du trou occipital doit être centrale. Le bassin doit être large et évasé pour permettre aux muscles fessiers développés de s'y insérer et aux viscères abdominaux de s'y appuyer. La colonne vertébrale présente quatre courbures. Les membres supérieurs sont relativement courts et les membres inférieurs, longs et musclés. Le pied possède des orteils très courts, une voûte plantaire et un gros orteil non opposable. La main possède un pouce long qui peut s'opposer aux autres doigts, assurant ainsi une meilleure préhension des objets.

La découverte à Laetoli (Tanzanie) de cinq empreintes de pied appartenant à un même individu confirme l'apparition de la bipédie dès les *préaustralopithèques,* il y a environ 3,5 millions d'années.

B

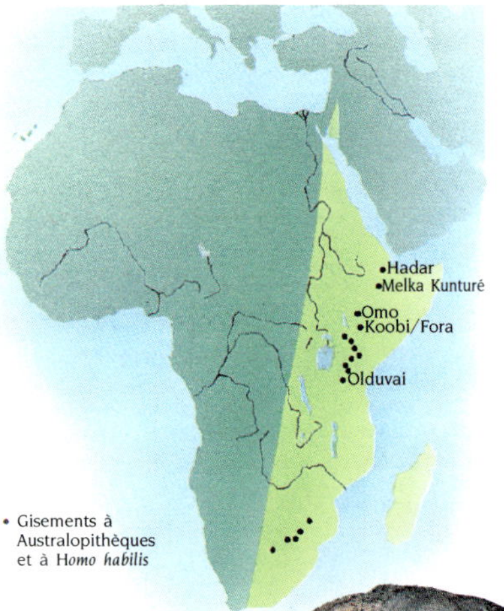

B. **BERCEAU DE L'HUMANITÉ**

C'est en Afrique de l'Est que les premiers hominidés – les préaustralopithèques, ou *Australopithecus afarensis* – ont été découverts. Le plus ancien de ces sites est Lukeino (Kenya), daté de 6,5 millions d'années. Les plus vieux gisements d'australopithèques graciles sont également dans cette région : Omo, en Éthiopie ; est et ouest du Turkana, au Kenya ; Olduvai (ou Oldoway), en Tanzanie. Certains migrèrent en Afrique du Sud. Pour le Français Y. Coppens, c'est l'ouverture d'une longue faille, le rift, et le surélèvement de toute la province orientale de l'Afrique qui provoquèrent un changement climatique, l'Ouest demeurant humide et couvert de forêts, l'Est devenant sec, avec installation de la savane et d'îlots boisés. Ces changements favorisèrent l'apparition des premiers hominidés. Il y a entre trois et deux millions d'années, une augmentation de la sécheresse en Afrique orientale fut également à l'origine du genre *Homo.*

E. F. **CHASSEUR CHASSÉ**

La découverte à Swartkrans (Afrique du Sud) d'un crâne d'australopithèque robuste portant, sur les os pariétaux, deux marques profondes correspondant aux deux canines inférieures d'un léopard, a mis en lumière la vulnérabilité des hommes face aux grands prédateurs. Depuis cette découverte, les hommes préhistoriques, surtout pour les périodes anciennes, nous apparaissent également comme gibiers et non plus seulement comme chasseurs.

C

D

C. D. **OUTILLAGE**

Les éclats, les *choppers* et les *chopping tools* sont les plus anciens objets taillés, le plus souvent à partir de galets de rivière. Ils caractérisent les cultures les plus primitives (vallée de l'Omo, en Éthiopie).

E

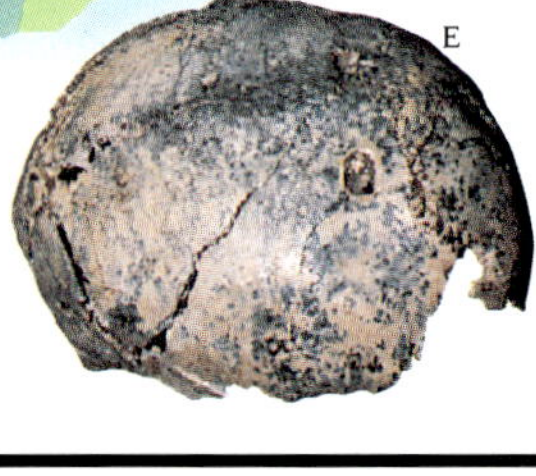

F

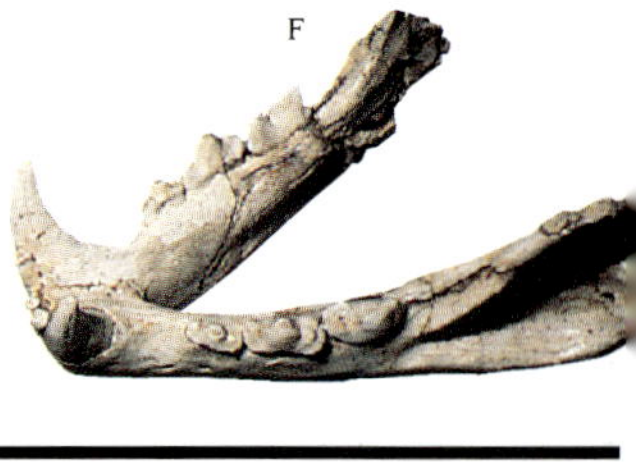

LES HOMO ERECTUS

UNE VASTE RÉPARTITION

■ LES PLUS ANCIENS RESTES de l'espèce *Homo erectus* ont été découverts en Afrique orientale, au Kenya, à l'est du lac Turkana, dans une formation datée entre 1,8 et 1,5 million d'années. Ces hominidés vont occuper progressivement tout l'Ancien Monde, à l'exception des régions les plus septentrionales, et former ce que l'on appelle des « provinces anthropologiques » : Afrique orientale et subsaharienne, Asie du Sud-Est, Chine et Europe.

Morphologie. Le mot latin *erectus*, « dressé », fait référence à la bipédie, caractère pourtant déjà présent chez les australopithèques.

Le crâne des *Homo erectus* est plat et long avec une capacité crânienne variant entre 800 et 1 300 cm^3 ; sa base est large, la région occipitale anguleuse ; le front fuyant présente de forts bourrelets. La face est massive avec des mâchoires proéminentes (face prognathe). Les os des membres sont extrêmement proches de ceux des hommes actuels.

Répartition. En Afrique, les *Homo erectus* se rencontrent sous une forme archaïque à Olduvai, en Tanzanie, dans un niveau daté de 1,1 million d'années et, sous une forme plus récente, à Laetoli, également en Tanzanie (120 000 ans). Au nord, deux gisements (Salé et Rabat [Maroc]) ont livré des *Homo erectus* qui attestent de leur évolution régionale vers les *Homo sapiens,* il y a 100 000 ans environ.

Dans l'île de Java, en Indonésie, de nombreux restes d'*Homo erectus,* anciennement appelés « pithécanthropes », ont été trouvés. Ils ont entre 1,3 million d'années et 150 000 ans.

En Chine, deux ensembles sont distingués, celui des *Homo erectus* archaïques, proches de ceux de Java, du site de Lantian (province Shan Xi) [ils sont datés entre 800 000 et 500 000 ans] et celui des *Homo erectus* de Chou kou-tien, près de Beijing (Pékin), anciennement appelés « sinanthropes ».

La présence des *Homo erectus* en Europe est plus discrète. Certains spécialistes attribuent la plupart des restes humains découverts non pas à des *Homo erectus,* mais à des *Homo sapiens* archaïques, ancêtres directs des néandertaliens. La présence de l'homme en Europe est signalée très tôt, avant 800 000 ans, par des outils archaïques sur galets, mais les auteurs de ces outils demeurent inconnus. Le plus ancien fossile européen d'*Homo erectus,* reconnu par l'ensemble des paléoanthropologues, est la mandibule de Mauer en Allemagne (650 000 ans).

L'industrie acheuléenne. *Homo erectus* a laissé, sur toute son aire de répartition, des produits de ses activités. Il s'agit principalement de l'industrie acheuléenne, dont l'outil dominant est le *biface.* L'acheuléen se caractérise aussi par un début de structuration de l'habitat, une chasse collective aux grands mammifères et des traces de domestication du feu. L'industrie acheuléene, qui s'achève il y a environ 120 000 ans, est la principale industrie du *paléolithique inférieur ;* c'est la plus ancienne des 3 époques du paléolithique, période durant laquelle les hommes vivaient exclusivement de chasse et de cueillette. À la période suivante, le néolithique, qui débuta il y a environ 10 000 ans, ils devinrent pasteurs et agriculteurs.

LE FEU

Les traces de domestication du feu apparaissent avec les *Homo erectus,* à Chou kou-tien, en Chine, il y a environ 500 000 ans. Les premiers foyers aménagés datent d'environ 300 000 ans (Terra Amata, Nice). La maîtrise du feu entraîne des modifications à la fois anatomiques et culturelles. La morphologie du crâne et la dimension des dents changent, grâce à une mastication moins importante. La lumière dégagée par les flammes permet aux hommes préhistoriques une plus grande indépendance vis-à-vis de la clarté diurne. De plus, les hommes préhistoriques repoussent les prédateurs et capturent plus facilement un gibier apeuré. Autour des foyers, la tradition orale et l'apprentissage se développent. Deux techniques ont dû être utilisées : deux pierres (pyrite de fer) frottées l'une contre l'autre, ou deux morceaux de bois emboîtés l'un dans l'autre (obtention du feu par friction).

A

A. **HABITAT**

Avec les *Homo erectus,* les habitats se structurent, des aires d'activité apparaissent, mais les habitations, tentes ou cabanes, sont apparemment rares. Quelques sites présentent sur le sol des pierres disposées en petits cercles équidistants ; ce sont des calages de poteaux, témoins d'une structure d'habitation. De faible dimension, elle était construite en plein air comme à Terra Amata, à Nice, ou à l'intérieur d'un abri s'appuyant contre la paroi comme à Orgnac III (Ardèche, France).

B

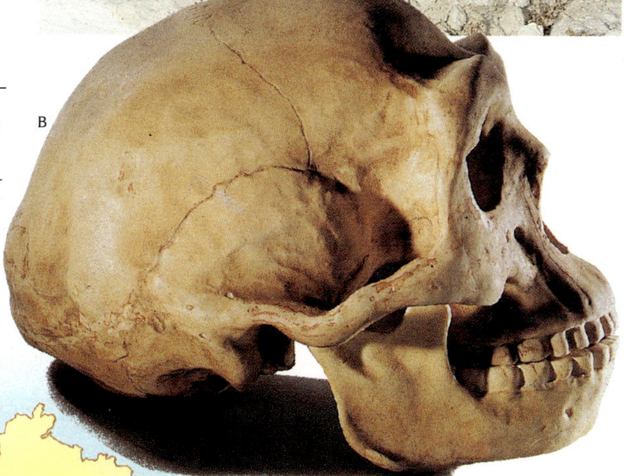

B. **SINANTHROPE**

Sur la reconstitution de ce crâne de sinanthrope, *Homo erectus* de Chine, on remarque les principaux caractères anatomiques de l'espèce, en particulier le front fuyant, les arcades sourcilières saillantes, le bas de la face projeté en avant (prognathisme), l'absence de menton et la massivité de l'ensemble du crâne.

C

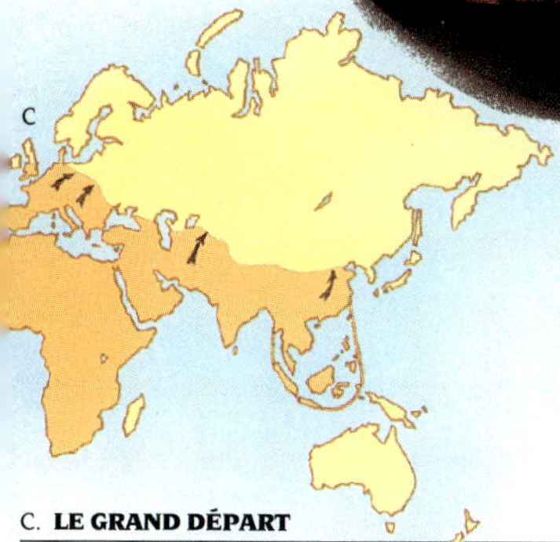

C. **LE GRAND DÉPART**

Ce sont les *Homo erectus* qui, les premiers, quittent le berceau est-africain où sont nés les hominidés. Ils migrent très tôt en Afrique du Nord, vers le Sud-Est asiatique, en Indonésie, sur l'île de Java, il y a un million d'années et en Chine, il y a environ 800 000 ans. En Europe, on en trouve à partir de – 650 000 ans. Les itinéraires de leurs déplacements sont encore très mal connus, il n'y a que des hypothèses, faute d'un nombre suffisant de gisements découverts.

D. **OUTILS : LE TRAVAIL DE LA PIERRE**

Les premiers outils en pierre (2,3 millions d'années), découverts en Afrique de l'Est, étaient de simples éclats de petite dimension et des galets (appelés *choppers* ou *chopping tools*) portant la trace de un ou de plusieurs enlèvements destinés à aménager un tranchant. Les *bifaces,* apparus vers 1,5 million d'années, sont taillés par des enlèvements successifs d'éclats, à partir du rognon originel. On obtient ainsi un gros outil dont la forme, la symétrie et la régularité permettent aux chercheurs d'évaluer le développement des capacités techniques des *Homo erectus.* Le développement de la technologie lithique se poursuit dans le sens d'une meilleure gestion du bloc de matière première. Au cours du paléolithique moyen, avec les derniers *Homo erectus* et surtout les néandertaliens, apparaissent différentes méthodes de débitage, dites « méthodes de Levallois », qui permettent d'obtenir, à partir d'un rognon, une série d'éclats de forme prédéterminée (éclat court ou allongé, pointe, ovale).

D

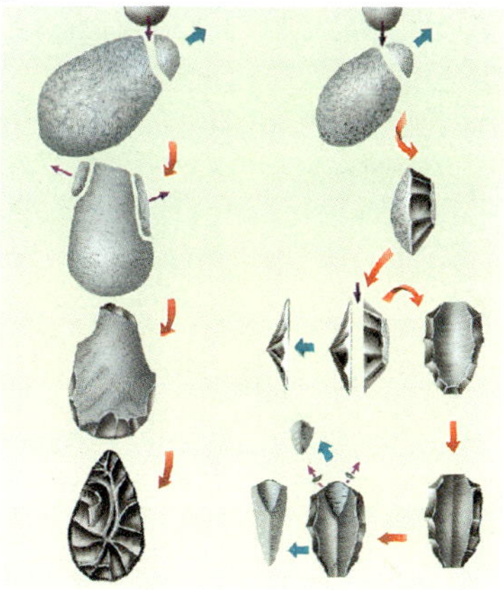

L'ÉVOLUTION DE L'HOMME

LES NÉANDERTALIENS

LES PREMIERS REPRÉSENTANTS DE NOTRE ESPÈCE

■ LES HOMMES DE NEANDERTAL, ou néandertaliens *(Homos sapiens neandertalensis)*, ne sont connus qu'en Europe, au Proche-Orient et en Asie centrale. Ils apparaissent pour la première fois en Europe il y a au moins 300 000 ans.

Origines. C'est à partir d'un groupe d'*Homo sapiens* archaïques que les prénéandertaliens s'individualisent, il y a entre 400 000 et 300 000 ans. Ils ne possèdent pas encore tous les caractères typiques des néandertaliens. Parmi ces fossiles anciens se trouvent le crâne de Pétralona découvert en Grèce, les restes humains de l'Arago dans les Pyrénées-Orientales, les crânes de Steinheim (Allemagne) et de Swanscombe (Grande-Bretagne).

À partir de la troisième glaciation, riss, la lignée néandertalienne est bien en place. De nombreux sites ont livré des ossements humains s'y rapportant. Mais c'est au début de la quatrième et dernière glaciation, würm, que les néandertaliens « classiques » s'épanouissent, il y a environ 80 000 ans.

Morphologie. Le crâne, volumineux, a une capacité variant entre 1 300 et 1 700 cm^3 ; peu élevé, il est large et long, avec un front fuyant et des bosses pariétales marquées. Les arcades sourcilières sont saillantes et forment une « visière ». La face, haute et large, porte des orbites rondes et très vastes. De taille moyenne, 1,65 m environ, les néandertaliens étaient trapus, avec une musculature puissante. La morphologie particulière de certaines parties du squelette (en particulier les maxillaires) serait due soit à une adaptation à un climat froid, soit à un isolement génétique dû au « cul-de-sac » qu'est l'Europe occidentale, ou à certains comportements (utilisation des maxillaires comme « troisième main », lors d'activités domestiques), la très grande robustesse et la puissance musculaire étant une réponse au faible développement de l'outillage.

A

B

A. B. **DE QUOI AVAIT-IL L'AIR ?**

Après la découverte, en 1856, d'une calotte crânienne, dans la vallée du Neander, en Allemagne, l'image du néandertalien fut, pour tous, celle d'un être brutal et grossier, proche de l'animal (A). Cette vision demeura longtemps dans l'imagerie populaire sur les ancêtres de l'homme. Aujourd'hui, l'homme de Neandertal a réintégré sa place parmi les *Homo sapiens* (B), il n'est qu'une sous-espèce proche de l'homme actuel.

Mode de vie. On voit apparaître, chez les néandertaliens, des attitudes nouvelles. Ils enterrent leurs morts et perfectionnent leur industrie, le *moustérien* (caractéristique du paléolithique moyen), avec l'utilisation de la technique « Levallois » (la pierre est préparée de manière à en tirer des éclats de forme déterminée) et l'emmanchement de nombreux outils. Ils améliorent leur technique de chasse en se spécialisant sur une ou plusieurs espèces particulièrement productives. Si, par tous ces aspects, les hommes de Neandertal se montrent extrêmement « modernes », ils conservent également des comportements plus archaïques comme la faible standardisation de leurs outils, le peu de structuration de leurs habitats, la pratique du charognage et de l'acquisition opportuniste, le faible développement du sens esthétique...

Disparition. Dès le début du würm, des néandertaliens d'Europe vont migrer au Proche-Orient (la raison de ce déplacement demeure totalement méconnue). Ils disparaîtront, d'abord en Asie centrale, il y a 40 000 ans, puis en Europe centrale, il y a environ 35 000 ans, et en Europe occidentale, il y a près de 30 000 ans, cédant toute la place aux hommes de Cro-Magnon *(Homo sapiens sapiens)*, déjà présents depuis plusieurs milliers d'années. Plusieurs hypothèses ont été émises sur cette disparition brutale, dont l'extinction génétique, le métissage en défaveur des néandertaliens ou encore la « pression » des hommes modernes, techniquement mieux adaptés...

L'HOMME ET LA MORT

Avant les néandertaliens, les restes humains sont découverts isolés ou parmi des ossements d'animaux et des outils.

L'absence de sépulture ne suffit certes pas à exclure tout rituel lié à la mort, mais les premières traces d'inhumation remontent à 80 000 ans. En France et au Proche-Orient, onze gisements seulement ont livré des sépultures, ce qui laisse supposer que beaucoup d'inhumations devaient avoir lieu hors de l'habitat. Malgré le faible échantillon dont on dispose, ce qui est remarquable, c'est la variété des sépultures : simples ou doubles, offrande ou non, disposition du corps sur le dos ou sur le côté, les jambes plus ou moins repliées. Ce constat souligne de toute évidence la grande diversité des cultures néandertaliennes. L'exemple le plus intéressant est celui de la grotte de Qafzeh, en Israël, dont le vestibule a servi de cimetière. On y découvrit six adultes et huit enfants d'âges différents. Les squelettes étaient accompagnés d'ocre. Une des sépultures était double, elle contenait un adulte en position semi-fléchie, avec, à ses pieds, un enfant tassé sur lui-même. Dans une autre, un enfant tenait entre ses mains, reposant sur sa poitrine, un massacre de daim.

C. **HABITAT RECONSTITUÉ**

Si l'habitat des hommes de Neandertal n'est pas très bien connu dans les gisements en grotte et en abri-sous-roche, les sites de plein air, notamment ceux découverts en Ukraine, comme à Molodova, permettent d'avoir une idée de ce qu'il pouvait être. Dans un des cinq niveaux moustériens de Molodova I, daté de 44 000 ans, ont été dégagées les armatures de cette habitation, de cinq mètres sur huit. Elles se composaient d'ossements de mammouths : crâne, défenses, omoplates, os longs. Quinze foyers, des restes de faune et d'industrie abondants complétaient l'habitat. L'utilisation des os de gros herbivores, comme les mammouths, révèle la froideur du climat, les branchages faisant alors défaut dans leur environnement.

C

L'HOMME MODERNE

LA NAISSANCE DE L'ART

■ C'EST EN AFRIQUE que le plus vieux fossile d'homme moderne *(Homo sapiens sapiens)* a été découvert ; il est daté d'environ 100 000 ans. En France, les hommes de Cro-Magnon sont ses représentants les plus célèbres, ils apparaissent il y a 40 000 ans environ. Comme les néandertaliens, les hommes modernes dérivent d'*Homo sapiens* archaïques de l'Ancien Monde.

Morphologie. Leur crâne possède un volume important (1 600 cm^3 de moyenne), une voûte basse, un front vertical et bombé. Leur face, basse et large, ne présente plus de superstructures au-dessus des orbites et possède un menton. Il y a une gracilisation générale du squelette, leur stature varie entre 1,65 m et 1,80 mètre. Parmi tous les fossiles d'hommes modernes, les variations anatomiques sont dues à une diversification adaptative en relation avec leur situation géographique.

L'expansion géographique. Ce sont les *Homo sapiens sapiens* qui colonisèrent l'Océanie (et donc l'Australie), il y a 40 000 ans, et le continent américain. Cette invasion se fit soit à pied, par le détroit de Béring, soit en embarcation, le long des côtes de l'océan Pacifique. Quelle que soit l'hypothèse retenue, il devait exister, à l'époque, des avancées glaciaires sur la mer pour faciliter la pénétration.

Une séquence de cultures. Les hommes modernes vécurent durant le paléolithique supérieur. Ils sont les auteurs de plusieurs cultures d'apparitions successives. En Europe, il s'agit d'abord de l'*aurignacien,* caractérisé par des grattoirs carénés et des sagaies en os (il y a 44 000 ans environ). Cette civilisation va diffuser lentement jusqu'en Europe occidentale, où elle remplace vers – 28000, selon les régions, le gravettien (outils en silex) ou le châtelperronien (couteaux en silex). À l'aurignacien succèdent le *solutréen* (il y a 20 000 ans environ), puis le *magdalénien,* qui marque la fin du paléolithique supérieur. Cette séquence est celle de l'Europe de l'Ouest. Dans les autres parties du monde, les hommes ont développé de nombreuses autres cultures assez proches.

Industrie et art. L'industrie est caractérisée par l'emploi quasi exclusif d'une nouvelle technique de taille, le *laminaire :* les outils ne sont plus produits sur éclats comme précédemment mais sur lames. Cette technique est née avec les derniers néandertaliens, mais elle ne prend son véritable essor qu'avec les *Homo sapiens sapiens.* Ce sont eux également qui vont fabriquer, pour la première fois, une industrie très diversifiée en os et bois de cervidés, qui comprend les outils mais aussi des armes.

L'homme moderne est à l'origine des premières manifestations artistiques. Timide au départ, l'art prend toute son ampleur au solutréen et surtout au magdalénien, avec les grandes peintures pariétales.

L'AGRICULTURE

L'évolution des modes d'acquisition alimentaire marque le passage du paléolithique au *néolithique :* la domestication remplace la prédation (exploitation de ressources sauvages). La domestication des espèces végétales (culture) et des espèces animales (élevage) entraîne une économie de production et une sédentarisation qui se substitue au nomadisme pratiqué antérieurement. Les céréales (blé, avoine, maïs, millet, orge, riz, seigle et sorgho) ont été les premières plantes recueillies et cultivées. Parmi elles, le blé et l'orge sont les toutes premières. On a retrouvé leurs grains fossiles à Tell Aswad, en Syrie : ils datent d'environ 9 800 ans. Parmi les animaux, les moutons et les chèvres sont les premières espèces domestiquées, il y a environ 9 000 ans. Le bœuf, le porc et, plus tardivement, le cheval (3 500 ans av. J.-C.) vont également être élevés. Le chien semble avoir été utilisé très tôt (il y a 9 000 ans) pour la chasse ou la garde des troupeaux.

LA CHASSE

Comme leurs prédécesseurs, les hommes modernes (*Homo sapiens sapieus*) sont d'abord des chasseurs-cueilleurs. Grâce à un armement plus performant (sagaies lancées au propulseur par exemple), ils vont s'orienter vers des chasses de plus en plus spécialisées. En France, au magdalénien, ils s'attaqueront principalement aux troupeaux de rennes. Connaissant les périodes de migrations saisonnières de ces animaux, ils vont les guetter au passage de gués, par exemple, et, grâce à cette technique de chasse, en abattre plusieurs en une seule fois. Ils récupèrent toutes les parties du gibier : la viande, la graisse, la moelle, mais aussi les tendons, les os, les bois, la peau et les dents. Certains paléontologues émettent l'hypothèse de capture d'une partie d'un troupeau de rennes et de l'emprisonnement des animaux dans un enclos, prémices d'un véritable élevage, qui n'apparaîtra que plus tardivement.

A

A. **PROPULSEUR**

Les hommes modernes ont fabriqué un grand nombre d'objets en os d'animaux et en bois de cervidés, principalement de rennes. Des outils, comme le poinçon, l'aiguille à chas, le bouton, le lissoir ou le bâton percé pour redresser les pointes de sagaies, etc., ont permis d'améliorer la confection des vêtements ou l'habitat. Des armes, comme le harpon, l'hameçon, la foène et la pointe de sagaie, ont favorisé la capture de gibier et développé la pêche. Pour augmenter leurs chances de succès au lancer de sagaie, ils ont inventé le propulseur, sorte de prolongement du bras comme levier, qui existe encore de nos jours chez les derniers peuples chasseurs-cueilleurs.

B

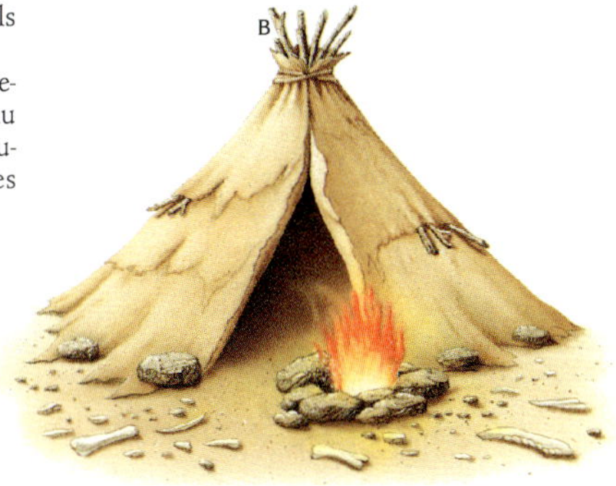

B. **HABITAT DE PINCEVENT**

Durant le paléolithique supérieur, l'homme moderne construit de très nombreuses habitations, parfois dotées d'une véritable architecture en os de mammouths, comme à Mezirič et à Mezine en Ukraine. L'étude des sols dégagés lors de fouilles archéologiques fournit parfois des indices témoignant de l'existence d'anciennes tentes ou cabanes : pierres de calages, trous de poteaux, répartitions particulières des objets. Ces habitations s'organisent autour d'un foyer et présentent un aménagement intérieur constitué d'aires d'activités : taille des outils, couchage, préparation de la nourriture... L'armature en bois était recouverte par des branchages ou des peaux. Sur certains sites, plusieurs habitations ont été reconnues, formant un véritable campement organisé comme ici, à Pincevent (Seine-et-Marne, France).

C

C. **L'ART DE LASCAUX**

L'art du paléolithique nous est parvenu sous trois formes d'expression : la peinture, la gravure et la sculpture. L'art pariétal (c'est-à-dire exécuté sur les parois de grottes) a laissé d'admirables images de bovidés ou de cervidés, peintes peut-être dans l'esprit de s'assurer, par la magie, la domination des animaux représentés. C'est l'abbé français Henri Breuil qui a établi la première chronologie de l'art pariétal en 1952. Son compatriote, le préhistorien André Leroi-Gourhan, considéra les figurations non plus seules mais en relation avec les autres éléments de décoration de la fresque, de la salle ou même de la grotte. Les animaux sont les sujets le plus souvent traités, ils sont dans la plupart des cas très figuratifs, à la différence des représentations humaines, moins nombreuses et très schématisées. La frise des cerfs de Lascaux (Dordogne) témoigne de la dextérité et de l'œil naturaliste des artistes paléolithiques. (Magdalénien ancien, il y a environ 17 000 ans.)

L'EXPANSION DE LA VIE

LES ÉVÉNEMENTS ÉVOLUTIFS

APPARITION ET COMPLEXIFICATION DES ÊTRES VIVANTS

■ LES PLUS ANCIENS FOSSILES datent d'environ 3,5 milliards d'années, ce sont des bactéries filamenteuses. Ces fossiles sont les témoins d'une évolution biologique qui fut précédée d'une évolution « prébiologique » ou « prébiotique », d'élaboration des matériaux du vivant à partir du minéral.

La chlorophylle. Ce pigment, qui apparaît il y a 2 milliards d'années dans des bactéries, permet la synthèse des matériaux de la cellule à partir de gaz carbonique, d'une source d'hydrogène (H_2O, H_2S...) et d'énergie solaire en dégageant de l'oxygène. Cette activité, la photosynthèse, qui se poursuit pendant des millions d'années, modifie l'atmosphère, qui devient oxydante, rendant alors impossible la poursuite de l'évolution prébiotique : les molécules biologiques isolées sont désormais détruites. La libération d'oxygène dans l'atmosphère permet, de plus, la formation d'une couche d'ozone, qui arrête les plus dangereux des ultraviolets.

La cellule eucaryote. Les bactéries, qui comptent les premiers êtres vivants, sont des cellules *procaryotes* (leur matériel génétique est en contact direct avec le cytoplasme). Il y a environ 1,5 milliard d'années apparaît la cellule *eucaryote,* celle de tous les organismes, hormis les bactéries. Le matériel génétique y est enfermé dans un noyau, et le cytoplasme contient d'autres structures aux fonctions variées, les *organites.* La cellule se divise selon le mécanisme de la *mitose.* Généralement, les eucaryotes se multiplient par reproduction sexuée ; durant la formation des cellules sexuelles (gamétogenèse) intervient une division spéciale, la *méiose.*

La cellule eucaryote engendrera les organismes *pluricellulaires* mais, durant plus de 2 milliards d'années, les unicellulaires règnent seuls. À – 690 millions d'années se manifestent les premiers organismes constitués de nombreuses cellules, les pluricellulaires, représentés alors par des animaux comparables à des méduses et des vers.

Chez l'unicellulaire, toutes les fonctions se déroulent dans le volume d'une cellule. Chez les pluricellulaires, des cellules spécialisées, groupées en organes, se partagent les fonctions. La *différenciation des cellules* en cellules spécialisées s'opère au cours du développement embryonnaire, ce qui constitue une nouveauté.

L'état pluricellulaire a permis la formidable diversification des êtres vivants au sein des deux règnes, animal et végétal (la distinction entre animal et végétal n'est pas toujours possible chez les unicellulaires).

Carapaces et squelettes. La fossilisation des premiers pluricellulaires, animaux mous, est précaire et, par conséquent, exceptionnelle. Il y a quelque 570 millions d'années se produit l'explosion des formes, avec l'apparition de revêtements durs, exosquelettes (squelettes externes), carapaces et coquilles. La fossilisation et la conservation de ces parties dures étant mieux assurées, nous trouvons dès la base du cambrien des types d'organisation multiples. Certains représentent des plans d'organisation originaux, mais sans lendemain ; d'autres s'épanouiront : éponges, coraux, brachiopodes, mollusques, arthropodes... Il y a 460 millions d'années, les vertébrés font leur apparition ; à la différence des autres organismes, ils possèdent un squelette interne.

La sortie des eaux. Alors que les organisations des êtres aquatiques se compliquent, la protection du milieu terrestre par une couche d'ozone se renforce. La conquête de la terre ferme est devenue possible pour les végétaux puis pour les animaux (d'abord amphibies, avant de montrer des formes plus adaptées au milieu terrestre). Les insectes partent ensuite à la conquête du milieu aérien, bien avant les vertébrés. La sortie des eaux n'est pas un événement unique, mais multiple.

La diversification. L'évolution ayant conduit vers des plans d'organisation variés, les événements évolutifs se poursuivent surtout par des modulations des structures anatomiques et des fonctions physiologiques, avec la diversification des milieux naturels *(adaptation à l'environnement)* et des interactions entre les êtres vivants *(coévolution).* Cependant, sans simplifier outrageusement, on peut dire que les événements décisifs sont déjà tous réalisés, à l'exception de l'événement « homme » et, avec lui, l'apparition de la pensée réfléchie.

L'ÉVOLUTION EST IMPRÉVISIBLE

La recherche physique est fondée sur la reconnaissance de relations nécessaires entre phénomènes et généralisées sous forme de *lois* (de la gravitation, des gaz parfaits, etc.). Le phénomène physique est répétitif et les objets qu'il concerne sont identiques (molécules d'un gaz, atomes d'un cristal...). À partir de la loi, connaissant l'état présent d'un système, le physicien pourra dire ce qu'était cet état dans le passé, ce qu'il sera dans l'avenir. Le temps, considéré alors comme un paramètre réversible, n'est pas pris en compte dans l'énoncé de la loi.

La théorie de l'évolution biologique n'est pas du domaine des théories physiques mais de celui des théories historiques, pour lesquelles les « objets » ne sont pas interchangeables mais « personnalisés » ; les phénomènes ne sont pas répétitifs mais singuliers et le temps, irréversible, modifie en permanence l'état des « objets ou systèmes », de sorte que des propriétés nouvelles apparaissent, d'anciennes disparaissent. Partant du seul état présent, il n'est pas possible de dire ce qu'était cet état dans le passé, ce qu'il deviendra dans l'avenir. L'évolution biologique appartient à l'ordre des *événements non répétitifs ;* de ce fait elle est imprévisible.

A. B. **3 MILLIARDS D'ANNÉES D'ÉVOLUTION**

Le début de la vie peut être symbolisé par cette bactérie, *Eobacterium* (A), qui habitait les eaux il y a 3,2 milliards d'années. D'apparence elle est simple, constituée d'une seule cellule, mais, en réalité, ce système est déjà d'une extraordinaire complexité. Le monde vivant, exclusivement aquatique, est encore, à cette époque, bien peu diversifié, mais il est riche de promesses évolutives. L'épanouissement de la vie animale et végétale, observable aujourd'hui dans tout écosystème, par exemple cette savane africaine (B), est le résultat de plus de 3 milliards d'années d'histoire évolutive.

A

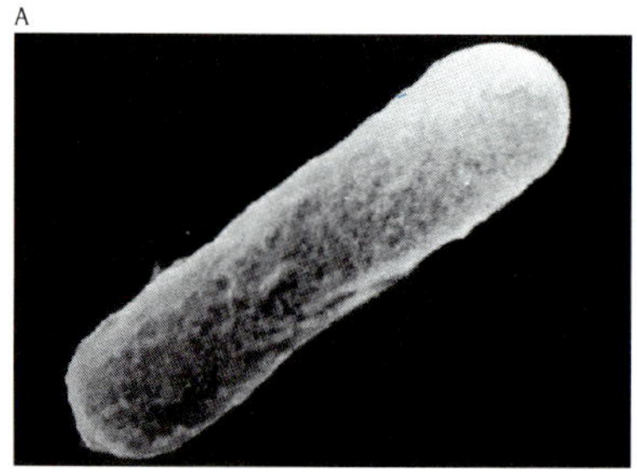

B

APPARITIONS, EXTENSIONS, DÉCLINS

DES PROBLÈMES NON RÉSOLUS

■ AU LONG DE L'HISTOIRE du monde animal et du monde végétal, des espèces, des groupes apparaissent, se répandent, déclinent et disparaissent.

Les reptiles, nés au carbonifère il y a 340 millions d'années, dominent l'ère secondaire (dit « âge des reptiles ») et ne laissent aujourd'hui que de modestes témoins des formes géantes de cette période. Les trilobites (des arthropodes primitifs) s'épanouissent en début de primaire, déclinent lentement puis disparaissent totalement. Parmi les grands végétaux de la forêt carbonifère, les lépidodendrons ont disparu et les calamites ont évolué en modestes plantes représentées aujourd'hui par les prêles.

Les énigmes de l'évolution. Certains événements évolutifs sont assez bien connus ; par exemple, la formation des mammifères à partir d'un groupe de reptiles peut être suivie sur 100 millions d'années. En revanche, on ne sait toujours pas où, quand et comment sont apparus les trilobites, sans antécédents connus. Les problèmes d'apparition sont singulièrement aigus pour certains groupes spécialisés comme les reptiles volants, les chauves-souris... Aucun ancêtre acceptable n'est connu, ni même soupçonné.

Les problèmes de déclins et, surtout, d'extinctions restent, dans leur grande majorité, inexpliqués. Les trilobites, par exemple, semblaient bien adaptés. Quelles sont les causes de leur disparition ? Des compétitions les auraient-elles placés en position d'infériorité ? Vis-à-vis de quel(s) groupe(s) ?

Ces questions sans réponses se posent aussi à propos de végétaux, telles les calamites. Elles auraient disparu parce qu'elles étaient moins adaptées que des plantes nouvellement venues.

La disparition des dinosaures à la fin du crétacé a fait couler beaucoup d'encre et a donné naissance à des dizaines d'hypothèses, toutes insuffisantes, car elles n'expliquent pas la disparition quasiment contemporaine des reptiles marins et volants, mais aussi de groupes totalement différents, comme les ammonites, les bélemnites...

Les disparitions ne sont pas brutales à l'échelle des temps géologiques. De plus, lorsqu'elles sont liées à une catastrophe, il est des groupes qui en réchappent : les insectes, par exemple, furent peu affectés par la « grande extinction » de la fin du secondaire, qui fut fatale aux dinosaures. Selon les groupes, ces disparitions ont été plus ou moins annoncées par des déclins dans le nombre et la diversité des espèces. La « grande extinction » n'est donc pas un événement unique ; plusieurs l'ont précédée, comme au primaire et au début du secondaire.

NICHE ÉCOLOGIQUE

Les facteurs écologiques, agents de la sélection naturelle de la théorie de l'évolution, jouent un rôle déterminant dans l'apparition, l'expansion et le déclin des êtres vivants. Ainsi, tout événement qui affecte la *niche écologique* d'une espèce met à l'épreuve les potentialités adaptatives de celle-ci. Or, on confond souvent, et à tort, les deux notions de niche et d'habitat. La niche écologique d'un organisme, d'une population ou d'une espèce ne comprend pas seulement son habitat, mais correspond d'abord à l'activité de l'organisme considéré dans l'écosystème. Par analogie, on peut dire que l'habitat représente l'« adresse » d'un organisme et que sa niche écologique y ajoute sa « profession ». Le grand panda de Chine, diurne, habitant les montagnes et ne mangeant que des feuilles de bambou, occupe une niche écologique très particulière, dont les perturbations menacent de le faire disparaître.

B

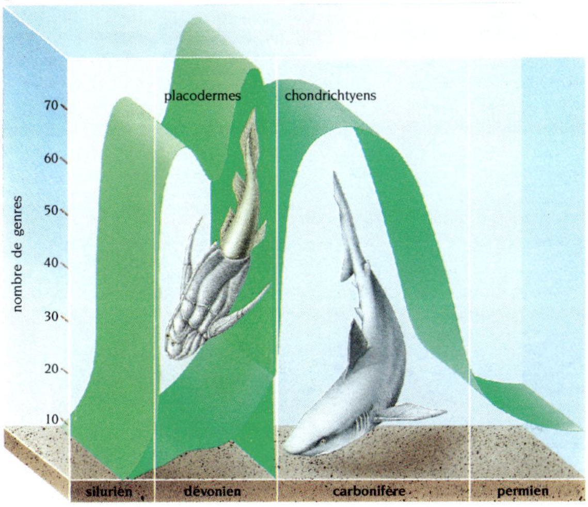

B. **ÉVOLUTION DES DOMINANCES**

Au rythme des temps géologiques, les groupes systématiques apparaissent et déclinent, occupant successivement les mêmes niches écologiques avec plus ou moins de succès. Ainsi, au dévonien, les placodermes (poissons cuirassés) dominent les mers. Ils disparaîtront totalement au carbonifère pour être remplacés par les chondrichtyens (poissons cartilagineux), qui certes déclineront, mais qui persistent à côté des ostéochtyens (poissons osseux), aujourd'hui dominants.

A. **LES PLANTES CONQUIÈRENT LES CONTINENTS**

Au silurien, il y a 400 millions d'années, des plantes vasculaires très simples, les psilophytes, conquièrent la terre ferme. À partir de ce groupe, souche de nombreuses formes, vont apparaître notamment les géants de la forêt houillère, comme les lycopodes, les prêles ou les fougères, qui, à l'exception des fougères arborescentes, n'ont laissé que des descendants de taille réduite. Les plantes à graines apparaissent avec les ptéridospermes ; ensuite, au sein de cet ensemble, la dominance passera des conifères (particulièrement bien représentés au jurassique) aux plantes à fleurs. Ces dernières, les angiospermes, apparaissent au début du crétacé et ne cesseront de se développer.

A

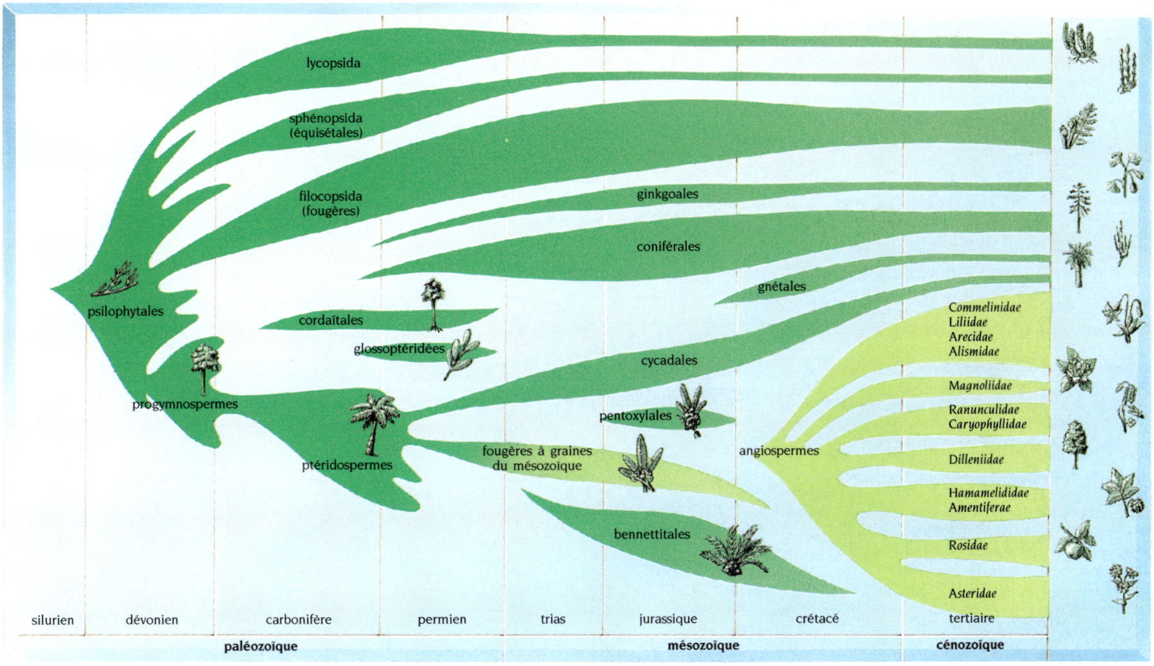

LES STRATÉGIES D'EXPANSION

L'ÉMANCIPATION

UNE MODALITÉ ÉVOLUTIVE

■ POUR L'ORGANISME, s'émanciper, c'est se soustraire à des contraintes de l'environnement en développant des *régulations* qui le rendent moins dépendant des fluctuations du milieu. Au cours de l'évolution, on assiste à une complexification des moyens de régulation.

Une méduse dépend totalement de l'eau qui imprègne ses tissus. Une huître, en revanche, réalise une régulation ionique de son milieu intérieur, dont la concentration en certains composés chimiques diffère de celle de l'eau de mer. Cet ajustement, nécessaire au fonctionnement des organes, existe chez la majeure partie des invertébrés et chez tous les vertébrés.

La régulation osmotique. Les vertébrés, encore plus sensibles que les invertébrés au maintien de la composition de leur sang, réalisent aussi une *régulation osmotique* concernant surtout sa concentration en chlorure de sodium. La valeur de cette pression est à peu près la même chez tous les vertébrés, mais les situations diffèrent pour les poissons, baignés en permanence dans un solvant (eau douce ou eau de mer) et contraints à des régulations particulières.

Dans l'air, les échanges entre le corps et le milieu sont limités, mais l'accumulation de déchets liés au fonctionnement et les pertes d'eau par l'urine et l'évaporation nécessitent une régulation, opérée par les reins.

La régulation de température. La température du corps des invertébrés et des poissons dépend de celle des eaux. Seul le thon possède un système de régulation de sa température par une distribution particulière de ses vaisseaux sanguins, qui récupèrent les calories nées de son activité musculaire. Les reptiles réalisent des températures corporelles proches de celles des mammifères grâce à une régulation thermique « écologique » : chauffage au soleil jusqu'à ce que la température interne optimale pour leur activité soit atteinte et passages à l'ombre, en se cachant dans un abri par exemple, ce qui évite le risque de « surchauffe ». Un tel phénomène n'est possible que durant le jour et les saisons chaudes ; dans les autres cas, le reptile est inactif. Nombreuses en régions tropicales, les espèces diminuent vers les hautes latitudes, où cette thermorégulation, de par la rigueur du climat, n'est plus possible.

Une régulation thermique physiologique a lieu chez les oiseaux et les mammifères par production interne de chaleur, régulée en fonction des fluctuations de la température ambiante. Elle leur procure un avantage sélectif sur les reptiles, puisqu'ils demeurent actifs toute l'année. Grâce à ce mécanisme, ils ont pu ainsi occuper les régions polaires.

La reproduction. Les modalités de la reproduction cantonnent les animaux à certains milieux. En effet, la plupart des organismes requièrent le milieu aquatique d'origine pour se reproduire et déposer leurs œufs. Au cours de l'évolution, la ponte terrestre, la reproduction vivipare, l'œuf « amniote » des reptiles, des oiseaux et des mammifères ont permis l'émancipation du milieu aquatique. De plus, en associant l'embryon à l'organisme maternel par le moyen d'un placenta, les mammifères perfectionnent l'indépendance.

A

B

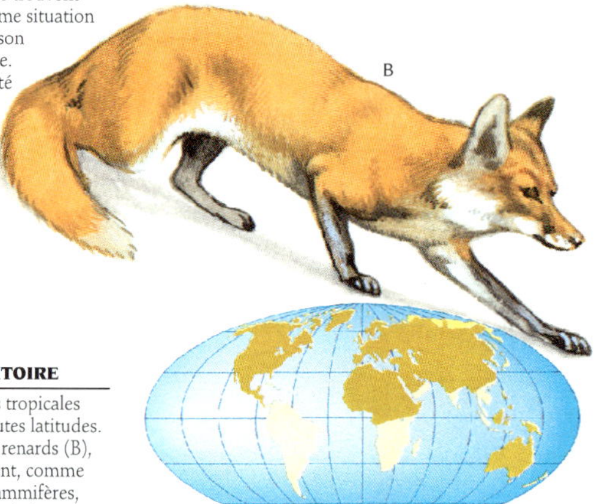

C

D

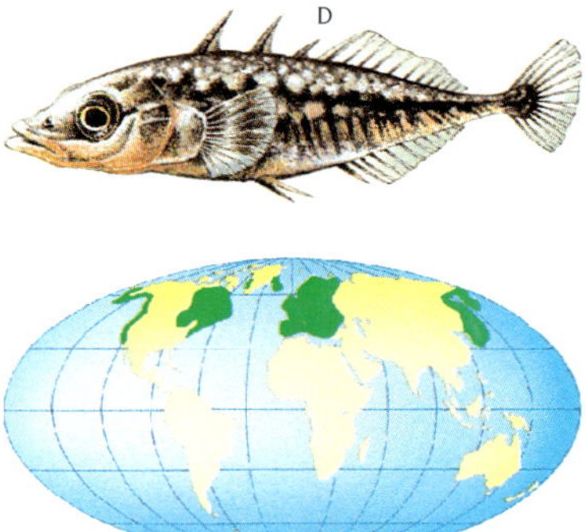

E

A. **DES REQUINS EN EAUX DOUCES**

Des espèces marines de requins et de raies s'aventurent dans les eaux douces d'Amérique centrale (poisson-scie dans le lac Nicaragua) et du Sud, de Madagascar et de Malaysia, remontant à des centaines de kilomètres des embouchures ; certaines y vivent en permanence et s'y reproduisent (raie de l'Amazone).
Cet exploit est réalisé en modifiant la régulation osmotique : leur sang contient autant de sel que celui d'un poisson marin, mais aussi de l'urée, qui établit la pression osmotique un peu au-dessus de celle de l'eau de mer. Remontant le fleuve vers des eaux de moins en moins salées, les poissons, perdant progressivement les deux tiers de l'urée sanguine, se trouvent dans la même situation qu'un poisson d'eau douce. Cette faculté exceptionnelle leur permet d'étendre leur aire de répartition.

B. C. D. E. **TEMPÉRATURE ET TERRITOIRE**

Si les poissons-papillons (E) [famille des chétodontidés], peu tolérants vis-à-vis des variations de température, sont inféodés aux mers des régions tropicales et notamment aux eaux coralliennes, les épinoches (D) [famille des gastérostéidés] acceptent un large éventail de températures dans les eaux douces tempérées de l'hémisphère Nord. Les reptiles (C) s'activent lorsqu'ils atteignent, grâce aux rayons solaires, une température optimale dans une marge assez étroite de variation. Le nombre de leurs espèces diminue des régions tropicales vers les hautes latitudes. Quant aux renards (B), ils fabriquent, comme tous les mammifères, leur propre chaleur et s'adaptent à un large éventail de températures, de l'Arctique aux tropiques. Ces exemples (limités ici à la régulation thermique) montrent de façon claire qu'au fur et à mesure de l'évolution le perfectionnement des techniques de régulation, qui concourent à donner aux animaux plus d'indépendance vis-à-vis du milieu, leur a permis de conquérir des milieux de plus en plus variés et étendus.

LA REPRODUCTION

La reproduction sexuée apparaît avec la cellule eucaryote, dont le milieu d'origine est l'eau. Dans la diversification évolutive, quel que soit le milieu de vie des organismes, la reproduction aura toujours lieu au contact de l'eau, de l'humidité.

ACQUÉRIR L'INDÉPENDANCE

S'AFFRANCHIR DU MILIEU AQUATIQUE

■ La reproduction en pleine eau est celle de nombreux invertébrés, des poissons et de nombre d'amphibiens. Librement émis, spermatozoïdes et ovules se rencontrent au hasard (cas de la méduse, mais aussi du hareng). À un niveau plus élaboré, les sexes se reconnaissent et s'accouplent ; la fécondation peut être externe, comme chez le crapaud ou la grenouille, ou bien interne, chez les requins et les mammifères marins.

Si la reproduction aquatique ne soulève guère de difficultés, il n'en va pas de même lorsque les animaux vivent à terre. Le spermatozoïde doit pouvoir nager jusqu'à l'œuf, qui ne doit pas se dessécher durant son développement. Toute adaptation terrestre doit obéir à ces deux impératifs. Les solutions sont nombreuses.

Invertébrés et amphibiens. La solution la plus simple, quand on vit à terre, est de pondre dans l'eau, comme le fait le crapaud. La salamandre assure le développement de ses œufs dans son corps et rejette, dans l'eau, des petits complètement achevés. L'escargot pond, en lieux humides, ses œufs enfermés dans une coque et pourvus d'un « blanc d'œuf », une réserve d'eau. L'œuf d'insecte a, lui aussi, une coque dure et, comme le développement est rapide, le risque de dessiccation est relativement minime ; de plus, la ponte peut avoir lieu sur un support humide.

Reptiles et oiseaux. Ils élaborent un œuf terrestre qui satisfait aux impératifs aquatiques, énoncés plus haut. La fécondation est interne, avec copulation, c'est-à-dire accouplement du mâle et de la femelle (c'est le cas de la plupart des reptiles) ou sans copulation (dans le cas des oiseaux). L'œuf pondu est protégé par une coque, souple ou calcifiée, et pourvu de sa réserve d'eau, le « blanc » ; un gros « jaune » sert de nourriture à l'embryon durant sa longue construction. À la surface du jaune, le germe fécondé va se développer en milieu aquatique, enfermé dans l'amnios, la « poche des eaux » ; on parle d'*œuf amniote*. L'intestin de l'embryon pousse une digitation, l'allantoïde, bien pourvue en vaisseaux sanguins et s'étalant sous la face interne de la coque, perméable, au travers de laquelle se font les échanges respiratoires. Bien équipé pour résister à la dessiccation, cet œuf est néanmoins pondu en lieux humides (tortue) ou protégés (oiseau). Cet œuf amniote est aussi celui d'un groupe de mammifères particuliers : les monotrèmes, dont un représentant célèbre est l'ornithorynque.

Mammifères. Tous les mammifères (à l'exception des monotrèmes) assurent un haut degré d'indépendance au développement en soustrayant leur œuf, fixé dans l'utérus (développement intra-utérin), aux contraintes du milieu. Sauf chez les marsupiaux (kangourou par exemple), une formation nouvelle, le placenta, met à la charge de la mère tous les besoins de l'œuf. Plus de blanc ni de jaune (l'œuf des mammifères est extrêmement petit) ; seuls subsistent l'amnios et une allantoïde, réduite au rôle de support des vaisseaux (c'est le cordon ombilical), qui relie l'embryon au placenta.

L'ŒUF TERRESTRE

Avec ses réserves propres, l'œuf pondu en milieu terrestre a permis une grande indépendance des animaux vis-à-vis de leur milieu.

Dans le cas de l'œuf de poule, par exemple, l'organisation est la suivante : coque (ou coquille), couche de blanc (albumen), volumineuse sphère de jaune (vitellus) qui porte le germe contenant le noyau. Après fécondation (dans le corps de la femelle, avant dépôt de la coque), le germe donne l'embryon, qui forme des annexes « extra-embryonnaires » (abandonnées à l'éclosion) : sac vitellin tapissé de vaisseaux sanguins, qui digère le vitellus ; amnios (poche des eaux) assurant un développement aquatique ; allantoïde, une enveloppe riche en vaisseaux, qui s'étale sous la coque, résorbe le blanc, assure la respiration et stocke les déchets émis par l'embryon.

A

A. **ACCOUPLEMENT DE CRAPAUDS**

Les crapauds mènent une vie plus terrestre que les grenouilles mais, comme nombre d'amphibiens, ils doivent se reproduire dans l'eau. Durant l'accouplement, les œufs sont fécondés à la sortie du corps de la femelle (fécondation externe). Enveloppés dans un cordon gélatineux, ils se développent dans l'eau et donnent des têtards, qui se métamorphosent en adultes, terrestres.

B

B. **ÉCLOSION DE TORTUE**

Avec les reptiles apparaît l'œuf « amniote », pourvu de réserves et partiellement indépendant du milieu aquatique. Sur terre, cet œuf se dessécherait si la femelle ne prenait soin de l'enterrer en milieu humide. Le développement dure plusieurs semaines, au cours desquelles l'embryon épuise ses réserves nutritives. Sur le museau du bébé tortue se développe une pointe dure, la dent de l'éclosion, qui lui permet de déchirer la coque.

C

C. **GNOU ET SON PETIT**

À peine né, le jeune gnou tente de se dresser sur ses pattes. La mère, qui a coupé le cordon ombilical, est en train de rejeter le placenta et les autres annexes embryonnaires. À partir d'un très petit œuf (quelques dixièmes de millimètre), un jeune gnou, de plusieurs kilogrammes, s'est formé à l'intérieur du corps de la mère, qui assure tous les besoins du développement : nutrition, circulation, respiration, rejet des déchets. Ce développement de mammifère est le plus abrité qui soit dans le monde animal ; il sera prolongé, une partie de la jeunesse, par les soins maternels. L'indépendance par rapport au milieu est devenue maximale.

LA NOTION D'ESPÈCE

L'ESPÈCE EST L'UNITÉ DE BASE de la systématique, discipline qui consiste à classer les êtres vivants. On la définit comme l'ensemble des individus capables de se reproduire entre eux.

DÉFINIR L'ESPÈCE

DE LA THÉORIE À LA PRATIQUE

■ CHACUN A UNE IDÉE plus ou moins diffuse de ce qu'est une espèce animale ou végétale et, s'il ne confond pas l'aigle et le roitelet, le chêne et le roseau, il éprouve néanmoins des difficultés à définir le concept. Depuis Buffon, les auteurs s'y sont essayés, prenant comme critère le degré de ressemblance des individus ou bien leur capacité d'engendrer des descendants, ou même les deux points de vue à la fois.

Pour le botaniste Linné, un plan de l'espèce (qu'il nomme « essence ») a été fixé par le Créateur divin. Toutefois, force est de constater que, dans la nature, les individus de la même espèce ne sont pas rigoureusement semblables. La notion de degré de différence (ou de ressemblance) fut, pourtant, largement utilisée et l'est toujours en paléontologie.

L'espèce biologique. L'espèce biologique est aujourd'hui définie comme une communauté reproductive *(interfécondité)* de populations, isolées quant à la reproduction de communautés voisines (avec lesquelles il n'y a pas interfécondité dans les conditions naturelles) et qui occupent une niche écologique spécifique. Cette définition est sans aucun doute la meilleure, même si le concept d'espèce biologique est moins solide pour les végétaux, où les hybridations fréquentes sont sources de problèmes inextricables. En réunissant des organismes au sein d'une espèce par le critère de l'interfécondité et en les séparant par la non-interfécondité, elle réalise une dichotomie parfaite où l'accent est mis sur le seul critère qui assure justement la perpétuation de l'espèce. Le degré de ressemblance morphologique est, lui, ignoré ; il peut en effet être trompeur, comme dans le cas des espèces jumelles. Cependant ce critère morphologique reste le seul utilisable dans la délimitation des espèces fossiles, pour lesquelles, bien évidemment, on ignore s'il y avait interfécondité ou non.

L'interfécondité. Simple à énoncer, le concept biologique d'espèce l'est moins à appliquer. L'interfécondité peut être difficile à observer directement ; en captivité, elle ne peut être prise en compte : ainsi, deux canards européens, le colvert et le pilet, sont deux bonnes espèces qui vivent côte à côte sans se croiser, mais qui le font en captivité et engendrent des descendants féconds. On ne peut pas dire pour autant qu'ils appartiennent à la même espèce. Des cas sont connus où deux espèces distinctes s'affrontent le long d'une zone où elles s'hybrident sans conduire à la fusion en une espèce unique ; elles sont alors considérées comme distinctes (c'est le cas de deux corneilles en Europe centrale, par exemple).

Les populations locales. À l'intérieur d'une espèce existent généralement des groupes de formes distinctes, non reliés entre eux par des intermédiaires (variation du nombre de points des coccinelles ou du nombre de stries sur la coquille des escargots des haies, par exemple) : l'espèce est alors dite *polymorphe.*

Sur une aire de répartition étendue, l'espèce sera *polytypique* si elle est composée de populations locales aux caractères distinctifs. On parle alors de « sous-espèces ».

LES POPULATIONS

L'écologiste étudie la communauté vivante d'une mare, d'une forêt, etc. : associations naturelles d'espèces animales et végétales liées par des interactions. Le généticien définit des groupes au sein des espèces : les populations. Ce sont des communautés d'organismes interféconds (même espèce) caractérisées par leur « pool génétique » (ensemble des gènes), distinct de celui d'autres populations. Une espèce peut être constituée d'une ou de plusieurs populations liées par des échanges de reproducteurs. Nés d'ancêtres communs, les membres qui constituent une population engendrent des descendants communs.

UN CASSE-TÊTE POUR SYSTÉMATICIENS

Sur les côtes de la Manche coexistent, sans se croiser, le goéland brun *(Larus fuscus)* et le goéland argenté *(L. argentatus).* Dans le Pacifique nord (autour de l'Alaska), à partir du goéland à pattes roses, des chaînes de sous-espèces, une à une interfécondes, conduisent, le long des côtes sibériennes, au goéland brun et, par l'Amérique du Nord, après traversée de l'Atlantique, au goéland argenté. Problème de systématique : le goéland brun et le goéland argenté, d'après le critère biologique, sont des espèces distinctes ; par les chaînes de sous-espèces *(chevauchements circulaires),* elles ne font qu'une et même espèce avec la forme souche du Pacifique ! Pour l'évolutionniste, il y a là un bel exemple d'apparition d'espèce (spéciation) par isolement progressif dans l'espace (et dans le temps) de sous-espèces, ici toutes conservées.

A

A. **SOUS-ESPÈCES DE BERGERONNETTES**

Le genre *Motacilla* est divisé en plusieurs espèces : bergeronnette des ruisseaux *(M. cinerea)* ; bergeronnette grise *(M. alba)* ; bergeronnette printanière *(M. flava),* répartie en Europe, Afrique du Nord et Moyen-Orient. Cette dernière espèce compte des *sous-espèces* désignées par trois noms : *M. flava flavissima* en Grande-Bretagne, *M. flava thunbergi* en Scandinavie et Russie, *M. flava iberiæ* en Espagne...

B

B. **ESPÈCES JUMELLES CHEZ LES MOUSTIQUES**

Des espèces sont dites « jumelles » lorsque, bien que ne pouvant être séparées au seul examen morphologique superficiel, elles ne s'interfécondent pas et sont donc obligatoirement différenciées par un ou plusieurs critères biologiques. Des études épidémiologiques menées sur les moustiques anophèles ont montré qu'à l'intérieur de ce qui était considéré comme une seule espèce pouvaient coexister des groupes de formes « inoffensives » et d'autres groupes, « vecteurs » du paludisme. Ainsi, *Anopheles maculipennis,* largement répandu en Europe et Asie, est en réalité un complexe de six espèces jumelles, qui ne peuvent être distinguées que par l'étude des œufs, des chromosomes, et par des essais de croisements. Deux d'entre elles, au moins, se contentent d'être désagréables, les autres étant dangereuses car vectrices du paludisme.

LA VARIATION

DES CHANGEMENTS À L'INTÉRIEUR DE L'ESPÈCE

LE CRITÈRE BIOLOGIQUE permet de définir ıne catégorie, l'espèce, qui ne se réfère à ıucun organisme particulier, mais à un ensemɔle d'organismes. Ne prenant en compte ni 'espace ni le temps, cette définition de l'espèce :orrespond à une place dans la hiérarchie sysématique. À ce titre, l'espèce est ce qu'on ıppelle un *taxon*. Ce terme désigne plus généralement une unité quelconque de la classifi:ation dès lors que celle-ci a été valablement léfinie quant à son niveau dans la systématique espèce, genre, famille...) et à son nom. À un :axon correspond un ensemble d'organismes ıuquel peut être assignée une place déterninée dans une classification ; chaque taxon ı un contenu qui est décrit ; par exemple, le loup, *Canis lupus* : taxon espèce, *lupus ;* taxon genre, *Canis ;* taxon famille, canidés... Chez les végétaux, le taxon chêne (genre *Quercus*) regroupe moins d'une dizaine d'espèces en France, alors qu'il en compte une quarantaine en Amérique du Nord.

La variation dans l'espace. On connaît déjà un aspect de la variation géographique de l'espèce : le polytypisme, c'est-à-dire la variation entre populations locales de la même espèce. Les populations locales d'une espèce polytypique sont reconnues comme *sous-espèces,* qui, contrairement à l'espèce définie par le critère objectif de l'interfécondité, n'ont pas de définition objective ; la reconnaissance de la sous-espèce est laissée à l'appréciation, subjective, des spécialistes. Sur une aire de répartition étendue, une espèce est généralement polytypique, mais il y a des exceptions : la mésange charbonnière par exemple se retrouve de la Bretagne (France) au Kamtchatka (Sibérie). La polytypic s'observe notamment chez les espèces à individus autoféconds (plantes surtout).

La variation dans le temps. L'espèce biologique est *actuelle.* Que devient-elle dans le temps ? Le critère d'interfécondité s'évanouit : les moineaux d'aujourd'hui ne peuvent se croiser avec ceux du temps de Buffon. Pourtant, les estampes, les pièces de collections démontrent que les caractères morphologiques sont restés les mêmes et, sur ces bases, nous affirmons avoir affaire à la même espèce, *Passer domesticus,* dont les générations successives sont liées par une chaîne d'interfécondité : les moineaux de 1788 ont (sauf accident) participé à la genèse de ceux de 1789, de 1790..., qui, eux-mêmes, ont prolongé l'espèce durant les XIXe et XXe siècles ; un certain pool génétique s'est inévitablement transmis au cours des siècles.

De nombreuses espèces fossiles peuvent être définies dans le temps : elles sont apparues, se sont répandues puis ont disparu. Au sujet de chacune d'entre elles, on peut raisonnablement affirmer qu'à une certaine époque un pool génétique est apparu (pool génétique à l'origine de l'espèce), qu'il s'est perpétué pendant des milliers d'année, sans subir d'autres variations que celles demeurant dans le cadre du pool et que, finalement, des événements génétiques ont engendré, à partir de lui, un nouveau pool (extinction). Ainsi, l'espèce se définit également dans le temps et ne doit pas rester un concept ponctuel.

\. B. C. D. E. F. G.
DÉLIMITER UNE ESPÈCE FOSSILE

Dans une population ɔolymorphe d'individus nterféconds (A), le brassage génétique a une :onséquence directe : la nesure d'un quelconque :aractère varie entre cer:aines limites et la distriɔution des points-mesures sur un graphique lessine une courbe de *listribution normale* courbe en cloche), caractérisée par une noyenne (somme des nesures divisée par le ıombre d'individus étuliés) et un écart-type représentatif du legré d'étalement les mesures).
Cette approche statistique ɛst utilisée dans l'étude de :ette ammonite du jurassique (il y a environ 150 milions d'années), *Kepplerites eppleri* (B).
Sur un même gisement, ɔn récolte des spécimens ɔaraissant appartenir à ıne seule espèce.
Comme ils n'étaient pas :ontemporains, mais séɔarés par des milliers l'années, on a affaire à ıne « population » où la variabilité liée à l'évolu:ion dans le temps s'ajoute à la variabilité ıormale dans les séquences d'« espèces ins:antanées ». La question ɛst alors la suivante : :ette variabilité dans le :emps reste-t-elle dans es limites de celle d'une ɛspèce biologique ou ɔien traduit-elle le changement d'espèce ?
Pour chacune des coquilles, on mesure : le nombre de côtes N (E), le diamètre D (G), la hauteur H (D) et l'épaisseur E (C) du tour. On calcule ensuite le rapport épaisseur/hauteur (F). Sur un graphique, on porte en abscisses les valeurs extrêmes de *e* et on partage en 10 l'intervalle entre ces deux extrêmes. En ordonnées, on place les nombres d'exemplaires par subdivision. Le résultat est matérialisé par une série de rectangles constituant un diagramme. Si, sur celui-ci, s'ajuste une courbe en cloche de distribution normale, cela signifie que l'échantillon est tiré d'une même espèce. Cette méthode statistique, appliquée ici aux divers paramètres calculés à partir des coquilles fossiles de *Kepplerites keppleri,* montre que tous les spécimens étudiés appartiennent bien à la même espèce.

B

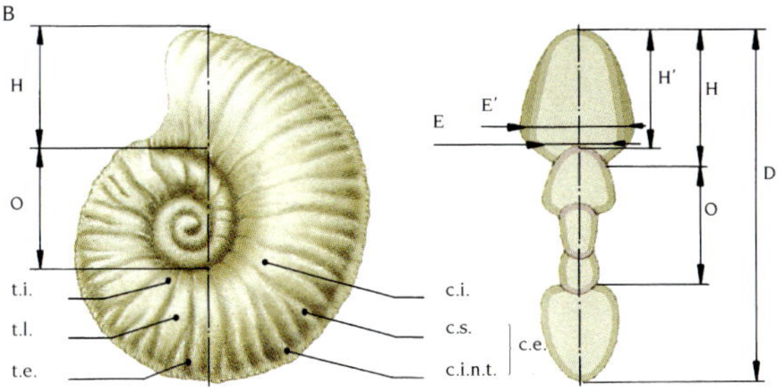

C

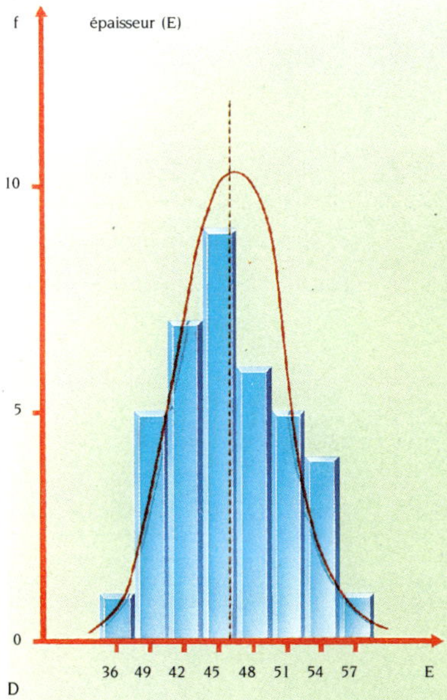

D

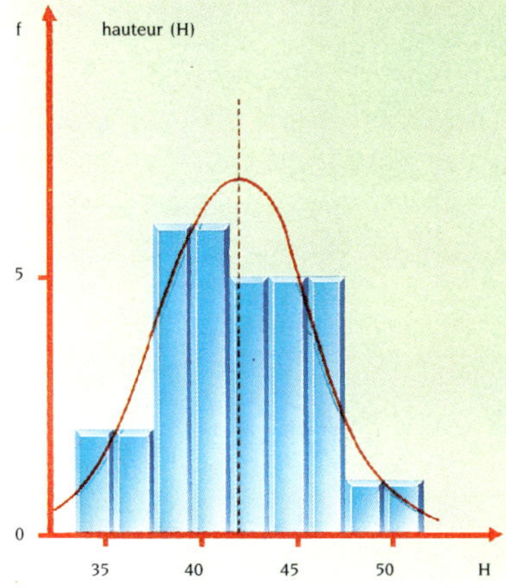

E

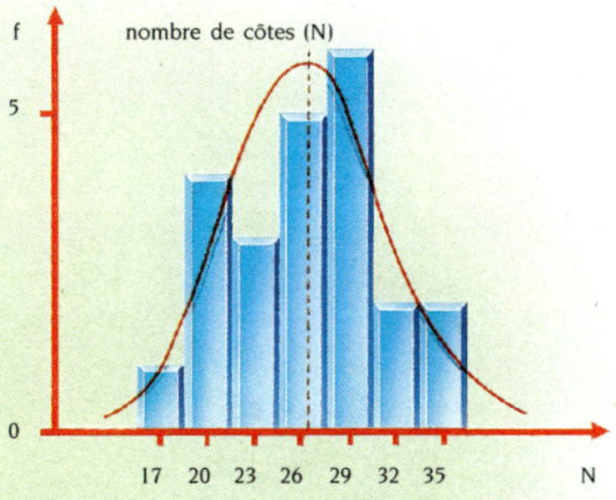

F

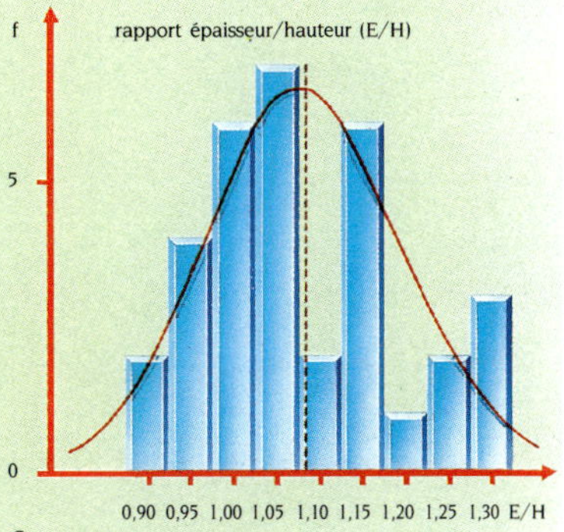

G

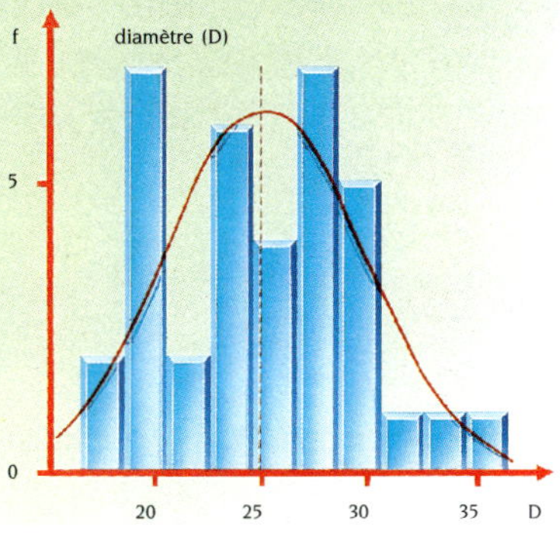

A

L'APPARITION D'ESPÈCES NOUVELLES

SELON LA THÉORIE DE L'ÉVOLUTION, les espèces dérivent les unes des autres par filiation. Il y a formation d'une nouvelle espèce, ou *spéciation,* lorsque, dans certaines conditions, un groupe d'individus diffère suffisamment des autres individus de l'espèce pour ne plus se reproduire avec eux (ce phénomène est appelé « isolement reproducteur »).

Des espèces se forment actuellement, et, même si cela concerne non les éléphants (à qui on ne laisse guère la chance de le faire) mais, par exemple, les drosophiles d'Amérique centrale et d'Amérique du Sud (du Guatemala au Brésil), le fait mérite d'être souligné, car il signifie que l'évolution se poursuit.

LES CONDITIONS

ISOLEMENT ET VARIATION GÉNÉTIQUE

■ LA NON-INTERFÉCONDITÉ sépare les espèces ; donc, à l'origine de toute nouvelle espèce, doivent intervenir des *mécanismes d'isolement reproducteur,* physiques, physiologiques, écologiques ou génétiques, prohibant toute possibilité de croisement entre la population souche, stable, et la population fille, évolutive.

Deux conditions d'isolement :
– un obstacle géographique (mer, montagne, forêt, bras de rivière...) peut séparer une population fille d'une population souche. C'est la *spéciation allopatrique ;*
– une population fille peut également s'isoler spontanément, sans isolement géographique. C'est la *spéciation sympatrique.*

Dans la spéciation allopatrique, l'obstacle physique suffit à prévenir tout contact entre les populations. En mode sympatrique, les mécanismes d'isolement sont nécessairement physiologiques ou génétiques. Dans l'un et l'autre cas, la séparation entre populations doit durer assez longtemps pour que, dans la population fille, des transformations génétiques se produisent, empêchant tout croisement si les deux populations sont de nouveau confrontées.

Les premiers modèles de spéciation. Selon le modèle *anagénétique,* une espèce se transforme de façon continue jusqu'à devenir une nouvelle espèce. Dans le modèle *cladogénétique,* l'espèce se coupe en deux ou en plusieurs espèces, donnant naissance à de nombreuses espèces filles.

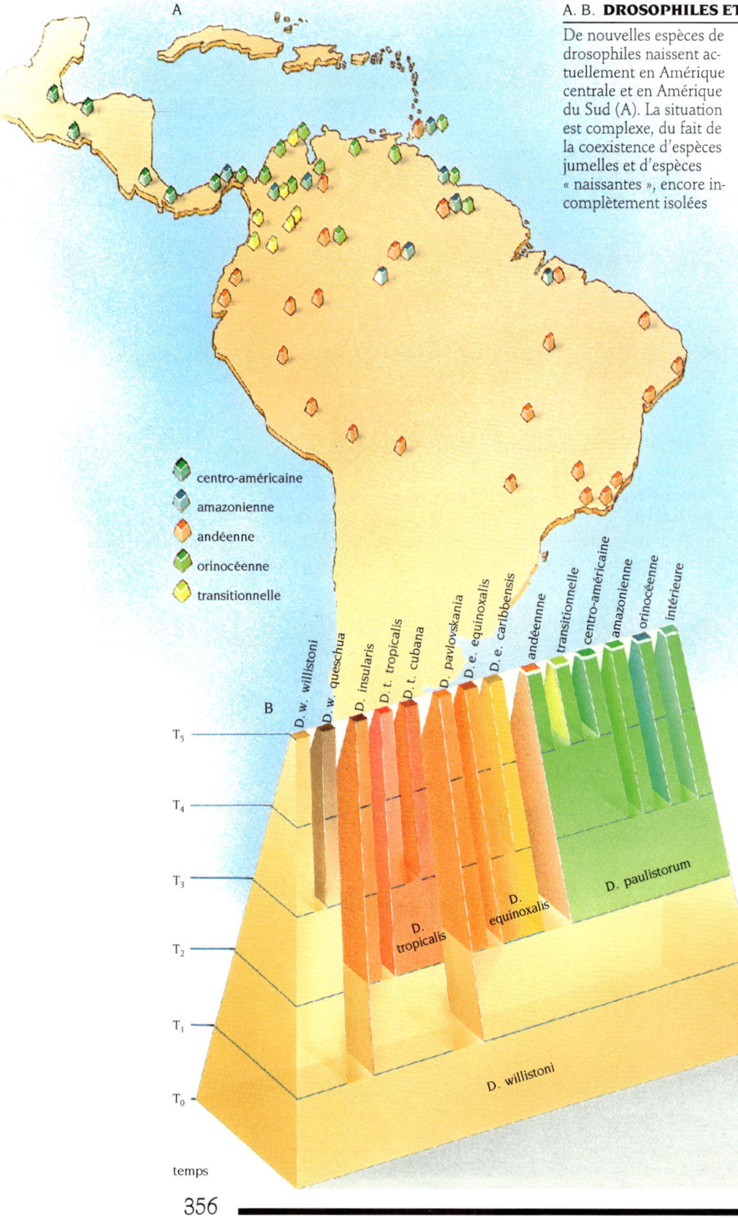

A. B. **DROSOPHILES ET SPÉCIATION**

De nouvelles espèces de drosophiles naissent actuellement en Amérique centrale et en Amérique du Sud (A). La situation est complexe, du fait de la coexistence d'espèces jumelles et d'espèces « naissantes », encore incomplètement isolées (leurs membres peuvent encore se reproduire avec ceux de l'espèce souche). Les espèces jumelles sont au nombre de six, difficiles à distinguer morphologiquement, à savoir : *Drosophila willistoni, D. paulistorum, D. equinoxalis, D. tropicalis,* à vaste répartition, tandis que *D. insularis* et *D. pavlovskania* sont limités à des aires restreintes (endémiques). *Drosophila paulistorum* est, de plus, un complexe de ce qu'on appelle des semi-espèces, stades plus ou moins avancés dans la spéciation, encore reliés par des interfécondités et des flux génétiques réduits. À la suite d'expériences de croisements, le degré d'isolement par rapport à l'espèce souche peut être apprécié : les mâles hybrides sont toujours stériles, les femelles plus ou moins fécondes ; la coexistence en certains lieux de plusieurs semi-espèces signifie qu'elles ont atteint un degré d'isolement reproducteur proche de celui de l'espèce. En conclusion de ces études, il ressort que les semi-espèces *amazonienne, orinocéenne* et *intérieure* sont bien séparées les unes des autres et de toutes les autres, et, cela, depuis longtemps ; les semi-espèces *andéenne, transitionnelle* et *centro-américaine* commencent seulement à se dégager de la souche *D. paulistorum* (B).

La spéciation allopatrique. Proposés plus ré cemment, les modèles allopatriques se distin guent des précédents par deux caractéristiques la nécessaire séparation entre population sou che et population fille ; le rôle décisif des petites populations comme sources potentielles de nouveautés évolutives.

En effet, dans une grande population, le bras sage permanent du pool génétique (« flux géné tique »), lié à l'interfécondité, tend à uniformi ser l'espèce entre certaines limites de variabilité Qu'une mutation se déclare dans un groupe d'individus, la nouveauté sera noyée par le brassage et les individus marginaux ramenés dans le giron de la grande famille.

Dans une population peu nombreuse, les chances seront plus grandes de sauver la nou veauté, comme le suppose le *modèle de la popula tion fondatrice.* Cette « population fondatrice » n'a emporté avec elle, vu sa petite taille, qu'un échantillon partiel du pool génétique parental elle n'est plus soumise au flux génétique unifor misant. De plus, isolée de la population mère elle est confrontée à un nouvel environnement La *révolution génétique* ainsi enclenchée, qu'elle soit totale ou partielle, pourra se conclure par l'apparition d'une espèce nouvelle.

Le modèle des équilibres ponctués. Il étend sur les durées géologiques les mécanismes pré cédents. L'espèce, stable sur de longues durées émet, à un moment de son histoire, un pseudo pode vers un nouvel environnement où il s'ins talle et, dans un temps bref (géologiquement parlant bien évidemment), il subit la transfor mation spécifique. Stabilisée dans son nouvel habitat, la nouvelle espèce peut ensuite étendre son territoire jusque sur celui de la population souche qu'elle remplacera.

La spéciation sympatrique. Son existence est discutée par ceux qui n'admettent que l'allopa trie. En fait, cette dernière modalité serait celle d'organismes qui, au cours de l'évolution, ac quièrent des niches écologiques différentes (modes de vie, régime alimentaire, ...). Cela signifie que, vivant sur un même territoire et n'étant séparées par aucune barrière physique des sous-populations peuvent être amenées à ne plus jamais se reproduire les unes avec les autres

L'EXPLOSION DES DROSOPHILES

Les îles Hawaii constituent un paradis pour les petites mouches drosophiles, dont on trouve 500 espèces propres à cette zone géographique (espèces endémiques) sur les 1 250 recensées dans le monde ! Sur 16 000 km^2, une occupation si dense du territoire exige une diversité extrême des niches écologiques, empêchant toute compétition.

À partir du continent, le vent a transporté les premières occupantes sur la plus ancienne de ces îles volcaniques, Kauai (datée de 5 millions d'années), et de là jusqu'à la plus récente, Hawaii (1 million d'années). Toutes les spéciations se sont donc effectuées sur 5 millions d'années.

On suppose que ce sont des « populations fondatrices », réduites parfois à une seule femelle fécondée, qui ont assuré les colonisations, sans concurrence. Aujourd'hui, des études sur la structure des chromosomes permettent de dresser un tableau des relations de parenté entre 101 espèces, sans toutefois préciser dans quels sens se sont faites les spéciations.

LES MÉCANISMES

MUTATIONS ET HYBRIDATIONS

LES MODÈLES DE SPÉCIATION tentent d'ordonner les événements en un scénario d'individualisation d'une ou de plusieurs espèces filles à partir d'une population souche. Pourtant, on ne connaît pas encore exactement les mécanismes génétiques précis qui régissent l'apparition d'une espèce nouvelle.

À l'origine des espèces nouvelles, deux types de mécanismes sont proposés :
- des modifications dans le pool génétique d'une population, que l'on désigne, collectivement, comme *mutations ;*
- des associations de matériels génétiques en provenance d'espèces différentes ; c'est ce que l'on nomme les *hybridations.* Ce dernier phénomène apparaît plus important et plus fréquent chez les végétaux que chez les animaux.

MANGEZ DU CHOU-RADIS

Par définition, une espèce doit être féconde et capable de persister. Avec les animaux, les essais n'ont abouti qu'à des hybrides inféconds ; avec les végétaux, ils ont été plus fructueux. Un exemple est celui du chou-radis *(Raphanobrassica),* hybride, comme son nom l'indique, du radis *(Raphanus)* et du chou *(Brassica).* La technique a reposé sur la multiplication du lot de chromosomes des cellules. Les cellules des deux espèces ont 18 chromosomes organisés en paires (cellules diploïdes à $2n$ chromosomes), sauf les cellules reproductrices, qui en possèdent 9 (cellules haploïdes à n chromosomes). Le croisement a engendré surtout des hybrides stériles à 18 chromosomes (9 du chou, 9 du radis), mais aussi quelques hybrides fertiles qui ont produit des graines à 36 chromosomes (tétraploïdes), lesquelles ont germé.

Les plantes hybrides ont un feuillage proche de celui du radis et des racines de chou ; elles sont fertiles. Toutefois, cette nouvelle espèce ne peut être maintenue qu'en culture ; livrée à elle-même, elle disparaît ; le succès n'est donc pas total. D'autres « espèces hybrides » ont été obtenues avec des navets, du tabac, une digitale... De quoi faire une belle salade !

Une association mutations/sélection. À la base de la théorie synthétique de l'évolution se trouve le principe d'une détermination génétique du changement évolutif, soumise à l'épreuve de la sélection naturelle.

On a observé, en conditions naturelles, des apparitions de vraies espèces (et non de variétés) par intervention reconnue de mutations. Le botaniste Hugo De Vries, au début du XXe siècle, fondait sa thèse du *mutationnisme* sur la naissance de nouvelles espèces chez une plante commune, l'œnothère, ou onagre *(Œnothera),* par transformations rapides sous l'effet de ce qu'il appelait des « mutations » de grande ampleur. En fait, il a depuis été montré qu'il ne s'agissait pas de véritables mutations génétiques, nécessairement ponctuelles (sans quoi elles ne sont pas viables). C'est un fait néanmoins incontestable que les mutations génétiques peuvent engendrer des espèces chez tous les êtres vivants.

Chez les végétaux, l'hybridation est aussi très importante. De ce fait, les courbes évolutives animale et végétale ont des allures différentes. Les premières sont des séries de lignées indépendantes ; pour les secondes, les nombreuses hybridations établissent des jonctions entre lignées : leur évolution est dite « réticulée ».

L'hybridation, un mécanisme de spéciation chez les végétaux. Lorsque le croisement entre individus appartenant à des espèces différentes est possible, il produit des hybrides. Dans le règne animal, ces derniers sont presque toujours stériles. On considère que la possibilité de spéciation à partir de l'hybridation serait d'autant plus faible que la complexité des organismes et de leurs programmes de construction (génétiques et embryologiques) serait grande. Cette complexité est plus élevée chez les animaux que chez les végétaux. Dès lors, les combinaisons entre programmes différents, lors d'une hybridation, s'opéreraient plus aisément chez les végétaux, ce qui favoriserait l'apparition d'hybrides féconds. De plus, la multiplication asexuée, « végétative », répandue chez les végétaux (nettement moins fréquente chez les animaux), permet à des hybrides, stériles ou de faible vitalité, de se perpétuer. Enfin, des hybrides végétaux stériles peuvent devenir féconds par l'intervention de phénomènes de multiplication des jeux de chromosomes (polyploïdie).

Les hybrides animaux. En élevage, les essais d'hybridation conduisent parfois à des produits vigoureux, mais néanmoins stériles, comme le mulet par exemple. Des programmes de constructions complexes différents peuvent donc s'associer mais ne franchissent pas le mur de la stérilité (ce phénomène est appelé *rupture hybride),* et c'est là que réside tout le problème de l'hybridation animale.

Des hybrides naturels féconds sont connus chez des poissons d'eau douce, des tritons et deux espèces de corneilles européennes, la mantelée de l'Est et la noire de l'Ouest.

A

A. **DÉCOUVRIR DE NOUVELLES ESPÈCES**

Confiné à une toute petite zone (25 km de diamètre) de Madagascar, ce lémurien, *Propithecus tattersalli,* n'a été décrit pour la première fois qu'en 1982. Chez les insectes, on décrit des dizaines d'espèces nouvelles chaque année ; il y en aurait des centaines à découvrir chez les nématodes (« vers ronds ») ou chez les micro-organismes, mais, avec les animaux de taille importante, les découvertes deviennent de moins en moins probables. Pourtant, les profondeurs océaniques conservent quelques mystères, comme le calmar géant. En Amazonie, l'inventaire des oiseaux n'est pas clos et, chez les singes, on y a découvert vers les années 1930 un atèle géant jusqu'alors inconnu. L'okapi, une « girafe » de la forêt congolaise, n'est connu que depuis 1901, et l'hylochère, énorme sanglier, depuis 1904 ; en Indochine, le kouprey, un bœuf sauvage, a été découvert en 1937. Mais les « terres lointaines » perdent petit à petit de leur mystère, les nouveautés se font plus rares. Pourtant, Madagascar a livré, en 1987, un autre lémurien, *Hapalemur aureus,* et les terres Australes, un albatros d'Amsterdam, de belle envergure.

B

B. **ENTRE TIGRE ET LION**

Chez les animaux, les croisements entre espèces différentes sont rarissimes dans les conditions naturelles. Mais, en captivité, l'isolement reproducteur peut parfois disparaître. Certaines espèces se montrent alors interfécondes : une tigresse avec un lion, ou une lionne avec un tigre, peuvent engendrer ces « tigrons ». Cependant, bien que parfaitement viables, de tels hybrides sont incapables de se reproduire.

L'ART DE CLASSER

LE RÔLE DE LA CLASSIFICATION

ORDONNER LA DIVERSITÉ DE LA VIE

■ DANS L'ÉNORME VARIÉTÉ des formes animales et végétales, le promeneur le moins averti reconnaît les différences d'aspect entre le ver de terre, la carpe, le moineau, le blé, le chêne, mais cette évidence n'apprend rien. Plus intéressante est la constatation de ressemblances entre une carpe, un hareng et un saumon ou entre le blé, le seigle et l'avoine... L'origine de ces « airs de famille » s'explique par la *théorie de l'évolution* et par la notion d'*ancêtres communs* à ces groupes de ressemblances.

La systématique et la taxinomie. Classer, c'est mettre en œuvre des regroupements d'êtres vivants dans des ensembles appelés « taxons » ou tout simplement « groupes » : ranger la carpe avec les autres poissons osseux, le blé avec les autres graminées... Les scientifiques procèdent à des regroupements de plus en plus fins, réalisant une classification hiérarchisée, la *systématique*, pour arriver à l'unité du monde vivant, l'*espèce*. Donner un nom propre à chacun des groupes, ou taxons, déterminés par la systématique, tel est l'objet d'une science, *taxinomie* (ou taxonomie).

Le genre et l'espèce. Pour comprendre la démarche de la classification, partons d'une espèce, le loup, désigné scientifiquement, dans le langage international (proposé par Linné au XVIIIe s.), par deux mots : *Canis lupus*. Le nom d'*espèce*, qui individualise l'animal, c'est *lupus*. Ce nom est obligatoirement précédé d'un nom de genre, ici *Canis*, qui regroupe généralement plusieurs espèces étroitement apparentées. Il n'y a qu'un *lupus* mais plusieurs *Canis* : *Canis familiaris* (le chien), *C. aureus* (le chacal), etc. Entre les membres du même genre, le degré de parenté est élevé, mais il l'est moins qu'entre les individus de l'espèce. Ainsi, toutes les variétés de chiens sont plus proches entre elles qu'elles ne le sont du chacal, par exemple.

Loup, chien, chacal..., la parenté s'exprime souvent au travers de ressemblances morphologiques. Mais les ressemblances peuvent être trompeuses, l'adaptation aux mêmes conditions de vie favorisant l'apparition de ressemblances entre groupes pourtant très éloignés (les requins et les dauphins, par exemple) ; c'est l phénomène de la *convergence adaptative* (on parl aussi de convergence évolutive). Par consé quent, outre les caractères morphologiques, l systématique réalise ses regroupements en s fondant sur d'autres caractères (anatomiques physiologiques, embryologiques, biochimi ques, paléontologiques, etc.). Les différente méthodes de classification se distinguent par l nature des caractères pris en compte, leur nom bre et surtout l'importance relative qui leur es accordée.

Les autres catégories. Dans l'exemple du loup, en élargissant le cadre de regroupement la systématique réunit au genre *Canis* le genre *Lycaon* (chien sauvage) et d'autres genres, te *Otocyon*. Cette réunion de genres constitue une *famille*, celle des canidés, que l'on assemble avec celle des félidés (lion, tigre...) dans l'*ordre* des carnivores, regroupant des familles qui malgré leurs dissemblances, ont des caractères communs. L'ordre des carnivores se réunit à d'autres ordres, ayant comme caractère commun (unique dans le monde animal) la production de lait, pour former la *classe* des mammifères (elle-même divisée en trois « sous classes » : les placentaires, les marsupiaux et les monotrèmes).

Les mammifères font partie de l'*embranchement* des vertébrés, qui, avec d'autres embranchements (mollusques, arthropodes...), constituent le *phylum* des métazoaires (ensemble des animaux pluricellulaires).

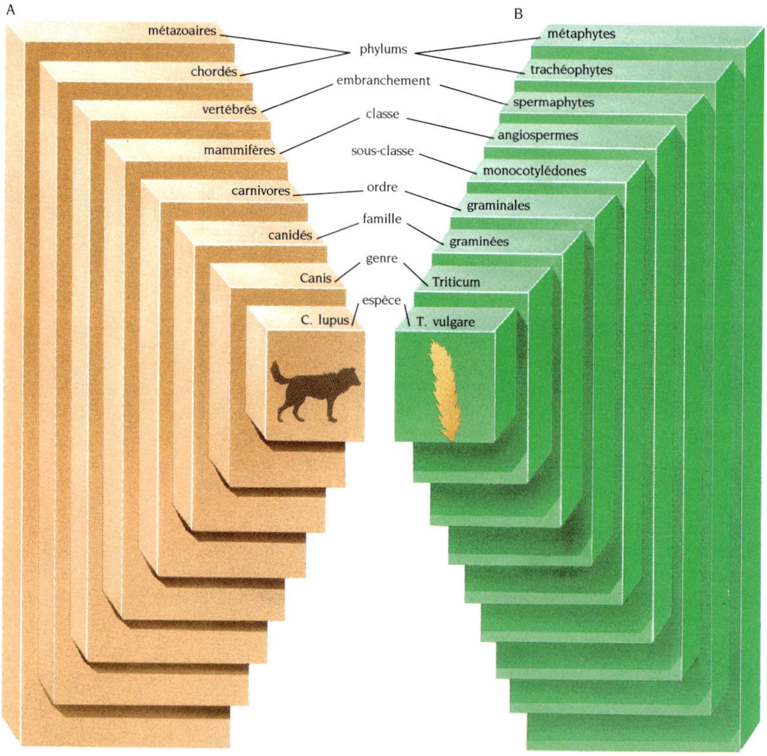

A. CANIS, ENTRE CHIEN ET LOUP

Le loup *(Canis lupus)*, dont ce diagramme donne la position dans les catégories de la systématique, se différencie bien d'autres espèces du genre *Canis*, comme le chacal et le renard. En revanche, il est tellement proche de certaines races de chiens *(C. familiaris)*, avec lesquelles il peut se reproduire, qu'il est difficile d'affirmer qu'il s'agit là d'espèces différentes. En fait, les chiens étaient autrefois des loups « domestiques ». Animal social, le loup vit en troupes disciplinées et hiérarchisées. L'homme a pu alors se l'associer pour chasser, puis pour protéger ses troupeaux. Très probablement, la domestication a débuté en Inde et s'est étendue sur les continents eurasiatique et africain. Les actuels chiens Pariah des Indes, le dingo d'Australie sont restés proches de la souche. En Europe, les restes les plus anciens attribuables à des chiens datent de 10 000 ans. De probables croisements avec les grands loups du Nord, une sélection artificielle millénaire, avec préservation de formes mutantes, ont créé les quelque 300 races de chien aujourd'hui répertoriées.

B. TRITICUM, LES VARIÉTÉS DU BLÉ

Le blé, de par sa facilité de culture et son apport alimentaire indiscutable, est aujourd'hui la céréale la plus fortement demandée dans le monde. La systématique le classe dans le genre *Triticum*, une des familles de l'immense ensemble des graminées. Sa culture a débuté au néolithique (il y a 6 000 ou 7 000 ans) au Moyen-Orient, où poussent encore des blés sauvages *(T. monococcum* et *T. dicoccum)*. Ces espèces sauvages possèdent des cellules à 14 chromosomes. Aux âges du bronze et du fer apparaissent des formes nombreuses, dont le blé commun, *T. vulgare*, à 42 chromosomes, issu probablement d'une hybridation avec le genre voisin *Aegylops*. Les formes produites par les agronomes sont nommées « cultivars », sans tenir compte de la variabilité génétique, qui pourrait justifier le classement de certaines d'entre elles comme espèces distinctes. Les formes primitives, ou « engrains », disposent de 14 chromosomes, les « blés durs » en ont 28 et les « blés tendres » en comptent 42.

QUI SE RESSEMBLE NE S'ASSEMBLE PAS TOUJOURS

Pour établir une classification, on peut regrouper des organismes en se fondant sur la seule ressemblance extérieure. Mais cette méthode simple risque de conduire à des assemblages insolites.

En Australie et en Tasmanie vivait le thylacine, dont les derniers individus ont été exterminés au XXe siècle. Son nom courant de « loup de Tasmanie » souligne à quel point il ressemblait au loup. Pourtant, son mode de développement embryonnaire, sans placenta, et d'autres caractères le font ranger avec les marsupiaux, alors que le loup est un placentaire.

De même, à l'ère tertiaire et au début du quaternaire, de grands félins aux canines surdéveloppées, tel *Machairodus*, vivaient en Europe et en Amérique du Nord. À la même époque, de semblables « tigres à dents de sabre » vivaient en Amérique du Sud ; pourtant, il s'agissait de marsupiaux ! De même, les cactus d'Amérique ont leurs répliques en Afrique orientale, mais ces « semblables » sont des euphorbes, qui n'appartiennent pas à la même famille.

Ce sont là des illustrations du phénomène de *convergence* entre éléments de groupes différents, par l'acquisition d'adaptations semblables.

L'ÉVOLUTION DES MÉTHODES

SYSTÈME ET CLASSIFICATIONS

■ RÉUNIR DES ANIMAUX ou des végétaux dans des groupes, c'est les classer ; mais, au préalable, il faut *déterminer* les espèces à regrouper.

La détermination utilise des caractères comme indices signalétiques, sans s'interroger sur leur signification structurale, fonctionnelle ou évolutive. Son but est de reconnaître l'« objet » étudié et de l'identifier par le nom que lui a donné la taxinomie.

Pour ce faire, les faunes et les flores, ouvrages permettant de reconnaître les espèces, utilisent des *clés dichotomiques* (inventées par Lamarck), où les réponses données à des séquences définies de questions conduisent finalement au nom de l'espèce.

La nomenclature binominale. Le nom scientifique des espèces s'écrit, en latin, selon la nomenclature binominale établie par Linné (exemple, le loup : *Canis lupus*). Dans certains cas, l'existence de « sous-espèces » justifie l'emploi d'une nomenclature trinominale (on distingue, par exemple, plusieurs sous-espèces de goélands argentés, dont *Larus argentatus argentatus* et *L. argentatus atlantis*).

Dans un système, comme celui de Linné pour les plantes, l'auteur privilégie, *arbitrairement*, un ou plusieurs caractère(s) : nombre des étamines, présence d'étamines et de pistils sur la même fleur ou sur des fleurs séparées..., et, sur ces bases, forme des groupes, qu'il répartit entre 4 catégories hiérarchisées : classe, ordre, genre, espèce (depuis, les systématiciens ont augmenté le nombre des catégories).

La classification phylogénétique. Les auteurs préévolutionnistes, prenant en compte de façon arbitraire tels ou tels caractères, élaboraient des *systèmes* (d'où le terme de « systématique »). Avec l'introduction, par les théories darwiniennes, de l'idée d'évolution dans la pensée et la pratique biologiques apparurent les véritables classifications, qui prennent en compte les affinités phylogénétiques (c'est-à-dire évolutives) des organismes.

Avec l'idée d'évolution, la classification passe de la simple opération de rangement à la tentative de représentation de l'histoire évolutive des animaux et des végétaux.

L'apport de la « révolution darwinienne » fut la reconnaissance des mécanismes générateurs de la diversité organique, le *branchement* et la *divergence* : d'une espèce ancestrale se détachent des espèces filles dont les courses divergentes et ramifiées engendrent les groupements (taxons) reconnus des classificateurs, et qui ne sont plus des « objets » arbitraires mais la représentation du fait évolutif.

LES MÉTHODES ACTUELLES

SELON LES CARACTÈRES PRIS EN COMPTE

■ LE PRINCIPE MÊME DE LA CLASSIFICATION se heurte à la difficulté fondamentale de vouloir enfermer le processus naturel et continu de l'évolution dans le cadre discontinu et artificiel des catégories, ou taxons. Un compromis est nécessaire, et c'est pourquoi il n'y a pas *une* mais *des* méthodes de classification.

La phénétique (ou taxinomie numérique). Les auteurs de cette méthode (R. R. Sokal et P. H. A. Sneath, en 1963) cherchent à éliminer toute subjectivité. Sur les « objets » à classer, la phénétique retient le plus grand nombre de caractères possibles, tous considérés comme d'égale importance : quantitatifs (mesurés) et qualitatifs (numérisés arbitrairement). Les données chiffrées sont ensuite groupées en tableaux (matrices), à partir desquels sont calculées (au moyen d'un ordinateur) des *distances phénétiques*.

Le cladisme. Fondée par W. Hennig en 1950, cette méthode fait une distinction entre les caractères ancestraux, *plésiomorphes* (partagés par différents rameaux évolutifs), et les caractères évolués, *apomorphes* (propres à un taxon donné), qui seuls permettent d'opérer des groupements. Sur ces bases sont constitués des *groupes monophylétiques* (appelés « clades ») incorporant l'ancêtre porteur du caractère apomorphe et *tous* ses descendants. Un groupe *paraphylétique* ne compte pas tous les descendants ou en incorpore d'autres origines. Deux taxons ayant la même apomorphie sont nommés *groupes frères*. L'évolution procède par *dichotomies* successives, et la finalité de l'analyse est la recherche des plus proches ancêtres communs, sans identification de ces ancêtres. Les résultats peuvent être ensuite présentés sur un *cladogramme*.

La classification phylogénétique. Cette méthode « orthodoxe », héritée de la théorie darwinienne, tente de reconstituer les histoires évolutives à partir des seules formes actuelles ou avec l'appui des fossiles. Les caractères, primitifs ou évolués, sont utilisés à tous les niveaux de classification (à la différence du cladisme), et les ancêtres sont recherchés parmi les fossiles pour élaborer un *arbre phylogénétique*.

A

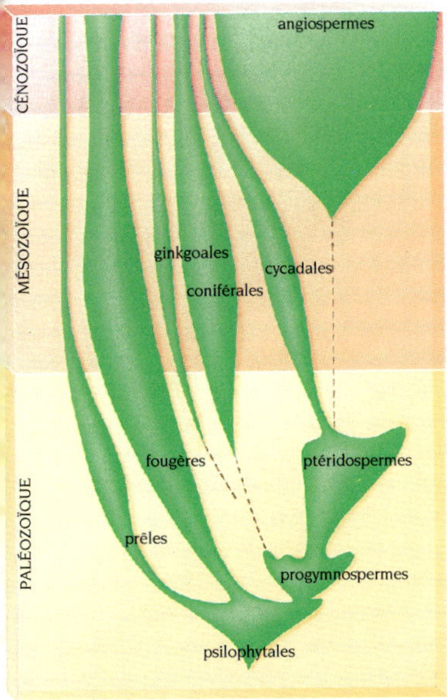

A. **MÉTHODE PHYLOGÉNÉTIQUE**

Sur cet arbre phylétique des plantes vasculaires, les relations de filiation évolutive entre les groupes sont représentées par les différentes ramifications. Dans cette approche, les fossiles, considérés comme les ancêtres de formes actuelles, sont pris en compte et traités, dans leurs comparaisons, au même titre que les espèces actuelles. Cependant, pour nombre de groupes (comme les angiospermes), l'origine ne peut encore être établie.

C

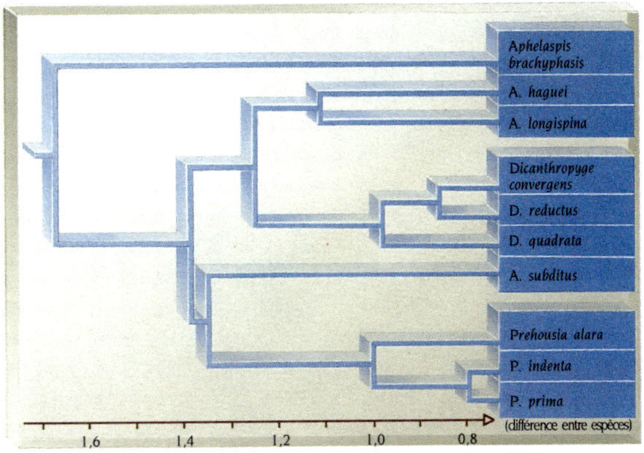

C. **PHÉNÉTIQUE**

Ce *dendogramme* est construit à partir de 24 mesures prises sur 10 espèces de trilobites (arthropodes fossiles du cambrien). Les valeurs des distances phénétiques sont données en abscisses. Les espèces se distribuent, selon leur degré croissant de similitude, par des dichotomies successives ; les groupes ainsi constitués rassemblent des sujets ayant le plus grand nombre possible de caractères communs.

B

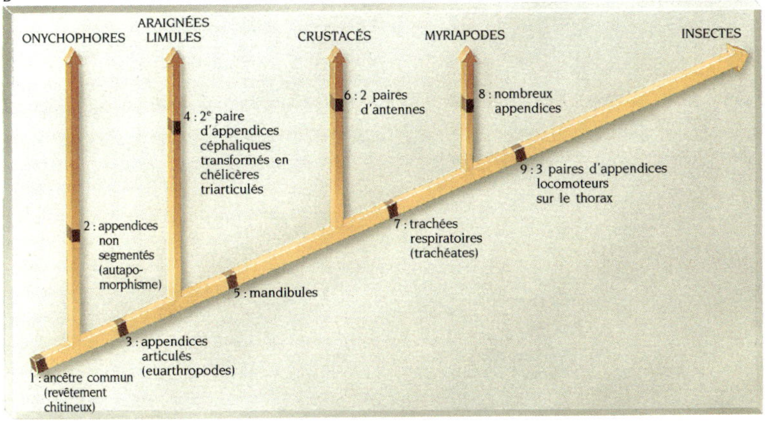

B. **CLADISME**

Cette méthode prend en compte les caractères évolués (apomorphies) et rejette les caractères ancestraux (plésiomorphies) pour l'établissement des groupes. Ainsi, sur ce cladogramme des arthropodes, l'existence d'une carapace de chitine est une apomorphie qui différencie ce groupe des autres invertébrés, mais elle devient une plésiomorphie à l'intérieur du groupe. En revanche, l'existence de chélicères, par exemple, est une apomorphie permettant de définir le groupe des chélicérates.

L'ARBRE ÉVOLUTIF DU VIVANT

A. **LES CINQ RÈGNES**

À travers le monde vivant, des groupes naturels peuvent être décrits par l'existence de caractères communs. Ainsi, il est devenu classique de diviser le vivant en cinq règnes (cyanobactéries, bactéries, champignons, végétaux chlorophylliens et animaux). À l'intérieur de chaque règne, le nombre de catégories est plus ou moins important et peut varier considérablement selon les auteurs. Par ailleurs, certains (les cladistes) ont tendance à abandonner la dénomination traditionnelle (embranchement, classe, ordre, famille, sous-famille ...) pour nommer simplement les groupes d'après les caractères qui les réunissent.

LES PLANTES RELIQUES

Des groupes végétaux qui présentèrent dans les temps géologiques une diversification importante peuvent ne subsister, dans la flore actuelle, que par une ou quelques reliques. Ainsi, les plantes de l'ordre des lycopodiales, qui formaient de grands arbres dans la forêt du carbonifère, n'ont plus, aujourd'hui, que quelques représentants herbacés, dont le lycopode, ou pied-de-loup. De même, les prêles actuelles (genre *Equisetum*) représentent le groupe des équisétales, largement développé au trias, où les individus, arborescents, pouvaient atteindre 20 cm de diamètre. Quant à l'arbre *Ginkgo biloba,* dont on voit ici un rameau, c'est le dernier des représentants de l'ordre des ginkgoales, nombreux au tertiaire.

B. **INVENTAIRE DU RÈGNE VÉGÉTAL**

Comme pour le règne animal, le nombre d'espèces est très difficile à déterminer. En systématique actuelle, les champignons, formant un règne particulier, sont exclus, et l'inventaire doit concerner les seuls végétaux pluricellulaires (métaphytes). Les groupes les plus anciens, fougères exceptées, n'ont plus qu'un très modeste rôle dans la flore actuelle. Les gymnospermes, dominantes jusqu'au crétacé (20 000 espèces au jurassique), ont moins de 1 000 espèces et sont largement supplantées par les angiospermes, dernières apparues.

B

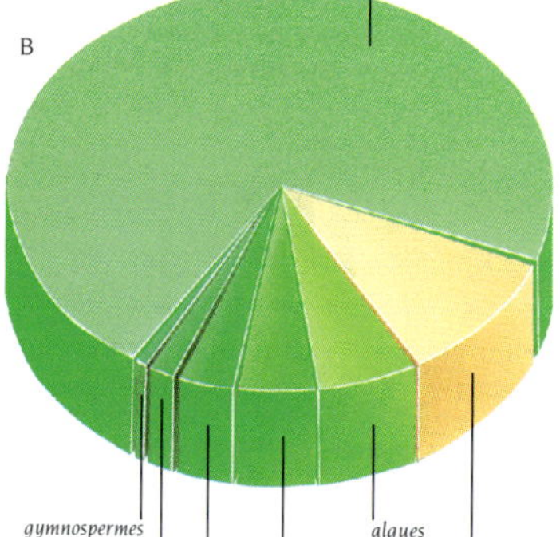

A

Plantes vasculaires, ou trachéophytes

Leur classification, présentée ici selon une séquence évolutive (phylogenèse), les fait apparaître au silurien, avec les psilophytes, premières cryptogames vasculaires (ou ptéridophytes) : différenciation de vaisseaux conducteurs de la sève (d'où leur nom de plantes vasculaires), *formation d'un appareil végétatif avec racines, tiges, feuilles (qui, avec les bryophytes, les différencie des thallophytes, algues et champignons). L'étape suivante, avec les spermaphytes, ou phanérogames, est la formation d'une graine (ovule), nue chez les gymnospermes, mais protégée en revanche dans un fruit chez les angiospermes (plantes à fleurs).*

Cyanobactéries

Appelées autrefois cyanophycées, *ou* algues bleues, *elles appartiennent, avec les autres bactéries, au règne le plus ancien, celui des procaryotes. Dégageant, par leur activité photosynthétique, de l'oxygène, elles ont progressivement transformé (au cours de millions d'années) l'atmosphère réductrice de la Terre primitive en atmosphère oxydante. Certaines d'entre elles, par leur activité, ont édifié et édifient encore des formations, les stromatolites, qui sont parmi les plus anciens « fossiles » connus.*

Champignons

Ils posent bien des problèmes aux classificateurs. Les champignons, comme les algues, forment des thalles (thallophytes) sans racines, ni tiges, ni feuilles, et leurs structures reproductrices ne comportent pas de graines (cryptogames). Mais, à la différence des algues, ils n'ont pas de chlorophylle et ne vivent que d'aliments organiques. Absence originelle ou absence secondaire (comme cela arrive à certaines plantes angiospermes) ? Dans la classification traditionnelle à deux règnes, ils étaient végétaux ; dans la classification présentée ici, ils constituent un règne à côté des autres pluricellulaires : les animaux (métazoaires) et les végétaux (métaphytes).

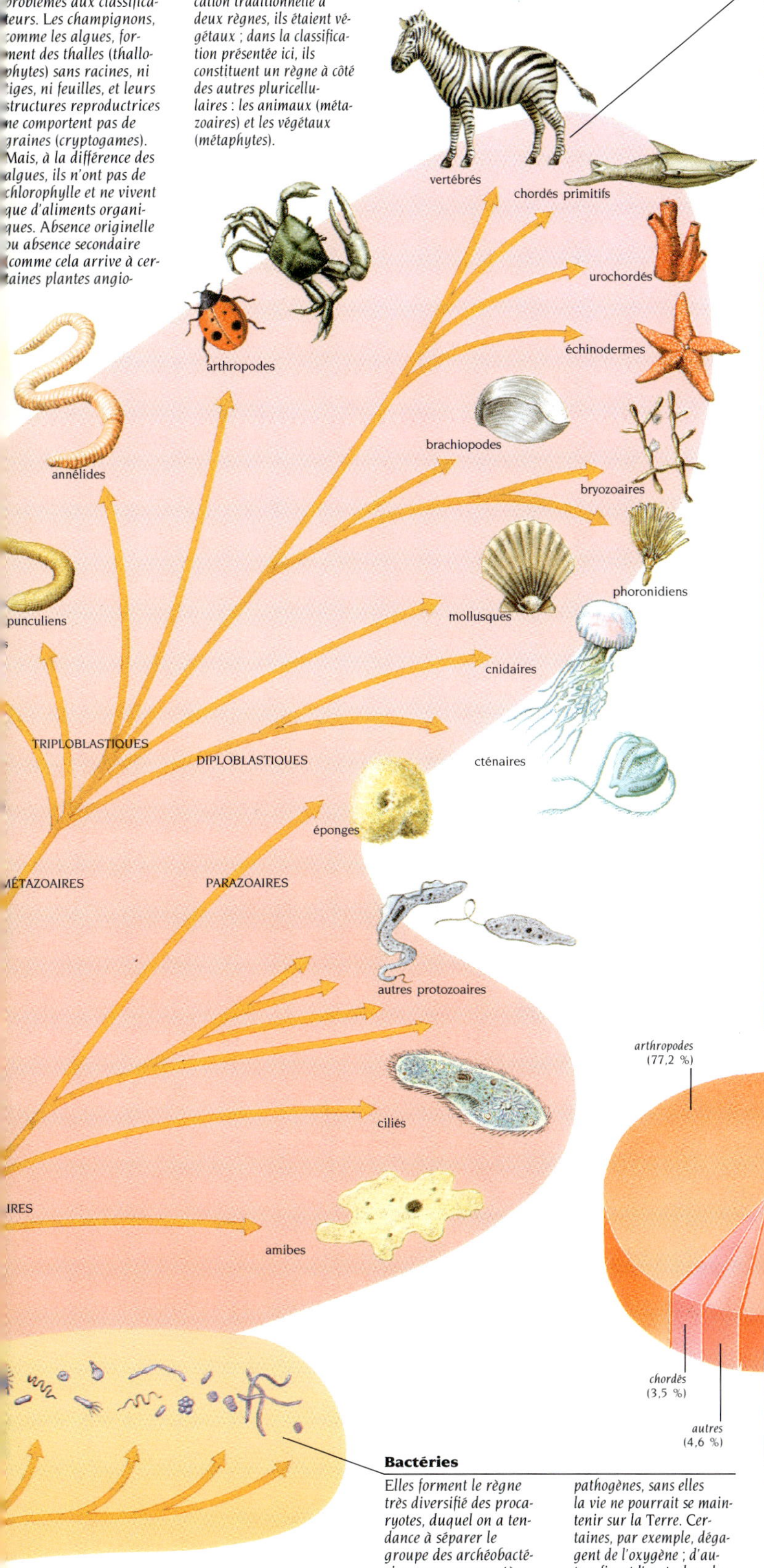

Monde animal

Sur cette représentation simplifiée de la diversité du règne des animaux pluricellulaires (métazoaires), les branchements successifs de l'axe central sont hypothétiques. En réalité, on connaît encore très peu de chose sur l'origine des embranchements. Parmi les métazoaires, les éponges constituent un ensemble à part (parazoaires) ; les autres métazoaires se divisent en diploblastiques, à deux feuillets embryonnaires (cténaires et cnidaires), et triploblastiques, à trois feuillets, dont les plathelminthes pourraient être le groupe ancestral. Quant à l'origine des arthropodes, elle serait à rechercher chez les annélides.

LES GROUPES ENDÉMIQUES

Un taxon (de l'ordre à l'espèce) animal ou végétal est dit « endémique » lorsqu'il est particulier à un continent (comme l'ornithorynque, en Australie), à une île (tel le varan géant de Komodo, en Indonésie), à un désert (c'est le cas de *Welwetschia,* gymnosperme du Kalahari), à des montagnes (comme les séneçons des sommets africains). Tous les eucalyptus sont endémiques en Australie, mais ils ont été implantés ailleurs. Le cheval sauvage est devenu endémique en Mongolie par restriction de son aire.

Ce mammifère monotrème (qui pond des œufs et allaite ses petits, comme l'ornithorynque) est un échidné, endémique en Australie et en Nouvelle-Guinée.

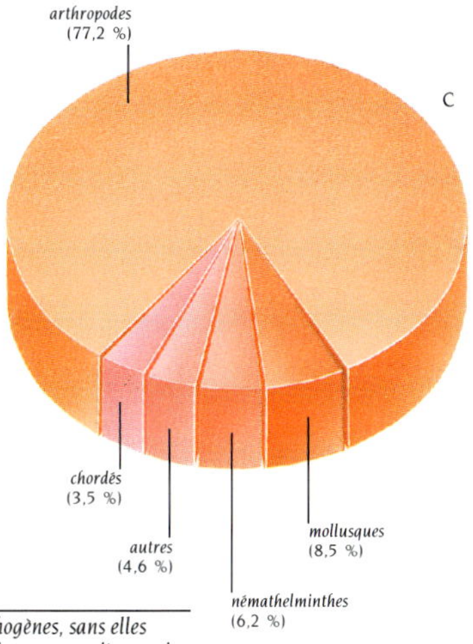

C. INVENTAIRE DU RÈGNE ANIMAL

L'état d'avancement des inventaires est très variable selon les taxons étudiés. Il faut aussi prendre en compte la façon dont est conçue l'espèce ; dans un même groupe, certains auteurs multiplient le nombre des taxons ; d'autres les rassemblent en espèces « polytypiques » (plus de 30 000 espèces d'oiseaux pour les uns, 8 500 pour les autres). Certains évaluent à environ un million les espèces d'insectes... selon d'autres, il y en aurait peut-être deux ! Les némathelminthes, qui intéressent peu de spécialistes, auraient, en réalité, des dizaines de milliers d'espèces.

Bactéries

Elles forment le règne très diversifié des procaryotes, duquel on a tendance à séparer le groupe des archéobactéries, pour ses caractères communs avec les eucaryotes. Eobacterium (Afrique du Sud) est le premier fossile reconnaissable (3,2 milliards d'années). Même si nombre de bactéries sont pathogènes, sans elles la vie ne pourrait se maintenir sur la Terre. Certaines, par exemple, dégagent de l'oxygène ; d'autres fixent l'azote dans les racines de certaines plantes. Les méthanigènes, qui produisent du méthane (gaz des marais), recyclent le carbone organique des formations putréfiées.

RÉFÉRENCES

abbevillien, industrie préhistorique du paléolithique inférieur, caractérisée par des bifaces (outils de pierre grossièrement taillés sur leurs deux faces à l'aide d'un percuteur dur [pierre]).

acheuléen, industrie préhistorique du paléolithique inférieur, faisant suite à l'abbevillien, caractérisée par des bifaces réguliers taillés au percuteur tendre (bois, os).

Agassiz (Louis), naturaliste suisse (Môtier, cant. de Fribourg, 1807-Cambridge, Massachusetts, 1873). Ses *Recherches sur les poissons fossiles* (1833-1842) sont fondamentales. Il a également montré le premier que le transport des blocs erratiques par les glaciers date d'une époque antérieure aux temps historiques, qu'il appelle « l'époque glaciaire ». Il s'opposa au darwinisme.

Agassiz (Alexandre), naturaliste d'origine suisse (Neuchâtel 1835 - à bord du transatlantique *Adriatic* 1910), fils de Louis Agassiz. Il s'était fixé aux États-Unis. À l'opposé de son père, ce fut un partisan décidé du transformisme de la théorie de l'évolution.

Andrews (Roy Chapman), explorateur et naturaliste américain (Beloit, Wisconsin, 1884 - Carmel, Californie, 1960). Il a découvert les restes des plus anciens et des plus grands mammifères connus, et rassemblé une riche collection de nouveaux fossiles.

anthracologie, étude des charbons de bois, en particulier ceux prélevés sur les sites archéologiques, dans les foyers des hommes préhistoriques. L'étude microscopique de ces charbons permet de les déterminer. L'analyse anthracologique est utilisée en paléoécologie.

anthropoplastie, procédé de reconstitution des formes anatomiques d'espèces disparues, en particulier d'hominiens fossiles, à partir d'éléments des squelettes.

Arambourg (Camille), paléontologiste français (Paris 1885 - id. 1969). Il est l'auteur de mémoires sur les poissons, les mammifères et les hommes fossiles, de l'Afrique du Nord en particulier.

Artedi (Peter), naturaliste et médecin suédois (Anundsjö 1705 - Leyde 1735). Collaborateur et ami de Linné lors du séjour de celui-ci aux Pays-Bas (à partir de 1729), il prend une part décisive à la classification des êtres vivants et assure seul l'étude de groupes importants : poissons, reptiles, ombellifères.

aurignacien, industrie préhistorique du début du paléolithique supérieur, qui apparaît dans le sud-ouest de la France il y a environ 35 000 ans.

Baringo, lac du Kenya qui a donné son nom à des sites dans lesquels furent découverts des restes d'australopithèques datés de 3,5 millions d'années.

Bentham (George), botaniste anglais (Stocke, près de Portsmouth, 1800 - Londres 1884). Il publia une flore de Hongkong, de l'Australie, et surtout, avec Hooker, un important *Genera plantarum* (1862-1883), ouvrage comprenant la classification et la description de tous les genres connus de plantes à graines.

Bertrand (Charles Eugène), botaniste français (Paris 1851 - Lille 1917). Professeur de botanique à la faculté des sciences de Lille, il est l'auteur de travaux d'anatomie sur les végétaux actuels et fossiles. Il a étudié les formations carbonifères.

Bertrand (Paul), paléobotaniste français (Loos-lès-Lille 1879 - Paris 1944). Fils du précédent. Ses recherches les plus importantes ont trait à l'anatomie comparée des végétaux vivants et fossiles. Il a établi l'échelle stratigraphique des terrains houillers d'Europe occidentale et décrit la flore fossile de la Sarre et de la Lorraine.

Biache-Saint-Vaast, site de France (Pas-de-Calais), dont les couches archéologiques datent du dernier cycle glaciaire du pléistocène moyen récent. Un crâne humain, trouvé en 1976, appartient à un individu jeune et probablement de sexe féminin.

Bilzingsleben, site d'Allemagne, proche d'Erfurt, où furent mis au jour les restes d'un crâne humain d'*Homo erectus* et des structures d'habitat.

Boule (Marcellin), paléontologiste français (Montsalvy, Cantal, 1861 - id. 1942). On lui doit des travaux sur la géologie du Massif central, sur la paléontologie des mammifères et surtout sur les hommes fossiles. Il tenta de relier les phénomènes géologiques, paléontologiques et archéologiques de l'époque quaternaire. En 1911, il décrivit le néandertalien découvert à La Chapelle-aux-Saints.

Boureau (Édouard), botaniste et paléobotaniste français (1913). Auteur de travaux sur l'évolution des végétaux et l'origine de la vie, il a défendu la théorie de l'origine de la cellule eucaryote par symbiose entre cellules procaryotes.

Breuil (Henri), ecclésiastique et préhistorien français (Mortain 1877 - L'Isle-Adam 1961). Il a étudié l'art pariétal (en particulier du paléolithique supérieur) dans les cavernes préhistoriques en France (Lascaux), en Espagne et en Afrique du Sud.

Buffon (Georges Louis Leclerc, comte de), naturaliste et écrivain français (Montbard 1707-Paris 1788). Il est l'auteur d'une *Histoire naturelle*, dont les trois premiers volumes paraissent en 1749 et dont la publication se poursuivra jusqu'en 1804 (36 volumes). Buffon condamne la classification de Linné, qui lui paraît trop systématique, et s'en tient à la description des animaux telle qu'une observation scrupuleuse de leur nature et de leurs mœurs les révèle.

Burgess, localité du Canada (Colombie-Britannique), site du cambrien moyen (470 millions d'années), qui a livré la plus importante faune paléozoïque d'animaux à corps mou.

Carmel (squelettes du mont), ensemble important de squelettes humains exhumés en 1931 dans le mont Carmel (Israël) par le préhistorien américain McCown.

Cartailhac (Émile), archéologue et préhistorien français (Marseille 1845 - Genève 1921). Il a publié notamment *l'Âge de pierre en Asie* (1880) et *la France préhistorique* (1889), ouvrage devenu classique. Ses travaux ont beaucoup contribué aux progrès de la préhistoire.

châtelperronien, industrie préhistorique marquant le début du paléolithique supérieur, apparaissant dans le centre de la France il y a environ 37 000 ans, caractérisée par le développement de l'outillage en os.

Circeo (monte), en fr. mont Circé, site d'Italie. On a découvert, dans une grotte de ce mont, un crâne de néandertalien reposant au centre d'un groupe de pierres disposées en ovale, ce qui constitue le plus solide argument en faveur du culte des crânes à l'époque de l'homme de Neandertal (moustérien).

cladisme, méthode de classification fondée sur l'analyse des relations de parenté entre taxons monophylétiques, ou clades.

Combe-Capelle, site préhistorique de la Dordogne (commune de Montferrand) où fut découvert au début du siècle un squelette d'*Homo sapiens sapiens,* possédant encore quelques caractères archaïques dans lesquels certains anthropologues ont vu un héritage de l'homme de Neandertal.

Cope (Edward Drinker), paléontologiste américain (Philadelphie 1840 - id. 1897). En dehors de ses travaux de paléontologie proprement dite, qui portent sur beaucoup de formes fossiles inconnues jusqu'à lui (vertébrés permiens, dinosauriens, mammifères tertiaires), Cope s'est aussi illustré par ses théories sur l'évolution des espèces. On lui doit la loi de la non-spécialisation des espèces susceptibles d'une évolution ultérieure, et la loi de l'augmentation de taille.

Coppens (Yves), paléontologiste français (Vannes 1934). Connu notamment pour son approche environnementale des problèmes liés à l'origine et à l'évolution de l'homme, il est l'auteur de l'hypothèse d'une séparation de la famille des hominidés à partir des autres primates à la suite de l'isolement tectonique et écologique de l'Afrique orientale.

Cronquist (Arthur), botaniste américain (New York 1919). Connu pour ses travaux sur la taxinomie et l'évolution des végétaux, il est l'auteur d'une classification des angiospermes.

Cuvier (Georges, baron), naturaliste français (Montbéliard 1769 - Paris 1832). En appliquant ses principes (lois de « subordination des organes » et de « corrélation des formes »), il put reconstituer des espèces inconnues à partir de quelques os brisés. Il développa ainsi l'étude des animaux fossiles. On le considère comme le créateur de l'anatomie comparée et de la paléontologie. Vers la fin de sa vie, il combattit toutefois vivement les vues de Geoffroy Saint-Hilaire et de Lamarck sur l'évolution.

Dahlgren (Rolf), botaniste suédois (Örebro, Suède, 1932 - Lund 1987). Spécialiste de la taxinomie et de l'évolution des monocotylédones, il est l'auteur d'un système de classification des plantes angiospermes.

Dar el-Soltan, grotte située près de Rabat (Maroc) qui a livré des ossements fossiles humains dans un niveau daté de 28 000 ans. Il s'agit d'*Homo sapiens sapiens.*

Darwin (Charles), naturaliste anglais (Shrewsbury, Shropshire, 1809 - Down, Kent, 1882). En 1831, il part comme naturaliste dans l'expédition du capitaine Fitzroy, qui, sur le *Beagle,* visite l'Amérique du Sud et les îles du Pacifique. Il rapporte de ce voyage, qui dure cinq ans (1831-1836), une quantité de documents et d'observations, base de son œuvre gigantesque avec, en 1859, un ouvrage capital : *De l'origine des espèces par voie de sélection naturelle.* Les vues originales qu'il expose dans ce livre et dans plusieurs autres sur la variabilité des espèces, d'après ses innombrables observations, forment une théorie explicative de l'évolution, appelée « darwinisme »

Dawson (John William), géologue et naturaliste canadien (Pictou, Nouvelle-Écosse, 1820-Montréal 1899). Il s'est voué principalement à l'étude géologique de son pays, au combat contre les théories de l'évolution et surtout à la paléobotanique.

Deflandre (Georges), naturaliste français (Dizy-Magenta, auj. Magenta, Marne, 1897 - Paris 1973). Ses travaux sur toutes les catégories de microfossiles font de lui le véritable fondateur mondial de la micropaléontologie.

De Vries (Hugo), botaniste et généticien néerlandais (Haarlem 1848 - Lunteren 1935). Il a contribué à faire connaître les lois de Mendel en génétique. Auteur de travaux sur la croissance des plantes, il a proposé une théorie de l'évolution dite « mutationniste », selon laquelle des mutations de grande ampleur peuvent provoquer l'apparition d'espèces nouvelles. Il a écrit notamment *Théorie de la mutation* (1901-1903), *Espèces et variétés, leur naissance par mutation* (1906).

Djebel Irhoud, gisement moustérien marocain dans lequel deux crânes fossiles humains ont été mis au jour. Ceux-ci sont contemporains des néandertaliens européens, mais ils s'en distinguent par certains traits de l'architecture du crâne et surtout de la face.

Dobzhansky (Theodosius), généticien américain d'origine russe (Nemirov, Russie, 1900 - Davis, Californie, 1975). Spécialiste de la génétique des populations, il a apporté une contribution majeure au développement du néodarwinisme.

Dolni Vestonice, gisement préhistorique de Tchécoslovaquie (Breclav, Moravie), comprenant cinq campements avec foyers intérieurs qui se sont succédé sur une période qui va d'environ – 29 000 à – 22 000 ans.

Dubois (Eugène), savant néerlandais (Eisden 1858 - Halen 1940). Chargé, de 1889 à 1895, de recherches paléontologiques à Sumatra et à Java, il découvrit une calotte crânienne, deux molaires et un fémur d'un être qu'il croyait intermédiaire entre les grands singes et l'homme et qu'il nomma pour cette raison « pithécanthrope ». Il s'agit d'*Homo erectus.*

Ediacara, site paléontologique d'Australie du Sud ayant livré une association faunique exceptionnelle d'organismes précambriens datés de 760 millions d'années.

Ehringsdorf, localité d'Allemagne où furent découvertes en 1914 et 1916 une mandibule et une calotte crânienne humaines datées de l'avant-dernière glaciation, que l'on place parmi les derniers représentants de la lignée néandertalienne.

Falconer (Hugh), naturaliste britannique (Forres, Écosse, 1808 - Londres 1865). Il a étudié la faune, la flore et la paléontologie de tout le sous-continent indien.

Fayoum (le), province d'Égypte abritant un important gisement paléontologique, constitué par les dépôts d'estuaire d'un ancien lac, où ont été entraînés les cadavres d'animaux ayant vécu durant l'oligocène.

Florisbad, site préhistorique de l'État d'Orange (Afrique du Sud), qui a livré en 1932 un crâne humain incomplet daté de 40 000 ans environ, lequel se rattache à *Homo sapiens sapiens* tout en présentant certains traits archaïques.

Fontéchevade (grotte de), grotte proche de la petite ville de Montbron (Charente), qui a livré en 1947 une calotte crânienne humaine fossile d'abord interprétée comme un témoignage de la présence en Europe, dès le paléolithique inférieur, de la lignée conduisant à l'homme moderne.

Gadoufaoua, site saharien du Niger, au sud du Ténéré. Un gisement exceptionnel de fossiles y a été découvert : les squelettes d'un crocodilien de 12 m et de dinosauriens de toutes tailles, les uns carnivores, les autres herbivores, dont beaucoup n'étaient précédemment connus qu'en Amérique, ainsi que des poissons, des invertébrés, des bois silicifiés, etc.

Gaudry (Albert), paléontologiste français (Saint-Germain-en-Laye 1827 - Paris 1908). En dehors de ses grands travaux sur les animaux fossiles, on lui doit des ouvrages fondamentaux de paléontologie évolutionniste.

Goldschmidt (Richard B.), biologiste américain d'origine allemande (Francfort-sur-le-Main 1878 - Berkeley, Californie, 1958). Dans son livre *The Material Basis of Evolution* (1940), il admet l'existence de « macromutations » (ou mutations systémiques) permettant d'expliquer l'apparition de modifications importantes pouvant être à l'origine de nouvelles espèces.

Grand'Eury (François), paléobotaniste français (Houdreville, Meurthe, 1839 - Malzéville 1917). Ingénieur des mines, il étudia les végétaux du carbonifère du gisement de Saint-Étienne. Il découvrit les ptéridospermes, ou « fougères à graines ».

gravettien, industrie préhistorique du paléolithique supérieur, située entre l'aurignacien et le solutréen, caractérisée par des burins et des pointes élancées. Le gravettien a produit de remarquables statuettes féminines en ivoire.

Grimaldi (homme de), série de squelettes humains fossiles datant du début du paléolithique supérieur et découverts à la fin du siècle dernier dans les grottes de Balzi Rossi, en Italie, à proximité de la ville de Menton.

Haldane (John Burdon Sanderson), biologiste et mathématicien indien d'origine britannique (Oxford 1892 - Bhubaneswar 1964). C'est l'un des créateurs, avec Ronald Fisher et Sewall Wright, de la théorie synthétique de l'évolution, ou néodarwinisme.

Hennig (William), biologiste allemand (Dürrhennersdorf, près de Zittau, 1913 - Ludwigsburg, Stuttgart, 1976). Auteur d'un ouvrage de taxinomie fondamentale passé inaperçu jusqu'à la publication en 1966 de sa version anglaise *(Phylogenetic Systematics)*, Hennig remet en cause la systématique traditionnelle et fonde une méthode de construction de la phylogénie fondée sur la recherche des caractères propres à chaque taxon. Cette méthode, appelée « systématique phylogénétique », ou « cladisme », est à présent largement utilisée.

Huxley (Thomas Henry), physiologiste anglais (Ealing, Middlesex, 1825 - Londres 1895). Ami de Darwin, il défendit vigoureusement la théorie de l'évolution. Parmi ses œuvres principales, citons *Place de l'homme dans la nature* (1891), ouvrage où il s'est efforcé de démontrer les affinités de l'homme avec les singes anthropoïdes.

Jordan (Alexis), botaniste français (Lyon 1814-id. 1897). C'est le fondateur de l'école dite « jordanienne », qui, à l'opposé de l'école linnéenne, admet comme espèces des groupes d'individus ne différant que par de minimes caractères.

Laetoli, gisement de Tanzanie, situé au sud d'Oldoway, qui a livré des restes d'*Australopithecus afarensis* et une piste, vieille de 3,5 millions d'années, faite de pas d'australopithèques.

Lamarck (Jean-Baptiste de Monet, chevalier de), naturaliste français (Bazentin, Somme, 1744-Paris 1829). Dans son premier ouvrage, *la Flore française* (1778), Lamarck emploie, le premier, les clefs dichotomiques. En 1793, quoique botaniste, il est appelé au Muséum, à la chaire des animaux sans vertèbres, qu'il occupera jusqu'à sa mort. Lamarck est le père de la notion d'évolution des espèces (transformisme). Il a proposé une théorie explicative de l'évolution (lamarckisme). Cependant, il a été méconnu de son vivant et pendant près d'un siècle.

Lantian ou **Lan-t'ien,** site archéologique chinois dans la province du Shaanxi. En 1963-1964, on y a découvert une mandibule de femme et un sommet de boîte crânienne.

Leakey (Louis Seymour Bazett), anthropologue et préhistorien anglais (Kabete, Kenya, 1903 - Londres 1972). Ses recherches sur l'origine de la lignée humaine ont porté sur d'importants sites du Kenya et de Tanzanie, en particulier le site d'Oldoway. Il a découvert le « zinjanthrope » (un australopithèque) et *Homo habilis*.

Leroi-Gourhan (André), anthropologue et préhistorien français (Paris 1911 - id. 1986). En France, à Arcy-sur-Cure et à Pincevent, il a étudié les conditions matérielles de la vie de l'homme préhistorique. Dans *le Geste et la Parole* (1964-1965), il propose une analyse de la pensée symbolique et du comportement esthétique de l'homme préhistorique. L'une de ses œuvres maîtresses est *Préhistoire de l'art occidental* (1965).

Linné (Carl von), naturaliste et médecin suédois (Rashult 1707 - Uppsala 1778). Dès l'âge de 24 ans, il conçoit une classification des plantes fondée sur les caractères des étamines et des pistils, qui a beaucoup de succès en son temps, mais qui, sans valeur scientifique, n'est plus utilisée aujourd'hui. C'est au cours d'un séjour en Hollande qu'il publie, en collaboration avec son ami Peter Artedi (1705-1735), ses plus importants travaux. Son mérite principal est d'avoir décrit avec précision un nombre immense d'espèces végétales et animales, et d'avoir attribué à chacune d'elles un double nom latin, précisant le genre et l'espèce (nomenclature binominale).

Lucy, non donné à un squelette d'*Australopithecus afarensis,* ayant vécu il y a un peu plus de 3 millions d'années et découvert en Éthiopie en 1974. Lucy mesurait entre 1,10 et 1,20 m et ses jambes étaient proportionnellement très courtes.

magdalénien, ensemble d'industries préhistoriques marquant l'apogée du paléolithique supérieur en Europe occidentale.

Mantell (Gideon Algernon), géologue et paléontologiste anglais (Lewes, Sussex, 1790 - Londres 1852). Il découvrit, dans des sites du crétacé (Weald), de nombreux fossiles (iguanodon et plésiosaure en particulier).

Mauer, village d'Allemagne (Bade-Wurtemberg), dans l'Odenwald. On y a trouvé, en 1907, une mâchoire fossile qui est l'un des plus anciens documents de la paléontologie humaine en Europe.

Mayr (Ernst), ornithologiste et biologiste américain (Kempten, Allemagne, 1904). On lui doit notamment une définition de l'espèce fondée exclusivement sur le critère de l'interfécondité, et l'étude de la spéciation (apparition d'espèces nouvelles) occasionnée par l'existence temporaire d'une barrière géographique entre deux populations d'une même espèce.

Menton (homme de), squelette humain fossile trouvé par E. Rivière, en 1872, dans la grotte du Cavillon, faisant partie de l'ensemble des « grottes de Grimaldi ».

mésolithique, phase du développement technique des sociétés préhistoriques, correspondant à la transition progressive de l'économie de *prédation* (chasseurs-cueilleurs) du paléolithique à celle de *production* (pasteurs-agriculteurs) du néolithique.

micropaléontologie, science qui examine et analyse les fossiles microscopiques. (Lorsque ceux-ci sont contenus dans des matières siliceuses, leur étude permet de déterminer l'origine des silex.)

moustérien, industrie préhistorique du paléolithique moyen, s'étendant entre environ – 140 000 et – 37 000 ans, caractérisée par des pointes triangulaires et des racloirs obtenus par des retouches d'éclats sur une seule de leurs faces.

Müller (Fritz), naturaliste allemand (Windischholzhausen, près d'Erfurt, 1821 - Blumenau, Brésil, 1897). Ses travaux sur l'évolution (*Pour Darwin,* 1864) contribuèrent à la diffusion de la théorie darwinienne en Europe.

Oldoway ou **Olduvai,** site fossilifère situé dans les gorges du même nom, au nord de la Tanzanie, fouillé à partir de 1932 par Louis Leakey. Le niveau le plus profond livra en 1959 les restes d'un type d'australopithèque robuste appelé « zinjanthrope », daté de 1 750 000 ans. En 1963, les restes d'un autre hominidé, un peu plus ancien, furent découverts ; plus évolués, ils reçurent le nom d'*Homo habilis*. Dans un niveau intermédiaire furent trouvés les restes d'*Homo erectus,* datés de 600 000 ans. Les niveaux plus récents ont fourni des outillages témoignant de la permanence de l'habitat dans cette région.

Omo, fleuve du sud-ouest de l'Éthiopie, qui se jette dans le lac Turkana (Kenya). Ce site, découvert au tout début du siècle, a fait l'objet de plusieurs campagnes de fouilles. Certains fossiles d'hominidés (australopithèques) ont été estimés à 3 750 000 ans et on a pu dater à 2 millions d'années un outil (galet aménagé).

Oparine (Aleksandr Ivanovitch), chimiste et biologiste soviétique (Ouglitch, Russie, 1894 - Moscou 1980). Il est l'auteur d'une théorie de l'origine de la vie à partir des composés chimiques simples de la terre primitive.

Orbigny (Alcide Dessalines d'), zoologiste français (Couëron, Loire-Atlantique, 1802 - Pierrefitte-sur-Seine 1857). Il a été un des fondateurs de la paléontologie stratigraphique. Disciple de Cuvier, il fut un des adversaires du lamarckisme.

Osborn (Henry Fairfield), paléontologiste américain (Fairfield, Connecticut, 1857 - Garrison, État de New York, 1935). Ses nombreuses publications intéressent la paléontologie des grands mammifères.

Owen (sir Richard), naturaliste anglais (Lancaster 1804 - Londres 1892). On lui doit de nombreux ouvrages sur l'anatomie comparée et la paléontologie.

paléobiogéographie, étude de la répartition géographique des êtres vivants lors des différentes époques géologiques.

paléobotanique, branche de la paléontologie qui a pour objet les végétaux.

paléocarpologie, étude des fruits et des graines fossiles.

paléodémographie, science étudiant les vestiges osseux des nécropoles collectives, notamment celles du néolithique, et s'efforçant ainsi de connaître les structures démographiques des populations.

paléoécologie, étude des milieux naturels du passé, à partir de données paléontologiques et géologiques. La palynologie et l'anthracologie sont particulièrement utilisées en paléoécologie, pour déterminer le paysage végétal et le climat des périodes préhistoriques.

Georges Louis Buffon

Charles Darwin

Louis Agassiz

Georges Cuvier

Thomas Henry Huxley

RÉFÉRENCES

paléontologie, science qui étudie les êtres vivants (végétaux, animaux et hommes) ayant peuplé le globe terrestre au cours des temps géologiques, c'est-à-dire science des fossiles.

paléontologie humaine, étude des fossiles préhumains et humains.

palynologie, étude des pollens, en particulier des pollens fossiles, permettant de reconstituer la composition des communautés végétales préhistoriques (quaternaire surtout). La palynologie a également des applications en stratigraphie.

périgordien, industrie préhistorique du paléolithique supérieur ; il est connu dans sa phase ancienne sous le nom de châtelperronien et dans sa phase récente sous celui de gravettien.

Peyer (Bernhard), paléontologiste suisse (Schaffhouse 1885 - Zurich 1963). Outre son œuvre importante relative aux poissons fossiles, il a découvert de nombreux squelettes de reptiles marins.

phénétique, méthode de classification fondée sur l'évaluation mathématique de la ressemblance globale entre les organismes et prenant en compte, de manière équivalente, le maximum de caractères. Pour ses défenseurs, la phénétique permet de construire des classifications, représentées par des phénogrammes, indépendamment de toute théorie phylogénétique. (Syn. TAXINOMIE NUMÉRIQUE.)

Piveteau (Jean), paléontologiste français (Rouillac 1899 - Paris 1991). Professeur à la Sorbonne, membre de l'Académie des sciences (1956), il a particulièrement étudié les vertébrés fossiles et a publié un *Traité de paléontologie* en sept tomes.

Qafzeh ou **Qafza** (djebel), important site moustérien d'Israël, proche de Nazareth. On y a découvert les restes de vingt individus *Homo sapiens sapiens,* certains inhumés avec des offrandes.

Quina (la), lieu-dit de la commune de Gardes-le-Pontaroux (Charente) où fut découvert un très important gisement paléolithique. Le Dr Henri Martin y exhuma des squelettes de type Neandertal (un adulte et un enfant).

Ray ou **Wray** (John), naturaliste anglais (Black Notley, Essex, 1627 - id. 1705). Remarquable classificateur, il a distingué le premier plantes monocotylédones et plantes dicotylédones et a publié les premières flores complètes de l'Angleterre. En zoologie, il a posé, à la suite de son protecteur Francis Willoughby, qui n'avait laissé que des ébauches, les bases de la classification moderne des oiseaux et des poissons, que Linné et Artedi reprirent à leur compte (*Synopsis methodica animalium,* 1693), et il a esquissé la classification des insectes en fonction des métamorphoses (*Methodus insectorum,* 1705).

Renault (Bernard), paléobotaniste français (Autun 1836 - Paris 1904). Il décrivit des groupes entiers de végétaux fossiles, inconnus avant lui : sphénophytes, cycadales, calamites, etc. Ses principaux travaux concernent notamment les micro-organismes des combustibles fossiles (pétrole et charbon).

Rift Valley, suite de dépressions relativement étroites qui s'allongent en Asie occidentale et en Afrique orientale. De très importantes découvertes en paléontologie humaine y ont été faites (Oldoway, Omo).

Romanes (George John), naturaliste anglais (Kingston, Canada, 1848 - Oxford 1894). Il fut un des partisans les plus zélés de la théorie de Darwin, qu'il a fortement étayée par ses travaux sur la sélection physiologique et l'hérédité.

Saint-Césaire, commune de Charente-Maritime. En 1979, un squelette d'homme de Neandertal y a été mis au jour dans un niveau du paléolithique supérieur (châtelperronien). Cette découverte a apporté la preuve que les néandertaliens ne disparurent pas tous à la fin de la période moustérienne.

Salé (homme de), calotte crânienne humaine trouvée dans une carrière proche de la ville de Salé, au Maroc. Les caractères archaïques associés à des caractères plus modernes suggèrent que le crâne de Salé appartiendrait à une forme de transition entre *Homo erectus* et *Homo sapiens.* Cet aspect conforte l'hypothèse d'une évolution régionale des *Homo erectus* d'Afrique du Nord vers *Homo sapiens.*

Sambungmachan, localité de l'île de Java où fut découverte, à partir de 1973, une série de restes de pithécanthropes *(Homo erectus),* qui sont datés d'un peu moins de un million d'années.

Sangiran, lieu-dit du centre de Java, qui a livré depuis 1936 les restes de plus de 20 pithécanthropes *(Homo erectus)* datés de 800 000 ans environ.

Simpson (George), paléontologue américain (Chicago 1902 - id. 1984). Spécialiste des vertébrés fossiles et des problèmes de l'évolution, il fut l'un des instigateurs et des défenseurs du néodarwinisme. Il est l'auteur de plusieurs ouvrages sur l'évolution.

Solnhofen, anc. Solenhofen, village d'Allemagne (Bavière). Les calcaires jurassiques de Solnhofen ont fourni non seulement le premier squelette d'archéoptéryx, mais de nombreux autres fossiles, dont le premier ptérosaurien décrit (1784), et des empreintes d'animaux mous (méduses).

Solo (hommes de), nom donné à une série de calottes crâniennes humaines fossiles découvertes dans les alluvions du Solo, au centre de Java. Datant probablement de la fin du pléistocène moyen, leur âge est estimé à plus de 200 000 ans.

solutréen, industrie préhistorique du paléolithique supérieur, caractérisée par des outils plats en pierre, retouchés « en écaille » sur leurs deux faces (« feuilles de laurier »).

Steinheim an der Murr, localité d'Allemagne (au nord de Stuttgart). En 1933, on y découvrit un crâne humain fossile accompagné de restes d'animaux. Il pourrait avoir plus de 300 000 ans. La plupart des spécialistes le placent au début de la lignée néandertalienne.

Stensiö (Erik), paléontologiste suédois (Döderhult 1891 - Stockholm 1984). Spécialiste du groupe des vertébrés agnathes, il a fait une étude complète des ostracodermes de l'ère primaire, dont il a montré les caractères primitifs mais spécialisés qui interdisent de voir en eux les ancêtres des autres vertébrés (1927).

Sterkfontein, grotte de la province du Transvaal, située à 48 km de Johannesburg (Afrique du Sud), qui a livré, à partir de 1936, de très nombreux restes d'australopithèques, datés de la fin du pliocène ou du début du pléistocène et généralement rapportés à l'australopithèque gracile *(Australopithecus africanus).*

Swanscombe, localité du comté de Kent, située sur les bords de la Tamise, où furent découverts, entre 1935 et 1955, des fragments d'une calotte crânienne humaine vieille de plus de 250 000 ans, longtemps considérée comme appartenant à un ancêtre possible d'*Homo sapiens sapiens.* Actuellement, on pense plutôt qu'elle est celle d'un ancêtre des néandertaliens.

Swartkrans (grotte de), grotte de la province du Transvaal, en Afrique du Sud, dans laquelle deux niveaux de brèches fossilifères ont été reconnus : un niveau inférieur, qui a livré des restes d'australopithèques « robustes » datés d'environ 1,8 million d'années, et un niveau supérieur, plus récent (500 000 ans), où des restes humains furent également découverts, dont une mandibule attribuée à *Homo erectus.*

Taïeb (Maurice), paléontologiste et géologue français (Bizerte 1935). Spécialiste du rift est-africain (vallée de l'Aouach, en Éthiopie), il a découvert de très anciens hominidés fossiles, notamment « Lucy », dans le site d'Hadar.

Taung, ville d'Afrique du Sud où fut découvert, en 1924, le premier crâne fossile d'australopithèque.

Tautavel (grotte de), grotte où fut dégagée une partie de crâne humain fossile dans un niveau daté de plus de 300 000 ans. Très robuste, encore très proche par sa morphologie des *Homo erectus,* l'homme de Tautavel possède cependant des caractères plus évolués ; il pourrait se trouver à l'origine de la lignée néandertalienne.

taxinomie ou **taxonomie,** science des lois de la classification. La taxinomie désigne également l'ensemble des méthodes de dénomination des différents groupes (appelés « taxons ») de la classification.

taxinomie numérique, syn. de PHÉNÉTIQUE.

Teilhard de Chardin (Pierre), jésuite et paléontologiste français (Sarcenat, Puy-de-Dôme, 1881 - New York 1955). Il a découvert la civilisation des Ordos (1923) et l'*Homo erectus* appelé sinanthrope (1929). Ses écrits théologiques et philosohiques, interdits par l'Église de son vivant, mettent notamment en valeur le phénomène de complexification cérébrale du phylum humain, aboutissant au surgissement de la conscience de soi.

Ternifine, sablière située à 20 km à l'est de Mouascar (Algérie) où furent dégagés en 1954 et 1955 des ossements humains fossiles datant du pléistocène moyen. D'abord appelés atlanthropes, ils sont maintenant rapportés à l'espèce *Homo erectus.*

Timiriazev (Kliment Arkadievitch), biologiste et physiologiste russe (Saint-Pétersbourg 1843 - Moscou 1920). Poursuivi pour ses idées révolutionnaires et matérialistes, il ne retrouva sa chaire qu'en 1917. Il fut un des partisans de Darwin.

Tobias (Phillip Valentine), paléoanthropologue sud-africain (Durban 1925). Il a dirigé des fouilles à Sterkfontein et repris celles de Taung. À partir de ses études des australopithèques, il défend l'idée d'une origine africaine des hominidés.

Trinil, localité de l'est de Java (Indonésie), en bordure de la rivière Solo. Dans les alluvions anciennes de la rivière, E. Dubois découvrit, en 1891, la première calotte crânienne de pithécanthrope *(Homo erectus).* Par la suite, de nombreux autres restes furent mis au jour, dans des niveaux datant de 900 000 ans environ.

Van Tieghem (Philippe Édouard Léon), botaniste français (Bailleul 1839 - Paris 1914). Il a proposé une classification nouvelle du règne végétal et établi les divisions parmi les plantes à graines d'après les caractères de l'ovule.

Walcott (Charles Doolittle), paléontologiste américain (New York Mills 1850 - Washinton 1927). Il a publié des travaux sur l'Amérique du Nord, sur la Chine, sur l'organisation des trilobites, dont il découvrit les appendices, sur les brachiopodes primaires, sur les fossiles de Burgess.

Wallace (Alfred Russel), voyageur et naturaliste anglais (Usk, Monmouthshire, 1823 - Broadstone, Dorset, 1913). Au cours d'une fièvre survenue pendant une exploration de l'Australie et des archipels voisins, il conçut, sans avoir eu connaissance des recherches de Darwin, le principe de la sélection naturelle comme facteur d'évolution des espèces.

Zeiller (René), ingénieur et naturaliste français (Nancy 1847 - Paris 1915). Membre de l'Académie des sciences (1901), il a consacré de nombreuses études aux végétaux fossiles.

Zhoukoudian ou **Tcheou K'eou-tien** ou **Chou kou-tien,** très importante grotte préhistorique située à 40 km de Pékin. Les multiples niveaux archéologiques sont riches en industries lithiques et en traces de foyers, qui se placent chronologiquement entre 500 000 ans et 200 000 ans.

Carl von Linné

Jean-Baptiste de Lamarck

Alcide Dessalines d'Orbigny

6

LES MICRO-ORGANISMES

Dossiers

Diatomées (algues unicellulaires) au microscope optique

Vibrions du choléra (bactéries) au microscope électronique

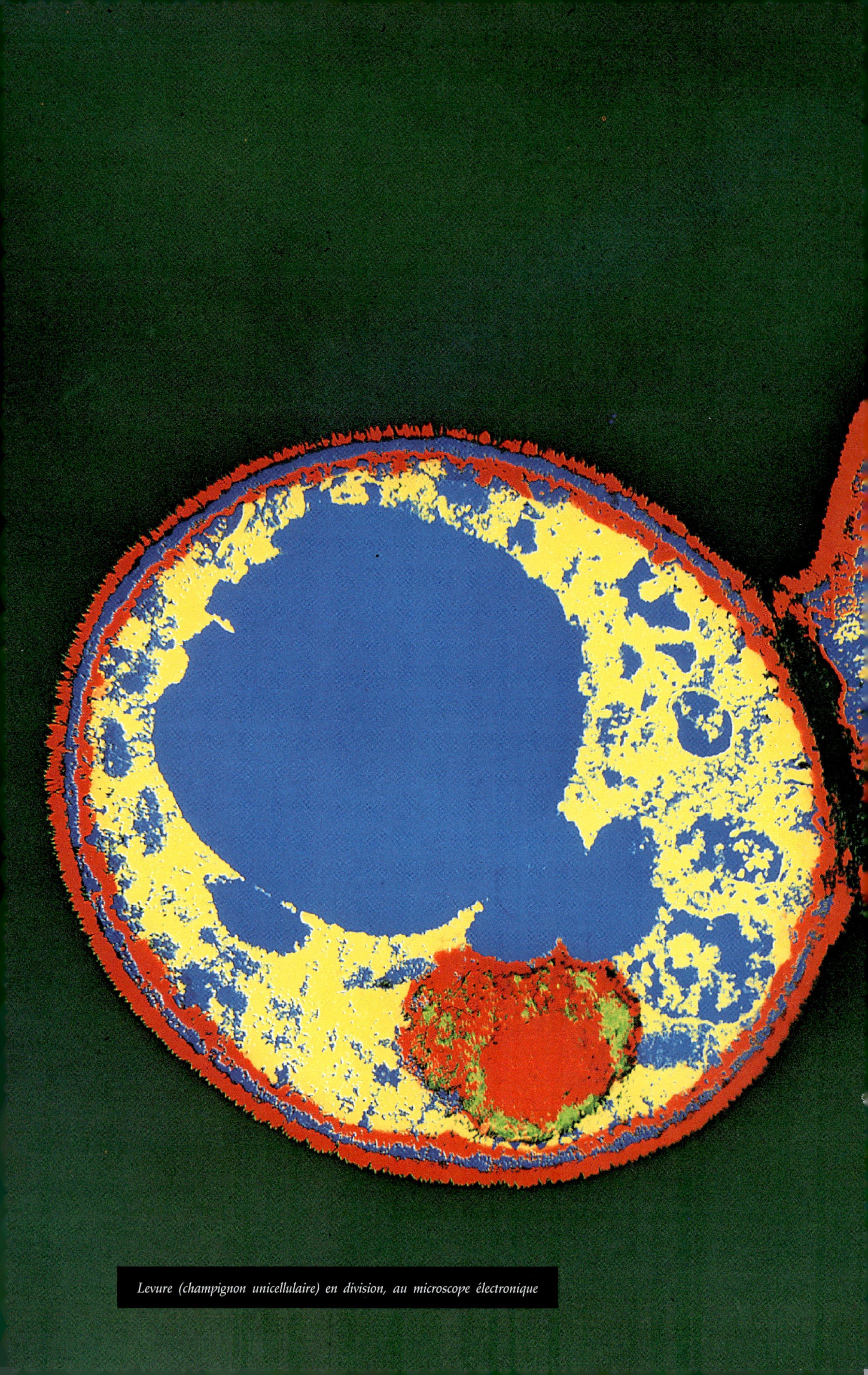

Levure (champignon unicellulaire) en division, au microscope électronique

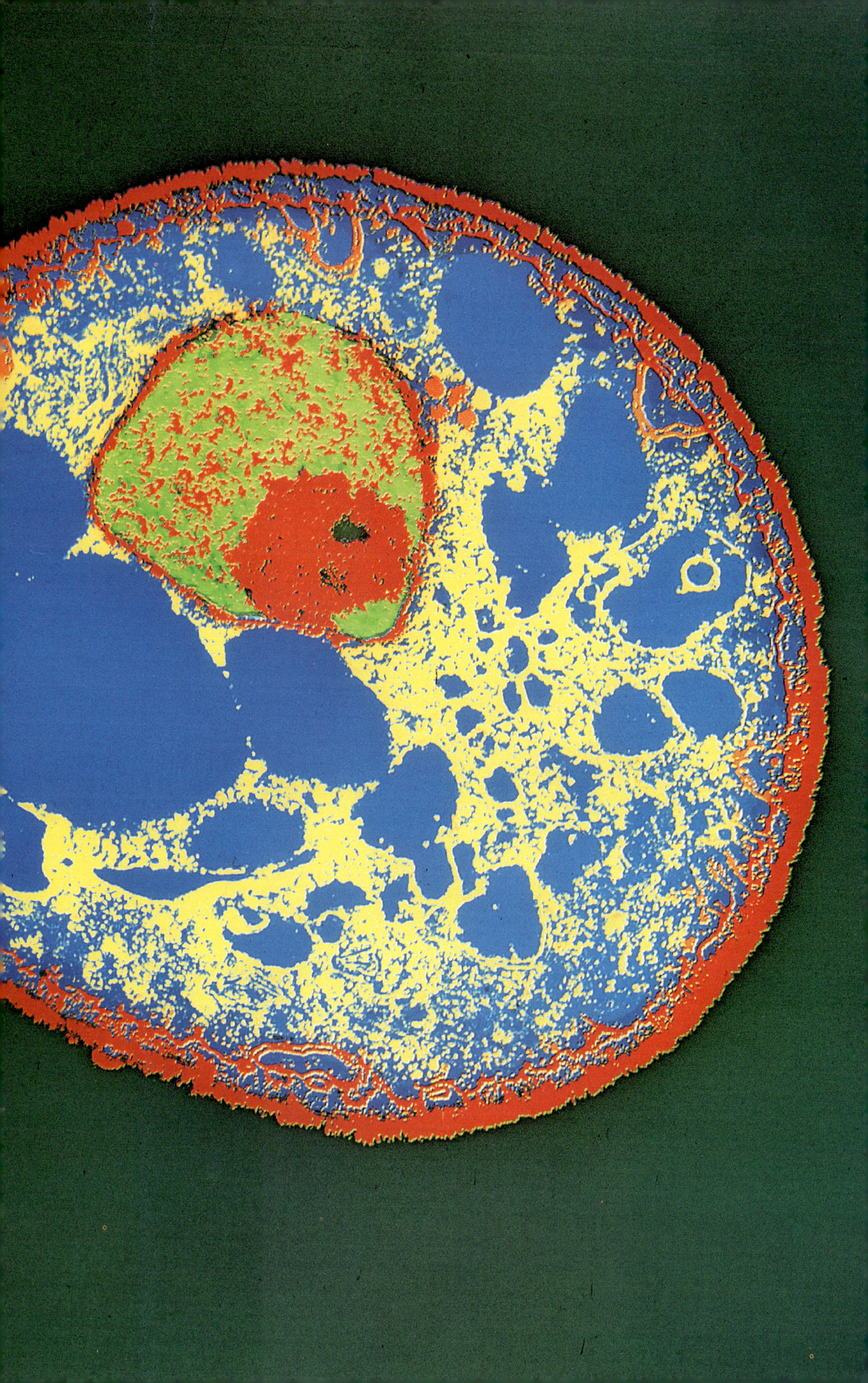

LES ÊTRES MICROSCOPIQUES

Les micro-organismes forment un ensemble très hétérogène d'êtres vivants dont le point commun est, comme leur nom l'indique, d'avoir une taille extrêmement petite. Outre les bactéries, micro-organismes *procaryotes* (à cellules dépourvues de noyau), on y trouve des représentants du règne animal et du règne végétal formés d'une seule cellule, les *protistes*. Enfin, on compte également parmi les micro-organismes les virus, bien qu'ils ne possèdent pas toutes les caractéristiques (notamment en ce qui concerne la reproduction) permettant de les rattacher, sans équivoque aucune, au monde des vivants.

CARACTÉRISTIQUES

UN GROUPE HÉTÉROGÈNE

■ Les dimensions des micro-organismes sont en fait très variées. Certains se groupent en colonies (algues, champignons) pour atteindre des tailles macroscopiques. Les amibes ou les flagellés ont une taille de l'ordre de 50 microns, *Trimitus* (parasite des termites) ne dépasse guère 1,5 micron. Les ciliés peuvent atteindre 500 microns, tandis que les foraminifères dépassent souvent le centimètre (certaines nummulites de l'ère tertiaire allaient jusqu'à 20 cm). La taille des bactéries peut varier de quelques dixièmes à quelques centaines de microns, celle des virus, organisme beaucoup plus simple, se situe dans une fourchette de quelques centièmes à quelques dixièmes de microns.

Animal ou végétal ? La séparation entre végétaux et animaux n'est pas toujours facile à établir. Le critère d'appartenance est pourtant relativement simple : tout être vivant autotrophe, c'est-à-dire pouvant vivre sans absorber directement de composés organiques, est classé dans le règne végétal.

Cependant, certains micro-organismes du groupe des protistes présentent simultanément ou successivement des caractères d'autotrophie et d'hétérotrophie. Ainsi, de nombreuses dinophycées, des algues marines unicellulaires, sont normalement pourvues de chloroplastes (ce qui souligne leur caractère autotrophe), mais absorbent également des proies vivantes (ce qui souligne leur caractère hétérotrophe). Dans certaines conditions de milieu, d'autres protistes, les eugléniens, perdent la chlorophylle qui assure la photosynthèse et deviennent des prédateurs (organismes hétérotrophes), alternant ainsi au cours de leur vie des caractéristiques végétales, puis animales.

Constitution. Dans le cytoplasme des protistes baignent de nombreux organites semblables à ceux des cellules des organismes pluricellulaires (mitochondries, appareil de Golgi, réticulum...). Les organites locomoteurs sont de forme et de disposition variées. Les bactéries ne montrent pas une telle prolifération d'organites intracytoplasmiques, mais certaines d'entre elles sont également munies d'appendices locomoteurs. En comparaison, les virus sont très simples.

MODES DE REPRODUCTION

MULTIPLICATION VÉGÉTATIVE ET SEXUALITÉ

■ Les animaux unicellulaires (protozoaires) se reproduisent généralement par simple fission (binaire ou multiple) ou par mitose. Cette dernière peut s'effectuer soit de façon comparable à celle des cellules des animaux pluricellulaires (orthomitose), soit selon un mode plus particulier, la *pleuromitose*. Dans la pleuromitose des radiolaires ou des foraminifères, la métaphase (disposition des chromosomes sur un fuseau) n'existe pas. Les chromosomes sont liés à la membrane nucléaire. C'est avec l'étirement de cette membrane que les chromosomes migrent. Lorsque les protozoaires sont plurinucléés (plusieurs noyaux), ce sont des divisions multiples qui assurent la multiplication. Certains protozoaires montrent des cycles évolutifs faisant intervenir, ou non, la sexualité. Au cours de ceux-ci, les générations successives sont de formes différentes et se développent dans des milieux différents.

Chez les algues unicellulaires, la reproduction végétative est très fréquente, mais on observe également des modes de reproduction par spores. Ainsi, les chlamydomonas se transforment en sporanges qui donnent jusqu'à seize « zoospores » mobiles. Ces zoospores se développent ensuite pour donner de nouveaux individus. Il existe aussi des modes de reproduction sexuée. Ainsi, les mêmes chlamydomonas peuvent former des cellules sexuelles mobiles (zoogamètes), qui fusionnent deux par deux.

Les bactéries se reproduisent par simple bipartition ou scissiparité. On observe également la formation de « spores » très résistantes. Enfin, la *conjugaison* permet l'échange d'une fraction de patrimoine génétique entre deux individus.

Quant aux virus, ce sont des parasites cellulaires incapables de reproduction autonome.

A

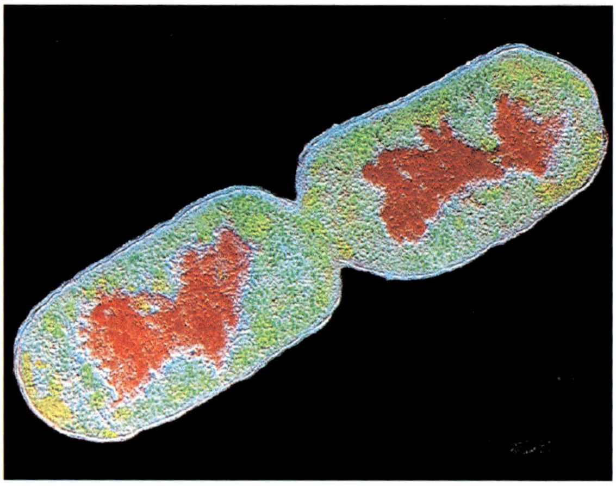

A. **BACTÉRIE ESCHERICHIA COLI**

Nommée aussi « colibacille », cette bactérie est un hôte, normalement inoffensif, de l'intestin de l'homme. Elle est ici en cours de division par simple fission. On l'étudie dans les laboratoires de génétique et c'est un outil précieux pour les biotechnologies, mais aussi pour les cours de biologie. (Microscope électronique, fausses couleurs.)

C. **LES MICRO-ORGANISMES**	
virus	virus à A.D.N., virus à A.R.N.
procaryotes	bactéries cyanobactéries (« algues bleues »)
protistes (eucaryotes unicellulaires)	algues (euglénophytes, dinophycées, diatomées) champignons (levures) protozoaires (rhizopodes, flagellés, ciliés, sporozoaires, actinopodes, cnidosporidies)

C. **CONSTITUANTS DU GROUPE**

Êtres vivants essentiellement microscopiques, les micro-organismes regroupent tous les procaryotes (bactéries et cyanobactéries) ainsi que les eucaryotes unicellulaires, ou protistes. À cet ensemble hétérogène, il faut ajouter les virus, incapables d'opérer eux-mêmes les transformations énergétiques nécessaires à leur organisation et à leur reproduction, et placés pour cela aux frontières du monde vivant.

B

B. **PARAMÉCIES**

Une goutte d'eau douce observée au microscope optique se révèle être un petit monde très riche et sa « pureté » apparente n'est qu'une illusion. Ces protistes du groupe des ciliés, des paramécies, circulent parmi des bactéries filamenteuses (appartenant au genre *Beggiatoa*).
Les paramécies, comme le montre cette photo, sont abondantes dans l'eau mais également dans les sols. Par leur « bouche » (qui est une invagination de la paroi cellulaire que l'on nomme « cytopharynx »), elles peuvent absorber des algues unicellulaires et des matières organiques en décomposition dont la dégradation leur fournira l'énergie nécessaire à leur croissance.

VIRUS, VIROÏDES ET PLASMIDES

LES VIRUS

DES PARASITES OBLIGATOIRES

■ LES VIRUS sont des parasites des cellules vivantes, qui ne peuvent se multiplier qu'avec la collaboration forcée de leurs hôtes.

Historique. En 1898, un botaniste hollandais, Beijerinck, apporta la preuve que l'on pouvait extraire un agent infectieux de plants de tabac atteints de la « mosaïque » et que cet agent pouvait passer au travers des meilleurs filtres de porcelaine. Sa taille devait donc être extrêmement réduite, bien plus petite que celle de toutes les bactéries connues. La même année, deux chercheurs allemands, Friedrich Löffler et Paul Frosch, obtenaient des résultats identiques avec l'agent responsable de la fièvre aphteuse chez les bovins. Ces entités furent bientôt appelées *virus* et le développement du microscope électronique au cours des années 1940 permit aux scientifiques d'étudier dans le détail leur taille, leur forme et leur diversité.

Critères de classification. À présent, on dénombre plusieurs centaines d'espèces de virus différentes et les grandes lignes de la classification actuelle ont été établies lors du IXe Congrès international de microbiologie, en 1966, à Moscou. Cette classification repose sur un ensemble de critères biochimiques et morphologiques, mais sans tenir compte de l'hôte infecté par le virus. Les premières distinctions portent sur la nature biochimique de l'acide nucléique du génome viral (acide désoxyribonucléique [A.D.N.] ou acide ribonucléique [A.R.N.]) et sur sa structure (monocaténaire [simple brin] ou bicaténaire [double brin]). Le second type de distinction est d'ordre morphologique (présence ou absence d'une enveloppe). On envisage également, pour une partition plus fine de la classification, les différences de forme, de taille ou de composition chimique.

LES VIROÏDES

DE SIMPLES BRINS D'A.R.N.

■ LES VIROÏDES sont les plus petits agents capables de provoquer des infections. Ils sont constitués d'un brin d'A.R.N., dont la longueur reste très inférieure à celle de l'A.R.N. du virus F_2 des bactéries, pourtant l'un des plus petits génomes connus.

En 1920, la maladie des tubercules fusiformes de la pomme de terre a été remarquée aux États-Unis. À cette époque, l'origine de la maladie fut attribuée à un virus, mais, pendant des années, l'identification de l'agent responsable restait impossible. En 1967, les chercheurs arrivaient à la conclusion qu'il devait être exclusivement composé d'acide ribonucléique, étant donné ses caractères de sédimentation et sa sensibilité à une enzyme, la ribonucléase. Son poids moléculaire a été mesuré depuis et est égal à 130 000 (ce qui correspond à un petit segment d'A.R.N. de seulement 300 à 400 nucléotides de long). Par comparaison, le génome des plus petits virus a, au minimum, un poids moléculaire de 1 million. Une simple estimation montre que le génome de viroïde ne peut coder que pour une seule enzyme de taille modeste !

Le mode de réplication de ces agents infectieux n'est pas encore connu, mais on suppose que les hôtes doivent fournir eux-mêmes le système enzymatique nécessaire à la multiplication puisqu'ils ne codent même pas leurs propres protéines. Manquant de capside, les viroïdes passent de plante en plante uniquement lorsque les cellules donneuses et réceptrices sont endommagées simultanément (c'est la capside qui, pour les autres virus, permet la pénétration dans une cellule intacte).

Jusqu'à présent, des infections à viroïdes n'ont été détectées que chez les végétaux supérieurs, mais il n'est pas improbable que certaines maladies animales ou humaines (encéphalopathies spongiformes) aient une telle origine.

LES PRIONS

Le prion, ainsi nommé par le biologiste américain Prusiner, est un « agent transmissible non conventionnel » (différant du matériel génétique, A.D.N. ou A.R.N.). Il serait constitué d'une simple protéine dont la structure serait voisine d'une protéine normalement présente chez un être vivant. Si la structure exacte et le mode d'action des prions restent encore un mystère, il semble bien qu'ils soient à l'origine de la maladie dite « des vaches folles » qui a provoqué de grands dommages dans le cheptel britannique. D'autres maladies, comme la tremblante du mouton, ou même des encéphalopathies humaines, pourraient être causées par des prions.

LES PLASMIDES

AUXILIAIRES DU GÉNIE GÉNÉTIQUE

■ LES PLASMIDES sont des molécules d'A.D.N. circulaires que l'on trouve dans le cytoplasme de nombreuses souches bactériennes. Leur taille est largement inférieure à celle du chromosome que contient la bactérie (jusqu'à mille fois plus petite).

Ces plasmides contiennent des gènes codant pour divers types de protéines qui conditionnent, chez la bactérie hôte, la résistance aux antibiotiques ou aux métaux lourds et induisent la synthèse de toxines ou d'antibiotiques. Ils possèdent, de plus, un pouvoir de réplication autonome et peuvent être présents en plusieurs exemplaires au sein d'une même bactérie.

Au cours de la conjugaison, une partie de longueur variable d'un plasmide peut être transférée d'une bactérie à l'autre. Ce phénomène explique, entre autres, le développement des résistances bactériennes face aux antibiotiques. Les plasmides sont utilisés en laboratoire par le génie génétique (biotechnologies) pour introduire du matériel génétique supplémentaire dans des cellules vivantes.

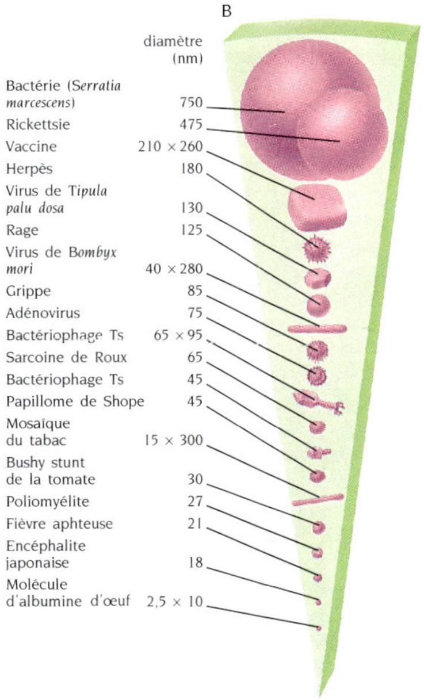

B. **FORMES ET DIMENSIONS**

Au début du xxe siècle, la taille des virus était estimée par leur capacité à traverser des filtres de porcelaine ou des membranes de collodion de perméabilité calibrée. Plus tard, grâce à des techniques d'ultracentrifugation, le diamètre d'une particule en suspension pouvait être estimé avec une bonne précision par application d'une formule empirique (dérivée de la loi de Stokes). À présent, les mesures les plus précises sont effectuées à l'aide d'un microscope électronique. Sur ce schéma, les diamètres sont indiqués en nanomètres (nm), c'est-à-dire en millionièmes de millimètre.

A. **TYPES DE VIRUS**

Ce tableau présente, en fonction de la composition du matériel génétique, les différents types de virus, leur appellation (le groupe systématique auquel on les rattache), leur hôte privilégié et le type de maladie qu'ils peuvent engendrer. Cette classification est celle établie lors du IXe Congrès international de microbiologie, à Moscou.

A. **CLASSIFICATION DES VIRUS**

Génome	Caractéristiques		Groupe	Exemple	Hôte	Maladie
A.D.N.	simple brin	non enveloppé	parvovirus		homme	érythème
			microvirus		bactérie	
	double brin	non enveloppé	bactériophages	phage T4	bactérie	
			adénovirus		homme	pharyngites
			papovavirus	papillomavirus	homme	verrues
				SV 40	hamster	cancer
		enveloppé	herpèsvirus	Epstein Barr	homme	mononucléose
				HSV	homme	herpès
				VZV	homme	varicelle
			poxvirus		homme	variole
					vache	vaccine
					lapin	myxomatose
A.R.N.	simple brin	non enveloppé	virus des mosaïques		métaux	mosaïque
			pivornavirus	poliovirus	homme	poliomyélite
				échovirus	homme	pathol. variées
				rhinovirus	homme	rhume
		enveloppé	togavirus		homme	fièvre jaune
			rétrovirus	V.I.H	homme	sida
				H.T.L.V. 1 et 2	homme	leucémie
			parainyxovirus	influenza	homme	grippe
				virus ourlien	homme	oreillons
				v. morbilleux	homme	rougeole
			rhabdovirus		vertébrés	rage
	double brin	non enveloppé	réovirus		homme	peu virulent
		enveloppé	cystovirus		champignon	

LES CARACTÈRES DES VIRUS

L'ORIGINE DES VIRUS

CELLULES PARASITES OU GÈNES MOBILES

■ L'ORIGINE DES VIRUS, d'un point de vue évolutif, reste un mystère et plusieurs théories explicatives ont été avancées.

Les virus pourraient être issus de protozoaires parasites des cellules qui auraient régressé parce que leur dépendance à l'égard de leur hôte serait devenue telle qu'elle se serait étendue aux fonctions biochimiques et que les gènes régulateurs nécessaires à ces fonctions auraient disparu.

Selon une autre théorie, les virus proviendraient de complexes géniques qui auraient acquis la capacité de se répliquer dans des cellules hôtes. En faveur de cette hypothèse, on a identifié, chez certains organismes, des fragments de molécules d'A.D.N. capables de s'extraire de la séquence principale et de se dupliquer indépendamment.

CONSTITUTION

PROTÉINES ET ACIDE NUCLÉIQUE

■ LES VIRUS, appelés aussi *virions* lorsqu'ils sont à l'état libre, sont toujours constitués d'un nombre très restreint de molécules. Cette pauvreté rend probablement compte de leur faible diversité morphologique.

Les virus en hélice. La structure hélicoïdale est certainement la plus simple. Le virus de la mosaïque du tabac est un virus de ce type. De forme cylindrique et creuse, il mesure 300 nanomètres (nm) de long pour 17 nm de diamètre. Il est constitué d'une chaîne d'acide ribonucléique (A.R.N.) d'environ 6 000 nucléotides, associée à des unités protéiques d'un seul type. Le virion intact contient environ 2 200 de ces unités, qui constituent sa *capside*. L'acide nucléique et les protéines, qui forment ensemble la *nucléocapside*, sont organisés en hélice.

Les virus icosaédriques. Ils ont la forme générale d'un polyèdre à vingt faces en triangle équilatéral et la capside est constituée d'unités protéiques différentes. Pour les adénovirus, cet icosaèdre de 75 nm de diamètre est constitué de 252 unités protéiques, les hexons et les pentons.

Les virus à enveloppe. Ils ont une structure plus complexe, car cette enveloppe entoure la capside, elle-même de forme hélicoïdale ou icosaédrique. Le virus de la grippe appartient à cette catégorie. Il est constitué d'une nucléocapside entourée d'une enveloppe hérissée de spicules. L'enveloppe comporte des phospholipides comparables à ceux de la membrane de la cellule animale, et différentes sortes de protéines.

Les bactériophages. Ce sont des virus parasites des bactéries. Si certains d'entre eux ont une structure de type hélicoïdal ou icosaédrique, d'autres ont une structure très spécifique. C'est le cas des bactériophages T, parasites de la bactérie *Escherichia coli*. Ils sont composés d'une tête, la capside, contenant le matériel nucléaire, à laquelle est fixée une queue par laquelle l'A.D.N. viral peut être injecté dans la bactérie. La queue est composée d'une gaine d'unités protéiques identiques groupées en anneaux autour d'un axe tubulaire creux.

DÉFENSES ANTIVIRALES

Les animaux sont relativement démunis face à une agression virale. Leur système complexe de cellules spécialisées et d'anticorps mis en œuvre pour lutter contre les bactéries est moins efficace contre la majorité des virus.

On connaît cependant une protection naturelle : la synthèse d'une glycoprotéine, l'*interféron*. Celui-ci est, comme les anticorps, propre à chaque espèce, mais, à la différence des anticorps qui sont spécifiques, il peut agir contre toutes les souches virales. Son mécanisme d'action est extrêmement complexe, mais, d'une façon générale, on peut dire qu'il provoque, en se fixant sur les cellules, la synthèse d'une protéine antivirale qui bloque la multiplication des virus.

A

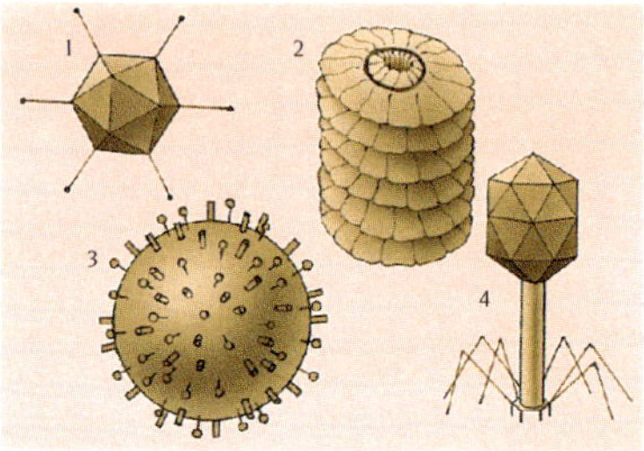

A. **TYPOLOGIE DES VIRUS**

La typologie des virus est relativement simple, car le nombre de formes habituellement constatées reste limité. On distingue les virus *hélicoïdaux* (2) type : virus de la mosaïque du tabac, les virus *icosaédriques* (1) type : adénovirus, les *virus à enveloppe* (3) type : virus de la grippe et les *bactériophages* (4) type : phage T4 d'*Escherichia coli*. Quelle que soit la morphologie type du virus, son génome peut être constitué d'A.R.N. ou d'A.D.N.

B

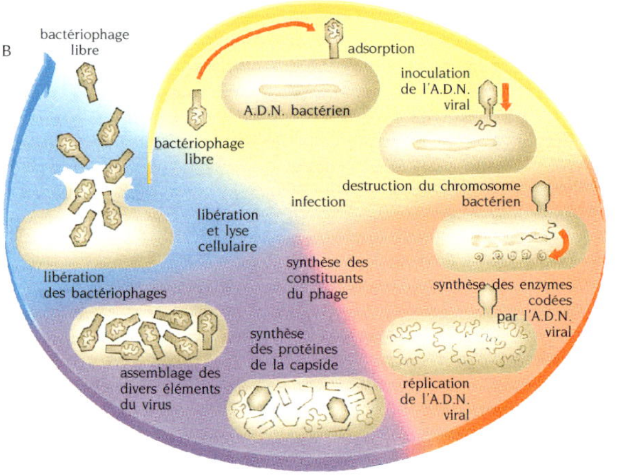

B. **CYCLE DE REPRODUCTION D'UN BACTÉRIOPHAGE**

Le cycle de reproduction des différents virus présente quelques variantes autour d'un modèle de base : contact avec la cellule cible (ici, une bactérie), insertion du matériel génétique viral dans le génome de la cellule, fabrication et libération de nouveaux virus (ici, après éclatement de la bactérie infectée).

C. **VIRUS DE LA GRIPPE**

Ce virus à A.R.N. présente une nucléocapside allongée enfermée dans une enveloppe sphérique. Extrêmement variables (par mutations), ces virus contraignent à fabriquer tous les ans de nouveaux vaccins.

C

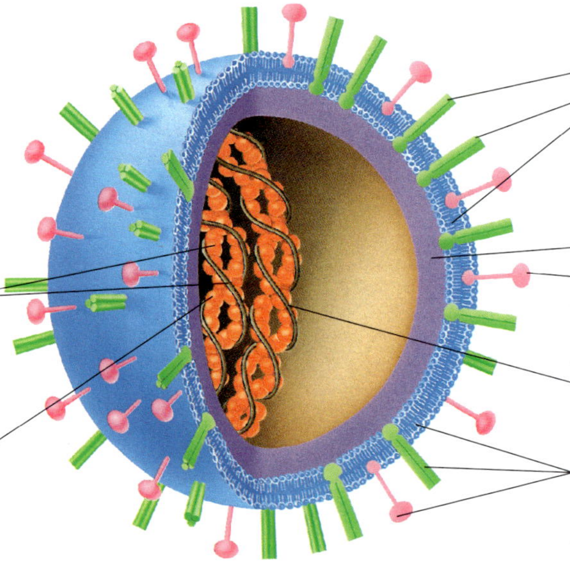

Nucléocapside

Elle est constituée de protéines associées à l'A.R.N. viral.

Protéine NP

Composé principal de la nucléocapside, mais trois autres protéines minoritaires (P1, P2 et P3) sont également présentes.

Bicouche lipidique

C'est la matrice de l'enveloppe du virus. Elle fusionne avec la membrane de la cellule hôte.

Neuraminidases

Ces spicules ont pour rôle de limiter la fixation du virus en détruisant les récepteurs de la cellule hôte.

Enveloppe

Elle est constituée par la bicouche lipidique, dans laquelle sont insérées les spicules d'hémagglutinines et de neuraminidases.

Hémagglutinines

Ces spicules protéiques de la surface de l'enveloppe virale permettent la fixation du virus sur la cellule hôte.

Protéine M

Protéine la plus abondante du virus, elle est associée à la partie interne de l'enveloppe.

A.R.N. viral

Le génome du virus de la grippe est composé d'une chaîne d'acide ribonucléique (A.R.N.) contenant toutes les informations nécessaires à la synthèse de nouveaux virus.

LES VIRUS À A.D.N.

On distingue couramment les virus dont le matériel génétique est composé d'A.D.N. (« virus à A.D.N. ») de ceux lont le matériel génétique est fait d'A.R.N. « virus à A.R.N. »).

LE CYCLE D'UN BACTÉRIOPHAGE

UN EXEMPLE D'INFECTION PAR UN VIRUS À A.D.N.

■ La multiplication du bactériophage T2 (ou phage T2 »), parasite de la bactérie *Escherichia oli,* est certainement la multiplication virale la nieux connue. Elle débute par la fixation du irus sur la membrane de la cellule hôte, rendue possible grâce à des récepteurs spécifiques au virion situés dans la paroi bactérienne. Un des espoirs thérapeutiques dans la lutte contre les naladies virales consiste d'ailleurs à bloquer ce ype de récepteurs afin de limiter la contamination des cellules.

Les virions se fixent par l'intermédiaire des ibres de leur queue et cette fixation, une fois éalisée, devient rapidement irréversible. Elle entraîne une modification de la structure du phage et une enzyme vient altérer la solidité de a paroi bactérienne. La queue du phage se contracte et l'axe tubulaire de la queue, qui garde ses dimensions constantes, s'insère dans a paroi fragilisée et la traverse progressivement. L'A.D.N. viral, contenu dans la tête du virion, est injecté à l'intérieur de la bactérie et, peu après, ce qui reste du virus se détache.

La multiplication du virus. Le génome viral, composé d'un double brin d'A.D.N. (comme le chromosome bactérien), est alors intégré dans e génome de la bactérie et, très rapidement, toutes les synthèses protéiques propres à la bactérie sont arrêtées. À partir de cet instant, la machinerie bactérienne est détournée au profit du virus, tandis que les premières protéines virales apparaissent. Ces dernières sont, dans un premier temps, essentiellement des enzymes nécessaires à la réplication du matériel génétique du bactériophage.

La synthèse de nouveaux brins d'A.D.N. du bactériophage commence à peine plus de 5 minutes après le début de l'infection et va durer 20 minutes. Les premières protéines entrant dans la constitution du virion apparaissent au bout d'une dizaine de minutes et, vers la douzième minute, l'assemblage de nouveaux virions est commencé. Ce processus séquentiel et rapide est régulé par de nombreux gènes du phage.

La sortie des nouveaux virions. Les virions « néoformés » apparaissent dans le milieu de culture trente minutes environ après le début de l'infection. La libération des phages est très rapide et est consécutive à une rupture de la paroi bactérienne (ce phénomène est appelé *lyse*). Une enzyme synthétisée par le phage, l'*endolysine,* est à l'origine de cet éclatement de la membrane de la bactérie.

Contrairement aux bactériophages, les virus à A.D.N. parasites d'animaux et de végétaux pénètrent entièrement dans la cellule hôte. De plus, ceux qui possèdent une enveloppe ne provoquent pas la lyse de la cellule : les virions néoformés sortent par bourgeonnement, emportant comme enveloppe une partie de la membrane cellulaire.

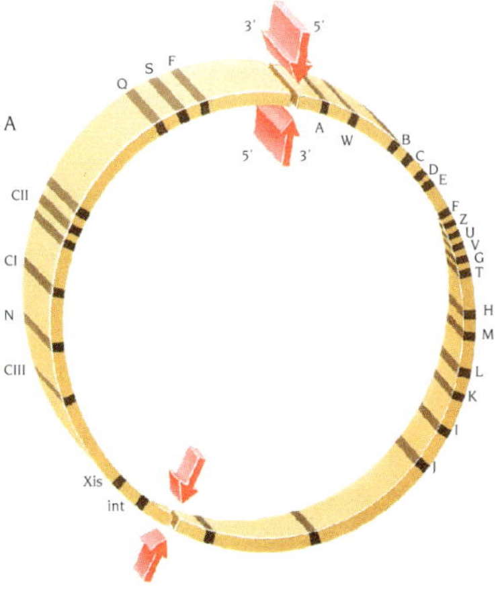

A. **GÉNOME D'UN VIRUS À A.D.N.**

Le génome du bactériophage lambda est formé d'une chaîne bicaténaire linéaire d'A.D.N. contenant tous les gènes nécessaires à la production de nouveaux virions. Outre les gènes des protéines de structure de la capsule virale, il comprend ceux de certaines enzymes. Cette chaîne nucléique devient circulaire dès son entrée dans la cellule hôte, avant de s'intégrer dans son génome. Par la suite, c'est le matériel de la cellule hôte (ribosomes notament) qui réalisera la synthèse effective de nouveaux virus qui seront libérés, à la mort de la cellule, dans l'organisme hôte.

B

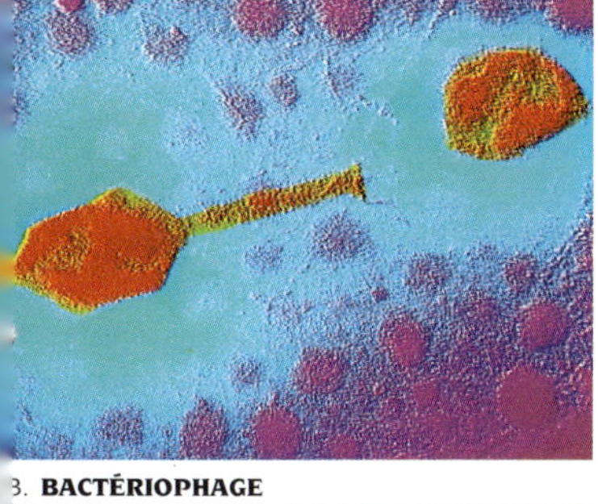

B. **BACTÉRIOPHAGE**

Le bactériophage T4 est, comme tous les phages de la série T, un parasite de la bactérie *Escherichia coli.* Il comporte une tête contenant le génome viral et une queue qui injecte, en se contractant, le génome à l'intérieur de la bactérie. La tête a une morphologie dérivée d'un icosaèdre et l'acide nucléique est associé à des protéines de types différents. Il se passe moins de 40 minutes entre le début de l'infection et la libération des nouveaux virions.

C

LA PATHOLOGIE

QUELQUES INFECTIONS CHEZ L'HOMME

■ Dans la pathologie causée par des virus à A.D.N., les infections à *adénovirus* sont très fréquentes et se manifestent souvent par des pharyngites. Les adénovirus ont aussi été impliqués dans d'autres manifestations, cutanées et intestinales notamment. En outre, ils seraient dotés d'un potentiel oncogène (provoquant l'apparition de cancers), mais cela n'a pas encore pu être mis en évidence chez l'homme.

Les virus de type *herpès* peuvent persister très longtemps dans les cellules infectées.

L'érythème infectieux, provoqué par un *parvovirus,* se caractérise par une éruption en ailes de papillon sur le visage.

Le virus de l'*hépatite B* est un virus à A.D.N., contrairement à celui de l'hépatite A dont le génome est constitué d'A.R.N.

LA VACCINATION

Le vaccin est un procédé d'immunisation active, contrairement à l'injection d'anticorps qui constitue une immunisation passive. Il est fabriqué à partir d'un agent pathogène (en l'occurrence un virus) et assure une protection de longue durée, parfois même toute la vie, mais qui s'installe avec un certain délai. Cette protection est très spécifique. C'est pourquoi des virus comme celui de la grippe, dont la composition antigénique varie, imposent une vaccination nouvelle chaque année.

On distingue les vaccins vivants dans lesquels les virus perdent une partie de leur pouvoir pathogène et les vaccins inactivés qui ont perdu tout pouvoir infectant.

D

C. **HERPÈS SIMPLEX**

Ces deux virions herpès simplex sortent de la cellule où ils ont été formés. Lorsque l'ensemble de leurs constituants sont synthétisés puis assemblés, les nouveaux virus quittent ainsi la cellule hôte et vont contaminer d'autres cellules saines. Pour de nombreux virus, cette étape entraîne la destruction de la cellule infectée.

D. **ADÉNOVIRUS**

Les adénovirus, dont on compte près d'une centaine de variétés, ont une structure icosaédrique. Les premiers représentants de cette famille ont été isolés à partir de tissus glandulaires dits « adénoïdes », d'où leur nom générique. Ils sont responsables d'un grand nombre d'infections respiratoires.

LES VIRUS À A.R.N.

LE CYCLE DES VIRUS À A.R.N.

L'EXEMPLE DU VIRUS DE LA GRIPPE

■ LA MULTIPLICATION d'un virus à A.R.N. est, dans les grandes lignes, comparable à celle d'un virus à A.D.N. Les principales différences sont liées à la nature du matériel génétique.

On distingue trois catégories de virus à A.R.N. Dans la première, la chaîne d'A.R.N. sert directement d'A.R.N. messager, permettant la fabrication de nouveaux virus par la cellule hôte (c'est le cas du virus de la poliomyélite). Dans la deuxième catégorie, celle des *rétrovirus,* la chaîne d'A.R.N. est « recopiée » sous forme d'A.D.N., qui s'intègre dans les chromosomes de la cellule hôte, d'où il dirige la synthèse de nouveaux virus (c'est le cas du virus du sida). Dans la troisième catégorie, l'A.R.N. doit être transcrit sous forme d'une chaîne d'A.R.N. complémentaire, qui pourra servir d'A.R.N. messager dans la cellule hôte.

La grippe. Le virus de la grippe (un orthomyxovirus) appartient à cette dernière catégorie. Comme la plupart des virus à A.R.N., il est entouré d'une enveloppe lipidique, qui fusionne avec la membrane de la cellule, permettant la pénétration du virus dans le cytoplasme. L'A.R.N. du virus est transcrit par une enzyme, la *transcriptase,* en A.R.N. messager, qui peut être « répliqué » sous forme d'A.R.N. viral ou « traduit » sous forme de protéines virales. Ces éléments s'assemblent à proximité de la membrane cellulaire, dans laquelle viennent s'intégrer des glycoprotéines virales (hémagglutinine et neuraminidase) pour constituer de nouvelles enveloppes.

La grippe se manifeste par une fièvre élevée d'installation rapide, accompagnée d'algies diverses (tête, muscle...), d'asthénie et de signes respiratoires. Elle peut être grave, surtout chez les sujets âgés. Les conséquences socio-économiques sont importantes et le vaccin reste l'arme la plus efficace.

Autres affections à virus à A.R.N. Les oreillons (causés par un myxovirus) se transmettent par voie aérienne et les épidémies sont fréquentes dans les communautés. Cette maladie est caractérisée par une inflammation très douloureuse de la glande parotide, mais d'autres localisations peuvent survenir (ovaires, testicules, thyroïde, pancréas). Il n'existe aucun traitement spécifique.

La rougeole est une virose respiratoire très commune, surtout chez les enfants. Comme dans toutes les affections virales, la prescription d'antibiotiques n'intervient que pour limiter les risques de surinfection par des bactéries et non pour détruire les virus sur lesquels elles n'ont aucun effet.

A. **CYCLE DU VIRUS GRIPPAL**

Le virus de la grippe pénètre dans la cellule cible grâce à la fusion des membranes phospholipidiques. Après intégration du génome viral et transcription de ce dernier, les constituants des virions nouvellement synthétisés migrent vers la périphérie pour être assemblés. La formation de « bourgeons viraux » précède la libération des virions.

On connaît trois grands types de virus de la grippe (A, B et C), qui diffèrent par les protéines de leur nucléocapside. Le type A, qui est le plus fréquent, donne régulièrement naissance à de nouveaux sous-types, dont les protéines de l'enveloppe, l'hémagglutinine et la neuraminidase, sont légèrement différentes. À cause de ces mutations ponctuelles, il n'existe pas d'immunité définitive contre la grippe.

A

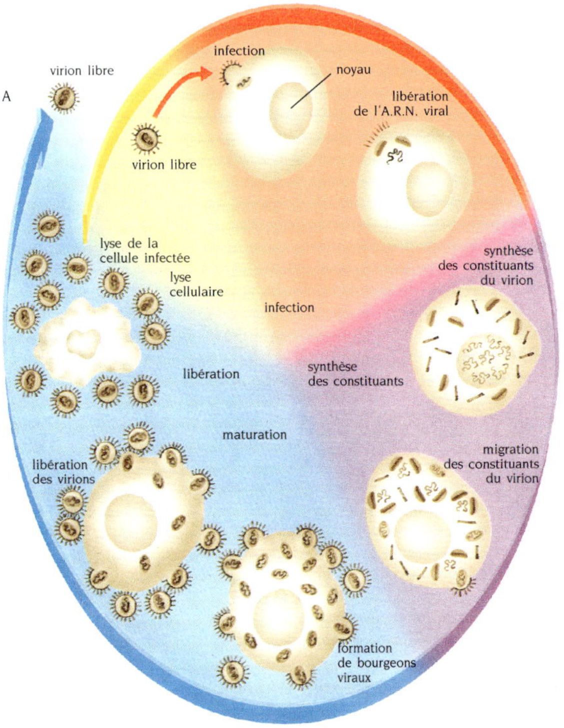

B. **VIRUS DU SIDA**

Le sida provoque une diminution des défenses immunitaires et rend les individus extrêmement vulnérables face à l'attaque de nombreux agents pathogènes. Transmis par le sang et les sécrétions sexuelles, ce rétrovirus s'attaque à des composants essentiels du système immunitaire, les lymphocytes T4. Devant la rapidité de la progression de cette pathologie, le monde scientifique s'est rapidement mobilisé et, en 1984, le virus responsable (V.I.H.) était isolé par l'équipe du Français Luc Montagnier, puis par l'Américain Robert Gallo. Un second virus, le V.I.H. 2, beaucoup moins fréquent, a également été découvert.

B

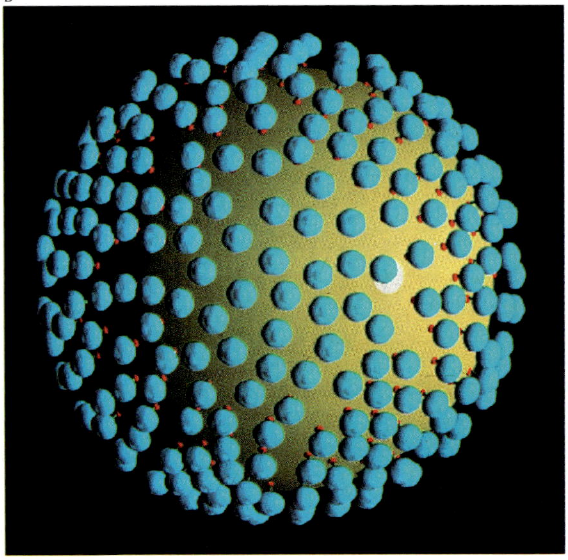

VIROSES VÉGÉTALES ET ANIMALES

DES PARASITES UNIVERSELS

■ LES VIRUS À A.R.N., mais aussi à A.D.N., sont parmi les agents infectieux les plus virulents chez les végétaux. L'infection se propage généralement à partir d'une blessure de la plante, voire même par la piqûre d'un insecte porteur, qui grâce à son système piqueur, pénètre la résistance de la paroi végétale. Des déformations des différents organes de la plante, des nécroses ou des anomalies du métabolisme constituent les symptômes de ces viroses. À peu près dépourvus de défenses de type immunitaire, les végétaux infectés le restent généralement jusqu'à leur mort.

Tous les animaux peuvent être infectés par des virus. Il existe une relative spécificité entre le virion et son hôte, comme dans toute relation de parasitisme, et certaines espèces insensibles peuvent jouer le rôle de réservoir. Les maladies virales sont tout particulièrement graves sur un plan économique lorsqu'elles touchent des animaux domestiques. Cependant, en tant que vecteurs de matériel génétique, les virus pourraient jouer un rôle dans l'évolution des espèces animales et végétales.

RÉTROVIRUS ET CANCER

Les rétrovirus sont capables de provoquer l'apparition de cancers (leucémies ou tumeurs). Ils ont été isolés à partir de tumeurs d'un grand nombre d'animaux, et le virus du sarcome de Rous, infectant les poules, est le premier dont le pouvoir oncogène (cancérigène) a été clairement démontré.

Entouré d'une enveloppe hérissée de spicules, ce virus comporte deux brins d'A.R.N. monocaténaire identiques et a un diamètre moyen de 100 nanomètres. Lors de l'infection de l'hôte, une enzyme, la *transcriptase inverse,* fait une copie en A.D.N. double brin de l'A.R.N. viral, qui est intégrée dans le génome de l'hôte. Cet A.D.N., appelé *provirus,* peut donner naissance à de nouvelles particules virales ou transformer la cellule normale en cellule tumorale, mais, l'A.D.N. viral, peut également rester à l'état latent.

De ce fait, il est particulièrement important de parvenir à une meilleure compréhension de la régulation de l'expression des gènes de ces rétrovirus, afin de prévenir l'apparition d'un cancer.

VOIR L'INVISIBLE

LA VISION JOUE un rôle prépondérant dans notre perception et notre compréhension du monde. Parmi les inventions humaines, il existe des outils rendant perceptibles des phénomènes invisibles à l'œil nu à cause de leur petite taille, de leur éloignement, ou cachés dans les profondeurs de la matière. Ces outils ont bouleversé notre rapport à l'Univers.

■ Notre vision ne nous permet de percevoir à l'œil nu qu'une infime partie des objets qui nous entourent. Il faut que ces objets ne soient ni trop petits ni trop lointains et qu'ils soient éclairés par une lumière elle-même visible. Une partie de la lumière qui atteint ces objets est réfléchie vers notre œil, en traverse les composants physiques (l'iris règle la quantité de lumière, le cristallin joue un rôle de lentille) pour être projetée sur la rétine. Les photorécepteurs de la rétine (cellules à cônes et cellules à bâtonnets) convertissent ces signaux visuels en signaux nerveux communiqués au cerveau, qui les analyse et les interprète.

Des informations essentielles. Grâce à l'évolution technologique, la découverte de nouveaux instruments et leur perfectionnement nous ont rendu accessibles des domaines que le système visuel humain seul ne pouvait explorer : microscopes et télescopes nous permettent de percevoir ou de mieux observer des objets appartenant au monde de l'infiniment petit ou de l'infiniment lointain. Au cours du XXe siècle, on a mis au point des récepteurs capables de capter toutes les radiations électromagnétiques émises par la matière et de donner ainsi une image à partir des domaines du spectre électromagnétique qui ne sont pas visibles à l'œil nu : ondes hertziennes (radio, télévision), ultrasons (échographie, Doppler), infrarouges, ultraviolets, rayons X, bêta et gamma (radiologie) ont ainsi rendu accessibles des informations essentielles pour l'observation astronomique, la biologie, la géologie et l'imagerie médicale.

Le développement spectaculaire de l'imagerie médicale rend bien compte des progrès réalisés. L'utilisation des rayons gamma, par exemple, permet d'obtenir une image dynamique et fonctionnelle d'un organe et de mesurer son activité, son métabolisme. Différentes techniques « tomographiques », qui permettent la visualisation du corps humain en coupe, font appel soit aux rayons X (scanographie, ou scanner), soit aux rayons gamma (tomographie par

. Particules élémentaires.

Particules de matière

lectrons, protons, neutrons, uarks... Les plus puissants mi-roscopes ne nous permettent pas ncore de distinguer les particules lémentaires qui constituent atome. En revanche, leurs trajec-oires dans les accélérateurs de articules laissent des traces visi-les sur des clichés photographi-ues (ici [A], dans la *Big European ubble Chamber* du C. E. R. N. à enève). On déduit, de la cour-ure des trajectoires de particules émentaires dans un champ ma-nétique, l'énergie, la vitesse et la ature de ces particules. Des xpériences de collisions permet-nt d'en distinguer les différentes milles grâce à des détecteurs ectroniques.

B. Fœtus de 7 mois.

Promesse de vie mise à jour

Les ondes acoustiques génèrent des sons, mais on peut aussi les interpréter en images. La technique de l'échographie (B), familière aux futures mamans, utilise la réflexion (ou écho) d'un faisceau d'ultrasons par les organes pour reconstituer leur image sur un écran cathodique. On peut ainsi observer le fœtus dans l'utérus (ici, au 7e mois de grossesse). Ces images ultrasonores servent à en surveiller le développement et à en déterminer le sexe.

L'échographie est également utilisée pour le diagnostic médical en gynécologie, en gastro-entérologie ou en cardiologie, et l'échographie bidimensionnelle (ou tomographie par ultrasons) permet d'obtenir des images en coupe de l'organe exploré. Les ultrasons sont à la base d'autres techniques d'imagerie acoustique : l'examen Doppler, par exemple, qui renseigne sur le sens, la vitesse et la durée du passage du flux sanguin et sur l'état des parois des vaisseaux, ou encore la microscopie acoustique, qui permet d'observer la structure interne d'échantillons totalement opaques en microscopie optique.

émission de positrons), soit aux signaux émis par des noyaux atomiques placés dans un champ magnétique et mis en résonance par une onde radio (imagerie par résonance magnétique). Chacune présente des avantages particuliers (localisation de lésions ou de tumeurs, détermination du métabolisme cérébral ou cardiaque, visualisation de troubles fonctionnels).

Les premiers microscopes. La conquête de l'infiniment petit a débuté voici plusieurs siècles. Zacharias Jansen, lunettier hollandais, fabriqua vers 1600 le premier microscope : cette « lunette d'approche » à deux lentilles consistait en un tube de cuivre long de 2 mètres et muni d'une loupe à chaque extrémité ! En 1609, Galilée en améliora l'oculaire. Toutefois, à fort grossissement, l'image restait floue à cause des imperfections du verre. En dépit de cela, au cours du XVIIe siècle, des observations (soit avec une loupe à fort grossissement, soit avec cette lunette à deux lentilles) bouleversèrent les idées reçues. À partir de l'observation de coupes de liège, l'Anglais Robert Hooke mit en évidence, en 1663, la structure cellulaire végétale, décrivant ainsi l'unité fondamentale de la vie. L'Italien Marcello Malpighi (1628-1694) observa la circulation du sang chez la grenouille, le développement de l'embryon de poulet et la structure de divers organes. Le Hollandais Antoni Van Leeuwenhoek fit de nombreuses découvertes, parmi lesquelles les globules rouges, les réseaux capillaires et les spermatozoïdes. Van Leeuwenhoek fut surtout le premier à décrire les microorganismes dont regorgent les eaux croupissantes et dont on ne soupçonnait même pas l'existence (bactéries, protozoaires et bien d'autres). Ses travaux ont fait de lui le fondateur de la microbiologie.

Le microscope optique. Les transformations progressives que connaîtra le microscope au cours des XVIIIe et XIXe siècles (amélioration des verres, de la mise au point, de l'éclairage) aboutiront à la version actuelle du microscope optique. L'appareil comporte une source lumineuse artificielle réfléchie vers le haut par un miroir et parvenant à l'œil de l'observateur au travers de trois ensembles de lentilles, responsables de l'image agrandie de l'objet : un condensateur, qui concentre la lumière sur l'objet, un objectif tourné vers l'objet à examiner et un oculaire, contre lequel on place l'œil.

Le grossissement correspond au rapport de la longueur de l'image à celle de l'objet. En fait, la qualité du microscope (ce qui nous permet de percevoir les détails) est caractérisée par ce qu'on appelle le pouvoir séparateur (ou résolution). Il s'agit de la plus courte distance nécessaire entre deux points pour qu'ils n'apparaissent pas confondus. Plus ce pouvoir séparateur est petit, plus fins sont les détails qui peuvent être analysés. Ainsi, avec le microscope optique, des points distants de 0,001 mm peuvent être distingués – soit 100 fois plus rapprochés qu'à l'œil nu. De nos jours, le microscope

B. Surface d'or pur.

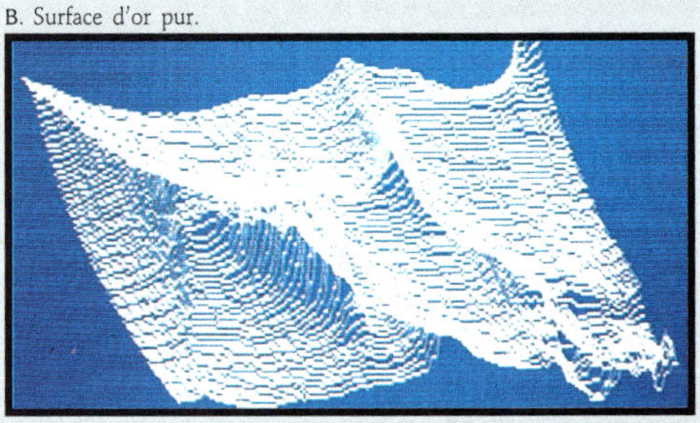

A. Virus bactériophages.

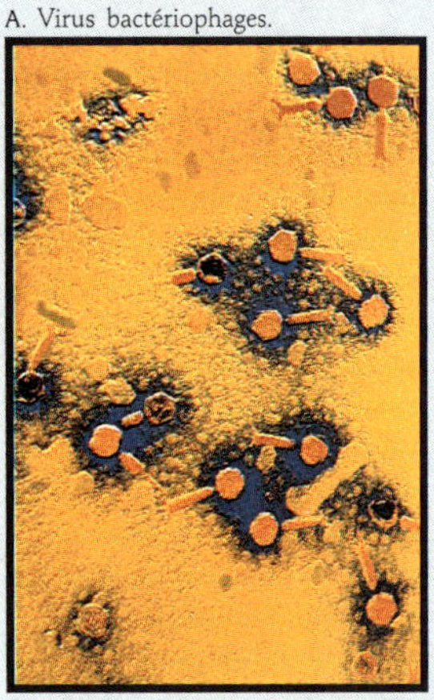

Une surface d'or pur

Le microscope à effet tunnel donne une image de la surface d'un objet à l'échelle de l'atome. Il enregistre le courant électrique qui s'établit entre le nuage électronique de surface de l'objet et celui d'une pointe métallique qui balaie cette surface. Ici, cette technique révèle le relief d'une surface d'or pur (B) à un grossissement de 250 000.

Dans le domaine biologique, on fonde beaucoup d'espoirs sur la microscopie à effet tunnel pour l'étude des macromolécules.

C. Cellules ciliées de l'organe de Corti.

Virus bactériophages révélés

Les bactériophages sont des virus parasites des bactéries. Ils injectent leur A. D. N. dans les cellules bactériennes (A), où celui-ci, intégré au génome, est multiplié et traduit pour former de nouveaux virus. Ceux-ci, qui font éclater la bactérie hôte, peuvent à leur tour infecter d'autres bactéries par le même processus.

Les virus, trop petits pour être observés avec le microscope optique, ont été parmi les premières structures biologiques révélées par le microscope électronique. De nombreuses informations ont pu être ainsi fournies quant à leur forme, leur dimension et leur organisation interne.

Les cils de l'oreille

Les cellules ciliées de l'organe de Corti (oreille interne) jouent un rôle essentiel dans le mécanisme par lequel on entend, en transformant les ondes sonores (qui provoquent leur vibration) en influx nerveux transmis au cerveau. Grâce au microscope électronique à balayage, on peut observer (C) les cils des deux rangées de cellules ciliées externes (en forme de V) et ceux de la rangée unique des cellules ciliées internes (grossissement de 4 000 environ). Des couleurs artificielles remplacent les dégradés de gris de l'image brute. Cette colorisation arbitraire permet de faciliter l'interprétation des différentes structures.

optique a atteint ses limites physiques de résolution. En effet, le pouvoir séparateur dépend directement de la longueur d'onde de la lumière utilisée pour éclairer l'objet : plus la longueur d'onde du rayonnement utilisé est petite, meilleur est le pouvoir séparateur.

Les microscopes électroniques. En 1924, le physicien français Louis de Broglie réalisa que des électrons en mouvement pouvaient être caractérisés par une longueur d'onde plus courte que celle de la lumière blanche. Puis on découvrit qu'un champ magnétique créé par des bobines parcourues d'un courant électrique pouvait concentrer un faisceau d'électrons à la manière d'une lentille. Il fut dès lors possible d'imaginer un microscope où les électrons, remplaçant la lumière visible du microscope optique, seraient capables de révéler des détails de la matière encore inconnus. C'est ainsi que le premier microscope électronique fut conçu à Berlin en 1931 par Knoll et Ruska. Les premiers modèles commerciaux devinrent disponibles à partir de 1935.

Le microscope électronique à transmission peut mesurer 5 mètres de haut et peser 7 tonnes ! Il ne permet d'étudier que des échantillons préparés sous forme de lames ultraminces, car le faisceau d'électrons doit les traverser pour donner une image. Les objets biologiques sont en général observables avec une résolution de l'ordre du millionième de millimètre, soit 1 000 fois supérieure à celle du microscope optique. La microscopie électronique a révélé ou confirmé l'existence d'éléments de la cellule trop petits pour être visualisés avec la microscopie optique. Elle a permis notamment de décrire l'enveloppe protéique de certains virus et de mettre en évidence des jonctions entre cellules voisines.

En 1965, un autre microscope électronique apparut sur le marché : le microscope électronique à balayage, dans lequel un très fin faisceau d'électrons est déplacé à la surface de l'objet, qui peut être de taille importante, pour produire une image. Le faisceau ne traverse pas l'objet (contrairement à ce qui se passe dans le microscope électronique à transmission) et l'image obtenue montre les contours de l'objet avec une bonne résolution (de l'ordre du cent millionième de millimètre) et surtout en restituant son aspect tridimensionnel (ce qui donne à l'image un « relief » saisissant).

Les trois principaux types de microscope (optique, électronique à transmission et électronique à balayage) ont des qualités complémentaires. Leur utilisation, qui met à profit tout un ensemble de techniques de préparation des échantillons (fixations, colorations...) et de traitement des images, rend accessibles à l'observation et à l'expérimentation les différents niveaux d'organisation du vivant à l'échelle microscopique : micro-organismes, cellules, organites cellulaires et molécules biologiques.

L'amélioration des techniques. En faisant encore un pas vers l'infiniment petit, on a atteint la taille de l'atome. Le microscope électronique à balayage en transmission (qui utilise le principe du balayage pour observer des échantillons en coupe), construit

D. Champignons parasites, *Microsporum canis*.

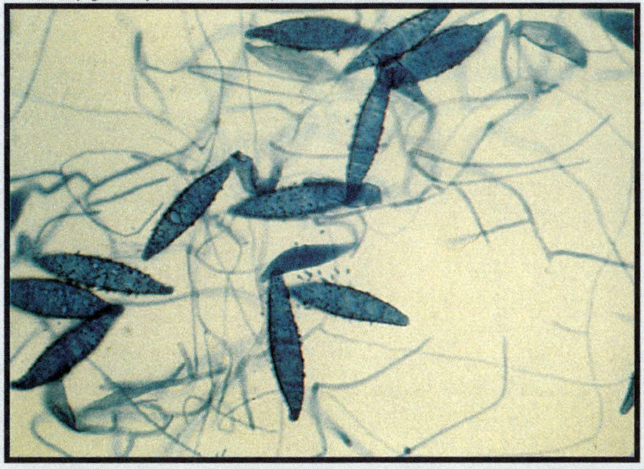

Parasites détectés

La microscopie optique permet l'identification de micro-organismes comme ces champignons parasites (responsables de maladies de peau), dont l'examen complète généralement l'étude macroscopique des lésions (D). Les techniques de coloration sont fondamentales en microscopie optique. C'est souvent la coloration qui permet d'identifier le micro-organisme observé.
La microscopie optique permet également d'étudier la structure des tissus en coupe et des cellules, ainsi que leurs modifications.

E. Cytosquelette d'une cellule.

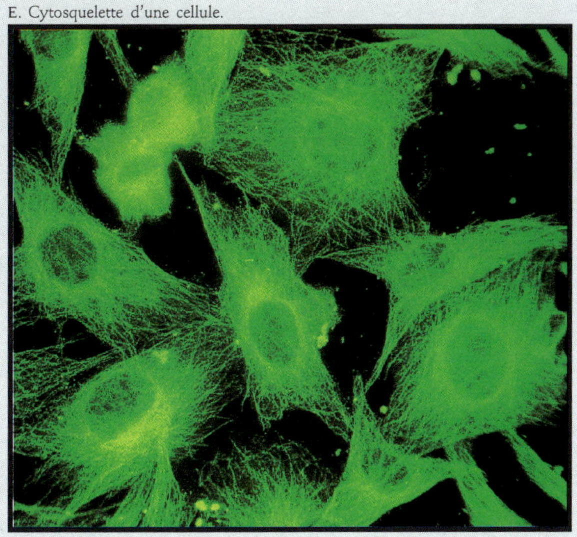

Culture fluorescente

Le perfectionnement des méthodes de préparation des échantillons observés en microscopie est aussi fondamental que l'évolution des techniques microscopiques elles-mêmes. Les techniques de fixation, de coupe et de coloration des prélèvements biologiques contribuent à la qualité de l'image, en particulier avec le développement de nouvelles résines d'inclusion et des méthodes de cryofracture et d'immunofluorescence (E). Cette dernière méthode fait appel à la combinaison spécifique d'un antigène et d'un anticorps « coloré » à la fluorescéine, qui émet une fluorescence verte en lumière ultraviolette. Ici, la fluorescence révèle le cytosquelette de ces cellules en culture.

en 1966 par Albert Grewe, a permis d'atteindre ce niveau, avec des grossissements de l'ordre de 100 millions. À une échelle comparable, le microscope à effet tunnel (construit en 1982 par Binning et Rohrer) utilise les propriétés de la mécanique quantique (mesure des courants entre les nuages électroniques des atomes) pour donner une image de la surface de l'échantillon avec une résolution de l'ordre d'un dixième de nanomètre.

Des recherches se poursuivent à tous les niveaux de la création d'une image. On a déjà fait appel à l'irradiation par des rayonnements électromagnétiques (rayons gamma, rayons X, lumière visible, etc.), à l'excitation par des phénomènes vibratoires matériels (ultrasons), au bombardement par des électrons (microscopie électronique). On perfectionne actuellement toutes ces techniques et on en développe d'autres, telles que l'imagerie neutronique (fondée sur l'interaction des neutrons avec la matière), l'imagerie micro-onde (ces ondes électromagnétiques, très utilisées dans les domaines de la télécommunication et des radars, avaient été délaissées jusqu'à présent pour l'imagerie) ou encore la microscopie holographique (avec un rayon laser).

Images numériques, images de synthèse. L'utilisation croissante des ordinateurs dans le traitement de l'image amène de plus en plus le remplacement de l'enregistrement photographique par la mémorisation électronique pour numériser l'image en temps réel. Cette technique permet de fixer l'image sur un support magnétique comme on le ferait avec un simple texte. Grâce à ce procédé, on peut améliorer l'image (effacer des parties, en renforcer d'autres...), n'en visualiser qu'un certain type d'éléments, les compter, leur donner une coloration, obtenir des coupes selon différents plans ou encore reconstituer l'image en trois dimensions que l'on peut alors orienter à volonté dans tous les plans de l'espace.

Ces images « réelles », générées à partir d'une grandeur physique et travaillées par l'outil électronique, sont confrontées aux images de synthèse, générées à partir d'un modèle mathématique de simulation et de prédiction. On en arrive à se demander où finit le réel et où commence l'imaginaire. La frontière ténue qui les sépare existe-t-elle encore vraiment ? En étendant les limites du visible, l'homme a découvert de nouveaux paysages, a abordé de nouveaux domaines du savoir et, parallèlement, a posé de nouvelles interrogations. Qu'y a-t-il encore plus loin, d'encore plus petit ? Quelle nouvelle fascination nous attend demain, après avoir développé cette capacité de « voir » au travers des structures, de comprendre l'architecture d'une cellule ou encore de visualiser les composants de l'atome ? □

A. *Mémoire* de Maria-Elena Vieira da Silva (1966-1967).

Icône scientifique ou microscopie artistique ?

Qu'il s'agisse de création artistique ou de microphotographie biologique, les images ne sont-elles pas des interprétations de la réalité ? L'émotion, la recherche, la fascination qu'exerce sur nous le monde par sa puissance d'expression, on peut retrouver tout cela dans l'art rupestre comme dans la peinture moderne (ci-dessus, une œuvre de Viera da Silva [A]), dans un paysage naturel comme dans une préparation microscopique (ci-dessous, des fibres de collagène au microscope électronique à balayage [B]). Le merveilleux provient des vertus magiques de ces assemblages de formes et de couleurs. Entre l'image conçue par l'artiste et celle issue du vivant, il existe une résonance profonde, par-delà toute ressemblance. Le monde scientifique a révélé l'esthétisme des cellules. Il appartient à chacun de contempler leur beauté, que ce soit avec incrédulité ou avec ravissement. La découverte de ces paysages intérieurs, comme autant de pages de poésies, permet de rendre hommage à la beauté de ces étranges spectacles.

B. Fibres de collagène.

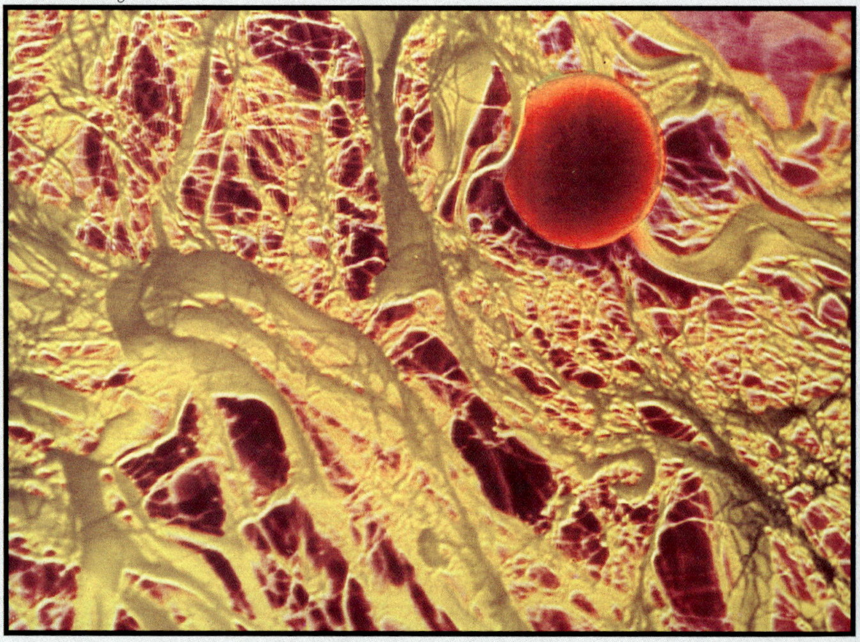

LA CELLULE PROCARYOTE

L'ÉTUDE des micro-organismes procaryotes, les *bactéries,* a pris son essor au XIXe siècle, en particulier sous l'impulsion de Louis Pasteur en France et de Robert Koch en Allemagne...

En 1937, le terme *procaryote,* proposé par le Français Chatton, souligne l'aspect particulier de la cellule bactérienne, par opposition avec les cellules *eucaryotes* des autres organismes. Néanmoins, ce terme ne trouvera sa signification que vers le milieu des années 1950, quand le microscope électronique montrera l'absence de noyau vrai dans la cellule bactérienne.

ORGANISATION

UNE PAROI RIGIDE ET UN CHROMOSOME CIRCULAIRE

■ LA CELLULE PROCARYOTE se caractérise par l'absence quasi totale de systèmes membranaires clos : pas de noyau, de mitochondries, d'appareil de Golgi, de plastes...

La paroi. Presque toujours rigide, elle détermine la forme de la bactérie. Si on l'élimine (par digestion enzymatique), la cellule devient sphérique, gonfle par entrée d'eau et éclate. La rigidité est assurée par un « peptidoglycane », la *muréine.* Seules les archéobactéries possèdent une paroi de composition différente. En 1884, le Danois C. Gram découvre une méthode qui colore des bactéries en violet (Gram positif, ou G^+) et d'autres en rose (Gram négatif, ou G^-), différence en rapport avec une structure différente de la paroi.

La membrane plasmique. Elle assure et contrôle les passages de subtances. De plus, elle comporte des molécules intervenant dans les processus respiratoires et énergétiques de la cellule. Elle est également impliquée dans la séparation des chromosomes frères (homologues) lors de la division.

Dans certains groupes, la membrane présente des expansions permanentes dans le cytoplasme : pseudo-vésicules, replis parallèles ou perpendiculaires à la paroi. Des invaginations tubuleuses ou en chapelets ont été décrites sous le nom de *mésosomes :* mais il s'agit probablement de structures artefactuelles.

Le cytoplasme. Il renferme les ribosomes (plus petits que ceux des cellules eucaryotes), l'unique chromosome et diverses inclusions. Le cytoplasme est le siège d'intenses synthèses : quand les conditions sont favorables, une bactérie double son volume en quelques dizaines de minutes et se divise (20 minutes pour *Escherichia coli*). Divers composés peuvent s'accumuler et former des amas, variables selon les groupes.

L'appareil locomoteur. Si beaucoup de bactéries n'ont pas de mobilité propre, d'autres peuvent se déplacer activement. En dehors de mécanismes particuliers à certains groupes, la plupart des germes mobiles le sont grâce à de longs *flagelles.* Il s'agit de structures creuses formées de molécules de flagelline (une protéine). Les bactéries dont les flagelles sont disposés à une extrémité (polaires ou subpolaires) ont des déplacements orientés et rapides ; avec des flagelles disposés tout autour (péritriches), les mouvements sont plus désordonnés et plus lents.

Le chromosome. C'est une molécule circulaire géante d'A.D.N. libre dans le cytoplasme. Le chromosome est dupliqué pendant la phase de croissance de la cellule et les deux chromosomes frères sont séparés du fait de la croissance même de la membrane. La division se réalise sans intervention de microstructures particulières, contrairement à la mitose des cellules eucaryotes. Il n'y a pas de reproduction sexuée proprement dite.

Les plasmides. Un grand nombre de bactéries (sinon toutes) possèdent de l'A.D.N. n'appartenant pas au chromosome (on parle d'A.D.N. « extrachromosomique ») sous forme de petites molécules circulaires appelées « plasmides ». Leur information génétique, qui n'est pas indispensable à la vie de la bactérie, est encore imparfaitement connue ; on sait néanmoins que les plasmides comprennent les gènes de résistance aux antibiotiques.

A

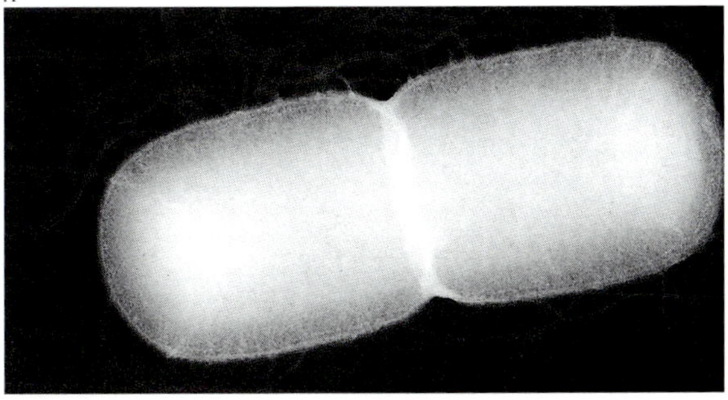

A. **DIVISION**

Cette bactérie *Bacillus thuringiensis,* avec ses longs flagelles, est en fin de division. Après doublement de longueur de la bactérie, un repli annulaire de la membrane plasmique se ferme – à la manière d'un diaphragme – dans la partie médiane de la cellule. Une paroi y est synthétisée et les deux cellules sœurs se séparent.

B. **ORGANISATION GÉNÉRALE DE LA CELLULE BACTÉRIENNE**

Les bactéries Gram négatif (partie supérieure du dessin) diffèrent des bactéries Gram positif (partie inférieure) par l'organisation de leur paroi. Les pilis ne s'observent que chez certaines Gram négatif. Les flagelles sont présentés ici en position « subpolaire » ; ils peuvent être absents ou disposés tout autour de la cellule (« péritriches »).

B

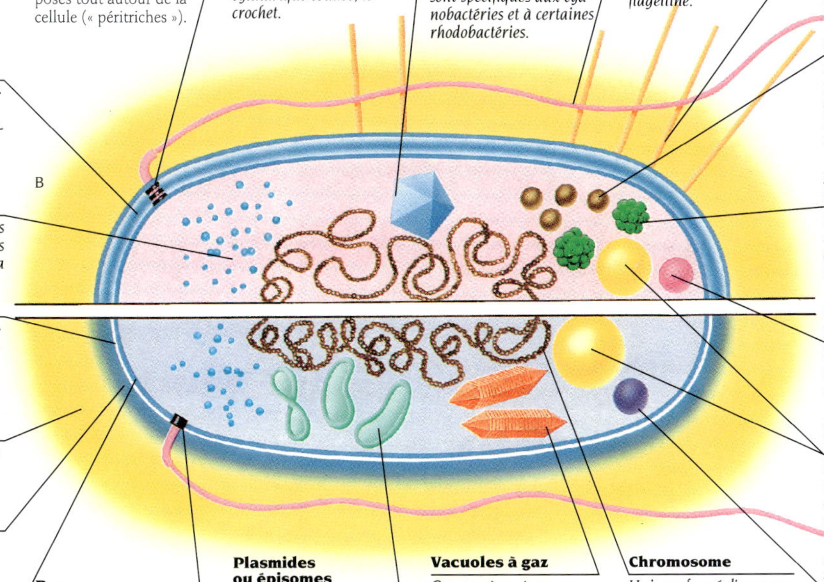

LA CELLULE PROCARYOTE

IMPORTANCE ÉCOLOGIQUE

UN RÔLE CLÉ DANS LES CYCLES DE LA MATIÈRE

■ L'ATMOSPHÈRE INITIALE de notre planète ne contenait ni *oxygène* ni *azote* libres. Ces deux corps – plus de 99 p. 100 de l'air actuel – proviennent de l'activité biologique et, à l'origine, des seuls procaryotes. Aujourd'hui, les relations de l'oxygène atmosphérique avec les êtres vivants intéressent tous les êtres vivants mais seuls les procaryotes sont impliqués dans les échanges d'azote *gazeux* avec l'atmosphère.

Le carbone. Parmi les éléments essentiels de la matière vivante, le *carbone* occupe une place centrale. C'est le composant majeur des molécules organiques (glucides, appelés aussi « hydrates de carbone » ; lipides, dont les acides gras sont de longues chaînes carbonées ; protéines au squelette moléculaire carboné). Il est présent sous forme de gaz carbonique (CO_2) dans l'air et dans l'eau, et également dans l'eau sous forme d'ions carbonate (CO_3^{2-}) et bicarbonate (HCO_3^-).

Toutes ces formes du carbone font partie d'un vaste cycle, dans lequel le carbone organique retourne à une forme minérale (CO_2), qui pourra être assimilée par les végétaux (grâce au processus de *photosynthèse*). Les bactéries interviennent activement dans cette minéralisation. La façon dont les êtres vivants se procurent leur carbone est un des éléments déterminants de leur mode de vie.

Le brassage de la matière – passage du minéral à l'organique et retour de l'organique au minéral – s'opère au travers d'un ensemble de cycles, dits « biogéochimiques » (du carbone, de l'azote, du soufre...), dans lesquels les bactéries jouent un rôle fondamental.

LES MODES DE VIE

ILS DÉPENDENT DE QUATRE FACTEURS

■ LA SOURCE INITIALE D'ÉNERGIE, premier de ces quatre facteurs, est soit lumineuse, soit chimique. Certaines bactéries utilisent l'énergie lumineuse solaire, qu'elles captent grâce à leurs pigments photosynthétiques et convertissent en énergie chimique ; elles sont *phototrophes*. D'autres utilisent directement l'énergie de réactions chimiques : elles oxydent un composé chimique réduit ; il s'opère donc une oxydoréduction dans laquelle ce composé cède des électrons et des protons (H^+) dont le transfert, de molécule en molécule, s'accompagne d'une importante libération d'énergie chimique... Ces bactéries sont dites *chimiotrophes*.

La source initiale d'électrons. Le premier composé réduit qui cède des électrons et des protons, alimentant ainsi la chaîne d'oxydoréductions, est essentiel. C'est soit un composé minéral (H_2S ; H_2 ; NH_3 ; Fe^{2+}...), et on parle alors de *lithotrophie* (*lithos* = pierre), soit un composé organique (sucre, alcool, acide...) : c'est l'*organotrophie*.

Les bactéries phototrophes sont pour la plupart « photolithotrophes » ; quelques-unes utilisent des composés organiques et sont « photo-organotrophes » (ou photohétérotrophes). De même, les bactéries chimiotrophes seront soit « chimiolithotrophes », soit « chimio-organotrophes ».

La source de carbone. Cet élément peut être absorbé à l'état minéral (gaz carbonique) – les bactéries sont alors *autotrophes* – ou sous forme de matière organique : les bactéries sont alors *hétérotrophes*. Ces dernières utilisent la matière d'êtres morts (saprophytes ou décomposeurs), d'êtres vivants (parasites) ou vivent en association – à profit partagé – avec un autre organisme (symbiotes).

L'accepteur final d'électrons. Commencée avec un donneur initial, la chaîne d'oxydoréductions s'achève avec un accepteur final d'électrons et de protons. Ce composé peut être minéral : soit l'oxygène (la bactérie a une respiration aérobie), soit sous forme de NO_3^-, de SO_4^{2-}, de S, de CO_2, etc. (respiration anaérobie). Il peut être organique (il y a alors fermentation, processus anaérobie).

A. **LES BACTÉRIES DANS LES CYCLES ÉCOLOGIQUES**

Carbone (C), hydrogène (H), oxygène (O), azote (N), soufre (S), phosphore (P) sont les composants majeurs de la matière vivante. L'hydrogène et l'oxygène y circulent, essentiellement sous forme d'eau (H_2O). Le soufre et le phosphore sont absorbés sous forme de sulfates et phosphates dissous ; après la mort des organismes, et sous l'action des bactéries, ils reviennent à la forme de sels assimilables par les êtres vivants. Le carbone et l'azote cheminent dans la matière par des voies plus complexes, mais dans lesquelles les bactéries interviennent aussi de façon majeure. Le carbone passe de l'état minéral (CO_2) à l'état organique (sucres) grâce à la photosynthèse réalisée par les organismes chlorophylliens, parmi lesquels les bactéries photosynthétiques (dont les cyano bactéries), qui furent longtemps seules à peupler la Terre. (Notons que certaines bactéries non photosynthétiques sont toutefois capables de fixer le gaz carbonique atmosphérique.) Le retour du carbone organique à une forme minérale (CO_2) se produit par la minéralisation, due en partie à l'activité bactérienne. Celle-ci est la seule activité biologique responsable de la libération d'oxyde de carbone (CO) et de méthane (CH_4) dans l'atmosphère.
L'azote circule dans la matière vivante grâce aux seules bactéries. Certaines bactéries et toutes les cyanobactéries, libres ou en symbiose avec diverses plantes (légumineuses, fougères), réduisent l'azote atmosphérique en ammonium (NH_4^+), qui sert à la synthèse des composés azotés de la matière vivante (acides aminés en particulier). Les décomposeurs – bactéries et champignons – sont capables de dégrader ces composés azotés en ammoniac (NH_3), mais seules des bactéries peuvent oxyder l'ammoniac en nitrite (NO_2^-) et en nitrate (NO_3^-) [nitrification]. Ces composés peuvent être alors réduits par d'autres bactéries en azote atmosphérique (N_2), qui est libéré (dénitrification).

A

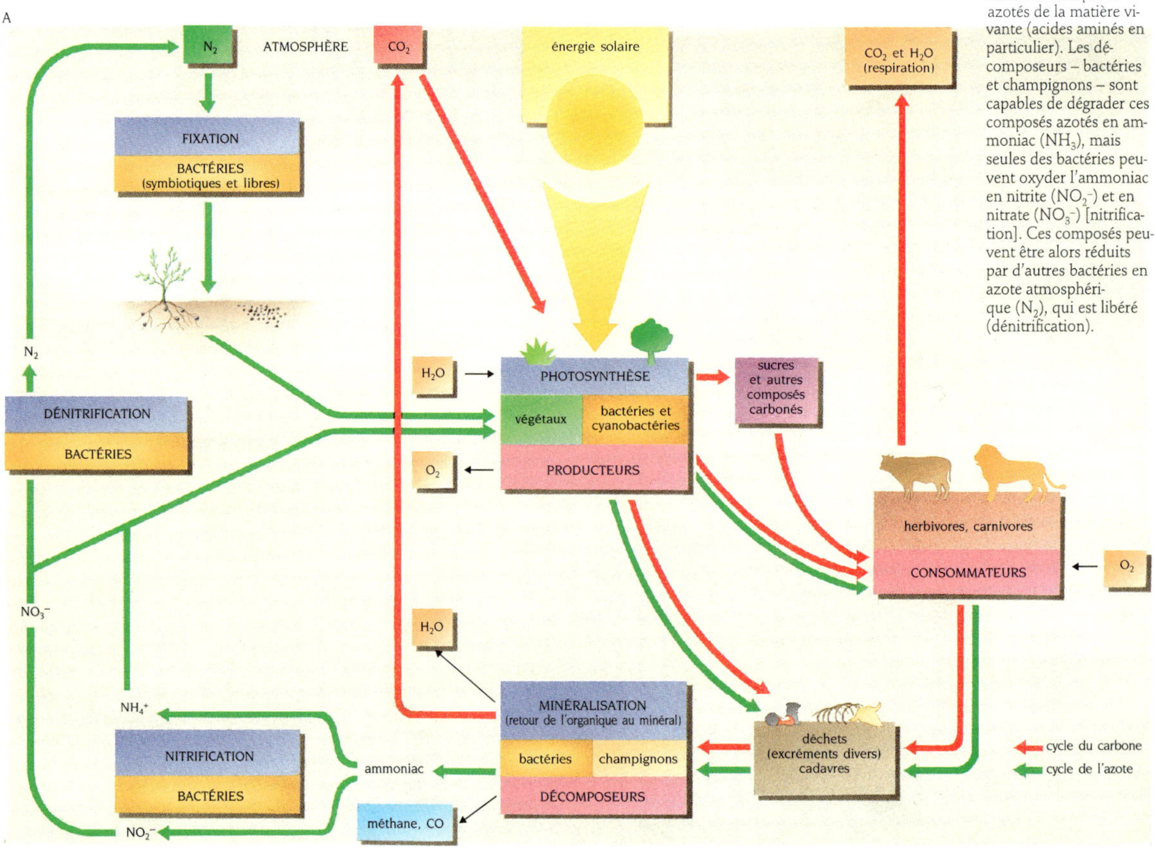

LES ARCHÉOBACTÉRIES

UN GROUPE PRIMITIF

UN ENSEMBLE NETTEMENT DISTINCT DES AUTRES BACTÉRIES

■ LES ARCHÉOBACTÉRIES doivent leur nom à leur origine très ancienne. Elles forment un ensemble hétérogène regroupant peu d'espèces. Elles occupent des niches écologiques où, souvent, elles sont seules à vivre. Leurs caractéristiques les distinguent de toutes les autres bactéries, les *eubactéries* (« vraies » bactéries).

La paroi. Constituée de protéines et de polysaccharides, elle est dépourvue de peptidoglycane (présent chez les eubactéries). Six types de structures cristallines, représentant des niveaux de complexité différents, ont été décrits. Cette paroi est totalement insensible aux antibiotiques actifs contre celle des eubactéries (pénicilline, céphalosporine, D-cyclosérine).

La membrane. Elle ne comporte, généralement, qu'une couche de molécules lipidiques au lieu de deux. De plus, les lipides membranaires sont constitués de glycérol associé à des chaînes carbonées particulières (phytane et biphytane, à 20 et 40 carbones) par des liaisons « éther » ; chez tous les autres organismes, le glycérol est associé à des acides gras, par des liaisons « ester ».

Les systèmes moléculaires. Ils sont particuliers, surtout ceux de la synthèse protéique. Ainsi, l'enzyme A. R. N. - polymérase (qui permet la transcription de l'A. D. N. en A. R. N. messager notamment), les A. R. N. ribosomaux et les A. R. N. de transfert sont modifiés. La synthèse protéique est insensible à l'antibiotique chloramphénicol (contrairement aux eubactéries), alors qu'elle est inhibée par la toxine diphtérique (comme pour les eucaryotes).

CLASSIFICATION

LES BACTÉRIES DES MILIEUX EXTRÊMES

Les méthanigènes. Elles vivent dans des milieux dépourvus d'oxygène mais riches en matières organiques (comme le fond de l'eau et le tractus digestif des animaux). Les méthanigènes ont l'aspect des bactéries banales (cocci libres ou groupés en amas réguliers, bâtonnets, spirilles) et utilisent, comme source d'énergie et de carbone, des composés produits par les autres bactéries (hydrogène, gaz carbonique, acide formique, acide acétique...). Elles doivent leur nom au fait qu'elles produisent du méthane (CH_4).

Les méthanigènes participent activement à la destruction des déchets organiques aquatiques (le méthane libéré constitue le « gaz des marais »), contribuent à l'épuration des eaux usées, mais aussi à la digestion des ruminants (une vache rejette, par éructation, jusqu'à 600 litres de méthane par jour, produits par les méthanigènes de sa panse !). Enfin, elles sont utilisées pour la production de « biogaz » à partir de déchets agricoles. Ce procédé industriel permet d'obtenir non seulement le méthane, gaz combustible utilisé pour le chauffage, mais aussi un résidu qui est un engrais azoté de qualité utilisé en agriculture.

Les halophiles extrêmes. Elles ne peuvent vivre qu'en milieu saturé en sel : au moins 120 g/l, avec des optimums situés entre 160 et 300 g/l (en comparaison, la salinité de l'eau de mer est de 30 à 35 g/l). Elles exigent aussi une forte teneur en magnésium et une forte intensité lumineuse : leurs habitats sont les marais salants, mais aussi les saumures et le poisson salé et séché... Quatre genres sont connus : *Halococcus,* avec une seule espèce, *H. morrhuae,* vivant sur le poisson séché ; *Halobacterium,* dont les huit espèces en forme de bâtonnet se meuvent grâce à un flagelle polaire ; *Natrobacterium* et *Natrococcus,* découverts dans les années 1980, exigeant un milieu très basique (pH de 9,5) et peu concentré en magnésium.

B

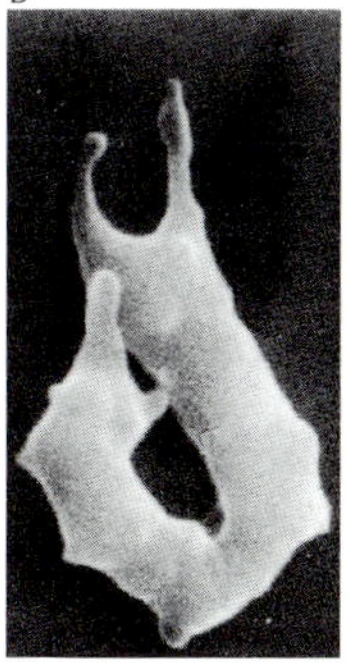

B. **ARCHÉOBACTÉRIE**
Les archéobactéries, micro-organismes de l'impossible ! Beaucoup ne peuvent vivre que là où toute vie, de par les conditions extrêmement rudes qui règnent, paraît exclue : dans les eaux volcaniques bouillantes et sulfureuses, dans les profondeurs abyssales (sans lumière et à des pressions vertigineuses) ou dans les milieux où l'acidité est celle d'une solution concentrée d'acide sulfurique !

Les archéobactéries halophiles puisent leur énergie de composés organiques (sucres, acides aminés, etc.). Toutes contiennent des caroténoïdes membranaires, principalement la *bactériorubine,* qui colore les cellules en rouge. Beaucoup, quand l'oxygène vient à manquer, synthétisent de la bactériorhodopsine, un pigment qui capte l'énergie lumineuse, utilisée pour la synthèse d'A. T. P. Ce procédé exceptionnel d'utilisation de la lumière permet la survie sans oxygène, mais non la croissance car il ne s'accompagne pas d'une assimilation de carbone.

Les thermoacidophiles extrêmes. Elles vivent à très haute température (entre 60 et 110 °C !) et en milieu acide (pH 1 à pH 6). Leur découverte remonte à 1970 ; on en connaît une quinzaine d'espèces, réparties en huit genres. Dans le genre *Sulfolobus* (des sources chaudes sulfureuses et des déblais miniers riches en soufre), les espèces *S. acidocaldarius* et *S. brierleyi* vivent à une température de 55 à 85 °C et sous un pH de 1 à 5,9. Ce sont des germes immobiles, aérobies, de forme irrégulière (lobée), qui oxydent le soufre en acide sulfurique (SO_4^{2-} + $2H^+$) et utilisent le gaz carbonique dissous comme source carbonée.

Le genre *Thermoplasma* comprend une seule espèce *(T. acidophilum),* mobile grâce à un flagelle et remarquable par son absence de paroi. Cependant, sa membrane est rigidifiée par une couche externe de polysaccharides. Elle tire son énergie de l'oxydation de composés organiques. Le genre *Thermoproteus* (et les cinq autres genres de thermoacidophiles) comprend des espèces en fins bâtonnets, filaments, disques ou sphères (cocci), qui toutes exigent des températures extrêmes (optimums entre 85 et 105 °C). leur métabolisme est totalement anaérobie (elles vivent sans oxygène). Elles utilisent le soufre comme accepteur final d'électrons et de protons et elles libèrent de l'hydrogène sulfuré (H_2S).

A

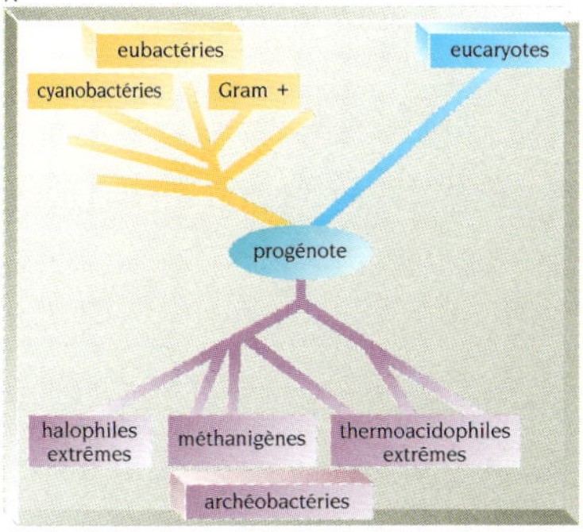

A. **LES TROIS VOIES ÉVOLUTIVES DU VIVANT**
On considère couramment que les organismes ont évolué selon deux directions, l'une menant aux *eucaryotes,* dont les cellules ont un noyau vrai, et l'autre aux *procaryotes,* sans noyau individualisé. La découverte, depuis les années 1970, d'organismes vivants dans des milieux supposés jusqu'alors sans vie, leur étude très détaillée et la comparaison avec les autres êtres vivants conduisent à envisager une évolution selon trois directions. À partir de la forme initiale hypothétique – le progénote –, une voie aurait conduit aux *eucaryotes,* une autre aux *eubactéries* (*eu* = vrai) et la troisième aux *archéobactéries,* groupe de procaryotes présentant des points communs à la fois avec les eucaryotes et avec les autres bactéries (eubactéries).

C

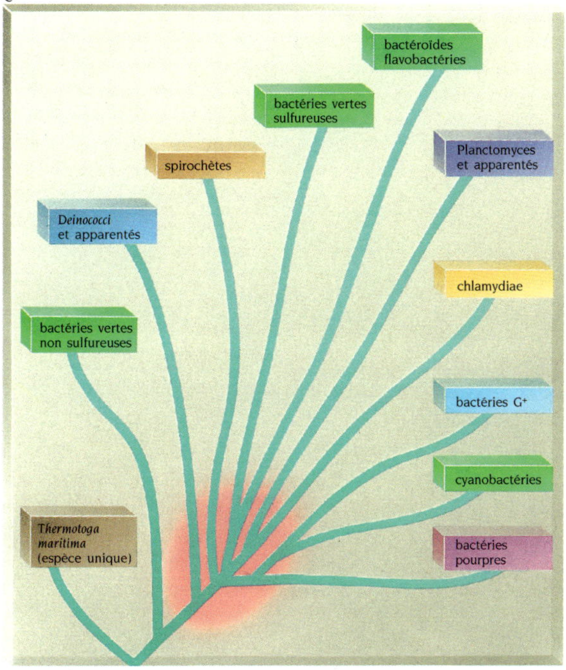

C. **ARBRE PHYLOGÉNÉTIQUE DES BACTÉRIES**
Cette classification est fondée sur la comparaison des A. R. N. ribosomaux de plusieurs centaines d'espèces. Elle conduit à rassembler des bactéries apparemment très différentes. Ainsi, le groupe des « bactéries pourpres » réunit les entérobactéries (du tube digestif), les symbiotes des légumineuses *(Rhizobium),* les bactéries parasites de bactéries *(Bdellovibrio),* des bactéries aérobies du sol oxydant les nitrites *(Nitrobacter),* des bactéries photosynthétiques, etc.
Malgré son grand intérêt, cette classification ne remplace pas la classification actuelle, qui prend en compte les caractéristiques physiologiques, la coloration de Gram, la forme, la structure...

LES BACTÉRIES PHOTOSYNTHÉTIQUES

Ces bactéries utilisent la lumière comme source initiale d'énergie, c'est pourquoi elles sont dites « phototrophes ». Ce caractère les distingue de toutes les autres eubactéries (archéobactéries exclues), qui n'utilisent pas l'énergie lumineuse, mais directement l'énergie de composés chimiques (« chimiotrophes »).

On distingue, en fonction du type de photosynthèse pratiquée, deux grands ensembles de bactéries photosynthétiques : les cyanobactéries (« algues bleues ») d'une part, les bactéries pourpres et vertes d'autre part.

A. B. C. **L'APPAREIL PHOTOSYNTHÉTIQUE**

Cet appareil, par lequel les bactéries phototrophes captent l'énergie lumineuse, dérive de la membrane plasmique, excepté chez les bactéries vertes (C). Dans les trois cas, les structures établies concourent à augmenter la surface réceptrice. L'énergie lumineuse, captée par les divers pigments, est convertie en énergie chimique pour fabriquer des constituants organiques (selon le principe de la photosynthèse). On a représenté ici l'organisation de l'appareil photosynthétique chez les cyanobactéries (A), les bactéries pourpres (B) et les bactéries vertes (C).

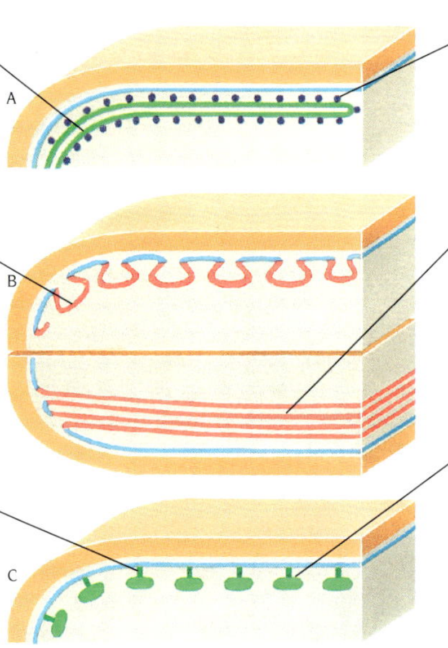

Thylakoïde

Ces feuillets membranaires, formés par replis de la membrane plasmique (à laquelle ils semblent rester reliés), contiennent la chlorophylle a et les caroténoïdes.

Phycobilisomes

Granules associés à la membrane et constitués de deux pigments : la phycoérythrine (rouge) et la phycocyanine (bleu). Les autres pigments sont inclus dans la membrane des thylakoïdes.

Pseudo-vésicules

Replis de la membrane plasmique contenant les pigments photosynthétiques (chlorophylle a ou b et caroténoïdes particuliers) : chez certaines bactéries pourpres (genre Rhodopseudomonas*).*

Feuillets lamellaires

Replis de la membrane plasmique contenant les pigments photosynthétiques chez d'autres bactéries pourpres, comme Rhodopseudomonas palustris.

Granules

Reliant chaque chlorosome à la membrane plasmique, ils sont formés de chlorophylle a que l'on qualifie ici de bactériochlorophylle a.

Chlorosomes

Ces vésicules sont limitées par un très fin feuillet protéique et contiennent sous forme dissoute la plupart des pigments. C'est le seul exemple où les pigments photosynthétiques ne sont pas associés à des membranes.

D. **CYANOBACTÉRIE FILAMENTEUSE**

Rivularia est formée d'une file de cellules qui utilisent le gaz carbonique par photosynthèse pour produire leurs constituants carbonés. Les grosses cellules rondes (hétérocystes) assurent la nutrition azotée en fixant l'azote atmosphérique.

D

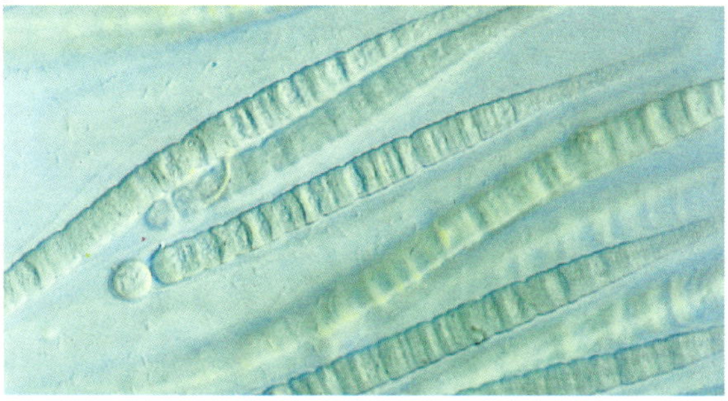

E. **CYANOBACTÉRIE UNICELLULAIRE**

Le diamètre de ce *Chroococcus* est environ 10 fois celui d'une bactérie banale et son volume est des centaines de fois supérieur. La cellule double de volume avant de se diviser. Souvent, les cellules filles restent associées par 2, 4, 8, 16 et plus...

E

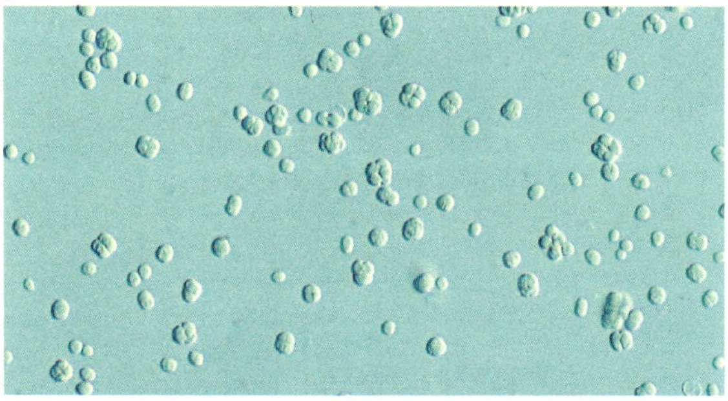

LES CYANOBACTÉRIES

LA MÊME PHOTOSYNTHÈSE QUE LES VÉGÉTAUX

■ Longtemps rattachés au règne végétal et appelés « algues bleues » ou « cyanophycées », ces organismes présentent pourtant toutes les caractéristiques des procaryotes.

Les plus simples sont unicellulaires, sphériques ou en bâtonnets ; les autres, formés de files de cellules appelées *trichomes,* peuvent atteindre plusieurs centimètres. Toujours très colorées, elles sont aisément observables.

Des cellules spécialisées. Les espèces pluricellulaires filamenteuses peuvent présenter des *hétérocystes,* grosses cellules à paroi épaisse, peu pigmentées, incapables de photosynthèse mais spécialisées dans la réduction de l'azote atmosphérique, ainsi que des *akinètes,* volumineuses et allongées, à paroi épaisse, très pigmentées, chargées de réserves, qui sont des cellules de survie, enfin des *nécridies* (ou « disjoncteurs »), cellules qui en se gélifiant découpent le trichome en fragments appelés *hormogonies.*

Reproduction. Toujours asexuée, elle se fait par division binaire banale (sauf chez *Pleurocapsa,* où les divisions sont multiples). Chez les formes filamenteuses, la multiplication se fait par découpages en hormogonies.

Écologie. Présentes en eaux douces et salées mais aussi à la surface des sols, dans les zones aussi bien froides que chaudes, la plupart des cyanobactéries se déplacent dans leur milieu par glissement, selon un mécanisme inconnu. Ce sont des organismes pionniers des zones désertiques, où ils contribuent à enrichir les sols dépourvus de végétation. Certains vivent même à l'intérieur des roches. Enfin, des cyanobactéries vivent en symbiose avec des arbres *(Cycas),* des fougères *(Azolla)* ou des champignons, avec lesquels elles constituent des lichens.

BACTÉRIES POURPRES ET BACTÉRIES VERTES

UNE PHOTOSYNTHÈSE PARTICULIÈRE, SANS LIBÉRATION D'OXYGÈNE

■ De formes variées, mobiles ou non, elles vivent en eaux douces ou salées et sont presque toutes anaérobies strictes. Elles sont colorées par une ou deux « bactériochlorophylles » et des caroténoïdes spéciaux. Ces pigments captent l'énergie lumineuse (principalement, les rayonnements non utilisés par les algues).

Alors que les végétaux utilisent l'eau (H_2O) comme source d'électrons et de protons et libèrent de l'oxygène ($H_2O \rightarrow 2H^+ + 2e^- + 1/2\ O_2$), ces bactéries utilisent le plus souvent l'hydrogène sulfuré (H_2S), et leur photosynthèse ne libère jamais d'oxygène, mais du soufre ($H_2S \rightarrow 2H^+ + 2e^- + S$). Presque toutes ont le gaz carbonique pour source de carbone et toutes sont capables de réduire l'azote atmosphérique.

Les *bactéries pourpres* (ou *rhodobactéries*) comprennent des espèces, les thiorhodobactéries, qui accumulent des globules de soufre dans leur cytoplasme. Si H_2S manque dans le milieu, elles oxydent le soufre accumulé en sulfates (SO_4^{2-}). En revanche, d'autres espèces, les athiorhodobactéries, sont inhibées par H_2S. Ce sont les seules bactéries photosynthétiques à utiliser des composés organiques (alcools, acides...) comme source de carbone.

Les *bactéries vertes* (ou *chlorobactéries*) utilisent H_2S, mais le soufre reste hors de la cellule. Elles assimilent le gaz carbonique par des voies métaboliques qu'elles sont seules à posséder.

PROCHLORON, UN CAS À PART

Coloré, il contient les chlorophylles a et b, pigments propres aux algues et aux végétaux supérieurs, mais il est dépourvu de noyau et se situe donc parmi les procaryotes. Aussi le *prochloron* est-il considéré comme un ancêtre des végétaux verts (chlorophytes) et on a créé pour lui seul le phylum des *prochlorophyta.*

C'est un organisme unicellulaire découvert en 1975 dans la cavité cloacale d'animaux marins (ascidies). Les analyses moléculaires fines conduisent à le rapprocher, aujourd'hui, de certaines cyanobactéries ; il présente le même type de paroi, les mêmes pigments caroténoïdes, et sa photosynthèse se fait également avec libération d'oxygène... Par contre, ses thylakoïdes (replis de la membrane contenant les pigments photosynthétiques) diffèrent beaucoup de ceux des cyanobactéries.

LES BACTÉRIES CHIMIOTROPHES

CES BACTÉRIES utilisent des composés chimiques, par « oxydo-réduction », pour élaborer leurs propres composés organiques. On les divise en deux groupes selon la nature, minérale ou organique, du composé chimique qu'elles oxydent dans ce but. Ainsi on distingue les bactéries chimiolithotrophes qui utilisent les composés minéraux, des bactéries chimio-organotrophes qui utilisent les composés organiques.

L'OXYDATION DE COMPOSÉS MINÉRAUX

LES CHIMIOLITHOTROPHES

■ CE SONT DES EUBACTÉRIES du sol et de l'eau, généralement de forme sphérique ou en bâtonnet, de type Gram négatif. Les voies métaboliques assurent la production d'A. T. P., forme universelle d'énergie utilisable par la cellule. Leur respiration est aérobie (utilisation de l'oxygène). Certaines peuvent néanmoins vivre sans oxygène (en anaérobiose) par respiration des nitrates (NO_3^-). La plupart utilisent le gaz carbonique (CO_2) comme source de carbone (autotrophie), qu'elles assimilent par la voie classique du cycle de Calvin.

Les différents groupes. On distingue plusieurs groupes de bactéries chimiotrophes selon la nature du composé oxydé (hydrogène, soufre ou azote) :
– les genres *Pseudomonas, Alcaligenes, Paracoccus,* qui peuvent oxyder l'hydrogène mais qui, d'une manière générale, préfèrent des composés organiques et se comportent le plus souvent en véritable « chimio-organotrophes » ;
– le genre *Thiobacillus,* qui oxyde les composés soufrés (H_2S, $S_2O_3^{2-}$, S) [espèce *T. thiooxydans*] ou le fer ferreux (Fe^{2+}) [espèce *T. ferrooxydans*]. Ces germes cohabitent dans des milieux acides. Ils sont utilisés dans l'industrie pour solubiliser les métaux des résidus miniers et permettre ainsi leur récupération (« lixiviation » du cuivre, du zinc, du molybdène) ;
– les genres *Nitrosomonas, Nitrocystis,* qui oxydent l'ammoniac (NH_3) en nitrite (NO_2^-), et *Nitrobacter, Nitrococcus,* qui oxydent le nitrite (NO_2^-) en nitrate (NO_3^-). L'ensemble du processus $NH_3 \rightarrow NO_3^-$ constitue la *nitrification,* étape ultime de la reminéralisation de l'azote organique provenant des déchets et des organismes morts. Le rôle de ces bactéries dans le cycle naturel de l'azote est donc fondamental.

L'OXYDATION DE COMPOSÉS ORGANIQUES

LES CHIMIO-ORGANOTROPHES : L'IMMENSE MAJORITÉ DES EUBACTÉRIES

■ LEUR BESOIN EN MATIÈRE ORGANIQUE fait souvent des chimio-organotrophes des agents de la minéralisation, avec l'élimination des déchets et des cadavres (mode de vie saprophyte), qui, sans elles (et les champignons), submergeraient le globe. Les bactéries chimio-organotrophes peuvent être aussi des parasites, pathogènes pour l'homme, l'animal et les plantes.

Beaucoup d'autres sont pourtant des symbiotes indispensables : nous hébergeons sur notre peau, dans notre tube digestif et tout notre organisme quelque 10 000 milliards de bactéries, dix fois plus que le nombre total de nos cellules, réparties en environ 500 espèces ! Cette flore est nécessaire à notre santé, notre vie même.

Ces bactéries sont aussi d'indispensables agents économiques : transformation du lait (fromages, yaourts...), vinification (fermentation malolactique), production d'antibiotiques ou encore synthèse de molécules rares (hormones, par exemple).

Ce monde bactérien gigantesque occupe toutes les niches écologiques ; ses capacités de pullulation sont fantastiques.

Bactéries engainées, à appendices, bourgeonnantes et spirochètes forment des groupes à morphologie remarquable, de même que les types suivants.

Rickettsies et chlamydies. Germes très petits, ce sont des parasites intracellulaires obligatoires, hébergés par des arthropodes (poux, tiques...) et dangereux pour l'homme et l'animal. *Rickettsia prowazeki* est l'agent du typhus. Les chlamydies parasitent surtout les oiseaux, mais aussi l'homme : *Chlamydia trachomatis* rend aveugle en provoquant le trachome (infection de l'œil).

Mycoplasmes, ou mollicutes. Dépourvus de paroi, très déformables, fragiles, ce sont des parasites obligatoires. Les formes pathogènes sont responsables d'affections pulmonaires, uro-génitales... (*Mycoplasma hominis, M. bovis, M. canis...*). Le genre *Spiroplasma* attaque les végétaux (citronniers, riz, maïs...).

Bactéries mobiles par glissement. Certaines, aquatiques et aérobies, ressemblent à des cyanobactéries filamenteuses mais dépourvues de pigments photosynthétiques.

Dans ce groupe, les *myxobactéries,* de formes banales, comportent des espèces qui peuvent s'assembler pour constituer des « fructifications » exceptionnelles (*Myxococcus*).

Corynebacterium et actinomycètes. Le genre *Corynebacterium* (bâtonnets irréguliers) comporte des germes pathogènes pour l'homme (*C. diphteriae*), les animaux et les plantes. Les *actinomycètes,* avec les genres *Streptomyces, Frankia, Actinoplanes,* se présentent sous forme de filaments ramifiés.

B. C. D. E.
MORPHOLOGIES REMARQUABLES

Ces bactéries chimio-organotrophes sont toutes Gram négatif. Certaines vivent libres en eaux douces et sont inoffensives pour l'homme : ce sont les bactéries engainées (B), à appendice (C), bourgeonnantes (D) ainsi que divers spirochètes (E). D'autres sont parasites d'animaux (dont l'homme) ou de végétaux et, souvent, de redoutables pathogènes : ce sont les rickettsies et les chlamydies, les mycoplasmes et certains spirochètes.

B

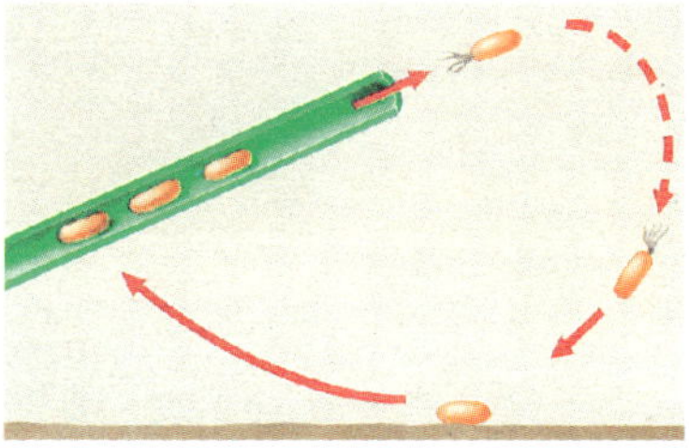

Bactéries engainées

Sphaerotilus natans *vit dans un manchon cylindrique qu'il sécrète. Chaque cellule peut acquérir des flagelles, quitter son tube et assurer la dispersion de l'espèce. Cette bactérie affectionne les eaux riches en déchets et sa présence est indicatrice de pollution organique.*

C

Bactéries à appendices (*prostheca*)

Caulobacter vibrioides *a un pédoncule par lequel elle se fixe sur un support ou s'associe à d'autres individus, formant des amas en rosette. Lors de la division, la cellule distale acquiert un flagelle, qu'elle perdra après fixation.*

D

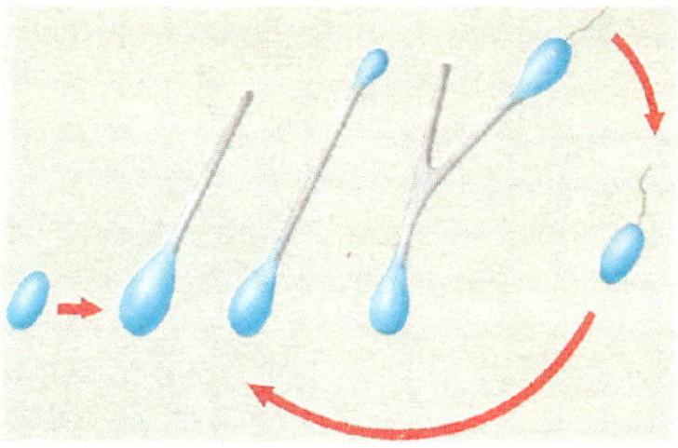

Bactéries bourgeonnantes

Chez Hyphomicrobium vulgare, *chaque cellule produit un tube à l'extrémité duquel vient se loger une petite cellule issue d'une division inégale de la cellule initiale. Après croissance et formation d'un flagelle implanté latéralement, la cellule se libère.*

E

Spirochètes

Ce sont des bactéries hélicoïdales. L'appareil locomoteur (filament axial) est constitué de deux ensembles de fibrilles partant de chaque extrémité de la cellule. Certains spirochètes sont aquatiques et libres, d'autres sont parasites, tel Treponema pallidum.

A

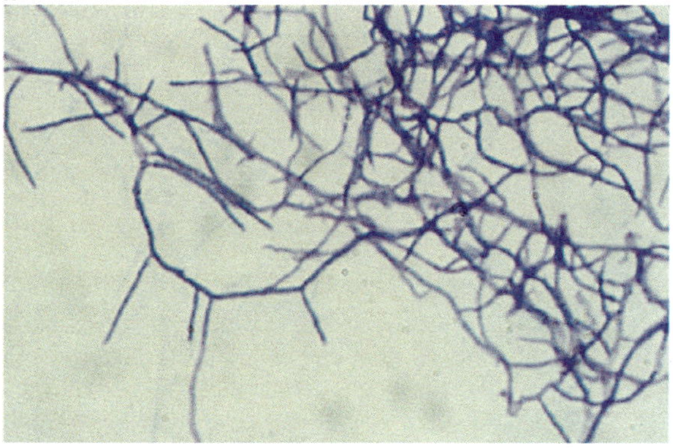

A. **BACTÉRIE OU CHAMPIGNON ?**

Les *actinomycètes,* malgré leur aspect mycélien, comme les champignons, sont de vraies bactéries Gram positif, fréquentes dans le sol et jouant un rôle important dans la formation de l'humus. Le genre *Streptomyces* – le plus important – est source d'antibiotiques (streptomycine, érythromycine, etc.). Les filaments différencient des spores (conidies) à leurs extrémités. Les espèces du genre *Frankia* sont fixatrices d'azote atmosphérique et symbiotiques d'arbres (aulne, filao). Les *Actinoplanes,* quant à eux, élaborent leurs spores dans des sacs (sporocystes).

LES BACTÉRIES CHIMIOTROPHES

LES AUTRES CHIMIOTROPHES

DES BACTÉRIES CHIMIO-ORGANOTROPHES COURANTES

■ L'IMMENSE ENSEMBLE des eubactéries chimio-organotrophes comprend également des groupes de morphologie plus banale. Elles sont classées selon leur réaction à la coloration « Gram » (violet = G^+ ; rose = G^-) et selon certaines caractéristiques de leur mode de vie : besoin ou non d'oxygène (aérobiose ou anaérobiose) ; formation ou non de spores (bactéries sporulantes ou non sporulantes) ; etc.

Les G^- aérobies strictes. Un premier ensemble comprend en particulier le genre *Pseudomonas,* bâtonnets droits à flagelle(s) polaire(s). Ce sont des germes présents partout (sol, eau, air), dont beaucoup produisent des pigments colorés solubles dans l'eau, parfois phosphorescents. *Pseudomonas aeruginosa* (ou *P. pyocyanea*) peut provoquer des otites et surtout d'importantes purulences bleu-vert des plaies avec risque de septicémie. *Pseudomonas pseudomallei* (ou bacille de Whitmore) est, en zone tropicale, l'agent de la mélioïdose. La morve du cheval est due à *P. mallei.* Quant à *P. syringae,* il entraîne chancres, tumeurs et nécroses chez les végétaux. Un genre voisin, *Xanthomonas,* regroupe les espèces à pigments jaunes, dont la plupart sont pathogènes de plantes. Les *Acetobacter* et *Gluconobacter* ne sont pas pigmentés ; hôtes habituels des plantes, ils sont caractérisés par leur aptitude à transformer l'éthanol en acide acétique (*A. xylinum* est ainsi employé à la production traditionnelle du vinaigre).

Un second ensemble de chimio-organotrophes « G^- aérobies strictes » comporte des germes caractérisés par leur aptitude à fixer l'azote atmosphérique, synthétisant ainsi leurs composés azotés. Le genre *Azotobacter* comprend des espèces toujours libres dans le sol, alors que celles du genre *Rhizobium* peuvent établir des relations symbiotiques avec des plantes du groupe des légumineuses. Ces bactéries pénètrent par les poils absorbants des racines et provoquent des nodosités où elles s'établissent. Elles assurent la nutrition azotée de la plante et l'enrichissement du sol. En revanche, *Agrobacterium tumefaciens* vit libre ou parasite des plantes, où il provoque le « crown-gall », tumeur cancéreuse des tiges. Son pouvoir pathogène est lié à la présence d'un plasmide particulier, le plasmide TI.

Enfin, un dernier ensemble comporte *Neisseria gonorrhoeae,* agent de la blennorragie ; *N. meningitis,* agent des méningites ; *Moraxella,* responsable de conjonctivites ; et *Bordetella,* qui provoque la coqueluche. Chez l'animal, *Brucella* entraîne la brucellose et *Francisella* décime lièvres et garennes par la tularémie.

Les G^- anaérobies facultatives. Elles constituent la vaste famille des *enterobacteriaceae.* Certaines sont des hôtes normaux de l'intestin, d'autres vivent dans l'eau et sont des hôtes occasionnels, généralement pathogènes. Normalement aérobies, elles sont capables de vivre en anaérobiose grâce à leur métabolisme fermentaire. *Escherichia coli* (le colibacille), banal dans le côlon, est responsable d'infections urogénitales, du rhinopharynx, etc. L'espèce *Klebsiella pneumoniae* provoque une pneumonie souvent mortelle. À côté des *Serratia, Proteus* et *Enterobacter,* banals et inoffensifs dans le côlon, *Salmonella typhimurium* est le principal responsable des gastro-entérites d'origine alimentaire et *S. typhosa* est l'agent de la typhoïde ; *Shigella dysenterica* provoque la dysenterie et *Vibrio cholerae* entraîne la mort par intoxication de l'épithélium intestinal, entraînant une intense perte d'eau. *Yersinia pestis* est l'agent des pestes pulmonaire et bubonique.

Les G^- anaérobies strictes. Encore mal connues, ces bactéries sont néanmoins très abondantes : ce sont les hôtes principaux des eaux d'égouts... et du tube digestif. On trouve 10 milliards de *bactéroïdes* par gramme de matière fécale humaine ! *Fusobacterium* colonise la bouche et l'intestin ; *Veillonella* vit dans la salive.

Les G^+ non sporulantes. Les bactéries lactiques transforment, par fermentation, les sucres simples principalement en acide lactique. *Streptococcus, Lactobacillus* et *Leuconostoc* en sont les principaux genres. Citons aussi parmi les *Bifidobacterium* l'espèce *B. bifidum,* germe majeur de l'intestin des bébés nourris au lait maternel (et des yaourts au bifidus !).

Les *Propionibacterium* fermentent le glucose et participent, avec les bactéries lactiques, à l'élaboration de certains fromages, de même que les *Micrococcus,* qui interviennent dans l'affinage et la coloration de surface de nombreux fromages à pâte molle.

Les staphylocoques (genre *Staphylococcus*), abondants dans la nature, vivent sur la peau et les muqueuses. Le staphylocoque doré *(S. aureus)* provoque des infections banales ou graves (furoncles, panaris, septicémies...).

Les G^+ sporulantes. *Bacillus,* aérobie, et *Clostridium,* anaérobie, sont des germes banals du sol. La sporulation a lieu quand le milieu ne permet plus la multiplication des cellules. Elle conduit à la formation d'une spore interne (endospore) qui est libérée par destruction de la cellule mère. La résistance exceptionnelle des spores impose la stérilisation à haute température des conserves alimentaires.

A

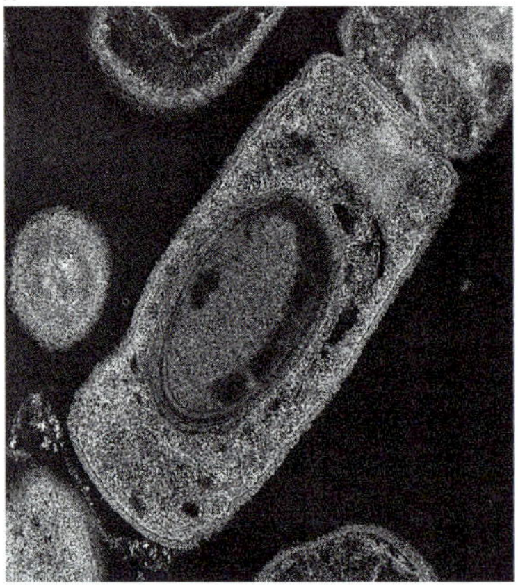

A. PESTICIDE NATUREL

Cette bactérie sporulante, *Bacillus thuringiensis,* est mortelle pour les larves d'insecte, mais inoffensive pour l'homme et les animaux. *Bacillus thuringiensis* fut isolé en 1911, par Berliner, d'une larve de papillon vivant dans la farine avariée *(Ephestia kuniella).* La bactérie produit un cristal protéique lors de sa sporulation, cristal qui est libéré en même temps que la spore. De nos jours, on l'utilise dans la lutte contre les chenilles et autres larves ravageuses de cultures ainsi que contre les larves du moustique vecteur du paludisme... Aujourd'hui, le génie génétique permet d'introduire le gène codant pour la toxine bactérienne dans des plantes cultivées (tabac, maïs), les protégeant ainsi contre les insectes destructeurs.

B

B. BOUILLON DE CULTURE !

Le yaourt renferme au moins 100 millions de bactéries par gramme, particulièrement des *Lactobacillus* en bâtonnets et des *Streptococcus* en chapelets. Ces bactéries transforment le lait en un gel parfumé en fermentant le lactose et en modifiant protéines et lipides. Ce sont des bactéries lactiques homofermentaires, car leur fermentation produit presque exclusivement de l'acide lactique (les hétérofermentaires – par exemple *Leuconostoc* – non impliquées dans la fabrication du yaourt, produisent pour moitié du CO_2 et de l'éthanol). Les bactéries lactiques utiles à l'homme interviennent dans la transformation du lait (yaourts, fromages) mais aussi des végétaux (ensilages, choucroute). D'autres, hébergées par l'homme (bouche, intestin, vagin...), sont inoffensives, mais certaines sont pathogènes (par exemple, *Streptococcus mutans* est le principal responsable de la carie dentaire).

C

C. UNE RÉSISTANCE À TOUTE ÉPREUVE

La spore bactérienne résiste à 100 °C pendant de longues minutes, aux froids extrêmes (azote liquide : – 196 °C), aux rayons X, aux ultraviolets, au dessèchement le plus complet, à l'alcool, aux solvants organiques (éther, chloroforme, acétone, toluène), etc. Elle est la plus extraordinaire forme de résistance du monde vivant et peut survivre un temps qui semble infini. Elle se différencie dans la bactérie puis est libérée par lyse de celle-ci. Sauf rares exceptions, les bactéries sporulantes appartiennent aux genres *Bacillus* (aérobie) et *Clostridium* (anaérobie). Les *Bacillus* sont inoffensifs, sauf *B. anthracis,* agent du charbon des herbivores. Les *Clostridium* comportent des espèces mortelles pour l'homme : *C. botulinum* (botulisme), *C. tetani* (tétanos), *C. welchii* (gangrène).

LES UNICELLULAIRES EUCARYOTES

LE MONDE DES PROTISTES

ENTRE PLUSIEURS RÈGNES

■ LES EUCARYOTES UNICELLULAIRES sont traditionnellement inclus dans des ensembles bien définis : algues (règne végétal), protozoaires (règne animal) et champignons (que l'on classe souvent dans un règne distinct). Algues et champignons comportent aussi des formes pluricellulaires. La distinction entre ces trois groupes repose sur une série de critères : nature de la source initiale d'énergie, mécanismes alimentaires, présence ou absence d'une paroi cellulaire (et nature de cette paroi, quand elle existe), particularités biochimiques et structurales... Pour la plupart des organismes, les différences sont bien tranchées et il est aisé de les placer dans l'un de ces ensembles ; cependant, certains présentent des situations intermédiaires.

Évolution de la classification des protistes. Les difficultés à placer certains organismes parmi les animaux, les végétaux ou les champignons avaient déjà conduit le naturaliste allemand Ernst Haeckel à créer, au XIXe siècle, le règne des protistes en y plaçant tous les êtres vivants ne répondant pas aisément aux critères définissant alors les organismes végétaux et animaux. Se trouvèrent ainsi réunis dans ce règne l'ensemble des algues et des champignons unicellulaires, les protozoaires, mais aussi les bactéries.

Aujourd'hui, le terme *protiste* est conservé, mais on sépare les eucaryotes des procaryotes (les bactéries, que l'on tend à regrouper dans le règne des *monères*).

La classification actuelle à cinq règnes (procaryotes ou monères, protistes, végétaux, champignons et animaux) réunit dans le règne des protistes toutes les formes unicellulaires eucaryotes (protozoaires, algues et champignons) et en exclut les procaryotes.

Taille, nombre, répartition. Le fait d'être constitué d'une cellule unique impose à presque tous les protistes une taille microscopique. Les plus petits mesurent quelques micromètres (μm), taille des grosses bactéries ; la plupart font 10 à 50 μm, mais certains sont visibles à l'œil nu. De nombreuses espèces forment des groupements temporaires ou permanents de grande taille. Les cellules peuvent rester simplement englobées dans une gelée commune ; parfois, elles restent associées après divisions et constituent des amas globuleux ou de longues files, ramifiées ou non, réalisant des pseudofilaments. Les groupes peuvent être réguliers par la forme ou par le nombre d'individus (4, 8, 16, des centaines, des milliers) : ils constituent alors des *cœnobes*.

Des dizaines de milliers d'espèces d'algues unicellulaires et de protozoaires ont déjà été recensées. Les champignons unicellulaires – les levures – comptent plusieurs centaines d'espèces. Les protistes peuvent former des populations considérables quand les conditions de vie sont favorables (des milliers, des millions de représentants par millilitre ou par gramme de matière !). Il arrive qu'une espèce pullule, élimine les autres et se présente en population quasi pure. En mer, le phénomène peut prendre une grande ampleur, dans l'espace et la durée, et constitue une *efflorescence*.

Les protistes occupent une multitude de niches écologiques. Présents dans l'eau (douce, saumâtre ou de mer), il sont également abondants à la surface des sols, des êtres vivants, aux extrémités du tube digestif (bouche, rectum) des animaux, certains sont parasites.

La cellule des protistes. Ses caractéristiques sont celles de la cellule eucaryote : noyau et autres organites limités par des systèmes membranaires clos. Mais, cellules indépendantes dans le milieu, les protistes ont acquis des différenciations particulières. Si certains sont nus, limités par une simple membrane, beaucoup possèdent une *paroi*, dont la nature chimique, l'organisation, l'ornementation sont caractéristiques. Les organismes aquatiques possèdent fréquemment une ou plusieurs *vacuoles pulsatiles*, organes régulateurs de la pression osmotique. En effet, l'eau du milieu extérieur pénètre dans la cellule, qui doit la rejeter pour éviter l'éclatement : l'eau drainée dans la cellule s'accumule dans la vacuole pulsatile, qui, régulièrement, déverse son contenu à l'extérieur. Généralement simple poche, cette vacuole peut se compliquer de tout un réseau de canalicules ; elle constitue alors une « pusule ».

Certains protistes possèdent des organites périphériques : des *corps mucifères*, sécrétant et rejetant du mucus, des *trichocystes*, projetant un long filament (organe de fuite ou de défense ?). Beaucoup se déplacent grâce à des *flagelles*, le plus souvent pairs, dont la taille, l'implantation, l'ornementation éventuelle par de très fines fibrilles – les *mastigonèmes* – sont caractéristiques. Chez les protistes du groupe des ciliés, des *cils* sont disposés régulièrement sur toute la surface de la cellule. D'autres, enfin, se meuvent par glissement ou grâce à des *pseudopodes*, expansions de la cellule pouvant s'étirer ou se rétracter. Les espèces qui pratiquent la photosynthèse possèdent un ou plusieurs *plastes*. Fréquemment, on observe un globule orangé riche en pigments caroténoïdes, situé près de la base du système flagellaire. Ce *stigma* est un récepteur de la lumière, responsable du déplacement vers la source lumineuse (phototactisme). Notons enfin que certains protozoaires comportent deux noyaux différents.

Modes de vie. Les protistes photosynthétiques utilisent la lumière comme source initiale d'énergie et le gaz carbonique comme source de carbone : ils sont autotrophes (néanmoins, beaucoup exigent la présence de vitamines dans le milieu). Les autres protistes utilisent des composés organiques, qu'ils absorbent et qui constituent leur source d'énergie et de carbone : ils sont hétérotrophes.

La reproduction asexuée est fréquente. Chaque cellule grossit puis se divise en deux cellules sœurs égales, généralement par le biais d'une mitose banale (les modalités de division peuvent être particulières dans certains groupes). Cette reproduction asexuée assure la multiplication des individus.

La reproduction sexuée, le plus souvent, intervient seulement lorsque certaines conditions du milieu sont réunies (température, lumière, etc.). On ne l'observe pas chez tous les protistes. Les processus reproducteurs sont généralement propres à chaque groupe. Enfin, certains protistes peuvent donner naissance à des formes de résistance permettant de traverser les périodes pendant lesquelles les conditions de vie sont défavorables.

A

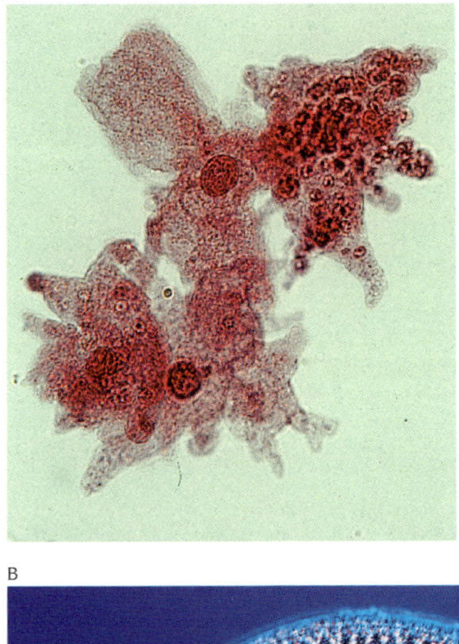

B

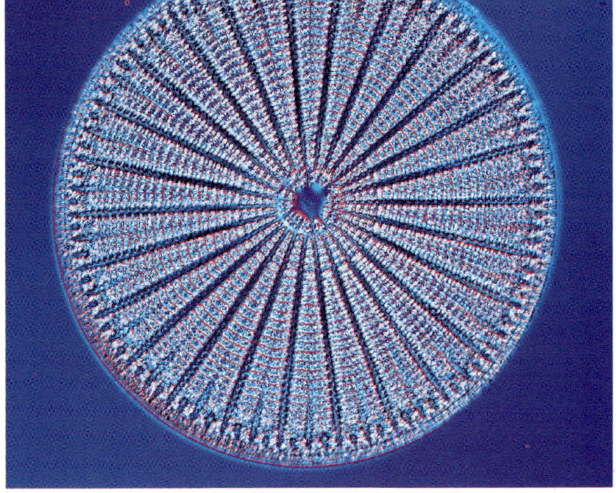

A. B. **ANIMAL OU VÉGÉTAL ?**

L'amibe (A) est un protiste qui présente toutes les caractéristiques du règne animal. C'est une cellule limitée par une membrane déformable, mobile grâce à ses pseudopodes. Sa source initiale d'énergie est organique, issue des proies ingérées et englobées dans des vacuoles digestives. Autre unicellulaire eucaryote, une diatomée (B) illustre le règne végétal : la membrane limitante est doublée extérieurement d'une paroi rigide, sa source initiale d'énergie est la lumière. Celle-ci, captée par les plastes, est convertie en énergie chimique. Les plastes sont plaqués en périphérie par de vastes vacuoles et positionnés au mieux pour la réception de l'énergie lumineuse. Le noyau, ici, occupe une position centrale. Cependant, la frontière entre animal et végétal est incertaine pour beaucoup de protistes, qui présentent des caractéristiques communes aux deux ensembles.

LES CHAMPIGNONS UNICELLULAIRES

PENDANT DES MILLÉNAIRES, l'homme a utilisé les champignons unicellulaires, ou *levures*, en fabriquant son pain et ses boissons alcoolisées, tout en ignorant leur existence... Il faut attendre le XIXe siècle pour que le Français Pasteur les découvre et élucide leur rôle dans la transformation des sucres en alcool. On a découvert par la suite que les levures étaient très abondantes dans la nature.

LES LEVURES

AGENTS DE LA FERMENTATION ALCOOLIQUE

■ LES LEVURES appartiennent au vaste ensemble des *thallophytes,* qui regroupe champignons et végétaux dont l'appareil végétatif ne possède ni tiges, ni feuilles, ni racines. En fait, l'appareil végétatif des levures se réduit à une cellule (il faut des conditions particulières de culture pour que les cellules restent liées en files simulant un mycélium, l'appareil végétatif typique des champignons pluricellulaires).

La forme de la cellule de levure varie avec les espèces : sphérique, ovoïde, en bouteille, triangulaire, apiculée (renflée à chaque bout comme un citron)... Les tailles vont de 8-10 micromètres à 50 micromètres.

Mode de vie. Non chlorophylliennes, les levures ne peuvent utiliser ni la lumière comme source initiale d'énergie ni le gaz carbonique comme source de carbone. Elles puisent donc leur énergie de l'oxydation de composés organiques, qui leur fournissent également du carbone. Ainsi, elles vivent aux dépens d'organismes morts ou de déchets provenant d'êtres vivants : ce sont des saprophytes ; certaines sont même parasites.

On les trouve en abondance dans les endroits riches en sucre : sur les fruits mûrs, les feuilles, dans le nectaire des fleurs. On trouve également des levures dans le tube digestif des animaux, des insectes en particulier. De nombreuses espèces sont présentes dans les fromages, où elles participent à l'affinage.

Les levures transforment les sucres simples en alcools, l'éthanol et le glycérol. Cette transformation, qui s'accompagne d'une abondante production de gaz carbonique, se déroule à l'abri de l'oxygène. C'est la *fermentation alcoolique.*

Les levures ont besoin d'un milieu acide pour se multiplier. De fait, elles sont capables d'utiliser les acides organiques du milieu comme source d'énergie et de carbone. Ainsi, dans la fabrication des fromages, elles contribuent à réduire l'acidité du caillé en consommant l'acide lactique produit par les bactéries à partir du lactose du lait.

Reproduction. Les levures se reproduisent surtout par voie asexuée, principalement par bourgeonnement (ex. : *Klœckera, Saccharomyces, Torulospora*). Chez certaines levures (ex. : *Schizosaccharomyces, Geotrichum*), il n'y a pas de bourgeonnement, mais une cloison se forme et sépare la cellule initiale en deux cellules égales.

La reproduction sexuée apparaît seulement quand les conditions deviennent défavorables (milieu épuisé en azote et carbone). Ses modalités servent à distinguer les trois grands groupes de levures : les levures ascomycètes, les levures basidiomycètes et les levures imparfaites.

Les levures ascomycètes, ou levures vraies. Leur mode de reproduction sexuée s'apparente à celui des champignons supérieurs ascomycètes. Cependant, aucun organe particulier n'est formé : chaque cellule se transforme en *asque* à paroi épaissie et subit une méiose : deux à quatre *ascospores* haploïdes sont libérées de chaque asque. Dans la sous-classe des *hémiascomycètes,* les asques ne sont pas protégés par une structure particulière : ce groupe rassemble les levures au sens strict du terme (comprenant les genres *Saccharomyces, Kluyveromyces, Pichia, Hansenula...).*

Les levures basidiomycètes. Leur reproduction sexuée se rapproche de celle des champignons basidiomycètes mais ces levures forment des *basides* imparfaites ; le genre principal est *Sporobolomyces.*

Les levures imparfaites, ou *fungi imperfecti.* Ce groupe rassemble les genres chez lesquels la reproduction sexuée est inconnue *(Klœckera, Candida, Rhodotorula, Cryptococcus...).* Certaines de ces levures interviennent dans les fermentations alcooliques, d'autres dans l'élaboration des fromages.

A. **CYCLES DE VIE**

Le cycle de certaines levures *(Saccharomyces)* comporte deux populations successives de cellules se multipliant par bourgeonnement : deux phases se succèdent ainsi, l'une haploïde (un chromosome de chaque type), l'autre diploïde (deux chromosomes de chaque type).
Pour d'autres levures, le cycle ne possède qu'une seule phase, soit haploïde *(Debaryomyces)* soit diploïde *(Saccharomycodes).* Selon les espèces, les cellules diploïdes proviennent de la fusion de deux cellules haploïdes d'une même population (« homothallisme ») ou de deux populations différentes (« hétérothallisme »).

A

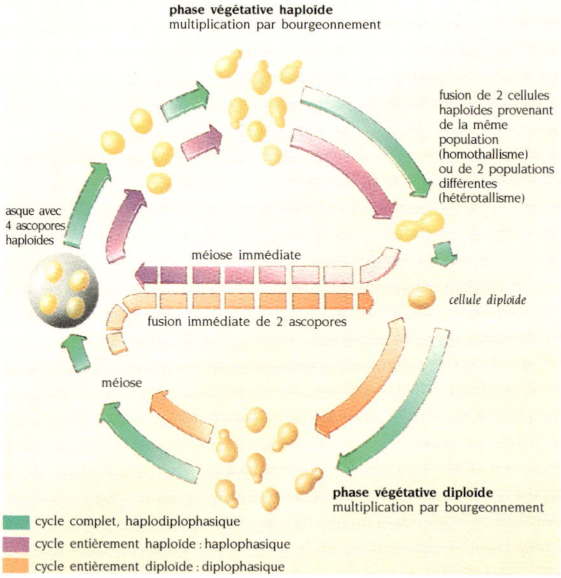

B. **CANDIDA ALBICANS**

Cette levure est capable de développer des filaments mycéliens (dont une ébauche est visible ici), qui se découpent en cellules indépendantes, spores qui se multiplient par bourgeonnement comme les levures classiques. Chez *Candida,* la reproduction sexuée est inconnue. Souvent présent sur la peau et les muqueuses (bouche, vagin...), *Candida albicans* peut y provoquer des « candidoses » (comme le « muguet », ou « maladie blanche des muqueuses »).

B

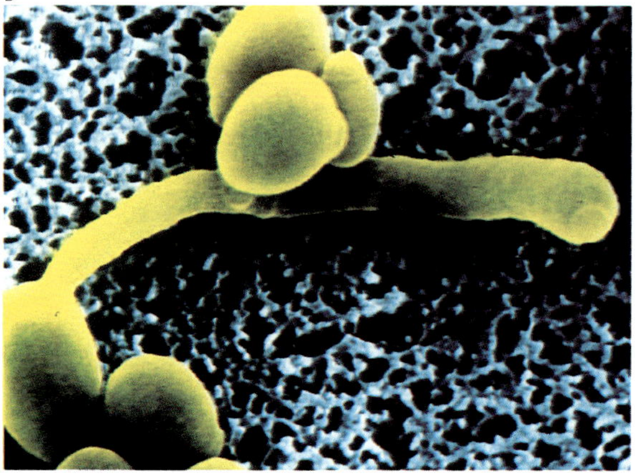

UNE LEVURE À TOUT FAIRE

Il s'agit de *Saccharomyces cerevisiæ,* qui comporte de nombreuses variétés (*ellipsoideus, uvarum, apiculatus,* etc.), agents de transformation des sucres en éthanol et gaz carbonique (fermentation alcoolique). Il est à l'origine des vins, des bières, des cidres et autres alcools. De même, son activité fermentaire assure la levée de la pâte du boulanger grâce au dégagement de gaz carbonique, dont elle s'accompagne.

Matériel de laboratoire très étudié, elle est devenue aujourd'hui aussi outil du génie génétique. Il a été découvert que son noyau contenait de nombreux exemplaires d'un plasmide, le « plasmide 2 microns ». Ce fragment circulaire d'A. D. N. permet l'introduction d'un gène étranger dans la cellule de levure ; celle-ci peut alors assurer la synthèse du produit de ce gène. Ainsi, *Saccharomyces cerevisiæ* a été programmé pour synthétiser la principale protéine de la capside du virus de l'hépatite B, qui peut alors être utilisée ensuite comme vaccin contre ce même virus.

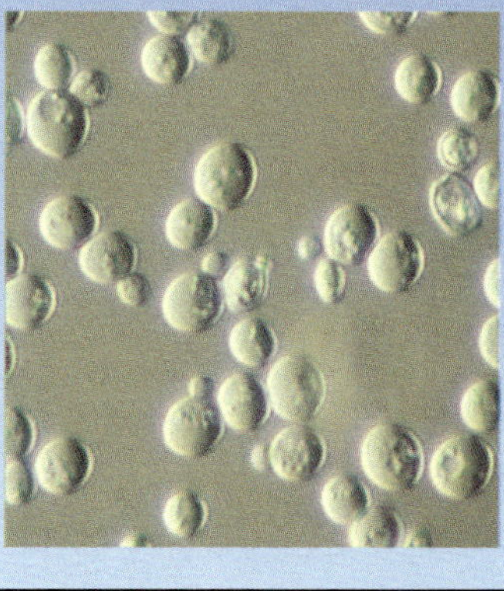

LES ALGUES UNICELLULAIRES

LES ALGUES ROUGES

LES RHODOPHYTES UNICELLULAIRES

■ L'ENSEMBLE DES ALGUES rouges, ou rhodophytes, formé d'une seule classe, celle des rhodophycées, comporte des espèces unicellulaires, réunies dans l'ordre des porphyridiales. Ces algues vivent dans l'eau d'imprégnation du sol ou des murs, les eaux douces et marines. Certaines sont indépendantes *(Porphyridium)*, d'autres réunies en amas par une gelée *(Rhodosorus)* ou en cordons *(Gonotrichum)*. La structure est toujours simple : un seul grand plaste par cellule ; la reproduction sexuée est inconnue et la multiplication se fait par division simple.

LES ALGUES VERTES

LES CHLOROPHYTES UNICELLULAIRES

■ PARMI LES ALGUES VERTES (chlorophytes de la classe des chlorophycées), les formes unicellulaires se répartissent en quatre ordres.

L'ordre des volvocales. Il rassemble les espèces qui sont mobiles grâce à deux flagelles antérieurs égaux et pourvus généralement de vacuole(s) pulsatile(s) et d'un stigma, organite sensible à la lumière. La majorité des espèces (plus de 1 000 au total) vit en eau douce. Les volvocales abondent dans les eaux riches en composés azotés. Cet ordre comprend des formes libres *(Chlamydomonas, Dunaliella)* et des formes coloniales (principalement d'eau douce). Ces colonies sphériques, appelées *cœnobes,* comprennent 4 à 6 cellules *(Gonium, Pandorina)*, 16 à 28 *(Eudorina)*, 500 à 40 000 *(Volvox)*. La reproduction des volvocales est le plus souvent asexuée, mais la reproduction sexuée peut également avoir lieu selon diverses modalités.

L'ordre des tétrasporales. Il comprend une centaine d'espèces, surtout d'eau douce, dont les cellules immobiles, noyées dans une gelée, sont groupées en colonies. Quoique non flagellées, les cellules sont pourvues de vacuoles pulsatiles et de stigma. Parfois, deux pseudocils immobiles constituent des ébauches flagellaires. En revanche, les cellules reproductrices sont mobiles et présentent deux vrais flagelles.

L'ordre des chlorococcales. C'est un ensemble d'environ 900 espèces, solitaires ou associées en groupes appelés « cœnobes », immobiles, d'eau douce ou terrestres. La reproduction par simple division n'existe pas chez ces algues. Elles ne se divisent que pour donner des spores (reproduction asexuée) ou des gamètes, flagellés ou immobiles (reproduction sexuée).

Solitaire, *Trebouxia* vit dans la poussière verte des troncs ou est constitutif de lichens ; *Chlorella,* également présent sur les arbres, se colle sur les parois des récipients.

L'ordre des zygnematales. Il constitue pour divers auteurs la classe des zygophycées. Cet ordre comprend trois familles d'eau douce, caractérisées par leur mode de reproduction sexué. Le contenu des cellules se transforme en un gamète (parfois deux) ; les cellules se rapprochent, chaque gamète sort et la fécondation a lieu, avec formation d'un œuf. Cet œuf traverse la mauvaise saison ; à sa germination, une méiose conduit à la formation de deux spores haploïdes qui évoluent en cellules banales.

Chaque algue est le plus souvent d'aspect élégant et présente deux moitiés symétriques séparées par un étranglement. La paroi comporte deux valves ornementées entourant chaque moitié de la cellule. Les valves sont perforées de pores par lesquels un mucus est émis, qui permet à l'algue de se déplacer.

DES ASSOCIATIONS PARTICULIÈRES

Le groupe des glaucophyta, créé en 1954, réunit les espèces constituées par l'association symbiotique entre un protiste (eucaryote) unicellulaire incolore et une cyanobactérie (procaryote) unicellulaire, vivant dans le cytoplasme de celui-ci et y jouant le rôle de chloroplaste (photosynthèse).

La cellule hôte a été appelée « cyanome » et la cyanobactérie, « cyanelle ». Cette dernière se multiplie dans le cytoplasme de la cellule hôte. Quand la cellule hôte se divise, les cyanobactéries se répartissent entre les deux cellules filles.

Le cyanome peut, par divers caractères, être rapproché d'autres unicellulaires : soit des protozoaires, soit des algues. Certains auteurs d'ailleurs ne reconnaissent pas l'unité du groupe des glaucophyta et classent les espèces concernées le plus souvent en fonction de la nature présumée de la cellule hôte (protozoaire ou algue) et parfois en fonction des cyanobactéries associées à cette cellule hôte.

Les principaux genres sont *Cyanophora, Glaucocystis* et *Glœchæte,* formes libres d'eaux douces et acides ; ce dernier genre est d'ailleurs assez fréquent dans les tourbières à sphaignes, très acides.

Dès 1905, Mereschkowsky proposait, au vu de ces associations, que des cyanobactéries aient été à l'origine des chloroplastes... Hypothèse aujourd'hui admise par tous.

A

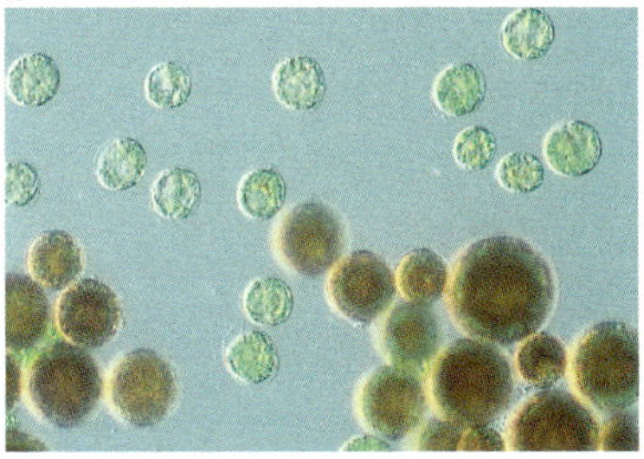

A. **VOLVOCALE**

Hæmatococcus pluvialis est une algue verte d'eau douce dont les cellules végétatives, de couleur verte, se déplacent grâce à deux flagelles. Le cytoplasme est décollé de la paroi, à laquelle il ne se rattache que par quelques « filets » (tractus). Quand les conditions deviennent défavorables, chaque cellule perd ses flagelles, grossit considérablement et synthétise d'abondants pigments caroténoïdes qui colorent le cytoplasme en rouge. Cette algue, comme les autres représentants de son groupe (ordre des volvocales, ou phytomonadines), s'adapte facilement aux milieux pollués.

B

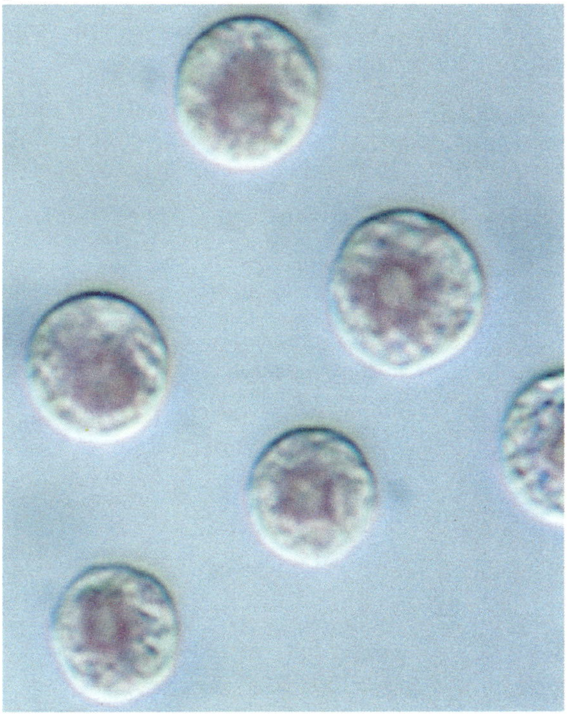

B. **ALGUE ROUGE**

Porphyridium est l'algue rouge unicellulaire la mieux connue, car elle se retrouve dans le monde entier et a été beaucoup étudiée. Cette espèce *(P. cruentum* ou *purpureum)* affectionne la base des vieux murs humides, particulièrement lorsqu'ils reçoivent de l'urine. Les cellules sont globuleuses, indépendantes, parfois groupées en amas par une gelée confuse, invisible ici. Chaque cellule comprend un plaste unique, couleur rouge sang (cette coloration est due à la phycoérythrine, un pigment du groupe des phycobilines), dont le centre apparaît orangé du fait de la présence d'un volumineux corpuscule protéique, le pyrénoïde. L'aspect granuleux du cytoplasme est lié à la présence de réserves de sucres issus de la photosynthèse, qui s'accumulent en grains d'un amidon particulier, l'amidon floridéen.

C

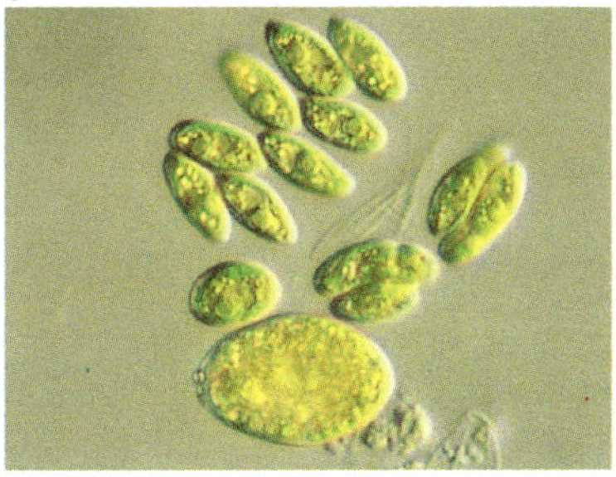

C. **CHLOROCOCCALE**

Cette algue verte, *Scenedesmus ovalternus,* vit en eau douce. Contrairement aux autres algues unicellulaires, et comme toutes les autres chlorococcales, elle est incapable de se multiplier par simple division. Dans sa forme végétative, elle a l'aspect d'un groupement (cœnobe) de huit cellules partiellement accolées (et facilement dissociables). Chaque cellule peut grossir considérablement, se charger de réserves et constituer une forme de résistance. Quand les conditions sont favorables, elle subit – à l'intérieur de son enveloppe – trois divisions qui génèrent les huit cellules d'un nouveau cœnobe, libéré par rupture de l'enveloppe.

LES ALGUES UNICELLULAIRES

LES ALGUES BRUNES

LES CHROMOPHYTES UNICELLULAIRES

■ À CÔTÉ DE LA CLASSE des *phéophycées,* pluricellulaires (algues brunes proprement dites), le vaste groupe des chromophytes comporte cinq classes d'unicellulaires, qui partagent avec les algues brunes de nombreux caractères : la classe des chrysophycées, celle des prymnésiophycées, celles des xanthophycées et des eustigmatophycées et enfin celle des diatomées.

Ainsi, les plastes de ces algues unicellulaires possèdent généralement les mêmes pigments majeurs que les phéophycées (chlorophylles *a,* c_1 et c_2, carotène, fucoxanthine). Les réserves carbonées sont constituées de *chrysolaminarine,* proche de la laminarine des algues brunes et, comme elle, dissoute dans des vacuoles. Enfin, les chromophytes unicellulaires comportent également de petites vacuoles, les *physodes*.

La classe des chrysophycées. Elle réunit surtout des algues d'eau douce, de couleur brun doré. Malgré leur pouvoir de photosynthèse, les chrysophycées ont besoin de composés organiques dissous pour leur nutrition. La multiplication se fait par division simple. De nombreuses chrysophycées peuvent se transformer en spores de résistance en s'entourant d'une enveloppe siliceuse.

Diverses chrysophycées présentent des particularités : des écailles siliceuses *(Synura)* ou polysaccharidiques *(Chromulina)* ; une enveloppe en forme d'urne, la lorica *(Dinobryon)* ; des tentacules, ou rhizopodes *(Chrysoamœba),* ou encore un squelette siliceux externe formé de baguettes soudées en un réseau régulier (groupe des silicoflagellés, abondants dans les mers froides). Il existe des formes coloniales : les cellules sont groupées dans une gelée commune ou associées en files ramifiées *(Chrysosphæra).*

La classe des prymnésiophycées. Ce sont des organismes voisins des chrysophycées, dont ils se distinguent par la présence d'un *haptonème,* appendice à allure de fin flagelle, souvent capable de s'enrouler et qui semble permettre une fixation temporaire.

Ces algues unicellulaires sont des constituants majeurs du plancton marin microscopique. Beaucoup sont capables de phagocytose, tout en possédant des plastes. Le groupe des coccolithophoridés, abondants dans les mers tropicales, se caractérise par la présence d'écailles calcaires *(coccolithes).*

La classe des xanthophycées. Elle rassemble surtout des algues d'eau douce de couleur vert-jaune ou verte. À côté des formes flagellées existent des espèces amiboïdes, des espèces immobiles, isolées ou groupées en colonies gélatineuses, et des formes filamenteuses évoquant des algues vertes.

Beaucoup de xanthophycées se reproduisent sans sexualité par spores flagellées (zoospores) ou immobiles (aplanospores). La reproduction sexuée, quand elle existe, utilise deux gamètes flagellés identiques *(Tribonema)* ou un gros gamète femelle immobile et un petit gamète mâle mobile *(Vaucheria).*

La classe des eustigmatophycées. Créée en 1970, cette classe isole des organismes jusqu'alors inclus parmi les xanthophycées, dont ils partagent les principaux caractères. Ils s'en distinguent essentiellement par la présence, dans les spores flagellées, d'un gros *stigma,* organite sensible à la lumière, situé hors du plaste, près de la base du flagelle antérieur, et constitué d'un ensemble de gouttelettes pigmentées. La classe des eustigmatophycées comprend un nombre réduit de genres, libres ou coloniaux, parmi lesquels *Pleurochloris* (fréquent dans le sol), *Chlorobotris* (en colonies gélatineuses, dont l'espèce *C. regularis* habite les eaux acides) et *Vischeria* (il s'agit de formes solitaires à paroi ornementée).

La classe des diatomées. Les bacillariophycées, ou diatomées, forment la plus vaste des cinq classes de chromophytes unicellulaires (voir à la page ci-contre).

A. B. C. **TROIS TYPES DE CHROMOPHYTES**

Ces schémas synthétiques représentent l'aspect général le plus commun de trois des quatre classes de chromophytes unicellulaires décrites ici : prymnésiophycées (A), chrysophycées (B) et xanthophycées (C). Ces algues « brunes » montrent une très grande diversité de formes, d'ornementation, de mode de vie, etc. Elles ont cependant des caractéristiques communes, qu'elles partagent avec les chromophytes pluricellulaires (algues brunes proprement dites). Ces caractéristiques concernent l'organisation des plastes, l'implantation des flagelles, la nature des réserves et des principaux pigments.

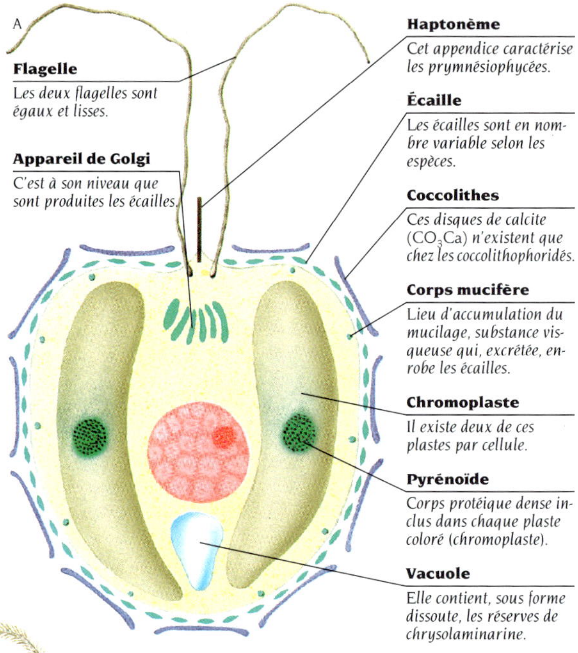

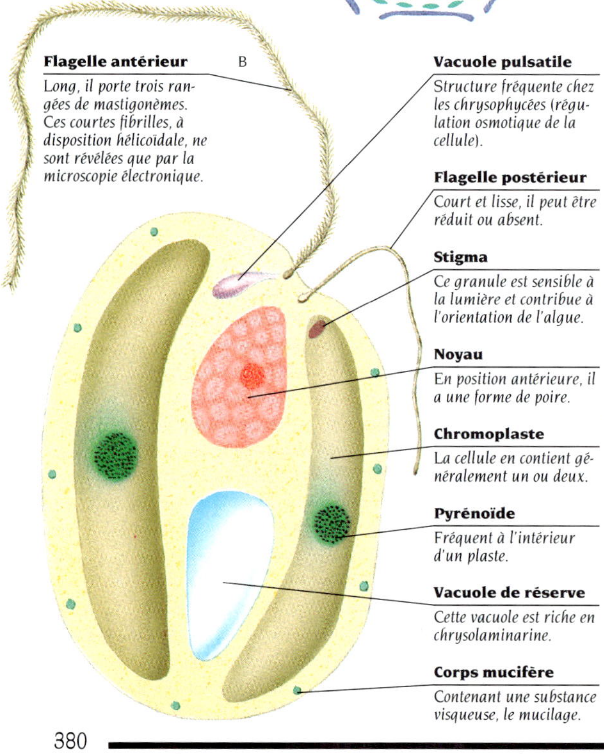

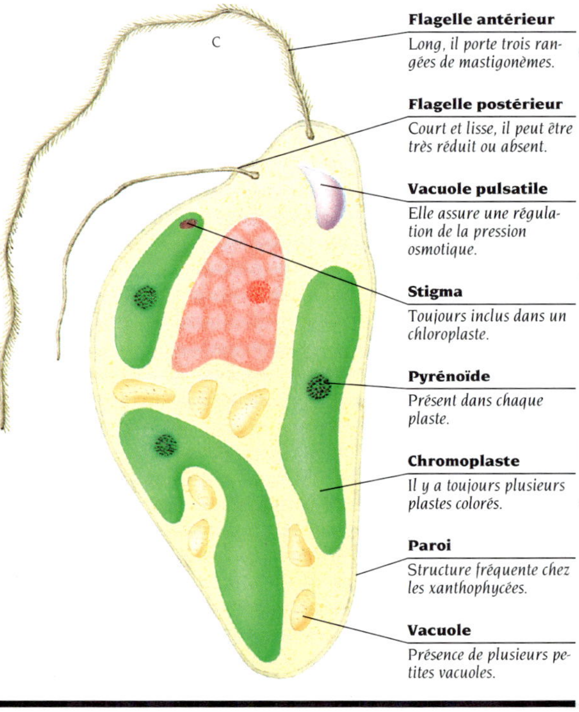

LES DIATOMÉES

ES CHROMOPHYTES ENFERMÉES DANS NE COQUE SILICEUSE

LES BACILLARIOPHYCÉES, OU DIATOMÉES, forment la plus vaste des 5 classes de chromophytes unicellulaires. Libres ou réunies en colonies, elles constituent la part prépondérante du phytoplancton marin et sont souvent bien représentées dans la flore d'eau douce.

aractères généraux. Une coque siliceuse, ou *rustule,* enferme chaque cellule. La plupart des iatomées sont colorées en brun plus ou moins loré par d'abondants pigments caroténoïdes qui masquent les chlorophylles. Quelques espèces sont dépigmentées et vivent dans la gelée mucilage) qui enveloppe certaines grandes algues ou dans la matière végétale en décomposition. Outre les réserves de chrysolaminarine caractéristiques des chromophytes unicellulaires), les cellules accumulent des lipides quand elles cessent de se diviser.

Presque toutes les diatomées se déplacent par émissions de mucus au travers de pores du rustule. Quand les conditions de vie deviennent défavorables, les cellules accumulent des réserves et s'assombrissent. Ces formes de résistance tombent sur le fond. Elles reprennent leur aspect et leur activité quand les conditions redeviennent propices. Chez quelques espèces, dans des conditions défavorables, le contenu cellulaire se rétracte, s'entoure d'une coque siliceuse plus épaisse, donnant naissance à une spore résistante, d'aspect totalement différent.

L'ordre des centrales (ou biddulphiales). Ces diatomées présentent, pour la plupart, une symétrie radiaire (étoilée). L'ordre comprend surtout des espèces marines à nombreux plastes et grandes vacuoles. La reproduction sexuée à été bien décrite dans quelques espèces : certaines cellules, après méiose, donnent un ou deux gros gamètes femelles immobiles, d'autres libèrent 16 ou 32 petits gamètes mâles, mobiles grâce à un flagelle antérieur. Après fécondation, l'œuf évolue en une grosse cellule appelée *auxospore.* Celle-ci se transforme en cellule banale de diatomée en produisant un nouveau frustule.

L'ordre des pennales (ou bacillariales). Cet ordre, qui regroupe les autres diatomées, comprend majoritairement des formes à symétrie bilatérale (« pennée »). Les espèces se répartissent entre eaux douces et eaux marines et beaucoup vivent sur le fond. Le frustule porte souvent une fente, ou *raphé,* bordée de chaque côté d'un bourrelet et pouvant être présente sur chaque valve du frustule ou sur une seule.

Les cellules ne comportent qu'un ou deux grands chloroplastes, leurs déplacements sont souvent amples et rapides. La reproduction sexuée, qui met en jeu des gamètes non flagellés mais doués de mouvements amiboïdes, aboutit, comme chez les centrales, à une volumineuse auxospore.

. B. C. D. SYMÉTRIES D'ORNEMENTATIONS

es frustules, coques siliceuses des diatomées, présentent des ornementations multiples : tubercules, alvéoles, stries, perforations..., caractéristiques de chaque espèce et utilisées pour l'identification. Elles sont disposées régulièrement et quatre types de symétrie ont été définis. La symétrie radiaire (A) et la symétrie pennée (bilatérale) [B] sont les plus fréquemment observées. Se rattachent respectivement à chacune d'elles la symétrie gonoïde (D) et la symétrie trellisoïde (C). Ces deux grands ensembles de symétries déterminent chacun des deux ordres de la classe des diatomées : les centrales (symétries radiaire et gonoïde) et les pennales (symétries pennée et trellisoïde).

A

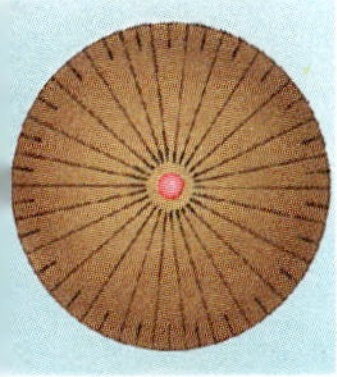

Symétrie radiaire

Les ornementations du frustule sont disposées de manière rayonnante à partir du centre de la valve. Celui-ci peut être figuré par la convergence des ornements ou matérialisé par des motifs particuliers.

B

Symétrie pennée (ou bilatérale)

Les motifs sont disposés de part et d'autre du grand axe de la cellule, matérialisé souvent par le raphé, une fente interrompue par un nodule central et limitée aux deux bouts par les nodules polaires.

C

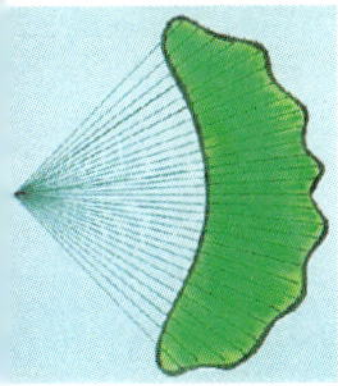

Symétrie trellisoïde

Elle est voisine de la symétrie pennée du fait de l'existence de motifs ornementaux disposés selon des lignes transversales, mais allant d'un bord à l'autre de la cellule et non de part et d'autre du grand axe.

D

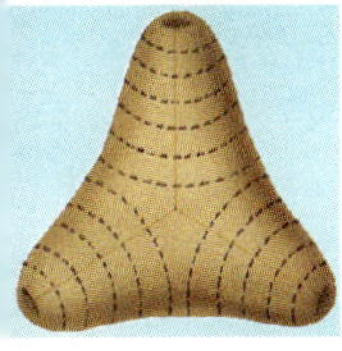

Symétrie gonoïde

Elle se rapproche de la symétrie radiaire ; cependant, la forme triangulaire ou quadrangulaire des cellules conduit à une ornementation à symétrie impliquant les angles.

LES EUGLÉNOPHYTES

ENTRE ALGUES BRUNES ET PROTOZOAIRES

■ CET ENSEMBLE COMPREND peu d'espèces, réunies dans la classe des *euglénophycées,* que certains placent parmi les chlorophytes (algues vertes). Pourtant, à la différence de ces dernières, les euglénophycées n'ont jamais d'amidon dans leurs chloroplastes, mais une autre forme de réserves glucidiques, le *paramylon,* présent dans le cytoplasme. De plus, d'autres caractéristiques les rapprochent des chromophytes (algues brunes).

Modes de vie. Fréquentes dans les eaux riches en matières organiques (purin), les euglénophycées se rencontrent aussi en eaux saumâtres et marines. Il existe des formes non pigmentées qui se nourrissent de substances dissoutes. Les espèces chlorophylliennes pratiquent la photosynthèse ; mais, à l'obscurité, certaines sont capables d'absorber des molécules dissoutes (acétate, éthanol...). Elles perdent leur chlorophylle si l'obscurité est maintenue, tout en continuant à se multiplier.

La reproduction sexuée est inconnue. La multiplication se fait par une mitose particulière : la membrane nucléaire et le nucléole persistent, les chromosomes (qui restent condensés en permanence) ne sont pas liés aux microtubules. Quand les conditions sont défavorables, les euglènes perdent leurs flagelles, s'arrondissent, se chargent de réserves et s'entourent d'une enveloppe protectrice.

Parmi les genres les plus étudiés, citons les euglènes proprement dites, du genre *Euglena* (pigmenté, pratiquant la photosynthèse), le genre *Astasia* (incolore, absorbant des composés dissous) et le genre *Peranema* (incolore, se nourrissant par phagocytose).

E

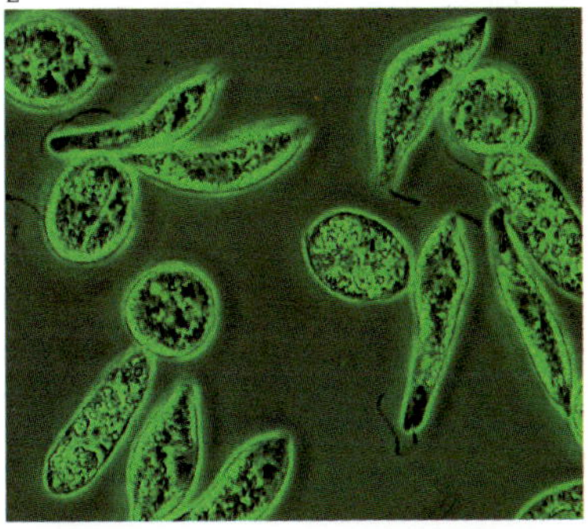

E. EUGLÈNES

Le flagelle d'*Euglena gracilis* émerge d'une invagination antérieure profonde formée d'un canal étroit qui s'élargit en une chambre, le réservoir. À côté se trouve un volumineux stigma photosensible rougeâtre. Comme chez toutes les euglénophycées chlorophylliennes, un seul flagelle est visible, le second étant très atrophié. (Dans les espèces dépigmentées, deux flagelles inégaux sont souvent présents, l'un dirigé vers l'avant, l'autre vers l'arrière.) La cellule ne possède pas de paroi, mais sa membrane est doublée intérieurement d'une cuticule, en majeure partie protéique, disposée selon des stries régulières. Cette cuticule souple permet à l'euglène de se rétracter, de s'étirer et de se mouvoir ainsi par une sorte de reptation.

F

F. G. LA COQUE DES DIATOMÉES

La microscopie électronique à balayage révèle l'ornementation radiaire de la coque, ou frustule, de ce *Cyclotella* (F).
Le frustule des diatomées est composé de deux valves de taille inégale, qui s'emboîtent (G).
Chaque valve comporte une plaque valvaire et une bande connective.
Lors des divisions végétatives, chaque cellule subit une mitose et synthétise deux nouvelles valves, qui sont toujours les valves intérieures des deux valves déjà existantes. Des deux cellules formées, l'une est ainsi plus petite que la cellule initiale alors que l'autre a une taille normale. Au fil des divisions, la population comporte une proportion croissante de cellules de plus en plus petites. Quand une taille minimale est atteinte, un processus sexuel aboutit à la formation de cellules de grande taille.

G

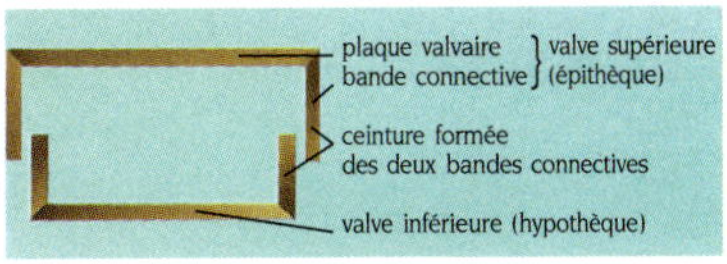

LES ALGUES UNICELLULAIRES

LES DINOPHYCÉES

ET LES AUTRES PYRRHOPHYTES

■ INCLUSES PAR CERTAINS parmi les chromophytes, les dinophycées et les autres algues unicellulaires du groupe des pyrrhophytes possèdent des *trichocystes,* organites dévaginables sous la forme de filaments rigides (à fonction de fuite, de défense ou d'attache ?). Les pyrrhophytes ont aussi pour caractéristique d'accumuler de l'amidon en amas hors des plastes. Leurs ressemblances avec les chromophytes unicellulaires viennent de la nature des pigments et de la structure des plastes. Cependant, leurs flagelles naissent à l'intérieur d'une dépression, comme chez les euglénophytes.

La classe des dinophycées. Appelés aussi « dinoflagellés » ou « péridiniens », ces organismes du plancton d'eau douce, et surtout marin, s'observent principalement en zones tempérées et chaudes. Les formes classiques sont entourées d'une enveloppe, la *thèque,* de nature cellulosique, formée de deux valves séparées transversalement par un sillon (cingulum) ; celui-ci héberge un flagelle dont les battements entraînent un mouvement rotatif des cellules.

Il existe beaucoup d'autres formes, par exemple des espèces dont les deux valves de la thèque sont séparées verticalement par une suture *(Ornithoceros),* des espèces à cellules aplaties, à thèque séparée verticalement (mais sans cingulum) et à deux flagelles antérieurs presque égaux *(Prorocentrum)* ; on connaît aussi des espèces immobiles, certaines solitaires et incapables de divisions végétatives *(Cystodinium),* d'autres regroupées en colonies par une gelée *(Gloedinium),* enfin des formes aux cellules associées en filaments ramifiés *(Dinothrix).*

Toutes les espèces chlorophylliennes possèdent des plastes diversement colorés : jaunes, bruns, vert-jaune. Ceux-ci contiennent des chlorophylles et des caroténoïdes, dont la *péridinine.* Les réserves cytoplasmiques sont constituées d'un amidon particulier, le *cryptamylon,* et de gouttelettes lipidiques.

DES ALGUES LUMINEUSES !

Diverses espèces de dinophycées appartenant aux genres *Noctiluca, Gonyaulax, Ceratium* et *Pyrocystis* ont la capacité d'émettre de la lumière. Quand ces algues pullulent, le phénomène est aisément observable de nuit à la surface de l'eau. Cette émission, qui est un phénomène biologique nommé « bioluminescence », dépend directement de la quantité de lumière reçue le jour et est, sans doute, en relation avec la photosynthèse. Le composé chimique responsable de cette luminescence, dérivé de l'association de trois acides aminés, est la *luciférine,* qui émet de la lumière en s'oxydant grâce à l'intervention d'une enzyme, la *luciférase.*

La diversité des dinophycées est accrue par l'existence d'espèces non pigmentées à comportement de protozoaire, et d'espèces (pigmentées ou non) symbiotiques ou parasites. Ces relations particulières sont établies avec des vers, des anémones de mer, des coraux, des mollusques ou encore des crustacés.

Il existe aussi des formes luminescentes *(Noctiluca)* et des formes toxiques. *Gonyaulax,* par exemple, produit des neurotoxines mortelles pour les poissons, les mollusques et pour l'homme, consommateur de ces animaux. *Gambierdiscus* provoque chez l'homme la « ciguatera », empoisonnement par neurotoxines, qui sévit sporadiquement dans le Pacifique et aux Antilles.

La classe des cryptophycées. Elle rassemble un petit nombre de genres marins et d'eau douce présentant une face aplatie. La plupart des espèces sont chlorophylliennes et possèdent un seul plaste généralement brun, parfois bleu ou rouge, rarement vert. En effet, les chlorophylles sont masquées par de nombreux caroténoïdes et par des « phycobilines » (trois phycoérythrines [rouges] et trois phycocyanines [bleues]). Le plaste contient parfois un stigma, sensible à la lumière.

De gros trichocystes – les *éjectosomes* –, ainsi que le *corps de Maupas,* au rôle incertain sont également particuliers à la classe des cryptophycées. Certaines espèces sont incolores, par perte des pigments ou du plaste, et assurent leur alimentation en absorbant des composés organiques dissous *(Chilomonas)* ou par phagocytose de proies *(Cyathomonas),* comme des protozoaires. La reproduction sexuée est inconnue dans ce groupe.

La classe des rhaphidophycées. Cette classe ne comporte qu'une douzaine d'espèces (aussi appelées *chloromonadophycées),* que l'on rattache parfois aux xanthophycées. Vivant en eau douce, elles sont colorées en vert par de nombreux petits plastes discoïdes et possèdent des trichocystes et des corps mucifères (produisant un mucilage visqueux). L'espèce la plus connue est *Vacuolaria virescens.* Cette algue peut être mobile (grâce à deux flagelles inégaux, l'un dirigé vers l'avant, l'autre vers l'arrière) ou immobile et former des colonies à cellules associées par une gelée de mucilage. Les divisions ne se produisent qu'à ce stade immobile ; la reproduction sexuée est inconnue.

A. B. C. **DINOPHYCÉES ET CRYPTOPHYCÉES**

Cette photo de *Dinophysis triptos* (A) présente une algue en fin de division. Les divisions successives assurent la multiplication végétative (asexuée) de l'algue. Il ne s'agit pas de mitoses banales mais d'*endomitoses,* au cours desquelles les chromosomes (condensés en permanence) sont rattachés à la membrane du noyau qui persiste, ainsi que le nucléole. Le genre *Dinophysis* comprend près de 200 espèces, dont plusieurs sont toxiques. Alors que chez les dinophycées (C) les flagelles sont inégaux, de structure différente, implantés latéralement et logés dans un sillon, chez les cryptophycées (B) ils sont antérieurs, égaux et identiques. Les plastes diffèrent en nombre et les trichocystes des cryptophycées sont de volumineux « éjectosomes ».

A

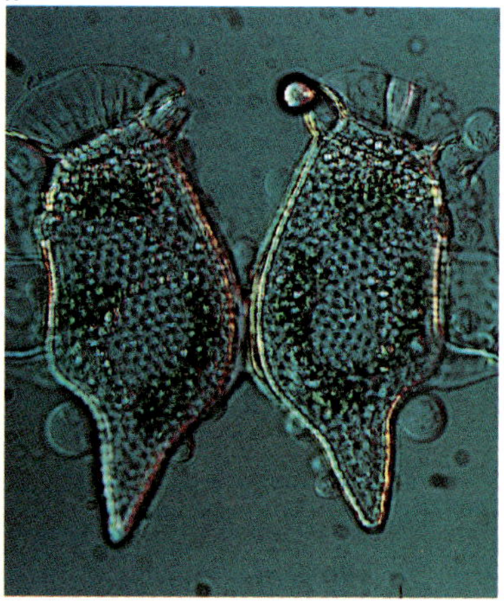

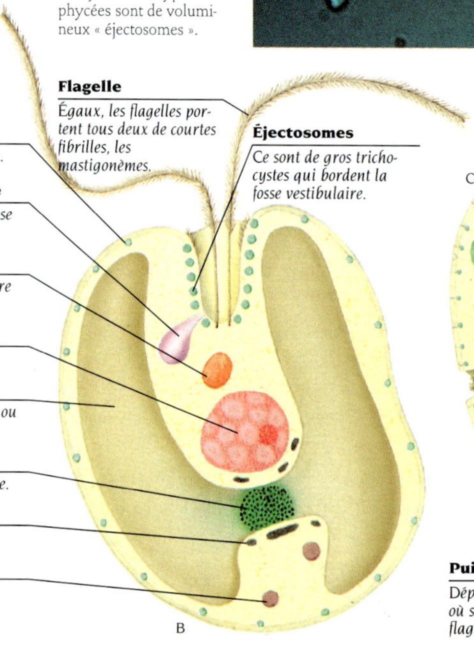

B

C

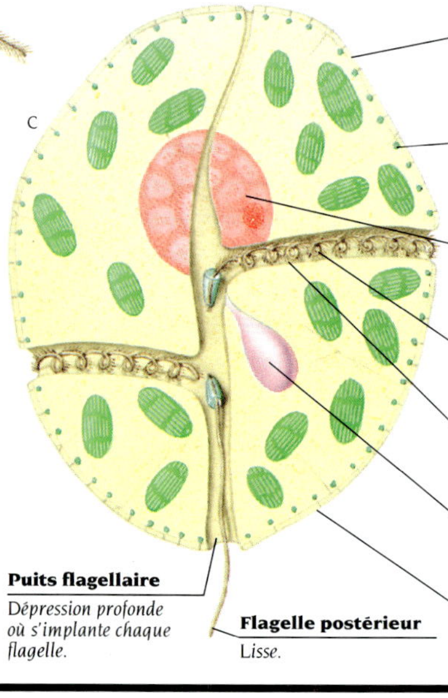

DES ALGUES AUX PROTOZOAIRES

LES GROUPES CHARNIÈRES

DES PROTISTES « INCLASSABLES »

CERTAINS UNICELLULAIRES ont des caractères qui les rendent inclassables dans la dichotomie animal/végétal (ou autotrophe/hétérotrophe). Il s'agit de représentants non chlorophylliens d'algues unicellulaires (dinophycées et euglénophytes) et de protozoaires s'apparentant aux champignons (mycétozoaires).

Des algues qui capturent des proies. Parmi les dinophycées dépourvues de pigments chlorophylliens, certaines sont de véritables prédateurs (*Polykrikos schwartzii* possède des trichocystes et capture de grosses proies, comme des larves d'invertébrés), d'autres sont parasites (*Amyloodinium* sur des poissons, *Chytriodinium* dans des œufs de crustacés), avec souvent un dispositif de fixation et d'absorption de nourriture.

Très proches des dinophycées, mais possédant des réserves de glycogène au lieu d'amidon, certains protozoaires flagellés (« protomonadines ») se nourrissent par pinocytose : absorption de particules liquides par invagination de la membrane plasmique. Ce sont des commensaux ou des parasites du tube digestif de reptiles et d'amphibiens (*Proteromonas* vit dans le rectum des lézards).

Beaucoup de chrysophycées pratiquent à la fois l'autotrophie (fabrication de leur propre matière organique par photosynthèse), la phagotrophie (absorption de proies vivantes au moyen de pseudopodes, par exemple *Ochromonas*) et le saprophytisme (absorption de matière organique morte). Certaines formes sans chloroplastes *(Bicoeca)* construisent une loge où la cellule se fixe par l'un des deux flagelles, l'autre flagelle, rétractile dans la loge, servant à la capture des proies.

Un mode de vie variable. Les euglénophytes forment le groupe charnière par excellence. Ces organismes unicellulaires, parfois groupés en colonies, possèdent souvent des pigments chlorophylliens (typiques des végétaux) mais les caractères cytologiques de certaines euglénophytes les apparentent à des protozoaires flagellés (kinétoplastidés). Chez ces algues unicellulaires, on observe tous les degrés, de l'autotrophie parfaite (avec le gaz carbonique comme source de carbone) à l'hétérotrophie (carbone d'origine organique), parfois dans une même espèce. Ainsi, *Euglena gracilis,* cultivé à la lumière, est autotrophe (de couleur verte, il possède des pigments photosynthétiques actifs), mais devient hétérotrophe à l'obscurité (il se décolore par perte de ses pigments et utilise la matière organique comme source d'énergie).

Les formes qui pratiquent la phagocytose ont un « pharynx » souvent complexe *(Entosiphon)*. *Peranema trichophorum* est un euglénophyte prédateur d'autres euglénophytes. *Scytomonas pusilla* se distingue par son flagelle unique et son régime coprophage. Il existe aussi des euglènes parasites (*Dinemula,* dans les œufs de crustacés copépodes).

Protozoaires ou champignons ? Les mycétozoaires, appelé aussi « myxomycètes », s'apparentent aux amibes par leur nutrition et leurs pseudopodes : on les classe parmi les protozoaires rhizopodes. Mais ils s'apparentent aussi aux champignons, car il leur est possible de s'assembler en grand nombre et de différencier un pédoncule porteur d'un *corps fructifère,* produisant des spores. Ils peuvent alors s'entourer d'une véritable paroi de cellulose. Les stades non fructifères consistent en cellules amibiennes indépendantes *(Dictyostelium),* en cellules s'agglomérant en « pseudoplasmodes » *(Acrasia)* ou en plasmodes vrais (les membranes entre les cellules disparaissent, laissant une formation cytoplasmique à nombreux noyaux) *[Stemonitis]*. Certains ont une reproduction sexuée : chez *Myxogastrea,* les spores donnent des gamètes flagellés ou amiboïdes, dont la fusion engendre un volumineux plasmode (à nombreux noyaux).

LA CLASSIFICATION

L'étude des protistes met en évidence des variations de forme ou de mode de vie qui compliquent leur classification : passage, selon les conditions, d'une forme végétale chlorophyllienne à une forme animale dépigmentée (euglènes), d'un stade commensal, hôte inoffensif, à un stade parasite pathogène *(Entamoeba histolytica),* d'une cellule amiboïde à une cellule flagellée *(Naegleria),* d'un état solitaire à un état agglutiné *(Dictyostelium),* etc.

La classification adoptée ici pour la présentation des protozoaires distingue 7 groupes : les rhizopodes, les flagellés, les opalines, les ciliés, les cnidosporidies, les actinopodes et les sporozoaires.

A

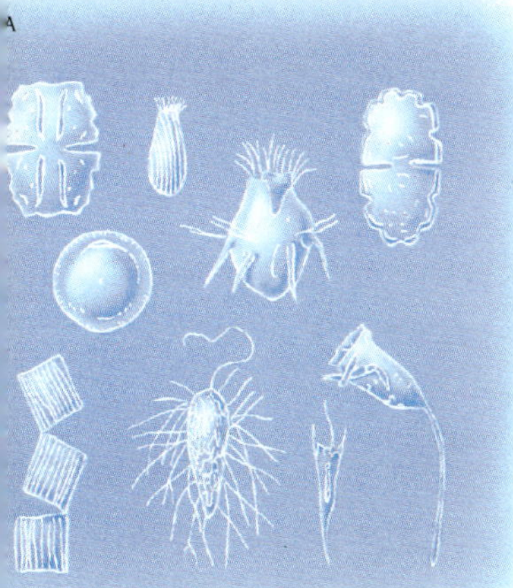

A. **UNE IMPORTANCE INSOUPÇONNÉE**

Si l'incidence économique d'un protozoaire parasite sur un élevage saute aux yeux, il est des aspects méconnus de la biologie des protistes non parasites fort intéressants pour l'homme. Ainsi, les protozoaires se nourrissant de bactéries (bactériophages) réduisent fortement les populations de celles-ci et assurent une épuration des milieux naturels en évitant leur prolifération et, parfois, le développement de certaines maladies. Cette propriété trouve une application dans le « stade biologique » des systèmes d'épuration des eaux (recyclage et production d'eau potable), où les ciliés et les flagellés ont un rôle capital. Par ailleurs, chaque protiste ayant des conditions précises de développement optimal (variation de pH limitée, taux d'oxygène ou de nitrates constants, etc.), l'analyse des différentes espèces qui peuplent une eau renseigne sur sa qualité : les organismes représentés ici signalent une eau dite *oligosaprobe,* c'est-à-dire riche en oxygène et pauvre en matière organique, donc peu polluée.

C

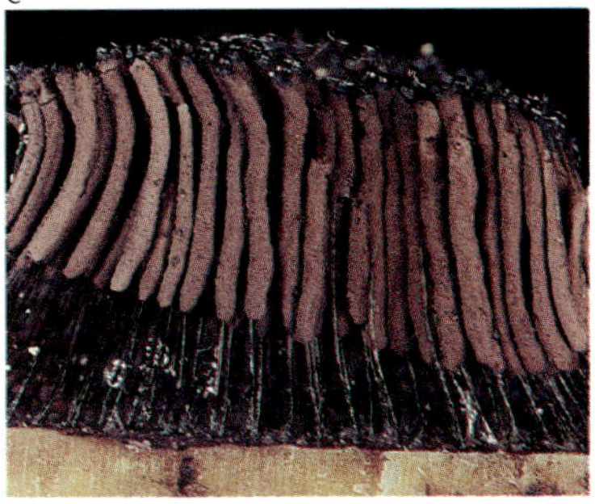

C. **MYXOMYCÈTE**

Remarquables par leur caractère primitif, les mycétozoaires, ou myxomycètes (ici *Stemonitis fusca*), ont des affinités animales et végétales. Souvent classés avec les champignons, ils vivent en symbiose permanente avec des bactéries.

B

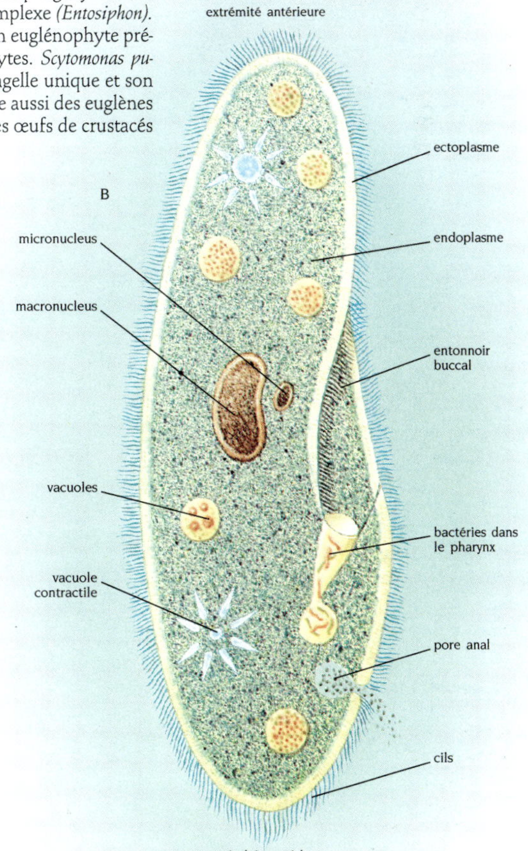

B. **LA PARAMÉCIE, UN « ANIMAL UNICELLULAIRE »**

Certaines structures caractérisent les protozoaires et en font des « animaux unicellulaires », comme celles qui permettent la capture des proies (cytopharynx) ou la digestion (vacuoles digestives, zone de rejet des déchets, ou cytoprocte). Chez les protozoaires ciliés, comme cette paramécie, la complexité de l'appareil locomoteur souligne leur caractère animal : les cils sont implantés selon des lignes régulières et leurs battements sont coordonnés. Néanmoins, beaucoup de dispositifs classiquement considérés comme typiques des animaux existent aussi chez des végétaux unicellulaires : organites locomoteurs (flagelles), photosensibles (stigmas), excréteurs (vacuoles pulsatiles).

LES RHIZOPODES

CES PROTOZOAIRES ont en commun d'émettre des expansions du cytoplasme, de forme très variable, appelées *pseudopodes, filopodes* ou encore *lobopodes.*

On distingue deux groupes de rhizopodes, les *amœbozoa* (amibes) et les *granuloreticulosa* (foraminifères principalement), auxquels on ajoute le groupe charnière des mycétozoaires ou myxomycètes.

LES AMIBES

DES PSEUDOPODES POUR SE MOUVOIR ET SE NOURRIR

■ MONDIALEMENT RÉPANDUES et existant en tous milieux, les amibes changent sans cesse de forme. Leurs pseudopodes servent non seulement à la locomotion, mais aussi à la prise alimentaire. Les amibes se présentent sous deux formes : « nues » ou recouvertes de particules qu'elles sécrètent et qui peuvent fusionner en une enveloppe, la *thèque.*

Les amibes nues. Le genre *Entamœba* compte maintes espèces qui vivent en commensales (hôtes non parasites) dans le tube digestif de vertébrés *(Entamœba coli)* et d'invertébrés (*E. apis,* chez l'abeille). Le cas de *Entamœba histolytica* est particulier puisque cette amibe non pathogène peut devenir parasite et provoquer la grave dysenterie amibienne.

Les *schizopyrenida* alternent régulièrement un stade flagellé et un stade amibe, les deux pouvant s'enkyster. Les *rhizomastigida* possèdent un flagelle, mais leur locomotion est amiboïde. Les amibes du genre *Vampyrella,* aux pseudopodes fins et rayonnants, flottent dans les eaux douces.

Les amibes à thèque. Certaines ont des habitats très particuliers : sols *(Thecamœba terricola),* sphaignes et mousses *(Gocevia, Hyalosphaenia),* sables côtiers *(Psammonobioticus).* Les *thécamœbiens* (ou *testacealobosia*) ont une thèque organique qui devient siliceuse soit par sécrétion, soit par prélèvement de matériaux dans le milieu. Les *leptomyxida* sont des amibes plasmodiales (à plusieurs noyaux) très découpées et à thèque fine.

A

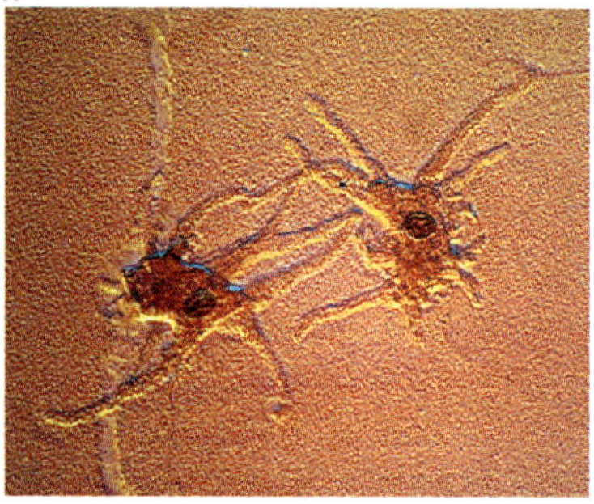

A. **FORME VARIABLE**

Le cytoplasme de ces amibes change constamment de viscosité (ce qui justifie les noms des premières espèces décrites comme *Chaos diffluens*), d'une phase fluide (le plasmasol) à une phase visqueuse (le plasmagel). Grâce à un réseau de myofibrilles prenant appui sur le plasmagel, le plasmasol est poussé dans certaines directions, formant ainsi ces extensions, les pseudopodes.

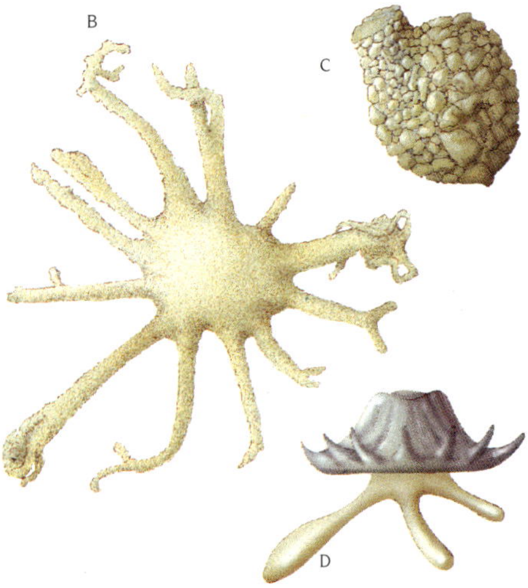

B. C. D. **AMIBES À THÈQUES**

De nombreux rhizopodes (amibes à thèque et foraminifères) édifient des coquilles plus ou moins complètes et minéralisées. Il peut s'agir d'un simple ciment, qui agglutine diverses particules (sable, fragments de coquillages) (B), ou d'une coque recouvrant partiellement la cellule, le *tectum* (C). Enfin, la coque peut être complète, externe (D) ou interne (chez des foraminifères).

LES FORAMINIFÈRES

LE GROUPE DES « GRANULORETICULOSA »

■ DES PSEUDOPODES, très fins, longs et réticulés (appelés « réticulopodes »), à l'aspect granuleux (du fait de la circulation de nombreuses particules dans leur cytoplasme), caractérisent les protozoaires du groupe des « granuloreticulosa ». Certains de ces organismes vivent dans le sol : *Arachnula impatiens* est « mycophage » capable de perforer les spores de champignons *Biomyxa merdaria* est coprophile.

L'ensemble majeur des granuloreticulosa est celui des *foraminifères,* protistes marins possédant une thèque minéralisée, d'abord simple puis compliquée par addition de loges supplémentaires pendant la croissance. Cette thèque ne recouvre pas la cellule, mais elle est contenue dans le cytoplasme, qui, sorti par un seul grand orifice ou une multitude de petits, s'étale et englobe ce véritable « endosquelette cellulaire ».

Le cycle de vie des foraminifères voit l'alternance de générations asexuées *(schizogoniques),* avec une génération sexuée *(gamogonique).* On compte plus de 30 000 espèces, dont 80 p. 100 sont fossiles (en particulier les nummulites, qui servent à dater les terrains du tertiaire). Leur systématique est fondée sur la thèque, construite selon des modalités variables : en épi *(Textularia),* en spirale plane *(Rotalia)* ou tridimensionnelle *(Discorbis).* Quelques genres sont nus, comme *Allogromia.* Les foraminifères vivent surtout sur les fonds marins.

E

E. **CONSTITUANTS DE ROCHES**

Vue au microscope, cette roche calcaire se montre formée de coquilles fossiles de foraminifères. Ceux-ci produisent la trame organique de leur coquille, ou thèque, qui (le plus souvent) se solidifie par calcification ou agglutination de matières minérales. L'accumulation de thèques participe à la formation des fonds marins.

F

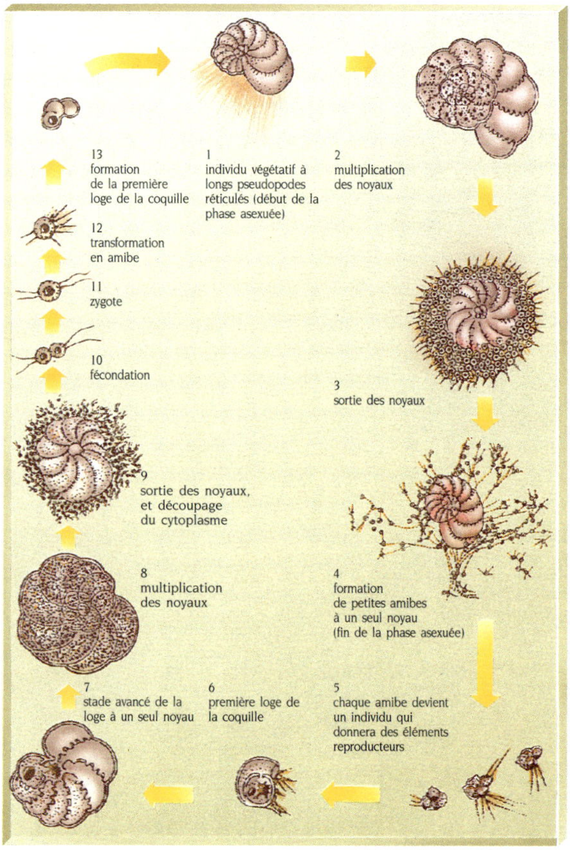

F. **CYCLE DE VIE D'UN FORAMINIFÈRE**

Ce schéma présente le cycle d'un foraminifère (la polystomelle). Les foraminifères, protozoaires marins, alternent lors de leur cycle reproducteur une phase de reproduction asexuée (schizogonie) et une phase de reproduction sexuée (gamogonie). La cellule œuf, ou zygote, diploïde (à $2n$ chromosomes), construit une thèque, l'agrandit de loges supplémentaires tandis qu'elle forme un plasmode à nombreux noyaux haploïdes (à n chromosomes). Un petit volume de cytoplasme s'isole autour de chaque noyau (formant un ensemble d'« énergides »), puis, de la thèque partiellement dissoute, des cellules filles (haploïdes) essaiment. Chacune reconstruit une thèque, grandit comme le zygote, mais avec un nombre de noyaux considérable, et donne naissance à autant de gamètes, porteurs de deux flagelles. Les gamètes issus d'un même individu ne fusionnent pas.

LES FLAGELLÉS

C'est la présence d'un ou de plusieurs flagelle(s) [à un moment du cycle de vie ou en permanence] qui fonde le regroupement des protistes *flagellés*. Certains, tels les dinoflagellés (dinophycées), sont classés parmi les algues unicellulaires en raison de leurs caractéristiques végétales (cependant, celles-ci sont absentes dans de nombreuses espèces). Les autres sont des protozoaires appelés *zooflagellés*.

LES ZOOFLAGELLÉS

DES FLAGELLES POUR SE MOUVOIR

■ Selon la complexité de leur appareil flagellaire, on répartit les zooflagellés en quatre groupes : les choanoflagellés et les kinétoplastidés (réunis sous le nom de *oligomastigophora*), les *metamastigophora* et les *parabasala*.

Les choanoflagellés. Leur unique flagelle est entouré d'une collerette formée de microvillosités accolées en une membrane continue. Marins ou d'eau douce, ils se nourrissent par phagocytose de bactéries amenées par le battement du flagelle à la base de la collerette. Souvent fixés par un pédoncule (par exemple *Monosiga*), ils peuvent sécréter une coque fibreuse ou minéralisée *(Parvicorbicula)*. Il existe des formes coloniales *(Sphaeroeca)*.

Les kinétoplastidés. Ils ne possèdent qu'une seule grande mitochondrie, associée au(x) flagelle(s) et appelée *kinétoplaste*.

Les *bodonidés*, à deux flagelles, sont indépendants (*Bodo, Cephalothamnium*) ou parasites (*Ichthyobodo, Cryptobia helicis*).

Les *trypanosomidés* sont tous parasites, souvent transmis par un animal hématophage (insecte, sangsue). Le genre *Trypanosoma* (environ 20 espèces), parasite du sang des vertébrés, est un véritable fléau : *T. gambiense* (vecteur : la mouche tsé-tsé, ou glossine) cause la maladie du sommeil, *T. cruzi* (vecteur : une punaise piqueuse), la maladie de Chagas, ou encore *T. equiperdum* (transmission vénérienne) provoque la dourine du cheval, ou « syphilis équine ». Le genre *Leishmania* envahit les tissus de maint mammifère, causant des leishmanioses cutanées (bouton d'Orient) ou viscérales (kala-azar). Certaines espèces parasitent les insectes (dans le genre *Herpetomonas*), voire les végétaux (genre *Phytomonas*).

Les metamastigophora. Leurs flagelles s'agencent en un ou deux faisceaux de quatre (l'un des flagelles bat dans une vésicule du cytoplasme). Ils comprennent les rétortamonadines, vivant en commensaux dans le tube digestif d'animaux (*Chilomastix mesnili* chez l'homme), les oxymonadines, symbiotes intestinaux (hébergeant eux-mêmes des bactéries symbiotes) au cycle sexué adapté à celui de l'hôte (*Notila* chez la blatte), et les diplomonadines, libres en eau douce *(Hexamita)* ou commensaux digestifs *(Giardia,* dont certaines espèces sont parasites, *Enteromonas)*.

Les parabasala. Ils se caractérisent par la présence d'une formation fibreuse, le *parabasal,* autour des racines flagellaires. Les trichomonadines sont symbiotes d'insectes mangeurs de bois (blattes, termites) comme *Trichomonas* ; il existe une régression de l'organisation des formes parasites jusqu'à des formes amiboïdes (*Histomonas,* dans les tissus du dindon, ne porte plus qu'un seul flagelle).

Les hypermastigines, au parabasal hyperdéveloppé, sont les symbiotes types des insectes se nourrissant de bois (*Jœnia* ou *Trichonympha,* par exemple).

A

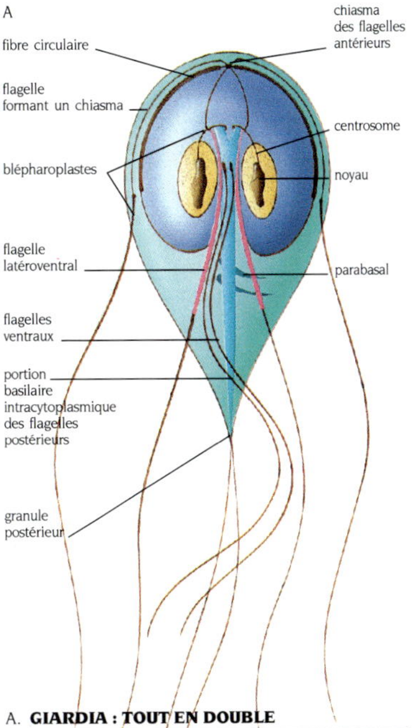

A. **GIARDIA : TOUT EN DOUBLE**

Les flagellés du groupe des diplomonadines ont tous leurs organites en double et disposés symétriquement. Ce dessin représente *Giardia intestinalis,* qui cause chez l'homme la giardiose (troubles digestifs et hépatiques).

LE FLAGELLE

C'est une longue expansion du cytoplasme, à membrane fine (lisse ou hérissée de fines digitations, les mastigonèmes), de section circulaire, occupée par des fibrilles contractiles, ou tubules (deux centraux et neuf paires périphériques). Il s'insère sur un *grain basal,* ou *cinétosome* (issu du centrosome par dédoublement ou formé directement par le centrosome lui-même), petit cylindre de neuf triplets de tubules, sans tubules centraux. D'autres structures peuvent s'y associer (l'axostyle, tige rigide de soutien, ou le parabasal, caractéristique des flagellés du groupe des *parabasala,* structure fibreuse qui englobe l'appareil de Golgi).

Les flagelles ont un rôle locomoteur (les différents modes de locomotion flagellaires sont représentés par le schéma ci-contre). Mais les flagelles peuvent également servir à l'alimentation (par appel d'eau, donc d'aliments) ou à la fixation d'espèces parasites.

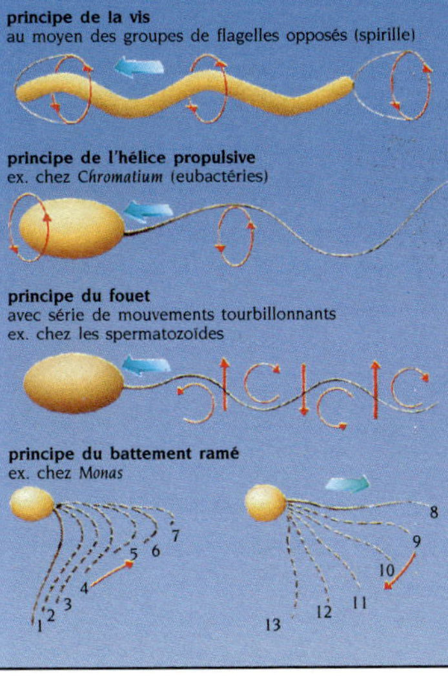

B. **TRYPANOSOME DE GAMBIE**

Ce flagellé parasite *(Trypanosoma gambiense),* transmis par la mouche tsé-tsé, vit d'abord dans le sang et les ganglions lymphatiques de l'homme, causant des fièvres, des œdèmes et un dessèchement de la cornée. Puis il passe dans le liquide céphalo-rachidien, causant le stade incurable de la *maladie du sommeil* : torpeur, troubles psychiques puis hypothermie, cachexie (méningite parfois) et mort.

B

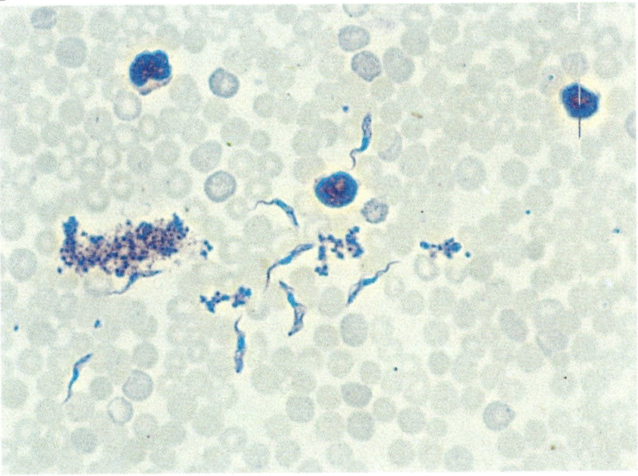

C

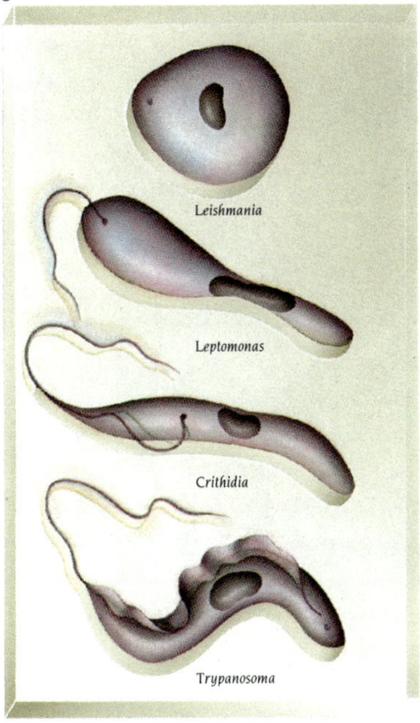

C. **FORMES DU TRYPANOSOME DE GAMBIE**

Le parasite provoque la maladie du sommeil sous sa forme *trypanosoma*. En piquant un malade, la mouche tsé-tsé s'infeste (formes *crithidia* et *leptomonas*), puis inocule la forme *leishmania*.

OPALINES ET CILIÉS

LES OPALINES

UN GROUPE À PART

■ RECOUVERTES DE FLAGELLES nombreux, courts et disposés en lignes hélicoïdales, les opalines sont des protistes de grande taille (de 100 à 1 300 µm), plurinucléées (renfermant de deux à quelques dizaines de noyaux), se nourrissant par pinocytose, vivant en hôtes (commensaux) dans le tube digestif de poissons ou d'amphibiens.

Reproduction. Le cycle de reproduction complexe des opalines est synchronisé avec celui de leur hôte : chez la grenouille, de petites formes enkystées d'*Opalina ranarum* sortent de l'adulte lors de la ponte et poursuivent leur cycle (par reproduction sexuée), après ingestion par un têtard, se maintenant dans l'animal durant sa métamorphose jusqu'au stade de grenouille adulte. Le genre *Zelleria* se rencontre chez les poissons d'eau douce, et *Protoopalina* chez les poissons marins.

LES CILIÉS

CARACTÈRES GÉNÉRAUX ET GROUPES PRIMITIFS

■ APPELÉS AUTREFOIS *infusoires,* à cause de leur aptitude à se développer dans des infusions végétales à partir de formes enkystées, les ciliés représentent un groupe important mais homogène par maints caractères communs.

Morphologie. Les cils s'implantent selon des lignes appelées *cinéties.* Tous les cils d'une cinétie battent l'un après l'autre, les cinéties étant synchronisées.

Les ciliés possèdent deux noyaux qui ont une structure et un rôle différents : le volumineux macronoyau, ou *macronucleus,* est polyploïde (plusieurs lots de 2*n* chromosomes) et gère la vie végétative de la cellule ; le petit micronoyau, ou *micronucleus,* est diploïde (2*n* chromosomes) et n'intervient que dans la reproduction.

Mode de vie. La nutrition se fait par phagocytose (sauf pour les ciliés astomes, qui se nourrissent par diffusion), avec différenciation d'une zone d'ingestion, le *cytopharynx,* doté de sa propre ciliature, et d'une zone d'égestion, le *cytoprocte.* Il y a une différence entre l'avant et l'arrière de la cellule, liée au sens de son déplacement. La reproduction asexuée s'opère par étranglement transversal de la cellule, alors que la sexualité se caractérise par le phénomène de *conjugaison*, sans formation de gamètes

Classification. On rencontre les ciliés dans tous les milieux humides. Surtout carnivores et prédateurs, ils comptent aussi des symbiotes et des parasites. Leur systématique, touffue, distingue quatre lignées. Les deux premières, considérées comme primitives, sont les *prostomata,* à ciliature buccale peu différenciée, et les *karyorelicta,* à plusieurs macronoyaux. Plus évolués, les *polyhymenophora,* à cytopharynx complexe, regroupent les hétérotriches et les spirotriches. Enfin, on trouve la lignée des *hypostomata* (plus de 80 familles !).

Les ciliés primitifs. Les *prostomata,* généralement ovoïdes, ont un cytopharynx (ou « bouche ») formé à l'endroit même de la séparation en deux de la cellule mère lors de la division. Semblables à des tonneaux, certains sont recouverts de plaques calcaires. L'immense variété de milieux et de modes de vie des ciliés figure déjà dans ce groupe primitif : prédateurs (*Didinium,* qui attaque d'autres ciliés), commensaux (*Buetschlia* chez le cheval, *Lechriopyla* chez l'oursin), symbiotes (*Mesodinium rubrum* abrite des algues unicellulaires qui le colorent en rouge, alors que les entodiniomorphes, à ciliature réduite, vivent dans la panse des ruminants) ou encore parasites (*Balantidium coli).*

Les *karyorelicta,* souvent très allongés, contractiles, sont tous marins (sauf le genre *Loxodes,* d'eau douce). Citons *Remanella,* qui renferme des spicules calcaires, et *Trachelonema,* à la face dorsale dépourvue de cils.

Les faux ciliés. Petits protistes des fonds marins, à deux noyaux identiques, les pseudociliés, à la différence des ciliés, n'ont qu'une reproduction asexuée et possèdent des caractères rappelant les flagellés. Un seul genre est connu : *Stephanopogon,* de forme ovoïde, avec une « bouche » bordée de trois replis mobiles.

A

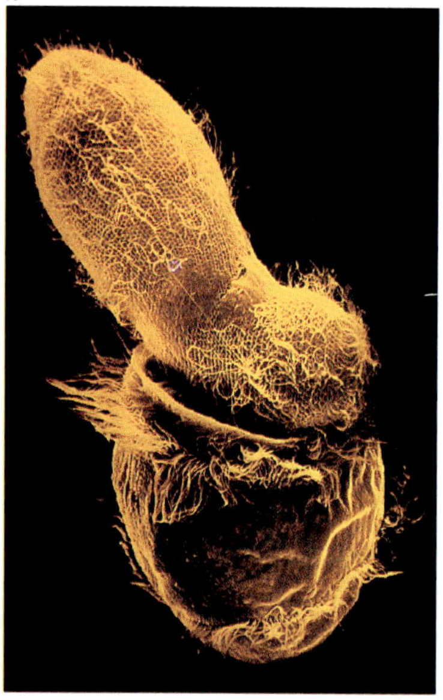

B

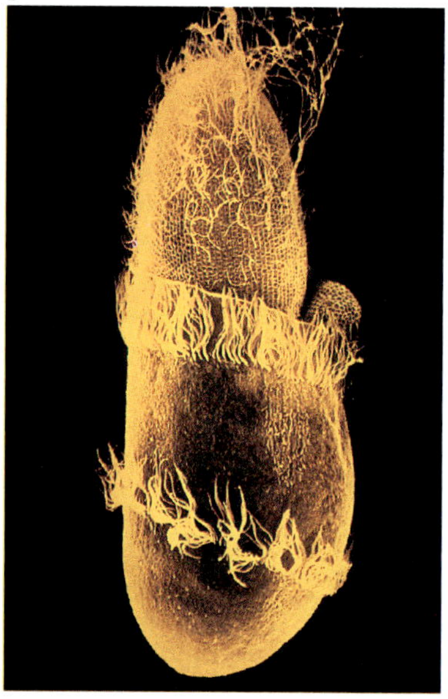

A. B. **UN SUPER-PRÉDATEUR**

Les ciliés jouent un grand rôle dans l'équilibre des populations de micro-organismes : bactériophages (les vorticelles consomment des bactéries), végétivores (*Frontonia* se nourrit de diatomées) ou carnivores (*Coleps* dévore d'autres ciliés, *Paradileptus* des rotifères). Ici, *Didinium nasutum,* chasseur de paramécies (elles-mêmes prédatrices de bactéries et de flagellés), capture sa proie (plus longue que lui) en ouvrant une « bouche » énorme (A) et l'aspire dans son tube pharyngien (B).

C

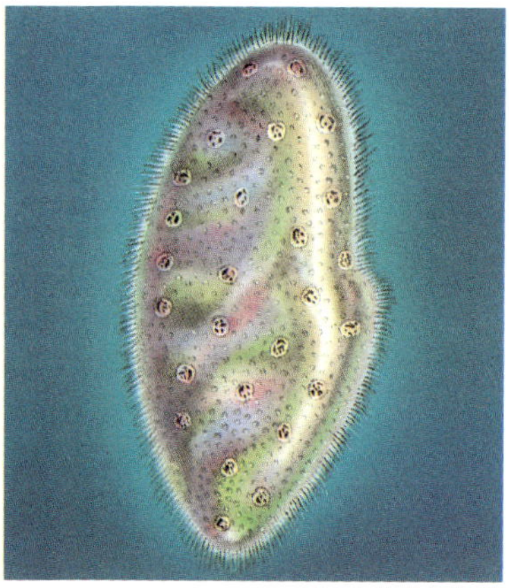

C. **OPALINE**

Les opalines ont-elles des flagelles ou des cils ? Les cils ont exactement la même structure en tubules que les flagelles mais, par convention, le flagelle a une longueur supérieure à celle de l'onde qui le parcourt lorsqu'il bat. Selon ce critère, les opalines ont bien des cils, mais ce ne sont pas des ciliés : elles s'en distinguent par leur mode de reproduction, par leurs noyaux, tous semblables, et par l'absence de cinéties, ces lignes d'implantation des cils caractéristiques des ciliés.

UNE SEXUALITÉ CARACTÉRISTIQUE

La conjugaison est la reproduction sexuée typique des ciliés. Elle ne fait pas intervenir de gamètes : les deux partenaires s'accolent (1) et échangent du matériel génétique.

Le phénomène se déroule ainsi chez la paramécie : tandis que le macronoyau dégénère, le micronoyau subit deux divisions (2), la seconde réduisant de moitié le nombre de chromosomes. Sur les quatre noyaux haploïdes ainsi produits, trois dégénèrent, le dernier se divisant en deux « pronoyaux » (3). Des ponts cytoplasmiques se créent entre les deux partenaires, qui échangent des organites et surtout l'un de leurs pronoyaux (4), avant de se séparer. Chacun subit ensuite le même processus : fusion des deux pronoyaux en un « syncaryon », diploïde (5), puis deux divisions de chaque cellule synchrones de celles du syncaryon (6, 7), donnant quatre cellules filles avec leur micronoyau et leur macronoyau (8). Les pronoyaux ont ainsi joué le rôle de gamètes et les cellules d'origine ont disparu, « refondues » en huit individus nouveaux.

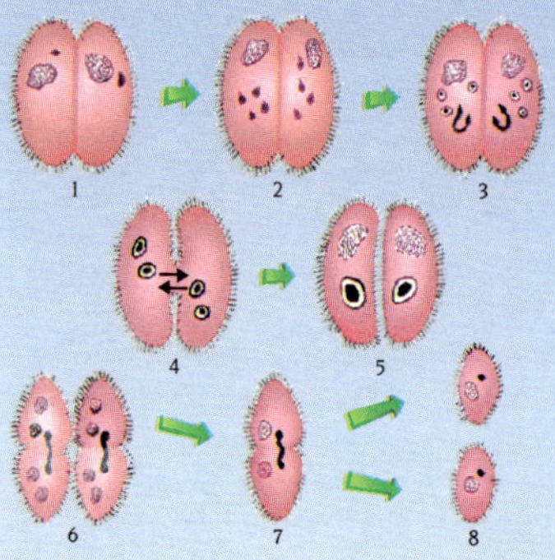

LES CILIÉS

UNE « BOUCHE » TRÈS ORNEMENTÉE

HÉTÉROTRICHES ET SPIROTRICHES

■ CES DEUX CLASSES forment le groupe des *polyhymenophora.* Leur cytopharynx (« bouche »), bordé par une double spirale de cils (la frange adorale), possède une ciliature autonome, avec des rangées serrées de cils dirigées vers le fond (les *peniculus*), et divers reliefs membranaires (les *membranelles*).

Les hétérotriches sont des ciliés d'eau douce ou saumâtre (*Spirostomum* présente un aspect allongé et peut se contracter ; *Epalxella* possède quelques touffes de cils), mais ils sont aussi marins (*Fabrea salina* dans les marais salants, les *Coliphorina* sécrétant une loge d'où ne sort que la bouche entourée de deux lobes). On observe quelques cas de symbiose (*Stentor polymorphus* avec des algues chlorelles, algues vertes unicellulaires) et de commensalisme (les licnophoridés chez maints invertébrés marins).

Chez les spirotriches, certains cils peuvent s'agglutiner en petits amas, les *cirres,* à positions diverses selon les espèces. Les hypotriches vivent dans les tourbières *(Histriculus sphagni),* les sables côtiers *(Psammocephalus)* et l'eau douce *(Stylonychia) ; Plagiotoma* est un commensal du lombric. Les oligotriches sont surtout marins ; ils comprennent les *tintinnides,* qui sécrètent autour d'eux une loge en forme de cloche *(Codonella* par exemple*).*

LE GROUPE LE PLUS VASTE

LES HYPOSTOMATA

■ LES CILIÉS *hypostomata* se caractérisent par la situation de leur cytopharynx (quand il est présent), ou « bouche », en face ventrale.

Les nassophores. Ils possèdent une structure pharyngienne, riche en fibres contractiles, adaptée à l'ingestion de proies volumineuses : la *nasse.* Il existe des formes marines *(Discotricha)* ou et des formes d'eau douce (*Nassula elegans* dans les sources chaudes).

Les chonotriches. Une glandule postérieure sécrète une substance adhésive qui durcit en un pédoncule fixant ces ciliés sur des crustacés dont ils sont commensaux (*Chilodochona* sur les crabes). Ils bourgeonnent pour donner des individus nageurs, qui recherchent leur support.

Les acinétiens, ou suctoria. Fixés par un pédoncule à un substrat quelconque *(Ephelota)* ou sur des crustacés *(Tokophrya),* sans cils ni bouche, dotés de tentacules pour se nourrir, ils présentent aussi une forme ciliée nageuse au cours de leur cycle.

Les apostomes. Parasites – de crustacés surtout –, ils revêtent plusieurs formes (nourricière, reproductrice, migratrice) au cours d'un cycle complexe, souvent synchronisé avec les mues de l'hôte (*Synophrya* chez les crabes). Les apostomes sont recouverts de cils tous semblables (holotriches) et n'ont pas de bouche.

Les hyménostomes. Ils sont souvent polymorphes, avec une forme « macrostome » (à grande bouche) et une « microstome », selon la taille des proies disponibles *(Tetrahymena vorax)* ou les conditions de milieu (la forme microstome de *Espejoia mucicola* est migratrice, à bouche non fonctionnelle). Ils comptent quelques parasites, également polymorphes (*Cryptocaryon* chez des poissons marins).

Les péniculiens. Ce sont les « infusoires » les plus connus, avec les paramécies. Leur bouche s'enfonce en entonnoir. Ils sont armés de filaments défensifs pouvant être projetés, les trichocystes. On les trouve en mer *(Frontonia),* en eaux douces *(Stockesia)* et même en eaux thermales ferrugineuses *(Faurella thermalis).*

Les péritriches. Seule la ciliature buccale et péribuccale persiste chez ces ciliés, avec un entonnoir très profond. Ils ressemblent à des petits bols au rebord cilié. Les formes mobiles ont souvent un disque adhésif *(Trichodina).* Beaucoup sont fixés, solitaires *(Vorticella)* ou coloniaux *(Zoothamnium).*

Les astomes. Privés de bouche, ils se nourrissent par diffusion et possèdent souvent des dispositifs de fixation : crochets *(Ochridanus),* épines *(Maupasella),* ventouses (cépédiettinés).

A

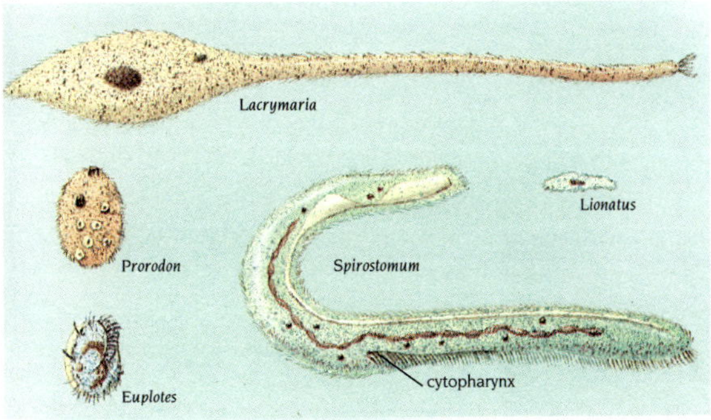

A. **DES FORMES ÉTRANGES**

On attribue classiquement aux ciliés une forme ovoïde uniformément couverte de cils. Beaucoup s'écartent pourtant de ce modèle et doivent leur nom à leur aspect : *Lacrymaria* ressemble à une larme qui s'écoule et *Spirostomum* possède une membranelle spiralée dans son cytopharynx. La ciliature buccale se distingue souvent du reste de la ciliature, qui peut alors se limiter à quelques cirres (petits appendices fins et allongés), comme chez *Euplotes.*

UN CERVEAU DANS UNE CELLULE ?

Chez les ciliés, le mouvement coordonné des cils est dépendant d'un réseau serré de fibrilles nerveuses, dont la destruction cause des battements désordonnés. Diverses expériences ont montré des capacités d'apprentissage comme l'*habituation* (transvasées dans un bac plus grand, des paramécies continuent pendant 15 minutes à se déplacer à l'intérieur d'un volume correspondant à leur bac initial) et même des *réflexes conditionnés* (la lumière, normalement sans effet, déclenche la fuite des paramécies après avoir été plusieurs fois associée à une forte élévation de température).

B

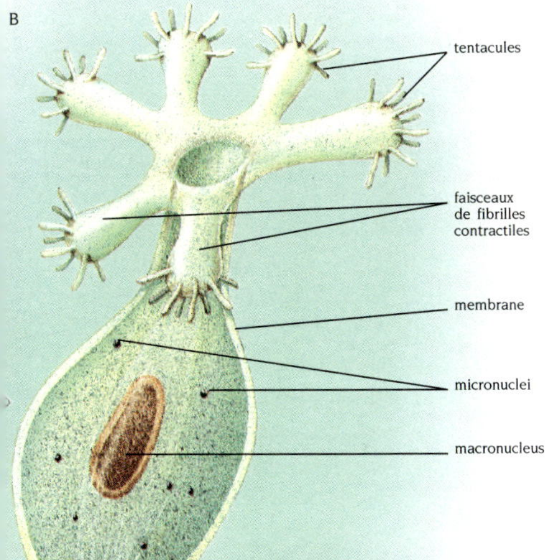

B. **MICROTENTACULES**

Les ciliés acinétiens, comme celui-ci, possèdent deux types de tentacules : les uns préhenseurs, dotés d'haptocystes (filaments pouvant être, comme les trichocystes, projetés à l'extérieur de la cellule et dont le contenu adhère à la proie et l'immobilise), les autres suceurs pour vider leur victime. Cet *Ophryodendron faurei* vit fixé sur des hydres.

C

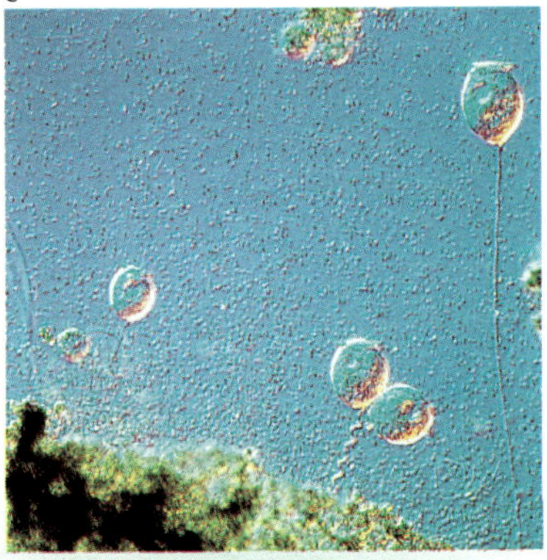

C. **VORTICELLES**

Très voraces, les vorticelles (genre *Vorticella)* contribuent à épurer leur milieu des bactéries et protozoaires flagellés. Leur pédoncule fixateur, spiralé et très riche en fibrilles contractiles (myonèmes), peut se détendre et se comprimer tel un ressort, aidant au déplacement de la cellule. En colonie, les vorticelles ressemblent à un bouquet de fleurs.

D

D. **UN « MARCHEUR »**

Ses quelques cils dorsaux n'ayant plus qu'un rôle tactile, *Stylonychia,* prédateur de bactéries et d'autres ciliés, arpente des substrats solides grâce à ses cirres épais.

ACTINOPODES ET SPOROZOAIRES

LES ACTINOPODES

DES FORMES RAYONNANTES

■ OUTRE DES PSEUDOPODES très fins et souvent anastomosés en réseau, les actinopodes (exception faite des radiolaires) présentent de longues expansions rétractiles (renfermant des microtubules), les *axopodes,* à disposition rayonnante d'une rigoureuse géométrie et servant à l'alimentation de ces prédateurs. Les actinopodes construisent un « squelette » (cytosquelette), rayonnant lui aussi, qui sert de base de leur classification en trois groupes : les acanthaires, les héliozoaires et les radiolaires.

Les acanthaires. Leur squelette interne, composé de *célestine* (sulfate de strontium), consiste en spicules radiaires toujours enveloppés de la membrane plasmique. Tous marins, ils peuvent s'enfoncer ou remonter dans l'eau en modifiant leur densité par l'action d'unités contractiles, les myonèmes. Le nombre de leurs spicules est précis : 10 *(Acanthochiasma),* 16 ou 20 *(Lithoptera).*

Les héliozoaires. Leur squelette externe est siliceux ou chitinoïde (proche de la chitine, de nature glucidique), rarement absent *(Actinophrys).* Ils vivent en eau douce, sauf quelques espèces marines *(Sticholonche,* qui utilise ses axopodes latéraux comme des rames). Il existe des formes à plusieurs noyaux *(Actinosphaerium)* et des formes fixées (chez *Clathrulina,* un des produits de la division devient une cellule nageuse à 2 flagelles), parfois sur un pédoncule contractile *(Actinocoryne).*

Les radiolaires. Leur squelette est externe, formé de particules agglomérées *(Phaeodina),* ou interne, exceptionnellement manquant *(Thalassicola).* Ils représentent un élément majeur du plancton et vivent souvent en symbiose avec des algues unicellulaires (chlorelles et xanthelles) présentes dans leur cytoplasme. Une couche gélatineuse leur confère parfois une taille « géante » (de 0,1 à 5 mm). Ils ne possèdent pas d'axopodes. Quelques formes sont coloniales *(Sphaerozoum).*

A. **ANATOMIE D'UN ACANTHAIRE**

La « capsule centrale », sorte de fine grille sphérique, percée d'orifices pour les spicules et les axopodes, sépare le cytoplasme des acanthaires en deux parties : l'*endoplasme* au centre, riche en inclusions (digestives, lipidiques, pigmentaires), renfermant les noyaux, et l'*ectoplasme* autour, d'où partent les pseudopodes, qui traversent une couche gélatineuse. Les acanthaires abritent des algues unicellulaires (xanthelles).

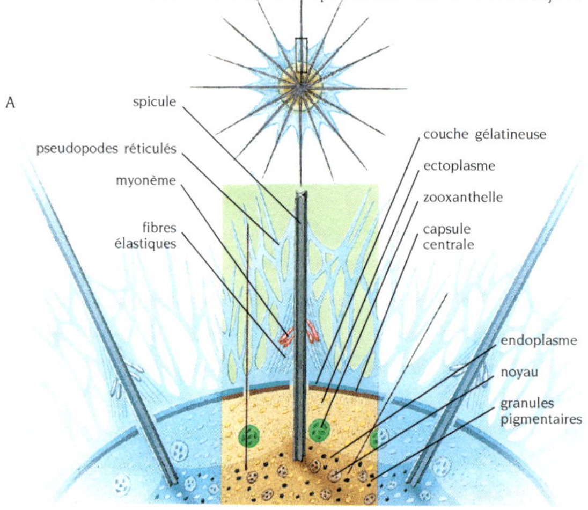

B. **RADIOLAIRES FOSSILES**

Les radiolaires sécrètent un squelette composé presque toujours de silice pure (les « boues radiolaires » des fonds marins sont à l'origine du silex). D'infinies variations existent parmi leurs 10 000 espèces (dont 70 p. 100 sont fossiles) : spicules isolés, coque grillagée, elliptique, hérissée de pointes ou alvéolée (dite alors « diatoméenne »). Des prouesses architecturales étonnantes pour des êtres unicellulaires.

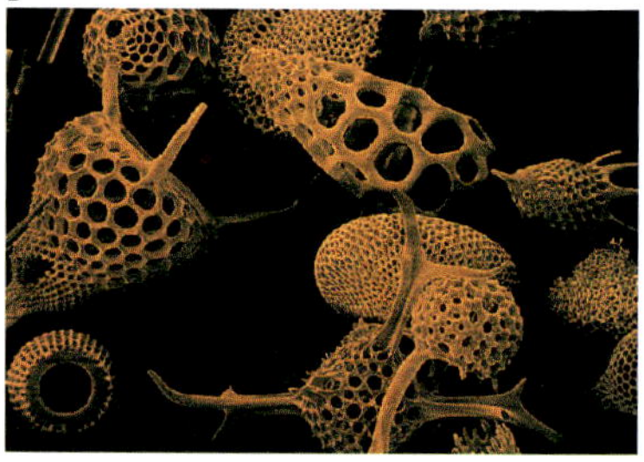

LES SPOROZOAIRES

VIRTUOSES DE LA MULTIPLICATION

■ TOUS PARASITES, se nourrissant par simple diffusion, les sporozoaires (ou *apicomplexa*) sont toujours haploïdes (à l'exception de l'œuf issu de la fécondation).

Leur cycle de vie comporte deux phases de multiplication. Il débute par une *spore,* qui donne la forme infestante, ou *sporozoïte.* Celle-ci porte un « complexe apical » qui permet son adhésion aux cellules de l'hôte. Des enzymes et des lipides « fondent » les membranes cellulaires, et le sporozoïte peut s'enfoncer dans une cellule. Il se multiplie alors intensément : c'est la « schizogonie », qui donne plusieurs générations de *schizozoïtes.* Puis les schizozoïtes se transforment en cellules reproductrices mâles et femelles. Après la fécondation, l'œuf subit immédiatement la méiose, puis une nouvelle multiplication (sporogonie) donne des sporozoïtes et le cycle est bouclé.

Ayant évolué à partir de formes flagellées, les sporozoaires comptent 5 000 espèces réparties en trois classes : les grégarines, les coccidies et les hématozoaires.

Les grégarines. Géantes parmi les sporozoaires (de 200 à 300 µm, record de 10 mm chez *Porospora gigantea*), elles vivent dans l'intestin ou la cavité générale de leur hôte unique. Elles possèdent souvent un dispositif antérieur de fixation, l'*épimérite.* Tous les groupes d'invertébrés en hébergent (*Selenidium* chez des annélides polychètes, *Machadoella* chez la punaise) et même des tuniciers (*Lankesteria* chez l'ascidie).

Les coccidies. Parasites de vertébrés et d'invertébrés, toujours intracellulaires et de petite taille (10-20 µm), les coccidies ont un ou deux hôtes. Elles montrent une grande variété de cycles et de localisations : *Karyolysus lacertae* vit dans un lézard et ses sporozoïtes, dans une tique ; *Sarcocystis suihominis* passe du porc à l'homme dans des viandes mal cuites. Les toxoplasmes et les eimériidés sont les plus pathogènes.

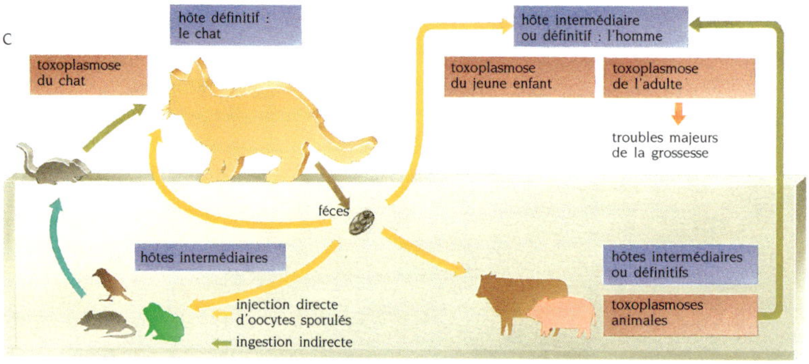

C. **CYCLE DU TOXOPLASME**

Le toxoplasme, *Toxoplasma gondii,* est un sporozoaire de la classe des coccidies, agent de la toxoplasmose. Son hôte définitif, le chat, le rejette sous forme d'oocytes avec ses excréments. Les oocytes subissent une division interne, la sporulation, et peuvent alors infester quantité d'hôtes intermédiaires. On retrouve le parasite sous forme de schizozoïtes dans leurs tissus. L'homme s'infeste par ingestion de viandes mal cuites (contenant des schizozoïtes) ou d'oocytes sporulés. Après une première invasion, il y a en général immunisation (la toxoplasmose aiguë, avec fièvre et inflammation de nombreux organes, est rare), mais la toxoplasmose congénitale est une affection grave : les schizozoïtes traversent le placenta d'une femme enceinte non immunisée, provoquant alors des troubles majeurs (avortements, morts à la naissance, affections congénitales ou toxoplasmoses du jeune enfant).

DES ÉLEVAGES DÉCIMÉS

Les coccidioses, dues aux sporozoaires coccidies du genre *Eimeria* (groupe des éimériidés), affectent maintes espèces d'animaux domestiques, causant des diarrhées hémorragiques souvent mortelles. Très contagieuses, ces maladies parasitaires progressent de manière d'autant plus fulgurante que l'élevage est important : les parasites rejetés sous forme d'oocystes dans les excréments deviennent très résistants à la faveur de la chaleur et de l'humidité ; une simple fiente de poulet infesté peut en contenir des dizaines de millions.

Eimeria perforans (« maladie du gros ventre ») et *E. stiedae* (coccidiose hépatique) sévissent chez le lapin ; *E. tenella* chez les volailles (mortalité de 90 p. 100 sur le jeune poulet) et *E. zürni* (« dysenterie rouge », mortelle à 50 p. 100) chez les bovins. Sulfamides et nitrofuranes permettent le traitement et la prévention de ces fléaux.

LES HÉMATOZOAIRES

DES SPOROZOAIRES RESPONSABLES DE NOMBREUSES MALADIES

LOCALISÉS (fût-ce pour un stade) dans le sang de leur hôte définitif, d'où leur nom, les sporozoaires de la classe des *hématozoaires* ont un hôte intermédiaire très avantageux, un « vecteur ». Celui-ci est un arthropode hématophage (moustique par exemple), qui absorbe l'hématozoaire lors d'un repas sanguin puis l'« injecte » à son hôte définitif, un vertébré amniote (reptile, oiseau ou mammifère).

Le cycle de ces redoutables parasites est donc bien moins aléatoire que celui des autres sporozoaires. Il y a suppression de toute phase libre, la dissémination et l'infestation sont assurées par le vecteur. La première phase du cycle (sporozoïte) a toujours lieu chez le vecteur. Les schizozoïtes (deuxième phase) se forment chez l'hôte définitif. Selon le vecteur, on distingue :
- les hémosporidies, transmises par un insecte, qui se répartissent en deux familles, les *hémoprotéidés* et les *plasmodiidés ;*
- les piroplasmidés, inoculés par un acarien (tique), comprenant les *babésiidés* et les *theilériidés.*

QUAND LE PARASITE EST ROI

Les maladies parasitaires à protozoaires dépeuplent encore des régions entières dans les zones à climat chaud et humide et à faible développement socio-économique. Outre le fait qu'il est difficile de lutter contre les vecteurs des parasites, leur persistance tient surtout à :
– la résistance de chaque parasite aux traitements et défenses de l'hôte : intracellulaire, il est inaccessible ; extracellulaire, il s'adapte rapidement aux réactions immunitaires de son hôte. *Trypanosoma* renouvelle régulièrement ses antigènes (« glycoprotéines variables de surface ») ;
– l'extrême difficulté à produire des vaccins anti-protozoaires, du fait des variations antigéniques ;
– l'existence de « réservoirs » : des espèces animales qui attirent aussi le vecteur et dans lesquelles le parasite reste intact, apte à infester d'autres vecteurs avant de retrouver son hôte spécifique.

A. **RÉPARTITION DU PALUDISME**

Cette maladie parasitaire est une « endémie », c'est-à-dire qu'elle n'est présente de façon continue que dans certaines régions. La vaste extension de ces régions, qui concerne surtout la zone intertropicale, fait du paludisme la première endémie mondiale.

A

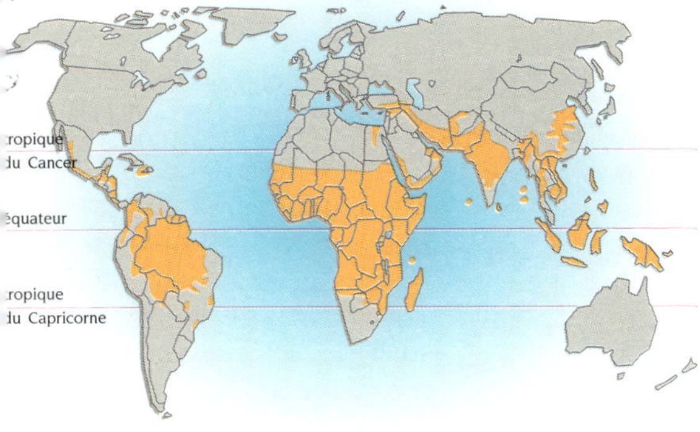

Les hémoprotéidés. Ce sont des parasites de reptiles et d'oiseaux. *Leucocytozoon simondi* est injecté au canard (à l'oie parfois) par une simulie (moustique), et ses schizozoïtes envahissent globules blancs et rouges, où ils se différencient en gamontes. Il provoque une anémie sévère et une nécrose du foie (siège de la schizogonie), décimant les canetons (jusqu'à 85 p. 100 de mortalité). *Haemoproteus columbae* affecte le pigeon, effectuant sa maturation en schizozoïte dans la paroi des vaisseaux sanguins.

Les plasmodiidés. Leur forme schizozoïte (phase de *schizogonie*) se retrouve en deux localisations dans l'hôte : schizogonie « préérythrocytaire » (du sporozoïte aux premiers schizozoïtes) dans le foie, puis « érythrocytaire » (générations successives de schizozoïtes) dans les globules rouges. Le genre majeur est *Plasmodium,* dont quatre espèces causent chez l'homme le *paludisme* (les fièvres de cette maladie étaient autrefois nommées *malaria*) : *P. falciparum, P. vivax, P. malariae, P. ovale.* Leur vecteur est l'anophèle, un moustique tropical, chez lequel se déroulent la fécondation et les premières étapes du cycle (un œuf donne un million de sporozoïtes !). En 13 à 18 jours, le moustique devient infestant. D'autres *Plasmodium* affectent les rongeurs, les primates et les oiseaux. *Hepatocystis* parasite spécifiquement les mammifères arboricoles tropicaux.

Les babésiidés. Ils sont mondialement répandus, partout où vivent leurs vecteurs, les tiques (*Dermacentor* surtout). Ces dernières transmettent le parasite à leur descendance, car le parasite colonise tous les tissus, dont les ovules. Les sporozoïtes s'infiltrent dans les embryons du vecteur. *Babesia* provoque la grave babésiose (ou piroplasmose) de maints animaux domestiques et sauvages : se multipliant dans les globules rouges et les faisant éclater, il entraîne fièvre, anémie, jaunisse, hémoglobinurie (maladie du « pissement de sang » des bovins), mortelle en 1 à 3 semaines chez les bovins, en 3 à 10 jours chez le chien. Une babésiose humaine (accidentelle) existe. *Anthemosoma* atteint pareillement les rongeurs.

B

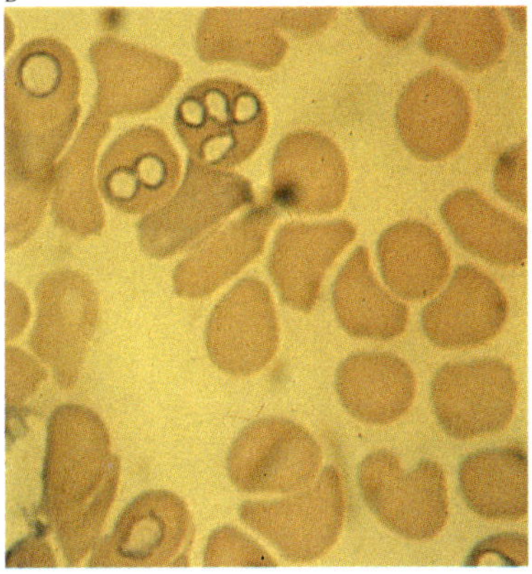

B. **BABESIA**

Mainte espèce d'hématozoaire appartient au genre *Babesia. Babesia bovis* affecte le bœuf en Europe ; *B. bigemina* est plus cosmopolite et touche le bœuf, le buffle et le zèbre ; *B. motasi,* très pathogène, et *B. ovis* touchent indifféremment ovins et caprins ; *B. canis* atteint le chien ; *B. equi* et *B. caballi* s'attaquent à tous les équidés (chevaux, zèbres...). Les pertes causées par ces parasites sont importantes dans le bétail tropical, subtropical et européen.

Les theilériidés. Leur schizogonie a lieu dans les ganglions lymphatiques et dans la rate, seul le gamétocyte (stade entre schizozoïte et gamonte) envahissant les hématies. En Europe, en Asie et en Afrique, bovins et ovins sont atteints de theilériose : *Theileria annulata, T. parva* et *T. lawrencei* parasitent le bœuf et le buffle. L'affection provoquée par ces *Theileria* s'accompagne de fièvre, d'anémie, d'œdème des ganglions. *T. ovis* frappe le mouton. Un animal qui guérit reste immunisé.

LE PALUDISME

La phase de multiplication active des *Plasmodium,* provoquant les différentes formes de paludisme, est synchronisée pour *tous* les schizozoïtes. Elle prend 48 ou 72 heures : un jour sur deux (fièvre tierce) ou trois (fièvre quarte) selon l'espèce, des hématies éclatent, lâchant dans le sang des schizozoïtes, leurs déchets et de l'hémoglobine, ce qui crée une violente réaction allergique. C'est la « crise de paludisme », avec forte fièvre, frissons, suées. On observe une fièvre tierce bénigne pour *Plasmodium vivax* et *P. ovale,* quarte maligne pour *P. malariae.* Quant à *P. falciparum,* dont la schizogonie n'est pas synchronisée, il donne la fièvre tierce maligne, rapidement mortelle.

Le paludisme est responsable, pour la seule Afrique, d'un nombre de décès annuel supérieur à un million (dont une forte proportion d'enfants).

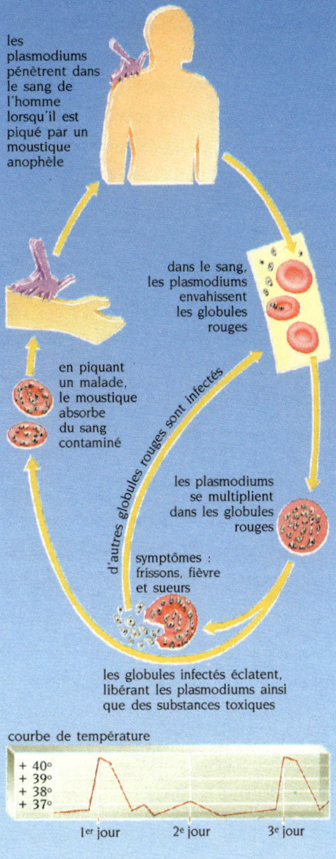

LES CNIDOSPORIDIES

On regroupe classiquement sous le terme « cnidosporidie » deux groupes de protozoaires, les *microsporidies* et les *myxozoaires,* auxquels nous ajouterons ici un troisième ensemble, les *ascétosporidies.*

Ces trois groupes ne comptent que des protozoaires parasites, qui passent par un stade caractéristique, la spore, forme de résistance et de transition d'un hôte à l'autre.

DES PARASITES INTRACELLULAIRES

MICROSPORIDIES ET ASCÉTOSPORIDIES

■ Ces deux groupes auraient leur origine chez les champignons, avec un arrangement des noyaux deux par deux dans les stades plasmodiaux (grandes « cellules » à plusieurs noyaux). De fait, leur mode de division est comparable à celui de certains champignons ascomycètes.

Les microsporidies. De très petite taille (de 2 à 8 µm), les microsporidies accomplissent tout leur cycle sur le même hôte spécifique. La partie interne de la spore (sporoplasme) pénètre dans une cellule, où elle produit des schizozoïtes. Après une ou plusieurs division(s) des schizozoïtes, le parasite, devenu *sporonte,* donnera des spores. Il peut y avoir transmission de spores à la descendance de l'hôte, avec parfois influence sur son développement (les œufs du crustacé *Gammarus* contenant *Octosporea effeminans* donneront tous des femelles). Les hôtes sont des poissons (*Pleistophora ovariae* parasite uniquement des femelles), beaucoup d'arthropodes, d'insectes *(Telomyxa, Nosema)* et de crustacés *(Inodosporus)* ainsi que des annélides *(Mrazekia).*

Les ascétosporidies. Parasites d'invertébrés marins, elles comprennent deux classes :
– les *haplosporidies,* qu'on trouve chez des annélides polychètes (*Urosporidium fuliginosum,* chez la syllis), de nombreux mollusques (*Minchinia dentali* chez des scaphopodes), des crinoïdes *(Haplosporidium heterocirri)* ;
– les *paramyxidies,* dont la cellule souche est amiboïde et qui parasitent des larves de polychètes *(Paramyxa),* des crustacés *(Paramarteilia),* mais principalement les huîtres : *Bonamia ostreae* et surtout le genre *Marteilia,* avec une espèce propre à chaque espèce d'huître causant la marteiliose, mortelle à 70-80 p. 100 dans les élevages.

LES MYXOZOAIRES

DES ALLURES DE PLURICELLULAIRES

■ L'origine des myxozoaires demeure myste rieuse, mais certains caractères les rapprochen des animaux pluricellulaires (bien que la forma tion de spores les en distingue radicalement). l'état végétatif, leur plasmode comprend de noyaux dits « somatiques » et de véritables « ce lules germinales », individualisées par un membrane et mobiles dans le plasmode. Ce éléments reproducteurs formeront les spores elles-mêmes pluricellulaires. On divise le myxozoaires en deux classes :
– les *myxosporidies,* cosmopolites, parasites de poissons (parfois d'amphibiens et de reptiles) comptant plus de 1 000 espèces très pathc gènes ; elles peuvent envahir la cavité d'un o gane abdominal, comme la vessie (*Myxidiun incurvatum* chez l'hippocampe) ou très souven la vésicule biliaire (*M. serotinum* chez les cra pauds et les grenouilles) ;
– les *actinosporidies* (ou actinomyxidies), para sites d'annélides oligochètes vivant dans le sabl ou la vase (tubifex) ; elles se localisent dans l tube digestif *(Siedleckiella),* les muscles *(Neoact nomyxon),* les cavités cœlomiques *(Triactinc myxon)* ou la cavité générale chez les vers marin sipunculiens *(Tetractinomyxon).*

MENACE SUR LES INSECTES UTILES

Nosema (200 espèces) est un genre cosmopolite de microsporidies très pathogènes pour les insectes.

Nosema bombycis attaque le ver à soie (chenille du bombyx du mûrier). C'est un parasite intracellulaire et même intranucléaire (dans le noyau), qui cause la mortelle *pébrine* (visible par des taches noires en surface, d'où son nom, *pebre* voulant dire « poivre » en provençal). Les femelles malades transmettent des spores à leurs œufs et les vers meurent de pébrine congénitale. Des élevages entiers furent anéantis par cette maladie parasitaire au XIXe siècle.

Nosema apis atteint l'abeille adulte. Il détruit la paroi intestinale de l'insecte, qui s'affaiblit, se paralyse et meurt. La ruche entière contaminée périt peu à peu de ce que l'on appelle la *nosémose.*

Aucun traitement satisfaisant n'existe et seule une hygiène rigoureuse (isolement des nouveaux essaims, destruction des ruches, chenilles, papillons et œufs malades, désinfection) permet d'éviter ces terribles fléaux.

A. B. C. D. **SPORES DE CNIDOSPORIDIES**

La spore des microsporidies (A) [de 2 à 12 µm] comprend une paroi (capsule) double, un cytoplasme *(sporoplasme)* à un seul noyau et un *polaroplasme,* qui gonfle au contact des liquides de l'hôte et force le *filament polaire,* spiralé, à se déplier, expulsant le sporoplasme (chez *Plistophora*).
Chez les ascétosporidies (B), la spore est sans capsule ni filament polaire ; pour les paramyxidies (comme *Marteilia*), des cellules naissent l'une dans l'autre : ainsi, cinq cellules s'emboîtent successivement.
Quant aux myxozoaires, leur spore pluricellulaire contient des cellules polaires à filament (*capsules polaires,* rappelant les cnidocystes des hydres), des *cellules valvaires,* qui s'écartent et libèrent le germe, amiboïde, à deux noyaux chez les myxosporidies (C) *[Myxobolus]* et plurinucléé (ou à plusieurs cellules uninucléées) chez les actinomyxidies (D) *[Ormieractinomyxon].*

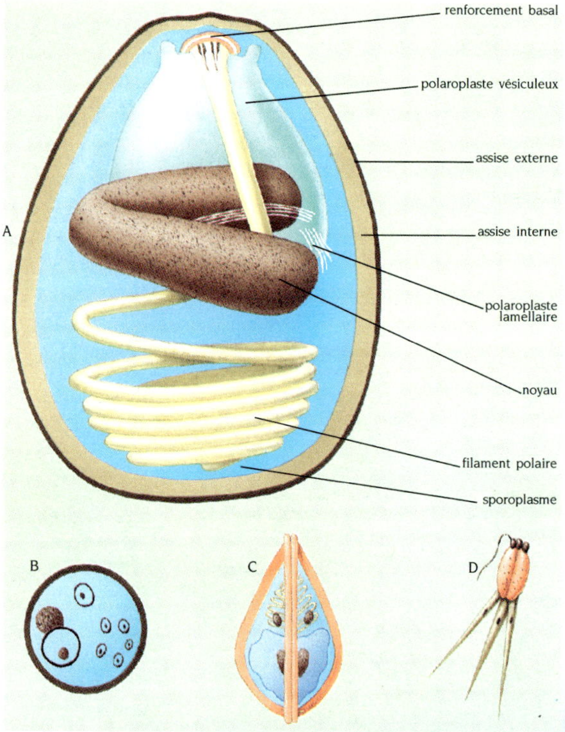

E. **FLÉAUX DE LA PISCICULTURE**

Sorti d'une spore avalée par un poisson, le sporoplasme des myxosporidies traverse l'intestin et gagne un organe bien précis dans lequel il accomplira son développement en parasitant l'hôte. Cet organe cible peut être le foie (*Chloromyxum truttae,* causant la mortelle « jaunisse de la truite »), les reins (*Sphaerospora tincae* de la tanche), les branchies (*Henneguya psorospermica* chez le brochet et la perche) ou encore les muscles (*Myxobolus pfeffeiri* des cyprinidés). *Myxobolus tuberosa* envahit le derme, formant de grosses tumeurs (5-6 cm) enrobées par l'hôte d'un kyste, c'est la « maladie à bosses » illustrée ici. *Myxobolus cyprini* donne la « variole de la carpe ». Certaines myxosporidies détruisent les tissus *(Chloromyxum histolyticum). Myxosoma cerebralis* attaque le cartilage (crâne, arcs branchiaux, colonne vertébrale) des salmonidés, causant le « tournis de la truite », qui tue les jeunes et laisse des adultes déformés.

RÉFÉRENCES

biogenèse, théorie, dite aussi « génération spon-
.née », d'après laquelle les êtres vivants naissent
pontanément à partir de matière non vivante. Cette
héorie est abandonnée depuis les travaux de Pasteur.

ntibiogramme, méthode biologique permettant
: déterminer quels antibiotiques peuvent entraver le
éveloppement d'une souche donnée de bactérie, pour
ne concentration donnée de la substance antibiotique.
On peut utiliser une suspension de bactéries en milieu
quide en présence d'une concentration variable de
antibiotique à étudier. La plus faible concentration
e l'antibiotique qui inhibe le développement de la
ılture bactérienne est appelée « concentration mini-
ale inhibitrice ». La technique la plus communément
mployée se pratique sur milieu de culture solide
nsemencé sur toute sa surface à l'aide de la souche
actérienne à éprouver. Des disques de papier
nprégnés d'antibiotiques à une concentration choisie
ont ensuite déposés sur la culture. Après incubation
ermettant la croissance bactérienne sous forme de
olonies contiguës, l'inhibition de cette croissance au
oisinage des disques d'antibiotiques est appréciée,
uis mesurée. La dimension de la plage d'inhibition
e culture, pour des conditions standardisées (qualités
u milieu, virulence des bactéries), varie en fonction
e la sensibilité de la souche bactérienne. On peut ainsi
stimer la sensibilité ou la résistance des bactéries à
n ou plusieurs antibiotiques, la présence de mutants
ésistants sous la forme de colonies ayant poussé dans
 zone d'inhibition et, selon la dimension de cette
lage, l'intensité de la sensibilité de la souche
actérienne.

rber (Werner), microbiologiste suisse (Gräni-
hen, Argovie, 1929). En 1978, W. Arber a reçu, avec
). Nathans et H. Smith, le prix Nobel de médecine
t de physiologie pour la découverte d'un système
nzymatique, dit « de restriction-multiplication », qui
ntervient dans la défense des bactéries vis-à-vis des
gressions virales ; lorsqu'une bactérie est agressée
ar un virus, elle réagit et s'oppose à l'invasion virale
n élaborant des enzymes de restriction et des
nzymes de modification qui « découpent » le maté-
el génétique du virus, lequel se trouve ainsi détruit
t devient, de ce fait, inoffensif. Les enzymes de
estriction se sont révélées être des outils remarqua-
lement précis pour la biologie moléculaire et le génie
énétique.

acilloscopie, recherche de bactéries par examen
ıicroscopique, directement à partir de produits
athologiques d'un malade (crachats, liquides de
onction, urine, etc.).

actériologie, partie de la microbiologie qui s'oc-
upe spécialement des bactéries. La bactériologie est
ostérieure à la microbiologie, qui remonte aux
echerches de A. Van Leeuwenhoek (1680). Elle date,
n réalité, des travaux de Davaine et Rayer (1850),
t surtout de ceux de Pasteur, de Koch et de leurs
coles.

iotechnologies, ensemble des techniques utili-
ant les propriétés biologiques des êtres vivants, et tout
articulièrement des micro-organismes (bactéries, le-
ures...), dans des applications industrielles. À l'utilisa-
on traditionnelle des propriétés naturelles des micro-
rganismes (fermentations lactique et alcoolique,
ynthèse d'antibiotiques) s'ajoutent aujourd'hui les
pplications des manipulations génétiques. (Voir GÉNIE
ÉNÉTIQUE.)

oivin (André), biologiste français (Auxerre 1895-
trasbourg 1949). Il étudia la composition anti-
énique des bactéries (antigène glucido-lipidique de
agent du typhus, caractère des endo- et exotoxines,
tc.).

agniard de La Tour (Charles, baron), physi-
ien français (Paris 1777-id. 1859). Grâce au micro-
cope, il a observé la nature biologique des phéno-
ıènes microbiens et montré, en 1838, que la
ermentation alcoolique était due à la présence d'un
ıicro-organisme.

almette (Albert), bactériologiste français (Nice
863-Paris 1933). Il a écrit de nombreux mémoires
ur la bactériologie, la biochimie et l'hygiène.
almette est, avec Guérin, l'inventeur de la méthode
e vaccination de la tuberculose par le vaccin
almette-Guérin (B. C. G.).

oproculture, isolement et identification des bacté-
ies présentes dans les selles.

)avaine (Casimir Joseph), médecin français
Saint-Amand-les-Eaux 1812-Garches 1882). Il a dé-
ıontré en 1863-64 la nature bactérienne de l'agent
u charbon (qui avait été découvert au microscope
n 1850 par Rayer).

elix (Arthur), microbiologiste anglais (Tarnów
887-1956). Membre de la Royal Society en 1943,
irecteur de l'Institut Lister, il a découvert avec Weill
 réaction d'identification du typhus exanthématique
à partir du proteus X 19, les formes S et R des bactéries, l'antigène Vi des salmonelloses.

génie génétique, ensemble des connaissances et des techniques concernant la modification artificielle du programme génétique des cellules vivantes (en particulier des micro-organismes) pour provoquer l'apparition de caractères nouveaux (on parle de « manipulations génétiques »). La technique ayant actuellement le plus d'applications consiste à introduire des gènes étrangers dans des bactéries (clonage de gènes), qui peuvent ensuite synthétiser en grandes quantités les substances codées par ces gènes (médicaments, hormones, enzymes...).

Gram (méthode ou coloration de), procédé de coloration des bactéries, consistant à faire agir une solution iodo-iodurée (liqueur de Gram) sur une préparation microbienne colorée par le violet de gentiane. On lave ensuite cette préparation avec de l'alcool et on la recolore avec un colorant rouge (fuchsine, par ex.). Certains microbes sont décolorés et prennent une teinte rose, due à la deuxième coloration, tandis que d'autres restent colorés en violet. Les premiers, qui ne gardent pas le Gram, sont dits « Gram négatif » ; les autres sont dits « Gram positif ». Ce procédé, dû au médecin danois Hans Christian Joachim Gram (1853-1938), sert à la différenciation de beaucoup d'espèces microbiennes.

Guérin (Camille), vétérinaire et microbiologiste français (Poitiers 1872-Paris 1961). On lui doit d'importants travaux sur les maladies infectieuses des animaux, mais il est surtout l'auteur, avec Calmette, de la méthode de vaccination contre la tuberculose, universellement employée aujourd'hui en médecine sous le nom de *B. C. G.*

Guilliermond (Marie Antoine Alexandre), botaniste français (Lyon 1876-id. 1945). Il a étudié les levures, les champignons ascomycètes, les bactéries et la structure de la cellule végétale.

hémagglutination, propriété de certains virus (de la rubéole, de la grippe par exemple) d'agglutiner spontanément des hématies grâce à une structure d'enveloppe contenant l'hémagglutinine.

hémoculture, ensemencement d'un milieu de culture avec du sang. Ce procédé sert à rechercher les microbes pathogènes qui auraient pu envahir le sang d'un malade et à déterminer leur nature.

homogénéisation, procédé employé pour enrichir un matériel pathologique en bactéries et y faciliter la détection des germes. On pratique l'homogénéisation des crachats (qui sont fluidifiés puis centrifugés) pour faciliter la recherche des bacilles tuberculeux, qui peuvent s'y trouver en très petite quantité.

inactivation, opération qui consiste à supprimer l'effet toxique d'un produit microbien (germe ou toxine) pour ne conserver que ses propriétés utiles à la thérapeutique.

Klebs (Edwin), médecin allemand (Königsberg 1834-Berne 1913). Il occupa successivement les chaires d'anatomie pathologique de Berne, de Würzburg, de Prague, de Zurich, de Karlsruhe, de Chicago, de Berlin, de Lausanne et de Berne. Il est l'auteur de travaux d'anatomie pathologique et de bactériologie (bacille de la diphtérie).

Koch (Robert), médecin allemand (Clausthal, auj. Clausthal-Zellerfeld, 1843-Baden-Baden 1910). Il découvrit, en 1882, la bactérie responsable de la tuberculose (bacille de Koch), réussit à la cultiver et à reproduire la maladie chez l'animal. Il découvrit également le bacille-virgule, responsable du choléra. On lui doit aussi la tuberculine. (Prix Nobel de médecine 1905.)

Lederberg (Joshua), biologiste américain (Montclair, New Jersey, 1925). Il a découvert, avec son compatriote Edward Tatum, le phénomène de la recombinaison sexuelle chez la bactérie *Escherichia coli* (le colibacille). Puis, avec N. D. Zinder, Lederberg découvre la transduction bactérienne, ou transfert, par l'intermédiaire d'un virus bactérien (ou bactériophage), d'une information génétique d'une bactérie à une autre. Ces découvertes devaient constituer l'une des voies d'abord les plus spectaculaires à la génétique moléculaire. (Prix Nobel de médecine avec E. Tatum et G. W. Beadle.)

Lemoigne (Maurice), microbiologiste français (Paris 1883-id. 1967). Chef du service des fermentations à l'Institut Pasteur, il présida le comité permanent de l'Institut national de la recherche agronomique et fut membre de l'Académie des sciences (1952).

Maupas (Émile), biologiste français (Vaudry, Calvados, 1842-Alger 1916). Conservateur de la bibliothèque nationale d'Alger, il analysa pour la première fois le cycle sexuel des protozoaires ciliés.

Mercier (Pierre), médecin bactériologiste français (Auxerre 1910). Il s'est consacré à l'étude des bactéries, en particulier des staphylocoques. Il a dirigé l'Institut Pasteur de 1966 à 1971.

microbiologie, ensemble des disciplines biologiques qui concernent l'étude des micro-organismes (virus, bactéries, levures, protistes).

Nicolle (Charles), bactériologiste français (Rouen 1866-Tunis 1936). Il découvrit le mode de transmission du typhus exanthématique, l'origine canine du kala-azar et l'agent transmetteur de la fièvre récurrente. (Prix Nobel de médecine 1928.)

Nocard (Edmond Isidore Étienne), vétérinaire et biologiste français (Provins 1850-Saint-Maurice, Seine, 1903). Directeur de l'École d'Alfort en 1887, un des élèves préférés de Pasteur, il devint chef de service à l'Institut Pasteur. Il a reconnu et cultivé le microbe de la péripneumonie bovine, découvert les microbes de la mammite contagieuse, du farcin du bœuf, de la lymphangite ulcéreuse du cheval, fait des recherches sur la rage, le tétanos, la clavelée, la fièvre aphteuse, etc. Avec Bang, il généralisa l'emploi de la tuberculine comme méthode de diagnostic précoce de la tuberculose des bovidés. Il a permis le diagnostic précoce de la morve du cheval par les injections de malléine et en a formulé la prophylaxie. Il identifia le bacille de la tuberculose aviaire avec celui de la tuberculose des mammifères et démontra la propagation de la tuberculose à l'homme par le lait ou la chair des bovidés atteints.

Pasteur (Louis), chimiste et biologiste français (Dole 1822-Villeneuve-l'Étang, Marnes-la-Coquette, 1895), fondateur de la microbiologie. Ses premières recherches, portant sur la cristallographie, sont à l'origine de la stéréochimie. Puis il étudie les fermentations lactiques, alcooliques et butyriques et montre qu'elles sont dues à des micro-organismes, chacune correspondant à un ferment spécifique. Il découvre les bactéries anaérobies, ce qui l'amène à établir sa doctrine de la non-spontanéité des germes (apportant un démenti définitif à la doctrine de la « génération spontanée »). En 1865, ses travaux sur le ver à soie et sa maladie (pébrine) aboutissent au « grainage cellulaire », qui sauve la sériciculture. Entre 1870 et 1886, il met en évidence de nombreux germes (vibrion septique, staphylocoque, streptocoque...), causes de maladies infectieuses, et découvre le moyen d'empêcher les vins de fermenter (pasteurisation). En 1879, avec Chamberland et Roux, en étudiant le choléra des poules, il énonce le principe de la vaccination. En 1881, avec Roux, il commence ses études sur la rage, qui aboutissent, en 1885, à la mise au point d'un vaccin.

Prévot (André Romain), biologiste français (Douai 1894-Clamart 1982). On lui doit des travaux sur la bactériologie et les maladies infectieuses. Il est l'auteur d'une classification des bactéries (« classification de Prévot »), qui est la plus utilisée en France.

progénote, cellule primitive hypothétique apparue il y a plus de 3,5 milliards d'années, d'où seraient issues les cellules procaryotes (bactéries) et eucaryotes.

protistologie, partie de la microbiologie qui a pour objet l'étude des protistes.

protozoologie, partie de la protistologie consacrée à l'étude des protozoaires. (Étant donné l'impossibilité de séparer certains protozoaires des protistes végétaux, ce terme tend à disparaître, pour être remplacé par PROTISTOLOGIE.)

Ramon (Gaston), biologiste et vétérinaire français (Bellechaume, Yonne, 1886-Garches 1963). Il a perfectionné le mode d'obtention des sérums thérapeutiques (antidiphtérique, antitétanique, etc.) chez l'animal. Ses travaux ont permis de développer la pratique des vaccinations associées (antidiphtérique, antitétanique, antityphoparatyphoïdique, etc.).

Rous (Francis Peyton), biologiste américain (Baltimore, États-Unis, 1879-New York 1970). En 1911, il parvient à transférer une tumeur maligne du poulet (un sarcome qui porte son nom) à des poulets apparentés par des filtrats acellulaires et suggère ainsi qu'un virus peut être le facteur causal d'un cancer. Il a isolé ultérieurement le virus responsable. (Prix Nobel de médecine 1966.)

Roux (Émile), bactériologiste français (Confolens 1853-Paris 1933). Il aide Pasteur à édifier la théorie des « germes » (micro-organismes) et à l'appliquer à la médecine et à la chirurgie. C'est avec lui que Pasteur découvre et met au point la vaccination contre les maladies infectieuses par les micro-organismes responsables, atténués dans leur virulence. Émile Roux découvre la toxine diphtérique (1889) et réalise la sérothérapie (1894), en particulier de la diphtérie.

RÉFÉRENCES

Sabin (Albert Bruce), médecin américain d'origine russe (Bialystok 1906-Washington, 1993). Spécialiste de virologie, il a mis au point la vaccination antipoliomyélitique par voie orale.

Salk (Jonas Edward), bactériologiste américain (New York 1914). Professeur de bactériologie à l'université de Pittsburgh (1947), il a contribué à réaliser la vaccination antipoliomyélitique (1954-55).

Tréfouël (Jacques), chimiste et bactériologiste français (Le Raincy 1897-Paris 1977). Il a été directeur de l'Institut Pasteur (1940-1964) et membre de l'Académie des sciences (1947). Ses travaux portent sur la chimiothérapie contre les bactéries et contre les protozoaires. Il a étudié le mécanisme d'action des sulfamides et permis la découverte de nombreux bactériostatiques.

Van Leeuwenhoek (Antonie), naturaliste hollandais (Delft 1632-id. 1723). Apprenti chez un drapier, c'est en maniant la petite loupe du drapier, dit-on, qu'il prit le goût de regarder à travers un verre grossissant. Il fabriqua des lentilles de plus en plus fortes, et des microscopes. Il découvrit les protozoaires, puis les spermatozoïdes, les bactéries, les levures, les rotifères et les globules sanguins. Ses découvertes sont consignées dans *Opera omnia sive Arcana naturae ope exactissimorum microscopiorum detecta* (1715-1722).

Veillon (Adrien), bactériologiste français (1864-1931). Il a décrit de nombreuses bactéries anaérobies. On utilise l'expression *flore de Veillon* pour désigner l'ensemble des bactéries anaérobies strictes isolées dans un échantillon de produit pathologique.

virologie, partie de la microbiologie qui a pour objet l'étude des virus.

virologiste ou **virologue,** spécialiste des virus et des maladies virales.

Winogradsky (Serge) ou **Vinogradski** (Sergeï Nikolaïevitch), microbiologiste russe (Kiev 1856-Brie-Comte-Robert 1953). À la révolution de 1917, il se refugie en France et devient directeur des services de microbiologie végétale de l'Institut Pasteur. O lui doit de nombreux travaux sur les bactéries surtout sur la nitrification (minéralisation de l'azo organique). Il a découvert les bactéries chimiotroph et a particulièrement étudié la nitrification du so la microflore de la terre arable, la fertilité du sol l'importance des bactéries qui y vivent.

Yersin (Alexandre), bactériologiste français d'o gine suisse (Aubonne, cant. de Vaud, 1863-Nh Trang, Annam, 1943). Il entre en 1886 à l'Institu Pasteur, où il collabore avec Émile Roux au recherches qui aboutissent à la découverte de toxine diphtérique. Il découvre à Hongkong bactérie responsable de la peste (1894) et montr l'unicité de la maladie du rat et de celle de l'homm

Ziehl-Neelsen (coloration de), coloration utilisé pour mettre en évidence des bactéries acido-alcool résistantes du genre mycobacterium, notamment bacille de Koch (*Mycobacterium tuberculosis)* et le bacil de Hansen (*Mycobacterium lepræ).*

Robert Koch

Émile Roux

Louis Pasteur

Gros plan sur une tige de cactus

7

LES VÉGÉTAUX

Dossiers

Baobabs au crépuscule, à Madagascar

Flore des champs (coquelicots, bleuets, orge...)

LES VÉGÉTAUX PLURICELLULAIRES

S'IL SEMBLE ASSEZ SIMPLE de définir un végétal, il est plus difficile de délimiter le règne végétal. Certains auteurs en excluent, par exemple, les algues unicellulaires, pour les regrouper avec les autres organismes unicellulaires dans le règne des protistes.

La plus grande difficulté concerne les champignons. Si certaines propriétés les rapprochent des végétaux, d'autres, beaucoup plus nombreuses, conduisent à les en séparer. Par exemple, ils sont incapables de fabriquer leurs propres constituants par le processus de photosynthèse. C'est pourquoi il est souhaitable d'en faire un groupe à part. Cependant, dans cet ouvrage, ils seront présentés parmi les végétaux.

LA SYSTÉMATIQUE

LES MÉTHODES

■ LA SYSTÉMATIQUE est la science qui traite du regroupement d'objets préalablement identifiés. En biologie, on utilise pour cela des caractères qui permettent de faire une comparaison. Chez les végétaux, on recourt à des critères morphologiques (anatomie, caractères floraux, structure du pollen, modalités de développement), cytologiques (examens du nombre des chromosomes, par exemple) ou biochimiques (étude des pigments, des réserves, des alcaloïdes, des acides nucléiques, etc.).

Le croisement de ces données permet de proposer des regroupements de végétaux. Il existe actuellement trois écoles : la systématique numérique (ou phénétique), la cladistique et la systématique évolutive. On utilisera ici l'approche de la systématique évolutive.

A. **CLASSIFICATION DE WHITTAKER**

La classification de Whittaker distingue cinq règnes parmi les êtres vivants. Le système est fondé sur le croisement de deux séries de critères. On distingue trois niveaux d'organisation : procaryotes ou règne des *Monera,* eucaryotes unicellulaires ou règne des *Protista* et eucaryotes pluricellulaires, eux-mêmes divisés en trois règnes (les champignons, les végétaux au sens strict et les animaux). À chaque niveau, on associe différents modes de nutrition : photosynthétique (autotrophe au carbone), absorption ou ingestion des aliments chez les hétérotrophes au carbone (il n'y a pas d'ingestion chez les bactéries). Les trois modes nutritifs coexistent chez les *Protista.* Chez les pluricellulaires, ils conduisent à des types d'organisation différents qui caractérisent les trois règnes : *Plantae,* ou végétaux pluricellulaires, *Fungi* (champignons) et *Animalia* (animaux).

A

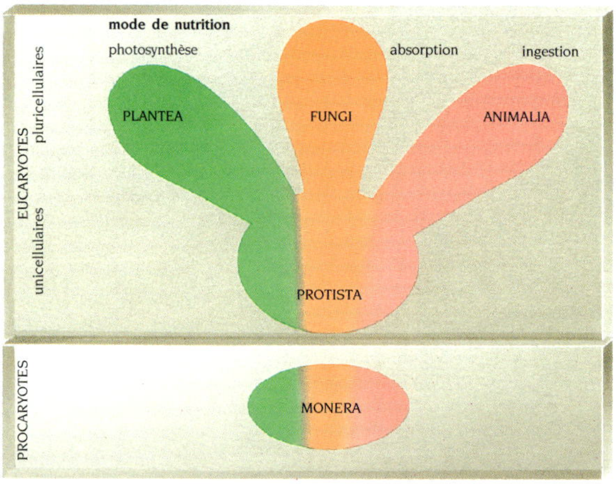

LE NOM DE LA ROSE

La désignation des espèces, ou nomenclature, adoptée depuis Linné, est binominale, c'est-à-dire que chaque plante est désignée par deux mots latins, le premier désignant le genre, le second, l'espèce. Chez les végétaux, la notion d'espèce est parfois difficile à cerner. C'est le cas pour le genre *Rosa,* auquel appartiennent l'églantine et la rose cultivée.

La nomenclature permet de distinguer des regroupements (ou taxons) de rang supérieur au genre et à l'espèce (famille, ordre, classe...) ou inférieur à l'espèce (sous-espèce, variété).

La plupart des rosiers cultivés proviennent d'hybridations, c'est-à-dire de croisements entre espèces différentes, souvent orientales.

L'églantier commun, ou rosier des chiens, illustré ci-dessous, est classé de la manière suivante. Règne : végétaux *(Plantae)* ; division : angiospermes ; classe : dicotylédones ; famille : rosacées ; genre : *Rosa* ; espèce : *canina.*

B. **PRINCIPAUX GROUPES DE VÉGÉTAUX ET LEURS CRITÈRES DE CLASSIFICATION**

	Mode nutritif et biochimie			Autres critères			
	nature des pigments	réserves glucidiques	groupes	appareil végétatif	appareil reproducteur	système conducteur	situation des organes sexuels
Végétaux non chlorophylliens			Champignons (Fungi)	non différencié Thallophytes			
Végétaux chlorophylliens	chlorophylle a + d + phycobilines	amidon hors du plaste	Rhodophytes			pas de vaisseaux : végétaux non vasculaires	cachés : (plantes sans fleurs) cryptogames
	chlorophylle a + c + fucoxanthine	pas d'amidon	Pyrrophytes Chromophytes		enveloppe simple (paroi cellulaire), gamétocystes et sporocystes		
	chlorophylle a + b + caroténoïdes	amidon hors du plaste	Euglénophytes				
		amidon vrai dans le plaste	Chlorophytes Charophytes				
			Bryophytes	différencié Cormophytes	enveloppe pluricellulaire gamétanges et sporanges		
			Ptéridophytes			vaisseaux : végétaux vasculaires	
			Spermaphytes				externes : (plantes à fleurs au sens large) phanérogames

B. **CRITÈRES DE CLASSIFICATION**

Les critères de subdivision des végétaux sont multiples. Ce tableau présente les plus communément employés. À gauche, des critères biochimiques et cytologiques permettent de subdiviser les végétaux photosynthétiques en quatre grands groupes selon la nature des pigments photosynthétiques et selon la nature et la localisation des glucides de réserve. On remarque que les végétaux supérieurs (bryophytes, ptéridophytes et spermaphytes) présentent les mêmes caractéristiques que les algues vertes (chlorophytes), signe de parenté. À droite, présentation d'autres critères souvent encore employés, fondés sur l'observation de l'appareil reproducteur, de l'appareil végétatif, du système conducteur et sur la présence ou l'absence de graines. Ces divers critères peuvent être superposés. Ainsi, les bryophytes (mousses) sont des cormophytes et des cryptogames non vasculaires.

C

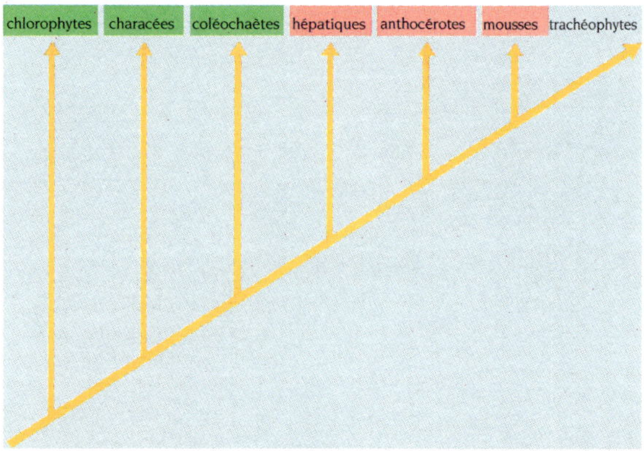

C. **CLADOGRAMME**

Ce schéma des relations de parenté entre végétaux a été établi à l'aide de la méthode de systématique cladistique par K. Bremer. Il permet de déterminer plusieurs *groupes frères* (monophylétiques), descendant d'un ancêtre commun : ainsi les mousses et les trachéophytes ou les coléochaètes (algues vertes) et les embryophytes. En revanche, les bryophytes (en rouge) ne partagent pas un seul et même ancêtre commun.

LA REPRODUCTION SEXUÉE

SOURCE DE VARIATION GÉNÉTIQUE

L'ALTERNANCE D'UNE PHASE haploïde, où chaque cellule ne contient qu'un seul jeu de chromosomes, et d'une phase diploïde, où les cellules possèdent un double jeu de chromosomes, est une caractéristique de la reproduction sexuée. Le passage de la phase diploïde à la phase haploïde a lieu lors de la *méiose*, qui s'accompagne de recombinaisons génétiques. La fusion des cellules haploïdes (gamètes) restaure l'état diploïde.

Chez les végétaux pluricellulaires, la reproduction sexuée implique les étapes suivantes : transformation de tissus végétatifs en organes reproducteurs ; maturation et émission quasi simultanée de gamètes ; approche, rencontre, reconnaissance et fusion de ces derniers.

La formation des organes reproducteurs. Elle est liée à des facteurs internes, régulés par des facteurs externes comme la lumière et la température. La photopériode, c'est-à-dire la durée relative du jour et de la nuit, est très importante. Ainsi, chez une algue rouge, le *Porphyra,* la formation des spores exige 16 heures de nuit par 24 heures (jours courts). Certaines plantes comme le tabac ne fleurissent qu'en jours courts. La photopériode est détectée par un pigment, le phytochrome, sensible aux longueurs d'onde.

La coordination de l'émission des gamètes. Cette activité est également liée à des facteurs internes et surtout externes. Ces derniers sont extrêmement variés. Ainsi, les gamètes de l'ulve, une algue verte, sont émis lorsque la plante, émergée à marée basse, est réhumectée par la marée montante. Chez certaines espèces, cela n'a lieu qu'aux marées de vive-eau. Citons aussi, comme agent de coordination, la photopériode (durées relatives du jour et de la nuit), les écarts journaliers de température, l'influence du partenaire de l'autre sexe, etc.

La rencontre des gamètes. Dans l'eau, le gamète mâle est attiré par le gamète femelle. Dans l'air, le problème est plus complexe. Chez certaines plantes, l'eau est encore nécessaire au transport des gamètes mâles (fougères). Chez les autres, des procédures diverses sont utilisées allant jusqu'à la non-formation de gamètes chez les champignons (cystogamie, somatogamie). Chez les spermaphytes, les gamètes mâles sont protégés par un minuscule organisme très résistant, le grain de pollen.

La reconnaissance entre gamètes. Elle implique la présence de sites moléculaires permettant d'accepter (compatibilité) ou de rejeter (incompatibilité) le gamète opposé.

A

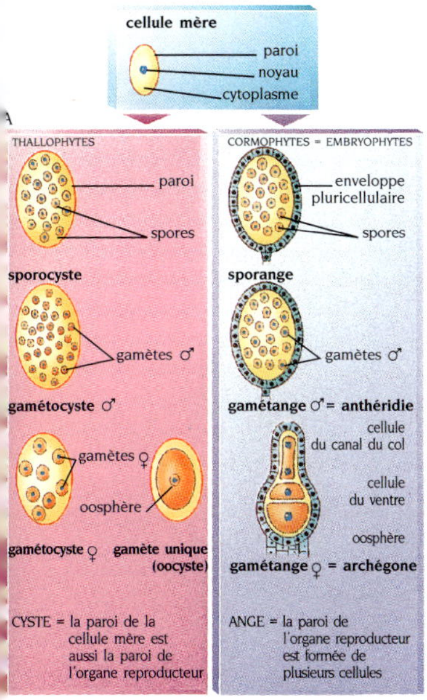

A. ORGANES REPRODUCTEURS

Chaque organe reproducteur est issu d'une cellule mère. Si toutes les cellules qui proviennent de la division de celle-ci se transforment en gamètes ou en *spores,* la paroi de la cellule mère devient celle de l'organe. On parle de *cyste.* Cette structure caractérise les « végétaux inférieurs » (thallophytes). Chez les « végétaux supérieurs » (cormophytes), l'enveloppe de l'organe reproducteur n'est pas une simple paroi, mais un ensemble de cellules. On parle d'*ange.* Le gamétange femelle porte le nom d'*archégone,* le gamétange mâle celui d'*anthéridie.*

LA MULTIPLICATION VÉGÉTATIVE

Indépendamment de la reproduction sexuée, les végétaux peuvent se reproduire de manière asexuée, ou végétative. Cette multiplication asexuée est réalisée à partir de l'appareil végétatif de la plante mère. À la différence de la reproduction sexuée, les organismes fils possèdent le même patrimoine génétique que la plante mère (on parle alors de clone). La multiplication peut avoir lieu à partir de structures spécialisées (bulbilles, bulbes, tubercules, stolons, propagules), comme ces bulbilles sur des feuilles de *Bryophyllum* (photo ci-dessous) ; par fragmentation ou encore par spores directes (n'ayant pas subi la méiose). Cette forme de reproduction repose sur une particularité de la cellule végétale, la *totipotence* (elle conserve tout le potentiel de la cellule œuf). Cette caractéristique est à l'origine de la multiplication végétative artificielle : bouturage, cultures in vitro, etc.

C

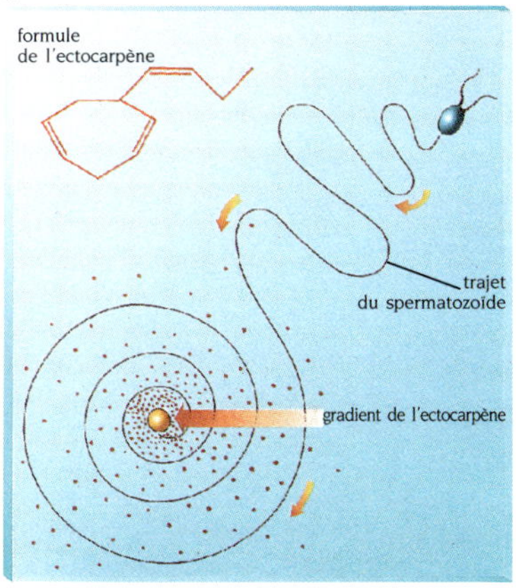

C. CHIMIOTACTISME

La rencontre des gamètes ne s'effectue pas au hasard. En milieu aquatique, le gamète mâle est, la plupart du temps, guidé par des agents chimiques. Müller a pu montrer, en 1982, que les gamètes femelles des algues brunes émettent des substances volatiles, en général spécifiques, qui attirent le gamète mâle. Ces substances ont pu être isolées et analysées chez le Fucus (*fucoserratène*), le Cutleria (*multifidène*), la Laminaire, etc. Chez l'Ectocarpus, par exemple, le gamète mâle nage au hasard dans l'eau en faisant de brusques changements de direction. En présence d'une substance, l'*ectocarpène,* sécrétée par le gamète femelle, son trajet devient circulaire. Puis le diamètre décroît avec l'augmentation de la concentration (gradient), jusqu'à la rencontre. Un tel mécanisme se retrouve chez les algues vertes et chez les végétaux supérieurs à fécondation aquatique. Les gamètes mâles de la fougère sont ainsi attirés par des substances du col de l'archégone.

B. FÉCONDATIONS

La reproduction sexuée résulte de la rencontre de gamètes (gamie ou fécondation). Cette fécondation comprend une fusion des cytoplasmes (que l'on nomme *plasmogamie*) et une fusion des noyaux (*caryogamie*). Les gamètes sont des cellules le plus souvent dépourvues de paroi, flagellées ou non selon les groupes. Leur morphologie est extrêmement variée, surtout chez les thallophytes, entraînant des types différents de fécondation, qui sont schématisés ici.

B

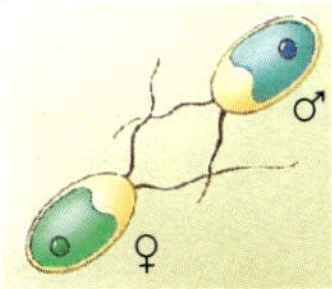

Isogamie

Les gamètes, flagellés, sont de taille identique et de comportement semblable. Exemple : Enteromorpha, *algue verte.*

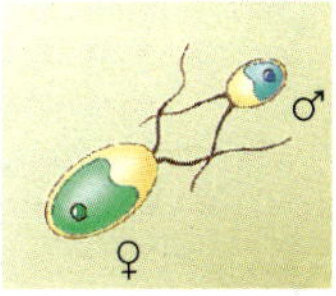

Anisogamie

Les gamètes, flagellés, présentent des différences de taille et/ou de comportement. Le gamète mâle est plus petit et plus mobile.

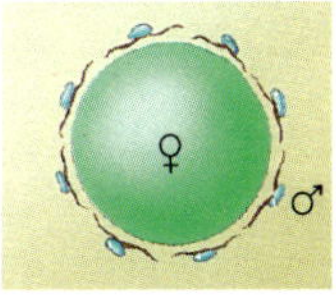

Oogamie

Dans ce cas, le gamète femelle est gros et immobile. On l'appelle oosphère. *Le gamète mâle, plus petit, est flagellé et donc mobile.*

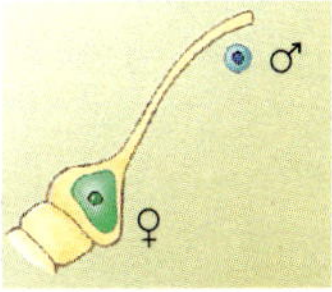

Trichogamie

Le gamète mâle, non flagellé, vient se fixer sur un prolongement du gamétocyste femelle, le trichogyne, *puis fusionne avec l'oosphère.*

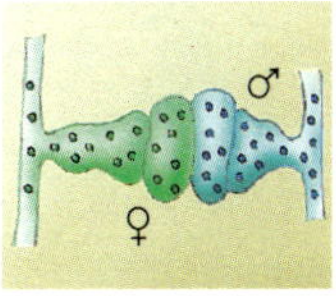

Cystogamie

Les gamètes ne sont pas émis à l'extérieur. La fécondation s'effectue après fusion des deux gamétocystes renfermant les gamètes.

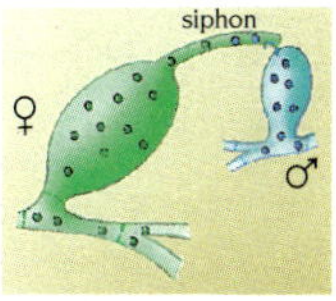

Siphonogamie

Le gamétocyste mâle ne libère pas de gamètes à l'extérieur, mais il y a bourgeonnement d'un siphon qui le conduit jusqu'au gamète femelle.

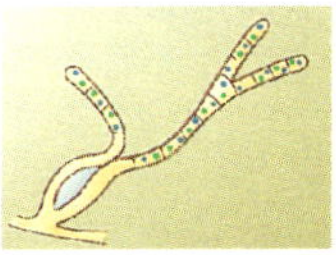

Somatogamie

Chez certains champignons, on n'observe pas de formation de gamètes. Ce sont des cellules « végétatives » qui fusionnent.

LES VÉGÉTAUX PLURICELLULAIRES

LES CYCLES DE VIE

DE LA GERMINATION À L'ŒUF

■ LA REPRODUCTION SEXUÉE permet des recombinaisons génétiques qui ont lieu lors de la méiose. Cette division cellulaire particulière produit des cellules haploïdes et la fécondation (ou gamie) restitue l'état diploïde.

Chez la fougère, la méiose a lieu dans les sporanges situés sur la feuille (fronde) ; la fécondation, dans l'archégone porté par un ensemble de cellules haploïdes, le prothalle. Pour aller de la fécondation à la fécondation suivante, il faut donc deux individus différents et successifs. L'un donne des spores : c'est le *sporophyte* (fougère adulte portant des frondes). L'autre différencie les gamètes : c'est le *gamétophyte* (prothalle).

Les cycles de développement. Ces cycles de vie rassemblent les événements qui vont de la germination de la cellule œuf issue de la fécondation, appelée *zygote,* à la réalisation du zygote suivant. Ces cycles sont caractérisés par trois critères :

– le *nombre de générations,* c'est-à-dire le nombre d'étapes du développement d'un organisme débutant par une spore haploïde ou un zygote diploïde et conduisant, après une activité végétative marquée, à la production d'autres cellules reproductrices, gamètes ou spores ;

– l'*alternance de phases* (cycle cytologique). À l'alternance morphologique se superpose une alternance cytologique. Chez la fougère, par exemple, le prothalle haploïde alterne avec la plante développée, diploïde ;

– la *morphologie relative du gamétophyte et du sporophyte,* pour les cycles digénétiques ou trigénétiques. S'ils sont dissemblables, comme chez la fougère, on parle de cycle *hétéromorphe ;* s'ils sont semblables, de cycle *isomorphe.*

L'aspect évolutif. Le cycle de développement le plus archaïque paraît être le cycle digénétique isomorphe que l'on trouve chez certaines algues et chez les ptéridophytes primitives, comme les *Rhynia* du dévonien. Chez les organismes les plus évolués, la tendance est à la réduction de la phase haploïde que représente le gamétophyte, qui parfois devient parasite de la phase diploïde (gamétophyte des fougères à graines, pollen des spermaphytes) ou qui disparaît complètement *(Fucus).*

La dominance de l'état diploïde semble plus avantageuse au point de vue sélectif. Un organisme diploïde, avec ses deux lots de chromosomes homologues, possède en effet une copie de rechange de chaque gène, qui peut muter et remplir éventuellement une nouvelle fonction. Une telle mutation pourrait être désastreuse pour un organisme haploïde, si elle touche une fonction vitale.

Le contrôle du cycle. Le déterminisme du contrôle du cycle de développement a surtout été étudié sur les algues qui font l'objet de cultures importantes en Extrême-Orient. Ces travaux ont permis d'optimiser les conditions de culture. Ainsi, pour le *Porphyra,* consommé sous le nom de nori, pour les laminaires et d'autres algues cultivées, on a pu montrer que l'apparition des spores et des gamètes, leur maturation, la croissance du gamétophyte et du sporophyte étaient régulées par la photopériode (durée relative du jour et de la nuit) et par la température.

A. B. C. **DIFFÉRENTS CYCLES DE VIE**

Le cycle de développement est ici schématisé par un cercle. Chaque génération est représentée par un arc de cercle dont la longueur est fonction de son importance. La phase haploïde est tracée en rouge, la diploïde en vert. On distingue les cycles à une, deux ou trois générations *(mono-, di- ou trigénétiques).*

Cycles monogénétiques

On distingue deux types de cycles monogénétiques, selon l'emplacement de la méiose. Si elle a lieu juste après la fécondation (chez la spirogyre, par exemple), le cycle est haplophasique. Si elle a lieu juste avant la formation des gamètes (fucus, par exemple), il est diplophasique.

A

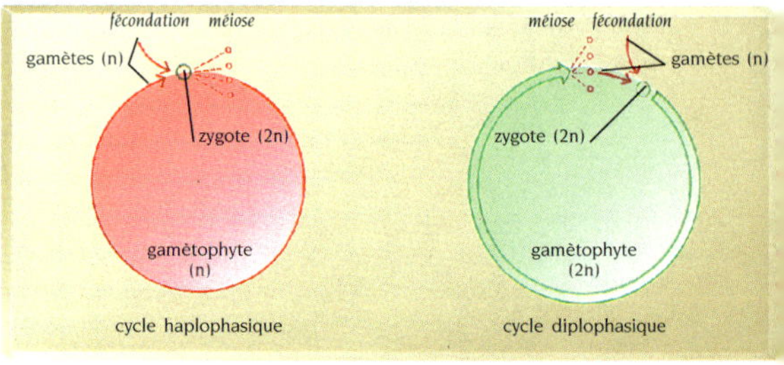

Cycles digénétiques

Les deux générations peuvent être de forme identique comme chez l'ulve, le cycle est alors isomorphe. Si elles sont différentes, le cycle est hétéromorphe, avec prédominance de la phase haploïde (mousse, par exemple) ou de la phase diploïde (fougère, par exemple). L'organisme le plus petit peut « parasiter » le grand.

B

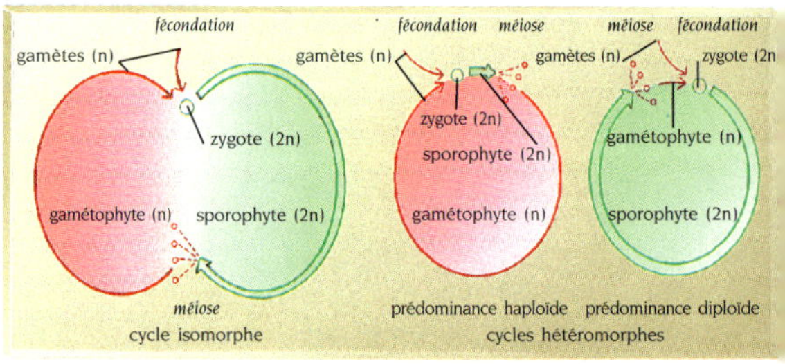

Cycles trigénétiques

Ces cycles se rencontrent chez les algues rouges. Le zygote germe en un petit sporophyte diploïde, le carposporophyte, qui reste parasite du gamétophyte femelle. Les carpospores, en germant, donnent un tétrasporophyte diploïde, libre, dont les spores redonnent les gamétophytes mâles et femelles.

C

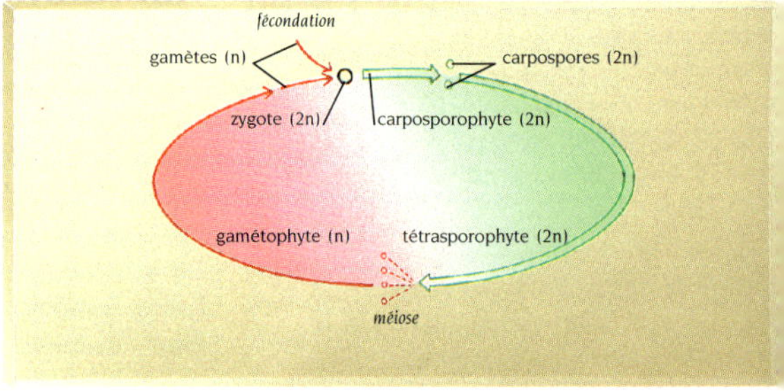

D

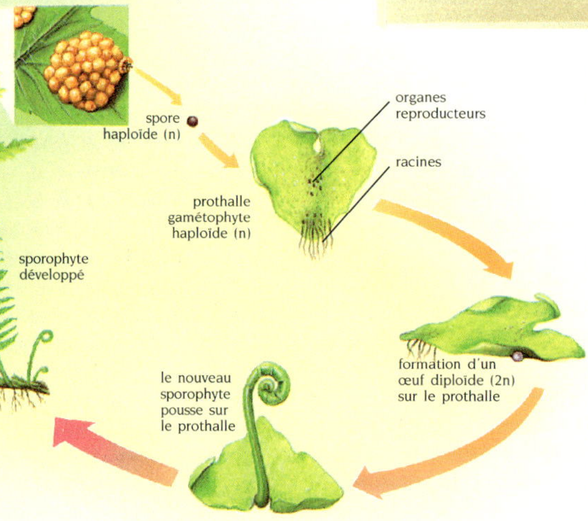

D. **CYCLE D'UNE FOUGÈRE**

La feuille de fougère, ou fronde, qui constitue le *sporophyte* est diploïde (chaque cellule possède un jeu double de chromosomes). Elle différencie des *sporanges* à l'intérieur desquels se forment, après méiose, des *spores* haploïdes (chaque spore possède un jeu simple de chromosomes). Celles-ci sont disséminées par le vent et germent sur le sol en donnant un petit organisme chlorophyllien, le *prothalle.* Cet individu, haploïde *(gamétophyte),* forme, à maturité, des gamètes femelles dans des *archégones* et des gamètes mâles dans des *anthéridies.* Les gamètes mâles émis dans l'eau nagent activement vers les archégones. La fécondation donne un œuf, ou *zygote,* diploïde, qui germe et produit une nouvelle fougère. Pour aller d'un zygote au zygote suivant, il faut donc deux individus (cycle *digénétique*) : le sporophyte (la fougère) et le gamétophyte (le prothalle), morphologiquement différents (cycle *hétéromorphe*). Le prothalle est haploïde, la fougère, diploïde : le cycle est *haplodiplophasique.*

L'ÉTAT PLURICELLULAIRE

AVANTAGES ET INCONVÉNIENTS

■ LES VÉGÉTAUX (au sens large) ont « exploré » plusieurs voies évolutives à partir de l'état unicellulaire : l'association temporaire, l'association lâche *(cénobe* ou *colonie),* la structure syncytiale ou plasmodiale (les noyaux ne sont pas isolés les uns des autres) et l'état pluricellulaire vrai (l'organisme est un ensemble de cellules individualisées).

Les champignons et les algues possèdent des formes unicellulaires et pluricellulaires. Chaque être unicellulaire est capable de se nourrir et de se reproduire, mais il est particulièrement exposé aux agressions et l'espèce doit, pour survivre, compter de très nombreux individus.

L'apparition d'organismes formés de plusieurs cellules a probablement été privilégiée par l'évolution, car les lésions partielles imposées à un individu peuvent y être bien supportées, mais aussi parce que cette structure a permis une spécialisation progressive de cellules et donc la constitution, chez les formes les plus évoluées, de tissus et organes fonctionnant de manière coordonnée.

La coordination des fonctions exige une cohésion entre cellules. Chez les végétaux, elle est assurée par une paroi commune rigide, qui double la membrane plasmique de chaque cellule. La coordination exige aussi des mécanismes (circulation de substances) permettant une harmonisation de la croissance, de la différenciation et de l'activité des cellules.

Les syncytiums. Ils se forment surtout chez les champignons. Les noyaux se divisent, mais sans formation de paroi transversale. Seuls les gamètes et les spores sont des cellules vraies. La masse cytoplasmique reste peu différenciée (plasmodes) ou forme des *siphons.* Dans ce dernier cas, la croissance a lieu à l'extrémité du siphon et des différenciations sont possibles : rizoïdes, suçoirs. Cette structure est assez fragile, mais des dispositifs permettent d'obturer le siphon en cas de rupture. Cet état est d'ailleurs relativement peu représenté (2 000 espèces de champignons et une centaine d'espèces d'algues).

Les pluricellulaires. L'état pluricellulaire a permis la mise en place, chez les organismes les plus évolués, de tissus et d'organes, par la *spécialisation* de cellules. Cette spécialisation se traduit par l'augmentation, le ralentissement ou la suppression de certaines fonctions cellulaires. Elle est liée à la modification de l'expression des gènes soit par activation, soit par répression. Le contrôle de la différenciation est sous l'influence de facteurs du milieu : lumière, température, gravité, etc.

Contrairement aux cellules animales, les cellules végétales spécialisées gardent souvent le pouvoir de se dédifférencier et donc de se différencier de nouveau, éventuellement dans une autre direction. Ces cellules végétales sont donc, de ce point de vue, *totipotentes.*

La présence d'une paroi rigide entraîne cependant des contraintes, liées en particulier à sa mise en place lors de la division cellulaire. Elle a également des conséquences sur la mobilité et la nutrition. Tous les végétaux pluricellulaires sont dépourvus de mobilité propre. Dans ces conditions, comme la lumière provient d'une direction privilégiée, la tendance évolutive, chez les algues, sera d'optimiser la capture de la lumière nécessaire à la photosynthèse, par la mise en place de filaments très ramifiés ou de structures aplaties en lames plus ou moins découpées. Quant aux champignons, qui doivent absorber de la nourriture organique, ils développent leur surface d'absorption en réalisant un chevelu qui s'immisce dans le substrat et s'étale en toutes directions.

A. B. C. UNE PAROI CONTRAIGNANTE

Comment obtenir deux cellules filles lorsque la cellule qui se divise possède une paroi rigide comme toute cellule végétale ? On présente ci-contre trois solutions. Deux sont rencontrées chez les algues, la troisième chez les végétaux supérieurs.
En (A), la procédure est assez proche de celle qui s'observe chez les cellules animales : un sillon se met en place et se ferme comme un diaphragme. Une paroi transversale se forme en même temps.
En (B), le dépôt de la paroi transversale se fait à partir de la membrane cellulaire, qui s'invagine le long d'un « phycoplaste » formé de microtubules.
En (C), chez les végétaux supérieurs, la paroi se développe du centre vers la périphérie, au niveau d'un « phragmoplaste », formé de microtubules courts et dont l'orientation est différente de celle du phycoplaste.

D

D. COLONIE DE CELLULES

L'appareil végétatif de certaines algues est formé d'une association lâche de cellules indépendantes, qui restent groupées dans une gelée glucidique. Il s'agit alors d'un état intermédiaire entre algues unicellulaires et algues pluricellulaires, on parle de *colonie* ou de *cénobe.* Les espèces les plus primitives n'ont pas de forme bien définie, mais, dans l'exemple présenté ici, l'algue verte d'eau douce *Hydrodiction,* les cellules sont associées en un réseau régulier, signe d'une certaine coordination. Dans d'autres espèces coloniales, il existe une coopération étroite entre cellules, allant jusqu'à une véritable spécialisation.

LES AMIBES QUI FONT LA LIMACE

L'association temporaire de cellules est rare. On la rencontre chez certains unicellulaires classés parfois parmi les protozoaires (rhizopodes), mais apparentés aux champignons, les mycétozoaires ou myxomycètes. L'espèce *Dictyostelium discoideum* est représentée par des amibes qui se déplacent de manière indépendante sur le sol où elles se nourrissent de matières organiques. Sous certaines conditions (privation alimentaire), ces cellules s'associent pour donner un organisme pluricellulaire (au moins 100 000 cellules), à forme de limace de quelques millimètres, qui se déplace en rampant, à la manière d'une véritable limace. Dans cet organisme se différencient trois territoires cellulaires : le *corps végétatif,* qui donnera des spores ; le *pédoncule,* allongé et formé de cellules à paroi cellulosique ; et la partie basale, futur *disque de soutien.*

Dictyostelium est l'un des modèles les plus utilisés en biologie moléculaire pour étudier la communication entre les cellules et leur différenciation. On a montré que les amibes s'attiraient l'une l'autre, dans des conditions de privation alimentaire, par des salves de sécrétion de molécules particulières (A. M. P. cyclique), toutes les 2 à 3 minutes. Certaines deviennent des centres d'agrégation : les autres convergent à leur rencontre.

ALGUES ET CHAMPIGNONS

LES THALLOPHYTES

ABSENCE DE TIGES, DE FEUILLES ET DE RACINES

■ LES ALGUES ET LES CHAMPIGNONS forment l'ensemble des *thallophytes,* caractérisé par l'absence de vrais tissus (notamment ceux qui s'organisent en tiges, feuilles et racines chez les autres végétaux, dits « supérieurs ») et par la structure en *cyste* de leurs organes reproducteurs.

Les algues. Ce sont les thallophytes chlorophylliens. Leur caractéristique est donc l'autotrophie (elles élaborent elles-mêmes leurs constituants, par photosynthèse).

Le groupe comporte 25 000 espèces que l'on trouve surtout en milieu aquatique. Toutes les algues ont de la chlorophylle *a*. Les subdivisions de l'ensemble des algues sont fondées sur la nature des pigments accessoires (phycobilines...) et des glucides de réserve. L'utilisation de ces critères biochimiques permet de distinguer cinq grandes divisions : rhodophytes (algues rouges), pyrrophytes, chromophytes (algues brunes), euglénophytes et chlorophytes (algues vertes).

Bien que dépourvu d'organes spécialisés, l'appareil végétatif, ou thalle, montre des structures variées : unicellulaire, pluricellulaire, en filament, en lames, etc. Sa forme est liée à une optimisation de la capture de la lumière, pour la photosynthèse. Chez les algues fixées, il se différencie, en plus, une région spécialisée dans la fonction de fixation (au sol ou à un support) : disque, rhizoïde ou crampon.

L'organisation du thalle peut être rapportée à trois types fondamentaux : *archéthalle, nématothalle* et *cladomothalle (cladome).* Les thalles peuvent être constitués de filaments *haplostiques,* c'est-à-dire formés d'une seule file de cellules, ou de structures *polystiques* (cordons, lames, etc.), avec plusieurs files de cellules entrecroisées, ce qui permet la construction de thalles massifs. Le passage de la forme haplostique à la forme polystique est une étape évolutive importante des végétaux. L'étape suivante est réalisée par les algues brunes, dont les espèces de grandes tailles (fucus, laminaria) possèdent une esquisse de tissus spécialisés (dans la photosynthèse et dans la conduction). Enfin, le groupe présente pratiquement tous les types de fécondation et de cycle de vie.

Les champignons. Ils représentent les thallophytes hétérotrophes, c'est-à-dire qu'ils sont incapables de synthétiser eux-mêmes leurs constituants, comme les animaux. Ce caractère fondamental conduit souvent à les classer en dehors du règne végétal (mais pas dans le règne animal), pour en faire un règne particulier.

Le groupe, très important, renferme plus de 150 000 espèces. La matière organique nécessaire à la nutrition est puisée soit sur des organismes morts (le champignon est alors saprophyte), soit sur des êtres vivants (parasitisme ou symbiose, selon le cas). Les réserves glucidiques sont constituées de *glycogène,* comme chez les animaux. La paroi renferme souvent de la *chitine* (substance que l'on retrouve chez les insectes).

On distingue trois grandes divisions, fondées sur la structure du thalle et les modalités de la reproduction : les gymnomycota, les mastigomycota et les amastigomycota. Cette dernière subdivision, la plus importante, renferme les zygomycètes, les ascomycètes et les basidiomycètes (plus de 100 000 espèces). Chez les myxomycètes, le thalle est un *plasmode* qui rampe sur le sol et se nourrit par phagocytose (on classe d'ailleurs ces organismes, appelés aussi « mycétozoaires », parmi les protozoaires).

A. **PARENTÉS DISCUTÉES**

L'extrême diversité des thallophytes est certainement liée à leur diversité d'origine. Les études de parenté évolutive ne prennent pas en compte les formes fossiles, peu utilisables. Les relations évolutives sont donc déduites d'études des espèces actuelles. On propose ci-contre un arbre élaboré par Chapman en 1978, à partir de critères cellulaires et biochimiques. Les recherches actuelles utilisent des comparaisons de séquences d'acides nucléiques. Les résultats sont souvent contradictoires, mais confirment toujours la grande hétérogénéité du groupe.

A

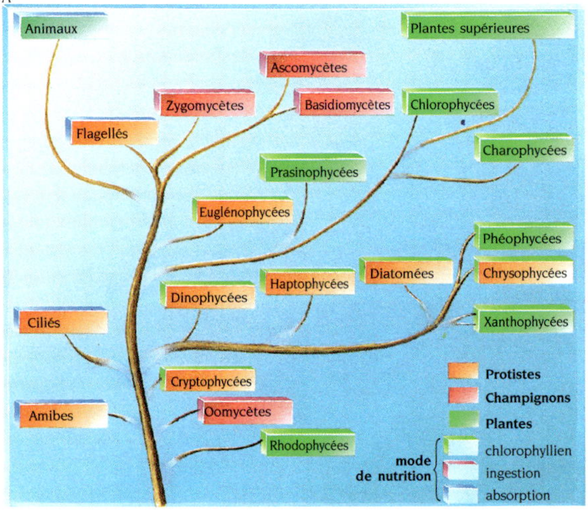

ET LES LICHENS ?

Ces organismes sont constitués de l'union de deux partenaires. L'un, chlorophyllien, algue ou cyanobactérie (autrefois appelées « algues bleues »), effectue les synthèses de matière organique. L'autre, un champignon, fournit eau, sels minéraux et protection. On parle dans ce cas de symbiose car il s'agit d'une association à bénéfice mutuel.

Il se réalise une véritable « unité nouvelle », à laquelle on peut attribuer un nom de genre et d'espèce, comme s'il s'agissait d'un être unique. Un lichen possède en effet ses propres caractéristiques morphologiques, physiologiques et biochimiques, ainsi qu'un mode de vie différent de ceux de chacun des partenaires qui le constituent pris isolément.

B. C. D. E. F. **STRUCTURE DES ALGUES**

Le thalle des algues pluricellulaires présente des formes variées selon les espèces et les groupes. Le nématothalle (B) est constitué d'un filament ramifié comportant une partie dressée et une partie prostrée. Des types dérivés se constituent par régression d'une des deux parties (C et D). On rattache à ce type des algues filamenteuses, en lame ou en tube. Le cladome (E) est constitué d'un axe dont la croissance est assurée par une *cellule apicale,* portant des *pleuridies* (ramifications latérales de l'axe), dont la croissance est limitée. Le cladome peut être ramifié (F). Il est alors dit multiaxial : cette structure (filaments, cordons, lames) se retrouve chez la plupart des algues rouges.

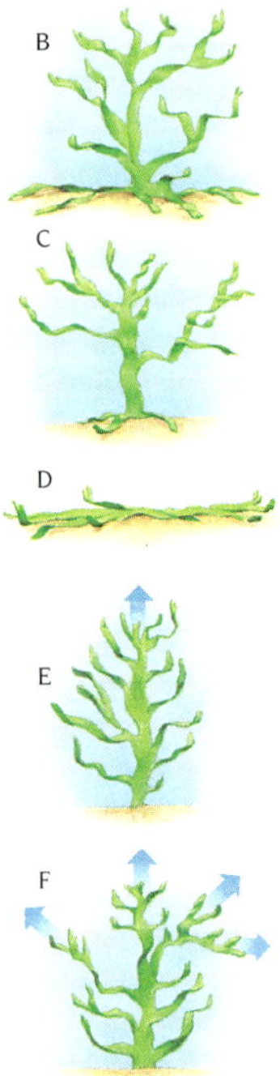

G

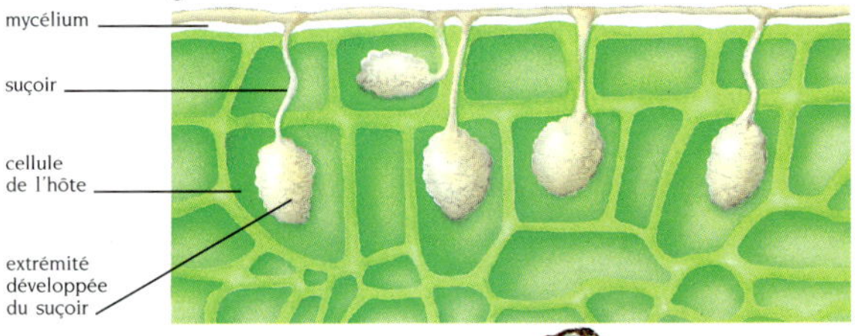

H

G. H. **CHAMPIGNONS**

La structure du thalle des champignons permet d'optimiser le prélèvement des matières organiques qui les nourrissent. Chez les saprophytes, qui se nourrissent d'organismes morts ou de déchets, le mycélium filamenteux se ramifie dans toutes les directions afin d'explorer le plus grand volume possible. Cela explique la forme circulaire de ces moisissures sur une orange et un citron (H) ou les cercles dessinés sur le terrain par certains basidiomycètes (le clitocybe nébuleux, par exemple). Les formes parasitaires (ici un ascomycète) [A] pénètrent dans l'hôte (animal ou végétal) en passant par une blessure, une ouverture naturelle (stomate) ou, de manière active, en perçant parois et membranes. Le mycélium filamenteux envoie ensuite des suçoirs dans les cellules de son hôte.

LES PLANTES TERRESTRES

LES CORMOPHYTES

LA CONQUÊTE DU MILIEU AÉRIEN

■ LES CORMOPHYTES, ou embryophytes, sont des végétaux à chlorophylle *a* et *b* dont l'amidon se trouve stocké à l'intérieur des plastes des cellules. Ces végétaux sont donc de la même lignée que les algues vertes, mais ce ne sont pas des thallophytes : ils sont pourvus de tiges (*cormus* = tige) et de feuilles. Ils se distinguent également des algues par leurs structures reproductrices.

C'est avec les cormophytes que s'effectue la lente conquête du milieu aérien. Les mousses (bryophytes) et les fougères (ptéridophytes) sont apparues au dévonien, les conifères (gymnospermes) se sont développés au permien et, enfin, les plantes à fleurs (angiospermes) ont fait leur apparition au crétacé.

Les conditions de vie sur terre. Contrairement au milieu aquatique, le milieu aérien ou terrestre se subdivise en deux *compartiments :* l'atmosphère et le sol. Le *sol* est un réservoir d'eau, de sels minéraux et de gaz dissous. Dans l'*atmosphère,* la lumière est disponible pratiquement partout. Les gaz y sont en proportions très différentes : 21 p. 100 d'oxygène, 0,0036 p. 100 de gaz carbonique.

L'atmosphère est en général loin d'être saturée en eau. Le milieu aérien est donc un milieu desséchant et, de plus, pauvre en gaz carbonique. Ces conditions sont, a priori, défavorables à une bonne photosynthèse. Par ailleurs, la densité de l'air étant faible, la poussée d'Archimède est réduite, ce qui nécessite des structures de soutien et de fixation.

Les étapes évolutives. La conquête du milieu terrestre par les végétaux a été rendue possible par un certain nombre de nouveautés ou de perfectionnements concernant l'appareil végétatif :

– l'acquisition, au niveau cellulaire, de possibilités de différenciation permettant la constitution de *tissus* puis d'organes ;
– la mise en place d'un organe permettant l'absorption dans le sol, la *racine ;*
– l'acquisition de mécanismes physiologiques permettant une circulation des liquides ;
– l'apparition d'une substance nouvelle, la *lignine,* conférant rigidité aux cellules et permettant la réalisation de vaisseaux et de tissus de soutien dans les *tiges ;*
– le perfectionnement de la partie photosynthétique, la *feuille,* par la mise en place des *stomates,* organes permettant la capture du gaz carbonique très dilué de l'air, la régulation des pertes d'eau et la conduction des sèves par le moteur de la transpiration.

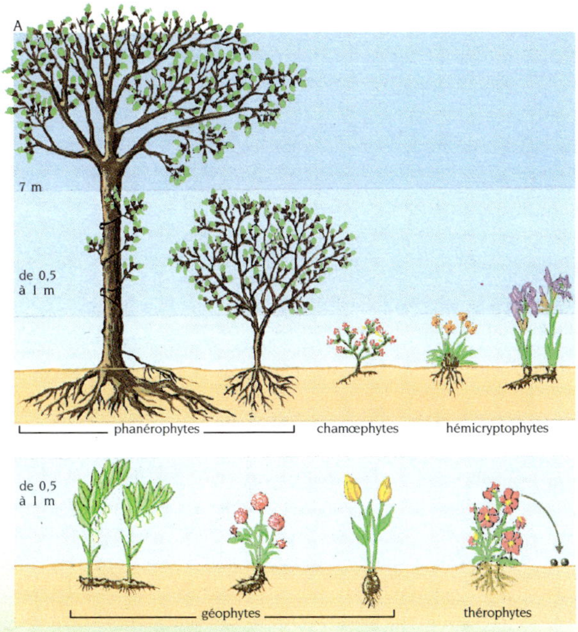

A. **TYPES BIOLOGIQUES**

Les organes aériens des végétaux terrestres sont particulièrement exposés aux variations de température, notamment dans les pays froids ou tempérés. Un botaniste scandinave, C. Raunkiaer, a proposé une *classification biologique* résumant les stratégies développées par les végétaux pour passer l'hiver.
Les phanérophytes (arbres, arbustes) ont les bourgeons situés à plus de 50 cm du sol. Ils se trouvent de 0 à 50 cm chez les chamaephytes (buissons). Le bourgeon est au niveau du sol chez les hémicrytophytes (plantes à rosette) et dans le sol chez les géophytes (bulbes, tubercules, rhizomes). Les thérophytes sont les plantes annuelles qui passent l'hiver sous forme de graines.

Feuille
Elle optimise la capture des photons venant d'une direction privilégiée et celle du CO_2, très dilué, par sa surface élargie.

Cuticule
Imperméable sur les deux faces, elle limite les pertes d'eau.

Stomate
L'oxygène, le gaz carbonique et l'eau sont échangés au niveau des stomates, à ouverture et fermeture réglables.

Transpiration
Visualisée par cette flèche bleue, elle permet l'ascension de l'eau dans le système (appel foliaire).

Absorption d'eau
L'eau transite depuis l'extérieur dans le cytoplasme, par l'intermédiaire des plasmodesmes, qui font communiquer les cellules (voie symplasmique). Elle peut aussi passer par les parois (voie apoplasmique). *Au niveau de l'endoderme, seule la voie symplasmique est possible, en raison d'une imprégnation de subérine des parois radiales.*

Racine
Elle permet d'explorer un grand volume de sol, par suite de la croissance continue de son extrémité. Celle-ci est protégée par une coiffe. *Les poils absorbants augmentent la surface de contact avec le sol. Ils peuvent être remplacés par des champignons symbiotiques* (mycorhizes).

B. **ADAPTATIONS AU MILIEU AÉRIEN**

L'appareil végétatif des plantes à fleurs (ici un fuschia), considérées comme les plus évoluées des plantes terrestres, illustre parfaitement la manière dont les contraintes du milieu aérien ont été surmontées, grâce à la spécialisation d'organes. La *racine* permet l'exploitation du compartiment « sol » ; les *feuilles,* la capture des rayons lumineux et du gaz carbonique (CO_2) dilué dans l'atmosphère. Les *tiges* rendent possible une bonne utilisation de l'espace par multiplication des surfaces photosynthétiques, étagement de celles-ci... Les échanges d'eau, de sels minéraux et de produits issus de la photosynthèse s'effectuent par les tissus conducteurs.

LES PLANTES TERRESTRES

L'ÉVOLUTION

CORMOPHYTES ACTUELS ET FOSSILES

■ LES PLANTES TERRESTRES les plus primitives, les bryophytes (mousses, par exemple) sont constituées d'un axe feuillé dépourvu de tissus conducteurs et d'organes d'absorption de l'eau.

La réalisation du programme « tige-feuille-racine », caractéristique de tous les autres cormophytes, est due aux ptéridophytes (fougères, par exemple).

L'évolution de l'appareil végétatif. Les « nouveautés », par rapport aux thallophytes (algues vertes), sont principalement :
– le remplacement progressif de la *cellule apicale,* rencontrée chez les algues évoluées et les bryophytes, par un *méristème apical* formé d'un massif de cellules assurant croissance et mise en place des tissus et organes ;
– la différenciation d'un tissu spécialisé dans la conduction de l'eau venant du sol (le *xylème*) et des produits de la photosynthèse (le *phloème*). Les éléments conducteurs sont formés de cellules mortes à paroi rigide, imprégnée de lignine. *Xylème* et *phloème* sont regroupés dans un complexe conducteur (la *stèle,* située au centre de la tige) ;
– la création d'*organes souterrains,* capables de prélever l'eau et les sels minéraux puis de les envoyer dans le système vasculaire : les *racines,* qui se ramifient dans le sol.
– la formation de structures spécialisées dans la capture de l'énergie lumineuse, au niveau desquelles s'effectue la photosynthèse : les *feuilles.* Les ptéridophytes les plus primitifs ne présentent que des appendices foliacés de petite taille à vascularisation discrète : les *microphylles.* Les vraies feuilles, *mégaphylles,* à stomates et à vascularisation importante, apparaissent chez les groupes plus évolués ;
– la mise en place des mécanismes de croissance en épaisseur permettant, dès l'ère primaire, la constitution de formes arborescentes, comme les *Lepidodendron* ou les *Sigillaria* (ptéridophytes). Les spermaphytes ont perfectionné ce système avec la différenciation de *méristèmes secondaires* donnant le bois (xylème secondaire) et le liber (phloème secondaire).

L'évolution de l'appareil reproducteur. Comment réaliser le transport des gamètes mâles vers les gamètes femelles, dans un milieu aérien hostile ? Les dispositifs adoptés par les cormophytes permettent une libération progressive du milieu aquatique.

Une bonne optimisation est atteinte à partir du groupe des gymnospermes. Les premières étapes sont réalisées par les ptéridophytes. La fécondation exige toujours un milieu aquatique externe. Mais on observe une tendance à la *réduction du gamétophyte* et à la séparation des sexes. Ainsi, chez les sélaginelles, le gamétophyte se développe à l'intérieur de la paroi de la spore, au lieu de germer à l'extérieur. Des microspores donnent un gamétophyte mâle de petite taille (microprothalle). Des *mégaspores,* plus volumineuses, formées de quelques centaines de cellules, différencient un gamétophyte femelle (mégaprothalle). Les gamètes mâles, libérés dans l'eau provenant de la pluie, parviennent à l'organe femelle en nageant.

La constitution de l'*ovule* et du *grain de pollen* est l'œuvre du groupe des « préspermaphytes ». Le grain de pollen est un microprothalle, c'est-à-dire un prothalle très réduit. Il est porté par le vent jusqu'à l'ovule.

À partir des gymnospermes, l'eau n'est plus nécessaire. Un *tube pollinique* permet de conduire les gamètes mâles du grain de pollen jusqu'aux gamètes femelles. Les angiospermes apportent avec l'*ovaire* un perfectionnement supplémentaire, en contrôlant de manière plus efficace la fécondation.

La graine et l'embryon. La *graine* permet d'optimiser la dispersion de l'espèce en milieu aérien. Elle apparaît chez les spermaphytes. Après la fécondation, l'ovule reste alimenté par la plante mère. Les réserves et l'embryon se mettent en place. À maturité, un tégument épais se différencie, les tissus se déshydratent, l'embryon entre en vie ralentie. La germination de la graine aura lieu lorsque les conditions du milieu seront favorables.

A

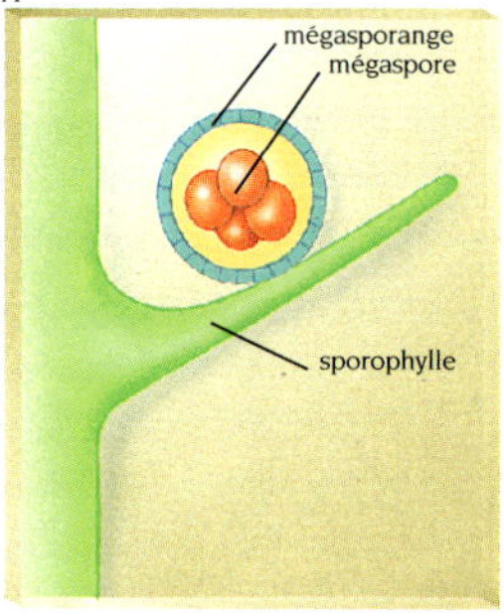

B

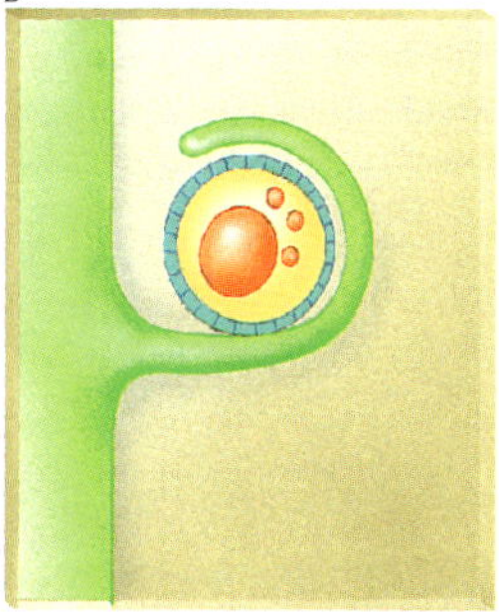

C

D

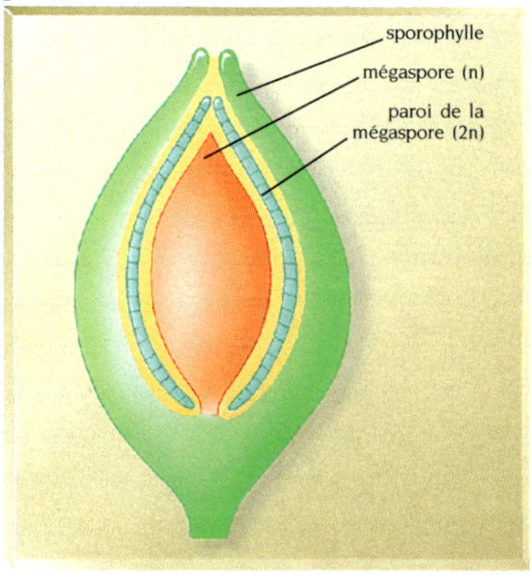

E

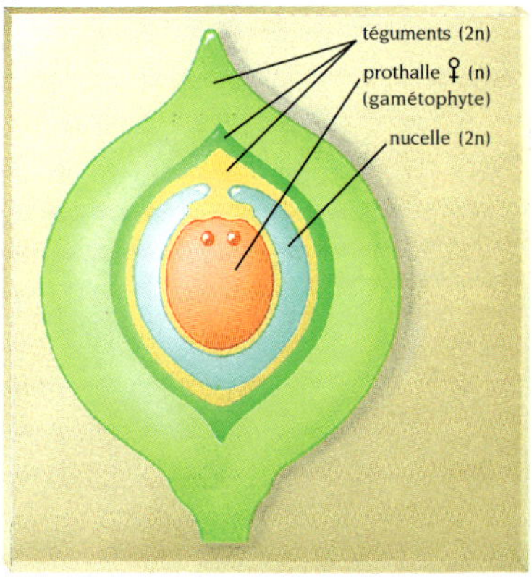

A. B. C. D. E. **OVULES**

Le processus évolutif concernant l'appareil reproducteur est plus lent que celui intéressant l'appareil végétatif. L'*ovule* apparaît chez les préspermaphytes (ptéridospermées, *Ginkgo, Cycas*...). Il est constitué d'un *nucelle* renfermant un *prothalle* femelle et protégé par des *téguments* (E). Nucelle et téguments proviennent de la plante mère. On peut suivre leur mise en place progressive chez les ptéridophytes fossiles (A, B, C, D). Le tégument est l'homologue de feuilles fertiles, qui s'enroulent autour de l'organe femelle. Ce dernier participe à la constitution du nucelle. Le prothalle femelle, ou *endosperme,* porte les archégones. Il est réduit à sept cellules chez les angiospermes, formant le *sac embryonnaire.* Le grain de pollen pénètre par le *micropyle.* Sa capture est facilitée, chez les groupes primitifs, par l'émission d'une gouttelette par l'ovule. Chez les groupes plus évolués, des barrières d'incompatibilités sont mises en place, empêchant toute interfécondation.

F

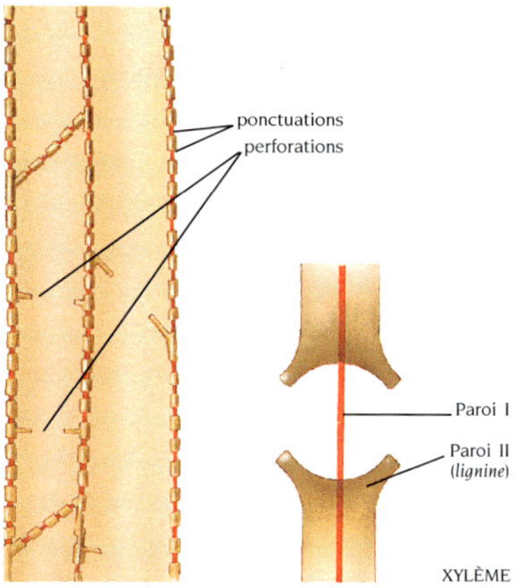

G

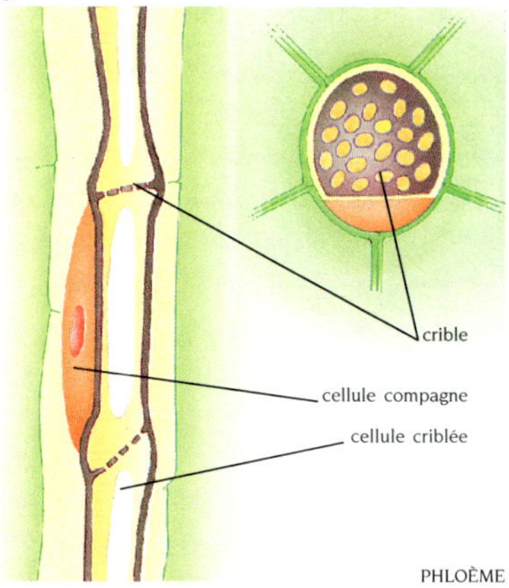

F. G. **TISSUS CONDUCTEURS**

Ces tissus caractérisent les végétaux vasculaires. Le *xylème* assure le transport de la sève brute (eau et sels minéraux provenant du sol), le *phloème* celui de la sève élaborée (produits de transformation issus de la photosynthèse comme certains sucres par exemple).
Le xylème est composé d'éléments conducteurs formés de cellules mortes, associés à du *parenchyme.* La paroi est imprégnée de *lignine* : ce composé polyphénolique lui confère rigidité et imperméabilité. Les communications s'effectuent par des régions restées non lignifiées, les *ponctuations.* Les tubes conducteurs sont : des *trachéides,* si les communications verticales ont lieu par des ponctuations ; des *vaisseaux* (plus évolués), s'il s'agit de *perforations.* Le phloème est formé de cellules vivantes, non lignifiées : tubes criblés, cellules compagnes, parenchyme. Chez les spermaphytes, un tissu particulier, le cambium, peut former du xylème et du phloème dits *secondaires* : le *bois* et le *liber.*

LES ALGUES PLURICELLULAIRES

LES ALGUES sont les ancêtres des végétaux terrestres. Elles présentent maints caractères communs avec les plantes terrestres les moins évoluées – champignons, mousses, lichens, fougères – constituant avec celles-ci l'ensemble des *cryptogames* (plantes sans fleurs). Avec les trois premiers groupes, elles représentent les végétaux *non vasculaires* (ne comportant pas de vaisseaux conducteurs de sève). Enfin champignons, lichens et algues sont rassemblés dans le groupe des *thallophytes* (plantes qui ne comportent ni tiges ni feuilles).

Les algues sont photosynthétiques (la lumière est leur source initiale d'énergie). Toutes possèdent de la chlorophylle *a* ainsi que divers autres pigments.

Les algues comprennent de nombreuses formes unicellulaires, que l'on classe dans le règne des protistes. Les formes pluricellulaires, classées dans le règne végétal avec les plantes terrestres, seront présentées ici.

LES ALGUES ONT UN GRAIN

Le *pyrénoïde* est une petite structure (un corpuscule) contenu dans les plastes des algues. Il n'existe que chez ces végétaux ; cependant, certaines espèces d'algues peuvent en être dépourvues. Le plus souvent, un seul pyrénoïde est présent dans chaque plaste. Il apparaît comme un grain dense, plus ou moins globuleux, aisément observable et identifiable à l'aide d'un microscope optique. Quand il est volumineux, le pyrénoïde déforme le plaste ; par ailleurs, chez les algues brunes, il fait toujours saillie et semble extérieur au plaste. Enfin, chez de nombreuses algues vertes, le pyrénoïde se trouve entouré d'amas d'amidon.

La microscopie électronique le montre comme un amas finement granuleux, homogène, traversé ou non par quelques thylakoïdes. Parfois, un simple feuillet, très fin, l'entoure. Sa nature précise et sa signification sont longtemps restées mystérieuses ; on sait aujourd'hui qu'il s'agit d'un amas protéique constitué quasi exclusivement d'une enzyme, dont le rôle est essentiel pour la photosynthèse (la « ribulose biphosphate carboxylase-oxygénase ») permettant l'assimilation du gaz carbonique.

CARACTÈRES GÉNÉRAUX

DES VÉGÉTAUX AQUATIQUES COSMOPOLITES

■ NE COMPORTANT ni racines, ni tiges, ni feuilles, l'appareil végétatif (thalle) des algues peut néanmoins présenter un disque basal et/ou des crampons (appelés également « haptères ») qui le fixent au substrat. La base du thalle peut être rétrécie en un *stipe* (à aspect de tige) et les parties en lames larges (évoquant des feuilles) constituent la *fronde*. Le thalle peut également présenter des flotteurs.

Classification. Actuellement, on connaît environ 40 000 espèces d'algues dont 75 à 85 p. 100 sont unicellulaires ou coloniales microscopiques. Les algues rouges représentent environ la moitié des formes macroscopiques.

La couleur des algues varie avec l'abondance des divers pigments, associés aux membranes internes des plastes (thylakoïdes). Elle caractérise les trois classes d'algues pluricellulaires : les rhodophycées (roses, rouges, brun-noir), les phéophycées (brun-jaune, brun-vert), les chlorophycées (de vert-jaune à vert bouteille).

A. B. C. **STRUCTURE**

La plupart des thalles d'algues pluricellulaires sont constitués de cellules « vraies », ne comportant qu'un seul noyau (A). Certains thalles d'algues vertes (chlorophycées) et d'algues rouges (rhodophycées) filamenteuses sont formés de « cellules » allongées comportant toujours plusieurs noyaux répartis dans le cytoplasme ; ce sont des articles séparés par des cloisons transversales (B). Enfin, d'autres algues vertes sont constituées de siphons, structures à multiples noyaux et sans cloisons transversales (C). Ces différents thalles se présentent en filaments simples séparés ou peuvent être associés en cordons ou en amas.

A

B

C

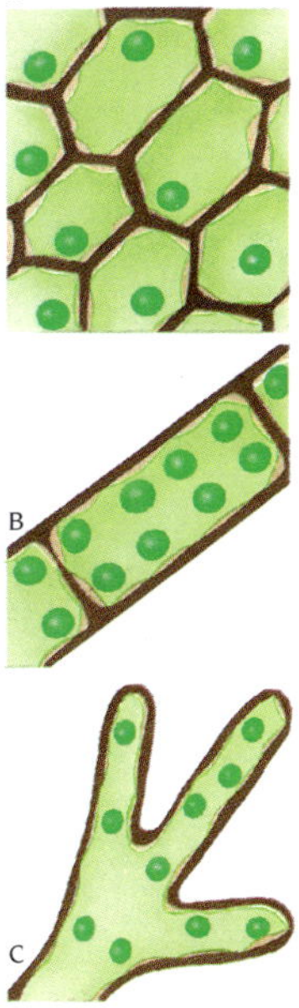

Habitats et répartition. En dehors des sources chaudes et des eaux hypersalées, il n'existe pas une masse d'eau ou une zone humide (même temporairement) qui n'héberge des algues. Eaux douces, saumâtres, salées constituent les milieux les plus riches en algues. Mais de nombreuses algues, essentiellement parmi les formes unicellulaires, se rencontrent également sur les sols, sur les troncs, sur la neige, dans les glaces... des régions circumpolaires à l'équateur, et même jusque dans les déserts chauds les plus secs, tel le désert de Californie !

Taille. Deux à trois microns pour les plus petites unicellulaires, de 50 à 60 m pour la plus grande des pluricellulaires, *Macrocystis pyrifera ;* les différences de taille sont extrêmes dans le monde des algues. Ces différences restent importantes au sein de l'ensemble des algues pluricellulaires.

Modes de reproduction. Les organes reproducteurs sont des sacs *(sporocystes* ou *gamétocystes)* contenant les cellules reproductrices (spores ou gamètes).

La plupart des algues peuvent se reproduire par voie sexuée. Selon les cas, les organes sexuels mâles et femelles sont présents sur le même individu (espèce monoïque) ou des individus différents (dioïque). Les gamètes peuvent être semblables (isogamie) ou différents selon le sexe (anisogamie). Quand les deux sont flagellés, la fécondation est une *planogamie ;* ce sera une *oogamie* si le gamète mâle est petit et flagellé et le gamète femelle, en revanche, volumineux et immobile.

La reproduction asexuée est cependant très fréquente, le plus souvent par libération de spores, qui germent et redonnent des algues. Elle a lieu parfois par libération de *propagules* (petites « boutures »), par fragmentation ou par repousse de jeunes thalles sur l'ancien.

D. **RAMIFICATIONS**

Les algues, hormis celles en filaments, en lames entières ou en amas globuleux, présentent chacune un type de ramification qui lui est propre. Sa détermination, qui nécessite souvent une observation attentive, aide à l'identification de l'algue considérée.

D

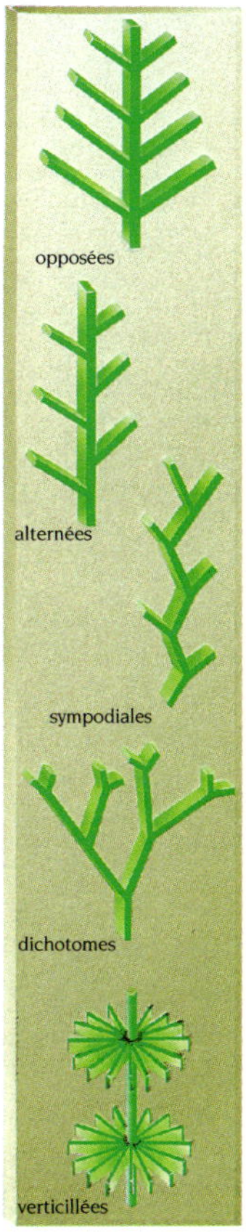

E. **ORGANISATION ET CROISSANCE**

Dans les thalles simples, toutes les cellules se divisent : la croissance est *diffuse*. Mais cette croissance peut également être localisée et assurée par les divisions d'une ou de quelques cellules : elle est alors dite *terminale* (cellule apicale) ou *subterminale* (cellules à la base d'un poil). Les laminaires sont une exception, car leur croissance est assurée par un *méristème* intercalaire. L'extrême diversité des formes observées est née de la complication progressive à partir de formes filamenteuses simples, par redivision des cellules dans divers plans, par des soudures entre les axes et les ramifications.

E

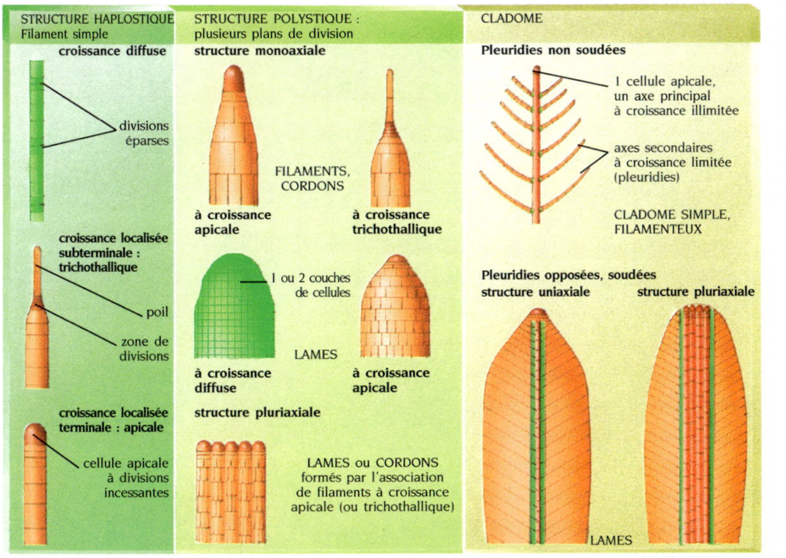

LES ALGUES ROUGES

LES REPRÉSENTANTS de la famille des *rhodophycées* doivent leur nom d'algues rouges à la coloration des plastes de leurs cellules. Ces algues sont presque toutes marines. Les pigments photosynthétiques (notamment les phycobilines) qu'elles contiennent leur permettent de capter l'énergie lumineuse (et donc de vivre) à une profondeur plus importante que les autres algues.

ANATOMIE

LES RHODOPHYCÉES PLURICELLULAIRES

■ LES PLASTES des algues rouges, appelés *rhodoplastes,* sont en nombre et de forme variables en fonction des espèces. Outre leur teinte rouge caractéristique, leurs *thylakoïdes* (sacs membranaires aplatis) sont toujours indépendants (ils sont groupés chez les autres algues) ; par ailleurs, les thylakoïdes portent à leur surface d'abondants petits granules, les *phycobilisomes.* Souvent présent, un *pyrénoïde* forme un volumineux granule dans le plaste.

Les pigments photosynthétiques. On trouve des pigments communs avec les autres végétaux : de la *chlorophylle a* et des *caroténoïdes (carotènes α, β* ainsi que des *xanthophylles).* Leur couleur est cependant masquée par deux pigments caractéristiques, les *phycobilines :* l'un rouge, la *phycoérythrine ;* l'autre bleu, la *phycocyanine.* Les phycobilines s'organisent en *phycobilisomes,* principaux collecteurs de l'énergie lumineuse. C'est l'abondance relative de ces deux pigments qui détermine la vaste gamme de teintes présentée par les algues rouges. Ces pigments, contrairement aux autres, sont solubles dans l'eau. De fait, quand une algue rouge meurt, elle apparaît vert-jaune, car la dissolution des phycobilines « démasque » les autres pigments.

Les substances de réserves. Chez les rhodophycées, il existe, d'une part, un amidon particulier (l'amidon floridéen), sous forme de granules exclusivement présents dans le cytoplasme, et, d'autre part, des réserves dissoutes dans les vacuoles, constituées de *floridoside* (associant galactose et glycérol).

La paroi. Chaque paroi intercellulaire présente une ou plusieurs *synapses.* Une synapse est une perforation de la paroi refermée par un bouchon (le bouchon synaptique) ; celui-ci fait saillie, à la manière de têtes de rivet, de chaque côté de la paroi. La signification de ces structures demeure énigmatique.

La composition chimique des parois est complexe ; en plus de la cellulose, qui constitue une couche interne, elle comporte divers autres polysaccharides particuliers : du *carraghénane* ou de la *gélose (agar-agar),* par exemple. Ces composés sont extraits industriellement et utilisés dans de multiples secteurs pour leurs propriétés gélifiantes et émulsifiantes (industrie, recherche, alimentation...).

L'appareil reproducteur. La cellule femelle, ou *carpogone,* est portée par un court rameau « carpogonial » et peut être accompagnée de cellules particulières, des cellules auxiliaires ou des cellules nourricières. Les différentes variantes de cet ensemble reproducteur et les diverses modalités de développement embryonnaire sont à la base de la classification des rhodophycées pluricellulaires.

A. **CLASSIFICATION**

On divise les rhodophycées en deux sous-classes. La sous-classe des *bangiophycidées* rassemble les espèces de structure simple : cellules souvent à plaste unique, sans synapse (communication entre deux cellules). Leur reproduction sexuée, parfois absente, implique une cellule femelle (carpogone) simple (sans trichogyne), et le cycle de vie est simplifié.
La sous-classe des *floridéophycidées* regroupe les formes complexes, dont les parois cellulaires comportent toujours des synapses, et dont le carpogone porte un trichogyne.

A. **ALGUES ROUGES PLURICELLULAIRES**

Sous-classes	Ordres	Principaux germes	Milieux de vie
Bangiophycées	Erythropeltidales	*Erythropeltis, Erythrocladia*	Eau de mer
	Rhodochætales	*Rhodochaete*	Eau de mer
	Bangiales	*Bangia*	Eau douce et eau de mer
		Boldia	Eau de mer
		Porphyra	Eau de mer
Floridéophycées	Némaliomales	*Audouinella, Lemanea*	Eau de mer
		Nemalion, Scinaä, Asparagopsis, Gelidium	Eau de mer
	Gigartinales	*Furcellaria, Solieria, Polyides, Plocamium, Gracilaria, Ahnfeltia, Gigartina, Chondrus*	Eau de mer
	Rhodyméniales	*Champia, Chylocladia, Gastroclonium, Lomenria, Rhodymenia*	Eau de mer
	Palmariales	*Palmaria*	Eau de mer
	Cryptonémiales	*Corallina, Jania, Lithophyllum Dilsea, Cryptonemia, Kallymenia*	Eau de mer
	Céramiales	*Thorea*	Eau de mer
		Ceramium, Plumaria, Phycodris, Laurencia, Delesseria, Polysiphonia	Eau de mer

C. **GÉLIFIANT ALIMENTAIRE NATUREL**

En dépit de sa coloration, *Gigartina stellata* est bien une algue rouge. Elle présente un thalle ramifié et creusé en gouttière ; elle vit fixée aux rochers découverts à marée basse et est souvent associée à une autre algue rouge, *Chondrus crispus,* avec laquelle elle est récoltée comme source de carraghénane, gélifiant E 407.

B. **DURE COMME LA PIERRE**

Fréquente entre les niveaux de mi-marée et de basse mer, l'algue rouge *Corallina officinalis* se trouve souvent en compagnie d'autres algues de la même teinte, à l'aspect de lames encroûtantes. Ces algues forment la famille des corallinacées, nommée ainsi car elle évoque le corail ; leur singularité essentielle est de présenter un thalle dur comme la pierre, car les parois cellulaires sont fortement épaissies et imprégnées de calcite (ou d'aragonite).

B

C

D

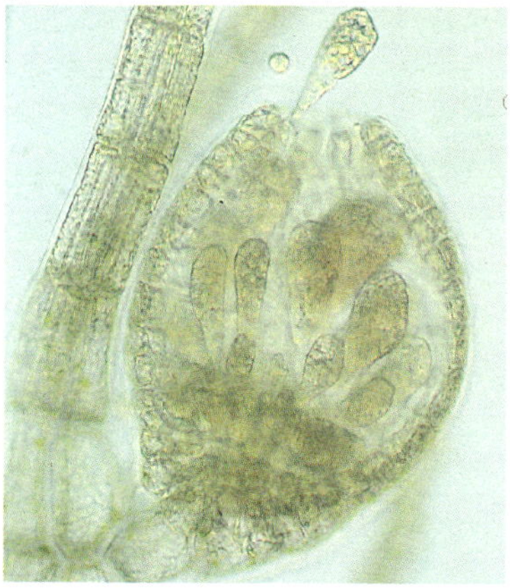

D. E. **CYCLE REPRODUCTEUR D'UNE ALGUE ROUGE**

Les algues rouges les plus évoluées (sous-classe des floridéophycées) présentent un cycle complexe, à 3 générations, ou *trigénétique,* caractéristique du groupe (E). La première génération est représentée par des pieds mâles et femelles, haploïdes, les *gamétophytes.* Le gamétophyte mâle libère des gamètes n'ayant pas de mobilité propre (spermaties). Le gamétophyte femelle différencie des gamètes (carpogones) prolongés par un filament, le *trichogyne.* Chaque carpogone est fécondé sur le pied femelle après fixation d'une spermatie sur le trichogyne.

E

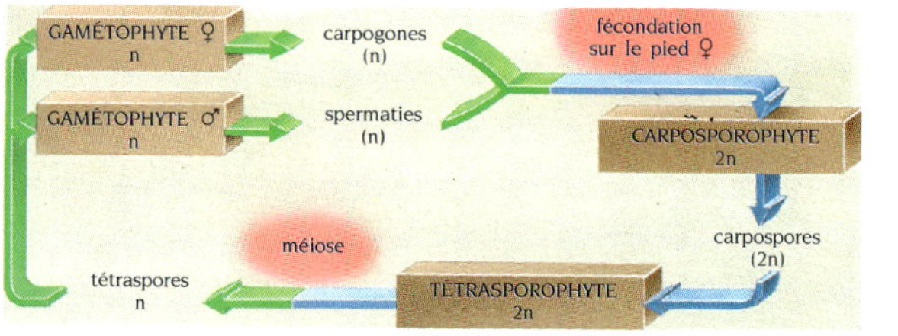

L'œuf fécondé se développe sur le pied femelle en un bouquet de cellules, le *gonimoblaste,* qui représente la deuxième génération du cycle, nommée *carposporophyte.* Ce gonimoblaste – ici, chez l'algue rouge *Polysiphonia* (D) – vit en parasite sur le pied femelle. Sur cette image de microscopie optique, on voit le gonimoblaste (diploïde) entouré d'une urne produite par le pied femelle (haploïde). Il donnera des *carpospores,* germant en *tétrasporophytes,* semblables au gamétophytes, mais diploïdes.

LES ALGUES BRUNES

Les cellules des algues de la famille des phéophycées contiennent des plastes de couleur brune. Comme les algues rouges, ces algues vivent surtout en eau de mer. On en récolte sur le littoral atlantique, sous le nom de *varech* (ou goémon) : ce sont principalement des fucus, des laminaires et des *Ascophyllum.*

ANATOMIE

CARACTÉRISTIQUES DES PHÉOPHYCÉES

■ Chaque plaste (phéoplaste), aux thylakoïdes associés par 3, est généralement entouré d'une enveloppe supplémentaire formée de deux membranes dérivant de la membrane externe du noyau. Plastes et noyau se trouvent ainsi associés (complexe « nucléo-plastidial »). Un pyrénoïde est fréquemment présent, il apparaît comme une perle brillante faisant saillie à la surface du plaste.

Pigments et réserves. Les pigments photosynthétiques sont intégrés dans la membrane des thylakoïdes. Il y a toujours plusieurs chlorophylles (a, c_1 et c_2) et des caroténoïdes (carotène β et abondantes *xanthophylles*). Ces pigments orangés déterminent les diverses teintes brunes, en masquant plus ou moins le vert des chlorophylles.

La photosynthèse ne conduit jamais à la formation d'amidon, mais les réserves sont constituées par des petites molécules carbonées toujours dissoutes dans le cytoplasme : du *mannitol* (alcool) et de la *laminarine* (sucre).

Les physodes. Ce sont de petites vacuoles, toujours plus nombreuses autour du noyau. Les physodes contiennent des tanins (composés phénoliques), qui jouent probablement un rôle dans la protection contre des mollusques brouteurs et comme obstacles à la fixation d'épiphytes.

La paroi. Les parois intercellulaires comprennent des fibrilles de *cellulose* (polymère de glucose) ou de *fucanes* sulfatés (polymères de fucose), prises dans un ciment d'*acide alginique* (polymère complexe dérivé de deux sucres, le mannose et le gulose).

L'appareil reproducteur. Les cellules reproductrices flagellées (gamètes ou spores) en forme de poire, appelées *zoïdes,* sont caractéristiques. Elles possèdent un stigma (corpuscule imprégné de carotène et sensible à la lumière) et deux flagelles inégaux insérés latéralement. L'un d'eux, porteur de fines et courtes fibrilles (mastigonèmes), est dirigé vers l'avant, l'autre est lisse et dirigé vers l'arrière. Dans la majorité des espèces, le gamète femelle n'est pas flagellé.

A

A. **LAMINAIRES**
(*Laminaria digitata*)

En Europe, sur les côtes de la Manche et de l'Atlantique, il existe des ceintures d'algues brunes, réparties dans la zone de balancement des marées. On observe successivement *Pelvetia canaliculata, Fucus spiralis, F. vesiculosus* et, au niveau plus bas (basse mer de vives-eaux), *Laminaria digitata,* photographiée ici en Bretagne. Cette grande algue, découpée en lanières, comporte une partie grêle et cylindrique, le stipe, fixé aux rochers par des crampons.

B

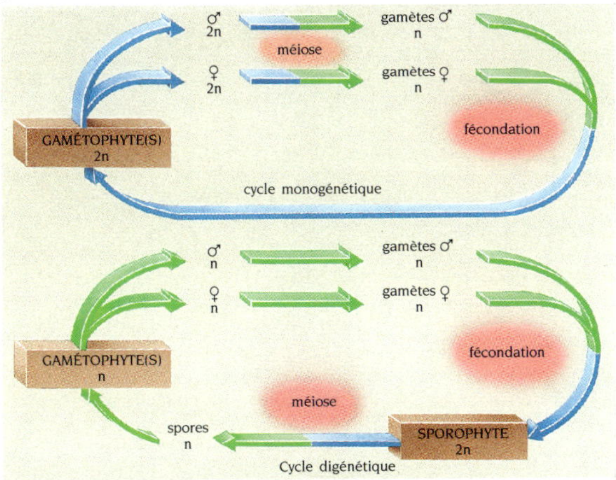

B. **CYCLES DES PHÉOPHYCÉES**

Lorsque le cycle reproducteur comprend une seule génération (gamétophyte), il est dit « monogénétique ». Chaque algue est mâle, femelle ou hermaphrodite. La fécondation est une *oogamie,* car les gamètes femelles sont gros et immobiles, les mâles, petits et flagellés.
Lorsque deux générations se succèdent (gamétophyte et sporophyte), le cycle est digénétique. La fécondation est soit une *oogamie,* soit une *planogamie* (gamètes mâles et femelles sont alors mobiles et flagellés).

C

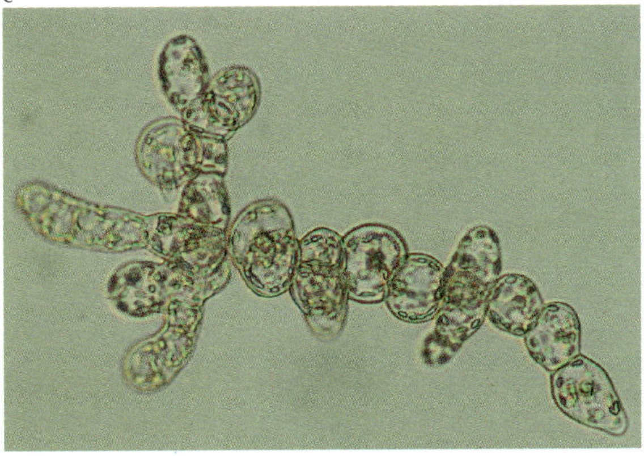

C. **GAMÉTOPHYTE**

Ce gamétophyte microscopique de laminaire est un thalle primitif *(prothalle),* formé de quelques cellules et né de la germination d'une spore produite par un *sporophyte* de grande taille (de 1 à 3 m). Les cellules femelles, volumineuses et immobiles, restent attachées au gamétophyte femelle ; les cellules mâles, petites et à deux flagelles inégaux, assurent la fécondation. L'œuf germe sur le gamétophyte.

D

E

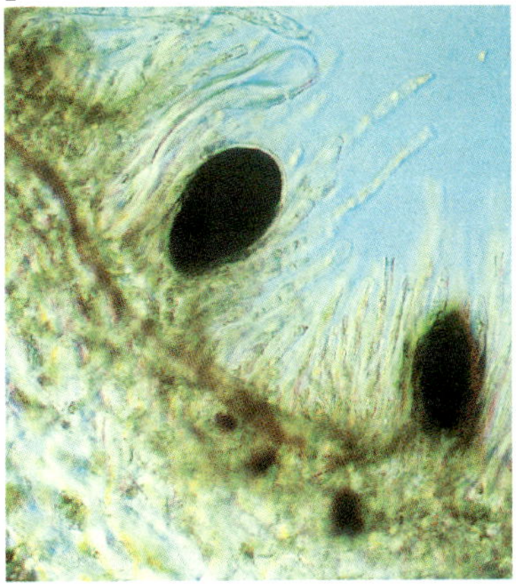

D. E. **ORGANES REPRODUCTEURS DES ALGUES BRUNES**

Les fucales représentent les algues brunes à *cycle monogénétique* et ne comportent que des *gamétophytes diploïdes.* Les organes reproducteurs sont des *gamétocystes* produisant, après méiose, des gamètes haploïdes. Ici, les gamétocystes femelles de cette *Himantholia* (E) présentent chacun une grosse cellule pigmentée immobile, l'*oosphère,* et les nombreux gamétocystes mâles de cette *Bifurcaria* (D) libèrent chacun des gamètes mâles biflagellés. Pour les autres algues, la situation est plus complexe. En effet, elles présentent un *cycle digénétique* comprenant un *gamétophyte haploïde* (qui produit des gamètes sans méiose) et un *sporophyte diploïde* (qui produit, après méiose, des spores haploïdes). On observe, sur les thalles, de petits organes appelés *zoïdocystes.* Certains sont cloisonnés et libèrent des gamètes ; ce sont des gamétocystes. D'autres, les zoïdocystes « uniloculaires », produisent, après méiose, des spores ; ce sont donc des sporocystes.

LES ALGUES BRUNES

CLASSIFICATION

SEPT GROUPES INÉGAUX

■ LA CLASSE DES PHÉOPHYCÉES fait partie du groupe des *chromophytes* qui englobe aussi plusieurs classes de formes unicellulaires. La subdivision traditionnelle de la classe des phéophycées en deux sous-classes, celle des cyclosporées (qui correspond à l'ordre des fucales) et celle des phéosporées (les six autres ordres), tend à être abandonnée.

Les fucales. Cet ordre rassemble toutes les phéophycées dont le cycle reproducteur ne comporte qu'une génération (cycle monogénétique). Les individus sont des gamétophytes diploïdes sur lesquels les organes reproducteurs (gamétocystes, où se forment les gamètes) sont regroupés dans des réceptacles. Ceux-ci sont soit situés aux extrémités des axes, souvent sous forme de renflements, soit disposés latéralement en rameaux courts, pédonculés, de formes variées, ou en lanières ramifiées de plusieurs mètres *(Himanthalia).* Les réceptacles sont creusés de logettes, les *conceptacles,* à l'intérieur desquelles se différencient les gamétocystes au milieu de poils pluricellulaires incolores.

À maturité, les gamétocystes, englobés dans de minuscules gouttes de gelée, sont expulsés à la surface des réceptacles. La gelée apparaît orangée pour les pieds mâles ; elle est vert foncé pour les pieds femelles. Cette gelée est émise à marée basse et la marée montante fait éclater les sacs, libérant les gamètes.

Les fucales forment de vastes peuplements dans la zone littorale où elles sont très fréquentes. Citons encore les genres *Ascophyllum, Pelvetia, Cystoseira, Sargassum* (nombreuses espèces intertropicales), *Durvillea* (eaux subantarctiques) et *Cystophora* (dominant dans les eaux australiennes).

Les ectocarpales. Cet ordre inclut les ordres anciens des dictyosiphonales, des scytosiphonales et des tiloptéridales. Il regroupe des algues de structure filamenteuse : filaments simples ou ramifiés (de structure haplostique), ou thalles compacts formés de filaments associés. La croissance est le plus souvent diffuse, et la reproduction implique des gamètes flagellés, semblables ou non (planogamies isogame ou anisogame).

Les représentants des deux générations du cycle, gamétophytes et sporophytes, ont même aspect. Ces algues vivent souvent sur d'autres algues (épiphytes). Les genres les plus fréquents sont : *Ectocarpus, Pylaiella, Ralfsia, Asperococcus, Colpomenia, Scytosiphon* et *Tilopteris.*

Les sphacélariales. Cet ordre comprend des espèces d'aspect broussailleux, formées de filaments ramifiés (structure polystique). La croissance des axes est toujours assurée par la division d'une grosse cellule apicale, la *sphacèle.* La reproduction sexuée est une planogamie (les gamètes des deux sexes sont flagellés) ou une *oogamie* (le gamète femelle, plus volumineux que le gamète mâle, n'est pas flagellé). Il existe une remarquable possibilité de multiplication végétative par *propagules,* organes pluricellulaires qui se détachent et redonnent de nouveaux thalles. Gamétophytes et sporophytes sont semblables. Il existe trois genres principaux : *Sphacelaria, Halopteris* et *Cladostephus.*

Les cutlériales. Les algues de cet ordre possèdent un thalle aplati, formé par soudure de nombreux axes ramifiés (structure polystique). La reproduction sexuée est une planogamie anisogame (gamètes flagellés non semblables). Cet ordre ne comprend que deux genres : *Zanardinia* (très rare) et *Cutleria* (plus fréquent). Chez le genre *Cutleria,* l'unique espèce, *C. multifida,* possède un gamétophyte en lanières ramifiées. Le sporophyte est tellement différent – lame encroûtante mince plaquée sur un support – qu'il a été pris pour une autre espèce et décrit sous le nom de *Aglaozonia reptans.*

Les dictyotales. Le thalle est aplati, en éventail ou en lanières à ramifications irrégulières ou dichotomes. La croissance est assurée par une ou des cellule(s) apicale(s). Fait exceptionnel parmi les algues brunes, les spores sont immobiles. Les deux générations du cycle sont semblables. *Dictyota, Dictyopteris, Dilophus, Padina* et *Taonia* sont les genres les plus fréquents.

Les desmarestiales. Ce sont des algues de grande taille à axes étroits, ramifiés. Les thalles observés sont des sporophytes ; les gamétophytes microscopiques conduisent à une reproduction sexuée par oogamie. Abondantes dans les eaux froides, ces algues constituent des peuplements importants jusqu'à une profondeur de 40 m en Antarctique. Le genre *Desmarestia* est le plus fréquent.

Les laminariales. Ces algues brunes sont les plus grandes et différencient de vrais tissus (ce qui les met à la frontière de l'ensemble des thallophytes et les rapproche des plantes terrestres, les cormophytes). On reconnaît une assise superficielle de petites cellules photosynthétiques, le *méristoderme ;* celui-ci recouvre un tissu formé de nombreuses couches de grandes cellules (le *cortex*) ; enfin, une partie centrale, constituée d'un réseau de cellules de plus en plus allongées et noyées dans une gelée, forme la *médulla.* Souvent, des glandes à mucus, réunies par des canaux, composent un véritable système excréteur.

Les laminariales sont des algues d'eaux froides : les genres *Laminaria, Sacchoriza, Alaria* et *Chorda* sont courants en Europe ; les *Macrocystis* et *Nereocystis* du Pacifique et des mers australes sont des géantes qui atteignent 50 mètres.

A

B

B. À MARÉE BASSE

Plus souvent hors de l'eau que dedans, ces deux fucales (*Pelvetia caniculata* – en lanières étroites – et *Fucus spiralis* – aux extrémités renflées) constituent une frange algale recouverte seulement au moment de la marée haute. Ces algues brunes, à la limite des milieux terrestre et marin, supportent de grandes variations climatiques, subissant aussi bien l'immersion en eau de mer que les forts ensoleillements ou la pluie prolongée à marée descendante.

A. GÉANT DU MONDE ALGAL

Macrocystis pyrifera dépasse 50 m de long. Cette laminariale (en anglais « kelp ») vit surtout dans l'hémisphère Sud et peut constituer de vastes peuplements : les « forêts » à macrocystis. Fixée sur le fond par des crampons, l'algue présente de longs axes cylindriques dressés qui s'étendent progressivement à la surface. Ces axes portent une rangée de lames aplaties. Chaque lame comporte un volumineux flotteur basal et persiste environ 6 mois, mais l'algue entière vit 5 ans.

C

C. CEINTURE D'ALGUES

Un éléphant de mer nage au milieu d'un « champ » de *Durvillea antarctica,* près d'un rivage des Kerguelen. Ces algues brunes sont fixées par un large disque basal, prolongé par une lame découpée en lanières. Elles ressemblent à des laminaires, mais appartiennent à l'ordre des fucales. Leurs thalles comportent des chambres aérifères qui leur confèrent une consistance souple, caoutchouteuse, remarquable. Elles vivent plusieurs années et atteignent 10 m de long.

LES ALGUES VERTES

Les algues vertes font partie du vaste ensemble des chlorophytes qui englobe les mousses, les fougères, les conifères et les végétaux à fleurs. Elles sont rassemblées en une classe unique, celle des chlorophycées. Ce groupe comporte de nombreuses espèces vivant en eau douce.

ANATOMIE

LES CHLOROPHYCÉES PLURICELLULAIRES

■ Les plastes des algues vertes sont des chloroplastes. Leur ultrastructure rappelle celle des végétaux supérieurs. Un pyrénoïde est souvent présent. Les réserves carbonées issues de la photosynthèse s'accumulent toujours dans les chloroplastes sous forme d'amas d'amidon.

Les chlorophylles *(a* et *b)* dominent par rapport aux caroténoïdes (carotènes α et β, et xanthophylles). Tous les pigments sont localisés dans les membranes des thylakoïdes.

Le thalle est constitué de filaments ramifiés ou non, de filaments en siphon ou de lames à une ou deux couches de cellules. Les thalles les plus complexes sont constitués de siphons réunis en cordons ou en masses globuleuses. La paroi intercellulaire, le plus souvent, est constituée de fibres de cellulose associées à d'autres polysaccharides.

Les modalités de reproduction sont très diverses. On observe des cycles monogénétiques diploïdes (l'œuf à $2n$ chromosomes donne un gamétophyte) ou haploïdes (l'œuf subit une méiose et le gamétophyte est à n chromosomes) ; des cycles digénétiques avec deux générations semblables (cycle isomorphe) ou différentes (hétéromorphe). Quand les cellules reproductrices sont flagellées, elles possèdent généralement des flagelles égaux. La reproduction sexuée est le plus souvent une planogamie (isogame ou anisogame) ou une oogamie.

LES CHAROPHYTES, UN GROUPE CHARNIÈRE

Les charophytes ont longtemps figuré parmi les algues vertes dans la classe des charophycées. Cependant, divers aspects les rapprochent des végétaux supérieurs, des mousses en particulier. Cette position intermédiaire a conduit à la création d'un ensemble distinct : les charophycées sont devenues les charophytes.

Leur aspect et leur structure évoquent davantage une algue qu'une mousse. En effet, les charophytes présentent des axes dressés, à croissance apicale, aux ramifications en verticilles régulièrement espacés (l'ensemble évoque alors un cladome : axe principal à croissance illimitée, axes secondaires à croissance limitée).

En revanche, certains aspects de la reproduction sexuée les rapprochent des végétaux plus évolués. Ainsi, les organes reproducteurs sont entourés d'une enveloppe de cellules (qui rappellent les gamétanges des plantes supérieures) au lieu d'une simple paroi ; de même, les gamètes mâles ont une forme et une structure semblables à celles des mousses. Par ailleurs, notons que ces végétaux présentent une structure cellulaire originale avec les axes montrant une alternance de grandes et de petites cellules. Les principaux genres, *Chara* et *Nitella,* sont communs en eaux douces, riches en calcium *(Chara)* ou acides *(Nitella)*. Certaines espèces vivent en eaux saumâtres ou en eaux marines peu salées comme la Baltique.

CLASSIFICATION

LES DIX PRINCIPAUX ORDRES

■ La classe des chlorophycées comprend une vingtaine d'ordres parmi lesquels les volvocales, les chlorococcales et les tétrasporales regroupent des formes unicellulaires.

L'ordre des zygnématales comprend deux familles d'algues unicellulaires et une famille d'algues filamenteuses vivant en eau douce *(Spirogyra, Mougeotia)*.

L'ordre des œdogoniales regroupe les algues filamenteuses d'eau douce à mode de division très particulier et à cellules reproductrices portant une couronne de flagelles *(Œdogonium)*.

L'ordre des coléochaetales est formé par des algues submicroscopiques d'eau douce à aspects très évolués *(Coleochaete)*.

L'ordre des ulotrichales rassemble des espèces d'eau douce et marine, en filaments simples ou en lame d'une seule couche de cellules (monostrate). Les gamètes possèdent 2 flagelles et les spores 4. Les genres principaux sont *Ulothrix, Monostroma* et *Spongomorpha*.

L'ordre des ulvales comprend les algues marines en lame à deux couches de cellules ou en tube ; on rattache parfois ces algues à l'ordre précédent *(Ulva, Enteromorpha)*.

L'ordre des prasiolales est formé par un genre essentiel, *Prasiola,* petite algue en lame monostrate dont le thalle, à maturité sexuelle, comporte des cellules diploïdes à la base et haploïdes dans la moitié supérieure.

L'ordre des cladophorales regroupe des algues d'eau douce ou marines, filamenteuses, ramifiées ou non, en articles. Les cycles reproducteurs sont variés. Les principaux genres sont *Chaetomorpha, Cladophora* et *Acrosiphonia*.

L'ordre des siphonocladales rassemble les algues marines de Méditerranée ou tropicales, constituées de cellules plurinucléées (à plusieurs noyaux) et dont les parois se forment indépendamment des divisions des noyaux *(Siphonocladus, Valonia)*.

L'ordre des dasycladales est formé par des algues méditerranéennes et tropicales, mais à structure siphonée et uninucléée. Le thalle est souvent imprégné de calcaire *(Dasycladus, Acetabularia, Batophora)*.

L'ordre des codiales comprend des espèces marines d'eaux tempérées ou chaudes formées de siphons plurinucléés, dont la paroi, très originale, est dépourvue de cellulose *(Codium, Derbesia, Caulerpa)*.

A

A. **ALGUE VERTE MARINE**

Codium dichotomum (ordre des codiales) atteint 30 cm. Fixée par un disque basal, cette algue verte vit sur les rochers proches des niveaux de basse mer ou dans des cuvettes à partir du niveau de mi-marée. Les axes dichotomes résultent de l'association de nombreux filaments non cloisonnés (siphons), terminés en sacs dilatés (les *utricules*).

B

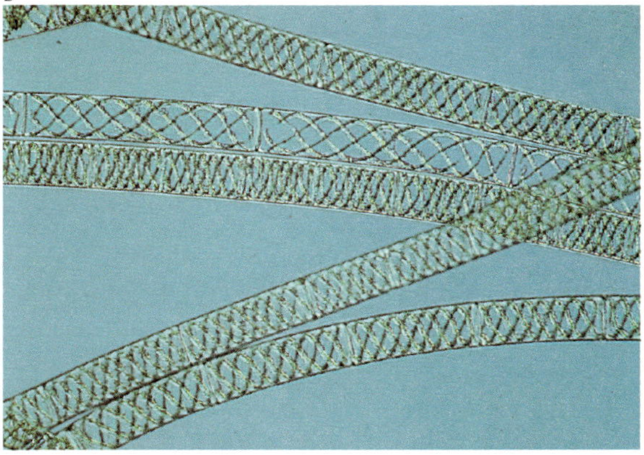

B. **SPIROGYRE**

Spirogyra (ordre des zygnématales) est une algue verte d'eau douce. Elle est formée de très longs filaments non ramifiés constitués de grandes cellules. Le noyau est toujours central et les chloroplastes (1 à 5) sont de longs rubans disposés en spirales. Disposée en touffes importantes, elle affectionne les eaux calmes. Certaines espèces sont dioïques (individus mâle et femelle séparés), d'autres sont monoïques (hermaphrodites).

C

C. **UNICELLULAIRE GÉANTE**

Cette acétabulaire (*Acetabularia mediterranea,* ordre des dasycladales) forme un siphon dressé avec un unique noyau basal : c'est une cellule géante de 4-5 cm ! Lors de la reproduction, le noyau se divise de nombreuses fois, et des rameaux, associés en un chapeau circulaire, se différencient au sommet. Les noyaux migrent dans les rayons du chapeau dont le contenu se répartit en cystes uninucléés (sporocystes ou gamétocystes).

LE RÈGNE DES CHAMPIGNONS

LES CHAMPIGNONS, largement cosmopolites, ont toujours excité la curiosité. Pline l'Ancien (mort en 79 apr. J.-C.) les range déjà en deux catégories : les bons et les mauvais ; mais il faudra attendre le XVIe siècle pour qu'un certain nombre de champignons soient décrits et classés selon des critères morphologiques.

La mycologie. C'est au XIXe siècle que des savants comme le naturaliste suédois Christian Hendeck Persoon (1755–1837) et surtout le botaniste suédois Elias Magnus Fries (1794–1878) établissent de véritables classifications du groupe, posant les bases scientifiques de l'étude des champignons, en décrivant et en nommant quelque 3 000 espèces. En 1795, dans son *Traité sur les champignons,* le botaniste français Jean-Jacques Paulet (1740–1826) définit la science des champignons comme étant la *mycologie*.

CARACTÈRES GÉNÉRAUX

UN RÈGNE DISTINCT

■ LES RÉSULTATS OBTENUS par la biologie moléculaire favorisent l'hypothèse selon laquelle les champignons forment un règne différent du règne végétal, avec une tendance évolutive et une origine distincte. Comme les algues, les champignons possèdent un appareil végétatif dépourvu de racines, de tige et de feuilles *(thalle)*. Pourtant, ils se distinguent des algues (et des bryophytes) par l'absence de pigments chlorophylliens ; par ailleurs, contrairement aux bactéries, ils ont un noyau cellulaire typique.

Tandis que les végétaux verts peuvent, à la lumière, s'alimenter en carbone aux dépens du gaz carbonique, menant ainsi une vie « autotrophe », les champignons, dépourvus de chlorophylle, doivent prélever le carbone qui leur est indispensable sur d'autres organismes ou utiliser des substances où il existe déjà à l'état combiné. Comme les animaux, les champignons sont *hétérotrophes*.

Modes de nutrition. Beaucoup vivent sur la matière organique morte : on les appelle *saprophytes*. D'autres champignons croissent sur des êtres vivants, animaux ou végétaux : on les nomme *parasites*. Quelques espèces contractent avec leurs hôtes une union équilibrée *(symbiose)* : les champignons formant les partenaires « fongiques » des lichens, les mycorhizes des orchidées en sont des exemples.

Reproduction. La plupart des champignons pluricellulaires se reproduisent par des spores. Une spore, en germant, donne naissance à un filament microscopique, ramifié, le *mycélium*, qui représente l'appareil végétatif. Souvent, à la suite d'une conjugaison à caractère sexuel, les filaments mycéliens peuvent s'enchevêtrer, se serrer les uns contre les autres, former des masses compactes (que l'on nomme, selon les cas, carpophores, apothécies ou périthèces) et qui constituent l'appareil sporifère (champignon au sens usuel du mot).

Classification. On divise classiquement les champignons pluricellulaires en deux grands groupes : les *champignons inférieurs,* ou *micromycètes,* dont le mycélium n'est pas divisé par des cloisons (mildiou de la vigne, mucor du pain moisi, par exemple) et les *champignons supérieurs,* au mycélium cloisonné. Les champignons supérieurs se divisent eux-mêmes en deux sous-ensembles : les ascomycètes (morilles, truffes, etc.), dont les spores naissent dans des « asques », et les basidiomycètes (bolets, agarics, etc.), dont les spores sont portées par des « basides ».

Propriétés. De nombreuses espèces sont toxiques, voire mortelles (l'amanite phalloïde ou l'ergot du seigle, par exemple) ou indigestes (bolet Satan, tricholome tigré, pleurote de l'olivier, etc.), mais beaucoup sont comestibles. Des pénicilliums sont utilisés pour la fabrication des fromages. Certains sont sources d'antibiotiques (pénicilline, céphalosporine, etc.).

A

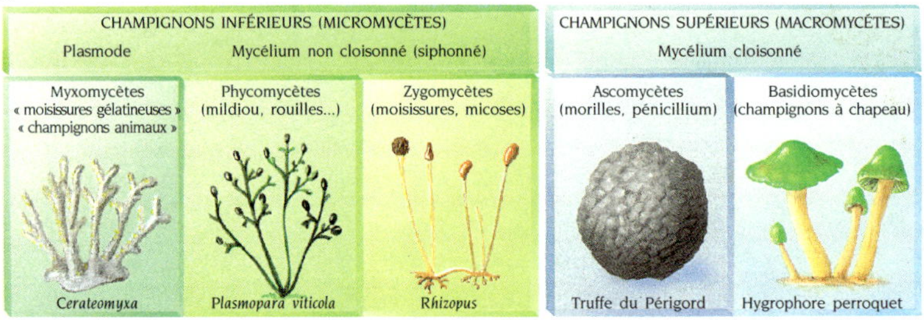

A. **CLASSIFICATION GÉNÉRALE DES CHAMPIGNONS**

Le règne des champignons est divisé en deux grands groupes : les champignons inférieurs, ou *micromycètes,* et les champignons supérieurs, ou *macromycètes*. Les champignons inférieurs constituent un ensemble de champignons disparates, d'aspect hétérogène et microscopique ; qualifié de « filamenteux », leur thalle n'est pas cloisonné. Leur développement est rapide. Ils s'installent partout. Pour certains, le cycle de reproduction est mal connu ; aussi les range-t-on dans les *fungi imperfecti*. Les champignons supérieurs possèdent un thalle cloisonné. La fructification différencie une partie fertile formée d'asques ou de basides visibles seulement à la loupe. Ainsi se définissent deux sous-groupes : les *ascomycètes* et les *basidiomycètes*.

B. **BASIDIOMYCÈTE (amanite rougeâtre)**

Les amanites sont des champignons supérieurs du groupe des basidiomycètes : leurs spores sont portées par des *basides*. Chez les basidiomycètes, comme chez les ascomycètes, ce qu'on appelle « champignon » correspond à la partie fructifère (ou sporifère) qui se forme à partir d'un *mycélium*.

B

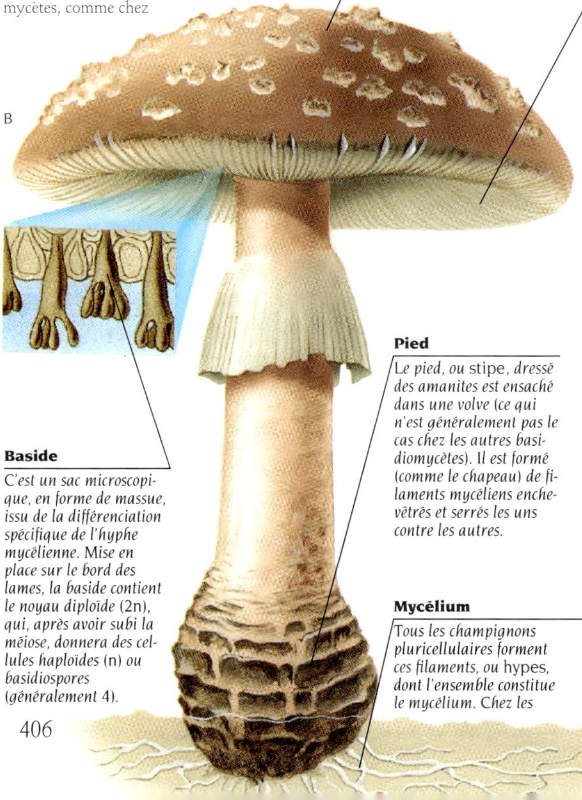

Chapeau

Appelé également carpophore, il est recouvert d'une pellicule plus ou moins colorée, facilement séparable. Sa chair est claire.

Lames

Chez les amanites, elles sont disposées en rayons et largement ouvertes sur l'extérieur. Les lames représentent la partie fertile, ou hyménium, du champignon, qui est constituée d'une palissade de basides microscopiques.

Baside

C'est un sac microscopique, en forme de massue, issu de la différenciation spécifique de l'hyphe mycélienne. Mise en place sur le bord des lames, la baside contient le noyau diploïde (2n), qui, après avoir subi la méiose, donnera des cellules haploïdes (n) ou basidiospores (généralement 4).

Pied

Le pied, ou stipe, dressé des amanites est ensaché dans une volve (ce qui n'est généralement pas le cas chez les autres basidiomycètes). Il est formé (comme le chapeau) de filaments mycéliens enchevêtrés et serrés les uns contre les autres.

Mycélium

Tous les champignons pluricellulaires forment ces filaments, ou hypes, dont l'ensemble constitue le mycélium. Chez les champignons supérieurs, les hypes sont cloisonnés. Le mycélium persiste après disparition de la partie fructifère.

C. **ASCOMYCÈTE (morille ronde)**

Le groupe des champignons supérieurs ascomycètes comporte des espèces comestibles, comme cette morille, les pezizes et les helvelles, ainsi que de nombreux parasites des plantes (rouille du châtaignier, mildiou de la vigne, ergot du seigle...) et des moisissures *(Penicillium)*.

C

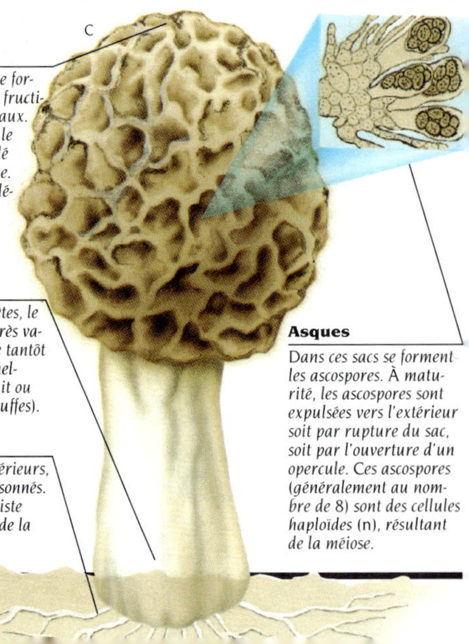

Chapeau

Les ascomycètes ne forment pas tous des fructifications en chapeaux. Chez les morilles, le chapeau est alvéolé comme une éponge. Les alvéoles sont délimitées par des côtes saillantes.

Pied

Chez les ascomycètes, le pied a une taille très variable. Il peut être tantôt élancé (morilles, helvelles) tantôt réduit ou absent (pézizes, truffes).

Asques

Dans ces sacs se forment les ascospores. À maturité, les ascospores sont expulsées vers l'extérieur soit par rupture du sac, soit par l'ouverture d'un opercule. Ces ascospores (généralement au nombre de 8) sont des cellules haploïdes (n), résultant de la méiose.

LES CHAMPIGNONS INFÉRIEURS

Les champignons inférieurs, ou *micromycètes,* peuvent être réunis sous le nom général de « moisissures » (quelques champignons supérieurs du groupe des ascomycètes, comme *Penicillium,* sont toutefois appelés aussi « moisissures »).

Les micromycètes ne forment pas de structures agrégées, ni végétatives ni reproductrices, à l'inverse des champignons supérieurs (macromycètes). Ce sont donc de petits champignons, souvent microscopiques, d'où leur nom de micromycètes. Un certain nombre d'espèces vivent en parasites de plantes ou d'animaux.

On divise les micromycètes en trois groupes : les phycomycètes (mildious, par exemple), les zygomycètes (moisissure du pain, mycoses animales) et les myxomycètes – ou mycétozoaires (hernie du chou).

MILDIOUS ET ROUILLES

LES PHYCOMYCÈTES

■ Les filaments mycéliens (hyphes) qui constituent les champignons phycomycètes, en général peu développés, ne sont pas cloisonnés et contiennent plusieurs noyaux. On appelle ces filaments des « siphons ». C'est pourquoi les champignons phycomycètes portent également le nom de siphomycètes.

Le champignon se développe à partir d'une spore nageuse qui perd ses flagelles, et s'enferme dans une paroi (kyste). Un tube germinatif se différencie à l'un des pôles de la cellule en système d'ancrage, l'autre pôle produit une structure érigée sur laquelle se différencient les filaments reproducteurs.

Reproduction. Les filaments reproducteurs, souvent dressés, portent au moins deux *gamétocystes* de sexe opposé. À maturité, les gamétocystes se clivent et donnent des *zoogamètes* uninucléés et flagellés. Il peut arriver que les flagelles servent à ramper et prennent une fonction de pseudopodes. Les zoogamètes deviennent alors des *myxogamètes.*

Lorsque deux zoogamètes se rencontrent, il y a formation d'un *zygote* diploïde, à deux flagelles. Celui-ci peut se multiplier directement par des *sporocystes* à zoospores directes diploïdes ; il peut aussi former des *sporokystes* qui donnent soit des zoospores diploïdes, soit des zoospores haploïdes (intervention des processus méiotiques), soit de nouveau des *zoogamètes.*

De plus, les zoogamètes femelles peuvent se diviser et germer en de nouveaux gamétophytes (multiplication végétative).

Chez les saprolégniales (formes aquatiques), il peut y avoir doublement ou triplement des stades flagellés ; chez les péronosporales (formes aériennes, parasites de plantes), il n'existe qu'un stade flagellé.

Les phycomycètes ont besoin d'un support mais surtout d'eau pour pouvoir se reproduire ; une goutte de rosée ou de pluie sur le support leur suffit pour libérer les cellules reproductrices et permettre le développement d'un nouveau mycélium.

Classification. La classification des phycomycètes s'établit sur les caractères de leurs cellules à flagelles (zoogamètes et zoospores), appelées *zoïdes,* sur leur cycle de reproduction et sur la morphologie de leur thalle. On distingue ainsi les phycomycètes à cellules portant deux flagelles inégaux et à génération unique, haploïde (les oomycètes) et les phycomycètes à cellules portant un seul flagelle et à cycle à deux générations (les chytridiomycètes et le petit groupe des hyphochytriomycètes).

Les oomycètes. Cette classe comprend quatre sous-classes, parmi lesquelles les *saprolégniales,* qui vivent dans les eaux douces, en saprophytes sur les débris organiques.

Les *péronosporales* sont des champignons responsables de graves maladies chez les plantes. Ils attaquent les plantules ou provoquent des « mildious » ou des « rouilles blanches ».

Ces organismes se développent dans les tissus de plantes aériennes, en parasites intercellulaires. *Phytophtora infestans* est responsable du mildiou de la pomme de terre ou des tomates. *Plasmopara viticola* est l'agent du mildiou de la vigne. *Albugo candida* provoque la rouille blanche chez les crucifères.

Les chytridiomycètes. Chez le genre *Allomyces,* les gamètes mâles très mobiles sont attirés autour du gamète femelle. Cela est une réponse à l'émission par les gamétocystes femelles d'une phéromone, la *sirénine,* que l'on a pu synthétiser.

A

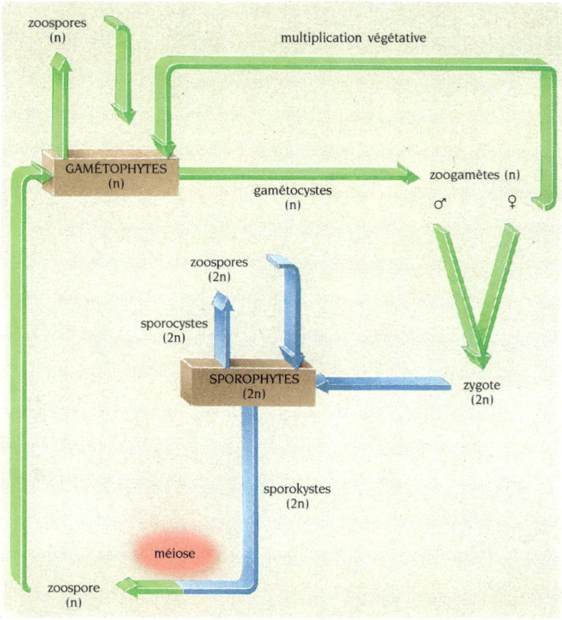

A. **CYCLE DE REPRODUCTION**

Chez les champignons qui, comme les phycomycètes, possèdent des cellules mobiles *(zoïdes)* assurant la reproduction, les organes reproducteurs sont de trois types : les sporocystes, les gamétocystes et les sporokystes.

Le cycle de reproduction est très souvent à deux générations : le gamétophyte haploïde (*n*) peut se multiplier directement par spores ou donner des gamètes (*n*), leur fusion produit alors le zygote (2*n*). Le sporophyte diploïde (2*n*) peut se multiplier directement par spores diploïdes (2*n*), ou bien former des sporokystes diploïdes (2*n*) qui, subissant la méiose, donnent des zoospores haploïdes (*n*).

Il existe des variantes de ce cycle (génération unique haploïde ou diploïde).

B. **LES PHYCOMYCÈTES**

Ordres	Exemples
Saprolégniales	*Saprolegna, Achyla,*
Leptomitales	*Aplanes*
Péronosporales	*Albugo, Plasmopara*
Blastodadiales	*Allomyces*
Monoblépharidales	*Monoblepharis*
Chytridiales	*Chytridium, Rhigophidium*
Olpidiales	*Asterocystie, Olpidium*
Hypochytriades	

B. **CLASSIFICATION**

Les phycomycètes comptent un grand nombre de champignons parasites de végétaux. Ils sont classés selon leurs cellules mobiles, ou zoïdes.Les oomycètes ont des zoïdes à deux flagelles opposés, inégaux. Ces espèces ont un cycle de reproduction à une génération, haploïde. Les zygotes sont enkystés, le thalle est filamenteux. Le second groupe présente des cellules à flagelle unique, postérieur. Le thalle peut être filamenteux ou parfois réduit à un plasmode.

C

C. **MILDIOU DE LA POMME DE TERRE**

Les phytophtoras (péronosporales) sont des champignons parasites qui causent de réels dégâts chez les végétaux supérieurs. Ils s'attaquent aux feuilles de plantes cultivées comme les pommes de terre (ici, *Phytophtora infestans*) ou les tomates, produisant un jaunissement puis un flétrissement des parties aériennes. Les tubercules et les fruits se développent peu ou mal et sont souvent contaminés. Ces parasites se disséminent en produisant des sporocystes.

D

D. **FEUTRE DES GLOXINIAS**

Ce pythium *(Pythium gloxinea),* oomycète du groupe des péronosporales, parasite de plantes horticoles (ici *Gloxinia*), extériorise un « feutrage mycélien », clair sur la surface des feuilles, provoquant des flétrissures. Le mycélium de ce parasite fréquent est ramifié. Il pénètre dans les cellules hôtes. Les filaments érigés portent des sporocystes et des gamétocystes. Les zoospores portent deux flagelles opposés.

LES CHAMPIGNONS INFÉRIEURS

MOISISSURES ET MYCOSES

LES ZYGOMYCÈTES

■ LE MYCÉLIUM des zygomycètes n'est pas cloisonné, sauf au moment de la formation des cellules sexuelles ou de spores. Ces champignons forment un feutrage blanc ou coloré. Son origine est soit une spore, soit un fragment mycélien qui a « germé » (multiplication végétative). L'absence de cloison à l'intérieur des hyphes donne à ces longs filaments l'allure d'un « siphon », comme chez les phycomycètes.

Classification. Les zygomycètes sont proches des champignons supérieurs ascomycètes (comme les morilles, par exemple). Cependant, ils ne développent pas d'asques, mais de grosses spores haploïdes ou diploïdes à paroi épaisse : les zygospores. On distingue trois sous-classes chez les zygomycètes (mucorales, entomophtorales et zoopagales).

Les *mucorales,* comme *Rhizopus nigricans* (moisissure de pain), dont la plupart des espèces sont des saprophytes, forment des moisissures blanches ou colorées sur les débris organiques, les excréments ou les matières grasses ; d'autres vivent en parasites sur d'autres champignons ou sur des plantes chlorophylliennes. Chez toutes les mucorales, la tête fertile du filament producteur de spores donne un ou plusieurs sporocystes qui contiennent de nombreuses spores.

Les *entomophtorales* sont des champignons parasites d'insectes pour la plupart, mais aussi parasites de plantes, ou saprophytes.

Les *zoopagales* forment un groupe restreint de champignons vivant surtout dans le sol et dans l'eau aux dépens de vers nématodes ou d'organismes unicellulaires aquatiques comme les amibes, qu'ils capturent.

Reproduction asexuée. Le cycle de reproduction des zygomycètes peut être asexué ou sexué.

La reproduction asexuée est assurée par des sporocystes qui s'individualisent de certains hyphes mycéliens dressés. Ces sporocystes sont portés par un axe (columelle) stérile et peuvent contenir une grande quantité de spores avec un ou plusieurs noyaux. À maturité, les spores sont libérées et transportées dans l'air, dans l'eau ou par un autre organisme. Cette forme de reproduction est la plus fréquente.

Reproduction sexuée. Lors de la reproduction sexuée, les filaments reproducteurs apparaissent sur le mycélium sous forme de petites ramifications boursouflées qui s'isolent par l'édification de cloisons transversales. Ce sont les gamétocystes. Il y a fusion de deux gamétocystes, l'un qualifié de positif (+), l'autre de négatif (-). Après la fusion, il se forme une *zygospore* diploïde à paroi épaissie.

Pour qu'il y ait formation et production de zygospores, il faut que ces filaments sexuels soient compatibles. Il n'est pas possible de distinguer morphologiquement un gamétocyste (+) d'un gamétocyste (-) et seule leur fusion est une preuve de leur compatibilité. La zygospore subit une méiose, immédiatement ou après une période de dormance. Elle germe, formant un sporocyste dont les spores haploïdes germent à leur tour. Le cycle de reproduction des zygomycètes se déroule en phase haploïde, la phase diploïde étant réduite à la zygospore avant méiose.

A. **CYCLE DE REPRODUCTION**

Chez les zygomycètes, la reproduction sexuée est discrète et rapide. La fusion entre filaments reproducteurs sexuellement compatibles se fait par contact, puis union entre les gamétocystes (+) et (-) haploïdes, qui donnent des zygospores diploïdes. Ces zygospores subissent les processus méiotiques (réduction de nombre de chromosomes) et les sporocystes issus de ces divisions sont haploïdes. La reproduction asexuée, ou multiplication végétative, est assurée par des sporocystes (ou *conidies*) issus directement des filaments mycéliens, sans qu'il y ait fusion. La plupart des zygomycètes pratiquent préférentiellement ce type de reproduction et produisent des conidies en grande quantité.

A

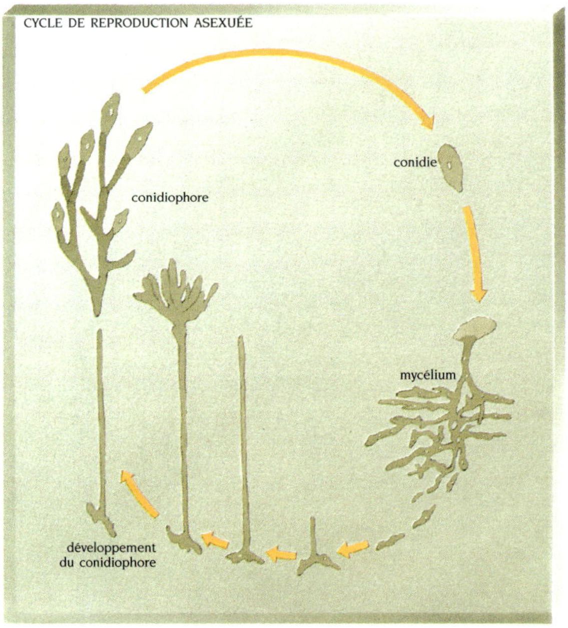

B. **CLASSIFICATION**

Les mucorales sont caractérisées par un mycélium en « siphon » plurinucléé, dont les parois cellulaires renferment de la chitine et parfois des pigments. Les endogones forment des associations symbiotiques avec les racines des plantes (mycorhizes). Les entomophtorales sont proches des mucorales, mais possèdent un mycélium cloisonné. Les zoopagales, à mycélium siphoné, sont prédateurs d'amibes ou de nématodes.

B. LES ZYGOMYCÈTES

Ordres	Exemples
mucorales	*Endogone* *Mucor* *Rhizopus*
entomophtorales	*Basidiolobus* *Entomophtora*
zoopagales	*Endocochlus* *Cochlonema* *Dactylella*

C. **PIÈGE À NÉMATODES**

Certains zygomycètes zoopagales comme ce *Dactylella* (1) peuvent tuer et digérer des vers nématodes. Ils forment une masse de filaments dans le bois pourri et portent de petits anneaux de cellules, qui fonctionnent comme de véritables lassos. Si un ver se glisse dans un anneau, il est bloqué par les cellules qui gonflent brutalement (2). Les hyphes se ramifient et pénètrent alors dans la victime. D'autres zygomycètes capturent ces vers au moyen de pièges adhésifs (3).

C

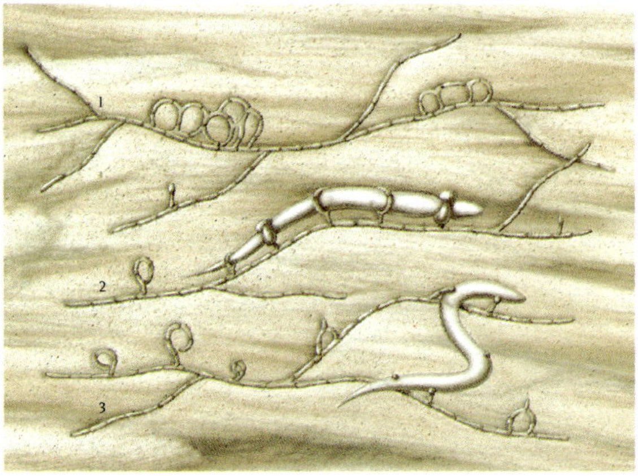

UNE MOISISSURE UTILE

Les champignons du genre *Rhizopus* vivent en saprophytes ou en parasites sur des substrats divers (plantes, animaux). Ils forment alors un feutrage gris-noir, sur le pain par exemple, ou les tomates *(Rhizopus stolonifer).* Les filaments producteurs de spores sont ramifiés et portent des sporocystes identiques entre eux. Ces filaments forment des grappes maintenues sur leur substrat par des crampons, les *rhizoïdes.* Le mycélium de ces champignons s'étend rapidement sous la forme d'hyphes appelés *stolons.* L'extrémité des stolons peut produire d'autres sporocystes et d'autres rhizoïdes. En culture, au laboratoire et sous une température de 22 °C, *Rhizopus nigricans* peut atteindre une vitesse de croissance de 54 mm par jour.

Les *Rhizopus,* comme beaucoup d'autres moisissures, ne présentent pas que des inconvénients. L'homme les utilise dans l'industrie pour réaliser des synthèses ou des conversions biochimiques que les moyens chimiques classiques ne permettraient pas.

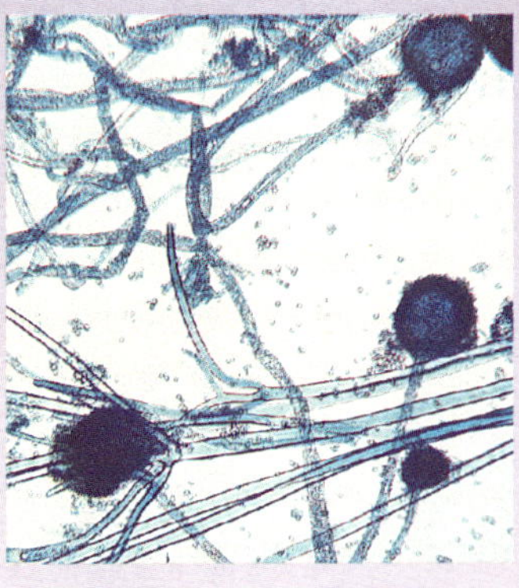

LES MYXOMYCÈTES

« MOISISSURES GÉLATINEUSES » ET « CHAMPIGNONS-ANIMAUX »

■ APPELÉS ÉGALEMENT « MYCÉTOZOAIRES », pour souligner leurs affinités avec des animaux unicellulaires, les rhizopodes (amibes), les myxomycètes se présentent, au cours de leur cycle de vie, sous la forme d'amibes (généralement uninucléées mais pouvant s'agréger) ou de plasmodes (plurinucléés) qui rampent sur les supports solides. Ils ont pour cellules reproductrices des zoïdes mobiles. Ces zoïdes portent en général deux flagelles inégaux, l'un des deux pouvant être très réduit, voire inexistant. La cellule qui porte ces flagelles est dite *myxoflagellée.* Elle perd ses flagelles pour donner une *myxamibe* qui, selon les groupes, mène une vie indépendante ou fusionne avec une autre myxamibe pour donner un plasmode.

Les myxomycètes, qui ne forment pas de mycélium, vivent soit en saprophytes en milieu aquatique ou aérien (myxogastrales), soit en parasites d'algues, d'animaux aquatiques ou de plantes supérieures (plasmodiophorales), enfin ils peuvent être des commensaux d'arthropodes. La moisissure gélatineuse appelée « fleur de tan » *(Fuligo septica* ou *Æthalium septicum),* les « amibes sociales » *(Dictyostelium)* et l'agent de la hernie du chou *(Plasmodiophora brassicæ)* sont les myxomycètes les plus connus.

Reproduction. Les cellules peuvent se multiplier simplement par mitose, mais le cycle de reproduction peut également compter deux phases : mitoses et sexualité par fusion de deux cellules myxoflagellées ou de deux myxamibes (haploïdes). Pour certaines espèces, ce cycle de reproduction sexuée peut être remplacé par les processus de reproduction sans fusion de zoïdes : le champignon édifie des sporanges au sein desquels une méiose engendre des spores.

Classification. Les myxomycètes se répartissent dans quatre sous-classes :
– les *plasmodiophorales,* qui sont des organismes qui se forment à partir de plasmodes plurinucléés. Ce sont des parasites intracellulaires d'algues, de champignons ou de plantes vasculaires, aquatiques ou terrestres. Leur nutrition se fait par absorption. Le plasmode et les spores formées se développent dans les cellules de la plante hôte. *Plasmodiophora brassicæ* est responsable de la « hernie du chou » ;
– les *myxogastrales* ou *myxomycétales,* qui sont des organismes non parasites qui se nourrissent par phagocytose. Ils se développent sous forme de plasmodes plurinucléés qui se transforment pour donner des spores emballées dans un chapeau (le *péridium*). Celles-ci se clivent, s'entourent d'une paroi entremêlée de filaments. Les courants cytoplasmiques qui existent dans les longues cellules donnent aux plasmodes un mouvement de reptation *(Fuligo septica).* Les myxogastrales se nourrissent à la fois de manière autotrophe (absorption directe de substances dissoutes) et hétérotrophe (phagocytose de bactéries) ;
– les *acrasiales,* qui ont un mode de vie saprophyte, sur les fumiers, le crottin. Leur cycle de reproduction est caractérisé par l'absence du stade plasmodial, qui est remplacé par un stade d'agrégation « pluricellulaire » *(Dictyostelium discoideum).* Les spores tuniquées haploïdes, enkystées, sans stade mobile, germent en donnant des myxamibes ;
– les *trichomycétales,* qui sont des organismes filamenteux, sans cellules nageuses. Ils vivent sur la carapace ou dans les voies digestives d'arthropodes ou de nématodes. Ils sont très proches des acrasiales puisqu'ils sont sans cellules flagellées ni plasmodes diploïdes.

A

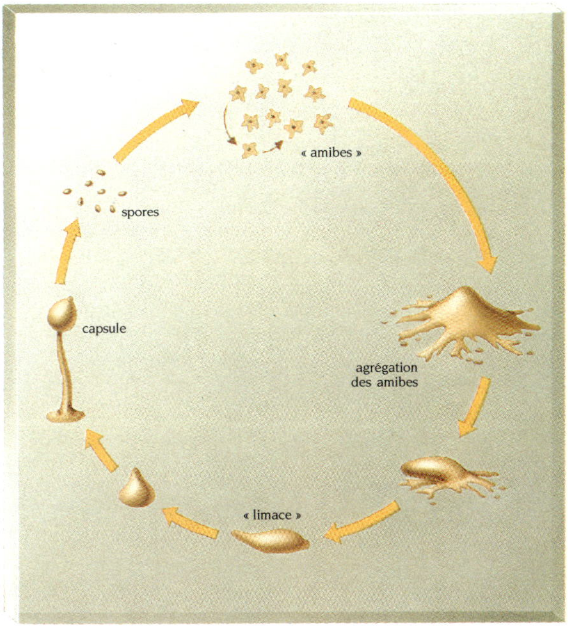

A. **CYCLE DE REPRODUCTION**

Leur cycle biologique permet de diviser les myxomycètes en deux groupes. Le premier comprend les acrasiales et les trichomycétales. Le cycle d'un de ses représentants, *Dictyostelium discoideum,* est montré ici : des cellules ressemblant à des amibes mènent une vie indépendante. Si elles sont privées de nourriture, elles se rassemblent en grand nombre (limace). La partie antérieure de cette « limace » se différencie en capsule contenant des spores qui peuvent germer pour donner de nouvelles amibes.
Les myxomycètes du second groupe (plasmodiphorales et myxogastrales) forment des plasmodes, masses cellulaires géantes à plusieurs noyaux, qui différencient des spores.

B. **LES MYXOMYCÈTES**

Ordres	Exemples
plasmodiophorales	*Plasmodiphora* *Octomyxa* *Woroinua*
myxogastrales	*Fuligo* *Lycogala*
acrasiales	*Mucida* *Dictyostelium*
trichomycétales	*Paramœbium*

B. **CLASSIFICATION**

Les myxomycètes sont des champignons gélatineux, remarquables par leurs caractères primitifs et leurs affinités animales, vivant souvent en symbiose permanente avec des bactéries. La spore des myxomycètes germe en donnant une zoospore flagellée et nageuse qui, après fixation, prend l'aspect d'une amibe (myxamibe). Cette zoospore sert à la classification de ce groupe, qui, pour de nombreux auteurs, est écarté de l'ensemble des champignons.

C

C. **HERNIE DU CHOU**

Cette maladie, encore appelée « gale du chou », est fréquente et se traduit sur la plante par des boursouflures dans la partie haute de la racine. Les plantes malades sont contaminées par *Plasmodiophora brassicæ.* Ce myxomycète parasite se développe sur les plantes qui poussent sur sol non calcaire. Il forme un plasmode qui se nourrit de particules solides par diffusion. La cellule hôte s'hypertrophie, le parasite grossit. Il peut migrer de cellule à cellule à travers les parois et peut se multiplier par clivage ou fractionnement du plasmode. Lorsque l'équilibre plasmode/cellule hôte est convenable, la multiplication végétative peut être remplacée par la formation d'éléments reproducteurs. Il y a formation alors de zoïdes mobiles ou de spores immobiles.

D

D. **FLEUR DE TAN**

Cet organisme *(Fuligo septica)* non parasite présente un plasmode qui peut couvrir plusieurs centimètres carrés. On le trouve souvent sur les feuilles mortes. Ce plasmode est mobile, son cytoplasme est animé de courants qui provoquent un mouvement d'expansion et un mouvement de reptation sur le substrat. Lorsque les conditions extérieures sont défavorables (sécheresse), *Fuligo septica* peut se fragmenter et former, en s'enkystant, un *sclérote,* qui passe en vie ralentie.

LES ASCOMYCÈTES

Les champignons supérieurs comprennent les ascomycètes et les basidiomycètes. Les *ascomycètes* se reproduisent par des spores *(ascospores)* qui mûrissent dans des sortes de sacs appelés « asques ». Ils forment une très vaste classe de champignons, au mycélium cloisonné ou bourgeonnant, comprenant environ 15 000 espèces.

CARACTÈRES GÉNÉRAUX

REPRODUCTION ET CLASSIFICATION

■ Pendant la phase végétative, les ascomycètes se multiplient et se propagent par l'émission de spores asexuées. Chez certains ascomycètes, ce type de propagation est très fréquent, voire apparemment unique. Ces ascomycètes dont la reproduction sexuée est inconnue sont classés dans le groupe des *champignons imparfaits (Fungi imperfecti).*

Classification. La base de la classification des ascomycètes repose sur l'organisation des fructifications, ou *ascocarpes,* qui se différencient à partir du mycélium et portent les asques. (Les fructifications représentent donc les parties visibles des champignons.) On distingue trois groupes de champignons ascomycètes :
– les *discomycètes,* qui forment un groupe assez homogène dont les ascocarpes ont l'allure de coupes ou sont largement ouvertes. On appelle ces fructifications particulières les *apothécies.* Les morilles et les pézizes sont des discomycètes. Certains ont un ascocarpe souterrain (exemple, la truffe du Périgord) ;
– les *pyrénomycètes,* qui forment des fructifications microscopiques en forme de bouteille (périthèces) s'ouvrant par un orifice apical, l'ostiole (exemple, l'ergot du seigle) ;
– les *plectomycètes,* qui ont des fructifications globuleuses restant indéfiniment closes.

MORILLES ET PÉZIZES

LES DISCOMYCÈTES

■ Également appelés « euascomycètes », les discomycètes forment le groupe le plus important des ascomycètes. Leurs ascocarpes ont une forme de « coupe » (apothécies). Chez les dermatéacées (« pourritures lenticellaires » des pommes) et les hélotiacées (*Chlorosplenium* bleu-vert du bois pourri), l'apothécie est cependant plus ou moins typique. Ces champignons sont saprophytes et parfois parasites.

Les asques et leur mode d'ouverture sont également pris en compte dans la classification. Chez les pézizales (pézizes, helvelles, morilles), les asques possèdent à l'apex un opercule qui se découpe à maturité, en ménageant ou non une charnière. Dans ce groupe, chez les pézizacées (pézizes), l'ascocarpe en forme de coupe est porté par un court pédicelle. Chez les helvellacées (helvelles), la fructification s'accroît jusqu'à former un chapeau plissé et le pédicelle s'allonge. Chez les morchellacées (morilles), le chapeau se divise en de multiples alvéoles.

PENICILLIUM ET OÏDIUMS

LES « CHAMPIGNONS IMPARFAITS » APPARENTÉS AUX ASCOMYCÈTES

■ Ces champignons, appelés aussi « périascomycètes », forment un groupe à la position systématique incertaine présentant toutefois des analogies avec les ascomycètes.

On y trouve de nombreux parasites d'animaux, comme les laboulbéniales. Les moisissures du genre *Aspergillus* se développent sur de nombreux substrats. *Aspergillis glaucus* est la moisissure des confitures. Certains *Aspergillus* sont responsables d'allergies ou d'intoxication *(A. fumigatus, A. flavus).* D'autres sont utiles à la préparation d'aliments ou à l'industrie (*A. niger* produit des acides et des enzymes).

Des moisissures du genre *Penicillium* sont très nuisibles (*P. expansum* sur les pommes). *Penicillium simplicissium* est même capable de dégrader le granite ! D'autres sont allergènes ou toxiques. En revanche, *P. roqueforti* permet la fabrication du roquefort et d'autres fromages à pâte persillée. Ces moisissures sont aussi des auxiliaires précieux car ils produisent des antibiotiques (la pénicilline provient de *P. chrysogenum*).

Le genre *Fusarum* comprend des parasites de plantes (graminées surtout) très nuisibles. *Fusarum oxysporum* détruit les bananiers.

Les champignons du groupe des érysiphales provoquent des dégâts par les « oïdiums » ou « blancs » (« blanc des graminées », oïdium du rosier et de la vigne).

A

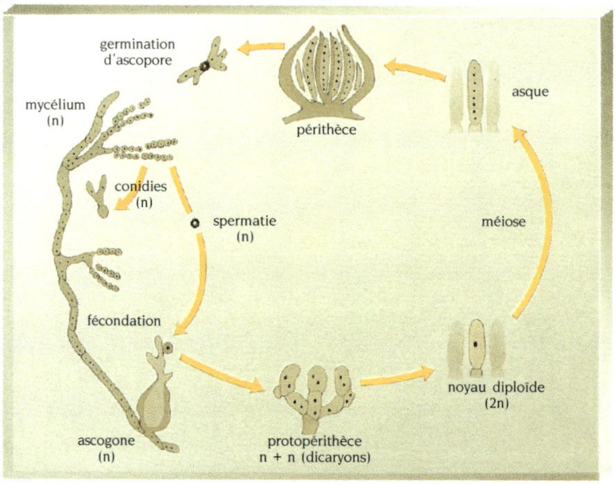

A. **CYCLE DE REPRODUCTION**

Après germination d'une ascospore se forment des filaments mycéliens ramifiés. Dans la phase de reproduction sexuée, les ascomycètes forment des cellules à noyaux capables de fusionner avec celles provenant d'un autre mycélium. C'est l'*hétérothallisme,* identique à celui des basidiomycètes. Cependant, chez les ascomycètes, l'hétérothallisme n'est pas strict. Ces champignons sont capables d'accomplir tout leur cycle vital sans reproduction sexuée. Les ascomycètes différencient des éléments mâles à partir de leur mycélium : les *spermaties* qui ont pour rôle d'assurer la fécondation des éléments femelles (ascogones) produits par le même thalle (autofécondation) ou des thalles différents (fécondation croisée). Les asques se mettent en place et sont le siège des divisions méiotiques. Chaque asque renferme généralement huit ascospores qui sont expulsées à maturité.

B

B. **INSECTE PARASITÉ**

Les laboulbéniales sont des champignons parasites apparentés aux ascomycètes. Le thalle mycélien est de petite taille (quelques millimètres à quelques micromètres). Parasitant les insectes, ici le dytique *Dytiscus marginalis,* ces champignons ressemblent à des poils dispersés ou groupés sur le tégument de l'animal, formant une enveloppe semblable à de la fourrure.

C

C. **MORILLE CONIQUE** (*Morchella conica*)

Comme les autres morilles, elle vient au printemps sous les feuilles ou dans les endroits broussailleux. Peu commune en plaine, on la trouve dans les forêts de basse altitude. C'est un comestible excellent.

D E F

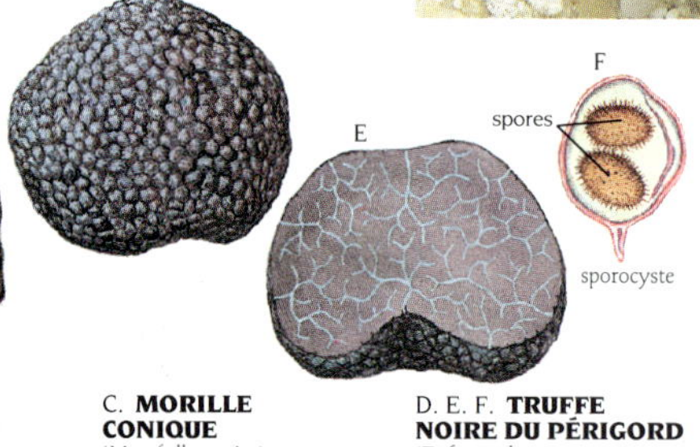

D. E. F. **TRUFFE NOIRE DU PÉRIGORD** (*Tuber melanosporum*)

Comme les autres truffes, ce champignon du groupe des discomycètes mène une vie entièrement souterraine. La truffe vit en association symbiotique avec les racines de certains arbres, notamment les chênes.

G

G. **NECTRIA COULEUR DE CINABRE** (*Nectria cinnabarina*)

Les fructifications des nectrias, ou périthèces, sont issues de la reproduction sexuée ou asexuée. Ce sont de petits organes globuleux, creux et en forme de bouteille, dans lesquels se forment les asques. Les nectrias sont des champignons pyrénomycètes parasites sur le bois (peupliers, hêtres, frênes, pommiers...) où ils fructifient presque toute l'année. L'espèce *Nectria galligena* provoque le « chancre du pommier ». La couleur des fructifications varie du rose foncé au rose pâle.

LES BASIDIOMYCÈTES

LES CHAMPIGNONS SUPÉRIEURS *basidiomycètes,* couramment appelés « champignons à chapeau », sont classés selon des critères essentiellement morphologiques tels que la forme de leur chapeau ou de leur pied, leur mode particulier d'insertion, la consistance de leur chair, la couleur des spores.

À ces critères s'en s'ajoutent d'autres, tels que les réactions chimiques provoquées par différentes substances comme l'iode, la potasse, le sulfate de fer et les critères organoleptiques (odeur et saveur).

CARACTÈRES GÉNÉRAUX

LES MODALITÉS DE DÉVELOPPEMENT

■ L'UTILISATION DU MICROSCOPE a permis d'étudier le développement des champignons dès le stade embryonnaire de la fructification. Deux groupes se différencient : les champignons *à développement angiocarpique* et les champignons *à développement gymnocarpique.*

La gymnocarpie. Chez les basidiomycètes gymnocarpes, la surface qui porte la partie fertile (ou hyménium), appelée «hyménophore», apparaît dès le début du développement de la fructification (pied et chapeau). Elle n'est jamais recouverte. Dans une fructification à développement gymnocarpique, le chapeau n'est pas nettement séparé du pied, car il se forme par divergence plus ou moins ample des filaments mycéliens parallèles qui le constituent. L'hyménophore s'élabore du sommet du pied à la face inférieure du chapeau. Les clavaires, les hydnes (appelées « barbe-de-chèvre » ou « barbe-de-vache ») et les polypores possèdent un développement gymnocarpique.

L'angiocarpie. Lorsque l'hyménophore est recouvert, au moins à un stade de développement, celui-ci est dit « angiocarpique ».

La partie fertile se constitue à l'intérieur d'enveloppes formées de filaments mycéliens et appelées *voiles.* Dans de nombreux cas, après l'élongation du pied et l'étalement du chapeau, ces voiles se déchirent et l'on peut en observer les restes sur les fructifications mûres, sous forme de *volves, d'anneaux, d'armilles, de cortines* ou *de mèches.*

On distingue deux types de voiles. Le *voile général,* qui joue un rôle de protection, entoure complètement le jeune champignon. Il est doublé, au niveau de l'hyménophore, par un *voile partiel,* attaché d'un côté au bord externe du chapeau et de l'autre à la partie supérieure du pied.

L'angiocarpie est dite « primaire » si l'hyménophore est recouvert dès l'origine et ne devient apparent qu'au moment où le chapeau s'épanouit. Cette modalité est caractérisée par une concentration du développement à l'intérieur d'un petit corpuscule sphérique, le *primordium,* qui représente l'embryon de la fructification. Dans certains cas, le pied se différencie le premier, puis le chapeau et enfin l'hyménophore. Cependant, les éléments de la fructification peuvent apparaître simultanément.

Chez les amanites et chez de nombreux champignons à spores blanches (espèces dites « leucosporées »), c'est le chapeau qui se délimite le premier. Chez les agaricales à spores colorées (dites « chromosporées »), c'est l'hyménophore qui apparaît d'abord.

L'angiocarpie peut être *secondaire* (on parle de « pseudo-angiocarpie ») lorsque l'hyménophore, apparent à l'origine, est enveloppé par un manchon de filaments stériles. Il ne redevient apparent qu'à l'épanouissement du chapeau. C'est le cas de l'armillaire.

L'endocarpie. Ce mode de développement représente un cas particulier d'angiocarpie. Si l'enveloppe d'hyphes stériles subsiste jusqu'à la maturité complète, le développement est dit « endocarpique ». Dans ce cas, le carpophore ne s'ouvre pas spontanément et la dispersion des spores n'est possible qu'après l'altération biologique de la paroi de la fructification. Cela est spécifique du groupe des gastéromycètes, tels que le lycoperdon, ou vesse-de-loup. Les spores sont donc produites dans une cavité close, pour être libérées par un orifice au sommet de l'enveloppe (vesse-de-loup) ou par une déchirure (cas du scléroderme).

L'AMANITE « TUE-MOUCHES »

Amanite « tue-mouches », pourquoi un tel qualificatif alors que les mouches vont et viennent sans dommage sur le chapeau de ce champignon ? Le naturaliste Albertus Magnus (XIIIe siècle) disait : « Plongez-la dans du lait et vous constaterez que les mouches viennent y goûter, se mettent à enfler et meurent. » La muscarine, substance chimique que renferme le champignon, laisse voler les mouches, tandis que l'acide tricholomique, qui a des pouvoirs insecticides, les tue.

Au XVIIe siècle, on nomme l'amanite tue-mouches « champignon des fous ». Son ingestion provoque chez l'homme des symptômes hallucinogènes. C'est un champignon aux affinités nordiques, vivant en association avec les résineux ou les bouleaux. Les peuples du Nord l'ont consommé lors de cérémonies rituelles, lui attribuant un pouvoir divin et, pour que persistent les effets de son charme aphrodisiaque, les adeptes n'hésitaient pas à boire ou à faire boire leur urine. En effet, la filtration rénale n'altère pas les propriétés psychotropiques de la « tue-mouches ». Les effets des substances hallucinogènes se décomposent en 3 phases : excitation et exaltation, avec cris, rires, chants, puis période euphorique douce suivie d'une période de stupeur et d'angoisses. Le drogué tombe ensuite dans un sommeil profond, parfois entrecoupé de cauchemars.

A

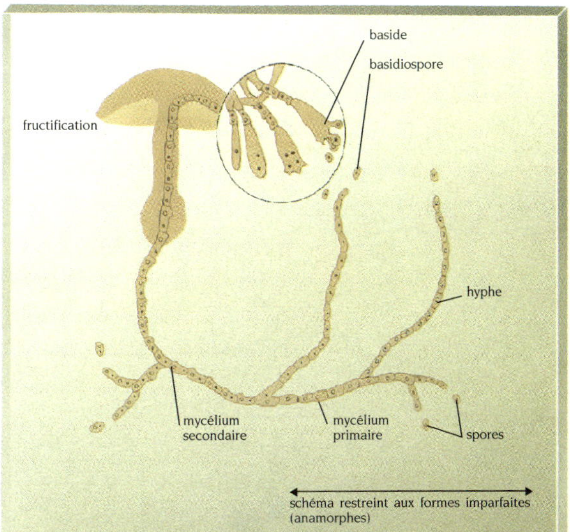

A. **CYCLE DE REPRODUCTION**

Le cycle des basidiomycètes est *asexué* ou *végétatif* lorsque les spores sont formées à partir des filaments mycéliens, par simple multiplication cellulaire. Les spores sont alors appelées « conidies ».
La reproduction sexuée implique deux processus qui correspondent l'un au passage de l'état haploïde (n chromosomes) à l'état diploïde (2n chromosomes) [c'est la fécondation], l'autre de l'état diploïde (2n) à l'état haploïde (n) [c'est la méiose]. Chez les champignons supérieurs basidiomycètes, la fusion des deux noyaux parentaux (caryogamie) s'effectue dans les basides qui forment l'hyménium (ce dernier comporte parfois des éléments stériles, les cystides). Dès la formation du noyau diploïde interviennent les processus de méiose qui portent en général à quatre le nombre de noyaux, ou à huit si une mitose postméiotique intervient. Les noyaux migrent alors à l'extrémité de la baside, passent par des pédoncules, les stérigmates et sont distribués dans les « basidiospores » formées à leur extrémité. Le nombre de noyaux dans les basidiospores peut varier. Ainsi formées, les basidiospores sont ensuite expulsées dans le milieu extérieur.

B

B. **ROUILLES ET CHARBON**

Les basidiomycètes comptent deux grands groupes de champignons parasites de plantes.
Les urédinales sont responsables des maladies appelées « rouilles » (présence de taches orangées sur les feuilles).
Les ustilaginales, à cycle de développement plus simple, sont responsables des *charbons* ou des *caries,* selon que les amas noirs des spores affectent la superficie de la plante (comme sur cet épi de maïs) ou restent inclus dans les tissus.

LES BASIDIOMYCÈTES

La partie fertile des basidiomycètes, ou hyménium, est constituée de nombreux sacs en forme de massue, ou basides, dans lesquels se différencient les spores, appelées « basidiospores ».

La baside est le siège de la reproduction sexuée. Les deux noyaux cellulaires parentaux y fusionnent *(fécondation)* et y subissent les processus de méiose donnant naissance aux basidiospores, libérées à maturité sur le sol. Selon la structure de la baside, deux groupes se différencient : les hétérobasidiomycètes et les homobasidiomycètes.

Chez les *hétérobasidiomycètes,* la baside est cloisonnée transversalement. Ces champignons sont les parasites des plantes supérieures. Chez les trémellales et les auriculariales, champignons gélatineux, les basides sont cloisonnées longitudinalement.

Les *homobasidiomycètes* sont les vrais « champignons à chapeau ».

La classification des basidiomycètes repose sur des critères de développement (embryologie) morphologique, la couleur des basidiospores, et sur des critères organoleptiques (odeur-saveur).

CLÉ SUCCINCTE DE DÉTERMINATION DES BASIDIOMYCÈTES

Critères de détermination			Espèces
Hyménophore lisse			Clavaires Craterelles
Hyménophore à aiguillons			Hydnes
Hyménophore à tubes			Polypores Bolets
Hyménophore à lames	Spores blanches ou crème	Ni volve, ni anneau	Lactaires Russules Chanterelles Pleurottes,...
		Pas de volve, un anneau	Armillaires, Lépiotes
		Une volve, un anneau	Amanites
	Spores roses	Ni volve, ni anneau	Clitopyles Plutées
		Une volve, pas d'anneau	Volvaires
	Spores orangées ou rouille	Ni volve ni anneau	Paxilles
		Pas de volve, une cortine	Inocybes, Cortinaires,...
		Pas de volve, un anneau	Pholiotes,...
	Spores brunes	Pas de volve, un anneau	Coprins, Psalliotes,...
Hyménophore à replis, développement angiocarpique		Une volve, hyménium mucilagineux	Phalles, Clathres, Anthurus
		Une volve, hyménium à masse sporale pulvérulente	Géastres, Scléro-dermes et vesses-de-loup

CONSEILS DE RÉCOLTE

Ne jamais récolter abusivement les champignons et toujours laisser sur le terrain les plus vieux spécimens. Ils sont utiles à la reproduction.

L'identification d'un champignon ne se devine pas. Il faut observer soigneusement ses caractères spécifiques. Il est bon d'utiliser les manuels d'identification, mais les conseils de mycologues avertis sont souvent indispensables.

Choisir des spécimens adultes où tous les caractères sont apparents, rejeter les jeunes pour éviter toute confusion.

Ne pas arracher le champignon, une volve (reste du voile protecteur) utile à la détermination peut demeurer en terre.

Séparer, à la récolte, les champignons reconnus bons de ceux qui sont douteux. Les déposer dans des paniers différents.

Ne pas utiliser de sacs en plastique, les champignons s'écrasent et pourrissent.

Après la cueillette, vérifier de nouveau la récolte et ne consommer que les exemplaires dont la détermination est sûre.

A

A. **AMANITE PHALLOÏDE**
(Amanita phalloides)

Cette espèce mortelle croît dans les sous-bois de feuillus à l'automne. Elle est caractérisée par la présence d'une volve à la base du pied, d'un anneau membraneux et des lames blanches. Le chapeau est généralement vert-jaune, mais sa couleur peut varier.

C

D

E

B

B. **AMANITE TUE-MOUCHES OU FAUSSE ORONGE**
(Amanita muscaria)

C'est le plus populaire des champignons, avec son chapeau rouge parsemé de flocons blancs. Il vient en automne, dans les sous-bois, sur sol acide. À rejeter.

C. **CHANTERELLE COMMUNE**
(Cantharellus cibarius)

Excellent comestible, cette espèce croît en été et jusqu'en automne dans les sous-bois de forêts mixtes.

D. **PIED-DE-MOUTON**
(Hydnum repandum)

Cette espèce comestible est de consistance charnue. L'hyménium est garni d'aiguillons caractéristiques. L'hydne pied-de-mouton vient à l'automne en sous-bois.

E. **CLITOPILE PETITE PRUNE** *(Clitopilus prunulus)*

Commun en été et en automne sur les bords herbeux des allées, des haies et des lisières forestières.
Chapeau en entonnoir de 3 à 12 cm, à la marge irrégulièrement ondulée.
Lamelles serrées, d'abord blanches puis roses ou brun-rose.
Pied court et charnu, blanc, excentrique. Chair tendre et molle à odeur de farine, comme celle du tricholome de la Saint-Georges.

G

H

F

F. **CORTINAIRE COULEUR DE ROCOU**
(Cortinarius orellanus)

Le genre *Cortinarius* caractérisé par un voile général distinct qui se réduit à un ensemble de filaments, la cortine, reliant le pied et le bord du chapeau. Les basidiospores sont de couleur ocre. Dans ce genre, quelques espèces sont comestibles, mais le cortinaire couleur de rocou est mortel !

G. **CÈPE DE BORDEAUX**
(Boletus edulis)

Le bolet cèpe de Bordeaux vient en automne, sous feuillus et conifères (surtout les épicéas). Son chapeau est brun ocre, les tubes sont blancs et sa chair blanche. Cet excellent comestible très connu et populaire se prête très bien à la dessiccation.

H. **COULEMELLE**
(Lepiota procera)

Appelée aussi « lépiote élevée », cette espèce croît à l'automne dans des lieux ouverts (clairières) ou les sous-bois. C'est un excellent comestible qui dégage un agréable parfum.

A. AMANITE VIREUSE *(Amanita virosa)*

Troubles identiques à ceux causés par l'amanite phalloïde (troubles gastro-intestinaux, déshydratation, atteintes du foie et des reins, délire, coma, mort). Plus rare que l'amanite phalloïde, l'amanite vireuse vit dans les forêts humides composées surtout de sapins et de hêtres sur terrain siliceux.
Chapeau blanc de 6 à 10 cm, d'abord conique, en forme de cloche qui s'étale ensuite en conservant une bosse au centre. Il possède une marge lisse parfois un peu ondulée et floconneuse (débris de l'anneau). Lamelles libres, serrées, étroites et blanches avec une arête farineuse.
Pied élancé bulbeux à la base, de 7 à 10 cm de haut, d'un blanc immaculé au début, crème par la suite, pelucheux et couvert de mèches ascendantes. Anneau fragile, floconneux, le plus souvent déchiré. Volve membraneuse, épaisse et blanche.

A

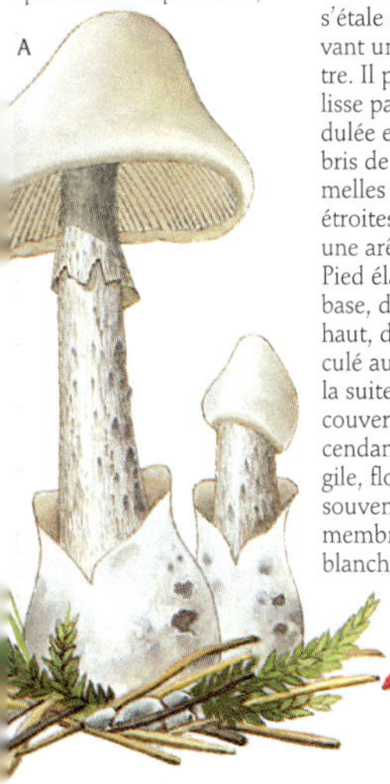

B. TRICHOLOME TIGRÉ
(Tricholoma pardinum)

Troubles identiques à ceux causés par l'entolome livide (voir p. 106). Peu commun, apparaît en troupes ou en cercles dans les forêts de résineux, en été ou à l'automne.
Chapeau hémisphérique au début, convexe ensuite, peut atteindre 15 cm, caractérisé par une marge enroulée et festonnée, fréquemment incisée. D'un gris bistré, il est couvert de mèches de couleur marron.
Lamelles d'un blanc jaunâtre légèrement teinté de vert.
Pied très fort et blanc crème, plus renflé vers le bas. Chair blanche.

B

C. LÉPIOTE BRUNÂTRE
(Lepiota helveola)

Provoque, de 5 à 10 heures après l'ingestion, des vomissements, des crampes musculaires, de l'hypothermie et enfin la mort. Rare, se trouve dans les prés, les jachères, sur les talus et dans les bois lumineux.
Chapeau de 2 à 6 cm, convexe au début, qui s'aplanit par la suite, légèrement mamelonné. D'abord ocre, il devient rose-rouge et se déchire à la périphérie. Lamelles blanches au début puis crème, serrées, libres.
Pied de 2 à 4 cm de haut, grêle, brun rosé, possédant à la base un anneau réduit à un bourrelet annulaire en son milieu.
Chair blanche, rosée quand elle est exposée à l'air.

C

E. TRICHOLOME DE LA SAINT-GEORGES
(Tricholoma georgii)

Champignon assez commun et printanier des lieux clairs : prés, haies, lisières, clairières.
Chapeau épais, plan et convexe. Lamelles serrées, blanches au début ; elles virent au crème par la suite.
Pied cylindrique. Chair blanche à odeur de farine, agréable.

E

D

D. ANTHURUS DES ARCHERS
(Anthurus archeri)

Cette espèce, originaire d'Australie, fort belle, s'ouvre en étoile en 5 ou 3 branches rouges. Elle dégage une odeur forte, caractéristique. Son introduction en Europe proviendrait de spores transportées dans la laine de mouton importée.

H. CLITOCYBE BLANC *(Clitocybe dealbata)*

Troubles identiques à ceux causés par l'inocybe de Patouillard. Assez commun dans les prés, sur les gazons et les pelouses, apparaît en été et en automne.
Chapeau d'abord convexe plan, s'étale ensuite pour devenir légèrement déprimé au centre, mesure de 2 à 5 cm. Couleur passant du blanc jaunâtre au gris pâle. Lamelles serrées, minces et blanchâtres.
Pied plein et fibreux assez court, souvent tordu et blanchâtre. Chair blanchâtre et assez fibreuse.

H

G. INOCYBE DE PATOUILLARD
(Inocybe patouillardi)

Provoque, 3 jours après l'ingestion, des troubles digestifs (vomissements, diarrhées), des sueurs abondantes, une hypersalivation et une hypersécrétion nasale, un ralentissement du rythme cardiaque. Assez commun, apparaît au printemps et en été, toujours en groupes, sur les lisières des bois secs, dans les lieux découverts, au bord des chemins et particulièrement sous les tilleuls.
Chapeau d'un diamètre de 2 à 9 cm, d'abord conique, qui s'étale en conservant un large mamelon. Surface fibrilleuse et soyeuse d'abord blanc crème, puis jaune ; bord enroulé au début qui forme des lobes et se fendille en vieillissant. Lamelles serrées assez épaisses et blanches puis bistre rouillé avec une arête blanche.
Pied blanc et strié de vermillon, irrégulièrement cylindrique, renflé à la base et courbé. Chair ferme, blanche ou rose à forte odeur.

G

F

F. PLEUROTE DE L'OLIVIER
(Pleurotus olearius)

Troubles identiques à ceux causés par l'entolome livide. Compagnon des souches d'olivier, fréquent dans le Midi, mais vit aussi sous les chênes, en été, en automne et en hiver.
Chapeau convexe quand il est jeune, s'étale par la suite pour former un entonnoir de couleur orangée à marge incurvée parfois onduleuse. Lamelles jaune d'or et luminescentes dans l'obscurité.
Pied excentré, orange, aminci vers le bas. Chair d'un jaune-orangé plus rouge au bas du pied.

I. VESSES-DE-LOUP
(Lycoperdon perlatum)

Viennent en été et en automne dans les clairières ou les sous-bois. On peut en consommer certaines espèces, à l'état jeune. À maturité, les spores sont expulsées parfois en petits nuages vers l'extérieur.

I

J

J. TRICHOLOME PIED-BLEU
(Rhodopaxillus nudus)

Vient à l'automne et en hiver dans les jardins, les prés, les bois de feuillus et de conifères.
Chapeau épais, plan et convexe.
Pied cylindrique, lamelles violettes et chair violette.

LES BASIDIOMYCÈTES

A

B

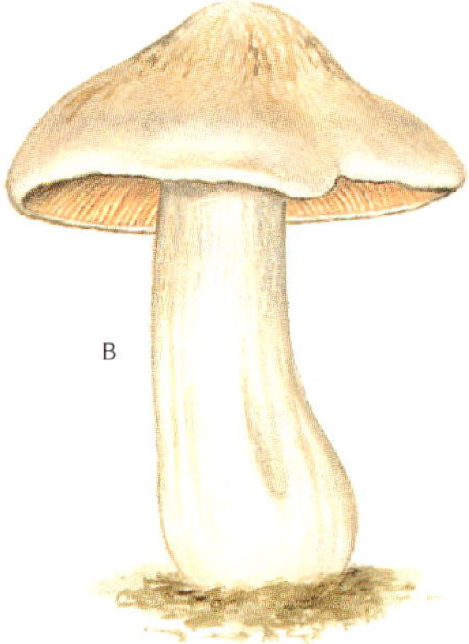

B. ENTOLOME LIVIDE *(Entoloma lividum)*

Provoque des vomissements, des coliques avec diarrhées et parfois de la tachycardie, un refroidissement des extrémités, des crampes et des maux de tête. Commun, apparaissant de juillet à octobre en petits groupes dans les bois de chênes et de châtaigniers. Chapeau convexe à bord enroulé et bossu au centre au début, qui s'étale pour atteindre de 6 à 20 cm. Blanc jaunâtre ou gris brunâtre, il est parcouru de fibrilles rayonnantes. Lamelles d'abord jaunâtres puis roux-orangé pâle.
Pied ferme, renflé à la base, blanchâtre, se tachant ensuite de jaune clair. Chair épaisse et blanche.

C. AMANITE DES CÉSARS OU AMANITE ORONGE *(Amanita caesarea)*

L'amanite des Césars, très recherchée des empereurs romains (d'où son nom), est un champignon d'été et du début de l'automne qui apparaît dans les clairières des bois secs et chauds de chênes et de châtaigniers du midi de la France.
Elle est beaucoup plus rare dans le Nord.
Chapeau atteignant de 8 à 20 cm, normalement dépourvu d'écailles. Lamelles d'un vrai jaune d'or, ce qui la distingue de l'amanite tue-mouches, qui a des lamelles blanches et un pied blanc.
Pied jaune d'or, cylindrique et légèrement plus mince vers le haut. Il est muni d'un large anneau pendant du même jaune d'or et d'une volve membraneuse épaisse blanche.
Chair blanche (jaune sous le chapeau).

C

A. AMANITE PANTHÈRE *(Amanita pantherina)*

Troubles identiques à ceux causés par l'amanite tue-mouches (excitation, hallucinations, ivresse).
Assez commune dans les bois de feuillus, apparaît en automne et en été.
Chapeau d'abord convexe, qui s'étale par la suite pour atteindre de 6 à 12 cm. De couleur gris-brun, couvert de nombreuses petites écailles blanches assez régulièrement disposées et de consistance farineuse. Lamelles serrées, libres et blanches.
Pied cylindrique et blanc, renflé à la base en un bulbe globuleux avec un anneau rabattu, blanc et strié. Volve réduite sur cette espèce à un ou à plusieurs bourrelets qui s'enroulent en hélice et remontent sur le pied. Chair blanche.

D

D. RUSSULE CHARBONNIÈRE *(Russula cyanoxantha)*

Commune dans les bois de feuillus en été et en automne.
Chapeau convexe déprimé au centre. Couleur très variable : pourpre, bleu-noir, gris-violet et vert. Lamelles blanches et semblant grasses au toucher.
Pied court. Chair blanche, passe au gris exposée à l'air.

E

E. AMANITE VAGINÉE *(Amanita vaginata)*

Très commune, en été et en automne, dans les bois sablonneux, les clairières, le bord de haies, sous les bruyères et dans les prés.
Chapeau étalé atteignant de 3 à 10 cm ; profondément strié sur le bord avec parfois de grands lambeaux de volve à sa surface. Lamelles libres et blanches.
Pied grêle creux, légèrement renflé à la base et enserré par une volve blanche. Pas d'anneau visible. Chair tendre, blanche et douce.

F

F. CHANTERELLE JAUNÂTRE *(Cantharellus lutescens)*

Assez commune en montagne sous les conifères et les châtaigniers, à l'automne. Diffère de la chanterelle commune par son pied creux, son chapeau brun bistre en forme d'entonnoir, parfois percé d'une perforation centrale. Dessous, les plis sont jaune-orangé, de même que le pied.

G

G. PSALLIOTE DES BOIS *(Psalliota sylvicola)*

Commune dans les clairières des bois. Ressemble beaucoup à la psalliote champêtre, mais sa chair jaunit à l'air, dégage une odeur d'anis, et son pied est plus renflé à la base. Ces deux champignons se distinguent des amanites par le fait qu'ils n'ont pas de volve engainant le pied et que leur chair change de couleur quand elle est exposée à l'air.

H

H. AMANITE PRINTANIÈRE *(Amanita verna)*

Troubles identiques à ceux de l'amanite phalloïde et de l'amanite vireuse (mortelle). Plus rare dans les forêts sur sols siliceux, poussant sur les coteaux secs et ensoleillés, elle vit dans les forêts humides poussant sur sol calcaire de préférence. Croît surtout en été, mais se manifeste du printemps à l'automne.
Chapeau ovoïde au début, par la suite étalé, mesure de 5 à 10 cm. De couleur blanche ou isabelle, il est satiné, penche un peu sur le côté et a une marge lisse. Lamelles libres, serrées, blanches et farineuses sur l'arête.
Pied cylindrique long de 8 à 9 cm avec un anneau mince, légèrement strié sur le dessous, et une base renflée en forme de bulbe ovoïde qu'enserre une volve membraneuse. Chair molle et blanche.

I

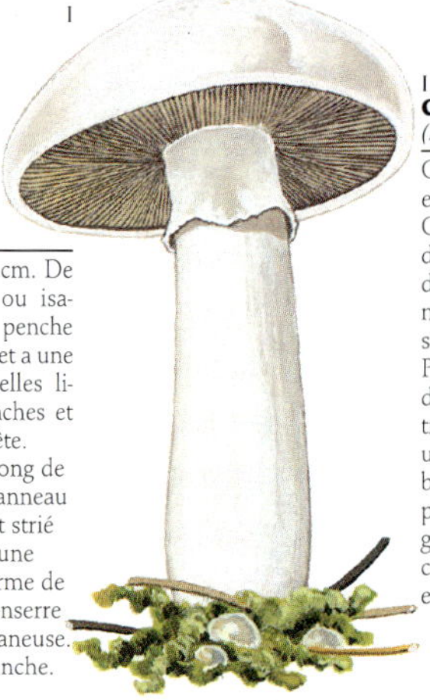

I. PSALLIOTE CHAMPÊTRE *(Psalliota campestris)*

Commune dans les prés et les champs.
Chapeau étalé atteignant de 4 à 14 cm, à surface d'un rose pur, les lamelles deviennent brun sépia.
Pied assez court, cylindrique et légèrement rétréci à la base, possède un anneau mince, membraneux et blanc, qui disparaît quand le champignon grandit. Chair blanche, rosit légèrement exposée à l'air.

J

J. LACTAIRE DÉLICIEUX *(Lactarius deliciosus)*

Commun dans les bois de conifères en été et en automne. Les lactaires laissent échapper du lait sur leurs lamelles et quand on les coupe.
Chez le lactaire délicieux, le liquide est orangé.
Chapeau étalé taché de vert se creusant au centre et atteignant de 5 à 13 cm. Lamelles serrées orangées et tachées de vert aux endroits blessés.
Pied grossièrement cylindrique et courbé à la base. Chair pâle quand on vient de la couper, passe rapidement à l'orange puis au vert.

LES JARDINS DU MONDE

« CELA EST BIEN DIT, répondit Candide, mais il faut cultiver notre jardin.» Le jardin, si longtemps associé dans l'imaginaire au rêve, aux délices, à la luxuriance, apparaît désormais comme le seul lieu d'ancrage concevable d'une sagesse réaliste : l'anti-utopie en somme.

■ Le héros du conte de Voltaire, bien revenu de son optimisme premier après avoir éprouvé toute la noirceur du monde, ne trouve de salut pour lui-même et sa petite communauté que dans la culture d'un lopin de terre qui lui apportera, modestement mais sûrement, subsistance et agrément : adaptation mi-réaliste, mi-ironique du mythe édénique à un univers atomisé, en état de guerre permanent et de folie exponentielle, et qui ridiculise tous les raisonnements que nous formulons à son propos pour le comprendre ou l'améliorer. Retenons la leçon : *l'homme moderne, s'il veut survivre et garder quelque humanité, sera jardinier ou ne sera pas...* et ce n'est pas seulement une métaphore ! Tout jardin, depuis qu'il y a des jardins, soit au moins depuis l'ancienne Mésopotamie, 3 000 ans avant notre ère, est un monde en réduction, plus ou moins réussi, plus ou moins beau ou de bon goût, mais un *monde,* et un monde *voulu pour le mieux :* un jardin est toujours une œuvre complète, où l'homme recrée ou du moins réaménage l'essentiel, c'est-à-dire réorganise la nature dans la perspective obligée d'une fin heureuse. Le masochisme n'est pas dans la nature du jardinier,

A. *Gentilhomme faisant sa cour à une noble dame* (Chronique d'Espagne, 1344).

Jardins pour aimer, jardins pour méditer

Pour le Moyen Âge courtois, évoqué par cette initiale ornée d'un manuscrit du XIVe siècle (A), rêver la femme revient souvent à imaginer un jardin, enclos enchanté qu'elle emplit de sa présence : elle en est la fée souveraine, périlleuse séductrice, ou la plus sublime des fleurs, obsédante et inaccessible. Au travers des allégories, érotisation poétique et transfiguration merveilleuse de la nature se fondent comme jamais auparavant ni depuis dans notre littérature. Ainsi du *Roman de la Rose :* le poète – l'Amant – rapporte le songe qu'il fit d'un « vergier » (jardin de plaisance) ceint de hauts murs ; à l'intérieur, sous le chant suave de milliers d'oiseaux et parmi les plantes choisies apportées de la « terre des Sarrazins », jouent et dansent Déduit (Plaisir d'Amour) et sa cour : la Belle Oiseuse, Doux Regard, Jeunesse, etc. Le jardin abrite une fontaine magique, celle-là même où mourut Narcisse : qui en regarde la surface se prend d'une passion invincible pour ce qu'il y voit. L'Amant, qui échappe au piège de l'autocontemplation, admire le reflet sur l'eau d'un splendide buisson de roses. Il en « choisit » la plus belle et n'aura désormais de cesse qu'il ne la possède, envers et contre tout...

À mille lieues des délices, des sortilèges et de l'exubérance florale qui ravirent l'Occident chrétien autant que l'Orient des *Mille et Une Nuits,* ce jardin d'un temple japonais (B) dit intensément le rejet du frivole et de l'éphémère : dans le respect de la symbolique précise qui a présidé au choix et à la présentation des divers composants, l'ensemble invite à la méditation sereine, à la conquête d'une paix intérieure en harmonie avec l'ordre des choses rendu *sensible* par l'art du jardinier.

B. Jardin du temple Sanzen-in à Kyoto, Japon.

qui, si l'on peut dire, élimine d'un même geste souverain les mauvaises herbes et le mal moral ; par principe, le jardin a toujours été le meilleur des mondes concevables dans l'esprit de ses créateurs. L'histoire des jardins est donc à bien des égards l'histoire du *souverain bien terrestre,* tel qu'on a pu se le figurer selon les âges, les civilisations et les moyens disponibles, avec une plus ou moins grande conviction et en y mettant la part de sentiment religieux, de symbolisme, de raffinement culturel ou de spontanéité, de simplicité ou de... snobisme qu'on estimait nécessaire pour faire surgir l'image du bonheur.

On peut comprendre cela comme un jeu de variables : toute création horticole traduit le désir de parvenir au meilleur partage, à l'*équilibre le plus juste et le plus bénéfique de l'humain et du naturel.* Une appréciation positive de la valeur et de l'autonomie de l'agir humain conduit à dompter la nature et à en utiliser les éléments pour composer un texte qui donne à lire la grandeur de cet agir et illustre la toute-puissance de la volonté qui l'organise : ainsi du jardin « à la française » dont la géométrie traduit à la fois les certitudes de la raison classique et la confiance en soi du pouvoir monarchique ; à l'inverse, les jardins chinois, japonais ou anglais témoignent d'une aspiration à la perfection de l'humain par l'alignement sur le naturel, la fusion ou la sympathie avec les grandes forces à l'œuvre dans la nature. Et l'on rencontrera mille formations intermédiaires, par exemple les jardins romains ou les jardins italiens de la Renaissance, où l'on s'efforce de juxtaposer harmonieusement ce que la nature et l'homme peuvent produire de meilleur.

L'Asie Mineure et le monde méditerranéen avant Rome. La Mésopotamie antique fut la première à maîtriser suffisamment les techniques agricoles pour envisager, comme un à-côté « gratuit » des cultures de subsistance, l'aménagement d'espaces où l'on parvint à faire cohabiter durablement des espèces végétales diverses, dont le choix était guidé par des critères esthétiques ou symboliques. Les terrasses des « jardins suspendus » de Babylone représentent la première réussite d'un art nouveau et une prouesse humaine suscitant l'admiration et stimulant visiteurs et conquérants...

Mais c'est en Égypte que le jardinage méditerranéen – et par la suite ce qu'on pourrait appeler l'esprit *classique* du jardin européen en général –, trouve véritablement ses origines, avec l'élaboration de plans rigoureux : la nécessité de tirer le meilleur parti de l'eau du Nil et d'en régulariser l'emploi conduisit à tracer des réseaux de canaux d'irrigation perpendiculaires, bordés d'arbres et alimentés par des réservoirs centraux, véritables lieux de vie accueillant en nombre oiseaux, poissons, et végétaux. Des aménagements réalisés pour la jouissance du regard mais aussi pour assurer la présence permanente et bénéfique de tout ce que les uns et les autres pouvaient incarner de sacré.

Plus complexes et élaborés étaient les *paradis* de la Perse, parcs de chasse ceinturés de murs où de délicieuses clairières s'ouvraient au sein de futaies artificielles peuplées de pavillons ombragés. Le plan d'ensemble de ces parcs était régulier, adoptant le plus souvent la forme d'une croix : deux canaux perpendiculaires divisaient le jardin en quatre parties correspondant aux quatre coins de l'univers. Les Perses

A. *Pièce d'eau bordée de sycomores et de dattiers* (Thèbes, Haute-Égypte).

B. *Versailles, la galerie des antiques,* par Jean-Baptiste Martin.

Un jardin de l'Égypte ancienne

Selon toute vraisemblance, les premiers jardins furent mésopotamiens : la légende garde le souvenir des « jardins suspendus » (en terrasse) de Babylone. À partir du IIe millénaire avant notre ère, l'Égypte à son tour se laissa gagner par le désir de concentrer, dans un lieu clos et en terrain de plaine, tous les bienfaits et tous les agréments de la nature. Tel est ce jardin (A) représenté sur une tombe de la XVIIIe dynastie.

Le parc de Versailles

Œuvre de Le Nôtre, interprète inspiré des vœux du Roi-Soleil, le parc de Versailles (B) porte le « style français » à sa perfection. Au loin, le château, centre du pouvoir, contrôle toute la perspective qui s'ouvre devant lui. Au cœur d'une forêt dense, mais coupée d'allées droites, s'ouvre une clairière enchantée, où marbres, plantations, jeux d'eaux tissent le décor nécessaire à l'évolution des courtisans.

firent par ailleurs montre d'un engouement remarquable et constant pour les fleurs, la rose au premier chef, qu'ils allèrent souvent chercher au loin pour les acclimater et dont ils développèrent la culture. L'influence persane sur l'Occident fut réelle : la conquête d'Alexandre révéla aux Grecs des splendeurs inconnues et le monde hellénistique joua sur ce plan le rôle de relais entre le Moyen-Orient et l'Occident. Au-delà, en Chine, l'art des jardins s'était depuis longtemps développé au point de devenir une des constituantes majeures de la culture. Un naturalisme d'une sensibilité et d'un raffinement extraordinaires en est la marque distincte la plus générale, avec bien des variations. La Chine, dont l'Occident s'inspirera au XVIIIe siècle, devait influencer le Japon, dont l'art paysager atteignit son apogée du XIVe au XVIe siècle et se précisa en un vocabulaire conventionnel et statique que l'Occident ne découvrit vraiment qu'à la fin du XIXe siècle.

Les jardins romains et la postérité de l'Empire. Bien qu'un penchant naturaliste ait été depuis toujours constitutif de l'esprit des Latins, ce n'est qu'à partir du IIe siècle avant J.-C. et au travers de l'assimilation des apports hellénistiques et orientaux que l'art des jardins prit réellement son essor à Rome. L'originalité des Romains, conforme à leur talent de bâtisseurs, réside dans le mariage heureux de l'architecture et de cet art proprement dit : le jardin se définit comme le prolongement naturel et indispensable de la maison, à la vue de laquelle il offre des paysages conçus avec un soin pictural et développant toute une série de motifs conventionnels d'inspiration mythologique. Portiques et statues, édifices destinés à la récréation ou aux conversations philosophiques, promenades en terrasse font des vastes parcs des patriciens des lieux pleinement humanisés. Après la chute de Rome, l'art des jardins resta vivace sans interruption dans la partie orientale de l'Empire, avec

Le vert labyrinthe des paradis anglais

Le style anglais (C), dont l'originalité s'est affirmée à partir de la première moitié du XVIIIe siècle, refuse les ordonnancements chers aux Italiens et aux Français. Prolongeant plutôt la tradition chinoise, il dessine des *paysages* qui se fondent dans la nature ambiante et enveloppent les constructions, insérées dans un univers complexe qui leur est bien plus qu'un simple faire-valoir végétal. Faisant leur part aux compositions florales, mais jouant surtout sur toutes les nuances du vert, il sait créer l'intimité sans abolir le mystère : n'est-ce pas de toute évidence le très britannique esprit des lieux lui-même qui a placé là ce labyrinthe ?

C. Jardin anglais avec labyrinthe.

D. Jardin en escalier de la villa Garzoni (Collodi, Toscane).

Le jardin italien, ou l'architecture à la rencontre de la nature

Héritiers des somptueux jardins romains, mais de proportions généralement plus modestes, les jardins italiens (D) de la Renaissance expriment un double idéal, *humaniste* et *naturaliste :* la virtuosité architecturale, le tracé de perspectives, l'ouverture de panoramas témoignent de l'allégresse de l'homme esthète et géomètre qui, le fil de la culture renoué, rend grâce à son propre génie et met en scène le bonheur d'exister en un monde dont lui seul parfait la beauté ; mais cet art raffiné s'emploie tout autant à préserver et à rendre délicieusement sensibles les mystères de la nature ; avec les eaux ruisselantes, c'est la vie elle-même qui sourd dans l'épaisseur des ombrages, dans les grottes et les fontaines.

le développement de tendances propres : le goût du merveilleux et la luxuriance décorative. Byzance fut au fil du temps une des principales sources d'inspiration des jardiniers arabes ; la tradition antique enrichie de leurs apports propres rejoignit ainsi l'Europe par l'Espagne. En Occident, il faut attendre le Moyen Âge pour que des jardins réapparaissent.

Jardins d'Occident. La Renaissance influença profondément l'art des jardins, qui en suivit le mouvement d'ensemble : ce furent d'abord, dans le contexte humaniste, les retrouvailles avec l'Antiquité et la récupération des éléments essentiels, notamment architecturaux, du style antique, puis l'intégration de ces éléments dans une géométrisation précise de l'espace. Parmi les chefs-d'œuvre du jardin italien, on retiendra notamment : le *Cortile del Belvedere,* au Vatican ; la villa d'Este, à Tivoli ; la villa Farnese, à Caprarola ; ou encore la villa Lante, proche de Viterbe.

En France, l'influence italienne eut à composer avec des caractéristiques nationales bien affirmées et pour partie héritières de la tradition médiévale, tel le goût pour les parterres de broderies ; si l'on excepte les jardins de Saint-Germain-en-Laye, les plans en terrasse à l'italienne laissèrent la place à la disposition, le long d'une avenue centrale, de vastes plans incluant des miroirs d'eaux. Ce sont ces tendances qui furent portées au plus haut point de perfection et sur une échelle grandiose par Le Nôtre, créateur d'abord du parc de Vaux-le-Vicomte puis, entre autres chefs-d'œuvre, du sommet du genre qu'est le parc de Versailles ; celui-ci fut dessiné en communauté d'inspiration avec Louis XIV : aucun jardin ne saurait exprimer davantage le pouvoir exercé sur la nature et sur les hommes. Toute aspérité, toute singularité naturelle ou humaine était destinée à se fondre dans l'équilibre souverain de l'ensemble. Au siècle suivant, le modèle royal céda devant l'avènement progressif de l'individualisme, aristocratique et bourgeois, dont la terre d'élection fut l'Angleterre, et qui emprunta aux jardins chinois dont la connaissance, sinon la compréhension, se répandit, une thématique paysagère permettant de mettre en scène et d'opérer la communion de l'âme avec la nature. En France, un moment particulièrement intéressant de l'art des jardins est celui des jardins à thème de la seconde moitié du XVIIIe siècle.

Les jardins à thème du XVIIIe siècle. Au temps de l'*Encyclopédie,* dans la seconde moitié du XVIIIe siècle, une esthétique nouvelle se saisit de l'art des jardins et des parcs. C'en est fini des espaces de parade pour roi-soleil et constellation de courtisans ; les prestiges se sont dissipés d'une nature-décor, aménagée en théâtre de plein air pour ce jeu de rôles exhibitionniste vers quoi tendait l'existence des nantis du Grand Siècle. À présent, on vit, ou feint de vivre, d'heureuses et libres retrouvailles avec la « vraie » nature, qui est complice, enveloppante, consolatrice. Le solennel cède au pittoresque, le superbe artifice à la mise en valeur délicate des paysages, et à leur humanisation poétique.

Mieux, l'esprit des Lumières invite à rééquilibrer, réorienter et sublimer les finalités traditionnelles des jardins dans une perspective globale d'*éducation* et de *formation* de l'homme. Il ne suffit plus que les jardins soient faits pour l'enchantement de ses sens, le repos de son esprit, l'ostentation de sa richesse ou de son pouvoir ; il faut, et c'est bien plus, qu'ils le modèlent, et le rendent *meilleur.*

Rien que de conforme ici avec l'empirisme et le sensualisme alors dominants ; notre éducation morale ne se forge qu'au gré des impressions et des exemples dont il nous est donné de nous imprégner, et non par la transmission sèche d'idées désincarnées (souvenons-nous de la pédagogie développée par J.-J. Rousseau dans l'*Émile*). Jardins et parcs, dans cette optique, ont tous les mérites : pourvu que la nature n'y soit pas soumise à une géométrie et à un intellectualisme factices, mais aidée à livrer le meilleur d'elle-même dans un espace restreint et circonscrit, le caractère éminemment positif de l'ordre qui la gouverne devient perceptible.

Ce n'est pas tout : en parsemant les parcs de légers édifices évoquant les lieux et les temps les plus divers, on réunit et intègre dans ce tout harmonieux de la nature les multiples facettes du génie humain. Des monuments (temple de l'amour, de la philosophie, tombeaux de grands hommes, etc.) placés aux bons endroits invitent à exercer la disposition à penser, et à bien penser, acquise en parcourant ce microcosme significatif. Le passant s'incorpore, à la faveur d'une initiation sans autre mystère qu'une mise en condition par fleurs, buissons et « fabriques », l'essentiel de ce qu'il lui faut intérioriser sur la vie et la mort, la noblesse de la condition humaine et son inscription dans le temps qui efface et renouvelle tout.

Ainsi le jardin permet-il que se réalise l'utopie réconciliant le particulier et l'universel, d'un ici qui contiendrait tous les ailleurs et d'un maintenant qui envelopperait tous les passés et suspendrait l'avenir au bénéfice du présent : les pesanteurs de la vie s'abolissent là où tout n'est qu'évocation, et où sens et savoir s'offrent dans la poésie des symboles. □

Le parc Monceau : illusion et liberté

Carmontelle, dessinant le parc Monceau (A), à Paris, pour le duc de Chartres, futur Philippe-Égalité, réunit « en un seul jardin tous les temps et tous les lieux » et compose un « parcours exemplaire », au fil duquel s'offrent au promeneur « tableaux » et paysages, singularisés ici par un pont-levis, là par un moulin hollandais, là encore par une pyramide égyptienne ou une tente tartare : soit un véritable tour du monde, tout d'illusion et d'éclectisme, visant à susciter l'émerveillement et à bannir l'ennui d'un domaine où tous les plaisirs de la vie auront leur place, et où l'on trouvera par-dessus tout « l'image de la liberté ».

A. Vue du bois des tombeaux, gravure de Lesueur d'après Carmontelle dans *Jardin de Monceau.*

CARACTÈRES GÉNÉRAUX DES LICHENS

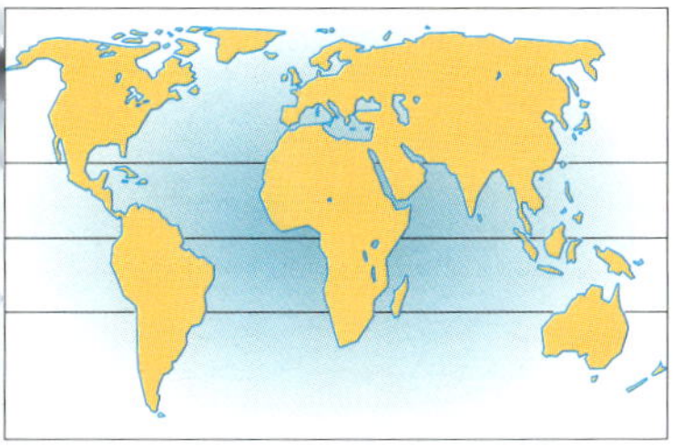

Répartition et nombre d'espèces. Plus de 20 000 espèces de lichens croissent dans le monde entier. Il est intéressant de comparer les rapports entre le nombre de lichens et le nombre de plantes « supérieures » (comme les conifères et les plantes à fleurs) selon la localisation géographique. Ces rapports sont de 0,08 en régions tropicale et équatoriale (lichens assez nombreux, mais en nombre négligeable par rapport à l'infinie variété de la végétation phanérogamique) ; 0,2 en région tempérée ; 1 en région subarctique (exemple de la Scandinavie) ; et de 3 à 5 en région arctique. Le rapport extrême est atteint dans le continent antarctique avec 80 fois plus de lichens que de plantes supérieures !

Définition. Dans la classification, les lichens ne constituent pas une entité systématique, car ils sont formés de l'association entre un champignon supérieur et un organisme chlorophyllien : algue verte ou cyanobactérie.

La symbiose lichénique. L'association lichénique est stable, spécifique, et les partenaires s'y développent de façon équilibrée, alors que bien souvent l'algue ou le champignon seuls ne pourraient survivre au même endroit. Cette réussite s'appelle symbiose lichénique. Le partenaire chlorophyllien, ou *photosymbiote,* se nomme *phycosymbiote,* s'il s'agit d'une algue, et *cyanosymbiote,* s'il s'agit d'une cyanobactérie (anciennement « algue bleue »). L'usage permet encore de parler d'algue dans son sens commun pour désigner le photosymbiote de façon générale. Le partenaire fongique se nomme le *mycosymbiote* (ou *mycobionte*). Les partenaires sont si intimement intégrés dans cette symbiose que le lichen forme un être distinct qui réagit comme un organisme unique.

Classification. La classification des lichens est difficile. En effet, celle-ci s'est établie avant que l'on connaisse leur dualité. Or, c'est le mycosymbiote seul qui sert actuellement de base à la classification, d'où les nombreux remaniements.

Les principaux photosymbiotes sont des *Trebouxia* (chlorophycée), présents dans 50 p. 100 des lichens, des *Trentepohlia* (chlorophycées également) et *Nostoc* (cyanobactérie), présents chacun dans 20 p. 100 des lichens.

Selon la nature du partenaire champignon, ascomycète ou basidiomycète, on compte 99 p. 100 d'*ascolichens* (qui se répartissent en 90 p. 100 de discolichens et 9 p. 100 de pyrénolichens) contre à peine 1 p. 100 de *basidiolichens.*

LA LICHÉNISATION

L'ÉTABLISSEMENT DES RAPPORTS ENTRE LES SYMBIOTES

■ LA DOUBLE NATURE des lichens a été envisagée par Schwendener, qui formula le premier l'hypothèse de l'association algue-champignon (1869). Pour prouver cette hypothèse, Bonnier (de 1886 à 1889) a ensemencé des spores et des algues issues de lichens sur des milieux naturels stériles : il a obtenu les premiers stades du processus de formation d'un lichen, la *lichénisation.* Les tentatives ultérieures pour obtenir ainsi un lichen ont échoué et on a alors douté de la rigueur des premiers résultats.

Ahmadjian est parvenu enfin, en 1979, à maîtriser les conditions de la lichénisation, qui n'a lieu qu'en milieu de culture extrêmement pauvre, fortement illuminé et périodiquement desséché. Ce qui fait dire à certains que les deux partenaires s'unissent dans l'adversité.

Symbiose ou parasitisme ? Ahmadjian a ensuite mis en présence le mycosymbiote d'un lichen et des phycosymbiotes *(Trebouxia, Pseudotrebouxia, Coccomyca)* issus d'autres lichens. Dans tous les cas, le champignon attaque l'algue et y forme de nombreux suçoirs (haustoriums). Celle-ci est souvent tuée, parfois elle résiste un certain temps, d'autres fois elle forme une association lichénique stable. Le succès de la lichénisation dépend de l'aptitude du phycosymbiote normal à mieux résister.

Ces travaux suggèrent que la symbiose lichénique est un parasitisme contrôlé de l'algue par le champignon. D'autres résultats laissent présager néanmoins que l'algue parvient à modérer l'agressivité du champignon, alors que ce dernier stimule la production de sucres chez l'algue. Cette interaction est le résultat d'une longue coévolution.

A. **SUÇOIRS**

Sur cette coupe du lichen *Cladonia arbuscula* observée au microscope électronique à balayage, les suçoirs issus d'une hyphe du champignon (au centre) pénètrent dans la paroi des grosses cellules d'algues (périphériques). Ces suçoirs, nommés « haustoriums », ne sont pas des lieux d'échanges privilégiés, mais la marque de l'agressivité du champignon. Tous les lichens ne possèdent pas d'haustoriums. Ce sont les lichens crustacés ou les lichens imparfaits qui en ont le plus.

A

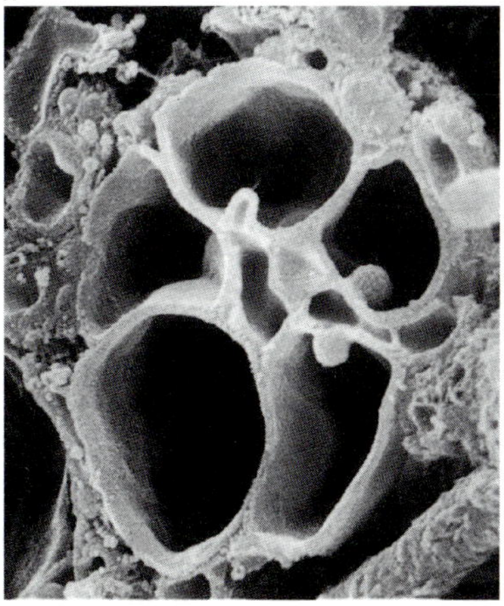

B

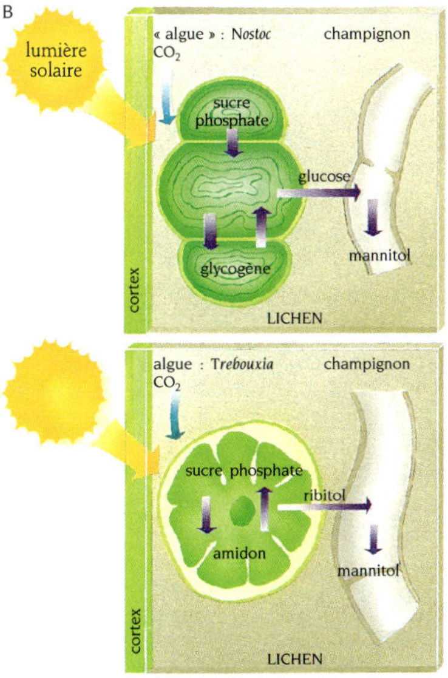

B. **ÉCHANGES TROPHIQUES**

La lumière solaire qui atteint l'algue est filtrée par la surface *(cortex)* du lichen. Une forte illumination supportable pour une algue libre, détruirait les algues symbiotiques (ici, la cyanobactérie *Nostoc* et l'algue *Trebouxia*). Par photosynthèse, l'algue absorbe le CO_2 de l'air et produit des substances organiques. Mais, alors que le photosymbiote isolé, comme une algue libre, n'émet que de faibles quantités de sucre (glucose) ou sucre-alcool (ribitol) dans le milieu, au sein du lichen, 90 p. 100 du carbone fixé par la photosynthèse est utilisé dans la formation de substances avidement captées par le champignon.

C. **MORPHOLOGIE D'UN LICHEN**

Parmelia sulcata est un lichen commun, reconnaissable à sa surface gaufrée. Il forme un thalle foliacé, fixé aux écorces par ses rhizines.

C

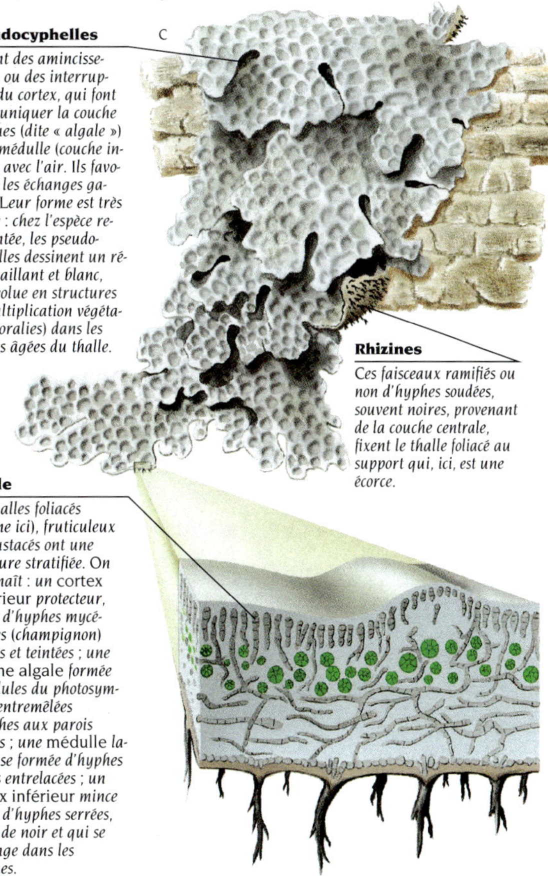

Pseudocyphelles

Ce sont des amincissements ou des interruptions du cortex, qui font communiquer la couche d'algues (dite « algale ») ou la médulle (couche interne) avec l'air. Ils favorisent les échanges gazeux. Leur forme est très variée : chez l'espèce représentée, les pseudocyphelles dessinent un réseau saillant et blanc, qui évolue en structures de multiplication végétative (soralies) dans les parties âgées du thalle.

Rhizines

Ces faisceaux ramifiés ou non d'hyphes soudées, souvent noires, provenant de la couche centrale, fixent le thalle foliacé au support qui, ici, est une écorce.

Thalle

Les thalles foliacés (comme ici), fruticuleux ou crustacés ont une structure stratifiée. On reconnaît : un cortex supérieur *protecteur, formé d'hyphes mycéliennes (champignon) serrées et teintées ; une* couche algale *formée de cellules du photosymbiote entremêlées d'hyphes aux parois minces ; une* médulle *lacuneuse formée d'hyphes larges entrelacées ; un* cortex inférieur *mince formé d'hyphes serrées, teinté de noir et qui se prolonge dans les rhizines.*

CARACTÈRES GÉNÉRAUX DES LICHENS

HABITAT ET ÉCOLOGIE

DES VÉGÉTAUX PIONNIERS

■ LES LICHENS CROISSENT plus au nord, plus au sud et plus haut en montagne que toutes les plantes connues. On les rencontre aussi sur les rochers marins et sur ceux des déserts. Cependant, leur faible capacité métabolique font qu'ils ne jouent qu'un rôle extrêmement minime dans la production de matière organique dans la biosphère.

Le support et l'eau. Les lichens sont étroitement dépendants de leur support : roches calcaires ou siliceuses, écorces neutres ou acides, terre calcaire ou acide, feuilles des arbres tropicaux, murs et toitures. Ils sont également dépendants de la présence d'eau, en provenance du support lui-même, de la pluie ou de l'humidité atmosphérique.

A

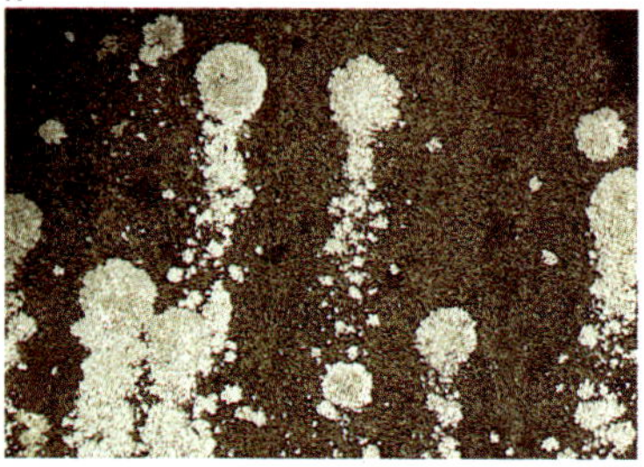

A. **DISPERSION PAR SORÉDIES**

Entraînées par le vent et la pluie, les sorédies (masses globuleuses se détachant du thalle à la façon d'une bouture) constituent le mode de multiplication le plus efficace des lichens. Sur ce mur, des lichens *Caloplaca teicholyta* ont été lessivés par l'eau de pluie et leurs sorédies, en se développant, ont jalonné de jeunes lichens les traces de ruissellement.

B

B. **SUR LES FEUILLES**

Les feuilles des végétaux tropicaux forestiers (ici, en Afrique centrale) sont couvertes, si les conditions hygrométriques sont suffisantes, de petits lichens crustacés spécialisés, mêlés à des bryophytes (ici, des hépatiques à feuilles).

Les lichens crustacés résistent le mieux à la sécheresse (seuls lichens présents dans les déserts) ou aux vents violents et aux températures extrêmes (pôles, haute montagne). Ils sont les pionniers de la colonisation des écorces ou des rochers. Si les conditions le permettent, les lichens foliacés s'installent *(Parmelia, Physcia)* et, si l'humidité atmosphérique est suffisante, les espèces fruticuleuses apparaissent (usnées, *Bryoria, Ramalina, Evernia*). Les lichens qui vivent à même la terre (terricoles) ne s'installent que lorsque la dispersion des plantes supérieures le permet : ils sont peu compétitifs.

Des espèces aux mêmes exigences forment des peuplements caractéristiques d'un biotope. Ces peuplements sont si dépendants des différents facteurs de l'habitat (notamment de l'ampleur de la pollution) qu'ils sont d'excellents indicateurs de milieu.

La multiplication végétative. Lorsqu'il se propage de manière asexuée, le lichen émet en même temps l'algue et le champignon associés en une sorte de bouture. Cela se réalise soit par fragmentation du thalle, soit par formation d'organes spécialisés. Dans ce dernier cas, les algues se divisent et les filaments mycéliens s'accroissent dans la couche algale qui se résout en petites pelotes de 20 à 80 μm, puis le cortex se rompt. On obtient alors une *soralie* qui libère les petites boutures sans cortex nommées *sorédies*.

Autres organes de multiplication végétative, les *isidies* sont des excroissances entourées par le cortex et contenant la couche algale. Présentes chez de nombreux lichens, les isidies peuvent se détacher du thalle par cassure, pour engendrer de nouveaux thalles. Les soralies et les isidies, qui ont des formes, des couleurs et des localisations sur le thalle très variées, constituent un critère important pour la reconnaissance des espèces.

C

C. **« LICHENS DES RENNES »**

Les rennes (ou caribous en Amérique du Nord et Sibérie) consomment les touffes arrondies de *Cladonia stellaris*. Ce fourrage tient une place de premier plan, mais sa régénération est très longue, ce qui impose une rotation des troupeaux.

D. **LICHENS MARINS**

Les rochers maritimes ont une flore lichénique spéciale, disposée en zones parallèles au niveau moyen des vagues. Les *Verrucaria maura* et *Lichina* formant une zone presque noire sont régulièrement immergés, et des lichens crustacés de couleur claire, au contraire, habitent le sommet des rochers. *Caloplaca thallincola* et *C. marina* teintent ici en orangé les rochers granitiques et ne s'éloignent pas de la zone des embruns.

D

LES USAGES

COSMÉTIQUES ET COLORANTS

■ L'UTILISATION ÉCONOMIQUE des lichens est limitée. En parfumerie, la « mousse de chêne » *(Evernia prunastri)* et la « mousse d'arbre » *(Pseudevernia furfuracea)* sont exploitées, et l'acide usnique qu'elles contiennent, estérifié, contribue à réaliser divers parfums.

Des substances licheniques ont des activités antibiotiques, mais elles ont été détrônées par des substances provenant des champignons ascomycètes libres. Seuls quelques produits bactéricides sont employés en cosmétologie. La « mousse d'Islande » *(Cetraria islandica)* est utilisée en sirops, infusions ou pâtes pectorales permettant de détruire les mucosités (on dit de ces substances qu'elles sont « mucolytiques »).

Aujourd'hui détrônés par les colorants chimiques, les lichens furent utilisés industriellement pour donner des matières colorantes. Ainsi, les orseilles (substance aromatique qui se teinte en rouge par les hypochlorites) qui peuvent fournir des teintes pourpres, bleues, jaunes ou brunes, étaient extraites de divers *Rocella*, lichens des rochers marins. Beaucoup d'autres espèces sont utilisables et quelques artisans obtiennent de très belles teintes sur la laine en utilisant de vieilles recettes. Citons encore les grands *Cladonia* (lichens foliacés puis fruticuleux qui, en Scandinavie, couvrent d'immenses espaces) utilisés par les maquettistes ou en décoration florale.

LICHENS ET POLLUTION

Les lichens utilisent l'énergie lumineuse en toute saison pourvu qu'ils ne soient pas trop secs, même à 0 °C, ils sont capables de tirer parti de cette source d'énergie. Ils absorbent immédiatement l'eau de l'atmosphère avec les substances qu'elle peut contenir. De ce fait, ils accumulent les polluants : plomb, isotopes radioactifs, fluor, dioxyde de soufre (SO_2).

Certains polluants ne sont pas très toxiques, et les quantités accumulées dans les lichens peuvent être dosées pour établir leur répartition : évaluation du plomb le long des routes, concentration des isotopes radioactifs dans une contrée. En 1986, en Laponie, l'abattage de milliers de rennes, à la suite de la catastrophe de la centrale nucléaire de Tchernobyl, a été décidée à cause de leur absorption massive de lichens contenant des isotopes radioactifs.

Les polluants qui provoquent des dommages puis finissent par tuer les lichens (fluor et surtout SO_2) ne sont pas également actifs sur toutes les espèces, aussi est-il possible, dans une région, de cartographier, en analysant la flore lichénique, les zones de pollution égale, en partant de la source où la pollution est maximale (désert lichénique) jusqu'à des zones où l'air est de plus en plus pur. Ces zones ont des formes diverses sous la dépendance du relief et des vents dominants.

LES ASCOLICHENS

Dans les ascolichens, qui représentent 99 p. 100 des espèces de lichens, le champignon (mycosymbiote) est un ascomycète. La formation des fructifications, combinée avec la structure des spores, permet la véritable classification des ascolichens.

Cependant, il est bien préférable, pour évaluer la richesse des lichens, de les présenter et de les répertorier plutôt en fonction de leurs types morphologiques.

LES ASCOLICHENS FOLIACÉS

UN THALLE EN FORME DE FEUILLE

■ Les lichens foliacés forment une lame non soudée au substrat et possèdent une structure stratifiée. Ils sont soit ombiliqués, c'est-à-dire fixés sur le support en leur centre par un crampon *(Umbilicaria, Dermatocarpon)*, soit lobés à la périphérie, qui est la zone de croissance. Dans ce cas, les modes de fixation sont variés : replis du cortex inférieur *(Hypogymnia)*, ou hyphes issues de la médulle (partie centrale) formant une surface recouverte de « poils » *(Parmeliella)*, ou encore rhizines issues du cortex inférieur *(Parmelia, Physcia, Xanthoria...)* ou de veines saillantes de la médulle *(Peltigera)*. Les lobes du thalle sont plus ou moins longs (jusqu'à 30 cm chez *Lobaria*) et plus ou moins larges, incurvés ou récurvés. Le support est une écorce, du bois, un rocher, le sol (moussu ou non).

LES ASCOLICHENS CRUSTACÉS

UN THALLE INCRUSTÉ

■ Ces lichens s'accrochent au support par des filaments mycéliens (hyphes) de leur médulle qui s'incrustent dans les minces fissures de la roche, du sol ou entre les cellules mortes qui forment la couche externe des écorces. Cette action perforante, essentiellement mécanique, est aussi facilitée par certaines substances lichéniques.

Les lichens crustacés peuvent faire saillie au-dessus de la roche (thalles *épilithiques*) ou l'écorce (thalles *épiphléodes*). Ils peuvent aussi s'enfoncer presque complètement dans la roche *(endolithiques)* ou l'écorce *(endophléodes)* ; alors, seules les apothécies signalent leur présence (beaucoup de *Verrucaria*).

Le pourtour des thalles peut s'amincir progressivement sans limite nette. Il peut aussi présenter des lobes comme chez les lichens foliacés ou être entouré par une frange diversement colorée. Dans ce cas, les franges (dites « hypothallines ») des différents thalles, en s'affrontant, dessinent des compartiments : les « cartes de géographie ». Le centre du thalle peut être continu, fissuré ou aréolé. La surface peut être lisse, verruqueuse ou granuleuse.

A. **REPRODUCTION SEXUÉE**

La reproduction sexuée des ascolichens est identique à celle des champignons ascomycètes. Ses étapes sont schématisées sur ce lichen vu en coupe. Les hyphes du thalle constituent le gamétophyte (elles possèdent un nombre impair de chromosomes). Au sein d'un *primordium* enfoncé dans le thalle, un filament pelotonné, surmonté d'un *trichogyne*, constitue le gamète femelle. Les gamètes mâles, ou *conidies*, se forment à l'intérieur d'une *pycnide*, qui peut être située sur le même lichen (autofécondation) ou sur un autre (fécondation croisée). Le gamète femelle fécondé devient un « ascosporophyte » à cellules à deux noyaux (dicaryons). Pendant ce temps, le primordium s'est transformé en un *carpocentre* qui s'agrandit par sa périphérie et donne une fructification, ou *apothécie* (ici, il s'agit d'une apothécie lécanorine). Dans la jeune apothécie, les noyaux de la dernière cellule du filament à dicaryons fusionnent pour former le noyau diploïde de l'*asque*. La méiose, suivie d'une division supplémentaire, engendre en général huit spores ou ascospores, haploïdes enfermées dans l'asque mûr. Une spore émise par un asque germe si les conditions sont favorables, mais les filaments mycéliens qu'elle émet doivent rencontrer une algue compatible pour former un nouveau lichen.

A

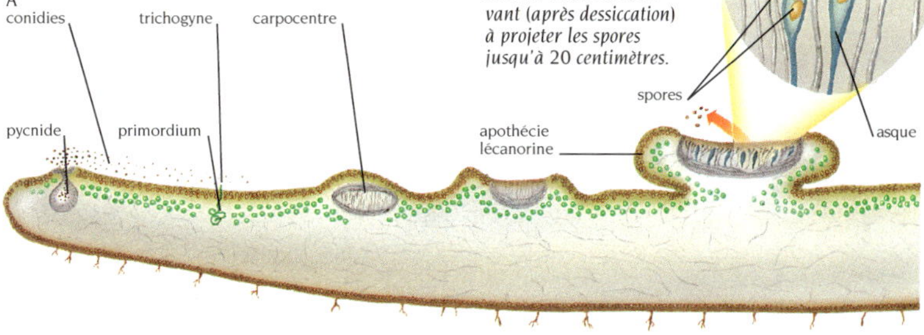

Apothécie

Cette fructification, d'où seront émises les spores, contient des asques (renfermant les spores) et des filaments stériles (paraphyses). À leur partie supérieure, les asques réalisent un mécanisme servant (après dessiccation) à projeter les spores jusqu'à 20 centimètres.

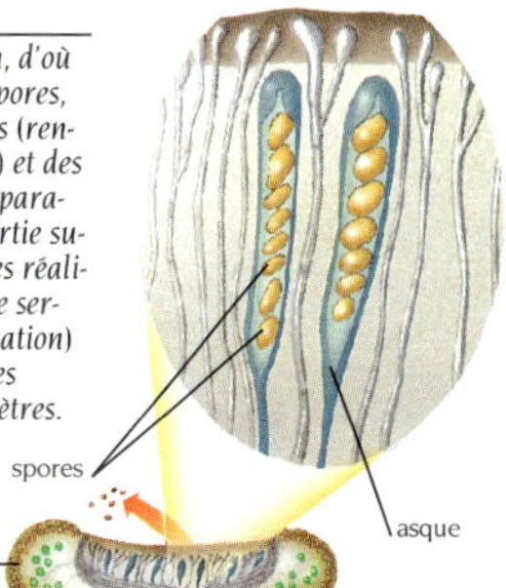

B

B. **LICHEN FOLIACÉ**

Parmelia caperata est un lichen foliacé, lobé et de couleur jaune, fixé (par des rhizines) sur les écorces et les rochers. Il exige une certaine humidité de l'air qu'il ne rencontre souvent que dans les forêts ou au voisinage du sol. Il forme alors de grands thalles qui recouvrent le support et les lichens crustacés qui l'ont précédé. Sa reproduction se fait par sorédies (organes de reproduction végétative) ; il ne forme pas d'apothécies.

C

C. **LICHENS CORTICOLES**

On nomme ainsi les lichens qui colonisent les troncs et les branches des arbres. Sur cette photographie, *Xanthoria parietina*, au thalle foliacé, est teinté en orange par la pariétine et porte ici des apothécies (appareils reproducteur du champignon qui compose le lichen). Celui-ci ne se rencontre pas uniquement sur les arbres ; il recherche les nitrates le long des routes, sur les toits ou sur les rochers marins. Ici, on observe aussi un *Physcia* gris clair et un *Parmelia acetabulum* vert et bleu foncé qui l'accompagne. Ces derniers sont également des lichens foliacés.

D

D. **PYRÉNOLICHENS**

Ces lichens ont des fructifications nommées « périthèces » : petites bouteilles enfoncées dans le thalle dont on aperçoit l'orifice (ostiole) chez ce *Verrucaria muralis*. D'autres ascolichens, les discolichens, s'en distinguent par la présence d'apothécies à surface nue, appelées « disques ».

E

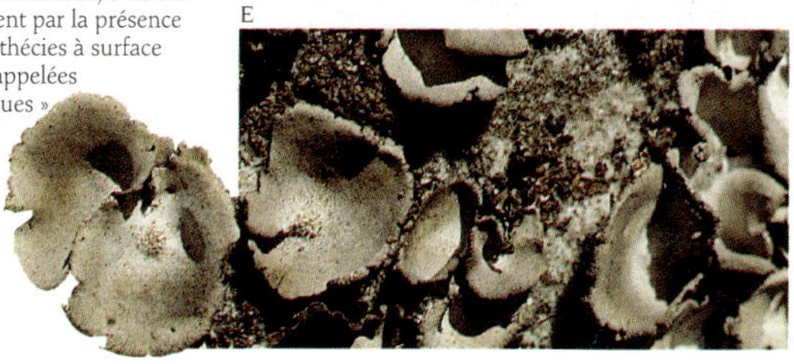

E. **UMBILICARIA**

Umbilicaria grisea, comme tous les *Umbilicaria*, a un thalle foliacé particulier : il est fixé par un seul crampon central sur les rochers siliceux ventés et battus par la pluie et les ruissellements. Un tel thalle est dit « ombiliqué ».

ASCOLICHENS ET BASIDIOLICHENS

LES ASCOLICHENS FRUTICULEUX

UN THALLE EN FORME D'ARBRISSEAU PENDANT OU DRESSÉ

■ LES LICHENS À THALLE fruticuleux pendants dont le type est l'usnée (genre *Usnea)* peuvent être stratifiés. Ils ressemblent à un lichen foliacé qui serait attaché en un seul point : le crampon (*Pseudevernia, Evernia* des écorces). Les formes plus évoluées possèdent des algues sur les deux faces des ramifications *(Ramalina, Letharia).*

Le thalle a une symétrie radiée, et sa partie profonde est constituée d'un cordon axial résistant. Ces lichens, sensibles à la pollution, réclament une humidité atmosphérique élevée.

D'autres lichens fruticuleux sont dressés à partir du sol. Ils peuvent être en lanières *(Cetraria)* ou buissonnants *(Cornicularia).* Les plus importants en nombre et en espèces sont ceux du genre *Cladonia :* leurs thalles comportent une partie foliacée ou crustacée sur le sol et une partie dressée, le *podétion,* qui s'élève verticalement. Les podétions portent les apothécies (fructifications). Ils sont buissonnants (lichen des rennes), en *alêne* ou en entonnoir (scyphe) et leur surface est unie ou porteuse d'organes de multiplication végétative (sorédies).

A. **« CARTE DE GÉOGRAPHIE JAUNE »**

Ce *Rhizocarpon,* encore appelé « carte de géographie jaune », décore les rochers siliceux. En coupe (dessin du bas), il présente un thalle stratifié avec un *cortex* jaune, une *couche algale* et une *médulle.* La partie profonde de la médulle, l'*hypothalle,* est formée d'hyphes teintées en noir qui épousent la surface du rocher et même s'y incrustent. Cette couche profonde s'accroît plus vite que le reste du thalle et forme une frange noire à la périphérie. Les compartiments qui naissent à sa surface, en arrière de la marge, sont des *aréoles.* Les fructifications *(apothécies)* se forment dans les parties âgées du thalle, entre les aréoles, et les asques qu'elles contiennent catapultent des spores brunes et multicellulaires, qui donneront de nouvelles aréoles à condition d'entrer en contact avec le partenaire algue.

A

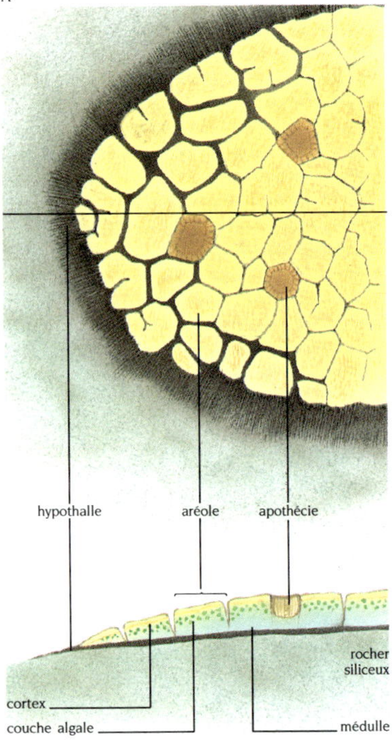

LES BASIDIOLICHENS

ALGUES ET CHAMPIGNONS BASIDIOMYCÈTES

■ LES BASIDIOMYCÈTES semblent peu aptes à la lichénisation. On ne connaissait autrefois que quelques espèces tropicales (*Dictyonema pavonia,* par exemple). Il en existe quelques dizaines dans les régions tempérées dont la nature lichénique était ignorée jusqu'à une date récente. Ils portaient donc un nom d'espèce comme les basidiomycètes libres. Le thalle formé de filaments mycéliens associé à des algues du genre *Coccomyxa* est crustacé, d'aspect granuleux ou écailleux et se trouve sur l'humus des tourbières ou des forêts humides.

LES SUBSTANCES LICHÉNIQUES

On connaît environ 300 substances produites par des lichens. Ces substances « lichéniques » sont élaborées par le partenaire champignon du lichen. Rejetées à l'extérieur des cellules, elles s'accumulent dans la partie centrale (médulle) ou le cortex supérieur (de 0,2 à 10 p. 100 du poids sec). Solubles dans des solvants comme l'acétone et le benzène, elles cristallisent à l'évaporation.

Les substances lichéniques caractérisent les espèces de lichens qui les portent car l'aptitude à les synthétiser est transmise héréditairement. Au sein du lichen, leurs rôles sont multiples : inhiber une trop rapide multiplication des algues et filtrer les radiations lumineuses qui les atteignent, protéger le lichen par leurs propriétés antibiotiques et hydrophobes...

On fabriquait autrefois des teintures à partir des substances lichéniques, sous le nom d'orseilles (pigments jaunes ou oranges des *Xanthoria* et des *Caloplaca,* colorants des *Rocella,* etc).

Ces substances sont employées actuellement en parfumerie. Les lichens les plus utilisés dans cette industrie sont la « mousse de chêne » *(Evernia prunastri)* et la « mousse d'arbre » *(Pseudevernia furfuracea).*

B

B. **USNÉES**

Ces lichens fruticuleux pendants recherchent les climats humides des montagnes ou des régions froides. En plaine, les usnées sont souvent victimes de la pollution. Au Kilimandjaro (sur cette photo), elles ne trouvent les nuages et les brouillards suffisants qu'à 2 500 ou 3 000 mètres. Les usnées ne sont pas parasites et les végétaux ne leur servent que de support. Elles ne privent de lumière que les branches les plus basses des arbres.

C

C. **CLADONIES**

Cladonia fimbriata, fréquent sur les talus, les souches ou dans les landes, se caractérise par un thalle foliacé, dit « thalle primaire », formant des écailles ou des lobes épars sur la mousse ou à même le sol. Des thalles secondaires dressés, visibles ici, les *podétions,* en forme d'entonnoirs fermés, se développent à la surface des « thalles primaires ». Les podétions de cette espèce ne portent pas d'apothécie.

D. **BASIDIOLICHEN DES RÉGIONS TEMPÉRÉES**

Ce « champignon » provient d'un lichen, *Omphalina ericetorum.* Il s'agit de la fructification productrice de spores du mycélium qui est associé à des algues pour former cette croûte granuleuse et verte que l'on distingue sur le sol. La croûte lichénisée est pérennante, alors que le « champignon à chapeau » caractéristique des basidiomycètes est éphémère.

D

E

E. **LICHEN CRUSTAC**

Les lichens crustacés représentent le type morphologique le plus riche en espèces et qui colonise tous les supports. Ce *Caloplaca saxicola* affectionne les nitrates qu'il trouve sur les vieu murs des villages. Le ce tre du thalle est occupé par des apothécies orange. Les lobes sont r couverts d'une poudre blanchâtre (oxalate de calcium).

MOUSSES ET HÉPATIQUES

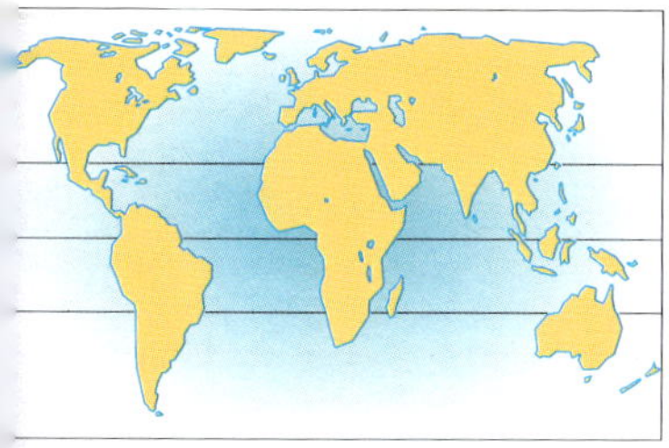

Répartition géographique. Rassemblant les plantes connues sous le nom de « mousses », ainsi que les hépatiques (et les rares anthocérotes), les quelque 25 000 espèces de bryophytes (ou *muscinées*) ont une répartition mondiale. Pour la plupart terrestres, elles ont une prédilection pour les zones humides, voire ombragées. Certaines sont cosmopolites (la funaire hygrométrique, par exemple), mais, le plus souvent, elles sont inféodées à des grandes régions climatiques. Elles ont une tendance prononcée à l'endémisme (c'est-à-dire à avoir une répartition très localisée).

On connaît de nombreuses bryophytes arctiques et antarctiques. La flore tropicale peut avoir une large répartition, mais, plus souvent, elle est limitée soit à l'Afrique, soit à l'Amérique. Les espèces continentales et boréales s'étendent de l'Eurasie à l'Amérique.

Caractères anatomiques. Les bryophytes, classiquement, sont considérées comme formant un passage entre les thallophytes (algues, champignons) et les ptéridophytes (fougères au sens large). Ce sont des *cormophytes :* leur appareil végétatif présente en effet quelques différenciations (tiges et feuilles) ; ce n'est donc pas un « thalle ». Cependant, les bryophytes n'ont acquis ni racines, ni vaisseaux conducteurs, ni cuticule protectrice caractéristiques des autres cormophytes (ou *archégoniates*), qu'on appelle « végétaux supérieurs ».

Les bryophytes représentent les cormophytes les plus simples qui ont conquis le milieu terrestre, mais « timidement », pour la plupart sans s'éloigner des lieux où ils peuvent trouver un degré élevé d'humidité. Leur origine reste imprécise d'après les données fossiles. Elles ressemblent à certaines algues vertes évoluées, tout en évoquant les ptéridophytes par leur cycle de reproduction.

Écologie. Les bryophytes ont des exigences strictes et sont donc, avec les lichens, de bons indicateurs de sol et de climat ; l'humidité atmosphérique, ou la pluie, est un besoin commun à beaucoup d'entre elles. L'eau est emmagasinée dans le feutrage formé par les touffes, mais leurs tissus minces et sans protection sont sujets à une dessiccation rapide.

Certaines cependant sont reviviscentes. Elles peuvent donc endurer le manque d'eau à l'état de vie ralentie. Le groupe des épiphylles, surtout tropicales, au contraire, ne tolère pas la moindre sécheresse. Quelques bryophytes sont submergées dans les fontaines et les rivières *(Fontinalis, Riccia fluitans),* les sphaignes sont amphibies et constituent les tourbières. Cependant, aucune bryophyte n'est marine.

Certaines bryophytes croissent à des températures élevées près des sources chaudes, alors que beaucoup acceptent les froids polaires ou montagnards. Enfin, bien qu'elles supportent de fortes luminosités, elles sont remarquables par leur tolérance à de très faibles éclairements (0,1 p. 100 de la lumière du jour à l'entrée de certaines grottes).

Cycle biologique. Le cycle de reproduction comporte deux étapes successives (alternance de générations). D'abord, le gamétophyte haploïde (n chromosomes) est la phase dominante, il est chlorophyllien, donc autotrophe, et revêt la forme d'une tige feuillée ou d'une lame : il porte des structures reproductives ou gamétanges, les archégones et anthéridies, qui produisent des gamètes très dissemblables.

Ensuite, le sporophyte diploïde (2n chromosomes), issu d'une fécondation, généralement dépourvu de feuilles et non chlorophyllien est – et c'est là l'originalité des bryophytes – parasite du gamétophyte sur lequel il se développe. Par méiose, il fournit des spores haploïdes à l'origine de nouveaux gamétophytes.

A

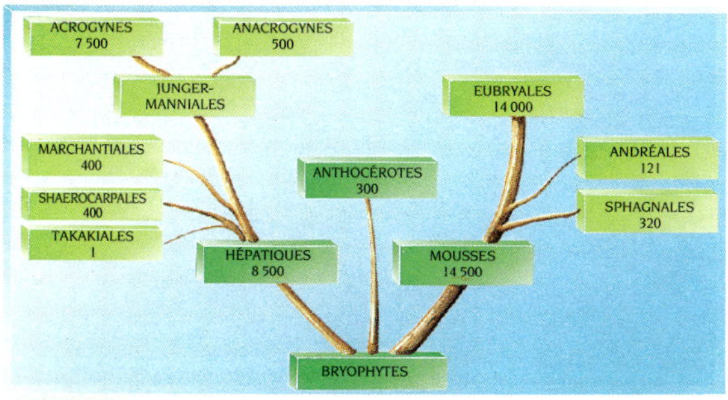

A. **CLASSIFICATION**

Les bryophytes sont séparées en trois classes inégales : les anthocérotes (survivantes de plantes disparues), les mousses et les hépatiques. Les hépatiques jungermanniales acrogynes sont communément appelées « hépatiques à feuilles ». Les chiffres indiquent le nombre approximatif d'espèces connues.

B

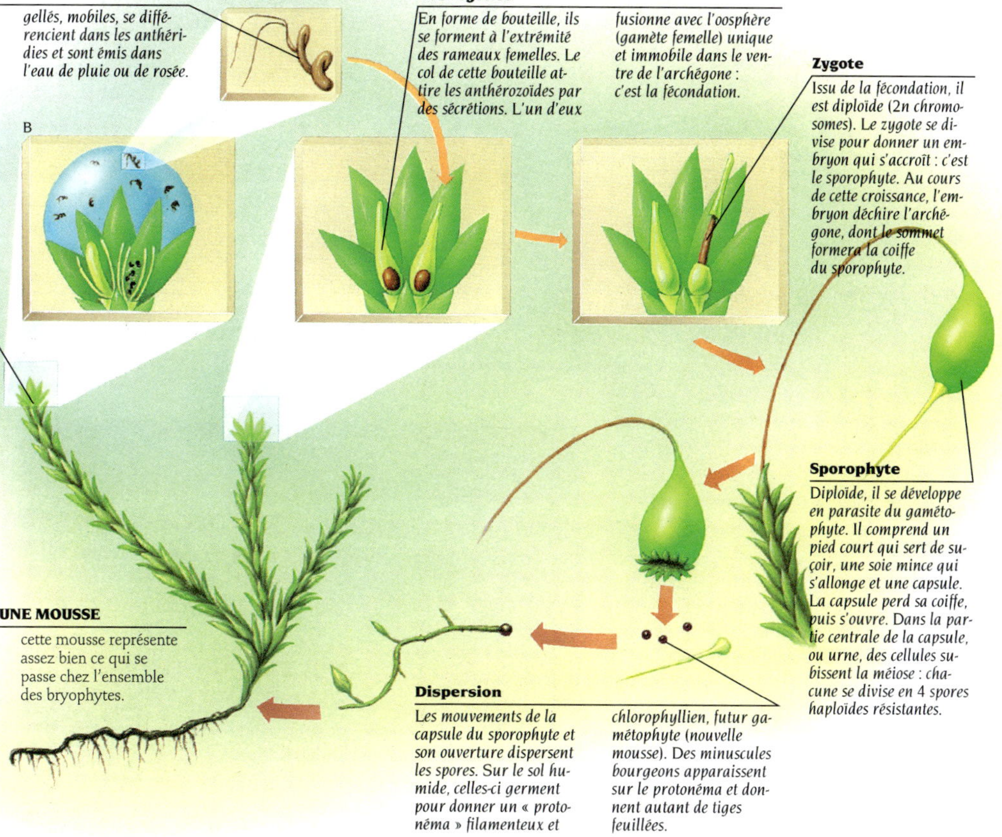

Anthérozoïdes

Ce sont les gamètes mâles. De nombreux anthérozoïdes (appelés aussi « spermatozoïdes »), flagellés, mobiles, se différencient dans les anthéridies et sont émis dans l'eau de pluie ou de rosée.

Anthéridies

Ces « massues » ventrues se forment à l'extrémité des rameaux mâles, elles sont mêlées de cellules stériles (paraphyses) et entourées de feuilles « périchétiales ».

Plante feuillée, ou gamétophyte

Formé d'une tige et de feuilles nervurées, qui ne possèdent qu'une seule assise cellulaire, le gamétophyte se fixe au substrat par des rhizoïdes bruns. Certaines extrémités de rameaux sont purement végétatives, d'autres comportent des anthéridies ou des archégones.

Archégones

En forme de bouteille, ils se forment à l'extrémité des rameaux femelles. Le col de cette bouteille attire les anthérozoïdes par des sécrétions. L'un d'eux fusionne avec l'oosphère (gamète femelle) unique et immobile dans le ventre de l'archégone : c'est la fécondation.

Zygote

Issu de la fécondation, il est diploïde (2n chromosomes). Le zygote se divise pour donner un embryon qui s'accroît : c'est le sporophyte. Au cours de cette croissance, l'embryon déchire l'archégone, dont le sommet formera la coiffe du sporophyte.

Sporophyte

Diploïde, il se développe en parasite du gamétophyte. Il comprend un pied court qui sert de suçoir, une soie mince qui s'allonge et une capsule. La capsule perd sa coiffe, puis s'ouvre. Dans la partie centrale de la capsule, ou urne, des cellules subissent la méiose : chacune se divise en 4 spores haploïdes résistantes.

Dispersion

Les mouvements de la capsule du sporophyte et son ouverture dispersent les spores. Sur le sol humide, celles-ci germent pour donner un « protonéma » filamenteux et chlorophyllien, futur gamétophyte (nouvelle mousse). Des minuscules bourgeons apparaissent sur le protonéma et donnent autant de tiges feuillées.

B. **CYCLE DE REPRODUCTION D'UNE MOUSSE**

La funaire hygrométrique *(Funaria hygrometrica)* constitue la végétation pionnière dans les clairières car elle s'y installe avant les autres végétaux. Sa soie (qui porte le sporophyte) se tord sur elle-même quand vient la sécheresse. Le cycle de reproduction de cette mousse représente assez bien ce qui se passe chez l'ensemble des bryophytes.

LES HÉPATIQUES

Appelées ainsi à cause de leur forme qui rappelle celle du foie, les hépatiques comptent plus de 8 000 espèces. Certaines, les « hépatiques à thalle », n'ont pas de feuilles et montrent une symétrie dorsoventrale *(marchantiales* et *sphaerocarpales).* Cependant, les plus nombreuses possèdent une tige feuillée et une symétrie bilatérale *(jungermanniales acrogynes* et *takakiales).* Les sphaerocarpales et les takakiales représentent des groupes primitifs qui ne seront pas traités ici.

LES MARCHANTIALES

DES HÉPATIQUES À THALLE

■ Les marchantiales ont la forme d'une lame verte lobée. Cette lame est fixée sur le sol par des écailles et par des rhizoïdes nombreux à l'emplacement de la nervure. La partie superficielle, formée de cellules chlorophylliennes, comporte des chambres aérifères percées d'un pore et garnies de colonnettes de cellules disposées de manière à faciliter la photosynthèse. La lame se ramifie par dichotomie.

Reproduction. Sur la nervure apparaissent deux sortes de « parapluies ». Dans les premiers (crénelés), des cavités contiennent des anthéridies (organes mâles) ; dans les seconds (digités), des archégones (organes femelles) sont dirigés vers le haut. Après fécondation, les archégones se tournent vers le bas.

L'œuf *(zygote)* forme un embryon qui évolue en une capsule (sporogone) entourée d'enveloppes. Après une méiose, le sporogone produit des spores mêlées à des ressorts (appelés « élatères »).

Les marchantiales se multiplient aussi par l'émission de propagules, sortes de petites boutures contenues dans des corbeilles circulaires ou en croissant.

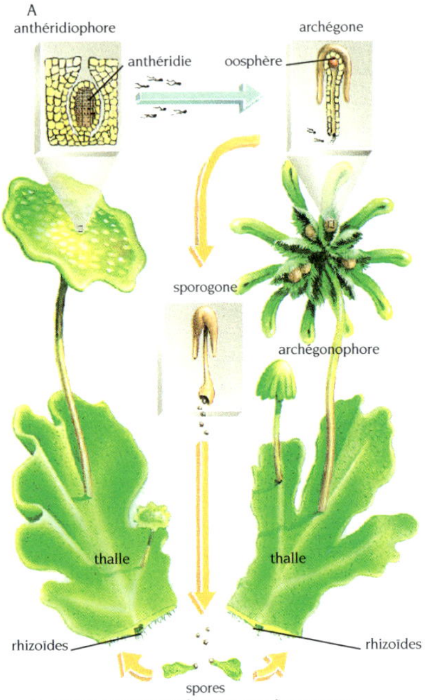

A. **CYCLE D'UNE HÉPATIQUE À THALLE**

Marchantia polymorpha, dont le cycle de reproduction sexuée est ici schématisé, peut se reproduire de manière asexuée par émission de propagules en forme de corbeille.

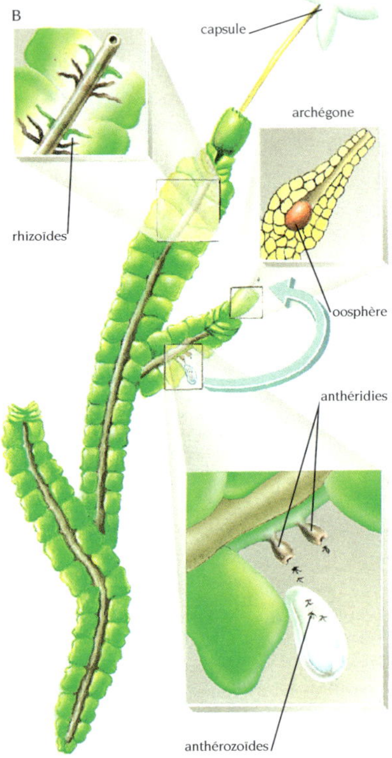

B. **CYCLE D'UNE HÉPATIQUE À FEUILLE**

Lophocolea heterophylla est une jungermanniale acrogyne dont le cycle de reproduction est particulièrement simple. Les archégones (organes femelles) naissent à l'extrémité des rameaux, alors que les anthéridies (organes mâles) se forment le long des rameaux.

LES JUNGERMANNIALES

LES HÉPATIQUES LES PLUS ABONDANTES

■ L'ordre des jungermanniales est divisé e deux grands groupes : les jungermanniales *acr gynes* (du grec *akros,* extrémité, et *gunè,* femelle hépatiques à feuilles aux nombreuses espèce (7 500), ainsi nommées parce que les organe reproducteurs femelles naissent à l'extrémit des rameaux dont ils arrêtent la croissance, et le jungermanniales *anacrogynes,* qui sont des hép tiques à thalle, dont les organes reproducteur naissent latéralement.

Chez les jungermanniales acrogynes, la croi sance dépend d'une cellule apicale de form tétraédrique, ce qui explique la symétrie « tri diée » des rameaux. Ainsi, deux rangées d feuilles latérales s'étalent parallèlement au su port (rameaux plagiotropes). Elles sont parfo réduites à des poils très fins *(Trichocolea) ;* l'u des lobes peut se replier pour former un minu cule réservoir à eau *(Frullania).* La troisièm rangée de feuilles, ventrales, nommées amph gastres, est souvent réduite.

Reproduction. À l'extrémité des rameaux, le archégones sont entourés de feuilles serrées. Le anthéridies naissent à l'aisselle de quelque feuilles. Après fécondation de l'oosphère, l'em bryon se développe pour donner le sporogone Celui-ci comporte un pied suçoir, une soie (c pédicelle) longue, transparente, turgescente e fragile, portant une capsule noire qui s'ouvre pa quatre valves et libère des spores et des élatère

Les jungermanniales anacrogynes, ou met geriales, ont de minuscules thalles à croissanc dichotomique. Il existe des genres *(Fossombr nia)* où les ailes latérales du thalle se segmenter en tronçons préfigurant des feuilles. Ces thalle sont toujours plus simples que ceux de marchantiales.

ADAPTÉE À LA MONTAGNE

Une hépatique à feuilles, du groupe des jungermanniales acrogynes *(Gymnomitrion corallioides),* est très bien adaptée au climat montagnard, puisqu'on la rencontre en Europe au-dessus de 1 500 mètres. Ses feuilles entières concaves, à marge large et transparente, s'imbriquent parfaitement pour former des rameaux grisâtres serrés en coussinets dans les anfractuosités des rochers. C'est une exception chez les hépatiques à feuilles, qui, habituellement, ne résistent pas aux vents desséchants qui peuvent souffler à cette altitude.

C

C. **REPRODUCTION SEXUÉE**

Cette jungermanniale anacrogyne *(Pellia epiphylla)* au thalle bien développé, bien que très simple (sans chambres aérifères), est fréquente dans les lieux humides en permanence (fontaines, bords de ruisseaux). Au printemps, le thalle de cette hépatique se couvre de sporogones dont les soies sont terminées par des capsules noires où se forment les spores.

D

D. **REPRODUCTION VÉGÉTATIVE**

Cette marchantiale *(Lunularia cruciata),* sur le thalle de laquelle on aperçoit les pores des chambres aérifères, présente ici des corbeilles e forme de croissant. Dan chaque corbeille, les petites masses vertes sont des propagules qui, détachées par la pluie, servent à bouturer le thalle sans attendre la reproduction sexuée. *Marcha tia* et *Lunularia* envahissent souvent ainsi la su face des pots dans les châssis et les serres.

LES MOUSSES

LES BRYALES

ES MOUSSES AU SENS STRICT

PARMI LES BRYOPHYTES, ce sont les mousses ui, avec près de 15 000 espèces, ont eu a meilleure réussite évolutive. Elles colo-isent toutes les régions, sur le sol, les ochers, les écorces et dans les eaux douces. e gamétophyte (c'est-à-dire la plante feuillée) e forme à partir d'un filament cloisonné et hlorophyllien, le *protonéma.*

a tige et les feuilles. La tige feuillée mesure de uelques millimètres à 60 cm chez *Dawsonia,* hez *Fontinalis* et chez certaines mousses pen-antes tropicales. Elle se fixe au substrat par des hizoïdes cloisonnés et teintés. Sa structure omporte une sorte de cylindre central formé de ongues cellules conductrices. Les feuilles pren-ent une disposition spiralée autour de la tige. a multiplication végétative se fait par des pro-agules ou par fragmentation de diverses par-ies de la plante.

a reproduction sexuée. Les anthéridies nais-ent dans des corbeilles larges au sommet de ertains rameaux. Les archégones proviennent le sortes d'étuis plus étroits formés de feuilles pécialisées. La fécondation de l'oosphère par les anthérozoïdes ciliés donne un embryon qui omporte un pied bien ancré sur le sommet du ameau, une soie qui s'allonge avant maturité et ne capsule fertile où se forment les spores (dans un sac sporifère). La capsule est surmontée d'une coiffe caduque, résidu de l'archégone.

Classification et morphologie. Les mousses bryales se répartissent en trois classes inégales : eubryales, andréales et sphagnales.

Les *eubryales* constituent la classe où s'exprime la plus grande diversité ; les polytrics sont remarquables par les lames chlorophylliennes qui recouvrent les feuilles, par le mode de dispersion des spores et par l'anatomie complexe de la tige ; minuscule, *Buxbaumia* a un gamétophyte très réduit et évanescent à maturité du sporophyte ; *Fissidens* est une mousse de talus argileux aux feuilles sur deux rangs ; *Dicranum* est une mousse à feuilles en faux, commune dans les forêts ; *Grimmia* forme les coussinets arrondis aux feuilles prolongées d'un poil fin, dont une espèce est très commune sur les toits ; la funaire hygrométrique est cosmopolite et croît aux emplacements où l'on a brûlé du bois ; *Bryum* et *Mnium* forment des tapis ras aux capsules renversées ; la famille des hypnacées « pleurocarpes » regroupe les genres *Thuidium* et *Hypnum,* qui sont cosmopolites, mais ses représentants sont plus généralement les hôtes habituels des forêts tempérées.

Les *andréales* forment des coussinets sur les rochers des régions polaires et en haute montagne. Le pied et la soie des éléments fertiles (sporogones) sont ancrés dans un prolongement du gamétophyte nommé pseudopode qui hisse la capsule. Celle-ci s'ouvre par quatre fentes longitudinales. Le petit groupe des andréales représente une évolution extrême dans la réduction du sporophyte.

Les *sphagnales* comprennent un seul genre, *Sphagnum,* et sont les hôtes des tourbières acides. Leurs feuilles sont spécialisées dans la rétention d'eau. Les sphaignes s'accroissent continuellement par le sommet alors que la base meurt. La capsule sphérique et noire est la seule partie visible du sporophyte.

A

. DISPERSION DES SPORES

Cette image de micro-copie électronique à ba-ayage montre l'intérieur l'une capsule de *Bartra-nia :* après la chute de la oiffe et de l'opercule, ne double rangée de dents retient les spores. Elles s'ouvrent par temps sec, et les spores mûres sont libérées. L'alternance de sécheresse et d'humidité favorise la dispersion.

B

B. MOUSSE PLEUROCARPE

Les archégones et, après fécondation, les sporogones de *Brachythecium* sont insérés latéralement sur des rameaux : il s'agit d'une mousse pleurocarpe. Les rameaux, souvent rampants, sont ancrés par des rhizoïdes.

C

. MOUSSES AQUATIQUES

es *Fontinalis* sont des nousses pleurocarpes quatiques. Elles fré-uentent les fontaines et es eaux claires où elles euvent former des nasses considérables. eurs feuilles vert foncé ont disposées sur trois angs et cachent souvent les sporogones dont les oies sont courtes. L'es-èce photographiée ici *Fontinalis antipyretica)* servi, selon Linné, l'isolant à la chaleur.

D

D. MOUSSE ACROCARPE

Sur *Barbula,* le sporogone est inséré à l'extrémité d'un rameau : il s'agit donc d'une mousse acrocarpe.

Capsule

La capsule est dressée au sommet du sporogone. La coiffe et l'opercule sont tombés mais les dents du péristome contrôlent la libération des spores.

Soie

La soie, ou pédicelle, partie médiane du sporogone, s'allonge hors du coussinet ou du tapis de mousse. Elle contient un tissu conducteur simple qui alimente la capsule.

Pied

À la base de la soie, un pied, bien ancré dans les tissus du gamétophyte, est entouré de feuilles spéciales. Il assure l'approvisionnement du sporophyte aux dépens du gamétophyte.

Feuilles

Les tiges feuillées des mousses acrocarpes sont souvent dressées. Les feuilles se replient sur leur face supérieure et se recourbent par temps sec.

Rhizoïdes

Ces poils, qui servent à l'accrochage de la mousse, sont présents à la partie inférieure de chaque tige, où ils forment un feutrage parfois très dense.

E

. SPOROGONES

a soie qui porte les spo-ogones de cette mousse ypnacée, d'abord dres-ée, se recourbe ensuite ers le sol. La coiffe a léjà disparu, mais l'oper-ule qui ferme les cap-ules n'est pas encore ombé. Les capsules, en-ore vertes, deviendront runes à maturité. La roissance des rameaux t la dispersion de spores rès nombreuses permet-ent à cette mousse de oloniser rapidement le ol siliceux des forêts.

LES MOUSSES

ÉCOLOGIE

UN DÉVELOPPEMENT FAVORABLE AUX AUTRES PLANTES

■ L'UN DES RÔLES les plus évidents des tapis de mousses en toute région, c'est, en association avec les cyanobactéries et les lichens, de stabiliser et de protéger les sols nus. Le feutrage formé par les filaments, les poils et les mousses elles-mêmes permettra aux jeunes germinations des autres plantes de survivre en fournissant au sol minéral aride l'humus indispensable.

A

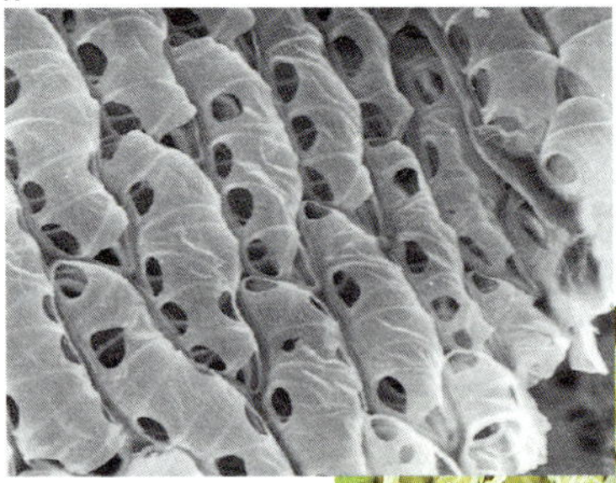

B

A. B. **SPHAIGNES**

Les sphaignes sont plus ou moins immergées, selon les espèces, dans l'eau acide des tourbières. Les sommets des rameaux sont seuls vivants, ils surmontent la masse spongieuse des plantes mortes qui s'accumulent et se tassent, parfois sur plusieurs mètres.
Dans le tissu des feuilles de sphaigne, des cellules mortes et vides (hydrocytes) sont maintenues dilatées par des épaississements spiralés de leur paroi. Elles présentent aussi des pores (visibles sur cette photographie [A] prise au microscope électronique à balayage). Ces particularités permettent aux sphaignes, vivantes, de se tenir dressées ou, récoltées depuis longtemps, de retenir 25 fois leur poids d'eau.
Ce milieu particulier (ici [B], dans le Jura) abrite une flore et une faune très intéressantes : citons, en particulier, les plantes « carnivores » *(Drosera).* L'équilibre biologique y est fragile, car ces plantes sont sensibles à de nombreux facteurs.

Lorsque la couche de mousses (on parle de *strate muscinale*) est installée, sa structure permet encore de sauvegarder une certaine humidité dans les premiers centimètres du sol. Enfin, en ambiance forestière, l'abondance des mousses permet de maintenir assez longtemps l'humidité de l'air ambiant.

Les associations muscinales. Un certain nombre d'associations végétales sont dominées par des bryophytes supérieures. C'est en Europe qu'elles ont été le mieux étudiées. Cependant, les bryophytes supportent mal la concurrence avec les autres plantes et ne jouent un rôle important que lorsque les conditions écologiques leur laissent la possibilité de se développer.

En forêt, sur humus acide, citons l'association à *Leucobruym glaucum ;* celle à *Ptilium crista castrensis,* plus hygrophile, et celle à sphaignes sur sol très humide et non aéré. Si l'humus est moins acide, les associations à *Polytrichum formosum* dominent. L'association à *Pleurozium schreberi* et celle à *Hylocomium splendens* se trouvent sur sol de plus en plus humide. Les terres calcaires des chênaies pubescentes présentent l'association à *Camptothecium lutescens.*

Sur l'humus, entre les rochers éclairés, il faut citer les associations à *Rhacomitrium,* très spectaculaires ; sur les rochers siliceux secs, l'association à *Hedwigia ciliata* et celle à *Dicranoweisia cirrata* et, sur les rochers humides, bien d'autres associations à hépatiques. Sur les rochers calcaires croît l'association à *Grimmia orbicularis* en situation sèche, celle à *Fissidens minutulus* si le site est frais. Les associations des troncs d'arbre sont très nombreuses ; elles se mêlent à celles de lichens et dépendent là encore de l'éclairement, de l'hygrométrie et de la température. Le bois mort humide montre de délicates hépatiques à feuilles.

En dehors du milieu forestier favorable à l'établissement des bryophytes, on reconnaît aussi les associations propres à la terre nue des champs cultivés *(Riccia, Anthoceros),* ou colonisant les sables – précieuse végétation pionnière –, mais les plus nombreuses sont celles des tourbières, à hypnacées (tourbières neutres) ou à sphaignes (tourbières acides). Enfin, il existe de nombreuses communautés des eaux courantes ou des suintements.

C

C. **ANTHOCÉROTE**

Le thalle vert, crispé, de cette espèce *(Anthoceros punctatus)* n'est pas rare en plaine ou en montagne sur la terre nue des champs humides. Il est ponctué de cavités sombres mucilagineuses, remplies de mucus, où croît une cyanobactérie symbiotique *(Nostoc).* En période défavorable, le thalle meurt, mais, grâce à la présence de tubercules résistants formés sur la face ventrale, il se redéveloppera lorsque l'humidité reviendra.

D

D. **LEUCOBRYUM**

Hôte habituel des forêts au sol acide dans tout l'hémisphère Nord, les beaux coussins mammelonnés de cette mousse *(Leucobryum glaucum)* finissent souvent par garnir le fond d'une composition florale ou par former le « gazon » d'une maquette. La couleur de ses feuilles est due à un tissu spécial, ressemblant à celui des sphaignes, qui permet d'emmagasiner l'eau. Sa récolte contribue, hélas, à l'appauvrissement général du milieu forestier suburbain.

LES ANTHOCÉROTES

DES FOSSILES VIVANTS

■ CE PETIT GROUPE DE BRYOPHYTES se distingue à la fois des hépatiques et des mousses. Le gamétophyte est un thalle vert pluristratifié étalé sur le sol et maintenu par des poils (les rhizoïdes). Les organes reproducteurs se forment dans des dépressions superficielles. Le sporophyte issu de la fécondation évolue en une capsule haute et étroite qui s'allonge par la base. À maturité des spores et des élatères (cellules fonctionnant comme des ressorts) s'échappent par l'ouverture de deux valves longitudinales.

La structure du sporophyte présente quelques analogies avec les psilophytes (ptéridophytes primitifs), mais les cellules contiennent des chloroplastes particuliers, qui évoquent ceux d'algues (chlorophycées). Ces plantes sont donc de véritables fossiles vivants, survivants de plantes situées à la charnière des thallophytes (algues) et des ptéridophytes (fougères).

LA TOURBE

Les tiges de sphaignes mortes, mêlées aux débris des autres plantes de la tourbière, s'accumulent lentement et se tassent sous le poids des mousses de surface toujours en croissance. Mais l'acidité liée à la pauvreté minérale du milieu est très défavorable à la décomposition de la matière organique. Les débris se compactent et se consolident pour former une matière poreuse et légère : la tourbe.

Celle-ci fut exploitée dans les pays producteurs (Irlande, Écosse, Danemark et surtout Allemagne du Nord) pour le chauffage. Des mottes mises à sécher en tas étaient autrefois brûlées l'hiver. La tourbe a eu ensuite un usage horticole professionnel, mais ses qualités pour alléger les sols, les enrichir en humus, les préserver du dessèchement l'ont fait utiliser par des amateurs et producteurs de plus en plus nombreux. L'inconvénient, c'est que de gigantesques exploitations creusent les immenses tourbières du nord de l'Europe sans que l'on se soucie de leur renouvellement.

FOUGÈRES ET GROUPES PROCHES

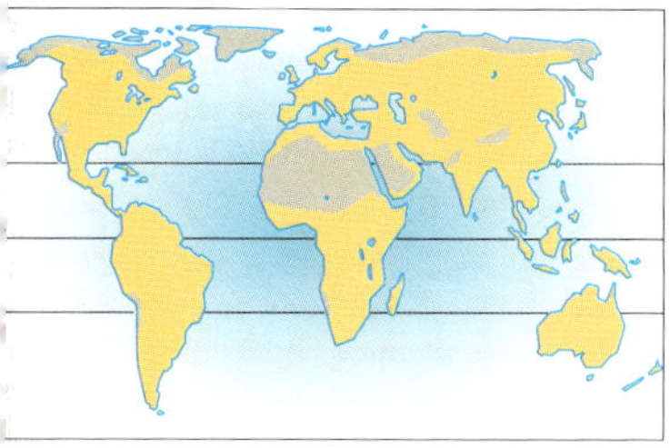

Répartition géographique. Le domaine des ptéridophytes, groupe auquel appartiennent les fougères, couvre le monde entier à l'exception des zones arides chaudes ou froides, mais c'est dans les régions tropicales humides et équatoriales que ces végétaux sont majoritairement représentés, là où température, humidité et couvert végétal sont les plus favorables à leur bon développement.

Types biologiques. Le plus souvent vivaces, ils possèdent (quelques formes primitives exceptées) racines et tiges feuillées sans formations anatomiques « secondaires » (caractéristiques des plantes plus évoluées), sauf chez *Isoetes* et *Botrychium*. La plupart sont des plantes herbacées.

Reproduction. Le caractère fondamental de la reproduction sexuée est l'indépendance du gamétophyte (prothalle) et du sporophyte (plante feuillée), à la différence des bryophytes, chez lesquelles le sporophyte se développe en parasite sur le gamétophyte. La multiplication végétative s'observe, avec des modalités diverses, chez de très nombreuses espèces.

Classification. Actuellement, avec environ 350 genres et 11 000 espèces, les ptéridophytes occupent une place modeste dans le règne végétal, après l'avoir dominé, il y a plus de 300 millions d'années et sont représentés par quatre embranchements : les *psilophytes (Psilotum)*, les *lycophytes* (sélaginelles, lycopodes), les *arthrophytes* ou *sphénophytes* (prêles) et les *filicophytes* (fougères). Ce dernier ensemble est le plus diversifié.

A

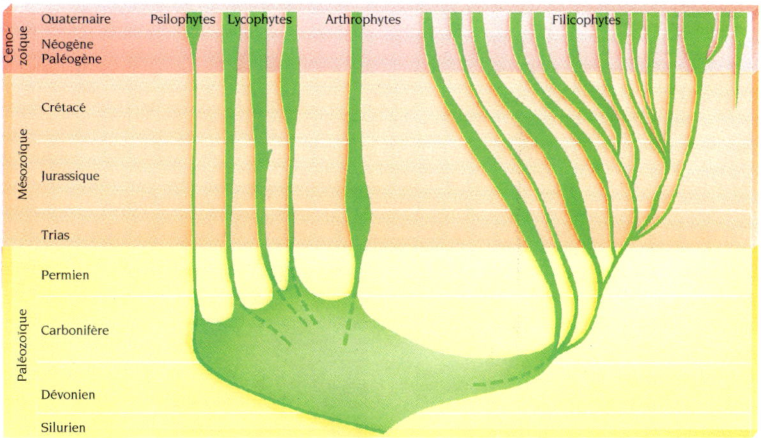

A. **ÉVOLUTION DES PTÉRIDOPHYTES**

Au début du paléozoïque (ère primaire), dès le silurien, les premiers ptéridophytes apparaissent : ce sont les psilophytes sans feuilles ni racines réelles mais avec des tissus conducteurs. Cette différenciation, en rapport avec une bonne adaptation au milieu aérien, autorise, en particulier, un port dressé conduisant aux formes arborescentes. Plus tard, au milieu du paléozoïque, une véritable explosion de ces végétaux s'accompagne d'une mise en place des ancêtres non seulement des ptéridophytes actuels, mais également des plantes à graines (gymnospermes et angiospermes). À la fin du paléozoïque, où le climat devient froid, la plupart de ces végétaux disparaissent, si bien qu'à présent ne persistent que quatre embranchements, les filicophytes, ou fougères, étant l'ensemble le plus largement représenté, avec, en particulier, la famille des polypodiacées.

B

B. **PROTHALLE DE FOUGÈRE**

Le prothalle correspond au gamétophyte. Simplement constitué de cellules chlorophylliennes organisées en une lame en forme de cœur, il porte sur sa face inférieure les organes reproducteurs, ou gamétanges (anthéridies et archégones), baignant ainsi dans les gouttes d'eau de rosée indispensables à la fécondation.

C

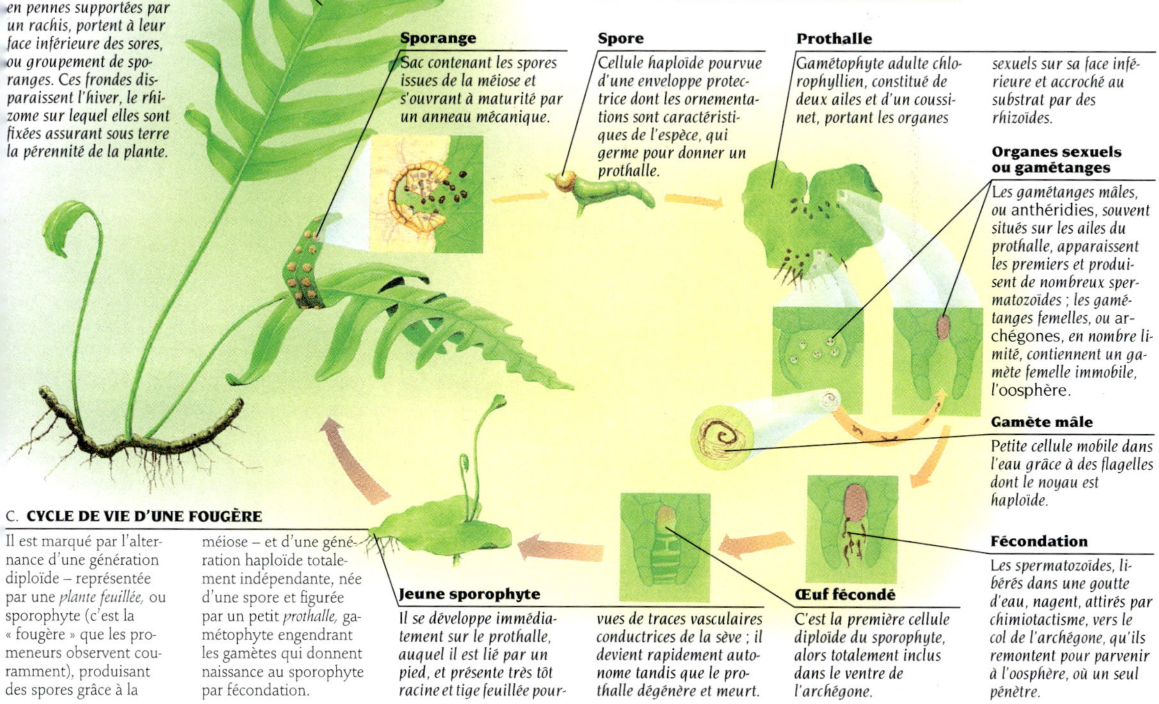

C. **CYCLE DE VIE D'UNE FOUGÈRE**

Il est marqué par l'alternance d'une génération diploïde – représentée par une *plante feuillée,* ou sporophyte (c'est la « fougère » que les promeneurs observent couramment), produisant des spores grâce à la méiose – et d'une génération haploïde totalement indépendante, née d'une spore et figurée par un petit *prothalle,* gamétophyte engendrant les gamètes qui donnent naissance au sporophyte par fécondation.

PSILOPHYTES ET LYCOPHYTES

LES PSILOPHYTES

DES PLANTES PRIMITIVES

■ CONSIDÉRÉES COMME LES PTÉRIDOPHYTES les moins évolués, les psilophytes sont représentées par l'unique famille des psilotacées comprenant les deux genres *Psilotum* et *Tmesipteris*.

Vivant sur d'autres plantes (épiphytes) ou sur l'humus, parfois sur les terrains pierreux, les psilophytes sont présentes dans les régions tropicales et subtropicales.

Le sporophyte est caractérisé, fait exceptionnel chez les végétaux vasculaires, par l'absence de racines. Il est formé d'un rhizome (tige souterraine), porteur de rhizoïdes, vivant en symbiose avec des champignons (mycorhizes). Les organes aériens sont des axes à ramification dichotomique, avec ou sans microphylles (petites feuilles non reliées à l'axe par une brèche) non nervurées. À l'extrémité des axes se développent des amas de sporanges soudés dont les spores sont identiques *(homosporie).*

Les gamétophytes, ou prothalles, sont à la fois mâles et femelles (on parle d'*homoprothallie*). Cylindriques, ramifiés, souterrains et non chlorophylliens, ils vivent en saprophytes.

LES LYCOPHYTES

LYCOPODES, SÉLAGINELLES ET ISOÈTES

■ CES PETITES PLANTES au port herbacé présentent une organisation complète avec racines et tiges à microphylles nervurées. Leur caractère principal est la présence, à l'aisselle d'une feuille spéciale, ou *sporophylle,* d'un sporange isolé issu de plusieurs cellules épidermiques.

Les lycopodiales. Elles comprennent la seule famille des lycopodiacées avec le genre *Phylloglossum* d'Australie, de Tasmanie et de Nouvelle-Zélande ne comprenant qu'une seule espèce, et le genre *Lycopodium,* qui compte de nombreuses espèces à habitat varié des régions tropicales et tempérées.

Le rhizome est souvent associé à des champignons et possède des racines adventives. La tige aérienne rampante, dichotomique, possède des feuilles sans pétiole (sessiles). Les sporophylles, parfois groupées en « épis » (strobiles), portent un sporange réniforme assez gros, garni de spores toutes identiques. Cette homosporie singularise les lycopodiales des autres lycophytes.

Après une grande latence, les spores donnent naissance à des gamétophytes bisexués, souvent non chlorophylliens, en symbiose avec un champignon. Les anthéridies produisent des spermatozoïdes à deux flagelles ; les archégones sont pourvus d'un long col.

Les sélaginellales. Elles renferment une seule famille, les sélaginellacées, dont l'unique genre, *Selaginella,* cosmopolite, compte 800 espèces vivant en forêt.

Ce sont des plantes rampantes ou dressées, très ramifiées. Les feuilles, ornées d'une languette, la *ligule,* ont une seule nervure. Les sporanges, groupés en strobiles, sont de deux types : les mégasporanges contiennent chacun 4 mégaspores et les microsporanges, de nombreuses microspores.

Le gamétophyte, mâle ou femelle, non chlorophyllien, s'édifie à l'intérieur de l'enveloppe sporale : on parle d'*endoprothallie.* C'est donc soit un « microprothalle » (mâle) dont l'unique anthéridie libère de nombreux spermatozoïdes, soit un « mégaprothalle » (femelle) qui produit plusieurs archégones.

Les isoétales. L'unique famille des isoétacées comporte deux genres : *Stylites* de la région des Andes (représenté par une seule espèce) et *Isoetes,* qui compte 70 espèces.

Elles ont un port de graminées avec leur tige très courte et leurs longues feuilles étroites (microphylles). Les sporanges se développent dans une dépression recouverte d'un voile. Les microphylles externes portent les mégasporanges renfermant 150 à 300 mégaspores ; les microphylles internes, les microsporanges avec un million de microspores : les isoétacées sont donc hétérosporées.

Les spores unisexuées donnent des prothalles (endoprothallie). Le prothalle mâle libère quatre spermatozoïdes. Chaque prothalle femelle contient deux ou trois archégones.

A

A. **SÉLAGINELLE GRACILE**

Selaginella gracillima vit dans les régions tropicales à pluviosité importante. Si la plupart des sélaginelles sont vivaces, celle-ci est une délicate plante annuelle gazonnante. Son organisation à symétrie dorsiventrale est bien représentative du groupe le plus important de la famille. La tige à nombreuses ramifications dichotomiques, grêle et rampante, laisse voir des rameaux végétatifs courts à feuilles imbriquées, celles des deux rangées dorsales étant plus petites que celles, bien étalées, des deux rangées ventrales. La région fertile est bien visible au sommet de certains rameaux, où les microsporanges rougeâtres et les macrosporanges jaunâtres à maturité sont portés à la base de sporophylles.

B

B. **PSILOTUM**

Psilotum nudum, espèce tropicale, vit en épiphyte (sur d'autres végétaux) ou sur l'humus ; c'est une curiosité de jardin botanique avec ses tiges dressées, dichotomiques, porteuses de petites feuilles simples sans nervures réduites à des écailles et ses groupes de trois sporanges soudés sur des rameaux latéraux.

C

C. **ISOÈTE ÉPINEUX**

Isoetes hystrix, vivant dans les pelouses rases, humides en hiver, a un bulbe donnant, chaque année, des feuilles engainantes, dressées, raides et cassantes ; les premières apparues portent les macrosporanges, les suivantes les microsporanges.

D

D. **LYCOPODE EN MASSUE**

Lycopodium clavatum, cosmopolite, vit sur l'humus des sous-bois. Sa tige, grêle et rampante, a des rameaux dressés couverts de petites feuilles insérées en spirale, certains à écailles éparses montrant à leur extrémité un épi de feuilles portant des sporanges (appelées « sporophylles »).

UN PAS VERS LES VÉGÉTAUX SUPÉRIEURS

Chez les végétaux vasculaires, les sélaginelles montrent la première tendance évolutive de la reproduction sexuée des plantes supérieures, qui conduit à la réalisation d'un gamétophyte mâle réduit et d'un gamétophyte femelle inclus et protégé dans les tissus du sporophyte, tels qu'ils existent chez les gymnospermes et les angiospermes. En effet, il y a apparition de l'hétérosporie – nombreuses microspores, peu de macrospores – et de prothalles qui se construisent à l'abri de l'enveloppe sporale : les uns, mâles, réduits à quelques cellules, les autres femelles (hétéroprothallie). Encore loin d'avoir réalisé un vrai grain de pollen (prothalle mâle) et un sac embryonnaire (prothalle femelle représenté ici), les sélaginelles esquissent toutefois un pas notable vers une meilleure adaptation des végétaux au milieu aérien.

LES ARTHROPHYTES

Si l'embranchement des arthrophytes (ou sphénophytes) était important et diversifié à l'ère primaire, pour laquelle on recense 80 genres dispersés dans presque toutes les régions du globe, actuellement le seul genre vivant est celui des prêles, *Equisetum,* avec ses 25 espèces. Apparus au dévonien moyen, les arthrophytes disparaissent presque entièrement au permien (il y a environ 250 millions d'années) à la suite des conditions climatiques défavorables, mais ils ont connu un développement extraordinaire au carbonifère, où ils sont à l'origine des gisements de houille.

L'ÉVOLUTION DES ARTHROPHYTES

SPHÉNOPHYLLALES FOSSILES ET PRÊLES ACTUELLES

■ De nombreuses arthrophytes fossiles (sphénophyllales et équisétales) présentaient des feuilles placées en verticilles et une segmentation des axes en articles, d'où le nom d'*arthrophyte.*

Les sphénophyllales. Ces plantes, qui ont vécu du dévonien moyen au permien, comprennent quatre familles, dont celle des sphénophyllacées avec *Sphenophyllum* à port grimpant, qui vivait surtout dans les marécages du carbonifère ; l'existence de tiges épineuses atteste, dans certains cas, l'adaptation de ces arthrophytes fossiles au milieu sec. L'appareil reproducteur est rassemblé en épis.

Les équisétales. Apparues au dévonien moyen, elles réunissent 9 familles, dont celle, entièrement fossile, des calamitacées et celle, encore actuelle, des équisétacées.

Les calamitacées, avec le genre *Calamites,* nées au carbonifère inférieur, s'éteignent au permien. Ce sont des arbres à caractères évolués : formations anatomiques secondaires (bois), hétérosporie (différents types de spores) et sporange femelle caractéristique préfigurant l'ovule des plantes supérieures.

Aujourd'hui, les prêles *(Equisetum)* sont des plantes vivaces de 1 à 2 m de haut. Elles sont cosmopolites mais absentes d'Australie et de Nouvelle-Zélande, la plupart vivant dans les zones tempérées, de très humides à sèches, de l'hémisphère Nord.

Le rhizome, très ramifié, s'enfouit à une grande profondeur. Il donne naissance à des tiges aériennes cannelées et dressées.

Les épis sporifères (strobiles) sont constitués de structures fertiles (sporangiophores) en écusson portant chacun 5 à 10 sporanges. Les spores sont chlorophylliennes et pourvues de deux « ressorts » assurant leur dissémination (les élatères). On considère que les spores sont potentiellement bisexuées, le sexe pouvant être très tôt déterminé par les conditions du milieu (sauf chez *Equisetum giganteum*). Les spores donnent des prothalles soit de sexe mâle, lamelliformes, qui montrent de nombreuses anthéridies produisant des spermatozoïdes ciliés, soit de sexe femelle, buissonnants, qui présentent quelques archégones.

UNE TIGE CORIACE

Le nom de *prêle* est dérivé du vieux français *asprèle,* qui rappelait la rudesse et l'âpreté de la tige dues à sa grande richesse en silice opaline ; les cendres sèches en contiennent de 50 à 65 p. 100. Si cette substance intervient dans le fonctionnement général de la plante, elle est également excrétée et forme alors des dépôts à la surface des tiges aériennes et des feuilles. Ainsi, chez *Equisetum bogotense,* les stomates (photo ci-dessous) sont ornementés de spicules dont les plus grands ourlent la périphérie. Les formes particulières constantes de ces dépôts siliceux peuvent être utilisées, en systématique, pour distinguer les espèces les unes des autres. Autrefois, des artisans employaient des touffes de prêles, véritables abrasifs végétaux en raison de la silice exsudée en grande quantité, pour polir métaux et bois durs. De nos jours, on continue d'employer les prêles, mais en phytothérapie, pour leurs propriétés hémostatiques et diurétiques.

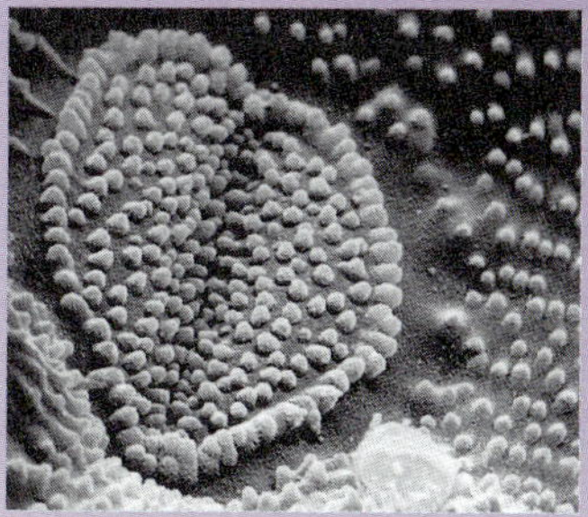

A

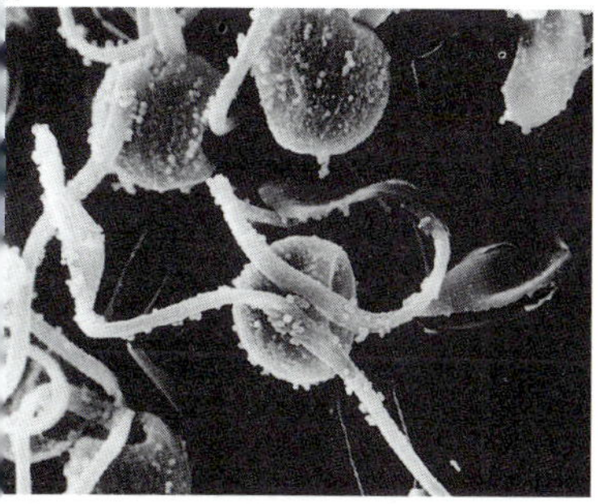

A. **ASSURER LA DISPERSION**

À maturité, les sporanges s'ouvrent par une fente (de « déhiscence ») et libèrent ainsi les spores chlorophylliennes, chacune enveloppée par deux *élatères,* rubans torsadés et spatulés à leur extrémité, disposés de façon hélicoïdale et insérés de part et d'autre de l'aperture (par où germera la spore). L'alternance de sécheresse et d'humidité provoque des mouvements rapides d'étalement et d'enroulement de ces élatères, qui assurent ainsi, à la manière de ressorts, une meilleure dispersion des spores. (Microscopie électronique à balayage.)

B

B. **CALAMITES**

Uniquement fossiles, ces arthrophytes sont les plus évoluées au plan végétatif et reproducteur. Ce sont des arbres de 10 m de haut, particuliers car nés d'une tige souterraine (rhizome) ; leur tige, dressée, montre de nombreuses cicatrices laissées par les rameaux disposés régulièrement.

C

C. **PRÊLE DES CHAMPS**

Equisetum arvense, prêle des champs ou queue de cheval, est une espèce cosmopolite à tiges stériles et fertiles.

Pousse fertile

Au printemps, les pousses fertiles (10 à 20 cm de haut) naissent les premières et vivent une quinzaine de jours. Sans chlorophylle, elles sont robustes et non ramifiées. L'épi sporifère terminal de 2 à 4 cm est constitué de verticilles de feuilles transformées en écailles fertiles, écussons hexagonaux qui portent à leur face inférieure 5 à 12 sporanges. À maturité, les écussons s'écartent, permettant ainsi la dispersion des spores.

Pousse stérile

Les pousses stériles, chlorophylliennes, de 15 à 40 cm de haut, qui se développent après les pousses fertiles, ont des rameaux disposés en verticilles régulièrement espacés, donnant aux pousses un aspect bien articulé. Au niveau des nœuds, les feuilles, très discrètes, forment de petites gaines de moins de 15 dents.

LES FOUGÈRES

L'EMBRANCHEMENT DES FILICOPHYTES, le plus évolué, le plus diversifié et le plus représenté des ptéridophytes actuels, comprend en particulier les fougères. Dix pour 100 des genres sont cosmopolites ou pantropicaux ; le reste est endémique (1 p. 100 en Afrique, 40 p. 100 en Amérique du Sud, centrale et aux Caraïbes, 49 p. 100 en Indo-Malaisie et dans le Pacifique sud). Beaucoup vivent sur terre, certaines dans l'eau, d'autres ont des végétaux pour supports (épiphytes). La plupart sont des plantes d'ombre, peu sont *héliophiles* (aiment le soleil), comme la fougère aigle.

Leur appareil végétatif est complet : un rhizome (tige souterraine) garni de racines, porteur de grandes feuilles, ou *frondes,* dont le pétiole se prolonge par un *rachis* où s'articulent des *pennes,* souvent divisées en *pinnules.* Ces frondes, enroulées en *crosse* quand elles sont jeunes (on parle de « préfoliation circinée »), aptes à grandir des années durant, peuvent être stériles ou fertiles. Dans ce dernier cas, nommées *sporophylles,* elles portent, le plus souvent sur la face inférieure, des *spores,* qui sont en général bisexuées et donnent chacune un prothalle chlorophyllien d'assez grande taille.

A

A. **LANGUE DE SERPENT**

Ophioglossum azoricum est facilement reconnaissable par sa morphologie particulière qui évoque une langue de serpent. Il est considéré comme une relique d'un groupe ancien. Cosmopolite, disséminé, rare, il vit dans les pelouses plus ou moins humides de basse altitude. La partie stérile des feuilles est entière, ovale et de plus de 1 cm de largeur. La partie fertile, séparée de la partie stérile dès le niveau du sol, est un épi simple terminé par une pointe, regroupant des sporanges massifs et non pédonculés libérant, par une fente, de nombreuses spores.

CLASSIFICATION

TROIS GRANDS GROUPES

■ LA CLASSIFICATION des filicophytes est fondée sur l'anatomie des organes où se forment les spores, les sporanges. On discerne suivant le nombre de cellules initiales et d'assises de la paroi : les eusporangiées, les protoleptosporangiées et les leptosporangiées. Les eusporangiées réunissent les ptéridophytes dont le sporange, à paroi pluristratifiée (plusieurs assises de cellules), provient d'un groupe de cellules initiales ; les protoleptosporangiées, ceux dont le sporange, à paroi mono- ou bistratifiée, est issu d'une cellule initiale et de cellules environnantes annexes ; enfin, les leptosporangiées, très majoritaires, dont le sporange, à paroi réduite à une assise cellulaire, dérive d'une seule cellule initiale.

Les eusporangiées. Les sporanges se trouvent soit à la face inférieure des feuilles, soit à leur extrémité ; sinon, ils sont répartis en grappes ramifiées ou en épis. Une particularité : les anthéridies (organes reproducteurs mâles) sont enfouies dans le gamétophyte. On divise ce groupe en deux ordres : les ophioglossales et les marattiales.

Les *ophioglossales* ne comprennent qu'une seule famille, celle des ophioglossacées, bien représentée dans les régions tropicales. Le sporophyte, au port herbacé, se caractérise par un rhizome, petit, charnu, des feuilles non enroulées en crosse, mais protégées par une écaille à l'état jeune. Les sporanges, s'ouvrant par une fente, sont portés par un épi *(Ophioglossum)* ou une grappe fertile, ramifiée ou non *(Botrychium).* Les spores, en très grand nombre, engendrent des prothalles souterrains. On rencense trois genres : *Ophioglossum* (28 espèces), *Botrychium* (23 espèces) et *Helminthostachys* (1 seule espèce limitée à l'Indo-Malaisie).

Les *marattiales* constituent également un ordre réduit à une seule famille tropicale (marattiacées). Le sporophyte se signale par sa grande taille ; les frondes, parfois portées par un tronc court, se singularisent par la présence d'une paire de stipules à la base du pétiole ; elles différencient sur leur face inférieure des sporanges. Les spores, toutes semblables, donnent naissance à des prothalles bisexués, portant des anthéridies sur les deux faces et des archégones uniquement sur la face ventrale. Il y a cinq genres : *Marattia* (30 espèces), *Angiopteris* (100 espèces), *Macroglossum* (2 espèces), *Danaea* (30 espèces) et *Kaulfussia* (26 espèces).

Les protoleptosporangiées. Intermédiaires entre les eusporangiées et les leptosporangiées, elles comprennent une seule famille, cosmopolite (osmondacées). Le sporophyte est formé d'une tige dure très courte, dressée ou souterraine, portant des frondes découpées. Les sporanges sont fixés sur la face inférieure de la fronde ou sur des pinnules spécialisées. On compte trois genres : *Osmunda* (20 espèces), *Todea* de l'hémisphère Sud (une seule espèce) et *Leptopteris* (6 espèces).

B. **MARATTIA À FEUILLES DE FRÊNE**

Marattia fraxinea est une superbe fougère ornementale, à végétation vigoureuse, aimant l'humidité des sols spongieux. Une tige renflée, très courte, porte une couronne de grandes frondes élancées et découpées, pouvant atteindre 4 à 5 m et d'un beau vert lumineux. Les sporanges, massifs, sont groupés en *synanges* bruns, bien visibles (à gauche sur la photo), ourlant le bord de la face inférieure des pinnules et s'ouvrant par une fente qui laisse s'échapper les spores.

B

C

C. **OSMONDE ROYALE**

Osmunda regalis est une belle fougère cosmopolite, vivant sur sol humide, légèrement acide et souvent ombragé. En Amérique du Nord, elle est utilisée en décoration. Sur un court rhizome poussent, en bouquet, des frondes qui peuvent atteindre 2 m, les unes stériles, les autres fertiles. Ces dernières comprennent deux parties, une basale pennée normale, une terminale fertile à pinnules modifiées garnies de sporanges brunâtres, d'autant plus nombreux que les individus sont exposés à une bonne luminosité.

LES FILICOPHYTES LEPTOSPORANGIÉES sont typiques par leur sporange issu d'une seule cellule initiale, présentant une paroi mince, formée d'une seule assise cellulaire et s'ouvrant grâce à un anneau mécanique bien différencié. Elles comprennent la plupart des ptéridophytes actuels avec 235 genres et 8 700 espèces sur les 250 genres et 9 000 espèces de filicophytes. Elles sont réparties en trois ordres : les filicales, les marsiléales et les salviniales, ces deux derniers ordres étant regroupés sous le nom de *hydrofilicales*.

LES FILICALES

LES FOUGÈRES PROPREMENT DITES

■ CES FOUGÈRES sont tenues pour les plus évoluées. Leur *sporophyte* est formé d'un rhizome portant de grandes frondes enroulées en crosse à l'état jeune. Sur la face inférieure de ces frondes s'individualisent des amas de sporanges (sores) généralement protégés par une lame cellulaire mince (vraie ou fausse *indusie*). Les spores sont toutes identiques (homosporie) et engendrent, après germination, un prothalle en forme de cœur, bisexué, accroché au sol par des rhizoïdes. On reconnaît généralement neuf familles au sein des filicales.

Huit familles principalement tropicales. La famille des schizéacées comprend les genres *Schizea, Lygodium, Anemia* et *Mohria,* qui se caractérisent par leurs frondes parfois très longues, possédant en des zones bien définies des rangées de sporanges solitaires.

La famille des gleichéniacées (genre *Gleichenia*) se caractérise par des frondes à ramification dichotomique pouvant devenir géantes.

La famille des matoniacées *(Matonia* et *Phanerosorus)* et celle des diptéridacées *(Dipteris)* ne se trouvent qu'en Malaisie. Elles présentent des sporanges nés simultanément et protégés les unes par une indusie, les autres simplement par des poils.

Les fougères de la famille des hyménophyllacées, avec les genres *Hymenophyllum, Trichomanes* et *Cardiomanes,* soit 650 espèces cosmopolites et abondantes dans les forêts tropicales, sont des plantes à frondes très fines, souvent perchées sur d'autres plantes, en épiphytes.

Les dicksoniacées, dont *Dicksonia* et *Cibotium,* et les cyathéacées, avec *Cyathea,* sont des *fougères arborescentes.* Ces deux familles se distinguent par la disposition des sporanges, marginaux (vers les bords des frondes) dans la première, près de la nervure dans la seconde.

La famille des parkériacées, avec le genre tropical *Ceratopteris,* comprend des fougères de zones très humides à feuilles stériles parfois comestibles et à feuilles fertiles dont les sporanges sont dispersés sur la face inférieure des pinnules (qui sont les ramifications de second ordre des feuilles).

La famille des polypodiacées. Regroupant les ptéridophytes les plus fréquents (telle la fougère aigle), cette superfamille compte au moins 5 000 espèces du monde entier. Celles-ci offrent une grande diversité de taille, d'habitat et de structure. On les identifie à leur prothalle chlorophyllien est en forme de cœur et à leurs sporanges pédicellés, groupés en sores toujours protégés, renfermant peu de spores.

GRANDES COMME DES ARBRES

Les ptéridophytes arborescents, très abondants au carbonifère, formaient de vastes forêts. Actuellement, ils sont réduits aux seules fougères des familles des cyathéacées et des dicksoniacées, dont les représentants poussent surtout dans des forêts tropicales saturées en vapeur d'eau et à végétation serrée.

Leur tronc élancé, non ramifié et qui, comme celui des palmiers, porte le nom de *stipe,* ne comporte pas de véritable bois, ce qui ne lui permet pas de s'accroître en épaisseur ; il peut toutefois atteindre une vingtaine de mètres, permettant ainsi une bonne exposition à la lumière d'une couronne terminale de grandes frondes verdoyantes, dont le centre est toujours occupé par les jeunes feuilles velues enroulées en crosse. L'allure de la plante n'est pas sans rappeler celle d'un cycas (une gymnosperme) ou d'un palmier (une angiosperme).

Les *Cyathea* et les *Dicksonia* de Nouvelle-Zélande, les *Cibotium* du Mexique sont de belles fougères arborescentes. On les voit d'ailleurs souvent en plantes ornementales, dans les jardins de ces pays.

A

A. **SCOLOPENDRE OU « LANGUE DE CERF »**

Asplenium scolopendrium est une polypodiacée répandue dans l'hémisphère Nord, vivant sur les talus, les murs ombragés et dans les puits. Son rhizome porte une rosette de frondes entières, lancéolées, coriaces et vert brillant avec des amas de sporanges (sores) dessinant des lignes brunes et parallèles de la nervure au bord.

B

B. **SCHIZÉACÉE D'AMÉRIQUE TROPICALE**

Anemia phyllitidis forme des touffes, d'où se dégagent des frondes stériles vert foncé à nombreuses pinnules ovales, et des frondes fertiles à long pétiole surmonté d'un limbe à grandes pinnules et terminé par deux épis rameux sporangifères libérant des spores jaune pâle.

C

C. **FOUGÈRE AIGLE**

Pteridium aquilinum, polypodiacée de répartition mondiale et commune dans les terrains siliceux à ombrage clair, peut dépasser 2 m par ses feuilles à long pétiole et à limbe très divisé. Son rhizome colonise activement le terrain et assure ainsi une propagation par multiplication végétative de cette fougère souvent considérée pour cela comme stérile.

D

D. **HYMÉNOPHYLLE**

Hymenophyllum tundbridgense est une délicate fougère dont les frondes, à ramification dichotomique, ont un limbe translucide, fait d'une seule couche de cellules. Quasiment cosmopolite, elle ne vit qu'en atmosphère saturée d'eau, près des cascades, sur les rochers ombragés qu'elle recouvre d'un tapis ressemblant à la mousse.

LES FOUGÈRES

LES HYDROFILICALES

LES FILICOPHYTES LEPTOSPORANGIÉES AQUATIQUES

■ CONTRAIREMENT aux autres filicophytes, les hydrofilicales n'ont pas l'apparence de fougères. Leur adaptation à la vie aquatique se marque par une réduction de l'appareil végétatif. Le trait qui les distingue des autres leptosporangiées est la production de spores dissemblables (hétérosporie) : les *macrosporanges* (ne contenant qu'une macrospore) et les *microsporanges* sont enveloppés dans une structure d'origine foliaire (le *sporocarpe*). Les prothalles sont mâles ou femelles (hétéroprothallie) et possèdent une taille réduite. Les hydrofilicales comprennent deux ordres : les marsiléales et les salviniales.

Les marsiléales. Elles ne forment qu'une famille, celle des marsiléacées, avec trois genres : *Marsilea, Pilularia* et *Regnellidium.* Cosmopolites mais surtout présents dans les régions chaudes tropicales, ces ptéridophytes ont un long rhizome fixé au fond de l'eau par des racines adventives. Entourant les sporanges, des sporocarpes à paroi coriace, sphériques ou réniformes, renferment à la fois les microsporanges et les macrosporanges.

Les salviniales. Elles ont les mêmes caractères généraux que les marsiléales mais s'en distinguent par une réduction importante de l'appareil végétatif et la présence de sporocarpes mâles ou femelles. L'ordre compte deux familles de petites plantes flottantes très voisines : les salviniacées, pour la plupart tropicales, avec le genre *Salvinia*, sans racines, et les azollacées, tropicales, avec le genre *Azolla*, aux racines vraies et vivant en symbiose avec des cyanobactéries.

SE REPRODUIRE SANS SEXE

LA MULTIPLICATION VÉGÉTATIVE

■ CHEZ LES PTÉRIDOPHYTES, la reproduction sexuée est tributaire de la présence d'eau (dans laquelle les gamètes mâles nagent jusqu'aux oosphères femelles pour les féconder). Non assujettie au milieu aqueux, la multiplication végétative est un moyen efficace, qui entraîne la formation d'individus identiques.

Multiplication de la plante feuillée (sporophyte). Chez le sporophyte, le moyen le plus simple est la fragmentation d'un rhizome ramifié (comme chez la fougère aigle ou les prêles). La multiplication végétative peut aussi être réalisée par des structures spécialisées : bulbilles (*Adiantum, Aspidium, Asplenium, Cystopteris, Nephrolepis, Polypodium...*), stolons (*Nephrolepis duffii*) ou bourgeons (*Polypodium reptans, Ophioglossum vulgatum*). Parfois, des parties de sporophytes donnent naissance à des prothalles (gamétophytes) : c'est l'aposporie (osmonde royale, *Gymnogramme sulphurea*).

Multiplication du gamétophyte. Deux cas peuvent se rencontrer : la dispersion de portions de prothalle et l'*apogamie*, c'est-à-dire la formation d'embryon sans fécondation à partir d'une cellule végétative (sélaginelles, *Dryopteris affinis, Pteris cretica*).

Cette multiplication végétative permet le maintien d'espèces incapables de se reproduire sexuellement suite à un déséquilibre chromosomique ou à un éloignement de leur environnement habituel : c'est le cas de la fougère aigle, dont la reproduction sexuée est incertaine, voire impossible.

A

A. **MARSILÉA**

Marsilea polycarpa (appelée « marsiléa à plusieurs fruits ») est une fougère aquatique vivace, originaire d'Amérique du Sud et centrale. Le rhizome, ancré dans la vase des mares peu profondes, porte des feuilles à long pétiole et au limbe divisé en quatre lobes (dont deux plus grands), leur donnant une apparence de « trèfles à quatre feuilles ». Les individus de cette espèce se caractérisent par la présence de 10 à 25 sporocarpes (contenant les sporanges) sphériques fixés à la base et sur un seul côté du pétiole des feuilles.

B

B. **SALVINIA**

Salvinia natans (« salvinia nageante »), plante annuelle des régions tempérées de l'hémisphère Nord, a une tige flottante et grêle portant des verticilles de trois feuilles : deux à limbe arrondi, poilu, étalé sur l'eau, la troisième immergée, mimant des racines et garnie de 5 à 8 sporocarpes à sa base.

C

C. **PILULAIRE**

Pilularia globulifera est une filicophyte aquatique de la famille des marsiléacées. Rare, elle vit en Europe, dans des eaux dormantes peu profondes ou sur terre tourbeuse où elle forme des gazons serrés. On l'utilise parfois comme plante ornementale d'aquarium. Le rhizome, rampant, est pourvu de feuilles alternes et filiformes (elles ne possèdent pas de limbe et sont donc réduites à un pétiole et un rachis). Les sporocarpes sont maintenus à la base des feuilles par un très court pédoncule ; comme chez les autres marsiléacées, ils se gonflent d'eau à maturité et libèrent alors les sporanges emprisonnés dans une masse gélatineuse.

AZOLLA, ENGRAIS VERT DU RIZ

L'azolla, filicophyte aquatique (salviniacée) très prolifique, forme en peu de temps, sur les eaux dormantes, un tapis opaque de plantes à petites feuilles étroitement imbriquées prenant une teinte rougeâtre à l'automne. Or cette plante constitue un engrais « vert » pour la culture du riz car sa décomposition rapide libère dans le sol de grandes quantités d'azote (60 kg à l'hectare), très bénéfiques pour cette céréale. L'azolla est, en effet, apte à fournir de l'azote directement assimilable à partir de l'azote atmosphérique. L'intérêt essentiel est la production d'un engrais écologique, non polluant.

Cette particularité tient au fait que cette fougère vit en symbiose avec une cyanobactérie fixatrice d'azote, *Anabaena azollae*, composée de deux types de cellules disposées en filament : les unes photosynthétiques, les autres non, mais où s'accomplit la fixation de l'azote moléculaire atmosphérique. Cette bactérie est hébergée dans une cavité du lobe de la feuille assurant la photosynthèse, crypte tapissée de cellules à travers lesquelles s'effectue le transfert de l'azote. L'utilisation d'azolla comme engrais vert en riziculture, connue depuis le XIe siècle, se développe actuellement au Viêt-nam et en Chine du Sud-Est, où sont concernés près d'un million et demi d'hectares.

LES PLANTES SYMBOLES

Il n'est pas de civilisation ou de peuple dont la mythologie ait ignoré les plantes. Elles ont partout suscité une vénération ou un rituel symbolique. Toutefois, on n'en perçoit plus souvent le sens et on agit plus par habitude culturelle que par conviction spirituelle.

■ Au nouvel an, en France, l'homme moderne ne manquera pas de se prêter au traditionnel baiser sous le gui ; à l'Épiphanie, il convoitera la fève de la galette des Rois (autrefois symbole du devenir, elle n'est plus qu'un simple jouet !) ; le 1er mai, il se procurera à tout prix un brin de muguet. Il ne s'étonnera pas de collectionner les trèfles pourvu qu'ils aient quatre feuilles, de jeter du riz sur des mariés couronnés de fleurs d'oranger ou d'orner de cyprès et d'ifs ses cimetières.

Mais, parce qu'il ne croit plus aux vampires, il n'attache plus d'ail au chevet de son lit. Les sorcières ne viennent plus le hanter sur leur balai de hêtre et il ne sacrifie plus les meilleurs fruits de sa récolte aux esprits de la végétation. Ses fils ignorent tout des plantes et ne sont plus punis par la férule du maître. Il continue à sonder son devenir et ses origines, mais, plus que le marc de café, c'est un univers impalpable qu'il interroge, avec les microscopes et les télescopes les plus sophistiqués.

Depuis qu'il a commencé à observer et à utiliser la nature, l'homme essaie de se forger sa propre conception du monde. Pour lui, la survie, le bien-être, la famine et la mort sont liés aux caprices des forces naturelles qui l'entourent. La nature lui fournit le gîte, la subsistance et ce qu'il lui faut pour se chauffer, se vêtir, se défendre ou se soigner. Quoi de plus naturel alors que de lui exprimer sa reconnaissance par des offrandes ou de chercher à se la concilier par des sacrifices ?

Les cultes et les croyances païens. L'homme néolithique adore les graines et les arbres. Par crainte que le cycle végétal ne s'arrête, il offre des dons à la terre pour qu'elle daigne renouveler ses bienfaits. Les premières fêtes magico-religieuses célèbrent le renouveau du printemps. On en retrouve la trace dans la plupart des religions. En Égypte, l'épi de blé était un emblème du dieu Osiris, symbole de sa mort et de sa résurrection. Plus tard, en Grèce, les cérémonies des mystères d'Éleusis (fête d'initiation durant 10 jours) en perpétuent les rites : c'est à travers l'adoration d'un grain de blé (présenté comme une hostie dans l'ostensoir) que les initiés honorent Déméter, déesse de la Fécondité.

L'Empire romain célébrait si massivement ces fêtes de la fertilité qu'il dut promulguer des lois pour en

A. Symbole de la Rose-Croix.

B. *Le Printemps*, de Botticelli (détail).

Amour et éternité

Née du souffle printanier de Zéphyr, la déesse Flore (B) offre aux hommes le don le plus charmant, symbole de ce qu'il y a de plus précieux : les fleurs. Amour, pureté, fidélité, délicatesse ou reconnaissance, violette, lis, myosotis, marguerite, camélia, tulipe ou pensée célèbrent les plus belles émotions de l'homme. Bouquets, couronnes et guirlandes sont de toutes les parades et de toutes les fêtes. L'élite d'une société est comparée à sa fine fleur et, dans tous les pays du monde, pour charmer les belles dans la fleur de l'âge, il faut leur compter fleurette ou les couvrir de fleurs.

La reine des fleurs est incontestablement la rose. On la charge de tous les messages. Elle est blanche pour les coquettes, rose pour les poètes, dorée pour les papes et rouge pour la politique. Selon une légende grecque, la rose originelle était blanche. Aphrodite, courant au secours d'Adonis mourant, se blessa sur une de ses épines et tacha les pétales de son sang. Dès lors, la rose lui fut consacrée. L'Église reprit ce symbole, fit du calice de ses pétales la coupe qui recueille le sang du Christ et la dédia à Marie. Les Rose-Croix la placent au centre de la croix (A), à l'emplacement du « Sacré-Cœur », celui du Christ. Appelée « rose sans épines », la Vierge exalte l'amour divin qui n'inflige pas de blessure. Pour la Béatrice de Dante, c'est au centre de la rose, cercle de pétales au parfum de paradis, que l'amant fidèle accède à l'amour pur. Inondant d'une clarté divine les croyants qui égrènent le rosaire, la grande rosace des cathédrales gothiques a fait de la rose le plus éclatant des symboles.

limiter les excès. Les prostituées du temple mentionnées dans la Bible n'étaient autres que de fidèles participantes à ces rituels. En effet, l'union sexuelle était souvent invoquée pour promouvoir la production de fruits. À Sumer (d'où nous provient, grâce aux tablettes d'argile, le plus vieux texte écrit du monde), comme en Grèce, un même mot désigne la graine et le sperme.

On ne fit honneur au muguet qu'au XIXe siècle et, aujourd'hui, les participants aux fêtes du 1er mai sont loin de se douter qu'ils perpétuent ce jour-là d'antiques cultes de fécondité.

Paradis et fruit défendu

Comme si l'homme ne pouvait rien concevoir de plus merveilleux que la nature, les paradis de toutes les religions sont décrits comme de luxuriants jardins. C'est pour avoir goûté au fruit de l'arbre de la connaissance du bien et du mal (A) qu'Adam et Ève en furent chassés. La Bible ne précise pas de quel fruit il s'agissait. Au Ve s., l'Église attribua ce rôle peu enviable à la pomme, en latin *malum,* terme homonyme du mal. Pomme de la discorde responsable de la guerre de Troie, ou pomme empoisonnée de Blanche-Neige, un fruit qui semble bien n'apporter... que des pépins, sauf à Newton, pour qui elle tombait à pic !

A. *Le Paradis terrestre* (détail), extrait des *Très Riches Heures du duc de Berry,* par les frères de Limbourg.

Les adoptions chrétiennes. De l'arbre de Jessé aux sarments, la Bible utilise aussi la métaphore végétale : saint Jean compare la gloire grandissante du Christ ressuscité à un grain de blé. Le royaume des cieux tout entier est comparé au petit grain de sénevé (moutarde noire).

L'Église médiévale eut beaucoup de mal à lutter contre les croyances héritées des religions romaines, germaniques ou celtiques. Elle assimila à des rites chrétiens les pratiques païennes qu'elle ne parvenait pas à rendre sacrilèges. C'est le cas de la fête du solstice d'été, ancrée dans les plus antiques traditions. Après de multiples tentatives de répression, elle a choisi de la dédier à saint Jean-Baptiste. Apothéose universellement célébrée du Soleil et de la végétation, cette fête fut dès lors connue sous le nom des feux de la Saint-Jean. On dressait sur la place de Grève à Paris « l'arbre du feu de la Saint-Jean », et le roi lui-même y mettait le feu. Louis XIV s'acquitta avec un faste inégalé de cet hommage au Soleil. Cette festivité était également propice à la cueillette des plantes magiques. La fougère, la verveine, le drosera, le millepertuis ou l'armoise sont autant « d'herbes de la Saint-Jean », qui n'ont le pouvoir de conjurer le mauvais œil ou de chasser les démons que si elles sont cueillies à cette date.

À l'opposé, le solstice d'hiver du 21 décembre fut facilement christianisé ; l'Église le fit coïncider avec la naissance du Christ. Ce soir-là, autour de la table couronnée du houx vert à fruits rouges, flambeau de la végétation hivernale, on se régale d'une dinde aux marrons avant de consommer la bûche de Noël. Cette gourmandise récente perpétue à son insu une ancienne tradition druidique qui conférait à une bûche brûlée au soir du solstice hivernal les mêmes pouvoirs protecteurs que ceux attribués aux herbes de la Saint-Jean citées plus haut.

L'universalité du culte des plantes. La symbolique de l'arbre est de portée universelle. Sa seule bibliographie pourrait faire l'objet d'un livre. Le *Dictionnaire des symboles* de J. Chevalier et A. Gheerbrant lui consacre près de sept pages. Le chêne celtique, le tilleul germanique, le frêne scandinave, l'olivier de l'Orient islamique, le mélèze et le bouleau

Sacrifices et rites funéraires grecs

Amoureux de son image réfléchie par une source, Narcisse (B) mourut de langueur. Son âme ressuscita sous la forme de la fleur qui porte son nom. La mythologie grecque foisonne d'allégories végétales. Mais, plus que l'amour-propre, le narcisse symbolisait le lent engourdissement de la mort et, avec l'asphodèle, fleurissait les tombes grecques. L'encens, substance de prédilection des rites funéraires et sacrificiels, est né des amours de la princesse Leucothéa avec le Soleil. Sa fumée brûlante, en s'élevant, perpétue cette union et fait communier les hommes avec le divin. Au cours des sacrifices (en grec *thyeim*), l'odorante fumée du thym permettait à la fois de dissiper l'odeur de la viande calcinée et d'implorer la faveur des dieux. Le romarin, la myrrhe ou la menthe contribuaient à les apaiser.

B. *Narcisse,* par Gustave Courtois.

sibérien, mais aussi le banian du bouddhisme, le saule du taoïsme ou le sakaki du shinto, sont autant de figurations symboliques de la vie en perpétuelle régénérescence et en ascension vers le ciel. Grâce à ses racines qui plongent dans le sol et à ses branches qui s'élancent dans les airs, l'arbre met en communication les trois niveaux du cosmos et permet d'établir des rapports avec le divin. Derrière le sceptre du roi, le bâton du maréchal, la baguette magique, l'obélisque ou le pilier central du temple se profile toujours l'arbre cosmique, qui rappelle une puissance supérieure. C'est encore lui qu'évoque l'échelle de Jacob, de même que le poteau du sanctuaire vaudou ou le totem sioux, autour duquel s'effectue la danse du soleil.

Le plus célèbre de nos symboles de Noël est également un arbre : le sapin. Aujourd'hui indissociable du folklore de Noël, il fut pourtant farouchement rejeté par l'Église. À l'origine, dans les religions scandinaves, le sapin illuminé était un symbole de continuité et de renouveau. On le célébrait au matin du solstice d'hiver, car il annonçait la renaissance du Soleil, tandis que le jour de la mort du Soleil, veille du solstice, était dédié à l'if, cet arbre qui justement orne nos cimetières ! C'est seulement au XVIIe s., en Allemagne, que le sapin s'ajouta aux symboles de la nativité chrétienne.

La Saint-Sylvestre honore le gui. Nos ancêtres l'avaient surnommé « celui qui guérit tout ». Les druides le tranchaient au jour du solstice d'hiver au moyen d'une faucille d'or qui symbolisait la Lune. Vêtu d'une grande robe blanche, le prêtre prononçait alors la phrase rituelle : « O Ghel an Heu », qui signifie « le blé germe ». On retrouve ici le symbolisme de la naissance du Soleil et de la nature, figurés par le grain de blé. La signification rituelle de « O Ghel an Heu » se perdit au Moyen Âge mais donna la célèbre expression « Au gui l'an neuf ».

Dans l'imagerie populaire, le gui, qui pourtant, d'un point de vue purement biologique, préfère les arbres fruitiers, est indissociable du chêne. Déjà adoré des Celtes, pour lesquels il était l'équivalent d'un temple, le chêne, en latin *robur,* est un symbole de robustesse, aussi bien physique que morale. Il était l'arbre chéri de Zeus. La massue d'Hercule était taillée dans son bois, la toison d'or était suspendue à ses branches et, parce qu'il attire la foudre, il a toujours été investi du pouvoir de faciliter la communication avec les dieux. Abraham reçut les révélations de Yahvé sous des chênes. Le roi Saint Louis rendait la justice au pied de son large tronc, peut-être pour mieux revendiquer sa sagesse et sa majesté. Si l'on

C. *La Vie du Bouddha Cakyamuni* (détail, *la Naissance*), Tibet, XVIIIe siècle.

Symboles célestes

En Asie, le lotus et le figuier banian ont une portée symbolique de grande importance. Lorsque Bouddha apparut, flottant sur une feuille de lotus (C), le figuier jaillit du centre de l'Univers. C'est sous son imposante ramure que Bouddha atteint l'illumination suprême, qu'il enseigne ses disciples, puis qu'il expire et entre, sous une pluie de fleurs, dans le nirvana. Cet arbre symbolise l'immortalité de l'âme, à laquelle on n'accède que par la connaissance supérieure.
Le lotus, déjà considéré comme sacré par les pharaons, est l'un des symboles les plus vénérés de l'hindouisme. Jailli du nombril de Vishnu, le lotus, en sa corolle épanouie, cache le dieu Brahma, qui, de ses pétales, fit les vallées, les fleuves et les collines de l'Univers.
De nombreuses plantes de l'Inde antique étaient sacrées. La plus célèbre, le soma, symbole de l'ivresse divine, n'a pu être identifiée. Sa sève, « drogue d'immortalité », était servie en offrande aux dieux puis absorbée par les brahmanes, qui, au cours de transes, communiquaient avec eux.

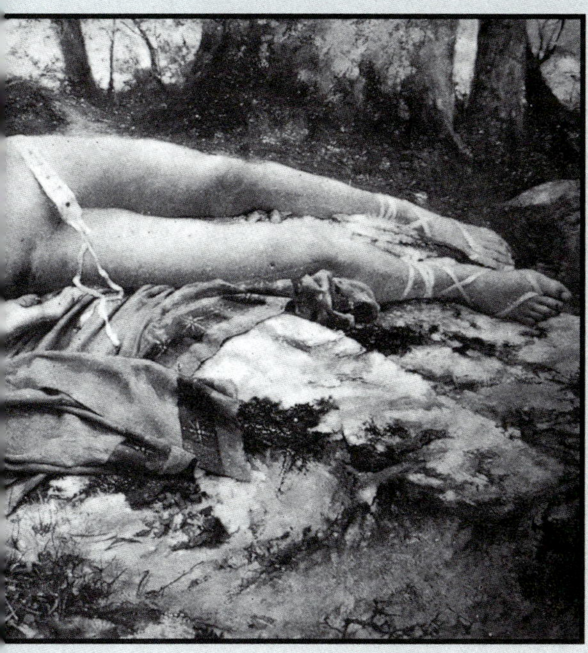

D. Pierre-champignon, art maya préclassique.

Des champignons, des dieux, des lutins

Les Mayas vénéraient comme un dieu un champignon hallucinogène : le *psilocybe* (D). Parce qu'il augmentait la perception sensorielle de celui qui le consommait et facilitait son voyage mystique, il jouait un rôle essentiel dans les cérémonies religieuses traditionnelles.
Mais cette coutume n'est pas spécifique au Mexique. Les peuples de Sibérie se droguaient avec l'amanite tue-mouches. Les chamans en buvaient le suc (dilué), puis, lorsque les effets s'estompaient, ils absorbaient leur urine, car la drogue s'y retrouve intacte. Dans leur extase, ils entraient en contact direct avec les esprits. Walt Disney et d'autres, chamans modernes, ont fait de ce pittoresque champignon rouge et blanc le piédestal du crapaud et la demeure des lutins. Il est devenu l'emblème de nos forêts.

devait décorer le roi des arbres, c'est sans doute le chêne qui recevrait... la palme ! Ou les lauriers. Car tous deux, parce qu'ils demeurent verts en hiver, sont universellement considérés comme des symboles d'immortalité, de victoire et de gloire. Ils partagent ce privilège avec le buis, consacré à Hadès, dieu des Enfers, et qui plus tard, au jour du dimanche des Rameaux, préfigurerait la résurrection du Christ. C'est aussi le bois des maillets chers aux francs-maçons, qui, eux, associent l'immortalité à l'acacia. Cet arbre, en effet, figure l'ultime purification qui précède le salut : la couronne du Christ serait tressée de ses épines, l'Arche d'alliance et l'arche de Noé auraient été bâties de son bois incorruptible.

Le culte du grain est né de la culture des céréales, la plus grande conquête de l'homme sur la nature, la seule qui ait véritablement changé la face du monde. À un moindre degré, on peut dire que l'olivier est, avec la vigne et le figuier, l'un des fondements de la civilisation méditerranéenne. Tous trois ont d'ailleurs un rôle biblique à la mesure de leur importance traditionnelle. L'huile d'olive, signe de richesse et de lumière, est aussi bénédiction divine. Le mot *hébreu* signifie « oint » par le Seigneur, ainsi que le mot grec *christos*. Le saint chrême consacre les rois, l'extrême-onction apaise les mourants.

Dans l'Ancien Testament, la vigne personnifie Israël, le peuple choisi. L'Évangile rapporte qu'elle est le Christ, que le vin est son sang, et les fidèles ses sarments. Peut-être est-ce pour cette raison qu'en France, terre de prédilection de la vigne, on ne fabrique pas le vin, mais on l'élève, et que l'on parle de son corps, de sa robe, de son âge ou de sa générosité. Le vin fut baptisé « boisson-totem » par Roland Barthes et sa dégustation fait l'objet d'un rituel presque mystique.

Nos ancêtres vivaient en symbiose avec la nature. Ils en tiraient les plus grands bienfaits ou en subissaient les plus grands maux. Bonheur ou tragédie lui étaient toujours plus ou moins directement associés. Elle symbolisait leurs propres valeurs, leur propre conscience et ils l'associèrent à leur spiritualité. Nietzsche ne s'y est pas trompé qui affirma que « les mythes enracinent l'homme ». □

D. Cocotiers de la plage des Salines (Martinique).

A. Drapeau des Nations unies.

B. Drapeau du Liban.

C. Drapeau du Canada.

E. *Plantation d'un arbre de la Liberté en 1792,* par Étienne Béricourt.

Blasons et allégories modernes

Le brin d'olivier, apporté à Noé par la colombe, annonce la fin du Déluge et la réconciliation avec Dieu. Depuis lors, il est symbole de paix. Attribut des Nations unies (A), il illustre aussi la fraternité sur la pièce de un franc. Le cèdre, à la longévité légendaire, symbolise le Liban (B). Quant à la feuille d'érable (C), elle orne depuis 1921 un drapeau devenu officiel en 1965 seulement.

Des symboles qui rajeunissent

Carl Jung voyait dans la palme le symbole de l'âme ; la publicité en a fait le vecteur des rêves : le palmier, particulièrement s'il s'agit d'un cocotier (D), est synonyme d'exotisme et de loisirs régénérateurs. La « pub » utilise, tout comme le faisaient les mythes antiques, l'immense pouvoir des images sur l'inconscient. C'est ainsi que... la pomme, l'« apple », devient de nouveau l'instrument privilégié du savoir ou que le pissenlit contribue à disséminer la connaissance encyclopédique !

Nouvelle foi, nouveaux symboles ?

Cyprès, cèdre ou olivier, on ne sait de quel bois était faite la Croix. À leur insu, ses vénérateurs perpétuent l'adoration dont l'arbre a toujours fait l'objet depuis l'aube de l'humanité. Quand la Révolution française résolut d'abolir la religion, elle fit aussi appel à ce symbole mythique. L'arbre de la Liberté (E) fut célébré par tous les villages de France. En 1792, on n'en comptait pas moins de 60 000 sur le territoire national. Il y eut aussi des arbres de la Fraternité, dont un fut planté place du Carrousel à Paris. La fleur de lis, millénaire, s'était déjà consumée au feu révolutionnaire, l'arbre embrasa les esprits puis tomba dans l'oubli.

CONIFÈRES ET GROUPES PROCHES

Les gymnospermes, dont le nom signifie « graine nue », sont des plantes dont les ovules, non enclos dans un ovaire (à la différence des angiospermes), reçoivent directement le pollen. La flore actuelle, représentée principalement par les *conifères*, compte 12 familles, 69 genres et environ 750 espèces, toutes ligneuses. Ce sont des arbres ou des arbustes à feuilles généralement persistantes.

CARACTÈRES GÉNÉRAUX

DES PLANTES À OVULES NUS

■ Parmi les gymnospermes, les conifères comptent 7 familles, dont 5 peuplent les grandes forêts de l'hémisphère Nord ; les *cycadales* et le *ginkgo* évoquent les flores fossiles ; enfin, trois genres originaux, réunis sous le nom de *chlamydospermes,* sont placés entre les gymnospermes et les angiospermes.

L'évolution vers les plantes à graines. Pour classer les gymnospermes, il est nécessaire de considérer leur mode de reproduction ainsi que la structure de l'ovule.

Les *préphanérogames* (ou *préspermatophytes*) possèdent des ovules qui ne sont pas des graines véritables car ils ne contiennent pas d'embryon. Ce groupe comprend actuellement les *cycadales* et les *ginkgoales.*

Les *spermatophytes* représentent le stade évolutif suivant, ils dispersent de vraies graines, contenant un embryon, en vie ralentie. Ils réunissent les conifères, les chlamydospermes et les plantes à fleurs, ou angiospermes.

Reproduction. Chez les gymnospermes, suivant les espèces, les sexes peuvent être séparés (pieds mâles et pieds femelles, espèces dioïques) ou bien un même pied peut porter les structures reproductrices mâles et femelles (espèces monoïques). Les organes de reproduction sont groupés en cônes. Les cônes mâles fournissent des grains de pollen. Les cônes femelles abritent les ovules, qui, chez les conifères et les chlamydospermes, se transforment en graines. Quand une graine est libérée, elle contient une *plantule* (embryon) et des réserves localisées autour de la plantule *(endosperme).* La graine est déshydratée, ce qui lui permet de survivre pendant plusieurs mois ou plusieurs années avant sa germination.

Les gymnospermes présentent une alternance de générations dans laquelle l'arbre est la génération diploïde (2*n* chromosomes). C'est le *sporophyte.* Les *gamétophytes* constituent la génération haploïde (*n* chromosomes) : le grain de pollen représente avec son tube pollinique le gamétophyte mâle ; l'*endosperme,* ou prothalle, développé dans l'ovule, constitue le gamétophyte femelle. Les gamétophytes produisent les gamètes : *spermatozoïdes* et *oosphères.* Le spermatozoïde est conduit par le tube pollinique à l'oosphère à travers le massif de cellules qui entourent le nucelle. La fécondation, à l'origine d'un nouveau sporophyte, se produit dans l'ovule, où l'œuf fécondé devient un embryon.

A. **CYCLE DE REPRODUCTION D'UN PIN**

Les cônes de pins sont soit mâles, soit femelles (mais présents sur le même arbre : espèces monoïques). Les cônes mâles, formés d'écailles, portent des sacs polliniques à la face inférieure. Les grains de pollen sont munis de deux ballonnets, sacs remplis d'air qui les allègent. Les écailles des cônes femelles se situent à l'aisselle d'une feuille (bractée). Elles portent à leur face supérieure deux ovules tournés vers l'axe. Chacun d'eux deviendra une graine, ailée chez certaines espèces. De la pollinisation à la graine, il s'écoule près de trois années chez les pins, quelques mois seulement chez les autres gymnospermes.

B. **DÉVELOPPEMENT DE L'OVULE**

Une coupe d'ovule jeune montre le *nucelle,* protégé par le *tégument,* qui s'ouvre par le *micropyle.* Au moment de la pollinisation, une goutte de sécrétion perle à l'orifice du micropyle. Cette goutte *micropylaire* piège le *pollen* dispersé dans l'air. En Europe, les gouttes sont visibles en février sur les ovules d'if, de mars à mai chez les thuyas, le céphalotaxus et le ginkgo.Dans le nucelle, une cellule subit la méiose. Il en résulte une *mégaspore* haploïde qui, en se divisant, devient le gamétophyte femelle, ou *endosperme.* C'est d'abord une cellule à noyaux nombreux entourant une grande vacuole. Puis l'endosperme devient pluricellulaire et des gamètes femelles, ou oosphères, sont formés peu avant la fécondation dans des archégones rudimentaires. Le grain de pollen germe sur le nucelle, et le *tube pollinique* atteint les archégones.

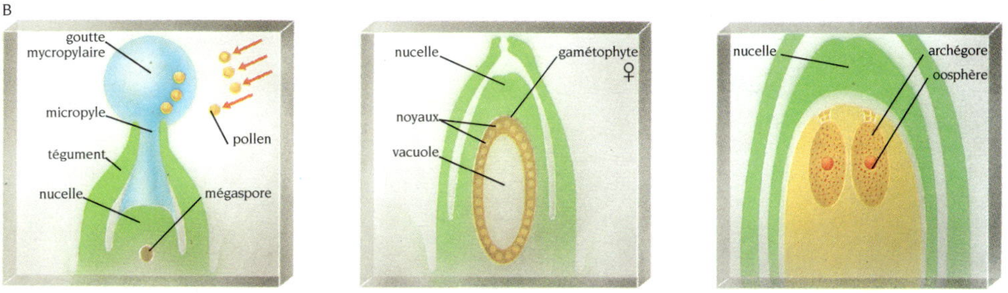

C. **PTÉRIDOSPERME**

Les ptéridospermales étaient des végétaux à grandes feuilles ressemblant aux feuilles des fougères actuelles, enroulées en crosse au début de leur développement. Certains lobes des feuilles, les *pinnules,* portaient des organes reproducteurs qui étaient de vrais ovules, et non pas des sporanges de fougères. Les fossiles de ptéridospermales sont abondants dans les schistes houillers du carbonifère, comme ce *Dicksonites.* Dans un milieu chaud et humide, il côtoyait de vrais ptéridophytes arborescents : calamites et lépidodendrons.

LES CYCADALES

Répartition géographique. Apparues au trias (première période de l'ère secondaire, il y a plus de 240 millions d'années), les cycadales ont eu leur plus grande expansion au jurassique. Les espèces actuelles (au nombre de 90) sont dispersées en des aires réduites dans la zone intertropicale du globe.

Les *Cycas*, utilisés souvent comme plantes d'ornement, sont originaires du Japon, de Chine, d'Indonésie, des Philippines et de Madagascar ; *Macrozamia* et *Bowenia*, d'Australie. En Afrique du Sud, on trouve *Encephalartos* et, au Natal, *Stangeria*. Enfin, quatre genres sont néotropicaux : *Zamia* (40 espèces), *Dioon, Ceratozamia,* et *Microcycas,* ce dernier ne se trouvant qu'a Cuba (endémique).

Cycas circinalis et *Cycas revoluta*, dont on prélève l'amidon des tiges et des ovules, sont les « sagous » d'Indonésie et du Japon. Au Mexique, on consomme l'ovule de l'espèce *Dioon edule*.

Le port des cycadales. Ce sont des végétaux à feuilles persistantes. Leur port rappelle à la fois celui des palmiers et celui des fougères arborescentes. Le tronc *(stipe)* est couronné d'une touffe de grandes feuilles (pennées ou bipennées), insérées en spirale, enroulées en crosse lorsqu'elles sont jeunes. Le stipe est soit enflé (tubéreux), plus ou moins souterrain comme celui de *Bowenia* ou de *Zamia,* soit droit. Il atteint chez de vieux sujets plus de 10 mètres. La partie jeune est couverte de la base persistante des feuilles (une véritable armure chez les *Cycas*).

La racine pivotante (principale) des cycas est recouverte d'un chevelu de racines secondaires dont certaines hébergent des cyanobactéries fixatrices de l'azote atmosphérique, vivant en symbiose avec la plante.

Anatomie. Le stipe comporte un cylindre de bois entourant une moelle importante. Celle-ci contient des cellules à amidon et des canaux renfermant une substance visqueuse *(mucilage).* Dans l'écorce, épaisse, les cordons conducteurs des feuilles ont un parcours complexe avant de rejoindre le cylindre central de tissus conducteurs du stipe.

Croissance. Elle est très lente. Les sujets atteignent un âge respectable (on cite des exemplaires de plus de mille ans). Ils vivent sur des sols ingrats et en peuplements peu denses, ce qui ne favorise pas la reproduction. De nouvelles feuilles apparaissent chaque année ou tous les deux ou trois ans. Après un cycle reproducteur, une période de repos s'installe avant la reprise de la pousse de nouvelles feuilles.

Reproduction. Les cycadales sont des préphanérogames : leurs ovules ne forment pas de véritables graines, car ils se séparent physiologiquement de la plante mère avant la fécondation. Les appareils reproducteurs sont des *cônes.*

Le cône mâle des cycas provient du bourgeon terminal du stipe. Après son flétrissement, un bourgeon axillaire remplacera le bourgeon terminal. Le cône peut atteindre 50 cm de longueur. Il est constitué d'écailles portant de nombreux sacs polliniques groupés par quatre. Chez les zamias, les cônes sont plus réduits (2 cm) et développés autour du bourgeon.

Les cônes femelles des cycas sont des groupes de feuilles modifiées, non chlorophylliennes, portant de part et d'autre de la nervure principale des ovules orangés à la place des folioles. D'abord réunies, les feuilles fertiles s'étalent par la suite. Après une période de repos, le bourgeon qui a produit le cône recommence à former des feuilles. Chez les zamias, le cône, beaucoup plus petit, est formé d'écailles fertiles losangiques qui portent chacune deux ovules tournés vers l'axe.

Pollinisation. Le pollen est dispersé dans l'air, mais la morphologie des cônes femelles est peu efficace pour l'arrêter. La pluie peut aider au transport des grains de pollen arrivés sur les écailles des cônes jusqu'aux orifices (micropyles) des ovules, où une goutte de sécrétion (goutte micropylaire) les piège.

Les cônes dégagent, en outre, odeur et chaleur, lesquelles attirent des insectes qui peuvent favoriser la pollinisation. Mais les cycadales produisent naturellement peu d'ovules fécondés. Dans les collections, comme au jardin tropical Fairchild, à Miami (Floride), où de nombreux sujets sont cultivés, on a recours à la pollinisation manuelle des cônes femelles.

Fécondation et développement. Après la pollinisation, l'ovule se développe. Il atteint, chez un cycas, la taille d'un œuf de poule. Des réserves s'accumulent dans l'endosperme avant l'union des gamètes, ou fécondation.

À la fécondation succède l'*embryogenèse*, développement de l'embryon. Celle-ci va être continue ; quand l'embryon, devenu une plantule, est trop grand, il émerge de l'ovule. La dispersion des ovules est limitée par leur poids et par l'absence d'une période de repos. Les ovules embryonnés ne peuvent donc être conservés comme une vraie graine.

Des gymnospermes primitives. Les cycadales possèdent avec le ginkgo des caractères communs qui sont qualifiés d'archaïques : le gamète mâle est capable de se mouvoir dans un liquide grâce à ses cils, ou flagelles, comme celui des algues, des bryophytes et des ptéridophytes ; l'accumulation de réserves dans l'endosperme a lieu avant la fécondation ; enfin, le développement, de l'embryon est complètement indépendant de la plante mère.

A. B. **FÉCONDATION**

Le schéma de Chamberlain relatif à l'ovule de *Dioon edule* illustre bien les instants de la fécondation chez les préphanérogames comme les cycadales.
Le tégument comporte 3 couches, la partie moyenne étant ligneuse (durcie par imprégnation de lignine). Le *nucelle* laisse la place à une chambre pollinique au-dessus des archégones (A). Les *tubes polliniques,* ancrés dans le nucelle, pendent au-dessus des archégones. Ils s'ouvriront pour laisser s'échapper deux spermatozoïdes. Ceux-ci, visibles à l'œil nu (B), sont mobiles grâce à leurs cils (60 000 chez un seul spermatozoïde de *Zamia*). Les mouvements de rotation et d'étirement de la cellule lui permettent de rejoindre puis de pénétrer l'oosphère en traversant le col de l'archégone.

A
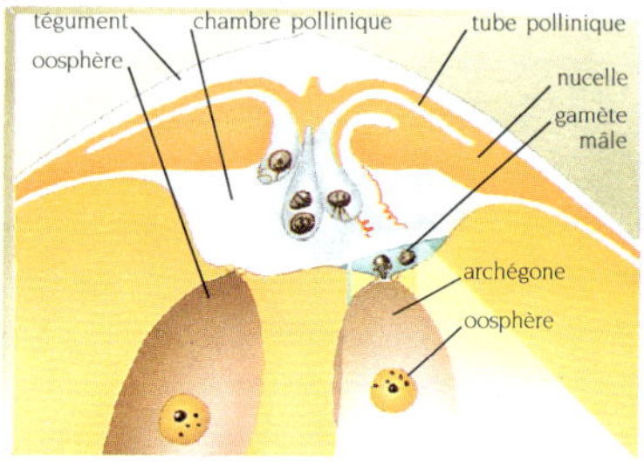

B

C. D. **ZAMIA**

Le genre *Zamia* comporte de nombreuses espèces de la zone intertropicale de l'Amérique. La tige (stipe) est soit souterraine, soit dressée jusqu'à plusieurs mètres au-dessus du sol. Les feuilles, palmées, forment une touffe autour du bourgeon terminal du stipe.

C

D

E. F. **CYCAS**

Cycas revoluta, originaire du Japon, a un tronc court et renflé. Sa croissance est lente. Les feuilles, palmées, entourent le bourgeon (E). Les pieds femelles adultes forment des feuilles modifiées portant de gros ovules. Les pieds mâles engendrent un cône de 50 cm de long.

E

F

LE GINKGO

GINKGO BILOBA

UN FOSSILE VIVANT

■ LA FAMILLE DES GINKGOALES est réduite actuellement à une seule espèce : *Ginkgo biloba,* appelée l'« arbre aux quarante écus ». Il est considéré comme un arbre sacré en Chine, où il est planté depuis des temps très anciens auprès des temples bouddhiques.

La teinte de son feuillage, vert jaunâtre, jaune d'or à l'automne, en fait un arbre décoratif apprécié dans les parcs et les jardins dans toutes les régions tempérées.

Répartition géographique. Outre les arbres pluriséculaires des plantations sacrées de Chine, de Corée et du Japon, des peuplements spontanés existent en Chine, dans la province de Tchö-Kiang (Zhejiang).

Évolution. La famille, connue depuis l'ère primaire (permien inférieur), a eu son apogée au jurassique (ère secondaire). Au jurassique moyen, on dénombre 8 espèces du genre *Ginkgo,* dont une seule subsiste aujourd'hui, *Ginkgo biloba*. Ce survivant d'un groupe nombreux qui se maintient inchangé depuis des millions d'années mérite sans doute bien l'appellation de « fossile vivant ».

Anatomie. Le bois clair du ginkgo, contrairement au bois des autres gymnospermes, n'a pas d'intérêt économique. Les sections transversales de tronc montrent des cellules dont le diamètre est régulier. On dit que le bois est homogène, ou *homoxylé*. Les éléments conducteurs sont des cellules étroites et allongées, terminées en biseau. Ce sont des *trachéides* communiquant entre elles par des ponctuations aréolées peu différentes de celles des arbres de la famille des pinacées.

Reproduction. L'espèce est dioïque (il existe des arbres mâles et des arbres femelles). Les ovules, comme les chatons mâles d'étamines, apparaissent au printemps parmi les feuilles des rameaux courts. Le pollen, dispersé par le vent, est piégé par une goutte de sécrétion qui perle à l'orifice *(micropyle)* de l'ovule et qui l'entraîne dans la chambre pollinique creusée dans le sommet du nucelle.

Les ovules sont pollinisés alors qu'ils mesurent quelques millimètres. Pendant l'été, ils s'accroissent. Dans le nucelle, le gamétophyte femelle, ou endosperme, se développe aux dépens du nucelle et acquiert diverses substances de réserve : amidon, gouttelettes huileuses, grains protéiques, qui s'accumulent dans les cellules.

Le tégument se transforme. Il se différencie en trois couches : la plus externe devient charnue, la couche moyenne, ligneuse et la couche interne, très réduite. L'ovule prend alors l'aspect d'une mirabelle. Il se détache de l'arbre et c'est seulement à ce moment que se réalise l'union des gamètes, la fécondation. L'embryon qui naît de l'œuf fécondé a une croissance continue.

A
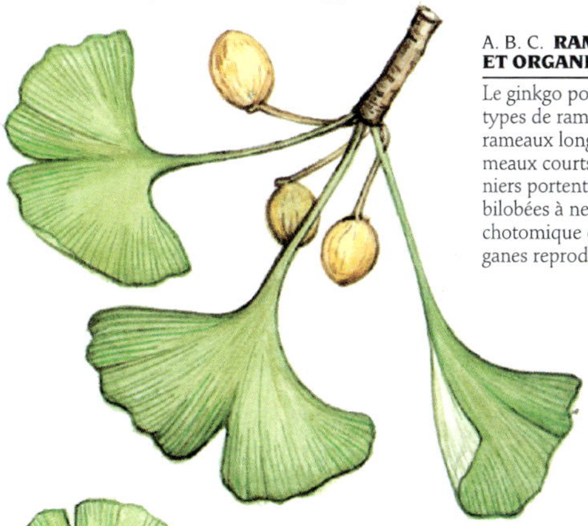

B

C

A. B. C. **RAMEAUX ET ORGANES REPRODUCTEURS**

Le ginkgo possède deux types de rameaux, des rameaux longs et des rameaux courts. Ces derniers portent des feuilles bilobées à nervation dichotomique et les organes reproducteurs. Sur les pieds femelles (C), les ovules sont groupés par deux à l'extrémité d'un pédoncule. En général, un seul ovule se développe jusqu'à maturité (A) et tombe à l'automne. Sur les pieds mâles (B), on voit au printemps des chatons d'étamines avec 1 à 5 sacs polliniques au bout d'un filet. Après libération du pollen, les étamines tombent.

D

D. **UN GINKGO MINIATURE**

Les Japonais traitent fréquemment le ginkgo en bonsaï d'extérieur. Ces arbres, issus de semis, sont cultivés dans des pots de taille réduite et travaillés dès leur jeune âge pour obtenir un port harmonieux sans que les traitements infligés soient visibles. Les sujets sont taillés, les troncs et les branches, tordus, maintenus avec des fils de cuivre pendant quelques mois. L'arbre, rendu nain, ne dépasse guère les 40 cm quand il est réussi. Il est arrosé sobrement et rempoté régulièrement.

E
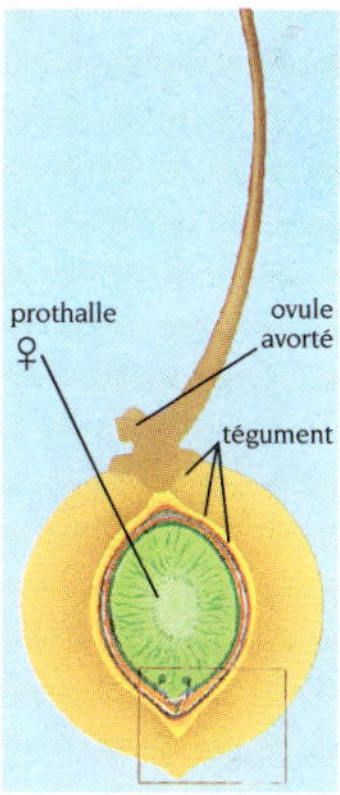

E. **OVULE MÛR**

Fin octobre, l'ovule se détache de l'arbre. Il simule une mirabelle : même taille, même couleur, avec un « noyau » au centre. Toutefois, il ne s'agit que d'une convergence de formes. La partie charnue externe et la couche ligneuse représentent le tégument. À l'intérieur de celui-ci, l'amande est l'endosperme rempli de réserves. Les archégones sont situés à l'opposé du pédoncule.

F
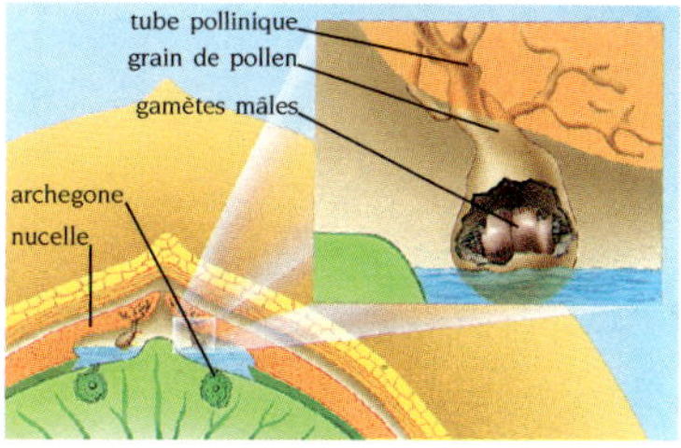

F. **TUBE POLLINIQUE**

Partant du grain de pollen, il se développe dans le nucelle de l'ovule en envoyant de nombreuses digitations qui servent de suçoirs. Son extrémité pend dans la chambre pollinique. Elle s'ouvrira pour laisser échapper deux gros gamètes mâles ciliés mobiles.

G. H. **MÂLE ET FEMELLE**

Le ginkgo est un arbre à tronc droit, aux branches ramifiées, à feuillage caduc. Il peut atteindre 30 m de hauteur. Il pousse lentement. Les pieds mâles (G) sont plus élancés que les pieds femelles (H), qui ont un port pleureur. Dans les parcs, les pieds mâles sont préférés en raison de l'odeur nauséabonde des ovules, qui tombent en grand nombre des pieds femelles à l'automne.

LES PINACÉES

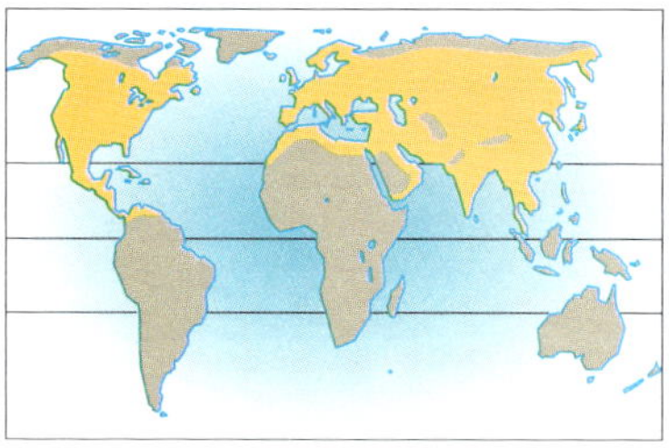

Répartition géographique. Les pinacées constituent la plus importante famille de conifères des gymnospermes. Elle réunit 10 genres et près de 300 espèces, toutes localisées dans l'hémisphère Nord. Ce sont les arbres qui supportent le mieux les climats froids. C'est une famille très ancienne, apparue à l'ère primaire, dont l'apogée se situe au jurassique et au crétacé de l'ère secondaire, au temps des dinosaures.

Classification. Les *conifères* doivent leur nom au fait que leurs organes reproducteurs femelles sont groupés en « cônes ». Outre les pinacées (pins, sapins, mélèzes, cèdres...), le groupe des conifères compte 6 autres familles : taxacées (ifs), céphalotaxacées, cupressacées (cyprès), taxodiacées (séquoias), araucariacées et podocarpacées.

Types biologiques. Les pinacées sont des arbres au tronc droit. Les ramifications donnent aux branches une disposition par étages et un port pyramidal. Cependant, avec les ans, la cime peut s'arrondir.

Les feuilles. Elles ont la forme d'*aiguilles* et sont persistantes sauf chez les mélèzes. Elles sont adaptées à supporter des périodes sèches. Il existe dans les aiguilles, comme dans d'autres parties de la plante, des canaux sécréteurs de résine, d'où le nom de *résineux* que l'on donne souvent à ces arbres.

Les racines. Les radicelles réalisent des associations avec de nombreux champignons (ces associations sont appelées « mycorhizes »). La morphologie de la racine s'en trouve modifiée.

Le bois. Il est dit « homogène » car toutes les cellules sont de même diamètre. Les cernes annuels d'accroissement sont nettement visibles, avec deux couches successives, l'une claire, formée au printemps, l'autre, plus colorée, à l'automne.

Intérêt économique. Le bois des pinacées a d'innombrables utilisations ; de plus, sa croissance est rapide ; c'est pourquoi on a souvent recours à eux pour les reboisements.

On les utilise dans la construction, la menuiserie et surtout dans l'industrie du papier. La pâte à papier est exportée de Finlande, de Scandinavie et du Canada, où les forêts de résineux sont immenses.

A

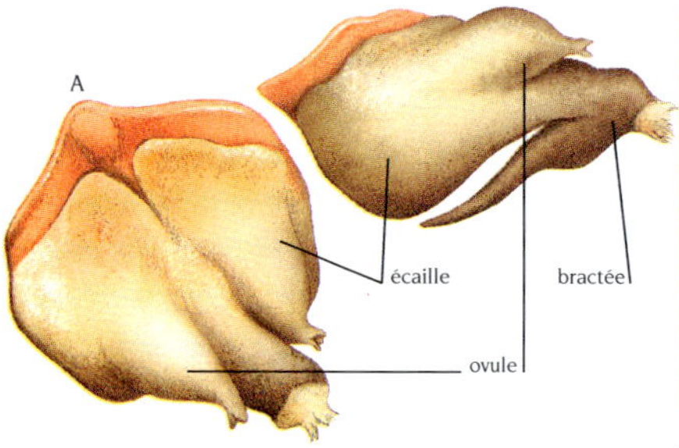

A. **ÉCAILLES OVULIFÈRES**

Les cônes femelles sont constitués d'écailles associées à une petite feuille (appelée *bractée*). À la face supérieure, de part et d'autre du point d'attache de l'écaille sur l'axe du cône, se trouvent deux ovules. Ils présentent à leur sommet un petit canal, le *micropyle.* La figure montre les écailles au moment où les ovules reçoivent le pollen. Par la suite, les écailles grandissent et s'appliquent les unes sur les autres, enfermant étroitement les ovules. Chez les pins, les bractées ne grandissent pas ; aussi ne s'observent-elles que sur les cônes jeunes.

B

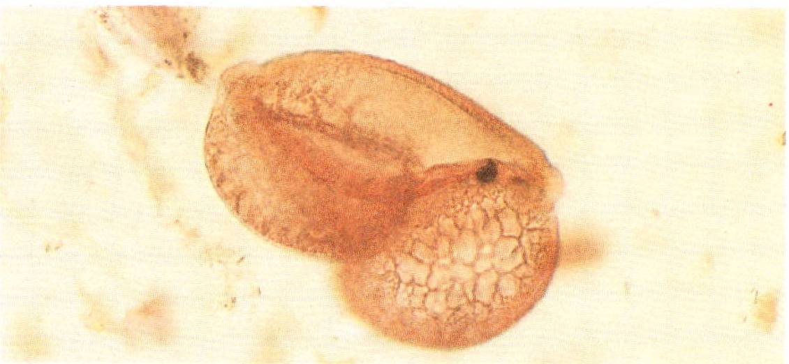

B. **POLLEN**

De nombreuses pinacées ont des grains de pollen allégés par des ballonnets remplis d'air. Les ballonnets facilitent la dispersion et permettent que la face germinative se place au contact de la surface des liquides, ce qui favorise la sortie du tube pollinique.

C

C. D. **JEUNES CÔNES**

Les cônes femelles d'épicéa (D) sont dressés au moment de la pollinisation. Les écailles qui forment le cône sont écartées et permettent ainsi une meilleure pénétration du pollen à l'intérieur du cône, qui se referme après la pollinisation et adopte alors une position pendante. Les cônes mâles du pin sylvestre (C) se dégagent, en mai, du bourgeon qui les a abrités. Les cônes sont nombreux le long d'un rameau, qui développe à sa partie supérieure quelques paires d'aiguilles.

D

E

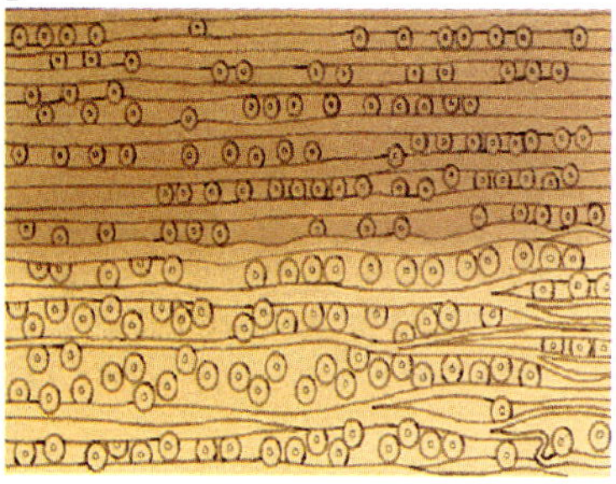

F

E. F. **BOIS DE PIN**

Cette planche de bois (F) est taillée dans le plan d'un rayon. Les lignes sombres et claires correspondent respectivement au bois d'automne et de printemps. L'observation microscopique (E) montre que les éléments conducteurs, ou *trachéides,* du bois d'automne sont plus étroits que ceux du bois de printemps. Les cercles sont les *ponctuations aréolées.* À leur niveau, les parois des cellules ne sont pas lignifiées, ce qui permet des communications d'une trachéide à l'autre.

REPRODUCTION ET ÉCOLOGIE

DES ARBRES FORESTIERS

■ LES PINACÉES sont *monoïques* : leurs cônes mâles et femelles sont séparés mais réunis sur un même pied. Les cônes femelles sont portés par des rameaux vigoureux, dans les parties élevées de l'arbre. Les cônes mâles sont plus dispersés. La pollinisation a lieu au printemps, à l'exception des cèdres, chez lesquels elle se réalise en automne.

Le développement du cône femelle des pins demande trois années, mais les cônes des autres genres libèrent leurs graines dès l'automne qui suit la pollinisation. Les cônes, ligneux, persistent ou tombent en entier. Certains se désarticulent sur l'arbre (cèdres, sapins). Chez de nombreuses espèces, les graines sont pourvues d'une aile qui facilite la dispersion.

Les arbres de la forêt boréale. Avec quelques autres conifères, les pinacées tiennent dans le paysage végétal une place prépondérante dans l'hémisphère Nord. Ce sont les essences caractéristiques de l'immense forêt boréale qui constitue une bande continue au nord du 45e parallèle, aussi bien en Amérique qu'en Eurasie, à l'exception de la façade atlantique de l'Europe. Les mêmes genres sont représentés : pins *(Pinus)*, épicéas *(Picea)*, mélèzes *(Larix)*, sapins *(Abies)*, sapins de Douglas *(Pseudotsuga)*, tsugas *(Tsuga)*.

Les peuplements ne contiennent généralement qu'une espèce et se rencontrent sur des sols appauvris (sols podzolisés). Les arbres sont droits, élevés jusqu'à 30 ou 35 mètres. Le port pyramidal ou colonnaire leur permet de résister aux accumulations de neige. Cette forêt peut subir des incendies se propageant sur des centaines de milliers d'hectares.

De la Scandinavie au Kamtchatka, c'est le règne des épicéas, des mélèzes et des pins. L'épicéa d'Europe est relayé par celui de Sibérie, le pin sylvestre possède une aire très étendue, de l'Europe à l'est sibérien. Deux espèces de mélèzes existent en Sibérie, l'une à l'ouest, l'autre plus à l'est. Au Canada, les épinettes blanches et noires *(Picea glauca* et *P. mariana)* occupent, avec un mélèze *(Larix laricina)* et le sapin baumier *(Abies balsamea)*, les terrains de l'Alaska à la côte atlantique jusqu'à la limite nord de tous les arbres. Il s'y ajoute des pins dont l'aire descend plus au sud.

Les forêts de montagne. Les régions montagneuses sont caractérisées par des végétations forestières en bandes disposées selon l'altitude. En Europe de l'Ouest, l'étage montagnard, de 800 à 1 500 m environ, est le domaine du sapin *(Abies alba)* et de l'épicéa *(Picea abies)* en régions humides, du pin sylvestre *(Pinus sylvestris)* et du mélèze d'Europe *(Larix decidua)* en zones sèches. L'étage subalpin, qui va jusqu'à la limite des arbres, vers 2 700 m, est occupé par le pin à crochets *(Pinus uncinata)*. Ce dernier est remplacé par l'arole *(P. cembra)*, pin à cinq aiguilles, en Europe centrale.

La zone forestière de l'ouest de l'Amérique du Nord, forêt côtière et forêt de montagne, est l'une des forêts tempérées les plus productrices du monde. Elle réunit 25 espèces différentes de conifères.

Les peuplements de pinacées des montagnes de Chine restent mal connus.

A

A. MÉLÈZE DU JAPON

Larix kaempferi (ou *L. leptolepis*) a une aire réduite au Japon. Il a été souvent introduit en Europe dans les reboisements. Ses cônes, verts à la pollinisation, ont des écailles réfléchies.

B

B. SAPIN

Les aiguilles insérées en spirale sont ramenées dans un plan chez ce sapin des Vosges *(Abies alba)*. Elles laissent une cicatrice circulaire quand on les détache. Les cônes se désarticulent sur l'arbre, les bractées sont bien visibles chez les sapins et utiles pour leur identification. *Abies alba* vit à l'étage montagnard humide et ombré.

C

C. ÉPICÉA

L'épicéa commun *(Picea abies)*, arbre à croissance rapide, a des rameaux secondaires pendants, des aiguilles raides et des cônes pendants qui tombent à maturité. Cet épicéa est un arbre de l'étage montagnard supérieur en climat humide. Introduit en plaine, il résiste mal aux étés secs.

D

D. MÉLÈZE D'EUROPE

Larix decidua occupe l'étage montagnard supérieur et une partie de l'étage subalpin des Alpes internes. Il transpire abondamment à cause de son feuillage caduc. Il exige donc un sol bien approvisionné en eau mais une atmosphère sèche. Il existe plusieurs variétés géographiques.

E

E. DOUGLAS

Pseudotsuga menziesii, le sapin de Douglas, de la côte ouest de l'Amérique du Nord, est très utilisé dans les reboisements. Les aiguilles souples dégagent une odeur de citronnelle. Les cônes sont pendants et tombent à maturité. La bractée, divisée en trois, dépasse largement les écailles du cône.

F

F. CÈDRE DE L'ATLAS

Arbres de grande taille, les cèdres ont des aiguilles insérées en bouquets sur des rameaux courts. Les cônes, dressés, se désarticulent à maturité. On cultive pour la plantation le déodar *(Cedrus deodara)* de l'Himalaya et le cèdre du Liban *(C. libani)*, qui se distingue du cèdre de l'Atlas *(C. atlantica)* par le port élargi des vieux sujets.

G

G. PIN CEMBRO

Les pins cembros ou aroles se distinguent par la présence de rameaux possédant des aiguilles groupées par 5. Celles-ci sont de longueur variable selon les espèces. Les cônes sont persistants ou se détachent après trois années de développement.

LES AUTRES CONIFÈRES

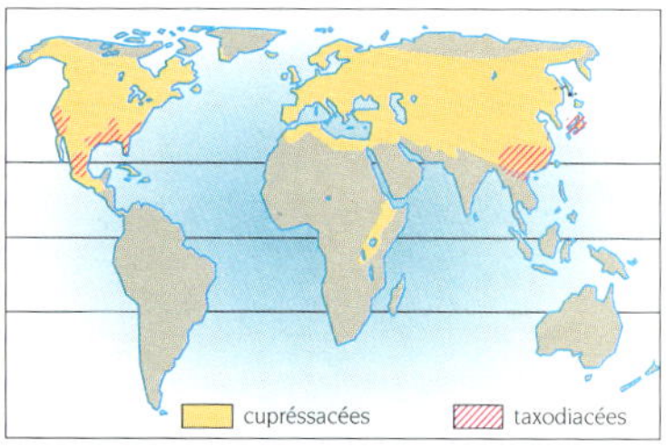

CYPRÈS ET GENÉVRIERS

LA FAMILLE DES CUPRESSACÉES

■ LES CUPRESSACÉES sont réparties dans les deux hémisphères. La sous-famille des cupressoïdées appartient à l'hémisphère Nord tandis que les callitroïdées sont dans l'hémisphère Sud, à l'exception du *Tetraclinis articulata* d'Afrique du Nord. Les sous-familles sont divisées en tribus qui diffèrent par la structure de leurs cônes. Certains genres comptent de nombreuses espèces réparties entre l'Ancien et le Nouveau Monde. C'est le cas des cyprès (genre *Cupressus*) et des genévriers (genre *Juniperus*).

Les genres *Chamaecyparis* et *Thuja* ne sont présents qu'en Amérique du Nord et en Extrême-Orient. Le tétraclinis est confiné dans des stations reliques en Espagne du Sud-Est, à Malte et au Maghreb.

Les types biologiques. Quelques essences de la bordure pacifique américaine ou du Sud-Est asiatique constituent des peuplements forestiers importants. Les autres sont plutôt des arbustes subordonnés (peu développés) dans les forêts de feuillus ou de conifères ou dans des végétations dégradées résultant du climat, de l'altitude ou de l'exploitation.

LES SÉQUOIAS

LA FAMILLE DES TAXODIACÉES

■ LA MAJORITÉ des genres de taxodiacées actuelles comptent une seule espèce et leur aire de répartition est réduite. Ce sont des essences du Pacifique, à l'exception du cyprès chauve et du genre *Athrotaxis* de Tasmanie.

Les taxodiacées actuelles représentent un groupe en voie d'extinction.

Les types biologiques. Ce sont des arbres de première grandeur. Le cryptoméria *(Cryptomeria japonica)* atteint au Japon 60 m, le séquoia *(Sequoia sempervirens)*, de 100 à 120 mètres. Certains séquoias géants *(Sequoiadendron giganteum)*, moins élevés, auraient deux à trois mille ans. La chute des feuilles entraîne celle du rameau : c'est la *décurtation*. Elle peut être soit annuelle, soit pluriannuelle.

A

A. **SÉQUOIA GÉANT**

Les séquoias sont parmi les plus grands et les plus vieux arbres du monde. Le séquoia géant *(Sequoiadendron giganteum)*, espèce menacée de disparition, vit entre 1 500 et 2 400 m en sierra Nevada (É.-U.). Le tronc est trapu, mais son bois, rougeâtre et léger, est sans intérêt économique. Son écorce marron est fibreuse, épaisse et souple. Les cônes mesurent de 5 à 8 centimètres.

B

B. **MÉTASÉQUOIA**

Metasequoia glyptostroboïdes, connu à l'état fossile, a été découvert vivant en Chine en 1941, dans la province de Hupeh. Les rameaux courts, feuillés, opposés tombent chaque année. Des sujets obtenus de graines sont plantés dans les parcs.

C

C. **THUYA GÉANT**

Les thuyas sont de grands arbres à port pyramidal, mais on les utilise souvent (à partir de boutures) pour réaliser des haies taillées. Le thuya géant *(Thuja plicata)*, de l'ouest des États-Unis, est le plus utilisé pour les haies. Pouvant dépasser 50 m de haut, il porte, à l'extrémité des rameaux courts, des cônes mâles et des cônes femelles qui, à maturité, sont allongés et dressés.

D

D. **CYPRÈS**

Les cyprès, comme certains genévriers, émettent des rameaux dans tous les plans. Les cônes mâles et les cônes femelles (ici) sont portés à l'extrémité des rameaux courts. Le cône femelle est globuleux, les écailles abritent de 5 à 20 graines et mûrissent en deux ans. *Cupressus sempervirens*, à port fastigié ou étalé, est l'ornement des paysages méditerranéens. Le cyprès de l'Arizona *(C. arizonica)*, à feuillage glauque, est fréquent dans les parcs.

E

F

E. F. **GENÉVRIER**

Le genévrier commun *(Juniperus communis)* est un arbuste dioïque (à cônes mâles et femelles séparés), de très large répartition dans l'hémisphère Nord. Son port, variable, est dressé (F), pyramidal ou rampant. Les cônes femelles sont de fausses baies (E) appelées « galbules », formées de trois écailles charnues soudées, enfermant trois graines. Les aiguilles sont réunies par trois. Chez d'autres genévriers, les feuilles sont en écailles opposées deux à deux. Le bois est dense et rougeâtre.

G

G. **CYPRÈS CHAUVE**

Malgré son nom, cet arbre *(Taxodium distichum)*, du sud-est des États-Unis, n'appartient pas à la famille du cyprès (cupressacées), mais à la famille des taxodiacées. Il se plaît dans les zones humides et développe, pour éviter l'asphyxie de ses racines, des excroissances *(pneumatophores)* qui émergent des sols marécageux.

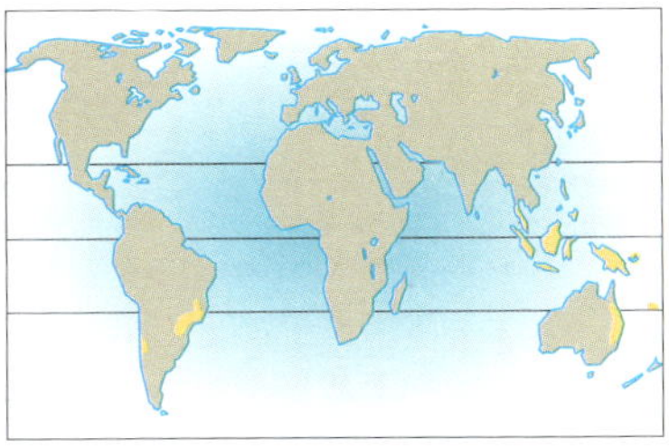

DEUX FAMILLES DE CONIFÈRES, les *araucariacées* et les *podocarpacées,* aux caractères assez différents, sont rapprochées en raison de leur habitat limité à l'hémisphère Sud. Certains auteurs incluent les genres *Podocarpus* et *Phyllocladus* (famille des podocarpacées) dans la famille des taxacées. Pour notre part, nous considérerons qu'ils forment une famille bien individualisée.

LES ARAUCARIACÉES

ARAUCARIAS ET AGATHIS

■ LES ARAUCARIAS sont en majorité endémiques d'Australie, de Nouvelle-Guinée et de la Nouvelle-Calédonie. Deux grands arbres forestiers du continent sud-américain sont également des araucarias. Le nom du genre évoque la province d'Arauco au Chili et la tribu indienne des Araucans, longtemps rebelle aux colons espagnols puis au gouvernement chilien. Les agathis, répartis de la Malaisie à la Nouvelle-Zélande, comprennent plusieurs espèces forestières.

Les araucarias existent depuis l'ère secondaire (trias) dans les deux hémisphères. Leur apogée a eu lieu au jurassique et au crétacé. Depuis l'ère tertiaire, ils sont confinés à l'hémisphère Sud. Les agathis seraient plus récents ; ils semblent être apparus au tertiaire et uniquement dans l'hémisphère austral.

LES PODOCARPACÉES

PODOCARPUS ET PHYLLOCLADUS

■ LES PODOCARPACÉES sont largement représentées dans la flore australe par sept genres et environ 150 espèces. À lui seul, le genre *Podocarpus* compte une centaine d'espèces. Les podocarpacées sont présentes dans les zones tempérées et les montagnes tropicales et subtropicales des trois continents de l'hémisphère Sud et remontent jusqu'aux Philippines dans l'hémisphère Nord. Elles occupent des aires restreintes et disjointes. Il s'agit d'arbres ou d'arbrisseaux, buissonnants, à feuilles persistantes de formes variées. Chez les *Phyllocladus,* des rameaux aplatis tiennent lieu de feuilles.

Le genre *Podocarpus* existe probablement depuis le jurassique dans l'hémisphère austral. Son nom est une allusion au cône femelle, qui est pédonculé. L'ovule, unique, s'accroît en se renversant, son orifice, le micropyle, étant tourné vers le pédoncule. Le cône n'a donc qu'une seule graine dont le pédoncule est fréquemment charnu et coloré à maturité, comme le tissu qui entoure la graine *(épimatium)* et qui résulte du développement de pièces annexes du cône.

A

B

A-B. **LE DÉSESPOIR DES SINGES**

Araucaria araucana doit son surnom à ses feuilles en écailles épaisses, larges et triangulaires, à l'extrémité piquante, disposées en spirale autour du rameau. C'est une espèce bien connue parce que introduite dans les parcs des régions au climat tempéré et aux hivers doux. Elle est originaire de la cordillère des Andes, en Argentine et au Chili, où elle pousse entre 800 et 1 600 m d'altitude, dans des forêts mélangées. Ce bel arbre (A), qui peut atteindre 50 m de haut, a des rameaux verticillés par 5, étalés, redressés aux extrémités.
L'espèce est dioïque (les arbres sont soit mâles, soit femelles). Les cônes sont situés aux extrémités des rameaux (B).
Les cônes femelles sont globuleux ; ils mesurent jusqu'à 18 centimètres.
Les graines sont incluses dans l'écaille.

C

C. **BOIS D'ARAUCARIA**

À l'échelle microscopique, le bois des araucariacées est caractéristique. Les cellules conductrices, vues en sections longitudinales pratiquées dans le plan d'un rayon, sont ornementées de ponctuations « aréolées » (entourées d'une aréole) disposées en rangées alternantes.

D

D. **PODOCARPUS**

En raison du grand nombre des espèces et de leur distribution dans tout l'hémisphère austral, les podocarpus sont considérés comme équivalents des pins de l'hémisphère Nord. Toutefois, les podocarpus ne constituent pas de grandes forêts d'individus de la même espèce comme les pins. Ce sont des arbres ou des arbustes, dioïques en général. Les feuilles sont diverses, persistantes. Les graines sont issues d'un ovule inséré sur l'une des écailles d'un cône réduit isolé, ou en épis sur des rameaux latéraux.

E

E. **PIN DU PARANA**

Araucaria angustifolia a un port en candélabre, des feuilles étroites apparemment ramenées dans un plan. Il pousse spontanément au sud-ouest du Brésil et en Argentine entre 800 et 1 200 mètres. Il a besoin d'une forte pluviométrie : en climat méditerranéen, la pluviosité n'est pas suffisante pour un bon développement, aussi est-il remplacé en Europe par d'autres espèces.
Le pin du Parana et l'araucaria du Chili sont des espèces forestières, économiquement importantes. Leur bois, de bonne qualité, est superbe une fois poli. On le trouve dans le commerce sous le nom de « parana pine ».

LES AUTRES CONIFÈRES

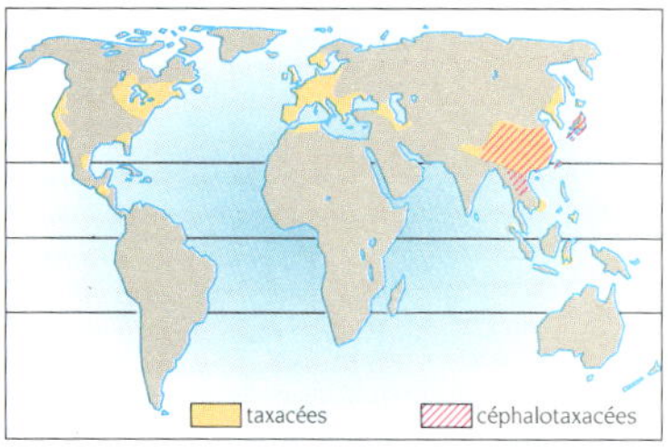

Répartition géographique. La famille des céphalotaxacées, réduite à un seul genre comprenant deux espèces, est originaire du sud-ouest et du centre de la Chine.

En revanche, l'if (genre *Taxus*), qui caractérise la famille des taxacées, est largement réparti dans l'hémisphère Nord, de l'Amérique à l'Europe et à l'Asie. Toutefois, parmi les quatre autres genres de taxacées, *Austrotaxus* est endémique de Nouvelle-Calédonie. Les trois autres sont *Nothotaxus,* découvert en Chine en 1958, *Amentotaxus,* que l'on trouve dans le Sud-Est asiatique, ainsi que deux espèces du genre *Torreya,* qui possède également deux espèces en Amérique du Nord.

IF ET CÉPHALOTAXUS

CÉPHALOTAXACÉES ET TAXACÉES

■ LES CÉPHALOTAXACÉES sont peu représentées à l'état fossile et connues seulement depuis le pliocène (ère tertiaire) dans l'hémisphère Nord. Les taxacées sont bien plus anciennes et présentes depuis le trias (ère secondaire).

Types biologiques et habitat. Les céphalotaxacées et taxacées sont des petits arbres ou des arbustes qui ne constituent jamais de peuplements denses. Ils vivent à l'état dispersé, en sous-bois, en montagne, ou en individus isolés dans des lieux découverts bien éclairés.

Les céphalotaxus. Par leur aspect et leur bois, les céphalotaxus sont voisins des ifs et des torreyas : les aiguilles sont planes et longues de 5 à 7 cm comme celles des torreyas, mais l'extrémité ne pique pas et la nervure est bien nette. Ils en diffèrent par leur appareil reproducteur femelle : la graine, isolée à maturité, possède un tégument qui devient charnu. L'espèce *Cephalotaxus harringtonia* avec sa variété *drupacea* est la plus fréquente dans les parcs. Plantée par l'homme, elle n'est plus connue à l'état spontané (« sauvage »).

L'if à baies. Le genre *Taxus* réunit 9 espèces, considérées quelquefois comme des sous-espèces du *T. baccata,* l'if à baies. Leur croissance est lente, mais les ifs sont susceptibles de vivre très longtemps. Ils supportent bien la taille. Dans les parcs à la française, on les traite parfois en « sculptures végétales » (art *topiaire*), d'effet plus ou moins réussi. L'ensemble de la plante est toxique par la présence d'un alcaloïde, la taxine. Quelques feuilles broutées par un cheval suffisent à le tuer. Il faut remarquer que, seules, les « baies » rouges sucrées ne sont pas dangereuses, mais la graine qu'elles contiennent l'est.

Les ifs n'ont pas de cônes femelles ; les ovules sont isolés, portés sur un rameau court à la face inférieure du rameau long.

Le torreya. Le muscadier de Californie *(Torreya californica),* souvent cultivé, est un arbre à feuilles longues et piquantes. Les branches basses s'étalent sur le sol. Les graines sont entourées d'un arille charnu vert marqué de pourpre.

A

A. **IF À BAIES**

Les ifs sont des arbres ou des arbustes à port étalé ou dressé et serré, à feuillage persistant vert foncé. Les aiguilles, de 1 à 3 cm de longueur, se disposent dans un plan sauf dans quelques formes horticoles qui sont très nombreuses. L'if s'accommode de la pleine lumière ou du sous-bois. Son bois est de bonne qualité. On parle d'« if à baies » à cause des fausses baies de couleur rouge des arbres femelles.

B

B. **CÔNES MÂLES D'IF**

Les pieds mâles portent, à la fin de l'hiver, d'innombrables cônes mâles pendants à la face inférieure des rameaux. Ce sont de courts rameaux terminés par un chaton d'écailles polliniques peltées (fixé par leur milieu). Le pollen est libéré par les belles journées du mois de février, emporté par le vent.

C

C. **ARILLES**

Les ifs femelles s'ornent à l'automne de nombreuses fausses baies rouge-orangé. Il s'agit, en fait, des graines enveloppées incomplètement par un *arille* rouge et charnu qui s'est développé quand la graine était déjà formée. La graine est le résultat de la transformation de l'ovule pollinisé au printemps précédent. Elle est portée à l'extrémité d'un rameau court.

D

D. **CÉPHALOTAXUS**

Originaire d'Asie, le *Cephalotaxus harringtonia* est un petit arbre planté dans les parcs et dans les jardins des régions tempérées. L'écorce du tronc brun rougeâtre s'exfolie en écailles fines. Les feuilles vert foncé, longues et étroites sont souples et non piquantes. La nervure est apparente sur la face supérieure. Il ne faut pas le confondre avec les torreyas.

E

F

E. F. **CÔNES DE CÉPHALOTAXUS**

Les pieds femelles de céphalotaxus portent au printemps des cônes groupés près de l'extrémité des rameaux. Des bourgeons libèrent chacun plusieurs courts rameaux terminés par un cône (F). Celui-ci est formé de bractées abritant chacune deux ovules. Cette photographie prise au microscope électronique à balayage (E) montre bien les ovules et leur orifice (micropyle). Les ovules pollinisés ne se développent qu'après un an, à raison d'une seule graine par cône. Ainsi, cette dernière paraît isolée à maturité. Elle ressemble alors à une grosse olive verte. C'est la partie externe du tégument qui devient charnue.

LES CHLAMYDOSPERMES

Ce groupe, dont l'intérêt biologique est sans commune mesure avec le petit nombre d'espèces qui le constituent, rassemble seulement trois genres : *Ephedra, Gnetum* et *Welwitschia.*

La rareté des documents fossiles rend difficile leur rattachement aux différentes lignées évolutives des gymnospermes. Des grains de pollen sont attribués à des éphédras depuis le trias, mais surtout au crétacé supérieur. Les deux autres genres ne sont pas connus à l'état fossile avant le pliocène (gnétums) ou l'ère actuelle (welwitschia).

UN GROUPE CHARNIÈRE

ENTRE GYMNOSPERMES ET ANGIOSPERMES

■ Par leurs caractères, les chlamydospermes, encore appelées « gnétophytes », sont proches à la fois des angiospermes et des gymnospermes avec lesquelles on les regroupe. Cependant, leurs traits sont suffisamment originaux pour qu'on puisse considérer que chaque genre forme à lui seul une famille, voire une classe distincte.

Les caractères d'angiospermes concernent l'appareil végétatif. Le bois comporte des éléments conducteurs étroits fusiformes comme chez les gymnospermes, mais aussi des vaisseaux de plus grand diamètre communiquant par des perforations, comme chez les angiospermes. On dit que le bois est *hétéroxylé.*

Cependant, les chlamydospermes sont sans conteste des végétaux à ovules nus (gymnospermes) : le pollen arrive directement sur le micropyle de l'ovule. Le terme chlamydosperme évoque l'enveloppe supplémentaire qui protège incomplètement l'ovule. Le micropyle s'ouvre à l'extrémité d'un long tube qui prolonge le tégument interne. Un liquide sécrété par le tissu de l'ovule (nucelle), émis à l'orifice du micropyle, piège le pollen.

Les éphédras. Le genre *Ephedra* réunit une trentaine d'espèces des régions tropicales ou méditerranéennes de l'hémisphère Nord. Ce sont des arbrisseaux de régions sèches, aux feuilles réduites et aux rameaux évoquant ceux des prêles. On extrait de certains éphédras un alcaloïde, l'éphédrine, dont les effets sont voisins de ceux de l'adrénaline.

Les gnétums. Le genre comprend environ 35 espèces, représentées par des lianes des forêts tropicales humides d'Asie, d'Afrique de l'Ouest, d'Amazonie et du Queensland (Australie). Les feuilles, larges, opposées sont du type de celles des angiospermes (dicotylédones).

Le welwitschia. *Welwitschia mirabilis* est la seule espèce du genre. Cette plante étrange, vivant dans un désert peu accueillant, est malgré cela assez bien connue tant du point de vue de sa morphologie et de sa reproduction que de celui de sa physiologie.

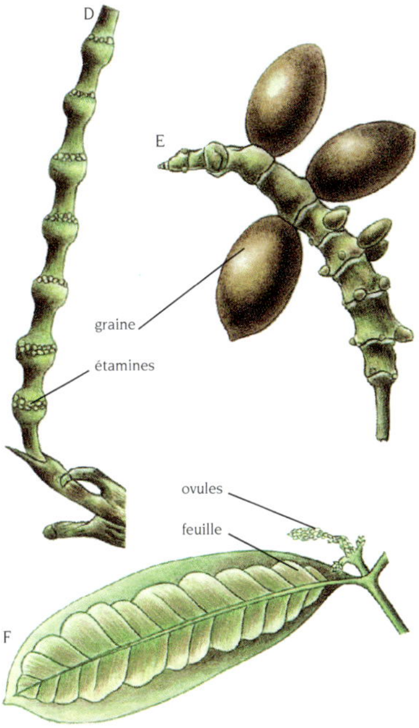

A. B. C. **REPRODUCTION DE WELWITSCHIA**

Les pieds mâles portent une couronne d'inflorescences. Chaque « fleur » (B) est un groupe de six étamines entourant un ovule stérile, simulant une fleur d'angiosperme à enveloppes (corolle, calice) rudimentaires.
Sur les pieds femelles, les ovules groupés en un cône (A), ou *strobile,* de quatre rangées d'écailles, sont munis d'un tégument externe en forme de sac aplati duquel émerge le long tube micropylaire (C). Il n'y a pas d'archégones. L'endosperme envoie des tubes qui vont à la rencontre des tubes polliniques dans le nucelle.

B

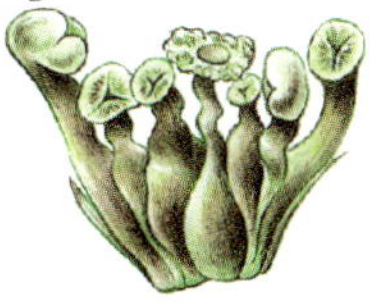

A

C

D. E. F. **REPRODUCTION DES GNÉTUMS**

Les appareils reproducteurs sont des sortes d'épis, ou strobiles, isolés ou groupés. Les ovules des pieds femelles (F), comme les étamines des pieds mâles, sont insérés à l'aisselle de cupules sur un axe massif. Un axe mâle est représenté ici (D) en vue rapprochée.
Les ovules, dont le tégument se prolonge par un tube, sont protégés par deux enveloppes supplémentaires.
Ils n'ont pas d'archégones. La fécondation a lieu entre un noyau du sommet de l'endosperme et un gamète mâle véhiculé par le tube pollinique. Puis, chaque ovule se développe en une vraie graine, (E) avant de se détacher.

G

G. **ÉPHÉDRA**

Les éphédras sont dioïques (pieds mâles et pieds femelles). Les appareils reproducteurs sont insérés aux nœuds. Chez les pieds mâles, ils sont colorés en jaune. Les étamines fournissent un pollen gluant qui s'agglomère en masse. Les ovules, sur les pieds femelles (ici), sont réunis par deux et chacun est incomplètement enfermé par deux pièces soudées. Le micropyle se prolonge en un long tube dépassant largement des enveloppes. La pollinisation assurée par des insectes, attirés par le pollen et par la sécrétion sucrée des ovules, intervient quelques heures avant la fécondation. Le grain de pollen germe dans le canal du micropyle. Le tube pollinique atteint directement l'archégone, le nucelle ayant disparu au-dessus de l'endosperme. À maturité, les enveloppes des graines sont vivement colorées.

H. **UNE PLANTE ADMIRABLE**
(*Welwitschia mirabilis*)

« Le 3 septembre 1859, le Dr F. Welwitsch découvre une plante étrange qui attire l'attention des botanistes... » Sa souche courte, pourvue d'une racine puissante, porte deux larges feuilles rubanées à croissance basale continue. Seule espèce du genre, elle occupe une bande des déserts de l'Angola et du Namib, dans le Sud-Ouest africain.
« Pour un botaniste, l'existence du welwitschia est un défi, car aucune stratégie de survie n'est apparente, bien que la plante soit capable de survivre deux années consécutives sans pluie. » La capacité de stockage de l'eau est limitée, le type de photosynthèse implique l'ouverture des stomates le jour et une forte perte d'eau par transpiration... Le nom d'espèce *mirabilis* semble tout à fait justifié. (D'après D. J. von Willert.)

H

LES PLANTES À FLEURS

Les angiospermes (220 000 espèces) dominent actuellement le règne végétal. Ce sont des plantes à graines (spermaphytes), comme les gymnospermes. Cependant, à la différence de ces dernières, chez les angiospermes (du grec *aggeion,* capsule, et *sperma,* semence), les ovules sont enveloppés dans un *ovaire.* Bien d'autres caractères distinguent les angiospermes des gymnospermes. Les plus remarquables sont la *double fécondation* (à la suite de laquelle l'ovaire deviendra un *fruit*), la condensation des organes reproducteurs en une *fleur* et la présence de *bois hétérogène (hétéroxylé).*

LA FLEUR

VARIATIONS DE L'ORGANISATION FLORALE

■ LE PISTIL est certainement la plus importante innovation des angiospermes. Il est composé de l'ovaire, prolongé par un pédoncule, le *style,* qui se termine par un *stigmate.* Le stigmate, partie réceptrice du pollen, et le style, région où croît le tube pollinique avant d'atteindre le (ou les) ovule(s), jouent donc un rôle capital dans le contrôle de la fécondation.

Les pièces florales. La fleur est constituée de pièces insérées sur le *réceptacle floral.* Ces pièces se disposent en alternance selon plusieurs cercles concentriques (verticilles). De l'extérieur vers l'intérieur, on rencontre, tout d'abord, le *calice,* formé de *sépales,* puis la *corolle,* regroupant les *pétales,* l'ensemble formant le *périanthe.* Viennent ensuite les *étamines* (formant l'androcée) et le *pistil* (ou gynécée).

Certaines variations intéressent les *pièces stériles,* c'est-à-dire le périanthe. La fleur est dite « régulière », ou actinomorphe, si les pièces du périanthe sont disposées régulièrement autour de l'axe. Si la symétrie est bilatérale, la fleur est *zygomorphe.* Les sépales, en général verts, peuvent être libres entre eux ou soudés. Les pétales, qui peuvent être diversement colorés, sont aussi libres (fleur *dialypétale*) ou soudés (fleur *gamopétale*).

Les *pièces fertiles* (étamines et pistil) peuvent aussi subir des variations. Chaque étamine est formée d'une *anthère* portée par un *filet.* À maturité, l'anthère s'ouvre, en général, par une fente longitudinale. Celle-ci peut être située vers l'intérieur de la fleur *(déhiscence introrse),* vers l'extérieur *(extrorse)* ou latéralement. Les étamines peuvent être libres entre elles, ou soudées par le filet ou par les anthères. Dans le pistil, l'ovaire peut se situer au-dessus *(supère)* ou au-dessous *(infère)* du niveau d'insertion des autres pièces florales. Les fleurs hermaphrodites possèdent à la fois étamines et pistil. Ailleurs, elles peuvent être unisexées. Fleurs mâles et fleurs femelles sont alors soit sur le même pied (plantes monoïques), soit sur des pieds différents (dioïques).

Étamine
*Pièce fertile mâle dont l'axe, ou filet, se termine par l'*anthère*, contenant le pollen.*

Style
Ce pédoncule forme – avec l'ovaire, dont il est issu, et le stigmate, qui le termine – le pistil.

A

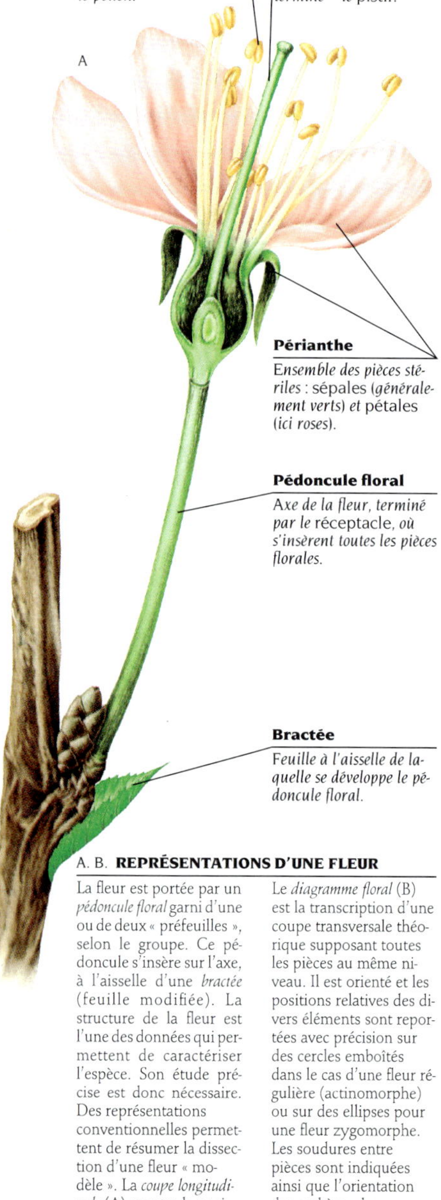

Périanthe
Ensemble des pièces stériles : sépales *(généralement verts) et* pétales *(ici roses).*

Pédoncule floral
Axe de la fleur, terminé par le réceptacle*, où s'insèrent toutes les pièces florales.*

Bractée
Feuille à l'aisselle de laquelle se développe le pédoncule floral.

C

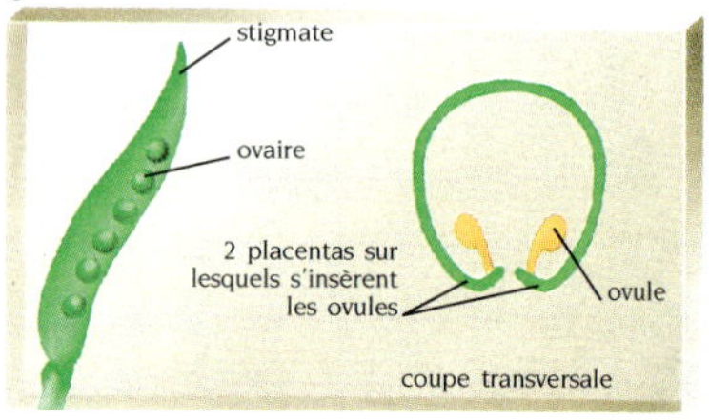

D

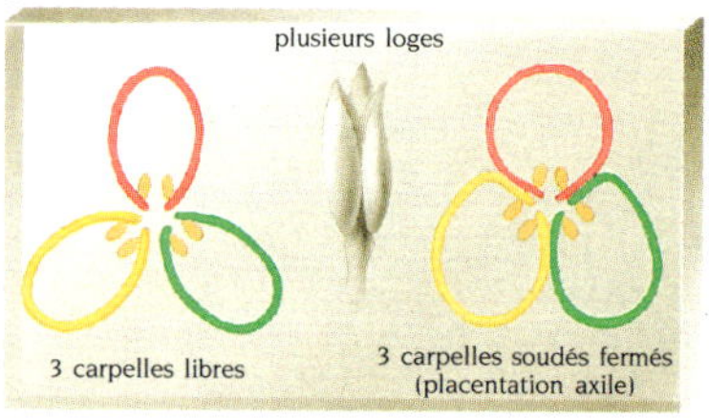

E

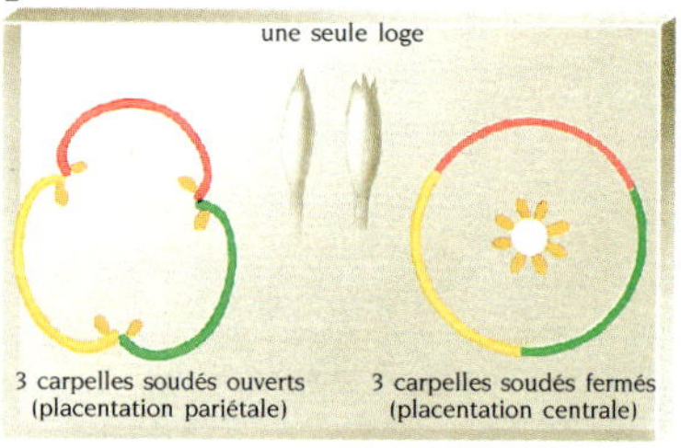

B

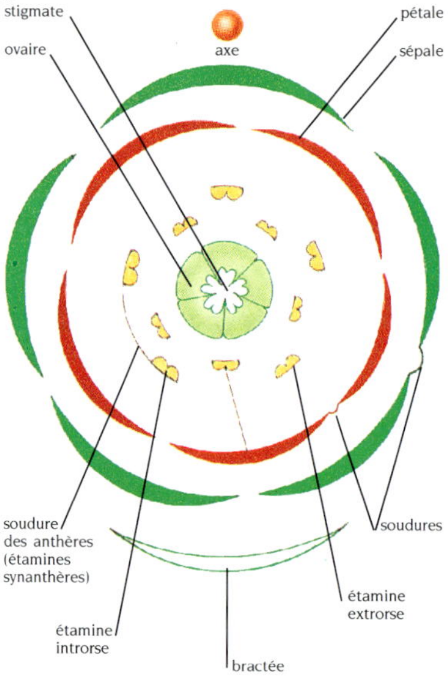

C. CARPELLE UNIQUE DE HARICOT

Le pistil de la fleur de haricot est formé d'une partie creuse, l'ovaire, prolongée par le style et le stigmate. Les ovules sont insérés sur une région vascularisée de l'ovaire, le *placenta.* L'ensemble évoque une « feuille » enroulée, dont les bords, munis chacun d'un placenta, se soudent. Cette feuille modifiée est un *carpelle.* Le pistil du haricot est constitué d'un seul carpelle. Mais il y en a plusieurs chez la plupart des familles et divers cas se présentent alors.

D. CARPELLES LIBRES ET OVAIRE À PLUSIEURS LOGES

Les aconits sont des plantes herbacées de la famille des renonculacées. Le pistil de la fleur est formé de trois carpelles indépendants. Pour d'autres fleurs, ces carpelles fermés se soudent. La soudure peut porter sur l'ovaire seul ou sur l'ensemble ovaire-style-stigmate. L'ovaire comporte donc plusieurs loges, autant que de carpelles. L'insertion des ovules sur le placenta (placentation) est *axile.*

E. PLUSIEURS CARPELLES, OVAIRE À UNE SEULE LOGE

Si les carpelles sont soudés mais ouverts, l'ovaire a une seule loge. La plancentation est alors qualifiée de *pariétale.* Si le placenta provient non pas des carpelles mais du réceptacle floral, la placentation est *centrale.* Dans ce cas, également, l'ovaire est constitué de la fusion des ovaires élémentaires de chaque carpelle. Cette fusion peut concerner seulement l'ovaire ou l'ensemble ovaire-style-stigmate.

F

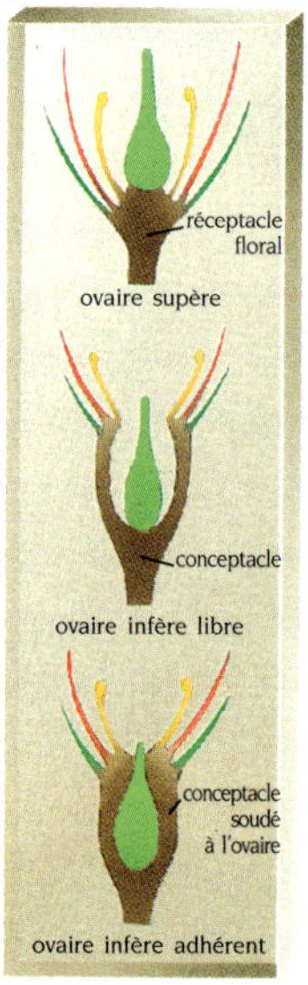

F. POSITIONS DE L'OVAIRE

Le réceptacle floral peut prendre des formes variées. Il en résulte diverses possibilités quant aux positions relatives de l'ovaire et des autres pièces. Si le réceptacle est saillant, périanthe et étamines sont fixés *sous* le gynécée (ou pistil). On dit que l'ovaire est *supère (fleur hypogyne).* Si le réceptacle est en coupe creuse (on parle de *conceptacle*), périanthe et étamines sont fixés au-dessus du pistil. L'ovaire est *infère* (fleur épigyne). De plus, il est *infère libre* si la paroi de l'ovaire n'est pas soudée à celle du conceptacle. C'est le cas du rosier. En revanche, l'ovaire est *infère adhérent* s'il y a soudure. C'est le cas du pommier. Ces caractères sont utilisés en systématique.

A. B. REPRÉSENTATIONS D'UNE FLEUR

La fleur est portée par un *pédoncule floral* garni d'une ou de deux « préfeuilles », selon le groupe. Ce pédoncule s'insère sur l'axe, à l'aisselle d'une *bractée* (feuille modifiée). La structure de la fleur est l'une des données qui permettent de caractériser l'espèce. Son étude précise est donc nécessaire. Des représentations conventionnelles permettent de résumer la dissection d'une fleur « modèle ». La *coupe longitudinale* (A) montre la position de l'ovaire.

Le *diagramme floral* (B) est la transcription d'une coupe transversale théorique supposant toutes les pièces au même niveau. Il est orienté et les positions relatives des divers éléments sont reportées avec précision sur des cercles emboîtés dans le cas d'une fleur régulière (actinomorphe) ou sur des ellipses pour une fleur zygomorphe. Les soudures entre pièces sont indiquées ainsi que l'orientation des anthères des étamines.

LA FLORAISON

APPARITION ET ÉPANOUISSEMENT DES FLEURS

■ CERTAINES ANGIOSPERMES ne fleurissent qu'une seule fois au cours de leur vie. On les dit *monocarpiques* ou *hapaxanthes*. Les autres peuvent fleurir plusieurs fois, ce sont des plantes *polycarpiques* ou *pollacanthes*.

Les plantes monocarpiques ne fleurissent qu'une seule fois, car tous leurs bourgeons se transforment en bourgeons floraux. Le végétal fleurit, fructifie et meurt. Chez certaines plantes à bourgeon et tige unique *(monocaules)*, cette floraison peut avoir lieu après plusieurs années (agave). Quelques végétaux ramifiés *(polycaules)* ne fleurissent également qu'une fois, bien que pourvus de plusieurs bourgeons.

Les plantes polycarpiques fleurissent plusieurs fois. Les bourgeons végétatifs et floraux ont alors un fonctionnement simultané et coordonné. Chez les monocaules, la zone de croissance unique donne régulièrement des bourgeons axillaires floraux (dattier, cocotier, etc.). Les polycaules forment leurs fleurs de manière rythmique, sous l'action de facteurs climatiques.

Les rythmes floraux. On appelle *anthèse* le moment où la fleur est mûre. Son épanouissement s'effectue, en général, à une heure précise, caractéristique de l'espèce. La nuit pour les fleurs nocturnes (baobab), ou généralement le jour. Ce phénomène est à la base des horloges florales. La durée de l'anthèse peut être de quelques heures (lin), d'une nuit (onagre) ou d'une durée plus longue. Quelques orchidées peuvent rester ouvertes plus de 2 mois.

Certaines fleurs ont des mouvements d'ouverture et de fermeture liés à la température *(thermonastie)*. Ainsi, les fleurs de crocus ou de tulipe sont sensibles à une variation de température égale à 0,5° C !

B

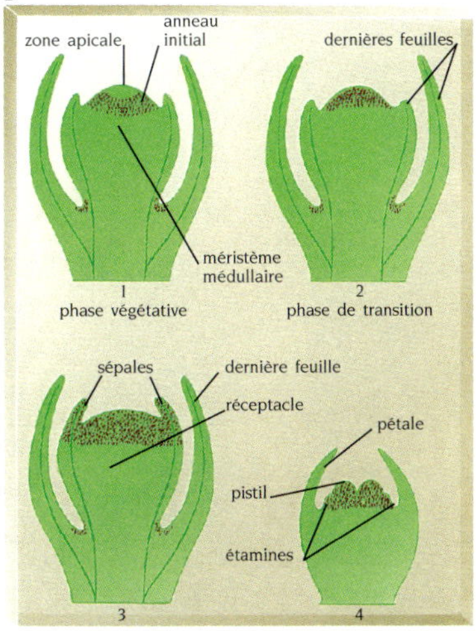

B. FORMATION DE LA FLEUR

La zone de croissance à l'origine de la fleur, le *méristème floral*, provient de la transformation du *méristème végétatif*. Celui-ci se divise en trois zones : la zone apicale, l'anneau initial et le méristème médullaire. L'*anneau initial* est caractérisé par des divisions cellulaires fréquentes. Il produit les feuilles. Le *méristème médullaire* donne la moelle. La zone apicale, avec peu de mitoses, est le *méristème d'attente*. Lors de la « mise à fleur », les divisions s'étendent à tout le sommet qui devient saillant. Deux zones se constituent, un *manchon*, qui occupe toute la surface, et un *socle*. Les sépales, puis les pétales sont formés par les restes de l'anneau initial. Les étamines et le pistil proviennent de la partie supérieure (ancien méristème d'attente). Tout le méristème est donc utilisé.

A. INFLORESCENCES

Certaines espèces possèdent une fleur *unique*, d'autres plusieurs, dispersées *(fleurs solitaires)* ou regroupées, formant des *inflorescences*. Ces dernières se subdivisent en deux types : la *grappe* et la *cyme*.
La grappe est construite par le méristème (zone de multiplication cellulaire) terminal de l'inflorescence qui persiste et différencie successivement les fleurs, du bas vers le haut de l'axe (inflorescence « indéfinie »). Ce type regroupe la grappe au sens strict, aux fleurs pédonculées, l'*épi*, aux fleurs sessiles (sans pédoncule), le *corymbe*, aux fleurs situées au même niveau, l'*ombelle*, aux pédoncules partant du même point, et le *capitule*.

Dans une cyme, le méristème terminal se transforme immédiatement en fleur. Les autres fleurs proviennent de bourgeons sous-jacents. Cette inflorescence « définie » se construit de haut en bas. Selon l'insertion, on distingue les cymes *bipares* et *unipares*.

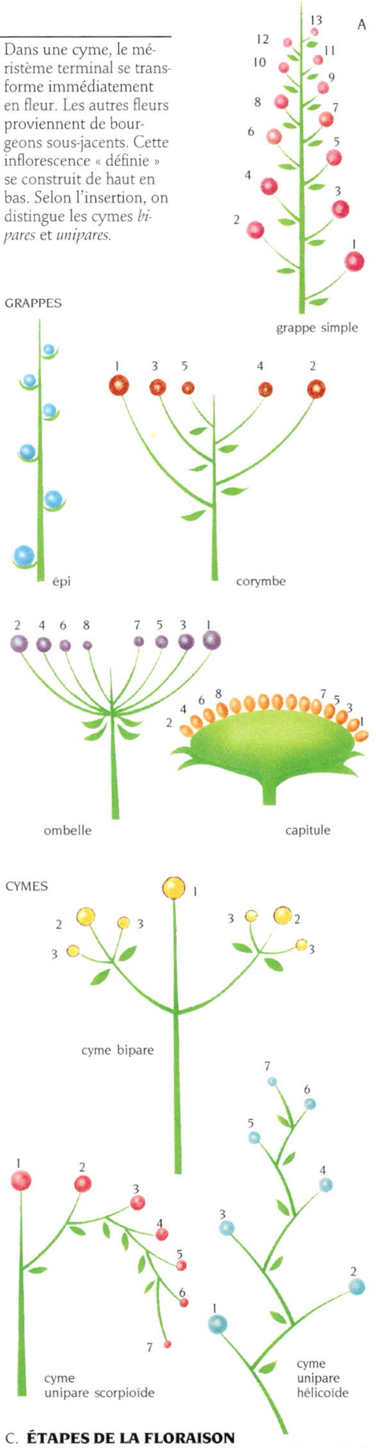

RÉPARTITION DES SEXES CHEZ LES PLANTES À FLEURS

Le statut sexuel des angiospermes est très varié. Les espèces *monomorphiques* portent pistil (pièces femelles) et étamines (pièces mâles) sur le même pied, groupés dans la même fleur chez les plantes *hermaphrodites*, c'est-à-dire 70 p. 100 des angiospermes, ou dans des fleurs séparées chez les espèces *monoïques* (noisetier). D'autres combinaisons sont possibles (fleurs hermaphrodites et fleurs mâles sur le même pied, par exemple).

Les espèces *polymorphiques* sont celles dont les pieds portent des types différents de fleurs. Ce sont, par exemple, les plantes *dioïques* (7 p. 100 des angiospermes), quand il existe des individus mâles et des individus femelles (saule, palmier-dattier), et les plantes *gynodioïques*, lorsque les fleurs hermaphrodites et les fleurs mâles sont sur des pieds différents.

Chez les espèces monomorphiques, la production des organes sexuels est liée à la différenciation du bourgeon floral, sous contrôle éventuel de facteurs variés. Chez les espèces dioïques, le sexe est souvent déterminé génétiquement à la fécondation, comme chez les animaux. Les pieds mâles du chanvre, par exemple, possèdent des cellules à 19 paires de chromosomes dont 1 paire de chromosomes sexuels (XY). Mais le développement du sexe est également contrôlé par d'autres facteurs. Ainsi, chez l'épinard, une croissance dans des conditions de « jours courts » (jours moins longs que les nuits) peut masculiniser des individus génétiquement femelles.

C

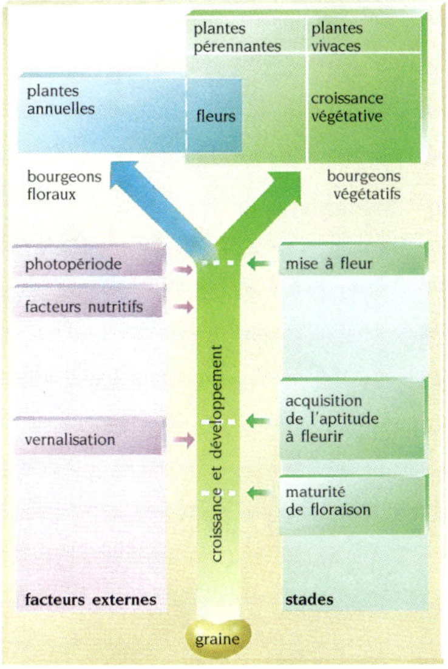

C. ÉTAPES DE LA FLORAISON

Plusieurs conditions doivent être réunies pour qu'un bourgeon végétatif devienne reproducteur. D'abord, la *maturité de floraison* doit être atteinte. La plante y parvient plus ou moins tôt, parfois dès la germination, ou après 5 à 7 ans chez les arbres fruitiers, 40 ans pour le chêne. Certaines espèces doivent ensuite acquérir l'*aptitude à fleurir*. Celle-ci est, en général, conférée par une exposition à une dose précise de froid hivernal (*vernalisation*). Sans ce traitement, les végétaux qui en ont besoin ne fleurissent pas.
La *mise à fleur* (formation de bourgeons floraux) peut alors s'effectuer, si les *conditions nutritives* et la *photopériode* (durée relative du jour et de la nuit) sont favorables. Les plantes de *jour court* ne fleurissent que si la durée du jour est *inférieure* à une durée définie (de 7 à 15 heures) ; celles de *jour long*, si la durée est supérieure à une valeur seuil (de 11 à 14 heures). D'autres montrent une simple préférence ou sont même indifférentes.

LA REPRODUCTION DES PLANTES À FLEURS

LA POLLINISATION

LE VOYAGE DU POLLEN JUSQU'AU STIGMATE

■ LES ANGIOSPERMES sont, pour leur majorité (70 p. 100), hermaphrodites. Elles peuvent donc, en principe, s'autoféconder (autogamie) en utilisant leur propre pollen : c'est la *pollinisation directe* ou *autopollinisation.* Pourtant, la plupart des plantes à fleurs se reproduisent, de manière préférentielle ou obligatoire, avec un partenaire de la même espèce. La pollinisation est alors *croisée (allopollinisation).* Certaines pratiquent les deux procédures.

L'autogamie, souvent possible, devient obligatoire si la fleur ne s'ouvre pas (blé, violette d'automne, par exemple). La pollinisation s'effectue alors dans le bouton floral. On parle de *cléistogamie.*

La pollinisation croisée. Elle apparaît plus intéressante du point de vue adaptatif car elle permet un remaniement génétique. Elle est favorisée par divers mécanismes. Ainsi, chez une fleur hermaphrodite, la maturation des sexes peut être décalée *(dichogamie).* Le pistil mûrit en premier chez les espèces *protogynes* (lis martagon, par exemple). Les étamines apparaissent d'abord chez les espèces *protandres* (labiées, ombellifères...). La pollinisation croisée devient *obligatoire* si les sexes sont séparés (plantes dioïques) ou s'il existe des obstacles mécaniques, comme chez les orchidées, ou physiologiques (barrière d'incompatibilité), empêchant la germination du pollen sur la fleur dont il est issu.

Le transport du pollen. Il est généralement réalisé par le vent *(anémogamie),* les animaux *(zoogamie)* et, rarement, par l'eau. L'anémogamie s'observe notamment chez les graminées et chez des arbres comme le chêne et l'aulne. Les fleurs anémogames sont discrètes, souvent à périanthe (pétales et sépales) réduit ou absent, et regroupées en épi ou en chaton. À maturité, les étamines sont exposées au vent. Les stigmates ont une grande surface réceptrice. Le pollen est petit et abondant.

Chez les espèces zoogames, les animaux pollinisateurs sont les oiseaux, les chauves-souris et surtout les insectes (on parle, pour ces derniers, d'*entomogamie*) : hyménoptères (comme les abeilles), lépidoptères (papillons), diptères (comme les mouches).

L'association est parfois si étroite que la plante ne peut se reproduire sans son pollinisateur (vanille, par exemple). Des adaptations de la fleur, liées étroitement à celles de l'animal (qui résultent d'une *coévolution*), permettent à ce dernier d'effectuer le meilleur prélèvement possible, en perdant le moins d'énergie possible, tout en assurant une pollinisation optimale. La fleur se signale à l'insecte par sa forme, sa couleur, son odeur. Elle possède des dispositifs variés qui facilitent la fixation du pollen sur l'animal : systèmes à bascule, éléments adhésifs, pollen ornementé, visqueux...

A. **SE REPRODUIRE**

La première étape est la *pollinisation,* c'est-à-dire le processus de transport du pollen de l'étamine au stigmate. Ensuite, si la barrière que représente le stigmate est passée, l'étape suivante est la germination d'un *tube pollinique,* qui perce le stigmate et croît dans le style jusqu'à l'ovule. Là, il déverse deux gamètes mâles dans le sac embryonnaire où a lieu la double *fécondation.* L'un des gamètes, uni à l'oosphère, formera l'embryon, l'autre contribuera à la formation des réserves.

A

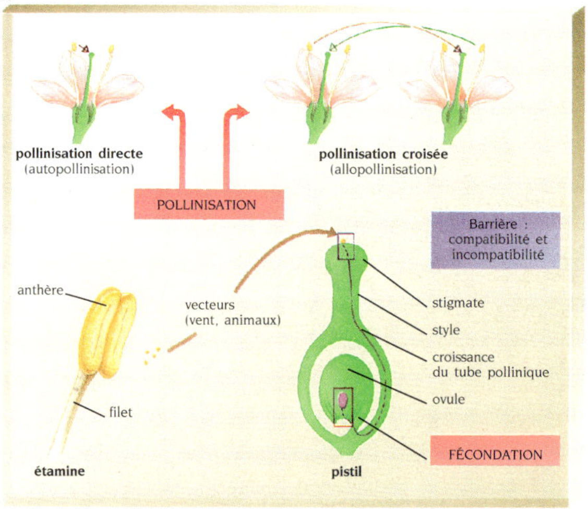

B. **OVULE**

L'ovule est formé d'un ou de deux *tégument(s)* et d'un *nucelle,* diploïdes, renfermant un gamétophyte femelle haploïde : le *sac embryonnaire.* Il s'ouvre par un *micropyle.* Il existe trois types d'ovules : les types anatrope, campylotrope et orthotrope.

B

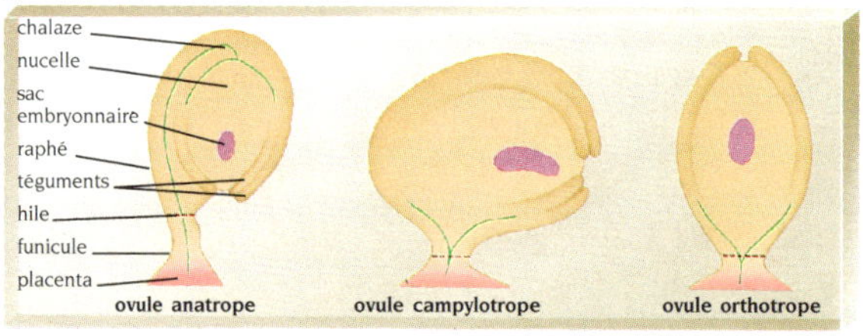

C

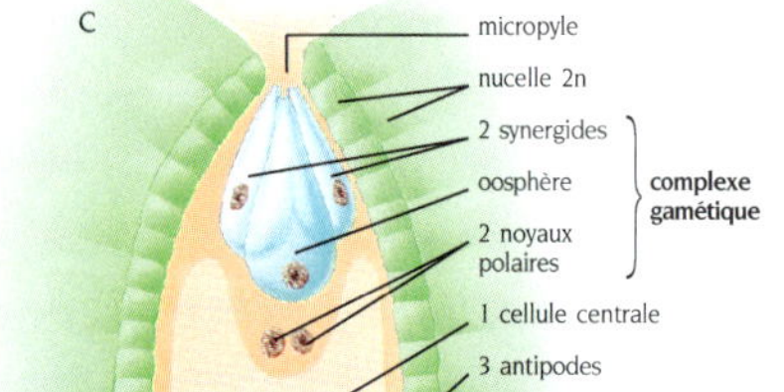

C. **SAC EMBRYONNAIRE**

Il provient, en général, d'une des quatre « mégaspores » issues de la méiose. Il comporte sept cellules : une *oosphère* (le gamète femelle) et deux *synergides* côté micropylaire, trois *antipodes* et une *cellule centrale* à deux noyaux.

D

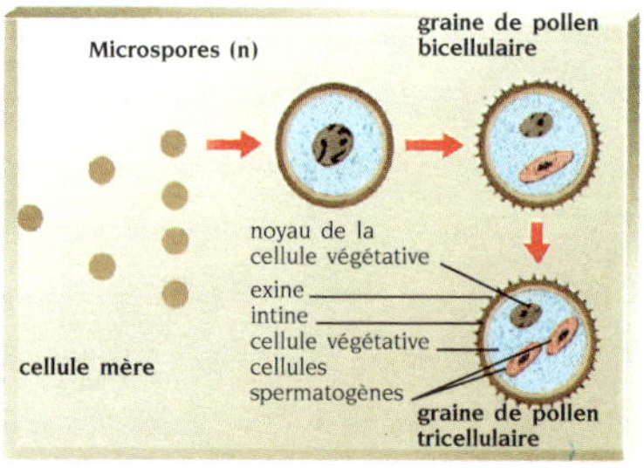

D. **FORMATION D'UN GRAIN DE POLLEN**

Il provient des « microspores » issues de la méiose. Il est disséminé à l'état bicellulaire ou tricellulaire, selon l'espèce. Il est protégé par deux parois, l'*intine* (cellulosique) et l'*exine* (sporopollinique), pourvues d'ouvertures circulaires ou allongées (les *apertures*).

NECTAR ET POLLEN

Le *nectar* est une solution aqueuse de sucres, sécrétée par des *nectaires* floraux ou extrafloraux. La quantité de nectar formée par jour varie selon l'espèce. Elle va de 0,03 ml à 20 ml (chez d'énormes fleurs tropicales). Le nectar est composé de trois sucres principaux : le saccharose, le glucose et le fructose, dont la concentration varie selon l'heure, la température et l'humidité : environ 15 p. 100 de sucre pour le pommier, 41 p. 100 pour le trèfle blanc. L'aspect énergétique de l'utilisation du nectar par l'insecte est très étudié. La poche à nectar du bourdon contient environ 100 μl, soit le contenu de 800 fleurs d'épilobe. Si la concentration en sucre est de 30 p. 100 et si l'animal passe 4 secondes par fleur, la collecte équivaut à 430 joules, dont 200 sont dépensés pendant le transport, ce qui représente un gain énergétique de 230 joules.

Le *pollen,* riche en protéines (de 16 à 30 p. 100 du poids sec), en lipides et en vitamines, est consommé immédiatement ou emporté pour nourrir les larves. Les abeilles (photo ci-dessous) et les bourdons le rassemblent en deux pelotes dans les « corbeilles » des pattes postérieures. Chez les abeilles, chaque pelote pèse environ 7,5 milligrammes. Une charge est collectée en 10 min environ ; elle correspond au contenu de 585 fleurs de trèfle blanc. Les besoins en pollen d'une ruche s'élèvent à 40 kg de pollen par an, soit 5 millions de pelotes. Les abeilles récoltent, par exemple, 1,2 kg de pollen par hectare et par an en France.

LA FÉCONDATION

DE LA GERMINATION DU POLLEN À LA FORMATION DE LA GRAINE

■ LE GRAIN DE POLLEN, capturé par le stigmate, s'hydrate et germe. Si le pollen est compatible, il s'enfonce dans les tissus sous-jacents en perforant les parois ou en s'immisçant entre les cellules. Il croît ensuite dans le style (qui est creux ou plein selon l'espèce).

Le tube pollinique. Si le style est creux, le tube pollinique, issu du grain de pollen, s'engage dans un canal rempli d'une substance visqueuse (mucilage). Si le style est plein, le tube pollinique s'immisce dans le mucilage présent entre les cellules. Ce mucilage sert, dans les deux cas, d'aliment pour la synthèse de la paroi du tube (celui-ci peut être très long). La croissance est orientée vers l'ovule par attraction chimique. Le tube croît par son extrémité. C'est dans cette région que se trouvent le noyau végétatif, qui conduit la croissance, et les deux gamètes mâles. Arrivé au niveau du sac embryonnaire, le tube s'ouvre et y déverse son contenu.

Le rôle du stigmate. Le grain du pollen doit être « reconnu » par le stigmate. S'il est incompatible, la germination du tube s'arrête. Cette procédure permet le rejet du pollen d'espèces différentes, mais aussi, dans certains cas, celui de grains de pollen provenant de la même espèce, voire du même individu *(auto-incompatibilité)*. Cette dernière disposition empêche l'autofécondation chez certaines espèces hermaphrodites. C'est, avec la séparation des sexes (plantes dioïques), le seul moyen sûr qui oblige à la fécondation croisée *(allogamie)*. La population préserve ainsi sa diversité génétique, avantage sélectif certain.

L'étude des mécanismes de rejet présente un intérêt agronomique (éviter cette barrière pour l'amélioration des plantes) et théorique. En effet, il s'agit, ici, d'une reconnaissance et d'un rejet du *soi*, alors que les réactions immunitaires des animaux consistent à reconnaître et à rejeter le *non-soi*. Ces mécanismes sont sous la dépendance (pour le système le plus simple) d'un gène d'incompatibilité, possédant de nombreuses formes différentes (allèles) et dirigeant la synthèse de molécules spécifiques intervenant dans la reconnaissance. Il y a incompatibilité si pollen et pistil ont un allèle commun.

On distingue deux types d'autorejet. L'*incompatibilité gamétophytique* est caractérisée par l'interaction de substances provenant de l'expression du génotype diploïde du pistil avec celles venant de l'expression du génotype haploïde du pollen. Dans l'*incompatibilité sporophytique*, les protéines provenant du pistil diploïde interagissent avec celles synthétisées par le génotype diploïde de la plante fournissant le pollen et transportées dans les cavités de la couche externe des grains de pollen. Ce sont souvent des allergènes dont le mode d'action reste mal connu.

La formation de la graine. La graine provient de la transformation de l'ovule. L'embryon provient du zygote principal (fécondation de l'oosphère), l'albumen, du zygote accessoire (fécondation de la cellule centrale, à deux noyaux) : il y a *double fécondation*. Chez certaines espèces, l'albumen peut rester longtemps liquide (noix de coco, par exemple). L'embryon, future plante, et l'albumen, destiné à nourrir l'embryon, se développent en compétition. Dans certains groupes, l'albumen se développe bien plus vite que l'embryon, qui reste petit. La graine est dite « albuminée » (palmier, ombellifère). Ailleurs, c'est l'inverse, l'albumen disparaît. La graine est dite alors « exalbuminée » (légumineuses, rosacées). Il existe de nombreux intermédiaires entre ces deux extrêmes.

Au cours du développement, les téguments s'épaississent, se lignifient. Des réserves s'accumulent : glucides (amidon du blé, de la châtaigne...), lipides (dans l'arachide...), protides (graminées, légumineuses). La maturation de la graine s'accompagne d'une importante déshydratation (il reste à peine 10 p. 100 d'eau), entraînant un ralentissement du métabolisme.

À cela s'ajoute souvent le phénomène de *dormance* : la graine ne peut germer, même si les conditions sont favorables. Elle peut alors supporter des conditions extrêmes. La dormance peut n'être qu'une simple *inhibition tégumentaire*. Elle est alors levée par tout traitement lésant la paroi du tégument (scarification, stratification...). D'autres fois, c'est une *dormance vraie* : l'embryon ne peut germer, même si on ôte le tégument. Cette dormance est levée par un séjour prolongé au froid (vernalisation).

A

A. **POLLEN ET STIGMATE**

Cette photo, prise en microscopie électronique à balayage, montre la germination d'un grain de pollen sur le stigmate d'une fleur de navet. On remarquera l'ornementation de la couche externe du grain de pollen *(exine)*. Le tube pollinique sort par une région allongée à paroi amincie (l'aperture). Ce tube va pénétrer dans une des papilles digitées du stigmate (partie femelle). Cette papille n'est pas ornementée (paroi lisse).

B. C. **COMPARAISON ENTRE GYMNOSPERMES ET ANGIOSPERMES**

Ces deux tableaux montrent diverses différences entre la graine des gymnospermes et celle des angiospermes. Soulignons les plus importantes. Chez les gymnospermes, seul l'embryon provient de la fécondation. Les réserves s'accumulent, avant et après la fécondation, dans le prothalle femelle haploïde (n) [*endosperme*]. Chez les angiospermes, la double fécondation engendre deux organismes nouveaux : l'embryon diploïde (2n) et l'albumen triploïde (3n). Les réserves se trouvent dans l'un et/ou dans l'autre de ces deux organismes.

B. **GYMNOSPERMES**

Avant fécondation ovule	Après fécondation → graine
Tégument (2n)	→ Tégument (2n)
Nucelle (2n)	→ –
Prothalle cellulaire (n)	→ Endosperme (n)
Oosphère (n)	→ Embryon (2n)

C. **ANGIOSPERMES**

Avant fécondation ovule	Après fécondation → graine
Tégument (2n)	→ Tégument (2n)
Nucelle (2n)	→ Périsperme (2n), rarement
Prothalle/Sac embryonnaire	
Oosphère (n)	→ Embryon (2n)
Noyaux polaires (n + n)	→ Albumen (3n)

D

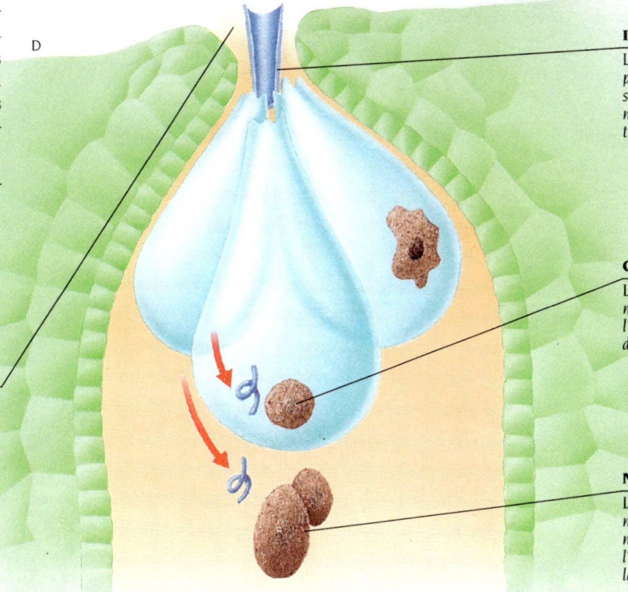

D. **LA DOUBLE FÉCONDATION**

Le tube pollinique pénètre dans l'ovule par le micropyle. Arrivé au niveau du sac embryonnaire, il déverse son contenu dans une *synergide*. Puis un des noyaux mâles fusionne avec celui de l'oosphère. L'œuf ainsi formé donnera l'embryon. Le second noyau mâle s'unit avec le noyau secondaire, issu de la fusion des deux noyaux polaires haploïdes de la *cellule centrale*. Ce « zygote accessoire », en principe triploïde, est à l'origine de l'albumen. Chez les angiospermes, les chloroplastes de la plante fille sont, en général, d'origine maternelle. Il y a cependant de rares cas de transmission paternelle, via le pollen *(Pelargonium)*.

LA REPRODUCTION DES PLANTES À FLEURS

LES FRUITS

FRUCTIFICATION ET DISSÉMINATION

■ L'OVAIRE SE TRANSFORME en fruit après la fécondation. D'autres parties de la fleur ou de l'inflorescence peuvent s'associer aux éléments du pistil (ovaire, style et stigmate), chez certaines espèces, pour donner un *fruit complexe.* La paroi du fruit est appelée « péricarpe ». On distingue deux types fondamentaux : les *fruits secs,* dont la paroi est lignifiée, et les *fruits charnus.* Les fruits *secs déhiscents* s'ouvrent à maturité (*capsules,* au sens large). Les fruits *secs indéhiscents* restent fermés *(akènes).*

Chez les fruits charnus, le péricarpe se subdivise en *épicarpe* (peau), *mésocarpe* (chair) et en *endocarpe.* Ce dernier est lignifié (imprégné de lignine) chez les *drupes,* non lignifié chez les *baies.* Dans quelques groupes d'angiospermes (« polycarpiques »), le pistil de la fleur est formé de plusieurs carpelles libres les uns par rapport aux autres. Chacun de ces carpelles donne un fruit. L'ensemble est appelé « fruit multiple ». Si l'ovaire est unique, il donne un *fruit simple,* qu'il soit formé d'un seul carpelle ou de plusieurs carpelles soudés.

Le développement du fruit. La croissance de l'ovaire, après fécondation, est liée à l'action d'hormones, auxines et gibbérellines, produites successivement par la plante mère, le pollen, puis les jeunes graines. Le développement peut cependant parfois s'effectuer sans fécondation. Les fruits *parthénocarpiques* ainsi formés, comme la banane ou certaines oranges, ne renferment pas de graines.

Les étapes de la fructification sont assez bien connues chez les fruits charnus. Chez la tomate, par exemple, il faut environ 50 jours après la floraison pour obtenir un fruit mûr. D'abord, de l'amidon s'accumule, le fruit est vert, acide et astringent. Lors de la maturation, on observe une dégradation de la chlorophylle, entraînant un blanchiment du fruit. Six jours après, la couleur rouge du fruit mûr s'affirme. L'acidité diminue. L'amidon se transforme en sucres simples. La pectine, partie du ciment entre les cellules, est dégradée par des enzymes, ce qui entraîne un ramollissement du fruit. En même temps, la respiration augmente rapidement, puis diminue : c'est la crise *climactérique.* De l'éthylène, produit par le fruit, accélère le mûrissement. Le fruit charnu mûr contient surtout de l'eau (de 75 à 80 p. 100), et des sucres (de 10 à 17 p. 100). Certains fruits possèdent également des quantités significatives de lipides ou de protides.

La dissémination. La dissémination des espèces est l'un des moments clefs de leur réussite. Elle permet l'exploration de milieux variés. L'élément disséminé porte le nom de *diaspore.* Ce peut être une graine, un fruit ou une inflorescence.

Des vecteurs permettent aux diaspores d'aller loin : l'eau *(hydrochorie),* le vent *(anémochorie)* ou les animaux *(zoochorie).* La zoochorie se présente sous plusieurs modalités. Les *endozoochores,* comme le gui, sont mangées par les animaux, qui sont attirés par leur couleur, leur odeur, leur goût. Ce sont des « syncarpes » (fruits composés, comme la figue), des fruits complexes (fraise), des graines à arille (expansion charnue, par exemple chez les durians). Les *synzoochores* sont emportées par l'animal (écureuil, fourmi) pour nourrir ses larves ou faire des réserves. Les *épizoochores* sont transportées involontairement. Elles différencient des dispositifs adhésifs.

L'anémochorie, dissémination par le vent, est facilitée par des *ailes* (fruit de l'érable, inflorescence du tilleul), des *aigrettes* (pissenlit) ou des *poils* (graines de coton, de saule).

A. B. C. D. **FRUITS SECS DÉHISCENTS**

Ces fruits s'ouvrent à maturité. Le *follicule* (hellébore [A]) s'ouvre par une seule fente, la *gousse* (pois [B]), par deux. Ces deux fruits, appelés « capsules », sont issus d'un seul carpelle. La *silique* (giroflée [C]) est formée de deux carpelles soudés. Les *capsules* au sens strict se forment à partir d'au moins trois carpelles. L'ouverture peut être longitudinale (valvaire), transversale (pyxide) ou réalisée avec des pores (pavot [D]).

E

F

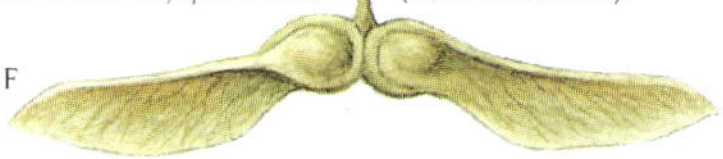

E. F. **FRUITS SECS INDÉHISCENTS**

Ces fruits ne s'ouvrent pas à maturité. Ce sont les *akènes* (gland, noisette, faîne, fruit à aigrette des composées [E]...). Les *samares* sont des akènes à expansions ailées. Le *caryopse* est un akène dont la paroi est soudée à celle de la graine. Un ovaire peut donner deux akènes (*diakène* [ombellifères], *disamare* [érables, ci-dessous]), parfois quatre (chez les labiées).

G. H. I. **FRUITS CHARNUS**

Les *baies,* ou fruits à pépins, ont le péricarpe (paroi) entièrement charnu : tomate (aux *placentas hypertrophiés* [I]), raisin, agrumes, etc. Les *drupes* sont les fruits dont l'endocarpe (partie interne du péricarpe) est lignifié, formant un noyau. Le mésocarpe (partie moyenne : chair) peut être plus ou moins charnu (pêche [G], noix) ou parfois fibreux (noix de coco [H]). L'amande des fruits à noyau est la graine.

J. K. L. **FRUITS COMPLEXES**

Ils sont formés par l'union du pistil avec d'autres parties de la fleur. La fraise (L) provient du réceptacle floral hypertrophié portant de nombreux akènes. Dans la pomme (K), le réceptacle se soude à la paroi de l'ovaire. Chez l'ananas (J), toute l'inflorescence donne le fruit. Chaque écaille porte une baie.

LA GRIVE ET LE GUI

Le fruit du gui est une baie qui contient une substance collante, la *viscine.* Le gui est disséminé par les oiseaux : fauvette à tête noire et, surtout, grive draine, *Turdus viscivorum* (ci-dessous sur une branche de gui). La grive avale le fruit. La graine résiste aux sucs digestifs et est expulsée dans les fientes. Les restes de viscine permettent à la graine de coller sur une branche si celle-ci se trouve sur la trajectoire. La graine peut alors germer et le jeune se développer sur son hôte, qu'il parasite.

L'ANATOMIE DES PLANTES À FLEURS

LA CROISSANCE

LA FORMATION DES TISSUS ET DES ORGANES

■ LA GERMINATION est l'ensemble des processus touchant la graine, qui conduisent à la sortie de la *radicule,* la première racine. La germination s'effectue après la levée de dormance, lorsque les conditions (eau, lumière, température, oxygène) sont favorables.

Les étapes de la germination. La germination commence par une forte hydratation, accompagnée d'une augmentation de la respiration. Cette phase dure, en moyenne, de 6 à 12 heures. Lors de la phase suivante, les réserves de la graine sont mobilisées et la radicule apparaît (entre 12 et 48 heures).

La troisième phase est le développement de la *plantule,* qui, outre les cotylédons et la radicule, comprend une *tigelle,* terminée par un bourgeon, la *gemmule.* La radicule sort par le *micropyle,* produit des poils absorbants et se ramifie. La croissance de la tigelle est variable selon l'espèce. Si, lors de sa croissance, les cotylédons restent en terre (pois, chêne...), on parle de *germination hypogée.* S'ils sont portés hors de terre (haricot, hêtre...), on parle de *germination épigée.*

Méristèmes et tissus primaires. Les méristèmes sont des tissus de croissance, dont les cellules peuvent se diviser activement, avant de se différencier pour former les feuilles, tiges et racines (ou les fleurs) de la plante. Chez les angiospermes, ces organes sont mis en place par les *méristèmes primaires,* qui sont de deux types : les feuilles et les tiges sont formées par le *méristème apical,* localisé dans le *bourgeon ;* la racine provient du *méristème radiculaire.* Les cellules issues de ces méristèmes se différencient en *tissus primaires,* classés selon leurs fonctions : parenchyme, tissus de soutien, sécréteur, conducteur ou protecteur (épiderme).

Les *parenchymes* sont constitués de cellules à paroi mince. On distingue en particulier les parenchymes chlorophylliens (feuilles, tiges) et les parenchymes de réserve, souvent dans des organes souterrains.

Les tissus de *soutien* assurent rigidité et solidité. Ils sont, en général, formés de cellules allongées : fibres cellulosiques à paroi épaisse pour le *collenchyme,* fibres lignifiées (à paroi imprégnée de lignine) pour le *sclérenchyme.*

Les tissus *conducteurs* assurent la conduction des sèves, le *xylème primaire* pour la sève brute (eau et sels minéraux en provenance des racines), le *phloème primaire* pour la sève élaborée (contenant les substances organiques fabriquées par les parties feuillées). Ces éléments sont réunis en faisceaux.

L'*épiderme* est le tissu de protection des organes aériens jeunes. Couvert d'une cuticule, il porte parfois des poils protecteurs.

Les tissus *sécréteurs* donnent des essences (lavande, par exemple) ou des latex (hévéa, chélidoine, euphorbe).

Méristèmes et tissus secondaires. On subdivise les angiospermes en deux groupes (classes), les monocotylédones et les dicotylédones, qui se distinguent en particulier par le fait que la plupart des premières et quelques dicotylédones possèdent toute leur vie uniquement des tissus primaires. La croissance en épaisseur est alors assurée par le grandissement de ces tissus primaires.

En revanche, chez la plupart des dicotylédones, la croissance en épaisseur est due à l'*addition,* aux tissus primaires, de tissus secondaires provenant de méristèmes secondaires (ou « assises génératrices »). Ces derniers sont l'assise libéro-ligneuse, ou *cambium,* et l'assise subéro-phellodermique, ou *phellogène.* Le cambium donne le bois secondaire, ou xylème secondaire (on dit aussi simplement *bois*), et le liber secondaire, ou phloème secondaire (ou *liber* tout court). Le cambium se forme dans les faisceaux conducteurs (entre xylème primaire et phloème primaire dans la tige). Le phellogène apparaît à la périphérie. Il donne un tissu secondaire protecteur, le *suber,* ou *liège.*

Les plantes *ligneuses* sont des plantes vivaces, riches en bois, alors que les plantes *herbacées,* non ligneuses, sont en général annuelles (mais leurs parties souterraines peuvent persister).

A. **ÉPAISSISSEMENT D'UNE TIGE**

La croissance s'effectue par multiplication et par grandissement cellulaire. Cette coupe longitudinale montre une tige d'angiosperme du groupe des dicotylédones.

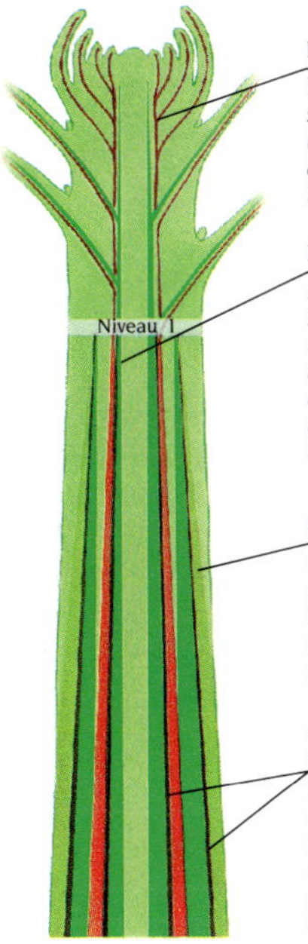

B

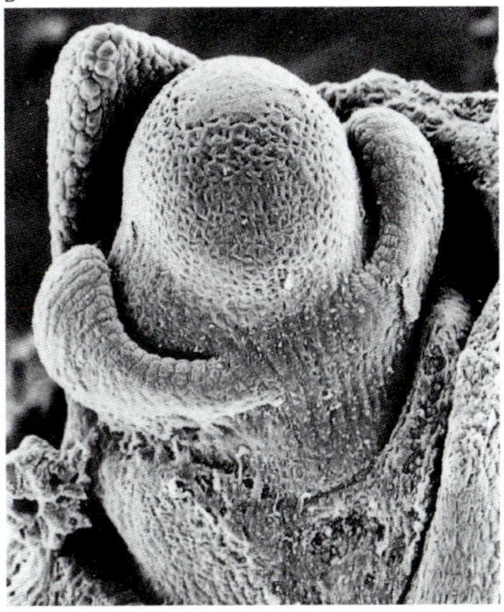

B. **MÉRISTÈME DE TIGE**

Cette photographie réalisée en microscopie électronique à balayage montre l'apex d'un silène (plante de la famille des caryophyllacées). Ici, toutes les feuilles, du bourgeon jusqu'à l'avant-dernière paire, ont été ôtées. On distingue seulement la dernière paire de feuilles naissantes, entourant une région bombée. Cette région apicale peut être subdivisée en plusieurs territoires. Sur ses flancs, le *méristème latéral (anneau initial)* entoure une *zone apicale* présentant peu de divisions cellulaires. Ce méristème donne les feuilles et leur soubassement. Le *méristème médullaire,* sous-jacent, est à l'origine des éléments conducteurs de la tige (cylindre central).

C

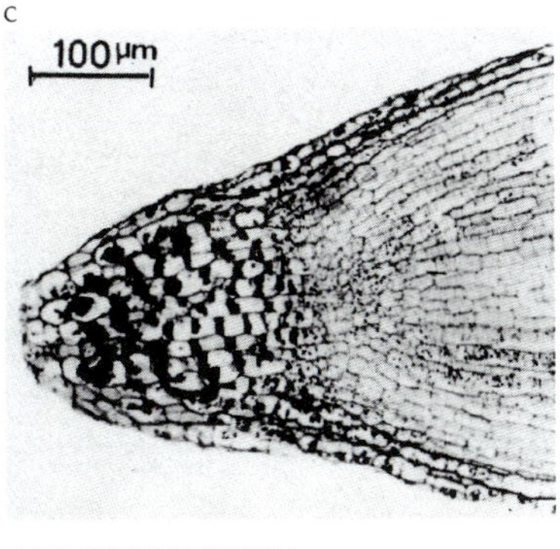

C. **RACINE DE LENTILLE**

On distingue quatre régions : la coiffe, qui assure la protection et la sensibilité à la gravité, issue d'un *méristème d'entretien* (a) ; la région centrale de l'axe, occupée par un *centre quiescent* (b), zone lenticulaire peu active, qui pourrait renouveler les autres territoires. Ce centre est bordé par une troisième région, le *méristème proximal* (c) donnant l'écorce, et par une quatrième région, un *manchon procambial* (d), donnant le cylindre central (moelle, bois et liber).

D. **BOIS DES DICOTYLÉDONES**

Ce bloc diagramme montre la structure dans l'espace d'un bois de dicotylédones. Le bois est constitué d'éléments verticaux et horizontaux lignifiés. Les premiers regroupent des vaisseaux, des fibres et du parenchyme vertical ; les seconds, le parenchyme horizontal (rayons). Ce bois possède plusieurs types d'éléments verticaux. Il est dit *hétéroxylé.*

D

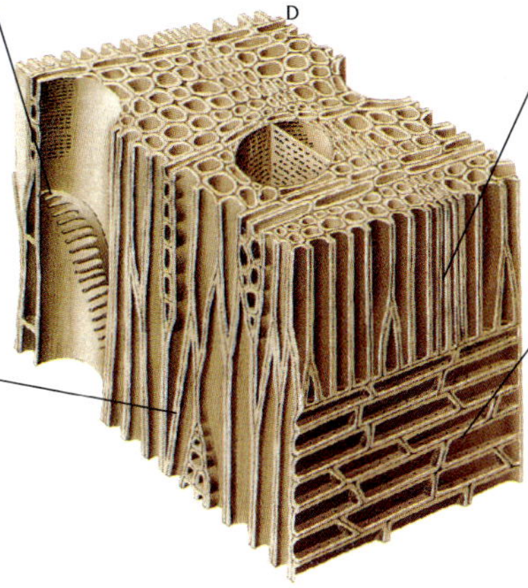

L'ANATOMIE DES PLANTES À FLEURS

L'APPAREIL VÉGÉTATIF

L'ENSEMBLE DES ORGANES QUI NE SONT PAS REPRODUCTEURS

■ L'APPAREIL VÉGÉTATIF correspond à la plante entière, mais sans les fleurs. Il comporte trois types d'organes bien différenciés les uns des autres : tiges, feuilles et racines.

La tige. C'est un organe aérien ou souterrain qui porte des feuilles. Sa croissance en longueur est assurée par le méristème situé dans le bourgeon. Chez les espèces ramifiées ou polycaules, on distingue le bourgeon *terminal* et, à l'aisselle des feuilles, les bourgeons *axillaires.* Par ailleurs, des bourgeons *adventifs* peuvent se différencier sur n'importe quel organe.

La croissance de la tige est dite *monopodiale* si elle est assurée par le bourgeon terminal (hêtre). S'il avorte (châtaignier) ou donne une inflorescence (marronnier), c'est le bourgeon axillaire sous-jacent qui prend la relève : la croissance est alors *sympodiale.* Les bourgeons axillaires sont également responsables de la ramification de la tige.

La feuille. Sa partie principale, le *limbe,* est aplatie afin d'optimiser la collecte de la lumière. Elle est limitée par un épiderme couvert d'une *cuticule* qui empêche les pertes d'eau. Des structures particulières, les *stomates,* plus nombreuses sur la face inférieure, régulent les échanges gazeux et hydriques.

Le tissu (parenchyme assimilateur), où se déroule la photosynthèse, est subdivisé en deux régions chez les angiospermes du groupe des dicotylédones : un parenchyme *palissadique,* formé de cellules chlorophylliennes plus hautes que larges, et un parenchyme *lacuneux,* plus lâche. Chez les monocotylédones, cette partie moyenne de la feuille est plus homogène. Les faisceaux conducteurs ramifiés apportent l'eau et les sels minéraux et emportent les produits de la photosynthèse.

Les feuilles présentent également des adaptations à d'autres fonctions : elles forment les écailles protectrices des bourgeons, les écailles des bulbes contenant des réserves, les feuilles pièges des plantes carnivores (nutrition azotée), etc. Elles tombent au bout de quelques années chez les arbres à feuilles persistantes et tous les ans chez les arbres caducifoliés. Chez certains de ceux-ci, comme le chêne, les feuilles mortes restent attachées au végétal jusqu'à ce que le vent les emporte. Ce sont des feuilles *marcescentes.* Chez d'autres, la chute est liée à la formation d'une zone d'abscission à la base du pétiole, qui provoque sa rupture.

La racine. Elle permet la fixation de la plante et surtout l'absorption des substances nutritives. Cette fonction est souvent facilitée par la mise en place d'associations symbiotiques avec des champignons (formation de mycorhizes).

La structure des jeunes racines est semblable chez les monocotylédones et les dicotylédones. De la périphérie vers le centre, on trouve une assise, qui porte des *poils absorbants,* une écorce, un endoderme, un cylindre central (contenant xylème et phloème primaires).

Chez les dicotylédones, le développement des racines s'effectue à partir de la racine principale, qui se ramifie. Les racines s'accroissent ensuite en épaisseur à partir de méristèmes secondaires. Chez les monocotylédones, la racine principale avorte et de nouvelles racines se forment à partir de la base enterrée de la tige : ce sont des racines *adventives.*

Les adaptations au milieu. L'ensemble de l'appareil végétatif s'adapte aux conditions externes. L'adaptation à des milieux très humides caractérise les *hydrophytes.* Les *xérophytes* vivent en milieu sec. On en distingue deux types : les sclérophytes et les plantes grasses.

Les *sclérophytes* possèdent un important appareil racinaire et beaucoup de tissus lignifiés. Les pertes d'eau sont limitées par une réduction des feuilles, un épaississement de la cuticule, une protection des stomates.

Les *plantes grasses* (ou succulentes) retiennent l'eau dans un tissu (parenchyme) spécialisé. Elles limitent leurs pertes en prenant une forme en boule ou cylindrique et en n'ouvrant leurs stomates que la nuit. La cuticule est épaisse et les racines sont développées.

A. **MODES DE RAMIFICATION**

Chez les végétaux ligneux ramifiés, la réalisation d'un port *arborescent* ou *buissonnant* est liée au mode de croissance et de ramification. Chez les arbres, la tige se développe sans se ramifier pendant plusieurs années, formant une *flèche.* Elle se ramifie ensuite à partir des bourgeons proches du sommet. Les bourgeons inférieurs restent dormants. Le développement est dit *acrotone.* Un tronc se constitue ainsi. Le mode de ramification secondaire est variable. Selon un mode *hypotone,* les rameaux inférieurs de chaque ramification sont plus vigoureux (hêtre) ; avec une ramification *amphitone,* les rameaux latéraux sont plus vigoureux (sapins). Dans le type *buisson,* il n'y a pas d'axe privilégié : les rameaux proviennent des bourgeons situés à la base (basitonie) et sur la face supérieure (épitonie) de chaque ramification successive.

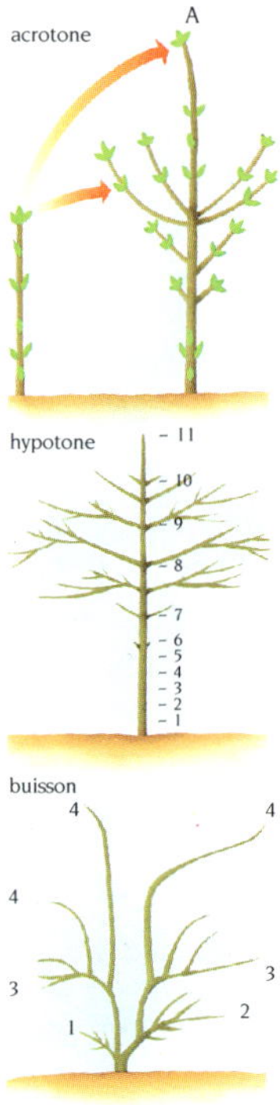

B

B. **TIGE MONOCAULE DE PUYA**

Cette photo de *Puya raimondi* (broméliacée), espèce des Andes, illustre l'architecture la plus simple, dite *monocaule* : une seule tige, un seul méristème apical. Celui-ci forme un plateau qui peut être très large chez les espèces arborescences perennantes (palmiers...). L'axe non ramifié porte le nom de « stipe ». Chez les monocaules annuelles, la tige peut être très réduite. Les plantes monocaules sont fragiles et ne survivent pas à la destruction du méristème unique. On en trouve peu sous le climat tempéré ou froid.

C. D. **MORPHOLOGIE DE LA FEUILLE**

La feuille (C) est une expansion latérale de la tige, généralement caractérisée par une forme aplatie et spécialisée dans la capture de la lumière et la fonction de photosynthèse. Les feuilles possèdent des morphologies différentes (D) ayant chacune leur dénomination.

C

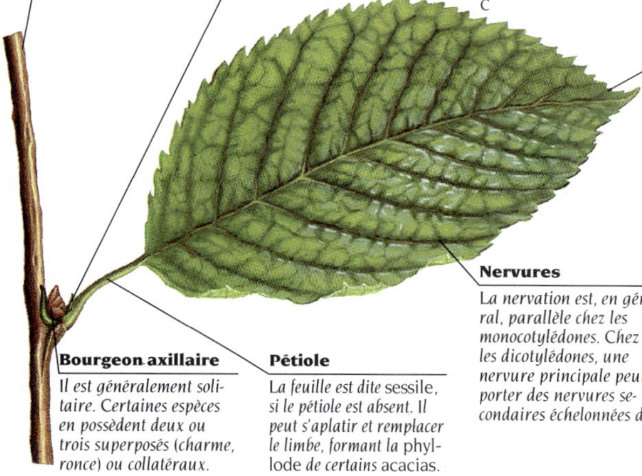

Tige

Les feuilles s'insèrent au niveau d'un nœud. Elles peuvent être alternes (isolées, comme ici), opposées (par deux) ou verticillées (plus de deux).

Stipules

Parfois, la base du pétiole peut s'élargir en gaine et/ou porter des expansions foliacées : les stipules.

Limbe

La feuille est simple, *si le limbe est d'un pièce, ou* composée, *s'il est constitué de plusieurs* folioles *(composée pennée : robinier ; composée palmée : marronnier).*

Nervures

La nervation est, en général, parallèle chez les monocotylédones. Chez les dicotylédones, une nervure principale peut porter des nervures secondaires échelonnées de part et d'autre, il s'agit alors d'une nervation pennée *(ici, cerisier) ; ou bien les nervures peuvent toutes partir du même point : c'est la nervation* palmée *(platane).*

Bourgeon axillaire

Il est généralement solitaire. Certaines espèces en possèdent deux ou trois superposés (charme, ronce) ou collatéraux.

Pétiole

La feuille est dite sessile, *si le pétiole est absent. Il peut s'aplatir et remplacer le limbe, formant la* phyllode *de certains* acacias.

D

CLASSIFICATION DES PLANTES À FLEURS

Chez les angiospermes, le regroupement des espèces en genres, puis en familles, est relativement aisé. En revanche, les regroupements de « niveau » plus élevé, tel que l'ordre, sont encore l'objet de discussions, en raison d'incertitudes liées aux ressemblances apparentes des plantes (que l'on désigne sous le terme de convergence adaptative). Les recherches actuelles permettent de proposer des solutions.

On a pu, par exemple, rapprocher la famille des cactus (cactacées) et celle des didiereas (didieréacées) du grand groupe des caryophyllacées (œillet) en utilisant un caractère biochimique commun (présence de pigments vacuolaires contenant de l'azote).

La plupart des systématiciens s'accordent pour diviser les angiospermes en deux classes : les monocotylédones et les dicotylédones. Ils sont également d'accord pour abandonner la classification fondée sur les enveloppes florales. Mais le consensus ne va pas plus loin : les subdivisions sont très différentes selon les auteurs.

On donnera ici les propositions de l'Arménien Armen Takhtajan et de l'Américain Arthur Cronquist, établies en 1968.

L'origine des angiospermes. Grâce à l'affinement des méthodes d'études des fossiles, on peut dater les premières angiospermes du début du crétacé (ère secondaire, il y a 170 millions d'années). Leur expansion fut rapide à l'échelle des temps géologiques et, au tertiaire (70 millions d'années), on les trouve partout.

L'origine exacte du groupe des angiospermes est encore mal connue et plusieurs hypothèses on été proposées. Pour certains auteurs, les angiospermes ne posséderaient pas toutes le même ancêtre commun et dériveraient de plusieurs groupes de gymnospermes. Elles constitueraient donc un ensemble hétérogène (que les systématiciens qualifient de *polyphylétique*). Pour d'autres, les angiospermes forment un rameau évolutif homogène *(monophylétique).*

L'émergence du groupe se serait faite au trias, soit à partir d'un groupe éteint des *ptéridospermes,* soit à partir de végétaux parents des *caytoniales* ou des *bennetitales.* La dislocation du continent originel unique, la Pangée (il y a 160 millions d'années), accompagnée de changements climatiques, a conduit à la différenciation progressive des groupes actuels. Le rôle des insectes, en tant qu'agents de la pollinisation, a été primordial.

A

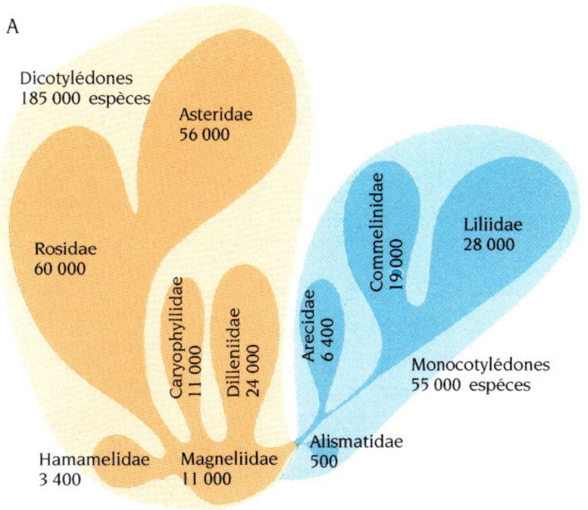

A. **RELATIONS ENTRE LES GROUPES**

Le dessin suggère les relations de parenté et indique la taille relative (nombre d'espèces) de chaque groupe. Dans cette hypothèse (d'après Cronquist), les monocotylédones sont issues des dicotylédones. L'articulation se fait au niveau du groupe des magnolias et, plus précisément, dans la famille des nymphéacées. Le groupe des poivriers (pipéracées) pourrait également être impliqué dans cette évolution. On remarquera que les sous-classes considérées comme les plus évoluées sont les *Asteridae* et les *Liliidae.*

B. **CLASSE DES DICOTYLÉDONES**

Sous-classes et principaux ordres	(nombre de famille)	Principales familles
Magnoliidae		
Magnoliales	(19)	Magnoliacées...
Pipérales	(2)	Pipéracées...
Aristolochiales	(1)	Aristolochiacées
Nymphaéales	(3)	Nymphéacées...
Ranunculales	(8)	Renonculacées...
Papavérales	(2)	Papavéracées et fumariacées
Hamamelididae		
Hamamelidales	(6)	Platanacées, hamamélidacées...
Urticales	(5)	Ulmacées, canabacées, moracées, urticacées...
Juglandales	(3)	Juglandacées...
Fagales	(2)	Fagacées et bétulacées
Casuarinales	(1)	Casuarinacées
Caryophillidae		
Caryophyllales (centrospermales)	(12)	Didiéréacées, cactacées, chénopodiacées, caryophyllacées...
Polygonales	(1)	Polygonacées
Dilleniidae		
Théales	(13)	Théacées, guttiféracées...
Malvales	(6)	Tiliacées, sterculiacées, bombacées, malvacées...
Sarracéniales	(3)	Droséracées...
Violales (pariétales)	(21)	Tamaricacées, violacées, passifloracées, cistacées, bégoniacées, cucurbitacées...
Salicales	(1)	Salicacées
Capparales	(5)	Capparacées, résédacées, brassicacées (crucifères)...
Éricales	(7)	Éricacées...
Ébénales	(5)	Sapotacées, ébénacées...
Primulales	(3)	Primulacées...
Rosidae		
Rosales	(17)	Crassulacées, saxifragacées, rosacées
Fabales (légumineuses)	(3)	Fabacées, mimosacées, césalpiniacées
Myrtales	(3)	Myrtacées, rhisophoracées...
Cornales	(6)	Cornacées...
Célastrales	(10)	Célastracées, aquifoliacées...
Euphorbiales	(5)	Buxacées, euphorbiacées...
Sapindales	(17)	Sapindacées, acéracées, rutacées...
Géraniales	(5)	Géraniacées, tropéolacées...
Linales	(3)	Linacées...
Umbellales	(2)	Apiacées (ombellifères), araliacées
Asteridae		
Gentianales	(5)	Gentianacées, apocynacées, oléacées...
Polémoniales	(8)	Solanacées, convolvulacées...
Lamiales	(5)	Borraginacées, verbénacées, lamiacées (labiées)...
Scrophulariales	(10)	Scrophulariacées...
Rubiales	(1)	Rubiacées
Dipsacales, rubiales	(6)	Caprifoliacées, rubiacées...
Astérales	(1)	Astéracées (composées)

C. **CLASSE DES MONOCOTYLÉDONES**

Sous-classes et principaux ordres	(nombre de familles)	Principales familles
Alismatidae		
Alismatidales	(3)	Alismatacées...
Hydrocharitales	(1)	Hydrocharitacées
Najadales	(8)	Potamogetonacées, zostéracées...
Commelinidae		
Commelinales	(4)	Commelinacées...
Juncales	(2)	Juncacées...
Cypérales	(2)	Cypéracées et poacées (graminées)
Zingibérales	(6)	Zingibéracées, musacées...
Broméliales	(1)	Broméliacées
Arecedae		
Arales	(2)	Aracées...
Arécales	(1)	Palmacées
Liliidae		
Liliales	(13)	Liliacées, agavacées, iridacées...
Orchidales	(4)	Orchidées...

B. C. **MONOCOTYLÉDONES ET DICOTYLÉDONES**

On présente ici les subdivisions de Takhtajan et de Cronquist, soit six sous-classes de dicotylédones (B) et quatre de monocotylédones (C). Ces groupes ont été établis sur la base de critères morphologiques, anatomiques et biochimiques.

D. **DIFFÉRENCES STRUCTURALES**

La graine compte deux cotylédons chez les dicotylédones (parfois 1, 3 ou 4), un seul chez les monocotylédones (parfois aucun : embryon indifférencié). En outre, les plantes monocotylédones sont en général de la taille d'une herbe (type herbacé), parfois arborescentes (palmiers), alors que chez les dicotylédones ces deux types sont bien représentés. La feuille des dicotylédones, le plus souvent pourvue d'un pétiole, montre une nervation généralement ramifiée, celle des monocotylédones, souvent sans pétiole, a presque toujours des nervures parallèles. Le tronc des dicotylédones peut s'accroître en largeur grâce à une assise génératrice (cambium), dont la présence est exceptionnelle chez les monocotylédones.

LES MONOCOTYLÉDONES AQUATIQUES

Les monocotylédones aquatiques sont des plantes herbacées annuelles ou vivaces toujours enracinées au fond de l'eau, tige, feuilles et fleurs pouvant être aériennes ou immergées. Elles vivent dans les eaux douces, saumâtres ou marines et présentent une association de caractères primitifs et évolués qui rend difficile l'analyse de leur position systématique. Les contraintes particulières de leur habitat sont révélées par la réduction et la spécialisation des appareils végétatifs et floraux.

Classification. Les monocotylédones aquatiques forment plusieurs petites familles appartenant aux ordres des alismatales (113 espèces), des hydrocharitales (100 espèces) et des najadales (263 espèces).

Répartition géographique. Ces plantes aquatiques ont des répartitions très diverses. On en trouve dans tous les milieux, sauf les milieux désertiques. Des familles sont presque cosmopolites (alismatacées, hydrocharitacées, najadacées, potamogétonacées et zannichelliacées), tandis que d'autres ont une aire restreinte aux eaux douces intertropicales d'Afrique, d'Asie du Sud-Est et d'Océanie (aponogétonacées), se limitant aux côtes des régions tempérées et froides (scheuchzerriacées et juncaginacées), ou confinée à une étroite bande située à l'ouest des cordillères d'Amérique (lilaeacées). Les familles strictement marines sont présentes le long de toutes les côtes du monde (ruppiacées) ou sont plus localisées comme les zostéracées (côtes des régions tempérées) et les posidoniacées (Méditerranée et côtes sud de l'Australie).

Morphologie, écologie. Toujours herbacées les monocotylédones aquatiques sont souvent très réduites et les vaisseaux conducteurs ne sont présents que dans les racines. Quand l'espèce est vivace, la tige (rhizome) est enfouie au fond de l'eau. Elle porte des feuilles qui peuvent varier de forme et de dimensions selon qu'elles sont immergées, qu'elles flottent à la surface ou qu'elles se dressent au-dessus de l'eau (hétérophyllie).

Plusieurs espèces vivent dans les cours d'eau mais la plupart se développent dans les eaux stagnantes des lacs, des étangs, des marécages et des tourbières. Elles sont un élément essentiel pour la protection et l'alimentation des animaux des écosystèmes aquatiques mais sont très sensibles à la pollution. Certaines espèces sont menacées, comme les posidonies des prairies sous-marines en Méditerranée.

Reproduction. Les fleurs sont simples, souvent de petite taille et parfois réduites à une étamine chez les fleurs mâles et à un ovaire contenant un seul ovule chez les fleurs femelles *(Najas)*. La fécondation a lieu dans l'eau ou à la surface, ou, encore, dans le milieu aérien par l'intermédiaire de l'eau, du vent ou d'insectes.

De nombreuses espèces ont une multiplication végétative très intense par fragmentation des tiges *(Hydrilla, Elodea)* et deviennent vite envahissantes dans les milieux naturels, les rizières et les aquariums.

Utilisations. Beaucoup d'espèces sont cultivées comme plantes d'aquarium, mais les racines, les tiges et les feuilles de plusieurs autres sont utilisées comme nourriture humaine, engrais, emballage et fourrage.

A. **PLANTAIN D'EAU**

Alisma plantago aquatica est le plantain d'eau le plus connu pour ses fleurs roses ornementales (le genre compte 10 espèces). Les jeunes feuilles immergées sont longues et étroites alors que, plus âgées, elles sont généralement aériennes et deviennent ovales ou en forme de fer de lance (feuille sagittée). Cette forme de feuille a donné son nom à une espèce de la même famille, le sagittaire « à feuilles sagittées » *(Sagittaria sagittifolia)*.

B. **APONOGÉTON**

Aponogeton distachuos (ci-contre), originaire d'Afrique du Sud, est aujourd'hui naturalisée dans le monde entier, alors que *Aponogeton madagascariensis,* trop récolté pour ses feuilles grillagées, est menacé dans son milieu naturel.

D

D. **VALLISNERIA**

Vallisneria spiralis, comme plusieurs espèces des cours d'eau calmes, a une pollinisation très particulière. À la floraison, les fleurs mâles sont libérées et flottent à la surface. Pendant ce temps, de longs filaments portent les fleurs femelles vers la surface en créant une petite dépression qui provoque un léger remous attirant les petits corps flottants, notamment les fleurs mâles qui se trouvent « piégées ». Quand la fleur femelle est fécondée, le filament se rétracte et le fruit mûrit au fond de l'eau.

C. **ÉLODÉE**

L'élodée (ou *hélodée*) est originaire du Canada *(Elodea canadensis)*. Son nom dérive d'un mot grec signifiant « marécageux ». C'est la plante d'aquarium la plus populaire, car elle est robuste et se cultive facilement par boutures. Très envahissante, elle est devenue en Europe un véritable fléau des eaux, difficile à combattre.

LES PLANTES D'AQUARIUM

Les aquariums sont de petits écosystèmes artificiels où les végétaux doivent répondre à plusieurs critères : petite taille, qualité ornementale et culture facile. La présence de plantes vivantes est nécessaire pour atteindre un bon équilibre de l'aquarium. Par ailleurs, elles permettent aux poissons de délimiter leur territoire et offrent une protection pour les jeunes alevins souvent sujets au cannibalisme. Elles seront choisies parmi les espèces alliant beauté et efficacité (genres *Alisma, Aponogeton, Elodea, Hydrilla, Sagittaria* et *Vallisneria*).

E

E. **HERBIER À POSIDONIES**

Les posidonies (*Posidonia oceanis*, en Méditerranée ; *P. australis* et *P. ostenfeldii,* au sud de l'Australie) forment de grandes prairies sous-marines appelées « herbiers ». Les longues feuilles des posidonies ont été utilisées comme rembourrage et pour fabriquer des sacs grossiers. Mais les herbiers sont très sensibles à la pollution et particulièrement menacés en Méditerranée par les rejets urbains et industriels.

LES GRAMINÉES

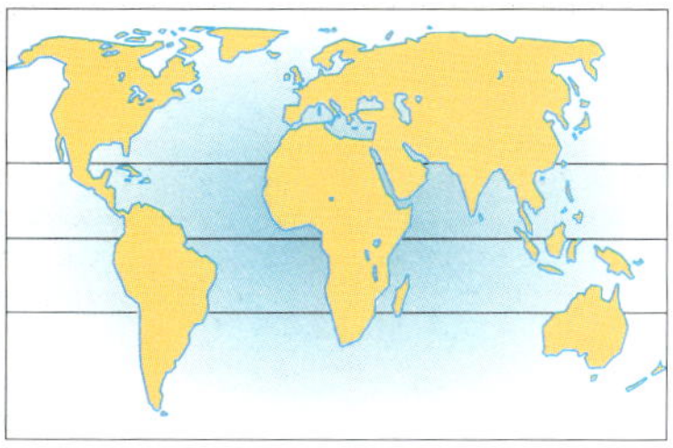

Répartition géographique. On trouve des graminées, ou *poacées* sur tous les continents, sous toutes les latitudes. Élément dominant des prairies, steppes, savanes, les graminées (6 000 espèces) occupent une superficie qui s'accroît régulièrement. En effet, les défrichements, les déboisements et les incendies augmentent le nombre de champs de céréales et de prairies où dominent les graminées.

Morphologie. La graminée est en général une plante herbacée à tige creuse, à feuilles alternes sur deux rangs *(distique)*, sessiles, pourvues d'une gaine et d'une écaille issue de celle-ci, la *ligule.* L'inflorescence est un *épi,* formé d'une succession d'*épillets.*

La fleur possède un périanthe réduit à deux écailles, les *glumellules.* La partie mâle de la plante (androcée) est formée par un verticille de trois étamines en croix. La partie femelle (gynécée) est formée d'un seul carpelle surmonté de deux stigmates plumeux avec un seul ovule. Le fruit, appelé « grain », est sec et ne s'ouvre pas *(caryopse).* Il est étroitement enveloppé dans les glumelles. La graine possède de l'*albumen* riche en amidon, qui donne la farine.

Reproduction. La pollinisation est effectuée par le vent *(anémophilie),* favorisée par les extrémités *(anthères)* pendantes des étamines. La fécondation est croisée, les organes mâles et femelles de la reproduction n'arrivant pas à maturité en même temps sur une même plante. Lors de la germination, la première feuille forme un étui, le *coléoptile,* entourant le bourgeon.

Classification. En fonction des caractères morphologiques, anatomiques et biochimiques, on distingue six sous-familles de graminées : les festucoïdées (blé), les panicoïdées (millet), les chloridoïdées *(cynodon),* les bambusoïdées (bambous), les oryzoïdées (riz) et les phragmitiformes (roseaux).

LES PREMIÈRES DES MATIÈRES PREMIÈRES

L'importance économique des graminées est considérable, en raison de la qualité des produits qu'elles fournissent à l'homme. La plupart des *céréales* appartiennent à cette famille ; elles sont cultivées pour leurs graines, qui contiennent une grande quantité d'amidon et dont on tire diverses farines ; le blé, le riz, l'avoine, l'orge, le maïs, le sorgho, le mil, le millet en sont les plus représentatives.

La plus grande partie des prairies naturelles est composée de graminées, auxquelles on adjoint quelques légumineuses dans les prairies artificielles. Leur rôle dans l'alimentation du bétail (fourrage) est donc prépondérant.

Les graminées entrent également dans une forte proportion dans la constitution des pelouses ; citons, entre autres, les fétuques, les pâturins, les agrostis, la crételle des prés, la flouve odorante, le brome des prés et surtout le ray-grass ; souvent même, lorsqu'on désire obtenir des pelouses extrêmement fines, on ne se sert que de cette dernière espèce.

A. B. **GRAMINÉE**

Le blé, comme les autres graminées, est une monocotylédone dont les fleurs sont regroupées en épis. Il existe de nombreuses espèces de blé (genre *Triticum*, ici le blé dur, *T. durum*) sélectionnées pour les cultures.

A

Feuille

Les feuilles longues et étroites n'ont pas de pétiole, sauf chez les bambous. Une gaine entoure le bas du limbe de la feuille.

Épi

*Il est formé d'une succession d'*épillets*, dont les glumes se prolongent ici par des* barbes fines *et rigides.*

Fruit, ou grain

*Le fruit est sec et ne s'ouvre pas (c'est un caryopse). Son péricarpe et ses téguments sont soudés. Le caryopse comporte un albumen farineux entouré d'une assise de protéines (*aleurone*), un embryon réduit disposé latéralement et un cotylédon.*

Cotylédon

L'unique cotylédon constitue une réserve d'albumen, dont se sert la plantule lors de la germination. Le cotylédon des graminées, en forme de bouclier, est appelé scutellum, *ou* hypoblaste.

B

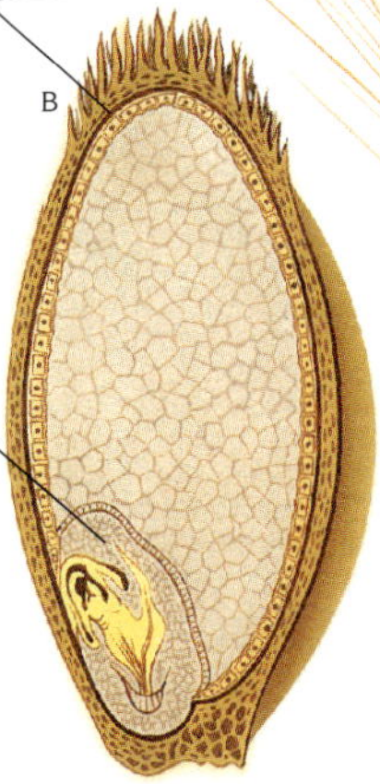

C

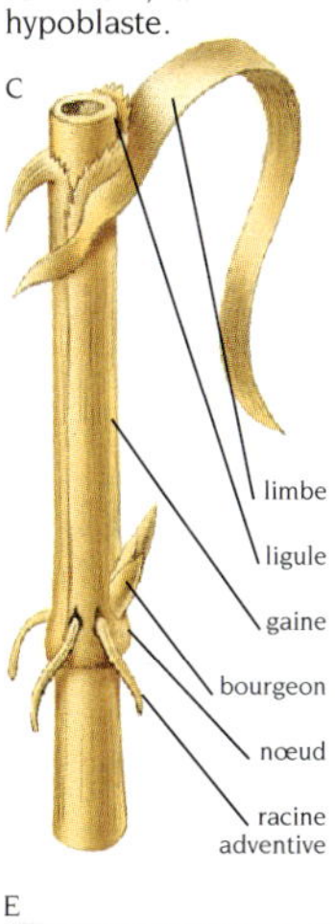

C. **TIGE**

La tige des graminées est cylindrique et creuse, sauf à l'endroit des nœuds. Sa rigidité est due à la silice qu'elle contient. Des racines adventives donnent de nouvelles tiges, d'où la formation de touffes.

D. **ÉPILLET**

Petit groupe de fleurs, inséré sur l'axe de l'épi, l'épillet est protégé à sa base par deux glumes (bractées). Les fleurs sont protégées par des glumelles et des glumellules.

D

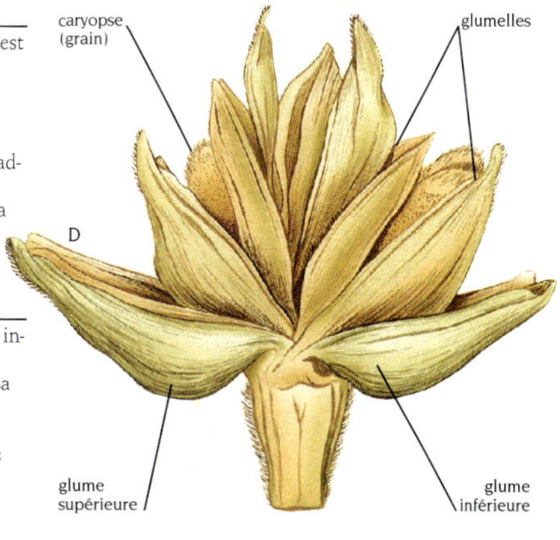

E

E. **SAUVAGES ET CULTIVÉES**

Les graminées cultivées (ici, du blé) sont souvent envahies par des graminées sauvages (fétuque, folle avoine, chiendent...) et autres plantes avec lesquelles elles entrent en compétition. Ces graminées sauvages, parfois trop envahissantes, sont alors appelées adventices, ou, couramment, « mauvaises herbes ».

LES GRAMINÉES

Les graminées, ou graminacées, appelées également « poacées », sont divisées en 6 groupes (sous-familles). Cette classification repose en particulier sur la forme des pièces stériles (glumes, glumelles) et les caractères plus ou moins primitifs des pièces fertiles (pistil, étamines).

BLÉ, SORGHO, MAÏS...

FESTUCOÏDÉES, PANICOÏDÉES ET CHLORIDOÏDÉES

■ Les festucoïdées, graminées des régions tempérées et froides de l'hémisphère Nord, constituent, avec 150 genres et 2 000 espèces, les graminées les plus familières. Qu'elles soient cultivées (blé, orge, avoine, seigle) ou sauvages (herbes des prairies et des steppes), les festucoïdées se reconnaissent par leurs épillets comprimés sur le côté et articulés au-dessus des glumes et leur plantule possédant une première feuille longue, étroite et dressée.

Les festucoïdées se divisent en 5 tribus. Les festucées avec 700 espèces et 40 genres regroupent les « herbes à gazons » *(Festuca, Poa, Lolium)*. Les hordées, avec une inflorescence à épis, sont essentiellement représentées par les céréales comme le blé (*Triticum*, 40 espèces), l'orge (*Hordeum*, 20 espèces) ou le seigle *(Secale)*. Les stipées (genre *Stipa*) sont des herbes xérophiles (adaptées à la sécheresse) des steppes à la lisière nord des déserts. Enfin, on trouve les avenées (avoine) et les agrostidées *(Agrostis)*.

Les panicoïdées. Ce sont des graminées des régions chaudes qui forment, avec les chloridoïdées, la végétation des savanes tropicales et des steppes au sud des déserts de l'hémisphère Nord. Elles comptent 130 genres et 2 500 espèces. On les reconnaît grâce à des caractères morphologiques (épillets articulés au-dessous des glumes et plantule à première feuille large dirigée vers l'extérieur).

Les panicoïdées sont divisées en tribus : la tribu des panicées avec 40 genres et 1 300 espèces comprend les millets *(Panicum, Setaria, Pennisetum)*, que l'on cultive et consomme en Afrique ; celle des andropogonées est représentée par les sorghos *(Sorghum)* et les cannes à sucre *(Saccharum)* ; les myadées (7 genres et 24 espèces), qui forment une autre tribu, comprennent le maïs *(Zea)*, d'une grande importance alimentaire et économique.

Les chloridoïdées. Cette sous-famille compte 80 genres et 900 espèces. Les chloridoïdées du genre *Spartina* sont des herbes marines ; elles supportent l'eau salée et émergent à marée basse sur les littoraux atlantiques en Amérique et en Europe. *Cynodon dactylon* est le « chiendent d'Italie ». Les chloridoïdées possèdent des poils bicellulaires arrondis et des cellules siliceuses en double hache ou en croissant, qui les différencient des autres sous-familles.

BAMBOUS, RIZ, ROSEAUX...

BAMBUSOÏDÉES, ORYZOÏDÉES ET PHRAGMITIFORMES

■ Les bambusoïdées regroupent, avec 42 genres et 520 espèces, les géants de la famille des graminées. Les bambous forment, en effet, des jungles dans les régions tropicales humides et peuvent dépasser 30 m de haut, avec des diamètres de 50 centimètres. La floraison unique n'a lieu qu'au bout de 30 ou 40 ans. Elle est suivie par la mort du pied, mais des drageons venant des racines adventives donnent de nouveaux individus (qui fleuriront ensemble). La fleur des bambous possède 6 étamines et 3 stigmates.

Les oryzoïdées et les phragmitiformes. Les oryzoïdées (23 genres, 120 espèces) comprennent le riz *(Oryza sativa)*. Celui-ci est largement cultivé en Asie et à Madagascar. La culture est un peu développée en Europe (en Italie, dans le Piémont, et en France, en Camargue). Le riz croît en milieu inondé. Les oryzées forment un groupe primitif.

Les phragmitiformes avec 28 genres et 430 espèces sont également primitifs. On y retrouve les roseaux comme la canne de Provence *(Arundo)*, le roseau des étangs (phragmites) ou les herbes des pampas *(Gynériums)*.

A

A. **BAMBOUS**

Le bambou est la seule graminée qui ne soit pas herbacée. De véritables forêts de bambous existent en Chine, et, plus généralement, dans les régions tropicales humides. Ces graminées géantes peuvent résister au froid (on les rencontre jusqu'à 6 000 m d'altitude). On en retrouve dans les jardins botaniques du monde entier. Dans les pays où le bambou pousse à l'état naturel, les populations s'en servent pour construire leurs habitations. Il est également utilisé à des fins industrielles : cannes à pêche, clôtures, meubles... Certains bambous peuvent grandir de 90 cm par jour, soit près de 4 cm par heure, et le bambou le plus haut *(Bambusa arundianacea)* atteint 37 m de hauteur.

B

B. **CANNE À SUCRE**

La canne à sucre vient de l'Inde et de la Chine du Sud. Les Perses l'introduisent vers 510 av. J.-C. sur les bords de la Méditerranée orientale. Au XVe siècle, la canne à sucre fait son apparition en Afrique puis en Amérique du Sud. Les Hollandais et les Français l'acclimatent alors en Indonésie. Sa tige a 5 m de haut et contient de 11 à 18 p. 100 de sucre (saccharose et glucose). On peut en tirer du sucre de table et du rhum.

C

C. **FOLLE AVOINE**

Au XVIe siècle, fou ou folle se disait d'une plante sauvage. La folle avoine, dont les panicules s'agitent au vent, est une avoine sauvage, nuisible aux cultures et dont le nom botanique est *Avena fatua*.

D

D. **RIZ SAUVAGE**

Le riz sauvage *(Zizannia)* est cueilli et cultivé dans les marais depuis la préhistoire par certains peuples indiens du Canada. On en rencontre aussi en Asie. Le riz de cuisine *(Oryza)*, céréale vivrière des contrées chaudes et humides, n'est donc pas un descendant amélioré du riz sauvage. C'est une plante spontanée, originaire d'Asie, qui fut introduite en Mésopotamie au Ve s. av. J.-C., en Syrie, en Égypte et en Europe comme aliment vers 330 av. J.-C.

E

E. **HERBE DES PAMPAS**

Le gynérium, comme le roseau à balai qui pousse dans les marais, est un phragmitiforme (du grec *phragmites*, qui construit une palissade). Son inflorescence en plumeau est très décorative (la fleur du roseau est plus ramassée). Le gynérium est appelé également « herbe (ou plume) des pampas ». Chaque touffe fournit chaque année plusieurs plumeaux de belle taille.

LES PALMIERS

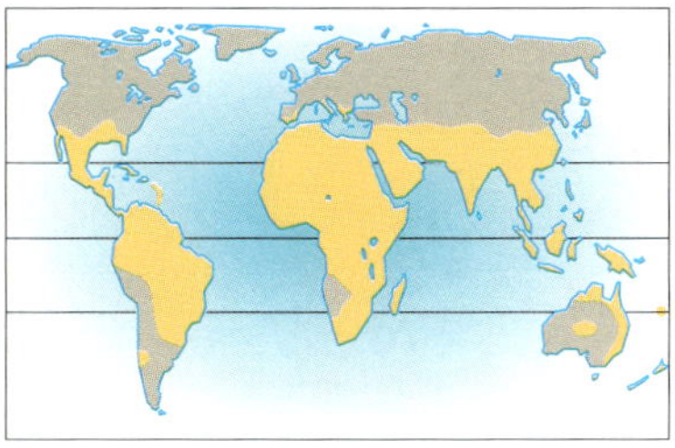

Répartition géographique. Les palmiers (ou *arécacées*) forment une grande famille comprenant 2 779 espèces. Ces plantes à fleurs du groupe des monocotylédones habitent les régions chaudes. La répartition des espèces sur le globe est très hétérogène : 1 385 en Asie, 837 en Amérique du Sud, 339 en Amérique du Nord, 250 en Afrique et 1 seule en Europe *(Chamaerops humilis).*

A

A. COCOTIER

Le cocotier commun *(Cocos nucifera),* originaire de l'ouest de l'océan Pacifique (Philippines et Australie), porte des fruits (noix de coco) à albumen liquide (le lait de coco) qui se solidifie progressivement pour donner le coprah consommé tel quel ou utilisé pour fabriquer de l'huile. Le cocotier atteint 25 m de haut, ses feuilles pouvant mesurer jusqu'à 6 m de long sur 1 m de large.

C

C. PALMIER D'ORNEMENT

Licuala grandis, aux belles feuilles simples en éventail, est une des nombreuses espèces de palmiers de petite taille qui sont cultivées comme plantes ornementales. Dans les pays tempérés, la culture devra se faire, au moins une partie de l'année, à l'intérieur des maisons ou dans une serre : le gel ou les basses températures hivernales peuvent tuer un palmier.

Écologie, types biologiques. Les palmiers occupent, selon les espèces, une grande variété de milieux, des forêts humides équatoriales aux déserts, des littoraux océaniques aux hautes montagnes tropicales. Dans les forêts humides, ils peuvent, selon leur morphologie, former des lianes parcourant la totalité du profil forestier, des plantes de sous-bois à tige souterraine portant un maigre bouquet de feuilles aériennes, ou avoir une tige érigée de la taille d'un arbuste à celle d'un grand arbre. Dans les zones plus sèches, ils dominent les savanes, occupent les dépressions humides ou, à l'extrême, sont les seuls arbres des oasis du désert.

Morphologie. Les palmiers, symboles des pays intertropicaux, forment une des familles les plus diversifiées des angiospermes. Malgré cela, ils présentent une réelle homogénéité morphologique, permettant d'identifier facilement un palmier, qu'il soit sauvage ou cultivé.

La tige. Elle est solitaire ou participe à une touffe, chaque axe produisant dans ce cas un ou plusieurs rejets qui se ramifieront à leur tour. Les tailles sont très variables, en ce qui concerne tant le diamètre (de moins de 1 cm à près de 2 m chez *Jubaea*), que la longueur (de quelques centimètres à plus de 30 m), sans oublier les palmiers-lianes, dont certains, du genre *Calamus,* détiennent le record du monde des plantes vasculaires, avec une tige de plus de 300 m de long ! Les tiges des palmiers ne sont pas des troncs, mais des « stipes » : elles ne varient guère de diamètre (absence de méristème secondaire). Les vaisseaux conducteurs, très nombreux et entourés d'un tissu très rigide, s'entremêlent le long de la tige, lui donnant sa rigidité.

Les feuilles. Dans beaucoup d'espèces, les feuilles sont portées en bouquet terminal, mais, chez les palmiers lianes, elles s'insèrent tout au long de la tige. Leurs tailles sont très variables (jusqu'à 25 m pour une espèce de *Raphia*), comme leurs formes. Les feuilles simples peuvent être entières, bifides (le limbe est divisé en deux au sommet) ou palmées. Les feuilles composées sont pennées (les folioles entières sont insérées le long d'une nervure centrale, ou rachis, comme les barbes d'une plume d'oiseau), palmées (folioles insérées en un seul point) ou bipennées (les folioles sont divisées en foliolules) dans un seul genre, *Caryota.*

Feuille

Les longues feuilles composées pennées du palmier à huile ressemblent à des plumes.

Fruits

Chaque inflorescense femelle du palmier à huile produit cette masse dense de fruits noirs, devenant rouges à maturité.

D

D. PALMIER-DATTIER

Cet arbre était déjà célébré comme une plante providentielle dans l'Égypte ancienne pour ses fruits, les dattes, délicieux et énergétiques.

E

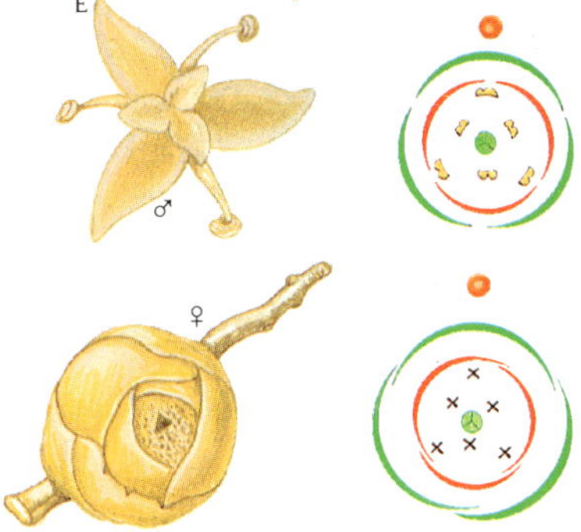

E. FLEURS DES PALMIERS

Elles sont petites mais regroupées en grand nombre sur des inflorescences parfois massives. Le plus souvent unisexuées, elles possèdent une symétrie d'ordre 3 : 3 sépales, 3 pétales, 6 étamines en deux cercles concentriques ou un ovaire composé de 3 carpelles. Selon le sexe de la fleur, l'ovaire ou les étamines sont réduits et non fonctionnels.

B. MORPHOLOGIE D'UN PALMIER

Le palmier typique se présente sous la forme d'un arbre où toutes les feuilles sont regroupées en bouquet au sommet d'une tige, ou stipe, rectiligne, atteignant 30 m chez ce palmier à huile *(Elaeis guineensis).*

Touffes

Les feuilles apparaissent au centre de la touffe puis s'épanouissent tandis que les plus âgées meurent et tombent en dévoilant le « tronc », ou stipe.

B

Fleurs

Chez le palmier à huile, les inflorescences (groupes de fleurs) mâles, jaune-orangé, sont séparées des inflorescences femelles (ici sous forme de fruits rouges).

Stipe

Les palmiers, comme la plupart des monocotylédones, n'ont pas de véritable tronc, mais un stipe qui est une tige à diamètre constant, de la base de la plante jusqu'au sommet portant les feuilles vertes.

Racines

Le système racinaire des palmiers est composé d'un faisceau de fines racines qui pénètrent peu en profondeur, mais qui s'étendent, parallèlement à la surface, sous quelques centimètres de sol.

LES PALMIERS

Classification. La famille des palmiers est actuellement divisée en 6 sous-familles bien distinctes : coryphoïdées, calamoïdées (les raphias), nypoïdées, céroxyloïdées, arécoïdées et phytéléphantoïdées.

Les inflorescences. Elles sont souvent complexes et de grande taille. Si les inflorescences sont latérales, le palmier fleurira et continuera sa croissance (espèces *polycarpiques*). Chez les espèces *monocarpiques,* la floraison est terminale, et le palmier meurt après avoir produit les fruits. Chez certaines espèces, les sexes (fleurs mâles et fleurs femelles) sont portés par des individus différents (espèces dioïques).

Fleurs et fruits. Les fleurs typiques possèdent des pièces florales au nombre de 3 ou d'un multiple de 3 (trimères), mais les étamines peuvent être très nombreuses, jusqu'à plus de 100. Dans la moitié des genres, les fleurs sont groupées par trois sur l'inflorescence (qui est donc mixte) : une fleur femelle encadrée de deux ou trois fleurs mâles. Plus rarement, les fleurs sont sur des inflorescences distinctes, unisexuées. Elles sont pollinisées surtout par des insectes, quelquefois par le vent. Les fruits sont généralement des drupes ou des baies qui contiennent une seule graine, rarement deux ou plus. La pulpe du fruit (mésocarpe), si elle existe, est sucrée (datte) ou oléagineuse (palmier à huile).

Utilisations. Les palmiers ont été appelés « plantes aux mille usages ». Tous les organes donnent des produits utiles à l'homme : les racines (pharmacopée, liens), la tige (matériau de construction, câbles, rotins, vin ou sucre), les feuilles (toiture, cloison, liens, fibres), les inflorescences (sel), les fleurs (pharmacopée), les fruits (sucres et oléagineux) et les graines (huiles, ivoire végétal).

LA FAMILLE DES RECORDS

La famille des palmiers est titulaire de plusieurs records du règne végétal : tige la plus longue (elle mesure plus de 300 m pour un palmier-liane du genre *Calamus*), feuille la plus longue (celle-ci peut atteindre 25 m pour les *Raphia regalis* d'Afrique centrale) et la plus large (les folioles de *Raphia,* insérées de part et d'autre du rachis des feuilles, peuvent dépasser 1,5 m de longueur), fruit naturel le plus gros (le palmier du genre *Lodoices* des Seychelles possède des noix énormes appelées « cocos-de-mer » ou, localement, » cocos-fesses »). De toutes les monocotylédones, *Jubaea* édifie les tiges les plus larges et les plus hautes.

PALMIERS AUX MILLE USAGES, VIVEZ !

Habillé de rabanes (tissus fait de fibres de raphia tressées se vendant en nappe), vous habiterez, sur le littoral, une maison faite avec des stipes (« troncs ») et des rachis (axes des feuilles) de cocotier. Si vous avez choisi un habitat lacustre, les piliers et la charpente seront constitués de stipes d'individus mâles de rônier *(Borassus),* imputrescibles et résistant aux termites. En forêt, vous pourrez élever des cloisons avec des rachis de feuilles maintenus à l'aide de rotins. Bien sûr, votre toit sera couvert de feuilles liées ensemble pour former des tuiles végétales étanches. Tout votre mobilier (sièges, lits, rangements) sera en rotin, de même que vos paniers et votre garde-manger. Sur votre feu, vous pourrez faire cuire des fruits ou des cœurs de palmiers assaisonnés de sel végétal (issu des inflorescences d'un palmier), à moins de préférer un bon plat de vers palmistes (larves de coléoptères vivants dans le stipe de certaines espèces) avec une sauce à base d'huile de palme. Ce repas sera précédé de vin de palme (réalisé à base de sève fermentée), et se terminera par des fruits doux (noix de coco ou dattes, par exemple) ou encore par des galettes additionnées de sucre extrait de la sève.

A

A. **RAPHIA**

Les *Raphia* sont surtout fréquents dans les forêts marécageuses d'Afrique. Les longues inflorescences portent des fruits couverts d'écailles rigides imbriquées comme toutes les espèces de ce groupe (calamoïdées).

B

B. **PALMIER EUROPÉEN**

Chamaerops humilis, seul palmier européen, ne dépassait pas, à l'origine, le littoral méditerranéen français. C'est une plante en touffes de stipes qui porte des feuilles simples en forme d'éventail.

E

E. **PALMIER DOUM**

Hyphaene thebaica domine les savanes ainsi que les steppes d'Afrique, d'Arabie et de la côte ouest de l'Inde. À plusieurs reprises pendant la vie de cet arbre, le bourgeon terminal du stipe se divise en deux parties (méristèmes) qui construisent chacune un axe. Ce « palmier doum » fournit des fruits comestibles, du combustible, le chaume des toits, une fibre textile et une boisson sucrée.

C

C. **ROTIN**

Les palmiers-lianes, ou *rotangs,* donnent le rotin, qui est le stipe nu de la plante. Souvent très épineux, le rotin s'accroche aux arbres par ses folioles-harpons ou ses inflorescences transformées.

D

D. **FORÊT DE PALMIERS**

Ce sous-bois de palmiers aux Seychelles montre bien l'importante biomasse de ces plantes, dans les plantations ou les forêts. De nombreux individus jeunes ou adultes occupent la totalité de l'espace.

LES ZINGIBÉRALES

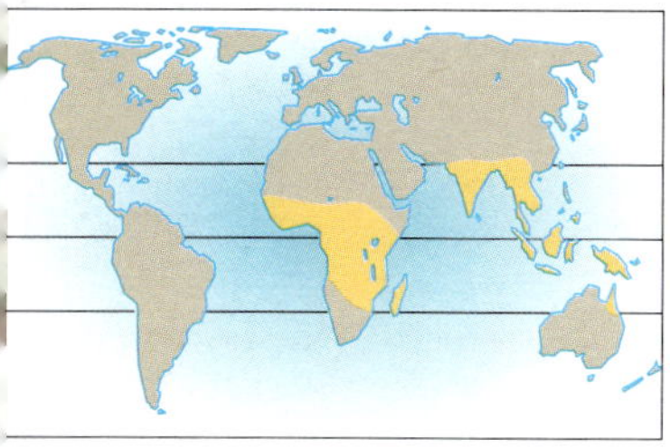

Répartition géographique (zingibéracées). La famille des zingibéracées, qui, avec les musacées et 4 autres familles, forme l'ordre des *zingibérales,* est répandue dans toute la zone intertropicale, principalement en Inde et en Malaysia. On trouve les zingibéracées (1 300 espèces) dans les forêts et dans les zones humides des savanes.

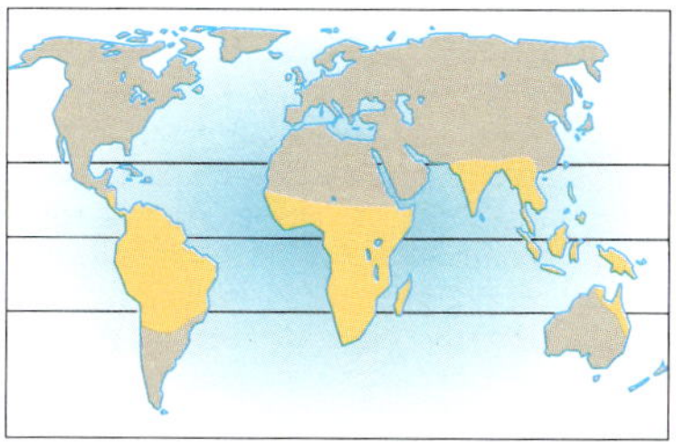

Répartition géographique (musacées). Ces plantes forment une petite famille d'environ 40 espèces. On les trouve dans les régions chaudes et humides en Afrique (genre *Ensete),* en Asie (genres *Musa* et *Ensete)* et en Océanie. Aujourd'hui, le bananier (genre *Musa*) est cultivé dans toutes les régions intertropicales (et même, sous serre, en Islande !).

Classification. Le genre *Musa* se divise en quatre sections dont une *(Eumusa)* comprend les espèces du Sud-Est asiatique (*Musa acuminata,* génome A, et *M. balbisiana,* génome B) à l'origine des bananiers cultivés, devenus « aspermes » (fruits sans graines), par addition de leurs génomes (polyploïdie).

Utilisations. L'axe d'inflorescence porte des feuilles transformées (spathes), violacées, sous lesquelles se différencient des fleurs femelles à longs ovaires qui donneront les fruits du régime et des fleurs mâles, qui portent cependant un ovaire très réduit. Les spathes tombent et les fruits se redressent en se courbant.

Les musacées sont très utiles : bananiers cultivés produisant des bananes sucrées ou des fruits à cuire (bananes plantains) selon la variété ; *Musa textilis* (donnant les cordes d'abaca) ; *Ensete ventriculosa* (fibres, pulpe issue du faux tronc, rejets consommés cuits).

GINGEMBRE...

LES ZINGIBÉRACÉES

■ CES MONOCOTYLÉDONES sont des plantes herbacées vivaces, à tige souterraine (rhizome) ramifiée, portant des racines qui forment souvent des tubercules.

Reproduction. Les fleurs forment le plus souvent des inflorescences denses, mais quelques espèces ont une fleur unique. Leur structure est irrégulière. Les sépales sont soudés en tube tandis que les pétales colorés sont plus ou moins libres. Les six étamines sont profondément transformées. Une seule étamine est fertile, les autres peuvent être absentes ou stériles (staminodes). Deux d'entre elles peuvent alors fusionner en un labelle à deux ou trois lobes. L'ovaire contient de nombreux ovules et, après fécondation, le fruit est brillamment coloré.

Utilisations. De nombreuses espèces sont cultivées comme plantes ornementales *(Alpinia, Costus, Hedychium, Kaempferia* et *Roscoea).* D'autres espèces sont riches en huiles volatiles et sont utilisées comme parfums, plantes médicinales et condiments (plusieurs *Alpinia, Elettaria cardomomum,* qui donne la cardamome, *Afvramomum melengueta*).

Le gingembre *(Zingiber officinale)* est le produit le plus connu, mais le genre *Curcuma* donne un fécule (arrow-root) qui constitue le principal ingrédient aromatique et colorant du curry.

A

A. **ROSE DE PORCELAINE**

La rose de porcelaine *(Phaeomeria magnifica),* originaire d'Indonésie, a de grandes feuilles pouvant atteindre 3 mètres. Les inflorescences très décoratives en forme de torche sont portées par un long pédoncule qui sort directement du sol. Elles sont formées par de grandes bractées épaisses et cireuses, dont la couleur varie du rose au rouge, protégeant de petites fleurs.

BANANE...

LES MUSACÉES

■ LES ESPÈCES du genre *Musa* sont vivaces. D'une souche souterraine globuleuse (bulbe ou corme) naissent des feuilles de dimensions croissantes. Les graines emboîtées des feuilles forment un pseudo-tronc de 1 à 8 cm de haut. Le bourgeon terminal peut donner un seul axe portant les fleurs avant de mourir, tandis que le rhizome produit plusieurs rejets latéraux assurant la multiplication végétative.

B

B. **COSTUS**

Les zingibéracées du genre *Costus* portent des inflorescences en épi produisant de grandes fleurs qui apparaissent successivement au sommet d'une longue tige. Les bractées sont colorées en vert, comme ici *Costus alba,* ou en rouge (*C. speciosus* ou canne d'eau). D'autres zingibéracées sont souvent cultivées pour leurs belles inflorescences, notamment *Alpinia purpurata,* à bractées rouges cachant de petites fleurs, ou *Hedychium coronarium* (lis de la Vierge), à grandes fleurs parfumées blanches tachées de jaune.

C

C. **BANANERAIE**

Sucrées ou à cuire, les bananes sont produites en plantations (ici, à Madère). Chaque pied de bananier vit de 10 à 14 mois en produisant 15 à 25 feuilles et une seule inflorescence portant les fleurs puis les fruits. Un seul rejet de souche est conservé pour produire la récolte future. Pour être commercialisés, les fruits sont récoltés verts et sont mûris à destination dans une atmosphère particulière, enrichie en éthylène.

D

D. **BANANIER**

Un bananier produit des fruits sans graines. Sa multiplication est assurée par des rejets latéraux.

ZINGIBÉRALES ET BROMÉLIACÉES

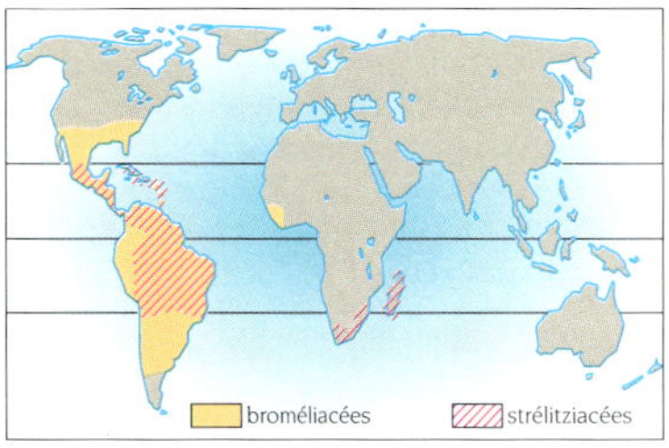

STRELITZIA, CANNA...

STRÉLITZIACÉES ET CANNACÉES

■ CES DEUX FAMILLES originaires d'Amérique appartiennent à l'ordre des zingibérales.

Les strélitziacées forment une famille d'environ 55 espèces à grandes feuilles ressemblant à celles des bananiers. *Ravenala* de Madagascar et *Phenacospermum* de Guyane sont des arbres dont la tige porte à son extrémité un bouquet de feuilles en éventail. Les espèces de *Strelitzia* (Afrique du Sud) et de *Heliconia* (Amérique tropicale) ont des inflorescences très décoratives où toutes les pièces sont vivement colorées.

Les cannacées, originaires d'Amérique centrale, sont des plantes à longues feuilles insérées sur une tige qui porte à son extrémité des fleurs colorées. Le balisier *(Canna indica)* est fréquemment cultivé pour ses fleurs et les rhizomes de *C. edulis* fourniront un amidon très digestible, utilisé dans les bouillies pour enfants.

ANANAS, TILLANDSIA...

LES BROMÉLIACÉES

■ CETTE FAMILLE de plantes vivant sur le sol ou sur d'autres végétaux sans les parasiter (épiphytes) comprend plus de 2 000 espèces.

L'importance économique de l'ananas *(Ananas comosus)* est considérable et de nombreuses broméliacées produisent des fibres ou sont cultivées comme plantes ornementales *(Aechmea, Billbergia, Pitcairnia, Vriesea)*.

Répartition géographique. À l'exception d'une espèce africaine, toutes les broméliacées sont originaires de l'Amérique tropicale. La plus répandue est un tillandsia, *Tillandsis usneoides,* qui a une répartition aussi large que l'ensemble des autres espèces de la famille.

Morphologie, écologie. Les tiges, souvent très courtes, portent des feuilles dentées charnues et disposées en rosette. Les racines ne servent qu'à la fixation sur le support.

Reproduction. Les inflorescences sont terminales, les fleurs colorées régulières et les pièces florales sont au nombre de 3 ou d'un multiple de 3. Elles attirent les insectes et les oiseaux qui assurent la pollinisation. Les fruits sont normalement des baies ou des capsules. Chez l'ananas cultivé *(Ananas comosus),* tous les fruits issus d'une inflorescence fusionnent en une structure massive sucrée (cœnocarpe).

QUE FAIRE D'UN ANANAS ?

L'ananas est, en réalité, un ensemble de fruits fusionnés, surmontés d'une touffe de feuilles. S'il est consommé frais, il apporte des sucres simples, des vitamines (A et B) et facilite la digestion.

Il est également utilisé pour la fabrication de conserves (tranches, demi-tranches, cubes) et de divers produits issus de la pulpe restant après tranchage : compotes, sirops, jus de fruit, vin et vinaigre d'ananas, acide citrique. Les tranches sont évidées au centre, car l'axe du fruit est trop fibreux et peu sucré. L'ananas est aussi utilisé dans la fabrication de boissons gazeuses, de liqueurs. On peut en extraire des produits pharmaceutiques employés contre la diphtérie et la bronchite.

A

A. **ANANAS**

L'ananas est une broméliacée dont le « fruit » se forme par l'association de tous les fruits de l'inflorescence.

B

B. **STRELITZIA**

Strelitzia reginae, l'« oiseau de paradis », est une plante originaire du sud de l'Afrique, à grandes feuilles insérées sur un rhizome ramifié et disposées en éventail. Les inflorescences sont constituées d'une bractée bleue ourlée de rouge (feuille modifiée), de laquelle s'épanouissent, une à une, des fleurs irrégulières à sépales de couleur jaune-orangé et pétales bleus. D'autres strélitziacées sont cultivées pour leurs inflorescences colorées, comme *Heliconia humilis* (pince de homard), *H. rostrata* et *H. caribaea.* Autrefois, les strelitzias étaient regroupés dans la famille des musacées.

E

E. **L'ARBRE DU VOYAGEUR**

Ravenala madagascariensis embellit de nombreuses villes tropicales. Ses longues feuilles étalées en un éventail sont portées par une tige dont le diamètre est constant de la base au sommet (stipe). Son nom français, « arbre du voyageur », fait référence à l'eau de pluie qui s'accumule dans les larges bases engainantes des feuilles. Un voyageur assoiffé pourra la recueillir en perçant une gaine foliaire.

C. **ROSETTE DE FEUILLES**

Cette inflorescence de la broméliacée *Quaznamia berteroniana* est entourée par une rosette de feuilles. De nombreuses espèces sont ornementales, mais, souvent, les broméliacées meurent après floraison. Dans ce cas, les rejets de souche permettent facilement de les multiplier. Chez l'ananas commun, il suffit de couper le sommet du fruit (celui qui porte les feuilles) et de le mettre en terre pour obtenir une plante verte qui ne fleurira qu'en région chaude ou sous serre.

C

D

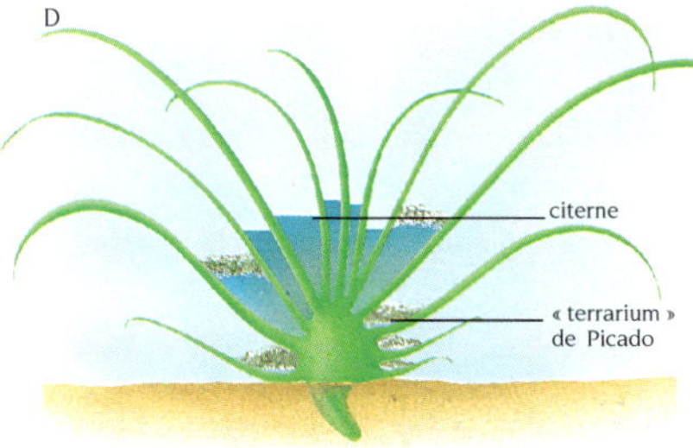

D. **DES PLANTES-RÉSERVOIRS**

Le réservoir des broméliacées épiphytes est alimenté par l'eau de pluie qui sera absorbée par des poils spécialisés des feuilles. Il abrite une vie très active : bactéries, algues, grenouilles arboricoles et insectes. C'est hélas un abri contre les insecticides pour les moustiques transmettant le paludisme, ce qui rend difficile la lutte contre la maladie en Amérique du Sud.

LES LILIACÉES

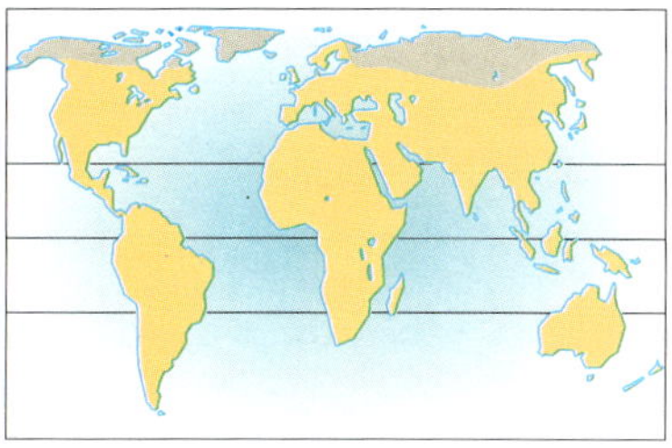

Répartition géographique. Les liliacées, plantes à bulbes (3 500 espèces), occupent une grande partie du globe terrestre, à l'exception des régions très froides.

Morphologie. La plupart des liliacées sont des herbes vivaces, et beaucoup d'entre elles stockent des réserves dans des bulbes, des rhizomes, des bases de tige ou des racines charnues. Les feuilles varient fortement, elles peuvent être linéaires ou larges, basales ou sur une tige, de grande taille ou réduites à des écailles (*Asparagus*, genre qui comprend l'asperge).

Quelques espèces sont des arbustes *(Philesia)*, d'autres, des plantes grasses vivaces ou encore des lianes à tige aérienne annuelle *(Gloriosa)* ou ligneuse *(Lapageria)*.

Reproduction. Les fleurs régulières possèdent des pièces florales au nombre de 3. Elles sont complètes, solitaires *(Tulipa)* ou réunies en inflorescence *(racème* ou *cyme)* ressemblant parfois à une ombelle *(Allium)*. La pollinisation des liliacées est souvent assurée par des insectes, et les fruits sont des capsules ou des baies charnues.

Utilisations. De nombreuses espèces de liliacées présentent de belles variétés cultivées : tulipes *(Tulipa)*, lis *(Lilium)*, jacinthes *(Hyacinthus)*, *Aloe* et *Gloriosa*.

Quelques espèces sont consommées par l'homme (ail, oignon, asperge), d'autres sont utilisées comme plantes médicinales : *Aloe*, *Urginea* et *Cochicium* (la colchique).

A

A. **TULIPES**

La tulipe est sans doute la liliacée la plus connue, cultivée depuis le XVIe siècle. Une intense sélection par hybridations horticoles depuis le XVIIIe siècle a permis la création de nombreuses variétés (cultivars) qui offrent une large gamme de couleurs et de formes souvent spectaculaires.

B

B. **YUCCA EN FLEURS**

Les yuccas forment une touffe de longues feuilles coriaces parfois portées par une tige ligneuse aérienne de plusieurs mètres de haut. Ils développent une longue inflorescence spectaculaire et meurent.

C. **LIS MARTAGON**

Le lis martagon *(Lilium martagon)* est une liliacée typique, qui vit en montagne. Les hybrides cultivés de lys ont des fleurs parfumées de grande taille. Souvent, leur pollen contient un colorant jaune presque indélébile.

C

D. E. **AIL ET OIGNON**

L'ail *(Allium sativum)* et l'oignon *(A. cepa)* sont les principales liliacées cultivées pour la consommation humaine. L'oignon (E) est un organe de réserve de la plante constitué d'une tige (plateau), qui porte un bourgeon, et de nombreuses feuilles charnues. Dans la « tête d'ail » (D), le plateau porte un ensemble de bulbes solides (les cayeux, ou « gousses » d'ail), organes de réserve d'un bourgeon central.

F. **GLORIOSA**

Gloriosa superba est une liane des forêts tropicales humides cultivée aujourd'hui dans le monde entier. La tige aérienne annuelle est issue d'un bulbe souterrain portant des fleurs dont les pétales passent progressivement du jaune au rouge.

F

LES AUTRES LILIALES

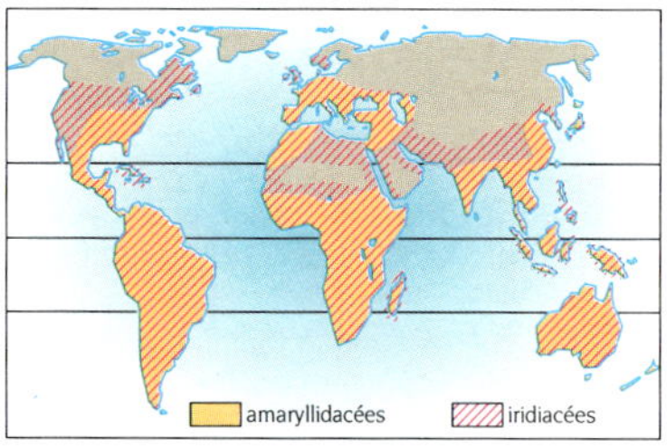

Répartition géographique. Les amaryllidacées (1 100 espèces) représentent, en nombre d'espèces, la deuxième famille de l'ordre des *liliales* (qui en compte 13), après les liliacées. Elles se rencontrent dans les régions tempérées et tropicales, à l'exception des zones trop froides et des déserts.

NARCISSE, AMARYLLIS...

LES AMARYLLIDACÉES

■ CES MONOCOTYLÉDONES sont des herbes à bourgeons végétatifs souterrains. Certaines possèdent des racines tubérisées, d'autres ont un rhizome ou un bulbe feuillé. La plupart développent un appareil aérien annuel à verticille de feuilles allongées.

Reproduction. Les fleurs aux pièces florales au nombre de trois sont régulières, libres ou soudées pour former un tube. Dans de nombreuses espèces, elles possèdent une pièce colorée supplémentaire en forme de trompette ou de coupe, la *coronule,* qui trouve son origine dans le périanthe *(Narcissus)* ou dans les filets des étamines *(Hymenocallis).* Les fruits sont des capsules ou des baies charnues. Les fleurs des espèces de régions chaudes sont regroupées au sommet d'une tige, alors que celles des régions tempérées apparaissent juste au-dessus du niveau du sol comme chez certaines liliacées et iridacées. L'ovaire est alors souterrain et protégé du gel, les fleurs apparaissent au début du printemps (perce-neige : *Galanthus nivosus*) avant que les feuilles ne se développent et ne produisent les réserves utilisées à leur tour pour la prochaine floraison.

IRIS, CROCUS...

LES IRIDACÉES

■ CETTE FAMILLE, de l'ordre des liliales, comprend 34 espèces. On les trouve en régions tempérées et tropicales d'Amérique, d'Europe, d'Afrique (excepté le Sahara) et de l'Asie méridionale.

Morphologie et classification. Les iridacées sont des plantes herbacées à organes souterrains de réserve. Les feuilles sont habituellement linéaires, engainantes et on ne peut distinguer le limbe du pétiole. Très fréquemment, elles sont insérées en deux rangs et ressemblent alors à un éventail. Les iridacées sont très proches des liliacées et des amaryllidacées, mais leurs fleurs possèdent trois étamines et un ovaire situé au-dessus du plan d'insertion des pièces du périanthe (ovaire supère).

Reproduction. L'inflorescence est le plus souvent terminale et sa structure varie selon les espèces. Elle peut ne porter qu'une seule fleur *(Crocus).* Les fleurs possèdent une morphologie variable. Les six pièces du périanthe peuvent être réparties régulièrement ou irrégulièrement (glaïeul), libres ou soudées à la base *(Crocus).* Le style est souvent divisé à l'extrémité en trois parties surmontées chacune d'un stigmate. Mais, dans plusieurs genres comme chez l'iris, le style a évolué en trois structures colorées ressemblant à des pétales qui s'incurvent vers l'extérieur et forment avec les pétales une sorte de tube protégeant les étamines. Les insectes attirés par le nectar sont obligés de ramper dans ce tube et se couvrent de pollen.

Les iridacées donnent de nombreuses espèces et variétés ornementales cultivées au jardin ou à l'intérieur : *Gladiolus* (glaïeul), *Iris, Crocus, Freesia, Ixia, Spararix* et *Tigridia.* Quant au safran, utilisé comme condiment et comme teinture jaune, il est tiré du broyage des stigmates de *Crocus sativus.*

IGNAMES, AGAVES...

DIOSCORÉACÉES ET AUTRES LILIALES

■ LES DIOSCORÉACÉES (près de 200 espèces) vivent dans les régions chaudes intertropicales (sauf le Sahara) et tempérées (sud de l'Europe, est de la Chine, Japon).

La plupart sont des lianes annuelles portées par des bulbes ou des tiges souterraines (rhizomes ou tubercules). La tige, souvent grêle, s'enroule autour d'un tuteur en produisant des feuilles alternes, cordées ou sagittées (en forme de cœur ou de fer de lance). Parfois, elle porte de petits bulbes aériens (bulbilles) qui participent avec les tubercules souterrains à la multiplication végétative de la plante.

Les fleurs régulières sont très petites, trimères (pièces florales au nombre de 3) et parfois unisexuées ; une liane porte alors des fleurs, toutes mâles ou femelles.

Les espèces du genre *Dioscorea* produisent des tubercules souterrains riches en amidon, les ignames, qui sont cueillis en forêt ou cultivés dans les régions tropicales. Quelques espèces fournissent des sucres utilisés pour la confection des contraceptifs oraux.

Autres familles de l'ordre des liliales. Parmi celles-ci, on peut citer les smilacacées (les *Smilax,* ou salsepareilles, fournissent des médicaments), les agavacées (*Agave sisalana* est utilisé pour fabriquer des cordes et des sacs grossiers) et les pontédériacées dont une espèce flottante, la jacinthe d'eau *(Eichornia crassipes),* envahit les eaux douces tropicales.

A

A. **NARCISSE**

Ce narcisse des poètes *(Narcissus poeticus)* est une amaryllidacée blanche à coronule en forme de coupe (pièce jaune ourlée de rouge) issue de la soudure d'excroissances des pétales. La jonquille est un *Narcissus* à fleurs et coronule jaunes.

B

B. **IRIS**

Les fleurs d'*Iris* cultivés ont des formes et des couleurs très variées. Les hybridations horticoles ont été tellement nombreuses depuis plus d'un siècle qu'il est difficile aujourd'hui de déterminer l'origine botanique de chaque cultivar.

C

C. **AMARYLLIS DES FLEURISTES**

Comme son nom ne l'indique pas, l'amaryllis présentée ci-contre à droite, magnifique plante d'ornement, n'appartient pas au genre *Amaryllis* (qui compte une seule espèce, *A. belladona*), mais au genre *Hyppeastrum (H. puniceum).* C'est néanmoins une liliacée. Plante à bulbe de l'Amérique tropicale, elle porte une touffe de longues feuilles étroites. Les fleurs orange (d'autres coloris ont été créés par la sélection horticole) sont toutes insérées à l'extrémité d'une tige allongée de 50 à 60 cm de haut. En dehors des régions chaudes et méditerranéennes, sa culture se fera à l'intérieur, dans une terre riche et toujours humide.

D

D. **CROCUS**

Les *Crocus* ont des inflorescences réduites à une seule fleur, ce qui nécessite de planter plusieurs bulbes pour obtenir une floraison décorative. Toutes les espèces à bulbe (iridacées, mais aussi liliacées et amaryllidacées) peuvent être « forcées » : on peut les faire fleurir tout l'hiver à l'intérieur des habitations en les plaçant dans l'obscurité plusieurs semaines avant de les planter.

LES ORCHIDÉES

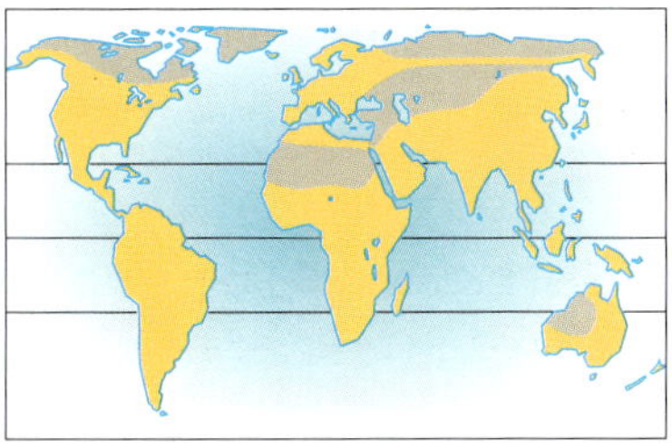

Répartition géographique. Avec plus de 20 000 espèces réparties en 700 genres, les orchidées constituent l'un des plus grands groupes de plantes à fleurs. Cosmopolites, elles prédominent cependant dans les régions intertropicales (en effet, 85 p. 100 des espèces sont tropicales).

Classification. Les orchidées sont des monocotylédones que l'on divise en trois familles suivant le nombre d'étamines de leurs fleurs : les apostasiacées (trois étamines), les cypripédiacées (deux étamines) et les orchidacées (une seule étamine).

Les *apostasiacées* (2 genres, 15 espèces) sont des plantes vivant à même le sol (non épiphytes), rencontrées en Asie tropicale et en Australie. L'ovaire possède trois logettes (triloculaire), la placentation (insertion des ovules) est centrale.

Les *cypripédiacées* (5 genres, 120 espèces) se caractérisent par des fleurs à deux étamines, une étamine stérile *(staminode)* et un pistil dont les trois stigmates sont jointifs. Comme les autres orchidées, elles possèdent un pétale particulier, le *labelle,* qui, chez elles, est en forme de sabot. L'ovaire est triloculaire à placentation axillaire ou à une seule logette (monoculaire) à placentation pariétale. Une des deux étamines, stériles, est hypertrophiée et porte le nom de *bouclier.* Elle joue un rôle important dans la pollinisation. On trouve des cypripédiacées dans le monde entier, sauf en Afrique.

Les *orchidacées* sont les plus nombreuses et les plus spécialisées des orchidées. Leur fleur comporte une étamine et un pistil à trois stigmates. Un des trois stigmates forme un bec, le *rostellum.* L'ovaire, à de rares exceptions près, ne comporte qu'une logette.

Biologie et écologie. Les orchidées sont des herbes vivaces, terrestres ou vivant sur d'autres plantes (épiphytes). Les orchidées terrestres *(Ophrys, Orchis, Habenaria, Spiranthes, Goodyera, Caladenia...)* possèdent, suivant le genre, un organe souterrain sous forme d'un tubercule annuel ou un rhizome et des racines fibreuses. La formation d'un tubercule (tubérisation) est une réaction de la plante à la pénétration d'un champignon dans les premières racines (mycorhize). En milieu tempéré, les orchidées habitent les prairies, les alpages, les landes ou les forêts. Dans les régions tropicales, elles vivent en savane ou dans les sous-bois des forêts.

La vie en épiphyte est l'un des traits dominants du groupe. Les orchidées épiphytes sont concentrées dans 500 genres des forêts pluvieuses tropicales de basse ou de haute altitude *(Epidendrum, Cattleya, Angraecum, Vanda, Bulbophyllum...).*

Certaines croissent dans les milieux chauds et secs auxquels elles sont adaptées (xérophytes). Leur appareil végétatif est capable d'emmagasiner des réserves d'eau. Leurs racines sont, en effet, pourvues d'un manchon cellulaire, le *voile,* qui permet l'absorption et la rétention d'eau. Certains entre-nœuds de la tige s'épaississent et forment un *pseudobulbe,* véritable organe de réserve. Enfin, leurs feuilles sont souvent charnues et riches en eau.

Quelques orchidées comme la vanille sont des lianes grimpantes. Certaines espèces de *Cyrtopodium,* de *Encyclia* ou de *Epidendrum* poussent sur le granite en Guyane *(épilithes).*

Les orchidées qui se nourrissent de matière organique morte *(saprophytes)* sont principalement nombreuses et variées en Asie tropicale et en Australie. Ces plantes hébergent en permanence des mycorhizes (symbiose avec un champignon) et se nourrissent des substances digérées et transportées par les filaments de leur hôte. Les genres *Galeola, Corallorhiza, Gastrodia, Hexalectris* et *Neottia* sont saprophytes.

A

A. **SABOT-DE-VÉNUS**

Le labelle renflé en sabot est caractéristique des cypripédiacées. L'insecte qui visite cette fleur ne peut en sortir qu'en heurtant les pollinies, faites de pollen agglutiné ; il assure ainsi le transport du pollen. Cette orchidée *(Cypridedium calcedus)* vit dans les forêts claires et les broussailles en Europe centrale et septentrionale, dans le Caucase et en Sibérie. L'espèce, de plus en plus rare, est protégée.

B

B. **BRASSIA**

Les brassias, qui appartiennent à la famille des orchidacées, sont originaires de l'Amérique centrale, mais sont aussi réparties en Amérique du Sud. Ce sont des plantes vivaces grâce à des pseudobulbes et à des feuilles charnues. Leurs grandes fleurs, jaunes tachetées de pourpre, se disposent en deux rangs. Cette espèce *(Brassia maculata)* est utilisée en horticulture pour la beauté de ses fleurs.

Pollinies

Elles sont formées par le pollen agglutiné : les grains sont soit libres, réunis par une matière visqueuse (cypripédiacées), soit en tétrades, elles-mêmes groupées. Les pollinies sont prolongées par un court pédicelle et un « rétinacle », petit corps collant provenant du stigmate. L'ensemble est emporté par l'insecte.

Colonne

Aussi appelée « gynostème », elle est formée par la soudure du filet de l'étamine fertile et des 2 étamines avortées (staminodes) avec les styles de l'ovaire.

C

Labelle

Ce grand pétale est simple ou divisé (en 2 ou 3 lobes généralement), pourvu ou non d'un éperon porteur de nectar. Il est souvent la pièce la plus grande et constitue une véritable aire d'atterrissage pour les insectes. Sa forme, ses poils glanduleux, ses papilles sont très attractifs.

Rostellum

Il correspond au stigmate médian transformé. Il sécrète une matière adhésive, la viscidie (ou rétinacle), qui permet le transport des boules de pollen (pollinies) par les insectes.

C. **FLEUR D'ORCHIDÉE**

D'assez nombreux cas d'autopollinisation ont été recensés ; cependant, l'architecture de la fleur est bien adaptée à l'établissement de rapports étroits avec certains insectes. Ainsi, le labelle et la colonne sont des pièces florales importantes dans les mécanismes de pollinisation par les insectes.

DES GRAINES AVIDES DE CHAMPIGNONS

La graine minuscule des orchidées (de 0,3 à 0,5 mm de long) renferme un embryon peu différencié. La germination n'est possible qu'en présence de certains champignons. Ceux-ci envoient des prolongements dans les cellules de la partie inférieure de l'embryon, qui grossit et prend la forme d'un petit tubercule, le *protocorme.* La progression du champignon dans le protocorme est arrêtée par certaines cellules qui le digèrent et assimilent son contenu riche en vitamines et acides aminés, indispensables au développement des jeunes plantules. Quand le protocorme aura développé ses premières feuilles et racines, la plantule pourra assurer, elle-même, la synthèse de ses nutriments. Actuellement, de nombreux essais de multiplication in vitro des orchidées sont réalisés sur des milieux synthétiques. Ceux-ci renferment des substances analogues à celles libérées par le champignon.

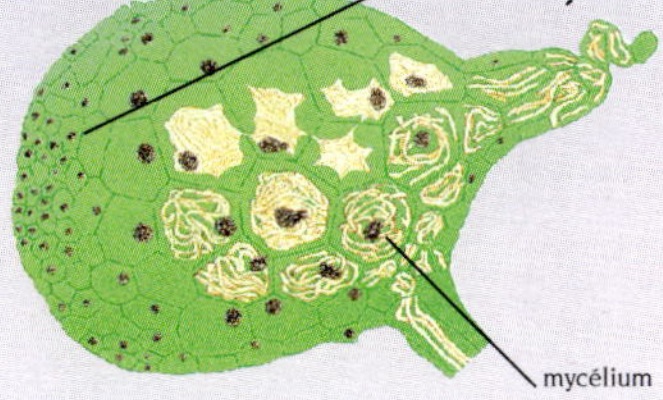

LES ORCHIDÉES

Morphologie et anatomie. Les racines des orchidées sont produites aux nœuds des tiges, à proximité des feuilles. Celles-ci sont simples, le plus souvent ovales ou lancéolées, rarement pétiolées, engainantes. Elles sont en général persistantes, ou plus rarement caduques comme chez certains genres *(Dendrobium, Calanthe, Phaius).*

Les fleurs sont hermaphrodites et irrégulières. Elles sont solitaires ou disposées sur une inflorescence simple (épi) ou composée (panicule). Les enveloppes de la fleur sont formées de trois sépales en forme de pétales et de trois pétales vrais dont la pièce médiane constitue le labelle. Les parties mâles *(androcées)* sont généralement réduites à une seule étamine fertile. Les parties femelles *(gynécées)* sont constituées de trois carpelles réunis en un ovaire. Les ovules sont nombreux, minuscules et n'apparaissent qu'après la pollinisation.

Le fruit est une capsule (fruit sec déhiscent) ovoïde, ou allongée en cylindre, qui s'ouvre ordinairement par six valves. Les graines sont très nombreuses (des milliers, des millions même pour certaines espèces), minuscules et dépourvues d'albumen.

La pollinisation. Les animaux pollinisateurs sont très variés : abeilles, mouches, papillons, oiseaux, etc. Certains insectes sont attirés par des substances sécrétées par la fleur, proches des *phéromones* animales, mais aussi par la forme, la couleur, la pilosité du labelle, qui mime l'abdomen de leur partenaire sexuel.

D'autres recherchent de la nourriture et sont attirés par le nectar, les papilles, les cires ou les poils glanduleux. L'insecte se place alors sur le labelle, heurte le rostellum et accroche les pollinies. Il visite d'autres fleurs et mène alors ce pollen au contact de leur pistil.

Il existe aussi des cas d'autofécondation, chez les apostasiacées et chez certaines orchidacées (il s'agit souvent d'espèces à très petites fleurs). La dissémination des graines est assurée généralement par le vent.

Utilisations. Autrefois, en Europe et jusqu'au Moyen Âge, les orchidées à tubercules étaient utilisées dans les pharmacopées. Les médecines anciennes, arabe, chinoise et indienne, reconnaissaient aussi les vertus médicinales et diététiques de ces plantes. Le produit le plus connu est le *salep,* préparé à partir des tubercules de certaines espèces d'*Orchis.* Ces tubercules étaient utilisés pour faire des breuvages considérés comme tonifiants.

De nos jours, les orchidées occupent une place économique importante par leur utilisation à des fins ornementales. De nombreux genres sont cultivés : *Aerangis, Brassia, Bulbophyllum, Catasetum, Cattleya, Dendrobium, Cylbilium, Oncidium, Phalaenopsis, Epidendrum, Coelegyne, Maxillaria, Vanda,* etc. De multiples hybrides sont également produits par les horticulteurs.

La culture du vanillier pour ses fruits a une importance économique considérable.

A

A. **POLLINISATION**

La fleur de cet *Ophrys* simule par l'émission de phéromones, par sa forme, sa couleur et sa pilosité un individu femelle d'une abeille sauvage ; le mâle tente alors de s'accoupler avec la fleur. Les pollinies se fixent sur sa tête ou son thorax de sorte que, en visitant d'autres fleurs de la même espèce, il les fécondera à son insu.

B

B. **ORCHIS MÂLE**

Cette orchidée terrestre se rencontre dans les alpages, les pelouses sèches ou les forêts claires, en Europe, en Asie occidentale et en Afrique septentrionale. Elle est vivace grâce aux réserves contenues dans son tubercule ovoïde. Les fleurs en épi ont un labelle à trois lobes, avec un long éperon nectarifère. Contrairement à ce que son nom laisse supposer, l'orchis mâle *(Orchis mascula)* est bien une plante hermaphrodite.

C

C. **NÉOTTIE NID D'OISEAU**

Cette plante saprophyte, de couleur beige jaunâtre, ne peut vivre sans être associée à un champignon. Elle est pourvue de nombreuses racines ramifiées, charnues, enchevêtrées et rappelant un nid d'oiseau. Les tiges et les feuilles réduites à des écailles sont dépourvus de pigments chlorophylliens. Répartie en Europe et en Sibérie, elle vit dans les hêtraies et les forêts d'essences feuillues, sur sol calcaire.

D

D. **SOBRALIA**

Les sobralias sont des épiphytes des régions tropicales américaines. On les trouve, comme ici *Sobralia sesselis,* en Guyane, dans les lieux ouverts ensoleillés, souvent sur la végétation liée aux cours d'eau. Leurs fleurs ont une durée de vie très courte (24 heures), contrairement à celles de la majorité des orchidées, qui restent épanouies durant plusieurs semaines. Les fleurs sont le plus souvent roses ou violettes, plus rarement jaunes ou blanches.

LA VANILLE, PARFUM D'ORCHIDÉE

Deux ou trois espèces de vanilliers, parmi la centaine connue, sont utilisées dans l'alimentation et la parfumerie. Ainsi, *Vanilla planifolia,* originaire du Mexique, est abondamment cultivée ; le principal pays producteur est Madagascar. Les agents pollinisateurs naturels, principalement des abeilles (mélipones), sont absents et la fécondation est réalisée manuellement par le cultivateur. Les fruits du vanillier sont des capsules charnues, appelées « gousses », s'ouvrant tardivement par une seule fente. Ils sont cueillis avant maturité et séchés jusqu'à noircissement. Au cours de leur dessiccation, des substances (vanilline et huile odorante) sont libérées et donnent leur parfum caractéristique.

Les deux autres espèces de vanilliers, *Vanilla pompona,* le vanillon, et *V. tahitensis,* sont respectivement récoltées en Guadeloupe et à Tahiti.

Les Aztèques se servaient déjà des gousses pour parfumer une boisson préparée à base de fèves de cacaoyer. La vanille mexicaine fut connue et utilisée en Europe au XVIe siècle ; rapidement, elle fut introduite et cultivée dans les colonies.

De nos jours, la vanille naturelle est concurrencée par la vanille de synthèse ; celle-ci peut être obtenue à partir d'un sucre, la *coniférine,* qui se trouve dans le bois de certains conifères, ou à partir de l'*eugenol,* une substance chimique caractéristique de l'essence de girofle.

MAGNOLIALES ET LAURALES

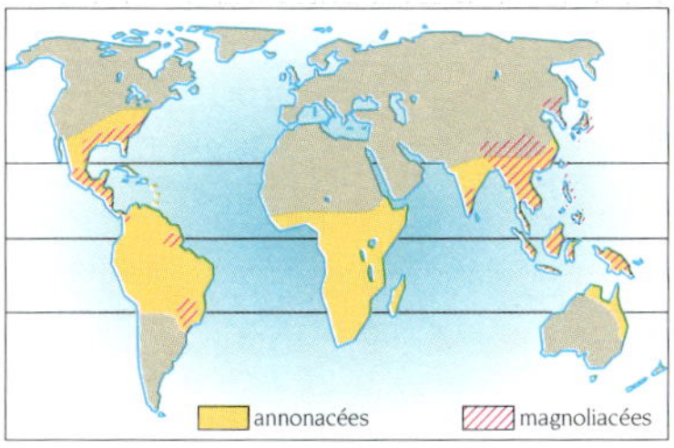

Répartition géographique. Les magnoliacées présentent une distribution discontinue, une majorité d'espèces étant asiatiques et les autres américaines. Répandues dans toutes les régions tropicales, les annonacées sont plus diversifiées dans les forêts pluvieuses de basses altitudes d'Afrique et d'Asie.

MAGNOLIA, TULIPIER...

LES MAGNOLIACÉES

■ LA FAMILLE DES MAGNOLIACÉES, de l'ordre des magnoliales, appartient à un ensemble primitif de plantes à fleurs dicotylédones (sous-classe des *Magnoliidae*). Parmi les 220 espèces qui constituent cette famille, on connaît des essences horticoles (magnolia et tulipier).

Morphologie. La famille regroupe des arbres et des arbustes à morphologie bien reconnaissable. Les feuilles sont alternes et simples. Lors de la chute, elles laissent sur la tige des cicatrices caractéristiques. Les fleurs, souvent de grande taille, possèdent des « tépales » uniformes (ce ne sont ni des pétales ni des sépales). Un albumen volumineux et un petit embryon forment la graine.

Caractères particuliers. Des fossiles témoignent de la présence abondante de cette famille dans tout l'hémisphère Nord au tertiaire. C'est probablement dans le groupe des *Magnoliidae* que les fleurs, d'un type archaïque, apparurent pour la première fois sur la Terre à la fin de l'ère secondaire (crétacé). La fleur des magnolias montre aujourd'hui de nombreux caractères primitifs comme la disposition spiralée des pièces florales et le périanthe non différencié en pétales et sépales.

ANNONES...

LES ANNONACÉES

■ LA FAMILLE DES ANNONACÉES appartient à l'ordre des magnoliales et comporte 2 050 espèces. Les fruits de plusieurs espèces de *Annona* sont comestibles. L'ilang-ilang *(Cananga odorata)*, originaire d'Asie tropicale, est cultivé pour ses fleurs dont on extrait une huile qui rentre dans la composition de nombreux parfums.

Morphologie. Les arbres, arbustes ou lianes de cette famille, caractérisés par une odeur aromatique spéciale, possèdent des feuilles alternes. Hermaphrodites ou rarement unisexuées, les fleurs sont souvent solitaires, parfois rassemblées en inflorescences variées. Les nombreuses étamines sont rassemblées en spirale au centre de la fleur. Les carpelles sont en général nombreux et libres entre eux.

Caractères particuliers. Chez certaines espèces de *Uvariopsis*, les fleurs sont groupées à la base du tronc (cauliflorie). Les lianes du genre africain *Artabotrys* portent des inflorescences au sommet d'étranges crochets recourbés.

LAURIER, AVOCATIER...

LES LAURACÉES

■ Appartenant à l'ordre des laurales, cette famille comporte près de 2 500 espèces. Le laurier commun *(Laurus nobilis)*, mais aussi l'avocatier, le camphrier ou le cannelier sont des espèces cultivées. Tropicales et subtropicales, les lauracées sont surtout diversifiées dans le Sud-Est asiatique et en Amazonie, principalement dans les forêts denses humides.

Morphologie. Cette famille d'arbres et d'arbustes comprend également un étrange genre parasite *(Cassyta)*, avec un port herbacé. Les feuilles simples et sans stipules sont souvent alternes. Les fleurs, généralement hermaphrodites, sont régulières. Le noyau des fruits, baies ou drupes, renferme une graine, sans albumen, avec un embryon droit.

A

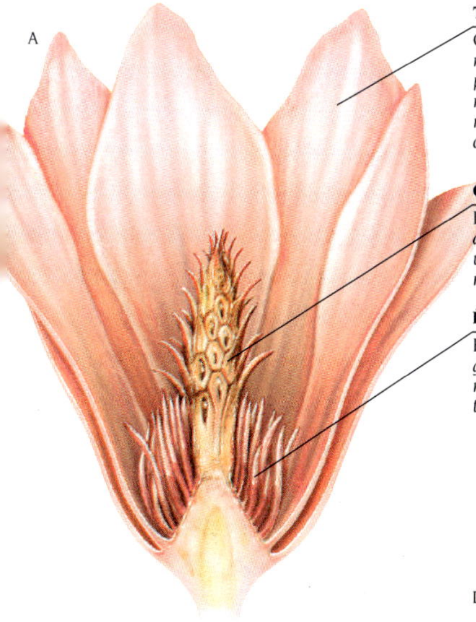

Tépales

Ces pièces florales ne sont ni des pétales ni des sépales (périanthe indifférencié). Charnues et odorantes, elles attirent les coléoptères pollinisateurs.

Carpelles

Les carpelles libres sont disposés en spirale sur un axe long et charnu, le réceptacle floral.

Étamines

Elles possèdent de longues anthères qui renferment un type de pollen très primitif.

A. **FLEUR DE MAGNOLIA**

La coupe longitudinale met en évidence les nombreuses étamines et le réceptacle floral proéminent portant les carpelles.

B

B. **FRUITS D'ANNONE**

La grande majorité des 100 espèces du genre *Annona* sont américaines, quelques-unes habitent l'Afrique tropicale. Leur fruit charnu est formé par la soudure côte à côte de tous les carpelles d'une fleur en une masse charnue. Plusieurs espèces américaines ont un fruit comestible, comme la chérimole *(A. cherimola)*, le corossol ou le cœur de bœuf.

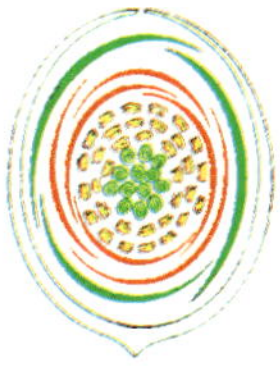

C

C. **FRUIT ET GRAINES**

Ce fruit de *Magnolia obovata* est formé de nombreux carpelles libres. À maturité, les graines au tégument coloré restent suspendues par un long cordon (le funicule). Des oiseaux ou des petits mammifères s'en nourrissent, assurant la dissémination de l'espèce.

D

E

D. E. **FLEURS DE LAURIER**

La fleur des lauracées (ici *Laurus nobilis*), est toujours de petite taille. La fleur mâle du laurier (D) porte des étamines fertiles à ouverture à clapet. La fleur femelle (E), au pistil bien développé, possède des étamines réduites et stériles (staminodes).

F

F. **AVOCATS**

L'avocatier, *Persea americana*, est originaire de l'Amérique centrale, où on le cultive depuis presque 10 000 ans. Le fruit pyriforme, charnu, riche en huile et en vitamines, résulte de la fécondation d'un ovaire qui n'abrite qu'un ovule qui pend au sommet de l'unique loge. Son utilisation est essentiellement alimentaire, mais son huile est également utilisée en pharmacologie.

PIPÉRACÉES ET ARISTOLOCHIACÉES

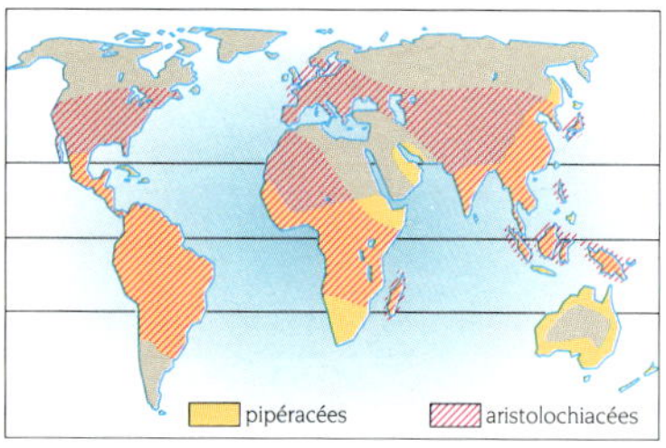

Répartition géographique. Tropicales, les pipéracées habitent surtout les forêts humides. Les arbustes du genre *Piper* peuvent dominer dans les sous-bois.

Les aristolochiacées habitent surtout les forêts et les fourrés dans les milieux tropicaux et tempérés chauds d'Eurasie, d'Afrique et surtout d'Amérique, où elles présentent une diversification maximale.

A

A. **POIVRIER**

Les arbustes et les lianes du genre *Piper* se reconnaissent facilement à leurs nœuds renflés. *Piper nigrum,* originaire de Java, produit le poivre du commerce, l'épice la plus consommée dans le monde actuellement. Le fruit séché du poivrier fournit le poivre noir mais aussi le poivre blanc, fruit dépourvu de son péricarpe. D'autres espèces sont utilisées, comme, en Océanie, *P. methysticum* pour la fabrication d'une boisson fermentée, sorte de drogue appelée « kawa ».

POIVRE...

LES PIPÉRACÉES

■ TYPIQUEMENT TROPICALE, la famille des pipéracées compte entre 2 000 et 3 000 espèces. Deux genres, *Piper* et *Peperomia,* regroupent à eux seuls 95 p. 100 des espèces, dont une liane, *Piper nigrum,* qui donne le poivre, consommé dans le monde entier.

Les plantes de cette famille ont souvent des cellules sécrétrices d'huile. Les feuilles, le plus souvent alternes, s'insèrent autour des tiges en une spirale typique. Les fleurs minuscules des pipéracées, hermaphrodites ou unisexuées, forment un épi dense et souvent charnu. Elles sont dépourvues de pièces florales (pétales et sépales) et réduites à 1 à 10 étamines et 1 ovaire. L'ovule, un par carpelle, est droit et basal. Le fruit, une drupe (fruit charnu), abrite une petite graine qui contient peu d'albumen et un périsperme abondant.

L'anatomie des pipéracées se caractérise par la présence de faisceaux vasculaires dispersés rappelant ceux des monocotylédones. La croissance en épaisseur est due à l'activité d'un tissu indifférencié (le cambium).

B

B. **PEPEROMIA**

De nombreuses espèces de *Peperomia,* aux feuilles charnues, comme ce *Peperomia caperata,* fournissent des plantes d'appartement très populaires. Originaires des sous-bois sombres des forêts tropicales, elles sont très tolérantes à l'ombre mais souffrent de la sécheresse de l'air.

C. **FLEUR DE POIVRIER**

La fleur des pipéracées est une des plus réduites parmi les dicotylédones ; une bractée porte un petit nombre d'étamines et un carpelle. Cette réduction florale est souvent associée à un mode de pollinisation par le vent.

C

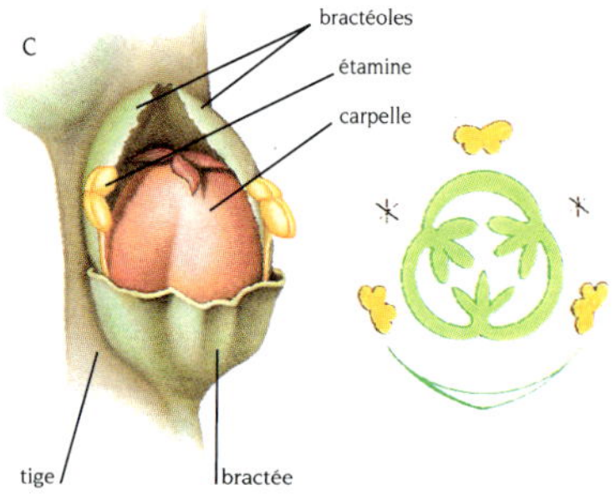

D. **FLEUR D'ARISTOLOCHE**

La fleur des aristolochiacées se caractérise par son calice (ensemble des sépales) en forme de tube et par l'absence de pétale. Un petit renflement à la base du tube renferme les étamines, soudées au style.

D

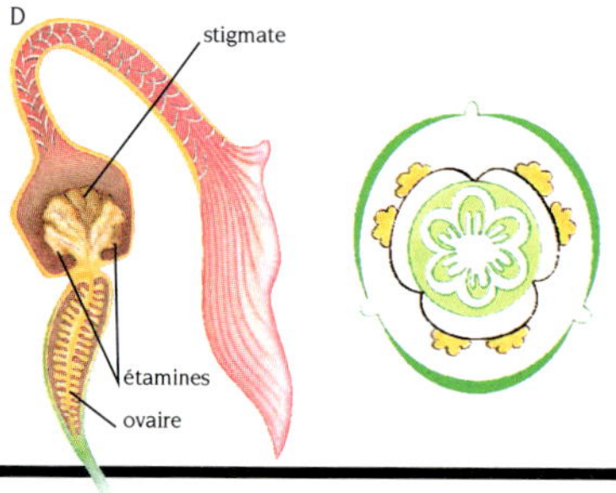

ARISTOLOCHE...

LES ARISTOLOCHIACÉES

■ LA FAMILLE HOMOGÈNE des aristolochiacées, avec 625 espèces, constitue à elle seule un ordre particulier difficile à classer, mais proche des magnoliales. De nombreuses espèces d'*Aristolochia* sont cultivées pour leurs magnifiques fleurs. Plantes aromatiques, elles sont souvent médicinales. Leur nom, d'origine grecque, signifie « qui favorise les accouchements ». Cependant, autrefois, elles étaient aussi utilisées pour déclencher des avortements.

Les lianes, arbustes ou herbes de cette famille ont des feuilles alternes. Les fleurs hermaphrodites, si particulières, montrent une évolution importante de leur symétrie. Régulières dans les genres les plus primitifs comme *Saruma* ou *Asarum,* elles deviennent asymétriques chez les plus évoluées, comme *Aristolochia.* Le calice forme un tube souvent plié en S et terminé par 0 à 3 lobes en forme de pétale, parfois magnifiquement colorés. La fleur d'une espèce africaine, *Pararistolochia goldeiana,* atteint 45 cm de diamètre. La corolle est absente, sauf dans les genres les plus primitifs dont les fleurs possèdent 3 pétales, souvent réduits. Les étamines, en nombre variable, sont liées à l'ovaire. Le fruit, le plus souvent une capsule déhiscente, contient de nombreuses petites graines.

L'anatomie des tiges des espèces lianescentes est caractérisée en particulier par la présence de larges rayons.

F

E

E. F. **ARISTOLOCHES**

Plus de 95 p. 100 des 300 espèces du genre *Aristolochia* sont américaines. Les espèces tempérées comme cette *Aristolochia clematitis* (E), qui est européenne, ont des fleurs beaucoup moins colorées que les espèces tropicales, comme *Aristolochia brasiliensis* (F). Les insectes pollinisateurs, attirés par l'odeur des fleurs, se retrouvent piégés à la base du périanthe et doivent attendre que le tube se dilate pour sortir, ce qui donne le temps aux anthères des étamines de libérer le pollen. De nombreuses aristoloches sont utilisées dans la pharmacopée rurale.

LES RENONCULACÉES

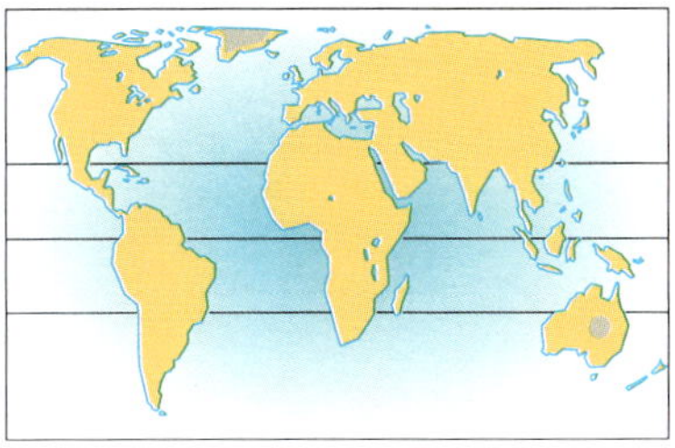

Répartition géographique. Les renonculacées sont cosmopolites. Elles prédominent cependant dans les régions tempérées de l'hémisphère Nord.

Classification. Appartenant à l'ordre des ranunculales (qui comprend 8 familles), les renonculacées regroupent 2 000 espèces réparties dans 50 genres.

Elles sont divisées en 6 groupes, suivant la présence ou l'absence de corolle, la nature des pétales (nectarifères ou normaux) et le nombre de carpelles dans l'ovaire.

Morphologie et anatomie. Les feuilles sont alternes, sauf chez les clématites où elles sont opposées. Leur limbe est entier, denté, lobé ou profondément découpé.

L'organisation de la fleur est très variée. Elle est hermaphrodite et régulière, sauf chez les aconits. Les enveloppes florales peuvent présenter des pièces en formes de sépales (clématites), des pétales seuls (anémones, hellébores) ou encore des pétales et des sépales (renoncules, aconits, paeonies). Les étamines sont toujours nombreuses. Les carpelles, en nombre variable, sont généralement libres et renferment un ou plusieurs ovules. Les pièces florales peuvent être toutes spiralées (clématites) ou toutes verticillées ou le plus souvent groupées en hémicycles.

Le fruit est sec (akène) chez les anémones, les clématites et les renoncules. C'est un follicule chez les autres. La graine, à albumen épais et charnu, entoure un embryon droit.

Biologie et écologie. Les renonculacées sont en majorité des herbes vivaces grâce à leur tubercule (aconit, ficaire) ou à leur rhizome (anémone, renoncule, hépatique, adonis) ; d'autres sont annuelles.

Certaines d'entre elles, comme la renoncule des glaciers *(Ranunculus glacialis),* sont adaptées à une saison très courte de haute montagne. D'autres, comme les renoncules aquatiques *(R. divaricatus),* vivent entièrement dans l'eau. Il existe également des lianes ligneuses ou des petits arbrisseaux : les clématites.

Reproduction. La pollinisation est assurée par les insectes attirés par le pollen (clématites, anémones) ou, le plus souvent, par le nectar sécrété par les pétales.

A

A. **BOUTON-D'OR**

Le bouton-d'or *(Ranunculus acer)* est une renonculacée qui habite les prairies, les bords des chemins en Europe, Asie et Afrique du Nord. Les plantes fraîches sont toxiques, car elles renferment des cyanures. Ces substances toxiques se dispersent pendant le séchage et le foin obtenu est inoffensif.

B

B. **POPULAGE**

Caltha palustris, du groupe des helléborées, vit dans les marais, aux bords des ruisseaux, dans les prairies humides, en Europe, en Asie septentrionale et en Amérique. Les graines sont dispersées par les pluies ou par les crues. Un autre représentant de ce groupe est l'hellébore, ou rose de Noël.

C

C. **PIVOINE**

Cette renonculacée du groupe des paeoniées a été dédiée à un médecin grec, Paeon, qui découvrit ses propriétés antispasmodiques et antiépileptiques. Les pivoines sont des plantes vivaces robustes, à tubercule. Les fleurs sont de grande taille et solitaires. Il en existe une trentaine d'espèces.

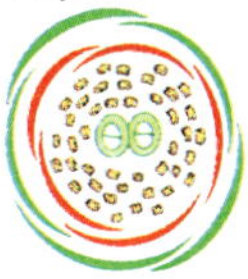

D

D. **ANÉMONE ÉTOILÉE**

Anemone stellata est une espèce très cultivée. Sa floraison printanière en fait une plante idéale pour les rocailles. La fleur de cette renonculacée du groupe des « anémonées » est composée d'une dizaine de pétales, longs, étroits et obtus au sommet, de couleur lilas ou rose avec une tache blanche à la base.

E

E. **CLÉMATITE DES ALPES**

Clematis alpina est une liane ligneuse rampante ou grimpante, longue de 2 à 4 mètres, très volubile. On la rencontre assez communément dans les buissons et en forêt. La fleur, très décorative, est formée de 4 sépales bleus ou mauves et de pétales transformés en feuilles blanchâtres produisant du nectar.

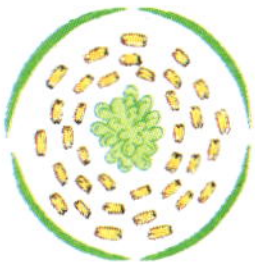

F

F. **ACONIT NAPEL**

Sur la fleur de *Aconitum napellu,*, les 2 sépales supérieurs forment une sorte de casque, qui protège deux pétales nectarifères. Cette plante des montagnes d'Europe est toxique ; les tubercules contiennent de nombreux alcaloïdes dont l'aconitine, un des poisons les plus efficaces que l'on connaisse.

G. **PLANTES MÉDICINALES DE LA FAMILLE DES RENONCULACÉES**

Espèces	Principes actifs	Quelques propriétés
Actaea spicata (herbe de Saint-Christophe)	protanémonine	antirhumatismales
Adonis vernalis (adonis du printemps)	cimarine, adonidoside	cardiotoniques, vasoconstrictrices, sédatives
Anemone hepatica (hépatique)	anémonine, saponine	antinévralgiques, diurétiques
Aquilegia vulgaris (ancolie)	aquilégine, glucoside cyanogénétique	dépuratives, diurétiques, contre les colites
Cimicifuga racemosa (cimicifuga)	acides palmitique, oléique, salicyclique	cardiotoniques, antispasmodiques
Clematis vitalba (clématite des haies)	protanémonine	éruptions cutanées, ganglions
Nigella sativa (nigelle cultivée)	saponine	antispasmodiques
Paeonia officinalis (pivoine)	paeonine, glucoside	antispasmodiques, sédatives
Pulsatilla vulgaris (pulsatile)	protanémonine, saponine	dépressions, migraines
Ranunculus ficaria (ficaire fausse renoncule)	protanémonine, anémonine	dépuratives
Ranunculus sceleratus (renoncule scélérate)	glucosides	troubles cardiaques
Trollius europaeus (trolle)	anémonine, protanémonine	purgatives

G. **PROPRIÉTÉS MÉDICINALES**

Les renonculacées possèdent des propriétés pharmacodynamiques importantes. Elles synthétisent des poisons (alcaloïdes) et des sucres (hétérosides) utilisés en pharmacie. En laboratoire, on cherche à réaliser des cultures de cellules capables de produire ces alcaloïdes et ces hétérosides.

LES NYMPHACÉES

A. **NÉNUPHAR**

La fleur du nénuphar jaune *(Nuphar luteum)* se compose de cinq sépales et d'une multitude de petits pétales et d'étamines s'insérant sur une même hélice. Les organes femelles sont réunis et forment un disque concave. Après la pollinisation par les insectes, le pédoncule se rétracte, entraînant la fleur sous la surface. Le fruit (follicule) se développe dans l'eau, puis remonte à maturité.

Fleur

Les grandes fleurs jaunes, de 4 à 7 cm de largeur, s'épanouissent à la surface de l'eau.

Étamines

Elles sont très nombreuses. Leurs filets, linéaires vers l'intérieur, deviennent très larges vers l'extérieur.

Périanthe

Cinq grands sépales jaunes composent le calice. La corolle est formée de pétales nectarifères plus discrets.

Feuilles

Les feuilles sont grandes, plus ou moins en forme de cœur, coriaces, profondément découpées à la base. Elles flottent sur l'eau.

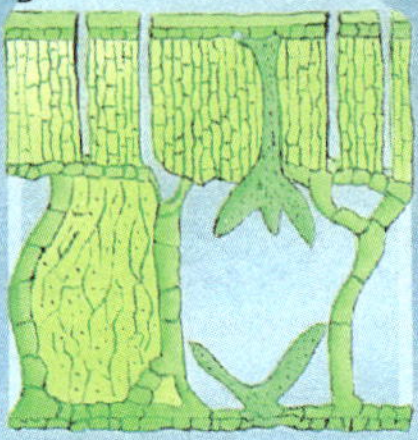

B. **COUPE DE LA FEUILLE**

La face supérieure du limbe en contact avec l'air présente un épiderme recouvert d'une cuticule mince, assurant la protection, et comporte quelques stomates, pour les échanges gazeux. La face inférieure du limbe, au contact de l'eau, est dépourvue de stomates et de cuticule.

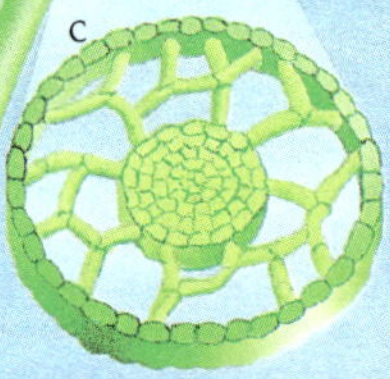

C. **PÉDONCULE**

Les tiges flottantes sont généralement molles, sans tissus de soutien. L'écorce est épaisse. Le tissu sous-jacent, très développé et riche en lacunes, constitue l'aérenchyme. Les tissus conducteurs *(xylème* et *phloème)* sont très simplifiés.

Rhizome

Cette tige horizontale, charnue et portant les cicatrices des anciennes feuilles, assure l'ancrage de la plante dans la vase. Son anatomie rappelle celle des monocotylédones. Riche en amidon (40 p. 100), le rhizome peut être consommé, cuit ou broyé en farine.

D. **NÉNUPHAR BLANC**

Chez les nymphacées, de nombreuses dispositions florales sont observées. Le genre *Nymphea* (40 espèces, ici *Nymphea alba*) est le plus cosmopolite. La plante est vivace grâce à son rhizome ; les feuilles sont longuement pétiolées et flottantes à la surface de l'eau. Chez d'autres nénuphars, les feuilles sont disposées en rosette et sont submergées *(Barclaya, Ondinea)*.

E. **LOTUS**

La fleur du lotus s'épanouit à plusieurs décimètres au-dessus de la surface de l'eau. Le périanthe (corolle et calice) est constitué de nombreuses pièces indifférenciées (tépales), roses chez *Nelumbo nucifera* et jaunes chez *N. nutea*. Les graines, dépourvues d'albumen, ont une longévité exceptionnelle, de l'ordre de 1 000 ans.

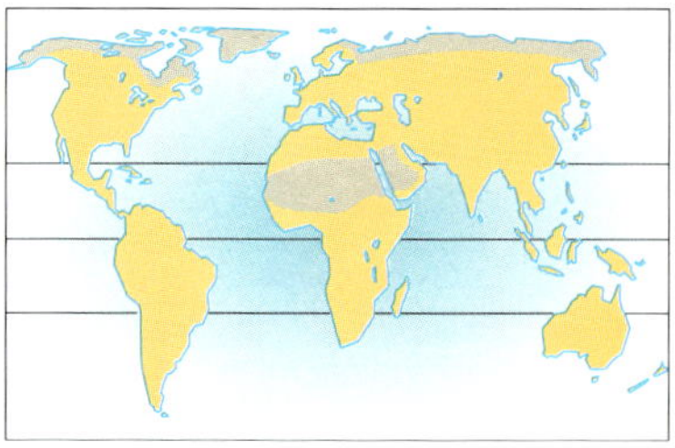

Répartition géographique. Le petit groupe des nymphacées (85 espèces) est en fait formé de trois familles :
– les nymphéacées regroupent 75 espèces réparties en six genres : *Nuphar, Nymphea, Euryale, Victoria, Barclaya* et *Ondinea ;* elles sont cosmopolites ;
– les cabombacées comptent huit espèces appartenant à deux genres : *Brasenia* et *Cabomba ;* elles ont une aire de distribution discontinue et habitent les zones tropicales ;
– les nélumbonacées constituent une petite famille avec deux espèces d'un même genre, *Nelumbo ;* l'une est asiatique *(N. nucifera)* et l'autre, nord-américaine *(N. nutea).*

NÉNUPHAR, LOTUS...

LE GROUPE DES NYMPHACÉES

■ CES HERBES AQUATIQUES *(hydrophytes),* annuelles ou vivaces, sont généralement fixées au sol par une tige souterraine *(rhizome).* Seule *Cabomba* est une plante libre flottante. Les nymphacées vivent dans les eaux douces, stagnantes ou à cours lent, jusqu'à 3 m de profondeur : mares, étangs, bras morts des rivières.

Caractères particuliers. De très nombreuses dispositions florales sont observées chez les nymphacées : fleur irrégulière (le lotus), en partie régulière (nénuphar) ou parfaitement régulière (cabomba).

Ces végétaux possèdent, d'autre part, des caractères à la fois de dicotylédones (embryon à deux cotylédons, faisceaux conducteurs fermés disposés dans le parenchyme) et de monocotylédones (rhizome sans assise génératrice, pollen à un seul orifice...).

Rôles et utilisations. Les nymphacées jouent un rôle important dans l'écologie des plans d'eau qu'elles colonisent. Elles interviennent dans l'épuration et l'oxygénation des eaux et contribuent à l'épanouissement de la vie aquatique animale (poissons, oiseaux, insectes) en fournissant abri et nourriture.

Ces plantes constituent aussi une ressource alimentaire pour certains peuples asiatiques ou africains. Ainsi, en Asie, le lotus est cultivé comme plante potagère. Toutes les parties de la plante (rhizome, tige, feuille, fruit) sont consommées et les étamines sont même utilisées pour parfumer le thé.

Certaines nymphacées revêtent un caractère symbolique comme le lotus sacré *(Nelumbo nucifera)* des bouddhistes ou le lotus bleu *(Nuphar caerulea)* en Égypte.

De nos jours, des *Nymphea* et des *Nuphar* sont cultivés à des fins ornementales et de nombreux hybrides sont créés.

F. **CABOMBA**

Les cabombas possèdent des tiges minces recouvertes d'un enduit visqueux. Elles sont munies de deux types de feuilles : les unes submergées, très découpées et les autres en forme de disque, flottant à la surface. Ce genre, représentant le type de la famille des cabombacées, se rencontre principalement en Amérique tropicale.

HAMAMÉLIDALES ET MYRICALES

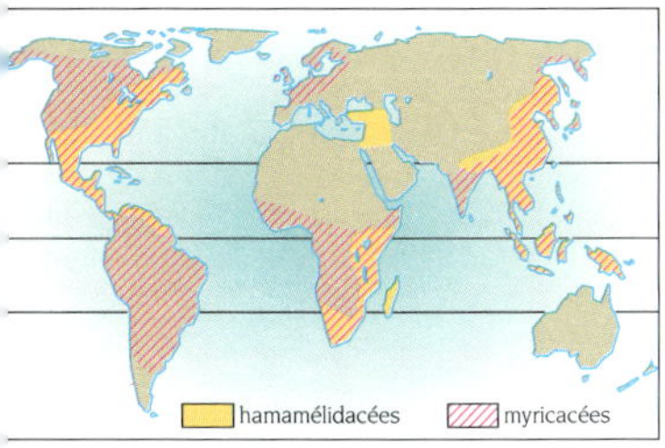

Répartition géographique. De répartition très discontinue, surtout tempérée et subtropicale, les hamamélidacées présentent un maximum de diversité dans les forêts de l'Asie du Sud-Est. On classe dans le même ordre (hamamélidales) les platanacées. À part *Platanus orientalis,* des Balkans et de l'Himalaya, et l'étrange *P. kirkii,* d'Indochine, toutes les platanacées sont d'origine nord-américaine. Quant aux myricacées (myricales), elles sont cosmopolites, mais absentes d'Australie, d'une grande partie de l'Europe, du nord de l'Asie et de l'Afrique.

PLATANE, HAMAMÉLIS...

PLATANACÉES, HAMAMÉLIDACÉES ET MYRICACÉES

■ LES HAMAMÉLIDACÉES, comme les platanacées, appartiennent à l'ordre des hamamélidales. Les myricacées constituent à elles seules l'ordre voisin des myricales.

Les hamamélidacées. Parmi les 100 espèces de cette famille, les plus connues sont le liquidambar et l'hamamélis, tous deux ornementaux mais aussi médicinaux.

Toutes les espèces sont des arbres ou des arbustes. Les feuilles, simples et alternes, portent des stipules. Les fleurs, en général régulières, possèdent une symétrie d'ordre 4 ou 5 avec des sépales plus ou moins soudés et des pétales libres, parfois absents. L'ovaire, à deux loges, se transforme en une capsule entourée d'une enveloppe ligneuse (exocarpe) qui renferme les graines.

Les fleurs des hamamélidacées sont très variables selon les genres, hermaphrodites ou unisexuées, avec les deux sexes sur la même plante (espèces monoïques) ou sur des plantes séparées (espèces dioïques). La fécondation des ovules dans l'ovaire s'effectue souvent longtemps après la pollinisation.

Les platanacées. La petite famille des platanacées ne compte que 10 espèces, toutes du genre *Platanus,* dont *P. acerifolia,* un des arbres les plus caractéristiques des villes et des villages européens.

Les platanes sont des arbres monoïques (à fleurs mâles et femelles) dont l'écorce, caractéristique, se détache en plaques.

Les feuilles, sauf chez *Platanus kirkii,* ont une nervation palmée et portent 3 à 9 lobes. Les longs pétioles, élargis à la base, forment une sorte de gaine autour des bourgeons. Les fleurs, unisexuées, sont réunies en « chatons » globuleux mâles ou femelles, sur de longs pédoncules. Le périanthe, très réduit, est formé de 3 à 8 petits sépales qui ne sont pas vascularisés, et d'autant de pétales en forme de spatules. Dans les fleurs mâles, les étamines s'unissent au sommet pour former une sorte d'écaille. Dans les fleurs femelles, 3 à 9 carpelles libres abritent chacun un ovule droit. Les fruits globuleux sont en fait des ensembles de fruits secs (akènes) dont l'unique graine ne contient pas ou peu d'albumen.

Les myricacées. Cette petite famille comprend 35 espèces d'arbres et d'arbustes aromatiques et couverts de glandes et de longs poils. Elle forme l'ordre des *myricales*.

Les feuilles, simples et alternes, sont disposées en spirales sur les rameaux. Les fleurs sont généralement unisexuées et les plantes, monoïques (elles portent des fleurs mâles et des fleurs femelles). Pétales et sépales sont absents, mais deux ou quatre petites feuilles transformées (bractéoles) entourent les organes fertiles. Les étamines, généralement au nombre de quatre, s'insèrent sur un disque. L'ovaire des fleurs femelles comprend deux carpelles soudés qui abritent un seul ovule droit. Dans le fruit, une membrane dure (endocarpe) enferme la graine formée d'un embryon qui est dépourvu d'albumen.

Comme de nombreuses plantes du groupe des légumineuses, la plupart des espèces du genre *Myrica* vivent en symbiose avec des bactéries qui leur permettent de fixer directement l'azote libre du sol.

A

A. **LIQUIDAMBAR**

Il existe 4 espèces de liquidambars. La plus connue, *Liquidambar styraciflua* (photographiée ici en automne), originaire d'Amérique septentrionale, est aussi appelée « copalme d'Amérique ». Son succès comme plante ornementale vient de son port conique et surtout de la beauté automnale de son feuillage flamboyant. Une sève ambrée abondante s'écoule de son tronc à la moindre incision, ce qui lui a valu son nom, qui signifie « ambre liquide ».

B

B. **PIMENT ROYAL**

Le piment royal, *Myrica gale,* n'appartient pas, malgré son nom, à la famille des piments (solanacées). Il possède une aire de répartition typiquement atlantique, de l'Espagne à la Russie et en Amérique du Nord. Cet arbuste dégage une forte odeur de résine. Le sexe des individus n'est pas stable : un même plant peut, selon les années, être mâle ou femelle et même porter des fleurs hermaphrodites.

C. D. E. F. G. **PLATANE**

Le platane à feuilles d'érable, *Platanus acerifolia* (C), est certainement un hybride de *P. orientalis,* euro-asiatique, et de *P. occidentalis,* américain. Connu en France depuis 1660, il est très populaire dans presque toute l'Europe, surtout dans la région méditerranéenne. Peu de villages du sud et du sud-ouest de la France n'ont pas une place bordée de platanes. Non seulement il dispense une ombre généreuse, mais, de plus, il supporte très bien la pollution, le manque de soins et les mutilations. Ses feuilles, profondément lobées (D), sont les plus grandes du genre. Les inflorescences mâles (E) et femelles (F) sont portées par un même arbre. Les fruits mûrissent à l'automne et laissent s'échapper les graines (G), munies de longs poils fins, au printemps suivant.

C

LES URTICALES

Les urticales renferment près de 2 200 espèces, réparties en six familles d'inégale importance : les *urticacées* sont représentées par 700 espèces, les *cécropiacées* par 300, les *cannabinacées* par seulement 3, les *ulmacées* par 150, les *moracées* par plus de un millier et les *barbeyracées* par une seule, dont d'ailleurs la position systématique est très discutée.

Les urticales sont des plantes herbacées ou ligneuses sans pétales, aux inflorescences souvent contractées. Les fleurs ont des étamines en nombre égal à celui des sépales et 1 à 2 carpelles à un seul ovule.

A. B. C. **GRANDE ORTIE**

Urtica dioica est une espèce vivace de 50 cm à 1 m de haut (A), très fréquente autour des habitations. Les jeunes pousses sont comestibles, préparées en potage ou comme des épinards. En médecine populaire, on utilisait les orties contre les rhumatismes. Les fleurs femelles (B) et les fleurs mâles (C) sont portées par des pieds différents.

A

B ♀

C ♂

Les cécropiacées. Exclusivement tropicale, cette famille est parfois réunie soit aux moracées, soit aux urticacées. Elle comprend surtout de grands arbres *(Cecropia, Musanga...)* dont les fleurs sont caractérisées par un ovaire à un seul style, l'absence de concrétions calcaires dans les cellules et des étamines dressées dans le bourgeon.

Les urticacées. C'est dans la famille des urticacées que l'on trouve à la fois des plantes herbacées et des formes arborescentes. Les arbres se rencontrent surtout en zone tropicale ou subtropicale (Amérique, Indo-Malaisie...). Seules quelques espèces herbacées poussent dans la zone tempérée, mais elles sont extrêmement communes et envahissantes comme la pariétaire ou les orties.

Les cellules épidermiques renferment des concrétions de carbonate de calcium (cystolithes) ; certaines espèces, comme l'ortie, possèdent des poils urticants et le latex est presqu[e] toujours absent. Le fruit est sec (akène) et l[a] graine contient de l'albumen. Quelques espèce[s] sont cultivées comme plantes ornementales *(P[i]lea, Helxine, Elatostema...)* et les fibres du *Boehme[ria] nivea* (ramie), herbe vivace originaire d[e] Chine, donnent un textile de bonne qualit[é] obtenu par simple écorçage. La pariétaire, herb[e] vivace des régions tempérées, contient du ni[trate] de potassium, qui lui confère des pro[priétés] diurétiques.

D

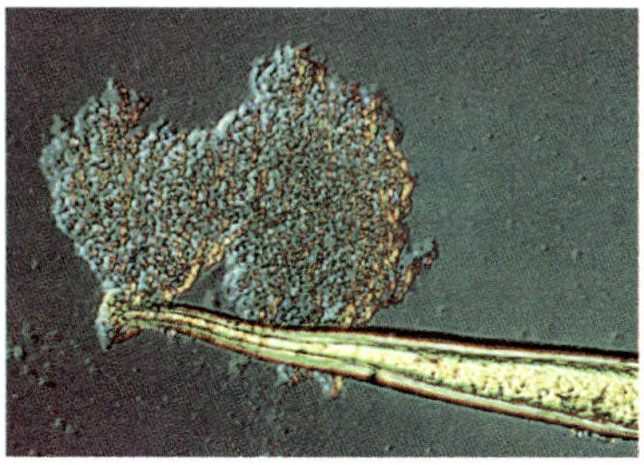

D. **POIL URTICANT**

Le poil urticant des orties est formé d'une base à plusieurs cellules qui porte une cellule dilatée en forme de bouteille. Son extrémité effilée pénètre et se brise sous la peau en injectant à la manière d'une seringue le liquide qu'il contient (à base d'acide formique), produisant la sensation brûlante et démangeante caractéristique.

E

E. **HOUBLON**

Liane vivace de 2 à 6 m, volubile, dioïque, le houblon *(Humulus lupulus)* est une plante cultivée pour ses cônes femelles, qui sécrètent de la lupuline, substance servant à aromatiser la bière.

Les cannabinacées. Ce sont exclusivement de[s] plantes herbacées aux sexes séparés (espèces dioïques), à feuilles opposées et portant de petites expansions, les *stipules.* C'est une toute petite famille réduite à seulement 2 genres : le houblon *(Humulus),* propre à l'hémisphère Nord, et le chanvre *(Cannabis),* originaire de l'Asie centrale. Les fleurs mâles sont munies de 5 sépales et de 5 étamines et les fleurs femelles possèdent des sépales soudés et un ovaire constitué par la soudure de 2 carpelles, dont un seul subsiste à maturité. Le fruit est un akène. Le système sécréteur produit du suc non lactescent et des résines aromatiques.

Les ulmacées. Cette famille est composée d'arbres, comme l'orme *(Ulmus),* ou d'arbustes des régions tropicales et tempérées, identifiables par leurs feuilles presque toujours simples, asymétriques, isolées et portant des stipules caduques. Les fleurs sont hermaphrodites, mais certaines ulmacées sont polygames (fleurs hermaphrodites et fleurs unisexuées sur le même pied). La pollinisation est effectuée par le vent. Ces fleurs, dépourvues de pétales comme chez toutes les urticales, apparaissent avant les feuilles. Plusieurs genres produisent un bois d'œuvre apprécié ou sont utilisés comme plantation d'ornement (orme, orme de Sibérie, micocoulier).

F. **MICOCOULIER**

Cet arbre (du genre *Celtis*) est utilisé en plantation d'alignement et son bois sert à fabriquer de nombreux objets et des fourches réputées. Le fruit, qui a l'aspect d'une petite cerise, peut fournir une huile à brûler.

F

G. **CANNABIS**

L'unique espèce de chanvre *(Cannabis sativa)* existe sous différentes variétés ou sous-espèces. Sous les climats tempérés, le chanvre est cultivé pour ses fibres textiles. La sous-espèce *indica*, le chanvre indien, donne des drogues « douces » (haschisch).

G

LA MALADIE DE L'ORME

L'orme champêtre, ou orme lisse *(Ulmus minor)*, est un bel arbre, typique de la famille des ulmacées, pouvant atteindre plus de 25 m de haut et vivre près de 300 ans. C'est une essence de lumière qui se rencontre en plaine, souvent plantée en bordure de champs ou en alignement. Les jeunes rameaux de certaines variétés sont parfois couverts de liège formant des côtes saillantes et cassantes (« ormes subéreux »). Le bois est dur, résistant et sert dans la fabrication de divers objets (outils, moyeux, roues, mobilier...).

L'orme est gravement menacé (surtout depuis les années 1960) par les attaques d'un champignon parasite microscopique, *Ceratocystis ulmi.* Ce dernier, en s'attaquant aux vaisseaux conducteurs de la sève brute et en sécrétant une toxine, provoque un jaunissement du feuillage et sa chute, puis le dépérissement rapide et complet du sujet : c'est la maladie hollandaise, ou graphiose de l'orme. Le champignon est véhiculé d'arbre en arbre par des insectes, des scolytes comme le grand scolyte *(Scolytus scolytus)* ou le petit scolyte *(S. multistriatus).*

La femelle de ces insectes creuse ses galeries de ponte de bas en haut dans l'arbre (entre le phloème et l'aubier). C'est dans cette zone que le champignon se développe. Les larves, à leur tour, creusent des galeries en détruisant les zones corticales du phloème, puis se transforment en adultes, qui vont infester un autre arbre.

FIGUIERS, MÛRIERS...

LES MORACÉES

■ PARMI LES URTICALES, les moracées forment la plus grande famille, comprenant près de 70 genres et 1 200 espèces surtout représentées en région intertropicale, notamment en Inde et en Malaysia. Seules quelques espèces ont été acclimatées dans le sud de l'Europe. C'est une famille très ancienne, puisque ses premiers représentants sont connus depuis l'ère secondaire (crétacé inférieur).

A

A. **FIGUIER BANYAN**

Le banyan *(Ficus benghalensis)* forme, sur ses grosses branches, des racines adventives qui descendent jusqu'à terre et se développent en simulant un tronc. Un seul arbre peut donc posséder, en plus de son tronc, plusieurs « faux troncs » et former ainsi un peuplement plus ou moins étendu ; le véritable tronc peut même disparaître. La légende veut que l'armée d'Alexandre le Grand, forte de 7 000 guerriers, campa sous un banyan gigantesque.

Caractéristiques. La plupart des moracées sont des arbres ou des buissons, et très rarement des plantes herbacées.

Les représentants de cette famille ont des fleurs typiques, unisexuées, peu voyantes et souvent réunies en grand nombre. Les fruits véritables sont secs (akènes), groupés et entourés d'une partie charnue non impliquée dans la fécondation (la figue, par exemple). L'ensemble constitue un faux fruit typique de ce groupe et qui est comestible chez *Treculia africana* (sorte d'arbre à pain africain et malgache des inflorescences duquel on extrait une farine alimentaire) et bon nombre d'espèces de *Ficus* (figuiers) d'*Artocarpus* (arbres à pain) ou de *Morus* (mûriers).

Toutes les moracées possèdent des canaux sécréteurs producteurs de latex. Celui-ci est nettement visible sous la forme d'un liquide blanc qui s'écoule d'une blessure. Certaines espèces d'*Antiaris* produisent un latex qui, au contact d'une blessure, se révèle extrêmement vénéneux.

B

B. **MÛRIER NOIR**

Les fruits élémentaires des mûriers (du genre *Morus*) sont des fruits secs (akènes) entourés d'une enveloppe non sexuée (périanthe) devenue charnue et groupés en épis compacts. Ils simulent ainsi des faux fruits, ou mûres, qu'il ne faut pas confondre avec les mûres des framboisiers et des ronces *(Rubus)*. Elles sont comestibles, acidulées et sucrées chez le mûrier noir *(Morus nigra)*, blanchâtres et fades chez le mûrier blanc *(M. alba)*. Cette dernière espèce a été abondamment cultivée pour ses feuilles, qui forment la nourriture des vers à soie. Le mûrier à feuilles de platane *(M. kagayamae)*, originaire du Japon, est aussi utilisé comme arbre d'alignement et d'ornement.

C

C. **« FRUIT » DE L'ARBRE À PAIN**

Les arbres à pain *(Artocarpus incisa)* produisent des faux fruits volumineux dont la pulpe et les graines sont riches en amidon et constituent en zone tropicale une base de l'alimentation. Chez certaines espèces, ces « fruits » peuvent peser jusqu'à 40 kg ; ce sont les plus grosses fructifications portées par un arbre. Les « fruits » du jaquier *(Artocarpus integrifolia)* apparaissent directement à même le tronc ou sur les grosses branches (phénomène de cauliflorie).

Classification. Deux tribus principales constituent cette famille. Les moroïdés, qui comprennent le genre des mûriers, type de la famille *(Morus)*, avec environ une dizaine d'espèces dans l'hémisphère Nord tempéré, sont caractérisées par des étamines incurvées dans le bouton floral et un embryon courbe dans la graine *(Morus, Broussonetia)*.

La tribu des artocarpoïdées, dont le genre principal *(Ficus)* représente près de 800 espèces, possède des fleurs aux étamines dressées dans le bouton floral et un embryon droit *(Antiaris, Artocarpus, Brosimum, Castilloa, Ficus)*.

UN PARASITE UTILE

La figue n'est pas un fruit, mais une inflorescence charnue en forme d'urne qui peut contenir plusieurs types de minuscules fleurs serrées les unes contre les autres : des fleurs mâles, qui se situent vers l'ouverture apicale, et des fleurs femelles, pourvues d'un style long ou d'un style court. Un insecte hyménoptère, le blastophage *(Blastophaga)*, assure la pollinisation du figuier. Il parasite les fleurs femelles en pondant dans leur ovaire, mais il ne peut le faire que dans les fleurs à style court, sa tarière n'étant pas assez longue pour atteindre l'ovaire des fleurs à long style.

Le figuier sauvage, ou caprifiguier, produit, au cours d'une saison de végétation, trois sortes (« générations ») de figues : les premières, des petites figues initiées à l'automne, se développent au printemps. Elles produisent des fleurs mâles et des fleurs femelles à style court, dans lesquelles le blastophage va pondre (1). Au terme de leur développement, les insectes sortiront de la figue en se couvrant de pollen (2). Les figues d'été, qui possèdent des fleurs femelles à long style, seront fécondées par le pollen apporté par ces blastophages, qui chercheront vainement à les parasiter (3). Les figues d'automne, à fleurs à style court, seront parasitées par l'insecte. Il en sortira, au printemps suivant, une nouvelle génération de blastophages (4).

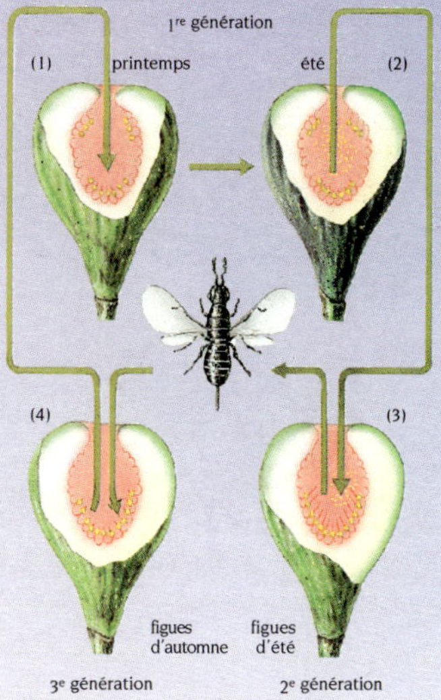

D

D. **ORANGER DES OSAGES**

Originaire d'Amérique du Nord, *Maclura pomifera*, appelé « oranger des Osages », porte des faux fruits (car formés d'un ensemble de fruits secs) compacts non comestibles, semblables à des oranges jaune-vert. Une tribu de Sioux, les Osages, en extrayaient le suc pour se peindre le visage.

LES FAGACÉES

L'ordre des fagales renferme deux familles : les fagacées (comme le chêne ou le châtaignier) et les bétulacées (comme le noisetier). Ce sont des arbres à feuilles alternes, simples et entières et pourvues de deux expansions, les stipules, caduques. Le périanthe des fleurs (ensemble des sépales et des pétales) est très réduit ou inexistant.

Les premiers représentants de l'ordre des fagales sont connus depuis le secondaire (crétacé inférieur). Parmi les caractères primitifs de ce groupe, il faut mentionner une pollinisation précédant la maturation de l'ovule, des vaisseaux du bois imparfaitement perforés. L'ovule est souvent droit et la pollinisation s'effectue par le vent.

Sous le terme d'amentifères, on a réuni pendant longtemps des familles (dont les fagacées et les bétulacées, mais aussi les salicacées) qui possèdent des fleurs, souvent unisexuées et nues (sans périanthe), réunies en inflorescences compactes appelées chatons, ou *amentum*. En fait, il semble que la formation de ce type d'inflorescence corresponde à un mouvement évolutif qui a pu se manifester indépendamment dans différents groupes.

A

A. **HÊTRE**

Appelé aussi « fau » ou « fayard », *Fagus sylvatica* est une essence d'ombre au couvert épais. Atteignant 40 m de haut, il peut vivre 300 ans. Son bois blanchâtre, dur et dense se prête à de nombreux usages (contreplaqués, déroulage...).

C

C. **CHÊNE ROUGE D'AMÉRIQUE**

Plusieurs chênes (*Quercus coccinea* ou *rubra* comme ici) originaires d'Amérique du Nord sont cultivés pour leurs feuillages, qui prennent des teintes écarlates à l'automne. Ils préfèrent les terres acides et légères. Ces chênes ont une croissance plus rapide que celle des chênes rouvres et des chênes pédonculés.

D

D. **CHÂTAIGNIER**

Le châtaignier préfère les terres légères et siliceuses. On le cultive souvent en taillis en raison de sa facilité à faire des rejets. Des variétés cultivées produisent des « marrons » plus gros et plus ronds que les châtaignes sauvages.

B

B. **CHÊNE PÉDONCULÉ**

Quercus pedunculata possède des feuilles sans pétiole (sessiles) et ses glands se développent à l'extrémité d'un long pédoncule, à la différence du chêne rouvre, qui présente des caractères inverses. Ils fournissent tous deux un bois de grande valeur. La forme des glands et de la cupule, l'aspect des feuilles servent dans l'identification des nombreuses espèces du genre *Quercus*, dont certaines se rencontrent en zone tropicale.

E

E. **CHÊNE-LIÈGE**

L'exploitation d'un chêne-liège débute à partir d'une trentaine d'année avec le démasclage : cette opération consiste à enlever la première écorce (liège mâle), de peu de valeur commerciale. Ensuite, de nouvelles couches de liège de bonne qualité (liège femelle) se reforment. Les récoltes se font environ tous les 10 ans, de préférence au printemps.

CHÊNE, HÊTRE, CHÂTAIGNIER...

LES FAGACÉES

■ La famille des fagacées (ou cupulifères) comprend environ 800 espèces réparties en 8 genres. La moitié des espèces appartient au genre *Quercus* (chêne). Certains genres forment la base des forêts de feuillus des pays tempérés : le hêtre *(Fagus)* ; le chêne *(Quercus)* ; le châtaignier *(Castanea...)*. Ce sont des plantes caractéristiques de l'hémisphère Nord, excepté le genre *Nothofagus*, propre à l'hémisphère Sud, qui remplace en quelque sorte les hêtres d'Europe et d'Amérique du Nord.

Caractéristiques. Les fagacées sont des arbres ou des arbustes bisexués (espèces monoïques), à feuilles parfois persistantes comme chez le chêne-liège, le chêne vert ou le chêne kermès. Ils sont très riches en tanins et leurs racines constituent avec de nombreux champignons des associations étroites appelées mycorhizes.

Reproduction. La pollinisation est essentiellement assurée par le vent, sauf chez le châtaignier, où elle s'effectue grâce aux insectes. Les fleurs mâles ou femelles sont réunies en chatons distincts, excepté chez le châtaignier, qui présente aussi des chatons avec des fleurs mâles au sommet et des fleurs femelles à la base. Les fleurs mâles ont un nombre variable d'étamines, les fleurs femelles possèdent un pistil constitué de 3 à 6 carpelles.

Chaque inflorescence femelle est entourée d'une cupule qui se développe et persiste autour du fruit, qu'elle enveloppe complètement (châtaigne, faine du hêtre) ou incomplètement (gland du chêne). Cet organe de protection est à l'origine du terme de cupulifères, autre nom utilisé pour désigner la famille des fagacées.

LES GALLES DU CHÊNE

Certains insectes pondent dans les feuilles ou les bourgeons des chênes et provoquent l'apparition d'excroissances appelées *galles* ou *cécidies*.

Sous l'effet de substances inoculées par l'insecte au moment de la ponte ou sécrétées par la larve au cours de son développement, le végétal réagit en fabricant un tissu charnu qui se gorge de réserves (amidon, sucres solubles, acides aminés...), consommées par la larve qu'il renferme. Habituellement plus riche en eau que les tissus sains qui la portent, la galle est doublée intérieurement d'une couche de cellules plus dures (« noyau »), qui la protège.

La forme de la galle est caractéristique de l'espèce d'insecte parasite. Chez le chêne, il existe ainsi des galles en boule causées par *Dryophanta folli*, des galles en pomme par *Biorhiza*, en chapska par *Cynips mayri*, en lentille par *Diplolepis lenticularis*...

On récolte celles qui se développent sur le « chêne à galle » *(Quercus infectoria)* pour en extraire du tanin.

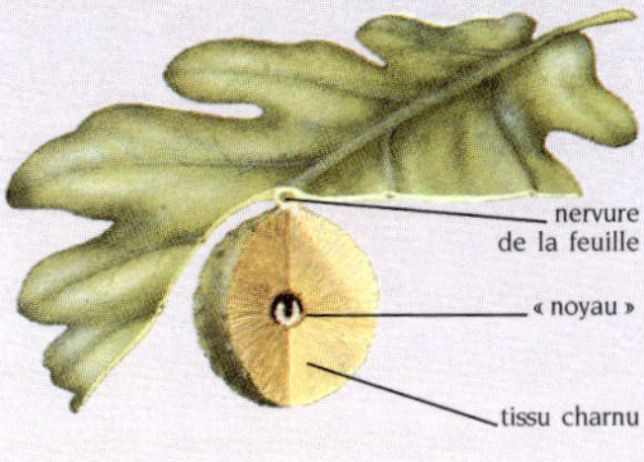

BÉTULACÉES ET JUGLANDACÉES

BOULEAU, NOISETIER...

LES BÉTULACÉES

■ AVEC PRÈS DE 120 ESPÈCES réparties en six genres, les bétulacées habitent surtout les zones tempérées et froides de l'hémisphère Nord. Le bouleau nain *(Betula nana)* se rencontre jusqu'en Arctique, en Laponie et en Sibérie.

Comme les autres fagales (la famille des fagacées), il s'agit d'une famille ancienne, car des représentants fossiles sont connus depuis le crétacé moyen.

Morphologie, anatomie. Ce sont des arbres ou des arbrisseaux dont les fleurs sont réunies en chatons plus ou moins longs. Les étamines montrent souvent des anthères bifides et les fleurs femelles, avec une enveloppe ou nues, possèdent un ovaire à 2 carpelles. Les fleurs mâles sont nues et les fleurs femelles sont périanthées chez le noisetier et le charme. C'est l'inverse chez les bouleaux et les aulnes. On distingue d'ailleurs, sur ce critère, deux groupes : les bétuloïdées *(Alnus, Betula)* et les coryloïdées *(Carpinus, Corylus, Ostrya)*. Ce dernier groupe est parfois considéré comme une famille à part du fait de la présence de bractées accrescentes qui accompagnent les fruits.

Les associations racinaires. Les bétulacées sont des arbres à mycorhizes (association des racines avec certains champignons). L'amanite tue-mouches, certains bolets sont ainsi liés au bouleau blanc. Les racines des aulnes sont, elles, associées à des bactéries symbiotiques fixatrices d'azote atmosphérique. Les aulnes peuvent ainsi se développer sur des sols très pauvres en substances azotées, puisque les micro-organismes associés leur transmettent, sous la forme de molécules synthétisées, l'azote indispensable à leur croissance.

AUTANT EN EMPORTE LE VENT...

Chez les bétulacées, comme dans d'autres groupes de plantes à fleurs dont la pollinisation est assurée par le vent (anémophilie), les fleurs sont dépourvues d'appareil d'attraction pour les insectes : absence de nectaires, périanthe (pétales et sépales) nul ou réduit (il est alors peu coloré). Les inflorescences mâles souvent très allongées, pendantes et souples, libèrent une grande quantité de pollen (un seul chaton de noisetier produit jusqu'à 5 millions de grains de pollen). Chez le bouleau ou le charme, le pollen est retenu entre les écailles jointives du chaton ; c'est le vent qui, en impliquant des mouvements au chaton, provoque sa libération. D'autres adaptations permettent une efficacité optimale de l'anémophilie : pollen « poudreux » et libération par temps sec, stigmates des fleurs femelles allongés et proéminents pour réceptionner le pollen...

NOYER, HICKORY...

LES JUGLANDACÉES

■ CETTE FAMILLE APPARTIENT à un ordre voisin des fagales, les juglandales. Ce dernier se distingue des fagales par les caractères de l'ovaire et de l'ovule, mais aussi par leurs feuilles composées pennées à nombre impair de folioles et par la présence de poils sécréteurs de résine et de substances aromatiques.

Classification. Leur position systématique est souvent discutée et certains auteurs les rapprochent plus des agrumes (rutacées) ou des anacardiacées que des fagales. La famille des juglandacées comprend 8 genres et une soixantaine d'espèces réparties dans l'hémisphère Nord, plus rares en Amérique du Sud ou dans les îles de la Sonde. Ce sont des arbres monoïques caractérisés également par la présence d'inflorescences en chatons. Habituellement, les chatons femelles sont situés sur les axes de l'année, tandis que les chatons mâles apparaissent sur les rameaux de un an. Les fleurs mâles ont 4 sépales et de 2 à 40 étamines. Les fleurs femelles possèdent également 4 sépales, ainsi que 2 carpelles qui forment un ovaire infère à une seule loge, contenant un seul ovule.

Utilisations. Les deux genres les plus importants, *Juglans* (noyer) et *Carya* (hickory), contiennent des espèces ayant une grande importance économique. Les graines de noyer (les noix) fournissent une huile estimée et le bois possède une très grande valeur.

Les hickorys, nord-américains, sont proches des noyers dont ils se distinguent par un fruit s'ouvrant en 4 valves. Certaines espèces sont réputées pour leurs graines comestibles (noix de pecan), d'autres fournissent un bois dur et élastique (bois de hickory).

A

A. AULNE GLUTINEUX

Des feuilles tronquées ou échancrées au sommet, de gros bourgeons visqueux « glutineux » portés par un pédoncule et des cônes fructifères ligneux (visibles ici au-dessus des chatons mâles pendants) suffisent pour identifier l'aulne commun, ou aulne glutineux. Celui-ci préfère les terres humides, les bords des cours d'eau. On le cultive en taillis. Son bois a la propriété de ne pas pourrir lorsqu'il est placé sous l'eau.

B

B. FRUITS DE PTEROCARYA

Les grands arbres de ce genre, connu depuis l'éocène, ressemblent un peu aux noyers, dont ils se distinguent aisément par des grappes pendantes de noix ailées. La moelle des tiges, comme chez les noyers, est cloisonnée transversalement par de nombreuses lamelles. Ils sont utilisés dans la constitution d'alignements en milieu urbain.

C

C. BOULEAUX BLANCS

Le bouleau, essence de lumière, se contente de sols pauvres et siliceux. Le bois, blanchâtre, sert dans les pays nordiques pour confectionner une multitude d'objets (sabots, skis, petits meubles...). L'infusion de bourgeons et de feuilles possède des propriétés diurétiques. Les variétés horticoles sont nombreuses. On cultive aussi pour l'ornement *Betula maximowicziana*, originaire du Japon, et le bouleau à canots, *B. papyfera*, d'Amérique du Nord, dont les Indiens utilisaient l'écorce pour fabriquer des pirogues.

D

D. CHARME

On reconnaît le charme à ses petites feuilles alternes, dentées et à surface gaufrée. L'écorce gris cendré rappelle celle du hêtre, mais les troncs âgés sont marqués de cannelures apparentes. C'est une essence sociale qui supporte bien la taille (fabrication de haies, de charmilles).

E

E. NOYER COMMUN

De nombreuses variétés de noyer ont été sélectionnées en vue d'améliorer la production fruitière et la qualité de l'huile de noix. L'enveloppe du fruit, ou « brou », sert à préparer un produit colorant brun noirâtre. Le bois est extrêmement précieux pour l'ébénisterie.

LES CARYOPHYLLACÉES

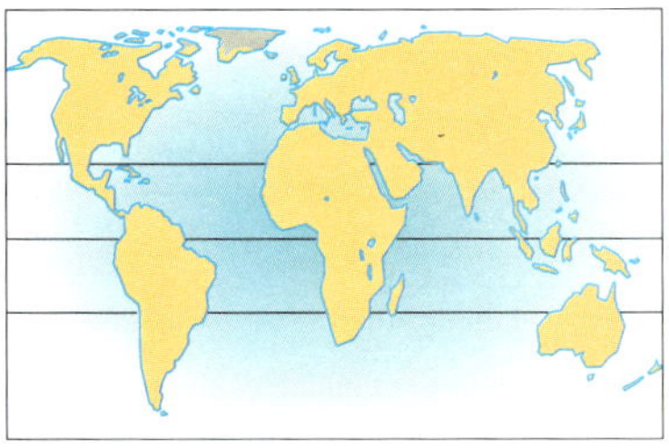

Répartition et nombre d'espèces. Représentées notamment par les œillets, les saponaires et les stellaires, les caryophyllacées comptent environ 2 000 espèces et sont cosmopolites, mais la plupart habitent les régions tempérées de l'hémisphère Nord, en particulier les régions méditerranéennes. Quelques genres sont représentés dans l'hémisphère Sud et sur les montagnes des régions tropicales.

Classification. Les caryophyllacées sont divisées en 3 sous-familles, d'après les caractères de certaines pièces florales (sépales) et la présence ou non d'expansions à la base des feuilles (stipules). La sous-famille des *Silenoideae,* par exemple, présente des sépales unis en tube et des feuilles dépourvues de stipules ; on trouve dans ce groupe les œillets, silènes, saponaires, lychnis, gypsophiles...

Morphologie et anatomie. Cette famille est très homogène et facilement reconnaissable. Les feuilles simples, entières et opposées sont souvent soudées à la base et se rejoignent autour d'un nœud renflé. Les fleurs sont régulières, généralement à 5 pétales et hermaphrodites. Elles sont groupées en inflorescences. Certaines sont compactes, avec de nombreuses fleurs (saponaire), d'autres se réduisent à une seule fleur (certains œillets). Les pétales libres possèdent souvent deux lobes découpés présentant souvent deux petites expansions (paracorolle). L'ovaire est situé au-dessus du point d'insertion des étamines (on parle d'ovaire supère) et donne naissance, après fécondation, à un fruit sec généralement capsulaire, parfois un akène, rarement à une baie *(Cucubalus).*

Types biologiques et habitat. Les plantes de cette famille sont en majorité des herbes annuelles ou pérennes, répandues dans les prairies et les talus en plaine, mais aussi très diversifiées en montagne. On trouve également quelques espèces buissonnantes, dont la souche ligneuse est persistante.

Beaucoup de silènes, céraistes et stellaires sont des herbes envahissantes, ayant colonisé presque toutes les zones tempérées du globe ; la nielle des blés *(Agrostemma githago),* aux très jolies fleurs pourpres mais dont les graines sont toxiques, a en revanche pratiquement disparu des champs de céréales par suite de l'extension des traitements herbicides.

Reproduction. Les fleurs des caryophyllacées sont visitées de jour comme de nuit par des insectes (mouches, faux bourdons, papillons...), qui assurent ainsi la pollinisation. Les silènes illustrent parfaitement l'entomophilie des caryophyllacées. L'autofécondation (croisement au sein d'une même fleur) est réalisée chez certaines espèces comme le mouron des oiseaux *(Stellaria media).*

Utilisations. Les caryophyllacées sont des plantes ornementales très estimées. Les œillets, plantes de jardin ou fleurs coupées, sont parmi les plus répandus, mais on cultive aussi dans les jardins les silènes, coquelourdes *(Lychnis),* saponaires, sagines et autres gypsophiles. Les autres usages sont rares, mais *Spergula arvensis* (variété *sativa*) est parfois cultivé comme fourrage sur les sols siliceux.

A

A. **SILÈNE**

Originaire de l'Est méditerranéen, *Silene vulgaris* est devenu cosmopolite en colonisant rapidement les milieux ouverts. On le reconnaît à son calice (sépales) enflé en forme d'outre et à ses pétales profondément découpés. Ici, les fleurs très odorantes attirent abeilles et papillons de nuit, comme celles de *Silene nutans,* qui ne s'ouvrent que le soir. Le genre *Silene* comprend plus de 400 espèces. *Silene maritima* forme, dans les jardins, de jolis coussins fleuris.

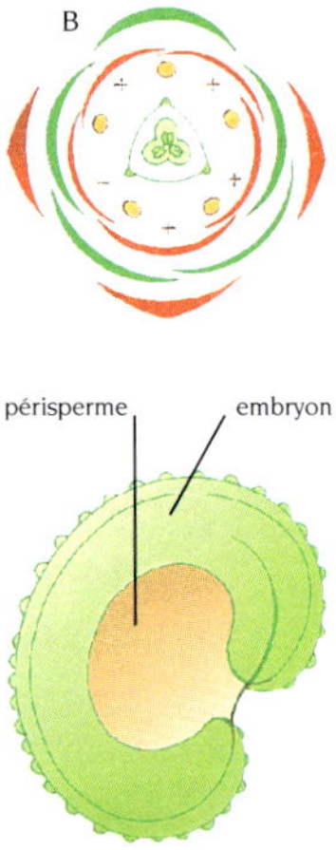

B. **OVAIRE ET EMBRYON**

Chez les caryophyllacées, comme ici le mouron des oiseaux, *Stellaria media,* les ovules sont disposés dans l'axe de l'ovaire (placentation centrale), et la graine renferme un embryon courbe entourant un tissu chargé de réserves issu de l'ovaire (le périsperme). Quelques autres familles partagent ces caractères (chénopodiacées, nyctaginacées, portulacacées...) ; on les regroupe dans l'ordre très homogène des centrospermales (ou caryophyllales).

C

C. **ŒILLETS**

Avec plus de 300 espèces, les œillets (genre *Dianthus*) sont très diversifiés en Europe méridionale et en Asie. Cultivés dans le monde entier pour la production de fleurs coupées, ils offrent une grande diversité de variétés ornementales, comme ici l'œillet de poète (issu de *D. barbatus*). L'œillet niçois, à fleur solitaire, dérive de l'œillet des fleuristes *(D. caryophyllus),* dont la culture remonte à plusieurs siècles et qui a donné d'innombrables variétés.

D

D. **ŒILLETS DE MONTAGNE**

Les montagnes d'Europe et d'Asie abritent de nombreuses espèces d'œillets aux pétales dentés ou frangés, souvent panachés dans les tons roses ou pourpres *(Dianthus alpinus, D. deltoides, D. anatolicus...).* Sablines *(Arenaria),* céraistes ou mœhringia sont d'autres habitués des rocailles et prairies d'altitude, souvent gazonnantes. Elles peuvent former des coussinets, comme *Silene acaulis.*

L'HERBE À SAVON

La saponaire, ou « savonnière » *(Saponaria officinalis),* est une herbe vivace à grandes fleurs rose pâle et odorantes, vivant dans les lieux humides, les haies et les talus. Elle tire son nom du latin *sapo* (savon) car sa particularité est de mousser lorsque l'on froisse ses feuilles dans de l'eau. Bien connue des Anciens, cette plante servait à laver les tissus fragiles comme la laine ou la dentelle. De plus, ses vertus médicinales (diurétique, dépurative...) étaient utilisées contre les rhumatismes, la goutte et les maladies de la peau. Ces propriétés sont dues à des sucres (glucosides), en particulier la *saponine,* que d'autres caryophyllacées renferment également. Toxique à dose excessive, la saponaire ne figure pratiquement plus dans notre pharmacopée, mais elle reste très estimée comme fleur ornementale.

LES CACTÉES

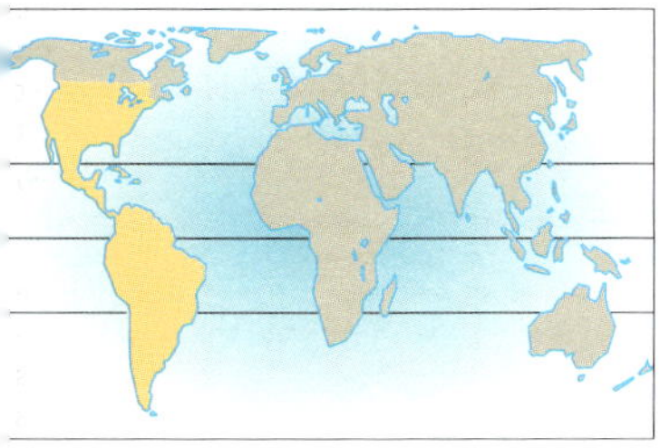

Répartition géographique. Les cactées, ou cactacées, sont des plantes des déserts et régions chaudes du continent américain ; certaines espèces du genre *Rhypsalis* qu'on rencontre en Afrique et à Madagascar sont peut-être originaires du continent africain, mais ont été plus probablement importées. Fréquentes dans les zones sèches du Mexique et du sud des États-Unis, on en trouve aussi dans les forêts tropicales humides du bassin amazonien et jusqu'à 5 000 m d'altitude dans les Andes.

Caractères généraux. Les cactacées, de l'ordre des caryophyllales, constituent une famille uniforme de 130 genres et 2 000 espèces.

Cette famille présente un grand intérêt pour les botanistes, par la combinaison de fleurs primitives et d'organes végétatifs hautement spécialisés, et pour les écologistes, à cause de leur résistance à des conditions de vie extrêmes.

Les convergences avec d'autres plantes adaptées à la sécheresse (xérophytes), comme les *Stapelia* ou les euphorbes, représentent un phénomène évolutif spectaculaire. Enfin, la beauté des cactées et leurs formes extraordinaires ont passionné des générations d'horticulteurs ou de simples amateurs.

Morphologie. La taille des cactées varie de quelques centimètres à 20 m de hauteur. Les racines, longues et superficielles, sont adaptées à une absorption rapide de l'eau. Leur tige, globulaire ou colonnaire et épineuse, constitue un organe de réserve d'eau. Sauf dans les genres les plus primitifs, les feuilles sont absentes ou très réduites et les tiges assurent l'assimilation chlorophyllienne. Les fleurs, hermaphrodites, sont solitaires, sauf chez les *Pereskia.* Les nombreuses étamines, les pétales, les sépales et les bractées présentent une disposition spiralée primitive.

DROGUE DE CACTUS

La mescaline est le principe actif du peyotl *(Lophophora williamsii),* cactus hallucinogène mexicain. La structure chimique de cet alcaloïde est très proche de celle de la noradrénaline, un neurotransmetteur du cerveau. Ce mimétisme chimique fait du peyotl un hallucinogène puissant. Les Indiens Huichols du nord-ouest du Mexique le consomment selon un rituel ancestral.

A

A. **« FIGUES » DE BARBARIE**

La plupart des 300 espèces d'*Opuntia* ont des tiges (raquettes) qui, en vieillissant, forment un véritable tronc comme chez le nopal, ou figuier de Barbarie *(Opuntia ficusindica).* Ses fruits, toujours situés au sommet des tiges, sont des baies appréciées tant en Amérique que dans l'Ancien-Monde où il fut introduit. Au Mexique, on mange aussi les jeunes raquettes.

B

B. **CACTUS ÉPIPHYTE**

On cultive de nombreux hybrides de cactus épiphytes (vivant sur d'autres plantes) pour leurs longues fleurs, rouges ou violettes, et leurs tiges, articulées et charnues, dépourvues d'épines. Celui-ci est un *Zygocactus,* mais d'autres genres sont appréciés, comme *Epiphyllum* ou *Rhipsalodopsis.*

C

C. **MAMMILLARIA**

Le type biologique en coussinet se rencontre dans plusieurs genres de cactacées comme ce *Mammillaria.* Les fleurs sortent des parties nouvelles et forment souvent une couronne.

D

D. **ÉPINES**

Les aréoles sont certainement des bourgeons axillaires ou des rameaux latéraux modifiés, dont les écailles ou les feuilles sont transformées en épines ou possèdent des poils à crochets (aiguillons des *Opuntia*).

E

E. **PERESKIA**

La particularité des cactacées vient de la manière, unique chez les dicotylédones, avec laquelle l'ovaire (infère) s'est soudé au calice. En fait, la base normale du carpelle (pistil) se situe ici au sommet de l'endroit par lequel les vaisseaux vasculaires pénètrent dans le carpelle (hypanthium). La fleur de ce *Pereskia grandiflora* (cactus primitif possédant des feuilles) illustre bien ce phénomène.

F

F. **ADAPTATION À LA SÉCHERESSE**

L'eau est stockée dans un tissu *(parenchyme)* des tiges de cactacées. Les plus grandes espèces emmagasinent jusqu'à 3 000 litres d'eau et peuvent perdre sans dommage 70 p. 100 de ces réserves. De nombreux dispositifs leur permettent de réduire la transpiration : réduction de la surface foliaire (feuilles transformées en épines) pouvant aller jusqu'à l'absence de feuilles, couverture des surfaces assimilatrices d'une épaisse cuticule et/ou de soies, poils ou épines.

G

G. **CACTUS CANDÉLABRES**

Dans les zones désertiques des États-Unis et du Mexique, de nombreuses espèces de cactacées, comme ce saguaro de l'Arizona *(Cereus giganteus),* forment d'impressionnants bosquets. Ce genre n'est pas le seul à comporter des cactus cierges, ou candélabres. Plusieurs espèces sont plantées, par simple repiquage de tige, pour former des haies vives infranchissables comme des fils barbelés.

AIZOACÉES ET DIDIÉRÉACÉES

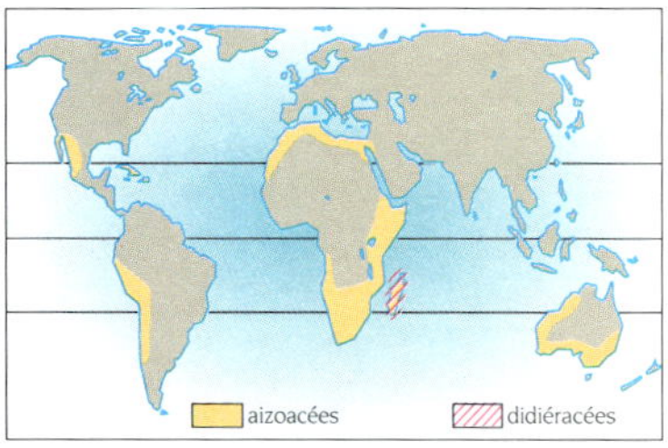

Répartition géographique. La quasi-totalité des aizoacées se rencontre dans le sud de l'Afrique, mais il existe quelques espèces pantropicales présentes dans le bassin méditerranéen, les Caraïbes, le sud-ouest des États-Unis, l'Amérique du Sud et l'Australie.

Les didiéréacées ne se trouvent qu'à Madagascar (endémique) et même dans la partie méridionale de l'île. Dans le Sud et le Sud-Ouest sub-désertiques, certaines espèces forment des peuplements denses, des fourrés hauts, caractéristiques de cette région.

LES PLANTES-CAILLOUX

LES AIZOACÉES

■ LES 2 300 ESPÈCES D'AIZOACÉES appartiennen à 143 genres différents. Cette famille, de l'ordre des caryophyllales, est connue pour ses plantes aux tissus charnus riches en eau, en particulier pour les plantes-cailloux *(Lithops, Pleiospilos...)*.

A. **PLANTES-CAILLOUX**

De nombreux genres d'aizoacées sont commercialisés pour leurs formes originales. Ce *Pleiospilos willowmorensis* est originaire de la région du Cap, en Afrique du Sud. Les deux uniques feuilles développées sont très charnues et bien camouflées au milieu des cailloux de leur milieu naturel.

A

Morphologie. Les aizoacées sont des herbes annuelles ou pérennes ou encore de petits arbustes, qui possèdent pour la plupart des feuilles succulentes (c'est-à-dire riches en eau). Les fleurs, généralement hermaphrodites, solitaires ou groupées (en cymes), sont caractéristiques. Le calice est formé de 4 à 8 sépales plus ou moins soudés à la base et souvent charnus. Une « pseudo-corolle » contient de nombreuses pièces colorées. Ce ne sont pas de vrais pétales, mais des étamines stériles (staminodes) en forme de pétale qui, en allant vers le centre de la fleur, se transforment progressivement en étamines fertiles.

Caractères particuliers. La structure des fruits du genre *Conicosia* est la plus spécialisée de toutes les angiospermes, avec trois stratégies différentes de dispersion des graines. La première ouverture de la capsule est provoquée par une hygrométrie élevée, et quelques graines sont expulsées par les gouttes de pluie. Puis l'ouverture augmente quand le fruit se dessèche, libérant des graines sur une longue période. Pour terminer, la capsule se casse en segments dispersés par le vent, contenant chacun jusqu'à deux graines.

B. **PLANTES DE MILIEUX ARIDES**

De nombreux caractères des aizoacées sont le résultat de leur adaptation à des climats extrêmement secs. À la différence des cactacées, ce sont ici les feuilles (et non la tige) qui sont succulentes, c'est-à-dire « grasses », avec un tissu spécialisé dans le stockage de l'eau (parenchyme aquifère) et un tissu chlorophyllien pour la photosynthèse en surface. Les bourgeons floraux sont parfaitement à l'abri à la base de la paire de feuilles et généralement au-dessous du niveau du sol. Les plantes sont souvent réduites à une seule paire de feuilles annuelles opposées dont la forme tend vers une sphère, laquelle offre une surface minimale par rapport au volume, donc une meilleure résistance à la dessiccation.

DES PLANTES DE MADAGASCAR

LES DIDIÉRÉACÉES

■ LES DIDIÉRÉACÉES, de l'ordre des caryophyllales, forment une curieuse petite famille de plantes colonnaires de Madagascar, qui ressemblent aux cactus cierges, ou candélabres, du genre *Cereus* (cactacées).

Morphologie. Les branches des didiéréacées sont différenciées en rameaux longs, « gras », et en rameaux courts. Ces derniers se développent à l'aisselle des feuilles des rameaux longs. Les bourgeons des rameaux courts, souvent enfoncés dans l'écorce, produisent des épines, isolées ou groupées, et des feuilles, solitaires ou en rosettes. Les feuilles sont plus ou moins épaisses, parfois richement gorgées d'eau.

Les fleurs, unisexuées, groupées en inflorescences (cymes), prennent directement naissance sur les rameaux. Chaque pied porte un type de fleur (mâle ou femelle) ; les fleurs des deux sexes sont similaires. Elles sont constituées par deux sépales en forme de pétales et quatre pétales vrais.

B

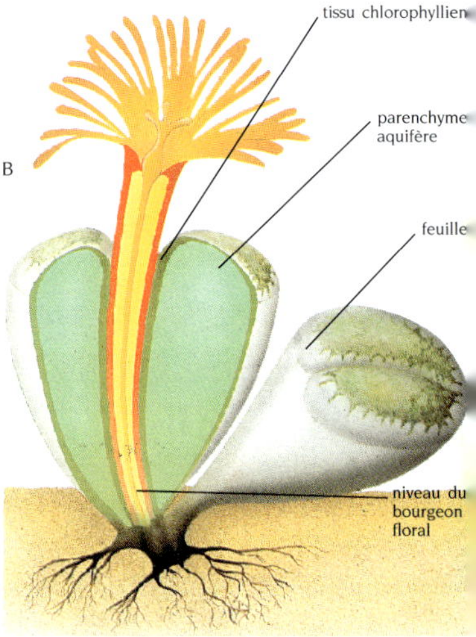

C

C. **APTENIA**

Les plantes avec des tiges rampantes et des feuilles épaisses (crassulescentes) sont très communes chez les aizoacées. Cet *Aptenia cordifolia* est une plante ornementale originaire d'Afrique du Sud, mais actuellement naturalisée en Australie. On voit bien sur cette fleur la transformation progressive des étamines stériles en forme de pétale en étamines fertiles (au centre).

D

D. **ARBRE-PIEUVRE**

Cet arbre de 4 à 6 m de hauteur possède un tronc court et épais qui se ramifie, à moins de 1 m du sol, en nombreuses branches allongées plus ou moins dressées. C'est de ce port caractéristique que *Didierea madagascariensis* tire son nom d'« arbre-pieuvre ». Il forme souvent de véritables forêts dans le sud de Madagascar.

UN PIGMENT RÉVOLUTIONNAIRE

L'homogénéité de l'ordre des caryophyllales (auquel appartiennent aizoacées, didiéracées et cactées), définie dès le XIXe siècle sur des caractères morphologiques, a été précisée par des études biochimiques. On a découvert vers 1960 que la plupart des familles de caryophyllales (9 sur les 12 qui constituent cet ordre) contenaient un pigment rouge ou jaune qui n'était pas une anthocyanine banale comme on en trouve chez les angiospermes mais un corps azoté nouveau que l'on nomma bétalaïne. Ce pigment est inconnu chez les autres familles d'angiospermes ; en revanche, on l'a trouvé chez certains champignons (amanites).

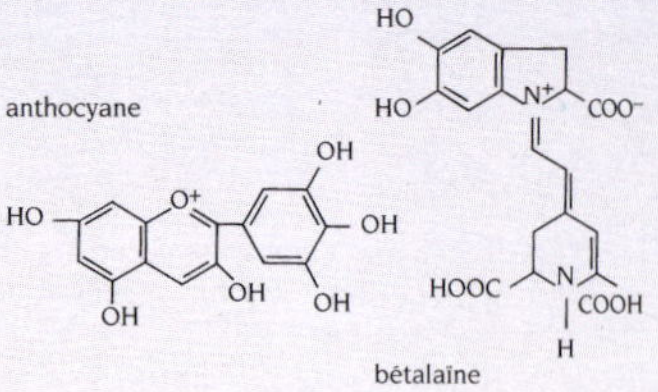

LES MALVALES

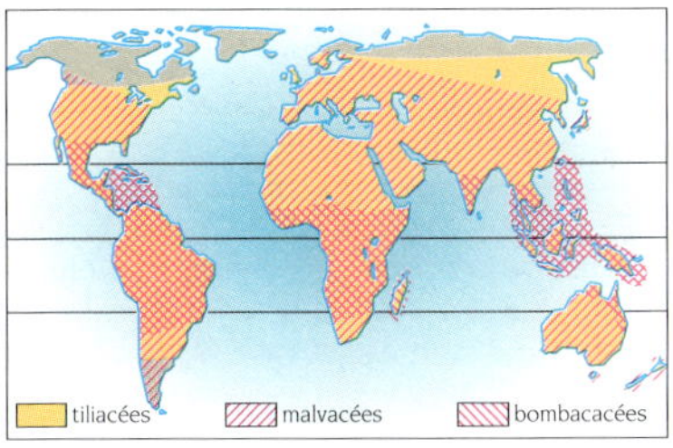

Répartition géographique. Les tiliacées (tilleuls), les malvacées (mauves) et les bombacacées (baobabs) composent, avec les sterculiacées (cacao) et deux autres familles, l'ordre des malvales.

Les tiliacées sont bien distribuées dans toutes les régions tropicales, en particulier en Amérique du Sud. On les trouve surtout dans les forêts caducifoliées. Le genre *Tilia* (tilleul) est le seul représentant de cette famille en zone tempérée.

Les bombacacées se trouvent surtout en Amérique latine, en particulier en Amazonie. Elles vivent dans les forêts denses humides (Amérique) et dans les savanes ou les forêts claires plus sèches (Afrique).

Les malvacées, particulièrement abondantes en Amérique tropicale, sont cosmopolites, absentes seulement des régions les plus froides. On trouve des représentants des malvacées dans les milieux secs aussi bien qu'humides, dans les prairies ou en forêt.

TILLEUL, BAOBAB...

L'ORDRE DES MALVALES

■ LES TILIACÉES forment une assez grande famille, avec 48 genres et 725 espèces. Si le tilleul est bien connu dans les pays tempérés, de nombreuses tiliacées tropicales sont également utilisées, comme certains *Corchorus* africano-asiatiques, pour la fabrication de jute.

Toutes les tiliacées sont des arbres ou des arbustes (à part *Corchorus* qui comprend des espèces herbacées). L'écorce, souvent fibreuse, sert à fabriquer des cordages. Les feuilles, simples, le plus souvent alternes, sont généralement couvertes de poils ramifiées. Des inflorescences en cymes complexes réunissent les fleurs, presque toujours bisexuées.

Les bombacacées. La petite famille des bombacacées est composée d'arbres souvent de grande taille. Les plus connus sont certainement les célèbres baobabs (genre *Adansonia*). Certaines bombacacées comme, en Asie du Sud-Est, le durian *(Durio zibethinus)* produisent un fruit comestible très apprécié.

Les feuilles de ces arbres, simples ou composées palmées, tombent souvent à la fin de la saison des pluies. Les fleurs, hermaphrodites, sont presque toujours grandes et massives. Les étamines, le plus souvent nombreuses, sont libres ou soudées par leur filet en un tube plus ou moins long. Le fruit est une capsule d'assez grande taille qui renferme des graines lisses, souvent immergées dans un feutrage de poils qui ressemble à du coton. C'est le kapok du commerce, produit par *Ceiba pentandra,* une espèce américano-africaine qui peut atteindre 70 m de hauteur.

Les malvacées. Elles constituent une grande famille de 116 genres et 1 550 espèces. Les cotonniers en font partie ainsi que de nombreuses plantes à fibres (tirées des écorces dans les genres *Urena, Wissadula* ou *Sida*) ou ornementales, en particulier des genres *Malva, Althaea* et *Hibiscus.* Le gombo, jeune fruit d'*Albelmoschus esculentus,* est un légume consommé dans les zones chaudes du globe.

Les malvacées ont des types biologiques très variés, depuis les herbes annuelles jusqu'aux arbustes et aux arbres, souvent couverts de poils étoilés. Leurs feuilles, simples, sont alternes. Le calice de la fleur de malvacée est formé de 5 sépales libres ou soudés.

E. F. G. **COTON**

Plusieurs espèces du genre *Gossypium* sont cultivées pour produire les fibres de coton, mais également de l'huile de cuisine, du savon, un colorant jaune... ; on en extrait 1 000 produits différents en Europe de l'Est. Les fleurs du cotonnier (F) sont d'un beau jaune vif éclatant. Le coton commercial est constitué par les poils abondants de la graine (E), en particulier celle de *Gossypium barbadense,* le plus cultivé aux États-Unis (G).

E F G

A

B. **FLEURS DE MALVACÉE**

Les étamines partiellement soudées (androcée monadelphe), bien visibles sur cet « hibiscus » malgache *(Megistostegium nodulosum),* caractérisent les malvacées. C'est un des traits responsables du succès horticole des hibiscus.

B

C. **FLEUR DE BOMBACACÉE**

Les grandes fleurs du baobab *Adansonia fony* s'ouvrent de nuit et sont pollinisées par les chauves-souris.

C

A. **TILLEUL**

Sur les 45 espèces du genre *Tilia,* toutes de l'hémisphère Nord tempéré, 5 se trouvent à l'état naturel en Europe, où elles sont souvent plantées. Les vertus médicinales du tilleul sont connues depuis l'Antiquité, en raison des propriétés calmantes des inflorescences, celles de *Tilia platyphyllos* étant les plus renommées en pharmacopée. L'inflorescence est formée par une bractée (feuille) et un petit groupe de fleurs pédonculées.

D

D. **BAOBAB**

Il existe 9 espèces de baobabs qui appartiennent toutes au genre *Adansonia.* Cet *Adansonia fony* pousse à Madagascar. Une espèce pousse en Afrique et une autre dans le nord-ouest de l'Australie. Ils sont tous adaptés à la sécheresse, avec un tronc renflé et gorgé d'eau stockée dans un tissu spécialisé (parenchyme aquifère). Cela leur donne une apparence étrange qui leur a valu le nom d'« arbres-bouteilles ». Les branches, réduites à une touffe terminale, sont souvent très tortueuses.

H

I

H. I. **MAUVE**

Malva est un genre eurasien de climat tempéré, représenté par 30 espèces. Les mauves européennes poussent dans des milieux secs et ouverts, mais également riches en azotes (nitrophiles). Ce sont souvent des plantes des milieux urbains. *Malva sylvestris,* représenté ici (H), possède comme fruit une capsule aplatie (I).

LES VIOLACÉES

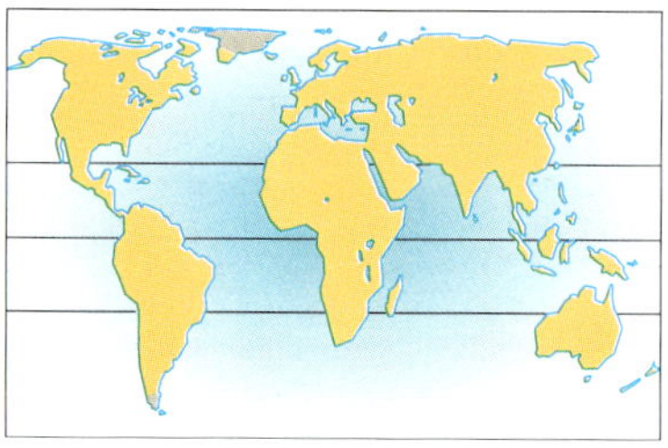

Répartition géographique et classification. Les violacées sont cosmopolites. *Viola* est le genre le plus important, groupant environ la moitié des espèces ; il comprend les violettes et les pensées, herbacées vivant essentiellement dans l'hémisphère Nord tempéré.

Les autres membres de la famille habitent surtout les régions tropicales et subtropicales. Ce sont des herbes *(Hybanthus),* des arbustes *(Rinorea, Corynostylis, Hymenanthera...),* de petits arbres *(Leonia, Fusispermum...)* et même quelques lianes *(Agatea* et *Anchietea).*

La grande famille des violacées compte plus de 900 espèces. Elles sont réparties en 3 sous-familles : les violoïdées, notamment, qui regroupent la grande majorité des espèces, et les genres *Leonia* et *Fusispermum,* qui forment, à eux seuls, les deux autres divisions (léonioïdées et fusispermoïdées).

A

A. **PENSÉE**

Les pensées ordinaires *(Viola tricolor),* comme celle-ci, sont des petites plantes aux fleurs panachées de vaste répartition mondiale. Les pensées cultivées hybrides à grandes fleurs dérivent de cette espèce par croisement avec d'autres espèces du genre *Viola* *(V. lutea, V. altaica...).*

B. **VIOLETTE**

Généralement odoriférantes, les violettes (genre *Viola)* sont très diversifiées sous les climats tempérés. Ce sont des plantes herbacées, annuelles, bisannuelles ou vivaces. On leur connaît des applications pharmaceutiques, culinaires et ornementales, sans oublier le doux parfum extrait de la violette de Parme *(Viola odorata).*

VIOLETTES, BÉGONIAS, PASSIFLORES...

VIOLACÉES ET FAMILLES PROCHES

■ CHEZ LES VIOLACÉES, les feuilles sont souvent simples et alternes, parfois opposées (certains *Hybanthus, Rinorea, Ionidium*), avec de petits stipules. Les fleurs, à 5 pétales et 5 sépales, sont solitaires ou groupées en inflorescences de types variés. Elles sont régulières, sauf chez *Viola* où apparaît une symétrie bilatérale. L'ovaire, supère, est formé d'une seule loge portant les ovules sur ses parois ; le fruit est en général une capsule à 3 valves, s'ouvrant de façon explosive et libérant les graines, dont l'albumen est très huileux.

Écologie. Dans les régions tropicales, les violacées vivent généralement dans les forêts denses humides, en particulier en sous-bois, comme de nombreuses espèces de *Rinorea.* Elles occupent également d'autres milieux : prairies en plaine ou en régions montagneuses, bord de mer... Certains genres sont très localisés : *Isodendrion* à Hawaii, *Decorsella* et *Allexis* dans l'Ouest africain. *Corynostylis, Leonia* et *Fusispermum* se rencontrent en Amérique tropicale. Présentes des régions tempérées et arctiques aux montagnes tropicales, « violettes et pensées » (genre *Viola*) sont au contraire largement répandues.

C

C. **RINOREA**

Les rinoreas sont des arbustes ou de petits arbres aux fleurs discrètes et blanchâtres, vivant dans toutes les régions intertropicales, et très communs dans le sous-bois des forêts denses humides. Avec environ 300 espèces, ce genre est généralement considéré comme relativement archaïque, faisant le lien entre les violacées et une famille proche, les flacourtiacées.

L'ordre des violales. Étant donné leurs caractères anatomiques, on rapproche certaines familles de plantes à fleurs de celle des violacées. Originaires des régions tropicales et subtropicales, les *flacourtiacées* (environ 1 000 espèces d'arbres et d'arbustes) et les *passifloracées* (près de 600 espèces, surtout lianescentes) ont des affinités avec les violacées, comme les *tamaricacées* et les *cistacées,* qui sont des familles plus restreintes. Un peu plus éloignées, les *bégoniacées* comptent près de 900 espèces essentiellement herbacées *(Begonia).* Les bégonias vivent à l'état spontané dans les régions tropicales d'Amérique du Sud et d'Asie méridionale.

Toutes appartiennent à l'ordre des violales, l'un des grands groupes de plantes à fleurs ; leurs ovules sont généralement insérés sur la paroi de l'ovaire (placentation pariétale).

DES FLEURS TRÈS DISCRÈTES

La plupart des violettes possèdent deux types de fleurs. Après leur vive floraison printanière, elles produisent en été des fleurs souvent incolores et beaucoup plus petites que les précédentes. Ces fleurs passent souvent inaperçues. De plus, fait remarquable, ces petites fleurs ne s'ouvrent pas ! Elle ne peuvent recevoir d'autre pollen que le leur : l'autopollinisation, rendue ainsi obligatoire, s'accomplit à l'intérieur de la fleur close : l'étamine vient au contact du stigmate. Fréquente chez *Viola* et *Hybanthus,* cette autopollinisation obligatoire (que l'on nomme « cléistogamie ») est aussi de règle chez de nombreuses plantes de la famille des fabacées, dont l'arachide.

D

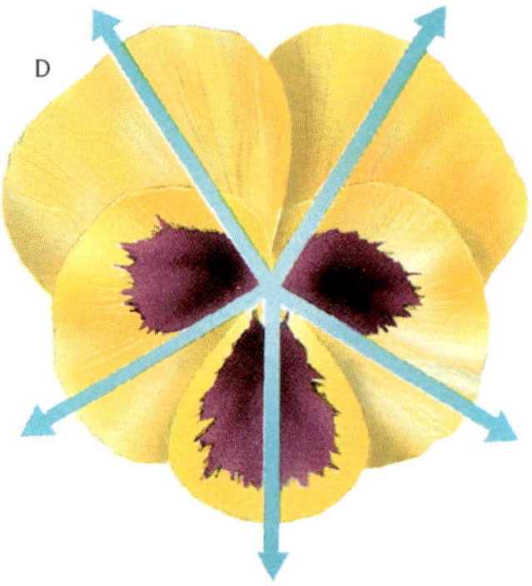

E

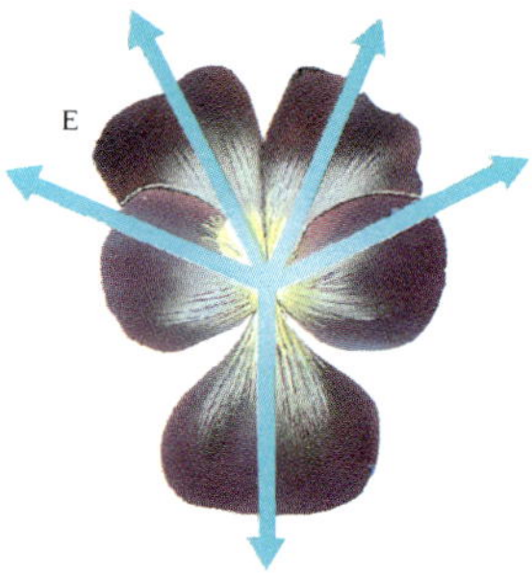

D. E. **VIOLETTE OU PENSÉE ?**

Violettes et pensées appartiennent au même genre *(Viola),* mais diffèrent par leur corolle : 4 pétales dirigés vers le haut et un seul vers le bas pour la pensée (E), respectivement 2 et 3 pour la violette (D), qui peut d'ailleurs être, comme ici, plus jaune que violette ! Toutes deux ont cependant des fleurs irrégulières (alors qu'elles sont régulières chez les autres violacées) et le pétale inférieur prolongé par un éperon.

B

LES CUCURBITACÉES

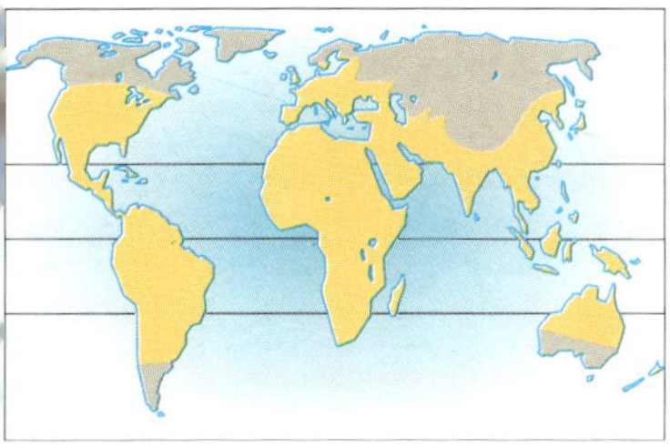

Répartition géographique. Avec environ 700 espèces, les cucurbitacées ont comme origine, pour la plupart, les régions tropicales et chaudes du globe, principalement en Afrique et en Amérique. Aucune espèce n'est spontanément présente sous les climats froids.

Morphologie et anatomie. Les tiges des cucurbitacées rampent ou s'élèvent très rapidement sur un support, au moyen de vrilles. Les feuilles sont alternes et souvent palmées. La fleur est régulière avec 5 pétales, souvent soudés en forme de tube ou d'entonnoir. Les fleurs, unisexuées – mâles ou femelles –, apparaissent, suivant les espèces, sur un même individu (la plante est dite *monoïque*) ou sur des pieds différents (plante *dioïque*). Dans les fleurs femelles, l'ovaire, placé sous le niveau d'insertion des autres pièces florales (infère), se développe le plus souvent en une baie à cuticule rigide appelée péponide.

Les fruits sont de formes et de tailles variées, tout comme leurs graines, généralement nombreuses et dépourvues d'albumen.

Types biologiques et écologie. Les cucurbitacées (du nom du genre *Cucurbita,* qui est celui des courges) sont typiquement des plantes grimpantes herbacées, à l'exception de quelques espèces qui sont des lianes ligneuses (comme *Gurania...*) ou même des arbres (comme *Dendrosicyos*).

Elles occupent des habitats variés comme les steppes et les savanes africaines *(Momordica, Coccinia...)* ou les forêts tropicales humides d'Amérique du Sud *(Gurania).* Les régions désertiques abritent quelques espèces adaptées à la sécheresse : à Madagascar, on trouve des plantes à feuilles réduites *(Seyrigia)* ou succulentes *(Xerosicyos).* À Socotra (océan Indien), *Dendrosicyos* possède un tronc épaissi aux allures de baobab. Les tubercules géants des *Marah* au sud-ouest des États-Unis sont également adaptés à la sécheresse.

Le concombre d'âne *(Ecballium elaterium)* est confiné au bassin méditerranéen, où l'on trouve également la « vraie » coloquinte *(Citrullus colocynthis),* tandis que les bryones *(Bryonia)* vivent en Europe et en Afrique du Nord.

Utilisations. Concombres, courges, melons, pastèques, les cucurbitacées comptent parmi les familles les plus importantes économiquement. On les consomme partout dans le monde, souvent loin de leur pays d'origine. Le genre *Luffa* fournit les éponges végétales, les calebasses *(Lagenaria),* sont utilisées en Afrique comme récipients.

A

B

C

A. B. C. **COLOQUINTES**

Dérivant de notre vulgaire citrouille *(Cucurbita pepo),* les « coloquintes », panachées et d'aspect curieux, sont cultivées pour leurs qualités ornementales. *Citrullus colocynthis,* très toxique, est en fait la véritable coloquinte, d'origine tropicale et présente aux abords de la Méditerranée.

D

D. **GURANIA**

Avec environ 100 espèces vivant en Amérique tropicale, le genre *Gurania* compte parmi ses représentants des lianes ligneuses, fait peu courant dans la famille des cucurbitacées. Cette espèce de Guyane possède des fleurs jaunes au réceptacle très développé (hypanthium) et souvent visitées par les colibris qui en assurent la pollinisation.

E

E. **BRYONE**

La bryone dioïque *(Bryonia dioica cretica)* est une des rares cucurbitacées spontanées de l'Europe, où elle envahit haies et murailles. Cette jolie plante produit des baies rouges vénéneuses. Sa racine, très développée (« navet du diable »), très toxique également, mais médicinale à faible dose, servait jadis d'ersatz de mandragore. Celle de la bryone blanche *(B. alba),* à fruits noirs, possède des propriétés analogues.

F. G. **CITROUILLE ET POTIRON**

On confond parfois à tort ces deux fruits d'origine américaine. La citrouille *(Cucurbita pepo)* [F] est une variété de courge utilisée pour nourrir le bétail.
Le potiron *(Cucurbita maxima)* [G] est une autre courge dont les très gros fruits à chair jaune sont appréciés en potage, purée ou confiture.

F

G

H

Tige et feuilles

La tige herbacée se ramifie dès la base et propage rapidement sur le sol ses axes à section anguleuse ; certaines espèces dépassent 15 m de long. Les feuilles sont très variables en forme et dimension selon les espèces et les variétés cultivées.

Fruit

*Le péponide est un fruit charnu qui ne s'ouvre généralement pas, de couleur et d'aspect très variés selon les espèces. Chez certains genres (*Luffa, Momordica...*), les fruits peuvent s'ouvrir à maturité. Chez* Ecballium, *ils se détachent en projetant au loin pulpe et graines.*

Vrilles

*Simples ou ramifiées, elles naissent au niveau des nœuds de la tige et permettent à la plante de s'accrocher à un support. Leur absence totale est exceptionnelle (*Ecballium*).*

Fleur

Les fleurs mâles ont des étamines libres ou soudées ; les fleurs femelles, souvent solitaires, sont parfois pourvues d'étamines stériles (staminodes). Naissant à l'aisselle des feuilles, les fleurs des cucurbitacées varient beaucoup en forme et en couleur.

H. **CORNICHON**

C'est une variété de concombre *(Cucumis sativus)* à petits fruits verts, que l'on récolte à l'état jeune. On les consomme en général confits dans du vinaigre, comme condiment.

LES CLUSIACÉES

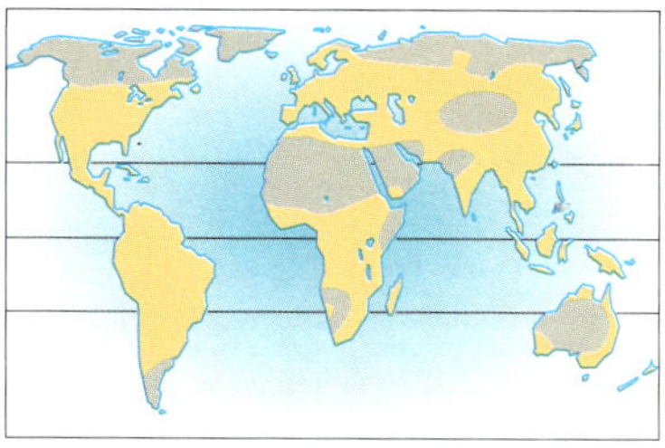

Répartition géographique. Les clusiacées, appelées également « guttifères », ou encore parfois guttiféracées, vivent principalement dans les régions intertropicales, à l'exception des millepertuis que l'on trouve surtout en zones tempérées, et de *Triadenum* (Asie et Amérique du Nord).

MILLEPERTUIS, CLUSIA, THÉS...

CLUSIACÉES ET FAMILLES PROCHES

■ LES CLUSIACÉES, qui comptent plus de un millier d'espèces, sont divisées en 5 sous-familles d'après les caractères de l'ovaire, des étamines, du fruit, des graines et le type de sexualité (fleurs unisexuées ou bisexuées).

Dans l'ordre des théales, auquel appartiennent les clusiacées, on trouve aussi les théacées (thés, camélias...), les diptérocarpacées (arbres des forêts denses asiatiques, bois d'œuvre de très grande valeur commerciale) ou encore les quiinacées, petite famille américaine. Toutes ces plantes sont tropicales ou subtropicales.

Morphologie et anatomie. Tous les organes de la plante contiennent en général des poches ou des canaux qui sécrètent un latex jaunâtre ou orangé (résines, pigments, huiles essentielles) s'écoulant par incision, d'où le terme de *guttifères,* autre nom des clusiacées.

Les feuilles, simples, sont en général opposées ou groupées en verticilles. Réunies en inflorescences terminales (rarement solitaires), unisexuées ou bisexuées, les fleurs sont régulières mais très diversifiées. Dans les loges de l'ovaire, typiquement supère (au-dessus du niveau d'insertion des autres pièces florales), les ovules présentent, en fonction des espèces, tous les types de placentation (axile, basale ou pariétale). Les fruits sont de types variés, charnus et indéhiscents ou capsulaires, et les graines sans albumen contiennent un grand embryon.

Types biologiques et habitat. Beaucoup de clusiacées sont des grands arbres des forêts denses humides *(Platonia, Calophyllum, Rheedia...),* parfois marécageuses *(Symphonia globulifera)* ou littorales (*Calophyllum inophyllum* des océans Indien et Pacifique).

Les formes arbustives sont représentées par les *Vismia* américains, ou les *Garcinia* d'Afrique et d'Asie, qui habitent des milieux très variés (forêts-galeries, savanes, régions semi-désertiques...).

En Amérique tropicale, certains *Clusia* épiphytes développent des racines aériennes qui, comme chez les figuiers étrangleurs, peuvent étouffer les arbres porteurs. Enfin, les millepertuis *(Hypericum)* sont arbustifs ou herbacés et occupent des milieux ouverts tempérés ou chauds et des montagnes tropicales.

Utilisations. Les clusiacées arborescentes des forêts tropicales fournissent souvent des bois d'excellente qualité *(Mesua, Calophyllum, Caraipa...).* Des drogues et des teintures sont parfois fabriquées à partir de l'écorce de *Vismia* ou d'*Harungana.* Le *Garcinia hanburyi* d'Extrême-Orient produit la gomme-gutte, médicinale.

Les graines de quelques espèces africaines de *Pentadesma, Allanblackia* et de *Lebrunia* sont des sources de matières grasses très appréciées localement. Certains fruits sont savoureux, tels le mangoustan et l'« abricot antillais ».

A

A. **MILLEPERTUIS**

Plus de 350 espèces d'*Hypericum* vivent dans le monde entier. Parmi ces millepertuis, l'herbe de la Saint-Jean *(Hypericum perforatum),* aux pétales jaune d'or, aux longues étamines et aux feuilles « perforées » de glandes, est commune dans les campagnes d'Europe. Le genre s'est différencié dès le crétacé lorsque les masses continentales étaient plus rapprochées, d'où son importante extension actuelle.

B

B. **MANGOUSTAN**

Originaire du Sud-Est asiatique, le mangoustanier *(Garcinia mangostana)* est un petit arbre dont le fruit violacé a la taille d'une petite pomme et une chair blanche des plus savoureuses. Sa culture s'est étendue à toutes les régions tropicales humides (surtout en Extrême-Orient). Le mangoustan est une baie, portant à sa base 4 sépales persistants. Les fruits de ce type sont propres aux genres *Garcinia, Vismia, Platonia...* L'abricot antillais *(Mammea americana),* une drupe, est un autre fruit excellent.

C

C. **FRUITS DE CLUSIA**

Cette espèce arbustive de clusia est commune dans les savanes préforestières longeant le littoral guyanais. À maturité, son fruit – une capsule – s'ouvre en étoile et prend l'apparence d'une fleur. Il expose les graines, recouvertes d'un tégument coloré (arille) que consomment oiseaux et chauves-souris.

D

D. **FLEUR DE CLUSIA**

Les clusiacées sont très diversifiées dans le nombre et l'arrangement des pièces florales. Cette fleur mâle d'un *Clusia* sud-américain étale ses grands pétales autour d'un anneau d'étamines. Celles-ci peuvent aussi être libres *(Mesua),* réunies en tube *(Symphonia)* ou en faisceaux *(Hypericum).* Unisexuées ici comme chez *Tovomita,* ou polygames *(Mammea),* les fleurs des clusiacées sont le plus souvent bisexuées.

E

E. **ARBRES DES FORÊTS TROPICALES**

Tel un palétuvier de mangrove, ce *Tovomita* déploie ses racines-échasses dans un sous-bois amazonien. Ces structures ont surtout un rôle de soutien de l'arbre sur sols instables ou inondables. Les forêts tropicales abritent de nombreuses clusiacées arborescentes : *Tovomita, Platonia* ou *Moronobea* en Amérique du Sud ; *Mesua, Calophyllum* surtout en Asie et *Pentadesma, Allanblackia* en Afrique. *Symphonia* vit à Madagascar, mais possède une espèce afro-américaine *(Symphonia globulifera).* Le genre *Garcinia* est pantropical.

LA CONQUÊTE DES ÉPICES

Aujourd'hui simples accessoires culinaires, les épices furent associées aux expéditions lointaines à travers mers et continents, en tant que denrées précieuses et exotiques. Leur conquête et leur commerce se modifièrent au cours de l'histoire en donnant de la vigueur à l'économie occidentale.

■ Distinguer les épices des aromates ou des condiments relève plus de l'instinct que de la définition encyclopédique. En effet, le poivre, par exemple, est une épice, comme chacun sait, et, pourtant, l'ail ou le raifort sont des condiments. On définit l'épice comme une « substance végétale aromatique servant à l'assaisonnement des mets », le condiment comme un « ingrédient ajouté aux plats pour en relever la saveur » et l'aromate comme une « substance naturelle à odeur pénétrante ». Où est la différence ?

Certes, les épices sont toujours de nature végétale, mais leurs caractères botaniques ne suffisent pas à les définir. Elles proviennent de l'écorce (cannelle), des bourgeons (clou de girofle), des fleurs (safran), des racines (gingembre), des fruits (piments) ou des graines (carvi). Leur origine géographique lointaine n'est pas non plus un critère, puisque la badiane, pourtant exotique, est classée comme aromate. Les épices ajoutent ainsi du piquant au métier de lexicographe !

Marchands d'épices et découvreurs de mondes

Au XIIIe siècle, Marco Polo (E) était surnommé messire *millione,* en raison de la richesse des royaumes odorants qu'il décrivait. Ses écrits influencèrent profondément *Christophe Colomb* (D). Convaincu de la sphéricité de la Terre, celui-ci résolut d'atteindre les Indes par la route de l'Ouest. En découvrant l'Amérique, en 1492, il inaugurait une fantastique ère de découvertes. En 1498, *Vasco de Gama* (B) parvint aux Indes après avoir contourné l'Afrique. En 1500, Pedro Cabral atteignit le Brésil et, en 1522, l'expédition de *Magellan* (C) accomplit le premier tour du monde. Les épices offraient à l'histoire de nouvelles frontières et de nouveaux héros.

C. Fernand de Magellan.

D. Christophe Colomb.

B. Vasco de Gama.

E. Marco Polo.

A. Bataille de Macassar.

Le goût du commerce... et la guerre du goût

Au XVIe siècle, pour conserver leur monopole des épices, les Portugais coulent les vaisseaux arabes et tuent les marchands italiens et alexandrins. La muscade, la cannelle ou le clou de girofle peuvent être revendus jusqu'à huit fois plus chers en Europe ; aussi, pour s'approprier ce commerce fructueux, les Hollandais livrent-ils aux Portugais une véritable « guerre des épices », comme le montre cet épisode de la bataille de Macassar, aux *Célèbes* (A). À leur tour, les Hollandais seront dépossédés par les Anglais.

Caravanes et croisades. Aujourd'hui à la portée de tous, les épices ont d'abord été l'apanage des plus riches. En 2800 av. J.-C., les pharaons et les prêtres d'Égypte s'en réservaient l'usage. Avec diverses plantes odorantes, elles parfumaient les offrandes faites aux dieux et servaient aussi bien à l'embaumement des cadavres qu'à la thérapeutique. Vers 950 av. J.-C., les caravanes de la reine de Saba apportèrent au roi Salomon une prestigieuse cargaison d'épices. Les Phéniciens, premiers marchands internationaux, se chargeaient de leur distribution autour de la Méditerranée. La première conquête militaire associée aux épices fut celle d'Alexandre le Grand, qui, en s'emparant du palais de Darius, prit possession de monceaux d'épices et d'aromates. Lorsqu'il conquit l'Égypte en 332 av. J.-C., Alexandre raviva ce faste culinaire, qui atteignit son apogée avec Cléopâtre. L'Empire romain lui-même, après cinq siècles de relative austérité, se livra à une débauche d'épices. « Tout ce qui put piquer le goût fut essayé par les Romains », dira plus tard Brillat-Savarin. Néron, pour son accession au pouvoir, en l'an 54, fit joncher de safran les rues de Rome. Après avoir assassiné l'impératrice Poppée, il brûla pour ses funérailles l'équivalent d'un an d'importation de cannelle.

L'Europe médiévale assimila les épices à de précieuses marchandises exotiques, à l'image de la soie ou des pierreries. Le terme « épices » vient d'ailleurs du latin *species*, qui signifie « denrées ». Pourtant, la passion des épices, l'engouement extraordinaire pour leurs propriétés aromatiques et médicinales, qui stimula considérablement le commerce, ne prit véritablement son essor qu'au XIIe siècle, avec les croisades. Celles-ci devaient permettre aux navires francs d'aborder les rivages du Liban, où parvenaient les caravanes. Les usages culinaires de Constantinople émerveillèrent les croisés. À leur retour, le prestige (et le prix !) des épices s'accrut considérablement. Les croisés divulguèrent de mystérieux récits arabes sur les contrées d'où provenaient la cannelle, le poivre, le clou de girofle et le sucre de Candie, auquel ils avaient goûté pour la première fois.

Les navigateurs conquérants. La splendeur de Venise doit son essor aux chevaliers conquérants : ses marchands transportaient les chevaliers jusqu'aux ports libano-syriens. Les précieuses épices que les marchands rapportaient au retour pouvaient se revendre à des prix exorbitants ou s'échanger dans les foires contre les draperies du Nord.

A. Cueillette du poivre.

Le fruit de feu

C'est Christophe Colomb qui, le premier, mentionna le piment (B) dans ses descriptions de l'île d'Hispaniola (Haïti). Il le qualifia de « mejor que pimienta » : « meilleur que le poivre ». De ce fait, les Espagnols lui attribuèrent le nom, plus viril, de « pimiento ». Dès le XVIe siècle, le piment devint indissociable de la cuisine africaine, arabe (harissa) ou asiatique (curry). Les plus petits, comme le piment des oiseaux antillais ou le pili-pili africain, sont les plus explosifs. Les Européens firent du poivron, un cousin doux du piment, un légume très apprécié. Le paprika hongrois est une variété de poivron rouge, réduit en poudre.

La plus légendaire des épices

Dès le Ve siècle avant notre ère, le poivre connaît un succès démesuré auquel nul mets, pas même le caviar, ne pourrait prétendre de nos jours. Ses grains sont la plupart du temps employés comme monnaie d'échange. En 452, Attila épargne Rome en échange d'un impôt dans lequel figurent du poivre et de la cannelle. Les épices sont alors aussi précieuses que l'or. Cette épice jouait un rôle non négligeable dans les procès : les plaideurs pouvaient s'octroyer les faveurs du juge en lui faisant don de poivre. Ce tribut, surnommé « les épices de chambre », bien que toléré, fait penser à nos modernes pots-de-vin. Cet « appétit » des magistrats, souvent sanctionné par la royauté, ne devint illicite qu'à la Révolution, mais il laissa sa trace dans l'expression « payer en espèces ». Le mystère le plus total voilait la culture du poivrier. Ce manuscrit du XVe siècle (A) le représente comme un arbrisseau ; en fait, il s'agit d'une liane grimpante tropicale. Ses baies, récoltées et séchées avant maturité, fournissent le poivre noir ; le poivre blanc, moins fort, est débarrassé de son enveloppe ; le poivre vert, frais, macère dans du vinaigre.

B. Piments.

Au Portugal, Henri le Navigateur voulut affaiblir la puissance des Sarrasins en s'attaquant à leur monopole sur les épices ; il choisit donc de contourner l'Afrique. Dès 1418, il fit construire ces bateaux légers et maniables qui reculèrent les frontières du monde, les *caravelles.* En 1487, Bartolomeo Diaz découvrit le cap de Bonne-Espérance. C'est Vasco de Gama qui, le premier, remonta la côte orientale de l'Afrique. Le 14 mai 1498, à la consternation des navigateurs arabes, il aborda à Calicut : la route des Indes était désormais ouverte au Portugal.

L'Espagne, entre-temps, s'était lancée dans la course aux épices, par la « route de l'Ouest ». Le 12 octobre 1492, Christophe Colomb aborda aux Bahamas. Déçu de ne pas y trouver les épices indiennes, il venait néanmoins de découvrir un « Nouveau Monde » qui allait fournir à l'Espagne le piment et la vanille, mais aussi l'or des Incas. Le 4 septembre 1522, l'expédition de Fernand de Magellan accomplit le premier tour du monde. Après avoir traversé le détroit « de Magellan », l'océan « Pacifique », atteint les Philippines, puis les Moluques, le navire *Vittoria* revint à Séville. Le voyage, financé par des commanditaires privés, dura trois ans ; il ne revint que le plus petit bateau, mais il était chargé d'épices ; cela suffit à rembourser les frais et même à tirer profit de l'expédition, ce qui donne la mesure de la valeur marchande des épices. C'est grâce à celles-ci, que, finalement, Magellan prouva que la Terre était ronde.

La guerre des épices. L'ouverture de la route des Indes entraîna une chute du prix des épices. Leur consommation s'accrut donc, et cela d'autant plus qu'on prêtait foi à leurs vertus médicinales. C'est alors que les Hollandais, ignorant le traité de Tordesillas qui partageait le monde entre l'Espagne et le Portugal, entrèrent en jeu. Ils découvrirent une île inhabitée, qu'ils baptisèrent Maurice, et rentrèrent de Malaisie, avec leurs navires chargés d'épices, car ils avaient bénéficié de l'aide des sultans indiens, qui voulaient se débarrasser du joug portugais. Hélas, la Compagnie hollandaise des Indes orientales, fondée en 1602, se montra la plus totalitaire des puissances colonialistes. La guerre des épices prit une tournure dramatique. Le corsaire Francis Drake, qui écumait les mers pour le compte de la reine Élisabeth Ire, revint à Londres avec un stock d'épices propre à exciter les financiers de la cité. En 1600, la reine autorisa la création de la East India Company. Pour justifier la course aux épices, elle innova le droit international en proclamant la liberté des mers. Cette date annonce la colonisation de l'empire des Indes.

Les vertus des épices. Très tôt dans l'histoire des civilisations, on attribue des propriétés médicinales aux épices. Si l'épicier de jadis n'était habilité à vendre que des épices, l'apothicaire, lui, délivrait en plus toutes sortes de drogues.

Le poivre est l'épice la plus anciennement employée par les peuples de l'Inde. Hippocrate lui attribue une valeur stomachique, apéritive et sternutatoire. On prête à son goût vigoureux des vertus aphrodisiaques. Traditionnellement, les saveurs vio-

C. Cannelle.

E. Fleur de safran.

D. Muscade.

Rivalités et intrigues commerciales

La plus douce et la plus féminine des épices est la cannelle (C). Elle parfume le vin ou la compote de pommes, et relève délicatement la saveur du riz au lait. Mais on peut dire que ce fut l'épice la plus meurtrière. Cette fine écorce au goût si chaleureux embrasa le XVIe siècle en provoquant une lutte commerciale acharnée.

La valeur marchande des épices encourageait un véritable espionnage industriel, comme le font de nos jours les technologies les plus sophistiquées. En 1753, un Français, Pierre Poivre, réussit, malgré la peine de mort décrétée par les Hollandais, à s'introduire dans l'archipel des Moluques, où il déroba des plants de muscadiers (D) et de girofliers pour les implanter en île de France (île Maurice).

« Toute plante est une lampe, le parfum est de la lumière », disait Victor Hugo. Aucune n'honore mieux cette image que le safran (E), dont les stigmates d'or éclipsent toutes les autres épices.

lentes et puissantes ont toujours été associées à la virilité. C'est la réputation du piment mais aussi du gingembre, souvent considéré comme une panacée. Le formulaire pharmaceutique publié par Dorvault en 1880 suggère contre l'apathie sexuelle des pastilles composées d'un subtil mélange de safran, de gingembre, de girofle, etc.

L'orangé éclatant du safran et son odeur puissante fascinent les hommes depuis des millénaires. Jadis, il teintait de lumière les robes des moines bouddhistes. À Rome, il parfumait et illuminait le lit des jeunes mariés. Le destin initial de la partie florale (stigmate) qui donne le safran est justement de recevoir le pollen apporté par un insecte fécondateur. Il faut plus de 100 000 fleurs pour recueillir un seul kilogramme de cette épice. Ses qualités sont avant tout celles d'un colorant alimentaire parfumé (c'est celui de la paella ou du chiche-kebab). Pourtant, les Égyptiens l'utilisaient comme médicament du rein, comme le médecin arabe Avicenne, et, à haute dose, il a même été employé clandestinement par les dames florentines comme abortif. En Perse, *safra* signifie « le jaune » ; de fait, il s'achète à prix d'or : récemment, il atteignait 1 000 dollars le kilo ! Cela le préserve d'un abus peu salutaire. La muscade, moins onéreuse, peut facilement provoquer des intoxications. Dans son livre *les Épices*, Pierre Delaveau rapporte que l'ingestion de une ou deux noix peut suffire à plonger le gourmand dans un sommeil comateux, entrecoupé de périodes de délire intense.

Le clou de girofle, bourgeon floral du giroflier, a bien mérité sa réputation médicinale. L'huile essentielle qu'il contient possède effectivement un pouvoir antibactérien, antifongique et analgésique, qui le fait toujours utiliser en dentisterie aujourd'hui. Quant aux piments, si redoutables pour la sensibilité européenne, ils représentent en Orient, le grand remède contre les infections intestinales.

Splendeur et déclin. Si la grande aventure des épices a commencé au néolithique, le XIXe siècle signe leur déclin. Reprenons leur parcours. L'invention de l'agriculture créa de nouvelles habitudes alimentaires. Les viandes sont naturellement « assaisonnées », mais peu de plantes comportent l'indispensable ration de sel et la plupart sont fades. En ajoutant du sel aux céréales, l'homme primitif apprit à varier leur goût. Dès lors, il n'eut de cesse qu'il ne rehausse la saveur de ses aliments. C'est là le rôle des épices et leur conquête a ce parfum de mystère, de passion et d'exotisme qui pourrait faire de leur histoire un prodigieux roman d'aventure.

Mais voici qu'apparut un nouvel ingrédient, le plus meurtrier, celui face auquel beaucoup d'épices succombèrent, celui qui faillit les faire expirer toutes, dans un dernier soupir parfumé : le sucre. Il n'est bien sûr pas question du miel, dont la saveur délicate et raffinée varie si finement en fonction des fleurs choisies par les abeilles, mais du sucre de canne, véritable bulldozer culinaire dont la force douceâtre écrase sans merci toute subtilité.

Longtemps considéré lui-même comme une épice (il était exotique et cher), il ne constituait pas alors un rival sérieux. Mais, au XIXe siècle, une culture plus efficace de la canne à sucre (fondée sur l'exploitation des esclaves des colonies) puis le raffinage de la betterave en Europe font du sucre une denrée courante. De plus, on se mit à le vendre sous forme de poudre, il devint aisé d'en saupoudrer les aliments. Avec le sel et le poivre, il orchestre le goût. Le seul arôme subtil qui lui ait résisté dans notre cuisine européenne est celui de la vanille, peut-être grâce à la force artificielle que lui confère la chimie de synthèse !

Quelle saveur pour l'avenir ? L'armoire de la ménagère d'aujourd'hui ne comporte qu'une douzaine d'épices, à condition que l'on accepte d'y inclure les fines herbes et autres condiments. On est loin des quatre cents plantes aromatiques répertoriées par Hippocrate !

Pourtant, l'avenir n'est pas insipide : il semble qu'un nouveau tournant s'amorce dans l'histoire des épices. La mode est à l'écologie et au jardinage ; les ventes de graines aromatiques à semer et à cultiver soi-même augmentent chez les pépiniéristes. Avec l'intensification des flux migratoires, de nouvelles saveurs se mêlent à la gastronomie occidentale. Orientales ou asiatiques, elles accordent pour la plupart une grande place aux épices. Enfin, une nouvelle hygiène alimentaire régit le menu des gourmands. Le sucre est banni par la diététique et l'esthétique, le sel, par la médecine. Les épices, riches en vitamines, reprennent de la vigueur et retrouvent ainsi leur vocation première, même si leur rôle s'est allégé à sa façon. L'histoire referme ainsi la boucle, et le retour des épices nous envoie les effluves d'un passé savoureux... □

Couleurs et parfums

Les marchés aux épices, s'ils sont traditionnellement bien représentés en Afrique et en Asie, font, avec la « mode de la nature », une timide apparition en Europe occidentale. Sur les marchés européens, où le client se procure les produits de consommation courante (viandes, légumes, crémerie...), on voit en effet apparaître des échoppes garnies de sacs en toile de jute emplis d'épices aux tons chatoyants et aux parfums enivrants. Ces commerces, hauts en couleur et en odeurs, ressemblent à ceux que l'on peut trouver en Afrique, ici au Caire (A), ou en Turquie. Le bazar égyptien à Istanbul est d'ailleurs un modèle du genre. Bâti sur un lieu occupé jadis par un marché vénitien, c'est un édifice de forme allongée où se tient, dans une atmosphère chargée de parfums et évocatrice des sortilèges de l'Orient, un marché d'herbes et de légumes, mais surtout d'épices.

A. Marché Khan Khali au Caire (Égypte).

LES DROSÉRACÉES

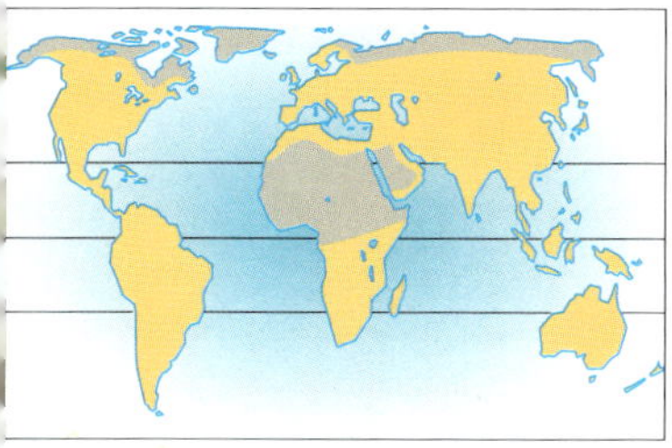

Classification et répartition. Les droséracées, avec les familles des sarracéniacées et des népenthacées, appartiennent à l'ordre des sarracéniales. Elles rassemblent 4 genres. Parmi ceux-ci, les rossolis (genre *Drosera*) regroupent 90 espèces dont la plupart sont réparties en Australie et en Afrique du Sud. On trouve les dionées, ou attrape-mouches (genre *Dionaea*), en Amérique du Nord, *Drosophyllum* au Portugal, dans le sud de l'Espagne et au Maroc, et *Aldrovanda* en Europe, en Asie et en Australie.

DES PLANTES CARNIVORES

LES DROSÉRACÉES ET LES AUTRES...

■ LES DROSÉRACÉES sont de petites plantes herbacées, terrestres ou aquatiques et flottantes (genre *Aldrovanta*). Elles vivent dans les marais, les marécages, les tourbières ou sur les rochers temporairement humides. Elles sont annuelles ou vivaces et se caractérisent par leur capacité à sécréter, au niveau de leurs feuilles qui se transforment, des sucs permettant la digestion des petits insectes qu'elles capturent.

Morphologie. La racine primaire, plus ou moins développée, est rapidement remplacée par des racines adventives (partant de la tige). Certaines droséracées possèdent un tubercule souterrain. Les feuilles forment des rosettes groupées à la base ou réparties le long de la tige. Le limbe présente des poils irritables ou des glandes, avec ou sans pédoncule. Les fleurs, hermaphrodites et régulières, sont disposées en inflorescences (en grappe ou en cyme), ou sont plus rarement solitaires.

Autres plantes « carnivores ». Quatre autres familles, les népenthacées, les sarracéniacées, les céphalotacées et les lentibulariacées, présentent aussi des espèces insectivores.

Les feuilles des népenthès. Les népenthacées (un seul genre, *Nepenthes*) sont tout à fait remarquables avec leurs 70 espèces, réparties autour de l'océan Indien. Ce sont des sous-arbrisseaux, des arbustes ou des lianes. Les feuilles, coriaces, sont extrêmement différenciées et font l'originalité de la famille. Elles se composent de 3 parties : un limbe, une vrille formée par le prolongement de la nervure médiane et une urne, à l'extrémité de la vrille, munie d'un « couvercle » (opercule). Les fourmis sont attirées par le nectar des feuilles et des tiges ; au sommet de l'urne, une zone lisse, enduite de cire, précipite ces insectes au fond de cette cavité d'où ils ne peuvent sortir. Leur présence stimule alors l'activité des glandes situées vers le fond. Celles-ci libèrent des enzymes qui vont « digérer » l'insecte, dont la plante récupère les peptides et les acides aminés, sources d'azote indispensable à sa croissance.

LA DIGESTION DES PLANTES CARNIVORES

Toutes les plantes carnivores comme les rossolis *(Drosera)*, les dionées, les sarracénias ou les népenthès vivent dans des marais sur des sols acides, déficitaires en azote. La capture d'insectes ou d'autres animaux, comme des petits crustacés ou des vers nématodes, leur assure un apport complémentaire en azote organique (sous forme de protéines).

Les feuilles de la plante constituent de véritables pièges. Chez le rossolis (dont une feuille est montrée ci-dessous avec sa proie), les insectes sont attirés par les substances gluantes sécrétées à l'extrémité des poils glanduleux du limbe, en forme de tentacules. L'insecte qui se pose sur la feuille produit une excitation de telle sorte que les poils se recourbent et se referment sur lui. Prisonnier, il se débat et stimule ainsi l'activité sécrétrice des cellules glandulaires, qui élaborent des enzymes de dégradation des protéines. Les parties molles de l'insecte sont décomposées et la plante en absorbe les éléments nutritifs (substances azotées). Au bout de 2 ou 3 jours, seule l'enveloppe de chitine de l'insecte reste ; les poils glanduleux se redressent et cette carapace vide est emportée par le vent ou la pluie.

A

A. **FLEURS DE DROSERA**

Les pièces protectrices (périanthe) sont formées de 5 sépales et de 5 pétales blancs, roses ou pourpres. Ces pétales adhèrent après la floraison aux étamines et à la partie supérieure du pistil (stigmates), formant ainsi un capuchon au-dessus de l'ovaire. Les 5 étamines sont libres et l'ovaire, à une seule loge, renferme de nombreux ovules courbes (anatropes). La capsule contient des graines de petite taille, noires, ovoïdes ou fusiformes. *Drosera adelae,* représentée ici, est endémique d'Australie.

B

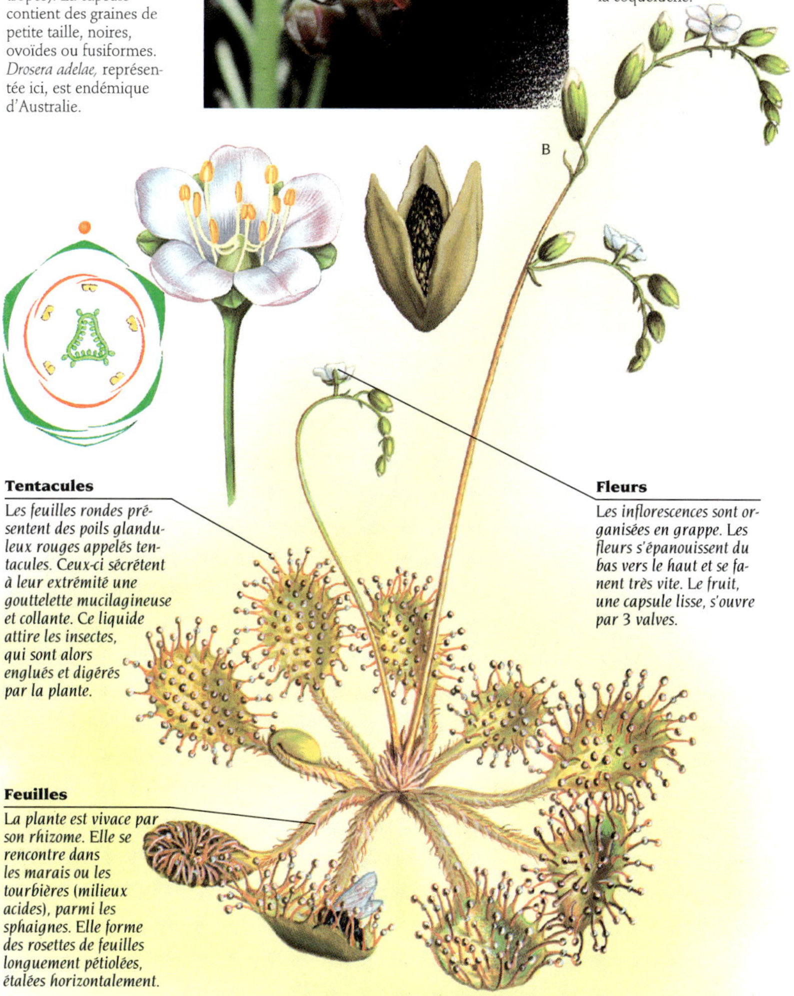

B. **ROSSOLIS**

Drosera rotundifolia (rossolis, ou herbe à rosée) est l'espèce la plus cosmopolite (Europe, Sibérie, Amérique du Nord, Asie septentrionale, Groenland). La plante entière est utilisée en médecine (antispasmodique, expectorant), principalement contre la coqueluche.

Tentacules

Les feuilles rondes présentent des poils glanduleux rouges appelés tentacules. Ceux-ci sécrètent à leur extrémité une gouttelette mucilagineuse et collante. Ce liquide attire les insectes, qui sont alors englués et digérés par la plante.

Fleurs

Les inflorescences sont organisées en grappe. Les fleurs s'épanouissent du bas vers le haut et se fanent très vite. Le fruit, une capsule lisse, s'ouvre par 3 valves.

Feuilles

La plante est vivace par son rhizome. Elle se rencontre dans les marais ou les tourbières (milieux acides), parmi les sphaignes. Elle forme des rosettes de feuilles longuement pétiolées, étalées horizontalement.

LES CRUCIFÈRES

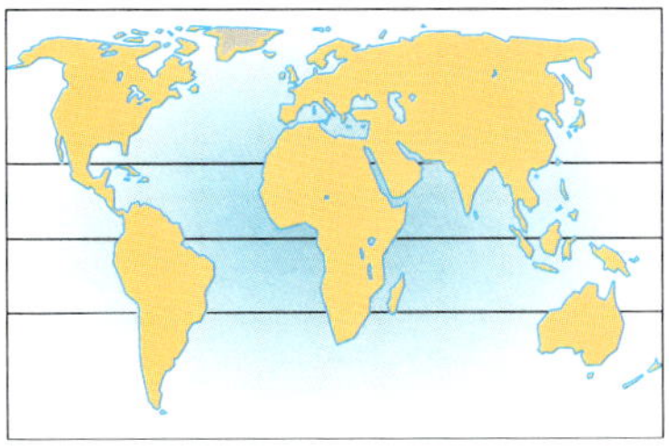

Répartition géographique. Il existe environ 3 000 espèces de crucifères (navet, chou, giroflées, moutarde...), principalement réparties dans l'hémisphère Nord, même sous les climats très froids. Ces plantes, appelées également « brassicacées » (le genre *Brassica* est celui du chou), sont très diversifiées dans les régions méditerranéennes, en Asie centrale et en Amérique du Nord. Dans l'hémisphère austral, la plupart vivent en Afrique du Sud et en Australie.

Classification. On peut subdiviser les crucifères en 4 « tribus » principales : les arabidées *(Arabis, Cardamine, Nasturtium, Rorippa...)*, les alyssées *(Alyssum, Lunaria, Draba...)*, les brassicées *(Brassica, Raphanus, Sinapis, Cakile...)* et les lépidiées *(Lepidium, Capsella, Iberis, Thlaspi...)*.

Morphologie et anatomie. Les feuilles des crucifères portent souvent des poils. Elles sont en général disposées en rosettes. La fleur comporte 4 sépales et 4 pétales libres et égaux disposés en croix (d'où le nom de crucifères). Le fruit est typique des crucifères. C'est une capsule allongée, ou *silique,* s'ouvrant par 2 valves. Une extraordinaire diversité morphologique caractérise cependant les fruits de cette famille.

La vaste répartition des crucifères, la simplification de leurs fleurs, qui s'oppose à la complication de leurs siliques, témoignent d'un très haut degré d'évolution et de spécialisation.

Écologie et types biologiques. Les crucifères ont colonisé la plupart des milieux de vie possibles (pelouses d'altitude, prairies humides ou sèches, talus, cultures, sables et rochers maritimes, déserts, habitats aquatiques). Ce sont en général des herbes annuelles ou pérennes. Certaines espèces sont ligneuses *(Alyssum, Farsetia, Heliophila...)* ou lianescentes *(Crematolobus peruvianus, Lepidium scandens...)*.

Utilisations. Les crucifères élaborent différentes substances soufrées (sénevols), responsables du goût piquant de certains aliments (moutarde, raifort, radis...). De très nombreuses crucifères sont alimentaires, utilisées comme légumes (navet, choux, radis, cresson...). Quelques espèces produisent une huile comestible (colza, navette) ou non (cameline, à propriétés siccatives [elle durcit à l'air]). Certaines crucifères sont fourragères (rave, navette, chou fourrager...), d'autres ornementales (giroflées, corbeilles-d'argent [*Alyssum, Iberis*], monnaies-du-pape [*Lunaria biennis*]...).

LA PLANTE DE LA RÉSURRECTION

La « rose de Jéricho » *(Anastatica hierochuntica)* est une plante annuelle des régions désertiques (Sahara, Arabie et Pakistan). Ses rameaux sont très sensibles aux variations d'humidité de l'air : sous l'effet de la sécheresse, elle perd ses feuilles et se recroqueville en forme de boule. Fréquemment arrachée par le vent, elle est alors roulée sur de grandes distances, ce qui assure la dispersion de ses graines.

Si les pluies surviennent ou si un site plus humide est atteint, elle s'étale de nouveau comme une étoile, manifestant, après une période de « repos », son retour à la vie active (reviviscence).

A

A. CAPSELLE BOURSE-À-PASTEUR

Cette plante annuelle, *Capsella bursa pastoris,* épanouit toute l'année ses petites fleurs blanches. Ses siliques, fruits caractéristiques des crucifères, sont facilement reconnaissables par leur forme en cœur. Elle est extrêmement répandue dans le monde.

B

B. GIROFLÉE

Cette « ravenelle » *(Cheiranthus cheiri)* est une plante vivace originaire de Grèce, aux fleurs jaune d'or, brunes ou rouges, très visitées par les abeilles pour leur nectar. Il en existe de nombreuses variétés cultivées. D'autres giroflées sauvages, souvent originaires du bassin méditerranéen, ont donné d'abondantes et très belles variétés ornementales, aux fleurs odorantes : « quarantaine » *(Matthiola annua)*, giroflée des fenêtres *(M. fenestralis)* et la plupart des hybrides de jardin *(M. incana)*.

D

D. CHOU

Le chou commun *(Brassica oleracea)* est une plante vivace à feuilles larges et épaisses des côtes atlantiques d'Europe. De nombreuses variétés cultivées en sont issues (chou-fleur, chou de Bruxelles...).

Fleur

Les crucifères tirent leur nom de la disposition en croix de leurs sépales et de leurs pétales. La fleur typique comprend 6 étamines (4 longues et 2 courtes) qui portent des petits renflements (nectaires) et un ovaire supère divisé en deux par une fausse cloison membraneuse.

C

C. SILIQUE

Chez la capselle, la silique est aplatie, triangulaire et très courte. On parle de « silicule », comme chez *Draba* ou *Iberis.* Incroyablement varié chez les crucifères, ce fruit peut aussi être globuleux *(Armoracia...)*, allongé *(Sinapis...)*, ailé ou même poilu.

E F

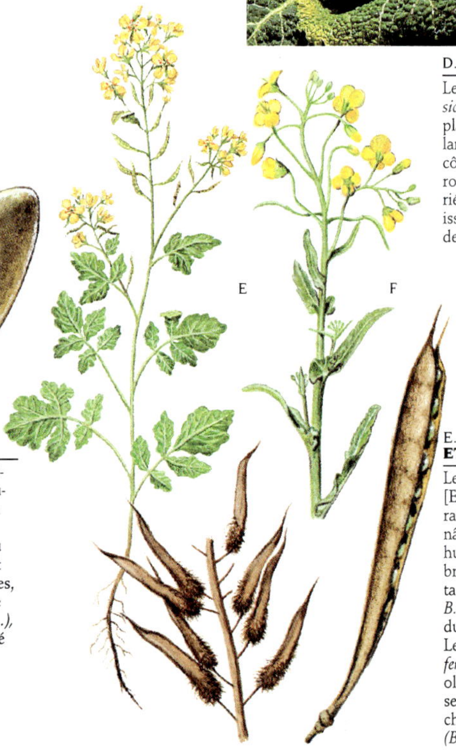

E. F. MOUTARDE ET COLZA

Le sénevé *(Sinapis alba)* [E] est d'origine méditerranéenne. Sa graine jaunâtre est très riche en huile (30 à 35 p. 100) et, broyée, produit la moutarde. *Brassica nigra* et *B. juncea* sont aussi producteurs de moutarde. Le colza *(B. napus oleifera)* [F], cultivé comme oléagineux ou fourrage, serait un hybride du chou et de la navette *(B. campestris)*.

LES ÉRICACÉES

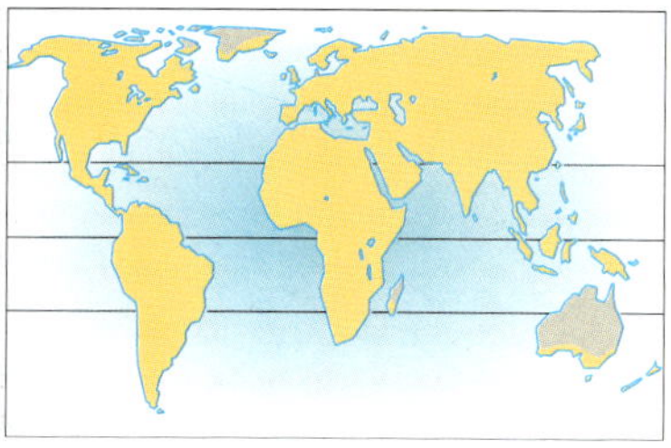

Répartition géographique. Les éricacées, dont on dénombre plus de 3 000 espèces, sont cosmopolites. Certains genres possèdent de nombreuses espèces : c'est le cas pour *Rhododendron* dans l'Himalaya et en Nouvelle-Guinée, *Erica* (les bruyères), surtout en Afrique du Sud, ou *Gaultheria* autour du Pacifique. Les autres genres importants sont *Vaccinium, Cavendishia, Agapetes, Gaylussacia...*

Types biologiques et écologie. Les éricacées sont des sous-arbrisseaux (myrtilles, bruyères...), des arbustes (rhododendrons, arbousiers...), parfois des arbres *(Oxydendrum, Erica arborea...)* et des épiphytes *(Cavendishia, Vaccinium...)*, plus rarement des herbes et des lianes. Elles habitent surtout les milieux clairs et humides, sur sols acides (côtes tempérées, montagnes tropicales, marais et tourbières), caractérisant certains paysages de landes (bruyères) ou de broussailles (rhododendrons des volcans indonésiens, prairies alpines...).

Les mycorhizes. Chez les éricacées et les autres familles de l'ordre des éricales, on observe des bosses, les nodosités, sur les racines. Ces structures, appelées « mycorhizes », résultent de l'association symbiotique entre la plante et des champignons (souvent ici des *Rhizoctonia*), qui fournissent aux plantes les éléments indispensables à leur croissance.

Morphologie et anatomie. Les fleurs sont régulières, sauf chez le genre *Rhododendron* où les pétales et les étamines inférieurs sont plus développés. La corolle compte en général 4 ou 5 pétales plus ou moins soudés (ils sont en grelot chez les bruyères). Deux cycles d'étamines sont présents, sauf chez quelques « azalées ». L'ovaire est supère (infère chez *Vaccinium*) et renferme de nombreux ovules. Le fruit est en général une capsule, ou une baie (myrtilles, arbousiers...). Les feuilles coriaces, souvent persistantes, sont parfois repliées ou en forme d'aiguilles (bruyère).

Utilisations. Certaines éricacées ont une grande importance horticole (bruyères, azalées, rhododendrons). D'autres sont également dévolues à cet usage mais moins répandues *(Kalmia, Ledum, Pieris, Vaccinium, Zenobia...)*. Le fruit des éricacées, généralement une capsule, est une baie comestible chez les airelles (baies rouges) et les myrtilles (baies noires).

A

A. **VACCINIUM**

Ce genre, d'environ 450 espèces, est répandu dans l'hémisphère Nord et les montagnes tropicales, comme ici à Java. Les pétales, soudés en un tube renflé masquant les pièces fertiles, illustrent la fleur gamopétale. L'ovaire infère et le fruit charnu (baie) caractérisent, parmi les éricacées, la tribu des vacciniées.

E

F

E. F. **AZALÉE ET RHODODENDRON**

Séparés par le botaniste suédois Linné au XVIIIe siècle, les deux groupes appartiennent en fait au seul genre *Rhododendron.* Les azalées (E) ont des feuilles généralement caduques. Les « rhododendrons » au sens horticole (F) ont une gamme de couleurs florales plus étendue et des feuilles persistantes. Il existe environ 1 000 espèces dans le genre *Rhododendron.* Des plantes naines *(R. nivale)* aux arbres de 15 m *(R. arboreum),* la plupart des espèces sauvages vivent dans l'Himalaya (dans les montagnes d'Europe, *R. hirsutum* vit sur sols calcaires et *R. ferrugineum* sur sols acides).

B

C

B. C. **CALLUNE ET BRUYÈRE**

Landes, tourbières et forêts claires sont souvent le domaine des grands peuplements d'éricacées. La callune *(Calluna vulgaris)* [B], seul représentant du genre, est un sous-arbrisseau d'Europe, d'Asie Mineure et d'Amérique du Nord. La résistance au froid et à la chaleur, le peu d'exigences vis-à-vis du sol et la production massive de graines en font une excellente plante pour coloniser les milieux (plante pionnière). La bruyère des marais *(Erica tetralix)* [C] est commune dans les tourbières et les landes humides d'Europe tempérée, la bruyère cendrée *(E. cinerea)* préférant les milieux plus secs. Leurs fleurs sont pollinisées par les abeilles, les bourdons et même les oiseaux.

D

D. **BRUYÈRE ARBORESCENTE**

Mesurant plusieurs mètres de haut, cette *Erica arborea* fait exception dans une famille où dominent les sous-arbrisseaux. Son aire de répartition, disjointe, s'étend des montagnes est-africaines à la région méditerranéenne (ici, dans l'Atlantique, à Madère). Elle n'atteint pas l'Afrique du Sud, qui abrite pourtant la plupart des espèces du genre *Erica.* Les célèbres pipes de bruyère sont taillées dans le bois de cette espèce.

G

H

G. H. **MYRTILLES**

Vaccinum myrtillus, aux baies noires (les myrtilles) pousse presque partout en Europe sur sols humides et acides (G). On appelle airelles certaines plantes du genre *Vaccinum,* comme cette *V. vitis daea* (l'airelle rouge) [H].

PRIMULACÉES ET SALICACÉES

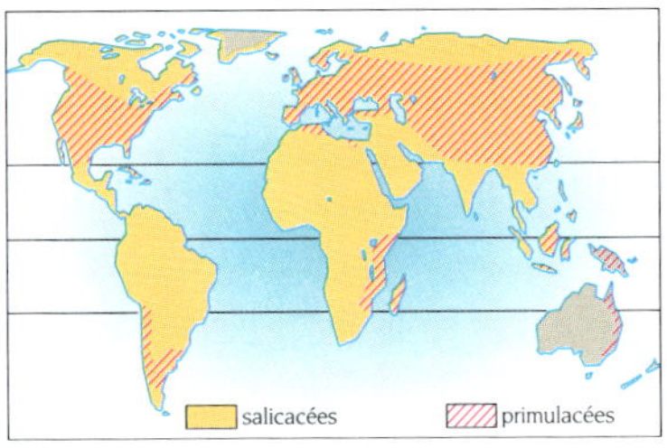

Répartition géographique. Les primulacées (qui comprennent les primevères et les cyclamens) habitent surtout les régions froides et tempérées de l'hémisphère Nord, ainsi que les montagnes tropicales.

La famille des salicacées comprend deux genres : les saules (genre *Salix,* environ 400 espèces) et les peupliers (genre *Populus,* 40 espèces). Ils vivent essentiellement dans l'hémisphère Nord en régions tempérées ou froides et font défaut en Australie, en Océanie et dans l'archipel malais.

La famille des primulacées, plus diversifiée, comprend 28 genres (plus de 900 espèces) ; elle est répandue dans tout l'hémisphère Nord.

PRIMEVÈRES...

LES PRIMULACÉES

■ LES PLANTES de la famille des primulacées sont des herbes, plus rarement des sous-arbrisseaux. Près de la moitié des espèces sont des primevères *(Primula),* très diversifiées dans les montagnes d'Europe et d'Asie. Avec les lysimaques, elles couvrent les deux hémisphères. Beaucoup d'androsaces sont adaptés à la sécheresse et forment en montagne de denses coussinets. Les cyclamens s'étendent de l'Europe à l'Iran ; les soldanelles habitent les hauts sommets européens ; les mourons *(Anagallis)* et les samolées (*Samolus,* dont *S. valerandi* des sols humides salés) sont cosmopolites.

Classification. Les primulacées sont divisées en 5 tribus selon la position de l'ovaire, la symétrie des fleurs et la disposition des pétales. Les cyclaminées *(Cyclamen)* sont des plantes à tubercules dont les fleurs penchées possèdent des pétales renversés. Chez les primulées *(Primula, Androsace, Soldanella...),* les pétales sont imbriqués en quinconce dans le bouton floral et les plantes ne possèdent pas de tubercule. Les lysimaquiées *(Lysimachia* [lysimaques], *Anagallis, Glaux...)* ont des pétales spiralés. Les samolées, appelées aussi « mourons aquatiques » *(Samolus),* possèdent un ovaire semi-infère. La dernière tribu, celle des coridées *(Coris),* montre des fleurs irrégulières.

Morphologie et anatomie. À l'image des primevères, les feuilles de nombreuses primulacées sont groupées en rosette. Dans la fleur à 5 pétales, souvent tubulaire, les étamines sont insérées en un cycle sur la corolle. L'ovaire est généralement au-dessus du niveau d'insersion (supère). Le fruit, capsulaire (appelé *pyxide* chez les mourons), s'ouvre de plusieurs façons.

SAULES ET PEUPLIERS

LES SALICACÉES

■ LES SAULES sont des arbres moyens ou des arbustes. Certaines espèces alpines sont naines et gazonnantes *(Salix reticulata, S. herbacea...).* Souvent isolés, les saules caractérisent les milieux humides comme les bords de cours d'eau et les prairies marécageuses en montagne.

Morphologie et anatomie. Les fleurs, unisexuées, sont groupées en chatons mâles et femelles, portés sur des arbres séparés (arbres dioïques). L'ovaire est supère. Le fruit est une capsule à 2 ou 4 valves ; ses graines sont petites, nombreuses et entourées d'une aigrette de poils.

Utilisations. Certains saules ornent les parcs et jardins, tels *Salix matsudana, S. purpurea, S. babylonica...* Ceux à rameaux flexibles, tels *S. viminalis,* produisent l'osier. En arboriculture, on utilise les peupliers noirs *(Populus deltoides* d'Amérique du Nord et *P. nigra),* blancs *(P. alba),* les trembles *(P. tremula)* et des variétés hybrides (peupliers euraméricains).

A

A. **SOLDANELLE**

Commune dans les Alpes, cette *Soldanella alpina* s'étend aussi largement des Pyrénées aux Balkans. C'est une petite plante vivace familière des prés humides et des rocailles, surtout en terrain calcaire. L'élégante corolle frangée et retombante, de couleur lavande, est formée de 5 pétales et de 5 étamines stériles (staminodes) en forme de pétale. Au printemps, les soldanelles percent souvent la couche neigeuse après l'épanouissement de leurs fleurs. On en compte une dizaine d'espèces.

E

E. **CYCLAMEN**

Le cyclamen cultivé dérive de *Cyclamen persicum,* originaire du sud-est de l'Europe, dont on obtient des variétés à grandes fleurs, doubles, frangées... Les tiges charnues, les feuilles cordiformes, panachées et les pétales renversés caractérisent ce genre, d'environ 20 espèces.

G

G. **PEUPLIER**

Parmi les salicacées, *Populus* représente le genre le plus primitif (fin de l'ère secondaire). Les peupliers diffèrent des saules par leurs larges feuilles (ici, un peuplier d'Italie, issu de *P. nigra*) et par leurs chatons pendants (dressés chez les saules), portant à l'aisselle de bractées très découpées des fleurs au bout d'un pédoncule.

B

C D

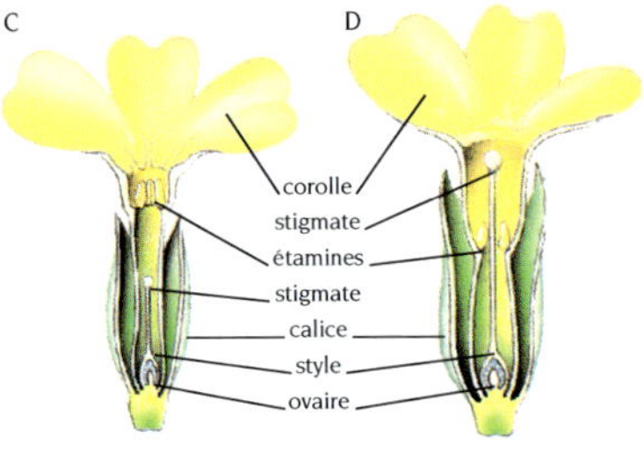

B. C. D. **DEUX VERSIONS D'UNE FLEUR**

Chez les primevères d'une même espèce (genre *Primula*) [B], Darwin a observé des individus dont les fleurs possédaient des styles courts (C) et d'autres à styles longs (D). Le phénomène est illustré ici avec *P. vulgaris :* dans les fleurs à style court (brévistyles), le stigmate est situé sous les étamines. C'est l'inverse dans les fleurs à style long (longistyles), où le stigmate émerge de la corolle et dépasse les étamines. Ce phénomène, appelé *hétérostylie,* entrave la fécondation de la plante par son propre pollen (autogamie) et favorise la pollinisation croisée, réalisée par les insectes.

F

F. **SAULE**

Le saule pleureur *(Salix babylonica)* vient de Chine et du Japon. En Europe, seul l'arbre femelle est cultivé, multiplié par bouturage. *S. elegantissima,* plus résistant au gel, lui est préféré dans les pays froids. Les saules Marsault *(S. caprea)* et les saules argentés, ou blancs *(S. alba),* sont des arbres des plaines d'Europe.

SAPOTACÉES ET ÉBÉNACÉES

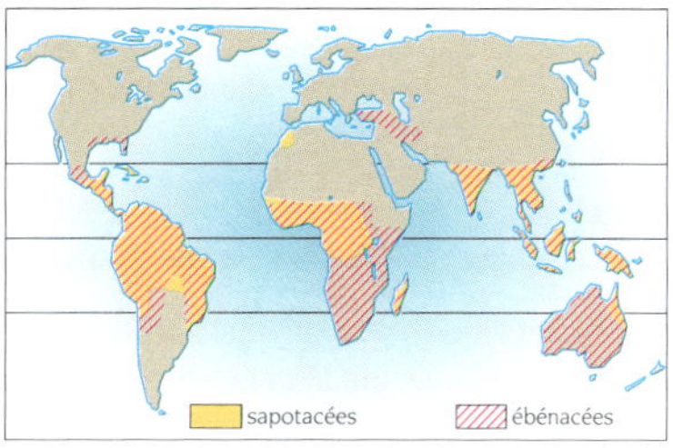

Répartition géographique. La plupart des espèces habitent les forêts denses humides des tropiques. Ces deux familles sont très diversifiées en Afrique, à Madagascar, mais aussi en Asie (ébénacées). Quelques représentants vivent sous les climats tempérés chauds et dans les forêts tropicales sèches, mais très peu ont colonisé les zones arides.

Classification. Les sapotacées (sapotier, cainitier...) et les ébénacées (kaki, ébènes...) appartiennent à l'ordre des ébénales, dont on retrouve certains pollens et feuilles fossiles datant du crétacé supérieur. Deux petites familles sont aussi rattachées à l'ordre des ébénales : les symplocacées *(Symplocos)* d'Amérique tropicale et les styracacées *(Aliboufier...)* des régions tropicales et tempérées chaudes.

Morphologie et anatomie. Les sapotacées (près de 1 000 espèces) sont souvent de grands arbres. Les ébénacées (environ 500 espèces, presque toutes du genre *Diospyros*) ont une taille plus modeste.

Les feuilles sont généralement alternes et les fleurs, régulières, possèdent 4 ou 5 pétales toujours soudés (gamopétalie), souvent plusieurs cycles d'étamines et un ovaire supère à plusieurs loges. Fréquemment, les inflorescences sont portées à même le tronc (cauliflorie) ou sur les rameaux (ramiflorie). Le fruit, rarement coriace, est une baie qui ne s'ouvre pas.

Caractères particuliers. Les sapotacées renferment dans l'écorce, les feuilles et les fruits un liquide blanc, le *latex*. Leurs feuilles sont souvent coriaces et rassemblées en touffe à l'extrémité des rameaux. Dans les fleurs, généralement bisexuées, l'ovaire est surmonté d'un seul style. On observe 1 cycle d'étamines fertiles (le plus interne) et 2 ou 3 cycles d'étamines avortées non fonctionnelles (staminodes). Le fruit, souvent gros, comprend de 1 à 5 graines très caractéristiques par leur cicatrice (hile).

Les ébénacées sont dépourvues de latex. L'inflorescence, fondamentalement organisée en cyme, se compose de fleurs souvent unisexuées (portées par des arbres différents [dioïques]), possédant aussi les rudiments de l'autre sexe (pistillodes chez les mâles, staminodes chez les femelles). L'ovaire des fleurs femelles est surmonté de plusieurs styles et le calice s'accroît et persiste autour du fruit. Les graines renferment un albumen abondant.

Importance économique. Les sapotacées fournissent des bois commerciaux : moabi *(Baillonella)*, makoré *(Tieghemella)* et bois de fer *(Sideroxylon, Mimusops...)* en Afrique, *Palaquium* en Asie (dont on tire aussi la gutta-percha) et balatas en Amérique *(Manilkara, Pouteria...)*. Certaines espèces à graines huileuses produisent des beurres (le *Madhuca* en Inde, le karité extrait du *Butyrospermum parkii,* appelé aussi *Vitellaria paradoxa,* en Afrique...). D'autres ont des fruits comestibles, comme *Achras zapota* (sapotier) dont le latex « chicle » entre dans la fabrication du chewing-gum.

Les ébénacées comptent aussi quelques espèces fruitières tel que le plaqueminier *Diospyros kaki,* qui donne le kaki, ainsi que *D. lotus, D. virginiana.* Cependant, elles sont surtout très recherchées pour leurs bois d'ébène, lourds, à grain fin et au cœur noir. Ces bois proviennent de quelques espèces d'Afrique et d'Asie, les ébéniers, du genre *Diospyros (Diospyros ebenum, D. vera, D. crassiflora...).* Beaucoup d'autres espèces, moins précieuses, offrent néanmoins des bois de couleurs variées (verts, rouges, blancs ou tachés de noir), également très appréciés en ébénisterie.

On appelle aussi ébène le bois de *Dalbergia melanoxylon,* mais il s'agit d'un palissandre, du groupe des légumineuses (famille des fabacées).

UN ARBRE UTILE MAIS ISOLÉ

L'arganier *(Argania spinosa)* n'est connu que dans le sud du Maroc, où il s'étend depuis la côte atlantique jusqu'à 1 500 m d'altitude sur les pentes du Haut Atlas (son nom vient d'Argana, un village de ces montagnes). C'est un arbre buissonnant de 10 m de haut, aux troncs multiples, massifs et tortueux et à feuillage persistant. Il domine au sud-ouest du Maroc. Pourtant la forêt dense à arganiers a presque disparu de nos jours, défrichée au profit des cultures céréalières ou dégradée par les troupeaux de chèvres ou de chameaux.

Comme le feuillage, véritable pâturage aérien dans ces régions arides, le fruit, ou noix d'argan, est très prisé par les animaux herbivores.

A

A. **PLAQUEMINIER**

Certaines espèces du genre *Diospyros* ont une valeur ornementale et des fruits souvent comestibles, comme le kaki *(D. kaki)* ou ici le plaqueminier de Virginie *(D. virginiana).* Cet arbre droit et majestueux prend en automne une très belle couleur jaune. Ses petites fleurs, moins attractives, illustrent le recouvrement en spirale des pétales d'ébénacées.

B C

B. C. **KAKI**

Ce fruit très sucré et juteux est celui du *Diospyros kaki,* un arbre originaire de Chine introduit en Occident seulement au siècle dernier. Le kaki n'est mûr qu'à la fin de l'automne ; on reconnaît à sa base le calice très développé.

D

D. **KARITÉ**

Butyrospermum parkii est un petit arbre à feuilles caduques vivant en Afrique à l'extrême sud du Sahel et dans les savanes du Soudan et de Guinée. Ses grosses baies vert-jaune, comestibles, renferment une graine très riche en huile dont on extrait le beurre de karité, très apprécié par de nombreuses populations africaines pour la cuisine et bien d'autres usages (cosmétiques, savon en médecine...). Le karité est aussi utilisé comme bois d'œuvre, de feu ou de charbon.

E

E. **FRUITS ET GRAINES DES SAPOTACÉES**

Ces quelques fruits proviennent d'espèces guyanaises des genres *Pouteria, Micropholis* et *Chrysophyllum ;* toutes sont de grands arbres de la forêt dense humide. On remarque l'aspect et les dimensions variés de leurs graines, caractères importants pour l'identification des espèces et la classification. La ligne claire (le hile) trahit leur insertion sur la paroi du péricarpe. Les mammifères et les gros oiseaux consomment ces fruits.

LES CRASSULACÉES

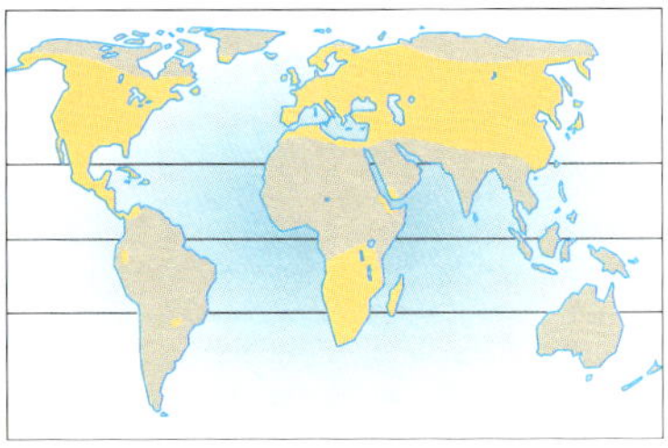

Répartition géographique. Les crassulacées sont cosmopolites ; cependant, elles se développent surtout dans les régions sèches et chaudes : principalement en Afrique du Sud et dans la région méditerranéenne, mais aussi en Asie et en Amérique centrale.

Classification. Les crassulacées appartiennent à l'ordre des rosales et sont caractérisées par leurs feuilles charnues (en latin, *crassus* signifie « épais »), simples, entières et sans stipules. Elles regroupent 1 500 espèces réparties en 35 genres. Parmi les principaux genres, *Sedum* (500 espèces) est distribué dans l'hémisphère Nord, *Kalanchoe* (200 espèces) en Afrique du Sud et à Madagascar, *Crassula* (300 espèces) en Afrique du Sud, *Echeveria* (100 espèces) sur le continent américain, *Cotyledon* (60 espèces) en Méditerranée, enfin *Aeonium* (40 espèces) est un genre des Canaries et de Madère.

Biologie et écologie. Ce sont généralement des herbes vivaces comprenant un rhizome *(Sempervirum, Sedum)* ou un bulbe, mais certaines sont des herbes annuelles *(Crassula)*. Elles regroupent aussi des lianes, des sous-arbrisseaux *(Bryophyllum)* et des arbustes *(Kalanchoe)*.

Aimant les terrains secs et rocailleux, elles présentent des adaptations morphologiques à la sécheresse par le développement de tissus riches en eau, principalement au niveau des feuilles et des tiges (on parle alors de « succulence »). Certaines plantes, comme l'orpin brûlant *(Sedum acre)*, possèdent un appareil racinaire très ramifié horizontalement et superficiellement, qui assure ainsi une absorption rapide des eaux de pluie ou des eaux de condensation. En outre, la plupart de ces végétaux (comme de nombreuses cactées et autres plantes des milieux arides) présentent un type particulier de photosynthèse, appelé « CAM » *(Crassulean Acid Metabolism)* : le gaz carbonique est fixé pendant la nuit, par ouverture des stomates qui sont fermés le jour. Cela limite les pertes d'eau par transpiration.

Modes de reproduction. Parallèlement à la reproduction sexuée, certaines espèces peuvent se multiplier végétativement. Par exemple, chez *Bryophyllum daigremontianum*, des bulbilles apparaissent sur le bord des feuilles. Celles-ci se développent et, lorsqu'elles ont atteint un degré d'organisation leur permettant une vie autonome, elles se détachent de la feuille et poursuivent leur croissance au sol.

C

C. **Orpin**

Ce *Sedum spathulifolium* (variété *pruinosum*) forme des tapis denses dans les jardins de rocaille.

A

B

A. B. **ORPIN BRÛLANT**

Cette plante *(Sedum acre)*, appelée également « poivre des murailles », est une herbe vivace parmi les plus communes de la flore des murs et des rochers. On la trouve dans presque toute l'Europe et notamment dans les Alpes jusqu'à 2 300 m, en Afrique du Nord et en Asie. Ses fleurs à 5 pétales sont hermaphrodites et régulières. Les carpelles libres ou à peine soudés reposent dans un réceptable aplati ou légèrement creusé.

Fleurs

Les fleurs sont disposées en cyme. Le fruit est un petit follicule étalé en étoile ; il ne s'ouvre que sous l'effet de la pluie ou par temps très humide.

Tiges

L'orpin est vivace grâce à un rhizome mince très ramifié. Celui-ci donne naissance à deux types de tige : des tiges stériles garnies de nombreuses feuilles et des tiges moins feuillues, portant les fleurs.

Feuilles

Charnues et convexes, elles possèdent une saveur âcre et poivrée qui a valu son nom à la plante. Elles contiennent un alcaloïde et sont riches en mucilage et en sucre. L'ensemble de la tige feuillée a des propriétés hypotensives.

D

E

D. E. **JOUBARBE**

Cette joubarbe *(Sempervivum tectorum)*, également appelée « artichaut » des murailles, habite les pentes rocheuses, les pelouses sèches, les murs et les toits, dans presque toute l'Europe. Elle est caractérisée par ses feuilles succulentes (« grasses »), groupées en rosette au sommet des tiges rampantes, et ses pétales nombreux soudés aux filets des étamines. Autrefois, la joubarbe était plantée sur les toits, soi-disant pour les préserver de la foudre.

F

F. **NOMBRIL-DE-VÉNUS**

Seule espèce du genre *Umbilicus*, *U. pendulinus* est très commun sur les rochers et les murs. Ses feuilles charnues, pendantes, crénelées, au limbe si particulier lui valent son autre nom d'« ombilic ». Ces feuilles possèdent des propriétés médicinales, lénitives et diurétiques. Les fleurs sont tubuleuses.

LES MYRTACÉES

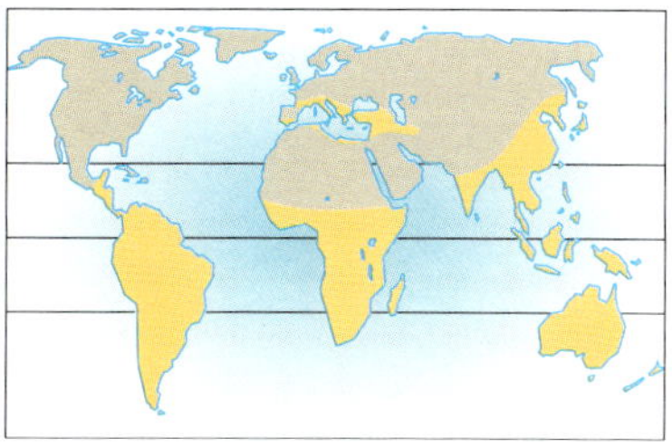

Répartition géographique. Vivant presque exclusivement sous les climats tropicaux ou tempérés chauds, les plantes de la famille des myrtacées sont particulièrement bien diversifiées en Amérique du Sud et en Australie.

Classification. Les myrtacées (3 800 espèces) se répartissent en deux sous-familles principales, selon leur type de fruit :
– les *leptospermoïdées,* qui ont des fruits secs, déhiscents (qui s'ouvrent à maturité). Leur aire de distribution est centrée sur l'Asie du Sud-Est et l'Océanie ; les *Eucalyptus* appartiennent à ce groupe, ainsi que les genres *Leptospermum, Melaleuca, Callistemon, Metrosideros,* éléments importants de la flore australienne et du Sud-Est asiatique. Quelques espèces ont atteint le Chili et l'Afrique du Sud, et même l'hémisphère Nord comme le myrte ;
– les *myrtoïdées,* qui ont des fruits charnus et indéhiscents ; c'est, bien sûr, à ce groupe qu'appartiennent les espèces à fruits comestibles, comme le goyavier *(Psidium).* Contrairement aux leptospermoïdées, les myrtoïdées abondent en Amérique tropicale, notamment dans la forêt amazonienne, qui abrite nombre d'espèces d'arbustes de sous-bois.

Types biologiques et anatomie. Eucalyptus, giroflier, goyavier ou myrte, de l'arbre géant au modeste arbuste, les myrtacées sont toujours des plantes ligneuses.

La disposition des feuilles sur la tige est alterne ou opposée, selon les genres. Leur limbe, qui a souvent la consistance du cuir, est ponctué de très petites glandes sécrétrices visibles par transparence.

Les fleurs. Souvent groupées en inflorescences terminales, les fleurs peuvent aussi être isolées et placées à l'aisselle des feuilles *(Eucalyptus).* Elles sont régulières et comportent à la fois des organes mâles et des organes femelles (fleurs bisexuées). Le nombre de pièces florales varie de 3 à 6, 4 ou 5 étant le nombre le plus fréquent. La taille et l'aspect du calice et de la corolle varient également beaucoup.

Les espèces arbustives sud-américaines ont généralement de très petites fleurs, alors que les pétales grands et colorés des fleurs de *Feijoa* et de *Leptospermum* en font des plantes ornementales recherchées. Les étamines, presque toujours nombreuses, se groupent parfois en 4 ou 5 faisceaux ; le gynécée comprend rarement plus de 5 loges formées par les carpelles soudés. Le fruit est une capsule ou une baie, plus rarement une drupe (fruit charnu à noyau dur) ou une noix.

La pollinisation. Ce sont souvent des insectes qui l'effectuent. Pourtant, nombre d'espèces, principalement celles qui possèdent des étamines nombreuses et développées, sont visitées par des oiseaux ou des chauves-souris.

LES FAMILLES PROCHES

MEDINILLA, GRENADIER, FUCHSIA...

■ OUTRE LES MYRTACÉES, l'ordre des *myrtales* comprend plusieurs autres familles d'importance numérique diverse. La famille des mélastomatacées compte 4 000 espèces, toutes tropicales, buissonnantes, herbacées ou arborescentes. Les genres *Melastoma, Tibouchina* et *Medinilla,* fréquemment cultivés dans les vérandas d'Europe, en sont des exemples.

Les grenadiers *(Punica granatum)* sont maintenant distingués des myrtacées et constituent la famille des punicacées.

Les *Fuchsia* et les épilobes illustrent la famille des onagracées ; les « lilas d'été » *(Lagerstroemia)* et les salicaires, celle des lythracées ; *Daphne,* celle des thyméléacées.

A

A. **CALLISTÉMON**

Ce *Callistemon citrinus,* aux fleurs groupées en inflorescence, est un arbuste dont la floraison spectaculaire provient des longues étamines vivement colorées. En Australie, d'où il est originaire, on le surnomme « bottlebrush » (goupillon). Les fleurs sont pollinisées par des oiseaux. Souvent, la tige feuillée reprend sa croissance au-dessus de l'inflorescence.

B

C

D

B. C. D. **MYRTE**

Le genre *Myrtus* comporte 2 espèces, les seules myrtacées vivant dans l'hémisphère Nord (leur origine exacte est inconnue). Le myrte commun *(Myrtus communis),* dont on voit ici un rameau fleuri, produit une essence (l'« eau d'anges ») qui embaume les garrigues méditerranéennes et le maquis corse.

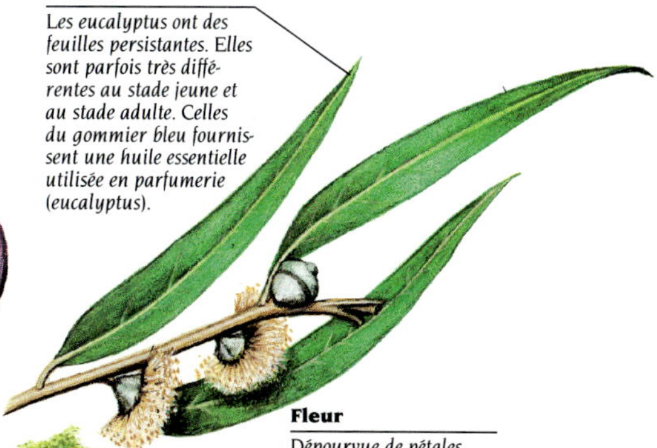

Feuille

Les eucalyptus ont des feuilles persistantes. Elles sont parfois très différentes au stade jeune et au stade adulte. Celles du gommier bleu fournissent une huile essentielle utilisée en parfumerie (eucalyptus).

Fleur

Dépourvue de pétales (corolle) et de sépales (calice), la fleur des eucalyptus possède souvent des étamines très colorées.

Développement de la fleur

L'opercule qui ferme le bouton floral tombe pour libérer les étamines jaunes insérées sur l'ovaire : celui-ci grossira pour former le fruit pyramidal, coriace.

E

Tronc

Les eucalyptus donnent du bois d'œuvre, des poteaux et du bois de trituration (papier).

E. **EUCALYPTUS**

Originaire d'Australie et des archipels voisins, le genre *Eucalyptus* compte plus de 450 espèces. Arbres modestes ou géants de 100 m de hauteur, les eucalyptus, aussi nommés « gommiers », se sont adaptés à tous les milieux de ce continent. En raison de leur rapidité de croissance et de leurs qualités de bois d'œuvre, plus de 200 espèces ont été introduites dans diverses régions du monde. Ce gommier bleu *(Eucalyptus globulus),* introduit en Europe à la fin du XVIIIe siècle, résiste mal au froid.

FRUITS, ÉPICES ET AROMATES

Parmi les quelque 120 genres de myrtacées, le genre *Psidium* compte une centaine d'espèces, dont le goyavier *(Psidium guajava),* originaires de l'Amérique tropicale et plus ou moins naturalisés dans tous les pays chauds. Le genre *Eugenia* est dix fois plus diversifié avec ses 1 000 espèces, toutes américaines (sauf une). Beaucoup ont des fruits comestibles (les « cerises du Brésil »), certaines servent à la préparation de boissons, comme l'uvalha.

Le myrte *(Myrtus)* est un aromate très employé dans les régions méditerranéennes et en Europe centrale. Le poivre de la Jamaïque *(Pimenta officinalis)* est aussi une myrtacée. Quant au giroflier *(Syzygium aromaticum),* originaire des îles Moluques (Indonésie), c'est encore une myrtacée. L'homme le cultive depuis des millénaires non pour ses fruits, mais pour ses fleurs (ci-dessous), dont les boutons séchés donnent les clous de girofle, épices aux multiples utilisations.

LES ROSACÉES

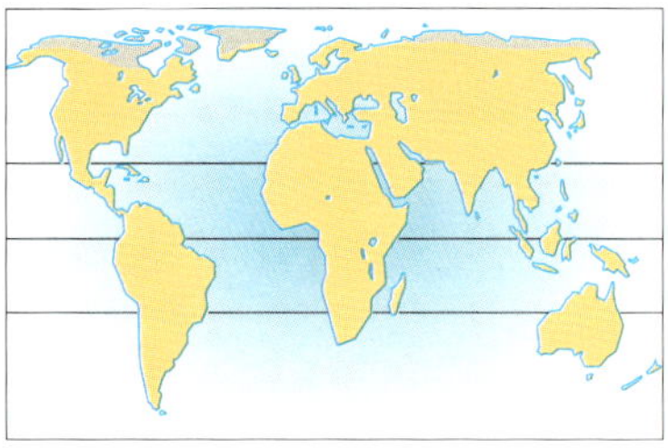

Répartition géographique. Les rosacées comptent plus de 3 000 espèces cosmopolites. C'est toutefois dans les zones tempérées de l'hémisphère Nord qu'elles sont le plus diversifiées.

Types biologiques. La famille des rosacées est celle des rosiers, mais aussi celle de nombreuses plantes fruitières : pommiers, poiriers, pêchers, pruniers, cerisiers ou fraisiers.

Herbes, arbustes ou arbres, les rosacées sont des plantes terrestres d'aspect et de dimensions variées, mais la famille ne comporte ni épiphytes (vivant sur d'autres plantes) ni lianes.

Caractères morphologiques. Les feuilles à disposition alterne sur la tige et munies d'appendices (stipules) peuvent être simples (pommier, cerisier), lobées (fraisier, aubépine), composées ou pennées (rosier, sorbier). Les fleurs régulières, à la fois mâles et femelles (bisexuées), ont des sépales (calice) et des pétales (corolle) au nombre de 5 (ou multiple de 5). Le calice est fréquemment doublé, à l'extérieur, de pièces supplémentaires (calicule). Les étamines se disposent sur un ou sur plusieurs cercles concentriques. L'étude comparée des organes reproducteurs montre la grande diversité des rosacées, divisées en 4 sous-familles : spiréoïdées, rosoïdées, prunoïdées et maloïdées.

A

B

A. B. **FLEURS DE ROSACÉES**

Celles de l'églantier *Rosa canina* (A), qui croît spontanément en Europe, représentent une des quelque 100 espèces de roses sauvages. Celles du pommier cultivé (B) sont beaucoup plus grandes que leurs homologues sauvages.

C. D. E. F. G. **GROUPES DE ROSACÉES**

C

C. **SPIRÉOÏDÉES**

L'ovaire des fleurs (ici une spirée, *Spiraea ulmaria*, appelée « reine des prés ») comprend plusieurs carpelles, renfermant chacun plusieurs ovules ; il donne un fruit sec (follicule). Ce groupe est considéré comme le plus primitif des rosacées.

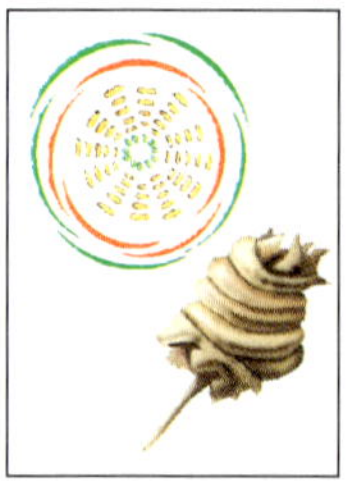

D

D. **ROSOÏDÉES**

Des carpelles nombreux sont disposés sur un réceptacle, contenant chacun un seul ovule (qui mûrira en un petit fruit sec, l'*akène*). Dans la tribu des potentillées dont font partie les fraisiers, le réceptacle, bombé au-dessus de l'insertion des pièces florales, devient parfois charnu à la maturité du fruit.

E

E. **ROSOÏDÉES, TRIBU DES ROSIERS**

Les carpelles se trouvent ici à l'intérieur du réceptacle en forme d'urne. Cette morphologie caractérise les fleurs des roses ; le fruit qui en résulte, nommé « cynorrhodon », est composé du réceptacle charnu contenant les akènes accolés (formant le « poil à gratter »).

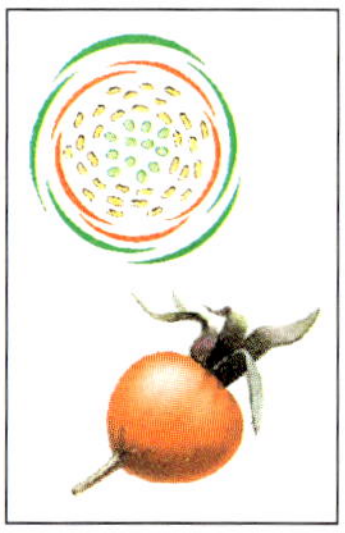

F

F. **PRUNOÏDÉES**

La fleur contient un seul carpelle, et ce dernier un seul ovule. Le fruit qui en résulte, nommé « drupe », contient donc une seule graine ; la partie externe du fruit est souvent charnue (ici, prune, mais aussi cerise, pêche) et la partie interne durcie (le noyau) protège la graine, ou amande.

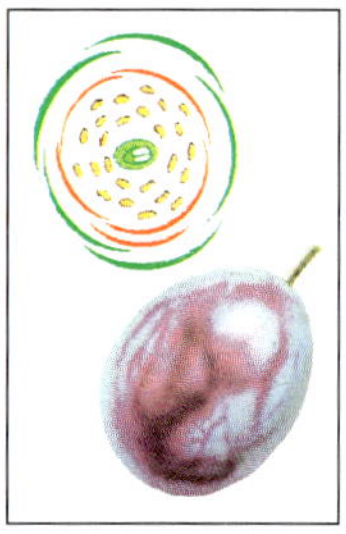

G

G. **MALOÏDÉES**

L'ovaire est composé de 2 à 5 carpelles soudés contenant chacun un petit nombre d'ovules (ci-contre, le diagramme floral du cognassier). Le fruit est de type complexe, à partie externe charnue, chaque loge de l'ovaire renfermant les ovules devenus graines : les pépins (pomme, poire, coing).

H

H. **POMMES À COUTEAU**

Ces pommes « de table » illustrent quelques-unes des 1 000 variétés de pommiers cultivés pour leurs fruits (réunis au sein de l'espèce *Malus domestica*). Outre la table, les pommes entrent dans la fabrication d'aliments et de boissons (jus, cidre, calvados). Le pommier est la plante fruitière la plus cultivée dans le monde.

DES PLANTES UTILES

FLEURS ET FRUITS POUR TOUTE L'ANNÉE

■ ORNEMENTALES OU FRUITIÈRES, les rosacées apportent à l'homme quantité de produits et rivalisent avec les légumineuses par le nombre d'espèces utiles à l'alimentation humaine.

Le genre *Prunus*. C'est la sous-famille des prunoïdées qui nous livre la plus importante variété de fruits ; elle ne compte qu'un seul genre, *Prunus,* mais elle est riche de 430 espèces. Plusieurs sont sauvages en Europe, comme *P. spinosa,* ou prunellier, dont la floraison précoce annonce la fin de l'hiver.

Prunier, cerisier, abricotier, pêcher, amandier sont autant de représentants de ce groupe dont l'homme a encore accru la diversité en créant ou en améliorant d'innombrables variétés et hybrides (brugnons, nectarines). Mais certains *Prunus* ornementaux sont toxiques, comme *P. lauro-cerasus,* ou laurier-cerise.

Les maloïdés. Cette sous-famille, en revanche, comporte plusieurs genres : outre les arbres fruitiers comme les pommiers *(Malus),* poiriers *(Pyrus),* cognassiers *(Cydonia),* néfliers *(Mespilus),* elle regroupe des plantes ornementales comme les aubépines *(Crataegus),* le cognassier du Japon *(Chaenomeles),* le néflier du Japon *(Eriobotrya),* le *Photinia,* l'amélanchier des montagnes, les cotonéasters...

Les roses. Les plantes de la sous-famille des rosoïdées sont herbacées ou arbustives. Plusieurs sont connues pour leurs qualités ornementales, par exemple certaines potentilles, la dryade *(Dryas),* le kerria, la benoîte *(Geum)* ; mais c'est aux rosiers que revient la place d'honneur dans ce domaine !

Il y a plus de 100 espèces de rosiers sauvages réparties sur les terres tempérées de l'hémisphère Nord ; deux espèces seulement se sont adaptées au climat tropical, l'une au Mexique, l'autre en Inde ; une autre, aux froids polaires *(Rosa acicularis).* C'est en Chine que le genre *Rosa* compte le plus d'espèces.

RONCES ET FRAMBOISIERS

Le genre *Rubus* est connu en Europe par des plantes diversement appréciées... les ronces (qui donnent les mûres sauvages) et le framboisier, représenté ci-dessous *(Rubus idaeus).* La plupart des 250 espèces que ce genre regroupe vivent dans l'hémisphère Nord. La Nouvelle-Zélande héberge 5 espèces endémiques, dont le très beau *Rubus squarrosus.*

Le fruit des *Rubus* est issu d'une fleur de même type que celle du fraisier, mais, contrairement à ce dernier, ce n'est pas le réceptacle floral qui devient charnu, mais chaque carpelle qui mûrit en un petit fruit contenant une graine. Les fruits formés sans fécondation (dits « apomictiques ») sont fréquents dans ce groupe.

B

B. **ROSIER À FLEURS SIMPLES**

Depuis trois siècles, l'homme a créé près de 20 000 variétés de roses ! Les Anciens appréciaient la rose gallique et la rose de Damas dont les hybrides ont orné les jardins jusqu'au XVIIIe siècle, avant que leur croisement avec des espèces introduites de Chine (roses thé, roses du Bengale) ne donne naissance à la multitude des variétés dites « modernes ». Aujourd'hui, les roses à fleurs simples, comme ces « Frühlingsmorgen », ont de nouveau leur place dans les jardins.

FAMILLES VOISINES

3 500 AUTRES ESPÈCES

■ ON REGROUPE GÉNÉRALEMENT autour des rosacées une vingtaine d'autres familles pour former l'ordre des *rosales.* L'ensemble dépasse 6 500 espèces. Plusieurs de ces familles sont très peu diversifiées, d'autres, en revanche, comme celle de l'*Hortensia* (hydrangéacées) ou celle du *Pittosporum* (pittosporacées) comportent de nombreuses espèces. Des arbres tropicaux (icaco, *Parinari*) représentent les chrysobalanacées.

C

C. **SORBIER DES OISELEURS**

Sorbus aucuparia se trouve à l'état sauvage en Europe. Il est, en outre, très souvent planté dans les jardins pour ses fleurs et ses couleurs d'automne... Hélas, on ignore souvent les qualités gustatives de ses fruits acidulés.

D

D. **PETITE PIMPRENELLE**

Sanguisorba minor (plus petite que sa sœur *S. officinalis,* aux vertus astringentes) s'employait beaucoup autrefois, surtout en Angleterre, comme condiment. Les fleurs, groupées en têtes globuleuses, sont dépourvues de pétales et souvent unisexuées. Les pimprenelles forment, avec les alchémilles et les aigremoines, une tribu de la sous-famille des rosoïdées.

A. **AMANDIER**

Originaires du Proche-Orient, l'amandier *(Prunus dulcis)* est traditionnellement cultivé tout autour de la Méditerranée, où il fleurit dès février, et aussi en Californie, en Australie. C'est le seul *Prunus* dont la graine est comestible. En pâtisserie et en confiserie, il faut éviter la variété *amara,* ou amande amère, réservée aux usages cosmétiques ou médicaux (huile d'amande douce).

A

E

E. **FRAISIER CULTIVÉ**

Le genre *Fragaria* compte 12 espèces. L'une d'elles vit au Chili et trois, dont deux à fruits comestibles, en Europe. Les fraisiers cultivés sont des hybrides d'espèces américaines.

LES LÉGUMINEUSES

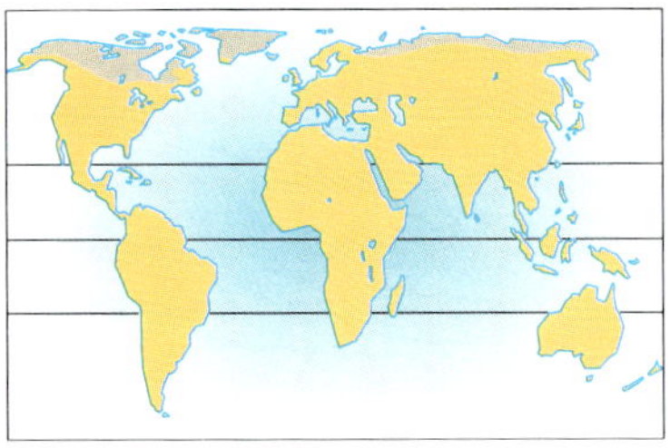

Répartition géographique. Les légumineuses regroupent trois familles cosmopolites. Césalpiniacées et mimosacées vivent surtout en zone intertropicale, les fabacées sont abondantes en zone tempérée.

Classification. Les légumineuses forment un ordre, les fabales (de *faba*, la fève), dont les trois familles sont les fabacées (ou papilionacées), les césalpiniacées et les mimosacées. Elles appartiennent, avec les rosales, aux *Rosidae*. Avec 18 000 espèces, les légumineuses forment l'un des plus importants groupes de plantes à fleurs.

Caractères anatomiques. Le fruit des légumineuses est une *gousse* (appelée « légume » par les botanistes). Ce fruit se forme, après fécondation, à partir de l'ovaire allongé, abritant une rangée d'ovules, qui donneront les graines (on peut l'observer aisément sur une fleur de pois de senteur). L'ovaire, situé au-dessus de la corolle, est dit « supère ».

La fleur typique est formée d'éléments au nombre de cinq ou d'un multiple de cinq (fleur pentamère), et compte généralement 10 étamines. Les feuilles sont composées et munies d'appendices, les stipules.

Reproduction. La reproduction sexuée des légumineuses nécessite l'intervention des animaux, d'une part pour la pollinisation (transport des grains de pollen jusqu'aux organes femelles), d'autre part pour la dispersion des graines.

Les fleurs des fabacées sont le plus souvent visitées par les insectes, mais plusieurs espèces de césalpiniacées et mimosacées tropicales ont des fleurs adaptées à la pollinisation par certains oiseaux (colibris) ou même éventuellement, par les chauves-souris.

Les graines, qui sont rarement de petite taille, peuvent être avalées par des oiseaux ou des mammifères qui les disséminent ainsi parfois sur de longues distances.

Types biologiques et habitat. Les légumineuses vivent dans des milieux aussi variés que les prairies, montagnes et garrigues d'Europe, les zones arides du Mexique ou du Sahel, ou les forêts tropicales humides.

Herbes annuelles ou vivaces, arbrisseaux épineux adaptés à la sécheresse ou arbustes des landes et garrigues, lianes ligneuses tropicales ou rampantes des bords de mer illustrent la diversité des légumineuses : tous les types biologiques sont représentés dans ce groupe.

Caractères particuliers. Les légumineuses ont la particularité remarquable de vivre en symbiose avec des bactéries du genre *Rhizobium* installées dans leurs racines et capables de transformer l'azote atmosphérique en substances azotées directement utilisables par les plantes. Cette association profitable, qui permet aux légumineuses de vivre sur des sols pauvres en azote minéral, est toutefois peu répandue chez les césalpiniacées.

A

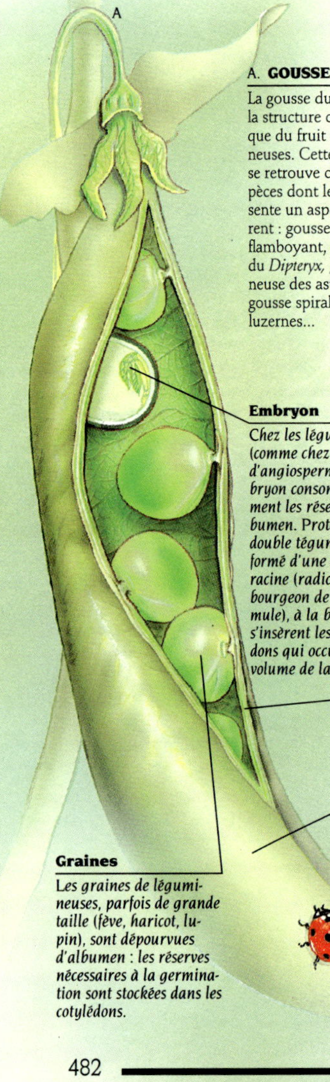

A. **GOUSSE**

La gousse du pois illustre la structure caractéristique du fruit des légumineuses. Cette structure se retrouve chez des espèces dont le fruit présente un aspect fort différent : gousse géante du flamboyant, gousse ailée du *Dipteryx*, gousse épineuse des astragales, gousse spiralée des luzernes...

Embryon

Chez les légumineuses (comme chez beaucoup d'angiospermes), l'embryon consomme rapidement les réserves de l'albumen. Protégé par un double tégument, il est formé d'une ébauche de racine (radicule) et d'un bourgeon de tige (gemmule), à la base duquel s'insèrent les deux cotylédons qui occupent tout le volume de la graine.

Gousse déhiscente

À maturité, les deux valves se séparent pour libérer les graines : c'est la déhiscence. Très peu de légumineuses ont des gousses qui ne s'ouvrent pas naturellement (dites « indéhiscentes »), comme les caroubes. Parfois, les graines sont séparées par de fausses cloisons, et la gousse mûre se fractionne en articles comportant chacun une graine : c'est le cas dans le genre Mimosa.

Un seul carpelle

L'ovaire des légumineuses est formé d'un seul carpelle replié et dont les bords sont jointifs. Les ovules, attachés alternativement sur un bord et sur l'autre, s'alignent en une rangée. L'enveloppe de la gousse comporte deux valves égales, et la suture le long de laquelle les graines se trouvent insérées correspond aux bords du carpelle.

Graines

Les graines de légumineuses, parfois de grande taille (fève, haricot, lupin), sont dépourvues d'albumen : les réserves nécessaires à la germination sont stockées dans les cotylédons.

B. C. D. **LES TROIS FAMILLES DE LÉGUMINEUSES**

B. **FLEUR DE FABACÉE** (*genêt*)

Les fabacées doivent leur autre nom de « papilionacées » à leur corolle : un pétale supérieur (étendard), deux pétales latéraux (ailes) et deux pétales inférieurs unis (carène). La forme courbée des ovules (campylotropes) les distingue de ceux des deux autres familles.

C

C. **FLEUR DE CÉSALPINIACÉE** (*flamboyant*)

Les membres de la famille des césalpiniacées ont généralement de grandes fleurs moins irrégulières que celles des fabacées. Les ovules, comme ceux des mimosacées, ont une structure inversée (anatrope).

D

D. **FLEURS DE MIMOSACÉE** (*Calliandra*)

Les fleurs, contrairement à celles des césalpiniacées, sont petites et groupées en grand nombre pour former des inflorescences denses. Chez *Calliandra,* les longues étamines émergent des corolles et forment ce spectaculaire pompon.

E

E. **TÉGUMENT DE LA GRAINE**

Le tégument qui entoure l'embryon possède une structure histologique particulièrement adaptée à la protection, comme le montre cette coupe transversale : la couche externe de cellules verticales forme un tissu « palissadique » sous lequel des cellules éparses constituent un tissu (parenchyme) lacuneux. La couche interne possède de nombreuses grosses cellules « en verre de montre ».

FÈVES, POIS, GENÊTS...

LES FABACÉES

■ LA FAMILLE DES FABACÉES est la plus importante des légumineuses, dont elle représente, avec 12 000 espèces, les deux tiers de l'effectif.

Très diverses dans toutes les régions, notamment dans les régions tempérées, les fabacées sont souvent, pour cette raison, assimilées à l'ensemble des légumineuses. C'est à la famille des fabacées, et principalement à la tribu des « phaséolées » (*Phaseolus* = haricot), qu'appartient la majeure partie des plantes cultivées pour leurs graines fournissant des « légumes secs », comme les fèves *(Faba)*, les pois *(Pisum)* et les lentilles *(Lens)*.

Classification. Les fabacées sont divisées en 30 groupes, ou « tribus », d'après les caractères de leurs feuilles et de leurs étamines.

Reproduction. Les fleurs sont pollinisées par les insectes : les stigmates et étamines, normalement logés dans la « carène » formée par les pétales inférieurs, se trouvant libérés sous l'action du poids de l'insecte lorsqu'il se pose sur la fleur, viennent au contact de son abdomen et reprennent leur position après son envol.

Écologie. Dans les régions tempérées, les fabacées sont le plus souvent des plantes herbacées annuelles ou vivaces : lupins, lotier, sainfoin *(Onobrychis)*, trèfles, astragales..., parfois grimpantes (pois de senteur, *Lathyrus*). Parmi les 50 espèces de luzerne, quelques-unes forment des arbustes et habitent les régions méditerranéennes, comme d'autres fabacées arbustives : genêts, cytises, coronilles, *Glycirrhiza*, dont la tige souterraine n'est autre que la réglisse. Les formes arborescentes sont rares en zone tempérée *(Sophora, Robinia...)*, mais abondantes dans les forêts tropicales : érythrines, palissandre *(Dalbergia)*, *Pterocarpus*... Il en est de même pour les lianes *(Mucuna)*.

Les fleurs. Elles ont toujours la structure « papilionacée » de la fleur de genêt. Cependant, elles offrent une très grande variété d'aspects, comme l'illustrent le pois de senteur, le lupin, la glycine ou le trèfle.

Les feuilles. Elles présentent de multiples variations autour d'un type de base à nombre pair ou impair de folioles disposées de part et d'autre de l'axe de la feuille, qui est dite « pennée ». Beaucoup d'espèces ont des feuilles réduites à trois folioles, celles du trèfle *(Trifolium)* étant les plus célèbres ; certaines ont des feuilles simples.

Les gousses. On observe, notamment chez les espèces herbacées des milieux tempérés, des variations autour de la structure typique : réduction du nombre de graines (une seule chez le pois chiche, les trèfles...) ; gousse indéhiscente, c'est-à-dire ne s'ouvrant pas (sainfoin, coronille), enroulée (luzerne), vésiculeuse (baguenaudier).

FLEURS AÉRIENNES, FRUITS SOUTERRAINS

L'arachide *(Arachis hypogaea)* est une fabacée annuelle de 20 à 70 cm de haut, dont les pédoncules floraux ont la particularité de se recourber vers le sol après la fécondation pour y enterrer le fruit. Celui-ci, usuellement appelé « cacahuète », comporte une coque enfermant deux, trois ou quatre graines qui contiennent de 40 à 45 p. 100 d'huile et de 20 à 25 p. 100 de protéines. L'arachide n'est pas la seule plante à fruits souterrains ; même parmi les légumineuses, d'autres espèces ont cette particularité (*Trifolium subterraneum*, en Europe ; *Vigna subterranea*, en Afrique).

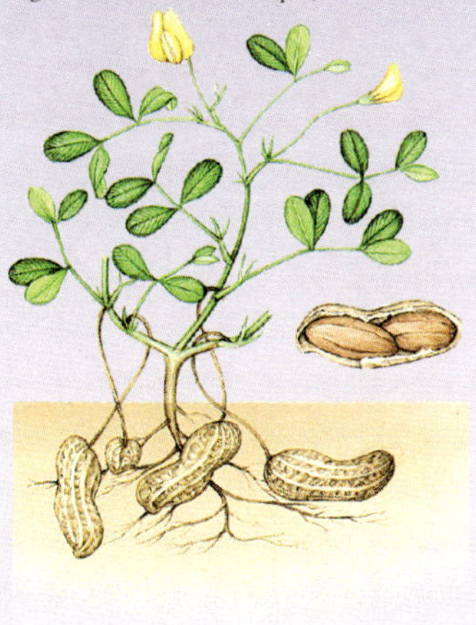

A

A. **LUPINS**

Environ 200 espèces de lupins habitent l'Amérique, l'Europe et l'Afrique, généralement dans les zones montagneuses. On les reconnaît à leurs feuilles composées palmées et à leurs fleurs en grappes, qui offrent une grande variété de couleurs. L'importance alimentaire des variétés non toxiques est grande dans certaines régions, comme les Andes (*tarwi*, au Pérou) ou l'Europe centrale. Certaines fournissent un succédané de café.

B

B. **ROBINIER**

Robinia pseudoacacia est l'une des rares fabacées arborescentes des régions tempérées. Originaire de l'Amérique du Nord, le robinier est maintenant complètement naturalisé en Europe. Les fleurs roses sont celles d'une variété ornementale ; la forme typique est à fleurs blanches.

15-30 m

C

C. **TRÈFLE**

Il existe près de 250 espèces de trèfle, réparties dans toutes les régions tempérées ou subtropicales, excepté en Australie. Les feuilles à trois folioles du *Trifolium pratense* caractérisent le groupe et son inflorescence globuleuse est visitée par les abeilles. Le trèfle illustre l'importance des légumineuses comme plantes fourragères : il compte, avec les luzernes, parmi les meilleurs fixateurs de l'azote libre du sol.

D

D. **CYTISE**

Originaire de l'Europe méridionale et centrale, *Laburnum anagyroides* est un arbuste ornemental apprécié pour ses longues grappes de fleurs jaune d'or. Mais, si les inflorescences de glycine ou de robinier sont excellentes en beignets, il faut se garder de consommer celles du cytise, qui sont, comme ses graines, extrêmement toxiques. Le cytise peut vivre plus d'un siècle et devenir un bel arbre. Il existe des variétés hybrides utilisées pour le reboisement aux États-Unis.

5-10 m

LES LÉGUMINEUSES

FLAMBOYANT, ARBRE DE JUDÉE...

LES CÉSALPINIACÉES

■ LES QUELQUE 2 000 ESPÈCES que comptent la famille des césalpiniacées vivent pratiquement toutes dans les régions tropicales. Très peu supportent le gel hivernal des régions tempérées : l'arbre de Judée, les féviers et *Gymnocladus* sont parmi les espèces plus résistantes.

Les césalpiniacées sont presque exclusivement des arbres ou des arbustes, quelquefois des lianes, plus rarement des herbes.

Classification. Les 160 genres des césalpiniacées se répartissent en 4 tribus, suivant une classification encore sujette à controverse :
– les césalpinioïdées, considérées comme le groupe primitif de la famille ; 51 genres, dont *Gleditsia* et *Gymnocladus, Caesalpinia, Delonix* (flamboyant) et *Cordeauxia* : aux graines comestibles ;
– les cassiées, comprenant entre autres les *Cassia,* le caroubier *(Ceratonia)* et le genre *Koompassia,* qui a produit en Malaisie l'arbre le plus haut des angiospermes (84 m) ;
– les cercidées, avec notamment les genres *Cercis* et *Bauhinia ;*
– les détariées, groupe le plus nombreux et le plus riche en essences utiles (bois, copals) qui comprend aussi l'amherstia et le tamarin.

Les feuilles. Les feuilles composées, typiques des légumineuses, sont pennées, comme celles des fabacées, ou bipennées (l'axe de la feuille porte des axes secondaires, qui eux-mêmes portent les folioles). Elles peuvent atteindre de grandes dimensions, comme chez le flamboyant. Plusieurs espèces présentent des variations curieuses : par exemple, l'arbre de Judée, à feuilles simples, ou les *Bauhinia* de l'Amérique du Sud, à feuilles bifides « en pied de biche ».

Les fleurs. L'aspect des fleurs, généralement groupées en inflorescences colorées, est rarement modeste ; le caractère asymétrique (zygomorphie) est plus ou moins marqué, aussi les fleurs paraissent-elles parfois presque régulières (actinomorphes). Le périanthe comprend 5 sépales libres et 5 pétales, ces derniers imbriqués dans le bouton. Le nombre des étamines, disposées sur deux cycles, ne dépasse jamais 10, mais il peut, comme celui des pétales, être réduit.

Les fruits. La gousse, typique des légumineuses, offre chez les césalpiniacées des aspects variés selon les espèces. Elle peut s'enrouler sur elle-même à maturité (comme chez les *Berlinia*), mais il arrive aussi qu'elle ressemble à un fruit charnu ou à un fruit sec ailé.

A. **FLAMBOYANT**

Les qualités ornementales des grandes fleurs des flamboyants sont renforcées par l'élégance de leurs grandes feuilles pennées. Ils sont fréquemment cultivés dans les parcs et les jardins. Chez ce *Delonix regia,* les gousses, ligneuses et brunes, dépassent souvent 50 cm de long.

A

B

C

B. C. **RAMEAU ET GOUSSES D'ARBRE DE JUDÉE**

Le nom de cet arbre rappelle son origine méditerranéenne (son nom scientifique est *Cercis siliquastrum*), mais il est acclimaté aux hivers froids, comme son cousin américain *(C. canadensis).* Sa floraison rose vif très précoce le fait apprécier comme arbre d'ornement citadin ; ses feuilles simples à large limbe en cœur sont une exception dans la famille.

D

D. **CÆSALPINIA**

Le genre *Cæsalpinia,* comme la famille à laquelle il donne son nom, est dédié à un botaniste italien, A. Caesalpino (1519-1603), qui a le premier perçu l'importance des fruits et des graines en proposant une classification des végétaux fondée sur ces caractères. Ce *Cæsalpinia pulcherrima* pousse dans toutes les régions tropicales. Dans les pays tempérés, on la cultive en serre pour ses propriétés ornementales. Plusieurs espèces de *Cæsalpinia* fournissent de la teinture et du bois d'œuvre.

E

E. **CASSE**

Originaire d'Afrique tropicale, *Cassia sieberiana* (appelée « casse », « cassier » ou « cnéficier »), est l'une des 300 espèces d'arbustes ou petits arbres classiquement regroupés dans le grand genre *Cassia,* mais que l'on tend à diviser en 3 genres distincts. Certains sont connus, sous le nom de « séné », pour les propriétés purgatives de leurs graines.

F

F. **FEUILLES DU FÉVIER**

La grande feuille composée, doublement pennée (bipennée), donne une idée de la morphologie foliaire fréquente chez les césalpiniacées. Le févier, originaire d'Amérique du Nord, est l'un des rares représentants tempérés de la famille. Son nom, *Gleditsia triacanthos,* indique qu'il porte des épines, absentes chez la variété cultivée illustrée ici. Comme chez beaucoup d'autres légumineuses épineuses, les épines correspondent à des appendices (stipules) modifiés.

DES LÉGUMES À TOUT FAIRE

La réputation des légumineuses provient principalement des graines fournies par les fabacées : on connaît le haricot *(Phaseolus vulgaris)* et ses innombrables variétés, la fève *(Faba),* le petit pois *(Pisum sativum),* la lentille *(Lens),* le pois chiche *(Cicer arietinum).* Moins connues sont, en dehors du soja *(Glycine max),* les nombreuses espèces proches du haricot et cultivées dans les régions tropicales comme les doliques (genres *Vigna, Dolichos* et *Lablab*) et les ambrevades *(Cajanus indicus),* qui fournissent à des millions d'hommes, en complément des céréales, un apport protéinique indispensable. En outre, d'innombrables espèces, très nutritives, servent de fourrage.

Mais les légumineuses se prêtent à bien d'autres usages. De nombreux bois exotiques, comme les palissandres, le « bois de rose » et les bois violets, proviennent de fabacées ou de césalpiniacées *(Dalbergia, Dipteryx, Pterocarpus, Peltogyme, Afzelia, Intsia).* Certaines légumineuses ont des propriétés tinctoriales (*Indigofera, Haematoxylum* ou « bois de campêche »), d'autres fournissent les copals, qui sont à la base de la fabrication des résines et vernis *(Hymenaea courbaril, Copaifera, Guibourtia).* La gomme arabique aux usages multiples (industrie alimentaire, pharmaceutique...) provient de *Acacia senegal.* Enfin, la réglisse *(Glycirrhiza)* et le fenugrec (*Trigonella*, aux graines odorantes) sont également des légumineuses.

ACACIAS, MIMOSAS...

LES MIMOSACÉES

■ LES MIMOSACÉES CONSTITUENT une famille essentiellement tropicale, également représentée en Europe méditerranéenne par les acacias (appelés à tort « mimosas »), cultivés pour leurs fleurs jaunes odorantes.

Classification. La famille compte plus de 3 000 espèces. Selon la morphologie de leur pollen, on subdivise les mimosacées en cinq groupes inégaux : l'un d'eux ne comporte qu'une espèce *(Mimozyganthus),* isolée en raison des caractères particuliers de son pollen. À l'opposé, le groupe des *Acacia* est riche d'environ 1 200 espèces. Les *Mimosa,* soit plus de 400 espèces, comprennent des espèces sensitives, comme *Mimosa pudica,* dont les folioles se replient au moindre contact.

Types biologiques et habitat. Beaucoup de mimosacées sont arborescentes ou arbustives, mais les formes herbacées et lianescentes sont plus fréquentes que chez les césalpiniacées. De plus, les mimosacées sont bien diversifiées dans les milieux arides, où elles ont développé des modes d'adaptation à la sécheresse, notamment chez les genres *Acacia* et *Prosopis.* Beaucoup de mimosacées sont épineuses, par transformation de leurs stipules.

Les feuilles. Elles comptent souvent un nombre élevé de très petites folioles et sont généralement doublement pennées (bipennées). De plus, elles portent souvent des glandes sécrétrices, dont le nectar sucré attire les fourmis.

Les fleurs. Petites et groupées en inflorescences, les fleurs de mimosacées sont plus ou moins soudées en tube ; le nombre minimal d'étamines est de dix, mais beaucoup d'espèces en ont plus, parfois jusqu'à une cinquantaine. Tous ces caractères distinguent radicalement les mimosacées des autres légumineuses.

Les fruits. Les gousses prennent des formes et des dimensions variées : elles peuvent atteindre 1 m de longueur *(Entada, Inga).* Souvent, elles forment une spirale et s'ouvrent à maturité, laissant pendre des graines colorées *(Pithecellobium).* Les graines des mimosacées sont généralement aplaties et ornementées d'une sorte de médaillon nommé « aréole ».

UNE VRAIE FAUSSE FEUILLE

L'acacia, dont un rameau fleuri est présenté ci-dessous, n'a pas de feuilles composées pennées, typiques de la famille : sa « feuille » correspond en réalité au pétiole (partie intermédiaire entre le limbe et la tige), élargi et aplati, comme le montre son orientation dans le plan vertical, et porte le nom de « phyllode ».

Une telle feuille est donc dépourvue de limbe : dans certaines espèces, celui-ci existe pourtant chez la plantule. On peut alors, en étudiant la croissance à partir de la germination, suivre la transition progressive de la feuille au phyllode, par l'élargissement du pétiole et la disparition du limbe. Le tiers environ des quelque 1 200 espèces du genre *Acacia* possède des phyllodes.

A. B. C. **MIMOSA ET « MIMOSA »**

Le genre *Mimosa* comprend des arbustes à petites fleurs rosées (A), dont les feuilles se replient au moindre contact, comme dans l'espèce *Mimosa pudica* (B), appelée pour cette raison « sensitive ». Quant au « mimosa des quatre saisons » *(Acacia retinoides)* [C] et aux autres mimosas des fleuristes, il s'agit en fait d'acacias originaires d'Australie, appréciés pour leurs « fleurs » cotonneuses.

A B C

F. G. H. **ARBRE À SOIE**

Le genre *Albizia* comprend une centaine d'espèces des régions tropicales. *A. julibrissin,* présenté ici, pousse naturellement en Asie subtropicale. Mais il supporte le climat tempéré, dans les régions à étés chauds et à faibles gelées hivernales, où il est souvent planté dans les jardins.

F G H

I

I. **PARKIA BIGLOBOSA**

Les inflorescences volumineuses de cet arbre pendent à l'extrémité de pédoncules de 10 à 15 cm de longueur. Le genre *Parkia* regroupe 50 espèces arborescentes, vivant dans les forêts d'Afrique et d'Amérique. Leurs feuilles aux minuscules folioles atteignent 20 cm de longueur et leurs fleurs sont souvent pollinisées par les chauves-souris.

D

D. **FRUITS DE MIMOSACÉES**

Les gousses des mimosacées sont typiquement droites, aplaties et mesurent environ 10 cm de longueur. À maturité, leurs valves minces s'ouvrent pour libérer les graines ovales aplaties, le plus souvent de couleur sombre. Cette photo représente des gousses d'acacias ouvertes et fermées. À la différence des fabacées, les graines des mimosacées offrent peu d'intérêt alimentaire pour l'homme.

E

E. **ACACIA D'AFRIQUE**

Plus de 100 espèces du genre *Acacia* vivent en Afrique, dans les régions à saison sèche prolongée, et quelques-unes sont bien adaptées à la survie en milieu désertique. Leur port particulier, comme celui de cet *Acacia tortilis* d'Éthiopie, est caractéristique des savanes africaines. Leur système racinaire, très ramifié, se développe horizontalement à quelques centimètres sous la surface du sol et leur permet de capter efficacement l'eau de la moindre averse.

LES SAXIFRAGES

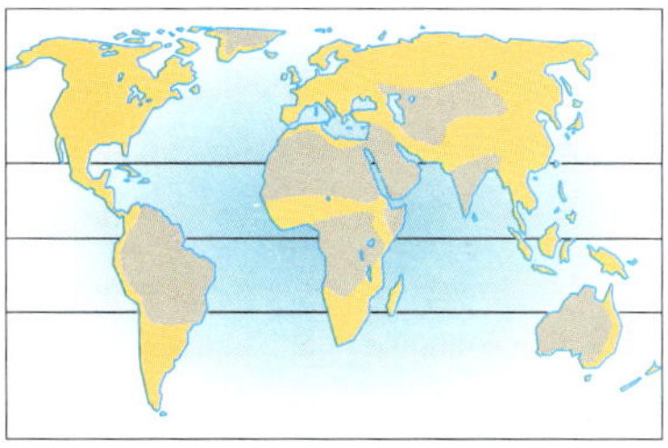

Répartition géographique. Les saxifrages (environ 350 espèces) sont fréquentes dans les zones tempérées et arctiques de l'hémisphère Nord, mais elles sont rares en Asie (on en trouve dans l'Himalaya jusqu'à 6 000 m et dans les montagnes du sud de la Chine) et en Amérique du Sud. Elles sont absentes d'Australie et de l'Afrique du Sud. Certaines espèces ont des aires de répartition très vastes. La saxifrage paniculée *(Saxifraga paniculata),* qui est distribuée dans les montagnes tempérées d'Europe, de l'Amérique du Nord et de l'Asie Mineure. Mais la majorité d'entre elles possèdent des aires de répartition réduites.

Classification et familles proches. Les saxifrages (famille des saxifragacées) appartiennent à l'ordre des rosales, avec notamment les ribésiacées (groseilliers), les escalloniacées (escallonias), les hydrangéacées (hortensias) et les astilbacées (astilbes). Elles constituent un groupe complexe, encore très discuté ; nous traiterons ici des saxifragacées *stricto sensu,* qui se limitent aux seules saxifrages (genre *Saxifraga*).

Biologie et écologie. Le nom générique *Saxifraga* signifie « casse-pierre », il évoque la capacité qu'ont les racines de certaines saxifrages de participer à la fissuration des roches, en s'insinuant dans les fentes.

Ce sont des plantes herbacées annuelles ou plus souvent vivaces, à rhizome, ou chargées de bulbilles (organes de reproduction végétative) comme *Saxifraga granulata.* Les saxifrages sont principalement des plantes de montagne, vivant sur les rochers et résistant à des conditions climatiques sévères. On les trouve aussi dans les pelouses pierreuses ou dans les prairies, en général sur des sols calcaires, et sur les murs. En France, toutes les espèces de saxifrages (excepté 2) ne croissent que dans les montagnes.

Morphologie et anatomie. Les feuilles sont alternes, plus rarement opposées, à pétiole engainant. Ces feuilles sont entières et dentées.

Les fleurs de couleur blanchâtre ou rosée, ou plus souvent jaune, sont généralement groupées en panicule, en grappe ou en corymbe, plus rarement solitaires.

La multiplication végétative. Les saxifrages ont la capacité de se multiplier par des organes de propagation, sortes de boutures naturelles (bulbilles) ou par des tiges capables de différencier racines et bourgeons (stolons). Chez la saxifrage perpétuelle *(Saxifraga aizoon),* par exemple, la rosette initiale, qui meurt après la floraison, donne auparavant naissance à de nombreux stolons aériens terminés par de jeunes rosettes qui s'enracinent facilement. Des colonies entières peuvent ainsi se former et recouvrir les rochers de leurs coussins. Chez la saxifrage granulée *(Saxifraga granulata),* des bulbilles se développent à l'aisselle des feuilles de la rosette. Après la chute des feuilles, elles donneront de nouveaux individus.

Caractères particuliers : l'endémisme. Une espèce est dite « endémique d'un territoire » lorsque son aire de répartition est tout entière comprise à l'intérieur des limites de ce territoire. Les espèces endémiques dans le genre *Saxifraga* sont nombreuses. *Saxifraga longifolia* et *S. retioides,* par exemple, sont endémiques des Pyrénées et *S. florulenta,* des rochers siliceux du Mercantour (France). Ces phénomènes d'endémisme, en particulier pour les espèces alpines, peuvent être expliqués par la création de zones refuges à la suite des épisodes glaciaires du quaternaire (et notamment au moment de la glaciation de Würm). Les espèces se seraient trouvées isolées dans ces zones (marge des divers fronts des glaciers et des montagnes) où leur croissance restait possible.

Culture des saxifrages. Dans les jardins de rocaille, ces plantes très résistantes sont appréciées pour leurs feuilles en rosette et leur floraison. On peut citer les saxifrages mousses (comme *Saxifraga decipiens*), *S. longifolia,* à la grande inflorescence blanche, *S. aizoon* et *S. umbrosa.*

A. **FLEUR DE SAXIFRAGE**

Les fleurs des saxifragacées sont hermaphrodites et régulières (fleurs actinomorphes).
Le calice formé de 5 sépales est libre ou soudé à la base de l'ovaire. La corolle est constituée de 5 pétales entiers ou échancrés.
Les étamines sont au nombre de 10. Les 2 carpelles sont le plus souvent libres, généralement enchassés dans un réceptacle en forme de cupule. Le fruit est une capsule à 2 loges, terminée par 2 cornes ou 2 becs ; les graines sont très petites et dépourvues d'albumen.
De nombreuses saxifrages sont cultivées en horticulture pour ornementer les jardins de rocaille. Leurs fleurs sont de couleur blanche, jaune, plus rarement rose ou pourpre.
Des centaines d'hybrides ont été créés à partir des espèces « sauvages ».
Ces plantes sont classées en sections horticoles selon leur aspect et leurs besoins.

A

B

B. **LE DÉSESPOIR DU PEINTRE**

Saxifraga umbrosa vit dans les bois ou sur les rochers, dans les gorges profondes ou au bord des cascades. Il est originaire des Pyrénées. Outre l'Espagne et le Portugal, on le trouve aussi en Irlande. Les rosettes sont composées de feuilles entières, oblongues, coriaces et crénelées. Les fleurs présentent des pétales blancs pointillés de pourpre, de rose et de jaune, qui valent à la plante d'être nommée « désespoir du peintre ».

C. **SAXIFRAGE PERPÉTUELLE**

Saxifraga aizoon forme des touffes sur les rochers, les décombres, les coteaux pierreux, de préférence sur les sols riches en calcaire. L'extrémité des feuilles porte une dépression qui sécrète et accumule le carbonate de calcium. En effet, au niveau de la dépression, un pore (hydatode) formé de plusieurs faisceaux conducteurs de sève (xylème) amène l'eau contenant le carbonate de calcium dissous. L'eau s'évapore et le carbonate se dépose en écailles blanches.

C

D

D. **SAXIFRAGE MUSQUÉE**

Cette saxifrage *(Saxifraga moschata)* est largement distribuée en Europe (France, Carpates, Espagne, Italie, péninsule des Balkans), préférentiellement sur des sols calcaires. Sa corolle est composée de pétales elliptiques, oblongs et échancrés, de couleur jaune crème. Du mucilage est sécrété à la surface de l'ovaire ; il attire les insectes, notamment les fourmis, qui aident à la pollinisation.

RHIZOPHORACÉES ET CORNACÉES

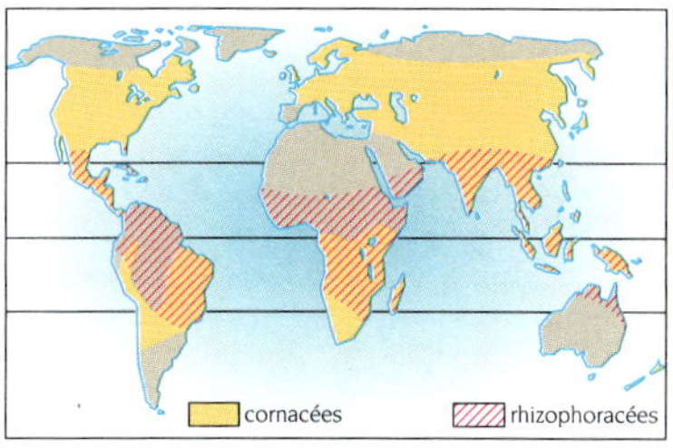

Répartition géographique. La famille des rhizophoracées (environ 120 espèces), qui comprend les palétuviers des mangroves, se distribue dans les régions intertropicales. Les cornacées (une centaine d'espèces) sont des plantes des régions tempérées et tropicales, pour la plupart dans l'hémisphère Nord.

PALÉTUVIERS...

LES RHIZOPHORACÉES

■ LES MANGROVES sont des forêts littorales « amphibies », qui colonisent les dépôts vaseux des estuaires ou des lagunes, en régions tropicales. Les palétuviers, qui forment la végétation de base des mangroves, appartiennent à la famille des rhizophoracées. Il s'agit surtout des genres *Rhizophora* sur toutes les côtes tropicales, *Ceriops* et *Bruguiera* sur celles de l'Afrique à l'Australie et *Kandelia candel* sur celles du Sud-Est asiatique. Le genre *Cassipourea,* qui ne vit pas dans les mangroves mais en forêt, comprend la moitié des espèces de rhizophoracées et s'étend du sud de l'Inde à l'Amérique tropicale.

Types biologiques et écologie. Les rhizophoracées sont des arbres et des arbustes, parfois grimpants. Les arbres des mangroves vivent en peuplements très denses sur des vases périodiquement recouvertes par la mer, y jouant un rôle écologique majeur.

Des dispositifs racinaires aériens particuliers (échasses des *Rhizophora,* anses des *Ceriops* et des *Bruguiera*) permettent des échanges respiratoires avec l'atmosphère. Le bois des palétuviers, très dur et dense, est souvent exploité (fabrication de poteaux...).

Morphologie et anatomie. Les rhizophoracées typiques possèdent des feuilles opposées et coriaces. La fleur a de 3 à 16 sépales soudés à leur base, persistants, et autant de petits pétales. Le fruit est une baie ou une drupe qui ne s'ouvre pas (rarement une capsule). Les graines (une par loge) sont parfois entourées d'un tégument (arille) et l'embryon issu de la graine de la plante mère reste longtemps en contact avec cette dernière chez les espèces de mangroves.

SUR UN ARBRE PERCHÉ

Pour tout végétal, les vases et le mouvement incessant des eaux marines dans les mangroves constituent de sérieux obstacles à la germination des graines et à l'enracinement. Avec la « viviparité », les palétuviers ont trouvé la solution, tels ce *Rhizophora apiculata* des côtes de l'océan Indien et d'autres habitants de ces milieux. La germination a lieu directement sur la plante mère : l'embryon traverse les tissus du fruit puis développe une plantule qui atteint des dimensions remarquables (jusqu'à 30 cm). Suspendue à l'arbre, elle se détache et s'enfonce verticalement dans la vase. Souvent entraînées par les eaux, ces plantules, en flottant, peuvent parcourir de grandes distances, d'où l'extension importante des mangroves le long des côtes tropicales humides.

CORNOUILLERS...

LES CORNACÉES

■ LE GENRE *Cornus* possède 4 espèces américaines et eurasiennes, les cornouillers. Les genres *Aucuba, Toricellia* et *Helwingia* vivent de l'Himalaya au Japon, *Melanophylla,* à Madagascar, et *Mastixia,* dans la région indo-malaise.

Écologie et morphologie. Les cornacées sont des arbres ou des arbustes de plaine et d'altitude (cornouillers, aucubas...), ou du littoral *(Griselinia),* rarement des herbes à rhizomes *(Cornus canadensis...).* Leurs feuilles caduques, entières et souvent opposées, sont parfois persistantes *(Aucuba, Mastixia).* Fréquemment, de grandes bractées spectaculaires sont présentes *(Cornus florida...),* mais les fleurs sont discrètes, à 4 ou 5 pétales. Le fruit est une drupe ou une baie *(Aucuba).*

Utilisations. De nombreuses espèces de cornacées sont cultivées pour leur qualité ornementale. L'aucuba avec ses baies rouges orne de nombreux jardins en Europe. Le bois des cornouillers est utilisé en menuiserie.

A

A. **AUCUBA**

Sur cet arbuste touffu *(Aucuba japonica),* les petites fleurs pourpres passent plutôt inaperçues à côté des fruits rouge vif et brillants. Parmi les cornouillers, *Cornus kousa, C. nuttallii* et *C. florida* sont aussi très appréciés dans les parcs pour leurs bractées très attrayantes et leur feuillage écarlate en automne.

B

B. **CASSIPOUREA**

C'est, parmi les rhizophoracées, le seul genre bien diversifié en Amérique tropicale. Ce *Cassipourea guianensis,* arbuste ou parfois arbre de 30 m, vit dans les forêts humides, du Mexique à l'Amazonie (ici, en Guyane). Ses petites fleurs blanches ont, comme toutes les autres espèces, des pétales finement frangés.

C. D. E. **CORNOUILLER « MÂLE »**

Ce petit arbre ou arbuste aimant les sols acides *(Cornus mas)* vit dans les milieux secs et ensoleillés d'Europe. Remarquable par ses petites fleurs jaunes précédant les feuilles au début du printemps, il produit des fruits comestibles, écarlates (cornouilles ou courgelles) à la pulpe acidulée.

C

D

E

F. G. H. **CORNOUILLER SANGUIN**

Cornus sanguinea, aux feuilles rougissant dès l'automne, est une cornacée européenne qui tolère des milieux très humides.

F

G

H

LES RUTACÉES

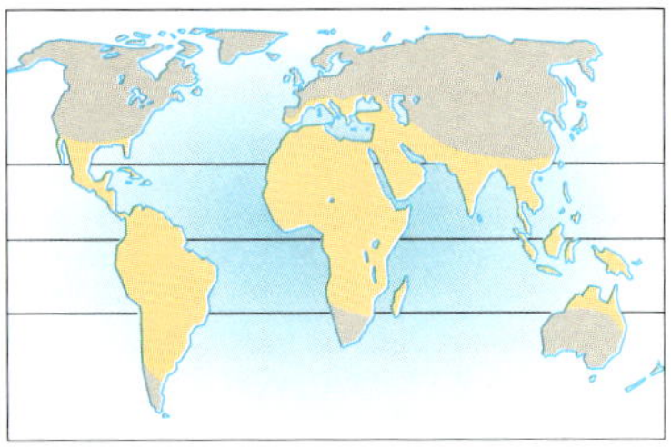

Répartition géographique. Essentiellement tropicales, les rutacées sont particulièrement bien diversifiées dans le sud de l'Asie et de l'Afrique, et en Australie. Bon nombre d'espèces, cependant, habitent les régions subtropicales et tempérées de l'hémisphère Nord, notamment le pourtour méditerranéen et le sud de l'Europe. Les rutacées vivent dans des milieux naturels très variés.

A

A. **CITRONNIER DES HAIES**

Originaire de Chine, ce poncirus *(Poncirus trifoliata)* est l'une des rares rutacées arborescentes qui supporte un climat tempéré. Ses petits fruits orangés peuvent être cuits en une marmelade de saveur très acidulée. D'un grand intérêt horticole, *Poncirus* est utilisé comme porte-greffe, car il résiste fort bien à une maladie des agrumes, la tristeza.

B. **BRANCHE DE CITRONNIER**

Citrus limon est un petit arbre à feuilles persistantes, coriaces et brillantes, généralement épineux ; dans les régions où il fait chaud toute l'année, il fleurit et fructifie sans discontinuer ; il supporte une saison froide, mais pas le gel.

B

Fruit

Ce citron est représentatif du fruit caractéristique des agrumes. La peau (péricarpe), rigide à surface irrégulière, contient des glandes à essences aromatiques. Aux loges de l'ovaire devenues charnues correspondent autant de « quartiers » qui contiennent des graines (les pépins).

Classification. La famille des rutacées est celle des « agrumes » : orange, citron, etc., ainsi que de la rue (genre *Ruta,* qui donne son nom à la famille), du dictame (ou fraxinelle) et du jaborandi ; elle comprend 1 600 espèces réparties en 40 genres. On divise les rutacées en 5 sous-familles, d'après la structure de l'ovaire et du fruit ; les plus importantes sont celle des rutoïdées et celle des aurantiées.

L'ovaire des rutoïdées comporte 4 ou 5 logettes (carpelles), libres à leur base et soudées par leur style. Leur fruit est sec (capsule) mais peut s'ouvrir. La rue *(Ruta graveolens),* la fraxinelle *(Dictamnus fraxinella),* l'oranger du Mexique *(Choisya ternata)* ou encore le jaborandi du Brésil *(Pilocarpus)* appartiennent à ce groupe.

Les aurantiées possèdent des ovaires avec de nombreux carpelles, garnis de poils qui deviennent charnus dans le fruit : cette sous-famille est celle des agrumes. Elle comprend les orangers, les citronniers, les pamplemoussiers, les cédratiers, etc. (genre *Citrus*), et quelques autres *(Poncirus, Limonia, Aegle...).*

Types biologiques et anatomie. La très grande majorité des rutacées sont des arbres ou des arbustes, souvent épineux. Les rares formes herbacées (rue, fraxinelle...) habitent plutôt des régions tempérées. Les feuilles, alternes et sans stipule, sont généralement composées ou lobées, et ponctuées de glandes sécrétrices. Les fleurs, typiquement régulières et bisexuées, possèdent 4 ou 5 pétales. L'ovaire, supère, est porté par un disque produisant du nectar.

C

C. **FLEUR DES RUTACÉES**

En général régulière, elle compte 4 ou 5 pièces florales par cycle ; les pétales, le plus souvent développés et colorés, sont toutefois absents chez quelques rares espèces. Chaque loge de l'ovaire contient un ou plusieurs ovules qui se transformeront en graines.

L'ORIGINE DES AGRUMES

Le terme, d'origine italienne *(agruma),* signifie « fruit à saveur acide » ; il s'est généralisé avec le développement de la culture et de la commercialisation des agrumes. Jusqu'au début du XXe siècle par allusion au mythe du jardin aux pommes d'or (jardin des Hespérides) ; on nommait « hespéride » leur fruit charnu, doré, à enveloppe riche en essences aromatiques, et les « hespéridées » ont longtemps été considérées par les botanistes comme une famille à part.

L'origine des agrumes est difficile à établir avec précision, comme c'est le cas pour tous les végétaux domestiqués par l'homme depuis des siècles. Ils appartiennent à un seul genre botanique, *Citrus,* qui compte 16 espèces sauvages originaires d'Asie tropicale et principalement de la péninsule malaise. Les innombrables variétés de fruits seraient le résultat de croisements et de sélections affectant trois ou quatre espèces seulement : ainsi l'oranger d'Espagne est-il probablement un hybride du pamplemoussier *(C. maxima)* et du mandarinier *(C. reticulata),* tous deux originaires de l'Asie du Sud-Est. Le pomelo *(C. paradisi)* [1] dériverait également du pamplemoussier. Les différentes variétés de citronniers résultent d'hybridations à partir de *C. medica* (cédratier) [2]. Le croisement de *Citrus* avec des espèces de genres voisins comme *Poncirus* ou *Fortunella* (kumquat) [3] produisent de nouveaux fruits, comme le « limequat », qui sont peut-être les précurseurs des agrumes de demain.

Les agrumes ont d'autres usages. Ainsi l'essence de néroli est-elle extraite des fleurs de l'oranger amer (bigaradier) ; l'écorce des fruits de certaines variétés sert à la fabrication de liqueurs (curaçao, Cointreau) ; l'essence de bergamote provient du fruit du bergamotier (*Citrus aurautium,* sous-espèce *bergamia*).

LES ANACARDIACÉES

PISTACHE, MANGUE, LITCHI...

ANACARDIACÉES ET FAMILLES VOISINES

■ LES ANACARDIACÉES sont des plantes ligneuses (arbres, arbustes, quelques lianes) comptant 850 espèces, principalement tropicales ou subtropicales. La famille s'étend toutefois au nord du tropique du Cancer, dans l'hémisphère Nord (région méditerranéenne, États-Unis, Extrême-Orient).

Morphologie. Les anacardiacées ont des feuilles alternes, sans stipules. Généralement pennées, elles peuvent être composées, à 3 folioles. Leurs fleurs, petites et très souvent unisexuées, sont nombreuses sur des inflorescences ramifiées. Elles possèdent généralement 5 pétales réguliers. Les fleurs mâles ont un ou deux cycles de 5 étamines et, dans la fleur femelle, l'ovaire (supère) comprend jusqu'à 5 carpelles libres ou soudés.

Classification. On reconnaît dans la famille des anacardiacées deux groupes principaux, l'un à feuilles entières et carpelles libres, l'autre à feuilles composées et carpelles soudés.

Au premier appartiennent les manguiers *(Mangifera)* et anacardiers ; dans le second se regroupent les genres *Spondias* (mombin, prune de Jamaïque), *Rhus* (sumacs et les arbres à laque), *Pistachia* (arbres à pistache) mais aussi le térébinthe et le lentisque.

Utilisations. Les anacardiacées produisent des résines, des tannins et des cires aux applications variées (mais leur contact avec la peau peut provoquer dermatites ou allergies). Le plus connu parmi les anacardiacées, le vernis du Japon *(Rhus verniciflua),* fournit la vraie laque.

Familles proches. Certaines plantes s'apparentent aux anacardiacées : elles appartiennent à des familles que les systématiciens regroupent, avec les anacardiacées et les rutacées, dans l'ordre des *sapindales.*

La famille voisine la plus importante en nombre est celle des sapindacées (1 300 espèces, presque toutes tropicales). Plusieurs fruits originaires d'Asie tropicale appartiennent à cette famille : le rambutan, le litchi et le longan. Parmi les quelques espèces tempérées, le savonnier *(Kolreutheria)* est utilisé comme arbre d'ornement.

Les méliacées et les burséracées comptent chacune de 500 à 600 espèces des forêts tropicales. Les *Quassias* (bois amer d'Amazonie) et l'ailante *(Ailanthus altissima)* illustrent la petite famille des simaroubacées.

À l'ordre des sapindales se rattachent aussi deux familles d'arbres tempérés : celle des érables, ou sarécacées, et celle des marronniers, ou hippocastanacées.

DES BOIS TOUJOURS PRÉCIEUX

De nombreux bois tropicaux proviennent d'arbres appartenant aux familles de l'ordre des sapindales (comme les anacardiacées et les rutacées) et portent souvent le nom commercial anglais de « mahogany » : ce sont les acajous.

L'okoumé *(Aucoumea klaineana),* ou acajou du Gabon, est une burséracée dont les peuplements denses d'Afrique équatoriale ont été décimés par une exploitation massive ; à la même famille appartiennent les *Canarium,* ou acajous blancs d'Inde, spontanés en Afrique orientale et en Asie.

La famille des méliacées compte beaucoup d'essences d'excellente qualité. L'acajou vrai, ou mahogany de Cuba *(Swietenia mahogani),* originaire des Grandes Antilles, est l'un des bois précieux le plus recherchés. Plusieurs espèces du genre africain et malgache *Khaya* en sont de bons substituts. L'acajou d'Australie *(Dysoxylum)* fournit sur ce continent des bois appréciés pour l'ébénisterie. Le margousier, ou acajou de Ceylan *(Melia azedarach),* fournit des bois fins pour l'artisanat et la construction. Dans les régions tempérées, *Aesculus octandra* du Nord-Est américain, de la même famille que les marronniers, donne un bois de qualité.

A

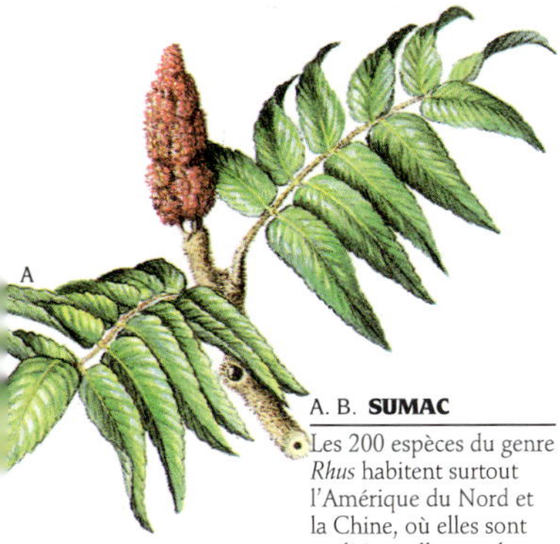

B

A. B. **SUMAC**

Les 200 espèces du genre *Rhus* habitent surtout l'Amérique du Nord et la Chine, où elles sont traditionnellement la source de tanins, de teintures et de laques. On cultive plusieurs espèces, comme ce sumac de Virginie *(Rhus coriara),* pour leur feuillage et leurs infrutescences rouges qui persistent tout l'hiver.

C

C. **LITCHI**

Litchi sinensis (famille des sapindacées) est un arbre qui croît spontanément dans les montagnes tropicales de faible altitude, en Chine du Sud, Malaisie, Philippines et Indonésie. Deux formes (de montagne et de plaine) sont cultivées pour leurs fruits à enveloppe résistante, dont la pulpe blanche se consomme fraîche, séchée ou en sirop. Le bois, résistant, est utilisé en ébénisterie.

D

D. **RAMEAU DE MANGUIER**

Il existe 35 espèces de manguiers. Les fruits de *Mangifera indica,* visibles ici, sont d'origine indomalaise (sa dispersion dans toutes les régions tropicales remonte au XVIIe siècle) et comptent parmi les plus importants dans les pays tropicaux où quantité de variétés sont cultivées.

E

E. **MARRONNIER**

Aesculus est l'un des deux genres de la petite famille des hippocastanacées. Le « marronnier d'Inde » *(Aesculus hippocastanum),* dont on voit ici un rameau fleuri, arbre d'ornement très apprécié en Europe, provient d'Asie centrale.

F

F. **FRUITS DE L'ANACARDIER**

Les noix de cajou sont les graines de l'anacardier, *Anacardium occidentale,* petit arbre sauvage en Amérique tropicale, mais qui se cultive beaucoup en vergers, notamment en Afrique occidentale. Les graines sont vendues grillées et salées. Le pédoncule du fruit, connu sous le nom de « pomme-cajou », est également comestible.

G

G. **ENCENS**

L'écorce des burséracées produit diverses résines : la myrrhe et les encens en sont des exemples ; les genres *Protium* fournissent l'encens d'Amérique. L'encens d'Afrique est extrait de *Boswallia sacra,* représenté ici. Brûlé dans les cérémonies du culte et en magie, il est souvent mélangé à d'autres résines.

EUPHORBIACÉES ET VITACÉES

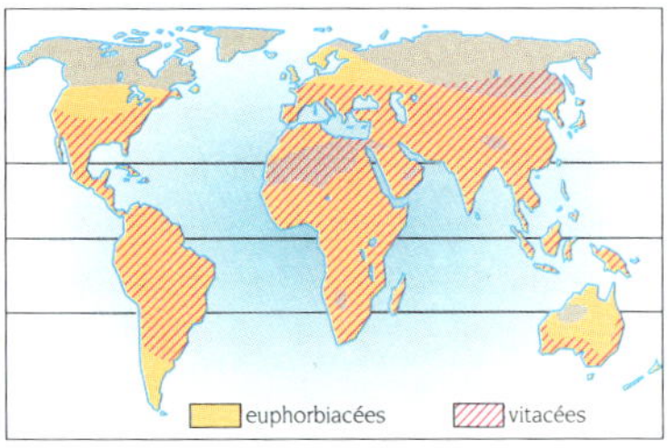

Répartition géographique. Les euphorbiacées forment une famille cosmopolite. À l'exception des régions froides les plus septentrionales, ces plantes sont surtout très diversifiées dans la zone tropicale, en particulier en Inde, en Malaysia et en Amérique du Sud.

Quant aux vitacées, elles se rencontrent surtout en zones tropicales et subtropicales.

EUPHORBES, MANIOC, HÉVÉA...

LES EUPHORBIACÉES

■ LES EUPHORBIACÉES forment une grande famille d'angiospermes avec 321 genres et 7 950 espèces connues. Certaines plantes ont une importance économique considérable : l'hévéa du Brésil *(Hevea brasiliencis)* produit du caoutchouc, l'huile de ricin est extraite de *Ricinus communis* et le tapioca provient du manioc *(Manihot esculenta)*. Il existe également de nombreuses espèces ornementales, comme divers *Acalyphas* avec leur longues inflorescences colorées pendantes et des crotons *(Codiaeum variegatum)*.

Anatomie et morphologie. Les tiges et les feuilles contiennent souvent des cellules ou des tubes spécialisés qui sécrètent un liquide laiteux ou coloré, le *latex,* qui s'écoule abondamment quand on les coupe. Les feuilles, presque toujours alternes, sont simples, plus rarement composées et possèdent toujours des stipules (expansions latérales).

Les fleurs sont toujours unisexuées. Elles sont portées par des pieds mâles ou femelles (plante dioïque) ou se trouvent sur un même pied (plante monoïque). Les inflorescences sont différentes suivant le sexe. Parfois, les fleurs sont groupées dans un même épi et peuvent être intimement liées (cyathe), comme chez les euphorbes. Les pétales et les sépales sont généralement très réduits et le plus souvent absents. Chez les fleurs mâles, le nombre d'étamines est extrêmement variable : de 1 à plusieurs centaines.

À de rares exceptions près, le fruit est sec (capsule) et s'ouvre en laissant persister une colonne centrale. Les graines, souvent surmontées d'un renflement charnu (caroncule), renferment un albumen abondant.

VIGNES...

LES VITACÉES

■ LA VIGNE EST LA PLUS POPULAIRE des vitacées. Mais on connaît aussi de cette famille, composée de 12 genres et de 700 espèces, la vigne vierge *(Parthenocissus guinguefolia)* et plusieurs espèces horticoles du genre *Cissus.*

Types biologiques et morphologie. La grande majorité des vitacées sont lianescentes. Ces plantes grimpantes sont munies de vrilles opposées aux feuilles, parfois terminées par des crampons, comme chez la vigne vierge.

Les fleurs sont régulières, de petite taille, bisexuées ou unisexuées. Les pétales présentent souvent la particularité d'être soudés au sommet en une coupe qui tombe très tôt. Le fruit charnu est une baie qui contient généralement 4 graines.

D. E. F. **VIGNE**

Originaire de l'Asie Mineure et du nord-ouest de l'Inde, la vigne cultivée, *Vitis vinifera,* a subi de nombreuses sélections donnant naissance à des variétés viticoles ou fruitières, nommées « cépages ». Son ancêtre serait la vigne sauvage, *V. sylvestris.* Les inflorescences de la vigne (D) sont composées de petites fleurs (F) qui, une fois fécondées, fourniront une grappe de baies charnues (E).

A

A. **EUPHORBE ARBUSTIVE**

Le genre *Euphorbia,* avec près de 2 000 espèces, est un des plus grands parmi les angiospermes. Dans les régions tempérées, ce genre est surtout représenté par des herbes mais, en zone tropicale et subtropicale, on trouve de très grands arbres, des arbustes et des plantes adaptées à la sécheresse. Plusieurs espèces arbustives poussent cependant en Europe, dans la région méditerranéenne, comme *Euphorbia dendroïdes.* Curieusement, cette euphorbe arbustive, au port sphérique, est feuillée l'hiver et dénudée l'été.

B

B. **INFLORESCENCE**

Au premier coup d'œil, le *cyathe,* inflorescence hautement spécialisée des euphorbes, ressemble à une fleur unique. En fait, des pièces stériles (involucre de bractées glanduleuses) entourent de nombreuses fleurs mâles réduites à une étamine et, au centre, une unique fleur femelle formée d'un ovaire pédonculé. L'abondant nectar produit par les glandes attire les pollinisateurs (insectes).

C

C. **PLANTES GRASSES**

Les euphorbes adaptées à la sécheresse occupent en Afrique et à Madagascar les mêmes milieux et les mêmes fonctions que les cactus en Amérique. La convergence des formes végétatives est parfois extraordinaire comme dans le cas de cette euphorbe épineuse *(Euphorbia fruticosa)* que l'on pourrait facilement confondre avec un cactus candélabre. Mais les fleurs et l'organisation des épines en paire trahissent irréfutablement l'appartenance à la famille des euphorbiacées.

G

G. **CISSUS**

Le genre *Cissus* est le plus important des vitacées, avec 350 espèces. Plusieurs d'entre elles, comme ce *C. discolor,* sont des plantes ornementales et d'intérieur très appréciées, car peu exigeantes. Principalement tropicaux et de l'hémisphère Sud, les *Cissus* présentent, particulièrement à Madagascar, une étonnante gamme de formes, de l'arbre au tronc renflé et court à la liane.

LES GÉRANIACÉES

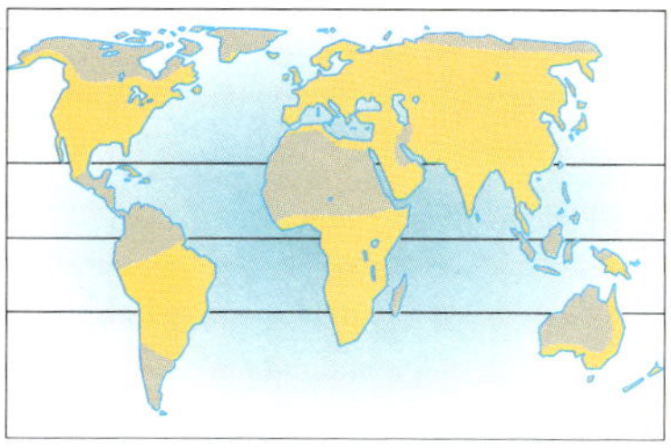

Répartition géographique. Les géraniacées se distribuent surtout dans les régions tempérées et chaudes. Les géraniums « vrais » *(Geranium)*, cosmopolites, comptent environ 300 espèces. Les plantes du genre *Erodium* vivent essentiellement dans le bassin méditerranéen et celles du genre *Monsonia* en Afrique et en Asie. Le genre *Sarcocaulon* est confiné à l'Afrique du Sud, comme la plupart des espèces de *Pelargonium*, dont certaines variétés horticoles fournissent les « géraniums » des fleuristes.

Classification. La famille des géraniacées forme un ensemble très homogène, classé en 5 genres et environ 700 espèces. Certains petits genres *(Dirachma, Viviania, Balbisia...)* y sont parfois rattachés ; la famille se divise alors en 5 tribus (biebersteiniées, wendtiées, vivianiées, dirachmées et géraniées, qui regroupent les 5 genres habituels) et compte une vingtaine d'espèces supplémentaires.

Familles proches. On rapproche des géraniacées quatre autres familles de plantes herbacées, très appréciées comme ornementales : les tropéolacées (capucines), les balsaminacées (balsamines, ou impatientes), les limnanthacées (limnanthes) et les oxalidacées (oxalis). Cette dernière famille compte aussi quelques espèces ligneuses, tel le carambolier *(Averrhoa carambola)*, au fruit comestible.

L'ensemble de ces cinq familles constitue l'ordre des *géraniales*.

Types biologiques et écologie. Les géraniacées sont généralement herbeuses, mais des arbrisseaux de petite taille se rencontrent fréquemment dans le genre *Pelargonium*. Beaucoup de représentants sud-africains de ce groupe ont des tiges épaisses et charnues transformées en tubercule *(Pelargonium undulatum)*. Certaines espèces désertiques de géraniacées (les sarcocaulons) sont munies en plus de feuilles épineuses et persistantes qui leur permettent de survivre pendant la longue saison sèche.

Morphologie et anatomie. Les géraniacées ont souvent des tiges articulées. Comme les feuilles, elles sont couvertes de poils glandulaires. Les feuilles sont alternes ou opposées, généralement profondément découpées. Les fleurs, fréquemment grandes, sont solitaires ou réunies en ombelles. Elles possèdent 5 sépales libres dont un est parfois prolongé par un *éperon*. Les pétales, au nombre de 5, sont libres et colorés. L'ovaire (supère) est prolongé par un « bec » qui persiste dans le fruit.

A

A. **HERBE-À-ROBERT**

Geranium robertianum (de *ruber*, rouge, car sa tige est souvent teintée ainsi à la base) est très répandu dans le monde, surtout dans les stations ombragées. Très malodorante, cette plante médicinale contient un suc amer, des huiles essentielles et des tanins, aux effets astringents.

B. C. D. **FLEURS DES GÉRANIALES**

Régulières chez les oxalidacées (carambolier) et les limnanthacées, les fleurs des autres géraniales montrent une nette tendance à l'irrégularité.

B

B. **GÉRANIUM**

Les fleurs de ce genre sont symétriques (herbe-à-Robert) ou faiblement irrégulières. Celles des pélargoniums sont pourvues d'un éperon discret soudé au réceptacle.

C

C. **CAPUCINE**

L'éperon est libre et très apparent dans cette petite famille sud-américaine (tropaeolacées) d'une centaine d'espèces, surtout montagneuses.

D

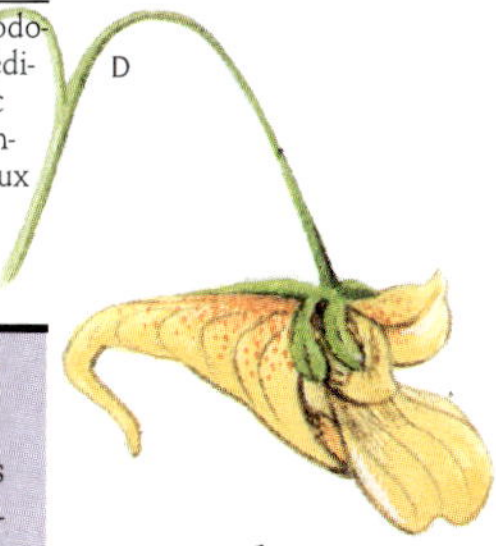

D. **BALSAMINE**

Dans les fleurs des balsaminacées (environ 500 espèces tempérées et tropicales), l'éperon recourbé formé par un sépale est très développé et 4 des 5 pétales sont soudés deux à deux, illustrant un modèle très accentué de fleur irrégulière.

F. **GÉRANIUM**

Le géranium sanguin *(Geranium sanguineum)* est une plante aux jolies fleurs rose pourpré aimant la chaleur et les terrains calcaires d'Europe et d'Asie occidentale. Vivace, il développe une souche à cœur rouge dont on peut utiliser les tanins pour l'apprêt des cuirs. Des teintures sont aussi issues d'espèces himalayennes *(G. nepalense, G. wallichianum)*. De nombreux géraniums ont des fleurs attrayantes roses, pourpres ou bleutées, appréciées dans les jardins *(G. ibericum, G. grandiflorum, G. dalmaticum...)*. Quelques espèces ligneuses font exception dans ce genre, essentiellement herbacé *(G. robustum, G. pulchrum...*, d'Afrique du Sud).

F

UNE OUVERTURE EXPLOSIVE

De nombreuses espèces de géraniacées sont nommées « becs-de-grue » (*geranos*, en grec, signifie « grue ») par allusion à la forme de leur fruit. Celui-ci est sec et formé en général de 5 logettes (carpelles) soudées entre elles dans leur partie interne et prolongées par ce fameux « bec ». Sensibles aux changements d'humidité de l'air, les carpelles se détachent, s'enroulent vers le haut puis éjectent leur graine. C'est le cas général pour les géraniums et les pélargoniums. Les carpelles tombent au sol chez *Erodium*, libérant les graines au cours de leur réhydratation. Les graines de l'« impatiente ne me touchez pas » (balsaminacées) sont projetées au loin dès qu'il y a un contact avec le fruit mûr, qui explose.

E. **CE « GÉRANIUM » EST UN PÉLARGONIUM**

En Afrique du Sud, la région du Cap est le domaine des pélargoniums, où ils forment un élément typique de la flore. Les hybrides cultivés à titre ornemental sont nombreux (les « géraniums » des fleuristes) et leurs feuilles odorantes sont riches en essence de géranium, appréciée des parfumeurs. La culture des géraniums rosats, au parfum de rose, est surtout pratiquée sur l'île de la Réunion, depuis le siècle dernier.

E

LES OMBELLIFÈRES

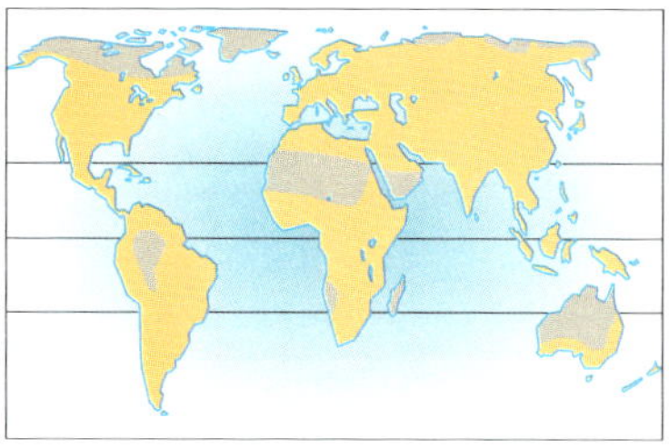

Répartition géographique. Les ombellifères, ou apiacées, sont cosmopolites, mais répandues surtout dans les régions tempérées et principalement dans celles de l'hémisphère Nord. Il en existe environ 3 000 espèces réparties en 300 genres.

On classe les ombellifères en trois sous-familles : les hydrocotyloïdées, les saniculoïdées et les apioïdées.

CAROTTE, PERSIL...

LA FAMILLE DES OMBELLIFÈRES

■ L'ODEUR TRÈS PÉNÉTRANTE des ombellifères est due aux essences contenues dans des poches ou dans des canaux sécréteurs, situés dans les différents organes de la plante, y compris dans les parois des fruits. Ces substances constituent une protection efficace contre les herbivores.

Certaines ombellifères sont appréciées par l'homme, d'où l'usage culinaire qui en est fait, soit comme condiments (anis, cumin, coriandre, persil, cerfeuil, angélique...), soit comme légumes (carotte, fenouil, céleri...). D'autres espèces sont toxiques (ciguë).

Types biologiques. Les ombellifères sont généralement des herbes annuelles, bisannuelles ou plus souvent vivaces. Les arbres et les arbustes sont très rares.

Morphologie et anatomie. La famille présente une grande homogénéité de caractères. L'inflorescence en *ombelle* est typique. L'ombelle peut être simple (saniculoïdées et hydrocotyloïdées) ou composée (apiroïdées). La fleur, petite, possède 5 sépales discrets, parfois absents. Les 5 pétales sont généralement blancs ou jaunes et, plus rarement, verdâtres ou rosés. L'ovaire (infère), formé de 2 logettes soudées (carpelles), est coiffé d'un large disque nectarifère sur lequel sont attachées 5 étamines.

Le fruit des ombellifères est sec et double (diakène). À maturité, il se divise en deux parties (méricarpes) à une seule graine. Sa paroi est munie de côtes.

La tige est souvent cannelée, creuse ; les feuilles, à base engainante, qui peuvent atteindre de grandes dimensions (grande berce, angélique), sont composées et parfois étroitement découpées (fenouil).

Reproduction. Le groupement dense des fleurs en ombelle paraît bien adapté à une pollinisation par les insectes (entomogamie), d'autant que le nectar, attractif, est sécrété à la surface de la fleur. Les étamines libèrent leur pollen avant que le pistil ne soit réceptif (protandrie), ce qui évite l'autofécondation. Les fruits, secs, sont parfois munis d'ailes et alors disséminés par le vent (anémochorie), parfois ornés d'épines ou de crochets qui s'attachent au pelage des animaux (zoochorie).

Ombelle

Elle est soit simple, chaque rayon étant terminé par une fleur, soit, comme ici, composée de petites inflorescences élémentaires, les ombellules.

Involucre

Des feuilles (bractées) aux formes très simplifiées, attachées toutes presque au même niveau sous l'ombelle, constituent une collerette appelée « involucre » (ou « involucelle » pour l'ombellule).

A. B. **CERFEUIL**

L'inflorescence caractéristique des ombellifères (A) rassemble un très grand nombre de très petites fleurs, offrant ainsi aux insectes une vaste zone attractive où l'atterrissage est facile et le butinage fructueux. Elle représente une étape importante dans l'évolution des inflorescences, laquelle tend au regroupement de plus en plus dense de fleurs de plus en plus petites. La feuille (B) est finement découpée.

Tige

Parfois cannelée, elle est très souvent creuse par suite de la résorption de la moelle, sauf au niveau des nœuds. Les feuilles ont une gaine bien développée.

C. **FRUIT DU CERFEUIL**

Comme chez presque toutes les ombellifères, le pistil, à maturité, se sépare en deux fruits secs, indéhiscents, contenant chacun une graine (diakène).

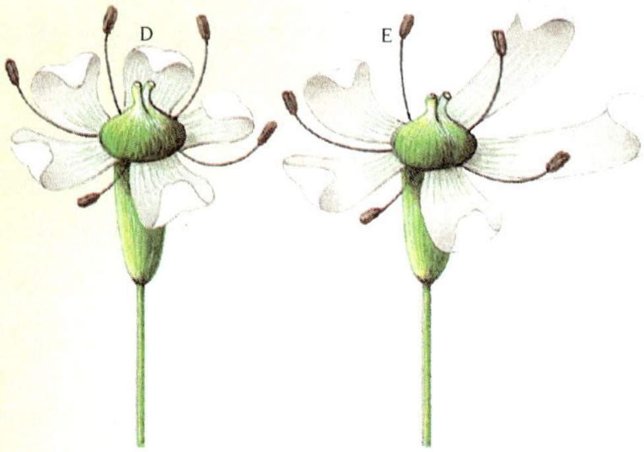

D. E. **DEUX TYPES DE FLEURS**

La fleur régulière (D), à 5 pétales, possède un disque produisant le nectar, facilement accessible aux insectes. Ce type de fleur est fertile. Parfois, les fleurs du pourtour de l'ombelle sont irrégulières (E), les pétales extérieurs étant plus longs. Ces fleurs sont souvent stériles. L'ombelle, avec ses parties attractives et stériles à la périphérie (comme des pétales) et ses parties reproductrices au centre, fonctionne vis-à-vis des insectes un peu comme le fait une fleur unique.

UNE FAMILLE PROCHE, CELLE DU LIERRE

Le lierre, dont les tiges sont munies de racines crampons, possède des feuilles soit lobées, soit entières selon qu'elles sont situées sur des rameaux végétatifs ou sur des rameaux floraux. Il appartient à la famille des araliacées dont il est le seul représentant en Europe. Les araliacées, contrairement aux ombellifères (avec lesquelles elles forment l'ordre des umbellales), possèdent des fruits charnus. Les aralias, les fatsias et les scheffleras appartiennent aussi à la famille des araliacées. Ils sont cultivés comme plantes d'appartement. Le ginseng *(Panax ginseng),* autre représentant de cette famille, doit sa réputation aux vertus aphrodisiaques qui lui sont attribuées quelque peu arbitrairement.

F. **GRANDE CIGUË** (*Conium maculatum*)

Comme la ciguë vireuse *(Cicuta virosa),* c'est une plante très toxique pour l'homme. En revanche, la toxicité de la petite ciguë *(Æthusa cynapium),* qui peut être confondue avec le persil ou le cerfeuil, est pour le moins controversée.

LES GENTIANALES

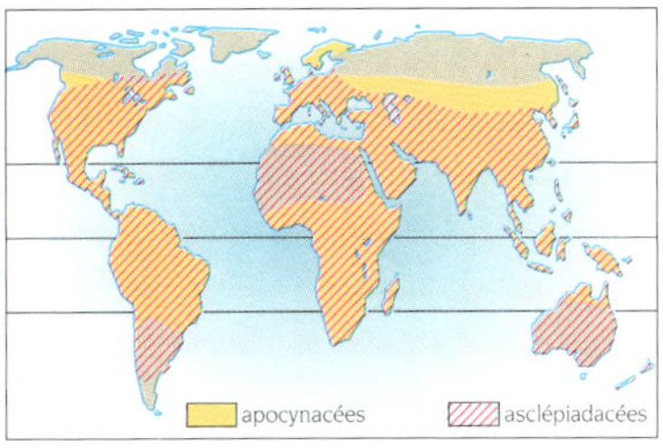

Répartition géographique. Parmi les 5 familles de l'ordre des gentianales, les apocynacées sont tropicales avec quelques représentants en zone tempérée, comme les espèces du genre *Vinca ;* les asclépiadacées, essentiellement tropicales et subtropicales, sont très diversifiées en Amérique du Sud (il existe quelques genres dans le sud de l'Afrique, mais les régions tempérées sont très pauvres en asclépiadacées). La troisième famille importante de l'ordre des gentianales, celle des oléacées, est cosmopolite avec des concentrations particulières d'espèces en Asie du Sud-Est et en Australie.

PERVENCHES, STAPÉLIES, OLIVIERS...

LES GENTIANALES

■ LES APOCYNACÉES, avec les asclépiadacées, les oléacées, mais aussi les loganiacées (famille du genre *Strychnos,* qui fournit la strychnine, et de l'arbre aux papillons, ou lilas d'été, *Buddleia dividii*) et les gentianacées (gentianes), forment l'ordre des gentianales.

Les apocynacées. Parmi les 215 genres et les 2 100 espèces d'apocynacées, on connaît surtout les belles pervenches d'Europe (du genre *Vinca*) ou de Madagascar (genre *Catharanthus*), le laurier-rose *(Nerium oleander)* et le frangipanier *(Plumeria rubra).*

Les apocynacées sont plus fréquentes dans les forêts tropicales humides et les marécages que dans les forêts sèches et les savanes. Ce sont, le plus souvent, des lianes et des arbustes mais aussi des arbres, plus rarement des herbes. Les genres *Adenium* et *Pachypodium,* d'Afrique et de Madagascar, sont adaptés à la sécheresse. Ils emmagasinent de l'eau dans leur tronc renflé. Les feuilles sont toujours simples. Les fleurs, régulières, possèdent des pétales soudés en tubes, de formes diverses, terminés par 5 lobes.

Les asclépiadacées. Plantes aux fleurs souvent extraordinaires, les asclépiadacées intéressent beaucoup les collectionneurs mais peu sont commercialisées. C'est une grande famille de 347 genres et 2 850 espèces. Certaines espèces, comme *Asclepias curassavica,* produisent d'excellentes soies végétales.

Les asclépiadacées sont des lianes, des herbes vivaces ou des arbustes, souvent charnus ou en forme de cactus (feuilles parfois absentes). Les fleurs possèdent 5 étamines soudées en un tube. Elles renferment du pollen aggloméré en deux masses (les pollinies). La plupart des espèces d'asclépiadacées contiennent un suc âcre et laiteux, et sont toxiques.

Les oléacées. Sur les 29 genres et les 600 espèces que comptent les oléacées, deux plantes sont de grande importance économique : l'olivier (du genre *Oléa,* qui donne son nom à la famille) et les frênes (arbres de parcs producteurs de bois, du genre *Fraxinus*).

Quelques plantes ornementales sont très populaires, comme le lilas *(Syringa vulgaris),* le jasmin *(Jasminum officinale)* ou le forsythia, appelé également « mimosa de Paris » et utilisé dans la pharmacopée chinoise.

Toutes les oléacées sont des arbres et des arbustes, plus rarement des lianes, aux feuilles simples ou composées. Les fleurs, très variées, possèdent souvent 4 pétales ; ces derniers peuvent être libres, soudés ou absents. Les étamines sont au nombre de 2 ou 4.

A

A. **PERVENCHE DE MADAGASCAR**

Catharanthus roseus est une plante herbacée ornementale cultivée actuellement sous tous les tropiques. Son importance médicinale est grande. On a isolé plus de 70 alcaloïdes de cette plante, notamment la *vincristine,* utilisée dans la thérapie des leucémies et des cancers des ganglions (son action fut découverte alors qu'on testait son effet sur le diabète !). Le diagramme floral (ci-dessous, à gauche) montre la structure classique des fleurs d'apocynacées dont les étamines, libres ou liées entre elles, s'insèrent à la base des pétales et sont souvent courtes et incluses dans le tube de la corolle.

B

C

B. C. **FLEURS D'ASCLÉPIADACÉES**

Les fleurs de *Hoja longifolia* (B) paraissent simples ; en fait, la coupe (C) et le diagramme floral d'*Asclepias* (ci-contre) montrent la complexité des fleurs d'asclépiadacées. Les étamines possèdent différents types d'appendices et de cornets secondaires qui forment une couronne. Les masses de pollen (pollinies) sont reliées par paires ; au milieu, un corpuscule visqueux se fixe aux pattes des insectes lors de la pollinisation.

D

D. **STAPÉLIE**

Le genre *Stapelia,* riche de 70 à 110 espèces, originaires de l'Afrique tropicale et australe, regroupe des plantes adaptées à la sécheresse (xérophiles) avec des tiges charnues, parfois de grande taille, prenant en charge la photosynthèse et des feuilles réduites ou absentes. Leurs magnifiques fleurs peuvent atteindre jusqu'à 46 cm de diamètre. L'inconvénient, qui explique assurément leur faible succès commercial, est l'intense puanteur de ses fleurs. Ces odeurs fortes et nauséabondes attirent les mouches qui assurent la pollinisation et qui déposent également leurs pontes sur ces fleurs charnues qu'elles prennent pour de la viande en décomposition.

E

E. **OLIVIER**

Arbre mythique de la Bible et des peuples de la Méditerranée, l'olivier, *Olea europea,* est cultivé depuis plus de 5 000 ans. L'olive est un fruit charnu (drupe), noir, riche en huile. Les olives vertes sont des fruits immatures.

LES SOLANACÉES

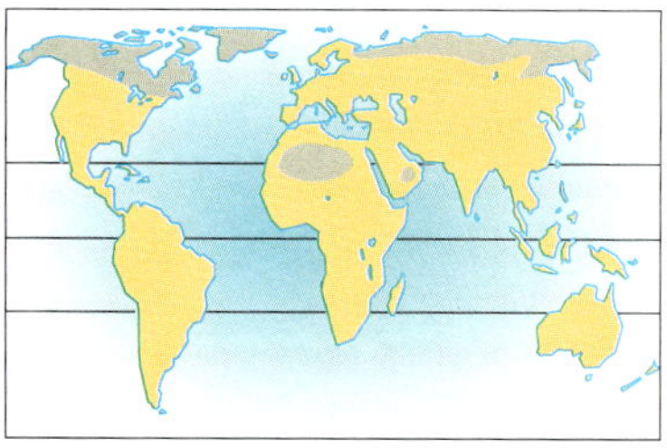

Répartition géographique. Il y a des solanacées partout dans le monde, excepté dans les régions froides ou tempérées froides et les déserts chauds : on dit qu'il s'agit d'une famille « subcosmopolite ». C'est cependant sous les tropiques qu'elle est la plus diversifiée, surtout en Amérique tropicale.

TOMATE, POMME DE TERRE...

SOLANACÉES ET SOLANALES

■ ON ÉVALUE le nombre d'espèces de solanacées à 2 600, mais plus de la moitié appartiennent au seul genre *Solanum*. La douce-amère *(S. dulcamara),* l'une des 3 espèces d'Europe, envahit les lieux incultes, comme la plupart des *Solanum ;* beaucoup d'espèces ont des qualités ornementales *(S. jasminoides),* alimentaires (aubergine, tomate, pomme de terre...) ou bien sont cultivées pour l'extraction d'alcaloïdes.

Classification. Les 90 genres de solanacées se répartissent en deux sous-familles : dans celle des solanoïdées, le calice, dit « accrescent », persiste et grandit quand le fruit mûrit. Le fruit, charnu, est une baie. On trouve, dans ce groupe, toutes les plantes du genre *Solanum,* les alkékenges *(Physalis),* les jusquiames, les lyciets, les cyphomandras et les piments *(Capsicum).* Dans la sous-famille des cestroïdées, les fleurs n'ont pas le calice accrescent et le fruit est sec (capsule). Les genres *Cestrum* (le cestreau), *Nicotiana* (le tabac) et *Petunia* en font partie.

Type biologique et écologie. Les solanacées forment une famille de plantes herbacées, qui comprend toutefois plusieurs espèces grimpantes (lyciet, par exemple) et quelques arbustes ou petits arbres (cestreau, ou casse-pot). Annuelles ou pérennes, elles habitent des milieux variés ; mais très souvent ce sont des « mauvaises herbes » particulièrement bien adaptées à coloniser les surfaces défrichées, même sous les tropiques.

Composés chimiques. Les solanacées se distinguent par le nombre élevé d'espèces qui synthétisent des alcaloïdes toxiques ou thérapeutiques. On connaît surtout la *nicotine,* substance toxique du tabac, l'*atropine,* de la belladone, ou encore l'*hyosciamine,* de la jusquiame et de la mandragore.

Les familles de l'ordre des solanales. Les solanacées donnent leur nom à l'ordre des solanales où se rangent plusieurs familles de faible importance numérique – celle des phlox, cobées et polemonium (polémoniacées), celle de la cuscute, celle du phacelia – et aussi la famille du liseron et du volubilis (convolvulacées), avec ses 1 500 espèces.

A

A. **HERBE À TAUPE**

Les daturas (ici, *Datura rosea*) sont originaires du Mexique et du sud des États-Unis. Les feuilles de datura sont employées dans la confection de cigarette antiasthmatique. La stramonine est une substance extraite de *Datura stramonium*, très répandue en Europe, où depuis trois siècles on connaît ses propriétés hallucinogènes.

B

B. **TABAC EN FLEURS**

Le tabac à fumer *(Nicotiana tabacum)* est originaire de l'Amérique tropicale, où les Précolombiens l'utilisaient déjà. Il est cultivé aujourd'hui comme une espèce annuelle dans les régions tempérées chaudes, principalement en Chine. Le genre *Nicotiana* comprend 66 autres espèces, américaines, océaniennes ou sud-africaines.

C

C. **FLEUR DE SOLANACÉE**

Typiquement régulière et hermaphrodite, la fleur présente des sépales soudés au moins à la base, des pétales assemblés en coupe ou en tube prolongé par 5 lobes égaux. Les étamines forment souvent un manchon autour du style ; l'ovaire supère comprend deux carpelles soudés et des ovules nombreux.

D

D. **TOMATES**

Les botanistes hésitent encore à inclure les sept espèces de tomates dans le genre *Solanum,* ou à les regrouper à part dans un genre isolé *(Lycopersicon).* La tomate cultivée était répandue chez les Incas et chez les Aztèques, qui lui donnèrent son nom (« tumantl »).

E

E. **POIVRONS ET PIMENTS**

C'est aussi à l'Amérique du Sud que l'on doit ces produits. Le piment est implanté depuis longtemps dans les autres pays tropicaux. Les multiples variétés de piments proviennent de deux espèces du genre *Capsicum, C. annuum* et *C. frutescens.* Quant au poivron rouge, vert ou jaune, des salades européennes, c'est une variété « douce » de *C. annuum,* dépourvue de l'alcaloïde responsable de la brûlure du piment : la capsicine.

LES DÉBUTS DE LA POMME DE TERRE

La pomme de terre, *Solanum tuberosum,* croît à l'état sauvage dans les montagnes des Andes, jusqu'au nord-ouest de l'Argentine et au Chili. De longue date cultivée par les peuples des Andes, elle fut apportée en Espagne après la conquête du Pérou et se répandit alors rapidement dans toute l'Europe.

Son introduction en Irlande remonte à 1566. En France, cependant, on refusa son usage, même pour le bétail, sauf dans l'Est, malgré l'action d'Antoine Parmentier, qui la préconisait dès 1773, pratiquant lui-même une culture expérimentale célèbre, à Neuilly, en 1785. C'est seulement à partir de 1840, après quelques mauvaises récoltes de blé, que la culture de la pomme de terre s'est généralisée en France.

LES LABIÉES

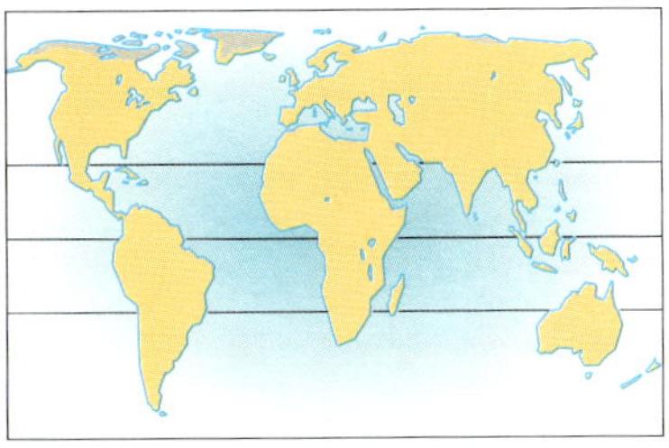

Répartition géographique. Cosmopolites (sauf sous des climats très froids), les labiées sont particulièrement diversifiées du bassin méditerranéen à l'Asie centrale.

LAVANDE, BASILIC...

LA FAMILLE DES LABIÉES

■ LES LABIÉES, OU LAMIACÉES, forment une vaste famille homogène d'environ 3 500 espèces. Leur classification repose sur les caractères du fruit et de l'embryon, et sur la position du style dans la fleur. La plupart des représentants méditerranéens (sauges, thyms, lamiers, *Stachys*...) sont regroupés dans la sous-famille des stachyoïdées (le *style* part de la base du pistil). Les ocimoïdées comptent beaucoup d'espèces tropicales (basilic, *Coleus, Hyptis, Plectranthus*...). Les bugles, les romarins, les lavandes ou encore les scutellaires sont placés dans d'autres divisions de la famille.

Morphologie et anatomie. On reconnaît du premier coup d'œil une labiée herbacée car sa tige est quadrangulaire et chaque paire de feuilles est disposée à angle droit à chaque nœud de la tige (feuilles opposées décussées). Les fleurs possèdent des pétales soudés dont les lobes inférieurs (3 ou 1) se déploient comme une lèvre *(labiées)*, les supérieurs (2 ou 4) formant un casque recourbé. Issu de l'ovaire supère, le fruit généralement sec (tétrakène) ne s'ouvre pas et contient 4 graines.

Écologie et biologie. Herbacées ou sous-arbustives, parfois grimpantes et comptant même quelques arbres (*Hyptis* d'Amérique du Sud), les labiées ont colonisé tous les milieux, surtout les plus ouverts. Elles sont peu représentées dans les forêts tropicales (genre *Coleus*...). Les espèces aromatiques des garrigues et du maquis méditerranéen présentent des adaptations à la sécheresse (romarin, lavandes...). La pollinisation est accomplie le plus souvent par des insectes, parfois des oiseaux (colibris), rarement par explosion (certains *Hyptis*).

Usages. Les labiées renferment diverses essences tels les camphres, les menthols ou les thymols, appréciés dans l'alimentation (« herbes de Provence »...) ou en parfumerie : patchouli *(Pogostemon)*, lavande *(Lavandula)*. Les labiées sont aussi de belles plantes ornementales, comme les coléus.

F. G. H. **ROMARIN, MÉLISSE ET MENTHE**

Rosmarinus officinalis (F) est un arbrisseau toujours vert à l'odeur camphrée du bassin méditerranéen. La mélisse, *Melissa officinalis* (G), aux feuilles à l'arôme citronné, est aussi originaire de l'Europe du Sud. La mélisse, comme les menthes (ici, *Mentha viridis*) [H] dont on connaît 20 espèces et de nombreux hybrides naturels (mais aussi comme le thym, la marjolaine, l'origan...), illustre les vertus médicinales, culinaires et aromatiques, souvent même ornementales et mellifères (leur nectar sert à la fabrication du miel par les abeilles) de nombreuses labiées.

F

G

H

A. B. **FLEURS DE SAUGE**

La fleur de cette *Salvia officinalis* (A) présente des adaptations très poussées à la pollinisation par les insectes. La lèvre inférieure en plateforme (à 3 lobes chez les labiées tempérées) est adaptée aux quêteurs de nectar (souvent des abeilles). Les étamines à bascule favorisent le dépôt de pollen sur le dos des insectes qui entrent en contact avec les stigmates saillants, émergeant du casque d'une autre fleur (B).

A

B

C. **COUPE DE LA TIGE**

Les tiges rigides à section carrée des labiées sont épaissies aux angles par un tissu de soutien à parois cellulaires riches en cellulose (le collenchyme).

C

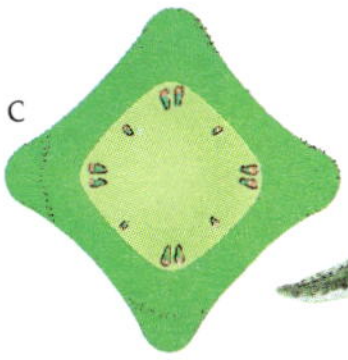

D

D. **FEUILLES ET INFLORESCENCE DE COLÉUS**

Comme chez beaucoup de labiées tropicales, un seul lobe forme la lèvre inférieure de la fleur des *Coleus*. Ce genre, absent d'Amérique, compte de nombreuses espèces ornementales, à feuilles pourpres et panachées *(C. blumei, C. vershaffeltii)*. Certains coléus, tel *C. rotundifolius*, possèdent des tubercules comestibles.

E. **CROSNE DU JAPON**

Stachys affinis est en fait originaire de Chine du Nord, où il est connu depuis fort longtemps. Ses rhizomes tubéreux enroulés en spirale, tendres et très riches en eau, sont comestibles. Leur goût rappelle celui du fond d'artichaut.

E

I

I. **CHAMP DE LAVANDE**

Le genre *Lavandula* compte 30 espèces de sous-arbrisseaux aromatiques qui vivent sous un climat chaud et sec, du pourtour méditerranéen à l'Inde. *Lavandula stoechas* croît sur sols siliceux, *L. latifolia* (lavande aspic), sur terrains calcaires, comme *L. angustifolia* (lavande fine), très cultivé en Provence (ci-contre). Les lavandins, hybrides stériles plus vigoureux et aux essences de très bonne qualité, lui sont souvent préférés en culture.

LES SCROPHULARIACÉES

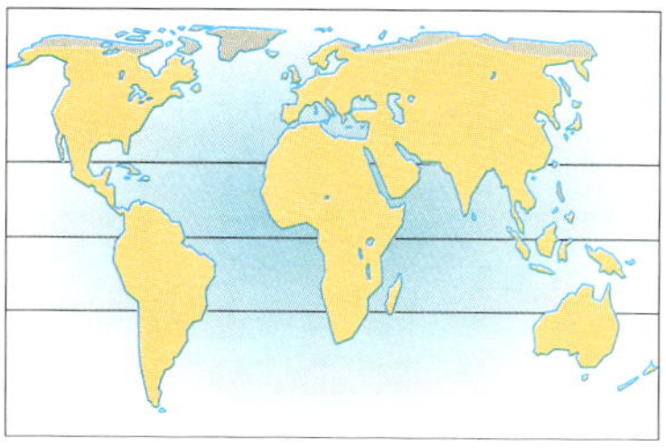

Répartition géographique. Les scrophulariacées forment une grande famille cosmopolite d'environ 3 000 espèces. Très répandues dans l'hémisphère Nord, elles sont cependant rares en régions très froides et sous les tropiques, sauf en haute altitude.

Classification. Les scrophulariacées sont divisées en 3 sous-familles. Les verbascoïdées (molènes ou bouillons-blancs) ont des feuilles alternes et souvent 5 étamines. Les scrophularioïdées (calcéolaires, linaires, mufliers, scrophulaires, paulownias, *Mimulus, Penstemon, Nemesia*...) possèdent 4 étamines fertiles et au moins les feuilles basales opposées. Dans ces 2 groupes, les 2 pétales postérieurs (lèvre supérieure) recouvrent les pétales latéraux (1 ou 2) dans le bouton floral. C'est l'inverse chez les rhinanthoïdées, la troisième sous-famille, dont font partie véroniques, digitales, *Hebe* et de nombreux parasites (rhinanthes, strigas...).

Les feuilles. Elles possèdent une morphologie très variée en fonction des espèces (simples ou divisées, alternes ou opposées). Elles rappellent même celles de certains conifères chez les *Hebe* néo-zélandais.

Les fleurs. Les fleurs des scrophulariacées sont fondamentalement irrégulières et possèdent 5 pétales soudés. À l'image des mufliers, ou gueules-de-loup (genre *Antirrhinum*), la fleur comprend habituellement une corolle à 2 lèvres et 4 étamines (2 longues et 2 courtes). Un petit disque à la base de l'ovaire supère contient du nectar. Le fruit est le plus souvent une capsule (sec), parfois une baie.

Types biologiques et écologie. Les scrophulariacées sont généralement des plantes herbacées annuelles ou pérennes, mais certaines sont arbustives ou lianescentes. Les paulownias sont des arbres. Beaucoup, comme les strigas africaines, parasitent d'autres plantes (souvent des graminées). D'autres sont adaptées à la vie aquatique, comme les *Hydrotriche* malgaches. Toutes ces plantes occupent des habitats variés, sauf les milieux typiquement forestiers.

Diversité des structures florales. Les formes des fleurs, très variées, vont du tube en « doigt de gant » des digitales *(Digitalis)*, aux fleurs presque régulières des gratioles *(Gratiola)*, ou à celles munies d'un éperon des linaires *(Linaria)* ou de plusieurs *(Diascia)*.

A. B. **DIGITALE POURPRE**

Les digitales sont des scrophulariacées originaires d'Europe et d'Asie centrale, souvent cultivées dans les jardins. Les feuilles de la digitale pourpre *(Digitalis purpurea)*, représentée ici, et de la digitale laineuse *(D. lanata)* sont sources de digitaline. Avec ses grappes denses de fleurs purpurines et tachetées ainsi que son feuillage abondant, la digitale pourpre illustre avec grâce les plantes de cette famille.

A

B

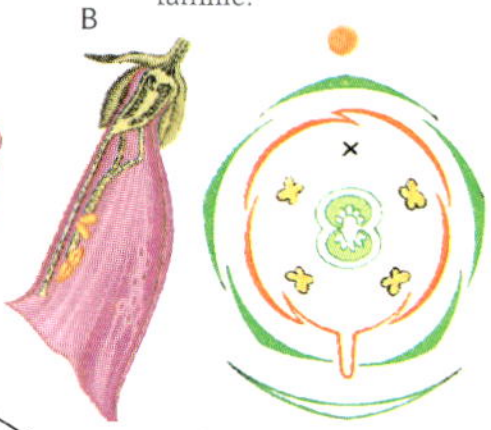

Inflorescence

Elles forment, selon les genres, des cymes ou des grappes terminales allongées (comme ici), ou serrées (linaires), ou encore des grappes axillaires insérées à la base des feuilles (véroniques).

Tige

Souvent velue, comme les feuilles, elle est généralement dressée (ici, jusqu'à 1,5 m), parfois prostrée et rampante (linaire cymbalaire, certaines véroniques), volubile (Rhodochiton), *lignifiée* (Paulownia) *ou même immergée* (Limnophila).

Feuilles

L'arrangement et les formes des feuilles sont variés. Chez la digitale pourpre, bisannuelle, les feuilles forment une large rosette à la base puis alternent sur la tige. Elles n'ont plus de pétiole (sessiles) vers le sommet.

C

C. **RAMEAU DE PAULOWNIA**

Arbres de l'Asie orientale, les paulownias (famille des scrophulariacées) sont très proches des catalpas (famille des bignoniacées) par la stature (figurée ci-contre) et le feuillage mais ils en diffèrent par leurs fleurs. Ce *Paulownia tomentosa* est très cultivé dans les parcs et les avenues des villes européennes.

15-20 m

D

D. **LINAIRE**

La plupart des linaires (plus de 100 espèces) vivent dans la région méditerranéenne. Beaucoup sont ornementales comme la ruine-de-Rome *(Linaria cymbalaria)*. Leurs fleurs sont bleues, pourpres ou encore jaunes, au palais orangé, comme chez ce *L. vulgaris*, herbe vivace à rhizome ramifié.

E. F. G. H. I. J. K. **TYPES FLORAUX**

Complètement adaptées à la pollinisation par les insectes, les fleurs des scrophulariacées présentent toute une gamme de structures spécialisées.

E

E. **DIGITALE**

Le tube en « doigt de gant » est élargi dans sa partie supérieure et plus ou moins renflé, à lobes courts et inégaux. Il renferme 4 étamines et le style possède 2 stigmates.

F

F. **VÉRONIQUE**

Presque régulière (tube très court et lobes étalés, bien qu'inégaux), la fleur n'a que 2 étamines et 4 lobes (union des 2 pétales postérieurs).

G

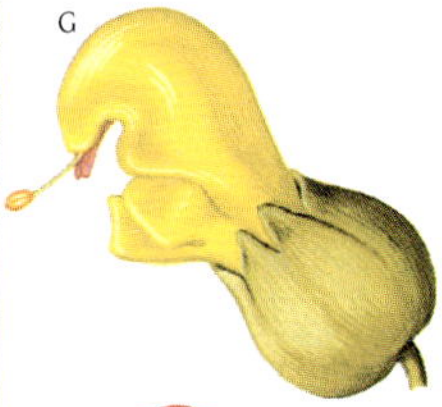

G. **RHINANTE**

La lèvre supérieure (2 lobes) forme un casque dressé, aplati latéralement et abritant les étamines ; la lèvre inférieure (3 lobes) est plus courte.

H

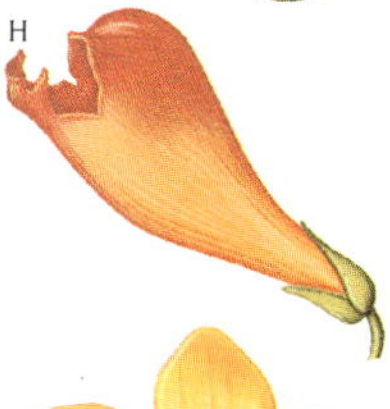

H. **MÉLAMPYRE**

Le tube de la corolle est allongé et présente 2 lèvres peu écartées l'une de l'autre. La lèvre supérieure forme un casque recourbé.

I

I. **MOLÈNE**

Comme chez les véroniques, la corolle est très ouverte (ici, à 5 lobes) et presque régulière. Les 5 étamines caractérisent au sein des scrophulariacées la sous-famille des verbascoïdées.

J

J. **CALCÉOLAIRE**

La lèvre inférieure forme une grande poche par soudure des 3 pétales antérieurs. Deux étamines sont présentes sous la lèvre supérieure en capuchon.

K

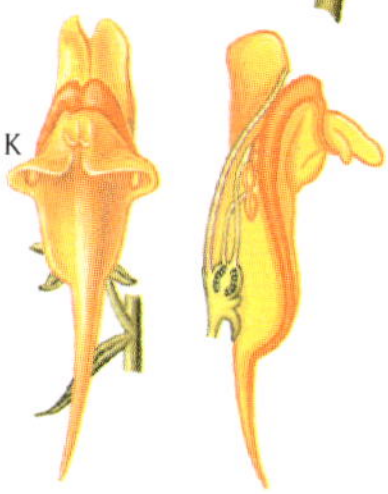

K. **LINAIRE**

Le tube est fermé par un palais (renflement de la base des lobes) et prolongé par un éperon, plus ou moins long selon les espèces, qui contient du nectar.

Organisation de la fleur et pollinisation. Les lobes des corolles des mufliers et des linaires sont rabattus, ils sont dressés chez les scrophulaires et très étalés chez les véroniques. La fleur est totalement asymétrique par torsion chez les pédiculaires, herbes semi-parasites des montagnes aux fleurs généralement roses ou jaunes groupées en épis terminaux.

On observe 5 étamines fertiles chez les molènes *(Verbascum)* et les *Capraria,* seulement 2 chez les véroniques *(Veronica)* et les calcéolaires *(Calceolaria).*

La réduction des pièces florales est maximale chez les genres *Hebe* et *Veronica* (4 sépales, 4 pétales, 2 étamines).

Les différentes formes des fleurs des scrophulariacées (lèvres étalées, casque, éperon, poche, cuvette...) comme divers dispositifs collecteurs de nectar et de pollen favorisent la pollinisation entre les plantes par les insectes (abeilles, mouches, guêpes...).

La maturité des ovules et des étamines, souvent décalée dans le temps (dichogamie), permet d'éviter l'autofécondation. Celle-ci a pourtant lieu chez certaines espèces dont les fleurs peuvent rester fermées (cléistogamie), *Linaria vulgaris,* par exemple.

B

B. **EPISCIA**

Ces herbes à stolons (uniques dans la famille des gesnériacées) comptent une dizaine d'espèces de l'Amérique tropicale et de nombreux hybrides et variétés d'ornement. Elles se propagent grâce à des tiges (stolons) qui courent à la surface du sol. Le tube floral s'ouvre par 5 lobes étalés, dentés ou finement frangés, comme ici *(Episcia dianthiflora).*

C

C. **CALCÉOLAIRE**

Les calcéolaires vivent du Mexique à la Terre de Feu et comptent près de 300 espèces, dont un grand nombre dans les Andes. Ce sont des petits arbustes ou des herbes, souvent ornementaux, comme cette espèce *(Calceolaria uniflora)* de Patagonie, parfois cultivée dans les jardins de rocaille.

LES FAMILLES VOISINES

L'ORDRE DES SCROPHULARIALES

■ COMME LES SCROPHULARIACÉES, les familles proches (avec lesquelles elles forment l'ordre des scrophulariales) possèdent des fleurs bisexuées, à pétales soudés et irréguliers, à 5 pièces et 2 carpelles.

Les acanthacées (environ 2 500 espèces) sont des herbes et des arbustes surtout tropicaux, souvent ornementaux *(Acanthus, Aphelandra, Justicia, Thunbergia).*

Les gesnériacées comptent plus de 2 000 espèces d'herbes et d'arbustes des tropiques ou parfois des régions tempérées (ramonda). De nombreuses espèces sont ornementales : saintpaulias, gloxines *(Sinningia),* primevère du Cap *(Streptocarpus)...*

Les bignoniacées, avec plus de 700 espèces tropicales, comptent des bois commerciaux (lapacho, ébène verte, catalpa...) et des plantes d'ornement : lianes (bignones...) ou arbres (*Kigelia,* ou arbre à saucisses ; *Spathodea,* ou tulipier africain ; *Crescentia,* ou arbre à calebasses ; *Jacaranda,* au bois également apprécié).

A

A. **BIGNONE**

Communément appelées « bignones », les lianes du genre *Campsis* sont des espèces ornementales, comme celle-ci, aux fleurs en trompette, jaune-orangé, grimpant par des racines aériennes nées sur les tiges (racines adventices). *Campsis radicans* est connu sous le nom de « jasmin trompette ».

D

D. **FEUILLES D'ACANTHE**

Environ 30 espèces du genre *Acanthus* vivent dans les régions chaudes et tropicales. *Acanthus mollis,* présentée ici, est une herbe méditerranéenne des endroits humides, très décorative par ses grandes feuilles découpées (aux vertus calmantes et cicatrisantes). Celles de *A. spinosus* ont inspiré les Grecs pour le motif de leurs chapiteaux corinthiens.

LES STRIGAS : FLÉAUX DES CULTURES TROPICALES

Les strigas (une quarantaine d'espèces des tropiques de l'Ancien Monde) sont des herbes redoutables, notamment en Afrique sahélienne où elles parasitent puis anéantissent les cultures vivrières (on les appelle les « sorcières du Sahel »). La germination et le développement de la plante sont permises par des subtances chimiques issues des racines de la plante hôte. Le striga s'y fixe solidement puis développe un suçoir grâce auquel il va lui pomper ses réserves nutritives, tout en assurant une partie de sa nutrition carbonée par la photosynthèse (il s'agit donc d'un « hémiparasite »). Son cycle biologique s'achève par la floraison puis par la formation de nouvelles graines. Les espèces les plus dévastatrices sont *Striga hermontica,* qui attaque le mil, le maïs, le riz et le sorgho, *S. asiatica,* qui parasite aussi la canne à sucre, et *S. gesnerioïdes,* fléau des cultures de niébé, de tabac et de patate douce.

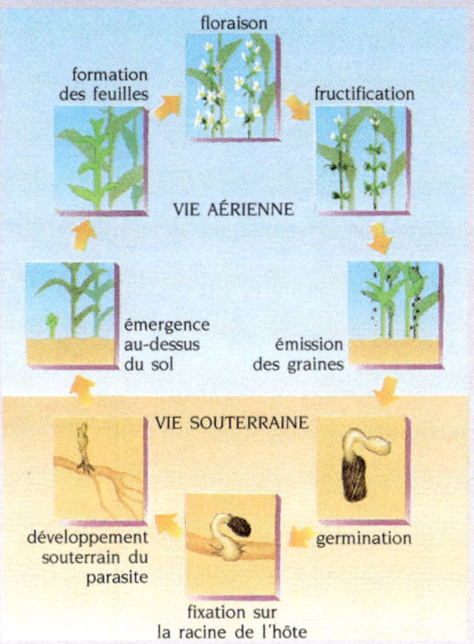

E

F

E. F. **PLANTES PARASITES**

Rhinanthes (E) et mélampyres (F), comme d'autres rhinanthées (famille des scrophulariacées), sont des plantes hémiparasites. Des suçoirs (haustoria) portés sur leurs racines vont s'implanter dans celles de la plante hôte, y puisant les substances nécessaires à leur complet développement. Contrairement aux parasites vrais, ces plantes peuvent aussi mener une vie libre : ce sont des hémiparasites.

LES RUBIACÉES

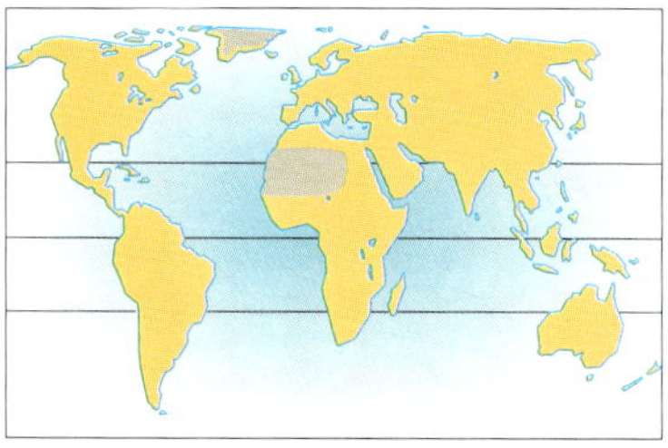

Répartition géographique. La garance et le gaillet ne donnent qu'une piètre idée d'une très grande famille de plantes magnifiques, qui est aussi celle du caféier : les rubiacées. Il s'agit d'une famille cosmopolite, mais la très grande majorité des 10 000 espèces qu'elle compte est tropicale ou subtropicale.

Classification. La division de la famille des rubiacées en 3 sous-familles se fonde sur des caractères de la graine, des stipules (expansions foliacées latérales de la feuille) et des téguments.

Les rubioïdées sont les plus nombreuses. Elles regroupent les quelques genres herbacés *Rubia* (garance), *Asperula* (reine des bois), *Galium* (gaillet), etc., soit plus de 600 espèces auxquelles il faut adjoindre le très important genre *Psychotria* (ipéca) avec plus de 1 000 espèces, les genres *Cephaelis, Myrmecodia, Pentas, Coprosma* et beaucoup d'autres.

Les cinchonoïdées comprennent, entre autres, les genres *Cinchona* (quinquina), *Coffea* (caféier), les gardénias, *Randia, Ixora,* ornementaux, et le curieux *Mussaenda.*

Les guettardoïdées avec le seul genre *Guettarda* forment la dernière sous-famille.

Types biologiques. La plupart des rubiacées sont ligneuses : arbres moyens ou arbustes. La famille comprend aussi, en faible nombre, des lianes, des épiphytes (vivant sur d'autres plantes) et des herbacées. Toutes les espèces des régions tempérées sont herbacées.

Écologie et habitat. La grande extension géographique de la famille et la variété des types biologiques vont de pair avec celles des milieux. Toutefois, la majorité des rubiacées habite la forêt tropicale de basse altitude. Peu d'espèces sont adaptées à des conditions d'extrême sécheresse.

Morphologie et anatomie. Les rubiacées ont des feuilles simples, toujours opposées, munies de stipules souvent développées parfois autant que les feuilles.

Les fleurs se disposent sur des inflorescences organisées en cyme (chaque rameau se termine par une fleur), souvent très ramifiées. Les pétales forment généralement un tube coloré. Dans plusieurs genres, on trouve des « poches à fourmis » sur les tiges au niveau des nœuds ou sur les pétioles. Les *Myrmecodia* (du grec *murmêks,* fourmi) d'Asie doivent leur nom à de telles structures.

Usages. Famille extrêmement riche, les rubiacées possèdent relativement peu d'espèces utiles à l'homme ; elles offrent toutefois une belle variété de plantes ornementales, tinctoriales (la garance, *Rubia tinctorum,* est la plus connue), et quelques bois précieux *(Mitragyna).*

Mais leur intérêt le plus évident s'est porté sur le *café* et sur la *quinine,* médicament fébrifuge et efficace contre le paludisme, que n'égale encore aucun produit de synthèse. Citons encore l'ipécacuana (extrait d'un *Cephaelis*) aux propriétés expectorantes et vomitives.

A. B. C. **FLEUR ET FRUIT**

La fleur des rubiacées est régulière et possède généralement 4 pièces florales. Les sépales sont soudés ou séparés. Les pétales, toujours soudés, forment un tube divisé à son extrémité en 4 ou 5 lobes. L'ovaire, infère (situé sous le niveau d'insertion des pièces florales), comprend deux loges (deux carpelles soudés) surmontées par un style souvent fourchu (bifide). Le fruit est, selon les espèces, sec (capsule déhiscente) ou charnu (baie).

A

B

C

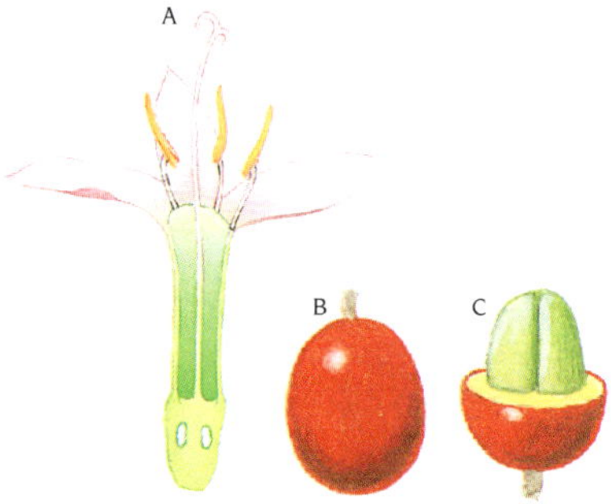

G

G. **IXORA**

Plusieurs espèces de ce genre sont des plantes d'ornement très répandues sous les tropiques : elles produisent en abondance et toute l'année leurs fleurs aux fines corolles de teintes vives, rouge, orange, rose ou, comme ici, blanc.

D. **RAMEAU DE CAFÉIER**

Le caféier (genre *Coffea*) illustre la forme et la disposition habituelle des feuilles opposées chez les rubiacées.

D

Fleurs

Les fleurs blanches du caféier, serrées sur une très courte inflorescence, semblent issues directement de l'aisselle des feuilles.

Fruits

Le fruit mûr du caféier est une baie rouge vif : chaque loge contient une graine qui, séchée et torréfiée, deviendra un grain de café.

H

H. **GARDÉNIA**

Toutes les espèces (plus de 200) du genre *Gardenia* sont natives des tropiques de l'Ancien Monde. Les fleurs de *G. jasminoides,* tant appréciées pour leur parfum, s'emploient dans la préparation du thé « au jasmin ». Les horticulteurs ont créé nombre de variétés de cette espèce, comme celle-ci à fleurs doubles.

E

E. **PLANT DE CAFÉIER**

Les *Coffea* sont des arbres de petite taille. Il existe près de 40 espèces sauvages, presque toutes africaines. Un tiers d'entre elles produisent de la caféine. La culture des caféiers est répandue partout sous les tropiques, dans des zones de faible altitude : elle concerne trois espèces, *C. arabica, C. robusta* et *C. liberica,* et leurs nombreux hybrides et cultivars.

F

F. **QUINQUINA**

Les Amérindiens employaient l'écorce de quinquina bien avant que la quinine en soit isolée, en France, en 1820. Cette substance provient des différentes espèces du genre *Cinchona,* arbres ou arbustes des forêts du nord des Andes. Depuis le XIXe s., on les cultive en Asie du Sud-Est où des variétés produisant 20 fois plus de quinine que les arbres sauvages ont été sélectionnées.

LES PLANTES QUI GUÉRISSENT

LA PRATIQUE DE LA MÉDECINE par les plantes est l'héritage d'un lointain passé où les hommes vivaient dans une étroite dépendance avec la nature et l'imaginaient peuplée de puissances occultes capables de provoquer le bien-être ou les maladies.

■ Parce que, dans les régions tempérées, elles renaissent chaque printemps, les plantes se sont vu attribuer le secret de la vie et du passage à la deuxième vie (l'au-delà). Ainsi, dans la caverne de Chanidar, on a découvert la tombe d'un homme du type de Neandertal, enterré il y a plus de 50 000 ans, au milieu d'une quantité de fleurs et d'herbes. Donner ou redonner la vie mais aussi la conserver sont donc des vertus attribuées aux plantes. L'art de guérir (ou de s'y essayer) est largement antérieur à l'écriture. Le savoir se transmettait par voie orale, ceux qui le détenaient étaient à la fois prêtres et guérisseurs, un peu à la façon des chamans ou des sorciers des tribus primitives. Foi, magie et médecine sont restées longtemps indissociables dans l'imaginaire populaire. Ainsi, jusqu'à l'aube du XXe siècle, soigner s'accompagnait souvent, dans les campagnes, d'un rituel destiné à renforcer l'action de la drogue en conjurant « le mauvais œil ».

Aujourd'hui, si les techniques de la chimie de synthèse permettent d'isoler la plus grande partie des principes actifs végétaux, le savoir traditionnel a disparu et la dépendance médicale est devenue quasi totale. Cependant, les trois quarts des médicaments restent encore issus des plantes.

L'art de consigner les « recettes ». Les civilisations égyptienne et mésopotamienne cultivaient l'art de guérir en association avec la religion, car la maladie était considérée comme la conséquence d'une transgression avec l'harmonie du monde. Aux incantations purificatrices s'ajoutaient des prescriptions à base de plantes et de matière minérale ou animale. Puis la médecine prit une part prépondérante par rapport aux incantations. Le plus ancien traité médical du monde est sumérien. Vieux de 4 000 ans, il énonce les méthodes à suivre pour confectionner des remèdes par pulvérisation ou infusion de plus de 30 végétaux tels que le chanvre indien ou la belladone. En Égypte, le papyrus d'Ebers, datant de 1 500 ans av. J.-C., décrit plus de 700 drogues avec leurs recettes associées. On pilait le séné, le ricin, l'ail, le genièvre, mais aussi la mandragore ou le pavot dans de la bière ou du lait pour fabriquer des pilules, des onguents ou des suppositoires. Dioscoride, vers 50 apr. J.-C., répertorie, dans son *De materia medica,* la culture, les propriétés et le dosage de plus de 600 drogues végétales. Son livre inspirera le médecin grec Galien et restera la référence pendant seize siècles.

De la flèche à la seringue. En grec, le mot *toksikon,* qui s'apparente au mot *tokson,* l'arc, désignait « le poison pour empoisonner la flèche ». Les hommes ont toujours su faire preuve d'une grande ingéniosité en matière d'armes de chasse ou de guerre. Dans les milieux les plus divers, ils ont découvert les poisons les plus violents (quel que soit leur mode d'action). Les flèches, les sagaies ou les harpons que l'on peut

Le père de la médecine

C'est le titre que l'on donne au savant grec Hippocrate (A). Né vers 460 av. J.-C., il refuse l'approche magique de la médecine pour enseigner une méthode fondée sur le raisonnement et l'expérience. Son système thérapeutique prévaudra pendant 2 000 ans.

A. Hippocrate (miniature sur parchemin, XIVe s.).

B. Mandragores (mâle et femelle) et gingembre (manuscrit de botanique, XVIIe s.).

Mandragore et gingembre

Parce que ses racines évoquent une forme humaine, la mandragore (B) a donné lieu aux plus grandes superstitions. On la disait née de la semence des pendus. Pour la déterrer, il fallait l'attacher à un chien afin de reporter sur lui la malédiction qui frappait celui qui la déracinait. Malgré sa toxicité, elle était réputée aphrodisiaque. Cette réputation d'aphrodisiaque était aussi celle du gingembre de Chine, panacée millénaire.

trouver sur les sites préhistoriques ont souvent en commun une fine rainure dans laquelle le produit toxique était placé pour qu'il s'écoule directement à l'intérieur des chairs. Ces armes de jet annoncent l'invention des seringues hypodermiques au XIXe siècle ! En effet, la plupart des poisons meurtriers utilisés par ces armes ont été transformés par notre médecine en de puissants médicaments (les doses ayant, bien entendu, été réduites). Ambroise Paré, chirurgien d'Henri II, évoque les flèches trempées dans du jus d'aconit. Jusqu'au début du XVIIIe siècle, les Espagnols auront recours au suc de l'hellébore. L'usage en était si répandu que cette plante fut surnommée l'« herbe aux arbalétriers ».

En Asie, en Afrique, les poisons sagittaires les plus utilisés étaient à base de strophantus et de certaines euphorbes. Ce sont des toxiques du cœur qui, à faible dose, stimulent favorablement l'activité cardiaque. En Asie, on employait surtout le latex de l'ipoh, ainsi que la noix vomique (du vomiquier, *Strychnos nux vomica*) qui fournit la strychnine, inscrite à la pharmacopée comme stimulant du système nerveux. L'Amérique du Sud nous a fourni le célèbre curare. Les Indiens le conservaient en calebasse, en pot ou en tube suivant le dosage requis pour paralyser leur proie. Les conquistadores ont fait à leurs dépens l'expérience de sa toxicité. Cependant, utilisé à faible dose, le curare est un efficace relaxant musculaire. La digitale est utilisée en cardiologie, la jusquiame est calmante, l'aconit soulage des douleurs rhumatismales et le laurier-cerise, des affections respiratoires.

Poisons des Césars et ordalies africaines. Arme insidieuse, le poison laisse peu de trace et inspire la crainte. Au Ier s. av. J.-C., Mithridate, roi du Pont, s'immunisa par l'ingestion quotidienne de doses minimes de poisons. Son *mithridatum* est à l'origine de la thériaque, considérée pendant des siècles comme « antidote universel ».

Dans l'Empire romain, l'homicide par poison fut un moyen très usité pour accéder à la magistrature suprême. C'est ainsi que Livie propulsa son fils Tibère sur le trône impérial et qu'Agrippine, avec l'aide de l'empoisonneuse Locuste, évinça l'empereur Claude pour le remplacer par son fils Néron. En digne fils de sa mère, celui-ci élimina l'héritier légitime, Britannicus, grâce, dit-on, à un savant mélange de jusquiame, de digitale et de belladone. Locuste, pour accomplir ses méfaits, avait recours à l'arsenic, à l'aconit, mais aussi au laurier-cerise, riche en cyanure et plus rapide d'action.

La justice a fait appel aux plantes vénéneuses pour obtenir des aveux ou pour appliquer une sentence de mort : Socrate fut ainsi condamné à boire la ciguë. Dans le cadre de la coutume de l'ordalie, le jugement de Dieu s'est lui-même exprimé par le truchement des plantes. Si cette pratique existait dans l'Europe médiévale, c'est en Afrique qu'elle a atteint son paroxysme. Des tribus entières se sont soumises au « poison de l'épreuve » : le téli, l'ésére (fève de Calabar) ou le m'boundou (écorces de strychnos). Nul ne songeait à s'y soustraire, la plupart des participants mouraient et ceux qui y survivaient étaient jugés « purs », par le sorcier-fraîcheur.

La signature divine. Au Moyen Âge, l'essentiel du savoir grec et latin était soigneusement conservé dans les monastères. Le jardin occupait une place importante et l'on y cultivait avec orgueil les plantes médicinales. L'école de Salerne, la plus illustre école de médecine de toute la chrétienté, recensait les drogues végétales, s'enrichissait des connaissances thérapeutiques d'érudits arabes tels qu'Avicenne ou Albucasis. Les connaissances restaient néanmoins empiriques et limitées à une certaine élite.

A. *Atropa belladonna.*

B. Préparation du curare en Amazonie.

Plantes qui guérissent... et qui tuent

Certains poisons font partie de l'arsenal thérapeutique moderne. La redoutable belladone (A) est responsable de nombreux accidents : l'absorption de deux ou trois de ses baies est mortelle. Son nom, *Atropa belladonna,* évoque à la fois la Parque Atropos, qui tranche le fil de la vie, et les belles Italiennes, qui l'employaient pour dilater leur pupille. À faibles doses, l'atropine est précieuse en ophtalmologie et sert d'antidote contre les armes chimiques.

La composition du curare est restée longtemps secrète. On le savait contenu dans diverses écorces de strychnos (C) et de chondrodendron. Claude Bernard l'a utilisé pour découvrir le fonctionnement de la jonction nerf-muscle. Il fut utilisé contre le tétanos et comme relaxant musculaire lors des opérations chirurgicales.

En Amazonie (B), les Indiens utilisent le curare pour empoisonner leurs flèches.

C. *Strychnos spinosa.*

Au XIVe siècle, les épidémies de peste ravagèrent l'Europe. On prescrivait la thériaque et, pour « guérir » les bubons pesteux, on appliquait un emplâtre à base de figues... et de pistaches ! La chirurgie, alors à ses balbutiements, faisait usage d'éponges soporifiques, à base d'opium, de mandragore et même de ciguë !

Avec l'invention de l'imprimerie, les œuvres de Dioscoride ou de Galien, mais aussi les herbiers illustrés, comme ceux de Otto Brunfels et de Leonard Fuchs, se vulgarisèrent. Au début du XVIe siècle, le médecin helvétique Paracelse entreprit d'extraire la « quintessence » des plantes grâce à la distillation. Superstitieux, il était partisan de la croyance ancestrale selon laquelle Dieu signalait aux hommes les vertus curatives des plantes par leur aspect extérieur : c'est la fameuse doctrine des signatures. Selon celle-ci, les herbes jaunes traitent la jaunisse, la feuille d'hépatique soigne le foie, le jus de la grenade est souverain pour les maladies du sang et la noix (par analogie au crâne et au cerveau qu'il contient) apaise toute douleur ayant son siège dans la tête. Le saule, en latin *salix,* qui pousse dans les marais (les pieds dans l'eau), était censé soulager les rhumatismes. Il fut à la source de la découverte de l'aspirine (l'acide salicylique), qui est, encore aujourd'hui, le médicament le plus utilisé du monde. La théorie des signatures s'est bien sûr avérée plus efficace comme moyen mnémotechnique que comme outil d'expérimentation.

La découverte des principes actifs. Au XVIe siècle, la muscade, le girofle, le gingembre et la cannelle d'Asie étaient considérés comme des denrées médicinales. L'acacia asiatique *(A. catechu),* l'ananas, le tamarin, le piment, le sassafras et même la tomate, rapportés du Nouveau Monde par les explorateurs, s'ajoutèrent à l'arsenal thérapeutique européen. La racine de jalap, originaire du Mexique, devint un purgatif très utilisé et celle de la salsepareille restera souveraine contre les rhumatismes jusqu'à la fin du XIXe siècle ; l'écorce de quinquina devint célèbre dès son introduction en Europe. Cette « poudre des jésuites » avait la réputation d'être miraculeuse contre la fièvre de la malaria... (elle contient tout simplement un principe actif... la quinine).

Avant d'être décapité sous la Révolution, A. L. de Lavoisier contribua à l'avènement d'une nouvelle science : la chimie. Parce qu'elle permit d'isoler les principes actifs des plantes, cette science eut des conséquences spectaculaires sur la médecine. Dès le début du XIXe siècle, l'Allemand Sertürner se consacra à l'étude de l'opium et parvint à en extraire la substance active, baptisée « morphine », en l'honneur de Morphée, dieu des Songes, fils de la Nuit et du Sommeil. Les pharmaciens français Pelletier et Caventou extrairont ensuite la strychnine de la noix vomique, la vératrine des colchiques et la quinine du quinquina. En 1929, Fleming isolera la pénicilline à partir d'un champignon microscopique. Une nouvelle ère s'était ouverte pour la médecine qui faisait de plus en plus appel à la chimie pour produire des médicaments synthétiques.

Les dangers du raffinage. Les drogues végétales susceptibles d'altérer la conscience évoquent plus une déchéance mentale et physique qu'une bienheureuse évasion de l'esprit. La mastication des feuilles de coca dans les Andes, de la noix de cola en Afrique ou du khat en Arabie calme momentanément la faim et distille l'oubli de la souffrance. Mais la véritable toxicomanie est née du désir de fumer la drogue pour en accroître les effets. Les fumeurs d'opium ont ainsi augmenté leur dé-

Les belles empoisonneuses

Le poison apparaît souvent comme une arme féminine, celle des sorcières ou des intrigantes. Homère attribue à la magicienne Circé le pouvoir de changer les hommes en pourceaux, en leur faisant absorber des breuvages pernicieux. C'est seulement grâce à la *molu,* la mystérieuse « herbe de vie », qu'Ulysse put survivre à ses sortilèges.
La Renaissance italienne perpétue la tradition romaine de l'empoisonnement. La plus célèbre des empoisonneuses fut certainement Lucrèce Borgia (E). Elle était si experte dans cet art qu'elle pouvait doser les toxiques de façon à provoquer la mort de sa victime au jour programmé.
Au XVIIe s., la célèbre Voisin et la Brinvilliers furent toutes deux décapitées pour avoir abusé des propriétés de la digitale (D), de la jusquiame, de la mandragore et de l'arsenic.
Gants venimeux, chandelles toxiques, bagues de la mort, poudres de « succession » ou, à notre époque, parapluies bulgares, on a toujours imaginé les artifices les plus ingénieux pour inoculer les mortels poisons.

D. Digitale pourpre (*Digitalis purpurea*).

E. *Portrait de courtisane,* probablement Lucrèce Borgia, par Bartolomeo da Veneto (1502-1546)

pendance et leur plaisir est devenu obsession, puis esclavage, en finissant par les tuer. Si la morphine reste, encore aujourd'hui, le plus grand sédatif de la douleur que l'on connaisse (sa découverte concorde avec l'invention des seringues hypodermiques qui permettent d'introduire directement la drogue dans le sang), l'héroïne (nom usuel de la dimorphine, considérée comme le plus puissant des toxicomanogènes) synthétisée à partir de ce produit est une drogue tyrannique : la brève extase qu'elle procure est suivie par le désespoir du « manque » qui conduit le toxicomane à l'asservissement fatal et à la déchéance.

Les drogues, en prenant leurs distances avec la nature, sont devenues plus efficaces, mais aussi plus dangereuses. En raffinant la substance végétale et en améliorant son assimilation, la médecine, bien malgré elle, s'est de nouveau placée à la frontière entre poisons et remèdes. Les plus puissants médicaments, détournés de leur usage légitime deviennent toxiques. Prescrits à tort, ou à trop forte dose, ils engendrent des effets secondaires nocifs. La médecine moderne prolonge la vie de façon spectaculaire personne ne pourrait le contester, mais, parallèlement aux victoires de cette thérapeutique chimique, apparaissent un certain nombre de maladies nouvelles, dues aux accidents médicamenteux. C'est en partie ce qui explique que la « médecine par les plantes » (phytothérapie), plus naturelle et mieux tolérée, connaisse un regain d'intérêt.

La médecine par les plantes. Les plantes médicinales n'agissent pas aussi rapidement que les médicaments de synthèse qui sont réalisés à partir du principe actif isolé. De plus, même si leur rayon d'action est étendu, elles ne peuvent soigner efficacement toutes les maladies. Le traitement phytothérapique imposé au malade est souvent long et contraignant ; il exige la préparation (mélange de différentes plantes par exemple) et l'absorption d'importantes quantités d'infusions, à heures fixes. Toutefois, ces inconvénients restent mineurs si l'on considère l'innocuité de la cure. Celle-ci s'avère particulièrement efficace pour des affections chroniques dont le traitement ne présente pas de caractère d'urgence. De plus, la guérison obtenue de cette façon demeure généralement plus stable dans le temps que celle obtenue par traitement allopathique.

On sait qu'il existe un effet de synergie qui confère plus d'efficacité à la totalité des susbtances contenues dans une plante qu'à un « principe actif » isolé. De grands laboratoires pharmaceutiques répertorient et testent les drogues médicinales employées par les guérisseurs des sociétés primitives afin d'utiliser efficacement ce principe de synergie en associant différents principes actifs. À la lumière de ces connaissances, la phytothérapie moderne se développe car elle bénéficie d'une double expérience séculaire et scientifique. □

A. Fruits du marronnier d'Inde (*Æsculus hippocastanum*).

Remèdes d'antan

Les remèdes de « bonne femme » reviennent à la mode. À l'automne, le marronnier d'Inde (A) couvre le sol de ses bogues épineuses. Les marrons qu'elles contiennent, parfois consommés par les enfants, sont toxiques mais, correctement utilisés, ils sont renommés pour leurs nombreuses vertus. Utilisés en médecine pour leurs propriétés similaires à celles de la vitamine P, ils constituent un excellent tonique veineux et capillaire. Ce tonique est utilisé en association avec le ginkgo ou la vigne rouge, contre les troubles de la circulation sanguine.

De puissantes drogues

Dans la cordillère des Andes, les Indiens mastiquaient des feuilles de coca (B) pour se stimuler et augmenter leur résistance à la faim et au froid. Parce que les Espagnols s'opposèrent violemment à cette drogue « abêtissante », elle n'arriva en Europe qu'à la fin du XVIIIe s. En 1859, on en isola la cocaïne, puissant anesthésique local qui rendit totalement indolore les interventions chirurgicales oculaires ou dentaires (anesthésie locale). La consommation de cocaïne pure est nettement plus dangereuse que celle de feuilles de coca : la cocaïnomanie instaure une réelle décrépitude physique et mentale. L'opium, extrait des capsules de pavot par scarification, est le plus vieux médicament du monde. Originaire de Mésopotamie, il a toujours été prescrit par les médecins sumériens, égyptiens, grecs, chinois, arabes ou latins, comme un puissant sédatif de la douleur et de l'anxiété. C'est seulement au XVIIe s. que les Chinois entreprirent de le fumer, ce qui déclencha une immense vague de toxicomanie et un commerce à l'origine de la « guerre de l'Opium ».

B. Rameau de coca (*Erythroxylon coca*).

Le tabac, ce poison quotidien

Le tabac (C), importé par Christophe Colomb, commence sa longue carrière par la médecine. Les cigares sont réputés pour apaiser les troubles nerveux et digestifs, et, dès que Jean Nicot soulage Catherine de Médicis de ses migraines, son « herbe » devient fort « prisée » à Paris. À petite dose, la nicotine est stimulante, mais provoque une réelle accoutumance. On estime que fumer dix cigarettes par jour multiplie par quinze le risque de cancer du poumon.

C. *Le Tabac*, illustration de Grandville (1803-1847).

LES CAPRIFOLIACÉES

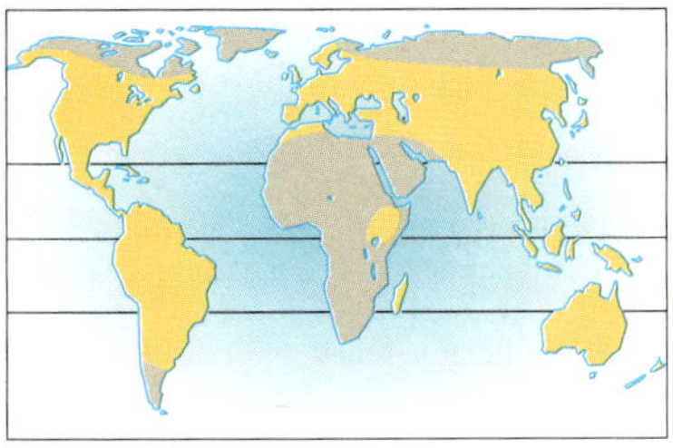

Répartition géographique. Les plantes de la famille des caprifoliacées habitent surtout l'hémisphère boréal, en particulier dans la partie orientale de l'Amérique du Nord et de l'Asie où elles sont très diversifiées. L'hémisphère Sud et les montagnes tropicales abritent aussi quelques caprifoliacées mais le continent africain en est presque dépourvu, sauf à l'extrême nord, sur les massifs orientaux et à Madagascar.

Classification. La famille des caprifoliacées est très proche des rubiacées (caféier, quinquina) et des cornacées (aucuba, cornouiller). Le sureau *(Sambucus)* se distingue des autres caprifoliacées par ses feuilles, ses fleurs et l'anatomie de son bois : on peut ainsi le classer dans une famille à part (les sambucacées).

Les principales espèces. On compte à peu près 400 espèces de caprifoliacées, dont les chèvrefeuilles et les camérisiers (genre *Lonicera*) ainsi que les viornes *(Viburnum)* sont les principaux représentants. Les sureaux *(Sambucus),* les abélies *(Abelia),* les symphoriens *(Symphoricarpus)* ou encore les genres *Triostenum, Diervilla, Leycesteria* et *Weigela* complètent cette famille.

Types biologiques. Les caprifoliacées sont généralement des arbustes. Mais on trouve aussi quelques petits arbres (viorne, sureau) ou des lianes à tiges volubiles (chèvrefeuilles).

La linnée boréale *(Linnæa borealis)* est un sous-arbrisseau nain des régions froides. Les herbes sont représentées par le genre *Triosteum* et par certaines espèces de sureaux comme la hièble *(Sambucus ebolus).*

Les fleurs. Les fleurs des caprifoliacées hermaphrodites, à symétrie radiaire (rayonnante) ou bilatérale, possèdent des pétales soudés entre eux qui forment des lobes. Les étamines (4 ou 5) sont insérées en alternance avec chacun de ces lobes. L'ovaire comprend de 2 à 5 logettes soudées entre elles.

Les fruits. Il existe, chez les caprifoliacées, une grande diversité de fruits, souvent vivement colorés, et très prisés des oiseaux qui participent ainsi à la dispersion de leurs graines. Ce sont des fruits charnus (baies ou drupes), sauf chez les *Diervilla* et les *Weigela,* qui possèdent des fruits secs (capsules).

A

A. **SUREAU NOIR**

Sambucus nigra, originaire de l'Europe centrale, est cultivé depuis l'Antiquité. Ses petites fleurs blanches, très parfumées, servent à des préparations pharmaceutiques et à l'aromatisation de certains plats. Ses petits fruits noirs présentent aussi des intérêts culinaires (vins, jus, compotes) ; ceux du sureau à grappes *(S. racemosa),* en revanche, sont toxiques.

B

C

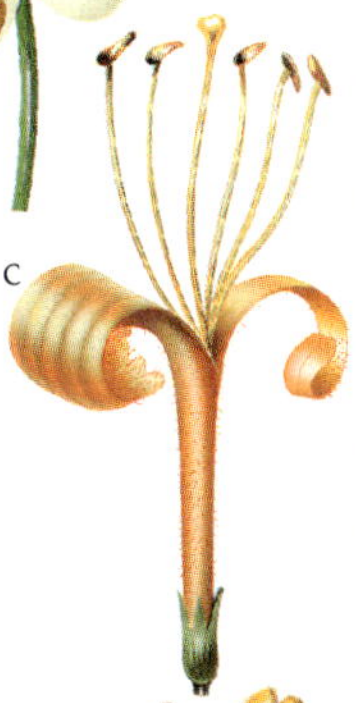

B. C. **FLEURS DE SUREAU**

La fleur régulière caractérise les sureaux *(Sambucus)* et les viornes *(Viburnum).* Celle de ce *Sambucus mexicana* (B) montre l'alternance étamines-pétales, étalés au-dessus d'un très court tube corollin. Dans les fleurs irrégulières des chèvrefeuilles (ici, *Lonicera japonica* [C]), la réunion des pétales forment un tube long et mince, surmonté de 2 lèvres inégales. Une tendance à l'irrégularité s'observe également chez la linnée et les symphorines.

D

D. **WEIGELA**

Très décoratifs, les arbustes de ce genre sont souvent plantés dans les parcs, tel ce *Weigela florida,* à fleurs roses. Proches des weigelas (une dizaine d'espèces, originaires d'Asie orientale), les diervillas américains (3 espèces) sont aussi de belles plantes ornementales.

E

E. **VIORNE OBIER**

D'origine eurasiatique, cette plante *(Viburnum opulus)* possède des petites fleurs hermaphrodites groupés au centre des inflorescences et de grandes fleurs externes, stériles mais attractives pour les insectes pollinisateurs. Les « boules-de-neige » de cette variété ornementale sont formées de fleurs toutes grandes et stériles. D'autres espèces ornementales tels *V. tinus,* ou laurier-tin (méditerranéen), et *V. fragans* (de Chine), ont une jolie floraison hivernale.

F

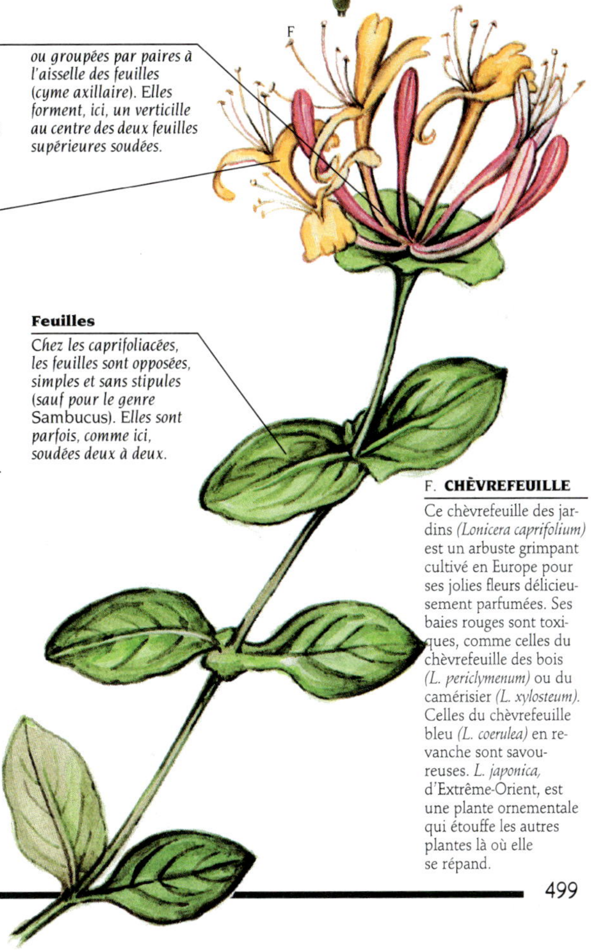

Inflorescence

Ce groupement de fleurs, en cyme, s'observe chez toutes les caprifoliacées. Les cymes peuvent être unies par la base de leurs ovaires (cyme terminale) ou groupées par paires à l'aisselle des feuilles (cyme axillaire). Elles forment, ici, un verticille au centre des deux feuilles supérieures soudées.

Fleur du soir

Les insectes de nuit, tels les sphinx, sont attirés par les fleurs de certains chèvrefeuilles (des jardins, des bois...) qui s'ouvrent le soir et dégagent un intense parfum. Les longs tubes de la corolle sont pour eux source de nectar. Beaucoup d'autres caprifoliacées attirent aussi des insectes.

Feuilles

Chez les caprifoliacées, les feuilles sont opposées, simples et sans stipules (sauf pour le genre Sambucus*). Elles sont parfois, comme ici, soudées deux à deux.*

F. **CHÈVREFEUILLE**

Ce chèvrefeuille des jardins *(Lonicera caprifolium)* est un arbuste grimpant cultivé en Europe pour ses jolies fleurs délicieusement parfumées. Ses baies rouges sont toxiques, comme celles du chèvrefeuille des bois *(L. periclymenum)* ou du camérisier *(L. xylosteum).* Celles du chèvrefeuille bleu *(L. coerulea)* en revanche sont savoureuses. *L. japonica,* d'Extrême-Orient, est une plante ornementale qui étouffe les autres plantes là où elle se répand.

LES COMPOSÉES

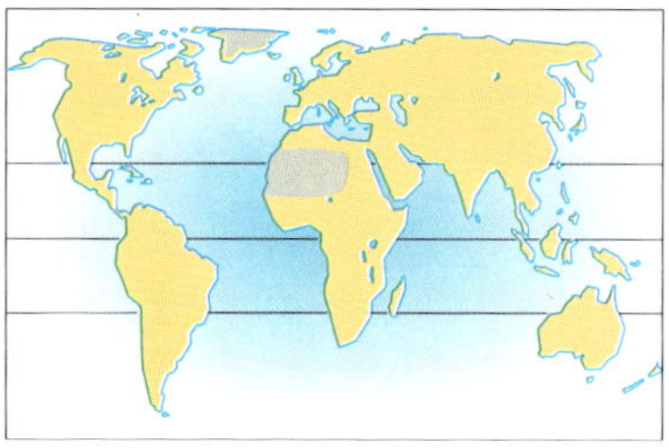

Répartition géographique. Les composées sont présentes dans toutes les parties du globe et plus particulièrement dans les régions tempérées et froides.

Classification. La famille des composées, appelées également « astéracées », est divisée en 13 tribus, elles-mêmes regroupées en 3 sous-familles : les lactucoïdées, les astéroïdées et les vernonioïdées.

Avec 21 000 espèces, c'est la famille la plus importante de tout le règne végétal. On la considère aussi comme la plus évoluée des familles de dicotylédones.

Types biologiques et habitat. Presque tous les types biologiques sont représentés. On trouve des espèces aquatiques, des lianes, des épiphytes, des plantes grasses et des plantes en forme de cactus. Pourtant, les composées sont en général des plantes herbacées, vivaces ou annuelles : le port arbustif est rare.

Morphologie et anatomie. La diversité des types biologiques s'accompagne tout naturellement d'une diversité morphologique. Cependant, les composées sont fréquemment des plantes en rosette, à feuilles sans stipules (expansions latérales) et souvent recouvertes de « poils ». Les organes souterrains en forme de tubercule possèdent des sucres de réserve, non pas sous forme d'amidon (glucose) mais sous forme d'inuline (fructose).

Une « fleur » composée de nombreuses fleurs. C'est avant tout le groupement des fleurs dans l'inflorescence en *capitule,* semblable à une fleur unique, qui donne son unité à la famille.

La fleur typique est une fleur hermaphrodite, presque toujours dépourvue de sépales, à 5 pétales soudés soit en un tube (fleur *tubulée*), soit en une languette (fleur *ligulée*), à 5 étamines alternant avec les pétales et dont les anthères (extrémités contenant le pollen), autre élément caractéristique de la famille, sont unies entre elles (synanthérie).

L'ovaire (infère) ne possède qu'une seule loge avec un seul ovule, mais les 2 stigmates, à l'extrémité d'un style souvent muni de poils collecteurs de pollen, indiquent que le pistil est formé de 2 carpelles soudés.

À partir de cette fleur parfaitement complète, d'autres modèles se sont constitués : fleur ligulée à 3 pétales, fleur tubulée à 4 pétales, fleur unisexuée ou stérile, etc. Ces différents modèles de fleurs peuvent aussi se trouver diversement associés dans un même capitule.

Reproduction. Ce rassemblement hypercondensé de très nombreuses petites fleurs qu'est le capitule constitue, en fait, par sa ressemblance avec une fleur unique, un système attractif pour les insectes qui effectuent la pollinisation en venant butiner les fleurs.

De plus, un mécanisme coordonné aboutit à l'exposition du pollen à la surface du capitule, où il est facilement recueilli par les insectes butineurs : la fleur, dont les étamines sont mûres avant le pistil (protandrie), libère son pollen, qui est repoussé par le style en croissance hors du tube formé par les anthères soudées. Ensuite, les deux stigmates s'écartent et la fleur, devenue fonctionnellement femelle, peut être pollinisée par un autre pollen.

UNE QUESTION DE STYLE

Avec les poils en couronne qui, tel un goupillon, garnissent sa partie supérieure, le style, poursuivant sa croissance à partir de l'ovaire, ramone le tube formé par les anthères soudées des étamines et amène à l'extérieur de la fleur la masse des grains de pollen mûrs. Ceux-ci seront butinés par les insectes. Le style ensuite écarte ses deux stigmates devenus réceptifs, qu'il dresse au-dessus de la fleur. Celle-ci, « devenue femelle », est prête à être fécondée par un pollen venu d'une autre fleur.

A. **CAPITULE**

Cette inflorescence, qui tend à mimer une fleur unique est caractéristique des composées (ici un dahlia). Le nombre de fleurs est très variable (de plusieurs milliers à une seule !). Ici, des fleurs ligulées semblables à des pétales entourent des fleurs tubulées (elles sont encore fermées au centre ; autour, elles sont en phase mâle puis femelle).

A

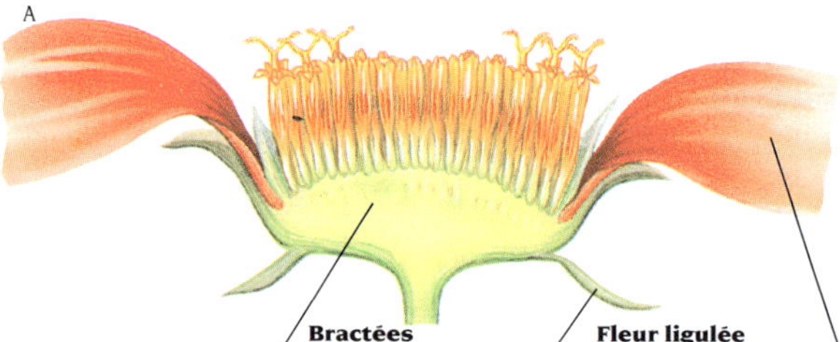

B

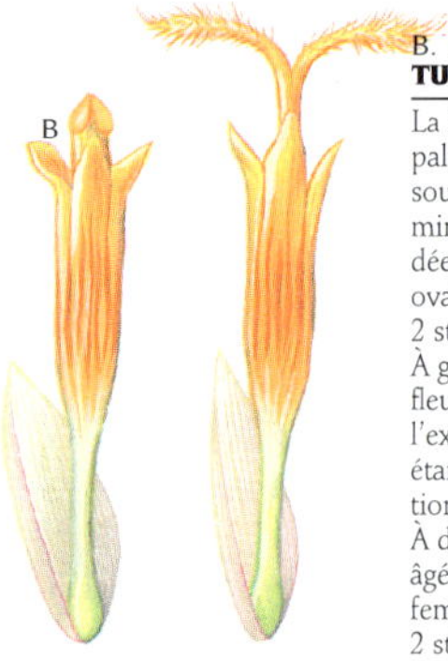

B. **FLEURS TUBULÉES**

La fleur tubulée, sans sépales, possède 5 pétales soudés en tube, 5 étamines aux anthères soudées entre elles, un ovaire, un style et 2 stigmates.
À gauche, une jeune fleur laisse apparaître l'extrémité de ses étamines, elle est fonctionnellement mâle.
À droite, une fleur plus âgée, fonctionnellement femelle, a déployé ses 2 stigmates plumeux.

C

C. **BLEUET**

Cette très belle plante, « mauvaise herbe » des moissons (plante adventice), que l'emploi des herbicides tend à raréfier, a des capitules formés uniquement de fleurs tubulées, régulières. Cependant, les fleurs du pourtour sont plus grandes, irrégulières et stériles. Elles jouent sans doute un rôle de signal pour les insectes, de la même façon que les fleurs ligulées à la périphérie des capitules d'autres composées.

D

E

D. E. **PISSENLIT**

Ses capitules, dressés au-dessus d'une rosette de feuilles découpées (E), ne comportent que des fleurs ligulées, hermaphrodites (caractère typique de la sous-famille des lactucoïdées). L'ovaire fécondé se transforme en un fruit sec (akène) au sommet duquel apparaît un dispositif en forme de parachute (le pappus) (D) dont le rôle est d'assurer la dispersion des semences par le vent à des distances parfois considérables.

Dissémination. La dispersion des semences des composées fait aussi intervenir des mécanismes particuliers : le plus connu des dispositifs de dissémination par le vent (anémochorie) et l'un des plus efficaces est certainement le « parachute » de l'akène du pissenlit. D'autres fois, ce sont des poils en crochets qui sont responsables de la dissémination par les animaux à fourrure (zoochorie).

Caractères particuliers. Certaines composées (sous-famille des latucoïdées principalement) possèdent, dans leurs vaisseaux conducteurs, des cellules productrices de latex.

Par ailleurs, l'odeur forte et caractéristique de nombreuses espèces, tels le chrysanthème ou la tanaisie, est due à des substances chimiques contenues dans des canaux résinifères, dont la fonction serait de repousser les animaux herbivores.

Dans cette stratégie, les composées, apparues, au cours de l'évolution, plus tardivement que la plupart des autres familles, semblent avoir délaissé les substances les plus utilisées jusque-là (tanins, composés iridoïdes) pour développer des substances originales (polyacétylène, lactones sesquiterpènes et alcaloïdes particuliers) auxquelles les herbivores n'étaient pas encore habitués.

Là pourrait résider une des clés de l'extraordinaire réussite des composées sur la Terre, les autres agents de cette réussite pouvant être constitués par les structures et les mécanismes qui favorisent la pollinisation par les insectes (inflorescence condensée mimant une fleur, présentation du pollen à la surface du capitule) ou la dispersion des semences par le vent.

Des plantes utiles. Certaines composées sont consommées par l'homme : laitue, chicorée, endive, salsifis, artichaut, scorsonère (aux racines semblables à celles du salsifis). Les armoises (genre *Artemisia*) comportent des espèces aromatiques : estragon, absinthe, génépi. Les graines du tournesol fournissent de l'huile. Du pyrèthre est extrait un insecticide. Enfin, les composées utilisées en horticulture sont nombreuses : chrysanthème, marguerite, souci.

MANGEZ DES FLEURS !

Les capitules bleus de l'artichaut, semblables à ceux d'un très gros chardon, nous sont plus familiers quand ils sont encore à l'état de boutons non éclos. Des feuilles (bractées), épaisses et coriaces à la périphérie du capitule, plus tendres et violacées vers le centre, qui forment l'« involucre », protègent les fleurs, toutes tubulées, dont l'ovaire est surmonté de très nombreux poils (pappus). Le tout est inséré sur un réceptacle charnu comestible (le « fond »).

A

A. **ACHILLÉE MILLE-FEUILLE**

Achillea millefolium doit son nom aux très nombreuses découpures de ses feuilles. Le capitule est très petit et ne compte que 5 fleurs ligulées blanches à la périphérie : la ressemblance avec une banale fleur à 5 pétales est frappante. Les capitules sont eux-mêmes regroupés en « inflorescences d'inflorescences » (corymbes). Cette tendance à la diminution de taille des capitules et à leur regroupement en ensembles de plus en plus denses s'observe chez d'autres espèces (par exemple, l'edelweiss).

B

B. **CHARDON-BOULE**

La plupart des espèces qu'on appelle communément « chardons », aux feuilles munies de pointes souvent très acérées, appartiennent à la famille des composées. L'échinops, ou chardon-boule *(Echinops ritro)*, représente un cas extrême dans la réduction du capitule : celui-ci ne comporte plus qu'une seule fleur, entourée des bractées de l'involucre, mais les capitules à une seule fleur sont regroupés en une inflorescence à l'allure d'une boule et qui est un capitule de capitules...

D

D. **TOURNESOL**

Chaque très gros capitule de tournesol, ou grand soleil *(Helianthus annuus)*, comprend plusieurs milliers de fleurs mais fonctionne comme une seule unité florale. Les fleurs, qui sont mâles avant d'être femelles (protandrie), s'ouvrent de la périphérie vers le centre (comme chez les dahlias). La floraison complète du capitule s'étend sur une longue période de temps. Dans le fruit sec, la graine unique, dépourvue d'albumen, contient des réserves huileuses stockées dans les cotylédons, qui sont utilisées pour la fabrication industrielle de l'huile de tournesol.

C

C. **SÉNEÇONS**

Ces *Espeletia*, photographiés à plus de 3 000 m d'altitude dans les Andes, en Équateur, sont des exemples rarissimes de composées à port arborescent. Des séneçons géants, très semblables d'allure, peuplent les montagnes d'Afrique. On sait que, au cours de l'évolution des angiospermes du groupe des dicotylédones, le port arborescent ou arbustif a été progressivement abandonné au profit du port buissonnant ou herbacé. La rareté, dans une famille, des arbres ou des arbustes est ainsi l'indice d'un haut degré d'évolution. Tel est précisément le cas des composées.

RÉFÉRENCES

Adanson (Michel), botaniste français (Aix-en-Provence 1727-Paris 1806). À vingt ans, il fit au Sénégal un voyage d'exploration qui dura cinq ans. Ayant conçu le plan d'un ouvrage gigantesque, consacré à la description de « tous les êtres connus, suivant leur série naturelle indiquée par l'ensemble de leurs rapports », il est l'auteur notamment de *Histoire naturelle du Sénégal* (1757) et *Familles naturelles des plantes* (1763).

Afzelius (Adam), botaniste suédois (Larf 1750-Uppsala 1837). Élève de Linné, professeur à l'université d'Uppsala, il explora la Guinée en 1792.

Agardh (Carl Adolph), botaniste suédois (Båstad, Scanie, 1785-Karlstad 1859). Ses principaux ouvrages traitent des algues.

Agardh (Jacob Georg), botaniste suédois (Lund 1813-*id.* 1901), fils du précédent. Il a également étudié les algues. Le traité *Species, genera et ordines algarum* est son œuvre capitale.

Apulée, en lat. Lucius Apuleius, naturaliste latin, surnommé Platonicus, qui vivait au IVe siècle. Il est l'auteur d'une description des plantes intitulée *Herbarium.*

Aublet (Christian Fusée), botaniste français (Salon 1723-Paris 1778). Il effectua un voyage à la Guyane et publia en 1775 une *Histoire des plantes de la Guyane française,* qui contient la description d'une quantité de genres et d'espèces inconnus avant lui.

Aubriet (Claude), peintre et dessinateur français (Châlons-sur-Marne v. 1665-Paris 1742). Il accompagna Tournefort dans son voyage au Levant, puis devint peintre du Cabinet et du Jardin du Roi (1700). Ses superbes vélins de plantes sont conservés au Muséum national d'histoire naturelle.

Baillon (Henri Ernest), botaniste français (Calais 1827-Paris 1895). Il est l'auteur d'un important *Dictionnaire de botanique* (1876-1885) et d'une *Histoire des plantes* (1867-1885).

Bauhin (Jean), naturaliste et médecin, d'origine française (Bâle 1541-Montbéliard 1613). Il a écrit une encyclopédie botanique : *Historia universalis plantarum nova et absolutissima* (1650-1651).

Bauhin (Gaspard), botaniste et anatomiste (Bâle 1560-*id.* 1624), frère du précédent. On lui doit notamment le *Phytopinax* (1596), le *Prodromis theatri botanici* (1620) et le *Pinax theatri botanici* (1623), où l'on trouve les premières tentatives d'une classification naturelle des plantes.

Bonnier (Gaston), botaniste français (Paris 1853-*id.* 1922). Il s'est attaché à l'étude à l'étude des fonctions des végétaux (rôle des nectaires, constitution vraie des lichens, échanges gazeux chez les plantes, etc.) et à celle du rapport de ces fonctions avec la forme et la structure des organes (influence du climat et de divers facteurs isolés sur la structure des plantes, répartition géographique des espèces, etc.). Bonnier a publié plusieurs flores d'un nouveau type, remarquables par la simplicité du vocabulaire employé et la figuration des caractères essentiels de toutes les espèces. On lui doit surtout une *Flore complète illustrée* (1895-1935), qui a fait l'objet d'une réédition complète en 1991.

Bonpland (Aimé Goujaud, dit Aimé), naturaliste français (La Rochelle 1773-Santa-Ana, Argentine, 1858). Il entreprend un long voyage scientifique (1799-1804) avec Alexander von Humboldt en Amérique, où il recueille plus de six mille plantes, la plupart inconnues. Il publia plusieurs ouvrages, notamment, en collaboration avec A. von Humboldt, *Voyage aux régions équinoxiales du nouveau continent* et *Mimosées et autres plantes légumineuses du nouveau continent.*

Bornet (Édouard), botaniste français (Guérigny, Nièvre, 1828-Paris 1911). Il découvrit, avec l'algologue G. Thuret, la fécondation d'algues rouges (floridéophycées) et publia *Notes algologiques* (1874-1880) et *Études phycologiques* (1878).

botanique (gr. *botanikos*, de *botanê*, herbe), partie de l'histoire naturelle qui a pour objet l'étude des végétaux. La botanique est restée longtemps une science de description, de classification et d'utilisation des espèces végétales étroitement liée à l'agronomie, à la pharmacie, aux industries, voire aux pratiques magiques. Les grands voyages de découverte du XVIe s. sont l'occasion pour des scientifiques très polyvalents de rapporter en Europe des milliers de nouvelles espèces florales. Le classement de ce « nouveau monde » botanique est l'œuvre de Césalpin et de Gaspard Bauhin. L'anatomie et la physiologie végétales sont des sciences qui apparaissent au XVIIIe s. et au XIXe s. Enfin, la connaissance des phénomènes complexes de la photosynthèse bénéficie de travaux encore plus récents.

Boudier (Émile), pharmacien et botaniste français (Garnay, Eure-et-Loir, 1848-Blois 1920). Il se consacra à l'étude des champignons discomycètes, dont il entreprit la classification scientifique. Son œuvre est dominée par ses *Icones mycologicae,* composées de 600 planches en couleurs, images fidèles de la nature, représentant les champignons, dessinées et peintes pendant toute sa carrière.

Brongniart (Adolphe), botaniste français (Paris 1801-*id.* 1876). Agrégé de médecine, il débute dans la botanique par des recherches d'anatomie et de physiologie végétale. En 1828, il commence une *Histoire des végétaux fossiles.* C'est le créateur de la paléontologie végétale (paléobotanique).

Brotero (Félix de Avelar), botaniste portugais (Santo Antão do Tojal, près de Lisbonne, 1747-Belém 1828). Émigré à Paris pour fuir l'Inquisition, il y eut pour maîtres Daubenton et Antoine Laurent de Jussieu. Il est l'auteur de *Phytographia Lusitanica selectior* (1816-1827).

Candolle (Augustin Pyrame de), botaniste suisse (Genève 1778-*id.* 1841). Professeur de botanique à Montpellier (1808), il fait triompher la méthode naturelle inaugurée par Jussieu, fondée sur l'unité de plan de composition organique. Revenu à Genève, il publie (1817) le premier volume d'un *Système naturel des végétaux,* transformé dès le second tome en une œuvre nouvelle, le *Prodrome (Prodromus systematis naturalis regni vegetabilis),* qu'il ne peut terminer. Il a exercé une influence considérable sur les études botaniques, dont Genève devint le foyer pendant de nombreuses années.

Candolle (Alphonse de), naturaliste suisse (Paris 1806-Genève 1893), fils du précédent. Il continua le *Prodrome* (1824-1874), qu'il arrêta aux dicotylédones, et auquel il donna un complément *(Monographiae phanerogamarum,* 1878-1883). Il a écrit un ouvrage sur l'*Origine des plantes cultivées* (1883). Il s'est attaché enfin à formuler les *Lois de la nomenclature botanique.*

Chatin (Adolphe), pharmacien et botaniste français (Tullins, Isère, 1813-Les Essarts-le-Roi 1901). Il s'est consacré plus particulièrement à l'étude des plantes aquatiques, des plantes parasites, des algues et des champignons, dont il a décrit et dénommé plusieurs espèces nouvelles. Il a conçu les premières notions de géographie botanique. On lui doit *Anatomie comparée des végétaux, l'Anthère.*

Chauveaud (Gustave), médecin et botaniste français (Aigre 1859-Paris 1933). Il a émis une théorie établissant une unité commune à toutes les plantes vasculaires.

Chevalier (Auguste), botaniste et voyageur français (Domfront 1873-Paris 1956). Il parcourt le Sénégal et le Soudan occidental, puis accomplit une seconde exploration, de l'Oubangui au lac Tchad, à travers le bassin du Chari et séjourne à deux reprises en Indochine, où il rassemble des matériaux botaniques importants. Il a publié plusieurs écrits sur ses voyages et sur les végétaux utiles (caféier, théier, cotonnier, kolatier, bois coloniaux, etc.), qu'il a contribué à faire connaître, notamment les *Végétaux utiles de l'Afrique tropicale française.*

Chomel (Pierre Jean-Baptiste), botaniste français (Paris 1671-*id.* 1740). Médecin du roi, il créa, rue de l'Arbalète, un jardin botanique qui devint plus tard le jardin de l'École de pharmacie. On lui doit un ouvrage longtemps classique : *Abrégé de l'histoire des plantes usuelles.*

Christ (Hermann), avocat et botaniste suisse (Bâle 1833-*id.* 1933). Il a publié divers travaux sur les fougères et une *Géographie botanique de la Suisse.*

Clifford (Gerard George), botaniste hollandais (Amsterdam 1685-Heemstede 1760). Il avait établi à Hartenkamp un jardin botanique, une ménagerie et un muséum, dont il confia la direction à Linné.

Commelin (Casparus), botaniste hollandais (Amsterdam 1667-*id.* 1731). Il professa au jardin botanique d'Amsterdam et fut membre de l'Académie des curieux de la nature. Ses principaux écrits sont *Flora Malabarica* et *Horti medici Amstelodamensis plantarum usualium catalogus.*

Commelin (Johannes), botaniste hollandais (Leyde 1629-Amsterdam 1692). Directeur du jardin botanique d'Amsterdam, il a écrit les *Hespérides des Pays-Bas* et *Catalogus plantarum indigenarum Hollandiae.*

Costantin (Julien), botaniste français (Paris 1857-*id.* 1936). Auteur de travaux sur les champignons, il a aussi étudié l'influence du milieu sur les plantes.

Cratevas (en gr. Kratevas), botaniste grec, surnommé Rhizotome (« Coupeur de racines »), contemporain de Mithridate Eupator. Dioscoride le loue pour ses descriptions botaniques précises.

Dangeard (Pierre), botaniste français (Ségrie, Sarthe, 1862-*id.* 1947). Il s'est occupé spécialement des végétaux inférieurs et a étudié la sexualité chez les champignons.

Decaisne (Joseph), botaniste belge (Bruxelles 1807-Paris 1882). Professeur au Muséum national d'histoire naturelle à Paris, il a décrit dans son *Jardin fruitier du Muséum* les espèces cultivées dans cet établissement.

De Notaris (Giuseppe), botaniste italien (Milan 1805-Rome 1877). Il a publié des travaux sur les algues, les champignons, les lichens et les mousses d'Italie. Son remarquable herbier de cryptogames est conservé au jardin botanique de Rome ; celui des phanérogames est à Gênes.

Dietrich (Adam), dit le Botaniste de Ziegenhain, naturaliste allemand (Ziegenhain, près d'Iéna, 1711-1782). Correspondant de Linné, il fut le fondateur d'une famille de botanistes, dont les plus marquants sont : **Friedrich Gottlieb** (Ziegenhain 1768-Eisenach 1850), petit-fils d'Adam, qui fut professeur de botanique après avoir été simple jardinier et dont on possède : *Journal économique et botanique du jardinage* (1795-1804) et *Lexique du jardinage et de la botanique* (1802-1810) ; – **David** (Ziegenhain 1800-Iéna 1888), neveu du précédent, qui a publié *Encyclopédie des plantes* (1841-1855) et *la Flore de l'Allemagne* (1833).

Dillenius ou **Dillen** (Johann Jakob), botaniste allemand (Darmstadt 1687-Oxford 1747). Il apporta une attention extrême à la distinction des genres au moyen de la fleur et du fruit. Il a publié une *Histoire des mousses.*

Eichler (August Wilhelm), botaniste allemand (Neukirchen 1839-Berlin 1887). Il a surtout étudié la morphologie des organes floraux. Il termina la *Flora brasiliensis* de Martius et publia des monographies sur des familles de plantes.

Engler (Adolf), botaniste allemand (Sagan 1844-Berlin 1930). On lui doit d'importantes recherches sur la distribution géographique des plantes, sur la flore d'Afrique (résultat de voyages effectués en 1902 et en 1905) et un système de classification des végétaux. En 1881, il fonda la grande revue de géographie botanique *Botanische Jahrbücher für systematische Pflanzengeschichte und Pflanzengeographie* (76 volumes). Ses ouvrages principaux sont : *Versuch einer Entwicklungsgeschichte der Pflanginwelt, insbesondere der Florengebiete seit der Tertiärzeit* (1879-1882), *Die natürlichen Pflanzenfamilien* (1887).

Fischer (Friedrich Ernst Ludwig von), en russe Fedor Bogdanovitch Ficher, botaniste russe (Halberstadt 1782-Saint-Pétersbourg 1854). On lui doit d'importants travaux sur les systèmes botaniques, sur les fougères, et un ouvrage avec les figures des plantes du Jardin de Saint-Pétersbourg.

Flahault (Charles), botaniste français (Bailleul 1852-Montpellier 1935). Il s'est occupé d'abord d'anatomie et de physiologie végétales, puis il a étudié les cryptogames et la biogéographie.

Forskal (Petrus), naturaliste et voyageur suédois (Helsingfors, auj. Helsinki, 1732-Yarim, Arabie, 1763). Disciple de Linné, il effectua un voyage scientifique en Arabie, où il mourut de la peste. Ses collections furent rapportées par Niebuhr. Il a décrit quantité d'espèces nouvelles de plantes et d'insectes.

Fries (Elias Magnus), botaniste suédois (Femsjö, Småland, 1794-Uppsala 1878). Ses ouvrages, qui décrivent 2 770 espèces de champignons, ont servi de base à la plupart des travaux français sur leur classification.

Fuchs (Leonhart), botaniste et médecin allemand (Wemding, Bavière, 1501-Tübingen 1566). Il a publié en latin de brillants ouvrages de botanique, où il a corrigé de nombreuses erreurs de nomenclature. Les principaux sont *Remarques sur l'histoire des plantes* et *Histoire des plantes mise en commentaires.* Charles Plumier lui a dédié le genre *Fuchsia.*

Gagnepain (François), botaniste français (La Charité, Nièvre, 1866-Nice 1952). Il fut chargé de diriger la rédaction de la *Flore générale de l'Indochine,* dont il décrivit lui-même plus de 70 familles. On lui doit la définition de 37 genres nouveaux et de 840 espèces nouvelles.

Gaudichaud-Beaupré (Charles), botaniste et voyageur français (Angoulême 1789-*id.* 1854). Attaché au Muséum, il a publié une *Flore des îles Malouines* et *Botanique du voyage autour du monde sur l'« Uranie ».*

Gaümann (Ernest), botaniste suisse (Lyss, près de Berne, 1893-Zurich 1963). Il a contribué à une meilleure connaissance des champignons et des végétaux parasites des plantes cultivées.

Gaussen (Henri), botaniste et géographe français (Cabrières-d'Aigues, Vaucluse, 1891-Toulouse 1981). Il est l'auteur de nombreux travaux de géographie et de cartographie botaniques, de botanique forestière, ainsi que d'études sur les gymnospermes et sur l'évolution végétale.

Gillet (Claude Casimir), botaniste français (Dormans, Marne, 1806-Alençon 1896). Vétérinaire militaire, il composa avec J.H. Magne, professeur à l'école d'Alfort, une *Nouvelle Flore française* et publia un ouvrage sur les champignons de France.

Grew (Nehemiah), botaniste anglais (Mancetter, Warwickshire, 1641-Londres 1712). Correspondant régulier de Malpighi, médecin, microscopiste, il a décrit les vaisseaux ligneux des plantes, reconnu la structure cellulaire des tiges et racines, introduit en botanique la notion de tissu et celle d'anatomie comparée, décrit divers pollens et établi leur caractère de cellules mâles.

Grisebach (August), naturaliste allemand (Hanovre 1814-Göttingen 1879). Il s'occupa en particulier de la végétation de l'Amérique et des Indes orientales. On lui doit *la Végétation du globe d'après sa disposition suivant les climats, esquisse d'une géographie comparée des plantes.*

Guérin (Paul Émile Alexis), pharmacien et botaniste français (Ribemont, Aisne, 1868-Paris 1947). Il a étudié la structure et le développement du fruit et du tégument séminal dans de nombreuses familles, les graminées en particulier. Il localisa les principes actifs dans un grand nombre de plantes.

Guilliermond (Marie Antoine Alexandre), botaniste français (Lyon 1876-*id.* 1945). Il a étudié les levures, les champignons ascomycètes, les bactéries et la structure de la cellule végétale.

Harvey (William Henry), botaniste irlandais (Summerville, près de Limerick, 1811-Torquay 1866). Il se fit connaître par ses recherches sur la flore du sud de l'Afrique, puis par de remarquables travaux sur les algues et les plantes marines.

Hedwig (Johann), botaniste allemand (Kronstadt, auj. Brasov, Roumanie, 1730-Leipzig 1799). Il est considéré comme le créateur de la cryptogamie. On a de lui *Fondements de l'histoire naturelle des mousses feuillées* (1782-1783), *Genres et espèces de fougères* (1801), etc.

Heer (Oswald), paléontologiste suisse (Niederuzwil 1809-Lausanne 1883). Il a écrit *Flore tertiaire helvétique* (1854-1859), *le Monde primitif de la Suisse* (1865), *la Flore fossile des régions polaires* (1868-1883), d'après les documents recueillis par Nordenskjöld.

Heim (Roger), botaniste et mycologue français (Paris 1900-*id.* 1979). Auteur d'importants travaux sur les champignons (systématique, phylogénie, relations avec les insectes, espèces hallucinogènes), il a aussi beaucoup œuvré pour la protection de la nature.

Hoffmann (Hermann), botaniste allemand (Rödelheim 1819-Giessen 1891). Il est l'auteur de recherches sur les champignons et de travaux sur la question de l'espèce et les rapports des plantes avec le climat.

Hofmeister (Wilhelm), botaniste allemand (Leipzig 1824-Leipzig-Lindenau 1877). Il a étudié la sève (ascension, tension, écoulement, etc.) et recherché l'action de la pesanteur sur les diverses parties des végétaux, le mécanisme des flexions, etc.

Hooker (sir Joseph Dalton), botaniste britannique (Halesworth, Suffolk, 1817-Sunningdale, près de Londres, 1911). Il fait partie de l'expédition de Ross dans l'Antarctique, explore l'Inde, l'Himalaya et le Tibet. Il a établi une remarquable classification des plantes, en collaboration avec G. Bentham. Parmi ses publications, on peut citer *les Rhododendrons de l'Himalaya, les Plantes insectivores et carnivores* (avec Gray), *Flore de l'Inde anglaise.*

Hooker (sir William Jackson), botaniste anglais (Norwich 1785-Kew 1865). Il a publié notamment *Exotic flora, Flore d'Angleterre, Centuries d'orchidées* et *les Fougères d'Angleterre.*

Humbert (Henri), botaniste français (Paris 1887-Bazemont, Yvelines, 1967). Il a orienté ses recherches vers l'étude des flores exotiques : celle de l'Indochine et surtout celle de Madagascar, à laquelle il a consacré d'importants ouvrages.

Husnot (Pierre Tranquille), botaniste français (Cahan, Orne, 1840-*id.* 1929). Il fit des recherches sur les bryophytes (*Flore analytique et descriptive des mousses du nord-ouest de la France,* 1873 ; *Hepaticologia gallica,* 1881 ; *Muscologia gallica,* 1884-1894) et fut le fondateur de la *Revue bryologique.*

Hutchinson (John), botaniste britannique (Blindburn, Northumberland, 1884-Kew, Surrey, 1972). Il a proposé une classification des plantes à fleurs reposant notamment sur l'idée de simplification progressive de l'organe floral et sur celle d'une double origine des angiospermes.

Ingen-Housz (Jan ou Johannes), médecin et botaniste néerlandais, puis britannique (Breda 1730-Bowood, Wiltshire, 1799). Il passa la plus grande partie de sa vie à Londres, où, en 1779, il publia *Expériences sur les plantes vertes, démontrant leur haut pouvoir de purifier l'air à la lumière solaire, mais de le corrompre à l'obscurité,* court traité dans lequel il expose, le premier, les principes de base de la photosynthèse.

Jardin des Plantes, à Paris, nom donné aujourd'hui à l'ancien « Jardin des plantes officinales du Roi ». C'est un ensemble de jardins publics entourant les laboratoires du Muséum national d'histoire naturelle et diverses installations éducatives : ménagerie, vivarium, serres, galeries d'exposition, etc.

Jordan (Alexis), botaniste français (Lyon 1814-*id.* 1897). Fondateur de l'école dite « jordanienne » qui, à l'opposé de l'école linnéenne, admet comme espèces des groupes d'individus ne différant que par de minimes caractères, il entreprit des cultures méthodiques et publia divers mémoires ou ouvrages.

Jussieu (Antoine de), médecin et botaniste français (Lyon 1686-Paris 1758). Il a laissé de nombreux mémoires sur la zoologie, la botanique, et un *Traité des vertus des plantes.*

Jussieu (Bernard de), botaniste français (Lyon 1699-Paris 1777), frère d'Antoine. Fondateur d'une méthode de classement reposant sur les caractères de l'embryon, il n'a rien publié sur la méthode qu'il a suivie, car ses *Ordines naturales in Ludovici XV horto Trianonensi dispositis* sont un simple catalogue. C'est son neveu, Antoine Laurent de Jussieu, qui le fit connaître.

Jussieu (Joseph de), botaniste français (Lyon 1704-Paris 1779), frère d'Antoine et de Bernard. Il accompagna La Condamine et Bouguet au Pérou. On lui doit l'introduction en Europe de diverses plantes ornementales, dont l'héliotrope.

Jussieu (Antoine Laurent de), botaniste français (Lyon 1748-Paris 1836). Il étudia la botanique sous la direction de son oncle Bernard de Jussieu. Il a exposé dans deux mémoires présentés à l'Académie des sciences, en 1773 et 1774, les principes qui devaient servir de base à la « méthode naturelle ». En 1789, il publia son ouvrage capital, *Genera plantarum secundum ordines naturales disposita,* dans lequel les genres de plantes sont rangés en familles et les familles en classes et qui a servi de base à toutes les classifications actuelles.

Jussieu (Adrien de), botaniste français (Paris 1797-*id.* 1853), fils d'Antoine Laurent. Il a laissé quelques *Monographies,* un travail sur les *Embryons monocotylédonés,* etc.

Kölreuter (Joseph Gottlieb), botaniste allemand (Sulz 1733-Karlsruhe 1806). Auteur de travaux sur l'hybridation des végétaux, il fut un des premiers à élucider la question des sexes chez les plantes.

Komarov (Vladimir Leontievitch), naturaliste soviétique (Saint-Pétersbourg 1869-Moscou 1945). Président de l'Académie des sciences, il dirigea la publication d'une *Flore de l'U. R. S. S.* en 24 volumes.

La Billardière (Jacques Julien Houtou de), voyageur et botaniste français (Alençon 1755-Paris 1834). Il fit partie du voyage entrepris pour rechercher le navigateur La Pérouse, et écrivit le premier ouvrage de botanique sur l'hémisphère austral.

La Brosse (Gui de), médecin et botaniste français (Rouen ? -1641). On lui doit la fondation du Jardin des Plantes de Paris, devenu depuis le Muséum d'histoire naturelle. Il avait recueilli et cultivé dans cet établissement plus de deux mille plantes, dont il donna le catalogue.

La Condamine (Charles Marie de), géodésien et naturaliste français (Paris 1701-*id.* 1774). Il entreprend différents voyages le long des côtes d'Afrique et d'Asie, dont il rapporte de multiples renseignements. À l'occasion de l'expédition du Pérou, il adresse à l'Académie des sciences, en 1738, la première description de l'arbre qu'il appelle « quinquina ».

Leclerc du Sablon (Mathieu), botaniste français (Bagnols-sur-Cèze 1859-Vénéjan, Gard, 1944). Il a étudié le fruit, la graine des phanérogames, la digestion des réserves dans les plantes et les organes reproducteurs des cryptogames.

Lécluse ou **Lescluse** (Charles de), en lat. Clusius, botaniste français (Arras 1526-Leyde 1609). Il parcourut l'Europe et occupa la chaire de botanique de l'université de Leyde. Il introduisit en Europe la pomme de terre et d'autres végétaux utiles.

Le Monnier (Louis Guillaume), naturaliste et physicien français (Paris 1717-Montreuil, près de Versailles, 1799). Professeur au Jardin du Roi et premier médecin du roi sous Louis XV et Louis XVI, il enrichit considérablement le Jardin des Plantes.

Léveillé (Joseph Henri), botaniste français (Crux-la-Ville, Nièvre, 1796-Paris 1870). Il a laissé des travaux de mycologie, dont une *Iconographie des champignons* (en collaboration avec Paulet ; 1855). Il est le créateur du terme « baside ».

Ludwig (Christian Gottlieb), botaniste allemand (Brieg, Silésie, 1709-Leipzig 1773). C'est, après Linné, le botaniste qui a le plus contribué aux progrès de

RÉFÉRENCES

la science descriptive au XVIIIe siècle. Ses *Definitiones generum plantarum in usum auditorum* (1737) ont eu plusieurs éditions.

Magnol (Pierre), médecin et botaniste français (Montpellier 1638-*id.* 1715). Directeur du jardin des plantes de Montpellier, il conçut l'idée du classement des plantes par familles. Linné a donné son nom (magnolia) à un genre d'arbres.

Magrou (Joseph), médecin et botaniste français (Béziers 1883-Paris 1951). Il fut l'un des premiers à s'intéresser à la culture des tissus végétaux. Ses recherches l'ont conduit à des conceptions neuves sur la symbiose et son rôle dans l'évolution des êtres vivants.

Maire (René), botaniste français (Lons-le-Saunier 1878-Alger 1949). Il s'est surtout intéressé à la cytologie et à la systématique des champignons ainsi qu'à la flore des régions méditerranéennes, et principalement à celle de l'Afrique du Nord. Il a établi une carte phytogéographique de l'Algérie et de la Tunisie.

Mangin (Louis), botaniste français (Paris 1852-Orly 1937). Il étudia la physiologie, l'anatomie et la pathologie végétales, les réactifs colorants microscopiques, le phytoplancton de l'Antarctique (expédition Charcot, 1915). Il a écrit notamment *Botanique élémentaire* (1883) et *Anatomie et physiologie végétales* (1895).

Maquenne (Léon), chimiste et botaniste français (Paris 1853-*id.* 1925). Ses travaux se rapportent à l'étude des produits élaborés par les plantes, au rejet de l'eau et à l'absorption du gaz carbonique par les végétaux, aux sucres et aux transformations de l'amidon.

Michaux (André), botaniste et voyageur français (Satory, près de Versailles, 1746-Isantrana, près de Toamasina, Madagascar, 1802). Élève de Jussieu, il explora l'Europe, la Perse et l'Amérique septentrionale. Il a laissé une *Histoire des chênes de l'Amérique septentrionale* (1801) et *Flora boreali-americana* (1803).

Miquel (Friedrich Anton Wilhelm), botaniste allemand (Neuenhaus, Hanovre, 1811-Utrecht 1871). On lui doit des études sur les cactées, les cycadales, la flore des îles de la Sonde, du Japon, etc.

Mirbel (Charles François Brisseau de), botaniste français (Paris 1776-*id.* 1854). Il est connu pour ses travaux sur la cellule et par ses recherches sur l'embryologie. Il a écrit : *Histoire naturelle des végétaux classés par familles* (1802-1826), *Éléments de physiologie végétale et de botanique* (1815).

Molliard (Marin), botaniste français (Châtillon-Coligny 1866-Paris 1944).Il étudia les relations qui existent entre la nutrition des plantes et leur forme. Par ses travaux, il a pu établir le principe de culture rationnelle des morilles.

Müller (Ferdinand von), botaniste allemand (Rostock 1825-Melbourne 1896). Il explora l'Australie méridionale et recueillit un grand nombre de plantes nouvelles. On lui doit l'acclimatation des eucalyptus dans la région méditerranéenne.

Nägeli (Karl Wilhelm von), botaniste suisse (Kilchberg 1817-Munich 1891). On lui doit la découverte des anthérozoïdes (cellules sexuelles mâles) dans la reproduction des fougères.

Naudin (Charles Victor), biologiste français (Autun 1815-Antibes 1899). Précurseur de Mendel dans son mémoire sur les *Hybrides du règne végétal,* on lui doit également *Détermination de l'espèce dans le règne végétal* et *Espèces affines de la théorie de l'évolution.*

Navachine (Sergueï Gavrilovitch), botaniste russe (Tsarevchtchina, gouvern. de Saratov, 1857-Detskoïe Selo, auj. Pouchkine, 1930). On lui doit la découverte, qu'il fit sur le lis, le tournesol et les crucifères, de la double fécondation des angiospermes.

Nylander (Frederik), biologiste finlandais (Uleåbord 1822-Paris 1889). Spécialisé dans l'étude des lichens, il en décrivit plus de 5 000 espèces. Son travail le plus important, *Synopsis methodica lichenum,* resta inachevé.

Patouillard (Narcisse Théophile), botaniste français (Macornay 1854-Paris 1926). Mycologue passionné, il fut un remarquable classificateur ; il a groupé les genres d'après les caractères des cystides, des basides et des spores. Il a publié un *Essai taxonomique* (1900).

Plumier (Charles), botaniste et voyageur français (Marseille 1646-Puerto de Santa María, près de Cadix, 1706). Il fit plusieurs voyages aux Antilles et en Amérique du Sud comme botaniste du roi. On lui doit un superbe *Traité des fougères de l'Amérique* (1705).

Poiret (Jean Louis Marie), naturaliste français (Saint-Quentin 1755-Paris 1834). Il fut le collaborateur de Lamarck. Le dictionnaire de botanique de l'*Encyclopédie* est presque entièrement son œuvre. Il a aussi écrit une *Histoire philosophique, littéraire, économique, des plantes usuelles de l'Europe.*

Raunkiær (Christen Christiansen, dit Christen), botaniste danois (Varde 1860-Copenhague 1938). Il a réalisé une classification écologique des végétaux selon leur type biologique, qui dépend des conditions de température du milieu et du mode d'adaptation avec le milieu où ils vivent.

Renault (Bernard), paléobotaniste français (Autun 1836-Paris 1904). Il décrivit des groupes entiers de végétaux fossiles, inconnus avant lui. Ses principaux travaux concernent notamment les micro-organismes des combustibles fossiles. Il publia un *Cours de botanique fossile.*

Robin (Jean), botaniste français (Paris 1550-*id.* 1629). Apothicaire et « arboriste » des rois Henri III, Henri IV et Louis XIII, il fut chargé par la faculté de médecine de Paris d'organiser son jardin botanique, ce qu'il fit en 1597 à Paris, place Dauphine, avec l'aide de son fils Vespasien (Paris 1579-*id.* 1662).

Saccardo (Pier Andrea), botaniste italien (Trévise 1845-Padoue 1920). Il publia une iconographie de 1 500 champignons microscopiques d'Italie. Son fameux *Sylloge fungorum,* destiné à contenir les descriptions de tous les champignons connus, fut complété après sa mort par ses collaborateurs ; il comporte 26 volumes, publiés entre 1882 et 1972.

Saporta (Gaston, marquis de), naturaliste français (Saint-Zacharie, Var, 1823-Aix-en-Provence 1895). Il est le premier en France qui ait abordé l'étude des plantes dicotylédones fossiles.

Bernard de Jussieu — Charles Marie de la Condamine — Joseph Pitton de Tournefort

Schimper (Wilhelm Philipp), botaniste alsacien (Dossenheim, Bas-Rhin, 1808-Strasbourg 1880). On lui doit d'importants travaux sur les mousses et un *Traité de paléontologie végétale.*

Schwendener (Simon), botaniste suisse (Buchs, Saint-Gall, 1829-Berlin 1919), auteur de recherches sur les lichens.

Souèges (René), botaniste français (Lamontjoie, Lot-et-Garonne, 1876-Nogent-sur-Marne 1967). Spécialiste de l'embryologie végétale, il en a formulé les lois essentielles.

Strasburger (Edward), botaniste polonais (Varsovie 1844-Bonn 1912). Parmi ses nombreux ouvrages, on peut citer *les Conifères* et *les Gnétacées, les Angiospermes et les Gymnospermes* et sa célèbre *Pratique botanique.*

Tabernæmontanus (Jakob Theodor), médecin et botaniste allemand (Berg-Zabern 1515-1590). Il est l'auteur d'un grand ouvrage de botanique qui fit longtemps autorité : *le Nouvel Herbier complet.*

Teodorescu (Emanoil), botaniste roumain (Botosani 1866-Bucarest 1949). Il étudia, sous l'impulsion de Gaston Bonnier, l'influence du milieu sur les plantes et particulièrement celle de la lumière.

Thuret (Gustave Adolphe), botaniste français (Paris 1817-Nice 1875). Célèbre par sa découverte chez le fucus (algue brune) d'une fécondation semblable à celle des animaux, il a étudié aussi la fécondation des algues rouges et décrit les zoospores et les anthéridies.

Tournefort (Joseph Pitton de), botaniste et médecin français (Aix-en-Provence 1656-Paris 1708). Il publie *Éléments de botanique ou Méthode pour connaître les plantes.* Chargé de mission scientifique, il parcourt l'Asie Mineure et une partie de l'Europe. On lui doit aussi *Histoire des plantes des environs de Paris, Relation d'un voyage au Levant* et de nombreux mémoires.

Trécul (Auguste Adolphe Lucien), pharmacien et botaniste français (Mondoubleau, Loir-et-Cher, 1818-Paris 1896). Ses travaux ont porté sur l'histologie des vaisseaux du bois, les laticifères, la formation des feuilles, l'accroissement des arbres, la circulation de la sève. En biochimie, il étudia la cellulose, la chlorophylle, le tanin, l'amidon. Le genre *Treculia* et deux espèces de plantes lui ont été dédiés.

Treub (Melchior), botaniste néerlandais (Voorshoten, près de Lyde, 1851-Saint-Raphaël, Var, 1910). Directeur du département de l'agriculture aux Indes néerlandaises, il a publié une cinquantaine de mémoires (dont *Notes sur l'embryogénie des orchidées*) et étudié l'embryon, le sac embryonnaire et l'ovule.

Tschermak von Seysenegg (Erich), généticien autrichien (Vienne 1871-*id.* 1962). Il fut de ceux qui redécouvrirent les lois de Mendel avant leur divulgation. On lui doit une classification des graminées.

Tulasne (Louis René), botaniste français (Azay-le-Rideau 1815-Hyères 1885). Il étudia surtout les champignons, mais publia également des travaux sur les légumineuses, les lichens, les flores exotiques (Colombie, Madagascar, Guyane), etc.

Vaillant (Sébastien), botaniste français (Vigny, Val-d'Oise, 1669-Paris 1722). Élève de Tournefort, il établit, en 1714, la première serre chaude en France. Son grand ouvrage est le *Botanicum Parisiense* ou *Dénombrement par ordre alphabétique des plantes qui se trouvent aux environs de Paris.*

Vallot (Antoine), médecin français (Reims ou Montpellier 1594-Paris 1671). Il publie en 1665, sous le titre *Hortus regius,* un catalogue des végétaux du Jardin des Plantes.

Van Tieghem (Philippe Édouard Léon), botaniste français (Bailleul 1839-Paris 1914). Outre d'importantes études sur les myxomycètes, les ascomycètes, les bactéries et les fermentations, etc., il a proposé une classification du règne végétal et établi des divisions parmi les phanérogames d'après les caractères de l'ovule.

Vaucher (Jean Pierre Étienne), botaniste genevois (Genève 1763-*id.* 1841). Il découvrit le rôle des spores, et entrevit les organes de reproduction en étudiant une algue verte nommée depuis « vauchérie ». On lui doit une *Histoire physiologique des plantes de l'Europe.*

Went (Friedrich August), botaniste néerlandais (Amsterdam 1863-Wassenaar 1935). C'est lui qui a isolé l'hormone de croissance, ou auxine, des coléoptiles d'avoine. Ses travaux ont été à l'origine de toute une branche nouvelle de la physiologie végétale.

Zeiller (René), ingénieur et naturaliste français (Nancy 1847-Paris 1915). Il a consacré de nombreuses études aux végétaux fossiles.

8

LES ANIMAUX

Dossiers

Détail d'une aile de papillon

Ours blanc au repos, dans le Grand Nord canadien

Rassemblement de pélicans blancs

LES ANIMAUX PLURICELLULAIRES

NUL NE CONFOND UN CHEVAL et un chêne. Ils appartiennent à deux règnes distincts, animal et végétal. C'est là une évidence, codifiée dans les livres de zoologie et de botanique. Cependant, certaines difficultés, qui ne troublaient guère la sérénité des auteurs jusqu'au milieu du XXe siècle, surgissent çà et là et mettent en défaut cette classification historique à deux règnes.

DE DEUX À CINQ RÈGNES

LA CLASSIFICATION DU VIVANT

■ DE NOMBREUX FACTEURS rendent impossible la séparation de tous les êtres vivants entre les règnes végétal et animal. Tout d'abord, l'existence des bactéries, qui sont des organismes unicellulaires sans noyau, ni animaux, ni végétaux. Les champignons, quant à eux, s'ils possèdent bien une organisation de type végétal, sont dépourvus de chlorophylle et se nourrissent donc, comme les animaux, à partir de substances organiques.

Parmi les unicellulaires, certains représentants du groupe des flagellés possèdent de la chlorophylle et sont classés parmi les végétaux, d'autres du même groupe n'ont pas de chlorophylle et sont rangés parmi les animaux. Singulière décision qui sépare entre deux règnes un ensemble par ailleurs structuralement homogène ! Ces flagellés, les euglènes, se comportent donc comme un végétal, ou un animal, selon les circonstances.

Tout n'est donc pas clair et certains auteurs ont bouleversé la classification traditionnelle.

Procaryotes et eucaryotes. Dans l'évolution cellulaire des organismes, une coupure fondamentale isole les bactéries et les cyanobactéries (procaryotes) dans le règne des *monères.* Ces représentants sont unicellulaires et leur matériel génétique n'est pas enfermé dans un noyau ; leurs enzymes sont localisées dans la paroi cellulaire et ils se multiplient par division asexuée *(scissiparité).*

Tous les autres organismes, qu'ils soient unicellulaires ou pluricellulaires, possèdent des cellules de type *eucaryote :* leur matériel génétique est enfermé dans un noyau ; ils possèdent des organites cellulaires (mitochondries, réticulum endoplasmique, appareil de Golgi, plastes...) ; leur multiplication cellulaire a lieu par mitose et ils pratiquent, pour la plupart, une forme de reproduction sexuée.

À l'intérieur des eucaryotes, la plupart des auteurs tracent une frontière entre les unicellulaires, ou *protistes,* et les organismes pluricellulaires divisés en 3 règnes : *champignons, métaphytes* (végétaux chlorophylliens) et *métazoaires* (animaux pluricellulaires).

On aboutit ainsi à 5 grands règnes (procaryotes, protistes, champignons, végétaux, animaux) qui divisent le monde vivant.

Pour certains auteurs, les algues devraient être adjointes aux unicellulaires (règne des protistes) pour former un seul règne : celui des *protoctistes.* Mais, aujourd'hui, la nouvelle vision du monde vivant divisé en 5 règnes est largement admise.

LE PROBLÈME DES CHAMPIGNONS

Classiquement considérés comme des végétaux, les champignons sont aujourd'hui promus au rang de règne à part entière dans les classifications à 5 règnes. Leur appareil végétatif (mycélium) est constitué de filaments à plusieurs noyaux (hyphes), sans racines, ni tiges, ni feuilles, ni appareil conducteur. De plus, dépourvus de chlorophylle, ils se nourrissent de substances organiques, comme les animaux. On ignore encore si cette absence est originelle ou bien si la perte de chlorophylle s'est faite progressivement au cours de l'évolution. Quoi qu'il en soit, tous ces caractères éloignent fortement les champignons du groupe des végétaux.

A

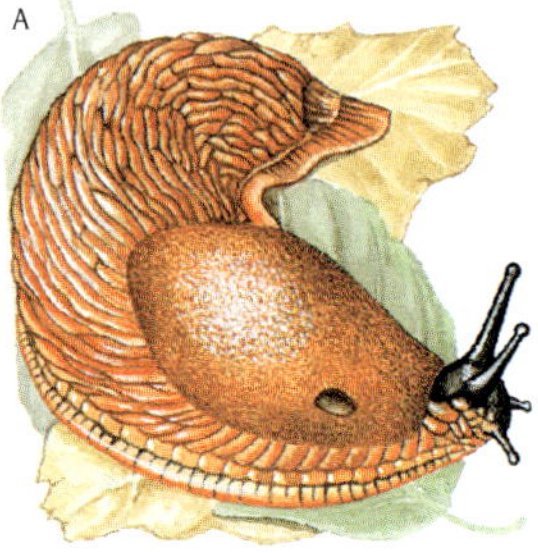

B

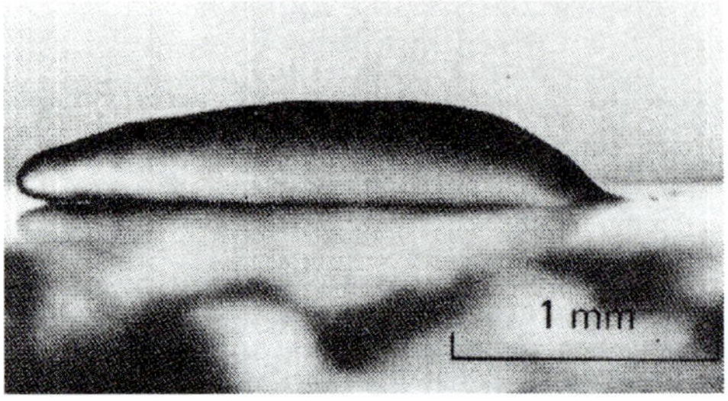

C

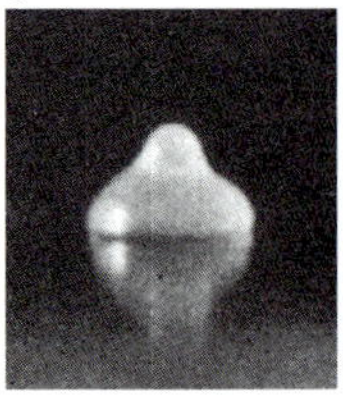

D

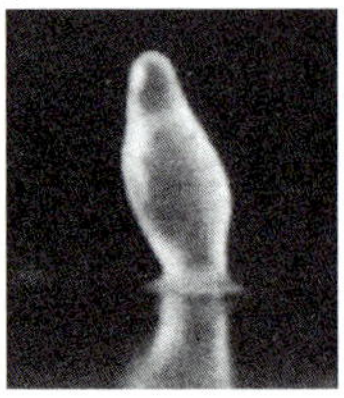

E

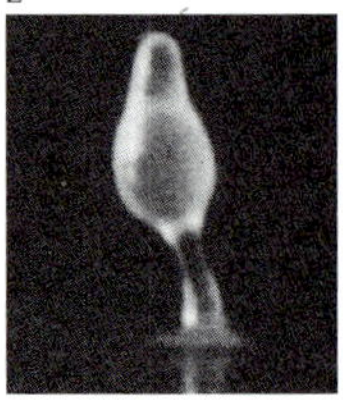

F

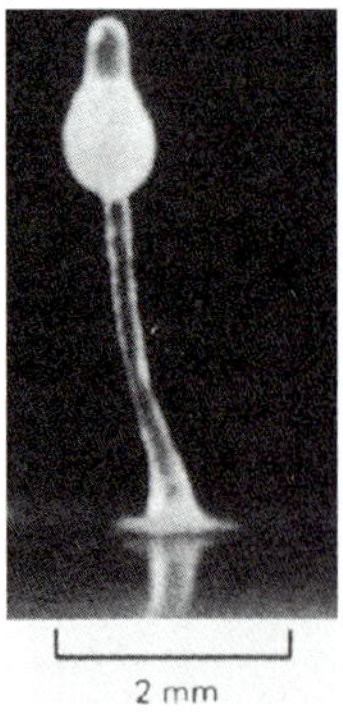

A. B. C. D. E. F. **« LIMACE » ET LIMACE**

Les « myxamibes » de l'espèce *Dictyostelium discoideum* sont des champignons inférieurs (du groupe des myxomycètes), mais ils évoquent à la fois des protozoaires (amibes) sous leur forme unicellulaire et des métazoaires (c'est-à-dire des animaux pluricellulaires) sous leur forme coloniale.
Les myxamibes mènent généralement une vie indépendante. Quand les réserves alimentaires sont épuisées, elles cessent de se diviser et se regroupent, attirées par des signaux chimiques, pour constituer cette « limace » (B), pouvant se déplacer comme un véritable animal pluricellulaire. Elle est, par exemple, capable de se diriger vers une source de lumière. Cette « limace » finira par se remodeler en un corps végétatif portant un aggloméré de spores (C, D, E, F).

La ressemblance entre la « limace » de *Dictyostelium* et une vraie limace (A), animal pluricellulaire (mollusque gastéropode), reste toutefois superficielle : un animal pluricellulaire est formé de cellules spécialisées, regroupées en tissus et en *organes* (on voit ici, notamment, l'orifice pulmonaire, qui ouvre sur l'organe respiratoire, et les tentacules oculaires et tactiles).

G

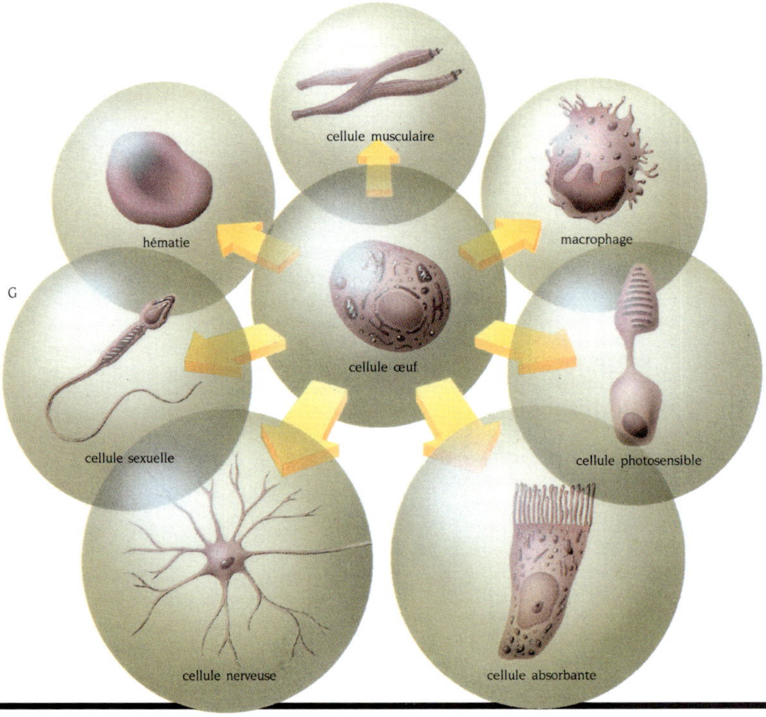

G. **CELLULES SPÉCIALISÉES**

Chaque animal pluricellulaire, ou métazoaire, est issu d'une cellule unique, l'œuf, qui, par divisions successives, aboutit à un organisme harmonieux. La cellule originelle est *totipotente :* elle renferme dans son matériel génétique la possibilité d'exprimer tous les types cellulaires spécialisés de l'organisme (dont quelques exemples sont représentés ici). Au cours du développement, les cellules nouvelles, bien que conservant en leur sein la totalité du matériel génétique issu de la cellule œuf, perdent cette totipotence au profit d'une spécialisation. Certains de leurs gènes sont masqués (réprimés) et ne s'expriment pas. Elles acquièrent alors une forme et des capacités correspondant à leur fonction (reproduction, contraction musculaire, vision, etc.).

Apparus les premiers, les êtres vivants unicellulaires, c'est-à-dire formés d'une seule cellule (bactéries, protistes) sont certainement les ancêtres des animaux pluricellulaires.

Le passage d'un état vers l'autre reste néanmoins un mystère pour les biologistes, qui ont échafaudé de nombreuses hypothèses. Ce passage exige plusieurs transformations car un organisme pluricellulaire ne saurait être réduit à un simple agrégat d'unicellulaires.

DEVENIR PLURICELLULAIRE

TISSUS, ORGANES ET SYSTÈMES FONCTIONNELS

■ Toutes les fonctions vitales d'un organisme unicellulaire se réalisent dans le volume d'une seule cellule, par spécialisation de zones cytoplasmiques en « organites ». Chez les pluricellulaires, la division du travail s'effectue grâce à une *différenciation cellulaire.* Les cellules se différencient en acquérant une morphologie et des compétences particulières. Elles s'associent en organes qui accomplissent une ou plusieurs fonctions. L'évolution conduit vers une différenciation morphologique et fonctionnelle toujours plus poussée. Ainsi, on trouve deux types cellulaires chez l'éponge, alors qu'il en existe des centaines chez les vertébrés.

La coordination. Que des fonctions complémentaires soient réparties entre des organes impose des systèmes de *coordination,* les plaçant sous le contrôle, plus ou moins direct, de la totalité de l'organisme. C'est le rôle dévolu au système nerveux (présent chez tous les animaux) et au système hormonal. De plus, de multiples jonctions entre cellules voisines permettent le passage d'« informations » par relais. Ces jonctions organisent les groupes cellulaires en *tissus vrais.*

Les contraintes. Devenir pluricellulaire impose aussi des contraintes liées, entre autres, à la respiration. Si les tissus sont minces, baignés par l'eau, l'oxygène diffuse directement dans les cellules. C'est le cas des méduses. Si les tissus sont épais, un système respiratoire et circulatoire devient indispensable. Il assure la collecte et le transport de l'oxygène au plus profond de l'organisme.

La plupart des animaux pluricellulaires possèdent également un système digestif sans lequel ils ne pourraient ingérer une nourriture organique et la transformer en molécules assimilables.

L'élaboration de structures de soutien fait partie des contraintes fortes liées à l'état métazoaire. La méduse n'en a pas, son corps étant soutenu par la poussée d'Archimède. Mais, dans leur majorité, les animaux possèdent un squelette, externe (carapaces et coquilles) ou interne (ossature), qui leur a permis d'atteindre des tailles importantes et de résister à la pression et à la pesanteur dans le milieu aérien.

L'état pluricellulaire s'accompagne également de la disjonction entre un *germen,* constitué des cellules sexuelles, et un *soma,* formé par les autres cellules de l'organisme.

Les différentes réalisations observées chez les végétaux pluricellulaires sont, du fait de l'immobilité de ceux-ci, moins variées.

ANIMAL OU VÉGÉTAL ?

Un ensemble d'organismes unicellulaires (protistes), les flagellés, compte une majorité d'espèces chlorophylliennes, capables de fabriquer leur propre matière organique à partir de minéraux (autotrophes) et classées parmi les végétaux (algues unicellulaires du groupe des euglénophytes). D'autres espèces de ce même groupe, sans chlorophylle, se nourrissent de matières organiques (hétérotrophes), ce qui les range parmi les animaux.

Au sein de ce groupe disparate, une espèce se distingue : *Euglena gracilis.* Celle-ci, élevée à la lumière, est un végétal chlorophyllien et autotrophe. Plaçons-en une culture à l'obscurité : la chlorophylle disparaît et, avec elle, l'autotrophie. Le milieu de culture doit alors contenir des sources de matière organique. Le végétal est devenu un animal, hétérotrophe, mais qui, replacé à la lumière, retourne à son état végétal ! De plus, un traitement radical, par un antibiotique (streptomycine) et des U.V., supprime la capacité de synthétiser la chlorophylle et fixe, sans retour possible, la condition animale !

La conclusion s'impose : au stade unicellulaire, la distinction, prétendue évidente, entre les deux règnes animal et végétal n'est pas encore établie.

A. **CARACTÈRES GÉNÉRAUX D'UN ANIMAL ET D'UN VÉGÉTAL**

	Animal	Végétal
Nutrition	Hétérotrophe (ingestion)	Autotrophe (assimilation clorophyllienne)
Motilité (mouvements spontanés ou réactionnels)	Généralement importante	Nulle ou réduite (tropismes, tactismes...)
Organisation	Partie antérieure et corps (ou symétrie radiaire)	Racines, tronc, feuilles (ou appareil végétatif indifférencié : thallophytes)
Symétrie	Radiaire ou bilatérale	Limitée à certains organes
Cellule	Pas de paroi, jonctions intercellulaires	Paroi cellulosique rigide
Tissus	Très diversifiés	Peu variés
Fécondation	Ovule fécondé hors de l'ovaire	Ovule fécondé dans l'ovaire (sauf thallophytes)

A. **ANIMAL ET VÉGÉTAL**

Un certain nombre de critères (régime alimentaire, mobilité) permettent de distinguer, parmi les êtres vivants pluricellulaires, les animaux (métazoaires) des végétaux (métaphytes). Pourtant, la plupart de ces critères admettent des exceptions. Ainsi, il existe des plantes carnivores ou parasites (à la fois autotrophes et hétérotrophes) ; de même, certains animaux fixés ont une mobilité très réduite...

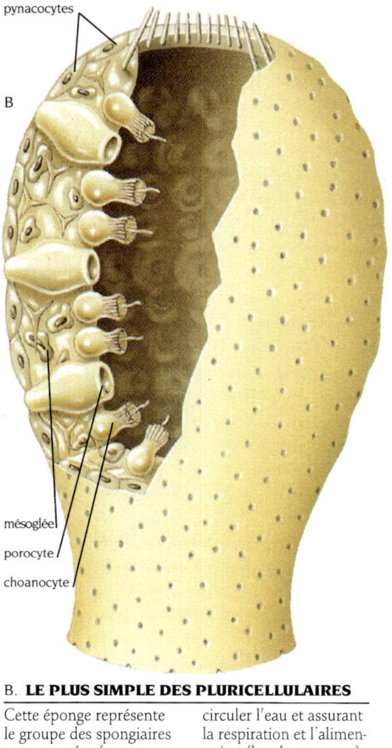

B. **LE PLUS SIMPLE DES PLURICELLULAIRES**

Cette éponge représente le groupe des spongiaires ou *parazoaires* (« presque-animaux »). Elle est formée de cellules de revêtement (les pynacocytes) et de cellules internes, flagellées, faisant circuler l'eau et assurant la respiration et l'alimentation (les choanocytes). Entre ces deux couches, non organisées en vrais tissus, une gelée, la *mésoglée,* est colonisée par des cellules indifférenciées.

C. D. E. F. G. **LES PREMIERS ANIMAUX PLURICELLULAIRES**

Ces quelques éléments de la faune fossile d'Ediacara (Australie, 670 millions d'années) sont présentés selon l'interprétation « orthodoxe » qui voit en la plupart d'entre eux des ancêtres des grands groupes d'animaux actuels. *Mawsonites,* une méduse, et *Rangea* (C), un pennatulidé, sont apparentés aux cnidaires actuels. *Dickinsonia* (D) serait proche des vers annélides ; *Spriggina* (F) représenterait une forme intermédiaire entre annélides et arthropodes, et *Tribrachidium* (E) est rapproché des échinodermes. Enfin, *Praecambridium* et *Parvancorina* (G) restent des organismes énigmatiques que l'on ne peut rapprocher d'aucun des groupes actuels. Ces fossiles énigmatiques laissent supposer qu'il a peut-être existé un groupe, les « vendazoaires », dont les représentants seraient tout à fait différents des métazoaires, les animaux vrais.

LA REPRODUCTION

LES MODALITÉS

SEXUALITÉ ET MULTIPLICATION ASEXUÉE

■ LES ANIMAUX, COMME LES VÉGÉTAUX, possèdent la faculté d'édifier des structures vivantes (des individus) identiques (ou presque) à eux-mêmes : c'est la reproduction.

La sexualité. La reproduction sexuée, « invention » de la cellule eucaryote (absente chez les bactéries), suit le même scénario chez les animaux que chez les végétaux. Une cellule sexuelle *(gamète)* femelle, à nombre de chromosomes réduit de moitié (n chromosomes : cellule haploïde) au cours d'une division spéciale (la *méiose*), et un gamète mâle (haploïde aussi) se rencontrent, fusionnent en une cellule fécondée (œuf) à $2n$ chromosomes (diploïde) qui se développe en un organisme capable, à son tour, d'élaborer des gamètes. Sur ces modalités de base se greffent des variations portant sur la morphologie générale, le comportement des gamètes et les voies du développement.

Ainsi, le ver solitaire, ou ténia (plathelminthe), hermaphrodite, fabrique par l'une de ses extrémités des anneaux qui se détacheront et disperseront les œufs fécondés. Des néréis (annélides polychètes) bourgeonnent, par leurs extrémités postérieures, des chaînes d'anneaux qui se libèrent, nagent et disséminent les gamètes. Chez les mammifères, la fécondation est toujours interne, le mâle déversant ses gamètes dans la femelle.

La reproduction asexuée. Contrairement à la reproduction sexuée, elle est si diverse dans ses réalisations qu'elle a pour seul caractère commun d'utiliser, non pas des gamètes, mais des cellules quelconques de l'individu (cellules somatiques), à partir desquelles un nouvel individu va se développer.

Les tuniciers (ascidies) sont des virtuoses du bourgeonnement. L'individu, né d'un œuf, envoie une digitation de ses tissus, le *stolon,* duquel naissent des bourgeons où s'élaborent les organes d'un nouvel individu. La scissiparité représente un autre mode de reproduction asexuée : l'individu (ver, cnidaire) se divise en deux individus fils.

D'une façon générale, ni les mollusques, ni les arthropodes, ni les vertébrés ne pratiquent cette reproduction asexuée.

A

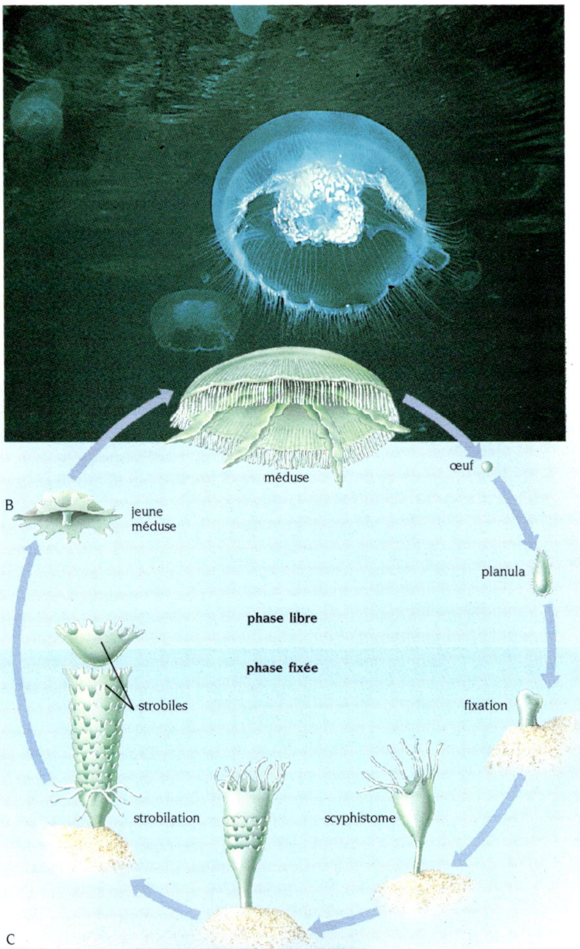

B

A. B. **DOUBLE REPRODUCTION**

La méduse de *Aurelia aurita* (A) flottant dans la mer pratique une reproduction sexuée. À maturité, les œufs, émis librement dans l'eau, sont fécondés. Chacun d'eux se développe en une larve nageuse caractéristique, la *planula,* qui tombe sur le fond et se transforme en un polype fixé, le *scyphistome,* deuxième composant du cycle vital, organisme de multiplication asexuée (B). Celui-ci se découpe spontanément en une pile de disques, les *strobiles,* qui se libèrent et deviennent des méduses errantes dans lesquelles s'élaborent les produits sexuels. Tous les cnidaires pratiquent la double reproduction sexuée-asexuée, mais les cycles avec alternance polype-méduse n'existent que chez certains représentants du groupe des hydrozoaires.

LA REPRODUCTION SEXUÉE EST-ELLE ARCHAÏQUE ?

Les organismes unicellulaires comme les bactéries et les cyanobactéries sont apparus les premiers sur la Terre. Leur multiplication se fait par simple étranglement (bipartition) de la cellule. Cette reproduction asexuée serait donc un mode archaïque.

La cellule à noyau vrai (eucaryote), apparue plus tardivement, apporte avec elle la sexualité qui donc est chronologiquement secondaire à la multiplication asexuée. Chez les eucaryotes, la sexualité (qui met en jeu des gamètes haploïdes) peut coexister avec la reproduction asexuée (à partir de cellules somatiques diploïdes). Lequel de ces deux types est archaïque chez les eucaryotes ? Nul document ne permet de répondre mais, vraisemblablement, et contrairement à toute attente, la multiplication asexuée très complexe de certains pluricellulaires serait la dernière modalité de multiplication apparue au cours de l'évolution des eucaryotes.

C

D

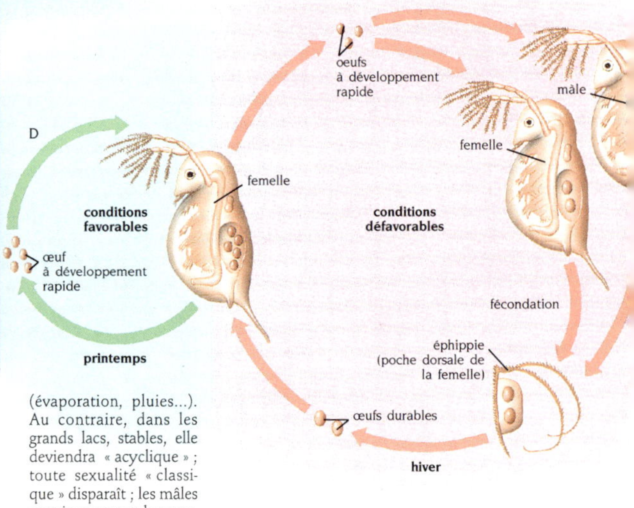

C. D. **CYCLES ET CONDITIONS ÉCOLOGIQUES**

Les puces d'eau, ou daphnies (C), possèdent un cycle vital (D) qui débute au printemps ; des *œufs durables,* abandonnés sur le fond par la génération précédente, éclosent. Ils n'engendrent que des femelles, qui vont se multiplier par des œufs à développement rapide et parthénogénétique (c'est-à-dire à partir de gamètes femelles non fécondés), générateurs de femelles, uniquement. À l'approche des conditions défavorables, ces œufs donnent aussi des mâles. Fécondées, les femelles produisent 1 ou 2 œufs durables qui tomberont sur le fond. Ils passeront l'hiver et feront partir un nouveau cycle l'année suivante. Ce principe fondamental peut varier en fonction des conditions écologiques. Une même espèce peut être « monocyclique », avec une seule génération sexuée si les conditions sont favorables et la masse d'eau importante. Elle sera « polycyclique » dans les mares et les étangs, aux conditions plus fluctuantes, une ou plusieurs générations sexuées venant remplacer les générations parthénogénétiques chaque fois que le milieu s'altère (évaporation, pluies...). Au contraire, dans les grands lacs, stables, elle deviendra « acyclique » ; toute sexualité « classique » disparaît ; les mâles sont inconnus et la reproduction est uniquement parthénogénétique.

LES PLANS D'ORGANISATION

Un hanneton est construit selon un plan d'organisation qu'il partage avec les autres insectes, mais qui diffère de celui d'un escargot (mollusque) ou d'un oiseau (vertébré). Ainsi, chaque groupe animal possède un plan (ou type) de construction propre, qui le caractérise.

LES CARACTÈRES COMMUNS

PLAN, ORGANES ET FONCTIONS

■ CERTAINS ORGANES sont comparables, en structure *(homologie)* ou en fonction *(analogie)*, d'un organisme à l'autre mais ils sont autrement conformés et assemblés : les yeux de l'escargot ne sont pas ceux du moineau, dont les ailes ne sont pas celles du hanneton, etc.

En revanche, les mêmes types d'organes (avec une structure et un rôle semblables), dans de semblables rapports mutuels, se retrouvent chez le hanneton, la libellule, la mouche... et cela permet de décrire « plan d'organisation » général, qui est celui des insectes. Ce plan, avec celui des crustacés, des arachnides..., peut être incorporé (en supprimant des caractères particuliers à chacun des groupes) dans un plan plus général encore qui définit le vaste ensemble des arthropodes.

Les rapprochements artificiels. La notion de plan fut clairement reconnue par les naturalistes du XIXe siècle. Georges Cuvier en définissait quatre : les plans des radiaires, des articulés, des mollusques et des vertébrés. Dans son optique fixiste et créationniste, les plans répondaient chacun à une intention du Créateur et aucun passage d'un plan à l'autre n'était possible. Laissant de côté l'interprétation, interrogeons-nous sur la validité de ces plans. Celui des radiaires regroupait les méduses et les oursins, qui n'ont en commun que le type de leur symétrie : la structure de leurs organes et leurs rapports mutuels sont en fait bien différents. Aujourd'hui, les radiaires ont été démembrés entre trois embranchements : les cnidaires, les cténaires et enfin les échinodermes.

Vers une classification moderne. Depuis ces premières classifications, la tendance générale va vers une reconnaissance de plans d'organisation plus nombreux et plus strictement définis ; ainsi, l'ex-embranchement des vers, fort disparate et uniquement constitué par une vague ressemblance générale (allure vermiforme), est partagé en annélides, plathelminthes, némathelminthes, etc. Les brachiopodes, d'abord incorporés aux mollusques, en ont été retirés et sont, depuis, demeurés à part dans la classification car leur plan d'organisation est vraiment original.

Le niveau le plus général est celui de l'embranchement, c'est un « plan de base » duquel peuvent être déduits des plans plus précis (classe et ordre). Ainsi, le plan de l'embranchement des mollusques compte les plans de classes des gastéropodes, des lamellibranches et des céphalopodes.

Combien de plans ? L'hétérogénéité structurale des êtres vivants sur laquelle se fonde leur fonctionnement vital se manifeste à de nombreux niveaux. Le problème fondamental des classificateurs est celui de la reconnaissance des plans, et donc de leur nombre. Là-dessus, des divergences se manifestent, car ce qui est considéré comme un plan de classe par certains systématiciens est élevé au sang d'embranchement par d'autres. Par exemple, pour les seuls animaux pluricellulaires vivants, les évaluations varient, selon les auteurs, entre 20 et 32 embranchements.

Pour les unicellulaires, les chiffres sont du même ordre et, pour les bactéries, ils ne cessent d'augmenter.

En définitive, ce qui est important c'est l'unité d'un groupe et non pas son rang qui, lui, est arbitraire.

A

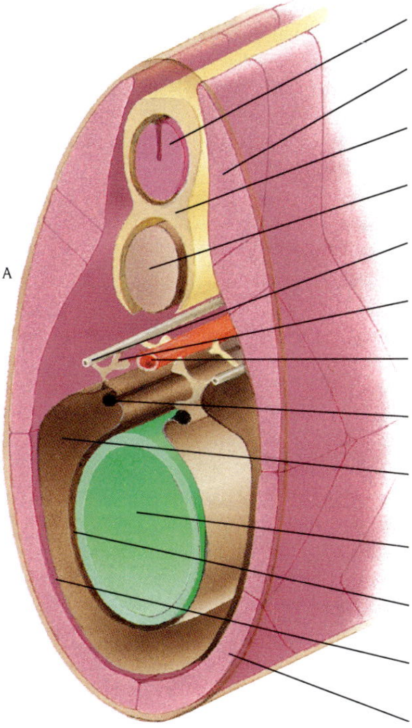

A. **TRAITS CARACTÉRISTIQUES**

Sur cette coupe transversale du corps d'un embryon de vertébré se superposent, du dos vers le ventre : le tube nerveux (encéphale dans la tête), la corde - ou chorde - dorsale (qui servira de maquette à l'édification de la colonne vertébrale), le tube digestif et le système circulatoire. De chaque côté de ce système d'*organes axiaux* se disposent des masses segmentées. La chorde comme la position dorsale de l'axe nerveux sont caractéristiques de l'embranchement des *cordés* qui comprend les vertébrés et de petits groupes, les entéropneustes, les tuniciers et les amphioxus. Dans les autres embranchements, la position de l'axe nerveux est ventrale.

B

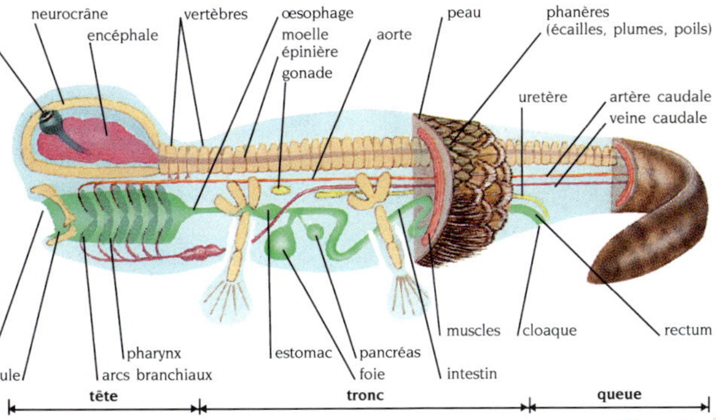

B. **L'ARCHÉTYPE DES VERTÉBRÉS**

L'*archétype* représente l'idéalisation d'un plan d'organisation. R. Owen, anatomiste anglais, y voyait un animal ayant existé et qui, par des transformations purement « géométriques », nullement évolutives, aurait engendré toutes les constructions rencontrées ches les vertébrés. Cette conception fut combattue par Darwin, ainsi que par T. H. Huxley, qui utilisait lui-même l'archétype à propos des mollusques, mais sans lui attribuer d'autre signification que celle d'une sorte d'inventaire des composants fondamentaux de ce plan d'organisation. Cette représentation figure encore dans bien des ouvrages de zoologie et certains anatomistes actuels voient toujours les archétypes comme des représentants hypothétiques d'êtres disparus.

C

D

F

E

G

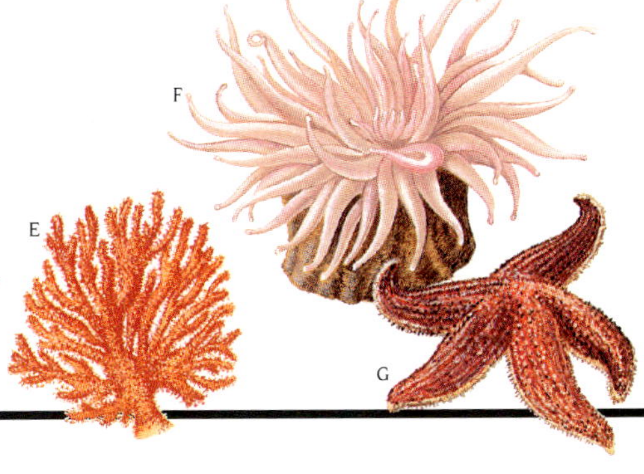

C. D. E. F. G. **LES SYMÉTRIES**

Il en existe deux types. L'animal peut être construit autour d'un axe vertical et le même motif structural se répète après rotation de 1/N : N = 4 chez les tabulés et les coraux fossiles ; 6 chez l'anémone de mer (F) ; 8 chez le corail rouge (E) ; 5 chez les étoiles de mer (G). On parle de symétrie radiaire.

Le corps peut être organisé en deux moitiés symétriques, droite et gauche, par rapport à un plan dorsiventral. Cette symétrie bilatérale est la plus fréquente. Elle est très claire chez les insectes (C), mais aussi chez les vertébrés (D).

LES ÉPONGES

La nature véritable des éponges, ou *spongiaires,* a longtemps été débattue et ce n'est qu'au XXe siècle qu'elle a été définitivement établie. Les éponges sont des animaux fixés, essentiellement marins. On compte quelques rares espèces d'eau douce. La plupart vivent dans les eaux littorales, mais quelques-unes se trouvent jusqu'à 5 000 m de profondeur.

CARACTÈRES GÉNÉRAUX

DES « FILTRES ALIMENTAIRES »

■ Les éponges sont toujours perforées sur toute leur surface et parcourues par un courant d'eau continu. On les appelle aussi, pour cette raison, *porifères,* et on les qualifie de « filtres des océans ». L'eau qui est entrée par les *pores inhalants* ressort par un orifice unique, l'*oscule.* Elle apporte à l'éponge l'oxygène et les petites particules (débris organiques, êtres vivants microscopiques) dont elle se nourrit (régime « microphage »). Une éponge de 10 cm de hauteur peut filtrer 100 litres d'eau par jour. Les éponges ont des formes variées et souvent mal définies. Tantôt arbuste, coupe ou amphore, elles peuvent également être encroûtantes, c'est-à-dire plaquées en couche mince sur un support tel qu'un rocher ou la coquille d'un mollusque.

Une structure simple. Certains zoologistes pensent que les éponges se sont formées à partir d'organismes unicellulaires devenus coloniaux. Quoi qu'il en soit, leur organisme n'est constitué que de deux couches (ou feuillets) de cellules, un feuillet externe, ou *ectoderme,* et un feuillet interne, ou *endoderme,* entre lesquels se trouve une formation particulière, la *mésoglée.*

Les animaux qui ne possèdent que deux feuillets de cellules sont appelés « diploblastiques ». Les spongiaires sont, avec les cœlentérés (cnidaires et cténaires), les seuls dans ce cas. Ils s'opposent aux autres animaux, les triploblastiques, chez qui la mésoglée est remplacée par un troisième feuillet de cellules, le mésoderme.

Les spongiaires ne possèdent qu'un système nerveux très rudimentaire et diffus qui n'a pu être mis en évidence que récemment. Malgré cela, il semble que les diverses parties de l'organisme soient soumises à une coordination et puissent exécuter des mouvements d'ensemble. Une éponge peut ouvrir et fermer ses pores, elle peut se contracter plus ou moins sur elle-même. Toutes ces choses supposent un mécanisme de coordination de nature nerveuse.

Le squelette. Chez les éponges, un squelette forme la charpente qui soutient le corps. Ce squelette est constitué par des éléments, souvent microscopiques et isolés les uns des autres, appelés *spicules.* Ces derniers peuvent être de nature fibreuse, calcaire ou siliceuse. Leurs formes varient beaucoup d'une espèce à l'autre. On classe d'ailleurs les spicules selon leur forme et une nomenclature précise permet d'en nommer tous les types.

Certains spicules sont répandus dans tout le corps et servent de points de soutien ; d'autres se projettent au-dehors et peuvent être considérés comme des moyens de défense. Chez quelques éponges siliceuses, une partie des spicules prend un grand développement et constitue soit une sorte de longue chevelure, soit une torsade qui sert à l'ancrage dans le fond de vase sur lequel vit l'animal.

La classification des éponges repose sur la composition et la morphologie des spicules. On admet généralement trois groupes. Les éponges calcaires possèdent des spicules calcaires. Les hexactinellides possèdent des spicules siliceux à 6 branches. Les démosponges sont soit sans spicules, soit avec des spicules siliceux n'ayant pas 6 branches.

A. **ANATOMIE D'UNE ÉPONGE CALCAIRE**

Du côté externe, un premier feuillet de cellules, l'ectoderme, est formé de cellules aplaties appelées « pinacocytes ». Des orifices, les pores inhalants, permettent l'entrée de l'eau. Le feuillet interne (endoderme) est constitué de cellules à collerettes, ou choanocytes, pourvues d'un flagelle. La mésoglée renferme les spicules et les cellules qui les fabriquent (les scléroblastes), ainsi que des cellules amiboïdes (les amœbocytes) qui transportent les produits de la digestion et qui peuvent se transformer en gamètes.

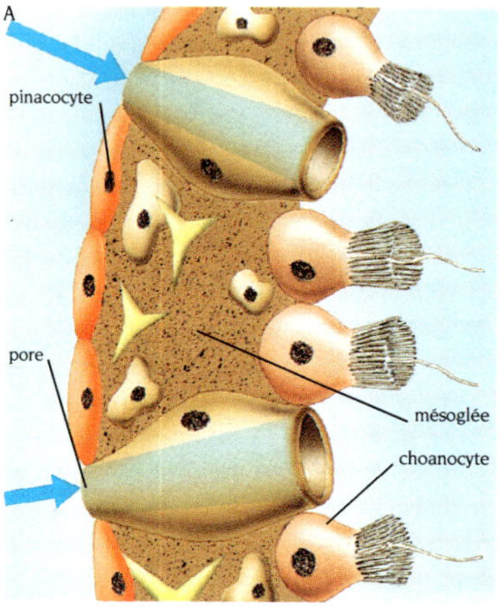

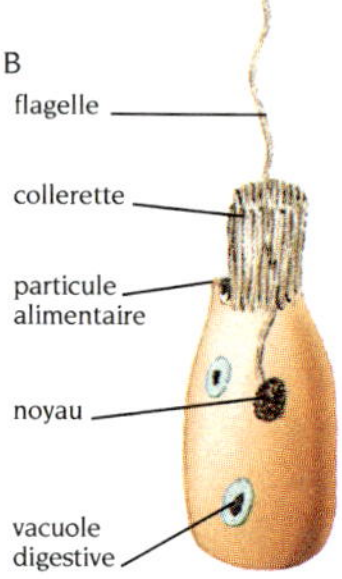

B. **CHOANOCYTE**

Une collerette de fines baguettes serrées les unes contre les autres entoure le flagelle, dont les battements créent un courant d'eau qui entraîne l'oxygène et les aliments.

C. D. **ORGANISATION (ÉPONGES CALCAIRES)**

Bien que variées, les éponges se construisent toutes sur la base de formes simples, qui peuvent se compliquer au cours du développement. Trois stades, de complexité croissante, s'observent chez les éponges calcaires : ascon (C), sycon (D) et leucon (à ce stade, la paroi de l'éponge est encore plus épaisse et les chambres vibratiles sont subdivisées en corbeilles vibratiles).

Ascon

Pour certaines éponges calcaires, cette structure est définitive et, pour d'autres, c'est un stade transitoire. L'éponge, de 2 à 3 cm de hauteur, en forme d'outre, est ouverte à la partie supérieure et fixée par la partie inférieure.

Circulation

L'eau (dont le sens de circulation est indiqué par des flèches) entre par les pores inhalants et sort par un orifice unique, l'oscule.

Cavité gastrale

Cette unique cavité est entièrement tapissée de choanocytes dont les flagelles mettent l'eau (et les particules alimentaires) en mouvement.

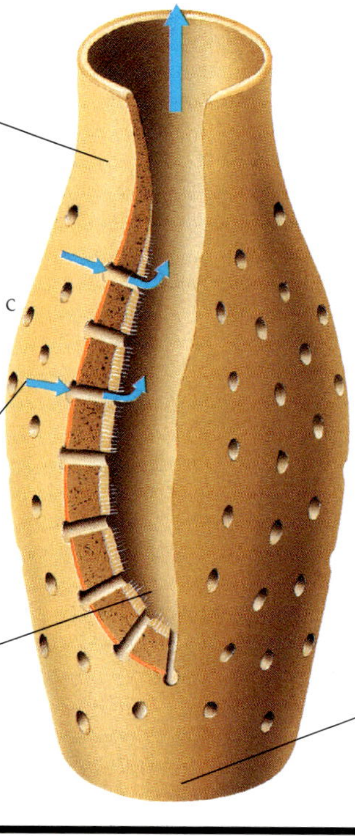

Sycon

Au stade sycon, la structure de l'éponge est plus complexe. La paroi du corps se plisse en enfermant les choanocytes dans des cavités appelées « chambres vibratiles ».

Atrium

C'est la cavité interne du stade sycon ; elle est limitée par les cellules de l'ectoderme et non plus par celles de l'endoderme comme la cavité gastrale du stade ascon.

Canal exhalant

Partant de chaque chambre vibratile, un canal exhalant évacue l'eau vers l'atrium.

Chambre vibratile

Au stade sycon, la paroi épaissie contient des subdivisions où sont localisés les choanocytes : les chambres vibratiles.

Pied

C'est par l'orifice embryonnaire antérieur (blastopore) que la jeune éponge se fixe au substrat.

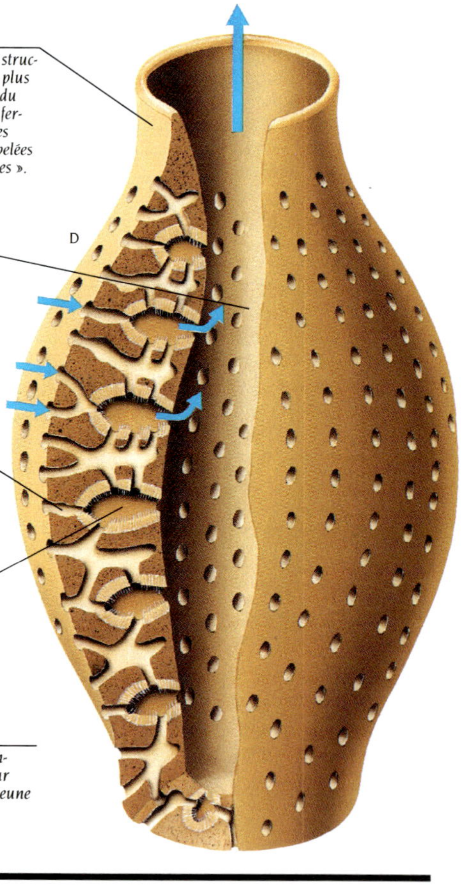

LA REPRODUCTION

RÉGÉNÉRATION ET REPRODUCTION SEXUÉE

■ LES ÉPONGES montrent une souplesse d'organisation remarquable. Un biologiste a coupé en menus morceaux des éponges qu'il broya dans des sacs afin d'en séparer les cellules. Celles-ci, laissées à leur sort, se regroupèrent pour former des éponges nouvelles, mais plus petites que l'original. Une telle puissance de régénération ne se retrouve chez aucun autre groupe animal. Cette particularité est utilisée pour assurer la multiplication des éponges de toilette. Des fragments détachés reforment une éponge entière par un mécanisme qui rappelle le bouturage chez les végétaux.

La sexualité. Le mode particulier de reproduction sexuée des éponges vient s'ajouter à leurs autres singularités. Ce mode de reproduction est surtout bien connu chez les éponges calcaires du genre *Sycon.* Les cellules sexuelles (gamètes) sont disséminées dans toute la mésoglée (il n'existe pas de véritables glandes sexuelles). Ces gamètes sont des spermatozoïdes et des ovocytes qui se forment chez des individus différents car, chez *Sycon,* les sexes sont séparés (alors que chez les éponges siliceuses, chaque individu est hermaphrodite).

Les spermatozoïdes, évacués par le courant d'eau qui sort de l'oscule, pénètrent par les pores inhalants d'un autre individu et sont capturés par des cellules à collerette (choanocytes) du feuillet interne de leur nouvel hôte. Chaque choanocyte ayant capturé un spermatozoïde se transforme en une cellule mobile qui transporte son spermatozoïde à travers la mésoglée jusqu'à un ovocyte. La fécondation donne un œuf qui se développe dans la mésoglée maternelle. Après une période d'incubation, une jeune larve est libérée dans le milieu extérieur. Les éponges calcaires sont donc *vivipares,* leurs œufs se développent entièrement à l'intérieur de leur organisme (par opposition avec les animaux ovipares dont l'œuf se développe indépendamment de l'organisme maternel).

La jeune larve, qui a reçu le nom d'*amphiblastula,* est creuse et formée d'une seule couche de cellules. Elle a une forme ovoïde. Grâce à ses cellules ciliées, elle nage quelque temps puis elle se fixe sur un support avant de se métamorphoser en une éponge adulte.

UNE ÉPONGE D'EAU DOUCE

Les rares éponges d'eau douce appartiennent à la famille des spongillidés. Cette spongille *(Spongilia lacustris)* se rencontre dans toute l'Europe, où elle est commune. Elle vit fixée sur des cailloux ou des végétaux aquatiques. Les rameaux dressés issus de la masse principale du corps sont soutenus par des spicules en forme de baguette ; les spicules du corps sont soit en forme d'ancre, soit en forme d'étoile. En hiver, lorsque les conditions de vie sont défavorables, la spongille forme des amas de cellules non différenciées (gemmules), limités par une coque, qui résistent au froid et germent au printemps pour donner de nouveaux individus. Les pores inhalants caractéristiques des éponges sont bien visibles sur la photo ci-dessous.

A

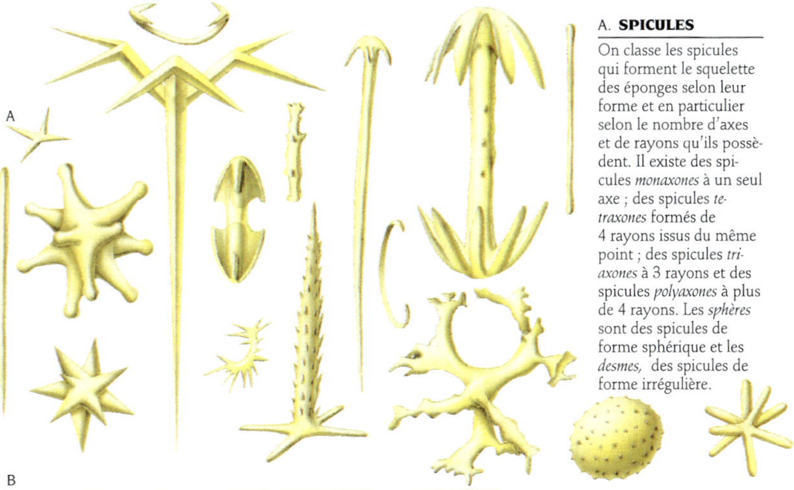

A. **SPICULES**

On classe les spicules qui forment le squelette des éponges selon leur forme et en particulier selon le nombre d'axes et de rayons qu'ils possèdent. Il existe des spicules *monaxones* à un seul axe ; des spicules *tetraxones* formés de 4 rayons issus du même point ; des spicules *triaxones* à 3 rayons et des spicules *polyaxones* à plus de 4 rayons. Les *sphères* sont des spicules de forme sphérique et les *desmes,* des spicules de forme irrégulière.

B

B. **AXINELLE**

Cette éponge *(Axinella agnata)* appartient à la famille des axinellidés. Elle se présente sous la forme d'un arbuste dressé et ramifié. Son squelette, siliceux, est formé de spicules en forme de baguettes (monaxones) qui sont reliés entre eux par une trame de protéine riche en soufre (la spongine). Cette espèce, qui atteint une dizaine de centimètres, se rencontre sur les côtes de la Manche et de l'Atlantique.

C

C. **HALICHONDRINE**

Halichondria panicea est une éponge encroûtante qui, dans la zone de balancement des marées, s'étale et se fixe à la surface des rochers. Il est difficile de la considérer comme un animal tant que l'on n'a pas repéré les nombreux orifices (ou pores inhalants) qui permettent la circulation de l'eau et qui caractérisent les éponges. Ses spicules siliceux sont en forme de baguette (monaxones). Abondante dans les eaux polluées, elle se nourrit surtout de bactéries.

LES ÉPONGES

LA CLASSIFICATION

ÉPONGES CALCAIRES, HEXACTINELLIDES ET DÉMOSPONGES

■ LA CLASSIFICATION DES ÉPONGES REPOSE sur la présence ou l'absence de spicules, leur composition et leur forme. On les classe généralement en 3 groupes.

Les éponges calcaires. Ce sont les plus simples et les plus primitives. Elles sont caractérisées par la présence de spicules calcaires, le plus souvent en forme d'étoiles. Dans la forme la plus simple (ascon), la cavité gastrale unique est tapissée par des choanocytes. Dans les formes plus complexes (sycon, leucon), les choanocytes sont localisés dans des chambres vibratiles qui débouchent dans une cavité centrale : l'*atrium.*

Les éponges calcaires sont exclusivement marines ; elles font partie de la faune littorale. Elles ne dépassent pas 10 cm de hauteur. Leur coloration varie du blanc crème au rouge-orangé. Les éponges calcaires ont des spicules qui se conservent mal et elles se rencontrent rarement à l'état fossile.

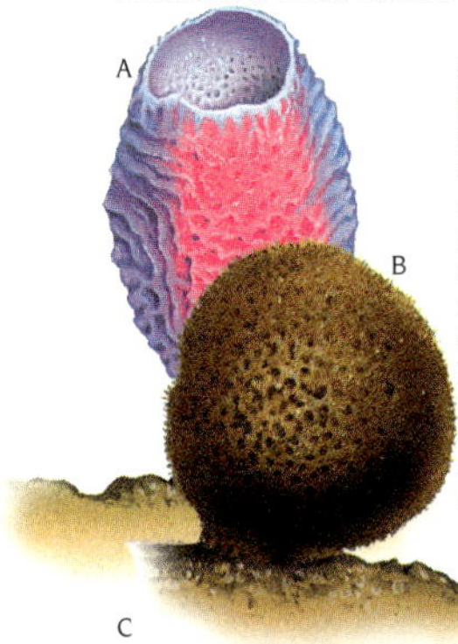

A. B. **DURES OU SOUPLES**

Ce démosponge des mers tropicales (A) possède un squelette siliceux rigide. En revanche, d'autres démosponges, dépourvus de spicules, sont récoltés pour leur pouvoir absorbant. Ce sont les éponges de toilette, comme cette *Euspongia officinalis* (B), pêchée en Méditerranée.

Les hexactinellides. Ces éponges possèdent des spicules formés par de la silice, d'où leur nom d'« éponges de verre ». Leurs spicules les plus caractéristiques sont creux et ont la forme d'une étoile à 6 branches, car ils se composent de 3 aiguilles croisées. Beaucoup ont aussi des spicules de grande taille qui peuvent atteindre, dans le genre *Monographis,* 60 cm de longueur et 1 cm de diamètre.

Ces éponges habitent toutes les mers du globe, mais elles sont abondantes dans les régions tropicales et absentes des mers polaires. Elles vivent surtout en profondeur et se rencontrent rarement à moins de 100 mètres. Leur abondance maximale se situe entre 500 et 1 000 m et certaines se rencontrent jusqu'à 5 000 mètres. La forme rigide de ces éponges et leur absence de contractilité sont considérées comme des adaptations aux conditions de vie dans les abysses, où l'eau est calme.

On distingue deux groupes d'hexactinellides : les *hexastérophores,* qui sont caractérisées par la présence de spicules à 6 pointes et par de grands spicules qui peuvent se souder (le genre *Euplectella* est le plus remarquable) ; les *amphidiscophores,* qui renferment des espèces dont les spicules ne sont pas soudés et dont les plus caractéristiques, appelés *amphidisques,* ont un peu la forme d'une ancre. Des spicules géants maintiennent ces éponges fixées dans la vase. Les deux genres principaux de ce groupe sont *Hyalonema* et *Pheronema.*

Les espèces les plus communes appartiennent au genre *Hyalonema.* Leur partie inférieure est formée de longs spicules qui peuvent atteindre le volume d'une aiguille à tricoter et qui sont réunis en une torsade de 40 à 50 cm de longueur ; la partie supérieure est de forme conique ou cylindrique. À l'intérieur, on rencontre des vers et de nombreux petits crustacés qui vivent là en symbiose. Les *Pheronema* ont l'aspect d'un nid d'oiseau.

Les démosponges. Cet ensemble réunit toutes les éponges dépourvues de spicules ou possédant des spicules siliceux, mais différents des spicules à 6 branches des hexactinellides. Les démosponges se rencontrent le plus souvent sur le littoral. Ces éponges possèdent une forme irrégulière et peuvent constituer des encroûtements sur des supports variés. Les couleurs vives, rouge ou orangé, y sont plus fréquentes que chez les autres éponges.

Les éponges de toilette font partie de ce groupe, elles n'ont pas de spicules, mais seulement des fibres de spongine, une protéine voisine de la soie.

L'espèce *Clione celata* est une éponge parasite. Elle se fixe sur les coquilles d'huîtres, qu'elle peut perforer : elle est responsable de la maladie dite du « pain d'épice ».

Certaines vivent en parfaite harmonie avec d'autres animaux. Ainsi, un petit crabe, appelé « crabe éponge », se promène avec sur son dos un démosponge qu'il a découpé et qu'il retient avec ses pattes.

Deux espèces de démosponges, *Suberites domuncula* en Méditerranée et *Ficulina ficus* dans la Manche, se fixent sur la coquille qui abrite un bernard-l'ermite, qui se trouve ainsi protégé.

LES ÉPONGES QUI SOIGNENT

On a découvert chez des éponges des substances défensives qui dissuadent les prédateurs et détruisent les micro-organismes parasites. Ces substances ont un intérêt pharmacologique évident. La *spongopurine* possède des propriétés antivirales et la *spongopiridine* se révèle efficace contre les tumeurs. La banale éponge de toilette elle-même renferme de la *furospongine* à action antibiotique.

C. **EUPLECTELLE**

De couleur blanchâtre, les éponges de l'espèce *Euplectella aspergillum* (groupe des hexactinellides) peuvent atteindre près de 1 m de hauteur. Leur corps est maintenu par un treillage de longs spicules siliceux et fiché dans la vase par une touffe de longs spicules. Le squelette siliceux de ces éponges est exhibé sous le nom de « panier fleuri de Vénus ». Les euplectelles dont le corps est cylindrique, plus ou moins recourbé à la base, possèdent une cavité interne souvent colonisée par des petits animaux. On y trouve fréquemment un couple de crabes qui, après avoir grandi, ne peuvent plus sortir.

D. **SPIRASTRELLA**

Cette éponge de Nouvelle-Calédonie est un démosponge appartenant au groupe des monaxonides, les plus abondantes des éponges à l'échelle mondiale. Elles sont caractérisées par de grands spicules siliceux en forme de baguettes, ou monaxones (d'où le nom du groupe). *Spirastrella* est une éponge dressée sur laquelle on voit bien le large orifice béant (ou oscule) qui permet la sortie de l'eau.

E. **AMPHISBETIA**

Ces jeunes éponges en voie de développement (stade sycon) s'ouvrent à leur partie supérieure par un large oscule laissant passer l'eau. Vivant fixées aux rochers, ces *Amphisbetia* sont ici mêlées à des hydres (cnidaires) dont les colonies ont l'aspect de brins de mousses.

LES CNIDAIRES

Longtemps considérés comme formant un ensemble homogène d'animaux, les *cœlentérés* sont aujourd'hui divisés en deux embranchements que l'on distingue par des particularités importantes.

Ce sont les *cnidaires* et les *cténaires*. Les cnidaires (hydres, méduses, coraux) possèdent des cellules spécialisées dans la capture des proies, les *cnidocystes* (ou *nématocystes*), alors que les cténaires (cydippe, béroé) ont des cellules également spécialisées, mais d'un tout autre type, appelées *colloblastes*.

La maladie des pêcheurs d'éponges est causée par le contact répété avec de petites anémones de mer qui vivent au voisinage des éponges. Elle est caractérisée par des démangeaisons, des brûlures, de l'œdème, des vomissements, de la soif et des abcès cutanés. La première atteinte ne confère aucune immunité ultérieure mais sensibilise l'individu, ce qui entraîne, lors d'un nouveau contact, des réactions violentes de type allergique (anaphylactiques). Les physiologistes français Paul Portier et Charles Richet (prix Nobel en 1913) sont à l'origine de cette découverte.

Plus dangereuses que les requins. Les invasions de méduses sont redoutées des baigneurs, en été. Le simple contact avec les tentacules de ces animaux provoque des brûlures extrêmement vives et de violentes crises d'urticaire.

Ce contact peut même être mortel. La méduse « guêpe de mer » *(Chironex fleckeri)* des côtes d'Australie est peut-être l'animal marin le plus dangereux. Bien que sa taille ne dépasse pas quelques centimètres, son venin peut tuer un homme en quelques minutes. Elle a tué 60 personnes en 25 années, alors que les requins n'ont fait que 13 victimes durant la même période.

CARACTÈRES GÉNÉRAUX

ANATOMIE ET PROPRIÉTÉS DES CNIDAIRES

■ Les cnidaires sont des animaux très simples dont le corps a la forme d'un sac muni d'une seule ouverture autour de laquelle sont disposés un certain nombre de tentacules. L'ouverture unique de ce sac réunit les fonctions de la bouche et de l'anus. Elle sert à l'ingestion des proies et au rejet des déchets non digérés. Au centre du sac se trouve la cavité gastrale.

Cette structure « en sac » sépare les cnidaires des autres animaux. De plus, la paroi du corps est constituée seulement par deux feuillets de cellules. Le feuillet externe est l'*ectoderme* et le feuillet interne, l'*endoderme*. Entre ces deux feuillets se trouve une substance ayant l'aspect d'une gelée, la *mésoglée*. Comme les éponges, les cnidaires sont des *diploblastiques*.

Problèmes de classification. De même que pour les éponges, la nature véritable des cnidaires a longtemps été débattue. Le nom d'animaux plantes *(zoophytes)* qui leur avait été attribué montre que l'on hésitait à en faire soit des animaux, soit des végétaux. Les anémones de mer sont des cnidaires dont le nom trahit bien cette ancienne ambiguïté.

Des naturalistes aussi éminents que Linné ou Cuvier réunissaient les cœlentérés (cnidaires et cténaires) aux échinodermes sous le nom de *rayonnés*, car ils possèdent une symétrie rayonnée qui s'oppose à la symétrie bilatérale des autres animaux. En réalité, les cœlentérés n'ont rien en commun avec les échinodermes, si ce n'est cette symétrie rayonnée que l'on considère parfois comme une conséquence de la vie fixée. Tous ces noms (zoophytes, rayonnés) sont maintenant abandonnés. Ils ne conservent plus qu'un intérêt historique.

Voraces et venimeux. Tous les cnidaires sont des carnivores qui immobilisent leurs proies grâce à leurs tentacules armés de cellules urticantes, les cnidocystes. Ces proies, parfois volumineuses, sont apportées à la bouche par ces mêmes tentacules.

A. B. **CNIDOCYSTE**

Sur les tentacules des cnidaires se trouvent des organes spéciaux, les cnidocystes. Sur un cnidocyste au repos (A), on voit le cnidocil, qui est une véritable gâchette déclenchant la sortie d'un filament au moindre contact avec une proie. Ce filament est enroulé en hélice et logé à l'intérieur d'une capsule. Il en sort par un orifice, l'opercule. À la base du cnidocyste arrivent quelques filets nerveux. La disposition du filament avant (A) et après (B) la décharge du cnidocyste est représentée ici. On remarque les épines nombreuses qui font de ce filament un véritable harpon empoisonné. Les cnidocystes ont des formes variées (au nombre d'une vingtaine) qui sont caractéristiques des diverses espèces de cnidaires. Le tube du filament peut être ouvert ou fermé à son extrémité ; le diamètre du filament peut être constant sur toute la longueur ou bien le filament peut se dilater à la base pour former une sorte de hampe. Les épines du filament peuvent être plus ou moins nombreuses et plus ou moins développées.

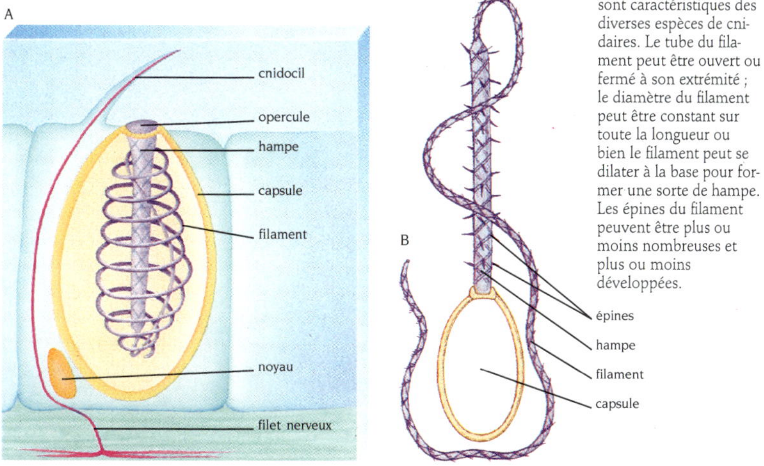

C

C. **SYMBIOSE**

Dans les mers tropicales, les poissons-clowns, du genre *Amphiprion* (ici *A. bicinctus*, le « clown à 2 bandes »), sont les seuls à pouvoir vivre impunément au milieu des tentacules venimeux (dépassant parfois 1 m de long) des grosses anémones de mer. Cette étrange symbiose semble permise par la tolérance du poisson vis-à-vis du venin ou bien par la présence sur son corps d'un mucus protecteur.

D. E. **POLYPE OU MÉDUSE ?**

On trouve chez les cnidaires deux types de structures : le *polype* et la *méduse*. La forme polype (D) correspond à un animal fixé à un support, en forme de sac plus ou moins cylindrique et élancé. L'ouverture unique, ou bouche, est située vers le haut et est entourée par les tentacules. La région de la bouche est appelée *face orale*. La région qui lui est opposée et qui sert à la fixation sur le support est la *face aborale*.
La forme méduse (E) correspond à un animal nageur, planctonique, dont la bouche est située vers le bas et la face aborale vers le haut. C'est une sorte de polype renversé dont le corps est plus ou moins en forme de cloche ou de coupole. Selon les espèces, les cnidaires passent leur vie entièrement sous la forme de polype, entièrement sous la forme de méduse, ou bien prennent successivement les deux formes au cours de leur développement.

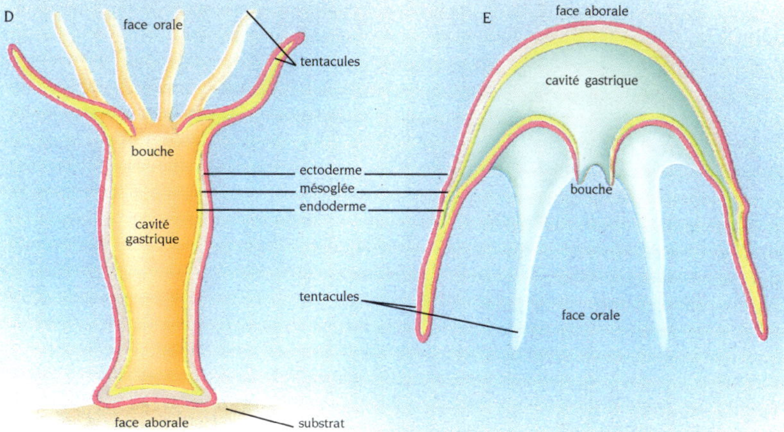

HYDRES ET MÉDUSES

On distingue trois classes parmi les cnidaires : les hydrozoaires, comme l'hydre d'eau douce, les scyphozoaires, ou « méduses vraies », et les anthozoaires (anémones et coraux). Cette classification est fondée sur l'importance relative des phases polype ou méduse dans le cycle de vie de ces animaux aquatiques.

HYDRES, PHYSALIES...

LES HYDROZOAIRES

■ Chez ces animaux, le cycle de vie typique consiste en une alternance entre la forme polype et la forme méduse. La forme polype, qui vit fixée, produit des méduses par un mécanisme de reproduction non sexuée, le *bourgeonnement.* Les méduses, libres et nageuses, sont les formes sexuées. L'œuf issu de la fécondation donne une larve appelée *planula,* qui se transforme en un nouveau polype. Ce cycle de développement se trouve, par exemple, chez l'obélie *(Obelia geniculata)* qui, à l'état de polype, forme des colonies ayant un peu l'aspect de mousses, fixées sur les algues du littoral.

L'hydre d'eau douce se singularise parmi les hydrozoaires car elle n'existe plus qu'au stade polype (la forme méduse a disparu de son cycle de vie). Chez d'autres hydrozoaires, c'est le stade polype qui disparaît, et on ne les observe plus que sous la forme méduse.

Les formes « méduse » des hydrozoaires ont une structure particulière (présence d'un voile) qui leur a valu de nom de *méduses craspédotes.* Cependant, les hydrozoaires montrent une grande variété de formes. Les principales sont les hydroïdes, les hydrocoralliaires et les siphonophores.

Les hydroïdes, ou hydraires. À l'exception des hydres d'eau douce, solitaires et, bien sûr, d'eau douce, les hydroïdes sont des animaux marins et coloniaux chez lesquels la forme polype domine. Ils sont abondants sur le littoral, où ils forment des colonies à aspect de mousses, comme l'obélie.

Les hydrocoralliaires. Ils sont aussi marins et coloniaux, mais fabriquent un important squelette calcaire. On les rencontre surtout dans les régions tropicales où ils participent à la formation des récifs de coraux. Les millépores *(Millepora)* sont des hydrocoralliaires connus sous le nom de « coraux de feu ».

Les siphonophores. Ils sont marins, planctoniques (leur mobilité est limitée) et forment des colonies dans lesquelles les divers individus sont spécialisés chacun dans une fonction déterminée. Cela leur donne des formes extraordinaires et souvent spectaculaires.

Les plus évolués des siphonophores sont les vélelles et les physalies. La physalie, ou « galère portugaise », est portée par un flotteur en forme de ballon de 20 cm qui dépasse largement au-dessus de l'eau. Ses tentacules atteignent jusqu'à 20 m de longueur. La partie émergée forme une voile.

A. B. **ANATOMIE D'UNE HYDRE**

Une coupe réalisée dans la paroi du corps de l'hydre d'eau douce permet de mettre en évidence divers types de cellules qui sont réparties en deux couches bien distinctes.

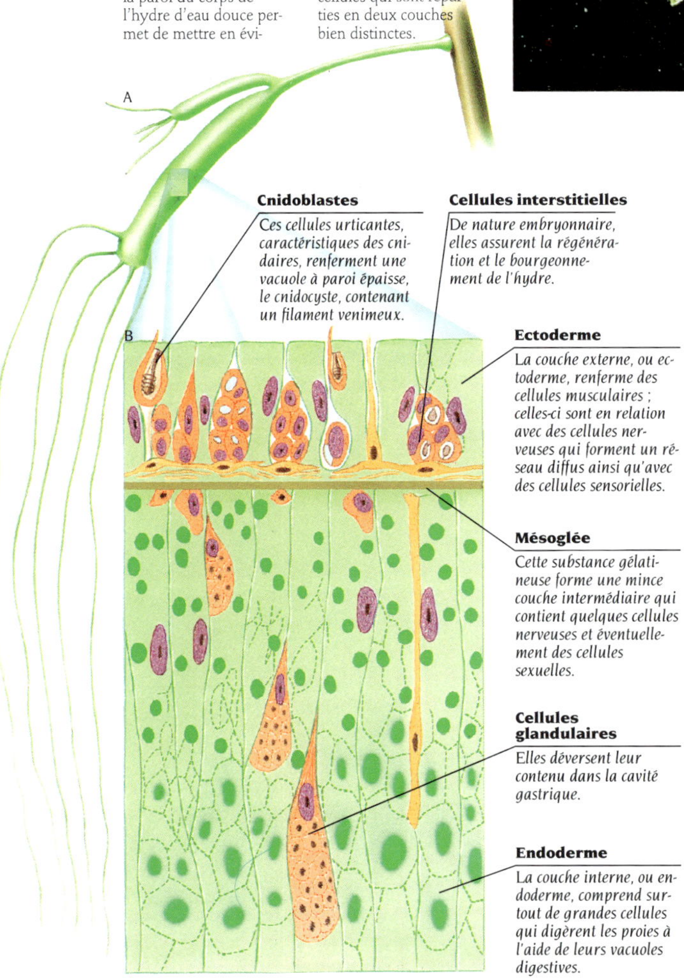

C. **HYDRE D'EAU DOUCE**

Les hydres, dans les mares, se fixent à la face inférieure des lentilles d'eau. L'hydre verte *(Chlorohydra viridissima)* doit sa couleur à la présence dans ses cellules d'algues unicellulaires, les chlorelles. Alors que son corps mesure jusqu'à 1,5 cm en extension (et autant pour les tentacules), le moindre choc la réduit à une boule de 2 à 3 mm. L'hydre a une forme de polype. Sa base rétrécie forme un pied qui assure la fixation, mais qui peut se détacher au cours des déplacements. L'hydre se renouvelle constamment. Elle s'accroît par sa partie située près de la bouche et s'use par la base. L'hydre est donc un animal immortel, tant que les conditions de vie restent favorables. Elle peut se reproduire d'une façon asexuée en produisant des bourgeons qui se détachent et donnent de nouvelles hydres. Elle peut aussi avoir une reproduction sexuée, les cellules sexuelles se localisant dans la mésoglée.

C

D

D. **COLONIE**

Aglaophenia pluma est un hydrozoaire qui vit en colonie fixée sur la coquille d'un mollusque, le vanneau *(Chlamys opercularis).* La colonie d'*Aglaophenia,* qui mesure quelques centimètres, ressemble à une plume ou à un brin de mousse. L'espèce est commune sur les côtes de la Manche.

E. **SIPHONOPHORE**

Chez ce siphonophore du genre *Nectalia,* le haut de la colonie est formé par une méduse rudimentaire qui constitue le flotteur (pneumatophore). Il en part un tube creux (stolon) sur lequel s'insèrent des « cloches » natatoires qui, par leurs contractions, assurent les déplacements. Viennent ensuite des polypes modifiés. Les uns (bractées) ont une forme aplatie et protègent la colonie ; les autres (les gastrozoïdes) sont des individus nourriciers dont la cavité sert d'estomac. Chaque gastrozoïde possède un tentacule qui se ramifie en tentilles chargées de nombreux cnidocystes, qui paralysent les proies. Il existe aussi dans la colonie des individus reproducteurs, les gonozoïdes.

E

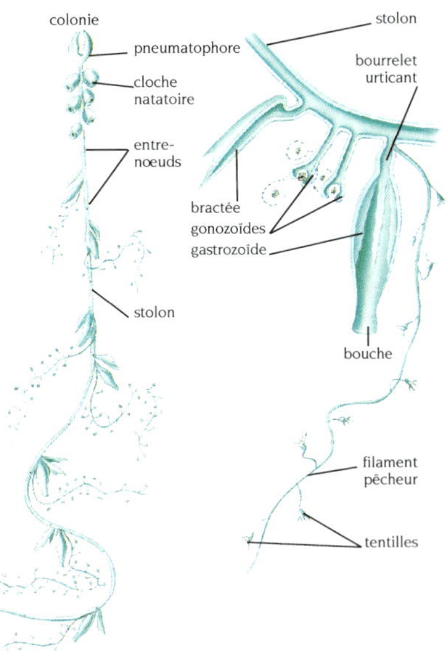

LES MÉDUSES VRAIES

LES SCYPHOZOAIRES

■ CES CNIDAIRES se caractérisent par la prédominance de la forme méduse au cours de leur cycle de vie. Cette dernière se distingue de la forme méduse des hydrozoaires par l'absence du voile qui ferme en partie l'ombrelle à sa partie inférieure (vélum).

On appelle les scyphozoaires « méduses vraies » (ou encore méduses acraspèdes, ce qui signifie « sans voile »).

Anatomie. Les scyphozoaires ont une symétrie rayonnée à laquelle se superpose une symétrie d'ordre 4, ce qui signifie que chaque organe est représenté 4 fois ou par un multiple de 4 : il y a 4 bras autour de la bouche ; un estomac à 4 cloisons ; 4, 8 ou 16 tentacules et 4 glandes génitales.

Les scyphozoaires les plus communs sont les méduses des genres *Pelagia, Rhizostoma* et *Aurelia.* Les cyanées des mers arctiques *(Cyanea arctica)* sont des méduses qui atteignent 2 m de diamètre avec des tentacules d'une longueur avoisinant les 20 mètres !

Reproduction et développement. Le curieux cycle de développement des scyphozoaires peut être décrit sur l'exemple de la méduse *Aurelia aurita.* Les œufs sont expulsés par la bouche ; ils donnent des larves appelées « planula » qui nagent quelque temps puis se transforment en un polype fixé de 1 cm environ et pourvu de 16 tentacules, qui a reçu le nom de « scyphistome ». Des séries d'étranglements transforment ce polype et lui donnent l'allure d'une pile d'assiettes. Chacune de ces « assiettes », appelée *strobile,* se détache et se transforme en une petite méduse.

COMMENT FLOTTENT LES MÉDUSES ?

Les méduses sont des organismes transparents, gélatineux et très riches en eau. Elles peuvent en renfermer jusqu'à 95 p. 100 de leur poids (chez l'homme, l'eau représente 70 p. 100 du poids corporel), ce qui fait qu'elles sont difficiles à saisir et à conserver. Cette richesse en eau est un des éléments qui leur assure une faible densité et leur permet de flotter plus aisément.

La concentration du milieu intérieur des méduses est généralement très voisine de celle de l'eau de mer. Toutefois, chez une méduse comme *Aurelia,* la concentration en ions sulfate est la moitié de celle de l'eau de mer. Ces ions sulfate étant parmi les plus denses, leur élimination contribue à abaisser la densité de la méduse et améliore grandement sa flottaison.

Les siphonophores sont également capables de sécréter des gaz qui s'accumulent dans leurs flotteurs. La composition de ces gaz de flottaison est surprenante. Chez la physalie, ils comprennent 15 p. 100 d'oxyde de carbone. Un autre siphonophore, *Nanomia bijuga,* renferme dans ses minuscules flotteurs un gaz qui contient de 77 à 93 p. 100 d'oxyde de carbone. Ce gaz, extrêmement toxique pour tous les animaux, ne se rencontre en général qu'à l'état de traces chez les autres organismes.

A. B. C. D. **MÉDUSES**

La méduse correspond à la phase libre du cycle de vie des hydrozoaires et des scyphozoaires, l'autre phase (polype) étant fixée. *Cladonema radiatum* (A) est un hydrozoaire dont la forme méduse, qui mesure quelques millimètres, peut « marcher » sur le fond de la mer à l'aide de ses tentacules. *Neoturris* (B) est une « méduse vraie » (scyphozoaire), de même que *Cotylorhiza tuberculata* (C), qui forme de grands essaims en Méditerranée. Quant au siphonophore *Porpita mediterranea* (D), c'est en fait une colonie de polypes (hydrozoaires) des régions chaudes. La partie centrale est une méduse réduite à un simple flotteur rempli de gaz. Dessous s'insèrent les polypes, dont on voit les filaments pêcheurs venimeux.

E

E. **CHRYSAORE**

Chrysaora hysoscella est une belle méduse de l'Atlantique, la mer du Nord et la Méditerranée, dont l'ombrelle peut atteindre 30 cm de diamètre. Elle possède 24 longs tentacules. Les individus sont d'abord mâles, puis hermaphrodites, puis femelles.

F

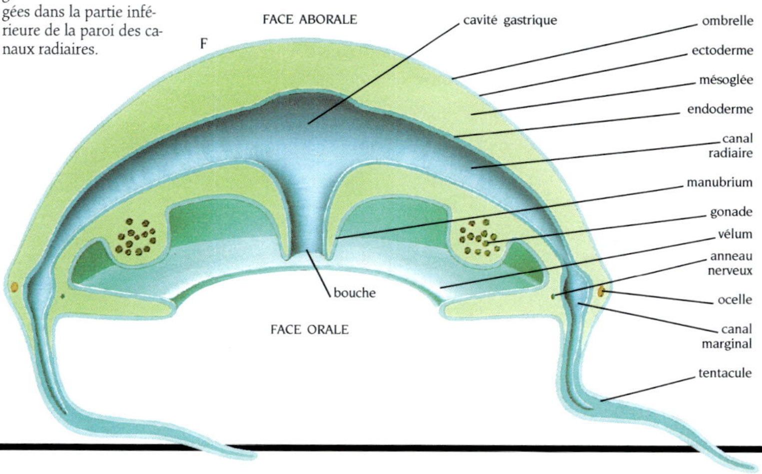

F. **MÉDUSE D'OBÉLIE**

Ce dessin représente la méduse d'un hydrozoaire, *Obelia geniculata.* Cette méduse possède une vaste cavité gastrique qui se prolonge latéralement par 4 canaux radiaires. Ceux-ci sont réunis à leurs extrémités par un canal marginal qui fait le tour de la partie bombée de la méduse, appelée « ombrelle ». Il existe aussi 4 tentacules. À la base des canaux radiaires, 4 taches rougeâtres ont reçu le nom d'« ocelles » car elles sont (probablement) sensibles à la lumière. La cavité gastrique s'ouvre par la bouche, qui est entourée par une formation cylindrique, le manubrium. La voûte formée par l'ombrelle est partiellement fermée par un diaphragme musculeux, le vélum, qui, en se contractant, aide à la nage. Ce vélum est encore appelé « craspedon » (mot d'origine grecque) et les méduses qui le possèdent sont les méduses *craspédotes.* Le système nerveux est réduit à un anneau situé sous l'ombrelle et les glandes sexuelles sont logées dans la partie inférieure de la paroi des canaux radiaires.

CORAUX ET CTÉNAIRES

ANÉMONES ET CORAUX

LES ANTHOZOAIRES

■ LES ANTHOZOAIRES sont des cnidaires caractérisés par la présence exclusive de la forme polype et l'absence de la forme méduse. Certaines espèces sont solitaires (les anémones de mer) mais beaucoup vivent en colonies et sécrètent un squelette calcaire (les coraux). Les anthozoaires sont toujours fixés et leur cavité gastrique est compartimentée par des cloisons au nombre de 6, de 8 ou d'un multiple de ces chiffres. Le nombre de cloisons permet de les classer en deux groupes : les octocoralliaires (8 cloisons) et les hexacoralliaires (6 cloisons).

Les octocoralliaires. Ces anthozoaires possèdent une symétrie d'ordre 8, c'est-à-dire qu'ils possèdent 8 tentacules et que leur cavité gastrale est divisée par 8 cloisons sur lesquelles sont logées les gonades. Leurs tentacules portent de chaque côté des ramifications (pinnules) qui les font ressembler à une plume. Les octocoralliaires vivent en colonies dont tous les individus sont semblables entre eux. Il en existe 5 ordres.

Les coraux durs (ordre des *coralliaires*) sont représentés principalement par le corail rouge *(Corallium rubrum).*

Les gorgones (ordre des *gorgonides*) forment des colonies ramifiées ayant l'allure d'arbuste ou d'éventail qui sont soutenues par un squelette constitué par une protéine dont la structure est voisine de la corne. Les gorgones, qui peuvent atteindre 1 m de hauteur, représentent par leurs formes et leurs couleurs, souvent vives, une des principales attractions des paysages marins des eaux tropicales. Elles se rencontrent dans les mers chaudes jusqu'à 4 000 m de profondeur. En raison de leur consistance, elles servent souvent de support à de nombreux petits organismes (éponges, hydres, etc.).

Les plumes de mer (ordre des *pennatulidés*) constituent des colonies plantées dans la vase par leur base. Elles ont souvent une symétrie bilatérale et une forme de plume. Beaucoup de pennatulidés émettent, spontanément ou lorsqu'ils sont excités, une vive lueur phosphorescente orangée. On les rencontre depuis le littoral *(Veretillum* et *Pennatula)* jusqu'aux abysses *(Umbellula).* Cette dernière forme est constituée par une longue tige atteignant 1 m de hauteur, au sommet de laquelle se trouve une « fleur » formée par quelques grands polypes aux teintes vives.

Les coraux mous (ordre des *alcyonides*) constituent des colonies arborescentes et charnues dans lesquelles les polypes sont noyés dans une masse gélatineuse (mésoglée). Ce sont des animaux essentiellement des mers chaudes, mais on en trouve aussi sur les côtes européennes *(Alcyonum palmatum).*

Les orgues de mer (ordre des *stolonifères*) sont représentés par des espèces du genre *Tubipora* qui édifient un squelette calcaire rouge intense formé de tubes cylindriques serrés les uns contre les autres, évoquant des tuyaux d'orgue. Ces coraux participent notamment à l'édification des récifs coralliens.

A

A. **GORGONE**

Les gorgones, comme tous les coraux, vivent fixés sur le fond (animaux benthiques) ; ils sont surtout abondants dans les mers chaudes entre 200 et 3 000 m. Cette espèce des eaux tropicales *(Melithea anthias pascalus)* forme des colonies ayant l'aspect d'arbustes ramifiés et aplatis (que l'on compare parfois à un éventail) pouvant atteindre un mètre de hauteur et d'une couleur orangé vif. La forme des gorgones est réalisée grâce à un squelette corné.

B

B. **COLONIE DE VÉRÉTILLE**

Le vérétille *(Veretillum cynomorium)* appartient à l'ordre des pennatulidés. Cette colonie mesure une vingtaine de centimètres. Elle comprend un axe charnu et jaunâtre (appelé le « pédoncule »), planté dans le sable ou la vase, sur lequel s'insèrent de nombreux polypes (jusqu'à 30 000 chez certaines espèces) à 8 tentacules. Le centre du pédoncule est parcouru par 4 canaux qui communiquent avec les cavités gastrales des polypes.

C

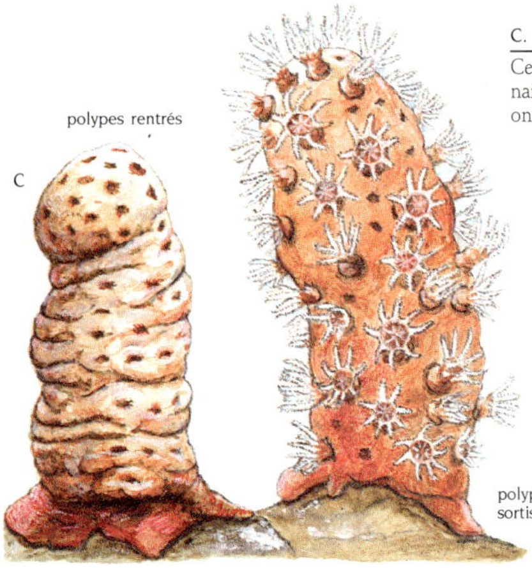

C. **ALCYON**

Ces colonies d'alcyonaires du genre *Alcyonum* ont l'aspect d'un doigt ou d'un arbuste peu ramifié. Les polypes qui les constituent sont réunis entre eux par des canaux creusés dans l'endoderme et groupés dans une masse importante de nature gélatineuse (mésoglée). Cela donne à la colonie une certaine souplesse qui n'existe pas chez les autres octocoralliaires. Les polypes peuvent, en cas de danger, se rétracter complètement, provoquant une légère contraction de l'ensemble de la colonie (figure de gauche).

QU'EST-CE QUE LE CORAIL ?

Le corail rouge, qui sert à la fabrication de bijoux, vit en Méditerranée entre 50 et 100 m de profondeur sur des fonds que l'on appelle pour cette raison « fonds coralligènes ». Son aspect est celui d'un arbuste de quelques dizaines de centimètres de hauteur. C'est un organisme colonial renfermant de nombreux polypes blancs, réunis entre eux par des canaux. Chaque polype possède 8 tentacules. La cavité gastrique des polypes est compartimentée par 8 cloisons incomplètes sur lesquelles sont insérées les glandes sexuelles. La colonie de corail rouge renferme des polypes mâles et des polypes femelles. L'ensemble des canaux et la base des polypes sont englobés dans une masse gélatineuse, le *cœnosarc.* Au centre de ce cœnosarc se trouve le squelette calcaire, de couleur rouge vif, qui constitue la « pierre de corail », seule partie utilisée en bijouterie.

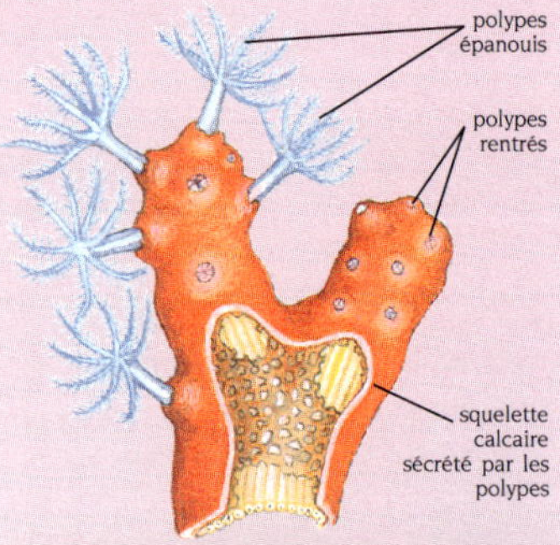

Les hexacoralliaires. Ce sont des anthozoaires dont la symétrie est d'ordre 6 : ils possèdent 6 tentacules et leur cavité gastrique est divisée par des cloisons au nombre de 6 (ou d'un multiple de 6). Leurs tentacules sont simples.

C'est parmi les hexacoralliaires que se rencontrent les cnidaires les plus connus : les anémones de mer et les coraux des récifs (madrépores). On divise le groupe des hexacoralliaires en 5 ordres.

Les anémones de mer, ou actinies (ordre des *actiniaires*), sont des animaux solitaires, non coloniaux et dépourvus de squelette calcaire. Ils peuvent être considérés comme de gros polypes (atteignant parfois plus de 30 cm de diamètre), dont la cavité gastrique est compartimentée par de nombreuses cloisons. Sur celles-ci s'attachent de longs filaments, les *aconties,* qui peuvent être projetés à l'extérieur et qui participent à la capture des proies avec les tentacules. Lorsqu'elle est inquiétée (ou exposée à l'air), l'anémone de mer rétracte l'ensemble de ses tentacules et forme une boule, ne laissant paraître qu'un petit orifice circulaire. Les anémones de mer vivent longtemps (jusqu'à 60 ans) et peuvent capturer des proies de grande taille, comme des poissons.

L'ordre des *cérianthaires* est composé d'espèces solitaires de grande taille qui vivent piquées dans le sable et qui possèdent des tentacules disposés sur deux rangées.

Les coraux épineux (ordre des *antipathaires*) sont des organismes coloniaux qui possèdent un squelette corné, couvert d'épines de couleur noire (on les appelle également pour cette raison « coraux noirs »). Les colonies ressemblent à des branches d'arbres comme celles des gorgones.

Les *zoanthaires* sont soit coloniaux, soit solitaires, et ressemblent à de petites anémones. Les espèces du genre *Epizoanthus* s'installent sur une coquille habitée par un bernard-l'ermite ; elles attaquent la coquille et enveloppent presque complètement le crustacé dans une masse appelée *carcinœcium* (ce qui signifie « maison de crabe »).

Les représentants de l'ordre des *madréporaires,* le plus souvent coloniaux, possèdent un squelette calcaire qui englobe la base des polypes. Quelques espèces sont solitaires comme les *Fungia,* fréquemment commercialisés, dont le squelette rappelle un gros champignon. Les madrépores sont coloniaux et se développent dans les régions littorales où l'eau est claire, la température supérieure à 20 °C et la profondeur inférieure à 40 mètres. Les madrépores se nourrissent en capturant à l'aide de leurs tentacules des organismes du plancton qui sont apportés par l'agitation de l'eau. L'édification des récifs coralliens est, en grande partie, l'œuvre des madrépores.

GROSEILLES DE MER, CEINTURE DE VÉNUS...

LES CTÉNAIRES

■ LES CTÉNAIRES, comme les cnidaires, ne possèdent que deux feuillets embryonnaires (on dit que ce sont des « organismes diploblastiques »). Ils étaient autrefois regroupés avec ceux-ci dans le groupe des cœlentérés. Les cténaires sont des animaux marins et planctoniques, toujours solitaires, au corps transparent. À la place des cnidocystes, ils possèdent sur leurs tentacules des colloblastes, qui ne piquent pas, mais qui collent à la proie.

Les cténaires sont des animaux prédateurs. Les deux genres les plus communs, que l'on peut trouver, par exemple, dans le plancton de la mer Méditerranée, sont les groseilles de mer (cydippes) et les béroés. Parmi les cténaires remarquables, on peut citer la ceinture de Vénus *(Cestus veneris),* qui a la forme d'un ruban aplati et transparent et qui, si elle se développe correctement, peut mesurer plus de un mètre de longueur.

Dans les mers d'Indochine, on rencontre des cténaires déprimés ayant l'aspect de feuilles ovales et ondulantes. Ils appartiennent aux genres *Ctenoplana* et *Cœloplana.* Ils présentent une curieuse ressemblance avec les vers plats du groupe des planaires. Cette ressemblance, selon certains zoologistes, ne serait pas due au hasard. Elle pourrait être la preuve d'une parenté réelle entre les cténaires et les planaires.

A. **BÉROÉ**

Les béroés sont des cténaires dépourvus de tentacules. L'espèce représentée ici *(Ctenophora nucla)* est en forme de cloche aplatie. Les béroés se nourrissent de proies volumineuses (méduses, alevins de poissons) qu'ils ingèrent en les aspirant dans leur énorme bouche. On voit bien les 8 rangées (ou côtes) à aspect irisé, disposées régulièrement autour du corps, qui sont constituées par des cellules ciliées assurant la propulsion du béroé. La bouche, non visible ici, est située à la partie inférieure (du côté droit sur cette photographie). La partie supérieure (marquée par deux taches claires contiguës) porte un organe appelé « statocyste » qui sert à l'équilibration (ce type d'organe existe aussi chez les méduses).

A

B. **GROSEILLE DE MER**

Les cydippes, ou groseilles de mer, sont des cténaires au corps sphérique de 20 mm de diamètre qui possèdent deux longs tentacules (15 cm) ramifiés. Lorsque l'animal nage, ces deux tentacules sont largement étalés et forment un filet fonctionnant comme une toile d'araignée pour la capture des proies. Celles-ci peuvent être de petits crustacés, des larves d'huîtres, des œufs, etc. Les tentacules sont fragiles et se régénèrent constamment par leur base.

B

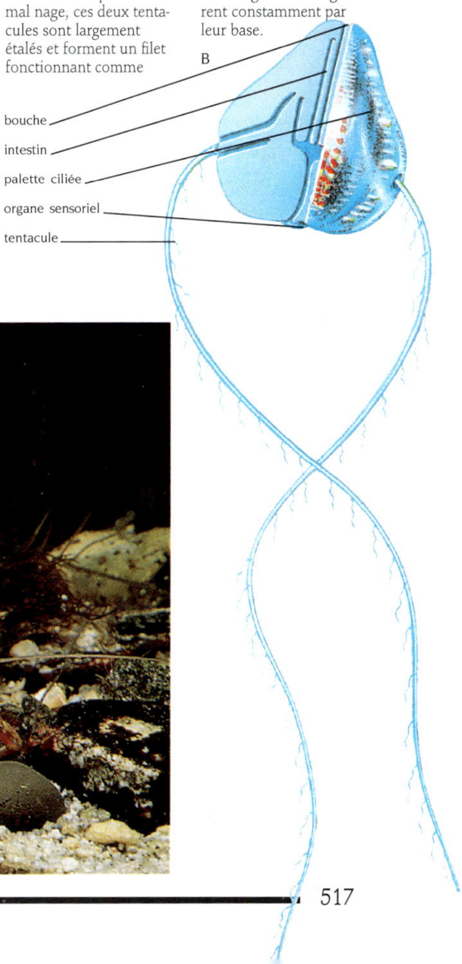

C

C. **ANÉMONE DE MER**

L'anémone de mer *Sagartia parasitica* peut vivre fixée sur un rocher. On la rencontre aussi sur les coquilles de mollusques habitées par un bernard-l'ermite *(Eupagurus bernardus).* Le bernard-l'ermite semble profiter de la protection qui lui est fournie par les filaments urticants de l'anémone de mer. Cette association n'est pas obligatoire, mais elle semble recherchée par le bernard-l'ermite, dont on dit qu'il transporte son anémone sur son nouveau domicile quand il change de coquille.

LE GROUPE DES VERS

Tous les vers ont en commun une forme allongée, mais ils ne constituent pas pour autant un véritable groupe au sens zoologique. Si on place à part certains insectes ou larves d'insectes qui ont aussi reçu ce nom (ver luisant, ver à soie, ver de farine...), ainsi que d'autres espèces animales plus rares qui montrent aussi un aspect vermiforme (comme les entéropneustes), les vers se répartissent en trois grands embranchements.

Classification. Parmi les vers, on distingue les vers ronds (némathelminthes), au corps cylindrique et lisse, les vers plats (plathelminthes) et les vers annelés (annélides), que l'on considère comme étant à l'origine de l'embranchement des arthropodes.

Les deux premiers groupes, les vers ronds et les vers plats, présentent des formes libres mais sont surtout connus par leurs adaptations au parasitisme (ascaris, douve, ténia...) ; le troisième groupe, celui des annélides, retient l'attention par la diversité de ses représentants, qui peuvent se déplacer activement ou vivre en sédentaire, par la variété de leurs milieux de vie (aquatiques ou terrestres) et de leurs modes de vie (prédateurs, microphages, parasites).

L'organisation en trois feuillets. L'apparition des vers, sans doute au début du cambrien (première période de l'ère primaire, il y a 540 millions d'années), apporte un nouveau type d'organisation anatomique qui sera celle de tous les autres animaux. Les tissus et les organes dérivent de trois feuillets embryonnaires : l'ectoderme, l'endoderme et le mésoderme. On dit que ces animaux sont *triploblastiques.* L'ectoderme (feuillet externe) et l'endoderme (feuillet interne) sont respectivement à l'origine du tégument et du tube digestif. Toutes les autres structures (les muscles, par exemple) sont issues du mésoderme (feuillet intermédiaire).

L'apparition de la symétrie bilatérale. Les vers sont les premiers animaux au cours de l'évolution à montrer une symétrie bilatérale fondamentale (qui peut secondairement disparaître). Elle s'affirme chez les formes capables de se déplacer activement et privilégie la région du corps localisée en avant dans le mouvement ; celle-ci regroupe alors un certain nombre d'organes sensoriels reliés à une masse nerveuse centrale et forme la tête.

De l'embryon à l'adulte. Les trois feuillets embryonnaires, à partir desquels s'édifie l'organisme, se mettent en place au cours de la gastrulation, l'étape du développement qui suit les premières divisions de l'œuf fécondé (segmentation). Cette étape se caractérise, chez les vers, par le recouvrement des cellules externes, qui passent ainsi en position interne *(épibolie).* Ce mouvement se fait à un endroit précis de l'embryon et la trace qu'il laisse ensuite s'appelle le *blastopore.* Par la suite, chez les vers par exemple, ce blastopore marque l'emplacement de la bouche : ils sont dits *protostomiens ;* pour d'autres (échinodermes, cordés), il marque l'emplacement de l'anus (la bouche se formera à un autre endroit), ce sont les *deutérostomiens.*

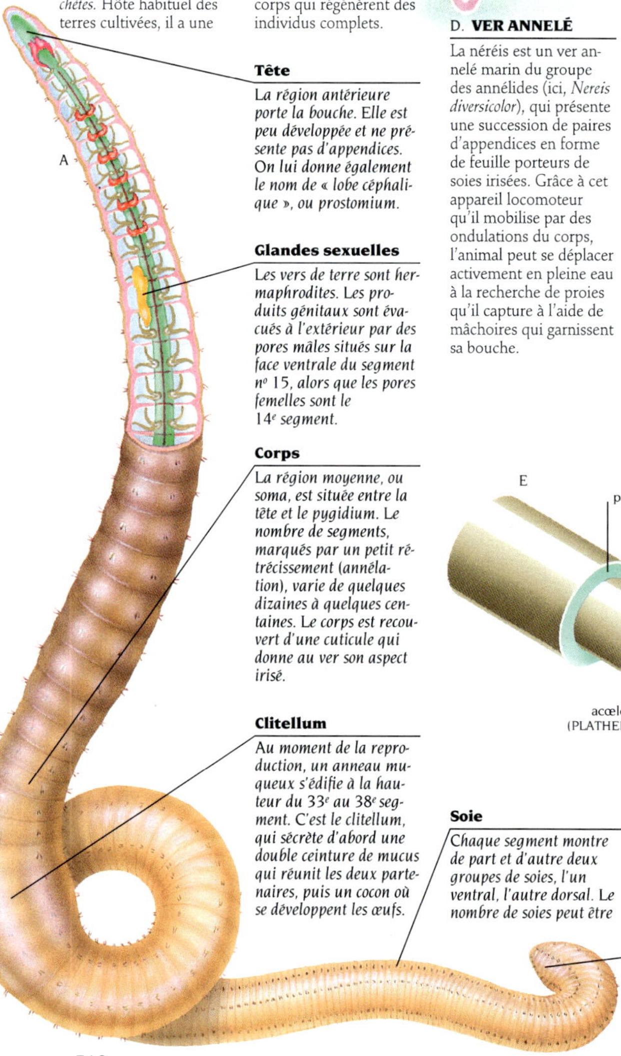

A. **ANATOMIE DU LOMBRIC**

Le ver de terre *(Lombricus terrestris)* est sans nul doute le ver annelé (annélide) qui nous est le plus familier. Il appartient au groupe des *oligochètes.* Hôte habituel des terres cultivées, il a une taille variant de 10 cm à parfois 1 m ; il craint la lumière et ne sort de ses galeries que la nuit. Il peut se multiplier à partir de fragments de son corps qui régénèrent des individus complets.

Tête

La région antérieure porte la bouche. Elle est peu développée et ne présente pas d'appendices. On lui donne également le nom de « lobe céphalique », ou prostomium.

Glandes sexuelles

Les vers de terre sont hermaphrodites. Les produits génitaux sont évacués à l'extérieur par des pores mâles situés sur la face ventrale du segment n° 15, alors que les pores femelles sont le 14ᵉ segment.

Corps

La région moyenne, ou soma, est située entre la tête et le pygidium. Le nombre de segments, marqués par un petit rétrécissement (annélation), varie de quelques dizaines à quelques centaines. Le corps est recouvert d'une cuticule qui donne au ver son aspect irisé.

Clitellum

Au moment de la reproduction, un anneau muqueux s'édifie à la hauteur du 33ᵉ au 38ᵉ segment. C'est le clitellum, qui sécrète d'abord une double ceinture de mucus qui réunit les deux partenaires, puis un cocon où se développent les œufs.

Soie

Chaque segment montre de part et d'autre deux groupes de soies, l'un ventral, l'autre dorsal. Le nombre de soies peut être abondant (chez les annélides polychètes), réduit (chez les oligochètes, comme ici), voire absent (chez les achètes).

Pygidium

Cette partie termine le corps. Elle porte l'anus et est généralement très courte chez les oligochètes.

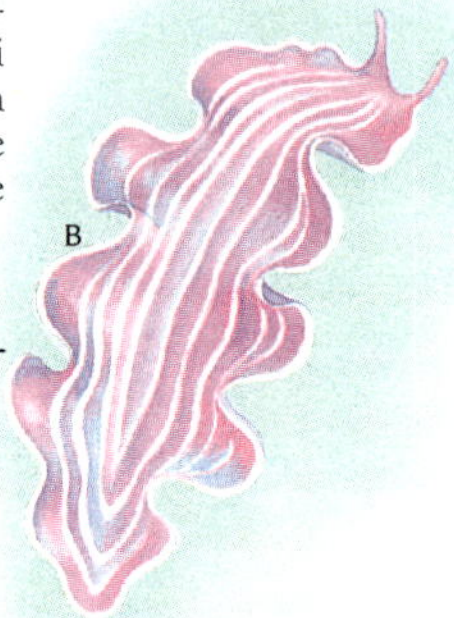

B. **VER PLAT**

Les planaires sont des vers plats (plathelminthes) qui mènent une existence libre. Leur aspect est celui d'une feuille à bords ondulants. Dans les milieux aquatiques, leur progression se fait le plus souvent vers la lumière. Toutes les planaires sont carnivores. Leur taille varie de 1 mm à 10 cm.

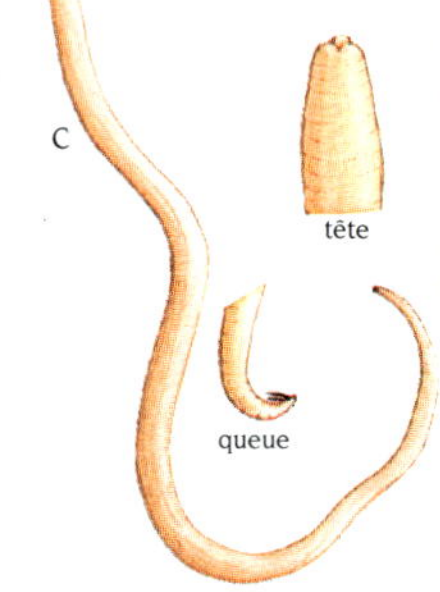

C. **VER ROND**

Les vers ronds (némathelminthes) comprennent de nombreuses espèces dont plus de la moitié sont libres. Elles peuvent être carnivores, détritivores ou s'attaquer aux végétaux ; les autres formes sont parasites. Cette anguillule est un *nématode* libre, qui présente la particularité de vivre dans le vinaigre.

D. **VER ANNELÉ**

La néréis est un ver annelé marin du groupe des annélides (ici, *Nereis diversicolor*), qui présente une succession de paires d'appendices en forme de feuille porteurs de soies irisées. Grâce à cet appareil locomoteur qu'il mobilise par des ondulations du corps, l'animal peut se déplacer activement en pleine eau à la recherche de proies qu'il capture à l'aide de mâchoires qui garnissent sa bouche.

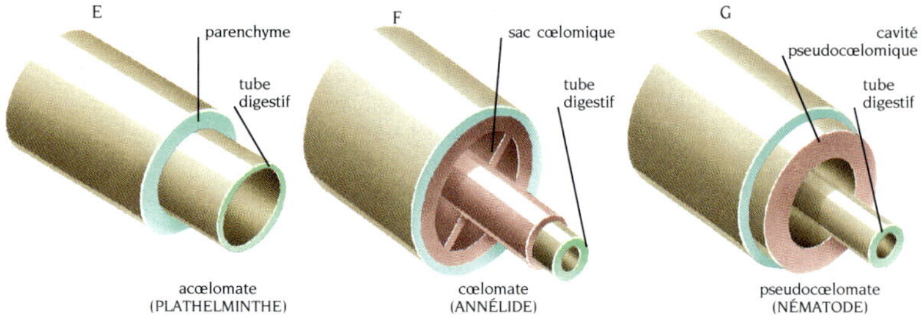

E. F. G. **LES TROIS TYPES DE VERS**

L'examen de coupes transversales met en évidence l'organisation interne et les caractéristiques fondamentales des trois groupes de vers. Les plathelminthes (E) (ici, un turbellarié) sont dépourvus de cavité générale et leur corps est rempli d'un tissu lâche (parenchyme) qui remplit l'espace entre le tube digestif et la paroi du corps ; ce sont des *acœlomates.* Les annélides (F) présentent une cavité générale formée à partir de sacs (cœlomes), creusés dans le mésoderme ; ce sont des *cœlomates* vrais. Les némathelminthes (G) (ici, un nématode) possèdent une cavité qui n'est pas d'origine cœlomique, mais représente un reliquat de la cavité embryonnaire ; ce sont des *pseudocœlomates.*

LES VERS RONDS

Les vers ronds, ou némathelminthes, possèdent une symétrie bilatérale. Leur corps cylindrique est revêtu d'une épaisse cuticule. Anatomiquement, ils sont constitués de deux tubes emboîtés : la *paroi externe* et le *tractus digestif*. Entre ces deux cylindres, une vaste cavité viscérale reçoit le nom de *pseudocèle* (ce sont des « pseudocœlomates »).

Cette organisation se rencontre typiquement dans le groupe des nématodes qui fournissent la presque totalité des vers ronds. Un second groupe au sein des némathelminthes, celui des gordiacés, montre un tissu (parenchyme) qui oblitère la majeure partie de la cavité viscérale. Ces gordiacés sont des parasites un peu particuliers avec un stade larvaire libre et aquatique, un stade juvénile parasite (dans le corps d'un insecte, d'un mille-pattes ou d'une araignée) et un stade adulte libre.

Les nématodes. Ils vivent librement dans les mers, les eaux douces et le sol ou comme parasites des plantes et des animaux.

Les nématodes forment un groupe très homogène malgré un nombre d'espèces relativement élevé (12 000). Une des particularités constantes du groupe est qu'il ne présente jamais de cellules ciliées (les spermatozoïdes sont dépourvus de flagelles par exemple).

Les nématodes possèdent un nombre déterminé de cellules dans les principaux organes. Le système excréteur, par exemple, se réduit à une ou à quelques cellules. Les sexes sont séparés et la reproduction s'effectue après une fécondation interne.

Le parasitisme. Toutes les modalités de parasitisme peuvent se rencontrer dans le groupe des vers ronds, à l'exception cependant du parasitisme externe (modalité dans laquelle le parasite demeure à l'extérieur de son hôte ; c'est le cas d'insectes comme les poux). Les parasites d'animaux ont pour hôtes des invertébrés (le plus souvent des arthropodes) mais surtout des vertébrés.

On connaît plus d'une quarantaine d'espèces de némathelminthes qui sont capables de parasiter l'homme et de créer des troubles allant de la simple gène à l'affection grave : irritation (oxyure), réactions allergiques (ascaris), hémorragies (ancylostome), ulcération (filaire de Médine), tumeurs (onchocercose), œdème du système lymphatique (éléphantiasis parasitaire causé par la filaire de Bancroft)...

A

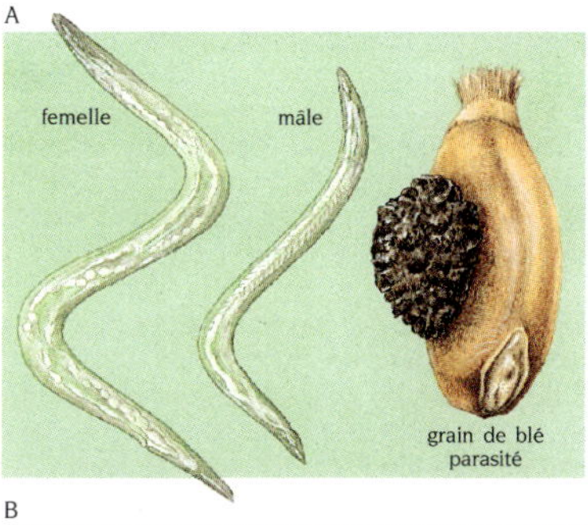

A. **NIELLE**

Si les nématodes parasites d'animaux retiennent l'attention parce qu'ils sont susceptibles de prendre l'homme pour cible, il existe des formes s'attaquant aux végétaux. Cette nielle du blé *(Anguina tritici)* est un petit ver dont la femelle fécondée parasite l'ovaire de la fleur du blé qu'elle transforme en une galle noirâtre. Les larves qui s'y différencient sont capables de se déshydrater et de passer à un état de vie latente, qui peut durer des années, en résistant à des conditions de température extrêmes (de –272 °C à +80 °C). Réhydratées, elles reprennent leur activité, sortent, se nourrissent de la feuille de blé et se reproduisent.

B

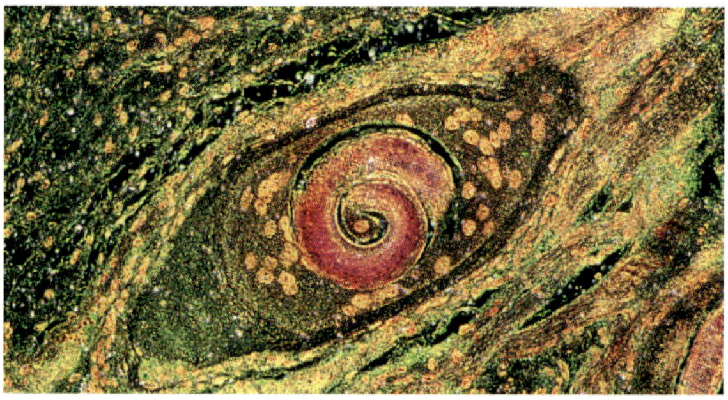

B. **TRICHINE ENKYSTÉE**

Les trichines sont des petits vers de 1,5 à 3,5 mm de long logés dans la paroi de l'intestin (du porc, du surmulot ou de l'homme). La femelle fécondée libère des larves qui, par les vaisseaux lymphatiques, gagnent les muscles où elles forment des kystes calcifiés, comme celui-ci. Une nouvelle contamination se fait par consommation de ces muscles.

UN GROUPE À PART : LES NÉMERTES

Presque tous marins, les némertes sont des animaux carnassiers, en général très colorés. Leur taille varie de quelques millimètres à plusieurs mètres. Tous présentent au plus haut degré le pouvoir de régénération. En cas de jeûne prolongé, le ver diminue de taille jusqu'à se réduire à une dizaine de cellules. Les némertes doivent être considérés comme un rameau isolé, sans doute le plus évolué des acœlomates, avec des caractères qui rappellent tout à la fois les vers plats (turbellariés) et les vers annelés. Leur tube digestif est complet et se termine par un anus ; ils possèdent un système circulatoire clos contenant du sang à hémoglobine. Antérieurement, au-dessus du tube digestif, une trompe tubulaire est enfermée dans une gaine spéciale, le *rhynchocèle*. Leur aspect est nettement vermiforme, allongé, filiforme même. Dans la plupart des cas, le corps est aplati.

C. D. E. **ANATOMIE DE L'ASCARIS**

L'ascaris du cheval *(Parascaris equorum)* est un nématode parasite de grande taille : 30 cm pour la femelle (D), dont le corps cylindrique (coupe transversale [E] chez la femelle) est protégé d'une épaisse cuticule qui lui donne un aspect blanc irisé. L'extrémité postérieure est recourbée ventralement chez le mâle (C).

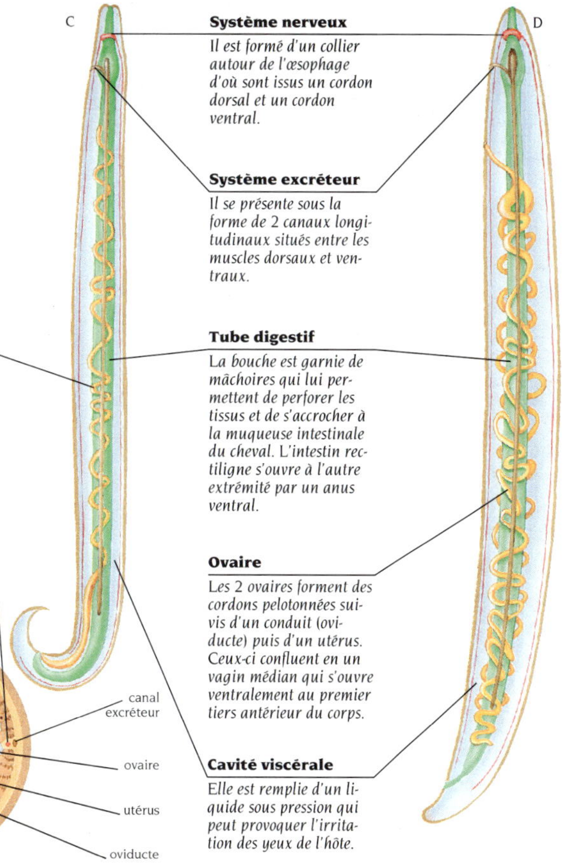

E

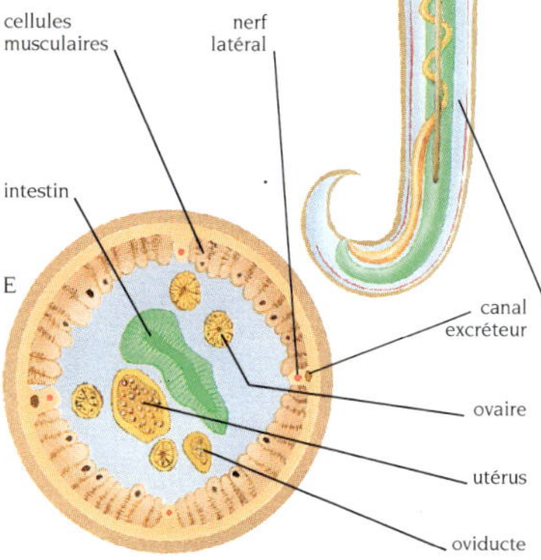

F

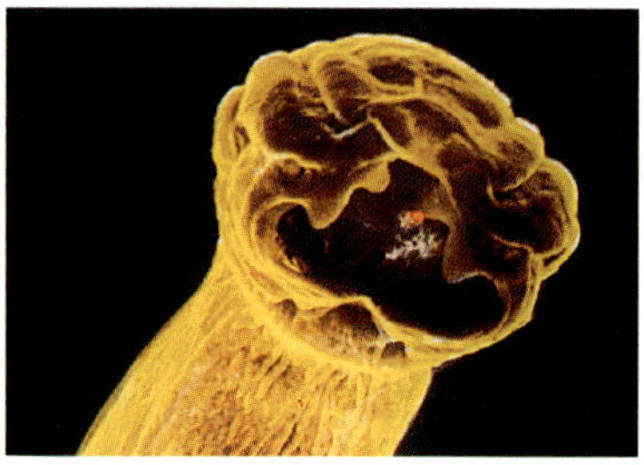

F. **ANCYLOSTOME**

L'adulte de l'ancylostome *(Ancylostoma duodenale)* est un ver parasite de 1 à 2 cm qui vit dans l'intestin grêle de l'homme. Sa bouche garnie de dents en forme de crochet permet sa fixation. L'œuf expulsé par les selles n'évolue qu'en milieu chaud et humide (de 14 à 37 °C), et donne plusieurs générations larvaires. La forme infestante pénètre par effraction de la peau (gourmes), gagne la trachée, les poumons (catarrhes, bronchites sanglantes), le pharynx et l'intestin. Des millions d'individus sont touchés de façon chronique par cette maladie qui, par ses conséquences sur l'hôte (hémorragies à l'origine d'anémies graves), peut entraîner la mort.

LES VERS PLATS

Les vers plats, ou plathelminthes, sont dépourvus de cavité à l'intérieur de leur organisme (ce sont des animaux acœlomates). Les espaces entre les organes sont comblés par un tissu lâche, le parenchyme. L'aspect vermiforme et aplati caractérise tous les représentants du groupe.

La classification subdivise l'embranchement des plathelminthes en trois classes : les turbellariés (planaires), les trématodes (douves) et les cestodes (ténias). Les représentants de la première classe sont libres, ceux des deux autres sont parasites.

AU GRÉ DES MARÉES

Une petite planaire des sables littoraux, *Convoluta roscoffensis,* possède une teinte verte due à la présence d'algues unicellulaires qui vivent dans son corps. Les accumulations de planaires de cette espèce se manifestent à marée basse par la teinte vert foncé que prennent certaines plaques sableuses. Lorsque la mer remonte, les planaires s'enfoncent dans le sol et la teinte verte du sable s'estompe. Ce mouvement migratoire pourrait dépendre de la stimulation due à l'ébranlement du sol que provoque le retour de l'eau. Mais, placées dans un aquarium, les planaires continuent à migrer au rythme des marées qui n'existent plus !

LES VERS PLATS LIBRES

LES TURBELLARIÉS

■ Vivant en mer ou en eau douce, les turbellariés sont des vers plats non parasites (libres). La planaire peut être retenue comme exemple type du groupe des turbellariés. Son corps en forme de feuille n'excède que très rarement dix centimètres. Il débute par une tête que prolongent deux courtes antennes, en arrière desquelles prennent place deux yeux ou plus. La région postérieure, rétrécie, ne montre aucun orifice. Le tube digestif ne comporte pas d'anus et possède une seule ouverture, située à l'extrémité d'un pharynx musculeux visible au centre de la face ventrale. Tourné vers l'arrière de l'animal, ce pharynx est dévaginable et se rétracte dans une gaine ; il intervient dans la capture des proies et dans les premières étapes de leur digestion.

Classification. La systématique simplifiée des turbellariés prend pour critère la forme du tube digestif. Chez les polyclades, il est très ramifié avec de nombreuses branches réparties dans tout le corps. Chez les triclades (planaires), il ne montre que trois branches, deux vers l'arrière et une vers l'avant. Chez les rhabdocœles, il a la forme d'un simple sac droit. Il est totalement absent chez les acœles.

Appareils et systèmes. Il n'y a ni appareil respiratoire ni appareil circulatoire (les échanges se font par diffusion), mais trois autres systèmes accompagnent le tube digestif.

Le système nerveux est composé d'une paire de ganglions, situés dans la tête de l'animal, et de cordons longitudinaux.

L'appareil excréteur est formé par deux troncs latéraux ramifiés qui se terminent par des cellules spécialisées. Chaque tronc s'ouvre à l'extérieur par un ou plusieurs pores communs.

L'appareil reproducteur est hermaphrodite. Les produits mâles mûrissent les premiers. La larve est ciliée. Certains turbellariés peuvent se reproduire de façon asexuée.

LA RÉGÉNÉRATION

La régénération est un phénomène constant chez les planaires, bien qu'elle s'y manifeste de façon inégale. Un fragment minuscule (pouvant ne représenter que 1/100 du corps) est capable de reformer la totalité de l'animal. Lors d'une mutilation, des cellules particulières peu différenciées, les néoblastes, vont gagner les bords de la section et former un pôle de régénération qui s'allonge et prend peu à peu la structure des parties manquantes. Cette action se combine avec des phénomènes où interviennent sans doute des régulations hormonales.

Des sections partielles, réalisées en cours de régénération, perturbent l'action des néoblastes et conduisent à des formes monstrueuses (hétéromorphoses). La régénération est un phénomène à rapprocher de la résistance au jeûne, que la planaire peut supporter des mois, au cours desquels les principaux organes et les tissus (sauf le système nerveux) se réduisent sans toutefois dégénérer.

A

A. **NAGE**

Les planaires se déplacent activement dans l'eau grâce à l'activité des cils vibratiles des cellules de leur tégument. Ceux-ci déterminent des mouvements tourbillonnants de l'eau (d'où le nom de *turbellariés*). Les formes de grande taille, comme ici *Pseudoceros bedfordi,* ajoutent à cela des ondulations de l'ensemble du corps.

C. **COUPE TRANSVERSALE D'UNE PLANAIRE**

Cette coupe laisse apparaître le tégument, dont la face ventrale est ciliée. Le tégument abrite des cellules sensorielles mais aussi des éléments encore énigmatiques : les cellules à rhabdites. La musculature est composée de fibres lisses formant une nappe circulaire externe et une nappe longitudinale interne, que réunissent des éléments dorso-ventraux.

C

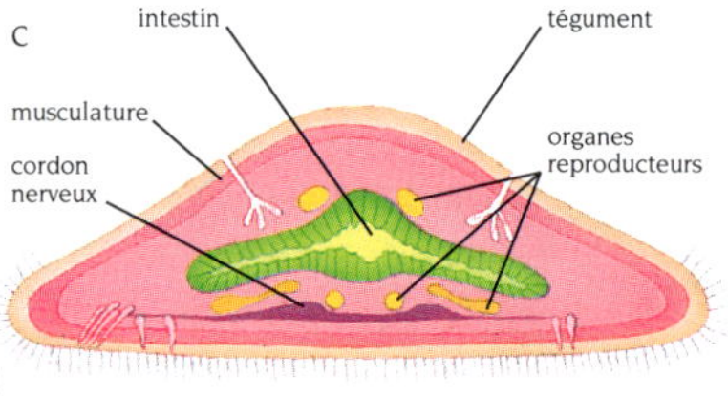

B. **ANATOMIE D'UNE PLANAIRE**

La vue dorsale et la coupe transversale schématiques montrent l'organisation générale d'un ver plat à vie libre.

B

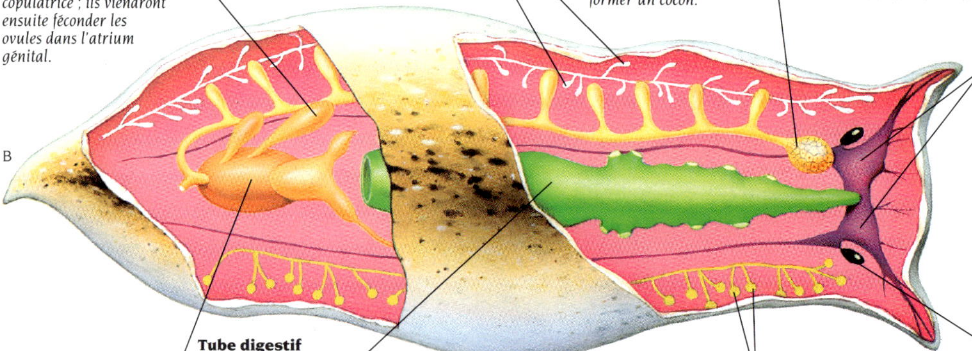

Ovaire

La planaire possède deux ovaires, situés très en avant et prolongés par 2 oviductes dans lesquels débouchent de nombreuses glandes (vitellogènes) dont les produits de sécrétion envelopperont les œufs pour former un cocon.

Protonéphridies

Ramification des troncs de l'appareil excréteur, qui se terminent par des cellules en flammes.

Bourse copulatrice

Lors de l'accouplement, les spermatozoïdes sont accumulés dans la bourse copulatrice ; ils viendront ensuite féconder les ovules dans l'atrium génital.

Ganglions cérébroïdes

Réunis par une commissure transversale et prolongés vers l'arrière par des cordons longitudinaux, ils représentent le système nerveux des turbellariés.

Tache oculaire

Ce système sensoriel correspond à un œil rudimentaire.

Pénis

Il est logé dans une cavité (atrium) où débouchent également les oviductes.

Tube digestif

Ses diverticules sont sectionnés sur ce schéma. Ce tube est aveugle et s'ouvre à l'extérieur par un pharynx musculeux.

Testicules

Répartis de chaque côté, ils sont fragmentés en nombreux follicules desservis par une paire de canaux déférents dont l'extrémité se renfle en vésicules séminales qui confluent vers le pénis.

LES PARASITES

TRÉMATODES ET CESTODES

■ VRAISEMBLABLEMENT DÉRIVÉS des vers plats libres (turbellariés), les vers plats parasites constituent les deux autres classes de plathelminthes. La survie de chaque espèce repose sur la réalisation d'un cycle dont les caractères majeurs se situent dans la nature de l'hôte (ou des hôtes successifs) et dans le passage par un certain nombre de formes intermédiaires avant d'atteindre l'état adulte. Si, au cours du cycle de vie du parasite (cycle parasitaire), il n'existe qu'une seule génération, c'est-à-dire que chaque œuf fournit un individu adulte (avec métamorphose ou non), on parle de cycle *monogène*. Le cycle est *digène* ou *polygène* s'il présente deux ou plus de deux générations de formes différentes (forme[s] larvaire[s] et forme adulte). De la même façon, on qualifie de *monoxène* les espèces qui ne parasitent qu'un seul hôte alors que les *dixènes* ou les *polyxènes* exigent deux ou plusieurs hôtes successifs différents. L'hôte du ver adulte est dit « hôte primaire » ; les hôtes des formes larvaires sont dits « hôtes intermédiaires ».

Les trématodes. On en connaît plus de 6 000 espèces avec de nombreuses formes parasites de l'homme et des animaux domestiques (telles que la douve du foie, ou le schistosome, qui est l'agent de la bilharziose...). Par leur corps ovale et allongé (de quelques millimètres à quelques centimètres), les trématodes ressemblent encore beaucoup aux vers plats libres. La distinction se fait à propos du revêtement du corps (garni d'une cuticule), des organes de fixation (ventouses et crochets) et de la complication de l'appareil reproducteur.

Certains trématodes s'introduisent dans leur hôte par les orifices naturels (bouche, vessie, ouverture uro-génitale...) et demeurent dans le système digestif ou urinaire. D'autres effectuent leur développement non plus dans une cavité, mais à l'intérieur des tissus de leur hôte.

Les cestodes. Les cestodes, ou ténias, sont fortement adaptés au parasitisme interne. Leur corps se présente sous la forme d'une succession de segments de taille croissante en arrière d'une zone de fixation sur l'hôte (scolex). Dans chaque segment, l'accent est mis sur le développement des organes de la reproduction au détriment du tube digestif, qui est absent, et des autres organes, qui sont rudimentaires.

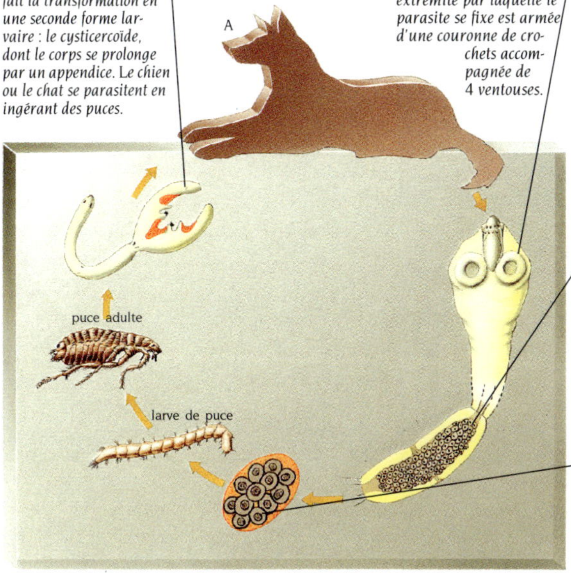

Cysticercoïde

Dans le sang de la puce se fait la transformation en une seconde forme larvaire : le cysticercoïde, dont le corps se prolonge par un appendice. Le chien ou le chat se parasitent en ingérant des puces.

Scolex

Garnie d'un rostre, cette extrémité par laquelle le parasite se fixe est armée d'une couronne de crochets accompagnée de 4 ventouses.

A. **CYCLE DU TÉNIA DU CHIEN**

Dipylidium caninum est un ténia de 50 à 80 centimètres de long dont le cycle peut être retenu comme exemple. L'adulte vit dans l'intestin du chien ou du chat (hôte primaire) ; il peut aussi infester un enfant.

Anneau

Les anneaux portent 2 pores génitaux latéraux. Ils sont évacués de l'hôte primaire. Les œufs qu'ils contiennent, regroupés par 8 à 15 dans des capsules, doivent alors être avalés par une larve de puce (hôte intermédiaire).

Oncosphère

Après éclosion, les œufs se transforment en une petite sphère creuse appelée « oncosphère » qui gagne le sang de l'insecte devenu adulte.

E

E. **SCOLEX**

Le scolex constitue la partie du corps du ténia qui assure la fixation sur la muqueuse du tube digestif de l'hôte. À peine plus gros qu'une tête d'épingle, il porte quatre ventouses surmontées d'une double couronne de 25 à 50 crochets (le *rostrellum*). Un tel scolex est dit « armé » et caractérise le ténia du porc, ou ver solitaire (*Tænia solium*). Le ténia du bœuf (*Tæniarhynchus saginata*) ne possède pas de crochets : il est dit « interne ». La morphologie du scolex est retenue pour la classification des ténias. Malgré la présence d'une accumulation de cellules nerveuses à son niveau, le scolex ne doit pas être considéré comme une véritable tête.

B

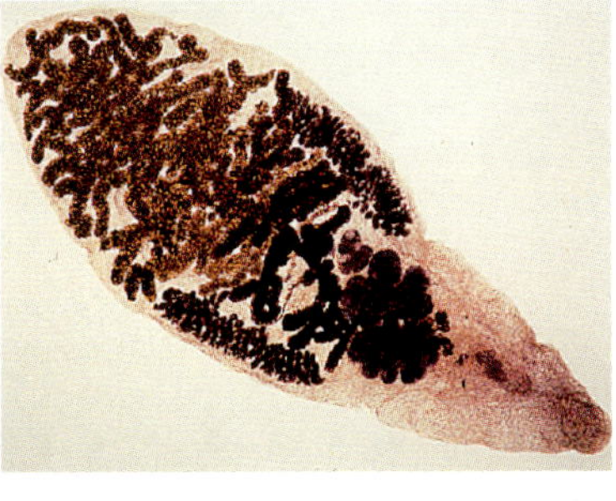

B. **PETITE DOUVE DU FOIE**

La faible épaisseur du corps révèle les principaux organes de cet adulte de *Dicrocœlium dentriticum*. La région antérieure montre les 2 ventouses entre lesquelles prend place le pore génital. Plus en arrière, on voit surtout l'utérus ramifié, dans lequel s'accumulent des œufs. Libérés à l'extérieur par l'hôte primaire (le mouton), ils éclosent et donnent des larves ciliées (miracidiums) qui gagnent le tube digestif d'un premier hôte (escargot) ; les parasites quittent l'escargot sous une deuxième forme larvaire (cercaires) pour infester une fourmi. Un nouvel hôte primaire se contamine en absorbant la fourmi avec l'herbe qu'il broute.

C

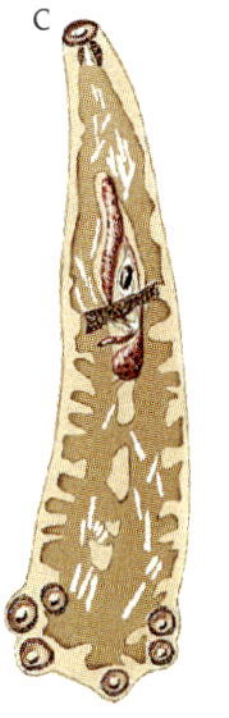

D

C. D. **POLYSTOME**

Appelé « polystome » parce que ses ventouses ont d'abord été prises pour des bouches, *Polystomum integerrimum* est un trématode parasite de la vessie de grenouille. Sa larve se fixe sur les branchies du têtard et sa métamorphose est synchrone de celle de l'hôte.

F. **ANATOMIE D'UN TÉNIA**

Le corps d'un ténia a l'aspect d'un long ruban segmenté qui peut atteindre plusieurs mètres. Il débute par un scolex, zone de fixation suivie d'une zone de prolifération (collet), qui assure le développement du reste du corps (strobile) sous la forme d'une succession d'anneaux allongés et aplatis de taille croissante, les proglottis.

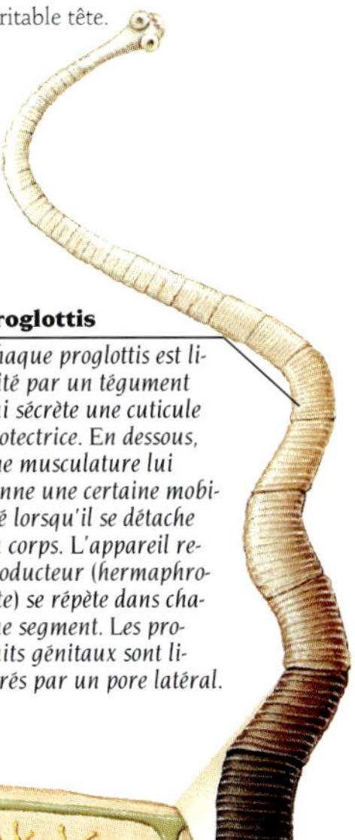

Proglottis

Chaque proglottis est limité par un tégument qui sécrète une cuticule protectrice. En dessous, une musculature lui donne une certaine mobilité lorsqu'il se détache du corps. L'appareil reproducteur (hermaphrodite) se répète dans chaque segment. Les produits génitaux sont libérés par un pore latéral.

F

Cucurbitains

Les derniers proglottis, dont l'utérus est rempli d'œufs fécondés, prennent une forme ovoïde : on leur donne le nom de cucurbitains. Libérés à l'extérieur, ils rompent leur paroi et les œufs peuvent être absorbés par l'hôte intermédiaire. Chaque œuf s'y transforme en embryon (oncosphère), qui s'enkyste dans les muscles de l'hôte en devenant une petite vésicule contenant un scolex invaginé. L'hôte primaire se contamine en consommant cette viande.

LES VERS ANNELÉS

LE CORPS DES VERS ANNELÉS, ou *annélides,* est formé d'unités successives, les « anneaux », ou *métamères.* Ces métamères se répartissent entre la tête *(prostomium)* et la queue *(pygidium).* Cette organisation des vers annelés en segments *(métamérie)* les rapproche des arthropodes (insectes, araignées...) et les différencie de façon très nette d'un autre grand groupe d'invertébrés, celui des mollusques.

Le groupe des annélides est bien défini et se subdivise en trois classes selon l'abondance *(polychètes),* la rareté *(oligochètes)* ou l'absence *(achètes)* de soies, disposées par touffes à l'extérieur du corps.

NÉRÉIS, ARÉNICOLES...

LES ANNÉLIDES POLYCHÈTES

■ LES POLYCHÈTES PORTENT de très nombreuses soies implantées sur des expansions latérales des segments du corps, les *parapodes.* Ils comprennent quelque 5 000 espèces, presque toutes marines, réparties en polychètes *errants* et polychètes *sédentaires.* Cette distinction, qui évoque un mode de vie, se traduit par des caractères anatomiques appropriés.

Les polychètes errants. Les errants, comme les néréis des côtes, disposent d'un appareil locomoteur adapté à la nage : leurs parapodes sont aplatis et bien garnis de soies. La tête rassemble un certain nombre de dispositifs sensoriels (antennes, yeux, palpes tactiles et organe nucal considéré comme olfactif). L'extrémité antérieure du tube digestif se différencie en une trompe, que garnissent éventuellement des mâchoires chitineuses : l'ensemble fournit un dispositif favorable à la prédation. Le reste du corps est composé de segments identiques jusqu'à la « queue » (pygidium), qui porte l'anus.

Les polychètes sédentaires. Les sédentaires vivent dans un tube. La nature du tube varie considérablement d'une famille à une autre : simple tunnel dans le sable (chez les arénicoles), constitué de débris coquilliers et sableux agglutinés (lanice), membraneux et résistant comme le caoutchouc (sabelle) ou entièrement calcaire (spirorbe). La vie dans ce tube entraîne un certain nombre de modifications anatomiques. Le corps des polychètes sédentaires présente des régions différenciées (thorax, abdomen), des parapodes réduits et des soies souvent en crochets. La tête est discrète ou disparaît au profit d'un dispositif (panache) de capture des particules alimentaires en suspension.

Reproduction et développement. Chez les annélides polychètes, les sexes sont en général séparés. Les cellules sexuelles (gamètes) sont émises dans l'eau, où a lieu la fécondation. À côté de cette reproduction sexuée, on peut également rencontrer une reproduction asexuée par division de l'animal *(scissiparité)* et des mécanismes de régénération.

L'œuf se développe en une larve à l'allure de toupie, munie d'une ou de deux ceintures ciliées et d'une touffe apicale de cils (larve *trochophore*). Au cours du développement, la région supérieure donne la bouche (prostomium), la région inférieure la queue (pygidium). Entre les deux se développent les segments (métamères) de l'adulte.

A. **ANATOMIE D'UNE NÉRÉIS**

Les néréis (ici *Nereis diversicolor*) sont des polychètes errants de quelques centimètres de long. La tête, garnie d'organes sensoriels, dont deux paires d'yeux perfectionnés, abrite un petit cerveau (ganglions cérébroïdes) relié à la chaîne nerveuse ventrale.

A

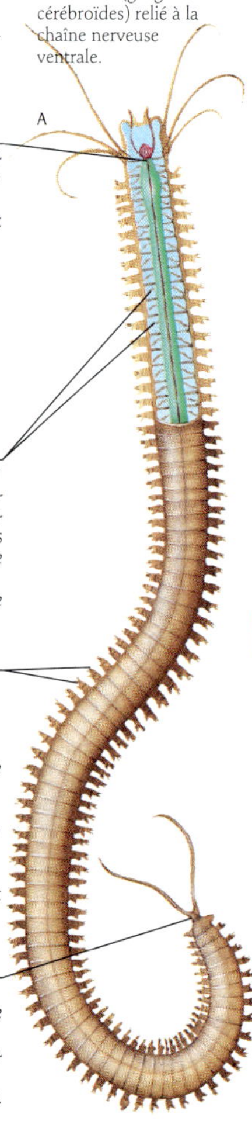

Bouche

Elle prend place ventralement en arrière de la tête (prostomium). Elle s'ouvre à la hauteur des deux premiers segments fusionnés ornés latéralement de paires de longs tentacules. Le pharynx musculeux forme une trompe garnie d'une paire de mâchoires que l'animal utilise pour la capture de ses proies.

Néphridies

L'excrétion est assurée par ces tubes répétitifs, qui épurent la cavité centrale (cœlome) et rejettent les déchets à l'extérieur par une paire de pores ventraux. Ces pores servent aussi de voie d'évacuation des gamètes.

Parapodes

Le corps est formé d'une succession de segments semblables (métamères) porteurs de parapodes. Chaque parapode est une structure en forme de feuille, composée de deux languettes ; au niveau de chacune d'elles, un faisceau de soies s'insère sur un mamelon que soutient une soie interne plus forte : l'acicule.

Pygidium

Le pygidium, qui porte l'anus, achève le corps de l'animal, mais n'est pas considéré comme un métamère. Il porte deux longs cirres terminaux, ou urites.

B

B. **SPIROGRAPHE**

Spirographis spallanzani est une annélide polychète sédentaire dont le corps, logé dans un tube membraneux, peut atteindre 30 cm. La région antérieure regroupe des branchies qui forment le double panache visible ici. Épanoui, celui-ci permet la capture des particules en suspension ; lorsque l'animal est inquiété, il se rétracte brusquement dans le tube.

C

C. **EULALIE**

Parmi les polychètes errants, les phyllodocidés se caractérisent par un corps long, mince et formé d'un grand nombre de segments identiques. De longues expansions filamenteuses garnissent dorsalement et ventralement les parapodes. Cette espèce, *Eulalia viridis,* possède une coloration due à un pigment, la phyllodocine, contenu dans les algues dont elle se nourrit.

F

F. **APHRODITE**

Aphrodite aculeata est un polychète errant dont le corps, court et ovoïde, comporte peu de segments. Il porte de grosses soies dorsales irisées et une couverture de petites soies plus ou moins feutrées. D'autres représentants du même groupe portent dorsalement une succession de plaques (les élytres) qui forment un bouclier articulé et luminescent.

D

D. **ARÉNICOLE**

L'arénicole des pêcheurs *(Arenicola marina)* vit dans un tube sableux réduit à une simple galerie transitoire creusée en U. Le tube digestif est parcouru par un courant de sable où l'animal puise des substances organiques ; il le rejette en tortillon à l'autre extrémité du tube.

E

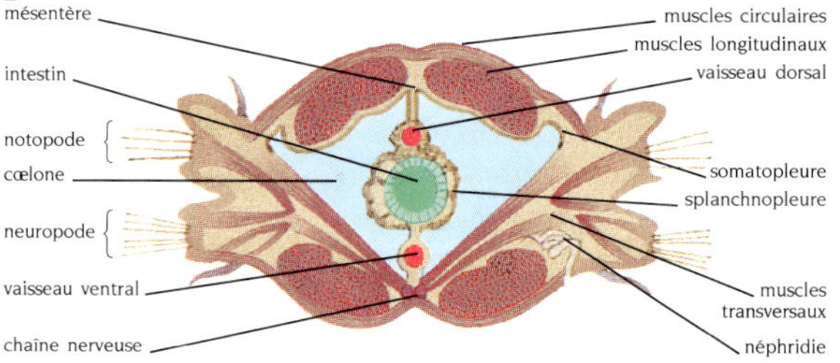

E. **COUPE DE NÉRÉIS**

Sous le tégument, la musculature s'organise en une nappe de fibres circulaires externes et 4 cordons de fibres longitudinales. Des fibres transversales actionnent les parapodes (chacun étant formé d'un notopode dorsal et d'un neuropode ventral).

VERS DE TERRE...

LES ANNÉLIDES OLIGOCHÈTES

■ EN COMPARAISON DE L'EXTRÊME DIVERSITÉ des polychètes, les oligochètes, tout comme les achètes, forment un sous-ensemble relativement homogène.

Pour la plupart terrestres, les oligochètes comptent près de 3 000 espèces et se caractérisent extérieurement par leur absence de parapodes et la rareté de leurs soies. Ils possèdent un bourrelet glandulaire muqueux (clitellum), comme les achètes. Dans le tube digestif, l'intestin moyen présente une gouttière, le typhlosolis, remplie de cellules spécialisées (chloragogènes), qui, entre autres fonctions, sont des reins d'accumulation.

Reproduction et développement. L'appareil reproducteur est hermaphrodite et les gonades constituent des organes bien définis pourvus de canaux évacuateurs indépendants. Les oligochètes pratiquent la reproduction sexuée, mais de nombreuses espèces se reproduisent d'une manière asexuée par scissiparité.

Modes de vie. Les oligochètes vivent soit dans la vase des eaux douces, ils sont dits alors *limicoles* (tubifex), soit, pour la plupart, dans la terre humide, ce sont les *terricoles* (lombric).

Les tubifex sont remarquables par leur aptitude à survivre en milieu aquatique très pollué et pauvre en oxygène.

Les lombrics, ou vers de terre, jouent, quant à eux, un rôle considérable dans la régénération et l'aération des sols. Ces animaux font des détritus organiques l'essentiel de leur nourriture. Les profondes galeries qu'ils creusent dans le sol entretiennent la porosité du terrain. Un hectare de terre contient jusqu'à 4 millions d'individus, et les 10 centimètres superficiels d'une prairie sont issus, pour l'essentiel, des déjections des lombrics qui y ont vécu durant les vingt précédentes années.

SANGSUES...

LES ANNÉLIDES ACHÈTES

■ LES ACHÈTES PRÉSENTENT de nombreuses affinités avec les oligochètes et doivent être considérés comme les vers annelés les plus évolués. La division du corps en nombreux segments identiques (métamérie) n'est pas visible extérieurement mais s'exprime au niveau de nombreux organes internes (chaîne nerveuse, organes excréteurs...).

Le nombre de segments est d'ailleurs spécifiquement défini, mais en général peu élevé. Les achètes sont presque tous des sangsues, parasites de vertébrés sur lesquels elles se fixent temporairement, le temps d'un repas.

FEMELLE GÉANTE ET MÂLE NAIN

Les échiuriens forment un groupe à part, proche des annélides polychètes. Ils sont surtout connus à cause des particularités biologiques d'un de leurs représentants, la bonellie *(Bonellia viridis)*. La femelle, globuleuse, mesure 7 à 8 cm, mais sa trompe peut atteindre plus de un mètre ; les mâles sont nains (1 à 2 cm), entièrement ciliés, sans tube digestif et se nourrissent des sécrétions de la femelle. On les trouve sur la trompe, dans l'œsophage ou dans l'organe excréteur unique de la femelle.

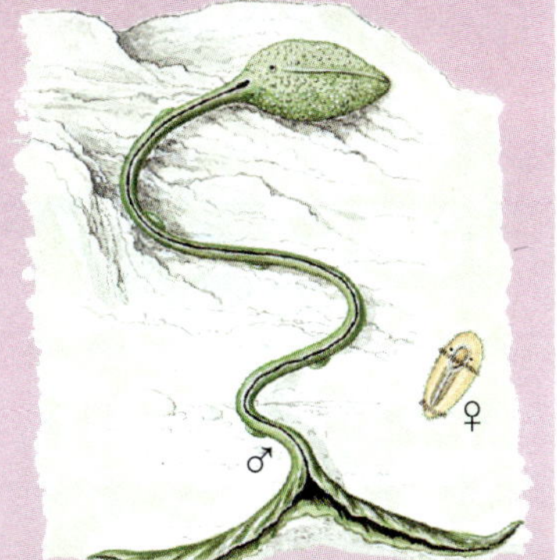

A

A. **SIPUNCULIDE**
Les sipunculides (ici *Sipunculus nudus*) constituent un embranchement d'animaux marins qui mènent une vie fouisseuse. Leur corps, vermiforme, se subdivise en une trompe et un tronc plus renflé. Ils ne présentent aucune trace de segmentation, mais leur larve est typique des vers annelés.

B. C. D. **ANATOMIE D'UN ACHÈTE, LA SANGSUE**
La sangsue médicinale *(Hirudo officinalis)* est un ver très contractile d'environ 12 cm de long (D). Chaque extrémité du corps est pourvue d'une ventouse (C). Chez toutes les sangsues, l'ensemble du corps se compose de 33 segments (B). Les cinq premiers participent à la constitution de la ventouse antérieure ; les sept derniers, à la constitution de la ventouse postérieure terminale. L'anus est terminal, mais en position dorsale.

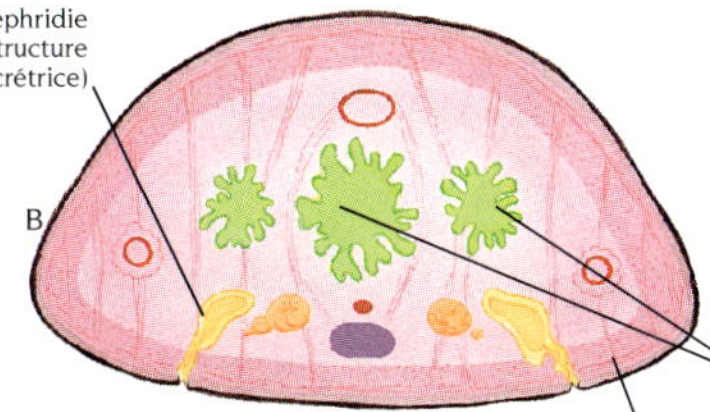

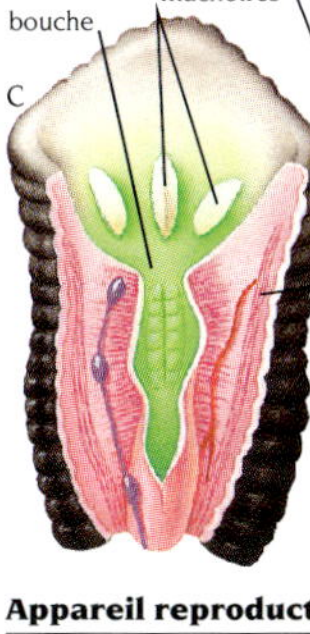

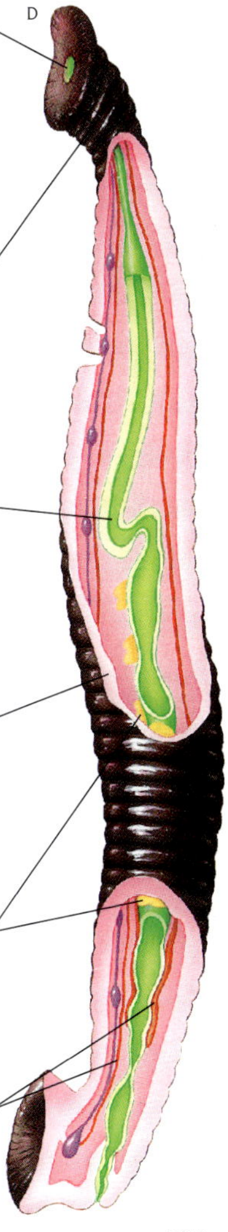

Bouche
Chez Hirudo, la bouche s'ouvre au fond de la ventouse antérieure. Elle est armée de 3 mâchoires chitineuses permettant une incision de la peau en Y afin d'aspirer le sang à l'aide d'un puissant pharynx musculeux.

Annelure
L'annelure observable extérieurement sur la cuticule ne traduit pas la segmentation interne du corps. Celle-ci se retrouve dans les 33 paires de ganglions de la chaîne nerveuse ventrale.

Tube digestif
Il est pourvu de culs-de-sac latéraux où le sang de la victime peut s'accumuler et séjourner parfois pendant 2 ans. La digestion proprement dite se fait dans l'intestin moyen.

Muscles
La musculature puissante des sangsues associe deux assises de fibres circulaires et longitudinales à des muscles obliques et dorso-ventraux.

Appareil reproducteur
Toutes les sangsues sont hermaphrodites. Les neuf paires de testicules débouchent dans 2 canaux déférents, qui s'unissent en une cavité porteuse d'un pénis. Il n'y a qu'une paire d'ovaires, dont les canaux se rejoignent en un vagin ventral.

Appareil circulatoire
Il assure un rôle excréteur complété par l'activité de 17 paires de cellules excrétrices, les néphridies.

F

F. **ACCOUPLEMENT CHEZ LE LOMBRIC**
Au cours de l'accouplement, les deux lombrics se placent tête-bêche et sont étroitement liés. Les spermatozoïdes, tenus en réserve dans les vésicules séminales, gagnent les réceptacles séminaux du partenaire. Les ovocytes sont alors émis dans un cocon sécrété qui glisse vers les réceptacles séminaux. La fécondation et le développement de l'œuf s'opèrent dans le cocon.

E

E. **SANGSUE**
La sangsue médicinale possède trois mâchoires et des glandes salivaires sécrétant un anticoagulant : l'hirudine.

LOPHOPHORIENS ET ROTIFÈRES

LES LOPHOPHORIENS

PHORONIDIENS, BRACHIOPODES ET BRYOZOAIRES

■ ON RÉUNIT sous le nom de *lophophoriens* trois embranchements (phoronidiens, brachiopodes et bryozoaires) dont tous les représentants possèdent un organe, appelé *lophophore* (du grec *lophe*, « aigrette », allusion à l'aspect de ce panache de tentacules), dont les tentacules creux sont disposés d'une façon symétrique en couronne, en spirale ou en forme de U autour de la bouche. Ces tentacules sont couverts de cils, dont les battements créent un courant d'eau qui porte les particules alimentaires vers la bouche. Le tube digestif est recourbé, également en forme de U, et l'anus se trouve à proximité de la bouche, mais toujours en dehors de la couronne de tentacules. Les lophophoriens sont des invertébrés sédentaires, souvent fixés, qui possèdent des larves nageuses rappelant celles des vers du groupe des annélides.

Les phoronidiens. Cet embranchement est représenté par le seul genre *Phoronis,* animal marin, littoral, sédentaire, qui vit dans un tube de quelques centimètres de longueur constitué par une substance azotée dérivée de la cellulose, la chitine, et recouvert de grains de sable.

Les phoronis vivent en groupes denses dans certaines régions du littoral méditerranéen. Leur corps est un sac cylindrique, sans segmentation visible, dont l'organe principal est le tube digestif. La phoronis émet des œufs qui éclosent dans l'eau de mer et donnent des larves planctoniques (ou actinotroques) qui rappellent les larves (trochophores) des vers du groupe des annélides.

Les brachiopodes. Ces animaux ont les caractéristiques des lophophoriens, mais ils se singularisent par la possession d'une coquille à deux valves qui rappelle celle des moules. Le lophophore des brachiopodes, qui ressemble à deux bras, était assimilé au pied des mollusques lamellibranches (comme les moules), d'où ce nom bizarre de *brachiopode,* qui signifie « bras-pied ». Cette ressemblance n'est qu'apparente. En effet, les lamellibranches possèdent une coquille dont une valve est située du côté gauche et l'autre du côté droit. La coquille des brachiopodes, en revanche, présente une valve en position ventrale et une autre en position dorsale. L'animal est fixé au support soit directement par sa valve ventrale soit par l'intermédiaire d'un pédoncule plus ou moins long.

Les lingules (genre *Ligula*) sont des brachiopodes qui s'installent dans des galeries creusées dans la vase. Ces animaux, semblables à leurs fossiles de l'ère primaire, sont de véritables « fossiles vivants ». Il reste moins de 300 espèces actuelles de brachiopodes alors que l'on connaît au moins 30 000 espèces fossiles.

Le groupe des bryozoaires. Ces lophophoriens, appelés aussi *ectoproctes,* constituent des colonies fixées de formes variées. Certaines sont encroûtantes et adhèrent à un support tel qu'un rocher ou une algue, d'autres sont dressées et en forme de mousse, d'où le nom de *bryozoaire* qui signifie « animal-mousse ». La plupart des bryozoaires sont marins et particulièrement abondants dans la zone littorale.

Les colonies de bryozoaires renferment des individus appelés « zooécies ». Une zooécie comporte deux éléments : une loge (cystide), qui donne abri à l'individu lui-même (polypide). Les bryozoaires peuvent se multiplier par un mécanisme de reproduction non sexuée appelé *bourgeonnement.* Il se forme ainsi des éléments massifs qui sont libérés dans l'eau et qui donnent un nouvel individu, à l'origine d'une nouvelle colonie.

On connaît 4 000 espèces de bryozoaires, que l'on classe en deux groupes : les phylactolèmes et les gymnolèmes.

Les bryozoaires phylactolèmes. Les phylactolèmes vivent dans les eaux douces, fixés sur les rives ou sur les plantes aquatiques des ruisseaux ombragés. Ils sont cosmopolites. Les plus fréquents sont les plumatelles *(Plumatella),* qui sont des animaux hermaphrodites et vivipares, passant l'hiver sous la forme de bourgeons dormants qui assurent seuls la pérennité de l'espèce.

Les bryozoaires gymnolèmes. Les gymnolèmes sont tous marins à l'exception des paludicelles d'eau douce. Leurs colonies renferment des individus de formes variées spécialisés chacun dans une tâche. Les plus curieux des membres de ces colonies sont les aviculaires (en forme de bec d'oiseau), qui éliminent les corps étrangers de la colonie, et les vibraculaires, munis d'un long flagelle oscillant qui assure le nettoyage de la colonie. La larve des gymnolèmes ressemble à celle des phoronidiens ; on l'appelle *cyphonaute.* Après un certain temps de vie, elle se fixe et forme une nouvelle colonie.

A. **ANATOMIE D'UN PHORONIDIEN**

Phoronis représente l'unique genre du groupe des phoronidiens, qui renferme une dizaine d'espèces. Les phoronidiens possèdent un corps cylindrique de 3 à 5 cm et vivent dans un tube (non représenté ici) formé par des sécrétions gluantes de l'animal sur lesquelles sont venus se coller de nombreux petits grains de sable. Le lophophore (couronne de tentacules) et le tube digestif en forme de U sont ses deux caractéristiques anatomiques essentielles des phoronidiens. Il n'existe pas de traces évidentes de segmentation, mais une étude anatomique précise révèle une division du corps en 3 parties.

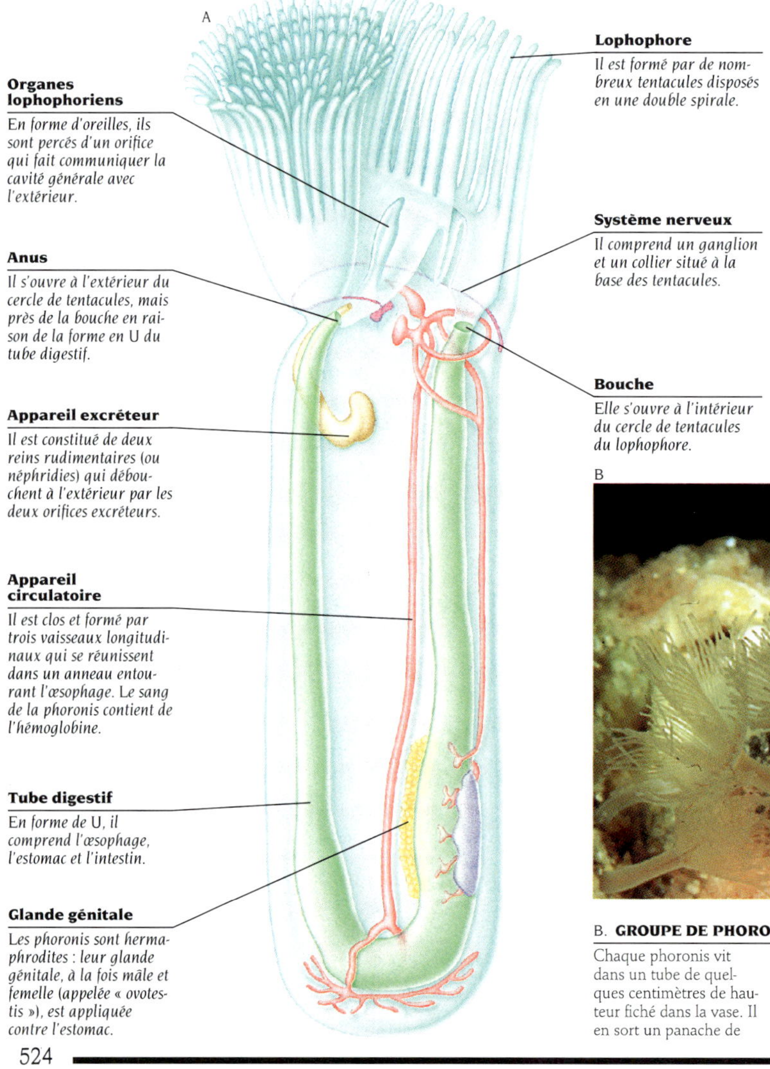

B

B. **GROUPE DE PHORONIS**

Chaque phoronis vit dans un tube de quelques centimètres de hauteur fiché dans la vase. Il en sort un panache de tentacules disposés en forme de double spirale, le lophophore. Ces tentacules, ciliés, créent un courant d'eau qui apporte les fines particules alimentaires à la bouche. Cette photo a été prise à faible profondeur sur le littoral méditerranéen.

LES ROTIFÈRES

UN EMBRANCHEMENT ORIGINAL

■ LES ROTIFÈRES sont les plus petits des animaux pluricellulaires. De 40 à 200 micromètres de longueur en moyenne, ils ne dépassent pas le millimètre. Ces animalcules doivent leur nom à la présence, dans la région antérieure du corps, d'un organe rotateur formé de deux couronnes ciliées qui ressemblent à des roues. Cet organe sert d'une part à la nage, d'autre part à la récolte de la nourriture grâce au courant d'eau qu'il crée et qui apporte à la bouche les particules alimentaires. Leur corps est transparent, avec parfois le tube digestif coloré en vert ou en rouge.

Anatomie. Le corps des rotifères comprend trois régions. La tête porte l'organe rotateur, au milieu duquel s'ouvre la bouche. Le tronc représente la majeure partie du corps et il est entouré par des plaques formant une carapace protectrice *(lorica)*. Le pied est un organe de fixation, temporaire chez les formes nageuses ou définitif chez les formes fixées. Il renferme une glande pédieuse qui sécrète une substance adhésive.

Habitat et reproduction. Les rotifères peuvent abonder dans les eaux douces, où ils forment une partie importante du plancton (certaines espèces vivent cependant sur le fond). Il existe quelques espèces marines.

Certains rotifères pratiquent une forme particulière de reproduction, la parthénogenèse, qui fait intervenir des gamètes femelles, mais sans fécondation : les femelles donnent naissance à de nouveaux individus à partir de gamètes non fécondés. Chez d'autres, le mâle est un nain (trente fois plus petit que la femelle) et mène une vie éphémère. Son rôle se résume à celui d'un appareil reproducteur. C'est parmi ces espèces que l'on a découvert l'existence de deux sortes de femelles. Les unes donnent indéfiniment naissance à des femelles (parthénogénèse) ; les autres sont des femelles dites « sexupares », dont les œufs non fécondés donnent des mâles et les œufs fécondés, des femelles.

A

A. **BRACHIOPODES**
L'espèce représentée ici est *Liothyvella uva*.
Les deux valves entrouvertes sur l'individu de gauche permettent d'apercevoir le lophophore caractéristique.

C

C. **BRYOZOAIRE ENCROÛTANT**
Ce bryozoaire *(Lichenopora radiata)* appartient au groupe des gymnolèmes. Dans cette espèce, les loges qui hébergent les divers individus (cystides) sont accolées et constituent une sorte de disque étalé sur un support.

D

D. **BRYOZOAIRE PLUMEUX**
Le bryozoaire représenté ici est formé par des logettes (cystides) disposées en files ramifiées, ce qui donne à la colonie l'aspect d'une mousse. Comme beaucoup de bryozoaires, cette espèce vit dans la zone littorale.

B. **ANATOMIE D'UN ROTIFÈRE**
Ce dessin représente une femelle. Le mâle, plus petit, possède une anatomie plus rudimentaire. Cette femelle mesure environ 1 mm, ce qui est une taille importante pour un rotifère.

B

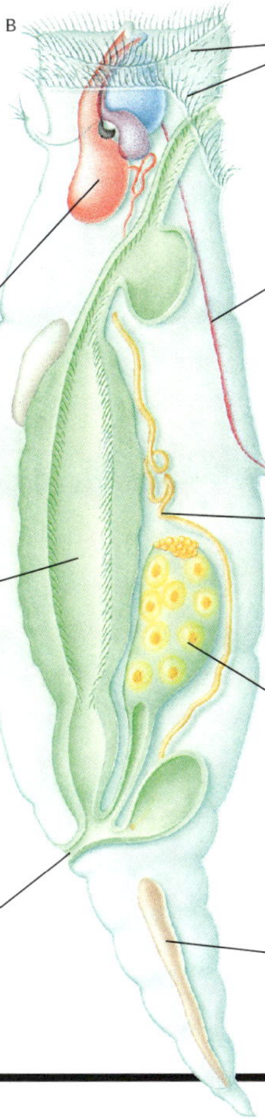

E

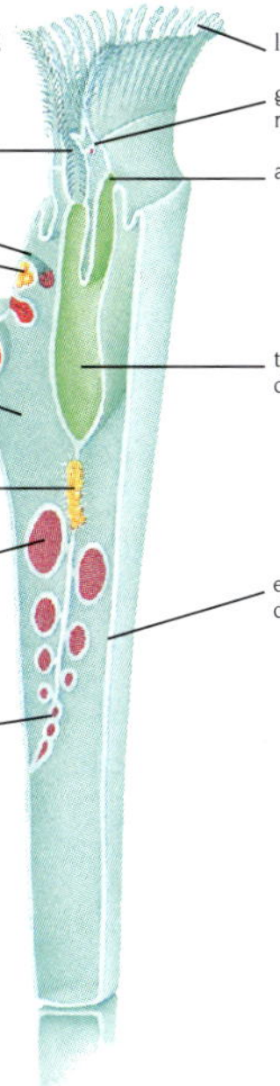

E. **ANATOMIE D'UN BRYOZOAIRE**
Cette plumatelle représente un individu isolé (zooécie) de la colonie. La zooécie comprend deux éléments : le *polypide,* qui possède un lophophore, un ganglion nerveux et un tube digestif en forme de U, et la *cystide,* boîte dont la paroi est formée par une cuticule doublée d'une membrane. Dans la cystide est tendu un cordon de cellules (le funicule) sur lequel se trouve le testicule ainsi que des bourgeons (statoblastes) qui assurent la survie de la colonie en hiver. L'embryon se développe dans une poche, ou oœcie.

LE GROUPE DES MOLLUSQUES

L'EMBRANCHEMENT DES MOLLUSQUES regroupe des animaux dont le corps mou et allongé peut être divisé en trois régions. La *tête* renferme une part importante des centres nerveux. Le *pied* forme une masse permettant de ramper (escargot), de s'enfouir (moule) ou de nager (pieuvre). La *masse viscérale* contient tous les organes ; son tégument dorsal, ou *manteau,* sécrète la coquille et délimite une cavité générale (cavité palléale), siège d'une circulation permanente de l'eau, qui apporte de l'oxygène aux branchies (sauf chez les pulmonés terrestres). Cette circulation permet également d'évacuer tous les déchets et de conduire les cellules sexuelles (gamètes) vers l'extérieur.

La coquille. Elle est formée de calcaire, présent sous forme de calcite (huître), d'aragonite (dentales) ou des deux à la fois (moule). Chez certaines espèces (escargots), elle peut être bien développée et jouer un rôle de protection et de soutien du corps (squelette externe). Chez d'autres, elle épouse la forme du manteau, débordant en deux vastes lobes qui recouvrent tout le corps (moules). Enfin, elle peut être totalement enfouie et inapparente (limace grise, seiche).

Lorsqu'elle est faite de lamelles épaisses et rectilignes, la coquille est d'un blanc opaque. Si les lamelles sont fines et ondulent, elle s'irise. La perle que l'on trouve dans certains coquillages est formée de nacre irisée qui enrobe tout corps étranger insinué entre coquille et manteau.

La croissance de la coquille est discontinue. Elle dépend de la température et des ressources du milieu en calcium. Les ions calcium (Ca^{2+}) qui forment la coquille sont d'origine alimentaire, mais ils peuvent aussi être directement fixés par les branchies puis transportés par le sang jusqu'à la surface du manteau.

La musculature. Très abondante, elle est répartie majoritairement dans la portion du corps servant à la locomotion (pied des escargots, paroi de la cavité palléale des pieuvres). La musculature comprend deux types de fibres : des fibres à contractions rapides mais brèves (fibres phasiques) et des fibres à contractions lentes mais durables (fibres toniques).

L'appareil circulatoire. Le sang n'est pas enfermé, il circule dans quelques vaisseaux mais également au milieu d'espaces plus ou moins remplis, les *lacunes.* Les mollusques possèdent un cœur avec une ou deux oreillettes et un ventricule.

Classification. Avec plus de 100 000 espèces, c'est l'un des embranchements les plus anciens. Aujourd'hui, on y compte sept classes :
– les *aplacophores* (chaetodermes), qui sécrètent des épines calcaires et non une coquille vraie ;
– les *polylacophores* (chitons), qui possèdent une coquille articulée formée de huit plaques ;
– les *monoplacophores* (néopilina), presque tous fossiles, qui sont recouverts d'une plaque dorsale ; *Neopilina galathaea* est la seule espèce actuelle ;
– les *gastéropodes* (escargots), qui sont les plus nombreux et les plus cosmopolites ; ce groupe est le seul à posséder des représentants terrestres possédant un poumon ;
– les *lamellibranches* (moules), qui possèdent une coquille organisée en deux valves ;
– les *scaphopodes* (dentales), qui possèdent une coquille tubulaire très allongée ;
– les *céphalopodes* (seiches), qui ont un pied découpé en tentacules entourant la tête.

B

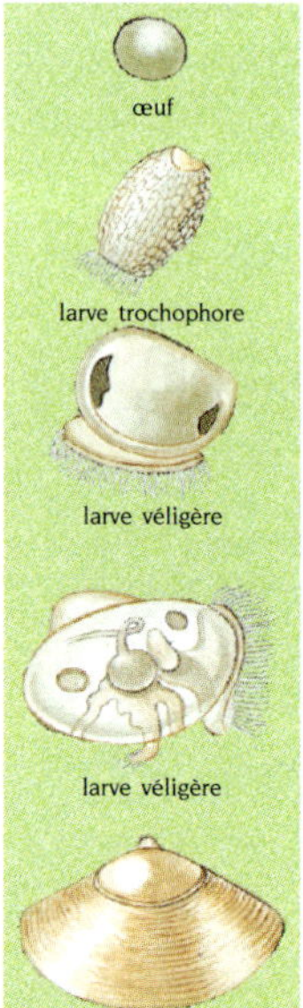

C

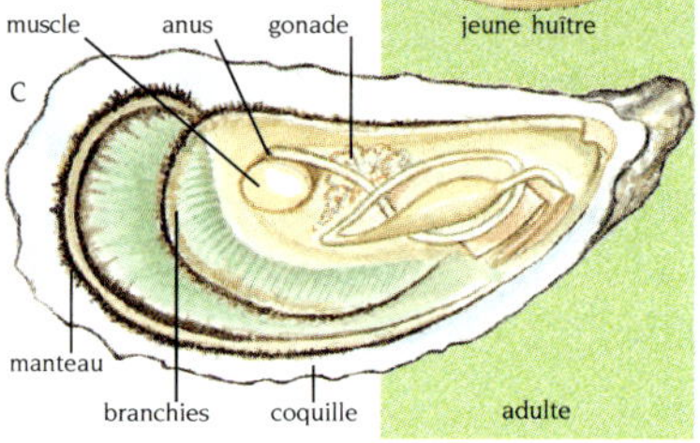

B. C. DÉVELOPPEMENT DE L'HUÎTRE

L'éclosion d'un œuf d'huître (C), et de mollusque en général, donne une larve très ressemblante à celle des vers annelés (larve trochophore), avec en plus une ébauche de coquille et l'ébauche du pied (B). Puis la couronne de cils s'élargit en une vaste surface portant le *velum* (expansion cutanée servant à la nage). Ce stade (larve véligère) est typique de l'embranchement des mollusques. L'éclosion a souvent lieu directement à ce stade. La similitude des larves fait rapprocher le groupe des vers annelés (annélides) de celui des mollusques. De plus, dans les deux groupes, la segmentation de l'œuf a lieu en spirale.

D

E

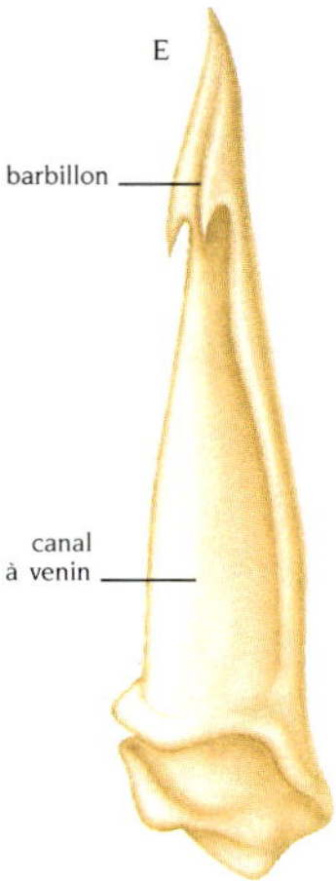

D. E. DES DENTS SUR MESURE

La langue des mollusques, ou radula (D), sécrète du mucus. Elle s'use et repousse continuellement. La radula est hérissée de « dents » qui dilacèrent les aliments. Absente chez les mollusques microphages, elle porte maintes petites dents identiques (une « râpe à légumes ») chez les herbivores (D) et des dents inégales pour déchiqueter les proies chez les carnivores. Elle peut devenir un « aiguillon à venin » (E) injectant une salive toxique (une « piqûre » de cône [*Conus*] peut être mortelle pour un humain).

A. ANATOMIE THÉORIQUE D'UN MOLLUSQUE

Conçu comme le « mollusque ancestral hypothétique » d'où seraient issus tous les autres mollusques, ce modèle théorique (archétype) recense les caractères typiques des mollusques et permet d'imaginer l'évolution de ce vaste ensemble a priori disparate.

A

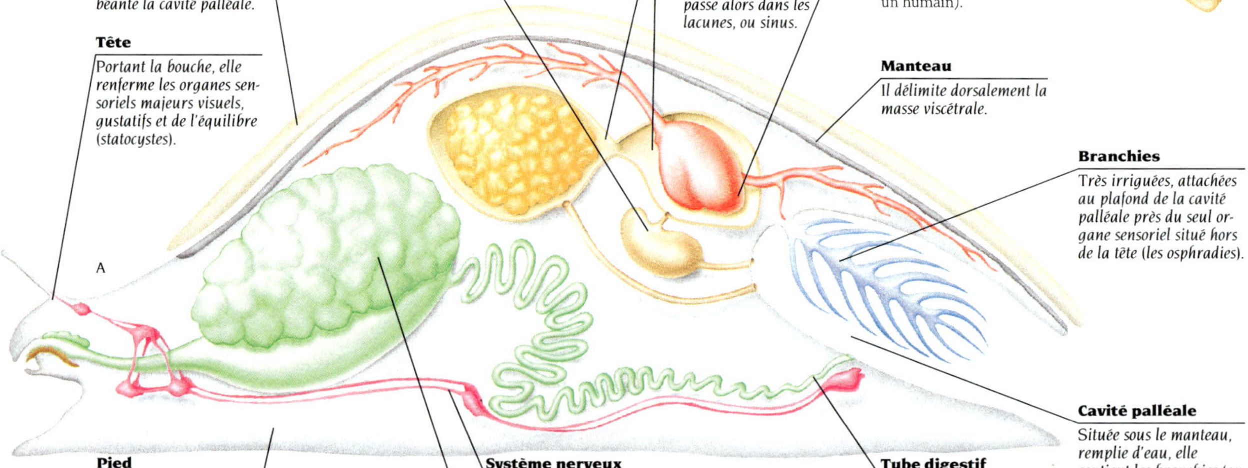

Coquille
Moulée sur la masse viscérale et sécrétée par le manteau, elle protège l'animal et maintient béante la cavité palléale.

Reins
Ils sont représentés par deux paires d'organes excréteurs (les métanéphridies).

Cavités cœlomiques
Il en existe deux : une autour des gonades et une autour du cœur.

Cœur
Deux oreillettes et un ventricule envoient le sang issu des branchies dans les aortes. Le sang passe alors dans les lacunes, ou sinus.

Tête
Portant la bouche, elle renferme les organes sensoriels majeurs visuels, gustatifs et de l'équilibre (statocystes).

Manteau
Il délimite dorsalement la masse viscétrale.

Branchies
Très irriguées, attachées au plafond de la cavité palléale près du seul organe sensoriel situé hors de la tête (les osphradies).

Cavité palléale
Située sous le manteau, remplie d'eau, elle contient les branchies (ou le poumon chez les mollusques terrestres) et le débouché de 3 appareils (digestif, urinaire et génital).

Pied
Riche en muscles s'appuyant sur de vastes sinus, lubrifié par un abondant mucus, il permet la reptation.

Glande digestive
Elle sécrète des enzymes digestives, stocke le glycogène et participe au métabolisme du calcium.

Système nerveux
Les 3 paires de ganglions de la tête dessinent de chaque côté du pharynx un « triangle latéral » (ganglions cérébroïde, palléal et pédieux reliés entre eux). La chaîne nerveuse paire se termine par les ganglions viscéraux.

Tube digestif
Il est constitué par un pharynx entouré des centres nerveux, un œsophage et un estomac, et se termine par l'intestin.

DENTALES, CHITONS...

QUATRE PETITES CLASSES DE MOLLUSQUES

■ REGROUPANT ENVIRON 1 000 espèces sur les quelque 140 000 que compte l'embranchement des mollusques, quatre groupes « mineurs » se révèlent toutefois d'un grand intérêt pour les paléontologues et les systématiciens. Ce sont les aplacophores, les monoplacophores, les polyplacophores et les scaphopodes.

Les aplacophores. Ce terme signifie « qui ne porte pas de plaque ». Ces mollusques aberrants n'ont ni tête, ni pied, ni coquille, mais un corps vermiforme de quelques centimètres hérissé d'épines calcaires. Leur système nerveux est disposé en cordons longitudinaux. Tous marins, les aplacophores vivent en eau profonde, consommant les détritus du sol ou des plantes et des animaux fixés (coraux).

Les aplacophores, dont on connaît une centaine d'espèces, se divisent en deux ordres : les *néoméniens,* dont la face ventrale est creusée d'un sillon longitudinal montrant un vestige de pied et aboutissant postérieurement à la cavité palléale *(genre Neomenia)*, et les *chétodermiens,* sans sillon, ressemblant plus encore à des vers (on en trouve quelques représentants, dont *Crystallophrisson,* dans les mers froides).

Les polyplacophores. Ces animaux sont représentés par les chitons. Ils possèdent un pied ventral complètement entouré par la cavité palléale, qui abrite de 14 à 75 paires de branchies en fonction des espèces ; ce pied est limité à la périphérie par un repli du manteau, la ceinture, qui touche le sol. Leur face dorsale présente huit plaques calcaires mobiles, typiques du groupe. Ces plaques portent des organes sensibles à la lumière, les « yeux coquilliers ». Retourné, l'animal se roule en une boule protégée par les plaques, comme un cloporte. Le système nerveux des polyplacophores est un ensemble de ganglions (dans la tête) et de cordons.

Marins, les polyplacophores (600 espèces) vivent sur des rochers où leur langue (radula), très longue et gluante, agglutine les particules végétales qu'elle arrache. La larve (type trochophore) se métamorphose directement en un petit chiton.

Les monoplacophores. Ce groupe était considéré comme totalement fossile jusqu'à la découverte de *Neopilina galathea,* en 1952, à 3 600 m de profondeur. Recouvert d'une coquille en cône aplati, ce mollusque repose au sol par un pied arrondi cerné d'un vaste sillon, où s'ouvre la bouche, bordée de fins tentacules (l'animal se nourrit de petits débris).

Les scaphopodes. Comptant plus de 300 espèces, ils sont également appelés « dentales » car leur coquille ressemble à une longue dent creuse fichée dans le sable. L'extrémité antérieure, la plus large, est enfouie et laisse passer le pied, terminé par un petit disque qui adhère au substrat et qui permet l'enfouissement de l'animal par la traction des muscles rétracteurs. La tête porte des tentacules longs et fins qui cherchent et portent les aliments à la bouche. La cavité palléale, dépourvue de branchie, entoure tout le corps, l'eau entrant et sortant par l'orifice qui dépasse du sol.

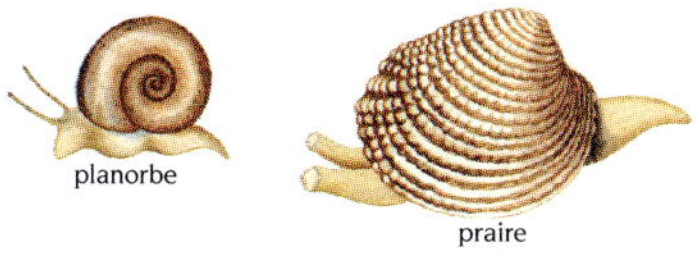

A. **COQUILLES ET COQUILLAGES**

La fascinante variété de formes, de couleurs et d'ornementations des coquillages incite à les collectionner (conchyliologie). Les plus prisés sont les plus rares (volutes), les plus finement ciselés *(Murex)* ou les plus « beaux », comme les porcelaines à la coquille vernissée. Attention ! tous les « coquillages » ne sont pas des mollusques (le brachiopode est un lophophorien).

A

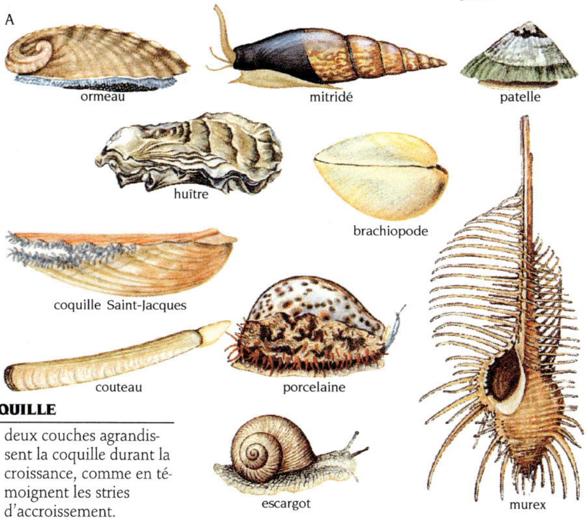

B. **STRUCTURE DE LA COQUILLE**

La coquille des mollusques comprend 3 couches de composition variable. Chaque couche est formée à partir d'une protéine, la conchyoline, sécrétée par le manteau, associée à du carbonate de calcium. Toute la surface du manteau produit la couche interne (couche nacrée, ou hypostracum), empilement de strates de calcaire parallèles à la surface de la coquille. L'épaississement de cette couche dure toute la vie de l'animal. Seul le rebord du manteau élabore les 2 autres couches, celle des prismes (ostracum), à minces lamelles calcaires séparées de feuillets de conchyoline, et le périostracum, constitué de conchyoline pure. Ces deux couches agrandissent la coquille durant la croissance, comme en témoignent les stries d'accroissement.

B

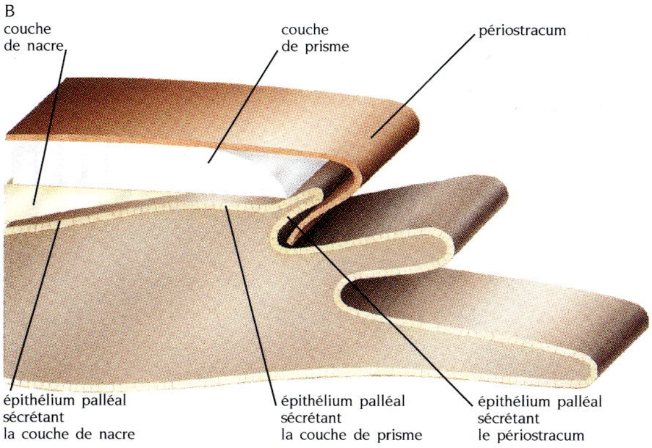

C. **DENTALE**

Les dentales (scaphopodes) vivent en eau profonde (jusqu'à 5 000 m). Les seules variations de leur coquille tiennent à des crênelures ou à la couleur (le dentale vert fut un bijou chez les Indiens d'Amérique).

C

ÉBAUCHE OU RÉGRESSION DE LA SEGMENTATION

Pourquoi la larve des vers annelés (annélides) subit-elle pendant sa croissance une segmentation du corps alors que ce n'est pas le cas pour celle des mollusques ?

C'est parce que, à l'axe de croissance longitudinal, d'arrière en avant (unique chez les annélides), s'ajoute pour les mollusques un deuxième axe (dos-ventre) plus ou moins prédominant sur le premier. Au cours de la croissance, le tube digestif « monte » dans la masse viscérale, bouche et anus restant sur l'axe primaire. Le tube digestif possède alors une courbure en U, et le cœlome, cantonné dans la portion dorso-postérieure, empêche la segmentation (métamérisation). Cette dernière est visible cependant chez les monoplacophores.

D

D. **CHITON (POLYPLACOPHORE)**

Les 8 plaques calcaires articulées (cérames) des chitons sont toujours ourlées par le manteau de l'animal (ici *Cryptoplax mystica*). Elles peuvent être ornementées d'écailles, de soies ou d'épines. Parfois, ces plaques, très petites, se trouvent isolées, voire dissimulées par un repli du manteau, la ceinture.

LES GASTÉROPODES

Les mollusques gastéropodes (du grec *gastêr*, ventre), dits encore « gastropodes », tirent leur nom du fait que leurs viscères reposent sur un large pied (*podos*, pied) très musculeux (la sole pédieuse), qui sert à la reptation et adhère au support. Ils possèdent généralement une coquille spiralée.

Cosmopolites, les gastéropodes sont les plus nombreux des mollusques : les estimations permettent de recenser jusqu'à 100 000 espèces, regroupées en trois ensembles (prosobranches, opisthobranches et pulmonés). Ces mollusques ont conquis tous les milieux terrestres et aquatiques.

UNE FORTE COQUILLE

LES PROSOBRANCHES

■ Le groupe le plus important de gastéropodes est composé par des animaux aquatiques dont la coquille est particulièrement développée. Ces mollusques respirent avec des branchies qui sont situées en avant du cœur (ce qui justifie leur nom de *prosobranches*). Leur système nerveux est spiralé (pour cela ils sont dits « streptoneures ») et dessine un 8. Les individus sont soit mâles soit femelles (sexes séparés). On les répartit en trois ordres, selon le degré de réduction de leurs organes internes.

Deux oreillettes, deux reins, deux branchies. Les *archéogastéropodes* sont les prosobranches les plus archaïques. Ils sont quasiment tous marins et herbivores. On les qualifie de « diotocardes » car leur cœur possède deux oreillettes. Ils ont également deux reins et, souvent, deux branchies. La fissurelle *(Fissurella)* et l'ormeau *(Haliotis)* sont munis d'une « échancrure » qui leur permet d'évacuer les déchets sans souiller leurs branchies. Les troques *(Trochus)* possèdent une branchie droite atrophiée. Chez les nérites, il existe quelques genres d'eau saumâtre ou douce *(Theodoxus)*. Une forme des profondeurs abyssales, dépourvue d'yeux *(Cocculinacea)*, a une coquille transparente.

Une oreillette, un rein, une branchie. Les *mésogastéropodes* constituent un groupe considérable représenté sous toutes les latitudes, à toutes les profondeurs et dans des eaux de salinités variées (*Xenophora* dans les abysses ; *Lacuna* en pleine mer ; *Truncatella* sur des rochers à peine arrosés par les embruns ; *Viviparus* en eau douce). La coquille des mésogastéropodes présente de multiples aspects, de la spirale irrégulière et non jointive des vermets à l'émail lisse et délicatement coloré de la porcelaine *(Cypraea)*. Leurs régimes alimentaires sont diversifiés : les turritelles sont détritivores ; les natices sont carnivores et les stilifers sont parasites : ils enfoncent leur trompe dans la chair de leur hôte.

Un système nerveux condensé. Tous marins et carnivores, les *néogastéropodes* portent comme les mésogastéropodes un cœur à une seule oreillette, un rein et une unique branchie. Leur système nerveux est très condensé. Certains, comme les cônes, sécrètent une salive acide et toxique. Les buccins se nourrissent de moules, mais peuvent également être nécrophages. Beaucoup ont de magnifiques coquilles, très convoitées, comme les murex, les olives, les harpes ou les volutes.

UN ANIMAL TORDU !

Outre la flexion en U du tube digestif, commune à l'ensemble des mollusques, la larve des gastéropodes (larve « véligère ») subit un phénomène brutal qui se déroule parfois en quelques minutes. Elle se tord au-dessus de l'axe tête-pied, ce qui ramène les organes respiratoires vers l'avant et place à droite les organes gauches et inversement. Puis les viscères s'enroulent en spirale selon un axe oblique, sur la gauche de l'animal, ce qui entraîne généralement la disparition des organes pairs (branchie ou poumon, rein...) de ce côté.

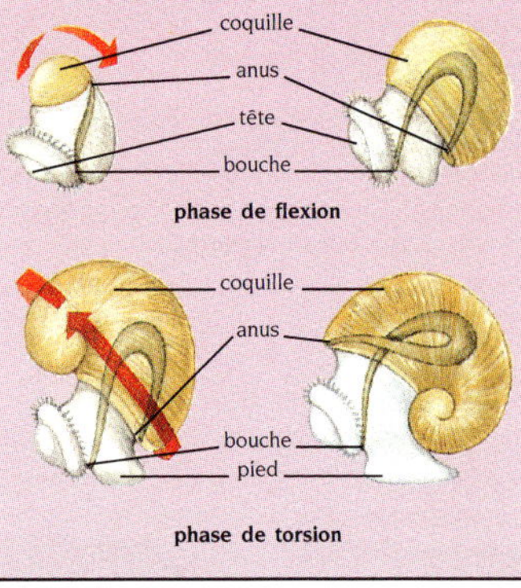

A

B

A. B. **UNE SPIRALE INFERNALE**

L'enroulement des viscères chez les gastéropodes entraîne celui de la coquille, moulée sur le manteau. La plupart des coquilles sont enroulées dans le sens des aiguilles d'une montre *(dextres)*, d'autres se présentent en sens inverse *(sénestres)*. Le nombre de tours caractérise l'espèce. Les patelles (B), coniques, n'ont pas de coquille spiralée (le jeune en possède cependant une, mais seul le dernier tour persistera chez l'adulte). Chez certaines espèces de térèbres, on en compte une vingtaine, comme ici chez cette *Terebra subulata* (A), et même jusqu'à 50 chez une autre espèce, *Terebra triseriata*.

C. **ANATOMIE DES GASTÉROPODES**

Sur cet escargot, on distingue les trois parties du corps d'un gastéropode : la tête, munie d'une langue rapeuse (la radula) et de tentacules portant des yeux ; un pied large servant à la locomotion ; une masse viscérale généralement enveloppée dans une coquille formée d'une seule pièce.

C

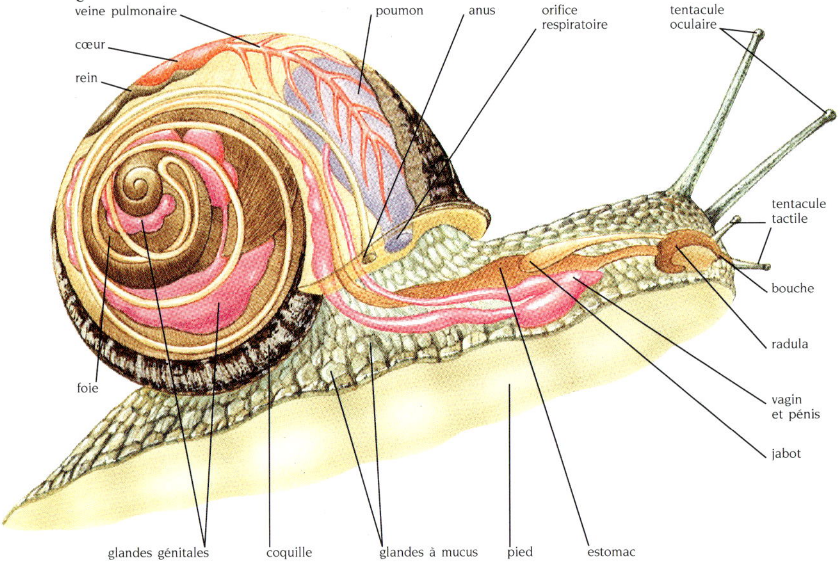

D

D. **DES ŒUFS SUR UN NID D'ÉCUME**

Ce prosobranche des mers chaudes *(Janthina)* est incapable de nager. Il fabrique un flotteur, constitué de bulles d'air enfermées dans de la bave durcie et y reste attaché par le pied en position renversée. S'il se détache de cette « bouée », il coule et meurt. La femelle dépose ses œufs (environ 500) dans ce nid d'écume. Ils y resteront jusqu'à l'éclosion.

UNE COQUILLE LÉGÈRE

OPISTHOBRANCHES ET PULMONÉS

■ CERTAINS GASTÉROPODES possèdent un système nerveux encore plus condensé vers l'avant que les prosobranches évolués (néogastéropodes) ; ce système échappe à la torsion qui s'opère chez la larve au cours du développement. On dit qu'ils sont *euthyneures.* Ces gastéropodes (opisthobranches et pulmonés) sont hermaphrodites : ils possèdent une gonade unique, l'*ovotestis.* Leur coquille est légère, réduite et peut même être totalement absente.

Une branchie à l'arrière du cœur. Les *opisthobranches* possèdent généralement une seule branchie située en arrière du cœur, un rein et un cœur à une seule oreillette. Tous marins, ils montrent une tendance à la régression de la coquille et sont répartis en deux ordres : les *tectibranches,* qui forment un groupe hétérogène, et les *nudibranches,* groupe homogène dépourvu de coquille, de branchies et dont la masse viscérale se trouve réduite.

Les tectibranches ont une coquille souvent apparente. Chez les formes nageuses comme les aplysies, le pied s'étend latéralement en deux lobes aplatis (les *parapodies*). Ces lobes peuvent être hyperdéveloppés « en ailes de papillon » chez les ptéropodes, groupe vivant en pleine eau, consommateur de microplancton *(Cymbulia, Clione).*

Les nudibranches respirent par la peau ou par des expansions en forme de feuilles sur le dos (« branchies néoformées »). Sauf un genre planctonique de pleine eau *(Phyllirhoe),* les nudibranches rampent sur les fonds.

Les gastéropodes à poumon. Les *pulmonés* perdent leurs branchies au cours du développement et acquièrent un poumon unique qui s'ouvre à l'extérieur par un orifice, le *pneumostome.* Ils portent sur la tête la paire de tentacules typique des gastéropodes : on distingue les *basommatophores,* chez lesquels l'œil est à la base du tentacule, et les *stylommatophores,* chez lesquels l'œil est à son sommet.

Les basommatophores sont les plus primitifs. Retournés secondairement à la vie aquatique, certains possèdent un *siphon* pour respirer à la surface ; d'autres, en plongeant, emplissent d'eau leur cavité pulmonaire et exploitent l'oxygène dissous *(Siphonaria)* ; d'autres encore *(Ancylus, Planorbis)* utilisent des « pseudobranchies », expansions sortant par le pneumostome. On trouve les basommatophores en eau douce (physes, bullins...) ou saumâtre (*Melampus* dans les mangroves). Il existe également quelques espèces marines *(Otina).*

Les stylommatophores regroupent plus de 10 000 espèces, presque uniquement terrestres. Ils possèdent une deuxième paire de tentacules (appelés « rhinophores »), sensibles aux substances chimiques. Le groupe des *escargots* comprend surtout des stylommatophores herbivores. L'escargot de Bourgogne *(Helix pomatia)* et le petit-gris *(Helix aspersa)* sont élevés pour la gastronomie ; les escargots du genre *Testacella* sont carnivores. Les *limaces* n'ont plus de coquille visible. Atrophiée et enfouie sous le manteau chez la limace grise *(Limax),* elle est absente chez la limace rouge *(Arion).* Quant aux *onicidiidés,* ils représentent le seul groupe de pulmonés stylommatophores aquatiques (*Onicidiella celtica* dans l'Atlantique nord).

A. B. C. D. E. F. **LA VIE SUR TERRE**

Pour vivre sur terre, les gastéropodes du groupe des pulmonés doivent être capables de respirer hors de leur milieu aquatique d'origine (acquisition d'un poumon). Mais la vie sur terre entraîne d'autres contraintes. La pesanteur impose une réduction de la coquille, qui s'enfouit sous le manteau chez la limace grise (A) et disparaît chez la limace rouge (B). Chez les escargots comme ce petit-gris (E), cet escargot des haies (D) et cet escargot de Bourgogne (F), elle est fine et se ferme par un film de bave durcie, plutôt que par un lourd opercule. La vie en milieu humide (dans le sol pendant la saison sèche) permet de lutter contre la dessiccation. Les individus s'accouplent et les larves ont un développement direct (sans métamorphose) à partir d'un œuf riche en vitellus d'où sortiront de minuscules escargots à coquille translucide (ci-dessous, des petits-gris) [C].

A

B

C

D

E

F

H. I. **DE LA TERRE À L'EAU**

Il existe des gastéropodes pulmonés qui sont retournés secondairement à une vie aquatique : les planorbes (H), à coquille discoïde plate, sont détritivores (excellents nettoyeurs d'aquarium) ; les limnées (I), pratiquant l'autofécondation (exceptionnelle chez les mollusques), comptent des centaines d'espèces, dont *Limnaea truncatula,* qui peut être contaminée par un parasite du mouton (c'est l'hôte intermédiaire de la grande douve du foie).

H

I

G. **LIMACE DE MER**

Vivement colorés, les nudibranches recherchent leurs proies sur les fonds marins. Ils se nourrissent d'anémones de mer, dont ils extraient les cellules urticantes (cnidocytes) pour servir à leur propre défense : la surface des branchies de cette « limace de mer » *(Chromodoris)* en est couverte, ce qui constitue une protection efficace (la coloration vive est un signal de toxicité pour les prédateurs).

G

LES LAMELLIBRANCHES

Très répandus sur les fonds marins jusqu'à 5 000 m de profondeur, les lamellibranches, ou *bivalves,* sont sédentaires, enfouis dans le sable ou fixés par incrustation ou sécrétion de filaments terminés par une pastille adhésive (le byssus).

Classification. Les lamellibranches se divisent en quatre groupes inégaux : les protobranches (nucules), les filibranches (moules), les eulamellibranches (coques) et les septibranches. On estime à 20 000 le nombre total d'espèces de lamellibranches.

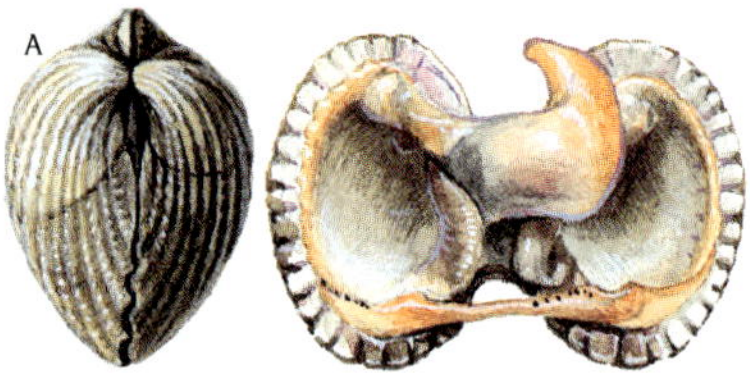

A. B. **COQUILLE PROTECTRICE**

Les deux valves, égales et régulières chez la coque (A), ou inégales et irrégulières chez l'huître (B), s'engrènent dorsalement par des « dents » alignées en une charnière. À leur bord libre, les valves s'affrontent parfaitement, formant une « boîte » étanche, dans laquelle les espèces émergées à marée basse (moule) peuvent garder un peu d'eau.

Anatomie. Le pied, en forme de hache, sert au déplacement chez le jeune et rarement chez l'adulte (leptonidés). Souvent réduit chez les espèces nageuses, il permet chez d'autres espèces l'enfoncement dans le sol, ses muscles rétracteurs tirant le corps.

Le manteau comporte de chaque côté deux grands lobes comprimés latéralement qui recouvrent tout le corps et sécrètent une vaste coquille fendue en une valve droite et une valve gauche, jointives sur un ligament élastique. Les lamellibranches sont, pour cette raison, appelés « bivalves ». La fermeture de la coquille est active (muscles adducteurs).

Alimentation. Les représentants de cette classe de mollusques se nourrissent de petites particules : ils sont *microphages.* L'animal filtre l'eau et retient les particules alimentaires en suspension. Le courant d'eau, créé par les cellules ciliées du manteau et des branchies, parcourt sans cesse l'animal. Une moule brasse ainsi 80 litres d'eau par jour ! La langue râpeuse *(radula)* que l'on retrouve chez les autres mollusques n'existe pas. Les particules alimentaires sont broyées dans l'estomac par une *tige cristalline.*

Reproduction. Chez les lamellibranches, les sexes sont séparés. Les gamètes sont libérés et fécondés dans le milieu aquatique. L'émission des gamètes est synchronisée par la production de fertilisines. Les femelles, en sécrétant cette substance, déclenchent l'éjaculation des mâles, qui provoque la ponte des femelles. Certains animaux sont hermaphrodites. Ils produisent en même temps spermatozoïdes et ovules. Les huîtres changent de sexe durant leur vie.

Les protobranches. Ce groupe (500 espèces) se caractérise par des branchies formées de filaments simples non dédoublés, qui ne possèdent pas de rôle nutritif. Les palpes labiaux portent une longue trompe qui sort de la coquille pour fouiller la vase et acheminer les particules alimentaires vers la bouche. Les nucules sont des représentants cosmopolites du groupe.

Les septibranches. Les représentants (300 espèces) de ce groupe possèdent des branchies qui constituent une cloison horizontale (septum) percée de nombreux pores, séparant la cavité palléale en deux chambres et pompant l'eau. Tous les septibranches vivent en grande profondeur *(Cuspidaria, Verticordia).*

C. **SAINT-JACQUES AU MENU**

La dure coquille des bivalves ne les protège pas toujours de leurs prédateurs ; la loutre de mer la casse contre un caillou posé sur son ventre et les natices (des gastéropodes) y percent un trou rond avec leur langue râpeuse. Ici, une étoile de mer *(Martasterias)* ouvre en force une coquille Saint-Jacques *(Pecten).*

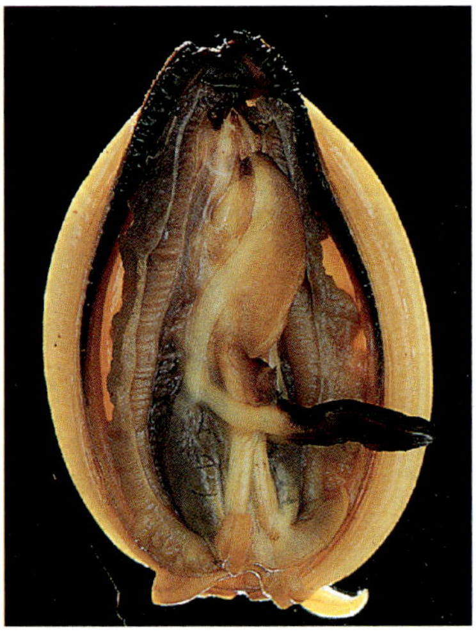

D. **ANIMAUX SANS TÊTE**

Chez les lamellibranches (ici une moule extraite de sa coquille), seuls le bord libre du manteau et le pied (en noir sur la photo) sortent de la coquille. Alors que les êtres mobiles ont les organes des sens regroupés dans la tête et perçoivent en priorité ce qui est devant, ces animaux sédentaires n'ont plus de tête et leurs organes sensoriels, dispersés dans tout le corps, permettent une perception globale et diffuse du milieu.

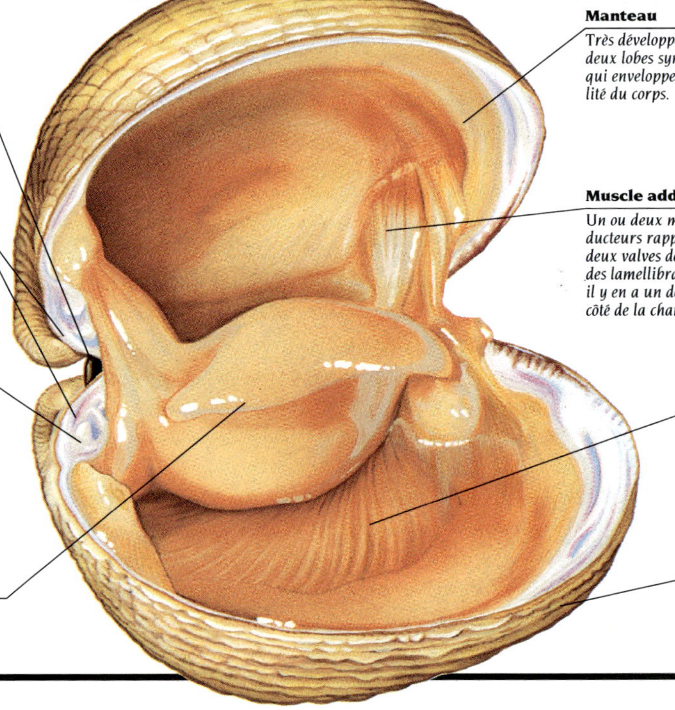

E. **ANATOMIE D'UN LAMELLIBRANCHE**

Cette praire *(Venus verrucosa)* représente le type du groupe des eulamellibranches. Ce mollusque comestible vit sur les fonds sableux et respire par des siphons situés à l'arrière du corps.

LAMELLIBRANCHES ET CÉPHALOPODES

MOULES, HUÎTRES, COQUES...

FILIBRANCHES ET EULAMELLIBRANCHES

■ DEUX DES QUATRE GROUPES de lamellibranches représentent la grande majorité des espèces : ce sont les filibranches (moules, huîtres), avec 2 200 espèces, et surtout les eulamellibranches (coques), qui comptent 17 000 espèces (soit 85 p. 100 du total).

Les filibranches. Ils possèdent des branchies dont les filaments repliés sont réunis entre eux par des cils raides. Certains, comme la coquille Saint-Jacques *(Pecten),* nagent en claquant leurs deux valves, ce qui chasse l'eau de leur cavité palléale et les projette à l'opposé, mais la plupart sont fixés. La moule *(Mytilus),* l'huître *(Ostrea)* ou le jambonneau *(Pinna)* en sont des exemples.

Produit en plusieurs années autour d'un corps étranger insinué entre manteau et coquille, le « chicot » de nacre devient perle s'il se détache de la coquille : l'exploitation de l'« huître » perlière *(Pinctada margaritifera)* fournit 400 à 500 millions de perles par an.

Les eulamellibranches. Les lamelles des branchies sont reliées par des ponts tissulaires et vasculaires. Les représentants de ce groupe constituent la majorité des lamellibranches.

Les coques (cardiums, bucardes...) se déplacent par bonds suscités par de brusques détentes de leur pied allongé. Les leptonidés sont des parasites d'étoiles de mer et d'oursins. Les clavagelles perforent les roches calcaires. Elles sécrètent une « coquille secondaire », long tube calcaire portant enchâssées les deux valves minuscules de la coquille originelle.

Certaines espèces vivent en eau douce. La mulette *(Unio anodonta)* est une moule d'eau douce qui possède une reproduction originale. Ses œufs se développent dans une poche incubatrice formée par un pan des branchies de la femelle. Les larves libérées se fixent sur les branchies d'un poisson (une bouvière). Bientôt enrobées d'un kyste formé en réaction par leur hôte, elles vivent en parasites du poisson pendant 10 à 70 jours avant de se transformer en adultes et de quitter leur hôte.

LES CÉPHALOPODES

UNE TÊTE ET DES TENTACULES

■ CETTE CLASSE IMPORTE MOINS par le nombre d'espèces (environ 700 espèces actuelles) que par son haut degré d'évolution.

La possibilité de fermer à volonté la cavité palléale et d'en chasser l'eau sous pression par un orifice orientable (entonnoir) permet un déplacement rapide de l'animal (nage par réaction). Le mâle dépose ses gamètes directement dans la cavité palléale de la femelle, où a lieu la fécondation. Cela élimine les aléas de la fécondation externe.

Tous marins, les céphalopodes sont des prédateurs de mollusques, de crustacés et de poissons, qu'ils capturent avec leurs tentacules. Ils comptent deux sous-classes, les tétrabranches (nautiles), qui possèdent quatre branchies et une coquille externe, et les dibranches (pieuvres, seiches...) qui ont deux branchies et une coquille interne.

Les nautiles. Apparus au début de l'ère primaire et très abondants au secondaire, les *nautiloïdes,* ou tétrabranches, ne sont plus représentés aujourd'hui que par le genre *Nautilus* (six espèces) des côtes des océans Indien et Pacifique. Le nautile est archaïque pour maintes raisons. Sa coquille, externe, est développée (elle est réduite et interne chez les autres céphalopodes), ses yeux ne possèdent pas de cristallin. Le corps présente 40 à 50 tentacules dépourvus de ventouse. Cet animal discret, nocturne et vivant en profondeur (50 à 600 m), est prédateur et nécrophage.

A

B

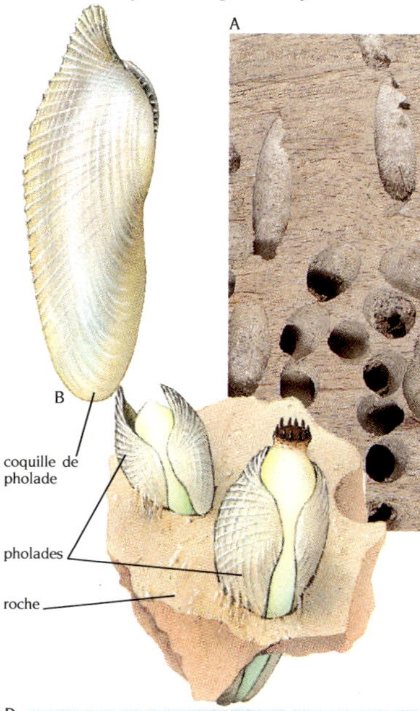

A. B. **LAMELLIBRANCHES PERCEURS**

Certains lamellibranches creusent le bois pour le consommer. Le taret percer *(Teredo navalis)* utilise sa minuscule coquille pour percer des galeries, qu'il consolide par une sécrétion calcaire. Hantise des charpentiers de marine, il cause, comme on peut le voir ici (A), maints dégâts aux pilotis et installations portuaires. D'autres peuvent même forer des matériaux extrêmement durs, comme la pierre par exemple, pour s'y loger : la *pholade* (B) perce mécaniquement les roches dures par un va-et-vient de ses valves non articulées ; le *lithophage* ramollit les roches tendres par sécrétion d'un acide, puis évacue les fragments effrités. Les jeunes *pétricoles* s'installent dans un petit trou de rocher où elles resteront coincées à partir d'une certaine taille, puis, au fur et à mesure de leur croissance, elles l'agrandiront en opérant comme les lithophages.

C

C. **GRAND BÉNITIER**

Le tridacne géant *(Tridacna gigas)* des récifs coralliens est le plus grand bivalve du monde (1,30 m, 250 kg), capable de coincer un homme entre ses valves. Il est apprécié pour sa chair mais aussi pour sa coquille, qui deviendra bassin, ou servira à la fabrication d'outils.

D

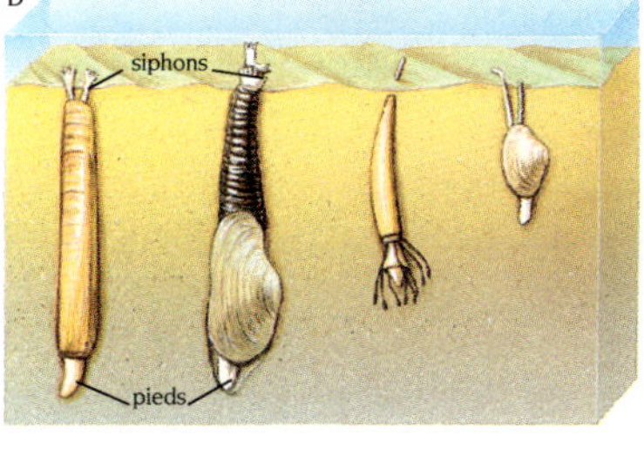

D. **ADAPTATION AU FOUISSAGE**

Les deux lobes du manteau d'un lamellibranche, libres à l'origine, se soudent en périphérie chez les espèces enfouies dans le sol, protégeant ainsi des grains de sable les fragiles branchies. L'eau n'entre plus dans la cavité palléale que par 2 orifices, l'un inhalant, l'autre exhalant, les « siphons », dont la longueur est fonction de la profondeur à laquelle vit l'espèce.

E

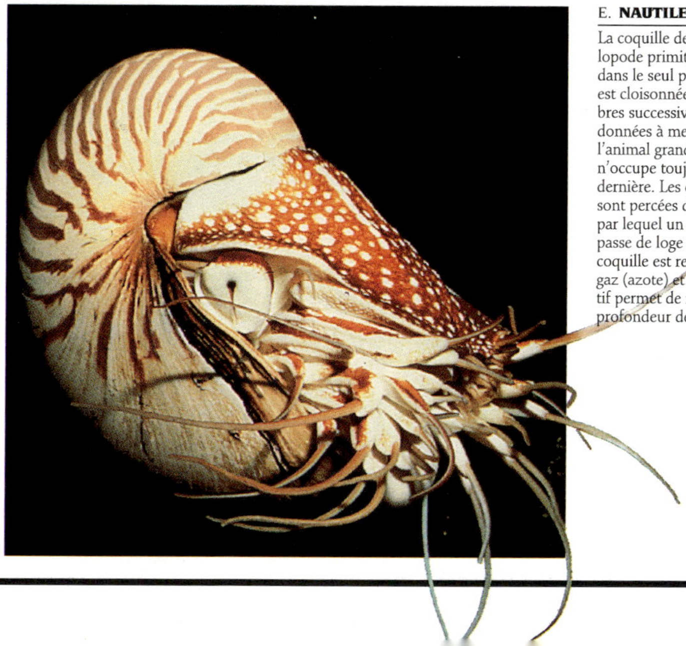

E. **NAUTILE**

La coquille de ce céphalopode primitif, enroulée dans le seul plan vertical, est cloisonnée en chambres successives, abandonnées à mesure que l'animal grandit car il n'occupe toujours que la dernière. Les cloisons sont percées d'un orifice par lequel un siphon passe de loge en loge. La coquille est remplie de gaz (azote) et ce dispositif permet de régler la profondeur de plongée.

LES CÉPHALOPODES

SEICHES, PIEUVRES...

LES CÉPHALOPODES DIBRANCHIAUX

■ CES CÉPHALOPODES à coquille interne réduite et à cavité palléale très musclée (permettant une grande efficacité de la nage par réaction) sont les plus rapides des mollusques. Ils peuvent chasser à l'affût en prenant la même couleur que le milieu (homochromie) grâce à des cellules pigmentaires contractiles, les chromatophores.

L'entrée de la bouche montre deux mâchoires puissantes (le bec de perroquet) aptes à broyer la carapace d'un crabe. Le sang est distribué dans tout le corps par des vaisseaux possédant des zones contractiles à la base des branchies : les cœurs branchiaux. Le nombre des tentacules, aux fortes ventouses, permet de classer les céphalopodes dibranchiaux en deux ordres : les décapodes et les octopodes.

Les décapodes. Ils possèdent dix tentacules, ou bras : huit courts et deux longs, rétractiles (seiche) ou non (calmar). Le groupe des seiches (sépioïdés) comprend les seiches et les sépioles, vivant près des côtes, et, au large, les spirules (à coquille spiralée dépassant encore du manteau). Les représentants du groupe des calmars (teuthoïdés) possèdent une coquille interne réduite à un fin tube translucide (la plume). Certains calmars vivent dans les profondeurs abyssales : *Architeuthis,* calmar géant pouvant, semble-t-il, atteindre 18-20 m, est à l'origine de mythes de monstres marins, et les modestes *Histioteuthis* possèdent des organes lumineux.

Les octopodes. Ils ont huit bras de même longueur, plus longs que le corps, et leur coquille a totalement disparu. Ce sont des animaux plutôt sédentaires. Les *cirroteuthidés,* octopodes de profondeur, possèdent une palmure tout le long des bras.

Les pieuvres (poulpes) forment la famille des *octopodidés.* L'espèce *Eledone moschata* se caractérise par une sécrétion musquée qui se transforme en ambre gris dans l'intestin du cachalot, friand de ce poulpe.

Chez les argonautes *(argonautidés),* les mâles possèdent un bras modifié (hectocotyle) qui transporte les spermatozoïdes dans la cavité palléale de la femelle. Ce bras se sépare alors du corps du mâle (autotomie) et reste dans la femelle, où il est encore capable de mouvement.

A

A. **SEICHE** *(Sepia)*

La « poche du noir », débouchant à la base de l'anus, sécrète des grains de pigment noir (mélanine) qui, dilués et projetés vigoureusement par l'entonnoir, masquent la seiche à son agresseur derrière un nuage d'encre.

B

C

B. C. **ARGONAUTE**

Malgré les apparences, cet animal n'est pas un céphalopode à coquille externe. La femelle argonaute (B) produit cette nacelle (sécrétée par 2 tentacules dorsaux) pour y abriter sa ponte et ne s'en sépare jamais durant toute l'incubation. Menacée, elle peut s'y retirer. Le mâle (C), « nu », l'y accompagne parfois.

D

D. **PIEUVRE**

Outre la capture et le maintien des proies, sa couronne de tentacules permet à la pieuvre *(Octopus)* de ramper sur les fonds, en se tirant sur ses bras « collés » au substrat par les ventouses, et de nager efficacement grâce à la palmure reliant les bras.

LE CERVEAU DES PIEUVRES

Les centres nerveux des pieuvres sont composés des ganglions nerveux que l'on retrouve chez tous les mollusques. Ces ganglions sont condensés en une masse unique localisée dans la tête : le « cerveau ».

Ce cerveau possède des centres d'intégration développés (impliqués dans la mémorisation et l'apprentissage), des cellules neurosécrétrices (produisant des médiateurs chimiques) et des relais le long du corps. Les neurones ont de longs et gros axones où la vitesse de conduction des informations égale celle des neurones humains (20 m/s). Protégé dans une capsule cartilagineuse (« boîte crânienne »), le cerveau est relié à des organes des sens eux aussi perfectionnés, dont les plus remarquables sont les yeux, en tout point comparables à ceux des vertébrés.

Leur cerveau octroie aux pieuvres un comportement élaboré (vie sociale, techniques de chasse, camouflage) tout à fait remarquable chez un invertébré.

E. **ANATOMIE D'UN CÉPHALOPODE**

Les régions du corps d'un céphalopode dibranche sont alignées : pied (tentacules), tête et masse viscérale (avec la coquille interne), bordée ventralement par une cavité palléale close ne s'ouvrant qu'à l'avant.

E

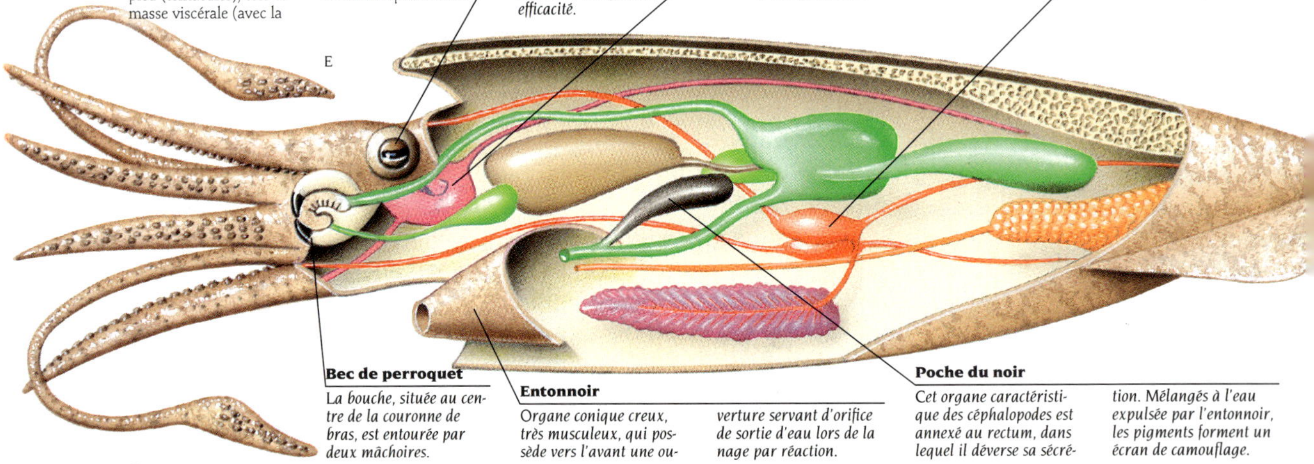

Œil
Doté d'un iris, d'un cristallin et de chambres oculaires, cet organe visuel est d'une grande efficacité.

Cerveau
Protégé par une sorte de crâne, il est formé par la condensation de nombreux ganglions.

Appareil circulatoire
Il est complètement clos, contrairement à celui des autres mollusques.

Bec de perroquet
La bouche, située au centre de la couronne de bras, est entourée par deux mâchoires.

Entonnoir
Organe conique creux, très musculeux, qui possède vers l'avant une ouverture servant d'orifice de sortie d'eau lors de la nage par réaction.

Poche du noir
Cet organe caractéristique des céphalopodes est annexé au rectum, dans lequel il déverse sa sécrétion. Mélangés à l'eau expulsée par l'entonnoir, les pigments forment un écran de camouflage.

LE GROUPE DES ARTHROPODES

Les arthropodes sont des invertébrés dont le corps, comme celui des vers annelés, est formé par une suite d'éléments appelés *segments* ou *métamères ;* chaque métamère porte une paire d'appendices articulés et mobiles (*arthropode* signifie « pied articulé »). Ils sont essentiellement représentés par les crustacés, les araignées (arachnides) et les insectes. Leur corps est recouvert par une carapace rigide.

Anatomie. Tous les segments des arthropodes ne sont pas semblables. Ainsi, chez les insectes et les crustacés, il existe une région antérieure, la *tête,* dont les appendices servent soit à l'alimentation soit comme organes sensoriels, une région intermédiaire, le *thorax,* avec des appendices servant à la locomotion, et une région postérieure, l'*abdomen,* dépourvue d'appendices ou avec de rares appendices servant lors de la reproduction.

Carapace et mue. Contrairement aux autres animaux, les arthropodes ne possèdent pas de cellules ciliées à la surface de leur corps. Ils ont de très nombreux muscles (huit fois plus que les mammifères) car chaque métamère doit, pour être mobile, posséder sa propre musculature. La croissance des arthropodes est entravée par la rigidité de la carapace. Périodiquement, l'animal doit subir une *mue,* c'est-à-dire abandonner sa carapace devenue trop petite et en fabriquer une plus grande. La mue est déclenchée par une *hormone de mue* (ecdysone). Chez les insectes, il s'agit de la *glande prothoracique,* qui est située dans le thorax ; chez les crustacés, c'est une glande située dans la tête et appelée « organe Y ».

Importance et classification. L'immense embranchement des arthropodes renferme probablement 90 p. 100 des espèces animales connues, soit au moins un million d'espèces. Ce sont des animaux très anciens, connus par des espèces marines apparues dès le début de l'ère primaire (cambrien). Parmi les arthropodes, on distingue cinq groupes principaux, dont un entièrement fossile.

Les *trilobites,* ou *proarthropodes,* tous marins et fossiles, possédaient des appendices en forme de rame sur presque tous les segments.

Les arachnides (araignées...) appartiennent au groupe des *chélicérates.* Ces animaux sont dépourvus de tête bien individualisée et ne possèdent pas d'antennes. Leur tête porte des appendices particuliers, les chélicères.

Les *crustacés,* aquatiques et respirant par des branchies, possèdent deux paires d'antennes et de nombreux appendices biramés.

Les *insectes,* terrestres et respirant par des trachées, ont une seule paire d'antennes et trois paires de pattes.

Les mille-pattes appartiennent au groupe des *myriapodes.* Ils diffèrent des insectes par la présence de plus de trois paires de pattes.

Les insectes, les myriapodes et les crustacés forment le groupe des *antennates,* ou *mandibulates,* car ils possèdent tous antennes et mandibules, qui les distinguent des chélicérates.

A. CONSTITUTION DE LA CARAPACE

Le tégument des arthropodes comprend une couche de cellules (l'*épiderme*), et la *cuticule* rigide sécrétée par les cellules de l'épiderme. Cette cuticule est formée de 3 couches. L'*épicuticule,* très mince (1 µm), renferme des cires imperméables qui évitent les pertes d'eau. L'*exocuticule,* plus épaisse, dure et rigide, contient une protéine, l'arthropodine, associée à de la chitine. L'*endocuticule,* plus riche en chitine, est incolore, élastique et seulement présente au niveau des zones articulaires, qui doivent rester souples. Les cellules glandulaires de l'épiderme jouent un rôle important lors de la mue en sécrétant diverses substances. Des soies sensorielles renseignent l'insecte sur les caractéristiques de son environnement.

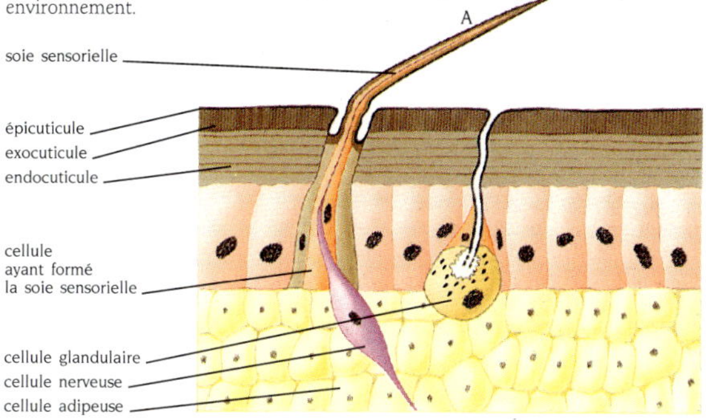

B. C. APPENDICES ARTICULÉS

Les arthropodes primitifs possédaient des appendices dont la structure se retrouve à peu près dans la patte-mâchoire d'un crustacé comme la langoustine (B). Il existe une base (*protopodite*) formée de deux éléments (*coxopodite* et *basipodite*). Le coxopodite porte un *épipodite,* qui joue un rôle dans la respiration et la mastication, et deux branchies. Sur le basipodite s'articulent les deux autres parties de l'appendice. Ce sont l'*endopodite,* formé de 5 parties, ou articles (dont les noms sont indiqués sur le dessin), et l'*exopodite,* formé par un premier article allongé et de nombreux petits articles.Une structure identique se retrouve au niveau de la mâchoire d'un insecte comme le criquet (C). Sur le protopodite, formé de 2 articles, s'articulent l'endopodite (ou palpe maxillaire) et l'exopodite ; ce dernier comprend la *galea* et la *lacinia.* La lacinia porte des dents aiguës qui servent à dilacérer les aliments. Ce vocabulaire technique est indispensable au zoologiste qui veut décrire avec précision un appendice d'arthropode.

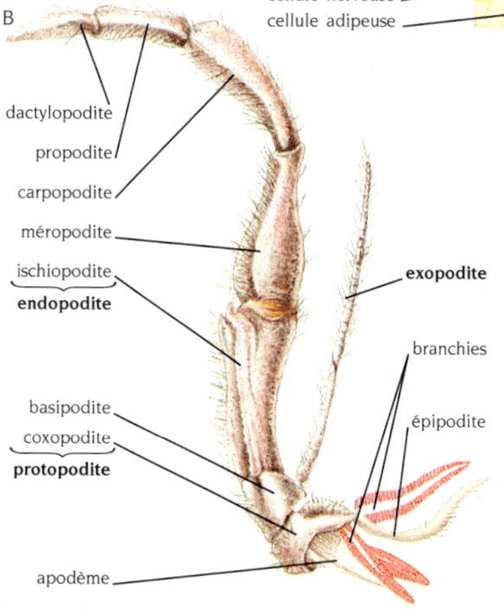

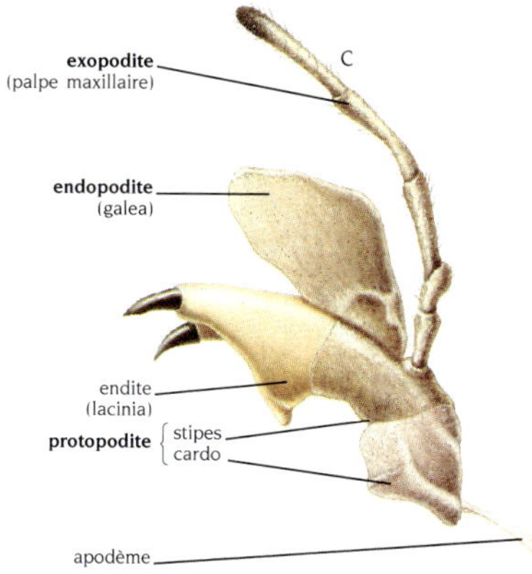

D. COUPE TRANSVERSALE D'UN SEGMENT

Le corps des arthropodes est formé par une suite d'éléments appelés « métamères » (ou segments). Chaque métamère possède un squelette externe et des organes internes, représentés sur ce schéma.

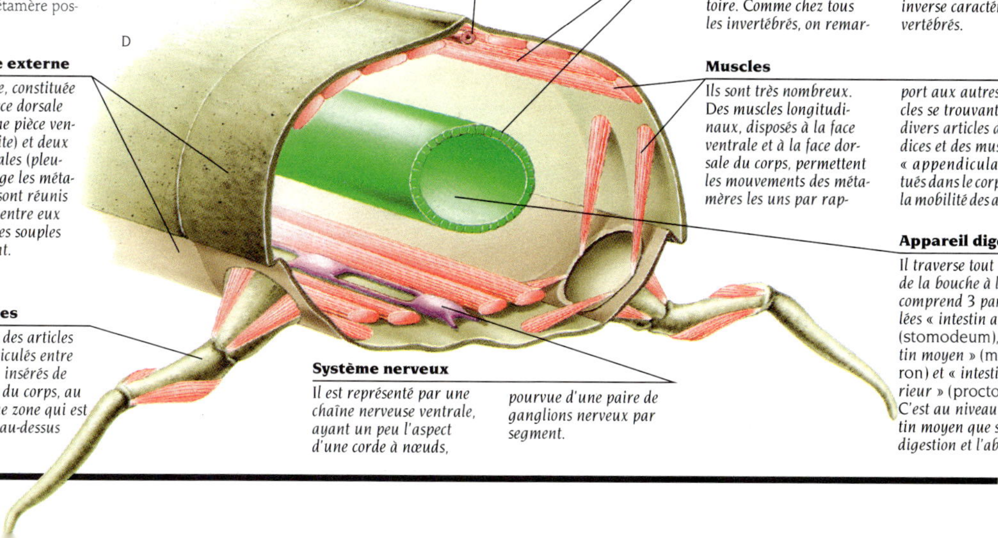

Appareil circulatoire

Il est constitué par un vaisseau sanguin dorsal de forme à peu près cylindrique.

Organes internes

Les principaux organes sont les muscles, le système nerveux, le tube digestif, l'appareil circulatoire. Comme chez tous les invertébrés, on remarque que le système nerveux et l'appareil circulatoire sont en position ventrale. Une disposition inverse caractérise les vertébrés.

Squelette externe

La carapace, constituée par une pièce dorsale (tergite), une pièce ventrale (sternite) et deux pièces latérales (pleurites), protège les métamères, qui sont réunis et articulés entre eux par des zones souples du tégument.

Muscles

Ils sont très nombreux. Des muscles longitudinaux, disposés à la face ventrale et à la face dorsale du corps, permettent les mouvements des métamères les uns par rapport aux autres. Des muscles se trouvant dans les divers articles des appendices et des muscles, dits « appendiculaires », situés dans le corps assurent la mobilité des appendices.

Appareil digestif

Il traverse tout le corps, de la bouche à l'anus. Il comprend 3 parties appelées « intestin antérieur » (stomodeum), « intestin moyen » (mésentéron) et « intestin postérieur » (proctodeum). C'est au niveau de l'intestin moyen que se font la digestion et l'absorption.

Appendices

Formés par des articles qui sont articulés entre eux, ils sont insérés de chaque côté du corps, au niveau d'une zone qui est située juste au-dessus du sternite.

Système nerveux

Il est représenté par une chaîne nerveuse ventrale, ayant un peu l'aspect d'une corde à nœuds, pourvue d'une paire de ganglions nerveux par segment.

LES ARACHNIDES

Les arachnides forment l'essentiel du groupe des *chélicérates.* Ces arthropodes doivent leur nom à la présence, en avant de la bouche, d'une paire d'appendices, souvent en forme de petite pince, appelés *chélicères.* Ces appendices possèdent un rôle dans la capture et le maintien des proies.

Les chélicérates sont très variés dans leurs formes et leurs modes de vie. On en distingue deux grands groupes : celui des *chélicérates aquatiques* (pycnogonides et limules) et celui des *chélicérates terrestres,* ou arachnides (araignées, scorpions, acariens...).

A

A. **MYGALE**

Les araignées de ce groupe sont appelées *tarantula* en Amérique, ce qui les fait parfois confondre avec les tarentules européennes, qui appartiennent à un tout autre groupe, celui des lycoses. Les mygales ont les chélicères placés dans un plan vertical. Elles sont munies de deux paires de poumons. Ce sont les plus grandes de toutes les araignées : certaines atteignent 9 cm (pattes non comprises).

B. **THOMISE**

Cette araignée *(Heriæus hirtus),* de la famille des thomisidés, est reconnaissable à son corps vert, recouvert de crins blancs. Elle habite fréquemment sur des plantes poilues (ici la menthe), ce qui lui assure un certain camouflage. Elle est commune en Europe occidentale et chasse à l'affût, ce qui lui permet de capturer des insectes comme cette abeille.

Anatomie. Le corps des arachnides comprend une partie antérieure, le *céphalothorax* (ou *prosoma*), formée par un ensemble de six segments porteurs d'appendices et fusionnés entre eux, et une partie postérieure, l'*abdomen* (ou *opisthosoma*). Les deux premières paires d'appendices du prosoma sont spécialisées pour assurer l'alimentation. Ce sont les chélicères et les *pédipalpes,* ou pattes-mâchoires. Les quatre paires suivantes ont un rôle locomoteur (pattes marcheuses). Dans l'abdomen, formé de treize segments, il y a toujours un orifice génital sur le deuxième segment.

Les arachnides se distinguent également par un appareil respiratoire formé soit par des poumons, soit par des trachées, et par un système nerveux généralement concentré en une seule masse. Les scorpions, encore nettement segmentés, sont les plus primitifs des arachnides ; les acariens, sans segmentation apparente, sont les plus évolués.

B

C

C. **ARAIGNÉE CITRON**

L'araignée citron *(Misumena vatia)* appartient à la famille des thomisidés. Elle est commune dans toute l'Europe et mesure environ 10 mm. Elle peut changer lentement de couleur et passer du blanc au vert pâle et au jaune.

LES ARAIGNÉES

LE GROUPE DES ARANÉIDES

■ Les araignées sont représentées par au moins 35 000 espèces. Leur abondance numérique en un même lieu peut être très grande. Ainsi, on a estimé à plus de 5 millions par hectare le nombre d'araignées présentes dans une prairie de Grande-Bretagne. Par leur régime alimentaire prédateur, elles jouent un rôle écologique considérable, en particulier dans le contrôle des insectes nuisibles.

Anatomie. Les araignées sont caractérisées par un céphalothorax et un abdomen non segmentés et réunis entre eux par un pédicule. Elles possèdent quatre paires de pattes. Les chélicères sont formés de deux articles, dont le dernier est relié à une glande à venin. Les araignées possèdent des glandes à soie (glandes séricigènes) situées à la face ventrale de l'abdomen. Les pédipalpes du mâle sont transformés en un organe d'accouplement curieux, le *bulbe.* La respiration se fait grâce à un poumon qui est une invagination du tégument comprenant de nombreuses lamelles.

D

D. **LYCOSE**

Cette araignée, de la famille des lycosidés, montre à la partie antérieure du céphalothorax 3 paires d'yeux (deux gros et quatre plus petits). Leur disposition et leur qualité assurent une bonne vision, utile chez des araignées qui ne font pas de toile mais chassent à l'affût ou à la course (lycosidés, salticidés).

E. **ANATOMIE D'UNE ARAIGNÉE**

Les araignées (ici, une mygale) sont construites sur un plan général qui est celui de tous les arthropodes. Le tube digestif, en particulier, est formé de 3 parties, l'intestin antérieur, l'intestin moyen et l'intestin postérieur.

E

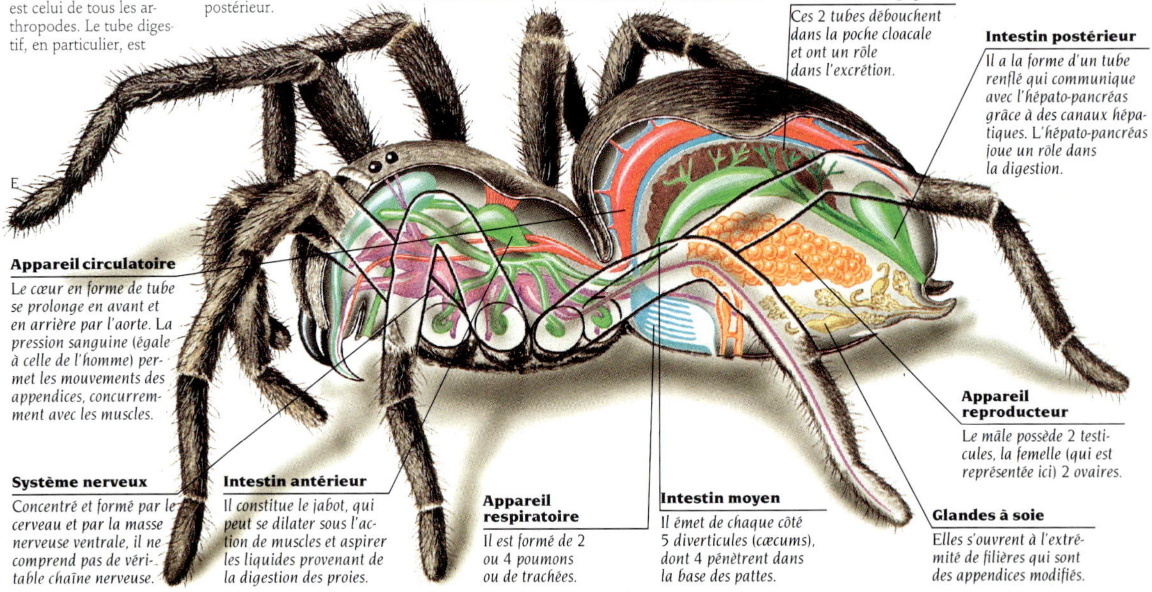

Reproduction. Le mâle des araignées est plus petit que la femelle. Au moment de la reproduction, la femelle émet une substance volatile *(phéromone)* dont l'odeur attire et guide le mâle. Celui-ci émet une autre phéromone, qui, semble-t-il, calme l'agressivité naturelle de la femelle. De plus, le mâle qui s'aventure sur la toile d'une femelle pratique des tiraillements sur les fils qui lui évitent d'être pris pour une proie. Lorsque la reconnaissance mutuelle a eu lieu, le mâle peut s'approcher et l'accouplement se fait par introduction du bulbe génital du mâle (sur les pédipalpes) dans l'orifice génital de la femelle consentante.

La perception des sons. Les araignées sont sensibles aux vibrations et en particulier aux basses fréquences (de 0,5 à 500 hertz), qui sont celles qui sont émises par les proies capturées dans les toiles. Les organes récepteurs sont appelés *organes lyriformes* car ils se présentent sous la forme de fentes parallèles du tégument dessinant une lyre. D'autres organes sensibles aux vibrations, les *trichobothries,* ont l'aspect de poils situés sur les pattes et ils peuvent détecter des courants d'air de vitesse extrêmement faible (10 mm/s).

A

A. **ÉPEIRE DIADÈME**

Araneus diadematus construit une toile géométrique de grande taille (40 cm de diamètre) située vers 1,5 m du sol. La femelle, de 12 mm environ, se reconnaît aux taches blanches qui dessinent une croix sur l'abdomen. Cette espèce est commune dans toute l'Europe. La femelle pond ses œufs dans un cocon, qu'elle garde de façon assidue.

B. **CLASSIFICATION DES ARACHNIDES**

Ordre	Description
Scorpions	600 espèces. Surtout tropicales. Quelques espèces en France.
Pseudo-scorpions	1000 espèces partout dans le monde.
Solifuges (ou Galéodes)	600 espèces. Surtout régions chaudes. Quelques espèces en Europe méridionale.
Palpigrades	Quelques espèces, dont une en France.
Uropyges	Une centaine d'espèces des régions chaudes.
Amblypyges (ou Phrynés)	Une soixantaine d'espèces des régions chaudes.
Aranéides (ou Araignées)	35 000 espèces du monde entier.
Ricinuléides	Quelques espèces des régions tropicales.
Opilions (ou Faucheux)	20 000 espèces. Communs partout.
Acariens	7 000 espèces. Communs partout.

C. **CLASSIFICATION DES ARAIGNÉES**

Sous-ordre	Famille	Genre (exemples)
Mygalomorphes ou orthognathes	atypidés cténizidés	*Atypus* *Nemesia*
Labidognathes cribellates	uloboridés	*Hyptiotes*
Labidognathes acribellates	pholcidés thomisidés salticidés lycosidés aranéidés agélénidés théridiidés linyphididés	*Pholcus* araignées crabes araignées sauteuses araignées-loups épeire tegenaire, argyronète *Latrodecte* *Liniphia*

Les fils de soie. Les araignées sont les seuls animaux capables de produire et d'utiliser de la soie à tous les stades de leur vie. La soie est un matériau remarquable. Elle forme des fils dont la résistance est comparable à celle du Nylon et l'élasticité, deux fois plus grande. Elle est produite par des glandes séricigènes dont chacune est spécialisée dans la formation d'un type de soie. Lorsqu'elles se déplacent, les araignées laissent derrière elles un « fil de sécurité » qui leur permet de contrôler leur chute lorsqu'elles tombent. Ce fil sert aussi au transport aérien des jeunes. Ceux-ci émettent un fil qui est entraîné par les courants d'air ascendants et, lorsque la traction est suffisante, l'araignée est emportée. La soie sert aussi aux femelles pour tisser un cocon dans lequel elles abritent leurs œufs et que certaines espèces transportent avec elles. Mais la soie sert surtout à beaucoup d'espèces d'araignées (pas toutes !) pour construire des pièges destinés à la capture des proies. L'observation d'une toile permet souvent l'identification de l'araignée qui l'a construite.

Quelques araignées remarquables. Les *mygales,* de la famille des théraphosidés, vivent en Amérique. Elles ont le corps très poilu. Leur morsure est très douloureuse. Elles se cachent le jour dans un terrier et chassent la nuit de gros insectes et des petits vertébrés.

Les *pholques,* aux longues pattes, vivent dans les lieux obscurs : caves, grottes, angles des plafonds. Elles se tiennent à l'affût, la tête en bas, sous une toile plane et horizontale.

D

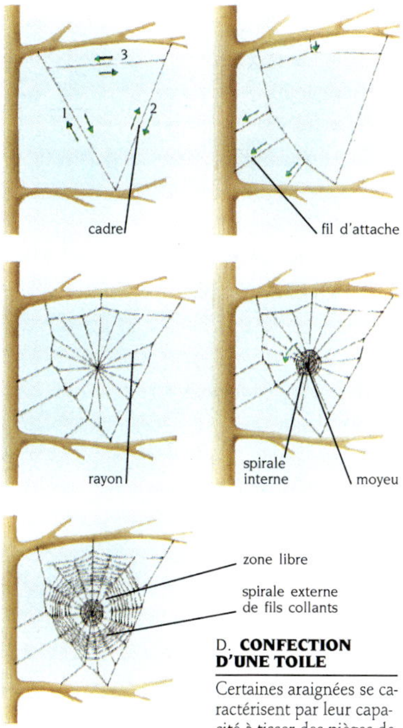

B. C. **CLASSIFICATION**

Les arachnides comprennent dix ordres (B), depuis les plus primitifs (scorpions) jusqu'aux plus évolués (acariens). Les araignées (C), les plus nombreuses, avec 35 000 espèces, se divisent en trois ensembles (sous-ordres) selon l'orientation des chélicères (verticaux chez les orthognathes, horizontaux chez les labidognathes) et la présence (ou l'absence) d'une plaque criblée en avant des filières à soie, le cribellum.

D. **CONFECTION D'UNE TOILE**

Certaines araignées se caractérisent par leur capacité à tisser des pièges de toile avec la soie qu'elles sécrètent. La toile de l'épeire diadème, dont les étapes de la confection sont schématisées ici, est remarquable par son architecture et ses propriétés mécaniques. Quand un insecte est capturé, les fils se tendent et vibrent, avertissant l'épeire. D'autres araignées fabriquent des toiles beaucoup moins organisées. De plus, beaucoup d'espèces ne font pas de toile et capturent elles-mêmes leurs proies.

Les *thomises,* ou araignées crabes, ont le corps élargi et marchent de côté comme de minuscules crabes. Elles ne font pas de toile et chassent à l'affût sur les fleurs. Leurs couleurs peuvent, chez certaines, changer pour s'adapter à l'environnement et assurer un certain camouflage (homochromie).

Les *salticidés,* ou araignées sauteuses, capturent leurs proies en sautant dessus. Leurs yeux sont très perfectionnés et leur vue, excellente.

Les *lycosidés,* ou araignées-loups, sont appelés ainsi car on a cru que ces araignées chassaient en bande comme les loups. La lycose de Tarente, ou *tarentule,* est célèbre dans le sud de l'Italie, où l'on a longtemps cru que son venin provoquait des troubles nerveux, que l'on soignait par des danses, les tarentelles.

L'*épeire diadème* est une araignée commune. Il en est de même de la *tégénaire,* dont les toiles, horizontales, sont les plus fréquentes des toiles d'araignées des maisons.

La famille des thérididés renferme la *veuve noire (Latrodectus mactans),* appelée « malmignatte » en Corse. Cette araignée de 10 à 15 mm est noire avec des taches rouge vif sur l'abdomen. Sa morsure est très douloureuse.

LES CHÉLICÉRATES AQUATIQUES

Ce sont des arthropodes, peu nombreux, dont les formes actuelles sont simplement limitées aux limules et aux pycnogonides.

Les *limules* (ou mérostomes) sont des animaux marins représentés par cinq espèces vivant sur les côtes nord-américaines ainsi que sur les rivages de l'océan Pacifique, de l'Inde aux Philippines. Les limules peuvent nager le ventre en l'air et s'enfouir dans le sable des plages. Elles mangent des vers et des mollusques et peuvent atteindre 60 cm. La photo ci-dessous montre des individus de l'espèce *Xiphosura polyphemus.* Leur aspect est caractéristique. La partie antérieure du corps est entourée par une carapace en fer à cheval qui ne laisse voir que les yeux. La partie postérieure montre des traces de segmentation et elle se prolonge par une longue pointe qui sert de point d'appui lorsque l'animal s'enfouit dans la vase (cette pointe n'est pas venimeuse).

Les *pycnogonides* (ou pantopodes) sont des organismes marins qui se déplacent lentement et se nourrissent d'éponges et d'hydres dont ils arrachent des morceaux à l'aide de leurs chélicères. Certaines espèces possèdent cinq ou six paires de pattes, ce qui les singularise parmi les chélicérates, qui n'ont en général que quatre paires de pattes. Il existe environ 500 espèces de pycnogonides, dont la taille est le plus souvent inférieure à 10 cm et qui vivent dans tous les océans depuis le littoral jusqu'à 7 000 mètres de profondeur.

LES ARACHNIDES

LES ACARIENS

CARACTÈRES GÉNÉRAUX

■ L'ORDRE DES ACARIENS renferme 7 000 espèces connues, répandues dans le monde entier.

Les acariens ont une taille en général égale ou inférieure au millimètre, à l'exception des tiques, qui peuvent dépasser le centimètre. Leur corps a subi de profondes modifications, dont la plus notable est la disparition de la segmentation et la soudure du céphalothorax *(prosoma)* à l'abdomen *(opisthosoma)*. Les acariens respirent à l'aide de trachées, qui s'ouvrent à l'extérieur par des stigmates dont le nombre et la disposition servent à établir la classification.

Alimentation. Certains acariens (comme les oribates) consomment des aliments solides (animaux ou végétaux) et possèdent des chélicères en forme de pince qui servent à déchiqueter les aliments. D'autres sont des suceurs de sang (comme les tiques) ou de sève (comme les tétranyques) et leurs chélicères sont modifiés en stylets piqueurs. Dans tous les cas, les acariens n'absorbent que des liquides. Les substances solides sont en effet digérées à l'extérieur du corps grâce aux enzymes sécrétées par les glandes salivaires.

Développement et mode de vie. Il existe parfois des différences considérables entre le mâle et la femelle des acariens. Ainsi, chez les *Pediculoides*, la femelle mesure 0,65 mm et a un corps sphérique sur lequel se déplacent deux à cinq mâles nains de seulement 0,2 mm de taille. Le développement des acariens se fait par une série de stades appelés « larves » et « nymphes », qui subissent des modifications importantes, semblables à celles qui existent chez les insectes à métamorphose complète. Les acariens sont les seuls arachnides qui renferment des espèces nuisibles pour l'homme. Ils ont colonisé tous les milieux, terrestres et aquatiques. Certains mènent une vie libre ; mais beaucoup d'espèces sont parasites.

La phorésie. Certains acariens, qui se fixent sur le tégument d'autres arthropodes, ne sont pas des parasites vrais mais se laissent transporter passivement sans nuire à leur hôte : on parle alors de *phorésie*.

Les nymphes des acariens appelés « uropodes » appartiennent à cette catégorie. On les trouve souvent par dizaines, fixées sur le corps de coléoptères tels que les bousiers, et on reconnaît aisément ces nymphes à la forme presque circulaire de leur corps. En revanche, de nombreux acariens sont de vrais parasites. Il s'agit de parasites externes.

TIQUES, AOÛTATS...

LES ACARIENS PARASITES D'ANIMAUX

■ LES AOÛTATS (appelés aussi « trombidions » ou « rougets ») sont, à l'état adulte, parasites d'insectes. Chez l'homme, leurs larves provoquent des démangeaisons.

Les acariens de la famille des tarsonémidés sont tous des parasites d'insectes. *Acarapis woodi* cause la « gale des abeilles » et *Varroa jacobsoni* anéantit actuellement des ruches entières.

La gale de l'homme est provoquée par un acarien, le sarcopte *(Sarcoptes scabiei)*. Les femelles creusent, sous l'épiderme, des galeries dans lesquelles elles vivent entourées de leurs œufs, leurs larves et leurs déjections.

Les tiques. Les acariens parasites les plus importants sont les tiques ou ixodes (famille des ixodidés, appelées aussi ricins). Ce sont des animaux qui sucent le sang des mammifères. Certaines espèces inoculent des micro-organismes (protozoaires, bactéries) responsables de graves maladies. Le développement des tiques est caractérisé par un stade larvaire suivi de plusieurs stades nymphe, puis par le stade adulte. Une mue accompagne la formation de chaque stade, et, à chaque fois, la tique s'installe sur un nouvel hôte. En Amérique du Nord, les tiques du genre *Dermacentor* propagent la fièvre pourpre des montagnes Rocheuses. La brucellose, ou fièvre de Malte, et une forme d'encéphalite sont également transmises par des tiques du genre *Ixodes*.

A

A. **TIQUE**

Cette espèce commune de tique *(Ixodes ricinus)* peut vivre aux dépens de beaucoup d'espèces de mammifères et transmettre diverses maladies parasitaires. L'individu photographié ici parmi les piquants d'un hérisson a commencé à se gorger de sang. Il pourra atteindre plus de un demi-centimètre de longueur.

B. C. **CIRON ET AOÛTAT**

Les cirons *(Tyroglyphus ciro)* [B] vivent en particulier dans la croûte des fromages, où ils peuvent pulluler. En raison de sa petite taille, quelques dixièmes de millimètre, on croyait avant l'invention du microscope, au temps de Pascal et de La Fontaine, que le ciron était le plus petit animal existant. Les aoûtats *(Thrombicula autumnalis)* [C] sont des parasites d'insectes.

B

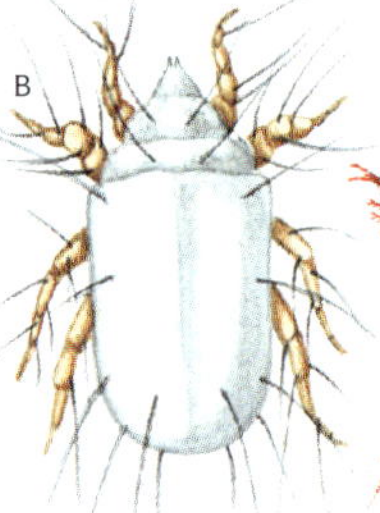

C

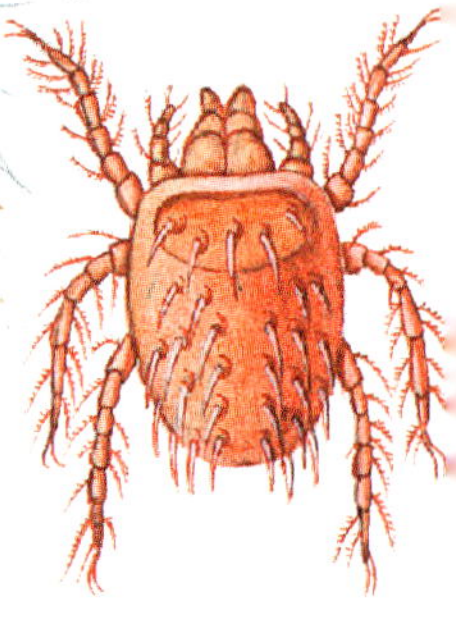

D. **MORPHOLOGIE D'UN ACARIEN**

Ce dessin d'une tique vue par sa face ventrale montre l'organisation générale que l'on retrouve chez tous les acariens. Il n'y a presque plus de traces de la segmentation primitive qui existe chez les autres arthropodes. Presque tout le corps est couvert de « poils », qui sont en réalité des organes sensoriels chimiques, tactiles, thermiques, vibratoires, etc.

D

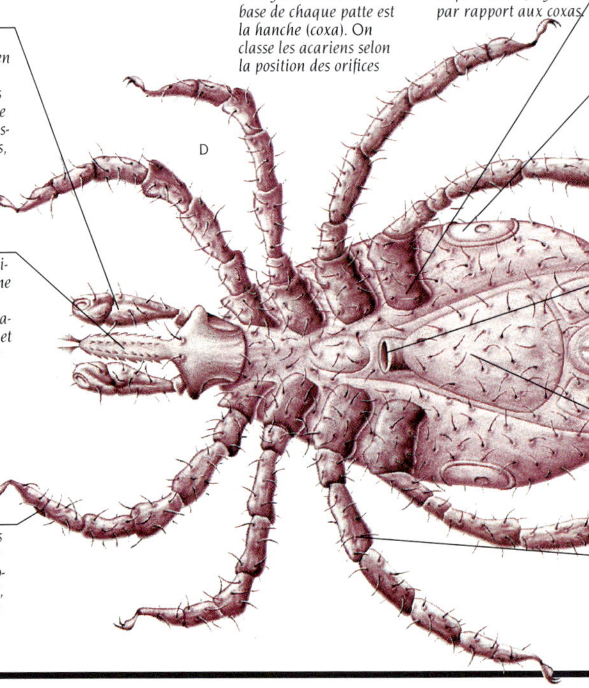

Pédipalpe

Les deux chélicères constituent un organe en forme de harpon qui se plante dans la peau des mammifères. De chaque côté des chélicères subsistent les deux pédipalpes, formés chacun de 4 articles.

Rostre

Les chélicères et les pédipalpes s'insèrent sur une pièce appelée « capitulum ». L'ensemble du capitulum, des chélicères et des pédipalpes forme le rostre.

Organe de Haller

À l'extrémité des pattes de la première paire se trouve un organe sensoriel, l'organe de Haller, qui permet le repérage olfactif de l'animal qui va être piqué.

Hanche

Le segment situé à la base de chaque patte est la hanche (coxa). On classe les acariens selon la position des orifices respiratoires (stigmates) par rapport aux coxas.

Stigmate

De chaque côté du corps de la tique se trouve un seul orifice respiratoire (stigmate), qui s'ouvre en arrière de la quatrième coxa. Les tiques sont des métastigmates, ce qui signifie « stigmates en arrière des coxas ».

Orifice génital

L'orifice génital est situé en avant de la région postérieure du corps. Les emplacements des 4 paires de pattes et de l'orifice génital sont les seules traces de la segmentation primitive.

Anus

Il est situé à la partie postérieure du corps.

Plaque

La face ventrale porte un certain nombre de plaques rigides qui alternent avec des zones souples du tégument.

Patte

Il existe 4 paires de pattes ; chaque patte est formée de 7 articles ; le dernier article porte 2 ou 3 griffes.

« ARAIGNÉES ROUGES »...

LES ACARIENS PARASITES DE VÉGÉTAUX

■ CES ACARIENS appartiennent à deux groupes : les tétranyques et les tétrapodes.

Les « araignées rouges », ou tétranyques, vivent en groupes et tissent sur les végétaux une toile de soie qui peut recouvrir complètement les arbres envahis. Une espèce, *Panonychus ulmi,* attaque les pommiers. Une autre, *Tetranychus urticae,* attaque les tomates et les concombres, surtout dans les cultures sous serre. Les pesticides étant généralement inefficaces contre les tétranyques, on combat ces ravageurs en utilisant d'autres acariens *(Phytoseiulus)* qui en sont des prédateurs exclusifs. Dans divers pays, l'élevage industriel de ces acariens prédateurs a été entrepris pour protéger les cultures sous serre.

Les tétrapodes, ou ériophyidés, n'ont que deux paires de pattes (au lieu de quatre paires). Certaines espèces, par leurs piqûres, déclenchent la formation de galles, qui sont communes sur les feuilles des tilleuls, des hêtres ou des noyers. Parmi les espèces nuisibles, *Eriophyes vitis* provoque sur la vigne des lésions que l'on croyait autrefois dues à un champignon : les piqûres de l'acarien entraînent la formation de galles sur les feuilles, qui finissent par tomber, des déformations des bourgeons et le raccourcissement des entre-nœuds. Cette affection est connue sous le nom de *court-noué de la vigne.*

LES FORMES LIBRES

ACARIENS DU SOL, DE LA POUSSIÈRE ET DES EAUX

■ LES ACARIENS LIBRES sont plus nombreux en espèces que les acariens parasites. Certains appartiennent aux mêmes familles que des parasites, d'autres à des groupes originaux.

A. **CLASSIFICATION DES ACARIENS**

Groupes et caractéristiques	Familles (exemples)
Notostigmates ou opilioacariens. Quatre paires de stigmates ; il reste des traces de segmentation.	Quelques espèces exotiques rares.
Mésostigmates. Une paire de stigmates situés au niveau de la 3e paire de pattes.	Gamasides (ou parasitiformes) Uropodes Phytoséidés.
Métastigmates. Une paire de stigmates situés en arrière de la 4e paire de pattes.	Ixodidés (ou tiques).
Astigmates Pas de stigmates. La respiration se fait à travers le tégument.	Sarcoptiformes (ou acarididés) Acariens des poussières Acariens des plumes d'oiseaux Ériophydés (ou tétrapodes) Acariens du fromage.
Hétérostigmates. Une paire de stigmates en avant de la première paire de pattes.	Tarsonémidés (parasites d'insectes).
Cryptostigmates Quatre paires de stigmates cachés sous les bases des pattes.	Oribates.
Prostigmates. Une paire de stigmates en avant du corps au niveau des chélicères.	Trombidions Tétranyques (ou araignées rouges) Hydracariens Halacariens.

A. **CLASSIFICATION**

Les stigmates représentent les ouvertures, à la surface du corps, des trachées respiratoires. Leur nombre et leurs positions servent à définir et à classer les différents groupes d'acariens.

Les acariens du sol. Les oribates forment un groupe d'acariens surtout abondant dans le sol, où on a pu en compter jusqu'à 400 000 par mètre carré. Ils consomment des débris végétaux variés, qu'ils fragmentent en petits éléments. Ils facilitent ainsi le rôle des bactéries et contribuent à accélérer la formation de l'humus. Les oribates constituent un élément important de ce que l'on appelle la « micro-faune du sol ». Ils sont capables de supporter des conditions de vie exceptionnelles. Une espèce de l'Antarctique peut vivre constamment à des températures inférieures à 0 °C et supporter –30 °C.

Les acariens « domestiques ». Les poussières des maisons constituent un milieu spécial appelé « milieu pulvicole ». Elles sont habitées par des acariens du groupe des acarididés (sarcoptiformes). L'espèce *Dermatophagoides pteronyssus,* qui se nourrit des produits de peaux mortes (pellicules), colonise la poussière des matelas (jusqu'à 500 individus par gramme de poussière). Elle y trouve une humidité élevée et une température de 25 °C, qui correspondent à ses exigences optimales. Ces acariens sont responsables de réactions allergiques (asthme) chez certains sujets. D'autres acariens vivent dans les denrées entreposées comme le blé des silos ou la farine des meuneries. Les cirons *(Acarus ciro)* sont des acariens fréquents dans la croûte des fromages fermentés.

Les acariens aquatiques. Les hydracariens sont communs dans les eaux douces. Ils sont souvent de couleur vive : rouge, orangée, verte et ils nagent en se servant de leurs pattes comme de rames.

Les halacariens sont marins et se rencontrent jusqu'à 4 000 mètres de profondeur. Beaucoup mènent une vie libre, mais certains sont devenus parasites et vivent dans les fosses nasales et les poumons des phoques et des morses.

B

B. **COURT-NOUÉ DE LA VIGNE**

Ces déformations sont provoquées par les piqûres de l'acarien *Eriophyes vitis.* Les feuilles attaquées se déforment, se couvrent de boursouflures d'aspect caractéristique. À la face inférieure des feuilles ainsi déformées apparaissent des poils gros et serrés qui forment un feutrage dense. Les feuilles attaquées finissent par tomber. *Eriophyes vitis* est un acarien minuscule (femelle, 160 μm ; mâle, 20 μm) qui appartient au groupe des tétrapodes (ériophydés).

C

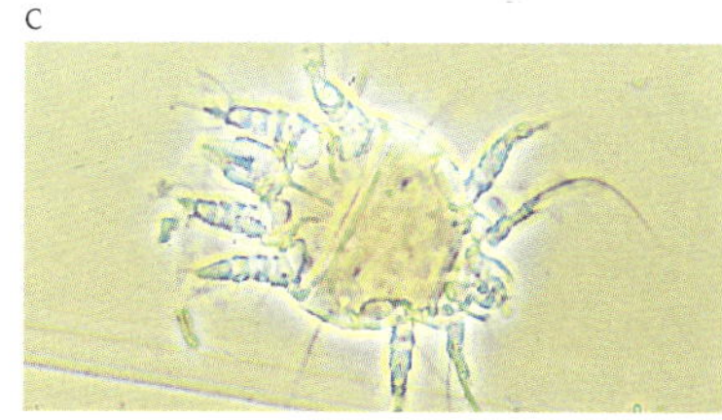

C. **GALE DES ABEILLES**

Acarapis woodi, acarien parasite du groupe des tarsonémidés, est l'agent de la maladie appelée « gale des abeilles ». Ce minuscule acarien (quelques dixièmes de millimètre) s'installe dans les trachées de la tête et du thorax des abeilles. Il peut causer d'importants ravages, mais on sait cependant le contrôler à l'aide d'un acaricide spécifique.

D

D. **VARROAS**

Varroa jacobsoni, acarien apparu en Europe il y a quelques années, est un redoutable ennemi des abeilles, qu'il décime. La photo montre 3 femelles (environ 1 mm). Le mâle est minuscule et blanchâtre. Cet acarien tue les larves et les nymphes des abeilles. Il est originaire de l'Asie du Sud-Est, où il vit aux dépens d'une espèce d'abeilles qui résiste à ses attaques, contrairement à l'abeille domestique européenne.

E

E. **TROMBIDIONS**

Ces trombidions africains, *Allothrombidion tinctorum* (longueur 6 mm environ), possèdent un corps massif sans aucune trace de segmentation, ce qui est caractéristique des acariens. Les trombidions sont des prédateurs. Ils peuvent parfois être abondants dans le sol. Leur couleur rouge vif est due à la présence d'un pigment qui est identique à celui qui colore la carapace de certains crustacés.

LES ARACHNIDES

SCORPIONS ET PSEUDOSCORPIONS

DES ARACHNIDES PRIMITIFS

■ LES ESPÈCES ACTUELLES de scorpions sont surtout présentes dans les régions tropicales. Ce sont des arachnides primitifs car elles ont conservé une segmentation très complète (alors qu'elle tend à disparaître chez les araignées et les acariens). Animaux de grande taille pour des arthropodes (*Pandinus imperator* d'Afrique mesure jusqu'à 24 cm), les scorpions sont actifs la nuit et chassent surtout des insectes.

Reproduction des scorpions. Lors de la reproduction, les scorpions exécutent une danse nuptiale dans laquelle le mâle et la femelle se font face en se tenant par les pinces. Ils font une promenade qui dure plus d'une heure puis le mâle entraîne la femelle dans un terrier où a lieu l'accouplement.

Le développement des œufs est extrêmement lent et peut durer plus d'une année. Durant ce temps, les embryons sont nourris grâce à des organes très particuliers qui ressemblent à un cordon ombilical. À la naissance, les jeunes grimpent sur le dos de la mère et y restent plusieurs jours avant de se disperser.

Caractères particuliers. Les scorpions ont une grande résistance au jeûne et ils peuvent supporter une immersion de 48 heures. Leur résistance aux radiations ionisantes (découverte par hasard lors d'explosions nucléaires expérimentales) est remarquable. Elle est due à un ensemble de caractéristiques : faible métabolisme, rareté des divisions cellulaires, faible teneur en acides nucléiques, présence d'un sang riche en cuivre (celui-ci jouant un rôle radioprotecteur) et abondance d'une molécule, la *taurine,* également protectrice.

Les pseudoscorpions. Appelés aussi *chernètes,* les animaux de ce groupe possèdent des pattes-mâchoires (pédipalpes) en forme de pince et un corps segmenté qui rappelle celui des scorpions. Les pseudoscorpions n'ont pas de queue ni d'organes sensoriels (peignes) à la base des dernières pattes, comme les scorpions. Ce sont des animaux de petite taille (toujours inférieure à 1 cm), carnivores mais inoffensifs pour l'homme, qui fréquentent les lieux obscurs et humides du monde entier.

Lors des préliminaires de l'accouplement, le mâle exécute devant la femelle immobile une sorte de danse ; puis il dépose sur le sol une enveloppe contenant ses spermatozoïdes (le spermatophore), dont la femelle s'empare et qu'elle introduit dans ses voies génitales, avec l'aide de son partenaire.

LES GROUPES MINEURS

SOLIFUGES, UROPYGES, OPILIONS

■ LES SOLIFUGES, OU GALÉODES, sont des carnassiers agiles et souvent nocturnes, dont la taille varie de 1 à 7 cm. Ils sont caractérisés par un corps très velu et des chélicères énormes mais sans glande à venin. Ce sont des animaux voraces fréquents dans les déserts chauds.

Les uropyges. Nocturnes et de couleur rougeâtre à noirâtre, ces arachnides peuvent atteindre 6 cm. L'espèce la plus remarquable est *Mastigoproctus giganteus,* qui est connu en Amérique du Nord sous le nom de *vinaigrier,* car cet animal possède des glandes anales qui peuvent projeter un jet d'acide acétique (à odeur de vinaigre) jusqu'à 30 cm.

Les amblypyges, ou phrynés. Ils comprennent environ 60 espèces des régions tropicales. Ce sont des animaux mesurant de 4 à 50 mm, qui se nourrissent d'insectes. Leur corps est aplati, de couleur sombre. Les pattes-mâchoires sont très allongées ; la première paire de pattes sert au déplacement.

Les faucheux. Les opilions, ou phalangides, sont connus sous le nom de *faucheux.* Ils se distinguent facilement des araignées par leur corps formé d'un seul bloc en raison de la soudure du prosoma et de l'abdomen. Leurs pattes sont très longues. Ils n'ont pas de glande à venin débouchant dans les chélicères.

Palpigrades et ricinuléides. Ce sont des espèces rares et peu connues. Les palpigrades sont des animaux minuscules qui vivent dans le sol des régions méditerranéennes. Les ricinuléides sont des animaux massifs mesurant 1 cm, que l'on trouve en Afrique et en Amérique tropicales.

A
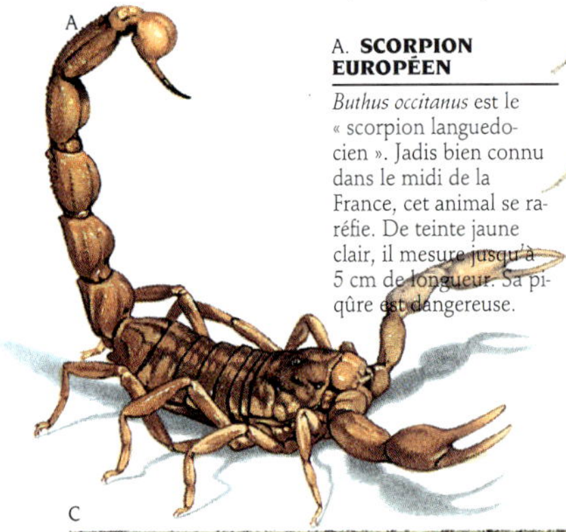

A. **SCORPION EUROPÉEN**
Buthus occitanus est le « scorpion languedocien ». Jadis bien connu dans le midi de la France, cet animal se raréfie. De teinte jaune clair, il mesure jusqu'à 5 cm de longueur. Sa piqûre est dangereuse.

B
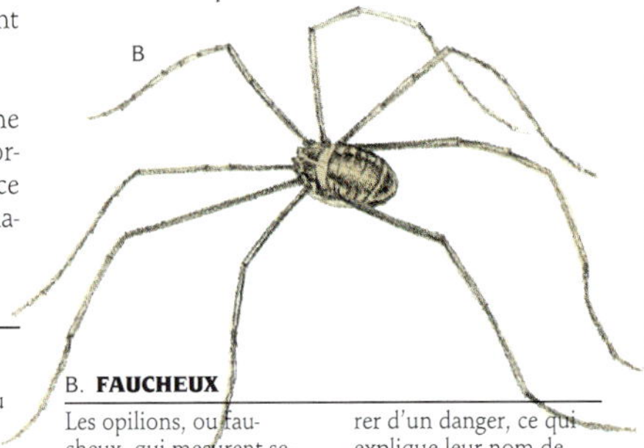

B. **FAUCHEUX**
Les opilions, ou faucheux, qui mesurent selon les espèces de 1 à 20 mm, sont communs dans les champs, les lieux humides et même les maisons. Une particularité remarquable des opilions réside dans la possibilité de coupure volontaire d'une patte (autotomie) pour se libérer d'un danger, ce qui explique leur nom de « faucheux ».

C

C. **UROPYGE**
Les uropyges se reconnaissent à leurs énormes pédipalpes en pince (non venimeux), à leurs pattes antérieures allongées et grêles et à leur abdomen segmenté au long filament terminal articulé. Ce représentant du groupe des uropyges appartient à la faune africaine.

E

E. **GALÉODE**
Dans le groupe des galéodes, ou solifuges, *Galeodes arabs* est une espèce commune dans les déserts d'Afrique du Nord. C'est un animal nocturne et très agile. Mesurant de 2 à 4 cm, cet arachnide se reconnaît à ses énormes chélicères renflés à la base, qui servent à capturer les proies et qui sont souvent plus volumineux que la « tête » (prosoma). Les yeux apparaissent comme des taches noires et brillantes à l'avant du prosoma ; l'arrière-corps est segmenté ; l'animal est fortement poilu.

D

D. **SCORPION AFRICAIN**
Ce *Pandinus imperator,* d'Afrique tropicale, est le géant des scorpions. On voit les 3 parties du corps : la « tête » (prosoma) en avant, non segmentée ; le « corps » (mésosoma), formé de 7 segments ; la « queue » (métasoma), de 5 segments prolongés par l'aiguillon venimeux. Les énormes pattes-mâchoires (pédipalpes) sont terminées par des pinces qui maintiennent les proies. Celui-ci s'apprête à dévorer un rongeur nouveau-né.

LES MYRIAPODES

Les myriapodes, ou « mille-pattes », sont pourvus, comme leur nom l'indique, d'un grand nombre de pattes, ce qui les distingue des autres arthropodes.

Anatomie. Certains myriapodes ont deux paires de pattes par segment (au lieu d'une). Le corps comprend trois parties : la tête, le tronc, formé de segments (métamères) à peu près semblables entre eux, et le dernier segment, ou telson, dont la forme est différente. L'anatomie des myriapodes est conforme au plan général des arthropodes et elle rappelle beaucoup celle des insectes.

Classification. Les myriapodes sont représentés par plus de 10 000 espèces connues. Les principales variations anatomiques qui sont utilisées pour en établir la classification intéressent l'appareil reproducteur, la disposition des pattes et la forme des pièces buccales.

On distingue deux groupes : les chilopodes et les progonéates.

SCOLOPENDRES, IULES...

CHILOPODES ET PROGONÉATES

■ Le groupe des chilopodes est représenté par 2 500 espèces, dont les plus connues sont les géophiles et les scolopendres. Les progonéates, qui se distinguent des chilopodes par la position de leur orifice génital, comportent environ 7 500 espèces recensées.

Les chilopodes. Ce sont des carnassiers dont la tête, aplatie, est bien distincte du tronc, formé de 19 à 181 segments portant chacun une paire de pattes, sauf le premier, qui porte des appendices modifiés, les *forcipules.* Le dernier segment, très réduit, porte l'anus, et l'avant-dernier segment porte l'orifice génital. Cette position tout à fait postérieure de l'orifice génital a valu aux chilopodes leur autre nom : *opisthogonéates* (c'est-à-dire à orifice situé en arrière). Les chilopodes sont des animaux qui se cachent le jour dans les endroits sombres et qui chassent la nuit de petites proies qui sont rapidement tuées par le venin des forcipules.

Parmi les espèces communes, les géophiles ont un corps aplati qui peut atteindre 20 cm et qui possède de 31 à 173 segments.

Les scolopendres, de grande taille (28 cm de long et 25 mm de large chez une espèce du Brésil), sont des animaux voraces et agressifs.

Les lithobies (inoffensifs) ressemblent à de petites scolopendres mais n'ont que 15 paires de pattes. L'espèce la plus commune en Europe (sous les pierres et les écorces), *Lithobius forficatus,* mesure 3 cm, est de couleur brune et se nourrit de limaces et de petits insectes.

Les progonéates. Le groupe des progonéates renferme les autres myriapodes. Ils ont l'orifice génital situé en avant du tronc (d'où leur nom) et comprennent les symphyles, les pauropodes et les diplopodes.

Les pauropodes sont des myriapodes de moins de 2 mm, blanchâtres, qui vivent dans le sol. Les symphyles, également blanchâtres mais plus grands (2 à 8 mm), sont répandus sous les pierres et dans le sol, où ils mangent des algues et des champignons. *Scutigerella immaculata*, qui atteint 8 mm, est commun.

Les diplopodes, avec 7 000 espèces, sont les plus nombreux. Ils abondent dans le sol, où ils mangent des végétaux décomposés.

Biologie des diplopodes. Chez les représentants de ce groupe de progonéates, les segments du tronc portent chacun deux paires de pattes. Beaucoup de ces animaux possèdent sur le tronc des glandes qui sécrètent des produits toxiques variés. Des espèces tropicales géantes fabriquent des substances riches en acide cyanhydrique, qu'elles peuvent projeter à plus de 40 cm et qui sont dangereuses pour l'homme.

Les iules sont des diplopodes au corps cylindrique et allongé et de couleur le plus souvent noire ; ce sont les plus communs en Europe. Les gloméris sont capables de s'enrouler en boule quand ils sont inquiétés, ce qui les fait confondre avec les cloportes (qui sont des crustacés). Les polyxènes sont les plus curieux des diplopodes. De taille inférieure au centimètre, ils sont recouverts de soies plumeuses.

A

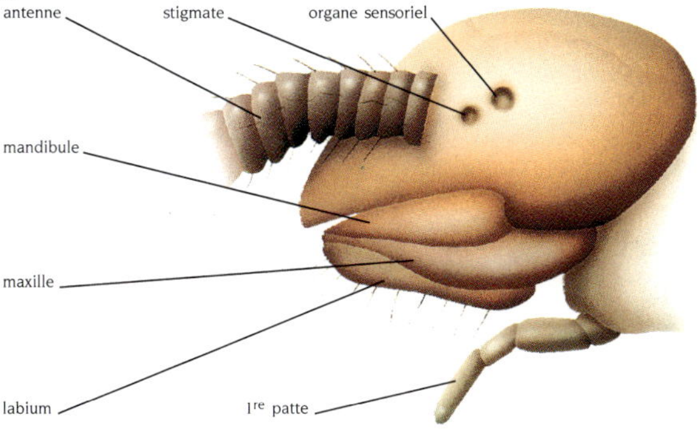

A. **TÊTE DE SCUTIGERELLE**

La scutigerelle est un myriapode du groupe des symphyles dont le tronc comporte 12 segments munis chacun d'une paire de pattes. La tête, de forme déprimée, porte deux antennes formées de nombreux articles, mais n'a pas d'yeux. Il existe trois paires de pièces buccales : les mandibules, formées (ce qui est rare) de deux articles ; les mâchoires (ou maxilles) et la lèvre inférieure (ou labium), comparable à celle des insectes (mais sans palpe). Contrairement à la scolopendre, qui est un prédateur, il n'y a pas de forcipules ni de glande à venin chez la scutigerelle, qui se nourrit de fragments végétaux et de racines.

B

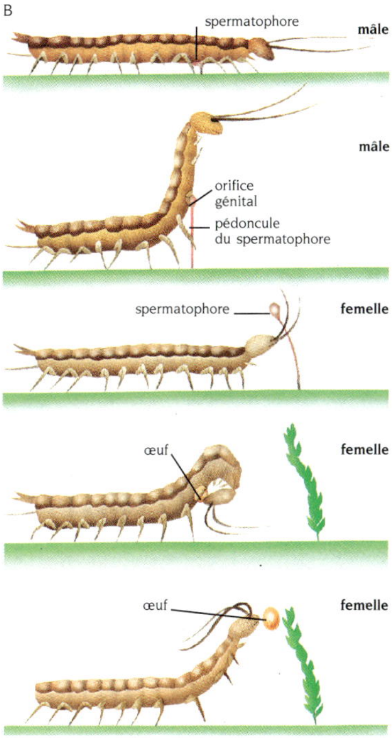

B. **FÉCONDATION DIFFÉRÉE**

Chez une espèce de symphyle du genre *Scutigerella,* le mâle émet ses spermatozoïdes dans une enveloppe (spermatophore) qu'il fixe sur le sol (1). Puis il redresse l'avant-corps pour étirer le pédoncule du spermatophore (2). Il laisse la place à la femelle, qui mange le spermatophore (3). Elle absorbe ainsi les spermatozoïdes qu'il contient, mais elle en garde une partie dans deux poches de sa cavité buccale. Elle émet alors un œuf, qu'elle prend à l'aide de ses pièces buccales (4) et qu'elle dépose sur un support (5). Elle mordille ensuite l'œuf, ce qui permet aux spermatozoïdes qui sont restés dans la bouche d'assurer la fécondation. Ce mode de fécondation existe aussi chez les scolopendres et d'autres arthropodes terrestres : insectes (collemboles), arachnides (pseudoscorpions et scorpions).

C

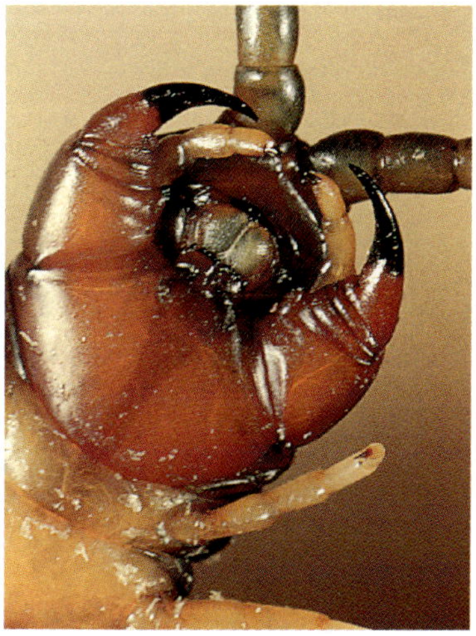

C. **TÊTE DE SCOLOPENDRE**

Cette vue ventrale montre, en haut et à droite, la base des deux antennes ; en bas et à gauche, deux segments du tronc avec leurs appendices. Les pièces buccales de la scolopendre comprennent (comme chez les insectes) une lèvre supérieure, une paire de mandibules, une paire de mâchoires et une lèvre inférieure en partie cachée par les forcipules, qui correspondent aux premiers appendices, fortement modifiés. Chaque forcipule a la forme d'un crochet dur et est en relation avec une glande à venin, ce qui permet à l'animal de saisir et de tuer les proies.

D

D. **IULES**

Les iules sont des diplopodes au corps cylindrique comportant jusqu'à 120 segments qui portent chacun deux paires de pattes (le total est quand même loin de « mille pattes » !). Les iules se mettent en boule quand on les dérange, mais aussi lors de l'accouplement chez cette espèce du Sénégal *(Peridontopyge rubescens).*

LES CRUSTACÉS

Les crustacés sont des arthropodes pourvus de deux paires d'antennes (les antennules et les antennes vraies), d'une paire de mandibules et qui respirent à l'aide de branchies. Leur carapace (cuticule) est chargée de sels de calcium et épaissie en forme de croûte (d'où leur nom). Leurs appendices sont presque toujours divisés (on parle d'appendices *biramés*). Le développement comporte des formes larvaires dont la première, caractéristique, est appelée *nauplius*.

CARACTÈRES GÉNÉRAUX

DES ARTHROPODES SURTOUT MARINS

■ Il est difficile de donner un schéma de l'organisation des crustacés en raison de leur grande diversité. Celle-ci se manifeste même dans la taille : moins de 1 mm chez les copépodes et 3,8 m d'écartement des pattes chez l'« araignée de mer » *Macrocheirus kaempferi*.

Modes de vie. La plupart des crustacés sont marins mais ils ont aussi colonisé les eaux douces et le milieu terrestre. Il existe des formes libres, nageuses, des formes fixées au substrat et de nombreuses espèces parasites sur des animaux très divers. Les crustacés dominent largement le milieu marin par leur abondance ; ils y jouent à peu près le même rôle que les insectes sur terre. Ce groupe d'animaux renferme des formes encore mal connues, dont beaucoup vivent dans des milieux peu accessibles (abysses, grottes...).

Développement. Le développement des crustacés se fait par une série de mues et de métamorphoses, qui, comme chez les insectes, sont sous le contrôle d'hormones. Il existe en particulier dans le pédoncule oculaire de beaucoup d'espèces une glande, appelée *glande X,* qui sécrète une hormone inhibant la mue. Au voisinage des antennes ou des maxilles, une autre glande, l'*organe Y,* sécrète une hormone qui déclenche la mue. C'est par l'action équilibrée de la glande X et de l'organe Y que se règle ainsi le rythme des mues.

Déterminisme du sexe. Il existe chez certains crustacés une glande spéciale appelée *glande androgène,* qui produit une hormone capable d'orienter la différenciation du jeune animal vers le sexe mâle. En effet, l'ablation précoce de cette glande chez un mâle fait que l'animal devient femelle, tandis que sa greffe chez une femelle la transforme en mâle. Il paraît ainsi y avoir un déterminisme hormonal du sexe. Ce phénomène oppose les crustacés aux insectes, chez lesquels le sexe semble déterminé uniquement par les chromosomes.

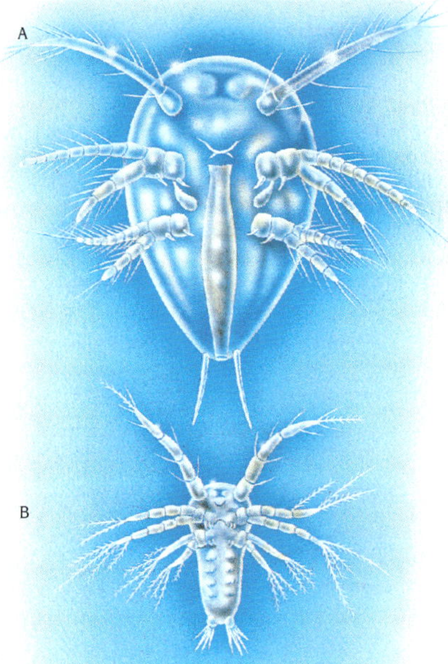

A. B. **LARVES DE CRUSTACÉ**

Chez beaucoup de crustacés, l'œuf éclôt en donnant une larve libre et nageuse, le nauplius (A). Celui-ci, dont la taille est de 0,5 mm, possède 3 paires d'appendices biramés qui servent à la nage : les *antennules,* les *antennes* et les *mandibules.* Un tube digestif et un système nerveux rudimentaire, une paire d'organes excréteurs (néphridies) sont les seuls organes internes présents. Des appendices masticateurs se trouvent sur la base des antennes et des mandibules. La croissance du nauplius se fait par des mues successives marquées par l'apparition progressive de segments et d'appendices nouveaux. Le stade larvaire appelé *métanauplius* (B) se caractérise par la présence d'une petite fourche (ou *furca*) à l'extrémité postérieure. Divers autres stades larvaires et des métamorphoses conduiront à la réalisation du crustacé adulte.

C. CLASSIFICATION DES CRUSTACÉS	Sous-classe	Ordre
Crustacés inférieurs ou Entomostracés	Céphalocarides	
	Mystacocarides	
	Remipedia	
	Branchiopodes	Anostracés
		Notostracés
		Conchostracés
		Cladocères
	Ostracodes	
	Copépodes	
	Branchioures	
	Cirripèdes	
Crustacés supérieurs ou Malacostracés	Phyllocarides	
	Syncarides	
	Pancarides (= Thermosbaenacés)	
	Hoplocarides (= Stomatopodes)	
	Paracarides	Mysidacés
		Tanaidacés
		Spelaeogriphacés
		Mictacés
		Cumacés
		Isopodes
		Amphipodes
	Eucarides	Euphausiacés
		Décapodes.

C. **CLASSIFICATION**

On a longtemps divisé les crustacés en deux groupes, les crustacés inférieurs, ou entomostracés, et les crustacés supérieurs, ou malacostracés. Aujourd'hui, si le groupe des malacostracés demeure une unité systématique homogène, celui des entomostracés, en revanche, n'a plus de valeur systématique et peut être considéré comme un ensemble hétérogène (qualifié par les classificateurs de *paraphylétique*).

D. **ANATOMIE D'UN CRUSTACÉ**

Ce homard est représentatif de l'ensemble des crustacés. C'est à partir de lui que les variations que l'on peut observer chez les différents représentants de ce groupe seront donc décrites.

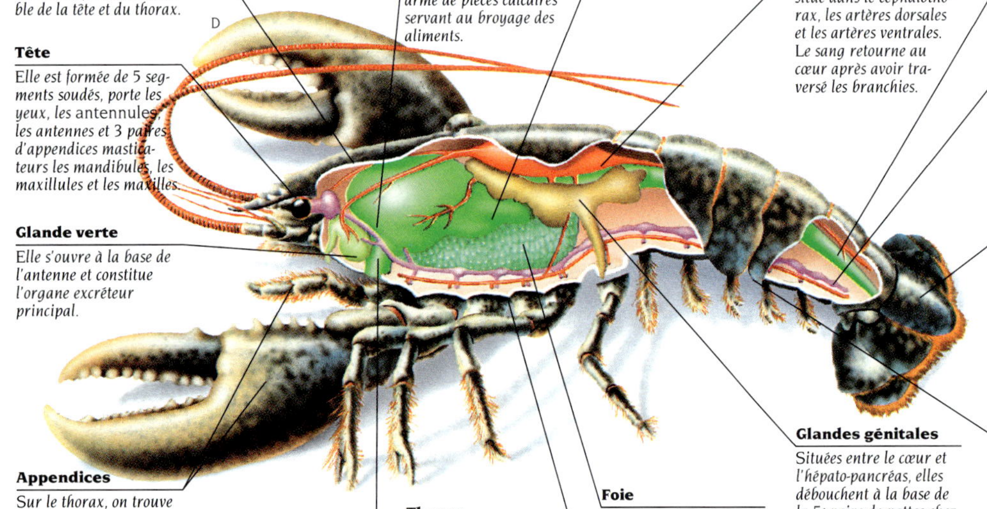

Céphalothorax
La partie antérieure du corps (céphalothorax) *est recouverte sur la face dorsale par une carapace. Elle correspond à l'ensemble de la tête et du thorax.*

Tête
Elle est formée de 5 segments soudés, porte les yeux, les antennules*, les antennes et 3 paires d'appendices masticateurs les mandibules, les maxillules et les maxilles.*

Glande verte
Elle s'ouvre à la base de l'antenne et constitue l'organe excréteur principal.

Appendices
Sur le thorax, on trouve les 3 paires de pattes-mâchoires et les 5 paires de pattes marcheuses, les 3 premières étant terminées par des pinces.

Tube digestif
Il comprend l'intestin antérieur, l'intestin moyen et l'intestin postérieur.

Intestin antérieur
Il a comme élément principal l'estomac, qui est armé de pièces calcaires servant au broyage des aliments.

Thorax
Il est constitué de 8 segments, dont les limites ne sont visibles que sur la face ventrale.

Intestin moyen
Court, il forme la partie terminale de l'estomac.

Foie
Dans le céphalothorax, le foie (hépato-pancréas) est une glande volumineuse, de teinte brune, qui sert à la digestion.

Appareil circulatoire
Il est formé par le cœur, situé dans le céphalothorax, les artères dorsales et les artères ventrales. Le sang retourne au cœur après avoir traversé les branchies.

Glandes génitales
Situées entre le cœur et l'hépato-pancréas, elles débouchent à la base de la 5e paire de pattes chez le mâle.

Intestin postérieur
C'est un long tube qui occupe l'abdomen.

Système nerveux
Il comprend un cerveau dorsal, un ganglion sous-œsophagien et une chaîne nerveuse ventrale munie d'une paire de ganglions par segment.

Telson
Les appendices du sixième segment abdominal forment la nageoire caudale, qui sert dans les déplacements. Le corps se termine par le telson *(qui n'est pas un segment vrai), qui porte l'anus.*

Abdomen
La partie postérieure du corps comprend 6 segments et 5 paires d'appendices (A_6 à A_{10}), appelés pléopodes. *Les deux premières (A_6 et A_7) sont transformées en organe d'accouplement chez le mâle.*

LES CRUSTACÉS supérieurs, ou *malacostracés,* ont le corps formé de dix-neuf (rarement vingt) segments répartis en trois régions : la tête avec cinq segments, le thorax avec huit segments et l'abdomen avec six (ou sept) segments. Le thorax est recouvert d'une carapace et il existe dix-neuf paires d'appendices. Les yeux composés des malacostracés sont en général portés par un pédoncule.

Les *entomostracés,* que l'on appelle encore parfois « crustacés inférieurs », ont en commun de ne jamais posséder cet ensemble de caractères. En général, ils sont de plus petite taille par rapport à l'ensemble des représentants des malacostracés. On admet aujourd'hui que le groupe des entomostracés, conservé pour des commodités d'exposition, forme un ensemble hétérogène qui est subdivisé en huit ensembles différents. Les trois premiers (céphalocarides, mystacocarides et remipedia) sont les plus primitifs et comptent peu d'espèces.

A

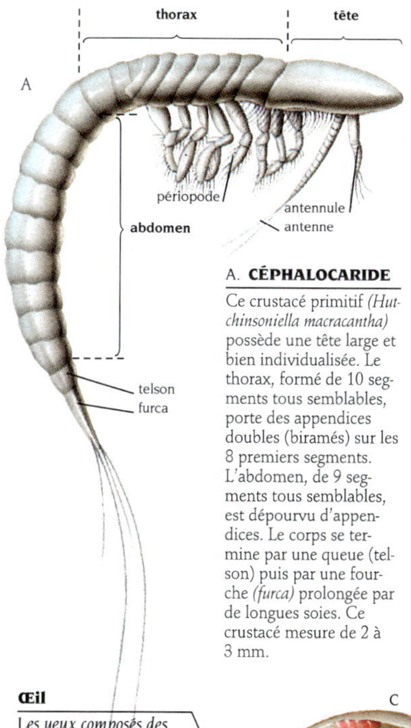

A. **CÉPHALOCARIDE**

Ce crustacé primitif *(Hutchinsoniella macracantha)* possède une tête large et bien individualisée. Le thorax, formé de 10 segments tous semblables, porte des appendices doubles (biramés) sur les 8 premiers segments. L'abdomen, de 9 segments tous semblables, est dépourvu d'appendices. Le corps se termine par une queue (telson) puis par une fourche *(furca)* prolongée par de longues soies. Ce crustacé mesure de 2 à 3 mm.

GROUPES PRIMITIFS

CÉPHALOCARIDES, MYSTACOCARIDES ET REMIPEDIA

■ ON CONSIDÈRE comme primitifs les crustacés qui ont une petite taille, une forme allongée, des segments thoraciques et abdominaux nombreux et plus ou moins semblables entre eux, des appendices également nombreux et relativement peu différenciés.

Les *céphalocarides* ont été découverts sur la côte américaine en 1958, non loin de New York. Ce sont des organismes hermaphrodites qui nagent près du fond grâce à leurs antennules. Il en existe un seul genre, *Hutchinsoniella,* avec trois espèces, que l'on trouve sur les côtes atlantique et pacifique des États-Unis.

Les *mystacocarides* renferment quatre espèces du genre *Derocheilocaris,* découvert en 1943 dans les sables de la côte atlantique des États-Unis puis retrouvé dans les divers océans du globe. Ce sont des crustacés au corps allongé dont la taille est inférieure à 1 mm. Les mystacocarides vivent dans le milieu « interstitiel », entre les grains du sable, des plages marines. La tête est munie d'antennules, d'antennes et de mandibules biramées et très développées ; le thorax, de quatre segments, porte des appendices rudimentaires. L'abdomen, de six segments, ne possède pas d'appendices.

Les *remipedia* ressemblent aux mystacocarides. La première espèce connue, *Speleonectes lucayensis,* a été découverte en 1981 aux Bahamas, dans l'eau d'une grotte communiquant avec la mer. C'est un crustacé de 22 mm de long, au corps allongé et blanc, formé d'une tête bien distincte suivie de 31 segments tous semblables portant des appendices biramés à disposition latérale par rapport au corps (et non ventrale comme chez les autres crustacés). Une autre espèce a été trouvée en 1984 aux Canaries.

B. **NAISSANCE DE DAPHNIES**

Cette daphnie *(Daphnia pulex)* femelle incube ses embryons (viviparité), issus d'œufs non fécondés (parthénogenèse), dans une enveloppe protectrice, en forme de selle de cheval, appelée *ephippium,* située à la partie dorsale de la carapace. On voit sur cette photo la libération des jeunes daphnies, toutes de sexe féminin.

DAPHNIES, CYPRIS...

BRANCHIOPODES ET OSTRACODES

■ LES BRANCHIOPODES, fréquemment pourvus d'une carapace, sont répartis en quatre ordres.

Les *anostracés* n'ont pas de carapace mais portent des yeux pédonculés. Les antennes des mâles sont souvent très développées et constituent des appendices aux formes extraordinaires. Les branchipes *(Branchipus stagnalis)* et les *Chirocephalus* vivent dans les eaux douces temporaires. Les artémias *(Artemia salina)* vivent dans les eaux saumâtres.

Les *notostracés* ont le corps aplati et protégé par un bouclier dorsal. Ce sont des animaux carnassiers, comme les *Apus* des eaux boueuses, qui atteignent 2 cm.

Les *conchostracés* ont le corps comprimé latéralement et protégé par une carapace bivalve, munie d'une charnière, comme chez les moules. Ce sont des animaux qui vivent dans la vase et mangent des particules minuscules. Le genre *Limnadia* est le plus fréquent.

Les *cladocères,* dont la taille est inférieure à 2 mm, ont un corps à segmentation indistincte, plus ou moins transparent et protégé par une carapace bivalve. Les daphnies sont les plus connus des cladocères. Leurs antennes biramées et de grande taille permettent une nage saccadée qui leur a valu le nom de *puces d'eau.* Les cladocères pullulent parfois dans les étangs, où ils servent de nourriture aux poissons. Chez les daphnies, la parthénogenèse est fréquente. Il n'y a pas de formes larvaires chez les cladocères.

Les ostracodes. Les ostracodes diffèrent des branchiopodes par la présence d'une larve nauplius. De plus, leur corps est entouré par une carapace bivalve pourvue d'une charnière. Les ostracodes, comme les *Cypris,* sont des animaux marins ou d'eau douce.

B

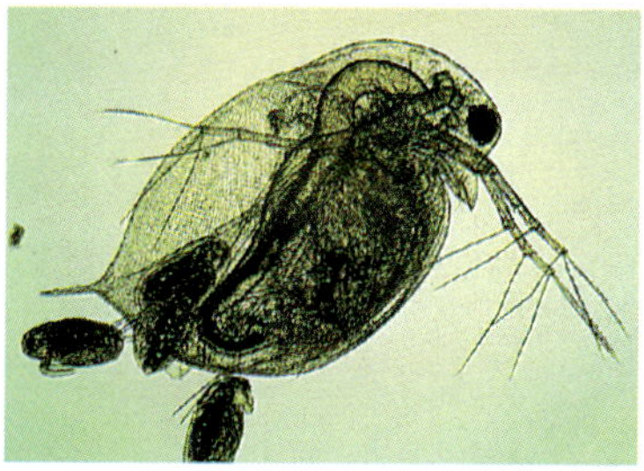

C. **ANATOMIE D'UNE DAPHNIE**

La carapace à deux valves de la daphnie laisse voir par transparence un gros œil médian qui provient de la fusion de deux yeux composés. Les antennes sont de grande taille tandis que les antennules sont petites et à peine visibles. On devine les 5 paires de pattes qui servent à la nage et à la filtration du plancton. L'abdomen, non segmenté et sans appendices, se termine par une fourche, et la carapace se prolonge par une pointe. Le système nerveux est condensé dans le cerveau. Il n'y a pas de branchies et la respiration se fait à travers le tégument. Le tube digestif, visible en noir, a une forme simple.

C

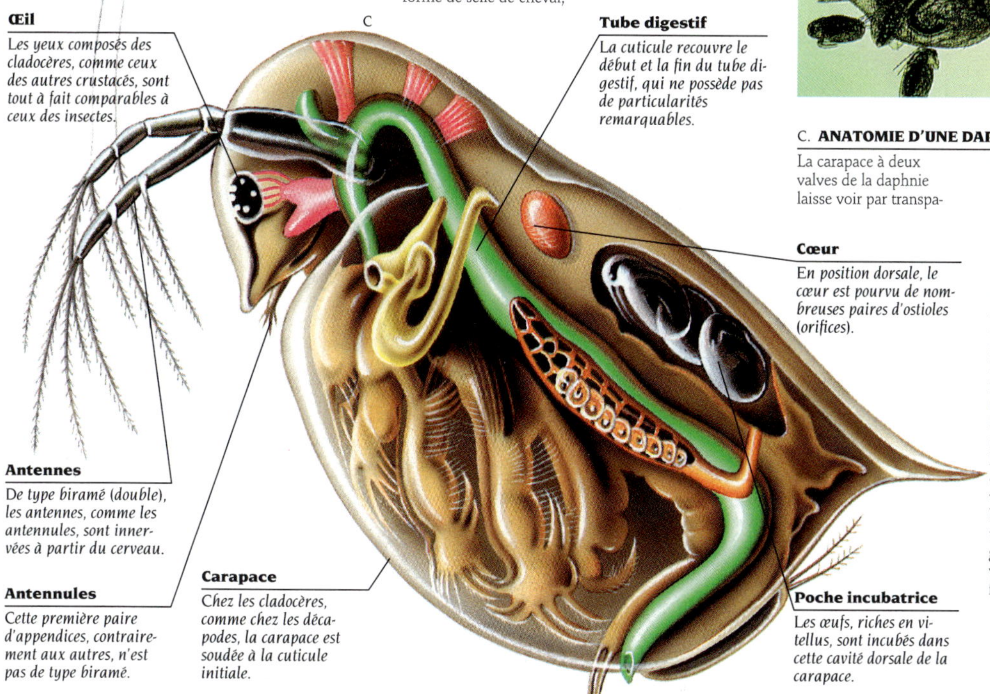

LES CRUSTACÉS

LES CRUSTACÉS DU PLANCTON MARIN

LES COPÉPODES

■ LES COPÉPODES sont les crustacés les plus communs dans la mer. De petite taille, souvent de l'ordre du millimètre, ils n'ont ni carapace, ni cœur, ni branchies, et ont conservé des caractères larvaires comme la présence d'un seul œil médian (d'où le nom de cyclope qui a été donné à un genre de copépode).

Les copépodes éclosent sous la forme d'une larve nauplius, typique des crustacés ; puis celle-ci se transforme en une larve appelée copépodite, qui donnera l'animal adulte.

Mode de vie. Les copépodes existent en de très nombreuses espèces et on en trouve dans tous les milieux aquatiques. Ils dominent dans le plancton marin, où ils jouent un rôle fondamental dans les chaînes alimentaires. L'espèce *Calanus finmarchicus* est représentée dans certaines mers par plusieurs dizaines de milliers d'individus par mètre carré de surface. Elle forme jusqu'à 60 p. 100 de la nourriture des harengs.

Alors que les espèces de la famille des calanidés dominent dans le plancton marin, celles de la famille des cyclopidés abondent dans les eaux douces. Les harpacticidés vivent sur le fond et mangent de petites proies.

Les parasites. Des copépodes parasites s'attaquent aux poissons, aux cétacés et à divers invertébrés. Beaucoup sont fortement modifiés à l'état adulte et méconnaissables. L'espèce *Xenocoeloma brumpti,* de la famille des monstrillidés, est un parasite des vers annelés. L'adulte est réduit à un sac fixé dans la peau de l'hôte ; ce sac ne contient qu'une glande génitale qui est à la fois mâle et femelle.

Lorsque les deux sexes sont séparés, le mâle et la femelle des copépodes parasites peuvent différer d'une manière considérable, par la forme et la taille. Le mâle de *Chondracanthus merlucci,* parasite d'un poisson (le merlu), est 12 000 fois plus petit que la femelle !

BALANES, SACCULINES...

BRANCHIOURES ET CIRRIPÈDES

■ LES BRANCHIOURES RESSEMBLENT aux copépodes. Ils en diffèrent par la présence de deux yeux composés et surtout par le corps, de forme aplatie et muni d'organes de fixation qui permettent un accrochage solide sur un support ou sur un hôte. Connus sous le nom de « poux des poissons », les argules *(Argulus foliaceus)* sont des branchioures communs en Europe parasitant les poissons d'eau douce.

Les cirripèdes. Les cirripèdes sont des crustacés marins qui ont acquis un mode de vie fixée ou bien qui se sont adaptés à la vie parasitaire. Leur corps a une segmentation indistincte et ils se fixent par la région de la tête grâce à une sécrétion très adhésive, produite par une glande spéciale située à la base des antennules. Ils sont dépourvus d'yeux, d'antennes, de cœur et d'appareil circulatoire et ils possèdent au maximum 6 paires d'appendices thoraciques appelés *cirres* (d'où le nom de cirripèdes). La plupart des espèces sont hermaphrodites. Ces animaux étranges ont longtemps été pris pour des mollusques car certains, comme les anatifes, ressemblent aux moules.

Les cirripèdes non parasites forment l'ordre des *thoraciques.* Les plus fréquents sont les balanes (fixées sur les rochers), les anatifes (fixés sur des supports flottants) et les pouces-pieds, qui vivent sur les rochers du littoral.

Les cirripèdes parasites sont répartis en trois ordres. Ceux de l'ordre des *rhizocéphales* parasitent presque uniquement des crustacés décapodes (crevettes, crabes...). Ils sont très déformés par leur mode de vie. Le plus connu est la sacculine du crabe *(Sacculina carcini),* qui vit aux dépens du crabe enragé *(Carcinus maenas),* dont elle envahit tout l'organisme.

D'autres cirripèdes parasites constituent l'ordre des *ascothoraciques.* Ils vivent aux dépens des anémones et des étoiles de mer. Contrairement à la sacculine, ils sont relativement peu modifiés dans leur forme.

Le troisième ordre de cirripèdes parasites est celui des *acrothoraciques,* qui forent le squelette calcaire des coraux ou la coquille des gastéropodes. Les acrothoraciques sont représentés par des individus femelles fixés sur leur hôte, et par des mâles nains et sans tube digestif qui vivent sur les femelles.

A

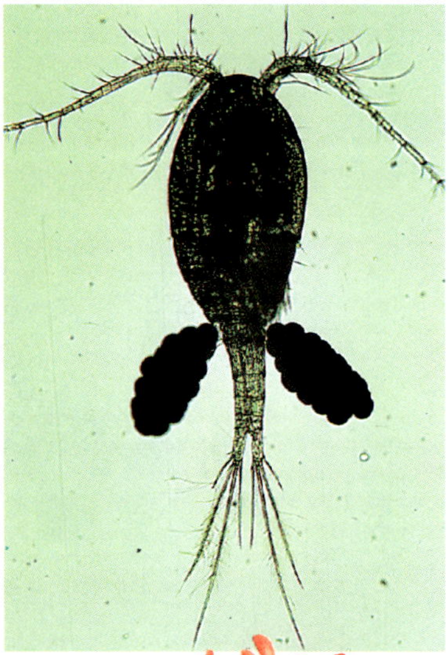

B

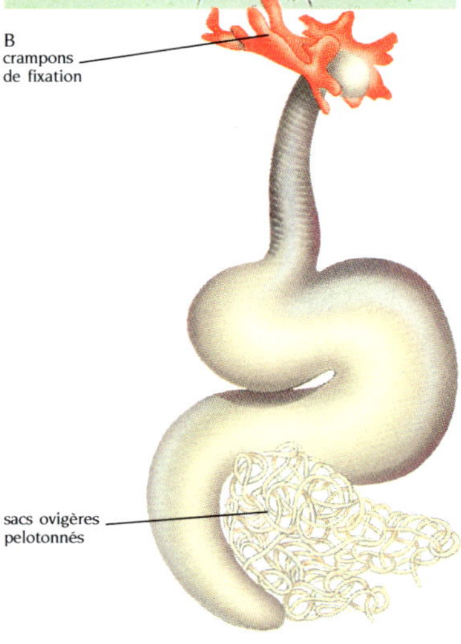

A. B. **COPÉPODES : LIBRE ET PARASITE**

Cyclops strenuus (A), commun dans les eaux douces (longueur 2 mm), est un copépode libre, c'est-à-dire non parasite. La partie antérieure du corps, de forme ovale, comprend la tête (6 segments soudés) et le thorax (7 segments, dont 2 soudés à la tête et 5 libres). La partie postérieure, plus étroite, est l'abdomen (4 segments), qui se termine par un telson (appelé à tort la « queue »), muni d'un prolongement (furca) en forme de fourche. Les appendices visibles sont les antennules (plus petites) et les antennes (plus grandes), dont les battements assurent la nage. À l'extérieur, au niveau de l'orifice génital (situé en avant de l'abdomen), se trouvent les œufs, qui sont agglomérés en deux gros amas ovales.
Lernaea branchialis (B) est un copépode qui, très modifié par le parasitisme, a l'aspect d'une masse informe de 40 mm de long terminée par deux cordons pelotonnés renfermant les œufs. La région de la tête est occupée par des crampons de fixation sur l'hôte (un poisson), qui évoquent des racines et qui assurent l'alimentation.

C

C. **BALANE**

Cette espèce de balane *(Balanus perforatus)* est commune sur les côtes françaises. Le corps est entouré par des plaques calcaires qui constituent la *muraille* (en forme de tronc de cône blanc de 1 cm de hauteur environ). La muraille s'ouvre par un opercule mobile qui laisser passer des appendices (cirres). Ces derniers battent dans l'eau et assurent la collecte des particules du plancton, qui servent d'aliments.

D

D. **ANATIFES**

Lepas anatifera est un crustacé cirripède présent dans toutes les mers, dont le corps (capitulum) est entouré par une carapace renforcée par 5 plaques calcaires blanches (une plaque dorsale, ou carina ; deux plaques basales, ou scutas, et deux plaques apicales, ou tergas). Une ouverture longitudinale entre ces plaques laisse sortir 6 paires d'appendices (cirres), qui collectent la nourriture. Un long pédoncule, qui peut atteindre 30 cm, assure la fixation au support. Ce pédoncule correspond à la région de la tête, exagérément développée.

MONSTRES ET CHIMÈRES

CERTAINS ANIMAUX BIEN RÉELS possèdent des formes ou des pouvoirs qui semblent effrayants. De la crainte qu'ils inspirent aux hommes, enrichie d'imaginaire, sont nés les monstres des légendes, des contes fantastiques et de la science-fiction.

■ À côté des divinités créatrices, bienfaisantes et garantes de l'ordre, à côté des bêtes merveilleuses et des créatures enchantées, les faiseurs de mythes ont placé des êtres au pouvoir maléfique, des créatures ambiguës, hybrides contre nature ou animaux fabuleux, des gardiens redoutables de trésors cachés, des êtres inférieurs et affreux attachés au tourment des mortels. Dans ce domaine, selon un code quasi universel, la laideur et l'étrangeté représentent le mal, tandis que la beauté et l'harmonie symbolisent le bien.

Qu'est-ce qu'un monstre ? Qu'est-ce qu'une chimère ? Un monstre est un animal impressionnant par sa taille ou son aspect (du latin *monstrum,* phénomène singulier). Ainsi, la médecine appelle « monstre » un enfant qui naît avec une importante malformation. Les légendes ont fait du monstre un être fantastique, au pouvoir surnaturel. Il est alors inspiré d'un animal réel, mais d'une taille démesurée (les géants humains sont aussi des monstres), ou bien il se constitue d'un assemblage fantaisiste ou cauchemardesque d'éléments empruntés à divers animaux ou à l'homme. Les *dragons,* ces lézards hypertrophiés et cracheurs de flammes, et *King Kong,* gorille gigantesque, appartiennent à la première catégorie. La seconde déborde d'une faune disparate : licornes, chevaux ailés, harpies, serpents à plumes, sphinx, griffons... tous ces animaux fantastiques méritant aussi l'appellation de *chimères.*

Adoptée par les poètes grecs, la chimère désignait, à l'origine, un volcan de Lycie, en Asie Mineure. Elle est décrite avec une tête de chèvre, dont la gueule vomit des flammes, et une queue de serpent ; plus tard, on la représente avec la tête et le poitrail d'un lion, le ventre d'une chèvre et toujours sa queue de serpent. Par la suite, le terme *chimère* s'applique à tout être ou objet résultant de l'association de parties disparates. Ce terme désigne aussi de curieux poissons cartilagineux vivant dans les grands fonds marins et la biologie l'utilise encore pour nommer des organismes composites résultant d'une fusion embryonnaire de deux (ou plusieurs) individus (ou portions d'individus). Les chimères des légendes, comme la plupart des monstres, sont, sauf quelques rares exceptions, des créatures malfaisantes.

Au cours des siècles, les deux termes, monstre et chimère, ont pris aussi une acception figurée, une coloration morale. Pour le christianisme, la chimère symbolisait autrefois l'esprit du mal et était généralement représentée avec une queue de dragon, un corps couvert d'écailles et de grandes ailes découpées. Aujourd'hui, on dit d'un homme qu'il est un monstre d'ingratitude, de cruauté, etc. Quant aux chimères, elles symbolisent les illusions : *poursuivre des chimères,* c'est se laisser aller à une rêverie désordonnée, avoir des idées folles et l'imagination vaine.

Monstres et chimères, représentations du mal, sont les adversaires terribles des héros, simples mortels ou

B. *Saint Georges et le Dragon*
(Maître lombard, milieu du XVe s.).

A. *La Belle au bois dormant*
(Walt Disney Production).

Vaincre le dragon

Selon la légende, saint Georges, avant de devenir grand martyr, puis protecteur de l'Angleterre, aurait terrassé un dragon (B), qui désolait une province de Libye. Dans les contes, en revanche, le Prince Charmant n'a pas vocation de martyr et l'objet de sa quête n'est pas l'erradication des forces du Mal, mais tout simplement le cœur d'une Belle. Pourtant, l'épreuve finale le conduit souvent à affronter, lui aussi, un monstre. Dans *la Belle au bois dormant* (A), de Charles Perrault, une fois le dragon embroché, la quête s'achève dans un baiser, celui qui remet d'aplomb la Belle et qui ficelle le conte.

demi-dieux, qui montrent leur courage en acceptant de les combattre.

Héraclès, fils du maître de l'Univers, Zeus, et de la mortelle Alcmène, combat l'Hydre, aux neuf têtes de serpent venimeux, envoyée par Héra, l'épouse de Zeus, pour ravager le pays de Lerne. Le héros coupe les têtes de l'animal ; c'est le deuxième de ses douze célèbres travaux. Lors du onzième de ses travaux, il parvient, grâce au géant Atlas, à s'emparer des pommes d'or du jardin enchanté des Hespérides, gardé par le dragon Ladon. Le dernier, et le plus terrible, des travaux d'Hercule nécessite la complicité d'Hermès et d'Athéna : le héros descend dans le royaume des Ombres et s'empare de son terrible gardien, Cerbère. Ce chien à trois têtes, à queue de dragon et au cou hérissé de serpents, dont la morsure est empoisonnée, est né de l'union de deux monstres, Typhon et Échidna.

C'est un autre héros, Bellérophon, qui, montant le merveilleux cheval ailé Pégase qu'il a lui-même dompté, affronte la Chimère : il perce de ses flèches le monstre cracheur de flammes.

Chevauchant aussi Pégase, Persée, vainqueur de Méduse à la chevelure de serpents, se porte au secours de la belle Andromède en tuant le monstre marin auquel elle est livrée, attachée à un rocher.

Cet exploit sera renouvelé dans le *Roland furieux,* écrit au XVIe siècle par l'Arioste, où Roger, monté sur l'hippogriffe (mi-cheval, mi-griffon : corps de cheval, tête et ailes d'aigle), délivre l'innocente Angélique, offerte en pâture à une monstrueuse orque marine. D'autres héros chrétiens, saint Georges et saint Michel, combattent des dragons.

Malheureusement, les héros ne sont pas toujours triomphants. Laocoon, ce Troyen prêtre d'Apollon, est puni par les dieux pour avoir enfreint le vœu de célibat. Il meurt étouffé, ainsi que ses deux fils, par deux serpents monstrueux.

Fantastique et science-fiction. Après la Renaissance, à l'époque classique, les liens avec l'Antiquité s'accentuent. Mais, au XVIIe et surtout au XVIIIe siècle, la vision se rationalise : on donne de l'Antiquité une image élégante et soignée d'où les monstres sont souvent absents. On les verra pourtant reparaître à la fin du XVIIIe siècle, avec la naissance du romantisme en Allemagne et avec l'avènement d'un genre littéraire totalement nouveau : le fantastique.

Après deux ouvrages « fondateurs », *le Diable amoureux* de Cazotte (1772), et *Vathek* de Beckford (1782), le genre se développe au XIXe siècle avec, entre autres, Hoffman, Poe, Mérimée, Wilde. Les figures du surnaturel, d'abord surtout des fantômes, des démons, vont s'enrichir d'une thématique empruntée aux légendes et aux superstitions populaires (le loup-garou, Dracula), à la médecine (angoisse et folie), aux progrès de la science (automates, animaux hybrides, expériences folles d'embryologie, de chirurgie...). Le fantastique, c'est la porte ouverte aux terreurs et aux monstres : animaux cruels (*le Chien des Baskerville* de Conan Doyle), gigantesques (*Moby Dick* de Melville), présences indiscernables (*le Horla*

Créatures de l'inconnu

Un vaisseau spatial aborde une planète, *Nostromo,* sur laquelle l'équipage découvre des « œufs », habités par des créatures d'apparence primitive. Lors du voyage de retour, l'une d'entre elles pénètre, comme un parasite, dans l'organisme d'un des sept membres de l'équipage. Ce « huitième passager » (A), changeant de forme et de taille, devenant de plus en plus monstrueux, élimine un à un les astronautes, ne laissant qu'une survivante. Mélangeant la science-fiction et l'horreur, créant un suspense presque insoutenable, le film *Alien* de Ridley Scott (1979) oppose la haute technologie des voyageurs de l'espace aux pièges brutaux d'un prédateur extraterrestre.

C'est sur notre planète, dans la jungle d'une île perdue, qu'un singe géant d'une force terrifiante enlève et protège la jeune femme que les indigènes lui ont livrée en pâture : *King Kong* (B), capturé et ramené à New York, se libère et se réfugie, emportant la belle captive, au sommet de l'Empire State Building. Le monstre finira par succomber aux tirs d'une escadrille aérienne. Ce film est certainement la plus forte évocation cinématographique du monstre des légendes, primitif et destructeur, ainsi que du mythe de *la Belle et la Bête.*

A. *Alien (le 8e passager).*

B. *King Kong* (de M.C. Cooper et E.B. Schœdsack, 1933).

de Maupassant), morts vivants, hommes ramenés à l'état animal (*l'Île du docteur Moreau* de Wells), cadavres bricolés et ressuscités (*Frankenstein* de Mary Shelley), dédoublement de l'être (*Docteur Jekyll et Mister Hyde* de Stevenson), prédateurs invisibles venus de l'espace (*la Couleur tombée du ciel* de Lovecraft), etc.

Les monstres du fantastique se multiplient et se diversifient au sein d'un autre genre : la science-fiction. Schématiquement, si la dimension fantastique est donnée par l'inexplicable et le paranormal, la science-fiction présente une autre réalité : celle des progrès de la connaissance et des techniques, de l'espace inexploré, du futur lointain. Les voyages dans l'espace mettent l'homme au contact des extra-terrestres ; la technologie nucléaire et chimique engendre des mutations et des métamorphoses ; l'homme explore le temps, découvre des mondes parallèles...

Les genres se mélangent, le vocabulaire s'enrichit. Les récits ne se limitent plus aux thèmes de l'aventure héroïque, du savant fou ou de l'invasion extraterrestre ; le discours n'est plus celui de la simple vulgarisation scientifique. Pourtant, malgré le développement de thèmes socio-politiques, philosophiques, voire écologiques, la faune monstrueuse se maintient au centre de la littérature de science-fiction. Ainsi, dans le best-seller de Frank Herbert, *Dune,* et dans les romans qui lui font suite, le ver géant des sables de la planète Dune joue un rôle certes plus complexe, mais malgré tout comparable à celui du dragon classique, qu'il faut dompter pour acquérir le pouvoir et la connaissance. La bande dessinée et le cinéma reprendront les thèmes de la littérature fantastique et de la science-fiction, tout en développant leurs propres créations, notamment King Kong, Alien, E. T. et les Gremlins, pour le cinéma.

Réels ou imaginaires ? Entre 1765 et 1768, un groupe de loups affamés s'attaquent aux hommes (surtout aux enfants), dans la région du Gévaudan

C. *Le Septième Voyage de Sindbad.*

D. *Le Loup-garou de Londres* (de John Landis, 1981).

Métamorphoses et gigantisme

Les chroniques du Moyen Âge européen l'attestent : le loup-garou (D) est une créature du diable. Il s'agit d'un sorcier nanti de pouvoirs sataniques lui permettant, par les nuits de pleine lune, de se transformer en un loup monstrueux et sanguinaire. Les procès sont nombreux jusqu'au XVIIIe siècle. En fait de loups-garous, les condamnés pour « lycanthropie » (du grec *lukos,* loup et *anthropos,* homme) sont la plupart du temps des victimes de la rumeur publique et des superstitions, qui expient sur le bûcher des crimes aussi diaboliques qu'imaginaires. Au cinéma, la légende du loup-garou a inspiré de nombreux films, dont les scènes-clés sont celles qui présentent la métamorphose nocturne de l'homme en bête, avec une utilisation saisissante du maquillage et des effets spéciaux.

Les cyclopes de la mythologie grecque, géants ne possédant qu'un œil au milieu du front, ont une filiation dans les contes de fée et les histoires merveilleuses. Ce monstre cyclopéen (C) du film *le Septième Voyage de Sindbad* (de Nathan Juran, 1958) en est un échantillon particulièrement patibulaire. Lointains descendants des cyclopes, les ogres des contes, outre leur forte stature de dévoreurs d'enfants, sont souvent dotés de pouvoirs magiques (les bottes de sept lieues, par exemple), mais leur faible intelligence les rend vulnérables.

(sud de l'Auvergne), faisant, semble-t-il, plus de 100 morts. Certains pensent qu'il s'agirait d'une affaire criminelle, des hommes se servant de loups pour commettre des assassinats. Cependant, dans tout le royaume de France, se répand l'histoire de la Bête de Gévaudan, créature diabolique, rusée et affreusement carnassière. Louis XV lui-même envoie en Gévaudan son louvetier pour diriger les nombreuses expéditions qui seront menées contre le monstre. L'affaire se calme en 1768, après que le dernier loup féroce de la région ait été tué. Plus récemment, l'histoire de la Bête du Devonshire (1855), assimilée au diable en personne, a défrayé la chronique de ce comté du sud-ouest de l'Angleterre.

Dans les mers, ce sont les rencontres avec des animaux géants, les « serpents de mer », qui se reproduisent régulièrement depuis la fin du XIXe siècle. Pour le zoologiste belge Bernard Heuvelmans, il y aurait différents types de serpents de mer : des mammifères (pinnipèdes et cétacés archaïques), des reptiles survivants de l'ère secondaire (crocodiles géants ou dinosaures marins) et des poissons à la morphologie d'anguilles. Selon les rapports, faits par des équipages de bateaux ou de sous-marins, les tailles de ces animaux – pour peu que leur existence soit une réalité – s'estiment entre 10 et 20 mètres (mais certains font état de longueurs bien supérieures).

Les derniers monstres. Les plus célèbres des monstres semi-légendaires, auxquels on aimerait croire, sont le Yéti des territoires sauvages de l'Himalaya et le monstre du Loch Ness, en Écosse. Du premier, appelé aussi « l'Abominable Homme des neiges », on possède des photographies d'empreintes et de nombreux témoignages oculaires. Pour certains, il s'agirait d'un singe géant ; pour d'autres, le Yéti appartiendrait à notre famille (celle des hominidés) : ce serait un lointain ancêtre ou, au contraire, notre plus proche cousin, c'est-à-dire un homme de Néandertal rescapé de la préhistoire ! Le Yéti possède des homologues à travers le monde, tel le Big-foot des forêts d'Amérique du Nord. Quant au monstre du Loch Ness, les témoignages et les photographies ne peuvent que suggérer l'invraisemblable survivance de grands reptiles amphibies de l'ère secondaire, dans ce petit lac écossais.

Aujourd'hui, il n'y a plus guère de recoins de la planète qui n'aient été explorés. Le recensement des espèces animales s'est prodigieusement étendu depuis les expéditions des voyageurs naturalistes au XIXe siècle et, si de nombreuses espèces de petite taille (micro-organismes et invertébrés) restent encore à découvrir, l'inventaire semble être pratiquement complet pour les animaux les plus grands (notamment les vertébrés terrestres).

Dans les pays occidentaux, les bêtes qui pouvaient avoir la réputation de monstres, comme le loup ou l'ours brun, ont été détruites ou repoussées dans les montagnes et les grandes forêts.

Finalement, l'un des derniers monstres mystérieux, pourtant considérés avec sérieux par la communauté scientifique, est le calmar géant des abysses. On n'en connaît que des fragments de tentacules trouvés dans l'estomac de cachalots : leur taille suggère une longueur globale de l'animal de 18 à 20 mètres. □

A. *La Belle et la Bête* (Josette Day et Jean Marais).

B. *Tête de simulie* (fausses couleurs).

Les sortilèges

Jadis, la magicienne Circé transforma en pourceaux les compagnons d'Ulysse. Ainsi, sous l'action des sortilèges, les hommes subissent des métamorphoses, souvent humiliantes, parfois monstrueuses. Dans le film merveilleux de Jean Cocteau, *la Belle et la Bête* (A), adapté d'un conte du XVIIIe siècle de Mme Leprince de Beaumont, le sortilège a transformé un jeune prince en bête repoussante. La belle, d'abord effrayée, contrainte de supporter la présence monstrueuse de la bête, saura découvrir petit à petit son caractère humain : en lui témoignant sa confiance, puis son amour, elle lui permettra de conjurer le sort et de retrouver sa nature initiale.

Créatures du quotidien

Monstre ou ordinaire ? La nuance tient ici simplement dans la manière de voir, même si on n'a pas l'esprit kafkaïen (cf. *la Métamorphose*) : capturez une modeste mouche et observez-la au microscope électronique à balayage (B). Les images de ce microscope se caractérisent par une saisissante impression de relief. Et voici un animal bien réel tout à fait monstrueux : les yeux composés, globuleux (colorés ici en jaune-orangé), occupent une grande partie de la tête, garnie d'antennes et d'organes tactiles ; l'appareil buccal proéminent contribue à rendre l'ensemble proprement terrifiant. Soumis à cette technique d'observation, des êtres vivants très éloignés de nous (vers, insectes, crustacés...) révèlent une organisation différente de la nôtre et deviennent effrayants.

Les crustacés supérieurs forment le grand groupe des *malacostracés,* qui renferme au moins les deux tiers des espèces connues de crustacés. Ce sont les malacostracés qui atteignent les plus grandes tailles. Leur thorax *(pereion)* porte des appendices appelés *péréiopodes ;* leur abdomen *(pléon)* porte aussi des appendices, les *pléopodes.* On dénombre 8 segments thoraciques, 6 (rarement 7) segments abdominaux et un total de 19 paires d'appendices.

La classification divise le vaste groupe des malacostracés en 6 ordres différents (phyllocarides, syncarides, pancarides, hoplocarides, péracarides et eucarides).

GROUPES MINEURS DE MALACOSTRACÉS

PHYLLOCARIDES, SYNCARIDES, PANCARIDES ET HOPLOCARIDES

■ Les phyllocarides comprennent une seule famille actuelle, celle des leptostracés, avec une dizaine d'espèces marines. La plus commune, la nébalie *(Nebalia bipes),* mesure 4 cm et possède une carapace bivalve. Fréquente dans les flaques d'eau sur le littoral, elle se nourrit de détritus variés. Les phyllocarides sont les seuls malacostracés qui possèdent un abdomen composé de 7 segments.

Les syncarides, dépourvus de carapace et de petite taille, ont souvent l'allure de crevettes. Il en existe deux groupes. Les anaspidacés sont représentés par quelques espèces des eaux douces de l'Australie et de la Tasmanie. Les bathynellacés, de taille millimétrique, sont des formes aveugles et incolores, sans *pléopodes,* présentes dans la majorité des eaux souterraines du monde entier. Le genre *Bathynella* est largement répandu en Europe.

Les pancarides, ou *thermosbaenacés,* sont représentés par 2 genres. Leur corps est cylindrique, pourvu d'une carapace réduite et ils n'ont pas d'yeux. Les femelles possèdent une poche dorsale où se développent les œufs. *Thermosbaena mirabilis* a été découvert dans l'eau chaude (de 42 à 48 °C) d'une source thermale de Tunisie. Le genre *Monodella* est connu dans les eaux souterraines du pourtour de la Méditerranée.

Les hoplocarides (appelés également stomatopodes) les plus connus sont les squilles, qui se caractérisent par la présence d'appendices thoraciques qui ont la forme de pattes ravisseuses armées d'épines. Les pattes de la deuxième paire, beaucoup plus développées, rappellent celles de la mante religieuse. Les squilles, qui atteignent 20 cm, sont des crustacés nageurs et carnassiers pouvant creuser des galeries dans le sable. La mante de mer *(Squilla mantis),* commune en Méditerranée, est comestible.

DANS L'OBSCURITÉ DES GROTTES : DES CRUSTACÉS NOUVEAUX

On a découvert, dans les années 1980, des formes animales nouvelles et inattendues. C'est le cas des crustacés que l'on rassemble sous le nom de *mictacés.* Ceux-ci constituent un groupe de péracarides caractérisé par une combinaison de particularités qui ne se retrouvent jamais réunies dans d'autres groupes. Ils ont un corps cylindrique, des lamelles (oostégites) limitant une cavité où sont incubés les œufs, une carapace réduite qui laisse libres certains segments du thorax. Il existe deux familles de mictacés : la famille des hirsutidés, avec l'espèce *Hirsutia bathyalis,* qui a été trouvée dans l'océan Atlantique par 1 000 m de fond au large de la Guyane, et la famille des mictocarididés, réduite à l'espèce *Mictocaris halope,* qui vit dans les grottes marines de l'archipel des Bermudes.

LES PÉRACARIDES À CARAPACE

MYSIDACÉS ET GROUPES VOISINS

■ Les deux principaux groupes de malacostracés sont les péracarides (8 500 espèces) et les eucarides (10 000 espèces). Les péracarides sont des malacostracés dont le thorax possède un premier segment soudé à la tête, les 4 segments suivants étant libres. Les femelles sont pourvues sur les pattes marcheuses (péréiopodes) de lamelles appelées oostégites, formant une cavité dans laquelle se développent les œufs. Le développement est de type condensé, c'est-à-dire que les stades larvaires habituels sont absents et que les jeunes sortent de la cavité où ils se sont développés sous leur forme définitive. Il existe 7 ordres de péracarides, dont 5, présentés ci-dessous, possèdent des représentants à carapaces.

Les *mysidacés* sont les seuls péracarides qui ressemblent à des crevettes. Leur carapace est soudée aux 3 premiers segments du thorax, leurs yeux sont pédonculés et leurs antennules, très longues. La queue (telson) et les appendices du dernier segment abdominal forment une nageoire. De petite taille (de 10 à 30 mm), les mysidacés sont abondants dans toutes les mers.

Les *tanaïdacés,* qui mesurent moins de 25 mm, sont des animaux marins qui vivent dans la vase à l'intérieur de galeries qu'ils ont creusées et qu'ils consolident à l'aide de la sécrétion de glandes spéciales.

Les *spelæogriphacés* ne comprennent qu'une seule espèce, *Spelæogriphus lepidops,* découverte en 1957 dans un lac souterrain de la région du Cap, en Afrique du Sud. Le corps est allongé, de 6 à 7 mm de long, et il possède une carapace soudée au premier segment thoracique. Cette carapace déborde sur les côtés de l'animal et enveloppe les branchies. Les antennes sont presque aussi longues que le corps.

Les *cumacés* sont le plus souvent fouisseurs. Ils ont un abdomen long et grêle. Ils vivent dans toutes les mers jusqu'à 8 000 m de profondeur et certains migrent la nuit vers la surface. Enfin, les *mictacés,* sont encore mal connus.

A

A. **MYSIDACÉ**

Les mysidacés sont des péracarides à carapace dont l'aspect évoque fortement celui des crevettes (du groupe des eucarides euphausiacés). Les mysidacés du genre *Praunus* forment des essaims dans la mer du Nord et la Baltique. *Mysis relicta,* qui vit en eau douce, est une descendante de mysidacés de l'océan Arctique. L'espèce représentée ici *(Gnathophausia ingens)* est le plus grand représentant des mysidacés. Sa taille peut atteindre 35 cm. Certains auteurs le classent dans la sous-famille des lophogastrinés.

B

B. **SYNCARIDE**

Les syncarides sont des malacostracés minuscules (2 mm), que l'on considère comme les reliques d'une faune ancienne qui vivait dans les eaux de surface à l'ère primaire. On n'en connaît plus dans ce milieu qu'en Australie et en Nouvelle-Zélande. En revanche, les syncarides sont nombreux dans les eaux souterraines en Europe, et en particulier les espèces du genre *Bathynella,* comme cette *Bathynella stammeri.* On les reconnaît à l'absence de carapace et d'yeux.

C

C. **SQUILLE**

Ce crustacé de Nouvelle-Calédonie du genre *Odontodactylus* appartient au groupe des hoplocarides, qui sont aussi appelés squilles et dont on connaît plus de 200 espèces. Les squilles sont caractérisées par leurs pattes antérieures ravisseuses (repliées ici sous la tête de l'animal). Ce sont des prédateurs voraces qui s'attaquent à des proies variées. Les adultes vivent dans des galeries creusées dans la vase. Les œufs sont enrobés dans une substance visqueuse et forment une boule.

LES CRUSTACÉS

CLOPORTES, GAMMARES...

LES PÉRACARIDES ISOPODES ET AMPHIPODES

■ LES ISOPODES, péracarides dépourvus de carapace, ont des modes de vie très variés. Ce sont ceux qui possèdent le plus d'espèces et les plus communs de tous les péracarides. On les rencontre aussi bien dans la mer que dans les eaux douces ou sur terre. Ils mènent une vie libre ou bien sont parasites. Ce sont des crustacés avec des antennules petites ou uniramées et de longues antennes. Les premières pattes thoraciques sont modifiées en pattes-mâchoires, qui servent à la prise de nourriture, et les pattes suivantes, toutes semblables (d'où le nom d'isopodes), servent à la locomotion. Les pattes de l'abdomen, ou pléopodes, servent à la nage et à la respiration chez les formes aquatiques. Le développement des crustacés isopodes se fait sans métamorphose et les jeunes ressemblent beaucoup aux adultes.

Les isopodes aquatiques. Les *asellotes* sont représentés par les aselles, qui vivent surtout dans les eaux douces, et par le genre *Jaera* en milieu marin.

Les *valvifères* doivent leur nom aux derniers appendices abdominaux, très développés, qui forment des volets (ou *valves*) protégeant les pattes abdominales. La plupart sont marins et vivent parmi les algues.

Les *flabellifères* ont les derniers appendices abdominaux transformés en palettes natatoires. Ce sont par exemple les sphéromes, abondants dans la zone de balancement des marées et qui se roulent en boule quand ils sont inquiétés. Certains flabellifères sont des parasites ; les *Anilocra,* par exemple, se fixent sur le dos des poissons. Les espèces de la famille des gnathidés possèdent des larves qui parasitent des poissons puis se détachent : devenus adultes, les individus vivent dans la vase et ne s'alimentent plus.

Les cloportes. Les *oniscoïdes* sont presque tous terrestres et plus connus sous le nom de cloportes. Il existe en France plus de 150 espèces de cloportes qui abondent dans les lieux sombres et humides. Les genres les plus communs sont les *Oniscus* et les *Porcellio.* La lygie *(Lygia oceanica),* qui mesure de 20 à 25 mm, vit sur les plages à la limite des hautes mers et elle se cache dans les rochers. Les *Hemilepistus* sont de gros cloportes au tégument épais et calcifié qui vivent dans les déserts d'Afrique du Nord et qui creusent des terriers pouvant dépasser un mètre de profondeur, dans lesquels ils se réfugient aux heures chaudes de la journée. C'est chez une espèce de cloporte du genre *Trichoniscus* que le phénomène de la « parthénogenèse géographique » a été découvert : les individus du nord et de l'est de la France sont bisexués ; ceux du sud-ouest sont uniquement des femelles qui se reproduisent par parthénogenèse (développement d'ovules non fécondés).

Les isopodes parasites de crustacés. Les *épicarides* renferment de nombreuses espèces parasites d'autres crustacés. On distingue deux groupes parmi les épicarides : les bopyriens et les cryptonisciens. Les bopyriens vivent dans la cavité branchiale des décapodes. L'espèce la plus facile à voir est *Bopyrus fougerouxi,* dont la femelle provoque une forte déformation d'un côté de la carapace chez la crevette rose, tandis que le mâle, nain et dix fois plus petit, vit accroché à elle. Chez les cryptonisciens, la larve devenue sexuellement mûre est tout d'abord un mâle qui, après s'être accouplé avec une femelle, change de forme, grossit et devient femelle à son tour.

Les amphipodes. Ils ressemblent aux isopodes par l'absence de carapace, mais s'en distinguent le plus souvent par leur corps comprimé latéralement. Il en existe trois types :
– les *gammarides* comprennent les « puces de mer » (talitres), qui vivent sur les plages parmi les amas d'algues, et les gammares, qui habitent les eaux douces, même polluées. Les *Niphargus* hantent les eaux souterraines ;
– les *hyperides* sont adaptés à la vie en pleine mer. Leur corps est transparent et leurs yeux, énormes. Les plus connus sont les *Phronimus ;*
– les *cyames* vivent sur la peau des cétacés et sont connus sous le nom de « poux des baleines ».

LE KRILL DES BALEINES

LES EUCARIDES EUPHAUSIACÉS

■ LES EUCARIDES sont des malacostracés dont la carapace est soudée à tous les segments du thorax. Ces derniers se trouvent ainsi réunis à la tête en une pièce unique, le *céphalothorax,* comme on peut le constater par exemple sur un homard. Il existe deux ordres d'eucarides : les euphausiacés et les décapodes.

Les euphausiacés. Ces eucarides ressemblent à des crevettes (qui sont des décapodes et non des euphauriacés), mais ils en diffèrent par leurs branchies qui ne se trouvent pas recouvertes par un repli de la carapace et sont visibles sur les côtés du corps. Presque tous les euphausiacés possèdent des organes lumineux. Ils forment des essaims innombrables qui contribuent beaucoup à la phosphorescence de la mer. Leur développement est caractérisé par de nombreux stades larvaires.

Les euphausiacés jouent un rôle important dans les chaînes alimentaires, car ce sont des mangeurs de plancton végétal (diatomées) et ils sont à leur tour la proie d'animaux plus grands comme les cétacés. Dans l'Antarctique, la plus grande espèce, *Euphausia superba,* forme des nuées immenses : il s'agit du krill, qui représente la nourriture quasi exclusive des baleines à fanons. Du fait de leur abondance, les euphausiacés (comme les copépodes) constituent un groupe clé dans la productivité marine. On a calculé que l'espèce *Euphausia superba* peut fournir à elle seule une récolte de 100 millions de tonnes par an.

A

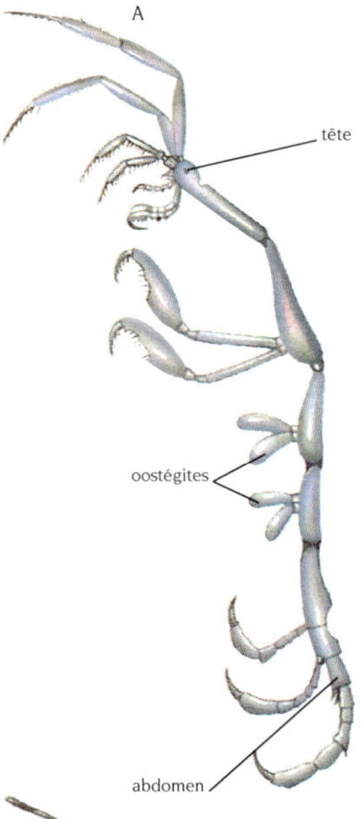

A. **CAPRELLE**

Les caprelles sont des amphipodes dont l'allure bizarre facilite le camouflage dans les herbiers littoraux où elles vivent. Elles se fixent sur un support comme une algue par les pattes postérieures et laissent osciller leur région antérieure. Elles sont, de plus, capables de prendre la couleur du milieu. Leurs pattes antérieures, terminées par une sorte de pince, servent à la capture des proies. L'abdomen est réduit à un moignon à peine visible. La femelle possède au niveau des branchies des lames ovales (oostégites), qui maintiennent les œufs.

B

B. **CLOPORTE**

L'espèce représentée ici *(Oniscus asellus)* est la plus commune en Europe. Les cloportes sont adaptés à la vie terrestre et respirent grâce aux fausses branchies qui se trouvent à la base des appendices. Certains cloportes (comme les armadillidium) peuvent se rouler en boule.

C

C. **KRILL**

Ces euphausiacés *(Euphausia superba)* à l'allure de crevettes sont les composants essentiels du plancton animal, ou krill, de l'océan Antarctique. Très abondants (jusqu'à 20 000 individus par m³), ils effectuent des migrations verticales. Le krill sert de nourriture aux baleines.

D

D. **BATHYNOMUS**

Bathynomus giganteus, photographié ici sur le pont d'un navire océanographique après sa capture, est le géant des isopodes. Il atteint 30 cm et habite les mers profondes. Les espèces qui vivent en profondeur sont d'ailleurs généralement plus grandes que les espèces de surface. *Bathynomus* appartient au groupe des isopodes flabellifères. C'est une forme libre (non parasite), nageuse, carnassière, avec des pièces buccales broyeuses.

Le deuxième groupe de crustacés eucarides est celui des décapodes, dont les segments du thorax sont soudés ; ce groupe doit son nom à la présence constante de 5 paires de pattes marcheuses.

Il existe au moins 10 000 espèces de décapodes, qui constituent l'ordre le plus important parmi l'ensemble des crustacés supérieurs (malacostracés). Presque tous les crustacés comestibles sont des décapodes.

CRABES, CREVETTES...

LES EUCARIDES DÉCAPODES

■ La tête et le thorax des décapodes sont réunis sur la face dorsale par une carapace et constituent ainsi un bloc unique, le *céphalothorax.* Cette carapace se prolonge sur les côtés du corps par un repli qui cache les branchies, lesquelles ne sont donc pas visibles extérieurement.

Le corps des décapodes comprend 19 segments et 19 paires d'appendices. La tête est formée de 5 segments soudés entre eux ; le thorax est formé de 8 segments et l'abdomen, de 6 segments. Les appendices de la tête ont un rôle sensoriel (antennes et antennules) ou masticateur *(mandibules, maxillules* et *maxilles) ;* ceux du thorax ont un rôle masticateur (3 paires de pattes-mâchoires) ou locomoteur (5 paires de pattes). Les appendices du thorax sont les *péréiopodes ;* ceux de l'abdomen, les *pléopodes.*

Cette homogénéité anatomique recouvre une grande diversité biologique qui permet de distinguer trois types principaux : les crevettes (natantia), les homards (reptantia, macroure) et les crabes (reptantia, brachioure).

Les « crevettes », ou natantia. Elles possèdent un corps comprimé latéralement. Leur carapace est peu épaisse et légère, leurs antennes et leurs pattes, souvent longues. Leurs pattes abdominales servent à la nage. Les deux familles principales de natantia sont les pénéidés (gambas) et les caridıdés (crevettes vraies).

Les *pénéidés* sont abondants dans les mers chaudes, mais il en existe aussi en Méditerranée où l'espèce *Penæus caramote,* connue sous le nom de gamba, peut dépasser 20 cm. Les pénéidés pondent des œufs nombreux (jusqu'à 1 million par femelle) et de petite taille (0,2 mm), qui sont libérés dans l'eau.

Les *carididés* sont de plus petite taille. Leurs œufs sont moins nombreux (quelques milliers par femelle) et plus gros (1 mm).

Les décapodes marcheurs, ou reptantia. Ils possèdent une carapace épaisse et lourde. Leurs cinq paires de pattes ambulatoires sont robustes. On les classe en 3 groupes selon le développement de l'abdomen.

Les *macroures* ont un abdomen bien développé et un corps long, presque cylindrique, terminé par une puissante nageoire. Le homard, la langouste, la langoustine et les diverses espèces d'écrevisses sont des macroures.

Les *anomoures* ont l'abdomen un peu réduit, souvent dissymétrique. Ils comprennent essentiellement les bernard-l'ermite, ou pagures, qui abritent leur abdomen mou dans une coquille vide. Le crabe des cocotiers *(Birgus latro)* est un bernard-l'ermite qui peut peser plusieurs kilos et qui a acquis un mode de vie terrestre. Il se nourrit de noix de coco et peut pulluler sur certaines plages.

Les crabes, ou *brachyoures,* ont le céphalothorax élargi et déprimé et un abdomen très réduit et caché sous le céphalothorax. Il en existe au moins 3 000 espèces, la plupart marines. Les plus connus sont le crabe enragé *(Carcinus maenas),* le tourteau *(Cancer pagurus),* qui peut peser plusieurs kilos, l'étrille *(Portunus puber).* Les araignées de mer se distinguent des vrais crabes par leur carapace de forme triangulaire. L'espèce *Maia squinado* est commune sur les côtes de la Manche. Une autre espèce d'araignée de mer, *Macrocheira kaempferi,* qui vit dans le nord de l'océan Pacifique, est le géant des arthropodes actuels avec des pattes de 4 m d'envergure, pour un corps de 45 cm de long.

Quelques crabes vivent dans les eaux douces. Il s'agit des représentants de la famille des potamidés, qui se rencontrent même dans les rivières de montagne. Une de leurs espèces, présente en Grèce, a servi de modèle pour créer le signe zodiacal du Cancer.

A

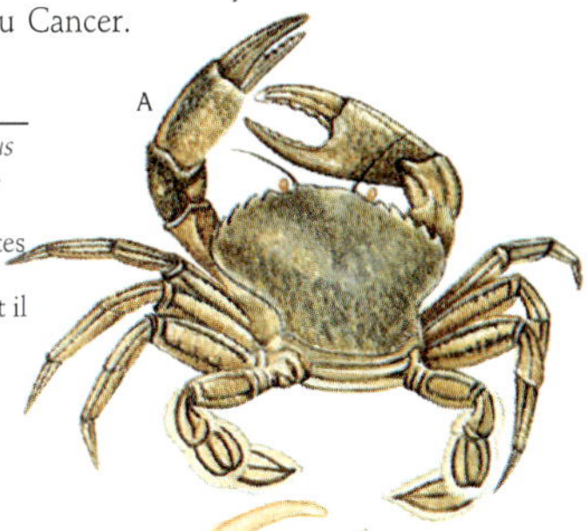

A. **ÉTRILLE**

Le crabe étrille *(Portunus puber),* qui peut atteindre 10 cm, est une espèce commune des côtes de la Manche. Sa carapace est pentagonale et il peut nager grâce à ses pattes dont les 4 dernières paires, aplaties et velues, servent de palettes natatoires.

B

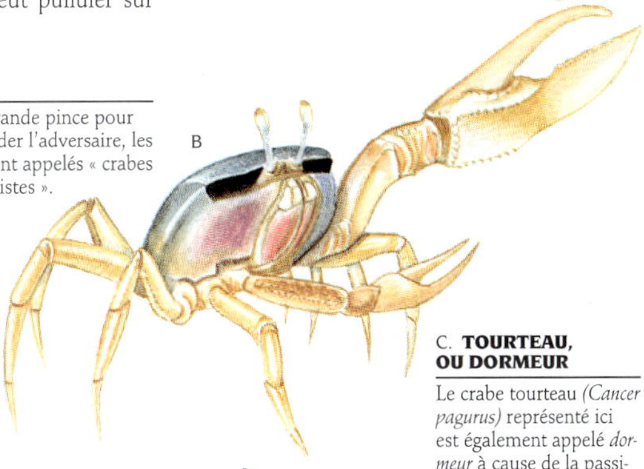

B. **CRABE VIOLONISTE**

Les mâles des crabes du genre *Uca* ont des pinces très dissymétriques, la gauche étant en général plus développée que la droite et aussi grande que le reste du corps. Ces crabes semi-terrestres vivent dans des terriers dont ils sortent pour engager des combats avec les autres mâles. En raison des gestes qu'ils font avec leur grande pince pour intimider l'adversaire, les *Uca* sont appelés « crabes violonistes ».

C

C. **TOURTEAU, OU DORMEUR**

Le crabe tourteau *(Cancer pagurus)* représenté ici est également appelé *dormeur* à cause de la passivité qui le caractérise après sa capture. C'est un animal fouisseur dont la carapace ovale peut atteindre une largeur de 30 centimètres. Sa chair est appréciée.
Il existe plus de 5 000 espèces de crabes qui peuplent tous les milieux aquatiques, y compris les eaux souterraines, où l'on trouve des espèces aveugles et décolorées.

D

D. **BERNARD-L'ERMITE**

Les bernard-l'ermite appartiennent à la famille des paguridés, dont on a déjà recensé près de 500 espèces. Ils se caractérisent par un abdomen mou et dissymétrique, que l'animal protège en s'installant dans une coquille vide de mollusque. De plus, la pince droite est plus grande que la pince gauche. Le bernard-l'ermite vit fréquemment dans une coquille recouverte par une anémone de mer et il héberge souvent un ver annelé *(Nereis)* qui profite, pour se nourrir, de ses déchets alimentaires. Cette association, dans laquelle un seul des deux partenaires trouve un avantage, est appelée *commensalisme.*

E

E. **CREVETTE**

Cette crevette des mers tropicales *(Periclimenes sagittifer)* circule sur une anémone de mer. Comme toutes les crevettes, cette espèce a des antennes et des pattes très allongées. Sa couleur lui assure un certain camouflage parmi les tentacules de l'anémone de mer, où des ennemis éventuels ne s'aventurent guère.

LES INSECTES

Par le nombre d'espèces (plus de 750 000 !), les insectes dominent le monde animal. Auxiliaires ou « ennemis » de l'homme, agents de la reproduction de la majorité des plantes à fleurs, ils peuvent former des populations considérables, parfois organisées en véritables sociétés.

Anatomie. Les insectes sont des arthropodes pourvus d'antennes et de mandibules. Ils respirent à l'aide de trachées, qui conduisent l'air jusqu'aux cellules et s'ouvrent à l'extérieur par de petits orifices, les stigmates. Leur corps est divisé en 3 parties : *la tête, le thorax* et *l'abdomen.* La tête porte 2 yeux composés, 2 antennes et les pièces buccales. Le thorax est formé de 3 segments munis chacun d'une paire de pattes ; il y a chez la plupart des insectes 2 paires d'ailes sur les deux derniers segments du thorax. L'abdomen est généralement dépourvu d'appendices.

Dans ses grandes lignes, l'anatomie des insectes est semblable à celle des crustacés. Il existe un cœur dorsal en forme de tube, un tube digestif divisé en intestin antérieur, intestin moyen et intestin postérieur, des tubes de Malpighi servant d'organes excréteurs, un système nerveux formé du cerveau, dorsal, et de la chaîne nerveuse, ventrale.

Alimentation. Les insectes ont des régimes alimentaires très divers. Quelques-uns, comme les blattes, sont omnivores. Beaucoup mangent des végétaux (phytophages).

Certains insectes recherchent les matières en décomposition, animales ou végétales, ils sont dits « saprophages ». Les nécrophores (insectes du groupe des coléoptères) vivent aux dépens des cadavres, dans lesquels se développent leurs larves.

A

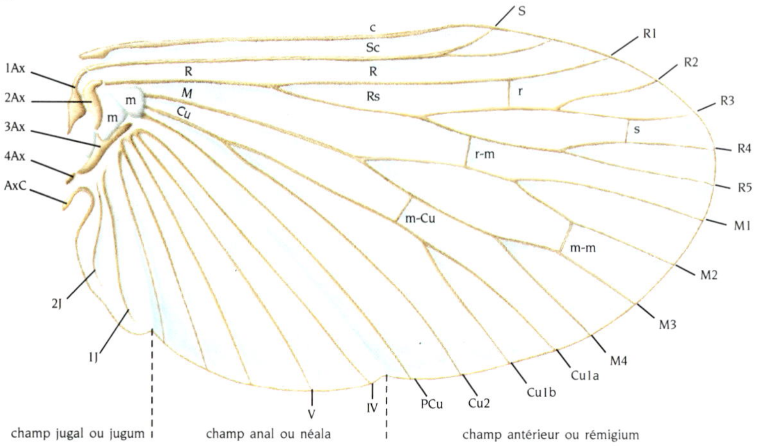

A. **ANATOMIE D'UNE AILE**

Cette aile postérieure de blatte s'articule sur le thorax grâce à 6 segments (4 sclérites axillaires et 2 plaques médianes). Il existe 3 régions, ou champs : le champ antérieur (rémigium), le champ anal (néala), le champ jugal (jugum). Ces champs sont séparés par des plis (cubital ou jugal). Dans le rémigium, on distingue la nervure costale (C), la sous-costale (Sc), la radiale (R), qui donne une branche (Rs) qui se divise en 4 éléments (R2 à R5). La nervure médiane (M) se scinde en 4 branches (M1 à M4) ; la cubitale (Cu), en 3 branches (Cu1a, Cu1b et Cu2). La dernière nervure du rémigium est la postcubitale (PCu). Dans la néala, les nervures anales sont en nombre variable (marquées IV à nV).Dans le jugum, on trouve les nervures jugales (1J, 2J et 3J), la corde axillaire (AxC), qui constitue la base de l'aile, et quelques nervures transverses (r, s, r-m, m-Cu), qui délimitent des cellules fermées au nombre de 5.
La nervation alaire est utilisée pour la classification des insectes.

B

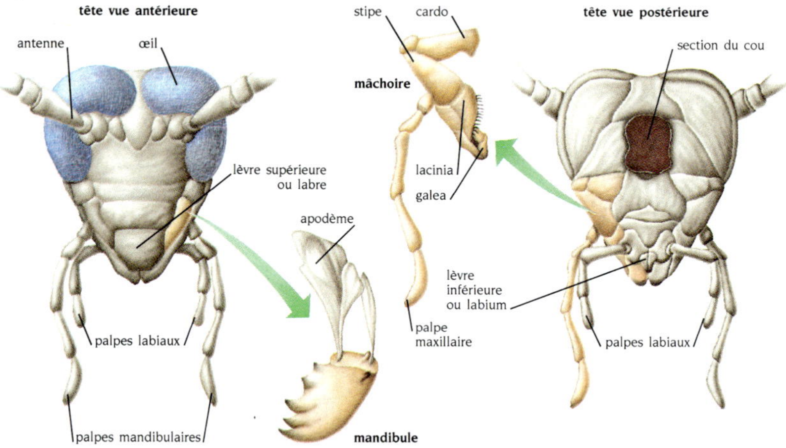

B. **PIÈCES BUCCALES DE LA BLATTE**

Les pièces buccales de type « broyeur », comme celles de la blatte, ou cafard, sont bâties chez les insectes sur un modèle uniforme. La partie antérieure de la cavité buccale est fermée par la lèvre supérieure (labre) en forme de pelle, qui sert à pousser les aliments entre les autres pièces buccales. De chaque côté de la bouche et en arrière du labre, les deux mandibules sont des appendices durs, de forme pyramidale, articulés sur la tête par une sorte de rotule. Le bord interne de chaque mandibule possède une partie incisive formée de dents aiguës, qui sert à couper, et une partie molaire formée de crêtes parallèles, qui sert à broyer les aliments. Deux lames résistantes *(apodèmes)* permettent l'insertion des muscles qui font mouvoir les mandibules. Chaque mâchoire, ou maxille, comprend une base formée de deux segments (cardo et stipe), un palpe maxillaire et deux lobes (galea et lacinia). La lacinia est armée de 3 pointes acérées qui ont un rôle masticateur.La lèvre inférieure (labium) est une pièce impaire qui résulte de la fusion de deux appendices symétriques.

C. **ANATOMIE D'UNE TÊTE DE CRIQUET**

La tête d'un insecte comme le criquet renferme de nombreux organes. Le *tube digestif* commence par l'œsophage et se poursuit par le jabot. Deux glandes salivaires s'ouvrent dans le fond de la bouche. L'*appareil circulatoire* (ou aorte) est situé en position dorsale. Le *système nerveux* comprend le cerveau, puis un ganglion sous-œsophagien et une chaîne nerveuse ventrale qui débute par le 1er ganglion thoracique. Le cerveau comprend 3 parties : le *protocérébron,* qui innerve les yeux, le *deutocérébron,* qui innerve les antennes et le *tritocérébron,* qui innerve le labre. Le tritocérébron est relié au ganglion sous-œsophagien par le collier péri-œsophagien.

Le ganglion sous-œsophagien innerve les pièces buccales. Le *système nerveux sympathique* est formé par le ganglion frontal et par le ganglion hypocérébral. Les *glandes endocrines* sont représentées par 3 organes principaux. Les corpora cardiaca, situés sur l'aorte (d'où leur nom), sont réunis au protocérébron par des nerfs. Les corpora allata, placés sur l'œsophage, sont en arrière des corpora cardiaca et en relation avec eux. En avant du prothorax se trouve une paire de glandes prothoraciques. Le *tentorium* est une formation squelettique interne (représenté ici partiellement coupé) sur laquelle s'insèrent de nombreux muscles.

C

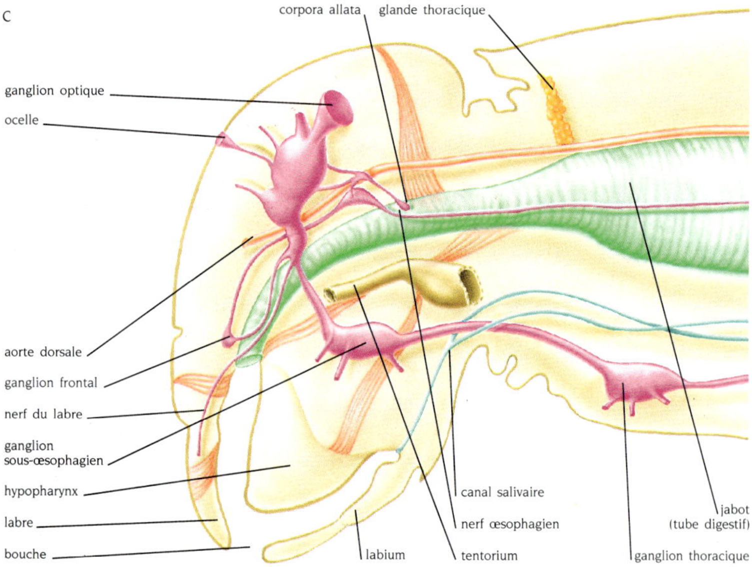

Les insectes carnassiers attaquent des proies vivantes : les carabes mangent les escargots et les chenilles. Une catégorie particulière est celle des parasites, fort nombreux, qui pondent leurs œufs dans le corps d'autres animaux (souvent eux-mêmes des insectes), où leurs propres larves vont se développer.

Les pièces buccales. La diversité des régimes alimentaires a pour corollaire l'existence de pièces buccales de formes variées, adaptées aux diverses sortes d'aliments. Le type broyeur est le plus primitif. Il se rencontre chez des insectes comme les coléoptères et les orthoptères (grillons), qui mangent des aliments solides et qui les broient en petites particules avant de les ingérer. Les autres types de pièces buccales dérivent du type broyeur par des modifications de forme souvent importantes, qui caractérisent les divers groupes d'insectes.

Les ailes des insectes. Les insectes primitifs sont dépourvus d'ailes *(aptérygotes).* Les autres (c'est-à-dire la grande majorité) ont deux paires d'ailes *(ptérygotes).* La possession d'ailes est une caractéristique importante des insectes, les seuls invertébrés capables de voler.

Chez les libellules, les ailes, au repos, ne peuvent pas se replier. Les nervures sont peu nombreuses. Ce type d'aile caractérise les insectes *paléoptères.*

Chez les autres insectes ailés, que l'on appelle *néoptères,* les ailes peuvent se rabattre le long du corps (au repos) grâce à leur articulation plus perfectionnée. Les ailes postérieures augmentent de surface grâce à l'adjonction d'une zone particulière, la *néala.* D'après les caractéristiques de la néala, on peut diviser les néoptères en trois types.

Les *polynéoptères* ont une néala bien développée et munie de plusieurs nervures. Chez les *oligonéoptères,* la néala ne possède qu'une seule nervure alors que, chez les *paranéoptères,* la néala est réduite ou absente.

Les métamorphoses des insectes. Chez les insectes primitifs (aptérygotes), les jeunes, à la taille près, sont semblables aux adultes, et la croissance se fait par une suite de *mues.* Ces insectes qui n'effectuent pas de métamorphose sont dits *amétaboles.*

Chez d'autres insectes comme les criquets ou les punaises, le développement est progressif et le passage du jeune à l'état adulte se fait par augmentation de taille, apparition progressive des ailes et de l'appareil reproducteur. Le mode de vie et les pièces buccales sont identiques chez le jeune et chez l'adulte. Ces insectes sont dits « à métamorphoses incomplètes » *(hétérométaboles).* Les libellules et les éphémères sont des hétérométaboles, mais leurs larves, aquatiques, mènent une vie différente de celle des adultes, qui sont aériens. Ces insectes sont, pour cette raison, appelées *hémimétaboles.*

Chez des insectes plus évolués comme le hanneton, la larve est très différente de l'adulte. Elle grandit en subissant une série de mues puis se transforme en un stade immobile, ou nymphe, dans lequel se forment les organes caractéristiques de l'adulte. Ce type de développement caractérise les insectes à métamorphoses complètes *(holométaboles).*

Les hormones des insectes. Les organes producteurs d'hormones des insectes sont presque tous associés au système nerveux et en majorité logés dans la tête. On distingue :
- les *cellules neurosécrétrices* (dans le cerveau) ;
- les deux *corpora cardiaca* (glandes reliées au cerveau par 2 paires de nerfs) ;
- les deux *corpora allata* (en arrière des corpora cardiaca, auxquelles elles sont reliées) ;
- les *glandes de la mue* ou *glandes ecdysiales,* appelées encore *glandes prothoraciques* en raison de leur position fréquente dans le prothorax.

Les cellules neurosécrétrices du cerveau produisent une hormone qui agit sur les glandes ecdysiales. Celles-ci libèrent alors une hormone de mue, ou ecdysone, qui déclenche la mue, c'est-à-dire la destruction de la vieille cuticule, permettant un accroissement de taille avant que la nouvelle cuticule ne se rigidifie. Les corpora allata sécrètent l'hormone juvénile (néoténine) qui maintient à chaque mue, l'animal du stade larvaire. Si l'hormone juvénile est peu abondante, la mue transforme la larve en une nymphe, qui donnera un insecte adulte.

A. **CLASSIFICATION**

La répartition des insectes en grands groupes se fonde sur l'observation de quelques caractères anatomiques : les ailes, absentes (aptérygotes) ou présentes (ptérygotes) et plus ou moins développées (paléoptères, paranéoptères, oligonéoptères, polynéoptères), et les pièces buccales, qui déterminent le type de prise alimentaire. On prend également en compte le type de développement : pas de métamorphose (amétaboles), métamorphose incomplète (hétérométaboles, hémimétaboles) ou complète (holométaboles). Pour une classification plus fine, on s'attache au nombre et à la forme des nervures.

A. **CLASSIFICATION DES INSECTES**

Sous-classes	Ailes	Métamorphose	Pièces buccales	Ordres
Aptérygotes	Pas d'ailes	Amétaboles	type broyeur	Collemboles (puce des glaciers), Protoures Diploures (campode), Thysanoures (lépismes)
Ptérygotes	Paléoptères	Hémimétaboles	type broyeur	Éphéméroptères (éphémères), Odonates (libellules)
	Néoptères polynéoptères	Hétérométaboles	type broyeur	Dictyoptères (blattes), Isoptères (termites) Zoraptères (poux de terre), Plécoptères Notoptères, Chéleutoptères (phasmes) Orthoptères (criquets), Embioptères (embie) Dermaptères (perce-oreilles)
	Néoptères oligonéoptères	Holométaboles	type broyeur	Coléoptères (scarabés), Mégaloptères (sialis) Raphidioptères, Planipennes (chrysope) Mécoptères (panorpe) Trichoptères (phrygane)
			type suceur	Lépidoptères (papillons)
			types variés, souvent piqueur	Diptères (mouches, moustiques)
			type piqueur	Siphonaptères (puces)
			types variés	Hyménoptères (abeilles), Strepsiptères (xénos)
	Néoptères paranéoptères	Hétérométaboles	type broyeur	Psocoptères (atropos), Mallophages (lipeures)
			type piqueur	Anoploures (pou), Thysanoptères (thrips) Hétéroptères (punaises), Homoptères (pucerons)

B

C

D

E

B. C. D. E. **MÉTAMORPHOSE DU MACHAON**

La chenille du machaon *(Papilio machaon)* se nourrit de plantes de la famille des ombellifères (comme la carotte). C'est un insecte à métamorphose complète. La femelle pond quelques douzaines d'œufs (B) qui éclosent au bout d'une dizaine de jours en donnant des larves appelées chenilles (C). Celles-ci sont très différentes des insectes adultes par leur forme et leur mode de vie. Après plusieurs mues, la chenille se transforme en une nymphe, ou *chrysalide* (D). Cette nymphe sort de la larve, dont le tégument se fend sur le dos de l'arrière vers l'avant. Elle donne naissance au papillon adulte (imago), que l'on voit à côté de la dépouille de la nymphe dont il est sorti (E). Lorsqu'elle est inquiétée, la chenille du machaon peut faire sortir un organe charnu de couleur rougeâtre, appelé *osmaterium,* qui répand une odeur âcre de beurre rance. La chenille vit de 4 à 5 semaines, et subit 4 ou 5 mues, au cours desquelles elle multiplie son poids par mille. La chrysalide vit quelques jours avant de donner le papillon adulte.

LES INSECTES

POISSONS D'ARGENT...

LES APTÉRYGOTES : INSECTES SANS AILES

■ LES APTÉRYGOTES sont des insectes primitifs, sans ailes et qui ne subissent pas de métamorphose au cours de leur développement. On les répartit en 4 ordres.

Les *thysanoures* possèdent des pièces buccales insérées à l'extérieur de la tête et se reconnaissent grâce aux 3 filaments articulés qui terminent l'abdomen. Les lépismes, au corps aplati, sont des thysanoures parfois communs dans les maisons. Ils sont appelés « poissons d'argent » et vivent préférentiellement dans les moquettes et les lieux humides.

Les *collemboles* possèdent sur l'abdomen des appendices modifiés en organe de saut (appelé *furca*) qui leur permettent de faire des bonds remarquables. Les collemboles sont des insectes minuscules (souvent moins de 1 mm) qui vivent surtout dans le sol. Certains, comme *Entomobrya nivalis*, habitent à la surface de la neige ; *Podura aquatica* est capable de marcher à la surface de l'eau. Les collemboles sont parmi les insectes vivant aux altitudes les plus élevées. Il existe deux sous-ordres de collemboles : les arthropléones et les symphypléones. C'est à ce dernier sous-ordre qu'appartient la célèbre puce des glaciers (*Isotoma saltans*).

Les *protoures* sont des insectes de taille inférieure à 2 mm, dépourvus d'antennes et possédant un abdomen formé de 12 segments (ce qui est unique chez les insectes). Ils vivent dans le sol, où ils sont rares.

Les *diploures* ont le dernier segment abdominal pourvu d'une paire d'appendices (cerques), le plus souvent en forme de filaments. Les campodes, qui dépassent 1 cm, sont les plus communs des diploures.

A. **LARVE DE LIBELLULE**

La tête de cette larve de libellule du genre *Anax* est munie de deux gros yeux qui assurent une bonne vision. Elle mène une vie aquatique. À la face inférieure de la tête, on voit la lèvre inférieure, transformée en un « masque » qui est un organe de capture des proies à distance.

B. **ÆSCHNE**

Cette grande libellule, l'æschne bleue (*Æschna cyanea*), vient d'effectuer sa dernière mue. Elle prend appui sur son enveloppe larvaire. Pour cette espèce de 6 cm d'envergure, il peut y avoir jusqu'à 13 mues larvaires avant celle-ci, qui donne la forme adulte. Les ailes de l'animal portent de nombreuses nervures. La tête est pourvue de deux gros yeux composés qui se touchent à leur partie dorsale. Parmi tous les insectes, les libellules ont les yeux les plus riches en unités élémentaires (ommatidies).

LIBELLULES, ÉPHÉMÈRES...

LES PALÉOPTÈRES

■ LEURS AILES qui ne se rabattent pas vers l'arrière au repos permettent de définir les paléoptères. Ce sont des insectes à métamorphose incomplète (*hémimétaboles*), dont les larves sont aquatiques et les adultes, terrestres. Ils sont représentés par deux grands ensembles : les odonates (demoiselles et libellules) et les éphéméroptères (éphémères).

Les odonates. Ce groupe comprend des espèces au corps svelte et aux couleurs brillantes, surtout chez les mâles. Il en existe deux sous-ordres. Les demoiselles (*zygoptères*) ont les ailes antérieures et postérieures presque semblables et un vol lent ; les espèces les plus communes sont les agrions et les caloptéryx. Les libellules (*anisoptères*) ont les ailes antérieures plus petites que les postérieures et un vol rapide.

Les larves aquatiques des odonates sont carnivores (comme les adultes) et elles mangent d'autres larves d'insectes, des têtards et des petits poissons.

Les larves des demoiselles ont le corps étroit et presque cylindrique, terminé par 3 appendices en forme de feuille qui servent de branchies et qui, en ondulant dans l'eau, assurent la nage. Les larves des libellules, plus massives et au corps aplati, respirent grâce à des branchies situées dans l'intestin postérieur. Des contractions brutales de la paroi intestinale expulsent de l'eau vers l'arrière et assurent la propulsion de ces animaux par réaction.

Les éphéméroptères. Ce groupe est constitué par des insectes qui, à l'état adulte, ont une durée de vie brève. Ils ont des yeux volumineux, des ailes pourvues de nombreuses nervures et un abdomen terminé par 3 filaments articulés, parfois plus longs que le corps. Les pièces buccales sont réduites et les éphémères adultes ne se nourrissent pas.

Les larves possèdent des pièces buccales broyeuses et elles respirent grâce à des branchies spéciales (trachéo-branchies) insérées sur l'abdomen. Cet abdomen se termine par 3 filaments comme chez l'adulte. Les larves d'éphémères peuvent vivre 2 à 3 ans. Certaines, comme celles des *Ecdyonurus*, sont aplaties et vivent dans les torrents, plaquées contre les pierres pour résister au courant.

C. **MORPHOLOGIE D'UN COLLEMBOLE**

Cette espèce (*Isotoma viridis*), qui atteint 5 mm de long, appartient au groupe des arthropléones. La tête porte des antennes de 4 segments, deux taches oculaires formées de quelques yeux simples (ommatidies), et, en arrière de chaque antenne, un organe à rôle sensoriel. Le thorax est formé de 3 segments portant chacun une paire de pattes. L'abdomen est réduit à 6 segments (ce qui distingue les collemboles des autres insectes) et il porte 3 paires d'appendices. Le tube ventral, inséré sur le premier segment, sert à fixer l'animal au support grâce à une substance adhésive et à absorber de l'eau. Les collemboles possèdent un appendice abdominal pair, la *furca*, dont la détente permet des sauts énergiques. La furca est constituée de 3 parties appelées le *manubrium*, la *dens* et le *mucron*. Les collemboles ne possèdent ni trachées respiratoires ni tubes excréteurs.

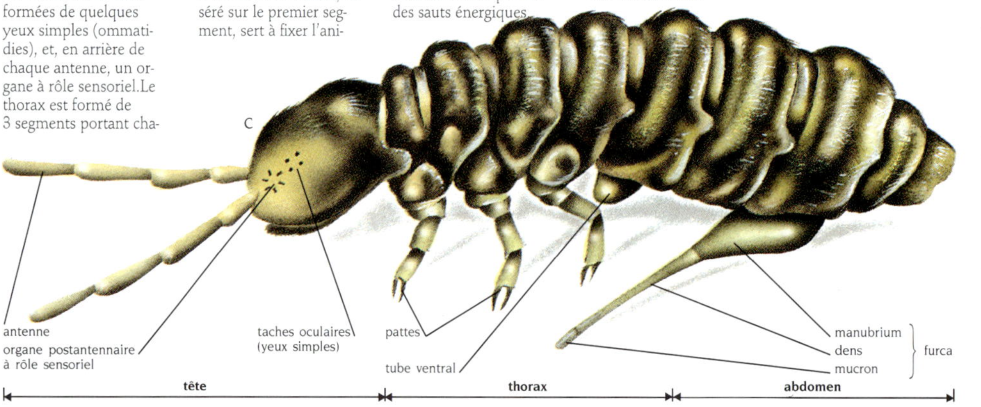

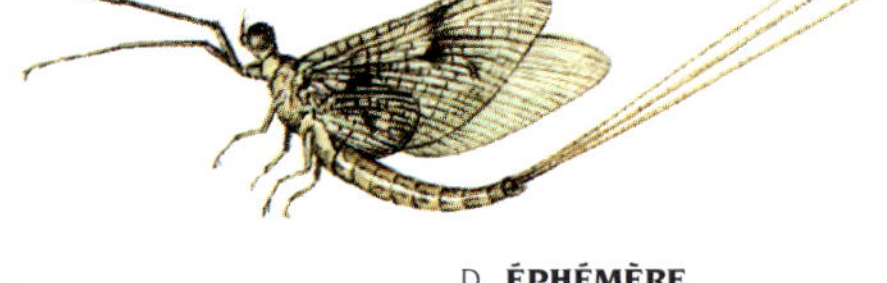

D. **ÉPHÉMÈRE**

Les ailes sont munies de nombreuses nervures et ne se replient pas au repos. L'abdomen se termine par 3 filaments allongés qui permettent de reconnaître immédiatement ces insectes. Les pattes antérieures sont plus longues, surtout chez le mâle en raison de leur rôle dans l'accouplement.

GRILLONS, SAUTERELLES, TERMITES...

LES POLYNÉOPTÈRES

■ LES POLYNÉOPTÈRES SE CARACTÉRISENT par un développement important de l'aile, grâce à l'adjonction d'une zone particulière, *la néala*. Cette dernière, de grande surface, est munie de plusieurs nervures. L'ensemble des polynéoptères est divisés en de nombreux groupes, dont le plus important est celui des orthoptères.

Grillons, criquets et sauterelles. Les orthoptères sont caractérisés par des pièces buccales de type broyeur et par des ailes antérieures étroites et coriaces, recouvrant au repos les ailes postérieures, qui se replient en éventail. Les pattes postérieures sont modifiées pour permettre le saut. Les mâles possèdent des organes producteurs de sons, qui sont situés soit sur les ailes antérieures (chez les grillons et les sauterelles), soit sur les pattes postérieures (chez les criquets). Il existe deux sous-ordres d'orthoptères.

Les ensifères (grillons et sauterelles) possèdent des antennes fines et longues. Les femelles ont un organe de ponte (tarière) en forme de lame de sabre (ensifère signifie « porte sabre »). Les grillons, comme les sauterelles, se nourrissent de débris animaux et végétaux.

Les caelifères (criquets) ont des antennes courtes. Lors de la ponte, l'abdomen des femelles s'étire comme un accordéon pour enfoncer les œufs dans le sol. Parmi plus de 7 000 espèces connues, il en existe une dizaine qui sont migratrices et qui ont la particularité de changer de forme et de biologie selon qu'elles sont isolées ou en groupe. Les individus solitaires sont sédentaires et ont peu d'appétit. Les individus grégaires sont migrateurs et ont beaucoup d'appétit. Ce sont eux qui forment les nuées qui dévastent périodiquement certaines régions d'Afrique ou d'autres continents.

Blattes et mantes. Les dictyoptères se distinguent des orthoptères par leur tête de forme triangulaire et par leurs ailes qui se croisent à plat sur le dos.

Les *blattes,* surtout communes dans les forêts tropicales, ont le corps aplati. La partie antérieure du *thorax* est élargie en forme de bouclier. Plusieurs espèces connues sous les noms de *cafards* ou de *cancrelats* sont des hôtes indésirables des maisons.

Les *mantes* se reconnaissent à leur tête très mobile, à leur thorax très allongé et surtout à leurs pattes antérieures ravisseuses, qui servent à capturer des insectes.

Les phasmes. Ils forment l'ordre des *chéleutoptères.* Leur corps, de forme allongée, a l'aspect de brindille. Leur couleur peut passer du vert au brun. Surtout abondants dans les régions tropicales, ils peuvent atteindre 30 cm.

Les phyllies sont des phasmes au corps aplati qui simulent avec perfection les feuilles des arbres sur lesquels elles vivent.

Les perce-oreilles. Ce sont les *dermaptères.* Ils possèdent une paire d'appendices en forme de pince, qui termine l'abdomen. Leurs ailes antérieures, coriaces et courtes, recouvrent les ailes postérieures, qui se replient en éventail. Ce sont des insectes nocturnes.

Les termites. Les *isoptères,* ou *termites,* doivent leur nom à leurs ailes antérieures et postérieures presque semblables. Ce sont des insectes sociaux dont les colonies sont divisées en castes. Les individus sexués, ailés et reproducteurs, sont représentés par le mâle (le roi) et la femelle (la reine). Les autres castes, sans ailes et stériles, sont celles des ouvriers et des soldats. Ces derniers ont une grosse tête et souvent des mandibules énormes. Ils assurent la défense de la colonie. Les ouvriers s'occupent du ravitaillement et des soins aux larves.

Les perles. Les *pléoptères,* ou perles, sont les seuls polynéoptères dont les larves sont aquatiques. Les adultes, au tégument mou, sont de teinte brune ou verte avec des antennes filiformes. Les ailes sont plus longues que le corps et l'abdomen se termine par 2 longs filaments articulés.

Les petits groupes. Trois ordres d'insectes polynéoptères terrestres ne sont représentés que par quelques espèces. Ce sont les *notoptères* avec le genre *Grylloblatta,* adapté au froid, qui vit au bord des névés dans les montagnes Rocheuses ; les *zoraptères,* dont les rares espèces habitent les pays chauds ; les *embioptères,* avec quelques espèces européennes, qui fabriquent une toile de soie dans laquelle ils se déplacent à reculons.

A

A. PERLE

Les perles sont répandues dans le monde entier. On les reconnaît à leur abdomen terminé par 2 longs filaments (cerques), ce qui les distingue aisément des éphémères, qui possèdent 3 cerques.

B

B. GRANDE SAUTERELLE VERTE

Cette photo de *Tettigonia viridissima* représente une femelle dont on voit la tarière en forme de lame de couteau, les longues antennes et les pattes postérieures adaptées au saut.

C

C. CRIQUET MIGRATEUR

Locusta migratoria a des antennes courtes comme tous les criquets. La photo représente la forme grégaire de ce criquet. La forme solitaire est verdâtre.

D

D. PERCE-OREILLE

Ce perce-oreille *(Forficula auricularia)* est une espèce commune dans les endroits humides. Elle peut être nuisible dans les serres quand elle dévore les jeunes plantes, mais elle préfère les proies animales. Les pinces qui terminent l'abdomen servent souvent à maintenir les proies. La taille de cet animal est de l'ordre de 15 millimètres.

E

E. GRILLON DOMESTIQUE

Il se nourrit de débris alimentaires fréquents dans les maisons, où il trouve le climat chaud et humide qui lui est nécessaire. Cette espèce *(Acheta domestica)* est aussi appelée grillon du foyer.

F. TERMITES

Dans cette espèce africaine du genre *Bellicositermes,* la reine (jusqu'à 123 mm de long et 35 mm de large) possède un énorme abdomen et pond des œufs au rythme de 36 000 par jour (soit 13 millions par an). Le mâle (non dessiné) est un peu plus grand que les ouvriers. Ceux-ci entourent la reine, la nourrissent et soignent les œufs. Les soldats, avec une grosse tête et de grandes mandibules, assurent la défense de la colonie.

F

G

G. MANTE RELIGIEUSE

La tête de cette *Mantis religiosa,* très mobile, peut tourner dans toutes les directions, ce qui est exceptionnel chez un insecte. Il existe des individus verts et d'autres bruns, ce qui assure un certain camouflage, en fonction de la teinte du support.

LES INSECTES

GUÊPES, ABEILLES, FOURMIS…

LES HYMÉNOPTÈRES

■ LES HYMÉNOPTÈRES sont des insectes à métamorphose complète, caractérisés par leurs ailes à nervures peu nombreuses. Les ailes postérieures sont plus courtes que les antérieures. Les pièces buccales sont de type broyeur chez les formes primitives et de type lécheur-suceur chez les formes évoluées, comme les abeilles. Le premier segment abdominal est soudé au thorax. Chez les hyménoptères, les œufs non fécondés peuvent se développer (parthénogenèse), ils donnent naissance à des mâles. Il existe deux sous-ordres d'hyménoptères, les symphytes et les pétiolés.

Les symphytes. Ils ont l'abdomen réuni au thorax sans trace d'étranglement, et vivent aux dépens des végétaux. Les *tenthrèdes* ont des larves appelées « fausses chenilles » à cause de leur ressemblance avec les vraies chenilles des papillons. Les femelles de tenthrèdes déposent leurs œufs dans les végétaux à l'aide d'une tarière en forme de scie (c'est pourquoi on les appelle des *« mouches à scie »*). Les *Sirex,* qui atteignent 40 mm, sont jaune et noir et leurs larves vivent dans le bois (surtout des résineux).

Les pétiolés. Le 2ᵉ segment de leur abdomen, très rétréci, qui forme un pétiole reliant l'avant et l'arrière du corps ; c'est ce qui a donné l'expression « taille de guêpe ».

Dans un premier groupe, celui des *térébrants,* la femelle a une tarière qui sert à déposer les œufs dans un autre insecte ou dans un végétal. Les principaux térébrants sont les cynips (le plus souvent parasites de végétaux), les ichneumons, les braconidés et les chalcidiens, qui parasitent d'autres insectes.

Le deuxième groupe de pétiolés est constitué d'animaux dont la tarière de la femelle est transformée en un aiguillon venimeux. Ce sont les porte-aiguillons, ou *aculéates.* Beaucoup d'aculéates nourrissent leurs larves avec des aliments préparés à l'avance. Il existe des espèces solitaires chez lesquelles chaque femelle élève seule sa descendance. C'est le cas des *chrysidés,* aux couleurs métalliques vertes et rouges, dont les femelles pondent dans les nids des abeilles ou des guêpes solitaires et dont les larves dévorent celles de leurs hôtes, puis leurs réserves.

Guêpes et abeilles. Les aculéates les plus évolués sont sociaux, comme les *guêpes,* qui vivent dans un nid (le guêpier) aérien ou souterrain, constitué par des fibres végétales mâchées dont la consistance rappelle celle du carton. Il existe dans un nid de guêpes 3 castes : les femelles ; les ouvrières, qui sont des femelles stériles, et les mâles.

Les *abeilles* réunissent des espèces solitaires comme les abeilles charpentières (xylocopes), qui creusent leur nid dans le bois, et des espèces sociales telles que les bourdons et les abeilles vraies comme *Apis mellifica.* Celle-ci vit en sociétés pouvant comprendre 40 000 individus, sociétés composées d'une seule femelle *(la reine)* et de quelques centaines de mâles *(faux bourdons),* le reste étant des ouvrières.

Les fourmis. Ces hyménoptères aculéates vivent tous en sociétés. Les fourmis représentent le groupe d'insectes le plus abondant sur terre. Dans une fourmilière, existent 3 castes : les *mâles,* les *femelles* et les *ouvrières.* La nourriture est, selon les espèces, soit végétale soit animale. Des fourmis élèvent d'autres insectes tels que des pucerons et en tirent un liquide sucré, le *miellat.* Les colonies de fourmis peuvent être énormes. Les *Eciton* d'Amérique et les *Anomma* (magnans) d'Afrique sont des fourmis chasseresses et nomades. Les *Crematogaster* font souvent leur nid dans les arbres. Les *Messor,* terricoles, sont des fourmis moissonneuses qui font des provisions de graines. Les *Atta* d'Amérique du Sud cultivent des champignons sur des lits de feuilles qu'elles ont découpées.

A

A. **GUÊPE COMMUNE**

Cette guêpe germanique *(Dolichovespula germanica),* comme toutes les guêpes vraies, a une taille inférieure à 20 mm et est jaune et noir. Le frelon *(Vespa crabro)* a une taille supérieure à 20 mm et est jaune, noir et rouge brique.

B

B. **TENTHRÈDE**

Les tenthrèdes, dont la taille ne dépasse pas 1 cm, ont un aspect uniforme mais des couleurs variées. Cette espèce, la tenthrède verte *(Rhogogaster viridis),* possède des larves qui vivent essentiellement sur des arbres comme les saules et les peupliers.

C

C. **GALLES DE CYNIPIDE**

Beaucoup de cynipides forment des galles sur le chêne. Dans chacune de ces deux galles de l'espèce *Diplolepis quercus galli* se développe une larve.

DES PARASITES IMPITOYABLES

Les hyménoptères parasites sont surtout des ichneumons, des braconidés et des chalcidiens. Tous ces hyménoptères parasitent des insectes ou, parfois, des araignées. Seules les larves sont parasites. Les individus adultes mènent une vie libre et se nourrissent par exemple de nectar.

Les hyménoptères parasites limitent l'abondance des populations d'insectes qu'ils attaquent. C'est pourquoi on a songé à les utiliser pour pratiquer la lutte biologique, qui permet d'éviter le recours aux insecticides. Ainsi les trichogrammes sont des chalcidiens minuscules (ils mesurent seulement une fraction de mm) qui pondent leurs œufs dans ceux de divers papillons. On sait actuellement les élever en masse pour les libérer dans les cultures à protéger des chenilles. C'est ainsi que la pyrale du maïs, papillon dont la chenille fait parfois des ravages, est efficacement contrôlée. Il existe dans le monde de nombreux cas de réussite de lutte biologique à l'aide d'hyménoptères parasites. On protège des cultures aussi diverses que l'olivier, la canne à sucre, le riz, certains légumes et même des arbres forestiers.

D

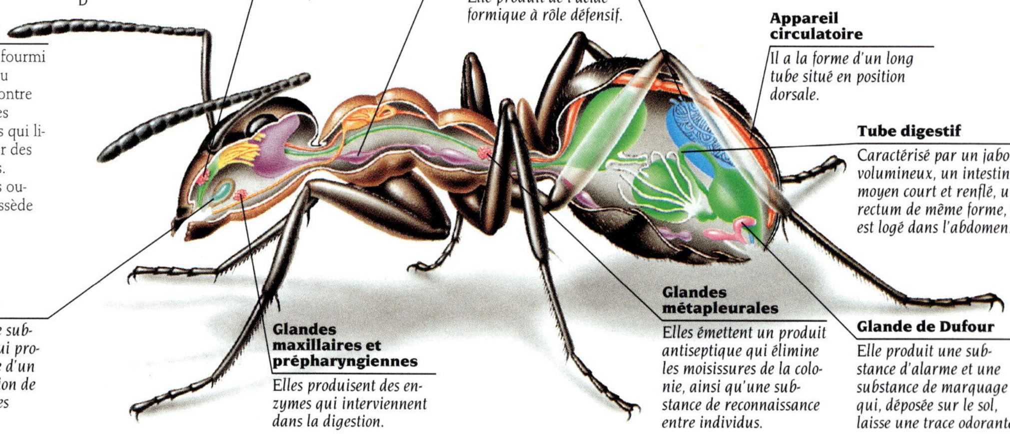

D. **ANATOMIE D'UNE FOURMI**

Cette ouvrière de fourmi rousse des bois (du genre *Formica*) montre une abondance des glandes sécrétrices qui libèrent à l'extérieur des substances variées. Comme toutes les ouvrières, elle ne possède pas d'appareil reproducteur.

MOUCHES ET MOUSTIQUES

LES DIPTÈRES

■ LES DIPTÈRES ne possèdent qu'une seule paire d'ailes. Les ailes postérieures, appelées balanciers, sont des moignons qui jouent un rôle dans le maintien de l'équilibre lors du vol, réalisé par les ailes antérieures. Les diptères se nourrissent toujours d'aliments liquides et leurs pièces buccales sont de type piqueur (moustiques) ou de type suceur (mouches). Il existe deux sous-ordres de diptères : les nématocères (moustiques) et les brachycères (mouches).

Les moustiques. Le groupe des nématocères rassemble les moustiques et les genres voisins. Ils ont des antennes longues en forme de filament et des pièces buccales le plus souvent de type piqueur.

Les *tipules* sont des moustiques aux pattes longues et grêles, au vol hésitant, qui ne piquent pas et dont les larves mangent des végétaux. Les cousins (genre *Culex*) sont les moustiques piqueurs les plus communs. Les anophèles propagent le paludisme et les moustiques du genre *Aedes,* la fièvre jaune.

Les larves des moustiques sont aquatiques et beaucoup peuvent se développer dans des étendues d'eau très réduites.

Les simulies, qui ont l'aspect de mouches noires, appartiennent au groupe des moustiques (nématocères) et peuvent pulluler dans les régions arctiques. En Afrique, elles propagent l'onchocercose, maladie parasitaire.

Les mouches. Les représentants du groupe des brachycères sont caractérisés par des antennes courtes et un corps en général de forme trapue. Ce sont les mouches et les espèces voisines.

Les *taons,* espèce dont les femelles piquent l'homme et les animaux pour en sucer le sang, ont un vol rapide. Leurs larves vivent dans la terre humide.

Les *syrphidés,* qui ressemblent à des guêpes par leur coloration, se rencontrent souvent sur les fleurs. Les volucelles sont les plus communs des syrphidés. Leurs larves vivent dans les végétaux en décomposition.

Les *drosophiles* sont des petites mouches rendues célèbres par les recherches de génétique qu'elles ont permises. La mouche du vinaigre *(Drosophila melanogaster)* se nourrit de levure de bière qu'elle peut transporter d'un grain de raisin à l'autre, ce qui favorise sa fermentation.

Les mouches vraies de la famille des *muscidés* sont reconnaissables à leurs yeux très rapprochés ou même contigus. Il en existe 4 000 espèces. La mouche domestique *Musca domestica* ne pique pas. Les *glossines* (ou mouches tsé-tsé) sucent le sang des animaux.

La famille des *calliphoridés* renferme des espèces dont les larves vivent soit dans la viande en décomposition (comme la mouche bleue de la viande), soit en parasites sous la peau de divers mammifères où elles provoquent des lésions appelées *myiases.* L'espèce la plus importante est la lucilie bouchère *(Callitroga hominivorax),* dont les larves vivent sous la peau des bovins en Amérique et qui a été introduite accidentellement en Afrique.

La famille des *tachinidés* comprend des mouches de couleur terne dont on connaît plus de 3 000 espèces. Toutes parasitent d'autres insectes selon des modalités variables.

LES PUCES

Les puces forment l'ordre des siphonaptères. On en connaît environ 1 500 espèces, toutes parasites externes et suceurs de sang de mammifères ou d'oiseaux. Leur mode de vie les a profondément modifiées. Chez elles, il n'existe plus aucune trace d'ailes, les pièces buccales sont conformées pour percer la peau et sucer le sang, le corps est comprimé latéralement. Leur aptitude au saut (20 cm en hauteur et 40 cm en longueur) leur permet de changer d'hôte.

Par leurs piqûres, les puces provoquent des démangeaisons. De plus, elles propagent diverses maladies comme le typhus et la peste. Les chiques *(Dermatophilus penetrans)* sont des puces américaines qui vivent constamment fixées dans la profondeur de la peau, où elles se gorgent de sang et forment des petites boules de quelques millimètres.

A

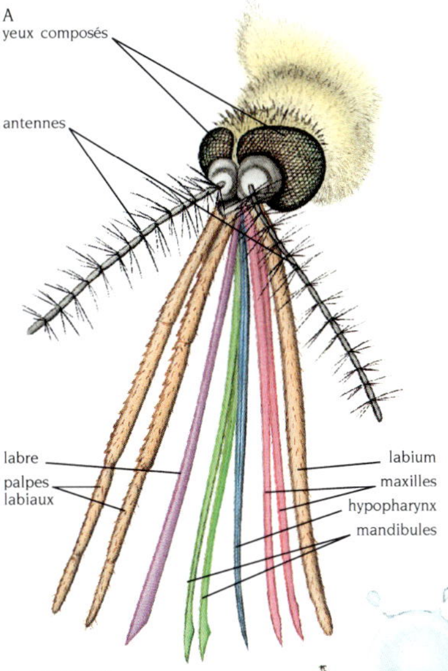

A. **TÊTE DE MOUSTIQUE ANOPHÈLE**

Chez les moustiques, seules les femelles piquent pour se nourrir du sang de divers mammifères. Ces pièces buccales d' *Anopheles maculipennis* (un des vecteurs du paludisme) sont constituées par une trompe en forme de gouttière (labium) fermée par la lèvre supérieure (labre). À l'intérieur de ce tube (disséqué sur cette représentation) coulissent 5 stylets piqueurs : 2 mandibules, 2 maxilles et l'hypopharynx. Le sang est aspiré par un canal logé dans le labre et de la salive est injectée dans la piqûre grâce au canal situé dans l'hypopharynx. Cette salive est responsable des démangeaisons et des réactions de nature allergique qui se manifestent chez certains sujets.

B

B. **MOUCHE PARASITE**

Cette mouche *(Crataerhina pallida)* appartient à la famille des hippoboscidés. Elle vit parmi les plumes du martinet noir *(Apus apus)* et sa longueur avoisine 6 mm. Les hippoboscidés sont des mouches parasites d'oiseaux ou de mammifères qui sont profondément modifiées par leur mode de vie : le corps est aplati ; le tégument, élastique et coriace ; les ailes, réduites, impropres au vol ; les pattes, robustes et munies de fortes griffes, s'agrippent à l'hôte.

C. **MOUCHE DOMESTIQUE**

Musca domestica est devenue cosmopolite. C'est un agent potentiel de dissémination de nombreux microbes et parasites puisés dans les excréments de l'homme et des animaux. La mouche domestique ne pique pas, contrairement à la mouche charbonneuse *(Stomoxys calcitrans)* qui pique de préférence les animaux, mais qui peut transmettre à l'homme une maladie, le charbon.

C

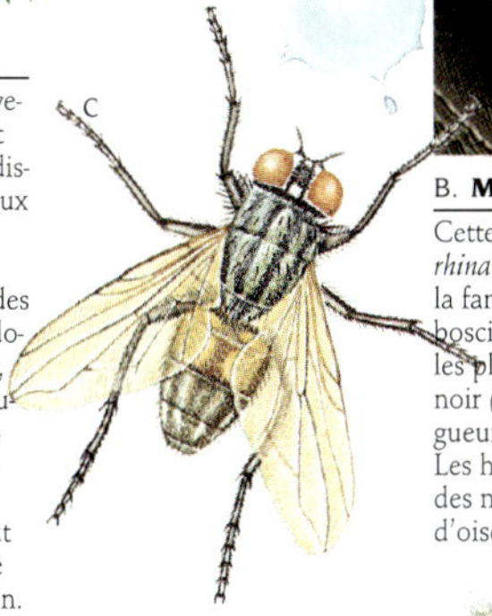

D. **MOUSTIQUE**

Ce moustique redoutable *(Aedes aegypti)* est le vecteur de la fièvre jaune, maladie due à un virus du groupe des arbovirus. La fièvre jaune sévit aussi dans des régions comme l'Amérique du Sud, où ce moustique est absent, car il existe d'autres vecteurs de la maladie.

D

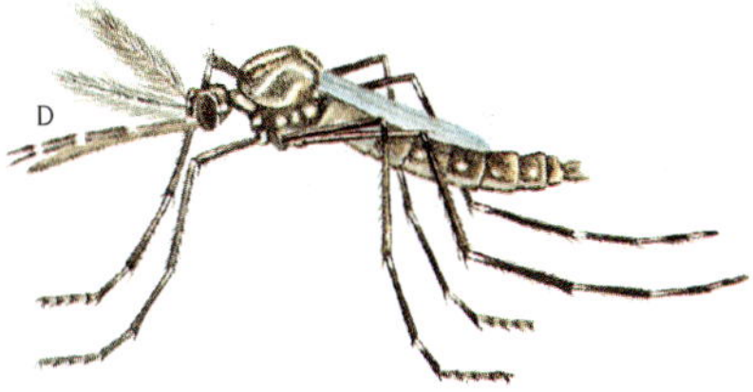

E

E. **TAON**

La tête de ce taon *(Tabanus glaucopis)* porte deux yeux énormes entre lesquels se trouvent deux courtes antennes. La trompe est courte, de type piqueur-suceur. Elle porte à la base deux palpes maxillaires (de couleur noire). Les taons sont des insectes au vol rapide dont la salive renferme une substance anticoagulante, ce qui facilite l'absorption du sang. Ils peuvent transmettre divers parasites tels que des filaires (vers nématodes).

LES INSECTES

SCARABÉES, COCCINELLES...

LES COLÉOPTÈRES

■ LES COLÉOPTÈRES ont les ailes antérieures transformées en étuis cornés appelés *élytres.* Ces étuis recouvrent la partie postérieure du corps, et protègent, au repos, les ailes postérieures membraneuses. Les pièces buccales sont (presque toujours) de type broyeur. Les larves, de formes très variées, ont toujours une tête bien développée.

Les coléoptères constituent l'ordre d'insectes le plus riche en espèces (près de 300 000 sont déjà connues).

Classification. Les coléoptères sont divisés en deux sous-ordres.

Le sous-ordre des *adéphages* comprend des espèces en général carnivores, à antennes filiformes. Le premier segment de l'abdomen, sur la face ventrale, est soudé au thorax et divisé en deux par la base des pattes postérieures. Les carabes sont les représentants principaux de ce sous-ordre.

Le sous-ordre des *polyphages* est beaucoup plus varié. Chez ces coléoptères, le premier segment de l'abdomen n'a pas la structure caractéristique des adéphages, il est libre par rapport au thorax et entier. Ce sous-ordre renferme la grande majorité des coléoptères.

Carabes, dytiques... La famille principale du groupe des adéphages est celle des carabes (carabidés), insectes terrestres répandus. La famille des dytiques (dytiscidés) comprend des insectes aquatiques qui nagent à l'aide de leurs pattes postérieures transformées en palettes natatoires. Les gyrins (gyrinidés) se déplacent en tous sens à la surface de l'eau, ce qui leur a valu le nom de tourniquets.

Les scarabées. Ils se reconnaissent à leurs antennes dont les derniers segments sont disposés comme les branches d'un éventail. Certains, comme les lucanes (ou cerfs-volants) et les espèces voisines, vivent à l'état larvaire dans le bois mort, dont ils se nourrissent.

Les bousiers nourrissent leurs larves avec la bouse de divers mammifères. Les géotrupes, les aphodius, les ontophages et les scarabées sacrés pondent dans la bouse.

Staphylins, hydrophiles et ténébrions. Les staphylins (staphylinidés) sont abondants partout. Ils se reconnaissent à leurs élytres anormalement courts qui laissent à découvert une partie de l'abdomen. Le staphylin odorant *(Ocypus olens)* est une grande espèce (3 cm) noire et carnassière qui répand lorsqu'on l'inquiète une odeur de rose.

Les hydrophiles (hydrophilidés) sont généralement aquatiques. La plus grande espèce *(Hydrous piceus)* ressemble à un dytique, mais en diffère par ses antennes plus courtes.

Les ténébrions (ténébrionidés) constituent une famille dont le type est *Tenebrio molitor.* Sa larve, connue sous le nom de *ver de farine,* mange des substances végétales très diverses et se rencontre dans les greniers, la paille des étables et les denrées emmagasinées.

Coccinelles et taupins. Les coccinelles (coccinellidés) ont une forme hémisphérique lisse et brillante caractéristique. Beaucoup ont des couleurs voyantes, rouge ou jaune avec des taches noires. La coccinelle à sept points *(Coccinella septempunctata),* très commune, attaque les pucerons, dont elle peut contrôler les pullulations.

Les taupins (élatéridés) peuvent faire des sauts énergiques quand ils sont placés sur le dos. Leurs larves sont appelées *ver fil de fer* à cause de leur allure raide et filiforme.

Scolytes et charançons. Les scolytes (scolytidés) sont des ravageurs forestiers qui peuvent anéantir des peuplements entiers, surtout de résineux. La femelle creuse des galeries et pond sous l'écorce des arbres ; ce sont les larves qui causent la mort de l'arbre.

Les charançons (curculionidés) se reconnaissent à la présence, en avant de la tête, d'un long bec cylindrique appelé rostre, au bout duquel se trouvent les pièces buccales. De très nombreux ravageurs appartiennent à cette famille (charançon du blé [*Sitophilus granarius*], charançon des noisettes [*Curculio nucum*]...).

Les doryphores. Les chrysomélidés, de petite taille, ont une forme ramassée et des couleurs souvent vives. Ils vivent aux dépens de végétaux variés. Le doryphore *(Leptinotarsa decemlineata)* attaque la pomme de terre. Les altises, qui ont la particularité de faire des sauts comme les puces, vivent sur le colza et sur la vigne. La criocère du lis *(Lilioceris merdigera),* de couleur entièrement rouge, vit sur le lis et l'oignon.

Les longicornes. Les longicornes (cérambycidés) possèdent des antennes parfois 5 fois plus longues que le corps. Beaucoup d'espèces vivent dans le bois, celui des arbres morts ou des arbres vivants. Les larves ont la particularité de sécréter une enzyme, la cellulase, qui leur permet de digérer la cellulose. Elles peuvent vivre de nombreuses années (jusqu'à 12 ans) dans des bois d'œuvre tels que des meubles.

Les longicornes sont souvent des insectes de grande taille et ils comprennent le géant des coléoptères, l'espèce *Titanus giganteus,* dont le corps massif atteint 23 cm de longueur, et qui vit dans la forêt amazonienne. Le capricorne du chêne *(Cerambyx cerdo),* commun en Europe, est noir et mesure environ 4 cm. Ses larves peuvent cribler de trous et réduire en poussière le bois des vieux chênes.

A

B

A. B. **HANNETON COMMUN**

Cet insecte brun-noir de 3 cm, *Melolontha melolontha,* appartient à la famille des scarabéidés. On remarque bien ici les derniers articles des antennes en forme de lamelles disposées en éventail. Jadis très commun et nuisible, il s'est aujourd'hui raréfié. La vie larvaire dure 3 ans. Les larves sont les « vers blancs », qui vivent dans le sol et dévorent les racines des végétaux. Les adultes apparaissent au bout de 3 ans au printemps.

D

C

C. **DYNASTES**

Les dynastes sont des coléoptères de la famille des scarabéidés qui sont représentés par 6 espèces de la faune américaine. Ce sont des insectes forestiers de grande taille. Les mâles, qui possèdent deux cornes (une sur la tête et une sur le thorax), atteignent 20 cm. Les femelles, plus petites, n'ont pas de cornes. Les dynastes sont des insectes nocturnes qui sont attirés par les lumières. Certaines espèces peuvent changer de couleur en quelques minutes.

D. **CARABE À REFLETS D'OR**

Carabus auronitens, répandu dans une grande partie de l'Europe, vit surtout en forêt. Il en existe de nombreuses races dont une, très localisée, est protégée. Beaucoup d'espèces de carabes ont des couleurs métalliques allant du rouge au vert. Ce sont des prédateurs voraces qui mangent des limaces, des vers de terre, des chenilles. L'insecte photographié est une femelle (3 cm). Le mâle possède aux pattes antérieures des tarses dilatés et très élargis.

FOURMILIONS, SIALIS...

LES NÉVROPTÈRES

■ SOUS LE NOM DE NÉVROPTÈRES, on désignait un ensemble d'insectes à métamorphoses complètes qui est aujourd'hui divisé en 3 ordres distincts : les névroptères vrais (planipennes), les raphidioptères et les mégaloptères.

Les planipennes sont représentés par les fourmilions. Ces derniers ressemblent un peu à des libellules ; leur envergure atteint 5 cm. Les chrysopes, de couleur souvent verte, sont des planipennes très communs dont les larves dévorent les pucerons. Les mantispes ressemblent à la mante religieuse.

Les raphidioptères ressemblent aux planipennes. Leur tête est aplatie et leur thorax, allongé. Ce sont des insectes terrestres et arboricoles qui, comme les raphidies, mangent surtout des pucerons.

Les mégaloptères possèdent des larves aquatiques munies de branchies situées sur l'abdomen. Ils se reconnaissent à leurs ailes disposées en toit sur le corps au repos. Les *Sialis,* insectes communs de la faune européenne, mesurent 2 cm et possèdent un corps brun. Les *Corydallis* américains possèdent de vastes ailes et atteignent 16 cm d'envergure.

LES PAPILLONS

LES LÉPIDOPTÈRES

■ ILS SE CARACTÉRISENT par 4 ailes membraneuses recouvertes d'écailles et par des pièces buccales transformées en une trompe de type suceur. Les larves herbivores, au corps cylindrique pourvu de fausses pattes sur l'abdomen, sont appelées chenilles. Pour se métamorphoser, les chenilles se transforment en nymphes connues sous le nom de chrysalides. Les papillons renferment environ 120 000 espèces.

Classification. On distingue les papillons primitifs *(homoneures),* dont les ailes antérieures et postérieures ont le même type de nervation, et les papillons évolués *(hétéroneures),* dont les ailes antérieures et postérieures possèdent des nervations différentes. Ce dernier groupe, majoritaire, comprend les papillons dont les antennes sont terminées par un renflement *(rhopalocères),* les papillons aux antennes plumeuses *(hétérocères)* et les papillons minuscules *(microlépidoptères).*

Les homoneures. La famille la plus remarquable est celle des microptérygidés, petits papillons diurnes, de couleur métallique, qui se nourrissent de pollen grâce à leurs pièces buccales qui sont restées de type broyeur, avec des mandibules bien développées.

Les papillons de jour. Le groupe des rhopalocères est celui des grands papillons à activité diurne, les plus connus. Le machaon *(Papilio machaon)* a des chenilles qui vivent sur les ombellifères ; celles de la piéride du chou *(Pieris brassicae)* vivent aux dépens du chou et celles du paon de jour *(Inachis io),* aux dépens des orties.

Les papillons de nuit. Les hétérocères ont une activité nocturne. Les sphinx (sphingidés) sont de grande taille, avec une trompe longue et des ailes allongées. Les espèces de la famille des phalènes (géométrides) ont le corps grêle et des chenilles dites « arpenteuses », qui se déplacent sur les végétaux à la manière des sangsues. La famille des noctuelles (noctuidés) renferme beaucoup d'espèces nuisibles. La famille des processionnaires (thaumétopéidés) comprend la processionnaire du pin, dont les chenilles s'abritent dans des bourses de soie suspendues dans les branches et se déplacent en longues files.

Tordeuses et mites. Les microlépidoptères sont représentés par 3 familles principales. Les tordeuses (tortricidés) ont des chenilles qui vivent souvent dans des feuilles enroulées sur elles-mêmes. Les mites (tinéidés) constituent une famille dont l'espèce la plus connue, *Tineola bisselliella,* attaque les vêtements et se nourrit aux dépens de la laine. Dans la famille des pyralidés, riche de plus de 20 000 espèces, sont placées des espèces comme la pyrale du maïs, *Pyrausta nubilalis,* qui est un important ravageur, ou la teigne des abeilles, *Galleria mellonella.*

A

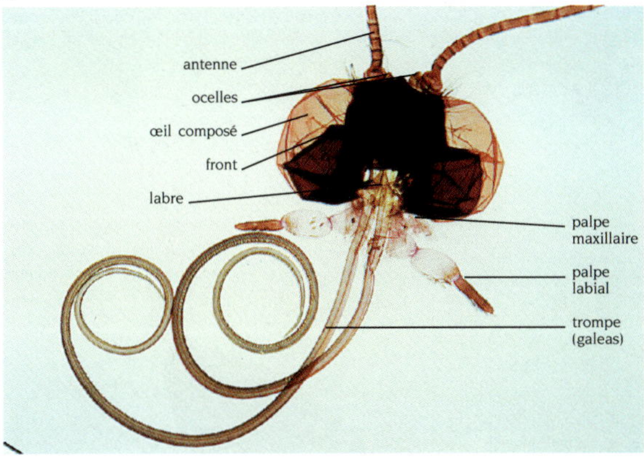

A. **TÊTE DE LA PIÉRIDE DU CHOU**

La tête porte deux longues antennes et deux gros yeux composés. Les pièces buccales sont modifiées pour former une trompe suceuse qui s'enroule en spirale au repos. Les mandibules et le labium sont réduits à l'état de vestiges. Cependant les palpes labiaux restent bien développés et sont formés de 3 segments. Chaque mâchoire est réduite à la partie appelée galéa, qui s'allonge et prend une forme en gouttière. Ces deux galéas s'accolent pour former la trompe (sur la photo, les deux galéas ont été séparées et forment ainsi deux spirales distinctes). La trompe sert à aspirer le nectar des fleurs grâce à un appareil de pompage qui lui est annexé. Chez un sphinx de Madagascar, la trompe atteint une longueur de 28 centimètres !

B

B. **LARVE DE FOURMILION**

Beaucoup de fourmilions ont des larves qui creusent dans le sable un entonnoir au fond duquel elles attendent les insectes (surtout les fourmis) qui y tombent. Leurs pièces buccales sont très modifiées. De chaque côté, la mandibule et la mâchoire forment une pince creuse qui assure la capture des proies.

C

C. **GRAND PAON DE NUIT**

Saturnia pyri est le plus grand papillon européen. Il appartient à la famille des attacidés. Sa chenille vit surtout sur les arbres fruitiers. Les ailes sont ornées de taches plus claires de forme circulaire appelées *ocelles.* Le mâle possède des antennes en forme de peigne. Les attacidés sont représentés par un millier d'espèces de grande taille, dont une de Nouvelle-Guinée qui atteint 30 cm d'envergure.

LES VERS À SOIE

Le bombyx du mûrier *(Bombyx mori)* fait l'objet d'un élevage, la sériciculture. Le bombyx est un insecte domestique dont on ne connaît pas l'ancêtre sauvage. On l'élève en Chine depuis 4 500 ans.

La femelle pond des œufs appelés « graines », qui éclosent et donnent des chenilles que l'on nourrit de feuilles de mûrier. Au moment de la métamorphose, la chenille tisse un cocon de soie à partir d'une substance qu'elle sécrète. Chaque cocon, plongé dans l'eau bouillante pour tuer la chenille (devenue chrysalide), fournit de 300 à 1 500 m de fil. On dévide de 3 à 8 cocons ensemble pour obtenir un fil plus gros. Une grave maladie, la pébrine, a décimé les élevages au XIXe siècle. On a cherché à introduire en France d'autres vers à soie, dont le bombyx de l'ailante *(Samia cynthia),* ainsi que deux autres espèces, qui ne se sont jamais acclimatées. Les cocons du bombyx de l'ailante se dévidant mal, son élevage a été arrêté.

LES INSECTES

A

A. **PAON DE JOUR**
(*Inachis io*)

On trouve ce papillon en Europe et en Asie. Sa chenille, noire, couverte d'épines et tachetée de blanc, vit en communauté sur les orties et le houblon. Envergure : 5,5 centimètres.

B

B. **PIÉRIDE DU CHOU**
(*Pieris brassicae*)

Papillon diurne, blanchâtre, très commun en Europe. Sa chenille, vert-jaune, est un ravageur des choux. Envergure : 7 centimètres.

C

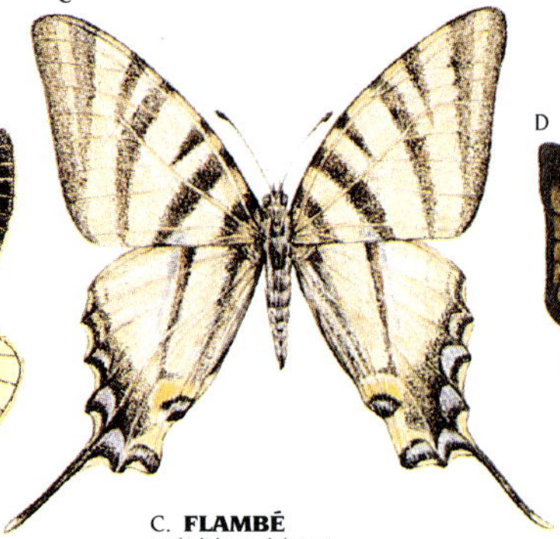

C. **FLAMBÉ**
(*Iphiclides podalirius*)

Commun en Europe, c'est un des premiers papillons à apparaître au printemps. Sa chenille verdâtre et tachetée de brun-rouge se nourrit de prunellier et d'aubépine. Envergure : 6,5 centimètres.

D

D. **GRAND MARS CHANGEANT**
(*Apatura iris*)

La chrysalide de ce papillon est verte et aplatie latéralement. La chenille se nourrit de saules. Envergure : 6,3 centimètres.

E

E. **GRAND PORTE-QUEUE**
(*Papilio machaon*)

Devenu rare, on trouve encore ce papillon en Europe, en Asie et en Afrique. Les chrysalides peuvent présenter des colorations différentes (grise, verte,..) selon la plante à laquelle elles se fixent. Envergure : 8,5 centimètres.

F

F. **ARMANDIA**
(*Armandia lidderdalei*)

Les espèces du genre *Armandia* portent trois queues à chaque aile postérieure. Ce papillon se rencontre en Inde. Envergure : 5 centimètres.

G

G. **MORIO**
(*Euvanessa antiopa*)

Remarquable par sa coloration, le morio est répandu dans tout l'hémisphère Nord. Sa chenille vit sur le saule, le bouleau et le peuplier. Envergure : 6,5 centimètres.

H

H. **GRANDE TORTUE**
(*Vanessa aglais polychlaros*)

Ce papillon nord-américain se rapproche, par son aspect et son mode de vie, de la petite tortue européenne *(Aglais urticae),* mais le centre de l'aile est plus sombre. Envergure : 4,5 centimètres.

I

I. **MORPHO**
(*Morpho cypris*)

Ce papillon d'Amérique tropicale possède des chenilles grégaires qui se réunissent en groupe sur les arbres. La tête de l'adulte, relativement grande, porte deux cornes pointées vers l'avant. Envergure : 20 centimètres.

J

J. **APOLLON**
(*Parnassius apollo*)

Rare et protégé, ce papillon se trouve dans les zones montagneuses d'Europe. La chenille, noire, possède des taches jaunes le long du corps. Envergure : 8 centimètres.

K

K. **PAPILLON-FEUILLE**
(*Kallima sp.*)

Le profil des ailes de ce papillon posé ressemble à une feuille pointue. Ce camouflage rend le papillon quasiment invisible aux yeux de ses prédateurs. Envergure : 7,3 centimètres.

L

L. **CITRON**
(*Gonepteryx rhamni*)

Ce papillon est un des premiers messagers du printemps. Il quitte sa cachette hivernale (fourrés, feuilles mortes) avant même la fonte des neiges. Envergure : 5,5 centimètres.

M. **TABAC D'ESPAGNE**
(*Argynnis paphia*)

Papillon d'Europe et d'Asie. L'envers des ailes est verdâtre et strié de bandes argentées. Les chenilles, comme celles de tous les *Argynnis,* hivernent. Envergure : 6 centimètres.

M

A

A. **THAÏS**
(*Allancastria cerisyi*)

La chenille de ce papillon habitant le sud-est de l'Europe et l'Asie Mineure vit sur les aristoloches. Envergure : 5,5 centimètres.

B

B. **MONARQUE**
(*Danaus plexippus*)

Ce papillon d'Amérique du Nord est un grand migrateur. Des milliers de monarques se dirigent de la Floride vers le Canada en été et accomplissent le chemin inverse en hiver. Envergure : 8 centimètres.

C

C. **CARTE GÉOGRAPHIQUE DE PRINTEMPS**
(*Araschnia levana*)

De taille réduite, cette espèce euro-sibérienne vit dans les forêts de feuillus. Ce papillon change de coloration en fonction des saisons. Envergure : 3,5 centimètres.

D

D. **CARTE GÉOGRAPHIQUE D'ÉTÉ**
(*Araschina [prorsa] levana*)

Cette forme, qui a été longtemps décrite comme une espèce à part, est en réalité la coloration estivale d'*Araschnia levana*. Envergure : 3,5 centimètres.

E

E. **CATOCALE**
(*Catocala nupta*)

Comme l'écaille martre, les catocales, appelés également cordons, montrent, lorsqu'ils sont dérangés, leurs ailes postérieures brillamment colorées, qui déroutent l'adversaire. Envergure : 9 centimètres.

F

F. **SPHINX TÊTE DE MORT**
(*Acherontia atropos*)

La tête de mort dessinée sur le thorax de cet animal lui a valu son nom. Les chenilles, quand on les dérange, produisent un son dû au frottement de leurs mandibules. Envergure : 11 centimètres.

G

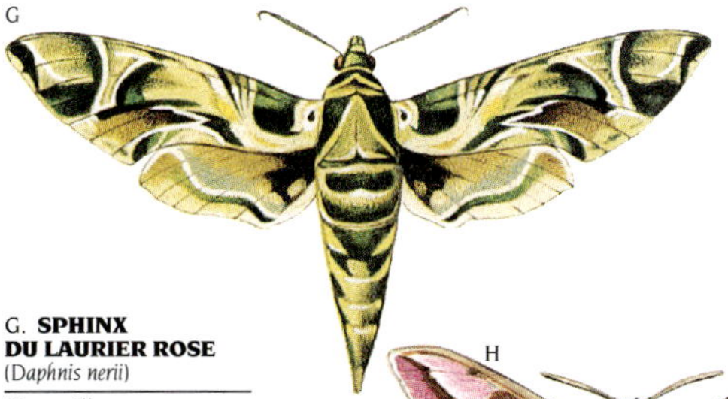

G. **SPHINX DU LAURIER ROSE**
(*Daphnis nerii*)

Ce papillon nocturne est actif dès le coucher du soleil. Il se nourrit du nectar des fleurs de laurier rose. La chenille se nourrit des feuilles de la même plante. Envergure : 10 centimètres.

H

H. **SPHINX DE L'EUPHORBE**
(*Celerio euphorbiae*)

Particulièrement sensible à la pollution atmosphérique, les effectifs de ce papillon ont considérablement diminué. Sa répartition reste cependant très vaste (Europe, Afrique, Inde et Chine). Envergure : 7 centimètres.

I

I. **SPHINX GAZÉ**
(*Hemaris fuciformis*)

Ce sphinx est tout à fait particulier car il ne vole qu'au soleil. Ses ailes dépourvues d'écailles sont transparentes et vitreuses. Envergure : 9 centimètres.

J

J. **PAPILLON À SOIE**
(*Samia cynthia*)

Ce papillon indien est un des producteurs de la soie orientale. La chenille est poudrée de blanc. Il est souvent appelé à tort bombyx de l'ailante. Envergure : 12 centimètres.

K

K. **ÉCAILLE-MARTRE**
(*Arctia caja*)

Papillon des forêts commun en Europe et en Asie. Les ailes postérieures, vivement colorées, sont cachées au repos par les ailes antérieures, plus ternes. Envergure : 6 centimètres.

L

L. **PAPILLON ÉTOILÉ**
(*Orgyia antiqua*)

Petit papillon nocturne dont la chenille vit sur les feuilles de rosiers. Le mâle brun est tacheté de blanc. Envergure : 2,7 centimètres.

M

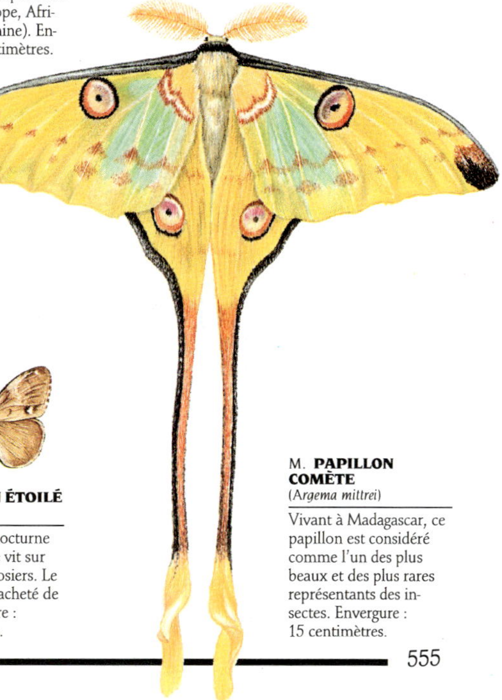

M. **PAPILLON COMÈTE**
(*Argema mittrei*)

Vivant à Madagascar, ce papillon est considéré comme l'un des plus beaux et des plus rares représentants des insectes. Envergure : 15 centimètres.

LES INSECTES

CIGALES, PUNAISES...

HOMOPTÈRES ET HÉTÉROPTÈRES

■ REGROUPÉS AUTREFOIS sous le nom d'*hémiptères,* les homoptères et les hétéroptères possèdent des pièces buccales de type piqueur-suceur. Une pompe salivaire injecte la salive dans la plante ou dans l'animal qui a été piqué et permet l'aspiration des liquides alimentaires. Ces insectes effectuent une métamorphose incomplète (hétérométaboles) : les larves ressemblent à des adultes ayant des ailes imparfaites.

Les homoptères (cigales, pucerons...) possèdent des ailes antérieures et postérieures semblables. Les hétéroptères (nèpes, punaises...) possèdent des ailes antérieures coriaces et des ailes postérieures membraneuses.

Cigales, pucerons, cochenilles. Les représentants de l'ordre des homoptères ne se nourrissent que de sève ou de sucs cellulaires végétaux. Leur tube digestif possède une chambre filtrante, qui permet l'expulsion par l'anus d'excréments riches en eau et en sucre provenant de la sève ingérée. Ces rejets constituent le *miellat,* recherché sur les pucerons par les fourmis et les abeilles.

A

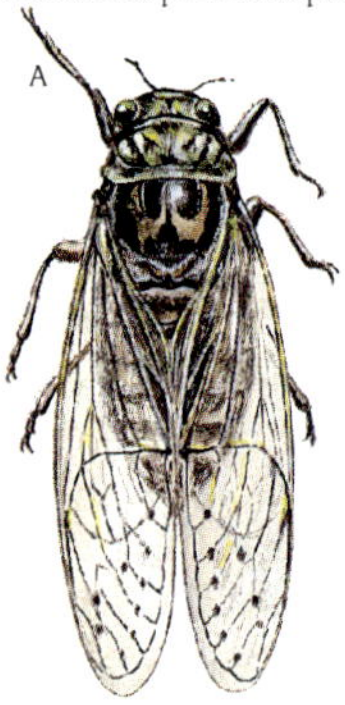

A. **CIGALE**

Lyristes plebejus mesure 3 cm. Les cigales se reconnaissent à leur corps massif, leurs antennes courtes, leurs ailes membraneuses pourvues de peu de nervures. La vie larvaire peut durer 5 ans tandis que l'adulte ne vit que quelques semaines. Le chant des cigales est un attribut des mâles. L'organe émetteur de sons, appelé cymbale, est situé sur l'abdomen.

Les homoptères renferment au moins 50 000 espèces, dont beaucoup sont de dangereux insectes ravageurs des cultures.

Les cigales *(cicadidés)* de grande taille (jusqu'à 10 cm) sont nombreuses dans les régions tropicales. Elles sont remarquables par le chant bruyant et monotone des mâles. Alors que les cigales adultes mènent une vie aérienne, les larves vivent dans le sol aux dépens des racines des plantes. Leurs pattes antérieures sont armées de griffes puissantes qui leur permettent de fouir le sol.

Les jassus *(jassidés)* peuvent transmettre aux plantes qu'elles piquent des virus. Les centrotes *(membracidés)* sont couverts, sur la tête et le thorax, d'expansions (venant du premier segment thoracique) aux formes étranges qui leur donnent une allure tout à fait exceptionnelle. Les porte-lanternes *(fulgoridés)* ont la tête prolongée par une proéminence creuse qui, contrairement à la légende, n'est pas lumineuse.

Nèpes, punaises aquatiques. Les hétéroptères aquatiques ont des antennes courtes et peu visibles *(cryptocérates).* La nèpe, ou scorpion d'eau *(Nepa cinerea),* marche sur le fond ou, en surface, parmi les végétaux aquatiques. Son corps est aplati et ses pattes antérieures, ravisseuses. Les bélostomes des régions tropicales atteignent 10 cm de long et ressemblent à de grandes nèpes. La femelle pond ses œufs sur le dos du mâle, qui les transporte jusqu'à leur éclosion. Les notonectes nagent sur le dos en pleine eau grâce à leurs pattes postérieures transformées en rames.

Punaises, gendarmes. Les hétéroptères terrestres ont des antennes plus longues et bien visibles (gymnocérates). Quelques-uns comme les gerris, parfois appelés *araignées d'eau,* peuvent marcher à la surface de l'eau en utilisant seulement leurs 4 pattes postérieures. Les réduviidés sont des punaises carnassières de grande taille, fréquentes dans les régions tropicales. L'espèce américaine *Triatoma megista* transmet à l'homme la *maladie de Chagas.* Le rhodnius *(Rhodnius prolixus),* facile à élever, est devenu un animal de laboratoire.

Les pentatomidés sont riches de plusieurs milliers d'espèces comme la banale punaise verte *(Palomena viridissima),* ou le graphosome *(Graphosoma italica),* au corps rouge vif strié de bandes noires longitudinales. La punaise des céréales *(Eurygaster)* est nuisible au blé dans les régions semi-arides.

La famille des pyrrhocoridés comprend l'espèce *Pyrrhocoris apterus,* appelée gendarme, reconnaissable à sa couleur rouge avec deux taches noires. Les gendarmes sont souvent abondants au pied des tilleuls, car ils sucent les graines de ces arbres.

PSOQUES ET THRIPS

PSOCOPTÈRES ET THYSANOPTÈRES

■ L'ORDRE DES PSOCOPTÈRES, ou psoques, peu riche en espèces, renferme des insectes de petite taille, qui ressemblent à des pucerons quand ils ont des ailes, et à des collemboles quand ils n'en ont pas. Ils se nourrissent de lichens, de champignons et d'algues microscopiques et sont fréquents dans les forêts. On trouve aussi des psoques dans les maisons où certaines espèces, connues sous le nom de « poux des livres », mangent la moisissure qui se développe dans la reliure des vieux livres.

L'ordre des thysanoptères, ou thrips, est formé d'insectes minuscules dont les ailes sont frangées de longues soies, et dont les pièces buccales sont de type piqueur. La plupart des espèces sucent les sucs des végétaux. Ils peuvent se rencontrer en abondance dans certaines fleurs comme les glaïeuls.

B

B. **COCHENILLES**

Cette espèce *(Lepidosaphes gloverii)* vit sur les citronniers. Elle est caractérisée par un bouclier en forme de coquille de moule (3 mm), sous lequel s'abrite l'insecte. Les cochenilles, qui ressemblent plus à des galles qu'à des insectes, ont des larves qui subissent 3 mues avant de devenir adultes.

C

C. **PUNAISE VERTE**

La larve de la punaise verte *(Palomena viridissima),* représentée ici, est reconnaissable à ses ailes qui ne recouvrent pas l'abdomen. Comme beaucoup d'autres espèces de punaises, l'adulte répand une odeur désagréable, dont les constituants sont produits par des glandes situées sur la face dorsale de l'abdomen, au niveau des taches noires.

LES POUX

Les poux des oiseaux (mallophages) vivent aussi sur des mammifères. Ce sont des insectes sans ailes, au corps aplati, avec des pièces buccales de type broyeur, qui se nourrissent de fragments de poils ou de plumes et des desquamations de l'épiderme. Certaines espèces peuvent abonder sur le corps des oiseaux, qu'elles parasitent jusqu'à les faire dépérir. C'est le cas notamment d'une espèce appelée : *Menopon pallidum.*

Les vrais poux (anoploures) ont des pièces buccales de type piqueur et sucent le sang des mammifères. Leurs pattes sont robustes et se terminent par des griffes qui leur permettent de s'accrocher aux poils de l'hôte. Deux espèces vivent sur l'homme : le pou du corps *(Pediculus humanis)* et le pou du pubis, ou morpion *(Phthirius pubis),* dont on voit ci-dessous un représentant fermement accroché à un poil par ses fortes pinces (microscope électronique à balayage). Leur présence entraîne des démangeaisons. Les poux peuvent transmettre le typhus à l'homme et une piroplasmose aux bovins.

LE GROUPE DES ÉCHINODERMES

Les échinodermes forment un groupe d'animaux marins organisés selon une symétrie rayonnée d'ordre cinq *(pentaradiée)* et possédant un squelette interne (à la différence des arthropodes, au squelette externe). Ils sont notamment représentés par les oursins et les étoiles de mer. Leur développement embryonnaire les rapproche des vertébrés (ce sont des deutérostomiens).

Classification. On reconnaît actuellement environ 6 000 espèces dans l'embranchement des échinodermes, qui se répartissent en deux sous-embranchements. Les pelmatozoaires sont représentés dans la faune actuelle par les crinoïdes (lis de mer). Les éleuthérozoaires, plus nombreux, se répartissent en quatre classes : les holothurides (concombres de mer), les astérides (étoiles de mer), les ophiurides (ophiures) et les échinides (oursins).

Anatomie. Le tégument recouvre le système nerveux (animaux *épithélioneuriens*) uniquement formé d'un réseau de nerfs. Le squelette interne est formé d'« os », les ossicules, calcaires articulés ou soudés entre eux ; il se réduit parfois à de simples spicules disséminés sous le tégument (derme).

Tous les échinodermes montrent un réseau tubulaire, le *système aquifère,* qu'on ne rencontre que dans ce groupe. En communication avec l'eau de mer, ce système se répartit dans le corps et apparaît extérieurement sous la forme de petites expansions cylindriques turgescentes : les pieds ambulacraires (podia), qui permettent la locomotion. D'autres dispositifs de circulation, du sang cette fois (systèmes sinusaire et hémal), viennent compléter cette organisation.

LIS DE MER, COMATULES

LES CRINOÏDES

■ Les crinoïdes doivent être considérés comme des échinodermes primitifs. L'animal, qui évoque une fleur, se présente sous la forme d'un calice garni de cinq paires de bras porteurs, sur toute leur longueur, d'appendices alternés, les *pinnules.* La partie creuse du calice abrite une masse viscérale globuleuse au centre de laquelle s'ouvrent la bouche et, plus latéralement, l'anus, au sommet d'un petit tubercule conique. Sous le calice, des appendices articulés griffus, les cirres, permettent à l'animal de se fixer sur une algue ou sur un rocher ; il peut aussi se déplacer activement en quittant son support.

Le développement larvaire montre une forme fixée par un long pédoncule articulé qui s'insère sur la face inférieure du calice. Certaines espèces actuelles conservent ce long pédoncule à l'état adulte (lis de mer) ; c'est aussi le cas des crinoïdes fossiles, de taille gigantesque, chez lesquels le pédoncule pouvait atteindre 25 m de long. Les éléments calcaires qui constituaient ce pédoncule ont donné naissance à une roche de l'époque triassique appelée « calcaire à entroques ».Les pentacrines, fixés sur les fonds marins jusqu'à 2 000 m, étaient abondants au secondaire et au tertiaire.

Les crinoïdes se nourrissent de micro-organismes (diatomées), qui sont acheminés vers la bouche par une gouttière munie de cils. Les sexes sont séparés et la maturation des produits génitaux se fait à l'intérieur des pinnules.

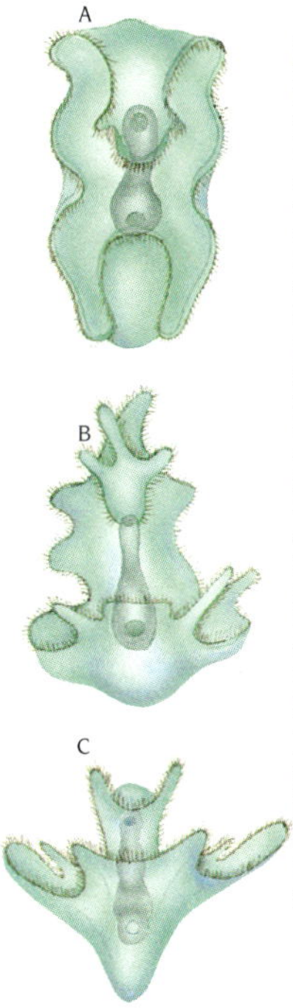

A. B. C. **LARVES D'ÉCHINODERMES**

L'œuf des échinodermes est petit (moins de 0,1 mm) et contient peu de réserves. Pour tous les échinodermes, la première forme larvaire *(dipleurula)* possède une symétrie bilatérale. C'est à partir de cette forme particulière à chaque groupe que vont s'édifier les larves. La larve *auricularia* (A) des holothurides semble être la plus simple. Chez les oursins et les ophiures, la larve *pluteus* (C) a l'aspect d'une petite pyramide, soutenue par des spicules, qui diffère de la larve *bipinnaria* (B) des étoiles de mers. Chez les crinoïdes, la larve *vitellaria* est un petit tonnelet garni de 5 à 6 couronnes ciliées. L'évolution ultérieure est marquée par la mise en place d'une dissymétrie propre à chaque groupe.

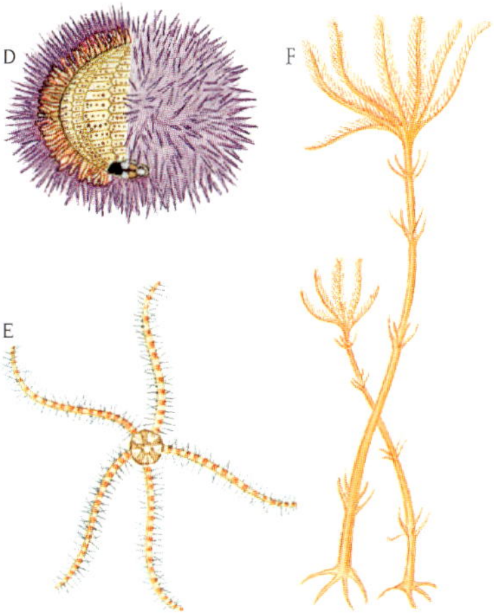

D. E. F. **SYMÉTRIE D'ORDRE 5**

Cette symétrie, dite *pentaradiée,* ne se rencontre chez les animaux que dans le seul groupe des échinodermes. Elle peut secondairement s'accompagner d'une symétrie bilatérale, comme chez les holothuries. Elle caractérise les oursins (D), les étoiles de mer, les ophiures (E), les holothuries et les crinoïdes (F).

G. **COMATULES**

De couleurs vives, rouge ou orangé, parfois ponctués de blanc, cette comatule *Antedon bifida* est un crinoïde commun sur les côtes européennes. On la rencontre fixée sous les gros blocs rocheux ou sur des algues du genre *Cystoseira.*

CONCOMBRES DE MER

LES HOLOTHURIDES

■ L'appartenance des holothuries, ou concombres de mer, au groupe des échinodermes s'exprime par de nombreux traits en dépit de leur forme de boudin. Extérieurement, leur corps montre cinq travées longitudinales de pieds ambulacraires. L'animal repose sur le sédiment par trois d'entre elles. Sous le tégument, le squelette est composé de spicules épars de formes variées (ancres, disques perforés...). Le tube digestif s'ouvre à une extrémité du corps par un anus (qui débouche dans un cloaque) et à l'autre par une bouche ; cette dernière est entourée d'une couronne de tentacules. Une des particularités des holothuries se situe dans leur aptitude à expulser par l'anus de fins tubes collants ou toxiques, que l'animal projette en grand nombre sur un éventuel agresseur.

H. I. J. **ANATOMIE D'UNE HOLOTHURIE**

Les holothuries présentent un corps allongé muni de pieds ambulacraires (H). Une vue en écorché (I) fait apparaître deux arbres respiratoires situés à l'intérieur de la cavité générale et débouchant dans le cloaque, dont les contractions assurent le pompage de l'eau et les échanges respiratoires. Les holothuries sont capables d'expulser par le cloaque l'arbre respiratoire, le tube digestif et les gonades (éviscération). La coupe transversale de l'animal (J) révèle la symétrie typique, d'ordre 5.

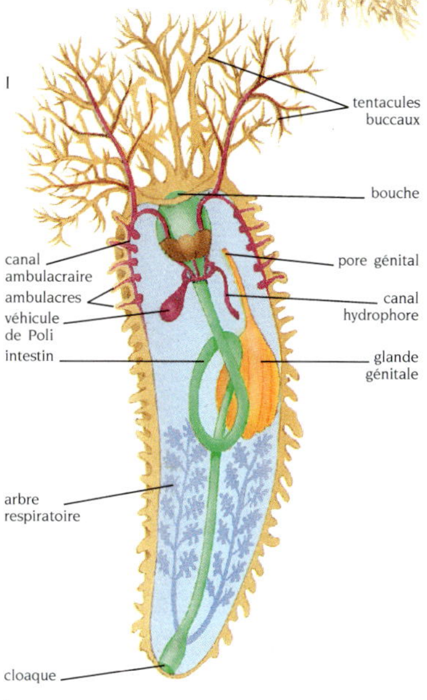

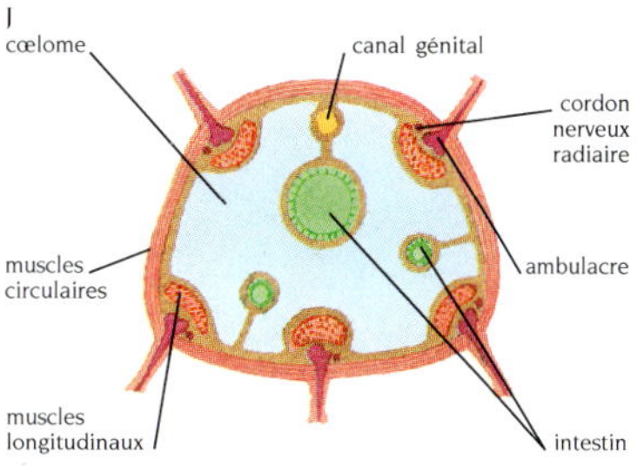

ÉTOILES DE MER ET OURSINS

LES ÉTOILES DE MER

LES ASTÉRIDES

■ CES ÉCHINODERMES doivent leur nom à leurs 5 bras répartis autour d'un disque central. Ces bras sont épais à leur base et s'effilent régulièrement à leur extrémité. En fait, leur nombre n'est pas limité à 5 : certaines espèces en possèdent de 7 à 14, d'autres plus de 40. Dans certains cas, les 5 bras ne sont pas distincts et l'animal a la forme d'un mince pentagone *(Anseropoda membranacea).*

La face qui ne porte pas la bouche (face aborale), souvent hérissée de tubercules rugueux, possède entre deux bras une plaque à nombreux trous (plaque madréporique) et, en son milieu, un discret orifice anal. La face qui porte la bouche (orale) repose sur le substrat. Elle présente cinq gouttières, qui se prolongent dans chaque bras. De deux à quatre lignes de petits pieds (podia) garnissent ce sillon.

Anatomie et reproduction. Les cinq canaux radiaires se jettent dans un anneau aquifère qui reçoit également le canal du sable (tube hydrophore). C'est le long de ce canal que se place la glande brune qui appartient au système circulatoire et qui joue le rôle d'organe excréteur. Le tube digestif des étoiles de mer est surtout formé d'un estomac très large scindé en deux compartiments : le compartiment cardial (ou oral) et le compartiment pylorique (ou aboral). Du fond de l'estomac pylorique partent des diverticules qui pénètrent dans les bras. L'appareil génital est formé de cinq paires de gonades localisées dans la partie initiale de chaque bras.

Les sexes sont séparés, mais quelques espèces sont hermaphrodites (*Asterina gibbosa* par exemple). Il existe également de nombreux cas de reproduction asexuée que l'on peut associer à une remarquable aptitude à la régénération. On a décrit environ 1 600 espèces d'étoiles de mer.

A. B. **TEST ET PIQUANTS D'OURSINS**

Les oursins ont une carapace interne composée de plaques, le *test.* Sur cette vue latérale d'un test mis à nu, on observe des rangées de plaques « ambulacraires », portant des orifices pour les pieds (podia) et de petits tubercules sur lesquels s'articulent les piquants et des pinces défensives, les pédicellaires. En haut se trouve l'anus ; à l'opposé, la bouche et les cinq paires de branchies. L'ensemble du test et des jeunes piquants est recouvert d'une couche de cellules ciliées (épithélium). Les piquants, ou *radioles,* sont variés dans leur longueur, leur forme, leur couleur : cet oursin du Sénégal, *Eucidaris tribuloides* (B), montre des radioles en forme de massue qui sont autant de béquilles que l'animal utilise pour se mouvoir.

A

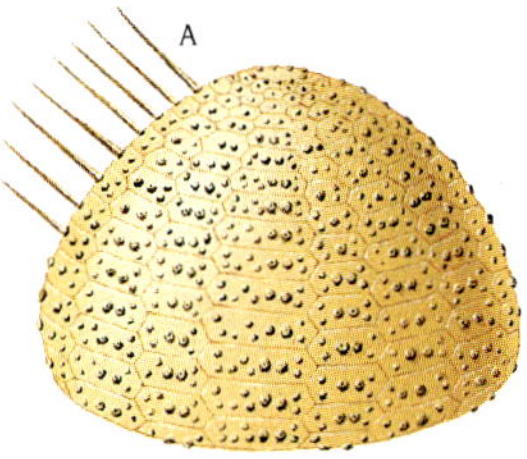

B

LES OPHIURES

LES OPHIURIDES

■ LES OPHIURES se distinguent des étoiles de mer par leurs cinq bras cylindriques garnis d'épines et formés de pièces squelettiques successives dont l'articulation ne permet les mouvements que dans le plan du disque central. Certaines espèces sont *microphages* (elles se nourrissent d'aliments microscopiques), d'autres *détritivores* ou *carnivores ;* la prédation se fait alors en appliquant la victime sur la bouche garnie de cinq mâchoires puissantes. La face orale montre, de part et d'autre des bras, des fentes qui correspondent à des poches à fonction respiratoire. Les sexes sont généralement séparés. On estime à 2 000 le nombre d'espèces d'ophiures.

LES OURSINS

LES ÉCHINIDES

■ LES OURSINS ont le corps garni extérieurement de piquants, les *radioles.* Entre ces piquants, les nombreux pieds, ou podia, sont les organes de la locomotion ; ils tractent l'animal en se raccourcissant et en changeant de point de fixation. Les oursins, comme les étoiles de mer, portent à la surface du corps de petites pinces (pédicellaires), parfois garnies de glandes à venin. Elles assurent la défense et le nettoyage de l'individu. Le tube digestif est particulièrement long et décrit plusieurs anses circulaires entre la bouche et l'anus. Autour de l'œsophage se trouve un puissant appareil masticateur à cinq dents, connu sous le nom de lanterne d'Aristote. On connaît dans la faune actuelle environ 900 espèces d'oursins réparties en deux groupes : les oursins réguliers et les oursins irréguliers. Les représentants de ce dernier groupe possèdent un corps plus ou moins aplati et des plaques ambulacraires en forme de pétale.

C. **OPHIURE**

Comme cette espèce de la Grande Barrière de corail (Australie), beaucoup d'ophiures possèdent un disque orné de délicats agencements de couleurs. Les mouvements d'ondulation des bras garnis d'épines permettent à l'animal de se déplacer avec une grande agilité (2 m/min).Une espèce, *Ophiothrix fragilis,* montre sur le fond de la mer des rassemblements d'individus dont la densité atteint 2 000 au mètre carré.

C

D. E. F. **ANATOMIE D'UNE ÉTOILE DE MER**

La plaque qui porte l'orifice du système aquifère *(plaque madréporique)* et le bras qui lui est opposé définissent un plan de symétrie bilatérale, selon lequel est réalisée cette coupe longitudinale (E). Chez de nombreuses espèces, l'extrémité de chaque bras est munie d'une tache pigmentée orangée (D) où se rassemblent des cellules sensibles à la lumière.
La face inférieure d'un bras (F), dite « orale » car elle porte la bouche, montre les quatre rangées de podia dans la gouttière ambulacraire ; ils participent tout à la fois à la locomotion et à l'activité prédatrice.

D

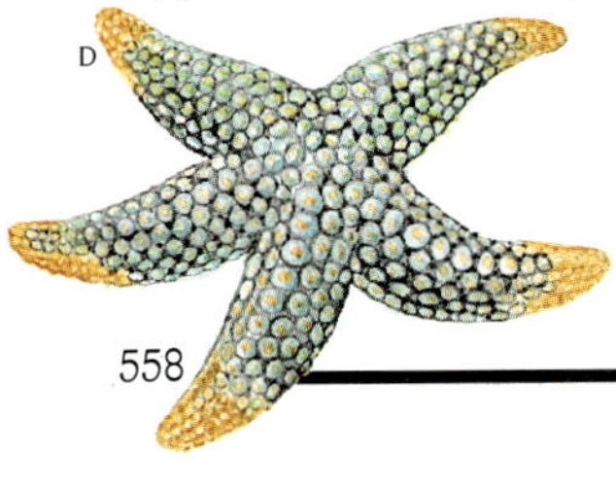

E

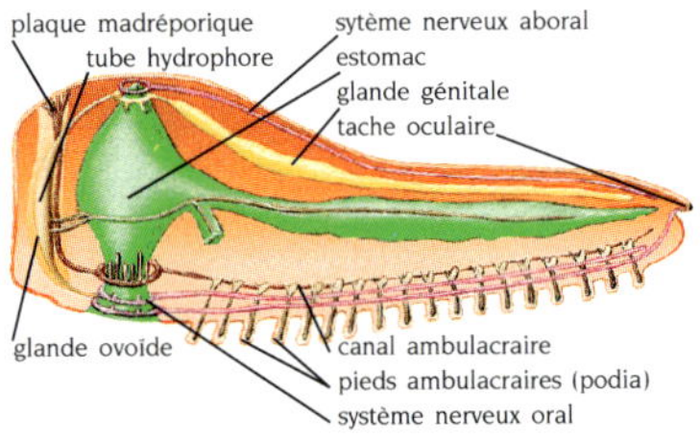

F

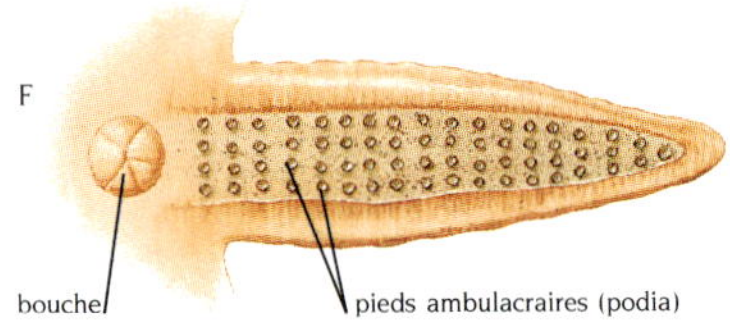

DES PRÉDATEURS

Les étoiles de mer sont des carnivores qui s'attaquent surtout aux mollusques comme les moules ou les coquilles Saint-Jacques.

Les pieds locomoteurs (podia), situés à la face inférieure des bras, sont aussi utilisés dans la prédation. L'étoile en effet entoure la coquille de sa proie, y fixe solidement ses pieds et force l'ouverture des valves (ici, *Marthasterias glacialis* mangeant une moule). Elle dévagine alors son estomac, dont les puissants sucs digestifs digèrent les tissus de la proie. La rétraction de l'estomac, rempli de bouillie nutritive, se fait ensuite grâce à des muscles spéciaux ; la fin de la digestion et l'absorption s'opèrent dans le *pylore.*

Ce comportement prédateur en fait de redoutables ennemis pour les cultures de moules et d'huîtres.

LE GROUPE DES CORDÉS

CARACTÈRES GÉNÉRAUX

LE GROUPE DONT FONT PARTIE LES VERTÉBRÉS

■ LES CORDÉS FORMENT, avec les échinodermes, un ensemble d'animaux pour lesquels, chez la larve, l'orifice embryonnaire appelé « blastopore » évolue pour former la bouche de l'animal (deutérostomiens). Le groupe des cordés révèle une grande hétérogénéité lorsqu'on compare un amphioxus (céphalocordé), une ascidie (urocordé) et un vertébré. Tous cependant ont en commun un axe squelettique dorsal, la *corde* (ou chorde), surmonté d'un tube nerveux. Un autre caractère commun aux cordés s'observe dans la structure du pharynx, qui est percé de fentes, à rôle nutritif chez les cordés primitifs et respiratoire chez les plus évolués.

Classification. Au plan de la systématique, les cordés doivent être présentés comme un « super-embranchement » que domine l'embranchement des vertébrés. Les deux autres embranchements sont plus pauvrement représentés : une vingtaine d'espèces pour les céphalocordés et 1 300 pour les tuniciers.

La corde dorsale. La corde est un axe squelettique, cylindrique, fait d'un empilement de cellules gonflées. Une double gaine, fibreuse et élastique, en forme la paroi. On l'observe chez l'amphioxus, dans la queue du têtard des ascidies, mais également chez les embryons de vertébrés, chez lesquels elle participe à la mise en place de la colonne vertébrale. Chez l'adulte, elle persiste seulement sous la forme d'éléments que l'on retrouve entre les vertèbres.

Le tube nerveux. Sa formation se fait à partir du feuillet embryologique externe (ectoderme). Dans la partie dorsale de l'embryon, il se forme une gouttière qui se referme en s'enfonçant et prend place au-dessus de la corde. Une telle localisation du système nerveux central (ou névraxe) fait des cordés des deutérostomiens « épineuriens », par opposition aux deutérostomiens épithélioneuriens que sont les échinodermes et aux protostomiens qui sont tous des hyponeuriens. Comme pour la corde, ce tube neural est inégalement représenté ; on l'observe chez l'amphioxus, mais seulement dans la queue du têtard d'ascidie ; en revanche, sa partie antérieure se différencie en un encéphale chez les vertébrés.

Le pharynx. La présence de fentes dans le pharynx *(pharyngotrémie)* est un aspect important de l'organisation des amphioxus et des ascidies. Chez les vertébrés, elle se manifeste visiblement chez les poissons (fentes branchiales) et chez les têtards d'amphibiens ; dans les autres groupes de vertébrés, cette pharyngotrémie est un caractère embryonnaire fugace, dont on retrouve quelques traces chez l'adulte. La pharyngotrémie apparaît comme une adaptation originale qui assure primitivement un type de nutrition microphage, rapidement associé à une fonction respiratoire, qui l'emportera chez les animaux à nutrition macrophage que sont les vertébrés.

Relations évolutives. Ces trois caractères de cordés que l'on vient d'évoquer permettent d'établir d'hypothétiques relations de parenté avec les autres deutérostomiens (stomocordés) et peut-être bien aussi avec les échinodermes primitifs (crinoïdes).

UNE NOTION PÉRIMÉE : LES PROCORDÉS

Le terme de procordés désignait l'ensemble des céphalocordés (amphioxus) et des urocordés (ascidies). Ce terme est inadéquat et d'un usage encore trop courant, car il suggère l'idée d'une étape qui annonce les formes plus évoluées que sont les vertébrés.

En fait, l'amphioxus et les ascidies ont peu de points communs autres que ceux qu'ils partagent avec tous les cordés. L'amphioxus ne peut être considéré comme un « protovertébré », malgré la forme de son corps, sa segmentation et son appareil circulatoire proche de celui des poissons. Il semble par conséquent préférable de renoncer à une quelconque filiation entre les trois embranchements de cordés et de s'en tenir à l'idée de leur origine commune.

UNE FAUSSE CORDE : LES STOMOCORDÉS

Les stomocordés sont des animaux marins vermiformes qui vivent dans un terrier (les *entéropneustes* comme le balanoglosse) ou dans un tube (les *ptérobranches*).

Les stomocordés possèdent une invagination en cul-de-sac du pharynx, au-dessus de la bouche. Cette structure, remplie de cellules qui rappellent celles de la corde dorsale des cordés, porte le nom de « stomocorde ». Ce n'est pas une structure *analogue* à la corde des cordés. Il est vraisemblable que les échinodermes, les stomocordés et les cordés proviennent séparément d'un groupe primitif de deutérostomiens.

A. **ANATOMIE D'UN CÉPHALOCORDÉ**

L'amphioxus vu de profil a un aspect fusiforme qui évoque des petits poissons, les équilles. L'extrémité antérieure se termine par un *rostre*, la postérieure est en fer de lance. À partir du rostre, une carène court sur le dos. Au niveau de l'atriopore, elle passe à gauche pour former une crête (le métapleure gauche). Le métapleure droit n'a pas de relation avec la carène (pas de véritable symétrie bilatérale).

A

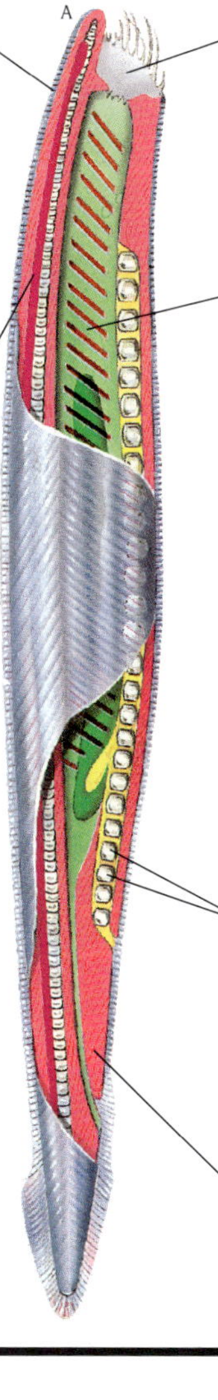

Tégument
Le tégument est formé par une seule couche de cellules. Ce caractère oppose l'amphioxus aux vertébrés et le rapproche, avec les ascidies, des invertébrés.

Axe nerveux
Le tube neural prend place au-dessus de la corde. Sur toute sa longueur, il émet de chaque côté des racines ventrales, motrices, et dorsales, motrices et sensorielles

Bouche
Elle donne accès à une cavité buccale ciliée protégée par des tentacules, les cirres.

Pharynx
Le pharynx, très long, est percé d'environ 180 fentes qui s'ouvrent dans une cavité dont l'unique ouverture (l'atriopore) est ventrale et postérieure. Le plancher de ce pharynx montre, ventralement, une gouttière (endostyle) formée de cellules ciliées et muqueuses. Le plafond présente également un dispositif cilié, la gouttière épipharyngienne. C'est là que se rassemblent les particules alimentaires dirigées ensuite vers l'intestin.

Glandes génitales
Les sexes sont séparés (il y a des mâles et des femelles). Vingt-six paires de gonades (testicules ou ovaires) se répartissent à la hauteur des unités musculaires (myotomes).

Muscles
La musculature de la paroi du corps est segmentée. Elle se compose d'unités, les myotomes, en forme de chevrons.

B

B. **AMPHIOXUS**

L'amphioxus a l'aspect d'un petit poisson (de 5 à 6 cm), à corps comprimé, terminé en pointe à ses extrémités. Marin, il vit dans le sable ou le gravier et se nourrit de diatomées et de petits animaux entraînés par le courant d'eau provoqué par les mouvements des cils de sa bouche. Il est capable de quitter le sable et de nager vivement, mais il revient ensuite au fond de l'eau et se couche sur le côté. Les amphioxus sont représentés par 3 genres englobant une vingtaine d'espèces. Cette photo montre l'espèce la plus commune, *Branchiostoma lanceolatum*.

LES UROCORDÉS

L'EMBRANCHEMENT DES UROCORDÉS, appelés également *tuniciers,* comprend trois groupes : les ascidies, les thaliacés et les appendiculaires. Les premiers vivent fixés, les deux autres sont libres et font partie du plancton. Tous sont marins. Les individus adultes sont enveloppés d'une tunique plus ou moins épaisse en fonction de l'espèce considérée.

LES ASCIDIES

LES TUNICIERS FIXÉS

■ L'ORGANISATION DE L'ASCIDIE adulte se révèle radicalement différente de celle des autres cordés. Ce sont des animaux fixés, dont le corps est doublé d'une tunique plus ou moins épaisse constituée d'une variété de cellulose appelée tunicine. C'est par la tunique que l'animal adhère au substrat.

Classification. La classification des ascidies se fonde en premier lieu sur la localisation des glandes sexuelles (gonades). Les entérogones possèdent des gonades (mâle et femelle) impaires logées à l'intérieur de l'anse intestinale. Chez les pleurogones, ovaires et testicules, pairs, sont localisés dans la paroi du corps de chaque côté de la branchie. La structure des branchies permet d'établir une classification plus fine. Ainsi, les entérogones peuvent présenter des branchies simples (entérogones aplousobranches) ou complexes (entérogones phlébobranches). On distingue chez les ascidies des formes solitaires et coloniales. Dans ce dernier cas, tous les individus sont enrobés dans une seule tunique et possèdent même parfois des organes en commun.

Anatomie. À l'intérieur, la paroi du corps montre un tégument constitué d'une seule couche de cellules. Anatomiquement, la seule caractéristique des cordés que l'on retrouve chez les ascidies consiste dans l'existence d'un pharynx percé de trous. Les deux autres caractères (tube neural et corde) ne sont observables que d'une façon transitoire dans la queue de la larve (d'où le terme d'urocordés).

Reproduction. La reproduction asexuée et la régénération tiennent un rôle important, surtout chez les formes coloniales. Elle se font par l'édification d'un bourgeon à partir d'un individu souche. Le bourgeon peut être composé de fragments d'un ou de plusieurs organes (pharynx, gonade...), mais il donne un individu complet.

Ce type de développement contredit la théorie des feuillets embryonnaires qui veut qu'un tissu donné provienne toujours d'un même type de feuillet ; ce n'est pas le cas ici, où l'épiderme de l'individu souche peut donner des organes « non épidermiques » comme le tube digestif ou la lignée germinale, chez les individus issus des bourgeons.

A

A. **BOTRYLLES**

Ressemblant à une « fleur à neuf pétales », la botrylle *(Botryllus schlosseri)* est une ascidie coloniale composée d'individus répartis en rosette au sein d'une tunique commune. Chaque individu montre un orifice qui est son siphon buccal. L'orifice central correspond au siphon cloacal, commun à tous les individus de la rosette. La colonie ainsi constituée est appelée cénobie.

B. **CIONE**

Ciona intestinalis est une ascidie solitaire très commune et même cosmopolite ; on la rencontre en faciès rocheux, mais aussi sous les embarcadaires et sous la coque des bateaux. Une autre solitaire comme *Phallusia mamillata* est plus grande et possède une tunique cartilagineuse garnie de gros tubercules. On estime à 180 litres par jour la quantité d'eau qu'elle filtre.

B

LES TUNICIERS DU PLANCTON MARIN

Les tuniciers qui ne sont pas fixés comme les ascidies se montrent bien adaptés à la vie planctonique.

Chez les *thaliacés,* siphon buccal et siphon cloacal sont opposés et le courant d'eau qui les parcourt joue un rôle dans la locomotion, tout en assurant respiration et nutrition. Les pyrosomes sont des thaliacés coloniaux et luminescents. Les salpes et les dolioles (en forme de petit tonnelet) sont solitaires et habitent les mers chaudes. Chez tous les thaliacés, la corde dorsale n'est plus présente chez l'adulte, c'est pourquoi on désigne parfois ces animaux sous le nom de « caducicordes ».

Les *appendiculaires,* en revanche, ont une corde qui se maintient chez l'adulte, c'est pourquoi on les appelle également les « pérennicordes ». On estime que l'adulte est une larve devenue capable de se reproduire, d'où leur autre nom de larvacées. Ce sont sans conteste les plus spécialisés des tuniciers.

C. **ANATOMIE D'UN UROCORDÉ**

Chez l'ascidie, le courant d'eau (flèches bleues) entre par le siphon buccal, entraîné par les battements des cils des bords des fentes pharyngiennes. Il gagne ainsi la chambre péripharyngienne avant d'être rejeté par le siphon cloacal.

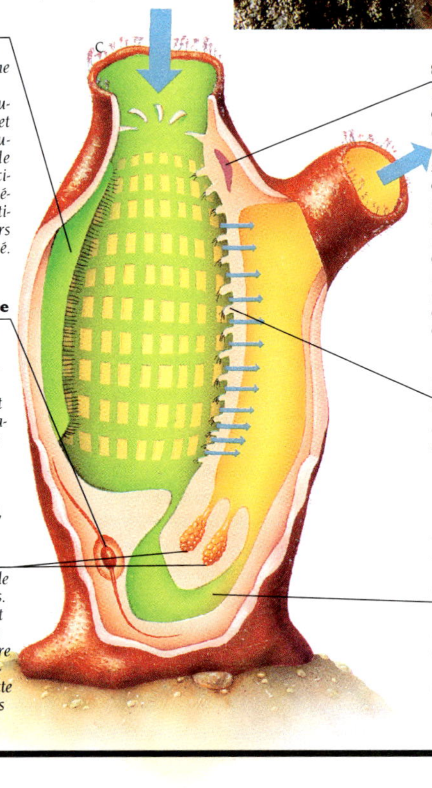

Endostyle

La face ventrale interne de la cavité pharyngienne porte une gouttière (endostyle) garnie d'un bouquet de longs flagelles et bordée de cellules muqueuses. Cet endostyle s'associe au revêtement cilié du pharynx pour piéger et acheminer les particules en suspension vers les languettes du raphé.

Système circulatoire

Il se compose d'un cœur en forme de tube, lui-même logé dans une cavité péricardique. Ses extrémités se prolongent dans des espaces sans parois propres (sinus). Ses contractions propulsent le sang dans l'une ou l'autre direction mais, toutes les 2 à 3 minutes, le flux change de sens.

Glandes sexuelles

L'hermaphrodisme est de rigueur chez les ascidies. Testicules et ovaires sont simples et libèrent leurs gamètes dans la chambre péripharyngienne. L'incubation se fait dans cette même cavité ou dans des poches spécialisées.

Système nerveux

Le tube neural présent chez la larve disparaît à la métamorphose. Le système nerveux de l'adulte se réduit à un ganglion cérébral sphérique. À proximité, une fossette ciliée ouverte dans le siphon buccal donne accès à une glande hyponeurale, dans laquelle on peut voir le précurseur de l'hypophyse des vertébrés.

Raphé

C'est au niveau du raphé que s'édifie le « boudin alimentaire » qui gagne postérieurement l'estomac en décrivant de multiples spires, qui augmentent la surface de contact actif avec les sucs digestifs.

Système digestif

L'estomac coudé s'ouvre sur un intestin rectiligne qui débouche par un rectum et un anus dans la chambre péripharyngienne (colorée ici en jaune).

D

D. **CLAVELINE**

La claveline *(Clavelina lepadiformis)* est une petite ascidie sociale dont les individus sont réunis parfois en grand nombre. L'individu de droite montre, dans sa cavité branchiale, sa gouttière pharyngienne (endostyle) opposée à un repli dorsal garni de languettes ; sur celui de gauche, on voit la longue anse intestinale dans laquelle viennent se loger les gonades.

PRÉSENTATION DES VERTÉBRÉS

LES VERTÉBRÉS SONT DES CORDÉS dont le nom témoigne de la présence d'un axe médian dans leur squelette : la *colonne vertébrale.* C'est un embranchement parfaitement bien défini par une somme d'autres caractères qui lui sont propres, au même titre que cette colonne vertébrale.

Organisation. Les vertébrés montrent tous une différenciation régionale du corps en trois parties : la *tête,* dans laquelle se place l'encéphale protégé par le crâne, est le siège des principaux organes des sens : vision, audition, équilibration, olfaction. Le *tronc* porte deux paires de membres et contient les viscères. La *queue* n'est que le prolongement de la colonne vertébrale, qu'accompagnent des muscles segmentés.

Le squelette. Le squelette des vertébrés est interne et se compose de deux types de tissus : le cartilage et l'os ; ce dernier n'existe d'ailleurs que chez les vertébrés. Le squelette céphalique est composé d'un neurocrâne, qui enveloppe l'encéphale, et d'un splanchnocrâne ventral, qui soutient les parois de la bouche et du pharynx. Deux autres ensembles, le squelette « zonaire » (ceintures) et le squelette « appendiculaire » (membres) viennent compléter le squelette axial qui fait suite au crâne.

Les éléments squelettiques se répartissent en pièces profondes (endosquelette) et en os superficiels (dermosquelette). D'autres formations d'origine épidermique peuvent s'y adjoindre : elles constituent ce que l'on nomme l'exosquelette (griffes, cornes, sabots...).

Certains vertébrés montrent à l'état adulte un squelette uniquement cartilagineux (lamproies, requins...), mais la majorité présente un squelette osseux. D'une façon générale, la tendance évolutive se manifeste par un allègement qui le constituent du squelette et une diminution du nombre des os qui le constituent.

L'appareil circulatoire. L'appareil circulatoire des vertébrés est clos et comporte un cœur ventral à quatre chambres (sinus, atrium, ventricule et bulbe). Il propulse le sang dans des arcs aortiques jusqu'à une région où il se chargera en oxygène. Le sang est alors repris par un vaisseau longitudinal dorsal : l'*aorte.* Un appareil lymphatique double l'appareil sanguin.

Le système excréteur. Ce système, qui intervient dans l'élimination des déchets et dans la régulation de la composition du milieu intérieur, est formé d'un nombre variable de tubes extrêmement fins, entourés de capillaires sanguins : les *néphrons.* Les néphrons sont groupés dans deux organes symétriques, les reins. L'urine formée est évacuée jusqu'à la vessie par des canaux : les *uretères.*

C

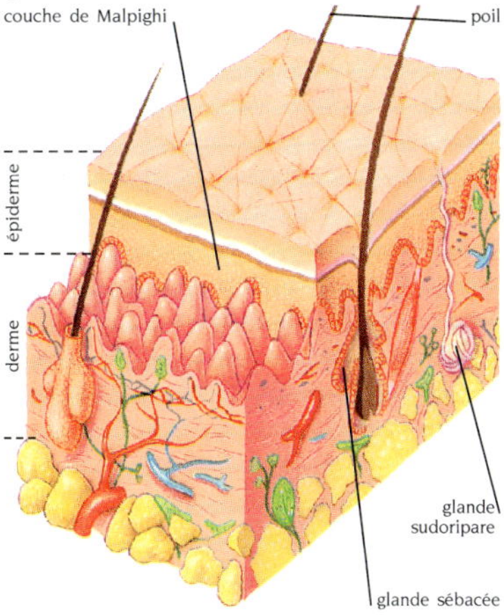

C. PEAU

Elle se compose d'une couche superficielle, l'épiderme, et d'une couche profonde, le derme. Ce derme est un tissu plus ou moins lâche, constitué de fibres et de cellules. L'épiderme, en revanche, est un tissu stratifié dont les cellules superficielles tombent en permanence. Son renouvellement est assuré par l'action d'une couche productrice de cellules (couche de Malpighi). L'épiderme n'est ni innervé ni vascularisé. Il est riche en glandes muqueuses chez les poissons, où il recouvre des écailles d'origine dermique. Il est kératinisé et pauvre en glandes chez l'ensemble des vertébrés terrestres.

A

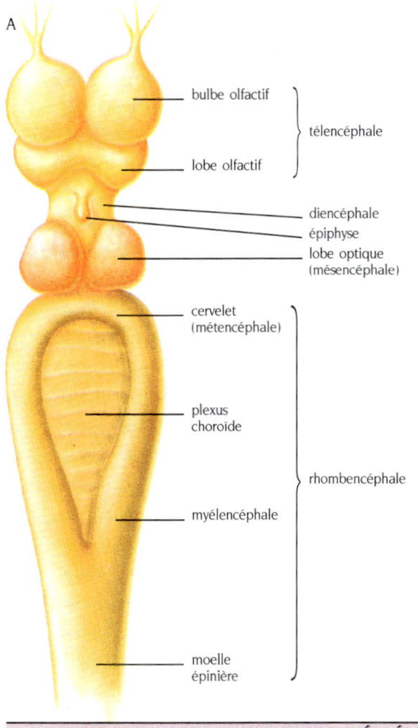

A. ENCÉPHALE

L'encéphale provient de la différenciation de la région antérieure du tube neural. À lui seul, cet organe nerveux pourrait servir à caractériser un vertébré. Chez tous les vertébrés, l'encéphale est formé de 5 vésicules : le *télencéphale* (hémisphères cérébraux), le *diencéphale,* le *mésencéphale,* le *métencéphale* (cervelet) et le *rhombencéphale.* Ces deux dernières vésicules sont parfois regroupées sous le nom de *myélencéphale.* La moelle épinière poursuit ce système nerveux. L'évolution se traduit, des poissons aux mammifères, par une augmentation du volume de l'encéphale par rapport à la taille du corps. Il faut surtout attribuer ce phénomène à l'accroissement de la taille des hémisphères cérébraux, qui vont en même temps prendre fonctionnellement le pas sur les autres vésicules.

D

E

D. E. COLONNE VERTÉBRALE

Selon le groupe zoologique considéré, on reconnaît différentes régions. Chez les poissons par exemple, il existe une région troncale et une région caudale. Chez les mammifères, on distingue une région cervicale (en principe formée de 7 vertèbres), une région thoracique, une région lombaire, une région sacrée (formée de pièces soudées) et une région caudale. Les ceintures peuvent être totalement indépendantes de la colonne vertébrale (chez les poissons) ou liées à cette dernière (chez les tétrapodes).

B. CLASSIFICATION SOMMAIRE DES VERTÉBRÉS

Classes	Sous-classes	Exemples
Agnathes	pétromyzontidés	lamproie
	myxinoïdés	myxines
Chondrichtyens	pleurotrèmes	requins
	hypotrèmes	raies, torpilles
	brachyodontes	chimères
Ostéichtyens	sarcoptérygiens	cœlacanthe
		dipneustes
	actinoptérygiens	
	chondrostéens	esturgeon
	brachiotérygiens	polyptère
	holostéens	amia, lépisostée
	téléostéens	anguille, truite...
Amphibiens	urodèles	triton,
	anoures	grenouille
	apodes	amphiume
« Reptiles » (sauf crocodiliens)	squamates	lézards, serpents
		amphisbène
	rhynchocéphales	sphenodon
	chéloniens	tortues
Oiseaux (et crocodiliens)	crocodiliens	caïmans
	ratites	autruche
	carinates	moineau
	impennés	manchot
Mammifères	monotrèmes	échidné
	marsupiaux	kangourou
	placentaires	homme

B. CLASSIFICATION

Au sein de l'embranchement des vertébrés, certains groupes (ayant rang de « super-classes » ou de « classes » selon les auteurs) sont homogènes du point de vue systématique : leurs membres partagent tous des caractères qui sont absents des autres groupes ; c'est le cas des amphibiens. En revanche, l'ancienne classe des « poissons » se révèle, de ce point de vue, disparate. Il en est de même des reptiles. Ainsi, les crocodiliens montrent plus de parenté « phylogénétique » avec les oiseaux qu'avec les autres reptiles !

F

G

F. G. TÊTE, TRONC, QUEUE

Tête, tronc et queue peuvent s'observer chez tous les vertébrés. À partir des reptiles, la région antérieure de la colonne vertébrale s'individualise en un cou. Deux types de squelette appendiculaire sont portés par la région du tronc : la nageoire de poisson *(membre ichtyen)* et la patte des tétrapodes *(membre chiridien).* Des structures de transition sont observables chez les crossoptérygiens et les dipneustes.

PRÉSENTATION DES POISSONS

LA VIE AQUATIQUE

LES MILIEUX COLONISÉS

■ IL N'Y A GUÈRE de milieux aquatiques que les poissons n'aient réussi à peupler. Des sources hydrothermales des abysses aux torrents de montagne, chaque espèce répond par des adaptations qui peuvent être complexes.

Les eaux douces. Elles présentent un grand éventail entre les eaux vives, claires, fraîches et bien oxygénées des torrents de montagne (zones à truites), les eaux dormantes, chargées de particules en suspension, chaudes et pauvres en oxygène, des rivières et lacs de plaine (zones à carpes), ou encore certains lacs périodiquement asséchés des zones tropicales. Ces derniers sont peuplés par des espèces comme les protoptères, capables d'entrer en léthargie en attendant les prochaines pluies. Dans les eaux très peu oxygénées, divers organes permettent aux poissons de respirer l'air atmosphérique. Dans les torrents, ventouses et autres modes de fixation temporaire leur permettent de résister aux courants. Les eaux souterraines obscures et les lacs très profonds sont peuplés d'espèces adaptées à l'absence de lumière.

Les eaux saumâtres. Entre eaux douces et eaux salées, les eaux saumâtres sont peuplées d'espèces tant dulcicoles (d'eaux douces) que marines. Des mers peu salées telle la Baltique abritent aussi des espèces pouvant supporter de fortes variations de salinité. Ainsi, l'anguille se reproduit en mer mais effectue sa croissance en rivière, tandis que les saumons font le chemin inverse au cours de leurs migrations. Chez ces poissons migrateurs, le passage d'un milieu à l'autre impose de profondes modifications physiologiques.

Mers et océans. Des eaux superficielles agitées et bien oxygénées aux grands fonds abyssaux, des zones côtières soumises au va-et-vient des marées au grand large, des régions arctiques ou antarctiques aux mers tropicales, les poissons ont adapté partout leurs modes d'alimentation ou de reproduction ainsi que les organes sensoriels nécessaires à celles-ci. La pleine mer représente pour la plupart des poissons un obstacle infranchissable qui n'est parcouru que par un nombre relativement faible d'espèces. Les eaux littorales, agitées et soumises à de fortes variations de température, n'ont pas les mêmes hôtes que la zone, plus stable, située au-dessus du plateau continental. Dans les grandes profondeurs, on trouve les formes les plus curieuses comme les grandgousiers ou les poissons lumineux.

A. **CLASSIFICATION SIMPLIFIÉE DES POISSONS**

Agnathes (poissons sans mâchoires)	myxiniformes		myxines
	pétromyzontiformes		lamproies
Gnathostomes (poissons à mâchoires)	chondrichtyens (poissons cartilagineux)	holocéphales	chimères
		élasmobranches	
		• pleurotrèmes	requins
		• hypotrèmes	raies et torpilles
	ostéichtyens (poissons osseux)	dipneustes	dipneustes
		crossoptérygiens	cœlacanthes
		actinoptérygiens	
		• brachioptérygiens	polyptères
		• chondrostéens	esturgeons et spatules
		• holostéens	amies et lépisostées
		• téléostéens	
		ostéoglossomorphes	mormyres
		élopomorphes	tarpons, anguilles
		clupéomorphes	sardines, harengs
		ostariophysaires	carpes, poissons-chats, gymnotes
		protacanthoptérygiens	saumons, truites
		paracanthoptérygiens	morues, baudroies
		acanthoptérygiens	hippocampes, perches, soles

A. **CLASSIFICATION**

On a proposé plusieurs classifications pour les 25 000 espèces connues de poissons. Celle-ci, simplifiée et limitée aux espèces actuelles, est généralement acceptée par les spécialistes des poissons (ichtyologistes). Elle se fonde essentiellement sur des caractères anatomiques (présence ou absence de mâchoires, structure et composition des éléments de soutien,...).

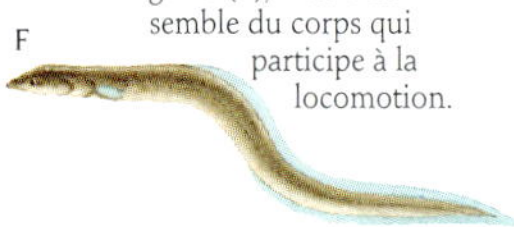

B. C. D. E. F. **LOCOMOTION**

La nage est en général assurée par la musculature et la nageoire caudales. Les nageoires impaires la stabilisent chez le characin (B). Le poisson-chirurgien (C) utilise caudale et pectorales, le poisson-globe (D) pectorale, dorsale et anale opposée ; chez l'hippocampe (E), la nage est due aux ondulations des pectorales et de la dorsale ; enfin, chez l'anguille (F), c'est l'ensemble du corps qui participe à la locomotion.

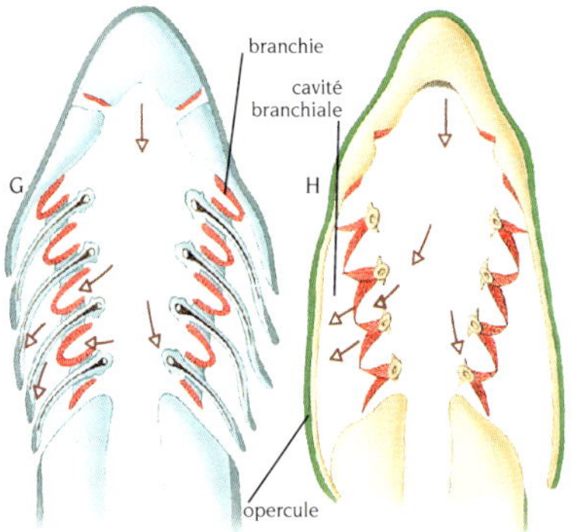

G. H. **RESPIRATION**

Chez les poissons cartilagineux (G), chaque branchie s'ouvre indépendamment (fentes bien visibles sur un requin).

Chez les poissons osseux (H), un opercule recouvre la cavité branchiale. Quelques espèces ont des poumons.

I. **ANATOMIE D'UN POISSON**

Les poissons bons nageurs, comme cette morue, ont une forme hydrodynamique qui diminue la résistance à l'avancement. La vessie natatoire, qui équilibre leur poids dans l'eau à une profondeur donnée, et les diverses nageoires, tant locomotrices que stabilisatrices, leur permettent les manœuvres les plus strictes.

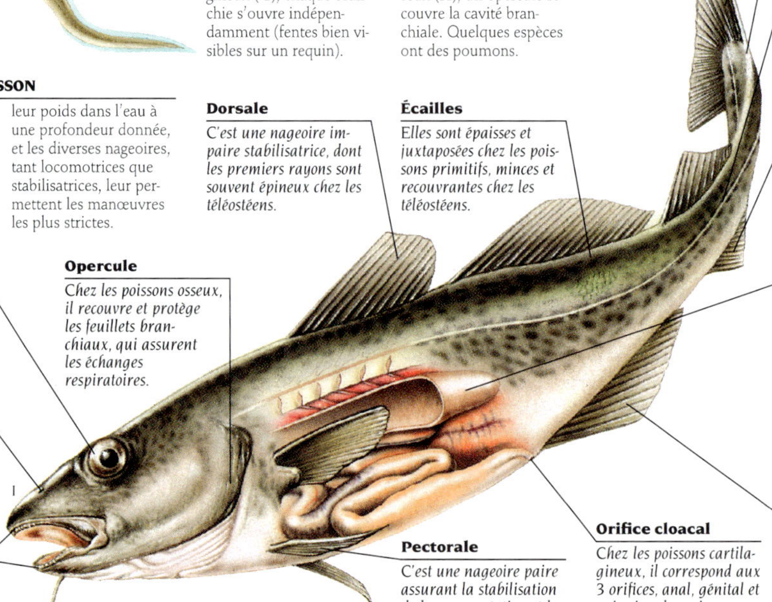

Caudale
La nageoire caudale est l'organe propulseur de la plupart des espèces ; ses lobes dorsal et ventral sont symétriques chez les téléostéens.

Queue
Dépourvue de cavité viscérale, elle ne comporte que des muscles disposés en chevrons et qui assurent la locomotion.

Ligne latérale
C'est l'organe sensoriel qui mesure le sens et la vitesse d'écoulement de l'eau et enregistre les sons graves.

Dorsale
C'est une nageoire impaire stabilisatrice, dont les premiers rayons sont souvent épineux chez les téléostéens.

Écailles
Elles sont épaisses et juxtaposées chez les poissons primitifs, minces et recouvrantes chez les téléostéens.

Pelvienne
Cette nageoire assure la stabilisation de la nage ; elle est en partie modifiée en pénis chez les poissons cartilagineux.

Œil
Il comporte un cristallin sphérique non déformable, situé sous la cornée ; il n'y a pas de paupières.

Opercule
Chez les poissons osseux, il recouvre et protège les feuillets branchiaux, qui assurent les échanges respiratoires.

Vessie natatoire
Cette poche emplie de gaz est absente chez les chondrichtyens. Elle permet au poisson de résister à la pression de l'eau et de se maintenir à une profondeur déterminée. Elle peut aussi intervenir dans l'audition, la respiration et l'émission de sons.

Narine
Elle comporte 2 orifices pour l'entrée et la sortie de l'eau. L'organe olfactif en cul-de-sac assure la réception des odeurs.

Mâchoires
Elles sont fortement dentées ; les dents assurent la capture et la rétention de la nourriture.

Pectorale
C'est une nageoire paire assurant la stabilisation de la nage, rotation et le freinage.

Orifice cloacal
Chez les poissons cartilagineux, il correspond aux 3 orifices, anal, génital et urinaire, des poissons osseux.

Anale
Cette nageoire a souvent un rôle peu important dans la locomotion ; elle est en partie modifiée en pénis chez les cyprinodontidés.

LES AGNATHES

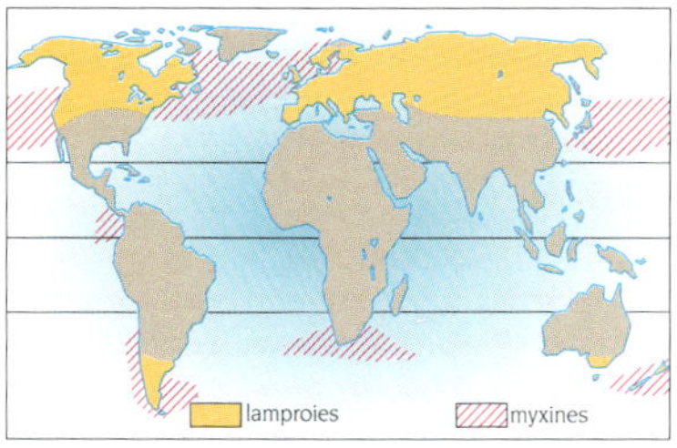

Répartition géographique. Les myxines comportent une trentaine d'espèces marines (appartenant à 6 genres différents). On les rencontre dans les mers tempérées et tropicales de l'Atlantique et du Pacifique. Les genres *Myxine* et *Eptatretus* sont ubiquistes (on les trouve dans différentes régions), tandis que les autres sont restreints à l'Asie du Sud-Est, aux côtes de l'Argentine et de la Nouvelle-Zélande.

Les lamproies comprennent une quarantaine d'espèces liées aux eaux douces (32 espèces ne quittent jamais les eaux douces) et réparties en 3 groupes : les pétromyzontinés de l'hémisphère Nord, au nord du 30e parallèle ; les géotriinés et les mordéciinés, qui se rencontrent en Australie du Sud, Tasmanie, Nouvelle-Zélande et au sud de l'Amérique du Sud. La grande lamproie marine, *Petromyzon marinus,* se reproduit dans une zone qui va des grands lacs américains à l'Islande et à l'Europe.

LAMPROIES ET MYXINES

DES VERTÉBRÉS PRIMITIFS

■ LAMPROIES ET MYXINES sont classées dans le sous-embranchement des vertébrés dépourvus de mâchoires (agnathes) et dans l'ordre des cyclostomes, par référence à leur bouche arrondie. À l'inverse des autres vertébrés à la bouche armée d'un squelette et de muscles pour saisir la nourriture, les agnathes possèdent une ventouse buccale pour se fixer aux substrats ou à d'autres poissons.

Anatomie. Le corps des agnathes est allongé, leur peau, nue et visqueuse. Le squelette est fibreux ou cartilagineux et la corde dorsale sert de colonne vertébrale. Il n'y a pas de nageoires paires (doubles). Les nageoires impaires se limitent à un repli, différencié en une ou deux dorsales chez les lamproies. La gonade n'a pas de conduits évacuateurs : les gamètes, libérés dans la cavité générale, sont émis à l'extérieur par des pores abdominaux. L'oreille ne comporte que deux canaux semi-circulaires (sensibles au mouvement) chez les lamproies, un seul chez les myxines (trois chez les autres vertébrés).

Reproduction, métamorphoses et migrations. Alors que les myxines sont purement marines, les lamproies se reproduisent ou passent leur vie entière en eau douce. Les œufs des lamproies donnent naissance, en 2 à 3 semaines, à des larves particulières (larves ammocètes), qui se nourrissent de débris organiques avant de subir, de 3 à 5 ans plus tard, une métamorphose qui dure un mois environ : l'œil se développe, les dents cornées se forment, le corps devient argenté. Les lamproies gagnent alors la mer où elles passent de 1 à 2 ans avant de revenir en eau douce pour se reproduire. C'est pendant cette période que les produits génitaux acquièrent leur maturité. Mâles et femelles effectuent cette migration sans se nourrir, puisant sur leurs réserves, qui diminuent rapidement. Arrivés sur les frayères au printemps, ils creusent une dépression dans le sable et s'accouplent. Exténués par les efforts de la reproduction, ils succombent.

À l'encontre de la lamproie marine *(Petromyzon marinus)* et de la lamproie fluviatile *(Lampetra fluviatilis),* qui effectuent des migrations, la lamproie de Planer *(Lampetra planeri)* ne quitte pas les fonds vaseux des rivières. Les lamproies inféodées aux eaux douces ne se nourrissent pas après la métamorphose. Elles ne possèdent donc pas un mode de vie parasite.

Des parasites externes. Les lamproies et les myxines ont à l'état adulte un mode de vie parasite et s'attaquent aux autres animaux marins, notamment aux poissons malades ou peu vigoureux. Les lamproies se fixent sur leur proie par leur ventouse buccale. Les dents attaquent alors la peau et la salive anticoagulante permet à la lamproie de se nourrir du sang de sa victime. Les myxines, plus carnassières, s'introduisent dans la cavité branchiale de leurs victimes puis, sécrétant de grandes quantités de mucus, les asphyxient avant de les dévorer de l'intérieur, laissant la peau et le squelette.

A
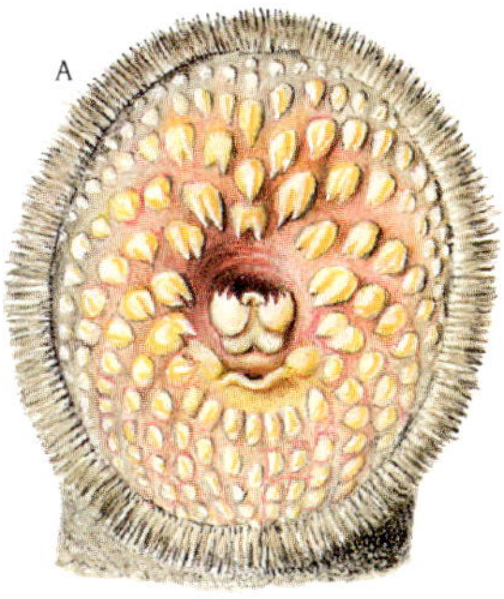

B

A. B. **LAMPROIE FLUVIATILE**

La lamproie de rivière, *Lampetra fluviatilis* (B), mesure jusqu'à 50 cm de long. Sa tête présente 2 yeux bien développés, une narine unique et 7 paires d'orifices branchiaux circulaires. On la trouve dans toutes les mers d'Europe occidentale, Méditerranée et Baltique comprises. Elle remonte loin à l'intérieur des terres pour se reproduire. Les larves y restent jusqu'à 5 ans avant de se métamorphoser. Les lèvres, la cavité buccale et le piston lingual des adultes (A) portent des dents cornées, grâce auxquelles ils rongent les tissus de leurs victimes pour les saigner.

C
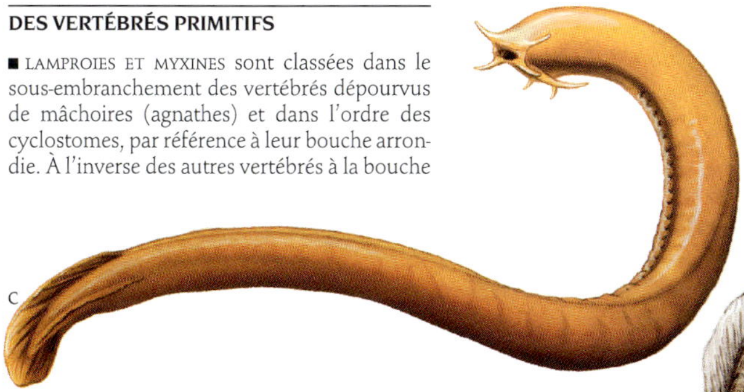

C. **MYXINE D'EUROPE**

Myxine glutinosa mesure jusqu'à 60 cm de long. Elle est dépourvue de véritables nageoires et ses yeux sont rudimentaires. La narine unique et la bouche sont bordées de 4 tentacules. Six poches branchiales s'ouvrent latéralement, par un seul orifice ventral. L'unique gonade est à moitié ovaire et à moitié testicule, mais les produits génitaux d'un seul sexe mûrissent à la fois, ce qui supprime toutes les possibilités d'autofécondation. Il n'y a pas de métamorphoses. La myxine n'effectue pas de migrations. Elle ne vit qu'en mer, sur les fonds marins vaseux du plateau et du talus continentaux, jusqu'à 800 m de profondeur. Elle n'est active que la nuit. On la trouve sur les côtes atlantiques du Maroc, dans la mer Blanche ainsi que sur les côtes de l'Afrique du Nord.

D

D. **MYXINE DU PACIFIQUE**

À part quelques espèces tropicales d'eaux profondes, les myxines sont plus inféodées que les lamproies marines aux eaux fraîches des plateaux continentaux. Dans l'hémisphère Sud, on trouve des myxines en Nouvelle-Zélande, le long des côtes australes d'Amérique du Sud ainsi que sur les côtes sud-africaines, où les lamproies font défaut. L'océan Pacifique abrite un nombre important d'espèces, sur la trentaine que compte le groupe. La photographie ci-contre représente une myxine *(Eptatretus stoutii)* qui vit sur les côtes californiennes, aux États-Unis.

LES POISSONS CARTILAGINEUX

Requins, raies et chimères appartiennent à la classe des poissons cartilagineux, ou *chondrichtyens*. Leur squelette interne est constitué de cartilage calcifié. Il comprend de nombreux éléments, dont le crâne et la colonne vertébrale, auxquels s'ajoutent les rayons cornés des nageoires et les ceintures sur lesquelles s'articulent les nageoires pectorales et pelviennes.

A ce squelette interne s'ajoute un squelette externe formé d'écailles et de dents. Ces dernières comportent, comme celles des autres vertébrés, de la dentine (ivoire) recouverte d'émail et une pulpe interne renfermant nerfs et vaisseaux sanguins. Les dents des poissons cartilagineux sont implantées dans le derme par une plaque ossifiée.

Les requins forment, avec les raies et les torpilles, le groupe des *sélaciens,* ou *élasmobranches.* Le second groupe de poissons cartilagineux est celui des *holocéphales,* (chimères).

LES REQUINS

LES PLEUROTRÈMES

■ Les requins possèdent une bonne vision crépusculaire, une olfaction très fine, une ligne latérale jouant les rôles d'organe tactile à distance et de détecteur de sons, et des récepteurs particuliers, les ampoules de Lorenzini, sensibles aux champs électriques dus aux contractions musculaires de leurs proies.

Hormis le « grand blanc » (*Cacharodon cacharias*) et le requin-tigre, très peu de requins attaquent l'homme et les plus grands ne sont pas les plus dangereux. Le requin-baleine (*Rhincodon tupus,* 13 m de long, 10 t), le requin-pèlerin et le requin grande-gueule (*Megachasma pelagios,* 4,50 m, 750 kg) sont des mangeurs de plancton inoffensifs. Plus de la moitié des 370 espèces de requins mesurent moins de 1 mètre, une dizaine au plus dépassant 4 mètres. La plupart se nourrissent de poissons et très peu adjoignent à ce régime oiseaux marins, tortues ou phoques.

Reproduction. Les requins mâles possèdent une nageoire pelvienne modifiée dont une partie (ptérygopodes) sert d'organe copulateur et assure une fécondation interne. Il existe en effet une véritable intromission des produits génitaux du mâle dans les voies génitales de la femelle. La plupart des requins sont *vivipares :* les femelles gardent les œufs dans leurs oviductes, leur fournissant oxygène et eau (viviparité incubante) ou, comme les requins-marteaux, développent des placentas et nourrissent leurs embryons (viviparité gestante). Chez les requins-taupes, les embryons les plus avancés se nourrissent, dans l'utérus de leur mère, de leurs frères ou d'œufs non fécondés. Certaines espèces, comme les roussettes, sont *ovipares :* les œufs, pondus en petit nombre, sont protégés par une coque épaisse.

A. **MORPHOLOGIE D'UN REQUIN**

Comme ce requin blanc, la plupart des requins ont un profil hydrodynamique. La nageoire caudale, qui transmet les battements dus à la musculature caudale, est dissymétrique et compense, par son appui oblique sur l'eau, l'absence de vessie natatoire. Les autres nageoires sont stabilisatrices. La bouche s'ouvre ventralement, en avant des fentes branchiales.

A

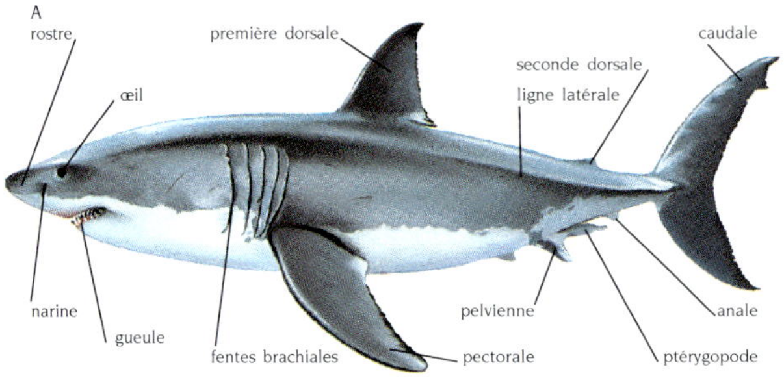

B

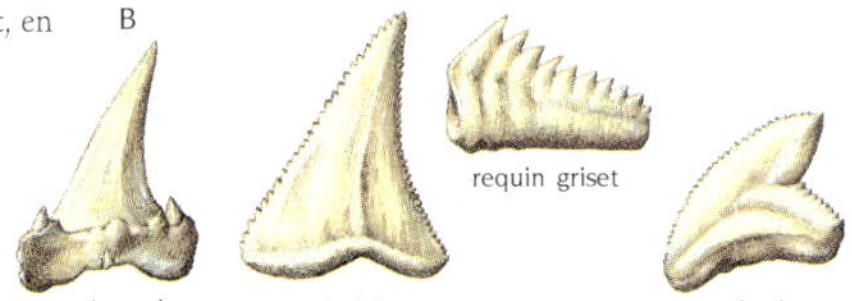

B. **DENTS**

Les dents des requins ont les formes les plus variées suivant qu'elles servent à couper, à déchiqueter ou à retenir la proie.

UN INGÉNIEUX SYSTÈME DE FLOTTAISON

Dépourvus de vessie natatoire, les requins ont tendance à s'enfoncer du fait de leur densité légèrement supérieure à celle de l'eau de mer. Ils doivent nager sans cesse pour rester à niveau.

Toutefois, certains accumulent dans leur foie, de taille considérable, une graisse de très faible densité, le *squalène,* en quantité telle que leur densité globale, devenue équivalente à celle de l'eau, leur permet de flotter sans effort à une profondeur donnée. Ils sont « sans poids » dans l'eau. Le squalène est en réalité un hydrocarbure insaturé de formule brute $C_{30}H_{50}$, que l'on retrouve dans de nombreux tissus végétaux.

C

C. **REQUIN-MARTEAU**
(*Sphyrna lewini*)

Ce curieux requin a la tête dotée d'expansions latérales. Le placenta qui unit l'embryon à la muqueuse maternelle assure sa nutrition, parallèlement au vitellus de l'œuf.

F. G. **ROUSSETTE**

La petite roussette, ou petit chien de mer *(Scyliorhinus canicula)* [F], requin le plus fréquent des côtes européennes, est ovipare : elle pond des œufs. Ceux-ci, enveloppés d'une coque quandrangulaire prolongée de filaments (G), s'accrochent aux algues et aux plantes aquatiques. On utilisait jadis la peau de roussette, ornée de denticules cutanés, sous le nom de galuchat, comme râpe ou en plaquage de meubles.

D

D. **REQUIN-PÈLERIN**
(*Cetorhinus maximus*)

En dépit de sa taille (10 m de long) et de son poids (4 t), ce requin est un paisible mangeur de plancton.

E

E. **GUITARE DE MER**
(*Rhinobatos rhinobatos*)

C'est un intermédiaire, par sa forme, entre les requins et les raies. Elle peut dépasser 1 mètre. Présente en Méditerranée et sur les côtes atlantiques de l'Angola au golfe de Gascogne, elle vit sur les fonds marins littoraux et se nourrit de coquillages, de crustacés et d'oursins. La femelle incube ses œufs dans ses voies génitales (elle est vivipare incubante) et met bas au printemps.

F G

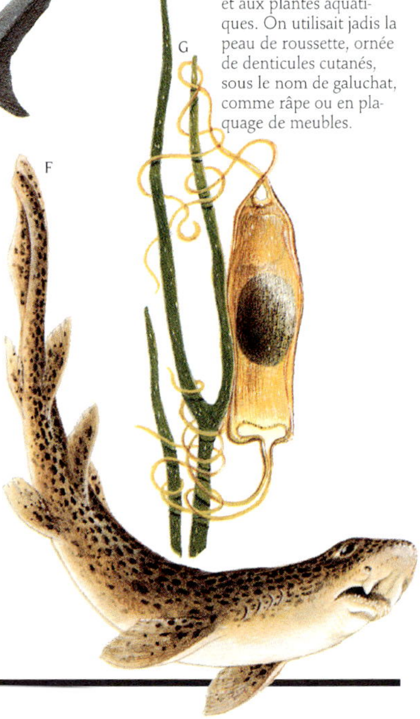

TORPILLES, RAIES ET CHIMÈRES

HYPOTRÈMES ET HOLOCÉPHALES

■ COMME LES REQUINS, les raies, les torpilles et les chimères ont un squelette interne cartilagineux.

Les hypotrèmes comprennent deux ordres distincts : les raies proprement dites (rajiformes), réparties en 6 familles (guitares de mer, poissons-scies, raies, pastenagues, aigles de mer et mantes) et les torpilles, ou raies électriques (torpédiniformes). Les raies et les torpilles se différencient des requins par leur corps aplati, l'élargissement en disque de la partie antérieure de celui-ci, le rétrécissement fréquent de la queue en fouet et par l'ouverture ventrale des fentes branchiales.

Mode de vie des hypotrèmes. L'aplatissement du corps, la position dorsale des yeux et des spiracles, qui jouent le rôle d'orifice inhalant pour les branchies, la coloration dorsale (identique au milieu) et ventrale, blanchâtre, sont en harmonie avec un mode de vie sur les fonds marins ou à leur proximité immédiate. Les déplacements ne se font pas par mouvements latéraux de la queue, mais par ondulation des larges nageoires pectorales. La ceinture pectorale est d'ailleurs soudée à la colonne vertébrale, fait unique chez les vertébrés. Seules exceptions à ce mode de vie, les mantes (diables de mer) sont adaptées à la vie en pleine eau. La plupart des hypotrèmes se nourrissent d'autres animaux du fond, échinodermes, crustacés et mollusques, et ont différencié une denture capable de broyer de telles proies.

Les chimères. Ces étranges poissons marins, regroupés dans l'ordre des holocéphales, se distinguent des torpilles et des requins par des spécialisations comme la soudure de la mâchoire au crâne *(suspension autostylique),* le recouvrement des fentes branchiales par un faux opercule et la fusion des dents en plaques dentaires. De plus, un long filament prolonge la queue de l'animal.

DES POISSONS ÉLECTRIQUES

Les torpilles sont des poissons des mers chaudes et tempérées qui se nourrissent d'autres poissons, qu'elles capturent grâce aux décharges électriques produites par des organes situés dans la tête, juste sous la peau. Ces organes électriques, qui ont l'aspect d'une gelée tremblotante, sont des muscles modifiés, organisés en plaques formées de prismes. Chaque plaque étant innervée par une seule face, les prismes sont disposés en série dans une même colonne et en parallèle dans l'organe entier. La décharge électrique, formée de 4 à 10 ondes (illustration ci-dessous) de 3 ou 4 millisecondes de période, peut atteindre de 15 à 80 volts. Les organes électriques sont utilisés par les torpilles soit comme organes de défense (pour faire lâcher prise à un prédateur), soit comme organes de capture. La torpille nage au-dessus de sa proie, cherche à l'envelopper de ses nageoires pectorales arrondies puis la déséquilibre d'une forte décharge, le temps de l'avaler.

Les raies du genre *Raja* possèdent aussi des organes électriques, mais de très faible voltage ; ceux-ci ne servent ni à éloigner les prédateurs ni à déstabiliser d'éventuelles proies ; ils créent autour du poisson un champ électrique et sont associés à des électrorécepteurs qui détectent tout objet proche venant modifier ce champ électrique. Ces raies possèdent donc une « double vue », qui leur permet de se déplacer dans l'obscurité ou dans les eaux troubles des fonds marins et de repérer leurs futures victimes ou les éventuels prédateurs.

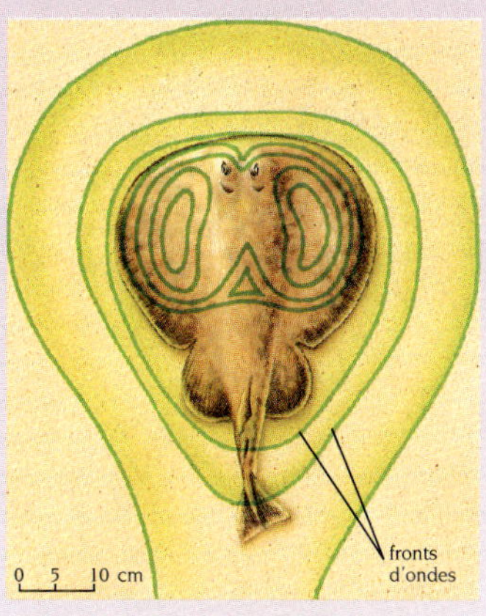

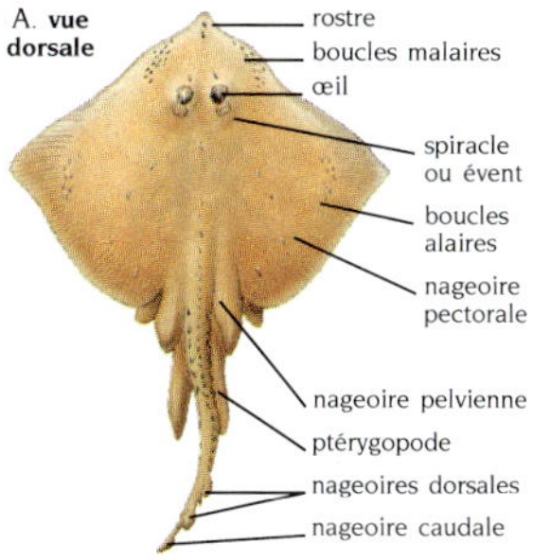

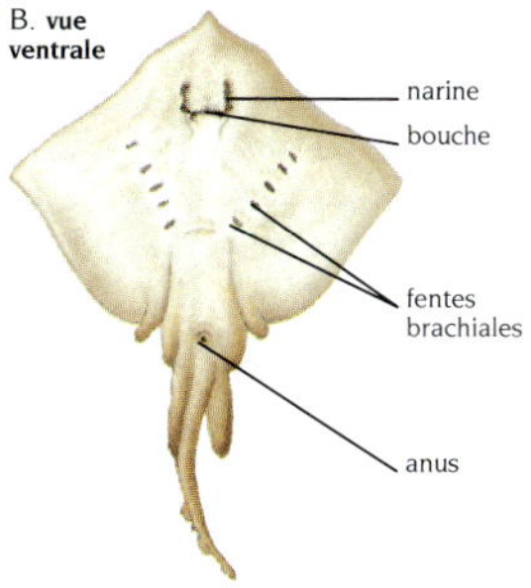

A. B. **RAIES**

La plupart des raies se ressemblent, ce qui rend difficile leur identification. Seule la face dorsale est pigmentée. Le corps est recouvert d'écailles de petite taille (denticules cutanés), souvent accompagnées de grandes écailles auxquelles on donne le nom de boucles.

C. **CHIMÈRE**

Les chimères mâles, comme les requins, ont une nageoire pelvienne modifiée en organe copulateur. Celle-ci, *Chimæra monstrosa,* est la plus commune. Elle atteint 1,50 m et vit jusqu'à plus de 2 000 m de profondeur, dans l'Atlantique, du cap Nord au cap de Bonne-Espérance. Elle se nourrit de crustacés et de mollusques.

D. **POISSON-SCIE**

Il ne faut pas confondre le poisson-scie, au rostre prolongé vers l'avant par une lame bordée de dents, avec le requin-scie, qui est de petite taille. Les poissons-scies (genre *Pristis*) des mers chaudes atteignent au moins 8 m (dont 2 m pour le rostre) et pèsent plus de 2 tonnes.

E. **RAIE MANTA**
(*Manta birostris*)

Les mantes, ou diables de mer, se reconnaissent aux « cornes » qui prolongent les pectorales en avant des yeux. Elles chassent en surface les petits poissons et effectuent souvent des sauts hors de l'eau, notamment pour mettre bas leurs petits. *Manta birostris,* avec ses 7 m d'envergure et ses 2 t, est un des géants du grand large.

F. **RAIE BOUCLÉE** (*Raja clavata*)

Cette raie, qui peut atteindre 1 m, doit son nom aux boucles qui ornent le dos et la queue des femelles et des jeunes. La coloration de la face dorsale est très variable. On la trouve jusqu'à 300 m de profondeur en Méditerranée et, dans l'Atlantique, de la Mauritanie à la Norvège. Elle se nourrit de crustacés et de poissons. Elle pond de gros œufs, visibles ici, enveloppés d'une épaisse coque cornée prolongée de filaments à chaque angle.

LES POISSONS OSSEUX

La classe des poissons osseux (ostéichtyens) regroupe des poissons au squelette interne *ossifié* – de façon néanmoins très inégale suivant les groupes qui la composent. Les branchies sont protégées par un *opercule* rigide, qui ne laisse qu'une ouverture postérieure appelée ouïe. Le corps est recouvert d'*écailles osseuses* tandis que les denticules cutanés (écailles des poissons cartilagineux) sont limités à la région buccale. Les nageoires sont soutenues par des *rayons* (lépidotriches), qu'on interprète comme des écailles modifiées. La majorité des poissons osseux possède une vessie gazeuse (vessie natatoire) servant à équilibrer la pression de l'eau (organe hydrostatique). Certains possèdent des poumons.

La classe des poissons osseux renferme plus de 21 000 espèces (21 700 ont été recensées). C'est le plus vaste groupe de vertébrés.

LE CŒLACANTHE

LES CROSSOPTÉRYGIENS

■ Le 22 décembre 1938, un chalutier captura, près de l'embouchure de la rivière Chalumna (Afrique du Sud), un gros poisson de 1,50 m pesant 63 kilos. L'ichtyologiste sud-africain J. L. B. Smith identifia l'animal comme étant un crossoptérygien, poisson connu à l'état fossile mais qu'on pensait éteint depuis plus de 60 millions d'années. Il le baptisa *Latimeria chalumnae.*

Ce poisson, connu sous le nom de cœlacanthe, ressemble à un gros mérou. Ses nageoires sont très musculeuses et leur squelette évoque celui d'un membre marcheur. Les écailles, bien qu'épaisses, se recouvrent partiellement comme chez la plupart des autres poissons actuels. Enfin, l'anatomie révèle chez le cœlacanthe les vestiges d'un poumon dégénéré et infiltré de graisse, montrant que les crossoptérygiens de l'ère primaire étaient probablement tous pulmonés. On pense qu'il y a 400 millions d'années, au dévonien, les premiers amphibiens se sont individualisés à partir de crossoptérygiens.

BARRAMUNDA, PROTOPTÈRES...

LES DIPNEUSTES

■ Des dipneustes, fort abondants à l'ère primaire, il ne reste aujourd'hui qu'une faune relique confinée aux eaux douces de régions actuellement très éloignées, mais qui formaient, à la fin de l'ère primaire, un seul et unique continent de l'hémisphère Sud, baptisé le Gondwana par les géophysiciens.

Le principal caractère de ces poissons est le fait qu'ils possèdent à la fois des branchies, pour respirer l'oxygène dissous dans l'eau, et des poumons, pour respirer l'air. C'est ce que fait le barramunda *(Neoceratodus forsteri)* des lacs et rivières du Queensland (Australie), uniquement quand les eaux deviennent trop pauvres en oxygène, son appareil branchial étant normalement tout à fait efficace.

En revanche les autres dipneustes, les protoptères d'Afrique occidentale et centrale et le lépidosirène *(Lepidosiren paradoxa)* des marais de l'Amazone et du Chaco (Amérique du Sud), dont les branchies ont régressé, doivent en permanence respirer l'air en surface. Leurs nageoires impaires ont fusionné en un long repli postérieur. Leurs dents sont soudées en plaques masticatrices.

Les ichtyologistes regroupent les crossoptérygiens et les dipneustes sous le nom de *sarcoptérygiens,* qui souligne le fait que leurs nageoires paires sont musculeuses.

A

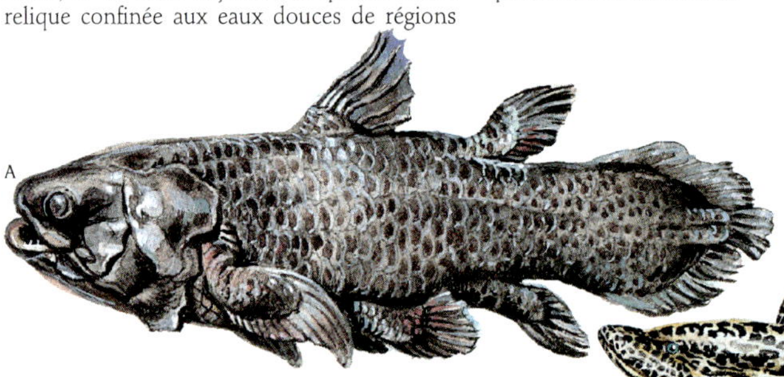

A. **CŒLACANTHE** (*Latimeria chalumnae*)

Le cœlacanthe vit sur des fonds d'au moins 400 m de profondeur dans la région des Comores, où il se nourrit de petits poissons. Il est vivipare : la paroi de l'oviducte maternel sécrète un lait « utérin » qui nourrit l'embryon. Il semble établi que l'embryon se nourrit des autres œufs émis pendant son incubation. On connaît encore mal sa biologie, malgré les efforts tentés pour le maintenir en survie en aquarium.

C

C. **PROTOPTÈRE**

Les protoptères ont un corps allongé, des nageoires paires filamenteuses et 2 poumons. Pendant la saison sèche, ils s'enkystent dans les fonds boueux en attendant le retour des pluies. Les larves, pourvues de 4 paires de branchies externes, ressemblent à des têtards de grenouilles.

B

B. **LÉPIDOSIRÈNE**

Le lépidosirène d'Amérique du Sud *(Lepidosiren paradoxa)* ressemble aux protoptères africains et s'enkyste comme eux dans les fonds asséchés des marais où il vit. Ses œufs donnent naissance à des larves qui effectuent leur développement dans un terrier aquatique gardé par le mâle. Pendant cette surveillance, les nageoires pelviennes du mâle se garnissent de filaments richement vascularisés qui favorisent l'oxygénation des embryons.

D

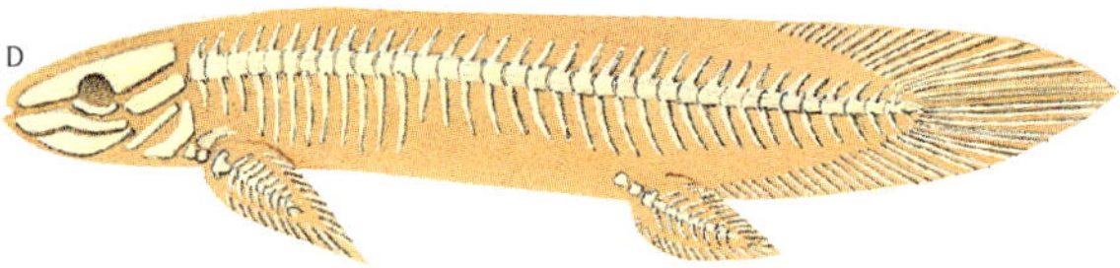

E

D. E. **BARRAMUNDA** (*Neoceratodus forsteri*)

Le barramunda d'Australie (Queensland) peut atteindre 1,80 m et une cinquantaine de kilos. Ses nageoires paires sont bien développées (E) et soutenues par un squelette (D) qui évoque, mais moins nettement que celui du cœlacanthe, le squelette des membres marcheurs des tétrapodes (vertébrés terrestres à quatre pattes). Les nageoires dorsale, caudale et anale forment un repli continu. Seul le poumon droit est développé. Le régime alimentaire est omnivore : il ajoute, aux végétaux crustacés, des vers et des mollusques qu'il écrase de ses plaques dentaires (ces dernières, bien conservées au cours des processus de fossilisation, sont retrouvées en grand nombre dans les terrains du crétacé). Il pond des œufs (ovipare), puis les disperse parmi les plantes aquatiques. Contrairement aux autres dipneustes, il vit dans des zones non soumises à l'assèchement et ne s'enkyste pas. Sa chair délicate est fort appréciée.

Les poissons osseux à nageoires rayonnées, ou *actinoptérygiens,* forment l'essentiel des poissons actuels. Les actinoptérygiens de l'ère primaire avaient des écailles épaisses et juxtaposées (écailles ganoïdes), facilement fossilisées. Les poumons de ces poissons se sont progressivement transformés en une vessie natatoire, facilitant leurs déplacements en leur permettant de flotter passivement dans l'eau. Leurs écailles, devenues bien plus minces que celles des crossoptérygiens, peuvent se recouvrir en partie (ce caractère s'observe chez les poissons téléostéens).

Parmi les poissons actinoptérygiens, les plus proches de ce groupe ancestral, et les seuls qui aient conservé des écailles juxtaposées, sont les polyptères (brachioptérygiens), que l'on regroupe avec les esturgeons (chondrostéens) dans un même ensemble.

Les actinoptérygiens comprennent aussi les amies et les lépisostées (holostéens) ainsi que l'immense groupe des téléostéens, qui rassemble l'immense majorité des espèces de poissons actuels. Les téléostéens se distinguent par leur squelette totalement ossifié.

POLYPTÈRES ET ESTURGEONS

BRACHIOPTÉRYGIENS ET CHONDROSTÉENS

■ Les polyptères offrent quelques caractères anatomiques qui les rapprochent des poissons paléoniscoïdes de l'ère primaire, en particulier leurs écailles losangiques épaisses et juxtaposées et leur nageoire dorsale faite de 5 à 18 pinnules, formées chacune d'une épine portant des rayons mous. La structure particulière de leurs nageoires pectorales leur vaut d'être rangés, avec le calamoichthys, dans l'infra-classe des *brachioptérygiens.* Les polyptères possèdent aussi une ouverture (spiracle) située en avant des fentes branchiales et des poumons, grâce auxquels ils peuvent respirer en surface. Si l'intestin comporte une valvule spirale qui ralentit la progression des aliments et favorise leur absorption, caractère considéré comme primitif, les hémisphères cérébraux des polyptères ont la même structure « éversée » que ceux des actinoptérygiens les plus évolués.

Les chondrostéens. Ils regroupent esturgeons et polyodontes et rappellent par leur nom que leur squelette interne est encore fortement cartilagineux. Parmi les autres caractères primitifs, citons la présence du spiracle, de la valvule spirale et d'une nageoire caudale asymétrique (nageoire hétérocerque), comme celle des requins. En revanche, la vessie natatoire en fait de vrais actinoptérygiens, tandis que d'autres caractères leur sont particuliers. Ils sont ainsi dépourvus d'écailles et ont la peau nue, sauf les esturgeons qui possèdent 5 rangées de plaques dermiques ossifiées (scutelles). Leurs dents ont régressé et le soutien squelettique de leur opercule se réduit à un seul os. Parmi les chondrostéens, les paléonisciformes sont tous fossiles, et les ascipensériformes sont actuels.

AMIES ET LÉPISOSTÉES

LES HOLOSTÉENS

■ Les holostéens sont difficiles à définir car ils sont intermédiaires entre les chondrostéens, plus primitifs, et les téléostéens, plus évolués. Abondants à l'ère primaire, ils sont représentés de nos jours par deux groupes de poissons peu apparentés : les lépisostées et l'amie. Les premiers, redoutables prédateurs des eaux douces d'Amérique du Nord, ont encore des caractères très primitifs comme l'épaisseur de leurs écailles ou leur nageoire caudale légèrement asymétrique, tandis que la seconde a des écailles fines et recouvrantes (élasmoïdes) et une nageoire caudale avec des lobes dorsal et ventral symétriques (nageoire homocerque). Dans les deux groupes, l'irrigation de la vessie natatoire en fait un organe de respiration aérienne, tandis que l'ossification du squelette est plus poussée que celle des chondrostéens.

A

A. **LÉPISOSTÉE**

Ce carnassier des eaux douces d'Amérique du Nord se nourrit de poissons et d'oiseaux aquatiques. Il atteint 3 m et 150 kilos.

B

B. **AMIE**

L'amie chauve *(Amia calva)* vit en eau douce (Amérique du Nord) et monte respirer en surface ; elle se nourrit de poissons et d'invertébrés.

C

C. **ESTURGEON**

Les esturgeons (23 espèces réparties en 4 genres), poissons des régions tempérées froides de l'hémisphère Nord, se reproduisent en eau douce, mais certains gagnent la mer et effectuent leur croissance au large, sur le plateau continental. Ce sont des animaux vivant sur le fond, et dont la bouche possède des barbillons riches en bourgeons gustatifs. Les femelles pondent des milliers d'œufs dont on fait le caviar ; c'est une des causes, avec la pollution des eaux douces, de leur raréfaction. Leur chair est appréciée et leur vessie natatoire sert à faire l'ichtyocolle, utilisée pour clarifier les vins. Le géant des esturgeons, ou bélouga *(Huso huso),* dépasse 8 m et 1 tonne. L'espèce française *(Acipenser sturio),* qui remonte l'Adour et la Gironde, est plus petite (3 m et 225 kg).

D

D. **POISSON-ROSEAU**

Calamoichthys calabaricus a un corps bien plus allongé que celui des autres polyptères *(Polypterus),* ce qui lui confère une plus grande souplesse en dépit de la rigidité de ses nombreuses écailles. Il est dépourvu de nageoires pelviennes et la nagoire anale est très postérieure ; sa dorsale comporte 9 ou 10 épines de petite taille. Il vit dans les marais et les fleuves côtiers d'Afrique occidentale et atteint 40 centimètres.

E

E. **POLYODON**

Les polyodons, à la peau nue et au rostre prolongé en spatule, appartiennent au même groupe que les esturgeons (le groupe des chondrostéens). Les dents sont rudimentaires. Ils possèdent un filtre branchial développé, qui leur permet de se nourrir de plancton. On en connaît 2 espèces, l'une du Mississippi (*Polyodon spathula,* 2 m), l'autre du Yangzi Jiang (*Psephurus gladius,* 6 m). Toutes deux fournissent un excellent caviar.

F

F. **POLYPTÈRE**

Les polyptères, ou bichirs, vivent dans les eaux douces africaines, recherchant les zones calmes et riches en végétation, sur laquelle ils fixent leurs œufs. Les larves rappellent par leur forme et leurs branchies externes les têtards de grenouilles. Les grands spécimens atteignent 1 mètre.

LES POISSONS OSSEUX

Les poissons osseux téléostéens possèdent un squelette totalement ossifié, une nageoire caudale symétrique (nageoire homocerque), des écailles minces et recouvrantes (écailles élasmoïdes), un intestin sans valvule spirale et un cerveau aux hémisphères « éversés » (caractère propre aux poissons actinoptérigiens). Les téléostéens représentent plus de 20 000 espèces sur les 21 700 espèces de poissons actuellement recensées.

MORMYRES, ARAPAÏMA...

LES OSTÉOGLOSSIFORMES

■ Poissons des eaux douces tropicales, les ostéoglossiformes ont le plancher buccal recouvert de dents. Certains respirent l'air grâce à leur vessie natatoire vascularisée ; ils forment la famille des ostéoglossidés. D'autres (les mormyres ou les gymnarques) ont un mode très particulier de perception et de communication. Certains muscles de la queue sont transformés en organes électriques et des récepteurs sensoriels (électrorécepteurs) enregistrent les modifications du champ électrique ainsi créé.

Les ostéoglossidés possèdent la même répartition géographique que les dipneustes : Asie du Sud-Est et Australie (genre *Scleropages*), Afrique occidentale *(Heterotis)* et Brésil *(Osteoglossum* et *Arapaima),* trois régions qui formaient, à l'ère secondaire, le continent de Gondwana.

ANGUILLES, HARENGS...

ÉLOPIFORMES, ANGUILLIFORMES, CLUPÉIFORMES

■ Les élopiformes (tarpons, par exemple) et les anguilliformes (anguilles, murènes...) sont réunis dans le groupe des élopomorphes. Chez les représentants de ces deux groupes, les larves sont très différentes de l'adulte (larves leptocéphales). Les élopiformes ont des nageoires pelviennes en position abdominale.

Les anguilliformes ont un corps très allongé dépourvu de nageoires pelviennes et une ouverture branchiale étroite. On ignore, pour un grand nombre de larves leptocéphales appartenant à ce groupe, quelles sont les espèces adultes qui leur correspondent. Les anguilliformes comprennent 600 espèces environ réparties en 3 sous-ordres : les anguilloïdes (anguilles,...), les congroïdes (congres,...) et les némichthyoïdes (poissons abyssaux).

Les clupéiformes (hareng, sardine, alose...) possèdent un canal qui relie l'œsophage à la vessie natatoire, dont des diverticules viennent au contact de l'oreille interne. À l'exception du dorab *(Chirocentrus dorab)* des océans Indien et Pacifique, qui est un carnassier vorace, les clupéiformes sont microphages grâce à leur filtre branchial.

A. **ANGUILLE D'EUROPE**

L'anguille européenne *(Anguilla anguilla)* pond dans la mer des Sargasses. Les larves dérivent 2 à 3 ans avant d'atteindre le plateau continental où elles subiront leur métamorphose et deviendront des civelles. Elles pénètrent alors en eau douce où elles restent de 10 à 15 ans avant d'entreprendre, sous la forme d'anguilles argentées, leur descente vers la mer.

B. **CLASSIFICATION DES POISSONS TÉLÉOSTÉENS**

ostéoglossomorphes			ostéoglossiformes
élopomorphes			élopiformes, anguilliformes
clupéomorphes			clupéiformes
eutéléostéens	ostariophysaires		cypriniformes characiformes siluriformes gymnotiformes
	protacanthoptérygiens		salmoniformes stomiatiformes
	scopélomorphes		aulopiformes myctophiformes
	paracanthoptérygiens		gadiformes ophidiiformes lophiiformes
	acanthoptérygiens	athérinomorphes	cyprinodontiformes athériniformes
		percomorphes	lampriformes béryciformes zéiformes gastérostéiformes syngnathiformes scorpæniformes perciformes pleuronectiformes tétraodontiformes

B. **CLASSIFICATION**

Classer les 20 000 espèces de téléostéens sur des critères fiables n'est pas simple et les tentatives ont été nombreuses depuis le début du XVIIIe siècle. Nous avons adopté ici la classification actuellement la moins controversée, en ne citant que les 26 ordres les plus importants. Cette classification est fondée, entre autres, sur la structure et la position des nageoires ainsi que sur la composition des écailles.

C. **GRANDGOUSIER**

L'anguilliforme *Eurypharynx pelecanoides* (50 cm) est une espèce des grandes profondeurs qui, dans l'obscurité totale, recherche des proies minuscules, qu'il récolte dans sa gueule énorme.

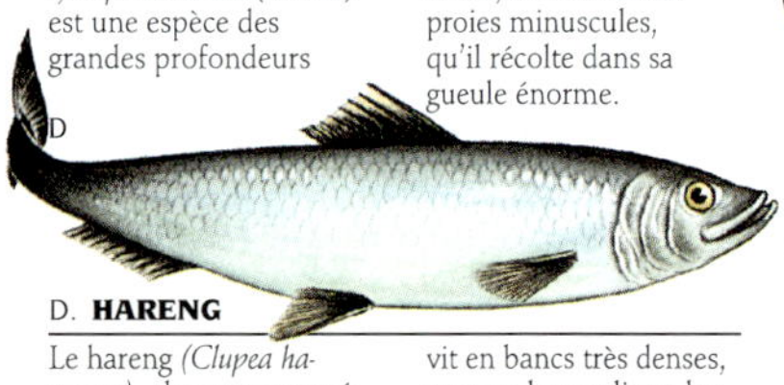

D. **HARENG**

Le hareng *(Clupea harengus),* des eaux tempérées froides (Manche, mer du Nord, Baltique), vit en bancs très denses, comme les sardines, les aloses et le sprat (famille des clupéidés).

E. **TARPON**

Megalops atlanticus atteint 2,20 m pour une centaine de kilos : du 1er choix pour la « pêche au gros ».

F. **MURÈNE**

Les murènes n'ont ni nageoires pelviennes, ni nageoires pectorales. Nocturnes et voraces, elles hantent les côtes rocheuses des mers chaudes et les récifs coralliens, se réfugiant le jour dans une anfractuosité de rocher, à l'affût d'une proie de passage, sortant la nuit pour chasser ; leurs morsures sont douloureuses. Celle-ci *(Gymnothorax)* est une murène de la mer Rouge. Une espèce proche *(Muræna helena)* est commune en Méditerranée.

G. **RHINOMURÈNE**

Cette *Rhinomuræna quæsita* des mers tropicales doit son nom à l'appendice foliacé de son museau. Elle parvient à introduire son long corps dans d'étroites crevasses, d'où elle chasse à l'affût les poissons qui passent près d'elle.

CARPES ET POISSONS-CHATS

LES OSTARIOPHYSAIRES

■ LES OSTARIOPHYSAIRES sont presque tous des poissons d'eau douce. Ils présentent une modification des 4 premières vertèbres, dont des éléments articulés relient la paroi de la vessie natatoire à l'oreille. Ils comprennent 4 ordres.

Les cypriniformes, omnivores ou herbivores, à la bouche protractile (permettant d'aspirer eau et aliments) sans dents et à la tête nue (sans écailles), sont confinés à l'hémisphère Nord. Les principaux représentants sont les carpes (cyprinidés), les suceurs (catostomidés) et les loches (cobitidés). Les cyprinidés (plus de 2 000 espèces) forment une des plus riches familles de poissons ; leur taille varie de quelques centimètres à 3 mètres pour une espèce de Thaïlande *(Catlocarpio siamensis).* Les characiformes, surtout carnassiers, ont des dents bien développées sur les maxillaires. La plupart sont de petits poissons des eaux douces africaines et sud-américaines. On distingue 10 familles dont la plus importante, celle des characidés, renferme à la fois les piranhas, célèbres pour leur voracité, les tétras (« feux de position » et néons) bien connus des aquariophiles et l'espèce *Astyanax mexicanus.*

Les siluriformes sont les poissons-chats. La peau est nue ou couverte de plaques osseuses. La première nageoire dorsale et les pectorales sont souvent épineuses et reliées à des glandes venimeuses. Les 2 000 espèces de siluriformes peuplent en majorité les eaux douces américaines. Deux familles (ariidés et plotosidés) sont marines.

Les gymnotiformes d'Amérique tropicale, au corps allongé et comprimé, n'ont qu'une nageoire, la nageoire anale, qui leur permet de nager dans les deux sens. Ils possèdent organes électriques et électrorécepteurs.

SAUMONS, BROCHETS...

LES SALMONIFORMES

■ LES SALMONIFORMES ont encore un grand nombre de caractères primitifs. Certains possèdent une nageoire dorsale adipeuse. La plupart se reproduisent en eau douce et effectuent des migrations vers la mer. Les principaux sous-ordres sont les ésocoïdes, dont le type est le brochet, et les salmonoïdes, dont le type est le saumon de l'Atlantique (*Salmo salar*). La truite d'Europe (*Salmo trutta*) et la truite arc-en-ciel (*Salmo gairdneri*), originaire d'Amérique du Nord, appartiennent au même genre, *Salmo.*

On rapproche souvent des salmoniformes le groupe des stomiatiformes, dont les représentants possèdent des organes lumineux (photophores). Ce sont des poissons prédateurs des mers tropicales ou tempérées, comportant 250 espèces environ.

A

A. **POISSON-CHAT**

Introduit des États-Unis en Europe au XIXe siècle, ce poisson-chat *(Ictalurus melas),* omnivore et vorace, s'est bien adapté aux étangs.

B. C. D. **VARIÉTÉS DE CARPES**

La carpe, *Cyprinus carpio,* est l'un des cyprinidés les plus communs d'Eurasie. Il en existe de nombreuses variétés d'élevage, comme la carpe cuir (C), la carpe miroir (B) et la carpe écailleuse (D). Ce poisson aime les eaux calmes et chaudes, riches en végétation. Il vit une vingtaine d'années et atteint 70 centimètres.

C

B

D

E

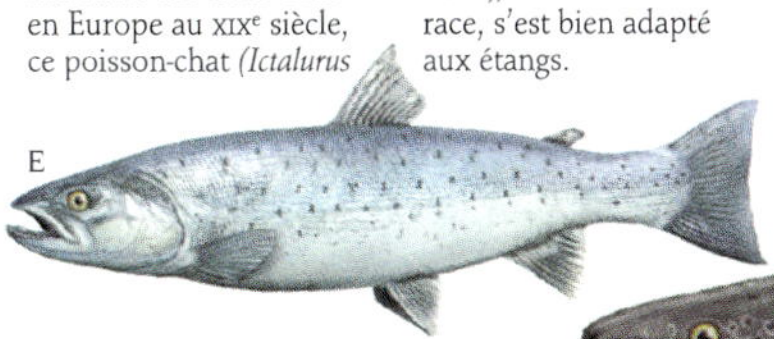

F

E. F. **SAUMON DE L'ATLANTIQUE**

Ce saumon *(Salmo salar)* naît dans les eaux froides des torrents européens. Pendant 2 à 3 ans, il mène la vie des truites, se nourrissant d'invertébrés, puis il acquiert une livrée argentée (E) et commence sa migration. Sans cesser de nager à contre-courant, il se laisse dériver vers la mer, où il disparaît une à plusieurs années. Il revient alors vers les eaux qui l'ont vu naître, grâce au souvenir olfactif qu'il en a gardé. Les mâles changent de couleur et arborent une livrée nuptiale (F). Après s'être reproduit, épuisé, il réussit rarement à rejoindre la mer et meurt généralement sur le lieu de reproduction.

G

G. **FEU DE POSITION**

Cet *Hemigrammus ocellifer* est un des nombreux characidés recherchés par les aquariophiles. La partie inférieure de l'iris comporte des pigments dorés réfléchissant la lumière. La famille des characidés est aussi celle des piranhas.

H. **BROCHET**

C'est le type des prédateurs des rivières et des lacs de plaine de l'hémisphère Nord. Tapi dans les herbes, cet *Esox lucius* chasse à l'affût, attendant le passage des poissons pour fondre sur eux de toute la puissance de ses muscles. Il se nourrit également de grenouilles (on en voit une ici, en train de fuir), de rats d'eau ou même d'oiseaux aquatiques. Les gros individus peuvent atteindre 1,40 m et 20 kilos.

H

I

I. **BOUVIÈRES**

Rhodeus sericeus amarus, des rivières d'Europe tempérée, ne dépasse pas 6 cm. Au printemps, comme sur cette photo, la femelle dépose ses œufs entre les valves d'une moule d'eau douce (anodonte), où ils trouvent à la fois abri et oxygénation. Les alevins y demeurent jusqu'à ce qu'ils atteignent 2 centimètres.

LES POISSONS OSSEUX

POISSONS-LANTERNES

LES MYCTOPHIFORMES

■ LES POISSONS-LANTERNES représentent le dernier groupe de téléostéens ayant encore de nombreux caractères primitifs : écailles cycloïdes, nageoires à rayons mous, nageoires pelviennes situées sur l'abdomen, seconde nageoire dorsale adipeuse ; toutefois, la vessie natatoire, quand elle existe, a perdu sa connexion avec l'œsophage. Ces poissons, tous marins, possèdent des organes lumineux.

MORUE, BAUDROIE...

LES PARACANTHOPTÉRYGIENS

■ LES PARACANTHOPTÉRYGIENS manifestent à la fois des caractères primitifs (écailles cycloïdes ou nageoires à rayons mous) et des caractères évolués (vessie natatoire close et surtout implantation très antérieure des nageoires pelviennes). Des 6 ordres qui forment ce groupe, nous retiendrons les gadiformes, dont le type est la morue, les ophidiiformes, auxquels appartient l'aurin, et les lophiiformes (baudroie).

TÉLÉOSTÉENS ÉVOLUÉS

LES ACANTHOPTÉRYGIENS

■ LES ACANTHOPTÉRYGIENS, dont le type est la perche, ne font leur apparition qu'à la fin du crétacé et au début du tertiaire, il y a environ 60 millions d'années. On les divise en deux groupes : les athérinomorphes et les percomorphes (rascasses, soles,...).

Les *athérinomorphes* sont en majorité des poissons de surface. Ils comprennent, entre autres familles, les exocoétidés ou, poissons volants, et les pœciliidés, petits poissons vivant en eau douce ou saumâtre, grands mangeurs de larves de moustiques comme les gambusies ou hôtes de nos aquariums, comme les guppys, xiphos et autres *Mollienesia.* Les athériniformes sont représentés par le prêtre *(Atherina presbyter),* vivant en banc dans les eaux côtières et capable d'envahir eaux saumâtres et eaux douces.

A

A. **POISSON-LANTERNE** *(Myctophum punctatum)*

Les poissons-lanternes effectuent des migrations quotidiennes entre la profondeur (800 m ou plus), le jour, et la surface, la nuit ; leurs organes lumineux sont bien développés. Leurs larves, transparentes et pélagiques, se métamorphosent puis s'enfoncent vers le milieu abyssal. Ces poissons (myctophidés) dépassent rarement 15 cm.

B

B. **BAUDROIE**

Ce poisson *(Lophius piscatorius)* vit sur les fonds marins jusqu'à plus de 500 m de profondeur. Comme chez tous les lophiiformes, un rayon de sa première nageoire dorsale est transformé en filament pêcheur, qu'il utilise comme leurre pour attirer vers sa large gueule les poissons intrigués par ses mouvements. Chez certains poissons, ce filament pêcheur porte à son extrémité un organe lumineux.

C

C. **AURIN**

Appelé aussi fierasfer, ce poisson *(Carapus apus),* au corps presque transparent, mesure une vingtaine de centimètres. Présent en Méditerranée, il affiche comme d'autres carapidés un curieux comportement : il se réfugie dans le cloaque d'holothuries (des échinodermes appelés concombres de mer), qui lui offrent un abri contre les prédateurs. Ce poisson subit plusieurs métamorphoses avant de devenir adulte. Sa première larve (vexillifer) subit une première métamorphose en larve « tenuis » qu'une seconde métamorphose transforme en adulte.

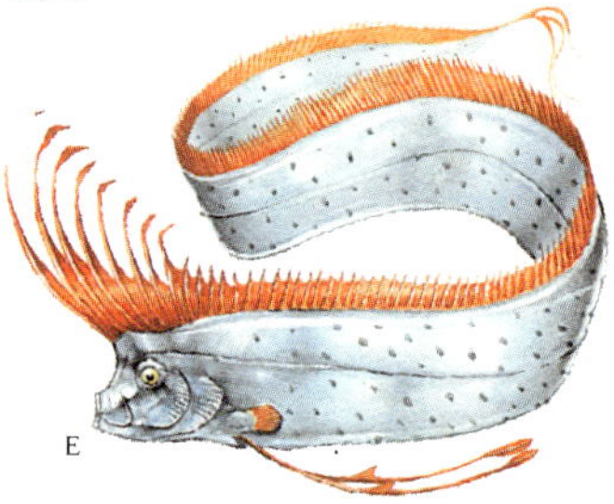

E

D

D. **MORUE**

Appelé aussi cabillaud (et merluche, une fois séché), ce poisson *(Gadus morhua)* peuple les eaux froides de l'Atlantique nord jusqu'à 600 m de profondeur. Ses migrations de reproduction (bancs de Terre-Neuve ou d'Islande) attirent les pêcheurs. La morue peut atteindre 2 m et 100 kilos ; mais, dépassant rarement une quinzaine d'années, elle pèse généralement moins de 10 kilos. Sa coloration varie du jaune au verdâtre taché de brun. Elle se nourrit de coquillages et de seiches.

E. **RÉGALEC**

Appelé aussi roi des harengs *(Regalecus glesne),* ce poisson, représentant de l'ordre des lampriformes et de la famille des trachiptéridés, se trouve dans l'Atlantique jusqu'en Islande et en Méditerranée. Le corps du régalec est gris argenté et ses nageoires sont rougeâtres. C'est un poisson rare, aux mœurs mal connues. La partie antérieure de sa nageoire dorsale, formée de rayons libres, très allongés et foliacés à leur extrémité, sa caudale tronquée et sa taille inhabituelle (8 à 10 m) en font un des hôtes les plus curieux de la faune européenne.

F

F. **SAINT-PIERRE**

Appelé aussi dorée, le saint-pierre *(Zeus faber)* est un zéiforme (groupe des percomorphes) commun en Méditerranée et dans l'Atlantique (des Canaries à la Norvège). Il doit son nom à la tache de ses flancs, empreinte que l'apôtre Pierre aurait faite en le saisissant pour tirer de sa gueule une pièce d'or. Sa chair est très appréciée.

G

G. **POISSONS VOLANTS**

L'exocet de Méditerranée *(Cypsilurus heterurus)* se rencontre à la limite de l'aire de répartition géographique de sa famille (exocoétidés), répandue dans toutes les mers chaudes. C'est un poisson de haute mer, capable de sauter hors de l'eau puis, grâce à ses larges nageoires pectorales et pelviennes, de planer pour échapper aux thons qui le pourchassent. Mais il peut être alors la victime des oiseaux marins.

PERCHES, RASCASSES, SOLES, ÉPINOCHES...

LES TÉLÉOSTÉENS PERCOMORPHES

■ LES PERCOMORPHES forment le plus grand groupe de téléostéens. On le subdivise en 11 ordres, rassemblant près de 9 500 espèces.

Les épinoches (ordre des gastérostéiformes) et les hippocampes (ordre des syngnathiformes) possèdent un corps cuirassé de plaques osseuses, une bouche en tube, une vessie natatoire close et des nageoires pelviennes réduites.

Les rascasses et les grondins appartiennent à l'ordre des scorpéniformes, qui regroupe l'ensemble des poissons à joues cuirassées. Les rascasses, les poissons-pierres, les grondins, les chabots et les lumps, tous marins ou d'eau saumâtre, appartiennent à cet ordre.

Les perciformes forment l'ordre le plus diversifié et le plus riche parmi tous les vertébrés. Il comprend 8 000 espèces, réparties en 150 familles et environ 20 sous-ordres dont les percoïdes (perche, mérou, poisson-papillon), les labroïdes (labre), les trachinoïdes (vive), les scombroïdes (maquereau, thon, espadon), les gobioïdes (gobie), et les cottoïdes (chabot).

Les poissons plats (pleuronectiformes) sont caractérisés par des nageoires à rayons mous, des pelviennes sur le thorax et une vessie natatoire close. Les poissons plats (sole, carrelet ou plie, turbot...) vivent sur le fond des mers et des océans. Le flétan *(Hippoglossus hippoglossus)*, qui peut atteindre 4 m et 300 kilos, est un des rares poissons plats à nager en position verticale.

Les représentants de l'ordre des tétraodontiformes possèdent un squelette peu ossifié et un corps souvent couvert d'épines ou de plaques osseuses. On peut citer les balistidés (arbalétriers), les ostracionidés (poissons-coffres), ainsi nommés pour la carapace osseuse qui les protège, les tétraodontidés (tétrodons ou poissons-globes), dont les dents sont soudées en un bec formé de 4 pièces, les diodontidés (diodons ou poissons-porcs-épics), au corps couvert d'épines érectiles.

A

A. **HIPPOCAMPE**

Le « cheval marin » surprend par sa forme étrange (corps ventru, queue préhensile, tête perpendiculaire au corps) et ses mœurs reproductrices. La femelle introduit ses œufs fécondés dans la poche incubatrice ventrale du mâle ; ce dernier nourrit les embryons grâce à une sorte de placenta. Au bout de plusieurs semaines, le père met au monde ses petits en les expulsant violemment de sa poche.

UNE HISTOIRE D'ŒIL

Les larves des poissons plats sont symétriques à l'éclosion et possèdent un œil de chaque côté de la tête (1). Ces larves subissent une véritable métamorphose (2) au cours de laquelle un des deux yeux migre d'une face à l'autre (3). La larve gagne alors le fond et se couche sur le flanc devenu aveugle (4). Lorsque la larve est devenue adulte, ce flanc perd ses pigments et devient blanc. Chez les plies et les soles, c'est la face droite qui porte les deux yeux ; chez les cithares et les turbots, c'est au contraire la face gauche.

B

B. **PERCHE**

La perche vit en petits groupes dans les eaux bien oxygénées, se nourrissant d'invertébrés et d'alevins plus que de poissons adultes. Elle atteint 40 cm pour 2 kilos. Dans les lacs de montagne, par suite du surpeuplement, elle est capable de se reproduire dès la taille de 10 centimètres.

C. **TÉTRODON**

Certaines espèces de tétrodons, ou poissons-globes, généralement tropicales, atteignent le sud de l'Espagne ou le golfe de Gascogne. La gorge et le ventre de ces poissons sont armés de petites épines érectiles. En cas de danger, ils augmentent de volume en gonflant leur estomac d'eau. Leur taille dépasse rarement 50 centimètres.

C

D

D. **ÉPINOCHES**

L'épinoche *(Gasterosteus aculeatus)* des eaux douces ou marines d'Europe, photographiée ici lors du frai, est réputée pour le comportement agressif des mâles au moment des amours. Ceux-ci bâtissent un nid, y attirent plusieurs femelles et surveillent ensuite pontes et alevins.

E. **POISSON-PIERRE**

Ce poisson de l'Indo-Pacifique tropical est un des plus dangereux. Parfaitement camouflé, tant par ses couleurs que par les lambeaux cutanés qui brisent sa silhouette, il reste immobile, à moitié enfoui, ressemblant à un rocher. Sa glande venimeuse, située à la base des épines dorsales creuses, produit une neurotoxine qui peut être fatale à l'homme.

E

F

F. **CHÆTODONS**

Le poisson-papillon *(Chætodon semilarvatus)*, un des nombreux hôtes vivement colorés des récifs coralliens de l'océan Indien et de la mer Rouge, possède, comme tous les représentants de sa famille, un corps comprimé, une petite bouche armée de dents en peigne et une nageoire caudale arrondie. Il atteint 30 centimètres.

PRÉSENTATION DES AMPHIBIENS

Par leur mode de vie, les amphibiens, ou batraciens, se situent, chez les vertébrés, à la charnière entre le milieu aquatique et le milieu terrestre. La plupart possèdent quatre pattes (ce sont des tétrapodes) ; leur température est variable *(poïkilothermes* ou *ectothermes).* Leur peau nue est riche en glandes. Le développement des amphibiens comporte un stade larvaire, le plus souvent aquatique, à respiration branchiale, qui se termine par une métamorphose. L'adulte peut être terrestre. Certaines espèces vivent en permanence dans l'eau (protée), d'autres ne vont à l'eau que pour se reproduire (salamandres). Enfin, quelques espèces sont strictement terrestres. Elles sont indépendantes du milieu aquatique car leur reproduction est ovovivipare : elles n'abandonnent pas leurs œufs, mais les incubent, jusqu'à la métamorphose.

Répartition géographique. Les anoures se répartissent mondialement alors que les urodèles se rencontrent surtout dans l'hémisphère Nord. Les apodes vivent dans les régions tropicales. Quelques amphibiens vivent à de hautes altitudes *(Salamandra atra)* ou atteignent le cercle polaire (crapaud *Bufo bufo*).

Classification. Les amphibiens sont apparus il y a 350 millions d'années, au dévonien. Ils regroupent aujourd'hui environ 250 genres et 3 000 espèces. On distingue trois ordres d'amphibiens : les *apodes* (cécilies), les *urodèles* (salamandres et tritons) et les *anoures* (grenouilles, crapauds et rainettes).

La taille. En majorité, la taille des différentes espèces d'amphibiens varie entre 8 et 20 cm, mais quelques-unes ne dépassent guère 1 cm, alors que la salamandre géante du Japon peut atteindre 1,50 mètre.

La peau. La peau des amphibiens est fine et richement vascularisée, permettant la réalisation d'échanges respiratoires indispensables à la survie de l'animal. De plus, elle contient de nombreuses glandes, parfois volumineuses comme les glandes parotoïdes des crapauds et des salamandres. Ces glandes sont formées de deux types de cellules : les cellules à mucus, dont les sécrétions permettent de maintenir l'humidité de la peau, et les cellules séreuses, qui produisent des venins. Chez l'adulte, les cellules superficielles de l'épiderme se renouvellent périodiquement : c'est la *mue.*

Respiration. Elle s'effectue au niveau de la peau (respiration cutanée), de la muqueuse de la bouche et du pharynx, des branchies (larves aquatiques) ou des poumons (adultes). La respiration cutanée peut devenir prédominante et assurer la totalité des échanges respiratoires. C'est le cas chez les pléthodontes (urodèles aquatiques d'Amérique et d'Europe), où les poumons sont absents chez l'adulte.

Reproduction. Chez la quasi-totalité des espèces, l'accouplement a lieu dans l'eau, le développement des œufs étant dépendant du milieu aquatique. Très rarement, il peut se produire à terre (crapaud accoucheur).

Chez les anoures, le mâle agrippe la femelle (accouplement appelé *amplexus*) et ensemence les œufs à leur sortie du cloaque : la fécondation est externe. Chez les urodèles, la femelle récupère par son cloaque les spermatozoïdes du mâle ; la fécondation est donc interne, mais sans accouplement. Les apodes sont les seuls représentants du groupe à posséder un organe copulateur. Les œufs, de petite taille, sont émis en petit nombre chez les apodes, en grand nombre chez les urodèles et en très grand nombre chez la majorité des anoures.

A

B

A. B. **RESPIRATION DES ANOURES**

Avec près de 2 600 espèces, les anoures forment l'ordre d'amphibiens le plus important. Leurs vertèbres possèdent un arc neural net et distinct. Chez les anoures, la vascularisation importante au niveau de la bouche permet une partie des échanges gazeux respiratoires : c'est la respiration bucco-pharyngée. Le renouvellement de l'air est assuré par les battements du plancher buccal, bien visibles (A, B) chez cette grenouille verte *(Rana esculenta).*

C

C. **MÉTAMORPHOSE**

L'œuf d'amphibien se développe généralement dans l'eau (sauf pour les espèces ovovivipares et quelques espèces à biologie exceptionnelle, comme des apodes qui pondent dans la terre humide). La larve (pour les urodèles) ou le têtard (pour les anoures) possèdent une respiration branchiale et sont pourvus d'organes de la ligne latérale, comme chez les poissons. Les branchies disparaissent ensuite (sauf chez certains urodèles) au cours de la métamorphose. Les poumons se développent alors. L'adulte possède une respiration aérienne et le fonctionnement physiologique d'un organisme terrestre.

D

D. **APODE**

Leur mode de vie fouisseur fait des apodes, ou gymnophiones, les amphibiens les plus mal connus. Totalement dépourvus de membres, ils possèdent un corps annelé et vermiforme, comme cette *Cecilia tentaculata.* Les yeux, ici très réduits, ont parfois disparu. Uniquement tropicaux, ils peuvent atteindre 1 m de long *(Ichtyophis glutinosus).* Ils possèdent un tentacule sensoriel inséré entre l'œil et la narine.

E. **ANATOMIE D'UN AMPHIBIEN**

Même si l'on considère aujourd'hui que les amphibiens forment un groupe hétérogène, les urodèles, comme cette salamandre, représentent la forme actuelle la plus généralisée : ils possèdent une queue (absente chez les anoures) et des membres bien développés (absents chez les apodes).

E

LES APODES

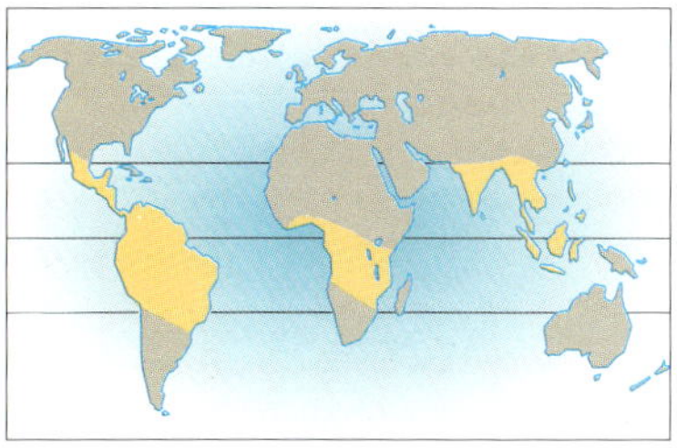

Répartition géographique. Limités aux régions tropicales et subtropicales humides, les apodes sont cependant inexistants à Madagascar et en Australie.

Classification. Les apodes, également appelés « gymnophiones », constituent un ordre d'amphibiens qui comprend une trentaine de genres et environ 200 espèces. On distingue trois familles : les *ichtyophiidés,* qui possèdent une queue, des écailles dermiques et dont les embryons développent trois paires de branchies ramifiées ; les *typhlonectidés,* qui ne possèdent ni queue ni écailles dermiques et dont les embryons développent de larges branchies externes lobées ; les *céciliidés,* qui possèdent des écailles dermiques, une queue peu marquée et dont les embryons passent souvent par un stade larvaire aquatique.

Morphologie et anatomie. Les apodes sont vermiformes et fouisseurs. Ils ne possèdent ni membres ni ceintures osseuses de membres. Leur queue est souvent très réduite, le cloaque débouche donc près de l'extrémité postérieure du corps. Leur taille varie, en fonction de l'espèce, de 6 à 150 cm. Leur squelette est massif et plus solide que celui des anoures et des urodèles. Le corps est bien marqué par des anneaux, qui trahissent le nombre élevé de vertèbres (parfois jusqu'à 300). Les yeux sont atrophiés et dissimulés sous la peau et même parfois sous les os du crâne. Entre l'œil et la narine, on peut trouver un petit tentacule sensoriel. Les apodes ne possèdent qu'un poumon bien développé (le droit), le poumon gauche étant atrophié.

L'appareil digestif des apodes est assez singulier et présente des différences notables par rapport aux autres amphibiens : l'œsophage est plus long et la bouche est ornée de dents insérées sur de nombreux os comme les mandibules, les prémaxillaires, les maxillaires et les vomers (os de la cloison des fosses nasales).

L'appareil auditif est dépourvu d'oreilles externe et moyenne, mais l'oreille interne est particulièrement bien développée.

Biologie et reproduction. Ces animaux au mode de vie essentiellement fouisseur vivent dans des galeries qu'ils creusent dans le sol ou sous la litière. Les apodes se nourrissent d'arthropodes, de vers de terre, d'amphibiens, et, exceptionnellement, de petits serpents fouisseurs (typhlops, leptotyphlops).

Chez les apodes, la fécondation est interne. Les mâles possèdent un organe copulateur érectile, pourvu de pointes, permettant de s'accrocher aux parois du cloaque de la femelle. Les apodes sont vivipares *(Cæcilia ochrocephala)* ou ovipares *(Ichtyophis glutinosus).* Les femelles possèdent généralement un cycle annuel. Certaines espèces vivipares (*Dermophis mexicanus,* par exemple) peuvent néanmoins présenter un cycle biennal. La taille des œufs varie de 4 mm *(Siphonops paulenis)* à 10 mm *(Siphonops annulatus)* et leur nombre, de 6 *(Idiocranium russelli)* à 40 *(Ichtyophis glutinosus).* Chez les espèces vivipares, les jeunes se répartissent sur toute la longueur de l'oviducte et se nourrissent d'un « lait utérin » composé d'huile et de fragments cellulaires. Ils possèdent des dents soudées, en forme de râpe. Cette denture est provisoire.

L'ÉVOLUTION DES AMPHIBIENS

Les amphibiens représentent les premiers vertébrés apparus sur la terre ferme. Ces pionniers vivant il y a 350 millions d'années (dévonien supérieur), comme le célèbre ichtyostéga, sont connus sous le nom de *stégocéphales.* Les paléontologues pensent cependant que les amphibiens actuels, malgré leur apparente uniformité, ne forment pas un groupe homogène, dérivé d'un même ancêtre. Les anoures seraient issus de stégocéphales labyrinthodontes et les apodes dériveraient de microsaures (petits stégocéphales du permien inférieur), les urodèles ayant une origine inconnue.

A

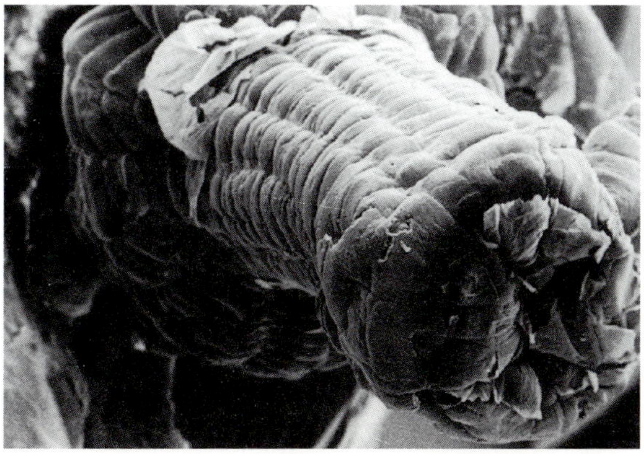

A. **APODES VIVIPARES**

Les typhlonectes sont des apodes aquatiques vivipares d'Amérique du Sud qui se nourrissent de poissons. La durée de la gestation est de 7 mois chez *Typhlonectes compressicaudus,* dont on voit ici un détail de l'organe copulateur du mâle en microscopie électronique à balayage. Elle est de 1 an chez *Dermophis mexicanus.* Le développement exceptionnel des branchies assure un contact étroit entre la femelle porteuse et ses embryons.

B

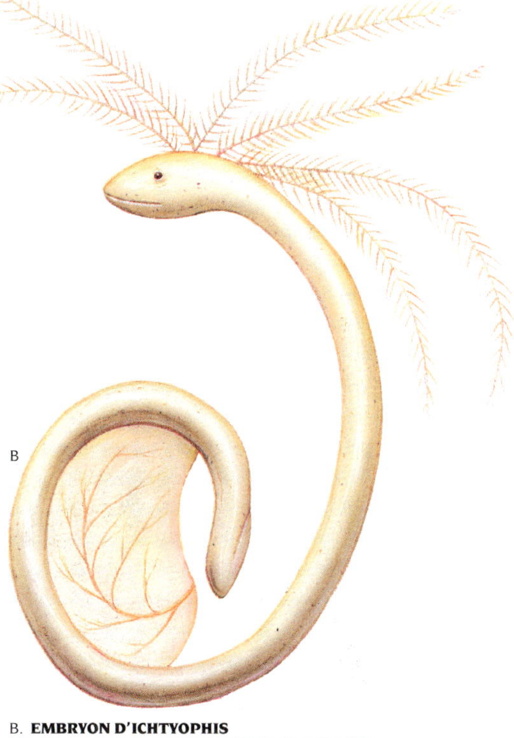

B. **EMBRYON D'ICHTYOPHIS**

Juste après la ponte, la masse de l'œuf (vitellus) d'*Ichtyophis glutinosus* renferme un minuscule embryon. À mesure que le vitellus utilisé diminue de volume, la larve, qui possède 3 paires de longues branchies externes ramifiées, se déplace dans l'œuf. À l'éclosion, la larve mesure 50 mm, les membres postérieurs n'ont pas encore complètement disparu, mais les branchies ont régressé.

C

C. **ICHTYOPHIS**

Cet *Ichtyophis glutinosus,* dont le corps a un diamètre de 1,6 cm, habite l'Asie continentale et insulaire. Les femelles sont ovipares : elles pondent de 10 à 24 œufs ellipsoïdaux, riches en substances (vitellus). Réunis les uns aux autres par une structure élastique, ils forment un cordon autour duquel la femelle s'enroule pour les protéger. La période de reproduction s'étend de mars à septembre. La femelle pond ses œufs dans un terrier proche de l'eau. À l'éclosion, les jeunes mesurent 8 cm de long. Leurs membres postérieurs n'ont pas encore complètement disparu. Le jeune constitue alors une larve qui se rend jusqu'à l'eau, où elle termine son développement. La respiration, branchiale dans l'œuf, devient cutanée et pulmonaire chez la larve aquatique.

LES URODÈLES

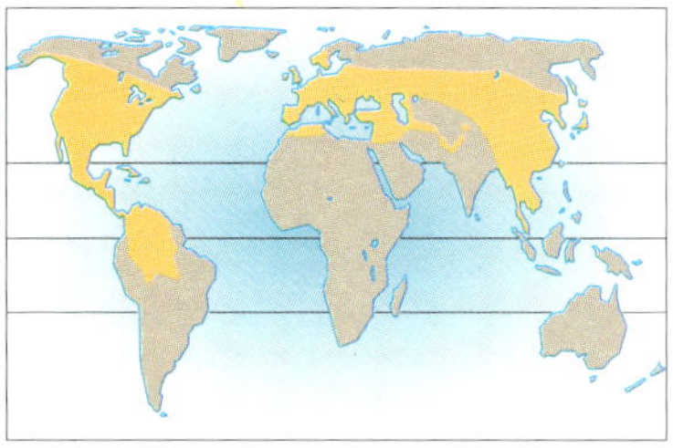

Répartition géographique. Limités à l'hémisphère Nord, les urodèles se rencontrent en Europe, Asie, Amérique et au nord-ouest de l'Afrique. La plupart des espèces habitent cependant l'Amérique du Nord et l'Asie centro-septentrionale.

Classification. L'ordre des urodèles comprend 8 familles, 50 genres et quelque 300 espèces. Selon le mode de reproduction, on distingue généralement les urodèles primitifs : hynobiidés et cryptobranchidés, réunis sous le terme de *cryptobranches,* chez qui la fécondation est externe, et les urodèles supérieurs : *sirénidés* d'une part et protéidés, salamandridés, amphiumidés, ambystomatidés et pléthodontidés d'autre part, que l'on regroupe sous le terme de *salamandroïdés,* chez qui la fécondation est interne.

Anatomie. Les urodèles sont des amphibiens qui se caractérisent par la forme allongée de leur corps terminé par une queue, conservée après la métamorphose (urodèle signifie « possédant une queue »). Leur tête est bien distincte du tronc et leur silhouette générale rappelle celle des lézards. On distingue généralement sous les termes de tritons et de salamandres les formes aquatiques et les formes terrestres. Cependant, cette distinction pratique n'a aucune valeur systématique réelle.

Les urodèles sont très dépendants du milieu aquatique ou d'un environnement humide. Leur taille peut varier de 4 cm (bolitoglosse *Parvimolge townsendi*) à 1,50 m (cryptobranche *Andrias japonicus* : salamandre géante du Japon).

Les pattes antérieures se terminent par quatre doigts et les postérieures par cinq. Ces dernières peuvent être réduites (protée) ou totalement absentes chez les sirénidés (*Siren lacertina* ne possède que les membres antérieurs).

Tous les urodèles montrent une grande faculté de régénération concernant toutes les parties non vitales de leur organisme (c'est-à-dire les pattes et la queue).

Alimentation. Les amphibiens sont carnivores. Les larves d'urodèles se nourrissent généralement d'insectes et de leurs larves (chironomes, par exemple) ; les adultes consomment indifféremment des vers, des mollusques, des arthropodes... Les tritons peuvent être cannibales envers leurs larves.

Mode de vie. Les urodèles sont généralement aquatiques à l'état larvaire et terrestres (salamandres) ou aquatiques (tritons) à l'état adulte. On les trouve, à l'intérieur de leur aire de répartition, dans des lieux humides et tempérés (10 °C – 20 °C maximum).

Certaines espèces sont devenues hôtes des cavernes (*Proteus anguineus,* par exemple), d'autres colonisent des plantes épiphytes *(Bolitoglossa arborescandens).* La plupart des espèces hivernent pendant la saison froide.

Reproduction. Les urodèles pondent des œufs (une seule espèce, *Salamandra atra,* est ovovivipare : la femelle ne pond pas ses œufs, qui se développent dans son utérus jusqu'à la métamorphose). Chez les urodèles supérieurs, la fécondation est interne, mais sans accouplement, et se déroule généralement dans l'eau : le mâle émet ses spermatozoïdes regroupés dans une masse gélatineuse (le spermatophore) que la femelle recueille avec les lèvres de son cloaque. La larve possède des branchies externes qui disparaissent à la fin de la métamorphose.

A

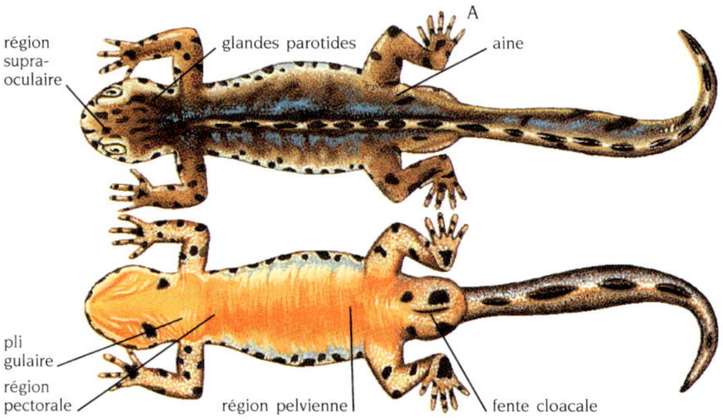

A. **MORPHOLOGIE D'UN TRITON**

Les urodèles du groupe des salamandroïdés sont morphologiquement assez homogènes. Ce triton alpestre *(Triturus alpestris),* présenté en vue dorsale et en vue ventrale, est un mâle en parure nuptiale : les couleurs de son dos et de ses flancs sont plus vives que celles de la femelle et il porte une fine crête dorsale.

B

B. **LARVE « ADULTE » D'AXOLOTL**

L'axolotl *(Ambystoma mexicanum)* est un urodèle qui ne quitte pas le stade larvaire. Il est capable de se reproduire (donc adulte) alors qu'il n'est pas métamorphosé (il possède toujours ses branchies externes). Ce phénomène est appelé *néoténie.* On connaît d'autres urodèles néoténiques (protées et nectures).

C

C. **LARVE DANS SON ŒUF**

Cette larve de triton palmé *(Triturus helveticus),* comme celle des autres urodèles, ressemble à l'adulte, mais possède trois houppes de branchies externes. Contrairement aux têtards d'anoures, les pattes antérieures apparaissent en premier. L'éclosion se produit 3 à 4 semaines après la ponte et la métamorphose, qui consiste simplement en la perte des branchies, a lieu dans l'eau après 5 ou 6 mois.

D

D. **SALAMANDRE TACHETÉE**

La femelle de salamandre tachetée *(Salamandra salamandra)* est ovovivipare : elle libère dans l'eau de 10 à 35 larves bien développées (parfois 70), d'environ 3 cm de long. Après la perte des branchies (métamorphose), la salamandre vit à terre. Le dessin jaune et noir que l'adulte porte sur son dos ne varie pas et représente sa « carte d'identité ». Elle habite presque toute l'Europe. Cette salamandre peut atteindre une trentaine de centimètres et vivre 25 ans. Son activité est crépusculaire ou nocturne. On la trouve entre 700 et 1 000 m d'altitude.

E

E. **MUE**

La peau des amphibiens est nue, molle et perméable. L'épiderme est mince (trois à quatre couches de cellules) et sa couche superficielle tombe régulièrement en lambeaux (tous les mois environ). Chez les urodèles, la peau se décolle tout d'abord autour de la bouche, et se retourne comme un gant : ce triton crêté *(Triturus cristatus)* est en train de manger cette « exuvie ». C'est la glande thyroïde qui, sous contrôle nerveux central, commande la mue.

SALAMANDRES D'ASIE...

LES CRYPTOBRANCHES

■ CES URODÈLES PRIMITIFS possèdent une mâchoire inférieure aux os soudés (ils le sont chez les autres urodèles). La fécondation est toujours externe et la ponte permet de distinguer deux groupes. Les *hynobiidés* rejettent dans l'eau leurs œufs réunis en un paquet. Chez les *cryptobranchidés,* ils sont réunis en cordons.

Les salamandres terrestres d'Asie. Dans ce groupe (hynobiidés) comprenant 5 genres, les individus adultes ne possèdent plus de caractères larvaires : la métamorphose est complète. Les hynobiidés habitent généralement les zones montagneuses, où ils peuvent vivre jusqu'à 4 000 m d'altitude.

Le genre *Hynobius,* le plus cosmopolite, se rencontre fréquemment en plaine. Les espèces du genre *Batrachuperus* ne possèdent que quatre doigts aux pattes postérieures. Enfin, le genre *Pachypalaminus* est représenté par une seule espèce, strictement japonaise.

Les salamandres géantes. Les représentants de ce groupe (cryptobranchidés) gardent toute leur vie une organisation larvaire : leur métamorphose n'est que partielle. On les trouve en Asie (genre *Andrias*) et aux États-Unis (genre *Cryptobranchus*). Les femelles peuvent pondre jusqu'à 600 œufs que le mâle surveille pendant dix à douze semaines, jusqu'à l'éclosion.

PROTÉES, TRITONS, SALAMANDRES...

SALAMANDROÏDÉS ET SIRÉNIDÉS

■ CES URODÈLES se reproduisent par fécondation interne (sans copulation). On distingue 6 familles, dont les sirénidés qui constituent un groupe bien à part. Les représentants de la famille des sirénidés possèdent des branchies, un corps serpentiforme, de minuscules yeux et une seule paire de membres (petites pattes antérieures). Il en existe deux genres, *Siren* et *Pseudobranchus,* américains. Les 5 autres familles sont réunies sous le nom de salamandroïdés.

Les protées (protéidés). Les protées ne possèdent que deux doigts aux membres postérieurs. Ce sont généralement des animaux des cavernes, à la peau blanchâtre. Adultes, ils possèdent à la fois des poumons et des branchies. On les rencontre en Europe (genre *Proteus*) et en Amérique (genre *Nectarus*).

Tritons et salamandres (salamandridés). Le corps est peu allongé. Son allure générale est celle d'un lézard. La queue est arrondie chez les salamandres, aplatie chez les tritons. La peau, rugueuse ou lisse, n'est jamais visqueuse. Tous les individus possèdent des poumons à l'état adulte. On connaît quinze genres de salamandridés. Les tritons sont représentés en Europe par les genres *Triturus, Chioglossa, Euproctes ;* en Asie par le genre *Tylotriton* et en Amérique par le genre *Notophtalmus.* Les adultes sont aquatiques, mais hivernent à terre sous des souches. Les salamandres sont représentées en Europe par les genres *Salamandra, Mertensiella* et *Salamandrina.* Les pleurodèles (genre *Pleurodeles,* voisin des tritons), contrairement aux autres membres de la famille, sont exclusivement aquatiques. Ils sont très répandus en Espagne et en Afrique du Nord.

Les amphiumes (amphiumidés). Ces urodèles sans langue (genre *Amphiuma*) vivent aux États-Unis. Leur corps anguilliforme peut atteindre 1,20 m. Les pattes, rudimentaires, possèdent peu de doigts (1, 2 ou 3). Les amphiumes sont des animaux aquatiques, nocturnes, possédant des poumons. Les femelles « couvent » leurs œufs jusqu'à l'éclosion.

Les ambystomes (ambystomatidés). Tous les ambystomes sont terrestres et possèdent des poumons, excepté l'axolotl *(Ambystoma mexicanum),* qui reste toute sa vie à l'état larvaire.

Les pléthodontes (pléthodontidés). Ils ne possèdent ni poumons, ni branchies. Ils respirent par la peau. Avec 23 genres et 180 espèces, ils représentent le groupe d'urodèles le plus riche en espèces. Généralement terrestres et extrêmement vifs, ces animaux sont de petite taille (maximum 20 cm). On les rencontre en Amérique *(Desmognathus, Plethodon, Batrachoseps, Typhlomolge...)* et en Europe *(Hydromantes).*

QUATRE ANS DANS LE VENTRE DE SA MÈRE

Les amphibiens pondent généralement des œufs (ovipares). On connaît cependant une espèce de salamandre, la salamandre noire *(Salamandra atra),* qui est vivipare. Cette adaptation lui permet de vivre dans des climats rudes jusqu'à 2 000 m d'altitude. La reproduction a lieu en été. Tous les œufs (une trentaine) sont fécondés, mais seulement trois ou quatre atteindront un développement complet. L'œuf se développe dans l'utérus. Lorsque la larve éclot, elle se nourrit dans l'utérus de vitellus et des autres œufs non éclos. Au terme de la deuxième année, la larve a acquis des branchies externes qui lui servent à absorber des produits nutritifs sécrétés par l'utérus. Après 3 ou 4 ans passés « au chaud » dans l'utérus, la mère expulse de petits adultes de 5 cm. La rigueur du climat fait que la croissance s'arrête pendant environ 7 mois tous les ans.

A

A. **TRITONS DES PYRÉNÉES**

L'euprocte des Pyrénées *(Euproctus asper)* vit dans l'eau glacée. On le trouve toujours entre 1 000 et 2 500 m d'altitude. Lors de l'accouplement, le mâle (en bas sur la photo) étreint la femelle à l'aide de sa queue de telle sorte que les deux cloaques entrent en contact. Le cloaque du mâle forme un mamelon hémisphérique qui s'adapte sur celui, conique, de la femelle (il n'y a pas de pénétration). La femelle, plus grande que le mâle, fixe ensuite ses œufs dans l'eau. Les larves se métamorphosent (perte des branchies) après 15 mois de vie aquatique.

B

B. **RESPIRER SANS POUMONS**

Les pléthodontidés sont des urodèles sans poumons, couramment dénommés « salamandres des bois ». La respiration se fait directement à travers la peau. Ce pléthodonte *(Pseudotritus ruber),* comme les autres individus de ce groupe, est strictement terrestre. Il craint le soleil et vit en milieu très humide. La reproduction a lieu à terre. Les nids sont cachés dans des cavités du sol, des troncs pourris ou autres anfractuosités humides.

C

C. **LANGUE PIÈGE**

La langue des urodèles sécrète un mucus abondant et visqueux qui permet de coller fortement le premier insecte venu. Elle peut être projetée très loin, comme chez cet *Hydromantes,* grâce à la contraction de deux muscles (subhyoïdiens). Elle est ramenée aussi rapidement par la contraction de muscles antagonistes (hyoïdiens). Ce dardé de langue, qui se déroule en 1/4 de seconde chez les anoures, dure moins de 1/10 de seconde chez l'hydromante et peut, chez certaines salamandres *(Bolitoglossa occidentalis),* ne durer que 1/100 de seconde !

D

D. **SALAMANDRE GÉANTE DU JAPON**

Andrias japonicus est un urodèle primitif (cryptobranche). Cet animal vit en permanence dans les torrents de l'île de Hondo (Japon), à des altitudes comprises entre 200 et 1 000 m. La salamandre géante du Japon mesure 1,50 m et pèse entre 40 et 45 kilos, sa longévité est supérieure à 55 ans.

LES ANOURES

Crapauds, grenouilles et rainettes, les anoures sont des amphibiens qui, à l'état adulte, ne possèdent pas de queue. Leur taille varie de moins de 2 cm *(Sminthillus limbatus)* à 30 cm *(Rana goliath)*. Leurs membres postérieurs sont très développés, adaptés au saut et d'une longueur dépassant souvent celle du corps de l'animal.

Le corps est ramassé et trapu, la tête, aplatie et courte. La bouche est largement fendue et on ne distingue pas de cou. Lors de la mue, la peau se détache toujours à partir du dos, et non de la bouche comme chez les urodèles (tritons et salamandres).

Les larves, appelées têtards, mènent une existence aquatique. Contrairement aux adultes, les têtards possèdent une longue queue qui régresse au cours de leur métamorphose.

Répartition géographique. Extrêmement cosmopolites, présents du niveau de la mer jusqu'à 4 000 m d'altitude, les anoures sont néanmoins rares en Nouvelle-Zélande et sur la plupart des îles du Pacifique.

Classification. L'ordre des anoures comprend une vingtaine de familles (dont 5 représentées en Europe), avec environ 2 600 espèces. Les animaux sont classés en fonction de la conformation de leurs vertèbres et des ceintures osseuses pectorale et pelvienne, ainsi que selon l'absence ou la présence de langue (aglosses et phanéroglosses). Les anoures sont présentés ici selon des critères de morphologie et de mode de vie qui les répartissent en trois grands groupes : les crapauds (anoures à peau verruqueuse), les grenouilles (anoures à peau lisse) et les rainettes (anoures arboricoles aux doigts adhésifs). Cette classification arbitraire ne recouvre que partiellement les autres classifications (phylogénétique notamment), mais permet une approche simple des anoures.

Respiration. Chez les larves, les échanges respiratoires se font par les branchies et à travers la peau. Chez les adultes, il y a coexistence de trois modes de respiration.

La respiration pulmonée, peu efficace, est assurée par des poumons rudimentaires aux parois très fines. L'air pénètre dans la bouche par les narines. Le plancher buccal se soulève et pousse l'air dans les poumons.

La respiration cutanée est très importante. Les échanges respiratoires se font directement à travers la peau.

La respiration bucco-pharyngée est assurée par l'élévation et l'abaissement rapide du plancher buccal et de la gorge. Ces mouvements rythmiques peuvent être très rapides (140 par minute chez la grenouille verte). Ils permettent de mettre en contact une grande quantité d'air avec la muqueuse buccale, très vascularisée, où ont lieu les échanges gazeux.

Mode de vie. Les anoures peuvent être complètement aquatiques (xénope), amphibies (grenouille verte), terrestres (crapaud accoucheur) ou arboricoles (rainettes).

Ces animaux sont souvent actifs la nuit, profitant de l'humidité nocturne. Tous les anoures sont carnassiers à l'état adulte. Leur nourriture se compose d'insectes, d'araignées, de myriapodes, de crustacés et de mollusques. Le crapaud américain *(Bufo marinus)* peut même manger de petits rongeurs.

Reproduction. La fécondation est toujours externe. Les œufs sont pondus en cordons (crapaud commun) ou en paquet (grenouille agile). Il existe de nombreux cas où les parents prennent soin de leurs œufs. Ainsi, chez la rainette de Göldi *(Fritziana goeldii)*, la femelle porte les œufs sur son dos jusqu'à l'éclosion. À de rares exceptions près, celle-ci se déroule toujours dans le milieu aquatique.

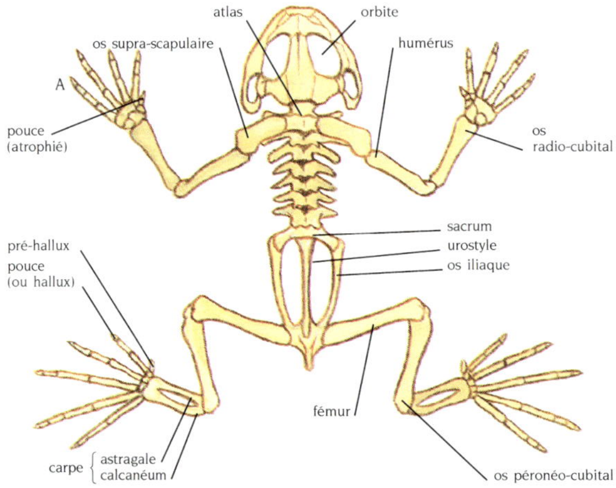

A. **SQUELETTE D'ANOURE**

L'allure générale du squelette des anoures est massive (ici un crapaud en vue dorsale). Le crâne est constitué d'un nombre réduit de pièces osseuses (la majorité des pièces est cartilagineuse). La colonne vertébrale comporte au plus 10 vertèbres. Les côtes sont quasiment absentes. La forme allongée des membres postérieurs traduit une adaptation au saut.

B

B. **CHANT**

Les mâles possèdent un organe vocal. L'air chassé des poumons fait vibrer les cordes vocales. Le son produit est renforcé par des résonateurs : les sacs vocaux. Il peut s'agir d'un sac unique, très développé, situé sous la gorge comme chez cette rainette mâle *(Hyla arborea)*. Les sacs peuvent également être réduits, pairs et sous la gorge (grenouille rousse) ou encore derrière les mâchoires (grenouille verte). Beaucoup d'anoures n'en possèdent pas (crapaud commun, grenouille agile...). Ils chantent, mais leur cri est faible.

C. **CLASSIFICATION DES ANOURES**

	Sous-ordre	Famille	Type
aglosses (sans langue)		pididés	crapauds
phanéroglosses (avec une langue)	amphicoeles	léiopelmatidés	grenouilles
	anomocoeles	pélobatidés	crapauds
		pélodytidés	crapauds
	opisthocoeles	discoglossidés	crapauds
		rhinophrynidés	crapauds
	diplasiocoeles	ranidés	grenouilles vraies
		rhacophoridés	grenouilles et rainettes
		microhylidés	rainettes et grenouilles
	procoeles	pseudidés	grenouilles
		bufonidés	crapauds vrais
		hylidés	rainettes
		leptodactylidés	crapauds
		centrolénidés	rainettes

C. **CLASSIFICATION**

Chez les anoures, on distingue les individus dont les vertèbres sont concaves à l'avant et à l'arrière (amphicoeles), ceux chez qui elles sont concaves à l'avant (procoeles) et ceux chez qui elles sont concaves à l'arrière (opisthocoeles). Il existe des types intermédiaires : les anomocoeles (concavité non régulière) et les diplasiocoeles (les 7 premières vertèbres sont procoeles, la huitième est amphicoeles). Pour chaque catégorie, on a indiqué les familles et le type (crapauds, grenouilles ou rainettes).

D

D. **VENIN ET PAROTOÏDES**

La peau des anoures recèle souvent des glandes venimeuses. Celles-ci peuvent être visibles et regroupées derrière l'œil (glandes parotoïdes), comme chez ce crapaud géant d'Amérique *(Bufo marinus)*, ou bien plus discrètes et cependant recouvrir toute la surface du corps, comme chez les grenouilles des fraises *(Dendrobates pumilio)* dont la grande toxicité du venin est utilisée par les Indiens d'Amérique centrale pour empoisonner leurs flèches.

LES CRAPAUDS

BUFONIDÉS ET FAMILLES PROCHES

■ DANS LE LANGAGE COURANT, le terme de crapaud recouvre un ensemble d'espèces qui ne sont pas forcément rapprochées par les zoologistes. En général, on désigne par crapauds les anoures qui possèdent une peau verruqueuse avec des glandes à venin bien développées. De mœurs terrestres, ils sont plus adaptés à la marche qu'au saut. Les éléments osseux qui composent la ceinture pectorale se recouvrent souvent ventralement (disposition arcifère).

Les bufonidés. Ce sont les crapauds au sens strict du terme (« crapauds vrais »). Il en existe plus de 250 espèces de répartition mondiale à l'exception de Madagascar et de l'Australie. Le genre le plus répandu est *Bufo* (près de 200 espèces). Il comporte notamment le crapaud commun *(Bufo bufo)*, très fréquent en Europe. Sa longévité (36 ans) est exceptionnelle. Les bufonidés sont terrestres, mais la reproduction a lieu dans les eaux stagnantes. Le mâle étreint la femelle au niveau des aisselles (amplexus axillaire) ; les œufs, petits et nombreux, sont pondus en cordons. Le crapaud vivipare *(Nectophrynoides occidentalis)* appartient à cette famille.

On rapproche des bufonidés la famille des *leptodactylidés* (Amérique, Australie et Nouvelle-Guinée), dont les représentants possèdent également des vertèbres « procoeles », mais pondent leurs œufs en paquets.

Les discoglossidés. Cette famille ne comporte que quatre genres. On ne connaît aucun représentant en Amérique. Les vertèbres de ces crapauds sont concaves vers l'arrière (opisthocoeles). La langue est complètement attachée au plancher de la bouche et très peu mobile. Le crapaud accoucheur *(Alytes obstetricans)* ou le sonneur à ventre jaune *(Bombina variegata)* appartiennent à cette famille.

On rapproche des discoglossidés la famille des *rhynophridés* (crapauds du Mexique et du Guatemala, dont la langue, mobile, n'est pas attachée au plancher de la bouche).

Les pélobatidés. Ils sont très répandus dans tout l'hémisphère boréal, dans l'archipel indomalais et les îles Seychelles. Ces anoures sont totalement dépourvus de côtes. Le pélobate brun *(Pelobates fuscus)* se rencontre dans presque toute l'Europe. Les pieds-en-bêche (genre *Scaphiopus*) d'Amérique du Nord sont très proches des pélobates européens.

On rapproche des pélobatidés la famille des *pélodytidés.* D'aspect plus fin que les pélobates, les pélodytes ne possèdent pas d'excroissance sur leurs métatarses.

Les pipidés. Ce sont des crapauds aquatiques. Ils ne possèdent ni langue (aglosses) ni paupières. Contrairement aux autres crapauds, les éléments de leur ceinture pectorale ne se recouvrent pas. D'allure généralement aplatie, les représentants typiques de cette famille sont le xénope *(Xenopus laevis)*, que l'on trouve en Afrique, et le pipa *(Pipa pipa)*, américain.

CRAPAUD EN GESTATION

Le mode de reproduction vivipare (développement des œufs dans l'organisme maternel) est extrêmement rare chez les amphibiens. Un crapaud africain *(Nectophrynoides occidentalis)* constitue une de ces exceptions. Ce crapaud d'une taille moyenne de 3 cm vit dans les prairies des monts Nimba (Guinée). L'accouplement a lieu à terre. La femelle garde ses embryons (de 2 à 16) dans l'utérus pendant 9 mois ! À terme, elle expulse des crapauds parfaitement formés qui se sont nourris dans l'utérus de produits sécrétés par la mère. Cette adaptation très exceptionnelle explique la résistance de cette espèce, malgré des conditions climatiques très dures qui seraient fatales à des têtards aquatiques.

A

A. **PONTE ET ACCOUPLEMENT**

Lors de l'accouplement, le crapaud saisit la femelle à l'aide de ses pattes antérieures (amplexus). Il peut la saisir sous les aisselles (amplexus axillaire), comme chez ces crapauds communs *(Bufo bufo)*, ou au niveau du bassin (amplexus lombaire), comme chez les xénopes *(Xenopus leavis)*. Chez le crapaud commun, la femelle émet ses œufs en chapelet. À leur sortie du cloaque, ils sont arrosés par le sperme que le mâle émet directement dans le milieu aquatique.

B

B. **L'ÉTREINTE DU CRAPAUD**

Certains caractères apparaissent de manière saisonnière, au moment des amours, et permettent de différencier les mâles des femelles. Ces modifications ont surtout trait à la peau. Les verrues, coussinets ou bourrelets copulateurs qui apparaissent sur les mains, les avant-bras, les pieds et la poitrine des mâles sont très fréquents. Leur netteté traduit la teneur en hormones sexuelles de l'organisme. Ces callosités nuptiales assurent la prise du mâle sur le corps glissant de la femelle. Sur cette photo, on peut observer les bourrelets copulateurs particulièrement développés chez un mâle de grenouille verte *(Rana esculenta)*.

C

C. **CRAPAUD GÉANT**

Originaire d'Amérique du Sud, le crapaud géant *(Bufo marinus)* fut introduit aux États-Unis et en Australie notamment pour la lutte contre les insectes, mais aussi contre les rongeurs ! Sa taille peut atteindre 25 cm. Nocturne et très vorace, il se nourrit aussi d'amphibiens, de reptiles et d'oiseaux. C'est un crapaud très résistant, dont les têtards supportent des eaux à 40 °C très pauvres en oxygène.

D

D. **SOINS DES ŒUFS**

Les crapauds accoucheurs (*Alytes obstetricans* en Europe de l'Ouest et *Alytes cisternasii* dans la péninsule Ibérique) sont des animaux nocturnes. Ils se reproduisent à terre. Le mâle, grimpé sur la femelle, féconde les œufs (une centaine) en les aspergeant d'un mélange de sperme et d'urine. Puis il enroule les cordons d'œufs fécondés autour de ses pattes postérieures. Il prendra soin de ces œufs pendant trois semaines avant de les porter à une mare où, au contact de l'eau, les têtards écloront.

E

E. **XÉNOPE**

Crapaud griffu, dactylèthre ou xénope sont autant de noms pour désigner cet animal original *(Xenopus laevis)*. Ce crapaud africain, à la peau lisse, vit continuellement dans l'eau. L'adulte fréquente la surface pour renouveler l'air de ses poumons. Il appartient à la famille des pipidés et ne possède donc pas de langue. Les femelles, très prolifiques, pondent entre 10 000 et 15 000 œufs par an. Les têtards, surnommés têtards de verre, sont transparents : tous leurs organes internes (cœur, cerveau...) sont visibles de l'extérieur.

LES ANOURES

GRENOUILLES ET RAINETTES

RANIDÉS, HYLIDÉS ET FAMILLES PROCHES

■ AU SENS STRICT, les termes grenouilles et rainettes désignent deux familles bien précises : les ranidés et les hylidés. Cependant, dans le langage courant, on appelle grenouilles les anoures dont la peau n'est pas verruqueuse et dont le mode de vie est plutôt amphibie et rainettes ceux – également à peau lisse – dont les doigts sont terminés par des disques adhésifs et dont les mœurs sont généralement arboricoles. Les éléments osseux qui composent leur ceinture pectorale ne se recouvrent pas (disposition firmisterne). Les familles regroupées sous ces types « grenouilles » et « rainettes » présentent des différences notables.

Les ranidés. Ce sont les grenouilles vraies. Chez elles, la 8e vertèbre (présacrée) est concave des deux côtés, tandis que les précédentes ne le sont qu'à l'avant (diplasiocoeles). Les représentants du genre *Arthroleptis* possèdent une pupille horizontale et ne se rencontrent qu'en Afrique. Le genre *Rana* rassemble les grenouilles vertes et les grenouilles rousses. La peau des grenouilles velues (genre *Trichobatrachus,* par exemple) forme de fins et longs replis, simulant des poils, qui augmentent la surface pour les échanges respiratoires.

C'est dans la famille des ranidés que l'on trouve les « grenouilles tueuses » : les dendrobates et les phyllobates. Ces petites grenouilles américaines à l'allure de rainettes et aux vives couleurs sécrètent des toxines dont les Indiens enduisent leurs flèches pour paralyser le gibier.

Les hylidés. Ce sont les rainettes vraies. Elles sont répandues dans le monde entier sauf en Afrique australe et tropicale, à Madagascar et dans l'Indo-Malaisie. Leurs vertèbres sont concaves à l'avant (procoeles). Cette famille comprend environ 450 espèces dont 300 appartiennent au genre *Hyla.* La coloration, à dominante verte et jaune, est uniforme ou marbrée et souvent très brillante. Le développement des têtards peut avoir lieu sur le dos de la femelle *(Gastrotheca)* ou dans des points d'eau comme pour la rainette verte *(Hyla arborea),* commune en Europe. On rapproche des hylidés la famille des *centrolénidés,* rainettes d'Amérique du Sud à peau presque transparente.

Les rhacophoridés. Les représentants de cette famille ont des vertèbres diplasiocoeles. Ils sont magnifiquement colorés et répandus en Afrique et en Asie. Leurs doigts se terminent par des coussinets adhésifs. Les femelles forment des nids d'écume. On les rattache parfois aux rainettes vraies (hylidés). *Rhacophorus reinwardtl,* la « rainette volante » des îles de la Sonde, mesure 8 cm et est capable de planer d'arbre en arbre grâce à ses doigts largement palmés.

Les microhylidés et les pseudidés. Les microhylidés possèdent des vertèbres diplasiocoeles. Ils habitent les régions tropicales de tous les continents. Presque tous sont fouisseurs et se nourrissent de termites et de fourmis. Les animaux du genre *Breviceps* sont devenus totalement indépendants du milieu aquatique.

Les pseudidés possèdent des vertèbres procoeles. C'est un petit groupe confiné en Amérique du Sud. Ils sont fortement adaptés à la vie aquatique. Leur pouce est opposable aux autres doigts. La grenouille paradoxale *(Pseudis paradoxa)* possède des têtards de 25 cm alors que l'adulte ne mesure que 7 centimètres !

A

A. **GRENOUILLE TAUREAU**

Originaire d'Amérique du Nord, cette grenouille *(Rana catesbelana)* a été introduite à Hawaii, à Cuba, au Mexique et même en Italie où, avec des femelles atteignant 20 cm de longueur, elle menace de supplanter les autres espèces autochtones. La période de reproduction s'échelonne entre mars et août. La femelle pond jusqu'à vingt mille œufs en une seule fois ! Les œufs, comme ceux de la majorité des grenouilles, sont disposés en une masse unique attachée aux plantes aquatiques.

B

B. **NIDS DANS LES ARBRES**

À l'époque de la reproduction, les grenouilles femelles de la famille des rhacophoridés (ici, *Rhacophorus omeimontis*) émettent une substance fluide qu'elles émulsionnent à l'aide de leurs pattes postérieures pour former un nid d'écume. Les œufs sont pondus dans ce nid, généralement situé dans une feuille au-dessus de l'eau. Au bout de 6 à 10 jours, les têtards éclosent et tombent dans l'eau, où ils terminent leur métamorphose.

C

C. **COULEUR ET VENIN**

Cette rainette aux yeux rouges d'Amérique du Sud, *Agalychnis callidryas,* possède une coloration vive qui repousse les éventuels prédateurs. Les grenouilles des fraises *(Dendrobates pumillo)* possèdent également des couleurs très vives, dues à des cellules pigmentées (les chromatophores) qui se concentrent juste sous l'épiderme. Ces couleurs d'avertissement signalent généralement l'extrême toxicité de celui qui les arbore.

D

D. **RAINETTE VERTE**

Habitant l'Eurasie, la basse Égypte, les îles méditerranéennes, l'île de Madère et les îles Canaries, cette rainette verte *(Hyla arborea)* a les doigts terminés par des disques adhésifs, caractéristiques de son groupe.

RÉSISTER AU GEL

La température interne des grenouilles varie avec celle du milieu. Lorsque la température externe descend en dessous de 0 °C, l'animal risque de geler, ce qui entraînerait sa mort. La grenouille des bois *(Rana sylvatica)* protège ses organes vitaux et évite cette issue fatale grâce un mécanisme tout à fait exceptionnel. Les cellules de son corps perdent leur eau : la glace se forme alors à l'extérieur des cellules et ne les fait pas éclater. De plus, tous les organes vitaux s'entourent de sucre, ce qui abaisse considérablement le point de congélation. L'animal peut ainsi survivre à deux semaines de congélation continue !

E

E. **DES PETITS SUR LE DOS**

Cette rainette marsupiale d'Amérique du Sud *(Gastrotheca ovifera)* incube ses œufs (une centaine) dans une poche spéciale (le *marsupium*) située sur son dos. Lors de l'accouplement, le mâle, après avoir fécondé les œufs qui sortent du cloaque de la femelle, les pousse dans le marsupium. Trois mois plus tard, les têtards sont prêts à éclore, la femelle libère alors ses petits dans une mare.

PRÉSENTATION DES REPTILES

Les reptiles se caractérisent par leur peau sèche, sans glandes et recouverte d'écailles souvent doublées d'os. On connaît 6 000 espèces actuelles, aux formes aussi différentes que les lézards, les serpents, les tortues, les crocodiles ou l'étrange sphénodon.

Répartition géographique. On rencontre les reptiles surtout dans les pays chauds, mais de nombreuses espèces s'adaptent aux climats tempérés et certaines (lézard vivipare et vipère péliade) parviennent à vivre près du cercle polaire, en Scandinavie.

La taille. Les espèces actuelles sont, en majorité, petites ou de taille moyenne. Les lézards mesurent en moyenne 30 cm, les serpents 1 m, les crocodiles 3 m et les tortues 25 cm. Les extrêmes sont atteints par le python réticulé *(Python reticulatus),* long de 10 m, et par un lézard africain *(Saurodactylus)* qui, à l'état adulte, mesure 4 cm et pèse 2 grammes !

Reproduction. Les reptiles possèdent en général un organe copulateur érectile. La fécondation est toujours interne. Du point de vue de l'évolution, ce sont les premiers vertébrés terrestres véritablement affranchis du milieu aquatique : contrairement aux amphibiens, leur développement complet s'effectue dans un œuf empli de réserves. Peu sensible à la sécheresse grâce à une poche remplie d'eau, l'*amnios,* cet œuf protège l'embryon. Les œufs à coquille peuvent être pondus à terre (oviparité), ou conservés dans le sein maternel jusqu'au terme du développement de l'embryon (ovoviviparité). Dès la naissance, les petits sont autonomes et ressemblent aux adultes.

Le squelette. Les membres, habituellement au nombre de 4, se terminent par 5 doigts armés de griffes. Chez certaines espèces (seps), les membres sont réduits à une seule paire, chez d'autres (serpents, lézards apodes), ils sont totalement absents. Le crâne, très mobile, présente un seul condyle occipital (articulation sur la colonne vertébrale), au lieu de 2 chez les amphibiens et les mammifères.

Les particularités anatomiques. Les reptiles possèdent un palais secondaire qui leur permet de respirer en mastiquant. La séparation des sangs veineux et artériel, meilleure que chez les amphibiens, n'est parfaite que chez les crocodiles qui, comme les mammifères, possèdent un cœur avec 2 oreillettes et 2 ventricules séparés.

Évolution du cerveau reptilien. L'encéphale des reptiles est proportionnellement plus développé que celui des amphibiens. La partie antérieure du cerveau (télencéphale) prend de l'importance. Cette orientation permet d'envisager le cerveau de type reptilien comme une forme intermédiaire ayant pu évoluer vers celui du type oiseau (encéphale au cervelet développé) ou du type mammifère (télencéphale très développé).

Peau et mue. Comme chez les amphibiens, la couche superficielle de l'épiderme des reptiles s'élimine périodiquement : c'est la mue. Chez les serpents, la mue est totale et d'un seul tenant. L'animal perd sa peau comme on enlèverait un gant. Chez les lézards, la peau morte (exuvie) tombe en lambeaux durant plusieurs jours. Les iguanes du genre *Anolis* consomment la peau qu'ils viennent de rejeter. Chez les crocodiliens (crocodiles,...) et les chéloniens (tortues), l'épiderme est l'objet d'une usure en surface de la couche cornée, perpétuellement renouvelée.

A

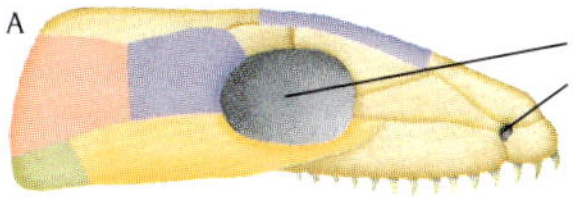

tortue (disposition anapside)

B

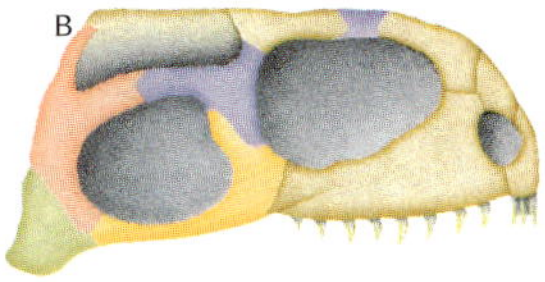

crocodile (disposition diapside)

C

lézard (disposition diapside)

D

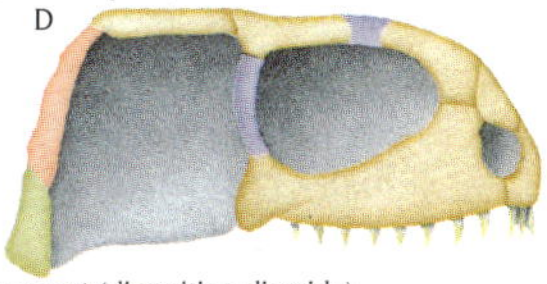

serpent (disposition diapside)

- os post-orbitaire
- os squamosal
- os jugal
- os quadrato-jugal
- ouverture ou fenêtre

A. B. C. D. **CRÂNES**

Le post-orbitaire, le squamosal, le jugal et le quadrato-jugal constituent les os temporaux du crâne des reptiles. Chez les tortues, ces os sont jointifs et ne présentent pas d'ouvertures, ou fenêtres (A). On parle de disposition anapside. Chez tous les autres reptiles actuels, on observe, en arrière de l'orbite, deux ouvertures dans le crâne. C'est la disposition diapside. Chez le sphénodon et les crocodiliens, les deux fenêtres sont bien visibles (B) ; chez les lézards, la barre inférieure a disparu (C) ; chez les serpents, les deux fenêtres sont réunies et ouvertes vers la mâchoire (D).

UN FOSSILE VIVANT : LE SPHÉNODON

Le sphénodon *(Sphenodon punctatus),* appelé également hattéria, n'existe plus actuellement que dans quelques îles de la Nouvelle-Zélande. Il ressemble à un gros lézard mais, en fait, les os de son crâne sont identiques à ceux des reptiles qui vivaient il y a 200 millions d'années. On le considère comme un fossile vivant.

Le sphénodon ressemble probablement à l'ancêtre commun de tous les lézards et serpents actuels (qui forment le groupe des squamates). On a créé pour lui seul un ordre à part, celui des rhyncocéphales.

Cet animal de 60 cm de long peut vivre plus de 100 ans et n'est capable de se reproduire qu'après l'âge de 20 ans. En Nouvelle-Zélande, les autochtones l'appellent *Tuatara,* ce qui signifie « porteur d'épines ». Ce nom fait allusion à la crête bien développée qui orne son dos.

E. **LÉZARD**

Les lézards appartiennent avec les serpents à l'ordre des squamates. Les représentants du groupe, comme ce lézard des murailles *(Podarcis muralis),* possèdent en général 4 pattes et leurs paupières sont mobiles.

E

F. **SERPENT**

Les serpents appartiennent à l'ordre des squamates. Généralement sans membres, ils ont des mandibules très mobiles, ne possèdent pas de tympan et leurs paupières sont fixes et transparentes. Comme tous les serpents, cette vipère des bambous *(Trimeresurus gramineus)* mue en une seule fois.

F

G. **TORTUE**

Les tortues forment l'ordre des chéloniens. Cette tortue grecque *(Testudo graeca)* présente, comme tous les représentants de ce groupe, un corps protégé par une carapace osseuse.

G

H

H. **CROCODILE**

Les crocodiliens présentent de nombreux caractères qui les individualisent par rapport aux autres reptiles. Leurs dents sont insérées dans la mâchoire (thécodontes), le cœur est cloisonné en 4 parties... Les crocodiles vrais, comme ce crocodile du Nil *(Crocodylus niloticus),* les alligators et les gavials constituent les crocodiliens actuels.

I. **REPTILES ET OISEAUX**

Les zoologistes ont trouvé de nombreux points communs entre les crocodiles et les oiseaux (dans leurs caractères anatomiques) et ont réuni ces deux groupes dans un même ensemble : les archosauriens. Ainsi la classe des reptiles (serpents, lézards, amphisbènes, rhynchocéphales, tortues et crocodiles) n'est plus considérée comme une classe naturelle (monophylétique). On réunit ces animaux aux oiseaux dans le groupe des sauropsidés.

I. **CLASSIFICATION DES SAUROPSIDÉS**

Sous-classe	Ordre	Sous-ordre (exemple)
anapsides	chéloniens	pleurodires (tortue matamata) cryptodires (tortue d'Herman)
lépidosauriens	rhynchocéphales	sphénodon (hattéria)
	squamates	lacertiliens (lézards) ophidiens (serpents) amphisbéniens (amphisbènes)
archosauriens	crocodiliens	(alligators, crocodiles)
	oiseaux	(autruche, moineau)

LES TORTUES

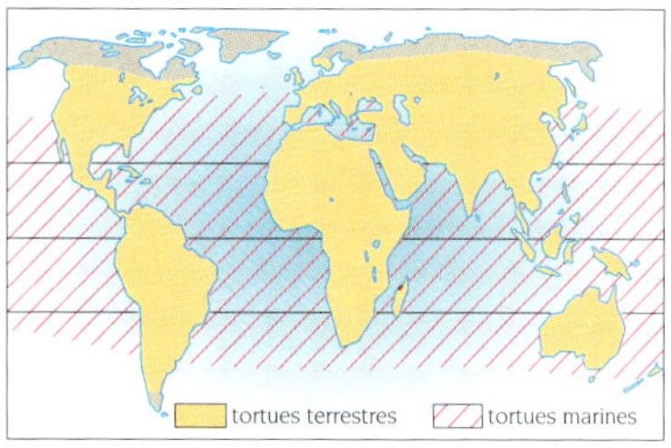

Répartition géographique. Les tortues, ou *chéloniens,* présentes dans toutes les régions chaudes du globe, sont bien représentées en Amérique, en Afrique (zone éthiopienne) et en Asie du Sud-Est. Les pleurodires vivent dans les eaux douces de l'hémisphère Sud. Les cryptodires habitent les mers tropicales et tempérées et se rencontrent à l'intérieur de chaque continent. Dans l'hémisphère Sud, les espèces terrestres dominent nettement, sauf en Australie où elles sont totalement absentes.

Classification. Les tortues constituent un ordre très homogène qui comprend environ 250 espèces. Elles possèdent toutes une carapace recouverte d'écailles cornées ou bien d'une peau résistante. Selon la façon dont elles rétractent leur tête dans la carapace, on distingue deux sous-ordres de tortues.

Les pleurodires replient la tête latéralement dans leur carapace. Les cryptodires replient leur cou en « S » pour rentrer la tête. Les pleurodires comprennent deux familles (pélomédusidés et chélidés). Ils représentent un cinquième des espèces actuelles. On subdivise les cryptodires en trois groupes (tortues marines, tortues molles et tortues terrestres) qui recouvrent 9 familles distinctes.

Alimentation. Certaines tortues sont exclusivement herbivores ou exclusivement carnivores, mais la plupart sont omnivores.

Cependant, les tortues terrestres se nourrissent surtout de substances végétales et celles qui vivent dans l'eau sont plutôt carnassières. On connaît quelques tortues dont le régime alimentaire est très spécialisé : *Macroclemmys temmincki,* par exemple, se nourrit exclusivement de poissons vivants.

Reproduction. Le mâle possède un pénis (il y en a deux chez les lézards et les serpents). L'accouplement aboutit à une fécondation interne (comme chez tous les reptiles). Les tortues sont ovipares : elles pondent des œufs qu'elles enterrent généralement dans le sol, creusé à l'aide de leurs puissantes pattes. Chez les tortues terrestres ou d'eau douce, le nombre d'œufs est compris entre cinq et vingt-cinq. Chez les tortues marines, les œufs sont pondus en plus grand nombre (entre 100 et 200). La durée d'incubation varie suivant les espèces. Elle est comprise entre deux et douze mois.

Dimorphisme sexuel. Des caractères morphologiques différencient le mâle de la femelle (dimorphisme sexuel). Chez le mâle, le plastron (face ventrale de la carapace) est souvent concave, ce qui permet l'ajustement des carapaces lors de la copulation. Sa queue est large et longue et l'orifice du cloaque est éloigné de sa base. La femelle possède une queue plus courte, plus étroite et l'orifice du cloaque est situé près de sa base.

Respiration. Le système respiratoire des chéloniens est particulier et ne se retrouve chez aucun autre vertébré. La cage thoracique est immobile, et la ventilation de l'air dans les poumons est assurée par des mouvements du cou et des pattes antérieures.

A. **ANATOMIE D'UNE TORTUE**

La carapace est formée d'un plastron et d'une dossière. La partie dorsolombaire de la colonne vertébrale des tortues est soudée à la face interne de la dossière. Le squelette de la tête est de type anapsidé (sans fenestration interpariétale) et le carré est soudé aux autres os. Les mâchoires ne portent pas de dents et sont recouvertes par un bec corné.

Cou

Ici, il se replie en "S" lorsque la tête rentre à l'abri de la carapace : cette tortue est cryptodire. Dans l'autre groupe de tortues (pleurodires), le cou se replie latéralement.

Bec

Les mâchoires n'ont pas de dents et sont recouvertes par un bec corné.

A

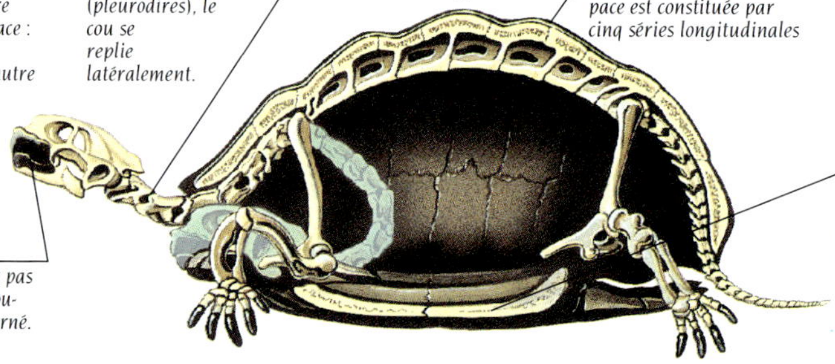

Dossière

Cette partie de la carapace est constituée par cinq séries longitudinales de plaques osseuses : des plaques médianes ou vertébrales, 2 plaques costales et 2 plaques marginales, bordant à droite et à gauche les costales.

Plastron

Il se compose de 6 paires de plaques symétriques (gulaire, humérale, pectorale, abdominale, fémorale et anale) plus une plaque impaire, l'intergulaire.

B

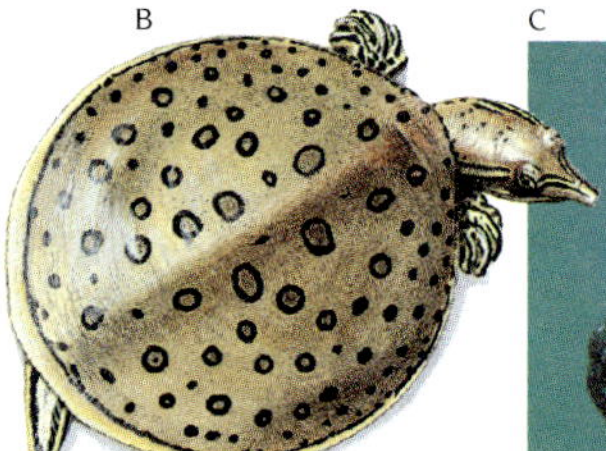

B. **TORTUE MOLLE**

Cette tortue à carapace molle *(Trionyx spiniferus)* appartient à la famille des trionychidés, dont la dossière et le plastron sont dépourvus de plaques cornées. Leurs mâchoires sont recouvertes de peau et leur tête est prolongée par une trompe. Cette tortue d'Amérique se nourrit d'insectes et d'écrevisses.

C

C. **EN PLEINE EAU**

La tortue luth *(Dermochelys coriacea),* géant des chéloniens actuels avec ses 2 m et ses 500 kilos, est une espèce de haute mer de la famille des dermochélydés. Elle se nourrit principalement de méduses. On la trouve dans la plupart des mers du monde entier. Comme chez les autres tortues marines, la reproduction implique pour la femelle une phase terrestre. Ces colosses se hissent à terre à une quinzaine de mètres de la ligne des marées et déposent une centaine d'œufs de la taille d'une balle de tennis dans un trou creusé par leurs grandes nageoires antérieures. Elles rebouchent le trou et regagnent la mer. Deux mois plus tard, les jeunes naissent et se précipitent vers la mer. Les femelles nées sur cette plage viendront, guidées par des mécanismes encore inexpliqués, y pondre à leur tour dans quelques années.

D

D. **TORTUES DES RECORDS**

Cette tortue des Galapagos *(Testudo elephantopus)* vit près de 150 ans ; la tortue grecque *(Testudo graeca)* atteint 125 ans et la durée de vie moyenne de la cistude d'Europe *(Emys orbicularis)* dépasse 100 ans. Ces centenaires sont également impressionnantes par leur taille. Les tortues terrestres des Seychelles *(Testudo gigantea)* atteignent 125 cm de long et certaines tortues marines comme la tortue luth *(Dermochelys coriacea)* mesurent jusqu'à 2,5 m de long.

E

E. **TORTUE NOCTURNE**

Cette matamata *(Chelys fimbriata)* appartient au groupe primitif des pleurodires. Sa tête, couverte d'excroissances, ne peut entrer complètement dans sa carapace. Elle est commune dans les eaux douces en Guyane et au Brésil, où elle chasse la nuit. Elle se nourrit de poissons et d'amphibiens.

LES LÉZARDS

Les lézards, ou sauriens, rassemblent, avec 3 000 espèces, la moitié des reptiles actuels. Ils possèdent généralement 4 membres bien développés aux doigts munis de griffes. Chez certaines familles de lézards, les membres peuvent être réduits (scincidés), voire absents (anguidés).

Répartition géographique. Les lézards vivent dans les régions chaudes, tropicales et subtropicales, du monde entier. Quelques espèces fréquentent les régions tempérées. Certaines familles sont cosmopolites (anguidés, geckonidés...), d'autres, limitées à un continent (hélodermes en Amérique).

Classification. Les 3 000 espèces de lézards sont réparties en une vingtaine de familles appartenant à 5 groupes : geckos, iguanes, caméléons, scincomorphes et anguimorphes. Les trois premiers groupes forment l'ensemble homogène des *ascalabotes* (pénis non plissé). Dans les deux autres groupes, les mâles possèdent un pénis plissé (ensemble des *autarchoglosses*).

Modes de vie. Terrestres, les lézards occupent toutes sortes de milieux (rochers, herbes, terre, arbres...). On connaît une seule espèce marine, l'iguane des Galapagos *(Amblyrhynchus cristatus)*, qui broute les algues du littoral. À part les geckos, noturnes (à quelques exceptions près), les sauriens sont, en général, diurnes.

Reproduction. Mâles et femelles se distinguent en général par une différence de couleur, les mâles étant plus vifs que les femelles. Leur tête est également plus trapue et ils possèdent souvent des pores sur la face interne des cuisses (pores fémoraux). Certains mâles développent des formations voyantes (fanon gulaire de l'iguane par exemple). Les espèces sont généralement ovipares. La durée de l'incubation est de deux à quatre mois en moyenne. Chez certaines espèces (parmi les lacertidés et télidés), des œufs peuvent se développer sans fécondation (parthénogenèse).

Taille et longévité. La taille des lézards est généralement comprise entre 15 et 80 cm. Mais un lézard africain *(Saurodactylus)* mesure 4 cm à l'état adulte et pèse 2 grammes et le varan de Komodo dépasse 3,5 m et pèse 135 kilos. Dans la nature, la durée de vie moyenne d'un lézard est d'une dizaine d'années.

Nourriture. Le régime alimentaire des lézards est très variable. Leurs capacités sensorielles bien développées (en particulier l'audition et la sensibilité olfactive) sont mises à profit dans la recherche de nourriture. Les petites espèces (geckos) se nourrissent d'insectes. Les espèces de taille moyenne (lézards communs) sont le plus souvent omnivores. Enfin, les grandes espèces telles que les varans sont plutôt carnivores et se nourrissent d'oiseaux, de reptiles et de mammifères. Les basiliques (groupe des iguanes) sont exclusivement herbivores.

MI-LÉZARDS MI-SERPENTS : LES AMPHISBÈNES

Les amphisbènes ont une allure de serpent. Ils vivent sous la terre et leurs yeux sont atrophiés. La peau, plus ou moins translucide, laisse voir les vaisseaux sanguins, qui donnent une teinte rosée à l'animal. Extérieurement, la tête se différencie mal de la queue. Ces animaux sont d'ailleurs capables de se déplacer indifféremment vers l'avant ou vers l'arrière.

Leurs particularités anatomiques sont si originales que les zoologistes ont fait de ces animaux un groupe à part : les amphisbéniens. On en connaît une trentaine d'espèces en Afrique, en Asie et en Amérique. En Europe, la seule représentée est l'amphisbène cendré *(Blanus cinerus)*.

A

A. **OPHISAURE**

De nombreux lézards comme cet ophisaure des Balkans *(Ophisaurus apodus)* offrent l'apparence d'un serpent. Les membres peuvent être réduits ou totalement absents. Ces lézards appartiennent à la famille des anguidés, qui comporte notamment l'orvet *(Anguis fragilis)*, encore appelé serpent de verre. On reconnaît aisément que cet animal est un lézard à l'allure et à la forme de sa tête, à ses paupières mobiles (il cligne des yeux) et à son ventre couvert d'écailles organisées en plusieurs rangées (une seule rangée chez les serpents).

B

B. **DRAGON VOLANT**

Les dragons volants (ici *Draco volans*) sont, avec la couleuvre volante *(Chrysopelea ornata)*, les seuls reptiles volants actuels. Les dragons sont des agames que l'on trouve en Asie du Sud-Est. La membrane de peau qui orne leurs flancs est soutenue par 6 paires de côtes et leur permet de planer sur une dizaine de mètres entre deux arbres. Ces lézards de 20 cm ont une activité essentiellement diurne.

C

C. **PONTE**

La grande majorité des lézards, comme ce lézard à collier, pond des œufs (oviparité) à coquille dure que les petits percent grâce à une dent spéciale : la dent de l'œuf. Les orvets, en revanche, naissent entourés d'une fine membrane dont ils se débarrassent rapidement. Les œufs sont incubés dans le corps de la femelle (ovoviviparité). Il existe des espèces (seps) chez lesquelles une véritable relation de nutrition s'établit entre la mère et l'embryon : on parle alors de viviparité.

D. **ANATOMIE D'UN LÉZARD**

L'iguane vert *(Iguana iguana)* représente le type même du lézard (saurien). Son corps est divisé en trois régions bien individualisées : tête, tronc, queue. Les sauriens présentent typiquement 4 pattes, mais, chez certaines espèces, celles-ci sont totalement absentes.

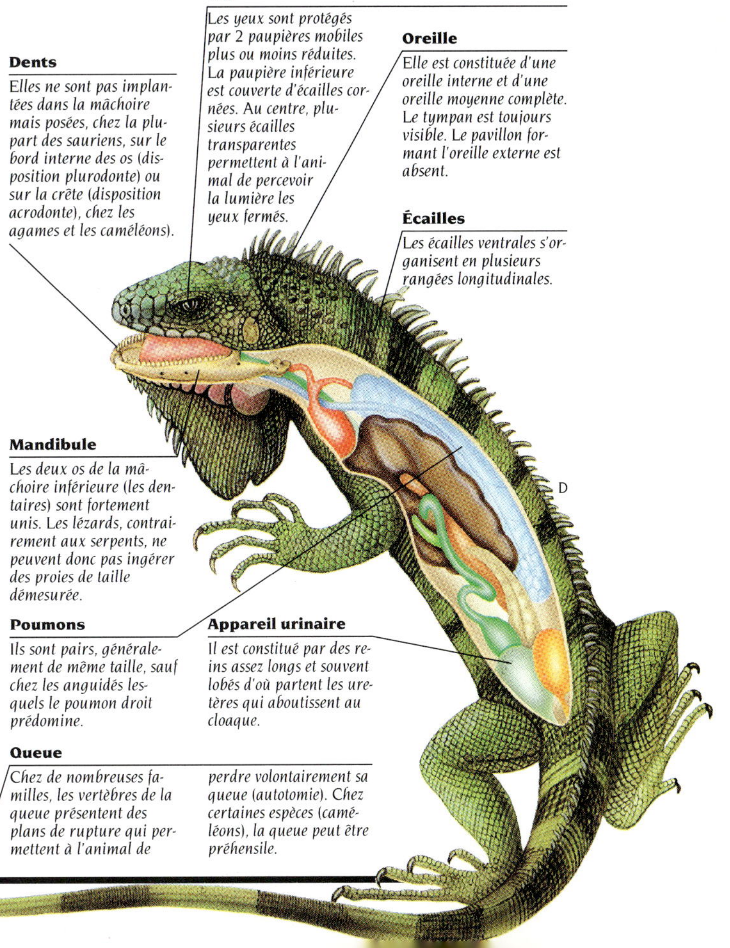

LES LÉZARDS

Les lézards peuvent être subdivisés en deux groupes principaux. Les *ascalabotes* regroupent les lézards du type geckos et iguanes. Ils se meuvent sans exécuter de mouvement ondulatoire de reptation. Leurs hémipénis sont simples, sans plis ni lobes. Les *autarchoglosses* regroupent tous les autres lézards. Ils peuvent se déplacer par ondulation latérale du corps. Leurs hémipénis sont plissés ou lobés.

GECKOS ET PYGOPODES

LES GECKONOÏDES

■ Bien que d'aspect différent, les geckos et les pygopodes présentent de nombreux caractères anatomiques communs qui autorisent à leur regroupement dans l'infra-ordre des geckonoïdes.

Les geckos. Les doigts et les orteils, dilatés et griffus, possèdent des lamelles molles qui permettent à l'animal de se déplacer sur des surfaces lisses et verticales. Les geckos sont les seuls lézards à pouvoir crier car leur larynx est pourvu de cordes vocales. Ils sont tous ovipares. Exclusivement terrestres, et de mœurs nocturnes, ils chassent insectes et araignées.

La famille des geckos comprend environ 700 espèces, répandues dans les régions chaudes et tempérées du monde entier.

Ce sont de petits animaux (taille moyenne, 15 cm). Le géant de la famille (40 cm) est le tokay d'Asie *(Gecko gecko)*. Les plus petits représentants (4 cm) sont les geckos du genre *Saurodactylus*, que l'on trouve au Maroc et en Algérie. La faune européenne ne compte que six espèces de geckos.

Les pygopodes. Ils possèdent un tronc fin et allongé qui les fait ressembler aux serpents. Les pattes antérieures sont absentes et les postérieures, très réduites. Ils mesurent environ 50 cm. Leur aire de répartition est limitée à l'Australie (genre *Pygopus*) et à la Papouasie (genre *Lialis*).

IGUANES, AGAMES ET CAMÉLÉONS

LES IGUANOÏDES

■ Les représentants du groupe des iguanoïdes possèdent un tympan bien visible et un museau large. Leurs vertèbres sont procoeles.

Les iguanes. Ces lézards habitent le continent américain et ses îles, à l'exception de deux genres vivant à Madagascar *(Chalarodon* et *Hoplurus)* et un en Polynésie *(Brachylophus)*.

Leur taille varie de 10 cm (genre *Liolaemus*) à plus de 2 m *(Iguana iguana)*. Chez les iguanes, la queue est généralement plus longue que le corps. On trouve les iguanes dans tous les milieux.

De nombreux iguanes possèdent des excroissances comme des casques *(Basilicus)*, des fanons gulaires *(Iguana)* ou des cornes *(Phrynosoma)*, ce qui renforce leur aspect « préhistorique ».

Les agames. On les rencontre dans le sud-est de l'Europe *(Agama caucasica)*, en Afrique, en Asie et en Australie. Ils occupent les mêmes milieux que les iguanes en Amérique. Le corps et la queue sont souvent recouverts d'écailles puissantes, parfois épineuses, comme celles de la queue d'*Uromastix acanthinurus*, le fouette-queue africain. On connaît environ 300 espèces d'agames, dont les plus célèbres sont les dragons volants de Malaisie (genre *Draco*).

Les caméléons. Ils mesurent de 3 à 55 cm et sont caractérisés par leur langue dévaginable et leur capacité à changer de couleur. Leur patte forme une pince car leurs doigts sont regroupés dans deux enveloppes, l'une contenant 3 doigts, l'autre 2. La famille est divisée en 4 genres *(Chamaeleo, Rhampholeon, Brookesia* et *Leandria)*, pour lesquels on compte une centaine d'espèces. Ils sont essentiellement répandus à Madagascar et en Afrique.

A

A. **LANGUE À RESSORT**

La langue des caméléons est un tube creux terminé par une massue collante. Au repos, elle est froncée sur un os long et fin, l'os hyoïde. Le caméléon projette sa langue en propulsant violemment cet os vers l'avant. La langue est alors entraînée et se déploie comme un serpentin. Après avoir atteint son but, la langue, ramenée par la contraction d'un muscle lingual, se fronce à nouveau sur sa « rampe de lancement ».

B

B. **LÉZARD À COLLERETTE**

Cet agame du nord-ouest de l'Australie *(Chlamydosaurus kingii)* mesure 90 cm de long. Il chasse de jour, dans les arbres, et se nourrit d'arthropodes. Quand il est dérangé, il souffle fortement la gueule ouverte et écarte sa collerette, un repli de peau attaché derrière la tête qui peut atteindre 30 cm de diamètre. Comme le basilic, il est capable de courir, le corps dressé sur ses seules pattes arrière.

C

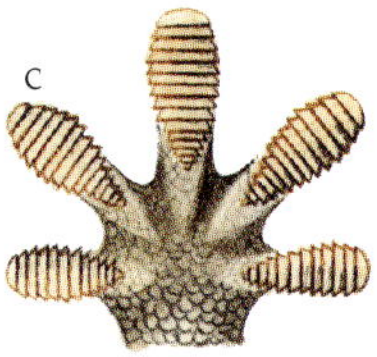

D

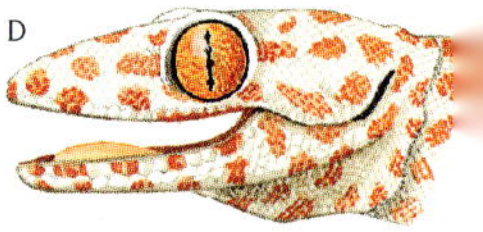

C. D. **ACROBATES DE LA NUIT : LES GECKOS**

La face inférieure des doigts des geckos (ici *Gecko gecko*) est dilatée et munie de lamelles formées de minuscules cellules en forme de crochets. Munis de ce dispositif, les geckos peuvent adhérer aux surfaces les plus lisses et se déplacer sur les plafonds ! La disposition de ces lamelles est utilisée en systématique. La forme particulière de leur pupille (D) fait des geckos des êtres principalement adaptés à la vie nocturne.

E. F. **YEUX DE CAMÉLÉON**

Les yeux des caméléons sont grands et saillent fortement hors des orbites. Ils sont recouverts de paupières soudées et transparentes formant une calotte fendue verticalement à l'endroit de l'iris. Les yeux sont mobiles indépendamment l'un de l'autre et s'orientent grâce à de puissants muscles. Ainsi, l'animal peut regarder simultanément en haut et en bas, ou en avant et en arrière comme le montre ce caméléon commun *(Chamaeleo chamaeleo)*.

E

F

G. **BASILIC**

Le basilic *(Basilicus plumifrons)* est un iguane d'Amérique du Sud. Dressé sur ses pattes arrière, il court à grande vitesse (12 km/h), sa queue lui servant de balancier. Léger, il peut franchir jusqu'à 400 m en courant à la surface de l'eau.

G

LÉZARD DES MURAILLES, SCINQUES, TÉGUS...

LES SCINCOMORPHES

■ Ces lézards possèdent une langue écailleuse et de nombreuses espèces illustrent la réduction des pattes. On distingue trois familles de scincomorphes : les *scincidés* (seps, chalcide), les *lacertidés* (lézards vrais) et les *téiidés* (tégus).

Les scincidés. Cette famille comprend environ 800 espèces cosmopolites. Les membres sont réduits et les ceintures sont toujours présentes. Tous les scincidés sont diurnes et généralement terrestres. Leur régime alimentaire est insectivore ou omnivore. De nombreuses formes sont vivipares (incubation interne des œufs). En Australie, on trouve le genre *Tiliqua,* dont la langue est bleue et les écailles, très lisses. Alors que la majorité des espèces mesure 15 cm, le scinque géant des îles Salomon *(Corucia zebrata)* peut atteindre 65 cm. Les genres répandus en France sont *Ablepharus, Chalcides* et *Mabuya.*

Les lacertidés. De forme élégante et fine, ce sont les lézards typiques. Ils sont communs en Afrique, en Europe et en Asie. Leurs pattes sont bien développées, terminées par 5 doigts fins et griffus. Longs de 12 à 80 cm, ces animaux sont diurnes, terrestres et arboricoles. Ils se nourrissent d'insectes. Le lézard ocellé *(Lacerta lepida)* est le plus grand de tous les lacertidés. Certaines espèces comme le lézard des murailles *(Podarcis muralis)* sont ovipares, d'autres, comme *Zootoca vivipara,* sont ovovivipares.

Les téiidés. Ce sont les lézards typiques du continent américain. Ils sont en tout point semblables aux lacertidés de l'Ancien Monde, mais, par la taille de certains et par leur mode de vie, ils ressemblent étrangement aux varans. Leur taille varie de 10 cm à plus de 1 m *(Dracaena guianensis).* Le téju *(Tupinambis teguxin),* ou sauvegarde, atteint 90 cm ; il se nourrit surtout d'œufs.

ORVETS, VARANS...

LES ANGUIMORPHES

■ La langue des lézards anguimorphes se compose de deux parties, une partie antérieure rétractile, mince et bifide et une partie postérieure nettement plus épaisse.

Les anguidés. Cette famille peu importante (60 espèces) montre une répartition mondiale (à l'exception de l'Australie). Les anguidés sont des lézards terrestres et crépusculaires qui se nourrissent d'insectes et de mollusques. L'orvet *(Anguis fragilis)* et l'ophisaure *(Ophisaurus apodus)* sont des représentants sans pattes de cette famille. Le lézard alligator *(Gerrhonotus multicarinatus)* de l'ouest des États-Unis, dont la taille dépasse 30 cm, possède, lui, quatre pattes bien développées.

Les varanidés. Les varans regroupent une trentaine d'espèces qui appartiennent toutes au même genre : *Varanus.* Ils ressemblent à des lézards géants et se répartissent en Afrique, en Asie et en Australie. Leur cou est long et très mobile. Leurs pattes puissantes sont munies de griffes dures et pointues. La queue est longue et de section arrondie chez les espèces terrestres *(Varanus griseus),* aplatie latéralement chez les espèces amphibies *(Varanus niloticus).*

A

A. **AUTOTOMIE**

En contractant volontairement des muscles, certains lézards, comme ce lézard vert *(Lacerta viridis),* sont capables de s'autoamputer de cet appendice (autotomie). La queue libérée, en remuant, attire l'attention du prédateur, et le lézard peut s'enfuir. Une nouvelle queue repoussera, différente de l'ancienne.

B

B. **POISSON DE SABLE**

Très répandu en Afrique du Nord, ce scinque *(Scincus scincus)* vit dans le sable, où il se déplace par ondulation. Son corps est lisse et profilé. Ses narines et ses conduits auditifs sont petits et peuvent être totalement fermés. Les jeunes ont une coloration unie, les adultes sont rayés.

D

D. **VARAN DE KOMODO**

Ce varan *(Varanus komodoensis)* dépasse 3 m et pèse jusqu'à 135 kilos. On le trouve seulement dans l'île de Komodo, dans deux îlots voisins et dans une partie de l'île Flores. Il se nourrit essentiellement de gros mammifères (porcs sauvages, cerfs...). Le varan de Komodo devient rare, car il est chassé comme animal « nuisible ».

C

C. **LOUP DES POULAILLERS**

Ce grand téju *(Tupinambis nigropunctatus)* peut atteindre 1,20 m. On le trouve en Amérique centrale et dans le nord de l'Amérique du Sud.

E

E. **ORVET**

Appelé à tort « serpent de verre », l'orvet *(Anguis fragilis)* est un lézard sans pattes, représentant de la famille des anguidés. On le trouve en Europe, en Asie et en Afrique du Nord jusqu'à 2 000 m d'altitude. Il se nourrit de vers de terre, d'insectes, d'araignées et de limaces. L'orvet est un lézard ovovivipare : la femelle met bas de 6 à 24 petits mesurant de 7 à 10 cm ; ceux-ci se libèrent dès la naissance de l'enveloppe qui les protégeait dans l'organisme maternel.

DES LÉZARDS VENIMEUX

Il n'existe que deux espèces de lézards venimeux : le monstre de Gila *(Heloderma suspectum)* et l'héloderme perlé *(Heloderma horridum,* présenté ci-dessous). Leur livrée montre une coloration d'intimidation faite de taches vives. Ils se nourrissent d'oiseaux et de mammifères. On les trouve sur le continent américain (Mexique). Ces lézards au corps lourd et à la queue épaisse ont une taille raisonnable, pouvant atteindre 80 cm.

Les glandes à venin, situées dans la mâchoire inférieure, ne sont reliées à aucune dent spécialisée dans l'inoculation du venin. Celui-ci s'écoule dans la bouche et pénètre directement dans la blessure occasionnée par la morsure. Les hélodermes mordent avec force et ne lâchent pas prise. La morsure, toujours douloureuse, peut parfois être mortelle pour l'homme.

LES SERPENTS

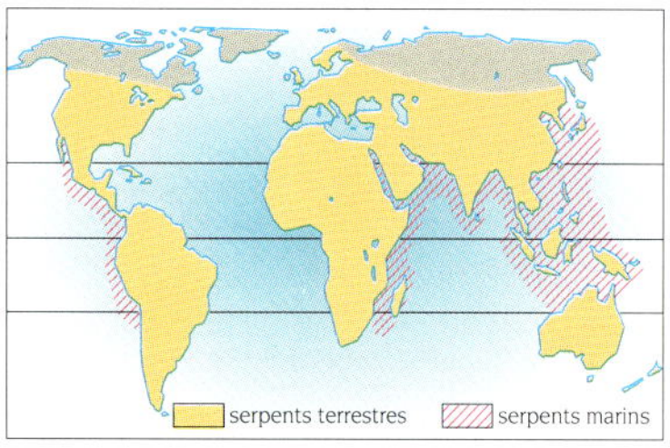

Répartition géographique. Il existe 3 000 espèces de serpents (ou ophidiens), répandues dans toutes les régions chaudes ou tempérées du globe. Les serpents sont adaptés à des milieux très diversifiés, depuis le niveau de la mer jusqu'à 4 600 m d'altitude. De nombreux contes et récits absurdes ont souvent fait massacrer ces animaux, mettant certaines espèces en danger d'extinction.

Classification. On distingue généralement dix familles. Les serpents primitifs (typhlopidés, leptotyphlopidés, aniliidés et boïdés) possèdent des vestiges de membres postérieurs. Ils ont encore deux poumons (comme les uropeltidés et les xénopeltidés), alors que les serpents évolués (colubridés, élapidés, hydrophinés, vipéridés) n'en ont plus qu'un.

Nutrition. Tous les serpents sont carnivores. Leur régime alimentaire peut être très varié ou, au contraire, extrêmement spécifique. Les serpents chassent à la traque ou à l'affût. Une fois rejointe, la proie peut être étouffée par constriction avant ingestion (boa, python), envenimée (vipère, cobra) ou avalée directement (couleuvre).

Reproduction. Chez les serpents, les mâles et les femelles présentent rarement des différences nettement marquées. Ils possèdent deux stratégies de reproduction : l'ovoviviparité (vipères, boas), où la femelle conserve en son sein les œufs qu'elle incube jusqu'à l'éclosion et met au monde des petits, et l'oviparité (couleuvres, pythons), où la femelle pond ses œufs. La durée du développement embryonnaire dépend, dans ce dernier cas, des conditions climatiques (de 5 à 8 semaines en général).

Anatomie. Le corps allongé et cylindrique des ophidiens est dépourvu de membres, mais cela ne suffit pas à les décrire (l'orvet, dont le corps présente les mêmes caractéristiques, n'est pas un serpent mais un lézard sans pattes). Les serpents ne possèdent ni tympan ni cavité tympanique ; ils sont sourds, mais sensibles aux vibrations. Leurs vertèbres sont très nombreuses, au minimum une centaine (certains pythons en ont plus de 400 !). Leurs organes internes sont allongés. Leur corps est recouvert d'écailles, lisses ou carénées.

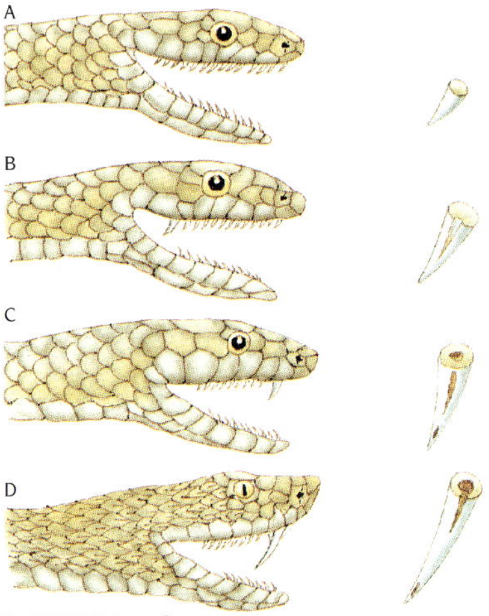

A. B. C. D. **DENTURE**

On distingue les serpents aglyphes (A), dépourvus de dents inoculatrices (la plupart des couleuvres) ; les opistoglyphes (B), dont les dents inoculatrices, immobiles, sont situées dans le fond de la bouche (serpent des mangroves) ; les protéroglyphes (C), aux dents canaliculées, immobiles, placées en avant (mambas), et les solénoglyphes (D) chez lesquels les grandes dents, mobiles, se projettent vers l'avant lorsque la gueule s'ouvre (vipères).

E

E. **DES MÂCHOIRES ÉLASTIQUES**

Les mandibules ne sont pas soudées, un ligament élastique les relie, leur permettant de s'écarter démesurément, ce qui donne parfois une allure difforme à l'animal en train d'ingérer sa proie, comme ce serpent africain mangeur d'œufs (oophage), *Dasypeltis scaber*. L'œuf est avalé entier, puis écrasé dans l'œsophage. Son contenu se répand alors dans le tube digestif et la coquille est régurgitée.

F. **ANATOMIE D'UN SERPENT**

Les serpents ne possèdent généralement pas de membres, leurs mandibules ne sont pas attachées par une symphise et l'arcade temporale supérieure est absente. La langue, très longue et rétractile, se loge dans une gaine.

Cœur

Situé au premier tiers du corps, il est enveloppé d'un épais péricarde qui recouvre les gros troncs artériels et veineux. Comme chez tous les sauriens, il est formé de trois cavités, dont deux oreillettes et un ventricule.

Œil

Il est recouvert d'une écaille transparente et ne possède pas de paupière. Sa pupille est verticale chez tous les vipéridés. En Europe, ce caractère permet de distinguer les vipères des couleuvres, qui possèdent une pupille ronde.

F

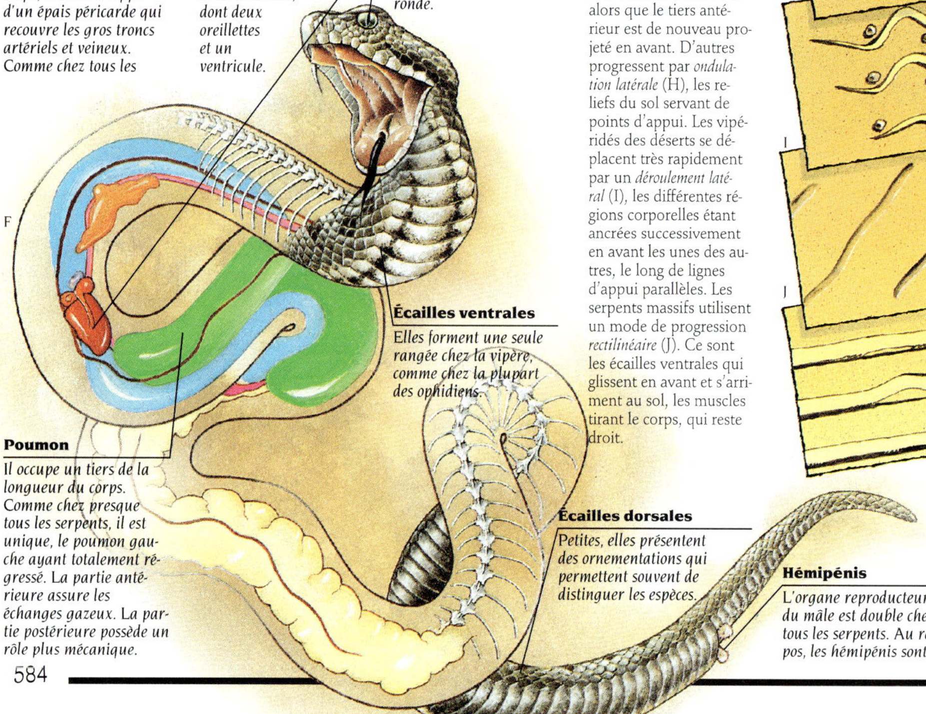

Écailles ventrales

Elles forment une seule rangée chez la vipère, comme chez la plupart des ophidiens.

Poumon

Il occupe un tiers de la longueur du corps. Comme chez presque tous les serpents, il est unique, le poumon gauche ayant totalement régressé. La partie antérieure assure les échanges gazeux. La partie postérieure possède un rôle plus mécanique.

Écailles dorsales

Petites, elles présentent des ornementations qui permettent souvent de distinguer les espèces.

Hémipénis

L'organe reproducteur du mâle est double chez tous les serpents. Au repos, les hémipénis sont rétractés à l'intérieur d'une gaine. Lors de la copulation, un seul est utilisé.

G. H. I. J. **LOCOMOTION**

Certains serpents réalisent une reptation rapide et saccadée, en *accordéon* (G) : l'animal « ancre » le tiers antérieur de son corps et attire en avant le reste du corps, dont le tiers postérieur reste ensuite fixé au sol alors que le tiers antérieur est de nouveau projeté en avant. D'autres progressent par *ondulation latérale* (H), les reliefs du sol servant de points d'appui. Les vipéridés des déserts se déplacent très rapidement par un *déroulement latéral* (I), les différentes régions corporelles étant ancrées successivement en avant les unes des autres, le long de lignes d'appui parallèles. Les serpents massifs utilisent un mode de progression *rectilinéaire* (J). Ce sont les écailles ventrales qui glissent en avant et s'arriment au sol, les muscles tirant le corps, qui reste droit.

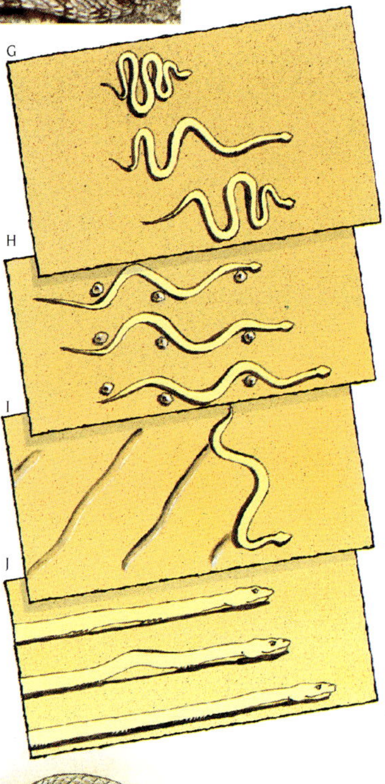

LES COULEUVRES

LES COLUBRIDÉS

■ CETTE FAMILLE est la plus grande, comptant 2 500 espèces (dont 21 européennes). Elle comprend les couleuvres, dont l'écaillure caractéristique de la tête les distingue des vipères. Les principales sous-familles sont les colubrinés, les natricinés, les dasypeltinés et les atractaspinés (autrefois classés avec les vipéridés, mais dont les caractéristiques anatomiques profondes les rattachent aux colubridés).

Les colubrinés forment la sous-famille la plus importante. Extrêmement cosmopolites, ils ont la tête couverte de larges écailles régulières. On trouve dans ce groupe des espèces magnifiques, tel le serpent des blés américain *Elaphe guttata,* à la livrée éclatante.

La couleuvre à collier. Les natricinés comprennent notamment les couleuvres d'eau du genre *Natrix* et les serpents jarretières *(Thamnophis).* Ils sont absents d'Amérique du Sud et d'Australie. La couleuvre à collier *(Natrix natrix),* largement répandue (Europe, Afrique et Asie), est un natriciné typique. Pouvant atteindre 2 m et vivre 20 ans, elle fréquente généralement les endroits humides. Elle est diurne et chasse souvent dans l'eau, où elle se nourrit d'amphibiens. Attaquée, elle peut simuler la mort et sécréter par son cloaque un produit nauséabond. Elle hiverne d'octobre à février et s'accouple en avril. En juillet, la femelle pond une vingtaine d'œufs (taille, 30 mm) et abandonne sa ponte. Selon la température, l'incubation dure de 5 à 8 semaines.

Mangeurs d'œufs et serpents volants. Les dasypeltinés constituent un petit groupe de serpents mangeurs d'œufs. Un représentant africain est *Dasypeltis scaber* (taille, 70 cm). Son sens gustatif le renseigne, à travers la coquille, sur l'état de fraîcheur de l'œuf qu'il convoite.

Les atractaspinés comprennent les serpents volants du genre *Chrysopelea* (taille, 1 m environ). Arboricoles, ils fréquentent les milieux forestiers clairsemés d'Asie du Sud-Est, et montrent une adaptation très particulière à leur milieu. Ils étalent au maximum leurs côtes, aplatissant leur corps pour former un large ruban, et s'élancent de branche en branche ou vers le sol. Ils utilisent la résistance de l'air pour prendre appui et réalisent ainsi de véritables vols planés, mode de locomotion exceptionnel chez les reptiles (on le rencontre également chez certains lézards).

VIPÈRES ET CROTALES

LES VIPÉRIDÉS

■ CES SERPENTS VENIMEUX possèdent des dents mobiles inoculatrices très spécialisées. La famille des vipéridés comprend deux sous-familles : les vipérinés, ou vipères vraies (largement répandues en Europe, Afrique et Asie), au corps trapu, terminé par une queue courte et à la tête recouverte de petites écailles carénées, et les crotalinés (essentiellement américains ou asiatiques), qui montrent une fenêtre thermosensible (fossette faciale) située de chaque côté de la tête entre l'œil et la narine. Les fossettes, sensibles au rayonnement infrarouge, permettent de détecter une variation de 0,1 degré par rapport à l'air ambiant provenant d'un corps chaud en déplacement (souris). Des crotales auxquels on a masqué les yeux sont ainsi parfaitement capables de reconnaître le déplacement d'une souris et de l'attaquer avec une grande précision. Certains crotales (genre *Crotalus*) possèdent des anneaux cornés, qui forment la célèbre « sonnette » à l'extrémité de leur queue.

Une seule espèce de crotalinés, *Agkistrodon halys,* commune au Japon et en Corée, étend son aire de répartition jusqu'en Europe (Sud-Est). Ce serpent ne possède pas de sonnette ; sa tête est recouverte de grandes écailles comme celle des colubridés, mais la présence de fossettes thermosensibles le range indubitablement parmi les crotalinés.

Les vipères. Les vipérinés sont parfaitement représentés par la vipère aspic, *Vipera aspis,* commune en France et en Italie, qui ne dépasse guère 75 cm et peut vivre jusqu'à trente ans. Aimant les endroits secs et ensoleillés, elle va très exceptionnellement à l'eau. Cette vipère est diurne et se nourrit principalement de micromammifères (rongeurs). Une fois le venin inoculé, la proie est lâchée puis suivie, la langue bifide prélevant les molécules odorantes du milieu et les portant aux organes de Jacobson, structures olfactives très sensibles situées dans le palais. D'un naturel très « peureux », comme tous les serpents, elle n'attaque jamais l'homme, si ce n'est pour se défendre. Elle hiverne de novembre à février et s'accouple en mars (parfois une deuxième fois en septembre). Après 2 à 3 mois de gestation, la vipère met bas (ovoviviparité) de 7 à 11 vipéreaux.

A

A. **DES CROCHETS POUR FRAPPER**

Les dents inoculatrices de cette vipère du Gabon *(Bitis gabonica)* mesurent jusqu'à 5 cm. Rangés le long de la mâchoire, ces crochets basculent vers l'avant lorsque la gueule s'ouvre. Ils sont alors en position pour frapper la proie. Ce dispositif sophistiqué fait des vipéridés les serpents les plus évolués.

B

B. **LES SERPENTS NE SONT PAS FROIDS !**

Cette couleuvre américaine *(Elaphe guttata),* comme tous les serpents, possède une température variable (poïkilotherme). Le seul moyen dont elle dispose pour réguler sa température est d'utiliser la chaleur externe, en sortant pour se réchauffer. Lorsqu'elle a atteint son optimum thermique, elle se met à l'abri du soleil pour éviter une trop forte élévation de sa température interne. Ainsi, les serpents ont souvent la température de leur milieu. Celle-ci peut dépasser 35 °C chez certains serpents tropicaux.

D

C

C. D. **SONNETTE**

Le bruit de la sonnette du serpent diamantin américain *(Crotalus adamanteus)* précède toujours son attaque. Les dernières vertèbres de sa queue sont soudées en un ensemble d'anneaux cornés qui, agités, produisent un son grave et intense.

E

E. **VIPÈRE**

Chez les vipères, la tête est recouverte de petites écailles dont plusieurs rangées (2 ou 3) séparent l'œil de la bouche. La pupille est verticale et la queue, courte.

F

F. **COULEUVRE**

Il y a une rangée d'écailles entre l'œil et la bouche et 9 grandes écailles sur le dessus du crâne. La pupille est généralement ronde et la queue, effilée.

G

G. **COULEUVRE ARC-EN-CIEL**

Cette couleuvre ovovivipare du genre *Thamnophis* vit en Amérique du Nord, le long des cours d'eau. Elle est peu spécialisée dans son régime alimentaire.

H

H. **COULEUVRE À COLLIER**

Son nom lui vient du collier d'écailles blanches autour du cou, mais, en montagne, certains spécimens sont totalement noirs : ils sont dits « mélaniques ».

LES SERPENTS

BOAS ET PYTHONS

LES BOÏDÉS

■ FORMANT LA FAMILLE de serpents la plus primitive de toutes, les boïdés possèdent encore deux poumons bien développés (qui les rapprochent des lézards) et des restes de fémur attachés à une ceinture pelvienne réduite (reliquats de l'origine paléontologique tétrapode – « à quatre pattes » – des serpents). Les écailles qui recouvrent le corps sont assez petites. Quelques espèces possèdent des fossettes thermosensibles (semblables à celles des crotales). Leurs très nombreuses vertèbres et leur forte musculature permettent à beaucoup d'espèces d'avoir une queue très préhensile, qui les adapte à une vie arboricole. Tous les boïdés sont aglyphes (non venimeux) et tuent leurs proies par constriction.

La famille comprend une vingtaine de genres et près de 200 espèces, réparties surtout en Afrique, Amérique et Asie. On distingue trois sous-familles : les loxocéminés, les pythoninés (pythons) et les boïnés (boas). Les premiers sont fouisseurs et ne comptent qu'un seul genre *(Loxocemus)*. Dépassant rarement 1 m, ils vivent en Amérique du Sud.

Les pythons. Ils possèdent des dents sur les os prémaxillaires, ils sont exclusivement ovipares et bien représentés en Afrique par le python royal *(Python regius)* et le python de Seba *(Python sebae)*, dont la femelle peut, une fois par an, pondre plus de 100 œufs ! Les pythons d'Asie comptent parmi les plus grands serpents et sont représentés essentiellement par les molures *(Python molurus)* et les réticulés *(Python reticulatus)*.

Les boas. Ils diffèrent des pythons par des prémaxillaires dépourvus de dents et par une reproduction ovovivipare. Largement répandus, on les rencontre en Amérique, en Afrique, en Europe et en Asie. Le boa constricteur *(Boa constrictor)* vit au Mexique et en Argentine, où il chasse les oiseaux et les mammifères. Son prédateur est le jaguar. Le plus célèbre des boas est peut-être l'anaconda *(Eunectes murinus)*, serpent aquatique du bassin de l'Orénoque auquel on a parfois attribué, à tort, une taille gigantesque. Il peut néanmoins atteindre 10 m, ce qui est déjà très impressionnant si on le compare au petit boa européen *(Eryx jaculus)*, qui mesure 50 cm.

Proches des boïdés, les xénopeltidés (une seule espèce : *Xenopeltis unicolor*) s'en distinguent par l'absence de vestiges de membres.

LES SERPENTS FOUISSEURS

LES TYPHLOPIDÉS

■ LES TYPHLOPIDÉS forment un groupe archaïque d'environ 250 espèces. Ce sont généralement de petites espèces fouisseuses dont les narines et la bouche minuscules, les yeux réduits cachés sous les écailles et le corps vermiforme, couvert d'écailles identiques, font parfois confondre la tête avec la queue. Soudés les uns aux autres, les os du crâne permettent de réaliser un bon compactage de la terre lors du fouissage. Comme les boïdés, les typhlopidés possèdent des vestiges de membres postérieurs et seule leur mâchoire supérieure porte des dents.

Les typhlopidés se rencontrent dans toutes les régions chaudes du monde. Leur régime alimentaire est constitué de petits insectes ou de vers qu'ils trouvent dans le terreau qui les abrite. Une espèce *(Typhlops vermicularis)* habite le sud-est de l'Europe. Totalement inoffensif, il doit son nom de « serpent-minute » à sa petite taille. À côté des typhlopidés, on compte trois familles de serpents fouisseurs : les leptotyphlopidés (dont seule la mâchoire inférieure porte des dents), les uropeltidés (porteurs d'une plaque caractéristique à l'extrémité de la queue) et les aniliidés (qui possèdent deux poumons, dont l'un est atrophié).

COBRAS ET MAMBAS

LES ÉLAPIDÉS

■ IL EXISTE 200 ESPÈCES D'ÉLAPIDÉS, essentiellement des cobras et des mambas, vivant dans les régions tropicales et subtropicales de l'Amérique centrale et du Sud, de l'Afrique, de l'Asie ainsi qu'en Australie (où ils sont plus nombreux que les espèces non venimeuses).

Les élapidés sont les plus grands serpents venimeux ; ils portent tous des dents inoculatrices fixes situées à l'avant de la mâchoire supérieure (protéroglyphes).

A

A. **CONSTRICTION**

Ce python réticulé, comme les autres boïdés, ne possède pas de dents venimeuses. Pour tuer, il a recours à l'étouffement par constriction. Il maintient sa proie et s'enroule plusieurs fois autour en contractant sa musculature. Une fois étouffé, l'animal sera tranquillement avalé. Les très gros boïdés, comme l'anaconda, se servent parfois de supports rigides (troncs d'arbres) pour écraser leur proie.

B

C

B. **PYTHON VERT**

Ce python arboricole de Papouasie *(Chondropython viridis)* atteint 2 m de longueur. Il est semblable au boa canin d'Amérique du Sud, qui a le même mode de vie.

C. **BOA CONSTRICTOR**

Ce boa habite les sous-bois tropicaux d'Amérique centrale, d'Amérique du Sud et des Antilles. Il est largement répandu et on en compte huit sous-espèces. Dépassant rarement 3,5 m, il vit à terre, souvent caché à l'abri des pierres ou des troncs d'arbres, et seuls les jeunes sont arboricoles. Actif à la tombée de la nuit, il chasse à l'affût : sa détente extrêmement rapide lui permet de capturer infailliblement sa proie (qu'il étouffe par constriction, comme son nom l'indique !).

D

D. **PYTHON RÉTICULÉ**

D'origine asiatique, il possède une croissance très rapide ; il peut dépasser les 8 m, les 110 kg et les vingt ans d'âge ! Il fréquente les zones marécageuses et les rivières et chasse les oiseaux et les petits mammifères au crépuscule ou pendant la nuit. La femelle pond sur le sol une quarantaine d'œufs et se love au-dessus pendant la période d'incubation (de 55 à 80 jours).

E

F

E. F. **TYPHLOPS**

Adapté au mode de vie fouisseur, il présente une tête compacte aux yeux et aux orifices (narines, bouche) réduits. Cette disposition rend la tête difficilement discernable de la queue.

Caractéristiques des élapidés. Leur tête est recouverte de grandes écailles, comme les colubridés (mais ils s'en distinguent par la structure de leurs vertèbres et par leur condition de protéroglyphes). Leur régime alimentaire comporte surtout des mammifères, ainsi que des oiseaux et des amphibiens. Certaines espèces (cobra royal) peuvent se nourrir de serpents. Ils sont généralement ovipares, sauf les espèces d'Australie.

Le venin des élapidés est de type neurotoxique : il possède une action sélective sur la jonction neuro-musculaire, identique à celle d'un poison, le curare. La commande nerveuse est bloqué au niveau des récepteurs musculaires, rendant les muscles insensibles et inertes. La proie paralysée (on parle de paralysie flasque des muscles) meurt généralement par arrêt respiratoire.

Les cobras cracheurs. Ils sont largement répandus au sud de l'Afrique *(Naja nigricollis, Hemachatus hemachatus).* Ils peuvent projeter à 2 m un mélange de salive et de venin par une compression brutale des muscles de leurs glandes à venin accompagnée d'un souffle puissant ; visant les yeux de leurs agresseurs, ils peuvent provoquer une cécité permanente.

Mambas et serpents à lunettes. Le mamba vert *(Dendroaspis angusticeps)* et le mamba noir *(Dendroaspis polylepis)* sont des représentants arboricoles de la famille. Les dents venimeuses des mambas sont plus longues que celles des autres élapidés. Le cobra à lunettes indien *(Naja naja)* utilise, comme les autres cobras, une stratégie défensive bien particulière. Il intimide ses adversaires en dressant son corps et l'aplatissement des côtes antérieures étire une collerette de peau (capuchon) souvent rehaussée de tatouages colorés (lunettes, anneau ou bandes).

LES SERPENTS MARINS

LES HYDROPHINÉS

■ AUTREFOIS CONSIDÉRÉS comme une famille (hydrophidés), les hydrophinés sont aujourd'hui décrits comme une sous-famille des élapidés. Ils forment un petit groupe d'une cinquantaine d'espèces. À l'exception d'une espèce, ils vivent exclusivement dans les zones chaudes de l'océan Indien, du Pacifique et de la mer Rouge.

L'adaptation au milieu aquatique se traduit par un corps profilé (on ne note pas de dépression entre la tête et le corps) ; l'extrémité de leur queue, comprimée verticalement, sert de nageoire et leurs narines s'obstruent lors de la plongée. La plupart des espèces sont totalement aquatiques et ne retournent jamais à terre. On en rencontre jusqu'à 50 km des côtes. Les femelles, généralement ovovivipares, mettent bas en mer.

Venimeux, mais pacifiques. Le maxillaire porte à l'avant deux dents canaliculées. Le venin des hydrophinés est très puissant et contient surtout des neurotoxiques. Toutefois, ces serpents ne sont pas agressifs : même en plongée, on ne court pas de risque et il est possible de contempler sans danger leurs magnifiques livrées.

On distingue généralement deux groupes : les laticaudiinés et les hydrophiinés. C'est dans le premier groupe que l'on trouve quelques espèces ovipares pouvant retourner à terre *(Laticauda colubrina,* par exemple). Les hydrophiinés peuvent atteindre 2 m *(Hydrophis spiralis).*

A. **MAMBA VERT**

Essentiellement arboricole, le serpent vert des bananiers, ou mamba vert *(Dendroaspis angusticeps),* de forme élancée, mesure de 1,5 à 2 m. Ce serpent venimeux habite les savanes, les forêts secondaires ainsi que les plantations.

A

B

B. **UN FAUX AIR DE COULEUVRE**

Les élapidés se distinguent des colubridés par la présence de deux crochets inoculateurs de venin fixés à l'avant de la gueule. Pourtant, celle-ci fermée, la tête de mamba *(Dendroaspis angusticeps)* est très semblable à celle d'un colubridé et la confusion est possible. Cependant, chez les mambas, la bouche semble se prolonger plus loin vers l'arrière que chez les couleuvres.

C

C. **MAMBA NOIR**

De mode de vie plutôt terrestre, mais à l'aise dans les arbres, ce grand serpent angolais *(Dendroaspis polylepis)* se rencontre souvent dans les terriers de rongeurs. Il peut atteindre 3,5 mètres.

D

D. **LATICAUDA**

Les hydrophinés sont parfaitement adaptés au milieu aquatique, mais certains, comme ce *Laticauda,* ne s'éloignent pas du rivage : les femelles, ovipares, pondent leurs œufs à terre.

E. **INTIMIDATION**

Pour effrayer les agresseurs, les cobras (ou najas) se dressent et déploient leur capuchon. Certains crachent leur venin.

E

F

F. **SERPENT À LUNETTES**

Le capuchon, formé par l'aplatissement des côtes de la région antérieure de la colonne, donne aux cobras une allure menaçante. Le cobra à lunettes indien *(Naja naja)* possède des ocelles dessinés sur son dos, qui donnent l'apparence menaçante des yeux d'un gros animal.

LES CROCODILIENS

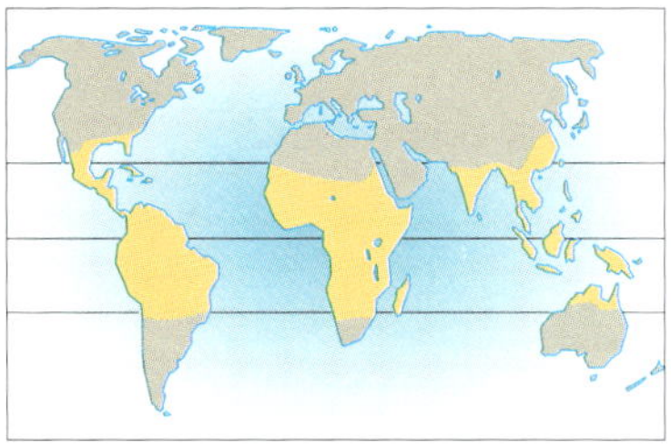

Répartition géographique. Les crocodiliens rassemblent 22 espèces. Les alligators et les caïmans (famille des alligatoridés) sont, pour l'essentiel, répartis en Amérique. L'alligator de Chine fait exception. Les crocodiles vrais ont une répartition très vaste : ils occupent l'Afrique, l'Asie, l'Inde et l'Australie. Le gavial du Gange est restreint à certains grands fleuves de l'Inde et du Pakistan.

Classification. Les crocodiles vrais (crocodylidés), les alligators et les caïmans (alligatoridés) et le gavial (gavialidés) forment le petit ordre des crocodiliens. Ces reptiles constituent, avec les dinosaures et les ptérosaures (fossiles), le groupe des archosauriens (avec lequel les oiseaux ont une origine commune).

Morphologie et anatomie. La morphologie des crocodiliens témoigne de leurs mœurs amphibies. Le corps est fusiforme, avec une queue puissante servant de godille. Les pattes arrière sont palmées. Yeux, narines et oreilles sont repoussés sur la face dorsale du crâne, de manière à affleurer en surface lorsque le corps est immergé (position de guet, typique de ces animaux). Les crocodiliens possèdent plusieurs caractères très évolués : par exemple, un palais secondaire complet individualisant les voies respiratoire et digestive et un cœur à quatre cavités (deux oreillettes et deux ventricules séparés).

Modes de vie. Les crocodiliens occupent la ceinture intertropicale, à l'exception de l'alligator du Mississippi et de l'alligator de Chine, localisés un peu plus au nord. Cette répartition reflète certaines contraintes thermiques. Les crocodiles, reptiles à température variable, ont besoin de climats chauds et doivent disposer d'eau en abondance pour s'y réfugier lorsque la température de l'air devient trop forte ou trop basse. En hiver ou en saison sèche, ils peuvent hiberner plusieurs mois.

Alimentation. Les crocodiliens sont des superprédateurs : ils capturent et consomment des herbivores et des carnivores. Leur régime est très éclectique. Jeunes, ils se nourrissent d'insectes, de crustacés, de mollusques, d'amphibiens et de petits poissons. Ils peuvent alors absorber jusqu'à 10 p. 100 de leur poids en un seul repas. Adultes, ils mangent beaucoup moins (de 4 à 5 p. 100 de leur poids par semaine), mais capturent de nombreuses proies : poissons, reptiles, oiseaux, mammifères, dont la taille peut atteindre celle d'un âne ou d'un bœuf. La digestion est lente et subit l'influence de la température ambiante.

Reproduction. En période de reproduction, les mâles se livrent à des combats ritualisés mais violents, aboutissant à l'établissement de territoires et de harems. Les nombreux comportements de « cour » comme les affrontements entre mâles reposent sur un riche déploiement de postures et de vocalisations.

Les crocodiliens sont ovipares. Peu avant la ponte, les femelles font un nid (grand cône de 1,5 m à la base sur 1 m de haut), formé de débris végétaux mêlés à de la boue. Les œufs (de 20 à 60 par ponte) sont déposés dans un creux aménagé au sommet du nid (ce creux est ensuite refermé). L'incubation dure de 65 à 90 jours, au cours desquels la femelle défend sa progéniture.

A. B. C. **CROCODILE, ALLIGATOR ET GAVIAL**

Peu de choses distinguent les crocodiles (B) des alligators (C). La principale différence tient à l'implantation dentaire : chez les premiers, les dents du haut et du bas sont visibles la gueule fermée ; chez les seconds, seule la rangée dentaire supérieure apparaît. Le gavial (A), avec son long museau cylindrique, est lui bien distinct, par plusieurs traits anatomiques.

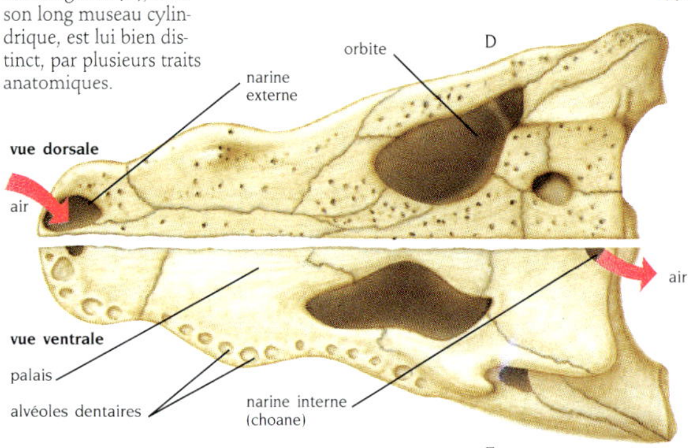

D. **PALAIS**

Le plafond buccal des crocodiles comporte un palais dit « secondaire », formé des os maxillaires, palatins et ptérygoïdes. Cette paroi osseuse isole les voies respiratoires de la cavité buccale. Les narines internes *(choanes)*, repoussées à l'arrière du palais, s'ouvrent ainsi juste au-dessus de la trachée. De plus, une forte membrane, à l'arrière de la langue, ferme l'arrière-gorge lorsque l'animal plonge.

E. **AIDER LES PETITS**

Les jeunes prêts à naître poussent des cris que la femelle perçoit à travers la coquille des œufs. Elle peut alors les aider à éclore en brisant délicatement les œufs avec ses dents, comme le fait cette femelle de crocodile de Nouvelle-Guinée.

Les jeunes sont parfois transportés dans la gueule de leur mère jusqu'au plan d'eau le plus proche. La mortalité est cependant importante : sur 100 œufs pondus, moins de 5 donneront un individu capable de se reproduire.

LES FERMES À CROCODILES

Une chasse intensive, orientée vers le commerce du cuir, a provoqué la raréfaction dramatique de plusieurs espèces de crocodiles. Aussi l'abattage, dans la nature, de ces animaux est-il interdit ou sévèrement réglementé.

La production des fermes d'élevage ou des « ranches » à crocodiles prend une part croissante du marché. Les reptiles y sont élevés selon des normes industrielles à haut rendement, dans des installations semi-naturelles ou sous serre. On compte aujourd'hui dans le monde plus d'une centaine de ces établissements.

F. **PRÉDATION**

Les techniques de chasse des crocodiles reposent surtout sur la dissimulation et la surprise. Lorsqu'une grosse proie est repérée, ils plongent sans bruit et nagent sous l'eau vers l'animal convoité. Parvenus à proximité, ils surgissent d'une brusque détente, et le saisissent au museau ou à la patte. Après avoir déséquilibré leur proie d'une rotation du corps, ils la traînent dans l'eau pour la noyer. La victime (ici un zèbre) peut être consommée dans l'instant, ou après un certain temps de décomposition.

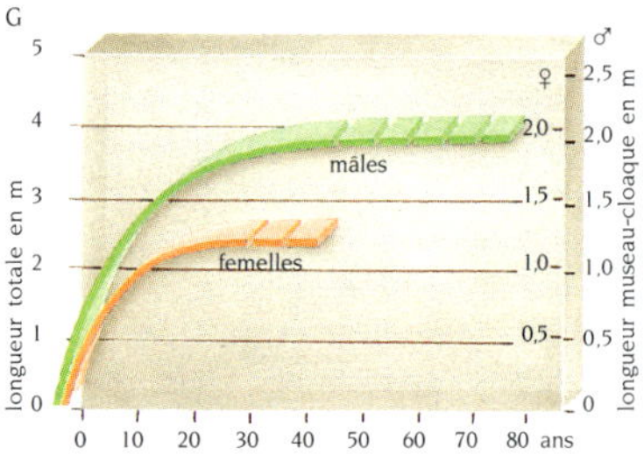

G. **CROISSANCE ET LONGÉVITÉ**

À la naissance, les crocodiles mesurent de 20 à 25 cm. Ce graphique indique la longueur totale (échelle de gauche) et la longueur sans la queue (à droite, avec une échelle pour les femelles et une pour les mâles). D'abord rapide, la croissance ralentit après 5 ou 6 ans. Les plus grandes espèces atteignent 5 ou 6 m pour un poids supérieur à la tonne. La longévité pourrait atteindre le siècle.

LE MYTHE ANIMAL

IL NE CONNAÎT ni les hommes ni les pays, sa seule compagnie est l'animal. Avec les gazelles il broute l'herbe, avec les hardes il s'abreuve aux points d'eau. Auprès des sources, en compagnie des bêtes sauvages, son cœur se réjouit.» (Extrait de *l'Épopée de Gilgamesh.*)

■ Il y a 30 000 ans, quand l'homme du paléolithique supérieur trace sur la roche des cavernes les témoignages manifestes d'une expression religieuse et esthétique, il place l'animal sauvage au centre de la pensée mythique. La faune des forêts et des steppes – bisons, chevaux, aurochs, félins... –, qu'il reproduit dans de vastes scènes animalières ponctuées de figures humaines et de signes graphiques, symbolise les puissances mystérieuses de la nature. Cette représentation, abstraite ou extrêmement figurative, exprime l'idée que l'on se faisait de l'unité fondamentale de la vie.

Les animaux divins. Dès le Xe millénaire avant notre ère, la forêt défrichée cède la place à la plaine féconde. Les tribus se fixent au creux des vallées sur les rives de fleuves sauvages, où naissent les grandes civilisations. Les champs succèdent aux jachères, les paisibles troupeaux aux bêtes sauvages. Le passage du régime de chasseurs-cueilleurs à celui d'éleveurs-agriculteurs bouleverse profondément les croyances. Le rôle primordial des grands animaux cornus (taureau, cerf, bélier...) comme divinités mâles est confirmé, mais l'homme prend conscience de ses propres capacités de dominer le monde réel. La métamorphose du panthéon animal en des divinités à l'image de l'homme se réalise progressivement.

Sept mille ans plus tard, avec l'émergence des civilisations de l'Indus, de Mésopotamie et d'Égypte, l'Univers entier et les phénomènes naturels, le Soleil, la Lune, la Terre, les vents, la pluie..., sont désormais habités par des dieux humanisés. Pourtant, si l'animal abandonne aux hommes le rang de dieux, il reste néanmoins le symbole vivant des puissances naturelles et surnaturelles.

En Égypte, à la fin du IVe millénaire avant notre ère, la survivance des anciens dieux animaux se manifeste dans la double na-

A. *Zeus et l'Aigle* (plat grec, VIe s. av. J.-C.).

B. *La Louve du Capitole* (bronze étrusque, VIe-Ve s. av. J.-C.).

L'aigle et la louve

« ... **Un aigle volant haut qui laisse l'armée sur sa gauche.** Il porte dans ses serres un serpent rouge, énorme, qui vit, qui palpite encore et qui n'a pas renoncé à la lutte. À l'oiseau qui le tient, il porte un coup à la poitrine, près du cou, en se repliant soudain en arrière. L'autre alors le jette loin de lui à terre : saisi par la douleur, il le laisse tomber au milieu de la foule, et, avec un cri, s'envole, lui, dans les souffles du vent. Les Troyens frissonnent à voir par terre, au milieu d'eux, le serpent qui se tord, présage de Zeus porte-égide (A)... » (Homère, *l'Iliade,* VIIIe s. av. J.-C.)

« ... **Ces derniers se roulaient dans la vase en vagissant, quand une louve** (B), de toute évidence mère depuis peu, car ses mamelles étaient gonflées de lait, présenta ses tétines à leurs bouches [...] Quand ils s'approchèrent et virent la louve entraîner les nouveau-nés comme s'ils étaient ses petits et eux se pendre à elle comme si elle était leur mère, ils soupçonnèrent là quelque phénomène divin... » (Denys d'Halicarnasse, *les Origines de Rome,* Ier s. av. J.-C.)

ture, mi humaine, mi-animale, des nouvelles divinités. Le crocodile vénéré au Fayoum prête ses traits au dieu Sebek ; la vache de Dendérah, à la déesse Hathor ; la chatte et le faucon des provinces du delta, à la déesse Bastet et au dieu Horus... Ces dieux ne se contentent pas d'arborer la tête de l'animal, ils s'approprient toutes les fonctions et les qualités de l'ancien mythe. Quant aux espèces vivantes, les Égyptiens les sacralisent au point de les entretenir à grands frais dans les temples puis, à leur mort, de les momifier, avec les honneurs. L'ibis, le taureau, le scarabée, le serpent, le faucon... représentent l'enveloppe charnelle dans laquelle s'incarnent les dieux sur la Terre. Ils sont plus que des attributs, ils lient le réel à l'imaginaire, ils sont le « Ba », l'âme sans laquelle les statues ne seraient que de simples pierres et l'animal, une simple bête.

A. *Déesse Hathor* (Thèbes, Vallée des Rois).

Dans l'Enouma Elish, la grande genèse babylonienne, le démiurge Mardouk terrasse la déesse Tiamat, la divinité primordiale génitrice de tous les dieux, puis, de son cadavre monstrueux démembré au vent, il organise l'Univers. Le mythe célèbre la fin des temps primordiaux et la naissance de la civilisation. Il exprime aussi la victoire des hommes sur la nature et des nouvelles croyances sur les anciennes.

L'animal divin des tribus néolithiques est refoulé sur les frontières de l'imaginaire, où les bêtes d'un autre âge sommeillent. Les prêtres chaldéens le placent aux confins du monde visible, sur la voûte céleste parmi les étoiles. La nuit, scintillant de mille feux, le Lion, le Taureau, le Sagittaire, le Capricorne ou encore les Poissons surgissent, immenses. Ainsi vouées principalement aux animaux, les constellations zodiacales délivrent aux hommes les clefs de leur destinée.

Les dieux humains. Les combats des dieux grecs à formes humaines contre des animaux ou des hommes monstrueux permettent à la genèse de s'accomplir et à la civilisation de s'épanouir. À travers la victoire de Zeus sur les Titans, les Cyclopes, les Hécatonchires aux cent bras et aux cinquante têtes et sur Cronos, son infanticide de père, c'est la suprématie absolue de la raison sur la force brute, la victoire de l'homme sur l'animal, qui s'affirme.

Paradoxalement, sans doute conscients du danger que représenterait une société entièrement soumise à la raison et expurgée de toutes ses croyances primitives, les Grecs placent Dionysos (la seule divinité née d'une mortelle, Sémélé, et d'un dieu, Zeus) en équilibre sur les frontières de la raison et de l'irrationnel, du bon ordre et de l'excès, de la nature bucolique et du monde sauvage. Le culte dionysiaque brisait l'ordre établi, le temps d'une fête démentielle où toutes les inhibitions et les énergies trop longtemps contenues se libéraient soudain dans une violente bestialité.

«... l'une d'elles déchirant en deux de la sorte une vache aux pis lourds, mugissante, tandis que ses compagnons dépècent des génisses. Des côtes, des sabots fourchus, lancés çà et là, restent suspendus, ruisselants de sang, aux branches des sapins. Des taureaux agressifs au regard menaçant sous leurs cornes sont terrassés, puis emportés par mille bras de jeunes femmes. Comme un vol d'oiseaux, les bacchantes passent, emportées par leur course... »

Le vin, la danse, la musique, le déguisement rituel et le port du masque animal, bouc ou taureau, un festin de chairs

C. *Serpent bicéphale* (art aztèque).

Vaches et croyances

Hathor (A) est la déesse-vache des anciens Égyptiens.

«... Cette vache est couverte d'une housse cramoisie, excepté la tête et le cou, qui sont dorés d'un or fort épais. Entre les cornes est placé le cercle du soleil, en or [...] On la transporte tous les ans hors de la salle. Cette cérémonie se fait dans le temps où les Égyptiens se frappent et se lamentent pour un certain dieu que je ne dois pas nommer ici : c'est alors qu'on expose cette génisse à la lumière ; car ils se disent que la princesse, en mourant, pria Mykérinos, son père, de lui faire voir le Soleil une fois par an... » (Hérodote, *Histoires,* 480 av. J.-C.).

En Inde, la vache (B) est un animal sacré et vénéré :

«... La Vache est le Ciel, la vache est la Terre ; la Vache est Visnu et Prajapati ; [...] C'est la Vache qui fait vivre les dieux, la Vache qui fait vivre les hommes. La Vache, c'est tout ce qui est, tout ce qui contemple le soleil. » (Hymne védique.)

B. *Vache sacrée en Inde, lors de la fête de Pushkar.*

crues plongeaient les participants dans l'extase, en communion avec les forces vives de la nature, le divin dans son essence primitive. Les dieux eux-mêmes, trop à l'étroit dans leur forme humaine, revêtaient une forme animale le temps d'une ruse ou d'une passion amoureuse inavouable : Zeus se fait taureau, aigle ou encore cygne... Héra, vache, serpent... Dionysos, taureau, lion... Les dieux n'hésitaient pas non plus, au comble de la colère, à frapper les simples mortels d'une infamante bestialité : Actéon est transformé en cerf ; la tisseuse Arachné, en araignée ; le roi Midas se voit pousser des oreilles d'âne, etc.

La métamorphose animale des hommes et des divinités dans les mythes et les rites évoque bien les antagonismes de la pensée religieuse grecque et la persistance des croyances archaïques héritées de la Crête minoenne et des tribus indo-européennes. D'un côté, les hommes et les dieux pourfendent les monstres du passé ; de l'autre, ils en revêtent la peau, dépouillée de son masque de terreur. Substitut et attribut, messager des uns et des autres avec le pouvoir de voyager des régions infernales aux sphères célestes, bouc émissaire, offrande sacrifiée sur les autels, l'animal demeurait l'indispensable liaison entre les hommes et les dieux, entre profane et sacré.

Un être inférieur. À l'avènement du christianisme, les prêtres de la nouvelle religion ne voient dans l'animal qu'un être inférieur, tout juste bon à servir les hommes. Symbole vivant des cultes païens qu'ils combattent dans l'Empire romain, le monde grec, celtique ou germain, l'animal est prestement banni de toutes les cérémonies religieuses, tout pouvoir surnaturel ou considéré comme tel lui étant dénié.

«... Le fils de Dieu ne fut pas engendré de telle façon qu'il eût à rougir de son nom de fils ou de sa filiation paternelle. Il n'a pas, lui, subi l'affront d'avoir, par l'inceste d'une sœur, ni par le déshonneur d'une fille ou d'une épouse étrangère, un père divin couvert d'écailles, encorné ou emplumé... » Ainsi écrivait Tertullien, le Père de l'Église d'Occident, dans son *Apologétique* (IIe s.).

Toutefois, la popularité de l'animal à travers le monde et la puissance de ses liens avec l'homme le destinaient à de nouvelles attributions. Détournant

E. *Barque sur l'Euphrate* (École de Bagdad, 1222-1223).

Serpents fabuleux

Ce serpent aztèque bicéphale (C) évoque le mythe du serpent à plumes :

«... En vérité, c'est par le signe du Seigneur Serpent à plumes que le Seigneur Kukmats montait sept jours au Ciel, puis descendait sept jours au lieu de l'Épouvante. Sept jours, il se transformait en serpent véritable, sept jours, il se faisait aigle, sept jours jaguar. Et en vérité il avait l'apparence réelle d'un aigle, d'un jaguar. Sept jours encore il se faisait sang coagulé. Véritablement le signe de naissance de ce chef épouvantait tous les seigneurs. Le bruit s'en répandit et tous les chefs des tribus connurent l'existence extraordinaire de Kukmats, par le signe de son pouvoir surnaturel. Il est resté dans la mémoire des ancêtres et de leur descendance... » (*Popol-Vuh*, le Livre des événements des Quiché, XVIe s.)

D. *Amours jouant avec des dauphins* (mosaïque romaine d'Utique, IVe s.).

Source de vie et de sagesse

À l'image de l'eau dans laquelle ils vivent (E), les poissons et autres créatures marines considérées comme tels (baleines, dauphins,...) symbolisent la naissance et la résurrection. Sur cette mosaïque romaine (D), seuls les dauphins sont choisis comme compagnons de jeu par les Amours. L'intelligence du dauphin a-t-elle inspiré le mythe babylonien d'Oannès ?

«... En Babylonie, quantité d'hommes venus d'ailleurs s'étaient installés en Chaldée, où ils menaient une existence inculte, pareils à des bêtes. Une première année, alors, apparut là, sur le rivage, un monstre extraordinaire sorti de la mer Rouge et appelé Oannès. Son corps entier était celui d'un poisson, avec, sous la tête (de poisson) une autre tête (humaine) insérée [...] Ce même être vivant[...] leur donna tout ce qui constitue la vie civilisée... » (Bérose, *Babyloniaka*, 300 av. J.-C.)

l'enseignement mythologique vers des allégories moralisatrices, les Pères de l'Église l'utilisèrent judicieusement pour l'éducation religieuse des chrétiens.

Au IVe siècle, devant la persistance du paganisme, l'empereur Théodose interdit le sacrifice, coupant définitivement les païens de leurs dieux. L'exécution de l'animal devient une prérogative des saints : ici saint Michel terrasse le dragon, là sainte Marthe, la tarasque ; là encore saint Romain fixe la gargouille au sommet des églises. Mouches, chevaux, chiens, truies, sauterelles... sont mis au ban de la justice des hommes, condamnés, châtiés et, en dernier recours, excommuniés. On est en droit de s'interroger sur cette façon d'agir. N'était-ce pas là une manière de rendre l'animal encore égal sinon supérieur à l'homme ?

Le sang des Aztèques. Quelle stupéfaction pour l'Occident chrétien, lorsque les conquistadors Hernán Cortés, Cristóbal de Olid, Francisco de Montejo... accostent au XVIe siècle sur les rivages du Mexique, de découvrir à l'autre bout du monde une civilisation qui leur paraît en proie aux puissances démoniaques, à l'instar de l'Antiquité gréco-romaine. Aveuglée par le sang des sacrifiés, les hommes précipités dans les brasiers, les cœurs arrachés aux poitrines, les dépeçages, les scarifications ou les mutilations, l'Europe chrétienne ne distingue derrière ces actes de violence inouïe que des pratiques barbares scandaleuses.

À aucun moment, toute investie dans sa sinistre mission de châtiment céleste, elle ne perçoit la richesse de la pensée indienne, de ses croyances, de l'étonnante exubérance de ses mythes. Quetzalcoatl, le serpent à plumes, Huitzilopochtli, le colibri-de-la-gauche, Curicaueri, l'aigle suprême, Ah Mex Cuc, le seigneur écureuil barbu, font partie d'une faune douée de facultés magiques, qui contribue à la mise en place de l'Univers et apporte bien souvent les éléments indispensables à l'épanouissement de l'homme : le pivert brise d'un coup de bec la roche sous laquelle sont dissimulés les grains de maïs, la sarigue vole le feu aux animaux-démons...

L'imaginaire sacré. Aujourd'hui encore, dans les sociétés dites « archaïques » d'Asie, d'Océanie, d'Afrique et d'Amérique, les mythes soutiennent et enveloppent la réalité. Ils se vivent dans tous les actes de la vie quotidienne, des plus élémentaires aux rites cérémoniels, comme l'explication de tout ce qui est : la nature avec ses arbres, ses cailloux, ses montagnes, ses mers et ses rivières ; la voûte céleste avec ses astres ; le feu ; les plantes nutritives... et puis l'homme et l'animal – que rien ne distinguait vraiment à l'époque mythique. Les Bochimans disent : «... Lorsque nous sommes détruits par la sécheresse, nous prenons des poils d'oryx que nous brûlons sur le feu rituel, et nous prions. Nous demandons à Xaora – le premier homme créé – de nous donner la pluie.

Xaora fut le premier homme-lion. Il donna la danse du lion à tous les Bochimans. Lorsque, au cours de cette danse, nous tombons en transe, nous voyons les lions-ancêtres et parlons avec eux... » □

Le zodiaque

« ... Il est des signes qui doivent évidemment leur origine à Neptune : telle est l'Écrevisse, qui peuple nos rivières ; tels sont les Poissons, qui habitent l'océan et les fleuves. D'autres sont censés avoir une nature terrestre (A), comme le Taureau, chef du gros bétail ; le Bélier, fier de son empire sur les bêtes à laine ; le Lion, ennemi et destructeur de l'un et de l'autre ; et le Scorpion, qui aime à fréquenter les buissons [...] Il existe une guerre éternelle entre l'homme et la bête. La Balance a une figure humaine ; le Lion en a une bestiale. Les animaux bruts sont dominés par l'homme, parce que la raison doit l'emporter sur la force, même la plus grande. Le Lion brille au ciel mais après avoir été vaincu ; le Bélier ne doit cet honneur qu'à sa riche toison, qui lui fut enlevée par l'homme ; le Sagittaire même, considéré dans les parties qu'il tient du cheval, est dompté par l'homme [...] Tous les signes qui brillent sous une forme humaine sont des ennemis de ceux qui n'ont que des figures d'animaux et les ont vaincus. Tous les signes ont des sentiments qui leur sont propres, et livrent des combats à leurs ennemis secrets... » (Marcus Manilius, *Astronomicon*, Ier s. av. J.-C.)

A. *Les 12 signes du zodiaque et le Soleil* (Bréviaire d'Amour, XIIIe s.).

PRÉSENTATION DES OISEAUX

RASSEMBLANT environ 9 000 espèces, dont le poids s'échelonne entre 2 g (colibri) et 130 kg (autruche), le groupe des oiseaux est cependant facile à définir. En effet, on peut affirmer que tout animal porteur de plumes est un oiseau.

Répartition géographique. On trouve des oiseaux sur les cinq continents et dans tous les types d'environnements, des hautes montagnes aux océans, des steppes aux forêts, des déserts de sable aux glaces polaires. Cette remarquable dispersion tient à ce que l'évolution des oiseaux s'est faite autour de l'adaptation au vol sous toutes ses formes (plané, vibré, battu...). Même les espèces qui ne volent plus (les manchots ou les autruches par exemple) descendent d'un ancêtre volant.

Classification. L'évolution axée sur le vol, avec les contraintes imposées à l'organisation anatomique, explique que les systématiciens ne s'entendent pas sur la classification des oiseaux ainsi que sur leur relation avec les autres groupes (phylogénie). Les méthodes modernes fondées sur l'étude du matériel génétique (taxinomie moléculaire) ouvrent un immense champ de réflexion et de discussion, tout en bouleversant bien des conceptions classificatoires tenues jusqu'alors pour acquises.

Origine. Beaucoup de paléontologues considèrent les oiseaux comme les descendants directs des dinosaures (groupe des archosauriens) ; les ancêtres des oiseaux montrent en effet quantité de caractères reptiliens, dont certains subsistent encore de nos jours (os unique de l'oreille moyenne, crâne articulé sur un seul condyle, écailles des pattes, articulation tarsienne...).

Reproduction. L'occupation de milieux très divers, chacun avec ses contraintes écologiques propres, correspond à toute une série de modalités de reproduction. Certes tous les oiseaux pondent des œufs (oviparité), mais tous ne les déposent pas dans un nid et tous ne les couvent pas. Selon les espèces considérées, les jeunes peuvent à la naissance rester au nid (ils sont dits nidicoles), fuir le nid (ils sont dits nidifuges) ou encore présenter des comportements intermédiaires ou variables.

Modes de vie. Les oiseaux sont aussi remarquables par la diversité de leur organisation sociale et de leurs systèmes matrimoniaux. Si beaucoup vivent en couples, d'autres constituent des groupes ou des colonies (notamment en période de reproduction et lors des migrations). Certains forment des couples monogames, d'autres sont polygames (avec de nombreuses variantes).

AU FIL DE LA PLUME

L'apparition des plumes dans la lignée reptilienne qui est à l'origine des oiseaux reste mystérieuse, car on ne sait pas si leur fonction initiale était destinée au vol ou à la rétention, autour du corps, d'une couche d'air isolante (régulation thermique). Un certain consensus favorise l'idée que, l'homéothermie ayant précédé l'acquisition du vol, les écailles reptiliennes se seraient transformées pour assurer les régulations thermiques à mesure que se développaient les compétences en matière de vol.

Les remarquables adaptations des plumes des ailes et de la queue que l'on peut observer aujourd'hui résultent des transformations liées aux contraintes aérodynamiques lors de l'acquisition du vol. De même, la forme en écaille des plumes qui recouvrent le corps des oiseaux inaptes au vol, mais excellents nageurs, que sont les manchots est l'expression des forces hydrodynamiques ayant imposé leurs contraintes lors de l'évolution des systèmes de propulsion en milieu aquatique.

Cependant les plumes ne servent pas exclusivement à la propulsion et d'autres transformations, liées à des fonctions particulières, s'observent, notamment pour assourdir les sons (vol silencieux des rapaces nocturnes) ou, au contraire, en provoquer (chevrotement des bécassines). Chez certains pics, les plumes de la queue sont dures et permettent à ceux-ci de grimper à la verticale contre les troncs en prenant appui sur elles. La reconnaissance entre espèces (chacune a un plumage qui lui est propre) ou entre sexes (plumes ornementales des mâles de certains oiseaux) est également assurée par les plumes. Chez les gangas des zones arides, les plumes ventrales assurent le transport de l'eau pour abreuver les poussins.

G. H. I. **PLUMES ET COULEURS**

Les pigments des plumes ont la forme de granules microscopiques. Certains donnent directement les couleurs (eumélanines pour les noirs ou phéomélanines pour les bruns), mais des couleurs comme les bleus et les verts résultent de la disposition en alvéoles des granules. Cette disposition, couplée à la structure lamellaire de la kératine qui enveloppe les grains, diffracte ou réfléchit la lumière ou, du moins, certaines longueurs d'ondes, d'où les colorations brillantes et irisées des colibris, par exemple. Ici sont présentées des plumes de paon (H), de faisan (I) et de momot (G).

A. B. C. D. E. **DE L'ÉCAILLE À LA PLUME**

L'écaille originelle de type reptilien assure la protection du corps (A). Elle s'allonge (B) et réfléchit la chaleur solaire (isolant thermique). Une certaine flexibilité s'amplifiant, des fentes apparaissent, qui permettent à l'écaille de s'agrandir (C). L'élongation et la fragmentation s'accentuent. Les oiseaux primitifs doivent assurer leur régulation thermique et répondre aux contraintes aérodynamiques (D). La structure en barbes, barbules et barbicelles (E) résulte d'une longue évolution. C'est celle qui permet le plus de modifications, adaptées aux diverses fonctions que remplissent les plumes de l'oiseau.

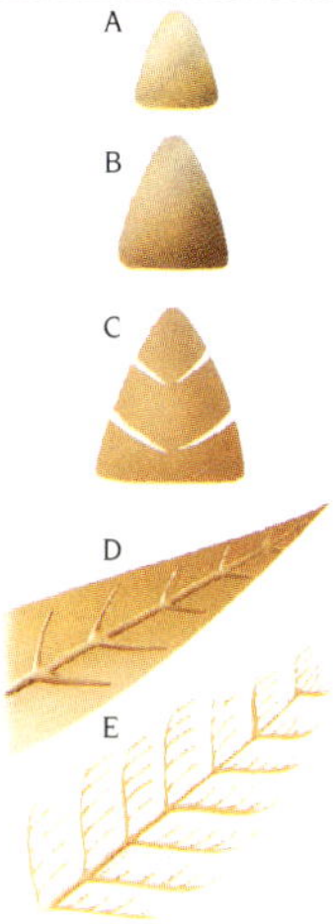

F. **ANATOMIE D'UN OISEAU**

Le squelette, montré ici chez un pygargue à tête blanche, est soutenu par un système musculaire spécialement développé. Chez les oiseaux sauvages, la masse de ce dernier peut atteindre 60 p. 100 du poids corporel.

Aile

Le membre antérieur est extrêmement modifié et adapté au vol. Le radius, l'ulna et le doigt III, très développé, assurent en grande partie le soutien de l'aile.

Squelette

Les soudures des os de la tête, du bassin et des membres, l'aile, les os à structure allégée (pneumatisés) et surtout la présence d'une fourchette caractérisent les oiseaux.

Bec

Le bec est une structure propre aux oiseaux, la seule exception étant l'ornithorynque, mammifère australien possédant un bec qui évoque celui du canard.

Fourchette

Cette pièce osseuse en forme de Y, formée par les deux clavicules, s'associe à la scapula et au coracoïde pour constituer la ceinture pectorale.

Bréchet

Chez les oiseaux (à l'exception des ratites), le sternum porte une forte carène ventrale appelée brechet.

Bassin

Il est composé de trois os : l'ilion, très long, l'ischion et le pubis. Ce dernier, grêle, s'étend en arrière, sous l'ischion.

LES PASSEREAUX

L'ORDRE DES PASSEREAUX (passériformes) regroupe à lui seul près de 5 200 espèces, soit plus de la moitié des oiseaux actuels. Les passereaux sont, dans l'ensemble, de dimensions modestes, de la taille du roitelet à celle du corbeau. Ils présentent un lot de caractères communs comme la configuration des pattes, la structure de leur palais et celle d'une glande (glande uropygienne) située sur la face supérieure du croupion, entre les muscles qui contrôlent les rectrices, ainsi qu'une réduction du nombre des vertèbres du cou.

Classification. On distingue deux grands groupes de passereaux, les *suboscines* et les *oscines*, en fonction de différences dans le nombre et la disposition des muscles qui s'attachent à l'organe permettant l'émission de sons (la *syrinx*). Si, à l'intérieur de ces subdivisions, il est facile d'identifier certains ensembles dont les représentants partagent une même morphologie (gobe-mouches, fauvettes, traquets, pies-grièches ou grimpereaux), des études biologiques plus poussées ont montré qu'il fallait se méfier de ces convergences morphologiques essentiellement dues à des similitudes écologiques. Aussi, la systématique des passereaux demeure très débattue et les récents progrès techniques de la biologie moléculaire donnent des résultats qui révolutionnent souvent la classification fondée jusqu'ici sur la morphologie.

TYRANS ET XÉNIQUES

LES SUBOSCINES

■ LA DISPOSITION SIMPLE des muscles de la syrinx constitue le caractère qui rassemble les 1 174 espèces, appartenant à 290 genres et à 8 familles, regroupées dans ce sous-ordre.

Le plus grand nombre de suboscines se rencontre sur le continent américain, du Mexique à la Patagonie. Cette aire de répartition est partagée par 6 familles (tyrannidés, thamnophilidés, furnariidés, formicariidés, conopophagidés et rhinocryptidés). L'observateur arrivant de l'Ancien Monde est frappé par le fait que, par le jeu des adaptations, quantité de ces suboscines montrent de remarquables convergences dans leur morphologie, leur comportement et leur écologie avec des passereaux oscines européens, africains ou asiatiques, oiseaux avec lesquels ils ne sont cependant nullement apparentés.

Les fourniers. La famille des *furnariidés*, très variée, tire son nom du nid en terre, qui ressemble à un four à pain, que construisent les fourniers (genre *Furnarius*). Parmi ces oiseaux, on trouve des espèces semblables aux cincles, d'autres qui rappellent les alouettes, les traquets ou encore les sittelles. Enfin, certains ont des comportements et des morphologies qui évoquent les pics et les grimpereaux, ou les bulbuls forestiers africains.

Tyrans, fourmiliers et tétémas. La famille des *tyrannidés* (544 espèces) comprend des oiseaux comme les alaènes, les moucherolles et les tyrans, dont le comportement est tout à fait celui des gobe-mouches de l'Ancien Monde. Les cotingas et les manakins sont des tyrannidés dont les mâles, brillamment colorés, courtisent les femelles sur des emplacements de parade bien déterminés.

Les *formicariidés* (56 espèces) comprennent les fourmiliers, les bataras, les myrmidons et les grisins (arboricoles). Les *thamnophilidés* (195 espèces), tels que les tétémas et les grallaires, constituent une famille distincte.

Xéniques et philépittes. Il s'agit des suboscines non américains. Ces petits oiseaux rondelets, de couleur brune et marqués de sourcils blancs, circulent le long des troncs, en fouillant les interstices des écorces. Ils sont particulièrement sensibles aux transformations de leur habitat provoquées par les activités humaines et l'un d'eux, le xénique des buissons, est menacé d'extinction.

Les philépittes malgaches évoquent un peu les souimangas, mais constituent un groupe ancien bien à part ; eux aussi sont menacés, en particulier par la déforestation.

A

A. **COQ DE ROCHE**

Cette espèce *(Rupicola rupicola)* appartient à la grande famille des tyrannidés. Du coq, il a la huppe qui, de la nuque, s'étale en une crête arrondie recouvrant le bec. Il niche dans les grottes, dans les parois rocheuses ou dans les éboulis qui encombrent le lit des rivières. Seul le mâle adulte est brillamment coloré, la femelle et les jeunes sont bruns. Les mâles se rassemblent par groupes de 5 à 25, voire davantage, sur des sites traditionnels (les leks, ou arènes) riches en lianes, et paradent au sol, chacun ayant son emplacement propre. Les femelles viennent les rejoindre pour l'accouplement, après quoi chacune va pondre, couver et nourrir seule sa nichée.

B. **CLASSIFICATION**

L'ordre des passereaux se divise en deux sous-ordres, les suboscines et les oscines. Le sous-ordre des oscines, plus riche en espèces (dont beaucoup sont familières en Europe), comprend 2 « parvordres » (corvida et passerina) et 6 « superfamilles » (menuroidea, etc.).

B. **CLASSIFICATION DES PASSEREAUX**

Sous-ordre			Exemples
Suboscines (tyranni)			brèves, tyrans, fourniers
Oscines (passeri)	corvida	menuroidea	oiseaux-lyres
		meliphagidea	méliphages
		corvidea	corbeaux
	passerina	muscicapoïdes	merles, gobe-mouches
		sylvoïdes	fauvettes
		passeroïdes	moineaux

D

D. **CALYPTOMÈNE VERTE**

Les eurylaimes (appartenant à la famille des eurylaimidés) sont des oiseaux trapus, à tête large, avec un bec aplati et largement fendu. Hormis quatre espèces africaines, cette famille habite l'Asie du Sud-Est. Si trois des espèces africaines (genre *Smithornis*) ont un plumage terne par rapport à celui de leurs parents asiatiques (ici, *Calyptomena viridis*), elles sont, en revanche, très surprenantes par le petit saut rapide suivi d'un court vol circulaire qu'elles effectuent. À l'occasion de ce saut, les pointes des ailes vibrent en produisant un crissement métallique caractéristique et audible de loin.

C

C. **BRÈVE À QUEUE BLEUE**

Les brèves (pittidés, genre *Pitta*) se rencontrent en Afrique, en Australie, et surtout dans le Sud-Est asiatique, comme celle-ci *(Pitta guajana)*. Elles sont terrestres et très discrètes en dépit de leur brillant plumage. On ignore beaucoup de leur biologie et certaines espèces sont menacées de disparaître avant que leurs mœurs ne soient connues.

Vouloir présenter brièvement les passereaux du vaste groupe des oscines est une véritable gageure, d'autant plus que leur classification demeure controversée. Les découpages des familles auxquels conduisent les travaux des systématiciens biochimistes bouleversent en effet les anciennes conceptions des systématiciens morphologistes.

On divise aujourd'hui les oscines en deux groupes : celui des « corbeaux » (corvida) et celui des « passereaux vrais » (passerina).

LE GROUPE DES « CORBEAUX »

CORVIDÉS ET FAMILLES PROCHES

■ Sous le terme de «corbeau», on regroupe ici un ensemble *(corvida)* dont de nombreux représentants présentent des morphologies bien différentes de celles du corbeau commun.

Les familles primitives. On les trouve dans la région australo-papoue.

Chez les ptilonorhynchidés, qui regroupent 20 espèces, les mâles, en repliant des herbes ou des feuillages, construisent des berceaux qu'ils décorent pour y courtiser les femelles. Les maluridés (238 espèces) sont petits, essentiellement terrestres et les mâles sont parés de plumages chatoyants bleus ou violets. Les méliphagidés (185 espèces) sont adaptés à consommer le nectar qu'ils recueillent à l'aide de leur langue transformée en brosse. Les éopsaltriidés (47 espèces) rappellent le rouge-gorge ou certains gobe-mouches par leur comportement et leurs formes. Les irénidés (10 espèces) comptent des espèces colorées comme l'oiseau-bleu des fées *(Irena puella).*

Les laniidés (30 espèces) sont cosmopolites et regroupent les pies-grièches, connues pour empaler leurs proies sur des lardoirs qui constituent de véritables garde-manger. Les viréonidés (51 espèces) sont propres au Nouveau Monde ; de petite taille, avec un plumage dominé par les verts, ces insectivores arboricoles habitent les forêts.

Les corvidés. Cette famille est bien différente de celle classiquement connue sous ce nom par les morphologistes. On y rattache près de 700 espèces, groupées en 7 sous-familles.

Les corbeaux, les geais et les pies sont cosmopolites et souvent familiers. Les paradisiers, dont les mâles possèdent les plus beaux plumages, sont propres à la Nouvelle-Guinée et à l'extrême nord de l'Australie et sont célèbres par la variété et l'excentricité de leurs parades nuptiales. Les loriots sont renommés pour leurs chants sifflés et leurs plumages dominés par les jaunes. Les échenilleurs et les minivets, comme les monarques ressemblent par leur comportement à de gros gobe-mouches. Les drongos ont un plumage noir, plus ou moins lustré, une longue queue souvent fourchue, et ils chassent les insectes à l'affût. Les gonoleks africains chantent en duo à l'unisson.

LE CHANT DES OISEAUX

Les oiseaux possèdent un organe qui leur permet d'émettre des sons variés et mélodieux : la *syrinx.*

Cet organe se situe à la jonction des bronches et de la trachée. C'est la contraction des muscles du thorax et de l'abdomen qui provoque un flux d'air faisant vibrer les membranes de la syrinx. Ce flux passant par les bronches et chaque bronche pouvant agir indépendamment de l'autre, les oiseaux sont capables d'émettre deux sons différents en même temps. Chez les oscines, la musculature de la syrinx est très élaborée.

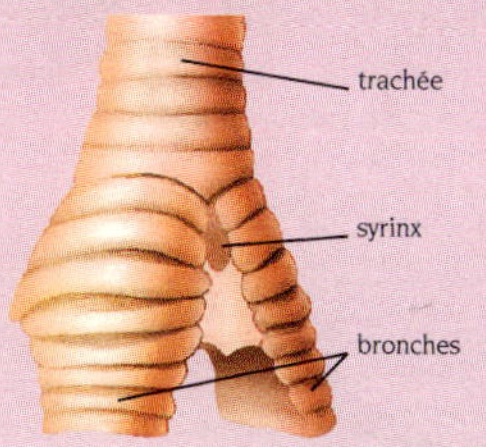

A

A. **PICATHARTES**

Passereaux de grande taille, les picathartes nichent dans les cavernes de l'Afrique équatoriale. Ils se nourrissent d'insectes attirés par le guano des chauves-souris. Ces oiseaux vivent en couples ou en petites colonies à l'intérieur desquelles ils se reproduisent.

B

B. **CORBEAUX**

Les diverses espèces de corbeaux (genre *Corvus*) se ressemblent par leur plumage noir, bien que certaines comportent du blanc ou présentent des plages grises. Ces oiseaux ont une mémoire remarquable. Bon nombre d'entre eux entreposent de la nourriture dans des caches qu'ils utiliseront durant l'hiver, sachant parfaitement les retrouver en dépit de l'enneigement.

C

C. **PARADISIERS**

Le paradisier de Raggi *(Paradisaea appoda raggiana)*, ci-contre, se trouve dans le sud-est de la Nouvelle-Guinée. Le paradisier royal (*Cicinnurus regius*), ci-dessous, habite toute l'île. L'extrémité des deux grandes plumes de sa queue forme une palette recourbée vers l'extérieur.

D

D. **OISEAU-LYRE**

Les oiseaux-lyres, ou ménures, évoquent les faisans. Ils doivent leur nom à la forme particulière des plumes de leur queue. Lors de la parade nuptiale, ces plumes ornementales, ramenées sur le dos et par-dessus la tête, vibrent tandis que l'oiseau danse et chante sur place. Les ménures vivent et se nourrissent au sol dans les forêts de la Nouvelle-Guinée et d'Australie. Leur nid est en forme de boule ; un œuf y est déposé, couvé pendant 50 jours et le jeune y est élevé pendant 47 jours.

E. **DES OISEAUX JARDINIERS**

Appelés également oiseaux à berceaux, les oiseaux jardiniers (famille des ptilonorhynchidés) sont spécifiques à la Nouvelle-Guinée. Les mâles attirent les femelles en construisant des arches ou en aménageant des zones qu'ils décorent de diverses façons. Ce jardinier satin *(Ptilonorhynchus violaceus)* plante des brindilles sur deux longues rangées et va jusqu'à peindre ces palissades à l'aide du jus des fruits qu'il écrase et malaxe dans son bec, utilisant parfois une herbe comme pinceau.

E

LES PASSEREAUX

MERLES, GRIVES...

LE GROUPE DES MUSCICAPOIDEA

■ L'ENSEMBLE DES MUSCICAPOIDEA regroupe 4 familles dont les représentants possèdent des morphologies très différentes.

Les jaseurs. Les bombycillidés (8 espèces) incluent les jaseurs de l'Ancien et du Nouveau Monde du genre *Bombycilla,* au plumage remarquablement soyeux.

Les cincles. Les cinclidés ne regroupent que 5 espèces (genre *Cinclus*). Liés aux cours d'eau, ils se nourrissent de larves d'insectes aquatiques qu'ils picorent en marchant sous l'eau.

Les muscicapidés. Cette famille importante (459 espèces) regroupe deux sous-familles : les turdinés et les muscicapinés.

Les *turdinés* constituent, au sein de la famille des muscicapidés, une sous-famille relativement homogène dont le représentant typique est le merle noir *(Turdus merula),* que l'on trouve dans des milieux variés allant de la forêt aux parcs et jardins des villes. Omnivore (vers, fruits), il est de mœurs terrestres. Parmi les turdinés, on trouve aussi des oiseaux des milieux rocheux méditerranéens comme le merle bleu *(Monticola solitarius)* et le merle de roche *(Monticola saxatilis),* ainsi que l'alèthe à couronne orangée *(Alethe castanea),* qui vit dans les sous-bois des forêts africaines et qui organise son existence autour des nappes de chasse des fourmis légionnaires, capturant les invertébrés qui tentent d'échapper à ces vastes colonies nomades d'insectes prédateurs.

Les *muscicapinés* regroupent les gobe-mouches dont le type est le gobe-mouches gris *(Muscicapa striata),* au plumage insignifiant, mais remarquable chasseur à l'affût qui rattrape et capture les insectes qui passent à sa portée. Le mâle du gobe-mouches noir *(Ficedula hypoleuca)* revêt au printemps une livrée noir et blanc et, contrairement au précédent, niche dans des cavités et occupe volontiers les nichoirs mis à son intention.

Les muscicapinés comprennent aussi des petits oiseaux rondelets, volontiers terrestres, relativement hauts sur pattes, qui adoptent des postures redressées, et dont l'un des représentants est le rouge-gorge familier *(Erithacus rubecula),* qui tire son nom de son plastron orange. Chez cette espèce, mâle et femelle chantent toute l'année, défendant un territoire, commun au couple durant la reproduction, mais individuel en dehors de celle-ci. Le rossignol philomèle *(Luscinia megarhynchos),* au chant sifflé réputé pour ses crescendos, appartient également au groupe des muscicapinés. Il hiverne en Afrique équatoriale.

Étourneaux et moqueurs. Ils représentent la famille des sturnidés (149 espèces).

Les étourneaux sont des oiseaux grégaires bien que nichant en couples. Le type en est l'étourneau sansonnet *(Sturnus vulgaris),* que l'on trouve pratiquement partout ; il s'est d'ailleurs fort bien implanté là où il a été introduit. Il constitue d'immenses bandes en automne et en hiver, commettant alors des dégâts dans les cultures fruitières. Au printemps et en été, son régime est à base d'insectes. Pour cette raison, dans certains pays, comme la Pologne par exemple, il est de tradition d'avoir devant la maison un nichoir pour les étourneaux.

Les moqueurs (6 espèces) sont des oiseaux africains des forêts ou des milieux boisés, mais aussi des parcs. Essentiellement terrestres, ils fouillent la litière à la recherche des insectes, mais ne négligent pas les fruits qui arrivent à maturité. Ce sont d'excellents chanteurs qui, souvent, imitent les autres oiseaux.

A. **JASEUR BORÉAL**
Bombycilla garrulus est connu pour ses mouvements migratoires. Certaines années, quand ses effectifs sont très élevés et que s'annoncent rares les fruits (notamment ceux des sorbiers) dont il s'alimente en hiver, il effectue des déplacements en bandes nombreuses, dont très peu d'oiseaux reviendront.

B. **MERLE NOIR**
Cet oiseau *(Turdus merula)* est relativement sédentaire et n'émigre qu'au cours des hivers rigoureux. Il niche dans les forêts et les bocages d'Europe, d'Afrique du Nord et de l'Asie tempérée, mais a récemment conquis vergers et jardins. Il se nourrit d'insectes, de vers et de graines. Son chant mélodieux et matinal est très apprécié.

C. **GRIVE MUSICIENNE**
Une dizaine d'espèces de grives se rencontrent en Europe de l'Ouest, dont la grive musicienne *(Turdus philomelos),* renommée pour son chant itératif et mélodieux. La grive niche partout en Europe de l'Ouest, dans un buisson ou une haie, sauf sur le littoral méditerranéen et en Corse, et hiverne souvent sur les rivages africains. Elle se nourrit d'insectes et de vers, d'escargots et de graines.

D. **TRAQUET PÂTRE**
Les traquets européens sont des oiseaux migrateurs, visitant l'Europe en été et hivernant en Afrique tropicale, à l'exception du traquet pâtre *(Saxicola torquata),* sédentaire dans l'ouest et le midi de la France, et du traquet rieur *(Œnanthe leucura),* qui vit en Languedoc et en Roussillon.

F. **GOBE-MOUCHES NOIR**
La plupart des gobe-mouches vivent dans les pays tropicaux. Ces passereaux doivent leur nom à leur adresse dans la capture des insectes en vol. En France, le gobe-mouches gris *(Muscicapa striata)* niche partout ; il hiverne en Afrique. Le gobe-mouches noir *(Ficedula hypoleuca)* est plus abondant dans le centre et l'est de la France.

E. **ROUGE-GORGE**
Le rouge-gorge est un oiseau familier des bois, parcs et jardins. Il se nourrit d'insectes, de chenilles, d'araignées et de baies, nidifie en avril dans une cavité tapissée de mousse et élève jusqu'à trois nichées par an. Les individus les plus septentrionaux vont hiverner dans le Midi méditerranéen.

G. H. **ÉTOURNEAUX**
L'étourneau d'Europe (*Sturnus vulgaris*) [G] ou l'étourneau d'Afrique (*Spreo superbus*) [H] se nourrissent tous deux de larves d'insectes, de vers et de mollusques, mais également de baies et de fruits. Ils nichent en colonies dans les arbres et défendent bruyamment leur territoire.

FAUVETTES, MÉSANGES, HIRONDELLES...

LE GROUPE DES SYLVIOIDEA

■ LE GROUPE DES FAUVETTES est composé de 11 familles parmi lesquelles on rencontre des oiseaux aussi communs que les mésanges, les hirondelles ou les roitelets.

Fauvettes et pouillots. Les sylviidés (564 espèces) représentent la famille la plus importante. On la divise en 4 sous-familles.

Les acrocéphalinés regroupent les fauvettes paludéennes eurasiatiques (bouscarles, locustelles, phragmites, rousserolles...), les hypolaïs et les pouillots, ainsi que les érémomèles et crombecs africains.

Les mégalurinés comprennent les mégalures australo-papoues et les graminicoles afro-asiatiques, caractérisés par une queue aux plumes allongées et à la structure modifiée.

Les garrulacinés sont asiatiques. Ils rassemblent les garrulaxes, oiseaux de la taille des merles, bruyants et sociaux.

Enfin, les sylviinés regroupent akalats, alcippes, timalies, yuhinas, babaxes, cratéropes et paradaxornis. Leur répartition géographique est essentiellement afro-asiatique. On place aussi dans cette famille la cama brune *(Chamaea fasciata)*, de l'ouest des États-Unis, ainsi que les fauvettes vraies (genre *Sylvia*).

Sittelles et grimpereaux. Ces oiseaux sont répartis en deux familles. Les sittidés (25 espèces) comprennent les sittelles (genre *Sitta*) et le tichodrome échelette *(Tichodroma muraria)*.

Les certhiidés (102 espèces) regroupent les grimpereaux, les troglodytes et les polioptiles. Les grimpereaux sont des oiseaux bruns qui grimpent le long des troncs et qui fouillent les interstices des écorces à l'aide de leur bec recourbé. Les troglodytes ont pour type le troglodyte mignon *(Troglodytes troglodytes)*, minuscule, brun-roux, rondelet, avec une courte queue qu'il maintient érigée ; eu égard à sa taille, son chant surprend toujours par sa puissance. Les polioptiles (petites fauvettes à plumage gris-bleu et à queue allongée) circulent rapidement dans les feuillages.

Mésanges et hirondelles. Les paridés (66 espèces) regroupent les rémiz et la plupart des espèces de mésanges. Le nid en bourse des rémiz est entièrement fait de laine végétale et présente une fausse entrée, la vraie étant, à chaque visite des propriétaires, fermée par pression. Les ægithalidés (10 espèces) comprennent aussi des mésanges dont le type est la mésange à longue queue *(Aegithalos caudatus)*.

Les hirondelles (94 espèces) sont regroupées dans la famille des hirundinidés. Enfin, les régulidés (6 espèces) rassemblent les roitelets, petits oiseaux (de 8 à 9 cm), au plumage gris-vert, avec des couleurs vives sur la tête.

Bulbuls et cisticoles. Les pycnonotidés (133 espèces) regroupent les bulbuls. Le type en est le bulbul commun *(Pycnonotus barbatus)*, dont le bref chant rythmique domine les ambiances sonores des villages africains. L'hypocolius gris *(Hypocolius ampelinus)*, sorte de pie-grièche à longue queue et plumage soyeux qui vit dans les milieux désertiques de l'Arabie et du Moyen-Orient, est le seul représentant de la famille des hypocoliidés.

Les cisticolidés (320 espèces) regroupent cisticoles, camaroptères, dromoïques, prinias et apalis, c'est-à-dire une grande partie des fauvettes africaines ainsi que leurs parents indo-asiatiques. Enfin, les zostéropidés (100 espèces) rassemblent des oiseaux de petite taille, dont les zostérops, ou oiseaux-à-lunettes afro-asiatiques, représentent le type le plus répandu.

A

A. **FAUVETTE À TÊTE NOIRE**

Sylvia atricapilla est l'un des oiseaux d'Europe les plus connus. Le dessus de la tête est noir chez le mâle, brun-roux chez la femelle et les jeunes. Elle fréquente divers milieux boisés. Son chant, très mélodieux, se termine généralement par un remarquable *forte*, qui tend toutefois à disparaître dans certaines régions au profit d'une banale redite.

B

B. **ROUSSEROLLE**

Les fauvettes des roseaux comptent diverses espèces (genre *Acrocephalus*) liées aux milieux marécageux. Certaines nichent dans la végétation inondée, parfois même en eau profonde, et sont de ce fait dépendantes des ceintures de roseaux ou de massettes qui entourent les étangs. Toutes construisent des nids solides en forme de « betteraves », accrochés par les côtés aux tiges dressées des herbes qui les supportent.

C

C. **MÉSANGE BLEUE**

Il existe une soixantaine d'espèces de mésanges, dont une dizaine en France, vivant en petits groupes en dehors de la période de reproduction, acceptant volontiers les nichoirs artificiels ou la nourriture qu'on leur dépose et qui peut prévenir leur migration hivernale. La mésange bleue *(Parus cæruleus)* possède une taille d'environ 12 cm.

D

D. **OISEAUX À LUNETTES**

Ces oiseaux chassent dans les feuillages. Toutes les espèces de cette famille (zostéropidés) sont caractérisées par des petites plumes blanches qui entourent l'œil.

E

E. **HIRONDELLE DES CHEMINÉES**

Les hirondelles sont des passereaux de faible taille (de 13 à 20 cm), au plumage noir et blanc, à bec court et largement fendu, aux ailes longues et pointues, aux pattes courtes. L'hirondelle de cheminée *(Hirundo rustica)*, d'une taille de 19 cm, niche volontiers dans les étables et les écuries.

F

F. **TROGLODYTE**

Petit passereau au plumage brun, à la queue dressée, au bec fin et pointu, le troglodyte *(Troglodytes troglodytes)* est insectivore. Le mâle est polygame et élève les couvées de 2 ou 3 femelles.

G

G. **OISEAU COUTURIER**

Ce cisticole des joncs *(Cisticola juncidis)* place son nid dans les herbes. L'ouvrage, en forme de bourse à entrée latérale, est un petit chef-d'œuvre de construction, car l'oiseau met en forme les herbes du site avec des fils de toiles d'araignées et façonne l'armature externe du nid en assemblant des feuilles vertes, dont certaines sont comme cousues les unes aux autres.

LES PASSEREAUX

MOINEAUX, ALOUETTES...

LE GROUPE DES PASSEROIDEA

■ LES ALOUETTES appartiennent à la famille des alaudidés, qui comporte 92 espèces. La forme du bec varie selon le type de sol que ces oiseaux terrestres au plumage brun fréquentent et selon leur mode d'alimentation. Ainsi, les espèces qui recherchent leur nourriture en piochant dans les sols sableux ont des becs allongés et recourbés ; c'est le cas du cochevis huppé *(Galerida cristata)* et, surtout, du sirli du désert *(Alaemon alaudipes).*

Souïmangas et piquebaies. Les nectariniidés (172 espèces) regroupent les promérops sud-africains, les minuscules dicées australo-asiatiques et les souïmangas afro-asiatiques. Ces derniers, en raison de leur brillant plumage et de leur habitude de butiner les fleurs, sont souvent assimilés à tort aux colibris.

Les mélanocharitidés (10 espèces) australo-papous regroupent les piquebaies et les toxoramphes. Ces derniers rappellent les souïmangas par leurs formes et leurs mœurs.

La famille des paramythiidés de Nouvelle-Guinée rassemble l'oréochare des Arfak *(Oreocharis arfaki)* et la paramythie huppée *(Paramythia montium),* petits oiseaux frugivores colorés, aux allures de mésange. Le second a la curieuse habitude de frotter son plumage avec des pétales de fleurs de bruyère.

Moineaux, pipits et tisserins. Les passéridés (372 espèces) sont représentés par 5 sous-familles.

Les *passérinés* incluent les niverolles et les moineaux et les *motacillinés* regroupent les pipits, les bergeronnettes et les sentinelles.

Les *prunellidés* sont les accenteurs dont le plus connu est l'accenteur mouchet *(Prunella modularis),* qui habite jusque dans les parcs des villes et ressemble à un moineau à bec fin. Il circule au sol d'une démarche hésitante et sa petite ritournelle aigrelette, bien que sonore, demeure discrète comme l'oiseau lui-même.

Les *plocéinés* comprennent les tisserins et les espèces voisines comme les malimbes rouge et noir des forêts africaines, les républicains, les travailleurs et les euplectes. Le républicain social *(Philetairus socius)* d'Afrique australe édifie dans les arbres une volumineuse construction en forme de cloche faite d'herbes et de brindilles, dans laquelle nichent une multitude de couples. Le fameux mange-mil africain *(Quelea quelea)* est un travailleur dont les colonies regroupent plusieurs millions d'oiseaux, qui causent des dégâts dans les cultures céréalières.

Les *estrildinés* regroupent les divers types de granivores comme les négrettes, beaumarquets, sénégalis, amarantes, cordons bleus, astrilds, bengalis, diamants, papes, capucins, combassous et veuves. Beaucoup sont connus des amateurs d'oiseaux de cage.

Pinsons, tarins, bouvreuils... La famille des fringillidés (1 015 espèces) peut être divisée en 3 sous-familles distinctes.

La fauvine des pins américaine *(Peucedramus taeniatus)* constitue, à elle seule, la sous-famille des peucédraminés.

Les fringillinés regroupent des oiseaux bien connus comme les pinsons, serins, verdiers, chardonnerets, tarins, sizerins, linottes, roselins, durbecs, becs-croisés, bouvreuils, grosbecs, avec les psittirostres, hémignathes et autres espèces endémiques des îles Hawaii.

Les embérizinés, enfin, englobent entre autres les bruants des régions tempérées et froides, les tohis américains, les parulines, les sporophiles, les cardinaux, les passerins, ainsi que les cassiques, les orioles, les carouges, les sturnelles, les quiscales et les vachers.

A

A. **VEUVE DE JACKSON**

Chez l'euplecte *(Euplectes jacksoni),* ou veuve de Jackson, des savanes du Kenya et de la Tanzanie, les mâles se rassemblent sur de petits secteurs traditionnels, où ils paradent en volant sur place et en étalant les longues et larges plumes de leur queue pour courtiser les femelles. Celles-ci viennent visiter ces arènes pour la fécondation et vont ensuite nicher seules.

B

B. **MOINEAUX DOMESTIQUES**

Citadin, familier et même effronté, le moineau domestique *(Passer domesticus)* s'adapte vite aux localités où il se trouve introduit, ce qui en fait un oiseau très cosmopolite. La femelle a un plumage plus terne et plus uni que celui du mâle, qui présente une calotte grise encadrée de marron et des joues claires soulignées par une petite bavette noire.

C

C. **BERGERONNETTE DES RUISSEAUX**

Motacilla cinerea est liée au voisinage des cours d'eau et notamment de ceux à débit rapide. En hiver, certains individus se cantonnent près des pièces d'eau libre dans les villes. La longue queue et le cri sont caractéristiques de cet oiseau. Son nid, dans une anfractuosité de rocher, dans un trou de mur ou dans un entrelacs de racines, est toujours placé au-dessus ou très près de l'eau.

D

D. **ALOUETTE DES CHAMPS**

Cette alouette *(Alauda arvensis)* est célèbre par la longueur, la diversité, le caractère jubilatoire et la puissance de son chant, émis en vol au cours d'une longue montée en spirale et de longs papillonnements sur place avant une brusque descente jusqu'au sol, ailes repliées.

E

E. **CHARDONNERET ÉLÉGANT**

Ce passereau *(Carduelis carduelis),* l'un des plus jolis d'Europe, affectionne les graines des chardons.

F

F. **PINSON DU NORD**

Le pinson du Nord *(Fringilla montifringilla)* est connu pour les grands rassemblements nocturnes (atteignant parfois plusieurs millions d'individus) qu'il constitue durant l'hiver.

G

G. **SOUÏMANGA**

Spécifiques de l'Afrique et de l'Asie, les souïmangas occupent les mêmes milieux et possèdent les mêmes habitudes que les colibris du Nouveau Monde. Cette convergence se traduit aussi dans les formes de bec et dans les iridescences du plumage. Les nids sont toutefois différents, les souïmangas ne construisant pas des coupes, mais des bourses avec ouverture latérale.

MARTINETS, MARTINS ET GRIMPEURS

MARTINETS, COLIBRIS ET COLIOUS

APODIDÉS, TROCHILIDÉS ET COLIIFORMES

■ LES MARTINETS (famille des apodidés), oiseaux cosmopolites (170 espèces), comptent parmi les meilleurs voiliers. Leur membre antérieur est caractérisé par un court et solide humérus, mais un avant-bras (radius et ulna) allongé. Ces adaptations leur assurent une grande portance et une forte manœuvrabilité pour un coût énergétique réduit. Il n'est donc pas surprenant que la plupart des espèces de martinets effectuent de grandes migrations, dormant même en vol.

Les colibris. Propres aux Amériques, les colibris, ou oiseaux-mouches (famille des trochilidés), regroupent 326 espèces. Par soudure des os du bras et de l'avant-bras, leur aile est transformée en une pale dotée d'un mouvement hélicoïdal, qui leur permet d'être les seuls oiseaux capables de voler en arrière.

Les colious. Les colious (2 genres, 6 espèces) représentent l'ordre des coliiformes. On connaît 6 espèces de colious, que l'on appelle souvent oiseaux-souris en raison de leur forme rondelette prolongée par une longue queue filiforme et aussi à cause de leur plumage, dont la texture serrée évoque celle d'une fourrure. Ils entrent en torpeur quand la température baisse et passent la nuit serrés en grappe, comme accrochés les uns aux autres.

TROGONS, CALAOS, MARTINS-PÊCHEURS...

TROGONIFORMES ET CORACIIFORMES

■ LES TROGONS (39 espèces) sont cosmopolites. Connus aussi sous le nom de couroucous, onomatopée inspirée de leur chant roucoulé, ils habitent essentiellement les forêts et ont une livrée riche en couleurs irisées, notamment des verts ou des bleus sur le dos et des rouges ou des jaunes sur le ventre.

L'ordre des coraciiformes regroupe une majorité d'espèces colorées. On est frappé par la variabilité de la forme du bec, qui se présente comme un sabot de cheval chez le martin-chasseur de Nouvelle-Guinée *(Dacedo gigas)* ou qui est surmonté d'une étonnante excroissance cornée chez beaucoup de calaos. Parmi les plus célèbres représentants de l'ordre des coraciiformes, on peut citer aussi les martins-pêcheurs, les guêpiers, les rolliers, les huppes et les calaos.

PICS, TOUCANS...

LES PICIFORMES

■ APPELÉS AUSSI « GRIMPEURS », ces oiseaux possèdent tous des pattes avec 2 doigts en avant et 2 doigts en arrière (pied zygodactyle).

Les tamatias et les barbacous (famille des bucconidés) ainsi que les cabizons, les barbus et les barbicans (famille des capitonidés) sont caractérisés par un plumage souvent coloré et par un bec robuste, aplati chez les premiers, conique et garni de « moustaches » chez les seconds.

Les indicateurs, essentiellement africains, sont associés aux ruches des abeilles sauvages et tirent leur nom du fait qu'une espèce conduit un mammifère mangeur de miel, le ratel, à ces ruches.

Les toucans, bien connus pour l'exubérance de la forme et des couleurs de leur bec, sont essentiellement des oiseaux frugivores.

Les pics (famille des picidés, 226 espèces), cosmopolites, grimpent le long des troncs.

A

A. **PIC VERT**

Ce pic *(Picus viridis)* habite surtout les parcs et les milieux ouverts, où il passe la majeure partie de son temps au sol, fouillant les fourmilières. Il cherche aussi des insectes sur les écorces et ne néglige pas les fruits en automne et en hiver.

B

B. **QUETZAL RESPLENDISSANT**

La beauté du plumage de ce trogonidé *(Pharomachrus mocino)*, tant par ses coloris que par la forme de ses plumes ornementales, lui a valu d'être considéré comme un animal sacré par les Aztèques. Il habite les forêts humides, du Mexique au Panamá. Bien que très frugivore, il nourrit ses jeunes avec des insectes et des petits vertébrés.

C

C. **HUPPE**

Upupa epops tient son nom de son chant plutôt que des plumes érectiles du dessus de sa tête. La beauté de son plumage bigarré contraste avec la saleté de son nid (dans une cavité), où les déjections des jeunes s'entassent durant les 4 semaines que dure leur élevage.

D

D. **COLIOU**

Les colious sont propres à l'Afrique tropicale. Ces oiseaux-souris *(Colius striatus)* du Kenya vivent en groupes, mangeant surtout des feuilles et des fruits. En déplacement, ils se suivent dans un vol rapide et rectiligne, alternant battements d'ailes précipités et longues glissades, émettant des cris aigus et grinçants. Leur nid ressemble à celui d'un merle ; les œufs sont blancs.

E

E. **CALAO BICORNE**

Le *Buceros bicornis* habite les forêts, de l'Inde à Sumatra. Essentiellement frugivore, il niche dans des cavités où la femelle se mure juste avant la ponte. Elle reste enfermée durant tout le temps de l'incubation et le début de l'élevage des jeunes. Le mâle joue donc, chez ces oiseaux, un rôle nourricier capital.

F

F. **COLIBRI MADÈRE**

Remarquable par sa spécialisation dans le butinage des fleurs, ce colibri *(Eulampis jugularis)* possède un plumage métallisé. Cette apparence résulte en réalité de la structure particulière des plumes qui diffractent la lumière. Avec leur petite taille et leur vol bourdonnant, les colibris méritent bien leur nom d'oiseaux-mouches.

H. **MARTINET NOIR** (*Apus apus*)

Il vient en Europe fin avril ou début mai et regagne ses quartiers d'hiver africains dès le début d'août. Il niche dans les anfractuosités des rochers ou des bâtiments, sous les auvents des toits... Toutes ses activités, sauf la reproduction, se déroulent en l'air.

H

G

G. **GUÊPIER D'EUROPE**

Appelé localement « chasseur d'Afrique », ce guêpier *(Merops apiaster)*, qui alimente ici son jeune, se nourrit essentiellement de bourdons et d'abeilles, mais aussi de libellules et d'autres insectes volants. Lorsqu'il s'agit d'insectes piqueurs, il frotte leur abdomen sur son perchoir avant de les avaler. Il niche en colonie dans des terriers.

PERROQUETS ET COUCOUS

PERRUCHES, COUCOUS, ENGOULEVENTS...

PSITTACIDÉS, CUCULIFORMES, CAPRIMULGIFORMES

■ PERROQUETS ET PERRUCHES constituent la famille des psittacidés (qui regroupe 367 espèces). Leur taille varie d'une dizaine de centimètres (micropsittes) à plus de un mètre (aras). Dans leur grande majorité, les psittacidés sont arboricoles et frugivores, incluant cependant des insectes dans leur régime alimentaire.

Certaines espèces se sont spécialisées dans la consommation du pollen et du nectar des fleurs. La plupart nichent dans des trous d'arbres ou de rochers, ou dans des terriers creusés dans les talus ou les termitières. Certains, comme la perruche jeune-veuve sud-américaine *(Myiopsitta monachus)*, construisent avec des branchettes de volumineux nids communautaires. La ponte varie de 2 à 8 œufs, ronds et d'un blanc pur. Chez beaucoup d'espèces, seule la femelle couve, mais ce n'est pas toujours le cas.

On répartit les psittacidés en 6 groupes : les loriinés (loris et loriquets), que l'on rencontre en Océanie ; les cacatuinés (cacatoès), de la région australo-papoue ; les nymphicinés (calopsittes), qui vivent en Australie ; les nestorinés (kéa), qui sont propres à la Nouvelle-Zélande ; les micropsittinés (perruches pygmées), d'Indonésie et de Mélanaisie ; enfin les psittacinés (tous les autres perroquets et perruches).

Les coucous. Les coucous (famille des cuculidés) ont des mœurs parasites. Ils pondent leurs œufs dans les nids des autres oiseaux ; ceux-ci les couvent et élèvent les jeunes coucous. Les coucous possèdent une queue allongée et des ailes arrondies, d'où une silhouette en vol qui rappelle celle des éperviers. Si la plupart des espèces, notamment celles du genre *Cuculus*, sont gris ardoisé dessus et striées dessous, certaines ont un très beau plumage métallisé ; c'est le cas du coucou émeraude *(Chrysococcyx cupreus)* des forêts africaines.

Les coucals, comme les coucous, appartiennent à l'ordre des cuculiformes, mais ne se comportent pas en « parasites ». Les anis vivent en groupes sociaux qui défendent un territoire commun aux individus de la bande et nichent de manière communautaire.

Parmi les cuculiformes, on peut également citer les coulicous et piayes américains (famille des coccyzidés), les géocoucous (famille des néomorphidés) et les hoazins (famille des opisthocomidés).

Les engoulevents. Ce sont des oiseaux nocturnes, bas sur pattes, qui possèdent une grande ouverture buccale et un plumage bigarré où se mêlent les bruns, les gris et les roux, qui contribue à les camoufler durant leur repos diurne. Ces caractères sont partagés avec d'autres oiseaux que l'on réunit avec les engoulevents dans l'ordre des caprimulgiformes. On peut citer notamment le guacharo (famille des stéatorhinidés) et les podarges (famille des podargidés).

A

A. **GRAND ECLECTUS**

Le mâle (à gauche) et la femelle (à droite) de ce perroquet *(Eclectus roratus)* des forêts de la région australo-papoue ont des colorations si différentes qu'ils ont longtemps été tenus pour des espèces différentes.

B

B. **PERRUCHE ONDULÉE**

Cet oiseau de cage *(Melopsittacus undulatus)* est originaire d'Australie. Hôtes des régions très sèches, les perruches ondulées se rassemblent en immenses vols aux abreuvoirs.

C

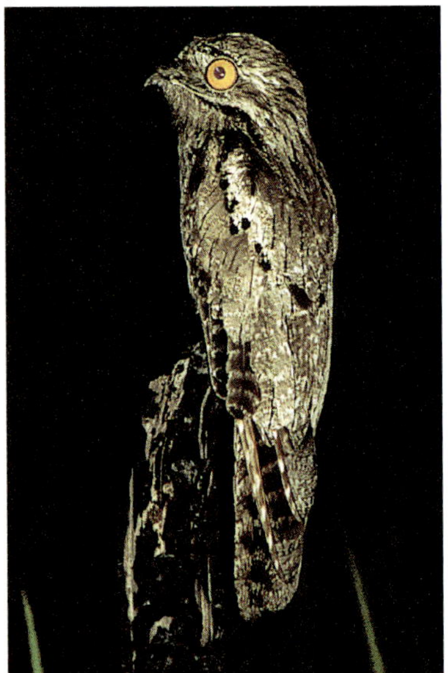

C. **IBIJAU**

Proches des engoulevents, les ibijaux (genre *Nyctibius*) se dissimulent tout autant que ces derniers. Ils se tiennent de jour, ou pour nicher, sur une branche ou un tronc, dans une posture redressée qui les fait ressembler à un moignon de bois mort. Même le jeune, encore incapable de voler, se tient instinctivement dans cette attitude.

D

D. **GUACHARO DES CAVERNES**

Cet oiseau *(Steatornis caripensis)* possède un mode de vie très particulier. Il habite les grottes dans les forêts du nord de l'Amérique du Sud, mène certes une vie nocturne, mais se dirige, comme les chauves-souris, à l'aide d'un véritable sonar (écholocation), et surtout se nourrit de fruits, en particulier de ceux des palmiers.

E

F

E. F. **ENGOULEVENT D'EUROPE**

Cet oiseau *(Caprimulgus europaeus)* [E] passe aisément inaperçu, tant son plumage le camoufle admirablement quand il est posé au sol (D). Même son chant, une roulade ronronnante semblable à un long gargarisme, n'est guère connu que des naturalistes expérimentés.

LE COUP DU COUCOU

Le coucou gris *(Cuculus canorus)* pond dans le nid des autres oiseaux, rouges-gorges et rousserolles surtout. La femelle prélève un œuf de l'hôte et dépose le sien (un seul à la fois et par nid), qui éclôt presque toujours le premier. Le jeune coucou a, durant les premiers jours, la peau irritable et ne supporte aucun contact : arc-bouté au revêtement interne du nid, il expulse sans répit tout ce qui est près de lui, à savoir les œufs ou, s'ils sont nés avant lui, les jeunes de l'hôte. Il restera seul, nourri par sa mère « adoptive ».

LES PALMIPÈDES

Il fut longtemps classique de considérer que les oiseaux aux pattes palmées constituaient un ensemble naturel d'espèces apparentées. Une telle conception est bien sûr dépassée, mais l'usage courant a fait que le terme de palmipède est resté pour désigner les oiseaux dont les doigts sont réunis par une membrane et cela, sans aucune implication de parenté entre les groupes d'oiseaux ainsi concernés. Toutefois, nous présenterons plus loin le groupe des oies et des canards (ansériformes), malgré leur caractère « palmipède ».

Albatros, puffins et pétrels. Les oiseaux réunis dans l'ordre des procellariiformes possèdent des narines tubulaires et une glande qui leur permet d'éliminer le sel de l'eau de mer qu'ils boivent. Ils sont aussi particuliers en ce que beaucoup utilisent un sens olfactif développé.

Le grand albatros *(Diomedea exulans),* de la famille des diomédéidés, est un remarquable spécialiste du vol plané marin. Le suivi par satellite d'individus porteurs de balises radiotélémétriques a montré que ces oiseaux étaient capables de déplacements considérables au-dessus des océans sans retour à terre.

Les puffins (genre *Puffinus*) appartiennent à la famille des procellariidés. Un adulte peut effectuer régulièrement des trajets de plusieurs milliers de kilomètres pour nourrir le jeune qui, vivant sur ses réserves, l'attend dans son terrier.

Le pétrel-tempête (famille des hydrobatidés), noir et blanc, papillonne et court sur l'eau pour ramasser le plancton marin. Les pétrels plongeurs, au plumage sombre, sont classés dans la famille des pélécanoïdidés.

Les manchots. Les manchots, qui vivent dans l'hémisphère Sud (zones antarctiques et subantarctiques, remontant jusqu'aux Galapagos), constituent la famille des sphéniscidés (18 espèces), dont la convergence avec les pingouins (famille des alcidés) de l'hémisphère Nord est remarquable. Ils ont perdu leurs facultés voilières, mais leur aile, transformée en nageoire, conserve une structure qui montre à l'évidence qu'ils descendent d'ancêtres volants. La disposition de leurs pattes leur permet une locomotion de bipède sur la glace, où ils peuvent aussi se déplacer plus rapidement en glissant sur le ventre.

Plongeons et grèbes. Les plongeons représentent la famille des gaviidés (5 espèces), aux doigts lobés et non reliés les uns aux autres par une palmure. Ils ressemblent aux grèbes (famille des podicipédidés), oiseaux d'eau douce au plumage terne dont la marche au sol est pénible et maladroite.

Fous, cormorans, pélicans et frégates. Ces oiseaux forment l'ensemble des pélécaniformes. Ce sont les seuls à avoir les 4 doigts de la patte réunis par une palmure. La plupart de ces oiseaux aquatiques consomment surtout des poissons. Les phaétons et les fous plongent pour capturer leurs proies. Les cormorans (38 espèces) et les anhingas, ou oiseaux-serpents, poursuivent les poissons sous l'eau. Les pélicans plongent ou « pêchent à l'épuisette » avec leur large poche, en pratiquant une pêche communautaire. Les frégates peuvent se nourrir aux dépens d'autres espèces en les forçant à abandonner les proies qu'elles ont capturées.

A. **PALMIPÈDES MARINS**

Le terme de palmipède ne possède aucune valeur systématique, les pattes palmées, seul vrai caractère commun de ces oiseaux, résultant en réalité d'une convergence adaptative. Ces oiseaux sont tous de bons « nageurs », qui se déplacent aisément à la surface de l'eau. Voici quelques espèces des mers tempérées et australes.

FLAMANTS ET CANARDS

LES FLAMANTS

LES PHŒNICOPTÉRIDÉS

■ AUJOURD'HUI, on tend à rattacher les flamants de l'ensemble des *échassiers.* Ces derniers ne forment pas un groupe homogène d'un point de vue évolutif. Cet ensemble réunit, de façon arbitraire, tous les oiseaux pourvus de longues pattes et d'un long cou se nourrissant de proies aquatiques vivantes.

Les flamants constituent l'ordre des phœnicoptériformes. On connaît 5 espèces de flamants, réparties en Inde, en Afrique, aux Antilles et en Amérique du Sud. Tous vivent en grandes troupes, au bord de l'eau, et se déplacent sans cesse d'un point d'eau à l'autre. Le flamant rose *(Phœnicopterus ruber)* se reproduit en Europe, dans les régions méditerranéennes ; on le trouve notamment en Camargue (France), mais de façon irrégulière, et ses nichées y sont rarement fécondes.

OIES, CYGNES, CANARDS...

LES ANSÉRIFORMES

■ L'ORDRE DES ANSÉRIFORMES regroupe 4 familles d'oiseaux à l'allure de canards.

Les kamichis sont des oiseaux sud-américains à bec crochu avec de puissants onglets cornés au poignet de l'aile. Ils constituent la famille des anhimidés (3 espèces). L'oie-pie australienne, ou canaroie *(Anseranas semipalmata),* représente à elle seule la famille des anséranatidés.

La famille des dendrocygnidés (9 espèces) est cosmopolite. Elle regroupe les canards percheurs et les dendrocygnes aux vocalisations sifflées plutôt que cancanées, hauts sur pattes, au port redressé et au cou allongé.

Les anatidés. Ils forment une importante famille (151 espèces), qui comprend notamment les oies, les canards et les eiders. Les oies regroupent les oies grises et les blanches comme l'oie des neiges *(Anser caerulescens)* ou l'oie de Ross *(Anser rossii),* mais aussi des oiseaux plus particuliers comme l'oie à ailes bleues *(Cyanochen cyanopterus)* des hauts plateaux d'Éthiopie. Les tadornes, tel le tadorne de Belon *(Tadorna tadorna)* des estuaires et du littoral, noir et blanc avec un bec rouge et un plastron roux, nichent dans des terriers.

Les canards peuvent être répartis en deux groupes : les canards de surface, qui se nourrissent en barbotant (immergeant la tête et la poitrine en basculant vers l'avant), et les canards plongeurs, qui s'immergent complètement et s'alimentent donc en eau profonde. Au premier groupe appartiennent les canards comme le canard colvert *(Anas platyrhynchos)* et les sarcelles comme la sarcelle d'hiver *(Anas crecca).* Dans le second groupe s'inscrivent les fuligules comme le fuligule morillon *(Aythya fuligula).* Les macreuses sont des canards plongeurs dont les mâles ont un plumage tout noir, ou presque, et qui fréquentent surtout les eaux marines. Les harles capturent les poissons à l'aide de leur bec allongé, dont les lamelles arrangées en dents de scie leur assurent une prise efficace.

L'érismature roux *(Oxyura jamaicensis)* américain appartient également à la famille des anatidés. Il fut introduit en Grande-Bretagne dans les années 1950. Il étend son aire de répartition en Europe, entre en compétition et s'hybride avec l'espèce à tête blanche *(Oxyura leucocephala),* devenue rare.

BEC FILTREUR

Plongé dans l'eau, le bec du flamant est retourné, face supérieure en bas. L'eau y circule par les mouvements de pompage exercés par la langue. La mandibule supérieure, bordée d'un peigne de petits crochets, ne laisse pénétrer que les aliments d'une certaine taille, qui sont de nouveau triés en passant entre les papilles qui tapissent la zone de frottement des deux mandibules. Chaque espèce de flamant possédant ses propres dimensions de filtres, plusieurs espèces de flamants peuvent vivre ensemble sans manger la même chose.

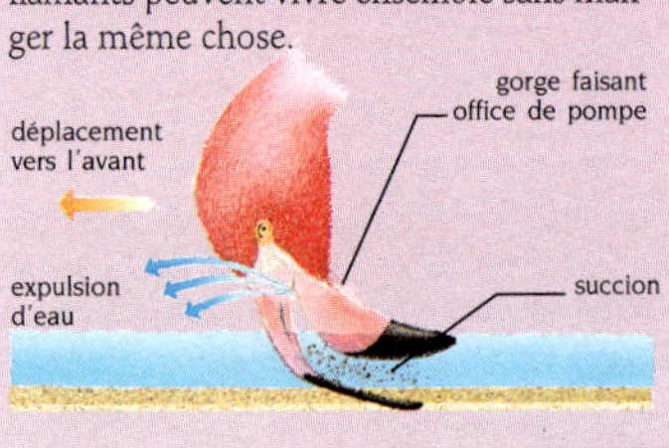

A

A. **OIES CENDRÉES**
L'assèchement et l'aménagement de nombreuses zones humides sont à l'origine de la réduction de l'aire de reproduction des oies cendrées. *Anser anser* se montre, comme toutes les oies, fort grégaire durant l'hiver, se nourrissant alors de racines et de tiges, broutant aussi les herbes. Elle se distingue des autres espèces par ses cris et, en vol, par le gris clair de l'avant de ses ailes.

B

B. **CANARD COLVERT**
C'est le plus répandu et le plus abondant des canards européens. Il tire son nom de la coloration de la tête et du cou du mâle en plumage nuptial. Ce canard *(Anas platyrhynchos)* est à l'origine de beaucoup de souches domestiques.

C

C. **FULIGULE**
Ce canard plongeur (genre *Aythya*) hiverne en troupes sur les plans d'eau où il bénéficie d herbiers. Les couples se forment dès la fin de l'hiver. Souvent, les femelles couvent seules, les mâles se regroupant alors sur les sites de mue. Beaucoup ont des mœurs alimentaires crépusculaires, voire nocturnes, et se reposent durant la journée.

D

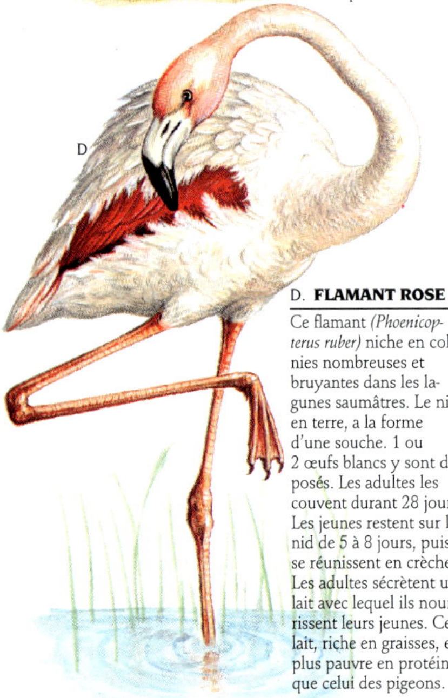

D. **FLAMANT ROSE**
Ce flamant *(Phoenicopterus ruber)* niche en colonies nombreuses et bruyantes dans les lagunes saumâtres. Le nid, en terre, a la forme d'une souche. 1 ou 2 œufs blancs y sont déposés. Les adultes les couvent durant 28 jours. Les jeunes restent sur le nid de 5 à 8 jours, puis se réunissent en crèches. Les adultes sécrètent un lait avec lequel ils nourrissent leurs jeunes. Ce lait, riche en graisses, est plus pauvre en protéines que celui des pigeons.

E

E. **HARLE PIETTE**
Ce harle *(Mergus albellus)* fréquente les plans d'eau en milieu boisé et, en hiver, les lacs, les estuaires et les anses marines abritées. Il niche dans les trous des arbres. On voit ici la femelle (en haut) et le mâle.

F

F. **CYGNE TUBERCULÉ**
Les populations de cygnes tuberculés *(Cygnus olor)* se sont considérablement développées en Europe par suite de leur acclimatation dans de nombreux parcs d'agrément comme nettoyeurs de la végétation des pièces d'eau. Le mâle, caractérisé par la bosse qui orne son bec, est particulièrement agressif autour du nid.

LES GALLINACÉS

L'ORDRE DES GALLIFORMES (ou gallinacés) forme un groupe très homogène qui renferme 263 espèces répandues sur toute la Terre. On y distingue les cracidés, les mégapodidés, les phasianidés et les hoazins.

HOCCOS ET PÉNÉLOPES

LES CRACIDÉS

■ PROPRES À LA ZONE TROPICALE AMÉRICAINE, ces oiseaux peu colorés sont de taille relativement grande. Leur queue est allongée et leurs ailes, arrondies. Les cracidés arboricoles ressemblent à des faisans, les cracidés terrestres, à des dindons. Les pénélopes et les ortalides montrent des zones colorées de peau nue autour des yeux et à la gorge. Leurs cris et leurs chants, surtout émis sous forme de clameurs matinales, portent très loin. Les cris des hoccos sont particuliers car très graves, comme des coups rythmiques de corne de brume, passant très bien à travers les écrans de la végétation des forêts denses qu'ils habitent.

Les cracidés vivent surtout par couples, se nourrissant principalement de fruits. Certaines espèces participent ainsi de manière efficace à la dissémination des plantes et jouent un rôle important dans la régénération des forêts tropicales en recrachant les graines et les noyaux ou en les déféquant. D'autres (tels les hoccos) broient tout à l'aide de leurs gésiers musculeux et des graviers qu'ils ingèrent à cet effet. Les cracidés font un nid qui rappelle celui d'un pigeon, dans lequel ils déposent de 2 à 4 œufs blancs ou crème, qu'ils couvent durant 3 à 4 semaines. Leurs jeunes quittent le nid très tôt, leur plumage à développement rapide leur permettant de voleter rapidement.

POULE OU COUCOU ?

L'hoazin huppé *(Opisthocomus hoazin)* est considéré par beaucoup de systématiciens comme un gallinacé (comme les poules domestiques). Son plumage, ses proportions, ses mœurs arboricoles, son régime végétarien rappellent en effet les traits des représentants de ce groupe. Toutefois, les données de la biologie moléculaire révèlent qu'il s'agit d'un coucou (ordre des cuculiformes), ressemblant au guira sud-américain (un autre cuculiforme).

Cet oiseau est, à plus d'un titre, extraordinaire. D'une part, certains scientifiques le considèrent comme un fossile vivant, car le jeune présente, un peu comme l'archéoptéryx, des griffes développées sur les doigts (1 et 2) de la main, donc sur l'aile, qu'il utilise pour circuler dans la végétation dense. D'autre part, l'hoazin se comporte comme un véritable ruminant, ce qui est unique chez les oiseaux. Enfin, le nid est construit par les divers membres du groupe et plusieurs femelles y pondent et participent à l'incubation. Les jeunes, qui quittent le nid peu après l'éclosion, sont élevés par l'ensemble des membres du groupe.

TALÉGALLES, MÉGAPODES...

LES MÉGAPODIDÉS

■ CES OISEAUX AUSTRALO-ASIATIQUES de couleur sombre se distinguent de tous les autres oiseaux par la manière particulière dont ils couvent leurs œufs. Les femelles pondent dans des tumuli de sable, de terre et de feuilles que le couple édifie, ou dans des terriers qu'il creuse près de sources géothermiques. Ces nids fonctionnent comme de véritables incubateurs. Pour se nourrir, ces oiseaux terrestres grattent la litière pour ramasser les graines, les fruits, les arthropodes et même des petits vertébrés. Chez ces espèces, les jeunes, extrêmement précoces, apparaissent couverts de plumes à leur sortie du tumulus et s'avèrent également capables de s'alimenter par eux-mêmes, sans que les adultes aient besoin de les seconder.

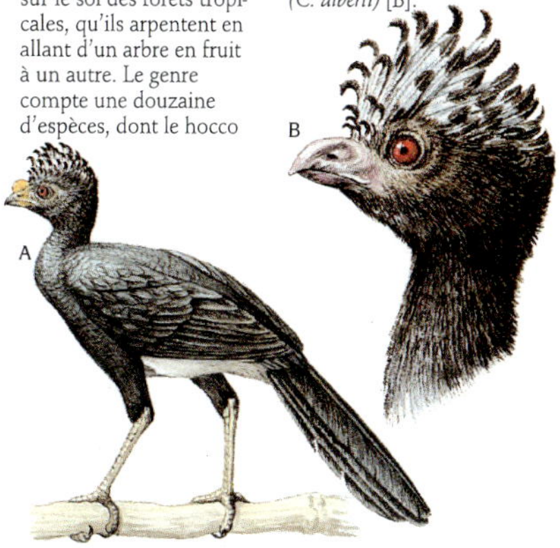

A. B. **HOCCOS**

Les hoccos (genre *Crax*) vivent essentiellement sur le sol des forêts tropicales, qu'ils arpentent en allant d'un arbre en fruit à un autre. Le genre compte une douzaine d'espèces, dont le hocco noir *(Crax nigra)* [A] et celui du prince Albert *(C. alberti)* [B].

C

C. **PÉNÉLOPE**

Cet oiseau, dont la tête présente des plages de peau nue brillamment colorée, ressemble beaucoup à un faisan arboricole. Comme les mégapodes, les pénélopes ont un pied qui présente un pouce développé dans le même plan que les trois autres doigts. Cette configuration leur est utile pour se déplacer, en particulier le long des branches et des troncs horizontaux ou obliques des forêts denses qu'elles habitent.

D

D. **LEIPOA OCELLÉ**

Ce mégapodidé *(Leipoa ocellata)* ne se rencontre que dans le sud de l'Australie. Au moins chez cette espèce, c'est le mâle qui veille, par de réguliers sondages à l'aide de son bec particulièrement sensible, à ce que les œufs soient constamment placés et maintenus à la bonne température et à une hygrométrie convenable dans le volumineux tumulus (atteignant plusieurs mètres de diamètre) construit par le couple et occupé de manière traditionnelle. Selon les conditions ambiantes, il réduit ou renforce la couche de matériaux qui recouvre les œufs pour parfaire le fonctionnement de cet incubateur.

LES GALLINACÉS

FAISANS, COQS ET PINTADES

LES PHASIANIDÉS

■ L'ENSEMBLE DES PHASIANIDÉS est divisé en 5 groupes. Les *tétraoninés* rassemblent les tétras ; les *odontophorinés* incluent les colins et les tocros ; les *phasianinés* regroupent les perdrix, les coqs (et les « poules » domestiques) et les faisans ; enfin, les *numidinés* et les *méléagridés* englobent les pintades et les dindons.

Les tétraoninés. Les représentants de ce groupe (tétras, gélinottes et lagopèdes) possèdent des pattes emplumées. Beaucoup de ces oiseaux, surtout les tétras (coq de bruyère, tétras-lyres), sont remarquables par leur système social. Les mâles se concentrent sur des emplacements traditionnels, les « arènes », où chacun défend un petit territoire sur lequel il parade. Les femelles, au plumage discret par rapport à celui des mâles, sont attirées par les chants qu'émettent ces derniers et les postures qu'ils adoptent à leur approche. Après l'accouplement, elles vont pondre. Elles s'occuperont seules de leur nichée.

Les phasianinés. Cette sous-famille est la plus importante du groupe des phasianidés.

Les francolins habitent surtout l'Afrique, mais on les trouve jusque dans le sud-est de l'Asie. Ils fréquentent certes beaucoup de milieux, mais la majorité des espèces vivent dans les savanes. Leur présence est souvent détectée par les chants puissants qu'ils émettent au lever et au coucher du soleil.

Les perdicules, torquéoles et roulrouls sont indo-asiatiques. Ce sont pour la plupart des oiseaux forestiers, beaucoup habitant les montagnes. Le roulroul couronné *(Rollulus roulroul)* vit dans les forêts, où il se nourrit au sol de fruits et surtout d'insectes de la litière forestière et de petits mollusques. Le mâle est magnifiquement coloré en bleu avec, sur la nuque, une huppe rouge qu'il déploie en éventail. Le nid de cette espèce est une construction presque totalement fermée, avec seule une ouverture latérale, ce qui est inhabituel pour un gallinacé.

Les tragopans sont des phasianinés des forêts de montagne d'Asie, remarquables pour la beauté du plumage des mâles et par leur nidification dans les arbres, souvent dans d'anciens nids d'autres oiseaux.

Les coqs (genre *Gallus*) sont évidemment les espèces sauvages à l'origine des formes domestiques du poulailler, la plus répandue étant le coq bankiva *(Gallus gallus)* qui se rencontre du Cachemire à Java et à Sumatra.

Si les paons bleus *(Pavo cristatus)* et les paons asiatiques *(Pavo muticus)* sont universellement connus comme oiseaux d'ornement, il n'en va pas de même du paon du Congo *(Afropavo congicus)* qui, inconnu à l'état sauvage, fut découvert au début du XXe siècle grâce à une plume qu'un chef de village arborait à sa coiffure.

Parmi les phasianinés, on peut encore citer les perdrix des neiges (tétraogalles), les perdrix, les cailles, les faisans et les argus.

Odontophorinés, numidinés et méléagridés. Les odontophorinés (colins et tocros) sont des oiseaux américains intermédiaires, par leur taille et leur comportement, entre les perdrix et les cailles.

Les numidinés regroupent les pintades propres au continent africain (bien qu'une variété de la pintade de Numidie, qui est l'espèce domestiquée, existe à l'état sauvage en Arabie). Ce sont des oiseaux grégaires. Deux espèces vivent dans les savanes, cinq dans les forêts.

Les méléagridés ne comptent que les deux espèces de dindons américains : le dindon ocellé *(Agriocharis ocellata)*, qui a donné la variété domestique, et le dindon sauvage *(Meleagris gallopavo)*, grands oiseaux terrestres, dont la tête, dénudée, est ornée, notamment chez les mâles, d'excroissances charnues (les caroncules).

A

A. **PINTADES VULTURINES**
Cette pintade *(Acryllium vulturinum)* d'Afrique orientale est la plus belle des pintades et aussi la plus grégaire. Les bandes comptent souvent plusieurs dizaines, voire centaines, d'individus.

B

B. **CAILLE DES BLÉS**
Cet oiseau *(Coturnix coturnix)* d'Eurasie, qui effectue de grandes migrations, est connu pour son chant, le célèbre « paie tes dettes ».

C

C. **PERDRIX GRISE**
À l'origine, cette perdrix *(Perdrix perdrix)* vivait dans les steppes et dans les prairies. Aujourd'hui, elle est très répandue en Eurasie en raison des nombreux lâchers effectués pour la chasse.

D

D. **GRAND TÉTRAS**
C'est le coq de bruyère *(Tetrao urogallus)*. Les mâles se regroupent sur des arènes traditionnelles pour parader en faisant la roue et en émettant un chant qu'une oreille humaine trouve bien modeste, eu égard à la taille de l'oiseau, mais dont les infrasons sont audibles de fort loin pour les femelles.

E

E. **COLIN DE CALIFORNIE**
Cet oiseau américain *(Lophortyx californica)* vit en grandes bandes en hiver. Il se nourrit au sol, mais se perche pendant la nuit.

F

F. **DINDON SAUVAGE**
Meleagris gallopavo des États-Unis et du Mexique habite les forêts. Le mâle qui parade étale au maximum l'éventail des plumes de sa queue, tout en laissant pendre ses ailes déployées, et émet des gloussements extrêmement modulés et variés. Il se nourrit au sol, et se perche pour la nuit.

G

G. **FAISAN DORÉ**
Originaire d'Asie, *Phasianus colchicus* a été introduit partout comme animal d'ornement et comme oiseau gibier. On l'entend plus souvent qu'on ne le voit. Les mâles, colorés, sont plus démonstratifs que les femelles, au plumage camouflé. Ils sont polygames, chaque mâle se constituant un harem de plusieurs femelles.

H

H. **ARGUS**
On compte trois espèces d'argus, grands oiseaux asiatiques terrestres et forestiers. Les plumes de la queue des mâles sont très développées, de même que les plumes des ailes. Ces plumes ornementales portent des taches de couleur (ocelles).

HOMMES-ANIMAUX DE LA MYTHOLOGIE

A. *Sphinx ailé* (Mésopotamie, VIIIe-VIIe s. av. J.-C.).

PAR LEUR NATURE composite, humaine et animale, des êtres extraordinaires témoignent de la position dans laquelle l'homme se situe vis-à-vis des puissances de l'Univers. Oscillant entre la vénération et la crainte, les pulsions conduisant aux diverses représentations ne sont jamais dénuées de sens.

■ Dans la mythologie, les animaux furent souvent présentés comme des êtres plus puissants que les hommes et les forces déterminant le cours des événements étaient, pour la plupart, zoomorphes.

Cette vision antique se modifia radicalement au fur et à mesure que l'homme acquérait une nouvelle conscience de lui-même et de sa vocation à dominer et à gérer le monde, en cessant de se considérer à la merci

Les dieux de l'Égypte

Le panthéon égyptien a été particulièrement conditionné par son environnement. Associant certains animaux à des principes universels supérieurs et leur donnant une connotation divine, les premiers Égyptiens comptaient ainsi neutraliser leur pouvoir négatif. Pourtant, il ne faut pas confondre la zoolâtrie, c'est-à-dire le culte funéraire des animaux morts, avec leur représentation divine sous forme mixte, humaine et animale. Ainsi, le sphinx (A) est représenté sous la forme de lion à tête humaine, en tant que personnification de la force du roi ; il décrit de manière picturale un caractère symbolique, par le mélange de deux natures dans une seule image. Que les Grecs n'aient pas compris le sens original du sphinx égyptien est évident dans leur interprétation négative de cette figure ; elle est devenue une créature monstrueuse et cruelle qui incarne la féminité perverse et dangereuse. Ignoré par la symbolique chrétienne, le sphinx sera un sujet très exploité par la culture romantique.

B. *Anubis préparant une momie* (tombeau de Sennedjem, Thèbes, Vallée des Nobles).

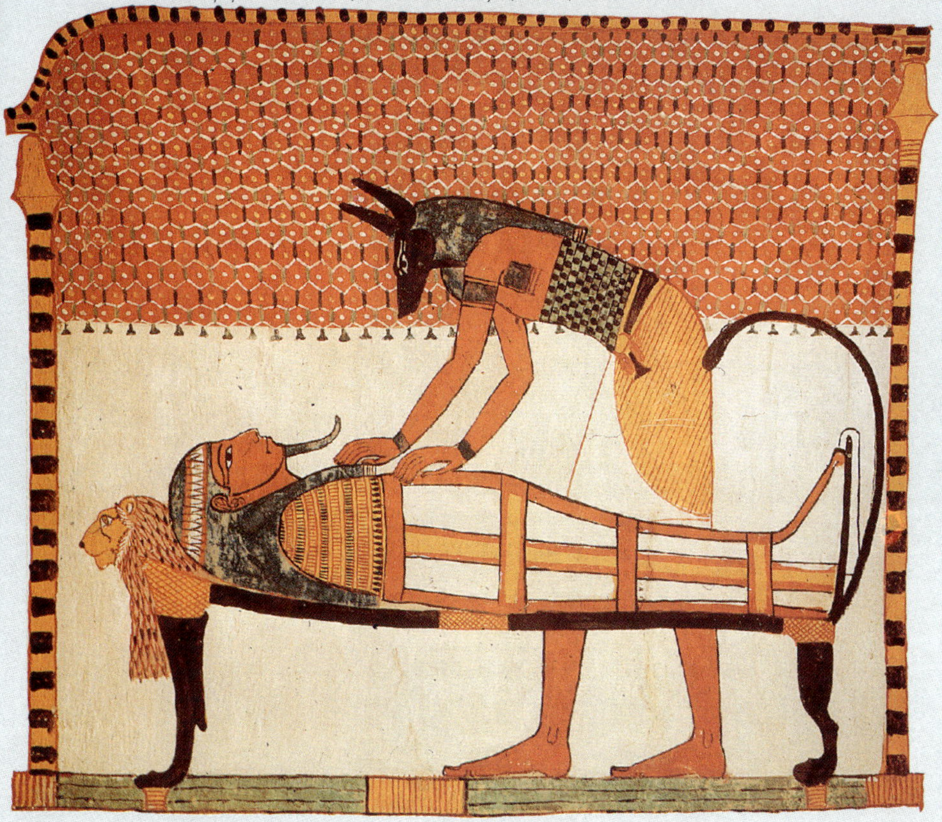

Les noms des divinités égyptiennes sont souvent rapportés à ceux des animaux qui les représentent : ainsi Anubis, nom du dieu à tête de chacal qui dirigeait les opérations de l'embaumement des morts (B), signifie « petit chien » ; cet épithète n'indique pourtant pas qu'il est un chien, mais qu'il est « comme un chien », de la même nature que le chien, ou, mieux, le chacal. Horus, nom du dieu du Ciel et de l'incarnation du roi vivant, signifie « faucon » ; ce nom est un qualificatif visant à décrire ses qualités de divinité souveraine.

de puissances et de phénomènes inexplicables. Dès lors, la représentation animale des forces divines s'humanisa, en prenant une forme qui combinait les deux natures. Par cette « anthropomorphisation progressive des puissances », les dieux se trouvèrent pourvus d'attributs animaux (tête, tronc ou membres), qui servaient à définir leur nature et à les qualifier avec précision.

Divinités antiques. Le rattachement à une divinité d'un attribut animal variait selon les civilisations et les cultures religieuses. En Mésopotamie, les divinités pouvaient avoir une tête humaine sur un corps animal, ou bien être entièrement anthropomorphes tout en étant associées à des animaux qui se rapportaient à leur nature et à leur fonction. Cette fusion ne remplaça jamais la représentation purement animale ou humaine des dieux, mais enrichit les panthéons d'un nouveau type iconographique.

En Égypte, la représentation animale n'était qu'une métaphore destinée à expliquer certaines qualités de la divinité. Ainsi, dans un texte, la même déesse pouvait être décrite comme un vautour ou comme une vache, selon les nécessités « métaphoriques ». La déesse Hathor bénéficie ainsi d'une iconographie très variée : en général, elle est représentée avec une tête de vache, mais elle peut aussi apparaître sous la forme d'une lionne ou d'un serpent. Hathor incarne donc successivement la tendresse maternelle (vache), mais aussi la férocité (lionne) et l'imprévisibilité (serpent) ; cette iconographie aux facettes multiples atteste à l'évidence de la complexité de sa nature.

La Grèce antique, milieu culturel le plus rationnel du monde, fut aussi, paradoxalement, un berceau privilégié de la création mythique. Dans ce monde où la conception des forces cosmiques et divines qui régissent l'Univers reflète l'ordre social et culturel du monde humain, tout ce qui ne rentrait pas dans les règles de la nature ou qui incarnait les impulsions les plus irrationnelles et les aspects les plus brutaux de l'humanité était donc monstrueux et bestial. Des mélanges d'éléments bestiaux et humains donnèrent naissance à des iconographies hybrides qui symbolisaient les interférences entre le monde des dieux et celui des hommes. Les Gorgones et les Érinyes étaient des monstres féminins aux cheveux de serpents, qui incarnaient respectivement les mauvaises pulsions qui mènent à la perversion sociale et celles qui suscitent la colère des dieux. Le dieu Pan et les satyres, avec leur buste humain et leur corps de chèvre, peuplaient les forêts, personnifiant la nature et la vie champêtre, mais passaient également pour effaroucher les paysans.

Figures de l'ambivalence. Fils de la mer, les tritons de la mythologie grecque étaient mi-hommes mi-poissons et, comme les sirènes, tentaient de

B. *Sirène* (façade d'une ancienne maison de Bayeux [France]).

A. *La transformation de Mélusine* (gravure du XIXe s.).

Des sirènes à Mélusine

Dans l'Antiquité, les sirènes étaient des monstres à corps d'oiseau et buste de femme, qui peuplaient les écueils des îles inhabitées. Au Moyen Âge, ces créatures anthropophages seront confondues avec les harpies.
Comme tous les monstres mi-femme mi-animal, la harpie appartient aussi bien à l'élément air qu'à l'élément eau – une double nature qui, dans la culture médiévale, engendrera le type de la sirène, avec un buste de jeune femme et une queue et des nageoires de poisson (B). Souvent, cette femme-poisson est confondue avec la femme-serpent (localement appelée aussi Vouivre), comme Mélusine de Poitiers (A) qui est, en plus, ailée. Dans le folklore européen plus récent, les sirènes acquièrent un caractère moins négatif.
La symbolique des femmes hybrides à la double nature reflète, dans la partie haute du corps, le plaisir et les différentes expressions de la féminité, mais, au-dessous de la taille, il y a l'image de la luxure et de la bestialité. Le christianisme misogyne a fait de ces êtres les emblèmes du démon.

séduire les marins pour les entraîner vers leur perte. Rien à voir, donc, avec une autre créature à corps de poisson et à tête humaine, le dieu babylonien Oannès (U'anna), qui apprit aux hommes les sciences, les arts et l'agriculture et symbolisait à la fois l'évolution des instincts primordiaux et l'origine marine de toutes les formes de vie. On voit ainsi comment les mêmes types iconographiques peuvent acquérir des connotations différentes selon les cultures.

C'est également le cas de la sphinge, des sirènes ou des centaures. Ces derniers, par exemple, créatures à tête et buste humains avec un corps et des jambes de cheval, représentaient, par leur condition d'hybrides sauvages, la force brutale et les pulsions incontrôlées, mais aussi le combat des instincts et de la raison. À l'époque chrétienne, le centaure symbolisera ainsi l'incapacité de dominer les instincts et sera l'image de la passion et des excès. Au Moyen Âge, il sera l'emblème de l'hérétique, de l'homme double, partagé entre le bien et la tentation du mal.

Cette vision a engendré, dans l'iconographie orientale du XIIe-XIIIe siècle, l'image d'un centaure dont la partie humaine combattrait la partie animale, symbolisant la lutte solitaire de l'homme contre sa nature

C. *Ganesha sur une couronne de crânes humains* (Indonésie, XIIIe s.).

L'imaginaire indien

Dans l'hindouisme, l'être qui réunit en soi les éléments humains et animaux n'est pas forcément vu comme une créature monstrueuse et négative, mais comme une bienveillante incarnation des puissances surnaturelles et des principes cosmiques. Souvent, il s'agit d'une combinaison de la pensée hindoue et de la survivance du totémisme indigène. Ganesha (C) en est l'expression la plus imposante. Ce dieu possède une tête d'éléphant avec une ou deux défenses cassées, une grande trompe, un énorme corps glouton de nature humaine, déformé, assis sur un véhicule minuscule, une souris ou une fleur de lotus. Il personnifie la sagesse, la force et la stabilité, qualités qui sont celles de l'éléphant. Mais ce mélange homme-éléphant dénonce également, par son asymétrie, les contradictions de la vie. Les Nagas, êtres mi-hommes mi-serpents, sont liés au culte du serpent et à son symbolisme ; en outre, ils sont les garants des vérités spirituelles et des puissances occultes de la nature. En revanche, Garouda, l'aigle à tête humaine monté par le dieu Vishnou, protège des serpents, dont il neutralise le poison, symbolisant ainsi la lutte éternelle de la vie contre la mort.

méchante et sauvage. Dans la mythologie indienne, nous retrouvons ces représentations sous le nom de Gandhuruas, êtres mi-hommes mi-chevaux, qui personnifient la vigueur sexuelle.

Pour le tourment ou le bien-être. Parfois l'hybridisme est le résultat de la colère ou de la vengeance des dieux. Les oreilles d'âne du roi Midas, par exemple, sont sa punition pour avoir préféré la musique de Pan à celle d'Apollon. Le Minotaure, monstre anthropophage à tête de taureau sur corps humain tué par Thésée dans le labyrinthe, était le résultat d'un amour contre nature entre Pasiphaé, femme de Minos, et un taureau blanc envoyé par Poséidon.

Enfin, on trouve, dans toutes les religions, une catégorie d'êtres à demi divins qui, selon les cas, persécutent ou protègent les humains. Il s'agit des génies et des démons, esprits malins ou bienveillants qui occupent une position intermédiaire entre les dieux et les hommes. Ce statut intermédiaire leur confère souvent un corps monstrueux, combinant les éléments humains et animaux. Le Lamassou, par exemple, génie bénin de la mythologie moyen-orientale, se présente sous la forme d'un taureau ailé pourvu d'une tête humaine barbue ; en tant que gardien tutélaire, placé sur les seuils des temples et des palais, il protégeait les hommes contre les éventuelles attaques des démons.

Dans la culture médiévale, ce patrimoine iconographique ancien a engendré un vaste répertoire de zoologie fabuleuse, qui trouva dans la création des bestiaires fantastiques le langage symbolique le plus efficace pour représenter les vices et les passions des hommes. L'expression la plus éloquente de cette complexe vision allégorique est la figure du diable ou Satan, prince des démons, créature grotesque et monstrueuse, mélange hybride de nature humaine et bestiale (souvent représenté sous la forme d'un bouc humanisé dans les livres d'enfants). Dans la culture judéo-chrétienne, Satan reflète la tentation et le péché. C'est également sous la forme d'un bouc que le diable est censé assister aux cérémonies des sorciers de l'Europe du Moyen Âge.

Précipités en enfer pour s'être révoltés contre Dieu, Satan et les autres démons y attendent les âmes vouées à la damnation. Ces anges déchus ont perdu leurs ailes d'oiseau, pour des ailes de chauve-souris ou de dragon. Ils portent des cornes et une longue queue et sont armés d'une fourche. Oreilles pointues, pieds fourchus et peau velue sont d'autres signes de la déchéance de ces créatures célestes. □

A. *Ange* (détail du jubé de la chapelle Saint-Fiacre, Le Faouët [France]).

Les génies, les anges et Satan

La figure de l'ange, cette créature dont le seul élément animal est une paire d'ailes rattachées à un corps totalement humain (A), a une histoire très ancienne. Le prototype remonte à la religion assyro-babylonienne. Il s'agit alors de génies ailés, messagers ou représentants des divinités. La plupart du temps, ils sont les protecteurs de l'individu. Le dieu principal du zoroastrisme, Ahuramazda, était entouré d'êtres divins qui ressemblaient, de plusieurs points de vue, aux anges qui luttent contre les démons. Les Grecs ont donné les premiers à cette figure le nom d'« angelos », le messager de Dieu. Ministre des dieux, intermédiaire entre le ciel et la terre, il est aussi en relation avec le monde des enfers et protège les défunts. Dans cette catégorie, on trouve aussi la figure d'Éros. À travers les siècles, on retrouve ces êtres surnaturels dans la religion juive (où ils n'avaient pas d'ailes), dans l'islam et dans le christianisme, où ils protégeaient non plus les morts, mais les vivants, et résidaient dans le ciel, à côté de Dieu.
Satan même (B), avant sa rébellion contre le Seigneur, avait cet aspect angélique, mais, ensuite, à cause de son acte d'orgueil, il acquit des caractères monstrueux où l'élément animal se rapproche des espèces qui symbolisent le péché et la luxure, comme le serpent et le bouc.

B. *La Tentation du Christ au désert* (Allemagne, XIIIe s.).

LES ÉCHASSIERS

On rassemble sous le terme d'échassiers l'ensemble des oiseaux pourvus de longues pattes et, comme le héron de la fable, d'un long cou. En outre, ces oiseaux sont souvent associés à des milieux aquatiques. Ce groupe artificiel est très hétérogène et peut être divisé en trois ensembles (ciconiiformes, gruiformes et charadriiformes) auxquels on a tendance à rattacher les flamants.

HÉRONS, CIGOGNES, SPATULES...

LES CICONIIFORMES

■ Oiseaux de bonne taille, aux pattes faiblement palmées, au cou très long (de 16 à 20 vertèbres), au bec étroit et pointu, les représentants du groupe des ciconiiformes sont monogames, sociaux et souvent migrateurs. On les trouve dans les pays chauds et tempérés.

Les ardéidés regroupent tous les hérons, aigrettes, bihoreaux, crabiers, butors et le savacou. Ce dernier *(Cochlearius cochlearius)* ressemble à un petit héron qui aurait un énorme bec en cuiller. Il vit dans les mangroves sud-américaines, où il se nourrit, de nuit, de poissons et d'invertébrés aquatiques.

Les ciconiidés comprennent les tantales, becs-ouverts, cigognes, jabirus et marabouts. Très souvent, dans un genre donné, on trouve une espèce en Amérique, une en Afrique et une en Asie. L'ombrette *(Scopus umbretta)* est une sorte de petite cigogne africaine brune (famille des scopidés) dont la tête huppée se prolonge vers l'arrière en forme de « tête de marteau », pour reprendre le nom que lui donnent les Anglo-Saxons.

Les autres ciconiiformes appartiennent à des familles fort diverses. La famille des balaenicipitidés ne comprend que le remarquable bec-en-sabot *(Balaeniceps rex)* de l'Est africain, inféodé aux vastes marais à papyrus. Les thresciornithidés rassemblent les ibis et les spatules. Les premiers sont connus pour leur bec en faucille, les secondes pour leur bec terminé en palette. Les mésitornithidés sont les mésites, propres à Madagascar, de la taille d'une grive, terrestres, qui fouillent la litière forestière.

Les turnicidés rassemblent les turnix, oiseaux très discrets, qui ressemblent à des cailles, mais n'ont que 3 doigts à leurs pattes. Enfin le pédionome errant *(Pedionomus torquatus)*, au sud-est de l'Australie, terrestre, tient à la fois d'une caille et d'un pluvier. Il donne son nom à une autre famille de ciconiiformes, celle des pédiomidés.

GRUES, OUTARDES...

LES GRUIFORMES

■ Les gruiformes sont cosmopolites. Cet ordre comprend la famille des gruidés, qui regroupe les grues. Présentes dans le monde entier, leur taille varie de 80 cm à près de 2 m. Elles vivent dans des espaces découverts (marais, steppes,...) et leur cri porte très loin. Les grues se nourrissent surtout de végétaux.

Les rallidés regroupent les râles, les poules sultanes, les poules d'eau et les foulques. La plupart de ces oiseaux sont inféodés aux marais et aux terrains humides.

Les psophidés sont les agamis, ou oiseaux-trompettes, qui ressemblent à des grues miniatures, de la taille d'une pintade, et qui vivent en bandes dans le sous-bois des forêts tropicales. Les grébifoulques, comme leur nom l'indique, tiennent à la fois des grèbes et des foulques.

A

A. **GRUE COURONNÉE**

On distingue la grue royale *(Balearica regulorum)* de la grue couronnée *(Balearica pavonina)*. La première, à cou gris et à la face en grande partie blanche, habite l'Afrique australe. La seconde, à cou noir et à la face en grande partie rouge, se rencontre du Sénégal au Kenya. Comme les autres grues, elles paradent en effectuant des danses qui consistent en courbettes, sauts et lents battements des ailes déployées.

B

B. **IBIS ROUGE**

L'ibis rouge d'Amérique du Sud vit dans les marais littoraux et les estuaires, sur les lagunes saumâtres et les vasières. Cet oiseau *(Eudocimus ruber)* niche en colonies dans les mangroves. Seul l'adulte est rouge, les jeunes étant blancs. Il se nourrit surtout de crabes et de mollusques. C'est une espèce menacée.

C. **CAURALE SOLEIL**

Cet oiseau déambule lentement, comme un petit héron, le long des cours d'eau des forêts tropicales sud-américaines où il vit. Cette espèce *(Eurypyga helias)* se nourrit essentiellement d'insectes et d'invertébrés aquatiques, mais capture aussi des poissons et des amphibiens. La parade du caurale mâle, photographiée ici, est remarquable, non pas tant par la posture qu'il adopte que par le fait que, déployant au maximum les ailes et les plumes de sa queue, il met en évidence un plumage où se juxtaposent des plages colorées en rouge-orange, blanc, gris et noir. Son nid est une construction globulaire de tiges et de feuilles pratiquée dans un arbre. Le mâle et la femelle incubent les 2 œufs crème tachetés de brun-noir durant 27 jours. Les jeunes ne peuvent voler qu'à l'âge de 3 semaines.

E

C

D

D. **GRANDE OUTARDE**

Appelée aussi outarde barbue *(Otis tarda)*, elle est, avec les 18 kg que peut atteindre le mâle, l'oiseau volant le plus lourd. Les mâles paradent sur des emplacements traditionnels pour attirer les femelles, en déployant toutes les plumes de leur corps (queue, ailes, cou et flancs).

E. **CIGOGNE BLANCHE**

Cet oiseau *(Ciconia ciconia)* est répandu en Eurasie. Ses parades s'effectuent sur le nid, les partenaires exécutant, en se faisant face, un duo de claquements de bec en ramenant la tête en arrière, sur le dos. Migratrice, la cigogne se déplace surtout en planant, utilisant les ascendances thermiques terrestres et évitant donc les grandes étendues marines.

F

F. **HÉRON CENDRÉ**

Il niche en colonies regroupant parfois jusqu'à plusieurs milliers de couples, qui construisent sur les arbres de gros nids en brindilles. Piscivore, il capture aussi des amphibiens, des petits mammifères et des invertébrés aquatiques. Cette espèce *(Ardea cinerea)* s'observe au bord des cours d'eau, des étangs et sur les côtes marines.

LES ÉCHASSIERS

HUÎTRIERS, PLUVIERS, MOUETTES...

LES CHARADRIIFORMES

■ OISEAUX AU BEC POINTU, aux pattes minces et palmées, ils vivent en général sur les côtes et dans les régions marécageuses. Les charadriiformes correspondent en partie au groupe des « petits échassiers ».

Huîtriers, échasses et avocettes. Les huîtriers sont de petits échassiers de rivage au plumage essentiellement noir et blanc (on les appelle parfois pies de mer). L'extrémité de leur bec est aplatie, ce qui correspond à une adaptation à l'ouverture des coquillages et autres fruits de mer. On regroupe ces oiseaux dans la famille des haematopodidés.

Les échasses et les avocettes constituent la famille des récurvirostridés. Ce sont des oiseaux des marais salants et des lagunes d'eau saumâtre. L'avocette est célèbre pour son bec recourbé, l'échasse, pour ses pattes rouges.

Le drome (famille des dromadidés) se trouve sur les rivages de l'océan Indien. Son gros bec lui permet de capturer et de décortiquer les crabes. Il niche en colonies dans des terriers, où le jeune est nourri par les adultes.

Les burhinidés rassemblent les courlis de terre (œdicnèmes). Ces oiseaux des terrains découverts possèdent un plumage qui les camoufle fort bien, surtout quand ils couvent. Les courvites (des steppes subdésertiques), les glaréoles et le fameux pluvian, dont la légende veut qu'il soit le nettoyeur des dents des crocodiles, sont regroupés dans la famille des glaréolidés.

Pluviers, gravelots et vanneaux. Ils forment la famille des charadriidés. Tous sont de petits échassiers à corps ramassé, avec une petite tête ronde et un bec court. Les premiers ont un vol rapide et des ailes pointues. Les vanneaux évoluent plus lentement, mais ont un vol soutenu et des ailes longues, arrondies à leur extrémité. Les scolopacidés sont les petits échassiers à long bec des rivages, des marais et des terrains humides. Ils regroupent bécasses, bécassines, bécasseaux, tournepierres, chevaliers, courlis, barges et phalaropes.

On peut citer également les jacanas (jacanidés), que l'on trouve essentiellement dans les régions tropicales, le bec-d'ibis (ibidorhynchidés) des montagnes d'Asie centrale et les becs-en-fourreau (chionidés) des terres australes.

Mouettes, sternes et pingouins. Les laridés comptent les mouettes et les goélands. La distinction entre les deux ne repose guère, en réalité, que sur de vagues critères de taille. Les stercorariidés sont très proches des mouettes et des goélands : ce sont les labbes, qui s'alimentent en poursuivant en vol les autres oiseaux de mer pour les forcer à régurgiter les proies qu'ils ont avalées ou à lâcher celles qu'ils ont capturées.

Les sternidés (46 espèces) regroupent les sternes et les noddis, qui sont généralement marins, et les guifettes, qui nichent sur les étangs et lacs d'eau douce. Les rhynchopidés sont les becs-en-ciseaux, grosses sternes qui pêchent en vol.

Les alcidés rassemblent les mergules, les guillemots, les pingouins, les stariques et les macareux. Ce sont des oiseaux marins noir et blanc, de l'hémisphère Nord, qui rappellent les manchots, mais qui volent.

A

A. **GLARÉOLE**

Cet oiseau *(Glareola pratincola)* rappelle en vol une sterne par ses cris éraillés et sa silhouette à queue fourchue. Grégaire, la glaréole à collier niche au sol, surtout dans des marais saumâtres à végétation rase. Les couples sont rassemblés en petites colonies, dont l'accès est défendu par tous les membres.

B

B. **STERNES**

Elles nichent en colonies populeuses, souvent établies sur des îlots ou des bancs de sable, à l'abri des prédateurs terrestres. Beaucoup sont inféodées aux rivages marins et se nourrissent de poissons, qu'elles capturent à l'issue de spectaculaires plongeons.

C

C. **MACAREUX DU KAMTCHATKA**

Ce macareux du Pacifique nord *(Lunda cirrhata)*, se distingue du macareux moine par les couleurs de son bec, son ventre noir et ses aigrettes jaunes. Excellents plongeurs, habiles à poursuivre les poissons, les macareux doivent courir longtemps sur l'eau avant de décoller.

D

D. **GRAVELOTS**

Le gravelot à collier interrompu *(Charadrius alexandrinus)* vit sur les bords de mer sablonneux et dans les marais salés littoraux ou, comme en Afrique du Nord, autour des sebkhas. Son nid est une petite cuvette moulée dans le sol avec la poitrine. Les 3 ou 4 œufs sont bien camouflés par leur coloration. Il en va de même des poussins, qui savent s'allonger et rester immobiles quand les adultes leur indiquent l'approche d'un prédateur.

E

E. **MOUETTE**

Cette mouette tridactyle *(Rissa tridactyla)* forme de grandes colonies dans les falaises abruptes des rivages marins. Elle s'adapte aussi, dans certains endroits, à nicher sur les bâtiments.
Le nid est solide, en algues et herbes qui se collent sur l'étroite corniche où il est établi. Dès l'éclosion, les jeunes ont de fortes griffes qui leur permettent de s'agripper et de ne pas tomber dans le vide.

F

F. **JACANA**

Les jacanas (dont on connaît 7 espèces des régions tropicales) ressemblent à des poules d'eau, mais ont des formes plus graciles, sont plus colorés et ont les doigts très allongés. Cette dernière particularité est une adaptation aux déplacements sur la végétation flottante des milieux aquatiques où ils vivent. Les femelles sont plus grandes que les mâles. Ces derniers jouent un rôle important dans l'incubation des œufs et dans l'élevage des jeunes.

G

G. **AVOCETTE**

Cet oiseau *(Recurvirostra avosetta)* vit dans les marais côtiers d'Eurasie. Son bec est particulier avec son extrémité incurvée vers le haut. Pour se nourrir, l'oiseau le maintient légèrement ouvert, juste sous la surface de l'eau, qu'il balaie par des mouvements latéraux rythmiques de la tête. Sa nourriture est à base de vers et d'invertébrés des eaux saumâtres.

COLOMBES ET RAPACES NOCTURNES

GANGAS, COLOMBES, PIGEONS...

LES COLUMBIFORMES

■ LES PTÉROCLIDIDÉS forment une famille qui regroupe les syrrhaptes et les gangas. Ces oiseaux des zones arides de l'Afrique et de l'Asie (steppes semi-désertiques, déserts) sont particuliers à plus d'un titre. Ils nichent dans une simple cuvette grattée sur le sol ; leur plumage coloré, mais bariolé, les camoufle bien. Leurs œufs et leurs poussins sont semblables à ceux des chevaliers et des bécasseaux. Ils se regroupent en bandes pour se rendre aux points d'eau. Les plumes de leur ventre (surtout chez les mâles) ont une structure qui leur permet de retenir l'eau quand elles y ont trempé. Ils peuvent ainsi ramener à boire à leurs poussins, qui « tètent » véritablement les adultes en suçant l'eau retenue dans ces plumes modifiées.

Les columbidés. Cette famille rassemble 312 espèces. Tous font un nid en brindilles où ils déposent 1 ou 2 œufs blancs. Ce nid est placé dans les branches d'un arbre ou dans une cavité de tronc ou de rocher, ou encore au sol. Les jeunes restent longtemps au nid. Ils sont nourris à l'aide d'une sécrétion du jabot des adultes, le « lait de pigeon », qui, par sa composition, rappelle celui des mammifères. Le représentant le plus répandu est le pigeon biset *(Columba livia)*, rupestre à l'état sauvage et souche de toutes les variétés domestiques, y compris les pigeons voyageurs, remarquables pour leurs facultés voilières et leur sens de l'orientation. Les espèces de plus petite taille, comme les tourterelles, appartiennent à des genres divers, établis en fonction de la forme de leurs plumes, des taches irisées sur les ailes ou des zones colorées particulières.

Certains columbidés sont remarquables par leurs plumes irisées (pigeon de Nicobar, *Caloenas nicobarica*), par leur forte taille, par leur plumage à dominante de bleu ou de roux et leur huppe (pigeon couronné du genre *Goura*), ou par leur plumage vert, avec des plages colorées à la tête, à la poitrine ou au ventre (comme les colombars du genre *Treron* ou les ptilopes du genre *Ptilinopus*).

CHOUETTES ET HIBOUX

LES RAPACES NOCTURNES

■ CES RAPACES ne sont pas apparentés aux rapaces diurnes. Ils appartiennent à l'ordre des strigiformes, qui regroupe 186 espèces réparties selon 2 familles : les tytonidés (effraies et phodiles) et les strigidés (tous les autres). Tous sont caractérisés par la disposition particulière des plumes de la face, en forme de masque circulaire (strigidés) ou en cœur (tytonidés), leur acuité auditive remarquable, leur plumage à texture molle, par leurs œufs blancs presque sphériques et leurs mœurs nocturnes (quoique certaines espèces, comme les chevêchettes, par exemple, soient quasi diurnes).

Beaucoup sont des prédateurs de vertébrés, se nourrissant d'amphibiens, d'oiseaux ou de mammifères ; certains se spécialisent sur les poissons ou encore sur les insectes.

Sur les côtés de la tête, les hiboux ont des aigrettes de plumes qui évoquent deux oreilles, tandis que les chouettes n'en ont pas. Comme chez les rapaces diurnes, la femelle est souvent plus grande que le mâle. Leur plumage, où dominent les bruns et les gris, les camoufle bien durant le jour et ce d'autant plus qu'ils s'étirent verticalement en cachant leur face. Cette forme de mimétisme les fait ressembler à des branches mortes.

A

B

A. B. **GANGA CATA**

La femelle (A) diffère du mâle (B). Cet oiseau *(Pterocles alchata)* habite les steppes pierreuses de la Provence (France), de certaines régions de la péninsule Ibérique, de l'Afrique du Nord, du Proche et du Moyen-Orient, jusqu'en Inde. Son nom est une onomatopée du cri qu'il émet en vol, notamment lorsqu'il se dirige en troupes vers les points d'eau ou quand il en revient.

C

C. **PIGEON RAMIER**

Connu sous le nom de palombe *(Columba palumbus)*, ce pigeon a su s'adapter aux villes, où il niche sur les arbres, parfois même sur les bâtiments. Il s'alimente dans les campagnes voisines et forme des bandes, qui peuvent atteindre plusieurs milliers d'individus en dehors de la période de reproduction.

D

D. **PIGEON VERT**

Les pigeons du genre *Treron*, d'Asie et d'Afrique, vivent en bandes très mobiles et bruyantes. Ils vont d'un arbre en fruits à un autre, recherchant surtout les figues. Alertés, ils savent se rendre invisibles dans les feuillages.

CHASSER SANS VOIR

Les rapaces nocturnes (ci-dessous, une chouette effraie, *Tyto alba*) utilisent davantage leurs oreilles que leurs yeux pour localiser les animaux qu'ils chassent. Leur vision est fondée sur les contrastes, ce qui explique les mouvements de tête spasmodiques des chouettes inquiétées par l'approche d'un observateur. L'assymétrie de leurs oreilles (l'une étant située plus haut de l'autre) et le rôle de déflecteurs paraboliques joué par les disques faciaux qui concentrent les sons font que les rapaces nocturnes sont capables de localiser leur proie avec précision, « en aveugle ».

E

E. **HIBOU GRAND-DUC**

Ce rapace eurasien *(Bubo bubo)* est capable de s'attaquer à de très grosses proies. Son chant bissyllabique, sourd et guttural, porte à grande distance et est souvent amplifié par les reliefs escarpés qu'il habite. Bien que protégé, cet oiseau s'est raréfié et demeure persécuté sur la base de superstitions tenaces qui en font, comme les autres rapaces nocturnes, un oiseau de mauvais augure. Beaucoup paient un lourd tribut au développement des lignes électriques, dans lesquelles il s'électrocute et à celui de la circulation routière. Un hibou grand-duc possède un poids moyen de 2,7 kg pour une envergure de 70 cm. Les œufs blancs (de 2 ou 3 par nids) possèdent une durée d'incubation de 34 à 36 jours.

F

F. **CHOUETTE HULOTTE**

Strix aluco est répandue dans les forêts et les parcs d'Europe, y compris dans les espaces verts des grandes villes. Cette chouette possède un hululement caractéristique et les cris de contact entre le mâle (sons graves) et la femelle (sons plus aigus) permettent de les distinguer. Elle niche surtout dans les trous d'arbre et se nourrit beaucoup de petits mammifères, mais s'accommode de toutes sortes de proies, comme les moineaux capturés dans leurs dortoirs.

LES RAPACES DIURNES

AIGLES, FAUCONS ET VAUTOURS

LE GROUPE DES RAPACES DIURNES

■ COMME LES RAPACES NOCTURNES, les rapaces diurnes se nourrissent principalement de vertébrés, capturés vivants, qu'ils saisissent par leurs griffes recourbées, ou serres. Les rapaces diurnes peuvent être divisés en trois groupes. Les aigles, les buses et les milans constituent l'ordre des accipitriformes ; les faucons représentent les falconiformes et les vautours forment un groupe hétérogène.

Aigles et rapaces proches. Les autours possèdent une longue queue et vivent dans les zones tempérées de l'hémisphère Nord. En Asie, ils sont utilisés, à l'instar du faucon, comme oiseaux de chasse. Les buses sont remarquablement adaptées au plané terrestre et, par leur régime alimentaire, contribuent à réguler les pullulations de rongeurs. L'épervier, de petite taille, est renommé pour son vol rapide et sa forte consommation de petits passereaux. Ces trois types d'oiseaux forment, avec de nombreuses espèces d'aigles (aigle royal, botté, de Bonelli,...), l'ensemble des accipitrinés.

Les circaétinés sont des chasseurs de serpents, rapaces dont le type est le circaète jean-le-blanc *(Circaetus gallicus)*. Plus gros qu'une buse, il utilise le vol sur place pour capturer les reptiles dont il se nourrit.

Les milvinés regroupent les milans et les pygargues. Le milan noir *(Milvus migrans)*, répandu de l'Europe à l'Afrique du Sud et à l'Australie, a la taille d'une buse et est remarquable pour sa queue échancrée. Le pygargue à queue blanche *(Haliaetus albicilla)* se rencontre au Groenland et de l'Islande à l'Asie. C'est un grand aigle pêcheur.

Les busards (genre *Circus*), aux ailes longues et étroites et à la queue allongée, fréquentent les zones ouvertes, les marais et les cultures. Parmi les accipitriformes figurent aussi le grand serpentaire, ou oiseau-secrétaire *(Sagittarius serpentarius)*, haut sur pattes et qui déambule dans les steppes et savanes africaines, ainsi que le balbuzard fluviatile *(Pandion haliaetus)*.

Les faucons. La famille des falconidés regroupe 65 espèces aussi diverses que les caracaras néotropicaux, les carnifex des forêts sud-américaines, qui ressemblent à des éperviers, les fauconnets (dont celui de Bornéo, *Microhierax latifrons*, ne pèse que 35 g) et les faucons. Ces derniers, pourvus d'ailes longues et pointues, sont de remarquables voiliers ; ils ne construisent pas de nid.

Les vautours. On distingue les vautours de l'Ancien Monde (famille des accipitridés) et ceux du Nouveau Monde (famille des cathartidés). Les vautours de l'Ancien Monde, éboueurs et non chasseurs, ont des serres peu puissantes mais un bec acéré, adapté à entamer et à déchiqueter les tissus des cadavres. L'élevage moderne, qui ne laisse plus sur le terrain les animaux morts, a fait que les grands charognards, comme le vautour fauve *(Gyps fulvus)* ou, à plus forte raison, le broyeur d'os qu'est le gypaète barbu *(Gypaetus barbatus)*, ont beaucoup régressé.

Les vautours américains, dont certains utilisent leur odorat pour détecter les charognes dont ils se repaissent, ne sont des rapaces que par convergence adaptative. Ils sont en fait apparentés aux cigognes.

A

B

A. B. **VAUTOURS**
Les ressemblances entre les charognards que sont le vautour fauve *(Gyps fulvus)* d'Afrique (B) et le vautour pape *(Sarcoramphus papa)* américain (A) ne sont que des convergences. Le second est, en fait, proche des cigognes. Néanmoins, tous sont de remarquables adeptes du vol de type plané.

C

C. **FAUCON**
Cosmopolite, le faucon pèlerin *(Falco peregrinus)* est le faucon par excellence, champion du vol battu et des piqués vertigineux qui lui permettent d'atteindre près de 200 km/h. Ses populations ont été persécutées et ont souffert des pesticides, auxquels il s'est avéré particulièrement sensible.

D

D. **AIGLE ROYAL**
Cosmopolite, l'aigle royal *(Aquila chrysaetos)* est considéré comme l'un des plus beaux et plus puissants rapaces. On le rencontre en Europe, en Afrique du Nord, au Moyen-Orient, en Asie (jusqu'en Chine, en Corée et au Japon) et en Amérique du Nord. Il habite surtout les montagnes, mais aussi les plaines boisées et les régions côtières. Dans beaucoup d'endroits, ses effectifs ont chuté sous l'effet des destructions inconsidérées (dénichage, tir au fusil, empoisonnement...).

E

E. **BALBUZARD**
Le balbuzard fluviatile *(Pandion haliaetus)*, cosmopolite dans sa distribution, est l'aigle pêcheur par excellence. Il capture dans ses puissantes serres, qui se verrouillent automatiquement par le jeu des tendons, les poissons qui évoluent près de la surface des plans d'eau. Il n'hésite pas à s'immerger en plongeant. Ses populations ont fort souffert de l'usage des pesticides, notamment du D. D. T.

F

F. **PYGARGUE**
Le pygargue à queue blanche *(Haliaetus albicilla)* se reconnaît aisément à son bec massif et sa queue triangulaire. Excellent planeur, il sait aussi effectuer des manœuvres hardies qui lui permettent de capturer des oiseaux et des mammifères, ainsi que les poissons qui nagent en surface. Il se montre aussi volontiers charognard.

G

G. **CONDOR**
Il existe 2 espèces de condors. *Vultur gryphus*, illustré ici, est encore bien répandu des Andes, au Venezuela, à la Terre de Feu. D'une envergure de 3 m pour un poids de 12 kg, c'est un remarquable planeur. *Gymnogyps californianus* n'est représenté que par de rares individus malheureusement promis, en dépit des efforts pour sauver l'espèce, à une extinction à très brève échéance.

LES RATITES

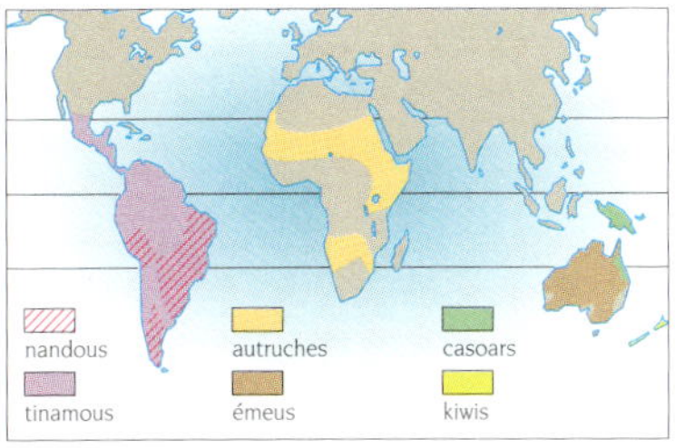

Répartition géographique. Les ratites forment un ensemble parfaitement homogène que l'on subdivise en 6 familles : les autruches (struthionidés), exclusivement africaines ; les nandous (rhéidés), vivant en Amérique du Sud ; les émeus (dromaiidés), limités à l'Australie ; les casoars (casuaridés), propres à la Papouasie ; les kiwis (aptérygidés) de Nouvelle-Zélande et les tinamous (tinamidés) d'Amérique.

Anatomie. Les ratites possèdent un certain nombre de caractères communs. Ce sont tous des oiseaux terrestres, adaptés à la course et, pour la plupart, inaptes au vol. Seuls les tinamous conservent la faculté de voler, mais ce sont de bien piètres voiliers.

Le squelette des ratites se caractérise par une atrophie des ailes et par l'absence de bréchet, plaque du sternum sur laquelle s'insèrent, chez les oiseaux volants, les puissants muscles pectoraux qui jouent un rôle important pour les battements d'ailes (ce bréchet, néanmoins présent chez les tinamous, est de taille réduite). Le bec est généralement aplati et élargi à la base, avec les narines situées vers le milieu ; toutefois, les kiwis ont un bec long et légèrement incurvé, avec des narines situées à l'extrémité (ces oiseaux utilisent beaucoup l'olfaction). Un certain nombre de caractères communs aux ratites peuvent encore être mentionnés, comme l'absence ou l'atrophie des clavicules, ou bien la présence de dernières vertèbres libres, et non pas soudées comme chez les autres oiseaux.

Biologie et écologie. L'autruche *(Struthio camelus)* possède des pattes pourvues de 2 doigts seulement, dont seul le plus grand se termine par une griffe.

Les nandous (2 espèces) sont propres aux steppes et aux pampas d'Amérique du Sud.

L'émeu ne pèse que de 25 à 50 kg et possède 3 doigts pourvus d'ongles. Il vit en couple. L'incubation de la ponte (de 5 à 20 œufs) est assurée par le mâle, qui entre en torpeur durant toute cette période, ne mangeant pas et ne buvant pas pendant 8 semaines.

Les casoars (3 espèces) sont propres à la Papouasie (Moluques, Nouvelle-Guinée et Queensland). Ce sont des oiseaux robustes, au caractère ombrageux, dont la patte est munie de 3 doigts, le doigt interne étant pourvu d'un ongle plus long que les autres, solide et quasi rectiligne, qui se révèle une redoutable arme de défense contre les prédateurs ou tout autre animal identifié comme danger potentiel.

Les kiwis (3 espèces), nocturnes, s'alimentent d'invertébrés et de fruits, dont la recherche est facilitée par leur bec très sensible et leur odorat développé.

Les tinamous (50 espèces) ressemblent à des perdrix. Ils habitent les forêts, les savanes et les steppes d'Amérique centrale et du Sud. Bien que diurnes, beaucoup ont une activité vocale crépusculaire, voire nocturne, surtout dans les forêts tropicales. Certains sont strictement frugivores, d'autres sont omnivores. Tous peuvent voler, mais ne le font que pressés par un danger rapproché. Les mâles jouent un rôle important dans l'incubation de la ponte ainsi que dans l'élevage des jeunes.

A

A. **TINAMOU**

Les tinamous de forêt vivent pour la plupart solitaires ou en couples dans les forêts d'Amérique tropicale. Ils sont essentiellement frugivores et pondent au pied des arbres, entre les contreforts des géants de la forêt. Le mâle assure l'incubation, puis l'élevage des jeunes. Leurs chants sont composés de longs sifflements.

B

B. **NANDOU**

Il en existe 2 espèces : le nandou d'Amérique *(Rhea americana),* et le nandou de Darwin *(Rhea pennata)*, représenté ici. Ils vivent en groupes et possèdent des nids communautaires où l'incubation est assurée par le mâle, mais, à la différence des autruches, les femelles pondent dans les nids de plusieurs mâles.

C

C. **ÉMEU**

Cet oiseau *(Dromaius novaehollandiae)* peut dépasser 2 m de hauteur. Son plumage est composé de plumes doubles à structure lâche. Ses ailes sont plus rudimentaires que celles de l'autruche. Oiseau diurne, il se nourrit de végétaux et d'insectes. Les populations des zones arides effectuent des déplacements liés à la répartition des pluies, dont ils suivent la progression.

D

D. **CASOAR**

Oiseaux nocturnes, forestiers et frugivores, les casoars ne dédaignent pourtant pas les proies animales. Leur biologie demeure fort mal connue dans les conditions naturelles. Avec les tinamous, ils font partie des oiseaux qui pondent les plus beaux œufs.

E. **KIWI**

Le corps des kiwis est recouvert de plumes filiformes. Ils nichent dans des terriers où ils pondent de 1 à 3 œufs que le mâle incube. Bien que s'adaptant aux transformations de leurs habitats, ces oiseaux demeurent de statut fragile et leur conservation préoccupe fort les autorités néo-zélandaises.

E

F G

F. G. **AUTRUCHES**

Les autruches constituent des harems. Le mâle (noir et blanc) [G] choisit l'emplacement du nid où pondent les femelles (plus ternes) [F]. La femelle dominante pond en dernier et au centre du nid, rejetant à la périphérie les œufs des autres. Mâle et femelle dominante incubent alternativement les 20 à 25 œufs, qui mesurent chacun une vingtaine de centimètres et peuvent peser jusqu'à 2 kilos.

PRÉSENTATION DES MAMMIFÈRES

Les mammifères constituent, avec les oiseaux, la classe des vertébrés la plus évoluée. En effet, en ce qui concerne la physiologie, les mammifères et les oiseaux sont les seuls animaux qui maintiennent leur température interne à un niveau constant (homéothermes). L'homme et de nombreuses espèces domestiques en faisant partie, ce groupe d'environ 3 700 espèces est le plus étudié du règne animal.

Des poils et des mamelles. La présence de poils et de mamelles sont deux des caractéristiques de la classe des mammifères.

Les productions cornées des mammifères sont variées : écailles (pangolin, queue du rat), griffes, ongles ou sabots, cornes pleines (rhinocéros) ou creuses (ruminants) et pelage (poils de bourre, ou duvet, poils de jarre, ou crins, piquants des hérissons, poils sensoriels, ou vibrisses).

Les mamelles qui sécrètent le lait sont des glandes épidermiques, comme les glandes sébacées qui lubrifient les poils, les glandes sudoripares qui sécrètent la sueur et les glandes hédoniques qui interviennent dans les relations olfactives entre partenaires sexuels.

Reproduction. Tous les mammifères ne sont pas vivipares ; les monotrèmes, bien que couverts de poils et allaitant leurs petits, sont ovipares comme les oiseaux. Les autres mammifères ont des formations placentaires qui permettent aux embryons de vivre et de se développer dans l'utérus maternel.

Un cerveau différent. Chez les mammifères, la région antérieure de l'encéphale se développe considérablement pour former un néocortex qui s'ajoute aux structures cérébrales déjà présentes chez les autres vertébrés. Rudimentaire chez les monotrèmes et les marsupiaux, il acquiert chez les mammifères placentaires une importance croissante et représente chez les primates l'essentiel du cortex cérébral. Il se plisse en de nombreuses circonvolutions chez les mammifères évolués ou de grande taille.

Autres caractères mammaliens. La mâchoire inférieure s'articule directement sur le crâne. Les deux premières vertèbres sont modifiées : l'atlas s'articule sur le crâne par deux condyles et l'axis, servant de pivot, permet la rotation de la tête. Dans la bouche, un palais secondaire sépare les voies digestive et respiratoire.

CLASSIFICATION

Sous-classes	Ordres	Exemples
Monotrèmes (Protothériens)		Ornithorhynque, Échidné
Marsupiaux (Métathériens)		Sarigue, Kangourou
Placentaires (Euthériens)	Carnivores fissipèdes	Chat, panda
	Carnivores pinnipèdes	Phoque, otarie
	Cétacés	Baleine, dauphin
	Artiodactyles	Porc, vache
	Proboscidiens	Éléphant
	Hyracoïdes	Damans
	Siréniens	Lamantin, dugong
	Périssodactyles	Rhinocéros, cheval
	Édentés tubulidentés	Oryctérope
	Édentés xénarthres	Paresseux, tatou
	Édentés pholidotes	Pangolin
	Lagomorphes	Lapin, lièvre
	Rongeurs	Rat, écureuil
	Insectivores	Taupe, hérisson
	Dermoptères	Galéopithèque
	Chiroptères	Chauve-souris
	Primates	Maki, singe, homme

A

A. **ALLAITEMENT**

La composition du lait varie selon les espèces. Il est plus ou moins riche en matières grasses, en protéines et en sucre.

C

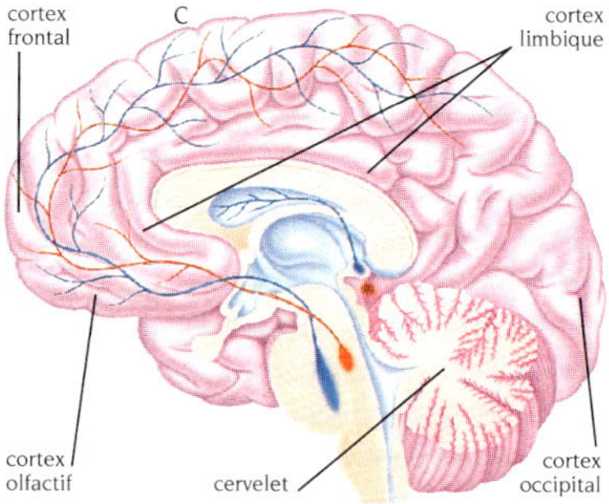

C. **CERVEAU**

Cette coupe chez l'homme, montrant le trajet de certains médiateurs chimiques, révèle l'importance du *néocortex*, propre aux mammifères est responsable de la coordination de nombreux comportements. Le cortex limbique, impliqué dans l'apprentissages, n'est pas visible extérieurement. Le cervelet est bien développé.

D

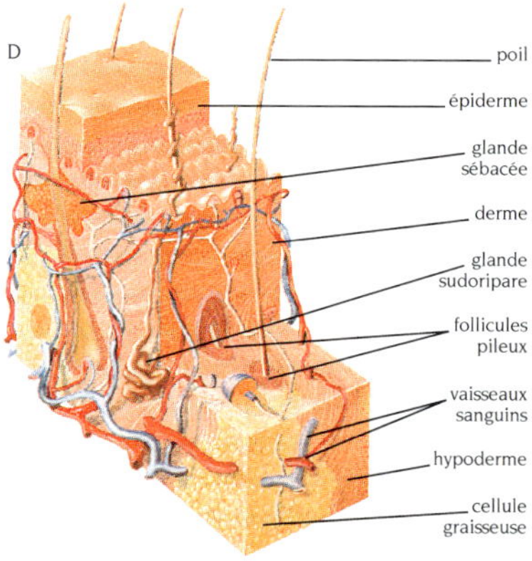

D. **PEAU**

La peau d'un mammifère comporte : l'épiderme, constitué de plusieurs couches de cellules ; le derme, dont on tire le cuir ; et l'hypoderme (réserves de graisse). Les glandes sébacées lubrifient le poil que les muscles horripilateurs redressent. Les glandes sudoripares éliminent la sueur et assurent la régulation de la température. Les vaisseaux sanguins nourrissent la peau alors que les terminaisons nerveuses assurent sa sensibilité.

B. **ANATOMIE D'UN MAMMIFÈRE (LOUP)**

Les carnivores sont proches de l'ancêtre commun à tous les mammifères. La boîte crânienne qui protège l'encéphale est volumineuse ; la denture comprend incisives, canines, prémolaires et molaires. La colonne vertébrale possède des segments (cervical, thoracique, lombaire, sacré et caudal). Les côtes enserrent la région thoracique. Sur les ceintures pectorale et pelvienne s'articule le squelette des membres.

B

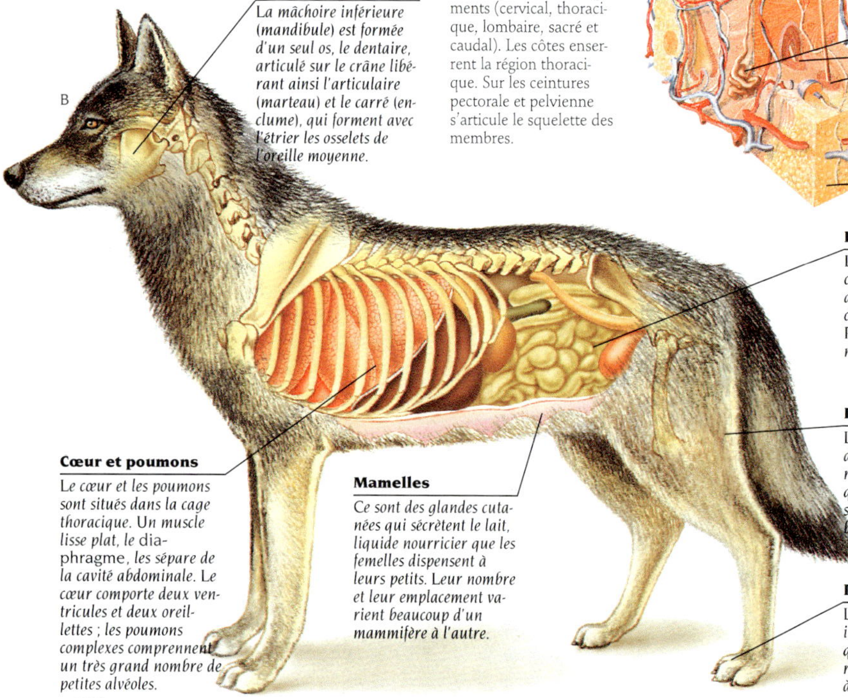

Mâchoire

La mâchoire inférieure (mandibule) est formée d'un seul os, le dentaire, articulé sur le crâne libérant ainsi l'articulaire (marteau) et le carré (enclume), qui forment avec l'étrier les osselets de l'oreille moyenne.

Intestin

Le loup a un intestin court. C'est un carnassier dont la nourriture est facilement assimilable. Pour un poids sensiblement égal, un carnassier a un intestin de 2 m, un omnivore comme l'homme, un intestin de 8-9 m, alors qu'un herbivore comme l'antilope peut posséder un intestin de 25 mètres.

Poils

Les poils, productions épidermiques cornées, assurent l'isolement thermique du corps. Des glandes sébacées, situées à leur base, sécrètent une substance grasse qui les imperméabilise et les lubrifie. Des muscles horripilateurs les dressent en cas de froid ou de stress émotionnel.

Cœur et poumons

Le cœur et les poumons sont situés dans la cage thoracique. Un muscle lisse plat, le diaphragme, les sépare de la cavité abdominale. Le cœur comporte deux ventricules et deux oreillettes ; les poumons complexes comprennent un très grand nombre de petites alvéoles.

Mamelles

Ce sont des glandes cutanées qui sécrètent le lait, liquide nourricier que les femelles dispensent à leurs petits. Leur nombre et leur emplacement varient beaucoup d'un mammifère à l'autre.

Patte

Le loup est digitigrade ; il marche sur des doigts qui portent des griffes non rétractiles (contrairement à celles du chat). L'homme et l'ours sont plantigrades ; un grand nombre de mammifères, comme les chevaux et les ruminants, sont onguligrades.

LES MONOTRÈMES

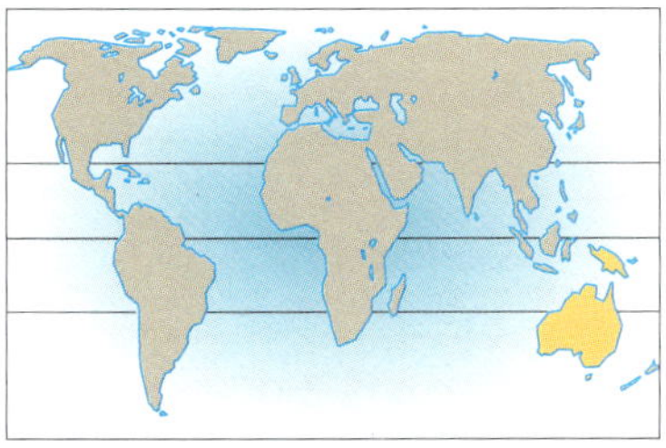

Répartition géographique. Les représentants des monotrèmes sont peu nombreux. Il existe une seule espèce d'ornithorynque et 5 espèces d'échidnés. Les monotrèmes sont limités à la Tasmanie, à l'Australie et à la Nouvelle-Guinée.

Caractères particuliers. Représentés actuellement par l'ornithorynque et les échidnés, les monotrèmes sont les plus primitifs des mammifères, ce que traduit l'autre terme sous lequel on les désigne, celui de « protothériens » (du grec *protos,* premier, et *ther,* animal sauvage). On les dit aussi « ornithodelphes » (du grec *ornis,* oiseau, et *delphys,* utérus), car leur appareil génital femelle est identique à celui des oiseaux. Quant à leur nom de monotrèmes (du grec *monos,* seul, et *trema,* fente), il signifie que, à l'inverse des autres mammifères mais comme les reptiles et les oiseaux, ces animaux possèdent un cloaque dont l'orifice unique sert à la fois d'anus et de méat urinaire et génital.

Les monotrèmes possèdent une température interne, instable, qui varie de 25 à 36 °C ; de plus, ils entrent souvent en léthargie pendant des périodes courtes. C'est pourquoi on les qualifie d'« homéothermes approximatifs ».

Reproduction. Chez les monotrèmes, les femelles pondent des œufs qu'elles couvent comme le font les oiseaux, mais elles allaitent leurs petits comme le font les mammifères. Ce caractère surprenant les fait considérer comme des reliques des temps anciens, et on n'hésite pas à les qualifier de fossiles vivants.

L'ovocyte que libère l'ovaire gauche (seul fonctionnel, comme chez les oiseaux) est petit (5 mm environ) mais il augmente rapidement de volume une fois fécondé ; deux semaines environ après l'accouplement, la femelle pond de 1 à 3 œufs de 14 à 18 mm de diamètre. Chez l'ornithorynque, l'œuf présente une couche externe calcaire, comme chez les oiseaux, alors que, chez les échidnés, la paroi de l'œuf est simplement durcie en surface. L'incubation des œufs chez les différentes espèces de monotrèmes dure une dizaine de jours.

Peau et glandes. Les monotrèmes sont de vrais mammifères. Ils ont une fourrure de poils brillants et lustrés, possédant chacun sa glande sébacée. Chez les échidnés, cette fourrure est parsemée de longs piquants. Les mamelles s'ouvrent chez l'ornithorynque par de nombreux canaux débouchant chacun à la base d'un poil. Chez les échidnés, ces mamelles sont protégées par un repli de peau appelé *incubatorium.*

De tous les mammifères, les monotrèmes sont les seuls dont la patte postérieure présente, chez le mâle adulte, un fort éperon corné creusé d'un canal et connecté à une glande fémorale sécrétant un venin très puissant (0,02 g de ce venin tue un lapin en injection intraveineuse). Cette glande, ainsi que des glandes odorantes situées à la base du cou chez l'ornithorynque mâle sont surtout actives à la saison du rut.

Appareils digestif et génital. La partie postérieure du tube digestif est subdivisée, par le *périnée,* en un rectum dorsal, qui prolonge l'intestin, et en un sinus urogénital ventral, commun aux voies urinaires et génitales. Le rectum dorsal et le sinus urogénital s'ouvrent dans un cloaque. Le pénis du mâle est bifide ; chez la femelle, c'est le sinus urogénital qui sert de vagin, comme chez les oiseaux.

Système nerveux et sensoriel. L'encéphale comporte, caractère typique des mammifères, un *néocortex* (l'« écorce cérébrale »), plissé chez les échidnés, lisse chez l'ornithorynque (celui-ci est dit « lissencéphale »). Parmi les organes des sens, l'épithélium olfactif est très important chez les échidnés, terrestres, qui détectent ainsi leur nourriture, mais moins développé chez l'ornithorynque, aquatique.

Mâchoire et dents. Chez les monotrèmes, les dents, régressées ou absentes, sont remplacées par un bec corné. Chez les échidnés, ce bec est conique et pointu ; seuls les jeunes dans l'œuf possèdent, à la mâchoire supérieure, une dent typique, avec ivoire et émail, la « dent d'éclosion », qui leur sert à briser la coquille. Chez l'ornithorynque, la partie antérieure des mâchoires porte un « bec de canard » et précède 3 molaires émoussées. Ces dernières sont recouvertes, chez l'adulte, d'une plaque cornée.

Classification. Le groupe des mammifères protothériens peut être considéré comme une sous-classe, formée d'un seul ordre, celui des monotrèmes, avec deux familles (ornithorhynchidés et tachyglossidés, ou échidnés).

A

A. **ÉCHIDNÉ**

Les échidnés sont aussi terrestres que l'ornithorynque est aquatique. Leurs membres sont trapus et armés de griffes puissantes. Le bec, allongé et tubulaire, s'ouvre par une bouche étroite. L'échidné commun *(Tachyglossus aculeatus),* présenté ici, mesure jusqu'à 50 cm pour un poids de 5 kilos. Il peuple des régions variées (Australie, Tasmanie et Nouvelle-Guinée), de la forêt tropicale à la frange des déserts, des plaines côtières aux montagnes, jusqu'à 1 000 m d'altitude. Il creuse des terriers d'où il sort la nuit pour se nourrir d'insectes, surtout de fourmis et de termites, qu'il capture de sa langue longue et visqueuse à la façon des fourmiliers. En cas de danger, il se met en boule. Ses piquants longs et acérés dissuadent ses attaquants. Au moment de la reproduction, le ventre de la femelle se creuse d'une poche, l'*incubatorium,* dans laquelle tombe l'œuf qu'elle vient de pondre (elle pond rarement plus d'un œuf). Au bout d'une dizaine de jours, l'œuf éclôt ; le jeune, entièrement nu, reste dans cette poche où débouchent les orifices des glandes mammaires et il n'en sort qu'une fois couvert de fourrure. Les échidnés vivent une cinquantaine d'années. Leur seul ennemi est l'homme, qui apprécie leur chair.

B

B. **ORNITHORYNQUE**

Excellent nageur, grâce à ses pattes palmées et à sa queue aplatie et velue, l'ornithorynque *(Ornithorhynchus anatinus)* parcourt au crépuscule rivières et étangs, détectant, grâce aux organes tactiles de son bec, les petites proies (têtards, poissons, invertébrés) dont il se nourrit. Le mâle mesure 65 cm pour 2 kg ; la femelle est plus petite. Mâle et femelle creusent, dans les berges, des terriers individuels pour s'y réfugier. Ils s'accouplent dans l'eau, en septembre, au milieu des roseaux, après de longs préambules de cour. La femelle creuse un long terrier de nidification, conduisant à une chambre remplie d'herbes humides, dont elle ferme l'entrée. Elle y couve ses œufs puis allaite ses petits pendant leurs 4 premiers mois. Les jeunes, nus et aveugles, tètent leur mère, couchée sur le dos, en suçant ses poils imprégnés de lait ; ils ouvrent les yeux à 11 semaines puis se hasardent au-dehors. Ils atteignent la maturité sexuelle à un an et vivront une quinzaine d'années. Protégé par la loi, l'ornithorynque ne semble pas menacé.

LES MARSUPIAUX

Les marsupiaux, appelés aussi « métathériens », ne pondent pas d'œuf, mais donnent naissance à leurs petits, ce qui les distingue des monotrèmes. Cependant, à la différence des autres mammifères, dits « placentaires », dont la femelle, pendant la gestation, développe un placenta qui assure les échanges nutritifs, respiratoires et excréteurs avec les embryons, les marsupiaux se contentent de fournir à leurs embryons un « lait utérin ». Expulsés prématurément de l'utérus maternel, ces derniers se développent dans la « poche », bien connue chez les kangourous.

KANGOUROUS, KOALAS...

LES DIFFÉRENTS MARSUPIAUX

■ On subdivise les marsupiaux en 6 groupes en fonction de la denture et du régime alimentaire.

Les sarigues américaines (didelphoïdes). Carnivores ou insectivores, elles vivent du Chili au sud des États-Unis et aux Caraïbes et sont représentées par une soixantaine d'espèces. Toutes ont une longue queue plus ou moins préhensile et le pouce du pied opposable aux autres doigts. Leurs mœurs sont nocturnes.

Les rats marsupiaux (cœnolestoïdes). Également carnivores, restreints aux Andes, du Chili à la Colombie, les rats marsupiaux sont connus par 7 espèces. Ils se nourrissent d'œufs et de petits oiseaux. Ces deux groupes sont les seuls qui n'appartiennent pas à la région australienne.

Les macropodidés. Caractérisés par le grand allongement de la patte postérieure, ils varient de la taille du rat (rat musqué-kangourou) à la taille du lapin (rats-kangourous, dendrolagues et wallabys arboricoles) ou à celle des grands kangourous proprement dits.

Les dasyuroïdes. Les phascogales au faciès d'écureuils ou de gerboises, les souris marsupiales, le loup marsupial (thylacine, aujourd'hui disparu), les chats marsupiaux (dasyures), le diable de Tasmanie (sarcophile), les fourmiliers marsupiaux (numbats) et les taupes marsupiales appartiennent tous au groupe des dasyuroïdes. Ils sont insectivores ou carnivores.

Les bandicoots (péraméloïdes). Ces marsupiaux au faciès de rats, de lapins ou de hérissons sont omnivores ; c'est parmi eux qu'on trouve le seul marsupial doté d'un vrai placenta.

Les phalangéroïdes. Le couscouso, les (*Phalanger maculatus*) possums (sarigues d'Australie), l'acrobate pygmée, les phalangers volants, le koala, les souris à miel, qui se nourrissent des insectes englués dans le nectar des fleurs, et les 6 espèces de wombats constituent le groupe des phalangéroïdes. Tous sont herbivores.

A

A. **PHALANGER VOLANT**

Ce marsupial *(Petaurus breviceps)* plane grâce à une membrane (patagium) qui unit sur chaque flanc poignet et cheville. Il mesure 40 cm, dont plus de la moitié pour sa queue velue. Nocturne, il passe le jour dans un arbre creux mais s'active la nuit à la recherche d'insectes, d'oisillons, mais aussi de bourgeons, du nectar des fleurs et de la gomme sucrée qui exsude des eucalyptus. La femelle met au monde 2 jeunes à la fois.

B

B. **DIABLE DE TASMANIE**

Cet animal *(Sarcophilus harrisii)* à fourrure presque totalement noire et puissamment bâti peut mesurer 1 mètre, queue comprise, et peser de 5 à 9 kilos. Son manque d'agilité le rend surtout terrestre mais on le voit parfois grimper aux arbres. Carnassier et de mœurs nocturnes, il s'attaque aux reptiles et aux mammifères et ne néglige pas les charognes dont il dévore même les os. Présent dans toute la région australienne avant l'arrivée de l'homme, mais vraisemblablement exterminé par le dingo (chien sauvage), il est aujourd'hui confiné aux forêts de Tasmanie, où il niche dans les arbres creux ou les crevasses de rochers. Au début de l'hiver, la femelle met au monde 4 larves qu'elle allaite pendant 5 mois au moins. Capable de se reproduire à 2 ans, il vit de 7 à 8 ans.

ORIGINE ET DÉCLIN

Les marsupiaux apparaissent à la fin de l'ère secondaire, il y a près de 100 millions d'années. Leur patrie d'origine semble être l'Amérique du Sud, d'où ils auraient conquis, d'une part, l'Amérique du Nord et, de là, l'Europe puis l'Asie et, d'autre part, l'Australie via l'Antarctique (les relations entre les divers continents permettant à cette époque de telles migrations à des animaux terrestres).

Dans une région donnée, les autres mammifères, placentaires, dont le développement des fœtus est mieux protégé, ont tendance à prendre la place des marsupiaux qui, par la simple loi de la compétition, disparaissent peu à peu. Dès l'ère tertiaire, si les marsupiaux sont nombreux en Amérique du Sud ainsi qu'en Australie où les mammifères placentaires n'ont pas encore pénétré, ils sont déjà éliminés par les placentaires dans les autres régions. Ainsi, en Europe, les derniers marsupiaux datent, d'après les fossiles, du milieu de l'ère tertiaire, il y a 20 millions d'années.

L'Amérique du Sud ayant été également envahie par les mammifères placentaires au cours de l'ère tertiaire, le seul continent qui ait gardé sa faune marsupiale intacte est l'Australie ainsi que les terres qui lui étaient rattachées, c'est-à-dire la Tasmanie et la Nouvelle-Guinée. Cette faune, non soumise à la concurrence des placentaires, s'est diversifiée et a pu occuper la majorité des milieux.

C. **DASYURE**

Souvent qualifié de « chat marsupial », le dasyure *(Dasyurus maculatus)* ressemble plutôt à une civette par la forme et la taille. Sa fourrure est tachetée de blanc. Volontiers arboricole, il recherche œufs et oisillons et complète son menu d'insectes, de limaces, de lézards et de petits mammifères. La femelle met au monde une douzaine de larves minuscules ; 6 à 8 seulement trouveront une tétine pour survivre.

C

DEUX UTÉRUS ET TROIS VAGINS !

Chez les marsupiaux, la femelle possède deux utérus et deux vagins latéraux qui s'ouvrent dans une cavité (le sinus urogénital). Lors de sa « naissance » prématurée, l'embryon, bien que de petite taille, est trop gros pour emprunter ces vagins. Aussi, il se forme chez la femelle un troisième vagin (cordon de tissu conjonctif reliant directement les utérus au sinus urogénital). Les larves se fraient un chemin à travers ce cordon. Chez la sarigue, ce dernier disparaît après la mise bas (il s'en formera un nouveau à la gestation suivante) tandis qu'il reste ouvert chez les kangourous. Lors des fécondations ultérieures, les spermatozoïdes continuent d'emprunter les vagins latéraux.

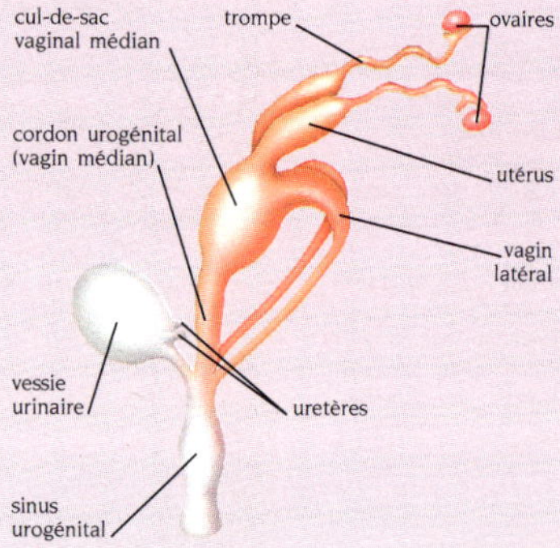

LE DÉVELOPPEMENT

DE L'UTÉRUS MATERNEL À LA POCHE MARSUPIALE

■ LES MARSUPIAUX se libèrent des dangers liés à la ponte des œufs, comme chez les monotrèmes (couvaison et protection du nid), sans atteindre les perfectionnements d'une vraie gestation, comme chez les mammifères placentaires. Les marsupiaux sont donc intermédiaires entre les monotrèmes et les placentaires. En effet, chez les marsupiaux, les jeunes viennent au monde à un stade embryonnaire peu avancé.

La femelle, après une gestation de 16 à 40 jours, met bas une larve de petite taille dont le développement embryonnaire est loin d'être achevé, à l'exception de celui des membres antérieurs armés de griffes qui s'agrippent à la fourrure de sa mère. Ses centres olfactifs, également bien développés, l'orientent, au sortir du vagin, vers une mamelle, en suivant le « chemin de salive » que sa mère lui a préparé. La larve se fixe à la mamelle et poursuit son développement hors du corps maternel : les mamelles sont situées dans une poche *(marsupium)* qui s'ouvre vers l'avant, comme chez le kangourou, ou vers l'arrière, comme chez les sarigues.

L'ovulation est spontanée, sauf chez les sarigues et le dasyure où elle est déclenchée par le coït. À chaque cycle, la femelle libère un nombre d'ovules supérieurs au nombre de ses tétines, si bien que des larves meurent faute d'avoir pu se fixer. Le nombre de tétines, qui va de 5 à 27 chez les sarigues, est moindre chez les autres espèces : de 4 à 12 chez le phascogale, 4 chez les kangourous, 2 chez le wombat. De nombreux marsupiaux ont 2 portées par an.

Chez la sarigue, le jeune, qui pèse 13 cg et mesure 1 cm à la naissance, reste fixé à sa tétine pendant 2 mois avant de s'en libérer, mais il tète encore pendant 1 mois environ.

UNE VIE DE KANGOUROU

Les kangourous sont les géants des marsupiaux actuels. Les plus communs sont le kangourou roux *(Megaleia rufa),* le kangourou antilope *(Macropus antilopinus),* le kangourou gris *(M. giganteus)* et le wallaroo *(M. robustus).* Le mâle de ces espèces est plus grand qu'un homme.

Pour se déplacer, les kangourous prennent appui sur leur queue (qui peut dépasser 1 mètre) et sur leurs pattes antérieures pendant que les pattes postérieures se soulèvent mais, dès qu'ils accélèrent l'allure, ils bondissent sur leurs seules pattes postérieures, la queue assurant l'équilibre. Ils atteignent ainsi plus de 60 km/heure, rivalisant de vitesse avec le cheval.

Ce sont des animaux paisibles, vivant en troupeaux sous l'autorité d'un vieux mâle et recherchant les plaines herbeuses légèrement arborées. Ils se reposent à l'ombre le jour et broutent pendant la nuit. Ce climat social n'est altéré qu'au moment des amours, au début de l'hiver, quand les mâles se livrent de furieux combats pour la possession des femelles. La gestation dure de 6 à 7 semaines ; il y a en général un petit par portée. Au moment de la mise bas, la femelle prend une position qui permet à la larve de tomber dans la poche marsupiale. Le petit se réfugiera encore dans cette poche bien après le sevrage, la mère montrant à son égard beaucoup de sollicitude.

Les éleveurs de moutons, auxquels les kangourous « faisaient concurrence », car on utilise leur fourrure en pelleterie et leur viande comme nourriture, les avaient presque exterminés avant qu'on ne prenne des mesures de protection et qu'on crée pour eux des fermes d'élevage.

D

D. **KANGOUROU GRIS**

Une fois son développement achevé, longtemps après qu'il a été sevré et bien qu'il soit capable de fuir efficacement les prédateurs, le jeune kangourou continue, au moindre danger, de rechercher abri et protection dans la poche marsupiale de sa mère.
Ce jeune *Macropus giganteus,* la tête dépassant de la poche, est curieux de ce qui se passe alentour, pendant que sa mère se nourrit.

A

A. **KOALA**

Le koala *(Phascolarctos cinereus),* un des marsupiaux les plus connus, est le modèle des ours en peluche, avec son corps trapu dépourvu de queue et ses membres massifs. Ses fortes griffes en font un bon grimpeur. Il est inféodé aux eucalyptus, dans lesquels il se déplace avec une lenteur qui rappelle celle des paresseux d'Amérique. Il passe le jour à somnoler sur une branche et se nourrit de feuilles et de bourgeons dès le crépuscule. La digestion de cette nourriture particulière a lieu dans un cul-de-sac intestinal long de 2 mètres. Le koala vit en harem dirigé par un mâle ; chaque femelle met bas chaque année un petit qu'elle allaite 6 mois puis qu'elle porte sur son dos 6 autres mois. Le koala vit une vingtaine d'années.

B

B. **OPOSSUM**

De la taille d'un lapin, l'opossum se déplace avec agilité dans les arbres et se nourrit de proies diverses ; il fait des ravages dans les poulaillers. Deux semaines après l'accouplement, la femelle met bas une douzaine de larves dont la moitié seulement se fixe à une tétine dans la poche marsupiale. Après leur développement, les petits se font souvent transporter sur le dos de la mère.

C

C. **NUMBAT**

Ce fourmilier marsupial, appelé « numbat » ou « myrmécobie » *(Myrmecobius fasciatus),* de la famille des dasyuridés, mesure 35 centimètres. Il vit dans les forêts d'eucalyptus d'Australie et se nourrit de fourmis et de termites, qu'il englue sur sa longue langue après avoir éventré leurs nids. Il se réfugie la nuit dans les arbres creux ou les fentes de rochers. Dépourvue de poche marsupiale, la femelle met bas 4 larves par portée. Ses ennemis sont les rapaces.

LES INSECTIVORES

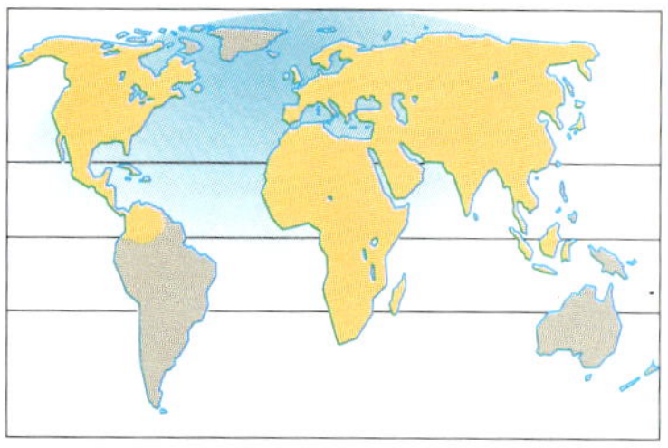

Répartition géographique. Les insectivores sont présents dans tout l'hémisphère Nord ainsi que dans la zone intertropicale, en Afrique, à Madagascar et dans l'Asie du Sud-Est. On les trouve sous tous les climats, de la moiteur des forêts tropicales (la plupart des tenrecs et de nombreux hérissons asiatiques) à l'aridité des zones sahariennes où vivent les rats trompes (tous sont africains, de l'Algérie à l'Afrique du Sud, et le plus gros d'entre eux, le macroscélide de Stuhlmann [*Rhynchocyon stuhlmanni*], vit dans les savanes arborées d'Afrique centrale et orientale) ou dans les montagnes enneigées, où il n'est pas rare de trouver les taupes.

TAUPES, HÉRISSONS...

UNE ORIGINE ANCIENNE

■ LES INSECTIVORES, mammifères placentaires les plus primitifs, sont aussi les plus anciennement apparus sur Terre. Les plus vieux fossiles connus datent de la fin de l'ère secondaire, il y a une centaine de millions d'années.

Modes de vie. Les insectivores se sont adaptés à de nombreux milieux : de la vie souterraine des taupes (dont on connaît une trentaine d'espèces, notamment en Amérique du Nord) et des taupes dorées africaines à la vie nocturne des hérissons et des musaraignes (autant les vraies musaraignes que les petits tenrecs qui ont le même mode de vie). Les plus évolués des insectivores, les toupayes, proches des primates, ont un mode de vie arboricole. Parmi les espèces qui se sont adaptées à la vie semi-aquatique, citons les desmans, la crossope *(Neomys fodiens)*, le potamogale et le limnogale *(Limnogale morgulus)*.

Le potamogale *(Potamogale velox)* de la forêt congolaise a l'aspect d'une loutre. Son adaptation au milieu aquatique se traduit par ses grandes vibrisses, qu'il utilise pour fouiller le fond des rivières à la recherche des crabes qui semblent constituer l'essentiel de sa nourriture, par les deux opercules cornés qui obstruent ses narines pendant la plongée et par ses oreilles courtes et son corps allongé que prolonge une queue puissante aplatie latéralement.

Reproduction. Les insectivores ont des modalités de reproduction primitives par certains aspects et évoluées par d'autres. Le placenta est vascularisé, au début de la gestation, par les vaisseaux qui irriguent la vésicule vitelline, organisation primitive qu'on retrouve chez les reptiles qui ne pondent pas d'œufs (vivipares) et chez les marsupiaux. Ce placenta vitellin subsiste pendant toute la gestation chez les taupes et les hérissons. Chez les autres espèces, ces vaisseaux sont plus ou moins rapidement remplacés par les vaisseaux qui irriguent une autre vésicule, l'allantoïde (placenta allantoïdien).

C. **CLASSIFICATION DES INSECTIVORES**

	Familles	Exemples
Chrysochloroïdes	Chrysochloroïdés	Taupes dorées
Euinsectivores	Solénodontidés	Almiquis
	Tenrécidés	Tenrecs
	Potamogalidés	Potamogales
	Érinaceidés	Hérissons
	Soricidés	Musaraignes
	Talpidés	Taupes
	Macroscélidés	Rats trompes
	Tupaiidés	Toupayes

C. **CLASSIFICATION**

La classification des insectivores est très discutée. Celle du tableau est la plus communément admise. C'est dans la famille des soricidés que l'on trouve le plus petit mammifère connu : le pachyure étrusque *(Suncus etruscus)*, qui mesure 8 cm et pèse 2 grammes ! On place au voisinage des insectivores les dermoptères qui constituent un ordre à part.

A. B. **TAUPES**

Les membres antérieurs de la taupe *(Talpa europæa)* [A], puissamment bâtis et tournés vers l'extérieur en permanence, sont mus par d'énormes muscles pectoraux pour fouir le sol. Elle édifie, avec ses congénères, des galeries souterraines à nombreuses entrées, donjon-refuge, boulevards circulaires, voies de communication et territoires de chasse où chacune trouve vers de terre et larves d'insectes. Sa présence se manifeste par les amas de terre meuble qu'elle rejette, modifiant sans cesse son domaine souterrain. La gestation dure 5 semaines, chaque portée dépassant rarement 4 petits. Deux espèces de taupes se sont adaptées à la vie semi-aquatique, comme le desman des Pyrénées *(Galemys pyrenaicus)* [B]. Ce dernier trouve ses proies dans l'eau mais niche dans les berges des torrents.

E. **SOLÉNODONTE**

Appelé aussi « almiqui », *Solenodon paradoxus* est le plus grand des insectivores (40 cm pour un poids de 1 kilo). Il a le museau allongé en trompe et la queue longue et dépourvue de poils. Peuplant les forêts d'altitude, ses mœurs sont nocturnes. Il ouvre de ses fortes griffes les troncs d'arbres pourris à la recherche d'insectes. Sa salive est toxique. À chaque portée, la femelle met bas 1 ou 2 petits. Les 3 espèces connues de solénodontes se trouvent à Cuba *(Solenodon cubanus)* et à Haïti. Devenus rares, ils sont peut-être en voie d'extinction.

D. **TAUPE DORÉE**

Cette taupe *(Chrysochloris asiatica)* doit son nom à l'aspect mordoré de sa fourrure (cet aspect résulte de couleurs d'interférences). Elle ne fouit pas le sol comme les taupes d'Eurasie, mais le fouille, c'est-à-dire qu'elle pousse, tête la première, son chemin dans les sols meubles qui s'écroulent derrière elle. Elle ne construit donc pas de galeries. On trouve les taupes dorées, dont on connaît une dizaines d'espèces, dans tout le sud de l'Afrique, du Cap à l'Équateur. Les yeux sont réduits et invisibles au milieu de la fourrure.

Les échanges placentaires. Les échanges à travers le placenta sont très étroits, et il se forme de véritables « lacs sanguins » entre le fœtus et l'utérus maternel (placenta hémochorial). Enfin, les femelles des insectivores, quand elles mettent bas leurs petits, expulsent aussi le placenta, phénomène qu'on ne rencontre que chez les rongeurs, les chauves-souris et les primates. Cette parenté montre les rapports étroits qui lient les primates (dont fait partie l'homme) à cet ordre des insectivores, qui se situe à l'origine évolutive des mammifères placentaires.

L'OUÏE ET L'ODORAT

DES FONCTIONS SENSORIELLES TRÈS DÉVELOPPÉES CHEZ LES INSECTIVORES

■ LES INSECTIVORES sont presque tous de petite taille, carnassiers et nocturnes ou crépusculaires. Doués d'une vision faible, ils possèdent en revanche deux fonctions sensorielles très performantes : l'olfaction (ce sont les mammifères qui ont le meilleur odorat) et une forme particulière de perception auditive consistant à émettre des sons de fréquence élevée, dont ils recueillent l'écho pour localiser dans l'espace et identifier les objets ou les proies (écholocalisation) ou communiquer entre eux (échocommunication).

Les insectivores étant à l'origine de l'évolution de tous les mammifères placentaires, on retrouve chez ces derniers la trace de ces deux particularités. Ainsi, d'une part, l'architecture du cerveau des mammifères évolués repose essentiellement sur des centres à fonction olfactive prépondérante et, d'autre part, deux ordres de placentaires, les cétacés et les chiroptères, ont conservé un traitement des émissions ultrasonores, qui est fondamental dans le comportement de ces animaux.

LA PRATIQUE DU VOL PLANÉ

Le galéopithèque, lémur volant ou colugo *(Cynocephalus temmincki)*, est l'une des deux espèces de dermoptères, ordre de mammifères rapproché soit des singes primitifs (prosimiens), soit des insectivores. Elles sont limitées à l'Asie du Sud-Est. Les galéopithèques sont des animaux arboricoles nocturnes qui descendent rarement au sol. Ils effectuent des vols planés d'une branche à l'autre grâce à une membrane, le patagium, qui fait office de parachute, comme chez certains marsupiaux ou rongeurs volants. Ce repli de peau relie le cou aux doigts, aux orteils et à la queue. Le régime alimentaire d'un galéopithèque est fait de feuilles, de fruits et de graines ; l'estomac est vaste et l'intestin très long. Le jour, il reste suspendu sous une branche, comme les paresseux. On ignore presque totalement les modalités de la reproduction ; on a vu des femelles planer, le petit agrippé à la poitrine à la façon des chauves-souris.

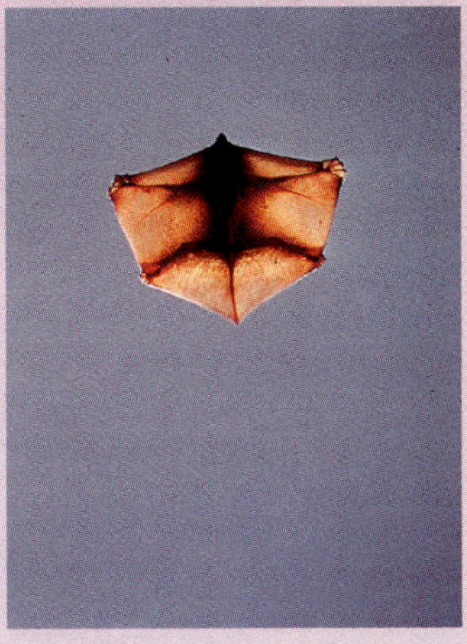

A

A. **HÉRISSON**

Ce hérisson *(Erinaceus europæus)* a un pelage grossier parsemé de piquants, qu'il hérisse grâce à de petits muscles quand il se roule en boule. Nocturne, il se nourrit d'insectes, de vers de terre, d'escargots, de grenouilles, de lézards et de campagnols. Il recherche les œufs d'oiseaux et s'attaque aux vipères dont il ne craint pas le venin. Fruits, graines ou racines complètent son régime alimentaire. Il niche dans l'épaisseur des buissons. Dès que la température est inférieure à 15 °C, il hiberne et tombe en léthargie. Deux fois l'an, la femelle met bas 4 ou 5 petits.

B

B. **TOUPAYE**

Le toupaye *(Tupaia glis)* appartient à la famille des tupaiidés de l'ordre des tupaiiformes. Il se déplace dans les arbres plus à la façon des écureuils que comme les singes. Il est un proche parent des primates comme les lémuriens. De même que chez les singes, l'encéphale témoigne d'une bonne vision binoculaire, nécessaire pour une bonne locomotion arboricole. Diurne et très vif, il se nourrit autant d'insectes et d'œufs d'oiseaux que de fruits. Après une gestation de 7 semaines, la femelle met bas de 1 à 3 petits. Tous les toupayes (une quarantaine d'espèces) vivent dans les forêts tropicales du Sud-Est asiatique et des Philippines.

C

C. **RAT TROMPE**

Le rat trompe *(Elephantulus rozeti)*, aux longues pattes postérieures et aux grandes oreilles, vit dans le milieu aride des confins sahariens. Diurne, il se nourrit d'insectes, qu'il détecte grâce aux longues vibrisses de sa trompe. La femelle donne naissance à 1 ou 2 petits chaque année.

D

D. **TENREC**

Le tenrec *(Tenrec ecaudatus)* appartient à une famille d'insectivores propres à Madagascar et aux Comores : les tenrécidés. Plus petit que les solénodontes, il en diffère par sa fourrure mêlée de piquants. C'est un prédateur vorace, se nourrissant d'insectes, de mollusques, d'œufs d'oiseaux et de végétaux. La femelle porte 12 paires de mamelles et met bas de 16 à 32 petits. Les sétifers, les hémicentètes, les dasogales et les échinops, qui ressemblent aux hérissons d'Europe, appartiennent également à la famille des tenrécidés.

E

E. **CARRELET (FEMELLE ET SA PROGÉNITURE)**

Cette musaraigne européenne *(Sorex araneus)*, un des plus petits mammifères, a un métabolisme très élevé ; elle mange chaque jour plusieurs fois son poids de nourriture : insectes, araignées, vers de terre et rongeurs qu'elle tue de sa salive venimeuse. Elle ne peut endurer une diète de plus de 10 heures. La femelle porte, durant deux semaines, de 6 à 8 petits, qu'elle promènera ensuite à la queue leu leu, comme ici. Sa longévité est de 2 ans. Il existe 400 espèces de musaraignes. Certaines sont protégées en raison de leur aptitude à chasser les rats.

LES ÉDENTÉS

Les édentés sont des mammifères à denture aberrante. En réalité, quelques édentés seulement sont vraiment totalement dépourvus de dents. On continue néanmoins, par habitude, à réunir sous cette appellation trois ordres de mammifères placentaires : les tubulidentés, les xénarthres et les pholidotes. L'origine phylogénétique de ces groupes demeure incertaine. Ils dériveraient des marsupiaux ou des insectivores.

PARESSEUX, TATOUS ET FOURMILIERS

LES XÉNARTHRES

■ Ces animaux, présents en Amérique tropicale, ont des vertèbres très particulières. Leur corps est recouvert de poils ou d'écailles cornées dont la base peut s'ossifier en carapace. Leurs dents, toutes semblables, sont dépourvues d'émail. On les subdivise en tardigrades, ou paresseux (famille des bradypodidés), vermilingues, ou fourmiliers (famille des myrmécophagidés), et loricates, ou tatous (famille des dasypodidés).

Les paresseux. Ils possèdent une vingtaine de dents et se nourrissent des feuilles de plusieurs espèces végétales. Leur estomac, plus complexe que celui des ruminants, comprend une panse (formée de diverticules) où s'accumule la nourriture, un estomac glandulaire qui sécrète les enzymes digestives et un gésier. Leur rectum forme une poche énorme où s'accumulent les fèces. Ils descendent à terre une fois par semaine pour déféquer, rejetant jusqu'à 1 kg d'excréments. L'aï, ou paresseux à trois doigts, et l'unau, ou paresseux à deux doigts, peuvent tourner la tête trois quarts de tour. Cette aptitude n'est pourtant pas liée au fait que l'aï possède 9 ou 10 vertèbres cervicales (au lieu de 7 chez les autres mammifères), puisque l'unau n'a que 6 vertèbres. Les gravigrades, xénarthres géants de l'ère tertiaire, ressemblaient aux paresseux, mais étaient beaucoup trop lourds (leur masse atteignait 3 tonnes ou davantage) pour monter dans les arbres.

Les tatous. Le corps des tatous est enfermé dans une carapace formée de plusieurs segments articulés, ce qui leur permet de se rouler en boule quand ils sont importunés, notamment par les chiens. Un bouclier protège la tête ; un autre couvre les épaules. Ce dernier est uni au bouclier du corps par plusieurs bandes. Les anneaux de la queue comportent, comme la carapace, des plaques cornées en surface et ossifiées en profondeur. Leur ventre est couvert de poils grossiers. Les tatous possèdent un nombre variable mais toujours élevé de dents sans racines et vraisemblablement peu utiles, puisqu'ils se nourrissent, comme le fourmilier, d'insectes qu'ils capturent de leur langue visqueuse.

A

A. **UNAU**

Ce paresseux à deux doigts *(Cholœpus didactylus)* vit dans les forêts d'Amérique tropicale. Il possède les mêmes mœurs que l'aï d'Amérique du Sud, qui est un paresseux à trois doigts (C).

B. **GRAND FOURMILLIER OU TAMANOIR**

Le grand fourmilier *(Myrmecophaga tridactyla)* peut dépasser 2 m de long pour une cinquantaine de kilos. Il a un long museau avec une bouche minuscule totalement dépourvue de dents et une longue langue (elle peut atteindre 1 m) couverte de mucus gluant. Trois de ses 5 doigts portent de fortes griffes pour éventrer fourmilières et termitières. Son régime alimentaire est composé de termites et de fourmis qu'il capture en les engluant. Il ne dédaigne pas pour autant les vers de terre, les scolopendres, les araignées ou les cloportes. Son estomac est puissamment musculeux. On trouve le tamanoir de l'Argentine à l'Amérique centrale. Il mène une vie solitaire et sauvage, ne craignant que les jaguars et les pumas, qui lui font la chasse. Il plonge volontiers dans l'eau et grimpe aux arbres. La gestation dure de 6 à 7 mois et la femelle met bas un petit à la fois.

B

C

E

C. **PARESSEUX**

L'aï, ou bradype *(Bradypus tridactylus)*, possède des mœurs arboricoles. Son nom de paresseux est dû à la lenteur de ses mouvements. Il a une tête ronde, un museau court et de longs membres ; il reste accroché aux branches par les fortes griffes des 3 doigts de ses mains et de ses pieds. Sa fourrure aux poils grossiers a des reflets verdâtres à cause des algues qui la colonisent. Cet animal semble se reproduire toute l'année. La gestation dure de 4 à 6 mois et la femelle ne peut avoir qu'un petit à la fois.

D

D. **CHLAMYDOPHORE**

Chlamydophorus truncatus, appelé localement « pichiciego », est le plus rapide des tatous à s'enfouir dans le sol. Sa carapace, lâchement fixée dorsalement, semble tronquée en arrière. Il vit dans les régions sèches de la pampa argentine, au milieu des broussailles et des cactus. La femelle met au monde un petit chaque année.

E. **TATOU À 9 BANDES**

Ce tatou *(Dasypus novemcinctus),* qui peut peser 8 kg, se rencontre de l'Amérique du Sud aux États-Unis (au Kansas, dans le Missouri et la Floride). C'est un animal grégaire, vivant dans des terriers pourvus de galeries communes et de plusieurs entrées ; on lui reproche de miner ainsi les sols. C'est un grand amateur d'œufs d'oiseaux, mais il s'attaque aussi aux serpents.

Les fourmiliers. Hôtes des forêts d'Amérique tropicale, les fourmiliers ne possèdent pas de dents. Leurs membres antérieurs sont munis de fortes griffes. On connaît 4 espèces de fourmiliers : le grand fourmilier, ou tamanoir *(Myrmecophaga tridactyla),* les petits fourmiliers, ou tamanduas *(Tamandua tetradactyla* et *T. longicaudata),* et le fourmilier nain, ou myrmidon *(Cyclopes didactylus).*

PANGOLINS ET ORYCTÉROPE

PHOLIDOTES ET TUBULIDENTÉS

■ LES PANGOLINS (ordre des pholidotes) ont le corps couvert d'écailles cornées, qui se chevauchent comme celles des lézards, et de poils clairsemés. Les membres plantigrades portent 4 ou 5 doigts fortement griffus. Leur queue, longue et puissante, est entièrement couverte d'écailles ; elle est préhensile chez 3 espèces qui sont arboricoles. Leur bouche est totalement édentée. La langue, extrêmement longue, est protégée au repos par une gaine. Elle est recouverte d'une salive visqueuse où s'engluent les insectes. Il existe 3 espèces de pangolins en Asie et 4 espèces en Afrique.

Le cochon de terre. L'oryctérope, ou cochon de terre, est le seul représentant de l'ordre des tubulidentés. Ses dents sans racines sont formées de petits prismes d'ivoire soudés par du cément. Son régime alimentaire est fait de termites, qu'il capture grâce à sa langue visqueuse. Sa tête se termine comme un groin, ses oreilles sont longues et dressées. C'est un bon fouisseur, creusant de longs terriers où il se réfugie le jour. Cette activité ainsi que son groin de cochon lui valent son nom courant. La nuit, il éventre les termitières. La femelle allaite son petit dans son terrier avant de le guider dans ses pérégrinations nocturnes, jusqu'à l'âge de 6 mois.

JUMEAUX OBLIGATOIRES

La reproduction du tatou à 9 bandes *(Dasypus novemcinctus)* est remarquable pour deux raisons. La première est que mâle et femelle s'accouplent en plein été, mais que l'œuf fécondé ne commence son développement que 5 mois plus tard ; la gestation, qui ne dure en fait que 4 mois, semble ainsi très longue, les petits naissant au printemps suivant. Ce phénomène de nidation (implantation de l'embryon dans la matrice) s'observe également chez le chevreuil et quelques autres mammifères. Ce mécanisme permet de reporter les naissances au moment favorable.

La seconde particularité de la reproduction du tatou à 9 bandes est de toujours mettre au monde des vrais jumeaux (polyembryonie systématique). Un seul œuf est fécondé mais l'ébauche fœtale, après qu'elle a constitué ses annexes embryonnaires et qu'elle est entrée en relation avec l'utérus par le placenta, se subdivise en plusieurs bourgeons, qui évoluent chacun en un organisme complet. La femelle mettra ainsi au monde de 4 à 6 petits du même sexe et qui seront de vrais jumeaux. Seul le tatou à 9 bandes pratique un tel mode de reproduction, ce qui explique peut-être son extension rapide dans toute la région sud des États-Unis.

A. **COCHON DE TERRE**

L'oryctérope *(Orycteropus afer),* au groin caractéristique, vit dans toute l'Afrique au sud du Sahara, avec une quinzaine de races géographiques. Il mesure 2 m de long (queue comprise) et pèse jusqu'à 70 kilos. Ses pattes antérieures possèdent 4 doigts munis de griffes fouisseuses, alors que ces pattes postérieures comportent 5 orteils. Bien qu'appartenant au groupe des édentés, les oryctéropes possèdent 2 prémolaires et 3 molaires à chaque demi-mâchoire.

B. **MYRMIDON**

Ce fourmilier nain *(Cyclopes didactylus)* a la taille d'un écureuil et est surtout remarquable par sa queue préhensile. Il vit dans les forêts, du Mexique à la Bolivie et au Brésil. Il est nocturne et se nourrit aux dépens des termites arboricoles. La journée, il dort enroulé à la jonction de deux branches, ce qui le rend très difficile à observer. Son cri est un gazouillis sifflant reconnaissable.

C. **PANGOLIN**

Le pangolin à longue queue *(Manis tetradactyla)* mesure plus de 1 m dont 70 cm pour la queue, large et aplatie. Ses fortes griffes lui permettent de creuser des terriers où il se réfugie et où la femelle élève 1 ou 2 petits. C'est un animal nocturne des régions boisées d'Afrique occidentale. Il est maladroit au sol et ne compte que sur sa cuirasse pour échapper à ses prédateurs. Son ennemi le plus acharné est l'homme qui apprécie sa chair et recherche ses écailles comme ornement. En Asie, le pangolin de Malaisie *(M. javanica)* est utilisé pour la pharmacopée.

LE GROUPE DES LAPINS

L'usage veut qu'on désigne sous le nom de *rongeur* aussi bien le lapin que le cobaye. Ils ont en effet de nombreuses ressemblances, comme leurs incisives qu'ils utilisent tous deux pour ronger. D'autres particularités, comme leur mécanisme de digestion de la cellulose des végétaux (cæcotrophie), par exemple, les rapprochent encore. Mais, des différences conduisent à ranger aujourd'hui le lapin dans un ordre à part : celui des *lagomorphes*.

Les incisives, évoquées plus haut comme un élément de ressemblance, séparent, en effet, rongeurs et lagomorphes. Les lagomorphes montrent deux paires d'incisives à la mâchoire supérieure (duplicidentés), alors que les rongeurs vrais n'en portent qu'une seule paire (simplicidentés).

LAPINS, LIÈVRES...

LES LAGOMORPHES

■ Les représentants de ce petit ordre, dont le type est le lapin, peuvent être définis comme des mammifères de taille moyenne, terrestres et herbivores, dont la mâchoire supérieure porte deux paires d'incisives ; la seconde paire, très réduite, se place immédiatement en arrière de la première paire.

La mâchoire inférieure, en revanche, ne présente qu'une seule paire d'incisives. Placées en regard, incisives supérieures et inférieures s'usent par cisaillement, ce qui compense leur croissance continue (environ 2,5 mm par semaine chez le lapin domestique). Le reste du squelette montre des pattes postérieures longues et puissantes qui favorisent la pratique de la course.

Classification et répartition. On reconnaît deux familles de lagomorphes : les ochotonidés, ou pikas, et les léporidés (lapins et lièvres).

Les ochotonidés (pikas ou encore lagomys) ressemblent à de petits cobayes (moins de 20 cm) et leurs cris les a fait surnommer « lièvres criards ». Ils vivent en haute altitude, dans les montagnes Rocheuses d'Amérique du Nord et en Asie centrale.

Naturellement représentés dans la plus grande partie du monde (sauf en Australie où on les a importés), les léporidés sont en général plus grands que les pikas. Leurs oreilles sont en cornet, leur queue bien que courte est tout à fait visible ; le développement de leurs pattes postérieures en fait de remarquables coureurs.

Les lièvres. Ils existent dans toute l'Amérique du Nord, l'Europe et l'Asie. Certaines espèces, comme *Lepus americanus* d'Amérique du Nord, sont particulièrement prolifiques et peuvent pulluler par périodes de 5 à 6 ans. Une des modalités de cette abondance est la *superfétation :* les femelles (ou hases) gestantes peuvent déjà copuler quelques jours avant de mettre bas leur portée.

Les lapins. Ils diffèrent des lièvres par leurs oreilles – et leurs pattes postérieures – un peu plus courtes. Le lapin est un animal social qui creuse des terriers. La femelle qui va mettre bas y prépare une *rabouillière,* qui est une accumulation de feuilles mortes, de mousses, de brindilles et de poils. Les lapereaux qui naissent aveugles et incapables de se mouvoir y sont soignés pendant environ six mois. La vie en terrier et le caractère immature des jeunes à la naissance opposent radicalement les lapins aux lièvres.

DIGÉRER LA CELLULOSE : LA CÆCOTROPHIE

Les lièvres et les lapins, comme les rongeurs, ont résolu le problème de la digestion de la cellulose des plantes. Les bactéries susceptibles de digérer la cellulose sont localisées dans un repli de l'intestin : le cæcum. La nourriture végétale, ramollie par l'estomac, passe dans ce cæcum où elle subit l'action des bactéries, mais sans être suivie d'assimilation. L'animal libère généralement la nuit des boulettes molles, riches en glucose (produit de la dégradation de la cellulose) qu'il ingère en les prenant à l'anus même. Ces boulettes passent alors dans le tube digestif où le glucose est assimilé. Leurs déchets sont évacués sous forme de « crottes sèches ».

A

A. **PIKA**

De teinte discrète, du gris ardoise au fauve, le pika (ici, *Ochotona collaris*), bien que soumis à des conditions climatiques rigoureuses, n'hiberne pas. À la belle saison, il accumule des réserves sous la forme de balles de foin qui peuvent atteindre plusieurs kilos.

B

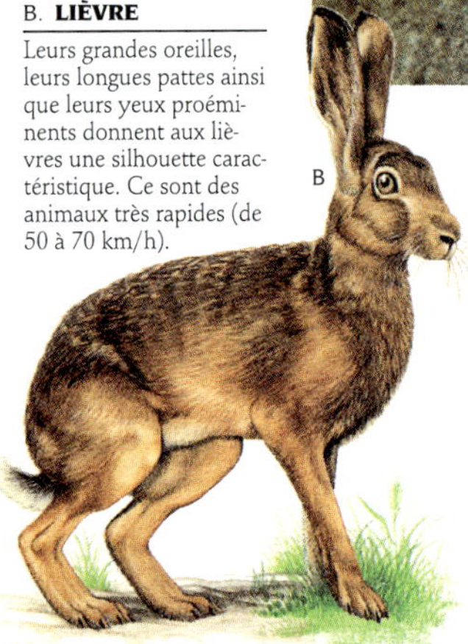

B. **LIÈVRE**

Leurs grandes oreilles, leurs longues pattes ainsi que leurs yeux proéminents donnent aux lièvres une silhouette caractéristique. Ce sont des animaux très rapides (de 50 à 70 km/h).

C

C. **LAPIN DE GARENNE**

L'espèce *Oryctolagus cuniculus* (le lapin de garenne) est originaire de la péninsule Ibérique ; il s'est ensuite répandu sur tout le continent (sauf en Scandinavie et en Russie).

E

D

F

D. E. F. **LAPINS DOMESTIQUES**

La forme sauvage, le lapin de garenne, est particulièrement prolifique (malgré une mortalité prénatale de près de 60 p. 100). Mais elle a été décimée à partir de 1953 par la myxomatose. On lui connaît, en revanche, de nombreuses variétés domestiques, tels l'angora (D), le bélier (E), l'argenté de Champagne (F) et même des formes naines.

G

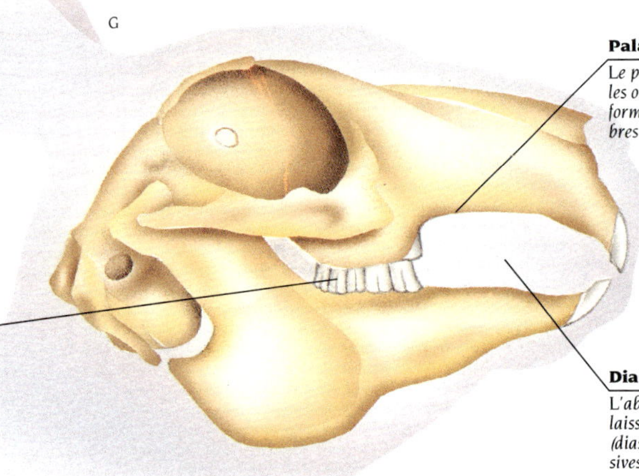

G. **CRÂNE DE LAPIN**

La mandibule de lapin se déplace transversalement, de gauche à droite (et inversement). C'est la cavité sur laquelle s'articule la mandibule qui limite les mouvements d'avant en arrière. Ce caractère sépare les lagomorphes et les rongeurs.

Palais

Le palais est incomplet et les os des joues sont formés d'une trame de fibres osseuses.

Molaires

Prémolaires et molaires montrent des plis d'émail transversaux caractéristiques des herbivores. Comme les incisives, elles ont une croissance continue.

Diastème

L'absence de canines laisse un large interstice (diastème) entre les incisives et les prémolaires.

LES RONGEURS

Les rongeurs vrais forment un ordre que l'on distingue de celui des lagomorphes (lapins et lièvres). Ce groupe important comprend 1 700 espèces réparties en 30 familles environ.

Les rongeurs ont su s'adapter à toutes les conditions de vie et même à la cohabitation avec l'homme. Celle-ci s'avère d'ailleurs peu favorable pour les hommes, car elle se traduit souvent par des destructions de ressources ou de réserves alimentaires, ou bien encore par la propagation de maladies infectieuses (plus de 20 micro-organismes pathogènes, dont celui de la peste en particulier, sont véhiculés par les rongeurs).

Anatomie. Tous les rongeurs ont une seule paire d'incisives à chaque mâchoire. Cette caractéristique leur vaut le nom de « simplicidentés ». Les incisives, à croissance continue, s'usent par frottement permanent assuré par des mouvements d'avant en arrière de la mandibule.

L'absence de canines laisse la place à un vide (diastème) qui permet aux lèvres de se rejoindre en arrière des incisives. Chez de nombreuses espèces, une partie des lèvres forme des poches dilatables, les abajoues, à parois internes recouvertes de poils, qui permettent le transport et le stockage de la nourriture.

Hormis le cas des loirs, les rongeurs, comme les lagomorphes (lapins et lièvres), résolvent le problème de la digestion de la cellulose des végétaux par le biais de la *cæcotrophie.*

ÉCUREUILS, CASTORS...

LES SCIUROMORPHES

■ Les écureuils et les animaux qui leur sont proches regroupent près de 370 espèces au sein du sous-ordre des sciuromorphes.

Les formes arboricoles ont le plus souvent une queue longue, touffue et aplatie, qui aide l'animal dans ses bonds de branche en branche. Les espèces terrestres ont aussi une queue en panache qu'elles relèvent au-dessus du dos. Elle est courte chez les marmottes et les chiens de prairie, écailleuse et aplatie chez les castors.

La famille des sciuridés, avec 267 espèces, constitue l'essentiel de ces sciuromorphes. Ce sont les écureuils, les chiens de prairie, les marmottes, les spermophiles (ou sousliks) ainsi que les écureuils volants (pétauristes).

Les autres sciuromorphes sont des espèces plus lourdes (gaufres et castors) ou, au contraire, fines et agiles (« lièvres sauteurs »).

A. **CLASSIFICATION DES RONGEURS**

	Familles	Exemples
Sciuromorphes	Sciuridés	Écureuils, spermophiles, marmottes
	Castoridés	Castors
	Géomyidés	Gaufres (rats à poches)
	Hétéromyidés	Rats kangourous
	Anomaluridés	Écureuils à queue écailleuse (anomalures)
	Pédétidés	Lièvres sauteurs
	Aplodontidés	Castors de montagne
Myomorphes	Cricétidés	Hamsters, campagnols, lemmings, gerbilles
	Muridés	Rats, souris, mulots
	Gliridés	Loirs, lérots
	Zapodidés	Souris sauteuses
	Dipodidés	Gerboises
Hystricomorphes	Hystricidés	Porcs-épics de l'Ancien Monde
	Éréthizontidés	Porcs-épics arboricoles
	Caviidés	Cobayes
	Hydrochœridés	Cabiais (cochons d'eau)
	Dasyproctidés	Agoutis
	Chinchillidés	Chinchillas
	Capromyidés	Ragondin

A. **CLASSIFICATION**

Elle se fonde sur la structure et l'insertion des muscles de la mandibule (masséters), pour diviser l'ordre des rongeurs en trois groupes (sous-ordres) : les sciuromorphes, les myomorphes et les hystricomorphes. Plusieurs petites familles ne sont pas citées ici.

B

B. **ÉCUREUIL**

Les écureuils (ici, l'écureuil commun d'Europe, *Sciurus vulgaris*) sont d'excellents grimpeurs et sauteurs. Leur longue queue fait office de balancier, mais sert aussi de signe de reconnaissance ; ils en apprécient bien les nuances car ils comptent parmi les rares mammifères qui disposent d'une vision colorée.

C

C. **ÉCUREUIL VOLANT**

Appelés « pétauristes », ces écureuils d'Asie et d'Amérique (sciuridés) ne volent pas mais planent, parfois en s'élevant lorsqu'ils tirent profit de courants ascendants. Leur parachute, ou *patagium,* est formé d'une double épaisseur de peau qui s'étend de la tête aux poignets, puis aux chevilles et à la base de leur queue touffue. D'autres « écureuils volants », à queue écailleuse, vivent en Afrique (anomaluridés).

D

D. **CHIENS DE PRAIRIE**

De forme plus trapue que les écureuils terrestres, les chiens de prairie (ici, *Cynomys ludovicianus*) sont bien connus en Amérique du Nord. Ils forment des colonies très importantes, des « villes », sur plusieurs dizaines d'hectares. C'est leur cri d'alarme, sorte d'aboiement, qui leur a valu leur nom. Leurs cousines, les marmottes des Alpes, plus grosses encore, signalent les dangers par un sifflement aigu et pratiquent une longue hibernation avec sommeil léthargique.

E

E. **CASTOR**

Sa queue aplatie et ses pattes postérieures fortement palmées font du castor *(Castor fiber)* un animal remarquablement adapté à la vie aquatique. Sociable, monogame, vivant en groupes d'individus, son activité, essentiellement nocturne, se traduit par des ouvrages d'art (huttes et barrages de branchages). Les barrages sont surtout le fait de l'espèce canadienne ; la forme européenne creuse plutôt des terriers dans les berges.

F

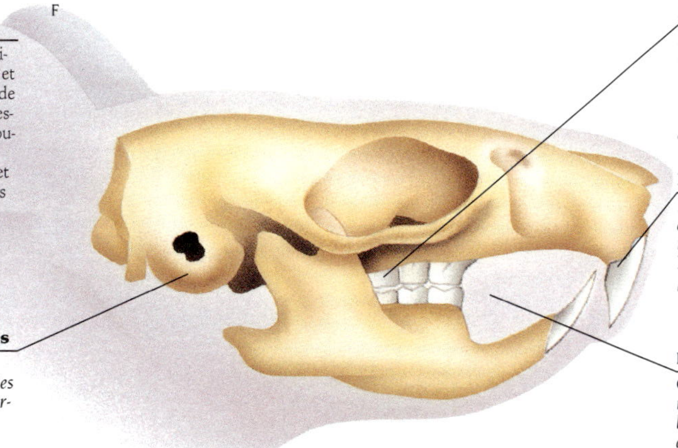

F. **CRÂNE DE RONGEUR**

Ce crâne de rat est typique des rongeurs : bas et allongé. L'articulation de la mandibule conduit essentiellement à des mouvements d'avant en arrière (et inversement) et réduit les déplacements latéraux.

Bulles tympaniques

Elles peuvent prendre chez certaines espèces des milieux désertiques (gerbilles) un volume considérable.

Molaires

Au nombre de 3 par demi-mâchoire, elles peuvent être précédées par 1 ou 2 prémolaires. Leurs replis permettent de reconnaître les espèces.

Incisives

La forme et les modalités d'usure des incisives caractérisent les rongeurs. Elles sont insérées très profondément.

Diastème

Cet espace séparant les incisives et les prémolaires est dû à l'absence de canine.

LES RONGEURS MYOMORPHES

Le groupe des myomorphes est, de loin, le plus important des groupes de rongeurs, avec environ 1 100 espèces (soit près de 65 p. 100 de l'effectif total). Ces espèces se répartissent presque équitablement en deux grandes familles, celle des hamsters (cricétidés) et celle des rats (muridés), auxquelles s'ajoutent plusieurs petites familles.

Les caractères communs sur lesquels se fonde la définition des myomorphes sont des particularités anatomiques peu évidentes, mais déterminantes : aux insertions toutes particulières des muscles masséters sur la mandibule s'ajoutent, par exemple, la présence de 3 molaires seulement par demi-mâchoire et la soudure du tibia et du péroné des pattes postérieures.

HAMSTERS, GERBILLES...

LES CRICÉTIDÉS

■ La famille des cricétidés s'avère la plus diversifiée en espèces. Si les hamsters nous sont familiers, d'autres représentants de cet ensemble sont moins connus.

Rats et souris du Nouveau Monde. Ils ressemblent aux rats et aux souris d'Europe mais ils ne sont pas classés dans la même famille.

C'est à ce groupe qu'appartenait le rat géant *(Melomys)* de la Martinique, recherché pour sa chair. Ce rat fut sans doute anéanti en 1902 lors de l'éruption de la montagne Pelée.

Appartiennent aussi à ce groupe la souris des moissons américaine (qui tient la place des mulots de l'Ancien Monde) ainsi que le rat des bois *(Neotoma),* appelé aussi « rat changeur » parce qu'il abandonne ce qu'il transporte pour tout autre objet qu'il rencontre ensuite.

Originaire d'Amérique du Nord, le rat musqué a été introduit en Europe dans un but d'élevage. Échappé de captivité (ou volontairement remis en liberté), il est maintenant indésirable et pourchassé pour les dégâts qu'il occasionne en creusant des terriers dans les berges des rivières.

Mériones et gerbilles. Les mériones de Mongolie *(Meriones unguiculatus),* des zones désertiques froides, vivent en groupes de 10 individus, dans un même terrier, et se partagent les responsabilités de la vie collective. La consanguinité semble être évitée parce que les femelles, en période de chaleur, visitent les communautés voisines, mais reviennent, une fois fécondées, dans la communauté d'origine.

Ressemblant fortement aux mériones, les gerbilles vivent en contrées désertiques chaudes. Leur activité, surtout nocturne, leur permet d'éviter une trop grande déperdition d'eau liée à la chaleur ambiante. En même temps, elles consomment des graines que la fraîcheur de la nuit a recouvertes de rosée.

Hamsters, campagnols et lemmings. À l'état sauvage, le hamster commun est un robuste rongeur, qui vit dans des terriers où il entasse graines et racines. Les campagnols (genre *Microtus*) sont des petits rongeurs au corps ramassé qui ne laisse voir, au repos, qu'une portion de leurs membres. Leur alimentation se compose de racines, de baies ou de graines de graminées qu'ils peuvent broyer grâce à leurs molaires à croissance continue.

Les lemmings *(Lemmus lemmus)* sont très voisins des campagnols. Leur aire de répartition, plus septentrionale, les amène à résister aux intempéries de l'hiver. Ils ne pratiquent pas pour autant l'hibernation, mais accèdent au couvert végétal en creusant des galeries sous la neige. En hiver, leur épaisse fourrure devient blanche.

A. **MÉRIONE DE MONGOLIE**

Évoquant l'aspect d'un rat, mais avec des oreilles courtes et une longue queue cylindrique terminée par un pinceau de poils noirs, les mériones affectionnent les lieux arides, où ils vivent à l'intérieur de terriers.

D. **GERBILLE**

Le développement des pattes postérieures et la coloration beige du pelage sont des atouts pour échapper aux prédateurs. Animaux de compagnie, les gerbilles peuvent devenir indésirables par les dégâts que causent leurs terriers ; elles sont aussi un vecteur de maladies, comme la peste ou la leishmaniose cutanée.

B. C. **HAMSTERS**

Le hamster commun *(Cricetus cricetus)* [C] vit en Europe, de l'Alsace jusqu'en Sibérie.Une autre espèce plus petite, le hamster doré *(Mesocricetus auratus)* [B], est originaire de l'Asie Mineure. Il est très répandu en tant qu'animal familier, mais c'est aussi un sujet d'expériences en laboratoire.

B

C

E. **CAMPAGNOL**

Les campagnols (genre *Microtus*) se rencontrent dans les arbres, les buissons ou les champs. Certaines formes (genre *Arvicola*) sont aquatiques, mais elles peuvent aussi creuser d'importants réseaux souterrains.

F. **RAT MUSQUÉ**

Le rat musqué (genre *Ondatra*), qui peut atteindre jusqu'à 50 cm, est un rongeur à mœurs aquatiques. Sa fourrure est épaisse, ses pattes postérieures sont partiellement palmées et bordées de poils raides ; sa longue queue est aplatie latéralement.Comme le castor européen, il creuse les berges et édifie des huttes.

UNE POPULATION ÉLASTIQUE

Les populations de lemmings voient leur effectif augmenter considérablement tous les quatre ans environ. C'est une espèce très prolifique (la femelle, capable de se reproduire à 3 semaines, donne ensuite de 5 à 8 petits tous les mois).

La surpopulation qui en résulte provoque alors une émigration massive. La horde des lemmings gagne d'autres régions en traversant à la nage lacs et rivières qui font obstacle à sa progression.

Le taux de mortalité est, à cette occasion, impressionnant (prédateurs, noyade, chute), ce qui fait penser (à tort) à un suicide collectif. Ce comportement pourrait être dû à une raréfaction de la nourriture ou, plutôt, à une incapacité du lemming, foncièrement peu sociable, à vivre dans cette situation de surpopulation.

RATS, SOURIS...

MURIDÉS ET FAMILLES PROCHES

■ LES RATS, LES SOURIS et leurs « alliés » (lérots et gerboises) constituent le second ensemble de rongeurs myomorphes. On les désigne aussi sous le nom de « rongeurs de l'Ancien Monde » car ils se répartissent surtout sur les continents eurasien et africain.

Grâce à leur résistance, à leur fécondité et à de remarquables facultés d'adaptation, ils sont devenus cosmopolites, souvent avec l'aide involontaire de l'homme.

La principale famille du groupe, celle des muridés, réunit donc ce qu'on désigne globalement sous les noms de rats et souris.

Les souris. Le nom de muridés vient du nom de genre *Mus,* qui désigne « la souris ». Sa forme la plus connue, la souris domestique *(Mus musculus domesticus),* est un hôte familier de nos habitations ; elle partage aussi avec le rat blanc (variété albinos de l'espèce *Rattus norvegicus*) la redoutable vocation d'animal de laboratoire. Une forme plus sauvage *(Mus musculus musculus)* se rencontre aussi hors des demeures ; elle est souvent confondue par les non-initiés avec le mulot *(Apodemus sylvaticus),* qui appartient à la même famille, ou encore la musaraigne *(Sorex araneus),* qui n'est pas un rongeur mais un insectivore.

Les rats. Les rats, au sens strict, appartiennent au genre *Rattus.* On en connaît au moins 120 espèces et 560 variétés. Cette particularité en fait le genre le plus vaste de la classe des mammifères. Mais, comme pour les souris, bon nombre d'animaux vont porter aussi le nom de rat sans appartenir au genre *Rattus.* Parmi les multiples exemples qu'il faudrait citer, on se contentera d'évoquer le rat épineux, dont la fourrure est garnie de piquants grossiers qui rebutent les prédateurs, le rat de Gambie *(Cricetomys gambianus),* aussi gros qu'un lapin et dont on consomme la viande, et les rats bandicoots *(Bandicota)* du Sud-Est asiatique.

D'autres espèces de muridés sont encore désignées sous le nom de rats. Ce sont par exemple les rats des marais (genre *Otomys*) africains, qui ressemblent à des campagnols, les rats arboricoles, comme le rat géant des Célèbes (genre *Lenomys*), ou encore le rat d'eau australien (genre *Hydromys*), qui ressemble beaucoup au rat musqué (cricétidé).

Loirs et gerboises. Radicalement différents, mais présentant cependant d'étroits liens de parenté avec les muridés, les loirs (gliridés) et les gerboises (dipodidés) complètent le tableau de ces rongeurs myomorphes de l'Ancien Monde.

RAT DE LABORATOIRE

L'utilisation à des fins scientifiques du « rat blanc de laboratoire », qui est la forme albinos du surmulot, exige un certain nombre de garanties, en particulier sur les caractéristiques génétiques de la souche retenue.

Les animaux doivent aussi être exempts de toute maladie ; aussi, ils sont obtenus par césarienne puis élevés dans des conditions stériles (air filtré, alimentation contrôlée). De tels individus atteignent 250 g à 3 mois, et leur espérance de vie n'excède pas dans le meilleur des cas 24 mois. On a montré qu'une nourriture en quantité restreinte peut prolonger leur existence de 50 p. 100 !

Si le rat blanc reste un précieux modèle en physiologie et en recherche médicale, son utilisation en science du comportement pose un problème de fond dans la mesure où sa sélection en a fait un animal au comportement appauvri et dégénéré par rapport à la souche sauvage.

A

A. **GERBOISE**

Ce rongeur *(Jaculus jaculus)* est caractérisé par des pattes postérieures très longues. Les pattes antérieures sont plus courtes et souvent peu visibles car repliées dans la fourrure. La queue, longue, touffue à son extrémité, fait office de troisième point d'appui. Son mode de locomotion par bonds (de 1 m environ), en suivant une trajectoire irrégulière, lui permet, en terrain dégagé, d'échapper aux prédateurs.

B

B. **RAT DES MOISSONS**

Avec sa taille de 5 cm et son poids de 5 à 7 g, le rat des moissons, *Micromys minutus,* est sans doute le plus petit rongeur d'Europe. Il possède une queue légèrement préhensile. Il tresse en été un nid sphérique, qu'il isole du sol en le fixant sur des tiges de graminées à une hauteur qui peut atteindre le mètre. Il se réfugie, l'hiver, dans un abri souterrain.

C

C. **LÉROT**

Les loirs, les muscardins et les lérots *(Eliomys quercinus)* forment la famille des gliridés. De mœurs nocturnes, ils possèdent une aptitude à l'hibernation proverbiale (« dormir comme un loir »). Le lérot se reconnaît à son masque noir et à sa queue bicolore terminée par un pinceau de longs poils. Si 40 à 80 p. 100 de sa nourriture sont à base d'insectes, c'est également un consommateur de fruits et d'œufs.

D

D. **MULOT**

Appelé aussi « souris des forêts », le mulot *(Apodemus sylvaticus)* est capable de bonds prodigieux pour échapper aux prédateurs. Ses yeux globuleux et sa fourrure blanche dans la région postérieure du corps évitent de le confondre avec la souris domestique.

F

F. **RAT NOIR**

Plus petit que le surmulot, le rat noir *(Rattus rattus)* est originaire de l'Inde et de la Birmanie. C'est un excellent grimpeur et ses préférences vont plutôt aux lieux secs (dans les habitations en particulier). Par ses puces *(Xenophylla cheopsis),* il a été responsable des grandes épidémies de peste bubonique ; il reste encore le vecteur de nombreux agents pathogènes (dont le typhus murin).

E

E. **SURMULOT**

Appelé aussi « rat gris » ou « rat d'égout », le surmulot *(Rattus norvegicus)* est aujourd'hui le plus répandu en Europe. Plus grand que le rat noir (40 cm pour un poids de 500 à 750 g), il nage très bien et s'accommode volontiers des lieux humides (caves et égouts). Très prolifique, capable de ronger n'importe quoi, il est responsable d'une importante prédation dans les sources et les réserves alimentaires humaines. C'est aussi un vecteur de maladies (salmonelloses, trichinoses).

LES RONGEURS HYSTRICOMORPHES

PORC-ÉPIC, COBAYE...

LES HYSTRICOMORPHES

■ CE TROISIÈME GROUPE de rongeurs rassemble des animaux de formes assez différentes. On les désigne sous le nom de *hystricomorphes* (par référence au porc-épic, *Hystrix*) ou de *caviomorphes* (pour évoquer un second type d'organisation qu'illustre le cobaye, *Cavia*). Ce groupe se compose de 190 espèces (un dixième de l'effectif total des rongeurs) et comporte des individus de grande taille (plus de 1 mètre pour un poids de 50 kg dans le cas du cabiai). La mâchoire inférieure de tous les hystricomorphes présente 4 molaires par demi-mâchoire.

Les porcs-épics. La forme porc-épic trouve des représentants dans l'Ancien et le Nouveau Monde. Les premiers sont terrestres tandis que les seconds sont arboricoles.

Les porcs-épics du Nouveau Monde composent la famille des éréthizontidés. L'ourson coquau *(Erethizon dorsatum)* est répandu dans les régions forestières d'Amérique du Nord. Les individus communiquent entre eux par claquements des dents ou par pleurnichements. Curieusement, chez cette espèce, un copieux arrosage de la femelle par l'urine du mâle est un préliminaire à l'accouplement. Une forme équivalente existe en Amérique du Sud : il s'agit du coendou *(Coendou prehensilis)*, qui possède une queue préhensile et dont le corps est couvert de piquants très finement barbelés.

Cobayes et espèces voisines. Les cobayes font partie de la famille des caviidés. Cette famille comporte aussi des espèces à l'aspect assez différent comme les maras appelés aussi « lièvres de Patagonie » *(Dolichotis patagonum)*. Pourvus de longues pattes, ces derniers peuvent aussi se tenir en « chien assis » ou se reposer en s'allongeant sur le flanc. Leurs oreilles démesurées font penser à celles des lapins auxquels ils ressemblent aussi quand ils courent ou sautent dans les steppes d'Argentine.

Les cabiais, ou cochons d'eau (genre *Hydrochœrus)*, de la famille des hydrochœridés, s'asseoient aussi sur les hanches, mais leur corps est massif, leur museau, arrondi et leur queue, réduite. Les mâles adultes présentent sur le dessus du museau une énorme glande sébacée à sécrétion huileuse. Le rôle de cette glande est incertain, mais elle pourrait servir dans le marquage du territoire.

Une famille voisine, les dasyproctidés (dans laquelle on place aussi les agoutis), abrite des formes massives et de grande taille (75 cm pour 12 kg) : les pacas *(Cuniculus paca)*, qui sont chassés au Brésil pour leur chair. Acculés, ils sont capables de projeter de l'urine pour aveugler leur adversaire.

CLASSIFICATION DES HYSTRICOMORPHES

Famille	Exemples
Hystricidés	Porc-épics
Éréthizontidés	Ourson coquau, coendou
Caviidés	Cobaye, mara
Hydrochœridés	Cabiai
Dinomyidés	Pacarana
Dasyproctidés	Agouti, paca
Chinchillidés	Chinchilla, viscache
Capromyidés	Ragondin

A

A. **CHINCHILLA**

Plus petit que la viscache, le chinchilla présente de longues oreilles, un museau aplati et une longue queue touffue. Sa fourrure est épaisse et très douce, de couleur argentée.

B

B. **COBAYE**

Le cobaye, ou cochon d'Inde *(Cavia porcellus)*, est originaire d'Amérique du Sud. C'est un rongeur corpulent, aux pattes courtes, à petites oreilles et sans queue. Son introduction en Europe s'est faite à partir du XVIe siècle.

C

C. **CABIAI**

Appelé aussi « cochon d'eau » cet animal d'Amérique du Sud est le plus grand des rongeurs. Très bon nageur, il vit essentiellement à proximité d'étendues d'eau. Ses doigts, légèrement palmés, sont terminés par des petits sabots. Il est comestible et peut se reproduire en élevage.

D

D. **PORCS-ÉPICS**

Le porc-épic de l'Ancien Monde *(Hystrix cristata)* est un animal lourd (de 22 à 27 kg), dont le corps est garni de piquants de grande taille, surtout sur la partie postérieure et la queue. L'agitation de ces piquants creux crée un bruissement d'intimidation caractéristique. La charge se fait à reculons et l'agresseur est alors bardé de piquants. Le jeune porc-épic présente, dès la naissance, l'ébauche de ces piquants qui sont alors mous mais durcissent en quelques heures.

L'AGOUTI : MI-LAPIN, MI-ANTILOPE

L'agouti doré *(Dasyprocta aguti)* ressemble à un lapin aux petites oreilles et dont chacun des doigts serait terminé par un petit sabot (ou onglon). Lorsqu'il se déplace, sa silhouette et son allure (rapide) deviennent celles d'une petite antilope.

De mœurs diurnes, c'est un animal exclusivement américain. On le rencontre depuis le Mexique jusqu'au sud du Brésil. Il se nourrit strictement de végétaux (fruits et racines). En s'asseyant sur ses pattes de derrière, il tient ses aliments entre ses pattes de devant pour les manger.

Cet animal vit aussi bien dans les forêts humides que dans les forêts sèches. Les agoutis creusent leurs terriers entre les blocs de pierre, sous les racines des arbres ou dans les talus des rives.

E

E. **RAGONDIN**

Le ragondin, ou coypou *(Myocastor coypus)*, est originaire d'Amérique du Nord. Il a été introduit en Europe à des fins d'élevage (pour sa fourrure), mais un peu partout des individus se sont échappés et ont repris une vie sauvage. Plus gros qu'un lapin, son allure générale est celle d'un rat. De mœurs aquatiques, il creuse des terriers dans les berges des rivières et se révèle aussi nuisible que le rat musqué avec lequel il est souvent confondu.

LE GROUPE DES ONGULÉS

DÉNOMINATION COMMODE des mammifères herbivores possédant des onglons, ou sabots, le terme d'*ongulés* regroupe des animaux assez différents et ne possède pas de véritable valeur systématique. Toute l'anatomie et toute la biologie de ces animaux sont néanmoins conditionnées par leur régime végétarien.

Anatomie. Les végétaux sont des aliments peu faciles à digérer, souvent durs et parfois épineux ; les dents qui les broient doivent être de vraies rapes. L'usure et la pousse des dents sont continues, mais l'émail, l'ivoire et le cément, de dureté différente, ne s'usent pas au même rythme, ce qui crée des reliefs sur les dents qui permettent de broyer les aliments. La salive des ongulés est très abondante. Le tube digestif, long, présente des dilatations locales où les végétaux, bloqués dans leur trajet, sont dégradés par les micro-organismes de la panse, capables de digérer la cellulose.

Les sabots peuvent être complets (vache) ou se limiter à des ongles (éléphants) si le coussinet plantaire (qui amortit les chocs) est relativement important.

La présence de cornes ou de défenses et la spécialisation de l'appareil locomoteur pour la course chez la majorité des ongulés sont autant de moyens assurant une protection de ces herbivores contre leurs prédateurs.

Mode de vie. Les végétaux étant peu énergétiques pour satisfaire leurs besoins quotidiens (apport suffisant qualitativement et quantitativement en nourriture), les ongulés parcourent de grandes distances à l'échelle de la journée ou de l'année (transhumances).

Les ongulés, qui possèdent une vue médiocre, se servent principalement de leur odorat pour repérer leurs prédateurs.

Classification. La classification des ongulés est fondée sur le nombre de doigts. On distingue 4 ordres. Le premier est celui des *proboscidiens* (éléphants), qui possèdent 5 doigts, réunis en une colonne solide à chaque patte.

Les représentants des trois autres ordres d'ongulés possèdent toujours moins de 5 doigts par patte : les *hyracoïdes,* qui sont représentés par les damans et possèdent 4 doigts et 3 orteils ; les *artiodactyles* (hippopotames, porcs, chameaux et ruminants), qui possèdent un nombre pair de doigts (le doigt I a disparu et l'axe d'appui passe entre les doigts III et IV), on les nomme encore « paridigités » ou « paraxoniens » ; les *périssodactyles* (rhinocéros et chevaux), qui possèdent un nombre impair de doigts (l'axe d'appui passe toujours par le doigt III), on les nomme encore « imparidigités » ou « mésaxoniens ».

A

A. **EFFET DE MASSE**

C'est dans la savane que l'on observe les plus grands rassemblements d'ongulés. Tout comme les poissons, qui s'unissent en bancs de milliers d'individus pour opposer un effet de masse aux prédateurs, zèbres, gnous et éléphants paissent côte à côte mais sans mélanger les groupes, qui se succèdent aux points d'eau. Ainsi, ces herbivores, réunis en grand nombre, sont moins vulnérables face aux carnivores.

MARCHER SUR LE BOUT DES ONGLES

Chez les mammifères, le passage d'un mode exclusif de déplacement par la marche (allure initiale des mammifères ancestraux) à la pratique fréquente de la course a entraîné maintes modifications du membre. Ainsi, son allongement permet de plus grandes foulées. La réduction de la surface reposant au sol autorise une allure rapide. Plus la spécialisation pour la course est grande, plus la réduction est importante (les chevaux ne prenant appui que sur un seul doigt !). Parallèlement à cette diminution, le pied se relève. S'il repose entièrement au sol chez les plantigrades (homme, ours), seuls les doigts sont concernés chez les digitigrades (chiens) et uniquement le bout du ou des doigt(s), c'est-à-dire l'ongle, chez les onguligrades (ongulés).

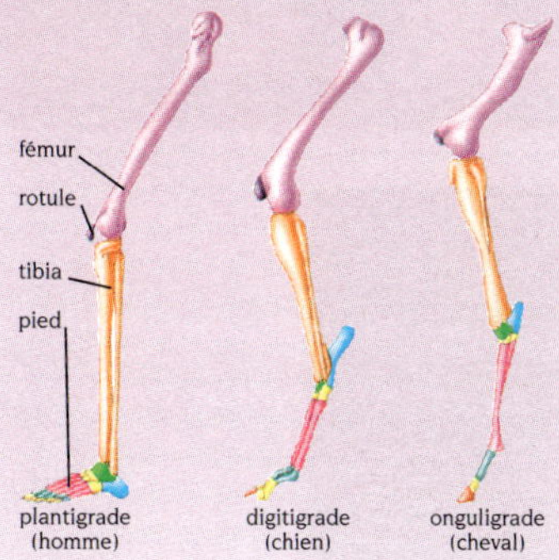

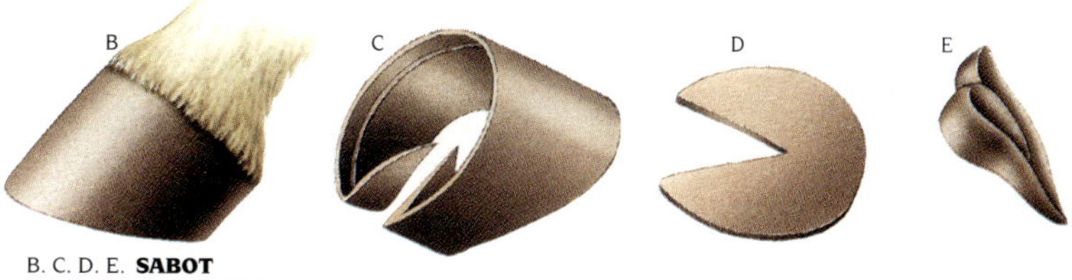

B. C. D. E. **SABOT**

Le sabot (B), entouré d'un repli de la peau, le « mur », qui recouvre sa racine, doit allier souplesse et solidité. Il se décompose en trois zones de dureté différentes, toutes 3 au contact du sol : la muraille (C), la sole (D) et la fourchette (E).

F

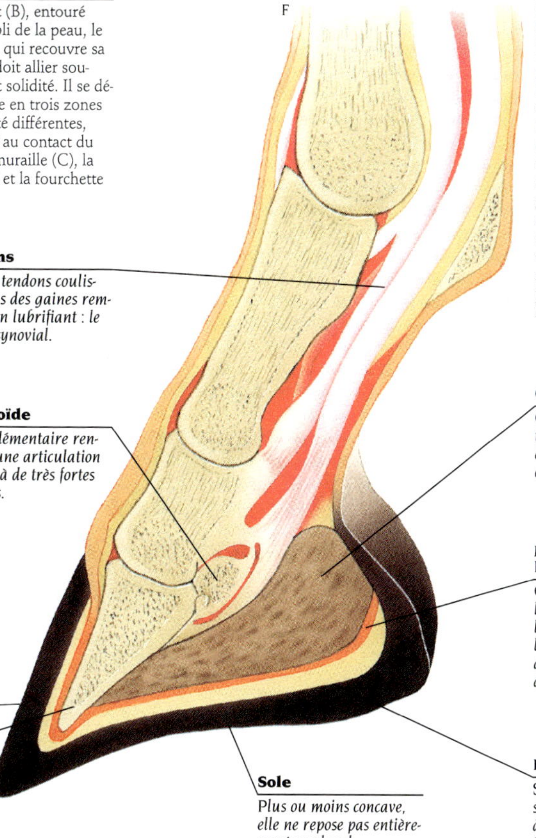

F. **ANATOMIE D'UN PIED D'ONGULÉ**

La concentration du poids du corps sur 4 surfaces de plus en plus réduites a suscité une évolution de la griffe vers un étui solide englobant toute l'extrémité du doigt : le sabot, ou onglon. À partir de l'os canon (fusion des doigts III et IV), seuls des tendons, vaisseaux et nerfs cheminent jusqu'au bout du doigt. Ici, un pied de cheval.

Tendons

Tous les tendons coulissent dans des gaines remplies d'un lubrifiant : le liquide synovial.

Sésamoïde

Os supplémentaire renforçant une articulation soumise à de très fortes tractions.

Coussinet plantaire

Composé d'un noyau de tissu fibreux, solide et élastique, il amortit les chocs et les pressions.

Membrane kératogène

Cette zone spécialisée de l'épiderme produit des lames de kératine, parallèles, qui s'engrènent entre des reliefs correspondants de l'intérieur du sabot.

Muraille

Extrêmement dure et solide, cette lame est utilisée chez le cheval domestique pour clouer le fer.

Troisième phalange

Très différente des 2 premières, elle s'élargit à son extrémité, qui forme un moulage interne du sabot.

Sole

Plus ou moins concave, elle ne repose pas entièrement sur le sol.

Fourchette

Souple, c'est la zone sensible du pied, qui donne à l'animal la sensation tactile du sol.

LES ÉLÉPHANTS

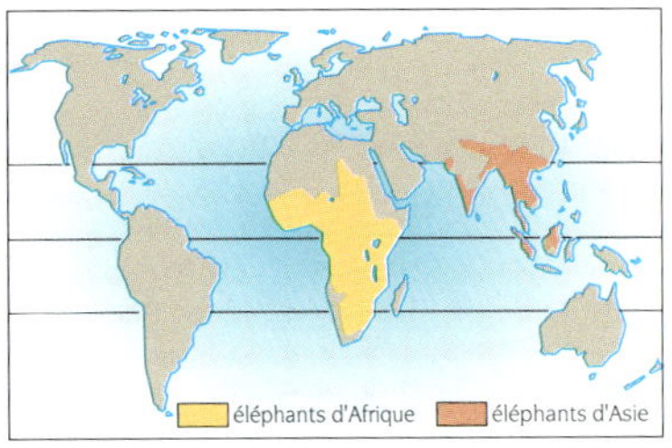

Classification et répartition. Ongulés de l'ordre des proboscidiens, les éléphants sont les plus grands animaux terrestres actuels. Fortement menacés d'extinction, ils ne sont plus représentés que par 2 espèces (il en existait 113 à l'ère tertiaire), l'une en Afrique, l'autre en Asie. D'un poids dépassant 5 tonnes (120 kg à la naissance), ils peuvent atteindre 3,5 m de haut.

Anatomie. Les membres des éléphants sont rectilignes et massifs (les os ne possèdent pas de cavité médullaire). Les bouts des doigts sont enfermés ensemble dans une coque fibreuse et reposent sur un énorme coussinet recouvert d'un épiderme épais possédant un rôle antidérapant. On dénombre 5 ongles aux membres antérieurs et 4 ongles aux membres postérieurs.

Les os du crâne, allégés, sont creusés de vastes cavités remplies d'air (os pneumatisés). Cette particularité compense le poids des défenses, formées des incisives supérieures, qui peuvent atteindre une longueur de 2,5 m et peser chacune plus de 50 kilos.

Le cerveau est très développé. Si la vue est médiocre, l'ouïe est fine et l'odorat, sens majeur, est d'autant plus subtil que l'animal peut orienter ses narines, situées à l'extrémité de sa trompe. Les oreilles, très riches en vaisseaux sanguins, sont utilisées comme surface de refroidissement.

La peau des éléphants, très épaisse (qui leur a valu le nom de *pachydermes*) et rugueuse, est presque nue. Cependant, de gros poils élastiques ornent le bout de la queue.

Mode de vie. Malgré leur taille, les éléphants sont lestes. Quand ils marchent, ils se déplacent à la vitesse de 7 km/h ; ils escaladent des pentes raides, trottent, chargent à plus de 40 km/h et nagent avec souplesse.

Leur régime alimentaire, exclusivement végétarien, se compose quotidiennement de 200 kg d'herbes, de feuillages, de fruits et d'écorce. Pour la boisson et la douche, les éléphants consomment 150 litres d'eau par jour.

La gestation, de 22 mois chez l'éléphant d'Afrique, peut atteindre 28 mois chez l'éléphant d'Asie. La femelle met bas 1 unique petit tous les 3 à 4 ans.

Les éléphants ne possèdent que 6 dents (2 incisives [les défenses] et 4 molaires). Ces molaires, à croissance continue, sont remplacées 6 fois seulement au cours de la vie de l'animal. Les vieux éléphants, aux dents usées, sont condamnés à mourir de faim vers l'âge respectable de 80 ans.

Les deux espèces d'éléphants. L'éléphant d'Afrique *(Loxodonta africana)* avec 2 sous-espèces (*L. a. africana,* éléphant de savane ; et *L. a. cyclotis,* éléphant de forêt, plus petit) hante les savanes, les steppes arbustives et les forêts jusqu'à 3 600 m d'altitude. Sa vie sociale est centrée sur le clan matriarcal (une femelle et sa descendance) que côtoient des hardes de jeunes mâles. Le petit tète avec la bouche jusqu'à 4 ou 5 ans, le jeune mâle s'émancipe vers 18 ans.

L'éléphant d'Asie *(Elephas indicus)* se fait rare à l'état sauvage. Il se distingue de l'éléphant d'Afrique par sa taille plus petite, ses oreilles réduites, ses défenses courtes, son front creux et sa couleur gris clair.

UN OUTIL MERVEILLEUX

La trompe, organe polyvalent essentiel aux activités des éléphants, est formée à partir du nez et de la lèvre supérieure (schéma ci-dessous). Cet appendice caractérise les éléphants, ou proboscidiens (du latin *proboscis,* trompe). Très richement innervée et vascularisée, la trompe possède une musculature répartie en faisceaux lui permettant des flexions multidirectionnelles. Elle assure des fonctions très variées. En tant que nez, elle permet la conduction de l'air et l'olfaction. Mais elle a aussi un rôle primordial dans l'aspiration de l'eau (5 l) pour boire ou se doucher, la pulvérisation de l'eau ou de poussière, les mouvements puissants (pour asséner un coup ou arracher un arbre) ou encore les gestes d'une délicatesse incroyable (cueillir un rameau, caresser un semblable), ce qui permet de la comparer à une main. Elle se termine par des lobes (2 chez *Loxodonta,* 1 chez *Elephas*) à sensibilité tactile extrêmement fine.

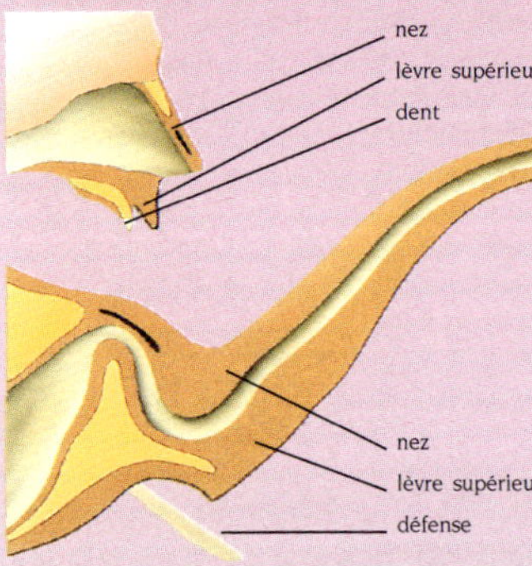

A

C

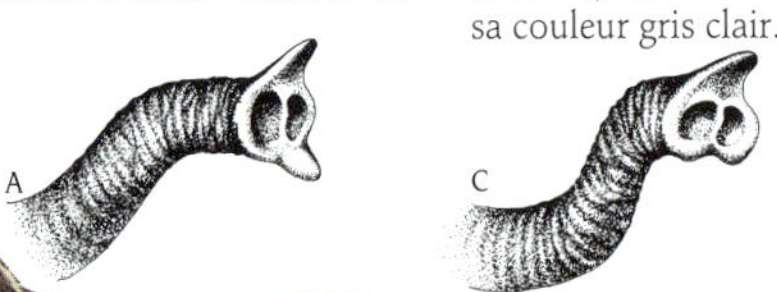

D

B

A. B. **ÉLÉPHANTS D'AFRIQUE**

Les éléphants d'Afrique possèdent de grandes oreilles et leur trompe est terminée par deux « lèvres ». Pour rechercher le sel dont ils ont besoin (comme tous les herbivores), les éléphants sont capables de cheminer dans des cavernes riches en salines, s'enfonçant ainsi jusqu'à plus de 160 m dans la montagne. Les traces dans ce volcan éteint (caverne de Kitum, Kenya) montrent que plusieurs générations l'ont visité, creusant les filons de leurs défenses, à la manière de pics.

C. D. **ÉLÉPHANTS D'ASIE**

Les éléphants d'Asie *(Elephas indicus)* possèdent de petites oreilles et une trompe terminée par une seule « lèvre » (C). Utilisés comme monture ou comme animaux de trait, ils sont généralement capturés et apprivoisés à l'âge adulte. La présence de « moniteurs» (éléphants plus âgés montrant aux « nouveaux » comment faire) est essentielle à l'apprentissage, tout comme l'est le comportement du cornac, l'homme chargé de soigner et de conduire un éléphant, avec lequel il doit se montrer extrêmement doux (D).

DAMANS ET SUIFORMES

LES DAMANS

LES HYRACOÏDES

■ DE LA TAILLE D'UN LAPIN, les damans possèdent des pattes courtes et trapues, de petites oreilles rondes et une queue courte. Ils ont 4 doigts et 3 orteils, pourvus de petits sabots, à l'exception de l'orteil interne, qui est muni d'une griffe.

On connaît 11 espèces de damans (genres *Procavia* et *Dendrohyrax*), répandus dans toute l'Afrique au sud du Sahara ainsi qu'au Proche-Orient, notamment en Palestine. La plupart vivent dans les zones rocheuses, comme le daman des rochers *(Procavia capensis)* ou le daman de Syrie *(P. syriaca)*. Quelques espèces, comme le daman des arbres *(Dendrohyrax arboreus)*, sont arboricoles. La gestation des damans dure de 7 à 8 mois. Chaque femelle met bas de 2 à 4 petits. Leur vie sociale, très organisée (clan de 70 à 80 individus), les protège des prédateurs.

HIPPOPOTAMES, PORCS...

LES SUIFORMES

■ CES ONGULÉS appartiennent à l'ordre des artiodactyles. Ils possèdent des canines à croissance continue constituant des défenses. On distingue deux familles parmi les suiformes.

Les hippopotamidés. Ces animaux massifs, très courts sur pattes, possèdent une peau très épaisse, presque nue, lubrifiée par une sécrétion rougeâtre. On connaît 2 espèces d'hippopotames :

– l'hippopotame amphibie *(Hippopotamus amphibius)*, qui vit en troupeaux. Sa masse avoisine les 4 tonnes. Il est présent dans toute l'Afrique intertropicale. Les mâles possèdent des canines inférieures de 60 cm ; ils marquent leur domaine en le « nappant » de leurs excréments projetés par des mouvements très rapides de la queue ;

– l'hippopotame nain (*Choeropsis liberiensis)* ; 0,75 cm au garrot, 200 kg), plus terrestre, qui mène une vie solitaire et nocturne près des fleuves du Liberia et de la Sierra Leone.

Les suidés. Omnivores, ils ont un museau caractéristique tronqué en groin. Les femelles, prolifiques, donnent 4 à 8 petits par portée.

Les porcs (genre *Sus*), appelés aussi « cochons » quand ils sont domestiques et « sangliers » quand ils sont sauvages, sont certainement les représentants les plus célèbres de cette famille. Les pécaris (genre *Tayassu*) vivent en Amérique du Sud par clans de 20 à 30 individus et sont réputés pour leur glande à musc. Les babiroussas *(Babirussa babirussa)* des îles Célèbes et Moluques possèdent 4 défenses recourbées sur le museau. Les potamochères *(Potamochœrus porcus)*, les phacochères *(Phacochœrus æthiopiais)* et les hylochères *(Hylochœrus meinertzhageni)* sont tous africains.

A

A. **HIPPOPOTAMES**

Chez les hippopotames, les narines, les yeux et les oreilles, seules parties du corps habituellement émergées, sont situés dans un même plan horizontal. L'accouplement a lieu dans l'eau. Le petit sait nager avant de savoir marcher. Fermant les narines et rabattant les oreilles, l'animal plongerait en modifiant sa flottabilité à la manière d'un ludion.

B

B. **PHACOCHÈRE**

Le mâle présente 4 grosses « verrues », près des yeux et sur les joues. Les canines supérieures (et inférieures chez le mâle) sortent de la bouche, incurvées vers l'arrière et le haut. Ce sanglier des savanes, qui laboure la terre « agenouillé » sur ses poignets calleux, dort et se réfugie dans les terriers abandonnés par des animaux fouisseurs comme les oryctéropes.

C

C. **DAMAN**

Cet animal étrange présente à la fois des caractères de l'éléphant (ongle), du rongeur (incisives) et du rhinocéros (molaires). Il a été pendant longtemps une énigme pour les zoologistes. Aujourd'hui classés dans un ordre à part (hyracoïdes), les damans sont rapprochés des éléphants.

D

D. **SANGLIERS**

Variété sauvage du porc domestique *(Sus scrofa)*, le sanglier garde des caractères « rustiques » (défenses, pelage raide, livrée de camouflage des marcassins).

E

E. **PORCS**

Des siècles de sélection par les éleveurs ont fait du porc un animal plus gros et plus prolifique que son frère sauvage, le sanglier. Il n'a pourtant pas perdu son flair : on l'utilise pour chercher les truffes.

F

F. **POTAMOCHÈRE**

Le jaguar lui-même ne se risquerait pas à affronter ce sanglier d'Afrique *(Potamochœrus porcus)*, de peur d'être assommé. D'aspect pourtant indolent avec son pelage roux ou acajou et ses longs poils blancs, c'est un omnivore de mœurs nocturnes.

G

G. **PÉCARI**

Le groin des mammifères de la famille des suidés est un disque mobile et plan qui termine abruptement le museau. Ce dernier porte les 2 narines, soutenu par 2 os dermiques formant un solide boutoir, à peau très épaisse, qui leur permet de fouir le sol. Le pécari à collier *(Tayassu tajacu)*, friand de racines de cactus et de fruits, et celui à lèvres blanches *(T. albirostris)*, représenté ici, présentent ce groin caractéristique.

CHAMEAUX ET CERVIDÉS

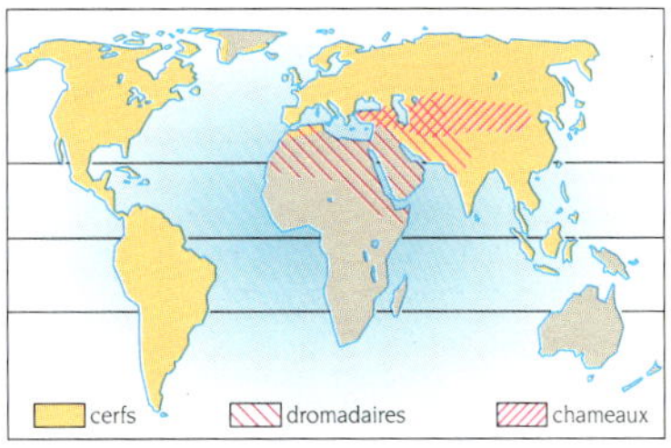

Classification et répartition. Parmi les ongulés, on regroupe les camélidés (chameaux, lamas) et les ruminants (cerfs, bœufs...) avec les hippopotames et les suiformes (porcs) dans l'ordre des artiodactyles.

Les cervidés sont surtout répandus dans l'hémisphère Nord. Le chameaux à deux bosses, asiatique, est beaucoup moins abondant que le dromadaire (ou chameau à une bosse), plutôt africain. On les classe parfois dans le groupe des ruminants, mais l'absence de sabots et de cornes et leur marche les particularisent.

Les ruminants proprement dits sont les plus nombreux des artiodactyles. Ce sont des herbivores, vivant en troupeaux, et ne possédant pas d'incisives à la mâchoire supérieure.

CHAMEAUX, LAMAS...

LES TYLOPODES (CAMÉLIDÉS)

■ CES ONGULÉS marchent en fait sur leurs 2e et 3e phalanges posées sur un épais coussinet fibroélastique. Ce pied élargi convient aux sols meubles (sable fin) ou montagneux. Autres spécificités de ces « ruminants archaïques », ils possèdent des incisives et des canines en haut et en bas ainsi qu'un estomac à 3 poches. Le groupe des tylopodes est constitué de l'unique famille des camélidés, qui compte deux genres :

– les chameaux et les dromadaires (genre *Camelus*), qui peuvent vivre, 4 à 5 jours sans boire, en plein désert, après avoir gorgé d'eau tous leurs tissus (ils sont capables d'absorber 90 litres en 10 min). Les chameaux possèdent des capillaires aux parois épaisses ; ils peuvent obturer leurs narines et leur température interne peut varier de 34 °C la nuit à 41 °C le jour. Ces dispositifs réduisent au maximum les pertes d'eau ;

– les lamas (genre *Lama*), qui sont représentés par 4 espèces vivant entre 0 et 5 700 m d'altitude. Le guanaco, le lama et l'alpaga sont connus pour se défendre en crachant violemment une boulette de contenu gastrique. La vigogne, fine comme une antilope, est le seul camélidé encore sauvage.

CERFS, ÉLANS, DAIMS...

LES CERVIDÉS

■ RUMINANTS CARACTÉRISÉS par la présence de bois, les cervidés, à l'exception des petits cerfs sud-américains, sont des animaux de l'hémisphère boréal. Ils possèdent des glandes odorantes (larmiers), importantes pour la vie sociale et le marquage des pistes et des territoires.

Les représentants du genre *Cervus* (« cerfs ») sont les plus cosmopolites. On les rencontre des forêts tropicales (sika, cerf moucheté d'Asie du Sud-Est) aux forêts de feuillus (wapiti du Canada, cerf élaphe d'Europe).

L'élan, ou orignal *(Alces alces),* vit en Amérique du Nord. C'est, avec le chevreuil *(Capreolus capreolus),* le seul cervidé solitaire. Il est friand de plantes aquatiques. Le renne, ou caribou *(Rangifer taraudus),* est capable de survivre en se nourrissant de lichens en hiver. Il migre au rythme des saisons. La femelle possède des bois.

Les daims sont originaires du Proche-Orient. L'espèce européenne *(Dama dama)* vit en Turquie, en Grèce, en Italie et en Espagne.

BROUTER, RUMINER, ÉRUCTER !

Le nez enfoui dans l'herbe, l'ouïe brouillée par le bruit qu'ils font en broutant, les ruminants qui paissent sont très vulnérables. Ils avalent donc le plus vite possible leur ration d'herbe, qui s'entasse dans la panse. Une fois à l'abri, ils s'allongent et régurgitent par bouchées une « bouillie gastrique », prédigérée par les bactéries de la panse, qu'ils mâchent longuement et avalent de nouveau. Seules les bouchées suffisamment transformées et broyées passent au dernier réservoir (correspondant à notre estomac).

Les éructations répétées que l'on peut observer chez les herbivores en train de ruminer (ruminants au sens strict, mais aussi chameaux et lamas) sont signe que « tout fermente bien ». Ces « rots » permettent, en effet, de dégager les gaz de fermentation (méthane notamment).

C

C. **CERFS ÉLAPHES**

Les cerfs mâles et femelles vivent en hardes séparées, sauf à l'automne pendant le rut. Les hardes des mâles devenus agressifs éclatent alors ; chacun part à la recherche d'un harem, en bramant au crépuscule. Quand il en a conquis un, le cerf en reste le seul étalon, copulant et surveillant jour et nuit, sans se nourrir, jusqu'à ce qu'un mâle « frais » évince le pacha épuisé.

A

B

A. B. **DROMADAIRE ET CHAMEAU**

La bosse du dromadaire *(Camelus dromedarius)* [A] et celles du chameau *(C. bactrianus)* [B] sont constituées par un amas de graisse situé sous la peau (il n'y a pas de graisse sous-cutanée ailleurs) : haute et ferme au départ, elle s'affaisse à mesure que l'organisme dégrade la graisse en hydrogène qui, associé à l'oxygène issu de la respiration, donnera de l'eau (0,5 l d'eau produit pour 500 g de graisse dégradée).

D

D. **CHEVREUIL**

Les chevreuils en parade nuptiale décrivent de nombreux cercles autour des rochers, arbres, bosquets. Ces anneaux piétinés sont appelés « ronds de fées ».

F

E

E. **ÉLAN**

Appelé « orignal » ou « original » en Amérique du Nord, c'est le plus grand des cervidés actuels. Il habite la forêt boréale (taïga).

G

H

F. G. H. **RENNE, LAMA, ALPAGA**

Il est probable que, sans ces animaux, ni les peuples andins, pour le lama (G) et l'alpaga (H), ni les Lapons, pour les rennes (F), n'auraient pu subsister en climat très froid. Une espèce sauvage d'Amérique du Sud, le guanaco, serait à l'origine des lamas domestiques.

LES BOVIDÉS

PARMI LES RUMINANTS, trois familles d'importance inégale rassemblent des animaux portant des cornes frontales composées d'un étui corné emboîté sur une cheville osseuse. Il s'agit des antilocapridés, des bovidés et des giraffidés.

Le pronghorn. L'antilocapre, ou pronghorn *(Antilocapra americana),* est le seul représentant de la famille des antilocapridés. Il réunit des caractères du cerf (étui des cornes caduc), de l'antilope (cheville osseuse des cornes permanente, aspect général) et de la girafe (squelette des pattes). En hiver, le pronghorn forme d'immenses troupeaux dans les plaines nord-américaines et, en été, de petites unités nomades. « Sprinter » (il peut atteindre une vitesse de pointe de 80 km/h) et coureur de fond à la fois, il possède un cœur et des poumons énormes.

BŒUFS, MOUTONS...

LES BOVINÉS ET LES CAPRINÉS

■ LES REPRÉSENTANTS de la famille des bovidés possèdent des molaires à croissance continue, usées en forme de croissant (sélénodontes) et sont dépourvus de canines. Ils possèdent des cornes creuses et persistantes. Les bœufs (bovinés), les chèvres et les moutons (caprinés) ainsi que les antilopes (antilopinés et groupes voisins) constituent la famille des bovidés.

Les bovinés. Les représentants de ce groupe possèdent un mufle dépourvu de poil (glabre), humide autour des narines (le *rhinarium*). Leurs cornes sont lisses et la peau de leur cou pendant forme un fanon.

Le genre *Bos* regroupe « les bœufs », avec les variétés d'élevage de l'espèce bovine *(B. taurus),* c'est-à-dire les vaches, les bœufs (mâles castrés) et les taureaux, le zébu *(B. indicus),* trois espèces sauvages d'Asie tropicale (dont le gaur) et le yack *(B. grunniens).*

Les bisons (genre *Bison*) ont échappé de peu à l'extinction : celui d'Europe ne persiste plus que par sa variété de plaine ; celui d'Amérique ne se rencontre plus qu'en parc naturel (Yellowstone). L'hiver, le bison pousse la neige de sa tête pour trouver de l'herbe et, se déplaçant péniblement, certains tracent des pistes suivies par tout le troupeau.

Les buffles *(Syncerus caffer),* communs en Afrique, sont également présents en Asie avec le genre *Bubalus.*

Les caprinés. Regroupent une vingtaine d'espèces, les caprinés ont un front bombé, des cornes de section triangulaire et possèdent une glande odorante sous les pattes, laissant une trace pour leurs congénères.

Le genre *Ovis* englobe les mouflons (5 espèces) et les moutons d'élevage, dont l'instinct grégaire puissant fonde les troupeaux serrés. Le mouton de Jacob *(Ovis aries)* d'Afrique du Sud possède 4 cornes.

Les chèvres appartiennent au genre *Capra.* Le mâle est appelé « bouc ». Très cosmopolites, on les rencontre de la plaine aux plus hautes altitudes. Il existe 5 espèces de chèvres : la chèvre domestique *(C. hircus),* le bouquetin *(C. ibex),* la chèvre du Caucase *(C. caucasia),* l'ibex des Pyrénées *(C. pyrenaica)* et la chèvre Markhor *(C. falconeri).*

A

A. **MOUTONS RACKAS**

N'ayant fait l'objet d'aucune sélection, ces moutons de la steppe hongroise *(Ovis amon aries strepsiceros)* ont les mêmes cornes que le mouflon d'Asie dont ils dériveraient. Ils supportent l'hiver grâce à leur épaisse toison et, à leur structure de groupe.

B

B. **BŒUF MUSQUÉ**

Contemporain du mammouth, c'est, avec le renne, le seul ruminant de la toundra arctique. Il vit en troupeaux mixtes rassemblant jusqu'à 100 têtes durant l'hiver, puis chaque mâle part avec 3 ou 4 femelles et leurs petits.

C. D. E. **BOUQUETIN, CHAMOIS, MOUFLON**

La structure des doigts des ruminants leur permet de marcher sur de nombreuses surfaces : l'addax, par exemple, est adapté à la marche sur sol sableux ; le cerf des marais, au sol détrempé. Parmi les caprinés, le bouquetin (C), qui compte 7 espèces de montagne d'Eurasie et d'Afrique, peut dévaler des pentes escarpées, sa lourde tête (cornes jusqu'à 1 m et 15 kg) lui servant de balancier ; le chamois (D) est un prodigieux sauteur (Alpes, Pyrénées, Balkans, Caucase) ; le mouflon à manchettes (E) escalade les monts arides d'Afrique du Nord.

F

G

H

F. G. H. **YACK, BISON, BUFFLE**

Le bison des prairies américaines (G) est le plus grand bovidé actuel (jusqu'à 1 200 kg et 1,90 m au garrot). Le buffle de Cafrerie *(Syncerus caffer caffer)* [H] des plaines fluviales africaines atteint la tonne. Dans l'Himalaya, jusqu'à 6 000 m d'altitude, sa longue toison (F) [1,70 m et 700 kg] permet au yack d'endurer des températures de – 40 °C.

LES BOVIDÉS

LES ANTILOPES

ANTILOPINÉS ET GROUPES VOISINS

■ FINES ET GRACILES, par comparaison avec les autres bovidés, les antilopes vivent essentiellement en Afrique.

Mode de vie. Les antilopes peuvent former de grandes hardes en terrain découvert. Pour se protéger des prédateurs, les mâles et les femelles, pourvus de cornes, pratiquent le repos « en étoile » (où chacun est couché dans une direction différente, comme c'est le cas des oryx) ou la technique des sentinelles (comme les gnous, qui se rapprochent des zèbres, le zèbre dormant la nuit et le gnou le jour), ou encore utilisent des signaux d'alerte (comme les springboks, qui, au moindre danger, redressent leurs longs poils blancs qu'ils tiennent en temps normal rabattus dans un large repli de peau). D'autres antilopes vivent dans la forêt, en solitaires ou en couples, camouflées par leur pelage (l'oréotrague possède une fourrure granitée comme les rochers qu'elle escalade sur ses sabots minuscules) ou tapies dans les fourrés. Chez ces discrètes antilopes, seuls les mâles sont cornus.

Les antilopes sédentaires sont attachées à un territoire (chaque mâle kob, par exemple, a un petit domaine au bord du fleuve, visité par les femelles lors du rut) ou à des lieux précis (les céphalophes ont un réseau de pistes dans les taillis et un gîte pour dormir). En revanche, les espèces vivant en zone aride et pauvre sont migratrices. Elles parcourent d'immenses distances. Ainsi, l'addax fait jusqu'à 1 000 km pour profiter de l'éclosion de verdure qui suit un orage.

Classification. Selon leur gabarit et leur habitat, on distingue plusieurs groupes d'antilopes :
– les antilopinés, avec l'impala, et les gazelles, fines, véloces, aux flancs barrés d'une bande longitudinale noire à la limite de leur dos roux et de leur ventre blanc ;
– les tragélaphinés, qui rassemblent les grandes antilopes de forêt, comme les élands, les koudous et les bongos.
– les alcélaphinés (gnous, damalisques, bubales), grandes antilopes de savane, sont « bâtis en pente », le garrot étant plus haut que la croupe. De ce fait, ils s'agenouillent pour boire ;
– les hippotraginés, qui sont des animaux des déserts. L'oryx (dont le mâle est obligé de rejeter la tête en arrière durant l'accouplement, à cause des longues cornes de la femelle) et l'addax constituent les principaux représentants de ce groupe ;
– les réduncinés, qui vivent en zones humides. Le kob defassa, par exemple, plonge dans l'eau en cas de danger et peut y rester des heures, son épaisse fourrure l'isolant ;
– les néotraginés, brouteurs des sous-bois, qui ont la taille d'un lièvre, comme le dik-dik, la plus petite antilope africaine, qui doit son nom aux cris perçants qu'il pousse.
– les saïginés (saïga), qui vivent en Eurasie. Ils ont des naseaux enflés et mobiles qu'ils utilisent pour réchauffer et humecter l'air inhalé.

I

I. J. **ANTILOPES D'ASIE**

Le tétracère (J) vit dans les hautes herbes le long des fleuves de prairie et de jungle en Inde. Le mâle porte 4 cornes. Les 2 cornes « supplémentaires » sont petites (2 cm) et situées au-dessus des yeux. Il attire la femelle sur son aire nuptiale par un sifflement sourd. Le saïga (I), aux yeux globuleux et au museau enflé, arpente les steppes, de l'Europe à la Sibérie et à la Mongolie.

J

K

K. **IMPALAS**

L'impala vit en troupeaux hiérarchisés de femelles suitées avec un étalon. Seul le mâle porte des cornes, annelées et en forme de lyre. Que la harde pâture ou boive, une sentinelle veille toujours. En cas d'alerte, comme sur cette photo, le troupeau se disperse, les impalas « s'envolant » de toutes parts par une série de sauts impressionnants (3 m de haut sur 10 m de long !), en changeant de cap entre les sauts ; le prédateur se trouve désorienté et ne peut choisir sa victime d'avance.

A. B. C. D. E. F. G. H. **ANTILOPES D'AFRIQUE**

C'est en Afrique que se rencontrent les antilopes aux tailles extrêmes : de la plus grande, l'éland du Cap (A) [900 kg et 1,80 m] à la plus petite, le dik-dik (E) [35 cm et 4 kg], du plus massif (gnou [G]) au plus longiligne (gérénuk [H]). Les cornes, droites et pouvant atteindre 1 m chez l'oryx (B), forment une courte lyre chez le bubale (C). La savane découverte est habitée par le damalisque (D), alors que les fourrés de la forêt dense abritent le céphalophe rayé (F). Plusieurs espèces peuvent se côtoyer dans le même milieu, sans consommer les mêmes végétaux : herbe courte pour le gnou, plus basse pour les gazelles, petites tiges et épis secs pour le damalisque, la gazelle de Grant préférant l'herbe brûlée par le soleil. La répartition de la nourriture se fait aussi en fonction de la hauteur de l'animal : le gérénuk, en se dressant sur ses pattes arrière peut consommer des plantes à plus de 3 m du sol.

GIRAFE ET RHINOCÉROS

OKAPI ET GIRAFE

LES GIRAFFIDÉS

■ CANTONNÉS À L'AFRIQUE, les deux représentants de cette minuscule famille d'ongulés artiodactyles sont des ruminants à l'avant-train très développé, aux petites cornes permanentes recouvertes de peau et à la langue préhensile. L'okapi *(Okapia johnstoni)* est un hôte discret, solitaire et casanier des forêts congolaises. Il se nourrit de feuillage en utilisant sa langue noir bleuté (longue de 35 cm), qui lui permet aussi de nettoyer ses larges oreilles arrondies.

La girafe *(Giraffa camelopardalis),* friande d'acacia (épines et fourmis incluses), domine la steppe arbustive. Elle peut atteindre une taille de 6 m, avec un cou pouvant dépasser les 3 mètres. Elle vit en groupes peu structurés et mouvants. Elle se couche très rarement car c'est une manœuvre longue et complexe, qui la rend très vulnérable. Ainsi, elle rumine, somnole et ... met bas debout, le girafon chutant d'une hauteur de 2 mètres. La robe et le nombre de cornes (jusqu'à 5) permettent de distinguer 8 sous-espèces de girafes.

TAPIR ET RHINOCÉROS

LES CÉRATOMORPHES

■ L'ENSEMBLE DES CÉRATOMORPHES rassemble deux familles, les tapiridés (tapirs) et les rhinocérotidés (rhinocéros). Ces animaux solitaires possèdent un nombre impair de doigts (imparidigités), comme les chevaux, avec lesquels ils forment l'ordre des périssodactyles.

Les tapirs (genre *Tapirus*) sont les plus petits des cératomorphes (1,80 m de long, 250 kg). Ils sont étonnants à bien des égards. Leur nez et leur lèvre supérieure forment une petite trompe mobile. Mâle et femelle pratiquent une « ronde nuptiale » (tête-bêche, ils tournent à une vitesse effarante). Le genre compte quatre espèces. Le tapir à chabraque *(Tapirus indicus)* est indien ; les trois autres espèces vivent en Amérique tropicale, comme *T. pinchaque,* petit tapir que l'on rencontre dans les Andes.

Les rhinocéros. Ils possèdent une peau épaisse de 6 cm, durcie en cuirasse, nue sauf chez le rhinocéros de Sumatra *(Dicerorhinus sumatrensis),* qui a une toison fournie. Ils prennent tous des bains de boue et se font déparasiter la peau par des oiseaux. Le petit reste avec sa mère pendant 2 ans, jusqu'à la mise bas suivante. Les rhinocéros se rencontrent en Asie et en Afrique.

Parmi les rhinocéros asiatiques, ceux du genre *Rhinoceros* (2 espèces) ne possèdent qu'une corne. Ils se nourrissent de plus de 70 sortes d'arbustes et plantes des marais palustres. Le rhinocéros de Sumatra possède 2 cornes.

En Afrique, le rhinocéros noir *(Diceros bicornis)* se nourrit de feuilles qu'il saisit avec sa lèvre supérieure pointue, tandis que le rhinocéros blanc *(Ceratorhinus simum)* pesant jusqu'à 4 tonnes, de couleur identique mais au large museau carré, broute l'herbe.

ARRÊTEZ LE MASSACRE !

Après avoir longuement suivi sa belle et après un prélude interminable (frottements de têtes, entrechoquements de cornes), le rhinocéros mâle s'accouple enfin... pour 30 minutes au moins. Ces préliminaires particulièrement longs et, surtout, la durée surprenante de l'acte furent sujets à bien des légendes. Voilà pourquoi la pharmacopée orientale a vu dans la corne de rhinocéros un puissant aphrodisiaque. Les 5 espèces de rhinocéros, d'Asie et d'Afrique, exterminés pour leur corne sont ainsi en voie d'extinction. On tire de cette corne quelques centaines de grammes de poudre d'os et de kératine, qui sont en fait de la poudre aux yeux !

D

D. **TAPIR**

Jadis répartis dans le monde entier, les tapirs n'existent plus qu'en Amérique (3 espèces) et en Indochine (1 espèce). Hôtes des forêts, les tapirs ont régime alimentaire omnivore. Celui-ci est appelé « tapir d'Amérique du Sud » *(Tapirus terrestris),* mais il existe deux autres espèces dans cette région du monde (une quatrième espèce vit en Asie du Sud-Est).

A

B

A. B. **RHINOCÉROS**

Il subsiste 5 espèces de rhinocéros, autrefois regroupés avec les éléphants dans le groupe artificiel des pachydermes (animaux à peau épaisse). Le rhinocéros noir *(Diceros bicornis)* [B] se rencontre en Afrique de l'Est. Le rhinocéros indien *(Rhinoceros unicornis)* [A] ne survit plus que dans des réserves au Népal et en Assam (Inde).

C

C. **OKAPI**

L'okapi, d'abord décrit par les zoologistes comme un « zèbre des forêts », n'est pas du tout un équidé. Il appartient avec la girafe à la famille des giraffidés, seuls ongulés à posséder des canines inférieures larges et aplaties.

E

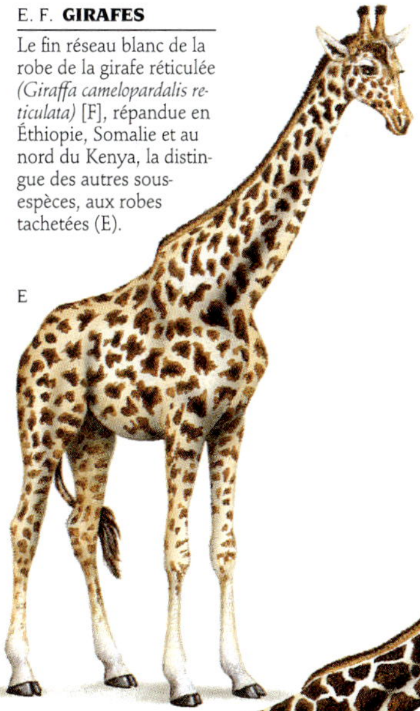

F

E. F. **GIRAFES**

Le fin réseau blanc de la robe de la girafe réticulée *(Giraffa camelopardalis reticulata)* [F], répandue en Éthiopie, Somalie et au nord du Kenya, la distingue des autres sous-espèces, aux robes tachetées (E).

G

G. **COMME L'EAU EST BASSE !**

Quand la girafe se penche pour boire, sa tête subit une brutale dénivellation de 5 m et l'augmentation de la pression artérielle consécutive serait mortelle pour le fragile tissu nerveux si le sang n'était ralenti à la base du cerveau dans un fin lacis d'artérioles, tandis que de solides valvules des veines du cou empêchent son reflux vers la tête.

LES ÉQUIDÉS

APPARTENANT à l'ordre des périssodactyles (ongulés possédant un nombre impair de doigts) comme les rhinocéros, les ongulés de la famille des équidés (chevaux, ânes, zèbres, soit une dizaine d'espèces) sont originaires d'Afrique et d'Eurasie.

Pour se déplacer, ils prennent appui sur un seul doigt que prolonge des os soudés (radius-cubitus et tibia-péroné). Cette extrême finesse des membres correspond à une adaptation à la course. Leur musculature est résistante et riche en tendons. L'ouïe (grâce aux oreilles très mobiles) et l'odorat sont très fins, et le champ visuel s'étend latéralement.

Herbivores stricts, les équidés, dont seuls les mâles possèdent des canines, coupent l'herbe de leurs incisives (6 en haut et 6 en bas). Consommant de hautes tiges sèches de graminées (dédaignées des autres herbivores), ils doivent boire 1 ou 2 fois par jour. Cette nécessité fut autrefois la cause de leur massacre car ils étaient considérés comme concurrents du bétail pour les points d'eau. Tous sont sociaux, vivant en clan réduit (harem unique) ou important (plusieurs harems), sans période de rut (il y a des naissances toute l'année). La gestation dure entre 10 et 12 mois selon les espèces.

ÂNES, ZÈBRES...

ÉQUIDÉS SAUVAGES ET DOMESTIQUES

■ LES ZÈBRES, comme les chevaux, appartiennent au genre *Equus* mais on compte encore deux autres genres d'équidés : les ânes *(Asinus)* et les hémiones *(Hemionus)*.

Ânes et hémiones. Les ânes (genre *Asinus*) mesurent 1,20 m au garrot. À côté de l'âne domestique *(Asinus asinus)*, des ânes sauvages persistent en quelques points du désert nord-africain (âne de Somalie [*A. somaliensis*] et âne de Nubie [*A. africanus*]).

D'aspect intermédiaire entre âne et cheval, les hémiones (genre *Hemionus*) représentent le genre le plus menacé. L'onagre (*Hemonius onager ;* 1,20 m au garrot) survivrait au bord de la mer Caspienne.

Les zèbres. Strictement africains, ce sont des animaux joueurs et combatifs, que l'homme n'a pas réussi à domestiquer. S'ils sont classés maintenant dans le genre *Equus,* on leur donnait auparavant d'autres noms de genre (indiqués ici entre crochets). Le zèbre de Grévy *(Equus [Dolichohippus] grevyi),* aux très fines rayures, mesure 1,50 m au garrot. Il possède des caractères primitifs (oreilles rondes, crinières sur tout le dos...) et habite les steppes arborées et subdésertiques.

Parmi les autres espèces, on distingue le zèbre des steppes *(Equus [Hippotigris] quagga),* le zèbre de Grant *(E. [H.] quagga granti),* le zèbre de Burchell *(E. [H.] quagga burchelli)* et le zèbre de Chapman *(E. [H.] quagga antiquorum).* Enfin, il existe un zèbre des montagnes, le zèbre d'Hartmann *(E. [H.] zebra hartmannae).* Les troupeaux de zèbres sont souvent constitués par diverses variétés, qui pourtant ne s'hybrident pas.

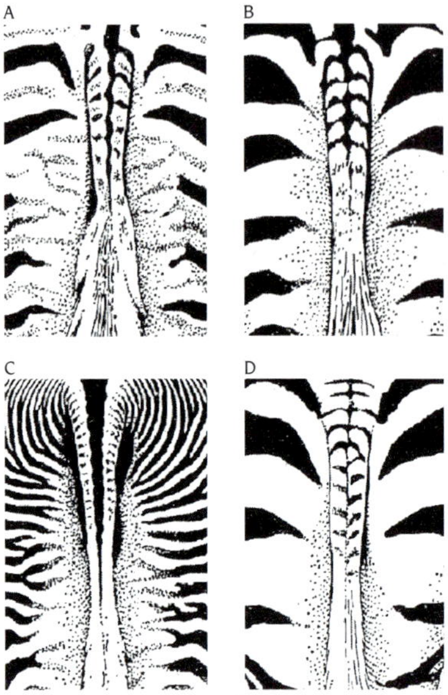

A. B. C. D. **CROUPES DE ZÈBRES**

Comme des empreintes digitales, les rayures de la robe des zèbres permettent d'identifier chaque individu au sein de son clan. Si les différences entre variétés – zèbre de Chapman (A), de Grant (B), de Grévy (C) et d'Hartmann (D) – sont évidentes, les variations interindividuelles sont beaucoup plus subtiles. (Extrait de *Grzimeks Tierleben*, Kindler-Verlag.

LE GALOP : UNE COURSE À QUATRE TEMPS

Le galop est l'allure la plus rapide des équidés (60 km/h chez le cheval). Sur les quatre temps que compte cette allure, un temps est véritablement « suspendu », aucun membre ne touchant le sol.

Dans le « galop à droite », le membre postérieur gauche touche le sol, s'y appuie et relance le corps (1) ; puis postérieur droit et antérieur gauche se posent simultanément alors que le postérieur gauche est relevé (2). Le corps s'allonge, l'antérieur droit atterrit et tire le corps à lui pendant que les trois autres se rassemblent, pliés sous l'animal (3). Au temps suivant, « suspendu » le cheval, propulsé par son élan, ne touche plus le sol (4). Dans le « galop à gauche », les posers se font en sens inverse.

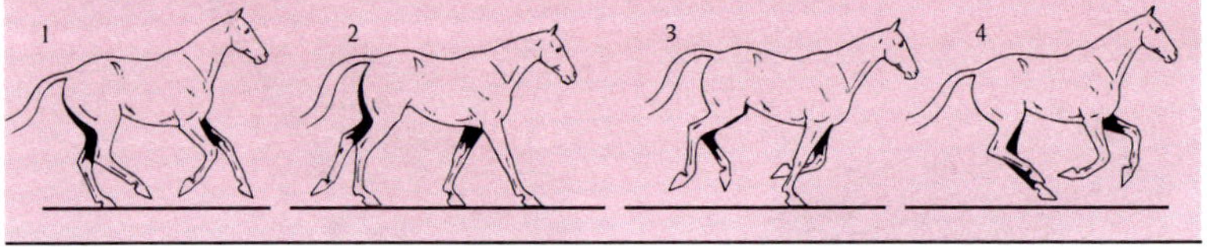

E. **MORPHOLOGIE D'UN ÉQUIDÉ**

La perfection de l'adaptation à la course est atteinte avec le cheval, pris ici comme modèle des équidés. Il se caractérise, notamment, par ses oreilles petites, par sa robe sans rayures et par sa queue munie de grands crins dès la racine.

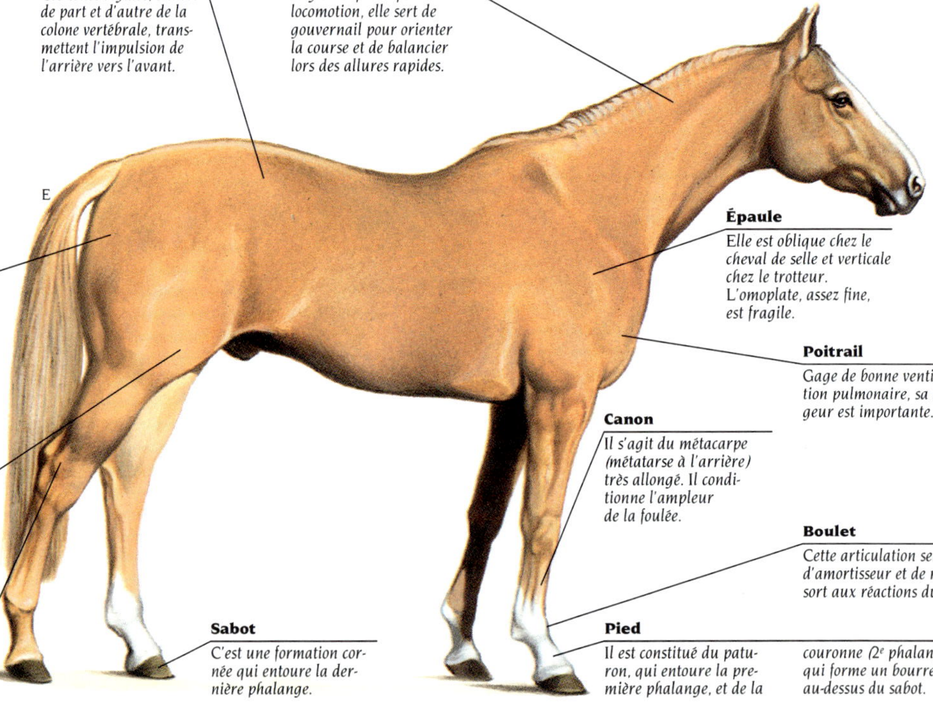

Lombes
Ces zones rigides, situées de part et d'autre de la colone vertébrale, transmettent l'impulsion de l'arrière vers l'avant.

Encolure
Région capitale pour la locomotion, elle sert de gouvernail pour orienter la course et de balancier lors des allures rapides.

Épaule
Elle est oblique chez le cheval de selle et verticale chez le trotteur. L'omoplate, assez fine, est fragile.

Croupe
Sa longueur et sa largeur sont essentielles car c'est le train postérieur qui propulse le corps. Les muscles fessiers associés aux muscles psoas (internes) donnent la détente.

Poitrail
Gage de bonne ventilation pulmonaire, sa largeur est importante.

Canon
Il s'agit du métacarpe (métatarse à l'arrière) très allongé. Il conditionne l'ampleur de la foulée.

Cuisse
Elle est proche de la verticale ; sa musculature conditionne la puissance du membre.

Boulet
Cette articulation sert d'amortisseur et de ressort aux réactions du sol.

Jarret
Cette articulation en poulie, entre la jambe et le canon, assure l'appui de la patte arrière.

Sabot
C'est une formation cornée qui entoure la dernière phalange.

Pied
Il est constitué du paturon, qui entoure la première phalange, et de la couronne (2e phalange), qui forme un bourrelet au-dessus du sabot.

LES CHEVAUX

DE MULTIPLES VARIÉTÉS DOMESTIQUES

■ SI, AUTREFOIS, le genre *Equus* a eu une répartition mondiale, il ne reste aujourd'hui qu'une seule espèce de cheval sauvage : le cheval de Prejvalski *(Equus przewalskii)* de Mongolie. Les autres chevaux (variétés de l'espèce *Equus caballus,* poneys compris) sont tous domestiques.

Chaque région a au moins une variété indigène de cheval domestique, qui est avec le chien l'espèce qui comporte le plus de « races » issues de la sélection. On peut regrouper les chevaux domestiques selon trois gabarits : lourd, léger et poney.

Les chevaux lourds sont les plus grands. Destinés au trait, au labour, voire à la boucherie, ils ont souvent aux jambes de longs poils couvrant le sabot. À ces chevaux appartiennent notamment le shire, l'ardennais, l'auxois, le cob et le percheron.

Les races moyennes, destinées à la monte (« chevaux de selle »), sont légions : le frison de Hollande, tout noir ; l'arabe, vif, aux grands yeux, qui a engendré avec le pur-sang anglais l'anglo-arabe, cheval de selle par excellence ; l'andalou, robuste et léger, apanage des rois et des grands dignitaires d'Espagne, qui est à l'origine du lipizzan ; l'appaloosa américain, moucheté... Parmi les chevaux de course, de subtiles nuances distinguent le galopeur (très longiligne) du trotteur (à l'avant redressé comme l'orlov russe) et du sauteur (arrière-train musclé).

Enfin, les poneys (1,47 m au garrot, hauteur maximale) vivent souvent dans les régions à climat rude. On peut citer le poney mongol, le connemara d'Irlande et les nombreux poneys anglais. Ce sont des animaux consacrés aux loisirs mais leur robustesse les rend utilisables à des fins laborieuses comme le trait en pays montagneux (halfinger autrichien, fjording norvégien) ou dans les mines (shetland).

B

A

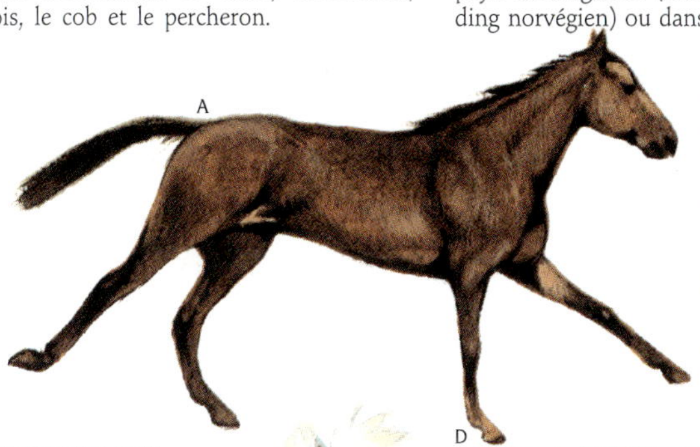

A. **PUR-SANG ANGLAIS**

Longiligne, beau et véloce (il atteint une vitesse de 70 km/h), c'est un cheval fragile. Son standard fut établi en 1791. Croisés avec des lignées plus calmes et plus lourdes, les pur-sang sont à l'origine des demi-sang, dont il existe de nombreuses races.

B. **CHEVAL DE PRJEVALSKI**

Autrefois bien répandu en Asie, *Equus przewalskii* est le dernier cheval « sauvage », qui ne survit probablement plus que dans des zoos. On le voit ici dans le parc des Cévennes (France), où on cherche à le réintroduire en milieu naturel. Sa robe isabelle lignée de noir sur le dos avec ses pieds bruns et son museau blanc, sa tête massive, sa courte crinière noire et hirsute le distinguent des chevaux domestiques, tout comme ses cellules qui comprennent 66 chromosomes (au lieu de 64 chez les autres chevaux).

C. **PONEY SHETLAND**

Ce poney (1 m au garrot) est le plus primitif des chevaux nordiques. L'hiver, son poil fourni le protège du froid.

C

D

D. **LIPIZZANS**

Ces chevaux, ici dans la nature en Hongrie, sont utilisés pour les figures de dressage. Le poulain naît sombre (gris ou bai), puis blanchit vers 6 ou 7 ans. La lignée est sélectionnée depuis 1572.

E. **MULET**

Produit du croisement entre un âne et une jument, le mulet est sobre et résistant (comme l'âne), tonique et rapide (comme la jument), mais cet hybride mâle est stérile.

E

F

F. **SHIRE HORSES**

Typiquement anglais, le shire horse est le plus grand cheval du monde (1,80 m au garrot et 1 200 kg). Très docile, il a contribué au succès de la révolution industrielle en transportant les produits manufacturés : un attelage de 2 têtes peut tracter 18 tonnes !

G. **ÂNE SAUVAGE**

L'âne sauvage de Nubie *(Asinus africanus)* est petit, de couleur gris-jaunâtre, avec une bande noire qui forme une croix sur ses épaules. Jadis répandu de l'Égypte au Soudan, il est aujourd'hui éteint à l'état sauvage.

G

H

H. **CAMARGUAIS**

En général gris-blanc, d'une hauteur au garrot de 1,40 m, ce petit cheval résistant n'a besoin ni d'écurie ni de nourriture d'appoint.

LES CHEVAUX

A. BARBE

C'est un cheval de selle sobre et endurant, dont les origines sont très anciennes. Il pourrait être apparu en Espagne et aurait ensuite gagné l'Afrique du Nord.

B. ARABE

Ce cheval de selle est à la fois léger et résistant. Sa personnalité, ses aptitudes ne lui valent que des éloges. Plus qu'une monture, on dit que ce cheval, créé d'après la légende par Allah, est le partenaire du cavalier. Facile à dresser, il apparaît souvent dans les cirques.

C. ARDENNAIS

C'est la principale souche de chevaux de trait en Europe. Durement touché par les deux guerres mondiales, l'ardennais a pourtant survécu. C'est aussi l'un des meilleurs chevaux de boucherie.

E. BOULONNAIS

Avant le développement des chemins de fer, les boulonnais se rendirent célèbres en effectuant chaque jour une étape de 120 km pour transporter le poisson de Boulogne à Paris. Ils continuent à travailler sur le littoral de la Manche, là où il n'est pas possible d'utiliser la traction mécanique en automne et en hiver.

D. SELLE FRANÇAIS

Appelé autrefois anglo-normand, à cause de ses origines, ce cheval est apprécié pour son excellent caractère. Très complet, athlétique, il peut être utilisé pour toutes les formes d'équitation.

F. APPALOOSA

Cette race de chevaux américains est caractérisée par une robe tachetée. Elle provient d'un troupeau sélectionné jusqu'au XIXe siècle par les Indiens Nez-Percés dans le nord-ouest des États-Unis.

G. COB NORMAND

C'est un cheval de trait léger, de taille moyenne, docile et puissant, aux allures brillantes. Il existe en Grande-Bretagne des cobs plus trapus, intermédiaires entre le cheval de selle et le poney, pouvant être montés ou attelés.

H. BRETON

Longtemps sélectionné pour la traction des voitures de postes, le postier breton est aujourd'hui utilisé comme cheval d'attelage. En France, l'effectif de bretons représente à peu près la moitié de l'effectif des chevaux de trait.

I. COMTOIS

C'est un cheval français « lourd », de petite taille, originaire de Franche-Comté (Jura). On l'utilisait autrefois pour la traction. Maintenant, son élevage est principalement orienté vers la boucherie.

LA CHASSE TRADITIONNELLE

Réduite à un loisir par le développement agro-industriel, objet de débats passionnés entre partisans et adversaires (amoureux de la nature chacun à sa manière), la chasse est assurément un lien avec le savoir ancestral, avec les traditions. Chez les authentiques peuples « chasseurs-cueilleurs », c'est encore parfois une activité de premier plan, essentielle à la survie et fortement valorisée au sein du groupe.

■ Pendant longtemps, on a cru que les chasseurs-cueilleurs de la préhistoire n'assuraient que difficilement leur subsistance et qu'ils passaient un temps considérable, pour ne pas dire l'essentiel de leur temps, à la collecte de la nourriture. En fait, il y avait largement place pour le développement de nombreuses autres activités sociales. Ce point semble si vrai que, en comparaison, les temps de loisir dont nous disposons se révèleraient limités, même s'ils sont en constante augmentation dans nos sociétés.

On a également cru à tort que l'exploitation des ressources alimentaires proches ne pouvait suffire à la survie d'un groupe et que celui-ci était condamné à une perpétuelle errance. Là, également, il n'en n'est rien. La taille des groupes et la gestion correcte des ressources permettaient, au contraire, de se fixer à un endroit et de construire des habitations permanentes. Seules certaines régions particulièrement déshéritées ou d'un climat extrême obligeaient leurs habitants à une existence nomade. Ainsi, aujourd'hui encore, les aborigènes australiens sont régulièrement contraints de se déplacer pour rechercher de nouveaux points d'eau.

L'art de la chasse. Les méthodes de chasse sont très variées, mais on peut toutefois distinguer quelques grandes catégories. Le gibier peut être forcé à la course individuellement ou en groupe et, dans ce cas, les participants se relaient au cours de la poursuite pour éviter la fatigue. L'utilisation d'animaux domestiques a constitué une amélioration considérable de cette technique. Ainsi, par exemple, l'utilisation du cheval dans les plaines

B. Masque de calao. Nigeria.

A. « Chasse au bison », gravure sur bois de George Catlin (v. 1840).

Le camouflage

Des Indiens revêtant une peau de loup pour approcher des bisons (A), cette vision paraîtrait fantaisiste si on ne la devait à l'Américain George Catlin (1796-1872), qui vécut 8 ans parmi les Indiens, rapportant des notes et des tableaux réputés pour leur exactitude.
Le chasseur peut également faire croire aux animaux qu'il appartient à une espèce inoffensive comme ce chasseur Haoussa du Nigeria, qui porte une coiffe imitant la tête d'un calao d'Abyssinie (B), un oiseau pacifique.

du Grand Nord a assuré une marge de manœuvre plus importante aux chasseurs ainsi qu'une moins grande fatigue lors des poursuites. La chasse peut aussi être pratiquée en battue dans laquelle interviennent des rabatteurs. Ceux-ci, généralement disposés de front, avancent sur le terrain et font fuir le gibier, petit ou gros, vers des compères postés à quelque distance de là ou vers le vide d'une falaise ou d'une fosse creusée à dessein. Il existe également des chasses à caractère plus individuel comme la chasse d'approche. Dans ce cas, le chasseur se fait le plus discret possible ou utilise des leurres. Ainsi, la tenue de bison de certaines tribus d'Indiens d'Amérique, surtout s'ils avaient la précaution de s'enduire de son odeur par quelques excréments, leur permettait une avancée quasiment sans risque. Beaucoup d'autres peuples ont utilisé cette technique, qui permet d'approcher l'animal relativement près et de lui porter le coup fatal avec plus de sûreté. La chasse à l'affût, dans laquelle le chasseur se contente d'attendre que le gibier passe à portée de son arme, exige patience et sang-froid. Une variante de cette technique consiste à appeler et à attirer le gibier à l'aide d'appeaux ou, là encore, de leurres visuels. Les animaux répondant à l'appel viennent alors eux-mêmes se jeter dans le piège mortel. Le dernier grand type de chasse utilise des pièges, savamment étudiés pour chaque animal, avec, parfois, un appât appétissant. La technologie, la forme, la taille de ces pièges sont d'une variété infinie.

A. Pygmée Éfé (Zaïre).

Les outils du chasseur. Le simple bâton de bois est fort probablement la première arme de chasse que l'homme ait jamais expérimentée, sa sophistication en massue, par le renflement de son extrémité, lui ayant donné ensuite une plus grande efficacité. Toutefois, les risques du corps à corps avec l'animal dangereux devaient imposer au chasseur de le surprendre dans son sommeil ou de le précipiter, au préalable, dans une fosse. L'invention de la *pierre taillée* apporta une nette amélioration dans le confort de la chasse. Emmanchée, celle-ci offrait un supplément de contondance et de force. Lancée avec adresse, elle permettait au chasseur prudent de se tenir à distance. Toujours dans ce même souci de prudence et de discrétion,

B. Jeune Pygmée Mbenga, avec un bulbul.

Le choix des armes

L'homme a toujours montré beaucoup d'imagination pour inventer des armes. Mais il en est de traditionnelles, manipulées depuis l'aube des temps, dont la simplicité et l'efficacité, entre des mains expertes, n'ont jamais été démenties. Les Pygmées comptent parmi les plus grands chasseurs malgré leur petite taille et leur habileté ne rend pas nécessaire l'emploi d'armes modernes. **Dans le nord du Congo, c'est un simple filet** qui est employé pour capturer les oiseaux, des bulbuls (B). Cette chasse exige beaucoup de précision de la part des chasseurs ; un lancer mal venu est sanctionné par un long moment de patience pour attendre le retour des oiseaux.
Les Pygmées s'illustrent également par leur habileté à l'arc (A). Ils tirent d'ailleurs en maintenant celui-ci horizontalement et non verticalement comme dans beaucoup d'autres régions du globe, notamment en Occident.

la *fronde,* composée d'une simple lanière de cuir, a permis de jeter les pierres avec plus d'énergie. Les Étrusques, par exemple, chassaient les oiseaux d'eau en vol avec cette arme.

Dans de nombreuses sociétés, dites « primitives », l'utilisation d'un *propulseur,* une pièce de bois formée d'une gouttière et d'une butée, permet au chasseur d'envoyer sa lance beaucoup plus loin qu'il ne le pourrait aidé de la seule force de son bras. Les aborigènes d'Australie sont encore fidèles au propulseur, tout comme ils restent les champions incontestés du *boomerang.* Ce dernier, déjà connu du chasseur paléolithique, est fabriqué d'une simple pièce de bois aplatie qui possède la propriété de revenir vers son lanceur si, par hasard, celui-ci rate sa cible. Après l'utilisation du bois et de l'os, les premiers balbutiements des forgerons de l'âge du bronze puis de l'âge du fer ont permis d'équiper les armes de poing et de jet de têtes solides, profilées et tranchantes. La forme de ces pointes comme celle de leur manche sont très variables d'une société à une autre et sont souvent l'objet d'attentions artistiques. L'usage et l'efficacité de ces *armes blanches* (lances, couteaux, épées ou épieux de chasse) ne seront jamais démentis au cours des siècles. Simple en Occident ou à double courbure, pour plus d'efficacité, chez les adeptes des influences mongoles, l'*arc* est certainement l'arme de chasse la plus répandue. L'*arbalète,* cousine sophistiquée de l'arc, permet de jeter des carreaux plus loin et avec encore plus de précision. Parfois, l'ingéniosité de l'esprit humain a donné naissance à des armes moins conventionnelles. Ainsi, les *bolas,* utilisées en Amérique du Sud mais aussi en Sibérie, sont composées de longues courroies terminées par des boules de pierre qui, lancées dans les pattes d'un animal en fuite, vont l'immobiliser jusqu'au coup de grâce du chasseur. Mais, de nos jours, la poudre et le plomb des armes à feu tendent à remiser toutes ces armes « blanches » parmi les vestiges du passé.

Les singes et le venin. Les Aokas comptent parmi les nombreuses tribus de la forêt amazonienne. Ils pratiquent la chasse à la sarbacane, avec laquelle ils tirent des projectiles enduits de poison. Une campagne de chasse commence dès l'aube et chaque chasseur part avec sa ration journalière de purée de manioc enveloppée dans des feuilles. Il arrive parfois que les femmes participent aux expéditions, mais leur rôle se limite au portage des animaux capturés.

Arrivés sur le terrain de chasse, après plusieurs heures de marche, les chasseurs se séparent ou restent en groupe selon l'animal poursuivi. Les singes, par exemple, sont plus efficacement chassés en groupe. Si les Jivaros et les Quechuas utilisent volontiers les chiens comme rabatteurs ou comme pisteurs, les Akoas préfèrent chasser seuls. La tactique étant établie, ils tentent de s'approcher d'un groupe de singes. Lorsqu'ils sont à distance adéquate, ils prennent leurs projectiles, glissés sur l'oreille, et les introduisent dans la sarbacane. Les armes en position sur la bouche, une brusque expiration projette le dard sur les premières victimes. Le temps d'action du poison est relativement court et il suffit de quelques secondes pour recharger l'arme. Les chasseurs peuvent donc toucher chacun plusieurs singes avant que l'alerte ne soit donnée dans le groupe. L'avantage de la sarbacane sur la carabine est de ce point de vue évident. L'utilisation d'une arme à feu avertirait immédiatement les singes du danger et ceux-ci s'enfuiraient sans délai en sautant de branche en branche vers la cime des arbres. Les Akoas utilisent parfois une feuille pour fabriquer un appeau rudimentaire afin d'imiter le cri des macaques et de les attirer vers eux. Les singes ne constituent pas leur seule source de viande, les oiseaux sont également chassés. Les perroquets, dont la mauvaise odeur dégagée en cuisson est bien connue, sont pourtant parfois intégrés aux menus. Certains prédateurs, comme l'ocelot, le jaguar ou le python anaconda, sont respectés mais sont quand même chassés, tandis que certaines « proies » comme le chevreuil ne sont jamais tuées.

Les Pygmées face aux éléphants. La chasse commence par une longue marche, de plusieurs jours parfois, dans l'humidité de la forêt. Un chasseur pygmée possède une aptitude extraordinaire à interpréter les traces laissées par les animaux. Recherchant un troupeau d'éléphants, le groupe de chasseurs devra suivre les traces les plus fraîches, de préférence celles qui viennent d'un point d'eau pour s'enfoncer dans

C. Chasseur dayak (Bornéo).

L'efficacité de la sarbacane

Ce chasseur de Malaisie est un adepte de la sarbacane (C), une arme redoutablement précise et efficace. C'est une canne creuse, réalisée à partie d'un végétal, dont la longueur totale est généralement de 1,50 mètre ; cependant, et comme on le voit ici, ces sarbacanes peuvent être beaucoup plus longues. Si le chasseur rate sa cible une première fois, rien ne l'empêche de tenter un second jet, la discrétion du tir n'alertant pas sa proie. De plus, une goutte de venin, en général un simple extrait de plante, posée sur la pointe du trait, en augmente considérablement l'efficacité. La sarbacane était autrefois utilisée comme arme de guerre par les Sarrasins au XIIIe siècle.

la forêt. L'importance et les caractéristiques du troupeau sont rapidement cernées. La décision de prendre le troupeau en chasse étant prise, le petit groupe de chasseurs progresse en évitant de se tenir sous le vent pour que les éléphants ne soient pas avertis de leur approche. De temps à autre, des empreintes s'écartent du chemin, indiquant qu'un pachyderme a voulu goûter à quelques succulents végétaux avant de revenir vers les siens. Plus loin, un cercle réduit, fortement piétiné, indique que les éléphants ont fait une courte halte. Les chasseurs progressent encore plusieurs heures avant de percevoir, grâce à leur acuité visuelle exceptionnelle, l'infime tressaillement des feuilles qui trahit à quelque distance la marche cadencée du troupeau. Les éléphants de la forêt ont une morphologie différente de celle de leurs congénères des savanes. Leur taille est plus modeste, leur front est moins large et plus fuyant. Enfin, leurs oreilles sont plus petites. Malgré cela, la différence de taille entre le chasseur et l'animal reste impressionnante. Dans le combat qui va s'engager, les Pygmées sont armés de simples javelots munis d'un fer de 25 centimètres à leur extrémité. Lorsque le soleil brûle la cime des arbres, les chasseurs se déploient en silence autour du troupeau selon un plan convenu par tous. Ils attendront que le jour baisse pour porter l'attaque. Le signal est lancé et l'assaut est donné. Les chasseurs se précipitent vers les pachydermes. Les hommes ont déjà choisi leur victime, un jeune, qui se retrouve bientôt isolé des siens. Dès le dernier souffle expiré, le pachyderme est dépecé et, déjà, les petits hommes commencent à faire un grand feu pour boucaner cette viande fraîche. Rien ne sera perdu : des poils à l'ivoire, des tendons à la viande sans oublier les viscères. Des corbeilles de lianes seront confectionnées et le groupe repartira, chargé et triomphant.

L'ours blanc des Inuit. Il existait autrefois plusieurs façons de chasser l'ours blanc chez le peuple esquimau. Certaines tribus le chassaient, par exemple, en le forçant à se réfugier dans sa tanière. Après avoir été repérée, l'entrée était bloquée par de la neige et les chasseurs tuaient l'ours à l'aide d'un épieu, en pratiquant un trou dans le plafond de son repère. L'ourse et ses petits étaient traditionnellement chassés de cette façon. L'ours pouvait également être chassé lorsqu'il nageait. Nombre d'Inuit, installés dans leur kayak, ont goûté l'eau glacée pour avoir sous-estimé la vélocité du coup de patte de leur victime.

La forme de chasse la plus courante consistait cependant à traquer et à poursuivre l'animal sur la banquise. Il n'était d'ailleurs pas rare qu'un chasseur lutte seul contre le puissant animal. Une croyance fortement ancrée dans l'esprit des Inuit voulait que les ours soient gauchers. La chasse se déroulait donc, après avoir repéré et approché l'animal, selon une chorégraphie bien précise en tenant compte de cette particularité. De nombreux récits content l'histoire de chasseurs inuit qui n'avaient pas hésité à affronter seuls l'ours. L'arc était une arme moins caractéristique de la culture inuit que l'épieu ou le harpon. Il était néanmoins utilisé dans la chasse à l'ours. Le bois étant rare, il était généralement constitué d'andouillers ou de corne de bœuf musqué avec parfois des renforts en tendon animal. Les chasseurs approchaient l'ours le plus possible et visaient pratiquement à bout portant : au niveau des membres postérieurs pour le ralentir dans sa fuite ou au niveau de la colonne vertébrale pour le tuer. □

B. Chasse à la palombe (Pyrénées-Atlantiques, France).

Chasses en Occident

Dans la chasse à courre (A), le gibier, réduit aux abois par une meute de chiens, est souvent achevé au fusil ou au couteau. Ce mode de chasse aristocratique possède un code précis et rigoureux, mais certains ne voient là qu'une activité cruelle.

Le lancer de palette (B) sur les vols de palombes (pigeons ramiers) ne se pratique que dans le sud-ouest de la France. Moins sportif, l'emploi de filets est accusé d'avoir un effet dévastateur.

A. Chasse à courre (départ de la meute) en forêt de Chatillon (Bourgogne, France).

LES SIRÉNIENS

LAMANTINS ET DUGONG

L'ORDRE DES SIRÉNIENS

■ LES « VACHES DE MER », OU SIRÉNIENS, forment un ordre peu diversifié, discret et relativement mal connu. Il s'agit de mammifères aquatiques et côtiers. On les rencontre rarement sur des fonds de plus de 12 mètres. Leur taille moyenne est de 2,5 à 3 m, pour un poids de 300 à 400 kg ; mais elle peut dépasser 4 m, pour un poids d'une tonne, chez les plus grands lamantins.

Classification. Les représentants actuels de l'ordre forment deux groupes : les lamantins (famille des trichéchidés), qui rassemblent trois espèces (genre *Trichechus*) et la famille des dugongidés, qui ne subsistent que par une seule espèce, le dugong *(Dugong dugong)*. Jusqu'au milieu du XVIIIe siècle vivait une troisième famille, celle des rhytinidés, avec une seule espèce, la rhytine de Steller *(Hydrodamalis gigas)*, bien plus grande (8 m). Inoffensive et comestible, la rhytine a été vite exterminée.

Lamantins et dugongs, morphologiquement proches, diffèrent par l'anatomie de leur crâne et la forme de leur nageoire caudale. Chez le dugong, par opposition aux lamantins, le rostre, à l'avant de la tête, est fortement infléchi vers le bas et les incisives supérieures forment deux défenses. De plus, la queue du dugong présente deux lobes, avec une échancrure médiane nette. La queue des lamantins, au contraire, est ovale et en forme de raquette.

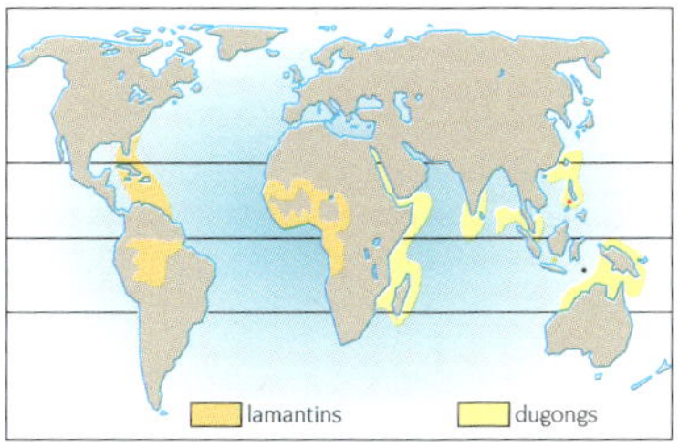

Mode de vie et répartition géographique. Les siréniens vivent confinés aux eaux les plus chaudes du globe. Leur incapacité à coloniser des eaux plus fraîches tiendrait à certaines particularités physiologiques. Ainsi, leur production de chaleur (thermogénèse) est peu efficace. Cela résulterait d'un bas niveau métabolique, probablement engendré par une déficience congénitale de la fonction thyroïdienne.

Les trois espèces de lamantins se répartissent en Amérique (du Nord et du Sud) et en Afrique. Le lamantin de Floride *(Trichechus manatus)* occupe le golfe du Mexique et la mer des Caraïbes. Il remonte parfois, à peu de distance des côtes, les rivières à faible courant. Le lamantin de l'Amazone *(Trichechus inunquis)* fréquente essentiellement les vastes réseaux hydrographiques que forment l'Amazone et l'Orénoque sur le territoire du Surinam, de la Guyane française et du Brésil. Le lamantin d'Afrique *(Trichechus senegalensis)* est distribué dans la portion centre-ouest de l'Afrique équatoriale. On le rencontre surtout dans les grands fleuves, rivières et lacs, grâce auxquels il pénètre profondément au cœur du continent.

L'aire de répartition du dugong est considérable : de la mer Rouge à l'Australie, avec, toutefois, des populations plus importantes en mer Rouge, dans les golfes d'Aden et Arabo-Persique, et au nord de l'Australie.

Parentés évolutives. Dans la nature actuelle, les plus proches parents des siréniens sont les éléphants et les damans. Les siréniens présentent aussi de fortes affinités avec un groupe fossile de mammifères amphibies assez énigmatiques datés de 15 millions d'années, les *desmostyliens*.

Des animaux menacés. Bien que protégés par les règlements nationaux et internationaux, les siréniens font l'objet d'une chasse occasionnelle. La chair de ces hervivores, inoffensifs et faciles à capturer, est très appréciée des villageois d'Afrique et d'Australie. La principale menace qui pèse sur ces animaux est cependant due à la dégradation de leurs habitats naturels. Les régions côtières et abritées qu'ils occupent sont fragiles et subissent l'agression permanente de diverses pollutions humaines, y compris les nuisances provoquées par les embarcations motorisées (comme les hélices des hors-bord en Floride).

DÉCOUVERTE ET EXTERMINÉE

La rhytine fut découverte en 1742 à proximité du détroit de Béring par un naturaliste russe, G.-W. Steller. C'était un animal de plus de 8 m, proche des dugongs. Sa répartition géographique surprenante reflète une distribution ancienne des siréniens, lorsque les zones climatiques étaient différentes de celles d'aujourd'hui. On pense que la rhytine se serait accommodée au froid grâce à sa forte taille et à sa peau très épaisse. Exploitée de longue date par les populations locales, elle fut soudain tuée en masse par les marins de passage. Moins de 30 ans après sa découverte, l'espèce était éteinte.

A

A. **LAMANTIN ALLAITANT**

La taille adulte et la maturité sexuelle sont atteintes entre 4 et 6 ans. Les femelles n'ont qu'un jeune tous les deux ans, après une gestation de plus d'une année. À la naissance, les petits mesurent environ 1 m, pour un poids de 20 kilos. Comme chez les éléphants, les mamelles des siréniens sont logées sous les aisselles. L'allaitement est assez bref, car les jeunes sont capables de brouter dès 3 mois. Les siréniens vivent en troupeaux, et les femelles prennent soin de leur petit durant deux années environ.

B

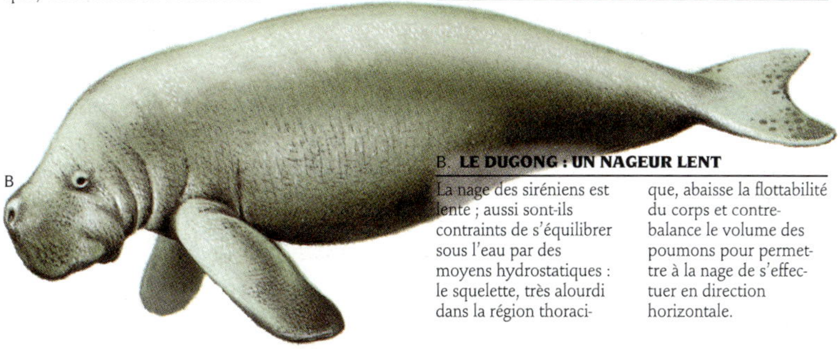

B. **LE DUGONG : UN NAGEUR LENT**

La nage des siréniens est lente ; aussi sont-ils contraints de s'équilibrer sous l'eau par des moyens hydrostatiques : le squelette, très alourdi dans la région thoracique, abaisse la flottabilité du corps et contrebalance le volume des poumons pour permettre à la nage de s'effectuer en direction horizontale.

C

C. **LAMANTIN BROUTANT**

Les siréniens sont strictement herbivores. L'alimentation des lamantins se fait surtout aux dépens des végétaux flottants mais, comme le montre cette photo, ceux-ci peuvent également brouter les plantes poussant sur le fond. La faible valeur énergétique des végétaux contraint les siréniens à en absorber quotidiennement des quantités considérables et à passer l'essentiel de leur temps à cette activité. Malgré le régime herbivore, l'estomac des lamantins et des dugongs est de structure simple et ne présente pas d'adaptation à la rumination.

LES PINNIPÈDES

PHOQUES, OTARIES ET MORSES

L'ORDRE DES PINNIPÈDES

■ MALGRÉ LEUR MODE DE VIE semi-aquatique, ces mammifères sont proches des carnivores terrestres. Leurs quatre membres, toujours bien présents, forment des nageoires.

Répartition géographique. Les pinnipèdes sont cosmopolites, mais phoques et otaries ont une distribution assez distincte. Les phoques sont moins nombreux dans les régions tropicales que dans les zones au climat rigoureux de l'Arctique et de l'Antarctique. À l'inverse, les otaries sont absentes des régions polaires extrêmes et sont mieux représentées que les phoques en zone intertropicale. Les morses, quant à eux, sont limités à la zone subarctique.

Classification. On sépare deux ensembles : d'un côté, les phoques (famille des phocidés) et, de l'autre, les otaries (famille des otariidés) et les morses (famille des odobénidés).

La famille des phocidés comprend 18 espèces, dont 2 espèces d'éléphants de mer. Les otariidés sont représentés par 13 espèces. Les odobénidés ne comptent aujourd'hui qu'une seule espèce : le morse *(Odobenus rosmarus)*, dont on décrit deux types locaux, l'un dans l'Atlantique et l'autre dans le Pacifique.

L'effectif total des pinnipèdes dans le monde est estimé à 50 millions de têtes, dont les neuf dixièmes sont des phoques. Les phoques crabiers *(Lobodon carcinophagus)* à eux seuls regrouperaient presque 30 millions d'individus ; alors que d'autres espèces (le phoque moine d'Hawaii, *Monachus schauinslandi,* ou celui de la Méditerranée, *Monachus monachus,* par exemple) n'en compteraient plus que quelques centaines ou quelques milliers.

Alimentation. Les pinnipèdes sont tous carnivores. Au-delà de spécialisations alimentaires générales, ils savent se montrer opportunistes dans le choix de leurs proies. Les éléments les plus constants de leur régime sont les poissons, les calmars et les crustacés. Cependant, certaines espèces s'alimentent régulièrement aux dépens du plancton (krill), alors que d'autres étendent leur prédation vers des proies plus volumineuses. Tel est le cas du léopard de mer *(Hydrurga leptonyx),* un phoque de grande taille (jusqu'à 4 m) de la zone sub-antarctique, dont l'alimentation inclut des manchots, des phoques, des otaries et de jeunes dauphins.

Reproduction. L'âge auquel les pinnipèdes peuvent se reproduire est très variable selon les espèces et les individus. Il est le plus souvent de quatre à six ans chez les femelles, mais, à l'intérieur d'une même espèce, certaines peuvent être matures à deux ans, alors que d'autres ne le seront qu'à sept. Les mâles semblent, en général, matures un à deux ans après les femelles. L'accouplement a lieu au printemps ou en été. Des différences nettes existent entre les phoques et les otaries dans les comportements liés à la reproduction, dans les caractères propres aux mâles et aux femelles (dimorphisme sexuel), dans leurs relations (formation de couples ou de harems), etc.

Le développement embryonnaire des pinnipèdes présente la particularité de subir un blocage précoce de plusieurs mois. Par conséquent, la gestation dure généralement de un an à un an et demi, avec toutefois de fortes différences entre les groupes : neuf mois et demi chez *Phoca sibirica ;* 16 mois chez le morse. Les petits naissent au printemps. Il est très rare que les femelles aient plus d'un jeune à la fois.

A. **SQUELETTE DE PHOQUE**

Par rapport aux autres mammifères marins (cétacés et siréniens), le squelette des pinnipèdes apparaît moins modifié par la vie aquatique. Le cou est long et flexible et tous les os typiques des mammifères demeurent présents. La spécialisation à la nage se traduit par un raccourcissement des os des membres, sauf les phalanges, qui sont allongées. Celles-ci se déploient en éventail et soutiennent une forte palmure pour former des palettes natatoires.

A

B

B. **COLONIE**

Les pinnipèdes sont fortement grégaires. Ils disposent de comportements sociaux complexes et élaborés, reposant sur des signaux visuels, tactiles, sonores et olfactifs. Ils se rassemblent à terre pour la mue ou la reproduction, et peuvent former des colonies de plusieurs centaines de têtes, comme ici chez ces éléphants de mer *(Mirounga leonina).* Le mâle, dont le nez se prolonge en forme de trompe, constitue un harem s'il est dominant. C'est le plus gros des pinnipèdes : il atteint 6,50 m et son poids dépasse 3 tonnes.

C

C. **ALLAITEMENT**

Les jeunes phoques naissent assez grands et bien développés. Il s'agit ici d'un phoque du Groenland *(Pagophilus groenlandicus).* L'allaitement est court (de quelques jours à 2 mois et demi) et le lait, très gras (50 p. 100 de graisses). La croissance des jeunes est rapide ; le sevrage intervient brutalement. Chez les morses et les otaries, la situation est inverse : l'allaitement est long (de 4 mois à 3 ans) ; le lait, pauvre en graisse (30 p. 100) ; la croissance, lente, et le sevrage, progressif.

D. E. **PHOQUE ET OTARIE**

Les otaries (E) se reconnaissent à la présence d'oreilles externes (pavillons auditifs pointus), qui ont disparu chez les phoques (D) [ici, un phoque à capuchon]. Au sol, les otaries marchent sur leurs quatre membres ; dans l'eau, elles utilisent les palettes avant pour effectuer un « vol sous-marin », comme celui des manchots. Les phoques, eux, rampent sur le ventre en se tirant avec les pattes antérieures ; mais, dans l'eau, ils se propulsent par les battements alternés de leurs pieds.

D

E

F

F. **MORSE**

Les morses s'alimentent sur le fond aux dépens de diverses proies : mollusques bivalves, céphalopodes, poissons, crustacés et parfois, semble-t-il, de phoques. Leurs longues défenses servent à fouiller la vase à la recherche de leurs petites proies.

LES CÉTACÉS

Les cétacés passent la totalité de leur vie dans l'eau. Ce sont les plus gros mammifères actuels. On les divise en deux groupes : les cétacés à fanons, ou mysticètes (baleines, rorquals...), et les cétacés à dents, ou odontocètes (dauphins, orques...).

Anatomie. L'adaptation à la vie aquatique se traduit par la disparition de leurs membres postérieurs (il ne reste que des vestiges d'os inclus dans les muscles), par la transformation des membres antérieurs en battoirs, formés par quatre ou cinq doigts palmés comportant un grand nombre de phalanges, et par la formation d'une ou deux nageoires : la nageoire dorsale stabilisatrice (parfois absente) et la nageoire caudale horizontale, qui assure la nage par des battements verticaux. Ces deux nageoires sont dépourvues de squelette.

Peau et glandes. La peau est nue, à l'exception de quelques poils situés sur les lèvres des baleines. Elle est également dépourvue de glandes sauf celle des mamelles qui s'ouvrent près de la fente génitale mais ne font pas saillie, même chez les femelles qui allaitent, ce qui les gêneraient dans leur nage. Le jeune cétacé ne tète pas sa mère à proprement parler ; c'est elle qui envoie le lait sous pression dans la bouche du jeune.

Respiration. Les cétacés se nourrissent de proies aquatiques. Un dispositif anatomique isole totalement les voies digestive et respiratoire, et leur permet d'avaler leurs proies sous l'eau. Munis de poumons, ils doivent cependant monter en surface pour respirer. Leurs narines, situées sur le dessus de la tête, forment ce qu'on appelle l'*évent.*
Quand un cétacé a plongé à grande profondeur (baleines et cachalots plongent à plus de 200 m et peuvent rester plus d'une heure sans respirer), il commence, en remontant, à expirer l'air de ses poumons avant d'avoir atteint la surface : c'est le souffle, mélange d'air expiré et d'eau, que l'on voit s'élever alors en une colonne à quelques mètres de hauteur.

Les organes sensoriels. Le milieu aquatique entraîne des modifications importantes de la structure et du fonctionnement des organes sensoriels des cétacés.

L'olfaction, probablement bien développée chez les ancêtres terrestres des cétacés, a beaucoup régressé ches les baleines et a totalement disparu chez les dauphins. La vision des cétacés est relativement faible, dans l'eau comme dans l'air. L'audition au contraire est bien développée et s'enrichit d'un héritage des ancêtres terrestres des cétacés : la fonction d'*écholocalisation.* L'écho des ultrasons étant en définitive recueilli par les mandibules, c'est pour cette raison que le dauphin en captivité, quand il sort la tête de l'eau pour écouter son dresseur, pointe le museau dans sa direction pour mieux percevoir sa voix. Grâce à l'écholocalisation, les cétacés peuvent estimer la distance d'un obstacle, sa vitesse relative, sa taille et sa structure. On attribue à l'organe qui focalise l'émission ultrasonore, le *melon,* une fonction sensorielle d'estimation de la pression de l'eau (et donc de la profondeur) et de mesure de la vitesse de nage.

Les cétacés communiquent aussi très souvent entre eux (c'est ce qu'on appelle le « chant des baleines ») et échangent des informations que nous ne savons pas décoder.

A. **SQUELETTE DE MARSOUIN**

Le squelette des cétacés (ici, celui d'un marsouin commun) est assez simple. La colonne vertébrale comporte un grand nombre de vertèbres. Sur les plus antérieures s'articule une large cage thoracique. La ceinture pectorale, puissante, est le point d'appui des membres antérieurs, ou battoirs, dont les doigts comportent un grand nombre de phalanges. Des membres postérieurs il ne reste que des vestiges de bassin. Aucun élément squelettique ne soutient les nageoires dorsale et caudale, faites de tissu conjonctif et de muscles.

A

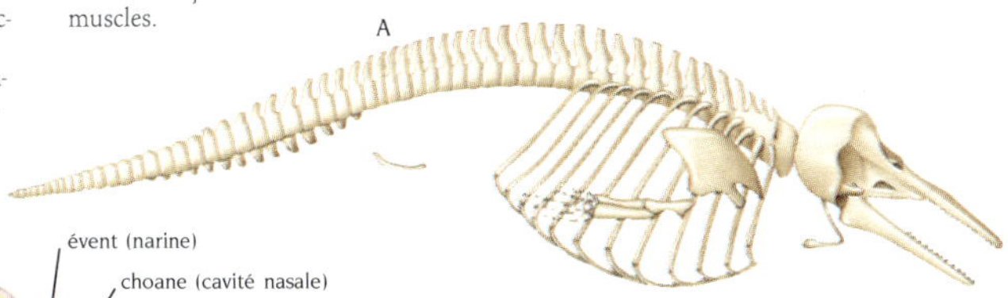

B

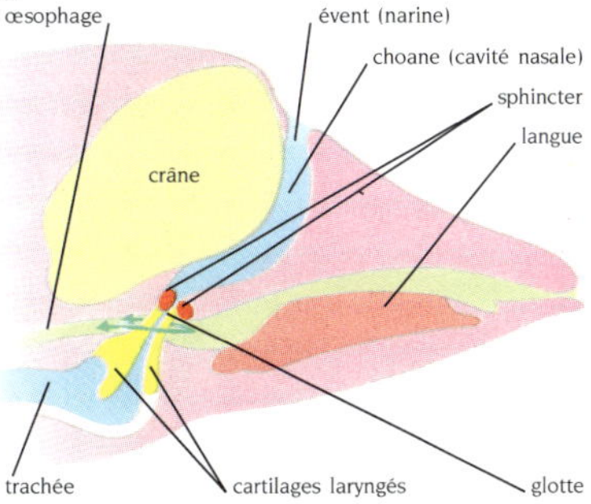

B. **AVALER EN RESPIRANT**

Comment éviter, quand on se nourrit sous l'eau, que celle-ci, passant de la bouche à l'œsophage, ne pénètre dans les poumons ? Les cétacés ont résolu avec succès cette difficulté : l'ouverture de la trachée dans l'arrière-gorge, la *glotte,* s'élève jusqu'au débouché de la cavité nasale, le *choane,* et y est fortement maintenue par un sphincter (muscle annulaire). Ainsi, à l'inverse des autres vertébrés terrestres, les voies respiratoire et digestive nettement séparées n'ont pas de carrefour commun, ce qui leur évite d'« avaler de travers » (passage d'eau dans la trachée).

C. **ÉCHOLOCALISATION**

Les cétacés, grâce à des cordes vocales situées dans la cavité nasale, émettent des ultrasons à travers une protubérance, le *melon.* Cette protubérance est très visible chez les cétacés à dents, comme les dauphins. Fait de tissu adipeux, le melon sert de « lentille sonore » et focalise l'émission ultrasonore. En fin de course, c'est la mandibule qui en recueille les échos, sa partie postérieure étant au contact de l'oreille interne. Les cétacés n'ont pas d'oreille externe (absence de pavillon) et les osselets de l'oreille moyenne sont ankylosés, preuve qu'ils n'interviennent pas dans la transmission des sons.

C

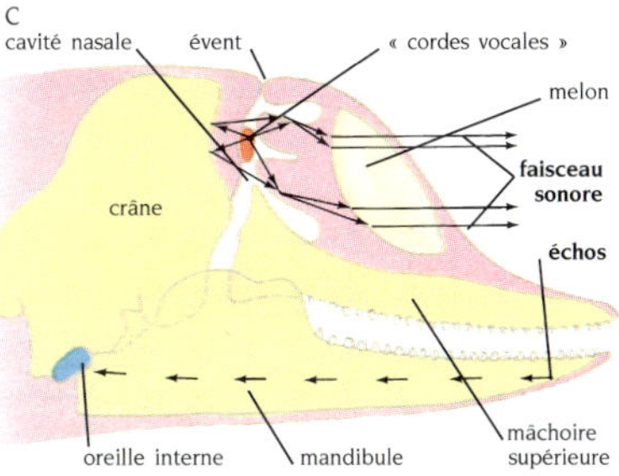

DES ANCÊTRES TERRESTRES

Bien qu'Aristote eût déjà montré que les cétacés respirent par des poumons et mettent bas leurs petits vivants, les zoologistes les ont longtemps classés avec les poissons à cause de leur corps fusiforme et de leur habitat aquatique. La disposition et les mouvements de leur nageoire caudale prouvent pourtant qu'ils ont pour ancêtres des vertébrés terrestres.

En effet, chez les poissons, cette nageoire est verticale et effectue des ondulations latérales. Les cétacés, en revanche, possèdent une nageoire horizontale qui effectue des ondulations verticales. Au cours de l'évolution, quand les premiers amphibiens se sont aventurés à terre, la musculature du tronc s'est réorganisée pour empêcher la colonne vertébrale de s'incurver sous le poids des viscères. La nouvelle disposition de ces muscles n'autorise plus de mouvements latéraux amples. Aussi, quand les ancêtres des cétacés sont retournés au milieu aquatique, ils ont conservé ces traits hérités de leurs origines terrestres.

D

D. **ORQUE ET DAUPHIN**

L'épaulard, ou orque *(Orcinus orca),* présent dans les mers froides des deux hémisphères, a une réputation de férocité démentie par ceux qui le font travailler en aquarium. Il côtoie ici un dauphin *(Tursiops truncatus),* à droite. Malgré sa faible taille (la femelle mesure 4 m et le mâle le double), l'orque s'attaque aux manchots, dauphins, phoques et n'hésite pas à affronter en groupes les gros rorquals.

LES CÉTACÉS

LES BALEINES

LE GROUPE DES MYSTICÈTES

■ LES PLUS ANCIENS FOSSILES DE BALEINES ont été retrouvés en Nouvelle-Zélande. Ils datent de 35 millions d'années. Contrairement aux dauphins, les deux narines des mysticètes s'ouvrent indépendamment. Leur peau comporte des poils, ou vibrisses, leur système de sonar (écholocalisation) est primitif et peu performant, et leur système nerveux central est peu développé bien que le cortex cérébral soit fortement plissé. Ces caractères permettent de considérer les mysticètes comme primitifs parmi les cétacés.

Classification. On distingue trois familles de mysticètes : les *eschrichtiidés,* qui comprennent une seule espèce, la baleine grise (*Eschrichtius robustus,* 15 m) ; les *balænidés,* ou baleines franches, qui regroupent trois espèces : la baleine du Groenland (*Balæna mysticetus,* 18 m), la baleine noire (*Eubalæna glacialis,* 18 m) et la baleine pygmée (*Neabalæna marginata,* 6 m) ; enfin, les *balænoptéridés, balénoptères* ou rorquals, qui comprennent six espèces : le rorqual de Sibbald, ou baleine bleue (*Balænoptera musculus,* 33 m), le rorqual commun (*B. physalus,* 27 m), le rorqual de Rudolphi (*B. borealis,* 16 m), le rorqual de Bryde (*B. edeni,* 15 m), le minke (*B. acutorostrata,* 9 m) et la jubarte, ou baleine à bosse (*Megaptera novæangliæ,* 19 m).

Les cétacés à fanons. Le nom de mysticètes (du grec *mystax,* moustache, et *ketos,* baleine) fait allusion à leur mode d'alimentation par filtration du plancton sur des formations cornées fixées à la gencive supérieure, les *fanons.*

Les baleines se protègent du froid par une couche de lard, souvent épaisse de plus de 50 centimètres. On utilise cette graisse pour préparer les peintures ou tanner les cuirs ; on la transforme aussi en margarine et en savon.

Les géants des mers. Les baleines sont les plus gros animaux qui aient jamais vécu. Ces animaux sont même plus gros que les dinosaures de l'ère secondaire. Il est vrai que la vie aquatique est favorable aux tailles gigantesques. Les baleines franches mesurent de 15 à 25 m, les baleines bleues de 30 à 34 mètres. Les masses sont en rapport avec de telles tailles : de 100 à 150 tonnes chez la baleine bleue. Sur terre, aucun animal ne pourrait supporter un tel poids, mais la densité spécifique de ces géants des mers est proche de celle de l'eau : légèrement inférieure chez les baleines franches (elles flottent après leur mort), légèrement supérieure chez les rorquals (ils coulent après leur mort). Une densité aussi faible est due aux graisses qu'ils accumulent sous la peau ainsi qu'à leur squelette d'os spongieux, lui aussi riche en graisses. L'accumulation de graisse dans les zones dermiques sous-cutanées les protège également du froid.

Biologie. Les baleines ont une gestation qui dure de 10 à 13 mois. L'allaitement du petit dure de six mois à un an. La femelle fait un seul petit tous les deux ou trois ans. La longévité des baleines est de l'ordre de 80 à 100 ans.

Étant donné leur taille, les baleines n'ont pour ennemis que les orques épaulards et, surtout, l'homme, qui par la chasse à outrance a mis en danger la survie de plusieurs espèces.

QUAND LES PLUS GROS MANGENT LES PLUS PETITS

Les fanons, productions cornées de la mâchoire supérieure des baleines, forment un triangle qui s'effiloche en une broussaille de poils. Les filaments de deux fanons successifs, séparés de quelques millimètres, forment un filtre qui retient des animaux minuscules. Il y a plus de 16 000 fanons chez la baleine bleue, les plus longs mesurant 4 mètres.

Les baleines se nourrissent de crustacés ressemblant à des crevettes *(Euphausia superba),* groupés par dizaines de milliers d'individus et formant le *krill.* Pour se nourrir, les baleines engouffrent quelques mètres cubes d'eau en détendant les plis de leur gorge (sillons gulaires) puis, gonflant leur langue qui pèse jusqu'à 5 tonnes, elles chassent l'eau à travers ce filtre (ci-dessous chez la baleine franche), retenant le plancton. Leur estomac a un volume de plus de 1 000 litres ; l'intestin atteint 200 m.

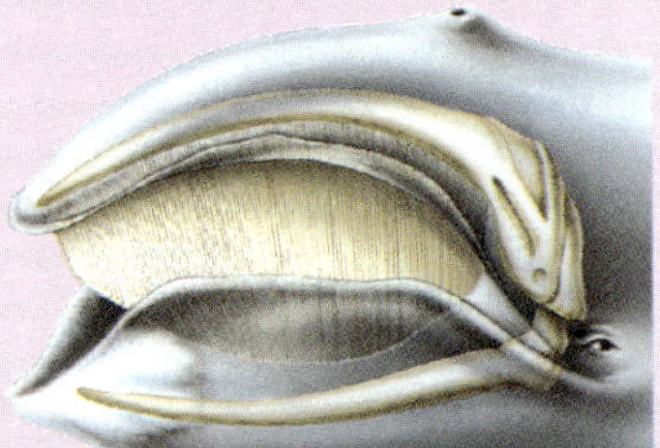

A

A. **BALEINE BLEUE**

Le rorqual de Sibbald, ou baleine bleue (*Balænoptera musculus,* 33 m et 150 t), est certainement le plus grand des animaux de tous les temps. Le cœur atteint plus de 2 m de long, la bouche mesure 6 m, la nageoire caudale a une envergure de 4,5 mètres. À la naissance, le bébé pèse 7 tonnes.
Facile à identifier, la baleine bleue possède de nombreux sillons longitudinaux sous la gorge. Elle parcourt tous les océans, de l'équateur au bord de la banquise, dans chacun des deux hémisphères, les populations australes comportant en général des animaux de plus grande taille. C'est en 1868 qu'a commencé sa chasse, au large de la Norvège. Dans les années 1930, on en tuait jusqu'à 30 000 chaque année.

B

B. **BALEINE GRISE**

C'est la baleine du Pacifique (*Eschrichtius robustus,* 15 m). Elle migre de l'océan glacial Arctique à la Basse-Californie et passe l'été au-delà du détroit de Béring, mais revient se reproduire en hiver dans les eaux chaudes des lagunes du golfe de Californie, où les femelles mettent bas leur petit. Ce dernier mesure 5 m à la naissance et pèse 500 kilos.

C

C. **BALEINE FRANCHE**

Appelée « baleine du Groenland », (*Balæna mysticetus,* 18 m), cette baleine franche est reconnaissable à la tache blanche couvrant toute la partie antérieure des mandibules.

D

D. **JUBARTE**

Appelée aussi « baleine à bosse », la jubarte (*Megaptera novæangliæ,* 19 m) est reconnaissable à la longueur de ses nageoires pectorales (jusqu'à 6 m), aux protubérances (follicules pileux) qui ornent sa tête et ses battoirs et que parasitent les « poux de baleines ». Elle effectue de longues migrations des eaux tropicales aux régions arctiques ou antarctiques. Cette espèce est très menacée.

DAUPHINS, ORQUES, CACHALOTS...

LE GROUPE DES ODONTOCÈTES

■ LES PLUS ANCIENS FOSSILES connus d'odontocètes (cétacés à dents) datent de l'ère tertiaire, il y a 40 millions d'années.

Classification. On divise les odontocètes en cinq familles : les baleines blanches (famille des *monodontidés,* 3 espèces, dont le narval et le béluga), les dauphins marins (*delphinidés,* une quarantaine d'espèces, comprenant notamment l'orque épaulard), les dauphins d'eau douce (*platanistidés,* cinq espèces), les baleines à bec (*ziphiidés,* dix-huit espèces) et les cachalots (*physétéridés,* deux espèces).

Caractéristiques anatomiques. Le nombre des dents, toutes semblables, simples et coniques, varie de quelques unités à plusieurs centaines. Contrairement aux mysticètes, les odontocètes ne possèdent pas de fanons, ils ont perdu toute trace de pilosité, leurs narines forment un évent commun et leurs centres olfactifs ont disparu.

Leur capacité à s'orienter par écholocalisation entraîne le développement, entre le museau et l'évent, d'un « melon » qui focalise l'émission ultrasonore. Leur encéphale de grande taille, notamment chez les dauphins, trahit le développement de leurs capacités cérébrales. Comme chez les baleines, les mamelles sont allongées et ne font pas saillie, laissant au corps sa forme hydrodynamique ; elles s'ouvrent sur l'abdomen de part et d'autre de la vulve. Lors de l'allaitement, le lait est injecté sous pression dans la bouche du bébé ; il contient jusqu'à 50 p. 100 de matières grasses.

Comportement social. Les cétacés ont une riche vie communautaire. Ils pratiquent l'entraide, aidant un animal blessé à monter respirer en surface. Une telle cohésion sociale n'empêche pas l'établissement de hiérarchies, notamment entre mâles qui veulent s'assurer la possession des femelles. Ces dernières ont entre elles des rapports plus souples : ce sont souvent de vieilles femelles ménopausées qui gèrent la vie en commun des mères et des petits. De tels comportements nécessitent chez ces animaux un haut niveau d'organisation nerveuse, qu'on retrouve dans leurs jeux.

A

A. **DAUPHIN À LONG BEC**

Ce dauphin *(Stenella longirostris)* est largement répandu dans les eaux chaudes et tropicales de l'Atlantique, du Pacifique et de l'océan Indien. L'adulte mesure plus de 2 m, contre 80 cm environ pour le nouveau-né. Cet animal vivant entre la surface et 60 mètres de profondeur se nourrit de calmars.

B

B. **SOUFFLEUR**

Appelé aussi « dauphin à grand nez », ce grand dauphin *(Tursiops truncatus),* qui atteint 3,50 m, est présent des eaux tempérées froides aux eaux tropicales de l'océan Atlantique ainsi qu'en Méditerranée, en Baltique et dans l'océan Indien. Ses mâchoires en forme de bec court portent une centaine de fortes dents. On le trouve aussi bien en pleine mer, accompagnant les bateaux, que le long des côtes, se joignant aux bancs de thons à la poursuite des sardines et autres poissons grégaires.

D. **BÉLUGA**

Comme le narval, ce cétacé, qui peut atteindre 5 m, n'a pas de nageoire dorsale. Appelé « baleine blanche », il se déplace par troupeaux souvent très importants et n'hésite pas à remonter les fleuves. Les bélugas communiquent entre eux par des sifflements (qu'on a comparés à ceux des canaris !). Ils se nourrissent de crustacés, de seiches et de poissons plats.

C

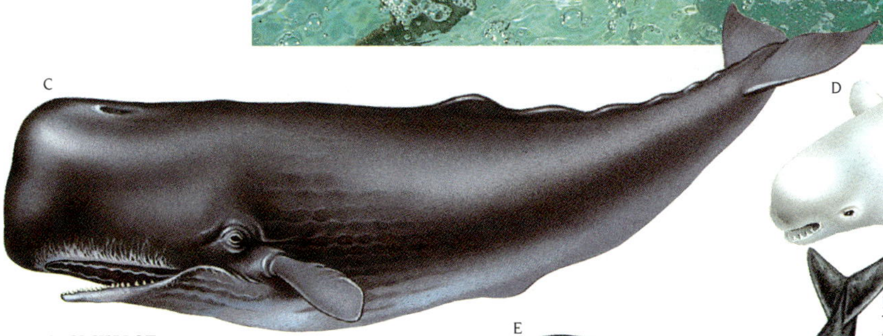

D

E

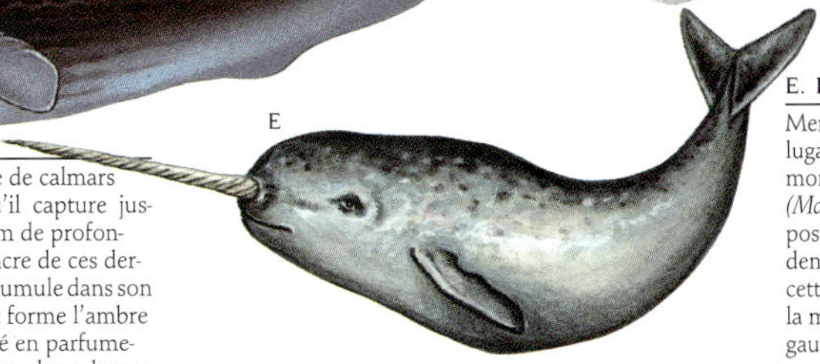

C. **CACHALOT**

Le cachalot *(Physeter catodon)* est le géant des odontocètes. Les femelles adultes atteignent une longueur de 16 m pour un poids de 16 tonnes, les mâles mesurent en moyenne 18,5 mètres et pèsent jusqu'à 45 tonnes. Le cachalot vit dans toutes les mers tropicales et tempérées. La gestation dure 15 mois et l'allaitement peut se prolonger pendant 2 ans. Cet animal est capable de se reproduire vers l'âge de 10 ans et sa longévité est de 70 ans. Comme les baleines, le cachalot plonge à la recherche de sa nourriture, surtout constituée de calmars géants qu'il capture jusqu'à 300 m de profondeur. L'encre de ces derniers s'accumule dans son intestin et forme l'ambre gris, utilisé en parfumerie pour fixer les substances volatiles. Le cachalot peut rester en plongée près d'une heure avant de refaire surface. La cire liquide contenue dans la protubérance qu'il a sur la tête est appelée « blanc de baleine », ou « spermaceti ». Il fut longtemps utilisé comme lubrifiant ou pour fabriquer des chandelles ; on lui attribue un rôle régulateur lors de la plongée.

E. **NARVAL**

Membre, comme le béluga, de la famille des monodontidés, le narval *(Monodon monoceros)* ne possède qu'une seule dent. Chez les mâles, cette dent, appartenant à la mâchoire supérieure gauche, est transformée en une défense spiralée qui peut atteindre 2,50 m, soit le tiers de la taille de l'animal. Le narval est confiné aux eaux côtières arctiques. Il se nourrit de poissons, de crustacés et de calmars.

F. **BALEINE DE CUVIER**

Type même des baleines à bec, elle ne possède que 2 dents, situées sur la mandibule. Cette baleine *(Ziphius cavirostris)*, de 7 à 8 mètres, vit dans les eaux tropicales et tempérées du monde entier et se nourrit de poissons et de calmars en eaux profondes.

F

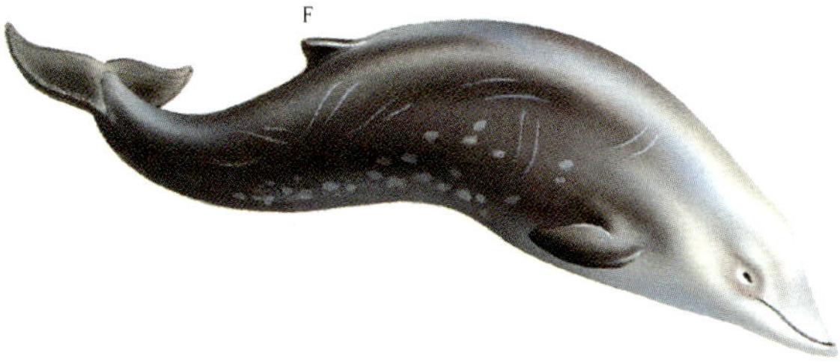

LES CARNIVORES

AVEC DEUX CENT TRENTE-SEPT ESPÈCES réparties en 88 genres, les carnivores représentent moins de 10 p. 100 des mammifères existants. Ils exercent pourtant une réelle fascination : lions, tigres, ours et loups peuplent notre imaginaire.

Répartition géographique. Les carnivores ont colonisé tous les continents, des régions polaires les plus froides aux zones désertiques et aux forêts équatoriales. L'homme a même introduit certaines espèces dans des régions où elles étaient absentes.

Cette diversité d'habitat met en évidence la formidable capacité d'adaptation des carnivores. Mais celle-ci n'est pas sans limites et la destruction de certains milieux naturels entraîne une fragilité des espèces, dont plusieurs sont déjà en voie de disparition.

Particularités anatomiques. Les carnivores se caractérisent par la présence de dents spécialisées, dont le rôle est de déchiqueter la chair des proies, les dents carnassières (ces dents correspondent aux dernières prémolaires supérieures et aux premières molaires inférieures). Toutefois, la formule primitive de la denture s'est fortement modifiée et réduite en fonction du régime carnassier.

Modes de vie. En dépit de leur nom, les carnivores exclusifs sont peu nombreux, la plupart des espèces ayant opté pour un régime omnivore. Il existe même des carnivores devenus strictement végétariens !

Dans la quête pour la nourriture, l'olfaction est le sens principal chez la plupart des carnivores ; elle est cependant moins importante chez les félidés (chats, lions, panthères...), dont les mœurs diurnes privilégient nettement la vision au cours de la chasse.

La chasse des proies, technique élaborée, concerne un seul individu ou tout un groupe. Cette coopération dans la chasse peut se prolonger dans le mode de vie qui devient social, l'ordre étant maintenu grâce à des règles hiérarchiques strictes. Cette vie en groupe nécessite une reconnaissance individuelle. L'urine, les fèces et la présence de glandes à sécrétion fortement odorante individualisent l'animal et les limites de son territoire. Ce dernier peut être relativement petit (0,5 km^2 chez le coati) ou extrêmement grand et non défendu (1 500 km^2 chez le lycaon par exemple).

Reproduction. Chez les carnivores, la reproduction révèle aussi une grande diversité. L'ours noir, par exemple, donne naissance à un jeune tous les cinq ans, alors que la mangouste naine met bas trois fois par an avec huit jeunes à chaque portée.

Certains carnivores (appartenant aux familles des mustélidés et des ursidés) présentent un développement embryonnaire décalé (on parle alors d'« ovo-implantation différée ») qui permet aux jeunes, nés dès le début du printemps, d'aborder dans de meilleures conditions leur premier hiver.

A

B

A. B. **LOCOMOTION**

Elle définit cinq catégories de carnivores. Le *marcheur* (type ours) a des membres non spécialisés et est généralement plantigrade (marche sur la plante des pieds). Le *coureur* (comme ce guépard [A]) est digitigrade (marche sur les doigts). Les membres sont longs et adaptés à la course. Le *fouisseur* (type blaireau) a des membres courts spécialisés dans le creusage. Le *grimpeur* (type kinkajou) est digitigrade des pattes avant. La queue est souvent préhensile. Le *nageur* (comme cette loutre [B]) montre des adaptations allant de la simple présence de palmures à la spécialisation des membres postérieurs.

D E F

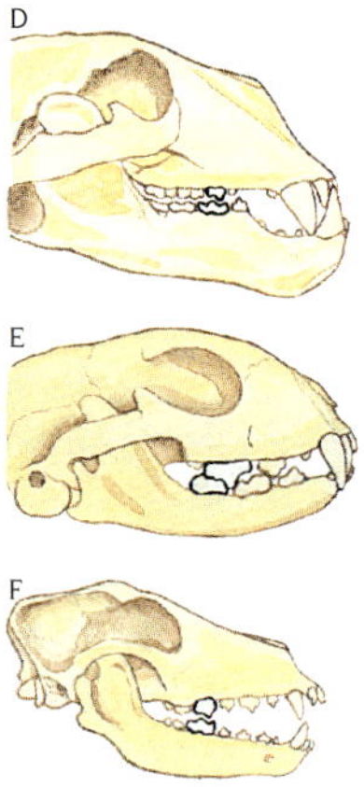

D. E. F. **RÉGIME ET DENTS**

La formule dentaire de base des carnivores accuse de fortes variations en fonction du régime alimentaire. Ainsi, seules les espèces vraiment prédatrices comme l'ours (D) ou le tigre (E) ont gardé des crocs et des carnassières bien développés. Chez les espèces plus omnivores comme le chien (F), voire devenues végétariennes, les canines sont moins proéminentes et les prémolaires et molaires, réduites, forment une large surface broyeuse.

C

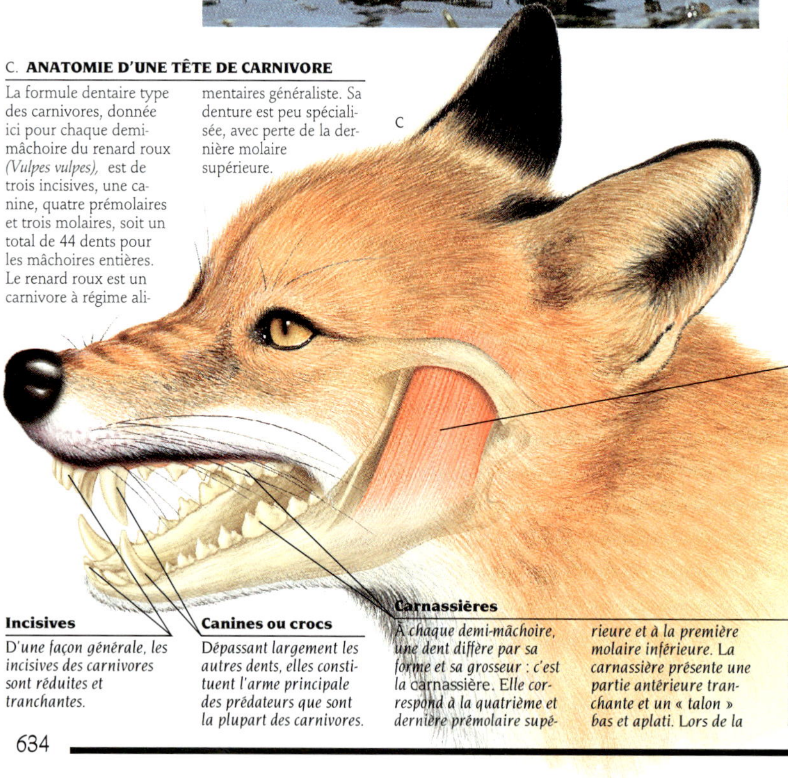

C. **ANATOMIE D'UNE TÊTE DE CARNIVORE**

La formule dentaire type des carnivores, donnée ici pour chaque demi-mâchoire du renard roux *(Vulpes vulpes)*, est de trois incisives, une canine, quatre prémolaires et trois molaires, soit un total de 44 dents pour les mâchoires entières. Le renard roux est un carnivore à régime alimentaires généraliste. Sa denture est peu spécialisée, avec perte de la dernière molaire supérieure.

Muscles

Afin d'assurer une capture et un déchiquetage efficaces des proies, l'articulation de la mâchoire des carnivores, qui permet uniquement des mouvements verticaux, est dotée de puissants muscles. On voit ici la partie profonde du masséter, le plus puissant des muscles masticateurs, et, en haut, une portion du temporal, qui passe sous l'arcade zygomatique. Ces deux muscles rapprochent la mâchoire inférieure.

Incisives

D'une façon générale, les incisives des carnivores sont réduites et tranchantes.

Canines ou crocs

Dépassant largement les autres dents, elles constituent l'arme principale des prédateurs que sont la plupart des carnivores.

Carnassières

À chaque demi-mâchoire, une dent diffère par sa forme et sa grosseur : c'est la carnassière. Elle correspond à la quatrième et dernière prémolaire supérieure et à la première molaire inférieure. La carnassière présente une partie antérieure tranchante et un « talon » bas et aplati. Lors de la fermeture de la mâchoire, ces deux carnassières s'encastrent en glissant l'une sur l'autre et déchirent ainsi la chair des proies.

LES MANGOUSTES

FAMILLE DES HERPESTIDÉS

■ ON RENCONTRE la quarantaine d'espèces de la famille des mangoustes de l'Afrique à la Chine en passant par le sud-est du bassin méditerranéen et l'Inde. Leur taille varie entre 20 et 60 cm pour un poids de 0,3 à 5 kilos. Bas sur pattes, ces animaux possèdent de fortes griffes non rétractiles adaptées au fouissage. De plus, leur canal auditif peut se clore, empêchant la pénétration de sable lors des creusages.

Régime alimentaire et mode de vie. Espèces terrestres pour la plupart, les mangoustes peuplent des milieux très variés et ont un comportement social plus ou moins marqué.

Les espèces solitaires ont généralement un régime carné. C'est le cas de la mangouste à queue blanche *(Ichneumia albicauda),* hôte des régions forestières à sous-bois dense. De mœurs nocturnes, elle chasse souris, rats et autres petits mammifères.

Les espèces sociales comme les mangoustes naines (genre *Helogale*), la mangouste rayée *(Mungos mungo)* et le suricate *(Suricata suricata)* ont un régime insectivore. Généralement diurnes, elles ont développé un répertoire vocal très riche. Elles colonisent les milieux ouverts de type savane ou prairie. D'autres comme la mangouste des marais *(Atilax paludinosus)* ou la mangouste crabière *(Herpestes urva)* fréquentent les zones humides et possèdent un mode de vie amphibie. Elles s'alimentent de crustacés, de mollusques et de petits vertébrés aquatiques. Certaines espèces vont même jusqu'à côtoyer l'homme, qui les tolère pour le rôle d'exterminateur qu'elles opèrent sur les populations de rats, de scorpions et de serpents.

NAÎTRE AU BON MOMENT

Parmi les carnivores, plusieurs espèces appartenant à la famille des ursidés (ours) et des mustélidés (blaireau,...), notamment, présentent une spécialisation de leur cycle de reproduction : l'*ovo-implantation différée.*

Après le coït, le développement des œufs fécondés est bloqué. Cet arrêt (diapause embryonnaire) peut durer de quelques semaines à 320 jours (blaireau européen, loutre de mer) pendant lesquels les œufs restent libres dans le conduit utérin. Par la suite, ces œufs vont s'implanter dans la muqueuse utérine pour commencer véritablement leur nidation. Le développement de l'embryon est alors très rapide (de 27 à 53 jours). Ces mécanismes reproductifs sont synchronisés par les changements saisonniers de la durée du jour (photopériode). Avantages indéniables, ils permettent aux jeunes de naître dès le début du printemps et, ayant déjà acquis une certaine vigueur, d'aborder dans de meilleures conditions leur premier hiver.

A

A. **CASSER LES ŒUFS**

Les mangoustes, très friandes d'œufs d'autruche, ne peuvent en briser la coquille avec leurs mâchoires. Aussi se saisissent-elles de cailloux à l'aide de leurs pattes antérieures, pour les lancer sur les œufs dans un large mouvement de balancier.

B

B. **MANGOUSTE GRISE**

Face au cobra, cette mangouste grise *(Herpestes edwardsi)* ne doit sa survie qu'à une extrême rapidité de mouvement et à la résistance de sa peau. Sans être immunisée contre le venin, elle en supporte toutefois des doses importantes.

C

C. **SURICATES**

Comme la mangouste naine *(Helogale parvula),* ces suricates *(Suricata suricata)* présentent un comportement social élaboré, sous-tendu par une communication vocale développée. La sécurité de la colonie (environ 40 individus) est assurée par des sentinelles, véritables vigies du désert. À la tombée de la nuit, ils se réfugient dans un complexe de terriers, qu'ils partagent souvent avec les écureuils terrestres.

D

D. **MANGOUSTE RAYÉE**

Cette mangouste *(Mungos mungo)* apprécie beaucoup les termites et creuse même parfois son gîte au sommet de la termitière. Selon l'importance des disponibilités en nourriture, plusieurs familles peuvent y cohabiter. La mangouste mange parfois des petits rongeurs et des fruits.

E
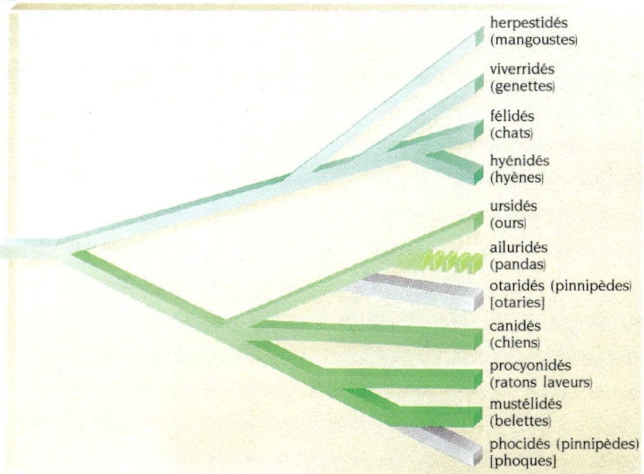

E. **ÉVOLUTION DES CARNIVORES**

Cet « arbre phylétique », qui montre l'évolution de deux groupes distincts de carnivores (en bleu et en vert), s'appuie sur de nouvelles clés de déterminations fondées sur les potentialités des carnivores à chasser et consommer leurs proies et à coloniser de nouveaux milieux. Il montre aussi la parenté entre les carnivores et les pinnipèdes (otariidés, phocidés), séparés dans la classification actuelle. Quant aux ailuridés (pandas), ils sont rattachés aux ursidés (ours).

F

F. **MANGOUSTE À QUEUE BLANCHE**

La coloration d'un gris noir de sa robe met en valeur la queue d'un blanc pur de la mangouste à queue blanche *(Ichneumia albicauda).* Avec ses 60 cm de long, c'est un des plus grands représentants de la famille des herpestidés.

LES CARNIVORES

CIVETTES ET GENETTES

FAMILLE DES VIVERRIDÉS

■ LES TRENTE-QUATRE ESPÈCES de cette famille peuplent des habitats très variés. Elles sont absentes du continent américain. L'ensemble des viverridés est un des plus anciens groupes de carnivores actuels. De ce fait, ses représentants possèdent de nombreux caractères primitifs.

Certains viverridés, comme le binturong *(Arctictis binturong),* sont les hôtes de forêts humides. Arboricole, cette espèce à queue préhensile a une prédilection pour les fruits mûrs. D'autres, telle la genette aquatique du Congo *(Osbornictis piscivora),* peuplent les zones marécageuses. Cette genette chasse avec succès poissons et amphibiens grâce à ses pattes palmées. Mais la majorité des viverridés sont terricoles (ils vivent à terre) ou semi-arboricoles et se nourrissent de petits mammifères et d'oiseaux. C'est le cas des civettes (genre *Viverra* et *Viverricula*), dont l'aire de répartition s'étend sur plusieurs continents.

Aujourd'hui présente en Espagne et en France, la genette commune *(Genetta genetta)* est l'unique viverridé en Europe.

B

B. **CHAT SERVAL**

De longues pattes, un corps élancé, une petite tête surmontée de deux grandes oreilles font du serval *(Leptailurus serval)* un félidé d'une élégance rare. Il est principalement nocturne et se déplace aussi bien en milieu ouvert qu'en forêt humide à la recherche de petites proies variées.

CHATS, LYNX, PANTHÈRES, LIONS...

FAMILLE DES FÉLIDÉS

■ DOTÉS D'UNE MUSCULATURE PUISSANTE et d'une grande agilité, les félidés sont des chasseurs. Leur denture est particulièrement adaptée au régime carné. En majorité solitaires et territoriaux, ils peuplent le monde entier (sauf l'Australie et Madagascar), leur aire de répartition étant cependant totalement dépendante des disponibilités alimentaires du milieu.

Les lynx. Ils se reconnaissent au pinceau de poil qui termine leurs oreilles. Ce sont le lynx roux *(Lynx rufus),* carnivore opportuniste d'Amérique du Nord, le caracal *(L. caracal)* des savanes et déserts d'Afrique et d'Asie, et le lynx européen *(L. lynx),* dont la sous-espèce *pardinus* peuple les forêts espagnoles.

A

A. **TIGRE DE SIBÉRIE**

Le tigre (ici, la variété de Sibérie, *Panthera tigris altaica*) est le plus grand des félins. Présent uniquement en Asie, cette espèce, en voie de disparition, fréquente les milieux à couvert végétal dense. Il se nourrit de proies très variées qu'il chasse à l'affût, ne s'imposant que de courtes poursuites. La gestation dure environ trois mois et demi et la tigresse donne naissance à 5 ou 6 petits.

Les « chats ». Outre le chat domestique *(Felis libyca domestica),* le genre *Felis* comprend vingt-cinq espèces représentées en Afrique et en Eurasie par des « chats » de petite taille. Sur le continent américain, le plus grand, le puma, ou couguar *(F. concolor),* côtoie l'ocelot *(F. pardalis)* et le jaguarondi *(F. yagouaroundi).*

Les « panthères ». Le genre *Panthera* regroupe les plus grands félins. Ses quatre représentants sont : la panthère, ou léopard *(Panthera pardus),* d'Afrique et d'Asie méridionale (panthère noire) ; le jaguar *(P. onca),* habitant des zones humides d'Amérique centrale où il se nourrit, à l'occasion, de poissons et de caïmans ; le tigre *(P. tigris),* présent dans tous les milieux à couvert végétal dense d'Asie, et le lion *(P. leo),* dont le mâle promène sa crinière majestueuse en Afrique et dans le Sud-Ouest asiatique.

Ces espèces possèdent un os hyoïde (situé au-dessus du larynx) incomplètement ossifié. Cette particularité leur permet de rugir.

Le guépard *(Acinonyx jubatus)* a une morphologie haut sur pattes et un mode de chasse à la course qui le différencient des autres félins. Il ne subsiste aujourd'hui que dans les grandes réserves d'Afrique orientale.

LE POUVOIR DE L'ODEUR

Chez les carnivores, les informations entre les individus d'une même espèce transitent surtout par les odeurs. Les carnivores sont équipés d'une très grande variété d'organes odoriférants (sac anal, tissu glandulaire, glandes ventrales...). De plus, ils utilisent pleinement les possibilités olfactives apportées par leur urine et leurs fèces. Par exemple, la genette commune *(Genetta genetta),* représentée ici, réalise de véritables amas de crottes.

Ces odeurs permettent l'identification de l'individu, balisent son territoire et déterminent son rang social. Mais elles permettent également aux mâles de détecter, chez les femelles, la période de fécondité.

C

C. **CHAT SAUVAGE**

Cet animal possède une aire de répartition étendue. Il peuple des habitats très variés et se nourrit de rongeurs et d'oiseaux. Territorial, le chat sauvage *(Felis sylvestris)* marque son « domaine » en urinant et en déposant des fèces dans des lieux bien en vue. Fréquemment confondu avec le chat haret (chat domestique retourné à l'état sauvage), il en est un lointain cousin. En effet, une de ses sous-espèces, le chat ganté *(Felis sylvestris libyca),* est considérée comme l'ancêtre de toutes les races domestiques *(Felis [libyca] domestica).*

D

D. **LIONNE ET LIONCEAUX**

Le lion *(Panthera leo)* fréquente les milieux ouverts (savane), où il vit en groupes familiaux composés d'un mâle adulte, et de plusieurs femelles avec leurs jeunes. Le mâle défend férocement son territoire et signale sa présence par de terribles rugissements. La chasse est assurée par les femelles qui adoptent des stratégies élaborées. Dès trois mois, les lionceaux accompagnent leurs mères dans cette activité.

PROTÈLE ET HYÈNES

FAMILLE DES HYÉNIDÉS

■ AVEC SEULEMENT QUATRE ESPÈCES, cette famille est la plus petite parmi celles des carnivores.

Le protèle *(Proteles cristatus)* vit dans les zones arides du sud-est de l'Afrique. Il possède un pelage rayé et des pattes fines. C'est un animal nocturne. Avec sa denture réduite, il se nourrit d'insectes et exceptionnellement de petits mammifères, d'oiseaux et de leurs œufs.

Les trois autres espèces sont les hyènes (sous-famille des hyéninés). D'aspect trapu, elles possèdent des membres antérieurs plus longs que les postérieurs, ce qui leur confère une démarche caractéristique (leur arrière-train étant surbaissé). Leur crinière est épaisse et leur fourrure fauve est marquée de brun. Les membres possèdent quatre doigts à griffes non rétractiles. Leurs mâchoires, très puissantes, sont capables de broyer les os les plus durs. Les hyènes ne limitent pas leur recherche de nourriture aux charognes, mais chassent, seules ou en petits groupes, des petites gazelles ou de grands ongulés. Les mâles sont les seuls carnivores à ne pas posséder d'os dans le pénis.

PROIE OU CHAROGNE ?

Dans le sud du Kalahari, la hyène tachetée *(Crocuta crocuta)* vit au même endroit que la hyène brune *(Hyaena brunnea)*. Cette cohabitation stable découle de comportements différents tant du point de vue social que du point de vue alimentaire. En effet, les hyènes brunes s'alimentent principalement sur des charognes, la recherche de nourriture étant le fait d'individus solitaires. Les hyènes tachetées forment, en revanche, des groupes de trois à quinze individus qui, la nuit, traquent les grands herbivores. Elles ne délaissent pas pour autant les charognes, seul objet de compétition entre ces deux espèces. Ainsi, deux espèces de carnivores vivent sur le même territoire, chacune s'étant spécialisée (ce qui permet de dire que leurs niches écologiques sont différentes).

F

F. PANDA GÉANT

Devenu l'un des symboles de la protection de la nature, ce panda *(Ailuropoda melanoleuca)* survit à l'est du plateau tibétain. Quatorze heures par jour en moyenne, il collecte, prépare et mange une grande quantité de bambous (de l'espèce *Fargesia scabrida*), dont il ne retire qu'un faible pourcentage d'éléments nutritifs. Il est doté d'un « pouce » (excroissance d'un os du poignet), sixième doigt pour saisir les bambous, et de dents « carnassières » larges et plates pour les broyer. Le panda est bien classé parmi les carnivores, en dépit de ce régime strict. Cependant, il peut exceptionnellement consommer d'autres aliments.

OURS ET PANDAS

FAMILLE DES URSIDÉS

■ LES OURS forment une famille très homogène d'une dizaine d'espèces répandues dans tout l'hémisphère Nord, excepté en Afrique. Seul au sud de l'équateur, l'ours à lunettes *(Tremarctos ornatus)* colonise la région des Andes, où il se nourrit des fruits du palmier et du cactus.

C'est parmi les ours que l'on rencontre le plus imposant des carnivores terrestres : l'ours blanc, ou ours polaire, 700 kg et 2,50 m, qui vit sur les banquises de l'extrême nord de l'Arctique. D'autres espèces plus modestes comme l'ours malais *(Helarctos malayanus)* ou l'ours lippu *(Melursus ursinus)* fréquentent les forêts du Sri Lanka et de l'Inde, se nourrissant d'insectes (fourmis, termites) et de fruits.

L'ours brun *(Ursus arctos)* possède une aire de répartition très vaste, de l'Asie à l'Europe, où il ne reste que quelques populations résiduelles fortement menacées. Il est aussi présent sur le continent américain (nord-canadien et Alaska) avec deux sous-espèces, le grizzli et le kodiak. L'ours noir *(Ursus americanus)*, plus petit, est l'attraction des parcs nationaux aux États-Unis.

Avec ses allures de raton laveur, son pelage d'un roux flamboyant, le petit panda *(Ailurus fulgens)* est très différent du panda géant, ou « grand panda » *(Ailuropoda melanoleuca)*. Ils occupent cependant le même habitat et ont tous deux un régime végétarien. Ces deux espèces sont rattachées à la famille des ursidés.

A

A. PROTÈLE

Le protèle *(Proteles cristatus)* fréquente les milieux arides d'Afrique méridionale. Son museau, assez pointu, cache une denture atrophiée. Son régime alimentaire est presque exclusivement constitué de termites, qu'il capture avec sa longue langue gluante.

D

D. OURS NOIR

Cet ours *(Ursus americanus)*, ou baribal, peuple les forêts d'Amérique du Nord. Excellent grimpeur, il s'alimente de fruits et d'insectes mais aussi de charognes. Il fréquente parfois le voisinage des cours d'eau.

B

C

B. C. HYÈNES

La hyène rayée *(Hyaena hyaena)* [B] est répandue de l'Afrique du Nord au sud-ouest de l'Asie. Elle diffère par la robe de la hyène tachetée *(Crocuta crocuta)* [C] qui, plus imposante, n'est présente qu'au sud du Sahara.

E

E. OURS BRUN

Après avoir engraissé pendant l'automne, l'ours brun *(Ursus arctos)* se retire dans sa tanière et entre en léthargie. Au cours de son sommeil hivernal, l'ours ne boit pas, ne mange pas, mais utilise ses réserves graisseuses comme source d'énergie et d'eau. Malgré son état de somnolence et sa posture en « boule », il est à tout moment capable de se déplacer s'il est dérangé.

G

G. OURS BLANC

L'ours polaire *(Ursus maritimus)*, appelé aussi « ours blanc », se nourrit pour l'essentiel de poissons, de phoques et de jeunes morses. Doté d'une vue perçante et d'un odorat d'une grande sensibilité, il localise ses proies à de grandes distances. Excellent nageur, l'ours blanc traque les phoques et les bancs de poissons.

LES CARNIVORES

RATONS LAVEURS...

FAMILLE DES PROCYONIDÉS

■ CETTE FAMILLE, originaire du continent américain, compte une vingtaine d'espèces de petite taille (leur poids varie de 1 à 25 kg). Leurs longs membres postérieurs sont munis de cinq doigts à griffes robustes tandis que les pattes antérieures, plus courtes, sont dotées d'une grande sensibilité tactile.

La plupart des procyonidés ont une alimentation typiquement carnivore. Certains, comme l'olingo *(Bassaricyon gabbii)* ou le kinkajou, ont adopté un régime frugivore et présentent une denture où les dents carnassières sont peu développées et les molaires, aplaties.

Le plus connu des procyonidés est sans doute le raton laveur, dont l'aire de répartition s'étend du sud du Canada à l'Amérique centrale. Ses extraordinaires capacités d'adaptation lui permettent de coloniser tous les types de milieux jusqu'aux décharges publiques. Cet animal joue malheureusement, en Amérique, un rôle important dans la transmission de la rage. Introduit sur le continent européen, il est aujourd'hui commun en Europe centrale.

LOUPS, RENARDS...

FAMILLE DES CANIDÉS

■ COUREURS RAPIDES ET RÉSISTANTS, les canidés montrent une grande homogénéité morphologique. Le corps élancé, au ventre rentré, possède une forte musculature. Les membres sont longs, les pattes munies de cinq doigts à l'avant (sauf chez le lycaon) et quatre à l'arrière.

Leur denture, à l'exception des molaires supérieures, est celle d'un carnivore typique. À côté de petites incisives et de crocs saillants, les carnassières, tranchantes, précèdent des molaires à couronne large. À part le lycaon *(Lycaon pictus)* et le dhole *(Cuon alpinus),* strictement carnivores, les canidés sont des omnivores dont le régime alimentaire varie selon la saison.

Répartition géographique. Présentes dans le monde entier, des régions arctiques à l'équateur, les 35 espèces de canidés qui se répartissent aujourd'hui à la surface du globe montrent de remarquables adaptations. L'aire la plus vaste est occupée par le renard commun *(Vulpes vulpes),* qui peuple l'Eurasie, l'Amérique du Nord et l'Afrique septentrionale.

Modes de vie. Actifs toute l'année à l'exception du chien viverrin, les canidés ont une activité diurne ou crépusculaire. Solitaire, le renard chasse des proies de petite taille et se nourrit aussi de baies et de végétaux. Mais tous les canidés ne sont pas solitaires. Les représentants du genre *Canis,* en particulier, montrent des structures sociales parmi les plus élaborées de tous les vertébrés. Les relations entre congénères, notamment chez le loup *(C. lupus),* le chacal *(C. aureus)* et le coyote *(C. latrans),* permettent une chasse collective de proies de grande taille et peuvent être mises en jeu pour la défense (cas des lycaons). La communication entre les individus est assurée par un répertoire de comportements et aboutit à la mise en place d'un ordre hiérarchique. Cette sociabilité est à l'origine de la domestication des ancêtres loups du chien domestique *(C. familiaris),* dont on a fait aujourd'hui de nombreuses races.

A

A. **FENNEC**

Fennecus zerda, le plus petit des canidés, pèse moins de 1,5 kg. La longueur de ses oreilles (jusqu'à 15 cm) dépasse celle de la tête. Elles permettent au fennec de localiser ses proies la nuit.

B

B. **COATI**

Appartenant à la famille des procyonidés, le coati brun *(Nasua narica)* est omnivore. De ses pattes antérieures munies de griffes puissantes, il laboure le sol. Son long nez très mobile lui permet d'en explorer les excavations à la recherche d'insectes et de racines.

F

F. **KINKAJOU**

Exclusivement arboricole et nocturne, le kinkajou *(Potos flavus)* possède une longue queue préhensile, recouverte d'un pelage court et épais. Il s'en sert comme d'un « balancier » lorsqu'il passe d'une branche à l'autre. Bien qu'il appartienne à l'ordre des carnivores, cet animal possède un régime alimentaire exclusivement frugivore.

C. **LYCAON**

Ce canidé africain *(Lycaon pictus)* vit en groupes hiérarchisés d'une dizaine d'individus. Quand un couple est formé, le mâle cherche à superposer ses marques à celles de sa partenaire. Parfois, une acrobatie lui permet d'uriner en même temps et sur la même touffe d'herbe que la femelle : il l'enjambe en se dressant sur ses pattes de devant.

C

E

D

D. E. **LOUP**

Le loup *(Canis lupus)* [D] vit généralement en bandes régies par un ordre social complexe dans lequel la communication par mimiques (ici [E] l'agressivité) et par postures est importante. Après la mise bas de la louve dominante, tous les membres du groupe participent à l'élevage des louveteaux. Ceux-ci, à travers le jeu, développent très tôt les comportements de base indispensables à leur survie et s'intègrent progressivement à la meute en apprenant à respecter la hiérarchie qui y règne.

G

G. **RATON LAVEUR**

De ses doigts d'une grande sensibilité, le raton laveur *(Procyon lotor)* fourrage sous les cailloux et la végétation des rives des cours d'eau. Cette technique lui permet d'identifier, au toucher, les invertébrés aquatiques dont il se nourrit. En captivité, le raton laveur met en œuvre ce comportement inné en plongeant dans l'eau, avant de les manger, tous les aliments qu'on lui offre.

H

H. **RENARD POLAIRE**

Actif toute l'année, ce renard, appelé aussi « renard bleu » ou « isatis » *(Alopex lagopus),* vit exclusivement dans les régions arctiques. La couleur de sa fourrure varie selon les saisons. Châtain foncé et gris argenté au printemps, le poil blanchit lors de la mue. Celle-ci débute toujours par la queue puis le dos. En hiver, sa fourrure au poil plus long est gris bleuté ou blanche.

BELETTES ET BLAIREAUX

FAMILLE DES MUSTÉLIDÉS

■ AVEC SOIXANTE-TROIS ESPÈCES, les mustélidés constituent une des principales familles de carnivores. On distingue quatre sous-familles :

– les *mustélinés*, qui comptent 33 petites espèces, comme la belette *(Mustela nivalis)* et l'hermine *(M. erminea)*. Ils ont une alimentation strictement carnée. Les martres (genre *Martes*), les putois *(Mustela putorius)* et leur forme albinos domestique, le furet, ainsi que le vison (*Mustela lutreola* en Europe et *M. vison* en Amérique du Nord) ont un régime plus omnivore. Aimant le miel, le ratel *(Mellivora capensis)*, plus proche des blaireaux, forme pour certains une autre sous-famille, celle des *mellivorinés*) ;

– les blaireaux, qui forment la sous-famille des *mélinés*, s'alimentent principalement de végétaux, de vers de terre, d'insectes et de petits rongeurs. Seul le blaireau commun *(Meles meles)*, présent dans toute l'Eurasie, vit en clans, où plusieurs groupes familiaux utilisent comme gîte le même réseau de galeries ;

– les *lutrinés*, sous-famille des loutres, qui ont un mode de vie amphibie et un régime alimentaire surtout à base de poissons. À l'exception de la loutre de mer *(Enhydra lutris)*, qui est un animal exclusivement marin, les loutres chassent également sur la terre ferme ;

– les moufettes, enfin, qui forment le groupe des *méphitinés*. On les rencontre uniquement sur le continent nord-américain. Elles se caractérisent par une robe striée blanc et noir. Leurs glandes anales, très développées, sont utilisées comme arme de défense.

Répartition géographique. Les mustélidés forment un groupe de carnivores vaste et hétérogène dont la variabilité adaptative a permis une colonisation des milieux les plus divers. Ils ont des représentants partout, à l'exception de l'Antarctique, de Madagascar et de la plupart des îles océaniques.

Anatomie. Le corps, généralement mince et allongé, a une longueur comprise entre 13 cm (belette naine, le plus petit des carnivores) et 190 cm (loutre géante). Les membres, courts, sont munis de cinq doigts à griffes non rétractiles. Les mâchoires sont puissantes et la denture, plus ou moins spécialisée selon les genres, comprend de 28 à 38 dents.

Modes de vie. En dehors du blaireau commun, les mustélidés sont des animaux solitaires. De plus, la plupart délimitent des territoires. La superficie de l'aire défendue varie en fonction de l'espèce, des disponibilités alimentaires, de la saison mais aussi du sexe, les femelles ayant un territoire plus restreint que les mâles. Ces derniers peuvent ainsi s'accoupler avec plusieurs femelles présentes sur leur propre territoire. Chez beaucoup d'espèces de mustélidés, comme chez d'autres carnivores, le développement du fœtus commence bien après la fécondation de l'ovule (ovo-implantation différée).

B

B. **MARTRE**

Cette martre commune *(Martes martes)*, d'Europe et d'Asie Mineure, mange les proies les plus abondantes sur son domaine vital et les plus faciles à capturer. Son régime estival est constitué à plus de 80 p. 100 de fruits. Le genre *Martes* comprend aussi la fouine et la zibeline.

A

A. **HERMINE**

L'hermine *(Mustela erminea)*, ici en pelage d'hiver, se rencontre dans les régions périarctiques. Elle se caractérise par un pinceau de poils noirs au bout de la queue. Le mâle peut être deux fois plus gros que la femelle. Sa taille peut atteindre 40 cm. Cette adaptation serait liée à l'exploitation différente des ressources alimentaires par les deux sexes.

D. **BLAIREAU D'EUROPE**

La tête blanche du blaireau eurasien *(Meles meles)* est colorée par deux bandes latérales noires qui passent au niveau des yeux et des oreilles. Il vit préférentiellement en milieu boisé, en clans constitués de plusieurs groupes familiaux.

D

C

C. **BLAIREAU D'AMÉRIQUE**

Le blaireau américain *(Taxidea taxus)*, plus petit que son cousin européen, arbore un pelage variable du gris au roussâtre. Son court museau est orné d'une étroite bande blanche qui s'étend des yeux jusque derrière la tête. Redoutable fouisseur, il vit solitaire en milieu ouvert.

E

E. **GLOUTON**

Avec une aire de répartition très nordique (Europe, Asie, Amérique), le glouton *(Gulo gulo)* présente un aspect trapu avec des membres robustes et de larges pattes. Son régime alimentaire, très varié, en fait un omnivore. Toutefois, en hiver, il montre une prédilection pour les carcasses d'animaux et les charognes qu'il a parfois enterrées lui-même en période d'abondance.

F

F. **MOUFETTE**

La moufette commune *(Mephitis mephitis)* arbore ses bandes blanches et noires sur le dos depuis le Mexique jusqu'au nord du Canada. Elle possède des glandes anales bien développés qui, à l'occasion, font office d'arme de défense en projetant vers l'intrus et avec une grande précision le liquide nauséabond qu'elles contiennent.

G

H

G. H. **LOUTRES**

À peu près tous les carnivores sont d'excellents nageurs mais, seules, les loutres sont strictement liées au milieu aquatique. Aux poissons de la loutre de rivière (G), la loutre de mer (H) préfère les mollusques et les crustacés, qu'elle déguste en nageant sur le dos.

LES CHAUVES-SOURIS

Les mammifères les mieux adaptés au vol sont, sans conteste, les chauves-souris, appelées aussi *chiroptères.* On les rencontre sur tous les continents. Dans les régions tempérées froides, les chauves-souris hibernent pendant la mauvaise saison.

Le vol. Il est pratiqué grâce à un repli de peau, ou *patagium,* tendu entre les membres antérieurs et les chevilles, qui inclut fréquemment la queue.

D'autres mammifères possèdent aussi un patagium, qui leur permet d'effectuer des vols planés (comme les écureuils volants), mais, chez les chauves-souris, de patagium est soutenu par quatre doigts très allongés, ce qui leur permet d'effectuer, exactement comme les oiseaux, des vols battus.

Caractères particuliers. Les chauves-souris ont les doigts des pieds et le doigt libre de la main armés de griffes ou d'ongles, utilisés pour leurs déplacements au sol ou sur un support. La majorité des chauves-souris sont nocturnes et se nourrissent d'insectes. Leur taille est petite, entre celle de la souris et celle du rat, à l'exception des roussettes, ou « renards volants », dont l'envergure tout à fait exceptionnelle peut facilement dépasser 1,40 mètre.

Chez toutes les chauves-souris, la femelle, pourvue d'une seule paire de mamelles en position pectorale, n'a qu'un petit à la fois.

Classification. On divise l'ordre des chiroptères en deux sous-ordres. Cette division serait liée soit à des origines distinctes, soit à des différences d'évolution pour une origine commune.

Les *mégachiroptères* (170 espèces, famille des ptéropidés), dont les plus grands exemplaires sont les roussettes, se sont adaptés à un régime strictement frugivore.

Les *microchiroptères* (800 espèces réparties en 15 familles) sont surtout insectivores, mais certaines espèces ont un régime alimentaire frugivore, nectarivore ou piscivore (se nourrissant de poissons). Les vampires, quant à eux, sont hématophages (se nourrissant de sang). En dépit de leur nom, les microchiroptères ne sont pas tous de petite taille et certains possèdent une envergure avoisinant les 70 cm.

Régulation de la température. Dans les pays tempérés, les chauves-souris (comme le grand murin, *Myotis myotis*) sont confrontées à un problème d'économie d'énergie. En effet, leurs ailes, même repliées, sont une cause de perte de chaleur. L'animal lutte contre cette déperdition en se nourrissant abondamment et en abaissant sa propre température pour diminuer les pertes par radiation : le jour, quand les chauves-souris se réfugient dans les grottes, greniers ou arbres creux, elles vivent au ralenti. Leur température corporelle peut alors chuter de 20 °C. Cette léthargie est renouvelée quotidiennement pendant la saison chaude.

L'hiver, les chauves-souris migrent vers une région plus chaude ou hibernent dans un lieu très humide, vivant sur les réserves de graisses accumulées en été. On attribue la différence de longévité entre les souris (2 ans) et les chauves-souris (de 10 à 20 ans) à ces périodes de léthargie quotidienne et hivernale qui mettent l'organisme au repos en évitant ainsi toute fatigue favorisant le vieillissement.

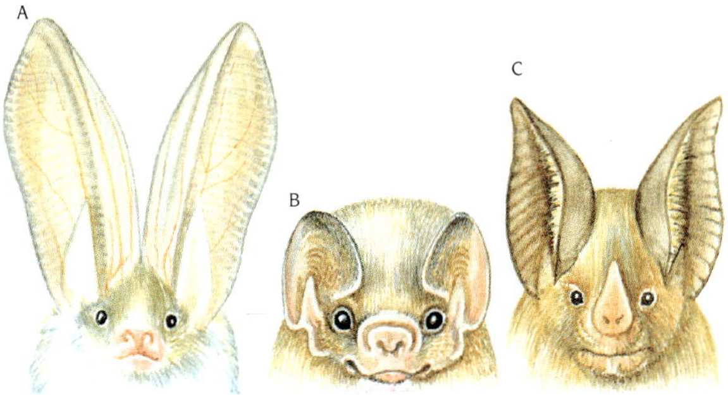

A. B. C. **OREILLES ET PAVILLONS**

L'écholocalisation sert aux chauves-souris, qui se nourrissent d'insectes, à détecter leurs proies ; elles ont, comme l'oreillard (A) et le macrote de Californie (C), de grands pavillons auditifs ; en revanche, cette faculté est moins importante pour le vampire (B), qui se nourrit du sang des gros mammifères.

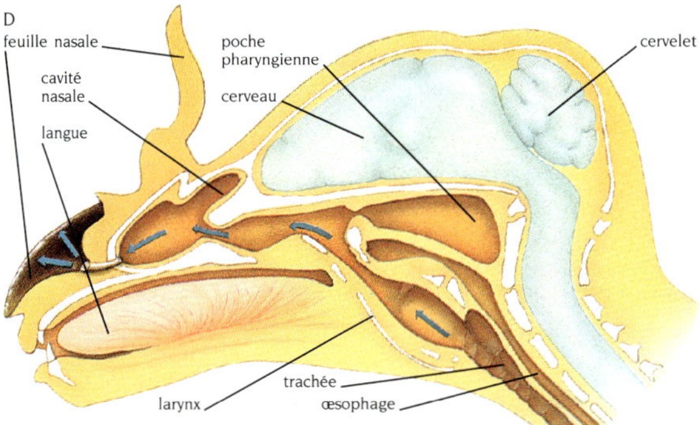

D. **ÉMISSION D'ULTRASONS**

Sur cette coupe de la tête d'un rhinolophe fer-à-cheval, on a figuré la voie qui conduit les vibrations ultrasonores du larynx vers la narine. On ignore le rôle exact de la bourse pharyngienne qui servirait peut-être, comme la cavité nasale, d'amplificateur. La feuille nasale focalise l'émission ultrasonore.

E. **MORPHOLOGIE**

Ce grand murin *(Myotis myotis)* est une chauve-souris insectivore. Les frugivores (comme les roussettes) ont une tête qui évoque plutôt un renard.

Griffe

Les chauves-souris se déplacent difficilement à terre. Les griffes de leurs pattes leur servent surtout à se suspendre, tête en bas, pendant les périodes de repos.

Doigt

Quatre des 5 doigts de la main sont fortement allongés et soutiennent le patagium ; le pouce porte une forte griffe.

Pavillon

Les ondes ultrasonores réfléchies par les proies ou les obstacles sont recueillies par les pavillons des oreilles. Les centres nerveux auditifs sont de grande taille.

Feuille nasale

Chez les espèces insectivores, la détection des proies se fait grâce aux cris ultrasonores, formés dans le larynx et focalisés par des replis de la face appelés « feuille nasale ».

Patagium

Appelé aussi membrane alaire, ce repli de peau, tendu entre les membres et la queue, sert au vol.

VOLER SANS VOIR

L'aptitude à voler dans l'obscurité malgré les obstacles représente une des facultés marquantes des chauves-souris. Si on perturbe l'audition de l'animal, ce dernier devient immédiatement incapable de réaliser cette performance. En effet, les chauves-souris, pour se diriger, émettent des ultrasons dont elles recueillent l'écho. Les modifications subies par l'onde permettent d'apprécier la distance par rapport à l'objet (on parle d'*écholocalisation*), mais aussi d'identifier l'objet. Émission et réception sonores ont entraîné des modifications anatomiques visibles autour des narines (feuilles nasales) et des oreilles (pavillons).

L'écholocalisation est surtout pratiquée par les chauves-souris insectivores du groupe des microchiroptères. Les mégachiroptères, frugivores, comme cette roussette à dos nu *(Dobsonia moluccensis),* se servent de leur odorat et de leur bonne vision nocturne.

LES ROUSSETTES

LES MÉGACHIROPTÈRES

■ CE N'EST PAS POUR LEUR TAILLE qu'on isole les mégachiroptères, ou roussettes, des autres chauves-souris (certaines sont petites), mais à cause d'un ensemble de caractères plus primitifs se rapportant au squelette.

Le régime frugivore des roussettes, composé de fruits très mûrs, entraîne la régression des dents (à l'exception des canines) et des muscles masticateurs. L'aile, bien que parfaitement adaptée au vol, est encore primitive : l'articulation humérus-omoplate est simple et les vertèbres ne sont pas soudées, comme chez les microchiroptères, ce qui permet un meilleur appui à l'aile et plus de force au vol battu. Le deuxième doigt de la main comporte, comme le premier, une griffe. La queue est courte ou absente.

Les roussettes vivent en Afrique et en Asie. Leur taille est comprise entre celle du kalong de Malaisie (*Pteropus vampyrus,* envergure : 1,50 m) et celle des macroglosses (envergure : 23 cm). Les mâles sont souvent plus grands que les femelles. La gestation dure quatre mois. La femelle n'a qu'un petit qu'elle allaite ensuite, accroché à sa poitrine. Le sevrage, extrêmement progressif, s'achève vers l'âge de huit mois.

Mode de vie. Les roussettes, bien que crépusculaires ou nocturnes, restent vigilantes pendant le jour pour se protéger des prédateurs. À demi somnolentes, accrochées tête en bas à un arbre, dans une grotte ou une maison abandonnée, elles attendent le soir pour entreprendre, en groupes plus ou moins denses, des vols parfois longs de plusieurs dizaines de kilomètres à la recherche de fruits mûrs.

Très voraces, les roussettes causent des dégâts dans les vergers, les jardins et particulièrement dans les plantations de bananiers.

UNE VIE DE GROUPE

La majorité des chauves-souris vivent en groupes et ne se dispersent que pour se nourrir. Dans les pays tropicaux, les roussettes (groupe des mégachiroptères) s'assemblent le jour sur des « arbres-dortoirs » et s'élancent au crépuscule en vols serrés vers les arbres aux fruits mûrs.

Les chauves-souris du groupe des microchiroptères se rassemblent dans des grottes ou dans d'autres lieux obscurs. Elles y sont parfois en si grand nombre (plusieurs centaines de milliers) que le sol est recouvert d'une épaisse couche d'excréments, ou *guano,* qu'on récoltait jadis comme engrais. Dans ces grottes, la promiscuité est telle que les chauves-souris se suspendent en grappes les unes aux autres. On constate souvent que les sexes s'isolent ; les femelles gestantes notamment se regroupent à part. Dans ces nurseries, les mères, quand elles ont abandonné leur petit pour aller chasser, allaitent indifféremment au retour le premier jeune qui se présente. Il arrive même que des espèces distinctes cohabitent, par exemple les murins (genre *Myotis*) et les minioptères (genre *Miniopterus*).

VAMPIRES, GLOSSOPHAGES,...

LES MICROCHIROPTÈRES

■ LES MOLAIRES de ces chauves-souris évoluées possèdent des pointes qui leur permettent de déchirer la carapace des insectes. Leur vol est plus efficace et plus rapide que celui des roussettes, grâce à la modification de l'humérus et à l'allongement du troisième doigt qui donne à l'aile une forme effilée.

Régime alimentaire. Les microchiroptères sont en général insectivores. Cependant, on connaît de nombreuses exceptions. *Lyroderma lyra* capture des insectes, mais y adjoint souvent des grenouilles, des lézards, de petits oiseaux et même d'autres chauves-souris. Certaines chauves-souris d'Amérique tropicale (famille des phyllostomatidés) se nourrissent de bananes qu'elles savent éplucher ou absorbent insectes et fruits (rhinolophes des Grandes Antilles).

Les glossophages (famille des glossophagidés) se nourrissent de nectar et de pollen, asurant la pollinisation de plantes tropicales comme les baobabs ; leur langue et leur museau sont allongés pour mieux pénétrer dans la corolle et leur denture a régressé.

Les noctilionidés comme *Noctilio leporinus* d'Amérique tropicale capturent en vol rasant, avec leurs orteils bien développés, les poissons nageant en surface ; on prétend même qu'il leur arrive de les écoper avec leur patagium caudal.

Les plus spécialisées des chauves-souris, les vampires, qui se nourrissent du sang des mammifères, vivent sur le continent américain. De leurs incisives coupantes elles pratiquent une incision, en général sur une proie endormie (chevaux ou bétail). Leur salive anticoagulante permet à la plaie de saigner longtemps.

C

B

A

A. PETIT FER-À-CHEVAL

Ce rhinolophe *(Rhinolophus hipposideros)* d'une envergure de 35 cm, se reconnaît à sa feuille nasale complexe (qui évoque un peu un fer à cheval) et à son oreille sans repli externe (tragus). Peuplant tout l'ancien monde tropical et tempéré chaud, il vit en moyenne une quinzaine d'années.

B. C. VAMPIRE

Ce *Desmodus notundus* vit en Amérique du Sud. De ses incisives supérieures triangulaires et tranchantes (C), il s'attaque parfois à l'homme endormi, le saignant le plus souvent aux orteils. Il inflige surtout des saignées répétées au bétail. Cette chauve-souris de 8 cm (B) est un propagateur de la rage.

D

D. PIPISTRELLE

Pipistrellus pipistrellus est la plus commune et la plus petite des chauves-souris d'Europe (poids : 6 g). Elle n'a pas de feuille nasale. Dès le crépuscule, les pipistrelles sortent des arbres creux ou des greniers, qu'elles peuplent par centaines d'individus, pour chasser des insectes, épargnant ainsi les cultures de leurs atteintes.

E

E. SUR LE SOL

Bien qu'elles soient surtout agiles en vol, les chauves-souris peuvent se déplacer au sol, comme ce grand murin *(Myotis myotis).* Elles replient alors leur patagium et marchent à quatre pattes comme tous les mammifères. Toutefois, elles sont maladroites à cause de la grande taille de leurs bras et des griffes de leur pouce et de leurs pattes, par lesquelles elles se suspendent au plafond des grottes ou des greniers pendant le jour.

F

F. VOL DE ROUSSETTES

Les espèces du genre *Pteropus* sont les plus nombreuses et les plus grandes des roussettes. On les trouve dans toute la zone indo-pacifique : Madagascar, Asie du Sud-Est, Indo-Malaisie, Nouvelle-Guinée, Australie et quelques îles du Pacifique comme les Fidji et Samoa.

LES PRIMATES

Les primates doivent leur nom au naturaliste suédois Linné, qui en avait fait un ordre, y regroupant, dans son *Systema naturæ* (1758), l'homme, les singes, les makis, les chauves-souris et les paresseux. La conception de cet ordre a beaucoup varié depuis : certains en ont isolé l'homme pour des raisons sans rapport avec la zoologie, d'autres y ont adjoint des insectivores (rats à trompe et toupayes par exemple).

Les lémuriens, les singes et l'homme. On subdivise actuellement l'ordre des primates en deux groupes : les *prosimiens,* appelés aussi *lémuriens,* et les *simiens,* c'est-à-dire les *singes.* Chauves-souris, paresseux et insectivores en sont définitivement exclus.

Contrairement à l'usage, qui a longtemps prévalu, de créer un groupe à part (hominoïdes) pour l'homme, ce dernier est aujourd'hui classé parmi les simiens. Des études du patrimoine génétique ont d'ailleurs montré qu'il y a moins de différences entre l'homme et le chimpanzé qu'entre deux espèces de mouches drosophiles !

Les primates sont généralement plantigrades (marche sur la plante des pieds), arboricoles ou terrestres et bipèdes. Ils ont des ongles plats, un pouce et un gros orteil généralement opposables (quadrumanes), une denture complète, avec deux paires d'incisives coupantes et des crocs bien développés, sauf chez l'homme.

Caractères particuliers. Remarquables par leurs mamelles pectorales, les primates se caractérisent aussi par le grand développement de leur encéphale (ce sont les plus « encéphalisés » des mammifères, avec les éléphants et les dauphins). L'écorce cérébrale (néocortex) s'accroît en augmentant sa surface par des plissements ou en recouvrant d'autres structures encéphaliques (bulbes olfactifs, cervelet...). Ce développement a entraîné l'augmentation du volume du crâne et la régression du squelette de la face. Les yeux se trouvent orientés vers l'avant (et non sur le côté, comme chez les autres mammifères) et le recouvrement de leurs champs visuels droit et gauche permet une bonne évaluation des distances et une appréhension correcte du monde en trois dimensions.

Vision et alimentation. Si les lémuriens et certains simiens sont nocturnes comme leurs ancêtres insectivores, la majorité des primates sont diurnes : la vision des formes et des couleurs devient dominante, au détriment de l'odorat. Leur régime alimentaire est omnivore, avec cependant une dominance végétarienne.

Reproduction. Les primates ont, en général, des portées de un ou deux petits. Incapables de vivre de manière autonome à la naissance, les petits sont totalement dépendants de leurs parents. La période d'apprentissage est longue.

A

A. **MANDRILLS**

Le mandrill (*Papio sphinx ;* ici, un mâle adulte et un jeune), qui est le plus grand des babouins (85 cm), est végétarien et insectivore et vit dans la forêt humide d'Afrique équatoriale, du Cameroun au Zaïre. Les canines puissantes et les couleurs surprenantes du mâle sont dissuasives, même pour la panthère.

B

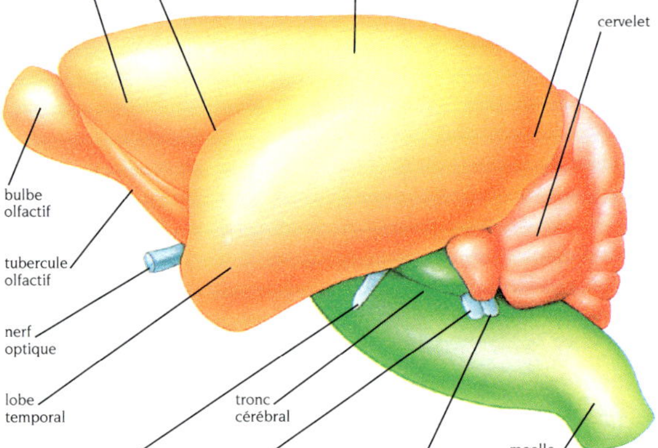

B. **ENCÉPHALE**

Cet encéphale de microcèbe *(Microcebus murinus)* est observé de côté (vue latérale). Ce lémurien de toute petite taille présente un cerveau sans circonvolutions (lissencéphale). Le lobe frontal recouvre en partie le bulbe olfactif, mais le cervelet est visible dorsalement. Le lobe temporal est une structure caractéristique de l'encéphale des primates.

C. **CLASSIFICATION**

La classification des primates a souvent varié depuis Linné. Dans le tableau ci-contre, nous n'avons pas présenté les toupayes, qui font la transition entre les insectivores et les prosimiens, et ne sont pas considérés comme de vrais primates.

C. **CLASSIFICATION DES PRIMATES**

Ordres et Sous-ordres	Familles	Exemples
Prosimiens ou lémuriens (lémuroïdes)		
Lémuriformes	Lémuridés	Lémur
	Indridés	Indri
Daubentoniiformes	Daubentoniidés	Aye-Aye
Lorisiformes	Lorisidés	Loris
	Galagidés	Galago
Tarsiiformes	Tarsiidés	Tarsier
Simiens ou singes (simioïdes)		
Platyrhiniens	Hapalidés	Ouistiti
	Cébidés	Capucin
Catarhiniens cynomorphes	Cercopithécidés	Cercopithèque
	Colobidés	Colobes
Catarhiniens anthropomorphes	Hylobatidés	Gibbon
	Pongidés	Chimpanzé
	Hominidés	Homme

E

D

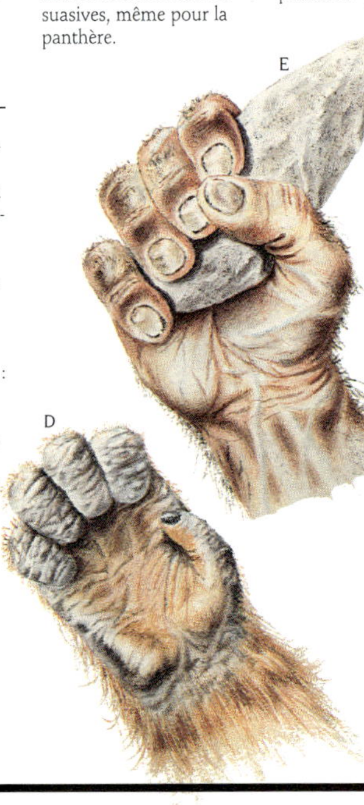

D. E. **MAINS**

Chez les simiens, les pouces sont devenus opposables aux autres doigts (ici [D], une main d'orang-outan), ce qui favorise la saisie d'objets, avec les mains mais aussi, dans une moindre mesure, avec les pieds : ce sont des « quadrumanes ».
L'homme fait exception : le caractère « pouce opposable » est accentué dans les mains (E), mais disparaît dans les pieds, réservés à la locomotion bipède.

F

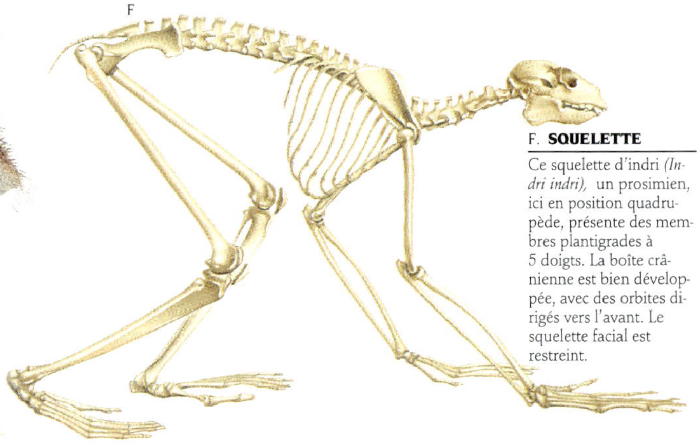

F. **SQUELETTE**

Ce squelette d'indri *(Indri indri),* un prosimien, ici en position quadrupède, présente des membres plantigrades à 5 doigts. La boîte crânienne est bien développée, avec des orbites dirigés vers l'avant. Le squelette facial est restreint.

LES LÉMURIENS

PROSIMIENS OU LÉMUROÏDES

■ CES ANIMAUX ARBORICOLES des forêts tropicales humides, frugivores ou omnivores, ont des mœurs nocturnes ou crépusculaires.

Répartition géographique. Les lémurs (sous-ordre des lémuriformes) et l'aye-aye (sous-ordre des daubentoniiformes) ne vivent qu'à Madagascar et aux Comores, où ils constituent les seuls exemples de mammifères arboricoles de ces îles. Les galagos (lorisiformes) et les tarsiers (tarsiiformes), en revanche, sont présents en Afrique tropicale et en Asie du Sud-Est. En fait, les ancêtres des lémuriens ont laissé des restes fossiles, dès le début de l'ère tertiaire (paléocène) tant en Europe qu'en Amérique du Nord.

Morphologie et anatomie. Le corps est mince, ce qui est rarement apparent tant la fourrure est longue et laineuse ; la face, nez excepté, est recouverte de poils. La queue, bien développée, peut accumuler des réserves de graisse avant la saison sèche.

La denture comporte au plus 38 dents. Les incisives et les canines inférieures forment une sorte de peigne caractéristique qui sert au toilettage de la fourrure. L'encéphale, sans circonvolutions, possède des centres olfactifs bien développés. Les yeux de grande taille et l'absence de vision en couleurs de ces animaux témoignent de leur mode de vie nocturne.

MI-LÉMURIEN MI-SINGE : LE TARSIER

Le tarsier spectre *(Tarsius spectrum)*, le plus petit (13 cm) des trois tarsiers des forêts d'Indo-Malaisie et des Philippines, vit à Célèbes. Il se nourrit d'insectes et de petits vertébrés (oiseaux, lézards, grenouilles...). Ses membres postérieurs adaptés au saut grâce à l'allongement des tarses, les pelotes élargies qui terminent ses doigts, ses yeux énormes d'animal nocturne, sa longue queue et son mode de vie arboricole le rapprochent des loris, mais d'autres caractères plus évolués expliquent qu'on l'ait jadis considéré comme un intermédiaire entre les lémuriens et les simiens (singes). En effet, comme chez les simiens, le crâne est globuleux, le squelette facial réduit et la lèvre supérieure indépendante de la gencive. Le placenta est expulsé lors de la mise bas ; l'os pénien, caractéristique des lémuriens mâles, a disparu et le clitoris des femelles est court. De plus, les femelles possèdent des règles régulières, comme celles des simiens.

Le sens auditif, très développé chez la plupart des espèces, est particulièrement aigu chez l'aye-aye qui détecte ainsi, sous l'écorce des arbres, les insectes dont il se nourrit. Les lémuriens possèdent des « moustaches », c'est-à-dire des vibrisses sensorielles, sur le visage, ainsi qu'à la face externe des avant-bras.

Régimes alimentaires. On distingue les lémuriens à dominance végétarienne, qui se nourrissent de fruits, feuilles et jeunes pousses (indris), de ceux qui sont davantage insectivores, comme les loris, les tarsiers, les chirogales, les hapalémurs et l'aye-aye, et enfin des lémurs à régime omnivore (makis), qui associent les insectes aux fruits et aux feuilles.

Reproduction. Le pénis des lémuriens, soutenu par un squelette osseux, est bifide à son extrémité chez les makis, ce qui rappelle l'organisation des marsupiaux. Les testicules sont contenus dans un scrotum postérieur au pénis. Le clitoris de la femelle, allongé mais grêle, possède également un soutien osseux.

L'activité sexuelle est saisonnière. Le placenta, non expulsé lors de la mise bas, représente une organisation d'échanges nutritifs, respiratoires et excréteurs entre mère et fœtus extrêmement primitive. Cependant, le placenta est irrigué par des vaisseaux allantoïdiens, ce qui est un signe d'évolution certain. La plupart des lémuriens, à part les galagos et microcèbes qui ont régulièrement des jumeaux, n'ont qu'un petit à chaque gestation.

A

A. **INDRI**

L'indri *(Indri indri)*, le plus grand lémurien malgache actuel (il mesure 75 cm), est le seul à être pratiquement dépourvu de queue. Il vit dans les forêts des hauts plateaux, parcourant la cime des arbres, au crépuscule et au petit matin, en poussant des cris stridents qui lui ont valu le nom malgache de « chien des forêts ». Comme les autres représentants de sa famille (indridés), il est végétarien et se nourrit de fruits, graines, feuilles et jeunes bourgeons.

B

B. **LORIS**

Le loris grêle *(Loris tardigradus)*, des forêts de Ceylan et du sud de l'Inde, comme le potto et l'arctocèbe d'Afrique ou le coucang indonésien, a des mouvements très lents. Il ne s'active qu'à la tombée du jour, à la recherche d'insectes et d'œufs d'oiseaux.

C

C. **CATTA**

À l'inverse des autres lémurs, le catta *(Lemur catta)* est diurne. On le reconnaît à sa longue queue annelée de noir et de fauve. Il se nourrit autant de fruits que d'insectes.

D

D. **GALAGO**

Les galagos *(ici Galago alleni)*, des forêts et des savanes arborées d'Afrique, sont adaptés au saut. On en connaît 6 espèces.

E

E. **AYE-AYE**

Ce lémurien *(Daubentonia madagascariensis)* a des incisives à croissance continue qui lui donnent un aspect de rongeur. Le doigt médian de sa main, long et grêle, et ses oreilles très développées en font un animal à nul autre pareil. Il introduit son long doigt sous les écorces pour en déloger les insectes. Les indigènes lui reprochent son goût pour les noix de coco, qu'il perfore de ses incisives pour en boire le contenu.

LES PRIMATES

Les singes, ou simiens, généralement arboricoles comme les lémuriens, ont aussi des représentants adaptés à la vie terrestre. Leur régime alimentaire est omnivore à prédominance végétarienne. La seule particularité de leur denture est la présence de crocs bien marqués chez les mâles (dimorphisme sexuel). Leur encéphale est plus développé que celui des lémuriens. Leur rétine, riche en cônes, indique une bonne vision des couleurs.

Les singes ne possèdent qu'une paire de mamelles pectorales. L'utérus est simple. Le placenta est expulsé avec le fœtus lors de la mise bas. Il y a un ou deux petits par portée. La séparation des Amériques, il y a 40 millions d'années, a entraîné l'évolution indépendante des « singes du Nouveau Monde » (platyrhiniens) en Amérique du Sud et des « singes de l'Ancien Monde » (catarhiniens) en Eurasie et en Afrique.

Les platyrhiniens possèdent une cloison nasale large et des narines latérales. Chez ces singes, le nombre de dents varie de 36 à 32 avec 3 prémolaires par demi-mâchoire.

Les catarhiniens possèdent une cloison nasale étroite et des narines tournées vers l'avant. Le nombre de dents est de 32 au plus avec 2 prémolaires par demi-mâchoire.

A. **TÊTE DE OUISTITI**

Le ouistiti à pinceaux *(Callithrix jacchus),* de la forêt amazonienne, doit son nom à la touffe de poils qui orne ses oreilles. Il se nourrit de fruits et d'insectes.

LES SINGES DU NOUVEAU MONDE

LES PLATYRHINIENS

■ Ces singes arboricoles progressent dans les arbres comme les écureuils ou se déplacent de branche en branche à l'aide de leurs longs bras (cette locomotion est appelée « brachiation »). Ils habitent la région néotropicale du Mexique au nord de l'Argentine, notamment la forêt centraméricaine, guyanaise et amazonienne.

Anatomie et morphologie. La queue, de grande taille, est préhensile chez les singes hurleurs (alouates), les atèles et quelques capucins ; la prise d'une branche avec la queue est assez puissante pour soutenir le poids du corps ; de plus, l'extrémité de la queue, qui comporte des organes tactiles, est un organe de manipulation considéré comme une « cinquième main ».

B

Les doigts portent des griffes (ouistiti) ou des ongles (capucin). Chez les mâles, la fourrure dense se différencie souvent en crinière, barbe ou favoris, autant de signes qui les distinguent des femelles. On dit alors que le dimorphisme sexuel est marqué. Les platyrhiniens ne possèdent ni callosités fessières ni abajoues.

Chez ces singes, surtout les capucins, le jeu des muscles faciaux leur permet d'exprimer leurs émotions : peur, agressivité, plaisir par des mimiques. L'encéphale, lisse chez les espèces de petite taille, se perfectionne : l'écorce cérébrale (néocortex) recouvre le cervelet vers l'arrière tandis que le lobe temporal s'accroît.

Classification. On subdivise les singes du Nouveau Monde en deux familles : celle des ouistitis (famille des hapalidés) et celle des sapajous (famille des cébidés). Tous ou presque sont diurnes et omnivores, mêlant dans leur régime alimentaire fleurs et bourgeons aux insectes et aux œufs d'oiseaux.

Les hapalidés, de petite taille, ont une fourrure épaisse et une queue longue mais jamais préhensile. Le pouce n'est pas opposable aux autres doigts. Ils se déplacent dans les arbres en s'aidant de leurs griffes. Les mâles possèdent un os dans le pénis (os pénien).

Les cébidés, plus grands que les ouistitis, ont les oreilles nues, une longue queue souvent préhensile et des ongles. Parmi les cébidés, chez les alouates et les atèles, qui pratiquent la brachiation, les membres s'allongent et la queue préhensile sert à la locomotion.

B. **DOUROUCOULIS**

Ces singes nocturnes *(Aotes trivirgatus)* doivent à leurs gros yeux leur autre nom de « singes-hiboux ». Présent au Panama et au Brésil, le douroucouli se nourrit de fruits, de lézards et d'œufs.

D

D. **SAPAJOU**

Ce singe-écureuil *(Saimiri sciureus),* dont le poids ne dépasse pas 500 g, vit en bandes nombreuses en forêt, se nourrissant d'insectes et de végétaux.

C

C. **ATÈLES**

Le singe-araignée *(Ateles geoffroyi),* un des plus grands singes d'Amérique (de l'Amazonie au Mexique), est celui qui est le mieux adapté à la vie arboricole. Par l'allongement de ses bras et la pratique de la brachiation, il rappelle les gibbons. Il vit essentiellement dans la canopée (sommet des arbres). Sa queue préhensile est parfois utilisée comme organe de capture pour saisir ses aliments. Il est surtout végétarien.

F

E. **OUAKARI**

L'ouakari rubicond *(Cacajao rubicundus)* se reconnaît à sa queue courte, à sa calvitie et à ses étranges couleurs (pelage roux, face rose), qui lui donnent un aspect surprenant. On ne le trouve qu'en haute Amazonie. Très agile en dépit de son apathie apparente, il effectue des bonds prodigieux dans les arbres. Il est strictement végétarien.

E

F. **CAPUCIN**

Le capucin, ou saï *(Cebus capucinus),* est l'un des plus vifs et des plus intelligents des singes du Nouveau Monde. Il vit dans les forêts, du Costa Rica au Brésil, en groupes hiérarchisés d'une douzaine de femelles et de jeunes placés sous l'autorité d'un vieux mâle.

LES SINGES DE L'ANCIEN MONDE

PRÉSENTATION DES CATARHINIENS

■ LES CATARHINIENS vivent en Afrique et en Asie. Une seule espèce, le magot de Gibraltar *(Macaca sylvanus),* vit en Europe.

Ces singes, dont la queue n'est jamais préhensile, ont un pouce opposable aux autres doigts et tous leurs doigts portent des ongles. La fourrure est souvent courte et clairsemée. La denture est celle d'animaux omnivores surtout végétariens. L'encéphale, de grande taille, comporte toujours des circonvolutions ; une région, le lobe temporal, est très marquée.

Classification. Les catarhiniens sont plus diversifiés que les platyrhiniens. Selon la locomotion on distingue les *cynomorphes,* arboricoles à locomotion classique, et les *anthropomorphes,* arboricoles se déplaçant par brachiation, c'est-à-dire avec les bras, (gibbon), ou terrestres et marcheurs (chimpanzé, homme).

Sexualité. Le cycle sexuel des catarhiniens est tout à fait caractéristique et proche de celui des grands singes, notamment par la présence chez la femelle de règles (menstrues), écoulement sanguin qui a lieu à la fin de chaque cycle œstrien, durant de deux à neuf jours suivant les espèces.

La peau de la région ano-génitale des femelles de nombreuses espèces évolue au cours de ce cycle. Pendant la période qui entoure l'ovulation, cette région se tuméfie et prend une coloration rougeâtre due aux vaisseaux sanguins, puis elle revient à la normale avant les règles.

L'activité sexuelle des mâles, comme celle des femelles, n'est pas saisonnière et s'étend de la puberté à la sénescence. Chez la femelle, cette activité cesse relativement tôt à l'âge adulte (phénomène de ménopause).

CERCOPITHÈQUES ET COLOBES

LES CATARHINIENS CYNOMORPHES

■ TOUS DE MŒURS DIURNES, ces singes ont la face allongée au point de former chez certaines espèces un museau comme celui du chien (d'où le nom de « cynomorphes »). Ils sont arboricoles (mais ne pratiquent pas la brachiation) ou terrestres et, dans ce cas, quadrupèdes et plantigrades. Des abajoues leur permettent d'accumuler la nourriture avant de la mâcher une fois qu'ils se sont mis à l'abri des prédateurs. Les mâles ont presque toujours un os pénien. La région ano-génitale, fortement épaissie (callosités fessières) et dépourvue de poils, subit, chez la femelle, une évolution liée au cycle menstruel.

Classification des cynomorphes. Ils comprennent deux familles : les *cercopithécidés,* essentiellement répandus en Afrique, et les *colobidés,* surtout en Asie.

Les cercopithécidés possèdent des abajoues (poches latérales à la mâchoire). On peut citer les cercopithèques proprement dits *(Cercopithecus),* les cercocèbes *(Cercocebus),* les macaques *(Macaca)* et les babouins *(Papio).*

Les colobidés sont pourvus d'un estomac à poches multiples particulièrement adapté à la digestion des végétaux, qui forment l'essentiel de leur régime alimentaire. Les principaux représentants sont les entelles *(Presbytis),* les nasiques *(Nasalis)* et les colobes *(Colobus).*

B

B. **COLOBE**

Le colobe, ou guéréza *(Colobus polykomos),* un des rares colobidés d'Afrique, est renommé pour son pelage noir et blanc, longtemps recherchée comme trophée par les indigènes.

A

A. **MANGABEY**

Le mangabey, ou cercocèbe *(Cercocebus torquatus),* au « maquillage » blanc et à la longue queue, vit dans la forêt équatoriale, de la Guinée à la Tanzanie. Les callosités fessières du mâle ont la forme d'un croissant.

C

C. **NASIQUES**

Nasalis larvatus (ici, une femelle et son petit) doit son nom à la forme de son nez, pointu chez les femelles et les jeunes, allongé en trompe chez les mâles. Cet animal pacifique des forêts de Bornéo est un végétarien strict.

D

D. **HAMADRYAS**

Ce babouin *(Papio hamadryas)* se rencontre en altitude, du Soudan et de la Somalie à l'Arabie. Il vit en harems très hiérarchisés, n'hésitant pas à faire des incursions dans les cultures. Le mâle se reconnaît à son imposante crinière.

E

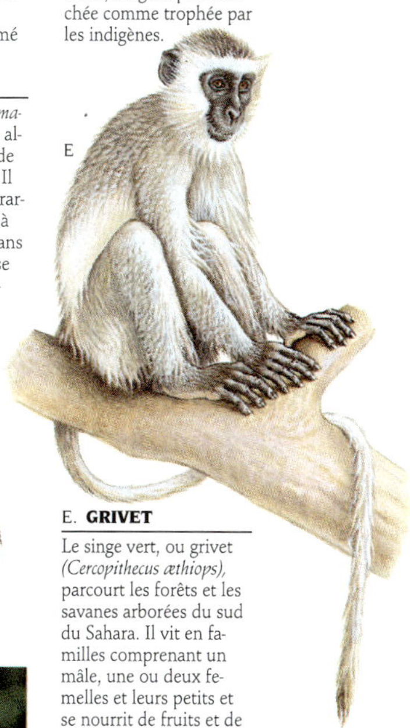

E. **GRIVET**

Le singe vert, ou grivet *(Cercopithecus æthiops),* parcourt les forêts et les savanes arborées du sud du Sahara. Il vit en familles comprenant un mâle, une ou deux femelles et leurs petits et se nourrit de fruits et de bourgeons.

F

F. **ENTELLE**

L'entelle *(Presbytis entellus),* animal sacré de l'Inde, se reconnaît à ses mains et à son visage noirs. Il vit en bandes dans la forêt, sous l'autorité d'un chef, n'en sortant que pour se livrer, en toute impunité, aux saccages dans les jardins ou les maisons voisines.

G

G. **RHÉSUS**

Le macaque rhésus *(Macaca mulatta),* singe sacré des hindous, vit de l'Afghanistan à la Chine et se hasarde souvent en haute montagne, ne craignant apparemment pas le froid. Il forme des bandes nombreuses qui s'attaquent fréquemment aux cultures. Le « facteur rhésus » caractérisant les groupes sanguins fut découvert chez ce singe par Landsteiner et Wiener en 1940.

LES PRIMATES

GIBBONS ET GRANDS SINGES

LES CATARHINIENS ANTHROPOMORPHES

■ LES SINGES ANTHROPOMORPHES diffèrent des cynomorphes par l'absence totale de queue (il ne leur reste que les quelques vertèbres caudales atrophiées formant le coccyx).

La locomotion dans les arbres se fait avec les bras (brachiation). À terre, la marche a lieu le plus souvent en position dressée (bipédie). Cette station debout est rendue possible grâce à l'élargissement du bassin.

La face n'est jamais allongée en museau et la denture est réduite, à l'exception des canines, qui forment des crocs chez les mâles. Les muscles de la mimique servent à communiquer les émotions, mieux que chez les cynomorphes, grâce à la mobilité des lèvres. Les callosités fessières des singes anthropomorphes sont réduites (gibbons) ou absentes. La peau de la face, des paumes et de la plante des pieds est dépourvue de poils. L'encéphale est de grande taille. La croissance juvénile est longue et la maturité sexuelle apparaît tardivement.

Classification. On distingue trois familles. Les deux premières, *hylobatidés* (gibbons) et *pongidés* (orang, gorille et chimpanzé), présentent tous les caractères des singes anthropomorphes. La troisième famille *(hominidés)* se distingue notamment par la station droite, l'abandon de l'arboricolie et l'absence de pouce opposable aux pieds. Ces différences, très nettes quand on compare l'homme aux gibbons et à l'orang-outan, les plus arboricoles des singes de l'Ancien Monde, s'estompent avec le gorille et le chimpanzé. En effet, chez eux l'allongement du bras (caractère typique de la locomotion arboricole) est moindre, et les pieds sont en partie adaptés à la marche plantigrade.

Répartition géographique. Apparus il y a 20 millions d'années (miocène) dans toute l'Europe, l'Afrique orientale et méridionale et l'Inde, les anthropomorphes ont de nos jours une répartition réduite à la forêt équatoriale d'Afrique et aux espaces boisés de l'Asie du Sud-Est.

Les hylobatidés (siamang et gibbons), qui ont de petites callosités fessières et un pelage fourni, vivent en Birmanie, au Viêt-nam et dans les îles de la Sonde. Les pongidés comprennent l'orang-outan, des forêts de Sumatra et de Bornéo, ainsi que les gorilles et les chimpanzés des forêts d'Afrique occidentale et centrale.

A

A. **GORILLES**

Gorilla gorilla est le plus grand des singes. Le mâle atteint 2 m et 250 kg, la femelle 1,50 mètre. Le mâle, trop lourd, ne se hasarde pas dans les arbres. Les gorilles vivent en groupes qui se déplacent constamment, à la recherche des fruits et des feuilles qui forment l'essentiel de leur nourriture. Ces gorilles des montagnes ont été photographiés dans le parc des Volcans, au Ruanda.

B

B. **SIAMANG**

Ce singe *(Symphalangus syndactylus)* de la famille des hylobatidés, d'une taille de 1 m, se distingue des gibbons par la membrane qui unit ses orteils. Grâce à la conformation de son larynx, il émet des cris puissants. Il vit en bandes nomades, sous l'autorité d'un chef, dans l'île de Sumatra, jusqu'à 3 000 m d'altitude. Son régime alimentaire est surtout frugivore.

C

C. **ORANG-OUTAN**

Pongo pygmæus est un arboricole strict. En malais, son nom signifie « homme des forêts ». À terre, il marche à 4 pattes, appuyant au sol le dos de sa main. Il passe la nuit dans un nid grossier qu'il édifie dans une fourche d'arbre. Le mâle (1,80 m) est solitaire, alors que la femelle (1 m) reste avec les jeunes des années précédentes. Aujourd'hui, l'orang-outan doit sa survie au fait qu'il est protégé et élevé dans les zoos.

D. E. **GIBBON LAR**

Ce gibbon *(Hylobates lar)* se reconnaît à la couronne blanche qui entoure son visage. Il se nourrit de fruits, de jeunes pousses, d'insectes et d'œufs d'oiseaux récoltés dans les arbres qu'il ne quitte que rarement. Ce singe monogame atteint sa maturité sexuelle vers l'âge de 8-10 ans ; la gestation est de 7 mois et la femelle met bas un jeune tous les 2 ou 3 ans.

F

F. **CHIMPANZÉ**

Plus arboricole que le gorille, le chimpanzé *(Pan troglodytes)* préfère à la forêt dense les savanes arbustives ou les forêts-galeries. Il édifie chaque soir dans un arbre un nid qu'il n'utilise qu'une seule fois. Il forme des groupes de plusieurs familles guidées par un mâle dominant. Le chimpanzé pygmée est une sous-espèce, plus gracile, qui vit au Zaïre, sur la rive sud du Congo.

L'HOMME

LA FAMILLE DES HOMINIDÉS

■ SI LE NATURALISTE SUÉDOIS CARL VON LINNÉ avait déjà inséré l'homme dans sa classification du monde animal en 1735, affirmant qu'aucun caractère fondamental ne le distinguait à ses yeux des grands singes, de nombreux savants refusèrent néanmoins d'en faire un animal, en le classant à part dans la systématique. Ainsi, J. F. Blumenbach (1775) créa pour l'homme un ordre, R. Owen (1868), une sous-classe, C. G. Carus (1818), une classe, F. A. von Zenker (1828), un embranchement et J. L. A. de Quatrefages de Bréau proposa même un « règne » à part.

À la suite de Linné, Charles Darwin donne des ancêtres simiens à l'homme, déchaînant contre lui les foudres de l'Église. En 1860, le Français Édouard Lartet s'oppose aux créationnistes, qui dénient tout lien de filiation entre l'homme et les animaux, et fonde la paléontologie humaine en publiant *Sur l'ancienneté géologique de l'espèce humaine.* Plus tard, avec une conception plus extrémiste, le biologiste allemand E. Mayr (1951) proposera de réunir dans une même famille l'homme et les grands singes.

Caractères généraux. Les caractères essentiels qui séparent l'homme des grands singes sont un psychisme poussé (lié au développement de l'encéphale, notamment du lobe frontal qui représente chez l'homme le tiers du volume du cortex cérébral) et une posture bipède qui, libérant la main de toute locomotion, permet l'utilisation d'outils. Mais cette opposition n'est pas absolue. Les grands singes sont, en effet, capables de raisonner, d'échanger des informations par cris ou par gestes et d'utiliser des outils. Cette dernière faculté s'observe notamment chez les chimpanzés, qui utilisent des baguettes pour attraper les termites.

Croissance et « néoténie ». Par opposition à la voûte du crâne des singes, celle de l'homme se ferme tardivement (présence de fontanelles chez l'enfant) et le squelette de la face est peu développé. Le pavillon de l'oreille est petit et perd sa mobilité. La peau ne porte ni callosités fessières ni vibrisses (« moustaches » sensorielles). La pilosité se restreint à des zones particulières (tête, aisselles et pubis). Les canines, de petite taille, sont semblables dans les deux sexes. Enfin, une croissance postnatale prolongée favorise l'éducation des jeunes par les parents.

Tous ces caractères, notamment l'absence de pilosité, la gracilisation du crâne et la faible taille de la face, ont été interprétés comme la persistance, chez l'adulte, de caractères juvéniles observés chez les singes (phénomène de *néoténie*).

Les populations humaines. L'unicité de l'espèce humaine ne fait aucun doute. L'interfécondité, l'homogénéité du psychisme, les faibles différences des taux des gènes s'opposent radicalement à toute hypothèse sur l'origine différente (polyphylétisme) des races humaines. Ces considérations ne nient pas l'existence de la variation des caractères comme la pigmentation, le système pileux, la forme de la tête ou celle du nez, mais ces caractères ne permettent pas de distinguer les trois grandes *races* traditionnelles (Blancs, Jaunes, Noirs) habituellement reconnues. Les études génétiques montrent, en effet, que les mêmes variantes de gènes se retrouvent massivement dans tous ces groupes.

Au concept de races (trop général et sans signification scientifique) se substitue aujourd'hui celui de *populations* (concept beaucoup plus restreint), dont on peut établir un arbre généalogique au sein de l'espèce humaine.

LES EMPREINTES DIGITALES : UNE CARTE D'IDENTITÉ

Les empreintes digitales (« dermatoglyphes digitaux ») sont dessinées par des crêtes de peau sur la face interne des doigts (on trouve également des dermatoglyphes sur la paume des mains et sur la plante des pieds). Ces marques apparaissent chez l'embryon et ne varient plus au cours de la vie. Elles représentent la carte d'identité de l'individu et les Chinois les utilisaient comme signature. Aujourd'hui, elles sont couramment utilisées en criminalistique comme moyen d'identification. Plus récemment, leur nature génétique (codage de l'empreinte par des parties de chromosomes) ayant été établie, la médecine utilise les dermatoglyphes dans l'étude de maladies congénitales comme la trisomie 21.

A. B. **SQUELETTE**

La juxtaposition du squelette d'un homme (A) et de celui d'un chimpanzé (B) montre bien les principales différences liées à la station debout permanente : allongement de la jambe (plus grande que le bras), réduction de taille des orteils, transformation du tarse (qui fait que le pied est perpendiculaire à la jambe), orientation du crâne sur la colonne vertébrale, recul de l'attache du bras sur l'épaule et élargissement des os iliaques qui soutiennent les viscères comme dans une coupe. Alors que les grands singes marchent à terre en s'appuyant sur le dos des mains, ces dernières sont totalement libérées chez l'homme, qui peut aisément manipuler des outils.

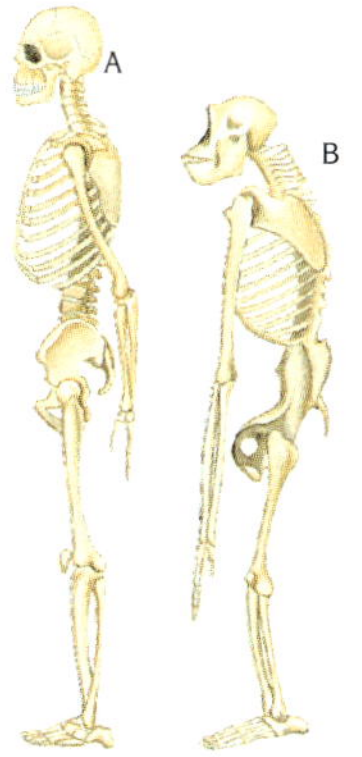

C

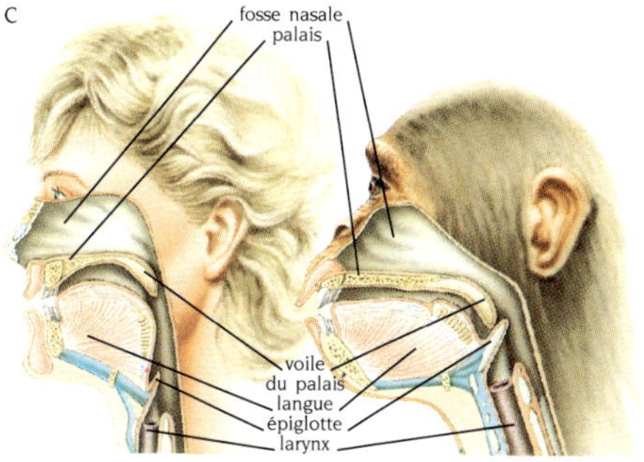

C. **LANGAGE ARTICULÉ**

Ce n'est pas seulement au développement de son cortex cérébral, et notamment de son lobe frontal (aire de Broca), que l'homme doit d'émettre des sons articulés, mais aussi à la configuration particulière de son larynx, très différente de celle des autres anthropomorphes, tout juste capables de moduler les sons et d'imiter quelques mots du langage humain.

D. **L'ÉROTISME, PROPRE DE L'HOMME ?**

Les particularités de l'espèce humaine se manifestent dans les domaines les plus divers : la sublimation des jeux sexuels en est un exemple. L'érotisme, qu'André Pieyre de Mandiargues définit comme « une illumination passionnée du sexe de l'homme dans ses jeux voluptueux ou dramatiques, » est un caractère typiquement humain. Plotin, dans son commentaire du *Banquet* de Platon, déclare que « toute âme aime Dieu, à qui elle veut s'unir. » Ces liens étroits entre érotisme et religion caractérisent l'hindouisme et l'art religieux de nombreux peuples, comme le montre ce bas-relief de Khajuraho (Inde centrale) du xe siècle. La tradition judéochrétienne, en s'opposant à l'érotisme a, selon Georges Bataille, « condamné la plupart des religions. »

D

E

E. **SPORT ET CULTURE**

Certaines activités considérées comme spécifiquement humaines s'observent toutefois dans le monde animal. En effet, chez les primates, on peut trouver une certaine forme de culture (apprentissage de l'utilisation d'outils par exemple), de travail, ou de jeux (amusement collectif,...). Même la compétition a ses parallèles chez l'animal. Cependant, seul l'homme a poussé ces activités à l'extrême, comme en témoigne cette image du marathon de New-York. Bénéficiant d'une longue période de croissance, au cours de laquelle se constitue sa personnalité propre, l'homme peut enrichir son expérience et transmettre ses connaissances tout au long de sa vie. Ainsi se développent un savoir et une technologie de plus en plus étendus et variés.

RÉFÉRENCES

Audubon (John James), ornithologiste et peintre américain (Les Cayes, île de Saint-Domingue, 1785-New York 1851). Il a parcouru les régions les moins explorées de l'Amérique du Nord et étudié les oiseaux et les quadrupèdes. Il a publié *les Oiseaux d'Amérique* (avec 100 planches coloriées), puis *les Quadrupèdes de l'Amérique* (1846-1850).

Bates (Henry Walter), naturaliste anglais (Leicester 1825-Londres 1892). Il est surtout connu comme entomologiste. Après un voyage dans l'Amazonie, il publia des travaux importants, notamment sur le mimétisme dit « batésien ».

Berland (Lucien), entomologiste français (Paris 1888-Versailles 1962). Il se consacra à l'étude des araignées et des hyménoptères prédateurs. On lui doit en outre l'étude statistique du « plancton aérien ».

Berlese (Antonio), entomologiste italien (Padoue 1863-Florence 1927). Auteur d'un traité d'entomologie classique (*Gli insetti,* 1904) inachevé, il réalise avec succès le premier essai de lutte biologique contre un insecte nuisible en Europe. Il est l'inventeur d'un appareil d'extraction automatique de la faune du sol *(extracteur de Berlese),* largement utilisé de nos jours.

Bertin (Léon), zoologiste français (Paris 1896-Vendôme 1956). Il a partagé son temps entre la recherche scientifique (thèse consacrée aux épinoches, études sur les poissons abyssaux, etc.) et la vulgarisation scientifique. On lui doit notamment un *Atlas des poissons de France* (1942) et *la Vie des animaux* (1949-1950).

Bouvier (Eugène Louis), naturaliste français (Saint-Laurent-Grandvaux, Jura, 1856-Maisons-Laffitte 1944). On lui doit des travaux sur les mollusques et les arthropodes, mais surtout sur les onychophores.

Brien (Paul), zoologiste belge (Hannut 1894-Bruxelles 1975). Il est l'auteur de nombreux travaux sur l'embryologie des cordés, la reproduction des invertébrés, les protoptères, l'évolution, etc.

carcinologie, partie de la zoologie qui traite des crustacés.

Chopard (Lucien), entomologiste français (Paris 1885-*id.* 1971). Il se consacra à l'étude des insectes orthoptères et particulièrement des gryllidés. Collaborateur du *Traité de zoologie* de P. P. Grassé, il a publié : *Biologie des orthoptères* (1938), *les Migrations d'insectes* (1942), *le Mimétisme* (1949).

Daubenton (Louis Jean-Marie d'Aubenton, dit), naturaliste français (Montbard 1716-Paris 1800). Il s'occupa surtout d'acclimatation. En 1776, il créa le troupeau de Montbard, source des mérinos de Bourgogne. Il collabora à l'*Histoire naturelle* de Buffon pour les descriptions anatomiques des mammifères.

Dorst (Jean), zoologiste et écologiste français (Mulhouse 1924). Outre d'importants travaux scientifiques sur les oiseaux, les migrations animales, la vie en haute altitude, la faune des Andes, des Galápagos, d'Afrique, de l'Inde et d'Australie, on lui doit un ouvrage fondamental d'écologie (*Avant que nature meure,* 1965). Il a dirigé le Muséum national d'histoire naturelle de 1976 à 1985.

entomologie, partie de la zoologie qui traite des insectes et, par extension, des arthropodes terrestres.

Escherich (Karl), entomologiste allemand (Schwandorf 1871-Kreuth, Bavière, 1951). Il est mondialement connu par son traité sur les insectes forestiers d'Europe centrale et par la fondation, en 1914, de la *Gesellschaft für angewandte Entomologie.*

Frisch (Karl von), naturaliste autrichien (Vienne 1886-Munich 1982). Il a marqué l'étude du comportement animal de son génie pragmatique. Il est célèbre pour la découverte du langage des abeilles (danse de la butineuse indiquant la direction et la distance de la source de nourriture). Il a écrit *le Professeur des abeilles* (1975). [Prix Nobel de médecine 1973.]

Geoffroy Saint-Hilaire (Étienne), naturaliste français (Étampes 1772-Paris 1844). Il créa à Paris la ménagerie du Jardin des Plantes, enrichit les collections du Muséum national d'histoire naturelle par des échanges avec l'étranger et participa à la commission scientifique qui accompagna Bonaparte dans sa campagne d'Égypte. Son œuvre est dominée par l'idée d'unité de composition organique de tous les animaux.

Gould (John), naturaliste anglais (Lyme Regis, Dorsetshire, 1804-Londres 1881). Il a étudié, en de nombreux voyages, la faune australienne, à laquelle il a consacré plusieurs ouvrages.

Grassé (Pierre Paul), biologiste français (Périgueux 1895-Carlux 1985). Ses recherches sur les protistes le conduisent à l'étude de la symbiose chez les termites, auxquels il consacre d'importants travaux de systématique, de biologie et de comportement. Sa notoriété internationale s'est affirmée avec la publication d'un *Traité de zoologie.*

Guéneau (Philibert), dit de Montbéliard, naturaliste français (Semur-en-Auxois 1720-*id.* 1785). Il est surtout connu pour sa collaboration à *l'Histoire naturelle des oiseaux,* de Buffon.

herpétologie, partie de la zoologie qui étudie les reptiles. (On écrit aussi ERPÉTOLOGIE.)

Histoire naturelle des animaux sans vertèbres, par Lamarck (1815-1822). Ce traité est une étape majeure dans l'œuvre zoologique du naturaliste, qui dès 1801 avait publié un *Système des animaux sans vertèbres.* De toutes les classifications établies jusqu'alors, celle de Lamarck est la plus rationnelle. Il y sépare les vertébrés des invertébrés et crée des divisions encore adoptées.

ichtyologie, partie de la zoologie qui étudie les poissons.

Joubin (Louis), naturaliste français (Épinal 1861-Avrillé, Maine-et-Loire, 1935). Il a participé à de nombreuses expéditions océanographiques. Ses travaux sur les céphalopodes font autorité.

Lacaze-Duthiers (Henri de), naturaliste français (Montpezat 1821-Las-Fons, Dordogne, 1901). Il est surtout connu par ses travaux sur l'anatomie des mollusques. Il a écrit *Histoire naturelle du corail* (1863).

Lacepède (Bernard Germain Étienne de La Ville, comte de), naturaliste et écrivain français (Agen 1756-Épinay-sur-Seine 1825). Il écrit l'*Histoire générale et particulière des quadrupèdes ovipares et des serpents* (1788-1789), pour faire suite à l'*Histoire naturelle des animaux,* de Buffon. Admis à l'Institut en 1795, il donne, de 1798 à 1803, une *Histoire naturelle des poissons,* puis, en 1804, une *Histoire naturelle des cétacés.*

Lorenz (Konrad), éthologiste autrichien (Vienne 1903-Altenberg, Basse-Autriche, 1989). Ses travaux portent sur l'étude des comportements des animaux dans leur milieu naturel. Ils ont contribué au développement de l'éthologie et ont été couronnés en 1973 par le prix Nobel de médecine (partagé avec K. von Frisch et N. Tinbergen). Il faut signaler aussi ses travaux sur l'empreinte filiale et maternelle.

malacologie, partie de la zoologie qui étudie les mollusques.

mammalogie, partie de la zoologie qui étudie les mammifères.

Milne-Edwards (Henri), naturaliste français (Bruges 1800-Paris 1885). Il est un des fondateurs de la physiologie française (lois de la division du travail physiologique) par ses travaux sur les mollusques, les crustacés, les cnidaires. Outre ses *Leçons d'anatomie et de physiologie,* parues de 1855 à 1881, il a laissé des centaines de mémoires et de traités.

Mortensen (Theodor), biologiste danois (Hillerød 1868-Copenhague 1952). Spécialiste du groupe des échinodermes, il a rédigé une magistrale *Monographie des échinides des mers du globe* (1928-1952).

myrmécologie, étude scientifique des fourmis.

ornithologie, étude scientifique des oiseaux.

Perrier (Edmond), naturaliste français (Tulle 1844-Paris 1921). Il a écrit *les Colonies animales et la formation des organismes* (1881), *la Philosophie zoologique avant Darwin* (1844), un *Traité de zoologie,* achevé par son frère Rémy, etc.

Étienne de Lacepède

Quatrefages de Bréau (Jean-Louis Armand de), naturaliste français (Bethezène, près de Valleraugue, 1810-Paris 1892). On lui doit une thèse remarquable, *Sur les caractères zoologiques des rongeurs.*

Ratzeburg (Julius Theodor Christian), naturaliste allemand (Berlin 1801-*id.* 1871). Il se consacra à l'étude des insectes forestiers et de leurs parasites. Considéré comme le fondateur de l'entomologie forestière, il publia de nombreux ouvrages.

Règne animal distribué d'après son organisation (le), par Cuvier (1817 ; 2e éd., augmentée, en 1829-1830). Cuvier s'est proposé de fournir ici un tableau d'ensemble du monde animal, qu'il répartit en quatre classes : vertébrés, mollusques, articulés et rayonnés, en se fondant sur un système de classification nouveau *(méthode naturelle),* dont le principe est la subordination des caractères.

Rollinat (Raymond), naturaliste français (Saint-Gaultier 1859-Argenton-sur-Creuse 1931). Autodidacte, il n'en a pas moins laissé une œuvre scientifique qui fait date, en particulier dans le domaine de l'étude des cycles sexuels et du développement des reptiles. Il a été à la fois le continuateur d'une tradition de l'observation *in natura* et le précurseur de l'expérimentation pour l'étude d'espèces sauvages.

Roule (Louis), zoologiste français (Marseille 1861-Versailles 1942). Il se consacra surtout à l'étude des poissons provenant des croisières océanographiques du prince de Monaco. Il publia un grand ouvrage en 10 volumes, *les Poissons et le monde vivant des eaux* (1936-1938).

Saussure (Henri, Louis, Frédéric de), naturaliste suisse (Genève 1829-*id.* 1905). Il est connu pour ses travaux sur les orthoptères. Le muséum de Genève a reçu de lui une importante collection d'insectes.

Savigny (Marie Jules César Lelorgne de), naturaliste français (Provins 1777-Versailles 1851). Spécialiste de la faune d'Égypte, où il séjourna longtemps, et des invertébrés, il a montré que l'appareil buccal de tous les insectes, qu'ils soient broyeurs, lécheurs, piqueurs ou suceurs, était fondamentalement formé des mêmes pièces modifiées.

Smith (James Leonard Brierly), chimiste et ichtyologue sud-africain (Graaff Reinet, près de Port Elisabeth, 1897-Grahamstown, prov. du Cap, 1968). Il a, le premier, identifié et décrit le cœlacanthe actuel, *Latimeria halumnæ.*

Thevet (André), moine cordelier et voyageur français (Angoulême 1503 ou 1504-Paris 1592). On lui doit la première description de divers animaux américains : paresseux, opossum, lamantin, tapir.

Tinbergen (Nikolaas), éthologiste britannique d'origine néerlandaise (La Haye 1907-Oxford 1988). Observateur minutieux du comportement de l'animal dans son milieu, il concentre tout son intérêt sur les mécanismes qui sous-tendent l'activité motrice. Il est, avec K. Lorenz, l'un des leaders de l'école d'éthologie objectiviste, qui a beaucoup contribué au développement en Europe de l'approche éthologique du comportement. Ses travaux lui ont valu en 1973 le prix Nobel de médecine (avec K. Lorenz et K. von Frisch). Parmi ses écrits, il faut citer : *Étude de l'instinct* (1951), *la Vie sociale des animaux* (1953).

Trembley (Abraham), naturaliste suisse (Genève 1700-*id.* 1784). Dans ses *Mémoires* (1774), il montra les caractères à la fois animaux (mouvement, sensibilité, préhension de proies) et « végétaux » (greffe, bouturage) de l'hydre d'eau douce.

Valenciennes (Achille), zoologiste français (Paris 1794-*id.* 1865). Son *Histoire naturelle des poissons* (22 vol. ; 1828-1848) demeure son œuvre maîtresse. Dans ses essais de classification, il réunit, pour la première fois, les espèces fossiles à la faune actuelle.

Vogt (Karl), naturaliste allemand (Giessen 1817-Genève 1895). Il publia avec son ami Louis Agassiz le premier volume de l' *Histoire naturelle des poissons d'eau douce.*

Wilson (Edward Osborne), entomologiste et sociobiologiste américain (Birmingham, Alabama, États-Unis, 1929). Spécialiste de l'étude des insectes sociaux, en particulier des fourmis, il est l'auteur de travaux sur leurs modes de communication et leur classification. Ses études sur les insectes (*The Insect Societies,* 1971 ; *The Ants,* 1990) l'ont amené à faire une vaste synthèse unissant l'écologie, la génétique et l'éthologie et à fonder la sociobiologie (*Sociobiology : the new synthesis,* 1975).

zoologie, étude scientifique des animaux.

INDEX GÉNÉRAL

MODE D'EMPLOI DE L'INDEX

L'index de l'*Encyclopédie Larousse des sciences de la nature* permet de retrouver une information à partir d'un mot ou d'un nom. Supposons que nous cherchions des renseignements sur la **steppe.** À son entrée classée alphabétiquement dans l'index nous trouvons : **steppe** TERRE *53, 54 ;* ECOL 62 ; ECOS **89,** *89,* **90,** *98 ;* ENV *131,* 134, 161, 211 ; EVO 340, *340,* 341, 343 ; VEGE 447, 448, *450,* 471.

En effet, TERRE, ECOL, ECOS, ENV, EVO, VEGE, désignent différentes parties de l'ouvrage. TERRE, ECOL, ECOS, etc. sont les abréviations (les mnémoniques) de grands domaines traités dans l'Encyclopédie.

TERRE est l'abréviation de *Sciences de la Terre ;* ECOL celle d'*Ecologie ;* ECOS celle d'*Ecosystèmes ;* ENV celle de *Gestion et préservation de l'environnement ;* EVO celle d'*Evolution* et VEGE celle de *Végétaux.* Les autres mnémoniques utilisés dans l'ouvrage sont UNIV, *Sciences de l'Univers ;* BIOL, *Sciences de la vie ;* MICRO, *Micro-organismes ;* ANIM, *Animaux ;* SYS, *Systématique* et REFER, *Références,* qui renvoie aux pages situées en fin de sections, qui comprennent des notices biographiques et des définitions.

Les nombres *53, 54,* 62, **89,** *89,* **90,** etc. sont les numéros des pages dans lesquelles on trouve les renseignements. Lorsqu'ils figurent en caractères normaux, ils signifient que le nom se trouve dans le texte courant ou dans les encadrés. Lorsqu'ils sont en *italique,* ils signifient soit que le mot fait l'objet d'une illustration, soit que les renseignements à son sujet sont localisés dans la légende d'une illustration ou d'un tableau. Enfin, lorsqu'ils sont en **caractères gras,** ils indiquent que la page entière est consacrée à ce sujet. Les références sont classées dans l'ordre croissant des pages.

Les dossiers ne possédant pas de numéros de pages, les références figurant dans chacun d'eux sont signalées par le mnémonique **doss.**, suivi des numéros des pages entre lesquelles se trouve le dossier concerné.

A

B

D

E

F

G

H

J

K

L

M

N

Q

R

S

T

CRÉDITS PHOTOGRAPHIQUES

La planète de la vie, ouverture • I, Fotogram-Stone. II, NASA • Science Photo Library – Cosmos. III, Krafft K. – Explorer.

2 : C, Royer R. • Science Photo Library – Cosmos. D, NASA • Science Photo Library – Cosmos.

3 : C, C.N.R.S. – C.R.G.S.

4 : B, East G. • Science Photo Library – Cosmos. C, IAC – Ciel et Espace.

6 : A, NASA • Science Photo Library – Cosmos. B, Sanford J. • Science Photo Library – Cosmos. C, Max Planck Institut für Aeronomie. D, NASA • Science Photo Library – Cosmos.

Dossier « Dieux du ciel et de la Terre » • I, A, Wheelwright Museum of the American Indian, Santa Fe, New Mexico. II et III, A, Dagli Orti G. B, Musée du Louvre, Paris. C, Lauros-Giraudon – Musée du Louvre, Paris. D, Explorer – Musée National, Kyoto. IV, A, B, Lénars C. C, Lauros-Giraudon.

9 : A, NASA, Goddard Space Flight Center.

10 : A, Anglo-Australian Telescope Board 1981. B, Sanford J. • Science Photo Library – Cosmos. C, Anglo-Australian Telescope Board.

11 : B, C, ESO. Encadré, NASA – DITE.

12 : B, Bijaoui A.

13 : A, Coll. Larousse. B, Livory M. C, Astronomical Society of the Pacific. D, NASA.

17 : A, Bariand N.

19 : A, Le Roy N. – Jacana. B, C, Petzold M. D, Kienast. E, Berthoule H. – Jacana. F, Bariand N. G, Petzold M.

20 : A, Claye M. – Jacana. B, Krafft – Explorer.

25 : B, Mouge P. et Galdeano A. • IPGP.

27 : B, Krafft – Explorer.

29 : A, B, Krafft – Explorer.

30 : A, Hachette – CNEXO.

32 : A, Sioen G. – C.E.D.R.I. B, Gsell G. – Diaf. C, Kérebel P. – Diaf. – D, Boyayan – Abril Images. E, Réga – Rapho.

Dossier « La nature humanisée » • I, A, Gerster G. – Rapho. B, © CNESS 1992 : Distribution Spot Image. II et III, C, Jourdan Fr. Le Québec vu du ciel – Explorer. B, Gerster G. – Rapho. D, Berton R. et Humbert A. – P.N.R.L. A, Gerster G. – Rapho. IV, A, Delu C. – Explorer. B, Gerster G. – Rapho.

35 : B, Koch P. – Rapho.

36 : A, Petzold M.

37 : A, Held S. B, © CNESS 1992 : Distribution Spot Image.

41 : B, Gohier F. – Jacana. C, Fournier V. – Rapho.

42 : B, Box P. – Rapho.

47 : B, Fabius Henrion – Explorer. C, Le Toquin A. – Explorer. D, Jalain F. – Explorer. E, Yamashita M. • West Light – Cosmos. F, Clément D. – Explorer. G, Martin-Guillou G. – Explorer.

49 : B, Nacivet J.-P. – Explorer. C, NOAA, colored by Wells J. • Science Photo Library – Cosmos.

54 : A, Gohier F. – Jacana. B, Koch P. – Rapho. C, Cordier S. – Jacana. D, Coppola E. – Bios.

55, 56 : Coll. Larousse.

Les milieux naturels, ouverture • I, Montford – Bios. II, Bavendam F. – Bios. III, Warden J. W. – Cosmos.

58 : B, Viard M. – Odyssey.

60 : C, Arthus-Bertrand Y. – Jacana.

64 : D, Silvester H. – Rapho.

67 : A, Bannister A. – NHPA. B, C, David P. – Planet Earth Pictures.

69 : A, Osmond M. • Pacific Whale Foundation – Auscape. B, Gladu Y. – Jacana.

71 : B, Le Collen M. C, Labat et Ferrero – Jacana.

72 : C, Frédéric – Jacana.

73 : B, Parer D. et Parer-Cook E. – Auscape.

75 : A, B, C, Encadré, Nuridsany et Pérennou.

77 : A, Varin J. P. – Jacana. B, Danrigal F. – Jacana.

78 : B, Gohier F. – Explorer.

Dossier « L'idée de nature » • I, A, Coll. Larousse. B, Charmet J.-L. – Musée des Hospices Civils, Lyon. II et III, A, Held S. B, Giraudon – Musée Lazar Galdiano, Madrid. C, Charniot C.-P. IV, A, De Ganay E.

79 : B, Roudot Cl. – Jacana.

80 : B, Krasemann S. – Jacana.

81 : Encadré, Antoine L. – Rapho.

82 : A, Bartschi A. • WWF – Bios. B, Micou M. – Bios.

83 : B, Mayer F. – Magnum.

84 : B, Gerster G. – Rapho.

85 : B, Gellie Y. – Odyssey.

86 : A, Chaumeton H. – Nature. B, Noailles M. C. – Jacana.

87 : B, Arthus-Bertrand Y. – Jacana.

89 : A, Bruggmann M. B, Michaud R. et S. – Rapho. C, Vial – Jacana.

Dossier « Des peuples dans la nature » • I, A, Reis J. – Gamma. B, Bouvet E. – Gamma. II et III, A, B, C, D, E, Chenevière A. IV, B, Sarramon Ch. – Rapho. N, Leroy C. – Sipa.

91 : A, Walker T. – Jacana. B, Klein H. – Bios.

92 : A, Khlan D. – Oxford Scientific Films.

93 : A, Thomas T. – Bios. B, Nardin Cl. – Jacana.

94 : C, Gaël A.

95 : B, Brown M. – Oxford Scientific Films. C, Starosta P.

96 : C, Morris S. – Oxford Scientific Films.

97 : A, B, Lapied E. et A. – C.E.D.R.I.

99 : D, Melford M. – Cosmos. E, Fogden M. – Oxford Scientific Films.

100 : A, Robertson G. – Auscape. B, Parer D. et Parer-Cook E. – Auscape.

102 : A, Nuridsany et Pérennou. B, Carre C. – Jacana.

103 : B, IFREMER.

104 : B, Cabrol P. – Jacana.

105 : A, D. R. – Chalcographie du Musée du Louvre.

106 : A, Held S.

107 : A, Seitz S. • Woodfin Camp – Cosmos. B, Bertinetti M. – Rapho.

108 : A, Féty J.-P.

109 : A, Rives C. • C.A.M. – C.E.D.R.I.

112 : Coll. Larousse.

La gestion de l'environnement, ouverture • I, Sacks A. – Fotogram-Stone. II, Thonnerieux – Bios. III, Wood K. – Fotogram-Stone.

114 : A, Arthus-Bertrand Y. – Altitude.

115 : B, Gerster G. – Rapho.

116 : A, Ramade F. B, Roy Ph. – Explorer.

117 : C, Silvester H. – Rapho.

Dossier « Les mouvements écologistes » • I, A, Dagli Orti G. B, Kiner – Greenpeace. II et III, A, extrait du journal « la Hulotte », 08240 Boult-aux-Bois – Charniot C.-P. B, Coll. Larousse. C, Chamussy – Sipa. D, Visage A. – Bios. E, Orth G. – Sipa. F, WWF. IV, A, D.R. B, Vioujard Ch. – Gamma.

119 : B, Lopinot J. • Black Star – Rapho.

120 : B, Arthus-Bertrand Y. – Altitude.

122 : B, Petzold – Pitch. E, Ramade F.

123 : A, Bailleau – Jacana. B, Ramade F.

124 : A, Hires C. – Gamma. B, Chamussy – Sipa.

126 : A, Ramade F.

127 : C, Maous L. – Gamma.

128 : D, Tass.

130 : E, Ramade F.

131 : A, Rémy C.

132 : D, A.F.P.

133 : A, Gerster G. – Rapho. B, C, Nice-Sophia Antipolis • Écologie et Phytosociologie – Manière R.

135 : A, L.G.G.E. – Rado C. B, Centre Canadien de Télédétection.

136 : B, Mazin R. C, Reininger A. • Contact Press Images – Cosmos.

137 : A, Weiss C. – Réa.

138 : A, Commissariat à l'Énergie Atomique. B, Biaggiolini – Sygma.

140 : A, NASA • Science Photo Library – Cosmos. Encadré, Saint-Elie – Réa.

141 : A, Origlia F. – Sygma. Encadré, Saussier G. – Gamma.

142 : A, Soldeville A. – Rapho.

143 : B, Henning C. • Black Star – Rapho.

144 : A, Charles J. M. – Rapho. C, Le Diascorn F. – Rapho.

145 : A, Jalain F. – Explorer. B, Cagnoni R. – Rapho.

147 : B, Brissaud – Gamma.

148 : A, Lyonnaise des Eaux. B, Lebon D. – Fotogram-Stone. Encadré, Lyonnaise des Eaux.

149 : E, Coll. Larousse.

150 : B, Dragesco – Bruce Coleman Inc. C, Varin-Visage – Jacana. D, Trotignon • WWF – Bruce Coleman Ltd.

151 : B, C, Bibliothèque Nationale, Paris.

152 : B, Leach M. – Oxford Scientific Films. Encadré, Moiton C. M. – Jacana.

153 : A, Lemoigne J.-L. – Jacana. B, Lieutier – Jacana. C, Xavier H. – Jacana.

154 : A, Viard M. – Odyssey. B, WWF – Photolibrary. C, Gay J.-P. – A.G.P.M.

155 : A, Robert – Jacana. B, Pierrel F. – Bios. C, Langrand O. – Bios.

156 : A, Lehir F. B, Coutin R. – OPIE. C, Paton W. S. – Bruce Coleman Ltd.

158 : C, Erwitt E. – Magnum. B, Erkul C. – Gamma.

162 : A, Degroise B. – Diaf.

Dossier « L'ère de la récupération » • I, A, Harlingue – Viollet Coll. B, Brack D. – Rapho. II et III, A B, C.C.I. – Méguerditchian G. C, Silvester H. – Rapho. D, Baret M. – Rapho. IV, A, Psihoyos L. – Cosmos. B, Psihoyos L. – Cosmos.

163 : B, Maitre P. – Odyssey.

165 : A, Gerster G. – Rapho.

166 : C, Anderson J. – Cosmos.

167 : A, Gauvreau – Jerrican. B, Berenguier – Jerrican. C, Tainturier F. – Jerrican.

168 : B, Bramaz – Jerrican. C, Hervy J.-P. – Diaf.

169 : A, Coll. Larousse. B, Hinous P. – Top. C, Huot D. – Hoa-Qui.

170 : B, Cassard Ph. – Hoa-Qui. C, Pinoges A. – C.I.R.I.C.

171 : A, Boisberranger – Hoa-Qui. B, Pinoges A. – C.I.R.I.C. C, Kohler F.

172 : **C**, Rémy C. **B**, Sudres J.-D. – Scope.

173 : **A**, Garcia V. – Top. **B**, Menzel P. – Cosmos. **C**, Baret M. – Top.

174 : **A**, Thibault N. – Explorer. **B**, West Light • Aurness C. – Cosmos.

Dossier « Une diversité à préserver » • I, **A**, Jordan P. – Time magazine. **B**, Coll. Larousse. **II et III**, **A**, Rona Gallery – Bridgeman Art Library. **B, C, D, E, F**, Coll. Larousse. **G**, Gunther M. – Bios. **IV**, **A**, Sommer G. – Rapho. **B**, Gile M. – Rapho. **C**, Science Photo Library – Cosmos. **D**, Coll. Larousse.

175 : **A**, **B**, **C**, Saatchi and Saatchi Advertising.

176 : **A**, Huyghens C. **B**, Hamilton L. – Sipa. **C**, Giraudon – Prague, galerie nationale.

177 : **A**, IRAT Salez P. **B**, Weiss C. – Bios.

178 : **A**, Cordier S. – Jacana. **B**, Garanger M.

179 : **A**, Gaël A. **B**, Lambert – Sipa.

180 : **A**, Jensen M. – Moore.

181 : **A**, Visage A. – Bios.

182 : **A**, Roy Ph. – Explorer. **B**, Lénars C. – Explorer.

183 : **A**, Donnezan H. – Rapho. **B**, Bishop R. • Contact Press Images – Comos.

184 : **A**, Dietz D. • Stock Boston – Rapho.

185 : **A**, Hutchison Library. **B**, Pernot P. – Bios. Encadré, Chasseau J.-P. – Office National des Forêts.

186 : **A**, Silvester H. – Rapho. **B**, Klein H. – Bios.

187 : **A**, Amsler K. – Jacana.

188 : **A**, Hawks B. – Jacana. **B**, Geer T. • WWF – Bios. **C**, The Photographer's Library – Diaf.

189 : **A**, Rémy C. **B**, Ribette Ph. – Bios.

190 : **A**, Le Moigne J.-L. – Jacana. **B**, Beignet A. – Bios. **C**, Roy Ph. – Explorer.

198 : **A**, Ehrenstrom F. – Oxford Scientific Films. **B**, Klein H. – Bios. Encadré, Nuridsany et Pérennou.

Dossier « Nature d'aventure » • I, **A**, Keystone. **B**, Dagli Orti G. – Monastère de la Rabida, Espagne. **II et III**, **A**, Pernette J.-F. – Explorer. **B**, Frances S. – Explorer. **C**, Amsler K. – Explorer. **D**, Royer Ph. – Explorer. **E**, Francillon J.-M. – Explorer. **IV**, **A**, Hourcadette.

202 : **A**, Viard M. – Odyssey. **C**, Nief P. – Jacana. Encadré, Pilloud P. – Jacana.

204 : **A**, Charmet J.-L. – Bibliothèque Nationale, Paris. **B**, Coll. Larousse – Bibliothèque Nationale, Paris.

205 : **A**, Viard M. – Jerrican. **B**, Garett K. • Woodfin Camp – Cosmos. **C**, IFREMER.

206 : **A**, Plailly Ph. – C.N.R.S. **B**, Viard M. – Odyssey. **C**, Scharf D. • Science Photo Library – Cosmos. **D**, Halleux D. – Bios.

207 : **C**, Babinet – Institut Pasteur. **A**, Lesk A. • Science Photo Library – Cosmos. **B**, A.P.

208 : **A**, Odense Universitet – Michelsen A. **B**, C.N.R.I. **C**, Sochurek H. – Cosmos.

209 : **A**, Gellie Y. – Odyssey. **B**, Vioujard Ch. – Gamma. **C**, A.P.N.

210 : **A**, Plailly Ph. – VU. **B**, Vioujard Ch. – Gamma. Encadré, Sygma.

212 : **C**, Compost A. – Bios. **B**, Thibault N. – Explorer. **D**, Clément D. – Explorer.

213 : **A**, Saucez A. – Explorer. **B**, Berthoule H. – Jacana. **C**, Viard M. – Jacana.

214 : **A**, Marquez F. – Bios. **H**, Foott J. – Bruce Coleman Ldt.

215 : **A**, Jardel C. – Bios. **B**, Ferrero J.-P. – Jacana.

216 : **A**, **B**, Chancrin J.-L. **C**, Cogis. Encadré, Lanceau – Cogis.

217 : **B**, Mioulane N. et P. – M.A.P. **C**, Fenaux – Jacana.

218 : **B**, Brylak – Explorer. **C**, Dagli Orti G.

219 : **A**, **B**, Brovad G. – Zoologisk Museum, Copenhague. **C**, Coll. Larousse.

220 : **A**, Bulloz – Coll. privée. **B**, Valentin E. – Hoa-Qui. **C**, Mioulane N. et P. – M.A.P.

221 : **A**, D.R. **B**, Gellie Y. – Odyssey. **C**, Le Laulier – Figaro Magazine – Gamma.

222 : **A**, Silvestris – NHPA. **B**, Monterey Bay Aquarium.

223 : **A**, Blond G. – Explorer. **B**, Mandelmann E. – Rapho. **C**, Mercier S.

224 : Coll. Larousse.

L'étude de la vie, ouverture • I, Leroy F. • Science Photo Library – Cosmos. **II**, Arnold P. – Bios. **III**, Dr. Burgess J. • Science Photo Library – Cosmos.

226 : **A**, Chemical Design Ltd • Science Photo Library – Cosmos.

227 : **B**, C.N.R.S. – IMG. **C**, Coty – Jerrican.

229 : **B**, ROCHE • Centre d'Information sur les Vitamines.

231 : **A**, Dr. Murti Gopal • Science Photo Library – Cosmos. **B**, **C**, **D**, Secchi-Lecaque • Roussel-Uclaf – C.N.R.I. **E**, Phototake – C.N.R.I.

232 : **A**, IJM • Masson C. – C.N.R.S.

235 : **B**, Pr. Miller • Science Photo Library – Cosmos.

236 : **B**, Nuridsany Cl. **C**, Secchi-Lecaque • Roussel Uclaf – C.N.R.I.

237 : **A**, Parks P. – Oxford Scientific Films. **B**, Carre C. – Jacana. **C**, D.R.

240 : **A**, Nardin Cl. – Jacana. **B**, Six J. et A.

241 : **A**, Nardin Cl. – Jacana. **B**, **C**, Gohier F. – Jacana.

242 : **A**, Raynal-Roques. **B**, Nuridsany et Pérennou. Encadré, Starosta P.

243 : **A**, Tyrrell R. • Oxford Scientific Films – Fovea. **B**, Nuridsany et Pérennou.

244 : **A**, **B**, Nuridsany et Pérennou. **C**, Labat et Lanceau – Jacana. **D**, Nuridsany et Pérennou.

Dossier « La nature pour modèle » • I, **A**, Giraudon. **B**, Labat J.-M. – Jacana. **II et III**, B, Brun J. – Explorer. **C**, **D**, Dr. Burgess J. • Science Photo Library – Cosmos. **E**, Pagnotta-Hitachi – Réa. **IV**, **A**, Charniot C.-P.

247 : **B**, Dr. Burgess J. • Science Photo Library – Cosmos.

250 : **B**, Yoff – Jacana.

251 : **D**, Benisti G.

252 : **A**, Phototake – C.N.R.I.

253 : **B**, König R. – Jacana.

254 : **A**, Seitre R. – Bios.

255 : **A**, Klein G. • C.N.R.S.

257 : Encadré, Leroy F. • Science Photo Library – Cosmos.

258 : Encadré, Debelius – Ikan.

Dossier « Les bestiaires » • I, **A**, Bibliothèque Nationale, Paris. **II et III**, **A**, Giraudon – Arquivo Nacional Da Torre Do Tombo, Lisbonne. **B**, Coll. Larousse – Bibliothèque du Muséum d'Histoire Naturelle, Paris. **C**, Bibliothèque Nationale, Paris. **D**, Coll. Larousse. **E**, Giraudon – Bibliothèque Estense, Modène. **IV**, **A**, **B**, Bibliothèque Nationale, Paris.

259 : **B**, Université Bâle-Wurtz M. • Science Photo Library – Cosmos. **D**, Lecourt D. – Jacana.

260 : **B**, Starosta P.

262 : **B**, Pr. Castano • Overseas – C.N.R.I. **C**, Starosta P. Encadré, Maous L. – Gamma.

263 : **C**, Danegger M. – Jacana. Encadré, Ferrero J.-P. – Jacana.

264 : **A**, Varin-Visage – Jacana. **B**, Nardin Cl. – Jacana.

266 : **B**, Lanceau Y. – Jacana.

267 : **A**, Labat J.-M. – Jacana.

268 : **A**, A.G.P.M., Pau. **B**, Halleaux D. – Bios.

269 : **B**, Alexander C. – NHPA.

270 : **B**, Phototake – C.N.R.I.

271 : **D**, Révy J.-C. – C.N.R.I.

272 : **A**, Descat A. – M.A.P. **D**, Delarbre – Explorer.

273 : **B**, Labat J.-M. – Jacana.

274 : **B**, Chaumeton H. – Jacana.

275 : **A**, Boyard E. et D. – Bios.

277 : **C**, C.N.R.I.

280 : **C**, Milkins C. – Oxford Scientific Films.

281 : **C**, Winner F. – Jacana. **C**, Chaumeton H. – Jacana.

282 : **A**, Castanet J. **B**, Thomas J.-P. – Jacana.

283 : **C**, Starosta P. **B**, Klein-Hubert – Bios.

284 : **C**, Jalain F. – Explorer. **D**, D.R.

285 : **E**, Le Toquin A. et Cellerier M. L. – Coll. Larousse.

286 : **C**, Coll. Larousse.

Dossier « La culture animale » • I, **A**, Kaway M. • Orion Press – Bruce Coleman Ltd. **II et III**, **A**, Gunther M. – Bios. **B**, Jones E. A. – NHPA. **C**, Meile. **E**, Wilmshurst R. – Bruce Coleman Ltd. **D**, Davey P. – Bruce Coleman Ltd. **IV**, **A**, Charmet J.-L.

287 : **A**, Visage-Compost – Bios.

288 : **B**, Sibert S. – Odyssey.

289 : **C**, De Meo P. • Panda Photo – Bios. **D**, Guerrier A. – Colibri.

290 : **A**, Gohier F. – Jacana. **B**, Compost A. – Bios.

292 : **A**, Wothe K. – Bruce Coleman Ltd. **B**, Cordier S. – Jacana.

293 : **B**, Vincent J.-C. – Bios. **C**, Ausloos H. – Bios.

294 : **A**, Ziesler – Bruce Coleman Ltd. **B**, Révy J.-C. – C.N.R.I. **C**, Thouvenin G. – Jacana.

295 : **A**, Nuridsany et Pérennou. **B**, Mercier S.

296 : **B**, C.N.R.I.

297 : **A**, Osborn B. – Oxford Scientific Films. **B**, Vertut J. C, Roper T. J.

298 : **A**, Dunne R. L. – Bruce Coleman Inc.

299 : **A**, Rogers M. • Woodfin Camp & Associates – Cosmos. **B**, Bauer E. & P. – Bruce Coleman Ltd.

300 : **C**, Visage A. – Bios.

301 : **B**, Krafft B. Lab. de Biologie du Comportement, Nancy. **C**, Hugh Mc • Researchers – Jacana.

302 : **C**, Dinkins S. – Rapho.

303 : **A**, Frédéric – Jacana. **C**, Huot D. – Jacana.

304 : **A**, Lavergne J.-Y. – Colibri. **B**, Ray C. • Researchers – Jacana.

305 : **A**, Alcalay J.-J. – Bios. **C**, Danrigal F. – Jacana.

306, 307, 308 : Coll. Larousse.

Carte de la page 197 (B) : référence Top 25 n° 3437 OT, autorisation n° 90-2047.

L'évolution, ouverture : I, Bousquet – Jacana. II, Bauer E. & P. – Bruce Coleman Ltd. III, Stammers S. • Science Photo Library – Cosmos.

311 : **B**, Renson G. – Bios. **C**, Scoones P. – Planet Earth Pictures.

314 : **A**, Serrette D. – Muséum National d'Histoire Naturelle, Paris. **C**, Olivaux T. – Musée d'Eischstt.

315 : **A**, Thomas A. – Explorer.

318 : **A**, Royer R. • Science Photo Library – Cosmos.

319 : **B**, Donnezan H. – Rapho.

320 : **B**, Boureau E. – Coll. part. **Encadré**, Ifremer.

321 : **A**, Stammers S. • Science Photo Library – Cosmos.

322 : **A**, Serrette D. – Muséum National d'Histoire Naturelle.

323 : **B**, Chaumeton H. – Nature.

324 : **B**, Chaumeton H. – Nature. **Encadré**, The Natural History Museum, Londres.

325 : **B**, Chaumeton H. – Nature. **C**, Serrette D. – Muséum National d'Histoire Naturelle, Paris.

326 : **A**, Chaumeton H. – Nature. **C**, Mioulane N. et P. – M.A.P.

327 : **A**, Chaumeton H. – Nature. **B**, Muséum National d'Histoire Naturelle, Paris – Smithsonian Institution Washington.

328 : **A**, Descat A. – M.A.P.

Dossier : « Les créations du monde » : I, **A**, Dagli Orti G. **B**, Royer R. • Science Photo Library – Cosmos. II et III, **A**, Museum of Fine Arts, Boston. **B**, Museum für Völkerkunde, Munich. **C**, Werner Forman Archive – Galerie Nationale, Prague. IV, **A**, Dagli Orti G. **B**, Charmet J.-L.

331 : **B**, Science Photo Library – Cosmos – Solenhofen, Bavière. **D**, Brun J. – Jacana. **E**, Muséum National d'Histoire Naturelle, Paris.

333 : **A**, Viard M. – Jacana.

334 : **A**, Serrette D. – Muséum National d'Histoire Naturelle, Paris. **B**, Laroche S. – Muséum National d'Histoire Naturelle, Paris.

336 : **A**, Muséum National d'Histoire Naturelle, Paris. **C**, Serrette D. – Muséum National d'Histoire Naturelle, Paris.

337 : **B**, Muséum National d'Histoire Naturelle, Paris.

339 : **A**, Serrette D. – Muséum National d'Histoire Naturelle, Paris.

340 : **A**, Badal T. **Encadré**, Heinz C.

341 : **A**, Cabrol P. – Jacana. **B**, Noailles M.C. – Explorer. **C**, Badal & Heinz.

Dossier « La fausse science des races » : I, **A,B,C**, Wellcome Institute Library, London. II et III, **A,B**, Ann Ronan Picture Library. **C**, Carl F. – Bildarchiv Preussischer Kulturbesitz. **D**, Zalewski – Rapho. **E**, Perelle – Rapho. IV, **A**, Coll. E.S. – Explorer – Musée de l'Homme, Paris.

343 : **Encadré**, Fay O.

344 : **A**, Renault J.-Miskowsky.

345 : **A**, James E.A. – NHPA.

346 : **C**, Titus – C.E.D.R.I. **D**, Oster – Musée de l'Homme. **E,F**, Patou M. – Institut de Paléontologie, Paris.

347 : **A**, Fay O. **B**, Boulié Coll. – Coll. Larousse.

348 : **C**, Fay O. – Musée de l'Homme, Paris.

349 : **A**, Destable D. – Musée de l'homme, Paris. **C**, Desazo – Rapho.

350 : **A**, C.N.R.I. **B**, Adem – Rapho.

352 : **A**, Fink K.W. – Ardea.

353 : **A**, Starosta P. **B**, Reid D. – Bios. **C**, Lobo – Bios.

354 : **B**, Ross K. – Jacana.

357 : **A**, Vaucoulon P. – Bios. **B**, Frédéric – Jacana.

360 : **Encadré**, Lecourt D. – Jacana.

361 : **Encadré**, Cancalosi J. – Bruce Coleman Ltd.

362 : **Coll. Larousse.**

364 : **Coll. Larousse.**

Les micro-organismes, ouverture : I, Hinsch J. • Science Photo Library – Cosmos. II, London School of Medicine • S.P.L. – Cosmos. III, Dowset A.B. • Science Photo Library – Cosmos.

366 : **A**, C.N.R.I. **B**, Walsh J. • Science Photo Library – Cosmos.

369 : **B**, Phototake – C.N.R.I. **C**, Pr. de Thé G. – C.N.R.I. **D**, C.N.R.I.

370 : **B**, Science Photo Library – Cosmos.

Dossier « Voir l'invisible » : I, **A**, Loiez P. • Science Photo Library – Cosmos. **B**, C.N.R.I. II et III, **A**, C.N.R.I. **B**, Science Photo Library – Cosmos. **C**, Gremet V. – C.N.R.I. **D**, C.N.R.I. **E**, Gopal M. • Science Photo Library – Cosmos. IV, **A**, Lauros-Giraudon – Galerie Jeanne Bucher, Paris. (c) by A.D.A.G.P. 1993. **B**, Pr. Castano – C.N.R.I.

371 : **A**, Ribier J.

373 : **B**, Hixon W.G. & Searcy D.G.

374 : **D,E**, Ribier J.

375 : **A**, Ribier J.

376 : **A,B,C**, Ribier J.

377 : **A**, Retherford G. – Bruce Coleman Ltd. **B**, Carre C. – Jacana.

378 : **B**, C.N.R.I. **Encadré**, Ribier J.

379 : **A,B,C**, Ribier J.

381 : **E**, Gonnet J.-F. – Pitch. **F**, Dr. Smith • Science Photo Library – Cosmos.

382 : **A**, Carre C. – Jacana.

383 : **C**, Nardin Cl. – Jacana.

384 : **A**, Nuridsany et Pérennou. **E**, Sauer F. – Bruce Coleman Ltd.

385 : **B**, Gautier C. – Jacana.

386 : **A,B**, Biophoto Associates • Science Photo Library – Cosmos.

387 : **C**, Nuridsany et Pérennou.

388 : **B**, Kage M. – Oxford Scientific Films.

389 : **B**, Service Parasitologie – Ecole vétérinaire d'Alfort.

391 : **Coll. Larousse.**

Les végétaux, ouverture : I, Huot M. – Jacana. II, Wothe K. – Bruce Coleman Ltd. III, Faure D. – Scope.

394 : **Encadré**, Starosta P.

395 : **Encadré**, Champroux J.P. – Jacana.

397 : **D**, Bell J. • Science Photo Library – Cosmos.

398 : **G,H**, Nuridsany et Pérennou.

402 : **B**, Ribier J. **C**, Chaumeton H. – Nature. **D**, Ribier J.

403 : **A,C,D,E**, Ribier J.

404 : **A**, De Wilde S. – Jacana. **B**, Ribier J. **C**, Ribier J.

405 : **A**, Ribier J. **B**, Nuridsany Cl. **C**, Sester – Pitch.

407 : **C**, Lanceau – Nature. **D**, Faivre-Amiot A.

408 : **Encadré**, Nuridsany Cl.

409 : **C**, Faivre-Amiot A. **D**, Chaumeton H. – Nature.

410 : **B**, Coutin R. – Office pour l'information éco-entomologique. **E**, Starosta P.

411 : **B,Encadré**, Starosta P.

Dossier « Les jardins du monde » : I, **A**, Dagli Orti G. – Académie des Sciences, Lisbonne. **B**, Girard L. – Explorer. II et III, **A**, British Museum, Londres. **B**, Dagli Orti G. – Musée du chu de Versailles. **C**, Alexander C. – Cosmos. **D**, Bildagentur SchusterDumrath – Explorer. III, **A**, Ecole Nationale des Beaux-Arts, Paris.

415 : **A**, Honneger R.

416 : **A**, Boissière J.-C. **B**, Serusiaux E. – Institut de Botanique de Liège, Belgique. **C**, Sarthou J.-P. – Bios. **D**, Viard M. – Jacana.

417 : **B**, Boissière J.-C. **C**, Starosta P. **D,E**, Boissière J.-C.

418 : **B**, Boissière J.-C. **C**, Denis-Huot M. – Jacana. **C**, Mioulane N. et P. – M.A.P. **E**, Boissière J.-C.

420 : **C**, Reinhard H. – Bruce Coleman Ltd. **D**, Noailles R.H. – Jacana.

421 : **A**, Jahns. **B**, Dalton S. – Oxford Scientific Films. **C**, Nardin Cl. – Jacana.

422 : **A**, Jahns. **B**, Champroux J.P. – Jacana. **B**, Chaumeton H. – Jacana. **C**, Nardin Cl. – Jacana.

423 : **B**, J.M.

424 : **A**, Six J. **B**, König R. – Jacana. **C**, Lamaison – Nature. **D**, Nardin Cl. – Jacana.

425 : **A**, Guervin C. et Le Coq. **C**, Chaumeton H. – Nature. **Encadré**, Guervin C. et Le Coq.

426 : **A**, Lamaison – Nature. **B**, Descat A. – M.A.P. **C**, Berthon D.S. – Nature.

427 : **B**, Descat A. – M.A.P. **C**, Roguenant – Jacana. **D**, Noailles M.C. – Jacana. **Encadré**, Grandadam – Hoa-Qui.

428 : **A**, Champroux J.P. – Jacana. **B**, Six J. **C**, Mioulane N. et P. – M.A.P. **Encadré**, Nardin Cl. – Jacana.

Dossier « Les plantes symboles » : I, **A**, Roger-Viollet. **B**, Scala – Musée des Offices, Florence. II et III, **A**, Giraudon – Musée Condé, Chantilly. **B**, Goupil. **C**, Dagli Orti G. – Musée Guimet, Paris. **D**, Lauros-Giraudon – Musée National, Guatemala. IV, **D**, Laird T. – Explorer. **E**, Dagli Orti G. – Musée Carnavalet, Paris.

430 : **C,E**, Mioulane N. et P. – M.A.P.

431 : **D**, Berthoule H. – Jacana.

432 : **B**, Renault J.-Miskovsky. **C,D**, Chesnoy L. **F**, Centre Technique du Bois.

434 : **B**, Mioulane N. et P. – M.A.P. **D**, Pilloud P. – Jacana. **E**, Nief P. – M.A.P.

435 : **B**, Viard M. – Odyssey. **D**, Boultow M. – Bruce Coleman Ltd. **E**, Marigo L.C. – Bruce Coleman Ltd.

436 : **B**, Dulhoste R. – Jacana. **C**, Nardin Cl. – Jacana. **D**, Laurent G. – Jacana. **E**, Chesnoy L.

437 : **C**, Berthon D.S. – Nature.

440 : **Encadré**, Six J.

441 : **A**, Dr. Burgess J. • Science Photo Library – Cosmos.

442 : **Encadré**, Reinhard H. – Bruce Coleman Ltd.

443 : **B,C**, Nougared, Université Paris VI.

444 : **B**, Gohier F. – Jacana.

446 : **D**, Mioulane N. et P. – M.A.P. **E**, De Wilde S. – Jacana.

447 : **E**, Champroux J.P. – Jacana.

448 : **C**, Carrara A. – Jacana. **D**, Mioulane N. et P. – M.A.P. **E**, Mouan – Jacana.

449 : **A**, Boisberranger – Hoa-Qui. **C**, Mioulane N. et P. – M.A.P.

450 : **B**, Descat A. – M.A.P. **D**, Descat A. – M.A.P. **E**, Mioulane N. et P. – M.A.P.

451 : **A**, Renaudeau – Hoa-Qui. **B**, Profizi J. **C**, Phillips V. – Zefa.

452 : **B**, Waterfall WM • Pacific Stock – Zefa. **C**, Starosta P. **E**, Valentin E. – Hoa-Qui.

453 : **B**, Labat J.-M. – Jacana. **F**, Krasemann S. – Jacana.

454 : **A**, Starosta P. **C**, Profizi J.

455 : **A**, Nuridsany et Pérennou. **B**, Mioulane N. et P. – M.A.P.

456 : **A**, Nuridsany et Pérennou. **B**, Volot R. – Jacana. **C**, Le Roy N. – Jacana. **D**, Veyret Y.

457 : **B**, Hervy J.P. – Jacana. **C**, Nardin Cl. – Jacana. **F**, Starosta P.

458 : **B**, Ruffier-Lanche – Jacana. **E**, Descat A. – M.A.P.

459 : **A,B,C,D,E,F**, Raynal A.

460 : **D,E**, Raynal A. **F**, Cordier S. – Jacana.

461 : **A**, Berthoule H. – Jacana. **B**, Lamaison – Nature.

462 : **D**, Nuridsany et Pérennou. **G**, Viard M. – Jacana.

463 : **A**, Brun J. – Jacana. **B**, Champroux J.P. – Jacana. **C**, Claye M. – Jacana. **D**, Lecourt D. – Jacana.

464 : **C**, Pilloud P. – Jacana. **D**, Prigent Ph. – Jacana. **E**, Noailles M.C. – Explorer.

465 : **A**, Starosta P. **B**, Laurent G. – Jacana. **C**,
Favardin C. – Jacana.

466 : **A**, Ferrero J.-P. – Nature. **C**, Toulouse R. – Nature. **D**, Larpin D.

467 : **A,E**, Mioulane N. et P. – M.A.P. **G**, Gohier F. – Jacana.

468 : **A**, Mioulane N. et P. – M.A.P. **C**, Starosta P. **D**, Nuridsany et Pérennou.

469 : **B**, Du Puy. **C**, Labat. **D**, Du Puy.

470 : **A**, Starosta P. **C**, Blanc P.

471 : **D**, Fournet A. – Jacana. **E**, Starosta P.

472 : **B**, Studiaphot – Larousse. **C,D,E**, Larpin D.

Dossier « La conquête des épices » **I**, **A**, Bibliothèque Nationale, Paris. **B**, **C**, **D**, Coll. Larousse. **E**, Coll. Larousse – B.N., Paris. II et III, **A**, Charmet J.-L. – Bibliothèque Nationale, Paris. **B**, Studiaphot – Larousse. **C**, Viard M. – Jacana. **D**, Bruggmann M. **E**, Descat A. – M.A.P. IV, **A**, Tisne J. – Explorer.

473 : **B**, Starosta P. Encadré, Nuridsany et Pérennou.

474 : **B**, Mioulane N. et P. – M.A.P. **D**, Favardin C. – Jacana.

475 : **A**, **D**, Raynal-Roques.

476 : **A**, Geirsperger W. – Jacana. **E**, Descat A. – M.A.P.

477 : **A**, Berthoule H. – Nature. **D**, Hervy J.P. – Jacana.

478 : **C**, Descat A. – M.A.P. **F**, Starosta P.

479 : **A**, Ferrero J.-P. – Jacana. Encadré, Nuridsany et Pérennou.

481 : **B**, Descat A. – M.A.P. **C**, Berthoule H. – Jacana. **D**, Nief P. – Jacana.

482 : **B**, Pillods – Jacana. **C**, Hervy J.P. – Jacana. **D**, Favardin C. – Jacana.

483 : **A**, Viard M. – Jacana. **B**, Lecourt D. – Jacana. **C**, Nature. **D**, Hayon – Pitch.

484 : **A**, Brun J. – Jacana. **D**, Veiller H. – Jacana. **E**, Hervy J.P. – Jacana. **F**, Lecourt D. – Jacana.

485 : **D**, Pilloud P. – Jacana. **E**, Gohier F. – Jacana. **I**, Hervy J.P. – Jacana.

486 : **B**, Volot R. – Jacana. **C,D**, Raynal A.

487 : **A**, Descat A. – M.A.P. **B**, Larpin D.

488 : **A**, Descat A. – M.A.P.

489 : **C,D**, Mioulane N. et P. – M.A.P. **F**, Gillon – Jacana. **G**, Viard M. – Jacana.

490 : **A**, Mioulane N. et P. – M.A.P. **C,G**, Descat A. – M.A.P.

491 : **A**, Starosta P.

492 : **F**, Viard M. – Jacana.

493 : **A**, Descat A. – M.A.P. **B**, Starosta P. **D**, Mioulane N. et P. – M.A.P.

494 : **A**, Mioulane N. et P. – M.A.P. **B**, Nuridsany Cl.

495 : **D**, Volot R. – Jacana. **I**, Nuridsany Cl.

496 : **C**, Starosta P.

497 : **A**, Pilloud P. – Jacana. **B**, Nardin Cl. – Jacana. **C**, Ruffier-Lanche – Jacana. **D**, Nuridsany Cl.

498 : **G**, Mioulane N. et P. – M.A.P. **H**, Starosta P.

499 : **A**, Starosta P. **D**, Favardin C. – Jacana. **E**, Favardin C. – Jacana.

500 : **D**, Nuridsany Cl.

Dossier « Les plantes qui guérissent » : I, **A**, Bibliothèque Nationale, Paris. **B**, Charmet J.-L. – Bibliothèque de l'Arsenal, Paris. II et III, **A**, Le Roy N. – Jacana. **B**, Mittermeir R.A. – Bios. **C**, Hervy J.P. – Jacana. **D**, Starosta P. **E**, Edelmann U. – Artothek – Stdelsch. Kunstinstitut, Francfort. IV, **A**, Nardin Cl. – Jacana. **B**, König R. – Jacana. **C**, Soazig Coll. – Explorer Archives.

501 : **A**, Starosta P. **B**, Nief P. – Jacana. **C**, Gohier F. – Jacana.

503 : Coll. Larousse.

504 : Coll. Larousse.

Les animaux, ouverture : I, Goetgheluck P. II, Bruemmer F. – Bios. III, Gaslini G. • Panda Photo – Bios.

506 : **B,C,D,E,F**, avec l'autorisation de John Bonner – D.R.

508 : **A**, Lanceau – Nature. **C**, Nuridsany et Pérennou.

511 : **B**, Ross K. – Jacana. **C**, Davies A. – Bruce Coleman Ltd. Encadré, Ehrenstrom F. – Oxford Scientific Films.

512 : **C**, Bernard G.I. – Oxford Scientific Films. **D**, Laboute P. – Jacana. **E**, Danrigal F. – Jacana.

513 : **D**, De Wilde S. – Jacana.

514 : **C**, Nuridsany et Pérennou. **D**, Chaumeton H. – Jacana.

515 : **E**, Atkinson P. – Planet Earth Pictures.

516 : **A**, Laboute P. – Jacana. **B**, König R. – Jacana. Encadré, De Wilde S. – Jacana.

517 : **A**, Parks P. – Oxford Scientific Films. **C**, Chaumeton H. – Jacana.

518 : **D**, Chaumeton H. – Nature.

519 : **B**, Révy J.-C. – C.N.R.I. **F**, C.N.R.I.

520 : **A**, Parks P. – Oxford Scientific Films.

521 : **B**, Gautier C. – Jacana. **E**, Macewen A. – Oxford Scientific Films.

522 : **B**, Couderc H. – Pitch. **C,F**, Bernard G.I. – Oxford Scientific Films.

523 : **A**, Chaumeton H. – Nature. **F**, Littlewood S. – Oxford Scientific Films.

524 : **B**, Chaumeton H. – Jacana.

525 : **A**, Allan D. – Oxford Scientific Films. **C**, Danrigal F. – Jacana. **D**, Bannister A. – NHPA.

526 : **D**, Thomas R. – Nublat.

527 : **C**, Winner F. – Jacana. **D**, Atkinson K. – Oxford Scientific Films.

528 : **A**, Laboute P. – Jacana. **B**, Varin – Pitch. **D**, Atkinson K. – Oxford Scientific Films.

529 : **C**, Six J. et A. **G**, Barrier Reef GT. – Oxford Scientific films.

530 : **C**, Chaumeton H. – Nature. **D**, Labat J.-M. – Jacana.

531 : **A**, Thompson G.H. – Oxford Scientific films. **E**, Kuiter R. – Oxford Scientific films.

532 : **A**, Chaumeton H. – Nature. **D**, Labat et Lanceau – Jacana.

534 : **A**, Mc Hugh T. • Photo Researchers – Jacana. **B**, Nuridsany et Pérennou. **C**, Tercafs – Jacana. **D**, Nuridsany et Pérennou.

535 : Encadré, Gohier F. – Jacana.

536 : **A**, Nuridsany Cl.

537 : **B**, Stiegler B. – Jacana. **C**, Gautier C. – Jacana. **D**, Le Toquin – Jacana. **E**, Hervy J.P. – Jacana.

538 : **C**, Hervy J.P. – Jacana. **D**, Heuclin D. **E**, Heuclin D. – Pitch.

539 : **C**, Vial – Jacana. **D**, Gillon – Jacana.

541 : **B**, Nuridsany et Pérennou.

542 : **A**, Nuridsany Cl. **C**, Winner F. – Jacana. **D**, Gohier F. – Jacana.

Dossier « Monstres et chimères » : I, **A**, (c) Walt Disney Production. **B**, Dagli Orti G. – Pinacothèque de Brescia. II et III, **A**, Christophe L. coll. **B**, Coll. Larousse. **C**, Christophe L. Coll. **D**, Christophe L. Coll. IV, **A**, Coll. Larousse. **B**, Scharf D. • Science Photo Library – Cosmos.

543 : **A**, David P. – Planet Earth Pictures. **C**, Laboute P. – Jacana.

544 : **C**, Jhonson P. – NHPA. **D**, Forest J.

545 : **D**, Winner F. – Jacana. **E**, De Wilde S. – Jacana.

547 : **B**, Lorne P. – Jacana. **C**, Ermie – Jacana. **D**, Starosta P. **E**, Nedoncelle – Jacana.

548 : **A**, Science photo library – Cosmos. **B**, Nuridsany Cl.

549 : **B,C**, Starosta P. **D**, Nuridsany et Pérennou. **G**, Starosta P.

550 : **B,C**, Nuridsany et Pérennou.

551 : **B**, Ribette M. – Bios. **E**, Starosta P.

552 : **C**, Klein J.L. – Pitch. **D**, Starosta P.

553 : **A**, Thomas R. – Nublat.

556 : **B**, Stiegler B. – Jacana. **C**, Anagnostidis – Nature. Encadré, Ellis C. – Cosmos.

558 : **B**, Chaumeton H. – Nature. **C**, Wood B. – NHPA. Encadré, Chaumeton H. – Jacana. Encadré, Six J.

559 : **B**, Bernard G.I. – Oxford Scientific Films.

560 : **A**, Winner F. – Jacana. **B**, Chaumeton H. – Nature. **D**, Chaumeton H. – Nature.

563 : **D**, Lucas K. – Planet Earth Pictures.

564 : **C**, Merlen G. – Oxford Scientific Films. **E**, Visser J. – Bruce Coleman Ltd.

565 : **E**, Zell N. – Oxford Scientific Films. **F**, Chaumeton H. – Nature.

566 : **B**, Vandal Z. – Jacana. **E**, Ferrero J.-P. – Jacana.

567 : **D**, Chaumeton-Lanceau – Nature. **E**, Heuclin D. – Pitch. **F**, Reinhard H. – Bruce Coleman Ltd.

568 : **F**, Ehrenstrom F. – Oxford Scientific Films. **G**, Kuiter H. R. – Oxford Scientific Films.

569 : **G**, König R. – Jacana. **H**, Chaumeton H. – Nature. **I**, Taylor K. – Bruce Coleman Ltd.

570 : **G**, Burton J. – Bruce Coleman Ltd.

571 : **D**, Taylor K. – Bruce Coleman Ltd. **E**, Purcell A. – Bruce Coleman Ltd. **F**, Amsler K. – Jacana.

572 : **A,B**, Six J. et A. **D**, Heuclin D.

573 : **A**, Directeur l'E.P.H.E. – Exbrayat J.-M. **C**, König R. – Jacana.

574 : **C**, Starosta P. **E**, Burton J. – Bruce Coleman Ltd.

575 : **A**, Heuclin D. **B**, Jacana.

576 : **B**, Six J. et A. **D**, Ferrero J.-P. – Auscape.

577 : **A,B,D**, Six J. et A.

578 : **B**, Gohier F. – Jacana. **C**, Mc Hugh T. • Photo Researchers – Jacana. **E**, Fogden M. – Oxford Scientific Films.

579 : **Encadré**, Ulrich T. – Oxford Scientific Films.

580 : **C**, Taylor V. – Ardea.

581 : **A**, Varin-Visage – Jacana. **B**, Mc Hugh T. • Photo Researchers – Jacana. **C**, Heuclin D.

582 : **A**, Dalton S. – NHPA. **B**, Ferrero J.-P. – Jacana. **G**, Varin – Jacana.

583 : **A**, Volot R. – Jacana. **E**, Starosta P.

584 : **E**, Visser J. – Bruce Coleman Ltd.

585 : **A**, Halleux D. – Bios. **B**, Dermid J. – Bruce Coleman Ltd. **F**, Ferrero J.-P. – Jacana.

586 : **A**, Frith C.B. & D.W. – Bruce Coleman Ltd. **E**, Ferrero J.-P. – Ardea.

587 : **A**, Fink K.W. – Ardea. **D**, Laboute P. – Jacana.

588 : **A**, Lang J.W. • Photo Researchers – Jacana. **F**, Scott J. – Planet Earth Pictures.

Dossier « Le mythe animal » : I, **A**, Giraudon – Musée du Louvre, Paris. **B**, Scala – Musée du Capitole, Rome. II et III, **A**, Dagli Orti G. **B**, Sioen G. – C.E.D.R.I. **C**, Lénars C. – British Museum, Londres. **D**, Lauros-Giraudon – Musée du Louvre, Paris. **E**, Bibliothèque Nationale, Paris. IV, **A**, Giraudon – Bibliothèque Royale de l'Escurial.

590 : **C**, Tilford T. – Oxford Scientific Films. **D**, Fogden M.P.L. – Bruce Coleman Ltd.

591 : **A**, Halleux D. – Bios. **B**, Timmel J.F. **D**, Park F. – NHPA.

593 : **C**, Varin-Visage – Jacana. **G**, Nardin Cl. – Jacana.

594 : **A**, Scott J. – Planet Earth Pictures. **C**, Bruce Coleman Ltd. **G**, Dennis N. – NHPA.

595 : **D**, Hawks B. – NHPA. **F**, Balcaen C. – Colibri. **G**, Christof A. – Colibri.

596 : **A**, Tilford T. – Oxford Scientific Films. **C**, Sullivan & Rogers – Bruce Coleman Ltd. **Encadré**, Nardin Cl. – Jacana.

598 : **A**, Danegger M. – Jacana.

599 : **C**, Seitre R. – Bios. **D**, Jen & Des Bartlett – Bruce Coleman Ltd. **Encadré**, Bauer E. & P. – Bruce Coleman Ltd.

600 : **A**, Davey P. – Bruce Coleman Ltd. **D**, Cordier S. – Jacana. **F**, Calhoun B. & C. – Bruce Coleman Ltd.

Dossier « Hommes-animaux de la mythologie » : I, **A**, Held A. – Artéphot – Musée de Bagdad. **B**, Dagli Orti G. II et III, **A**, Charmet J.-L. – Bibliothèque Nationale, Paris. **B**, Delu C. – Explorer. **C**, Dagli Orti G. – Musée national de Ethnologie, Leyde. IV, **A**, Labat J.-M. – Explorer. **B**, Lauros-Giraudon – Musée Condé, Chantilly.

601 : **B**, Danegger M. – Jacana. **F**, Ziesler – Bruce Coleman Ltd.

602 : **D**, Delpech J. – Colibri. **F**, Pons A. – Colibri.

603 : **D**, Strange M. – NHPA. **E**, Layer W. – Jacana. **Encadré**, Delpech J. – Colibri.

604 : **D**, Dalton S. – NHPA. **E**, Shaw J. – Bruce Coleman Ltd.

605 : **A**, Ziesler – Jacana. **C**, Baranger C. – Colibri.

606 : **A**, Arthus-Bertrand Y. – Jacana.

607 : **A**, Parer D. et Parer-Cook E. – Auscape. **B**, Ferrero J.-P. – Auscape.

608 : **A,B**, Ferrero J.-P. – Auscape.

609 : **D**, Ferrero J.-P. – Auscape.

610 : **D**, Bannister A. – NHPA.

611 : **B**, Seitre R. – Bios. **C**, Cavignaux R. – Bios. **D**, Fatras A. – Bios. **Encadré**, Polunin I. – NHPA.

612 : **D**, Smythe N. – Jacana.

613 : **B**, Ziesler – Jacana. **C**, Laidler K. & L. – Ardea.

614 : **A**, Rainon A. – Jacana.

615 : **C**, Compost A. – Bios. **D**, Mc Hugh T. • Photo Researchers – Jacana.

616 : **D**, Vial-Andru Y. – Jacana. **F**, Prigent Ph. – Jacana.

617 : **E**, Labat et Ferrero – Jacana.

618 : **D**, Turner S. – Oxford scientific films. **E**, Robert – Jacana.

619 : **A**, Scott J. – Planet Earth Pictures.

620 : **B**, Bromhall C. & D. • Oxford Scientific Films – Fovea. **D**, Compost A. – Bios.

621 : **A**, Huot D. – Jacana. **B**, Tonnerieux Y. – Bios. **G**, Gohier F. – Jacana.

622 : **C**, Danegger M. – Jacana.

623 : **A**, Ploquin P. **B**, Lepore J. • Photo Researchers – Jacana.

624 : **I**, Frédéric – Jacana. **K**, Cordier S. – Jacana.

625 : **G**, Prévost J. – Jacana.

626 : **A,B,C,D**, Extrait de « Grzimeks Tierleben » (c) 1972 – D.R. Dessin de Diller, – Kindler-Verlag AG, Zurich et Munich.

Dossier « La chasse traditionnelle » : I, **A**, Lauros-Giraudon – Bibliothèque Nationale, Paris. **B**, Renaudeau – Hoa-qui. II et III, **A**, Bribosia. **B**, Cordier S. – Explorer. **C**, Held S. IV, **A**, Veiller H. – Explorer. **B**, Le Toquin – Explorer.

627 : **B**, Gunther M. – Bios. **D**, Reinhard H. – Bruce Coleman Ltd. **F**, Ferrero • Nature – NHPA.

629 : **A**, Soury G. – Jacana. **C**, Foott J. – Bruce Coleman Ltd.

630 : **B**, Lanting F. – Cosmos. **C**, Piantanida A. – Bios.

631 : **D**, Seitre R. – Bios.

632 : **A**, Gohier F. – Jacana.

633 : **A**, Gohier F. – Jacana. **B**, Gladu Y. – Jacana.

634 : **A**, Visage A. – Bios. **B**, Gohier F. – Jacana.

635 : **B**, Heuclin D. – Pitch. **C**, Haagner C. – Bruce Coleman Inc.

636 : **A**, Visage A. – Bios. **C,D**, Lacz G. – Sunset.

637 : **A**, Bannister A. – NHPA. **F**, Ausloos H. – Bios. **G**, Reinhard H. – Sunset.

638 : **B**, Ziegler – Bios. **H**, Klein H. – Bios.

639 : **A**, Fatras A. – Bios. **C**, Sunset. **E**, Krasemann S. – Jacana.

640 : **Ferrero J.-P. – Jacana.**

641 : **A**, Mason J. – Ardea. **E**, Dalton S. – NHPA. **F**, Compost • Visage – Bios.

642 : **A**, Bauer E. & P. – Bruce Coleman Inc.

643 : **A**, Nicoll M. – Bios. **E**, Vaucoulon P. – Bios.

644 : **B**, Kerneis A. – Jacana. **C**, Erize F. – Bruce Coleman Inc. **E**, Lanceau – Jacana.

645 : **A**, Williams R. – Bruce Coleman Inc. **B**, Pons A. – Bios. **C**, Savoie Ph. A. – Bruce Coleman Inc. **G**, Ausloos H. – Bios.

646 : **A**, Gunther M. – Bios. **B**, Visage A. – Jacana. **C**, Mioulane N. et P. – M.A.P. **F**, Varin – Jacana.

647 : **D**, Held S. **E**, Gamma Sport.

648 : **Coll. Larousse.**